Lehrbuch der Mathematik

Lehrbuch der Mathematik

Lehrbuch der Mathematik in vier Bänden
von Uwe Storch und Hartmut Wiebe

Band 1: Analysis einer Veränderlichen
Band 2: Lineare Algebra
Band 3: Analysis mehrerer Veränderlicher - Integrationstheorie
Band 4: Analysis auf Mannigfaltigkeiten - Funktionentheorie -
Funktionalanalysis

Uwe Storch / Hartmut Wiebe

Lehrbuch der Mathematik

Band 3

Analysis mehrerer Veränderlicher – Integrationstheorie

korrigierte 1. Auflage

Autoren
Prof. Dr. Uwe Storch
Dr. Hartmut Wiebe
Ruhr-Universität Bochum, Fakultät für Mathematik, Gebäude NA 3/34
D-44780 Bochum

Bibliografische Information der Deutschen Nationalbibliothek
Die Deutsche Nationalbibliothek verzeichnet diese Publikation in der Deutschen Nationalbibliografie; detaillierte bibliografische Daten sind im Internet über http://dnb.d-nb.de abrufbar.

Springer ist ein Unternehmen von Springer Science+Business Media
springer.de

Die erste Auflage dieses Buches erschien 1993 im B.I.-Wissenschaftsverlag (Bibliographisches Institut & F. A. Brockhaus AG, Mannheim)

1. Auflage 1993
korrigierter Nachdruck 2010
© Spektrum Akademischer Verlag Heidelberg 1993
Spektrum Akademischer Verlag ist ein Imprint von Springer-Verlag GmbH

10 11 12 13 14   5 4 3 2 1

Lektorat: Dr. Andreas Rüdinger, Barbara Lühker
Satz: Autorensatz
Umschlaggestaltung: SpieszDesign, Neu–Ulm

ISBN 978-3-8274-2745-8

Unserem Lehrer und Freund

GÜNTER SCHEJA

gewidmet

Vorwort

Wir legen hiermit den dritten Teil unseres vierbändigen Lehrbuchs der Mathematik für das Mathematik-Grundstudium der Mathematiker, Physiker und Informatiker vor. Er gibt das dritte Semester eines Kurses Mathematik I bis IV für Studenten der Physik und Geophysik an der Ruhr-Universität Bochum wieder. Im Mathematik-Studium entspricht dies der Vorlesung Analysis II und dem ersten Teil der Analysis III. [1]) Darüber hinaus hoffen wir, dass der Band auch für Studierende und Dozenten anderer Fachrichtungen sowie für Lehrer an höheren Schulen nützlich ist.

Einen wesentlichen Gesichtspunkt bei der Auswahl des Stoffes bildeten die Anforderungen der parallel laufenden Mechanik-Vorlesung der Physiker, wobei wir freilich nicht allen Wünschen gerecht werden konnten. Der Grundidee der klassischen Mechanik entsprechend, die zeitliche Entwicklung eines mechanischen Systems als Kurve im Konfigurationsraum zu beschreiben, hat die Untersuchung von Kurven besonderes Gewicht. So haben der Paragraph über Kurvenintegrale und das Kapitel über dynamische Systeme bereits in diesem Band ihren Platz gefunden. Die Grundbereiche liegen immer in Zahlenräumen – der Mannigfaltigkeitsbegriff kommt erst im vierten Band.

Den Kern des vorliegenden Bandes bilden die Kapitel II und IV über Differenziation bzw. Integration bei mehreren Veränderlichen. Zur Beschreibung der Differenzierbarkeit, die wir nur für endlichdimensionale Zahlenräume betrachten, benutzen wir konsequent die in der Linearen Algebra eingeführten Begriffe und Methoden für eine möglichst koordinatenfreie Darstellung. [2]) Gleichzeitig lassen sich auf diese Weise die geometrischen Grundvorstellungen direkter umsetzen. Wo es sinnvoll war – ohne allzu spezielle Fragen der komplexen Analysis zu berühren –, wird die Differenzierbarkeit auch im Komplexen verfolgt. Insbesondere findet man, entgegen unserem ursprünglichen Plan, den Cauchyschen Integralsatz und seine fundamentalen Folgerungen für die Theorie der holomorphen Funktionen bereits in diesem Band als Beispiele zur Theorie der Kurvenintegrale.

Wie die Lineare Algebra stellt auch die Topologie wichtige Sprechweisen und Hilfsmittel für die Analysis zur Verfügung. Neben den Grundlagen der mengentheoretischen Topologie in Kapitel I bringen wir daher in Kapitel II Anfänge der Homotopie- und Homologie-Theorie von Kurven, soweit sie für eine angemessene Behandlung der Kurvenintegrale gebraucht werden.

Die Integrationstheorie wird als Teil der Maßtheorie verstanden. Ein wesentlicher Teil der Darstellung ist natürlich dem Borel-Lebesgue-Maß und dem darauf aufbauenden Lebesgue-Integral gewidmet. Die grundlegenden Sätze über das Lebesgue-Integral sind (verglichen mit dem Riemann-Integral) allgemeiner und übersichtlicher; überdies

---

[1]) Das Sommersemester bietet der Analysis II weniger Raum als das Wintersemester dem dritten Teil der Physikervorlesung.

[2]) Analysis in unendlichdimensionalen Räumen ist anders kaum möglich.

lassen sie sich oft leichter beweisen. Mit der allgemeinen Maß- und Integrationstheorie ist auch die Grundlage für die Behandlung der Stochastik in Kapitel VI gelegt. Zusammen mit den vorbereitenden Paragraphen über diskrete Wahrscheinlichkeitsräume aus Band 1 gibt dieses Kapitel etwa den Inhalt einer einsemestrigen Einführung in die Wahrscheinlichkeitstheorie und Statistik wieder.

Zu Einzelheiten des Inhalts sei bemerkt:

Kapitel I bringt nach der Einführung metrischer und allgemeiner topologischer Räume die fundamentalen Begriffe des Zusammenhangs und der Kompaktheit. Sie sollten auch Anwendern der Mathematik geläufig sein. Von ähnlicher Bedeutung ist der in § 3 behandelte Begriff der Vollständigkeit, wobei auch Funktionenräume in natürlicher Weise auftreten.

Das umfangreiche Kapitel II beginnt mit der Untersuchung differenzierbarer Kurven in reellen Zahlenräumen, auf die im Weiteren viele Aussagen der Differenzial- und Integralrechnung zurückgeführt werden. Unter anderem werden Wege in klassischen Gruppen studiert, die nicht nur für die Mechanik starrer Körper sondern auch für das Verständnis der infinitesimalen Eigenschaften von Vektorfeldern und ihren Flüssen (vgl. Abschnitt 8.C) grundlegend sind. Ausführlich werden Krümmungen von Kurven einschließlich der Frenetschen Formeln behandelt.

Im Mittelpunkt von § 5 steht das totale Differenzial als *der* Differenziationsbegriff. Der Hauptsatz des Kapitels ist der Satz über implizite Funktionen mit seinen Folgerungen für lokale und globale Diffeomorphismen. Die Untersuchung differenzierbarer Koordinatensysteme bereitet das Rechnen auf differenzierbaren Mannigfaltigkeiten in Band 4 vor. Auch der analytische Fall wird durchgehend berücksichtigt.

Mit den Differenzialformen behandeln wir einen derjenigen Begriffe, in denen sich die zentrale Idee der Infinitesimalrechnung, von lokalen Gegebenheiten auf globales Verhalten zu schließen, besonders prägnant ausdrückt. In diesem Band besprechen wir nur Formen ersten Grades und Kurvenintegrale. Eingehend diskutiert wird das Grundproblem der Theorie, welche Differenzialformen exakt sind, d.h. eine Stammfunktion besitzen, oder anders gesagt, welche Vektorfelder Potenzialfelder sind. Lokal kann dies (mit den so genannten Integrabilitätsbedingungen) leicht beantwortet werden. Die Hindernisse für die Existenz globaler Stammfunktionen sind dann topologischer Natur. In natürlicher Weise treten dabei Fundamental- und (erste) Homologie-Gruppen sowie topologische Überlagerungen auf. Diese werden unabhängig vom Ausgangsproblem in den Abschnitten 7.C und 7.D untersucht, wobei letzterer eine Fülle klassischer Beispiele enthält, die wichtige „Mannigfaltigkeiten" zumindest topologisch vorstellen. Weitere Themen sind die Funktionentheorie bis einschließlich des Satzes von Montel und ein allgemeiner Residuensatz für geschlossene Formen auf ebenen Gebieten. Der Zusammenhang zwischen Vektorfeldern und $1-$Formen in euklidischen Vektorräumen ist der Inhalt von Abschnitt 7.H, wo neben den Gradientenfeldern und den Zirkulationsformen auch die Wirbelform curl L und – in der Dimension 3 – das Rotationsfeld rot L zu einem Vektorfeld L beschrieben werden.

In Kapitel III beschäftigen wir uns mit dynamischen Systemen, d.h. Systemen gewöhnlicher Differenzialgleichungen erster Ordnung, wobei wir den geometrischen Gesichtspunkt mit der Diskussion der Flüsse zu Vektorfeldern betonen. Die Geometrie eines solchen Flusses wird wesentlich durch die Variationsgleichungen beschrieben, die zu den bereits in Band 2 untersuchten linearen Differenzialgleichungen gehören. Sie liefern ferner eine wichtige Methode zur Behandlung von kleinen Störungen dynamischer Systeme. Außerdem gehen wir kurz auf die numerische Behandlung von Differenzialgleichungssystemen ein und bringen das Verfahren von Runge-Kutta. In § 9 geben wir eine Einführung in die Ljapunow-Stabilität dynamischer Systeme. Die Euler-Lagrangeschen Differenzialgleichungen der Variationsrechnung behandeln wir in § 10. Bei Benutzung so genannter kanonischer Koordinaten ergeben sich die kanonischen Gleichungen der Hamiltonschen Mechanik als erste Beispiele zur symplektischen Geometrie.

Das Thema von Kapitel IV ist die Maß- und Integrationstheorie. Den Ausgangspunkt bildet das Problem, Mengen in reellen Zahlenräumen ein Volumen zuzuordnen. Man kommt so in natürlicher Weise zum Begriff des Maßraums. Gleich zu Beginn werden die grundlegenden Sätze über die Eindeutigkeit und die Fortsetzung von Maßen (im Anschluss an C. Carathéodory) sowie die Existenz des Produktmaßes bewiesen. Die Borel-Lebesgue-Maße bilden die zentralen Beispiele der Theorie. Das Integral über eine (positive) Funktion auf einem Maßraum wird in § 14 wie im Elementarunterricht als Volumen unter dem Graphen definiert. Wir führen sodann die L^p-Räume und insbesondere den Hilbert-Raum L^2 der quadratintegrierbaren Funktionen auf einem Maßraum ein.

Kapitel V ist eine Ergänzung zur Integrationstheorie und behandelt Fourier-Transformationen von Maßen und Funktionen auf Zahlenräumen als Grundlage für die Harmonische Analyse. Insbesondere werden Konvergenzaussagen für Maße und ihre Fourier-Transformierten (etwa über schwache und vage Konvergenz von Maßen) bewiesen, die u.a. in der Wahrscheinlichkeitstheorie von Bedeutung sind. Die Erweiterung der Fourier-Transformation auf quadrat-integrierbare Funktionen und der Satz von Plancherel werden ausführlich diskutiert. Als Variante der Fourier-Transformation besprechen wir die Laplace-Transformation.

Das abschließende Kapitel VI ist der Stochastik gewidmet. In § 19 über Wahrscheinlichkeitstheorie werden nach Einführung der Grundbegriffe zunächst charakteristische Beispiele, insbesondere (auch ausgeartete) Normalverteilungen in beliebigen endlichen Dimensionen behandelt. Der Paragraph schließt mit dem Zentralen Grenzwertsatz, der die Ubiquität der Normalverteilungen aufzeigt. Im weniger theoretischen Paragraphen 20 gehen wir auf einige statistische Verfahren ein. Wir behandeln Konfidenzbereiche, grundlegende Tests (u.a. Chi-Quadrat-Test, F-Test) und die Regression als Anwendung der Gaußschen Idee der kleinsten Fehlerquadrate.

Wir haben versucht, die dargestellte Theorie überall durch mehr oder weniger umfangreiche, teilweise bis zu den numerischen Einzelheiten ausgeführte Beispiele zu ergänzen. Diese dienen nicht nur zur Einübung und Illustration, sondern sollen ein Interesse für Fragestellungen erwecken, die über den eigentlichen Lehrstoff hinausgehen. Sie erfordern gelegentlich eine etwas intensivere Mitarbeit des Lesers; viele davon eignen sich für Proseminarvorträge. Wir erwähnen in diesem Zusammenhang etwa die

Passagen über Hausdorff-Abstand, Winkelgeschwindigkeit, Weltlinien im Minkowski-Raum, harmonische Funktionen, orthogonale und konforme Koordinaten, Fundamentalgruppen klassischer topologischer Räume, Windungszahlen und den Residuensatz in ebenen Gebieten, Verschlingungszahlen, den Deformationstensor, Bewegungen auf der rotierenden Erde, Störungen harmonischer Schwingungen, Volterra-Systeme und Lorenz-Systeme, Brachystochrone und Kettenlinie, Geodätische und Fermatsches Prinzip, das Banach-Tarski-Paradoxon, Hausdorff-Dimension, die isodiametrische Ungleichung, den Brouwerschen Fixpunktsatz, die Irrationalität von $\zeta(3)$, orthogonale Polynome, Gaußsche Quadraturformeln, Gravitationspotenziale, Hankel-Transformation und Bessel-Funktionen, das Abtasttheorem, Fehlerfortpflanzung, ... Den einzelnen Abschnitten sind in der Regel zahlreiche Aufgaben beigefügt, die umfangreiches Material etwa für Tafelübungen bereitstellen und gelegentlich den Stoff auch inhaltlich ergänzen.

Wir danken Frau Chr. Maaßen für die Anfertigung des ursprünglichen Schreibmaschinenmanuskripts und Herrn Dr. H. G. Rentzsch für seine Hilfe bei dessen Korrektur, ferner Tobias Storch und vor allem Herrn cand. phys. Hagen Storch für die außerordentlich sorgfältige und mühevolle Herstellung der Druckvorlagen im TeX-System; letzterem gilt auch unser Dank für kritische Bemerkungen zum Inhalt. Von großem Wert waren Diskussionen mit den Physikern Prof. Dr. K. Schindler und Prof. Dr. D. Wagner an unserer Universität. Dem B.I.-Wissenschaftsverlag, insbesondere Frau S. Bartels und seinem Leiter Herrn H. Engesser sind wir für die technische Unterstützung bei der Anfertigung der Zeichnungen, vor allem aber für das Interesse an unserer Arbeit und die stets bewiesene, fast grenzenlose Geduld zu besonderem Dank verpflichtet.

Bochum, im Juli 1993   Uwe Storch, Hartmut Wiebe

Nachtrag zum Vorwort

Der vorliegende korrigierte Nachdruck des dritten Bandes unseres Lehrbuchs der Mathematik ist eine berichtigte und erweiterte Fassung. Größere Änderungen gibt es in Abschnitt 6.C, wo jetzt Untermannigfaltigkeiten in Zahlenräumen eingeführt werden, in Abschnitt 7.C, in dem der Fundamentalgruppenkalkül ausführlicher behandelt und insbesondere der Satz von Seifert und van Kampen nun vollständig bewiesen wird, und schließlich in Abschnitt 7.G, der u. a. einen recht einfachen Beweis des Primzahlsatzes bringt. Wir haben aber darauf geachtet, dass die Nummerierungen weitgehend beibehalten worden sind. Herrn Dr. A. Rüdinger von Spektrum Akademischer Verlag gilt unser besonderer Dank für seine Bemühungen, auch den dritten Band unseres Lehrbuchs im neuen Gewand erscheinen zu lassen.

Bochum, im Juli 2010   Uwe Storch, Hartmut Wiebe

Uwe.Storch@ruhr-uni-bochum.de
Hartmut.Wiebe@ruhr-uni-bochum.de
http://www.rub.de/ffm/Lehrstuehle/Storch/Storch_Wiebe_LdM.html

Inhaltsverzeichnis

III Gewöhnliche Differenzialgleichungen

§8 Dynamische Systeme

§9 Stabilität

§10 Elemente der Variationsrechnung

IV Maß- und Integrationstheorie

§11 Maße

§12 Das Borel-Lebesgue-Maß

§13 Verallgemeinerte Maße

§14 Integration

I TOPOLOGISCHE GRUNDBEGRIFFE

Wie die Analysis einer Veränderlichen wird auch die Analysis mehrerer Veränderlicher auf dem Abstandsbegriff und dem damit zusammenhängenden Umgebungsbegriff aufgebaut. Wir beschäftigen uns daher zunächst mit diesen topologischen Grundbegriffen. Es ist durchaus möglich, das vorliegende Kapitel etwas flüchtiger zu lesen und bei Bedarf jeweils nachzuschlagen.

1 Topologische Räume und stetige Abbildungen

1.A Metrische Räume

Für die Körper $\mathbb{R}$ und $\mathbb{C}$ [1]) bzw. allgemeiner einen normierten $\mathbb{K}$-Vektorraum haben wir in den Bänden 1 bzw. 2 bereits einen Abstandsbegriff kennen gelernt. Er beruht auf dem Betrag einer Zahl bzw. der Norm eines Vektors. Diese Situation wird durch den Begriff der Metrik und des metrischen Raumes verallgemeinert.

1.A.1 Definition Sei X eine Menge. Eine Abbildung $d : X \times X \to \mathbb{R}_+$ heißt eine Metrik auf X, wenn für alle $x, y, z \in X$ gilt:

(1) Genau dann ist $d(x, y) = 0$, wenn $x = y$ ist.

(2) Es ist $d(x, y) = d(y, x)$ (Symmetrie).

(3) Es ist $d(x, z) \leq d(x, y) + d(y, z)$ (Dreiecksungleichung).

Eine Menge X zusammen mit einer Metrik d auf X heißt ein metrischer Raum.

Wenn klar ist, welche Metrik d der metrische Raum (X, d) trägt, sprechen wir kurz von dem metrischen Raum X. Sind keine Missverständnisse zu befürchten, bezeichnen wir auch verschiedene Metriken mit dem gleichen Symbol d.

1.A.2 Beispiel (1) Sei V ein normierter Vektorraum, vgl. Bd. 2, §17. Dann ist $d : V \times V \to \mathbb{R}_+$ mit $d(x, y) := \|y - x\|$, $x, y \in V$, eine Metrik auf V, vgl. loc. cit. Insbesondere wird durch die

---

[1]) Wir werden für sie wie üblich die gemeinsame Bezeichnung $\mathbb{K}$ verwenden.

Norm zum Standardskalarprodukt auf $\mathbb{K}^{(I)}$, I beliebige Indexmenge, die e u k l i d i s c h e oder S t a n d a r d m e t r i k d auf $\mathbb{K}^{(I)}$ definiert. Für $x = (a_i)$, $y = (b_i) \in \mathbb{K}^{(I)}$ gilt dabei

$$d(x, y) = d\big((a_i), (b_i)\big) = \sqrt{\sum\nolimits_{i \in I} |b_i - a_i|^2}\,.$$

Die euklidische Norm $\|x\| = \big(\sum_{i \in I} |a_i|^2\big)^{1/2}$ bezeichnen wir häufig auch mit $\|x\|_2$.

Etwas allgemeiner trägt jeder affine Raum E über V die Metrik d mit

$$d(P, Q) = \|\overrightarrow{PQ}\|\,,$$

$P, Q \in E$. Insbesondere ist unser Anschauungsraum (nach Auszeichnen einer Strecke der Länge 1) in natürlicher Weise ein metrischer Raum.

(2) Sei X eine beliebige Menge. Die d i s k r e t e M e t r i k d auf X wird durch

$$d(x, y) := \begin{cases} 1\,, & \text{falls } x \neq y, \\ 0\,, & \text{falls } x = y, \end{cases}$$

$x, y \in X$, definiert.

Seien X ein metrischer Raum und $X' \subseteq X$ eine beliebige Teilmenge von X. Dann induziert die Metrik d auf X durch Beschränken eine Metrik auf X'. Sie heißt die a u f X' i n d u z i e r t e M e t r i k. Fassen wir eine Teilmenge eines metrischen Raumes wieder als metrischen Raum auf, so stets bezüglich dieser induzierten Metrik, falls nicht etwas anderes gesagt wird.

Ist (X_i, d_i), $i \in I$, eine *endliche* Familie von metrischen Räumen, so ist auch das Produkt $X := \prod_{i \in I} X_i$ ein metrischer Raum mit der e u k l i d i s c h e n oder P r o d u k t - m e t r i k

$$d\big((x_i), (y_i)\big) := \sqrt{\sum\nolimits_{i \in I} \big(d_i(x_i, y_i)\big)^2}\,.$$

Die Dreiecksungleichung für d ergibt sich dabei mit der Dreiecksungleichung für die euklidische Metrik in $\mathbb{R}^I = \mathbb{R}^{(I)}$. Es gelten offenbar die Ungleichungen

$$d_i(x_i, y_i) \leq d\big((x_i), (y_i)\big) \leq \sqrt{|I|}\,\,\mathrm{Max}\,\big(d_i(x_i, y_i)\big)\,.$$

Für eine endliche Menge I ist der metrische Raum $\mathbb{K}^I$, versehen mit der Standardmetrik, das I-fache Produkt des metrischen Raumes $\mathbb{K}$, versehen mit der Standardmetrik.

Wie in normierten Vektorräumen definieren wir für einen Punkt x eines metrischen Raumes X und eine reelle Zahl $r \geq 0$ die Mengen

$$\mathrm{B}(x\,;r) := \{y \in X \mid d(x, y) < r\}, \quad \overline{\mathrm{B}}(x\,;r) := \{y \in X \mid d(x, y) \leq r\},$$

$$\mathrm{S}(x\,;r) := \{y \in X \mid d(x, y) = r\}.$$

$\mathrm{B}(x\,;r)$ bzw. $\overline{\mathrm{B}}(x\,;r)$ heißen die o f f e n e bzw. a b g e s c h l o s s e n e (V o l l -) K u g e l m i t M i t t e l p u n k t x und R a d i u s r. Statt „Kugel" sagt man hier auch „B a l l". $\mathrm{S}(x\,;r)$ heißt die S p h ä r e m i t M i t t e l p u n k t x und R a d i u s r. Es ist $\overline{\mathrm{B}}(x\,;r)$ die disjunkte Vereinigung von $\mathrm{B}(x\,;r)$ und $\mathrm{S}(x\,;r)$.

Mit den Kugeln werden Umgebungen und offene Mengen definiert:

1.A.3 Definition Sei X ein metrischer Raum.

(1) Eine Teilmenge U von X heißt eine U m g e b u n g des Punktes $x \in X$, wenn es ein $\varepsilon > 0$ mit $B(x\,;\,\varepsilon) \subseteq U$ gibt.

(2) Eine Teilmenge U von X heißt o f f e n (in X), wenn es zu jedem $x \in U$ ein (von x abhängendes) $\varepsilon > 0$ mit $B(x\,;\,\varepsilon) \subseteq U$ gibt, d.h. wenn U Umgebung eines jeden Punktes $x \in U$ ist.

Mit $B(x\,;\,\varepsilon)$ ist für $0 < \varepsilon' < \varepsilon$ auch jede Kugel $\overline{B}(x\,;\,\varepsilon')$ eine Teilmenge von U. Ferner gilt:

1.A.4 Lemma *In einem metrischen Raum X sind die offenen Kugeln $B(x\,;\,r)$ und die Komplemente der abgeschlossenen Kugeln $\overline{B}(x\,;\,r)$, $x \in X$, $r \geq 0$, offene Teilmengen von X.*

B e w e i s . Seien $y \in B(x\,;\,r)$ und $\varepsilon := r - d(x,y) > 0$. Dann ist $B(y\,;\,\varepsilon) \subseteq B(x\,;\,r)$ wegen $d(x,z) \leq d(x,y) + d(y,z) < d(x,y) + \varepsilon = r$ für alle $z \in B(y\,;\,\varepsilon)$.

Seien $y \notin \overline{B}(x\,;\,r)$ und $\varepsilon := d(x,y) - r > 0$. Dann ist $B(y\,;\,\varepsilon) \subseteq X - \overline{B}(x\,;\,r)$ wegen $d(x,z) \geq d(x,y) - d(y,z) > d(x,y) - \varepsilon = r$ für alle $z \in B(y\,;\,\varepsilon)$. $\qquad\bullet$

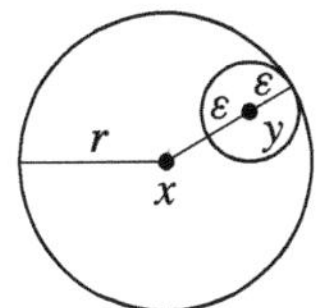
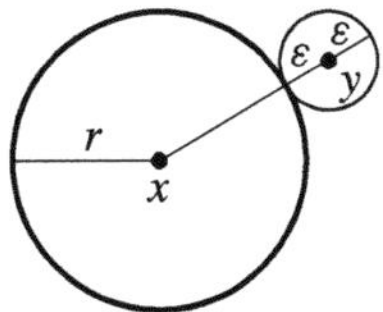

Aus 1.A.4 folgt sofort, dass eine Menge U genau dann eine Umgebung von x ist, wenn es eine offene Menge U' gibt mit $x \in U' \subseteq U$. Insbesondere ist jede offene Kugel eine Umgebung eines jeden ihrer Punkte. Die folgenden Eigenschaften der Menge der offenen Mengen eines metrischen Raumes sind zwar trivial aber wesentlich:

1.A.5 Satz *Sei X ein metrischer Raum.*

(1) $\emptyset$ und X sind offene Teilmengen von X.

(2) Ist U_i, $i \in I$, eine beliebige Familie von offenen Teilmengen von X, so ist auch ihre Vereinigung $\bigcup_{i \in I} U_i$ offen in X.

(3) Ist U_j, $j \in J$, eine endliche Familie von offenen Teilmengen von X, so ist auch ihr Durchschnitt $\bigcap_{j \in J} U_j$ offen in X.

(4) Zu je zwei Punkten $x, y \in X$ mit $x \neq y$ gibt es Umgebungen U von x und V von y mit $U \cap V = \emptyset$.

B e w e i s . (1) und (2) sind trivial. Zum Beweis von (3) sei $x \in U := \bigcap_j U_j$ und $J \neq \emptyset$. Es gibt $\varepsilon_j > 0$ mit $B(x\,;\,\varepsilon_j) \subseteq U_j$, $j \in J$. Für $\varepsilon := \mathrm{Min}\,(\varepsilon_j, j \in J) > 0$ ist $B(x\,;\,\varepsilon) \subseteq U$. Zum Beweis von (4) sei $r := d(x,y) > 0$. Dann ist $B(x\,;\,r/2) \cap B(y\,;\,r/2) = \emptyset$. Mit einem z aus diesem Durchschnitt ergäbe sich nämlich der Widerspruch $r = d(x,y) \leq d(x,z) + d(z,y) < r/2 + r/2 = r$. $\qquad\bullet$

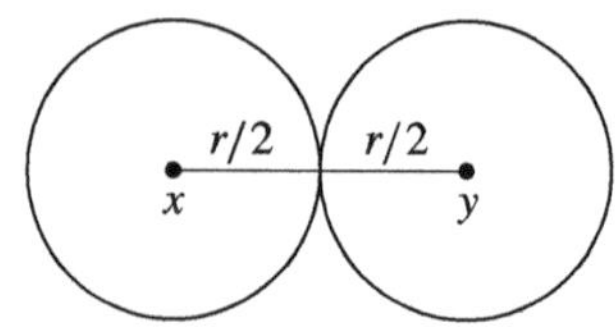

Der Konvergenzbegriff lässt sich unmittelbar von $\mathbb{R}$ oder $\mathbb{C}$ auf einen beliebigen metrischen Raum übertragen:

1.A.6 Definition Eine Folge $(x_n)_{n \in \mathbb{N}}$ von Elementen eines metrischen Raumes X heißt k o n v e r g e n t (in X), wenn ein $x \in X$ mit folgender Eigenschaft existiert: Zu jedem positiven $\varepsilon > 0$ gibt es ein $n_0 \in \mathbb{N}$ mit $d(x_n, x) \leq \varepsilon$ für alle $n \geq n_0$, $n \in \mathbb{N}$.

Für eine konvergente Folge (x_n) in X ist das Element x gemäß Definition 1.A.6 eindeutig bestimmt, was man ganz analog wie im Fall $X = \mathbb{R}$ oder $X = \mathbb{C}$ beweist (vgl. auch die folgende Aussage 1.A.7). Man nennt x den G r e n z w e r t oder den L i m e s der Folge (x_n) und bezeichnet ihn mit

$$\lim x_n = \lim_{n \to \infty} x_n \,.$$

Definitionsgemäß gilt $\lim x_n = x$ genau dann, wenn $d(x_n, x)$, $n \in \mathbb{N}$, eine Nullfolge in $\mathbb{R}$ ist. Ferner notieren wir:

1.A.7 Lemma *Eine Folge im metrischen Raum X besitzt genau dann den Grenzwert $x \in X$, wenn in jeder Umgebung von x fast alle Glieder der Folge liegen.*

Auf einem Produktraum lässt sich die Konvergenz komponentenweise prüfen:

1.A.8 Satz *Sei X das Produkt der endlich vielen metrischen Räume X_i, $i \in I$. Eine Folge $x_n = (x_{in})_{i \in I}$, $n \in \mathbb{N}$, in X konvergiert genau dann gegen $z = (z_i)_{i \in I}$, wenn jede der Komponentenfolgen x_{in}, $n \in \mathbb{N}$, gegen z_i konvergiert, $i \in I$.*

Der B e w e i s ergibt sich sofort aus den oben angegebenen Ungleichungen für die Produktmetrik auf X.   ●

Auch der Begriff der Stetigkeit überträgt sich auf Abbildungen metrischer Räume.

1.A.9 Definition Seien X und Y metrische Räume und $f : X \to Y$ eine Abbildung.

(1) Die Abbildung f heißt s t e t i g i m P u n k t $a \in X$, wenn es zu jedem $\varepsilon > 0$ ein $\delta > 0$ gibt derart, dass $d\big(f(x), f(a)\big) \leq \varepsilon$ für alle $x \in X$ mit $d(x, a) \leq \delta$ gilt.

(2) Die Abbildung f heißt s t e t i g (auf ganz X), wenn f in jedem Punkt von X stetig ist.

1.A.10 Satz *Seien X und Y metrische Räume und $f : X \to Y$ eine Abbildung.*

a) *Für einen Punkt $a \in X$ sind folgende Aussagen äquivalent:*

(1) f ist stetig in a.

(2) Zu jeder Umgebung V von $f(a)$ in Y gibt es eine Umgebung U von a in X mit $f(U) \subseteq V$.

(3) Für jede Umgebung V von $f(a)$ in Y ist das Urbild $f^{-1}(V)$ eine Umgebung von a in X.

(4) Für jede konvergente Folge (x_n) in X mit $\lim x_n = a$ ist $\big(f(x_n)\big)$ konvergent in Y mit $\lim f(x_n) = f(a)$.

b) *Genau dann ist f stetig, wenn das Urbild einer jeden offenen Menge in Y eine offene Menge in X ist.*

B e w e i s . a) (1) $\Rightarrow$ (2): Zu jeder Umgebung V von $f(a)$ gibt es ein $\varepsilon > 0$ mit $\overline{\mathrm{B}}(f(a)\,;\varepsilon) \subseteq V$. Nach Voraussetzung gibt es dazu ein $\delta > 0$ mit $f\big(\overline{\mathrm{B}}(a\,;\delta)\big) \subseteq \overline{\mathrm{B}}(f(a)\,;\varepsilon)$. Es ist aber $U := \overline{\mathrm{B}}(a\,;\delta)$ eine Umgebung von a.

Die Implikation (2) $\Rightarrow$ (3) ist trivial. Zum Beweis von (3) $\Rightarrow$ (4) sei $\lim x_n = a$ und V eine Umgebung von $f(a)$. Nach Voraussetzung ist dann $f^{-1}(V)$ eine Umgebung von a, enthält also fast alle Glieder der Folge (x_n). Dann liegen aber auch fast alle Glieder der Folge $\big(f(x_n)\big)$ in V.

(4) $\Rightarrow$ (1): Sei $\varepsilon > 0$ vorgegeben. Angenommen, es gäbe kein $\delta > 0$ mit $f\big(\overline{\mathrm{B}}(a\,;\delta)\big) \subseteq \overline{\mathrm{B}}(f(a)\,;\varepsilon)$. Dann gibt es zu jedem $n \in \mathbb{N}^*$ ein $x_n \in X$ mit $d(x_n, a) \leq 1/n$, aber $d\big(f(x_n), f(a)\big) > \varepsilon$. Die Folge (x_n) konvergiert gegen a, aber $\big(f(x_n)\big)$ konvergiert nicht gegen $f(a)$. Widerspruch!

b) Seien f stetig und V eine offene Teilmenge von Y. Dann ist nach a) das Urbild $f^{-1}(V)$ eine Umgebung eines jeden seiner Punkte und damit offen in X. Sind umgekehrt die Urbilder offener Mengen unter f stets offen und ist V eine Umgebung von $f(a)$ für den Punkt $a \in X$, so enthält V eine offene Umgebung V' von $f(a)$. Dann ist $f^{-1}(V')$ $\big(\subseteq f^{-1}(V)\big)$ eine offene Umgebung von a. $\qquad\bullet$

1.A.11 Beispiel *Die Addition, die Multiplikation und die Division sind stetige $\mathbb{K}$-wertige Funktionen auf $\mathbb{K}^2$ bzw. $\mathbb{K} \times \mathbb{K}^\times$.* In Verbindung mit 1.A.8 sind dies genau die bekannten Rechenregeln für Limiten.

1.A.12 Beispiel Sei V ein normierter $\mathbb{K}$-Vektorraum. Dann sind die Addition $(x, y) \mapsto x + y$ und die Skalarmultiplikation $(a, x) \mapsto ax$ stetige Abbildungen von $V \times V$ in V bzw. von $\mathbb{K} \times V$ in V.

Aufgaben

1. Sei X ein metrischer Raum. Dann ist die Metrik $d : X \times X \to \mathbb{R}$ stetig.

2. Sei (X_i, d_i), $i \in I$, eine endliche Familie metrischer Räume. Dann sind d_∞ und d_1 mit

$$d_\infty\big((x_i), (y_i)\big) := \mathrm{Max}\, \{d_i\,(x_i,\, y_i)\,|\, i \in I\} \quad (\mathrm{M\,a\,x\,i\,m\,u\,m\,s\,m\,e\,t\,r\,i\,k}),$$

$$d_1\big((x_i), (y_i)\big) := \sum_{i \in I} d_i(x_i,\, y_i) \quad (\mathrm{S\,u\,m\,m\,e\,n\,m\,e\,t\,r\,i\,k})$$

Metriken auf dem Produktraum $X := \prod_{i \in I} X_i$, für die jeweils dieselben Teilmengen von X offen sind wie für die euklidische Produktmetrik. (Häufig wählt man eine dieser Metriken als natürliche Metrik auf dem Produkt X.) Man skizziere für die angegebenen Metriken die Kugeln und Sphären in $X := \mathbb{R} \times \mathbb{R}$. – Tragen die X_i die diskrete Metrik gemäß 1.A.2 (2), so heißt die zugehörige Summenmetrik die H a m m i n g - M e t r i k .

3. Sei $f : \mathbb{R}_+ \to \mathbb{R}_+$ eine stetige konkave Funktion $\neq 0$ mit $f(0) = 0$. Ist dann d eine Metrik auf X, so ist auch $f \circ d$ eine Metrik auf X. Für beide Metriken sind genau dieselben Teilmengen von X offen. (Häufig benutzte Beispiele für solche Funktionen f sind $\mathrm{Min}\,(1, t)$; $t/(1 + t)$; $\arctan t$; t^α, $0 < \alpha < 1$. Ohne die Menge der offenen Mengen eines metrischen Raumes X zu verändern, kann man also annehmen, dass alle Abstände ≤ 1 sind in X.)

4. Sei (X_n, d_n), $n \in \mathbb{N}$, eine Folge metrischer Räume. Dann ist d mit

$$d\big((x_n), (y_n)\big) := \sum_{n=0}^{\infty} \frac{1}{2^n}\, \mathrm{Min}\,\big(1,\, d_n(x_n, y_n)\big)$$

eine Metrik auf dem unendlichen Produkt $\prod_{n \in \mathbb{N}} X_n$.

5. Sei d die diskrete Metrik auf X. Bezüglich d sind alle Teilmengen von X offen. Man charakterisiere die konvergenten Folgen in X.

6. Seien X_i, $i \in I$, eine endliche Familie metrischer Räume und $X := \prod_i X_i$. Sind $U_i \subseteq X_i$ offene Mengen, $i \in I$, so ist auch $\prod_i U_i$ offen in X. Ist umgekehrt U offen in X, so gibt es zu jedem Punkt $(x_i) \in U$ offene Umgebungen U_i von x_i, $i \in I$, mit $\prod_i U_i \subseteq U$. Welche der Produktmengen $\prod_{n \in \mathbb{N}} A_n \subseteq \prod_{n \in \mathbb{N}} X_n$ sind offen im Produktraum $\prod_n X_n$ aus Aufg. 4 ?

7. Sei (x_n) eine konvergente Folge im metrischen Raum X mit $\lim x_n = x$. Genau dann konvergiert die Folge (y_n) in X ebenfalls gegen x, wenn $d(x_n, y_n)$, $n \in \mathbb{N}$, eine Nullfolge in $\mathbb{R}$ ist.

8. Zwei Metriken auf einer Menge X definieren genau dann dieselben offenen Mengen, wenn die Mengen der konvergenten Folgen bzgl. der einzelnen Metriken übereinstimmen.

1.B Topologische Räume

Die Aussagen 1.A.7 und 1.A.10 zeigen, dass der Konvergenzbegriff und der Stetigkeitsbegriff in metrischen Räumen allein mit Hilfe der Umgebungen oder auch der offenen Mengen definiert werden können. Daher empfiehlt es sich, diese Begriffe als Grundbegriffe zu verwenden. Anhaltspunkt dafür ist der Satz 1.A.5.

1.B.1 Definition Seien X eine Menge und $\mathcal{T}$ eine Teilmenge der Potenzmenge $\mathfrak{P}(X)$. Dann heißt $\mathcal{T}$ eine Topologie auf X, wenn folgende Bedingungen erfüllt sind:

(1) $\emptyset$ und X gehören zu $\mathcal{T}$.

(2) Ist U_i, $i \in I$, eine beliebige Familie von Elementen in $\mathcal{T}$, so ist auch ihre Vereinigung $\bigcup_{i \in I} U_i$ ein Element von $\mathcal{T}$.

(3) Ist U_j, $j \in J$, eine *endliche* Familie von Elementen in $\mathcal{T}$, so ist auch ihr Durchschnitt $\bigcap_{j \in J} U_j$ ein Element von $\mathcal{T}$.

Eine Menge X zusammen mit einer Topologie $\mathcal{T}$ auf X heißt ein topologischer Raum. Die Elemente von $\mathcal{T}$ heißen die offenen Mengen von X (bzgl. $\mathcal{T}$). – Erfüllt $\mathcal{T}$ zusätzlich die Bedingung:

(4) Zu je zwei Punkten $x, y \in X$ mit $x \neq y$ gibt es offene Mengen U und V in X mit $x \in U$, $y \in V$ und $U \cap V = \emptyset$;

so heißt X ein Hausdorff-Raum.

Die Bedingung (4) in obiger Definition heißt das Hausdorffsche Trennungsaxiom:

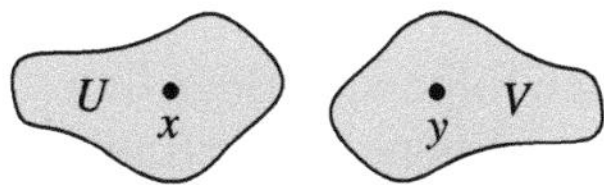

Nach 1.A.5 *ist jeder metrische Raum in natürlicher Weise ein Hausdorff-Raum.* Wie die Aufgaben 2 und 3 des Abschnitts 1.A zeigen, können verschiedene Metriken dieselbe Topologie definieren. Zwei Metriken d und d' auf der Menge X definieren sicherlich dann dieselbe Topologie, wenn es positive reelle Zahlen α und β mit

$$\alpha\, d(x, y) \leq d'(x, y) \leq \beta\, d(x, y)$$

für alle $x, y \in X$ gibt. Die beiden Metriken d, d' heißen in diesem Fall äquivalent. So sind auf einem Produkt $\prod_i X_i$ endlich vieler metrischer Räume die euklidische Metrik und die Maximums- bzw. Summenmetrik alle untereinander äquivalent, vgl. 1.A, Aufg. 2. Ist die Metrik d auf X nicht beschränkt, so sind d und Min $(1, d)$ nicht äquivalente Metriken, die dieselbe Topologie definieren, vgl. 1.A, Aufg. 3.

Gibt es auf einem topologischen Raum X eine Metrik, deren zugehörige Topologie mit der gegebenen übereinstimmt, so heißt X metrisierbar. Die meisten der in diesem Lehrbuch wichtigen topologischen Räume sind metrisierbar. Der Beweis dafür ist aber nicht immer ganz einfach. Ferner wären diese Metriken in vielen Fällen künstlich. *Es ist daher im Allgemeinen weit übersichtlicher, allein mit der Topologie zu rechnen, wenn keine natürlich definierten Metriken zur Verfügung stehen.*

1.B.2 Definition Sei X ein topologischer Raum.

(1) Eine Teilmenge $U \subseteq X$ heißt eine Umgebung des Punktes $x \in X$, wenn es eine offene Menge $U' \subseteq X$ mit $x \in U' \subseteq U$ gibt. U heißt eine Umgebung der Teilmenge $A \subseteq X$, wenn es eine offene Menge $U' \subseteq X$ mit $A \subseteq U' \subseteq U$ gibt.

(2) Eine Teilmenge $A \subseteq X$ heißt a b g e s c h l o s s e n (in X), wenn das Komplement $X - A$ von A in X offen in X ist.

Eine offene Menge $U \subseteq X$ ist eine Umgebung eines jeden ihrer Punkte. Umgekehrt ist eine Menge $U \subseteq X$ offen, wenn sie diese Eigenschaft hat. Es ist dann nämlich $U = \bigcup_{x \in U} U(x)$, wobei $U(x)$ für $x \in U$ eine offene Menge mit $x \in U(x) \subseteq U$ ist. Nach Bedingung (3) in Definition 1.B.1 ist der Durchschnitt *endlich* vieler Umgebungen eines Punktes $x \in X$ oder einer Teilmenge $A \subseteq X$ wieder eine Umgebung von x bzw. A. Für die abgeschlossenen Mengen ergibt sich aus 1.B.1 durch Übergang zu den Komplementen:

1.B.3 Satz *Sei X ein topologischer Raum. Dann gilt:*

(1) $\emptyset$ und X sind abgeschlossen in X.

(2) Ist A_i, $i \in I$, eine beliebige Familie von abgeschlossenen Mengen in X, so ist auch ihr Durchschnitt $\bigcap_{i \in I} A_i$ abgeschlossen in X.

(3) Ist A_j, $j \in J$, eine endliche *Familie von abgeschlossenen Mengen in X, so ist auch ihre Vereinigung $\bigcup_{j \in J} A_j$ abgeschlossen in X.*

Dem Leser sei empfohlen, zu den folgenden Begriffen stets einfache Beispiele in unserem Anschauungsraum oder einer Ebene dieses Raumes zu betrachten. Man vgl. auch Bd. 1, 4.G.10.

1.B.4 Definition Seien X ein topologischer Raum und $M \subseteq X$.

(1) Ein Punkt $x \in X$ heißt ein i n n e r e r Punkt von M, wenn M eine Umgebung von x ist. – Die Menge aller inneren Punkte heißt das I n n e r e oder der o f f e n e K e r n von M und wird mit $\overset{\circ}{M}$ bezeichnet.

(2) Ein Punkt $x \in X$ heißt ein B e r ü h r p u n k t von M, wenn in jeder Umgebung von x ein Element von M liegt. – Die Menge der Berührpunkte von M heißt der A b s c h l u s s oder die a b g e s c h l o s s e n e H ü l l e von M und wird mit $\overline{M}$ bezeichnet. – Ist $\overline{M} = X$, so heißt M d i c h t (in X).

(3) Ein Punkt $x \in X$ heißt ein R a n d p u n k t von M, wenn in jeder Umgebung von x sowohl ein Element von M als auch ein Element des Komplements $X - M$ liegt. – Die Menge aller Randpunkte von M heißt der R a n d von M und wird mit ∂M oder Rd M bezeichnet.

(4) Ein Punkt $x \in X$ heißt ein H ä u f u n g s p u n k t von M, wenn in jeder Umgebung von x ein von x verschiedener Punkt aus M liegt.

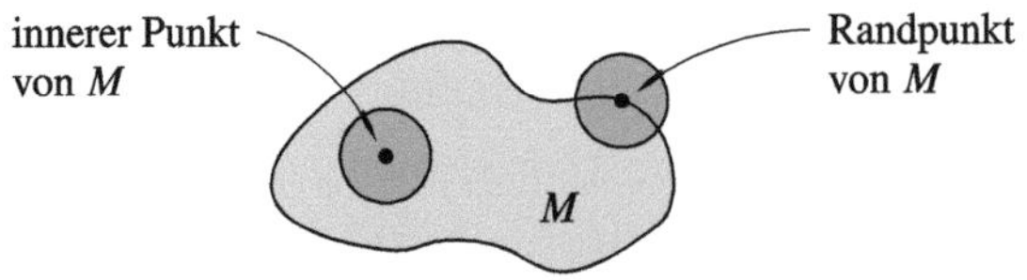

Offenbar gilt

$$\overset{\circ}{M} \subseteq M \subseteq \overline{M}\,; \quad \overset{\circ}{M} \uplus \operatorname{Rd} M = \overline{M}\,; \quad \operatorname{Rd} M = \overline{M} \cap \overline{(X-M)} = \overline{M} - \overset{\circ}{M}\,.$$

Jeder Häufungspunkt von M ist ein Berührpunkt von M. Jeder Berührpunkt von M, der nicht zu M gehört, ist umgekehrt ein Häufungspunkt von M. Genau dann ist M dicht in X, wenn jede nichtleere offene Menge in X mit M einen nichtleeren Durchschnitt hat. Ein innerer Punkt des Komplements $X-M$ von M in X heißt ein **äußerer Punkt** von M.

1.B.5 Satz *Sei M eine Teilmenge des topologischen Raumes X.*

(1) *Der offene Kern $\overset{\circ}{M}$ von M ist die größte in M enthaltene offene Teilmenge von X.*

(2) *Die abgeschlossene Hülle $\overline{M}$ von M ist die kleinste abgeschlossene Teilmenge von X, die M umfasst. Eine offene Menge U in X trifft also genau dann M, wenn sie $\overline{M}$ trifft.*

(3) *Der Rand $\operatorname{Rd} M$ von M ist abgeschlossen in X.*

B e w e i s . (1) Sei $x \in \overset{\circ}{M}$. Dann gibt es eine offene Umgebung U von x mit $U \subseteq M$. Da U Umgebung für alle $y \in U$ ist, folgt $U \subseteq \overset{\circ}{M}$. Folglich ist $\overset{\circ}{M}$ offen in X. Sei $V \subseteq M$ und V offen in X. Dann ist V wieder Umgebung für alle $y \in V$ und somit $V \subseteq \overset{\circ}{M}$.

(2) Sei $x \in X$, $x \notin \overline{M}$. Es gibt eine offene Umgebung U von x mit $U \cap M = \emptyset$. Dann ist $U \cap \overline{M} = \emptyset$, da U Umgebung für alle $y \in U$ ist. Folglich ist $X - \overline{M}$ offen und $\overline{M}$ selbst abgeschlossen. Sei A abgeschlossen in X mit $M \subseteq A$. Dann ist $\overline{M} \cap (X-A) = \emptyset$, da $X - A$ für jeden Punkt $y \in X - A$ eine Umgebung mit $M \cap (X-A) = \emptyset$ ist. Also ist $\overline{M} \subseteq A$.

(3) ergibt sich wegen $\operatorname{Rd} M = \overline{M} \cap \overline{(X-M)}$ aus (2).   ●

Den Beweis der nächsten Aussage überlassen wir dem Leser. Wir werden im Folgenden häufiger ähnlich einfache mengentheoretische Beziehungen zwischen den angegebenen topologischen Begriffen benutzen, ohne sie im Einzelnen immer zu beweisen; siehe auch die Aufgaben zu diesem Abschnitt.

1.B.6 *Sei M eine Teilmenge des topologischen Raumes X.*

a) *Folgende Aussagen sind äquivalent:* (1) *M ist offen in X.* (2) *Es ist $M = \overset{\circ}{M}$.* (3) *Es ist $M \cap \operatorname{Rd} M = \emptyset$.*

b) *Folgende Aussagen sind äquivalent:* (1) *M ist abgeschlossen in X.* (2) *Es ist $M = \overline{M}$.* (3) *Es ist $\operatorname{Rd} M \subseteq M$.* (4) *$M$ enthält alle seine Häufungspunkte.*

In Analogie zu 1.A.7 heißt eine Folge (x_n) eines topologischen Raumes X k o n v e r g e n t (in X) mit G r e n z w e r t oder L i m e s $x \in X$, wenn in jeder Umgebung von x fast alle Glieder der Folge liegen. *Ist X ein Hausdorff-Raum, so besitzt eine Folge in X höchstens einen Grenzwert in X.* Denn verschiedene Punkte in X haben disjunkte Umgebungen, in denen nicht gleichzeitig fast alle Glieder einer Folge liegen können.

1.B.7 Beispiel Sei X eine Menge. Wir betrachten auf X die beiden extremen Topologien, und zwar zunächst die d i s k r e t e   T o p o l o g i e , bei der alle Teilmengen von X offen sind. Ist dann (x_n) eine Folge in X und $x \in X$ ein Punkt, so ist $\{x\}$ eine Umgebung von x und folglich x nur dann ein Grenzwert von (x_n), wenn die Folge (x_n) stationär mit dem Wert x ist, d.h. $x_n = x$ gilt für alle $n \geq n_0$ mit einem $n_0 \in \mathbb{N}$. Der Konvergenzbegriff ist in diesem Fall also sehr restriktiv, im Fall der Konvergenz liefern die Folgenglieder aber sehr präzise Informationen über den Grenzwert. Die Frage, ob überhaupt Konvergenz vorliegt und wie die Stelle n_0 zu finden ist, kann dabei durchaus noch schwierig sein.

Im anderen extremen Fall sind $\emptyset$ und X die einzigen offenen Mengen in X. Man spricht dann auch von der K l u m p e n t o p o l o g i e . Dann besitzt ein Punkt $x \in X$ nur X selbst als Umgebung. Folglich konvergiert jede Folge in X gegen jeden Punkt $x \in X$. Die Konvergenz ist in diesem Fall also völlig nichts sagend.

In beiden Fällen ist der Konvergenzbegriff recht banal, wenn auch aus verschiedenen Gründen. Die Wahl einer „guten" Topologie ist häufig ein Kompromiss zwischen zu groß und zu klein, der jeweils nach dem verfolgten Ziel entschieden werden muss. Als ein ausgezeichneter Kompromiss für die Menge der reellen Zahlen hat beispielsweise die natürliche Topologie von $\mathbb{R}$ zu gelten, die den gesamten Betrachtungen der Analysis zu Grunde liegt.

Ist x Grenzwert einer Folge (x_n) von Elementen einer Teilmenge $M \subseteq X$, so ist x ein Berührpunkt von M. Sind die x_n, $n \in \mathbb{N}$, überdies von x verschieden, so ist x sogar ein Häufungspunkt von M. In metrischen Räumen gilt jeweils auch die Umkehrung:

1.B.8 Lemma *Sei M eine Teilmenge des metrischen Raumes X.*

(1) Ein Punkt $x \in X$ ist genau dann Berührpunkt von M, wenn es eine Folge (x_n) von Elementen in M mit $x = \lim x_n$ gibt.

(2) Ein Punkt $x \in X$ ist genau dann Häufungspunkt von M, wenn es eine Folge (x_n) von Elementen in M mit $x_n \neq x$ für alle $n \in \mathbb{N}$ und $x = \lim x_n$ gibt.

(3) M ist genau dann abgeschlossen in X, wenn der Grenzwert jeder in X konvergenten Folge $x_n \in M$, $n \in \mathbb{N}$, sogar in M liegt.

B e w e i s .   Sei x Berühr- bzw. Häufungspunkt von M. Zu jedem $n \in \mathbb{N}^*$ gibt es ein Element $x_n \in \mathrm{B}(x\,;1/n)$, das im Fall eines Häufungspunktes von x verschieden gewählt werden kann. Es ist dann $x = \lim x_n$. Das beweist (1) und (2). $-$ (3) folgt aus (1).   ●

Ein Punkt x des topologischen Raumes X heißt H ä u f u n g s p u n k t der Folge (x_n) in X, wenn in jeder Umgebung von x unendlich viele Glieder der Folge (x_n) liegen. Besitzt (x_n) eine gegen x konvergierende Teilfolge, so ist x Häufungspunkt von (x_n). In metrischen Räumen gilt wieder die Umkehrung:

1.B.9 Lemma *Ein Punkt x eines metrischen Raumes X ist genau dann ein Häufungspunkt der Folge (x_n) in X, wenn (x_n) eine gegen x konvergierende Teilfolge besitzt.*

B e w e i s .   Ist x Häufungspunkt der Folge (x_n), so gibt es zu jedem $k \in \mathbb{N}^*$ unendlich viele Glieder x_n der Folge mit $x_n \in \mathrm{B}(x\,;1/k)$. Es gibt daher eine Folge $n_0, n_1, \ldots$ von Indizes mit $n_0 < n_1 < \cdots$ und $x_{n_k} \in \mathrm{B}(x\,;1/k)$, $k \in \mathbb{N}^*$. Die Teilfolge $(x_{n_k})_k$ konvergiert gegen x.   ●

Die offenen Mengen eines topologischen Raumes werden häufig als Vereinigungen von offenen Mengen eines einfachen und übersichtlichen Typs gewonnen. So ist in einem metrischen Raum X jede offene Menge Vereinigung von offenen Kugeln $B(x\,;\varepsilon)$, $x\in X$, $\varepsilon\in\mathbb{R}_+^\times$. Dies führt zum Begriff der Basis einer Topologie [1]:

1.B.10 Definition Sei X ein topologischer Raum mit der Topologie $\mathcal{T}$. Eine Teilmenge $\mathcal{B}\subseteq\mathcal{T}$ heißt eine **B a s i s** von $\mathcal{T}$, wenn jede offene Menge $U\in\mathcal{T}$ Vereinigung von offenen Mengen aus $\mathcal{B}$ ist. – Eine Menge $\mathcal{U}$ von (nicht notwendig offenen) Umgebungen des Punktes $x\in X$ heißt eine **U m g e b u n g s b a s i s v o n** x, wenn zu jeder Umgebung U von x eine Umgebung $V\in\mathcal{U}$ mit $V\subseteq U$ existiert.

Eine Teilmenge $\mathcal{B}\subseteq\mathcal{T}$ ist offenbar genau dann eine Basis von $\mathcal{T}$, wenn für jedes $x\in X$ die Menge $\mathcal{U}(x):=\{U\in\mathcal{B}\mid x\in U\}$ eine Umgebungsbasis von x ist. Für einen metrischen Raum X bilden die offenen Kugeln $B(x\,;\varepsilon)$, $\varepsilon>0$, eine Umgebungsbasis des Punktes $x\in X$, ja bereits die Kugeln $B(x\,;1/n)$, $n\in\mathbb{N}^*$. Für den $\mathbb{R}^m$ ist offenbar die Menge der Kugeln $B(x\,;1/n)$, $x\in\mathbb{Q}^m$, $n\in\mathbb{N}^*$, eine Basis der Topologie. Diese Basis enthält nur abzählbar viele offene Mengen. Für die meisten der im Folgenden wichtigen topologischen Räume besitzt die Topologie eine solche abzählbare Basis. Man spricht von **R ä u m e n m i t e i n e r a b z ä h l b a r e n T o p o l o g i e** [2].

1.B.11 Lemma *Für einen metrischen Raum X sind folgende Aussagen äquivalent:*

(1) *Die Topologie von X besitzt eine abzählbare Basis.*

(2) *X besitzt eine abzählbare dichte Teilmenge.*

B e w e i s . Aus (1) folgt (2): Sei $\mathcal{B}$ eine abzählbare Basis der Topologie von X. Für jedes nichtleere $U_i\in\mathcal{B}$ sei x_i ein Punkt in U_i, $i\in I$, I abzählbar. Dann ist die abzählbare Menge $M:=\{x_i\mid i\in I\}$ dicht in X. Sei nämlich U eine beliebige offene nichtleere Menge in X. Da U Vereinigung von offenen Mengen aus $\mathcal{B}$ ist, gibt es ein $i\in I$ mit $U_i\subseteq U$. Dann ist $x_i\in U$.

Aus (2) folgt (1): Sei x_i, $i\in I$, eine abzählbare Familie von Punkten in X, für die $M=\{x_i\mid i\in I\}$ dicht in X ist. Dann bilden die offenen Kugeln $B(x_i\,;1/n)$, $i\in I$, $n\in\mathbb{N}^*$, eine abzählbare Basis der Topologie von X. Sei nämlich U eine beliebige offene Menge in X. Ferner sei $x\in U$. Dann gibt es ein $m\in\mathbb{N}^*$ mit $B(x\,;1/m)\subseteq U$. In der offenen Kugel $B(x\,;1/2m)$ liegt ein Punkt x_i der dichten Teilmenge M. Dann ist $x\in B(x_i\,;1/2m)\subseteq B(x\,;1/m)\subseteq U$. Folglich ist U Vereinigung von Kugeln der Form $B(x_i\,;1/n)$, $i\in I$, $n\in\mathbb{N}^*$.   ●

Die folgende einfache Aussage wird später noch häufiger verwendet:

1.B.12 Satz *Sei X ein topologischer Raum, dessen Topologie eine abzählbare Basis besitzt. Dann besitzt jede offene Überdeckung von X eine abzählbare Teilüberdeckung.*

---

[1] Dieser Begriff sollte nicht mit dem Begriff der Basis für einen Vektorraum verwechselt werden.

[2] Dies ist etwas missverständlich, da im Allgemeinen nicht die Topologie $\mathcal{T}$ selbst abzählbar ist, sondern nur eine Basis $\mathcal{B}$ von $\mathcal{T}$.

Beweis. Unter einer **offenen Überdeckung** von X verstehen wir natürlich eine Familie U_i, $i \in I$, von offenen Mengen $U_i \subseteq X$ mit $\bigcup_{i \in I} U_i = X$.

Sei U_i, $i \in I$, solch eine offene Überdeckung. Ferner sei $\mathcal{B}$ eine abzählbare Basis der Topologie von X. Jedes U_i ist Vereinigung von Elementen aus $\mathcal{B}$. Sei $\mathcal{B}' \subseteq \mathcal{B}$ die Menge der offenen Mengen, die zu $\mathcal{B}$ gehören und in wenigstens einer der offenen Mengen U_i, $i \in I$, enthalten sind. Für jedes $V \in \mathcal{B}'$ sei $i_V \in I$ ein Index mit $V \subseteq U_{i_V}$. Bezeichnet J die abzählbare Teilmenge $J := \{i_V \mid V \in \mathcal{B}'\} \subseteq I$, so gilt dann

$$X = \bigcup_{V \in \mathcal{B}'} V \subseteq \bigcup_{V \in \mathcal{B}'} U_{i_V} = \bigcup_{i \in J} U_i.$$

Also ist U_i, $i \in J$, eine abzählbare Teilüberdeckung von U_i, $i \in I$. $\bullet$

Aus gegebenen topologischen Räumen lassen sich in mannigfacher Weise neue topologische Räume gewinnen. Wir behandeln hier einige wichtige Konstruktionen, die wir immer wieder benutzen werden:

(1) Unterräume: Sei X' eine beliebige Teilmenge des topologischen Raumes X. Dann bilden die Mengen $U \cap X'$, U offen in X, offensichtlich eine Topologie auf X'. Diese heißt die von X auf X' induzierte Topologie und X' heißt ein Unterraum von X. Eine Teilmenge X' eines topologischen Raumes X fassen wir stets in dieser Weise als topologischen Raum auf. Ist $\mathcal{B}$ eine Basis der Topologie von X, so ist $U \cap X'$, $U \in \mathcal{B}$, eine Basis der Topologie von X'. Insbesondere besitzt X' eine abzählbare Topologie, wenn dies für X gilt. Für eine Teilmenge $M' \subseteq X'$ ist bei den Operationen „innerer Kern", „abgeschlossene Hülle", „Rand" usw. sorgfältig darauf zu achten, ob diese in X' oder in X auszuführen sind. So ist etwa X' als Teilmenge von X' stets offen und abgeschlossen, aufgefasst als Teilmenge von X ist dies aber in der Regel nicht der Fall. *Ist X ein metrischer Raum, so ist offenbar die Topologie eines Unterraums $X' \subseteq X$ stets die Topologie zu der auf X' induzierten Metrik.*

(2) Produkträume: Seien X_i, $i \in I$, eine endliche Familie von topologischen Räumen und $X = \prod_i X_i$ ihr Produkt. Dann heißt eine Teilmenge $U \subseteq X$ offen, wenn zu jedem Punkt $x = (x_i) \in U$ offene Mengen $U_i \subseteq X_i$, $i \in I$, mit $x \in \prod_i U_i \subseteq U$ existieren. Dadurch wird offenbar eine Topologie auf X definiert. X versehen mit dieser Produkttopologie heißt das Produkt der topologischen Räume X_i, $i \in I$. Ist $\mathcal{B}_i$ jeweils eine Basis für die Topologie von X_i, $i \in I$, so bilden die Produktmengen $\prod_i U_i$, $U_i \in \mathcal{B}_i$, $i \in I$, eine Basis der Produkttopologie auf X. Aufgabe 6 in Abschnitt 1.A zeigt, *dass die Produkttopologie auf X im Fall metrischer Räume X_i von der Produktmetrik auf X induziert wird.* Für unendliche Produkte vgl. Bemerkung 1.B.13 weiter unten.

(3) Bildtopologie und Quotiententopologie: Seien X ein topologischer Raum und $f : X \to Y$ eine beliebige Abbildung. Die Teilmengen $V \subseteq Y$, für die $f^{-1}(V) \subseteq X$ offen in X ist, bilden offensichtlich eine Topologie auf Y. Sie heißt die Bildtopologie von X auf Y bzgl. f. Ist R eine Äquivalenzrelation auf X und $\overline{X} = X/R$ die Menge der Äquivalenzklassen bzgl. R, so heißt die Bildtopologie auf $\overline{X}$ bzgl. der kanonischen Projektion $\pi : X \mapsto \overline{X}$ die Quotiententopologie auf $\overline{X}$.

Wenn nichts anderes gesagt wird, versehen wir $\overline{X}$ stets mit dieser Quotiententopologie. Man sagt auch, $\overline{X}$ entstehe aus X durch **Identifizieren** der bzgl. R äquivalenten Punkte (und gibt dabei im Allgemeinen nur die Äquivalenzklassen mit mehr als einem Punkt an).

Sind R und S zwei Äquivalenzrelationen auf X mit $R \subseteq S$[3]) und den kanonischen Projektionen $\pi_R : X \to X/R$ bzw. $\pi_S : X \to X/S$, so induziert π_S eine kanonische (surjektive) Abbildung $\pi_{S,R} : X/R \to X/S$ mit $\pi_{S,R}(\overline{x}) = \overline{x}$, d.h. mit $\pi_{S,R}\,\pi_R = \pi_S$. Die Quotiententopologie auf X/S ist dann die Bildtopologie der Quotiententopologie auf X/R bzgl. $\pi_{S,R}$, denn eine Menge $V \subseteq X/S$ ist bzgl. dieser Bildtopologie genau dann offen, wenn $\pi_{S,R}^{-1}(V)$ offen in X/R ist, und dies wiederum ist genau dann der Fall, wenn $\pi_R^{-1}(\pi_{S,R}^{-1}(V)) = \pi_S^{-1}(V)$ offen in X ist. *Das Identifizieren kann also schrittweise vorgenommen werden.*

Ist allgemeiner $f_i : X_i \to Y$, $i \in I$, eine Familie von Abbildungen der topologischen Räume X_i in die Menge Y, so bilden die $V \subseteq Y$, für die $f_i^{-1}(V)$ offen in X_i ist für jedes $i \in I$, eine Topologie auf Y. Sie heißt die **Bildtopologie** auf Y bzgl. der f_i, $i \in I$, und ist der Durchschnitt $\bigcap_i \mathcal{T}_i$, wobei $\mathcal{T}_i$ für $i \in I$ die Bildtopologie von X_i auf Y bzgl. f_i ist.

1.B.13 Bemerkung (Beliebige Produkte topologischer Räume) Neben den oben beschriebenen endlichen Produkten topologischer Räume werden wir gelegentlich auch unendliche Produkte benutzen. Sei X_i, $i \in I$, eine beliebige Familie von topologischen Räumen. Die Menge der Produktmengen $\prod_{i \in I} U_i$, wobei die $U_i \subseteq X_i$ offen sind *und $U_i = X_i$ jeweils für fast alle $i \in I$ gilt*, ist Basis einer Topologie auf dem Produkt $X := \prod_{i \in I} X_i$. Diese Topologie heißt die **Produkttopologie** auf X. Eine Teilmenge $U \subseteq X$ ist also genau dann offen bzgl. der Produkttopologie, wenn zu jedem $x \in U$ eine Menge $\prod_i U_i$ der oben angegebenen Form mit $x \in \prod_i U_i \subseteq U$ existiert.

Aufgaben

1. Für die folgenden Teilmengen M des $\mathbb{R}^n$, versehen mit der Standardtopologie, bestimme man das Innere $\overset{\circ}{M}$, die abgeschlossene Hülle $\overline{M}$ und den Rand $\operatorname{Rd} M$:

a) $M := \mathbb{Q} \subseteq \mathbb{R}$.   **b)** $M := \mathbb{R} - \mathbb{Q} \subseteq \mathbb{R}$.   **c)** $M := [a, b[\subseteq \mathbb{R}, a < b$.

d) $M := \{(x_1, x_2) \mid x_1 < |x_2|\} \subseteq \mathbb{R}^2$.   **e)** $M := \{(x_1, x_2) \mid x_1^2 \leq |x_2|\} \subseteq \mathbb{R}^2$.

2. Seien M, M_1, M_2 Teilmengen des topologischen Raumes X. Man zeige:

a) Genau dann ist $x \in X$ kein Berührpunkt von M, wenn x ein innerer Punkt des Komplements $X - M$ ist, d.h. es ist $(X - M)^\circ = X - \overline{M}$ und somit $\overline{M} = X - (X - M)^\circ$. Ferner ergibt sich $\overset{\circ}{M} = X - \overline{(X - M)}$.

b) $(M_1 \cap M_2)^\circ = \overset{\circ}{M}_1 \cap \overset{\circ}{M}_2$, $\overline{M_1 \cup M_2} = \overline{M_1} \cup \overline{M_2}$.

c) $(M_1 \cup M_2)^\circ \supseteq \overset{\circ}{M}_1 \cup \overset{\circ}{M}_2$, $\overline{M_1 \cap M_2} \subseteq \overline{M_1} \cap \overline{M_2}$. (Man gebe Beispiele dafür, dass diese Inklusionen echt sein können.)

---

[3]) Man denke daran: R und S sind Teilmengen der Produktmenge $X \times X$, und zwar ist $R = \{(x, y) \in X \times X \mid x\,R\,y\}$ und entsprechend für S.

d) Genau dann ist M sowohl offen als auch abgeschlossen, wenn Rd $M = \emptyset$ ist. (Solche Mengen M heißen r a n d l o s.)

e) $\overline{\overline{M}} = \overline{M}$, $(\mathring{M})^\circ = \mathring{M}$.

f) Sei $M \subseteq X' \subseteq X$. Die abgeschlossene Hülle von M in X' ist $X' \cap \overline{M}$, wobei $\overline{M}$ die abgeschlossene Hülle von M in X ist.

3. X_i, $i \in I$, sei eine endliche Familie topologischer Räume. Für beliebige Teilmengen $M_i \subseteq X_i$, $i \in I$, gilt dann

$$\left(\prod_{i \in I} M_i\right)^\circ = \prod_{i \in I} \mathring{M}_i \qquad \text{und} \qquad \overline{\left(\prod_{i \in I} M_i\right)} = \prod_{i \in I} \overline{M}_i\,.$$

Insbesondere ist das Produkt abgeschlossener Mengen abgeschlossen. (Die zweite Formel gilt auch für unendliche Produkte, die erste im Allgemeinen nicht, vgl. Aufg. 18.)

4. Seien M, M_1, M_2 Teilmengen des topologischen Raumes X. Dann gilt:

a) Rd $(X - M) =$ Rd M.   **b)** Rd $(M_1 \cup M_2) \subseteq$ (Rd M_1) $\cup$ (Rd M_2).

5. Man beweise 1.B.6.

6. Sei X ein metrischer Raum. Dann gelten für jedes $x \in X$ und jedes $r > 0$ die Inklusionen $\overline{\mathrm{B}(x\,;r)} \subseteq \overline{\mathrm{B}}(x\,;r)$, Rd $\mathrm{B}(x\,;r) \subseteq \mathrm{S}(x\,;r)$ und $\mathrm{B}(x\,;r) \subseteq \left(\overline{\mathrm{B}}(x\,;r)\right)^\circ$. Man zeige an Hand von Beispielen, dass diese Inklusionen echt sein können.

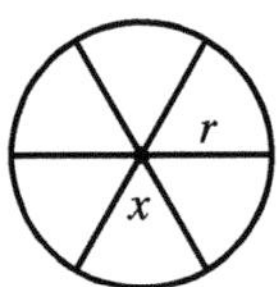

7. Für Teilmengen M und N der topologischen Räume X bzw. Y gilt:

$$\mathrm{Rd}\,(M \times N) = \left((\mathrm{Rd}\,M) \times \overline{N}\right) \cup \left(\overline{M} \times (\mathrm{Rd}\,N)\right)$$
$$= \left((\mathrm{Rd}\,M) \times N\right) \cup \left(M \times (\mathrm{Rd}\,N)\right) \cup \left((\mathrm{Rd}\,M) \times (\mathrm{Rd}\,N)\right).$$

8. a) Genau dann ist der topologische Raum X ein Hausdorff-Raum, wenn die Diagonale $\Delta_X = \{(x, x) \mid x \in X\}$ abgeschlossen in $X \times X$ ist.

b) Sei $R \subseteq X \times X$ eine Äquivalenzrelation auf dem topologischen Raum X. Ist der Raum $\overline{X} = X/R$ der Äquivalenzklassen bzgl. R mit der Quotiententopologie ein Hausdorff-Raum, so ist R abgeschlossen in $X \times X$. (Hiervon gilt in der Regel nicht die Umkehrung, vgl. aber 2.B, Aufg. 23.) Genau dann ist X/R ein Hausdorff-Raum, wenn zwei verschiedene Äquivalenzklassen $A, B \subseteq X$ stets disjunkte Umgebungen besitzen, die mit jedem Punkt jeweils die ganze Äquivalenzklasse dieses Punktes umfassen.[4])

9. In einem Hausdorff-Raum sind alle einpunktigen Teilmengen abgeschlossen.

10. Sei X_i, $i \in I$, eine endliche Familie nichtleerer topologischer Räume. Genau dann besitzt $\prod_i X_i$ eine abzählbare Topologie, wenn dies für alle Komponenten X_i gilt. (Die Aussage gilt auch, wenn I abzählbar unendlich ist, vgl. Aufg. 18.)

---

[4]) Man nennt solche Umgebungen R - s a t u r i e r t.

11. Sei X ein topologischer Raum.

a) Besitzt X abzählbare Topologie, so auch jeder Teilraum von X und jede Basis der Topologie von X enthält eine abzählbare Teilbasis.

b) X besitze eine abzählbare offene Überdeckung U_i, $i \in I$, wobei jedes U_i eine abzählbare Topologie besitzt. Dann besitzt auch X eine abzählbare Topologie.

12. Sei X ein Raum mit einer abzählbaren Topologie. Eine Folge (x_n) in X besitzt genau dann einen Häufungspunkt in X, wenn sie eine in X konvergente Teilfolge besitzt. Dies gilt bereits dann, wenn jeder Punkt $x \in X$ eine abzählbare Umgebungsbasis besitzt.

13. Sei X ein Raum mit abzählbarer Topologie. Dann besitzt die Menge $\mathcal{T}$ der offenen (und damit auch die der abgeschlossenen) Mengen von X höchstens die Mächtigkeit des Kontinuums[5]. Insbesondere besitzt X selbst höchstens die Mächtigkeit des Kontinuums, wenn X zusätzlich hausdorffsch ist.

14. Jeder Raum mit abzählbarer Topologie besitzt eine abzählbare dichte Teilmenge. (Vgl. den Beweis von $(1) \Rightarrow (2)$ in 1.B.11.)

15. Eine Teilmenge M eines topologischen Raumes X heißt n i r g e n d s d i c h t, wenn das Komplement von $\overline{M}$ in X dicht ist.

a) Teilmengen nirgends dichter Mengen sind nirgends dicht.

b) Endliche Vereinigungen von nirgends dichten Mengen sind nirgends dicht.

c) Folgende Aussagen sind äquivalent: (1) M ist nirgends dicht. (2) $(X-M)^\circ$ ist dicht in X. (3) $\overline{M}$ ist nirgends dicht. (4) $(\overline{M})^\circ = \emptyset$. (5) $M \subseteq \operatorname{Rd} \overline{M}$. (6) Für jede offene Menge U in X ist $M \cap U$ eine nirgends dichte Teilmenge in U. (7) Zu jedem Punkt $x \in X$ gibt es eine Umgebung V von x derart, dass $M \cap V$ nirgends dicht in V ist.

16. Sei X ein topologischer Raum. Ein Punkt $x \in X$ heißt ein d i s k r e t e r P u n k t von X, wenn $\{x\}$ offen in X ist. X, d.h. die Topologie auf X, ist diskret, wenn jeder Punkt in X diskret ist, vgl. Beispiel 1.B.7.

a) Ein topologischer Raum X ist genau dann diskret, wenn jede Teilmenge von X offen ist.

b) Ein diskreter Raum X mit abzählbarer Topologie besitzt nur abzählbar viele Punkte. Insbesondere ist ein diskreter Teilraum eines Raumes mit abzählbarer Topologie abzählbar. Dies gilt insbesondere für die Räume $\mathbb{K}^n$, $n \in \mathbb{N}$.

c) Sei M Teilmenge des topologischen Raumes X. Genau dann ist ein Punkt $x \in M$ ein diskreter Punkt von M, wenn x Berührpunkt, aber kein Häufungspunkt von M ist. (Man beachte, dass ein diskreter Teilraum von X Häufungspunkte in X haben kann. Die Stammbrüche $1/n$, $n \in \mathbb{N}^*$, bilden einen diskreten Teilraum von $X = \mathbb{R}$, der in $\mathbb{R}$ den Häufungspunkt 0 besitzt.)

d) Ein Hausdorff-Raum mit nur endlich vielen Punkten ist diskret.

e) Eine Teilmenge M eines Hausdorff-Raumes X ist genau dann diskret und abgeschlossen, wenn jeder Punkt $x \in X$ eine Umgebung U besitzt, in der nur endlich viele Punkte von M liegen.

f) Die Vereinigung endlich vieler *abgeschlossener* diskreter Unterräume von X ist diskret.

17. Sei X eine Menge.

a) Eine Teilmenge $\mathcal{B} \subseteq \mathfrak{P}(X)$ mit $\bigcup_{U \in \mathcal{B}} U = X$ ist genau dann Basis einer Topologie auf X, wenn zu je zwei Elementen $U, V \in \mathcal{B}$ und jedem Punkt $x \in U \cap V$ ein $W \in \mathcal{B}$ mit $x \in W \subseteq U \cap V$ existiert.

---

[5]) Dies bedeutet, dass es eine injektive Abbildung $\mathcal{T} \to \mathbb{R}$ gibt.

b) Ist $\mathcal{C}$ eine beliebige Teilmenge von $\mathfrak{P}(X)$, so ist die Menge der Durchschnitte von jeweils endlich vielen Elementen von $\mathcal{C}$ Basis einer Topologie $\mathcal{T}$ auf X. Sie ist die (bzgl. der Inklusion) kleinste Topologie, die $\mathcal{C}$ umfasst. $\mathcal{C}$ heißt eine Subbasis von $\mathcal{T}$ und $\mathcal{T}$ die von $\mathcal{C}$ erzeugte Topologie.

18. Seien X_i, $i \in I$, eine beliebige Familie von topologischen Räumen und $X := \prod_{i \in I} X_i$ ihr Produkt, vgl. Bemerkung 1.B.13.

a) Ist $I = \mathbb{N}$ und sind die X_i, $i \in \mathbb{N}$, metrisch mit den Metriken d_i, so wird die Produkttopologie auf X durch die Metrik d aus 1.A, Aufg. 4 definiert.

b) Ist I nicht abzählbar und haben die Räume X_i, $i \in I$, alle mehr als ein Element, so ist X nicht metrisch. (Der Durchschnitt abzählbar vieler Umgebungen eines Punktes $x \in X$ ist in diesem Fall stets $\neq \{x\}$.) Der Folgenraum $\mathbb{R}^{\mathbb{N}}$ ist also metrisch, der Raum $\mathbb{R}^{\mathbb{R}}$ nicht.

c) Ist I abzählbar und haben alle X_i eine abzählbare Topologie, so auch X.

19. Die zu 1.A.8 analoge Aussage gilt für beliebige (auch unendliche) Produkte topologischer Räume, vgl. dazu Bemerkung 1.B.13.

20. (Urbildtopologien) Seien X ein topologischer Raum und $g : W \to X$ eine beliebige Abbildung. Die Mengen $g^{-1}(U)$, wobei U die offenen Mengen von X durchläuft, bilden eine Topologie auf W, die so genannte Urbildtopologie von X bzgl. g. Ist $W = X'$ eine Teilmenge von X und g die kanonische Inklusion, so ist die Urbildtopologie die von X auf X' induzierte Topologie. Seien $g_i : W \to X_i$ eine Familie von Abbildungen der Menge W in die topologischen Räumen X_i, $i \in I$, und g die zusammengesetzte Abbildung $W \to \prod_i X_i$ mit $w \mapsto \big(g_i(w)\big)_{i \in I}$. Dann heißt die Urbildtopologie bzgl. g auch die Urbildtopologie bzgl. der Familie g_i, $i \in I$.[6] Sie ist die von $\bigcup_{i \in I} \mathcal{T}_i$ erzeugte Topologie auf W (vgl. Aufg. 17b)), wobei $\mathcal{T}_i$ die Urbildtopologie bzgl. g_i ist, $i \in I$.

21. Sei X ein topologischer Raum und $A \subseteq X$ ein Teilmenge.

a) Genau dann ist A abgeschlossen in X, wenn es zu jedem Punkt $x \in X$ eine Umgebung U von x gibt derart, dass $A \cap U$ abgeschlossen in U ist.

b) A heißt lokal abgeschlossen in X, wenn es zu jedem Punkt $x \in A$ eine Umgebung U von x gibt derart, dass $A \cap U$ abgeschlossen in U ist. Man zeige: Genau dann ist A lokal abgeschlossen in X, wenn es eine abgeschlossene Menge $F \subseteq X$ und offene Menge $U \subseteq X$ gibt mit $A = F \cap U$.

1.C Stetige Abbildungen

Nach 1.A.10 a) ist folgende Definition der Stetigkeit von Abbildungen topologischer Räume nicht überraschend:

1.C.1 Definition Seien X und Y topologische Räume und $f : X \to Y$ eine Abbildung.

(1) Die Abbildung f heißt stetig im Punkt $a \in X$, wenn es zu jeder Umgebung V von $f(a)$ in Y eine Umgebung U von a in X mit $f(U) \subseteq V$ gibt.

(2) Die Abbildung f heißt stetig (auf ganz X), wenn f in jedem Punkt von X stetig ist.

---

[6] Für unendliche I vgl. Bemerkung 1.B.13.

Die Bedingung (1) ist äquivalent damit, dass das Urbild $f^{-1}(V)$ einer jeden Umgebung V von $f(a)$ eine Umgebung von a ist. Wie bei metrischen Räumen gilt:

1.C.2 Satz *Für eine Abbildung $f : X \to Y$ zwischen topologischen Räumen X und Y sind folgende Aussagen äquivalent:*

(1) *f ist stetig.*

(2) *Das Urbild einer jeden offenen Menge in Y ist eine offene Menge in X.*

(3) *Das Urbild einer jeden abgeschlossenen Menge in Y ist eine abgeschlossene Menge in X.*

B e w e i s. Die Äquivalenz von (1) und (2) ergibt sich wie in 1.A.10 b). Die Äquivalenz von (2) und (3) ergibt sich wegen $f^{-1}(Y - N) = X - f^{-1}(N)$ für jede Teilmenge $N \subseteq Y$ durch Übergang zu den Komplementen. $\bullet$

1.C.3 Satz *Seien $f : X \to Y$ und $g : Y \to Z$ Abbildungen zwischen den topologischen Räumen X, Y, Z.*

(1) *Ist f stetig in $a \in X$ und g stetig in $f(a) \in Y$, so ist die Komposition $g \circ f : X \to Z$ in a stetig.*

(2) *Sind f und g stetig, so ist auch die Komposition $g \circ f$ stetig.*

B e w e i s. (1) Für eine Umgebung W von $(gf)(a) = g\big(f(a)\big)$ ist $g^{-1}(W)$ eine Umgebung von $f(a)$, da g stetig in $f(a)$ ist, und somit $f^{-1}(g^{-1}(W) = (gf)^{-1}(W)$ eine Umgebung von a, da f stetig in a ist. $-$ (2) folgt aus (1). $\bullet$

Die Stetigkeit der Abbildung $f : X \to Y$ im Punkte $a \in X$ lässt sich auch als Grenzwertbeziehung

$$f(a) = \lim_{x \to a} f(x)$$

beschreiben, wenn für den Grenzwert von Abbildungen zwischen topologischen Räumen folgende Definition zugrunde gelegt wird (vgl. Bd. 1, Abschnitt 10.A):

1.C.4 Definition Seien D ein Unterraum des topologischen Raumes X, $a \in X$ ein Berührpunkt von D und $f : D \to Y$ eine Abbildung von D in den topologischen Raum Y. Dann heißt $y \in Y$ ein G r e n z w e r t oder L i m e s v o n f im P u n k t a, in Zeichen

$$y = \lim_{x \to a, x \in D} f(x),$$

wenn zu jeder Umgebung V von y in Y eine Umgebung U von a in X mit $f(U \cap D) \subseteq V$ existiert.

Im Fall $a \notin D$ gilt $y = \lim_{x \to a, x \in D} f(x)$ offenbar genau dann, wenn die auf $D \cup \{a\}$ definierte Funktion $\widetilde{f}$ mit

$$\widetilde{f}(x) := \begin{cases} f(x), & \text{falls } x \in D, \\ y, & \text{falls } x = a, \end{cases}$$

in a stetig ist. *Ist Y hausdorffsch, so ist der Grenzwert y (falls er existiert) eindeutig bestimmt.* Für metrische Räume lässt sich ein Grenzwert mit Hilfe von Folgen charakterisieren (vgl. den Beweis von (4) $\Rightarrow$ (1) in 1.A.10):

1.C.5 Lemma *Seien $f : D \to Y$ und $a \in X$ wie in Definition 1.C.4. Überdies sei X ein metrischer Raum. Für einen Punkt $y \in Y$ sind äquivalent:*

(1) Es ist $y = \lim_{x \to a, x \in D} f(x)$.

(2) Für jede Folge (x_n) mit $x_n \in D$ für alle $n \in \mathbb{N}$ und $\lim x_n = a$ gilt $\lim f(x_n) = y$.

Die Implikation (1) $\Rightarrow$ (2) in 1.C.5 gilt offenbar auch dann, wenn X nicht metrisch ist. Ferner gilt (2) $\Rightarrow$ (1) bereits dann, wenn der Punkt a eine abzählbare Umgebungsbasis in X besitzt.

Die stetigen Abbildungen sind die Homomorphismen zwischen topologischen Räumen. Entsprechend ist ein Isomorphismus für die topologischen Räume X und Y eine bijektive stetige Abbildung $f : X \to Y$, deren Umkehrabbildung $f^{-1} : Y \to X$ ebenfalls stetig ist. Eine solche Abbildung f heißt ein H o m ö o m o r p h i s m u s von X auf Y. Ein Homöomorphismus $f : X \to Y$ induziert eine Bijektion der Menge der offenen Mengen von X auf die Menge der offenen Mengen von Y und ebenso eine Bijektion der abgeschlossenen Mengen. Es sei ausdrücklich darauf hingewiesen, dass die Umkehrabbildung einer stetigen bijektiven Abbildung im Allgemeinen *nicht* stetig ist, vgl. Aufg. 8 und Aufg. 16.

Ist $f : X \to Y$ stetig im Punkt $a \in X$ und $X' \subseteq X$ eine Teilmenge von X mit $a \in X'$, so ist die Beschränkung $f|X'$ ebenfalls stetig in a. Die Stetigkeit von f in a ist eine l o k a l e E i g e n s c h a f t : Genau dann ist f stetig in a, wenn es eine Umgebung U von a gibt derart, dass $f|U$ stetig in a ist.

Die Stetigkeit von Abbildungen in einen Produktraum lässt sich komponentenweise prüfen. Genauer:

1.C.6 Satz *Seien X ein topologischer Raum und Y das Produkt der endlichen Familie Y_i, $i \in I$, von topologischen Räumen. Für eine Familie $f_i : X \to Y_i$, $i \in I$, von Abbildungen bezeichne $f = (f_i)_{i \in I}$ die Abbildung*

$$f : X \to Y \quad mit \quad f(x) = \big(f_i(x)\big)_{i \in I}, \quad x \in X.$$

Dann gilt:

(1) Genau dann ist f in $a \in X$ stetig, wenn alle Abbildungen f_i, $i \in I$, in a stetig sind.

(2) Genau dann ist f stetig, wenn alle f_i, $i \in I$, stetig sind.

B e w e i s . (1) Sei f stetig in $a \in X$ und $i_0 \in I$. Ist V_{i_0} eine Umgebung von $f_{i_0}(a) \in Y_{i_0}$, so ist $V := \prod_i V_i$ mit $V_i = Y_i$ für $i \neq i_0$ eine Umgebung von $f(a) \in Y$. Folglich ist $f_{i_0}^{-1}(V_{i_0}) = f^{-1}(V)$ eine Umgebung von a in X. – Seien umgekehrt alle f_i stetig in a und V eine Umgebung von $f(a) = \big(f_i(a)\big)$. Dann gibt es Umgebungen V_i von $f_i(a)$, $i \in I$, mit $\prod_i V_i \subseteq V$ und $f^{-1}(V)$ ist wegen $f^{-1}(V) \supseteq f^{-1}\big(\prod_{i \in I} V_i\big) = \bigcap_{i \in I} f_i^{-1}(V_i)$ eine Umgebung von a in X. – Die Aussage (2) folgt aus (1).   ●

Satz 1.C.6 gilt auch dann, wenn I nicht endlich ist, vgl. Bemerkung 1.B.13.

1.C.7 Korollar *Seien X ein topologischer Raum und $f : X \to \mathbb{K}$ und $g : X \to \mathbb{K}$ stetige $\mathbb{K}$-wertige Funktionen auf X. Dann sind auch die Funktionen $f + g$, $f \cdot g$ sowie, falls $g(x) \neq 0$ ist für alle $x \in X$, f/g stetig auf X.*

B e w e i s . Die Abbildung $(f, g) : X \to \mathbb{K}^2$ mit $x \mapsto \big(f(x), g(x)\big)$ ist nach 1.C.6 stetig. Dann sind nach 1.C.3 auch $f + g$, $f \cdot g$ bzw. f/g als Komposition von (f, g) mit den stetigen Funktionen $(y, z) \mapsto y + z$, $(y, z) \mapsto y \cdot z$ bzw. $(y, z) \mapsto y/z$ auf $\mathbb{K}^2$ bzw. $\mathbb{K} \times \mathbb{K}^{\times}$ stetig.   •

Da die konstanten Funktionen $X \to \mathbb{K}$ trivialerweise stetig sind, besagt 1.C.7 insbesondere, dass die $\mathbb{K}$-wertigen stetigen Funktionen auf dem topologischen Raum X eine $\mathbb{K}$-Unteralgebra der Algebra $\mathbb{K}^X$ aller $\mathbb{K}$-wertigen Funktionen auf X bilden. Wir bezeichnen diese Unteralgebra mit

$$\mathrm{C}_{\mathbb{K}}(X) \, .$$

1.C.8 Beispiel Die Polynomfunktionen $\mathbb{K}^n \to \mathbb{K}$, also die Funktionen f der Form

$$f(x_1, \ldots, x_n) = \sum_{(k_1, \ldots, k_n) \in \mathbb{N}^n} a_{k_1 \ldots k_n} x_1^{k_1} \cdots x_n^{k_n} \, ,$$

wobei die Koeffizienten $a_{k_1 \ldots k_n} \in \mathbb{K}$ konstant sind und fast alle verschwinden, sind stetig. Folglich sind diese Funktionen auch stetig auf jeder Teilmenge $X \subseteq \mathbb{K}^n$. Dies gilt allgemeiner für die rationalen Funktionen auf X, das sind die Quotienten f/g von Polynomfunktionen f, g, wobei g auf X nirgendwo verschwindet. Diese Aussagen folgen alle aus 1.C.7, da die Projektionen $(x_1, \ldots, x_n) \mapsto x_i$, $i = 1, \ldots, n$, auf $\mathbb{K}^n$ stetig sind.

Die Nullstellenmenge $\mathrm{V}(f) := \{x \in \mathbb{K}^n \mid f(x) = 0\}$ einer $\mathbb{K}$-wertigen Polynomfunktion f auf $\mathbb{K}^n$ ist nach 1.C.2 abgeschlossen in $\mathbb{K}^n$, da f stetig und $\mathrm{V}(f)$ das Urbild der abgeschlossenen Menge $\{0\} \subseteq \mathbb{K}$ ist. Aus dem Identitätssatz für Polynome (vgl. Bd. 2, Satz 10.B.1) folgt unmittelbar, *dass $\mathrm{V}(f)$ nirgends dicht in $\mathbb{K}^n$ ist, falls f nicht die Nullfunktion ist*, oder, was dasselbe ist, dass in diesem Fall $\mathrm{D}(f) := \mathbb{K}^n - \mathrm{V}(f)$ dicht in $\mathbb{K}^n$ ist, vgl. 1.B, Aufg. 15.

1.C.9 Beispiel (1) Mit Hilfe von 1.C.2 lässt sich häufig leicht entscheiden, ob gewisse Mengen eines topologischen Raumes X offen bzw. abgeschlossen sind. Ist z.B. $f : X \to \mathbb{R}$ eine stetige Funktion und sind $a, b \in \mathbb{R}$, $a \leq b$, so ist die Menge $\{x \in X \mid a \leq f(x) \leq b\}$ als Urbild $f^{-1}([a, b])$ der abgeschlossenen Menge $[a, b] \subseteq \mathbb{R}$ abgeschlossen in X. Analog sind die Mengen $\{x \in X \mid f(x) > c\} = f^{-1}(]c, \infty[)$ offen in X, falls f stetig ist.

(2) Die Menge

$$A := \big\{ (x_1, x_2, x_3) \in \mathbb{R}^3 \mid x_1^2 - 2x_2 x_3 = x_3^3 \big\}$$

ist abgeschlossen in $\mathbb{R}^3$, da die Polynomfunktion f mit $f(x_1, x_2.x_3) := x_1^2 - 2x_2 x_3 - x_3^3$ stetig ist und daher mit $\{0\} \subseteq \mathbb{R}$ auch $A = f^{-1}(0)$ abgeschlossen ist, vgl. auch Beispiel 1.C.8.

(3) Generell sind die Fasern einer stetigen Abbildung $f : X \mapsto Y$ abgeschlossen, falls die einpunktigen Mengen $\{y\}$, $y \in Y$, abgeschlossen in Y sind. Diese letzte Bedingung ist zum Beispiel stets erfüllt, wenn Y ein Hausdorff-Raum ist. Ist dann nämlich $z \in Y$, $z \neq y$, so gibt es eine Umgebung V von z mit $y \notin V$, d.h. mit $V \subseteq Y - \{y\}$, und $Y - \{y\}$ ist offen in Y.

1.C.10 Beispiel (Fortsetzungssatz von Tietze-Urysohn) Bereits in Bd. 1, Bemerkung 12.A.15 haben wir einen Spezialfall des folgenden Fortsetzungssatzes erwähnt:

1.C.11 Satz *Seien A eine nichtleere abgeschlossene Teilmenge des metrischen Raumes X und* $f : A \to \mathbb{R}$ *eine stetige und beschränkte reellwertige Funktion auf A. Dann lässt sich f fortsetzen zu einer stetigen Funktion* $g : X \to \mathbb{R}$ *mit*

$$\mathrm{Inf}\,\{g(x) \mid x \in X\} = \mathrm{Inf}\,\{f(x) \mid x \in A\} \quad \textit{und} \quad \mathrm{Sup}\,\{g(x) \mid x \in X\} = \mathrm{Sup}\,\{f(x) \mid x \in A\}.$$

B e w e i s (nach [19], Bd. 1, Abschnitt 4.5). Wir können $\mathrm{Inf}\,\{f(x) \mid x \in A\} = 1$ annehmen und $\mathrm{Sup}\,\{f(x) \mid x \in A\} = 2$. Dann erfüllt die Funktion $g : X \to \mathbb{R}$ mit

$$g(x) := \begin{cases} f(x), & \text{falls } x \in A, \\ \mathrm{Inf}\,\{f(y)\,d(x, y) \mid y \in A\}/d(x, A), & \text{falls } x \in X - A, \end{cases}$$

die geforderten Bedingungen. Dabei ist $d(x, A) = \mathrm{Inf}\,\{d(x, y) \mid y \in A\}$ der Abstand von x und A, vgl. Aufg. 13. Die Abschätzungen $1 \leq g \leq 2$ sind trivial. Den Beweis der Stetigkeit von g auf $X - \mathrm{Rd}\,A$ überlassen wir dem Leser.

Sei nun $x \in \mathrm{Rd}\,A$ und $|f(y) - f(x)| \leq \varepsilon$ für alle $y \in A \cap \overline{\mathrm{B}}(x\,;\,\delta)$, wobei $\varepsilon > 0$ vorgegeben sei. Für $z \in \overline{\mathrm{B}}(x\,;\,\delta/4)$ und $y \in A - \mathrm{B}(x\,;\,\delta)$ ist $d(z, y) \geq 3\delta/4$, also $f(y)\,d(z, y) \geq 3\delta/4$. Wegen $f(x)\,d(z, x) \leq \delta/2$ ist somit

$$g(z) = \frac{\mathrm{Inf}\,\{f(y)d(z, y) \mid y \in A \cap \overline{\mathrm{B}}(x\,;\,\delta)\}}{d(z, A)}$$

für $z \in \overline{\mathrm{B}}(x\,;\,\delta/4) - A$. Mit $d(z, A) = \mathrm{Inf}\,\{d(z, y) \mid y \in A \cap \overline{\mathrm{B}}(x\,;\,\delta)\}$ für $z \in \overline{\mathrm{B}}(x\,;\,\delta/4)$ und

$$(f(x) - \varepsilon)\,d(z, y) \leq f(y)\,d(z, y) \leq (f(x) + \varepsilon)\,d(z, y)$$

für $y \in A \cap \overline{\mathrm{B}}(x\,;\,\delta)$ ergibt sich schließlich $f(x) - \varepsilon \leq g(z) \leq f(x) + \varepsilon$ für $z \in \overline{\mathrm{B}}(x\,;\,\delta/4) - A$, also insgesamt $|g(z) - f(x)| \leq \varepsilon$ für alle $z \in \overline{\mathrm{B}}(x\,;\,\delta/4)$.   ●

Satz 1.C.11 gilt für beliebige normale Räume X (S a t z   v o n   U r y s o h n). Dabei heißt ein Hausdorff-Raum X n o r m a l, wenn je zwei disjunkte abgeschlossene Mengen $A, B \subseteq X$ disjunkte Umgebungen besitzen. Man vergleiche Aufg. 15 und 2.B, Aufg. 9 für Beispiele. Wir beweisen hier nur den folgenden häufig benutzten Spezialfall des Satzes von Urysohn:

1.C.12 Urysohnsches Trennungslemma *Sei X ein normaler (Hausdorff-)Raum und seien* $A, B \subseteq X$ *disjunkte nichtleere abgeschlossene Teilmengen von X. Dann gibt es eine stetige Funktion* $g : X \to [0, 1]$ *mit* $g(A) = \{0\}$ *und* $g(B) = \{1\}$.

B e w e i s. Die Normalität von X lässt sich offenbar folgendermaßen ausdrücken: *Zu jeder offenen Umgebung V einer abgeschlossenen Menge* $C \subseteq X$ *gibt es eine offene Umgebung U von* C *mit* $C \subseteq \overline{U} \subseteq V$.

Zum Beweis von 1.C.12 sei nun y_n, $n \in \mathbb{N}$, eine Folge paarweise verschiedener Zahlen in $]0, 1[$, die eine dichte Teilmenge von $]0, 1[$ bilden. Nach der Vorbemerkung lassen sich rekursiv offene Mengen $U_n \subseteq X$, $n \in \mathbb{N}$, wählen mit $A \subseteq U_n \subseteq \overline{U}_n \subseteq X - B$ und $\overline{U}_m \subseteq U_n$, falls $y_m < y_n$ (was nicht $m < n$ bedeutet). Sind nämlich $U_0, \dots, U_n$ bereits gewählt und sind $i_1, \dots, i_r$ bzw. $j_1, \dots, j_s$ die Indizes $\leq n$ mit $y_{i_\rho} < y_{n+1} < y_{j_\sigma}$, so ist bei der Wahl von U_{n+1} neben $A \subseteq U_{n+1} \subseteq \overline{U}_{n+1} \subseteq X - B$ noch die Bedingung

$$\overline{U_{i_1} \cup \cdots \cup U_{i_r}} = \overline{U}_{i_1} \cup \cdots \cup \overline{U}_{i_r} \subseteq U_{n+1} \subseteq \overline{U}_{n+1} \subseteq U_{j_1} \cap \cdots \cap U_{j_s}$$

zu berücksichtigen. Dann ist $g : X \to [0, 1]$ mit

$$g(x) := \mathrm{Inf}\,\{\, y_n \mid x \in U_n \,\} \in [0, 1]$$

eine Funktion der gewünschten Art: Es ist $g(x) = 0$ für $x \in A$ und $g(x) = 1$ für $x \in B$. Für $y \in \,]0, 1[$ sind überdies

$$g^{-1}\big([0, y[\big) = \bigcup_{y_n < y} U_n \qquad \text{und} \qquad g^{-1}\big([0, y]\big) = \bigcap_{y < y_n} U_n = \bigcap_{y < y_m} \overline{U}_m$$

offen bzw. abgeschlossen in X, woraus die Stetigkeit von g folgt. $\qquad\bullet$

Aufgaben

1. Die folgenden Abbildungen sind stetig:

a) $f : \mathbb{R}^2 - \{0\} \to \mathbb{R}$ mit $(x, y) \mapsto 1/\sqrt{x^2 + y^2}$.   **b)** $f : \mathbb{R} \to \mathbb{R}^2$ mit $x \mapsto (e^x, \cos x)$.

c) $f : \mathbb{R}^2 \to \mathbb{R}^2$ mit $(x, y) \mapsto \big(\sqrt{1 + \sin^2 xy}\,,\, xy/(1 + e^{xy})\big)$.

2. Seien X, Y und Z topologische Räume.

a) Die Projektionen $(x, y) \mapsto x$ und $(x, y) \mapsto y$ von $X \times Y$ auf X bzw. Y sind stetig.

b) Für beliebige $y_0 \in Y$ und $x_0 \in X$ sind die Injektionen $\sigma_{y_0} : x \mapsto (x, y_0)$ und $\tau_{x_0} : y \mapsto (x_0, y)$ von X bzw. Y in $X \times Y$ stetig. Mit einer stetigen Abbildung $f : X \times Y \to Z$ sind damit auch die so genannten partiellen Abbildungen

$$f \circ \sigma_{y_0} : x \mapsto f(x, y_0) \qquad \text{und} \qquad f \circ \tau_{x_0} : y \mapsto f(x_0, y)$$

stetig für alle $y_0 \in Y$ bzw. $x_0 \in X$. (Umgekehrt folgt aber aus dieser partiellen Stetigkeit von f im Allgemeinen nicht schon die Stetigkeit von f, vgl. die folgende Aufgabe.)

3. a) Die Funktion $f : \mathbb{R}^2 \to \mathbb{R}$ mit

$$f(x, y) := \begin{cases} xy/(x^2 + y^2), & \text{falls } (x, y) \neq (0, 0), \\ 0, & \text{falls } (x, y) = (0, 0), \end{cases}$$

ist in $\mathbb{R}^2 - \{0\}$ stetig, in 0 jedoch nicht. Jede der partiellen Abbildungen $x \mapsto f(x, y_0)$ und $y \mapsto f(x_0, y)$ ist jedoch auf ganz $\mathbb{R}$ stetig.

b) Die Funktionen f bzw. g von $\mathbb{R}^2$ in $\mathbb{R}$ mit

$$f(x, y) := \begin{cases} xy^2/(x^2 + y^4), & \text{falls } (x, y) \neq (0, 0), \\ 0, & \text{falls } (x, y) = (0, 0); \end{cases}$$

$$g(x, y) := \begin{cases} 0, & \text{falls } (x, y) = (0, 0) \text{ oder } y \neq x^2, \\ 1 & \text{sonst} \end{cases}$$

sind in 0 nicht stetig; die Beschränkungen auf alle Geraden durch den Nullpunkt sind aber in 0 stetig. Außerdem ist f in $\mathbb{R}^2 - \{0\}$ stetig. Wo ist g stetig?

4. Seien f und g stetige Abbildungen des topologischen Raumes X in den Hausdorff-Raum Y. Dann ist die Menge $\{f = g\} := \{x \in X \mid f(x) = g(x)\}$ abgeschlossen und die Menge $\{f \neq g\} := \{x \in X \mid f(x) \neq g(x)\}$ offen in X. Insbesondere stimmen f und g bereits dann auf ganz X überein, wenn sie auf einer dichten Teilmenge von X übereinstimmen.

5. Seien f und g stetige reellwertige Funktionen auf dem topologischen Raum X. Die Menge $\{f < g\} := \{x \in X \mid f(x) < g(x)\}$ ist offen und die Menge $\{f \leq g\} := \{x \in X \mid f(x) \leq g(x)\}$ ist abgeschlossen in X.

6. Man untersuche, ob die folgenden Mengen in $\mathbb{R}^2$ offen, abgeschlossen oder weder offen noch abgeschlossen sind:

a) $\left\{(x, y) \mid x^2 < |y|\right\}$.   **b)** $\left\{(x, y) \mid \frac{1}{2} \leq xy \leq \cos xy\right\}$.   **c)** $\left\{(x, y) \mid y < x^2 \leq 2y\right\}$.

7. Man zeige an Hand von Beispielen, dass Bilder offener (bzw. abgeschlossener) Mengen unter stetigen Abbildungen im Allgemeinen nicht wieder offen (bzw. abgeschlossen) sind.

8. Eine Abbildung $f : X \to Y$ von topologischen Räumen ist genau dann stetig, wenn die (bijektive) Abbildung $x \mapsto \bigl(x, f(x)\bigr)$ von X auf den Graphen Γ_f von f ein Homöomorphismus ist. (Man beachte, dass die zugehörige Umkehrabbildung $(x, f(x)) \mapsto x$ bei *beliebigem* $f : X \to Y$ stetig ist.)

9. Sei A_i, $i \in I$, eine beliebige offene oder eine endliche abgeschlossene Überdeckung des topologischen Raumes X. Genau dann ist eine Abbildung $f : X \to Y$ von X in den topologischen Raum Y stetig, wenn alle Beschränkungen $f|A_i$, $i \in I$, stetig sind.

10. Jede bijektive Isometrie zwischen metrischen Räumen ist ein Homöomorphismus. (Dabei ist eine Isometrie definitionsgemäß eine abstandserhaltende Abbildung.)

11. Man beweise 1.C.5 und die sich daran anschließenden Zusätze.

12. a) Sei $f_i : X_i \to Y$, $i \in I$, eine Familie von Abbildungen der topologischen Räume X_i in die Menge Y. Die Bildtopologie auf Y bzgl. der f_i, $i \in I$, ist die (bzgl. der Inklusion) größte Topologie auf Y, für die die $f_i : X_i \to Y$ stetig sind. Bezüglich dieser Bildtopologie ist eine Abbildung $h : Y \to Z$ von Y in den topologischen Raum Z genau dann stetig, wenn alle Kompositionen $hf_i : X_i \to Z$, $i \in I$, stetig sind.

b) Sei X_i, $i \in I$, eine Familie topologischer Räume. Die Produkttopologie auf $X := \prod_i X_i$ ist die (bzgl. der Inklusion) kleinste Topologie auf X, für die alle Projektionen $p_i : X \to X_i$, $i \in I$, stetig sind. (Vgl. Bemerkung 1.B.13.)

c) Sei $g_i : W \to X_i$, $i \in I$, eine Familie von Abbildungen der Menge W in die topologischen Räume X_i. Die Urbildtopologie auf W bzgl. der g_i, $i \in I$, ist die (bzgl. der Inklusion) kleinste Topologie auf W, für die die $g_i : W \to X_i$ stetig sind. (Vgl. 1.B, Aufg. 20.) Bezüglich dieser Urbildtopologie ist eine Abbildung $h : V \to W$ des topologischen Raums V in W genau dann stetig, wenn alle Kompositionen $g_i h : V \to X_i$, $i \in I$, stetig sind.

13. Sei X ein metrischer Raum. Für nichtleere Teilmengen $A, B \subseteq X$ heißt

$$d(A, B) := \operatorname{Inf}\{d(x, y) \mid x \in A,\, y \in B\} = d(B, A)$$

der A b s t a n d von A und B.

a) Für jede nichtleere Menge A ist $x \mapsto d(A, x)\ (:= d(A, \{x\}))$ stetig auf X. Genau dann ist $d(A, x) = 0$, wenn $x \in \overline{A}$ ist.

b) Es ist $d(A, B) = d(A, \overline{B}) = d(\overline{A}, \overline{B})$.

c) Man gebe abgeschlossene Mengen $A, B \subseteq \mathbb{R}$ an mit $A \cap B = \emptyset$ und $d(A, B) = 0$.

14. Man beweise die Stetigkeit der Funktion g im Beweis von 1.C.11 auf $X - \operatorname{Rd} A$.

15. Seien A, B disjunkte abgeschlossene Teilmengen des metrischen Raumes X. Dann haben A und B disjunkte Umgebungen. (Sei $A \neq \emptyset \neq B$. Dann sind $U := \left\{x \in X \mid d(A, x) < d(B, x)\right\}$

und $V := \{ x \in X \mid d(B,x) < d(A,x) \}$ offen und disjunkt. Man kann aber auch den Tietzeschen Fortsetzungssatz 1.C.11 benutzen: Die Funktion $f : A \cup B \to \mathbb{R}$ mit $f(A) = \{0\}$ und $f(B) = \{1\}$ lässt sich stetig nach X fortsetzen. – *Metrische Räume sind also normal,* vgl. die Bemerkung am Ende von Beispiel 1.C.10.)

16. Sei X ein topologischer Raum, dessen Topologie $\mathfrak{T} \neq \mathfrak{P}(X)$ ist. X' sei der topologische Raum, der aus X entsteht, wenn man $\mathfrak{P}(X)$ als Topologie auf X nimmt. Dann ist die Identität $\mathrm{id} : X' \to X$ stetig und bijektiv, aber kein Homöomorphismus.

17. Sei $f : X \to Y$ eine Abbildung topologischer Räume. $\mathcal{C}$ erzeuge die Topologie von Y, vgl. 1.B, Aufg. 17b). Dann ist f bereits dann stetig, wenn für jede offene Menge $V \in \mathcal{C}$ das Urbild $f^{-1}(V)$ offen in X ist.

18. Sei $f : X \to Y$ eine Abbildung topologischer Räume.

a) X bzw. Y sei diskret. Wann ist f stetig?

b) X bzw. Y trage die Klumpentopologie (d.h. $\emptyset$ und X bzw. $\emptyset$ und Y seien die einzigen offenen Mengen). Wann ist f stetig?

19. Man bestimme die Quotiententopologie von $\mathbb{R}^n / \mathbb{Q}^n$, $n \in \mathbb{N}^*$, wobei $\mathbb{R}^n$ die natürliche Topologie trägt.

2 Zusammenhängende und kompakte Räume

2.A Zusammenhängende Räume

Ein Kreis

in einer Ebene unseres Anschauungsraumes ist ein zusammenhängender topologischer Raum, die Vereinung zweier disjunkter Kreise der Form

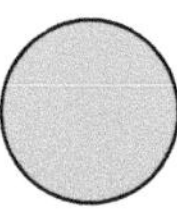 

ist es nicht. In diesem Abschnitt sollen dieses grundlegende Phänomen und damit verbundene Fragen erörtert werden.

2.A.1 Definition Sei X ein topologischer Raum. X heißt z u s a m m e n h ä n g e n d, wenn $X \neq \emptyset$ ist und keine Zerlegung $X = U_1 \uplus U_2$ von X in nichtleere disjunkte offene Mengen U_1, U_2 in X existiert.

Ein nichtleerer topologischer Raum X ist also genau dann zusammenhängend, wenn er eine der folgenden Bedingungen erfüllt:

(1) Es gibt keine Zerlegung $X = A_1 \uplus A_2$ von X in nichtleere disjunkte abgeschlossene Mengen A_1, A_2 in X.

(2) Ist $X = U \cup V$ mit nichtleeren offenen Teilmengen $U, V \subseteq X$, so ist $U \cap V \neq \emptyset$.

(3) Sind U, V nichtleere offene Teilmengen von X mit $U \cap V = \emptyset$, so ist $U \cup V \neq X$.

(4) Ist $X = A \cup B$ mit nichtleeren abgeschlossenen Teilmengen $A, B \subseteq X$, so ist $A \cap B \neq \emptyset$.

(5) Sind A, B nichtleere abgeschlossene Teilmengen von X mit $A \cap B = \emptyset$, so ist $A \cup B \neq X$.

(6) $\emptyset$ und X sind die einzigen Teilmengen von X, die sowohl offen als auch abgeschlossen in X sind.

(7) Ist $M \subseteq X$ eine von $\emptyset$ und X verschiedene Teilmenge, so ist $\mathrm{Rd}\, M \neq \emptyset.$[1]

---

[1] Für diese Bedingung vergleiche man 1.B, Aufg. 2d).

Eine Teilmenge X' eines topologischen Raumes X heißt z u s a m m e n h ä n g e n d, wenn X', versehen mit der von X induzierten Topologie, zusammenhängend ist.

Stetige Bilder zusammenhängender Räume sind zusammenhängend:

2.A.2 Satz *Sei* $f : X \to Y$ *eine stetige Abbildung topologischer Räume. Ist* X *zusammenhängend, so ist auch* Bild $f = f(X)$ *zusammenhängend.*

B e w e i s. Wir ersetzen Y durch Bild f und können dann annehmen, dass f surjektiv ist. Mit X ist auch $f(X)$ nichtleer. Seien U, V nichtleere offene Mengen in Y mit $Y = U \cup V$. Dann ist $X = f^{-1}(U \cup V) = f^{-1}(U) \cup f^{-1}(V)$ mit den nichtleeren offenen Mengen $f^{-1}(U)$ und $f^{-1}(V)$. Folglich ist $f^{-1}(U) \cap f^{-1}(V) = f^{-1}(U \cap V)$ und damit auch $U \cap V$ nichtleer. Also ist Y zusammenhängend. $\bullet$

Wichtig ist folgendes Lemma:

2.A.3 Lemma *Seien* X_i, $i \in I$, *zusammenhängende Teilmengen des topologischen Raumes* X *mit einem nichtleeren Durchschnitt. Dann ist die Vereinigung* $X' := \bigcup_{i \in I} X_i$ *ebenfalls zusammenhängend.*

B e w e i s. Seien U, V offene Mengen in X mit $U \cap X' \neq \emptyset \neq V \cap X'$ und $X' \subseteq U \cup V$. Wir haben $U \cap V \cap X' \neq \emptyset$ zu zeigen. Nehmen wir das Gegenteil an. Dann ist $U \cap V \cap X_i = \emptyset$ für alle $i \in I$. Ferner gibt es Indizes $j, k \in I$ mit $U \cap X_j \neq \emptyset \neq V \cap X_k$. Da X_j und X_k zusammenhängend sind, ist $V \cap X_j = \emptyset$, also $X_j \subseteq U$, und $U \cap X_k = \emptyset$, also $X_k \subseteq V$. Dann ist $X_j \cap X_k \subseteq U \cap V \cap X' = \emptyset$ im Widerspruch dazu, dass der Durchschnitt der X_i, $i \in I$, nichtleer ist. $\bullet$

Sei X ein topologischer Raum und $x \in X$. Aus 2.A.3 folgt, dass die Vereinigung aller zusammenhängenden Teilmengen von X, die den Punkt x enthalten, (wozu die Menge $\{x\}$ gehört) ebenfalls zusammenhängend ist. Diese Menge ist die größte zusammenhängende Teilmenge von X, die x enthält, und heißt die Z u s a m m e n h a n g s k o m p o n e n t e von x in X. Haben zwei Zusammenhangskomponenten einen Punkt gemeinsam, so sind sie – wiederum wegen 2.A.3 – identisch. *Die Zusammenhangskomponenten von* X *bilden also eine Zerlegung von* X. Genau dann ist X zusammenhängend, wenn X genau eine Zusammenhangskomponente besitzt. *Die Zusammenhangskomponenten sind abgeschlossen in* X, vgl. Aufg. 1. Zwei Punkte $x, y \in X$ liegen genau dann in derselben Zusammenhangskomponente, wenn sie in einer zusammenhängenden Teilmenge von X liegen. Die folgende Aussage beschreibt eine Situation, in der die Zusammenhangskomponenten leicht zu bestimmen sind.

2.A.4 *Sei* X *ein topologischer Raum und* $X = \biguplus_{i \in I} U_i$ *eine Zerlegung von* X *in paarweise disjunkte offene Teilmengen* U_i *von* X. *Dann liegt jede Zusammenhangskomponente von* X *in einer der Mengen* U_i. *Insbesondere sind die* U_i, $i \in I$, *die Zusammenhangskomponenten von* X, *wenn die* U_i, $i \in I$, *zusammenhängend sind.*

B e w e i s. Sei $X' \subseteq X$ zusammenhängend. Wir haben zu zeigen, dass $X' \subseteq U_{i_0}$ gilt für ein $i_0 \in I$. Sei aber $X' \cap U_{i_0} \neq \emptyset$ für $i_0 \in I$. Dann ist $X' = (X' \cap U_{i_0}) \uplus (X' \cap \bigcup_{i \neq i_0} U_i)$

eine Zerlegung von X' mit offenen Teilmengen von X'. Da X' zusammenhängend ist, ist $X' \cap \bigcup_{i \neq i_0} U_i = \emptyset$ und $X' \subseteq U_{i_0}$. $\qquad\bullet$

Nichttriviale zusammenhängende Räume ergeben sich aus folgendem grundlegenden Satz:

2.A.5 Satz *Die zusammenhängenden Teilmengen von* $\mathbb{R}$ *(mit der Standardtopologie) sind genau die nichtleeren Intervalle in* $\mathbb{R}$.

B e w e i s . Sei $I \subseteq \mathbb{R}$ ein nichtleeres Intervall und sei $I = U_1 \uplus U_2$ eine Zerlegung von I in zwei nichtleere disjunkte offene Mengen von I. Sei etwa $a \in U_1, b \in U_2$ und $a < b$. Wir betrachten die Funktion $f : I \to \mathbb{R}$ mit

$$f(x) = \begin{cases} -1, & \text{falls } x \in U_1, \\ 1, & \text{falls } x \in U_2. \end{cases}$$

f ist stetig, da U_1 und U_2 offen in I sind. Die Beschränkung von f auf das Intervall $[a, b] \subseteq I$ ist dann ebenfalls stetig, genügt aber nicht dem Zwischenwertsatz 10.C.2 aus Bd. 1. Widerspruch!

Sei $M \subseteq \mathbb{R}$ nichtleer, aber kein Intervall. Dann gibt es Punkte $a, b \in M$ und $c \in \mathbb{R} - M$ mit $a < c < b$, vgl. Bd. 1, 4.G, Aufg. 18, und $M = \bigl(M \cap\,]-\infty, c[\,\bigr) \uplus \bigl(M \cap\,]c, \infty[\,\bigr)$ ist eine Zerlegung mit nichtleeren offenen Teilmengen in M. $\qquad\bullet$

2.A.5 ergibt mit 2.A.2:

2.A.6 Allgemeiner Zwischenwertsatz *Sei* $f : X \to \mathbb{R}$ *eine stetige reellwertige Funktion auf dem zusammenhängenden topologischen Raum* X. *Dann ist* Bild $f = f(X)$ *ein Intervall in* $\mathbb{R}$, *d.h.* f *nimmt mit je zwei Werten auch alle Werte zwischen diesen an.*

Aus 2.A.5 und 2.A.2 folgt weiterhin, dass das Bild einer jeden stetigen Abbildung $\gamma : [a, b] \to X$ eines abgeschlossenen Intervalls $[a, b] \subseteq \mathbb{R}$, $a < b$, in einen topologischen Raum X eine zusammenhängende Teilmenge von X ist. Eine solche stetige Abbildung γ heißt ein W e g in X.

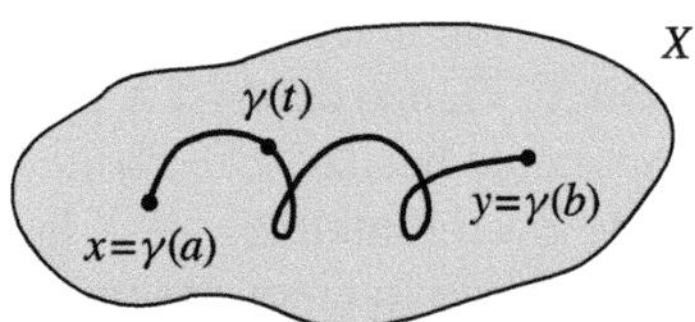

Das Bild $\gamma\bigl([a, b]\bigr)$ von γ heißt auch die T r a j e k t o r i e von γ. Ferner nennt man $\gamma(a)$ den A n f a n g s p u n k t und $\gamma(b)$ den E n d p u n k t von γ und sagt, γ v e r b i n d e $\gamma(a)$ und $\gamma(b)$ in X. Der R ü c k w e g $\overleftarrow{\gamma} : [a, b] \to X$ mit $\overleftarrow{\gamma}(t) := \gamma(a + b - t)$ verbindet dann $\gamma(b)$ mit $\gamma(a)$. Statt $[a, b]$ kann man ein beliebiges anderes Intervall $[a', b']$, $a' < b'$, wählen. Man betrachte dann statt γ etwa den Weg

$$t \mapsto \gamma\left(a + \tfrac{b-a}{b'-a'}(t - a')\right)$$

auf $[a', b']$. Häufig wählt man zur Normierung als Definitionsintervall für einen Weg das Einheitsintervall $[0, 1]$.

Verbindet $\gamma : [a, b] \to X$ die Punkte $x = \gamma(a)$ und $y = \gamma(b)$ und verbindet $\gamma': [b, c] \to X$ die Punkte $y = \gamma'(b)$ und $z = \gamma'(c)$ in X, so verbindet der **Summenweg** $\gamma'': [a, c] \to X$ mit $\gamma'' | [a, b] = \gamma$ und $\gamma'' | [b, c] = \gamma'$ die Punkte $x = \gamma''(a)$ und $z = \gamma''(c)$. Da schließlich für jedes $x \in X$ der **konstante Weg** mit $\gamma(t) = x$ für alle $t \in [a, b]$ den Punkt x mit sich selbst verbindet, ergibt sich: Für jeden topologischen Raum X ist die Relation $\sim$ mit $x \sim y$ genau dann, wenn x und y mit einem Weg in X verbindbar sind, eine Äquivalenzrelation auf X. Die Äquivalenzklassen bezüglich dieser Relation heißen die **Wegzusammenhangskomponenten** von X. *Die Wegzusammenhangskomponenten eines topologischen Raumes X sind zusammenhängend.* Sei nämlich Z eine davon und nehmen wir an, es gäbe eine Zerlegung von Z in zwei disjunkte (in Z) offene nichtleere Teilmengen U und V. Dann lassen sich ein $x \in U$ und ein $y \in V$ in Z durch einen Weg γ verbinden, und die Zerlegung von Z würde eine ebensolche Zerlegung der Trajektorie von γ induzieren. Diese ist aber – wie bereits bemerkt – zusammenhängend. Widerspruch! Natürlich folgt die Aussage aber auch direkt mit 2.A.3. Jede Zusammenhangskomponente von X ist Vereinigung gewisser Wegzusammenhangskomponenten von X.

Der topologische Raum X heißt **wegzusammenhängend**, wenn er genau eine Wegzusammenhangskomponente besitzt, d.h. wenn $X \neq \emptyset$ ist und je zwei Punkte $x, y \in X$ mit einem Weg γ in X verbindbar sind. Es ergibt sich speziell:

2.A.7 Satz *Jeder wegzusammenhängende topologische Raum X ist zusammenhängend.*

Da in einem normierten $\mathbb{K}$-Vektorraum V (allgemeiner in einem topologischen $\mathbb{K}$-Vektorraum V) zwei Punkte $x, y \in V$ durch die (trivialerweise stetige) Strecke

$$\gamma : t \mapsto t(y - x) + x, \quad t \in [0, 1],$$

verbunden werden und allgemeiner zwei Punkte P, Q eines affinen Raumes E über V durch die Strecke $\gamma : t \mapsto t\,\overrightarrow{PQ} + P$, $t \in [0, 1]$, folgt:

2.A.8 Satz *Sei V ein normierter $\mathbb{K}$-Vektorraum. Dann sind V und jeder affine Raum E über V wegzusammenhängend und insbesondere zusammenhängend. – Allgemeiner ist jede nichtleere sternförmige Menge und speziell jede nichtleere konvexe Menge in einem affinen Raum E über V zusammenhängend.*

Wir erinnern daran, dass eine Teilmenge $S \subseteq E$ **sternförmig** bezüglich eines Punktes $P_0 \in E$ heißt, wenn für alle $P \in S$ die Strecke $[P_0, P]$ zu S gehört.

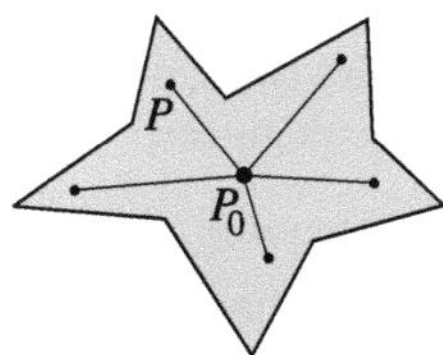

Es sei betont, dass im Allgemeinen ein zusammenhängender Raum X nicht wegzusammenhängend ist, die Zusammenhangskomponenten von X also nicht immer gleich den Wegzusammenhangskomponenten sind, vgl. Aufg. 13. Für eine wichtige Klasse von topologischen Räumen stimmen diese beiden Zusammenhangsbegriffe aber überein:

2.A.9 Satz *Sei G eine offene Menge in dem affinen Raum E über dem normierten $\mathbb{K}$-Vektorraum V. Dann stimmen die Zusammenhangskomponenten von G mit den Wegzusammenhangskomponenten von G überein. Diese sind offen. Insbesondere ist G genau dann zusammenhängend, wenn G wegzusammenhängend ist.*

B e w e i s . Nach 2.A.4 genügt es zu zeigen, dass die Wegzusammenhangskomponenten von G offen in G (und damit offen in E) sind. Sei aber G' eine Wegzusammenhangskomponente von G und sei $P_0 \in G'$. Dann gibt es ein $\varepsilon > 0$ mit $\mathrm{B}(P_0; \varepsilon) \subseteq G$. Da die Kugel $\mathrm{B}(P_0; \varepsilon)$ sternförmig bezüglich P_0 (ja sogar konvex) ist, ist jeder Punkt $P \in \mathrm{B}(P_0; \varepsilon)$ durch die Strecke $[P_0, P]$ mit P_0 in G verbindbar. Also ist $\mathrm{B}(P_0; \varepsilon) \subseteq G'$. (Vgl. auch Aufg. 16.)   •

In der Situation von 2.A.9 heißt G ein G e b i e t , wenn G zusammenhängend, d.h. wegzusammenhängend ist. Wie der Beweis von 2.A.9 zeigt, *lassen sich je zwei Punkte P, Q eines Gebietes $G \subseteq E$ sogar stets durch einen Streckenzug in G verbinden.*

Aufgaben

1. Sei A eine zusammenhängende Teilmenge des topologischen Raumes X. Dann ist auch jede Menge $B \subseteq X$ mit $A \subseteq B \subseteq \bar{A}$ zusammenhängend. Insbesondere sind die Zusammenhangskomponenten von X abgeschlossen.

2. Besitzt der topologische Raum X nur endlich viele Zusammenhangskomponenten, so sind diese gleichzeitig offen und abgeschlossen.

3. a) Das Einheitsintervall $[0, 1]$ besitzt keine abzählbare Zerlegung $[0, 1] = \biguplus_{i \in I} K_i$ in paarweise disjunkte, abgeschlossene Mengen $K_i \neq \emptyset$. (Dies folgert man leicht aus dem Ergebnis von Bd. 1, 4.G, Aufg. 21b).)

b) Sei $X = \biguplus_{i \in I} A_i$ eine abzählbare Zerlegung des topologischen Raumes X in paarweise disjunkte, *abgeschlossene* Mengen A_i. Dann liegt jede Wegzusammenhangskomponente von X in einer der Mengen A_i. Insbesondere sind die A_i die Wegzusammenhangskomponenten von X, wenn sie überdies wegzusammenhängend sind. (Entsprechende Aussagen gelten nicht für zusammenhängende Teilmengen von X, selbst dann nicht, wenn man sich auf Hausdorff-Räume beschränkt.)

4. Seien A und B Teilmengen eines topologischen Raumes X.

a) Sind A und B zusammenhängend und ist $A \cap B \neq \emptyset$, so ist auch $A \cup B$ zusammenhängend.

b) Sind A und B beide abgeschlossen oder beide offen und sind $A \cup B$ und $A \cap B$ zusammenhängend, so sind auch A und B zusammenhängend.

5. Sei X_i, $i \in I$, eine endliche nichtleere Familie topologischer Räume.

a) Genau dann ist das Produkt $\prod_i X_i$ zusammenhängend, wenn alle Komponenten X_i, $i \in I$, zusammenhängend sind. (Man betrachte für die nichttriviale Implikation das folgende Bild.)

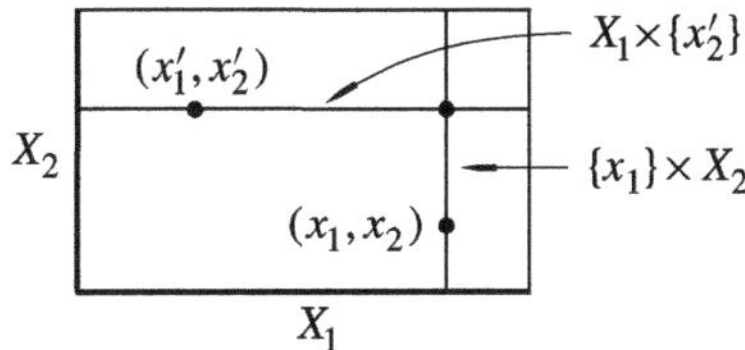

b) Genau dann ist das Produkt $\prod_i X_i$ wegzusammenhängend, wenn alle X_i, $i \in I$, wegzusammenhängend sind.

c) Man bestimme die Zusammenhangs- und Wegzusammenhangskomponenten von $\prod_i X_i$.

(Die Aussagen a) und b) gelten auch dann, wenn I nicht endlich ist, vgl. Bemerkung 1.B.13. Zum Beweis von a) führe man den allgemeinen Fall auf den Fall einer endlichen Indexmenge I zurück.)

6. A und B seien echte Teilmengen der zusammenhängenden topologischen Räume X bzw. Y. Dann ist auch das Komplement $(X \times Y) - (A \times B)$ von $A \times B$ in $X \times Y$ zusammenhängend.

7. $f : X \to Y$ sei eine stetige Abbildung topologischer Räume.

a) Ist X wegzusammenhängend, so auch das Bild $f(X)$.

b) Ist f zusätzlich offen (oder abgeschlossen) mit zusammenhängendem Bild $f(X)$ und zusammenhängenden Fasern $f^{-1}(y)$, $y \in f(X)$, so ist X zusammenhängend. (Gilt eine analoge Aussage auch für wegzusammenhängende Räume?)

8. $f : X \to Y$ sei eine Abbildung des zusammenhängenden topologischen Raumes X in die Menge Y. Ist f l o k a l k o n s t a n t, d.h. gibt es zu jedem $x \in X$ eine Umgebung U von x derart, dass $f|U$ konstant ist, so ist f bereits konstant. Ist Y ein diskreter topologischer Raum und f stetig, so ist f konstant.

9. a) Man bestimme die Zusammenhangskomponenten von $\mathbb{Q}$ und $\mathbb{R} - \mathbb{Q}$. (Ein Raum, dessen Zusammenhangskomponenten alle einpunktig sind, heißt t o t a l u n z u s a m m e n h ä n g e n d. – Man vgl. Bd. 1, 4.G, Aufg. 18.)

b) Ist $M \subseteq \mathbb{R}^2$ eine abzählbare Menge, so ist $\mathbb{R}^2 - M$ wegzusammenhängend.

c) Sei $m \in \mathbb{N}^*$. Wie viele Zusammenhangskomponenten hat das Komplement von m paarweise verschiedenen affinen Geraden im $\mathbb{R}^2$ höchstens, wie viele mindestens? Wie lautet die Antwort, wenn die Geraden durch Kreise (mit positiven Radien) ersetzt werden? Man behandele das analoge Problem für den $\mathbb{R}^n$, die affinen Geraden durch affine Hyperebenen bzw. die Kreise durch (euklidische) Sphären ersetzend.

10. Man bestimme die Zusammenhangskomponenten folgender Mengen:

a) $\{(x, y) \mid x^2 + y^2 = 1\} \subseteq \mathbb{R}^2$. **b)** $\{(x, y) \mid x^2 - y^2 = 1\} \subseteq \mathbb{R}^2$.

c) $\{(x_1, \ldots, x_n) \mid x_1 \cdots x_n \neq 0\} \subseteq \mathbb{R}^n$. **d)** $\{(x_1, \ldots, x_n) \mid x_1 \cdots x_n = 0\} \subseteq \mathbb{R}^n$.

e) $\{(x, y) \mid x^2 < |y|\} \subseteq \mathbb{R}^2$. **f)** $\{(x, y) \mid x^2 \geq y\} \subseteq \mathbb{R}^2$.

11. Man skizziere die Mengen

$$A := \{(x, y) \mid 0 \leq 3x^2 + 3y^2 - 2xy < 8\} \subseteq \mathbb{R}^2,$$
$$B := \{(x, y) \mid 0 \leq x^2 + y^2 - 6xy < 8\} \subseteq \mathbb{R}^2$$

und gebe die Mengen $\mathring{A}, \overline{A}, \mathring{B}, \overline{B}$ an. Ferner bestimme man die Zusammenhangskomponenten der Mengen $A, \mathring{A}, \overline{A}, B, \mathring{B}, \overline{B}, A \cup B, (A \cup B)^\circ, \overline{A} \cup \overline{B} = \overline{A \cup B}$.

12. Seien A und B zusammenhängende Teilmengen eines normierten $\mathbb{K}$-Vektorraumes V. Die Minkowski-Summe $A + B := \{x+y \mid x \in A,\, y \in B\} \subseteq V$ ist dann ebenfalls zusammenhängend.

13. Der Graph der Funktion $f : \mathbb{R} \to \mathbb{R}$ mit $f(x) := \sin(1/x)$ für $x \neq 0$ und $f(0) := 0$ ist zusammenhängend, aber nicht wegzusammenhängend. Man bestimme die drei Wegzusammenhangskomponenten dieses Graphen.

14. Eine offene Menge in einem endlichdimensionalen normierten $\mathbb{K}$-Vektorraum besitzt höchstens abzählbar viele Zusammenhangskomponenten (die nach 2.A.9 alle offen sind).

15. Sei $\mathcal{U} = (U_i)_{i \in I}$ eine Überdeckung des topologischen Raumes X. Zwei Punkte $x, y \in X$ heißen v e r b i n d b a r bzgl. $\mathcal{U}$, wenn es eine endliche Folge $i_0, \dots, i_n \in I$ mit $x \in U_{i_0}$, $y \in U_{i_n}$ und $U_{i_\nu} \cap U_{i_{\nu+1}} \neq \emptyset$ für $\nu = 0, \dots, n-1$ gibt. Diese Verbindbarkeit ist eine Äquivalenzrelation auf X, deren Äquivalenzklassen wir Verbindbarkeitsklassen (bzgl. $\mathcal{U}$) nennen.

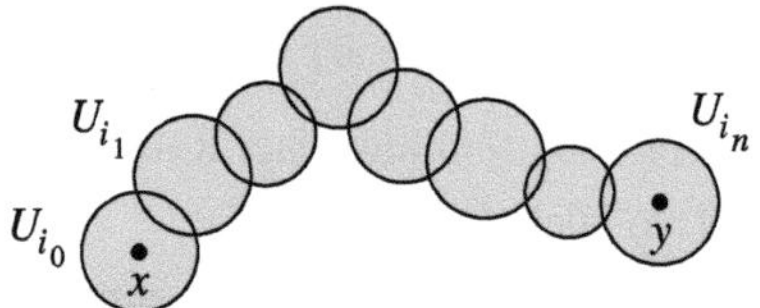

a) Sind die U_i, $i \in I$, zusammenhängend, so ist jede Verbindbarkeitsklasse bzgl. $\mathcal{U}$ zusammenhängend.

b) Ist $\mathcal{U}$ eine offene Überdeckung von X, d.h. sind alle U_i, $i \in I$, offen, so liegt jede Zusammenhangskomponente von X in einer Verbindbarkeitsklasse bzgl. $\mathcal{U}$. Insbesondere sind dann je zwei Punkte von X verbindbar bzgl. $\mathcal{U}$, wenn X zusammenhängend ist. (Die letzte Aussage charakterisiert die zusammenhängenden unter den nichtleeren topologischen Räumen.)

c) Ist $\mathcal{U}$ eine offene Überdeckung von X und sind alle U_i zusammenhängend, so sind die Verbindbarkeitsklassen die Zusammenhangskomponenten von X.

d) Analoge Aussagen zu b) und c) gelten, wenn $\mathcal{U}$ eine *endliche* abgeschlossene Überdeckung von X ist.

16. Sei X ein topologischer Raum.

a) Besitzt jeder Punkt $x \in X$ eine zusammenhängende Umgebung, so sind alle Zusammenhangskomponenten von X offen.

b) Besitzt jeder Punkt $x \in X$ eine wegzusammenhängende Umgebung, so sind alle Zusammenhangskomponenten von X offen und gleich den Wegzusammenhangskomponenten von X.

c) X heißt l o k a l (w e g) z u s a m m e n h ä n g e n d, wenn jeder Punkt $x \in X$ eine Umgebungsbasis aus (weg)zusammenhängenden Umgebungen besitzt. Genau dann ist X lokal (weg)zusammenhängend, wenn die (Weg-)Zusammenhangskomponenten offener Mengen $U \subseteq X$ stets offen sind.

17. Sei X ein topologischer Raum. Der Raum $[X]$ der Zusammenhangskomponenten von X (versehen mit der Quotiententopologie) ist total unzusammenhängend (vgl. Aufg. 9a)). (Man zeige, dass jede abgeschlossene Menge $A \subseteq [X]$ mit mehr als einem Punkt nicht zusammenhängend ist, indem man für ihr Urbild in X eine Zerlegung in nichtleere abgeschlossene Teilmengen findet, die Vereinigungen von Zusammenhangskomponenten von X sind.)

18. Sei f eine von 0 verschiedene Polynomfunktion auf $\mathbb{K}^n$ mit der Nullstellenmenge $V(f)$. Im Fall $\mathbb{K} = \mathbb{R}$ ist das (in $\mathbb{R}^n$ offene) Komplement $\mathbb{R}^n - V(f)$ in der Regel nicht zusammenhängend.

(Es besitzt jedoch nur endlich viele Zusammenhangskomponenten, wie ohne Beweis mitgeteilt sei.) Ganz anders für $\mathbb{K} = \mathbb{C}$. Man zeige: Ist $G \subseteq \mathbb{C}^n$ ein Gebiet, so ist auch $G - \mathrm{V}(f)$ ein Gebiet. Übrigens kann man f durch eine komplex-analytische Funktion $G \to \mathbb{C}$ ersetzen, die nicht identisch verschwindet (vgl. 5.D).

19. Seien V ein endlichdimensionaler $\mathbb{R}$-Vektorraum einer Dimension ≥ 2 und $U_1, \ldots, U_r$ affine Unterräume in V der Kodimension ≥ 2. Ist G ein Gebiet in V, so ist auch $G - \bigcup_{\rho=1}^{r} U_\rho$ ein Gebiet. (Es genügt, den Fall $r = 1$ zu behandeln. Ist $x \in G - U_1$, so lässt sich jeder Punkt $y \in G$ durch einen Streckenzug von x nach y verbinden, der ganz (evtl. mit Ausnahme des Endpunkts y) in $G - U_1$ liegt.)

20. Für eine Menge X und eine natürliche Zahl n bezeichne $\Delta_n = \Delta_n(X)$ die Menge der n-Tupel $(x_1, \ldots, x_n) \in X^n$, deren Komponenten nicht paarweise verschieden sind. Dann ist $X^n - \Delta_n(X)$ die Menge der n-Tupel $(x_1, \ldots, x_n) \in X^n$, deren Komponenten paarweise verschieden sind.

a) Ist G ein Gebiet in einem endlichdimensionalen $\mathbb{R}$-Vektorraum V der Dimension ≥ 2, so ist $G^n - \Delta_n(G)$ ebenfalls ein Gebiet (in V^n). (Aufg. 19.)

b) Wie viele Zusammenhangskomponenten haben $\mathbb{R}^n - \Delta_n(\mathbb{R})$ bzw. $T^n - \Delta_n(S^1)$, wo $T^n = (S^1)^n$ der n-dimensionale Torus ist?

Bemerkung. Das Problem, die (Weg-)Zusammenhangskomponenten von $X^n - \Delta_n(X)$ zu bestimmen (X topologischer Raum), ist ein R a n g i e r p r o b l e m : n (punktförmige) Lokomotiven, die die (paarweise verschiedenen) Punkte $x_1, \ldots, x_n \in X$ besetzen, so ohne Zusammenstöße zu bewegen, dass sie die (paarweise verschiedenen) Punkte $y_1, \ldots, y_n \in X$ besetzen, bedeutet, einen Weg in $X^n - \Delta_n(X)$ zu finden, der $(x_1, \ldots, x_n)$ und $(y_1, \ldots, y_n)$ verbindet. Unter diesem Gesichtspunkt bestimme man für folgenden topologischen Raum X (den so genannten Θ - R a u m) die (Anzahl der) Zusammenhangskomponenten von $X^n - \Delta_n(X)$.

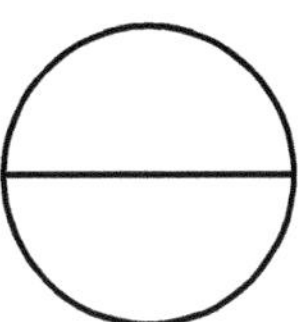

21. Der Durchschnitt zweier offener zusammenhängender Mengen im $\mathbb{R}^n$ ist in der Regel nicht zusammenhängend, auch dann, wenn dieser Durchschnitt nicht leer ist. Es gilt aber: Sind $G_1, G_2 \subseteq \mathbb{R}^n$ offen und zusammenhängend mit $G_1 \cup G_2 = \mathbb{R}^n$, so ist auch $G_1 \cap G_2$ ein Gebiet. (Der Beweis ist für $n \geq 2$ wohl nicht ganz einfach. Einen Vorschlag dazu findet man in 7.C, Aufg. 18. – Entsprechendes gilt für die Sphären S^n (statt $\mathbb{R}^n$), $n \geq 2$, nicht aber für S^1. Für ein allgemeines Resultat verweisen wir auf Bd. 4, 12.C, Aufg. 9.)

22. a) Sei F ein affiner Unterraum von $\mathbb{R}^n$, $n \geq 1$, und $M \subseteq \mathbb{R}^n$ eine offene Menge, deren Rand F ist. Dann ist M einer der durch F bestimmten offenen Halbräume des $\mathbb{R}^n$, falls H eine Hyperebene ist, und $M = \mathbb{R}^n - F$, falls $\mathrm{Kodim}_{\mathbb{R}^n} F > 1$ ist.

b) Sei V ein normierter $\mathbb{R}$-Vektorraum der Dimension ≥ 2 und $G \subseteq V$ eine unbeschränkte offene Menge mit beschränktem Rand. Dann umfasst G das Komplement einer Kugel $\overline{\mathrm{B}}(0 \, ; R)$.

23. Sei V ein mindestens 2-dimensionaler, normierter $\mathbb{R}$-Vektorraum. Ist $f : V - \{0\} \to \mathbb{R}$ stetig, so gibt es ein $x \neq 0$ mit $f(x) = f(-x)$. (Allgemeiner gilt: Ist V mindestens $(n+1)$-dimensional und $f : V - \{0\} \to \mathbb{R}^n$ stetig, so gibt es ein $x \neq 0$ mit $f(x) = f(-x)$. – Dies ist der Satz von Borsuk-Ulam, vgl. Bd. 4, Satz 12.C.12. Für $n = 2$ siehe bereits 7.D.6 im vorliegenden Band.)

2.B Kompakte Räume

Der Satz von Weierstraß-Bolzano (vgl. Bd. 1, Satz 4.G.3) ist grundlegend für den Aufbau der Analysis. Mit dem Begriff der Kompaktheit wird er topologisch fundiert.

2.B.1 Definition Sei X ein topologischer Raum. X heißt k o m p a k t, wenn X folgende Bedingungen erfüllt:

(1) X ist ein Hausdorff-Raum.

(2) Ist U_i, $i \in I$, eine beliebige offene Überdeckung von X (d.h. ist U_i, $i \in I$, eine Familie offener Mengen in X mit $\bigcup_{i \in I} U_i = X$), so gibt es eine endliche Teilmenge $J \subseteq I$ mit $\bigcup_{i \in J} U_i = X$.

Die Bedingung (2) in obiger Definition formuliert man gewöhnlich so: Jede offene Überdeckung U_i, $i \in I$, von X besitzt eine endliche Teilüberdeckung. [1]) *Offenbar genügt es, diese Eigenschaft für Überdeckungen U_i, $i \in I$, zu verifizieren, deren Elemente U_i zu einer gegebenen Basis $\mathcal{B}$ der Topologie von X gehören,* d.h. zu einer Menge $\mathcal{B}$ von offenen Mengen von X derart, dass jede offene Menge in X Vereinigung von Elementen aus $\mathcal{B}$ ist (vgl. Abschnitt 1.B). Für abgeschlossene Mengen formuliert, lautet Bedingung (2): *Ist A_i, $i \in I$, eine Familie von abgeschlossenen Mengen in X mit $\bigcap_{i \in I} A_i = \emptyset$, so gibt es eine endliche Teilmenge $J \subseteq I$ mit $\bigcap_{i \in J} A_i = \emptyset$.*

Ein Teilraum X' von X erfüllt die Bedingung (2) genau dann, wenn für jede Familie U_i, $i \in I$, von offenen Mengen in X mit $X' \subseteq \bigcup_{i \in I} U_i$ eine endliche Teilmenge $J \subseteq I$ mit $X' \subseteq \bigcup_{i \in J} U_i$ existiert. Man sagt auch hier wieder kurz: Die offene Überdeckung U_i, $i \in I$, von X' besitzt eine endliche Teilüberdeckung.

2.B.2 Satz *Sei X ein Hausdorff-Raum.*

(1) *Ist X' ein kompakter Teilraum von X, so ist X' abgeschlossen in X.*

(2) *Ist X kompakt und $X' \subseteq X$ abgeschlossen in X, so ist X' ebenfalls kompakt.*

B e w e i s . (1) Sei $x \in X$, $x \notin X'$. Zu jedem Punkt $y \in X'$ gibt es offene Umgebungen $U(y)$ von y und $V(y)$ von x mit $U(y) \cap V(y) = \emptyset$. Die Überdeckung $U(y)$, $y \in X'$, von X' besitzt eine endliche Teilüberdeckung $U(y_1), \ldots, U(y_n)$. $V := V(y_1) \cap \cdots \cap V(y_n)$ ist dann eine (offene) Umgebung von x mit $V \cap X' = \emptyset$. Also ist $X - X'$ offen und X' abgeschlossen.

(2) Sei X kompakt und $X' \subseteq X$ abgeschlossen. Ferner sei U_i, $i \in I$, eine Überdeckung von X' mit in X offenen Mengen U_i. Dann ist U_i, $i \in I$, zusammen mit $X - X'$ eine offene Überdeckung von X, die nach Voraussetzung eine endliche Teilüberdeckung

---

[1]) Räume, die diese Bedingung erfüllen, aber nicht notwendig hausdorffsch sind, heißen q u a s i k o m p a k t.

besitzt. Daraus erhält man eventuell nach Weglassen von $X - X'$ eine endliche Teilüberdeckung U_i, $i \in J$, von X'. $\qquad\bullet$

Stetige Bilder kompakter Räume sind kompakt. Genauer:

2.B.3 Satz *Sei* $f : X \to Y$ *eine stetige Abbildung von Hausdorff-Räumen. Ist X kompakt, so ist auch* Bild $f = f(X)$ *kompakt und insbesondere abgeschlossen.*

B e w e i s . Wir ersetzen Y durch Bild f und können annehmen, dass f surjektiv ist. Sei V_i, $i \in I$, eine offene Überdeckung von Y. Dann ist $U_i := f^{-1}(V_i)$, $i \in I$, eine offene Überdeckung von X. Da X kompakt ist, enthält diese eine endliche Teilüberdeckung U_i, $i \in J$. Dann ist $V_i = f(U_i)$, $i \in J$, eine endliche Überdeckung von Bild f. $\qquad\bullet$

Das folgende Korollar ist ein wichtiges Kriterium für Homöomorphismen:

2.B.4 Korollar *Sei* $f : X \to Y$ *eine bijektive stetige Abbildung von Hausdorff-Räumen. Ist X kompakt, so ist f ein Homöomorphismus.*

B e w e i s . Es ist zu zeigen, dass auch f^{-1} stetig ist, d.h. dass für jede abgeschlossene Menge $A \subseteq X$ die Bildmenge $f(A)$ $(= (f^{-1})^{-1}(A))$ abgeschlossen in Y ist. Da X kompakt ist, ist nach 2.B.2 auch A kompakt und dann $f(A)$ nach 2.B.3. Wiederum mit 2.B.2 folgt, dass $f(A)$ abgeschlossen ist. $\qquad\bullet$

2.B.5 Korollar *Sei* $f : X \to Y$ *eine stetige Abbildung von Hausdorff-Räumen. X sei kompakt. $\overline{X}$ sei der Raum der nichtleeren Fasern von f, versehen mit der Quotiententopologie (vgl. Abschnitt 1.B). Dann induziert f eine Homöomorphie $\overline{f} : \overline{X} \to$ Bild f von kompakten Räumen.*

B e w e i s . Die Abbildung $\overline{f} : \overline{X} \to$ Bild f (mit $\overline{f}(\overline{x}) := f(x)$ für $x \in X$) ist stetig (vgl. 1.C, Aufg. 12a)) und bijektiv. Daher ist $\overline{X}$ wie Bild f hausdorffsch und als stetiges Bild von X kompakt. Die Behauptung folgt nun aus 2.B.4. $\qquad\bullet$

2.B.5 entspricht völlig dem Isomorphiesatz Bild $f \cong X/\mathrm{Kern}\, f$ für einen Homomorphismus $f : X \to Y$ von Gruppen, Vektorräumen usw., vgl. Bd. 2, 6.A.11 und 6.B.3.

2.B.6 Satz *Sei X_i, $i \in I$, eine endliche Familie kompakter Räume. Dann ist auch der Produkt-Raum $X := \prod_{i \in I} X_i$ kompakt.*

B e w e i s . Wir schließen durch Induktion über $|I|$ und können $I = \{1, 2\}$ annehmen. Sei $U_j \times V_j$, $j \in J$, eine Überdeckung von $X_1 \times X_2$, wobei die U_j offene Mengen in X_1 und die V_j offene Mengen in X_2 sind. Zu jedem $x \in X_1$ sei $J(x)$ die Menge der $j \in J$ mit $x \in U_j$. Dann bilden die V_j, $j \in J(x)$, eine offene Überdeckung von X_2. Da X_2 kompakt ist, gibt es eine endliche Teilmenge $E(x) \subseteq J(x)$ derart, dass auch V_j, $j \in E(x)$, eine Überdeckung von X_2 ist. Es sei nun $U_x := \bigcap_{j \in E(x)} U_j$. Dann ist U_x, $x \in X_1$, eine offene Überdeckung von X_1. Da auch X_1 kompakt ist, gibt es endlich viele Punkte $x_1, \ldots, x_n \in X_1$ mit $X_1 = \bigcup_{v=1}^{n} U_{x_v}$. Dann ist $U_j \times V_j$, $j \in \bigcup_{v=1}^{n} E(x_v)$, eine endliche Überdeckung von $X_1 \times X_2$. $\qquad\bullet$

2.B.7 Bemerkung *Das Produkt $X = \prod_{i \in I} X_i$ kompakter Räume X_i, $i \in I$, ist auch dann kompakt, wenn I nicht endlich ist* (S a t z   v o n   T y c h o n o f f). Für einen Beweis verweisen wir auf Band 4, Satz 18.B.3. Ein Spezialfall wird in 3.A.5 behandelt.

Den Zusammenhang zwischen dem Begriff der Kompaktheit und der Gültigkeit des Satzes von Weierstraß-Bolzano beschreibt das folgende Lemma:

2.B.8 Lemma *Sei X ein Hausdorff-Raum.*

(1) Ist X kompakt, so besitzt jede Folge (x_n) in X einen Häufungspunkt in X.

(2) Hat umgekehrt jede Folge (x_n) in X einen Häufungspunkt in X und besitzt die Topologie von X eine abzählbare Basis, so ist X kompakt.

B e w e i s . (1) Sei X kompakt. Angenommen, die Folge (x_n) in X habe keinen Häufungspunkt. Dann besitzt jeder Punkt $y \in X$ eine offene Umgebung $U(y)$, in der nur endlich viele Glieder der Folge (x_n) liegen. Zu $U(y)$, $y \in X$, gibt es eine endliche Teilüberdeckung $U(y_1), \ldots, U(y_n)$. In $X = U(y_1) \cup \cdots \cup U(y_n)$ liegen aber alle Glieder der Folge. Widerspruch!

(2) Da X eine abzählbare Basis hat, genügt es nach der Bemerkung im Anschluss an Definition 2.B.1 zu zeigen, dass jede abzählbare offene Überdeckung U_n, $n \in \mathbb{N}$, von X eine endliche Teilüberdeckung besitzt (vgl. auch 1.B.12). Ist aber $\bigcup_{i=0}^{n} U_i \neq X$ für alle $n \in \mathbb{N}$ und ist $x_n \in X - \bigcup_{i=0}^{n} U_i$, so hat die Folge (x_n) keinen Häufungspunkt in X im Widerspruch zur Voraussetzung.   ●

Man beachte, dass in einem topologischen Raum, in dem jeder Punkt eine abzählbare Umgebungsbasis besitzt, eine Folge (x_n) genau dann einen Häufungspunkt hat, wenn es eine konvergente Teilfolge von (x_n) gibt (vgl. etwa 1.B, Aufg. 12). Aus 2.B.8 ergibt sich daher:

2.B.9 Korollar *Sei X ein Hausdorff-Raum mit abzählbarer Topologie. Genau dann ist X kompakt, wenn jede Folge in X eine in X konvergente Teilfolge besitzt.*

Eine Teilmenge eines normierten $\mathbb{K}$-Vektorraums V oder allgemeiner eines affinen Raumes E über solch einem Raum heißt b e s c h r ä n k t , wenn sie ganz in einer Kugel $\overline{\mathrm{B}}(P \,;\, R)$, $P \in E$, $R > 0$, liegt. Im endlichdimensionalen Fall lassen sich leicht die kompakten Teilmengen von V bzw. E charakterisieren. Gleichzeitig rechtfertigt der folgende Satz die Sprechweise in Bd. 1, Abschnitt 10.D.

2.B.10 Satz von Heine-Borel *Seien V ein endlichdimensionaler normierter $\mathbb{K}$-Vektorraum und E ein affiner Raum über V. Eine Teilmenge $K \subseteq E$ ist genau dann kompakt, wenn sie beschränkt und abgeschlossen in E ist. – Insbesondere ist eine Teilmenge $K \subseteq \mathbb{K}^m$ (bzgl. der Standardtopologie) genau dann kompakt, wenn sie beschränkt und abgeschlossen ist.*

B e w e i s . Wir beweisen zunächst den Zusatz und können wegen $\mathbb{C}^m = \mathbb{R}^{2m}$ annehmen, dass $\mathbb{K} = \mathbb{R}$ ist. Jede beschränkte und abgeschlossene Teilmenge $K \subseteq \mathbb{R}^m$ liegt in einem Würfel $[-R, R]^m$, $R > 0$. Da ein beschränktes und abgeschlossenes Intervall $I \subseteq \mathbb{R}$ eine abzählbare Topologie besitzt und jede Folge in I nach dem Satz von Weierstraß-Bolzano (vgl. 4.G.3 in Bd. 1) einen Häufungspunkt hat, ist I nach 2.B.8 (2) kompakt. Somit sind $[-R, R]$ und nach 2.B.6 auch $[-R, R]^m$ kompakt. Als abgeschlossene Teilmenge von $[-R, R]^m$ ist dann schließlich K kompakt, vgl. 2.B.2 (2).

Ist umgekehrt $K \subseteq \mathbb{R}^m$ kompakt, so ist K nach 2.B.2 (1) abgeschlossen. Da die offene Überdeckung $]-n, n[^m$, $n \in \mathbb{N}^*$, von K eine endliche Teilüberdeckung besitzt, ist K beschränkt.

Zum Beweis des allgemeinen Falles können wir $V = E$ annehmen und dann auch $V = \mathbb{K}^m$, versehen mit einer (beliebigen) Norm. Aus der bereits bewiesenen Kompaktheit der Einheitssphäre in $\mathbb{K}^m$ bzgl. der Maximumsnorm (die die Produkttopologie auf $\mathbb{K}^m$ definiert) folgt aber, dass, wie in Bd. 2, Satz 17.B.11 gezeigt wurde, alle Normen auf $\mathbb{K}^m$ äquivalent sind. Das liefert die Behauptung.   ●

Aus 2.B.10 ergibt sich mit 2.B.8 als Korollar:

2.B.11 Satz von Weierstraß-Bolzano *Jede beschränkte Folge in einem affinen Raum über einem endlichdimensionalen normierten $\mathbb{K}$-Vektorraum besitzt einen Häufungspunkt.*

Natürlich hätte man auch umgekehrt durch Induktion über m zunächst den Satz von Weierstraß-Bolzano für den $\mathbb{K}^m$ (mit der Maximumsnorm) beweisen und daraus den Satz von Heine-Borel mit 2.B.8 (2) gewinnen können. Der Leser führe das aus, vgl. Bd. 1, 5.B.4. Wir bemerken, dass es historisch gerechtfertigter ist und in der Regel auch geschieht, 2.B.11 den S a t z v o n B o l z a n o - W e i e r s t r a ß zu nennen.

2.B.12 Satz von Weierstraß *Sei $f : X \to \mathbb{R}$ eine stetige Funktion auf dem kompakten Raum X. Dann ist $f(X) \subseteq \mathbb{R}$ beschränkt und abgeschlossen. – Insbesondere gibt es bei $X \neq \emptyset$ Punkte $x_1, x_2 \in X$ mit $f(x_1) \leq f(x) \leq f(x_2)$ für alle $x \in X$.*

B e w e i s . Nach 2.B.3 ist $f(X)$ kompakt und dann nach 2.B.10 beschränkt und abgeschlossen.   ●

Der folgende Satz charakterisiert allgemein die kompakten metrischen Räume durch die Gültigkeit des Satzes von Weierstraß-Bolzano.

2.B.13 Satz *Ein metrischer Raum X ist genau dann kompakt, wenn jede Folge (x_n) in X einen Häufungspunkt in X besitzt, d.h. eine in X konvergente Teilfolge. – Die Topologie eines kompakten metrischen Raumes besitzt eine abzählbare Basis.*

B e w e i s . Nach 2.B.8 genügt es zu zeigen, dass die Topologie eines metrischen Raumes X, in dem jede Folge einen Häufungspunkt hat, eine abzählbare Basis besitzt.

Sei $m \in \mathbb{N}^*$. Dann besitzt die offene Überdeckung $B(x ; 1/m)$, $x \in X$, eine endliche Teilüberdeckung $B(x ; 1/m)$, $x \in X_m$. Andernfalls gäbe es nämlich eine Folge

$y_0, y_1, \ldots$ in X mit $y_{n+1} \notin \bigcup_{i=0}^{n} B(y_i \,; 1/m)$, und diese Folge (y_n) hätte offenbar keinen Häufungspunkt. Die abzählbare Familie $B(x \,; 1/m)$, $m \in \mathbb{N}^*$, $x \in X_m$, ist nun eine Basis der Topologie von X. Sei dazu $U \subseteq X$ offen und $y \in U$. Es gibt ein $m \in \mathbb{N}^*$ mit $B(y \,; 1/m) \subseteq U$ und ein $x \in X_{2m}$ mit $y \in B(x \,; 1/2m) \subseteq B(y \,; 1/m) \subseteq U$. $\bullet$

Es sei erwähnt, dass ein Hausdorff-Raum X, in dem jede Folge einen Häufungspunkt besitzt, f o l g e n k o m p a k t heißt. 2.B.13 besagt dann, dass ein metrischer Raum genau dann kompakt ist, wenn er folgenkompakt ist. Nach 2.B.8 ist jeder kompakte Raum folgenkompakt und jeder folgenkompakte Raum, dessen Topologie eine abzählbare Basis besitzt, kompakt.

In Verallgemeinerung von Bd. 1, 10.D.7 definieren wir den Begriff der gleichmäßigen Stetigkeit:

2.B.14 Definition Eine Abbildung $f : X \to Y$ zwischen den metrischen Räumen X und Y heißt g l e i c h m ä ß i g s t e t i g, wenn es zu jedem $\varepsilon > 0$ ein $\delta > 0$ gibt mit $d\big(f(x), f(y)\big) \leq \varepsilon$ für alle $x, y \in X$ mit $d(x, y) \leq \delta$.

Jede gleichmäßig stetige Abbildung ist natürlich stetig. Wie in Bd. 1, 10.D.8 beweist man die Umkehrung in dem Fall, dass X kompakt ist:

2.B.15 Satz *Jede stetige Abbildung $f : X \to Y$ eines kompakten metrischen Raumes X in einen metrischen Raum Y ist gleichmäßig stetig.*

Ein endlichdimensionaler normierter $\mathbb{K}$-Vektorraum $V \neq 0$ ist nicht kompakt, wohl aber besitzt jeder Punkt $x \in V$ kompakte Umgebungen, zum Beispiel die abgeschlossenen Kugeln $\overline{B}(x \,; r)$, $r > 0$. Somit ist V und allgemeiner jeder affine Raum E über V lokal kompakt im Sinne der folgenden Definition:

2.B.16 Definition Ein topologischer Raum X heißt l o k a l k o m p a k t, wenn er hausdorffsch ist und jeder Punkt $x \in X$ eine kompakte Umgebung besitzt.

Jeder Punkt eines lokal kompakten Raumes besitzt sogar eine Umgebungsbasis aus kompakten Umgebungen, vgl. Aufg. 10.

Das folgende Lemma behandelt eine wichtige Überdeckungseigenschaft metrischer kompakter Räume.

2.B.17 Lebesguesches Lemma *K sei eine kompakte Teilmenge des metrischen Raumes Y und U_i, $i \in I$, eine Überdeckung von K durch offene Mengen in Y. Dann gibt es ein $\lambda > 0$ derart, dass jede offene Kugel $B(x \,; \lambda)$, $x \in K$, in einer der Mengen U_i liegt.*

B e w e i s. Jedes $x \in K$ liegt in einer Menge U_{i_x}, $i_x \in I$, der Überdeckung. Da U_{i_x} offen ist, gibt es eine offene Kugel $B(x \,; r_x) \subseteq U_{i_x}$. Dann ist auch $B(x \,; r_x/2)$, $x \in K$, eine offene Überdeckung von K, besitzt also wegen der Kompaktheit von K eine endliche Teilüberdeckung $B(x \,; r_x/2)$, $x \in E$. Wir setzen $\lambda := \mathrm{Min}\{r_x/2 \mid x \in E\}$. Für jedes $y \in K$ gibt es dann ein $x \in E$ mit $y \in B(x \,; r_x/2)$, also $B(y \,; \lambda) \subseteq B(x \,; r_x) \subseteq U_{i_x}$. $\bullet$

Eine Verallgemeinerung von 2.B.17 findet man in Aufgabe 12.

2.B.18 Beispiel (E i n - P u n k t - K o m p a k t i f i z i e r u n g) Seien X ein lokal kompakter topologischer Raum, ω ein Element, das nicht in X liegt, und $X' := X \uplus \{\omega\}$. Ist $\mathcal{T}$ die Topologie von X, so ist

$$\mathcal{T}' := \mathcal{T} \cup \{X' - K \mid K \subseteq X \text{ kompakt}\}$$

offenbar eine Topologie auf X', bezüglich der X ein offener Unterraum von X' ist, dessen Topologie mit der auf X gegebenen übereinstimmt. *X' ist kompakt.* B e w e i s . Die Überdeckungseigenschaft für die Kompaktheit ist trivial.[2]) X ist hausdorffsch: Zwei Punkte $x, y \in X$ lassen sich nach Voraussetzung mit disjunkten Umgebungen sogar in X trennen. Ist aber $x \in X$ und K eine kompakte Umgebung von x in X, so sind K und $X' - K$ Umgebungen von x und ω, die diese Punkte trennen.

$X' = X \uplus \{\omega\}$ heißt die E i n - P u n k t - oder A l e x a n d r o f f - K o m p a k t i f i z i e r u n g des lokal kompakten Raums X. ω nennt man häufig auch den u n e n d l i c h f e r n e n P u n k t . Ist X bereits kompakt, so ist ω ein diskreter Punkt von X'. *Die Ein-Punkt-Kompaktifizierung* $\mathbb{R}^n \uplus \{\omega\}$ *von* $\mathbb{R}^n$, $n \in \mathbb{N}$, *ist homöomorph zur Sphäre* $S^n = \{x \in \mathbb{R}^{n+1} \mid \|x\|_2 = 1\}$ (die als abgeschlossene und beschränkte Teilmenge des $\mathbb{R}^{n+1}$ nach dem Satz von Heine-Borel a priori kompakt ist). Eine konkrete Homöomorphie wird zum Beispiel durch die s t e r e o g r a p h i s c h e P r o j e k t i o n gegeben: Jedem vom „Nordpol" $N := (0, 1) \in S^n$ ($0 \in \mathbb{R}^n$) verschiedenen Punkt $(x, y) \in S^n$, $x \in \mathbb{R}^n$, $y \in \mathbb{R}$, $\|x\|_2^2 + y^2 = 1$, wird der Schnittpunkt der Geraden durch N und (x, y) mit dem $\mathbb{R}^n = \mathbb{R}^n \times \{0\} \subseteq \mathbb{R}^{n+1}$ zugeordnet, also $(x, y) \mapsto x/(1 - y)$. Die Umkehrabbildung ist die Abbildung $z \mapsto \big(2z/(\|z\|_2^2 + 1), (\|z\|_2^2 - 1)/(\|z\|_2^2 + 1)\big)$ von $\mathbb{R}^n$ auf $S^n - \{N\}$, vgl. Bd. 4, Beispiel 1.A.1.

Setzt man diesen Homöomorphismus $S^n - \{N\} \longrightarrow \mathbb{R}^n$ mittels $N \mapsto \omega$ fort, so erhält man die gewünschte Homöomorphie $S^n \overset{\sim}{\longrightarrow} \mathbb{R}^n \uplus \{\omega\}$.

2.B.19 Beispiel (P r o j e k t i v e R ä u m e) Sei V ein endlichdimensionaler (normierter) $\mathbb{K}$-Vektorraum. Der p r o j e k t i v e R a u m $\mathrm{P}(V)$ zu V ist definitionsgemäß die Menge der Geraden $\mathbb{K}x$, $x \in V - \{0\}$, vgl. auch Bd. 2, Abschnitt 7.B. Die kanonische Abbildung

$$\pi_V : V - \{0\} \longrightarrow \mathrm{P}(V)$$

mit $x \mapsto \mathbb{K}x$ ist also surjektiv. Wir versehen $P(V)$ stets mit der Bildtopologie bzgl. π_V, vgl. Abschnitt 1.B. Eine Menge $U \subseteq \mathrm{P}(V)$ ist also genau dann offen, wenn ihr Urbild $\pi_V^{-1}(U)$ offen in $V - \{0\}$ ist. Sei nun H eine Hyperebene in V. Dann ist $\mathrm{P}(H) \subseteq \mathrm{P}(V)$ abgeschlossen in $\mathrm{P}(V)$, da $\pi_V^{-1}(\mathrm{P}(H)) = H - \{0\}$ abgeschlossen in $V - \{0\}$ ist. Das Komplement $\mathrm{P}(V) - \mathrm{P}(H)$ ist somit offen in $\mathrm{P}(V)$. Es gilt: *Jeder Vektor* $x_0 \in V - H$ *definiert die Homöomorphie*

$$H \longrightarrow \mathrm{P}(V) - \mathrm{P}(H) \quad \text{mit} \quad x \longmapsto \pi_V(x_0 + x) = \mathbb{K}(x_0 + x).$$

---

[2]) Sie gilt auch, wenn X (hausdorffsch aber) nicht notwendig lokal kompakt ist; X' ist also stets quasikompakt.

$P(V) - P(H)$ *ist also homöomorph zum* $\mathbb{K}$-*affinen Raum H der Dimension* $\mathrm{Dim}_{\mathbb{K}} V - 1$.

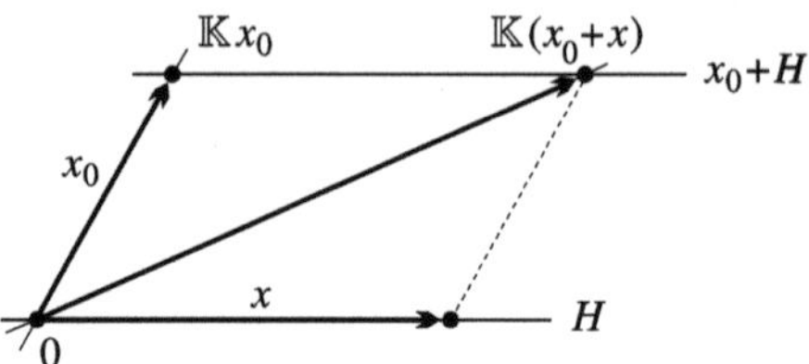

B e w e i s . Die angegebene Abbildung ist trivialerweise stetig, da π_V stetig ist. Die Umkehrabbildung $P(V) - P(H) \longrightarrow H$ ist ebenfalls stetig, da die Komposition

$$V - H \xrightarrow{\;\pi_V\;} P(V) - P(H) \longrightarrow H$$

als Projektion von V auf H längs $\mathbb{K}x_0$ auf $V - H$ stetig ist (vgl. 1.C, Aufg. 12a)). – *Ist* H_i, $i \in I$, *eine Familie von Hyperebenen in* V, *so überdecken die affinen Räume* $P(V) - P(H_i)$ *genau dann den projektiven Raum* $P(V)$, *wenn* $\bigcap_i P(H_i) = P\big(\bigcap_i H_i\big)$ *leer ist, d.h.* $\bigcap_i H_i = 0$ *ist.* Ist also $\mathrm{Dim}_{\mathbb{K}} V = n{+}1$ und sind $H_0, \ldots, H_n$ Hyperebenen in V mit $H_0 \cap \cdots \cap H_n = 0$, so erhält man in $P(V) - P(H_0), \ldots, P(V) - P(H_n)$ eine minimale Überdeckung von $P(V)$ mit $n{+}1$ solchen affinen Räumen der Dimension n. Man nennt n die D i m e n s i o n des projektiven Raumes $P(V)$.

Der projektive Raum $P(V)$ *ist hausdorffsch.* Sind nämlich $x, y \in V - \{0\}$, so gibt es eine Hyperebene $H \subseteq V$ mit $x, y \in V - H$. Die Punkte $\mathbb{K}x, \mathbb{K}y \in P(V)$ lassen sich dann schon, falls sie verschieden, d.h. x, y linear unabhängig sind, in der zu H homöomorphen offenen Menge $P(V) - P(H)$ durch disjunkte Umgebungen trennen. Es gilt darüber hinaus:

2.B.20 Satz *Der projektive Raum* $P(V)$ *zu einem endlichdimensionalen* $\mathbb{K}$-*Vektorraum* V *ist kompakt.*

B e w e i s . Sei $S = S(0\,;1)$ die kompakte Einheitssphäre in V. Dann ist $\pi_V : S \to P(V)$ wegen $\mathbb{K}x = \mathbb{K}\big(x/\|x\|\big)$ für $x \in V - \{0\}$ surjektiv, und die Behauptung folgt aus 2.B.3.   •

Sei $\pi_V : S \to P(V)$ wie im Beweis von 2.B.20 und $\mathrm{Dim}_{\mathbb{K}} V = n{+}1$. Im Fall $\mathbb{K} = \mathbb{R}$ sind die Fasern von π_V die Paare $\{x, -x\}$, $\|x\| = 1$, antipodaler Punkte auf S. Nach 2.B.5 *gewinnt man also den n-dimensionalen reellen projektiven Raum* $P(V)$ *durch Identifizieren antipodaler Punkte auf der n-dimensionalen Einheitssphäre* S *in* V. Sei jetzt $\mathbb{K} = \mathbb{C}$. Dann ist $S \subseteq V$ eine $(2n{+}1)$-dimensionale (reelle) Sphäre, und die Fasern von π_V sind die Kreise Ux, $U = \{z \in \mathbb{C} \mid |z| = 1\}$, $\|x\| = 1$. Nach 2.B.5 *gewinnt man also den n-dimensionalen komplexen projektiven Raum aus der* $(2n{+}1)$-*Sphäre* S *durch Identifizieren der Punkte der Kreise* Ux, $x \in S$.

Gleichdimensionale $\mathbb{K}$-projektive Räume sind homöomorph. Als Standardvertreter wählt man die projektiven Räume

$$\mathbb{P}^n(\mathbb{K}) := P(\mathbb{K}^{n+1})\,, \quad n \in \mathbb{N}\,.$$

Es ist üblich, den Punkt $\mathbb{K}(x_0, \ldots, x_n) \in \mathbb{P}^n(\mathbb{K})$, $(x_0, \ldots, x_n) \neq 0$, mit

$$\langle x_0, \ldots, x_n \rangle$$

zu bezeichnen. Genau dann ist $\langle x_0, \ldots, x_n \rangle = \langle y_0, \ldots, y_n \rangle$ in $\mathbb{P}^n(\mathbb{K})$, wenn es ein $\lambda \in \mathbb{K}^\times$ mit $x_i = \lambda y_i$, $i = 0, \ldots, n$, gibt. Zur Standardbasis $e_0, \ldots, e_n \in \mathbb{K}^{n+1}$ gehören die Standardhyperebenen $H_i = \sum_{j \neq i} \mathbb{K}e_j$, die die Standardüberdeckung

$$\mathbb{P}^n(\mathbb{K}) = \bigcup_{i=0}^{n} \big(\mathbb{P}^n(\mathbb{K}) - P(H_i)\big)$$

mit den offenen affinen Räumen

$$U_i = U_i(\mathbb{K}) = \mathbb{P}^n(\mathbb{K}) - \mathrm{P}(H_i)\,, \quad i = 0, \ldots, n\,,$$

definieren. Jedes U_i identifizieren wir wie oben mit Hilfe der Abbildung

$$(x_0, \ldots, x_{i-1}, x_{i+1}, \ldots, x_n) \longmapsto \langle x_0, \ldots, x_{i-1}, 1, x_{i+1}, \ldots, x_n \rangle$$

von $\mathbb{K}^n$ auf U_i mit dem $\mathbb{K}^n$.

$\mathbb{P}^0(\mathbb{R})$ und $\mathbb{P}^0(\mathbb{C})$ enthalten jeweils einen Punkt. $\mathbb{P}^1(\mathbb{R})$ enthält neben $\mathbb{R} = U_0(\mathbb{R})$ noch den „unendlich fernen" Punkt $\infty := \langle 0, 1 \rangle$, ist also die Ein-Punkt-Kompaktifizierung von $\mathbb{R}$, das ist die 1-Sphäre S^1, vgl. Beispiel 2.B.18 und Aufg. 19. Analog enthält $\mathbb{P}^1(\mathbb{C})$ neben $\mathbb{C} = U_0(\mathbb{C})$ noch den „unendlich fernen"Punkt $\infty := \langle 0, 1 \rangle$, ist also die Ein-Punkt-Kompaktifizierung von $\mathbb{C} = \mathbb{R}^2$ und damit homöomorph zur 2-Sphäre S^2, vgl. loc. cit. Der Leser versuche, eine Vorstellung von der reellen projektiven Ebene $\mathbb{P}^2(\mathbb{R})$ durch Identifizieren antipodaler Punkte der Kugeloberfläche S^2 zu gewinnen.[3])

Analoge Überlegungen lassen sich auch für den projektiven Raum $\mathrm{P}(V) = \{\mathbb{K}x \mid x \in V - \{0\}\}$ zu einem unendlichdimensionalen normierten $\mathbb{K}$-Vektorraum V anstellen. Die Hyperebenen H hat man dann als abgeschlossen vorauszusetzen.[4]) $\mathrm{P}(V)$ ist stets hausdorffsch, bei unendlichdimensionalem V aber niemals kompakt, vgl. Aufg. 5.

2.B.21 Beispiel (G r a ß m a n n - M a n n i g f a l t i g k e i t e n) Eine natürliche Verallgemeinerung der projektiven Räume bilden die Graßmann-Mannigfaltigkeiten. Sei V wieder ein endlichdimensionaler $\mathbb{K}$-Vektorraum. Ferner sei k eine natürliche Zahl mit $0 \leq k \leq m := \mathrm{Dim}_{\mathbb{K}} V$ und

$$G_k(V)$$

die Menge der k-dimensionalen Unterräume von V. Mit $R_k(V)$ werde die Menge der linear unabhängigen k-Tupel $(v_1, \ldots, v_k) \in V^k$ bezeichnet. Dann ist $R_k(V)$ eine offene Teilmenge von V^k (warum offen?) und die kanonische Abbildung

$$\pi_k : R_k(V) \to G_k(V) \quad \text{mit} \quad (v_1, \ldots, v_k) \mapsto \mathbb{K}v_1 + \cdots + \mathbb{K}v_k$$

surjektiv. Wir versehen $G_k(V)$ stets mit der Bildtopologie bzgl. π_k, vgl. Abschnitt 1.B. Im Fall $k = 1$ erhalten wir auf diese Weise den projektiven Raum $\mathrm{P}(V) = G_1(V)$, im allgemeinen Fall spricht man von der G r a ß m a n n - M a n n i g f a l t i g k e i t $G_k(V)$. Auf der Menge $R_k(V)$ operiert die Gruppe $\mathrm{GL}_k(\mathbb{K})$ in kanonischer Weise von rechts:

$$\left((v_1, \ldots, v_k), \mathfrak{A}\right) \longmapsto \left(\sum_{i=1}^{k} a_{i1}v_i, \ldots, \sum_{i=1}^{k} a_{ik}v_i\right), \qquad \mathfrak{A} = (a_{ij}) \in \mathrm{GL}_k(\mathbb{K})\,.$$

Da die Fasern von π_k mit den Bahnen bzgl. dieser Operation identisch sind, *lässt sich $G_k(V)$ mit dem Bahnen-Raum $R_k(V)/\mathrm{GL}_k(\mathbb{K})$, versehen mit der Quotiententopologie, identifizieren.*

---

[3]) Das ist nicht ganz einfach, vgl. auch Aufg. 20a), 21 und Bd. 2, Beispiel 7.B.5.
[4]) Es gibt stets genügend viele abgeschlossene Hyperebenen, in einem Prä-Hilbert-Raum V etwa die orthogonalen Komplemente der Geraden $\mathbb{K}v$, $v \neq 0$; im allgemeinen Fall benutze man den Satz von Hahn-Banach, vgl. Bd. 2, Satz 17.B.19. – Wir bemerken, dass in der Physik der Zustand eines quantenmechanischen Systems ein Punkt im projektiven Raum $\mathrm{P}(V)$ zu einem geeigneten (in der Regel nicht endlichdimensionalen) komplexen Hilbert-Raum V ist. Der repräsentierende Vektor $v \in V$, $v \neq 0$, zu einem Zustand $\pi(v) \in \mathrm{P}(V)$ wird normalerweise als normierter Vektor gewählt. Dann ist er bis auf einen so genannten (globalen) P h a s e n f a k t o r $e^{i\varphi}$, $\varphi \in \mathbb{R}/2\pi\mathbb{Z}$, eindeutig, vgl. die Bemerkung im Anschluss an den Beweis von 2.B.20 und Beispiel 19.B.11.

Sei $U = \mathbb{K}v_1^0 + \cdots + \mathbb{K}v_k^0 \in \mathrm{G}_k(V)$, $(v_1^0, \ldots, v_k^0) \in \mathrm{R}_k(V)$, und W ein Komplement von U in V. Die Abbildung

$$W^k \to \mathrm{G}_k(V) \quad \text{mit} \quad (w_1, \ldots, w_k) \mapsto \pi_k(v_1^0 + w_1, \ldots, v_k^0 + w_k) \subseteq \mathrm{G}_k(V)$$

induziert eine Homöomorphie von W^k auf die offene Menge $\mathrm{G}_k(V \, ; W)$ derjenigen k-dimensionalen Unterräume, die W als Komplement besitzen. Identifiziert man $\mathrm{Hom}_{\mathbb{K}}(U, W)$ mit W^k (vermöge $g \mapsto (g(v_1^0), \ldots, g(v_k^0))$, so handelt es sich um die Abbildung $g \mapsto \Gamma(g)$ von $\mathrm{Hom}_{\mathbb{K}}(U, W)$ auf $\mathrm{G}_k(V \, ; W)$, die jedem g den Graphen $\Gamma(g) \subseteq U \oplus W = V$ von g zuordnet, vgl. auch Bd. 2, 5.F, Aufg. 23. (Die Umkehrabbildung $\mathrm{G}_k(V \, ; W) \to W^k$ ist stetig, da die Komposition $\pi_k^{-1}(\mathrm{G}_k(V \, ; W)) \to \mathrm{G}_k(V \, ; W) \to W^k$, die $(v_1, \ldots, v_k)$ auf $(pv_1, \ldots, pv_k)$ abbildet (wo p die Projektion auf W längs U ist) stetig ist.) Ist etwa $w_1, \ldots, w_m$ eine Basis von V, so erhalten wir in den Mengen $\mathrm{G}_k(V \, ; W_I)$, $W_I := \sum_{i \in I} \mathbb{K}w_i$, wobei I die $(m-k)$-elementigen Teilmengen von $\{1, \ldots, m\}$ durchläuft, eine offene Überdeckung von $\mathrm{G}_k(V)$ mit Teilmengen, die alle zu $\mathbb{K}$-affinen Räumen der Dimension $k(m-k)$ homöomorph sind. Man nennt daher $k(m-k)$ die D i m e n s i o n von $\mathrm{G}_k(V)$.[5]) Da je zwei k-dimensionale Unterräume $U_1, U_2 \in \mathrm{G}_k(V)$ ein gemeinsames Komplement W in V besitzen, also stets in einer offene Menge der Form $\mathrm{G}_k(V \, ; W)$ liegen, *ist* $\mathrm{G}_k(V)$ *hausdorffsch.*

Wir versehen jetzt V mit einem Skalarprodukt. Dann ist bereits die Beschränkung

$$\pi_k | \mathrm{St}_k(V) : \mathrm{St}_k(V) \to \mathrm{G}_k(V)$$

von π_k auf die kompakte und zusammenhängende Stiefel-Mannigfaltigkeit $\mathrm{St}_k(V)$ der k-Beine von V, das sind die Orthonormalsysteme $(v_1, \ldots, v_k) \in V^k$, vgl. Bd. 2, 18.E, Aufg. 9, surjektiv. Die Fasern sind die Bahnen der natürlichen Rechtsoperation der unitären Gruppe $\mathrm{U}_k(\mathbb{K})$ auf $\mathrm{St}_k(V)$. Mit 2.B.3, 2.A.2 und 2.B.5 folgt:

2.B.22 Satz *Die Graßmann-Mannigfaltigkeit* $\mathrm{G}_k(V)$ *der* k-*dimensionalen Unterräume eines* m-*dimensionalen* $\mathbb{K}$-*Vektorraums* V, $0 \le k \le m$, *ist kompakt und zusammenhängend. – Trägt* V *ein Skalarprodukt, so identifiziert sich* $\mathrm{G}_k(V)$ *in natürlicher Weise mit dem Bahnen-Raum* $\mathrm{St}_k(V)/\mathrm{U}_k(\mathbb{K})$, *versehen mit der Quotienten-Topologie.*

Da die Gruppen $\mathrm{GL}_{\mathbb{K}}(V)$ bzw. $\mathrm{U}_{\mathbb{K}}(V)$ jeweils in natürlicher Weise transitiv auf $\mathrm{G}_k(V)$ operieren, lässt sich $\mathrm{G}_k(V)$ mit den Räumen der Linksnebenklassen von $\mathrm{GL}_{\mathbb{K}}(V)$ bzw. $\mathrm{U}_{\mathbb{K}}(V)$ bzgl. der zugehörigen Isotropiegruppen eines Elements $U \in \mathrm{G}_k(V)$ identifizieren. Da die Isotropiegruppe von U in $\mathrm{U}_{\mathbb{K}}(V)$ gleich $\mathrm{U}_{\mathbb{K}}(U) \times \mathrm{U}_{\mathbb{K}}(U^\perp)$ ist, ergibt sich (wiederum nach 2.B.5) die kanonische Homöomorphie

$$\mathrm{G}_k(V) \cong \mathrm{U}_{\mathbb{K}}(V)/\mathrm{U}_{\mathbb{K}}(U) \times \mathrm{U}_{\mathbb{K}}(W)$$

für eine beliebige orthogonale Zerlegung $V = U \oplus W$ mit $\mathrm{Dim}_{\mathbb{K}} U = k = n - \mathrm{Dim}_{\mathbb{K}} W$, wobei $\mathrm{U}_{\mathbb{K}}(U) \times \mathrm{U}_{\mathbb{K}}(W)$ mit $(g, h) \mapsto g \oplus h$ kanonisch in $\mathrm{U}_{\mathbb{K}}(V)$ eingebettet ist.[6]) Kanonische Repräsentanten für die Graßmann-Mannigfaltigkeiten sind die Mannigfaltigkeiten

$$\mathrm{G}_{\mathbb{K}}(k, m) := \mathrm{G}_k(\mathbb{K}^m) \cong \mathrm{U}_m(\mathbb{K})/\mathrm{U}_k(\mathbb{K}) \times \mathrm{U}_{m-k}(\mathbb{K})$$

der Dimension $k(m - k)$, $0 \le k \le m$, für die wir in Bd. 2, 3.B, Aufg. 25 mit Hilfe der Schubert-Zellen eine *Zerlegung* in Teilmengen angegeben haben, die zu affinen Räumen (verschiedener Dimensionen) homöomorph sind. Für eine weitere Beschreibung von $\mathrm{G}_k(V)$ mit Hilfe eines Skalarprodukts auf V vgl. Bd. 2, 18.E, Aufg. 7.

---

[5]) $\mathrm{G}_k(V)$ ist offenbar eine $\mathbb{K}$-analytische Mannigfaltigkeit der Dimension $k(m-k)$, vgl. Bd. 4, Beispiel 4.A.3.

[6]) Wie sieht die Isotropiegruppe von U in $\mathrm{GL}_{\mathbb{K}}(V)$ aus, etwa von $U := \mathbb{K}e_1 + \cdots + \mathbb{K}e_k \subseteq \mathbb{K}^m =: V$?

Wie die projektiven Räume lassen sich auch die Graßmann-Mannigfaltigkeiten $G_k(V)$ für unendlichdimensionale normierte $\mathbb{K}$-Vektorräume definieren.

2.B.23 Beispiel (Kompakt erzeugte Topologien · Natürliche Topologie eines beliebigen reellen Vektorraums) Sei X ein Hausdorff-Raum. Ist A eine abgeschlossene Teilmenge von X, so ist für jede kompakte Menge $K \subseteq X$ der Durchschnitt $A \cap K$ ebenfalls abgeschlossen und damit kompakt. Die Topologie von X heißt **kompakt erzeugt**, wenn diese Eigenschaft die abgeschlossenen Mengen in X charakterisiert, wenn also eine Teilmenge $A \subseteq X$ *genau dann* abgeschlossen ist, wenn $A \cap K$ für jede kompakte Menge $K \subseteq X$ kompakt ist. *Die Topologie eines lokal kompakten Raumes ist kompakt erzeugt*, vgl. 1.B, Aufg. 21 a). *Ebenso ist die Topologie eines beliebigen metrisierbaren Raums X kompakt erzeugt.* Dies folgt aus Lemma 1.B.8 (3) und der folgenden trivialen Aussage: Ist $(x_n)_{n\in\mathbb{N}}$ eine konvergente Folge im Hausdorff-Raum X mit Grenzwert x, so ist $\{x\} \cup \{x_n \mid n \in \mathbb{N}\} \subseteq X$ kompakt. Allgemeiner ergibt sich damit: Die Topologie von X ist kompakt erzeugt, wenn jeder Punkt von X eine abzählbare Umgebungsbasis besitzt.

Jedem Hausdorff-Raum X lässt sich in natürlicher Weise ein Raum mit kompakt erzeugter Topologie zuordnen. Man definiert eine weitere, im Allgemeinen größere Topologie auf X durch die Bedingung, dass eine Menge $A \subseteq X$ genau dann abgeschlossen sein soll, wenn $A \cap K$ abgeschlossen ist für jede bzgl. der gegebenen Topologie kompakte Menge $K \subseteq X$. Dabei kommen keine weiteren *kompakten* Mengen hinzu, so dass die neue Topologie in der Tat definitionsgemäß kompakt erzeugt ist.

Wichtige Beispiele von Räumen mit kompakt erzeugter Topologie sind die endlichdimensionalen reellen Vektorräume mit ihrer natürlichen Topologie. Sie geben Anlass zu einer natürlichen Topologie für beliebige reelle Vektorräume V. Diese ist folgendermaßen definiert: Eine Teilmenge $A \subseteq V$ ist genau dann abgeschlossen, wenn $A \cap V'$ abgeschlossen in V' ist für jeden *endlich*dimensionalen Teilraum $V' \subseteq V$. Es handelt sich also um die Bildtopologie bzgl. aller Inklusionen $V' \hookrightarrow V$, wo V' die endlichdimensionalen Teilräume von V durchläuft, vgl. Abschnitt 1.B. Man zeige, dass eine Teilmenge $K \subseteq V$ genau dann kompakt ist, wenn sie Teilmenge eines endlichdimensionalen Unterraums $V' \subseteq V$ ist und in V' kompakt ist. Daraus folgt, *dass die natürliche Topologie eines beliebigen $\mathbb{R}$-Vektorraums V kompakt erzeugt ist*. – Zu einer Ergänzung verweisen wir auf Bd. 4, 18.A, Aufg. 13 g).

Aufgaben

1. Sei X ein Hausdorff-Raum. Eine Vereinigung von endlich vielen kompakten Teilmengen von X ist wieder kompakt.

2. Sei (x_n) eine konvergente Folge im Hausdorff-Raum X mit dem Grenzwert x. Dann ist die Menge $\{x_n \mid n \in \mathbb{N}\} \cup \{x\}$ kompakt.

3. Seien A und B kompakte Teilmengen in einem normierten $\mathbb{K}$-Vektorraum V. Dann ist auch die Minkowski-Summe $A + B \subseteq V$ kompakt.

4. Die konvexe Hülle $\widehat{K}$ einer kompakten Teilmenge K eines endlichdimensionalen reellen affinen Raumes E ist wieder kompakt. (Nach Bd. 2, 4.B, Aufg. 15 ist $\widehat{K}$ das Bild von $\triangle_n \times K^{n+1}$ unter der stetigen Abbildung

$$\big((a_0, \ldots, a_n), (P_0, \ldots, P_n)\big) \mapsto \sum\nolimits_{i=0}^{n} a_i P_i \,,$$

$n := \operatorname{Dim} E$, $\triangle_n \subseteq \mathbb{R}^{n+1}$ das (konvexe) Standard-n-Simplex.)

5. Sei V ein normierter $\mathbb{K}$-Vektorraum.

a) Ist V nicht endlichdimensional, so ist die Einheitssphäre $S(0\,;1)$ in V nicht kompakt. (Vgl. Bd. 2, 17.B, Aufg. 19.)

b) Genau dann ist V lokal kompakt, wenn V endlichdimensional ist.

6. Ein Hausdorff-Raum X ist genau dann kompakt, wenn die folgende Bedingung erfüllt ist: Zu jeder Familie U_x, $x \in X$, wobei U_x jeweils eine Umgebung von x ist, gibt es endlich viele Punkte $x_1, \ldots, x_n \in X$ derart, dass bereits die Umgebungen $U_{x_1}, \ldots, U_{x_n}$ ganz X überdecken.

7. X, Y und Z seien topologische Räume, X sei kompakt und Y sei hausdorffsch. Ferner sei $f : X \to Y$ eine surjektive stetige Abbildung. Genau dann ist eine Abbildung $g : Y \to Z$ stetig, wenn $g \circ f : X \to Z$ stetig ist. (2.B.5.)

8. (Tubenlemma) Seien K und L kompakte Teilmengen der Hausdorff-Räume X bzw. Y. Ferner sei W eine offene Menge in $X \times Y$ mit $K \times L \subseteq W$. Dann gibt es offene Mengen U und V in X bzw. Y mit $K \times L \subseteq U \times V \subseteq W$. (Man betrachte zunächst den Fall, dass L nur einen Punkt enthält.)

9. Seien K und L disjunkte kompakte Teilmengen des Hausdorff-Raums X. Dann gibt es disjunkte Umgebungen von K und L. Ist X lokal kompakt, so genügt es dabei, dass eine der beiden Mengen K bzw. L kompakt ist und die andere abgeschlossen. (Man vgl. auch 1.C, Aufg. 15. *Kompakte Räume sind somit normal.* Für diese gilt also insbesondere das Urysohnsche Trennungslemma 1.C.12.)

10. Sei X ein lokal kompakter topologischer Raum. Ist U eine beliebige Umgebung eines Punktes $x \in X$, so gibt es eine kompakte Umgebung V von x mit $V \subseteq U$. Die kompakten Umgebungen bilden also eine Umgebungsbasis von x.

11. Sei X ein lokal kompakter topologischer Raum. Ein Teilraum $Y \subseteq X$ ist genau dann lokal kompakt, wenn Y lokal abgeschlossen in X ist, vgl. 1.B, Aufg. 21.

12. (Variante des Lebesgueschen Lemmas) Sei $f : X \to Y$ eine stetige Abbildung des kompakten metrischen Raumes X in den topologischen Raum Y. Ferner sei U_i, $i \in I$, eine offene Überdeckung von $f(X)$. Dann gibt es ein $\lambda > 0$ derart, dass für jedes $x \in X$ das Bild von $B(x\,;\lambda)$ in einer der Mengen U_i, $i \in I$, liegt. (Man wende 2.B.17 auf die offene Überdeckung $f^{-1}(U_i)$, $i \in I$, von X an.)

13. X sei ein metrischer Raum. Für die nichtleeren Teilmengen $A, B \subseteq X$ übernehmen wir den Begriff des Abstands aus 1.C, Aufg. 13. Ferner bezeichne

$$\|A\| := \mathrm{Sup}\,\{d(x, y) \mid x, y \in A\} \quad (\in \overline{\mathbb{R}}_+ = \mathbb{R}_+ \cup \{\infty\})$$

den so genannten Durchmesser von A.

a) Ist A kompakt, so gilt $A \cap \overline{B} = \emptyset$ genau dann, wenn $d(A, B) > 0$ ist. Außerdem gibt es dann ein $x \in A$ mit $d(x, B) = d(A, B)$. Ist auch B kompakt, so gibt es $x \in A$ und $y \in B$ mit $d(x, y) = d(A, B)$.

b) Ist A kompakt, so ist $\|A\|$ endlich und es gibt $x, y \in A$ mit $d(x, y) = \|A\|$. – Insbesondere ist die Metrik d beschränkt, wenn X kompakt ist.

14. Sei $f : [a, b] \to \mathbb{R}$, $a, b \in \mathbb{R}$, $a < b$, eine Funktion mit dem Graphen $\Gamma(f) \subseteq [a, b] \times \mathbb{R}$. Folgende Aussagen sind äquivalent: (1) f ist stetig. (2) $\Gamma(f)$ ist kompakt. (3) $\Gamma(f)$ ist abgeschlossen und zusammenhängend. (4) $\Gamma(f)$ ist abgeschlossen und f genügt dem Zwischenwertsatz. (5) $\Gamma(f)$ ist wegzusammenhängend. (Beim Schluss von (3) nach (4) zeige man mit Hilfe von

2.A, Aufg. 4b), dass für jedes Teilintervall $[\alpha, \beta]$ von $[a, b]$ auch der Graph der Beschränkung $f\,|\,[\alpha, \beta]$ abgeschlossen und zusammenhängend ist.)

15. Welche der folgenden Mengen sind kompakt:

a) $\{(x, y, z) \in \mathbb{R}^3 \mid x^n + y^n + z^n \leq 1\}, n \in \mathbb{N}^*.$ **b)** $\{(x, y) \in \mathbb{R}^2 \mid 0 \leq 3x^2 + 3y^2 - 2xy \leq 8\}.$

c) $\{(x, y) \in \mathbb{R}^2 \mid 0 \leq x^2 + y^2 - 6xy \leq 8\}.$

16. Ein kompakter diskreter Raum (vgl. 1.B, Aufg. 16) besitzt nur endlich viele Punkte. Eine diskrete und abgeschlossene Teilmenge eines kompakten Raumes ist endlich.

17. Sei X ein Hausdorff-Raum. Eine Teilmenge $M \subseteq X$ heißt r e l a t i v   k o m p a k t, wenn der Abschluss $\overline{M}$ von M in X kompakt ist.

a) Genau dann ist $M \subseteq X$ relativ kompakt, wenn M in einem kompakten Teilraum von X liegt.

b) Ist X metrisch, so ist $M \subseteq X$ genau dann relativ kompakt, wenn jede Folge (x_n) von Elementen in M einen Häufungspunkt in X hat.

c) In einem endlichdimensionalen normierten $\mathbb{K}$-Vektorraum ist eine Teilmenge genau dann relativ kompakt, wenn sie beschränkt ist.

18. In einem kompakten Raum ist eine Folge x_n, $n \in \mathbb{N}$, genau dann konvergent, wenn sie höchstens einen Häufungspunkt hat.

19. Ein kompakter Raum X' ist für jeden Punkt $\omega \in X'$ die Ein-Punkt-Kompaktifizierung von $X := X' - \{\omega\}$, vgl. Beispiel 2.B.20.

20. Sei $\overline{B}^n \subseteq \mathbb{R}^n$ die abgeschlossene Einheitskugel bzgl. einer beliebigen Norm auf $\mathbb{R}^n$.

a) Durch Identifikation antipodaler Punkte des Randes von $\overline{B}^n$ (also der Sphäre S^{n-1}) gewinnt man aus $\overline{B}^n$ den projektiven Raum $P(\mathbb{R}^{n+1}) = \mathbb{P}^n(\mathbb{R})$, vgl. Beispiel 2.B.19. (Ein wichtiges Beispiel: Sei V ein dreidimensionaler orientierter euklidischer Vektorraum. Die Abbildung $\overline{B}(0\,;1) \to \mathrm{SO}(V)$, die jedem Vektor $x \in V$ mit $\|x\| \leq 1$ die Drehung mit dem Eulerschen Drehvektor x zuordnet (vgl. Bd. 2, Beispiel 14.A.12), ist stetig und surjektiv. Ihre Fasern mit mehr als einem Punkt sind die Paare antipodaler Punkte auf dem Rand $S(0\,;1)$ von $\overline{B}(0\,;1)$ (die den Halbdrehungen von V entsprechen). Nach 2.B.5 induziert diese Abbildung also eine Homöomorphie von $P(V \oplus \mathbb{R}) \cong \mathbb{P}^3(\mathbb{R})$ und $\mathrm{SO}(V)$. Die Halbdrehungen entsprechen umkehrbar eindeutig ihren Drehachsen und bilden den projektiven Raum $\mathbb{P}^2(\mathbb{R}) \cong P(V) \subseteq P(V \oplus \mathbb{R})$.)

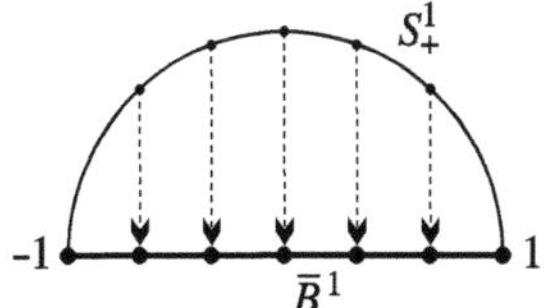

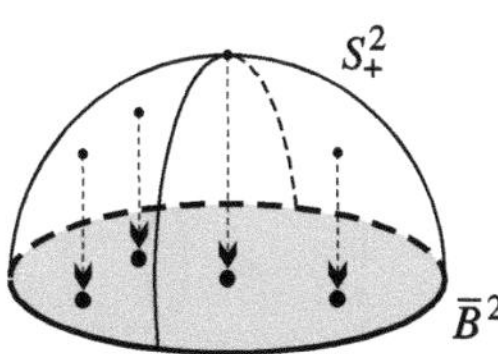

b) Durch Identifizieren aller Punkte des Randes von $\overline{B}^n$ entsteht ein zur Sphäre S^n homöomorpher Raum.

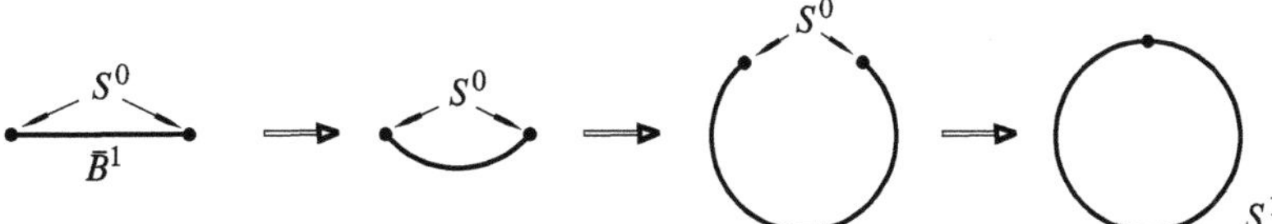

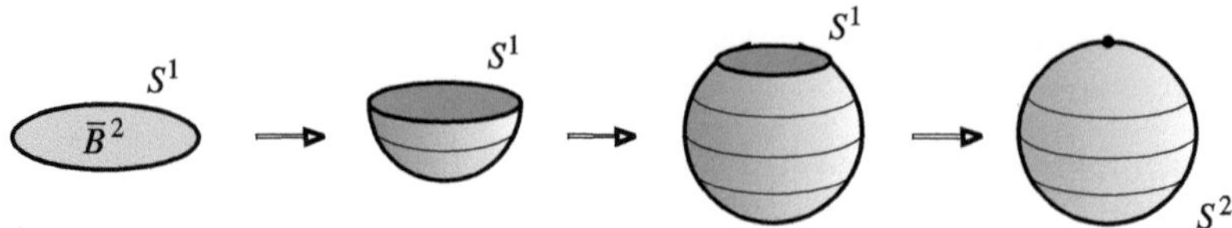

c) Durch Identifizieren der Punkte von $S^1 \times \{0\}$ des Zylinders $S^1 \times [0, 1]$ entsteht ein Raum, der zum Kegel $\{(x, y, z) \in \mathbb{R}^3 \mid z \in [0, 1], \ x^2 + y^2 = z^2\}$ homöomorph ist. Dieser wiederum ist homöomorph zur Kreisscheibe $\overline{B}^2 \subseteq \mathbb{R}^2$.

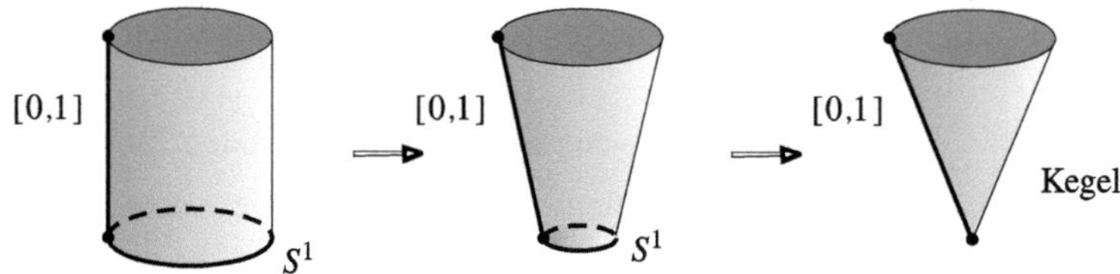

Generell heißt für einen topologischen Raum X der durch Identifizieren der Punkte von $X \times \{0\} \subseteq X \times [0, 1]$ entstehende Raum der K e g e l ü b e r X. Identifiziert man auch noch die Punkte von $X \times \{1\}$ zu einem Punkt, so erhält man die so genannte E i n h ä n g u n g v o n X.

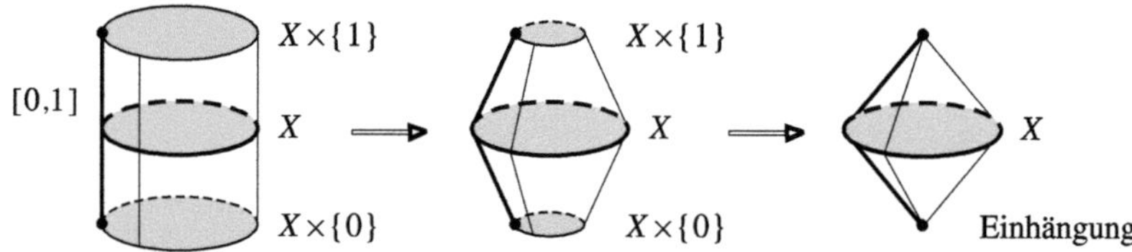

21. a) Seien $I \subseteq \mathbb{R}$ das Intervall $[-1, 1]$ und Q das Quadrat $I^2 \subseteq \mathbb{R}^2$. Identifiziert man in Q die Kanten $I \times \{-1\}$ und $I \times \{1\}$ gleichsinnig, d.h. jeweils die Punkte $(a, -1)$ und $(a, 1)$, $a \in I$, so gewinnt man bis auf Homöomorphie den (kompakten) Zylinder $I \times S^1$. Identifiziert man überdies noch die Kanten $\{-1\} \times I$ und $\{1\} \times I$ gleichsinnig, so erhält man (bis auf Homöomorphie) den Torus $S^1 \times S^1$. Identifiziert man aber die Kanten $I \times \{-1\}$ und $I \times \{1\}$ gleichsinnig und die Kanten $\{-1\} \times I$ und $\{1\} \times I$ gegensinnig, d.h. neben $(a, -1)$ und $(a, 1)$, $a \in I$, jeweils die Punkte $(-1, b)$ und $(1, -b)$, $b \in I$, so erhält man eine so genannte K l e i n s c h e F l a s c h e, die ebenfalls kompakt ist.[7]

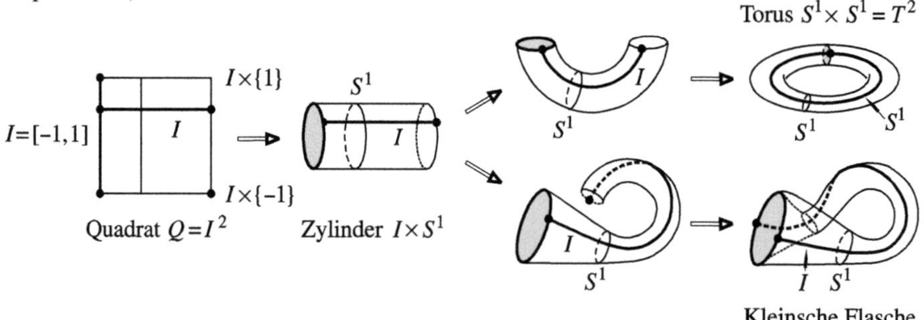

---

[7] Die Kleinsche Flasche lässt sich nicht als Unterraum des Anschauungsraumes realisieren. Die folgende Skizze benutzt Selbstdurchdringungen und kann nur eine vage Vorstellung vermitteln. Ähnliches gilt für die projektive Ebene $\mathbb{P}^2(\mathbb{R})$.

Natürlich kann man in Q auch zuerst die Kanten $\{-1\} \times I$ und $\{1\} \times I$ gegensinnig identifizieren. Dann erhält man aus Q das so genannte (kompakte) M ö b i u s - B a n d . Identifiziert man anschließend die Kanten $I \times \{-1\}$ bzw. $I \times \{1\}$ gleich- bzw. gegensinnig, so erhält man aus dem Möbius-Band die Kleinsche Flasche bzw. die reelle projektive Ebene.

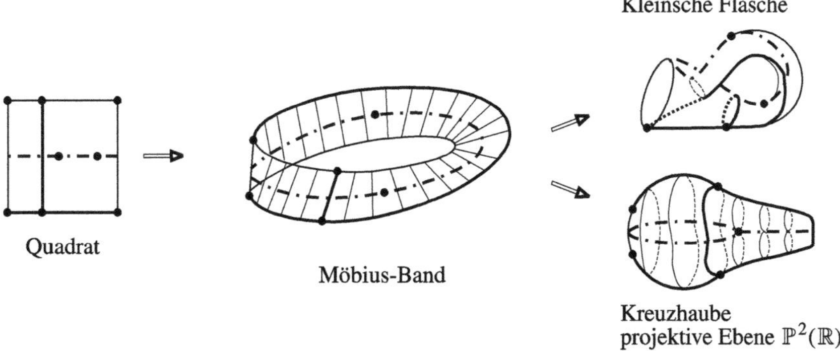

b) Sei Z der Kreisring $\{z \in \mathbb{C} \mid 1 \le |z| \le 2\}$, der zum kompakten Zylinder homöomorph ist. Identifiziert man jeweils antipodale Punkte $z, -z$ des inneren Kreises $\{|z| = 1\}$, so erhält man wieder ein Möbius-Band, das man in dieser Darstellung eine K r e u z h a u b e nennt. Identifiziert man auch noch jeweils antipodale Punkte des äußeren Kreises $\{|z| = 2\}$, so erhält man eine Kleinsche Flasche, vgl. a).

22. Seien $A_1, \ldots, A_n$ endlich viele paarweise disjunkte kompakte Mengen des Hausdorff-Raumes X. Ist X metrisch, so genügt es, dass die Mengen $A_1, \ldots, A_n$ abgeschlossen (und paarweise disjunkt) sind. Dann ist der Raum $\overline{X}$, der dadurch gewonnen wird, dass die Punkte der Mengen $A_1, \ldots, A_n$ jeweils identifiziert werden, hausdorffsch. (Vgl. Aufg. 9 und 1.C, Aufg. 15.) Welche Räume gewinnt man durch Identifizieren der Punkte einer endlichen Teilmenge der Sphären S^1 oder S^2? Welcher Raum entsteht durch Identifizieren der Punkte des Äquators der 2-Sphäre S^2?

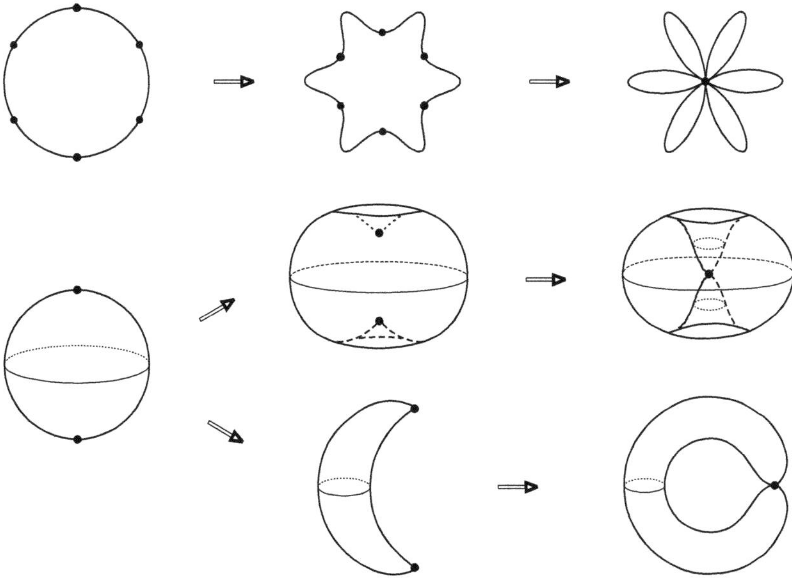

(Das Beispiel der letzten Zeichnung soll illustrieren, wie wesentlich verschieden ein und derselbe topologische Raum als Teilraum (etwa unseres Anschauungsraumes) dargestellt werden kann. Solche Probleme bilden u.a. den Ausgangspunkt für die Topologie. Im vorliegenden Fall genügen schon die Fundamentalgruppen (der Zusammenhangskomponenten) der Komplemente der Bilder zur Unterscheidung, vgl. Abschnitt 7.C, Aufg. 13.)

23. Sei $R \subseteq X \times X$ eine Äquivalenzrelation auf dem kompakten Raum X. Genau dann ist der Raum $\overline{X}$ der Äquivalenzklassen hausdorffsch, d.h. kompakt, wenn R abgeschlossen in $X \times X$ ist. (Vgl. 1.B, Aufg. 8b).)

24. (Eigentliche Abbildungen) Sei $f : X \to Y$ eine stetige Abbildung von Hausdorff-Räumen. f heißt **abgeschlossen**, wenn das f-Bild einer abgeschlossenen Menge von X eine abgeschlossene Menge von Y ist. f heißt **eigentlich**, wenn f abgeschlossen ist und die Fasern von f kompakt sind.

a) Ist X kompakt, so ist f eigentlich.

b) Ist f eigentlich, so sind die f-Urbilder beliebiger kompakter Mengen in Y kompakt in X. (Es genügt zu zeigen, dass X kompakt ist, wenn f eigentlich und surjektiv und Y kompakt ist. Sei K_i, $i \in I$, eine Familie abgeschlossener Mengen in X derart, dass jede endliche Teilfamilie einen nichtleeren Durchschnitt hat. Es ist zu zeigen, dass $\bigcap_{i \in I} K_i \neq \emptyset$ ist. Ohne Einschränkung enthalte die Familie mit je endlich vielen Elementen auch deren Durchschnitt. $f(K_i)$, $i \in I$, ist eine Familie abgeschlossener Mengen in Y mit der Eigenschaft, dass jede endliche Teilfamilie einen nichtleeren Durchschnitt hat. Also ist $\bigcap_{i \in I} f(K_i) \neq \emptyset$. Sei y ein Element dieses Durchschnitts. Dann ist $f^{-1}(y) \cap K_i \neq \emptyset$ für jedes i und somit auch $f^{-1}(y) \cap \bigcap_{i \in I} K_i \neq \emptyset$, da $f^{-1}(y)$ kompakt ist.)

c) Ist die Topologie von Y kompakt erzeugt (was insbesondere der Fall ist, wenn Y lokal kompakt oder metrisierbar ist, vgl. Beispiel 2.B.23) und sind die f-Urbilder beliebiger kompakter Mengen von Y kompakt in X, so ist f eigentlich. (Es ist zu zeigen, dass f abgeschlossen ist. Ist aber $A \subseteq X$ abgeschlossen und $K \subseteq Y$ kompakt, so ist $f(A) \cap K = f\big(A \cap f^{-1}(K)\big)$ kompakt.)

d) Die Komposition $g \circ f$ zweier eigentlicher Abbildungen $f : X \to Y$ und $g : Y \to Z$ von Hausdorff-Räumen ist eigentlich.

e) Seien X und Y lokal kompakte Räume. Die kanonische Fortsetzung $f' : X \cup \{\omega_X\} \to Y \cup \{\omega_Y\}$ einer stetigen Abbildung $f : X \to Y$ auf die Ein-Punkt-Kompaktifizierungen (mit $f'(\omega_X) := \omega_Y$) ist in der Regel nicht stetig. Dies ist vielmehr genau dann der Fall, wenn f eigentlich ist.

25. Sei $K_i, i \in I$, eine Familie abgeschlossener zusammenhängender Teilmengen des kompakten Raums X, die zu jeder endlichen Teilfamilie deren Durchschnitt enthält. Dann ist auch $K :=$ $\bigcap_i K_i$ zusammenhängend. (Es ist $K \neq \emptyset$. Angenommen, es wäre $K = L \uplus M$ mit disjunkten nichtleeren kompakten Mengen L und M. Dann gibt es disjunkte offene Mengen U, V in X mit $L \subseteq U$ und $M \subseteq V$. Es ist $K_i \subseteq U \uplus V$ (und $K_i \cap U \neq \emptyset \neq K_i \cap V$, $K_i \cap U \cap V = \emptyset$) für geeignete $i \in I$, da andernfalls $\bigcap_i \big(K_i \cap (X - U \cup V)\big) \neq \emptyset$ wäre.)

26. Seien X ein kompakter Raum und $x \in X$. Die Zusammenhangskomponente von x in X ist der Durchschnitt der Umgebungen $K_i, i \in I$, von x, die sowohl offen als auch abgeschlossen sind. (Zu zeigen ist, dass dieser Durchschnitt $K := \bigcap_i K_i$ zusammenhängend ist. Wie in Aufg. 25 führt man eine Darstellung $K = L \uplus M$, $x \in L$, zum Widerspruch $K_i \subseteq U \uplus V$, da dann $K_i \cap U$ eine offene und als Komplement von $K_i \cap V$ in K_i auch abgeschlossene Umgebung von x ist.) Ist X total unzusammenhängend, so bilden die **randlosen** Mengen in X, d.h. die Mengen, die sowohl offen als auch abgeschlossen sind, eine Basis der Topologie von X.

27. Sei X ein kompakter Raum. Der Raum $\overline{X}$ der Zusammenhangskomponenten von X (versehen mit der Quotiententopologie) ist ebenfalls kompakt und überdies total unzusammenhängend. (Aufg. 26. Vgl. auch 2.A, Aufg. 17.)

28. Die $\mathbb{K}$-bilineare Funktion $\Phi : V \times W \to \mathbb{K}$ oder (bei $\mathbb{K} = \mathbb{C}$) komplex-sesquilineare Funktion $\Phi : V \times W \to \mathbb{C}$ definiere eine vollständige Dualität der m-dimensionalen $\mathbb{K}$-Vektorräume V und W. Die Abbildungen $U \mapsto U^0 = \{ y \in W \mid \Phi(x, y) = 0 \text{ für alle } x \in U \}$ und $X \mapsto {}^0 X = \{ x \in V \mid \Phi(x, y) = 0 \text{ für alle } y \in X \}$ sind für jedes $k \in \mathbb{N}$ mit $0 \leq k \leq m$ zueinander inverse Homöomorphismen der Graßmann-Mannigfaltigkeiten $G_k(V)$ und $G_{m-k}(W)$. (Vgl. Bd. 2, 12.A, Aufg. 8.) Insbesondere liefert die natürliche Dualität $V \times V^* \to \mathbb{K}$ eine kanonische Homöomorphie der „dualen Graßmann-Mannigfaltigkeiten" $G_k(V)$ und $G_{m-k}(V^*)$. Ein Skalarprodukt auf V erlaubt es, $G_k(V)$ und $G_{m-k}(V)$ zu identifizieren. Bei $m = 2k$ erhält man eine Involution von $G_k(V)$. Welche ist das für $G_{\mathbb{R}}(1\,;2) = \mathbb{P}^1(\mathbb{R}) \cong S^1$ bzw. $G_{\mathbb{C}}(1\,;2) = \mathbb{P}^1(\mathbb{C}) \cong S^2$ (wenn $V = \mathbb{K}^2$ das kanonische Skalarprodukt trägt)? Welche Involution von $G_{\mathbb{C}}(1\,;2) \cong S^2$ definiert die kanonische *symmetrische* Bilinearform auf $\mathbb{C}^2$?

3 Vollständige metrische Räume · Gleichmäßige Konvergenz

3.A Vollständige metrische Räume

Ein metrischer Raum, in dem das Cauchysche Konvergenzkriterium gilt, heißt vollständig.

3.A.1 Definition Sei X ein metrischer Raum.

(1) Eine Folge (x_n) in X heißt eine C a u c h y - F o l g e , wenn es zu jedem $\varepsilon > 0$ ein $n_0 \in \mathbb{N}$ gibt mit $d(x_m, x_n) \leq \varepsilon$ für alle $m, n \geq n_0$.

(2) X heißt v o l l s t ä n d i g , wenn jede Cauchy-Folge in X konvergent in X ist.

Es sei bemerkt, dass die Vollständigkeit eines metrischen Raumes X nicht nur von der Topologie, sondern von der Metrik abhängt, vgl. Aufg. 1. Bei äquivalenten Metriken freilich ist X genau dann bezüglich der einen Metrik vollständig, wenn dies bezüglich der anderen gilt.

Sei X ein metrischer Raum. Natürlich ist jede konvergente Folge in X eine Cauchy-Folge. Wie Lemma 4.G.6 in Band 1 beweist man:

3.A.2 Lemma *Eine Cauchy-Folge mit einem Häufungspunkt ist konvergent.*

Es folgt:

3.A.3 Satz *Jeder kompakte metrische Raum ist vollständig.*

Umgekehrt gilt:

3.A.4 Satz *Sei X ein vollständiger metrischer Raum. Gibt es zu jedem $\varepsilon > 0$ endlich viele Kugeln $B(y_1; \varepsilon), \ldots, B(y_r; \varepsilon)$, $y_1, \ldots, y_r \in X$, die X überdecken, so ist X ein kompakter metrischer Raum.*

B e w e i s . Sei $(x_n)_{n \in \mathbb{N}}$ eine Folge in X. Wir haben zu zeigen, dass sie eine konvergente Teilfolge besitzt, vgl. 2.B.13. Auf Grund der Voraussetzung definiert man leicht rekursiv eine absteigende Folge $N_1 \supseteq N_2 \supseteq N_3 \supseteq \cdots$ von unendlichen Teilmengen $N_k \subseteq \mathbb{N}$, $k \in \mathbb{N}^*$, mit $d(x_\nu, x_\mu) \leq 1/k$ für alle $\mu, \nu \in N_k$. Dann ist jede Teilfolge $(x_{n_k})_{k \in \mathbb{N}^*}$ von (x_n) mit $n_k \in N_k$ für alle $k \in \mathbb{N}^*$ eine Cauchy-Folge und damit konvergent.   •

Metrische Räume, die die in 3.A.4 vorausgesetzte Überdeckungseigenschaft besitzen, heißen p r ä k o m p a k t .

Mit 3.A.4 beweist man sehr übersichtlich den folgenden Spezialfall des Satzes von Tychonoff, vgl. Bemerkung 2.B.7:

3.A.5 Satz *Sei X_i, $i \in I$, eine abzählbare Familie kompakter metrischer Räume. Dann ist auch der Produkt-Raum $X := \prod_{i \in I} X_i$ metrisch und kompakt.*

B e w e i s . Wir können $I = \mathbb{N}$ und $X_i \neq \emptyset$ für alle $i \in \mathbb{N}$ annehmen. Dann ist X metrisch mit der Metrik

$$d\big((x_i), (y_i)\big) = \sum_{i=0}^{\infty} \frac{1}{2^i} \, \mathrm{Min}\big(d_i(x_i, y_i), 1\big),$$

vgl. 1.B, Aufg. 18a). Sehr leicht sieht man, dass X vollständig ist, vgl. Aufg. 8. Nach 3.A.4 bleibt zu zeigen, dass X präkompakt ist. Sei $\varepsilon > 0$ vorgegeben und sei $i_0 \in \mathbb{N}$ so groß gewählt, dass $\sum_{i=i_0+1}^{\infty} 1/2^i \leq \varepsilon/2$ ist. Da $\prod_{i=0}^{i_0} X_i$ nach 2.B.6 kompakt ist, gibt es Punkte $z_1', \ldots, z_r' \in \prod_{i=0}^{i_0} X_i$ derart, dass die Kugeln $\mathrm{B}(z_\rho' \, ; \varepsilon/2)$, $\rho = 1, \ldots, r$, den Raum $\prod_{i=0}^{i_0} X_i$ überdecken, wobei wir hier auf $\prod_{i=0}^{i_0} X_i$ die Metrik $\sum_{i=0}^{i_0} \mathrm{Min}\big(d_i(x_i, y_i), 1\big)/2^i$ wählen wollen. Verlängern wir dann die Folgen z_ρ' (in beliebiger Weise) zu Folgen $z_\rho \in X$, $\rho = 1, \ldots, r$, so überdecken die Kugeln $\mathrm{B}(z_\rho \, ; \varepsilon)$, $\rho = 1, \ldots, r$, ganz X. $\bullet$

Seien V ein endlichdimensionaler normierter $\mathbb{K}$-Vektorraum und E ein affiner Raum über V. Jede Cauchy-Folge in E ist beschränkt und besitzt daher einen Häufungspunkt (vgl. 2.B.11), ist also konvergent. Wir haben bewiesen:

3.A.6 Satz *Ein affiner Raum über einem endlichdimensionalen normierten $\mathbb{K}$-Vektorraum ist vollständig. – Insbesondere sind die Räume $\mathbb{K}^m$, $m \in \mathbb{N}$, vollständig.*

Die folgende Aussage behandelt Unterräume metrischer Räume in Bezug auf Vollständigkeit.

3.A.7 Satz *Seien X ein metrischer Raum und $X' \subseteq X$ ein Teilraum.*

(1) Ist X' vollständig, so ist X' abgeschlossen in X.

(2) Ist X vollständig und X' abgeschlossen in X, so ist auch X' vollständig.

B e w e i s . (1) Sei (x_n) eine Folge in X', die in X konvergiert. Wir haben zu zeigen, dass $x := \lim x_n \in X'$ ist. Da (x_n) eine Cauchy-Folge in X' ist, konvergiert (x_n) in X'. Wegen der Eindeutigkeit des Grenzwerts ist $x \in X'$.

(2) Sei (x_n) eine Cauchy-Folge in X'. Dann ist (x_n) auch eine Cauchy-Folge in X und besitzt folglich einen Grenzwert, der in X' liegt, da X' abgeschlossen in X ist. $\bullet$

Viele Anwendungen des Begriffs der Vollständigkeit beruhen auf dem einfachen Fixpunktsatz 3.A.9. Zu seiner Formulierung führen wir einige Sprechweisen ein:

3.A.8 Definition Seien X ein metrischer Raum und $f : X \to X$ eine Abbildung von X in sich.

(1) f heißt k o n t r a h i e r e n d , wenn $d\big(f(x), f(y)\big) < d(x, y)$ ist für alle $x, y \in X$ mit $x \neq y$.

(2) f heißt s t a r k   k o n t r a h i e r e n d, wenn es ein $L \in \mathbb{R}$ gibt mit $0 \leq L < 1$ und $d\big(f(x), f(y)\big) \leq L\, d(x, y)$ für alle $x, y \in X$. Man nennt L in diesem Fall einen K o n t r a k t i o n s f a k t o r.

Jede stark kontrahierende Abbildung ist kontrahierend. Jede kontrahierende Abbildung $f : X \to X$ ist gleichmäßig stetig und insbesondere stetig. Den folgenden Satz beweist man wörtlich wie den Spezialfall 10.B.13 in Bd. 1, nur $|z-y|$ jeweils durch den Abstand $d(y, z)$ ersetzend:

3.A.9 Banachscher Fixpunktsatz *Sei $f : X \to X$ eine stark kontrahierende Abbildung des nichtleeren vollständigen metrischen Raumes X in sich. Dann besitzt f genau einen Fixpunkt x. Ist $x_0 \in X$ ein beliebiger Punkt in X, so konvergiert die Folge*

$$x_0 \,, \quad x_1 = f(x_0) \,, \quad x_2 = f(x_1) = f^2(x_0) \,, \ldots, \quad x_n = f(x_{n-1}) = f^n(x_0) \,, \ldots$$

gegen den einzigen Fixpunkt x von f und es ist

$$d(x_n, x) \leq \frac{1}{1 - L}\, d(x_n, x_{n+1}) \leq L^n \frac{1}{1 - L} d(x_0, x_1)$$

für alle $n \in \mathbb{N}$, wenn $L < 1$ ein Kontraktionsfaktor von f ist.

Das in 3.A.9 beschriebene Verfahren zur Lösung der Gleichung

$$f(x) = x$$

in X heißt das Verfahren der s u k z e s s i v e n A p p r o x i m a t i o n. Man beachte, dass das Verfahren selbstkorrigierend ist: Eventuelle Rundungs- (oder Rechen)fehler pflanzen sich nicht fort. Wie in Bd. 1, 10.B, Aufg. 34 erwähnt, besitzt 3.A.9 eine Verallgemeinerung, vgl. Aufg. 11.

Jeder metrische Raum X lässt sich in natürlicher Weise als Unterraum eines vollständigen metrischen Raumes $\widehat{X}$ auffassen (in dem X dicht liegt). Zur Konstruktion, deren Einzelheiten wir dem Leser überlassen, geht man (wie Cantor) folgendermaßen vor: $\mathcal{C} = \mathcal{C}(X)$ sei die Menge aller Cauchy-Folgen in X. Zwei Folgen (x_n) und (y_n) aus $\mathcal{C}$ heißen äquivalent, wenn $d(x_n, y_n)$ eine Nullfolge (in $\mathbb{R}$) ist. Dies ist eine Äquivalenzrelation auf $\mathcal{C}$, und $\widehat{X}$ ist die Menge der zugehörigen Äquivalenzklassen $[(x_n)]$, $(x_n) \in \mathcal{C}$. Setzt man

$$\widehat{d}\big([(x_n)], [(y_n)]\big) := \lim_{n \to \infty} d(x_n, y_n) \,,$$

so ist $\widehat{d}$ wohldefiniert und liefert eine Metrik auf $\widehat{X}$. Mit der kanonischen Einbettung $x \mapsto [(x)]$, die jedem $x \in X$ die Äquivalenzklasse der konstanten Folge (x) zuordnet, ist X ein dichter metrischer Unterraum von $\widehat{X}$. Schließlich zeigt man, dass $\widehat{X}$ vollständig ist. $\widehat{X}$ heißt die V e r v o l l s t ä n d i g u n g oder K o m p l e t t i e r u n g von X.[1]) Jeder vollständige metrische Raum Y, in den X als dichter metrischer Unterraum eingebettet werden kann, ist offenbar zu $\widehat{X}$ isometrisch, d.h. es gibt eine abstandserhaltende bijektive Abbildung $\widehat{X} \to Y$, die auf X die Identität induziert, vgl. Aufg. 7.

---

[1]) Übrigens kann man auf diese Weise $\mathbb{R}$ als Vervollständigung von $\mathbb{Q}$ gewinnen, wobei man in diesem Falle $\mathbb{R}$ nicht vorher zu kennen braucht.

Eine wichtige Eigenschaft vollständiger metrischer Räume, die sie mit den lokal kompakten Räumen teilen, beschreibt der folgende Satz, von dem in Bd. 1, 10.B, Aufg. 25 bereits ein Spezialfall angegeben wurde:

3.A.10 Bairescher Dichtesatz *Sei X ein vollständiger metrischer Raum oder ein lokal kompakter topologischer Raum. Dann ist der Durchschnitt $\bigcap_{i \in I} U_i$ einer abzählbaren Familie offener dichter Teilmengen $U_i \subseteq X$, $i \in I$, ebenfalls dicht in X.*

B e w e i s . Ohne Einschränkung der Allgemeinheit sei $I = \mathbb{N}$ und die Folge U_i, $i \in \mathbb{N}$, monoton fallend. [2]) Sei $D := \bigcap_{i \in \mathbb{N}} U_i$.

Sei X zunächst ein vollständiger metrischer Raum. Wir haben $\overline{B}(x\,;\varepsilon) \cap D \neq \emptyset$ für alle Kugeln $\overline{B}(x\,;\varepsilon)$, $x \in X$, $\varepsilon > 0$ zu zeigen. Da die U_i offen und dicht sind, konstruiert man leicht induktiv eine Folge von Kugeln $\overline{B}(x_i\,;\varepsilon_i) \subseteq U_i \cap \overline{B}(x\,;\varepsilon)$ mit $\varepsilon_i > 0$, $\overline{B}(x_i\,;\varepsilon_i) \supseteq \overline{B}(x_{i+1}\,;\varepsilon_{i+1})$, $i \in \mathbb{N}$, und $\lim \varepsilon_i = 0$. Dann ist aber x_i, $i \in \mathbb{N}$, eine Cauchy-Folge in X und $x := \lim x_i \in \bigcap_i \overline{B}(x_i\,;\varepsilon_i) \subseteq \overline{B}(x\,;\varepsilon) \cap \bigcap_i U_i = \overline{B}(x\,;\varepsilon) \cap D$.

Ist X lokal kompakt, so ersetzt man $\overline{B}(x\,;\varepsilon)$ durch eine kompakte Menge K mit $\mathring{K} \neq \emptyset$ und konstruiert statt der $\overline{B}(x_i\,;\varepsilon_i)$ eine Folge K_i kompakter Mengen mit $K_i \subseteq U_i \cap K$, $\mathring{K}_i \neq \emptyset$, $K_i \supseteq K_{i+1}$, $i \in \mathbb{N}$. Dann ist $\emptyset \neq \bigcap_{i \in I} K_i \subseteq K \cap \bigcap_i U_i = K \cap D$.   •

3.A.11 Beispiel Sei $X := C_{\mathbb{R}}\big([0,1]\big)$. X ist vollständig bzgl. der durch die Supremumsnorm definierten Metrik. Für $N, q \in \mathbb{N}^*$ sei $F_{N,q}$ die (offene) Menge der $f \in X$ mit

$$\left| f\left(\frac{p+1}{q}\right) - f\left(\frac{p}{q}\right) \right| > \frac{N}{q}$$

für alle $p = 0, 1, \ldots, q{-}1$. *Dann ist $F_N := \bigcup_{q \geq 1} F_{N,q}$ dicht in X.* Zum B e w e i s betrachten wir ein $g \in X$ und wählen $\varepsilon > 0$. Dazu gibt es ein $\delta > 0$ mit $|g(x) - g(y)| \leq \varepsilon/3$ für alle $x, y \in [0,1]$ mit $|x - y| \leq \delta$, da g gleichmäßig stetig ist, sowie ein $q \in \mathbb{N}^*$ mit $1/q < \delta$ und $N/q < \varepsilon/3$. Die Zahlen $a_p \in \mathbb{R}$ seien rekursiv so gewählt, dass $|a_{p+1} - a_p| = \varepsilon/3$ und $|g(p/q) - a_p| \leq \varepsilon/3$ ist, $p = 0, \ldots, q$. Dazu setzt man etwa $a_0 := g(0)$ und $a_{p+1} := a_p - \varepsilon/3$, falls $g\big((p+1)/q\big) < a_p$, $a_{p+1} := a_p + \varepsilon/3$, falls $g\big((p+1)/q\big) \geq a_p$. Mit f bezeichnen wir nun die stetige, stückweise lineare Funktion, deren Graph der Streckenzug ist, der die Punkte $(p/q\,, a_p)$ verbindet. Nach Konstruktion ist $f \in F_{N,q} \subseteq F_N$. Ferner gilt $f \in \overline{B}(g\,;\varepsilon)$. Um dies einzusehen, betrachten wir ein $x \in [0,1]$ mit $p/q \leq x < (p+1)/q$ und erhalten

$$|f(x) - g(x)| \leq |f(x) - a_p| + \left|g\left(\frac{p}{q}\right) - a_p\right| + \left|g(x) - g\left(\frac{p}{q}\right)\right| \leq \frac{\varepsilon}{3} + \frac{\varepsilon}{3} + \frac{\varepsilon}{3} = \varepsilon. \quad\quad •$$

Nach 3.A.10 ist dann auch $F := \bigcap_{N \geq 1} F_N$ dicht in X. *Eine Funktion $f \in F$ ist aber in keinem Punkt $t \in [0,1]$ differenzierbar.* Zu $N \in \mathbb{N}^*$ gibt es wegen $f \in F_N$ nämlich $p_N, q_N \in \mathbb{N}$ mit $1/q < \delta$ und $N/q < \varepsilon/3$. $0 \leq p_N < q_N$, sowie

$$\frac{p_N}{q_N} \leq t < \frac{p_N + 1}{q_N} \quad \text{und} \quad \left| f\left(\frac{p_N + 1}{q_N}\right) - f\left(\frac{p_N}{q_N}\right) \right| > \frac{N}{q_N}.$$

Aus der Differenzierbarkeit von f in t folgte aber $|f(y) - f(x)| \leq C|y - x|$ für alle $x, y \in [0,1]$ mit $x \leq t \leq y$, wobei C eine (von t abhängende) Konstante ist.

---

[2]) Andernfalls ersetze man U_i durch $\bigcap_{j \leq i} U_j$, $j \in \mathbb{N}$.

Die Menge der in keinem Punkt differenzierbaren stetigen Funktionen $f : [0, 1] \to \mathbb{R}$ ist also dicht in $C_\mathbb{R}([0, 1])$ *(bzgl. der Supremumsnorm).* Die Idee des obigen Beweises liegt auch der Konstruktion in Bd. 1, Beispiel 13.A.9 zugrunde.

3.A.12 Beispiel Seien V ein $\mathbb{K}$-Banach-Raum unendlicher Dimension und x_n, $n \in \mathbb{N}$, eine Folge von Elementen von V. Der von diesen Elementen erzeugte Unterraum $W := \sum_{n \in \mathbb{N}} \mathbb{K}x_n$ ist die Vereinigung der abzählbar vielen endlichdimensionalen Unterräume $W_i := \sum_{n=0}^{i} \mathbb{K}x_n$, $i \in \mathbb{N}$, die alle abgeschlossen und nirgends dicht in W sind, d.h. $V - W_i$ ist offen und dicht in V. Nach 3.A.10 ist auch $\bigcap_{i \in \mathbb{N}} U_i = V - W$ dicht in V. Insbesondere ist $V \neq W$. *Ein $\mathbb{K}$-Banach-Raum, der nicht endlichdimensional ist, hat also stets überabzählbare Vektorraumdimension.*

Aufgaben

1. Für eine Norm $\|-\|$ auf $\mathbb{R}^n$ ist die Abbildung $x \mapsto x/(1 + \|x\|)$ ein Homöomorphismus von $\mathbb{R}^n$ auf die offene Kugel $B(0 ; 1)$. Für $n \geq 1$ ist $\mathbb{R}^n$ vollständig, $B(0 ; 1)$ aber nicht. (Die Vollständigkeit eines metrischen Raumes hängt also wesentlich von der Metrik selbst und nicht nur von der Topologie ab.)

2. Sei X ein metrischer Raum mit folgender Eigenschaft: Es gibt ein $\varepsilon > 0$ derart, dass alle Kugeln $\overline{B}(x ; \varepsilon)$, $x \in X$, kompakt sind. Dann ist X vollständig. (Ein lokal kompakter metrischer Raum ist aber im Allgemeinen nicht vollständig.)

3. Man führe die Einzelheiten für die im Text angegebene Konstruktion der Vervollständigung $\widehat{X}$ eines metrischen Raumes X aus.

4. Ein metrischer Raum X ist genau dann präkompakt, wenn seine Vervollständigung kompakt ist.

5. Sei x_{mn}, $(m, n) \in \mathbb{N} \times \mathbb{N}$, eine Doppelfolge in einem endlichdimensionalen normierten $\mathbb{K}$-Vektorraum V mit folgender Eigenschaft: Für jedes $m \in \mathbb{N}$ ist die Folge $(x_{mn})_{n \in \mathbb{N}}$ beschränkt. Dann gibt es eine Folge $0 \leq n_0 < n_1 < \cdots$ von Indizes derart, dass die Folgen $(x_{mn_k})_{k \in \mathbb{N}}$ für alle $m \in \mathbb{N}$ konvergieren. (Vgl. 3.A.5.)

6. Seien $X \neq \emptyset$ ein kompakter metrischer Raum und $f : X \to X$ eine kontrahierende Abbildung von X in sich. Dann besitzt f genau einen Fixpunkt x. Für jeden Anfangswert $x_0 \in X$ konvergiert die Folge $x_n = f^n(x_0)$, $n \in \mathbb{N}$, gegen den Fixpunkt x von f. (Man betrachte einen Punkt in X, in dem die Funktion $x \mapsto d\big(x, f(x)\big)$ ihr Minimum annimmt. Vgl. Bd. 1, 10.D, Aufg. 7.)

7. Sei $f' : X' \to Y$ eine *gleichmäßig* stetige Abbildung der dichten Teilmenge X' des metrischen Raumes X in den vollständigen metrischen Raum Y. Dann gibt es eine (eindeutig bestimmte) stetige Abbildung $f : X \to Y$ mit $f|X' = f'$. Diese Fortsetzung f von f' ist ebenfalls gleichmäßig stetig. Insbesondere lässt sich f' auf die Vervollständigung von X' fortsetzen. (Vgl. Bd. 1, 10.D.9.)

8. Sei X_i, $i \in I$, eine endliche Familie nichtleerer metrischer Räume. Genau dann ist das Produkt $\prod_i X_i$ vollständig, wenn jeder Raum X_i vollständig ist. Dies gilt auch, wenn $I = \mathbb{N}$ abzählbar unendlich ist, bzgl. der in 1.A, Aufg. 4 angegebenen Metrik.

9. Ein lokal kompakter oder vollständiger metrischer Raum $\neq \emptyset$ ohne diskrete Punkte ist überabzählbar. (Vgl. 3.A.10.)

10. Ein lokal kompakter oder metrischer Raum mit abzählbar vielen Punkten ist total unzusammenhängend. (Bemerkung. Es gibt abzählbar unendliche, zusammenhängende Hausdorff-Räume. Beispiel?)

11. Sei X ein vollständiger metrischer Raum.

a) Jede Folge x_n, $n \in \mathbb{N}$, in X mit $\sum_{n=0}^{\infty} d(x_n, x_{n+1}) < \infty$ ist eine Cauchy-Folge. Für jedes $x := \lim x_n$ und jedes $n \in \mathbb{N}$ ist $d(x_n, x) \leq \sum_{i=n}^{\infty} d(x_i, x_{i+1})$.

b) Für $f : X \to X$ besitze die Iterierte $f^n : X \to X$ die Lipschitz-Konstante L_n, $n \in \mathbb{N}$. Sei $M := \sum_{n=0}^{\infty} L_n < \infty$. Dann besitzt f genau einen Fixpunkt x, und für jeden Punkt $x_0 \in X$ konvergiert die Folge $x_n := f^n(x_0)$, $n \in \mathbb{N}$, gegen x, und es ist $d(x_n, x) \leq \left(\sum_{i=n}^{\infty} L_i \right) d(x_0, x_1)$ bzw. $d(x_n, x) \leq M\, d(x_n, x_{n+1}) \leq L_n M\, d(x_0, x_1)$, vgl. Bd. 1, 10.B, Aufg. 34.

12. Sei X_n, $n \in \mathbb{N}$, eine Folge diskreter Räume mit mehr als einem Punkt und $X = \prod_{n \in \mathbb{N}} X_n$ ihr Produkt (versehen mit der Produkttopologie). X ist ein überabzählbarer metrischer Raum (vgl. 1.B, Aufg. 18b)).

a) X ist total unzusammenhängend ohne diskrete Punkte.

b) Genau dann besitzt X eine abzählbare Topologie, wenn alle X_n abzählbar sind.

c) Genau dann ist X kompakt, wenn alle X_n endlich sind.

d) Genau dann ist X lokal kompakt, wenn fast alle X_n endlich sind.

e) Sei $X_n = \{0, 1\}$ für alle n. Dann ist $(a_n) \mapsto \sum_{n=0}^{\infty} 2a_n/3^{n+1}$ ein Homöomorphismus von $X = \{0, 1\}^{\mathbb{N}}$ auf die Cantorsche Wischmenge C, vgl. Bd. 1, 4.G, Aufg. 19d) oder 12.A, Aufg. 3b) in diesem Band.

f) Die kompakten Räume aus c) sind alle untereinander homöomorph, also nach e) homöomorph zur Cantorschen Wischmenge C. Diese kann folgendermaßen charakterisiert werden: C ist bis auf Homöomorphie der einzige kompakte, total unzusammenhängende Raum Y mit abzählbarer Topologie und ohne diskrete Punkte. (Nach 2.B, Aufg. 26 bilden die randlosen Teilmengen $K \subseteq Y$ eine Basis der Topologie von Y. Somit gibt es eine Folge $K_1, K_2, \ldots$ randloser Mengen, die eine Basis der Topologie von Y bilden.[3]) Mit dieser Folge konstruiere man nun nichtleere randlose Mengen $Y(i_1, \ldots, i_n)$, $n \in \mathbb{N}$, $i_1, \ldots, i_n \in \{0, 1\}$, mit folgenden Eigenschaften: (1) $Y(\emptyset) = Y$. (2) $Y(i_1, \ldots, i_n) = Y(i_1, \ldots, i_n, 0) \uplus Y(i_1, \ldots, i_n, 1)$. (3) $Y(i_1, \ldots, i_n, 0) = K_{n+1} \cap Y(i_1, \ldots, i_n)$, falls K_{n+1} weder $Y(i_1, \ldots, i_n)$ umfasst noch dazu disjunkt ist. – Zu jedem Punkt $y \in Y$ gibt es dann eine eindeutig bestimmte 0,1-Folge i_n, $n \in \mathbb{N}^*$, mit $y \in Y(i_1, \ldots, i_n)$ für alle $n \in \mathbb{N}^*$, und die Abbildung $y \mapsto (i_n)$, $n \in \mathbb{N}^*$, ist ein Homöomorphismus von Y auf $\{0, 1\}^{\mathbb{N}^*}$.)

g) Sei $X_n = \mathbb{N}$ für alle n. Dann ist $(a_n) \mapsto [a_0+1, a_1+1, \ldots] = \lim_{n \to \infty}[a_0+1, a_1+1, \ldots, a_n+1]$ (mit der Kettenbruchentwicklung aus Bd. 1, Beispiel 4.F.13) ein Homöomorphismus von $X = \mathbb{N}^{\mathbb{N}}$ auf den Raum der Irrationalzahlen > 1.

13. Es gibt keine bijektive stetige Abbildung $f : \mathbb{R} \to \mathbb{R}^n$, $n \geq 2$. (Ein solches f würde nach 2.B.4 für jedes kompakte Intervall I einen Homöomorphismus $I \to f(I)$ induzieren. Man verwende nun den Baireschen Dichtesatz. – Man beachte, dass es für alle $n > m \geq 1$ surjektive stetige Abbildungen $\mathbb{R}^m \to \mathbb{R}^n$ gibt, vgl. dazu Beispiel 7.C.7. Allgemeiner als das Ergebnis der Aufgabe gilt aber: Es gibt für $n \neq m$ keine bijektive stetige Abbildung von $\mathbb{R}^m$ auf $\mathbb{R}^n$. Dies folgt z.B. aus dem Satz von Borsuk-Ulam, vgl. Bd. 4, Satz 12.C.12. Für den Fall $n = 2$ oder $m = 2$ vergleiche auch 7.C.19 im vorliegenden Band.)

---

[3]) Übrigens gibt es überhaupt nur abzählbar viele randlose Mengen in Y.

3.B Gleichmäßige Konvergenz

Sei $f_n : X \to Y$, $n \in \mathbb{N}$, eine Folge von Abbildungen der Menge X in den Hausdorff-Raum Y. Die Folge $(f_n)_{n \in \mathbb{N}}$ heißt **p u n k t w e i s e   k o n v e r g e n t**, wenn für jeden Punkt $x \in X$ die Folge $f_n(x)$, $n \in \mathbb{N}$, in Y konvergiert. Die Abbildung

$$f = \lim_{n \to \infty} f_n \quad \text{mit} \quad f(x) := \lim_{n \to \infty} f_n(x)$$

heißt dann die **G r e n z a b b i l d u n g** oder der **L i m e s** der Folge f_n, $n \in \mathbb{N}$. Man beachte, dass $f(x)$ für $x \in X$ eindeutig bestimmt ist, da Y hausdorffsch ist. Ist Y ein metrischer Raum, so lässt sich neben der obigen punktweisen Konvergenz die gleichmäßige Konvergenz definieren:

3.B.1 Definition Sei X eine Menge und Y ein metrischer Raum. Eine Folge $f_n : X \to Y$, $n \in \mathbb{N}$, von Abbildungen von X in Y **k o n v e r g i e r t   g l e i c h m ä ß i g** gegen die Abbildung $f : X \to Y$, wenn es zu jedem $\varepsilon > 0$ ein $n_0 \in \mathbb{N}$ gibt mit $d\big(f(x), f_n(x)\big) \leq \varepsilon$ für alle $n \geq n_0$ und alle $x \in X$.

Die gleichmäßige Konvergenz von $f_n : X \to Y$, $n \in \mathbb{N}$, impliziert die punktweise Konvergenz. Ist Y vollständig, so gilt das folgende Cauchy-Kriterium für die gleichmäßige Konvergenz:

3.B.2 Cauchysches Kriterium für gleichmäßige Konvergenz *Eine Folge (f_n) von Abbildungen $f_n : X \to Y$ der Menge X in einen vollständigen metrischen Raum Y konvergiert genau dann gleichmäßig, wenn es zu jedem $\varepsilon > 0$ ein $n_0 \in \mathbb{N}$ gibt derart, dass für alle $m, n \geq n_0$ und alle $x \in X$ gilt $d\big(f_m(x), f_n(x)\big) \leq \varepsilon$.*

Analog zu 12.A.8 in Bd. 1 gilt:

3.B.3 Satz *Sei $f_n : X \to Y$, $n \in \mathbb{N}$, eine gleichmäßig konvergente Folge stetiger Abbildungen des topologischen Raums X in den metrischen Raum Y. Dann ist auch die Grenzabbildung $f = \lim f_n$ stetig.*

B e w e i s . Seien $a \in X$ und $\varepsilon > 0$ vorgegeben. Dann gibt es ein $n \in \mathbb{N}$ und eine Umgebung U von a mit $d\big(f(x), f_n(x)\big) \leq \varepsilon/3$ für alle $x \in X$ und $d\big(f_n(a), f_n(x)\big) \leq \varepsilon/3$ für alle $x \in U$. Für $x \in U$ gilt dann

$$d\big(f(a), f(x)\big) \leq d\big(f(a), f_n(a)\big) + d\big(f_n(a), f_n(x)\big) + d\big(f_n(x), f(x)\big) \leq \varepsilon . \quad \bullet$$

Da die Stetigkeit eine lokale Eigenschaft ist, folgt:

3.B.4 Korollar *Sei $f_n : X \to Y$, $n \in \mathbb{N}$, eine lokal gleichmäßig konvergente Folge stetiger Abbildungen des topologischen Raumes X in den metrischen Raum Y. Dann ist auch $\lim f_n$ stetig.*

Dabei heißt $f_n : X \to Y$ l o k a l g l e i c h m ä ß i g k o n v e r g e n t, wenn zu jedem $x \in X$ eine Umgebung U von x in X existiert derart, dass die Folge $f_n | U$, $n \in \mathbb{N}$, gleichmäßig auf U konvergiert.

Die Menge aller Abbildungen $X \to Y$ einer Menge X in einen metrischen Raum Y ist in natürlicher Weise selbst ein metrischer Raum. Dazu setzt man etwa

$$d(f, g) := \mathrm{Sup}\,\big\{\, \mathrm{Min}\,\big(d\big(f(x), g(x)\big), 1\big) \,\big|\, x \in X \big\}$$

für $f, g \in Y^X$.[1]) Dann ist d trivialerweise eine Metrik auf Y^X und die Folge $f_n \in Y^X$, $n \in \mathbb{N}$, konvergiert genau dann gleichmäßig gegen $f \in Y^X$, wenn sie als Folge des metrischen Raumes Y^X gegen f konvergiert. Man spricht daher auch von der T o p o l o g i e (oder M e t r i k) d e r g l e i c h m ä ß i g e n K o n v e r g e n z a u f Y^X. Nach 3.B.3 *ist die Menge der stetigen Abbildungen $X \to Y$ abgeschlossen in Y^X*, falls X ein topologischer Raum ist. Das Cauchysche Konvergenzkriterium 3.B.2 besagt ferner, *dass Y^X vollständig ist, wenn dies für Y gilt.* Es folgt: *Die Menge $\mathrm{C}(X, Y)$ der stetigen Abbildungen eines topologischen Raumes X in einen vollständigen metrischen Raum Y ist selbst ein vollständiger Raum bzgl. der Metrik der gleichmäßigen Konvergenz.*

Betrachten wir nun die $\mathbb{K}$-wertigen Funktionen auf einem topologischen Raum X. Ist X kompakt, so ist jede stetige Funktion $f : X \to \mathbb{K}$ nach 2.B.12 (man betrachte $|f|$) beschränkt. Wir wählen daher in diesem Fall als natürlichen Abstand zweier stetiger Funktionen $f, g : X \to \mathbb{K}$ den durch die S u p r e m u m s n o r m oder T s c h e b y s c h e w - N o r m definierten Abstand

$$\|g - f\| = \|g - f\|_X = \mathrm{Sup}\,\big\{ |g(x) - f(x)| \,\big|\, x \in X \big\}.$$

Ebenfalls nach 2.B.12 gibt es bei $X \neq \emptyset$ sogar ein $x_0 \in X$ mit

$$\|g - f\|_X = |g(x_0) - f(x_0)|.$$

Für einen kompakten Raum X wollen wir die Algebra $\mathrm{C}_{\mathbb{K}}(X)$ der stetigen $\mathbb{K}$-wertigen Funktionen auf X stets mit dieser Metrik versehen. Eine Teilmenge $M \subseteq \mathrm{C}_{\mathbb{K}}(X)$ von stetigen Funktionen ist definitionsgemäß genau dann dicht, wenn $\overline{M} = \mathrm{C}_{\mathbb{K}}(X)$ ist, d.h. wenn jede stetige Funktion $f : X \to \mathbb{K}$ der Limes einer Folge (f_n) von Funktionen $f_n \in M$ ist, die gleichmäßig gegen f konvergiert, oder anders gesagt, wenn zu jedem $f \in \mathrm{C}_{\mathbb{K}}(X)$ und jedem $\varepsilon > 0$ ein $g \in M$ mit $\|g - f\| \leq \varepsilon$ existiert. Wie bereits in Bd. 1, Bemerkung 12.A.15 angekündigt, beweisen wir nun die folgende Verallgemeinerung des Weierstraßschen Approximationssatzes:

3.B.5 Approximationssatz von Stone-Weierstraß *Seien X ein kompakter Raum und A eine $\mathbb{R}$-Unteralgebra der Algebra $\mathrm{C}_{\mathbb{R}}(X)$ aller stetigen reellwertigen Funktionen auf X. Die Algebra A trenne die Punkte von X, d.h. zu je zwei verschiedenen Punkten $x, y \in X$ gebe es eine Funktion $f \in A$ mit $f(x) \neq f(y)$. Dann ist A dicht in $\mathrm{C}_{\mathbb{R}}(X)$.*

---

[1]) Die Wahl von $\mathrm{Min}\,\big(d\big(f(x), g(x)\big), 1\big)$ sichert, dass $d(f, g)$ stets endlich ist, was bei einer a priori beschränkten Metrik d oder auch bei kompaktem X und *stetigen* Abbildungen $f, g : X \to Y$ von selbst erfüllt ist. In diesen beiden Fällen wollen wir für $d(f, g)$ stets $\mathrm{Sup}\,\big\{ d\big(f(x), g(x)\big) \,\big|\, x \in X \big\}$ wählen.

Beweis. Offensichtlich ist $\overline{A}$ ebenfalls eine $\mathbb{R}$-Unteralgebra von $C_\mathbb{R}(X)$. Wir können also gleich annehmen, dass A abgeschlossen ist, und haben dann $A = C_\mathbb{R}(X)$ zu zeigen. Nach dem folgenden Lemma 3.B.6 enthält A aber mit jeder Funktion f auch $|f|$ und nach dem weiteren Lemma 3.B.7 ist dann $A = C_\mathbb{R}(X)$.   •

3.B.6 Lemma *Sei A eine abgeschlossene $\mathbb{R}$-Unteralgebra der Algebra $C_\mathbb{R}(X)$ der $\mathbb{R}$-wertigen stetigen Funktionen auf dem kompakten Raum X. Dann enthält A mit jeder Funktion f auch $|f|$.*

Beweis. Es ist $|f| = \sqrt{f^2}$. Somit genügt es, folgendes zu zeigen: Ist $g \in A$ und $g \geq 0$, so ist $\sqrt{g} \in A$. Sei $m := \mathrm{Min}\,\{g(x) \mid x \in X\}$. Bei $m = 0$ betrachten wir die Funktionen $g_n := g + \varepsilon_n$, $n \in \mathbb{N}$, mit einer Nullfolge $\varepsilon_n > 0$. Dann konvergiert $\sqrt{g_n}$, $n \in \mathbb{N}$, gleichmäßig gegen $\sqrt{g}$ wegen

$$\sqrt{g_n} - \sqrt{g} = \frac{\varepsilon_n}{\sqrt{g_n} + \sqrt{g}} \leq \frac{\varepsilon_n}{\sqrt{\varepsilon_n}} = \sqrt{\varepsilon_n}\,.$$

Wir können also $m > 0$ annehmen. Für $M := \|g\| = \mathrm{Max}\,\{g(x) \mid x \in X\}$ ist dann

$$\sqrt{g} = \sqrt{M}\sqrt{1 + (\frac{g}{M} - 1)} = \sqrt{M}\,\sum_{k=0}^{\infty} \binom{1/2}{k}(\frac{g}{M} - 1)^k$$

die Grenzfunktion der Reihe

$$\sum_{k=0}^{\infty} \sqrt{M}\,\binom{1/2}{k}(\frac{g}{M} - 1)^k\,,$$

die auf X gleichmäßig konvergiert, da die Potenzreihe $\sum \binom{1/2}{k}x^k$ von $\sqrt{1+x}$, deren Konvergenzradius 1 ist, auf jedem Intervall $[a, b]$ mit $-1 < a \leq b < 1$ gleichmäßig konvergiert. [2])   •

3.B.7 Lemma *Sei A eine abgeschlossene $\mathbb{R}$-Unteralgebra der Algebra $C_\mathbb{R}(X)$ der $\mathbb{R}$-wertigen stetigen Funktionen auf dem kompakten Raum X. Enthält A mit jeder Funktion f auch $|f|$ und trennt A die Punkte von X, so ist $A = C_\mathbb{R}(X)$.*

Beweis. Mit endlich vielen Funktionen $f_1, \ldots, f_n \in A$ gehören wegen $\mathrm{Max}\,(f, g) = (f + g + |g - f|)/2$ und $\mathrm{Min}\,(f, g) = (f + g - |g - f|)/2$ auch $\mathrm{Max}\,(f_1, \ldots, f_n)$ und $\mathrm{Min}\,(f_1, \ldots, f_n)$ zu A.

Sei $f : X \to \mathbb{R}$ stetig und $\varepsilon > 0$ vorgegeben. Zu $x, y \in X$ gibt es dann ein $g_{x,y} \in A$ mit $g_{x,y}(x) = f(x)$ und $g_{x,y}(y) = f(y)$, vgl. das folgende Lemma 3.B.8. Wegen der Stetigkeit von f und $g_{x,y}$ gibt es bei festem x zu jedem $y \in X$ eine Umgebung $U(y)$ von y mit $g_{x,y}(z) \leq f(z) + \varepsilon$ für alle $z \in U(y)$. Da X kompakt ist, gibt es endlich viele Punkte $y_1, \ldots, y_n$ mit $X = U(y_1) \cup \cdots \cup U(y_n)$. Für

$$h_x := \mathrm{Min}\,(g_{x,y_1}, \ldots, g_{x,y_n}) \in A$$

---

[2]) Nach Beispiel 13.C.7 (1) in Bd. 1 ist die Konvergenz sogar auf dem Intervall $[-1, 1]$ gleichmäßig. Die Reduktion auf den Fall $m > 0$ ist also überflüssig.

ist $h_x(z) \leq f(z) + \varepsilon$ für alle $z \in X$, also $h_x \leq f + \varepsilon$. Nach Konstruktion gilt $h_x(x) = f(x)$. Es gibt dann eine Umgebung $V(x)$ von x mit $f(z) - \varepsilon \leq h_x(z)$ für alle $z \in V(z)$. Endlich viele Umgebungen $V(x_1), \ldots, V(x_m)$ überdecken X. Für

$$g := \mathrm{Max}\,(h_{x_1}, \ldots, h_{x_m}) \in A$$

ist $f(z) - \varepsilon \leq g(z) \leq f(z) + \varepsilon$, also $\|f - g\| = d(f, g) \leq \varepsilon$. Somit ist A dicht in $C_\mathbb{R}(X)$ und folglich $A = C_\mathbb{R}(X)$, da A abgeschlossen ist.   •

Beim Beweis von 3.B.7 haben wir das folgende einfache Lemma benutzt:

3.B.8 Lemma *Seien X eine Menge und A eine die Punkte von X trennende $\mathbb{R}$-Unteralgebra der Algebra $\mathbb{R}^X$ der $\mathbb{R}$-wertigen Funktionen auf X. Für beliebige Punkte $x, y \in X$ und beliebige $a, b \in \mathbb{R}$ mit $a = b$ bei $x = y$ gibt es dann ein $g \in A$ mit $g(x) = a$ und $g(y) = b$.*

B e w e i s. Bei $x = y$ wähle man $g = a \in A$. Andernfalls gibt es ein $h \in A$ mit $h(x) \neq h(y)$. Dann leistet

$$g = (b - a)\,\frac{h - h(x)}{h(y) - h(x)} + a \in A$$

das Verlangte. [3])   •

Ersetzt man in 3.B.5 den Körper $\mathbb{R}$ durch $\mathbb{C}$, so bleibt 3.B.5 im Allgemeinen nicht gültig. So ist zum Beispiel die Polynomalgebra $\mathbb{C}[t]$ auf der abgeschlossenen Einheitskreisscheibe $\overline{B}(0\,;1) \subseteq \mathbb{C}$ punktetrennend, aber nicht dicht in $C_\mathbb{C}\bigl(\overline{B}(0\,;1)\bigr)$, da die Grenzfunktion einer auf $\overline{B}(0\,;1)$ gleichmäßig konvergenten Folge von Polynomfunktionen auf $B(0\,;1)$ notwendigerweise analytisch ist, vgl. Aufg. 8. Es gilt jedoch:

3.B.9 Approximationssatz von Stone-Weierstraß für $\mathbb{C}$-wertige Funktionen *Seien X ein kompakter Raum und A eine $\mathbb{C}$-Unteralgebra der Algebra $C_\mathbb{C}(X)$ aller stetigen komplex-wertigen Funktionen auf X. Für A mögen folgende Voraussetzungen erfüllt sein:*

(1) A trennt die Punkte von X. *(2) Mit f liegen auch $\mathrm{Re}\,f$ und $\mathrm{Im}\,f$ in A.*

Dann ist A dicht in $C_\mathbb{C}(X)$.

B e w e i s. Sei A_0 die $\mathbb{R}$-Unteralgebra der reellwertigen Funktionen in A. Wegen (1) und (2) trennt auch A_0 die Punkte von X und ist nach 3.B.5 dicht in $C_\mathbb{R}(X)$. Ist nun $f \in C_\mathbb{C}(X)$ beliebig und $\varepsilon > 0$, so gibt es Funktionen $g_1, g_2 \in A_0$ mit $\|g_1 - \mathrm{Re}\,f\| \leq \varepsilon/2$ und $\|g_2 - \mathrm{Im}\,f\| \leq \varepsilon/2$. Für $g := g_1 + ig_2 \in A$ gilt nun

$$\|g - f\| \leq \|g_1 - \mathrm{Re}\,f\| + \|g_2 - \mathrm{Im}\,f\| \leq \varepsilon. \qquad\qquad •$$

Als Beispiel notieren wir den klassischen Approximationssatz von Weierstraß.

---

[3]) Offenbar kann man in 3.B.8 den Körper $\mathbb{R}$ durch einen beliebigen Körper K ersetzen. Vgl. auch Bd. 2, Abschnitt 5.C, Aufg. 10.

3.B.10 Weierstraßscher Approximationssatz *Sei* $K \subseteq \mathbb{R}^n$ *beschränkt und abgeschlossen. Dann bilden die* $\mathbb{K}$-*wertigen Polynomfunktionen auf* K *eine in* $C_{\mathbb{K}}(K)$ *dichte* $\mathbb{K}$-*Unteralgebra.*

B e w e i s . K ist nach dem Satz 2.B.10 von Heine-Borel kompakt. Die Polynomfunktionen trennen die Punkte von K. Da Real- und Imaginärteil einer komplexwertigen Polynomfunktion ebenfalls Polynomfunktionen sind, folgt die Behauptung im Fall $\mathbb{K} = \mathbb{R}$ aus 3.B.5 und im Fall $\mathbb{K} = \mathbb{C}$ aus 3.B.9.   •

Zum Schluss charakterisieren wir noch die kompakten Mengen im Raum $C_{\mathbb{K}}(X)$ der stetigen $\mathbb{K}$-wertigen Funktionen auf einem kompakten Raum X. Enthält X nur endlich viele Punkte, so handelt es sich dabei um den Satz 2.B.10 von Heine-Borel.

Zunächst führen wir die folgende Sprechweise ein: Eine Menge F von $\mathbb{K}$-wertigen Funktionen auf dem topologischen Raum X heißt g l e i c h g r a d i g   s t e t i g, wenn zu jedem Punkt $x \in X$ und jedem $\varepsilon > 0$ eine Umgebung U von x mit $|f(y) - f(x)| \leq \varepsilon$ für alle $y \in U$ und *alle* $f \in F$ existiert. Ist F gleichgradig stetig, so auch die abgeschlossene Hülle $\overline{F}$ von F in $C_{\mathbb{K}}(X)$. Es gilt:

3.B.11 Satz von Arzelà-Ascoli *Die Teilmenge* $F \subseteq C_{\mathbb{K}}(X)$ *von* $\mathbb{K}$-*wertigen stetigen Funktionen auf dem kompakten Raum* X *erfülle folgende Bedingungen:*

(1) *Für jedes* $x \in X$ *ist die Menge* $\{f(x) \mid f \in F\} \subseteq \mathbb{K}$ *beschränkt.*

(2) *F ist gleichgradig stetig.*

Dann besitzt jede Folge (f_n) *mit* $f_n \in F$ *eine gleichmäßig konvergente Teilfolge (deren Grenzfunktion* $\lim f_n$ *nicht notwendig zu* F *gehört), d.h.* F *ist relativ kompakt in* $C_{\mathbb{K}}(X)$.

B e w e i s . Wir können annehmen, dass $F = \overline{F}$, F also abgeschlossen in $C_{\mathbb{K}}(X)$ ist, und haben dann zu beweisen, dass F kompakt ist. Da F wie $C_{\mathbb{K}}(X)$ vollständig ist, genügt es nach 3.A.4 zu zeigen, dass für jedes $\varepsilon > 0$ endlich viele Kugeln $\overline{B}(f_1 ; \varepsilon), \ldots, \overline{B}(f_r ; \varepsilon)$ die Menge F überdecken.

Sei $\varepsilon > 0$ vorgegeben. Zu jedem $x \in X$ gibt es eine offene Umgebung $U(x)$ von x in X mit $|f(y) - f(x)| \leq \varepsilon/4$ für alle $f \in F$ und alle $y \in U(x)$. Da X kompakt ist, überdecken bereits endlich viele Umgebungen $U(x_1), \ldots, U(x_m)$ ganz X. Da nach Voraussetzung (1) die Mengen $F(x_i) := \{f(x_i) \mid f \in F\}$ beschränkt sind, gibt es ferner endlich viele Kugeln $\overline{B}(a_1 ; \varepsilon/4), \ldots, \overline{B}(a_n ; \varepsilon/4)$ in $\mathbb{K}$, die $F(x_1) \cup \cdots \cup F(x_m)$ überdecken. Dann ist $F = \bigcup_{j_1, \ldots, j_m} F_{j_1 \ldots j_m}$ mit

$$F_{j_1 \ldots j_m} := \{f \in F \mid f(x_i) \in \overline{B}(a_{j_i} ; \varepsilon/4) , \ i = 1, \ldots, m\}$$

und überdies $\|f - g\| \leq \varepsilon$ für alle $f, g \in F_{j_1 \ldots j_m}$, $1 \leq j_1, \ldots, j_m \leq n$. Ist nämlich $x \in X$, etwa $x \in U(x_i)$, so ist

$$|f(x) - g(x)| \leq |f(x) - f(x_i)| + |f(x_i) - g(x_i)| + |g(x_i) - g(x)| \leq \frac{\varepsilon}{4} + \frac{\varepsilon}{2} + \frac{\varepsilon}{4} = \varepsilon .$$

Somit liegt – wie gewünscht – jede Menge $F_{j_1 \ldots j_m}$ ganz in einer ε-Kugel von $C_{\mathbb{K}}(X)$.   •

3.B.12 Korollar *Die Teilmenge $F \subseteq C_{\mathbb{K}}(X)$ von $\mathbb{K}$-wertigen stetigen Funktionen auf dem kompakten Raum X ist genau dann kompakt, wenn sie folgende Bedingungen erfüllt:*

(1) *Für jedes $x \in X$ ist die Menge $\{f(x) \mid f \in F\} \subseteq \mathbb{K}$ beschränkt.*

(2) *F ist gleichgradig stetig.*

(3) *F ist abgeschlossen in $C_{\mathbb{K}}(X)$.*

B e w e i s . Nach 3.B.11 (und 2.B.13) sind die angegebenen Bedingungen hinreichend dafür, dass F kompakt ist.

Sei umgekehrt F kompakt. Dann ist F abgeschlossen in $C_{\mathbb{K}}(X)$ nach 2.B.2 (1). Ferner ist $\{f(x) \mid f \in F\}$ für jedes $x \in X$ als Bild von F unter der stetigen Abbildung $f \mapsto f(x)$ beschränkt. Zum Beweis, dass F gleichgradig stetig ist, sei $x \in X$ und $\varepsilon > 0$. Da F kompakt ist, gibt es endlich viele Funktionen $f_1, \ldots, f_n \in F$ derart, dass die Kugeln $\overline{B}(f_i \, ; \, \varepsilon/3)$ in $C_{\mathbb{K}}(X)$, $i = 1, \ldots, n$, ganz F überdecken. Es gibt dann eine Umgebung U von x mit $|f_i(y) - f_i(x)| \leq \varepsilon/3$ für alle $y \in U$ und alle $i = 1, \ldots, n$. Ist nun $f \in F$ beliebig und $f \in \overline{B}(f_{i_0} \, ; \, \varepsilon/3)$, so ergibt sich

$$|f(y) - f(x)| \leq |f(y) - f_{i_0}(y)| + |f_{i_0}(y) - f_{i_0}(x)| + |f_{i_0}(x) - f(x)| \leq \varepsilon$$

für alle $y \in U$. $\bullet$

Der Satz 3.B.11 von Arzelá-Ascoli lässt sich leicht auf gewisse lokal kompakte Räume übertragen. Eine Folge (f_n) von $\mathbb{K}$-wertigen Funktionen auf einem Hausdorff-Raum X heißt k o m p a k t k o n v e r g e n t, wenn sie auf jeder kompakten Teilmenge von X gleichmäßig konvergiert. Dann ist sie insbesondere punktweise konvergent. Für lokal kompakte Räume ist die kompakte Konvergenz mit der lokal gleichmäßigen Konvergenz äquivalent:

3.B.13 Lemma *Sei X ein lokal kompakter Raum. Eine Folge (f_n) von $\mathbb{K}$-wertigen Funktionen auf X konvergiert genau dann kompakt, wenn sie lokal gleichmäßig konvergiert.*

B e w e i s . Ist (f_n) kompakt konvergent, so konvergiert (f_n) lokal gleichmäßig, da jeder Punkt $x \in X$ eine kompakte Umgebung besitzt.

Konvergiere umgekehrt (f_n) lokal gleichmäßig und sei $K \subseteq X$ kompakt. Zu jedem $x \in K$ gibt es eine Umgebung $U(x)$ von x in X, auf der (f_n) gleichmäßig konvergiert. Endlich viele der $U(x)$, $x \in K$, etwa $U(x_1), \ldots, U(x_m)$ überdecken K. Dann konvergiert (f_n) gleichmäßig auf $U(x_1) \cup \cdots \cup U(x_m)$ und folglich auf K. $\bullet$

Sei X lokal kompakt. Ferner besitze X eine Überdeckung mit abzählbar vielen kompakten Mengen. Man sagt dann, X sei a b z ä h l b a r i m U n e n d l i c h e n oder σ-k o m p a k t .[4]) Dann gibt es offenbar eine Ausschöpfungsfolge K_k, $k \in \mathbb{N}$, kompakter

---

[4]) Genau dann ist der lokal kompakte Raum X abzählbar im Unendlichen, wenn in der Ein-Punkt-Kompaktifizierung $bX \uplus \{\omega\}$, vgl. Beispiel 2.B.19, der Punkt ω eine abzählbare Umgebungsbasis besitzt.

Teilmengen $K_k \subseteq X$ mit $K_0 \subseteq K_1 \subseteq K_2 \subseteq \cdots$ und $\bigcup_{k \in \mathbb{N}} \mathring{K}_k = X$. Die Abbildung $f \mapsto (f|K_k)$ ist eine Inklusion von $C_{\mathbb{K}}(X)$ auf einen abgeschlossenen Unterraum des (metrischen) Raumes $\prod_{k \in \mathbb{N}} C_{\mathbb{K}}(K_k)$, vgl. 1.B, Aufg. 18. Wir versehen hier $C_{\mathbb{K}}(X)$ mit der induzierten Topologie, die offenbar unabhängig von der Wahl der Ausschöpfungsfolge K_k, $k \in \mathbb{N}$, ist: *Eine Folge $f_n \in C_{\mathbb{K}}(X)$, $n \in \mathbb{N}$, konvergiert nämlich genau dann gegen f bzgl. dieser Topologie, wenn sie lokal gleichmäßig gegen f konvergiert.* Man spricht daher auch von der T o p o l o g i e   d e r   l o k a l   g l e i c h m ä ß i g e n (oder k o m p a k t e n)   K o n v e r g e n z . Da nach 3.A.5 das Produkt $\prod_{k \in \mathbb{N}} F_k$ kompakter Teilmengen $F_k \subseteq C_{\mathbb{K}}(K_k)$ kompakt ist, folgt: *Eine Teilmenge $F \subseteq C_{\mathbb{K}}(X)$ ist genau dann kompakt, wenn F abgeschlossen in $C_{\mathbb{K}}(X)$ ist und die Beschränkungen $f|K_k$, $f \in F$, jeweils eine (relativ) kompakte Menge in $C_{\mathbb{K}}(K_k)$ bilden, $k \in \mathbb{N}$.* Mit 3.B.11 und 3.B.12 ergibt sich:

3.B.14 Satz *Sei X lokal kompakt und abzählbar im Unendlichen. Eine Teilmenge $F \subseteq C_{\mathbb{K}}(X)$ ist genau dann kompakt (bzgl. der Topologie der kompakten Konvergenz), wenn sie folgende Bedingungen erfüllt:*

(1) *Für jedes $x \in X$ ist die Menge $\{f(x) \mid f \in F\}$ beschränkt.*

(2) *F ist gleichgradig stetig.*

(3) *F ist abgeschlossen in $C_{\mathbb{K}}(X)$.*

Wir notieren als Folgerung:

3.B.15 Korollar *Sei X lokal kompakt und abzählbar im Unendlichen. $F \subseteq C_{\mathbb{K}}(X)$ sei eine Menge stetiger $\mathbb{K}$-wertiger Funktionen auf X mit folgenden Eigenschaften:*

(1) *Für jedes $x \in X$ ist die Menge $\{f(x) \mid f \in F\}$ beschränkt.*

(2) *F ist gleichgradig stetig.*

Dann besitzt jede Folge $f_0, f_1, \ldots$ von Funktionen aus F eine kompakt konvergente Teilfolge.

3.B.16 Beispiel (H a u s d o r f f - A b s t a n d) Sei X ein metrischer Raum, von dem wir ohne Einschränkung der Allgemeinheit annehmen wollen, dass seine Metrik beschränkt ist (vgl. 1.A, Aufg. 3). Mit $\mathcal{F} = \mathcal{F}(X)$ bezeichnen wir die Menge der nichtleeren abgeschlossenen Teilmengen von X. Für jedes $A \in \mathcal{F}$ ist die Abstandsfunktion $d_A : x \mapsto d(A, x)$, $x \in X$, eine beschränkte stetige Funktion auf X mit $A = d_A^{-1}(0)$. Die Abbildung $A \mapsto d_A$ ist daher eine Einbettung von $\mathcal{F}$ in den Raum $C_{\mathbb{R}}^{\mathrm{b}}(X)$ der stetigen beschränkten reellwertigen Funktionen auf X, den wir mit der Supremums-Norm versehen. Bezüglich dieser Einbettung fassen wir $\mathcal{F}$ als metrischen Raum auf. Zur Vermeidung von Missverständnissen bezeichnen wir die Metrik auf $\mathcal{F}$ mit ∂. Es ist also $\partial(A, B) = \|d_B - d_A\|_X$ für $A, B \in \mathcal{F}$. Darüber hinaus gilt die folgende Darstellung:

$$\partial(A, B) = \mathrm{Max}\left(\mathrm{Sup}\left(d(A, y), y \in B\right), \mathrm{Sup}\left(d(x, B), x \in A\right)\right).$$

Bezeichnet man nämlich mit $\partial'(A, B)$ die rechte Seite dieser Gleichung, so beweist man leicht die Ungleichung

$$d(A, z) \leq d(B, z) + \partial'(A, B)$$

für alle $z \in X$, woraus $\partial(A, B) \le \partial'(A, B)$ folgt. Die Ungleichung $\partial'(A, B) \le \partial(A, B)$ ist aber trivial. Man nennt $\partial(A, B) = \partial'(A, B)$ den H a u s d o r f f - A b s t a n d von A und B. Man beachte, dass $x \mapsto \{x\}$ eine isometrische Einbettung von X in $\mathcal{F}(X) \subseteq C^b_{\mathbb{R}}(X)$ definiert.

Eine unmittelbare Folgerung des Satzes 3.B.11 von Arzelà-Ascoli ist der folgende Satz:

3.B.17 Satz *Ist X ein vollständiger metrischer Raum, so ist auch der Raum $\mathcal{F}$ der nichtleeren abgeschlossenen Teilmengen von X bzgl. des Hausdorff-Abstands vollständig. Ist X sogar kompakt, so auch $\mathcal{F}$.*

B e w e i s . Da $C^b_{\mathbb{R}}(X)$ vollständig ist, genügt es für die Vollständigkeit von $\mathcal{F}$ zu zeigen, dass $\mathcal{F}$ in $C^b_{\mathbb{R}}(X)$ abgeschlossen ist. Sei A_n, $n \in \mathbb{N}$, eine Folge nichtleerer abgeschlossener Teilmengen von X, für die die Folge $f_n := d_{A_n}$, $n \in \mathbb{N}$, gleichmäßig gegen eine (stetige und beschränkte) Funktion f auf X konvergiert. Wir haben $f = d_A$ zu zeigen für $A := f^{-1}(0)$.

Wir beweisen zunächst $f(x) \ge d(A, x)$ für jedes $x \in X$, was insbesondere $A \ne \emptyset$ (bei $X \ne \emptyset$) bedeutet. Zu jedem $\varepsilon > 0$ gibt es ein $k \in \mathbb{N}$ mit $d(A_n, z) \le \varepsilon$ für alle $z \in A_m$ mit $n \ge m \ge k$. Sei nun (ε_i) eine Folge in $\mathbb{R}_+^\times$ mit $\sum_i \varepsilon_i \le \varepsilon$. Ferner sei $k_0 \in \mathbb{N}$ ein Index mit $|d(A_{k_0}, x) - f(x)| \le \varepsilon_0$ und $d(A_n, z) \le \varepsilon_1$ für alle $z \in A_m$, $n \ge m \ge k_0$. Es gibt ein $y_0 \in A_{k_0}$ mit $d(y_0, x) \le d(A_{k_0}, x) + \varepsilon_0$.

Man wählt nun rekursiv natürliche Zahlen k_i und Punkte $y_i \in A_{k_i}$, $i \in \mathbb{N}^*$, mit $k_0 < k_1 < k_2 < \cdots$, $d(y_i, y_{i-1}) \le 2\varepsilon_i$ und $d(A_m, y_i) \le \varepsilon_{i+1}$ für $m \ge k_i$. Wegen $d(y_j, y_k) \le \sum_{i=j+1}^{k} d(y_i, y_{i-1}) \le 2\sum_{i=j+1}^{k} \varepsilon_i$ für $j \le k$ ist (y_k) eine Cauchy-Folge und damit konvergent in X. Sei $y := \lim_{i \to \infty} y_i$. Dann ist $f(y) = \lim f_{k_i}(y_i) = \lim d(A_{k_i}, y_i) = 0$, also $y \in A$. Außerdem ergibt sich $d(y, y_0) \le \sum_{i=1}^{\infty} d(y_i, y_{i-1}) \le 2\sum_{i=1}^{\infty} \varepsilon_i \le 2\varepsilon - 2\varepsilon_0$. Es folgt $f(x) \ge d(A_{k_0}, x) - \varepsilon_0 \ge d(y_0, x) - 2\varepsilon_0 \ge d(y, x) - (2\varepsilon - 2\varepsilon_0) - 2\varepsilon_0 = d(y, x) - 2\varepsilon \ge d(A, x) - 2\varepsilon$ und somit $f(x) \ge d(A, x)$.

Zum Nachweis von $f(x) \le d(A, x)$ seien $a \in A$ und $\varepsilon > 0$ vorgegeben. Es gibt $b_n \in A_n$ mit $f_n(a) = d(A_n, a) \ge d(b_n, a) - \varepsilon$. Wegen $a \in A$, d.h. $\lim f_n(a) = f(a) = 0$, ist $d(b_n, a) \le f_n(a) + \varepsilon \le 2\varepsilon$ für $n \ge n_0$. Für diese n ergibt sich dann $f_n(x) = d(A_n, x) \le d(b_n, x) \le d(b_n, a) + d(a, x) \le 2\varepsilon + d(a, x)$. Insgesamt ist $f(x) \le d(A, x)$.

Zum Beweis des Zusatzes haben wir zu zeigen, dass bei kompaktem X die Menge $\mathcal{F}$ auch die Bedingungen (1) und (2) von 3.B.12 erfüllt. Die Bedingung (1) trivial. Dass $\mathcal{F}$ gleichgradig stetig ist, folgt unmittelbar daraus, dass jede Funktion $d_A \in \mathcal{F}$ Lipschitz-stetig mit der Lipschitz-Konstanten 1 ist: $|d(A, x) - d(A, y)| \le d(x, y)$ für alle $x, y \in X$.   •

Sie weiterhin X kompakt, $A \in \mathcal{F}$ und $\varepsilon > 0$. Endlich viele der ε-Kugeln $\overline{\mathrm{B}}(x\,;\varepsilon)$, $x \in A$, überdecken A. Sind dies die Kugeln mit den Mittelpunkten $x_1, \ldots, x_n$, so liegt A in der ε-Kugel $\overline{\mathrm{B}}(E\,;\varepsilon) \subseteq \mathcal{F}$, $E := \{x_1, \ldots, x_n\}$. Mit anderen Worten: *Die endlichen nichtleeren Teilmengen von X bilden eine dichte Teilmenge von $\mathcal{F}$.* Etwas allgemeiner folgt:

3.B.18 Satz *Ist D eine dichte Teilmenge des kompakten metrischen Raumes X, so ist die Menge $\mathfrak{E}^*(D)$ der nichtleeren endlichen Teilmengen von D eine dichte Teilmenge von $\mathcal{F}$ bzgl. des Hausdorff-Abstands.*

Betrachten wir als Beispiel eine kompakte Kugel $X := \overline{\mathrm{B}}(0\,;R) \subseteq \mathbb{R}^n$ und die Menge der nichtleeren abgeschlossenen *konvexen* Teilmengen von X. *Dies ist eine abgeschlossene und damit kompakte Teilmenge von* $\mathcal{F} = \mathcal{F}(X)$. Beweis! Aus 3.B.18 folgt: *Die nichtleeren (konvexen) Polytope in X (das sind die konvexen Hüllen endlicher nichtleeren Teilmengen von X (vgl. Bd. 2, Abschnitt 4.B)) bilden bzgl. des Hausdorff-Abstands eine dichte Teilmenge in der Menge aller nichtleeren abgeschlossenen konvexen Mengen in X. Dasselbe gilt sogar für die Polytope,* *deren Ecken in* $\mathbb{Q}^n \cap X$ *liegen.* Mit diesem Ergebnis lässt sich in vielen Fällen die Untersuchung kompakter konvexer Mengen auf die Untersuchung von Polytopen zurückführen. Kommt es dabei auf eine Streckung nicht an, kann man sogar annehmen, dass die Eckpunkte der Polytope Punkte des Standardgitters $\mathbb{Z}^n \subseteq \mathbb{R}^n$ sind.

Aufgaben

1. Seien X und Y kompakte Räume und A bzw. B $\mathbb{R}$-Unteralgebren von $\mathrm{C}_{\mathbb{R}}(X)$ bzw. $\mathrm{C}_{\mathbb{R}}(Y)$, die die Punkte von X bzw. Y trennen. Dann bilden die Funktionen $f_1 \otimes g_1 + \cdots + f_n \otimes g_n$ mit $(x, y) \mapsto f_1(x)g_1(y) + \cdots + f_n(x)g_n(y)$, $f_1, \ldots, f_n \in A$, $g_1, \ldots, g_n \in B$, $n \in \mathbb{N}$, eine punktetrennende und damit dichte $\mathbb{R}$-Unteralgebra $A \otimes B = A \otimes_{\mathbb{R}} B$ von $\mathrm{C}_{\mathbb{R}}(X \times Y)$. Man formuliere mit Hilfe von 3.B.9 ein entsprechendes Ergebnis im Falle $\mathbb{K} = \mathbb{C}$.

2. Seien X ein topologischer Raum und $F \subseteq \mathrm{C}_{\mathbb{K}}(X)$ eine gleichgradig stetige Menge $\mathbb{K}$-wertiger (stetiger) Funktionen auf X. Ist dann für jedes $x \in X$ die Menge $\{f(x) \mid f \in F\}$ beschränkt, so ist für jede kompakte Teilmenge $K \subseteq X$ die Menge $\{\|f\|_K \mid f \in F\}$ beschränkt.

3. Man beweise folgende Verallgemeinerung von 3.B.12: Seien X ein kompakter Raum und Y ein vollständiger metrischer Raum. Eine Teilmenge F des Raumes $\mathrm{C}(X, Y)$ der stetigen Abbildungen von X in Y ist genau dann kompakt, wenn sie folgende Bedingungen erfüllt: (1) Für jedes $x \in X$ ist die Menge $\{f(x) \mid f \in F\} \subseteq Y$ relativ kompakt. (2) F ist gleichgradig stetig. (3) F ist abgeschlossen in $\mathrm{C}(X, Y)$. – Man verallgemeinere auch 3.B.14.

4. Seien $I \subseteq \mathbb{R}$ ein kompaktes Intervall und $a \in I$. Ferner seien $C, L \in \mathbb{R}_+$. Die Menge F der differenzierbaren Funktionen $f : I \to \mathbb{K}$ mit $|f(a)| \leq C$ und $\|f'\|_I \leq L$ ist relativ kompakt in $\mathrm{C}_{\mathbb{K}}(I)$. Ist F auch abgeschlossen, d.h. kompakt? ($\overline{F}$ ist die Menge der Lipschitz-stetigen Funktionen $f : I \to \mathbb{K}$ mit $|f(a)| \leq C$ und Lipschitz-Konstante L.)

5. Ein lokal kompakter Raum X mit abzählbarer Topologie ist abzählbar im Unendlichen. Ist umgekehrt X metrisch, lokal kompakt und abzählbar im Unendlichen, so besitzt X eine abzählbare Topologie.

6. Sei X ein kompakter metrischer Raum. Dann ist die $\mathbb{K}$-Banach-Algebra $\mathrm{C}_{\mathbb{K}}(X)$ separabel, d.h. sie besitzt eine abzählbare Topologie. (Es genügt, den Fall $\mathbb{K} = \mathbb{R}$ zu betrachten. Sei $A \subseteq X$ eine abzählbar dichte Teilmenge von X. Die Funktionen $f_a : x \mapsto d(x, a)$, $a \in A$, trennen die Punkte von X und erzeugen daher eine dichte $\mathbb{R}$-Unteralgebra von $\mathrm{C}_{\mathbb{R}}(X)$.)

7. Für einen topologischen Raum X sind folgende Aussagen äquivalent. (1) X ist metrisch und kompakt. (2) X ist kompakt, und es gibt eine abzählbare Familie $f_i, i \in I$, stetiger Funktionen $f_i : X \to \mathbb{R}$, die die Punkte von X trennt. (3) X ist homöomorph zu einem abgeschlossenen Unterraum von $[0, 1]^{\mathbb{N}}$. (4) X ist kompakt mit abzählbarer Topologie. (Für (1) $\Rightarrow$ (2) vgl. Aufg. 6. Zum Beweis von (2) $\Rightarrow$ (3) sei ohne Einschränkung $f_i(X) \subseteq [0, 1]$ für alle $i \in I$. Dann ist $x \mapsto \left(f_i(x)\right)_{i \in I}$ eine injektive stetige Abbildung $X \to [0, 1]^I$. Die Implikation (3) $\Rightarrow$ (1) ergibt sich aus 3.A.5. Die Implikation (4) $\Rightarrow$ (2) folgt unmittelbar aus dem Urysohnschen Trennungslemma 1.C.12. – Durch Übergang zur Ein-Punkt-Kompaktifizierung, vgl. Beispiel 2.B.18, erhält man das folgende wichtige M e t r i s i e r b a r k e i t s k r i t e r i u m : *Ein lokal kompakter Raum X mit abzählbarer Topologie ist stets metrisierbar.* Man beachte, dass die Ein-Punkt-Kompaktifizierung von X ebenfalls abzählbare Topologie besitzt.)

8. Sei $f_n \in \mathbb{C}[z]$, $n \in \mathbb{N}$, eine Folge von Polynomfunktionen, die auf dem Einheitskreis $\overline{\mathrm{B}}(0\,;1) \subseteq \mathbb{C}$ gleichmäßig konvergiert. Dann ist die Grenzfunktion f analytisch auf $\mathrm{B}(0\,;1)$. (Sei $0 < t < 1$. Nach Bd. 1, 11.A, Aufg. 2 ist die Folge f_n, $n \in \mathbb{N}$, eine Cauchy-Folge bzgl. der t-Norm (vgl. Bd. 1, Abschnitt 12.C und Bd. 2, Abschnitt 20.C) und daher konvergent in der Banach-Algebra der Potenzreihen mit beschränkter t-Norm. Folglich ist f analytisch auf $\mathrm{B}(0\,;1)$. – Das Ergebnis dieser Aufgabe ist ein Spezialfall einer sehr viel allgemeineren Aussage, vgl. 7.F.10.)

9. Sei $V \neq 0$ ein normierter $\mathbb{R}$-Vektorraum und $\overline{\mathrm{B}}(x_n\,;R_n)$, $n \in \mathbb{N}$, eine Folge von abgeschlossenen Kugeln in V mit Mittelpunkt x_n und Radius $R_n \in \mathbb{R}_+$. Wann konvergiert diese Folge bzgl. der Hausdorff-Metrik, und welche Menge ist gegebenenfalls der Limes? (Man ersetze die zur Norm gehörende Metrik d durch Min $(1, d)$ oder eine ähnliche beschränkte Metrik.)

10. Seien X ein metrischer Raum mit beschränkter Metrik und A, B nichtleere abgeschlossene Teilmengen von X.

a) Aus $\partial(A, B) < \varepsilon$ folgt $A \subseteq \mathrm{B}(B\,;\varepsilon)$ und $B \subseteq \mathrm{B}(A\,;\varepsilon)$. (Dabei bezeichnet $\mathrm{B}(Y\,;\varepsilon)$ für $Y \subseteq X$ und $\varepsilon > 0$ die Menge $\bigcup_{y \in Y} \mathrm{B}(y\,;\varepsilon)$. – Vgl. auch Beispiel 3.B.16.)

b) Sei $\varepsilon > 0$. Aus $A \subseteq \mathrm{B}(B\,;\varepsilon)$ und $B \subseteq \mathrm{B}(A\,;\varepsilon)$ folgt $\partial(A, B) \leq \varepsilon$.

c) Es ist $\partial(A, B)$ das Infimum der Menge der $\varepsilon > 0$, für die $A \subseteq \mathrm{B}(B\,;\varepsilon)$ und $B \subseteq \mathrm{B}(A\,;\varepsilon)$ ist.

11. Sei X ein metrischer Raum mit beschränkter Metrik und $\mathcal{F}$ der Raum der nichtleeren abgeschlossenen Teilmengen von X mit dem Hausdorff-Abstand, vgl. Beispiel 3.B.16. Konvergiert die Folge (A_n) in $\mathcal{F}$ gegen $A \in \mathcal{F}$, so ist A die Menge der $x \in X$, für die eine Folge von Punkten $x_n \in A_n$ mit $\lim x_n = x$ existiert.

12. Sei X ein metrischer Raum mit beschränkter Metrik und $\mathcal{K}$ die Menge der nichtleeren kompakten Teilmengen im Raum $\mathcal{F}$ der nichtleeren abgeschlossenen Teilmengen von X, versehen mit dem Hausdorff-Abstand, vgl. Beispiel 3.B.16.

a) Ist X vollständig, so ist $\mathcal{K}$ abgeschlossen in $\mathcal{F}$ und insbesondere ebenfalls vollständig.

b) Ist X lokal kompakt, so ist $\mathcal{K}$ offen in $\mathcal{F}$ und lokal kompakt. (Vgl. Satz 3.B.17.)

(Interessiert man sich nur für den Raum $\mathcal{K}$ der nichtleeren kompakten Teilmengen von X, so braucht zur Definition des Hausdorff-Abstands gemäß Beispiel 3.B.16 auf $\mathcal{K}$ die Metrik d von X nicht beschränkt zu sein, da die Differenz $d_B - d_A$ für nichtleere und kompakte Teilmengen A, $B \subseteq X$ stets beschränkt ist. Man braucht also bei unbeschränktem d zur Definition von $\mathcal{K}$ die Metrik d nicht erst künstlich zu einer beschränkten Metrik abzuändern.)

II DIFFERENZIALRECHNUNG

Mit diesem Kapitel beginnen wir die Differenzialrechnung in höherdimensionalen Räumen. Wir beschränken uns dabei auf endlichdimensionale $\mathbb{K}$-Vektorräume, obwohl sich viele Begriffe und Aussagen leicht auf beliebige Banach-Räume übertragen ließen. Eine wesentliche Vereinfachung im endlichdimensionalen Fall besteht darin, dass *alle Normen auf einem endlichdimensionalen $\mathbb{K}$-Vektorraum V äquivalent und beliebige lineare Abbildungen auf solch einem Vektorraum stetig sind*, vgl. Bd. 2, 17.B.11 und 17.B.13. Im allgemeinen Fall hätte man je nach Situation die Stetigkeit der beteiligten linearen Abbildungen zu fordern oder zu verifizieren.

Wir versehen V mit einer Norm. Da alle Normen auf V äquivalent sind, lässt sich diese Norm dem jeweiligen Problem anpassen. Die Norm macht V zu einem metrischen Raum; wir können daher auf die einschlägigen topologischen Begriffe und Aussagen aus dem ersten Kapitel zurückgreifen. Dabei werden zunächst jedoch nur einige grundlegende Dinge verwandt, die man bei Bedarf nachschlagen kann. Einen komplexen Vektorraum fassen wir – wenn nötig – stets in der natürlichen Weise (d.h. durch Beschränken des Skalarenbereichs) auch als $\mathbb{R}$-Vektorraum auf. Ferner schreiben wir das Produkt ax eines Skalars a und eines Vektors x auch in der Form xa, wenn dies übersichtlichere Formeln ergibt.

4 Differenzierbare Kurven

4.A Der Begriff der differenzierbaren Kurve

Seien V ein endlichdimensionaler $\mathbb{R}$-Vektorraum und I ein Intervall in $\mathbb{R}$. Wir erinnern daran, dass eine stetige Abbildung $I \to V$ definitionsgemäß ein W e g in V ist. Statt „Weg" verwenden wir auch die Bezeichnung (s t e t i g e) K u r v e. Ein Weg oder eine Kurve ist also eine Abbildung [1]) ; das Bild einer solchen Abbildung nennen wir zur Unterscheidung die zugehörige T r a j e k t o r i e. Gelegentlich treten s t ü c k w e i s e stetige Kurven $f : I \to V$ auf. Diese sind dadurch charakterisiert, dass I eine Überdeckung mit sich nicht überlappenden Teilintervallen $[t_i, t_{i+1}]$, $t_i < t_{i+1}$, besitzt, deren Randpunkte $\ldots, t_i, t_{i+1}, \ldots$ sich nicht in I häufen, derart, dass $f \,|\,]t_i, t_{i+1}[= f_i \,|\,]t_i, t_{i+1}[$ mit stetigen Abbildungen $f_i : [t_i, t_{i+1}] \to V$ ist.

---

[1]) Oder wie F. Kafka sagt: „Wege entstehen dadurch, dass man sie geht."

4.A.1 Definition Eine Abbildung $f : I \to V$ heißt d i f f e r e n z i e r b a r   i m   P u n k t $t_0 \in I$, wenn

$$\lim_{t \to t_0, t \neq t_0} \frac{f(t) - f(t_0)}{t - t_0}$$

existiert. Dieser Grenzwert heißt die A b l e i t u n g oder der D i f f e r e n z i a l q u o t i e n t von f im Punkte t_0 und wird mit

$$f'(t_0) \quad \text{oder} \quad \dot{f}(t_0) \quad \text{oder} \quad \frac{df}{dt}(t_0)$$

bezeichnet. – f heißt d i f f e r e n z i e r b a r   i n I, wenn f in jedem Punkt von I differenzierbar ist.

Genau dann ist also f in $t_0 \in I$ differenzierbar mit $v_0 \in V$ als Ableitung, wenn zu jeder Umgebung U von v_0 in V eine Umgebung J von t_0 in I existiert, für die die D i f f e r e n z e n q u o t i e n t e n

$$\frac{f(t) - f(t_0)}{t - t_0},$$

$t \in J$, $t \neq t_0$, alle in U liegen. Diese Differenzenquotienten nennen wir gelegentlich die m i t t l e r e n   G e s c h w i n d i g k e i t e n von f (für die jeweils durch t und t_0 bestimmten Intervalle). Die Ableitung $f'(t_0) = \dot{f}(t_0) = v_0$ heißt dann die (M o m e n t a n)- G e s c h w i n d i g k e i t von f in t_0.[2]) Ist diese $\neq 0$, so heißt f in t_0 r e g u l ä r. Ist f in jedem Punkt von I regulär, so heißt f regulär schlechthin.

Wie im Fall $V = \mathbb{K}$ ist f genau dann differenzierbar im Punkt $t_0 \in I$, wenn f dort l i n e a r   a p p r o x i m i e r b a r ist, d.h. wenn

$$f(t) = f(t_0) + v_0(t - t_0) + r(t)(t - t_0)$$

für $t \in I$ gilt mit einem $v_0 \in V$ und einer in t_0 stetigen und dort verschwindenden Abbildung $r : I \to V$, vgl. Bd. 1, 13.A.3. Es folgt insbesondere: *Differenzierbare Kurven sind stetig.* Im Fall $v_0 \neq 0$ heißt die (affine) Gerade $\mathbb{R}v_0 + f(t_0)$ in V die T a n g e n t e an die Kurve f im Punkte t_0 und v_0 der T a n g e n t e n v e k t o r von f in t_0.

4.A.2 Bemerkung Analog wie in 4.A.1 lässt sich die Differenzierbarkeit für Kurven $f : I \to E$ mit Werten in einem affinen Raum E über dem Vektorraum V definieren. Die G e s c h w i n - d i g k e i t   v o n f zum (Z e i t -) P u n k t $t_0 \in I$ ist der Grenzwert

$$v_0 := \lim_{t \to t_0, t \neq t_0} \frac{\overrightarrow{f(t_0)\, f(t)}}{t - t_0},$$

also ein Vektor in V. Die Betrachtung dieser leichten Verallgemeinerung überlassen wir im Folgenden gewöhnlich dem Leser.

---

[2]) Wenn wir die Ableitung als Geschwindigkeit interpretieren, wählen wir in der Regel die Bezeichnung $\dot{f}(t_0)$ an Stelle von $f'(t_0)$.

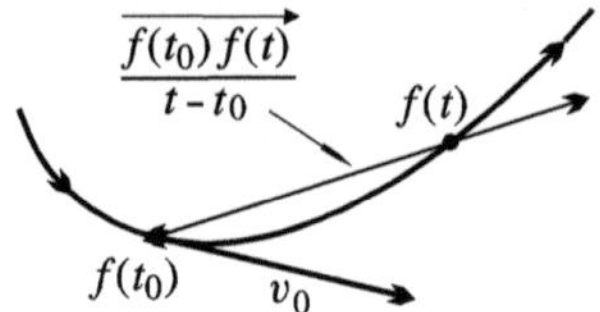

Die in Bd. 1, Abschnitt 13.A angegebenen elementaren Differenziationsrechenregeln für den Fall $V = \mathbb{K}$ lassen sich unmittelbar (einschließlich ihrer Beweise) auf Kurven in einem beliebigen endlichdimensionalen $\mathbb{R}$-Vektorraum V übertragen:

4.A.3 Rechenregeln *Sei V ein $\mathbb{K}$-Vektorraum. Die Kurven $f : I \to V$ und $g : I \to V$ seien differenzierbar in $t_0 \in I$. Dann gilt:*

(1) $f + g$ ist in t_0 differenzierbar mit

$$(f + g)'(t_0) = f'(t_0) + g'(t_0) .$$

(2) Ist die Funktion $\varphi : I \to \mathbb{K}$ in t_0 differenzierbar, so ist φf in t_0 differenzierbar mit

$$(\varphi f)'(t_0) = \varphi'(t_0)\, f(t_0) + \varphi(t_0)\, f'(t_0) \qquad (\mathrm{Produktregel}).$$

(3) Ist die Funktion $\varphi : I \to \mathbb{K}^\times$ in t_0 differenzierbar, so ist f/φ in t_0 differenzierbar mit

$$\left(\frac{f}{\varphi}\right)'(t_0) = \frac{\varphi(t_0)\, f'(t_0) - \varphi'(t_0)\, f(t_0)}{\varphi^2(t_0)} \qquad (\mathrm{Quotientenregel}).$$

(4) Ist $J \subseteq \mathbb{R}$ ein weiteres Intervall und die stetige Funktion $\psi : J \to I$ im Punkt $s_0 \in J$ mit $\psi(s_0) = t_0$ differenzierbar, so ist der Weg $f \circ \psi$ in s_0 differenzierbar mit

$$(f \circ \psi)'(s_0) = \psi'(s_0)\, f'\big(\psi(s_0)\big) \qquad (\mathrm{Kettenregel}).$$

Wichtig ist ferner die folgende elementare Kettenregel:

4.A.4 Lemma *Sei $f : I \to V$ in $t_0 \in I$ differenzierbar. Für eine $\mathbb{R}$-lineare Abbildung $L : V \to W$ in einen endlichdimensionalen $\mathbb{R}$-Vektorraum W ist dann auch die Komposition $L \circ f : I \to W$ differenzierbar in t_0, und es gilt $(L \circ f)'(t_0) = L\big(f'(t_0)\big)$.*

B e w e i s . Für $t \neq t_0$ ist

$$\frac{L(f(t)) - L(f(t_0))}{t - t_0} = L\left(\frac{f(t) - f(t_0)}{t - t_0}\right) .$$

Aus der Stetigkeit von L folgt die Behauptung.   ●

Die Differenzierbarkeit einer Kurve lässt sich leicht mit Hilfe einer Darstellung von f in einer Basis von V beschreiben. Es gilt nämlich:

4.A.5 Satz *Sei $v_1, \ldots, v_n$ eine Basis von V. Eine Kurve $f : I \to V$ mit*

$$f(t) = \sum_{i=1}^{n} f_i(t)\, v_i\,, \quad f_i : I \to \mathbb{R}\,,$$

ist genau dann differenzierbar in t_0, wenn jede der Komponentenfunktionen $f_1, \ldots, f_n$ in t_0 differenzierbar ist. In diesem Fall gilt

$$f'(t_0) = \sum_{i=1}^{n} f_i'(t_0)\, v_i\,.$$

B e w e i s . Für $t \neq t_0$ ist $\dfrac{f(t) - f(t_0)}{t - t_0} = \displaystyle\sum_{i=1}^{n} \dfrac{f_i(t) - f_i(t_0)}{t - t_0}\, v_i\,.$ •

Die Regeln 4.A.3 (2) und 4.A.4 sind Spezialfälle der folgenden Aussage:

4.A.6 Allgemeine Produktregel *Seien $V_1, \ldots, V_s$ und W endlichdimensionale $\mathbb{K}$-Vektorräume, $\Phi : V_1 \times \cdots \times V_s \to W$ eine multilineare Abbildung und $f_i : I \to V_i$ in t_0 differenzierbare Kurven, $i = 1, \ldots, s$. Dann ist Φ eine stetige Abbildung, und die Kurve $t \mapsto \Phi\big(f_1(t), \ldots, f_s(t)\big)$, $t \in I$, ist in t_0 differenzierbar. Ferner gilt:*

$$\big(\Phi(f_1, \ldots, f_s)\big)'(t_0) = \sum_{i=1}^{s} \Phi\big(f_1(t_0), \ldots, f_i'(t_0), \ldots, f_s(t_0)\big)\,.$$

B e w e i s . Wählen wir in den Vektorräumen $V_1, \ldots, V_s$ und W Basen, so werden die Komponentenfunktionen von Φ durch Polynomfunktionen in den Komponenten der Vektoren von $V_1, \ldots, V_s$ beschrieben. Da Polynomfunktionen stetig sind, ergibt sich die Stetigkeit von Φ.

Zum Beweis der Differenzierbarkeitsregel bemerken wir zunächst, dass offenbar für zwei s-Tupel $(x_1, \ldots, x_s)$, $(y_1, \ldots, y_s) \in V_1 \times \cdots \times V_s$ gilt:

$$\Phi(x_1, \ldots, x_s) - \Phi(y_1, \ldots, y_s) = \sum_{i=1}^{s} \Phi(x_1, \ldots, x_{i-1}, x_i - y_i, y_{i+1}, \ldots, y_s)\,.$$

Bei $t \neq t_0$ ergibt sich somit

$$\frac{\Phi\big(f_1(t), \ldots, f_s(t)\big) - \Phi\big(f_1(t_0), \ldots, f_s(t_0)\big)}{t - t_0} =$$

$$\sum_{i=1}^{s} \Phi\Big(f_1(t), \ldots, f_{i-1}(t), \frac{f_i(t) - f_i(t_0)}{t - t_0}, f_{i+1}(t_0), \ldots, f_s(t_0)\Big)\,.$$

Es ist $\lim f_i(t) = f_i(t_0)$ und $\lim \big(f_i(t) - f_i(t_0)\big)/(t - t_0) = f_i'(t_0)$ für $t \to t_0, t \neq t_0$. Die Stetigkeit von Φ liefert nun die Behauptung. •

Sind in 4.A.6 die f_i n-mal differenzierbar, so folgere man analog zum Polynomialsatz (Bd. 1, 2.B.16) die allgemeine L e i b n i z - R e g e l

$$\left(\Phi(f_1,\ldots,f_s)\right)^{(n)} = \sum_{v\in\mathbb{N}^s,\,|v|=n} \binom{n}{v} \Phi(f_1^{(v_1)},\ldots,f_s^{(v_s)})\,.$$

Aus 4.A.5 oder auch schon aus 4.A.4 folgt sofort, dass die Ableitung f' eines differenzierbaren Weges f diesen bis auf einen (konstanten) Anfangsvektor bestimmt. Ist umgekehrt $h : I \to V$ ein (stetiger) Weg in V und ist $v_0 \in V$ ein Vektor, so gibt es eine eindeutig bestimmte differenzierbare Kurve $f : I \to V$ mit $f' = h$ und $f(t_0) = v_0$. Wir bezeichnen diese Kurve mit

$$f(t) = v_0 + \int\limits_{t_0}^{t} h(\tau)d\tau\,.$$

Hat h in der Basis $v_1,\ldots,v_n$ die Darstellung $h(t) = \sum_{i=1}^{n} h_i(t)\,v_i$, so ist

$$\int\limits_{t_0}^{t} h(\tau)\,d\tau = \sum_{i=1}^{n}\left(\int\limits_{t_0}^{t} h_i(\tau)\,d\tau\right) v_i\,.$$

Dieses Integral ist in natürlicher Weise auch dann definiert, wenn h nur stückweise stetig ist. Der M i t t e l w e r t s a t z d e r I n t e g r a l r e c h n u n g (vgl. Bd. 1, Satz 16.B.3) überträgt sich in folgender Weise auf Kurven:

4.A.7 Satz *Ist $f : [a, b] \to V$ stetig oder auch nur stückweise stetig, so gilt*

$$\left\|\int\limits_{a}^{b} f(t)\,dt\right\| \le \int\limits_{a}^{b} \|f(t)\|\,dt\,.$$

B e w e i s. Sei f stetig. Nach Bd. 2 (2. Aufl.), 17.B.19 gibt es eine Linearform $L : V \to \mathbb{R}$ mit $L(\int_a^b f(t)\,dt) = \|\int_a^b f(t)\,dt\|$ und $\|L\| = 1$. Man erhält mit Bd.1, 16.B.2 (2)

$$\left\|\int\limits_{a}^{b} f(t)\,dt\right\| = L\left(\int\limits_{a}^{b} f(t)\,dt\right) = \int\limits_{a}^{b}(L \circ f)(t)\,dt \le \int\limits_{a}^{b} |(L \circ f)(t)|\,dt \le \int\limits_{a}^{b} \|f(t)\|\,dt\,. \ \bullet$$

Als Analogon zum Mittelwertsatz für Integrale reellwertiger Funktionen ergibt sich aus 4.A.7 die Abschätzung

$$\left\|\int\limits_{a}^{b} f(t)\,dt\right\| \le |b-a|\,\|f\|_{[a,b]}\,.$$

Sei wieder $f : I \to V$ ein Weg und ferner $\psi : J \to I$ eine bijektive stetige Abbildung des Intervalls J auf das Intervall I. Der Weg $g = f \circ \psi : J \to V$ heißt der mit ψ u m p a r a m e t r i s i e r t e W e g und ψ eine U m p a r a m e t r i s i e r u n g von f. Der Weg $f = g \circ \psi^{-1}$ entsteht dann aus g durch Umparametrisierung mit $\psi^{-1} : I \to J$.[3]

---

[3]) Mit ψ ist auch ψ^{-1} stetig, vgl. Bd. 1, 10.C.9.

Ist ψ (und damit auch ψ^{-1}) streng monoton wachsend, so bleibt bei der Umparametrisierung der D u r c h l a u f s s i n n (oder die O r i e n t i e r u n g) des Weges erhalten. Wir sprechen dann von einer e i g e n t l i c h e n U m p a r a m e t r i s i e r u n g, andernfalls von einer u n e i g e n t l i c h e n U m p a r a m e t r i s i e r u n g. Ist $\psi : J \to I$ differenzierbar *mit nirgends verschwindender Ableitung* (so dass auch $\psi^{-1} : I \to J$ differenzierbar ist), so spricht man von einer differenzierbaren Umparametrisierung, ist ψ sogar k-mal stetig differenzierbar mit nirgends verschwindender Ableitung, von einer C^k-U m p a r a m e t r i s i e r u n g.

4.A.8 Beispiel (1) Sei V ein euklidischer Vektorraum mit dem Skalarprodukt $\langle -, - \rangle$. Sind dann $f : I \to V$ und $g : I \to V$ differenzierbare Kurven, so ist $t \mapsto \langle f(t), g(t) \rangle$ eine differenzierbare Funktion $I \to \mathbb{R}$. Ihre Ableitung ist nach 4.A.6

$$t \mapsto \langle f'(t), g(t) \rangle + \langle f(t), g'(t) \rangle.$$

Ist insbesondere $f = g$, so erhalten wir als Ableitung von $\|f\|^2$ die Funktion $2\langle f', f \rangle$. *Im Fall, dass die Trajektorie von f ganz auf einer Sphäre verläuft, d.h. $\|f\|$ konstant ist, ergibt sich $\langle f', f \rangle = 0$; der Geschwindigkeitsvektor $f'(t)$ steht zu jedem Zeitpunkt t senkrecht auf dem Ortsvektor $f(t)$.* Die vorstehenden Überlegungen gelten natürlich analog auch für beliebige symmetrische Bilinearformen $\langle -, - \rangle$ auf einem endlichdimensionalen reellen Vektorraum V.

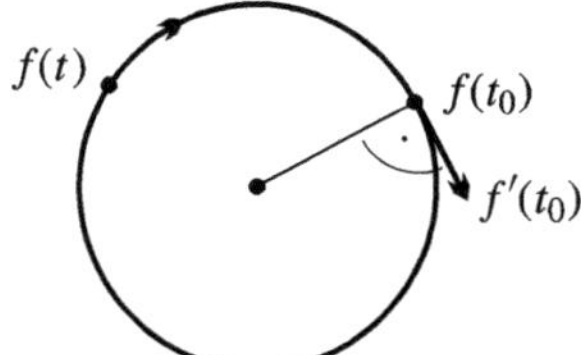

(2) Seien V ein n-dimensionaler orientierter euklidischer Vektorraum der Dimension $n \geq 2$ und $f_i : I \to V$ differenzierbare Kurven in V, $i = 1, \ldots, n-1$. Dann ist nach 4.A.6 auch das Vektorprodukt $t \mapsto f_1(t) \times \cdots \times f_{n-1}(t)$ eine differenzierbare Kurve in V mit der Ableitung

$$(f_1 \times \cdots \times f_{n-1})' = \sum_{i=1}^{n-1} f_1 \times \cdots \times f_i' \times \cdots \times f_{n-1}.$$

(3) Da jede $\mathbb{C}$-multilineare Abbildung auch $\mathbb{R}$-multilinear ist, gilt 4.A.6 auch für diesen Fall. Ferner ist jede komplexe Sesquilinearform eine $\mathbb{R}$-Bilinearform, so dass Beispiel (1) auch für Skalarprodukte in komplexen Vektorräumen gilt.

(4) Seien $g : I \to \mathrm{End}_{\mathbb{K}} V$ und $x : I \to V$ differenzierbare Wege in $\mathrm{End}_{\mathbb{K}} V$ bzw. V, wobei V ein endlichdimensionaler $\mathbb{K}$-Vektorraum ist. Dann ist auch $t \mapsto g(t)\big(x(t)\big)$ ein differenzierbarer Weg in V, und nach 4.A.6 ist seine Ableitung zum Zeitpunkt t

$$\big(g(t)\big(x(t)\big)\big)' = g'(t)\big(x(t)\big) + g(t)\big(x'(t)\big).$$

(5) Seien A eine endlichdimensionale $\mathbb{K}$-Algebra und $f_i : I \to A$ differenzierbare Wege in A, $i = 1, \ldots, s$. Dann ist auch der Weg $f_1 \cdots f_s$ mit $t \mapsto f_1(t) \cdots f_s(t)$ differenzierbar, seine Ableitung ist nach 4.A.6 gleich

$$(f_1 \cdots f_s)' = \sum_{i=1}^{s} f_1 \cdots f_i' \cdots f_s \qquad (\mathrm{P\,r\,o\,d\,u\,k\,t\,r\,e\,g\,e\,l}).$$

Übrigens ist mit einem Weg $g : I \to A^{\times}$, dessen Trajektorie in der Einheitengruppe $A^{\times}$ von A liegt, auch der Weg g^{-1} mit $g^{-1}(t) := \bigl(g(t)\bigr)^{-1}$ differenzierbar. Es ist $(g^{-1})' = -g^{-1}g'g^{-1}$, vgl. Aufg. 3. Zusammen mit der Produktregel ergeben sich die beiden Q u o t i e n t e n r e g e l n

$$(fg^{-1})' = (f' - fg^{-1}g')\,g^{-1} \quad \text{und} \quad (g^{-1}f)' = g^{-1}\,(f' - g'g^{-1}f)$$

für differenzierbare Wege $f : I \to A$ bzw. $g : I \to A^{\times}$.

4.A.9 Beispiel (S c h n i t t w i n k e l) Seien V ein euklidischer Vektorraum und $f : I \to V$, $g : J \to V$ zwei in $t_1 \in I$ bzw. $t_2 \in J$ reguläre differenzierbare Kurven mit $f(t_1) = g(t_2) =: x$. Unter dem S c h n i t t w i n k e l α von f und g in x versteht man den Winkel zwischen den Tangentenvektoren $f'(t_1)$ und $g'(t_2)$. Er ändert sich nach 4.A.3 (4) nicht, wenn man f und g eigentlich differenzierbar umparametrisiert, und geht bei uneigentlicher Umparametrisierung von genau einer der beiden Kurven in den komplementären Winkel $\pi - \alpha$ über. Man beachte, dass der Schnittwinkel α nicht allein durch den Schnittpunkt x der Kurven bestimmt ist, wenn f oder g (oder beide) den Punkt x mehrmals regulär durchlaufen.

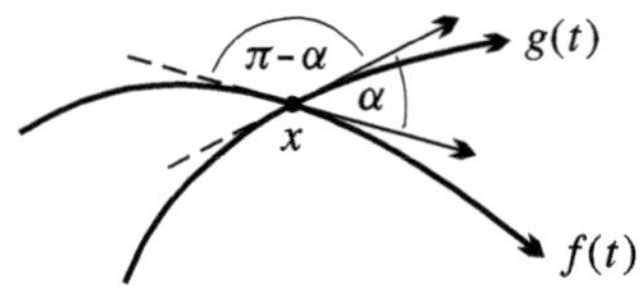

Wie für Funktionen $I \to \mathbb{K}$, vgl. Bd. 1, Definition 13.B.4, ist die mehrfache Differenzierbarkeit einer Kurve $f : I \to V$ definiert. Ist f k-mal differenzierbar, $k \in \mathbb{N}$, und ist die k-te Ableitung $f^{(k)}$ von f noch stetig, so heißt f eine K u r v e v o m T y p C^k oder eine C^k- K u r v e. Die zweite Ableitung $f^{(2)} = f'' = \ddot{f}$ heißt auch die B e s c h l e u n i g u n g von f.

Sehr häufig treten s t ü c k w e i s e s t e t i g d i f f e r e n z i e r b a r e K u r v e n $f : I \to V$ auf. Für solche Kurven existiert definitionsgemäß eine Überdeckung des Intervalls I mit sich nicht überlappenden Teilintervallen $[t_i, t_{i+1}]$, deren Randpunkte $\ldots, t_i, t_{i+1}, \ldots$ sich in I nicht häufen, derart, dass $f\,|\,[t_i, t_{i+1}]$ jeweils stetig differenzierbar ist. Die Ableitung f' ist dann in den Teilungspunkten $\ldots, t_i, t_{i+1}, \ldots$ in der Regel nicht eindeutig bestimmt. Sie lässt sich aber zu einer stückweise stetigen Kurve $I \to V$ fortsetzen, die wir trotz der Mehrdeutigkeit in den Teilungspunkten des Intervalls einfach mit f' bezeichnen wollen. Ein Streckenzug in V beispielsweise ist eine stückweise stetig differenzierbare Kurve, die im Allgemeinen nicht zu jedem Zeitpunkt differenzierbar ist.

Schließlich heißt eine Kurve $f : I \to V$ a n a l y t i s c h oder eine C^{ω}- K u r v e, wenn f für jeden Punkt $t_0 \in I$ eine in einer ganzen Umgebung von t_0 gültige Potenzreihendarstellung

$$f(t) = \sum_{k=0}^{\infty} a_k \, (t - t_0)^k$$

(mit $a_k \in V$ für $k \in \mathbb{N}$) besitzt.

4.A.10 Beispiel Seien V ein endlichdimensionaler $\mathbb{K}$-Vektorraum und $f : I \to V$ eine k-mal differenzierbare Kurve, $k \in \mathbb{N}^*$. Es gelte

$$f^{(k)} = a_{k-1} f^{(k-1)} + \cdots + a_1 f' + a_0 f$$

mit stetigen Funktionen $a_i : I \to \mathbb{K}$, $i = 0, \ldots, k-1$. *Dann liegt die Trajektorie von f ganz in dem höchstens k-dimensionalen $\mathbb{K}$-Unterraum $U := \sum_{i=0}^{k-1} \mathbb{K} f^{(i)}(t_0)$, wobei t_0 ein fester (aber beliebiger) Zeitpunkt in I ist.*

Zum B e w e i s genügt es zu zeigen, dass für jede $\mathbb{K}$-Linearform $L : V \to \mathbb{K}$, die auf U verschwindet, die Funktion $g := L \circ f : I \to \mathbb{K}$ identisch verschwindet. g erfüllt aber nach Voraussetzung und 4.A.4 die lineare Differenzialgleichung

$$g^{(k)} - a_{k-1} g^{(k-1)} - \cdots - a_1 g' - a_0 g = 0$$

mit den Anfangsbedingungen $g(t_0) = \cdots = g^{(k-1)}(t_0) = 0$ und ist daher nach Bd. 2, 20.A.6 identisch 0. ●

Insbesondere liegen die Lösungen $x : I \to G$ einer Differenzialgleichung $\ddot{x} = -A(x)x$ mit einer stetigen Funktion $A : G \to \mathbb{R}$ auf einer offenen Menge G eines endlichdimensionalen $\mathbb{R}$-Vektorraums V, die die Bewegung in einem Zentralfeld (mit $0 \in V$ als Zentrum) beschreibt, ganz in dem durch die Anfangsbedingungen bestimmten höchstens zweidimensionalen Unterraum $\mathbb{R}x(t_0) + \mathbb{R}\dot{x}(t_0) \subseteq V$, vgl. Bd. 1, Beispiel 19.C.5. Man beweise allgemeiner: Ist $x : G \to V - \{0\}$ eine zweimal differenzierbare Kurve derart, dass $x, \ddot{x}$ zu jedem Zeitpunkt linear abhängig sind, so liegt die Trajektorie von x in $\mathbb{R}x(t_0) + \mathbb{R}\dot{x}(t_0)$. Man betrachte die Kurve $x \wedge \dot{x}$ in $\Lambda^2 V$ (vgl. Band 4, 7.A.), deren Ableitung verschwindet, also konstant gleich $x(t_0) \wedge \dot{x}(t_0)$ ist.

4.A.11 Beispiel (F l ä c h e n s a t z) Sei V eine *orientierte* euklidische Ebene mit der kanonischen Determinantenfunktion Δ (die für jede die Orientierung von V repräsentierende Orthonormalbasis von V den Wert 1 hat). Für Vektoren $x, y \in V$ ist $\frac{1}{2}\Delta(x, y)$ der orientierte Flächeninhalt des Dreiecks mit den Ecken $0, x, y$ (vgl. Bd. 2, Abschnitt 13.C, insbesondere Beispiel 13.C.4). Er ist positiv, wenn x, y linear unabhängig sind und die Orientierung von V repräsentieren.

Wir betrachten eine Kurve $f : I \to V$ und Punkte $a, b \in I$, $a \leq b$. Für eine Unterteilung von $[a, b]$ mit den Teilpunkten $a = t_0 \leq t_1 \leq \cdots \leq t_m = b$ ist dann

$$\frac{1}{2} \sum_{j=0}^{m-1} \Delta\big(f(t_j), f(t_{j+1})\big) = \frac{1}{2} \sum_{j=0}^{m-1} \Delta\big(f(t_j), f(t_{j+1}) - f(t_j)\big)$$

der Flächeninhalt, der überstrichen wird von dem Strahl, der von 0 ausgeht und dessen Endpunkt den Streckenzug $[f(t_0), f(t_1), \ldots, f(t_m)]$ durchläuft.

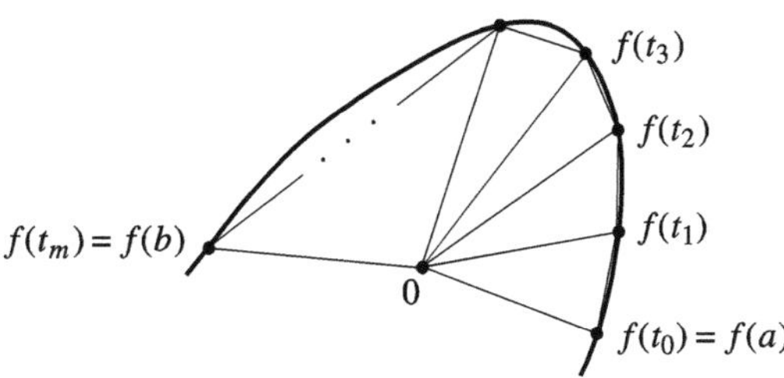

Existiert der Limes dieser Flächeninhalte für jede Folge von Unterteilungen, für die die maximalen Längen der Teilintervalle gegen 0 konvergieren, so heißt der gemeinsame Limes der von den Strahlen $[0, f(t)]$, $t \in [a, b]$, überstrichene Flächeninhalt $F(f) = F_a^b(f)$. *Ist die Kurve f geschlossen, d.h. ist $f(a) = f(b)$, so hängt die überstrichene Fläche nicht vom gewählten Anfangspunkt 0 der Strahlen ab.* Für einen beliebigen Punkt $x_0 \in V$ gilt nämlich $\sum_{j=0}^{m-1} \Delta\big(f(t_j) - x_0, f(t_{j+1}) - f(t_j)\big) = \sum_{j=0}^{m-1} \Delta\big(f(t_j), f(t_{j+1}) - f(t_j)\big)$ wegen $\sum_{j=0}^{m-1} \Delta\big(-x_0, f(t_{j+1}) - f(t_j)\big) = \Delta\big(x_0, f(t_0)\big) - \Delta\big(x_0, f(t_1)\big) + \Delta\big(x_0, f(t_1)\big) - \Delta\big(x_0, f(t_2)\big) + \cdots + \Delta\big(x_0, f(t_{m-1})\big) - \Delta\big(x_0, f(t_m)\big) = 0$. *Ist f stetig (oder stückweise stetig) differenzierbar, so ist*

$$F_a^b(f) = \frac{1}{2} \int\limits_a^b \Delta\big(f(t), f'(t)\big)\, dt \,.$$

Beweis. Bei stetig differenzierbarem f gilt nach dem Mittelwertsatz 4.C.2, angewandt auf die Funktion $t \mapsto f(t) - f'(t_j)(t - t_j)$,

$$\|f(t_{j+1}) - f(t_j) - f'(t_j)\,(t_{j+1} - t_j)\| \le \|f'(\tau_j) - f'(t_j)\|\,(t_{j+1} - t_j)$$

mit einem $\tau_j \in [t_j, t_{j+1}]$, vgl. auch Bd. 1, 14.A, Aufg. 24. In der (Riemannschen) Summe

$$\frac{1}{2} \sum_{j=0}^{m-1} \Delta\big(f(t_j), f(t_{j+1}) - f(t_j)\big) = \frac{1}{2} \sum_{j=0}^{m-1} \Delta\big(f(t_j), f'(t_j)\big)\,(t_{j+1} - t_j) +$$

$$+ \frac{1}{2} \sum_{j=0}^{m-1} \Delta\big(f(t_j), f(t_{j+1}) - f(t_j) - f'(t_j)(t_{j+1} - t_j)\big)$$

konvergiert somit für jede Unterteilungsfolge von $[a, b]$, deren maximale Intervalllängen gegen 0 konvergieren, der erste Summand nach Bd. 1, Beispiel 16.C.3 gegen $\frac{1}{2} \int_a^b \Delta\big(f(t), f'(t)\big)\, dt$ und der zweite Summand auf Grund der angegebenen Abschätzung und der gleichmäßigen Stetigkeit von f' auf $[a, b]$ gegen 0. ●

Man bezeichnet bei stetig differenzierbarem f die Funktion

$$c(t) = c_f(t) := \frac{1}{2} \Delta\big(f(t), f'(t)\big) = \frac{1}{2} \|f(t)\|\,\|f'(t)\| \sin \angle\big(f(t), f'(t)\big)$$

als die Flächengeschwindigkeit.[4] Ist f zweimal differenzierbar, so ist nach 4.A.6

$$c'(t) = \frac{1}{2} \Delta\big(f(t), f'(t)\big)' = \frac{1}{2} \Delta\big(f'(t), f'(t)\big) + \frac{1}{2} \Delta\big(f(t), f''(t)\big) = \frac{1}{2} \Delta\big(f(t), f''(t)\big)\,.$$

In diesem Fall gilt also $F_{t_0}^t(f) = c_0(t - t_0)$ mit einer konstanten Flächengeschwindigkeit c_0 genau dann, wenn $\Delta\big(f(t), f''(t)\big) = 0$ für alle $t \in I$ ist, d.h. wenn der Ortsvektor $f(t)$ und die Beschleunigung $f''(t)$ zu jedem Zeitpunkt linear abhängig sind. Diese Aussage heißt der Flächensatz oder das 2.Keplersche Gesetz, vgl. auch Bd. 1, Beispiel 19.C.5.

4.A.12 Beispiel (Ebene Polarkoordinaten · Integraldarstellung der Windungszahlen ebener Kurven) Wir erinnern an die Polarkoordinatendarstellung eines Weges $f : I \to \mathbb{C}^\times$, der den Nullpunkt $0 \in \mathbb{C}$ nicht trifft, vgl. Bd. 1, 14.B.5 und 14.B.6. Solch ein Weg $f = x + \mathrm{i}y$ besitzt eine stetige Liftung $g : I \to \mathbb{C}$, $g = u + \mathrm{i}\varphi$, mit

$$f(t) = x(t) + \mathrm{i}y(t) = e^{g(t)} = r(t)\big(\cos \varphi(t) + \mathrm{i} \sin \varphi(t)\big), \qquad r := |f| = e^u\,.$$

---

[4] $\angle\big(f(t), f'(t)\big)$ ist der *orientierte* Winkel, vgl. Bd. 2, Beispiel 13.C.4.

Dabei ist g durch die Vorgabe eines einzigen Wertes $g(t_0) \in \mathbb{C}$ mit $e^{g(t_0)} = f(t_0)$ eindeutig bestimmt. Ist f stetig differenzierbar, so ist $f' = g'e^g = g'f$, also $g' = f'/f$ die logarithmische Ableitung von f und

$$g(t) = g(t_0) + \int_{t_0}^{t} \frac{f'(\tau)}{f(\tau)} \, d\tau \, .$$

Diese Darstellung von g gilt offenbar auch dann, wenn f nur stückweise stetig differenzierbar ist. Für $a, b \in I$ ist in diesem Fall

$$\Phi_a^b(f) := \Phi_a^b(f\,;0) := \varphi(b) - \varphi(a) = \int_a^b \varphi'(\tau)\,d\tau = \mathrm{Im}\,\big(g(b) - g(a)\big)$$

$$= \mathrm{Im} \int_a^b \frac{f'(t)}{f(t)}\,dt = \int_a^b \frac{xy'-yx'}{x^2+y^2}\,dt = \int_a^b \frac{\Delta(f, f')}{r^2}\,dt$$

die **G e s a m t w i n k e l ä n d e r u n g** von f zwischen a und b in Bezug auf den Nullpunkt. Δ ist dabei die (reelle) Standarddeterminantenfunktion auf $\mathbb{C} = \mathbb{R}^2$ (mit $\Delta(1,\,i) = 1$). *Ferner ergibt sich für die Flächengeschwindigkeit die Darstellung $c_f = \frac{1}{2}\Delta(f, f') = \frac{1}{2}r^2\varphi'$ und für die von den Strahlen $[0, f(t)]$, $t \in [a, b]$, überstrichene Fläche die Gleichung*

$$F_a^b(f) = \frac{1}{2} \int_a^b r^2(t)\,\varphi'(t)\,dt \, ,$$

vgl. das vorangegangene Beispiel 4.A.11. Ist $I = [a, b]$ und $f(a) = f(b)$, der Weg $f = x + iy$ also geschlossen, so ist $\mathrm{Re}\,\big(g(b) - g(a)\big) = \ln|f(b)| - \ln|f(a)| = 0$ und

$$\mathrm{W}(f\,;0) = \frac{1}{2\pi}\Phi_a^b(f) = \frac{1}{2\pi\,i} \int_a^b \frac{f'(t)}{f(t)}\,dt = \frac{1}{2\pi} \int_a^b \frac{xy'-yx'}{x^2+y^2}\,dt = \frac{1}{2\pi} \int_a^b \frac{\Delta(f, f')}{r^2}\,dt$$

die **W i n d u n g s -** oder **U m l a u f s z a h l** von f bzgl. 0, vgl. Bd. 1, Beispiel 14.B.9. *Allgemeiner ist dann*

$$\mathrm{W}(f\,;z_0) = \frac{1}{2\pi\,i} \int_a^b \frac{f'(t)}{f(t)-z_0}\,dt$$

die Windungszahl von f bzgl. eines jeden Punktes $z_0 \in \mathbb{C}$, den f nicht trifft.

Aufgaben

1. Man skizziere die folgenden ebenen Kurven, markiere jeweils Punkte zu ausgewählten typischen Zeitpunkten, berechne die Geschwindigkeiten zu diesen Zeitpunkten und zeichne die zugehörigen Tangenten (soweit sie definiert sind).

a) $t \mapsto (t^2, t^3)$, $t \in \mathbb{R}$ (N e i l s c h e P a r a b e l).

b) $t \mapsto \dfrac{1}{(1+t^2)^2}\big(2(1-t^2)\,,\, 4t\big)$, $t \in \mathbb{R}$ (K a r d i o i d e).

c) $t \mapsto \dfrac{1}{1+t^3}\,(t, t^2)$, $t \neq -1$ (C a r t e s i s c h e s B l a t t).

d) $t \mapsto \dfrac{1}{1+t^2}\left(2t^2, t(t^2-1)\right),\ t \in \mathbb{R}$ (S t r o p h o i d e).

e) $t \mapsto \dfrac{1}{1+t^2}\left(1, \dfrac{1}{t}\right),\ t \neq 0$ (K i s s o i d e).

f) $t \mapsto \dfrac{t}{1+t^4}\left(t^2+1, t^2-1\right),\ t \in \mathbb{R}$ (L e m n i s k a t e).

g) $t \mapsto e^t\left(\cos ct, \sin ct\right),\ t \in \mathbb{R},\ \text{mit}\ c>0$ (L o g a r i t h m i s c h e   S p i r a l e).

h) $t \mapsto \left(a\cos t, b\sin t\right),\ t \in \mathbb{R},\ \text{mit}\ a, b \in \mathbb{R}_+^{\times}\ \text{fest}$ (E l l i p s e).

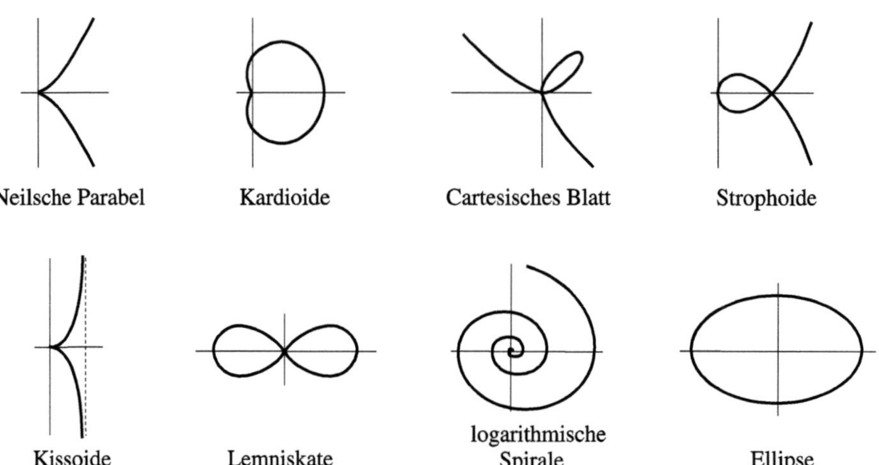

<table>
<tr><td>Neilsche Parabel</td><td>Kardioide</td><td>Cartesisches Blatt</td><td>Strophoide</td></tr>
<tr><td>Kissoide</td><td>Lemniskate</td><td>logarithmische Spirale</td><td>Ellipse</td></tr>
</table>

2. Sei $f : \mathbb{R} \to \mathbb{R}^2 - \{0\}$ eine reguläre stetig differenzierbare Kurve. Genau dann ist f nach eventuellem Umparametrisieren eine logarithmische Spirale mit Pol 0 (oder ein Teil davon), wenn die Schnittwinkel von f mit den Strahlen $\mathbb{R}_+^{\times} v,\ v \in \mathbb{R}^2 - \{0\}$, alle übereinstimmen. (Zur Definition der logarithmischen Spiralen mit Pol 0 vgl. Bd. 1, Beispiel 14.B.7. In Aufg. 1g) findet man ein spezielles Beispiel.)

3. Seien A eine endlichdimensionale $\mathbb{K}$-Algebra und $g : I \to A^{\times}$ ein im Punkt $t_0 \in I$ differenzierbarer Weg. Dann ist auch der Weg $g^{-1} : I \to A^{\times}$ mit $(g^{-1})(t) = \left(g(t)\right)^{-1}$ in t_0 differenzierbar, und es gilt $(g^{-1})'(t_0) = -g^{-1}(t_0)\, g'(t_0)\, g^{-1}(t_0)$.

4. Sei Δ eine Determinantenfunktion auf dem n-dimensionalen $\mathbb{K}$-Vektorraum V. Ferner seien $f_j : I \to V$ differenzierbare Wege in V, $j = 1, \ldots, n$. Die Funktion $\Delta(f_1, \ldots, f_n) : I \to \mathbb{K}$ ist dann differenzierbar mit $\Delta(f_1, \ldots, f_n)' = \sum_{j=1}^{n} \Delta(f_1, \ldots, f_j', \ldots, f_n)$.

5. Sei $f : I \to V$ eine Kurve in dem euklidischen Vektorraum V. Ist f in $t_0 \in I$ differenzierbar und $f(t_0) \neq 0$, so ist auch $\|f\|$ in t_0 differenzierbar, und es gilt

$$\|f\|'(t_0) = \frac{\langle f'(t_0), f(t_0)\rangle}{\|f(t_0)\|}.$$

6. $f : I \to V$ sei eine k-mal differenzierbare Kurve im endlichdimensionalen $\mathbb{K}$-Vektorraum V. Sei $f^{(k)}(t) = a_{k-1}(t) f^{(k-1)}(t) + \cdots + a_1(t) f'(t)$ mit stetigen Funktionen $a_1, \ldots, a_{k-1} : I \to \mathbb{K}$. Dann liegt die Trajektorie von f ganz in dem höchstens $(k-1)$-dimensionalen affinen Unterraum $\sum_{i=1}^{k-1} \mathbb{K} f^{(i)}(t_0) + f(t_0)$, wobei $t_0 \in I$ fest (aber sonst beliebig) ist. (Vgl. Beispiel 4.A.10.)

4.B Beispiel: Winkelgeschwindigkeit

Ableitungen bezeichnen wir in diesem Abschnitt stets mit einem Punkt.

Seien E ein n-dimensionaler euklidischer affiner Raum über dem euklidischen Vektorraum V, $n \geq 2$, und K eine Teilmenge von E, die wir als starren Körper auffassen. Eine Lageänderung von K erhält die Abstände der Punkte von K und wird gekennzeichnet durch ein Element φ aus der Bewegungsgruppe $\mathrm{B}(E)$ von E: Der Punkt $P \in K$ hat nach der Lageänderung den Ort $\varphi(P)$, man vgl. dazu Bd. 2, Abschnitt 14.B, insbesondere dort die Aufgaben 10 und 11. Eine Bewegung von K lässt sich also durch einen Weg $f : t \mapsto f(t)$, $t \in I$, in $\mathrm{B}(E)$ beschreiben. Für einen festen Punkt $P \in K$ ist $t \mapsto P(t) := \big(f(t)\big)(P)$ die Bahn des Punktes P im Laufe der Bewegung. Sind $P, Q \in K$ und ist $x := \overrightarrow{PQ}$, so ist

$$\overrightarrow{P(t)Q(t)} = \overrightarrow{f(t)(P), f(t)(Q)} = f_0(t)(x) =: x(t),$$

wobei $f_0(t) := \big(f(t)\big)_0$ der lineare Anteil von $f(t)$ ist. Für ein kartesisches Koordinatensystem $O; v_1, \ldots, v_n$ in E heißt $O(t); v_1(t), \ldots, v_n(t)$, $t \in I$, das mitbewegte oder körperfeste Koordinatensystem.

Für einen Zeitpunkt $t_0 \in I$ ist $f(t_0)(K)$ die Lage des Körpers K. Die Bewegung $t \mapsto f(t) f(t_0)^{-1}$, $t \in I$, ist daher diejenige, die die Lageänderung von K relativ zur Lage im Zeitpunkt t_0 beschreibt. Es ist üblich, *Geschwindigkeiten zum Zeitpunkt t_0 stets bezüglich dieser relativen Lageänderung zu definieren.* Dazu wird mittels der bijektiven Abbildung

$$\varphi \mapsto (\,\overrightarrow{O\varphi(O)}, \varphi_0\,)$$

von $\mathrm{B}(E)$ auf $V \times \mathrm{O}(V) \subseteq V \times \mathrm{GL}_\mathbb{R} V$ der Weg f zerlegt in einen Translationsanteil τ mit $\tau(t) := \overrightarrow{O\,O(t)}$, der natürlich von der Wahl des Ursprungs O abhängt[1]), und den linearen Anteil f_0 (der von dieser Wahl unabhängig ist). Der Weg $f(t) f(t_0)^{-1}$ hat den linearen Anteil $f_0(t) f_0(t_0)^{-1}$ und offenbar den Translationsanteil $\tau(t) - f_0(t) f_0(t_0)^{-1} \big(\tau(t_0)\big)$ (vgl. auch Bd. 2, Abschnitt 7.A).

Wir betrachten zunächst ganz allgemein Wege $f : I \to \mathrm{A}(E)$ in der affinen Gruppe $\mathrm{A}(E)$ von E, die wir mittels der Identifikation von $\mathrm{A}(E)$ und $V \times \mathrm{GL}(V)$ (wozu wieder ein Ursprung $O \in E$ auszuzeichnen ist) in den linearen Anteil $f_0 : I \to \mathrm{GL}_\mathbb{R}(V)$ und den Translationsanteil $\tau : I \to V$ zerlegen. Ist $E = V$ und $O = 0$, so ist $f(t) : x \mapsto f_0(t)(x) + \tau(t)$.

Sei nun f stetig differenzierbar.[2]) Gemäß der Vorbemerkung heißt

$$h(t) := \dot{f}_0(t) f_0(t)^{-1} \in \mathrm{End}_\mathbb{R} V$$

die Geschwindigkeit des linearen Anteils und

$$v(t) := \dot{\tau}(t) - \dot{f}_0(t) f_0(t)^{-1}\big(\tau(t)\big) = \dot{\tau}(t) - h(t)\big(\tau(t)\big) \in V$$

---

[1]) In der Regel ist kein Ursprung O ausgezeichnet. Für einen physikalischen starren Körper jedoch ist der Schwerpunkt ein häufig benutzter ausgezeichneter Bezugspunkt, vgl. Beispiel 16.B.1.

[2]) Die Voraussetzung, dass die Ableitung von f stetig ist, ist für die folgenden Überlegungen nicht immer nötig.

die Geschwindigkeit des Translationsanteils (oder die Translationsgeschwindigkeit) von f (bzgl. O) zum Zeitpunkt $t \in I$. Es gilt somit

$$\dot{f}_0 = h f_0 \quad \text{und} \quad \dot{\tau} = h\tau + v \,,$$

und ein beliebiger Punkt $P = x_P + O$ mit der Bahn $t \mapsto P(t) = f(t)(P)$ und dem Ortsvektor
$x(t) = \overrightarrow{O\,P(t)} = f_0(t)(x_P) + \tau(t)$ hat die Geschwindigkeit

$$\dot{x} = \dot{f}_0(x_P) + \dot{\tau} = h f_0(x_P) + h\tau + v = hx + v \,.$$

Mit anderen Worten: *Die Bestimmung der Bahn von P ist äquivalent mit der Lösung des inhomogenen linearen Differenzialgleichungssystems* $\dot{x} = hx + v$ (wobei die Anzahl der unbekannten
Funktionen gleich $\mathrm{Dim}_{\mathbb{R}} V$ ist). Diese Äquivalenz gibt einem linearen Differenzialgleichungssystem – ob homogen oder nicht – eine unmittelbare geometrische Deutung. Aus Bd. 2, Satz
20.A.1 folgt: *Zu vorgegebenen (stetigen) Wegen* $h : I \to \mathrm{End}_{\mathbb{R}} V$ *und* $v : I \to V$ *und einer
Anfangsbedingung* $f(t_0) \in \mathrm{A}(E)$ [3] *) gibt es genau einen Weg* $f : I \to \mathrm{A}(E)$ *mit h als Geschwindigkeit des linearen Anteils und v als Translationsgeschwindigkeit von f.* Bei konstantem h ist
$f_0(t) = e^{(t-t_0)h} f_0(t_0)$, vgl. Bd. 2, 18.D und 20.A. Zur Kennzeichnung eines stetig differenzierbaren Weges in $\mathrm{A}(E)$ begnügt man sich häufig mit der Angabe dieser beiden Geschwindigkeiten h
bzw. v, das Lösen eines linearen Differenzialgleichungssystems als elementare Aufgabe betrach-
tend (was es natürlich in der Regel nicht ist). *Wird statt O ein anderer Ursprung* $O^\star$ *gewählt,
so ist*

$$v^\star = v + hy \,, \quad y := \overrightarrow{O\,O^\star} \,,$$

die Translationsgeschwindigkeit bzgl. $O^\star$. Denn bzgl. $O^\star$ hat der Punkt P den Ortsvektor $x^\star(t) =$
$\overrightarrow{O^\star P(t)} = \overrightarrow{O^\star O} + \overrightarrow{O\,P(t)} = -y + x(t)$, woraus $\dot{x}^\star = \dot{x} = hx + v = hx^\star + (v + hy)$ folgt.

Wir kehren zu unserem Ausgangspunkt zurück und betrachten stetig differenzierbare Wege
$f : I \to \mathrm{B}(E)$ in der Bewegungsgruppe von E.[4]) Das folgende Lemma charakterisiert sie
unter den Wegen $I \to \mathrm{A}(E)$.

4.B.1 Lemma *Sei E ein euklidischer affiner Raum. Genau dann liegt ein stetig differenzierbarer
Weg* $f : I \to \mathrm{A}(E)$ *in der Bewegungsgruppe* $\mathrm{B}(E)$ *von E, wenn* $f(t_0) \in \mathrm{B}(E)$ *ist für einen Zeitpunkt* $t_0 \in I$ *und die Geschwindigkeit* $h = \dot{f}_0 f_0^{-1}$ *des linearen Anteils von f in jedem Zeitpunkt
$t \in I$ schiefselbstadjungiert ist.*

B e w e i s . Ohne Einschränkung der Allgemeinheit sei $f = f_0 : I \to \mathrm{GL}(V)$. Sei ferner
$f(t_0) \in \mathrm{O}(V)$. Genau dann ist $f(I) \subseteq \mathrm{O}(V)$, wenn $\langle f(t)x, f(t)y \rangle = \langle x, y \rangle$ für alle $x, y \in V$
und alle $t \in I$ ist. Wegen $\langle f(t_0)x, f(t_0)y \rangle = \langle x, y \rangle$ ist dies äquivalent mit der Konstanz der
Funktion $t \mapsto \langle f(t)x, f(t)y \rangle$ auf I, jeweils bei festem $x, y \in V$. Die Ableitung dieser Funktion
ist nach 4.A.6 aber

$$\langle \dot{f}x, fy \rangle + \langle fx, \dot{f}y \rangle = \langle hfx, fy \rangle + \langle fx, hfy \rangle \,.$$

Wegen der Bijektivität von $f(t)$ für jedes t ist das Verschwinden dieser Ableitung für alle $t \in I$
und alle $x, y \in V$ äquivalent mit

$$\langle hx, y \rangle + \langle x, hy \rangle = 0$$

für alle $t \in I$ und alle $x, y \in V$. Das ist die Behauptung.   ●

---

[3]) Im Allgemeinen ist dies $f(t_0) = \mathrm{id}_E$, also $f_0(t_0) = \mathrm{id}_V$, $\tau(t_0) = 0$.
[4]) Vgl. Fußnote 2.

4.B.2 Bemerkung Sei allgemein $\Phi : V \times V \to W$ eine $\mathbb{R}$-bilineare Abbildung endlichdimensionaler reeller Vektorräume. Der Beweis von 4.B.1 zeigt, dass dann folgende Aussage gilt: *Ein stetig differenzierbarer Weg $f : I \to \mathrm{GL}(V)$ liegt in der Automorphismengruppe* $\mathrm{Aut}(V, \Phi)$, *d.h. es gilt $\Phi\big(f(t)x, f(t)y\big) = \Phi(x, y)$ für alle $t \in I$ und alle $x, y \in V$, genau dann, wenn die Geschwindigkeit $\dot{f} f^{-1}$ zu jedem Zeitpunkt Φ-schiefselbstadjungiert ist und $f(t_0) \in \mathrm{Aut}(V, \Phi)$ für wenigstens einen Zeitpunkt $t_0 \in I$ ist.* Dabei heißt $h \in \mathrm{End}\, V$ Φ-schiefselbstadjungiert, wenn

$$\Phi(hx, y) + \Phi(x, hy) = 0$$

ist für alle $x, y \in V$. Wir erinnern daran, dass der Raum der Φ-schiefselbstadjungierten Operatoren auf V gleich der Lie-Algebra der infinitesimalen Transformationen der Gruppe $\mathrm{Aut}(V, \Phi) \subseteq \mathrm{GL}(V)$ ist, vgl. Bd. 2, Beispiel 18.D.9. Die Aussage 4.B.1 bzw. die hier angegebene Verallgemeinerung ist daher ein Spezialfall des folgenden Satzes:

4.B.3 Satz *Seien V ein endlichdimensionaler $\mathbb{R}$-Vektorraum und $G \subseteq \mathrm{GL}(V)$ eine abgeschlossene Untergruppe mit der Lie-Algebra $\mathfrak{g} \subseteq \mathfrak{gl}(V) = [\mathrm{End}\, V]$. Für einen stetig differenzierbaren Weg $f : I \to \mathrm{GL}(V)$ sind folgende Aussagen äquivalent:* (1) *Es ist $f(I) \subseteq G$.* (2) *Es ist $f(t_0) \in G$ für wenigstens ein $t_0 \in I$, und $h = \dot{f} f^{-1}$ ist ein Weg in $\mathfrak{g}$.*

Satz 4.B.3 ist recht einfach, wenn wir G als (abgeschlossene) Untermannigfaltigkeit von $\mathrm{GL}(V)$ mit $\mathfrak{g}$ als Tangentialraum in id_V interpretieren. Wir beweisen ihn daher erst später, vgl. die Bemerkungen zu Satz 6.C.10. Die Implikation (1) $\Rightarrow$ (2) ist ohnehin trivial.

Für eine stetig differenzierbare Bewegung $f : I \to \mathrm{B}(E)$ ist nach 4.B.1

$$\dot{f}_0 = h f_0 \quad \text{und} \quad \dot{x} = hx + v$$

mit $h : I \to \mathfrak{o}(V)$, wobei $\mathfrak{o}(V)$ der Raum (besser: die Lie-Algebra) der schiefselbstadjungierten Operatoren auf V ist. Zu jedem Zeitpunkt t_0 besitzt V die orthogonale Zerlegung

$$V = V_0(t_0) \oplus V_1(t_0), \quad V_0(t_0) := \mathrm{Kern}\, h(t_0), \quad V_1(t_0) := \mathrm{Bild}\, h(t_0).$$

Für einen beliebigen Ursprung $O^\star$ mit $y := \overrightarrow{O\, O^\star}$ besitzt daher die Translationsgeschwindigkeit $v^\star$ bzgl. $O^\star$ zum Zeitpunkt t_0 die Zerlegung

$$v^\star(t_0) = v(t_0) + h(t_0)y = v_0(t_0) + \big(v_1(t_0) + h(t_0)y\big)$$

mit $v_1(t_0) + h(t_0)y \in V_1(t_0)$ und einem eindeutig bestimmten Vektor $v_0(t_0) \in V_0(t_0)$, der die m o m e n t a n e T r a n s l a t i o n s g e s c h w i n d i g k e i t schlechthin zum Zeitpunkt t_0 heißt. Da $h(t_0)|V_1(t_0)$ bijektiv ist, lässt sich überdies $O^\star =: O_{t_0}$ (in der Regel nicht eindeutig) so wählen, dass $v_1(t_0) + h(t_0)y = 0$, also $v^\star = v_0(t_0)$ ist. Bei dieser Wahl schreibt sich f in einer Umgebung von t_0 in der Form

$$x(t) = x(t_0) + (t-t_0)\,\dot{x}(t_0) + \cdots \approx x(t_0) + (t-t_0)\,h(t_0)\,x(t_0) + (t-t_0)\,v_0(t_0)$$

bzw. – wenn wir die Vektoren $x \in V$ in ihre orthogonalen Komponenten $x_0 \in V_0(t_0)$ und $x_1 \in V_1(t_0)$ zerlegen – in der Form

$$x_0(t) \approx x_0(t_0) + (t-t_0)\,v_0(t_0)$$
$$x_1(t) \approx x_1(t_0) + (t-t_0)\,h(t_0)\,x_1(t_0) = \big(\mathrm{id} + (t-t_0)\,h(t_0)\big)\,x_1(t_0).$$

Der Unterraum $V_1(t_0)$ besitzt nach Bd. 2, 15.A.24 eine Orthonormalbasis $v_1, w_1, \ldots, v_s, w_s$, in der die Matrix von $h(t_0)|V_1(t_0)$ eine Diagonalblockmatrix

$$\mathrm{Diag}\left(\begin{pmatrix} 0 & -\omega_1 \\ \omega_1 & 0 \end{pmatrix}, \ldots, \begin{pmatrix} 0 & -\omega_s \\ \omega_s & 0 \end{pmatrix}\right)$$

mit positiven $\omega_1, \dots, \omega_s$ ist. In der Ebene $\mathbb{R}v_\sigma + \mathbb{R}w_\sigma$ induziert f somit eine i n f i n i t e s i m a l e
D r e h u n g $b_\sigma(t)\, v_\sigma + c_\sigma(t)\, w_\sigma$,

$$\begin{pmatrix} b_\sigma(t) \\ c_\sigma(t) \end{pmatrix} \approx \begin{pmatrix} 1 & -(t-t_0)\,\omega_\sigma \\ (t-t_0)\,\omega_\sigma & 1 \end{pmatrix} \begin{pmatrix} b_\sigma(t_0) \\ c_\sigma(t_0) \end{pmatrix},$$

mit der W i n k e l g e s c h w i n d i g k e i t ω_σ, $\sigma = 1, \dots, s$.

*Ist die Geschwindigkeit auf ganz I konstant, d.h. sind sowohl h als auch $v = v_0$ unabhängig von
t, so kann man ohne weiteres global integrieren und erhält auf $V_0 = \text{Kern } h$ die Translation*

$$x_0(t) = x_0(t_0) + (t-t_0)\, v_0$$

und auf den Ebenen $\mathbb{R}v_\sigma + \mathbb{R}w_\sigma \subseteq V_1 = \text{Bild } h$ die Drehungen

$$\begin{pmatrix} b_\sigma(t) \\ c_\sigma(t) \end{pmatrix} = \begin{pmatrix} \cos\omega_\sigma(t-t_0) & -\sin\omega_\sigma(t-t_0) \\ \sin\omega_\sigma(t-t_0) & \cos\omega_\sigma(t-t_0) \end{pmatrix} \begin{pmatrix} b_\sigma(t_0) \\ c_\sigma(t_0) \end{pmatrix}, \quad \sigma = 1, \dots, s.$$

Man nennt eine solche Bewegung eine v e r a l l g e m e i n e r t e S c h r a u b u n g, die Bahnen der
Punkte heißen v e r a l l g e m e i n e r t e S c h r a u b e n l i n i e n.

Spezialisieren wir auf den Fall $\text{Dim } V = 3$, wobei wir überdies annehmen wollen, dass V
orientiert ist. Dann ist $s \leq 1$. Bei $h(t_0) \neq 0$ ist $s = 1$ und f nahe t_0 eine i n f i n i t e s i m a l e
S c h r a u b u n g

$$x(t) = a(t)\, u + b(t)\, v + c(t)\, w$$

mit

$$\begin{pmatrix} a(t) \\ b(t) \\ c(t) \end{pmatrix} \approx \begin{pmatrix} 1 & 0 & 0 \\ 0 & 1 & -(t-t_0)\,\omega \\ 0 & (t-t_0)\,\omega & 1 \end{pmatrix} \begin{pmatrix} a(t_0) \\ b(t_0) \\ c(t_0) \end{pmatrix} + \begin{pmatrix} (\eta\omega/2\pi)\,(t-t_0) \\ 0 \\ 0 \end{pmatrix},$$

mit der m o m e n t a n e n W i n k e l g e s c h w i n d i g k e i t $\omega = \omega(t_0) > 0$, der m o m e n t a n e n
G a n g h ö h e $\eta = \eta(t_0) \in \mathbb{R}$ und der m o m e n t a n e n S c h r a u b u n g s a c h s e $\mathbb{R}u + O_{t_0}$. Dabei
sei u als Basis von $\text{Kern } h(t_0)$ so gewählt, dass u, v, w eine die Orientierung repräsentierende
Orthonormalbasis von V ist. Es ist

$$\|\dot{x}(t_0)\| = \omega(t_0)\sqrt{\frac{\eta^2(t_0)}{4\pi^2} + b^2(t_0) + c^2(t_0)}\,.$$

Insbesondere ist bei verschwindender momentaner Translationsgeschwindigkeit

$$\|\dot{x}(t_0)\| = \omega(t_0)\sqrt{b^2(t_0) + c^2(t_0)}\,,$$

*wobei $\sqrt{b^2(t_0) + c^2(t_0)}$ der Abstand des Punktes von der momentanen Schraubungsachse ist, die
in diesem Fall auch die* m o m e n t a n e D r e h a c h s e *heißt.*

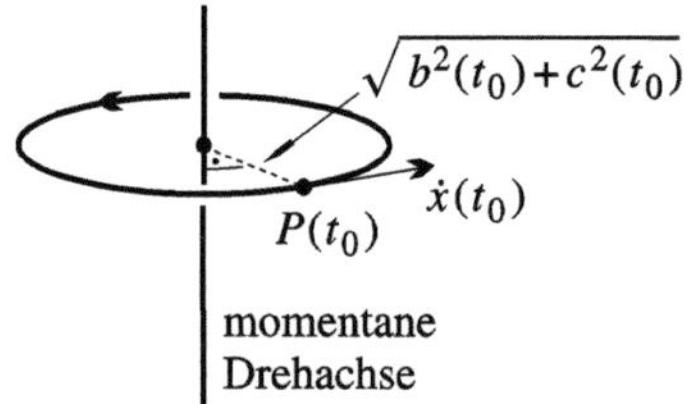

Ist die Geschwindigkeit konstant, so gilt auf ganz I

$$\begin{pmatrix} a(t) \\ b(t) \\ c(t) \end{pmatrix} = \begin{pmatrix} 1 & 0 & 0 \\ 0 & \cos\omega(t-t_0) & -\sin\omega(t-t_0) \\ 0 & \sin\omega(t-t_0) & \cos\omega(t-t_0) \end{pmatrix} \begin{pmatrix} a(t_0) \\ b(t_0) \\ c(t_0) \end{pmatrix} + \begin{pmatrix} \frac{\eta\omega}{2\pi}(t-t_0) \\ 0 \\ 0 \end{pmatrix},$$

und man spricht von einer S c h r a u b u n g   d e r   W i n k e l g e s c h w i n d i g k e i t $\omega > 0$ und der Ganghöhe $\eta \in \mathbb{R}$. Die Gerade $\mathbb{R}u + O_{t_0}$ heißt dann auch die S c h r a u b u n g s a c h s e, die Bahnen der Punkte sind S c h r a u b e n l i n i e n.

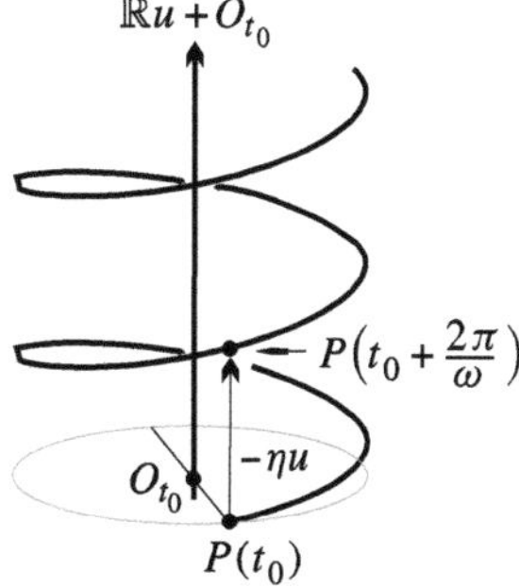

Sei weiter V dreidimensional und orientiert. Dann besitzt $h(t)$ zu jedem Zeitpunkt $t \in I$ nach Bd. 2, 18.D, Aufg. 20a) eine Darstellung

$$h(t)(x) = \Omega(t) \times x, \quad x \in V,$$

mit einem eindeutig bestimmten Vektor $\Omega(t) \in V$. Dieser Vektor heißt ebenfalls die W i n k e l - g e s c h w i n d i g k e i t von f zum Zeitpunkt t. Es gilt also für die Geschwindigkeit eines Punktes die Gleichung

$$\dot{x} = \Omega \times x + v,$$

wobei v die Translationsgeschwindigkeit ist. Die weiter oben eingeführte Winkelgeschwindigkeit $\omega = \omega(t)$ ist offenbar die Norm $\|\Omega\| = \|\Omega(t)\|$. Man beachte, *dass Ω von der Wahl der Orientierung auf V abhängt. Wählt man auf V die entgegengesetzte Orientierung, so ist Ω durch $-\Omega$ zu ersetzen.*

4.B.4 Bemerkung (A x i a l e   u n d   p o l a r e   G r ö ß e n) In einer Sprechweise, die unter Physikern gepflegt wird, *ist die Winkelgeschwindigkeit ein axialer Vektor* (im Gegensatz zu einem polaren Vektor). Zur Präzisierung der Termini „axial" und „polar" in einem möglichst weiten Rahmen schlagen wir folgende Konvention vor: Vorgegeben sei ein endlichdimensionaler reeller Vektorraum V. Dieser besitzt zwei Orientierungen o_1, o_2, auf deren Menge $\{o_1, o_2\}$ die Gruppe $\mathbb{Z}^\times = \{1, -1\}$ in natürlicher Weise so operiert, dass -1 die beiden Orientierungen vertauscht: Ist $o \in \{o_1, o_2\}$ eine Orientierung auf V, so ist $-o$ die entgegengesetzte. Ferner sei X eine beliebige Menge, auf der ebenfalls die Gruppe $\mathbb{Z}^\times$ operiert, d.h. auf X sei eine Involution σ gegeben ($\sigma^2 = \mathrm{id}_X$), die die Operation von -1 auf X angibt: $-x = \sigma(x)$ für $x \in X$. Ist X eine Gruppe, so sei dies, falls nicht ausdrücklich etwas anderes gesagt wird, stets die Inversenbildung, bei additiver Schreibweise also die Bildung des Negativen. Eine Abbildung $f : \{o_1, o_2\} \to X$ heißt dann eine a x i a l e Größe, falls $f(-o) = -f(o)$ ist für $o \in \{o_1, o_2\}$, und eine p o l a r e, falls $f(o_1) = f(o_2)$ gilt.[5]

Die grundlegende axiale Größe eines euklidischen Vektorraums V ist die kanonische Determinantenfunktion Δ_o zu einer Orientierung o auf V (die für eine die Orientierung repräsentierende Orthonormalbasis von V den Wert 1 hat). Das Vektorprodukt $V^{n-1} \to V$, $n := \mathrm{Dim}_{\mathbb{R}} V \geq 2$, das durch

$$\langle x_1 \times \cdots \times x_{n-1}, x \rangle = \Delta_o(x_1, \ldots, x_{n-1}, x)$$

---

[5] Ist $x \in X$ ein Element mit $x = -x$ und $f(o_1) = f(o_2) = x$, so ist f sowohl axial als auch polar.

definiert ist, ist dann ebenfalls axial. Daraus folgt auch, dass, wie oben bemerkt, die Winkelgeschwindigkeit Ω axial ist. Die Geschwindigkeit $h : x \mapsto \Omega \times x$ der Bewegung ist dagegen ein von der Orientierung unabhängiger schiefselbstadjungierter Operator, also polar.

Die durch eine Orientierung o auf V definierte Orientierung auf $V \oplus V$ ist unabhängig von o (vgl. Bd. 2, 9.F, Aufg. 4), also eine polare Größe. Generell gilt dies für die auf V^n induzierte Orientierung, falls n gerade ist, für ungerades n handelt es sich um eine axiale Größe. Der (orientierte) Drehwinkel $\alpha \in \mathbb{R}/2\pi\mathbb{Z}$ einer ebenen Drehung (vgl. Bd. 2, Beispiel 14.A.10) und der Drehvektor v_f einer räumlichen Drehung f (vgl. Bd. 2, Beispiel 14.A.12) sind axiale Größen.

Hat die Winkelgeschwindigkeit Ω in einer die Orientierung von V repräsentierenden Orthonormalbasis v_1, v_2, v_3 die Darstellung

$$\Omega = \Omega_1 v_1 + \Omega_2 v_2 + \Omega_3 v_3 \,,$$

so hat $h : x \mapsto \Omega \times x$ in dieser Basis die Matrix

$$\begin{pmatrix} 0 & -\Omega_3 & \Omega_2 \\ \Omega_3 & 0 & -\Omega_1 \\ -\Omega_2 & \Omega_1 & 0 \end{pmatrix} \,.$$

Insbesondere ist bei $\Omega(t_0) \neq 0$

$$\mathrm{Kern}\, h(t_0) = \mathbb{R}\Omega(t_0) = \mathbb{R}\frac{\Omega(t_0)}{\|\Omega(t_0)\|}$$

die Richtung der momentanen Schraubungsachse und – wie bereits erwähnt –

$$\omega(t_0) = \|\Omega(t_0)\|$$

der momentane Winkelgeschwindigkeitsbetrag. [6]

Sind die (orthogonalen) Matrizen $\mathfrak{A} = \mathfrak{A}(t) \in O_3(\mathbb{R})$, $t \in I$, der linearen Operatoren $f_0(t)$ bzgl. der Basis v_1, v_2, v_3 bekannt, so ergibt sich für die Winkelgeschwindigkeit aus der Gleichung $h(t) = \dot{f}_0(t)\, f_0(t)^{-1}$, also

$$\begin{pmatrix} 0 & -\Omega_3 & \Omega_2 \\ \Omega_3 & 0 & -\Omega_1 \\ -\Omega_2 & \Omega_1 & 0 \end{pmatrix} = \dot{\mathfrak{A}}\mathfrak{A}^{-1} = \dot{\mathfrak{A}}\,{}^{t}\mathfrak{A} \,,$$

die Komponentendarstellung $\Omega = \Omega_1 v_1 + \Omega_2 v_2 + \Omega_3 v_3$ mit

$$\Omega_1 = \langle \dot{\mathfrak{z}}_3, \mathfrak{z}_2 \rangle \,, \quad \Omega_2 = \langle \dot{\mathfrak{z}}_1, \mathfrak{z}_3 \rangle \,, \quad \Omega_3 = \langle \dot{\mathfrak{z}}_2, \mathfrak{z}_1 \rangle \,,$$

wobei $\mathfrak{z}_1, \mathfrak{z}_2, \mathfrak{z}_3$ *die Zeilen von* $\mathfrak{A}$ *sind* (und $\langle -, - \rangle$ das Standardskalarprodukt auf $\mathbb{R}^3$). Stellt man die Winkelgeschwindigkeit $\Omega = \Omega(t)$ im (mitbewegten) Koordinatensystem $v_1(t), v_2(t), v_3(t)$ dar, von dem wir ohne Einschränkung annehmen, dass es ebenfalls die Orientierung repräsentiert, so ist $\mathfrak{A}^{-1}(t)$ die zugehörige Übergangsmatrix und für die Matrix von $h(t)$ in der neuen Basis ergibt sich $\mathfrak{A}^{-1}(t)\dot{\mathfrak{A}}(t) = {}^{t}\mathfrak{A}(t)\dot{\mathfrak{A}}(t)$, also ist $\Omega(t) = \omega_1(t)\, v_1(t) + \omega_2(t)\, v_2(t) + \omega_3(t)\, v_3(t)$ mit

$$\omega_1(t) = \langle \mathfrak{s}_3(t), \dot{\mathfrak{s}}_2(t) \rangle \,, \quad \omega_2(t) = \langle \mathfrak{s}_1(t), \dot{\mathfrak{s}}_3(t) \rangle \,, \quad \omega_3(t) = \langle \mathfrak{s}_2(t), \dot{\mathfrak{s}}_1(t) \rangle \,,$$

wobei $\mathfrak{s}_1, \mathfrak{s}_2, \mathfrak{s}_3$ *die Spalten von* $\mathfrak{A}$ *sind.*

---

[6] Man unterscheidet in den Bezeichnungen nicht immer deutlich zwischen der Winkelgeschwindigkeit und ihrem Betrag. Ähnliches gilt für die Geschwindigkeit v und ihren Betrag $\|v\|$, die so genannte S c h n e l l i g k e i t . Aus dem Zusammenhang sollte das Gemeinte deutlich werden. Im Englischen hat man zur Unterscheidung die Vokabeln "velocity" und "speed".

4.B.5 Beispiel Ist die Matrix $\mathfrak{A} \in \mathrm{SO}_3(\mathbb{R})$ mit Hilfe der Eulerschen Winkel θ, φ, ψ gegeben, die differenzierbar von t abhängen mögen, ist also $\mathfrak{A}$ gleich

$$\begin{pmatrix} \cos\varphi \cos\psi - \sin\varphi \sin\psi \cos\theta & -\cos\varphi \sin\psi - \sin\varphi \cos\psi \cos\theta & \sin\varphi \sin\theta \\ \sin\varphi \cos\psi + \cos\varphi \sin\psi \cos\theta & -\sin\varphi \sin\psi + \cos\varphi \cos\psi \cos\theta & -\cos\varphi \sin\theta \\ \sin\psi \sin\theta & \cos\psi \sin\theta & \cos\theta \end{pmatrix},$$

vgl. Bd. 2, Beispiel 14.A.13, so ergibt sich

$$\begin{aligned} \Omega_1 &= \dot\psi \sin\varphi \sin\theta + \dot\theta \cos\varphi, \\ \Omega_2 &= -\dot\psi \cos\varphi \sin\theta + \dot\theta \sin\varphi, \\ \Omega_3 &= \dot\varphi + \dot\psi \cos\theta \end{aligned}$$

für die Koordinaten der Winkelgeschwindigkeit im *ruhenden* Bezugssystem v_1, v_2, v_3 sowie

$$\begin{aligned} \omega_1 &= \dot\varphi \sin\psi \sin\theta + \dot\theta \cos\psi, \\ \omega_2 &= \dot\varphi \cos\psi \sin\theta - \dot\theta \sin\psi, \\ \omega_3 &= \dot\varphi \cos\theta + \dot\psi \end{aligned}$$

für die Koordinaten der Winkelgeschwindigkeit im *mitbewegten* Koordinatensystem.

4.B.6 Beispiel (Bewegungen in einer euklidischen Ebene) Sei E eine orientierte euklidische affine Ebene. Nach Auszeichnen eines die Orientierung repräsentierenden kartesischen Koordinatensystems identifizieren wir E mit der komplexen Zahlenebene $\mathbb{C}$, deren Orientierung durch die Standardorthonormalbasis 1, i gegeben wird. Die Gruppe $\mathrm{O}^+(\mathbb{C}) = \mathrm{SO}_\mathbb{R}(\mathbb{C})$ ist die Gruppe U der komplexen Zahlen vom Betrag 1, die durch Multiplikation auf $\mathbb{C}$ operiert. Die schiefselbstadjungierten Operatoren identifizieren sich mit den rein-imaginären komplexen Zahlen $\mathrm{i}\omega$, $\omega \in \mathbb{R}$, die ebenfalls durch Multiplikation auf $\mathbb{C}$ operieren und bzgl. 1, i die Matrizen $\begin{pmatrix} 0 & -\omega \\ \omega & 0 \end{pmatrix}$ haben. Wir bezeichnen hier ω als die W i n k e l g e s c h w i n d i g k e i t, die jetzt auch in $\mathbb{R}_-$ liegen kann. Betten wir $\mathbb{C}$ in die orthogonale Summe $\mathbb{C} \oplus \mathbb{R} = \mathbb{R}^3$ (mit der Standardorientierung) ein, so ist ωe_3 die zugehörige Winkelgeschwindigkeit.

Ein stetig differenzierbarer Weg $f : I \to \mathrm{B}^+(\mathbb{C})$ hat die Form

$$f(t) : x \mapsto y(t)\,x + \tau(t)$$

mit stetig differenzierbaren Wegen $y : I \to U$ und $\tau : I \to \mathbb{C}$. Die Geschwindigkeit des linearen Anteils ist $\mathrm{i}\omega = \dot y / y$, die Winkelgeschwindigkeit also

$$\omega = -\mathrm{i}\,\frac{\dot y}{y}.$$

Bei Vorgabe von ω bedeutet die Bestimmung von y das Lösen der homogenen linearen Differenzialgleichung 1. Ordnung $\dot y = \mathrm{i}\omega y$, vgl. Bd. 1, Abschnitt 19.B. Es ist

$$y(t) = \exp\left(\mathrm{i}\left(\alpha_0 + \int_{t_0}^{t} \omega(\tau)\,d\tau \right) \right),$$

falls $y(t_0) = e^{\mathrm{i}\alpha_0}$ der Anfangswert ist. Bei $\omega(t_0) = 60$ haben alle Punkte zum Zeitpunkt t_0 die gleiche Geschwindigkeit $\dot\tau(t_0)$. Man sagt dann, die Bewegung sei zu diesem Zeitpunkt eine reine Translationsbewegung mit dieser Geschwindigkeit. Bei $\omega(t_0) \neq 0$ hat die Bewegung zum Zeitpunkt t_0 genau einen Punkt $g(t_0) = y(t_0)\,x + \tau(t_0)$, der in Ruhe ist. Er ist durch

$$0 = \dot x(t_0) = \dot y(t_0)\,x + \dot\tau(t_0) = \mathrm{i}\omega(t_0)\,y(t_0)\,x + \dot\tau(t_0) = \mathrm{i}\omega(t_0)\big(g(t_0) - \tau(t_0)\big) + \dot\tau(t_0)$$

charakterisiert, also gleich

$$g(t_0) = \mathrm{i}\,\frac{\dot{\tau}(t_0)}{\omega(t_0)} + \tau(t_0)$$

und heißt der (momentane) R a s t p o l zum Zeitpunkt t_0. Man sagt dann, die Bewegung sei zum Zeitpunkt t_0 eine Drehbewegung um diesen Rastpol mit der Winkelgeschwindigkeit $\omega_0 := \omega(t_0)$. Die Geschwindigkeit eines beliebigen Punktes $x(t_0) = y(t_0)\,x + \tau(t_0)$ zum Zeitpunkt t_0 ist in diesem Fall

$$\dot{x}(t_0) = \mathrm{i}\omega(t_0)\bigl(x(t_0) - \tau(t_0)\bigr) + \dot{\tau}(t_0) = \mathrm{i}\omega_0\bigl(x(t_0) - g(t_0)\bigr).$$

Sind für zwei Punkte $x_1(t_0)$ und $x_2(t_0)$ die Geschwindigkeiten v_1 bzw. v_2 gegeben und linear unabhängig [7]), so lässt sich der Rastpol $g(t_0)$ demnach leicht konstruieren:

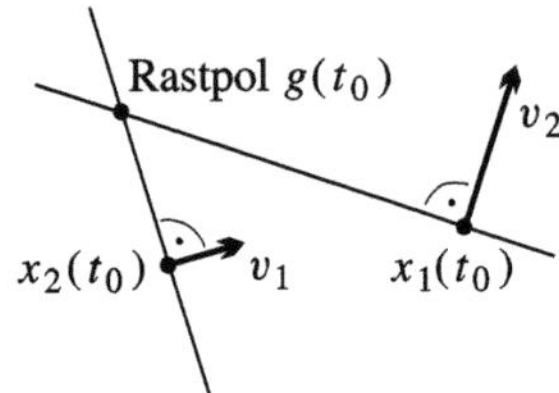

4.B.7 Beispiel Bleibt der Punkt $O \in E$ während der durch den stetig differenzierbaren Weg $f : I \to \mathrm{B}(E)$ beschriebenen Bewegung in dem euklidischen affinen Raum E fest, so können wir diesen als Ursprung wählen und f mit seinem linearen Anteil $f_0 : I \to \mathrm{O}(V)$ identifizieren. Für den Ortsvektor $x = x(t)$ eines Punktes gilt dann die homogene Differenzialgleichung

$$\dot{x} = h(x)$$

mit der Geschwindigkeit $h = \dot{f_0}f_0^{-1} : I \to \mathfrak{o}(V)$. Sei $\mathrm{Dim}_\mathbb{R} V = 3$ und V orientiert. Dann ist

$$\dot{x} = \Omega \times x$$

mit der Winkelgeschwindigkeit $\Omega = \Omega(t)$. Zum Zeitpunkt t_0 ist $\mathbb{R}\Omega(t_0) + O$ die m o m e n t a n e D r e h a c h s e , falls $\Omega(t_0) \neq 0$ ist, und $\pm\Omega(t_0)/\|\Omega(t_0)\| + O$ sind die zugehörigen momentanen Ruhepunkte auf der Einheitssphäre $\mathrm{S}(O\,;1)$ in E. Diese heißen auch die R a s t p o l e der Bewegung zum Zeitpunkt t_0.

4.B.8 Beispiel ((M o m e n t a n e) V e r z e r r u n g) Seien V ein euklidischer Vektorraum $\neq 0$ und $f : I \to \mathrm{GL}_\mathbb{R} V$ ein stetig differenzierbarer Weg auf dem Intervall $I \subseteq \mathbb{R}$ mit der Geschwindigkeit h. Es ist also $\dot{f} = hf$. Zu einem gegebenen Zeitpunkt $t_0 \in I$ betrachten wir die relative Veränderung $t \mapsto f(t)\bigl(f(t_0)\bigr)^{-1}$ in Bezug auf den Zeitpunkt t_0. Deren Ableitung im Punkt t_0 ist also gerade $h(t_0)$:

$$f(t)\bigl(f(t_0)\bigr)^{-1} = \mathrm{id}_V + (t-t_0)\,h(t_0) + o(t-t_0)\,.$$

Wir suchen ein Maß dafür, wie f zum Zeitpunkt t_0 verzerrt, d.h. wie $f(t)\bigl(f(t_0)\bigr)^{-1}$ in t_0 von einem Weg in $\mathrm{O}_\mathbb{R}(V)$ abweicht. [8]) Um die Bezeichnungen zu vereinfachen, nehmen wir $f(t_0) = \mathrm{id}_V$ an. Wir benutzen die Polardarstellung

$$f(t) = g(t)\,p(t)\,,$$

---

[7]) Wann sind v_1 und v_2 linear abhängig?

[8]) Da der Translationsanteil keinen Einfluss auf die Verzerrung hat, haben wir von vornherein einen Weg in $\mathrm{GL}(V)$ statt eines Weges in $\mathrm{A}(V)$ gewählt.

mit den Isometrien $g(t)$ und den positiven Operatoren $p(t)$, $t \in I$, vgl. Bd. 2, 15.C.4 und 15.C.6. Aus $p(t) = \big(\hat{f}(t) f(t)\big)^{1/2}$ folgt leicht, dass mit f auch p und $g = fp^{-1}$ stetig differenzierbar sind. [9]) Es ist dann

$$h(t_0) = \dot{f}(t_0) = \dot{g}(t_0)\, p(t_0) + g(t_0)\, \dot{p}(t_0) = \dot{g}(t_0) + \dot{p}(t_0)$$

wegen $g(t_0) = p(t_0) = \mathrm{id}_V$. Nun ist $\dot{g}(t_0)$ nach 4.B.1 schiefselbstadjungiert und $\dot{p}(t_0)$ (wie $p(t_0)$) selbstadjungiert. *Daher sind die Geschwindigkeiten*

$$\dot{g}(t_0) = \frac{1}{2}\big(h(t_0) - \widehat{h}(t_0)\big) \quad \textit{bzw.} \quad \dot{p}(t_0) = \frac{1}{2}\big(h(t_0) + \widehat{h}(t_0)\big)$$

die schiefselbstadjungierte bzw. die selbstadjungierte Komponente von $h(t_0)$. Man bezeichnet

$$\frac{1}{2}\big(h(t_0) - \widehat{h}(t_0)\big)$$

als R o t a t i o n s g e s c h w i n d i g k e i t (wegen ihrer Interpretation bei $\mathrm{Dim}_{\mathbb{R}} V = 3$) und

$$\frac{1}{2}\big(h(t_0) + \widehat{h}(t_0)\big)$$

als V e r z e r r u n g s - oder D e f o r m a t i o n s g e s c h w i n d i g k e i t von f in t_0. Genau dann, wenn letztere zu jedem Zeitpunkt $t \in I$ verschwindet, ist $p(t) \equiv \mathrm{id}_V$ und $f(t)\big(f(t_0)\big)^{-1} = g(t)$ ein Weg in $\mathrm{O}_{\mathbb{R}}(V)$. Allgemein ist für $t \to t_0$

$$p(t) = \mathrm{id}_V + \frac{t - t_0}{2}\big(h(t_0) + \widehat{h}(t_0)\big) + o(t - t_0)\,.$$

Ein System von Hauptachsen des selbstadjungierten Operators $(h(t_0) + \widehat{h}(t_0))/2$ heißt daher ein System von (m o m e n t a n e n) H a u p t v e r z e r r u n g s a c h s e n zum Zeitpunkt t_0. Die zugehörigen Hauptwerte λ geben die Geschwindigkeit an, wie diese Hauptachsen (bei $\lambda < 0$) gestaucht bzw. (bei $\lambda > 0$) gestreckt werden. Bei $\lambda = 0$ ist die zugehörige Achse stationär. Ist $(h_{ij}) \in \mathrm{M}_I(\mathbb{R})$ die Matrix von h bzgl. einer *Orthonormal*basis von V, so ist

$$\frac{1}{2}(h_{ij} + h_{ji})_{i,j \in I}$$

die Matrix der Verzerrungsgeschwindigkeit in dieser Basis. Will man eine Dilatation nicht als Verzerrung betrachten, so wählt man den spurlosen selbstadjungierten Operator

$$\frac{1}{2}\big(h(t_0) + \widehat{h}(t_0)\big) - \frac{1}{n}\,\mathrm{Sp}\,h(t_0) \cdot \mathrm{id}_V\,,$$

$n := \mathrm{Dim}_{\mathbb{R}} V$, als V e r z e r r u n g s g e s c h w i n d i g k e i t   i m   e n g e r e n   S i n n von f in t_0. Verschwindet die Rotationsgeschwindigkeit zu jedem Zeitpunkt $t_0 \in I$, so heißt f r o t a t i o n s -f r e i. Es sei ausdrücklich bemerkt, dass dies in der Regel *nicht* impliziert, dass die globale relative Veränderung $f(t)\big(f(t_0)\big)^{-1}$ für alle $t \in I$ einen trivialen Rotationsanteil $g(t) = \mathrm{id}_V$ hat. Die positiven Operatoren auf V bilden bei $\mathrm{Dim}_{\mathbb{R}} V \geq 2$ schließlich keine Gruppe.

Ist $\mathrm{Dim}_{\mathbb{R}} V = 3$ und V orientiert mit einer die Orientierung repräsentierenden Orthonormalbasis v_1, v_2, v_3, so ist

$$\Omega = \frac{1}{2}\big((h_{32} - h_{23})\, v_1 + (h_{13} - h_{31})\, v_2 + (h_{21} - h_{12})\, v_3\big)$$

die Winkelgeschwindigkeit der momentanen Rotation, wenn $(h_{ij}) \in \mathrm{M}_3(\mathbb{R})$ die Matrix von h bzgl. v_1, v_2, v_3 ist.

---

[9]) $\hat{f}(t)$ ist der zu $f(t)$ adjungierte Operator.

Im einfachsten Fall ist h konstant und $f(t) = \exp th$, falls $f(0) = \mathrm{id}_V$. Die Rotationsgeschwindigkeit $h^- := (h - \widehat{h})/2$ und die Verzerrungsgeschwindigkeit $h^+ := (h + \widehat{h})/2$ sind dann ebenfalls konstant. Es ist in der Regel aber keineswegs so, dass $\exp th^-$ bzw. $\exp th^+$ für jedes $t \in \mathbb{R}$ der Rotationsanteil $g(t)$ bzw. der Verzerrungsanteil $p(t)$ von $f(t) = \exp th$ ist. Dies gilt vielmehr genau dann, wenn h^- und h^+ kommutieren, was wiederum damit äquivalent ist, dass h und $\widehat{h}$ kommutieren, h also normal ist. Beweis!

4.B.9 Bemerkung Für (partielle) Verallgemeinerungen der Überlegungen im vorliegenden Abschnitt verweisen wir auf die Arbeit von K. Spallek: W-Gleitgleitkinematik, man. math. **77**, 293-319 (1992) und die dort angegebene Literatur.

Aufgaben

1. Sei $g : I \to \mathrm{GL}_{\mathbb{K}}\, V$ ein (stetig) differenzierbarer Weg in $\mathrm{GL}_{\mathbb{K}}\, V$, wobei V ein endlichdimensionaler $\mathbb{K}$-Vektorraum ist, und sei $h = \dot{g}g^{-1}$ die Geschwindigkeit von g. Ferner sei $g(t_0) = \mathrm{id}_V$ für ein $t_0 \in I$. Genau dann ist $\mathrm{Det}\,g(t)$ konstant gleich 1 (d.h. g ist ein Weg in $\mathrm{SL}_{\mathbb{K}} V$), wenn h zu jedem Zeitpunkt $t \in I$ die Spur 0 hat. Allgemeiner gilt der S a t z v o n L i o u v i l l e

$$\mathrm{Det}\,g(t) = \exp\left(\int_{t_0}^{t} \mathrm{Sp}\,h(\tau)\,d\tau\right).$$

(Vgl. Bd. 2, 20.A.5.)

2. Man diskutiere die differenzierbaren Kurven $f : I \to \mathrm{A}(\mathbb{R}^2)$, für die sowohl der lineare Anteil als auch der Translationsanteil eine konstante Geschwindigkeit haben. (Vgl. auch Bd. 2, 20.A.)

3. (R e l a t i v g e s c h w i n d i g k e i t) Sei E ein affiner euklidischer Raum der Dimension n über V mit einem festen Koordinatenursprung O und einem stetig differenzierbaren *bewegten* (d.h. körperfesten) kartesischen Koordinatensystem $O(t); v_1(t), \ldots, v_n(t), t \in I$. Die Geschwindigkeit des linearen Anteils sei h, die des Translationsanteils bezüglich O sei v. Mit $x_O(t) := \overrightarrow{O\,O(t)}$ gilt also

$$\dot{v}_i = h(v_i), \quad i = 1, \ldots, n, \qquad \dot{x}_O = h(x_O) + v.$$

Für eine differenzierbare Kurve $f : I \to E$ mit

$$f(t) = a_1(t)\,v_1(t) + \cdots + a_n(t)\,v_n(t) + O(t)$$

ist dann

$$x_{\mathrm{rel}}(t) := a_1(t)\,v_1(t) + \cdots + a_n(t)\,v_n(t)$$

der relative Ortsvektor und

$$x_{\mathrm{abs}} = x_{\mathrm{rel}} + x_O$$

der absolute bezüglich O. Entsprechend ist

$$v_{\mathrm{rel}}(t) := \dot{a}_1(t)\,v_1(t) + \cdots + \dot{a}_n(t)\,v_n(t)$$

die R e l a t i v g e s c h w i n d i g k e i t von f bezüglich des bewegten Koordinatensystems im Gegensatz zur absoluten Geschwindigkeit $v_{\mathrm{abs}} = \dot{x}_{\mathrm{abs}}$. Bei zweimaliger Differenzierbarkeit ist analog die R e l a t i v b e s c h l e u n i g u n g

$$b_{\mathrm{rel}}(t) := \ddot{a}_1(t)\,v_1(t) + \cdots + \ddot{a}_n(t)\,v_n(t)$$

von der absoluten Beschleunigung $b_{\text{abs}} = \dot{v}_{\text{abs}} = \ddot{x}_{\text{abs}}$ zu unterscheiden. Man zeige

$$v_{\text{abs}} = \dot{x}_{\text{abs}} = v_{\text{rel}} + h(x_{\text{abs}}) + v = v_{\text{rel}} + h(x_{\text{rel}}) + \dot{x}_O \, ,$$

$$b_{\text{abs}} = \ddot{x}_{\text{abs}} = b_{\text{rel}} + 2h(v_{\text{rel}}) + \dot{h}(x_{\text{rel}}) + h^2(x_{\text{rel}}) + \ddot{x}_O \, .$$

Ist E orientiert mit Dim $E = 3$ und Ω die Winkelgeschwindigkeit des bewegten Koordinatensystems, so ergibt sich speziell

$$v_{\text{abs}} = v_{\text{rel}} + \Omega \times x_{\text{rel}} + \dot{x}_O \, ,$$

$$b_{\text{abs}} = b_{\text{rel}} + 2\Omega \times v_{\text{rel}} + \dot{\Omega} \times x_{\text{rel}} + \Omega \times (\Omega \times x_{\text{rel}}) + \ddot{x}_O \, .$$

($2\Omega \times v_{\text{rel}}$ heißt C o r i o l i s - B e s c h l e u n i g u n g und $\Omega \times (\Omega \times x_{\text{rel}})$ Z e n t r i p e t a l b e - s c h l e u n i g u n g , $-\Omega \times (\Omega \times x_{\text{rel}}) = (\Omega \times x_{\text{rel}}) \times \Omega$ ist die Z e n t r i f u g a l b e s c h l e u n i g u n g . Diese Beschleunigungen sind polare Vektoren, vgl. Bemerkung 4.B.4.)

4. Eine Münze rolle in der Ebene an einer anderen Münze derselben Art ab. Man beschreibe die Bewegung als Weg in der Bewegungsgruppe der Ebene gemäß Beispiel 4.B.6. (Man bemerke, dass sich die Münze zweimal um die eigene Achse gedreht hat, wenn sie die Ausgangslage erstmals wieder erreicht hat. – Man betrachte auch den Fall, dass die beiden Münzen verschiedene Radien haben.)

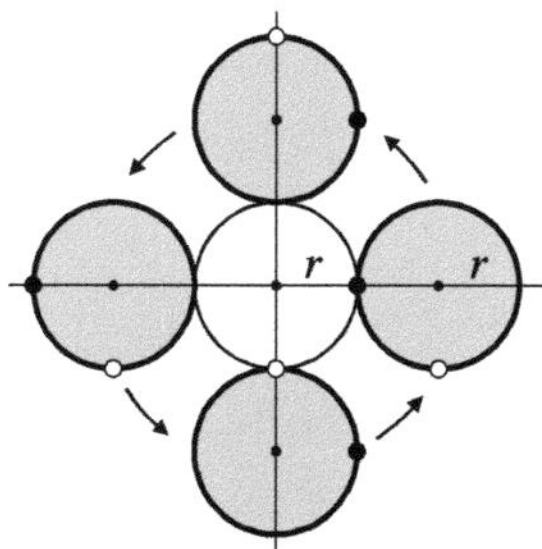

5. Ein Kegel mit Spitze im Nullpunkt und halbem Öffnungswinkel α, $0 < \alpha < \pi/2$, rolle auf dem Mantel eines Kegels ab, dessen Spitze ebenfalls im Nullpunkt liegt und der den halben Öffnungswinkel β, $0 < \beta < \pi/2$, hat. Man beschreibe diese Bewegung als Weg in der Gruppe der $\text{SO}_3(\mathbb{R})$ und bestimme die Winkelgeschwindigkeit. Man betrachte insbesondere den Fall $\alpha = \beta$ und ein gleichmäßiges einmaliges Abrollen des einen Kegels auf dem anderen, ferner die Grenzfälle $\alpha = \beta \to 0$ und $\alpha = \beta \to \pi/2$. (In Beispiel 7.D.4 werden diese Rollbewegungen zur Illustration eines interessanten Sachverhalts benutzt.)

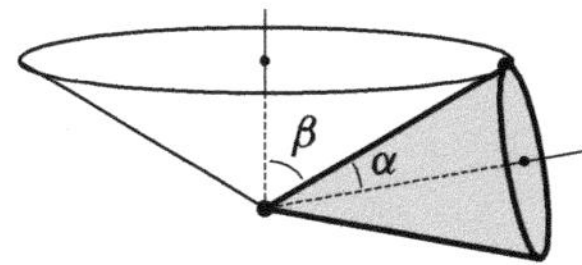

4.C Taylor-Formel

Sei V ein endlichdimensionaler reeller Vektorraum. Eine Kurve $f : I \to V$ heißt p o -
l y n o m i a l, wenn sie von der Form $t \mapsto \sum_{j \in \mathbb{N}} a_j t^j$ mit $a_j \in V$ und $a_j = 0$ für fast alle
$j \in \mathbb{N}$ ist. Wie bei $V = \mathbb{R}$ gilt der Satz über die Hermite-Interpolation: *Sind $t_1, \ldots, t_r$*
verschiedene Punkte in $\mathbb{R}$ und ist $n = (n_1, \ldots, n_r)$ ein r-Tupel positiver natürlicher
Zahlen, so gibt es zu vorgegebenen Vektoren $b_i^{(v_i)} \in V$, $0 \le v_i < n_i$, $i = 1, \ldots, r$, genau
eine polynomiale Kurve T vom Grade $< |n| = n_1 + \cdots + n_r$ mit

$$T^{(v_i)}(t_i) = b_i^{(v_i)}, \quad 0 \le v_i < n_i, \quad i = 1, \ldots, r.$$

Diese Aussage beweist man wie die entsprechende Aussage 15.B.1 in Bd. 1 für $V = \mathbb{R}$
oder führt sie durch Betrachten der Komponenten bzgl. einer Basis von V unmittelbar
darauf zurück.

Ist $f : I \to V$ eine beliebige $|n|$-mal differenzierbare Kurve, die wie obiges T die
Eigenschaft

$$f^{(v_i)}(t_i) = b_i^{(v_i)}, \quad 0 \le v_i < n_i, \quad i = 1, \ldots, r,$$

hat, so gilt analog zu Satz 15.A.3 in Bd. 1 der folgende Approximationssatz:

4.C.1 Satz *Für jedes $t \in I$ ist $f(t) = T(t) + R(t)$, wobei für den Fehler $R(t)$ die*
Abschätzung

$$\|R(t)\| \le \frac{1}{|n|!} \|f^{(|n|)}(s)\| \, |t - t_1|^{n_1} \cdots |t - t_r|^{n_r}$$

gilt mit einer Zwischenstelle $s = s(t) \in I$.

B e w e i s. Sei $V \ne 0$ und $t \in I$ fest gewählt. Es gibt nach Bd. 2, 19.A.12 eine Linearform
$L : V \to \mathbb{R}$ mit $L\big(R(t)\big) = \|R(t)\|$ und $\|L\| = 1$.[1]) Wendet man den Satz 15.A.3 aus
Bd. 1 auf die Funktion $L \circ f : I \to \mathbb{R}$ an, so erhält man mit 4.A.4

$$\begin{aligned}
\|R(t)\| = L\big(R(t)\big) &= (L \circ f)(t) - (L \circ T)(t) \\
&= \frac{1}{|n|!} (L \circ f)^{(|n|)}(s) \, (t - t_1)^{n_1} \cdots (t - t_r)^{n_r} \\
&= \frac{1}{|n|!} L\big(f^{(|n|)}(s) \, (t - t_1)^{n_1} \cdots (t - t_r)^{n_r}\big) \\
&\le \frac{1}{|n|!} \|L\| \, \|f^{(|n|)}(s)\| \, |t - t_1|^{n_1} \cdots |t - t_r|^{n_r}.
\end{aligned}$$

Wegen $\|L\| = 1$ ist dies die Behauptung.   ●

Speziell ergeben sich aus dem vorstehenden Satz der Mittelwertsatz der Differenzialrechnung und die Taylor-Formel:

---

[1]) Rührt die Norm von einem Skalarprodukt auf V her, so ist die Existenz von L trivial.

4.C.2 Mittelwertsatz *Ist* $f : [a, b] \to V$ *differenzierbar, so gilt*

$$\| f(b) - f(a) \| \leq |b-a|\, \| f'(s) \|$$

mit einem $s \in [a, b]$.

Zum Mittelwertsatz der Integralrechnung (für Kurven) siehe 4.A.7.

4.C.3 Taylor-Formel *Ist* $f : I \to V$ *eine n-mal differenzierbare Kurve,* $n \in \mathbb{N}^*$, *und ist* $t_0 \in I$, *so gilt*

$$f(t) = \sum_{k=0}^{n-1} \frac{f^{(k)}(t_0)}{k!} (t-t_0)^k + R(t)$$

mit

$$\| R(t) \| \leq \frac{1}{n!} \| f^{(n)}(s) \|\, |t-t_0|^n \,,$$

wobei s zwischen t und t_0 *liegt.*

Als Folgerung erhält man wie bei $V = \mathbb{R}$: Eine Kurve $I \to V$ ist genau dann polynomial vom Grad $< n$, wenn sie n-mal differenzierbar ist und ihre n-te Ableitung überall verschwindet.

Aufgaben

1. Der Mittelwertsatz 4.C.2 besagt insbesondere, dass die mittlere Geschwindigkeit einer differenzierbaren Kurve für das Intervall $[a, b]$ der Norm nach höchstens so groß ist wie das Supremum der Normen der Momentangeschwindigkeiten in $[a, b]$. Man gebe ein Beispiel für eine Kurve $f : I \to \mathbb{R}^2$, bei der die mittlere Geschwindigkeit der Norm nach kleiner ist als die Norm einer jeden Momentangeschwindigkeit in $[0, 1]$. ($\mathbb{R}^2$ trage die kanonische euklidische Norm. Vgl. das Beispiel zu 14.A.7 in Bd.1.)

2. Seien $f : I \to V$ und $\varphi : I \to \mathbb{R}$ differenzierbar, $I = [a, b] \subseteq \mathbb{R}$, V endlichdimensionaler normierter Vektorraum. Es sei $\varphi'(t) \neq 0$ für alle t mit $a < t < b$. Dann gibt es ein $s \in\,]a, b[$ mit

$$\frac{\| f(b) - f(a) \|}{|\varphi(b) - \varphi(a)|} \leq \frac{\| f'(s) \|}{|\varphi'(s)|} \,.$$

(Vgl. Bd. 1, 14.A.10.)

4.D Kurvenlänge

Sei V ein reeller normierter Vektorraum endlicher Dimension. Die Länge eines Streckenzugs $[P_0, \ldots, P_m]$ in V mit den Eckpunkten $P_0, \ldots, P_m$ ist definitionsgemäß gleich $\sum_{i=0}^{m-1} \|\overrightarrow{P_i P_{i+1}}\|$.

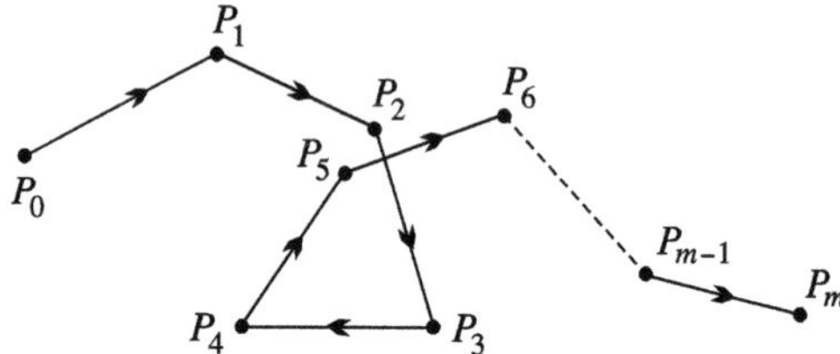

Die Länge einer beliebigen Kurve f in V wird durch die Längen solcher Streckenzüge in V approximiert.

4.D.1 Definition Sei $f : [a, b] \to V$ eine Kurve in V. Dann heißt das Supremum über die Längen aller Streckenzüge $[f(t_0), \ldots, f(t_m)]$, wobei $t_0, \ldots, t_m$ alle endlichen Folgen $a \le t_0 \le \cdots \le t_m \le b$ durchläuft, die L ä n g e

$$L_a^b(f) = L(f)$$

von f. – Ist $L(f) < \infty$, so heißt f r e k t i f i z i e r b a r.

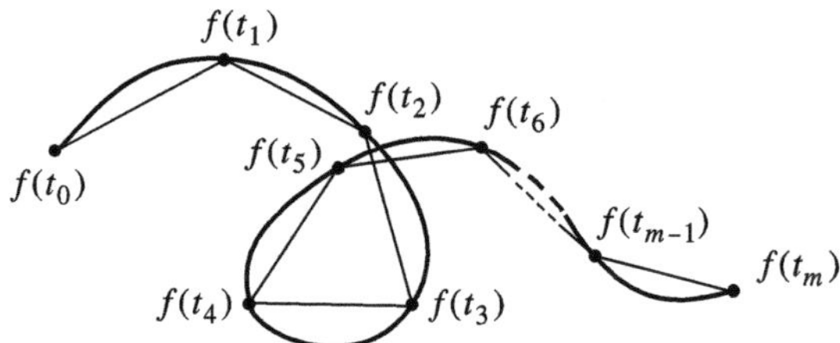

Die Rektifizierbarkeit einer Kurve hängt offenbar nicht von der gewählten Norm ab, wohl aber in der Regel ihre Länge.

Fügt man zu einem die Kurve f approximierenden Streckenzug weitere Punkte hinzu, so hat der neue Streckenzug nach der Dreiecksungleichung eine Länge, die mindestens so groß ist wie die des Ausgangsstreckenzuges. Daraus ergibt sich insbesondere die folgende A d d i t i v i t ä t   d e r   K u r v e n l ä n g e : *Ist das Intervall $[a, b]$ durch einen Teilpunkt $c \in [a, b]$ zerlegt, so gilt*

$$L_a^b(f) = L_a^c(f) + L_c^b(f) .$$

Zur Definition der Länge einer Kurve f und einer umparametrisierten Kurve $f \circ \gamma$ werden dieselben Streckenzüge benutzt (die bei uneigentlicher Umparametrisierung allerdings in umgekehrter Reihenfolge durchlaufen werden). *Daher ändert eine Umparametrisierung die Kurvenlänge nicht.*

Für stetig differenzierbare und damit auch für stückweise stetig differenzierbare Kurven lässt sich die Kurvenlänge leicht angeben.

4.D.2 Satz *Seien V ein normierter endlichdimensionaler $\mathbb{R}$-Vektorraum und $f : I \to V$ eine stückweise stetig differenzierbare Kurve in V. Dann ist f rektifizierbar, und es gilt*

$$L_a^b(f) = \int_a^b \| f'(t) \| \, dt \, .$$

B e w e i s . Ohne Einschränkung der Allgemeinheit sei f stetig differenzierbar. Sei $a \le t_0 \le \cdots \le t_m \le b$. Nach dem Mittelwertsatz 4.C.2 gilt dann für die Länge der Strecke $[f(t_i), f(t_{i+1})]$

$$\| f(t_{i+1}) - f(t_i) \| \le (t_{i+1} - t_i) \, \| f'(s_i) \|$$

mit $s_i \in [t_i, t_{i+1}]$. Die Länge des Streckenzuges ist damit $\le (b-a)\| f' \|_{[a,b]}$. Insbesondere ist f rektifizierbar mit einer Länge

$$L_a^b(f) \le (b-a) \, \| f' \|_{[a,b]} \, .$$

Um die angegebene Formel zu beweisen, genügt es zu zeigen, dass die Funktion $s(t) := L_a^t(f)$, $t \in [a, b]$, eine Stammfunktion zu $\| f'(t) \|$ ist. Für $a \le t < t' \le b$ gilt aber nach Definition der Länge bzw. wegen der gerade gewonnenen Abschätzung

$$\left\| \frac{f(t') - f(t)}{t' - t} \right\| \le \frac{L_t^{t'}(f)}{t' - t} = \frac{s(t') - s(t)}{t' - t} \le \| f' \|_{[t,t']} \, .$$

Für $t' \to t$ konvergieren sowohl der Ausdruck ganz links als auch der Ausdruck ganz rechts gegen $\| f'(t) \|$. Also ist $s'(t) = \| f'(t) \|$.   •

Ist V euklidisch und ist $f(t) = \sum_{j=1}^n f_j(t) \, v_j$ eine Darstellung von f in einer Orthonormalbasis $v_1, \ldots, v_n$ von V mit (stückweise) stetig differenzierbaren Funktionen f_j, so ist

$$L_a^b(f) = \int_a^b \left(\sum_{j=1}^n \left(f_j'(t) \right)^2 \right)^{1/2} dt \, .$$

In vielen Fällen ist es nützlich, die B o g e n l ä n g e $s := s(t) := L_a^t(f)$ als neuen Parameter zur Darstellung der betrachteten Kurve zu verwenden. Ist $f : [a, b] \to V$ stetig differenzierbar und ist $f'(t)$ für alle $t \in [a, b]$ von 0 verschieden, d.h. ist f regulär, so ist die Kurvenlänge $s : [a, b] \to [0, L]$ mit $s(t) = L_a^t(f)$, $L := L_a^b(f)$, nach 4.D.2 stetig differenzierbar mit $s'(t) = \| f'(t) \| \ne 0$ für alle $t \in [a, b]$. Daher ist auch die Umkehrung $s^{-1} : [0, L] \to [a, b]$ stetig differenzierbar. Die eigentlich umparametrisierte Kurve $g = f \circ s^{-1}$ ist bogenparametrisiert: Es gilt $L_0^s(g) = s$ für alle $s \in [0, L]$ und insbesondere $\| dg/ds \| = 1$ auf ganz $[0, L]$. Generell nennt man eine stetig differenzierbare Kurve $f : I \to V$ b o g e n p a r a m e t r i s i e r t oder n a t ü r l i c h p a r a m e t r i s i e r t, wenn die Norm der Geschwindigkeit konstant gleich 1 ist: $\|f'\| = 1$. Der zwischen $t_1, t_2 \in I$, $t_1 \leq t_2$, zurückgelegte Weg hat dann einfach die Länge $L_{t_1}^{t_2}(f) = t_2 - t_1$. Rührt die Norm $\| - \|$ von einem Skalarprodukt $\langle -, - \rangle$ her und ist f überdies zweimal differenzierbar, so gilt wegen $\langle f', f' \rangle = 1$ für die Beschleunigung f'' die Gleichung $\langle f'', f' \rangle = 0$, d.h. *Geschwindigkeit und Beschleunigung sind bei bogenparametrisierten Kurven in jedem Augenblick orthogonal* (vgl. Beispiel 4.A.8 (1)).

Sei weiterhin V euklidisch. Ist $f : [a, b] \to V$ eine (beliebige) C^k-Kurve, $k \geq 1$, mit $f'(t) \neq 0$ für alle $t \in [a, b]$, so ist auch die Bogenlänge $s : [a, b] \to [0, L]$ k-mal stetig differenzierbar. Bei Übergang zur Bogenlänge als natürlichem Parameter bleibt also f eine C^k-Kurve.

4.D.3 Beispiel (1) Sei $f : \mathbb{R} \to \mathbb{R}^2$ definiert durch

$$f(t) := (b \cos t, a \sin t), \quad t \in \mathbb{R},$$

mit festen $a, b \in \mathbb{R}_+^\times$. Dann durchläuft $f(t)$ mit der Periode 2π die Punkte der Ellipse mit Mittelpunkt 0 und den Halbachsen be_1, ae_2. ($\mathbb{R}^2$ sei mit dem Standardskalarprodukt versehen.)

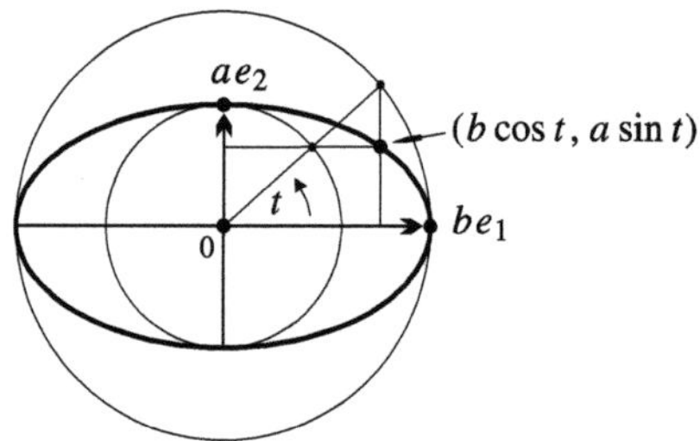

Nach 4.D.2 ist die Länge $s(t) := L_0^t(f)$ des durchlaufenen Kurvenstückes zwischen den Zeitpunkten 0 und $t \geq 0$ gleich

$$s(t) = \int_0^t \sqrt{a^2 \cos^2 \tau + b^2 \sin^2 \tau} \, d\tau \, .$$

Aus Symmetriegründen genügt es, den Fall $0 \leq t \leq \pi/2$ zu betrachten. Der gesamte Ellipsenumfang ist

$$U(a, b) = 4 \int_0^{\pi/2} \sqrt{a^2 \cos^2 \tau + b^2 \sin^2 \tau} \, d\tau = 4 J(a, b) \, .$$

Dabei ist $J(a, b)$ ein vollständiges elliptisches Integral zweiter Gattung in der Gaußschen Normalform. Man vergleiche dazu Definition 17.C.7 in Band 1. Bei $b \leq a$ ist

$$J(a, b) = a J\left(1, \frac{b}{a}\right) = a E(k)$$

mit $k := \sqrt{1 - (b/a)^2}$ und dem vollständigen elliptischen Integral zweiter Gattung

$$E(k) = \int_0^{\pi/2} \sqrt{1 - k^2 \sin^2 \tau} \, d\tau$$

zum Modul k in der Jacobischen Normalform. Für beliebiges $t \in [0, \pi/2]$ erhält man mit den entsprechenden unvollständigen elliptischen Integralen

$$s(t) = a\,E(t, k) = a \int\limits_0^t \sqrt{1 - k^2 \sin^2 \tau}\; d\tau\,,$$

vgl. Bd. 1, Abschnitt 17.C. Im Fall $a = b = 1$ ist $s(t) = t$, und wir haben die natürliche Bogenparametrisierung des Einheitskreises vor uns.

(2) (Kanonische Definition der trigonometrischen Funktionen) Wir können nun umgekehrt die Standardeinführung der trigonometrischen Funktionen mittels der natürlichen Parametrisierung des Einheitskreises beschreiben (der sich sicherlich als stetig differenzierbare Kurve realisieren lässt). Dazu betrachten wir die bogenparametrisierte stetig differenzierbare Kurve $g : \mathbb{R} \to \mathbb{R}^2$ mit $s \mapsto \big(g_1(s), g_2(s)\big)$ und den Normierungen $g(0) = (1, 0)$, $\dot{g}_2(0) > 0$ [1]), deren Trajektorie der Einheitskreis ist und deren Periode der Umfang des Einheitskreises ist (von dem man hier zunächst noch nicht weiß, dass er gleich 2π ist).

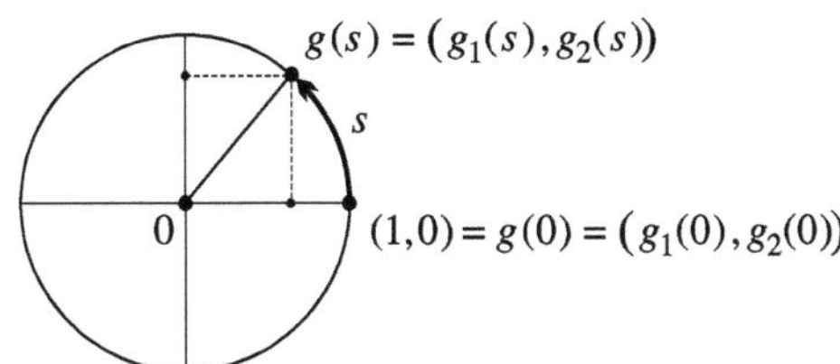

Wegen $\|g\| = 1$ ergibt sich $g(s) \perp \dot{g}(s)$ für alle s. Da außerdem $\|\dot{g}\| = 1$ ist, erhält man

$$\dot{g}(s) = \big(\dot{g}_1(s), \dot{g}_2(s)\big) = \big(-g_2(s), g_1(s)\big)\,,$$

wobei das Vorzeichen rechts durch $g_1(0) = 1$, $\dot{g}_2(0) > 0$ bestimmt ist. Die Funktionen g_1 und g_2 erfüllen also das Differenzialgleichungssystem

$$\dot{g}_1 = -g_2\,, \quad \dot{g}_2 = g_1$$

mit den Anfangsbedingungen $g_1(0) = 1$, $g_2(0) = 0$ und beide die Differenzialgleichung $\ddot{y} + y = 0$, wodurch $g_1 = \cos$ und $g_2 = \sin$ eindeutig bestimmt sind, vgl. etwa Bd. 1, 19.E, Aufg. 1. Die Naivität der elementaren Einführungen der Funktionen cos und sin besteht darin, dass der Begriff der Bogenlänge (auf dem Kreis) unkritisch benutzt wird.

4.D.4 Beispiel (Zykloidenpendel) Die Schwingungsdauer T eines ebenen mathematischen Pendels der Länge ℓ ist, wie in Bd. 1, Beispiel 19.C.4 (4) ausführlich dargestellt, von der maximalen Winkelauslenkung φ_1 abhängig:

$$T = T(\varphi_1) = 2\pi \sqrt{\frac{\ell}{g}} \left(1 + \frac{\varphi_1^2}{16} + \frac{11\varphi_1^4}{3072} + \cdots\right).$$

Gesucht ist eine Kurve in einer vertikalen Ebene derart, dass die Schwingungsdauer unabhängig von der Weite des maximalen Ausschlags konstant gleich T ist, falls der Massenpunkt zwangsweise auf dieser Kurve geführt wird.

---

[1]) Die zweite Bedingung bedeutet, dass man zum Zeitpunkt $t = 0$ in die obere Halbebene wandert.

Sei $s \mapsto \bigl(x_1(s), x_2(s)\bigr)$ eine bogenparametrisierte Kurve in einem Intervall I um 0 mit $x_1(0) = x_2(0) = 0$, $(dx_1/ds)(0) > 0$.

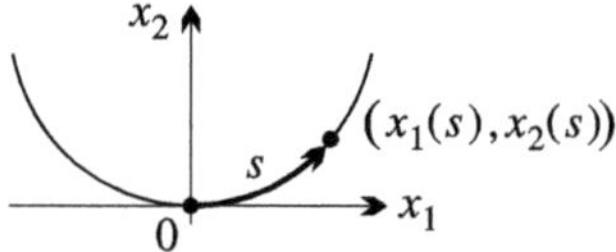

Die kinetische Energie eines Massenpunktes, der sich auf dieser Kurve bewegt, ist $m(\dot{x}_1^2 + \dot{x}_2^2)/2 = m\dot{s}^2/2$, die potentielle Energie mgx_2. Die Bewegungsgleichung lautet folglich

$$\ddot{s} + g\,\frac{dx_2}{ds} = 0.$$

Daher ist die Schwingungsdauer T jedenfalls dann unabhängig vom maximalen Ausschlag, wenn dx_2/ds proportional zu s ist: $dx_2/ds = s/4a$, d.h. $x_2 = s^2/8a$ mit $a > 0$. Dann handelt es sich nämlich um die Bewegungsgleichung einer harmonischen Bewegung mit der (konstanten) Schwingungsdauer

$$T = 2\pi \sqrt{\frac{4a}{g}}\,.$$

Wegen

$$\left(\frac{dx_1}{ds}\right)^2 + \left(\frac{dx_2}{ds}\right)^2 = 1 \quad \text{und} \quad \frac{dx_1}{ds}(0) > 0$$

erhält man $|s| \leq 4a$, sowie $dx_1/ds = \sqrt{1 - s^2/16a^2}$, also

$$x_1 = \int_0^s \sqrt{1 - \frac{\sigma^2}{16a^2}}\, d\sigma = \frac{1}{2}\left(s\sqrt{1 - \frac{s^2}{16a^2}} + 4a \arcsin \frac{s}{4a}\right).$$

Führen wir mittels $\sin \varphi/2 = s/4a$, $\cos \varphi/2 = \sqrt{1 - s^2/16a^2}$ den Parameter φ mit $|\varphi| < \pi$ ein, so erhalten wir

$$x_1 = a(\sin \varphi + \varphi)\,, \quad x_2 = a(1 - \cos \varphi)\,.$$

Dies ist die Parameterdarstellung einer Zykloide, die durch Abrollen eines Kreises vom Radius a gewonnen wird, vgl. Bd. 1, Beispiel 19.C.4 (3).

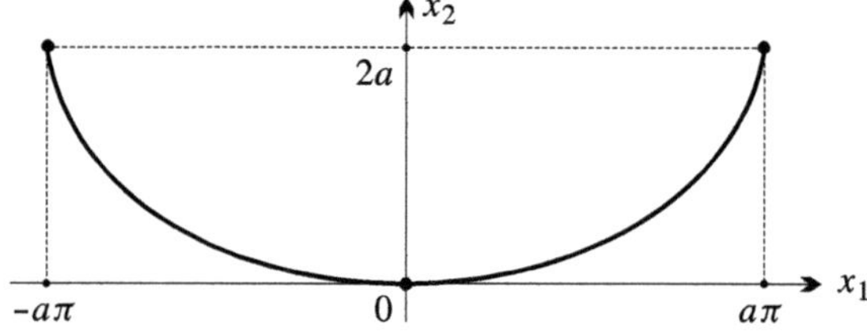

Man spricht daher auch vom Z y k l o i d e n p e n d e l. Es wurde zuerst von Huygens angegeben. Die Länge des gesamten Zykloidenbogens ist einfach $8a$, da er für $-4a \leq s \leq 4a$ genau einmal durchlaufen wird. Man erhält diese Länge natürlich auch direkt mit 4.D.2 aus der angegebenen Parameterdarstellung der Zykloide.

4.D.5 Beispiel (E i g e n z e i t · V i e r e r b e s c h l e u n i g u n g · V i e r e r k r a f t) Sei E ein affiner $(1+n)$-dimensionaler Minkowski-Raum ($n \geq 1$) über dem Vektorraum V mit der Lorentz-Form

$\langle -, - \rangle$ und dem Zukunftskegel $Z_+ \subseteq V$, vgl. Bd. 2, Abschnitt 16.A. Dort wurden nur solche Beobachter betrachtet, deren Vierergeschwindigkeit v (mit $v \in Z_+$ und $\langle v, v \rangle = -c^2$, d.h. mit $v \in H_+$) konstant ist. Die Weltlinie eines solchen Beobachters B ist eine zu $\mathbb{R}v$ parallele affine Gerade in E. Durchläuft dabei B auf seiner Weltlinie die Strecke zwischen zwei Punkten P und Q, so braucht er dafür die (so genannte Eigen-)Zeit τ, wobei τ durch $\overrightarrow{PQ} = \tau v$ bestimmt ist, also

$$\tau = \frac{1}{c} \sqrt{|\langle \overrightarrow{PQ}, \overrightarrow{PQ} \rangle|}$$

ist. Generell setzen wir für einen Vektor $u \in Z_+$ seine Z e i t l ä n g e gleich

$$\|u\| := \frac{1}{c} \sqrt{|\langle u, u \rangle|}.$$

Für beliebige $v, w \in Z_+$ gilt dann nach Bd. 2, 16.A, Aufg. 6 eine Dreiecksungleichung in der Form

$$\|v + w\| \geq \|v\| + \|w\|,$$

die aus der Ungleichung $|\langle u, w \rangle|^2 \geq |\langle u, u \rangle| \cdot |\langle w, w \rangle|$ folgt. Für *raumartige* Vektoren x sei weiterhin $\|x\| = \sqrt{\langle x, x \rangle}$.

Wir wollen nun auch solche Beobachter B zulassen, deren Vierergeschwindigkeit nicht konstant ist, und setzen lediglich voraus, dass die Weltlinie von B eine (stückweise) stetig differenzierbare Kurve in E ist. Wir bezeichnen diese Kurve mit $f : I \to E$. Für jedes $t \in I$ ist der Geschwindigkeitsvektor $f'(t)$ ein Vektor im Zukunftskegel Z_+. Die Vierergeschwindigkeit von B im Punkt $f(t)$ ist

$$v(t) = \frac{f'(t)}{\|f'(t)\|} \in H_+.$$

Wir suchen die Zeit, die B auf seiner Reise zwischen den Weltpunkten $f(a)$ und $f(b)$, $a \leq b$, $a, b \in I$, misst. Analog zur Definition der Kurvenlänge betrachten wir dazu alle Streckenzüge $[f(t_0), \ldots, f(t_m)]$ mit $a \leq t_0 \leq \cdots \leq t_m \leq b$. Die Eigenzeit eines Beobachters, dessen Weltlinie dieser Streckenzug ist, ist [2]

$$\sum_{i=0}^{m-1} \| \overrightarrow{f(\tau_i), f(\tau_{i+1})} \|.$$

Wird der Streckenzug verfeinert, so wird diese Zeit wegen der obigen Dreiecksungleichung für die Zeitlängen höchstens kleiner. Man definiert daher die (E i g e n -) Z e i t τ_a^b für B zwischen $P = f(a)$ und $Q = f(b)$ als Infimum der Zeiten aller betrachteten Streckenzüge. Dieses Infimum ist trivialerweise unabhängig von der Parametrisierung der Kurve f. In Analogie zu 4.D.2 gilt:

4.D.6 Satz *Sei $f : [a, b] \to E$ die stückweise stetig differenzierbare Weltkurve eines Beobachters B. Dann ist die Eigenzeit von B zwischen $f(a)$ und $f(b)$ gleich*

$$\tau_a^b = \int_a^b \|f'(t)\| dt \quad mit \quad \|f'(t)\| = \frac{1}{c} \sqrt{|\langle f'(t), f'(t) \rangle|}.$$

B e w e i s . Wir nehmen an, dass f stetig differenzierbar ist, und verwenden dieselbe Beweismethode wie bei 4.D.2. Es genügt zu zeigen, dass τ_a^t für $t \in [a, b]$ eine Stammfunktion zu $\|f'(t)\|$

---

[2]) Dafür, dass die Vektoren $\overrightarrow{f(t_i), f(t_{i+1})}$ ebenfalls in Z_+ liegen, vgl. Aufg. 8.

ist. Dies folgt aus der Ungleichungskette

$$\frac{\|\overrightarrow{f(t)\,f(t')}\|}{t'-t} \geq \frac{\tau_t^{t'}}{t'-t} = \frac{\tau_a^{t'} - \tau_a^{t}}{t'-t} \geq \|f'(t_0)\|$$

für $a \leq t < t' \leq b$ und jeweils ein geeignetes $t_0 \in [t, t']$. Die erste Ungleichung ist dabei trivial, für die zweite vergleiche man Aufg. 9.   ●

Ist der Parameter t die Eigenzeit eines sich kräftefrei bewegenden Beobachters B_0, so ist

$$\frac{d\tau}{dt} = \|f'(t)\| = \sqrt{1-\beta^2}$$

mit $\beta = \|w\|/c$, wobei $w = w_{B_0 B}$ die (momentane) Relativgeschwindigkeit von B in Bezug auf B_0 ist, vgl. Bd. 2, Beispiel 16.A.2.

Die Eigenzeit lässt sich zur natürlichen Parametrisierung der Weltkurve eines Beobachters bzw. Massenteilchens benutzen. Eine Weltkurve f mit $\|f'\| = 1$, d.h. mit $\langle f', f' \rangle = -c^2$ heißt e i g e n z e i t p a r a m e t r i s i e r t. Häufig reserviert man den Begriff „W e l t l i n i e" für solche eigenzeitparametrisierten Kurven. Für sie ist die Beschleunigung f'' wegen $2\langle f'', f' \rangle = \langle f', f' \rangle' = 0$ senkrecht zu f', also stets ein raumartiger Vektor. Er heißt die (V i e r e r -) B e s c h l e u n i g u n g des Beobachters im betreffenden Weltpunkt schlechthin.

Die Ableitung $K := \dfrac{dI}{d\tau} = \dfrac{d}{d\tau}(m_0 v)$ des Viererimpulses $I = m_0 v = m_0 \dfrac{df}{d\tau}$, vgl. Bd. 2, Beispiel 16.A.4, nach der Eigenzeit τ (wobei zu beachten ist, dass in der Regel auch die Ruhemasse $m_0 = m_0(\tau)$, die als eine Funktion des „inneren Zustands" des Masseteilchens anzusehen ist, eigenzeitabhängig ist) heißt die V i e r e r - oder M i n k o w s k i - K r a f t, die auf das Teilchen wirkt. Ist B_0 ein kräftefreier Beobachter mit der (konstanten) Vierergeschwindigkeit v_0 und der Eigenzeit t, für den das Teilchen den Impuls

$$p = mw = \frac{m_0 w}{\sqrt{1-\beta^2}}, \qquad \beta = \frac{\|w\|}{c},$$

hat (vgl. Bd. 2, Beispiel 16.A.4), so ist

$$F := \frac{dp}{dt} \in V_{B_0} = (\mathbb{R}v_0)^\perp$$

die K r a f t, die für B_0 auf das Teilchen wirkt. Wegen

$$I = m_0 v = m v_0 + p = \frac{E v_0}{c^2} + p,$$

vgl. loc. cit., und $d\tau/dt = \sqrt{1-\beta^2}$ ergibt sich

$$K = \frac{dI}{d\tau} = \frac{1}{\sqrt{1-\beta^2}} \cdot \frac{dI}{dt} = \frac{dm}{dt} \cdot \frac{v_0}{\sqrt{1-\beta^2}} + \frac{F}{\sqrt{1-\beta^2}} = \frac{dE}{dt} \cdot \frac{v_0}{c^2\sqrt{1-\beta^2}} + \frac{F}{\sqrt{1-\beta^2}},$$

d.h. *die für den Beobachter auf das Teilchen wirkende Kraft ist das $\sqrt{1-\beta^2}$-fache der Raumkomponente der Minkowski-Kraft.*

Sei beispielsweise $F = m_0 g v_1$ (mit $\|v_1\| = \langle v_1, v_1 \rangle^{1/2} = 1$, $g > 0$, $v_1 \perp v_0$) konstant. *Auch die Ruhemasse m_0 möge sich nicht ändern.* [3]) Ferner mögen zum Zeitpunkt $t = \tau = 0$ das Masseteilchen

---

[3]) Bei Gravitationskräften ist diese Voraussetzung nicht erfüllt, wenn man sie im Rahmen der Speziellen Relativitätstheorie beschreibt (was im Grunde nicht möglich ist).

und der Beobachter B_0 den gleichen Weltpunkt O, den wir mit dem Nullpunkt $0 \in V$ identifizieren, einnehmen und die gleiche Vierergeschwindigkeit v_0 besitzen (relativistischer freier Fall). Dann ist $f(0)=0$, $p(0)=0$, also $p = Ft = m_0 g t v_1$, $w = p/m = \sqrt{1-\beta^2}\, g t v_1$, und aus $\|w\|^2 = \beta^2 c^2 = (1-\beta^2)\, g^2 t^2$ folgt $1-\beta^2 = c^2/(c^2+g^2t^2)$ und

$$w = \frac{cgt}{\sqrt{c^2+g^2t^2}}\, v_1 = \begin{cases} \left(gt - \dfrac{1}{2}\dfrac{g^3t^3}{c^2} + O(t^5)\right) v_1 & \text{für } t \to 0, \\[2ex] \left(c - \dfrac{1}{2}\dfrac{c^3}{g^2t^2} + O(t^{-4})\right) v_1 & \text{für } t \to \infty, \end{cases}$$

$$f = tv_0 + \frac{c^2}{g}\left(\sqrt{1 + \frac{g^2t^2}{c^2}} - 1\right) v_1 = tv_0 + \begin{cases} \left(\dfrac{1}{2}gt^2 - \dfrac{1}{8}\dfrac{g^3t^4}{c^2} + O(t^6)\right) v_1 & \text{für } t \to 0, \\[2ex] \left(ct - \dfrac{c^2}{g} + \dfrac{1}{2}\dfrac{c^3}{g^2t} + O(t^{-3})\right) v_1 & \text{für } t \to \infty. \end{cases}$$

Man vergleiche diese Formeln mit den klassischen Formeln für den freien Fall. Die Vierergeschwindigkeit ist

$$v = \frac{v_0}{\sqrt{1-\beta^2}} + \frac{w}{\sqrt{1-\beta^2}} = \frac{\sqrt{c^2+g^2t^2}}{c}\, v_0 + gtv_1,$$

und *die Viererbeschleunigung*

$$\frac{dv}{d\tau} = \frac{1}{\sqrt{1-\beta^2}} \cdot \frac{dv}{dt} = \frac{g^2t}{c^2}\, v_0 + \frac{g\sqrt{c^2+g^2t^2}}{c}\, v_1$$

hat den konstanten Betrag g. Schreibt man die Vierergeschwindigkeit v (die in der von v_0 und v_1 erzeugten hyperbolischen Ebene $\mathbb{R}v_0 + \mathbb{R}v_1$ liegt) in der Form

$$v = v_0 \cosh\omega + cv_1 \sinh\omega,$$

$\omega(0) = 0$, so ist die Viererbeschleunigung

$$\frac{dv}{d\tau} = v_0 \frac{d\omega}{d\tau} \sinh\omega + cv_1 \frac{d\omega}{d\tau} \cosh\omega,$$

und aus $\|dv/d\tau\| = c\,|d\omega/d\tau| = g$ folgt $d\omega/d\tau = g/c = $ const., woraus sich die folgende Darstellung der Bewegung mit Hilfe ihrer Eigenzeit τ ergibt:

$$v = v_0 \cosh\frac{g\tau}{c} + cv_1 \sinh\frac{g\tau}{c}, \qquad f = \frac{c}{g}v_0 \sinh\frac{g\tau}{c} + \frac{c^2}{g}v_1\left(\cosh\frac{g\tau}{c} - 1\right).$$

Man spricht von einer hyperbolischen Bewegung mit der (Vierer-)Beschleunigung g.[4] Aus der letzten Darstellung liest man sofort den Zusammenhang

$$t = \frac{c}{g}\sinh\frac{g\tau}{c} \quad \text{bzw.} \quad \tau = \frac{c}{g}\operatorname{Arsinh}\frac{gt}{c}$$

zwischen der Eigenzeit t des unbeschleunigten Beobachters B_0 und der Eigenzeit τ des beschleunigten Beobachters ab (den man natürlich auch direkt hätte ausrechnen können). In einem Raumschiff könnte man somit bei einer konstanten Beschleunigung von $g = $ Erdbeschleunigung – das würde im Heck des Raumschiffs die Verhältnisse auf der Erdoberfläche simulieren – innerhalb von $\tau = 10$ Jahren (wegen $\sigma := g\tau/c \approx 10$) eine Entfernung von $c\tau \cdot (\cosh\sigma - 1)/\sigma \approx$

---

[4] Man beachte: g ist der *Betrag* $\|dv/d\tau\|$ des Viererbeschleunigungsvektors. Eine Weltlinie mit konstantem Viererbeschleunigungsvektor $\neq 0$ ist ja nicht möglich.

10 Lj. $\cdot (e^{10} + e^{-10} - 2)/20 \approx 11.000$ Lj. überbrücken (was nicht bedeutet, dass das Raumschiff jemals schneller als das Licht wäre, vgl. die Formel für w weiter oben; schließlich sind im Startpunkt dann ja auch $t = \tau \cdot (\sinh \sigma)/\sigma \approx 10 \,\text{J.} \cdot (e^{10} - e^{-10})/20 \approx 11.000$ Jahre vergangen).

Wir empfehlen, analog den Fall zu behandeln, dass das Masseteilchen zum Zeitpunkt $t = \tau = 0$ bereits einen Impuls $p_0 = m w_0 \neq 0$ bzgl. B_0 besitzt. Dann ist $p = m_0(g t v_1 + w_0/\sqrt{1 - \beta_0^2})$, $\beta_0 = \|w_0\|/c$ (r e l a t i v i s t i s c h e r   s c h i e f e r   W u r f).

Als einfaches Beispiel vergleichen wir zum Schluss noch die Eigenzeiten von drei Beobachtern B, B_+, B_-, wobei B in einem Punkt des Erdäquators ruht und B_+ bzw. B_- sich mit entgegengesetzt gleicher Geschwindigkeit um den Äquator bewegen, B_+ mit der Erde, d.h. in West-Ost-Richtung, B_- entgegengesetzt dazu. Die Vierergeschwindigkeit v_0 des Erdmittelpunkts nehmen wir als konstant an. Mit der Eigenzeit t des Erdmittelpunkts als Parameter und einer Lorentz-Basis v_0, v_1, v_2, v_3, wobei v_1, v_2 parallel zur Äquatorebene sind, als Koordinatensystem sind die Weltkurven von B, B_+, B_- bei geeigneter Normierung

$$\begin{pmatrix} t \\ R\cos\omega_0 t \\ R\sin\omega_0 t \\ 0 \end{pmatrix}, \quad \begin{pmatrix} t \\ R\cos(\omega_0+\omega)t \\ R\sin(\omega_0+\omega)t \\ 0 \end{pmatrix}, \quad \begin{pmatrix} t \\ R\cos(\omega_0-\omega)t \\ R\sin(\omega_0-\omega)t \\ 0 \end{pmatrix}$$

mit positiven Konstanten $R = $ Äquatorradius, ω_0, ω. Für $t = 0$ bzw. $t = 2\pi/\omega$ befinden sich B, B_+, B_- jeweils im gleichen Weltpunkt P bzw. Q. Die Eigenzeiten für B, B_+, B_- zwischen P und Q sind

$$\tau = \frac{2\pi}{\omega}\sqrt{1 - \frac{R^2\omega_0^2}{c^2}} \approx \frac{2\pi}{\omega}\left(1 - \frac{R^2\omega_0^2}{2c^2}\right),$$

$$\tau_+ \approx \frac{2\pi}{\omega}\left(1 - \frac{R^2(\omega_0+\omega)^2}{2c^2}\right), \quad \tau_- \approx \frac{2\pi}{\omega}\left(1 - \frac{R^2(\omega_0-\omega)^2}{2c^2}\right).$$

Insbesondere ist [5])

$$\tau_- - \tau_+ \approx 4\pi\,\frac{R^2\omega_0}{c^2} \approx 4\pi\,\frac{6380^2\cdot 2\pi}{9\cdot 10^{10}\cdot 86164}\,\sec \approx 4{,}14\cdot 10^{-7}\,\sec.$$

Bei $\omega = \omega_0$ ist $\tau_- - \tau \approx \frac{1}{4}(\tau_- - \tau_+) \approx 100\,$nsec. Solche Zeitverschiebungen sind bei Flügen um die Erde (zumindest qualitativ) beobachtet worden, wobei allerdings wegen des Gravitationsfelds der Erde noch zusätzliche Effekte gemäß der Allgemeinen Relativitätstheorie zu berücksichtigen sind (J. Hafele, R. Keating 1971).

Aufgaben

1. Man gebe eine C^∞-Kurve $\mathbb{R} \to \mathbb{R}^2$ an, deren Trajektorie die beiden positiven Halbachsen des Achsenkreuzes im $\mathbb{R}^2$ sind.

Gibt es auch eine C^ω-Kurve $\mathbb{R} \to \mathbb{R}^2$ mit dieser Trajektorie?

---

[5]) 86164, 1 sec ist die Länge eines Sterntages.

2. (E b e n e   P o l a r k o o r d i n a t e n) Seien $t \mapsto r(t)$ und $t \mapsto \varphi(t)$ stetig differenzierbare Funktionen auf dem Intervall $[a, b]$. Die Kurve

$$t \mapsto r(t) \left(\cos \varphi(t) , \sin \varphi(t) \right)$$

im $\mathbb{R}^2$, versehen mit der euklidischen Standardnorm, hat dann die Länge

$$L_a^b = \int_a^b (\dot{r}^2 + r^2 \dot{\varphi}^2)^{1/2} \, dt \, .$$

Insbesondere ist bei $\varphi(t) = t$ für alle t, also $r(t) = r(\varphi)$, die Länge der Kurve zwischen den Winkeln φ_1 und φ_2 gleich

$$L_{\varphi_1}^{\varphi_2} = \int_{\varphi_1}^{\varphi_2} \left(\left(\frac{dr}{d\varphi}\right)^2 + r^2 \right)^{1/2} d\varphi \, .$$

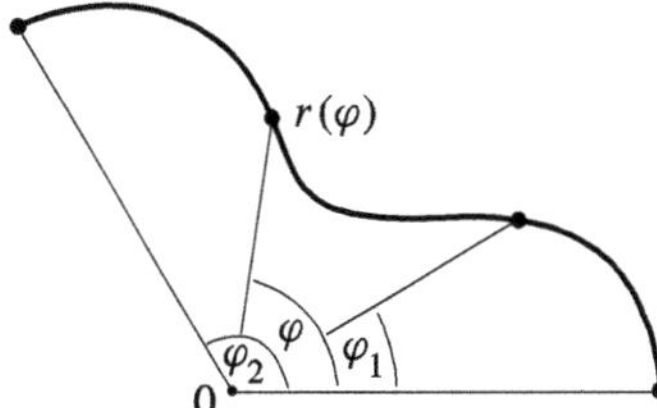

3. (R ä u m l i c h e   P o l a r k o o r d i n a t e n) Seien $t \mapsto r(t)$, $t \mapsto \varphi(t)$ und $t \mapsto \lambda(t)$ stetig differenzierbare Funktionen auf dem Intervall $[a, b]$. Die Kurve

$$t \mapsto r(t) \left(\cos \varphi(t) \cos \lambda(t) , \cos \varphi(t) \sin \lambda(t) , \sin \varphi(t) \right)$$

im $\mathbb{R}^3$, versehen mit der euklidischen Standardnorm, hat dann die Länge

$$L_a^b = \int_a^b (\dot{r}^2 + r^2 \dot{\varphi}^2 + r^2 \dot{\lambda}^2 \cos^2 \varphi)^{1/2} \, dt \, .$$

4. Der Graph $t \mapsto \left(t, g_1(t), \ldots, g_n(t)\right)$ einer stetig differenzierbaren Kurve $g : [a, b] \to \mathbb{R}^n$ hat (bezüglich der euklidischen Standardnorm)die Länge

$$L_a^b = \int_a^b (1 + \dot{g}_1^2 + \cdots + \dot{g}_n^2)^{1/2} \, dt \, .$$

5. Man berechne die Länge der Peripherie des Einheitskreises im $\mathbb{R}^2$ bezüglich der Maximumsnorm und bezüglich der Summennorm von $\mathbb{R}^2$.

6. Sei V ein endlichdimensionaler normierter $\mathbb{R}$-Vektorraum und $f : [a, b] \to V$ eine rektifizierbare Kurve der Länge L in V.

a) Die Bogenlänge $t \mapsto s(t) := L_a^t(f)$ ist eine monoton wachsende und surjektive stetige Funktion $[a, b] \to [0, L]$. Es gibt genau eine rektifizierbare Kurve $g : [0, L] \to V$ mit $f = g \circ s$, und für jeden Punkt $s_0 \in [0, L]$ ist $L_0^{s_0}(g) = s_0$. (Man benutze 2.B.5.) Die Funktion s ist genau dann streng monoton wachsend, wenn f auf keinem Teilintervall von $[a, b]$ mit mehr als einem

Punkt konstant ist. In diesem Fall definiert s eine Umparametrisierung von f, und $g = f \circ s^{-1}$ ist die zu f gehörende, bogenparametrisierte Kurve.

b) Sei $\varphi : [\alpha, \beta] \to [a, b]$ eine monotone und surjektive stetige Funktion. Dann ist auch $f \circ \varphi$ rektifizierbar, und es gilt $L_{\alpha}^{\beta}(f \circ \varphi) = L = L_{a}^{b}(f)$.

c) Man zeige, dass die stetige Kurve $g : [0, 1] \to \mathbb{R}^2$ mit $g(t) := \big(t, t \cos(1/t)\big)$ für $t \neq 0$ und $g(0) := (0, 0)$ und die differenzierbare Kurve $h : [0, 1] \to \mathbb{R}^2$ mit $h(t) := \big(t, t^2 \cos(1/t^2)\big)$ für $t \neq 0$ und $h(0) := (0, 0)$ jeweils nicht rektifizierbar sind.

7. Man berechne die Längen der folgenden Kurven (wobei eventuell elliptische Integrale zu benutzen sind). $\mathbb{R}^2$ bzw. $\mathbb{R}^3$ tragen die euklidische Metrik. Für die Polarkoordinatendarstellung in h) bis k) vgl. Aufg. 2.

a) $t \mapsto (t, ct^2)$, $t \in [0, a]$ mit $c > 0$ (Parabelbogen).

b) $t \mapsto (t, \sin t)$, $t \in [0, \pi]$ (Sinusbogen).

c) $t \mapsto (e^{-t} \cos ct, e^{-t} \sin ct)$, $t \in [0, \infty[$, mit $c > 0$ (Logarithmische Spirale).

d) $t \mapsto (t, \alpha e^{ct})$, $t \in [a, b]$, mit $\alpha, c > 0$.

e) $t \mapsto (t^2, t^3)$, $t \in [0, a]$,   (Neilsche Parabel).

f) $t \mapsto \big(t, c \cosh(t/c)\big)$, $t \in [-a, a]$ mit $c > 0$ (Kettenlinien).

g) $t \mapsto (a \cosh t, b \sinh t)$, $t \in [0, c]$, mit $a, b > 0$ (Hyperbelbogen).

h) $r = c\varphi$, $\varphi \in [0, a]$, mit $c > 0$ (Archimedische Spirale in Polarkoordinaten).

i) $r = 2c(1 + \cos \varphi)$, $\varphi \in [0, 2\pi]$, mit $c > 0$ (Kardioide in Polarkoordinaten).

j) $r = 2c \cos n\varphi$, $\varphi \in [0, 2\pi]$, mit $c > 0, n \in \mathbb{N}^*$ (Rosenlinien in Polarkoordinaten).

k) $r = a\sqrt{\sin 2\varphi}$, $\varphi \in [0, \pi/2]$, $a > 0$ (Lemniskatenbogen in Polarkoordinaten).

l) $t \mapsto (a \cos t, a \sin t, ct)$, $t \in [0, 2\pi]$, $a, c > 0$. (Schraubenlinie). (Wickelt man den Zylinder $S(0; a) \times \mathbb{R}$, auf dem die Schraubenlinie liegt, in die Ebene ab, so wird die Schraubenlinie eine Gerade.)

m) $t \mapsto (t, c \ln t)$, $t \in [a, b]$, $a, c > 0$ (Logarithmenbogen).

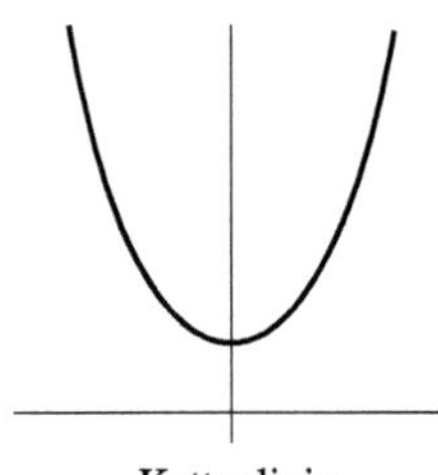

Kettenlinie

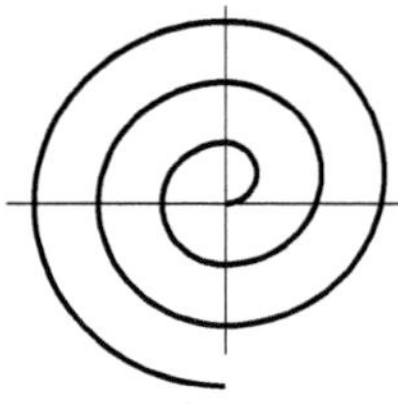

archimedische Spirale

Rosenlinie $(n = 3)$

8. Sei E ein affiner Minkowski-Raum der Dimension ≥ 2. Ferner sei $f : I \to E$ eine (differenzierbare) Weltkurve, d.h. für alle $t \in I$ sei die Ableitung $f'(t)$ ein Vektor im Zukunftskegel $Z_+ \subseteq V$, vgl. Beispiel 4.D.5. Ferner sei $t_0 \in I$. Dann ist $f(t) \in Z_+ + f(t_0)$ für alle $t > t_0$, $t \in I$. (Man betrachte andernfalls das Infimum t_1 der Punkte $t \in I$, $t > t_0$, für die die Behauptung falsch ist. Sicherlich ist $t_1 > t_0$.)

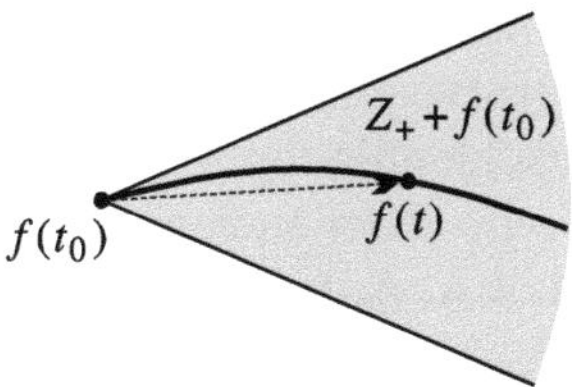

9. Seien E und f wie in Aufgabe 8 gewählt und seien $a, b \in I$, $a < b$. Dann gibt es ein $d \in [a, b]$ mit

$$\| \overrightarrow{f(b)\,f(a)} \| \geq (b-a)\,\| f'(d) \|\,,$$

wobei $\|-\|$ die Zeitlänge für zeitartige Vektoren aus Z_+ bezeichnet, vgl. Beispiel 4.D.5. (Ohne Einschränkung seien $E = V$ und $f(a) = 0$. Der Mittelwertsatz, angewandt auf die Funktion $t \mapsto \langle f(b)\,,\,f(t) \rangle$, ergibt

$$|\langle f(b)\,,\,f(b) \rangle| = (b-a)\,|\langle f(b)\,,\,f'(d) \rangle| \geq (b-a)\,\sqrt{|\langle f(b)\,,\,f(b) \rangle|}\,\sqrt{|\langle f'(d)\,,\,f'(d) \rangle|}\,.)$$

10. (Z w i l l i n g s p a r a d o x o n) Sei E ein affiner Minkowski-Raum der Dimension ≥ 2. Ferner seien $P, Q \in E$ zwei kausal miteinander verknüpfbare Punkte (d.h. es sei $\overrightarrow{PQ}$ aus dem Zukunftskegel Z_+). Dann gibt es stetig differenzierbare Weltlinien von P nach Q, deren Eigenzeit zwischen P und Q kleiner ist als ein beliebig vorgegebenes $\varepsilon > 0$. (Der Science-Fiction sind also (fast) keine Grenzen gesetzt.)

11. Sei V ein endlichdimensionaler normierter $\mathbb{R}$-Vektorraum mit Basis v_i, $i \in I$. Eine Kurve $f : [a, b] \to V$ mit $t \mapsto \sum_{i \in I} f_i(t)\,v_i$ ist genau dann rektifizierbar, wenn die Komponentenfunktionen $f_i : [a, b] \to \mathbb{R}$ alle rektifizierbar sind. (Die Länge einer Kurve in $\mathbb{R}$ heißt auch ihre Variation. Dabei ist der Begriff der V a r i a t i o n für beliebige Funktionen $h : [a, b] \to \mathbb{R}$ definiert als das Supremum über alle Summen $\sum_{j=0}^{m-1} |h(t_{j+1}) - h(t_j)|$, wobei $t_0, \ldots, t_m$ wieder alle endlichen Folgen $a \leq t_0 \leq \cdots \leq t_m \leq b$ durchläuft.) Man zeige: Hat $h : [a, b] \to \mathbb{R}$ endliche Variation, so ist $h = f - g$ mit monoton wachsenden Funktionen $f, g : [a, b] \to \mathbb{R}$, die bei stetigem h als stetige Funktionen gewählt werden können. (Man definiere $f(t)$ für $t \in [a, b]$ als das Supremum über alle Summen $\sum_{j=0}^{m-1} \mathrm{Max}\,\big(h(t_{j+1}) - h(t_j)\,,\,0\big)$, $a \leq t_0 \leq \cdots \leq t_m \leq t$.)

12. Sei V ein orientierter euklidischer Vektorraum der Dimension 2, etwa die Gaußsche Zahlenebene. Für jeden rektifizierbaren Weg $f : [a, b] \to V$ existiert der von den Strahlen $[0, f(t)]$, $t \in [a, b]$, überstrichene Flächeninhalt $F_a^b(f)$, vgl. Beispiel 4.A.11. Ist $\varphi : [\alpha, \beta] \to [a, b]$ eine monotone und surjektive stetige Funktion, so gilt $F_\alpha^\beta(f \circ \varphi) = \pm F_a^b(f)$. (Vgl. Aufg. 6b).)

4.E Krümmungen

Beim ersten Lesen genügt es, den vorliegenden Abschnitt bis zu den Gleichungen für die (Haupt-)Krümmung zu lesen. Im weiteren Verlauf werden gelegentlich einige Ergebnisse aus Abschnitt 4.B benutzt. Ableitungen werden in diesem Abschnitt stets mit einem Punkt bezeichnet.

Sei V ein euklidischer Vektorraum der Dimension $n \geq 2$ und $f : I \to V$ eine 2-mal differenzierbare reguläre Kurve in V. Zu jedem Zeitpunkt t_0 ist dann die Tangente

$\mathbb{R}\dot{f}(t_0) + f(t_0)$ an diese Kurve wohldefiniert. Sie ist durch die Geschwindigkeit $\dot{f}(t_0)$ überdies orientiert. Wie sich die Kurve zum Zeitpunkt t_0 aus der Tangentenrichtung herauswindet, lässt sich an der Beschleunigung $\ddot{f}$ ablesen. *Ist diese stets parallel zur Tangentenrichtung und überdies stetig* (oder auch nur lokal beschränkt), *so erfolgt die Bewegung auf einer Geraden,* vgl. 4.A, Aufg. 6. (Für den Klammerzusatz vgl. Bd. 1, 14.A, Aufg. 20.)

Die Abweichung von einer gradlinigen Bewegung wird gemessen durch die Änderung des Einheitstangentenvektors

$$\mathbf{t} := \dot{f}/\|\dot{f}\| \, .$$

Um Unabhängigkeit von der Skalierung zu erreichen, betrachtet man die Ableitung

$$\frac{d\mathbf{t}}{ds} = \frac{dt}{ds}\,\dot{\mathbf{t}} = \frac{\dot{\mathbf{t}}}{\|\dot{f}\|} = \frac{\langle \dot{f}, \dot{f}\rangle \ddot{f} - \langle \dot{f}, \ddot{f}\rangle \dot{f}}{\|\dot{f}\|^4}$$

von $\mathbf{t}$ nach der Bogenlänge s. Wegen $\langle \mathbf{t}, \mathbf{t}\rangle \equiv 1$ ist $\langle d\mathbf{t}/ds, \mathbf{t}\rangle = 0$, d.h. *der Vektor $d\mathbf{t}/ds$ ist orthogonal zu* $\mathbf{t}$. Seine Länge heißt die (Haupt-)Krümmung κ von f. Es gilt also

$$\kappa = \left\|\frac{d\mathbf{t}}{ds}\right\| = \frac{\sqrt{\|\dot{f}\|^2 \|\ddot{f}\|^2 - \langle \dot{f}, \ddot{f}\rangle^2}}{\|\dot{f}\|^3} \, .$$

Ist $\kappa \neq 0$, d.h. ist $d\mathbf{t}/ds \neq 0$, so heißt der zu $\mathbf{t}$ orthogonale Einheitsvektor

$$\mathbf{n} := \kappa^{-1}\frac{d\mathbf{t}}{ds}$$

der (Haupt-)Normalenvektor von f. Es ist also $d\mathbf{t}/ds = \kappa\,\mathbf{n}$, und

$$\ddot{f} = \frac{d}{dt}\big(\|\dot{f}\|\,\mathbf{t}\big) = \frac{\langle \dot{f}, \ddot{f}\rangle}{\|\dot{f}\|}\,\mathbf{t} + \|\dot{f}\|^2 \kappa\,\mathbf{n}$$

ist die Zerlegung der Beschleunigung in die Tangentialkomponente $\langle \dot{f}, \ddot{f}\rangle \mathbf{t}/\|\dot{f}\|$ und die dazu orthogonale Normalkomponente $\|\dot{f}\|^2\kappa\,\mathbf{n}$, die auch Zentripetalkomponente heißt. Die Länge $\|\dot{f}\|^2\kappa$ der Normalkomponente ist die Zentripetalbeschleunigung. Bei Bogenparametrisierung ist

$$\dot{f} = \mathbf{t}, \quad \kappa = \|\ddot{f}\| \quad \text{und} \quad \ddot{f} = \dot{\mathbf{t}} = \kappa\,\mathbf{n}\, .$$

Der Zähler $\big(\|\dot{f}\|^2 \|\ddot{f}\|^2 - \langle \dot{f}, \ddot{f}\rangle^2\big)^{1/2}$ in obiger Formel für die Krümmung κ ist das Volumen des Parallelogramms mit den Kantenvektoren $\dot{f}$ und $\ddot{f}$. Es ändert sich bei einer Umparametrisierung $t = \psi(\tau)$ von f mit dem Faktor $|d\psi/d\tau|^3$. Dies erklärt den Skalierungsfaktor $1/\|\dot{f}\|^3$ in der Formel für κ und gibt überdies eine sehr anschauliche Interpretation der Krümmung. Ferner erhalten wir die Formel

$$\kappa = \frac{\|\ddot{f}\|}{\|\dot{f}\|^2}\sin \angle(\dot{f}, \ddot{f})\, ,$$

sowie bei $\mathrm{Dim}\,V = 3$ und orientiertem V unter Verwendung des Vektorprodukts

$$\kappa = \frac{\|\dot{f} \times \ddot{f}\|}{\|\dot{f}\|^3}\,.$$

Ist $\mathrm{Dim}\,V = 2$ und V orientiert, so lässt sich κ mit einem Vorzeichen versehen. Man setzt

$$\kappa = \frac{\|\ddot{f}\|}{\|\dot{f}\|^2}\,\sin \measuredangle(\dot{f}, \ddot{f}) = \frac{\Delta(\dot{f}, \ddot{f})}{\|\dot{f}\|^3}\,,$$

wo $\measuredangle(\dot{f}, \ddot{f})$ der *orientierte* Winkel ist und Δ die kanonische Determinantenfunktion auf V (die für eine die Orientierung repräsentierende Orthonormalbasis den Wert 1 hat). *Die Krümmung ist also genau dann positiv bzw. negativ, wenn $\dot{f}, \ddot{f}$ linear unabhängig sind und (in dieser Reihenfolge) die Orientierung repräsentieren bzw. dies nicht tun.* Man spricht von p o s i t i v bzw. n e g a t i v g e k r ü m m t e n ebenen Kurven.

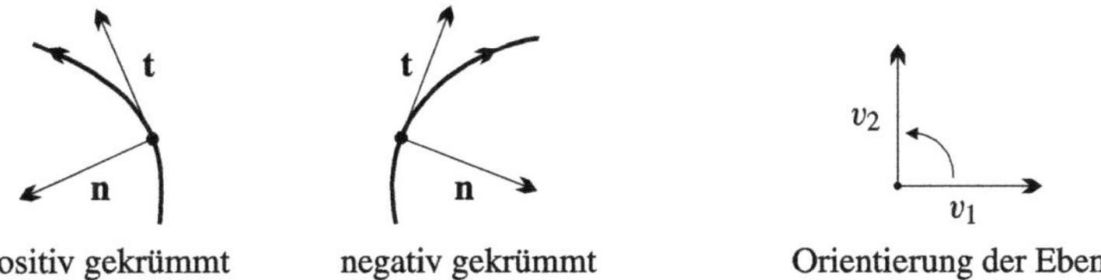

positiv gekrümmt   negativ gekrümmt   Orientierung der Ebene

In Anlehnung an den Fall der kanonischen Orientierung einer Anschauungsebene (entgegen dem Uhrzeigersinn) nennt man sie auch l i n k s - bzw. r e c h t s g e k r ü m m t.

Ist z.B. im $\mathbb{R}^2$ (mit dem Standardskalarprodukt und der Standardorientierung) die Kurve $f : t \mapsto \big(t, h(t)\big)$ der Graph einer zweimal differenzierbaren Funktion $h : I \to \mathbb{R}$, so ist $\dot{f} = (1, \dot{h})$, $\ddot{f} = (0, \ddot{h})$ und

$$\kappa = \frac{\begin{vmatrix} 1 & 0 \\ \dot{h} & \ddot{h} \end{vmatrix}}{(1+\dot{h}^2)^{3/2}} = \frac{\ddot{h}}{(1+\dot{h}^2)^{3/2}}\,.$$

κ und $\ddot{h}$ haben also dasselbe Vorzeichen. Genau dort, wo h (streng) konvex bzw. konkav ist, ist der Graph links- bzw. rechtsgekrümmt. In den Wendepunkten von h verschwindet die Krümmung. Generell heißt ein Punkt einer ebenen (regulären) Kurve ein W e n d e p u n k t, wenn dort die Krümmung verschwindet.

Sei weiterhin $\mathrm{Dim}\,V = 2$. Ist f bogenparametrisiert und bewegt sich ein Punkt gleichförmig auf dem Kreis mit dem Mittelpunkt

$$M := M(t_0) := f(t_0) + \kappa^{-1}(t_0)\,\mathbf{n}(t_0)$$

und dem Radius $\kappa^{-1}(t_0)$ und stimmen zum Zeitpunkt t_0 sein Ort und seine Geschwindigkeit mit denen von f zum Zeitpunkt t_0 überein, so ist auch seine Beschleunigung in diesem Punkt gleich der Beschleunigung von f, nämlich gleich $\kappa(t_0)\,\mathbf{n}(t_0)$. Man nennt daher $M(t_0)$ auch den K r ü m m u n g s m i t t e l p u n k t, $\kappa^{-1}(t_0)$ den K r ü m m u n g s r a d i u s und den angegebenen Kreis den K r ü m m u n g s - oder S c h m i e g k r e i s von f im Punkt $f(t_0)$. Die Kurve $t \mapsto M(t)$ heißt die E v o l u t e zu f.

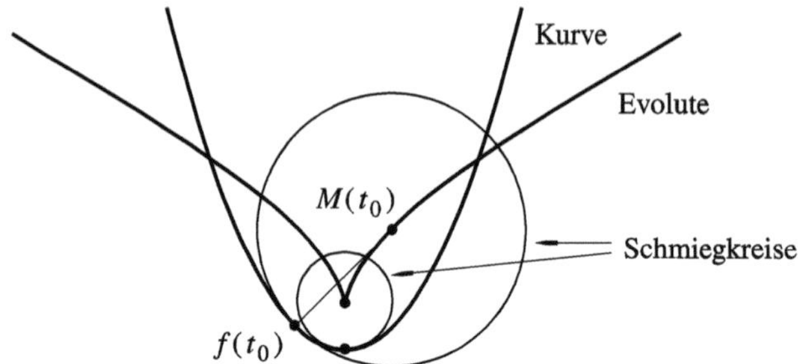

Unter Berücksichtigung der höheren Ableitungen einer Kurve $f : I \to V$ in einem euklidischen Vektorraum V lassen sich neben der bisher eingeführten Hauptkrümmung weitere, so genannte **höhere Krümmungen** definieren. Wir wollen voraussetzen, dass V orientiert ist und eine Dimension $n \geq 2$ hat und dass f n-mal stetig differenzierbar ist.[1]) Sind die Ableitungen $\dot{f}, \ddot{f}, \ldots, f^{(k)}$ auf I linear unabhängig, $k < n$, die Ableitungen $\dot{f}, \ddot{f}, \ldots, f^{(k+1)}$ aber linear abhängig, so liegt nach 4.A, Aufg. 6 die Kurve ganz in dem k-dimensionalen affinen Unterraum $\sum_{i=1}^{k} \mathbb{R} f^{(i)}(t_0) + f(t_0)$ von V, wo $t_0 \in I$ ein fester Zeitpunkt ist. Dann betrachtet man f gleich als Kurve in diesem k-dimensionalen Raum.

Wir wollen deshalb im Weiteren voraussetzen, dass die Ableitungen $\dot{f}, \ddot{f}, \ldots, f^{(n)}$ in jedem Punkt von I linear unabhängig sind.

Für einen Punkt $t_0 \in I$ sind nach der Taylor-Formel 4.C.3

$$\sum_{j=0}^{k} \frac{1}{j!} \, f^{(j)}(t_0) \, (t-t_0)^j$$

sukzessive Approximationen von f in der Nähe von t_0. Die k-te Approximation liegt dabei ganz in dem affinen Unterraum

$$E_k(t_0) := V_k(t_0) + f(t_0) \,, \quad V_k(t_0) := \sum\nolimits_{j=1}^{k} \mathbb{R} f^{(j)}(t_0) \subseteq V \,,$$

$k = 0, \ldots, n$. $E_1(t_0)$ ist bei $\dot{f}(t_0) \neq 0$ die Tangente an f in $f(t_0)$. Entsprechend heißen die $E_k(t_0)$, $k \geq 2$, die (höheren) **Schmiegräume** an f in $f(t_0)$. Für $t_0 \in I$ ist

$$\{f(t_0)\} = E_0(t_0) \subset E_1(t_0) \subset \cdots \subset E_{n-1}(t_0) \subset E_n(t_0) = V$$

eine Fahne im Punkt $f(t_0)$ und $E_2(t_0)$ die so genannte **Schmiegebene** an f in $f(t_0)$. Das Schmidtsche Orthonormalisierungsverfahren, angewandt auf die Basis $\dot{f}(t_0), \ldots, f^{(n)}(t_0)$, liefert eine Orthonormalbasis $e_1(t_0), \ldots, e_n(t_0)$ von V mit $V_k(t_0) = \sum_{j=1}^{k} \mathbb{R} e_j(t_0)$ für $k = 0, \ldots, n$. Die Formeln für das Schmidtsche Orthonormalisierungsverfahren zeigen, dass $t \mapsto e_j(t)$ auf I ebenso oft differenzierbar ist wie $t \mapsto f^{(j)}(t)$.

Die Schmiegräume $E_k(t_0)$ ändern sich (wegen der Kettenregel) bei einer C^n-Umparametrisierung von f nicht. Ebenso sieht man, dass sich die $e_j(t_0)$ bei einer *eigentlichen* Umparametrisierung von f nicht ändern. *Setzen wir also zusätzlich f als orientiert voraus,* was wir von jetzt an tun wollen, *so sind auch die $e_j(t_0)$ durch den Kurvenpunkt $f(t_0)$ eindeutig bestimmt.*

---

[1]) Die Voraussetzung, dass $f^{(n)}$ stetig ist, ist häufig überflüssig.

4.E.1 Definition In der vorstehenden Situation heißt

$$e_i := e_i(t), \quad i = 1, \ldots, n, \quad t \in I,$$

das b e g l e i t e n d e n-B e i n oder auch das b e g l e i t e n d e F r e n e t - B e i n von f.

e_1 und e_2 sind die weiter oben bereits eingeführten Einheitstangenten- bzw. Hauptnormalenvektoren $\mathbf{t}$ bzw. $\mathbf{n}$. Bei $n \geq 3$ heißt e_3 der B i n o r m a l e n v e k t o r von f. Er wird mit $\mathbf{b}$ bezeichnet. Man beachte, dass notwendigerweise $e_n = \pm e_1 \times \cdots \times e_{n-1}$ ist[2]), wobei aus Stetigkeitsgründen stets dasselbe Vorzeichen gilt, und zwar ist dieses Vorzeichen $+1$, falls die Basis $\dot{f}(t), \ldots, f^{(n)}(t)$ in einem (und damit in jedem) Punkt $t \in I$ die Orientierung von V repräsentiert. Andernfalls ist dieses Vorzeichen -1. Im ersten Fall sagt man, die Kurve sei p o s i t i v g e w u n d e n, andernfalls n e g a t i v g e w u n d e n. Da im Anschauungsraum positiv bzw. negativ gewundene Kurven bequem durch die rechte bzw. linke Hand dargestellt werden, spricht man generell bei $\mathrm{Dim}\,V = 3$ auch von r e c h t s - bzw. l i n k s g e w u n d e n e n K u r v e n.[3])

Außerdem zeigt diese Darstellung von e_n, dass e_n sogar denselben Differenzierbarkeitsgrad wie e_{n-1} hat, also mindestens noch einmal stetig differenzierbar ist.

Sei $t_0 \in I$. Für jedes $t \in I$ ist durch

$$e_j(t_0) \mapsto e_j(t), \quad j = 1, \ldots, n,$$

eine (eigentliche) Isometrie $g(t)$ von V gegeben, die die Änderung des begleitenden n-Beins gegenüber der Lage zum jeweiligen Punkt $f(t_0)$ beschreibt. $t \mapsto g(t)$ ist ein stetig differenzierbarer Weg in $\mathrm{O}(V)$. Nach 4.B.1 ist $\dot{g}(t_0)$ schiefselbstadjungiert und wird daher in der Orthonormalbasis $e_1(t_0), \ldots, e_n(t_0)$ durch eine schiefsymmetrische Matrix $\Omega(t_0) = (\omega_{ij}(t_0))$ beschrieben. Dies ergibt sich auch direkt aus $\langle e_i, e_j \rangle \equiv \delta_{ij}$ und folglich $\langle \dot{e}_i, e_j \rangle + \langle e_i, \dot{e}_j \rangle \equiv 0$, $i, j = 1, \ldots, n$. Es gilt also

$$\dot{e}_j(t_0) = \dot{g}(t_0)\big(e_j(t_0)\big) = \sum\nolimits_{i=1}^{n} \omega_{ij}(t_0)\, e_i(t_0), \quad j = 1, \ldots, n.$$

Nach Konstruktion der e_j mit dem Schmidtschen Orthonormalisierungsverfahren ist aber $\dot{e}_j(t_0)$ eine Linearkombination von $\dot{f}(t_0), \ldots, f^{(j+1)}(t_0)$ und damit von $e_1(t_0), \ldots, e_{j+1}(t_0)$, wobei der Koeffizient bei $e_{j+1}(t_0)$ positiv ist. Ist nämlich

$$e_j(t) = \cdots + a_j(t)\, f^{(j)}(t), \quad j = 1, \ldots, n,$$

so ist

$$\dot{e}_j(t_0) = \cdots + a_j(t_0) f^{(j+1)}(t_0) = \cdots + \frac{a_j(t_0)}{a_{j+1}(t_0)} e_{j+1}(t_0), \quad j = 1, \ldots, n-1.$$

Nach Bd. 2, 12.B.17 gilt

$$a_j(t_0) = \big(D_{j-1}(t_0)/D_j(t_0)\big)^{1/2},$$

wobei $D_j(t_0)$ der j-te Hauptminor der Matrix $\big(\langle f^{(i)}(t_0), f^{(j)}(t_0)\rangle\big)_{1 \leq i,j \leq n}$ ist. Die Geschwindigkeit $\dot{e}_j$ der e_j hängt natürlich noch von der gewählten Parametrisierung ab. Gehen wir zur bogenparametrisierten Kurve über, so ergibt sich für diese Geschwindigkeiten $\dot{e}_j(t_0)/\|\dot{f}(t_0)\|$, da $\|\dot{f}(t_0)\|$ die Ableitung der Bogenlänge in t_0 ist. Bei Übergang zur Bogenparametrisierung ist die schiefsymmetrische Matrix Ω notwendigerweise von der Gestalt

---

[2]) Wir benutzen das durch das Skalarprodukt und die Orientierung von V gegebene Vektorprodukt auf V, vgl. Bd. 2, 13.B.6.

[3]) In der *Ebene* jedoch sind Linkskurven positiv und Rechtskurven negativ gewunden.

$$\mathfrak{K}(\kappa_1,\ldots,\kappa_{n-1}) := \begin{pmatrix} 0 & -\kappa_1 & 0 & \cdots & 0 & 0 \\ \kappa_1 & 0 & -\kappa_2 & \cdots & 0 & 0 \\ 0 & \kappa_2 & 0 & \cdots & 0 & 0 \\ \vdots & \vdots & \vdots & \ddots & \vdots & \vdots \\ 0 & 0 & 0 & \cdots & 0 & -\kappa_{n-1} \\ 0 & 0 & 0 & \cdots & \kappa_{n-1} & 0 \end{pmatrix}$$

mit den eindeutig bestimmten (positiven) Elementen

$$\kappa_j = \kappa_j(t_0) = \frac{\sqrt{D_{j-1}(t_0) \cdot D_{j+1}(t_0)}}{D_j(t_0)\,\|\dot{f}(t_0)\|}\,, \quad j = 1,\ldots,n-1\,.$$

Man nennt $\kappa_j(t_0)$ die j-te Krümmung von f zum Zeitpunkt t_0 oder auch im Punkt $f(t_0)$; $\kappa = \kappa(t_0) := \kappa_1(t_0)$ ist die bereits am Anfang dieses Abschnitts eingeführte Hauptkrümmung oder die Krümmung von f schlechthin und

$$\tau = \tau(t_0) := \pm\kappa_{n-1}(t_0)$$

die Torsion von f in $f(t_0)$. Man wählt das Vorzeichen $+1$, wenn die Kurve positiv, und das Vorzeichen -1, wenn sie negativ gewunden ist. Ferner wird noch $\tau := 0$ gesetzt, wenn zwar $\dot{f}(t_0),\ldots,f^{(n-1)}(t_0)$ linear unabhängig sind, nicht jedoch $\dot{f}(t_0),\ldots,f^{(n)}(t_0)$. Ist Δ die kanonische Determinantenfunktion auf V (die für jede die Orientierung repräsentierende Orthonormalbasis von V den Wert 1 hat), so ist

$$D_n(t_0) = \left(\Delta\big(\dot{f}(t_0),\ldots,f^{(n)}(t_0)\big)\right)^2\,.$$

Folglich ist mit der angegebenen Vorzeichenkonvention

$$\tau(t_0) = \frac{\sqrt{D_{n-2}(t_0)}}{D_{n-1}(t_0)\,\|\dot{f}(t_0)\|}\,\Delta\big(\dot{f}(t_0),\ldots,f^{(n)}(t_0)\big)\,.$$

Ersetzt man das n-Bein $e_1,\ldots,e_{n-1},e_n$ durch $e_1,\ldots,e_{n-1},\,e_1\times\cdots\times e_{n-1}$, so ist in der Matrix Ω die Krümmung κ_{n-1} durch τ zu ersetzen. Dann ist also $\Omega = \mathfrak{K}(\kappa_1,\ldots,\kappa_{n-2},\tau)\,.$

Man bemerke, dass $\sqrt{D_{j+1}(t_0)}$, $j = 0,\ldots,n-1$, das ($(j+1)$-dimensionale) Volumen des Parallelotops $Q_{j+1}(t_0) := Q\big(\dot{f}(t_0),\ldots,f^{(j+1)}(t_0)\big)$ mit den Kantenvektoren $\dot{f}(t_0),\ldots,f^{(j+1)}(t_0)$ ist, vgl. Bd. 2, 13.C.1. Folglich ist $H_{j+1}(t_0) := \sqrt{D_{j+1}(t_0)/D_j(t_0)}$ die Höhe von $Q_{j+1}(t_0)$ über der Grundfläche $Q_j(t_0)$, vgl. Bd. 2, 13.C.2. Bei einer Umparametrisierung $t = \psi(\tau)$ wird diese Höhe offensichtlich mit dem Faktor $(d\psi/d\tau)^{j+1}$ multipliziert. Die Funktion $h_{j+1} := H_{j+1}/\|\dot{f}\|^{j+1}$ ist also unabhängig von der Parametrisierung, und es ist

$$\kappa_j = h_{j+1}\big/ h_j = H_{j+1}\big/ \|\dot{f}\|\, H_j\,.$$

Auch dies ist eine sehr anschauliche Beschreibung der höheren Krümmungen. Insbesondere sind *für $1 \le k < n$ die Krümmungen $\kappa_1,\ldots,\kappa_k$ bereits dann definiert, wenn die Kurve nur $(k+1)$-mal differenzierbar ist und die Ableitungen $\dot{f},\ldots f^{(k)}$ linear unabhängig sind.*

Für $n = 3$ hat man neben der Hauptkrümmung $\kappa = \kappa_1$ noch die Torsion

$$\tau = \pm\kappa_2 = \frac{\Delta(\dot{f},\ddot{f},f^{(3)})}{\|\dot{f}\|^2\,\|\ddot{f}\|^2 - \langle\dot{f},\ddot{f}\rangle^2} = \frac{\langle\dot{f}\times\ddot{f},f^{(3)}\rangle}{\|\dot{f}\times\ddot{f}\|^2} = \frac{\|f^{(3)}\|}{\|\dot{f}\times\ddot{f}\|}\,\cos\angle(\dot{f}\times\ddot{f},f^{(3)})$$

als einzige höhere Krümmung. Bei Bogenparametrisierung ist $\kappa = \|\ddot{f}\|$ und

$$\tau = \pm\kappa_2 = \frac{\Delta(\dot{f},\ddot{f},f^{(3)})}{\|\ddot{f}\|^2} = \frac{\langle\dot{f}\times\ddot{f},f^{(3)}\rangle}{\|\ddot{f}\|^2} = \frac{\|f^{(3)}\|}{\|\ddot{f}\|}\,\cos\angle(\dot{f}\times\ddot{f},f^{(3)})\,.$$

Wir fassen das allgemeine Resultat über die Krümmungen zusammen:

4.E.2 Frenetsche Formeln *Sei* $f : I \to V$ *eine n-mal stetig differenzierbare Kurve im orientierten n-dimensionalen euklidischen Vektorraum V. Die Ableitungen* $\dot{f}, \dots, f^{(n)}$ *seien in jedem Punkt von I linear unabhängig. Für das begleitende n-Bein* $e_1, \dots, e_n$ *gilt dann*

$$\dot{e}_j = \sum\nolimits_{i=1}^{n} \omega_{ij} e_i \,, \quad j = 1, \dots, n \,,$$

wobei (ω_{ij}) *die schiefsymmetrische Matrix* $\|\dot{f}\| \cdot \mathfrak{K}(\kappa_1, \dots, \kappa_{n-1})$ *mit den (positiven) Krümmungen* $\kappa_j = \kappa_j(t)$ *ist.*

Die Krümmungsfunktionen $\kappa_1, \dots, \kappa_{n-1}$ *bestimmen bei gegebener Anfangslage des begleitenden n-Beins die Kurve* $f : I \to \mathbb{R}$ *vollständig.* Um dies einzusehen, sei eine feste Orthonormalbasis $v_1, \dots, v_n$ von V ausgezeichnet. Für das begleitende n-Bein

$$e_j(s) = \sum_{k=1}^{n} x_{kj}(s)\, v_k \,, \quad j = 1, \dots, n \,,$$

gilt nach 4.E.2 bei Bogenparametrisierung

$$\dot{e}_j = \sum_{k=1}^{n} \dot{x}_{kj}(s)\, v_k = \sum_{i=1}^{n} \sum_{k=1}^{n} \omega_{ij}(s)\, x_{ki}(s)\, v_k \,,$$

wobei $\Omega = \big(\omega_{ij}(s)\big)$ die Matrix $\mathfrak{K}\big(\kappa_1(s), \dots, \kappa_{n-1}(s)\big)$ ist. Koeffizientenvergleich liefert für die Matrix $\mathfrak{X} := \big(x_{kj}(s)\big)$ das lineare Differenzialgleichungssystem

$$\dot{\mathfrak{X}} = \mathfrak{X}\Omega \,,$$

das nach Bd. 2, 20.A.1 bei vorgegebener Anfangsbedingung $\mathfrak{X}(s_0) = \mathfrak{X}_0 \in \mathrm{O}_n(\mathbb{R})$ eine eindeutig bestimmte Lösung $\mathfrak{X}$ hat. f ist die Kurve

$$f(s) = f(s_0) + \int_{s_0}^{s} e_1(\sigma)\, d\sigma \,.$$

Sind umgekehrt hinreichend häufig differenzierbare positive Funktionen $\kappa_1, \dots, \kappa_{n-1} : I \to \mathbb{R}_+^{\times}$ vorgegeben und werden die $e_j(s)$, $s \in I$, mit Hilfe der Lösung des Differenzialgleichungssystems $\dot{\mathfrak{X}} = \mathfrak{X}\Omega$ *definiert*, so hat die Kurve $f(s) = f(s_0) + \int_{s_0}^{s} e_1(\sigma)\, d\sigma$ das begleitende n-Bein $e_j(s)$, $j = 1, \dots, n$, und die Krümmungsfunktionen $\kappa_1(s), \dots, \kappa_{n-1}(s)$, $s \in I$. Man beachte, dass $\mathfrak{X}(s)$ wegen der Schiefsymmetrie von $\Omega(s)$ für jedes $s \in I$ orthogonal ist, falls dies für die Anfangsmatrix $\mathfrak{X}_0 = \mathfrak{X}(s_0)$ gilt, vgl. 4.B.1.

4.E.3 Beispiel (Kurven mit konstanten Krümmungen) Wir übernehmen die zuletzt benutzten Bezeichnungen. Bei konstantem Ω ergibt sich speziell

$$\mathfrak{X} = \mathfrak{X}_0\, e^{(s-s_0)\Omega} \,.$$

Nach Bd. 2, 15.A.24 gibt es eine orthogonale Matrix $\mathfrak{B} \in \mathrm{O}_n(\mathbb{R})$ mit $\Omega = \mathfrak{B}\Omega'\mathfrak{B}^{-1}$, wobei Ω' die Gestalt

$$\Omega' = \mathrm{Diag}\left(\mathfrak{O}_p, \begin{pmatrix} 0 & -\omega_1 \\ \omega_1 & 0 \end{pmatrix}, \dots, \begin{pmatrix} 0 & -\omega_q \\ \omega_q & 0 \end{pmatrix} \right),$$

$\mathfrak{O}_p$ p-reihige Nullmatrix, $\omega_1, \dots, \omega_q > 0$, hat. Dann ist $\mathfrak{X} = \mathfrak{X}_0\mathfrak{B}e^{(s-s_0)\Omega'}\mathfrak{B}^{-1}$. Wählen wir die

Ausgangsbasis $v_1, \ldots, v_n$ so, dass $\mathfrak{X}_0 \mathfrak{B} = \mathfrak{E}_n$ ist, und normieren auf $s_0 = 0$, so erhalten wir

$$\mathfrak{X} = \mathrm{Diag}\left(\mathfrak{E}_p, \begin{pmatrix} \cos\omega_1 s & -\sin\omega_1 s \\ \sin\omega_1 s & \cos\omega_1 s \end{pmatrix}, \ldots, \begin{pmatrix} \cos\omega_q s & -\sin\omega_q s \\ \sin\omega_q s & \cos\omega_q s \end{pmatrix}\right) \mathfrak{B}^{-1}.$$

Ist $(b_1, \ldots, b_p, c_1, d_1, \ldots, c_q, d_q)$ die erste Zeile von $\mathfrak{B}$, also die erste Spalte von $\mathfrak{B}^{-1} = {}^t\mathfrak{B}$, so ergibt sich mit $v := b_1 v_1 + \cdots + b_p v_p$

$$f(s) = f(0) + \int_0^s e_1(\sigma)\, d\sigma = f(0) + s v - \frac{d_1}{\omega_1} v_{p+1} + \frac{c_1}{\omega_1} v_{p+2} - \cdots - \frac{d_q}{\omega_q} v_{n-1} + \frac{c_q}{\omega_q} v_n +$$

$$+ \frac{1}{\omega_1}(c_1 \sin\omega_1 s + d_1 \cos\omega_1 s) v_{p+1} + \frac{1}{\omega_1}(-c_1 \cos\omega_1 s + d_1 \sin\omega_1 s) v_{p+2} + \cdots.$$

Kurven mit konstanten Krümmungen sind somit verallgemeinerte Schraubenlinien, vgl. Abschnitt 4.B. Da die $\kappa_1, \ldots, \kappa_{n-1}$ positiv sind, ist notwendigerweise $p = 0$ oder $p = 1$, je nachdem ob n gerade oder ungerade ist. Ferner sind die $\omega_1, \ldots, \omega_q$ paarweise verschieden, und es gilt $c_j^2 + d_j^2 \neq 0$ für $j = 1, \ldots, q$, sowie $v \neq 0$ bei $p = 1$. Indem man $v_{p+1}, v_{p+2}, \ldots, v_{p+2q-1}, v_{p+2q}$ paarweise ändert, kann man außerdem $c_1 = \cdots = c_q = 0$ und $d_1, \ldots, d_q > 0$ erreichen.

4.E.4 Beispiel (E b e n e   K u r v e n) Im Fall $n = 2$ fassen wir V nach Auszeichnen einer Orthonormalbasis als die komplexe Zahlenebene $\mathbb{C}$ auf. Dann lauten die Frenetschen Formeln bei Bogenlängenparametrisierung $\dot{e}_1 = \kappa e_2$, $\dot{e}_2 = -\kappa e_1$. Nun ist $e_2 = i e_1$. Dabei nehmen wir an, dass e_1, e_2 stets die Orientierung repräsentiert. Dies ist der Fall, wenn κ das Vorzeichen gemäß unserer Konvention erhält. Es ergibt sich

$$\dot{e}_1 = \kappa\, i e_1, \quad e_1(s) = e_1(s_0)\exp\left(i\int_{s_0}^s \kappa(\sigma)\,d\sigma\right) = e_1(s_0)\exp\left(iK(s)\right),$$

wobei

$$K(s) := \int_{s_0}^s \kappa(\sigma)\,d\sigma$$

die so genannte G e s a m t k r ü m m u n g zwischen s_0 und s ist. Mit $z_0 := f(s_0)$ folgt

$$f(s) = z_0 + \int_{s_0}^s e_1(\sigma)\,d\sigma = z_0 + e_1(s_0)\int_{s_0}^s \exp\left(iK(\sigma)\right)d\sigma.$$

Bei $s_0 = 0$, $z_0 = 0$ und $e_1(s_0) = 1$, was wir ohne weiteres annehmen können, ergibt sich

$$f(s) = \int_0^s \exp\left(iK(\sigma)\right)d\sigma = \int_0^s \cos K(\sigma)\,d\sigma + i\int_0^s \sin K(\sigma)\,d\sigma.$$

Bei konstantem $\kappa \neq 0$, d.h. $K(\sigma) = \kappa\sigma$ erhalten wir die Kreise mit dem Radius $1/|\kappa|$. In der Optik interessieren die Kurven, bei denen κ proportional zu s ist: $\kappa = as$, $a > 0$. Dann ist $K(\sigma) = a\sigma^2/2$ und

$$f(s) = \int_0^s \cos\frac{a}{2}\sigma^2\,d\sigma + i\int_0^s \sin\frac{a}{2}\sigma^2\,d\sigma = \mathrm{Sign}\, s\,\sqrt{\frac{\pi}{a}}\left(C(\tfrac{a}{2}s^2) + i S(\tfrac{a}{2}s^2)\right)$$

mit den F r e s n e l - I n t e g r a l e n

$$C(t) := \frac{1}{\sqrt{2\pi}} \int\limits_0^t \frac{\cos\tau}{\sqrt{\tau}} \, d\tau \,, \quad S(t) := \frac{1}{\sqrt{2\pi}} \int\limits_0^t \frac{\sin\tau}{\sqrt{\tau}} \, d\tau \,.$$

Nach Bd. 1, 17.B.12 ist $C(\infty) = S(\infty) = 1/2$. Mit wachsendem s wickelt sich daher die Kurve $f(s)$ unendlich oft um den Punkt $\frac{1}{2}\sqrt{\pi/a}\,(1+i)$ und entsprechend für $s \to -\infty$ unendlich oft um den Punkt $-\frac{1}{2}\sqrt{\pi/a}\,(1+i)$. Diese Kurven heißen K l o t h o i d e n oder C o r n u s c h e S p i r a l e n. Sie werden übrigens auch bei der Trassierung von Straßen benutzt. Ein Autofahrer, der mit konstanter Schnelligkeit fährt und dabei das Steuer gleichmäßig dreht, durchfährt eine Klothoide (Proportionalität von Lenkungsausschlag und Krümmung vorausgesetzt, was nur näherungsweise erfüllt ist, vgl. auch Aufg. 3.[4])).

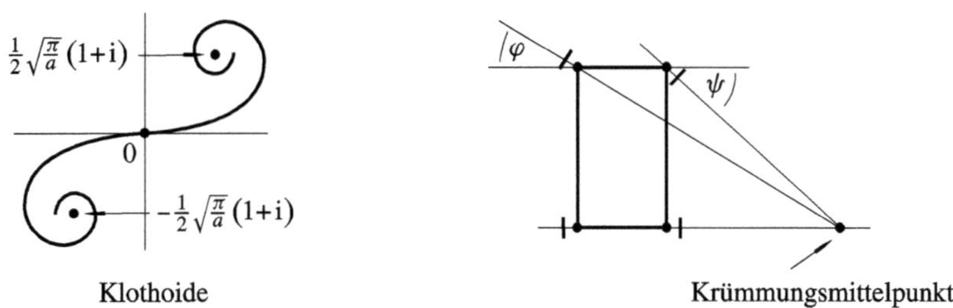

Klothoide   Krümmungsmittelpunkt

Die (bogenparametrisierte) Kurve $f : [a, b] \to \mathbb{C}$ sei (als differenzierbare Kurve) geschlossen, d.h. es sei $f(a) = f(b)$ und $e_1(a) = \dot{f}(a) = \dot{f}(b) = e_1(b)$.[5]) Für eine solche Kurve ist demnach $1 = \exp\left(i\int_a^b \kappa(\sigma)\,d\sigma\right)$. Die Gesamtkrümmung

$$K = \int\limits_a^b \kappa(\sigma)\,d\sigma$$

ist also beim Durchlaufen einer geschlossenen Kurve ein ganzzahliges Vielfaches von 2π. Nach einem S a t z v o n H . H o p f ist die Gesamtkrümmung sogar $\pm 2\pi$, falls die Kurve darüber hinaus einfach geschlossen ist, d.h. falls $f\,|\,[a, b[$ injektiv ist.

Übrigens heißt ein Punkt einer ebenen Kurve f ein S c h e i t e l p u n k t, wenn die Krümmung dort ein lokales Extremum besitzt. Wendepunkte sind definitionsgemäß Punkte mit verschwindender Krümmung.

$\bullet$ Scheitelpunkte
$\circ$ Wendepunkte

4.E.5 Beispiel Sei V wieder ein orientierter n-dimensionaler euklidischer Vektorraum. Die Bewegung

$$s \mapsto \big(e_1(s) + f(s), \ldots, e_n(s) + f(s)\big), \quad s \in I \,,$$

---

[4]) Die Differenz von ψ und φ in der folgenden Abbildung rechts heißt V o r e i l w i n k e l. Dass die Winkel φ und ψ verschieden sind, ist ein ernstes Problem im Fahrzeugbau.
[5]) Soll im Punkt $f(a) = f(b)$ auch die Krümmung wohldefiniert sein, hat man noch $\ddot{f}(a) = \ddot{f}(b)$ zu fordern.

des Frenet-Beins einer n-mal stetig differenzierbaren Kurve $f : I \to V$ lässt sich als die Bewegung eines starren Körpers in V interpretieren. Wir wollen annehmen, dass f bogenparametrisiert, d.h. $e_1 = \dot{f}$ ist und dass $e_n(s) = e_1(s) \times \cdots \times e_{n-1}(s)$ ist, das n-Bein also stets die Orientierung repräsentiert und somit die Krümmung κ_{n-1} durch die Torsion τ zu ersetzen ist. Die Geschwindigkeit des linearen Anteils dieser Bewegung hat dann nach Definition im Zeitpunkt s die Matrix $\mathfrak{K}(\kappa_1, \ldots, \kappa_{n-2}, \tau)$ bezüglich des *mitbewegten* Koordinatensystems $e_1(s), \ldots, e_n(s)$. Im Fall $n = 3$ ist nach Abschnitt 4.B die Winkelgeschwindigkeit gleich

$$\Omega(s) = \tau\, e_1(s) + \kappa\, e_3(s)\,.$$

Man nennt diesen Drehvektor auch den D a r b o u x - V e k t o r von f zum Zeitpunkt s. Seine Länge ist $\sqrt{\kappa^2 + \tau^2}$.

4.E.6 Beispiel (G l e i t e n und R o l l e n) Sei $f : I \to V$ eine n-mal stetig differenzierbare Kurve im orientierten n-dimensionalen euklidischen Vektorraum V. Wir wollen nur voraussetzen, dass die Ableitungen $\dot{f}(t), \ldots, f^{(n-1)}(t)$ linear unabhängig sind für alle $t \in I$. Dann sind die Vektoren

$$e_1(t), \ldots, e_{n-1}(t), e_n(t) := e_1(t) \times \cdots \times e_{n-1}(t)$$

des (die Orientierung repräsentierenden) begleitenden n-Beins ebenfalls für jeden Punkt der Kurve definiert, und in den Frenetschen Formeln 4.E.2 ist die Krümmung κ_{n-1} durch die Torsion $\tau = \pm\kappa_{n-1}$ zu ersetzen, die eventuell auch 0 sein kann.

Sei nun $g : I \to V$ eine zweite Kurve, die dieselben Voraussetzungen wie f erfülle. Das begleitende n-Bein habe die Vektoren

$$e_1'(t), \ldots, e_{n-1}'(t), e_n'(t) := e_1'(t) \times \cdots \times e_{n-1}'(t)\,.$$

Ferner sei $F : I \to \mathrm{B}^+(V)$ eine (eigentliche) Bewegung eines starren Körpers. Denken wir uns die Kurve f mit dem starren Körper verbunden, so wird diese durch die Bewegung zum Zeitpunkt $t_0 \in I$ in die Kurve

$$f_{t_0} = F(t_0) \circ f$$

überführt. Man sagt nun, f g l e i t e unter F auf der Kurve g, wenn $g(t_0) = f_{t_0}(t_0) = F(t_0)\big(f(t_0)\big)$ ist und überdies die Kurven f_{t_0} und g zum Zeitpunkt t_0 jeweils dasselbe begleitende n-Bein haben, also $e_i'(t_0) = F(t_0)\big(e_i(t_0)\big)$, $i = 1, \ldots, n$, gilt, $t_0 \in I$ beliebig. Werden f und g darüber hinaus mit der gleichen Geschwindigkeit durchlaufen, gilt also

$$\|\dot{g}(t_0)\| = \|\dot{f}(t_0)\|\,, \quad \text{d.h.} \quad \dot{g}(t_0) = F(t_0)\big(\dot{f}(t_0)\big)\,,$$

$t_0 \in I$, so sagt man, f r o l l e unter F auf g ab. Beim Gleiten ist diese Rollbedingung für einen Zeitpunkt t_0 genau dann erfüllt, *wenn der Punkt* $g(t_0) = f_{t_0}(t_0)$ *ein momentaner Ruhepunkt der Bewegung ist*. Ist nämlich

$$F(t) : x \mapsto F_0(t)(x) + \tau(t)\,,$$

so ist

$$g(t) = F(t)\big(f(t)\big) = F_0(t)\big(f(t)\big) + \tau(t)\,,$$

$$\dot{g}(t_0) = F_0(t_0)\big(\dot{f}(t_0)\big) + \dot{F}_0(t_0)\big(f(t_0)\big) + \dot{\tau}(t_0)$$

und $\dot{F}_0(t_0)\big(f(t_0)\big) + \dot{\tau}(t_0)$ die Geschwindigkeit des Punktes $f(t_0)$ zum Zeitpunkt t_0 der Bewegung des starren Körpers. Da Ruhepunkte einer Bewegung auch Pole heißen, nennt man eine Kurve f, die auf der Kurve g abrollt, eine P o l b a h n oder G a n g p o l b a h n und g die zugehörige G e g e n p o l b a h n oder R a s t p o l b a h n.

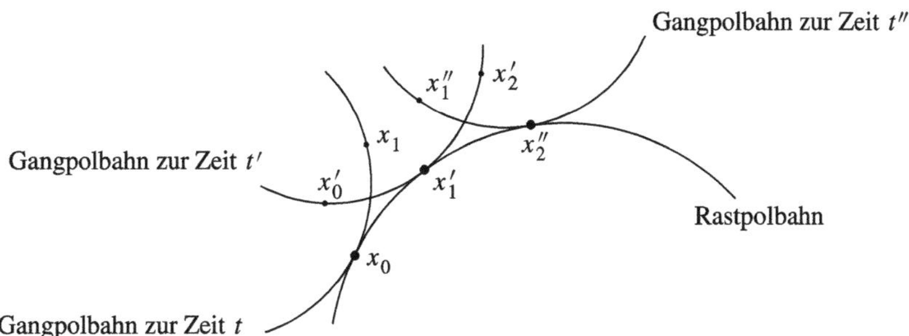

Trivial ist: *Sind f, $g : I \to V$ zwei n-mal stetig differenzierbare Kurven mit den eingangs gemachten Voraussetzungen, so gibt es genau eine (stetig differenzierbare) Bewegung $F : I \to \mathrm{B}^+(V)$ derart, dass f auf g bezüglich F gleitet. Genau dann rollt dabei f auf g ab, wenn für alle $t_0 \in I$ gilt $\|\dot{f}(t_0)\| = \|\dot{g}(t_0)\|$.*

Einfach ist die Geschwindigkeit $\dot{F}_0 F_0^{-1}$ des linearen Anteils F_0 von F zu bestimmen: Sei $t_0 \in I$. Die linearen Bewegungen

$$G(t) : e_i(t_0) \mapsto e_i(t), \quad i = 1, \ldots, n,$$
$$G'(t) : e_i'(t_0) \mapsto e_i'(t), \quad i = 1, \ldots, n,$$

haben zum Zeitpunkt t_0 die Geschwindigkeiten $\dot{G}(t_0) = H(t_0)$ bzw. $\dot{G}'(t_0) = H'(t_0)$, deren Matrizen nach den Frenetschen Formeln bezüglich $e_1(t_0), \ldots, e_n(t_0)$ bzw. $e_1'(t_0), \ldots, e_n'(t_0)$ gleich $\|\dot{f}(t_0)\| \cdot \mathfrak{K}(\kappa_1, \ldots, \kappa_{n-2}, \tau) = \|\dot{f}(t_0)\| \, \Omega(t_0)$ bzw. $\|\dot{g}(t_0)\| \cdot \mathfrak{K}(\kappa_1', \ldots, \kappa_{n-2}', \tau') = \|\dot{g}(t_0)\| \, \Omega'(t_0)$ sind. Es ist

$$F_0(t) = G'(t) \, F_0(t_0) \, G(t)^{-1},$$

also

$$\dot{F}_0(t_0) = \left(H'(t_0) - F_0(t_0) \, H(t_0) \, F_0(t_0)^{-1} \right) F_0(t_0).$$

Die Geschwindigkeit des linearen Anteils von F in t_0 ist somit

$$H'(t_0) - F_0(t_0) \, H(t_0) \, F_0(t_0)^{-1},$$

die Matrix dieser Abbildung bezüglich $e_1'(t_0), \ldots, e_n'(t_0)$ ist gleich

$$\|\dot{g}(t_0)\| \, \Omega'(t_0) - \|\dot{f}(t_0)\| \, \Omega(t_0).$$

Insbesondere ist beim Abrollen diese Geschwindigkeit genau dann gleich 0, wenn f und g in t_0 dieselben Krümmungen haben.

Wir erwähnen zwei Spezialfälle:

(1) Es sei Dim $V = 2$. Wir identifizieren V mit $\mathbb{C}$. Eine Bewegung $F : I \to \mathrm{B}^+(\mathbb{C})$ hat die Gestalt

$$F(t) : x \mapsto y(t) \, x + \tau(t), \quad \text{'}$$

wobei $t \mapsto y(t)$ ein Weg mit Werten im Einheitskreis ist, den wir wie $\tau : I \to \mathbb{C}$ als zweimal stetig differenzierbar voraussetzen wollen. [6]) Ist die Winkelgeschwindigkeit

$$\omega(t) = -\mathrm{i} \, \frac{\dot{y}(t)}{y(t)}$$

---

[6]) Zur Beschreibung ebener Bewegungen vergleiche man Beispiel 4.B.6.

zu jedem Zeitpunkt von 0 verschieden, so hat F zu jedem Zeitpunkt $t \in I$ genau einen Rastpol

$$g(t) = \mathrm{i}\frac{\dot{\tau}(t)}{\omega(t)} + \tau(t) \,.$$

Die zugehörige Gangpolbahn ist

$$f(t) = \big(F(t)\big)^{-1}\big(g(t)\big) = -\frac{\dot{\tau}(t)}{\dot{y}(t)} = \mathrm{i}\,\frac{\dot{\tau}(t)}{\omega(t)\,y(t)}\,, \quad t \in I \,.$$

Sind f und g vorgegebene zweimal stetig differenzierbare reguläre Kurven in $\mathbb{C}$, so ergibt sich die Bewegung F, bezüglich der f auf g gleitet, aus den Gleichungen

$$y(t)\,e_1(t) = y(t)\,\frac{\dot{f}(t)}{|\dot{f}(t)|} = e_1'(t) = \frac{\dot{g}(t)}{|\dot{g}(t)|}$$

und

$$y(t)\,f(t) + \tau(t) = g(t)$$

zu

$$F(t) : x \longmapsto \frac{\dot{g}(t)\,|\dot{f}(t)|}{\dot{f}(t)\,|\dot{g}(t)|}\,\big(x - f(t)\big) + g(t) \,.$$

Die Winkelgeschwindigkeit von F ist $|\dot{g}(t)|\,\kappa'(t) - |\dot{f}(t)|\,\kappa(t)$, wobei κ' bzw. κ die Krümmungen von g bzw. f sind (mit Berücksichtigung des Vorzeichens).

Man diskutiere beispielsweise die Bewegungen, die zum Abrollen von Kreisen auf Kreisen oder Geraden gehören, und bestimme ihre Bahnen (vgl. 4.B, Aufg. 4).

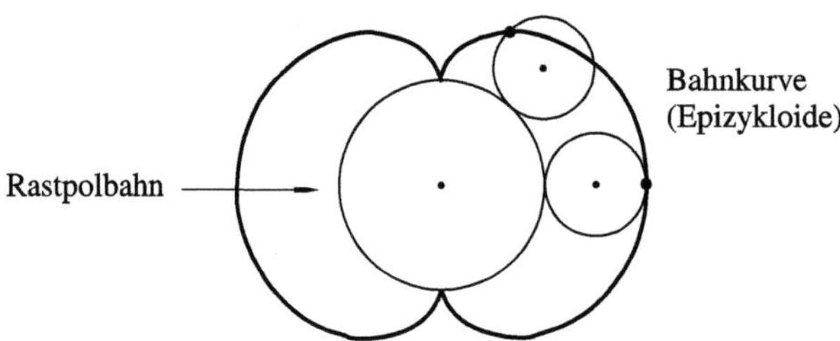

(2) Als Variante betrachten wir Bewegungen $t \mapsto F(t) = F_0(t)$, bei denen der Nullpunkt von V ständig in Ruhe ist.

Seien f und g Kurven auf der Einheitssphäre $S(0; 1)$ von V. Wir setzen voraus, dass f und g $(n-1)$-mal stetig differenzierbar sind und dass $f^{(i)}(t)$ und $g^{(i)}(t)$ für $i = 0, \ldots, n-2$ jeweils linear unabhängig sind. Das begleitende n-Bein $e_0(t), \ldots, e_{n-1}(t)$ definiert man durch Orthonormalisieren der Vektoren

$$f^{(0)}(t),\, f^{(1)}(t),\, \ldots,\, f^{(n-2)}(t)$$

und entsprechend $e_0'(t), \ldots, e_{n-2}'(t)$ für g, wobei noch

$$e_{n-1}(t) := e_0(t) \times \cdots \times e_{n-2}(t)$$

und entsprechend $e_{n-1}'(t)$ zu setzen sind. Dann gibt es genau ein $F = F_0$ mit

$$F_0(t_0)(e_i(t_0)) = e_i'(t_0)\,, \quad i = 0, \ldots, n-1 \,.$$

Man sagt wieder, f g l e i t e auf g bezüglich F. Bei $\|\dot{f}(t_0)\| = \|\dot{g}(t_0)\|$ spricht man von R o l l e n.

Ist $n = \mathrm{Dim}\, V = 3$ und ist $F = F_0$ eine zweimal stetig differenzierbare Bewegung mit einer Winkelgeschwindigkeit $\Omega(t) \neq 0$ für alle t, so ist

$$g(t) = \frac{\Omega(t)}{\|\Omega(t)\|} \in S(0\,;\,1)$$

ein Rastpol der Bewegung zur Zeit t (vgl. Beispiel 4.B.7) und g eine R a s t p o l b a h n bezüglich F. Die zugehörige G a n g p o l b a h n ist

$$f(t) = \frac{1}{\|\Omega(t)\|}\, F_0^{-1}(t)\big(\Omega(t)\big).$$

Auch hier untersuche man die Bewegungen, die durch Abrollen von Kreisen auf der Einheitssphäre im $\mathbb{R}^3$ gegeben werden (vgl. 4.B, Aufg. 5).

Wir wollen noch bei $n = 3$ die Winkelgeschwindigkeit der Bewegung $F = F_0$ zum Zeitpunkt t_0 angeben, wenn die Kurve f auf der Kurve g auf der Einheitssphäre gleitet. Bzgl. $e_0(t_0) = f(t_0)$, $e_1(t_0) = \dot{f}(t_0)/\|\dot{f}(t_0)\|$, $e_2(t_0) = e_0(t_0) \times e_1(t_0)$ hat die Geschwindigkeit der Bewegung $e_i(t_0) \mapsto e_i(t)$, $i = 0, 1, 2$, die Matrix

$$\|\dot{f}(t_0)\|\,\Omega = \|\dot{f}(t_0)\| \begin{pmatrix} 0 & -1 & 0 \\ 1 & 0 & -\kappa \\ 0 & \kappa & 0 \end{pmatrix} = \|\dot{f}(t_0)\|\,\mathfrak{K}(1,\kappa)\,,$$

$$\kappa := \frac{\Delta(f(t_0), \dot{f}(t_0), \ddot{f}(t_0))}{\|\dot{f}\|^3} = \frac{\langle f \times \dot{f}, \ddot{f}\rangle}{\|\dot{f}\|^3} = \frac{\langle f, \dot{f} \times \ddot{f}\rangle}{\|\dot{f}\|^3}\,,$$

entsprechend hat die Geschwindigkeit von $e_i'(t_0) \mapsto e_i'(t)$, $i = 0, 1, 2$, bezüglich $e_i'(t_0)$ die Matrix $\|\dot{g}(t_0)\|\,\Omega' = \|\dot{g}(t_0)\|\,\mathfrak{K}(1,\kappa')$,

$$\kappa' := \frac{\Delta(g(t_0), \dot{g}(t_0), \ddot{g}(t_0))}{\|\dot{g}\|^3} = \frac{\langle g \times \dot{g}, \ddot{g}\rangle}{\|\dot{g}\|^3} = \frac{\langle g, \dot{g} \times \ddot{g}\rangle}{\|\dot{g}\|^3}\,,$$

und die Geschwindigkeit von F hat folglich die Matrix $\|\dot{g}(t_0)\|\,\Omega' - \|\dot{f}(t_0)\|\,\Omega$ bezüglich $e_i'(t_0)$, $i = 0, 1, 2$. Die Winkelgeschwindigkeit von F ist also

$$\big(\|\dot{g}(t_0)\|\,\kappa' - \|\dot{f}(t_0)\|\kappa\big)\, e_0'(t_0) + \big(\|\dot{g}(t_0)\| - \|\dot{f}(t_0)\|\big)\, e_2'(t_0)\,.$$

Beim Rollen ist sie $\|\dot{g}(t_0)\|\,(\kappa' - \kappa)\, e_0'(t_0) = \|\dot{g}(t_0)\|\,(\kappa' - \kappa)\, g(t_0)$ und insbesondere genau dann gleich 0, wenn die „Krümmungen" κ' und κ übereinstimmen. Dies entspricht dem Fall des Abrollens in der Ebene (vgl. (1)), der als Grenzfall des Abrollens auf der Sphäre interpretiert werden kann, wenn der Radius der Sphäre über alle Grenzen wächst.

4.E.7 Beispiel (F e r m i - W a l k e r - T r a n s p o r t) Sei $f : I \to V$ eine bogenparametrisierte 2-mal stetig differenzierbare Kurve im n-dimensionalen euklidischen Vektorraum V, $n \geq 2$. Sei B ein Beobachter, der sich mit der Kurve f bewegt.[7] Wir fragen danach, wie B in natürlicher Weise ein kartesisches Koordinatensystem mit sich transportiert (wobei $f(t_0)$ jeweils der Ursprung zum Zeitpunkt t_0 ist). Dies geschehe so, dass der Geschwindigkeitsvektor $\dot{f}(t_0)$ zum Zeitpunkt t_0 in den Geschwindigkeitsvektor $\dot{f}(t)$ zum Zeitpunkt t überführt wird, ansonsten aber das Koordinatensystem möglichst wenig geändert wird. Nach Bd. 2, 14.A, Aufg. 9 gibt es im Fall $\dot{f}(t) \neq -\dot{f}(t_0)$ (was für t nahe genug bei t_0 sicherlich erfüllt ist) genau eine eigentliche Isometrie $F \in \mathrm{SO}(V)$ mit $\dot{f}(t_0) \mapsto \dot{f}(t)$, die auf dem orthogonalen Komplement von $\mathbb{R}\dot{f}(t_0) + \mathbb{R}\dot{f}(t)$ die Identität induziert, und zwar

---

[7] Man denke etwa an eine Achterbahnfahrt.

$$F = (\mathrm{id}_V + h)^{-1}(\mathrm{id}_V - h)$$

mit $h : x \mapsto \big(\langle \dot f(t), x\rangle \dot f(t_0) - \langle \dot f(t_0), x\rangle \dot f(t)\big)\big/\big(1 + \langle \dot f(t_0), \dot f(t)\rangle\big)$. Die Geschwindigkeit der Bewegung $t \mapsto F(t)$ in t_0 ist

$$W(t_0) := \dot F(t_0) = -2\dot h(t_0) : x \mapsto \langle \dot f(t_0), x\rangle \ddot f(t_0) - \langle \ddot f(t_0), x\rangle \dot f(t_0).$$

Dies legt es nahe, $W : I \to \mathfrak{o}(V)$ als Geschwindigkeit des Koordinatenwechsels für den Beobachter B zu wählen. Ein Vektor $x \in V$ erfüllt dann während des Transports die (lineare) Differenzialgleichung $\dot x = Wx$, vgl. Abschnitt 4.B. Wegen $\ddot f = W\dot f$ – man beachte $\|\dot f\| = 1$ und $\dot f \perp \ddot f$ – werden dabei insbesondere Tangentenvektoren in Tangentenvektoren transportiert. Im Gegensatz zur Bewegung des begleitenden Frenet-Beins werden aber höhere Krümmungen von f beim Vektortransport mit Hilfe von W nicht beachtet.

Ein ganz ähnliches Problem ergibt sich für einen Beobachter B in einem Minkowski-Raum V mit der 2-mal stetig differenzierbaren (eigenzeitparametrisierten) Weltlinie $f : I \to V$, vgl. Beispiel 4.D.5. Auch hier fragt man, wie sich ein räumliches kartesisches Koordinatensystem für den Beobachter B auf seinem Weg ändert. Analog zum euklidischen Fall soll die Vierergeschwindigkeit $\dot f(\tau_0)$ zum Zeitpunkt τ_0 in die Vierergeschwindigkeit $\dot f(\tau)$ zum Zeitpunkt τ überführt werden, ansonsten soll sich möglichst wenig ändern. Dies leistet die Lorentz-Transformation $F = (\mathrm{id}_V + h)^{-1}(\mathrm{id}_V - h)$ mit

$$h : x \mapsto \big(\langle \dot f(\tau), x\rangle\, \dot f(\tau_0) - \langle \dot f(\tau_0), x\rangle\, \dot f(\tau)\big)\big/\big(-c^2 + \langle \dot f(\tau_0), \dot f(\tau)\rangle\big),$$

vgl. Bd. 2, 18.E, Aufg. 13 [8]). Die Geschwindigkeit im Punkt τ_0 ist

$$W(\tau_0) : x \mapsto -\frac{1}{c^2}\big(\langle \dot f(\tau_0), x\rangle\, \ddot f(\tau_0) - \langle \ddot f(\tau_0), x\rangle\, \dot f(\tau_0)\big).$$

Der durch die Geschwindigkeit $W : I \to \mathfrak{l}(V)$ (wobei $\mathfrak{l}(V)$ die Lie-Algebra der Lorentz-Gruppe von V ist) definierte Vektortransport heißt F e r m i - W a l k e r - T r a n s p o r t längs der Weltlinie f. Wegen $\ddot f = W\dot f$ werden dabei die Vierergeschwindigkeiten des Beobachters in sich transportiert.

Ist f mindestens $(1+n)$-mal stetig differenzierbar $(1 + n := \mathrm{Dim}_{\mathbb{R}} V)$ und sind die Ableitungen $\dot f(\tau), \ldots, f^{(1+n)}(\tau)$ zu jeder Zeit $\tau \in I$ linear unabhängig, so lassen sich analog zum euklidischen Fall auch hier das begleitende $(1+n)$-Bein $e_0(\tau) = \dot f(\tau), e_1(\tau), \ldots, e_n(\tau)$, das zu jedem Zeitpunkt $\tau \in I$ eine Lorentz-Basis von V ist, und die Krümmungen $\kappa_1(\tau), \ldots, \kappa_n(\tau)$ definieren. Der Leser führe das aus und formuliere und beweise den zu 4.E.2 analogen Satz.

Aufgaben

1. Für die folgenden Kurven im $\mathbb{R}^n$, $n = 2$ bzw. 3, berechne man in jedem Punkt das begleitende n-Bein, die Krümmung und bei $n = 3$ die Torsion. Für die ebenen Kurven bestimme man die Evoluten.

a) $\big(\eta\,\dfrac{\omega}{2\pi}\,t,\, R\cos\omega t,\, R\sin\omega t\big)$, $\eta \in \mathbb{R}$, $\omega \neq 0$, $R > 0$ (S c h r a u b e n l i n i e).

b) $at\,(\cos\omega t, \sin\omega t)$, $a, \omega \neq 0$ (A r c h i m e d i s c h e S p i r a l e).

c) $e^{at}(\cos\omega t, \sin\omega t)$, $a, \omega \neq 0$ (L o g a r i t h m i s c h e S p i r a l e).

d) (t, at^2, bt^3), $a, b > 0$.   **e)** $e^{ct}(1, \cos t, \sin t)$, $c > 0$.

---

[8]) Es handelt sich um einen so genannten boost, vgl. Bd. 2, Beispiel 16.B.1.

2. Seien $a_1, \ldots, a_n \in \mathbb{R}^\times$ und $\alpha_1, \ldots, \alpha_n \in \mathbb{R}^\times$, letztere paarweise verschieden, $n \geq 2$. Die Kurve $f : \mathbb{R}_+^\times \to \mathbb{R}^n$ mit $t \mapsto (a_1 t^{\alpha_1}, \ldots, a_n t^{\alpha_n})$ ist eine so genannte m o n o m i a l e   K u r v e. $\mathbb{R}^n$ trage das Standardskalarprodukt und die Standardorientierung. Zu jedem Zeitpunkt $t_0 > 0$ sind die Ableitungen $f^{(v)}(t_0)$, $v = 1, \ldots, n$, linear unabhängig. Genau dann ist f positiv gewunden, wenn $\mathrm{Sign}(a_1 \cdots a_n)\, \mathrm{Sign}\, \sigma = 1$ ist, wobei $\sigma \in \mathfrak{S}_n$ die Permutation mit $\alpha_{\sigma(1)} < \cdots < \alpha_{\sigma(n)}$ ist. Man bestimme die Hauptkrümmung κ_1 von f und auch die übrigen Krümmungen $\kappa_2, \ldots, \kappa_{n-1}$. Man betrachte speziell den Fall $\alpha_v := v$, $v = 1, \ldots, n$.

3. Ein Fahrrad fahre mit der (dem Betrage nach) konstanten Geschwindigkeit 1 in der (komplexen) Ebene. Zum Zeitpunkt s befinde sich die Hinterradnabe in $f(s) \in \mathbb{C}$ und $\varphi(s)$ sei die Winkelauslenkung der Lenkstange, $|\varphi(s)| < \pi/2$. Es sei $f(0) = 0$ und $\dot{f}(0) = 1$. Dann ist $\ell \kappa(s) = \tan \varphi(s)$ und

$$K(s) = \frac{1}{\ell} \int_0^s \tan \varphi(\sigma)\, d\sigma \,, \qquad f(s) = \int_0^s \exp\big(\mathrm{i} K(\sigma)\big)\, d\sigma \,,$$

vgl. Beispiel 4.E.4.

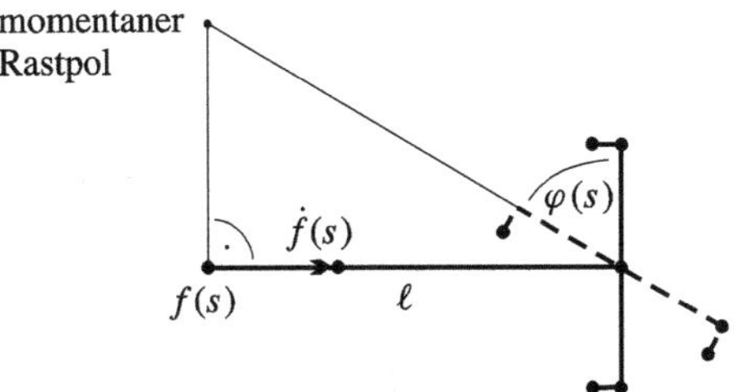

Für $\varphi(s) := \alpha s$, $\alpha > 0$, bestimme man den Anfang der Potenzreihenentwicklung von $f(s)$ um 0. Ferner bestimme man die Potenzreihenentwicklung um 0 für die Klothoide mit der Krümmung $\alpha s / \ell$ (und derselben Anfangsbedingung wie f).

4. Sei $f : I \to V$ eine n-mal stetig differenzierbare und bogenparametrisierte Kurve im orientierten euklidischen Vektorraum V der Dimension n, für die zu jedem Punkt $s \in I$ das begleitende n-Bein $e_1(s), \ldots, e_n(s)$ definiert ist. Aus $e_1 = \dot{f}$ gewinnt man mit den Frenetschen Formeln

$$\dot{e}_1 = \ddot{f} = \kappa_1 e_2\,,$$

$$\ddot{e}_1 = f^{(3)} = \dot{\kappa}_1 e_2 + \kappa_1 \dot{e}_2 = \dot{\kappa}_1 e_2 + \kappa_1(-\kappa_1 e_1 + \kappa_2 e_3) = -\kappa_1^2 e_1 + \dot{\kappa}_1 e_2 + \kappa_1 \kappa_2 e_3$$

und damit (bei $n \geq 3$) den Anfang der Taylor-Entwicklung von f um $s_0 \in I$

$$f(s) = f(s_0) + \dot{f}(s_0)(s - s_0) + \frac{\ddot{f}(s_0)}{2}(s - s_0)^2 + \frac{f^{(3)}(s_0)}{6}(s - s_0)^3 + \cdots$$

$$= f(s_0) + e_1(s_0)\Big((s - s_0) - \frac{\kappa_1^2}{6}(s - s_0)^3 + \cdots\Big) +$$

$$+ e_2(s_0)\Big(\frac{\kappa_1}{2}(s - s_0)^2 + \frac{\dot{\kappa}_1}{6}(s - s_0)^3 + \cdots\Big) +$$

$$+ e_3(s_0)\Big(\frac{\kappa_1 \kappa_2}{6}(s - s_0)^3 + \cdots\Big) + \cdots .$$

Insbesondere ist die Differenz von Bogen und Sehne gleich

$$|s - s_0| - \|f(s) - f(s_0)\| = |s - s_0|\Big(1 - \sqrt{1 - \frac{\kappa_1^2}{12}(s - s_0)^2 + \cdots}\Big) = \frac{\kappa_1^2}{24}|s - s_0|^3 + o\big(|s - s_0|^3\big)$$

für $s \to s_0$. Im Fall eines Kreises prüfe man diese Beziehung direkt. Man gebe bei $n \geq 4$ die Taylor-Entwicklung bis zur Ordnung 4 an.

5. Sei $f : I \to V$ eine n-mal stetig differenzierbare Kurve im orientierten euklidischen Raum V der Dimension n mit begleitendem n-Bein $e_1, e_2, \ldots, e_n$, $n \geq 2$. Dann ist $-e_1, e_2, \ldots, (-1)^n e_n$ das begleitende n-Bein für die entgegengesetzt durchlaufene Kurve. Insbesondere haben beide Kurven genau dann den gleichen Windungssinn, wenn $n \equiv 0$ oder $n \equiv 3 \bmod 4$ ist. (Ob eine Straßenkurve eine Rechts- oder Linkskurve ist, hängt von der Fahrtrichtung ab: Aus einer Rechtskurve auf dem Hinweg wird eine Linkskurve auf dem Rückweg und umgekehrt. Ob jedoch ein Gewinde ein Rechts- oder ein Linksgewinde ist, ist unabhängig von der Schraubrichtung. Sowohl für den Falken wie für die Maus ist die Bohne rechts- und der Hopfen linkswindend. [9])

6. a) Sei $f : [a, b] \to \mathbb{C}$ zweimal stetig differenzierbar und regulär, vgl. Beispiel 4.E.4. Dann ist die Gesamtkrümmung κ der Kurve f gleich

$$K = \int_a^b \kappa(t) |\dot{f}(t)| \, dt = \int_a^b \frac{\Delta(\dot{f}, \ddot{f})}{|\dot{f}|^2} \, dt = \Phi(\dot{f}\,;0)\,,$$

d.h. gleich der Gesamtwinkeländerung von $\dot{f}$ bzgl. 0. Insbesondere ist bei einer geschlossenen Kurve f (mit $f(a) = f(b)$ und $\dot{f}(a) = \dot{f}(b)$) die Gesamtkrümmung gleich $2\pi W(\dot{f}\,;0)$ mit der Windungszahl $W(\dot{f}\,;0)$ von $\dot{f}$ bzgl. 0. (Vgl. Beispiel 4.A.12. – Der Begriff der Gesamtkrümmung ist also ursprünglicher als der der Krümmung und lässt sich bereits für stetig differenzierbare (ja sogar für stetige und stückweise stetig differenzierbare) Kurven $f : [a, b] \to \mathbb{C}$ einführen. Was ist die Gesamtkrümmung eines Streckenzugs in $\mathbb{C}$?)

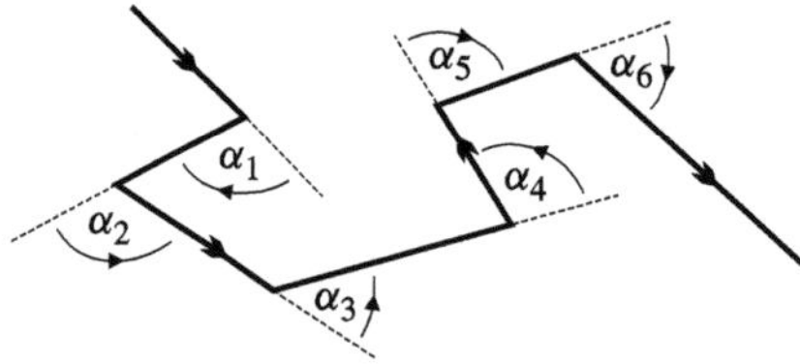

b) Man bestimme die Gesamtkrümmung der folgenden stetig differenzierbaren geschlossenen Kurve:

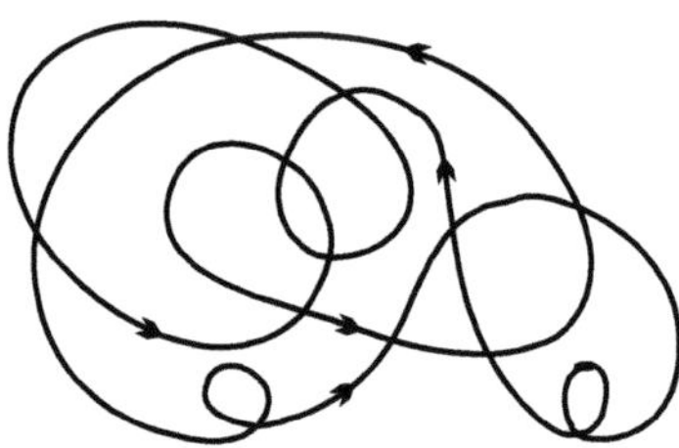

7. (P o l a r k o o r d i n a t e n) Sei V eine zweidimensionale orientierte euklidische Ebene mit der die Orientierung repräsentierenden Orthonormalbasis v_1, v_2 und der zugehörigen Polarkoordinatenabbildung

---

[9] Der Leser lasse sich nicht verwirren: *Für Botaniker haben „rechts-" bzw. „linkswindend" die umgekehrte Bedeutung.* Die Motivation hierfür liefert der (ebene) Windungssinn der Projektionen auf die Erdoberfläche der in die Höhe wachsenden Ranken. Vgl. auch Fußnote 3.

$$(r, \varphi) \mapsto r \cos \varphi \, v_1 + r \sin \varphi \, v_2 \, .$$

Die Vektoren

$$\vec{r} = \vec{r}(\varphi) = \cos \varphi \, v_1 + \sin \varphi \, v_2 \quad \text{bzw.} \quad \vec{\varphi} = \vec{\varphi}(\varphi) = -\sin \varphi \, v_1 + \cos \varphi \, v_2$$

heißen der **R a d i a l v e k t o r** bzw. der **W i n k e l v e k t o r**, jeweils für den Winkel φ. Der Punkt mit den Polarkoordinaten (r, φ) ist also $r\vec{r} = r\vec{r}(\varphi)$.

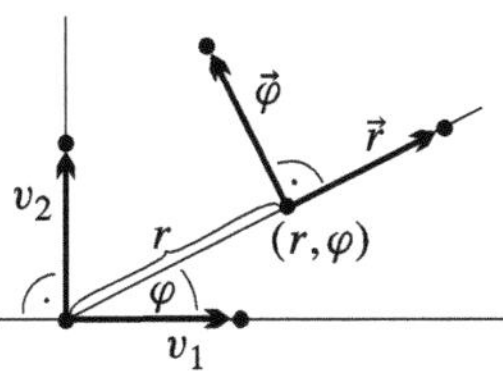

Für jedes φ bilden $\vec{r}$ und $\vec{\varphi}$ ebenfalls eine die Orientierung von V repräsentierende Orthonormalbasis. Wir betrachten nun eine in Polarkoordinaten gegebene Kurve

$$f : t \mapsto f(t) = r(t) \, \vec{r}\big(\varphi(t)\big) \, .$$

a) Bei differenzierbaren φ und r gilt

$$\dot{\vec{r}} = \dot{\varphi}\vec{\varphi} \, , \quad \dot{\vec{\varphi}} = -\dot{\varphi}\vec{r} \, , \quad \dot{f} = \dot{r}\vec{r} + r\dot{\varphi}\vec{\varphi} \, .$$

Man nennt $\dot{r}\vec{r}$ die **R a d i a l k o m p o n e n t e** und $r\dot{\varphi}\vec{\varphi}$ die **W i n k e l k o m p o n e n t e** der Geschwindigkeit $\dot{f}$. Insbesondere ist $\|\dot{f}\|^2 = \dot{r}^2 + r^2\dot{\varphi}^2$.

b) Bei zweimal differenzierbaren φ und r gilt

$$\ddot{f} = (\ddot{r} - r\dot{\varphi}^2)\vec{r} + (2\dot{r}\dot{\varphi} + r\ddot{\varphi})\vec{\varphi} \, .$$

Wieder heißen $(\ddot{r} - r\dot{\varphi}^2)\vec{r}$ bzw. $(2\dot{r}\dot{\varphi} + r\ddot{\varphi})\vec{\varphi}$ die **R a d i a l -** bzw. **W i n k e l k o m p o n e n t e** der Beschleunigung $\ddot{f}$. Insbesondere ist

$$\|\ddot{f}\|^2 = (\ddot{r} - r\dot{\varphi}^2)^2 + (2\dot{r}\dot{\varphi} + r\ddot{\varphi})^2 \, , \quad \kappa = \frac{\dot{r}(2\dot{r}\dot{\varphi} + r\ddot{\varphi}) - r\dot{\varphi}(\ddot{r} - r\dot{\varphi}^2)}{(\dot{r}^2 + r^2\dot{\varphi}^2)^{3/2}} \, .$$

Speziell bei $\varphi(t) = t + \varphi_0$, also $\dot{\varphi} = 1$ ergibt sich

$$\|\ddot{f}\|^2 = (\ddot{r} - r)^2 + 4\dot{r}^2 \, , \quad \kappa = \frac{r^2 + 2\dot{r}^2 - r\ddot{r}}{(r^2 + \dot{r}^2)^{3/2}} \, .$$

8. Sei $f : I \to V$ eine n-mal stetig differenzierbare positiv (bzw. negativ) gewundene Kurve im n-dimensionalen orientierten euklidischen Vektorraum V. Zu jedem Zeitpunkt $t \in I$ gibt es eine Umgebung U von t in I mit folgender Eigenschaft: Sind $t_0, \ldots, t_n \in U$ und gilt $t_0 < \cdots < t_n$, so ist das n-Simplex $\big(f(t_0), \ldots, f(t_n)\big)$ in V nicht-ausgeartet und repräsentiert die gegebene Orientierung von V (bzw. die dazu entgegengesetzte Orientierung). (Die höheren Differenzen $\Delta(t_0, t_1; f), \ldots, \Delta(t_0, \ldots, t_n; f)$, vgl. Bd. 1, Abschnitt 15.B, und die Differenzen $f(t_1) - f(t_0), \ldots, f(t_n) - f(t_0)$ repräsentieren dieselbe Orientierung, falls die Vektoren $\Delta(t_0, t_1; f), \ldots, \Delta(t_0, \ldots, t_n; f)$ (oder die Vektoren $f(t_1) - f(t_0), \ldots, f(t_n) - f(t_0)$) linear unabhängig sind. Jetzt benutze man den verallgemeinerten Mittelwertsatz aus Bd. 1, 15.B, Aufg. 6.)

9. Sei V ein n-dimensionaler euklidischer Raum mit $n \geq 2$ und $m := [n/2]$. Jede Kurve f in V mit konstanten Krümmungen $\kappa_1, \ldots, \kappa_{n-1} > 0$ ist bei Bogenparametrisierung, geeigneter Wahl einer Orthonormalbasis $v_1, v_2, \ldots, v_{2m-1}, v_{2m}$ bei geradem bzw. $v_0, v_1, v_2, \ldots, v_{2m-1}, v_{2m}$ bei ungeradem n und geeigneter Wahl des Koordinatenursprungs sowie des Zeitnullpunkts eine

Schraubenlinie der Gestalt

$$f(s) = sbv_0 + \frac{d_1}{\omega_1}\big(\cos\omega_1 s\; v_1 + \sin\omega_1 s\; v_2\big) + \cdots + \frac{d_m}{\omega_m}\big(\cos\omega_m s\; v_{2m-1} + \sin\omega_m s\; v_{2m}\big)$$

mit $0 < \omega_1 < \cdots < \omega_m$ und positiven Konstanten $b, d_1, \ldots, d_m$, für die $b^2 + d_1^2 + \cdots + d_m^2 = 1$ ist, wobei die Summanden sbv_0 (bzw. b^2) nur bei ungeradem n auftreten. Man zeige, dass die so normierten Konstanten $\omega_1, \ldots, \omega_m, b, d_1, \ldots, d_m$ durch die Krümmungen $\kappa_1, \ldots, \kappa_{n-1}$ eindeutig bestimmt sind und gebe Kalküle zu ihrer Berechnung aus den Krümmungen an und umgekehrt. Für $n = 2, 3, 4$ finde man explizite Formeln.

5 Totale Differenzierbarkeit

Wir betrachten im Folgenden Abbildungen von offenen Mengen eines endlichdimensionalen $\mathbb{K}$-Vektorraums mit Werten, die ebenfalls in einem solchen Vektorraum liegen. Diese Vektorräume versehen wir stets mit der natürlichen Topologie, die jeweils durch eine (beliebige) Norm definiert werden kann.

5.A Richtungsableitungen

Seien V und W endlichdimensionale $\mathbb{K}$-Vektorräume, G eine offene Menge in V und $f : G \to W$ eine Abbildung.

5.A.1 Definition Für einen Vektor $v \in V$ heißt f im Punkt $x_0 \in G$ in Richtung v differenzierbar, wenn die (in einer Umgebung von $0 \in \mathbb{K}$ definierte) W-wertige Abbildung

$$t \mapsto f(x_0 + tv)$$

im Punkt 0 differenzierbar ist. Diese Ableitung heißt dann die (Richtungs-)Ableitung von f in x_0 in Richtung v. Sie wird mit

$$D_v f(x_0)$$

bezeichnet. Existiert $D_v f(x_0)$ für jeden Punkt $x_0 \in G$, so heißt f in G in Richtung v differenzierbar.

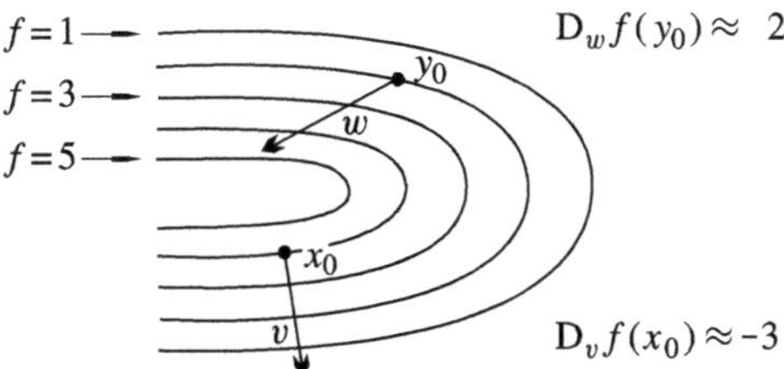

Es ist also

$$D_v f(x_0) = \lim_{t \to 0,\, t \neq 0} \frac{f(x_0 + tv) - f(x_0)}{t}.$$

Existenz und Wert von $D_v f(x_0)$ hängen somit nur von der Beschränkung von f auf die (affine) Gerade $\mathbb{K}v + x_0$ in einer Umgebung von x_0 ab. Verschwindet die Richtungsableitung $D_v f(x_0)$, so sagt man, f sei im Punkt x_0 in Richtung v stationär. Der Begriff der Richtungsableitung lässt sich unmittelbar auf Abbildungen $G \to W$ erweitern, wobei G eine offene Menge in einem affinen Raum über V ist.

Ist f auf der Strecke $[x_0, x_0+v]$ überall in Richtung v differenzierbar, so ist

$$\frac{d}{dt} f(x_0+tv) = \mathrm{D}_v f(x_0+tv)$$

für alle $t \in [0, 1]$ und der Mittelwertsatz 4.C.2 liefert

$$\| f(x_0+v) - f(x_0)\| \le \|\mathrm{D}_v f(x_0+t_0 v)\|$$

mit einem $t_0 \in [0, 1]$, d.h. einem Punkt $x_0+t_0 v$ auf der Verbindungsstrecke $[x_0, x_0+v]$.

Ist $\mathbb{K} = \mathbb{C}$ und ist f in x_0 in Richtung von $v \in V$ komplex-differenzierbar, so ist f auch reell-differenzierbar und die beiden Richtungsableitungen stimmen trivialerweise überein. Häufig kann man sich daher auf den reellen Fall beschränken.

Die üblichen Differenzierbarkeitsregeln aus 4.A übertragen sich leicht auch auf den Fall $\mathbb{K} = \mathbb{C}$. Insbesondere gilt:

5.A.2 (1) (Summenregel) *Sind f und g in $x_0 \in G$ in Richtung $v \in V$ differenzierbar, so auch $f+g$ mit $\mathrm{D}_v(f+g)(x_0) = \mathrm{D}_v f(x_0) + \mathrm{D}_v g(x_0)$.*

(2) (Produktregel) *Sind $f_i : G \to W_i$, $i = 1, \ldots, s$, in $x_0 \in G$ in Richtung $v \in V$ differenzierbar und ist $\Phi : W_1 \times \cdots \times W_s \to W$ $\mathbb{K}$-multilinear, so ist auch $\Phi(f_1, \ldots, f_s) : G \to W$ in x_0 in Richtung v differenzierbar mit*

$$\mathrm{D}_v \Phi(f_1, \ldots, f_s)(x_0) = \sum_{i=1}^{s} \Phi\big(f_1(x_0), \ldots, \mathrm{D}_v f_i(x_0), \ldots, f_s(x_0)\big).$$

Außerdem gilt offenbar $\mathrm{D}_{av} f(x_0) = a \mathrm{D}_v f(x_0)$ für alle $a \in \mathbb{K}$ und $v \in V$, falls f im Punkt x_0 in Richtung v differenzierbar ist.

Ist in V eine Basis v_j, $j \in J$, ausgezeichnet, so heißen die Ableitungen $\mathrm{D}_{v_j} f(x_0)$, $j \in J$, die zugehörigen **partiellen Ableitungen** von f in x_0. Sind $x_j = v_j^*$ die (linearen) Koordinatenfunktionen $V \to \mathbb{K}$ bzgl. der gegebenen Basis, so bezeichnet man die partiellen Ableitungen auch mit

$$\frac{\partial f}{\partial x_j}(x_0) = (\partial f/\partial x_j)(x_0) = \partial_{x_j} f(x_0) = \partial_j f(x_0), \quad j \in J.$$

Man beachte, dass diese partiellen Ableitungen erst dann definiert sind, *wenn eine vollständige Basis x_j, $j \in J$, des Dualraums V^* (und damit eine vollständige Basis von V) gegeben ist.* Eine partielle Ableitung $(\partial f/\partial u)(x_0)$ nach einer (von 0 verschiedenen) Linearform $u : V \to \mathbb{K}$ allein hat bei $\mathrm{Dim}_{\mathbb{K}} V > 1$ zunächst keinen Sinn.

Diese Sprech- und Bezeichnungsweisen sind speziell für $V = \mathbb{K}^n$ und die Standardbasis $e_1, \ldots, e_n$ üblich. Statt D_{e_j} schreibt man häufig einfach D_j. Für die Funktion $(x_1, \ldots, x_n) \mapsto f(x_1, \ldots, x_n)$, $(x_1, \ldots, x_n) \in G \subseteq \mathbb{K}^n$, gilt also

$$\frac{\partial f}{\partial x_j}(x_1, \ldots, x_n) = \lim_{t \to 0, t \neq 0} \frac{1}{t} \big(f(x_1, \ldots, x_j+t, \ldots, x_n) - f(x_1, \ldots, x_j, \ldots, x_n)\big).$$

Zur Berechnung der partiellen Ableitung $\partial/\partial x_j$ hat man alle Variablen bis auf die j-te festzuhalten und dann nach dieser zu differenzieren.

Existieren alle partiellen Ableitungen von f bzgl. einer Basis, so heißt f (bzgl. dieser Basis) **partiell differenzierbar**.

5.A.3 Beispiel (1) Für die Funktion $f : \mathbb{K}^2 \to \mathbb{K}$ mit

$$f(x, y) := e^{xy} \sin(x^2 + y)$$

ist

$$\mathrm{D}_1 f(x, y) = \frac{\partial f}{\partial x}(x, y) = y e^{xy} \sin(x^2 + y) + 2x e^{xy} \cos(x^2 + y)\,,$$

$$\mathrm{D}_2 f(x, y) = \frac{\partial f}{\partial y}(x, y) = x e^{xy} \sin(x^2 + y) + e^{xy} \cos(x^2 + y)\,.$$

(2) Eine Abbildung ist nicht notwendig stetig, wenn sie partiell differenzierbar ist, ja nicht einmal dann, wenn alle Richtungsableitungen existieren. [1]) Die Funktion $f : \mathbb{R}^2 \to \mathbb{R}$ beispielsweise sei definiert durch

$$f(x, y) := \begin{cases} xy^3/(x^2 + y^6)\,, & \text{falls } (x, y) \neq 0, \\ 0\,, & \text{falls } (x, y) = 0. \end{cases}$$

In jedem Punkt $(x, y) \neq 0$ ist die Existenz aller Richtungsableitungen und auch die Stetigkeit von f trivial (Produkt- und Quotientenregel). Für die Richtungsableitung von f im Punkt 0 in Richtung $v = (r, s) \neq 0$ ist der Differenzenquotient

$$\frac{1}{t} f(tr, ts) = t \, \frac{rs^3}{r^2 + t^4 s^6}$$

zu betrachten. Für $t \to 0$ existiert der zugehörige Grenzwert und ist gleich 0 (man betrachte die Fälle $r = 0$ und $r \neq 0$ getrennt), d.h. f ist in 0 in jeder Richtung differenzierbar. Die Funktion f ist jedoch in 0 nicht stetig. Für eine Nullfolge (ε_n) mit $\varepsilon_n \neq 0$ ist nämlich

$$\lim_{n \to \infty} f(\varepsilon_n^3, \varepsilon_n) = \lim_{n \to \infty} \frac{\varepsilon_n^6}{2\varepsilon_n^6} = \frac{1}{2} \neq f(0, 0)\,.$$

Wir werden allerdings im nächsten Abschnitt zeigen, dass Abbildungen mit stetigen partiellen Ableitungen (total differenzierbar und folglich) stetig sind.

Ist $f : G \to W$ überall in G in Richtung $v \in V$ differenzierbar, so ist $\mathrm{D}_v f$ wieder eine Abbildung von G in W, nach deren Richtungsableitungen man fragen kann. Existieren diese, so spricht man von h ö h e r e n R i c h t u n g s a b l e i t u n g e n. Über die Unabhängigkeit dieser höheren Richtungsableitungen von der Reihenfolge der einzelnen Richtungsableitungen gilt der folgende fundamentale Satz:

5.A.4 Satz von Schwarz *Für die Abbildung $f : G \to W$ auf der offenen Menge G in V und die Vektoren $v, w \in V$ mögen die zweiten Richtungsableitungen $\mathrm{D}_v \mathrm{D}_w f$ und $\mathrm{D}_w \mathrm{D}_v f$ existieren und stetig sein. Dann gilt auf G:*

$$\mathrm{D}_w \mathrm{D}_v f = \mathrm{D}_v \mathrm{D}_w f\,.$$

B e w e i s . Ohne Einschränkung sei $\mathbb{K} = \mathbb{R}$. Ferner können wir annehmen, dass $W = \mathbb{R}$ ist, indem wir die Komponentenfunktionen von f bzgl. einer Basis von W betrachten. Sei $x \in G$ ein fester Punkt. Für absolut kleine $s, t \in \mathbb{R}$ erhält man durch Anwenden des Mittelwertsatzes auf die Abbildung $\sigma \mapsto f(x + \sigma v + tw) - f(x + \sigma v)$ im Intervall

---

[1]) Im Fall $\mathbb{K} = \mathbb{C}$ besagt allerdings ein tiefliegender S a t z v o n H a r t o g s , dass die partielle Differenzierbarkeit die Stetigkeit impliziert.

mit den Randpunkten 0 und s und dann auf die Abbildung $\tau \mapsto \mathrm{D}_v f(x+s_1 v+\tau w)$ im Intervall mit den Randpunkten 0 und t

$$\big(f(x+sv+tw) - f(x+sv)\big) - \big(f(x+tw) - f(x)\big) =$$
$$= s\big(\mathrm{D}_v f(x+s_1 v+tw) - \mathrm{D}_v f(x+s_1 v)\big) = st\,\mathrm{D}_w \mathrm{D}_v f(x+s_1 v+t_1 w)$$

und analog

$$\big(f(x+sv+tw) - f(x+tw)\big) - \big(f(x+sv) - f(x)\big) = ts\,\mathrm{D}_v \mathrm{D}_w f(x+s_2 v+t_2 w)$$

mit s_1, s_2 zwischen 0 und s sowie t_1, t_2 zwischen 0 und t. Bei $s, t \neq 0$ folgt

$$\mathrm{D}_w \mathrm{D}_v f(x+s_1 v+t_1 w) = \mathrm{D}_v \mathrm{D}_w f(x+s_2 v+t_2 w)\,.$$

Lässt man noch s und t und damit s_1, s_2 und t_1, t_2 gegen 0 gehen, so ergibt sich mit der Stetigkeit von $\mathrm{D}_w \mathrm{D}_v f$ und $\mathrm{D}_v \mathrm{D}_w f$ die Behauptung.   ●

5.A.5 Bemerkung Für die Gleichheit $\mathrm{D}_w \mathrm{D}_v f(x) = \mathrm{D}_v \mathrm{D}_w f(x)$ im Punkt $x \in G$ genügt es, die Stetigkeit der beiden zweiten Richtungsableitungen allein im Punkt x zu fordern. – Der Leser präge sich die Idee des Beweises von 5.A.4 ein:

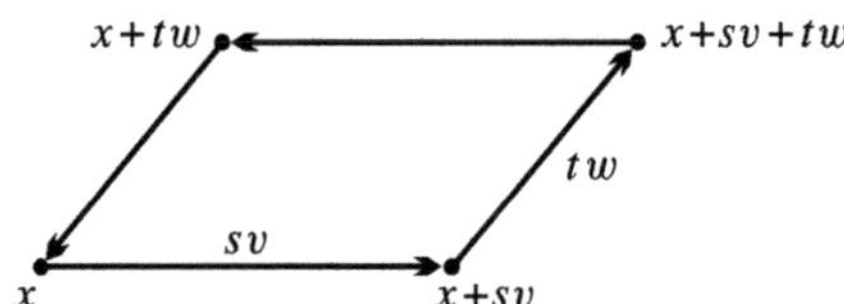

Man läuft von x aus in der skizzierten Weise um das Parallelogramm und addiert die Änderungen von f. Das ergibt wie oben

$$\begin{aligned}
0 &= \big(f(x + sv) - f(x)\big) + \big(f(x + sv + tw) - f(x + sv)\big) \\
&\quad + \big(f(x + tw) - f(x + sv + tw)\big) + \big(f(x) - f(x + tw)\big) \\
&= \big((f(x + sv + tw) - f(x + sv)) - (f(x + tw) - f(x))\big) \\
&\quad - \big((f(x + sv + tw) - f(x + tw)) - (f(x + sv) - f(x))\big) \\
&= st\,\mathrm{D}_w \mathrm{D}_v f(x + s_1 v + t_1 w) - ts\,\mathrm{D}_v \mathrm{D}_w f(x + s_2 v + t_2 w)\,.
\end{aligned}$$

In anderen Situationen ist die Gesamtänderung bei solch einem Parallelogrammumlauf nicht immer 0. Das führt zu den Phänomenen der „Krümmung", auf die wir in §10 von Bd. 4 zu sprechen kommen werden. Für ein Beispiel siehe schon Abschnitt 7.B, Aufg. 6.

5.A.6 Definition Eine Abbildung $f : G \to W$ auf der offenen Menge $G \subseteq V$ heißt *k-mal stetig differenzierbar* oder eine *C^k-Abbildung*, $k \in \mathbb{N}$, wenn für alle $v_1, \dots, v_p \in V$, $p \leq k$, die Richtungsableitungen $\mathrm{D}_{v_1} \cdots \mathrm{D}_{v_p} f$ existieren und stetig sind.

Die C^0-Abbildungen sind die stetigen Abbildungen. Wir werden im nächsten Abschnitt sehen (vgl. 5.B.7), dass es in der vorstehenden Definition genügt zu fordern, dass die $\mathrm{D}_{v_1} \cdots \mathrm{D}_{v_k} f$ existieren und stetig sind, wobei $v_1, \dots, v_k$ nur die Vektoren einer gegebenen Basis von V durchlaufen. Die Menge der C^k-Abbildungen $G \to W$ bezeichnen wir mit

$$\mathrm{C}^k(G, W)\,,$$

im Fall $W = \mathbb{K}$ schreiben wir auch

$$\mathrm{C}_{\mathbb{K}}^{k}(G) \quad \text{oder kurz} \quad \mathrm{C}^{k}(G)\,.$$

$\mathrm{C}^{k}(G, W)$ ist offenbar ein $\mathbb{K}$-Unterraum von W^{G} und $\mathrm{C}_{\mathbb{K}}^{k}(G)$ eine $\mathbb{K}$-Unteralgebra von $\mathbb{K}^{G}$. Wir setzen noch

$$\mathrm{C}^{\infty}(G, W) := \bigcap_{k \in \mathbb{N}} \mathrm{C}^{k}(G, W) \quad \text{bzw.} \quad \mathrm{C}_{\mathbb{K}}^{\infty}(G) := \bigcap_{k \in \mathbb{N}} \mathrm{C}_{\mathbb{K}}^{k}(G)$$

für den Raum bzw. die Algebra der beliebig oft stetig differenzierbaren Abbildungen bzw. Funktionen auf G mit Werten in W bzw. $\mathbb{K}$.

Da jede Permutation Produkt von Transpositionen ist (vgl. Bd. 2, Lemma 9.A.3), folgt aus 5.A.4 sofort:

5.A.7 Korollar *Die Abbildung* $f : G \to W$ *sei k-mal stetig differenzierbar. Für beliebige Richtungen* $v_{1}, \ldots, v_{p} \in V$, $p \leq k$, *und beliebige Permutationen* $\sigma \in \mathfrak{S}_{p}$ *gilt*

$$\mathrm{D}_{v_{\sigma 1}} \cdots \mathrm{D}_{v_{\sigma p}} f = \mathrm{D}_{v_{1}} \cdots \mathrm{D}_{v_{p}} f\,.$$

Insbesondere sind die höheren partiellen Ableitungen bis zur Ordnung k einer k-mal stetig differenzierbaren Abbildung unabhängig von der Reihenfolge, in der sie gebildet werden. Für $G \subseteq \mathbb{K}^{n}$ werden also sämtliche partiellen Ableitungen einer k-mal stetig differenzierbaren Abbildung $f : G \to W$ bis zur Ordnung k gegeben durch

$$\mathrm{D}_{1}^{v_{1}} \cdots \mathrm{D}_{n}^{v_{n}} f = \frac{\partial^{|v|} f}{\partial x_{1}^{v_{1}} \cdots \partial x_{n}^{v_{n}}}\,, \quad |v| = v_{1} + \cdots + v_{n} \leq k\,.$$

Für $\mathrm{D}_{1}^{v_{1}} \cdots \mathrm{D}_{n}^{v_{n}} f$ schreibt man auch kurz $\mathrm{D}^{v} f$, $v := (v_{1}, \ldots, v_{n}) \in \mathbb{N}^{n}$.

5.A.8 Beispiel Ohne Stetigkeitsvoraussetzungen ist das Bilden der Richtungsableitungen im Allgemeinen nicht vertauschbar, wie das folgende Beispiel zeigt: Sei $f : \mathbb{R}^{2} \to \mathbb{R}$ definiert durch

$$f(x, y) := \begin{cases} xy \dfrac{x^{2} - y^{2}}{x^{2} + y^{2}}\,, & \text{falls } (x, y) \neq 0, \\ 0\,, & \text{falls } (x, y) = 0. \end{cases}$$

In $\mathbb{R}^{2} - \{0\}$ ist dann f beliebig oft stetig differenzierbar, und dort gilt

$$\mathrm{D}_{1} f(x, y) = \frac{\partial f}{\partial x}(x, y) = y\,\frac{x^{4} + 4x^{2}y^{2} - y^{4}}{(x^{2} + y^{2})^{2}}\,,$$

$$\mathrm{D}_{2} f(x, y) = \frac{\partial f}{\partial y}(x, y) = x\,\frac{x^{4} - 4x^{2}y^{2} - y^{4}}{(x^{2} + y^{2})^{2}}\,.$$

Außerdem ist $\mathrm{D}_{1} f(0, 0) = 0 = \mathrm{D}_{2} f(0, 0)$. Es folgt

$$\mathrm{D}_{1}\mathrm{D}_{2} f(0, 0) = \lim_{t \to 0, t \neq 0} \frac{t^{4}}{t^{4}} = 1\,, \quad \text{aber} \quad \mathrm{D}_{2}\mathrm{D}_{1} f(0, 0) = \lim_{t \to 0, t \neq 0} \frac{-t^{4}}{t^{4}} = -1\,.$$

Aufgaben

1. Man berechne die ersten und zweiten partiellen Ableitungen folgender Funktionen:

a) $(xy)^z$ auf $(\mathbb{R}_+^\times)^3$. **b)** $x^{(yz)}$ auf $(\mathbb{R}_+^\times)^3$.

c) $\dfrac{1}{2}\ln(x^2+y^3)$ auf $(\mathbb{R}_+^\times)^2$. **d)** $\arctan\dfrac{y}{x}$ auf $\mathbb{R}^\times \times \mathbb{R}$.

2. Man berechne $\dfrac{\partial^{102}}{\partial y^2 \partial x^{100}}\big((1+x^2)^x y\big)$.

3. Man prüfe jeweils, welche Richtungsableitungen und welche partiellen Ableitungen existieren für die Funktionen $f:\mathbb{R}^2 \to \mathbb{R}$:

a) $f(x,y) := xy/(x^2+y^2)$. **b)** $f(x,y) := x^3/(x^2+y^2)$.

c) $f(x,y) := x^2y/(x^2+y^2)$. **d)** $f(x,y) := x^2y/(x^4+y^2)$.

(Für den Nullpunkt sei in allen Fällen $f(0,0) := 0$ gesetzt.)

4. Seien $G \subseteq \mathbb{R}^2$ und $f:G \to \mathbb{R}$ partiell differenzierbar. Ist $D_2 f$ stetig im Punkt $x_0 \in G$, so ist f in x_0 in allen Richtungen differenzierbar.

5. Für die Funktion $f:\mathbb{R}^2 \to \mathbb{R}$ existiere die partielle Ableitung $\partial f/\partial x$ und sei identisch 0. Dann gibt es eine Funktion $g:\mathbb{R} \to \mathbb{R}$ mit $f(x,y) = g(y)$ für alle $x,y \in \mathbb{R}$.

6. Für $f:\mathbb{R}^2 \to \mathbb{R}$ existiere die zweite partielle Ableitung $\partial^2 f/\partial x \partial y$ und sei identisch 0. Dann gibt es Funktionen $g,h:\mathbb{R} \to \mathbb{R}$ mit $f(x,y) = g(x) + h(y)$ für alle $x,y \in \mathbb{R}$.

7. Sei $G \subseteq V$ ein Gebiet, und $f:G \to W$ sei partiell differenzierbar bezüglich einer Basis von V. Verschwinden alle partiellen Ableitungen von f, so ist f konstant. (Man reduziere auf den Fall $\mathbb{K} = \mathbb{R}$. Unter der angegebenen Bedingung ist f lokal konstant.)

8. Sei $v_1, \ldots, v_n$ eine Basis von V. Für die Abbildung $f:G \to W$ mögen alle partiellen Ableitungen $D_{v_i} f$, $i = 1, \ldots, n$, auf G existieren und in einer Umgebung von $x_0 \in G$ beschränkt sein. Dann ist f in x_0 stetig.

9. Seien $v_1, \ldots, v_n \in V$ Richtungen in V und $f_1, \ldots, f_n \in V^*$ Linearformen auf V. Dann ist die n-fache Richtungsableitung $D_{v_1} \cdots D_{v_n}(f_1 \cdots f_n)$ konstant gleich der Permanenten der Matrix $\big(f_j(v_i)\big)_{1 \le i \le n, 1 \le j \le n} \in M_n(\mathbb{K})$. Dabei ist die P e r m a n e n t e einer Matrix $\mathfrak{A} = (a_{ij}) \in M_n(A)$ mit Koeffizienten a_{ij} in einem kommutativen Ring A definiert durch

$$\operatorname{Perm} \mathfrak{A} := \sum_{\sigma \in \mathfrak{S}_n} \prod_{i=1}^{n} a_{i,\sigma i} = \sum_{\sigma \in \mathfrak{S}_n} \prod_{j=1}^{n} a_{\sigma j, j} \, .$$

(Vgl. auch Bd. 4, 6.C, Aufg. 10 oder Bd. 4, Beispiel 7.C.5.)

5.B Differenzierbarkeit

Seien V und W endlichdimensionale $\mathbb{K}$-Vektorräume und $G \subseteq V$ offen. Die Richtungsableitungen einer Abbildung $f : G \to W$ im Punkt $x_0 \in G$ können für die verschiedenen Richtungen völlig unabhängig voneinander sein. Insbesondere folgt aus der Existenz aller Richtungsableitungen nicht einmal die Stetigkeit von f in x_0. Ein sinnvoller Differenzierbarkeitsbegriff für f hat also schärfere Bedingungen zu stellen. Wir orientieren uns bei seiner Definition an der Eigenschaft der linearen Approximierbarkeit bei einer Variablen, vgl. Bd. 1, 13.A.3.

5.B.1 Definition Die Abbildung $f : G \to W$ heißt im Punkt $x_0 \in G$ (total) d i f f e r e n z i e r b a r, wenn f im Punkt x_0 linear approximierbar ist, d.h. wenn es eine ($\mathbb{K}$-)lineare Abbildung $T : V \to W$ gibt mit

$$f(x_0 + v) = f(x_0) + T(v) + \|v\|\, r(v)\,,$$

wobei r in 0 stetig ist mit $r(0) = 0$. – Ist f in jedem Punkt von G differenzierbar, so heißt f in G (total) d i f f e r e n z i e r b a r.

Die Gleichung in vorstehender Definition kann man offenbar auch in der Form

$$f(x_0 + v) = f(x_0) + T(v) + o\big(\|v\|\big) \quad \text{für} \quad v \to 0$$

schreiben (wobei o das Landausche Symbol ist). Natürlich ist die Differenzierbarkeit von f in x_0 unabhängig von der Wahl der Norm auf V, da je zwei Normen auf V bzw. W jeweils äquivalent sind. *Ferner ist die lineare Abbildung T durch f und x_0 eindeutig bestimmt.* Ist nämlich $T' : V \to W$ eine weitere solche lineare Abbildung, so folgt mit

$$f(x_0 + v) = f(x_0) + T'(v) + \|v\|\, r'(v)$$

die Gleichung

$$T(v) - T'(v) = \|v\|\,\big(r'(v) - r(v)\big)$$

für alle v aus einer Umgebung von 0 in V. Nun ist

$$T(v) - T'(v) = \lim_{t \to 0, t \neq 0} \frac{1}{t}\,(T - T')(tv) = \lim_{t \to 0, t \neq 0} \frac{\|tv\|}{t}\,\big(r'(tv) - r(tv)\big) = 0\,,$$

da r und r' in 0 stetig mit Wert 0 sind und da $\|tv\|/t = \|v\|\,|t|/t$ beschränkt ist. Die somit eindeutig bestimmte lineare Abbildung $T : V \to W$ heißt das (t o t a l e) D i f f e r e n z i a l oder auch die (F r e c h e t -)A b l e i t u n g von f in x_0 und wird mit

$$\mathrm{D}f(x_0\,;-) = \mathrm{D}f(x_0) = (\mathrm{D}f)_{x_0}$$

bezeichnet. Häufig benutzen wir aber auch die traditionellen Bezeichnungen

$$(df)(x_0) = (df)_{x_0}$$

für das totale Differenzial $v \mapsto \mathrm{D}f(x_0\,;\,v)$ im Punkt x_0, insbesondere für $\mathbb{K}$-wertige Funktionen f. Ist $f : G \to W$ differenzierbar, so ist das totale Differenzial $x \mapsto (\mathrm{D}f)_x$ eine Abbildung

$$\mathrm{D}f : G \to \mathrm{Hom}_{\mathbb{K}}(V, W)\,.$$

Ist $f : G \to W$ in x_0 differenzierbar, so heißt der Graph

$$\left\{\left(x\,,\,f(x_0) + \mathrm{D}f(x_0\,;\,x - x_0)\right) \mid x \in V\right\} \subseteq V \times W$$

der f in x_0 approximierenden affinen Abbildung

$$x \mapsto f(x_0) + \mathrm{D}f(x_0\,;\,x - x_0)$$

von V in W der **Tangentialraum** an den Graphen

$$\Gamma(f) = \{(x, f(x)) \mid x \in G\} \subseteq G \times W$$

von f im Punkt $\left(x_0\,,\,f(x_0)\right)$. Der Tangentialraum ist ein affiner Unterraum der Dimension $\mathrm{Dim}_{\mathbb{K}}V$ von $V \times W$ durch den Punkt $\left(x_0\,,\,f(x_0)\right)$.

5.B.2 Beispiel Für $\mathbb{K} = \mathbb{R}$ sind die einfachsten nichttrivialen Fälle die folgenden:

(1) $\mathrm{Dim}_{\mathbb{R}}V = \mathrm{Dim}_{\mathbb{R}}W = 1$: Nach Wahl von Basen in V und W handelt es sich (bei zusammenhängendem G) um eine Funktion $f : I \to \mathbb{R}$ auf einem Intervall $I \subseteq \mathbb{R}$. Der Tangentialraum ist die Tangente an den Graphen von f. Dieser Fall wurde ausführlich in Band 1 behandelt.

(2) $\mathrm{Dim}_{\mathbb{R}}V = 1$ und $\mathrm{Dim}_{\mathbb{R}}W = 2$: Hierbei handelt es sich im Wesentlichen um ebene Kurven $f : I \to W$, $I \subseteq \mathbb{R}$. Der Graph von f ist die Raumkurve $t \mapsto \left(t, f(t)\right)$, $t \in I$.

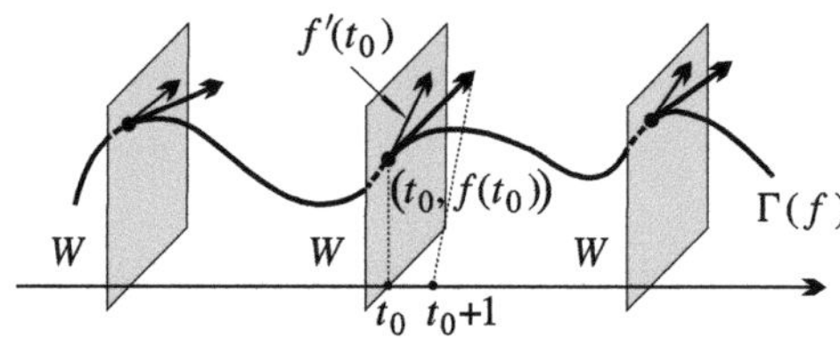

Der Tangentialraum an den Graphen $\Gamma(f)$ im Punkt $\left(t_0\,,\,f(t_0)\right) \in \Gamma(f)$ ist die Tangente $\mathbb{R}\left(1, f'(t_0)\right) + \left(t_0, f(t_0)\right)$, die man von der Tangente $\mathbb{R}f'(t_0) + f(t_0) \subseteq W$ an die Kurve f im Punkte $f(t_0)$ zu unterscheiden hat. Letztere ist nur definiert, wenn f im Punkt t_0 regulär (d.h. $f'(t_0) \neq 0$) ist, und gleich der Projektion der Tangente an $\Gamma(f)$ im Punkt $\left(t_0, f(t_0)\right)$ auf den Unterraum $W = \{t_0\} \times W$ längs $\mathbb{R} = \mathbb{R} \times \{0\} \subseteq \mathbb{R} \times W$.

(3) $\mathrm{Dim}_{\mathbb{R}}V = 2$, $\mathrm{Dim}_{\mathbb{R}}W = 1$: Nach Auszeichnen von Basen in V und W ist f eine reellwertige Funktion $f : G \to \mathbb{R}$ auf einer offenen Menge $G \subseteq \mathbb{R}^2$, deren Graph $\Gamma(f)$ man sich als **Gebirge** über G vorstellen sollte, $f(x)$ als Höhe (bzw. Tiefe) im Punkt $x \in G$ interpretierend. Der Tangentialraum im Punkt $\left(x_0\,,\,f(x_0)\right) \in \Gamma(f)$ ist jetzt eine affine Ebene durch den Punkt $\left(x_0, f(x_0)\right)$. Auch für höhere Dimensionen von V ist es nützlich, eine Funktion $f : G \to \mathbb{R}$, $G \subseteq V$, als ein Gebirge $\Gamma(f) \subseteq G \times \mathbb{R}$ über G zu betrachten.

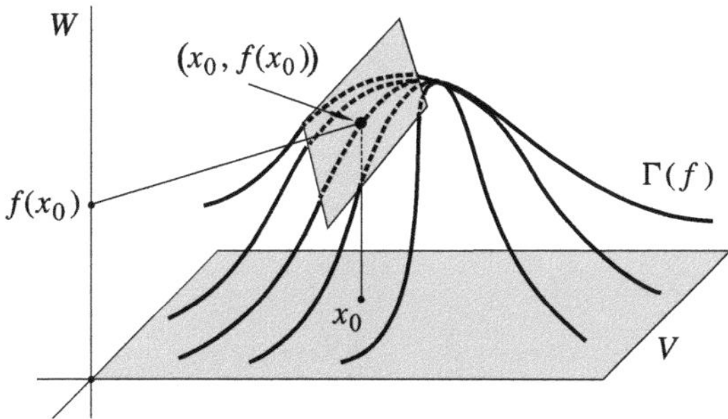

Wie der Begriff der Richtungsableitung lässt sich auch der Begriff der totalen Differenzierbarkeit und des totalen Differenzials unmittelbar auf Abbildungen $G \to W$ erweitern, wobei G eine offene Menge in einem affinen Raum über V ist.

Jede lineare Abbildung $f : V \to W$ *ist in jedem Punkt* $x_0 \in V$ *differenzierbar und stimmt mit ihrem totalen Differenzial überein.* Allgemeiner ist eine affine Abbildung $f : V \to W$ überall differenzierbar, und das totale Differenzial ist in jedem Punkte der lineare Anteil von f.

Wenn f in x_0 differenzierbar ist, gilt

$$f(x_0+v) = f(x_0) + \mathrm{D}f(x_0 \,;\, v) + \|v\|\, r(v)$$

mit $\lim_{v \to 0} r(v) = 0$. Da $v \mapsto \mathrm{D}f(x_0 \,;\, v)$ als lineare Abbildung endlichdimensionaler $\mathbb{K}$-Vektorräume stetig ist, folgt:

5.B.3 Satz *Ist* $f : G \to W$ *in* $x_0 \in G$ *differenzierbar, so ist* f *in* x_0 *stetig.*

Wenn f in x_0 differenzierbar ist, existieren dort auch alle Richtungsableitungen von f. Für $v \in V$ ist nämlich

$$\lim_{t \to 0, t \neq 0} \frac{f(x_0+tv) - f(x_0)}{t} = \lim_{t \to 0, t \neq 0} \frac{1}{t} \left(\mathrm{D}f(x_0 \,;\, tv) + \|tv\|\, r(tv) \right) = \mathrm{D}f(x_0 \,;\, v)\,.$$

Damit haben wir bewiesen:

5.B.4 Satz *Ist* $f : G \to W$ *in* $x_0 \in G$ *differenzierbar, so ist* f *in* x_0 *in jeder Richtung differenzierbar und es gilt*

$$\mathrm{D}_v f(x_0) = \mathrm{D}f(x_0 \,;\, v)\,.$$

Wir betonen die Reihenfolge der Argumente in $\mathrm{D}f(x_0 \,;\, v)$: *Erst die Stelle* $x_0 \in G$, *dann die Richtung* $v \in V$. Bei differenzierbarem f sind die Richtungsableitungen $\mathrm{D}_v f$ linear in v. Sie sind daher alle bekannt, wenn die partiellen Ableitungen von f bezüglich einer Basis v_j, $j \in J$, von V bekannt sind. Es gilt dann für $v = \sum_{j \in J} a_j v_j$ die Darstellung

$$\mathrm{D}_v f = \sum_{j \in J} a_j \mathrm{D}_{v_j} f\,.$$

Ist der Bildraum $W = \sum_{i \in I}^{\oplus} W_i$ zerlegt als direkte Summe der Unterräume W_i, $i \in I$, und ist $f : G \to W$ dargestellt durch die Komponentenabbildungen $f_i : G \to W_i$, ist also

$$f = \sum_{i \in I} f_i \,,$$

so ist f in $x_0 \in G$ offenbar genau dann differenzierbar, wenn die f_i dort einzeln differenzierbar sind. Dann gilt

$$\mathrm{D}f(x_0) = \sum_{i \in I} \mathrm{D}f_i(x_0)\,.$$

Ist insbesondere w_i, $i \in I$, eine Basis von W, so ist $f = \sum_{i \in I} f_i w_i$ genau dann in x_0 differenzierbar, wenn die Komponentenfunktionen $f_i : G \to \mathbb{K}$ dort differenzierbar sind. In diesem Fall gilt

$$\mathrm{D}f(x_0) = \sum_{i \in I} (df_i)_{x_0} w_i \,.$$

Sei überdies v_j, $j \in J$, eine Basis von V. Dann ist die Matrix von $\mathrm{D}f(x_0)$ bezüglich der Basen $\mathfrak{v} = (v_j)_{j \in J}$ von V und $\mathfrak{w} = (w_i)_{i \in I}$ von W gleich

$$\mathfrak{M}_{\mathfrak{w}}^{\mathfrak{v}}\big(\mathrm{D}f(x_0)\big) = \big(\mathrm{D}_{v_j} f_i(x_0)\big)_{(i,j) \in I \times J} \in \mathrm{M}_{I,J}(\mathbb{K})\,.$$

Man nennt diese Matrix auch die Jacobi-Matrix oder die Funktionalmatrix von f in x_0 (bezüglich der Basen $\mathfrak{v}$ und $\mathfrak{w}$) und bezeichnet sie mit

$$\mathfrak{J}_{\mathfrak{w}}^{\mathfrak{v}}(f\,;x_0) = \mathfrak{J}(f\,;x_0)\,.$$

Ist $V = W$, so ist $\mathrm{D}f(x_0)$ ein Operator auf V und

$$\mathfrak{J}_{\mathfrak{v}}^{\mathfrak{v}}(f\,;x_0) = \mathfrak{J}(f\,;x_0)$$

seine Matrix bezüglich der Basis $\mathfrak{v}$. Seine Determinante

$$\mathrm{J}(f\,;x_0) := \mathrm{Det}\big(\mathrm{D}f(x_0)\big) = \mathrm{Det}\,\mathfrak{J}_{\mathfrak{v}}^{\mathfrak{v}}(f\,;x_0)$$

heißt die Jacobi- oder Funktionaldeterminante von f in x_0.

Häufig wird im Fall $V = W$ auch die Spur des totalen Differenzials $\mathrm{D}f(x_0)$ benutzt. Sie heißt die Divergenz von f in x_0 und wird mit

$$\mathrm{div}\,f(x_0) = \mathrm{div}\,(f\,;x_0)$$

bezeichnet.[1] Für die differenzierbare Abbildung $f = \sum_{j \in J} f_j v_j$ ist also

$$\mathrm{div}\,f(x_0) = \mathrm{Sp}\big(\mathrm{D}f(x_0)\big) = \sum_{j \in J} \mathrm{D}_{v_j} f_j(x_0)\,.$$

Im Fall $V = \mathbb{K}^n$ und $W = \mathbb{K}^m$ sowie

$$f(x_1, \ldots, x_n) = \big(f_1(x_1, \ldots, x_n), \ldots, f_m(x_1, \ldots, x_n)\big)$$

---

[1] Zur Erläuterung des Namens „Divergenz" vgl. Beispiel 8.C.7.

ist

$$\mathfrak{J}(f\,;x_0) = \begin{pmatrix} \dfrac{\partial f_1}{\partial x_1}(x_0) & \cdots & \dfrac{\partial f_1}{\partial x_n}(x_0) \\[2ex] \vdots & \ddots & \vdots \\[2ex] \dfrac{\partial f_m}{\partial x_1}(x_0) & \cdots & \dfrac{\partial f_m}{\partial x_n}(x_0) \end{pmatrix} \in \mathrm{M}_{m,n}(\mathbb{K})$$

die Funktionalmatrix von f bezüglich der Standardbasen und im Fall $m = n$

$$J(f\,;x_0) = \begin{vmatrix} \dfrac{\partial f_1}{\partial x_1}(x_0) & \cdots & \dfrac{\partial f_1}{\partial x_n}(x_0) \\[2ex] \vdots & \ddots & \vdots \\[2ex] \dfrac{\partial f_n}{\partial x_1}(x_0) & \cdots & \dfrac{\partial f_n}{\partial x_n}(x_0) \end{vmatrix}$$

die Funktionaldeterminante, sowie

$$\operatorname{div} f(x_0) = \frac{\partial f_1}{\partial x_1}(x_0) + \cdots + \frac{\partial f_n}{\partial x_n}(x_0)$$

die Divergenz. Die Funktionalmatrix $\mathfrak{J}(f)$ bezeichnet man auch mit

$$\frac{\partial(f_1,\ldots,f_m)}{\partial(x_1,\ldots,x_n)}\,.$$

(Im Fall $m = n$ bezeichnet $\partial(f_1,\ldots,f_n)/\partial(x_1,\ldots,x_n)$ häufig auch die Funktionaldeterminante $J(f)$.) Ist $f : G \to \mathbb{K}$ eine in x_0 differenzierbare Funktion, so ist das totale Differenzial $(df)_{x_0} = \mathrm{D}f(x_0)$ eine Linearform auf V. Mit den Komponentenfunktionen $x_j = v_j^*$, $j \in J$, bezüglich einer Basis v_j, $j \in J$, gilt

$$(df)_{x_0} = \sum_{j=1}^{n} \mathrm{D}_{v_j} f(x_0)\, v_j^* = \sum_{j=1}^{n} \frac{\partial f}{\partial x_j}(x_0)\, v_j^*\,.$$

Da natürlich $v_j^* = dx_j$ ist, folgt

$$(df)_{x_0} = \sum_{j \in J} \mathrm{D}_{v_j} f(x_0)\, dx_j = \sum_{j \in J} \frac{\partial f}{\partial x_j}(x_0)\, dx_j\,.$$

Generell ist für eine in $x_0 \in G$ differenzierbare Abbildung $f : G \to W$

$$\mathrm{D}f(x_0) = \sum_{j \in J} \frac{\partial f}{\partial x_j}(x_0)\, dx_j\,.$$

Sei $f : G \to \mathbb{K}$ wieder eine in x_0 differenzierbare Funktion. Trägt V ein Skalarprodukt, so besitzt die Linearform $(df)_{x_0}$ einen Gradienten, den man auch einfach als den Gradienten

$$\operatorname{grad} f(x_0) \in V$$

von f in x_0 bezeichnet. Definitionsgemäß ist

$$\mathrm{D}f(x_0\,;v) = \mathrm{D}_v f(x_0) = \langle v\,,\operatorname{grad} f(x_0)\rangle\,.$$

Ist v_j, $j \in J$, eine Orthonormalbasis von V, so gilt

$$\operatorname{grad} f(x_0) = \sum_{j \in J} \overline{\mathrm{D}_{v_j} f(x_0)}\, v_j\,,$$

bei $\mathbb{K} = \mathbb{R}$

$$\operatorname{grad} f(x_0) = \sum_{j \in J} \mathrm{D}_{v_j} f(x_0)\, v_j\,.$$

Nach der Cauchy-Schwarzschen Ungleichung ist

$$|\mathrm{D}_v f(x_0)| \le \|v\| \cdot \|\operatorname{grad} f(x_0)\|\,,$$

wobei das Gleichheitszeichen genau dann gilt, wenn v und $\operatorname{grad} f(x_0)$ linear abhängig sind. Bei $(df)_{x_0} \ne 0$ und $\|v\| = 1$ ist die Richtungsableitung also dem Betrage nach am größten, wenn v ein Vielfaches von $\operatorname{grad} f(x_0)$ ist. Im reellen Fall gilt genauer

$$\mathrm{D}_v f(x_0) = \|v\| \cdot \|\operatorname{grad} f(x_0)\|\, \cos \measuredangle\big(v,\, \operatorname{grad} f(x_0)\big)\,.$$

Somit steigt die Funktion f im Punkt x_0 in Richtung $\operatorname{grad} f(x_0)$ *am stärksten und fällt in Richtung* $-\operatorname{grad} f(x_0)$ *am schnellsten.* Dies ist das Motiv für die Bezeichnung „Gradient". Interpretiert man $f : G \to \mathbb{R}$, wie in Beispiel 5.B.2 (3) vorgeschlagen, als Gebirge über G, so heißt bei $\mathrm{D}f(x_0) \ne 0$ die Richtung $-\operatorname{grad} f(x_0) \ne 0$ die F a l l r i c h t u n g von f in x_0. Die dazu senkrechten Richtungen $w \in (\mathbb{R}\operatorname{grad} f(x_0))^{\perp} =$ Kern $\mathrm{D}f(x_0)$, in denen f stationär ist, bilden die Hyperebene der S t r e i c h r i c h t u n g von f in x_0. Ist V orientiert, so ist auch die Streichrichtung durch die Fallrichtung gemäß Band 2, Beispiel 9.F.5 orientiert. [2])

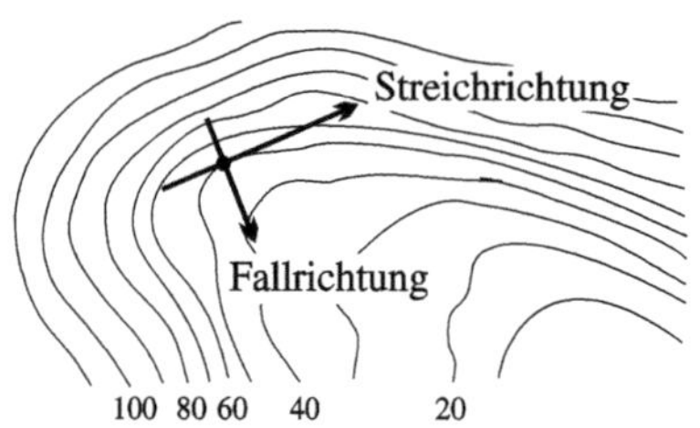

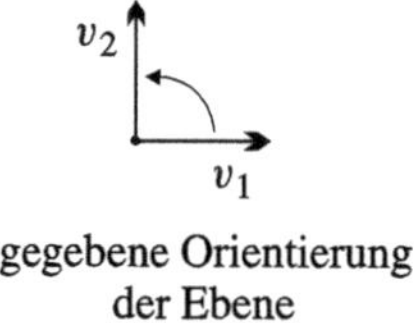

gegebene Orientierung
der Ebene

---

[2]) Man beachte, *dass in der Geographie – wie in der Navigation generell – die Erdoberfläche mit dem Uhrzeiger von Norden nach Süden über Osten orientiert wird.* Der Nordrand des Harzes, der von SW nach NO fällt, streicht also von NW nach SO (h e r z y n i s c h e s S t r e i c h e n). Dementsprechend streicht der Südrand – wenn auch weniger ausgeprägt – von SO nach NW. Das herzynische Streichen des Harzes hat seinen Ursprung in Gebirgsbildungen des Mesozoikums. Der Gebirgskörper des Harzes selbst mit seinem so genannten v a r i s k i s c h e n S t r e i c h e n von NO nach SW (also senkrecht zum herzynischen Streichen) wurde während der variskischen Gebirgsbildung im Paläozoikum geprägt. Dies führt gelegentlich zu Missverständnissen. Die Orientierung der Streichrichtung ist ohnehin nicht ganz einheitlich, vgl. dazu auch Bd. 2, Fußnote 3 in Abschnitt 9.F.

Für $V = \mathbb{K}^n$, $W = \mathbb{K}^m$ (versehen mit den Standard-Skalarprodukten) sind die Zeilen der Jacobi-Matrix $\mathfrak{J}(f\,;x_0)$ bis auf Konjugation die Gradienten der Komponentenfunktionen von $f : G \to \mathbb{K}^m$.

Wir notieren einige Rechenregeln für differenzierbare Abbildungen, deren einfache Beweise ähnlich wie im Fall einer Veränderlichen verlaufen und dem Leser überlassen bleiben.

(1) (S u m m e n r e g e l) Sind $f : G \to W$ und $g : G \to W$ in $x_0 \in G$ differenzierbar, so auch $f + g$ und es gilt

$$D(f + g)(x_0) = Df(x_0) + Dg(x_0)\,.$$

(2) (P r o d u k t r e g e l) Sind $f_j : G \to W_j$, $j = 1, \ldots, s$, in x_0 differenzierbar und ist $\Phi : W_1 \times \cdots \times W_s \to W$ multilinear, so ist auch $\Phi(f_1, \ldots, f_s) : G \to W$ in x_0 differenzierbar und es gilt für $v \in V$

$$D\Phi(f_1, \ldots, f_s)(x_0\,;v) = \sum_{j=1}^{s} \Phi\big(f_1(x_0), \ldots, Df_j(x_0\,;v), \ldots, f_s(x_0)\big)\,.$$

Außerdem gilt wieder die wichtige Kettenregel:

5.B.5 Kettenregel *V, W, X seien endlichdimensionale $\mathbb{K}$-Vektorräume und $G \subseteq V$ bzw. $H \subseteq W$ offene Mengen. Die Abbildungen $f : G \to W$ und $g : H \to X$ mit $f(G) \subseteq H$ seien in $x_0 \in G$ bzw. in $y_0 := f(x_0) \in H$ differenzierbar. Dann ist auch die Komposition gf in x_0 differenzierbar, und es ist*

$$D(gf)(x_0) = Dg(y_0) \circ Df(x_0)\,.$$

B e w e i s. Seien $T := Df(x_0)$ und $S := Dg(y_0)$. Dann gilt für v in einer Umgebung von 0 in V eine Darstellung

$$f(x_0 + v) = y_0 + T(v) + \|v\|\,r(v)$$

und für w in einer Umgebung von 0 in W eine Darstellung

$$g(y_0 + w) = g(y_0) + S(w) + \|w\|\,s(w)$$

mit $\lim_{v \to 0} r(v) = 0$, $\lim_{w \to 0} s(w) = 0$. Für $w = f(x_0 + v) - y_0 = T(v) + \|v\|\,r(v)$ ergibt sich bei $v \neq 0$:

$$(g \circ f)(x_0 + v) = (g \circ f)(x_0) + (S \circ T)(v) + \|v\|\,t(v)$$

mit $t(v) := S\big(r(v)\big) + \big\|T\big(v/\|v\|\big) + r(v)\big\|\,s(w)$.

Für $v \to 0$ gilt $w \to 0$ und somit $s(w) \to 0$. Aus der Stetigkeit von S und T folgt dann die Behauptung $\lim_{v \to 0} t(v) = 0$. $\bullet$

Sind $\mathfrak{v}, \mathfrak{w}, \mathfrak{x}$ Basen von V, W bzw. X, so gilt in der Situation von 5.B.5 für die Jacobi-Matrizen

$$\mathfrak{J}_{\mathfrak{x}}^{\mathfrak{v}}(gf\,;x_0) = \mathfrak{J}_{\mathfrak{x}}^{\mathfrak{w}}(g\,;y_0) \cdot \mathfrak{J}_{\mathfrak{w}}^{\mathfrak{v}}(f\,;x_0)\,.$$

Für die Richtungsableitungen ergibt sich

$$D(g \circ f)(x_0\,;v) = Dg\big(y_0\,;D_v f(x_0)\big)\,, \quad v \in V\,.$$

Wir kommen nun zu dem wichtigsten Differenzierbarkeitskriterium für Abbildungen:

5.B.6 Satz *Seien V und W endlichdimensionale $\mathbb{K}$-Vektorräume, $G \subseteq V$ eine offene Menge und $f : G \to W$ eine Abbildung. Ist f in G (bezüglich einer Basis v_j, $j \in J$, von V) partiell differenzierbar und sind die partiellen Ableitungen von f im Punkt $x_0 \in G$ stetig, so ist f in x_0 total differenzierbar.*

B e w e i s . Ohne Einschränkung der Allgemeinheit sei $J = \{1, \ldots, n\}$. Seien dann $a_1, \ldots, a_n \in \mathbb{K}$ und $v := a_1 v_1 + \cdots + a_n v_n$. Für $i = 0, \ldots, n$ sei ferner $x_i := x_0 + a_1 v_1 + \cdots + a_i v_i$. Auf V wählen wir die Maximumsnorm bezüglich $v_1, \ldots, v_n$. Für absolut kleine $a_1, \ldots, a_n$ gilt nach dem Mittelwertsatz

$$\Big\| f(x_0+v) - f(x_0) - \sum_{i=1}^{n} a_i \mathrm{D}_{v_i} f(x_0) \Big\| = \Big\| \sum_{i=1}^{n} \big(f(x_i) - f(x_{i-1}) - a_i \mathrm{D}_{v_i} f(x_0) \big) \Big\|$$

$$\leq \sum_{i=1}^{n} \| f(x_{i-1}+a_i v_i) - f(x_{i-1}) - a_i \mathrm{D}_{v_i} f(x_0) \|$$

$$\leq \sum_{i=1}^{n} |a_i| \, \| \mathrm{D}_{v_i} f(x_{i-1}+\theta_i a_i v_i) - \mathrm{D}_{v_i} f(x_0) \|$$

$$\leq \| v \| \sum_{i=1}^{n} \| \mathrm{D}_{v_i} f(x_{i-1}+\theta_i a_i v_i) - \mathrm{D}_{v_i} f(x_0) \| \, .$$

Dabei ist $\theta_i \in [0, 1]$, und der Mittelwertsatz wurde auf die Abbildungen $[0, 1] \to W$,

$$t \mapsto f(x_{i-1} + t a_i v_i) - t a_i \mathrm{D}_{v_i} f(x_0) \, , \quad i = 1, \ldots, n \, ,$$

angewandt. Es folgt nun aus der vorausgesetzten Stetigkeit der partiellen Ableitungen $\mathrm{D}_{v_i} f$ in x_0 die Differenzierbarkeit von f in x_0 und insbesondere $\mathrm{D} f(x_0 ; v) = \sum_{i=1}^{n} a_i \mathrm{D}_{v_i} f(x_0)$.   •

Wie der Beweis zeigt, kann man in 5.B.6 auf die Stetigkeit einer der Richtungsableitungen $\mathrm{D}_{v_i} f$ im Punkt x_0 verzichten. Ferner folgt: *Genau dann ist die Abbildung $f : G \to W$ stetig differenzierbar, wenn sie (total) differenzierbar ist und die Abbildung $\mathrm{D} f : G \to \mathrm{Hom}_{\mathbb{K}}(V, W)$ mit $x \mapsto \mathrm{D} f(x)$ stetig ist.* Allgemein:

5.B.7 Satz *Seien V und W endlichdimensionale $\mathbb{K}$-Vektorräume, $G \subseteq V$ offen und $f : G \to W$ eine Abbildung. Ferner sei v_j, $j \in J$, eine Basis von V und $k \in \mathbb{N}$. Genau dann ist f eine C^k-Abbildung (d.h. k-mal stetig differenzierbar, vgl. Definition 5.A.6), wenn für jedes k-Tupel $(j_1, \ldots, j_k) \in J^k$ die partielle Ableitung $\mathrm{D}_{v_{j_1}} \cdots \mathrm{D}_{v_{j_k}} f$ existiert und stetig ist.*

Sei $V' \subseteq V$ ein $\mathbb{K}$-Unterraum. Ist $f : G \to W$ in $x_0 \in G$ differenzierbar, so ist die Beschränkung von f auf $G \cap (V'+x_0)$ differenzierbar mit totalem Differenzial

$$\mathrm{D}_{V'} f(x_0) := \mathrm{D} f(x_0) | V' \, .$$

Man nennt $\mathrm{D}_{V'} f(x_0)$ auch das p a r t i e l l e t o t a l e D i f f e r e n z i a l von f in x_0 bzgl. V'. Ist $V = \sum_{j \in J}^{\oplus} V_j$ die direkte Summe der $\mathbb{K}$-Unterräume V_j, $j \in J$, von V und ist

$v = \sum_{j \in J} v_j$ mit $v_j \in V_j$ die zugehörige Zerlegung eines Vektors $v \in V$, so ist

$$\mathrm{D}f(x_0 ; v) = \sum_{j \in J} \mathrm{D}_{V_j} f(x_0 ; v_j)\,.$$

5.B.8 Beispiel (K o m p l e x e versus r e e l l e D i f f e r e n z i e r b a r k e i t · C a u c h y - R i e m a n n s c h e D i f f e r e n z i a l g l e i c h u n g e n · W i r t i n g e r - K a l k ü l) Seien V und W endlichdimensionale $\mathbb{C}$-Vektorräume und $G \subseteq V$ eine offene Teilmenge. Da V und W in kanonischer Weise auch $\mathbb{R}$-Vektorräume sind, ist für eine Abbildung $f : G \to W$ sorgfältig zwischen komplexer und reeller Differenzierbarkeit zu unterscheiden. *Offenbar ist f in $x_0 \in G$ genau dann komplex-differenzierbar, wenn f in x_0 reell-differenzierbar ist und das totale Differenzial* $\mathrm{D}f(x_0) \in \mathrm{Hom}_{\mathbb{R}}(V, W)$ *sogar $\mathbb{C}$-linear ist.* In diesem Fall ist $\mathrm{D}f(x_0)$ auch das komplexe totale Differenzial von f in x_0.

Sei $f : G \to W$ in $x_0 \in G$ reell-differenzierbar. Nach Bd. 2, Beispiel 5.C.7 ist der $\mathbb{C}$-Vektorraum $\mathrm{Hom}_{\mathbb{R}}(V, W)$ die direkte Summe der Unterräume der $\mathbb{C}$-linearen bzw. der $\mathbb{C}$-antilinearen Abbildungen:

$$\mathrm{Hom}_{\mathbb{R}}(V, W) = \mathrm{Hom}_{\mathbb{C}}(V, W) \oplus \mathrm{Hom}_{\overline{\mathbb{C}}}(V, W)\,.$$

Es ist also

$$\mathrm{D}f(x_0) = \partial f(x_0) + \overline{\partial} f(x_0)\,,$$

wobei $\partial f(x_0)$ der $\mathbb{C}$-lineare Bestandteil von $\mathrm{D}f(x_0)$ ist mit

$$v \mapsto \partial f(x_0 ; v) = \frac{1}{2}\big(\mathrm{D}f(x_0 ; v) - \mathrm{i}\mathrm{D}f(x_0 ; \mathrm{i}v)\big)\,, \quad v \in V\,,$$

und $\overline{\partial} f(x_0)$ der $\mathbb{C}$-antilineare Bestandteil mit

$$v \mapsto \overline{\partial} f(x_0 ; v) = \frac{1}{2\mathrm{i}}\big(\mathrm{i}\mathrm{D}f(x_0 ; v) - \mathrm{D}f(x_0 ; \mathrm{i}v)\big)\,, \quad v \in V\,,$$

vgl. loc. cit. *Insbesondere ist die Abbildung f in x_0 genau dann komplex-differenzierbar, wenn* $\mathrm{D}f(x_0) = \partial f(x_0)$ *oder*

$$\overline{\partial} f(x_0) = 0$$

ist, d.h. wenn

$$\mathrm{D}_{\mathrm{i}v} f(x_0) = \mathrm{i}\mathrm{D}_v f(x_0)$$

für alle $v \in V$ ist. Man nennt diese Gleichungen die C a u c h y - R i e m a n n s c h e n D i f f e - r e n z i a l g l e i c h u n g e n . Natürlich genügt es, sie für eine komplexe Basis v_j, $j \in J$, von V zu fordern, um die komplexe Differenzierbarkeit zu gewährleisten. Sind $z_j = v_j^*$, $j \in J$, die (komplexen) Koordinatenfunktionen bzgl. der $\mathbb{C}$-Basis v_j, $j \in J$, von V, so sind $x_j = \mathrm{Re}\,z_j$ und $y_j = \mathrm{Im}\,z_j$, $j \in J$, die (reellen) Koordinatenfunktionen bzgl. der $\mathbb{R}$-Basis v_j, $\mathrm{i}v_j$, $j \in J$, von V. Wegen

$$dz_j = dx_j + \mathrm{i}\,dy_j\,, \quad d\overline{z}_j = dx_j - \mathrm{i}\,dy_j\,,$$

$$dx_j = \frac{1}{2}(dz_j + d\overline{z}_j)\,, \quad dy_j = \frac{1}{2\mathrm{i}}(dz_j - d\overline{z}_j)$$

ist

$$\mathrm{D}f(x_0) = \sum_{j \in J}\Big(\frac{\partial f}{\partial x_j}(x_0)\,dx_j + \frac{\partial f}{\partial y_j}(x_0)\,dy_j\Big)$$

$$= \sum_{j \in J}\Big(\frac{1}{2}\Big(\frac{\partial f}{\partial x_j}(x_0) - \mathrm{i}\frac{\partial f}{\partial y_j}(x_0)\Big)dz_j + \frac{1}{2}\Big(\frac{\partial f}{\partial x_j}(x_0) + \mathrm{i}\frac{\partial f}{\partial y_j}(x_0)\Big)d\overline{z}_j\Big)\,.$$

Setzen wir noch

$$\frac{\partial f}{\partial z_j}(x_0) := \frac{1}{2}\left(\frac{\partial f}{\partial x_j}(x_0) - \mathrm{i}\frac{\partial f}{\partial y_j}(x_0)\right), \quad \frac{\partial f}{\partial \overline{z}_j}(x_0) := \frac{1}{2}\left(\frac{\partial f}{\partial x_j}(x_0) + \mathrm{i}\frac{\partial f}{\partial y_j}(x_0)\right),$$

so ist also

$$\mathrm{D}f(x_0) = \sum_{j\in J}\frac{\partial f}{\partial z_j}(x_0)\,dz_j + \sum_{j\in J}\frac{\partial f}{\partial \overline{z}_j}(x_0)\,d\overline{z}_j$$

und – da die dz_j $\mathbb{C}$-linear und die $d\overline{z}_j$ $\mathbb{C}$-antilinear sind –

$$\partial f(x_0) = \sum_{j\in J}\frac{\partial f}{\partial z_j}(x_0)\,dz_j\,, \qquad \overline{\partial} f(x_0) = \sum_{j\in J}\frac{\partial f}{\partial \overline{z}_j}(x_0)\,d\overline{z}_j\,.$$

Die Cauchy-Riemannschen Differenzialgleichungen für die Basis v_j lauten

$$\mathrm{D}_{\mathrm{i}v_j}f(x_0) = \frac{\partial f}{\partial y_j}(x_0) = \mathrm{i}\mathrm{D}_{v_j}f(x_0) = \mathrm{i}\frac{\partial f}{\partial x_j}(x_0)$$

oder

$$\frac{\partial f}{\partial \overline{z}_j}(x_0) = 0\,, \quad j\in J\,.$$

Die Ableitungen $\partial f/\partial z_j$ bzw. $\partial f/\partial \overline{z}_j$ heißen die p a r t i e l l e n W i r t i n g e r - A b l e i t u n g e n von f bzgl. der $\mathbb{C}$-Basis v_j, $j\in J$. Ist f in x_0 komplex-differenzierbar, so sind die $(\partial f/\partial z_j)(x_0)$ (wegen $\mathrm{D}f(x_0) = \partial f(x_0)$) die gewöhnlichen partiellen Ableitungen von f bzgl. dieser Basis.

Bei $W = \mathbb{C}$ und

$$f = u + \mathrm{i}v$$

mit $u := \mathrm{Re}\,f$, $v := \mathrm{Im}\,f$ erhält man die Cauchy-Riemannschen Differenzialgleichungen in der Form

$$\frac{\partial u}{\partial y_j}(x_0) = -\frac{\partial v}{\partial x_j}(x_0)\,, \qquad \frac{\partial v}{\partial y_j}(x_0) = \frac{\partial u}{\partial x_j}(x_0)\,,$$

$j\in J$, die die komplexe Differenzierbarkeit von f in x_0 charakterisieren.

Wir bemerken noch, dass man im Fall $V = W$ und komplexer Differenzierbarkeit zwischen der komplexen Funktionaldeterminante $\mathrm{J}(f\,;x_0) = \mathrm{Det}\,\mathrm{D}f(x_0)$ und der reellen Funktionaldeterminante $\mathrm{J}_{\mathbb{R}}(f\,;x_0) = \mathrm{Det}_{\mathbb{R}}\,\mathrm{D}f(x_0)$ zu unterscheiden hat. Nach Bd. 2, 9.E, Aufg. 7 ist

$$\mathrm{J}_{\mathbb{R}}(f\,;x_0) = |\mathrm{J}(f\,;x_0)|^2\,.$$

Nach Bd. 2, Beispiel 14.A.14 ist *eine reell-differenzierbare Abbildung $f : G \to \mathbb{C}$ auf einer offenen Menge $G \subseteq \mathbb{C}$ in einem Punkt $x_0 \in G$ mit bijektivem totalen Differenzial $\mathrm{D}f(x_0)$ genau dann komplex differenzierbar, wenn $\mathrm{D}f(x_0)$ positive Determinante hat und eine Ähnlichkeit ist.* Dies ist nur eine Umformulierung der Gültigkeit der Cauchy-Riemannschen Differenzialgleichungen in x_0.

Wir erwähnen ferner, *dass nach 7.F.13 eine in ganz G komplex-differenzierbare Abbildung $f : G \to W$ bereits beliebig oft stetig differenzierbar, ja sogar analytisch ist.*[3]) Die komplexe Differenzierbarkeit in G wiederum folgt bereits aus der partiellen Differenzierbarkeit in Bezug auf eine feste $\mathbb{C}$-Basis von V. Der wesentliche Schritt zum Beweis der letzteren Aussage ist der schon in 5.A, Fußnote 1 erwähnte Satz von Hartogs, dass aus der komplexen partiellen Differenzierbarkeit von f die Stetigkeit von f folgt (vgl. Beispiel 5.A.3 und 7.F, Aufg. 10).

---

[3]) Zum Begriff der analytischen Abbildung vgl. den Abschnitt 5.D.

Aufgaben

Im Folgenden bezeichnen V und W stets endlichdimensionale $\mathbb{K}$-Vektorräume und G eine offene Menge in V.

1. Man begründe, dass die folgenden Abbildungen total differenzierbar sind, und gebe jeweils das totale Differenzial an.

a) $f(x, y, z) := (x+y+z, xyz)$ auf $\mathbb{R}^3$.

b) $g(x, y, z) := (x-y+z, x-y-z, x+y)$ auf $\mathbb{R}^3$.

c) Die Komposition $f \circ g$ mit den Abbildungen f bzw. g aus a) bzw. b).

d) $f(x, y, z) := (xy)^z$ auf $\mathbb{R}_+^\times \times \mathbb{R}_+^\times \times \mathbb{R}$.

e) $f(x, y, z) := x^{yz}$ auf $\mathbb{R}_+^\times \times \mathbb{R} \times \mathbb{R}$.

f) $f(x, y, z) := \big(\arctan(y/x), \ln(x+y+z)\big)$ auf $(\mathbb{R}_+^\times)^3$.

g) $f(x, y) := \big(\sin(x^2+y^2), e^{xy}\big)$ auf $\mathbb{R}^2$.

2. Man bestimme die partiellen Ableitungen und das totale Differenzial der Determinantenfunktion $\mathrm{Det} : \mathrm{M}_n(\mathbb{K}) \to \mathbb{K}$. In welchen Punkten $\mathfrak{A} \in \mathrm{M}_n(\mathbb{K})$ ist dies identisch 0? Welche Linearform erhält man im Punkt $\mathfrak{A} = \mathfrak{E}_n$?

3. Sei V ein euklidischer Vektorraum. Man bestimme das totale Differenzial und die Jacobi-Determinante der Abbildung $x \mapsto x/\|x\|^2$, $x \in V - \{0\}$ (Abbildung durch reziproke Radien).

4. Man berechne die Gradienten der folgenden Funktionen, wobei V ein euklidischer Vektorraum der Dimension n mit dem Skalarprodukt $\langle -, - \rangle$ ist.

a) $x \mapsto \langle x, x \rangle$, $x \in V$.   **b)** $x \mapsto \|x\|$, $x \in V - \{0\}$.

c) $x \mapsto \Phi(x, x)$, $x \in V$, wobei Φ eine symmetrische Bilinearform auf V ist (mit zugehörigem selbstadjungierten Operator $f = f_\Phi$).

d) $x \mapsto f(x)g(x)$, $x \in G$, wobei $f, g : G \to \mathbb{R}$ differenzierbar mit den Gradienten $\mathrm{grad}\, f$, $\mathrm{grad}\, g$ sind.

e) $x \mapsto f(x)/g(x)$, $x \in G$, wobei $f, g : G \to \mathbb{R}$ differenzierbar mit den Gradienten $\mathrm{grad}\, f$, $\mathrm{grad}\, g$ sind und g auf G keine Nullstelle hat.

f) $x \mapsto (H \circ f)(x)$, $x \in G$, wobei $f : G \to \mathbb{R}$ differenzierbar mit dem Gradienten $\mathrm{grad}\, f$ ist und $H : I \to \mathbb{R}$ (mit $I \supseteq f(G)$) ebenfalls differenzierbar ist.

g) $x \mapsto R_\Phi(x) = \Phi(x, x)/\langle x, x \rangle$, $x \in V - \{0\}$, wobei Φ dieselbe Bedeutung wie in c) hat. (R_Φ ist der Rayleigh-Quotient zu Φ, vgl. Bd. 2, Abschnitt 15.B.)

h) $x \mapsto \|x\|^\alpha$, $x \in V - \{0\}$ ($\alpha \in \mathbb{R}$).

i) $x \mapsto H(\|x\|)$, $x \in V - \{0\}$, wobei $H : \mathbb{R}_+^\times \to \mathbb{R}$ differenzierbar ist.

j) $(x_1, \ldots, x_n) \mapsto \Delta(x_1, \ldots, x_n)$ auf $V^n = V \oplus \cdots \oplus V$, wobei V orientiert mit der kanonischen Determinantenfunktion Δ ist. (Vgl. Aufg. 2.)

5. Seien V und W euklidisch und $f, g : G \to W$ in $x_0 \in G$ differenzierbare Abbildungen, sowie $h : H \to \mathbb{R}$ eine in $f(x_0)$ differenzierbare Funktion auf der offenen Menge $H \supseteq f(G)$. Es gilt:

a) $(\mathrm{grad}\, h \circ f)(x_0) = (\widehat{\mathrm{D}}f)_{x_0}\big((\mathrm{grad}\, h)(f(x_0))\big)$, wobei $(\widehat{\mathrm{D}}f)_{x_0}$ die zu $(\mathrm{D}f)_{x_0}$ adjungierte lineare Abbildung $W \to V$ ist (Kettenregel für den Gradienten).

b) $\big(\mathrm{grad}\, \langle f, g \rangle\big)(x_0) = (\widehat{\mathrm{D}}f)_{x_0}\big(g(x_0)\big) + (\widehat{\mathrm{D}}g)_{x_0}\big(f(x_0)\big)$.

6. Sei V reell und $f : V - \{0\} \to \mathbb{R}$ differenzierbar.

a) Ist f homogen vom Grad $\alpha \in \mathbb{R}$ (vgl. Bd. 2, 17.B, Aufg. 20), so ist jede Richtungsableitung $\mathrm{D}_v f$ von f homogen vom Grad $\alpha - 1$.

b) Genau dann ist f homogen vom Grad $\alpha \in \mathbb{R}$, wenn für alle $v \in V - \{0\}$ gilt

$$(\mathrm{D}_v f)(v) = \alpha f(v) \quad (\text{E u l e r s c h e G l e i c h u n g}).$$

Insbesondere gilt $\langle v, \operatorname{grad} f(v) \rangle = \alpha f(v)$, wenn f homogen vom Grad α ist und V ein Skalarprodukt trägt.

7. Sei $f : G \to W$ eine im Punkt $x_0 \in G$ differenzierbare Abbildung. Dann gibt es ein $L \geq 0$ und eine Umgebung U von x_0 in G mit $\|f(x) - f(x_0)\| \leq L \|x - x_0\|$ für alle $x \in U$, d.h. f ist im Punkt x_0 Lipschitz-stetig. (Vgl. Bd. 1, 13.A, Aufg. 13.)

8. a) Sei $G \subseteq V$ ein Gebiet. Eine differenzierbare Abbildung $f : G \to W$, deren totales Differenzial $\mathrm{D}f$ konstant gleich $T \in \operatorname{Hom}_{\mathbb{K}}(V, W)$ ist, ist eine affine Abbildung $x \mapsto y_0 + T(x)$ mit festem $y_0 \in W$. (Vgl. 5.A, Aufg. 7.)

b) Man zeige, dass $f(x, y) := \arctan(x/y) + \arctan(y/x)$ auf $\mathbb{R}_+^\times \times \mathbb{R}_+^\times$ konstant gleich $\pi/2$ ist, indem man das totale Differenzial von f berechne.

9. Sei V ein euklidischer Vektorraum.

a) $f : V \to \mathbb{R}$ sei eine differenzierbare Funktion derart, dass für jedes $x \in V$ die Vektoren x und $\operatorname{grad} f(x)$ linear abhängig sind. Dann ist f auf jeder Sphäre $S(0\,;r) \subseteq V$ konstant.

b) Sei $f : G \to \mathbb{R}$ eine differenzierbare Funktion auf der offenen Menge $G \subseteq V$. Der H a n g - w i n k e l des durch f beschriebenen Gebirges $\Gamma(f) = \{(x, f(x)) \mid x \in G\} \subseteq V \oplus \mathbb{R}$ im Punkt $(x_0, f(x_0)) \in G \times \mathbb{R}$, d.h. der Winkel in $V \oplus \mathbb{R}$ zwischen dem Tangentialraum an $\Gamma(f)$ in $(x_0, f(x_0))$ und dem Grundraum $V \times \{0\}$, ist gleich $\arctan \|\operatorname{grad} f(x_0)\|$. (Zum Begriff des Winkels zwischen zwei Hyperebenen eines euklidischen Vektorraums siehe Bd. 2, 13.B, Aufg. 6.)

10. a) Sei $f : \mathbb{R}^2 \to \mathbb{R}$ definiert durch

$$f(x, y) := \begin{cases} xy^3/(x^2 + y^4), & \text{falls } (x, y) \neq 0, \\ 0, & \text{falls } (x, y) = 0. \end{cases}$$

Man zeige, dass f in 0 stetig ist und dass alle Richtungsableitungen von f dort existieren und gleich 0 sind, dass aber f in 0 nicht differenzierbar ist.

b) Sei $f : V \to W$ eine Abbildung mit den folgenden Eigenschaften: (1) Es ist $f(tv) = tf(v)$ für alle $t \in \mathbb{R}$, $v \in V$. (2) f ist im Nullpunkt differenzierbar. Man zeige, dass f linear ist.

c) Sei $\|-\|$ eine Norm auf $\mathbb{R}^2$ und $f : \mathbb{R}^2 \to \mathbb{R}$ definiert durch $f(x, y) = (\operatorname{Sign} y)\,\|(x, y)\|$. Man zeige, dass f in 0 stetig ist und alle Richtungsableitungen von f dort existieren, dass aber f in 0 nicht differenzierbar ist. (Es gilt $f(tv) = tf(v)$ für alle $t \in \mathbb{R}$, $v \in \mathbb{R}^2$.)

11. Sei $f : \mathbb{R}^2 \to \mathbb{R}^2$ definiert durch $f(x, y) := (x - y, x + y)$ und $g : \mathbb{R}^2 \to \mathbb{R}$ durch

$$g(u, v) := \begin{cases} u^2 v/(u^2 + v^2), & \text{falls } (u, v) \neq 0, \\ 0, & \text{falls } (u, v) = 0. \end{cases}$$

Man zeige, dass f, g und $g \circ f$ überall (bzgl. der Standardbasen) partiell differenzierbar sind; für die zugehörigen Jacobi-Matrizen im Nullpunkt gilt aber

$$\mathfrak{J}(g \circ f\,; 0) \neq \mathfrak{J}\big(g\,; f(0)\big) \cdot \mathfrak{J}(f\,; 0).$$

12. Seien A eine endlichdimensionale $\mathbb{K}$-Algebra und $A^\times$ die (offene) Menge der invertierbaren Elemente in A. Dann gilt:

a) Für die Inversenbildung $x \mapsto x^{-1}$ auf $A^\times$ ist das totale Differenzial im Punkt $x_0 \in A^\times$ gleich $v \mapsto -x_0^{-1} v x_0^{-1}$.

b) Für die Multiplikation $(x, y) \mapsto xy$ auf $A \times A$ ist das totale Differenzial im Punkt (x_0, y_0) gleich $(v, w) \mapsto v y_0 + x_0 w$.

c) Für die Division $(x, y) \mapsto xy^{-1}$ auf $A \times A^\times$ ist das totale Differenzial im Punkt (x_0, y_0) gleich $(v, w) \mapsto v y_0^{-1} - x_0 y_0^{-1} w y_0^{-1} = (v - x_0 y_0^{-1} w) y_0^{-1}$.

d) Für die Abbildung $x \mapsto x a x^{-1}$ auf $A^\times$, $a \in A$ fest, ist das totale Differenzial im Punkt x_0 gleich $v \mapsto (va - x_0 a x_0^{-1} v) x_0^{-1}$. Insbesondere ist das totale Differenzial dieser Abbildung im Punkt $x_0 = 1$ der Operator $\operatorname{ad} a : v \mapsto [v, a] = va - av$. ($(v, a) \mapsto [v, a]$ ist das L i e - P r o d u k t auf der Algebra A, vgl. Bd. 2, Abschnitt 19.D. A wird damit eine $\mathbb{K}$-Lie-Algebra $[A]$.)

e) Man spezialisiere die Ergebnisse für die Endomorphismenalgebren endlichdimensionaler $\mathbb{K}$-Vektorräume bzw. die Matrizenalgebren $M_n(\mathbb{K})$.

13. Sei A eine endlichdimensionale *kommutative* $\mathbb{K}$-Algebra. Die Exponentialabbildung $x \mapsto e^x$ auf A ist in jedem Punkt $x_0 \in A$ total differenzierbar. Das totale Differenzial im Punkt $x_0 \in A$ ist die Multiplikation mit e^{x_0}. (Bemerkung. Für nicht notwendig kommutatives A ist das totale Differenzial von $x \mapsto e^x$ im Punkt $x_0 \in A$ der Operator

$$v \mapsto \sum_{k=0}^{\infty} \frac{(\operatorname{ad} x_0)^k (v)}{(k+1)!} \, e^{x_0} \, .$$

Siehe hierzu auch Bd. 4, 3.B, Aufg. 20b) . – Zu $\operatorname{ad} x_0$ vgl. Aufg. 12.)

14. Sei $I = [a, b] \subseteq \mathbb{R}$ ein kompaktes Intervall. Die Abbildung $f : G \times I \to W$ sei stetig, und für jedes $t \in I$ sei $x \mapsto f(x, t)$ differenzierbar mit dem totalen Differenzial $\mathrm{D}_V f(x, t)$. Die Abbildung $G \times I \to \operatorname{Hom}_{\mathbb{K}}(V, W)$ mit $(x, t) \mapsto \mathrm{D}_V f(x, t)$ sei ebenfalls stetig. Dann ist die Abbildung $F : G \to W$ mit

$$F(x) := \int_a^b f(x, t) \, dt$$

stetig differenzierbar mit totalem Differenzial

$$\mathrm{D}F(x) = \int_a^b \mathrm{D}_V f(x, t) \, dt \, ,$$

$x \in G$. (Vgl. Bd. 1, 16.B.17.)

15. Sei V ein endlichdimensionaler $\mathbb{C}$-Vektorraum. Für jeden Operator f auf V, dessen Spektrum in $C - \mathbb{R}_-$ liegt, gilt

$$\ln f = (f - \operatorname{id}_V) \int_0^1 \left(tf + (1-t)\operatorname{id}_V \right)^{-1} dt \, .$$

(Zur Definition von $\ln f$ verweisen wir auf Bd. 2, Abschnitt 18.D. Man zeige, dass die Kurve $t \mapsto \ln(tf + (1-t)\operatorname{id}_V)$ auf $[0, 1]$ differenzierbar mit Ableitung $(f - \operatorname{id}_V)(tf + (1-t)\operatorname{id}_V)^{-1}$ ist. – Es folgt, dass $f \mapsto \ln f$ beliebig oft differenzierbar, ja analytisch ist (vgl. Abschnitt 5.D). Ferner ergibt sich $\ln f \in \mathbb{R}[f]$.)

16. Sei $f : G \to W$ im Punkt a der offenen Menge $G \subseteq V$ Hölder-stetig mit einem Exponenten $\alpha > 1$, d.h. es gebe ein $L \geq 0$ mit $\| f(x) - f(a) \| \leq L \| x - a \|^\alpha$ für alle x in einer Umgebung des Punktes a. Dann ist f in a differenzierbar mit $\mathrm{D}f(a) = 0$. (Vgl. Bd. 1, 14.A, Aufg. 2.)

5.C Taylor-Formel

Seien V und W endlichdimensionale $\mathbb{K}$-Vektorräume, $f : G \to W$ eine Abbildung auf der offenen Menge $G \subseteq V$ und $\mathfrak{v} = (v_1, \ldots, v_n)$ eine Basis von V. Ferner sei

$$v = x_1 v_1 + \cdots + x_n v_n \,,$$

$x = (x_1, \ldots, x_n) \in \mathbb{K}^n$, ein Vektor in V. Für C^k-Abbildungen $f : G \to W$ kann dann nach Satz 5.A.7 das Bilden der höheren Richtungsableitungen bis zur Ordnung k in beliebiger Reihenfolge vorgenommen werden. Insbesondere gilt

$$\mathrm{D}_v^p = (x_1 \mathrm{D}_{v_1} + \cdots + x_n \mathrm{D}_{v_n})^p = \sum_{m \in \mathbb{N}^n, |m|=p} \binom{p}{m} x^m \, \mathrm{D}_{\mathfrak{v}}^m$$

für $p \leq k$ nach dem Polynomialsatz, vgl. Bd. 1, 2.B.16. Dabei haben wir neben den üblichen Abkürzungen

$$m = (m_1, \ldots, m_n) \in \mathbb{N}^n \,, \quad |m| = m_1 + \cdots + m_n \,, \quad m! = m_1! \cdots m_n! \,,$$

$$\binom{p}{m} = \binom{p}{m_1, \ldots, m_n} = \frac{[p]_{|m|}}{m!} \ \left(= \frac{p!}{m_1! \cdots m_n!} \quad \text{bei } p = |m| \right),$$

$$x^m = x_1^{m_1} \cdots x_n^{m_n}$$

noch die Abkürzung

$$\mathrm{D}_{\mathfrak{v}}^m := \mathrm{D}_{v_1}^{m_1} \circ \cdots \circ \mathrm{D}_{v_n}^{m_n}$$

verwandt. Aus der Taylor-Formel 4.C.3, angewandt auf die k-mal stetig differenzierbare Kurve $t \mapsto f(x_0 + tv)$, $t \in [0, 1]$, ergibt sich nun:

5.C.1 Taylor-Formel *Sei $f : G \to W$ eine C^k-Abbildung auf der offenen Menge $G \subseteq V$. Ferner seien $\mathfrak{v} = (v_1, \ldots, v_n)$ eine Basis von V, $x_0 \in G$ ein Punkt und $v \in V$ ein Vektor, $v = x_1 v_1 + \cdots + x_n v_n \in V$, $x = (x_i) \in \mathbb{K}^n$, derart, dass G die gesamte Strecke $[x_0, x_0 + v] = \{x_0 + tv \mid t \in [0, 1]\}$ umfasst. Dann ist*

$$f(x_0 + v) = \sum_{p=0}^{k-1} \frac{1}{p!} \mathrm{D}_v^p f(x_0) + R = \sum_{m \in \mathbb{N}^n, |m|<k} \frac{x^m}{m!} \mathrm{D}_{\mathfrak{v}}^m f(x_0) + R \,,$$

wobei für den Rest $R \in W$ die Abschätzung

$$\|R\| \leq \frac{1}{k!} \|\mathrm{D}_v^k f(x_0 + \theta v)\| = \left\| \sum_{m \in \mathbb{N}^n, |m|=k} \frac{x^m}{m!} \mathrm{D}_{\mathfrak{v}}^m f(x_0 + \theta v) \right\|$$

mit einem $\theta \in [0, 1]$ gilt. Ist $W = \mathbb{R}$, so gilt in dieser Lagrangeschen Restgliedabschätzung die Gleichheit

$$R = \frac{1}{k!} \mathrm{D}_v^k f(x_0 + \theta v) = \sum_{m \in \mathbb{N}^n, |m|=k} \frac{x^m}{m!} \mathrm{D}_{\mathfrak{v}}^m f(x_0 + \theta v)$$

für ein $\theta \in [0, 1]$.

Das Polynom

$$\sum_{p=0}^{k-1} \frac{1}{p!}\, \mathrm{D}_v^p f(x_0) = \sum_{m\in\mathbb{N}^n,\, |m|<k} \frac{x^m}{m!}\, \mathrm{D}_{\mathfrak{v}}^m f(x_0)$$

heißt das T a y l o r - P o l y n o m von f im Punkt x_0 vom Grad $< k$ (bezüglich der Basis $\mathfrak{v}$ von V). Für ein festes r mit $0 \leq r < k$ ist

$$\frac{1}{r!}\, \mathrm{D}_v^r f(x_0) = \sum_{m\in\mathbb{N}^n,\, |m|=r} \frac{x^m}{m!}\, \mathrm{D}_{\mathfrak{v}}^m f(x_0)$$

seine homogene Komponente vom Grade r. Das Taylor-Polynom approximiert f in einer Umgebung von x_0 mit dem im Satz abgeschätzten Fehler. Im Spezialfall, dass $\mathfrak{v} = \mathfrak{e}$ die Standardbasis von $\mathbb{K}^n$ ist, ergibt sich, wenn wir den Vektor $x_0 + v$ mit x bezeichnen, also v durch $x - x_0$ ersetzen für das Taylor-Polynom die Darstellung

$$\sum_{\substack{m\in\mathbb{N}^n \\ |m|<k}} \frac{(x-x_0)^m}{m!}\, \mathrm{D}_{\mathfrak{e}}^m f(x_0) = \sum_{\substack{m\in\mathbb{N}^n \\ |m|<k}} \frac{1}{m!}\, \frac{\partial^{m_1+\cdots+m_n} f(x_0)}{\partial x_1^{m_1} \cdots \partial x_n^{m_n}}\, (x_1-x_{01})^{m_1} \cdots (x_n-x_{0n})^{m_n}\,.$$

Das Taylor-Polynom vom Grad < 2 ist die lineare Approximation von f im Punkt x_0, also gleich

$$f(x_0) + \mathrm{D}_v f(x_0) = f(x_0) + \langle v\,, (\mathrm{grad}\, f)(x_0)\rangle\,,$$

falls $f : G \to \mathbb{K}$ eine Funktion ist und V ein Skalarprodukt trägt.

Die homogene Komponente des Grades 2 im Taylor-Polynom schreibt sich bequem mit der Hesse-Form von f im Punkte x_0. Sei dazu $f : G \to W$ zweimal stetig differenzierbar. Dann ist für einen Punkt $x_0 \in G$ die Abbildung

$$\mathrm{Hess}_{x_0} f : (u, v) \mapsto \mathrm{D}_u \mathrm{D}_v f(x_0)$$

bilinear und nach Satz 5.A.7 symmetrisch. Sie heißt die H e s s e - A b b i l d u n g von f im Punkt x_0; im Fall $W = \mathbb{K}$ spricht man von der H e s s e - F o r m. Insbesondere ist $\mathrm{Hess}_{x_0} f(u, u) = \mathrm{D}_u \mathrm{D}_u f(x_0) = (d^2/dt^2) f(x_0 + tu)\big|_{t=0}$. Die Gramsche Matrix von $\mathrm{Hess}_{x_0} f$ bzgl. einer Basis $\mathfrak{v} = (v_1, \ldots, v_n)$ von V ist die so genannte H e s s e - M a t r i x

$$\mathfrak{Hess}_{x_0}^{\mathfrak{v}} f = \begin{pmatrix} \mathrm{D}_{v_1}\mathrm{D}_{v_1} f(x_0) & \cdots & \mathrm{D}_{v_1}\mathrm{D}_{v_n} f(x_0) \\ \vdots & \ddots & \vdots \\ \mathrm{D}_{v_n}\mathrm{D}_{v_1} f(x_0) & \cdots & \mathrm{D}_{v_n}\mathrm{D}_{v_n} f(x_0) \end{pmatrix}$$

der zweiten partiellen Ableitungen von f in x_0 (bezüglich $v_1, \ldots, v_n$). Der quadratische Teil des Taylor-Polynoms ist mit diesen Bezeichnungen gleich

$$\frac{1}{2}\, \mathrm{Hess}_{x_0} f\, (v, v)\,.$$

Man beachte, dass die Hesse-Form $\mathrm{Hess}_{x_0} f$ wegen der vorausgesetzten Stetigkeit der zweiten Richtungsableitungen stetig von x_0 abhängt.

Wir wollen die Taylor-Formel benutzen, um reelle Funktionen $f : G \to \mathbb{R}$ auf lokale Maxima und Minima zu untersuchen. G sei offen im endlichdimensionalen reellen

Vektorraum V. Wie bei einer Veränderlichen sagen wir, f habe in $x_0 \in G$ ein l o k a l e s M a x i m u m (bzw. l o k a l e s   M i n i m u m), wenn es eine Umgebung U von x_0 in G gibt derart, dass für alle $x \in U$ gilt $f(x) \le f(x_0)$ (bzw. $f(x) \ge f(x_0)$). Gilt dabei für alle $x \ne x_0$ aus U die Ungleichheit, so sprechen wir von einer i s o l i e r t e n   E x - t r e m s t e l l e . Analog zum Fall einer Veränderlichen gilt das folgende notwendige Kriterium:

5.C.2 Lemma *Sei* $f : G \to \mathbb{R}$ *im Punkt* $x_0 \in G$ *differenzierbar. Hat* f *in* x_0 *ein lokales Extremum, so verschwindet das totale Differenzial von* f *in* x_0.

B e w e i s . Die Funktion f habe in x_0 ein lokales Extremum. Dann hat auch für jede Richtung $v \in V$ die Funktion $t \mapsto f(x_0 + tv)$ in $0 \in \mathbb{R}$ ein lokales Extremum. Also verschwindet dort die Ableitung dieser Funktion. Dies ist aber die Richtungsableitung $\mathrm{D}_v f(x_0) = \mathrm{D}f(x_0 ; v)$. $\qquad\qquad\bullet$

Man nennt für eine differenzierbare Funktion $f : G \to \mathbb{R}$ einen Punkt $x_0 \in G$ k r i t i s c h (oder s i n g u l ä r oder auch s t a t i o n ä r), wenn das totale Differenzial df von f in x_0 verschwindet. [1]) Ist V euklidisch, so ist dies genau dann der Fall, wenn der Gradient $\mathrm{grad}\, f(x_0)$ verschwindet. Um zu untersuchen, welche Punkte von G für ein lokales Extremum von f in Frage kommen, hat man also nur die simultanen Nullstellen der partiellen Ableitungen von f zu betrachten.

Für zweimal stetig differenzierbare Funktionen hat man das folgende hinreichende Kriterium, das die bekannte Bedingung bei Funktionen einer Variablen verallgemeinert:

5.C.3 Satz *Seien* $f : G \to \mathbb{R}$ *eine* C^2-*Funktion und* $x_0 \in G$ *ein kritischer Punkt von* f. *Dann gilt:*

(1) *Ist die Hesse-Form von* f *in* x_0 *negativ (bzw. positiv) definit, so hat* f *in* x_0 *ein isoliertes lokales Maximum (bzw. Minimum).*

(2) *Ist die Hesse-Form von* f *in* x_0 *indefinit, so hat* f *in* x_0 *sicher kein lokales Extremum.*

B e w e i s . (1) Nach der Taylor-Formel gilt für Vektoren $v \ne 0$ in einer Umgebung U von 0 in V wegen $(df)_{x_0} = 0$ die Darstellung

$$f(x_0 + v) = f(x_0) + \frac{1}{2}\,\mathrm{Hess}_{x_0 + \theta v} f(v, v)$$

mit einem geeigneten $\theta = \theta(v) \in [0, 1]$. Da die negativ (bzw. positiv) definiten symmetrischen Bilinearformen jeweils offene Mengen im Raum aller symmetrischen Bilinearformen bilden (vgl. Bd. 2, 18.E.5), ist $\mathrm{Hess}_{x_0 + \theta v} f$ negativ (bzw. positiv) definit, falls nur die Umgebung U klein genug gewählt wurde. Dies beweist (1).

(2) Ist $\mathrm{Hess}_{x_0} f$ indefinit, so gibt es Vektoren $v', v'' \in V$ mit $\mathrm{Hess}_{x_0} f(v', v') < 0$ und $\mathrm{Hess}_{x_0} f(v'', v'') > 0$. Dann ist

$$\frac{d^2}{dt^2} f(x_0 + tv') \bigg|_{t=0} = \mathrm{Hess}_{x_0} f(v', v') < 0$$

---

[1]) Diese Sprechweise benutzt man auch im Fall $\mathbb{K} = \mathbb{C}$.

und f hat auf der Geraden $x_0 + \mathbb{R}v'$ in x_0 ein isoliertes Maximum. Analog hat f auf der Geraden $x_0 + \mathbb{R}v''$ in x_0 ein isoliertes Minimum. Insgesamt kann f dann in x_0 kein lokales Extremum haben. •

Der Beweis von 5.C.3 (3) zeigt, dass f in einem kritischen Punkt $x_0 \in G$ von f ein lokales Maximum (bzw. Minimum) besitzt, wenn die Hesse-Form von f in jedem Punkt einer geeigneten Umgebung von x_0 negativ (bzw. positiv) semidefinit ist.

Um 5.C.3 anwenden zu können, hat man den Typ der Hesse-Matrix $\mathfrak{Hess}^{\flat}_{x_0} f$ zu bestimmen, wozu sich das Hurwitz-Kriterium oder das Eigenwert-Kriterium anbieten, vgl. Bd. 2, 12.C.6 und 12.C.10 (oder 15.B.3). Der einzige Fall, der durch 5.C.3 nicht erfasst wird, ist der, dass die Hesse-Form von f in x_0 semidefinit, aber nicht definit ist. Wie schon bei einer Veränderlichen muss dann die Natur des kritischen Punktes x_0 auf andere Weise entschieden werden. Übrigens heißt der kritische Punkt x_0 von $f : G \to \mathbb{R}$ ein r e g u l ä r (e r) k r i t i s c h e r (oder ein r e g u l ä r (e r) s i n g u l ä r e r) Punkt von f, wenn die Hesse-Form von f in x_0 nicht ausgeartet ist. In einem solchen Punkt lässt sich immer mit Hilfe von 5.C.3 entscheiden, ob eine lokale Extremstelle vorliegt und gegebenenfalls von welcher Art sie ist, vgl. auch das Morse-Lemma 6.B.14.

Auch das Konvexitätsverhalten einer Funktion $f : G \to \mathbb{R}$ lässt sich leicht mit Hilfe der Hesse-Form von f entscheiden. Dabei heißt f k o n v e x (bzw. k o n k a v), wenn der Epigraph $\Gamma^+(f) \subseteq G \times \mathbb{R}$ (bzw. der Subgraph $\Gamma^-(f) \subseteq G \times \mathbb{R}$) konvex ist [2]), vgl. Bd. 1, Abschnitt 14.C. Es gilt:

5.C.4 Satz *Seien G ein konvexes Gebiet im endlichdimensionalen reellen Vektorraum V und $f : G \to \mathbb{R}$ eine C^2-Funktion. Genau dann ist f konvex (bzw. konkav), wenn für jedes $x_0 \in G$ die Hesse-Form $\mathrm{Hess}_{x_0} f$ positiv (bzw. negativ) semidefinit ist.*

B e w e i s . Genau dann ist f konvex (bzw. konkav), wenn für je zwei Punkte $x, y \in G$ die Beschränkung von f auf die Strecke $[x, y]$ konvex (bzw. konkav) ist. Da die zweite Ableitung der Funktion $t \mapsto f\big(x + t(y-x)\big)$, $t \in [0, 1]$, im Punkte t gleich $\mathrm{Hess}_{x+t(y-x)} f\,(y-x, y-x)$ ist, folgt die Behauptung aus der entsprechenden Aussage 14.C.5 in Bd. 1 für eine Variable. •

Offenbar ist in der Situation von 5.C.4 die Funktion f sogar streng konvex (bzw. streng konkav), wenn $\mathrm{Hess}_{x_0} f$ für alle $x_0 \in G$ positiv (bzw. negativ)definit ist, vgl. Bd. 1, Abschnitt 14.C und insbesondere 14.C.5, wo auch die Begriffe „streng konvex“ bzw. „streng konkav“ eingeführt werden.

5.C.5 Beispiel (L a p l a c e - O p e r a t o r · H a r m o n i s c h e F u n k t i o n e n) Seien $f : G \to \mathbb{R}$ eine zweimal stetig differenzierbare Funktion auf der offenen Menge G im *euklidischen* Vektorraum V und $x \in G$. Zur Hesse-Form von f in x gehört genau ein selbstadjungierter Operator H_x auf V mit

$$\langle u, \mathrm{H}_x(v)\rangle = (\mathrm{Hess}_x f)(u, v) = \mathrm{D}_v \mathrm{D}_u f(x) = \mathrm{D}_v \langle u, \mathrm{grad}\, f(x)\rangle = \langle u, \mathrm{D}_v \,\mathrm{grad}\, f(x)\rangle,$$

---

[2]) Dann ist natürlich notwendigerweise G konvex.

vgl. Bd. 2, 15.B.1, also

$$H_x = D\operatorname{grad} f(x) \,.$$

Das Taylor-Polynom vom Grad < 3 der Funktionen f in x ist damit

$$f(x) + \langle v, \operatorname{grad} f(x)\rangle + \frac{1}{2}\langle v, H_x v\rangle = f(x) + \langle v, \operatorname{grad} f(x) + \frac{1}{2}H_x v\rangle \,.$$

Die Spur des Hesse-Operators H_x bezeichnet man mit $\Delta f(x)$ und den Differenzialoperator $f \mapsto \Delta f$ von $C^2_{\mathbb{R}}(G)$ in $C^0_{\mathbb{R}}(G)$ als Laplace-Operator (für G). Ist $\mathfrak{v} = (v_1, \ldots, v_n)$ eine *Orthonormalbasis* von V, so stimmt die Hesse-Matrix von f in x bezüglich $\mathfrak{v}$ mit der Matrix von H_x bezüglich $\mathfrak{v}$ überein. Daher ist

$$\Delta f = D_{v_1} D_{v_1} f + \cdots + D_{v_n} D_{v_n} f = \operatorname{Sp}(D\operatorname{grad} f) = \operatorname{div}\operatorname{grad} f$$

für jede Orthonormalbasis $v_1, \ldots, v_n$ von V. Insbesondere ist

$$\Delta f = \frac{\partial^2 f}{\partial x_1^2} + \cdots + \frac{\partial^2 f}{\partial x_n^2}$$

für eine zweimal stetig differenzierbare Funktion $f : G \to \mathbb{R}$ auf einer offenen Menge $G \subseteq \mathbb{R}^n$, wenn $\mathbb{R}^n$ das Standardskalarprodukt trägt. Die große Bedeutung des Laplace-Operators Δ wird sich später erweisen, vgl. etwa Beispiel 8.C.9 und vor allem Bd. 4. Funktionen, die der so genannten Laplace-Gleichung $\Delta f = 0$ genügen, heißen harmonisch. Wir erwähnen einige Spezialfälle:

(1) Seien $G \subseteq \mathbb{C}$ eine offene Menge und $h : G \to \mathbb{C}$ eine komplex-analytische Funktion.[3]) Dann ist h insbesondere beliebig oft stetig reell-differenzierbar und erfüllt nach Beispiel 5.B.8 die Cauchy-Riemannschen Differenzialgleichungen

$$\frac{\partial u}{\partial y} = -\frac{\partial v}{\partial x}\,, \qquad \frac{\partial v}{\partial y} = \frac{\partial u}{\partial x}\,,$$

wo $u = \operatorname{Re} h$ und $v = \operatorname{Im} h$ der Real- bzw. Imaginärteil von h sind. Insbesondere folgt mit 5.A.7

$$\frac{\partial^2 u}{\partial x^2} + \frac{\partial^2 u}{\partial y^2} = \frac{\partial}{\partial x}\left(\frac{\partial v}{\partial y}\right) + \frac{\partial}{\partial y}\left(-\frac{\partial v}{\partial x}\right) = 0\,, \quad \frac{\partial^2 v}{\partial x^2} + \frac{\partial^2 v}{\partial y^2} = \frac{\partial}{\partial x}\left(-\frac{\partial u}{\partial y}\right) + \frac{\partial}{\partial y}\left(\frac{\partial u}{\partial x}\right) = 0\,.$$

Es gilt also:

5.C.6 Satz *Real- und Imaginärteil einer komplex-analytischen Funktion $G \to \mathbb{C}$ auf einer offenen Menge $G \subseteq \mathbb{C} = \mathbb{R}^2$ sind harmonische Funktionen.*

Wir werden in 7.F.12 sehen, dass unter gewissen Voraussetzungen an G jede harmonische Funktion $G \to \mathbb{R}$ Realteil einer komplex-analytischen Funktion auf G ist.

(2) (Harmonische Polynomfunktionen · Kugelfunktionen) Wir betrachten die harmonischen Polynomfunktionen $f \in \mathbb{R}[x_1, \ldots, x_n]$ auf dem $\mathbb{R}^n$ (mit dem Standardskalarprodukt). Der Deutlichkeit halber bezeichnen wir den Laplace-Operator in n Variablen mit Δ_n. Dann ist

$$\Delta_{n+1} = \Delta_n + \frac{\partial^2}{\partial x_{n+1}^2}\,.$$

Δ_n liefert durch Beschränken einen linearen Operator auf der Algebra $\mathbb{R}[x_1, \ldots, x_n]$ der Polynomfunktionen auf $\mathbb{R}^n$. Grundlegend ist

---

[3]) Nach 7.F.7 ist jede komplex-differenzierbare Funktion $G \to \mathbb{C}$ analytisch.

5.C.7 Lemma *Der Laplace-Operator* $\Delta_n : \mathbb{R}[x_1, \ldots, x_n] \to \mathbb{R}[x_1, \ldots, x_n]$ *ist für* $n \geq 1$ *surjektiv.*

B e w e i s . Wir schließen durch Induktion über n. Der Fall $n = 1$ ist trivial. Beim Schluss von n auf $n+1$ genügt es zu zeigen, dass die Polynome

$$Q \cdot x_{n+1}^m, \qquad Q = Q(x_1, \ldots, x_n) \in \mathbb{R}[x_1, \ldots, x_n], \qquad m \in \mathbb{N},$$

in Bild Δ_{n+1} liegen. Hier schließen wir durch Induktion über m: Ist etwa $Q = \Delta_n(R)$ mit $R \in \mathbb{R}[x_1, \ldots, x_n]$, so ist

$$\Delta_{n+1}(R \cdot x_{n+1}^m) = \Delta_n(R \cdot x_{n+1}^m) + \frac{\partial^2(R \cdot x_{n+1}^m)}{\partial x_{n+1}^2} = Q \cdot x_{n+1}^m + m(m-1)\, R \cdot x_{n+1}^{m-2}.$$

Da nach Induktionsvoraussetzung $m(m-1)R \cdot x_{n+1}^{m-2}$ zu Bild Δ_{n+1} gehört, gilt dies auch für $Q \cdot x_{n+1}^m$. $\qquad\bullet$

Der Laplace-Operator Δ_n bildet homogene Polynomfunktionen des Grades r in homogene Polynomfunktionen des Grades $r-2$ ab und induziert daher nach 5.C.7 einen *surjektiven* $\mathbb{R}$-linearen Homomorphismus

$$\Delta_n^{(r)} : P_n^{(r)} \to P_n^{(r-2)},$$

wobei hier generell mit $P_n^{(r)}$ der Raum der homogenen Polynomfunktionen des Grades r in n Variablen bezeichnet sei. Der Kern

$$U_n^{(r)} := \mathrm{Kern}\, \Delta_n^{(r)}$$

ist der Raum der harmonischen homogenen Polynome vom Grade r in n Variablen. Da die Monome des Grades r eine Basis von $P_n^{(r)}$ bilden, ist $\mathrm{Dim}\, P_n^{(r)} = \binom{n+r-1}{r}$ nach Bd. 1, Beispiel 2.B.12. Der Rangsatz liefert folglich

$$\mathrm{Dim}\, U_n^{(r)} = \mathrm{Dim}\, P_n^{(r)} - \mathrm{Dim}\, P_n^{(r-2)} = \binom{n+r-1}{r} - \binom{n+r-3}{r-2}.$$

Wir haben bewiesen:

5.C.8 Satz *Bezeichne* $U_n \subseteq \mathbb{R}[x_1, \ldots, x_n]$ *den Raum der harmonischen Polynome und* $U_n^{(r)} \subseteq U_n$, $r \in \mathbb{N}$, *den Raum der homogenen harmonischen Polynome vom Grad r, jeweils in n Variablen. Dann gilt für* $n \geq 1$

$$U_n = \bigoplus_{r \in \mathbb{N}} U_n^{(r)} \qquad und \qquad \mathrm{Dim}\, U_n^{(r)} = \binom{n+r-1}{r} - \binom{n+r-3}{r-2}, \qquad r \in \mathbb{N}.$$

Bei $n = 2$ bzw. $n = 3$ erhält man speziell

$$\mathrm{Dim}\, U_2^{(r)} = 2, \quad r \in \mathbb{N}^*, \qquad \text{bzw.} \qquad \mathrm{Dim}\, U_3^{(r)} = 2r+1, \quad r \in \mathbb{N}.$$

Nach 5.C.6 sind $\mathrm{Re}\,(x_1 + \mathrm{i}x_2)^r$ und $\mathrm{Im}\,(x_1 + \mathrm{i}x_2)^r$ homogene harmonische Polynome vom Grad r in zwei Variablen. Daher bilden sie bei $r \geq 1$ eine Basis von $U_2^{(r)}$.

Für $f \in U_n^{(r)}$ gilt $f(tx) = t^r f(x)$. Solch ein f ist folglich durch seine Beschränkung auf die Sphäre $S^{n-1} = S(0\,;\,1) \subseteq \mathbb{R}^n$ eindeutig bestimmt. Die Beschränkungen der Funktionen $f \in U_n^{(r)}$ auf S^{n-1} heißen K u g e l f u n k t i o n e n r-t e r O r d n u n g (in n Variablen). Bei $n = 2$ bilden nach Obigem die vertrauten Funktionen $(\cos t, \sin t) \mapsto \cos rt = 2^{r-1} T_r(\cos t)$ und $(\cos t, \sin t) \mapsto \sin rt = 2^{r-1} \sin t\, U_{r-1}(\cos t)$ eine Basis der Kugelfunktionen r-ter Ordnung auf dem Einheitskreis $S^1 \subseteq \mathbb{R}^2 = \mathbb{C}$. Dabei sind die Polynome T_ρ und U_ρ, $\rho \in \mathbb{N}$, die Tschebyschew-Polynome erster bzw. zweiter Art, vgl. Bd. 1, Beispiel 5.C.5 und 5.C, Aufg. 9. Wir kommen in Bd. 4 auf die Kugelfunktionen zurück, bemerken aber hier schon:

5.C.9 Satz *Sei $n \in \mathbb{N}^*$. Jede Polynomfunktion auf $S^{n-1} \subseteq \mathbb{R}^n$ wird durch eine eindeutig bestimmte Kugelfunktion aus U_n dargestellt.*

B e w e i s. Jede Polynomfunktion, die auf der Sphäre S^{n-1} verschwindet, ist ein Vielfaches von $F_n := x_1^2 + \cdots + x_n^2 - 1$ (Beweis!). Für die Eindeutigkeit genügt es also zu zeigen, dass $U_n \cap \mathbb{R}[x_1, \ldots, x_n]\, F_n = 0$ ist. Ein harmonisches Polynom, das auf S^{n-1} verschwindet, ist nach dem Identitätssatz für harmonische Funktionen, vgl. 8.C.12, auf der Vollkugel $\overline{B}^n$ gleich 0 und damit das Nullpolynom. Man sieht dies auch leicht elementar ein: Ist $G F_n$ ein harmonisches Polynom und ist G_m bei $G \neq 0$ die homogene Komponente von G vom Grade m mit $m := \mathrm{Grad}\, G$, so ergibt sich $\langle x, x \rangle \Delta G_m + 2(n + 2m) G_m = 0$. Durch wiederholtes Anwenden von Δ auf diese Gleichung ergibt sich $\Delta^j G_m = 0$ für alle $j \in \mathbb{N}$, also auch $G_m = 0$. Widerspruch.

Aus der soeben bewiesenen Eindeutigkeitsaussage folgt nun mit einem Dimensionsargument die Existenzaussage des Satzes. Für $s \in \mathbb{N}$, sowie $U_n^{\leq s} := \sum_{r=0}^{s} U_n^{(r)}$ und $P_n^{\leq s} := \sum_{r=0}^{s} P_n^{(r)}$ ist $P_n^{\leq s} = U_n^{\leq s} + P_n^{\leq(s-2)} F_n$ zu zeigen. Dies ist aber klar wegen

$$\mathrm{Dim}\, U_n^{\leq s} + \mathrm{Dim}\, P_n^{\leq(s-2)} = \left(\mathrm{Dim}\, P_n^{\leq s} - \mathrm{Dim}\, P_n^{\leq(s-2)} \right) + \mathrm{Dim}\, P_n^{\leq(s-2)} = \mathrm{Dim}\, P_n^{\leq s}. \qquad \bullet$$

(3) (**H a r m o n i s c h e   F u n k t i o n e n   i n   g e t r e n n t e n   V a r i a b l e n**) Seien f_ν zweimal stetig differenzierbare Funktionen auf (offenen) Intervallen $I_\nu \subseteq \mathbb{R}$, $\nu = 1, \ldots, n$. Wir fragen, wann die Funktion $f := f_1 \otimes \cdots \otimes f_n$ auf $I_1 \times \cdots \times I_n \subseteq \mathbb{R}^n$ mit

$$(f_1 \otimes \cdots \otimes f_n)(x_1, \ldots, x_n) := f_1(x_1) \cdots f_n(x_n)$$

harmonisch ist. Dabei wollen wir voraussetzen, dass keine der Funktionen $f_1, \ldots, f_n$ identisch 0 ist. Es ist

$$\Delta f = \sum_{\nu=1}^{n} f_1 \otimes \cdots \otimes f_{\nu-1} \otimes \frac{\partial^2 f_\nu}{\partial x_\nu^2} \otimes f_{\nu+1} \otimes \cdots \otimes f_n.$$

Fixieren wir Stellen $t_\nu \in I_\nu$ mit $f_\nu(t_\nu) \neq 0$, so gibt es Konstanten c_ν mit $\partial^2 f_\nu / \partial x_\nu^2 = c_\nu f_\nu$, $\nu = 1, \ldots, n$, wie sich aus der Laplace-Gleichung $(\Delta f)(t_1, \ldots, t_{\nu-1}, x_\nu, t_{\nu+1}, \ldots, t_n) = 0$ ergibt. Überdies muss $c_1 + \cdots + c_n = 0$ sein. Nach Bd. 1, 19.D.6 erhalten wir mit $\lambda_\nu := \sqrt{c_\nu} \in \mathbb{C}$

$$f_\nu(t) = \begin{cases} a_\nu e^{\lambda_\nu t} + b_\nu e^{-\lambda_\nu t}, & \text{falls } \lambda_\nu \neq 0, \\ a_\nu t + b_\nu, & \text{falls } \lambda_\nu = 0, \end{cases}$$

$\nu = 1, \ldots, n$. Hier sind $a_\nu, b_\nu \in \mathbb{C}$ Konstanten, und es ist $\lambda_1^2 + \cdots + \lambda_n^2 = 0$. Umgekehrt erfüllt f bei solch einer Wahl der Funktionen $f_1, \ldots, f_n$ offenbar die Laplace-Gleichung $\Delta f = 0$.

5.C.10 Beispiel (**P o l a r i s a t i o n s f o r m e l**) Sei $f : V \to W$ eine homogene Polynomfunktion vom Grade $r > 1$. Dann ist nach der Taylorformel

$$f(v) = \frac{1}{r!}\, \mathrm{D}_v^r f$$

für $v \in V$. Somit gewinnt man f durch Beschränken der symmetrischen r-fach multilinearen Abbildung $\Phi = \Phi(f) : V^r \to W$,

$$(v_1, \ldots, v_r) \mapsto \frac{1}{r!}\, \mathrm{D}_{v_1} \circ \cdots \circ \mathrm{D}_{v_r} f,$$

auf die Diagonale $(v, \ldots, v)$, $v \in V$, die wir mit V identifizieren. Zu vorgegebenem $f = \Phi | V$ lässt sich Φ leicht explizit angeben:

$$\Phi(v_1, \ldots, v_r) = \frac{1}{2^r r!} \sum_{\varepsilon} \left(\prod_{i=1}^{r} \varepsilon_i \right) \cdot f\left(\sum_{i=1}^{r} \varepsilon_i v_i \right).$$

Dabei ist über alle Vorzeichentupel $\varepsilon = (\varepsilon_j) \in \{1, -1\}^r$ zu summieren. Diese so genannte P o -
l a r i s a t i o n s f o r m e l gilt für eine beliebige symmetrische r-fache multilineare Abbildung
$\Phi : V^r \to W$ von Vektorräumen V und W über einem Körper K, in dem $r!$ invertierbar ist, dessen
Charakteristik also 0 ist oder eine Primzahl $> r$. Beweis! Für $r = 2$ handelt es sich um die
Formel

$$\Phi(u, v) = \frac{1}{4}\left(\Phi(u+v, u+v) - \Phi(u-v, u-v)\right)$$

aus Bd. 2, 12.B.2 (1). Vgl. auch Bd. 1 (2. Aufl.), 4.C, Aufg. 8.

Aufgaben

V und W seien endlichdimensionale $\mathbb{K}$-Vektorräume und G eine offene Menge in V.

1. Sei $G \subseteq V$ ein Gebiet. Genau dann ist eine Abbildung $f : G \to W$ polynomial vom Grad $< k$,
wenn f k-mal stetig differenzierbar ist und alle k-ten partiellen Ableitungen von f (bezüglich
einer vorgegebenen Basis von V) in G verschwinden.

2. Für die folgenden Funktionen gebe man jeweils das lineare Taylor-Polynom (vom Grad < 2)
im angegebenen Punkt an.

a) $T = T(l, g) = 2\pi\sqrt{\ell/g}$ in (ℓ_0, g_0), $\ell_0, g_0 > 0$. (Schwingungsdauer eines Pendels)

b) $S = S(R, h) = \pi R\left(R + \sqrt{R^2 + h^2}\right)$ in (R_0, h_0), $R_0 > 0$, $h_0 \geq 0$. (Oberfläche eines Kegels)

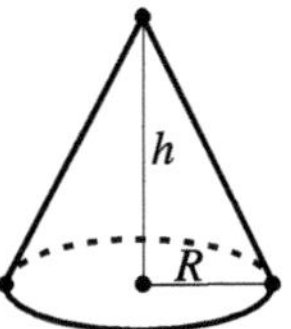

c) $S = S(R, H, h) = \pi R\left(H + h + R + \sqrt{R^2 + (H-h)^2/4}\right)$ in (R_0, H_0, h_0), $R_0 > 0$, $H_0, h_0 \geq 0$.
(Oberfläche eines abgeschnittenen Zylinders – Um die Formel einzusehen, rolle man die Man-
telfläche in die Ebene.)

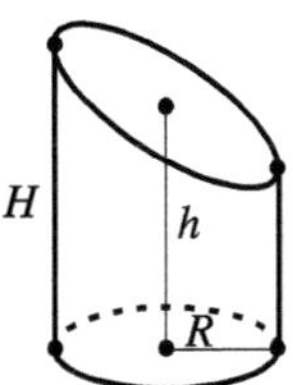

d) $c = c(a, b, \gamma) = \sqrt{a^2 + b^2 - 2ab\cos\gamma}$ in (a_0, b_0, γ_0), $a_0, b_0 > 0$, $0 < \gamma_0 < \pi$. (Länge einer
Dreiecksseite nach dem Kosinussatz)

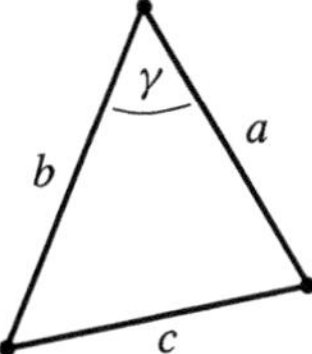

e) $\gamma = \gamma(a, b, c) = \arccos\left((a^2+b^2-c^2)/2ab\right)$ in (a_0, b_0, c_0), $a_0, b_0, c_0 > 0$, $|a_0-b_0| < c_0 \le a_0+b_0$. (Dreieckswinkel nach dem Kosinussatz)

f) $F = F(a, b, \gamma) = \frac{1}{2}ab\sin\gamma$ in (a_0, b_0, γ_0), wobei dieses Tripel wie in d) gewählt sei. (Flächeninhalt eines Dreiecks)

g) $F = F(a, b, c) = \frac{1}{4}\sqrt{(a+b+c)(-a+b+c)(a-b+c)(a+b-c)}$ in (a_0, b_0, c_0), wobei dieses Tripel wie in e) gewählt sei. (Flächeninhalt eines Dreiecks nach Heron)

h) $V = V(a_1, \dots, a_n) = a_1 \cdots a_n$ in $(a_1^0, \dots, a_n^0) \in (\mathbb{R}_+)^n$. (Volumen eines Quaders)

i) $L = L(a_1, \dots, a_n\,;\, b_1, \dots, b_n\,;\, \lambda_1, \dots, \lambda_n\,;\, (\alpha_{ij})_{1\le i<j\le n}) = \sqrt{{}^t(\mathfrak{b}-\mathfrak{a})\,\mathfrak{G}\,(\mathfrak{b}-\mathfrak{a})}$ mit

$$
\mathfrak{a} := \begin{pmatrix} a_1 \\ a_2 \\ \vdots \\ a_n \end{pmatrix}, \quad
\mathfrak{b} := \begin{pmatrix} b_1 \\ b_2 \\ \vdots \\ b_n \end{pmatrix}, \quad
\mathfrak{G} := \begin{pmatrix}
\lambda_1^2 & \lambda_1\lambda_2\cos\alpha_{12} & \cdots & \lambda_1\lambda_n\cos\alpha_{1n} \\
\lambda_1\lambda_2\cos\alpha_{12} & \lambda_2^2 & \cdots & \lambda_2\lambda_n\cos\alpha_{2n} \\
\vdots & \vdots & \ddots & \vdots \\
\lambda_1\lambda_n\cos\alpha_{1n} & \lambda_2\lambda_n\cos\alpha_{2n} & \cdots & \lambda_n^2
\end{pmatrix}
$$

in $\mathfrak{a}^0, \mathfrak{b}^0$ $(\mathfrak{a}^0 \ne \mathfrak{b}^0)$; $\lambda_i^0 = 1$, $1 \le i \le n$; $\alpha_{ij}^0 = \pi/2$, $1 \le i < j \le n$. (Abstand zweier Punkte in einem n-dimensionalen euklidischen Raum mit den Koordinatentupeln $\mathfrak{a}$ bzw. $\mathfrak{b}$ bzgl. eines Koordinatensystems, das nur wenig von einem kartesischen abweicht.)

3. Für die folgenden Funktionen f bestimme man das Taylor-Polynom vom Grad $< k$ in x_0.

a) $f(x, y) = x^2 + 4xy^3 + y + 3y^2$ für $x_0 = (0, 0)$ bzw. $x_0 = (1, 2)$ und $k = 3, 4, 5$.

b) $f(x, y) = (x-y)/(x+y)$ für $x_0 = (1, 1)$ und $k = 4$.

c) $f(x, y, z) = e^{x+y+z}/(e^x+e^y)(e^y+e^z)(e^x+e^z)$ für $x_0 = (0, 0, 0)$ und $k = 3$.

d) $f(x, y) = (1+x+y)/(1+x^2+y^2)$ für $x_0 = (0, 0)$ und $k = 3, 4$.

e) $f(x, y) = \ln(1+x+y)$ für $x_0 = (0, 1)$ und $k = 4$.

f) $f(x, y, z) = (1+x+y+z)/\sqrt{1+x^2+y^2+z^2}$ für $x_0 = (0, 0, 0)$ und $k = 4$.

4. Man bestimme die kritischen Punkte der Funktion $f : V \to \mathbb{R}$ mit $f(x) := \Phi(x, x)$ und untersuche sie auf lokale Extrema, wobei Φ eine reell-symmetrische Bilinearform auf V vom Typ (p, q) ist. Allgemeiner betrachte man den Fall einer beliebigen Polynomfunktion f vom Grad ≤ 2 auf V.

5. Man bestimme die kritischen Punkte der folgenden reellen Funktionen f und untersuche sie auf lokale Extrema. Man untersuche auch, wann es sich um globale Extrema handelt.

a) $f(x, y) = x + xy + y^2$.   **b)** $f(x, y) = x^4 + y^4 - 2x^2 + 4xy - 2y^2$.

c) $f(x, y) = (2x^2+y^2)\exp\left(-(x^2+y^2)\right)$.   **d)** $f(x, y) = x^3 - 12xy + 8y^3$.

e) $f(x, y) = x^3 + y^3 - 3xy$.   **f)** $f(x, y) = \cos x \cos y \cos(x+y)$.

g) $f(x, y) = x^3 y^2 (a - x - y)$.   **h)** $f(x, y) = 2x^4 + y^4 - 2x^2 - 2y^2$.

i) $f(x, y) = x^2 - 3x^2 y^2 + y^3$.   **j)** $f(x, y, z) = \dfrac{x}{y+z} + \dfrac{y}{x+z} + \dfrac{z}{x+y}$ auf $(\mathbb{R}_+^\times)^3$.

k) $f(x, y, z) = g(x, y, z)\exp\left(-(x^2+y^2+z^2)\right)$, wobei g eine Linearform auf $\mathbb{R}^3$ ist.

6. Seien a und b positive reelle Zahlen, $a < b$. Man bestimme die Extremstellen von

$$
f(x_1, \dots, x_n) := \frac{x_1 \cdots x_n}{(a+x_1)(x_1+x_2)\cdots(x_{n-1}+x_n)(x_n+b)}
$$

auf $]a, b[^n$ (Aufgabe von Huygens).

7. Man untersuche die Funktion $f : \mathbb{R}^n \to \mathbb{R}$ mit

$$f(x_1, \ldots, x_n) = x_1^2 + \cdots + x_n^2 - 2x_1 \cdots x_n$$

auf kritische Punkte und lokale Extremstellen.

8. Die Funktion $f : G \to \mathbb{R}$ sei k-mal stetig differenzierbar. Im Punkt x_0 sei das Taylor-Polynom von $f - f(x_0)$ des Grades $< k$ das Nullpolynom. Hat dann das Taylor-Polynom T von $f - f(x_0)$ des Grades $< (k+1)$ in x_0 (welches homogen vom Grade k ist) ein isoliertes lokales Maximum bzw. Minimum, so gilt Entsprechendes für f. Hat dieses Taylor-Polynom jedoch sowohl positive als auch negative Werte, so ist x_0 sicher keine lokale Extremstelle von f. (Letzteres ist sicher der Fall, wenn k ungerade und $T \neq 0$ ist. – Man vgl. 5.C.3 und beachte Bd. 2, 17.B, Aufg. 20.)

9. Man untersuche, ob die Funktion

$$f(x, y) = 2e^y \cos x - 2y + x^2 - y^2 + x^2 y - \frac{1}{3} y^3 + 10x^2 y^2$$

auf $\mathbb{R}^2$ im Nullpunkt ein lokales Extremum besitzt.

10. Man untersuche die folgenden Funktionen $\mathbb{R}^2 \to \mathbb{R}$ (insbesondere im Nullpunkt) auf kritische Punkte und lokale Extremstellen.

a) $x^2 + y^4$.　　**b)** x^2.　　**c)** $x^2 - y^4$.　　**d)** $x^4 + y^4 + x^3 y^3$.

e) $x^4 - y^4 + x^3 y^3$.　　**f)** $x^3 + y^3 + x^4 + y^4$.

11. Man zeige, dass die Funktion $f : \mathbb{R}^2 \to \mathbb{R}$ mit

$$f(x, y) = (x^2 + y^2)(x^2 - 3x + y^2) + 2x^2$$

auf jeder Geraden durch den Nullpunkt in 0 ein lokales Minimum hat, jedoch f selbst in 0 kein lokales Minimum besitzt.

12. Seien $v_1, \ldots, v_n$ Punkte im euklidischen oder unitären Vektorraum V und $a_1, \ldots, a_n \geq 0$ Gewichte mit $a_1 + \cdots + a_n > 0$. Dann hat die Funktion

$$f(x) = \sum_{j=1}^{n} a_j \|x - v_j\|^2$$

der Summe der gewichteten Abstandsquadrate genau ein lokales Minimum in V, und zwar im Schwerpunkt der Punkte $v_1, \ldots, v_n$ bezüglich der Gewichte $a_1, \ldots, a_n$. (Dies ist ein Spezialfall der Methode der kleinsten Fehlerquadrate, vgl. Bd. 2, Beispiel 13.B.8.)

13. Seien $\alpha_1, \ldots, \alpha_n \geq 0$. Man zeige, dass die Funktion

$$(x_1, \ldots, x_n) \mapsto x_1^{\alpha_1} \cdots x_n^{\alpha_n}$$

auf $(\mathbb{R}_+^\times)^n$ genau dann konkav ist, wenn $\alpha_1 + \cdots + \alpha_n \leq 1$ ist, und genau dann streng konkav, wenn $\alpha_1 + \cdots + \alpha_n < 1$ ist und alle α_i positiv sind.

14. Seien V euklidisch und $f, g : G \to \mathbb{R}$ zweimal stetig differenzierbar. Für den Laplace-Operator Δ gilt dann die Produktregel

$$\Delta(fg) = f \, \Delta g + 2 \langle \operatorname{grad} f, \operatorname{grad} g \rangle + g \, \Delta f.$$

Insbesondere ist das Produkt zweier harmonischer Funktionen f, g genau dann harmonisch, wenn ihre Gradienten in jedem Punkt orthogonal sind.

15. Sei V ein n-dimensionaler euklidischer Vektorraum, $n \geq 1$.

a) Ist $f : \mathbb{R}_+^\times \to \mathbb{R}$ zweimal stetig differenzierbar, so ist auch die Funktion $x \mapsto f(\|x\|)$ auf $V - \{0\}$ zweimal stetig differenzierbar und es gilt

$$\Delta\big(f(\|x\|)\big) = f''(\|x\|) + (n-1)\,\frac{f'(\|x\|)}{\|x\|}\,.$$

b) Die Funktion $x \mapsto 1/\|x\|^{n-2}$ auf $V - \{0\}$ ist harmonisch. Im Fall $n = 2$ ist auch $x \mapsto \ln \|x\|$ harmonisch.

16. Man bestimme eine Basis des Raumes $U_n^{(r)}$ der homogenen harmonischen Polynome des Grades r in n Variablen für $r = 0, 1, 2, 3$, $n \geq 1$. (Vgl. Beispiel 5.C.5 (2).)

17. (Hutfunktionen auf dem $\mathbb{R}^n$) Für reelle Zahlen a, a', b, b' mit $a < a' < b' < b$ bezeichne $h = h_{(a,a',b',b)}$ eine C^∞-Hutfunktion $\mathbb{R} \to \mathbb{R}$ mit $h(t) = 0$ für $t \notin [a, b]$, $h(t) = 1$ für $t \in [a', b']$ und $0 < h(t) < 1$ sonst, vgl. Bd. 1, Satz 16.B.10.

a) Für $a, a', b', b \in \mathbb{R}^n$ mit $a_i < a_i' < b_i' < b_i$, $i = 1, \ldots, n$, ist die Funktion $h := h_{(a,a',b',b)} := h_{(a_1,a_1',b_1',b_1)} \otimes \cdots \otimes h_{(a_n,a_n',b_n',b_n)}$ mit

$$h(t_1, \ldots, t_n) = \prod_{i=1}^{n} h_{(a_i,a_i',b_i',b_i)}(t_i)$$

eine C^∞-Funktion $\mathbb{R}^n \to \mathbb{R}$, die außerhalb des kompakten Quaders $Q := [a_1, b_1] \times \cdots \times [a_n, b_n]$ verschwindet, auf $Q' := [a_1', b_1'] \times \cdots \times [a_n', b_n']$ identisch 1 ist und auf $\mathring{Q} - Q'$ Werte in $]0, 1[$ annimmt.

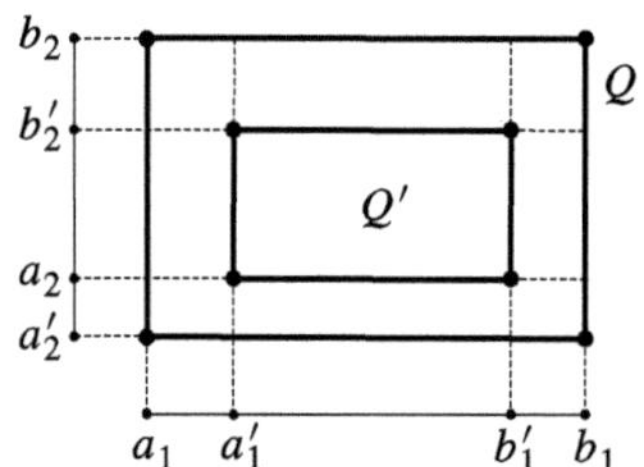

b) Seien $K \subseteq \mathbb{R}^n$ kompakt und $U \subseteq \mathbb{R}^n$ eine Umgebung von K. Dann gibt es eine C^∞-Funktion $h : \mathbb{R}^n \to [0, 1] \subseteq \mathbb{R}$ mit $h(t) = 1$ für $t \in K$ und $h(t) = 0$ für $t \notin U$. (Man konstruiere Quader $Q_1' \subset Q_1, \ldots, Q_k' \subset Q_k$ mit $K \subseteq \bigcup_{j=1}^{k} Q_j' \subseteq \bigcup_{j=1}^{k} Q_j \subseteq U$ und dazu Funktionen $h_1, \ldots, h_k$ wie in a). Dann ist $1 - \prod_{j=1}^{k}(1 - h_j)$ eine Funktion der gewünschten Art.)

c) Zu jeder abgeschlossenen Menge $A \subseteq \mathbb{R}^n$ gibt es eine C^∞-Funktion $f : \mathbb{R}^n \to [0, 1] \subseteq \mathbb{R}$ mit $A = f^{-1}(0)$. (Vgl. Bd. 1, 16.B.12.)

18. Sei f eine C^k-Funktion, die in einer Umgebung von $0 \in \mathbb{K}^n$ definiert ist, $k \in \mathbb{N}^*$. Dann bezeichnen wir mit $T_k(f)$ das Taylor-Polynom

$$T_k(f) = \sum_{j=0}^{k} \sum_{m \in \mathbb{N}^n, |m|=j} \frac{x^m}{m!}\, \mathrm{D}_{\mathrm{e}}^m f(0)\, x^m$$

bis zur Ordnung k von f in 0. Dieses Polynom liegt in $P_n := \mathbb{R}[x_1, \ldots, x_n]$ bzw. $P_n := \mathbb{C}[x_1, \ldots, x_n]$, je nachdem ob f Werte in $\mathbb{R}$ oder $\mathbb{C}$ hat. Man betrachte dieses Polynom als Repräsentant seiner Restklasse in $P_n/\mathfrak{A}_{k+1}$, wobei $\mathfrak{A}_{k+1}$ das Ideal der Polynome in P_n ist, die keine homogenen Summanden $\neq 0$ vom Grad $\leq k$ besitzen. $P_n/\mathfrak{A}_{k+1}$ ist eine $\mathbb{R}$- bzw. $\mathbb{C}$-Algebra, wobei die Multiplikation (wie schon die Addition) repräsentantenweise erfolgt. Wir wollen in dieser Aufgabe die Taylorpolynome stets als Elemente der entsprechenden Restklassenalgebren $P_n/\mathfrak{A}_{k+1}$ auffassen. Im Fall $k = \infty$ betrachten wir die (nicht notwendig konvergente) Taylor-Reihe $T(f) := T_\infty(f)$ als ein Element der formalen Potenzreihenalgebra $\mathbb{R}[\![x_1, \ldots, x_n]\!]$ bzw. $\mathbb{C}[\![x_1, \ldots, x_n]\!]$, vgl. den nächsten Abschnitt.

a) Die Abbildung $f \mapsto T_k(f)$, $f \in C^k(U)$, wobei U eine Umgebung von 0 in $\mathbb{K}^n$ ist, ist ein Algebra-Homomorphismus, $k \in \mathbb{N} \cup \{\infty\}$, der für $k \in \mathbb{N}$ und im Fall $\mathbb{K} = \mathbb{R}$ auch für $k = \infty$ surjektiv ist. (Satz von E. Borel, vgl. Bd. 1, 16.B.11.)

b) Seien $F = (F_1, \ldots, F_m)$ eine C^k-Abbildung einer Umgebung von 0 in $\mathbb{K}^n$ in den $\mathbb{K}^m$ mit $F(0) = 0$ und g eine C^k-Funktion auf einer Umgebung von 0 in $\mathbb{K}^m$. Dann ist für $k \in \mathbb{N} \cup \{\infty\}$

$$T_k(g \circ F) = T_k(g)\big(T_k(F_1), \ldots, T_k(F_m)\big).$$

19. (Integralrestglied) Seien $f : G \to W$ eine C^k-Abbildung, $k \in \mathbb{N}^* \cup \{\infty\}$, und $x_0 \in G$. Ferner seien $\mathfrak{v} = (v_1, \ldots, v_n)$ eine Basis von V und $v = \sum x_i v_i \in V$ so gewählt, dass die Strecke $[x_0, x_0 + v]$ ganz in G liegt. Dann gilt für das Restglied R in der Taylor-Formel

$$f(x_0 + v) = \sum_{m \in \mathbb{N}^n, |m| < k} \frac{x^m}{m!}\, \mathrm{D}_\mathfrak{v}^m f(x_0) + R$$

die Integraldarstellung

$$R = \sum_{m \in \mathbb{N}^n, |m| = k} \frac{x^m}{m!}\, k \int_0^1 \mathrm{D}_\mathfrak{v}^m f(x_0 + tv)\,(1-t)^{k-1}\, dt \,.$$

(Vgl. Bd. 1, 18.A.2. – Mit dem Satz über die Differenzierbarkeit des Integrals (Bd. 1, 16.B.17 oder 5.B, Aufg. 14 des vorliegenden Bandes) ergibt sich, *dass im Restglied R die Koeffizienten $k \int_0^1 \mathrm{D}_\mathfrak{v}^m f(x_0 + tv)\,(1-t)^{k-1}\, dt$ noch $(r-k)$-mal stetig differenzierbar sind, wenn f sogar eine C^r-Abbildung ist*, $r \in \mathbb{N} \cup \{\infty\}$, $r \geq k$.)

20. Sei $f : G_1 \times G_2 \to W$ eine C^2-Abbildung, G_1, G_2 offene Umgebungen von $0 \in V_1$ bzw. $0 \in V_2$. Es sei $f(x_1, 0) = f(0, x_2) = 0$ für $x_1 \in V_1$, $x_2 \in V_2$. Für $(x_1, x_2) \to (0, 0)$ gilt dann $f(x_1, x_2) = O\big(\|x_1\| \cdot \|x_2\|\big)$.

5.D Analytische Abbildungen

Seien wieder allgemein V und W endlichdimensionale normierte $\mathbb{K}$-Vektorräume, $\mathfrak{v} = (v_1, \ldots, v_n)$ eine Basis von V und $G \subseteq V$ eine offene Teilmenge. Für eine beliebig oft differenzierbare Abbildung $f : G \to W$ und jeden Punkt $x_0 \in G$ ist die T a y l o r - R e i h e

$$\sum_{r=0}^{\infty}\Big(\sum_{m \in \mathbb{N}^n, |m| = r} \frac{x^m}{m!}\, \mathrm{D}_\mathfrak{v}^m f(x_0)\Big)$$

$x \in \mathbb{K}^n$, definiert. Schon bei einer Veränderlichen braucht diese Reihe aber die Abbildung f in keiner Umgebung von x_0 darzustellen, selbst wenn sie dort konvergiert.

Dieses Phänomen, das allerdings – wie wir in Abschnitt 7.F sehen werden – nur für $\mathbb{K} = \mathbb{R}$ auftreten kann, führt auf den Begriff der analytischen Abbildung. Um ihn einführen zu können, sind einige Bemerkungen über Potenzreihen in mehreren Variablen zu machen.

Eine Reihe der Form

$$F = \sum_{m \in \mathbb{N}^n} c_m X^m = \sum_{r=0}^{\infty} \Big(\sum_{m \in \mathbb{N}^n, |m|=r} c_m X^m \Big) = \sum_{r=0}^{\infty} F_r \,, \qquad X^m = X_1^{m_1} \cdots X_n^{m_n}, \ c_m \in W$$

heißt eine (formale) Potenzreihe in den Variablen $X_1, \ldots, X_n$ mit Koeffizienten in W. Die Polynome $F_r = \sum_{|m|=r} c_m X^m$, $r \in \mathbb{N}$, heißen die homogenen Komponenten von F. Den $\mathbb{K}$-Vektorraum aller dieser Potenzreihen bezeichnen wir mit

$$W[\![X_1, \ldots, X_n]\!] \,.$$

Im Fall $W = \mathbb{K}$ ist $\mathbb{K}[\![X_1, \ldots, X_n]\!]$ mit dem Cauchy-Produkt

$$\Big(\sum_{r=0}^{\infty} F_r \Big) \Big(\sum_{s=0}^{\infty} G_s \Big) = \sum_{t=0}^{\infty} \Big(\sum_{r+s=t} F_r G_s \Big) \,,$$

$\sum_r F_r, \sum_s G_s \in \mathbb{K}[\![X_1, \ldots, X_n]\!]$, eine $\mathbb{K}$-Algebra.

Eine Potenzreihe $F = \sum_r \big(\sum_{|m|=r} c_m X^m \big) \in W[\![X_1, \ldots, X_n]\!]$ heißt konvergent im Punkt $x = (x_1, \ldots, x_n) \in \mathbb{K}^n$, wenn die Familie $c_m x^m$, $m \in \mathbb{N}^n$, in W summierbar ist. In diesem Fall ist

$$F(x) = \sum_{m \in \mathbb{N}^n} c_m x^m = \sum_{r=0}^{\infty} \Big(\sum_{|m|=r} c_m x^m \Big)$$

der Wert von F an der Stelle x. Der innere Kern der Menge der Punkte x, in denen F konvergiert, heißt der Konvergenzbereich von F. Gehört $0 \in \mathbb{K}^n$ zu diesem Konvergenzbereich, so heißt F konvergent schlechthin. Die Menge der konvergenten Potenzreihen in $W[\![X_1, \ldots, X_n]\!]$ bezeichnet man mit

$$W \langle\!\langle X_1, \ldots, X_n \rangle\!\rangle \,.$$

$F = \sum_{m \in \mathbb{N}^n} c_m X^m$ ist offenbar genau dann konvergent, wenn die so genannte t-Norm

$$\|F\|_t := \sum_{m \in \mathbb{N}^n} \|c_m\| \, t^m = \sum_{r=0}^{\infty} \Big(\sum_{|m|=r} \|c_m\| \, t^m \Big)$$

zu einem n-Tupel $t = (t_1, \ldots, t_n)$ positiver reeller Zahlen endlich ist. Für alle $x = (x_1, \ldots, x_n) \in \mathbb{K}^n$ mit $|x_i| \leq t_i$, $i = 1, \ldots, n$, ist dann

$$\Big\| \sum_{m \in \mathbb{N}^n} c_m x^m \Big\| \leq \sum_{m \in \mathbb{N}^n} \|c_m\| \, t^m = \|F\|_t$$

und die Familie $c_m x^m$, $m \in \mathbb{N}^n$, in $\prod_{i=1}^{n} \overline{\mathrm{B}}(0\,;t_i)$ normal summierbar. [1]) Insbesondere ist die Abbildung $x \mapsto F(x) = \sum_m c_m x^m$ auf $\prod_{i=1}^{n} \overline{\mathrm{B}}(0\,;t_i)$ stetig. Der Kalkül für das Rechnen mit konvergenten Potenzreihen in mehreren Variablen ist weitgehend dem für das Rechnen mit konvergenten Potenzreihen in einer Variablen, wie er bereits in Bd. 1, Abschnitt 12.C dargestellt wurde, analog. Allerdings lässt sich bei mehreren Variablen in der Regel der Konvergenzbereich nicht so übersichtlich beschreiben wie im Fall einer Variablen. Insbesondere ist dieser Konvergenzbereich im Allgemeinen kein offener Polyzylinder bzw. (für $\mathbb{K} = \mathbb{R}$) kein offener Quader. [2]) Wir formulieren einige Resultate und überlassen die einfachen Beweise, die wie im Fall einer Variablen den Großen Umordnungssatz benutzen, dem Leser. *$t = (t_1, \ldots, t_n)$ bezeichne im Folgenden ein n-Tupel positiver reeller Zahlen.*

5.D.1 Lemma *Sind $F, G \in W[\![X_1, \ldots, X_n]\!]$ Potenzreihen mit $\|F\|_t, \|G\|_t < \infty$, so ist $\|F+G\|_t \leq \|F\|_t + \|G\|_t < \infty$. Ist $W = \mathbb{K}$, so ist überdies $\|FG\|_t \leq \|F\|_t \|G\|_t < \infty$.*

5.D.2 Entwickeln von Potenzreihen *Ist $F = \sum_m c_m X^m \in W[\![X_1, \ldots, X_n]\!]$ eine Potenzreihe mit $\|F\|_t < \infty$ und ist $b = (b_1, \ldots, b_n) \in \mathbb{K}^n$ ein Punkt mit $|b_i| < t_i$ für $i = 1, \ldots, n$, so gilt*

$$F(x) = \sum_{m \in \mathbb{N}^n} c_m x^m = \sum_{m \in \mathbb{N}^n} d_m (x-b)^m$$

für alle $x \in \mathbb{K}^n$ mit $|x_i - b_i| \leq t_i - |b_i|$, $i = 1, \ldots, n$. Für $k \in \mathbb{N}^n$ ist dabei

$$d_k = \sum_{m \in \mathbb{N}^n, m \geq k} \binom{m}{k} c_m b^{m-k}, \qquad \binom{m}{k} := \binom{m_1}{k_1} \cdots \binom{m_n}{k_n}.$$

5.D.3 Einsetzen von Potenzreihen *$F = \sum_m c_m X^m \in W[\![X_1, \ldots, X_n]\!]$ sei eine Potenzreihe mit $\|F\|_t < \infty$. Ferner seien $G_i \in \mathbb{K}[\![Y_1, \ldots, Y_p]\!]$ Potenzreihen mit $G_i(0) = 0$ und $\|G_i\|_s \leq t_i$ für ein Tupel $s \in (\mathbb{R}_+^{\times})^p$. Dann gilt für alle $y = (y_1, \ldots, y_p) \in \mathbb{K}^p$ mit $|y_j| \leq s_j$, $j = 1, \ldots, p$,*

$$F\big(G_1(y), \ldots, G_n(y)\big) = \sum_{k \in \mathbb{N}^p} d_k y^k,$$

wobei $H = \sum_{k \in \mathbb{N}^p} d_k Y^k \in W[\![Y_1, \ldots, Y_p]\!]$ eine Potenzreihe mit $\|H\|_s \leq \|F\|_t$ ist.

Die Definition der analytischen Abbildung versteht sich nun von selbst. $v_1, \ldots, v_n$ sei wieder eine $\mathbb{K}$-Basis von V.

---

[1]) Im Fall $\mathbb{K} = \mathbb{C}$ heißen die Produkte $\prod_{i=1}^{n} \mathrm{B}(a_i\,;t_i)$ bzw. $\prod_{i=1}^{n} \overline{\mathrm{B}}(a_i\,;t_i)$ von offenen bzw. abgeschlossenen Kreisscheiben die o f f e n e n bzw. a b g e s c h l o s s e n e r P o l y z y l i n d e r in $\mathbb{C}^n$.

[2]) Der Konvergenzbereich der Potenzreihe $\sum_{k,l \in \mathbb{N}} \binom{k+l}{k} X^k Y^l = \sum_{n=0}^{\infty} (X+Y)^n \in \mathbb{K}[\![X, Y]\!]$ etwa wird durch $|x| + |y| < 1$ beschrieben.

5.D.4 Definition Eine Abbildung $f : G \to W$ auf einer offenen Menge $G \subseteq V$ heißt
a n a l y t i s c h i m P u n k t $x_0 \in G$, wenn es eine konvergente Potenzreihe $\sum_{m \in \mathbb{N}} c_m X^m$
aus $W \langle\!\langle X_1, \ldots, X_n \rangle\!\rangle$ gibt mit

$$f(x_0 + v) = \sum_{m \in \mathbb{N}^n} c_m x^m$$

für alle $v = x_1 v_1 + \cdots + x_n v_n$ in einer Umgebung des Nullpunkts in V. $-$ f heißt
a n a l y t i s c h i n G, wenn f in jedem Punkt von G analytisch ist.

Wegen 5.D.3 (zum Beispiel) ist die Analytizität einer Abbildung $f : G \to W$ unabhängig
von der Wahl der Basis $\mathfrak{v} = (v_1, \ldots, v_n)$ von V. Nach 5.D.1 bilden die analytischen
Abbildungen $G \to W$ einen $\mathbb{K}$-Vektorraum. Wir bezeichnen ihn mit $\mathrm{C}^\omega(G, W)$. Ist
der Bildbereich W gleich $\mathbb{R}$ oder $\mathbb{C}$ (wobei im Fall $\mathbb{K} = \mathbb{C}$ nur $\mathbb{C}$ in Frage kommt), so
ist $\mathrm{C}^\omega(G, \mathbb{R})$ bzw. $\mathrm{C}^\omega(G, \mathbb{C})$ eine $\mathbb{R}$- bzw. $\mathbb{C}$-Algebra. Wir schreiben dafür kurz

$$\mathrm{C}^\omega_\mathbb{R}(G) \quad \text{bzw.} \quad \mathrm{C}^\omega_\mathbb{C}(G).$$

Ist $F = \sum_m c_m X^m \in W \langle\!\langle X_1, \ldots, X_n \rangle\!\rangle$ eine konvergente Potenzreihe mit $\|F\|_t < \infty$,
so definiert F auf dem offenen Polyzylinder der Punkte $v = x_1 v_1 + \cdots + x_n v_n \in V$ mit
$|x_i| < t_i$ nach 5.D.2 die analytische Abbildung $x \mapsto F(x) = \sum c_m x^m$. *Analytische*
Abbildungen sind beliebig oft differenzierbar. Ist

$$f(x_0 + v) = \sum_{m \in \mathbb{N}^n} c_m x^m$$

die Potenzreihenentwicklung der analytischen Abbildungen $f : G \to W$ um x_0, so
gewinnt man die höheren partiellen Ableitungen von f in einer Umgebung von x_0
durch gliedweises Differenzieren der Summe $\sum_{m \in \mathbb{N}^n} c_m x^m$. Ist dabei $\sum_m \|c_m\| t^m < \infty$,
so konvergieren die abgeleiteten Reihen für alle $v = x_1 v_1 + \cdots + x_n v$ *mit* $|x_i| < t_i$,
$i = 1, \ldots, n$. Dies folgt aus 5.D.2. Insbesondere stimmt die Potenzreihenentwicklung
von f in x_0 mit der Taylor-Reihe von f in x_0 überein:

$$c_m = \frac{\mathrm{D}^m_\mathfrak{v} f(x_0)}{m!}, \quad m \in \mathbb{N}^n.$$

Dies ist die T a y l o r - F o r m e l f ü r a n a l y t i s c h e A b b i l d u n g e n. Hieraus ergibt
sich unmittelbar der folgende Identitätssatz:

5.D.5 Identitätssatz für analytische Abbildungen *Sei $G \subseteq V$ ein Gebiet. Zwei ana-*
lytische Abbildungen f und g von G in W, die auf einer nichtleeren offenen Teilmenge
von G übereinstimmen, sind identisch.

B e w e i s. Sei $U \subseteq G$ die Menge der Punkte, in denen die Potenzreihenentwicklungen
von f und g übereinstimmen. Wir haben $U = G$ zu beweisen. Da G zusammenhängend
ist, genügt es zu zeigen, dass U nichtleer und offen und abgeschlossen in G ist. U ist
nach Definition offen und nach Voraussetzung nichtleer. Da U auch als die Menge
der Punkte $x \in G$ beschrieben werden kann, für die alle partiellen Ableitungen $\mathrm{D}^m_\mathfrak{v} f$
bzw. $\mathrm{D}^m_\mathfrak{v} g$, $m \in \mathbb{N}^n$, übereinstimmen, ist U (wegen der Stetigkeit dieser partiellen
Ableitungen) auch abgeschlossen in G. $\quad\bullet$

Nach 5.D.3 ist die Komposition analytischer Abbildungen analytisch. Nach 7.F.13 ist jede komplex-differenzierbare Abbildung bereits komplex-analytisch.

Seien V und W komplexe Vektorräume. *Eine Abbildung $G \to W$ ist genau dann komplex-analytisch, wenn sie reell-analytisch ist und die Cauchy-Riemannschen Differenzialgleichungen erfüllt,* vgl. Beispiel 5.B.8. Beweis!

Aufgaben

W sei im Folgenden ein endlichdimensionaler normierter $\mathbb{K}$-Vektorraum.

1. Für die Vektoren $c_m \in W$, $m \in \mathbb{N}^n$, und $t \in (\mathbb{R}_+^\times)^n$ sei die Familie $c_m t^m$, $m \in \mathbb{N}^n$, beschränkt. Dann gehört $\prod_{i=1}^n \mathrm{B}(0\,;\,t_i)$ zum Konvergenzbereich der Potenzreihe $\sum_{m \in \mathbb{N}^n} c_m X^m$ aus $W[\![X_1, \ldots, X_n]\!]$.

2. Sei $t \in (\mathbb{R}_+^\times)^n$. Die Potenzreihen F aus $W\langle\!\langle X_1, \ldots, X_n \rangle\!\rangle$ (bzw. aus $\mathbb{K}\langle\!\langle X_1, \ldots, X_n \rangle\!\rangle$) mit $\|F\|_t < \infty$ bilden einen $\mathbb{K}$-Banach-Raum (bzw. eine $\mathbb{K}$-Banach-Algebra) bzgl. der t-Norm. (Vgl. Bd. 2, Lemma 20.C.3.)

3. Man begründe, dass die folgenden Funktionen f im angegebenen Punkt x_0 analytisch sind und bestimme ihre Potenzreihenentwicklung um diesen Punkt.

a) $f(x, y) = e^{x+y}$ in $x_0 = (a, b) \in \mathbb{K}^2$.   **b)** $f(x, y) = e^{xy} \sin y$ in $x_0 = (0, 0)$.

c) $f(x, y) = \sin(x+y/2)$ in $x_0 = (a, b) \in \mathbb{K}^2$.   **d)** $f(x, y) = 1/(1-x-xy)$ in $x_0 = (0, 0)$.

e) $f(x, y) = (4x+y^2)\exp(-x^2-4y^2)$ in $x_0 = (0, 0)$.

f) $f(x, y) = x^y$ in $x_0 = (1, 0)$. (Es ist $x^y = \sum_{k,n \in \mathbb{N}} (-1)^{k+n} \dfrac{s(k, n)}{k!} (x-1)^k y^n$, wo $s(k, n)$ die Stirlingschen Zahlen erster Art sind, vgl. Bd. 1, Beispiel 12.C.8 (2). Man folgere die Potenzreihenentwicklung $\ln^n(1-z) = (-1)^n n! \sum_{k \in \mathbb{N}} \dfrac{s(k, n)}{k!} z^k$ für $|z| < 1$.)

4. a) Um $(0, 0)$ gilt die Potenzreihenentwicklung $\dfrac{1}{\sqrt{1 - 2xt + x^2}} = \sum_{n=0}^{\infty} \widetilde{P}_n(t)\, x^n$, wo $\widetilde{P}_n(t) = \dfrac{1}{2^n n!} \dfrac{d^n}{dt^n}(t^2-1)^n$, $n \in \mathbb{N}$, die modifizierten Legendre-Polynome gemäß Bd. 2, Beispiel 19.A.12 sind. Mit $1 - 2x\cos\varphi + x^2 = (1-e^{i\varphi}x)(1-e^{-i\varphi}x)$ leite man

$$\widetilde{P}_n(\cos\varphi) = \frac{1}{4^n} \sum_{k=0}^{n} \binom{2k}{k}\binom{2n-2k}{n-k} = \frac{1}{4^n} \sum_{k=0}^{n} \binom{2k}{k}\binom{2n-2k}{n-k} \widetilde{T}_{|2k-n|}(\cos\varphi)$$

bzw. die Entwicklung $\widetilde{P}_n(t) = \dfrac{1}{4^n} \sum_{k=0}^{n} \binom{2k}{k}\binom{2n-2k}{n-k} \widetilde{T}_{|2k-n|}(t)$ der modifizierten Legendre-Polynome $\widetilde{P}_n$ nach den modifizierten Tschebyschew-Polynomen $\widetilde{T}_n = 2^{n-1}T_n$ her, vgl. Bd. 1, Beispiel 5.C.5. Man folgere $|\widetilde{P}_n(t)| \leq 1$ für $t \in [-1, 1]$.

b) Die Potenzreihenentwicklung von $xe^{xt}/(e^x - 1)$ um $(0, 0)$ ist

$$\frac{xe^{xt}}{e^x - 1} = \sum_{n=0}^{\infty} \frac{B_n(t)}{n!} x^n,$$

wobei die $B_n(t)$ die Bernoulli-Polynome sind. (Vgl. Bd. 1, 18.A, Aufg. 8.)

6 Implizite Funktionen

6.A Der Satz über implizite Funktionen

Der Satz über implizite Funktionen (bzw. besser: über implizite Abbildungen) ist eine Aussage über die (lokale) Auflösbarkeit stetig differenzierbarer Gleichungssysteme. Dabei orientieren wir uns an der Theorie der linearen Gleichungssysteme und bedenken, dass differenzierbare Abbildungen lokal durch ihre (linearen) totalen Differenziale approximiert werden. Man kann also erwarten, dass eine stetig differenzierbare Abbildung $F : G \to W$ sich in der Nähe eines Punktes $x_0 \in G \subseteq V$ ähnlich wie das totale Differenzial $\mathrm{D}F(x_0)$ von F in x_0 verhält. Dies ist natürlich im Einzelfall zu präzisieren und zu beweisen. Überdies kann man eine solche Korrespondenz in der Regel nur erwarten, wenn die betrachtete Eigenschaft des totalen Differenzials offen ist, d.h. wenn die Menge der linearen Abbildungen T, die die diskutierte Eigenschaft besitzen, offen in $\mathrm{Hom}_{\mathbb{K}}(V, W)$ ist. Wegen der vorausgesetzten Stetigkeit der Abbildung $x \mapsto \mathrm{D}F(x)$ von G in $\mathrm{Hom}_{\mathbb{K}}(V, W)$ hat dann nämlich nicht nur $\mathrm{D}F(x_0)$ besagte Eigenschaft, sondern alle totalen Differenziale $\mathrm{D}F(x)$, wo x eine geeignete Umgebung von x_0 durchläuft. So ist die Surjektivität oder auch die Injektivität des totalen Differenzials eine offene Eigenschaft. 0 zu sein, ist keine offene Eigenschaft. $F : G \to W$ ist auch nicht notwendigerweise in einer Umgebung von x_0 konstant, wenn $\mathrm{D}F(x_0) = 0$, d.h. F in x_0 stationär ist. Fordert man jedoch $\mathrm{D}F(x) = 0$ für *alle* x in einer Umgebung von x_0, so ist F selbst in einer Umgebung von x_0 konstant.

Sei zunächst $F : V \to W$ eine $\mathbb{K}$-lineare Abbildung endlichdimensionaler $\mathbb{K}$-Vektorräume V und W. Ferner sei $V = V_1 \oplus V_2$ eine direkte Summenzerlegung von V und $F_1 = F|V_1$, $F_2 = F|V_2$. Für das Element $x + y$, $x \in V_1$, $y \in V_2$, schreiben wir auch (x, y), dementsprechend auch $V_1 \times V_2$ für $V_1 \oplus V_2$. Ist nun F_2 bijektiv, so lässt sich die Gleichung

$$F(x, y) = F(x+y) = F_1(x) + F_2(y) = 0 \,, \qquad x \in V_1 \,, \quad y \in V_2 \,,$$

nach y auflösen. Setzt man nämlich

$$g := -F_2^{-1} F_1 : V_1 \to V_2 \,,$$

so ist

$$\mathrm{Kern}\, F = F^{-1}(0) = \{(x, y) \in V \mid y = g(x)\}$$

die Lösungsmenge, vgl. auch Bd. 2, 5.F, Aufg. 24. Umgekehrt folgt aus der Möglichkeit einer solchen Auflösung des Gleichungssystems $F(x, y) = 0$ nach $y \in V_2$ sofort die Bijektivität von $F_2 : V_2 \to W$.

Wir bemerken, *dass die benutzte Aufspaltung* $V = V_1 \oplus V_2$, *für die* $F_2 = F|V_2$ *bijektiv ist, immer dann erreicht werden kann, wenn* $F : V \to W$ *surjektiv ist.* Wählt man beispielsweise eine Basis $v_1, \ldots, v_n$ von V und nummeriert ihre Elemente so, dass

$F(v_{r+1}), \ldots, F(v_n)$ eine Basis von W ist, so definieren $V_1 := \mathbb{K}v_1 + \cdots + \mathbb{K}v_r$ und $V_2 := \mathbb{K}v_{r+1} + \cdots + \mathbb{K}v_n$ eine solche Aufspaltung. Trägt V ein Skalarprodukt, so gibt es eine *natürliche* Aufspaltung von V. Dies ist die orthogonale Zerlegung $V = V_1 \oplus V_2$ mit $V_1 := \mathrm{Kern}\, F$ und $V_2 := (\mathrm{Kern}\, F)^{\perp}$.

Bei stetig differenzierbaren Gleichungssystemen wird man die Existenz einer differenzierbaren Auflösung dann vermuten dürfen, wenn das totale Differenzial surjektiv ist. Zunächst definieren wir:

6.A.1 Definition Eine stetig differenzierbare Abbildung $F : G \to W$ auf der offenen Menge $G \subseteq V$ heißt s u b m e r s i v im Punkt $a \in G$, wenn das totale Differenzial von F im Punkt a surjektiv ist. Andernfalls heißt F in a k r i t i s c h. – F heißt s u b m e r s i v (i n g a n z G) oder eine S u b m e r s i o n, wenn F in jedem Punkt von G diese Eigenschaft hat. [1]) Ein Punkt $b \in W$ heißt ein r e g u l ä r e r W e r t von F, wenn F in jedem Punkt der Faser $F^{-1}(b) \subseteq G$ submersiv ist. [2])

Wie bereits bemerkt, ist die Submersivität für eine stetig differenzierbare Abbildung $F : G \to W$ eine offene Eigenschaft, d.h.: *Ist F in $a \in G$ submersiv, so ist F auch noch in einer ganzen Umgebung von a submersiv.*

Sei $F : G \to W$ im Punkt $a \in G$ submersiv. Dann gibt es eine Zerlegung $V = V_1 \oplus V_2 = V_1 \times V_2$ von V derart, dass das partielle totale Differenzial $(\mathrm{D}_2 F)_a := (\mathrm{D}_{V_2} F)_a = (\mathrm{D}F)_a | V_2$ von F in a in Richtung V_2 bijektiv ist. Der Hauptsatz dieses Paragraphen lautet:

6.A.2 Satz über implizite Funktionen *Sei $F : G \to W$ eine stetig differenzierbare Abbildung auf der offenen Menge G in V und sei F in $a \in G$ submersiv. Ferner sei $V = V_1 \times V_2$ eine Zerlegung von V derart, dass*

$$(\mathrm{D}_2 F)_a = (\mathrm{D}F)_a | V_2 : V_2 \to W$$

bijektiv ist. Schließlich sei $a = (a_1, a_2)$ mit $a_1 \in V_1$, $a_2 \in V_2$ sowie $b := F(a) = F(a_1, a_2)$. Dann gibt es offene Umgebungen U_1 von a_1 in V_1 und U_2 von a_2 in V_2, sowie eine stetig differenzierbare Abbildung $g : U_1 \to U_2$ mit folgenden Eigenschaften:

(1) $U_1 \times U_2 \subseteq G$.

(2) $F^{-1}(b) \cap (U_1 \times U_2) = \Gamma(g) = \{(x, y) \in U_1 \times U_2 \mid y = g(x)\}$.

Genau dann ist also $(x, y) \in U_1 \times U_2$ eine Lösung der Gleichung $F(x, y) = b$, wenn $y = g(x)$ ist.

(3) *Für $x \in U_1$ ist $(\mathrm{D}_2 F)_{(x, g(x))} : V_2 \to W$ invertierbar, und es gilt*

$$(\mathrm{D}g)_x = -(\mathrm{D}_2 F)^{-1}_{(x, g(x))} (\mathrm{D}_1 F)_{(x, g(x))} .$$

(4) *Ist F eine C^k-Abbildung, $k \in \mathbb{N}^* \cup \{\infty, \omega\}$, so ist auch g eine C^k-Abbildung.*

---

[1]) Viele Autoren sagen statt „submersiv" auch „regulär" (und statt „kritisch" auch „singulär"). Wir wollen den Ausdruck „regulär" für „submersiv *oder* immersiv" verwenden, vgl. dazu die Bemerkungen im Anschluss an Definition 6.C.2. Insbesondere werden wir diese Sprechweise für Funktionen benutzen.

[2]) Insbesondere ist jeder Punkt $b \in W$ mit $b \notin \mathrm{Bild}\, F$ ein regulärer Wert von F.

In der Situation von 6.A.2 sagt man, die Abbildung $g : U_1 \to U_2$ sei durch die Gleichung $F(x, y) = F(a_1, a_2) = b$ i m p l i z i t d e f i n i e r t.

B e w e i s zu 6.A.2. Indem man zu $F - b$ übergeht, kann man ohne Einschränkung $b = 0$, also $F(a) = 0$ erreichen. Sei $D_2 := (D_2 F)_a : V_2 \to W$. Ferner wählen wir Normen auf V_1, V_2 und W und versehen $V = V_1 \times V_2$ mit der zugehörigen Summennorm: $\|(x, y)\| := \|x\| + \|y\|$. Wir behandeln zunächst den differenzierbaren Fall $k \in \mathbb{N} \cup \{\infty\}$.

Für das gesuchte $g : U_1 \to U_2$ muss $F(x, g(x)) = 0$ sein. Dies ist äquivalent mit $D_2^{-1}\big(F(x, g(x))\big) = 0$, d.h. mit

$$g(x) = g(x) - D_2^{-1}\big(F(x, g(x))\big).$$

Wir haben somit $g(x)$ bei gegebenem x als Fixpunkt der Abbildung

$$y \mapsto y - D_2^{-1}\big(F(x, y)\big)$$

zu bestimmen, wozu wir den Banachschen Fixpunktsatz heranziehen werden: $g(x)$ wird sich demgemäß als Grenzwert der rekursiv definierten Folge $g_m(x)$ mit

$$g_0(x) = a_2, \quad g_{m+1}(x) = g_m(x) - D_2^{-1}\big(F(x, g_m(x))\big), \quad m \geq 0,$$

ergeben. Die folgenden Überlegungen rechtfertigen diesen Ansatz für x nahe bei a_1 und können beim ersten Lesen übergangen werden.

Um die Abhängigkeit der Rekursion von x zu berücksichtigen, untersuchen wir für (abgeschlossene) Kugelumgebungen $\overline{B}_1 := \overline{B}(a_1 ; r_1)$ und $\overline{B}_2 := \overline{B}(a_2 ; r_2)$ von a_1 und a_2 mit $\overline{B}_1 \times \overline{B}_2 \subseteq G$ die Abbildung $\Phi : \overline{B}_1 \times \overline{B}_2 \to V_2$ mit

$$\Phi(x, y) := y - D_2^{-1}\big(F(x, y)\big).$$

Dann ist

$$(D_2 \Phi)_{(x,y)} = \mathrm{id}_{V_2} - D_2^{-1}(D_2 F)_{(x,y)}$$

und somit

$$(D_2 \Phi)_{(a_1,a_2)} = \mathrm{id}_{V_2} - D_2^{-1} D_2 = 0.$$

Wir können also, da $(D_2 \Phi)_{(x,y)}$ stetig von x und y abhängt, die Radien r_1 und r_2 so klein wählen, dass

$$\|(D_2 \Phi)_{(x,y)}\| \leq \tfrac{1}{2}$$

ist für alle $(x, y) \in \overline{B}_1 \times \overline{B}_2$. Ferner sei r_1 so klein gewählt, dass

$$\|D_2^{-1}\big(F(x, a_2)\big)\| \leq \tfrac{1}{2} r_2$$

ist für alle $x \in \overline{B}_1$, was wegen $F(a_1, a_2) = 0$ möglich ist.

Nach dem Mittelwertsatz gilt für alle $x \in \overline{B}_1$ und $y, y' \in \overline{B}_2$ die Ungleichung

$$\|\Phi(x, y) - \Phi(x, y')\| \leq \|(D_2 \Phi)_{(x,y'')}(y - y')\| \leq \tfrac{1}{2}\|y - y'\|$$

(wobei y'' ein Punkt zwischen y und y' ist). Hieraus folgt bereits, dass es zu jedem $x \in \overline{B}_1$ höchstens ein $y \in \overline{B}_2$ gibt mit $\Phi(x, y) = y$, d.h. die Faser $F^{-1}(0)$ enthält in $\overline{B}_1 \times \overline{B}_2$ zu gegebenem $x \in \overline{B}_1$ höchstens einen Punkt der Form (x, y).

Ferner gilt für alle $x \in \overline{B}_1$ und alle $y \in \overline{B}_2$

$$\|\Phi(x, y) - a_2\| \leq \|\Phi(x, y) - \Phi(x, a_2)\| + \|\Phi(x, a_2) - a_2\|$$

$$\leq \tfrac{1}{2}\|y - a_2\| + \|D_2^{-1}(F(x, a_2))\| \leq \tfrac{1}{2}r_2 + \tfrac{1}{2}r_2 = r_2$$

und somit $\Phi(x, y) \in \overline{B}_2$. Sei nun

$$C := \{h : \overline{B}_1 \to \overline{B}_2 \mid h \text{ stetig}, h(a_1) = a_2\}.$$

Da $\overline{B}_2$ vollständig ist, ist auch C ein vollständiger metrischer Raum bezüglich der Metrik

$$d(h, h') := \operatorname{Sup}\left\{\|h(x) - h'(x)\| \mid x \in \overline{B}_1\right\},$$

vgl. Abschnitt 3.B. Für $h \in C$ ist nach dem Bewiesenen $\Phi(x, h(x)) \in \overline{B}_2$, und die Abbildung $x \mapsto \Phi(x, h(x))$ ist ebenfalls in C (wobei $\Phi(a_1, h(a_1)) = \Phi(a_1, a_2) = a_2 - D_2^{-1}F(a_1, a_2) = a_2$ zu beachten ist). Ferner ergibt sich aus dem bereits Gezeigten

$$\|\Phi(x, h(x)) - \Phi(x, h'(x))\| \leq \tfrac{1}{2}\|h(x) - h'(x)\|.$$

Somit wird durch

$$\Psi : h \mapsto \big(x \mapsto \Phi(x, h(x))\big)$$

eine Abbildung von C in sich mit

$$d\big(\Psi(h), \Psi(h')\big) \leq \tfrac{1}{2}d(h, h')$$

für alle $h, h' \in C$ definiert. Der Banachsche Fixpunktsatz 3.A.9 liefert einen Fixpunkt $g \in C$ von Ψ als Grenzwert der rekursiv definierten Folge

$$g_0(x) = a_2, \quad g_{m+1} = \Phi(x, g_m(x)) = g_m(x) - D_2^{-1}F(x, g_m(x)).$$

$g : \overline{B}_1 \to \overline{B}_2$ ist eine stetige Abbildung, die mit $\overline{B}_1$ statt U_1 und $\overline{B}_2$ statt U_2 die Bedingungen (1) und (2) erfüllt. Natürlich erfüllen dann auch beliebige offene Umgebungen $U_1 \subseteq \overline{B}_1$ von a_1 und $U_2 \subseteq \overline{B}_2$ von a_2 mit $g(U_1) \subseteq U_2$ diese Bedingungen.

Damit ist der wesentliche Teil des Existenzbeweises für die lokale Auflösung $y = g(x)$ der Gleichung $F(x, y) = b\ (= 0)$ geliefert. Gleichzeitig haben wir ein Verfahren zur sukzessiven Approximation von g gewonnen, vgl. auch Bemerkung 6.A.3 im Anschluss an diesen Beweis.

Die Aussage (4) ergibt sich sofort aus der Formel in (3) durch Induktion über k. Es bleibt (3) zu beweisen. Wir wählen dazu U_1 so klein, dass $(D_2 F)_{(x, g(x))}$ für alle $x \in U_1$ invertierbar ist. Dann zeigen wir, dass g in einem Punkt $x \in U_1$ differenzierbar ist und dass die angegebene Formel gilt. Zur Abkürzung setzen wir $y := g(x)$ und

$$H_i := (D_i F)_{(x, y)} : V_i \to W, \quad i = 1, 2.$$

Es ist $H_1 + H_2 = (DF)_{(x, y)}$ und folglich wegen $F(x, y) = 0$

$$F(x + v_1, y + v_2) = H_1(v_1) + H_2(v_2) + \big(\|v_1\| + \|v_2\|\big)r(v_1, v_2),$$

wobei $v_1 \in V_1$, $v_2 \in V_2$ nahe bei 0 liegen und r stetig ist mit $r(0, 0) = 0$. Wählt man $v_2 := g(x + v_1) - g(x)$, so ergibt sich

$$0 = F\big(x + v_1, g(x + v_1)\big) = F(x + v_1, y + v_2)$$

$$= H_1(v_1) + H_2\big(g(x + v_1) - g(x)\big) + \big(\|v_1\| + \|g(x + v_1) - g(x)\|\big)r(v_1, v_2).$$

Daher ist

$$g(x + v_1) - g(x) = -(H_2^{-1} \circ H_1)(v_1) - \big(\|v_1\| + \|g(x + v_1) - g(x)\|\big)H_2^{-1}\big(r(v_1, v_2)\big).$$

Es ist zu zeigen, dass der letzte Summand in dieser Formel $o(\|v_1\|)$ ist, d.h. die Gestalt $\|v_1\|\,s(v_1)$ mit $\lim_{v_1\to 0} s(v_1) = 0$ hat. Dazu genügt es zu zeigen, dass es eine Konstante $L \in \mathbb{R}_+$ gibt mit $\|g(x+v_1) - g(x)\| \leq L\|v_1\|$ für $\|v_1\|$ klein. Für hinreichend kleine $\|v_1\|$ gilt aber

$$\|r(v_1, v_2)\| = \|r(v_1 \, , \, g(x+v_1) - g(x))\| \leq \tfrac{1}{2}\|H_2^{-1}\|^{-1}$$

wegen der Stetigkeit von r und g. Somit ist

$$\|g(x+v_1) - g(x)\| \leq \left(\|H_2^{-1} \circ H_1\| + \tfrac{1}{2}\right)\|v_1\| + \tfrac{1}{2}\|g(x+v_1) - g(x)\|,$$

also

$$\|g(x+v_1) - g(x)\| \leq 2\left(\|H_2^{-1} \circ H_1\| + \tfrac{1}{2}\right)\|v_1\|.$$

Wir behandeln nun den analytischen Fall $k = \omega$. Übrigens ergibt sich dieser Fall bereits aus dem Bewiesenen, da wir im analytischen Fall ohne weiteres $\mathbb{K} = \mathbb{C}$ annehmen können und eine komplex-differenzierbare Abbildung bereits analytisch ist, vgl. 7.F.13.

Einen direkten Beweis führen wir analog zum differenzierbaren Fall unter Benutzung des Banachschen Fixpunktsatzes. Zur Vereinfachung der Bezeichnungen können wir annehmen, dass a_1, a_2 und b jeweils gleich 0 sind. Ferner betrachten wir $(D_2^{-1}F) \circ F$ statt F. Dann ist $W = V_2$ und $(D_2 F)_0 = \mathrm{id}_{V_2}$. Schließlich können wir nach Auszeichnung von Basen in V_1 und V_2 annehmen, dass $V_1 = \mathbb{K}^r$ und $V_2 = \mathbb{K}^s$ ist. Bezeichnen wir die Koordinatenfunktionen in $\mathbb{K}^r$ bzw. $\mathbb{K}^s$ mit $x_1, \dots, x_r$ bzw. $y_1, \dots, y_s$, so hat F die Potenzreihenentwicklung

$$F = a_1 x_1 + \cdots + a_r x_r + e_1 y_1 + \cdots + e_s y_s + R \qquad \text{mit} \qquad R = \sum_{\substack{m_1 \in \mathbb{N}^r, m_2 \in \mathbb{N}^s \\ |m_1|+|m_2|\geq 2}} a_{m_1 m_2}\, x^{m_1} y^{m_2},$$

wobei $a_1, \dots, a_r, a_{m_1 m_2}$ Vektoren in $V_2 = \mathbb{K}^s$ sind und $e_1, \dots, e_s$ die Standardbasis von $\mathbb{K}^s$ ist. Für $t \in \mathbb{R}_+^\times$ sei B_t der $\mathbb{K}$-Banach-Raum der Potenzreihen $h = \sum_{v\in\mathbb{N}^r} c_v X^v \in \mathbb{K}^s[[X_1, \dots, X_r]]$ mit $\|h\|_t = \sum_{v\in\mathbb{N}^r} \|c_v\|\, t^{|v|} < \infty$, vgl. 5.D, Aufg. 2, sowie B_t' der abgeschlossene Unterraum der $h \in B_t$ mit $h(0) = 0$. Für hinreichend kleine t ist dann

$$h \mapsto h - F(X, h(X))$$

offenbar eine stark kontrahierende Abbildung von B_t' in sich, und der nach dem Banachschen Fixpunktsatz existierende Fixpunkt $g \in B_t'$ definiert die gesuchte analytische Auflösung $y = g(x)$ von $F(x, y) = 0$ in einer Umgebung von $0 \in \mathbb{K}^r$ mit Werten in einer Umgebung von $0 \in \mathbb{K}^s$. $\bullet$

6.A.3 Bemerkung Das im Beweis von 6.A.2 beschriebene v e r e i n f a c h t e N e w t o n - V e r - f a h r e n zur Approximation der differenzierbaren Auflösung g von $F(x, y) = 0$ lässt sich beschleunigen. Dazu hat man (wie beim üblichen Newton-Verfahren einer Veränderlichen) statt der festen Ableitung $D_2 = (D_2 F)_{(a_1, a_2)}$ zur Berechnung der nächsten Approximation $h_{m+1}(x)$ von g die Ableitung $(D_2 F)_{(x, h_m(x))}$ zu wählen. Man erhält so die Rekursion

$$h_0(x) = a_2, \quad h_{m+1}(x) = h_m(x) - (D_2 F)_{(x, h_m(x))}^{-1}\big(F(x, h_m(x))\big).$$

Der Nachteil dieses N e w t o n - V e r f a h r e n s im engeren Sinn ist der, dass man für jeden Punkt x und jeden Approximationsschritt von neuem die Umkehrabbildung $(D_2 F)_{(x, h_m(x))}^{-1}$ berechnen oder zumindest das lineare Gleichungssystem

$$(D_2 F)_{(x, h_m(x))}\big(h_m(x) - h_{m+1}(x)\big) = F(x, h_m(x))$$

lösen muss. Dafür bekommt man allerdings nicht nur (wie generell bei Anwendung des Banachschen Fixpunktsatzes) lineare Konvergenz, sondern sogar quadratische, vgl. Aufg. 7. Je nach Situation sind beim praktischen Rechnen natürlich auch gemischte Verfahren angebracht.

6.A.4 Beispiel Für eine stetig differenzierbare Abbildung $F : G_1 \times G_2 \to \mathbb{K}^s$, wobei $G_1 \subseteq \mathbb{K}^r$ und $G_2 \subseteq \mathbb{K}^s$ offene Mengen sind, sei in einem Punkt $a = (a_1, a_2) \in G_1 \times G_2$ mit $F(a_1, a_2) = 0$ die Matrix

$$\frac{\partial F}{\partial y}(a) = \begin{pmatrix} \dfrac{\partial F_1}{\partial y_1}(a) & \cdots & \dfrac{\partial F_1}{\partial y_s}(a) \\ \vdots & \ddots & \vdots \\ \dfrac{\partial F_s}{\partial y_1}(a) & \cdots & \dfrac{\partial F_s}{\partial y_s}(a) \end{pmatrix}$$

invertierbar. (Dabei sei $y = (y_1, \ldots, y_s)$ das Tupel der Koordinatenfunktionen in $\mathbb{K}^s$.) Dann besagt 6.A.2 das Folgende: Es gibt offene Umgebungen U_1 von a_1 in G_1 und U_2 von a_2 in G_2 sowie eine stetig differenzierbare Abbildung $g : U_1 \to U_2$ derart, dass gilt: Genau dann ist $F(x, y) = 0$ für $(x, y) \in U_1 \times U_2$, wenn $y = g(x)$ ist. Außerdem ist die Jacobi-Matrix von g in $x_0 \in U_1$ gleich

$$\begin{pmatrix} \dfrac{\partial g_1}{\partial x_1}(x_0) & \cdots & \dfrac{\partial g_1}{\partial x_r}(x_0) \\ \vdots & \ddots & \vdots \\ \dfrac{\partial g_s}{\partial x_1}(x_0) & \cdots & \dfrac{\partial g_s}{\partial x_r}(x_0) \end{pmatrix} = -\left(\frac{\partial F}{\partial y}(x_0, g(x_0)) \right)^{-1} \cdot \frac{\partial F}{\partial x}(x_0, g(x_0))$$

$$= -\begin{pmatrix} \dfrac{\partial F_1}{\partial y_1}(x_0, g(x_0)) & \cdots & \dfrac{\partial F_1}{\partial y_s}(x_0, g(x_0)) \\ \vdots & \ddots & \vdots \\ \dfrac{\partial F_s}{\partial y_1}(x_0, g(x_0)) & \cdots & \dfrac{\partial F_s}{\partial y_s}(x_0, g(x_0)) \end{pmatrix}^{-1} \begin{pmatrix} \dfrac{\partial F_1}{\partial x_1}(x_0, g(x_0)) & \cdots & \dfrac{\partial F_1}{\partial x_r}(x_0, g(x_0)) \\ \vdots & \ddots & \vdots \\ \dfrac{\partial F_s}{\partial x_1}(x_0, g(x_0)) & \cdots & \dfrac{\partial F_s}{\partial x_r}(x_0, g(x_0)) \end{pmatrix}.$$

Insbesondere ist eine stetig differenzierbare Gleichung $f = f(x_1, \ldots, x_n) = 0$ auf einer offenen Menge $G \subseteq \mathbb{K}^n$ in einem Punkte $a \in G$ mit $f(a) = 0$ lokal nach all den Variablen x_i differenzierbar auflösbar,

$$x_i = g_i(x_1, \ldots, x_{i-1}, x_{i+1}, \ldots, x_n),$$

für die die partielle Ableitung $(\partial f / \partial x_i)(a)$ von 0 verschieden ist. Es ist dann

$$\frac{\partial g_i}{\partial x_j} = -\frac{\partial f}{\partial x_j} \bigg/ \frac{\partial f}{\partial x_i}, \quad j \neq i,$$

wobei die partiellen Ableitungen auf der rechten Seite zu nehmen sind an der Stelle

$$\left(x_1, \ldots, g_i(\ldots, x_{i-1}, x_{i+1}, \ldots), \ldots, x_n \right).$$

6.A.5 Beispiel In der Situation von 6.A.2 berechnet man die Ableitungen der differenzierbaren Auflösung g (nachdem ihre Existenz unter entsprechenden Voraussetzungen an F durch 6.A.2 gesichert ist) häufig am bequemsten durch Anwenden der Kettenregel auf die Gleichung

$$F(x, g(x)) = b = \text{const}.$$

Beispielsweise ergeben sich in der am Schluss des vorigen Beispiels besprochenen Situation $f(x_1, \ldots, x_n) = 0$ bei $(\partial f/\partial x_n)(a) \neq 0$ für die Auflösung $x_n = g_n(x_1, \ldots, x_{n-1})$ wegen $f(x_1, \ldots, x_{n-1}, g_n(x_1, \ldots, x_{n-1})) = 0$ die Gleichungen

$$0 = \frac{\partial f}{\partial x_j} + \frac{\partial f}{\partial x_n} \frac{\partial g_n}{\partial x_j}, \quad j = 1, \ldots, n-1,$$

$$0 = \frac{\partial^2 f}{\partial x_k \partial x_j} + \frac{\partial^2 f}{\partial x_n \partial x_j} \frac{\partial g_n}{\partial x_k} + \frac{\partial^2 f}{\partial x_k \partial x_n} \frac{\partial g_n}{\partial x_j} + \frac{\partial^2 f}{\partial x_n^2} \frac{\partial g_n}{\partial x_k} \frac{\partial g_n}{\partial x_j} + \frac{\partial f}{\partial x_n} \frac{\partial^2 g_n}{\partial x_k \partial x_j},$$

$j, k = 1, \ldots, n-1$, usw., woraus sich die partiellen Ableitungen von g_n sukzessive berechnen lassen.

6.A.6 Beispiel Die Funktion $F : \mathbb{R}^2 \to \mathbb{R}$ sei definiert durch $F(x, y) := x^3 - \cos^2 y$.

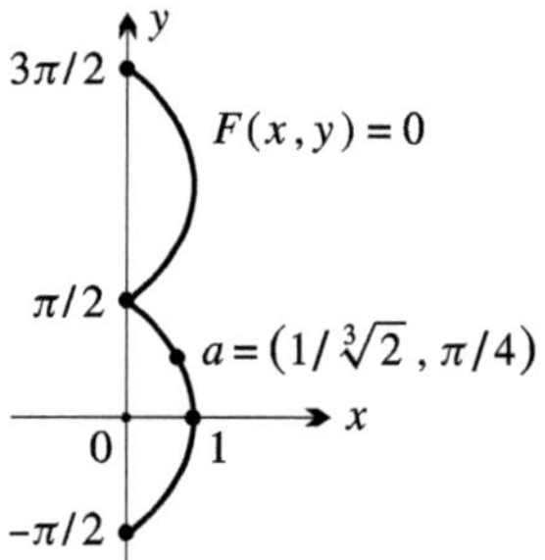

Wir betrachten die Niveaulinie $F(x, y) = 0$. Es ist

$$\frac{\partial F}{\partial x} = 3x^2, \quad \frac{\partial F}{\partial y} = \sin 2y.$$

Der Gradient von F ist also nur in den Punkten $(0, k\pi/2)$, $k \in \mathbb{Z}$, gleich 0. Daher ist die Gleichung $F(x, y) = 0$, abgesehen von den kritischen Punkten $(0, (2m + 1)\pi/2)$, $m \in \mathbb{Z}$, die auf der betrachteten Niveaulinie $F(x, y) = 0$ liegen, lokal nach wenigstens einer der Variablen x, y differenzierbar auflösbar, und zwar mit Ausnahme der Punkte $(1, m\pi)$, $m \in \mathbb{Z}$, sogar nach beiden. Wählen wir etwa den Punkt $a = (a_1, a_2) = (1/ \sqrt[3]{2}, \pi/4)$, so sind

$$x = g(y) = \cos^{2/3} y \quad \text{bzw.} \quad y = \widetilde{g}(x) = \arccos x^{3/2}$$

die lokalen differenzierbaren Auflösungen. Sie sind auf den Umgebungen

$$U = \{y \in \mathbb{R} \mid 0 < y < \pi/2\} \quad \text{bzw.} \quad \widetilde{U} = \{x \in \mathbb{R} \mid 0 < x < 1\}$$

definiert (und bilden diese umkehrbar aufeinander ab). Für die Ableitungen von g und $\widetilde{g}$ folgt

$$\frac{dg}{dy}(y) = -\frac{\partial F}{\partial y}(g(y), y) \Big/ \frac{\partial F}{\partial x}(g(y), y) = -\frac{\sin 2y}{3g^2(y)} = -\frac{\sin 2y}{2\cos^{4/3} y},$$

$$\frac{d\widetilde{g}}{dx}(x) = -\frac{\partial F}{\partial x}(x, \widetilde{g}(x)) \Big/ \frac{\partial F}{\partial y}(x, \widetilde{g}(x)) = -\frac{3x}{2(x(1-x^3))^{1/2}}.$$

Natürlich ist $x = g(y) = \cos^{2/3} y$ eine auch in den kritischen Punkten definierte, allerdings dort nur stetige Auflösung von $F(x, y) = 0$.

Wir demonstrieren am Beispiel der Auflösung $x = g(y)$ bei dieser Gleichung noch die beiden Newton-Verfahren, vgl. Bemerkung 6.A.3. Die Rekursion für das vereinfachte Newton-Verfahren lautet

$$g_0(y) = \frac{1}{\sqrt[3]{2}}, \qquad g_{m+1}(y) = g_m(y) - \frac{1}{3}\sqrt[3]{4}\left(g_m^3(y) - \cos^2 y\right).$$

Die Rekursion für das gewöhnliche Newton-Verfahren lautet

$$h_0(y) = \frac{1}{\sqrt[3]{2}}, \qquad h_{m+1}(y) = h_m(y) - \frac{1}{3\,h_m^2(y)}\left(h_m^3(y) - \cos^2 y\right) = \frac{2}{3}\,h_m(y) + \frac{\cos^2 y}{3\,h_m^2(y)}.$$

Bei $y = \pi/8$ ergeben sich für $g(y) = \sqrt[3]{(2 + \sqrt{2})/4} = 0,948\,586\,408$ die folgenden Näherungswerte:

m	0	1	2	3
g_m	$0,793\,700\,526$	$0,980\,777\,534$	$0,933\,218\,671$	$0,954\,815\,774$
h_m	$0,793\,700\,526$	$0,980\,777\,534$	$0,949\,631\,427$	$0,948\,587\,557$

m	4	14	24
g_m	$0,945\,859\,379$	$0,948\,585\,844$	$0,948\,586\,407$
h_m	$0,948\,586\,408$	$0,948\,586\,408$	$0,948\,586\,408$

6.A.7 Beispiel (1) Sei λ_0 eine Nullstelle des Polynoms

$$a_0 + a_1 y + \cdots + a_n y^n,$$

$a_i \in \mathbb{K}$ (vom Grad $\leq n$). Wir wollen die Änderung der Nullstelle λ_0 bei kleinen Änderungen der Koeffizienten $a_0, \ldots, a_n$ untersuchen, d.h. wir wollen die Gleichung

$$P(x_0, \ldots, x_n\,;\,y) = x_0 + x_1 y + \cdots + x_n y^n = 0$$

in der Nähe von $(a\,;\,\lambda_0) := (a_1, \ldots, a_n\,;\,\lambda_0)$ nach y auflösen. Nach 6.A.2 ist dies möglich, wenn $A := (\partial P/\partial y)(a\,;\,\lambda_0) \neq 0$ ist, d.h. wenn λ_0 eine einfache Nullstelle des Ausgangspolynoms ist. Die Auflösung $y = \lambda(x_0, \ldots, x_n)$ ist dann in einer Umgebung von a sogar analytisch.

Mit den Formeln am Ende von Beispiel 6.A.5 ergibt sich für die Taylor-Reihe von λ mit $B := (\partial^2 P/\partial y^2)(a\,;\,\lambda_0)$:

$$\lambda(x_0, \ldots, x_n) = \lambda_0 - \frac{1}{A}\sum_{j=0}^{n}\lambda_0^j(x_j - a_j) + \frac{1}{2A^2}\sum_{j,k=0}^{n}(j + k - \frac{B}{A}\lambda_0)\,\lambda_0^{j+k-1}(x_j - a_j)(x_k - a_k) + \cdots.$$

(2) Sei λ_0 ein Eigenwert der Matrix $\mathfrak{A} \in M_n(\mathbb{K})$ mit den Spalten $\mathfrak{a}_1, \ldots, \mathfrak{a}_n \in \mathbb{K}^n$. Wir wollen die Änderung des Eigenwerts λ_0 bei einer kleinen Störung von $\mathfrak{A}$ untersuchen, d.h. die Gleichung

$$P(\mathfrak{X}\,;\,y) = P(\mathfrak{x}_1, \ldots, \mathfrak{x}_n\,;\,y) = \mathrm{Det}(y\mathfrak{e}_1 - \mathfrak{x}_1, \ldots, y\mathfrak{e}_n - \mathfrak{x}_n) = 0$$

mit der $(n \times n)$-Matrix $\mathfrak{X}$ (und der Standardbasis $\mathfrak{e}_1, \ldots, \mathfrak{e}_n$ von $\mathbb{K}^n$) in der Nähe von $(\mathfrak{A}\,;\,\lambda_0) = (\mathfrak{a}_1, \ldots, \mathfrak{a}_n\,;\,\lambda_0)$ nach y auflösen. Wiederum ist dies möglich (und dann sogar analytisch), wenn $A := (\partial P/\partial y)(\mathfrak{A}\,;\,\lambda_0) \neq 0$ ist, d.h. wenn λ_0 ein Eigenwert der algebraischen (und damit auch geometrischen) Multiplizität 1 von $\mathfrak{A}$ ist. Wegen

$$(D_1 P)_{(\mathfrak{A};\lambda_0)} = \frac{\partial P}{\partial \mathfrak{X}}(\mathfrak{A};\lambda_0) = \sum_{j=1}^{n} \mathrm{Det}\,(\lambda_0 e_1 - \mathfrak{a}_1, \ldots, -\mathfrak{x}_j, \ldots, \lambda_0 e_n - \mathfrak{a}_n)$$

ergibt sich mit 6.A.2 für die Auflösung $y = \lambda(\mathfrak{X})$ die lineare Approximation

$$\lambda(\mathfrak{X}) = \lambda_0 - \frac{1}{A}\left(\frac{\partial P}{\partial \mathfrak{X}}\right)_{(\mathfrak{A};\lambda_0)} (\mathfrak{X} - \mathfrak{A}) + \cdots$$

$$= \lambda_0 + \frac{1}{A}\sum_{j=1}^{n} \mathrm{Det}\,(\lambda_0 e_1 - \mathfrak{a}_1, \ldots, \mathfrak{x}_j - \mathfrak{a}_j, \ldots, \lambda_0 e_n - \mathfrak{a}_n) + \cdots$$

$$= \lambda_0 - \frac{1}{A}\sum_{j=1}^{n} \chi_j(\lambda_0) + \cdots,$$

wobei χ_j das charakteristische Polynom der Matrix mit den Spalten $\mathfrak{a}_1, \ldots, \mathfrak{x}_j, \ldots, \mathfrak{a}_n$ ist, $j = 1, \ldots, n$.

6.A.8 Beispiel (Methode der unbestimmten Koeffizienten) Sei $F : G_1 \times G_2 \to \mathbb{K}^s$ eine in einer Umgebung $G_1 \times G_2 \subseteq \mathbb{K}^r \times \mathbb{K}^s$ des Nullpunktes $(0,0)$ analytische Abbildung mit $F(0,0) = 0$, für die $D_2 := (D_2 F)_{(0,0)} : \mathbb{K}^s \to \mathbb{K}^s$ bijektiv ist. Dann ist die Auflösung $y = g(x)$ der Gleichung $F(x,y) = 0$ im Nullpunkt ebenfalls analytisch und besitzt daher eine Taylor-Reihe

$$g(x) = \sum_{m \in \mathbb{N}^r, |m|>0} b_m x^m,$$

$b_m \in \mathbb{K}^s$. Die Koeffizienten b_m berechnet man manchmal relativ günstig (sukzessive) durch Koeffizientenvergleich aus den Koeffizienten von

$$F(x,y) = \sum_{\substack{(m_1,m_2)\in\mathbb{N}^r\times\mathbb{N}^s \\ |m_1|+|m_2|>0}} a_{m_1 m_2}\, x^{m_1} y^{m_2},$$

$a_{m_1 m_2} \in \mathbb{K}^s$, mit Hilfe der Gleichung

$$0 = F(x, g(x)) = \sum_{(m_1,m_2)} a_{m_1 m_2}\, x^{m_1} (g(x))^{m_2}.$$

Zu vorgegebenem $m \in \mathbb{N}^r$ hat der Koeffizient von x^m auf der rechten Seite die Gestalt

$$D_2(b_m) + S_m = 0,$$

wobei $S_m \in \mathbb{K}^s$ nur Unbekannte $b_{m'}$ mit $|m'| < |m|$ enthält. Da D_2 invertierbar ist, können die b_m also rekursiv nach wachsendem $|m|$ berechnet werden. *Dieselbe Methode liefert natürlich auch die Taylor-Entwicklung von g bis zur Ordnung k, wenn F eine C^k-Abbildung ist.*

Der einfachste Fall ist die Auflösung einer Gleichung der Form

$$0 = F(x,y) = x - h(y) = x - \sum_{n=1}^{\infty} a_n y^n$$

mit $a_1 \neq 0$ in einer Umgebung von $(0,0) \in \mathbb{K}^2$, den wir bereits in Bd. 1, Satz 12.C.6 erwähnten. Hier erhalten wir für die Koeffizienten b_m der Auflösung

$$g(x) = \sum_{m=1}^{\infty} b_m x^m$$

das Gleichungssystem

$$1 = a_1 b_1$$
$$0 = a_1 b_2 + a_2 b_1^2$$
$$0 = a_1 b_3 + 2a_2 b_1 b_2 + a_3 b_1^3$$
$$0 = a_1 b_4 + 2a_2 b_1 b_3 + a_2 b_2^2 + 3a_3 b_1^2 b_2 + a_4 b_1^4$$
$$\dots\dots\dots\dots\dots\dots\dots\dots\dots\dots\dots\dots\dots \,,$$

das sich wegen $a_1 \neq 0$ sukzessive nach $b_1, b_2, b_3, b_4, \dots$ auflösen lässt.

Das analytische Gleichungssystem $F(x, y, z) = 0$ mit $F = (F_1, F_2) : \mathbb{K}^3 \to \mathbb{K}^2$, definiert durch

$$F_1(x, y, z) := x + z - y^2 + x^3\,, \qquad F_2(x, y, z) := -y + z + x^2 - z^3\,,$$

ist offenbar im Nullpunkt lokal nach y und z auflösbar:

$$y = y(x) = b_1 x + b_2 x^2 + b_3 x^3 + b_4 x^4 + \cdots\,, \quad z = z(x) = c_1 x + c_2 x^2 + c_3 x^3 + c_4 x^4 + \cdots\,.$$

Dies in $F(x, y, z) = 0$ eingesetzt, ergibt die Gleichungen

$$x + \left(\sum_j c_j x^j\right) - \left(\sum_j b_j x^j\right)^2 + x^3 = 0\,, \quad -\sum_j b_j x^j + \sum_j c_j x^j + x^2 - \left(\sum_j c_j x^j\right)^3 = 0\,.$$

Daraus erhält man durch Koeffizientenvergleich bis zur Ordnung 4 das Gleichungssystem

$$1 + c_1 = 0 = -b_1 + c_1$$
$$c_2 - b_1^2 = 0 = -b_2 + c_2 + 1$$
$$c_3 - 2b_1 b_2 + 1 = 0 = -b_3 + c_3 - c_1^3$$
$$c_4 - b_2^2 - 2b_1 b_3 = 0 = -b_4 + c_4 - 3c_1^2 c_2$$

mit den Lösungen

$$c_1 = b_1 = -1\,; \quad c_2 = 1,\ b_2 = 2\,; \quad c_3 = -5,\ b_3 = -4\,; \quad c_4 = 12,\ b_4 = 9\,,$$

also ist

$$y(x) = -x + 2x^2 - 4x^3 + 9x^4 + \cdots\,, \qquad z(x) = -x + x^2 - 5x^3 + 12x^4 + \cdots\,.$$

Aufgaben

1. Für die folgenden Funktionen F bestimme man die kritischen Punkte. In den übrigen Punkten x_0 lassen sich explizit lokale differenzierbare Auflösungen von $F(x) = F(x_0)$ angeben. Man bestimme diese Auflösungen, untersuche, wo diese gültig sind, und berechne ihre Ableitungen.

a) $F(x_1, \dots, x_n) = x_1 \cdots x_n - c$ auf $\mathbb{K}^n$ ($c \in \mathbb{K}$ konstant).

b) $F(x_1, \dots, x_n) = x_1^m + \cdots + x_n^m - c$ auf $\mathbb{K}^n$ ($c \in \mathbb{K}$ konstant).

c) $F(x_1, \dots, x_n) = x_1 + \cdots + x_n - x_1 \cdots x_n$ auf $\mathbb{K}^n$.

d) $F(x_1, \dots, x_n) = x_1^2 + \cdots + x_p^2 - x_{p+1}^2 - \cdots - x_{p+q}^2$ auf $\mathbb{R}^n$, $n \geq p + q$.

e) $F(x, y, z) = xy + yz + zx$ auf $\mathbb{R}^3$.

2. Man entscheide, ob die folgenden Gleichungssysteme in den angegebenen Punkten nach den angegebenen Variablen auflösbar sind (im Sinne von 6.A.2) und bestimme gegebenenfalls die Taylor-Entwicklung der Auflösung bis zur Ordnung 2.

a) $F(x, y, z) = x \cos y + y \cos z + z \cos x = 1$ in $(0, 0, 1)$ nach z.

b) $F(x, y, z) = z^3 - z(2y - x) + x + y = 2$ in $(1, 1, 1)$ nach z.

c) $F(x, y, u, v) = (xu + yv, uv - xy) = (0, 5)$ in $(1, -1, 2, 2)$ nach (u, v).

d) $F(x, y, u, v) = (2x - u^2 + v^2, y - uv) = (0, 0)$ in $(0, 1, 1, 1)$ nach (u, v).

e) $F(x, y, z, u, v) = (x^2 - y \cos uv + z^2, x^2 + y^2 - \sin uv + 2z^2 - 2, xy - \sin u \cos v + z) = (0, 0, 0)$ in $(1, 1, 0, \pi/2, 0)$ nach (x, y, z).

f) $F(x, y, z) = (x - z(x + y - 4), y + z \ln(2 - x)) = (1, 2)$ in $(1, 2, 0)$ nach (x, y).

g) $F(x, y, z) = x + 2y + xy + z - 2e^{z-1} = -1$ in $(0, 0, 1)$ nach z.

h) $F(x, y, z) = (x + y + z, x^3 + y^3 - z^3) = (1, 3)$ in $(1, 1, -1)$ nach (y, z).

3. Die Funktionen $f_j(x_1, \ldots, x_n)$, $j = 1, \ldots, n$, seien in einer Umgebung von $(a_1, \ldots, a_n)$ aus $\mathbb{K}^n$ zweimal (bzw. dreimal) stetig differenzierbar. Man bestimme die Auflösung $x_j = g_j(\varepsilon)$, $j = 1, \ldots, n$, des Gleichungssystems

$$x_j + \varepsilon f_j(x_1, \ldots, x_n) = a_j,$$

$j = 1, \ldots, n$, in einer Umgebung des Punktes $(x_1, \ldots, x_n, \varepsilon) = (a_1, \ldots, a_n, 0)$ bis zur Ordnung 2 (bzw. 3). (Die Summanden $\varepsilon f_j(x_1, \ldots, x_n)$, $j = 1, \ldots, n$, beschreiben (bei kleinem $|\varepsilon|$) eine kleine Störung der Identität von $\mathbb{K}^n$. Man betrachte allgemeiner die Auflösung $x_j = g_j(\varepsilon_1, \ldots, \varepsilon_n)$, $j = 1, \ldots, n$, des Systems $x_j + \varepsilon_j f_j(x_1, \ldots, x_n) = a_j$, $j = 1, \ldots, n$.)

4. Sei $f : U \to \mathbb{K}$ eine in einer Umgebung von $0 \in \mathbb{K}$ definierte k-mal stetig differenzierbare Funktion. Durch

$$F(x, y, z) := z - y - x f(z) = 0$$

wird implizit eine k-mal stetig differenzierbare Funktion $z = g(x, y)$ in einer Umgebung von $(0, 0) \in \mathbb{K}^2$ definiert.

a) Es gilt

$$\frac{\partial^{j+1} g}{\partial x^{j+1}}(x, y) = \frac{\partial^j}{\partial y^j}\left(f^{j+1}(g(x, y)) \frac{\partial g}{\partial y}(x, y)\right), \quad j = 0, \ldots, k - 1.$$

(Induktion über j.)

b) Bei festem y hat man die folgende Taylor-Entwicklung in x:

$$g(x, y) = y + x f(y) + \frac{x^2}{2!} \frac{d}{dy}\left(f^2(y)\right) + \cdots + \frac{x^{k-1}}{(k-1)!} \frac{d^{k-2}}{dy^{k-2}}\left(f^{k-1}(y)\right) + R_k(x, y)$$

mit der Restgliedabschätzung

$$|R_k(x, y)| \leq \left|\frac{x^k}{k!} \frac{\partial^{k-1}}{\partial y^{k-1}}\left(f^k(g(\theta x, y)) \frac{\partial g}{\partial y}(\theta x, y)\right)\right|$$

mit einem $\theta \in [0, 1]$. (Im Fall $\mathbb{K} = \mathbb{R}$ kann man in dieser Abschätzung das Gleichheitszeichen erreichen und zwar sogar ohne Betragsstriche.)

c) Ist $y \in U$ fest, so liefert das vereinfachte Newton-Verfahren für die lokale Auflösung $z = g(x, y)$ der Gleichung

$$z - x f(z) = y$$

im Punkt $x = 0$, $z = y$ die Rekursion

$$g_0(x, y) = y, \quad g_{m+1}(x, y) = y + x f(g_m(x, y)), \quad m > 0.$$

5. Sei $f : U \to \mathbb{K}$ in einer Umgebung U des Nullpunkts $0 \in \mathbb{K}$ k-mal stetig differenzierbar mit $f(0) \neq 0$. Dann gilt für die durch $x = z/f(z)$ in einer Umgebung von $0 \in \mathbb{K}$ definierte k-mal stetig differenzierbare Funktion $z = g(x)$ die Taylor-Entwicklung

$$g(x) = \sum_{m=1}^{k} \frac{a_m}{m!} x^m + R \qquad \text{mit} \qquad a_m = (f^m)^{(m-1)}(0)\,, \quad m = 1, \ldots, k\,.$$

Ist f analytisch, so gilt für g die entsprechende Potenzreihenentwicklung. (Man verwende Aufg. 4.)

6. Man gebe mit Hilfe von Aufg. 4 die Entwicklung der Auflösung $z = g(x, y) = \sum_{m=0}^{\infty} a_m(y)\, x^m$ von

$$z - y - xz^n = 0\,, \qquad n \geq 2\,,$$

bzw.

$$z - y - x \sin z = 0 \qquad (\mathrm{K\,e\,p\,l\,e\,r\,s\,c\,h\,e \ \ G\,l\,e\,i\,c\,h\,u\,n\,g})$$

in einer Umgebung von 0 an. (Für die Keplersche Gleichung gebe man nur die ersten Glieder an. Das vereinfachte Newton-Verfahren

$$g_0(x, y) = y\,, \qquad g_{m+1}(x, y) = y + x \sin\big(g_m(x, y)\big)\,, \quad m \geq 0\,,$$

konvergiert für jedes $x \in \mathbb{R}$ mit $|x| < 1$ und alle $y \in \mathbb{R}$ gegen die Auflösung $z = g(x, y)$ der Keplerschen Gleichung, vgl. Bd. 1, 10.B, Aufg. 30d).)

7. ($\mathrm{N\,e\,w\,t\,o\,n}$-$\mathrm{V\,e\,r\,f\,a\,h\,r\,e\,n}$) Sei in der Situation von 6.A.3 die Abbildung $F(x, y)$ zweimal stetig differenzierbar. Man zeige, dass das Newton-Verfahren gemäß 6.A.3 für x nahe genug bei a_1 gegen die lokale Auflösung $y = g(x)$ von $F(x, y) = 0$ konvergiert. Aus den Gleichungen

$$F\big(x, h_m(x)\big) = F\big(x, h_m(x)\big) - F\big(x, g(x)\big) = (\mathrm{D}_2 F)_{(x, g(x))}\big(h_m(x) - g(x)\big) + R_m(x)$$

und

$$F\big(x, h_m(x)\big) = F\big(x, h_{m-1}(x)\big) + (\mathrm{D}_2 F)_{(x, h_{m-1}(x))}\big(h_m(x) - h_{m-1}(x)\big) + S_m(x) = S_m(x)$$

mit den Restgliedern

$$\|R_m(x)\| \leq \frac{1}{2} \left\| H_{y'}\big(h_m(x) - g(x)\,, h_m(x) - g(x)\big)\right\|\,,$$

$$\|S_m(x)\| \leq \frac{1}{2} \left\| H_{y''}\big(h_m(x) - h_{m-1}(x)\,, h_m(x) - h_{m-1}(x)\big)\right\|\,,$$

wobei H die Hesse-Abbildung der Abbildung $y \mapsto F(x, y)$ ist und y' bzw. y'' Stellen zwischen $h_m(x)$ und $g(x)$ bzw. zwischen $h_m(x)$ und $h_{m-1}(x)$ sind, schließe man auf quadratische Konvergenz des Newton-Verfahrens, vgl. den Beweis der Fehlerabschätzungen von 14.D.1 in Bd. 1.

6.B Diffeomorphismen · Koordinatensysteme

In diesem Abschnitt bezeichnen V und W wieder endlichdimensionale $\mathbb{K}$-Vektorräume und G eine offene Menge in V.

Eine wichtige Anwendung des Satzes über implizite Funktionen ist die Charakterisierung derjenigen stetig differenzierbaren Abbildungen, die (zumindest lokal) umkehrbar sind mit differenzierbarer Umkehrabbildung.

Sei $F : G \to W$ eine C^k-Abbildung, $k \in \mathbb{N}^* \cup \{\infty, \omega\}$. Gibt es zu F eine differenzierbare Umkehrabbildung $F' : G' \to V$ auf einer offenen Menge G' von W, ist also $F(G) \subseteq G'$ und $F'(G') \subseteq G$, sowie

$$F' \circ F = \mathrm{id}_G \quad \text{und} \quad F \circ F' = \mathrm{id}_{G'} \,,$$

so liefert die Kettenregel für die totalen Differenziale in korrespondierenden Punkten $a \in G$ und $a' := F(a) \in G'$:

$$(\mathrm{D}F')_{a'} \circ (\mathrm{D}F)_a = \mathrm{id}_V \quad \text{und} \quad (\mathrm{D}F)_a \circ (\mathrm{D}F')_{a'} = \mathrm{id}_W \,.$$

Das totale Differenzial $(\mathrm{D}F)_a : V \to W$ ist also bijektiv mit $(DF')_{a'} : W \to V$ als Umkehrabbildung. Insbesondere impliziert die (differenzierbare) Umkehrbarkeit von F, dass $\mathrm{Dim}\, V = \mathrm{Dim}\, W$ ist und das totale Differenzial von F in jedem Punkt $a \in G$ bijektiv ist. Aus dieser letzten Bedingung folgt freilich noch nicht die Umkehrbarkeit von F, wie einfache Beispiele zeigen (vgl. etwa Beispiel 6.B.6). Allerdings kann man daraus auf die lokale Umkehrbarkeit schließen. Man beachte hierzu, dass generell die Bijektivität des totalen Differenzials eine (wegen der *stetigen* Differenzierbarkeit) offene Eigenschaft ist und allein durch das lokale Verhalten der Abbildung bestimmt wird. Genauer gilt:

6.B.1 Satz über die lokale Umkehrbarkeit *Seien $F : G \to W$ eine C^k-Abbildung, $k \in \mathbb{N}^* \cup \{\infty, \omega\}$, und $a \in G$ ein Punkt, für den das totale Differenzial $(\mathrm{D}F)_a$ bijektiv ist. Dann gibt es offene Umgebungen U von a in G und U' von $a' := F(a)$ in W mit folgender Eigenschaft: Die Abbildung $F|U$ bildet U bijektiv auf U' ab, und die Umkehrabbildung $(F|U)^{-1} : U' \to U$ ist ebenfalls eine C^k-Abbildung. – Für das totale Differenzial von $(F|U)^{-1}$ in einem Punkte $x' := F(x)$, $x \in U$, gilt*

$$\left(\mathrm{D}(F|U)^{-1}\right)_{x'} = \left((\mathrm{D}F)_x\right)^{-1} .$$

B e w e i s . Wir betrachten die Hilfsabbildung

$$H : W \times G \to W \quad \text{mit} \quad H(y, x) := y - F(x) \,.$$

Im Punkt $(a', a) \in W \times G$ ist die Ableitung $(\mathrm{D}_2 H)_{(a',a)}$ von H in Richtung V gleich $-(\mathrm{D}F)_a$ und somit voraussetzungsgemäß bijektiv. Außerdem ist $H(a', a) = 0$. Es gibt also nach dem Satz 6.A.2 über implizite Funktionen offene Umgebungen U' von a' in W und U_2 von a in G sowie eine C^k-Abbildung $g : U' \to U_2$ mit

$$H^{-1}(0) \cap (U' \times U_2) = \{(y, x) \in U' \times U_2 \mid x = g(y)\} \,.$$

Für die Umgebungen U' von a' und $U := F^{-1}(U') \cap U_2$ von a gilt dann die Behauptung mit $(F|U)^{-1} = g$. Für $y \in U'$ ist nämlich $\big(y, g(y)\big) \in H^{-1}(0)$, also $y = F(g(y))$ und somit $g(y) \in U$. Es ist daher $g(U') \subseteq U$ und wir können U_2 durch U ersetzen. Dann gilt für $x \in U$ die Gleichung

$$(F(x), x) \in H^{-1}(0) \cap (U' \times U) = \{(y, x) \in U' \times U \mid x = g(y)\},$$

also $x = g\big(F(x)\big)$. Somit ist g die lokale Umkehrung von F in der Nähe von a.   •

Der vorstehende Satz ist wiederum ein Beispiel dafür, dass sich stetig differenzierbare Abbildungen lokal so verhalten wie ihre totalen Differenziale. Überdies liefert er ein wichtiges Hilfsmittel für die Entscheidung, ob ein Diffeomorphismus im Sinne der folgenden Definition vorliegt.

6.B.2 Definition Eine C^k-Abbildung $F : G \to W$ heißt ein $(C^k\text{-})$ D i f f e o m o r p h i s - m u s, $k \in \mathbb{N}^* \cup \{\infty, \omega\}$, von G auf $G' := F(G)$, wenn G' eine offene Teilmenge von W ist und die von F induzierte Abbildung $F : G \to G'$ bijektiv ist mit einer Umkehrabbildung, die ebenfalls von der Klasse C^k ist.

Aus 6.B.1 ergibt sich sofort:

6.B.3 Korollar *Sei $F : G \to W$ eine C^k-Abbildung, $k \in \mathbb{N}^* \cup \{\infty, \omega\}$. Genau dann ist F ein C^k-Diffeomorphismus von G auf $G' := F(G)$, wenn F injektiv ist und das totale Differenzial $(DF)_x$ für jeden Punkt $x \in G$ bijektiv ist.*

Die letzte Bedingung in 6.B.3 kann man natürlich auch so formulieren, dass Dim $V = $ Dim W ist und F regulär (vgl. 6.A, Fußnote 1). In diesem Fall ist F ein l o k a l e r C^k- D i f f e o m o r p h i s m u s : Zu jedem Punkt $a \in G$ gibt es offene Umgebungen U von a und U' von $a' := F(a)$ derart, dass $F(U) = U'$ ist und F einen C^k-Diffeomorphismus $F|U : U \to U'$ induziert.

6.B.4 Beispiel Wie schon in Beispiel 6.A.8 lassen sich die Taylor-Entwicklungen der lokalen Umkehrungen F' eines lokalen Diffeomorphismus $F : G \to \mathbb{K}^n$, $G \subseteq \mathbb{K}^n$, oft bequem aus den Taylor-Entwicklungen von F durch einen Ansatz

$$F'(y) = \sum_m b_m y^m, \quad b_m \in \mathbb{K}^n,$$

und Koeffizientenvergleich in der Identität $F' \circ F = \text{id}$ (oder auch $F \circ F' = \text{id}$) bestimmen.

Diffeomorphismen werden als K o o r d i n a t e n w e c h s e l benutzt, um eine gegebene Situation zu vereinfachen oder übersichtlich zu beschreiben. Wir erinnern zunächst an den linearen Fall. Eine $\mathbb{K}$-Basis x_i, $i \in I$, des Dualraums $V^* = \text{Hom}_\mathbb{K}(V, \mathbb{K})$ definiert eine $\mathbb{K}$-Isomorphie $\varphi : V \to \mathbb{K}^I$ mit $v \mapsto \big(x_i(v)\big)_{i \in I}$. Die x_i, $i \in I$, sind die Koordinatenfunktionen zur Basis $v_i := \varphi^{-1}(e_i)$, $i \in I$, von V, wobei e_i, $i \in I$, die Standardbasis von $\mathbb{K}^I$ ist. Man nennt x_i, $i \in I$, auch ein l i n e a r e s K o o r d i n a t e n s y s t e m für V. Natürlich induziert φ für jede offene Menge $G \subseteq V$ einen C^ω-Diffeomorphismus von F auf $G' := \varphi(G) \subseteq \mathbb{K}^I$. Wir definieren nun allgemeiner d i f f e r e n z i e r b a r e K o o r d i n a t e n s y s t e m e.

6.B.5 Definition Seien $k \in \mathbb{N}^* \cup \{\infty, \omega\}$, $G \subseteq V$ offen und I eine endliche Menge mit $|I| = \mathrm{Dim}_{\mathbb{K}} V$.

(1) Die C^k-Funktionen x_i, $i \in I$, auf G bilden ein C^k-Koordinatensystem für G, wenn die durch $x = (x_i)_{i \in I}$ definierte C^k-Abbildung $\varphi : G \to \mathbb{K}^I$ mit $\varphi(v) = (x_i(v))_{i \in I}$ ein C^k-Diffeomorphismus von G auf die offene Menge $G' = \varphi(G) \subseteq \mathbb{K}^I$ ist. Die Zahlen $x_i(v)$, $i \in I$, heißen die Koordinaten von $v \in G$ bzgl. x.

(2) Die C^k-Funktionen x_i, $i \in I$, bilden ein lokales C^k-Koordinatensystem im Punkt $a \in G$, wenn die Definitionsbereiche der x_i, $i \in I$, alle eine offene Umgebung U von a umfassen und die Beschränkungen $x_i | U$, $i \in I$, ein C^k-Koordinatensystem für U bilden.

Seien x_i, $i \in I$, C^k-Funktionen auf G. Mit 6.B.1 und 6.B.3 folgt: *Genau dann ist x_i, $i \in I$, ein lokales C^k-Koordinatensystem im Punkt $a \in G$, wenn die totalen Differenziale $(dx_i)_a$, $i \in I$, ein lineares Koordinatensystem für V (d.h. eine Basis von V^*) bilden, und genau dann Teil eines lokalen C^k-Koordinatensystems, wenn diese Differenziale in a linear unabhängig sind. Genau dann ist das System x_i, $i \in I$, ein globales Koordinatensystem für ganz G, wenn es in jedem Punkt $a \in G$ ein lokales Koordinatensystem ist und die Abbildung $\varphi : G \to \mathbb{K}^I$ mit $v \mapsto (x_i(v))_{i \in I}$ injektiv ist.* In diesem Fall heißen die durch $x_i(v) = $ const. definierten Teilmengen von G die Koordinaten(hyper)flächen und die durch $x_j(v) = $ const, $j \neq i$, definierten Teilmengen ($i \in I$ jeweils fest) die Koordinatenlinien bzgl. $x = (x_i)_{i \in I}$.[1])

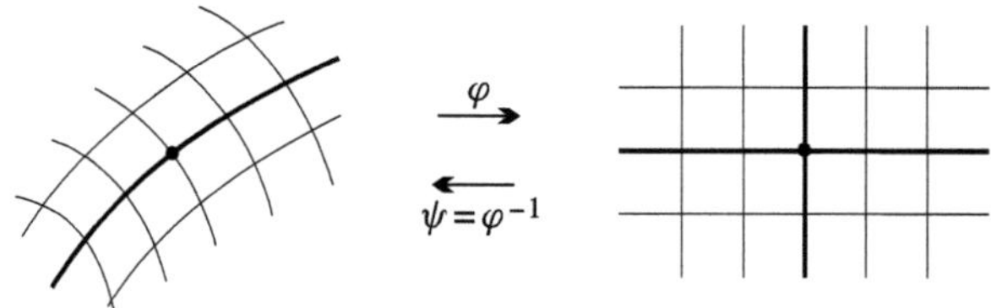

Wie schon im linearen Fall ist es auch im differenzierbaren Fall häufig bequemer, ein C^k-Koordinatensystem für G nicht mittels eines C^k-Diffeomorphismus $\varphi : G \to G' \subseteq \mathbb{K}^I$, sondern mittels des Umkehrdiffeomorphismus $\varphi^{-1} : (x_i)_{i \in I} \mapsto \varphi^{-1}((x_i)_{i \in I})$ von G' auf G anzugeben, der einem Koordinatentupel $(x_i)_{i \in I}$ den zugehörigen Punkt in G zuordnet.

Sei $\varphi : G \to G' \subseteq \mathbb{K}^I$ der Diffeomorphismus zum Koordinatensystem x_i, $i \in I$. Ist $F : G \to W$ eine Abbildung, so wird häufig F mit $F \circ \varphi^{-1} : G' \to W$ identifiziert. Bei differenzierbarem F bezeichnet man dann mit $\partial F / \partial x_i : G \to W$ die Richtungsableitung $\partial(F \circ \varphi^{-1})/\partial x_i$, falls dies nicht zu Missverständnissen führen kann.[2]) Auf Grund der

---

[1]) Im Fall $|I| = 2$ fallen die Koordinatenhyperflächen und -linien zusammen.

[2]) Wir werden in Zukunft weitere ähnliche Konventionen benutzen, ohne diese immer eigens zu erwähnen. Dem Leser wird es anfangs schwer fallen, solche Mehrdeutigkeiten in den Bezeichnungen zu akzeptieren, im Laufe der Zeit aber feststellen, wie nützlich sie für eine übersichtliche Darstellung sind. Erwähnt sei eine Bemerkung, die D. Hilbert zugeschrieben wird und dem Sin-

Kettenregel gilt in G

$$\frac{\partial F}{\partial x_i} = \mathrm{D}_{v_i} F$$

und $dx_i(v_j) = \delta_{ij}$ mit $v_i := \partial \varphi^{-1}/\partial x_i$, $i, j \in I$, also

$$\mathrm{D}F = \sum_{i \in I} \frac{\partial F}{\partial x_i}\, dx_i\,.$$

Jedes komplexe Koordinatensystem ist auch ein reelles, vgl. Beispiel 5.B.8.

6.B.6 Beispiel (P o l a r k o o r d i n a t e n) Die Polarkoordinatenabbildung $P : \mathbb{R}^2 \to \mathbb{R}^2$ mit

$$P(r, \varphi) = (r \cos \varphi\,, r \sin \varphi)$$

ist in $\mathbb{R}^\times \times \mathbb{R}$ regulär und daher nach dem Umkehrsatz dort ein lokaler (analytischer) Diffeomorphismus. Die Umkehrabbildung lässt sich lokal explizit angeben. Zum Beispiel sind die Abbildungen

$$(x, y) \mapsto \left(\sqrt{x^2 + y^2}\,, \arctan\left(\frac{y}{x}\right) + 2k\pi\right), \quad (x, y) \in \mathbb{R}_+^\times \times \mathbb{R},$$

Umkehrabbildungen von P, beschränkt auf $\mathbb{R}_+^\times \times\,]-\pi/2 + 2k\pi\,, \pi/2 + 2k\pi[$, $k \in \mathbb{Z}$. Natürlich ist P, beschränkt auf $\mathbb{R}_+^\times \times \mathbb{R}$, kein Diffeomorphismus. P induziert aber einen Diffeomorphismus des Streifens $\mathbb{R}_+^\times \times\,]-\pi, \pi[$ auf die geschlitzte Ebene D, bei der die negative x-Halbachse einschließlich des Nullpunktes herausgenommen wurde. Die Funktionen r, φ auf D mit Werten in $\mathbb{R}_+^\times$ bzw. $]-\pi, \pi[$ bilden also ein C^ω-Koordinatensystem für D. Die Koordinatenlinien $\varphi = \varphi_0 = \text{const.}$ bzw. $r = r_0 = \text{const.}$ sind die vom Nullpunkt ausgehenden offenen Strahlen in D bzw. die Kreise um den Nullpunkt (wobei jeweils der Punkt $(-r_0, 0)$ herauszunehmen ist).

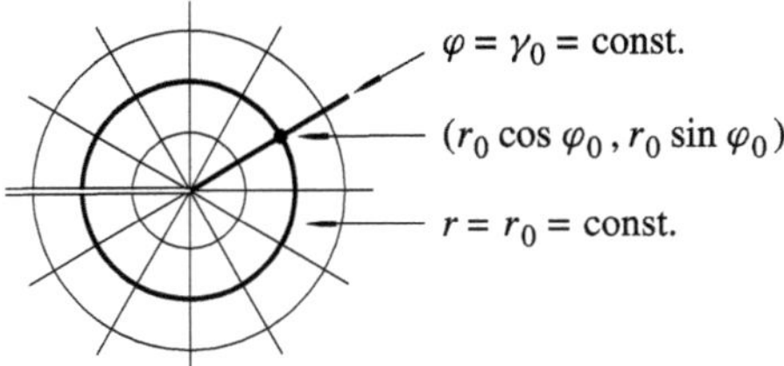

Die Polarkoordinaten bilden kein Koordinatensystem auf ganz $\mathbb{R}^2$. Die Ausnahmemenge $\mathbb{R}^2 - D$ ist aber „sehr klein". Für viele Probleme (z.B. beim Integrieren, vgl. Kap. IV) spielen solche kleinen Ausnahmemengen, die bei der Konstruktion von Koordinatensystemen sehr häufig auftreten, keine Rolle.

Die ebenen Polarkoordinaten besitzen eine natürliche Verallgemeinerung auf beliebige Dimensionen. Sei $n \in \mathbb{N}$. Dann heißt die Abbildung $P : \mathbb{R}^{2+n} \to \mathbb{R}^{2+n}$,

$$(r, \varphi) = (r, \varphi_0, \ldots, \varphi_n) \longmapsto \big(P_1(r, \varphi)\,, P_2(r, \varphi)\,, \ldots, P_{2+n}(r, \varphi)\big),$$

---

ne nach folgendes besagt: Mathematik ist die Kunst, mit den gleichen Symbolen verschiedene Dinge zu bezeichnen. – Der Leser lasse sich aber nicht zu Fehlschlüssen verleiten. So ist etwa das Differenzial dx_i der (Standard-)Koordinatenfunktion x_i im Zahlenraum $\mathbb{K}^I$ unabhängig vom betrachteten Punkt, in G aber hängt es in der Regel wesentlich davon ab (was erhebliche Konsequenzen hat).

$$P_1(r, \varphi) := r \cos \varphi_n \cdots \cos \varphi_1 \cos \varphi_0 \,,$$

$$P_2(r, \varphi) := r \cos \varphi_n \cdots \cos \varphi_1 \sin \varphi_0 \,,$$

$$\cdots\cdots\cdots\cdots\cdots\cdots\cdots\cdots\cdots$$

$$P_{n+1}(r, \varphi) := r \cos \varphi_n \sin \varphi_{n-1} \,,$$

$$P_{n+2}(r, \varphi) := r \sin \varphi_n \,,$$

die P o l a r k o o r d i n a t e n a b b i l d u n g in der Dimension $n + 2$. Ihre partiellen Ableitungen

$$\frac{\partial P}{\partial r} = \begin{pmatrix} \cos \varphi_n \cdots \cos \varphi_1 \cos \varphi_0 \\ \cos \varphi_n \cdots \cos \varphi_1 \sin \varphi_0 \\ \vdots \\ \cos \varphi_n \sin \varphi_{n-1} \\ \sin \varphi_n \end{pmatrix} = P(1, \varphi) \,,$$

$$\frac{\partial P}{\partial \varphi_0} = \begin{pmatrix} -r \cos \varphi_n \cdots \cos \varphi_1 \sin \varphi_0 \\ r \cos \varphi_n \cdots \cos \varphi_1 \cos \varphi_0 \\ \vdots \\ 0 \\ 0 \end{pmatrix} \,, \ldots, \quad \frac{\partial P}{\partial \varphi_n} = \begin{pmatrix} -r \sin \varphi_n \cdots \cos \varphi_1 \cos \varphi_0 \\ -r \sin \varphi_n \cdots \cos \varphi_1 \sin \varphi_0 \\ \vdots \\ -r \sin \varphi_n \sin \varphi_{n-1} \\ r \cos \varphi_n \end{pmatrix}$$

bilden offenbar ein Orthogonalsystem in $\mathbb{R}^{2+n}$. Daher ist die Jacobi-Determinante bis aufs Vorzeichen das Produkt der Längen $\|\partial P / \partial r\| = 1$, $\|\partial P / \partial \varphi_0\| = r |\cos \varphi_n \cdots \cos \varphi_1|, \ldots,$ $\|\partial P / \partial \varphi_n\| = r$ dieser Richtungsableitungen, also gleich $r^{n+1} \cos^n \varphi_n \cdots \cos \varphi_1$, da das Vorzeichen für den Punkt $(1, 0, \ldots, 0)$ und dann aus Stetigkeitsgründen generell korrekt ist.[3]) Es folgt: *P induziert einen* C^ω-*Diffeomorphismus*

$$\mathbb{R}_+^\times \times \,]-\pi, \pi[\, \times \,]-\pi/2, \pi/2[^n \longrightarrow D_{2+n} := D \times \mathbb{R}^n \,,$$

wobei $D = D_2 \subseteq \mathbb{R}^2$ *die wie oben geschlitzte Ebene ist.* Die Funktionen $r, \varphi_0, \varphi_1, \ldots, \varphi_n$ mit Werten in $\mathbb{R}_+^\times$, $]-\pi, \pi[$, $]-\pi/2, \pi/2[, \ldots,]-\pi/2, \pi/2[$ bilden ein C^ω-Koordinatensystem für D_{2+n}. Die Koordinatenhyperflächen $r = r_0 = $ const. sind die Teile der euklidischen $(n + 1)$-Sphären $S(0; r_0) \subseteq \mathbb{R}^{2+n}$, die in D_{2+n} liegen. Im Fall $n = 1$ spricht man auch von s p h ä r i s c h e n P o l a r k o o r d i n a t e n oder K u g e l k o o r d i n a t e n. Sie werden für die Erde benutzt: φ_0 entspricht der g e o g r a p h i s c h e n L ä n g e, φ_1 der g e o g r a p h i s c h e n B r e i t e. Statt der geographischen Breite φ_1 wählt man häufig als zweite Koordinate auch den P o l a b s t a n d (s w i n k e l) $\vartheta := \pi/2 - \varphi_1$. Er läuft im Intervall $]0, \pi[$.

6.B.7 Beispiel (O r t h o g o n a l e K o o r d i n a t e n s y s t e m e) Sei V ein euklidischer Vektorraum mit dem Skalarprodukt $\langle -, - \rangle$. Ein C^k-Koordinatensystem x_i, $i \in I$, für die offene Menge $G \subseteq V$ heißt o r t h o g o n a l, wenn die Koordinatenlinien sich senkrecht schneiden. Dies ist offenbar genau dann der Fall, wenn die partiellen Ableitungen des zugehörigen Diffeomorphismus $\psi = \varphi^{-1}$ der offenen Menge $G' \subseteq \mathbb{R}^I$ auf G in jedem Punkt $(x_i) \in G'$ eine Orthogonalbasis von V bilden. Bezeichnen wir diese partiellen Ableitungen $\partial \psi / \partial x_i$ mit $\partial_i \psi$, $i \in I$, und ihre Längen $\|\partial_i \psi\|$ mit L_i, $i \in I$, so bilden die Vektoren

$$v_i = v_i(x) := \frac{\partial_i \psi(x)}{L_i(x)} \in V$$

---

[3]) Man beweist das Ergebnis natürlich auch leicht mittels elementarer Umformungen der Jacobi-Matrix.

in jedem Punkt $\psi(x)$, $x \in G'$, eine Orthonormalbasis von V, die aber in der Regel vom jeweiligen Punkt $\psi(x) \in G$ bzw. $x \in \mathbb{R}^I$ abhängt. *Für eine differenzierbare Abbildung* $F : G \to W$ *ist*

$$\mathrm{D}_{v_i} F = \frac{1}{L_i} \frac{\partial F}{\partial x_i}$$

und für eine differenzierbare Funktion $f : G \to \mathbb{R}$

$$\mathrm{grad}\, f = \sum_{i \in I} (\mathrm{D}_{v_i} f)\, v_i = \sum_{i \in I} \frac{1}{L_i} \frac{\partial f}{\partial x_i}\, v_i \ .$$

Ist das Koordinatensystem mindestens zweimal stetig differenzierbar, so erhält man für die Divergenz einer differenzierbaren Abbildung $F : G \to V$ *mit* $F = \sum_{i \in I} F_i v_i$ *die Formel*

$$\mathrm{div}\, F = \frac{1}{L} \sum_{i \in I} \frac{\partial}{\partial x_i}\Big(\frac{L F_i}{L_i}\Big) = \sum_{i \in I} \frac{1}{L_i} \frac{\partial F_i}{\partial x_i} + \frac{1}{L} \sum_{i \in I} F_i \frac{\partial}{\partial x_i}\Big(\frac{L}{L_i}\Big), \qquad L := \prod_{i \in I} L_i\ .$$

Es genügt, diese Formel für einen Summanden $F_j v_j$ zu beweisen. Wegen

$$\mathrm{div}(F_j v_j) = \mathrm{Sp}\big(\mathrm{D}(F_j v_j)\big) = \mathrm{Sp}\big((\mathrm{D} F_j)\, v_j\big) + F_j\, \mathrm{Sp}(\mathrm{D} v_j)$$

und

$$\mathrm{Sp}\big((\mathrm{D} F_j)\, v_j\big) = \mathrm{D}_{v_j} F_j = \frac{1}{L_j} \frac{\partial F_j}{\partial x_j}$$

können wir überdies $F_j = 1$ annehmen. Dann ist aber

$$\mathrm{div}\, v_j = \mathrm{Sp}(\mathrm{D} v_j) = \sum_{i \in I} \langle \mathrm{D}_{v_i} v_j\, , v_i \rangle = \sum_{i \neq j} \langle \mathrm{D}_{v_i} v_j\, , v_i \rangle = \sum_{i \neq j} \frac{1}{L_i^2} \big\langle \frac{\partial}{\partial x_i}\Big(\frac{1}{L_j} \frac{\partial \psi}{\partial x_j}\Big), \frac{\partial \psi}{\partial x_i} \big\rangle$$

$$= \sum_{i \neq j} \frac{1}{L_i^2 L_j} \big\langle \frac{\partial^2 \psi}{\partial x_i\, \partial x_j}\, , \frac{\partial \psi}{\partial x_i} \big\rangle = \sum_{i \neq j} \frac{1}{L_i L_j} \frac{\partial L_i}{\partial x_j} = \frac{1}{L} \frac{\partial}{\partial x_j}\Big(\frac{L}{L_j}\Big),$$

da $\langle \mathrm{D}_{v_i} v_i\, , v_i \rangle = \frac{1}{2} \mathrm{D}_{v_i} \langle v_i, v_i \rangle = 0$, $\langle \partial_j \psi, \partial_i \psi \rangle = 0$ für $i \neq j$ ist und ferner

$$\big\langle \frac{\partial^2 \psi}{\partial x_i\, \partial x_j}\, , \frac{\partial \psi}{\partial x_i} \big\rangle = \big\langle \frac{\partial}{\partial x_j} \partial_i \psi\, , \partial_i \psi \big\rangle = \frac{1}{2} \frac{\partial L_i^2}{\partial x_j} = L_i \frac{\partial L_i}{\partial x_j}\ .$$

Man gewinnt aus obiger Formel *für den Laplace-Operator die wichtige Darstellung*

$$\Delta f = \mathrm{div}\, \mathrm{grad}\, f = \frac{1}{L} \sum_{i \in I} \frac{\partial}{\partial x_i}\Big(\frac{L}{L_i^2} \frac{\partial f}{\partial x_i}\Big), \qquad f \in \mathrm{C}^2(G),$$

speziell für die Polarkoordinaten aus Beispiel 6.B.6

$$\Delta_{n+2} f = \frac{\dfrac{\partial}{\partial r}\Big(r^{n+1}\big(\prod_{j=1}^{n} \cos^j \varphi_j\big)\dfrac{\partial f}{\partial r}\Big) + \sum_{i=0}^{n} \dfrac{\partial}{\partial \varphi_i}\Big(r^{n-1}\big(\prod_{j=1}^{i} \cos^j \varphi_j\big)\big(\prod_{j=i+1}^{n} \cos^{j-2} \varphi_j\big)\dfrac{\partial f}{\partial \varphi_i}\Big)}{r^{n+1} \prod_{j=1}^{n} \cos^j \varphi_j}$$

und insbesondere für die ebenen und sphärischen Polarkoordinaten ($n = 0$ bzw. $n = 1$):

$$\Delta_2 f = \frac{1}{r}\Big(\frac{\partial}{\partial r}\big(r \frac{\partial f}{\partial r}\big) + \frac{1}{r} \frac{\partial^2 f}{\partial \varphi_0^2}\Big),$$

$$\Delta_3 f = \frac{1}{r^2 \cos \varphi_1}\Big(\cos \varphi_1 \frac{\partial}{\partial r}\big(r^2 \frac{\partial f}{\partial r}\big) + \frac{1}{\cos \varphi_1} \frac{\partial^2 f}{\partial \varphi_0^2} + \frac{\partial}{\partial \varphi_1}\big(\cos \varphi_1 \frac{\partial f}{\partial \varphi_1}\big)\Big).$$

6.B.8 Beispiel (K o n f o r m e   K o o r d i n a t e n) Seien V und W euklidische Vektorräume. Eine differenzierbare Abbildung $F : G \to W$, $G \subseteq V$ offen, heißt k o n f o r m oder w i n k e l t r e u im Punkt $a \in G$, wenn das totale Differenzial $(DF)_a$ von F im Punkt a diese Eigenschaft hat, d.h. eine Ähnlichkeit ist, vgl. Bd. 2, Abschnitt 14.A. Genau dann ist F in a eine Ähnlichkeit, wenn für je zwei differenzierbare Wege f und g in G, die sich in a schneiden, die Schnittwinkel von f und g in a und von $F \circ f$ und $F \circ g$ in $F(a)$ übereinstimmen, vgl. 4.A.9. F heißt k o n f o r m oder w i n k e l t r e u schlechthin, wenn F in jedem Punkt konform ist. Ein Koordinatensystem für G heißt k o n f o r m oder w i n k e l t r e u , wenn die zugehörige Koordinatenabbildung $\varphi : G \to \mathbb{R}^l$ konform ist (wobei $\mathbb{R}^l$ das Standardskalarprodukt trägt). Dies ist genau dann der Fall, wenn sich nicht nur die Koordinatenlinien senkrecht schneiden, sondern zwei beliebige Kurven f, g, deren Bilder $\varphi \circ f$, $\varphi \circ g$ in $\mathbb{R}^l$ sich senkrecht schneiden, vgl. Bd. 2, 14.A, Aufg. 12. Jedes konforme Koordinatensystem ist ein orthogonales (vgl. Beispiel 6.B.7).

Konforme Koordinatensysteme werden insbesondere durch die bijektiven affinen Ähnlichkeitsabbildungen $V \to \mathbb{R}^l$ definiert. Eine interessante konforme Abbildung ist die S p i e g e l u n g $s : v \mapsto v/\langle v, v \rangle$ auf $V - \{0\}$ (und entsprechend auf $\mathbb{R}^l - \{0\}$) a n   d e r   E i n h e i t s s p h ä r e $S(0 ; 1)$. [4]) Die Konformität folgt aus

$$\mathrm{D}_u s(v) = \frac{1}{\langle v, v \rangle}\Big(u - 2\,\frac{\langle u, v \rangle}{\langle v, v \rangle}\,v\Big).$$

$(Ds)_v$ ist also bis auf den Streckungsfaktor $1/\langle v, v \rangle$ die orthogonale Spiegelung an der Hyperebene $(\mathbb{R}v)^\perp$. Ein Satz von Liouville, auf den wir in Band 4 noch einmal zu sprechen kommen werden, besagt, dass im Fall $\mathrm{Dim}_\mathbb{R} V \geq 3$ jedes konforme C^k-Koordinatensystem, $k \geq 3$, durch Komposition von Spiegelungen an den Einheitssphären in V bzw. $\mathbb{R}^l$ und bijektiven affinen Ähnlichkeitsabbildungen $V \to \mathbb{R}^l$ bzw. von V auf sich oder von $\mathbb{R}^l$ auf sich gewonnen werden kann.

In der Dimension 2 ist die Situation ganz anders. [5]) In diesem Fall können wir V mit $\mathbb{C} = \mathbb{R}^2$ identifizieren, und nach Bd. 2, Beispiel 14.A.14, vgl. auch Beispiel 5.B.8 des vorliegenden Bandes, ist eine reell-differenzierbare Abbildung $\varphi : G \to \mathbb{C}$, $G \subseteq \mathbb{C}$ offen, deren Jacobi-Determinante überall positiv ist – was man ohne weiteres annehmen kann– genau dann konform, wenn sie komplex-differenzierbar ist. *Jede injektive komplex-differenzierbare* ($= komplex$-*analytische*) *Abbildung $\varphi : G \to \mathbb{C}$ liefert also ein reelles konformes und insbesondere orthogonales Koordinatensystem für die offene Menge $G \subseteq \mathbb{C}$.* Ist $\psi : G' \to G$ die (ebenfalls komplex-differenzierbare) Umkehrabbildung, so haben die beiden Vektoren $\partial_1 \psi = \partial\psi/\partial x_1$ und $\partial_2 \psi = \partial\psi/\partial x_2$ die gleiche Länge $|d\psi/dz| = |\psi'|$, $z = x_1 + \mathrm{i}x_2$. Der Laplace-Operator auf G schreibt sich nach Beispiel 6.B.6 in den Koordinaten x_1, x_2 in der Form

$$\Delta f = \frac{\partial^2 f}{\partial u^2} + \frac{\partial^2 f}{\partial v^2} = \frac{1}{|\psi'|^2}\Big(\frac{\partial^2 f}{\partial x_1^2} + \frac{\partial^2 f}{\partial x_2^2}\Big),$$

wenn u, v die kartesischen Koordinaten in G sind. *Insbesondere werden durch einen ebenen konformen Koordinatenwechsel harmonische Funktionen in harmonische Funktionen überführt.* Wir erwähnen einige einfache Beispiele:

(1) Die Abbildung

$$z = x_1 + \mathrm{i}x_2 \longmapsto z^2 = (x_1^2 - x_2^2) + 2\mathrm{i}x_1 x_2 = u + \mathrm{i}v\,, \qquad x_1 > 0\,,$$

liefert konforme Koordinaten x_1, x_2 auf der geschlitzten Ebene $\mathbb{C} - \mathbb{R}_-$. Die Koordinatenlinien

---

[4]) Man spricht auch von der A b b i l d u n g   d u r c h   r e z i p r o k e   R a d i e n .
[5]) In der Dimension 1 natürlich auch.

$x_1 = a = \text{const.}$ bzw. $x_2 = b = \text{const.}$ sind die Parabeln bzw. Parabelbögen

$$u = a^2 - x_2^2, \quad v = 2ax_2, \quad x_2 \in \mathbb{R}; \qquad \text{bzw.} \qquad u = x_1^2 - b^2, \quad v = 2bx_1, \quad x_1 \in \mathbb{R}_+^{\times}.$$

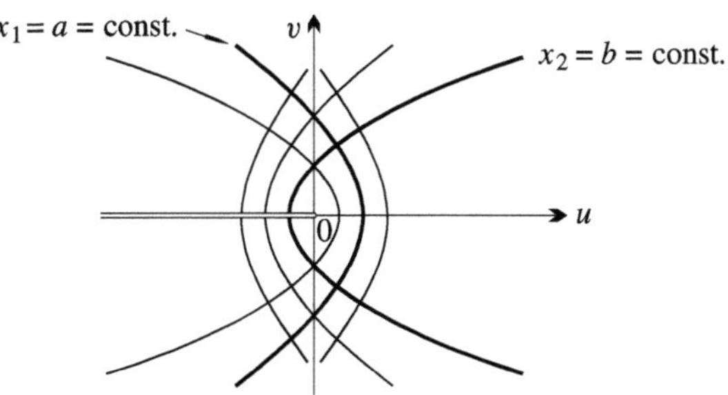

Man spricht daher von p a r a b o l i s c h e n K o o r d i n a t e n.

(2) Die Abbildung

$$z = \varphi + ia \longmapsto \overline{\cos z} = \cos \bar{z} = \cosh a \, \cos \varphi + i \, \sinh a \, \sin \varphi = u + iv,$$

$a > 0$, $-\pi < \varphi < \pi$, (vgl. Bd. 1, 12.E, Aufg. 6) liefert konforme Koordinaten φ, a auf der geschlitzten Ebene $\mathbb{C} - \{r \in \mathbb{R} \mid r \leq 1\}$. Die Koordinatenlinien $\varphi = \varphi_0 = \text{const.}$ bzw. $a = a_0 = \text{const.}$ sind die Hyperbelbögen

$$u = \cos \varphi \, \cosh a, \quad v = \sin \varphi_0 \, \sinh a, \qquad a \in \mathbb{R}_+^{\times},$$

(bei $\varphi_0 = 0$ und $\varphi_0 = \pm \pi/2$ handelt es sich um Strahlen) bzw. die Ellipsen

$$u = \cosh a_0 \cos \varphi, \quad v = \sinh a_0 \sin \varphi, \qquad -\pi < \varphi < \pi,$$

ohne den Punkt $(-\cosh a_0, 0)$.

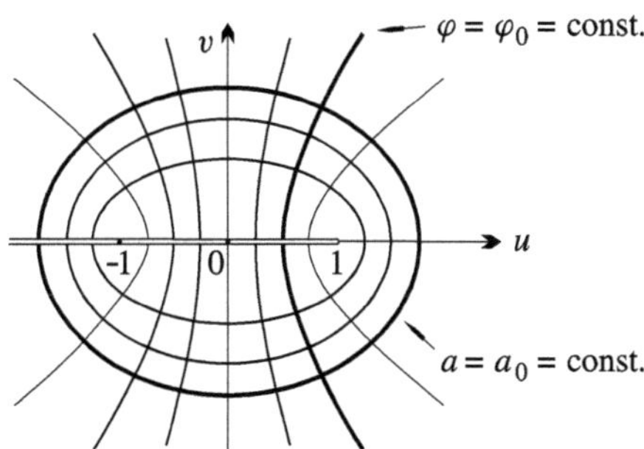

Man spricht von e l l i p t i s c h e n K o o r d i n a t e n.

(3) Die Abbildung

$$z = a + i\varphi \mapsto e^z = e^a \cos \varphi + i e^a \sin \varphi,$$

$-\pi < \varphi < \pi$, ist die konforme Variante der ebenen Polarkoordinaten für die geschlitzte Ebene $\mathbb{C} - \mathbb{R}_-$.

(4) Der Leser studiere unter dem hier besprochenen Gesichtspunkt noch einmal die bereits in Bd. 1, Beispiel 5.C.6 behandelte Joukowski-Funktion $z \mapsto (z + z^{-1})/2$ auf $\mathbb{C} - \{0\}$ bzw. ihre Umkehrfunktion.

6.B.9 Beispiel (Isometrien) V und W seien euklidische Vektorräume. Eine differenzierbare Abbildung $F : G \to W$, $G \subseteq V$ offen, heißt isometrisch oder längentreu im Punkt $a \in G$, wenn das totale Differenzial $(DF)_a$ von F im Punkt a diese Eigenschaft hat, d.h. eine (und damit jede) Orthonormalbasis von V in ein Orthonormalsystem von W überführt. F heißt isometrisch schlechthin, wenn F in jedem Punkt isometrisch ist. Entsprechend werden isometrische oder längentreue Koordinatensysteme definiert (wobei der Zahlenraum $\mathbb{R}^l$ das Standardskalarprodukt trägt). Ein Koordinatensystem $\varphi : G \to \mathbb{R}^l$ ist offenbar genau dann isometrisch, wenn für jede stetig (oder stückweise stetig) differenzierbare Kurve $\gamma : [a, b] \to G$ die Kurve γ und ihr Bild $\varphi \circ \gamma$ dieselbe Länge haben. Dies ergibt sich aus den Formeln

$$\int_a^b \|\gamma'(t)\|\, dt \qquad \text{bzw.} \qquad \int_a^b \|(\varphi \circ \gamma)'(t)\|\, dt = \int_a^b \|(D\varphi)_{\gamma(t)}(\gamma'(t))\|\, dt$$

für die Längen von γ bzw. $\varphi \circ \gamma$. *Isometrische Koordinatensysteme sind stets affin* (und damit uninteressant für offene Mengen in euklidischen Räumen). Es gilt nämlich der folgende, wenn auch einfache, so doch bemerkenswerte Satz.

6.B.10 Satz *Seien G ein Gebiet im euklidischen Vektorraum V und $F : G \to W$ eine isometrische stetig differenzierbare Abbildung in den euklidischen Vektorraum W mit $\mathrm{Dim}_{\mathbb{R}} V = \mathrm{Dim}_{\mathbb{R}} W$. Dann ist F eine affine Isometrie (d.h. die Beschränkung einer affinen Isometrie $V \to W$ auf G).*

B e w e i s . Nach Bd. 2, 14.B, Aufg. 10 genügt es zu zeigen, dass zu jedem Punkt $a \in G$ eine Umgebung $U = U(a)$ von a in G existiert derart, dass für alle $u, v \in U$ gilt $d(u, v) = \|v - u\| = d\big(F(u), F(v)\big) = \|F(v) - F(u)\|$. Dann ist nämlich $F|U$ affin, und wegen des Zusammenhangs von G ist diese affine Abbildung für alle Umgebungen $U(a)$ dieselbe.

Zur Konstruktion von U bei vorgegebenem $a \in G$ können wir annehmen, dass F injektiv ist. Dann sei $U \subseteq G$ eine offene konvexe Umgebung von a, deren Bild $F(U)$ in einer offenen konvexen Umgebung von $F(a)$ in $F(G)$ liegt. U hat die gewünschte Eigenschaft. Seien $u, v \in U$ und γ die gerade Verbindungsstrecke von u und v. Es genügt zu zeigen, dass die Trajektorie von $F \circ \gamma$ die Strecke $[F(u), F(v)]$ ist. Sei aber $\widetilde{\gamma}$ die gerade Verbindungsstrecke von $F(u)$ und $F(v)$. Da mit F auch $F^{-1} : F(G) \to G$ isometrisch ist, haben $\widetilde{\gamma}$ und $F^{-1} \circ \widetilde{\gamma}$ dieselbe Länge. $F^{-1} \circ \widetilde{\gamma}$ verbindet u und v. Da die Strecke $[u, v]$ die kürzeste Verbindung von u und v ist und nach Definition auch die einzige kürzeste Verbindung dieser beiden Punkte, folgt, dass die Trajektorie von γ und $F^{-1} \circ \widetilde{\gamma}$, d.h. von $F \circ \gamma$ und $\widetilde{\gamma}$ übereinstimmen. Das war zu zeigen. $\bullet$

Die Dimensionsbedingung in 6.B.10 ist natürlich wesentlich: Man betrachte etwa den Fall $\mathrm{Dim}_{\mathbb{R}} V = 1$.

Satz 6.B.10 besagt insbesondere, *dass zwei Gebiete eines euklidischen Vektorraums V genau dann isometrisch diffeomorph sind, wenn sie kongruent sind im Sinne der linearen euklidischen Geometrie*, vgl. Bd. 2, Abschnitt 14.B. Die Gruppe der isometrischen Diffeomorphismen eines Gebietes $G \subseteq V$ ist identisch mit der Symmetriegruppe $S(G)$ von G, d.h. mit der Untergruppe der Bewegungen $f \in B(V)$ mit $G = f(G)$. Alle diese Ergebnisse hat man in der Weise zu interpretieren, *dass Gebiete in euklidischen Vektorräumen oder allgemeiner in euklidischen affinen Räumen sehr steif sind.*

6.B.11 Beispiel Wie bereits bemerkt, ist eine endliche Familie x_j, $j \in J$, von C^k-Funktionen, $k \in \mathbb{N}^* \cup \{\infty, \omega\}$, auf der offenen Menge G des $\mathbb{K}$-Vektorraums V genau dann Teil eines lokalen C^k-Koordinatensystems im Punkt $a \in G$, wenn ihre totalen Differenziale $(dx_j)_a$ im Punkt a linear unabhängig (in $V^* = \mathrm{Hom}_{\mathbb{K}}(V, \mathbb{K})$) sind, d.h. wenn die C^k-Abbildung $F : G \to \mathbb{K}^J$ mit

$v \mapsto \left(x_j(v)\right)_{j \in J}$ im Punkt $a \in G$ submersiv ist (vgl. Bd. 2, 5.G.18). Man sagt dann, die x_j, $j \in J$, seien (d i f f e r e n z i e r b a r) u n a b h ä n g i g i m P u n k t a. Gilt dies in jedem Punkt $a \in G$, so sagt man, die x_j, $j \in J$, seien (d i f f e r e n z i e r b a r) u n a b h ä n g i g in G. Insbesondere ist eine C^k-Funktion $x : G \to \mathbb{K}$ im Punkt $a \in G$ differenzierbar unabhängig, wenn x in a regulär, d.h. $(dx)_a \neq 0$ ist. Ferner ist eine C^k-Abbildung $G \to \mathbb{K}^n$ genau dann ein lokaler C^k-Diffeomorphismus in a, d.h. die Funktionen $x_1, \ldots, x_n$ ein lokales Koordinatensystem in a, wenn $n := \mathrm{Dim}_{\mathbb{K}} V$ ist und die $x_1, \ldots, x_n$ differenzierbar unabhängig in a sind, d.h. die totalen Differenziale $(dx_1)_a, \ldots, (dx_n)_a$ eine Basis von V^* bilden. Da linear unabhängige Elemente von V^* stets Teil einer Basis sind, ergibt sich:

6.B.12 Satz *Ist die C^k-Abbildung $F : G \to \mathbb{K}^m$ im Punkt $a \in G$ submersiv, so gibt es ein lokales C^k-Koordinatensystem $x_1, \ldots, x_m, x_{m+1}, \ldots, x_n$ in a derart, dass $x_i(a) = 0$ ist und F in diesem Koordinatensystem die Projektion auf die ersten m Komponenten $F(x_1, \ldots, x_n) = (x_1, \ldots, x_m)$ ist. Insbesondere ist eine in einem Punkt $a \in G$ reguläre C^k-Funktion $G \to \mathbb{K}$ in einem geeigneten lokalen Koordinatensystem $x_1, \ldots, x_n$ in a die Projektion auf die erste Komponente: $(x_1, \ldots, x_n) \mapsto x_1$.*

6.B.13 Beispiel (M o r s e - L e m m a) Nach 6.B.12 sind lokal nur die singulären Punkte einer differenzierbaren Abbildung bzw. Funktion interessant. Wir können darauf in diesem Lehrbuch kaum eingehen. Erwähnt sei nur der einfachste Fall, nämlich der eines regulär singulären Punktes einer Funktion, in dem also das totale Differenzial zwar verschwindet, die Hesse-Form aber nicht ausgeartet ist. Zunächst sei $\mathbb{K} = \mathbb{R}$:

6.B.14 Morse-Lemma *Seien $f : G \to \mathbb{R}$ eine C^k-Funktion, $k \geq 3$, auf der offenen Menge G im n-dimensionalen reellen Vektorraum V und $a \in G$ ein regulär singulärer Punkt von f, in dem die Hesse-Form von f den Typ (p, q) hat, $p + q = n$. Dann gibt es ein lokales C^{k-2}-Koordinatensystem $x_1, \ldots, x_n$ in a mit $x_i(a) = 0$ und*

$$f = f(a) + x_1^2 + \cdots + x_p^2 - x_{p+1}^2 - \cdots - x_n^2 .$$

B e w e i s. Wir können annehmen, dass $V = \mathbb{R}^n$, $a = 0$ und $f(a) = 0$ ist. Dann hat f in einer Umgebung von 0 in den Standardkoordinaten $y_1, \ldots, y_n$ des $\mathbb{R}^n$ die Gestalt

$$f(y) = \sum_{i,j=1}^{n} f_{ij}(y)\, y_i y_j$$

mit C^{k-2}-Funktionen f_{ij}, die überdies der Symmetriebedingung $f_{ij} = f_{ji}$ genügen, vgl. 5.C, Aufg. 19. Dabei hat die quadratische Form $\sum_{i,j=1}^{n} f_{ij}(0)\, y_i y_j$ den Typ (p, q). Nach einer linearen Transformation können wir also überdies annehmen, dass

$$\sum_{i,j=1}^{n} f_{ij}(0)\, y_i y_j = y_1^2 + \cdots + y_p^2 - y_{p+1}^2 - \cdots - y_n^2$$

ist, vgl. Bd. 2, 12.C.3. Wir wählen die Umgebung U von $0 \in \mathbb{R}^n$ so klein, dass alle Hauptminoren der reell-symmetrischen Matrix $\left(f_{ij}(y)\right) \in \mathrm{M}_n(\mathbb{R})$ für jedes $y \in U$ von 0 verschieden sind. Das Schmidtsche Orthonormalisierungsverfahren, vgl. Bd. 2, 12.B.17, liefert dann für festes $y_0 \in U$ Linearformen $x_i(y_0) = \sum_{j=1}^{n} x_{ij}(y_0)\, y_j$ mit

$$\sum_{i,j=1}^{n} f_{ij}(y_0)\, y_i y_j = x_1^2(y_0) + \cdots + x_p^2(y_0) - x_{p+1}^2(y_0) - \cdots - x_n^2(y_0) .$$

Dabei sind die Koeffizienten $x_{ij} = x_{ij}(y_0)$ wie die f_{ij} C^{k-2}-Funktionen mit $\big(x_{ij}(0)\big) = \mathfrak{E}_n$. Damit bilden – wie gewünscht – die $x_1, \ldots, x_n$ ein lokales C^{k-2}-Koordinatensystem in 0 mit

$$f(y) = \sum_{i,j=1}^{n} f_{ij}(y)\, y_i y_j = x_1^2 + \cdots + x_p^2 - x_{p+1}^2 - \cdots - x_n^2\,. \qquad\qquad \bullet$$

Analog wie den reellen Fall behandelt man den komplexen, wobei zu beachten ist, dass jede nicht ausgeartete symmetrische Bilinearform auf $\mathbb{C}^n$ zur symmetrischen Standardform kongruent ist, vgl. Bd. 2, 11.B, Aufg. 2. Da komplex-differenzierbare Funktionen analytisch sind (vgl. 7.F.13), formulieren wir das Ergebnis gleich für solche Funktionen: *Ist $a \in G$ ein regulär singulärer Punkt der komplex-analytischen Funktion $f : G \to \mathbb{C}$ auf der offenen Menge G des n-dimensionalen $\mathbb{C}$-Vektorraums V, so gibt es ein lokales komplex-analytisches Koordinatensystem $x_1, \ldots, x_n$ in a mit $x_i(a) = 0$ und*

$$f = f(a) + x_1^2 + \cdots + x_n^2\,.$$

Differenzierbare Funktionen, deren singuläre Punkte alle regulär singulär sind, heißen M o r s e - F u n k t i o n e n .

6.B.15 Beispiel Wir bemerken abschließend, dass in der Dimension $n = 1$ *sämtliche* analytischen Funktionen zumindest lokal gut überschaut werden. Sei also $G \subseteq \mathbb{K}$ und $f : G \to \mathbb{K}$ analytisch. Für den Punkt $a \in G$ sei $f(a) = 0$, aber f in keiner Umgebung von a konstant. Dann ist, wenn wir noch $a = 0$ wählen,

$$f(t) = a_m t^m + a_{m+1} t^{m+1} + \cdots$$

mit $a_m \neq 0$. Sei nun zunächst $\mathbb{K} = \mathbb{C}$. Dann besitzt die Potenzreihe

$$a_m + a_{m+1} t + \cdots$$

eine m-te Wurzel g, vgl. Bd. 1, Beispiel 13.C.9. Es ist somit $f(t) = \big(g(t)t\big)^m$, und $x = g(t)t$ ist ein analytisches Koordinatensystem im Punkt $a = 0$, in dem f die einfache Gestalt $x \mapsto x^m$ hat. Ist m ungerade, so gilt das gleiche im Fall $\mathbb{K} = \mathbb{R}$. Bei geradem m gilt dies für $\mathbb{K} = \mathbb{R}$ nur, wenn $a_m > 0$ ist. Bei $a_m < 0$ erreicht man für f die Gestalt $-x^m$ in einer geeigneten analytischen Koordinate, vgl. loc. cit. Wir fassen zusammen:

6.B.16 Satz *Sei $G \subseteq \mathbb{K}$ offen und $f : G \to \mathbb{K}$ analytisch. Für den Punkt $a \in G$ sei $f(a) = f'(a) = \cdots = f^{(m-1)}(a) = 0$, aber $f^{(m)}(a) \neq 0$ für ein $m \in \mathbb{N}^*$. Dann gibt es eine lokale analytische Koordinate x in a derart, dass f in dieser Koordinate die Funktion x^m ist, falls $\mathbb{K} = \mathbb{C}$ oder m ungerade ist. Bei $\mathbb{K} = \mathbb{R}$ und geradem m ist $f = \big(\operatorname{Sign} f^{(m)}(a)\big) x^m$ in einer geeigneten lokalen analytischen Koordinate x in a.*

Offenbar gilt Satz 6.B.16 analog im Fall $\mathbb{K} = \mathbb{R}$ auch für C^∞-Funktionen f. Was lässt sich sagen, wenn der Differenzierbarkeitsgrad von f endlich ist?

Aufgaben

1. Man untersuche, in welchen Punkten a des Definitionsbereichs G die folgenden Abbildungen F (differenzierbar) umkehrbar sind, und gebe möglichst große offene Mengen an, auf denen F einen Diffeomorphismus definiert.

a) $F : \mathbb{R}^2 \to \mathbb{R}^2$ mit $F(x, y) := (x^2 - y^2, 2xy)$. (Komplex gesehen ist dies die Funktion $z \mapsto z^2$.)

b) $F : \mathbb{R}^2 \to \mathbb{R}^2$ mit $F(x, y) := (\sin x \cosh y, \cos x \sinh y)$. (Komplex gesehen ist dies die Funktion $z \mapsto \sin z$.)

c) $F : \mathbb{R}^2 \to \mathbb{R}^2$ mit $F(x, y) := (x + y, x^2 + y^2)$.

d) $F : \mathbb{R}^3 \to \mathbb{R}^3$ mit $F(r, \varphi, h) := (r \cos \varphi, r \sin \varphi, h)$. (Zylinderkoordinaten)

e) $F : (\mathbb{R}_+^\times)^2 \to \mathbb{R}^2$ mit $F(x, y) := (x^3/y, y^3/x)$.

f) $F : \mathbb{R}^2 \to \mathbb{R}^2$ mit $F(x, y) := (x^2 + y^2, e^{xy})$.

g) $F : \mathbb{R}^2 - \{(x, y) \mid xy = 1\} \to \mathbb{R}^2$ mit $F(x, y) = \left(\dfrac{x+y}{1-xy}, \arctan x + \arctan y \right)$.

2. Man zeige, dass die folgenden Abbildungen F im angegebenen Punkt a lokal umkehrbar sind, und gebe die Taylor-Entwicklung der Umkehrabbildung im Punkte $F(a)$ bis zur Ordnung 2 an.

a) $F : \mathbb{R}^3 \to \mathbb{R}^3$ mit $F(x, y, z) := \left(-(x+y+z), xy + xz + yz, -xyz \right)$ in $a = (0, 1, 2)$ bzw. $a = (-1, 2, 1)$. (Es handelt sich um das Problem, die drei Nullstellen derjenigen normierten Polynome 3. Grades zu approximieren, deren Koeffizienten nahe bei denen von $X(X-1)(X-2)$ bzw. $(X+1)(X-2)(X-1)$ liegen. – Generell ist die Abbildung $\Phi_n : \mathbb{K}^n \to \mathbb{K}^n$, die einem Punkt $(x_1, \ldots, x_n) \in \mathbb{K}^n$ das Koeffiziententupel $(-s_1, s_2, \ldots, (-1)^n s_n)$ des normierten Polynoms $(X - x_1) \cdots (X - x_n) = X^n - s_1 X^{n-1} + \cdots + (-1)^n s_n$ mit den Nullstellen $x_1, \ldots, x_n$ zuordnet, genau in denjenigen Punkten $a = (a_1, \ldots, a_n) \in \mathbb{K}^n$ lokal umkehrbar, deren Komponenten paarweise verschieden sind. Bis auf das Vorzeichen ist die Funktionaldeterminante

$$(-1)^{\binom{n+1}{2}} \prod_{1 \le i < j \le n} (x_i - x_j) = (-1)^n \, \mathrm{V}(x_1, \ldots, x_n)$$

von Φ_n nämlich eine Vandermondesche Determinante, vgl. Bd. 2, 9.D, Aufg. 19. Das Bestimmen der Nullstellen von Polynomen n-ten Grades verlangt, die Abbildung Φ_n umzukehren. Vgl. auch Beispiel 6.A.7 (1).)

b) $F : \mathbb{R}^3 \to \mathbb{R}^3$ mit $F(x, y, z) := (x^2 + y^3 z, e^{xy}, \sin x + \sin y)$ in $a = (0, \pi/2, 0)$.

c) $F : \mathbb{R}^2 \to \mathbb{R}^2$ mit $F(x, y) = (e^{x+y}, xe^y)$ in $a = (0, 0)$.

3. Seien $G \subseteq V$ eine offene Menge und $F : G \to V$ eine stetig differenzierbare Abbildung mit $a \in G$ als Fixpunkt. Ist 1 kein Eigenwert des totalen Differenzials $(DF)_a : V \to V$ im Punkt a, so ist a ein isolierter Fixpunkt von F (d.h. es gibt eine Umgebung von a, in der kein weiterer Fixpunkt von F liegt). (Vgl. auch 9.A, Aufg. 9.)

4. Man gebe jeweils einen (reellen) C^ω-Diffeomorphismus $F : G \to G'$ für folgende offene Mengen $G \subseteq V$, $G' \subseteq W$ an.

a) $G := \mathbb{R}^n$, $G' := \mathrm{B}(x_0 \,; r)$, $r > 0$. Dabei sei $\mathrm{Dim}_\mathbb{R} W = n$ und W trage ein Skalarprodukt.

b) $G := \mathbb{R}^n$, $G' := \,]a_1, b_1[\times \cdots \times \,]a_n, b_n[\,\subseteq \mathbb{R}^n$, $-\infty \le a_i < b_i \le \infty$, $i = 1, \ldots, n$.

c) $G := \left\{ (x_1, \ldots, x_n) \in \mathbb{R}^n \mid x_1^2 + \cdots + x_n^2 < 1 \right\}$, $G' := \,]-1, 1[^n \,\subseteq \mathbb{R}^n$.

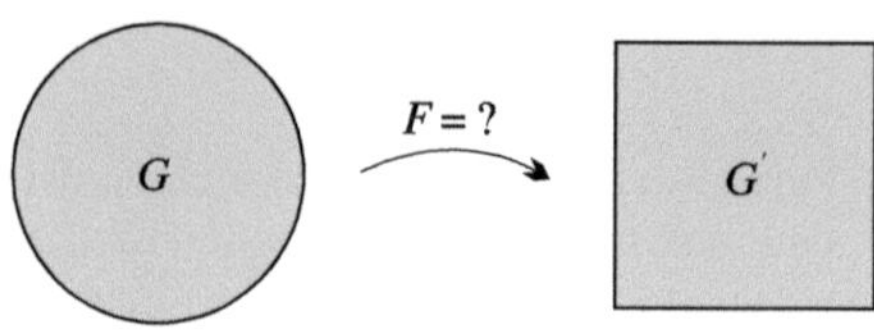

d) $G := \mathbb{R}^n - \{0\}$, $G' := \mathrm{B}(x_0\,;r) - \overline{\mathrm{B}}(y_0\,;s)$, $0 \le s \le s + \|y_0 - x_0\| < r$. Dabei sei $\mathrm{Dim}_{\mathbb{R}} W = n$, und W trage ein Skalarprodukt.

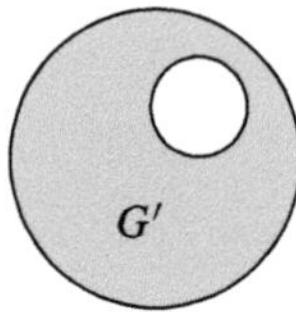

e) $G := \mathbb{R}^2$, $G' := \left\{(x, y) \in \mathbb{R}^2 \mid |xy| < 1\right\}$.

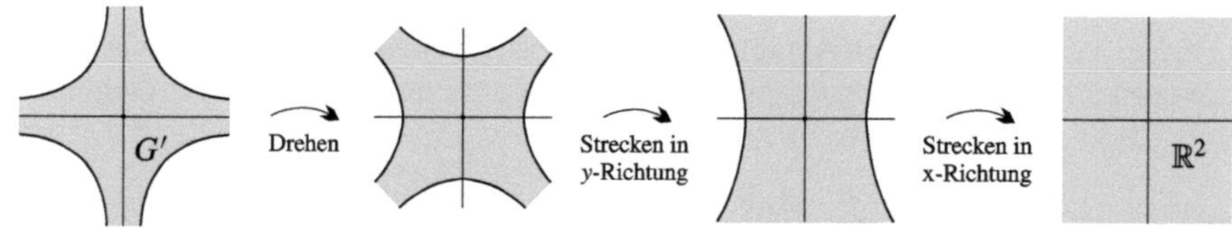

f) $G := \mathbb{R}^n$, G' ist das Innere eines nicht ausgearteten n-Simplexes in W, wobei $n := \mathrm{Dim}_{\mathbb{R}} W$ ist. (Induktion über n.)

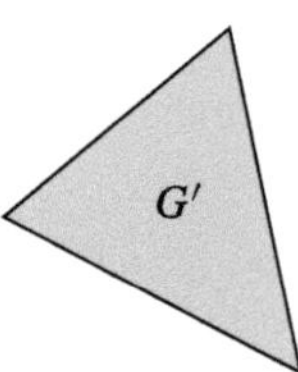

5. (Z y k l o i d e n k o o r d i n a t e n) Die Abbildung $(a, \sigma) \mapsto a(\sigma - \sin \sigma\,,\, 1 - \cos \sigma)$ ist ein C^ω-Diffeomorphismus von $\mathbb{R}_+^\times \times \,]0, 2\pi\,[$ auf $\mathbb{R}_+^\times \times \mathbb{R}_+^\times$. (Die Koordinatenlinien $a = a_0 = \mathrm{const.}$ sind Zykloiden.)

6. (T o r u s k o o r d i n a t e n) Sei $R > 0$. Die Abbildung

$$T : (r, \varphi, \psi) \mapsto \big((R - r \cos \psi) \cos \varphi\,,\, (R - r \cos \psi) \sin \varphi\,,\, r \sin \psi\big)$$

ist ein C^ω-Diffeomorphismus von $\,]0, R\,[\, \times \,]0, 2\pi\,[^2$ auf einen geschlitzten offenen Volltorus.

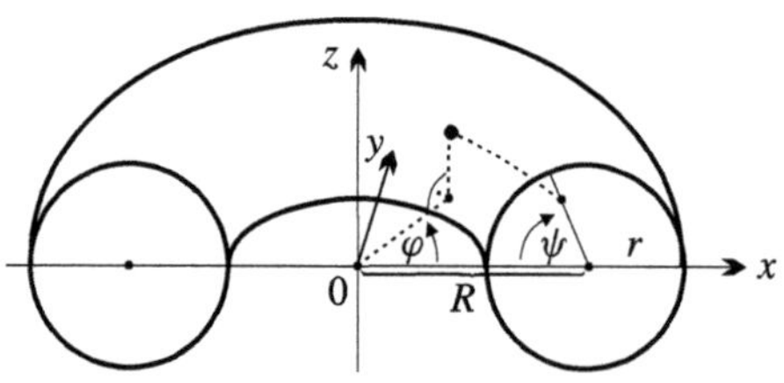

Das Koordinatensystem (r, φ, ψ) ist orthogonal. Man bestimme die Funktionaldeterminante von T und gebe den Laplace-Operator Δ in den Koordinaten r, φ, ψ an. (Vgl. Beispiel 6.B.7.)

7. (K e g e l k o o r d i n a t e n) Sei V ein euklidischer Vektorraum. Die Abbildung $(v, \alpha) \mapsto (v, \|v\| \tan \alpha)$ ist ein C^ω-Diffeomorphismus von $(V - \{0\}) \times \,]-\pi/2, \pi/2[$ auf $(V - \{0\}) \times \mathbb{R}$. Man bestimme die Funktionaldeterminante.

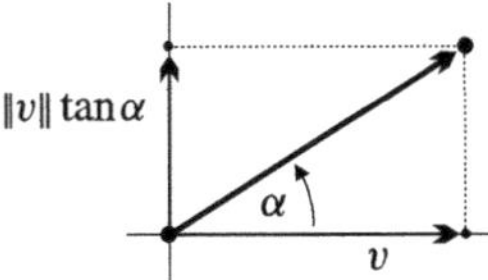

(Die Koordinatenhyperflächen $\alpha = \alpha_0 = $ const. sind Kegel (ohne Spitze).)

8. (P o t e n z k o o r d i n a t e n) Sei I eine endliche Indexmenge. Für eine Matrix $\alpha = (\alpha_{ij})$ aus $M_I(\mathbb{R})$ bezeichne F_α die C^ω-Abbildung $(\mathbb{R}_+^\times)^I \to (\mathbb{R}_+^\times)^I$ mit

$$F_\alpha\big((t_j)_{j \in I}\big) = \Big(\prod_{j \in I} t_j^{\alpha_{ij}} \Big)_{i \in I} .$$

a) Die Funktionaldeterminante von F_α ist $\mathrm{J}(F_\alpha \, ; t) = (\mathrm{Det}\, \alpha) \prod_{j \in I} t_j^{-1 + \sum_{i \in I} \alpha_{ij}}$.

Genau dann ist F_α ein Diffeomorphismus, wenn α invertierbar ist.

b) Die Abbildung $\alpha \mapsto F_\alpha$ ist ein (injektiver) Homomorphismus der Gruppe $\mathrm{GL}_I(\mathbb{R})$ in die Gruppe der C^ω-Diffeomorphismen von $(\mathbb{R}_+^\times)^I$ auf sich.

(Am übersichtlichsten wird die Abbildung F_α, wenn man sie in den Koordinaten $x_i := \ln t_i$, $i \in I$, auf $(\mathbb{R}_+^\times)^I$ betrachtet.)

9. Seien V und W euklidische Vektorräume und x_i, $i \in I$, bzw. y_j, $j \in J$, orthogonale Koordinatensysteme auf den offenen Mengen $G \subseteq V$ bzw. $H \subseteq W$. Dann bilden die Funktionen x_i, $i \in I$, y_j, $j \in J$, zusammen ein orthogonales Koordinatensystem auf $G \times H \subseteq V \times W = V \oplus W$.

6.C Submersionen · Immersionen · Untermannigfaltigkeiten

In diesem Abschnitt bezeichnen V und W stets endlichdimensionale $\mathbb{K}$-Vektorräume sowie G eine offene Menge in V.

Satz 6.B.12 besagt unter anderem, dass sich submersive differenzierbare Abbildungen in geeigneten lokalen Koordinatensystemen sehr einfach darstellen lassen. Wir wiederholen dieses Ergebnis in einer etwas anderen Formulierung:

6.C.1 Lokale Darstellung von Submersionen *Sei* $\mathrm{Dim}_{\mathbb{K}} V = n$ *und* $\mathrm{Dim}_{\mathbb{K}} W = m$. *Die* C^k-*Abbildung* $F : G \to W$, $k \in \mathbb{N}^* \cup \{\infty, \omega\}$, *sei im Punkt* $a \in G$ *submersiv (d.h.* $(DF)_a : V \to W$ *sei surjektiv). Dann gibt es offene Umgebungen* U *und* $\widetilde{U}$ *von* a *bzw.* $\widetilde{a} := F(a)$ *mit* $F(U) \subseteq \widetilde{U}$ *und* C^k-*Diffeomorphismen* $\varphi : U \to U'$, $\widetilde{\varphi} : \widetilde{U} \to \widetilde{U}'$ *auf offene Umgebungen* U' *von* 0 *in* $\mathbb{K}^n$ *und* $\widetilde{U}'$ *von* 0 *in* $\mathbb{K}^m$ *derart, dass gilt:*

(1) $\varphi(a) = 0$, $\widetilde{\varphi}(\widetilde{a}) = 0$.

(2) *Die Komposition* $F' := \widetilde{\varphi} F \varphi^{-1} : U' \to \widetilde{U}'$ *ist die lineare Projektion*

$$(x_1, \ldots, x_n) \mapsto (x_1, \ldots, x_m) \, .$$

Mit anderen Worten: In den durch φ und $\widetilde{\varphi}$ gegebenen lokalen Koordinatensystemen $x_1, \ldots, x_n$ bzw. $y_1, \ldots, y_m$ ist F einfach die Abbildung $y_i = x_i$, $i = 1, \ldots, m$.

Ähnlich einfache Darstellungen besitzen die so genannten Immersionen.

6.C.2 Definition Sei $k \in \mathbb{N}^* \cup \{\infty, \omega\}$. Eine C^k-Abbildung $F : G \to W$ heißt in $a \in G$ **i m m e r s i v** oder eine **I m m e r s i o n**, wenn das totale Differenzial $(DF)_a$ injektiv ist. F heißt eine $(C^k$-$)$**I m m e r s i o n**, wenn F in jedem Punkt $a \in G$ immersiv ist.

Immersiv zu sein ist eine offene Eigenschaft: *Ist $F : G \to W$ im Punkt $a \in G$ immersiv, so ist F in einer ganzen Umgebung von a immersiv.* Ist nämlich $(DF)_a$ injektiv, so auch $(DF)_x$ für alle x aus einer geeigneten Umgebung von a, da $x \mapsto (DF)_x$ eine stetige Abbildung $G \to \mathrm{Hom}_{\mathbb{K}}(V, W)$ ist.

Submersive oder immersive C^k-Abbildungen lassen sich gemeinsam dadurch charakterisieren, dass ihr Differenzial den maximal möglichen Rang hat. Im submersiven Fall ist dies die Dimension des Bildbereichs und im immersiven Fall die Dimension des Urbildbereichs. Als gemeinsame Bezeichnung dafür wollen wir den Begriff „r e g u l ä r“ verwenden.[1] Ist $G \subseteq V$ offen und Dim $V \geq 1$, so stimmen für Kurven $\gamma : I \to G$ und Funktionen $f : G \to \mathbb{K}$ die bislang benutzten Begriffe der Regularität mit den hier eingeführten überein.

Immersionen sind von den Einbettungen, wie sie im Folgenden definiert werden, wohl zu unterscheiden:

6.C.3 Definition Sei $k \in \mathbb{N}^* \cup \{\infty, \omega\}$. Eine C^k-Abbildung $F : G \to G'$, wo G' offen in W ist, heißt eine $(C^k$-$)$**E i n b e t t u n g**, wenn sie eine C^k-Immersion ist und einen Homöomorphismus von G auf das Bild $F(G)$ induziert. Ist dabei $F(G)$ abgeschlossen in G', so spricht man von einer **a b g e s c h l o s s e n e n   E i n b e t t u n g** von G in G'.

Die Kurve $\gamma : \mathbb{R} \to \mathbb{R}^2$ mit $\gamma(t) = \big(t^2 - 1, t(1 - t^2)\big)$ ist eine Immersion, aber keine Einbettung. Aber auch eine injektive Immersion ist in der Regel noch keine Einbettung: Die Beschränkung $\gamma \big| \,]-\infty, 1[$ der obigen Kurve γ zum Beispiel ist zwar eine injektive Immersion, aber keine Einbettung.

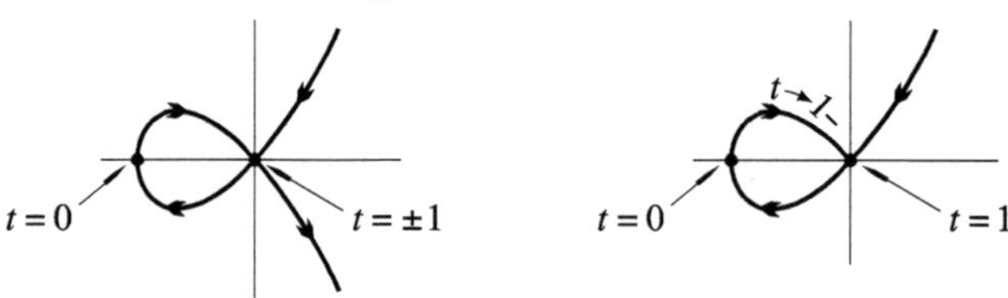

---

[1] Einige Autoren gehen noch einen Schritt weiter und nennen allgemeiner die in Definition 6.C.9 eingeführten Subimmersionen regulär.

Typische Beispiele von Einbettungen sind die Graphen: *Ist $F : G \to W$ eine C^k-Abbildung, so ist ihr Graph $\Gamma(F) : G \to G \times W \subseteq V \times W$ mit $x \mapsto \big(x, F(x)\big)$ eine C^k-Einbettung.* Immersionen werden lokal durch folgenden Satz beschrieben:

6.C.4 Lokale Darstellung von Immersionen *Sei $\text{Dim}_{\mathbb{K}} V = n$ und $\text{Dim}_{\mathbb{K}} W = m$. Die C^k-Abbildung $F : G \to W$, $k \in \mathbb{N}^* \cup \{\infty, \omega\}$, sei im Punkt $a \in G$ immersiv (d.h. $(DF)_a : V \to W$ sei injektiv). Dann gibt es offene Umgebungen U und $\widetilde{U}$ von a bzw. $\widetilde{a} := F(a)$ mit $F(U) \subseteq \widetilde{U}$ und C^k-Diffeomorphismen $\varphi : U \to U'$, $\widetilde{\varphi} : \widetilde{U} \to \widetilde{U}'$ auf offene Umgebungen U' von 0 in $\mathbb{K}^n$ und $\widetilde{U}'$ von 0 in $\mathbb{K}^m$ derart, dass gilt:*

(1) $\varphi(a) = 0$, $\widetilde{\varphi}(\widetilde{a}) = 0$.

(2) Die Komposition $F' := \widetilde{\varphi} F \varphi^{-1} : U' \to \widetilde{U}'$ ist die lineare Einbettung

$$(x_1, \ldots, x_n) \mapsto (x_1, \ldots, x_n, 0 \ldots, 0) \in \mathbb{K}^m.$$

Mit anderen Worten: In den durch φ und $\widetilde{\varphi}$ gegebenen lokalen Koordinatensystemen $x_1, \ldots, x_n$ bzw. $y_1, \ldots, y_m$ ist F einfach die Abbildung $y_i = x_i$, $i = 1, \ldots, n$; $y_j = 0$, $j = n+1, \ldots, m$. – Insbesondere ist F lokal eine Einbettung, und die Umkehrung der bijektiven Abbildung $F|U : U \to F(U)$ ist die Beschränkung einer C^k-Submersion $\widetilde{U} \to U$, $u, \widetilde{U}$ wie oben.

B e w e i s . Wir können $a = 0$ und $\widetilde{a} = F(a) = 0$ annehmen. $f : \mathbb{K}^n \to V$ sei ein linearer Isomorphismus, und $g : \mathbb{K}^{m-n} \to W$ sei eine injektive lineare Abbildung derart, dass die lineare Abbildung $\mathbb{K}^m = \mathbb{K}^n \oplus \mathbb{K}^{m-n} \to W$ mit $(x, z) \mapsto (DF)_0 \circ f(x) + g(z)$ ein Isomorphismus ist.

Nach 6.B.1 definiert dann $(x, z) \mapsto F\big(f(x)\big) + g(z)$ einen C^k-Diffeomorphismus $\widetilde{\psi} : \widetilde{U}' := U' \times U'' \xrightarrow{\sim} \widetilde{U}$, wo U', U'' und $\widetilde{U}$ offene Umgebungen von $0 \in \mathbb{K}^n$, $0 \in \mathbb{K}^{m-n}$ bzw. $0 \in W$ sind. Für $x \in U'$ gilt $F\big(f(x)\big) = \widetilde{\psi}(x, 0)$, also $\widetilde{\psi}^{-1} \circ F \circ f(x) = (x, 0)$. Setzen wir noch $U := f(U')$, $\varphi := f^{-1} : U \xrightarrow{\sim} U'$ und $\widetilde{\varphi} := \widetilde{\psi}^{-1} : \widetilde{U} \xrightarrow{\sim} \widetilde{U}'$, so erhalten wir die Behauptung. $\bullet$

Nach dem Satz über implizite Funktionen 6.A.2 ist die Faser einer C^k-Submersion lokal der Graph einer C^k-Abbildung und damit das Bild einer C^k-Einbettung. Umgekehrt ist das Bild einer C^k-Einbettung nach 6.C.4 lokal Faser einer Submersion. Teilmengen von $\mathbb{K}$-Vektorräumen dieser Art lassen sich also (zumindest lokal) noch sehr gut überblicken. Es handelt sich um die C^k-Untermannigfaltigkeiten im Sinne der folgenden Definition:

6.C.5 Definition Eine Teilmenge M eines $\mathbb{K}$-Vektorraums V heißt eine C^k-U n t e r - m a n n i g f a l t i g k e i t (von V), wenn folgende äquivalenten Bedingungen erfüllt sind:

(1) Zu jedem Punkt $a \in M$ existiert eine offene Umgebung U von a in V und eine C^k-Submersion $F : U \to \mathbb{K}^m$ mit $U \cap M = F^{-1}\big(F(a)\big)$.

(2) Zu jedem $a \in M$ existiert eine offene Umgebung U von a in V und eine C^k-Einbettung $H : U' \to V$ mit $U \cap M = H(U')$, wo U' eine offene Menge in einem Zahlenraum $\mathbb{K}^d$ ist.

Man beachte, dass Untermannigfaltigkeiten von V nach 6.C.5 (1) lokal abgeschlossen in V sind. Natürlich sind die Umgebungen U in (1) bzw. (2) zu gegebenem $a \in M$ in der Regel verschieden. Durch eventuelles Verkleinern dieser beiden Umgebungen kann man allerdings erreichen, dass sie gleich werden. Die beiden Zahlen m und d addieren sich zur Dimension n von V. *Sie sind durch M und a eindeutig bestimmt.* Es genügt, dies für die Zahl d zu zeigen. Sind aber $H : U' \to V$ und $\widetilde{H} : \widetilde{U}' \to V$ Einbettungen wie in Bedingung (2) von Definition 6.C.5 mit demselben Bild $U \cap M$, wobei U' und $\widetilde{U}'$ offene Mengen in $\mathbb{K}^d$ bzw. $\mathbb{K}^{\widetilde{d}}$ sind, so ergibt sich mit 6.C.4, dass $\widetilde{H}^{-1}|(U \cap M) \circ H$ und $H^{-1}|(U \cap M) \circ \widetilde{H}$ zueinander inverse C^k-Diffeomorphismen zwischen U' und $\widetilde{U}'$ sind. Daraus folgt $d = \widetilde{d}$. Die Zahlen m und d heißen die K o d i m e n s i o n bzw. die D i m e n s i o n von M im Punkt a. Beide Zahlen sind definitionsgemäß lokal konstant auf M und insbesondere konstant, wenn M zusammenhängend ist. Im Fall der Kodimension 1, also $m = 1$, $d = n-1$, spricht man von H y p e r f l ä c h e n. Sind $F_1, \ldots, F_m$ die Komponentenfunktionen der Abbildung F in Bedingung (1) von 6.C.5 und ist $F(a) = 0$, so ist $U \cap M$ die gemeinsame Nullstellenmenge der C^k-Funktionen $F_1, \ldots, F_m$. Ist dabei $V = \mathbb{K}^n$ selbst ein Zahlenraum, so wird die Bedingung, dass F submersiv ist, dadurch beschrieben, dass die Jacobi-Matrix $\partial(F_1, \ldots, F_m)/\partial(x_1, \ldots, x_n)$ den Maximalrang m hat. Man nennt dies das J a c o b i - K r i t e r i u m für Untermannigfaltigkeiten. Da bei $\mathbb{K} = \mathbb{C}$ differenzierbare Abbildungen immer analytisch sind, spricht man in diesem Fall einfach von k o m p l e x - a n a l y t i s c h e n oder noch kürzer von k o m p l e x e n U n t e r m a n n i g f a l t i g k e i t e n.

Bedingung (2) in Definition 6.C.5 liefert l o k a l e K o o r d i n a t e n (s y s t e m e) für die Untermannigfaltigkeit M. Wir werden die Untermannigfaltigkeiten im Band 4 in einem allgemeineren Kontext ausführlich behandeln. Der interessierte Leser kann bereits jetzt §1 und die Abschnitte A und B von §2 in Band 4 lesen.

Hier gehen wir nur auf eine häufig benutzte Anwendung des Begriffs der Untermannigfaltigkeit ein. Zunächst definieren wir den Tangentialraum in einem Punkt a einer Untermannigfaltigkeit M von V. Ist $U \cap M$ wie in Bedingung (1) von 6.C.5 als Faser der Submersion $F = (F_1, \ldots, F_m) : U \to \mathbb{K}^m$ dargestellt, so heißt der Unterraum

$$\mathrm{T}_a M := \mathrm{Kern}\,(\mathrm{D}F)_a = \bigcap_{i=1}^{m} \mathrm{Kern}\,(dF_i)_a$$

von V der T a n g e n t i a l r a u m von M in a. Seine Elemente heißen T a n g e n t i a l - oder T a n g e n t e n v e k t o r e n an M in a. Häufig nennt man auch den durch a gehenden, dazu parallelen affinen Unterraum $a + \mathrm{T}_a M \subseteq V$ den Tangentialraum von M in a, vgl. dazu auch die Konstruktion des Tangentialbündels von M weiter unten. *Die Dimension von $\mathrm{T}_a M$ ist gleich der Dimension d von M in a,* denn die $m = \dim_{\mathbb{K}} V - d$ Linearformen $(dF_1)_a, \ldots, (dF_m)_a$ sind linear unabhängig über $\mathbb{K}$. *Der Tangentialraum ist unabhängig von der Wahl der darstellenden Funktionen $F_1, \ldots, F_m$ von M in a.* Dies ergibt sich unter anderem aus der folgenden Beschreibung des Tangentialraums.

6.C.6 Lemma *Sei $M \subseteq V$ eine Untermannigfaltigkeit von V, $a \in M$ ein Punkt und $U \cap M$ wie in Bedingung (2) von 6.C.5 das Bild der Immersion $H : U' \to V$. Ferner sei $a' := H^{-1}(a) \in U'$. Dann ist $\mathrm{T}_a M = \mathrm{Bild}\,(\mathrm{D}H)_{a'}$.*

B e w e i s . Sei d die Dimension von M in a. Wir können annehmen, dass auch die M in einer Umgebung von a beschreibende Submersion F auf U definiert ist. Dann ist die Komposition $F \circ H$ konstant und insbesondere das totale Differenzial $D(F \circ H)_{a'} = (DF)_a \circ (DH)_{a'}$ gleich 0, d.h. es ist Bild $(DH)_{a'} \subseteq$ Kern $(DF)_a = T_a M$. Da beide Vektorräume die Dimension d haben, stimmen sie überein. $\quad\bullet$

Ist V ein (reeller) euklidischer Vektorraum und wieder $M = \{F_1 = \cdots = F_m = 0\}$ in einer Umgebung von $a \in M$, so ist $T_a M$ das orthogonale Komplement zum Unterraum $\sum_{i=1}^m \mathbb{R} \operatorname{grad} F_i(a)$ von V, der auch der N o r m a l e n r a u m zu M in a heißt. *Insbesondere ist für eine Hyperfläche $M = \{F = 0\}$ der Tangentialraum $T_a M$ das orthogonale Komplement des Gradienten* $\operatorname{grad} F(a)$.

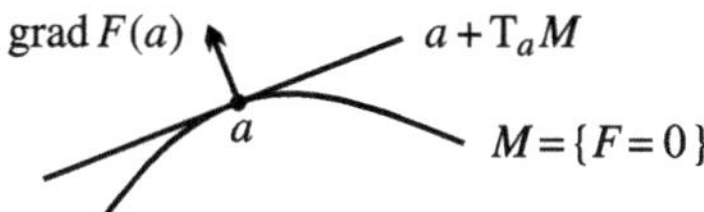

Wir kommen nun zu der angekündigten Anwendung:

6.C.7 Lokale Extrema unter Nebenbedingungen *Sei G eine offene Menge im endlichdimensionalen reellen Vektorraum V und $F = (F_1, \ldots, F_m) : G \to \mathbb{R}^m$ eine C^1-Abbildung sowie $b \in \mathbb{R}^m$ ein regulärer Wert von F (d.h. F sei in jedem Punkt der Faser $M := F^{-1}(b)$ submersiv und damit M eine Untermannigfaltigkeit von V). Ferner sei $f : G \to \mathbb{R}$ eine C^1-Funktion. Hat die Beschränkung $f|M$ von f auf M in a ein lokales Extremum, so verschwindet das totale Differenzial $(df)_a : V \to \mathbb{R}^m$ auf dem Tangentialraum $T_a M \subseteq V$ und es gibt (eindeutig bestimmte) Zahlen $\lambda_1, \ldots, \lambda_m \in \mathbb{R}$ mit*

$$(df)_a = \lambda_1 (dF_1)_a + \cdots + \lambda_m (dF_m)_a \,.$$

B e w e i s . Sei $U \subseteq G$ eine offene Umgebung von a derart, dass $U \cap M$ wie in Bedingung (2) von 6.C.5 das Bild einer C^1-Immersion $H : U' \to V$ ist. Dann hat die C^1-Funktion $f \circ H$ in $a' := H^{-1}(a)$ nach Voraussetzung ein lokales Extremum. Nach Lemma 5.C.2 verschwindet ihr totales Differenzial $d(f \circ H)_{a'} = (df)_a \circ (DH)_{a'}$. Mit Lemma 6.C.6 folgt: $(df)_a$ verschwindet auf Bild $(DH)_{a'} = T_a M = \bigcap_{i=1}^m$ Kern $(dF_i)_a$. Dies ist aber äquivalent dazu, dass $(df)_a$ eine Linearkombination der $(dF_i)_a$, $i = 1, \ldots, m$, ist, vgl. Bd. 2, 5.G.10. Die Eindeutigkeit der λ_i folgt aus der linearen Unabhängigkeit der $(dF_i)_a$, $i = 1, \ldots, m$. $\quad\bullet$

In der Situation von Satz 6.C.7 sagt man, die M definierenden Gleichungen $F = b$, d.h. $F_1 = b_1, \ldots, F_m = b_m$, seien die N e b e n b e d i n g u n g e n, unter denen ein lokales Extremum von f zu bestimmen ist. Die Koeffizienten $\lambda_1, \ldots, \lambda_m$ heißen die L a g r a n g e s c h e n   M u l t i p l i k a t o r e n. Wie schon bei lokalen Extrema schlechthin gibt auch das Kriterium 6.C.7 im Allgemeinen nur eine *notwendige* Bedingung für lokale Extrema unter Nebenbedingungen. Es besagt ja nur, dass $(df)_a$ auf $T_a M$ verschwindet, d.h. dass $f|M$ in a s t a t i o n ä r ist.

Man wendet 6.C.7 zur Bestimmung der lokalen Extrema von f unter den Nebenbedingungen $F_1 = b_1, \ldots, F_m = b_m$ häufig so an, dass man die Funktion

$$\Phi(x; \lambda) = f(x) - \lambda_1(F_1(x) - b_1) - \cdots - \lambda_m(F_m(x) - b_m)$$

auf $G \times \mathbb{R}^m$ betrachtet. Wegen $(D_V \Phi)_{(a;\lambda)} = (df)_a - \lambda_1(dF_1)_a - \cdots - \lambda_m(dF_m)_a$ und $\partial \Phi / \partial \lambda_i = -(F_i - b_i)$ ist Φ in einem Punkt $(a; \lambda) \in G \times \mathbb{R}^m$ genau dann stationär, d.h. $(D\Phi)_{(a;\lambda)} = 0$, wenn der Punkt a in M liegt, d.h. die Nebenbedingungen erfüllt, und die Gleichung $(df)_a = \lambda_1(dF_1)_a + \cdots + \lambda_m(dF_m)_a$ aus Satz 6.C.7 gilt.

6.C.8 Beispiel Gesucht ist ein oben offener, quaderförmiger Behälter mit gegebenem Volumen $V_0 > 0$ und minimaler Oberfläche S. Sind x, y, z Länge, Breite und Höhe, so ist $V = xyz$ und $S = xy + 2xz + 2yz$. Wir haben also auf $G := (\mathbb{R}_+^\times)^3$ die Funktion S unter der Nebenbedingung $V = V_0$ zu minimieren. Man beachte, dass die Funktion V auf G regulär, d.h. submersiv ist. Wir betrachten – wie oben beschrieben – auf $G \times \mathbb{R}$ die Funktion

$$\Phi(x, y, z; \lambda) = xy + 2xz + 2yz - \lambda(xyz - V_0)$$

mit dem Gradienten $\operatorname{grad} \Phi(x, y, z; \lambda) = (y + 2z - \lambda yz, \, x + 2z - \lambda xz, \, 2x + 2y - \lambda xy; \, V_0 - xyz)$. Er verschwindet nur für $x_0 = y_0 = \sqrt[3]{2V_0}$, $z_0 = \sqrt[3]{V_0/4}$, $\lambda_0 = 4/\sqrt[3]{2V_0}$. Die Diskussion, dass es sich hierbei wirklich um ein globales Minimum handelt, überlassen wir dem Leser. Die minimale Oberfläche ist $S_0 = 9\sqrt[3]{4V_0^2}$.

Diese Werte S_0, $V_0 = S_0^{3/2}/54$, $x_0 = y_0 = S_0^{1/2}/3$, $z_0 = S_0^{1/2}/6$ liefern auch bei *vorgegebenem* S_0 die Werte für den Behälter mit maximalem Volumen. Da die Funktion S wie die Funktion V ebenfalls auf G regulär ist, hat man nämlich bei der Bestimmung der lokalen Extrema von V unter der Nebenbedingung $S = S_0$ wie bei dem Ausgangsproblem die Punkte $a = (x_0, y_0, z_0) \in G$ zu suchen, für die die totalen Differenziale $(dV)_a$ und $(dS)_a$ linear abhängig sind. Wir empfehlen dem Leser, diesen Fall, bei dem die Rollen von S und V vertauscht sind, noch einmal explizit gemäß Satz 6.C.7 durchzurechnen.

Sei M eine C^k-Untermannigfaltigkeit des $\mathbb{K}$-Vektorraums V. Das Kreuzprodukt $V \times V$ heißt auch das T a n g e n t i a l b ü n d e l TV von V. Für ein Paar $(a; y) \in V \times V$ betrachte man a als *Punkt* im (affin) geometrisch interpretierten Raum V und y als *Vektor* im Vektorraum V, der im Punkte a „angeheftet" ist und dort eine Richtung anzeigt. $\{a\} \times V$ ist also der Tangentialraum $T_a V$ von V im Punkt a, wenn man V als Untermannigfaltigkeit von sich selbst betrachtet. Die Projektion $TV = V \times V \to V$ auf die erste Komponente heißt die Bündelprojektion, ihre Fasern sind die Tangentialräume in den einzelnen Punkten von V. Für die Untermannigfaltigkeit M definiert man entsprechend das T a n g e n t i a l b ü n d e l TM von M als die Menge der Paare $(a; y), a \in M, y \in T_a V$, die eine Teilmenge der Untermannigfaltigkeit $M \times V$ von $TV = V \times V$ ist. Die Fasern der B ü n d e l p r o j e k t i o n $TM \to M$, $(a; y) \mapsto a$, sind nun die Tangentialräume an die Punkte. *TM ist sogar eine Untermannigfaltigkeit von* TV. Zum B e w e i s können wir annehmen, dass $V = \mathbb{K}^n$ ist und $M \cap U$ die gemeinsame Nullstellenmenge der C^k-Funktionen $F_1, \ldots, F_m : U \to \mathbb{K}$, die eine Submersion $(F_1, \ldots, F_m) : U \to \mathbb{K}^n$ auf der offenen Menge $U \subseteq \mathbb{K}^n$ ergeben. Definitionsgemäß ist dann

$$TM \cap (U \times \mathbb{K}^n) = \left\{ (a; y) \in U \times \mathbb{K}^n \mid F_i(a) = 0, \, \sum_{j=1}^{n} \frac{\partial F_i}{\partial x_j}(a) \, y_j = 0, \, i = 1 \ldots, m \right\}.$$

Dies ist stets eine C^0-Untermannigfaltigkeit von $U \times \mathbb{K}^n$ und bei $k \geq 2$ sogar eine differenzierbare C^{k-1}-Untermannigfaltigkeit der Dimension $2(n - m) = 2\dim_a M$, da die Funktionalmatrix

$$
\begin{pmatrix}
\frac{\partial F_1}{\partial x_1} & \cdots & \frac{\partial F_1}{\partial x_n} & 0 & \cdots & 0 \\
\vdots & \ddots & \vdots & \vdots & \ddots & \vdots \\
\frac{\partial F_m}{\partial x_1} & \cdots & \frac{\partial F_m}{\partial x_n} & 0 & \cdots & 0 \\
\sum\limits_{j=1}^{n} \frac{\partial^2 F_1}{\partial x_1 \partial x_j} y_j & \cdots & \sum\limits_{j=1}^{n} \frac{\partial^2 F_1}{\partial x_n \partial x_j} y_j & \frac{\partial F_1}{\partial x_1} & \cdots & \frac{\partial F_1}{\partial x_n} \\
\vdots & \ddots & \vdots & \vdots & \ddots & \vdots \\
\sum\limits_{j=1}^{n} \frac{\partial^2 F_m}{\partial x_1 \partial x_j} y_j & \cdots & \sum\limits_{j=1}^{n} \frac{\partial^2 F_m}{\partial x_n \partial x_j} y_j & \frac{\partial F_m}{\partial x_1} & \cdots & \frac{\partial F_m}{\partial x_n}
\end{pmatrix}
$$

der $TM \cap (U \times \mathbb{K}^n)$ beschreibenden C^{k-1}-Funktionen auf ganz $U \times \mathbb{K}^n$ den (maximal möglichen) Rang $2m$ hat. Im Tangentialbündel TM werden also die einzelnen Tangentialräume $T_a M$, $a \in M$, die die Fasern der Bündelprojektion $TM \to M$ sind, zu einer C^{k-1}-Mannigfaltigkeit mit $\dim_{(a;y)} TM = 2\dim_a M$ für alle $a \in M$, $y \in T_a M$ zusammengefasst. Anders als im trivialen Fall $M = V$ braucht aber TM *nicht* die Struktur eines Produkts $M \times W$ mit einem festen Vektorraum W zu haben. Dies gilt bis auf wenige Ausnahmen schon für die Tangentialbündel

$$
TS^n = \{(a; y) \in S^n \times \mathbb{R}^{n+1} \mid a \perp y\} \subseteq \mathbb{R}^{n+1} \times \mathbb{R}^{n+1}
$$

der euklidischen Sphären $S^n \subseteq \mathbb{R}^{n+1}$, $n \in \mathbb{N}$. Auf solche Fragen gehen wir ausführlich in Band 4 ein. Für $n = 2$ vgl. man bereits Satz 7.D.6 und die Bemerkungen dazu.

6.C.9 Beispiel (Abgeschlossene Untergruppen von $\mathrm{GL}_\mathbb{R} V$) Wichtige Beispiele von Untermannigfaltigkeiten sind uns bereits in Band 2, Abschnitt 18.D als *abgeschlossene* Untergruppen G der Gruppe $\mathrm{GL}_\mathbb{R} V$ der Automorphismen eines endlichdimensionalen $\mathbb{R}$-Vektorraums V begegnet. Man beachte, dass $\mathrm{GL}_\mathbb{R} V$ eine *offene* Teilmenge des $\mathbb{R}$-Vektorraums $\mathrm{End}_\mathbb{R} V$ aller $\mathbb{R}$-Endomorphismen von V ist. Wegen $\exp f = 1 + f + O(f^2)$ für $f \to 0$ ist das totale Differenzial der Exponentialabbildung $\exp : \mathrm{End}_\mathbb{R} V \to \mathrm{GL}_\mathbb{R} V$ im Punkt $0 \in \mathrm{End}_\mathbb{R} V$ die Identität von $\mathrm{End}_\mathbb{R} V$, vgl. auch 5.B, Aufg. 13. Folglich definiert die Exponentialabbildung einen C^ω-Diffeomorphismus einer offenen Umgebung U' von $0 \in \mathrm{End}_\mathbb{R} V$ auf eine offene Umgebung U von $1 = \mathrm{id}_V \in \mathrm{GL}_\mathbb{R} V$. Ist nun G eine (in $\mathrm{GL}_\mathbb{R} V$) abgeschlossene Untergruppe von $\mathrm{GL}_\mathbb{R} V$ mit der Lie-Algebra $\mathfrak{g} = \{f \in \mathrm{End}_\mathbb{R} V \mid \exp(\mathbb{R}f) \subseteq G\}$, so induziert $\exp$ nach Band 2, Satz 18.D.5 eine Bijektion von $\mathfrak{g} \cap U'$ auf $G \cap U$, falls U' nur klein genug gewählt ist. Da dann $\exp|\mathfrak{g} \cap U' : \mathfrak{g} \cap U' \to U$ eine abgeschlossene C^ω-Einbettung ist, ist also $1 \in G$ ein C^ω-Untermannigfaltigkeitspunkt von G mit dem Tangentialraum $T_1 G = (\mathrm{D}\exp)_0(\mathfrak{g}) = \mathfrak{g}$. Dies überträgt sich sofort auf jeden Punkt $g \in G$. Denn mit der Linksmultiplikation $L_g : h \mapsto gh$ ist $L_g \circ \exp|\mathfrak{g} \cap U'$ eine abgeschlossene Einbettung $\mathfrak{g} \cap U' \to L_g(U)$, deren Bild $L_g(G \cap U) = G \cap L_g(U)$ ist. Es ist also auch $g \in G$ ein C^ω-Untermannigfaltigkeitspunkt von G, und zwar mit dem Tangentialraum $T_g G = g\mathfrak{g}$. Statt der Linksmultiplikation L_g hätte man auch die Rechtsmultiplikation R_g wählen können. Dies ergibt insbesondere die Gleichheit $g\mathfrak{g} = \mathfrak{g}g$ für $g \in G$, die allerdings bereits nach Definition von $\mathfrak{g}$ selbstverständlich ist. Insgesamt haben wir bewiesen:

6.C.10 Satz *Ist V ein endlichdimensionaler $\mathbb{R}$-Vektorraum und G eine abgeschlossene Unter-gruppe von $\mathrm{GL}_\mathbb{R} V$ mit Lie-Algebra $\mathfrak{g} \subseteq [\mathrm{End}_\mathbb{R} V] = \mathfrak{gl}_\mathbb{R} V$, so ist G eine abgeschlossene C^ω-Untermannigfaltigkeit von $\mathrm{GL}_\mathbb{R} V$ mit den Tangentialräumen $\mathrm{T}_g G = g\mathfrak{g} = \mathfrak{g}g \subseteq \mathrm{T}_g \mathrm{GL}_\mathbb{R} V = \mathrm{End}_\mathbb{R} V$, $g \in G$.*

Satz 6.C.10 besagt insbesondere, dass *das Tangentialbündel* $\mathrm{T}G$ *von* G *in folgendem Sinne trivial ist*: $(f, h) \mapsto (f, fh)$ *und* $(f, h) \mapsto (f, hf)$ *sind* C^ω-*Diffeomorphismen* $G \times \mathfrak{g} \to \mathrm{T}G$, *die mit den Bündelprojektionen* $G \times \mathfrak{g} \to G$ *und* $\mathrm{T}G \to G$ *kommutieren.*

Mit Satz 6.C.10 lässt sich auch Satz 4.B.3 beweisen: *In der Situation von* Satz 6.C.10 *liegt die Trajektorie eines stetig differenzierbaren Weges* $\gamma : I \to \mathrm{GL}_\mathbb{R} V$ *genau dann in* G, *wenn es ein* $t_0 \in I$ *mit* $\gamma(t_0) \in G$ *gibt und wenn* $\dot{\gamma}(t)(\gamma(t))^{-1}$ *für alle* $t \in I$ *in* $\mathfrak{g}$ *liegt.* B e w e i s . Liegt die Trajektorie von γ in G, so ist $\dot{\gamma}(t) \in \mathrm{T}_{\gamma(t)}G = \mathfrak{g}\gamma(t)$, vgl. Aufg. 12a). – Ist umgekehrt $h(t) := \dot{\gamma}(t)\gamma(t)^{-1} \in \mathfrak{g}$, so ist $(t, g) \mapsto (g, h(t)g)$ ein (zeitabhängiges) stetiges Vektorfeld $I \times G \to \mathrm{T}G$, das bei festem t analytisch auf G ist. Es ist die Beschränkung des Vektorfeldes $I \times \mathrm{GL}_\mathbb{R} V \to \mathrm{T}\,\mathrm{GL}_\mathbb{R} V = \mathrm{GL}_\mathbb{R} V \times \mathrm{End}_\mathbb{R} V$ mit $(t, f) \mapsto (f, h(t)f)$. Nach Korollar 8.A.5 zum Satz von Picard-Lindelöf besitzt das dadurch definierte dynamische System für jedes $(t_1, g_1) \in I \times G$ eine eindeutig bestimmte Lösung $\eta(t) \in G$ mit $\eta(t_1) = g_1$, die in einer Umgebung von t_1 in I definiert ist. Es folgt, dass die Menge J der Punkte $t \in I$ mit $\gamma(t) \in G$ offen in I ist. Da sie trivialerweise (wie G) auch abgeschlossen in I ist, ist $J = I$ wegen $J \neq \emptyset$. $\quad\bullet$

Übrigens kann man in Satz 4.B.3 auf die Stetigkeit von $\dot{\gamma}$ verzichten. Dazu benutzt man den Satz 5.C.3 aus Band 4, nach dem $(\mathrm{GL}_\mathbb{R} V)\backslash G$ eine kanonische C^ω-Mannigfaltigkeitsstruktur besitzt, für die die kanonische Projektion $\pi : G \to (\mathrm{GL}_\mathbb{R} V)\backslash G$ eine Submersion ist. Nach Voraussetzung ist dann für jeden Punkt $t \in I$ die Geschwindigkeit $(\pi \circ \gamma)^{\textbf{.}}(t) = (\mathrm{D}\pi)\big(\gamma(t)\,; \dot{\gamma}(t)\big) = 0$. Also ist $\pi \circ \gamma$ konstant, und die Trajektorie von γ liegt ganz in einer Faser von π.

Ist eine Untergruppe $G \subseteq \mathrm{GL}_\mathbb{R} V$ eine differenzierbare Untermannigfaltigkeit von $\mathrm{GL}_\mathbb{R} V$, so ist sie lokal abgeschlossen und damit sogar abgeschlossen in $\mathrm{GL}_\mathbb{R} V$, also notwendigerweise eine abgeschlossene Untergruppe gemäß Satz 6.C.10. Beweis!

Satz 6.C.10 gilt mit den sich anschließenden Bemerkungen in analoger Form für beliebige reelle Lie-Gruppen H an Stelle von $\mathrm{GL}_\mathbb{R} V$, vgl. Bd. 4, Satz 3.B.16. Allerdings tritt im Allgemeinen nicht jede Lie-Unteralgebra der Lie-Algebra von H als Lie-Algebra einer abgeschlossenen Untergruppe von H auf. Um eine bestmögliche Korrespondenz zu erreichen, verallgemeinert man den Begriff der (abgeschlossenen) Lie-Untergruppe zum Begriff der verallgemeinerten Lie-Untergruppe. Auch dies wird in Band 4, Abschnitt 3.B ausgeführt.

Die Hauptsätze 6.C.1 und 6.C.4 über die lokale Darstellung von Submersionen bzw. Immersionen haben eine gemeinsame Verallgemeinerung, die zwar für das genauere Studium differenzierbarer Abbildung von großer Bedeutung ist, in diesem Band aber nicht wesentlich benutzt wird. Zunächst führen wir den Begriff der Subimmersion ein:

6.C.11 Definition Sei $k \in \mathbb{N}^* \cup \{\infty, \omega\}$. Eine C^k-Abbildung $F : G \to W$ heißt i m Pu n k t $a \in G$ s u b i m m e r s i v oder eine S u b i m m e r s i o n, wenn das totale Differenzial $(\mathrm{D}F)_x$ in einer Umgebung von a konstanten Rang hat. F heißt eine (C^k-) S u b i m m e r s i o n schlechthin, wenn F in jedem Punkt $a \in G$ subimmersiv ist.

Die Subimmersivität ist nach Definition eine offene Eigenschaft. Bei zusammenhängendem G ist $F : G \to W$ genau dann eine Subimmersion, wenn $(\mathrm{D}F)_x$ für alle $x \in G$ denselben Rang hat. Submersionen und Immersionen sind natürlich Subimmersionen. Der angekündigte Satz, der auch der S a t z v o m k o n s t a n t e n R a n g heißt, lautet:

6.C.12 Lokale Darstellung von Subimmersionen *Sei* $\mathrm{Dim}_{\mathbb{K}}V = n$ *und* $\mathrm{Dim}_{\mathbb{K}}W = m$.
Die C^k*-Abbildung* $F : G \to W$, $k \in \mathbb{N}^* \cup \{\infty, \omega\}$, *sei im Punkt* $a \in G$ *subimmersiv, und
zwar habe* $(\mathrm{D}F)_x$ *für alle Punkte* x *in einer Umgebung von* a *den Rang* r. *Dann gibt
es offene Umgebungen* U *und* $\widetilde{U}$ *von* a *bzw.* $\tilde{a} := F(a)$ *mit* $F(U) \subseteq \widetilde{U}$ *und* C^k*-Diffeo-
morphismen* $\varphi : U \to U'$, $\widetilde{\varphi} : \widetilde{U} \to \widetilde{U}'$ *auf offene Umgebungen* U' *von* 0 *in* $\mathbb{K}^n$ *und* $\widetilde{U}'$
von 0 *in* $\mathbb{K}^m$ *derart, dass gilt*:

(1) $\varphi(a) = 0$, $\widetilde{\varphi}(\tilde{a}) = 0$.

(2) *Die Komposition* $F' := \widetilde{\varphi} F \varphi^{-1} : U' \to \widetilde{U}'$ *ist die lineare Abbildung*

$$(x_1, \ldots, x_n) \mapsto (x_1, \ldots, x_r, 0 \ldots, 0) \in \mathbb{K}^m.$$

Mit anderen Worten: *In den durch* φ *und* $\widetilde{\varphi}$ *gegebenen lokalen Koordinatensystemen*
$x_1, \ldots, x_n$ *bzw.* $y_1, \ldots, y_m$ *ist* F *einfach die Abbildung* $y_i = x_i$, $i = 1, \ldots, r$; $y_j = 0$,
$j = r+1, \ldots, m$.

B e w e i s. Wir können annehmen, dass $a = 0$ und $\tilde{a} = 0$ ist, und nach Wahl geeigneter Basen in
V und W, dass $V = \mathbb{K}^n$ und $W = \mathbb{K}^m$ ist und in der Funktionalmatrix $\mathfrak{J}(F; 0) = \big(\partial F_i / \partial x_j)(0)\big)$
die $r \times r$-Untermatrix

$$\begin{pmatrix} \dfrac{\partial F_1}{\partial x_1}(0) & \cdots & \dfrac{\partial F_1}{\partial x_r}(0) \\ \vdots & \ddots & \vdots \\ \dfrac{\partial F_r}{\partial x_1}(0) & \cdots & \dfrac{\partial F_r}{\partial x_r}(0) \end{pmatrix}$$

invertierbar ist. Die Abbildung

$$x = (x_1, \ldots, x_n) \overset{H}{\longmapsto} (F_1(x), \ldots, F_r(x), x_{r+1}, \ldots, x_n)$$

definiert nach 6.B.1 in einer Umgebung U_1 von 0 in $\mathbb{K}^n$ einen Diffeomorphismus H auf eine
Umgebung U_1' von 0 in $\mathbb{K}^n$, die wir als Produkt $B_1 \times \cdots \times B_n$ von offenen Intervallen bzw.
Kreisscheiben wählen wollen. Die Umkehrabbildung $H^{-1} : U_1' \to U_1$ hat dann die Gestalt

$$x = (x_1, \ldots, x_n) \overset{H^{-1}}{\longmapsto} \big(H_1^{-1}(x), \ldots, H_r^{-1}(x), x_{r+1}, \ldots, x_n\big).$$

Für die Komposition $h = F \circ H^{-1} : U_1' \to \mathbb{K}^m$ erhält man

$$x = (x_1, \ldots, x_n) \overset{h}{\longmapsto} \big(x_1, \ldots, x_r, h_{r+1}(x), \ldots, h_m(x)\big).$$

Die Funktionalmatrix von h hat die Form

$$\begin{pmatrix} \mathfrak{E}_r & & \mathfrak{O} & \\ & \dfrac{\partial h_{r+1}}{\partial x_{r+1}} & \cdots & \dfrac{\partial h_{r+1}}{\partial x_n} \\ * & \vdots & \ddots & \vdots \\ & \dfrac{\partial h_m}{\partial x_{r+1}} & \cdots & \dfrac{\partial h_m}{\partial x_n} \end{pmatrix}$$

mit der $r \times (n-r)$-Nullmatrix $\mathfrak{O}$. Nach Voraussetzung können wir U_1' noch so klein wählen, dass
das totale Differenzial von h auf U_1' wie das von F auf U_1 überall den Rang r hat. Dann müssen
aber die partiellen Ableitungen $\partial h_i / \partial x_j$, $i = r+1, \ldots, m$, $j = r+1, \ldots, n$, in U_1' identisch
verschwinden, d.h. die Funktionen $h_i(x_1, \ldots, x_n) = h_i(x_1, \ldots, x_r)$, $i = r+1, \ldots, n$, hängen
nur von den ersten r Variablen ab. Schließlich betrachten wir die Abbildung

$$(y_1, \ldots, y_m) \overset{H'}{\longmapsto} \big(y_1, \ldots, y_r, y_{r+1} - h_{r+1}(y_1, \ldots, y_r), \cdots, y_m - h_m(y_1, \ldots, y_r)\big)$$

von $B_1 \times \cdots \times B_r \times \mathbb{K}^{m-r}$ in $\mathbb{K}^m$. Diese ist offenbar überall regulär, induziert also wieder noch dem Umkehrsatz 6.B.1 einen Diffeomorphismus $\widetilde{\varphi}$ einer geeigneten Umgebung $\widetilde{U}$ von 0 auf eine Umgebung $\widetilde{U}'$ von 0 in $\mathbb{K}^m$. Nun wählen wir U als eine beliebige Umgebung von 0, die in U_1 liegt und für die $F(U) \subseteq \widetilde{U}$ ist, sowie $U' := H(U)$. Mit obigem $\widetilde{\varphi}$ und $\varphi := H|U$ gilt dann die Behauptung. $\bullet$

Aufgaben

V und W bezeichnen im Folgenden stets endlichdimensionale $\mathbb{K}$-Vektorräume, $G \subseteq V$ eine offene Teilmenge und $F : G \to W$ eine C^k-Abbildung, $k \in \mathbb{N}^* \cup \{\infty, \omega\}$.

1. Ist F submersiv, so ist F eine offene Abbildung, d.h. für jede offene Menge U in G ist das Bild $F(U)$ offen in W.

2. Sei $b \in W$ und $F : G \to W$ in jedem Punkt der Faser $F^{-1}(b)$ subimmersiv. Dann ist $F^{-1}(b)$ eine C^k-Untermannigfaltigkeit von V.

3. a) Die Menge U der Punkte $x \in G$, in denen F subimmersiv ist, ist offen und dicht in G. (Es genügt, $U \neq \emptyset$ zu zeigen. Man betrachte die Menge $\{x \in G \mid \mathrm{Rang}\,(DF)_x = m\}$, wobei m das Maximum der Ränge von $(DF)_x$, $x \in G$, ist.)

b) Sei F offen. Genau dann ist F in $x \in G$ subimmersiv, wenn F in x submersiv ist. Die Menge der Punkte $x \in G$, in denen F submersiv ist, ist offen und dicht in G.

c) Sei F injektiv. Genau dann ist F in $x \in G$ subimmersiv, wenn F in x immersiv ist. Die Menge der Punkte $x \in G$, in denen F immersiv ist, ist offen und dicht in G.

4. Eine injektive Immersion F ist genau dann eine Einbettung, wenn zu jedem $a \in G$ und jeder Umgebung U von a in G eine Umgebung U' von $F(a)$ in W mit $F(G - U) \cap U' = \emptyset$ existiert.

5. Sei $F : G \to W$ eine injektive Immersion. Dann induziert F auf jeder offenen Teilmenge $U \subseteq G$, die relativ kompakt *in* G liegt (für die also $\overline{U} \subseteq G$ kompakt ist), eine Einbettung.

6. Seien $F_1, \ldots, F_m$ C^k-Funktionen auf G, $k \in \mathbb{N}^* \cup \{\infty, \omega\}$. In einer Umgebung von $a \in G$ habe das totale Differenzial von $F = (F_1, \ldots, F_m) : G \to \mathbb{K}^m$ den konstanten Rang p. Genau dann gibt es eine reguläre C^k-Funktion $H : U' \to \mathbb{K}$ in einer Umgebung U' von $F(a)$ mit $H\big(F_1(x), \ldots, F_m(x)\big) = 0$ für alle x in einer Umgebung U von a, wenn $p < m$ ist. (Man sagt dann, die Funktionen $F_1, \ldots, F_m$ sind C^k-a b h ä n g i g im Punkt a.)

7. Sei M eine C^k-Untermannigfaltigkeit von V und N eine C^k-Untermannigfaltigkeit von W. Dann ist $M \times N$ eine C^k-Untermannigfaltigkeit von $V \times W$.

8. Seien $L_1, \ldots, L_r$ Linearformen auf dem reellen Vektorraum V und $f : G \to \mathbb{R}$ eine C^1-Funktion. Hat f in $a \in G$ ein lokales Extremum unter den Nebenbedingungen $L_1 = b_1, \ldots, L_r = b_r$, so ist $(df)_a$ eine Linearkombination von $L_1, \ldots, L_r$, also $(df)_a = \sum_{i=1}^{r} \lambda_i L_i$. (Die λ_i sind nur eindeutig, wenn die L_i linear unabhängig sind, was man ohne weiteres annehmen könnte.)

9. Für $a \in \mathbb{R}$ und $h \in \mathbb{R}^\times$ ist die Abbildung $H : \mathbb{R}^2 \to \mathbb{C} \times \mathbb{R} = \mathbb{R}^3$ mit $\begin{pmatrix} r \\ \varphi \end{pmatrix} \mapsto \begin{pmatrix} (r+ai)e^{i\varphi} \\ h\varphi/2\varphi \end{pmatrix}$ eine reell-analytische abgeschlossene Einbettung. (Das H-Bild eines Streifens $[-R, R] \times \mathbb{R}$, $R > 0$, ist eine so genannte D o p p e l h e l i x. Für die Doppelhelix der DNS ist (ungefähr) $a = \cos(3\pi/8)\,\mathrm{nm} \approx 0{,}38\,\mathrm{nm}$, $R = \sin(3\pi/8)\,\mathrm{nm} \approx 0{,}92\,\mathrm{nm}$, $h = 3{,}4\,\mathrm{nm}$. – Das Bild von $[0, R] \times \mathbb{R}$ unter H ist eine so genannte H e l i x.)

10. Sei V euklidisch, M eine differenzierbare Untermannigfaltigkeit von V und $c \in V$ ein Punkt. Ist $a \in M$ ein Punkt, in dem die Abstandsfunktion $M \to \mathbb{R}$, $x \mapsto \|c - x\|$, ein lokales Minimum hat, so steht der Verschiebungsvektor $c - a$ senkrecht auf dem Tangentialraum $T_a M \subseteq V$, gehört also zum Normalenraum $(T_a M)^\perp \subseteq V$.

11. Man bestimme (mit Hilfe von 6.C.7) den Abstand von je zweien der folgenden Teilmengen der euklidischen Standardebene $\mathbb{R}^2$ (mit den kartesischen Koordinatenfunktionen x, y):

$$A := \{y = x^2\}, \quad B := \{x^2 - y^2 = 1\}, \quad C := \{y = x - 2\}, \quad D := \{y = 2x\}.$$

12. Sei N eine C^k-Untermannigfaltigkeit von W.

a) Liegt das Bild eines differenzierbaren Weges $\gamma : I \to W$ sogar in N, so liegt für alle $t \in I$ der Geschwindigkeitsvektor $\dot{\gamma}(t)$ in $T_{\gamma(t)} N \subseteq W$.

b) Liegt das Bild der C^k-Abbildung $F : G \to W$ in N, so liegt für alle $x \in G$ das Bild des totalen Differenzials $(DF)_x : V \to W$ in $T_{F(x)} N \subseteq W$.

7 Differenzialformen und Kurvenintegrale · Vektorfelder

In diesem Paragraphen werden Differenzialformen (ersten Grades) und Vektorfelder auf offenen Mengen in endlichdimensionalen $\mathbb{K}$-Vektorräumen sowie Kurvenintegrale eingeführt. Wir benutzen ferner die Gelegenheit zur Definition der Fundamental- und (ersten) Homologiegruppe eines topologischen Raumes, wobei für den Leser zunächst nur die Begriffe, vor allem der des einfachen Zusammenhangs, wichtig sind. Als eine Anwendung der Theorie behandeln wir in Abschnitt 7.F die grundlegenden Sätze aus der Theorie der komplex-differenzierbaren Funktionen (der so genannten Funktionentheorie).

7.A Differenzialformen

In diesem Abschnitt seien V und W stets endlichdimensionale $\mathbb{K}$-Vektorräume und G eine offene Menge in V.

Sei $F : G \to W$ eine differenzierbare Abbildung. Das totale Differenzial $\mathrm{D}F$ von F ordnet jedem Punkt $x \in G$ diejenige lineare Abbildung $(\mathrm{D}F)_x = \mathrm{D}F(x) \in \operatorname{Hom}_{\mathbb{K}}(V, W)$ zu, die im Punkt x für jeden Vektor $v \in V$ den Zuwachs von F in Richtung v angibt, und zwar in dem folgenden präzisen Sinn: Es ist

$$F(x+tv) - F(x) = t\,\mathrm{D}F(x\,;\,v) + o(t)$$

für $t \in \mathbb{K}$, $t \to 0$. Dies führt in natürlicher Weise zum Begriff der Differenzialform (ersten Grades):

7.A.1 Definition Eine Differenzialform ersten Grades oder eine 1-Form auf G mit Werten in W ist eine Abbildung

$$\omega : G \to \operatorname{Hom}_{\mathbb{K}}(V, W)\,.$$

Ist ω sogar eine C^k-Abbildung, so sprechen wir von einer C^k-Differenzialform ersten Grades oder einer C^k-1-Form mit Werten in W.

Statt von Differenzialformen ersten Grades spricht man auch von Differenzialformen erster Ordnung. Da wir in diesem Band nur Differenzialformen ersten Grades betrachten, sprechen wir in der Regel einfach von Differenzialformen. Differenzialformen (ersten Grades) heißen auch Pfaffsche Formen. Für eine 1-Form ω und $x \in G$, $v \in V$ ist $\omega(x) = \omega(x\,;\,-) \in \operatorname{Hom}_{\mathbb{K}}(V, W)$ die dem Punkt x zugeordnete lineare Abbildung und $\omega(x\,;\,v) \in W$ deren Wert in Richtung v. [1]

---

[1] Man achte wie bei den totalen Differenzialen auf unsere Konvention für die Reihenfolge der Argumente in $\omega(x\,;\,v)$: erst die Stelle $x \in G$, dann die Richtung $v \in V$.

Wie bereits eingangs erwähnt, bilden die totalen Differenziale $\omega = \mathrm{D}F$ von differenzierbaren Abbildungen wichtige Beispiele für 1-Formen, insbesondere die totalen Differenziale df von $\mathbb{K}$-wertigen differenzierbaren Funktionen $f : G \to \mathbb{K}$. Da beim Differenzieren der Differenzierbarkeitsgrad aber um 1 sinkt, ist $\mathrm{D}F$ eine C^k-Form, wenn F eine C^{k+1}-Abbildung ist (mit $k+1 := k$ für $k \in \{\infty, \omega\}$). Ein wichtiges Problem besteht darin, zu entscheiden, ob eine gegebene 1-Form ω das totale Differenzial einer differenzierbaren Abbildung ist. Bevor wir uns damit beschäftigen, wollen wir den Kalkül für 1-Formen ein wenig entwickeln.

Sei also $G \subseteq V$ offen. Die 1-Formen auf G mit Werten in W bilden einen $\mathbb{K}$-Vektorraum, den wir mit

$$\Omega(G\,;\,W) = \Omega^1(G\,;\,W)$$

bezeichnen. Ist $W = \mathbb{K}$, so schreiben wir dafür auch kurz $\Omega(G) = \Omega^1(G)$. Im Fall $\mathbb{K} = \mathbb{R}$ ist für einen komplexen Vektorraum W (den wir auch als reellen Vektorraum auffassen können) $\Omega(G\,;\,W)$ ebenfalls ein komplexer Vektorraum (vgl. Bd. 2, 5.C, Aufg. 4). In der Regel unterdrücken wir in der Bezeichnung den Differenzierbarkeitsgrad $k \in \mathbb{N} \cup \{\infty, \omega\}$; wollen wir ihn betonen, so benutzen wir für den Unterraum der C^k-Formen in $\Omega(G\,;\,W)$ die Bezeichnung

$$\Omega_k(G\,;\,W) = \Omega_k^1(G\,;\,W)\,.$$

Für $\omega \in \Omega(G\,;\,W)$ und eine Funktion $f : G \to \mathbb{K}$ ist $f\omega \in \Omega(G\,;\,W)$ wohl definiert, ebenso für $\eta \in \Omega(G) = \Omega(G\,;\,\mathbb{K})$ und eine Abbildung $F : G \to W$ die 1-Form $F\eta$ aus $\Omega(G\,;\,W)$. Sind dabei ω und f bzw. η und F jeweils C^k-Formen und -Abbildungen, so sind auch die Produkte $f\omega$ bzw. $F\eta$ C^k-Formen.

Eine (endliche) Familie $\omega_i \in \Omega(G)$, $i \in I$, von $\mathbb{K}$-wertigen 1-Formen heißt eine B a s i s aller 1-Formen auf G, wenn für jeden Punkt $x \in G$ die Linearformen $\omega_i(x) \in V^*$, $i \in I$, eine Basis von $V^* = \mathrm{Hom}_\mathbb{K}(V, \mathbb{K})$ bilden. In diesem Fall hat jede 1-Form $\omega \in \Omega(G\,;\,W)$ eine Darstellung

$$\omega = \sum_{i \in I} F_i\,\omega_i$$

mit eindeutig bestimmten Koeffizienten-Abbildungen $F_i : G \to W$, $i \in I$. *Ist ω_i, $i \in I$, sogar eine Basis aus C^k-Formen, so ist $\omega = \sum_{i \in I} F_i\omega_i$ genau dann eine C^k-Form, wenn die Koeffizienten F_i, $i \in I$, C^k-Abbildungen sind.* [2] *Die totalen Differenziale dx_i, $i \in I$, von C^{k+1}-Funktionen $x_i : G \to \mathbb{K}$ bilden nach 6.B.1 genau dann eine C^k-Basis, wenn die Abbildung $G \to \mathbb{K}^I$ mit $x \mapsto \big(x_i(x)\big)_{i \in I}$ in jedem Punkt ein lokaler Diffeomorphismus ist, die Funktionen x_i, $i \in I$, also in jedem Punkt von G ein lokales C^{k+1}-Koordinatensystem bilden.* Insbesondere bilden die Differenziale dx_i, $i \in I$, eine Basis, wenn x_i, $i \in I$, ein (globales) C^{k+1}-Koordinatensystem auf G ist. Jede C^k-1-Form auf G hat dann die Gestalt

$$\omega = \sum_{i \in I} F_i\,dx_i\,,$$

---

[2] Dass die Koeffizienten F_i, $i \in I$, bei einer C^k-Form notwendigerweise C^k-Abbildungen sind, wenn die ω_i, $i \in I$, eine C^k-Basis bilden, ist nicht ganz selbstverständlich. Zum Beweis benutze man die Formel für das Inverse einer Matrix aus Bd. 2, Satz 9.D.13.

mit Koeffizienten $F_i \in C^k(G, W)$. Dies gilt speziell dann, wenn $v_i^* = x_i$, $i \in I$, die Dualbasis zu einer ($\mathbb{K}$-)Basis v_i, $i \in I$, von V ist. In diesem Fall ist die 1-Form dx_i konstant gleich x_i auf ganz G für jedes $i \in I$.

Sei V' ein weiterer endlichdimensionaler $\mathbb{K}$-Vektorraum, $G' \subseteq V'$ eine offene Teilmenge und $H : G' \to G \subseteq V$ eine differenzierbare Abbildung. Für jede differenzierbare Abbildung $F : G \to W$ ist dann die Komposition $F \circ H : G' \to W$ nach der Kettenregel differenzierbar mit dem totalen Differenzial $D(FH)(x') = DF\bigl(H(x')\bigr) \circ DH(x')$, $x' \in G'$. Für die 1-Formen $D(FH)$ und DF gilt also

$$D(FH) = H^*DF,$$

wobei die Operation H^* gemäß folgender Definition zu verstehen ist:

7.A.2 Definition Seien $G' \subseteq V'$ und $G \subseteq V$ jeweils offen. Für eine 1-Form ω aus $\Omega(G\,;\,W)$ und eine differenzierbare Abbildung $H : G' \to G$ heißt die 1-Form $H^*\omega$ aus $\Omega(G'\,;\,W)$ mit

$$H^*\omega\,(x') := \omega\bigl(H(x')\bigr) \circ DH(x') \quad \text{oder} \quad H^*\omega\,(x'\,;\,v') := \omega\bigl(H(x')\,;\,DH(x'\,;\,v')\bigr)$$

die aus ω durch L i f t e n oder Z u r ü c k n e h m e n m i t H gewonnene 1-Form.[3]

Ist H eine C^{k+1}-Abbildung und ω eine C^k-Form, so ist auch $H^*\omega$ eine C^k-Form. Bezeichnen wir für eine Abbildung $F : G \to W$ die geliftete Abbildung $F \circ H : G' \to W$ mit H^*F, so lässt sich die Kettenregel für differenzierbare Abbildungen $F : G \to W$ in der prägnanten Form

$$DH^*F = H^*DF$$

schreiben, d.h. *Liften und Differenzieren sind vertauschbar.* Ferner gilt offenbar

$$H^*(\omega_1 + \omega_2) = H^*\omega_1 + H^*\omega_2, \quad H^*(f\omega) = (H^*f)(H^*\omega)$$

und

$$H^*(F\eta) = (H^*F)(H^*\eta)$$

für beliebige Funktionen $f : G \to \mathbb{K}$ bzw. Abbildungen $F : G \to W$ und beliebige 1-Formen $\eta \in \Omega(G)$ bzw. $\omega_1, \omega_2, \omega \in \Omega(G\,;\,W)$. Ist $H' : G'' \to G'$ eine weitere differenzierbare Abbildung, so ist

$$(H \circ H')^* = H'^* \circ H^*$$

wegen der Kettenregel, angewandt auf $H \circ H'$.

Aufgabe

13. Sei $P : \mathbb{R}^{2+n} \to \mathbb{R}^{2+n}$ die Polarkoordinatenabbildung in der Dimension $2+n$ gemäß Beispiel 6.B.6. Für eine 1-Form $\omega = \sum_{i=1}^{2+n} F_i\,dx_i$ auf $\mathbb{R}^{2+n}$, wobei die x_i die Standardkoordinatenfunktionen sind, gebe man die geliftete 1-Form $P^*\omega$ auf $\mathbb{R}^{2+n}$ an. Insbesondere betrachte man die Fälle $n = 0$ und $n = 1$.

---

[3] Im Englischen spricht man vom p u l l b a c k.

7.B Stammfunktionen und Kurvenintegrale

Wir kommen zurück auf die Frage, wie sich die totalen Differenziale unter den 1-Formen charakterisieren lassen. Benutzen wir die Vorstellung, dass eine 1-Form ω aus $\Omega(G\,;W)$ die Änderung $\omega(x\,;v)$ einer W-wertigen Größe in jedem Punkt $x \in G$ für jede Richtung $v \in V$ angibt, so handelt es sich um das Problem, diese Änderung durch eine globale (differenzierbare) Abbildung $F : G \to W$ zu beschreiben: $\omega(x\,;v) = DF(x\,;v) = D_v F(x)$. Da im Fall $\mathbb{K} = \mathbb{C}$ das komplexe Differenzial von F mit dem reellen übereinstimmt, *wollen wir von nun an nur den Fall* $\mathbb{K} = \mathbb{R}$ *betrachten* und eine komplexe Situation stets reell interpretieren.[1]

7.B.1 Definition Sei $\omega \in \Omega^1(G\,;W)$. Eine Abbildung $F : G \to W$ mit $DF = \omega$ heißt eine S t a m m f u n k t i o n [2] v o n ω. Besitzt ω eine Stammfunktion, so heißt ω eine e x a k t e oder i n t e g r a b l e 1-Form.

Sind F_1 und F_2 Stammfunktionen ein und derselben 1-Form ω, so ist $D(F_2 - F_1) = DF_2 - DF_1 = \omega - \omega = 0$ und $F_2 - F_1$ lokal konstant. Zwei Stammfunktionen von ω unterscheiden sich also nur um eine lokal konstante Abbildung $G \to W$. Umgekehrt gewinnt man aus einer Stammfunktion von ω durch Addition einer solchen lokal konstanten Abbildung wiederum eine Stammfunktion von ω. Da lokal konstante Abbildungen $G \to W$ auf den Zusammenhangskomponenten von G konstant sind, erhalten wir insbesondere:

7.B.2 Satz *Sei* $G \subseteq V$ *ein Gebiet. Dann unterscheiden sich je zwei Stammfunktionen einer exakten 1-Form* $\omega \in \Omega^1(G\,;W)$ *nur um eine additive Konstante.*

Aus $H^*DF = DH^*F$ für differenzierbare Abbildungen $H : G' \to G$ und $F : G \to W$ ergibt sich ferner:

7.B.3 Satz *Ist* $\omega \in \Omega(G\,;W)$ *exakt mit Stammfunktion F und ist $H : G' \to G$ eine differenzierbare Abbildung, so ist* $H^*\omega \in \Omega(G'\,;W)$ *exakt mit Stammfunktion* $H^*F = F \circ H$.

Zur Frage der Existenz einer Stammfunktion betrachten wir zunächst den Fall der (reellen) Dimension 1, also ohne Einschränkung der Allgemeinheit den Fall, dass G

---

[1] Wir betonen noch einmal, dass der reelle bzw. komplexe Fall durch den Skalarenkörper des *Argumente*raums V bestimmt wird. Ist der *Werte*raum W komplex, so benutzen wir selbstverständlich auch im reellen Fall die $\mathbb{C}$-Vektorraumstruktur der Räume der W-wertigen Abbildungen und Differenzialformen. Durch Übergang zur Komplexifizierung $W_{(\mathbb{C})} = W \oplus iW$, vgl. Bd. 2, Beispiel 13.A.13, lässt sich diese Situation auch bei reellem W erreichen.

[2] Besser hieße es S t a m m a b b i l d u n g. Die Bezeichnung Stammfunktion ist aber nicht nur bei $W = \mathbb{K}$ üblich.

ein Intervall $I \subseteq \mathbb{R}$ ist, wobei wir im Folgenden auch zulassen wollen, dass I nicht notwendigerweise offen ist. Jede W-wertige 1-Form auf I hat die Gestalt $f\,dt$ mit einer Abbildung $t \mapsto f(t)$ von I in W, und das totale Differenzial einer differenzierbaren Abbildung $F : I \to W$ ist $\mathrm{D}F = F'dt = (dF/dt)\,dt$. Der fundamentale Existenzsatz 16.A.6 aus Bd. 1 lässt sich jetzt folgendermaßen formulieren: *Jede stetige 1-Form auf einem Intervall $I \subseteq \mathbb{R}$ besitzt eine Stammfunktion und ist damit exakt.* Das Integral

$$\int_a^b F'dt = F\Big|_a^b = F(b) - F(a)$$

für $a, b \in I$ wollen wir jetzt auch als das I n t e g r a l   ü b e r   d i e 1-F o r m $\omega = f\,dt$, $f := F'$, erstreckt von a bis b, bezeichnen. Dieses ist sogar für eine nur stückweise stetige 1-Form $\omega = f\,dt$ (bei der $f : I \to W$ nur noch stückweise stetig ist) definiert, vgl. Abschnitt 4.A.

Ist nun ω eine beliebige stetige 1-Form auf der offenen Menge $G \subseteq V$ mit Werten in W und $\gamma : [a, b] \to G$ eine stückweise stetig differenzierbare Kurve in G, so ist die nach $[a, b]$ (stückweise) geliftete Form $\gamma^*\omega$ noch stückweise stetig. Dies ist die Grundlage für die Definition des Kurvenintegrals.

7.B.4 Definition Für eine stetige 1-Form $\omega \in \Omega(G ; W)$ und einen stückweise stetig differenzierbaren Weg $\gamma : [a, b] \to G$ heißt

$$\int_\gamma \omega := \int_a^b \gamma^*\omega = \int_a^b \omega\big(\gamma(t) ; \gamma'(t)\big)\,dt$$

das (K u r v e n - oder L i n i e n -) I n t e g r a l über ω längs γ.

Der Leser präge sich ein, *dass Kurvenintegrale für 1-Formen definiert sind.* Hat ω in 7.B.4 zum Beispiel die Gestalt

$$\omega = \sum_{i \in I} F_i\,dx_i$$

mit Funktionen $x_i : G \to \mathbb{R}$ und Abbildungen $F_i : G \to W$, so ist

$$\gamma^*\omega = \sum_{i \in I} (F_i \circ \gamma)\,(x_i \circ \gamma)'\,dt$$

und

$$\int_\gamma \omega = \sum_{i \in I} \int_a^b F_i\big(\gamma(t)\big) \cdot (x_i \circ \gamma)'(t)\,dt\,,$$

wobei $(x_i \circ \gamma)'(t)$ nach der Kettenregel gleich $(dx_i)_{\gamma(t)}\big(\gamma'(t)\big)$ ist. Sind die x_i etwa die Koordinatenfunktionen bzgl. einer $\mathbb{R}$-Basis v_i, $i \in I$, von V und ist

$$\gamma(t) = \sum_{i \in I} \gamma_i(t)\,v_i\,, \qquad \omega = \sum_{i \in I} F_i\,dx_i\,,$$

so ist

$$\int_\gamma \omega = \sum_{i \in I} \int_a^b F_i\big(\gamma(t)\big) \cdot \gamma_i'(t)\, dt\,.$$

7.B.5 Bemerkung *Man interpretiere das Kurvenintegral $\int_\gamma \omega$ als* G e s a m t ä n d e r u n g l ä n g s γ. Präzisiert wird dies durch folgende Überlegung: $a = t_0 \le t_1 \le \cdots \le t_m = b$ sei eine (hinreichend feine) Unterteilung des Definitionsintervalls $[a, b]$ von γ. Dann ist $\omega\big(\gamma(t_i)\,;\,\gamma(t_{i+1}) - \gamma(t_i)\big)$ eine Approximation der Änderung vom Punkt $\gamma(t_i)$ bis zum Punkt $\gamma(t_{i+1})$, $i = 0, \ldots, m-1$, und die R i e m a n n s c h e S u m m e

$$\sum_{i=0}^{m-1} \omega\big(\gamma(t_i)\,;\,\gamma(t_{i+1}) - \gamma(t_i)\big)$$

eine Approximation für die Gesamtänderung längs des Weges γ. *Für jede Folge von solchen Unterteilungen des Intervalls $[a, b]$, für die das Maximum der Teilintervalllängen gegen 0 konvergiert, konvergiert die Folge der zugehörigen Riemannschen Summen gegen $\int_\gamma \omega$.* Dies ergibt sich für den Fall, dass γ stetig differenzierbar ist (worauf man den allgemeinen Fall unmittelbar zurückführt), aus

$$\gamma(t_{i+1}) - \gamma(t_i) = \gamma'(t_i)\,(t_{i+1} - t_i) + R_i\,,$$

$\|R_i\| \le \|\gamma'(\tau_i) - \gamma'(t_i)\|\,(t_{i+1} - t_i)$ mit $\tau_i \in [t_i, t_{i+1}]$, $i = 0, \ldots, m-1$, also

$$\sum_{i=0}^{m-1} \omega\big(\gamma(t_i)\,;\,\gamma(t_{i+1}) - \gamma(t_i)\big) = \sum_{i=0}^{m-1} \omega\big(\gamma(t_i)\,;\,\gamma'(t_i)\big)\,(t_{i+1} - t_i) + R\,,$$

$$\|R\| \le \sum_{i=0}^{m-1} \|\omega\big(\gamma(t_i)\big)\|\,\|\gamma'(\tau_i) - \gamma'(t_i)\|\,(t_{i+1} - t_i)$$

$$\le (b-a)\,M \cdot \mathrm{Max}\,\big\{\|\gamma'(\tau_i) - \gamma'(t_i)\| \ \big|\ i = 0, \ldots, m-1\big\}\,,$$

$M := \mathrm{Max}\,\big\{\|\omega\big(\gamma(t)\big)\| \ \big|\ t \in [a, b]\big\}$, zusammen mit Bd. 1, Beispiel 16.C.3 und der gleichmäßigen Stetigkeit von $t \mapsto \gamma'(t)$ auf $[a, b]$. Die obigen Riemannschen Summen konvergieren offenbar bereits für einen rektifizierbaren Weg γ (und eine stetige 1-Form ω) gegen einen Wert, der unabhängig von der gewählten Unterteilungsfolge ist. Auf diese Weise ist das Kurvenintegral $\int_\gamma \omega$ für *rektifizierbare* Wege γ definiert.

Wir notieren einige R e c h e n r e g e l n f ü r K u r v e n i n t e g r a l e :

7.B.6 Satz *Es seien $\omega, \omega_1, \omega_2$ stetige W-wertige 1-Formen auf der offenen Menge $G \subseteq V$ und $\gamma : [a, b] \to G$ ein stückweise stetig differenzierbarer Weg.*

(1) L i n e a r i t ä t : *Für beliebig Konstanten a_1 und a_2 (aus dem Skalarenkörper von W) gilt*

$$\int_\gamma (a_1\omega_1 + a_2\omega_2) = a_1 \int_\gamma \omega_1 + a_2 \int_\gamma \omega_2\,.$$

(2) A d d i t i v i t ä t b z g l . d e s I n t e g r a t i o n s w e g e s : *Sei $\widetilde\gamma : [b, c] \to G$ ein weiterer stückweise stetig differenzierbarer Weg. Stimmen der Endpunkt $\gamma(b)$ von γ*

und der Anfangspunkt $\widetilde{\gamma}(b)$ von $\widetilde{\gamma}$ überein, so gilt für den Summenweg $\gamma\widetilde{\gamma}$ von γ und $\widetilde{\gamma}$ (der ebenfalls stückweise stetig differenzierbar ist)

$$\int_{\gamma\widetilde{\gamma}} \omega = \int_{\gamma} \omega + \int_{\widetilde{\gamma}} \omega.$$

Ferner gilt für den Rückweg $\overleftarrow{\gamma}$ von γ

$$\int_{\overleftarrow{\gamma}} \omega = -\int_{\gamma} \omega.$$

(3) Mittelwertsatz: *Sind V und W normiert, so ist*

$$\left\| \int_{\gamma} \omega \right\| \leq \int_{a}^{b} \|\omega(\gamma(t))\| \, \|\gamma'(t)\| \, dt$$

und insbesondere

$$\left\| \int_{\gamma} \omega \right\| \leq M\,L(\gamma),$$

falls $\|\omega(x)\| \leq M$ gilt für alle x auf der Trajektorie von γ. ($L(\gamma)$ ist die Länge von γ bzgl. der gegebenen Norm auf V.)

(4) Substitutionsregel: *Ist $H : \widetilde{G} \to G$ stetig differenzierbar und $\widetilde{\gamma} : [a, b] \to \widetilde{G}$ ein stückweise stetig differenzierbarer Weg in $\widetilde{G}$, so ist*

$$\int_{H\circ\widetilde{\gamma}} \omega = \int_{\widetilde{\gamma}} H^{*}\omega.$$

(5) Integrale über exakte 1-Formen: *Ist F eine Stammfunktion von ω, so ist*

$$\int_{\gamma} \omega = F \Big|_{\gamma(a)}^{\gamma(b)} = F(\gamma(b)) - F(\gamma(a)).$$

(6) *Sei ω_n, $n \in \mathbb{N}$, eine Folge von stetigen W-wertigen 1-Formen auf G, die auf der Trajektorie von γ gleichmäßig gegen ω konvergiert. Dann ist*

$$\int_{\gamma} \omega = \lim_{n\to\infty} \int_{\gamma} \omega_n.$$

Beweis. (1) und (2) sind trivial. Mit 4.C.4 ergibt sich

$$\left\| \int_{\gamma} \omega \right\| = \left\| \int_{a}^{b} \omega(\gamma(t)\,;\,\gamma'(t)) \, dt \right\| \leq \int_{a}^{b} \|\omega(\gamma(t)\,;\,\gamma'(t))\| \, dt$$

$$\leq \int_{a}^{b} \|\omega(\gamma(t))\| \, \|\gamma'(t)\| \, dt \leq M \int_{a}^{b} \|\gamma'(t)\| \, dt,$$

und $\int_a^b \|\gamma'(t)\|\, dt$ ist nach 4.D.2 die Länge $L(\gamma)$ von γ. Das beweist (3).

Zum Beweis von (4) sei $\widetilde{\gamma}$ ohne Beschränkung der Allgemeinheit stetig differenzierbar. Dann ist

$$\int_{H\circ\widetilde{\gamma}} \omega = \int_a^b (H\circ\widetilde{\gamma})^*\omega = \int_a^b \widetilde{\gamma}^*H^*\omega = \int_{\widetilde{\gamma}} H^*\omega\,.$$

Zum Beweis von (5) können wir ebenfalls annehmen, dass γ stetig differenzierbar ist. Dann ist

$$\int_\gamma \omega = \int_\gamma \mathrm{D}F = \int_a^b \gamma^*\mathrm{D}F = \int_a^b \mathrm{D}\gamma^*F = \gamma^*F\Big|_a^b = F\big(\gamma(b)\big) - F\big(\gamma(a)\big)\,.$$

Zum Beweis von (6) können wir wieder annehmen, dass γ stetig differenzierbar ist. Dann gilt mit Bd. 1, 16.B.14

$$\lim_{n\to\infty} \int_\gamma \omega_n = \lim_{n\to\infty} \int_a^b \omega_n\big(\gamma(t)\,;\gamma'(t)\big)\, dt = \int_a^b \omega\big(\gamma(t)\,;\gamma'(t)\big)\, dt = \int_\gamma \omega\,,$$

da $\omega_n\big(\gamma(t)\,;\gamma'(t)\big)$ auf Grund der Voraussetzung auf $[a,b]$ gleichmäßig konvergiert gegen $\omega\big(\gamma(t)\,;\gamma'(t)\big)$. $\qquad\bullet$

Die Formulierung der Substitutionsregel mit Differenzialformen wie in Satz 7.B.6 (4) haben wir bereits in Bd. 1, Beispiel 16.B.6 (6) benutzt.

Für unser Problem, die exakten 1-Formen zu charakterisieren, ist die Formel (5) in 7.B.6 am interessantesten. Sie ergibt:

7.B.7 Satz *Sei ω eine stetige W-wertige 1-Form auf der offenen Menge $G \subseteq V$. Folgende Aussagen sind äquivalent:*

(1) ω ist exakt (d.h. ω besitzt eine Stammfunktion $F : G \to W$, es ist also $\mathrm{D}F = \omega$).

(2) Für jeden stückweise stetig differenzierbaren Weg $\gamma : [a,b] \to G$ hängt das Kurvenintegral $\int_\gamma \omega$ nur vom Anfangs- und Endpunkt von γ ab.

(2′) Es ist $\int_\gamma \omega = 0$ für jeden geschlossenen stückweise stetig differenzierbaren Weg $\gamma : [a,b] \to G$.

Sind diese Bedingungen für ω erfüllt und ist G zusammenhängend (d.h. ein Gebiet), so ist

$$F(x) := \int_{x_0}^x \omega$$

eine Stammfunktion für ω, wobei $x_0 \in G$ ein beliebiger aber fester Punkt von G ist und $\int_{x_0}^x \omega$ der Wert eines (und damit jeden) Kurvenintegrals $\int_\gamma \omega$ längs eines stückweise stetig differenzierbaren Wegs γ, der x_0 und x verbindet.

B e w e i s . Aus (1) folgt (2) mit 7.B.6(5). (2) und (2′) sind trivialerweise äquivalent: Sind nämlich γ_1 und γ_2 stückweise stetig differenzierbare Wege in G, die dieselben Punkte verbinden, so können wir annehmen, dass der Endpunkt des Definitionsintervall von γ_1 mit dem Anfang des Definitionsintervalls von γ_2 übereinstimmt und erhalten in diesem Fall mit 7.B.6 (2)

$$\int_{\gamma_1} \omega - \int_{\gamma_2} \omega = \int_{\gamma_1} \omega + \int_{\overleftarrow{\gamma}_2} \omega = \int_{\gamma_1\overleftarrow{\gamma}_2} \omega \,,$$

wobei der Summenweg $\gamma_1\overleftarrow{\gamma}_2$ geschlossen ist.

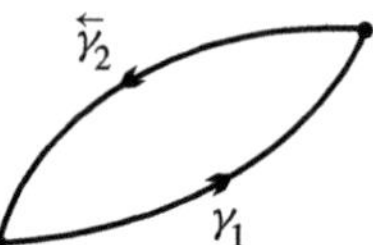

Zum Beweis von (2)$\Rightarrow$(1) haben wir nur zu zeigen, dass die im Zusatz definierte Funktion F eine Stammfunktion von ω ist. Seien $a \in G$ und $v \in V$. Für dem Absolutbetrag nach kleine t ist

$$F(a+tv) - F(a) = \int_a^{a+tv} \omega = \int_{\gamma_t} \omega = \int_0^t \omega\,(a+\tau v \,;\, v)\,d\tau$$

mit dem Weg $\gamma_t : \tau \mapsto a + \tau v \operatorname{Sign} t,\ \tau \in [0, |t|]$, und folglich

$$\mathrm{D}_v F(a) = \lim_{\substack{t\to 0 \\ t\neq 0}} \frac{F(a+tv) - F(a)}{t} = \lim_{\substack{t\to 0 \\ t\neq 0}} \frac{1}{t} \int_0^t \omega\,(a+\tau v\,;\,v)\,d\tau = \omega\,(a\,;\,v)\,,$$

wie behauptet.   ●

Satz 7.B.7 allein liefert noch kein handliches Kriterium für die Existenz von Stammfunktionen. Für stetig differenzierbare 1-Formen lässt es sich wesentlich verbessern, da man für diese ein einfaches Kriterium hat, das die Existenz von Stammfunktionen zumindest lokal garantiert. Wir führen dies hier noch aus und verschieben den globalen Fall auf Abschnitt 7.E, da für diesen einige topologische Vorbereitungen notwendig sind.

Sei ω zunächst eine beliebige differenzierbare 1-Form auf $G \subseteq V$. Ihr totales Differenzial $\mathrm{D}\omega$ ordnet jedem Punkt $x \in G$ die lineare Abbildung

$$(\mathrm{D}\omega)_x = (\mathrm{D}\omega)(x) : V \to \operatorname{Hom}_{\mathbb{R}}(V, W)$$

zu. Diese lineare Abbildung identifizieren wir mit der bilinearen Abbildung $V \times V \to W$,

$$(u, v) \mapsto \mathrm{D}\omega(x\,;\,u, v) := \big((\mathrm{D}\omega)_x(u)\big)(v) = (\mathrm{D}_u\omega)(x\,;\,v)\,,$$

vgl. dazu Bd. 2, Abschnitt 12.A für den Fall $W = \mathbb{R}$. Für $u, v \in V$ ist $\mathrm{D}\omega\,(x\,;\,u, v)$ auch die Ableitung der Abbildung $x \mapsto \omega\,(x\,;\,v)$ in Richtung u. Die Ableitung von $(x, y) \mapsto \omega\,(x\,;\,y),\ (x, y) \in G \times V$, in Richtung $(u, v) \in V \times V$ ist also

$$\mathrm{D}_{(u,v)}\omega\,(x\,;\,y) = \mathrm{D}\omega\,(x\,;\,u, y) + \omega\,(x\,;\,v)\,.$$

Die (differenzierbare) 1-Form ω heißt s y m m e t r i s c h, wenn ihr totales Differenzial $D\omega$ in jedem Punkt $x \in G$ symmetrisch ist, wenn also $D\omega\,(x\,;\,u,\,v) = D\omega\,(x\,;\,v,\,u)$ für alle $x \in G$ und alle $u,\,v \in V$ gilt.[3]) Ist $\omega = DF$ das totale Differenzial der Abbildung $F : G \to W$, so ist $D\omega(x\,;\,u,\,v) = D^2 F(x\,;\,u,\,v)$ die Ableitung von $x \mapsto DF(x\,;\,v) = D_v F(x)$ in Richtung u, also

$$D^2 F(x\,;\,u,\,v) = D_u D_v F(x)\,.$$

Aus 5.A.4 folgt daher:

7.B.8 Satz *Besitzt eine stetig[4]) differenzierbare 1-Form ω auf $G \subseteq V$ eine Stammfunktion, so ist ω symmetrisch, d.h. es ist*

$$D\omega\,(x\,;\,u,\,v) = D\omega\,(x\,;\,v,\,u)$$

für alle $x \in G$ und alle $u,\,v \in V$.

Wegen 7.B.8 heißt die Symmetriebedingung für ω auch die I n t e g r a b i l i t ä t s b e - d i n g u n g. Sie ist natürlich bereits dann erfüllt, wenn sie für die Vektoren u, v einer Basis v_i, $i \in I$, von V und alle $x \in G$ erfüllt ist. Ist dann x_i, $i \in I$, die Dualbasis zu v_i, $i \in I$, und

$$\omega = \sum_{i \in I} F_i\, dx_i\,,$$

so ist $D\omega\,(x\,;\,v_i,\,v_j) = \partial F_j/\partial x_i$ und die Integrabilitätsbedingung für ω lautet einfach: Für alle $i,\,j \in I$ ist

$$\frac{\partial F_j}{\partial x_i} = \frac{\partial F_i}{\partial x_j}\,.$$

Ist etwa $\omega : V \to \mathrm{Hom}_{\mathbb{R}}(V,\,W)$ eine lineare 1-Form auf V, so ist $D\omega = \omega$ konstant und *ω erfüllt genau dann die Integrabilitätsbedingung, wenn die zu ω gehörende bilineare Abbildung $V \times V \to W$ mit $\omega(u\,;\,v) = \big(\omega(u)\big)(v)$ symmetrisch ist.* Dann lässt sich auch eine Stammfunktion F leicht angeben, nämlich die Hälfte der zu ω gehörenden quadratischen Abbildung, also

$$F(x) := \frac{1}{2}\,\omega\,(x\,;\,x)\,, \qquad x \in V\,.$$

Für x, $v \in V$ ist ja

$$(D_v F)(x) = \frac{1}{2}\,\big(\omega\,(v\,;\,x) + \omega\,(x\,;\,v)\big) = \omega\,(x\,;\,v)\,.$$

---

[3]) In diesem Band bezeichnet $D\omega$ für eine 1-Form ω stets das *totale* Differenzial von ω, das von der so genannten ä u ß e r e n A b l e i t u n g $d\omega$ von ω zu unterscheiden ist. Diese ist die Antisymmetrisierung von $D\omega$, die jedem $x \in G$ die antisymmetrische Bilinearform

$$(u,\,v) \mapsto D\omega\,(x\,;\,u,\,v) - D\omega\,(x\,;\,v,\,u)$$

zuordnet. ω ist *also genau dann symmetrisch, wenn die äußere Ableitung von ω verschwindet.* Die äußere Ableitung spielt eine zentrale Rolle in Bd. 4.

[4]) Die Voraussetzung der Stetigkeit von $D\omega$ ist überflüssig, vgl. 7.B.16.

Generell lässt sich für stetig differenzierbare 1-Formen auf sternförmigen Gebieten leicht zeigen, dass die Integrabilitätsbedingung auch hinreichend für die Existenz einer Stammfunktion ist.

7.B.9 Satz *Seien $G \subseteq V$ ein bzgl. $s \in G$ sternförmiges Gebiet und ω eine stetig differenzierbare symmetrische 1-Form auf G. Dann hat ω die Stammfunktion*

$$F(s+x) = \int_0^1 \omega(s+tx\,;\,x)\,dt\,, \qquad s+x \in G\,.$$

B e w e i s . Das angegebene Integral ist das Kurvenintegral $\int_{\gamma_x} \omega$ für den s mit $s+x$ verbindenden Weg $\gamma_x : t \mapsto s+tx$, $t \in [0, 1]$. Beim Beweis von $DF = \omega$ wollen wir $s = 0$ annehmen. Wir dürfen unter dem Integralzeichen differenzieren, vgl. Bd. 1, 16.B.17 oder auch Abschnitt 5.B, Aufg. 14 im vorliegenden Band. Da ω symmetrisch ist, hat der Integrand $x \mapsto \omega\,(tx\,;\,x)$ in Richtung $v \in V$ die Ableitung

$$D\omega\,(tx\,;\,tv, x) + \omega\,(tx\,;\,v) = t\,D\omega\,(tx\,;\,x, v) + \omega\,(tx\,;\,v)\,.$$

Bei festen $x \in G$ und $v \in V$ ist dies als Funktion in t die Ableitung von $t \mapsto t\omega\,(tx\,;\,v)$. Wir erhalten

$$D_v F(x) = \int_0^1 \bigl(t\,D\omega(tx\,;\,x, v) + \omega\,(tx\,;\,v)\bigr)\,dt = t\omega\,(tx\,;\,v)\,\Big|_0^1 = \omega(x\,;\,v)\,. \qquad \bullet$$

7.B.10 Beispiel In der Situation von 7.B.9 lässt sich eine Stammfunktion F, nachdem ihre Existenz gesichert ist, mit Integralen über ω längs beliebiger Kurven berechnen. Ist etwa $v_1, \ldots, v_n$ eine $\mathbb{R}$-Basis von V mit den Koordinatenfunktionen $v_1^* = x_1, \ldots, v_n^* = x_n$ und ist G ein offenes Parallelotop

$$G = \{x \in V \mid x_i(x) \in \,]a_i, b_i[\,, \ i=1, \ldots, n\}\,,$$

so gewinnt man für

$$\omega = F_1 dx_1 + \cdots + F_n dx_n$$

eine Stammfunktion F häufig bequem durch Integration parallel zu den Kanten des Parallelotops:

$$F(x_1 v_1 + \cdots + x_n v_n) = \sum_{i=1}^n \int_{c_i}^{x_i} F_i(x_1 v_1 + \cdots + x_{i-1} v_{i-1} + t_i v_i + c_{i+1} v_{i+1} + \cdots + c_n v_n)\,dt_i\,.$$

Dabei ist $c = c_1 v_1 + \cdots + c_n v_n$ ein fest gewählter Punkt in G. Man zeigt übrigens leicht direkt, dass es sich hier bei Vorliegen der Integrabilitätsbedingung $\partial F_j / \partial x_i = \partial F_i / \partial x_j$, $i, j = 1, \ldots, n$, um eine Stammfunktion für ω handelt.

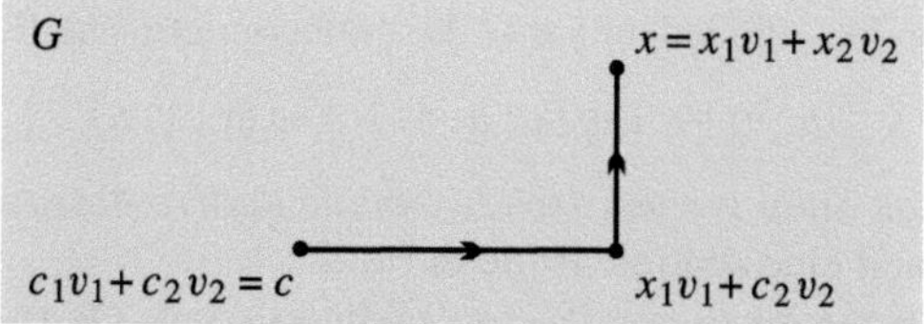

Nach 7.B.9 ist es für stetig differenzierbare 1-Formen ω auf G relativ einfach zu entscheiden, ob sie *lokal* eine Stammfunktion besitzen, d.h. ob zu jedem Punkt $a \in G$ eine offene Umgebung $U \subseteq G$ existiert, für die die Beschränkung $\omega|U$ eine Stammfunktion auf U besitzt. Wir definieren:

7.B.11 Definition Eine 1-Form ω auf G heißt g e s c h l o s s e n oder l o k a l   e x a k t oder l o k a l   i n t e g r a b e l, wenn zu jedem Punkt $a \in G$ eine offene Umgebung U derart existiert, dass die Beschränkung $\omega|U$ exakt ist.

7.B.8 und 7.B.9 haben das folgende Korollar:

7.B.12 Satz *Eine stetig*[5] *differenzierbare 1-Form ω auf der offenen Menge $G \subseteq V$ ist genau dann geschlossen, wenn sie symmetrisch ist, d.h. die Integrabilitätsbedingung*

$$\mathrm{D}\omega(x\,;\,u,\,v) = \mathrm{D}\omega(x\,;\,v,\,u)$$

für alle $x \in G$ und alle $u,\,v \in V$ erfüllt.

7.B.13 Beispiel Sei $G \subseteq \mathbb{C} = \mathbb{R}^2$ offen. *Ist $z \mapsto f(z)$ eine komplex-analytische Funktion auf G, so ist die 1-Form $f\,dz$ auf G geschlossen.* Lokal lässt sich sofort eine Stammfunktion angeben: f besitzt um den Punkt $a \in G$ eine Potenzreihenentwicklung $f(z) = \sum_\nu a_\nu\,(z-a)^\nu$ und

$$F(z) = \sum_{\nu=0}^{\infty} \frac{a_\nu}{\nu+1}\,(z-a)^{\nu+1}$$

ist eine in einer Umgebung von a komplex-analytische Funktion F mit $\mathrm{D}F = F'(z)dz = f\,dz$. Genauer gilt:

7.B.14 Lemma *Ist $f : G \to \mathbb{C}$ stetig*[6] *reell-differenzierbar, so ist die 1-Form $\omega = f\,dz$ genau dann geschlossen, wenn f komplex-differenzierbar ist.*

B e w e i s. Sei $x := \mathrm{Re}\,z$ und $y := \mathrm{Im}\,z$, $\varphi := \mathrm{Re}\,f$ und $\psi := \mathrm{Im}\,f$. Dann ist

$$f\,dz = (\varphi + \mathrm{i}\psi)(dx + \mathrm{i}dy) = (\varphi + \mathrm{i}\psi)\,dx + (-\psi + \mathrm{i}\varphi)\,dy\,.$$

Die Integrabilitätsbedingung in 7.B.8 lautet

$$\frac{\partial}{\partial y}(\varphi + \mathrm{i}\psi) = \frac{\partial}{\partial x}(-\psi + \mathrm{i}\varphi)\,, \qquad \text{d.h.} \qquad \frac{\partial \varphi}{\partial y} = -\frac{\partial \psi}{\partial x} \quad \text{und} \quad \frac{\partial \psi}{\partial y} = \frac{\partial \varphi}{\partial x}\,.$$

Dies sind aber die Cauchy-Riemannschen Differenzialgleichungen, die die komplexe Differenzierbarkeit von f charakterisieren, vgl. Beispiel 5.B.8. $\bullet$

Übrigens ist eine Stammfunktion G zu einer 1-Form $g\,dz$, wo $g : G \to \mathbb{C}$ eine beliebige Funktion ist, notwendigerweise komplex-differenzierbar wegen

$$dG = \frac{\partial G}{\partial z}\,dz + \frac{\partial G}{\partial \bar{z}}\,d\bar{z} = g\,dz$$

d.h. $\partial G/\partial z = g$ und $\partial G/\partial \bar{z} = 0$, vgl. Beispiel 5.B.8.

---

[5]) Die Voraussetzung, dass die Ableitung von ω stetig ist, ist überflüssig, vgl. 7.B.16.
[6]) Die Voraussetzung, dass das totale Differenzial von f stetig ist, ist überflüssig, vgl. 7.B.16.

(1) *Eine Differenzialform $f\,dz$ mit komplex-differenzierbarem $f : G \to \mathbb{C}$ ist in der Regel nicht exakt.* Von exemplarischer Bedeutung ist das Beispiel

$$\omega = \frac{dz}{z} = \frac{\bar{z}\,dz}{|z|^2}$$

auf $\mathbb{C}^\times = \mathbb{C} - \{0\}$ mit der Stammfunktion $\ln z$ auf der geschlitzten Ebene $\mathbb{C} - \mathbb{R}_-$, das wir bereits in Band 1 im Anschluss an Satz 16.A.6 erwähnten. Interessant ist vor allem der Imaginärteil

$$\operatorname{Im}\omega = \frac{-y\,dx + x\,dy}{x^2 + y^2}$$

von ω. Das Integral

$$\int_\gamma \operatorname{Im}\omega = \int_a^b \frac{-yx' + xy'}{x^2 + y^2}\,dt$$

längs eines stückweise stetig differenzierbaren Wegs $\gamma : [a, b] \to \mathbb{C}^\times$ mit $\gamma(t) = x(t) + \mathrm{i}\,y(t)$ ist nach Beispiel 4.A.12 die Gesamtwinkeländerung längs γ und gleich

$$2\pi \mathrm{W}(\gamma\,;0)$$

für einen geschlossenen Weg γ, wobei $\mathrm{W}(\gamma\,;0)$ die Windungszahl von γ bzgl. 0 ist.

Der Realteil von ω

$$\operatorname{Re}\omega = \frac{x\,dx + y\,dy}{x^2 + y^2}$$

ist exakt, denn

$$\operatorname{Re}\ln z = \ln|z| = \ln\sqrt{x^2 + y^2}$$

ist auf ganz $\mathbb{C}^\times$ definiert und damit eine Stammfunktion zu $\operatorname{Re}\omega$, was der Leser auch leicht direkt bestätigt. Für jeden geschlossenen Weg γ in $\mathbb{C}^\times$ ist also

$$\int_\gamma \frac{dz}{z} = 2\pi\mathrm{i}\,\mathrm{W}(\gamma\,;0)\,.$$

Im Fall des n-fach durchlaufenen Einheitskreis $\gamma_n : t \mapsto \exp(2\pi\mathrm{i}nt)$, $t \in [0, 1]$, gilt insbesondere $\int_{\gamma_n} dz/z = 2\pi\mathrm{i}n$. Hier ist auch die direkte Rechnung sehr einfach:

$$\int_{\gamma_n} \frac{dz}{z} = \int_0^1 \frac{\gamma_n'(t)}{\gamma_n(t)}\,dt = \int_0^1 2\pi\mathrm{i}n\,dt = 2\pi\mathrm{i}n\,.$$

(2) Für die Differenzialform

$$\eta := \frac{1}{2}\operatorname{Im}\left(|z|^2\omega\right) = \frac{1}{2}\operatorname{Im}\bar{z}\,dz = \frac{1}{2}(-y\,dx + x\,dy)$$

mit der Form $\omega = \dfrac{dz}{z}$ aus (1) und eine stückweise stetig differenzierbare Kurve $\gamma : [a, b] \to \mathbb{C}$ ist $\int_\gamma \eta$ nach dem Flächensatz aus Beispiel 4.A.11 gleich dem von den Strahlen $[0, \gamma(t)]$, $t \in [a, b]$, überstrichenen Flächeninhalt $F_a^b(\gamma)$. Man nennt η daher auch die F l ä c h e n f o r m .

Der Realteil $\dfrac{1}{2}(x\,dx + y\,dy)$ von $\dfrac{1}{2}|z|^2\omega = \dfrac{1}{2}\bar{z}\,dz$ ist exakt mit Stammfunktion $\dfrac{x^2 + y^2}{4}$.

Es gilt

$$\frac{1}{2} \int_\gamma \overline{z} \, dz = \mathrm{i} \, F_a^b(\gamma) \,, \quad \text{also} \quad F_a^b(\gamma) = \frac{1}{2\mathrm{i}} \int_\gamma \overline{z} \, dz$$

für jeden *geschlossenen* stückweise stetig differenzierbaren Weg $\gamma : [a, b] \to \mathbb{C}$.
Ist z.B. der geschlossene Weg $\gamma : [0, 1] \to \mathbb{C}$ durch seine Fourier-Entwicklung

$$\gamma(t) = \sum_{n \in \mathbb{Z}} c_n \exp(2\pi \mathrm{i} n t)$$

gegeben (vgl. Bd. 2, Abschnitt 19.C), so ist $\gamma'(t) = \sum_{n \in \mathbb{Z}^*} 2\pi \mathrm{i} n c_n \exp(2\pi \mathrm{i} n t)$ die Fourier-Entwicklung von γ', und es ist (mit dem Skalarprodukt $\langle f, g \rangle = \int_0^1 f \, \overline{g} \, dt$ für stückweise stetige Funktionen $f, g : [0, 1] \to \mathbb{C}$)

$$F(\gamma) = F_0^1(\gamma) = \frac{1}{2\mathrm{i}} \int_\gamma \overline{z} \, dz = \int_0^1 \overline{\gamma}(t) \, \gamma'(t) \, dt = \frac{1}{2\mathrm{i}} \langle \gamma', \gamma \rangle = \pi \sum_{n \in \mathbb{Z}^*} n \, |c_n|^2 \,.$$

Wird γ mit konstanter Geschwindigkeit durchlaufen, also $|\gamma'| \equiv L$ und $L(\gamma) = L$, so ist $L^2 = \langle \gamma', \gamma' \rangle = 4\pi^2 \sum_{n \in \mathbb{Z}^*} n^2 |c_n|^2$ und folglich $|F(\gamma)| \le L^2/4\pi$, wobei das Gleichheitszeichen genau dann gilt, wenn $c_n = 0$ ist für alle n mit $|n| \ge 2$ und überdies $c_1 c_{-1} = 0$, d.h. wenn γ ein Kreis (mit Radius $L/2\pi$) ist. Durch eventuelles Umparametrisieren erhalten wir folgende Lösung des so genannten (e b e n e n) i s o p e r i m e t r i s c h e n P r o b l e m s: *Sei $\gamma : [a, b] \to \mathbb{C}$ eine stückweise stetig differenzierbare und reguläre geschlossene Kurve in der euklidischen Ebene mit der Länge $L > 0$. Dann gilt für den Flächeninhalt $F(\gamma)$, der von den Strahlen $[0, \gamma(t)]$, $t \in [a, b]$, überstrichen wird, stets die* i s o p e r i m e t r i s c h e U n g l e i c h u n g

$$|F(\gamma)| \le L^2/4\pi \,.$$

Das Gleichheitszeichen gilt genau dann, wenn γ ein (einmal durchlaufener) Kreis ist. Dieses Ergebnis gilt sogar allgemein für alle rektifizierbaren geschlossenen Wege γ der Länge L. Zum B e w e i s dieser Verallgemeinerung kann man nämlich annehmen, dass $\gamma : [0, L] \to \mathbb{C}$ bogenparametrisiert ist (vgl. dazu 4.D, Aufg. 6 und Aufg. 12). Dann approximiere man γ durch passende Streckenzüge und benutze für diese die angegebenen Formeln.

7.B.15 Bemerkung (D e r S a t z v o n G o u r s a t) Bis heute überrascht ein (erstmals im Jahre 1900 veröffentlichtes, aber schon 1884 bewiesenes) Resultat von E. Goursat, das besagt, dass in 7.B.12 (und damit auch in 7.B.14) die Voraussetzung der Stetigkeit der Ableitung von ω überflüssig ist.

7.B.16 Satz von Goursat *Eine (nicht notwendig stetig) differenzierbare 1-Form ω auf der offenen Menge $G \subseteq V$ ist genau dann geschlossen, wenn sie symmetrisch ist, d.h. die Integrabilitätsbedingung $\mathrm{D}\omega(x \,; u, v) = \mathrm{D}\omega(x \,; v, u)$ für alle $x \in G$ und alle $u, v \in V$ erfüllt.*[7]

B e w e i s. (1) Sei ω geschlossen. Um zu beweisen, dass ω die Integrabilitätsbedingung erfüllt, ist folgende Aussage zu zeigen, die auch für sich interessant ist und 5.A.4 partiell verallgemeinert:

---

[7] In dieser (reellen) Version wurde der Satz von A. Pringsheim 1903 für $\mathrm{Dim}_{\mathbb{R}} V = 2$ formuliert und bewiesen. Goursat bewies ihn im Spezialfall, dass $\omega = f \, dz$ mit einer komplex-differenzierbaren Funktion $f : G \to \mathbb{C}$ auf einer offenen Menge $G \subseteq \mathbb{C}$ ist, vgl. Lemma 7.B.14 und Abschnitt 7.F. Für weitere historische Bemerkungen hierzu vgl. Gray, J.: Goursat, Pringsheim, Walsh, and the Cauchy Integral Theorem, Math. Int. **22** (4), 60-66 (2000).

7.B.17 Lemma *Sei $F : G \to W$ differenzierbar. Das totale Differenzial $\mathrm{D}F : G \to \mathrm{Hom}_{\mathbb{R}}(V, W)$ sei ebenfalls differenzierbar. Dann sind für beliebige $u, v \in V$ die Richtungsableitungen nach u bzw. v vertauschbar: $\mathrm{D}_u\mathrm{D}_v F = \mathrm{D}_v\mathrm{D}_u F$, d.h. die 1-Form $\mathrm{D}F$ ist symmetrisch.*

B e w e i s von 7.B.17. Wir gehen ähnlich wie beim Beweis von 5.A.4 vor. Es ist $\mathrm{D}^2 F(x \,;\, u, v) = \mathrm{D}_u\mathrm{D}_v F(x)$. Ohne Einschränkung sei $W = \mathbb{R}$. Definitionsgemäß ist

$$\mathrm{D}F(x+y\,;\,z) = \mathrm{D}F(x\,;\,z) + \mathrm{D}^2 F(x\,;\,y, z) + \|y\|\, R(y\,;\,z),$$

wobei R eine in der Umgebung des Nullpunktes von V definierte 1-Form mit $\lim_{y \to 0} R(y) = 0$ ist. Der Mittelwertsatz liefert (ähnlich wie beim Beweis von 5.A.4) für kleine $s \in \mathbb{R}$

$$\begin{aligned}
F(x+su+sv) &- F(x+su) - F(x+sv) + F(x) \\
&= s\,\mathrm{D}F(x+s_1u+sv\,;\,u) - s\,\mathrm{D}F(x+s_1u\,;\,u) \\
&= s\big(\mathrm{D}F(x\,;\,u) + \mathrm{D}^2 F(x\,;\,s_1u+sv, u) + \|s_1u+sv\|\, R(s_1u+sv\,;\,u)\big) \\
&\quad - s\big(\mathrm{D}F(x\,;\,u) + \mathrm{D}^2 F(x\,;\,s_1u, u) + \|s_1u\|\, R(s_1u\,;\,u)\big) \\
&= s^2\mathrm{D}^2 F(x\,;\,v, u) + s\|s_1u+sv\|\, R(s_1u+sv\,;\,u) - s\|s_1u\|\, R(s_1u\,;\,u),
\end{aligned}$$

sowie bei Vertauschung der Rollen von u und v

$$\begin{aligned}
F(x+su+sv) &- F(x+su) - F(x+sv) + F(x) \\
&= s^2\mathrm{D}^2 F(x\,;\,u, v) + s\|s_2v+su\|\, R(s_2v+su\,;\,v) - s\|s_2v\|\, R(s_2v\,;\,v)
\end{aligned}$$

mit reellen Zahlen s_1 und s_2 zwischen 0 und s. Es folgt

$$\begin{aligned}
s^2\, |\mathrm{D}^2 F(x\,;\,v, u) - \mathrm{D}^2 F(x\,;\,u, v)| &\leq \\
s^2 C\big(\|R(s_1u&+sv)\| + \|R(s_1u)\| + \|R(su+s_2v)\| + \|R(s_2v)\|\big)
\end{aligned}$$

mit einer Konstanten C. Lässt man s eine Nullfolge mit von 0 verschiedenen Gliedern durchlaufen, so erhält man $\mathrm{D}^2 F(x\,;\,u, v) = \mathrm{D}^2 F(x\,;\,v, u)$ wie behauptet.   ●

(2) Wir beweisen nun den wesentlichen Teil des Satzes 7.B.16 von Goursat. ω sei differenzierbar und symmetrisch. Es genügt zu zeigen, dass ω eine Stammfunktion besitzt, wenn G konvex ist. Wie in 7.B.9 setzen wir

$$F(s+x) := \int_0^1 \omega(s+\tau x\,;\,x)\, d\tau$$

für $s+x \in G$ und festes $s \in G$. Dann ist

$$F(s+tv) = \int_0^1 \omega(s+\tau tv\,;\,tv)\, d\tau = \int_0^t \omega(s+\tau v\,;\,v)\, d\tau$$

für $v \in V$ und absolut kleine $t \in \mathbb{R}$, woraus insbesondere $\mathrm{D}_v F(s) = \omega(s\,;\,v)$ folgt. Es bleibt zu zeigen, dass bei verschiedener Wahl des Aufpunktes $s \in G$ die gewonnenen Abbildungen F sich jeweils nur um eine additive Konstante unterscheiden. Dies ist aber sicher dann der Fall, wenn für jeden geschlossenen Dreiecksweg $\gamma = [x, y, z, x]$, $x, y, z \in G$, das Integral $\int_\gamma \omega$ verschwindet.

Sei $M := \|\int_\gamma \omega\|$. Mit den Mittelpunkten der Dreiecksseiten konstruieren wir wie in der folgenden Skizze angedeutet vier Dreiecke $\Delta^{(i)}$ mit Dreieckswegen $\gamma^{(i)}$, $i = 1, \dots, 4$. Dann gilt

$$\int_\gamma \omega = \sum_{i=1}^4 \int_{\gamma^{(i)}} \omega.$$

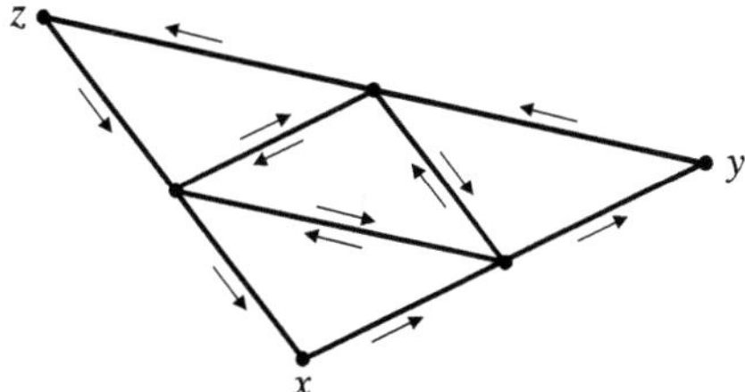

Für wenigstens eines dieser Dreiecke, etwa Δ_1 mit dem Randweg γ_1, ist $4\|\int_{\gamma_1}\omega\| \geq \|\int_{\gamma}\omega\| = M$. So fortfahrend, gewinnen wir Dreiecke Δ_ν, $\nu \in \mathbb{N}^*$, mit $\Delta_1 \supseteq \Delta_2 \supseteq \cdots \supseteq \Delta_\nu \supseteq \cdots$ und Randwegen γ_ν, für die $M \leq 4^\nu\|\int_{\gamma_\nu}\omega\|$ gilt. Wir zeigen, dass $4^\nu\|\int_{\gamma_\nu}\omega\|$, $\nu \in \mathbb{N}^*$, eine Nullfolge und folglich $M = 0$ ist. Sei $\{x_0\} = \bigcap_{\nu=1}^{\infty}\Delta_\nu$. Da ω in x_0 differenzierbar ist, gilt

$$\omega(x) = \omega(x_0) - (D\omega)_{x_0}(x_0) + (D\omega)_{x_0}(x) + R(x)$$

mit einer 1-Form $R = o(\|x - x_0\|)$ für $x \to x_0$. Da nach Voraussetzung die lineare 1-Form $(D\omega)_{x_0}$ die Integrabilitätsbedingung erfüllt, besitzt die Differenz $\omega - R$ eine Stammfunktion. Es folgt $\int_{\gamma_\nu}\omega = \int_{\gamma_\nu}R$. Wegen $\|x - x_0\| \leq L(\gamma_\nu)$ für jeden Punkt x auf dem Rand von Δ_ν erhalten wir schließlich mit 7.B.6 (3)

$$4^\nu\left\|\int_{\gamma_\nu}\omega\right\| = 4^\nu\left\|\int_{\gamma_\nu}R\right\| \leq 4^\nu L(\gamma_\nu) \cdot o\big(L(\gamma_\nu)\big) = 4^\nu L(\gamma_\nu)^2\, o(1) = 4^\nu \frac{L(\gamma)^2}{(2^\nu)^2}\, o(1) \to 0$$

für $\nu \to \infty$. Also ist $M = 0$, und dies war zu zeigen. $\bullet$

Nachdem die lokal exakten 1-Formen zumindest im differenzierbaren Fall sehr übersichtlich beschrieben worden sind, besteht die Aufgabe darin, unter diesen die global exakten auszusondern. Um dies übersichtlich tun zu können, sind einige topologische Vorbereitungen nötig. Damit beschäftigen wir uns vor allem im nächsten Abschnitt.

Aufgaben

In den folgenden Aufgaben bezeichnen V und W endlich-dimensionale $\mathbb{R}$-Vektorräume sowie G eine offene Menge in V.

1. Man berechne die Kurvenintegrale $\int_\gamma \omega$ für folgende ω, γ:

a) $\omega := x\,dx + y\,dy + z\,dz$; $\gamma : [0, 1] \to \mathbb{R}^3$ mit $\gamma(t) := (t, t^2, t^3)$ bzw. $\gamma : [0, 2\pi] \to \mathbb{R}^3$ mit $\gamma(t) := (\cos^3 t, \sin^3 t, 0)$.

b) $\omega := y\,dx + x\,dy$, $\gamma : [0, 1] \to \mathbb{R}^2$ mit $\gamma(t) := (\cos t, \sin t)$.

c) $\omega := \dfrac{-y\,dx + x\,dy}{x^2 + y^2}$, γ der Rand des folgenden Quadrats. (Vgl. Beispiel 7.B.13.)

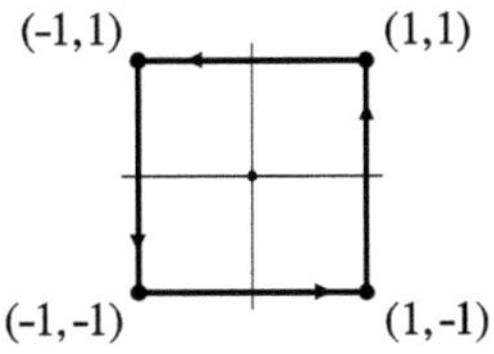

d) $\omega := \dfrac{x\,dx + y\,dy + z\,dz}{x^2 + y^2 + z^2}$, $\quad \gamma : [\,0, 2\pi\,] \to \mathbb{R}^3$ mit $\gamma(t) := (\cos t, \sin t, \cos t)$. (Vgl. Beispiel 7.B.13 in der Dimension 2.)

e) $\omega := (x - y^2)\,dx + (2y + x^2)\,dy$, γ wie in c).

f) $\omega := |z|\,dz$, γ der Rand des folgenden Dreiecks in $\mathbb{C}$:

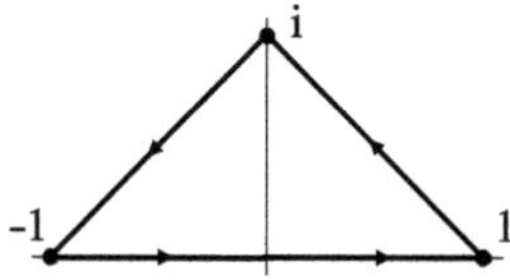

2. Sei $\gamma_r : [\,0, 2\pi\,] \to \mathbb{R}^2$ mit $\gamma_r(t) := r\,(\cos t, \sin t)$ für $r > 0$ der Kreis mit Radius r um 0. Für

$$\omega := \frac{-y\,dx + x\,dy}{x^2 + y^2}$$

und jede in einer Umgebung von $0 \in \mathbb{R}^2$ stetige Funktion f gilt dann

$$f(0) = \frac{1}{2\pi} \lim_{r \to 0+} \int_{\gamma_r} f\omega\,.$$

3. Man begründe, dass die folgenden Differenzialformen exakt sind und gebe eine Stammfunktion dazu an.

a) $(y^2 e^{xy} + 3x^2 y)\,dx + \left(x^3 + (1 + xy)\,e^{xy}\right)dy \quad$ auf $\mathbb{R}^2$.

b) $(x - y)\,dx + \left(\dfrac{1}{y^2} - x\right)dy \quad$ auf $\quad \mathbb{R} \times \mathbb{R}_+^{\times}$.

c) $\left(\dfrac{1}{2} y^2 e^x + 2y e^{2x}\right)dx + \left(y e^x + e^{2x}\right)dy \quad$ auf $\quad \mathbb{R}^2$.

d) $(x + z)\,dx + (-y - z)\,dy + (x - y)\,dz \quad$ auf $\mathbb{R}^3$.

e) $(2x + y)\,dx + (x + z^2)\,dy + 2yz\,dz \quad$ auf $\mathbb{R}^3$.

f) $(\sin y + y \cos x + yz \cos xy)\,dx + (x \cos y + \sin x + xz \cos xy)\,dy + \sin xy\,dz \quad$ auf $\mathbb{R}^3$.

4. Sei V ein euklidischer Vektorraum. Gibt es eine (stetige) 1-Form ω auf G mit Werten in $\mathbb{R}$ derart, dass $\left|\int_\gamma \omega\right|$ gleich der (euklidischen) Länge $L(\gamma)$ von γ ist für jeden stückweise stetig differenzierbaren Weg γ in G? (Man untersuche das Problem auch für eine beliebige andere Norm auf V an Stelle der gegebenen euklidischen.)

5. Seien $H : G' \to G$ eine C^1-Abbildung der offenen Menge $G' \subseteq V'$ mit Werten in G, ω eine stetige 1-Form auf G und $H^*\omega$ die zugehörige (stetige) 1-Form auf G'. Ist ω exakt bzw. geschlossen, so gilt Entsprechendes für $H^*\omega$.

6. Sei $\omega \in \Omega^1(G\,;\,W)$ eine stetige 1-Form mit Werten in W und sei $a \in G$. Für beliebige Vektoren $u, v \in V$ bezeichne $\gamma(u, v)$ den geschlossenen Streckenzug $[a, a + u, a + u + v, a + v, a]$.

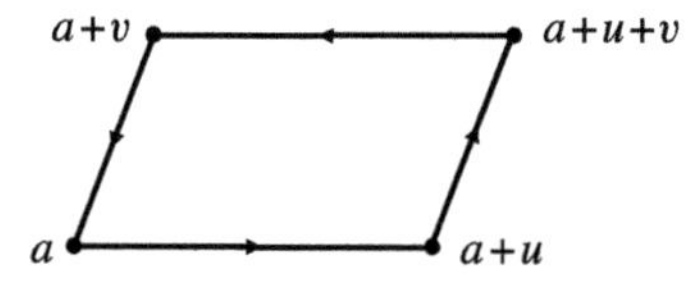

Ist ω in a differenzierbar, so gilt für $(u, v) \to 0$

$$\int\limits_{\gamma(u,v)} \omega = D\omega(a\,;u,v) - D\omega(a\,;v,u) + o\big((\|u\|+\|v\|)^2\big).$$

Ist ω in einer Umgebung von a differenzierbar und ist $D\omega$ in a stetig, so lässt sich dabei der Fehlerterm $o\big((\|u\|+\|v\|)^2\big)$ durch $o(\|u\|\,\|v\|)$ ersetzen. (Man beachte

$$\omega(a+x\,;u) = D\omega(a\,;x,u) + o\big(\|x\|\,\|v\|\big)$$

für $x \to 0$.) Es folgt für die äußere Ableitung von ω, vgl. Fußnote 4, die Formel

$$D\omega(a\,;u,v) - D\omega(a\,;v,u) = \lim_{r\to 0, r\neq 0} \frac{1}{r^2}\int\limits_{\gamma(ru,rv)} \omega \qquad \text{bzw.} \quad = \lim_{\substack{(r,s)\to 0 \\ r\neq 0, s\neq 0}} \frac{1}{rs}\int\limits_{\gamma(ru,sv)} \omega$$

unter den angegebenen etwas schärferen Voraussetzungen. Ferner ergibt sich noch einmal die Symmetrie des totalen Differenzials DF für eine zweimal differenzierbare Abbildung $F: G \to W$, vgl. Lemma 7.B.17. (Zu dieser Aufgabe beachte man auch Bemerkung 5.A.5.)

7. Für stetig differenzierbare Abbildungen $F: G \to W$ und beliebige *rektifizierbare* Wege $\gamma : [a, b] \to G$ gilt $\int_\gamma DF = F\big(\gamma(b)\big) - F\big(\gamma(a)\big)$. (Vgl. Bemerkung 7.B.5 und Satz 7.B.6 (5).)

7.C Fundamentalgruppen und Überlagerungen

Der vorliegende Abschnitt bildet nicht nur die Grundlage für die Klassifikation der exakten 1-Formen unter den geschlossenen, sondern beschreibt Begriffe, die in allen Zweigen der Mathematik benutzt werden.

Ziel ist es, Wege in topologischen Räumen zu klassifizieren. Ein wesentlicher Gesichtspunkt dabei ist die Identifikation von Wegen, die sich stetig ineinander deformieren lassen. Präzisiert wird dies durch den Begriff der Homotopie. Als Definitionsintervall für Wege wählen wir stets das Einheitsintervall $[0, 1] \subseteq \mathbb{R}$, falls nicht etwas anderes gesagt wird.

7.C.1 Definition γ_0 und γ_1 seien Wege im topologischen Raum X mit gleichem Anfangspunkt $\gamma_0(0) = \gamma_1(0)$ und gleichem Endpunkt $\gamma_0(1) = \gamma_1(1)$. Eine Homotopie für γ_0 und γ_1 ist eine stetige Abbildung

$$H : [0, 1] \times [0, 1] \to X$$

mit $H(s\,;0) = \gamma_0(0) = \gamma_1(0)$ und $H(s\,;1) = \gamma_0(1) = \gamma_1(1)$ für alle $s \in [0, 1]$ und

$$\gamma_0 = H(0\,;-), \quad \gamma_1 = H(1\,;-).$$

Gibt es eine solche Homotopie, so heißen γ_0 und γ_1 homotop. Wir schreiben dann

$$\gamma_0 \approx \gamma_1.$$

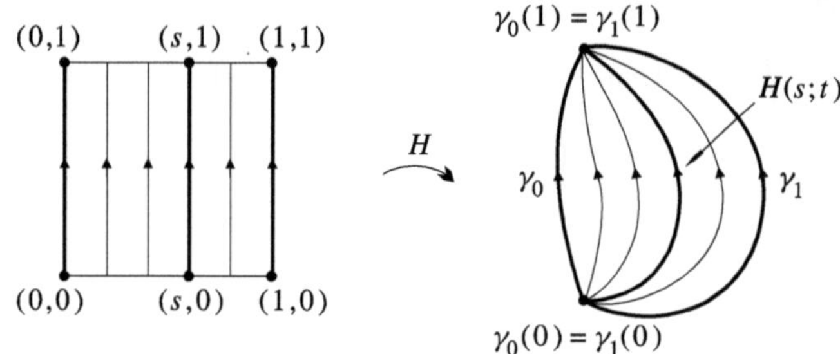

Man sagt auch, durch die Homotopie $H : [0, 1] \times [0, 1] \to X$ wird der Weg $\gamma = H(0\,;-)$ (stetig _unter Festhalten der Endpunkte_) in den Weg $\gamma_1 = H(1\,;-)$ d e f o r m i e r t. Der erste Parameter s heißt der D e f o r m a t i o n s p a r a m e t e r.

Die Homotopie von Wegen ist eine symmetrische Relation: Aus $\gamma_0 \approx \gamma_1$ folgt $\gamma_1 \approx \gamma_0$. Man ersetzt $H(s\,;t)$ durch $H(1-s\,;t)$. Trivialerweise ist sie auch reflexiv: $\gamma \approx \gamma$. Ferner ist sie transitiv: Aus $\gamma_0 \approx \gamma_1$ und $\gamma_1 \approx \gamma_2$ folgt $\gamma_0 \approx \gamma_2$.

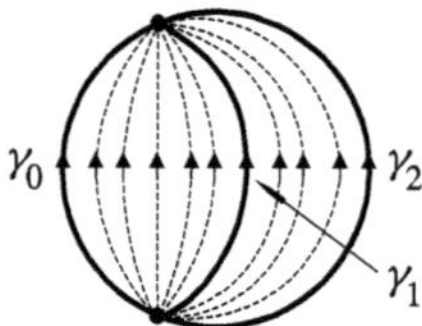

B e w e i s. Ist H_0 eine Homotopie für γ_0 und γ_1 und H_1 eine für γ_1 und γ_2, so ist

$$H(s\,;t) := \begin{cases} H_0(2s\,;t)\,, & \text{falls } 0 \leq s \leq \tfrac{1}{2}, \\ H_1(2s-1\,;t)\,, & \text{falls } \tfrac{1}{2} < s \leq 1, \end{cases}$$

eine Homotopie für γ_0 und γ_2.

Insgesamt ist die Homotopie also eine Äquivalenzrelation auf der Menge aller Wege in X. Wir notieren einige weitere Rechenregeln:

Sind γ_0' und γ_1' Wege, deren Anfangspunkte mit den Endpunkten von γ_0 und γ_1 übereinstimmen, _so folgt aus_ $\gamma_0 \approx \gamma_1$ _und_ $\gamma_0' \approx \gamma_1'$ _die Homotopie der Summenwege_ $\gamma_0\gamma_0' \approx \gamma_1\gamma_1'$.

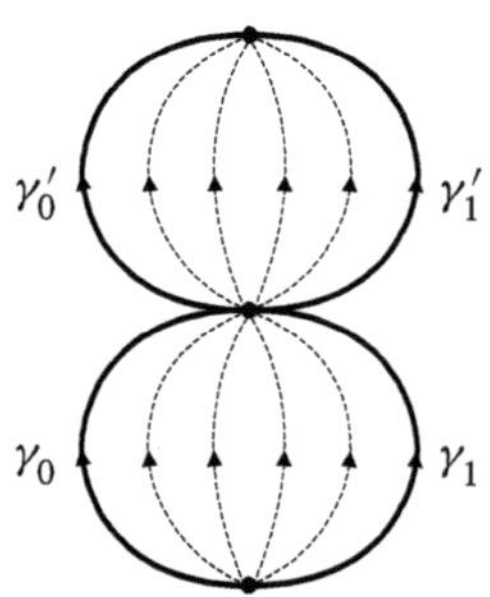

B e w e i s . Mit Homotopien H bzw. H' für γ_0 und γ_1 bzw. für γ_0' und γ_1' definiert man die Homotopie

$$(s, t) \mapsto \begin{cases} H_0(s\,;2t)\,, & \text{falls } 0 \le t \le \tfrac{1}{2}\,, \\ H_1(s\,;2t-1)\,, & \text{falls } \tfrac{1}{2} < t \le 1\,, \end{cases}$$

für $\gamma_0\gamma_0'$ und $\gamma_1\gamma_1'$.

Schließlich folgt aus der Homotopie $\gamma_0 \approx \gamma_1$ auch die Homotopie der Rückwege $\overleftarrow{\gamma}_0 \approx \overleftarrow{\gamma}_1$ (Beweis!). *Der Summenweg $\gamma\overleftarrow{\gamma}$ ist stets homotop zum konstanten Weg $\gamma(0)$, wie die* Homotopie

$$H(s\,;t) = \begin{cases} \gamma(2st)\,, & \text{falls } 0 \le t \le \tfrac{1}{2}\,, \\ \gamma\big(2s(1-t)\big)\,, & \text{falls } \tfrac{1}{2} < t \le 1\,, \end{cases}$$

zeigt. Ist $\varphi : [0,\,1] \to [0,\,1]$ eine beliebige stetige Abbildung mit $\varphi(0)=0$ und $\varphi(1)=1$, so sind γ und $\gamma\circ\varphi$ homotop: $H(s\,;t) = \gamma\big((1-s)t+s\varphi(t)\big)$ ist eine Homotopie. Speziell führt eine eigentliche stetige Umparametrisierung stets zu homotopen Wegen.

Die Wege in X zerfallen in die Äquivalenzklassen bzgl. der Homotopie, die so genannten H o m o t o p i e k l a s s e n $[\gamma]$. Insbesondere gilt das für die geschlossenen Wege mit festem Anfangs- und Endpunkt $a \in X$. Die Menge dieser Homotopieklassen bezeichnet man mit

$$\pi(X;a)\,.$$

Sie ist eine Gruppe. Die Multiplikation wird durch die Summe von Wegen definiert:

$$[\gamma_1][\gamma_2] := [\gamma_1\gamma_2]\,.$$

Diese Definition ist unabhängig von der Wahl der Repräsentanten γ_1, γ_2. Die Assoziativität folgt aus $[\gamma_1]([\gamma_2][\gamma_3]) = [\gamma_1][\gamma_2\gamma_3] = [\gamma_1(\gamma_2\gamma_3)] = [(\gamma_1\gamma_2)\gamma_3] = ([\gamma_1][\gamma_2])[\gamma_3]$. Neutrales Element ist der konstante Weg $t \mapsto a$. Ein Weg γ, der zum neutralen Element homotop ist, heißt n u l l h o m o t o p : $\gamma \approx 0$.[1]) Ferner ist

$$[\gamma]^{-1} = [\overleftarrow{\gamma}\,]$$

wegen $\gamma\overleftarrow{\gamma} \approx 0$.

7.C.2 Definition Die Gruppe $\pi(X;a)$ heißt die F u n d a m e n t a l g r u p p e von X im Punkt a und a der zugehörige A u f p u n k t .

Ist X wegzusammenhängend, so sind $\pi(X;a)$ und $\pi(X;b)$ für beliebige Punkte a, b aus X isomorph. Genauer: Ist γ_{ab} ein Weg, der a und b verbindet, so ist

$$[\gamma] \mapsto [\overleftarrow{\gamma}_{ab}\,\gamma\,\gamma_{ab}]$$

ein Isomorphismus von $\pi(X;a)$ auf $\pi(X;b)$ (mit $[\eta] \mapsto [\gamma_{ab}\,\eta\,\overleftarrow{\gamma}_{ab}]$ als Umkehrisomorphismus).

---

[1]) Man schreibt die Verknüpfung in $\pi(X;a)$ in aller Regel multiplikativ, bezeichnet das neutrale Element aber mit 0, da das Wort „nullhomotop" sich fest eingebürgert hat. Wie wir später an Beispielen sehen werden, ist $\pi(X;a)$ im Allgemeinen nicht kommutativ.

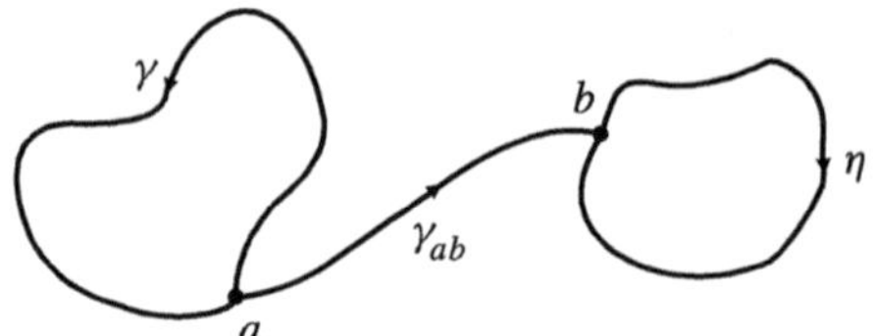

Dieser Isomorphismus hängt im Allgemeinen von der Wahl von γ_{ab} ab, allerdings nur von der Homotopieklasse $[\gamma_{ab}]$ von γ_{ab}, ist also nicht völlig kanonisch. Ist η_{ab} ein anderer Weg von a nach b, so ist die Komposition $\pi(X\,;a) \xrightarrow{\sim} \pi(X\,;b) \xrightarrow{\sim} \pi(X\,;a)$ der durch γ_{ab} bzw. $\overleftarrow{\eta}_{ab}$ definierten Isomorphismen die Konjugation

$$[\gamma] \mapsto [\eta_{ab}]\,[\overleftarrow{\gamma}_{ab}]\,[\gamma]\,[\gamma_{ab}]\,[\overleftarrow{\eta}_{ab}] = [\eta_{ab}\overleftarrow{\gamma}_{ab}]\,[\gamma]\,[\gamma_{ab}\overleftarrow{\eta}_{ab}]$$

mit $[\eta_{ab}\overleftarrow{\gamma}_{ab}]$. Man spricht trotzdem von *der* Fundamentalgruppe $\pi(X)$ von X.

Die Berechnung von Fundamentalgruppen ist häufig recht schwierig. Wir können hier nur einige einfache Regeln angeben. Zunächst beschreiben wir das Verhalten unter stetigen Abbildungen.

Ist $f : X \to Y$ eine stetige Abbildung, so ist

$$[\gamma] \mapsto [f \circ \gamma]$$

ein Homomorphismus von $\pi(X\,;a)$ in $\pi\big(Y\,;f(a)\big)$, den wir mit $\pi(f\,;a)$ oder auch einfach mit π_* bezeichnen. Offenbar ist $\pi(g \circ f\,;a) = \pi\big(g\,;f(a)\big) \circ \pi(f\,;a)$ für eine weitere stetige Abbildung $g : Y \to Z$. Ist f ein Homöomorphismus, so ist $\pi(f\,;a)$ ein Isomorphismus.

Die Homotopie von Wegen ist ein Spezialfall der Homotopie von stetigen Abbildungen: Zwei stetige Abbildungen f_0, $f_1 : X \to Y$ heißen h o m o t o p, wenn es eine H o m o t o - p i e, also eine stetige Abbildung $H : [0, 1] \times X \to Y$ mit $f_0 = H(0\,;-)$ und $f_1 = H(1\,;-)$ gibt. Man schreibt dann $f_0 \approx f_1$. Gilt dabei $H(s\,;a) = f_0(a) = f_1(a)$ für alle $s \in [0, 1]$, so schreiben wir

$$f_0 \overset{a}{\approx} f_1\,.$$

In diesem Fall gilt

$$\pi(f_0\,;a) = \pi(f_1\,;a)\,,$$

denn für $[\gamma] \in \pi(X\,;a)$ sind $f_0 \circ \gamma$ und $f_1 \circ \gamma$ homotop: $(s,t) \mapsto H\big(s\,;\gamma(t)\big)$ ist eine Homotopie. Es folgt: *Sind $f : X \to Y$ und $g : Y \to X$ stetige Abbildungen mit $f(a)=b$ und $g(b)=a$ sowie*

$$gf \overset{a}{\approx} \mathrm{id}_X \qquad und \qquad fg \overset{b}{\approx} \mathrm{id}_Y\,,$$

so sind $\pi(f\,;a)$ und $\pi(g\,;b)$ zueinander inverse Isomorphismen von $\pi(X\,;a)$ und $\pi(Y\,;b)$. Die Isomorphie $\pi(f\,;a) : \pi(X\,;a) \xrightarrow{\sim} \pi(Y\,;b)$ gilt bereits dann, wenn $f : X \to Y$ nur eine Homotopie-Äquivalenz ist, d.h. wenn es eine stetige Abbildung $g : Y \to X$ mit $gf \approx \mathrm{id}_X$ und $fg \approx \mathrm{id}_Y$ gibt, siehe Aufg. 12.

Eine typische Anwendung ist die folgende: Eine Abbildung $g : X \to A$ auf einen Teilraum $A \subseteq X$ heißt eine K o n t r a k t i o n auf A, wenn es eine Homotopie H von id_X und g mit $H(s\,;a) = a$ für alle $s \in [0, 1]$ und alle $a \in A$ gibt. Existiert solch eine

Kontraktion $g: X \to A$, so heißt A ein **strenger Deformationsretrakt** von X.[2]
Die Einbettung $\iota: A \to X$ und eine Kontraktion $g: X \to A$ sind homotopieinvers mit
$g\iota \stackrel{a}{\approx} \mathrm{id}_A$ und $\iota g \stackrel{a}{\approx} \mathrm{id}_X$ für alle $a \in A$, woraus folgt, *dass $\pi(\iota; a)$ ein Isomorphismus von $\pi(A; a)$ auf $\pi(X; a)$ für jedes $a \in A$ ist.* Ist dabei insbesondere $A = \{a\}$ ein Punkt, so folgt $\pi(X; a) \cong \pi(\{a\}, a) = 0$. Ein topologischer Raum, der eine Kontraktion auf einen seiner Punkte gestattet, heißt **kontrahierbar** oder **zusammenziehbar**. Er ist dann insbesondere wegzusammenhängend. Wir haben bewiesen:

7.C.3 Satz *Die Fundamentalgruppe eines kontrahierbaren Raumes ist trivial.*

Wichtige Beispiele kontrahierbarer Räume sind die sternförmigen nichtleeren Mengen in normierten $\mathbb{R}$-Vektorräumen. Ist X sternförmig bzgl. $a \in X$, so ist

$$H(s; x) = x + s(a - x),$$

$s \in [0, 1]$, $x \in X$, eine Homotopie von id_X und der konstanten Abbildung $x \mapsto a$.

Topologische Räume mit trivialer Fundamentalgruppe verdienen besondere Beachtung:

7.C.4 Definition Ein topologischer Raum X heißt **einfach zusammenhängend**, wenn er wegzusammenhängend mit trivialer Fundamentalgruppe ist.

Nach 7.C.3 sind kontrahierbare und insbesondere sternförmige Mengen in normierten $\mathbb{R}$-Vektorräumen einfach zusammenhängend.

Die folgenden Charakterisierungen des einfachen Zusammenhangs folgen unmittelbar aus den Definitionen. Die Einzelheiten überlassen wir dem Leser, vgl. Aufg. 1c).

7.C.5 Lemma *Für einen wegzusammenhängenden topologischen Raum X sind folgende Aussagen äquivalent:*

(1) X ist einfach zusammenhängend.

(2) Jeder geschlossene Weg in X ist nullhomotop.

(3) Je zwei Wege in X, deren Anfangs- und deren Endpunkte jeweils übereinstimmen, sind homotop.

(4) Jede stetige Abbildung $S^1 \to X$ des Einheitskreises $S^1 \subseteq \mathbb{R}^2$ lässt sich zu einer stetigen Abbildung der Einheitskreisscheibe $\overline{B}^2 \to X$ fortsetzen.

Man beachte, dass in der Bedingung (4) die Einheitskreisscheibe $\overline{B}^2$ mit dem Rand $S^1 \subseteq \overline{B}^2$ durch einen beliebigen topologischen Raum K mit einem Teilraum $R \subseteq K$ ersetzt werden kann, für den eine Homöomorphie $\varphi: K \to \overline{B}^2$ mit $\varphi(R) = S^1$ existiert, zum Beispiel durch einen konvexen Körper K in $\mathbb{R}^2$ mit dem Rand $R := \mathrm{Rd}\, K$, vgl. Bd. 2, 17.B, Aufg. 10.

---

[2] Gibt es eine stetige Abbildung $g: X \to A$ mit $g|A = \mathrm{id}_A$, die zu id_X homotop ist, so heißt A ein **Deformationsretrakt** von X. – Die Sprechweisen in diesem Zusammenhang sind nicht einheitlich. Der Leser achte auf die jeweiligen Konventionen. Eine stetige Abbildung $g: X \to A$ mit $g|A = \mathrm{id}_A$ heißt auch eine **Retraktion** (von X auf $A \subseteq X$).

Produkte einfach zusammenhängender Räume sind einfach zusammenhängend. Dies ergibt sich aus dem folgenden allgemeineren Resultat, dessen einfachen Beweis wir dem Leser überlassen.

7.C.6 Lemma *Seien X_i, $i \in I$, eine Familie topologischer Räume und $X := \prod_{i \in I} X_i$ ihr Produkt mit den kanonischen Projektionen $p_i : X \to X_i$, $i \in I$. Für jeden Punkt $a = (a_i)_{i \in I} \in X$ ist die Abbildung*

$$[\gamma] \longmapsto \big(\pi(p_i\,;a)[\gamma]\big)_{i \in I} = \big([p_i \circ \gamma]\big)_{i \in I}$$

ein Isomorphismus von $\pi(X\,;a)$ auf $\prod_{i \in I} \pi(X_i\,;a_i)$.

7.C.7 Beispiel Sphären der Dimension ≥ 2 sind einfach zusammenhängend. Genauer: *Sei V ein endlichdimensionaler reeller normierter Vektorraum der Dimension $n+1 \geq 3$. Dann ist die Einheitssphäre $S(0\,;1)$ (und damit jede Sphäre) in V einfach zusammenhängend.*

Beim B e w e i s können wir annehmen, dass es sich um die Einheitssphäre $S^n \subseteq \mathbb{R}^{n+1}$ bzgl. der euklidischen Standardnorm handelt. Entfernen wir einen Punkt aus S^n, so erhalten wir einen zu $\mathbb{R}^n$ homöomorphen Teilraum, der insbesondere einfach zusammenhängend ist, vgl. Beispiel 2.B.17. Somit ist jeder geschlossene Weg in S^n, dessen Trajektorie nicht die ganze Sphäre S^n ist, nullhomotop. Bekanntlich gibt es aber surjektive Wege $[0, 1] \to S^n$. Man erhält solche Wege zum Beispiel leicht mit surjektiven Wegen $\pi : [0, 1] \to [0, 1] \times [0, 1]$, den so genannten P e a n o - K u r v e n, deren Konstruktion ausführlich etwa in dem Lehrbuch „Einführung in die Höhere Mathematik", Band II von K. Strubecker diskutiert wird. Durch Komposition erhält man eine surjektive Kurve

$$[0, 1] \xrightarrow{\ \pi\ } [0, 1]^2 \xrightarrow{\ \mathrm{id}_1 \times \pi\ } [0, 1]^3 \longrightarrow \cdots \longrightarrow [0, 1]^{n-1} \xrightarrow{\ \mathrm{id}_{n-2} \times \pi\ } [0, 1]^n \,,$$

wobei id_r die Identität von $[0, 1]^r$ bezeichnet, und zusammen mit einer surjektiven stetigen Abbildung $[0, 1]^n \to S^n$ eine surjektive Kurve $[0, 1] \to S^n$.

Für einen vollständigen Beweis des einfachen Zusammenhangs von S^n bleibt zu zeigen, dass jeder Weg $\gamma : [0, 1] \to S^n$ zu einem nicht surjektiven Weg homotop ist. Man zerlege dazu das Intervall $[0, 1]$ mit Teilpunkten $0 = t_0 < t_1 < \cdots < t_m = 1$ derart, dass $\gamma_i := \gamma\,|\,[t_i, t_{i+1}]$, $i = 0, \ldots, m-1$, nicht surjektiv ist (vgl. 2.B, Aufg. 12), und ersetze γ_i durch einen homotopen Weg $\widetilde{\gamma}_i$, dessen Trajektorie nirgends dicht in S^n ist (hier braucht man $n \geq 2$). Dann ist der Summenweg $\widetilde{\gamma}_0 \cdots \widetilde{\gamma}_{m-1}$ homotop zu γ und gewiss nicht surjektiv.

Mit der Homöomorphie $\mathbb{R}_+^\times \times S(0\,;1) \to V - \{0\}$, $(r, x) \mapsto rx$, und 7.C.6 erhält man die Isomorphie $\pi(S(0\,;1)) \cong \pi\big(V - \{0\}\big)$, d.h.: *Für $n \geq 3$ ist $\mathbb{R}^n - \{0\}$ einfach zusammenhängend.*

Die punktierte Ebene $\mathbb{C}^\times = \mathbb{R}^2 - \{0\}$ und folglich auch der Kreis S^1 sind nicht einfach zusammenhängend. Man kann vermuten, dass der Kreis $\gamma : t \mapsto \exp(2\pi i t)$, $t \in [0, 1]$, nicht nullhomotop in $\mathbb{C}^\times$ ist.

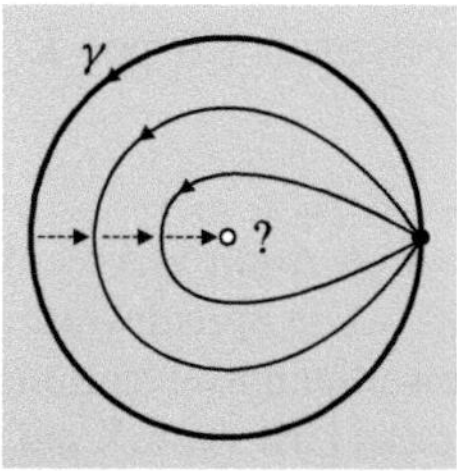

Ein überzeugender Beweis benötigt aber einige Vorbereitungen. Wir benutzen die Exponentialabbildung $z \mapsto \exp z = e^{\mathrm{Re}\,z}(\cos(\mathrm{Im}\,z) + \mathrm{i}\sin(\mathrm{Im}\,z))$ von $\mathbb{C}$ auf $\mathbb{C}^{\times}$. Das Urbild einer mit Hilfe eines vom Nullpunkt ausgehenden Strahls geschlitzten Ebene zerfällt in offene zur reellen Achse parallele Streifen der Breite 2π, von denen jeder homöomorph auf diese geschlitzte Ebene abgebildet wird. Sehr anschaulich wird die Exponentialabbildung, wenn man die Ebene $\mathbb{C} = \mathbb{R}^2$ mittels der Einbettung

$$z = x + \mathrm{i}y \longmapsto (e^x \cos y, e^x \sin y, y) = (e^z, y),$$

$x, y \in \mathbb{R}$, mit ihrem Bild in $\mathbb{C}^{\times} \times \mathbb{R} \subseteq \mathbb{R}^3$ identifiziert (vgl. Definition 6.C.3). Dieses Bild ist eine Helix. Die Exponentialabbildung identifiziert sich dann mit der Projektion dieser Helix auf die punktierte Ebene $\mathbb{C}^{\times} = \mathbb{R}^2 - \{0, 0\}$.

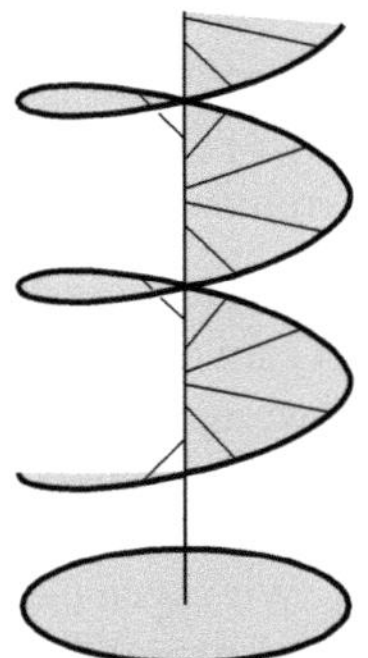

Will man ganz im Reellen bleiben, so ersetze man die komplexe Funktion exp durch die Polarkoordinatenabbildung $(r, \varphi) \mapsto (r \cos \varphi, r \sin \varphi)$ von $\mathbb{R}_+^{\times} \times \mathbb{R}$ auf die punktierte Ebene $\mathbb{R}^2 - \{(0, 0)\}$. Um daraus die komplexe Funktion exp zu gewinnen, hat man $\mathbb{R}_+^{\times}$ mittels $r = e^x \leftrightarrow x = \ln r$ mit $\mathbb{R}$ zu identifizieren.

Die Exponentialabbildung ist das nicht-triviale Musterbeispiel einer Überlagerung im Sinne der folgenden Definition.

7.C.8 Definition $f : X \to Y$ sei eine stetige Abbildung topologischer Räume.

(1) Eine offene Menge $V \subseteq Y$ heißt a u s g e z e i c h n e t b z g l. f, wenn das Urbild $f^{-1}(V)$ von V in X in offene Teilmengen U_i, $i \in I$, zerlegbar ist derart, dass für jedes $i \in I$ die Beschränkung $f|U_i : U_i \to V$ ein Homöomorphismus ist.

(2) f heißt eine Ü b e r l a g e r u n g (s a b b i l d u n g), wenn Y eine Überdeckung mit offenen Mengen besitzt, die bzgl. f ausgezeichnet sind.

Mit Homöomorphismen $p : X \to X'$ und $q : Y \to Y'$ erhält man aus einer gegebenen Überlagerung $f : X \to Y$ dazu i s o m o r p h e Ü b e r l a g e r u n g e n $qfp^{-1} : X' \to Y'$. Wenn über die Abbildung f kein Zweifel besteht, spricht man auch einfach von der Überlagerung X über dem Raum Y.

7.C.9 Beispiel (1) Sei I ein beliebiger diskreter Raum. Dann ist die Projektion $Y \times I \to Y$ eine Überlagerung. Ganz Y ist ausgezeichnet bzgl. dieser Projektion. Solche (und dazu isomorphe) Überlagerungen heißen t r i v i a l.

(2) Ist $f : X \to Y$ eine Überlagerung und $Y' \subseteq Y$ ein beliebiger Teilraum, so ist auch die Beschränkung $f|X' : X' \to Y'$ mit $X' := f^{-1}(Y') \subseteq X$ eine Überlagerung. Aus der Überlagerung $\mathbb{C} \to \mathbb{C}^\times$ mit $z \mapsto \exp(2\pi i z)$ gewinnt man durch Beschränken die wichtige Überlagerung $\mathbb{R} \to S^1$ des Einheitskreises mit $t \mapsto \exp(2\pi i t) = \cos 2\pi t + i \sin 2\pi t$, $t \in \mathbb{R}$. Ausgezeichnet sind alle offenen Mengen $S^1 - \{z\}$, $z \in S^1$. Das Urbild zerfällt jeweils in offene Intervalle der Länge 1.

(3) Die Exponentialabbildung ist ein Spezialfall der folgenden allgemeineren Konstruktion: Sei G eine topologische Gruppe (d.h. die Gruppe G trage eine Topologie, bzgl. der die Multiplikation und die Inversenbildung stetig sind, vgl. Bd. 2, Definition 18.A.2). *Für jede diskrete Untergruppe $H \subseteq G$ ist die Restklassenabbildung $\pi : G \to G/H$ eine Überlagerung (wobei G/H die Quotiententopologie trägt)*. Zum Beweis sei U' eine Umgebung von $e = e_G$ mit $H \cap U' = \{e\}$. Wegen der Stetigkeit der Abbildung $(a, b) \mapsto a^{-1}b$ von $G \times G$ auf G gibt es eine offene Umgebung U von e mit $U^{-1} \cdot U \subseteq U'$. *Für jedes Element $x \in G$ ist dann $\pi(xU) \subseteq G/H$ offen und ausgezeichnet.* Wegen $\pi^{-1}(\pi(V)) = \bigcup_{h \in H} Vh$ bildet π generell offene Mengen $V \subseteq G$ auf offene Mengen in G/H ab. Ferner ist $\pi^{-1}(\pi(xU)) = xUH = \biguplus_{h \in H} xUh$, denn aus $xah_1 = xbh_2$ mit $a, b \in U$ und $h_1, h_2 \in H$ folgt $a^{-1}b = h_1 h_2^{-1} \in (U^{-1}U) \cap H \subseteq U' \cap H = \{e\}$ und $h_1 = h_2$. Überdies ist $\pi|xUh$ injektiv und damit ein Homöomorphismus von xUh auf $\pi(xU)$.   •

(4) (**Diskrete Operationen**) Natürlich ist für eine diskrete Untergruppe H der topologischen Gruppe G die Projektion $G \to G \backslash H$ von G auf die Menge der *Rechts*nebenklassen ebenfalls eine Überlagerung. Dieses Beispiel lässt sich weitgehend verallgemeinern: Die Gruppe H operiere auf dem topologischen Raum X als Gruppe von Homöomorphismen, vgl. Bd. 2, Beispiel 6.E.5. Folgende Bedingung sei erfüllt: Zu jedem Punkt $x \in X$ gibt es eine offene Umgebung U von x in X mit $(hU) \cap U = \emptyset$ für alle $h \in H$, $h \neq e$. Wir sagen dann: H operiere **diskret** auf X. Es gilt: *Operiert H diskret auf X, so ist die Projektion $p : X \to X \backslash H$ von X auf den Bahnenraum $X \backslash H$ eine Überlagerung (wobei $X \backslash H$ die Quotiententopologie trägt)*. Mit $x \in X$ und $U \subseteq X$ wie oben ist $p(U) \subseteq X \backslash H$ offen und ausgezeichnet bzgl. p (wegen $p^{-1}(p(U)) = HU = \biguplus_{h \in H} hU$). – Übrigens operiert H genau dann diskret auf X, wenn die Abbildung $\Theta : (h, x) \mapsto (x, h(x))$ von $H \times X$ in $X \times X$, einen Homöomorphismus $H \times X \to$ Bild Θ induziert, wobei H die diskrete Topologie trägt. (Zum Beweis benutze man, dass bei einer freien Operation für eine Menge $U \subseteq X$ genau dann $(hU) \cap U = \emptyset$ für alle $h \neq e$ ist, wenn $(U \times U) \cap$ Bild $\Theta \subseteq \Delta_X = \Theta(\{e\} \times X)$ ist.) Ferner operiert H genau dann diskret mit einem hausdorffschen Bahnenraum $X \backslash H$, wenn X hausdorffsch ist und Θ eine abgeschlossene Einbettung. Man sagt in diesem Fall, H operiere **diskret und separierend**. Dies ist sicher dann erfüllt, wenn H endlich und X hausdorffsch ist und H frei operiert. Eine diskrete und separierende Operation ist eigentlich diskontinuierlich, wobei die diskrete Gruppe H definitionsgemäß **eigentlich diskontinuierlich** auf X operiert, wenn X hausdorffsch ist und Θ eine eigentliche Abbildung, vgl. 2.B, Aufg. 24.

Für Überlagerungen $f : X \to Y$ hängen die Wege im Basisraum Y und im überlagernden Raum X eng zusammen. Ein Beispiel ist die Polarkoordinatendarstellung ebener Wege, die mit der Exponentialüberlagerung $\exp : \mathbb{C} \to \mathbb{C}^\times$ gewonnen wird, vgl. Bd. 1, 14.B.5. Wir definieren:

7.C.10 Definition Seien $f : X \to Y$ und $g : Z \to Y$ stetige Abbildungen topologischer Räume. Eine stetige Abbildung $h : Z \to X$ mit $g = f \circ h$ heißt **Liftung** von g bzgl. f.

7.C.11 Lemma *h_1 und h_2 seien Liftungen der stetigen Abbildung $g : Z \to Y$ bzgl. der Überlagerung $f : X \to Y$. Dann ist die Menge der Punkte $z \in Z$ mit $h_1(z) = h_2(z)$ offen und abgeschlossen in Z. Insbesondere stimmen h_1 und h_2 überein, wenn sie in einem Punkt übereinstimmen und Z zusammenhängend ist.*

B e w e i s . (1) Sei $h_1(z) = h_2(z) =: x$ und $y := f(x) = g(z)$. Ferner sei $V \subseteq Y$ eine offene bzgl. f ausgezeichnete Umgebung von y und $f^{-1}(V) = \biguplus_{i \in I} U_i$ mit offenen Mengen U_i, für die $f|U_i : U_i \to V$ jeweils ein Homöomorphismus ist. Sei $x \in U_{i_0}$. Wegen der Stetigkeit von h_1 und h_2 gibt es eine Umgebung W von z in Z mit $h_1(W), h_2(W) \subseteq U_{i_0}$. Da h_1 und h_2 Liftungen von g sind, ist dann notwendigerweise $h_1|W = h_2|W = (f|U_{i_0})^{-1} \circ g$. Also ist die Menge der z mit $h_1(z) = h_2(z)$ offen in Z.

(2) Sei $h_1(z) \neq h_2(z)$ und $y := g(z)$. Die offenen Mengen V und U_i, $i \in I$, seien wie in (1) gewählt. Sei $h_1(z) \in U_{i_1}$ und $h_2(z) \in U_{i_2}$. Es ist $i_1 \neq i_2$. Dann gibt es eine Umgebung W von z mit $h_1(W) \subseteq U_{i_1}$ und $h_2(W) \subseteq U_{i_2}$. Es folgt $h_1(z') \neq h_2(z')$ für alle $z' \in W$. Also ist die Menge der $z \in Z$ mit $h_1(z) = h_2(z)$ auch abgeschlossen in Z. $\bullet$

Von größter Bedeutung sind die beiden folgenden Sätze:

7.C.12 Wegeliftungssatz *Seien $f : X \to Y$ eine Überlagerung, $\gamma : [0, 1] \to Y$ ein Weg in Y und $x_0 \in f^{-1}\big(\gamma(0)\big)$. Dann gibt es eine eindeutig bestimmte Liftung $\gamma' : [0, 1] \to X$ von γ mit $\gamma'(0) = x_0$.*

B e w e i s . Die Eindeutigkeit von γ' folgt aus 7.C.11. Zum Beweis der Existenz von γ' wählen wir Teilpunkte $0 = t_0 < t_1 < \cdots < t_m = 1$ in $[0, 1]$ derart, dass die Trajektorie von $\gamma|[t_\nu, t_{\nu+1}]$ jeweils in einer bzgl. f ausgezeichneten offenen Menge $V_\nu \subseteq Y$ liegt, $\nu = 0, \ldots, m-1$, vgl. 2.B, Aufg. 12. Wir definieren dann γ' sukzessive auf den Teilintervallen $[t_\nu, t_{\nu+1}]$. Zunächst gibt es eine offene Menge $U_0 \subseteq f^{-1}(V_0)$ mit $x_0 \in U_0$, die von f homöomorph auf V_0 abgebildet wird. Für $t \in [0, t_1]$ setzen wir dann $\gamma'(t) := (f|U_0)^{-1}\big(\gamma(t)\big)$. Sei γ' bereits auf $[0, t_\nu]$ definiert, $\nu < m$, und $U_\nu \subseteq f^{-1}(V_\nu)$ eine offene Menge mit $\gamma'(t_\nu) \in U_\nu$, die von f homöomorph auf V_ν abgebildet wird. Dann setzen wir $\gamma'(t) := (f|U_\nu)^{-1}\big(\gamma(t)\big)$ für $t \in [t_\nu, t_{\nu+1}]$. $\bullet$

7.C.13 Homotopieliftungssatz *Sei $f : X \to Y$ eine Überlagerung, $H : [0, 1]^2 \to Y$ eine stetige Abbildung und $x_0 \in f^{-1}\big(H(0; 0)\big)$. Dann gibt es genau eine Liftung $H' : [0, 1]^2 \to X$ von H mit $H'(0; 0) = x_0$.*

B e w e i s . Die Eindeutigkeit von H' folgt aus 7.C.11. Zum Beweis der Existenz gehen wir ähnlich wie beim Beweis von 7.C.12 vor und wählen Teilpunkte $0 = t_0 < \cdots < t_m = 1$ derart, dass jedes Rechteck $R_{\mu\nu} := [t_\mu, t_{\mu+1}] \times [t_\nu, t_{\nu+1}]$, $0 \leq \mu, \nu < m$, mittels H in eine bzgl. f ausgezeichnete offene Menge $V_{\mu\nu} \subseteq Y$ abgebildet wird (2.B, Aufg. 12). Wir ordnen die Rechtecke $R_{\mu\nu}$ in der Weise, dass sie eine Folge $R_0, \ldots, R_n$ mit $R_0 := R_{00}$ bilden, für die die Durchschnitte $(R_0 \cup \cdots \cup R_\lambda) \cap R_{\lambda+1}$ zusammenhängend sind, $\lambda = 0, \ldots, n-1$. Die zugehörige Folge der $V_{\mu\nu}$ sei $V_0, \ldots, V_n$. Dann definieren wir H' sukzessive: Zunächst sei $H'(s; t) := (f|U_0)^{-1}\big(H(s; t)\big)$ für $(s, t) \in R_0$, wobei $U_0 \subseteq f^{-1}(V_0)$ eine offene Menge mit $x_0 \in U_0$ sei, für die $f|U_0 : U_0 \to V_0$ ein Homöomorphismus ist. Sei dann H' auf $R_0 \cup \cdots \cup R_\lambda$, $\lambda < n$, bereits definiert. Da $(R_0 \cup \cdots \cup R_\lambda) \cap R_{\lambda+1}$ zusammenhängend ist, gibt es eine offene Menge $U_{\lambda+1}$ der offenen Zerlegung von $f^{-1}(V_{\lambda+1})$, in der $H'\big((R_0 \cup \cdots \cup R_\lambda) \cap R_{\lambda+1}\big)$ liegt. Dann wird durch $H'(s; t) := (f|U_{\lambda+1})^{-1}\big(H(s; t)\big)$ für $(s, t) \in R_{\lambda+1}$ eine Fortsetzung von H' nach $R_0 \cup \cdots \cup R_\lambda \cup R_{\lambda+1}$ definiert. $\bullet$

Die folgenden Aussagen sind unmittelbare Konsequenzen der beiden Sätze 7.C.12 und 7.C.13 (wobei man natürlich 7.C.12 selbst als einen Spezialfall von 7.C.13 interpretieren kann). Zunächst erwähnen wir:

7.C.14 Korollar *Seien $f : X \to Y$ eine Überlagerung und $\gamma_0, \gamma_1 : [0, 1] \to Y$ homotope Wege in Y. Sind dann γ_0' und γ_1' Liftungen von γ_0 und γ_1 mit gleichen Anfangspunkten, so sind γ_0' und γ_1' homotop und haben insbesondere auch gleiche Endpunkte.*

B e w e i s . Sei $H : [0, 1] \times [0, 1] \to Y$ eine Homotopie von $\gamma_0 = H(0 ; -)$ und $\gamma_1 = H(1 ; -)$ und $H' : [0, 1] \times [0, 1] \to X$ eine Liftung mit $H'(0 ; 0) := \gamma_0'(0) = \gamma_1'(0)$, vgl. 7.C.13. Dann ist H' eine Homotopie von $\gamma_0' = H'(0 ; -)$ und $\gamma_1' = H'(1 ; -)$. Man beachte, dass nach 7.C.11 notwendigerweise $H'(s ; 0) = \gamma_0'(0) = \gamma_1'(0)$ und $H'(s ; 1) = H'(0 ; 1)$ für alle $s \in [0, 1]$ gilt, da für H die entsprechenden Bedingungen erfüllt sind. $\qquad\bullet$

Aus 7.C.14 folgt direkt:

7.C.15 Satz *Sei $f : X \to Y$ eine Überlagerung. Für jeden Punkt $a \in X$ ist der von f induzierte Homomorphismus $\pi(f ; a) : \pi(X ; a) \to \pi\big(Y ; f(a)\big)$ injektiv. Mit seiner Hilfe fassen wir $\pi(X ; a)$ stets als Untergruppe von $\pi\big(Y ; f(a)\big)$ auf.*

Nun ist es kein Problem, die Fundamentalgruppe der punktierten Ebene $\mathbb{C}^\times$ und damit wegen $\mathbb{C}^\times \cong \mathbb{R}_+^\times \times S^1$ die des Kreises S^1 zu bestimmen. Es gilt der bedeutende Satz:

7.C.16 Satz *Die Abbildung $[\gamma] \mapsto W(\gamma ; 0)$ ist ein Isomorphismus von $\pi(\mathbb{C}^\times)$ auf $\mathbb{Z}$, und die Einbettung $S^1 \to \mathbb{C}^\times$ induziert einen Isomorphismus $\pi(S^1) \xrightarrow{\sim} \pi(\mathbb{C}^\times)$. – Die Gruppen $\pi(\mathbb{C}^\times) \cong \mathbb{Z}$ und $\pi(S^1) \cong \mathbb{Z}$ werden also von jeder der Homotopieklassen der Standardkreise $t \mapsto \exp(2\pi i t)$, $t \in [0, 1]$, und $t \mapsto \exp(-2\pi i t)$, $t \in [0, 1]$, (mit den Windungszahlen 1 bzw. -1) erzeugt.*

In 7.C.16 bezeichnet $W(\gamma ; 0)$ die W i n d u n g s z a h l von γ bzgl. 0, vgl. Beispiel 4.A.12 oder in Band 1 das Beispiel 14.B.9.

B e w e i s von 7.C.16. Wir betrachten die Exponentialüberlagerung $f : z \mapsto \exp(2\pi i z)$ von $\mathbb{C}$ über $\mathbb{C}^\times$. Ist γ ein geschlossener Weg in $\mathbb{C}^\times$ mit der Liftung γ' in $\mathbb{C}$ bzgl. f, so ist definitionsgemäß $\gamma'(1) = \gamma'(0) + W(\gamma ; 0)$. Insbesondere haben homotope geschlossene Wege nach 7.C.14 die gleiche Windungszahl, so dass die angegebene Abbildung $W : [\gamma] \mapsto W(\gamma ; 0)$ wohldefiniert ist.

W ist ein Gruppenhomomorphismus. Sind nämlich γ, η geschlossene Wege mit dem gleichen Anfangs- und Endpunkt und stetigen Liftungen γ', η', wobei $\eta'(0) = \gamma'(1) = \gamma'(0) + W(\gamma ; 0)$ sei, so ist $\gamma'\eta'$ ein Liftung von $\gamma\eta$. Der Endpunkt von $\gamma'\eta'$ ist gleich dem Endpunkt von η', also gleich $\gamma'(0) + W(\gamma ; 0) + W(\eta ; 0)$. Das ergibt die Behauptung.

W ist injektiv. Hat der geschlossene Weg γ die Windungszahl 0, so ist auch jede Liftung γ' von γ geschlossen. Da $\mathbb{C}$ einfach zusammenhängend ist, ist γ' und damit γ nullhomotop. *W ist auch surjektiv.* Zum Beispiel hat der Standardkreis $t \mapsto \exp(2\pi i t)$, $t \in [0, 1]$, die Windungszahl 1. $\qquad\bullet$

7.C.17 Beispiel (W i n d u n g s z a h l e n) Zur Bestimmung von Windungszahlen bringen wir noch einige ergänzende Bemerkungen und Beispiele:

(1) *Homotope Wege in $\mathbb{C}^{\times}$ haben dieselbe Gesamtwinkeländerung,* vgl. Beispiel 4.A.12. *Insbesondere haben homotope geschlossene Wege dieselbe Windungszahl.* Diese Aussage lässt sich noch etwas verallgemeinern: *Ist $H: [0,1] \times [0,1] \to \mathbb{C}^{\times}$ stetig und sind die Wege $\gamma_s = H(s\,;-)$, $s \in [0,1]$, alle geschlossen, so haben alle γ_s dieselbe Windungszahl.*[3]) Ist nämlich $H': [0,1] \times [0,1] \to \mathbb{C}$ eine Liftung bzgl. der Überlagerung $z \mapsto \exp(2\pi\,\mathrm{i}z)$ gemäß 7.C.13, so ist $\mathrm{W}(\gamma_s\,;0) = H'(s\,;1) - H'(s\,;0)$ stetig und ganzzahlig, also konstant. Man braucht also bei der Homotopie H geschlossener Wege zur Berechnung der Windungszahl nicht darauf zu achten, dass $H(s\,;0) = H(s\,;1)$ konstant ist für $s \in [0,1]$. Vergleiche auch Aufg. 12b).

(2) *Für einen festen Weg γ in $\mathbb{C}$ ist die Gesamtwinkeländerung $\Phi(\gamma\,;z)$,* vgl. Beispiel 4.A.12, *eine stetige Funktion in z auf dem Komplement der Trajektorie von γ in $\mathbb{C}$.* Dazu kann man annehmen, dass γ stückweise stetig differenzierbar ist (ja sogar ein Streckenzug). Dann ergibt sich die Aussage mit 16.B.16 aus Band 1 am einfachsten aus der Integraldarstellung

$$\Phi(\gamma\,;z) = \mathrm{Im} \int_a^b \frac{\gamma'(t)}{\gamma(t)-z}\,dt\,,$$

vgl. Beispiel 4.A.12. *Für einen geschlossenen Weg γ in $\mathbb{C}$ ist also die Windungszahl $\mathrm{W}(\gamma\,;z)$ lokal konstant auf dem Komplement der Trajektorie von γ, d.h. konstant auf jeder Zusammenhangskomponente dieser offenen Menge.* Dies beweist man aber auch leicht mit der letzten Bemerkung in (1): Ist $\eta: [0,1] \to \mathbb{C} - \mathrm{Bild}\,\gamma$ ein Weg im Komplement der Trajektorie von γ, der die Punkte $z_0 := \eta(0)$ und $z_1 := \eta(1)$ verbindet, so ist $H: [0,1] \times [0,1] \to \mathbb{C}^{\times}$ mit $H(s\,;t) := \gamma(t) - \eta(s)$ stetig und folglich $\mathrm{W}(\gamma\,;z_0) = \mathrm{W}(\gamma - z_0\,;0) = \mathrm{W}(\gamma - z_1\,;0) = \mathrm{W}(\gamma\,;z_1)$.

Als Anwendung erhält man das folgende Ergebnis: *Sind γ und η Wege in $\mathbb{C}^{\times}$ und gilt für jeden Zeitpunkt $t \in [0,1]$ die Ungleichung $|\eta(t)-\gamma(t)| < |\gamma(t)|$, so ist*

$$\mathrm{W}(\eta, 0) = \mathrm{W}(\gamma, 0)\,.$$

Die Abbildung $(s,t) \mapsto \gamma(t) + s\big(\eta(t) - \gamma(t)\big)$ ist nämlich unter den angegebenen Voraussetzungen eine freie Homotopie geschlossener Wege in $\mathbb{C}^{\times}$ zwischen γ und η. – Man nennt das Ergebnis auch den S a t z v o m H e r r n u n d H u n d: Der Hund läuft ebenso oft um einen Baum wie sein Herr, wenn der Herr darauf achtet, dass sein Abstand zum Baum (= $|\gamma(t)|$) in jedem Augenblick größer ist als die Länge der Hundeleine (= $|\eta(t)-\gamma(t)|$).

(3) Da man zur Berechnung der Windungszahl den gegebenen geschlossenen Weg durch einen dazu homotopen Weg ersetzen kann, genügt es häufig, Streckenzüge zu betrachten: Sei $[a,b]$, $a,b \in \mathbb{C}$, Kante eines geschlossenen Streckenzuges γ, die außer in den Endpunkten von keiner der übrigen Kanten $k_1, \ldots, k_r$ getroffen wird. u_v, $v \in \mathbb{N}$, und v_v, $v \in \mathbb{N}$, seien Folgen, die von verschiedenen Seiten gegen einen Punkt w im Inneren $]a,b[$ der Strecke $[a,b]$ konvergieren und deren Glieder nicht auf γ liegen.

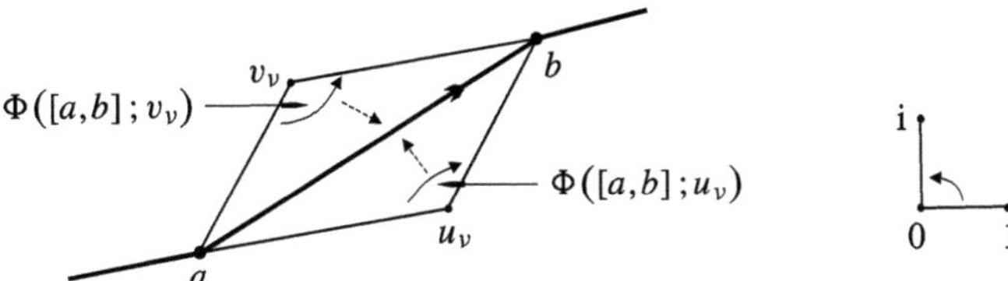

---

[3]) Man nennt H eine f r e i e H o m o t o p i e geschlossener Wege.

Es ist

$$2\pi\, W(\gamma\,;u_\nu) = \Phi(\gamma\,;u_\nu) = \Phi\big([a,b]\,;u_\nu\big) + \sum_{\rho=1}^{r}\Phi(k_\rho\,;u_\nu)$$

und entsprechend für v_ν. Trivialerweise ist

$$\lim_{\nu\to\infty}\sum_{\rho=1}^{r}\Phi(k_\rho\,;u_\nu) = \lim_{\nu\to\infty}\sum_{\rho=1}^{r}\Phi(k_\rho\,;v_\nu) = \lim_{\nu\to\infty}\sum_{\rho=1}^{r}\Phi(k_\rho\,;w)$$

und

$$\Big|\lim_{\nu\to\infty}\Phi\big([a,b]\,;v_\nu\big) - \lim_{\nu\to\infty}\Phi\big([a,b]\,;u_\nu\big)\Big| = 2\pi\,,$$

wobei im oben skizzierten Fall der Wert der Differenz $+2\pi$ ist. Es folgt

$$\Big|\lim_{\nu\to\infty} W(\gamma\,;v_\nu) - \lim_{\nu\to\infty} W(\gamma\,;u_\nu)\Big| = 1\,,$$

d.h. *die Windungszahlen W von γ unterscheiden sich auf den beiden Seiten der Kante $[a,b]$ um 1.* Genauer: *Es gilt die folgende* G r e n z ü b e r s c h r e i t u n g s r e g e l :

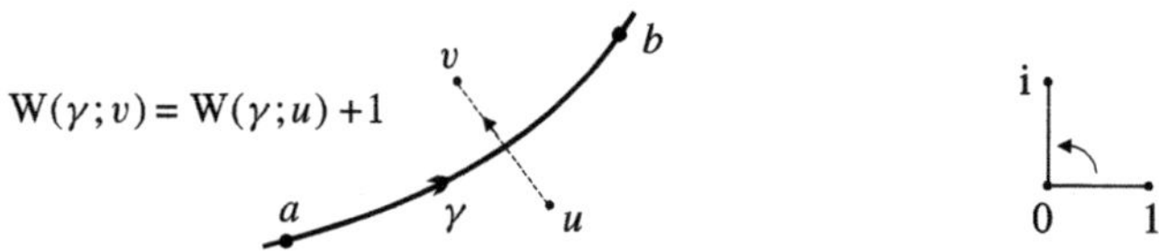

Damit ergeben sich zum Beispiel sofort die Windungszahlen für den folgenden Weg, wenn man bedenkt, dass $W(\gamma\,;z)=0$ ist für die Punkte z aus der unbeschränkten Zusammenhangskomponente des Komplements G der Trajektorie von γ (vgl. Bd. 1, Beispiel 14.B.9):

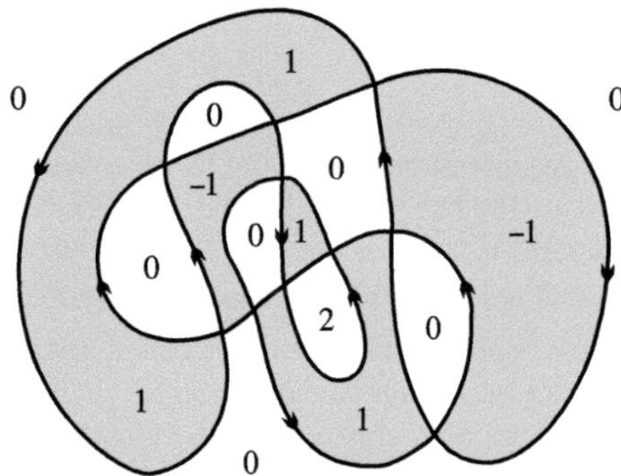

Man bezeichnet für einen ebenen geschlossenen Weg γ die Menge der Punkte $z\in G=\mathbb{C}-\text{Bild }\gamma$ mit ungerader Windungszahl $W(\gamma\,;z)$ häufig als das I n n e r e von γ, die mit gerader Windungszahl als das Ä u ß e r e. Das Innere liegt relativ kompakt in $\mathbb{C}$. Gelangt man von $z\in G$ aus mit einer ungeraden Anzahl von Grenzüberschreitungen in die unbeschränkte Zusammenhangskomponente von G, so gehört z zum Inneren von γ, bei einer geraden Anzahl solcher Grenzüberschreitungen zum Äußeren. (Gelegentlich nennt man auch die Menge der Punkte $z\in G=\mathbb{C}-\text{Bild }\gamma$ mit $W(\gamma\,;z)\neq 0$ das Innere von γ.)

(4) Schließlich erwähnen wir die Formel $\Phi(\gamma_1\cdot\gamma_2\,;0) = \Phi(\gamma_1\,;0) + \Phi(\gamma_2\,;0)$ für zwei Wege $\gamma_1,\gamma_2:[0,1]\to\mathbb{C}^\times$. Dabei ist $\gamma_1\cdot\gamma_2$ der Produktweg $t\mapsto\gamma_1(t)\cdot\gamma_2(t)$. Insbesondere ist

$$W(\gamma_1\cdot\gamma_2\,;0) = W(\gamma_1\,;0) + W(\gamma_2\,;0)\,,$$

wenn γ_1 und γ_2 geschlossen sind. Dies folgt direkt daraus, dass $\exp : \mathbb{C} \to \mathbb{C}^\times$ ein Gruppenhomomorphismus ist.

Eine Anwendung hierzu ist das folgende Ergebnis: *Sind γ, η geschlossene Wege in $\mathbb{C}$ und sind zu jedem Zeitpunkt $t \in [0, 1]$ die beiden Punkte $\gamma(t), \eta(t)$ linear unabhängig über $\mathbb{R}$, so ist* $W(\gamma; 0) = W(\eta; 0)$. Der Weg $\zeta : t \mapsto \gamma(t)/\eta(t)$ liegt dann nämlich ganz in der oberen Halbebene oder ganz in der unteren Halbebene von $\mathbb{C}$ und hat damit die Windungszahl 0. Es folgt $W(\gamma; 0) = W(\zeta \cdot \eta; 0) = W(\zeta; 0) + W(\eta; 0) = W(\eta; 0)$.

Eine anderes Beispiel ist das folgende: Sei $G \subseteq \mathbb{C}$ ein Gebiet, $f : G \to \mathbb{C}$ eine stetige Abbildung, $\gamma : [0, 1] \to G$ ein in G nullhomotoper geschlossener Weg und $z_0 \in G - \text{Bild}\,\gamma$ ein Punkt mit $W(\gamma; z_0) \neq 0$ derart, dass zu keinem Zeitpunkt $t \in [0, 1]$ der Vektor $f(\gamma(t))$ von $\gamma(t)$ aus nach z_0 zeigt[4]), d.h. dass $f(\gamma(t)) \notin \mathbb{R}_-(\gamma(t) - z_0) = \mathbb{R}_+(z_0 - \gamma(t))$ ist. *Dann hat f eine Nullstelle in G.* Andernfalls wäre nämlich $\eta := f \circ \gamma$ ein nullhomotoper Weg in $\mathbb{C}^\times$ and hätte damit die Windungszahl 0. Überdies ist nach Voraussetzung $\zeta : t \mapsto \eta(t)/(\gamma(t) - z_0)$ ein Weg in $\mathbb{C} - \mathbb{R}_-$ und damit ebenfalls nullhomotop mit Windungszahl $W(\zeta; 0) = 0$. Andererseits ist $W(\eta; 0) = W(\zeta \cdot (\gamma - z_0); 0) = W(\zeta; 0) + W(\gamma - z_0; 0) = W(\gamma; z_0) \neq 0$. Widerspruch!

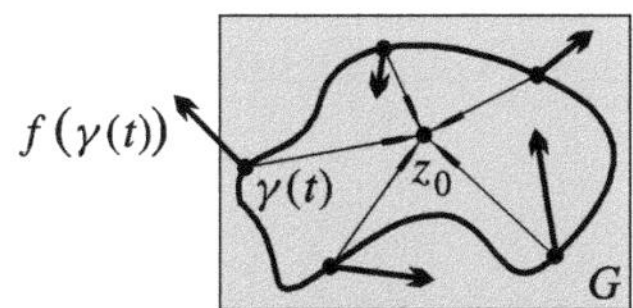

7.C.18 Beispiel (A n t i p o d e n s a t z) Eine Anwendung der Homotopieinvarianz der Windungszahl ist der folgende Satz:

7.C.19 Satz *Für jede stetige Abbildung $f : S^2 \to \mathbb{R}^2$ der zweidimensionalen Sphäre S^2 in die Ebene $\mathbb{R}^2$ gibt es antipodale Punkte $x_0, -x_0 \in S^2$ mit $f(x_0) = f(-x_0)$.*[5])

Bevor wir 7.C.19 beweisen, erwähnen wir einige Illustrationen:

(1) Gleichgültig wie man die Hülle eines Fußballs (stetig) in die Ebene drückt, es gibt immer zwei antipodale Punkte der Hülle, die übereinander liegen werden.[6])

(2) Zu jedem Zeitpunkt gibt es antipodale Orte der Erdoberfläche, an denen Luftdruck *und* Temperatur übereinstimmen.

(3) S a t z v o m S a n d w i c h : *Sind A und B beschränkte messbare Teilmengen der Ebene $\mathbb{R}^2$, so gibt es eine (affine) Gerade im $\mathbb{R}^2$, die beide Mengen A und B der Fläche nach halbiert.*[7]) Um diese Aussage schnell auf 7.C.19 zurückzuführen, transportieren wir die Situation mit Hilfe der stereographischen Projektion auf die Sphäre S^2, vgl. Beispiel 2.B.17. Einer Geraden der Ebene entspricht ein Kreis auf der Sphäre durch den Nordpol. Solch ein Kreis hat zwei Mittelpunkte

---

[4]) Man interpretiere f als ein Vektorfeld auf G, vgl. Abschnitt 7.H.
[5]) Wir werden diesen Antipodensatz in Bd. 4, Satz 12.C.12 auf stetige Abbildungen $f : S^n \to \mathbb{R}^n$ für ein beliebiges $n \in \mathbb{N}^*$ verallgemeinern, für $n = 1$ vgl. Bd. 1, Beispiel 10.C.5.
[6]) Wegen dieser Interpretation heißt 7.C.19 auch der S a t z v o m F u ß b a l l.
[7]) Man denke bei A und B an die beiden Beläge eines Sandwiches; die Gerade ist ein vertikaler Schnitt, der dieses Sandwich teilt. A und B können durch beliebige endliche (nicht notwendig positive) Maße der Ebene ersetzt werden, die (bzgl. des Borel-Lebesgue-Maßes) eine Dichte haben, vgl. Kap. IV.

x bzw. $-x$ auf S^2. Jeder dieser Mittelpunkte kennzeichnet die Gerade und eine der beiden Halbebenen, die durch die Gerade definiert werden. Der Nord- bzw. Südpol bestimmen die leere Menge bzw. die gesamte Ebene als Extremfälle. Ordnen wir nun jedem Punkt $x \in S^2$ das Paar $f(x) := \big(\lambda^2(A \cap H(x)), \lambda^2(B \cap H(x))\big) \in \mathbb{R}^2$ zu, wobei $\lambda^2(A \cap H(x))$ bzw. $\lambda^2(B \cap H(x))$ die Fläche des Teils von A bzw. B ist, der in der durch x bestimmten Halbebene $H(x)$ liegt, so ist $f : S^2 \to \mathbb{R}^2$ stetig [8]) und ein Punkt $x_0 \in S^2$ mit $f(x_0) = f(-x_0)$ liefert den Schnitt, dessen Existenz im Satz vom Sandwich behauptet wird. [9])

B e w e i s von 7.C.19: Wir betrachten die stetige Abbildung $g : x \mapsto f(x) - f(-x)$, $x \in S^2$, und haben zu zeigen, dass sie eine Nullstelle hat. Andernfalls wäre

$$h : y \longmapsto g\big(y, \sqrt{1 - \|y\|^2}\,\big), \quad y \in \overline{B}^2,$$

eine stetige Abbildung $h : \overline{B}^2 \longrightarrow \mathbb{R}^2 - \{0\} = \mathbb{C}^\times$ der abgeschlossenen Einheitskreisscheibe $\overline{B}^2 \subseteq \mathbb{R}^2$ mit $h(y) = -h(-y)$ für $y \in S^1 \subseteq \overline{B}^2$, und der geschlossene Weg $\gamma := h|S^1$ hätte die Windungszahl 0 bzgl. des Nullpunkts. Die Windungszahl $\mathrm{W}(\gamma\,;0)$ ist aber ungerade, was einen Widerspruch ergibt. Zur Berechnung von $\mathrm{W}(\gamma\,;0)$ sei γ'_+ eine Liftung von $\gamma|S^1_+$ bzgl. $z \mapsto \exp(2\pi i z)$, wobei S^1_+ der abgeschlossene obere Halbkreis ist. Wegen $\gamma(-1) = -\gamma(1)$ ist $\gamma'_+(-1) = \gamma'_+(1) + k/2$ mit *ungeradem* $k \in \mathbb{Z}$. Die Liftung γ'_- von $\gamma|S^1_-$ mit $\gamma'_-(-1) = \gamma'_+(-1)$ ist dann $y \mapsto \gamma'_+(-y) + k/2$ und $\mathrm{W}(\gamma\,;0) = \gamma'_-(1) - \gamma'_+(1) = \gamma'_+(-1) + k/2 - \gamma'_+(1) = k$. •

7.C.20 Beispiel (F u n d a m e n t a l s a t z d e r A l g e b r a) Eine weitere schöne Anwendung der Windungszahl als der (einzigen) Homotopieinvarianten geschlossener Wege in $\mathbb{C}^\times$ ist der folgende *Beweis des Fundamentalsatzes der Algebra*:

Sei $f(z) = a_0 + a_1 z + \cdots + a_{n-1} z^{n-1} + z^n$ eine Polynomfunktion vom Grade $n \geq 1$ mit komplexen Koeffizienten. Für $z \in \mathbb{C}$, $|z| = R > 0$ sei $|a_0 + a_1 z + \cdots + a_{n-1} z^{n-1}| < |z|^n = R^n$. Ferner sei $z(t) := R \exp(2\pi i\, t)$, $t \in [0, 1]$. Dann ist

$$H(s\,;t) := s a_0 + s a_1\, z(t) + \cdots + s a_{n-1}\, z(t)^{n-1} + z(t)^n$$

eine Homotopie von $\gamma(t) := H(1\,;t) = f\big(z(t)\big)$ und $H(0\,;t) = z(t)^n$, $t \in [0, 1]$, in $\mathbb{C}^\times$, also ist $\mathrm{W}(\gamma\,;0) = n$. Hätte f keine Nullstelle in $\mathbb{C}$, so wäre $\widetilde{H}(s\,;t) := f\big(sz(t)\big)$ eine Homotopie von $\gamma(t)$ und dem konstanten Weg $\widetilde{H}(0\,;t) = a_0$ in $\mathbb{C}^\times$, was $\mathrm{W}(\gamma\,;0) = 0$ zur Folge hätte. Widerspruch!

7.C.21 Bemerkung (D e r S a t z v o n S e i f e r t u n d v a n K a m p e n) Der topologische Raum X sei Vereinigung der beiden offenen wegzusammenhängenden Teilmengen X_1 und X_2 derart, dass der Durchschnitt $X_{12} := X_1 \cap X_2$ ebenfalls wegzusammenhängend ist. Das kommutative

---

[8]) Das akzeptiere man, vgl. Kap. IV.
[9]) Aus der in Fußnote 5 angegebenen Verallgemeinerung für $n = 3$ ergibt sich, dass für ein räumliches Sandwich mit einem schrägen (d.h. nicht notwendig vertikalen) Schnitt nicht nur die beiden Beläge, sondern auch noch der Brotanteil halbiert werden können. Erfüllt übrigens der Brotanteil (oder einer der Beläge) die (nicht unvernünftige) Voraussetzung, dass zu jeder Ebenenrichtung im $\mathbb{R}^3$ genau eine affine Ebene mit dieser Richtung existiert, die den Brotanteil (bzw. den Belag) halbiert und stetig von der Richtung abhängt, so folgt dieses Ergebnis bereits aus 7.C.19 (Beweis!). Analog ergibt sich bei entsprechender Voraussetzung die Lösung für das ebene Problem aus dem eindimensionalen Fall. Man diskutiere zum Beispiel das Problem, durch eine affine Gerade sowohl den Umfang als auch den Flächeninhalt eines (nicht ausgearteten) Dreiecks in der euklidischen Ebene zu halbieren.

Diagramm

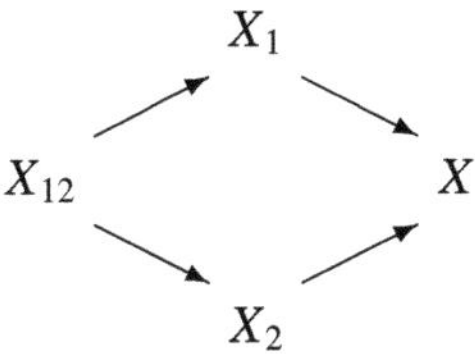

von Inklusionen induziert für jeden Punkt $a \in X_{12}$ ein entsprechendes Diagramm

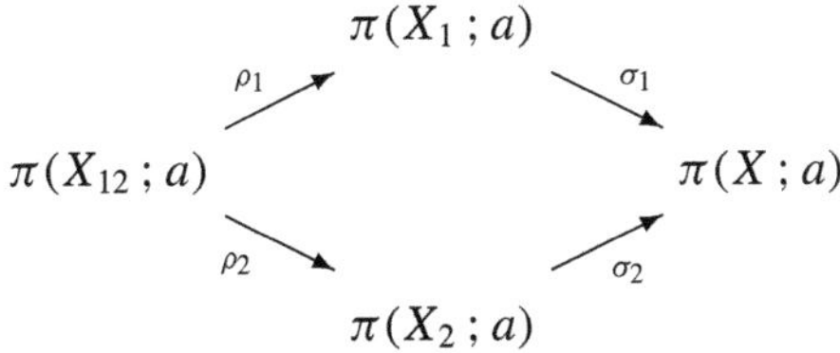

von Fundamentalgruppen. Der Satz von Seifert und van Kampen besagt, dass die Gruppe $\pi(X) = \pi(X\,;a)$ allein bestimmt ist durch die Gruppenhomomorphismen ρ_1 und ρ_2. Sie hat (zusammen mit σ_1, σ_2) die folgende **universelle Eigenschaft**: *Sind $\varphi_i : \pi(X_i) \to G$ Homomorphismen in eine beliebige Gruppe G derart, dass das Diagramm*

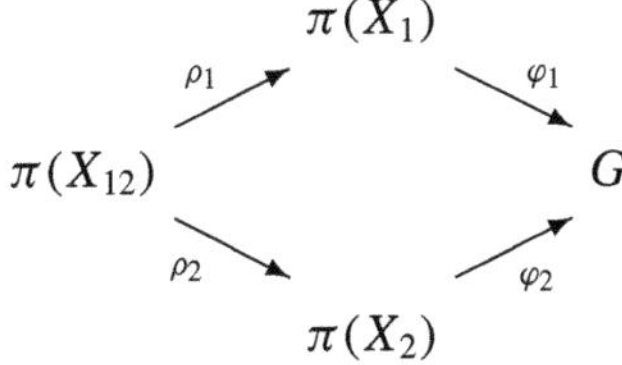

kommutativ ist, so existiert genau ein Homomorphismus $\varphi : \pi(X) \to G$ mit $\varphi_i = \varphi\sigma_i$ für $i = 1, 2$. Das Diagramm

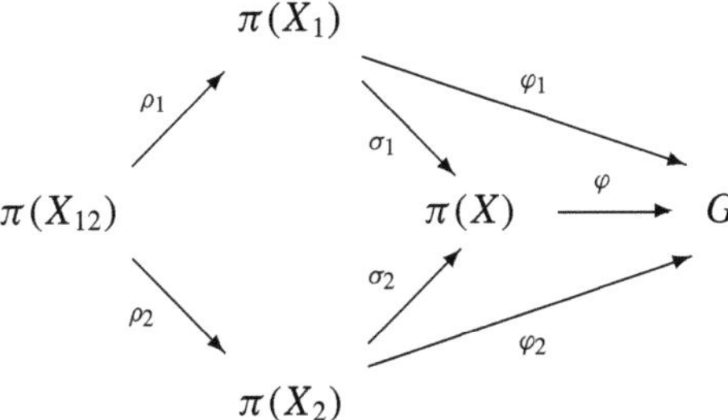

ist also kommutativ.

Es ist recht einfach zu beweisen, dass ganz allgemein zu vorgegebenen Gruppenhomomorphismen $\psi_i : H \to G_i$, $i = 1, 2$, eine Gruppe $G_1 *_H G_2$ und ein kommutatives Diagramm

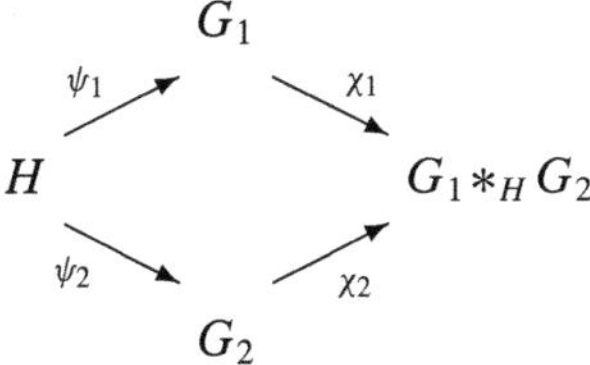

von Gruppenhomomorphismen existieren derart, dass die oben beschriebene universelle Eigenschaft erfüllt ist, wodurch überdies $G_1 *_H G_2$ bis auf kanonische Isomorphie eindeutig bestimmt ist. $G_1 *_H G_2$ heißt das **freie Produkt** von G_1 und G_2 **mit Amalgam** H.[10]) Es gilt nun:

7.C.22 Satz von Seifert und van Kampen *Der topologische Raum* $X = X_1 \cup X_2$ *sei die Vereinigung der offenen und wegzusammenhängenden Teilräume* X_1 *und* X_2, *für die der Durchschnitt* $X_{12} := X_1 \cap X_2$ *ebenfalls wegzusammenhängend sei. Ferner sei* $a \in X_{12}$. *Dann ist* $\pi(X)$ *vermöge des kommutativen Diagramms*

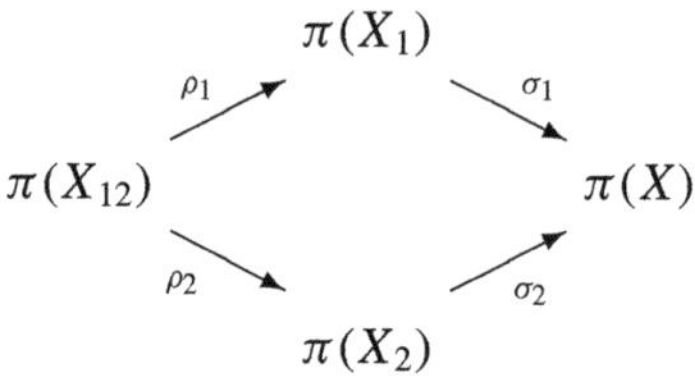

(in dem a *der Aufpunkt für die Fundamentalgruppen ist) das freie Produkt* $\pi(X_1) *_{\pi(X_{12})} \pi(X_2)$ *von* $\pi(X_1)$ *und* $\pi(X_2)$ *mit Amalgam* $\pi(X_{12})$:

$$\pi(X) \cong \pi(X_1) *_{\pi(X_{12})} \pi(X_2).$$

B e w e i s . Wir beweisen, dass $\pi(X)$ die universelle Eigenschaft von $\pi(X_1) *_{\pi(X_{12})} \pi(X_2)$ erfüllt. Seien dazu $\varphi_i : \pi(X_i) \to G$, $i = 1, 2$, Gruppenhomomorphismen mit $\varphi_1 \rho_1 = \varphi_2 \rho_2$.

Zu jedem Punkt $x \in X$ fixieren wir einen Weg η_x von a nach x, der ganz in X_1 bzw. ganz in X_2 verläuft, falls x in X_1 bzw. X_2 liegt. Ist x sogar ein Element von X_{12}, so wählen wir auch für η_x einen Weg in X_{12}. Ferner sei η_a der konstante Weg.

Sei nun $\gamma : [0, 1] \to X$ ein geschlossener Weg mit $\gamma(0) = \gamma(1) = a$. Nach dem Lemma 2.B.17 von Lebesgue bzw. der Verallgemeinerung aus 2.B, Aufg. 12 gibt es eine solche Unterteilung $0 = t_0 < t_1 < \cdots < t_m = 1$ des Einheitsintervalls, dass die Trajektorien von $\gamma_v := \gamma\,|\,[t_v, t_{v+1}]$, $v = 0, \ldots, m-1$, jeweils ganz in X_1 oder ganz in X_2 liegen. Sei $\eta_v := \eta_{\gamma(t_v)}$, $v = 0, \ldots, m$. Wir setzen

$$\Phi(\gamma) := \varphi_{i(0)}\big([\eta_0 \gamma_0 \overleftarrow{\eta}_1]\big)\, \varphi_{i(1)}\big([\eta_1 \gamma_1 \overleftarrow{\eta}_2]\big) \cdots \varphi_{i(m-1)}\big([\eta_{m-1} \gamma_{m-1} \overleftarrow{\eta}_m]\big),$$

wobei $i(v)$ gleich 1 oder 2 ist je nachdem, ob γ_v und damit $\eta_v \gamma_v \overleftarrow{\eta}_{v+1}$ in X_1 oder X_2 liegt. Liegt γ_v sogar in X_{12}, so auch $\eta_v \gamma_v \overleftarrow{\eta}_{v+1}$ und folglich ist dann $\varphi_1\big([\eta_v \gamma_v \overleftarrow{\eta}_{v+1}]\big) = \varphi_2\big([\eta_v \gamma_v \overleftarrow{\eta}_{v+1}]\big)$ wegen $\varphi_1 \rho_1 = \varphi_2 \rho_2$. Die Wahl von $i(v)$ hat in diesem Fall also keinen Einfluss auf $\Phi(\gamma)$.

$\Phi(\gamma)$ *ist unabhängig von der Wahl der Teilpunkte* $t_1, \ldots, t_{m-1}$, *und insbesondere ist* $\Phi(\gamma) = \varphi_i([\gamma])$, *falls* γ *ein Weg in* X_i *ist*, $i = 1, 2$. Indem man zwei mögliche Unterteilungen zusammenlegt, genügt es zu zeigen, dass $\Phi(\gamma)$ sich bei Hinzunahme eines einzigen Teilpunktes nicht ändert. Dies ist aber selbstverständlich. – *Offenbar ist*

$$\Phi(\gamma \gamma') = \Phi(\gamma)\,\Phi(\gamma') \qquad \text{und} \qquad \Phi(\overleftarrow{\gamma}) = \Phi(\gamma)^{-1},$$

wo $\gamma' : [0, 1] \to X$ ein weiterer geschlossener Weg mit $\gamma'(0) = \gamma'(1) = a$ ist.

Sind γ *und* γ' *homotop, so ist* $\Phi(\gamma) = \Phi(\gamma')$. Um dies zu beweisen, sei $H : [0, 1] \times [0, 1] \to X$ eine Homotopie mit $H(0; -) = \gamma$ und $H(1; -) = \gamma'$. Wiederum nach dem Lemma von Lebesgue gibt es eine Unterteilung $0 = t_0 < t_1 < \cdots < t_m = 1$ derart, dass die Bilder von $H\,|\,[t_\mu, t_{\mu+1}] \times [t_v, t_{v+1}]$ jeweils ganz in X_1 oder ganz in X_2 liegen. Sei

$$\gamma^{\mu+1,v}_{\mu v} := H\,|\,[t_\mu, t_{\mu+1}] \times \{t_v\}, \quad \gamma^{\mu,v+1}_{\mu v} := H\,|\,\{t_\mu\} \times [t_v, t_{v+1}] \quad \text{sowie} \quad \eta_{\mu v} := \eta_{H(t_\mu; t_v)}$$

---

[10]) Vgl. etwa [55], Teil 1 (2. Aufl.), Anhang IV.D. Wir benötigen aber diese allgemeine Existenzaussage für $G_1 *_H G_2$ nicht.

der gewählte Weg von a nach $H(t_\mu; t_\nu)$.

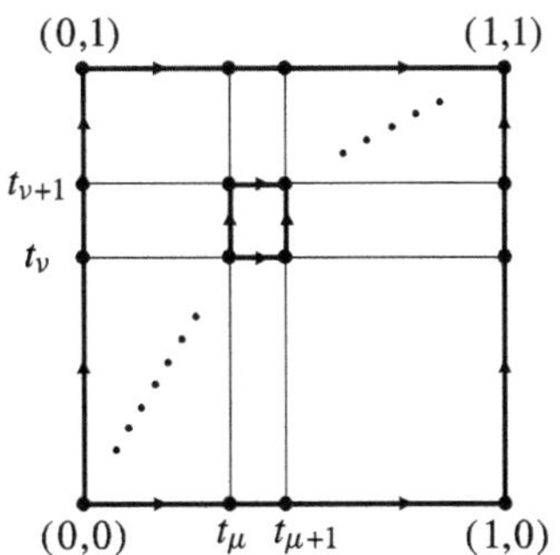

Seien α ein beliebiger Kantenweg von $(0,0)$ nach (t_μ, t_ν) und β ein beliebiger Kantenweg von $(t_{\mu+1}, t_{\nu+1})$ nach $(1,1)$ auf dem durch die Teilpunkte $0 = t_0 < t_1 < \cdots < t_m = 1$ erzeugten Gitter von $[0,1] \times [0,1]$. Es genügt zu zeigen, dass die Wege

$$(H \circ \alpha)\, \gamma_{\mu\nu}^{\mu,\nu+1}\, \gamma_{\mu,\nu+1}^{\mu+1,\nu+1}\, (H \circ \beta) \qquad \text{und} \qquad (H \circ \alpha)\, \gamma_{\mu\nu}^{\mu+1,\nu}\, \gamma_{\mu+1,\nu}^{\mu+1,\nu+1}\, (H \circ \beta)$$

dasselbe Φ-Bild haben. Dann haben nämlich auch γ und γ' dasselbe Φ-Bild, da $\Phi(\gamma)$ mit dem oben skizzierten Kantenweg von $(0,0)$ nach $(1,1)$ über $(0,1)$ gewonnen wird und $\Phi(\gamma')$ mit dem oben skizzierten Kantenweg von $(0,0)$ nach $(1,1)$ über $(1,0)$ sowie der erste Kantenweg sich schrittweise in den zweiten überführen lässt.

Die Wege

$$\eta_{\mu\nu}\, \gamma_{\mu\nu}^{\mu,\nu+1}\, \gamma_{\mu,\nu+1}^{\mu+1,\nu+1}\, \overleftarrow{\eta}_{\mu+1,\nu+1} \qquad \text{und} \qquad \eta_{\mu\nu}\, \gamma_{\mu\nu}^{\mu+1,\nu}\, \gamma_{\mu+1,\nu}^{\mu+1,\nu+1}\, \overleftarrow{\eta}_{\mu+1,\nu+1}$$

sind aber homotop in X_1 oder in X_2, woraus mit der Definition von Φ die Behauptung folgt.

Insgesamt induziert Φ den einzig möglichen Gruppenhomomorphismus $\varphi : \pi(X) \longrightarrow G$ mit $\varphi_i = \varphi\sigma_i$, $i = 1, 2$.　　　　　　　　　　　　　　　　　　　　　　●

Wir erwähnen einige Spezialfälle des Satzes 7.C.22 von Seifert und van Kampen. Dabei benutzen wir die folgende Definition und Bezeichnung: Ein freies Produkt $G_1 *_{\{e\}} G_2$ von Gruppen, in dem das Amalgam die triviale Gruppe $\{e\}$ ist, heißt ein f r e i e s P r o d u k t schlechthin und wird mit $G_1 * G_2$ bezeichnet. Die Elemente von $G_1 * G_2$ lassen sich übersichtlich beschreiben: Sei W die Menge derjenigen Wörter über dem Alphabet $(G_1 - \{e_1\}) \uplus (G_2 - \{e_2\})$, bei denen je zwei benachbarte Buchstaben zu verschiedenen der (als disjunkt angenommenen) Mengen $G_i - \{e_i\}$, $i = 1, 2$, gehören. *Dann ist die Abbildung* $w_1 \cdots w_r \mapsto \chi_{i(1)}(w_1) \cdots \chi_{i(r)}(w_r)$ *von* W *in* $G_1 * G_2$ *bijektiv,* wo $i(\rho)$ gleich 1 oder 2 ist je nachdem, ob w_ρ zu $G_1 - \{e_1\}$ oder zu $G_2 - \{e_2\}$ gehört. [11] Insbesondere sind die Homomorphismen $\chi_i : G_i \to G_1 * G_2$ injektiv, und man identifiziert die Elemente von G_1 und G_2 mit ihren Bildern in $G_1 * G_2$. B e w e i s . Nur die Injektivität von $W \to G_1 * G_2$ ist nicht selbstverständlich. Die offensichtlichen Operationen von G_i, $i = 1, 2$, auf W (von links) induzieren aber auf Grund der universellen Eigenschaft eine Operation von $G_1 * G_2$ auf W. Für das leere Wort $\square \in W$ ist dabei $\chi_{i(1)}(w_1) \cdots \chi_{i(r)}(w_r)\,\square = w_1 \cdots w_r$, und das liefert die gewünschte Injektivität.　　　　　　　　　　　　　　●

Aus 7.C.22 ergibt sich sofort:

---

[11] Eine ähnliche Aussage hat man für $G_1 *_H G_2$, *falls die Homomorphismen* $\psi_i : H \to G_i$, $i = 1, 2$, *injektiv sind,* vgl. [55], Teil 1, Satz IV.D.6.

7.C.23 Korollar *In der Situation von* Satz 7.C.22 *gilt*:
(1) *Ist X_{12} einfach zusammenhängend, so ist $\pi(X) = \pi(X_1) * \pi(X_2)$.*
(2) *$\pi(X)$ wird stets von den kanonischen Bildern von $\pi(X_i)$, $i = 1, 2$, erzeugt.*
(3) *Ist $\pi(X_{12}) \to \pi(X_1)$ ein Isomorphismus, so auch $\pi(X_2) \to \pi(X)$.*

7.C.24 Beispiel (Kreisbuketts · Freie Gruppen) Der Raum X sei die Vereinigung
zweier Kreise, die sich in genau einem Punkt a treffen:

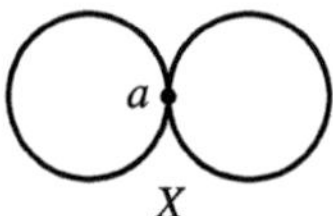

Wie in der folgenden Skizze angedeutet, stellen wir X als Vereinigung zweier offener Teilräume X_1 und X_2 dar, deren Fundamentalgruppen nach 7.C.16 zu $\mathbb{Z}$ isomorph sind und von den
eingezeichneten Wegen γ_1 bzw. γ_2 (genauer: von deren Homotopieklassen) erzeugt werden.

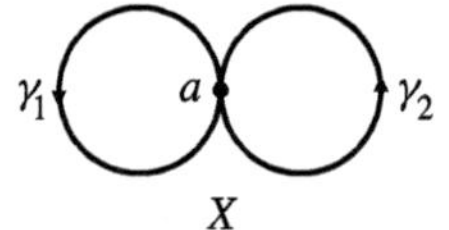 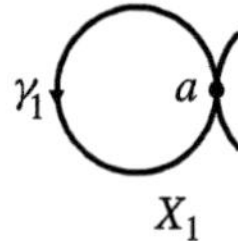 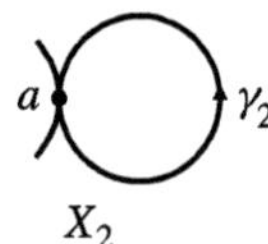 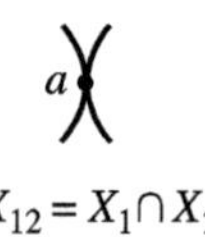

Der Durchschnitt $X_{12} = X_1 \cap X_2$ ist (kontrahierbar und folglich) einfach zusammenhängend.
Nach Korollar 7.C.23 (1) *ist die Fundamentalgruppe $\pi(X)$ von X das freie Produkt*

$$\mathbb{F}^2 := \mathbb{Z} * \mathbb{Z}.$$

Dies ist eine so genannte freie Gruppe mit der 2-elementigen Basis $x_1 := [\gamma_1]$, $x_2 := [\gamma_2]$.
Definitionsgemäß hat sie folgende universelle Eigenschaft: Sind g_1, g_2 (beliebige) Elemente
einer (beliebigen) Gruppe G, so gibt es genau einen Gruppenhomomorphismus $\mathbb{F}^2 \to G$ mit
$x_i \mapsto g_i$, $i = 1, 2$. Jedes Element $x \in \mathbb{F}^2$ besitzt eine durch x eindeutig bestimmte Darstellung

$$x = x_{i_1}^{a_1} \cdots x_{i_r}^{a_r}$$

mit $r \in \mathbb{N}$, $i_1, \ldots, i_r \in \{1, 2\}$, $i_\rho \neq i_{\rho+1}$, $\rho = 1, \ldots, r-1$, und von 0 verschiedenen ganzen
Zahlen $a_1, \ldots, a_r$, vgl. die Bemerkungen vor Korollar 7.C.23.

Analog beweist man durch Induktion über die Anzahl $n \in \mathbb{N}$ der Kreise eines so genannten
Buketts von n Kreisen, die sich alle in einem einzigen Punkt a treffen,

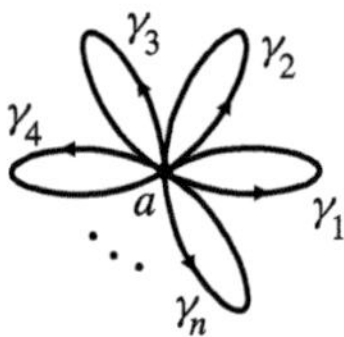

dass dessen Fundamentalgruppe das freie Produkt

$$\mathbb{F}^n := \mathbb{Z} * \cdots * \mathbb{Z} \quad (n \text{ Faktoren})$$

mit der n-elementigen Basis $x_1 := [\gamma_1], \ldots, x_n := [\gamma_n]$ ist. Dieses hat folgende universelle
Eigenschaft: *Sind $g_1, \ldots, g_n$ (beliebige) Elemente einer (beliebigen) Gruppe G, so gibt es genau
einen Gruppenhomomorphismus $\mathbb{F}^n \to G$ mit $x_i \mapsto g_i$, $i = 1, \ldots, n$.* Die Elemente x aus $\mathbb{F}^n$
haben wie im Fall $n = 2$ die oben angegebene Darstellung, wobei jetzt $i_1, \ldots, i_r \in \{1, \ldots, n\}$

gilt. Man nennt $\mathbb{F}^n$ (und jede dazu isomorphe Gruppe) eine f r e i e G r u p p e v o m R a n g n. Für $n \geq 2$ sind die freien Gruppen nicht kommutativ. Man hat die freie Gruppe $\mathbb{F}^n$ sorgfältig von der f r e i e n a b e l s c h e n G r u p p e

$$\mathbb{Z}^n = \mathbb{Z} \times \cdots \times \mathbb{Z} \quad (n \text{ Faktoren})$$

vom Rang n mit der $\mathbb{Z}$-Basis $e_1, \ldots, e_n$ zu unterscheiden, die die zu $\mathbb{F}^n$ analoge universelle Eigenschaft hat, wenn man sich bei den Bildgruppen G auf *abelsche* Gruppen beschränkt. *Der kanonische surjektive Homomorphismus* $\varphi : \mathbb{F}^n \to \mathbb{Z}^n$ *mit* $x_i \mapsto e_i$ *hat als Kern die Kommutatorgruppe* $[\mathbb{F}^n, \mathbb{F}^n]$ *von* $\mathbb{F}^n$, vgl. Bd. 2, Beispiel 6.A.13. Es ist also

$$\mathbb{F}^n / [\mathbb{F}^n, \mathbb{F}^n] = \mathbb{Z}^n \,.$$

Der Homomorphismus $\psi : \mathbb{Z}^n \to \mathbb{F}^n / [\mathbb{F}^n, \mathbb{F}^n]$ mit $e_i \mapsto \overline{x}_i$ ist nämlich invers zu dem von φ induzierten Homomorphismus $\overline{\varphi} : \mathbb{F}^n / [\mathbb{F}^n, \mathbb{F}^n] \to \mathbb{Z}^n$.

Übrigens ist es sehr plausibel, dass zwischen den Elementen $[\gamma_1], \ldots, [\gamma_n]$ der Fundamentalgruppe des Kreisbukets keine nichttriviale Relation existiert. Wäre nämlich $[\gamma_{i_1}]^{a_1} \cdots [\gamma_{i_r}]^{a_r} = 0$ eine solche Relation mit $r \geq 1$, $i_\rho \neq i_{\rho+1}$ für $\rho = 1, \ldots, r-1$ und $a_\rho \in \mathbb{Z} - \{0\}$, so wäre $\eta_{i_1}^{a_1} \cdots \eta_{i_r}^{a_r} \approx 0$ für *beliebige* topologische Räume X und *beliebige* geschlossene Wege $\eta_1, \ldots, \eta_n$ in X, die alle denselben Anfangs- und Endpunkt haben, da es offensichtlich eine stetige Abbildung f vom Kreisbukett in den Raum X gibt mit $\pi(f)([\gamma_i]) = [\eta_i]$, $i = 1, \ldots, n$. Die Gültigkeit einer solchen universellen Homotopierelation für geschlossene Wege wäre doch sehr überraschend.

Eine n-fach punktierte Ebene $X = \mathbb{C} - \{z_1, \ldots, z_n\}$ *(mit paarweise verschiedenen $z_1, \ldots z_n \in \mathbb{C}$) hat als Fundamentalgruppe ebenfalls die freie abelsche Gruppe $\mathbb{F}^n$ vom Rang n.* Dies folgt zum Beispiel sofort daraus, dass ein solcher Raum auf ein Bukett von n Kreisen kontrahierbar ist. Man kann allerdings auch wieder mit dem Satz von Seifert und van Kampen durch Induktion über n schließen. Beim Induktionsschluss von $n-1$ nach n überlegt man sich leicht, dass man einen der Punkte, etwa z_n, durch eine affine Gerade von den übrigen Punkten trennen kann und dann die Situation in der folgenden Skizze links für die Anwendung von Korollar 7.C.23 (1) hat. Eine Basis der Fundamentalgruppe $\pi(X) = \pi(X; a) \cong \mathbb{F}^n$ bilden die Homotopieklassen $x_1 := [\gamma_1]$, $\ldots, x_n := [\gamma_n]$ der Wege $\gamma_1, \ldots, \gamma_n$ in der folgenden Skizze rechts.

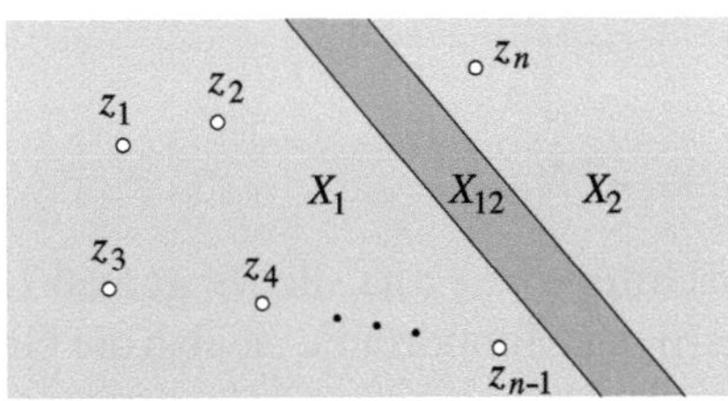

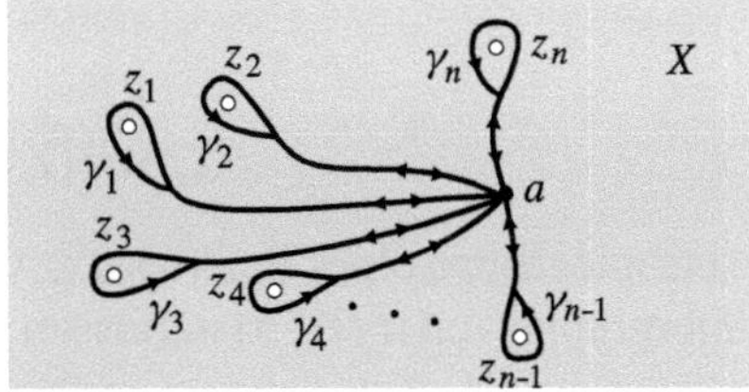

Wir erwähnen, dass die Fundamentalgruppe eines jeden ebenen Gebietes $G \subseteq \mathbb{C}$ eine freie Gruppe ist, deren Rang allerdings (abzählbar) unendlich sein kann, vgl. hierzu Bemerkung 7.G.7. Ist z.B. $S \subseteq \mathbb{C}$ eine unendliche abgeschlossene und diskrete Punktmenge in $\mathbb{C}$, so ist die Fundamentalgruppe der ∞-fach punktierten Ebene $\mathbb{C} - S$ offenbar frei von unendlichem Rang.

Bei der Bestimmung der Fundamentalgruppe der punktierten Ebene $\mathbb{C}^\times$ haben wir diese mit Hilfe der Exponentialabbildung $z \mapsto \exp(2\pi i z)$ als Quotienten $\mathbb{C}/\mathbb{Z}$ bezüglich der natürlichen Operation von $\mathbb{Z}$ auf $\mathbb{C}$ als Gruppe von Translationen dargestellt und dann die Fundamentalgruppe mit der operierenden Gruppe $\mathbb{Z}$ identifizieren können (wobei der einfache Zusammenhang von $\mathbb{C}$ eine wesentliche Rolle spielte). Diese Methode lässt sich weitgehend verallgemeinern, wie im Folgenden unter anderem ausgeführt wird.

Sei zunächst wieder allgemein $f : X \to Y$ eine beliebige Überlagerung. Für jeden Punkt $b \in Y$ operiert die Fundamentalgruppe $\pi(Y ; b)$ in natürlicher Weise *von rechts* auf der Faser $X_b = f^{-1}(b)$ über b.[12]) Sei dazu $a \in X_b$ und $[\gamma] \in \pi(Y ; b)$. Der Weg γ besitzt genau eine Liftung $\gamma' : [0, 1] \to X$ mit $\gamma'(0) = a$, die überdies bis auf Homotopie eindeutig durch $[\gamma]$ bestimmt ist. Der Endpunkt $\gamma'(1)$ liegt ebenfalls in X_b und ist also eindeutig durch $[\gamma]$ bestimmt. Wir setzen $a[\gamma] := \gamma'(1)$. Dies liefert die gewünschte Operation

$$X_b \times \pi(Y ; b) \to X_b .$$

Sie heißt die **Monodromie von** f **im Punkt** b.[13]) Das Bild des zugehörigen Gruppenantihomomorphismus

$$\pi(Y ; b) \to \mathfrak{S}(X_b)$$

heißt die **Monodromiegruppe** $G(f ; b)$ in b. Sie ist anti-isomorph (und damit auch isomorph) zu $\pi(Y ; b)/N$, wobei N der Kern der Monodromie ist. Ist

$$
\begin{array}{ccc}
X' & \xrightarrow{\ h\ } & X \\[2pt]
f' \downarrow & & \downarrow f \\[2pt]
Y' & \xrightarrow{\ g\ } & Y
\end{array}
$$

ein kommutatives Diagramm von stetigen Abbildungen, wobei $f' : X' \to Y'$ ebenfalls eine Überlagerung sei, und sind $b' \in Y'$ und $b \in Y$ Punkte mit $g(b') = b$, so ergibt sich ein kanonisches kommutatives Diagramm

$$
\begin{array}{ccc}
X'_{b'} \times \pi(Y' ; b') & \longrightarrow & X'_{b'} \\[2pt]
{\scriptstyle h \times \pi(g ; b')} \downarrow & & \downarrow {\scriptstyle h} \\[2pt]
X_b \times \pi(Y ; b) & \longrightarrow & X_b .
\end{array}
$$

Die Isotropiegruppe eines Punktes $a \in X_b$ ist die Gruppe $\pi(X ; a)$, die wir gemäß 7.C.15 als Untergruppe von $\pi(Y ; b)$ auffassen. Der Kern der Monodromie ist also die Gruppe

$$\bigcap_{a \in X_b} \pi(X ; a) .$$

Die Bahn von a ist offenbar die Menge der Punkte von X_b, die in derselben Wegzusammenhangskomponente von X wie a liegen. *Insbesondere operiert $\pi(Y ; b)$ genau*

---

[12]) Zum Begriff der Gruppenoperation vgl. Bd. 2, Abschnitt 6.E.

[13]) Viele Autoren empfinden es als unschön, dass die Monodromie eine Rechtsoperation ist und definieren daher die Multiplikation in der Fundamentalgruppe $\pi(Y ; b)$ von vornherein als die entgegengesetzte zu der von uns eingeführten Multiplikation. Das ergibt sich automatisch, wenn der Summenweg zweier Wege γ, η, für die $\gamma(1) = \eta(0)$ ist, mit $\eta\gamma$ statt mit $\gamma\eta$ bezeichnet wird.

dann transitiv auf X_b, wenn X_b in einer Wegzusammenhangskomponente von X liegt. In diesem Fall bilden die Gruppen $\pi(X;a)$, $a \in X_b$, eine Konjugationsklasse von Untergruppen von $\pi(Y;b)$. Wir notieren ferner:

7.C.25 Satz *Seien $f : X \to Y$ eine Überlagerung und $b \in Y$ ein Punkt, für den die Faser $X_b = f^{-1}(b)$ nicht leer ist und ganz in einer Wegzusammenhangskomponente von X liegt. Dann ist für jeden Punkt $a \in X_b$ der Index von $\pi(X;a)$ in $\pi(Y;b)$ gleich $|X_b|$. Ein Repräsentantensystem für die Rechtsnebenklassen von $\pi(X;a)$ in $\pi(Y;b)$ bilden die Wegeklassen $[f \circ \gamma_c]$, wobei γ_c für $c \in X_b$ ein Weg von a nach c in X ist.*

Für eine Überlagerung $f : X \to Y$ ist $|X_b|$, $b \in Y$, lokal konstant und folglich konstant, falls Y zusammenhängend ist. In diesem Fall heißt die gemeinsame Elementezahl der Fasern von f die B l ä t t e r z a h l von f. Unter den zusätzlichen Voraussetzungen von 7.C.25 ist also der Index $[\pi(Y;b) : \pi(X;a)]$ gleich der Blätterzahl. *Insbesondere ist $|\pi(Y;b)|$ gleich der Blätterzahl, wenn X einfach zusammenhängend ist.* Man nennt in diesem Fall $f : X \to Y$ eine u n i v e r s e l l e Ü b e r l a g e r u n g von Y.

Besonders übersichtlich ist die Situation, wenn $Y := X \backslash H$ ist, wobei die Gruppe H diskret auf X operiert, und f die kanonische Projektion $X \to X \backslash H$ ist, vgl. Beispiel 7.C.9 (4). Man nennt $X \to X \backslash H$ (und jede dazu isomorphe Überlagerung) eine G a - l o i s - Ü b e r l a g e r u n g mit G a l o i s - G r u p p e H. Sei nun $a \in X$ und $[a] = Ha$ die Bahn von a. Durch

$$a[\gamma] = ha, \qquad [\gamma] \in \pi\big(X \backslash H ; [a]\big)$$

wird eine Abbildung $\varphi : [\gamma] \mapsto h$ von $\pi(X \backslash H ; [a])$ in H definiert. *φ ist ein Gruppen-homomorphismus.* Für ein weiteres Element $[\eta] \in \pi(X \backslash H ; [a])$ mit $a[\eta] = h'a$ ist nämlich $a[\gamma][\eta] = a[\gamma\eta] = hh'a$, da $t \mapsto h\eta'(t)$ eine Liftung von η mit $h\eta'(0) = ha = \gamma'(1)$ ist, wobei γ' bzw. η' die Liftungen von γ bzw. η mit $\gamma'(0) = \eta'(0) = a$ sind. Offenbar ist Kern $\varphi = \pi(X;a)$ und daher $\pi(X;a)$ ein Normalteiler in $\pi\big(X \backslash H ; [a]\big)$. Ist X wegzusammenhängend, so ist φ natürlich surjektiv. Es folgt:

7.C.26 Satz *Die Gruppe H operiere diskret auf dem wegzusammenhängenden Raum X. Für ein $a \in X$ ist dann $\pi(X;a)$ ein Normalteiler in $\pi\big(X \backslash H ; [a]\big)$. Die Faktorgruppe $\pi\big(X \backslash H ; [a]\big) / \pi(X;a)$ und damit auch die Monodromiegruppe sind isomorph zu H. Diese Isomorphie ist bis auf Konjugation kanonisch.*

B e w e i s . Wir haben nur noch den Zusatz zu zeigen. Wählen wir statt a den Punkt ha aus der Bahn $[a] = Ha$, so erhält man statt des oben konstruierten Homomorphismus φ den Homomorphismus $\kappa_h \circ \varphi$, wobei κ_h die Konjugation mit h in H ist.   •

7.C.27 Korollar *Die Gruppe H operiere diskret auf dem einfach zusammenhängenden Raum X. Dann ist $\pi(X \backslash H)$ isomorph zu H. Ist $a \in X$ und γ_h ein Weg in X von a nach ha für jedes $h \in H$, so ist $h \mapsto [p \circ \gamma_h]$ ein Isomorphismus von H auf $\pi\big(X \backslash H ; [a]\big)$, wobei $p : X \to X \backslash H$ die kanonische Projektion ist. – Insbesondere: Ist H eine diskrete Untergruppe der einfach zusammenhängenden topologischen Gruppe G, so ist $\pi(G/H) \cong \pi(G \backslash H) \cong H$. Ist γ_h für $h \in H$ ein Weg von e nach h, so ist*

$h \mapsto [p \circ \gamma_h] \in \pi(G\backslash H)$ *ein Isomorphismus von* H *auf* $\pi(G\backslash H)$ *und* $h \mapsto [p \circ \gamma_h] \in$ $\pi(G/H)$ *ein Anti-Isomorphismus von* H *auf* $\pi(G/H)$.

Man beachte, dass $aH \mapsto Ha^{-1}$ ein Homöomorphismus von G/H auf $G\backslash H$ ist.

7.C.28 Beispiel Zu den Kreisbuketts aus Beispiel 7.C.24, die wir hier mit Y_n bezeichnen wollen ($n \in \mathbb{N}$ ist die Anzahl der Kreise in Y_n), lassen sich leicht einfach zusammenhängende, also universelle Überlagerungen $X_n \to Y_n$ angeben, mit deren Hilfe dann auch gemäß Satz 7.C.25 die Elemente der Fundamentalgruppen $\mathbb{F}^n = \pi(Y_n)$ explizit angegeben werden können. Für X_2 etwa kann man den folgenden ebenen, einfach zusammenhängenden Graphen wählen:

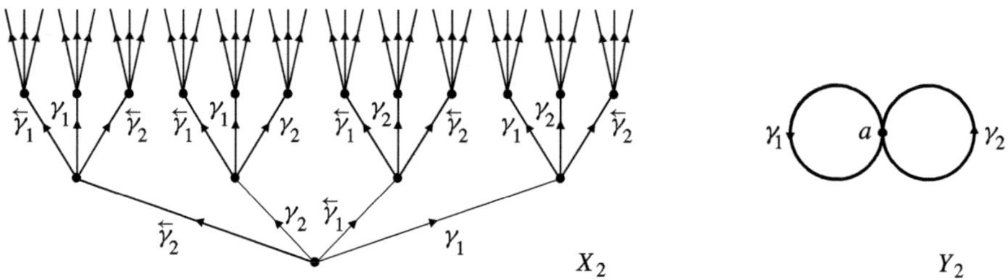

Dabei ist jede Kante Liftung eines der Wege γ_1, $\overleftarrow{\gamma}_1$, γ_2 bzw. $\overleftarrow{\gamma}_2$ von Y_2 gemäß der angegebenen Vorschrift. Es ist in X_2 nur darauf zu achten, dass niemals ein Weg und sein entgegengesetzter Weg unmittelbar hintereinander durchlaufen werden.

Eine weitere interessante Überlagerung von Y_2 ergibt sich, wenn wir die beiden Kreise von Y_2 mit den Kreisen $S^1 \times \{1\}$ und $\{1\} \times S^1$ auf dem Torus $T = S^1 \times S^1$ identifizieren und die von der universellen Überlagerung $\mathbb{R}^2 \to T$ mit $(\alpha, \beta) \mapsto \big(\exp(2\pi i \alpha), \exp(2\pi i \beta)\big)$ induzierte Überlagerung

$$Z_2 \to Y_2$$

von Y_2 mit dem Standardquadratgitter $Z_2 := \{(\alpha, \beta) \in \mathbb{R}^2 \mid \alpha \in \mathbb{Z} \text{ oder } \beta \in \mathbb{Z}\} \subseteq \mathbb{R}^2$ als überlagerndem Raum betrachten. Die Liftung γ' eines geschlossenen Weges $\gamma = \gamma_{i_1}^{a_1} \cdots \gamma_{i_r}^{a_r}$, $a_\rho \in \mathbb{Z} - \{0\}$, $i_{\rho+1} \neq i_\rho$ für $\rho = 1, \ldots, r-1$, in Y_2 ist offenbar genau dann geschlossen in Z_2, wenn $a_1 e_{i_1} + \cdots + a_r e_{i_r} = 0$ in $\mathbb{Z}^2$ ist, wenn also γ in der Kommutatorgruppe $[\mathbb{F}^2, \mathbb{F}^2]$ von $\mathbb{F}^2 = \pi(Y_2)$ liegt, vgl. Beispiel 7.C.24. Man sagt dann auch, γ sei n u l l h o m o l o g.[14]

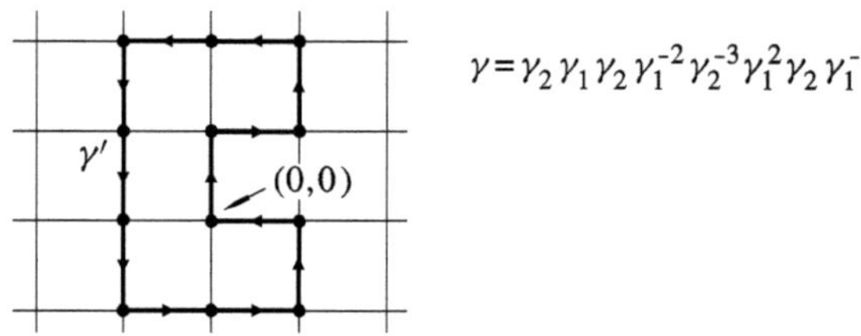

Der vielleicht einfachste Weg in Y_2, der nullhomolog aber nicht nullhomotop ist, ist der Kommutator $\gamma_1 \gamma_2 \gamma_1^{-1} \gamma_2^{-1}$ mit der folgenden Liftung:

---

[14] Vgl. dazu Abschnitt 7.E, insbesondere 7.E.4 und 7.E.9.

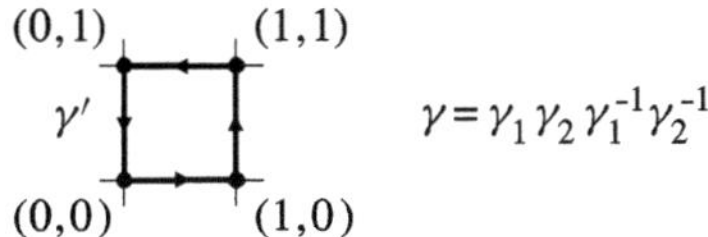

Nach 7.C.15 ist die Fundamentalgruppe von Z_2 somit kanonisch isomorph zur Kommutatorgruppe von $\mathbb{F}^2 = \pi(Y_2)$. Die Gruppe $\pi(Z_2) \cong [\mathbb{F}^2, \mathbb{F}^2]$ ist sicherlich nicht endlich erzeugt: Sie ist ebenfalls frei, jedoch von (abzählbar) unendlichem Rang, siehe auch das nächste Beispiel. *Insbesondere gibt es also endlich erzeugte Gruppen, deren Untergruppen nicht alle endlich erzeugt sind.* [15])

Analoge Überlagerungen konstruiert man für beliebige Kreisbuketts Y_n. Der Leser behandele noch explizit den Fall $n = 3$.

7.C.29 Beispiel (S a t z v o n S c h r e i e r) Sei $m \in \mathbb{N}^*$. Wir betrachten die m-blättrige Überlagerung $p_m : \mathbb{C}^\times \to \mathbb{C}^\times$ mit $p_m(z) = z^m$. Die Einbettung $\pi(p_m) : \pi(\mathbb{C}^\times) = \mathbb{Z} \to \pi(\mathbb{C}^\times) = \mathbb{Z}$, deren Bild gemäß Satz 7.C.25 den Index m hat, ist die m-fachen-Bildung $r \mapsto mr$.

Sind $z_1, \ldots, z_n$ paarweise verschiedene Punkte in $\mathbb{C}^\times$ so induziert p_m eine m-blättrige Überlagerung $p_m : \mathbb{C}^\times - p_m^{-1}(\{z_1, \ldots, z_n\}) \longrightarrow \mathbb{C}^\times - \{z_1, \ldots, z_n\}$ der $(nm+1)$-fach punktierten Ebene $\mathbb{C}^\times - p_m^{-1}(\{z_1, \ldots, z_n\})$ auf die $(n+1)$-fach punktierte Ebene $\mathbb{C}^\times - \{z_1, \ldots, z_n\}$ und damit für die Fundamentalgruppen eine Einbettung $\mathbb{F}^{nm+1} \to \mathbb{F}^{n+1}$ von freien Gruppen (vgl. Beispiel 7.C.24), deren Bildgruppe U wiederum den Index m hat und deren explizite Beschreibung mit Hilfe von kanonischen Basen der Fundamentalgruppen wir dem Leser überlassen. Dieses Ergebnis ist ein Spezialfall eines allgemeinen S a t z e s v o n S c h r e i e r: *Ist U eine beliebige Untergruppe vom Index m in einer freien Gruppe $\mathbb{F}^{n+1}$ vom Rang $n+1$, so ist U ebenfalls eine freie Gruppe, und zwar vom Rang $nm+1$.* Man kann auch dieses allgemeine Resultat topologisch b e w e i s e n : Dazu startet man mit einem Kreisbukett Y_{n+1} aus $n+1$ Kreisen, dessen Fundamentalgruppe nach Beispiel 7.C.24 die freie Gruppe $\mathbb{F}^{n+1}$ ist. Zu der gegebenen Untergruppe U gibt es (z.B. nach Bd. 4, Satz 4.C.7) eine m-blättrige zusammenhängende Überlagerung $X \to Y_{n+1}$, für die das Bild der Einbettung $\pi(X) \to \pi(Y_{n+1})$ gerade U ist. Mit Y_{n+1} ist auch X der topologische Raum zu einem endlichen Graphen und damit homotopie-äquivalent zu einem Kreisbukett, und zwar aus $nm+1$ Kreisen. [16]) Dies ergibt die Behauptung des Satzes von Schreier, vgl. auch [55], Anhang IV.E.

Übrigens ist jede Untergruppe einer freien Gruppe frei (da die Fundamentalgruppe eines jeden (auch unendlichen) Graphen frei ist, vgl. wieder [55], Anhang IV.E – S a t z v o n N i e l s e n u n d S c h r e i e r). Wie schon am Ende von Beispiel 7.C.28 bemerkt, *enthält bereits die Gruppe $\mathbb{F}^2$ freie Untergruppen unendlichen Ranges.* Sehr einfach wird eine solche Untergruppe durch die Exponentialüberlagerung $\mathbb{C} - \mathbb{Z} \longrightarrow \mathbb{C} - \{0, 1\}$, $z \mapsto \exp(2\pi i z)$, gegeben: Die Fundamentalgruppe $\mathbb{F}^{(\infty)} := \pi(\mathbb{C} - \mathbb{Z})$ der ∞-fach punktierten Ebene $\mathbb{C} - \mathbb{Z}$ ist eine freie Gruppe abzählbar unendlichen Ranges, und durch die Überlagerung wird eine Einbettung $\mathbb{F}^{(\infty)} \to \mathbb{F}^2 = \pi(\mathbb{C} - \{0, 1\})$ definiert. Man gebe eine Basis der Bildgruppe an.

---

[15]) Für abelsche Gruppen ist das nach Bd. 2, Lemma 8.C.13 nicht möglich: Wird eine abelsche Gruppe von (höchstens) n Elementen erzeugt, so auch jede ihrer Untergruppen.

[16]) Ein zusammenhängender Graph (bei dem mehrfache Kanten und auch Schleifen zugelassen seien) mit e Ecken und k Kanten ist offenbar homotopie-äquivalent zu einem Bukett von $k-e+1$ Kreisen. Eine Kante, die keine Schleife ist, kann man nämlich zu einem Punkt zusammenziehen, wobei sich e und k jeweils um 1 verringern. Interpretiert man nun Y_{n+1} als Graphen mit e Ecken und k Kanten, so ist die Überlagerung X ein Graph mit me Ecken und mk Kanten.

Auch die am Ende von Beispiel 7.C.28 beschriebene Überlagerung $Z_2 \to Y_2$, für die das Bild der Einbettung $\pi(Z_2) \to \pi(Y_2)$ die Kommutatorgruppe $[\pi(Y_2), \pi(Y_2)] = [\mathbb{F}^2, \mathbb{F}^2]$ von $\pi(Y_2) = \mathbb{F}^2$ ist, besitzt eine komplex-analytische Überlagerung $X \to \mathbb{C} - \{0, 1\}$ als Analogon. Dazu bettet man etwa $\mathbb{C} - \{0, 1\}$ mittels $z \mapsto (z, z-1)$ abgeschlossen in $\mathbb{C}^\times \times \mathbb{C}^\times$ ein und beschränkt die universelle Überlagerung $\mathbb{C}^2 \to (\mathbb{C}^\times)^2$, $(v, w) \mapsto (e^{2\pi i v}, e^{2\pi i w})$, auf das Bild dieser Einbettung $\mathbb{C} - \{0, 1\} \to (\mathbb{C}^\times)^2$. Sein Urbild in $\mathbb{C}^2$ ist die abgeschlossene komplex-analytische Hyperfläche $X := \{e^{2\pi i v} - e^{2\pi i w} = 1\} \subseteq \mathbb{C}^2$, deren Fundamentalgruppe also $[\mathbb{F}^2, \mathbb{F}^2] \cong \mathbb{F}^{(\infty)}$ ist.

In den Aufgaben und im nächsten Abschnitt findet der Leser weitere Beispiele von Fundamentalgruppen und Anwendungen.

Aufgaben

Im Folgenden seien X und Y stets topologische Räume.

1. a) Sind γ_0 und γ_1 Wege in X mit gleichem Anfangspunkt und gleichem Endpunkt, so sind γ_0 und γ_1 genau dann homotop, wenn der geschlossene Weg $\gamma_0 \bar{\gamma}_1$ nullhomotop ist.

b) Der geschlossene Weg γ in X mit Anfangs- und Endpunkt $a \in X$ sei als stetige Abbildung $\gamma : S^1 \to X$ mit $\gamma(1) = a$ gegeben. Folgende Aussagen sind äquivalent: (1) γ ist nullhomotop. (2) γ lässt sich zu einer stetigen Abbildung $\overline{B}^2 \to X$ auf die Einheitskreisscheibe $\overline{B}^2$ fortsetzen. (3) Die stetige Abbildung γ ist homotop zu einer konstanten Abbildung $S^1 \to X$.

c) Man beweise 7.C.5.

2. (Faserbündel) Der Begriff der Überlagerung lässt sich in natürlicher Weise zum Begriff des Faserbündels verallgemeinern: Sei $f : X \to Y$ eine stetige Abbildung. Eine offene Menge $V \subseteq Y$ heiße ausgezeichnet bzgl. f, wenn es einen topologischen Raum F und einen Homöomorphismus $f^{-1}(V) \to V \times F$ gibt derart, dass das Diagramm

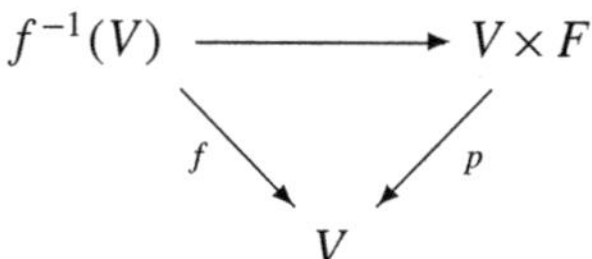

kommutativ ist (wobei p die Projektion von $V \times F$ auf die erste Komponente ist). $X = (X, f)$ heißt ein Faserbündel über Y, wenn Y eine Überdeckung aus bzgl. f ausgezeichneten offenen Mengen besitzt. (X, f) heißt trivial, wenn ganz Y ausgezeichnet bzgl. f ist. (X, f) ist also genau dann eine Überlagerung im Sinne von 7.C.8, wenn (X, f) ein Faserbündel ist und die Fasern von f alle diskret sind. Im Folgenden sei (X, f) ein beliebiges Faserbündel über Y.

a) Die Relation „$x_1 \sim x_2$ genau dann, wenn $f^{-1}(x_1)$ und $f^{-1}(x_2)$ homöomorph sind" ist eine Äquivalenzrelation auf X, deren Äquivalenzklassen offen in X sind. Ist also X zusammenhängend, so sind alle Fasern homöomorph zu ein und demselben topologischen Raum F. Man spricht dann von einem Faserbündel mit typischer Faser F.

b) Sei $\gamma : [0, 1] \to Y$ ein Weg und sei $x_0 \in f^{-1}(\gamma(0))$. Dann gibt es eine (nicht notwendig eindeutige) Liftung $\gamma' : [0, 1] \to X$ von γ mit $\gamma'(0) = x_0$. Man folgere: Ist $a \in X$ und ist die Faser $X_a := f^{-1}(f(a))$ durch a wegzusammenhängend, so ist der Gruppenhomomorphismus

$$\pi(f\,;a) : \pi(X\,;a) \to \pi\big(Y\,;f(a)\big)$$

surjektiv. Insbesondere gilt: Ist f surjektiv mit wegzusammenhängenden Fasern und ist X einfach zusammenhängend, so ist auch Y einfach zusammenhängend.

c) Seien Y_1 und Y_2 wegzusammenhängende bzgl. f ausgezeichnete offene Teilmengen von Y mit $Y_1 \cup Y_2 = Y$ derart, dass $Y_{12} := Y_1 \cap Y_2$ ebenfalls wegzusammenhängend ist. Dann gilt: Sind Y_1 und Y_2 einfach zusammenhängend, so induziert für jedes $a \in X$ die Einbettung $X_a \to X$ der Faser durch a einen surjektiven Homomorphismus $\pi(X_a; a) \to \pi(X; a)$; ist überdies Y_{12} einfach zusammenhängend, so ist dieser Homomorphismus sogar bijektiv, vgl. Korollar 7.C.23 (3). Allgemeiner gilt: Sind die Homomorphismen $\rho_i : \pi(Y_{12}; b) \to \pi(Y_i; b)$, $i = 1, 2$, bijektiv für den Punkt $b \in Y_{12}$, so ist für $a \in f^{-1}(b)$ auch

$$\pi\left(f^{-1}(Y_{12}); a\right) \to \pi(X; a)$$

bijektiv. (Man beachte $\pi\left(f^{-1}(Y_{12}); a\right) \cong \pi(Y_{12}; b) \times \pi(X_a; a)$.)

3. a) Sei V ein endlichdimensionaler $\mathbb{R}$-Vektorraum und $Q(x)$ eine quadratische Form auf V vom Typ (p, q), $p \geq 1$. Man bestimme die Fundamentalgruppen der Wegzusammenhangskomponenten der Quadrik $Q(x) = 1$.

b) Wir zerlegen $\mathbb{C}^n$ in der Form $\mathbb{C}^n = \mathbb{R}^n + i\,\mathbb{R}^n = \mathbb{R}^n \times \mathbb{R}^n$ und die Koordinaten entsprechend $z_\nu = x_\nu + i\,y_\nu$. Dann ist die komplexe Quadrik

$$Q_{n-1} := \{z = (z_1, \ldots, z_n) \in \mathbb{C}^n \mid z_1^2 + \cdots + z_n^2 = \left(\|x\|^2 - \|y\|^2\right) + 2i\langle x, y\rangle = 1\}$$

$$= \{(x, y) \in \mathbb{R}^n \times \mathbb{R}^n \mid \|x\|^2 = 1 + \|y\|^2,\ \langle x, y\rangle = 0\},$$

wobei $\langle -, - \rangle$ das Standard-Skalarprodukt auf $\mathbb{R}^n$ ist, homöomorph zum Tangentialbündel

$$TS^{n-1} = \{(x, y) \in \mathbb{R}^n \times \mathbb{R}^n \mid \|x\| = 1,\ y \in T_x S^{n-1}\} = \{(x, y) \in \mathbb{R}^n \times \mathbb{R}^n \mid \|x\| = 1,\ \langle x, y\rangle = 0\}$$

an die Sphäre S^{n-1}. Man folgere: Für $n \geq 2$ ist Q_{n-1} wegzusammenhängend und

$$\pi(Q_{n-1}) = \pi(S^{n-1}) = \begin{cases} \mathbb{Z}, & \text{falls } n = 2, \\ 0, & \text{falls } n > 2. \end{cases}$$

Allgemeiner seien V ein endlichdimensionaler komplexer Vektorraum und Φ eine symmetrische Bilinearform auf V vom Rang $r \geq 2$. Dann ist $Q_\Phi := \{x \in V \mid \Phi(x, x) = 1\}$ wegzusammenhängend, und es gilt $\pi(Q_\Phi) \cong \pi(Q_{r-1})$. (Der singuläre Kegel $\{z_1^2 + \cdots + z_n^2 = 0\} \subseteq \mathbb{C}^n$ ist auf den Nullpunkt kontrahierbar und hat folglich eine triviale Fundamentalgruppe.)

4. Sei $G = (G, \cdot)$ ein Monoid, das gleichzeitig ein topologischer Raum ist, derart, dass die Multiplikation von G stetig ist. Für zwei Wege $\gamma, \eta : [0, 1] \to G$ bezeichnet $\gamma \cdot \eta$ (im Unterschied zum eventuell definierten Summenweg $\gamma\eta$) den Weg

$$t \mapsto \gamma(t) \cdot \eta(t), \quad t \in [0, 1].$$

a) Sowohl die Zusammenhangs- als auch die Wegzusammenhangskomponente des neutralen Elementes e von G bilden ein Untermonoid von G.

b) Sind $\gamma_0, \gamma_1, \eta_0, \eta_1$ Wege in G mit $\gamma_0 \approx \gamma_1$ und $\eta_0 \approx \eta_1$, so gilt auch $\gamma_0 \cdot \eta_0 \approx \gamma_1 \cdot \eta_1$.

c) Für geschlossene Wege γ, η in G mit Anfangs- und Endpunkt e ist $\gamma\eta = (\gamma\varepsilon) \cdot (\varepsilon\eta) = (\varepsilon\eta) \cdot (\gamma\varepsilon)$, wobei ε der konstante Weg e ist. Es folgt in $\pi(G; e)$ die Gleichung

$$[\gamma \cdot \eta] = [\gamma][\eta] = [\gamma\eta] = [\eta][\gamma].$$

Insbesondere induziert das Produkt $\gamma \cdot \eta$ die Multiplikation in $\pi(G; e)$, *außerdem ist $\pi(G; e)$ kommutativ.*

(Bemerkung. Die Gültigkeit des Assoziativgesetzes in G wird nicht gebraucht. *Auf einem wegzusammenhängenden topologischen Raum mit nicht-kommutativer Fundamentalgruppe gibt es folglich keine stetige Verknüpfung mit neutralem Element.*)

5. Seien V ein endlichdimensionaler reeller Vektorraum und $U, U_1, \ldots, U_r$ affine Unterräume der Kodimension ≥ 2 von V.

a) Hat U die Kodimension 2, so ist $\pi(V - U) \cong \mathbb{Z}$. Hat U die Kodimension ≥ 3, so ist $V - U$ einfach zusammenhängend.

b) Ist G ein Gebiet in V, so ist auch $G' := G - (U_1 \cup \cdots \cup U_r)$ ein Gebiet, vgl. 2.A, Aufg. 19, und die Inklusion $G' \to G$ induziert einen surjektiven Homomorphismus $\pi(G') \to \pi(G)$. Haben alle U_ρ die Kodimension ≥ 3, so ist $\pi(G') \to \pi(G)$ ein Isomorphismus. (Ohne Einschränkung sei $r = 1$. – Es gilt folgende wichtige Verallgemeinerung, die ganz ähnlich bewiesen wird (vgl. Bd. 4, Satz 4.B.2): Ist G eine zusammenhängende differenzierbare Mannigfaltigkeit und sind $U_1, \ldots, U_r$ abgeschlossene Untermannigfaltigkeiten der Kodimension ≥ 2, so ist $\pi(G') \to \pi(G)$ surjektiv für $G' := G - (U_1 \cup \cdots \cup U_r)$ und sogar bijektiv, wenn für alle ρ gilt kodim $(U_\rho, G) \geq 3$.)

6. Sei $f : X \to Y$ eine Überlagerungsabbildung. Ist Y hausdorffsch, so auch X. (Es kann aber X hausdorffsch sein, ohne dass dies für Y gilt.) Allgemeiner gilt: Ist (X, f) ein Faserbündel über Y (vgl. Aufg. 2) und sind Y sowie die Fasern von f hausdorffsch, so auch X.

7. Sei $f : X \to Y$ eine Überlagerung. Ferner sei $g : Z \to Y$ eine stetige Abbildung des einfach zusammenhängenden und lokal wegzusammenhängenden Raumes Z und $x_0 \in X$, $z_0 \in Z$ seien Punkte mit $f(x_0) = g(z_0)$. *Dann besitzt g eine eindeutige Liftung $h : Z \to X$ bzgl. f mit $h(z_0) = x_0$.* (Man gewinnt h in folgender Weise: Sei $z \in Z$ beliebig und γ ein Weg in Z der z_0 und z verbindet. Dann ist $h(z)$ der Endpunkt der Liftung γ' von $g \circ \gamma$ mit $\gamma'(0) = x_0$.) Allgemeiner gilt diese Aussage offenbar immer dann, wenn Z wegzusammenhängend und lokal wegzusammenhängend ist und wenn das Bild von $\pi(Z; z_0) \to \pi\big(Y, g(z_0)\big)$ im Bild von $\pi(X; x_0) \to \pi\big(Y; g(z_0)\big)$ liegt. Einige Folgerungen: (1) Jede Überlagerung eines einfach zusammenhängenden und lokal wegzusammenhängenden Raumes ist trivial. (2) Sei $g : Z \to \mathbb{C}^\times$ eine nirgends verschwindende stetige komplexwertige Funktion auf dem einfach zusammenhängenden und lokal wegzusammenhängenden Raum Z. Dann gibt es eine stetige Funktion $h = \log g$ mit $\exp(\log g) = g$. Je zwei solche Funktionen $\log g$ unterscheiden sich um ein konstantes, ganzzahliges Vielfaches von $2\pi\mathrm{i}$. Insbesondere sind auf jedem einfach zusammenhängenden Gebiet in $\mathbb{C}^\times$ eine stetige und dann sogar analytische Logarithmusfunktion $\log z$ und damit auch Wurzelfunktionen $\sqrt[m]{z}$, $m \in \mathbb{N}^*$, definiert. (3) Sei Y wegzusammenhängend und lokal wegzusammenhängend und seien $f : X \to Y$ und $g : Z \to Y$ wegzusammenhängende Überlagerungen. $x_0 \in X$ und $z_0 \in Z$ seien Punkte mit $f(x_0) = g(z_0) := y_0$. Stimmen dann $\pi(X; x_0)$ und $\pi(Z; z_0)$, aufgefasst als Untergruppen von $\pi(Y; y_0)$ überein, so gibt es genau einen Homöomorphismus $h : Z \to X$ mit $h(z_0) = x_0$ und $f \circ h = g$. Insbesondere sind universelle Überlagerungen von Y, falls sie existieren, im Wesentlichen eindeutig bestimmt.

8. Eine Abbildung $f : X \to Y$ topologischer Räume heißt l o k a l e r   H o m ö o m o r p h i s m u s, wenn es zu jedem Punkt $x \in X$ Umgebungen U von x und V von $y = f(x)$ gibt derart, dass $f|U$ ein Homöomorphismus von U auf V ist. [17] Jeder lokale Homöomorphismus ist offen, d.h. bildet

---

[17] Man nennt (X, f) dann auch eine G a r b e über Y. Die Fasern von f heißen H a l m e. Diese Beschreibung einer Garbe stand am Beginn der Garbentheorie in der Mitte des 20. Jh. Heute wird sie seltener benutzt, vgl. Abschnitt II, 1.2 in dem Klassiker Godement, R.: Théorie des Faisceaux, Paris 1958. Insbesondere sind Überlagerungen Garben. Sie heißen l o k a l   k o n s t a n t e G a r b e n, triviale Überlagerungen heißen k o n s t a n t e   G a r b e n. Ein beliebiger topologischer Raum Y heißt dann e i n f a c h   z u s a m m e n h ä n g e n d, wenn $Y \neq \emptyset$ und jede lokal konstante Garbe über Y konstant ist. (Y ist dann notwendigerweise zusammenhängend.) Die einfach zusammenhängenden Räume gemäß Definition 7.C.4, die zudem lokal wegzusammenhängend sind, sind nach Aufg. 7, Folg. (1) auch einfach zusammenhängend im hier angegebenen Sinn.

offene Teilmengen von X auf offene Teilmengen von Y ab. Jede stetig differenzierbare Abbildung $g : G \to W$ auf einer offenen Menge G eines endlichdimensionalen $\mathbb{K}$-Vektorraums V in einen endlichdimensionalen $\mathbb{K}$-Vektorraum W, deren totales Differenzial in jedem Punkt invertierbar ist, ist nach 6.B.1 ein lokaler Diffeomorphismus und damit auch ein lokaler Homöomorphismus. Wir wollen Bedingungen dafür angeben, dass der lokale Homöomorphismus $f : X \to Y$ eine Überlagerung ist.

a) Ist X hausdorffsch und haben die Fasern von f alle die gleiche endliche Elementezahl, so ist f eine Überlagerung. (Beispiel: Ist $f : \mathbb{C} \to \mathbb{C}$ ein Polynom vom Grad n und ist $S \subseteq \mathbb{C}$ die Menge der singulären Werte von f (also $S = \{ f(z) \mid f'(z) = 0 \}$ die Menge der $y \in \mathbb{C}$, für die das Polynom $f(z) - y$ mehrfache Nullstellen hat), so ist $f : \mathbb{C} - f^{-1}(S) \to \mathbb{C} - S$ eine n-blättrige Überlagerung. Ein Prototyp dieser Situation ist die n-blättrige Überlagerung $z \mapsto z^n$ von $\mathbb{C}^\times$ über sich. Anders als die Exponentialüberlagerung $\exp : \mathbb{C} \to \mathbb{C}^\times$ lassen sich diese Wurzelüberlagerungen für $n \geq 2$ schwer veranschaulichen. Es gibt dann nämlich keine injektive stetige Abbildung $\iota : \mathbb{C}^\times \to \mathbb{C}^\times \times \mathbb{R} \subseteq \mathbb{R}^3$, die das folgende Diagramm kommutativ macht, wobei p die Projektion auf die erste Komponente bezeichnet.

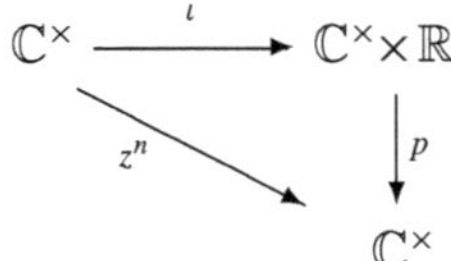

(Vgl. dazu Bd. 1, 10.C, Aufg. 7.) Als Kompromiss kann man zur Veranschaulichung die Faktorisierung von $z \mapsto z^n$ über die Immersion $\iota : \mathbb{C}^\times \to \mathbb{C}^\times \times \mathbb{R}$ mit $z = (r \cos \varphi, r \sin \varphi) \mapsto (z^n, \mathrm{Im}\, z) = (r^n \cos n\varphi, r^n \sin n\varphi, r \sin \varphi)$ heranziehen.

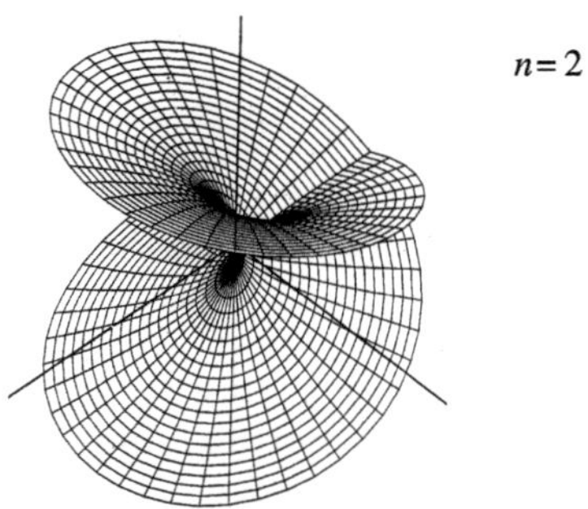

$$n = 2$$

Erhellend ist auch für einen punktierten Kreis $0 < |z| < R$ die Faktorisierung der Abbildung $z \mapsto z^n$ über die *Einbettung* in den $\mathbb{R}^3$

$$z = (r \cos \varphi, r \sin \varphi) \mapsto \big((R^n + r^n \cos n\varphi) \cos \varphi, r^n \sin n\varphi, (R^n + r^n \cos n\varphi) \sin \varphi \big), \quad 0 < r < R,$$

deren Bild in dem offenen Volltorus $\{ (u, v, w) \in \mathbb{R}^3 \mid (\sqrt{u^2 + w^2} - R^n)^2 + v^2 < R^{2n} \}$ liegt.

Wir empfehlen, die Monodromiegruppen für einige Überlagerungen $f : \mathbb{C} - f^{-1}(S) \to \mathbb{C} - S$ zu bestimmen, z.B. für quadratisches f oder für $f = z^n$, $f = z^n - nz$, $f = (z^2 - 1)^2$ usw. Dabei benutze man die Beschreibung der Fundamentalgruppe einer mehrfach punktierten Ebene in Beispiel 7.C.24 und Eigenschaften der symmetrischen Gruppen (vgl. Bd. 2, Abschnitt 9.A) sowie Satz 6.B.16 im vorliegenden Band. Sind $y_1, \ldots, y_r$ die Punkte von S und ist $y_0 \in \mathbb{C} - S$, so wird die Monodromiegruppe $G(f; y_0)$ von den Operationen der folgenden Elemente $[\gamma_\rho] \in \pi(\mathbb{C} - S; y_0)$, $\rho = 1, \ldots, r$, erzeugt:

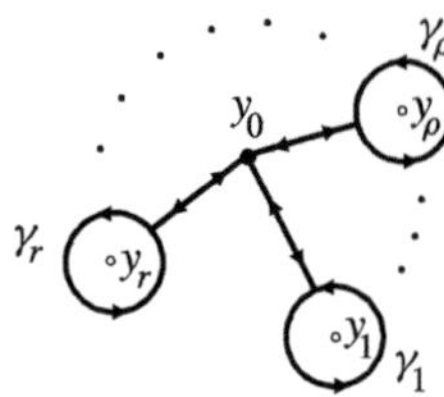

Die Operation von $[\gamma_\rho]$ auf der Faser $f^{-1}(y_0)$ ist eine Permutation des Typs $(\nu_1, \ldots, \nu_n)$, wobei ν_k die Anzahl der Nullstellen der Vielfachheit k von $f(z) - y_\rho$ ist. (Vgl. Bd. 2,Beispiel 9.A.13.) Betrachten wir z.B. das weiter oben vorgeschlagene Polynom $f(z) = z^n - nz$, $n \geq 2$. Hier ist $f'(z) = n(z^{n-1} - 1)$, also $S = \{-(n-1)y_\rho \mid \rho = 1, \ldots, n-1\}$, wobei y_ρ die $(n-1)$-ten Einheitswurzeln durchläuft. Die Faser $f^{-1}(0)$ enthält die Punkte 0, $\sqrt[n-1]{n}\, y_\rho$, $\rho = 1, \ldots, n-1$. Die Operation des Weges $[\gamma_\rho]$ auf $f^{-1}(0)$ vertauscht die Punkte 0 und $\sqrt[n-1]{n}\, y_\rho$ und lässt die übrigen Punkte fest. Die Monodromiegruppe ist also nach Bd. 2, 9.A, Aufg. 11d) die volle Permutationsgruppe $\mathfrak{S}\big(f^{-1}(0)\big) \cong \mathfrak{S}_n$. Man diskutiere auch die Polynome $z^{n-1}\big((n-1)z - n\big)$, $n \geq 2$. – In der Algebra wird der enge Zusammenhang der vorstehenden Überlegungen mit der Galois-Theorie dargestellt: Die Monodromiegruppe der Überlagerung $f : \mathbb{C} - f^{-1}(S) \to \mathbb{C} - S$ ist nämlich die Galois-Gruppe (der galoisschen Hülle) der Körpererweiterung $\mathbb{C}(f) \subseteq \mathbb{C}(z)$, wobei $\mathbb{C}(f)$ der Körper der rationalen Funktionen $P(f)/Q(f)$, $P, Q \in \mathbb{C}[X]$, $Q \neq 0$, in f mit komplexen Koeffizienten ist, vgl. etwa [55], Teil 2, §93. Im Beispiel $f = z^n - nz$ ist übrigens die galoissche Hülle ein Funktionenkörper vom Geschlecht $1 + (n-1)!\,(n^2 - 3n - 2)/4$. Vgl. hierzu generell Bd. 4, Kapitel V, insbesondere dort das Ende von Beispiel 16.A.4.)

b) Sind X und Y hausdorffsch und f eigentlich (vgl. 2.B, Aufg. 24), so ist f eine Überlagerung. (Beispiele: (1) Jeder lokale Homöomorphismus zwischen kompakten Räumen ist eine Überlagerung. (2) Sei Y hausdorffsch und seien $g_1, \ldots, g_n$ stetige $\mathbb{K}$-wertige Funktionen auf Y. Ferner sei

$$X := \{(y, z) \in Y \times \mathbb{K} \mid z^n + g_1(y)z^{n-1} + \cdots + g_n(y) = 0\}$$

die Nullstellenmenge von $f := z^n + g_1 z^{n-1} + \cdots + g_n$. Die Projektion $p : X \to Y$ auf die erste Komponente ist dann eigentlich. (Zum Beweis benutze man die Stetigkeit der Nullstellen, vgl. Bd. 1, Satz 11.A.13.) Sei $S \subseteq Y$ die Menge derjenigen $y \in Y$, für die das Polynom $z^n + g_1(y)z^{n-1} + \cdots + g_n(y)$ mehrfache Nullstellen in $\mathbb{K}$ besitzt. Dann ist S abgeschlossen in Y und $X - p^{-1}(S) \to Y - S$ ein lokaler Homöomorphismus, also sogar eine Überlagerung. Ist S nirgends dicht in Y, so heißt $X \to Y$ selbst eine v e r z w e i g t e Ü b e r l a g e r u n g. In diesem Fall ist das Studium der Überlagerung $X - p^{-1}(S) \to Y - S$ eines der Haupthilfsmittel, um die Nullstellenmenge X zu verstehen, z.B. dann, wenn $Y = \mathbb{K}^m$ ist und $g_1, \ldots, g_n$ Polynomfunktionen sind. S ist gewiss dann nirgends dicht in Y, wenn das Polynom $f = z^n + g_1(y)z^{n-1} + \cdots + g_n(y) \in \mathbb{K}[y_1, \ldots, y_m, z]$ über dem rationalen Funktionenkörper $\mathbb{K}(y_1, \ldots, y_m)$ keine mehrfachen Nullstellen hat. Im Fall $\mathbb{K} = \mathbb{C}$ ist diese Bedingung auch notwendig. In diesem Fall ist übrigens $\mathbb{C}^m - S$ stets zusammenhängend (vgl. 2.A, Aufg. 18), was bei $\mathbb{K} = \mathbb{R}$ in der Regel nicht der Fall ist. Das Beispiel in a) lässt sich offenbar als Spezialfall hiervon interpretieren. Es bedeutet keine große Einschränkung, dass hier nur Polynome betrachtet werden, die bzgl. einer Variablen normiert sind. Ist nämlich $h \in \mathbb{K}[y_1, \ldots, y_m, z]$ ein beliebiges Polynom $\neq 0$, so ist das Polynom $f(y_1, \ldots, y_m, z) = h(y_1 + a_1 z, \ldots, y_m + a_m z, z)$ für geeignete Wahl des Konstantentupels $(a_1, \ldots, a_m) \in \mathbb{K}^m$ bis auf einen konstanten Faktor normiert in z. Beweis! Man bezeichnet diesen Kunstgriff des Koordinatenwechsels nach Emmy Noether als N o e t h e r s c h e N o r m a l i s i e r u n g. – Von fundamentaler Bedeutung für die Auflösung von Polynomgleichungen ist das a l l g e m e i n e P o l y n o m $f := z^n + y_1 z^{n-1} + \cdots + y_n \in \mathbb{C}[y_1, \ldots, y_n, z]$. Dann ist für $X := \{(y, z) \in \mathbb{C}^n \times \mathbb{C} \mid f(y, z) = 0\}$ die Projektion $p : X - p^{-1}(S) \to \mathbb{C}^n - S$

eine n-blättrige Überlagerung, wobei S die Menge der Koeffizententupel $(a_1, \dots, a_n) \in \mathbb{C}^n$ ist, für die das Polynom $z^n + a_1 z^{n-1} + \cdots + a_n \in \mathbb{C}[z]$ mehrfache Nullstellen hat, siehe auch die Bemerkung in 6.B, Aufg. 2a). Zu einer Beschreibung von S und weiteren Informationen dazu verweisen wir auf 7.D, Aufg. 2a). Zum Beispiel ist die Monodromiegruppe des allgemeinen Polynoms gleich der vollen Permutationsgruppe $\mathfrak{S}_n$.)

9. Sei X_i, $i \in I$, eine Familie von Unterräumen von X mit folgenden Eigenschaften: (1) Es ist $X = \bigcup_{i \in I} \mathring{X}_i$. (2) Zu $i, j \in I$ gibt es stets ein $k \in I$ mit $X_i \cup X_j \subseteq X_k$. (3) Es ist $\bigcap_{i \in I} X_i \neq \emptyset$. Sei nun der Punkt $a \in \bigcap_{i \in I} X_i$ Aufpunkt der im Weiteren betrachteten Fundamentalgruppen. Für $i, j \in I$ mit $X_i \subseteq X_j$ bezeichne π_{ji} den Gruppenhomomorphismus $\pi(X_i) \to \pi(X_j)$ zur Inklusion $X_i \to X_j$ und π_i den Gruppenhomomorphismus $\pi(X_i) \to \pi(X)$ zur Inklusion $X_i \to X$. Dann ist $\pi(X) = \bigcup_{i \in I}$ Bild π_i, und genau dann ist $\pi_i([\gamma]) = \pi_j([\eta])$ für $[\gamma] \in \pi(X_i)$, $[\eta] \in \pi(X_j)$, wenn es ein $k \in I$ mit $X_i \cup X_j \subseteq X_k$ und $\pi_{ki}([\gamma]) = \pi_{kj}([\eta])$ gibt. (Die Fundamentalgruppe $\pi(X)$ ist also vollständig bestimmt durch das System der Gruppen $\pi(X_i)$, $i \in I$, und Gruppenhomomorphismen π_{ji}, $i, j \in I$ mit $X_i \subseteq X_j$. Man sagt, $\pi(X)$ sei der d i r e k t e oder i n d u k t i v e L i m e s des d i r e k t e n oder i n d u k t i v e n S y s t e m s $\big(\pi(X_i), \pi_{ji}\big)$ von Gruppen.) Beispielsweise ist X einfach zusammenhängend, wenn alle X_i einfach zusammenhängend sind.

10. Sei $\Gamma \subseteq V$ ein Gitter im endlichdimensionalen $\mathbb{R}$-Vektorraum V. Die kanonische Projektion $p : V \to V/\Gamma$ erlaubt es mit Hilfe von Korollar 7.C.27, die Fundamentalgruppe $\pi(V/\Gamma)$ mit Γ zu identifizieren. Zu jedem Element $x \in \Gamma$ wähle man einen Weg γ_x von 0 nach x in V. Dann ist $x \mapsto [p(\gamma_x)] \in \pi(V/\Gamma)$ ein Gruppenisomorphismus. Nach Auszeichnen einer Gitterbasis $\mathbf{x} := (x_1, \dots, x_r)$ von $\Gamma = \mathbb{Z}x_1 + \cdots + \mathbb{Z}x_r \cong \mathbb{Z}^r$ wird die Homotopieklasse eines jeden geschlossenen Weges $\gamma : [0, 1] \to V/\Gamma$ (unabhängig vom Aufpunkt) durch ein eindeutig bestimmtes Gitterelement $a_1 x_1 + \cdots + a_r x_r$ repräsentiert. Die $a_\rho \in \mathbb{Z}$ heißen die W i n d u n g s z a h l e n von γ bzgl. der gewählten Basis $\mathbf{x}$. Ist $\gamma' : [0, 1] \to V$ eine beliebige Liftung von γ bzgl. p, so ist

$$\gamma'(1) = \gamma'(0) + a_1 x_1 + \cdots + a_r x_r \,.$$

Insbesondere ist die Homotopieklasse eines geschlossenen Weges γ auf dem n-dimensionalen Standardtorus $T = T^n = (S^1)^n = \mathbb{R}^n/\mathbb{Z}^n$ durch das n-Tupel $\big(\mathrm{W}(\gamma \circ p_i\,; 0)\big)_{1 \le i \le n} \in \mathbb{Z}^n$ der Windungszahlen bestimmt, wobei $p_i : T^n \to S^1$ die Projektion auf die i-te Komponente bezeichnet. Genau dann bilden die Wegeklassen $[\gamma_1], \dots, [\gamma_n] \in \pi(T^n\,; a)$ eine $\mathbb{Z}$-Basis der freien abelschen Gruppe $\pi(T^n) \cong \mathbb{Z}^n$, wenn $\mathrm{Det}\big(\mathrm{W}(\gamma_j \circ p_i\,; 0)\big)_{1 \le i, j \le n} = \pm 1$ ist.

11. Seien V und W endlichdimensionale $\mathbb{R}$-Vektorräume und $\Gamma \subseteq V$ bzw. $\Lambda \subseteq W$ Gitter in V bzw. W. Dann wird jede stetige Abbildung $\varphi : V/\Gamma \to W/\Lambda$ mit $\varphi(0) = 0$ von genau einer stetigen Abbildung $f : V \to W$ mit $f(0) = 0$ induziert derart, dass das Diagramm

$$
\begin{array}{ccc}
V & \xrightarrow{\ f\ } & W \\
\downarrow & & \downarrow \\
V/\Gamma & \xrightarrow{\ \varphi\ } & W/\Lambda
\end{array}
$$

kommutativ ist. Ist φ ein Gruppenhomomorphismus, so auch f. (Dies verallgemeinert Satz 18.A.3 aus Bd. 2. Zum Beweis verwende man Aufg. 7.)

12. a) Sei $f : X \to Y$ eine Homotopie-Äquivalenz. Dann ist der Gruppenhomomorphismus $\pi(f\,; a) : \pi(X\,; a) \to \pi(Y\,; f(a))$ für jedes $a \in X$ ein Isomorphismus. (Man kann $X = Y$ und $f \approx \mathrm{id}_X$ annehmen. Sei $H : [0, 1] \times X \to X$ eine Homotopie mit $H(0\,; -) = f$ und $H(1\,; -) = \mathrm{id}_X$ und η der Weg $s \mapsto H(s\,; a)$ von $f(a)$ nach a. Für jeden geschlossenen Weg γ in X mit Anfangspunkt und Endpunkt a ist dann $f \circ \gamma \approx \eta \gamma \overleftarrow{\eta}$.)

b) Sei X wegzusammenhängend. Mit $[S^1, X]$ bezeichnen wir die Menge der Homotopieklassen der stetigen Abbildungen $S^1 \to X$. Sie identifiziert sich mit der Menge der freien Homotopieklassen geschlossener Wege, vgl. Beispiel 7.C.17 (1). Man zeige: Für jeden Punkt $a \in X$ ist die kanonische Abbildung $\pi(X\,;a) \to [S^1, X]$ surjektiv, und zwei Homotopieklassen $[\gamma]$, $[\eta] \in \pi(X\,;a)$ haben genau dann dasselbe Bild, wenn sie konjugiert in $\pi(X\,;a)$ sind. *Insbesondere identifiziert sich $[S^1, X]$ mit der Menge der Konjugationsklassen von $\pi(X\,;a)$.* Genau dann ist $\pi(X) = \pi(X\,;a)$ kommutativ, wenn die Homotopie geschlossener Wege mit Anfangs- und Endpunkt a äquivalent ist zur freien Homotopie solcher geschlossener Wege.

13. a) Sei $S := S^1 \times \{0\} \subseteq \mathbb{C} \times \mathbb{R} = \mathbb{R}^3$ der Standardkreis im $\mathbb{R}^3$. Dann ist $\mathbb{R}^3 - S$ homöomorph (sogar C^ω-diffeomorph) zu $\mathbb{R}^2 \times S^1 - \{(0, 0, 1)\}$ oder zu $\mathbb{R} \times \mathbb{C}^\times - \{(0, i)\}$. [18]) Man folgere (z.B. mit Aufg. 5b)) $\pi(\mathbb{R}^3 - S) \cong \pi(\mathbb{R}^2 \times S^1) \cong \mathbb{Z}$. Wie lässt sich für einen geschlossenen Weg γ in $\mathbb{R}^3 - S$ die Homotopieklasse $[\gamma] \in \mathbb{Z}$ als „Windungszahl" interpretieren? Man beachte, dass dies zunächst nur bis auf ein Vorzeichen möglich ist. Durch welche Konvention lässt sich auch dieses Vorzeichen fixieren ?

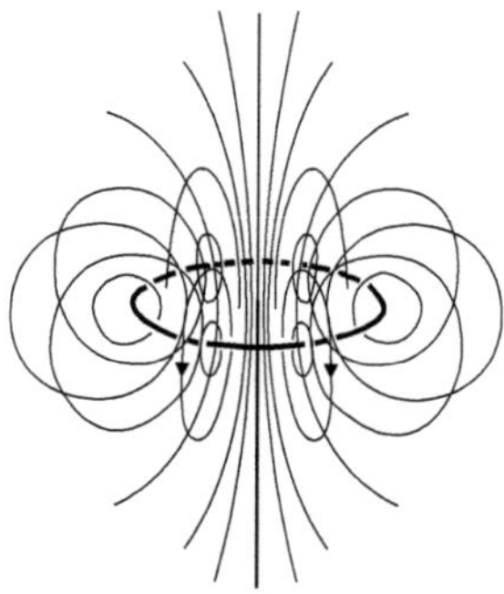

(Man nennt jede Trajektorie eines einfach geschlossenen Weges in $\mathbb{R}^3$ (die also homöomorph zu S^1 ist) einen K n o t e n und das Komplement davon den A u ß e n r a u m dieses Knotens. Die Diskussion der Fundamentalgruppen dieser Außenräume ist u. a. Gegenstand der K n o t e n t h e o r i e. In der Regel beschränkt man sich auf genügend (stückweise) glatte Knoten. Die vorliegende Aufgabe behandelt den so genannten t r i v i a l e n K n o t e n. Vergleiche auch Beispiel 7.H.9.)

b) Man bestimme $\pi\big(\mathbb{R}^3 - (S \cup g)\big)$, wo S der Kreis aus a) ist und $g \subseteq \mathbb{R}^3$ eine affine Gerade. (Je nach Lage von g erhält man die folgenden Fundamentalgruppen:

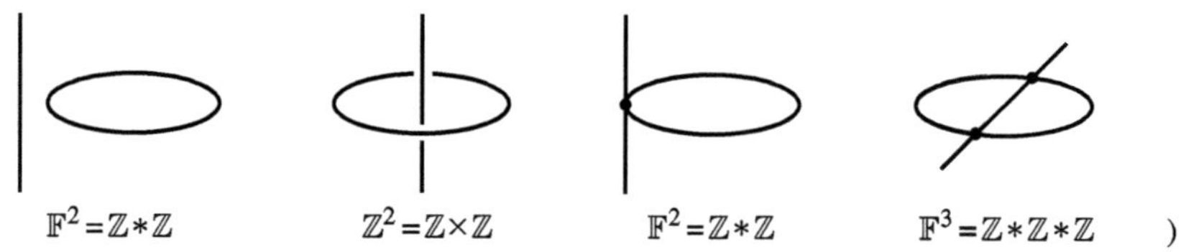

)

c) Seien $g_0, \ldots, g_n \subseteq \mathbb{R}^3$ paarweise verschiedene Geraden durch den Nullpunkt, $n \in \mathbb{N}$. Dann ist die Fundamentalgruppe des Restraums $\mathbb{R}^3 - \bigcup_{i=0}^{n} g_i$ die freie Gruppe $\mathbb{F}^{2n+1}$ vom Rang $2n+1$.

14. a) Es gibt keine stetige Abbildung $h : \overline{B}^2 \to S^1$ der abgeschlossenen Einheitskreisscheibe auf den Einheitskreis mit $h|S^1 = \mathrm{id}_{S^1}$.

---

[18]) Die Punkte $(0, 0, 1)$ bzw. $(0, i)$ kann man natürlich durch beliebige andere Punkte aus $\mathbb{R}^2 \times S^1$ bzw. $\mathbb{R} \times \mathbb{C}^\times$ ersetzen.

b) Jede stetige Abbildung $f : \overline{B}^2 \to \overline{B}^2$ hat einen Fixpunkt. (Andernfalls betrachte man die Abbildung $h : \overline{B}^2 \to S^1$, die jedem Punkt $z \in \overline{B}^2$ den Durchstoßungspunkt des Strahls von $f(z)$ nach z mit S^1 zuordnet. Es ist $h|S^1 = \mathrm{id}_{S^1}$. – In einem Ranking des Mathematical Intelligencer (vgl. Wells, D.: Are These the Most Beautiful? Math. Int., **12**, 37-41 (1990)) gehört der angegebene Satz zu den 10 schönsten Sätzen der Mathematik. Genauer: Er hat Platz 6. –

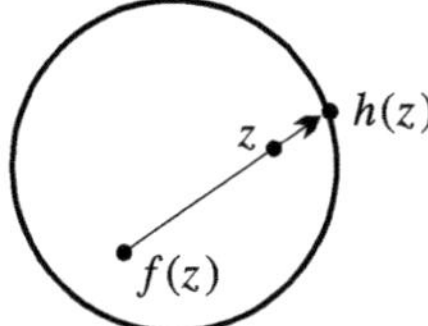

Ein analoger Fixpunktsatz gilt für jede Vollkugel $\overline{B}^n$. Dies ist der Brouwersche Fixpunktsatz 16.A.3. Für $n = 1$ siehe Bd. 1, Satz 10.C.4.)

15. Sei $f : X \to Y$ eine Überlagerung mit wegzusammenhängender Basis Y.

a) Ist $X \neq \emptyset$, so ist X bereits dann wegzusammenhängend, wenn für ein $b \in Y$ die Faser X_b von f in einer Wegzusammenhangskomponente von X liegt, d.h. die Monodromiegruppe $\mathrm{G}(f\,;b)$ transitiv auf X_b operiert.

b) Die Abbildung von $X_b/\mathrm{G}(f\,;b)$ in die Menge der Wegzusammenhangskomponenten von X, die jeder Bahn die Wegzusammenhangskomponente, in der sie liegt, zuordnet, ist bijektiv.

16. a) Seien $f_i : X_i \to Y_i$, $i = 1, \ldots, n$, Überlagerungen. Dann ist auch

$$f_1 \times \cdots \times f_n : X_1 \times \cdots \times X_n \to Y_1 \times \cdots \times Y_n$$

eine Überlagerung. Besitzen die Überlagerungen f_i die Blätterzahlen α_i, $i = 1, \ldots, n$, so besitzt $f_1 \times \cdots \times f_n$ die Blätterzahl $\alpha_1 \cdots \alpha_n$.

b) Sei $f : X \to Y$ eine Überlagerung und sei $g : Z \to Y$ eine beliebige stetige Abbildung. Dann ist das F a s e r p r o d u k t

$$X_{(Z)} := X \times_Y Z := \big\{ (x,z) \in X \times Z \mid f(x) = g(z) \big\} \subseteq X \times Z$$

bezüglich der Projektion $f_{(Z)} : X_{(Z)} \to Z$ mit $f_{(Z)}(x,z) := z$ eine Überlagerung mit derselben Blätterzahl. Die Faser über $z \in Z$ identifiziert sich dabei mit der Faser von $f : X \to Y$ über $g(z)$.

c) Seien $f_i : X_1 \to Y$, $i = 1, \ldots, n$, Überlagerungen ein und desselben Raumes Y. Für

$$X_1 \times_Y \cdots \times_Y X_n := \big\{ (x_1, \ldots, x_n) \in X_1 \times \cdots \times X_n \mid f_1(x_1) = \cdots = f_n(x_n) \big\}$$

ist dann $f : X_1 \times_Y \cdots \times_Y X_n \to Y$ mit $f(x_1, \ldots, x_n) := f_1(x_1) = \cdots = f_n(x_n)$ eine Überlagerung. (Es ist $X_1 \times_Y \cdots \times_Y X_n = (X_1 \times \cdots \times X_n)_{(Y)}$ bzgl. der Diagonaleinbettung $y \mapsto (y, \ldots, y)$ von Y in Y^n.)

d) Seien $f : X \to Y$ und $g : Y \to Z$ Überlagerungen, wobei die Fasern von g endlich seien. Dann ist auch $g \circ f : X \to Z$ eine Überlagerung. Ist Z lokal wegzusammenhängend und besitzt jeder Punkt von Z eine offene einfach zusammenhängende Umgebung, so kann dabei auf die Endlichkeit der Fasern von g verzichtet werden (vgl. Aufg. 7).

17. Sei $f : X \to Y$ eine n-blättrige Überlagerung und sei

$$\mathrm{Sym}\, X = \mathrm{Sym}_f X := \big\{ (x_1, \ldots, x_n) \in X^n \mid x_i \neq x_j \text{ für } i \neq j,\ f(x_i) = f(x_j) \text{ für alle } i,j \big\}.$$

Dann ist $\mathrm{Sym}_f X \to Y$ mit $(x_1, \ldots, x_n) \mapsto f(x_1)$ eine $(n!)$-blättrige Überlagerung. Die Gruppe $\mathfrak{S}_n$ operiert in kanonischer Weise diskret auf $\mathrm{Sym}_f X$ durch $\sigma(x_1, \ldots, x_n) := (x_{\sigma^{-1}1}, \ldots, x_{\sigma^{-1}n})$, und die Überlagerung $\mathrm{Sym}_f X \to Y$ lässt sich folglich mit der Galois-Überlagerung $\mathrm{Sym}_f X \to (\mathrm{Sym}_f X)\backslash\mathfrak{S}_n$ identifizieren. Ferner ist

$$\mathrm{Sym}_f X \longrightarrow X$$
$$\searrow \quad \swarrow f$$
$$Y$$

ein kommutatives Diagramm, wobei $\mathrm{Sym}_f X \to X$ durch $(x_1,\dots,x_n) \mapsto x_1$ definiert ist.

a) Die Monodromiegruppe $\mathrm{G}(f\,;b)$ von f in $b \in Y$ lässt sich bzgl. des Antihomomorphismus, der jeder Klasse $[\gamma] \in \pi(Y\,;b)$ die durch

$$(x_1,\dots,x_n)[\gamma] = \bigl(x_1[\gamma],\dots,x_n[\gamma]\bigr) = (x_{\sigma 1},\dots,x_{\sigma n})$$

definierte Permutation $\sigma \in \mathfrak{S}_n$ zuordnet, als Untergruppe von $\mathfrak{S}_n$ auffassen. Dabei ist $(x_1,\dots,x_n)$ ein fester Punkt aus der Faser von $\mathrm{Sym}_f X \to Y$ über b. Er bestimmt die Monodromiegruppe als Untergruppe von $\mathfrak{S}_n$ bis auf Konjugation. (Vgl. Satz 7.C.26.)

b) Ist Y wegzusammenhängend, so ist der Index $[\mathfrak{S}_n : \mathrm{G}(f\,;b)]$ die Anzahl der Wegzusammenhangskomponenten von $\mathrm{Sym}_f X$. Genau dann ist also die Monodromiegruppe gleich $\mathfrak{S}_n$, wenn $\mathrm{Sym}_f X$ wegzusammenhängend ist. (Man nennt den Index $[\mathfrak{S}_n : \mathrm{G}(f\,;b)]$ auch den **Affekt** der Überlagerung f im Punkte b. Ist $\mathfrak{S}_n = \mathrm{G}(f\,;b)$, so heißt die Überlagerung in b **affektlos**.)

18. a) Sei X ein zusammenhängender topologischer Raum mit folgender Eigenschaft: Es gibt offene zusammenhängende Teilmengen $X_1, X_2 \subseteq X$ mit $X = X_1 \cup X_2$ derart, dass $X_1 \cap X_2$ nicht zusammenhängend ist. Dann besitzt X eine nichttriviale zweiblättrige Überlagerung $f : Y \to X$ (bzgl. der X_1 und X_2 ausgezeichnet sind). (Zum Beweis sei nämlich $X_1 \cap X_2 = U \uplus V$ mit offenen nichtleeren disjunkten Mengen U, V. Bei der trivialen Überlagerung $X \times \{1,-1\} = X_1 \times \{1,-1\} \cup X_2 \times \{1,-1\}$ werden die Punkte (x,ε) über $X_1 \cap X_2$ jeweils mit sich selbst identifiziert. Zur Konstruktion von Y identifiziere man über U die Punkte (x,ε) mit $x \in U$, $\varepsilon \in \{1,-1\}$, mit sich selbst, über V jedoch die Punkte (x,ε) und $(x,-\varepsilon)$, $x \in V$, $\varepsilon \in \{1,-1\}$.)

b) Ist X ein einfach zusammenhängender topologischer Raum und sind $X_1, X_2 \subseteq X$ wegzusammenhängende offene Teilmengen von X mit $X_1 \cup X_2 = X$, so ist $X_1 \cap X_2$ zusammenhängend. (Vgl. 2.A, Aufg. 21.)

19. Sei $m \in \mathbb{N}^*$. Ein Bukett von m Kreisen gewinnt man aus einem Kreis durch Identifizieren von m verschiedenen Punkten, vgl. 2.B, Aufg. 22. Man zeige: Durch Identifizieren von m verschiedenen Punkten der Sphäre S^n, $n \geq 2$, gewinnt man einen Raum X, dessen Fundamentalgruppe eine freie Gruppe vom Rang $m-1$ ist. (Identifiziert man im $\mathbb{R}^n$ m verschiedene Punkte, so erhält man einen Raum, der zu einem Bukett von $m-1$ Kreisen homotopie-äquivalent ist. – Im Fall $n = m = 2$ ist X der Raum

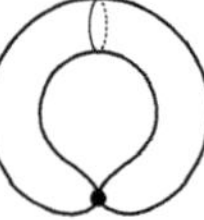

mit einer unendlichen Lampionkette als universeller Überlagerung:

Vgl. wieder 2.B, Aufg. 22. Ein analoges Bild erhält man für $n = 2$ und beliebiges $m \geq 2$.)

7.D Beispiele

Wir berechnen in diesem Abschnitt einige weitere Fundamentalgruppen. Systematisch können wir dieses (interessante) Thema nicht behandeln. Dazu verweisen wir auf die Lehrbücher der Algebraischen Topologie, etwa auf [6]. Der Leser kann den vorliegenden Abschnitt ohne weiteres überschlagen.

7.D.1 Beispiel (Die Fundamentalgruppen der reellen und komplexen projektiven Räume) Auf der Sphäre $S^n \subseteq \mathbb{R}^{n+1}$, $n \in \mathbb{N}$, operiert die zyklische Gruppe $\mathbf{Z}_2$ der Ordnung 2, wobei das nichttriviale Element in $\mathbf{Z}_2$ wie die Antipodenabbildung $x \mapsto -x$ operiert. Der Bahnenraum $S^n \backslash \mathbf{Z}_2$ ist der projektive Raum $\mathbb{P}^n(\mathbb{R})$, vgl. Beispiel 2.B.18. Da für $n \geq 2$ die Sphären S^n nach Beispiel 7.C.7 einfach zusammenhängend sind, folgt aus 7.C.27:

7.D.2 Satz *Für $n \geq 2$ ist $\pi\big(\mathbb{P}^n(\mathbb{R})\big) = \mathbf{Z}_2$. Das nichttriviale Element in $\pi\big(\mathbb{P}^n(\mathbb{R})\big)$ wird vom Bild eines Halbkreises auf der Sphäre S^n bzgl. der kanonischen Abbildung $S^n \to \mathbb{P}^n(\mathbb{R})$ repräsentiert.*

$\mathbb{P}^1(\mathbb{R})$ ist zum Kreis S^1 homöomorph, daher ist $\pi\big(\mathbb{P}^1(\mathbb{R})\big) = \mathbb{Z}$, vgl. 7.C.25. $\mathbb{P}^0(\mathbb{R})$ enthält genau einen Punkt, daher ist $\pi\big(\mathbb{P}^0(\mathbb{R})\big) = 0$.

Zur Berechnung der Fundamentalgruppe $\pi\big(\mathbb{P}^n(\mathbb{C})\big)$ des n-dimensionalen komplexen projektiven Raums $\mathbb{P}^n(\mathbb{C})$ benutzen wir die kanonische Projektion $p_{n+1} : \mathbb{C}^{n+1} - \{0\} \to \mathbb{P}^n(\mathbb{C})$, deren Fasern die *zusammenhängenden* punktierten komplexen Geraden $\mathbb{C}^\times x$, $x \in \mathbb{C}^{n+1} - \{0\}$, sind, vgl. Beispiel 2.B.18. Für $U_i := \big\{ \langle x_0, \ldots, x_n \rangle \in \mathbb{P}^n(\mathbb{C}) \mid x_i \neq 0 \big\}$ ist $p_{n+1}^{-1}(U_i) \longrightarrow \mathbb{C}^\times \times U_i = \mathbb{C}^\times \times \mathbb{C}^n$ eine Homöomorphie, die mit den Projektionen verträglich ist, d.h. das Diagramm

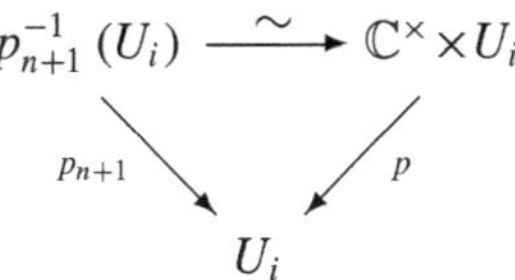

ist kommutativ (wobei p die Projektion auf die zweite Komponente ist), $i = 0, \ldots, n$. Daraus folgt: Jeder Weg $\gamma : [0, 1] \to \mathbb{P}^n(\mathbb{C})$ lässt sich zu einem Weg γ' in $\mathbb{C}^{n+1} - \{0\}$ bzgl. p_{n+1} liften (allerdings – auch bei Vorgabe des Anfangspunktes – nicht eindeutig). Zum Beweis unterteilt man das Intervall $[0, 1]$ mit Teilpunkten $0 = t_0 < t_1 < \cdots < t_m = 1$ derart, dass $\gamma\big([t_\nu, t_{\nu+1}]\big)$ jeweils in einer der offenen Mengen U_i liegt, und liftet dann γ sukzessive (vgl. den Beweis von 7.C.12). Ist nun γ geschlossen, so liegen Anfangs- und Endpunkt von γ' in derselben Faser. Verbinden wir den Endpunkt von γ' mit dem Anfangspunkt von γ' mit einem Weg η' *in dieser Faser*, so ist $\gamma'\eta'$ ein geschlossener Weg in $\mathbb{C}^{n+1} - \{0\}$ mit $p_{n+1} \circ (\gamma'\eta') = (p_{n+1} \circ \gamma')(p_{n+1} \circ \eta') \approx \gamma$. Es folgt: Für jeden Punkt $a \in \mathbb{C}^{n+1} - \{0\}$ ist der Homomorphismus

$$\pi(p_{n+1}; a) : \pi\big(\mathbb{C}^{n+1} - \{0\}; a\big) \longrightarrow \pi\big(\mathbb{P}^n(\mathbb{C}); \langle a \rangle\big)$$

surjektiv. Da $\mathbb{C}^{n+1} - \{0\}$ nach Beispiel 7.C.7 wie S^{2n+1} für $n \geq 1$ einfach zusammenhängend ist, gilt Gleiches auch für $\mathbb{P}^n(\mathbb{C})$. Da ferner $\mathbb{P}^0(\mathbb{C})$ nur einen Punkt enthält, erhalten wir insgesamt:

7.D.3 Satz *Die komplexen projektiven Räume $\mathbb{P}^n(\mathbb{C})$, $n \in \mathbb{N}$, sind einfach zusammenhängend.*

Zum Beweis von 7.D.3 hätten wir statt der kanonischen Projektion $\mathbb{C}^{n+1} - \{0\} \to \mathbb{P}^n(\mathbb{C})$ auch deren Beschränkung $S^{2n+1} \to \mathbb{P}^n(\mathbb{C})$ auf die Einheitssphäre in $\mathbb{C}^{n+1}$ wählen können, deren Fasern die Kreise $S^1 x$, $x \in S^{2n+1}$, sind. [1])

Da S^1 frei auf S^{2n+1} (durch Skalarmultiplikation) operiert, operiert jede endliche Untergruppe $E_p = \{z \in \mathbb{C} \mid z^p = 1\}$, $p \in \mathbb{N}^*$, von S^1 diskret auf S^{2n+1}. Aus 7.C.27 folgt: *Die Fundamentalgruppe des Bahnenraumes $S^{2n+1} \backslash E_p$ ist für $n \geq 1$ (kanonisch) isomorph zur zyklischen Gruppe E_p der p-ten Einheitswurzeln.* Für $p = 2$ handelt es sich um die reellen projektiven Räume $\mathbb{P}^{2n+1}(\mathbb{R})$. Der Raum $S^1 \backslash E_p$ ist homöomorph zu S^1. *Auch $(\mathbb{C}^{n+1} - \{0\}) \backslash E_p$ hat für $n \geq 1$ die Fundamentalgruppe E_p.*

Die Bahnenräume $S^{2n+1} \backslash E_p$ sind spezielle Linsenräume, die allgemein wie folgt definiert werden: Seien $q_0, \ldots, q_n$ zu p teilerfremde ganze Zahlen ($n \geq 1$). Dann operiert E_p auf S^{2n+1} bzw. $\mathbb{C}^{n+1} - \{0\}$ mittels

$$z(x_0, \ldots, x_n) = (z^{q_0} x_0, \ldots, z^{q_n} x_n), \qquad z \in E_p, \quad (x_1, \ldots, x_n) \in \mathbb{C}^{n+1} - \{0\},$$

frei. Der Bahnenraum $S^{2n+1} \backslash E_p$ mit der Fundamentalgruppe E_p ist der L i n s e n r a u m

$$L(p; q_0, \ldots, q_n).$$

Natürlich ist $L(p; q_0, \ldots, q_n) = L(p; q_0 q, \ldots, q_n q)$ für jede zu p teilerfremde ganze Zahl q. Ferner kommt es nur auf die Restklassen von $q_0, \ldots, q_n$ in $\mathbb{Z}/\mathbb{Z}p$ an. Man kann also ohne weiteres $q_0 = 1$ und $0 < q_i \leq p$, $i = 1, \ldots, n$, annehmen. Die Räume $L(p, q) := L(p; 1, q)$, $1 \leq q \leq p$, $\mathrm{ggT}(p, q) = 1$, sind die Linsenräume schlechthin. Auch die Bahnenräume $\big(\mathbb{C}^{n+1} - \{0\}\big) \backslash E_p$ heißen gelegentlich Linsenräume und haben E_p als Fundamentalgruppe.

7.D.4 Beispiel (D i e F u n d a m e n t a l g r u p p e n d e r D r e h g r u p p e $SO_3(\mathbb{R})$ u n d d e r G r u p p e $SU_2(\mathbb{C})$) Die Gruppe $SO_3(\mathbb{R})$ ist homöomorph zum projektiven Raum $\mathbb{P}^3(\mathbb{R})$, vgl. Bd. 2, Beispiel 14.A.12. Genauer gilt: Die topologischen Gruppen $SO_3(\mathbb{R})$ und $SU_2(\mathbb{C})/\{\pm \mathfrak{E}_2\}$ sind isomorph, und $SU_2(\mathbb{C})$ ist homöomorph zur Einheitssphäre $S^3 = S_{\mathbb{C}^2}(0; 1) \subseteq \mathbb{C}^2$, da $SU_2(\mathbb{C})$ einfach transitiv auf $S_{\mathbb{C}^2}(0; 1)$ operiert. Vgl. auch Bd. 2, Beispiel 14.A.15, insbesondere Satz 14.A.16. Mit 7.D.2 folgt also:

7.D.5 Satz *Es ist $\pi\big(SU_2(\mathbb{C})\big) = 0$ und $\pi\big(SO_3(\mathbb{R})\big) = \mathbf{Z}_2$.*

Jede endliche Untergruppe H von $SU_2(\mathbb{C})$ operiert diskret auf S^3. Diese Untergruppen H lassen sich alle angeben: Es sind dies zum einen die Urbilder G' der endlichen Untergruppen $G \subseteq SO_3(\mathbb{R})$ bzgl. der kanonischen Projektion $SU_2(\mathbb{C}) \to SU_2(\mathbb{C})/\{\pm \mathfrak{E}_2\} = SO_3(\mathbb{R})$. Da $-\mathfrak{E}_2$ das einzige Element der Ordnung 2 in $SU_2(\mathbb{C})$ ist, sind alle endlichen Untergruppen gerader Ordnung von dieser Form. Hinzu kommen die zyklischen Gruppen ungerader Ordnung m (die in zyklischen Untergruppen der Ordnung $2m$ liegen). Mit der Klassifikation der

---

[1]) $\mathbb{C}^{n+1} - \{0\} \to \mathbb{P}^n(\mathbb{C})$ bzw. $S^{2n+1} \to \mathbb{P}^n(\mathbb{C})$ sind Faserbündel mit typischer Faser $\mathbb{C}^\times$ bzw. S^1, vgl. 7.C, Aufg. 2b). Sie heißen H o p f s c h e F a s e r b ü n d e l *und sind für $n \geq 1$ nicht trivial*, was bereits daraus folgt, dass die Räume $\mathbb{C}^{n+1} \to \{0\}$ und $\mathbb{P}^n(\mathbb{C}) \times \mathbb{C}^\times$ bzw. S^{2n+1} und $\mathbb{P}^n(\mathbb{C}) \times S^1$ für $n \geq 1$ jeweils verschiedene Fundamentalgruppen haben. *Analog sind für $n \geq 1$ die Faserbündel* $\mathbb{R}^{n+1} - \{0\} \to \mathbb{P}^n(\mathbb{R})$ *bzw.* $S^n \to \mathbb{P}^n(\mathbb{R})$ *mit typischer Faser* $\mathbb{R}^\times$ *bzw.* $\{1, -1\}$ *nicht trivial*, was schon aus den verschiedenen Zusammenhangseigenschaften von $\mathbb{R}^{m+1} - \{0\}$ und $\mathbb{P}^n(\mathbb{R}) \times \mathbb{R}^\times$ bzw. S^n und $\mathbb{P}^n(\mathbb{R}) \times \{1, -1\}$ für $n \geq 1$ folgt. Man kann das qualitativ auch so ausdrücken: *Die Wahl einer Basis, also eine Eichung, ist selbst in 1-dimensionalen Vektorräumen ein nichttrivialer Prozess.* Für höherdimensionale Unterräume hat man die Graßmann-Mannigfaltigkeiten zu betrachten, vgl. Beispiel 2.B.20 und Beispiel 7.D.10.

endlichen Untergruppen in $SO_3(\mathbb{R})$ in Bd. 2, Beispiel 14.B.4 (3) ist somit auch die Klassifikation der endlichen Untergruppen $H \subseteq SU_2(\mathbb{C})$ gegeben. Neben den zyklischen Gruppen C_n, $n \in \mathbb{N}^*$, die bis auf Konjugation durch die von der Matrix Diag $(e^{2\pi i/n}, e^{-2\pi i/n})$ erzeugte Untergruppe repräsentiert werden, gehören dazu die Urbilder $D'_m =: Q_m$ der Diedergruppen D_m mit $|D'_m| = 2|D_m| = 4m$, $m \in \mathbb{N}^*$, und die Urbilder T', O', I' der Tetraeder-, Oktaeder- und Ikosaedergruppen $T, O, I \subseteq SO_3(\mathbb{R})$ mit den Ordnungen $|T'| = 24$, $|O'| = 48$ und $|I'| = 120$. *Nach 7.C.26 haben die Bahnenräume $S^3 \backslash H$ für eine endliche Untergruppe $H \subseteq SU_2(\mathbb{C})$ die Fundamentalgruppe H*. Diese Bahnenräume sind bis heute immer wieder studiert worden. Ausgangspunkt dafür waren die Untersuchungen von F. Klein in seinem Buch „Vorlesungen über das Ikosaeder und die Auflösung der Gleichungen vom fünften Grade" aus dem Jahre 1884. Die Gruppe I' ist perfekt, d.h. ihre Kommutatorgruppe $[I', I']$ stimmt mit I' überein. (Beweis! Man beachte die Isomorphie $I \cong \mathfrak{A}_5$.) Übrigens heißen die Gruppen $Q_m = D'_m$ der Ordnung $4m$ auch Q u a t e r n i o n e n g r u p p e n. Die Gruppe $SU_2(\mathbb{C})$ ist zur Spin-Gruppe Spin der Quaternionen vom Betrag 1 kanonisch isomorph, siehe in Band 2 das Beispiel 14.A.15 sowie 14.A, Aufg. 21. *Wie $S^3 \backslash H$ haben auch die Bahnenräume $(\mathbb{C}^2 - \{0\}) \backslash H$ für eine endliche Untergruppe $H \subseteq SU_2(\mathbb{C})$ die Fundamentalgruppe H.*

Satz 7.D.5 ist von größter Bedeutung für die Physik. *Ein Repräsentant für das nichttriviale Element in $\pi\big(SO_3(\mathbb{R})\big)$ ist z.B. der Weg*

$$\delta : t \mapsto \begin{pmatrix} \cos 2\pi t & -\sin 2\pi t & 0 \\ \sin 2\pi t & \cos 2\pi t & 0 \\ 0 & 0 & 1 \end{pmatrix}, \qquad t \in [0,1],$$

der eine Volldrehung um eine Achse beschreibt. Insbesondere ist der kanonische Homomorphismus $\pi\big(SO_2(\mathbb{R})\big) \to \pi\big(SO_3(\mathbb{R})\big)$ surjektiv. *Eine zweifache Drehung um eine Achse ist also nullhomotop.* [2]) Es gibt viele Illustrationen dazu. H. Weyl erwähnt die folgende: Auf den Kegeln mit fester Achse und halben Öffnungswinkeln α, $0 < \alpha < \pi/2$, rolle jeweils ein Kegel mit demselben Öffnungswinkel einmal ab, vgl. 4.B, Aufg. 5. In der Grenze $\alpha = 0$ ist diese Bewegung in der Drehgruppe die *zweifache* Drehung um die gemeinsame Achse der festen Kegel (vgl. 4.B, Aufg. 4), in der Grenze $\alpha = \pi/2$ bleibt der Kegel in Ruhe.

Auf P. Dirac geht folgende Veranschaulichung zurück: Wir betrachten die kanonische Operation der Gruppe $SO_3(\mathbb{R})$ auf der 2-Sphäre $S^2 = S(0; 1) \subseteq \mathbb{R}^3$ bzw. die davon induzierte Operation $\big(g, (x, y)\big) \mapsto \big(g(x), g(y)\big)$ auf dem Produkt $S^2 \times S^2$. Genau die Punkte, die auf der Diagonalen oder auf der Antidiagonalen

$$\Delta = \Delta_{S^2} = \{(x, x) \mid x \in S^2\} \quad \text{bzw.} \quad \Delta' := \{(x, -x) \mid x \in S^2\}$$

liegen, haben nichttriviale Isotropiegruppen. Auf

$$X := S^2 \times S^2 - (\Delta \cup \Delta')$$

operiert die Gruppe $SO_3(\mathbb{R})$ frei. Mehr noch: Ist $L \subseteq S^2$ ein offener Meridian vom Nordpol $N := (0, 0, 1)$ zum Südpol $S := (0, 0, -1)$ [3]), so ist (N, x), $x \in L$, ein volles Repräsentantensystem für die Elemente des Bahnenraums $X \backslash SO_3(\mathbb{R})$ und die kanonische Abbildung $(g, x) \mapsto \big(g(N), g(x)\big)$ von $SO_3(\mathbb{R}) \times L$ auf X ist ein Homöomorphismus. Für einen festen Punkt $P \in L$ induziert die Einbettung $g \mapsto \big(g(N), g(P)\big)$ von $SO_3(\mathbb{R})$ in X also nach 7.C.6 einen Isomorphismus der Fundamentalgruppen, so dass die Fundamentalgruppe von $SO_3(\mathbb{R})$ auch als Fundamentalgruppe von X studiert werden kann.

---

[2]) Man gebe explizit eine Homotopie zum konstanten Weg $t \mapsto \mathfrak{E}_3$ an.

[3]) N und S gehören also nicht zu L.

Ein geschlossener Weg $\gamma : [0, 1] \to X \subseteq S^2 \times S^2$ wird gegeben durch zwei geschlossene Wege $\gamma_1, \gamma_2 : [0, 1] \to S^2$ mit $\gamma_1(t) \neq \pm\gamma_2(t)$ für alle $t \in [0, 1]$, deren Graphen $\big(t, \gamma_i(t)\big)$, $t \in [0, 1]$, in $[0, 1] \times S^2$, $i = 1, 2$, die **A d e r n** eines (zweiadrigen gefärbten) **Z o p f e s** bilden (vgl. hierzu Aufg. 2) und gut veranschaulicht werden können, wenn man $[0, 1] \times S^2$ etwa mit einer Kugelschale $\{x \in \mathbb{R}^3 \mid a \leq \|x\| \leq b\}$ $(0 < a < b)$ identifiziert. Einem konstanten Weg entspricht ein trivialer Zopf, dem n-fachen $\delta^n : [0, 1] \to SO_3(\mathbb{R})$ des obigen Weges δ, $n \in \mathbb{Z}$, ein Zopf, dessen zweite Ader $\big(t, \gamma_2(t)\big) = \big(t, \delta^n(t)(P)\big)$, $t \in [0, 1]$, die triviale Ader $\big(t, \gamma_1(t)\big) = \big(t, \delta^0(t)(N)\big) = (t, N)$, $t \in [0, 1]$, n-mal umschlingt.

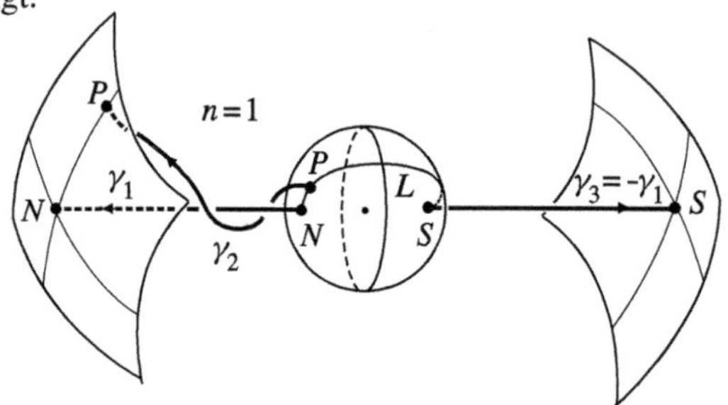

Genau dann lässt sich solch ein Zopf nach Satz 7.D.5 in den trivialen Zopf deformieren, *ohne dass bei der Deformation ein Zopf mit antipodalen Punkten auftritt*, wenn n gerade ist. Dies lässt sich an einem Modell sehr gut verifizieren.

Die Bedingung, antipodale Punkte bei der Deformation zu vermeiden, lässt sich auf folgende Weise umgehen: Man betrachtet statt des zweiadrigen den dreiadrigen Zopf, der durch Hinzufügen der Ader $t \mapsto (t, S)$ gewonnenen wird, die zu dem zu $\gamma_1 : t \mapsto \delta^0(t)(N) = N$ antipodalen Weg $\gamma_3 : t \mapsto -\delta^0(t)(N) = S$ gehört. Eine Deformation $(s, t) \mapsto \big(H_1(s, t), H_2(s, t)\big)$ des Weges $t \mapsto \big(N, \delta(t)(P)\big)$ in X liefert mittels $(s, t) \mapsto \big(H_1(s, t), H_2(s, t), -H_1(s, t)\big)$ eine Deformation des Weges $t \mapsto \big(N, \delta(t)(P), S\big)$ in $(S^2)^{(3)} = \{(x, y, z) \in (S^2)^3 \mid x \neq y \neq z \neq x\} = (S^2)^3 - \Delta_3(S^2)$. Umgekehrt konstruiert man leicht aus einer beliebigen Deformation $(s, t) \mapsto \big(H_1(s, t), H_2(s, t), H_3(s, t)\big)$ in $(S^2)^{(3)}$ des dreiadrigen Zopfes eine Deformation mit $H_3 = -H_1$ und damit eine Deformation von $t \mapsto \big(N, \delta(t)(P)\big)$ in X. (Man benutze etwa die stereographische Projektion vom Punkt $H_1(s, t) \in S^2$ aus auf die zu $H_2(s, t)$ senkrechte Ebene, verschiebe die Bildpunkte von $H_2(s, t)$ und $H_3(s, t)$ in der Weise parallel, dass das Bild von $H_3(s, t)$ der Nullpunkt wird und transformiere zurück. Wie lautet die explizite Formel dafür?)

Übrigens erzeugt der Weg $t \mapsto \big(N, \delta(t)(P), S\big)$ *die Fundamentalgruppe von* $(S^2)^{(3)}$ (die zu der von $SO_3(\mathbb{R})$ isomorph ist). Identifizieren wir nämlich S^2 mit $\mathbb{P}^1(\mathbb{C})$, so identifiziert sich $(S^2)^{(3)} = \mathbb{P}^1(\mathbb{C})^{(3)}$ nach Bd. 2, Beispiel 7.B.4 mit der Gruppe $PGL_2(\mathbb{C})$, die nach Aufg. 3b) die Gruppe $\mathbf{Z}_2$ als Fundamentalgruppe hat. Bedenkt man, dass nach Bd. 2, Beispiel 16.B.7 die Gruppe $PGL_2(\mathbb{C})$ isomorph zur Gruppe $L_{4,\mathrm{iso}}^+$ der isochronen und eigentlichen Lorentz-Transformationen ist, so demonstriert obiges Modell auch deren Fundamentalgruppe. In Bd. 2, 18.E, Aufg. 13a) haben wir eine (fast) kanonische Homöomorphie $L_{4,\mathrm{iso}}^+ \cong \mathbb{R}^3 \times SO_3(\mathbb{R})$ angegeben, die unter anderem zeigt, dass die Gruppe $SO_3(\mathbb{R}) \subseteq L_{4,\mathrm{iso}}^+$ ein starker Deformationsretrakt von $L_{4,\mathrm{iso}}^+$ ist, und ebenfalls *die Identifikation der Fundamentalgruppen von* $L_{4,\mathrm{iso}}^+$ *und* $SO_3(\mathbb{R})$ erlaubt; insgesamt ist also

$$\pi\big(PGL_2(\mathbb{C})\big) = \pi(L_{4,\mathrm{iso}}^+) = \pi\big(SO_3(\mathbb{R})\big) = \mathbf{Z}_2 \,.$$

Jeder zweiadrige (gefärbte) Zopf S^2, *d.h. jeder Weg in* $(S^2)^{(2)} = (S^2)^2 - \Delta$, *lässt sich in den trivialen deformieren.* Für die obigen Zöpfe zu den Wegen δ^n – es genügt den Fall $n = 1$ zu behandeln – zeigt man dies wieder leicht am angegebenen Modell. Wegen der Surjektivität von

$\pi\left(S^2 \times S^2 - (\Delta \cup \Delta')\right) \to \pi(S^2 \times S^2 - \Delta)$, siehe 7.C, Aufg. 5b), folgt daraus das allgemeine Ergebnis. *Der Raum $(S^2)^{(2)}$ ist somit einfach zusammenhängend*, vgl. dazu auch Aufg. 1e).

Erhellend ist der Vergleich mit der Ebene $\mathbb{R}^2$ an Stelle der Sphäre S^2 (wobei sich die Ebene als punktierte Sphäre $S^2 - \{N\}$ interpretieren lässt). Da die Fundamentalgruppe von

$$(\mathbb{R}^2)^{(2)} = \mathbb{R}^2 \times \mathbb{R}^2 - \Delta_{\mathbb{R}^2} \cong S^2 \times S^2 - \left(\Delta_{S^2} \cup \left(\{N\} \times S^2\right) \cup \left(S^2 \times \{N\}\right)\right)$$

gleich $\mathbb{Z}$ ist (vgl. 7.C, Aufg. 5a)), ist ein zweiadriger (gefärbter) Zopf

$$\gamma = (\gamma_1, \gamma_2) : [0, 1] \to (\mathbb{R}^2)^{(2)} \subseteq \mathbb{R}^2 \times \mathbb{R}^2$$

durch seine Umschlingungszahl bis auf Homotopie bestimmt und insbesondere dann und nur dann in den trivialen Zopf deformierbar, wenn diese Umschlingungszahl 0 ist. Vgl. auch Aufg. 1.

Die Gruppe $SO_3(\mathbb{R})$ ist homöomorph zur Stiefel-Mannigfaltigkeit $St(2, 3)$ der orthonormalen Paare $(\mathfrak{a}_1, \mathfrak{a}_2) \in \mathbb{R}^3 \times \mathbb{R}^3$. Einem solchen Paar entspricht die orthogonale Matrix mit den Spalten $\mathfrak{a}_1$, $\mathfrak{a}_2$ und $\mathfrak{a}_1 \times \mathfrak{a}_2$.[4]) Daraus erhält man leicht einen Beweis des folgenden Satzes:

7.D.6 Satz *Jede stetige Abbildung $L : S^2 \to \mathbb{R}^3$ mit $x \perp L(x)$ für alle $x \in S^2$ hat eine Nullstelle.*

Bevor wir diesen Satz beweisen, geben wir einige Erläuterungen: Man nennt eine Abbildung L wie in 7.D.6 ein (stetiges) V e k t o r f e l d auf der 2-Sphäre S^2: Dem Punkt $x \in S^2$ wird der Vektor $L(x)$ in der Tangentialebene $\mathrm{T}_x(S^2) = (\mathbb{R}x)^\perp$ an die Sphäre im Punkt x angeheftet, vgl. Abschnitt 6.C.

Ordnet man zum Beispiel jedem Punkt x der Erdoberfläche die momentane (horizontale) Windgeschwindigkeit an diesem Ort zu, so ist dies solch ein stetiges Vektorfeld. Satz 7.D.6 besagt: *Zu jedem Zeitpunkt gibt es wenigstens einen Ort der Erdoberfläche, an dem Windstille herrscht.*[5]) In dem Buch Hilbert, D., Cohn-Vossen, S.: Anschauliche Geometrie, Berlin-Heidelberg, wird dieser Sachverhalt so illustriert: „Man kann [. . .] nicht überall auf der Erde Wegweiser aufstellen, deren angegebene Richtungen von Ort zu Ort stetig variieren."

7.D.6 lässt sich auch folgendermaßen formulieren: *Ist $F : S^2 \to \mathbb{R}^3$ eine stetige Abbildung, so gibt es wenigstens ein $x_0 \in S^2$ derart, dass x_0 und $F(x_0)$ parallel, d.h. linear abhängig sind.*[6]) Andernfalls wäre die orthogonale Projektion $x \mapsto F(x) - \langle F(x), x \rangle x$ ein stetiges Vektorfeld ohne Nullstelle. Man formuliert dieses Ergebnis auch gern in folgender Weise: *Einem (Kugel-)Igel steht zu jedem Zeitpunkt wenigstens ein Stachel zu Berge.*[7]) *Insbesondere lässt sich ein Igel nicht kämmen*, wenn man unter Kämmen eine stetige Abbildung $K : [0, 1] \times S^2 \to \mathbb{R}^3$ versteht, die das momentane Stachelkleid $x \mapsto K(0 ; x)$ in ein Stachelkleid $x \mapsto K(1 ; x)$ mit $x \perp K(1 ; x)$ für alle

---

[4]) $\mathbb{R}^3$ trägt das Standardskalarprodukt und die Standardorientierung. Vgl. Bd. 2, 18.E, Aufg. 9.

[5]) Man gebe ein stetiges Geschwindigkeitsfeld auf der Erdoberfläche an, für das an genau einem Ort Windstille herrscht.

[6]) Speziell gibt es zu jeder stetigen Abbildung $F : S^2 \to S^2$ einen Punkt $x_0 \in S^2$ mit $F(x_0) = x_0$ oder $F(x_0) = -x_0$. Daraus folgt: *Jede stetige Abbildung $\mathbb{P}^2(\mathbb{R}) \to \mathbb{P}^2(\mathbb{R})$ besitzt einen Fixpunkt.*

[7]) Auf Grund dieser Interpretation nennt man 7.D.6 auch den S a t z v o m I g e l.

$x \in S^2$ überführt (wobei die Länge der Stacheln erhalten bleibt: $\|K(s\,;x)\| = \|K(0\,;x)\| \neq 0$ für alle $s \in [0,1]$ und alle $x \in S^2$). Eine weitere Interpretation dieses Sachverhalts ist die folgende: *Ein sphärisches starres Pendel besitzt in einem beliebigen stetigen Kraftfeld wenigstens einen Ruhepunkt.* Ein Lot, mit dem die Vertikale bestimmt wird, ist dafür ein typisches Beispiel. (Hier ist das Kraftfeld allerdings ein Potenzialfeld, und das Ergebnis folgt bereits aus Satz 6.C.7.)

Wir kommen nun zum B e w e i s von 7.D.6. Wir nehmen an, das stetige Vektorfeld $L : S^2 \to \mathbb{R}^3$ hätte keine Nullstelle. Dann können wir nach Übergang zu $x \mapsto L(x)/\|L(x)\|$ sogar annehmen, dass $\|L(x)\| = 1$ ist für alle $x \in S^2$ und folglich $x, L(x), x \times L(x)$ jeweils eine (die Standardorientierung repräsentierende) Orthonormalbasis des $\mathbb{R}^3$. Dann ist $(x\,; \alpha, \beta) \longmapsto \big(x, \alpha L(x) + \beta x \times L(x)\big)$, $x \in S^2$, $(\alpha, \beta) \in S^1 \subseteq \mathbb{R}^2$, ein Homöomorphismus des Raumes $S^2 \times S^1$ auf den Raum St$(2,3)$ der orthonormalen Paare. Wegen $\pi(S^2 \times S^1) \cong \pi(S^2) \times \pi(S^1) \cong \mathbb{Z}$ (vgl. 7.C.16) und $\pi\big(\text{St}(2,3)\big) \cong \pi\big(\text{SO}_3(\mathbb{R})\big) \cong \mathbf{Z}_2$ (vgl. 7.D.5) ist dies ein Widerspruch. $\qquad\bullet$

7.D.7 Beispiel (D i e   F u n d a m e n t a l g r u p p e n   e i n i g e r   k l a s s i s c h e r   G r u p p e n) Die in Satz 7.D.5 angegebenen Isomorphien $\pi\big(\text{SO}_3(\mathbb{R})\big) = \mathbf{Z}_2$ und $\pi\big(\text{SU}_2(\mathbb{C})\big) = 0$ sind der Ausgangspunkt für den folgenden allgemeinen Satz:

7.D.8 Satz (1) *Für alle* $n \geq 3$ *ist* $\pi\big(\text{SO}_n(\mathbb{R})\big) = \mathbf{Z}_2$.

(2) *Für alle* $n \geq 1$ *ist* $\text{SU}_n(\mathbb{C})$ *einfach zusammenhängend.*

Man beachte noch $\text{SO}_2(\mathbb{R}) \cong \text{U}_1(\mathbb{C}) = S^1 = \{z \in \mathbb{C} \mid |z| = 1\}$, also $\pi\big(\text{SO}_2(\mathbb{R})\big) \cong \mathbb{Z}$.

B e w e i s von 7.D.8. Wir schließen in beiden Fällen durch Induktion über n. Im Fall $\mathbb{K} = \mathbb{C}$ sei $n \geq 2$. Die Gruppe $\text{SU}_n(\mathbb{K})$ interpretieren wir als die Gruppe der speziellen linearen Isometrien des $\mathbb{K}^n$, versehen mit dem Standardskalarprodukt. Beim Schluss von n auf $n+1$ identifizieren wir $\text{SU}_n(\mathbb{K})$ mit der Untergruppe der Isometrien aus $\text{SU}_{n+1}(\mathbb{K})$, die den „Nordpol" e_{n+1} von $S := \text{S}(0\,;1) \subseteq \mathbb{K}^{n+1}$ festlassen. Wir zeigen dann: *Die Inklusion* $\text{SU}_n(\mathbb{K}) \to \text{SU}_{n+1}(\mathbb{K})$ *induziert für die im Satz angegebenen* n *einen Isomorphismus* $\pi\big(\text{SU}_n(\mathbb{K})\big) \to \pi\big(\text{SU}_{n+1}(\mathbb{K})\big)$ *der Fundamentalgruppen.*[8]) Mit p bezeichnen wir die Abbildung $f \mapsto f(e_{n+1})$ von $\text{SU}_{n+1}(\mathbb{K})$ auf S. Wir haben zu zeigen, dass die Einbettung der Faser $\text{SU}_n(\mathbb{K}) = p^{-1}(e_{n+1})$ in $\text{SU}_{n+1}(\mathbb{K})$ einen Isomorphismus der Fundamentalgruppen induziert. Es genügt, die entsprechende Aussage für irgendeine Faser von p zu zeigen.

Zu jedem von e_{n+1} linear unabhängigen $x \in S$, das also nicht zu $K := \{a e_{n+1} \mid a \in \mathbb{K}, |a| = 1\}$ gehört, gibt es genau eine Isometrie $h_x \in \text{SU}_{n+1}(\mathbb{K})$ mit $h(e_{n+1}) = x$, die auf dem orthogonalen Komplement der Ebene $\mathbb{K}e_{n+1} + \mathbb{K}x$ die Identität induziert. Da die Abbildung $x \mapsto h_x$ offenbar stetig (ja reell-analytisch) ist, ist $(x, g) \mapsto h_x \circ g$ ein Homöomorphismus (ja ein C^ω-Diffeomorphismus) $(S-K) \times \text{SU}_n(\mathbb{K}) \to p^{-1}(S-K)$ (mit $f \mapsto \big(f(e_{n+1}), h^{-1}_{f(e_{n+1})} \circ f\big)$) als Umkehrabbildung), für den das kanonische Diagramm

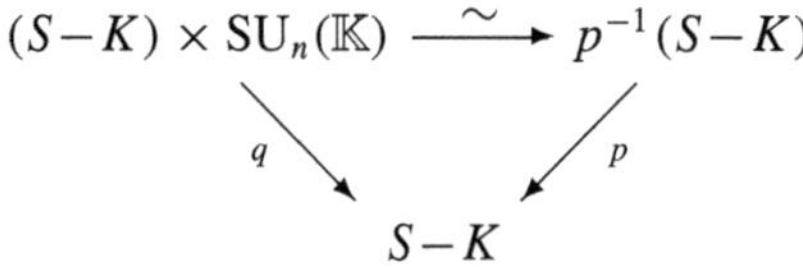

überdies kommutativ ist. (q ist dabei die Projektion auf die erste Komponente.) Analog erhält man für ein $y \in U := S - K$ und $K' := \{ay \mid a \in \mathbb{K}, |a| = 1\}$, $U' := S - K'$ ein kommutatives Diagramm

---

[8]) Die kanonische Abbildung $\pi\big(\text{SO}_2(\mathbb{R})\big) \to \pi\big(\text{SO}_3(\mathbb{R})\big)$ ist noch surjektiv, vgl. Beispiel 7.D.4.

$$U' \times \mathrm{SU}_n(\mathbb{K}) \xrightarrow{\;\sim\;} p^{-1}(U')$$

$$q' \searrow \qquad \swarrow p$$

$$U'$$

Es ist $S = U \cup U'$. Ferner sind U, U' und $U \cap U'$ einfach zusammenhängend.[9]) Für einen Punkt $a \in U \cap U'$ und einen Punkt $b \in p^{-1}(a)$ sind daher in dem kanonischen Diagramm

$$\pi\big(p^{-1}(a);b\big) \longrightarrow \pi\big(p^{-1}(U \cap U');b\big) \nearrow \pi\big(p^{-1}(U);b\big) \searrow \pi\big(p^{-1}(U');b\big)$$

alle Homomorphismen Isomorphismen, und die Behauptung folgt mit Korollar 7.C.23 (3), vgl. auch 7.C, Aufg. 2c).[10]) $\bullet$

Einen etwas anderen Beweis von Satz 7.D.8 findet man in Bd. 4, Beispiel 4.B.3.

7.D.9 Korollar (1) *Für* $n \in \mathbb{N}^*$ *ist*

$$\pi\big(\mathrm{GL}_n^+(\mathbb{R})\big) \cong \pi\big(\mathrm{SL}_n(\mathbb{R})\big) \cong \pi\big(\mathrm{SO}_n(\mathbb{R})\big) \cong \begin{cases} 0, & \text{falls } n=1, \\ \mathbb{Z}, & \text{falls } n=2, \\ \mathbf{Z}_2, & \text{falls } n \geq 3. \end{cases}$$

(2) *Für* $n \in \mathbb{N}^*$ *ist*

$$\pi\big(\mathrm{SL}_n(\mathbb{C})\big) \cong \pi\big(\mathrm{SU}_n(\mathbb{C})\big) = 0, \qquad \pi\big(\mathrm{GL}_n(\mathbb{C})\big) \cong \pi\big(\mathrm{U}_n(\mathbb{C})\big) \cong \mathbb{Z}.$$

(3) *Für die Lorentz-Gruppe* $\mathrm{L}_{1+n,\mathrm{iso}}^+$ *(vgl.* Bd. 2, 16.B), $n \in \mathbb{N}^*$, *gilt*

$$\pi(\mathrm{L}_{1+n,\mathrm{iso}}^+) \cong \pi\big(\mathrm{SO}_n(\mathbb{R})\big) \cong \begin{cases} 0, & \text{falls } n=1, \\ \mathbb{Z}, & \text{falls } n=2, \\ \mathbf{Z}_2, & \text{falls } n \geq 3. \end{cases}$$

(4) *Für die symplektische Gruppe* $\mathrm{Sp}_{2k}(\mathbb{R})$ *(vgl.* Bd. 2, Beispiel 15.C.7), $k \in \mathbb{N}^*$, *gilt*

$$\pi\big(\mathrm{Sp}_{2k}(\mathbb{R})\big) \cong \pi\big(\mathrm{U}_k(\mathbb{C})\big) \cong \mathbb{Z}.$$

B e w e i s . (1) bzw. (2) folgen aus den Homöomorphien (vgl. Bd. 2, 18.E)

$$\mathrm{GL}_n^+(\mathbb{R}) \cong \mathbb{R}_+^\times \times \mathrm{SL}_n(\mathbb{R}) \cong \mathbb{R}^{\binom{n+1}{2}} \times \mathrm{SO}_n(\mathbb{R})$$

bzw.

$$\mathrm{GL}_n(\mathbb{C}) \cong \mathbb{C}^\times \times \mathrm{SL}_n(\mathbb{C}) \cong \mathbb{R}^{n^2} \times \mathrm{U}_n(\mathbb{C}) \cong \mathbb{R}^{n^2} \times S^1 \times \mathrm{SU}_n(\mathbb{C})$$

und 7.D.8. Aus den Homöomorphien

$$\mathrm{L}_{1+n,\mathrm{iso}}^+ \cong \mathbb{R}^n \times \mathrm{SO}_n(\mathbb{R}) \qquad \text{und} \qquad \mathrm{Sp}_{2k}(\mathbb{R}) \cong \mathbb{R}^{k(k+1)} \times \mathrm{U}_k(\mathbb{C}),$$

vgl. Bd. 2, 18.E, Aufg. 13 bzw. Bd. 2, 18.D, Aufg. 18b), folgen (3) und (4). $\bullet$

---

[9]) Z.B. ist $(r, x) \mapsto rx$ ein Homöomorphismus $\mathbb{R}_+^\times \times U \xrightarrow{\sim} \mathbb{K}^{n+1} - \mathbb{K}e_{n+1}$, und $\mathbb{K}^{n+1} - \mathbb{K}e_{n+1}$ ist nach 7.C, Aufg. 5a) unter den Voraussetzungen über n einfach zusammenhängend.

[10]) Im Fall $\mathbb{K} = \mathbb{C}$ reicht schon die ohne den Satz 7.C.22 einfach zu beweisende Aussage von Korollar 7.C.23 (2).

7.D.10 Beispiel (Die Fundamentalgruppen der Graßmann-Mannigfaltigkeiten) Für die Graßmann-Mannigfaltigkeiten $G_{\mathbb{K}}(k, m) = G_k(\mathbb{K}^m)$ der k-dimensionalen Unterräume von $\mathbb{K}^m$, vgl. Beispiel 2.B.20, gilt in Verallgemeinerung von 7.D.2 und 7.D.3:

7.D.11 Satz *Seien* $k, m \in \mathbb{N}^*$ *mit* $k < m$. *Dann gilt*

$$\pi\big(G_{\mathbb{R}}(k, m)\big) \cong \mathbf{Z}_2 \quad und \quad \pi\big(G_{\mathbb{C}}(k, m)\big) = 0$$

mit der folgenden Ausnahme: $\pi\big(G_{\mathbb{R}}(1, 2)\big) = \pi\big(\mathbb{P}^1(\mathbb{R})\big) \cong \mathbb{Z}$.

B e w e i s . Nach Beispiel 2.B.20 gilt die Homöomorphie

$$G_{\mathbb{K}}(k, m) \cong U_m(\mathbb{K})\backslash\big(U_k(\mathbb{K}) \times U_{m-k}(\mathbb{K})\big) = SU_m(\mathbb{K})\backslash\big(SU_m(\mathbb{K}) \cap (U_k(\mathbb{K}) \times U_{m-k}(\mathbb{K}))\big),$$

wobei $U_k(\mathbb{K}) \times U_{m-k}(\mathbb{K})$ als Gruppe der Diagonalblockmatrizen $\mathrm{Diag}(\mathfrak{A}, \mathfrak{B})$, $\mathfrak{A} \in U_k(\mathbb{K})$, $\mathfrak{B} \in U_{m-k}(\mathbb{K})$, in $U_m(\mathbb{K})$ eingebettet ist.

Sei zunächst $\mathbb{K} = \mathbb{C}$. Dann ist $SU_m(\mathbb{C})$ nach 7.D.8 (2) einfach zusammenhängend und ferner $SU_m(\mathbb{C}) \cap (U_k(\mathbb{C}) \times U_{m-k}(\mathbb{C}))$ zusammenhängend. Da somit die Projektion

$$SU_m(\mathbb{C}) \to SU_m(\mathbb{C})\backslash\big(SU_m(\mathbb{C}) \cap (U_k(\mathbb{C}) \times U_{m-k}(\mathbb{C}))\big)$$

offenbar die Voraussetzungen in 7.C, Aufg. 2b) erfüllt, folgt die Behauptung in diesem Fall.

Sei nun $\mathbb{K} = \mathbb{R}$ und $m \geq 3$. Dann betrachten wir zunächst die Graßmann-Mannigfaltigkeit

$$G_{\mathbb{R}}^{\mathrm{or}}(k, m)$$

der *orientierten* k-dimensionalen Unterräume von $\mathbb{R}^m$.[11] Offenbar gilt die Homöomorphie

$$G_{\mathbb{R}}^{\mathrm{or}}(k, m) \cong SO_m(\mathbb{R})\backslash\big(SO_k(\mathbb{R}) \times SO_{m-k}(\mathbb{R})\big).$$

Da $SO_k(\mathbb{R}) \times SO_{m-k}(\mathbb{R})$ zusammenhängend ist, erfüllt die Projektion

$$SO_m(\mathbb{R}) \to SO_m(\mathbb{R})\backslash\big(SO_k(\mathbb{R}) \times SO_{m-k}(\mathbb{R})\big)$$

die Voraussetzungen von 7.C, Aufg. 2b). Der zu dieser Projektion gehörende Homomorphismus der Fundamentalgruppen ist also surjektiv. Da aber auch für die Inklusion

$$SO_k(\mathbb{R}) \times SO_{m-k}(\mathbb{R}) \to SO_m(\mathbb{R})$$

(wegen $\mathrm{Max}\,(k, m - k) \geq 2$) der zugehörige Homomorphismus der Fundamentalgruppen surjektiv ist, wie im Beweis von 7.D.8 (1) bemerkt wurde, *ist (für* $m \geq 3$)

$$\pi\big(G_{\mathbb{R}}^{\mathrm{or}}(k, m)\big) = 0,$$

$G_{\mathbb{R}}^{\mathrm{or}}(k, m)$ *also einfach zusammenhängend. Die kanonische Abbildung*

$$G_{\mathbb{R}}^{\mathrm{or}}(k, m) \to G_{\mathbb{R}}(k, m),$$

---

[11] Wegen $G_{\mathbb{R}}^{\mathrm{or}}(1, m) = S^{m-1}$ für $m \geq 1$ interpretiere man die Räume $G_{\mathbb{R}}^{\mathrm{or}}(k, m)$ als natürliche Verallgemeinerungen der Sphären. – Von den projektiven Räumen abgesehen, ist $G_{\mathbb{R}}(2, 4)$ die einfachste Graßmann-Mannigfaltigkeit. Mit dem von Graßmann entwickelten Kalkül, den wir in Bd. 4 beschreiben werden, ist sehr leicht zu sehen, dass sich $G_{\mathbb{R}}^{\mathrm{or}}(2, 4)$ mit dem Produkt $S^2 \times S^2$ zweier 2-Sphären identifizieren lässt, vgl. in Band 4 das Ende von Abschnitt 7.A (Beispiel 7.A.15). Die Abbildung $G_{\mathbb{R}}^{\mathrm{or}}(2, 4) \to G_{\mathbb{R}}(2, 4)$, die die Orientierung vergisst, identifiziert jeweils $(x, y) \in S^2 \times S^2 \subseteq \mathbb{R}^3 \times \mathbb{R}^3$ mit $(-x, -y)$. Insbesondere ist $G_{\mathbb{R}}(2, 4)$ eine zweiblättrige Überlagerung des Produkts $\mathbb{P}^2(\mathbb{R}) \times \mathbb{P}^2(\mathbb{R})$ zweier reeller projektiver Ebenen, die so genannte Orientierungsüberlagerung von $\mathbb{P}^2(\mathbb{R}) \times \mathbb{P}^2(\mathbb{R})$.

die die Orientierung vergisst, ist eine zweiblättrige Überlagerung, woraus sich mit 7.C.25 die Behauptung des Satzes ergibt. [12])   ●

Aufgaben

1. Sei X ein topologischer Raum. Mit $X^{(2)} = X^2 - \triangle_X$ bezeichnen wir die Menge der Paare $(x, y) \in X \times X$ mit $x \neq y$. Wir geben einige Beispiele für die Fundamentalgruppe von $X^{(2)}$.

a) Ist $X = G$ eine topologische Gruppe mit neutralem Element e, so ist $G^{(2)} \to G \times (G - \{e\})$ mit $(x, y) \mapsto (x, x^{-1}y)$ ein Homöomorphismus. Insbesondere ist für $a \neq e$

$$\pi\left(G^{(2)}; (e, a)\right) \cong \pi(G; e) \times \pi(G - \{e\}; a) \,.$$

b) Für einen endlichdimensionalen reellen Vektorraum V der Dimension $n \geq 2$ gilt

$$\pi(V^{(2)}) = \begin{cases} \mathbb{Z}, & \text{falls } n=2, \\ 0, & \text{falls } n \geq 3. \end{cases}$$

c) Für ein Gebiet G in einem mindestens 3-dimensionalen reellen Vektorraum gilt $\pi(G^{(2)}) = \pi(G \times G) = \pi(G) \times \pi(G)$. (Vgl. 7.C, Aufg. 5b). – Allgemeiner gilt $\pi(X^{(2)}) = \pi(X) \times \pi(X)$ für jede mindestens 3-dimensionale zusammenhängende differenzierbare Mannigfaltigkeit.)

d) Es ist $\pi\left((\mathbb{C}^{\times})^{(2)}\right) \cong \pi(\mathbb{C}^{\times}) \times \pi(\mathbb{C} - \{0, 1\}) \cong \mathbb{Z} \times \mathbb{F}^2$, wobei die Fundamentalgruppe $\mathbb{F}^2$ der zweifach punktierten Ebene eine freie Gruppe vom Rang 2 ist, vgl. Beispiel 7.C.24.

e) Für eine n-dimensionale Sphäre $S^n, n \geq 1$, gilt

$$\pi\left((S^n)^{(2)}\right) = \begin{cases} \mathbb{Z}, & \text{falls } n = 1, \\ 0, & \text{falls } n > 1. \end{cases}$$

(Nur der Fall $n = 2$ bereitet Schwierigkeiten. Dabei identifizieren wir S^2 mit der komplexen projektiven Geraden $\mathbb{P}^1 = \mathbb{P}^1(\mathbb{C})$, vgl. Beispiel 2.B.18. Die Projektion $p : (\mathbb{P}^1)^{(2)} \to \mathbb{P}^1$ auf die erste Komponente ist ein Faserbündel mit typischer Faser $\mathbb{C}$, wobei jede echte offene Teilmenge $U \subset \mathbb{P}^1$ ausgezeichnet ist. Beispielsweise ist für $U = \mathbb{C} = \{\langle 1, x \rangle \mid x \in \mathbb{C}\} \subset \mathbb{P}^1$ die Abbildung $U \times \mathbb{C} = \mathbb{C} \times \mathbb{C} \to p^{-1}(U)$ mit $(x, y) \mapsto \left(x, \langle y-x, x(y-x)+1 \rangle\right)$ ein fasertreuer Homöomorphismus. Nun ergibt sich die Trivialität von $\pi\left((\mathbb{P}^1)^{(2)}\right)$ aus Korollar 7.C.23 (2), vgl. auch 7.C, Aufg. 2c). – Wir erwähnen, *dass* $(\mathbb{P}^1)^{(2)}$ *homöomorph (sogar komplex-analytisch isomorph) zur komplexen Quadrik* $Q_2 = \{z_1^2 + z_2^2 + z_3^2 = 1\} \subseteq \mathbb{C}^3$ *ist,* woraus direkt der einfache Zusammenhang von $(\mathbb{P}^1)^{(2)}$ folgt, vgl. 7.C, Aufg. 3b). Beispielsweise bildet die Abbildung

$$\left(\langle u_0, u_1 \rangle, \langle v_0, v_1 \rangle\right) \longmapsto \frac{1}{u_0 v_1 - u_1 v_0} \left(u_0 v_0, u_0 v_1, u_1 v_1\right)$$

$(\mathbb{P}^1)^{(2)}$ auf die Nullstellenmenge von $x_1 x_3 - x_2(x_2 - 1)$ in $\mathbb{C}^3$ ab mit der Umkehrabbildung

$$(x_1, x_2, x_3) \longmapsto \begin{cases} \left(\langle x_2, x_3 \rangle, \langle x_1, x_2 \rangle\right), & \text{falls } x_2 \neq 0, \\ \left(\langle x_1, x_2 - 1 \rangle, \langle x_2 - 1, x_3 \rangle\right), & \text{falls } x_2 \neq 1, \end{cases}$$

---

[12]) Man kann auch so schließen: Die zyklische Gruppe der Ordnung 2

$$\mathrm{SO}_m(\mathbb{R}) \cap \left(\mathrm{O}_k(\mathbb{R}) \times \mathrm{O}_{m-k}(\mathbb{R})\right) / \left(\mathrm{SO}_k(\mathbb{R}) \times \mathrm{SO}_{m-k}(\mathbb{R})\right)$$

operiert auf dem einfach zusammenhängenden Raum $\mathrm{SO}_m(\mathbb{R}) \backslash \left(\mathrm{SO}_k(\mathbb{R}) \times \mathrm{SO}_{m-k}(\mathbb{R})\right)$ frei und hat als Bahnenraum $\mathrm{SO}_m(\mathbb{R}) \backslash \left(\mathrm{SO}_m(\mathbb{R}) \cap (\mathrm{O}_k(\mathbb{R}) \times \mathrm{O}_{m-k}(\mathbb{R}))\right) \cong \mathrm{G}_{\mathbb{R}}(k, m) \,.$

und die Gleichung $4x_1x_3 - 4x_2(x_2-1) = (x_1+x_3)^2 + (\mathrm{i}x_1 - \mathrm{i}x_3)^2 + (2\mathrm{i}x_2-\mathrm{i})^2 + 1$ zeigt, dass es sich bei dieser Nullstellenmenge bis auf eine affine Transformation um die Quadrik Q_2 handelt.

Entfernt man aus $S^2 \times S^2$ nicht nur die Diagonale Δ, sondern auch noch die Antidiagonale $\Delta' := \{(x, -x) \mid x \in S^2\}$, so erhält man einen Raum, dessen Fundamentalgruppe in kanonischer Weise zu der von $\mathrm{SO}_3(\mathbb{R})$ isomorph, also gleich $\mathbf{Z}_2$ ist, vgl. Beispiel 7.D.4.)

2. (Z ö p f e · Z o p f g r u p p e n) Seien X ein topologischer Raum, $n \in \mathbb{N}^*$ und $|X| \geq n$. Δ_n sei wie in 2.A, Aufg. 20 die Menge der $(x_1, \ldots, x_n) \in X^n$, deren Komponenten nicht paarweise verschieden sind. Wir betrachten die natürliche Operation der Permutationsgruppe $\mathfrak{S}_n$ auf X^n mit

$$\sigma(x_1, \ldots, x_n) := (x_{\sigma^{-1}1}, \ldots, x_{\sigma^{-1}n})$$

und die dadurch induzierte Operation auf $X^{(n)} := X^n - \Delta_n$. Sei X hausdorffsch. Dann operiert $\mathfrak{S}_n$ auf $X^{(n)}$ diskret im Sinne von Beispiel 7.C.9 (4). Die Abbildung

$$p_n : X^{(n)} \to X^{(n)} \backslash \mathfrak{S}_n$$

ist somit eine $n!$-blättrige Überlagerung des Raumes $X^{(n)} \backslash \mathfrak{S}_n$, den wir als den Raum der n-elementigen Teilmengen von X interpretieren. Sei $a = (a_1, \ldots, a_n) \in X^{(n)}$ und $\overline{a} = \{a_1, \ldots, a_n\}$ der zugehörige Punkt in $X^{(n)} \backslash \mathfrak{S}_n$. Die geschlossenen Wege in $X^{(n)} \backslash \mathfrak{S}_n$ mit Anfangs- und Endpunkt $\overline{a}$ entsprechen nach dem Wegeliftungssatz 7.C.12 genau den Wegen in $X^{(n)}$ mit Anfangspunkt a und einem Endpunkt in $p_n^{-1}(\overline{a})$. Ein solcher Weg heißt ein n-a d r i g e r Z o p f. Er ist aufzufassen als ein n-Tupel $(\gamma_1, \ldots, \gamma_n)$ von Wegen γ_ν in X, den so genannten A d e r n, mit $\gamma_\nu(0) = a_\nu$ derart, dass für jedes $t \in [0, 1]$ die Punkte $\gamma_\nu(t)$, $\nu = 1, \ldots, n$, paarweise verschieden sind und $\{\gamma_1(1), \ldots, \gamma_n(1)\} = \{a_1, \ldots, a_n\}$ ist.

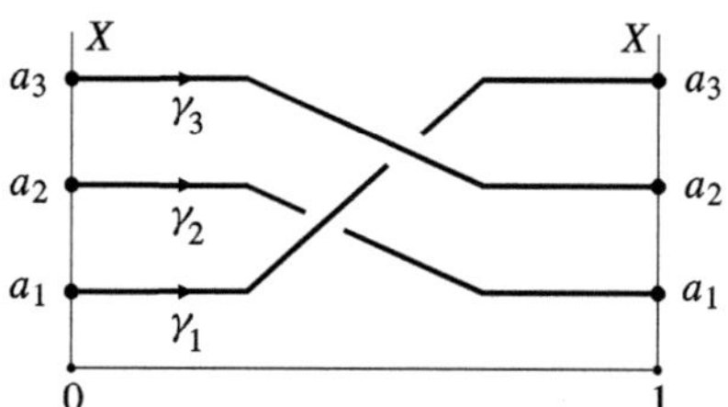

Ein konstanter Zopf (und häufig auch jeder dazu homotope Zopf) heißt ein t r i v i a l e r Z o p f. Die Gruppe

$$\mathrm{B}_n\big(X ; \{a_1, \ldots, a_n\}\big) := \pi\big(X^{(n)} \backslash \mathfrak{S}_n ; \{a_1, \ldots, a_n\}\big)$$

heißt die Z o p f g r u p p e [13]) von X in $\{a_1, \ldots, a_n\}$. Natürlich ist $\mathrm{B}_1\big(X ; \{a\}\big) = \pi(X ; a)$. Bei $X = \mathbb{R}^2 = \mathbb{C}$ spricht man von den Z o p f g r u p p e n B_n schlechthin, bei $X = S^2 \cong \mathbb{P}^1 = \mathbb{P}^1(\mathbb{C})$ auch von den s p h ä r i s c h e n Z o p f g r u p p e n. Die offene Inklusion $\mathbb{C}^{(n)} \subseteq (\mathbb{P}^1)^{(n)}$ induziert einen surjektiven Homomorphismus $B_n \to \mathrm{B}_n(\mathbb{P}^1)$, da das abgeschlossene Komplement die (reelle) Kodimension 2 hat, vgl. Bd. 4, Satz 4.B.2 (1) und die sich daran anschließenden Bemerkungen. *Die sphärischen Zopfgruppen sind also Restklassengruppen der gewöhnlichen Zopfgruppen.*

Die Projektion p_n induziert eine Einbettung der Gruppe $\pi(X^{(n)} ; a)$ in $\mathrm{B}_n(X ; \overline{a})$, bzgl. der wir sie als Untergruppe auffassen, vgl. 7.C.15. Die Gruppe $\pi(X^{(n)} ; a)$ ist als Kern des bereits in der Vorbemerkung zu 7.C.26 beschriebenen Homomorphismus

$$\mathrm{B}_n\big(X ; \{a_1, \ldots, a_n\}\big) \to \mathfrak{S}_n ,$$

---

[13]) Das „B" in $\mathrm{B}_n\big(X ; \{a_1, \ldots, a_n\}\big)$ steht für braid = Zopf.

der jedem Zopf $(\gamma_1, \ldots, \gamma_n)$ die Permutation $\sigma \in \mathfrak{S}_n$ mit $\big(\gamma_1(1), \ldots, \gamma_n(1)\big) = (a_{\sigma^{-1}1}, \ldots, a_{\sigma^{-1}n})$ zuordnet, vgl. auch 7.C, Aufg. 15, ein Normalteiler in der Zopfgruppe. Ein Zopf, der ein Element in diesem Kern $\pi(X^{(n)}; a)$ repräsentiert, heißt **g e f ä r b t**. Ist $X^{(n)}$ wegzusammenhängend, so ist der Homomorphismus surjektiv und die Faktorgruppe $B_n(X; \overline{a})/\pi(X^{(n)}; a)$ isomorph zu $\mathfrak{S}_n$, vgl. 7.C.26. Ist $X^{(n)}$ sogar einfach zusammenhängend, so ist $B_n(X) \cong \mathfrak{S}_n$.

a) Sei $\Phi_n : \mathbb{C}^n \to \mathbb{C}^n$ die Abbildung, die einem n-Tupel $(\lambda_1, \ldots, \lambda_n) \in \mathbb{C}^n$ das Koeffiziententupel $(c_1, \ldots, c_n)$ des Polynoms $(X-\lambda_1)\cdots(X-\lambda_n) = X^n + c_1 X^{n-1} + \cdots + c_n$ zuordnet. Es ist also

$$c_\nu = (-1)^\nu S_\nu(\lambda_1, \ldots, \lambda_n),$$

$\nu = 1, \ldots, n$, mit den elementarsymmetrischen Funktionen S_ν, vgl. Bd. 1, Beispiel 13.C.11 und im vorliegenden Band 6.B, Aufg. 2a). Φ_n induziert ein kommutatives Diagramm

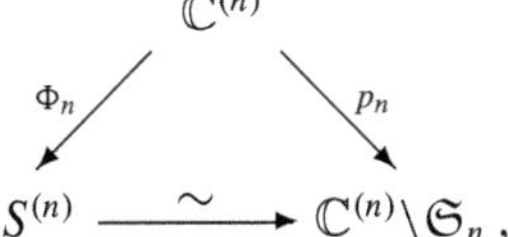

wobei $\mathbb{C}^{(n)} = \mathbb{C}^n - \Delta_n$ ist, $S^{(n)}$ die Menge der Koeffiziententupel normierter komplexer Polynome vom Grad n ohne mehrfache Nullstellen bezeichnet und die Abbildung $S^{(n)} \to \mathbb{C}^{(n)}\backslash\mathfrak{S}_n$ ein Homöomorphismus ist. $S^{(n)}$ lässt sich als Teilmenge von $\mathbb{C}^n$ explizit angeben als die Menge der Polynome $F := X^n + c_1 X^{n-1} + \cdots + c_n = (X-\lambda_1)\cdots(X-\lambda_n)$, für die die so genannte **D i s k r i m i n a n t e**

$$\mathrm{Diskr}(F) := \mathrm{V}(\lambda_1, \ldots, \lambda_n)^2 = \prod_{1 \le i < j \le n} (\lambda_j - \lambda_i)^2 = (-1)^{\binom{n}{2}} F'(\lambda_1) \cdots F'(\lambda_n),$$

$F' = \partial F/\partial X = nX^{n-1} + (n-1)c_1 X^{n-2} + \cdots + c_{n-1}$, nicht verschwindet.[14] $S^{(n)}$ ist ein Gebiet in $\mathbb{C}^n$, und seine Fundamentalgruppe ist die Zopfgruppe $B_n = B_n(\mathbb{C})$. Sie enthält die Fundamentalgruppe $\pi(\mathbb{C}^{(n)})$, deren Elemente von den gefärbten Zöpfen repräsentiert werden, als Normalteiler mit Faktorgruppe $\mathfrak{S}_n$.

Bei $n = 2$ ist $\pi(\mathbb{C}^{(2)}) = \mathbb{Z}$ und $\pi(B_2) = \mathbb{Z}\tfrac{1}{2} \cong \mathbb{Z}$, wobei der folgende Zopf das erzeugende Element $\tfrac{1}{2}$ von B_2 repräsentiert.

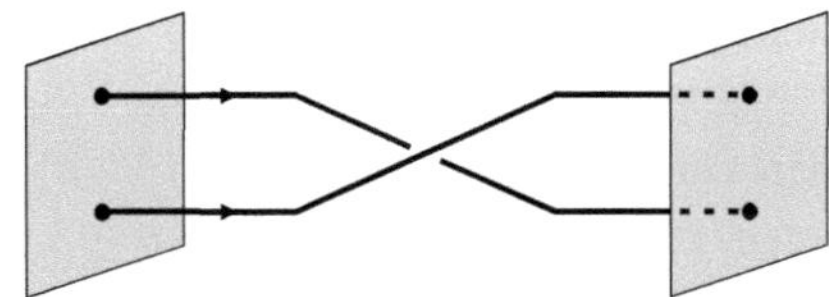

Die Elemente der Form $(2m+1)\tfrac{1}{2}$ entsprechen dabei den nicht gefärbten Zöpfen, die sich in der Überlagerung $\mathbb{C}^{(2)}$ von $S^{(2)}$ nicht schließen, sondern die Endpunkte vertauschen. Bei $n = 3$ ist $\pi(\mathbb{C}^{(3)}) = \pi(\mathbb{C}) \times \pi\big((\mathbb{C}^\times)^{(2)}\big) = \mathbb{Z} \times \mathbb{F}^2$ (vgl. Aufg. 1d)) ein Normalteiler vom Index 6 in der Zopfgruppe $B_3 = B_3(\mathbb{C})$. Generell erzeugen die weiter unten skizzierten Zöpfe $[\gamma_i]$, $i = 1, \ldots, n-1$, die Zopfgruppe B_n. Offenbar erfüllen sie (wie auch die zugehörigen Transpositionen $\tau_i = \langle i, i+1 \rangle \in \mathfrak{S}_n$, für die aber zusätzlich $\tau_i^2 = 1$ gilt) die so genannten **Z o p f r e l a t i o n e n**

---

[14] $\mathrm{Diskr}(F)$ ist ein Polynom in $c_1, \ldots, c_n$. Für $n=2$ bzw. $n=3$ erhält man
$(\lambda_2 - \lambda_1)^2 = (\lambda_1 + \lambda_2)^2 - 4\lambda_1\lambda_2 = c_1^2 - 4c_2$ bzw. $-4c_1^3 c_3 + c_1^2 c_2^2 + 18 c_1 c_2 c_3 - 4c_2^3 - 27 c_3^2$.
Mit der Begleitmatrix $\mathfrak{A}_F$ zum Polynom F ist allgemein $\mathrm{Diskr}(F) = (-1)^{\binom{n}{2}} \mathrm{Det}\, F'(\mathfrak{A}_F)$, vgl. Bd. 2, Beispiele 11.A.23 und 11.B.13. Man bestimme damit explizit $\mathrm{Diskr}(F)$ für $n=4$.

$$[\gamma_i][\gamma_{i+1}][\gamma_i] = [\gamma_{i+1}][\gamma_i][\gamma_{i+1}] , \quad i = 1, \ldots, n-2, \quad \text{und} \quad [\gamma_i][\gamma_j] = [\gamma_j][\gamma_i] , \ |i-j| > 1 .$$

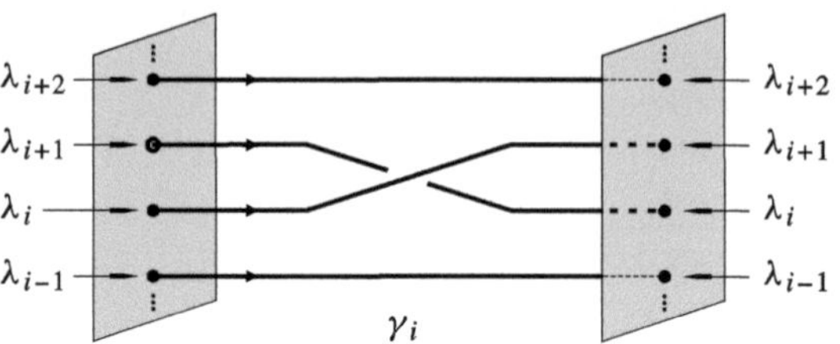

(Bemerkung. Das Bild der Abbildung $\lambda \mapsto \big(\Phi_n(\lambda), \lambda_1\big)$, $\lambda = (\lambda_1, \ldots, \lambda_n)$, von $\mathbb{C}^{(n)}$ in $S^{(n)} \times \mathbb{C}$ ist genau die Nullstellenmenge X' des allgemeinen Polynoms $f = z^n + y_1 z^{n-1} + \cdots + y_n$ über $S^{(n)} \subseteq \mathbb{C}^n$, die in der Schlussbemerkung zu 7.C, Aufg. 8b) betrachtet wurde. Wir haben also ein kommutatives Diagramm von Überlagerungen

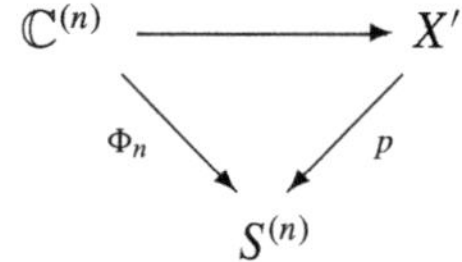

$\mathbb{C}^{(n)}$ identifiziert sich offenbar mit der Überlagerung $\mathrm{Sym}_p X'$ aus 7.C, Aufg. 17. Da $\mathbb{C}^{(n)}$ zusammenhängend ist, ergibt sich insbesondere, dass die Monodromiegruppe der Überlagerung $X' \to S^{(n)}$ gleich $\mathfrak{S}_n$ ist. *Das allgemeine Polynom ist also affektlos.* Dies ist der Hintergrund des bereits am Ende von Bd. 1, Beispiel 5.A.4 erwähnten S a t z e s   v o n   A b e l - R u f f i n i über die Nichtauflösbarkeit der Polynomgleichungen vom Grade ≥ 5. Für Einzelheiten verweisen wir auf die Lehrbücher der Algebra, etwa auf [55], Teil 2, §93. – Die durch die Zopfrelationen beschriebenen kombinatorischen Eigenschaften der Zopfgruppen B_n finden in jüngster Zeit vermehrtes Interesse bei der Konstruktion kryptografischer Systeme.)

b) Sei V ein $\mathbb{R}$-Vektorraum der endlichen Dimension ≥ 3. Dann ist $\pi(V^{(n)}) = 0$ und $\pi\big(\mathrm{B}_n(V)\big) \cong \mathfrak{S}_n$. (Generell ist für eine endliche Gruppe G, die wir als Untergruppe von $\mathfrak{S}_n$ realisiert haben, $\pi(V^{(n)} \backslash G) \cong G$. Es ist also ganz einfach, jede endliche Gruppe als Fundamentalgruppe zu realisieren. – Für jede zusammenhängende, mindestens 3-dimensionale differenzierbare Mannigfaltigkeit X gilt allgemeiner $\pi(X^{(n)}) = \pi(X^n) = \pi(X)^n$ und $\mathrm{B}_n(X)/\pi(X^{(n)}) \cong \mathfrak{S}_n$ sowie $\mathrm{B}_n(X) = \pi(X)^n \rtimes S^n$ (= Kranzprodukt, vgl. Bd. 2, 14.B.12). Vgl. Bd. 4, 4.B, Satz 4.B.2 (2).)

c) Für jedes $n \in \mathbb{N}^*$ und jeden Punkt $a \in (S^1)^{(n)}$ ist $\pi\big((S^1)^{(n)} ; a\big) \cong \mathbb{Z}$ und $\mathrm{B}_n(S^1 ; \overline{a}) \cong \mathbb{Z}\frac{1}{n}$. (Man beachte, dass $(S^1)^{(n)}$ nicht zusammenhängend ist für $n \geq 3$, vgl. 2.A, Aufg. 20c).) Man gebe einen erzeugenden Zopf für $\mathrm{B}_n(S^1 ; \overline{a})$ an.

3. Sei $n \in \mathbb{N}^*$. Für die projektiven linearen Gruppen, vgl. Bd. 2, Bemerkung 9.D.10, gilt:

a)
$$\mathrm{PGL}_n^+(\mathbb{R}) = \begin{cases} \mathrm{PGL}_n(\mathbb{R}) = \mathrm{SL}_n(\mathbb{R}) , & \text{falls } n \text{ ungerade,} \\ \mathrm{SL}_n(\mathbb{R})/(\pm\mathfrak{E}) , & \text{falls } n \text{ gerade.} \end{cases}$$

Für gerades n folgt (für ungerades n siehe 7.D.9 (1))
$$\pi(\mathrm{PGL}_n^+(\mathbb{R})) \cong \begin{cases} \frac{1}{2}\mathbb{Z} \cong \mathbb{Z} , & \text{falls } n = 2, \\ \mathbf{Z}_4 , & \text{falls } n \equiv 2 \ (4) \text{ und } n \neq 2, \\ \mathbf{Z}_2 \times \mathbf{Z}_2 , & \text{falls } n \equiv 0 \ (4). \end{cases}$$

b) Es ist $\mathrm{PGL}_n(\mathbb{C}) = \mathrm{SL}_n(\mathbb{C})/E_n\mathfrak{E}$, wobei $E_n = \{\zeta \in \mathbb{C}^\times \mid \zeta^n = 1\}$ die Gruppe der n-ten Einheitswurzeln ist. Es folgt $\pi\big(\mathrm{PGL}_n(\mathbb{C})\big) = E_n \cong \mathbf{Z}_n$, vgl. 7.D.9 und 7.C.27.

4. Für das (kompakte) Möbius-Band M, vgl. 2.B, Aufg. 21, gilt $\pi(M) \cong \mathbb{Z}$. (M lässt sich auf einen Kreis kontrahieren. – Auch für das offene Möbius-Band ist die Fundamentalgruppe $\mathbb{Z}$. Man gewinnt dieses offene Möbius-Band etwa als punktierte reelle projektive Ebene $\mathbb{P}^2(\mathbb{R}) - \{P_0\}$, $P_0 \in \mathbb{P}^2(\mathbb{R})$ beliebig, oder aus dem Zylinder $S^1 \times \mathbb{R}$ als $(S^1 \times \mathbb{R})\backslash\mathbb{Z}_2$. Dabei operiert das nichttriviale Element von $\mathbf{Z}_2$ auf $S^1 \times \mathbb{R}$ durch $(u, t) \mapsto (-u, -t)$.)

5. In analoger Weise wie in Aufg. 4 operiert die Gruppe $\mathbb{Z}_2$ auch diskret auf dem Torus $T = S^1 \times S^1$. Dabei operiert das nichttriviale Element von $\mathbf{Z}_2$ durch $(u, v) \mapsto (-u, v^{-1}) = (-u, \overline{v})$, wo $\overline{v}$ die konjugiert-komplexe Zahl zu v ist. Der Bahnenraum $T \backslash \mathbf{Z}_2$ ist homöomorph zur Kleinschen Flasche K, vgl. 2.B, Aufg. 21. Daraus ergibt sich folgende Beschreibung der Fundamentalgruppe $\pi(K)$ von K: $\pi(K)$ enthält die Gruppe $\pi(T) \cong \mathbb{Z}^2$ als Normalteiler vom Index 2 und wird erzeugt von den zwei Wegeklassen $[\gamma_1]$, $[\gamma_2]$, wobei $\gamma_1(t) := [(e^{i\pi t}, 1)] \in K$, $t \in [0, 1]$, und $\gamma_2(t) := [(1, e^{2\pi i t})] \in K$, $t \in [0, 1]$, ist. Es ist

$$[\gamma_1][\gamma_2][\gamma_1]^{-1}[\gamma_2] = 0$$

in $\pi(K)$. $\pi(K)$ ist nicht kommutativ. Jedes Element in $\pi(K)$ hat aber eine eindeutige Darstellung $[\gamma_1]^m[\gamma_2]^n$, $m, n \in \mathbb{Z}$. Die so genannte Homologiegruppe $\mathrm{H}_1(K) = \pi(K)/[\pi(K), \pi(K)]$, wobei $[\pi(K), \pi(K)]$ die Kommutatorgruppe von $\pi(K)$ ist, ist isomorph zu $\mathbb{Z} \times \mathbf{Z}_2$. Zum Begriff der Homologiegruppe verweisen wir auf den nächsten Abschnitt.

7.E Geschlossene und exakte 1-Formen

Wir kehren zu unserem Ausgangsproblem aus Abschnitt 7.B zurück, nämlich der Charakterisierung der exakten 1-Formen unter den geschlossenen (d.h. lokal exakten) stetigen 1-Formen auf einer offenen Menge G eines endlichdimensionalen $\mathbb{R}$-Vektorraums V mit Werten in einem $\mathbb{K}$-Vektorraum W.

Sei ω eine *geschlossene* stetige 1-Form auf G mit Werten in W. Definitionsgemäß gibt es zu jedem Punkt $x \in G$ eine Umgebung U auf der die Beschränkung $\omega|U$ eine Stammfunktion $F: U \to W$ besitzt. Mit diesen lokalen Stammfunktionen definieren wir die so genannte Integralüberlagerung $\pi_\omega: G_\omega \to G$. Es ist $G_\omega := G \times W$ als *Menge*. Die Graphen

$$\Gamma(U; F) := \left\{(x, F(x)) \mid x \in U\right\} \subseteq U \times W \subseteq G \times W = G_\omega,$$

$U \subseteq G$ offen, $F: U \to W$ Stammfunktion von $\omega|U$, bilden offensichtlich eine Basis für eine Topologie auf G_ω. Ist $U \subseteq G$ offen und F eine Stammfunktion auf U, so ist $(x, y) \mapsto (x, F(x) + y)$ ein Homöomorphismus des Produktraums $U \times W$, wobei U die von G induzierte und W die *diskrete* Topologie trägt, auf den Teilraum $U_{\omega|U} \subseteq G_\omega$. Daher ist die Projektion $(x, y) \mapsto x$ eine Überlagerung $\pi = \pi_\omega: G_\omega \to G$, die die Integralüberlagerung von G bzgl. ω heißt.

Sei $\gamma: [a, b] \to G$ ein stückweise stetig differenzierbarer Weg und $a = t_0 < \cdots < t_m = b$ eine Unterteilung des Intervalls $[a, b]$ derart, dass $\gamma_\nu = \gamma|[t_\nu, t_{\nu+1}]$ in einem Gebiet $U_\nu \subseteq G$ liegt, auf dem ω jeweils eine Stammfunktion F_ν besitzt, $\nu = 0, \ldots, m-1$. Wir können annehmen, dass $F_\nu(\gamma(t_{\nu+1})) = F_{\nu+1}(\gamma(t_{\nu+1}))$ ist, $\nu = 0, \ldots, m-1$. Dann ist

$$\int_\gamma \omega = \sum_{\nu=0}^{m-1} \int_{\gamma_\nu} \omega = \sum_{\nu=0}^{m-1} \big(F_\nu(\gamma(t_{\nu+1})) - F_\nu(\gamma(t_\nu))\big)$$

$$= F_{m-1}(\gamma(b)) - F_0(\gamma(a)) = \widetilde{\gamma}(b) - \widetilde{\gamma}(a)\,,$$

wobei $t \mapsto \big(\gamma(t), \widetilde{\gamma}(t)\big)$ die Liftung $(\gamma, \widetilde{\gamma}) : [a, b] \to G_\omega$ von γ bzgl. π_ω mit $\widetilde{\gamma}(t) :=$ $F_\nu\big(\gamma(t)\big)$ für $t \in [t_\nu, t_{\nu+1}]$ ist, $\nu = 0, \ldots, m-1$. *Die Kurvenintegrale $\int_\gamma \omega$ berechnen sich also mit Hilfe der Liftungen von γ bzgl. π_ω und sind für beliebige (stetige) Wege $\gamma : [a, b] \to G$ definiert:* Es ist

$$\int_\gamma \omega := \widetilde{\gamma}(b) - \widetilde{\gamma}(a)\,,$$

wobei $(\gamma, \widetilde{\gamma}) : [a, b] \to G_\omega$ eine (beliebige) Liftung von γ bzgl. π_ω ist, und insbesondere $\int_\gamma \omega = F\big(\gamma(b)\big) - F\big(\gamma(a)\big)$, wenn $F : G \to W$ eine Stammfunktion von ω ist.

Der Homotopieliftungssatz 7.C.12 bzw. 7.C.13 ergibt folgenden fundamentalen Satz:

7.E.1 Monodromiesatz *Sei ω eine stetige geschlossene W-wertige 1-Form auf der offenen Menge $G \subseteq V$. Sind $\gamma_1, \gamma_2 : [a, b] \to G$ homotope Wege in G, so ist*

$$\int_{\gamma_1} \omega = \int_{\gamma_2} \omega\,.$$

B e w e i s . Liftungen $(\gamma_1, \widetilde{\gamma}_1)$ und $(\gamma_2, \widetilde{\gamma}_2)$ von γ_1 und γ_2 bzgl. $\pi_\omega : G_\omega \to G$ mit $\widetilde{\gamma}_1(a) = \widetilde{\gamma}_2(a)$ sind nach 7.C.12 homotop. Dann gilt insbesondere $\widetilde{\gamma}_1(b) = \widetilde{\gamma}_2(b)$, und das ist die Behauptung.   •

Wir bemerken, dass man den Monodromiesatz 7.E.1 leicht direkt beweist, wenn man – wie weit bis ins 19. Jh. hinein üblich – bei den Differenzierbarkeitsvoraussetzungen nicht so streng ist,[1]) exemplarisch etwa die folgende sich an Satz 7.B.12 anschließende Version: *ω sei eine stetig differenzierbare und symmetrische W-wertige 1-Form auf $G \subseteq V$, und $H : [0, 1]^2 \to G$ sei eine C^2-Homotopie für $\gamma_0 = H(0; -)$ und $\gamma_1 = H(1; -)$. Dann ist $\int_{\gamma_0} \omega = \int_{\gamma_1} \omega$.* Es genügt zu zeigen, dass die Ableitung der Funktion $F : s \mapsto \int_{\gamma_s} \omega$, $s \in [0, 1]$, verschwindet, wobei γ_s der Weg $H(s; -)$ ist. Es ist aber (mit der Differenzierbarkeit des Integrals nach Bd. 1, 16.B.17)

$$\frac{dF}{ds} = \int_0^1 \frac{d}{ds}\omega\Big(H(s; t); \frac{\partial H}{\partial t}(s; t)\Big)\, dt = \int_0^1 \Big(\mathrm{D}\omega\Big(H; \frac{\partial H}{\partial s}, \frac{\partial H}{\partial t}\Big) + \omega\Big(H; \frac{\partial^2 H}{\partial s\, \partial t}\Big)\Big)\, dt$$

$$= \int_0^1 \mathrm{D}\omega\Big(H; \frac{\partial H}{\partial t}, \frac{\partial H}{\partial s}\Big)\, dt + \int_0^1 \omega\Big(H; \frac{\partial^2 H}{\partial s\, \partial t}\Big)\, dt$$

$$= \omega\Big(H; \frac{\partial H}{\partial s}\Big)\Big|_{t=0}^{t=1} - \int_0^1 \omega\Big(H; \frac{\partial^2 H}{\partial t\, \partial s}\Big)\, dt + \int_0^1 \omega\Big(H; \frac{\partial^2 H}{\partial s\, \partial t}\Big)\, dt = 0$$

---

[1]) Manche Probleme der Mathematik ergeben sich also erst aus dem modernen Rigorismus.

wegen $\frac{\partial H}{\partial s}(s;0) = \frac{\partial H}{\partial s}(s;1) \equiv 0$ und $\partial^2 H/\partial t\,\partial s = \partial^2 H/\partial s\,\partial t$. – Der Leser wird diese Schlussweise in der Variationsrechnung in Abschnitt 10.A wiederfinden. Man beachte. dass sich in dem Beweis die Voraussetzungen über H abschwächen lassen. Mit ein wenig Mühe führt man den Fall, dass die Homotopie H stetig ist und die Wege γ_0 und γ_1 stetig differenzierbar sind, auf den vorliegenden Fall zurück.

Da in einem einfach zusammenhängenden Gebiet zwei Wege mit gleichen Anfangs- und gleichen Endpunkten stets homotop sind, ergibt sich als Korollar zu 7.E.1:

7.E.2 Satz *Auf einem einfach zusammenhängenden Gebiet $G \subseteq V$ ist jede stetige geschlossene Form ω exakt, d.h. das Kurvenintegral $\int_\gamma \omega$ für einen Weg $\gamma : [a, b] \to G$ hängt nur vom Anfangspunkt $\gamma(a)$ und Endpunkt $\gamma(b)$ von γ ab; ist $x_0 \in G$ beliebig, so ist die Abbildung*

$$F(x) = \int_{x_0}^{x} \omega, \qquad x \in G,$$

wobei $\int_{x_0}^{x} \omega$ das Integral $\int_\gamma \omega$ längs eines beliebigen x_0 und x in G verbindenden Weges γ ist, wohl definiert und eine Stammfunktion von ω.

Da jeder Punkt einer offenen Menge $G \subseteq V$ einfach zusammenhängende offene Umgebungen besitzt, erhält man ferner:

7.E.3 Korollar *Eine stetige W-wertige 1-Form ω auf einer offenen Menge $G \subseteq V$ ist genau dann geschlossen, wenn für jeden stückweise stetig differenzierbaren geschlossenen und nullhomotopen Weg $\gamma : [a, b] \to G$ das Integral $\int_\gamma \omega$ verschwindet.*

Sei G ein beliebiges Gebiet in V und ω eine geschlossene stetige 1-Form auf G mit Werten in W. Ferner sei $a \in G$ ein fester Punkt. Auf Grund des Monodromiesatzes 7.E.1 ist die Abbildung

$$\pi(G\,;a) \to W, \qquad [\gamma] \mapsto \int_\gamma \omega,$$

wohl definiert und wegen $\int_{\gamma_1\gamma_2}\omega = \int_{\gamma_1}\omega + \int_{\gamma_2}\omega$ für zwei Wege γ_1 und γ_2 mit dem Summenweg $\gamma_1\gamma_2$ sogar ein Gruppenhomomorphismus. *Dieser ist unabhängig von der Wahl des Punktes $a \in G$.* Ist nämlich $b \in G$ ein weiterer Punkt und γ_{ab} ein Weg in G, der a und b verbindet, so ist $[\gamma] \mapsto [\overleftarrow{\gamma}_{ab}\gamma\gamma_{ab}]$ ein Gruppenisomorphismus von $\pi(G\,;a)$ auf $\pi(G\,;b)$ und

$$\int_{\overleftarrow{\gamma}_{ab}\gamma\gamma_{ab}} \omega = \int_\gamma \omega.$$

Den obigen Homomorphismus $\pi(G\,;a) \to W$ bezeichnen wir daher einfach mit $\pi(G) \to W$. Nun ist aber W eine kommutative Gruppe. Somit induziert $\pi(G) \to W$ einen Gruppenhomomorphismus

$$h_\omega : \pi(G)/[\pi(G), \pi(G)] \to W,$$

wobei $[\pi(G), \pi(G)]$ die von den Kommutatoren

$$[[\gamma_1], [\gamma_2]] = [\gamma_1][\gamma_2][\gamma_1]^{-1}[\gamma_2]^{-1} = [\gamma_1\gamma_2\overleftarrow{\gamma}_1\overleftarrow{\gamma}_2],$$

$[\gamma_1], [\gamma_2] \in \pi(G) = \pi(G;a)$ erzeugte Kommutatorgruppe von $\pi(G)$ ist, vgl. Bd. 2, Beispiel 6.A.13. *Insbesondere hängt das Integral $\int_\gamma \omega$ für einen geschlossenen Weg γ in G und eine stetige geschlossene 1-Form ω auf G nur von ω und der Restklasse von $[\gamma]$ in $\pi(G)/[\pi(G), \pi(G)]$ ab.*

7.E.4 Definition (1) Sei X ein wegzusammenhängender topologischer Raum. Die abelsche Gruppe

$$H(X) := H_1(X) := \pi(X)/[\pi(X), \pi(X)]$$

heißt die (e r s t e) H o m o l o g i e - G r u p p e von X.

(2) Seien $G \subseteq V$ ein Gebiet und ω eine W-wertige stetige geschlossene 1-Form auf G. Der Gruppenhomomorphismus

$$h_\omega : H_1(G) \to W \qquad \text{mit} \qquad [\gamma] \mapsto \int_\gamma \omega$$

heißt die P e r i o d e n a b b i l d u n g zu ω.

Man nennt generell das Integral $\int_\gamma \omega$ über einen geschlossenen Weg γ die P e r i o d e von ω längs γ.[2]) Die folgende Aussage ist eine Umformulierung von Satz 7.B.7:

7.E.5 Satz *Eine stetige geschlossene 1-Form ω auf G ist genau dann exakt, wenn die Periodenabbildung $h_\omega : H_1(G) \to W$ zu ω die Nullabbildung ist.*

7.E.6 Beispiel Sei ω eine geschlossene stetige 1-Form auf der in einem Punkt $z_0 \in \mathbb{R}^2 = \mathbb{C}$ gelochten Ebene $\mathbb{C} - \{z_0\}$ oder allgemeiner auf $B(z_0; r, R) := B(z_0; R) - \overline{B}(z_0; r)$, $0 \le r < R \le \infty$, einem Kreisring mit dem Mittelpunkt z_0 und den Radien r bzw. R. Jeder geschlossene Weg γ_0 in $B(z_0; r, R)$ mit der Windungszahl $W(\gamma_0; z_0) = 1$, z.B. ein Kreis $\gamma_{z_0, r_0} : t \mapsto z_0 + r_0 \exp(2\pi it)$, $t \in [0, 1]$, mit $r < r_0 < R$, erzeugt nach 7.C.28 die Gruppe $\pi\big(B(z_0; r, R)\big) = H_1\big(B(z_0; r, R)\big) \cong \mathbb{Z}$. Die Periodenabbildung h_ω zu ω ist also durch die eine Periode $\int_{\gamma_{z_0, r_0}} \omega$ eindeutig bestimmt und insbesondere genau dann trivial, wenn diese verschwindet.

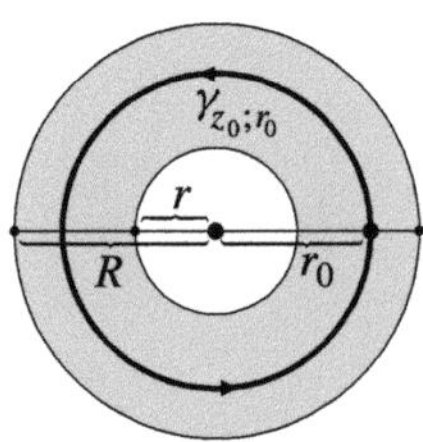

---

[2]) Man schreibt gern $\oint_\gamma \omega$ für das Integral über einen *geschlossenen* Weg γ.

Man nennt

$$\mathrm{Res}(\omega\,;z_0) := \frac{1}{2\pi\mathrm{i}}\int\limits_{\gamma_{z_0,r_0}}\omega$$

das R e s i d u u m v o n ω i n z_0. Der Normierungsfaktor $1/2\pi\mathrm{i}$ ist so gewählt, dass das Fundamentalbeispiel einer geschlossenen aber nicht exakten Differenzialform, nämlich dz/z auf $\mathbb{C}^\times$, vgl. Beispiel 7.B.13, das Residuum 1 erhält:

$$\mathrm{Res}\left(\frac{dz}{z}\,;0\right) = 1\,.$$

Es folgt: *Ist ω eine stetige geschlossene 1-Form und γ ein beliebiger geschlossener Weg in* $\mathrm{B}(z_0\,;r,R)$, *so ist*

$$\int\limits_{\gamma}\omega = 2\pi\mathrm{i}\,\mathrm{W}(\gamma\,;z_0)\,\mathrm{Res}\,(\omega\,;z_0)\,.$$

Genau dann ist ω exakt, wenn $\mathrm{Res}\,(\omega\,;z_0) = 0$ *ist.* Im übernächsten Abschnitt werden wir dieses Beispiel umfassend verallgemeinern, vgl. 7.G.9 und 7.G.10.

Wir betrachten nun die Periodenabbildung h_ω in Abhängigkeit von ω. Für zwei stetige geschlossene 1-Formen $\omega_1 + \omega_2$ ist

$$h_{\omega_1+\omega_2} = h_{\omega_1} + h_{\omega_2}\,.$$

Daher ist $\omega \mapsto h_\omega$ ein Gruppenhomomorphismus der Gruppe $\mathrm{Z}_0^1(G\,;W)$ der geschlossenen stetigen 1-Formen auf G mit Werten in W in die Gruppe

$$\mathrm{H}^1(G\,;W) := \mathrm{Hom}\left(\mathrm{H}_1(G),W\right)$$

der Homomorphismen von $\mathrm{H}_1(G)$ in W. Den Kern bilden die 1-Formen ω, für die die Periodenabbildung h_ω trivial ist, d.h. nach 7.E.5 die exakten 1-Formen. Wir bezeichnen ihn mit $\mathrm{B}_0^1(G\,;W)$. *Somit induziert $\omega \mapsto h_\omega$ einen injektiven Homomorphismus*

$$\mathrm{Z}_0^1(G\,;W)/\mathrm{B}_0^1(G\,;W) \to \mathrm{H}^1(G\,;W)\,.$$

Sei $W \neq 0$. Dann ist $\mathrm{H}^1(G\,;W) = \mathrm{Hom}\left(\mathrm{H}_1(G),W\right)$ genau dann gleich 0, wenn $\mathrm{H}_1(G)$ eine Torsionsgruppe ist, d.h. wenn jedes Element in $\mathrm{H}_1(G)$ eine positive Ordnung hat, vgl. Aufg. 1. Es folgt: *Ist $\mathrm{H}_1(G)$ eine Torsionsgruppe, so ist jede geschlossene stetige 1-Form ω auf G exakt.* Diese Aussage verschärft 7.E.2. Von ihr gilt auch die Umkehrung, vgl. die folgende Bemerkung.

7.E.7 Bemerkung (de R h a m - K o h o m o l o g i e · D e r S a t z v o n d e R h a m) Der Satz von de Rham besagt, dass der obige Homomorphismus $\mathrm{Z}_0^1(G\,;W)/\mathrm{B}_0^1(G\,;W) \to \mathrm{H}^1(G\,;W)$ nicht nur injektiv, sondern auch surjektiv, d.h. ein Isomorphismus ist. Es gilt sogar: *Jeder Homomorphismus $\mathrm{H}_1(G) \to W$ lässt sich als Periodenabbildung h_ω einer geschlossenen C^∞-1-Form ω auf G realisieren.* Dies ist ein Spezialfall einer sehr viel allgemeineren Aussage. Wir verweisen dazu auf die Sätze 9.D.5 und 12.B.8 in Bd. 4. Man bezeichnet den Raum der geschlossenen C^∞-1-Formen auf G mit Werten in W mit $\mathrm{Z}_\infty^1(G\,;W) = \mathrm{Z}^1(G\,;W)$ und den Unterraum der exakten C^∞-Formen darin mit $\mathrm{B}_\infty^1(G\,;W) = \mathrm{B}^1(G\,;W)$. Der Faktorraum

$$\mathrm{H}_{\mathrm{dR}}^1(G\,;W) := \mathrm{Z}^1(G\,;W)/\mathrm{B}^1(G\,;W)$$

heißt die (e r s t e) d e R h a m - K o h o m o l o g i e von G mit Werten in W. Der erwähnte S a t z v o n d e R h a m lautet dann: *Der kanonische Homomorphismus*

$$H^1_{dR}(G\,;\,W) \to H^1(G\,;\,W)$$

mit $[\omega] \mapsto h_\omega$ *ist ein Isomorphismus.* Wir haben hier aber nur die Injektivität bewiesen.

Es folgt aus dem Satz von de Rham: *Genau dann ist jede geschlossene stetige 1-Form auf G mit Werten im endlichdimensionalen Vektorraum $W \neq 0$ exakt, wenn die erste Homologiegruppe $H_1(G)$ von G eine Torsionsgruppe ist.*

Die Homologiegruppe $H_1(G) = \pi(G)/[\pi(G), \pi(G)]$ besitzt eine Darstellung, die für viele Überlegungen bequemer ist und die wir noch kurz beschreiben wollen. Sei X zunächst ein beliebiger topologischer Raum. Wir wählen das Einheitsintervall $[0, 1]$ mit den Randpunkten $P_0 := 0$ und $P_1 := 1$ als Standardsimplex $\Delta^{(1)}$ der Dimension 1 und wie bisher das Dreieck mit den Ecken $P_0 := (1, 0, 0)$, $P_1 := (0, 1, 0)$ und $P_2 := (0, 0, 1)$ im $\mathbb{R}^3$ als Standardsimplex $\Delta^{(2)} = (P_0, P_1, P_2)$ der Dimension 2. Für das Standardsimplex $\Delta^{(0)}$ der Dimension 0 wählen wir einen festen Punkt P_0. Sei $\Delta_q(X)$ die Menge aller stetigen Abbildungen von $\Delta^{(q)}$ in X, $q = 0, 1, 2$. $\Delta_0(X)$ identifizieren wir mit X, $\Delta_1(X)$ ist die Menge der Wege $\gamma : [0, 1] \to X$. Ist $\sigma : \Delta \to X$ eine stetige Abbildung eines beliebigen affinen Simplexes Δ der Dimension ≤ 2 in den Raum X, wobei für Δ stets auch eine Reihenfolge der Ecken mitgegeben sei, so identifizieren wir Δ mit einem der Standardsimplexe mittels einer affinen Abbildung und folglich σ mit einer stetigen Abbildung dieses Standardsimplexes in X.

Mit $S_q(X)$ bezeichnen wir die direkte Summe $\mathbb{Z}^{(\Delta_q(X))}$, $q = 0, 1, 2$. Jedes Element in $S_q(X)$ ist eine Linearkombination $\sum_{\sigma \in \Delta_q(X)} a_\sigma e_\sigma$ mit $a_\sigma \in \mathbb{Z}$, wobei fast alle a_σ verschwinden. Zur Vereinfachung schreiben wir für e_σ kurz σ und erhalten die Darstellung

$$\sum_{\sigma \in \Delta_q(X)} a_\sigma \sigma \,.$$

$S_q(X)$ heißt die G r u p p e d e r (s i n g u l ä r e n) q - K e t t e n in X. $\Delta^{(1)}$ hat die beiden 0-dimensionalen Randsimplexe P_0 und P_1 und $\Delta^{(2)}$ die drei 1-dimensionalen Randsimplexe (P_1, P_2), (P_0, P_2), (P_0, P_1). Für $\sigma_1 \in \Delta_1(X)$ ist daher

$$\partial\sigma_1 = \partial_1\sigma_1 := \sigma_1(P_1) - \sigma_1(P_0) \in S_0(X)$$

und für $\sigma_2 \in \Delta_2(X)$

$$\partial\sigma_2 = \partial_2\sigma_2 := \sigma_2|(P_1, P_2) - \sigma_2|(P_0, P_2) + \sigma_2|(P_0, P_1) \in S_1(X)$$

wohl definiert. Die Abbildungen ∂_1 und ∂_2 setzen sich eindeutig zu Gruppenhomomorphismen

$$\partial_q : S_q(X) \to S_{q-1}(X)\,,$$

$q = 1, 2$, fort und definieren wegen

$$\partial_1\partial_2\sigma_2 = \sigma_2(P_2) - \sigma_2(P_1) - \sigma_2(P_2) + \sigma_2(P_0) + \sigma_2(P_1) - \sigma_2(P_0) = 0$$

einen Komplex

$$S_2(X) \xrightarrow{\partial_2} S_1(X) \xrightarrow{\partial_1} S_0(X) \longrightarrow 0\,,$$

vgl. Bd. 2, Abschnitt 6.C.

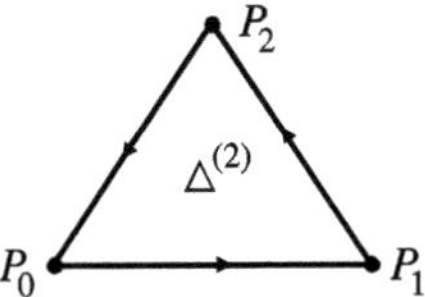

Die Gruppe $Z_1(X) :=$ Kern ∂_1 heißt die **Gruppe der (singulären) 1-Zyklen** in X und $B_1(X) :=$ Bild $\partial_2 \subseteq$ Kern $\partial_1 = Z_1(X)$ die **Gruppe der (singulären) 1-Ränder** in X. Die Faktorgruppe

$$H_1(X) := Z_1(X)/B_1(X)$$

heißt die **(erste) Homologiegruppe von** X. Wir werden gleich sehen, dass sie für wegzusammenhängende Räume X zu der oben definierten Homologiegruppe $\pi(X)/[\pi(X), \pi(X)]$ kanonisch isomorph ist.

Wir nennen zwei 1-Ketten $\gamma_0, \gamma_1 \in S_1(X)$ **homolog**, wenn sie kongruent modulo $B_1(X)$ sind, d.h. wenn $\gamma_1 - \gamma_0 \in B_1(X)$ ist, und schreiben dafür

$$\gamma_0 \sim \gamma_1 .$$

Zwei 1-Zyklen $\gamma_0, \gamma_1 \in Z_1(X)$ sind also genau dann homolog, wenn sie dieselbe Homologieklasse $[\gamma_0] = [\gamma_1]$ in $H_1(X)$ definieren. Ist $\gamma \in B_1(X)$, d.h. ist $\gamma \sim 0$, so heißt γ **0-homolog**.

7.E.8 Lemma *Sind γ_0 und γ_1 homotope Wege in X, so sind γ_0 und γ_1 auch homolog in X: Aus $\gamma_0 \approx \gamma_1$ folgt also $\gamma_0 \sim \gamma_1$.*

B e w e i s . Sei $H : [0, 1] \times [0, 1] \to X$ eine Homotopie mit $\gamma_0 = H(0; -)$ und $\gamma_1 = H(1; -)$. Wir zerlegen das Einheitsquadrat $[0, 1] \times [0, 1]$ in das affine Dreiecke $\triangle_0$ mit den Ecken $(0, 0), (0, 1), (1, 1)$ und das affine Dreiecke $\triangle_1$ mit den Ecken $(0, 0), (1, 0), (1, 1)$.

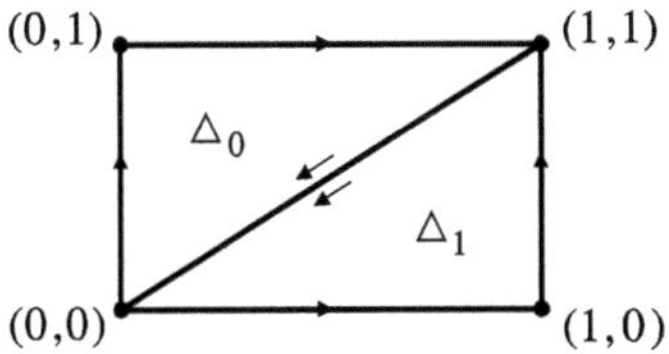

Dann ist (mit den Beschränkungen H_0, H_1 von H auf $\triangle_0$ bzw. $\triangle_1$ und η von H auf die Diagonale von $(0, 0)$ nach $(1, 1)$)

$$\partial H_0 = \omega - \eta + \gamma_0 , \quad \partial H_1 = \gamma_1 - \eta + \alpha ,$$

wobei ω der konstante Weg $t \mapsto \gamma_0(1) = \gamma_1(1)$ und α der konstante Weg $t \mapsto \gamma_0(0) = \gamma_1(0)$ ist. Es folgt $\partial(H_1 - H_0) = (\gamma_1 - \gamma_0) + \alpha - \omega$. Zum Beweis von 7.E.8 genügt es nun zu zeigen, dass konstante Wege 0-homolog sind. Ein konstanter Weg γ ist aber der Rand der konstanten Abbildung $\triangle^{(2)} \to X$, die denselben Wert wie γ hat. ●

Aus 7.E.8 folgt: *Nullhomotope (geschlossene) Wege sind nullhomolog.* Ferner ergibt sich, dass der Summenweg $\gamma_1\gamma_2$ zweier Wege γ_1 und γ_2 (wobei der Endpunkt von γ_1 gleich dem Anfangspunkt von γ_2 ist) homolog zur Summe $\gamma_1 + \gamma_2$ ist.

Sei nun X wegzusammenhängend und $a \in X$ ein fester Punkt. Aus Lemma 7.E.8 und dem gerade Gesagten folgt, dass durch $[\gamma] \mapsto [\gamma]$ ein Gruppenhomomorphismus

$$\pi(X\,;a) \to H_1(X)$$

wohl definiert ist. Da $H_1(X)$ abelsch ist, verschwindet dieser auf der Kommutatorgruppe $[\pi(X\,;a)\,,\pi(X\,;a)]$ und induziert somit einen kanonischen Homomorphismus

$$\pi(X\,;a)/[\pi(X\,;a)\,,\pi(X\,;a)] \to H_1(X)\,.$$

Wie bereits angekündigt, gilt:

7.E.9 Satz *Für einen wegzusammenhängenden topologischen Raum X und jeden Punkt $a \in X$ ist der kanonische Homomorphismus*

$$\varphi:\pi(X\,;a)/[\pi(X\,;a),\pi(X\,;a)] \to H_1(X)$$

ein Isomorphismus.

B e w e i s . Wir geben den Umkehrisomorphismus explizit an. H bezeichne die Gruppe $\pi(X\,;a)/[\pi(X\,;a)\,,\pi(X\,;a)]$. Für jeden Punkt $b \in X$ sei γ_b ein Weg von a nach b und für einen beliebigen Weg $\gamma:[0,1] \to X$ sei $\tilde{\gamma}$ der geschlossene Weg $\gamma_\alpha\gamma\overleftarrow{\gamma}_\omega$ mit $\alpha := \gamma(0)$ und $\omega := \gamma(1)$. Dann ist durch $\gamma \mapsto [\tilde{\gamma}]$ ein Gruppenhomomorphismus $S_1(X) \to H$ definiert. Dieser verschwindet auf $B_1(X)$. Ist nämlich $\gamma = \gamma_0 - \gamma_1 + \gamma_2 = \partial_2\sigma$ der Rand eines $\sigma : \Delta^{(2)} \to X$ mit $\sigma(P_0) = P, \sigma(P_1) = Q, \sigma(P_2) = R$, so sind

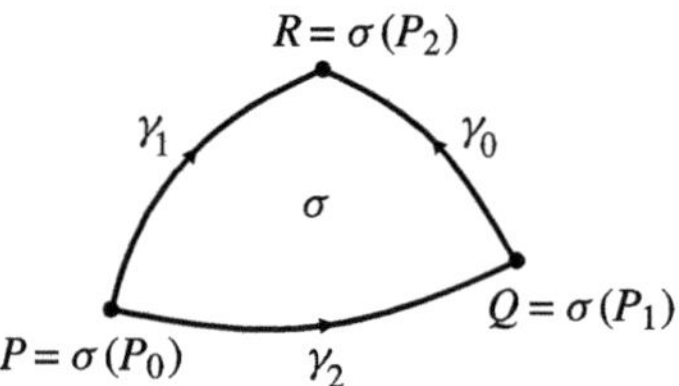

γ_1 und $\gamma_2\gamma_0$ homotop und dann auch $\tilde{\gamma}_1 = \gamma_P\gamma_1\overleftarrow{\gamma}_R$ und $\widetilde{\gamma_2\gamma_0} = \gamma_P\gamma_2\gamma_0\overleftarrow{\gamma}_R$. Also haben γ_1 und $\gamma_2\gamma_0 \in S_1(X)$ dasselbe Bild in H. Es bleibt zu zeigen, dass $\gamma_2\gamma_0$ und $\gamma_2 + \gamma_0$ dasselbe Bild haben. Dies folgt aber daraus, dass trivialerweise $\widetilde{\gamma_2\gamma_0}$ und $\tilde{\gamma}_2\tilde{\gamma}_0$ homotop sind. Somit induziert $S_1(X) \to H$ einen Homomorphismus $S_1(X)/B_1(X) \to H$ und insbesondere einen Homomorphismus ψ von $H_1(X) = Z_1(X)/B_1(X)$ in H. Wir zeigen, dass $\psi\varphi$ und $\varphi\psi$ jeweils die Identität sind. Sei $[\gamma] \in H$. Dann ist $\psi\varphi([\gamma]) = [\tilde{\gamma}] = [\gamma_a\gamma\overleftarrow{\gamma}_a] = [\gamma_a][\gamma][\gamma_a]^{-1} = [\gamma]$ in H. Sei umgekehrt $\gamma = \sum_{i=1}^{n} a_i\gamma_i \in Z_1(X)$ mit $a_i \in \mathbb{Z}$ und Wegen γ_i. In $S_1(X)/B_1(X)$ ist dann mit $\alpha_i := \gamma_i(0)\,,\ \omega_i := \gamma_i(1)$

$$\varphi\psi([\gamma]) = \varphi([\tilde{\gamma}_1]^{a_1}\cdots[\tilde{\gamma}_n]^{a_n}) = \sum_{i=1}^{n} a_i[\tilde{\gamma}_i]$$

$$= \sum_{i=1}^{n} a_i[\gamma_i] + \sum_{i=1}^{n} a_i[\gamma_{\alpha_i}] + \sum_{i=1}^{n} a_i[\overleftarrow{\gamma}_{\omega_i}] = [\gamma] + \sum_{i=1}^{n} a_i\big([\gamma_{\alpha_i}] - [\gamma_{\omega_i}]\big) = [\gamma]$$

wegen $[\bar{\gamma}] = -[\gamma]$ und $\sum_{i=1}^{n} a_i(\alpha_i - \omega_i) = -\partial\gamma = 0$. $\qquad\bullet$

In der Situation von 7.E.9 ist die Homologiegruppe $H_1(X)$ von X also genau dann gleich 0, wenn die Fundamentalgruppe $\pi(X) = \pi(X;a)$ von X mit ihrer Kommutatorgruppe übereinstimmt, d.h. perfekt ist. Die kleinste nicht-triviale perfekte Gruppe ist die alternierende Gruppe $\mathfrak{A}_5$, vgl. Bd. 2, 9.A.15. In Abschnitt 7.D, Aufg. 2b) ist ein Verfahren angegeben, wie man diese Gruppe (und jede andere endliche Gruppe) ganz leicht als Fundamentalgruppe realisieren kann.

Sei nun G wieder eine offene Menge im endlichdimensionalen $\mathbb{R}$-Vektorraum V und ω eine geschlossene stetige 1-Form auf G mit Werten in W. Dann wird durch $\gamma \mapsto \int_\gamma \omega$ für einen beliebigen Weg $\gamma : [0,1] \to G$ ein Homomorphismus

$$\mathrm{S}_1(G) \to W$$

definiert, der nach 7.E.1 auf $\mathrm{B}_1(G)$ verschwindet, da der Randweg eines Dreiecks nullhomotop ist. *Er induziert folglich einen Homomorphismus*

$$\int\omega : \mathrm{S}_1(G)/\mathrm{B}_1(G) \to W \,,$$

der auf $H_1(G)$ *mit der oben definierten Periodenabbildung* h_ω *übereinstimmt.* Dass diese auf ganz $\mathrm{S}_1(G)/\mathrm{B}_1(G)$ definiert ist und nicht nur auf der Untergruppe $H_1(G) = Z_1(G)/\mathrm{B}_1(G) \subseteq \mathrm{S}_1(G)/\mathrm{B}_1(G)$, ist für Rechnungen häufig sehr nützlich.

7.E.10 Bemerkung Für einen topologischen Raum X und jedes $q \in \mathbb{N}$ ist die (s i n g u l ä r e) H o m o l o g i e g r u p p e $H_q(X)$ definiert als die Homologiegruppe an der Stelle q des Komplexes

$$\cdots \longrightarrow \mathrm{S}_{q+1}(X) \xrightarrow{\partial_{q+1}} \mathrm{S}_q(X) \xrightarrow{\partial_q} \mathrm{S}_{q-1}(X) \longrightarrow \cdots \,,$$

wobei $\mathrm{S}_q(X) := \mathbb{Z}^{(\triangle_q(X))}$ die G r u p p e d e r (s i n g u l ä r e n) q-K e t t e n ist mit der Menge $\triangle_q(X)$ der stetigen Abbildungen $\sigma : \triangle^{(q)} \to X$ (Das Standard-q-Simplex im $\mathbb{R}^{q+1}$ mit den Ecken $P_i = e_i$, $i = 0,\ldots,q$ sei mit $\triangle^{(q)}$ bezeichnet.) als $\mathbb{Z}$-Basis, vgl. etwa [6], §9 oder Bd. 4, Abschnitt 12.B. Der Gruppenhomomorphismus ∂_q bildet ein $\sigma : \triangle^{(q)} \to X$ auf die Wechselsumme $\partial_q\sigma = \sum_{i=0}^{q}(-1)^i\sigma_i$ ab, wobei σ_i die Beschränkung von σ auf den Randsimplex von $\triangle^{(q)}$ mit den Ecken $P_0,\ldots,P_{i-1},P_{i+1},\ldots,P_q$ ist. Die Gruppe $H_0(X)$ ist der Kokern von $\partial_1 : \mathrm{S}_1(X) \to \mathrm{S}_0(X) = \mathbb{Z}^{(X)}$. Sei $\overline{X}$ die Menge der Wegzusammenhangskomponenten von X. *Die kanonische Abbildung* $X \to \overline{X}$*, die jedem Punkt* $x \in X$ *seine Wegzusammenhangskomponente zuordnet, induziert einen kanonischen Isomorphismus*

$$H_0(X) \xrightarrow{\sim} \mathbb{Z}^{(\overline{X})} \,.$$

(Beweis! Man gebe den Umkehrisomorphismus an. Vgl. auch Bd. 2, 6.D.1.)

Auch höhere Fundamentalgruppen sind für einen topologischen Raum X definiert. Es sind dies die so genannten H o m o t o p i e g r u p p e n $\pi_q(X;a)$, $q \in \mathbb{N}^*$, $a \in X$. Für $q = 1$ handelt es sich um die Fundamentalgruppe $\pi(X;a)$. In der Definition von $\pi_q(X;a)$ übernimmt die q-dimensionale Sphäre S^q die Rolle, die die Kreisperipherie S^1 bei der Definition von $\pi_1(X;a) = \pi(X;a)$ spielt. Für $q > 1$ sind die Homotopiegruppen (wie die Homologiegruppen) stets abelsch, ihr Zusammenhang mit den Homologiegruppen ist aber unübersichtlicher als im Fall $q = 1$, der in 7.E.9 beschrieben ist. Wir verweisen wieder auf das Lehrbuch [6].

Aufgabe

1. Diese Aufgabe behandelt einige gruppentheoretische Konstruktionen, die von uns im vorliegenden Abschnitt benutzt wurden und auch sonst sehr nützlich sind. Alle Gruppen in dieser Aufgabe seien abelsch mit additiv geschriebener Verknüpfung. G sei eine solche Gruppe.

a) Der Gruppe G lässt sich in natürlicher Weise ein $\mathbb{Q}$-Vektorraum $G_{(\mathbb{Q})}$ von Brüchen zuordnen. Die Konstruktion verläuft analog wie die Konstruktion von $\mathbb{Q}$ aus $\mathbb{Z}$ in folgender Weise: Wir betrachten die Menge $G \times \mathbb{Z}^*$ der Paare (g, s), $g \in G$, $s \in \mathbb{Z}^* = \mathbb{Z} - \{0\}$. Zwei Paare (g, s), $(h, t) \in G \times \mathbb{Z}^*$ heißen äquivalent, wenn ein $u \in \mathbb{Z}^*$ mit $utg = ush$ existiert. Man zeige, dass es sich um eine Äquivalenzrelation handelt. Die Äquivalenzklasse von (g, s) bezeichnen wir als Bruch $g/s = \dfrac{g}{s}$. Definitionsgemäß gilt

$$\frac{g}{s} = \frac{h}{t} \qquad \text{genau dann, wenn ein } u \in \mathbb{Z}^* \text{ mit } utg = ush \text{ existiert.}$$

Ist G torsionsfrei, d.h. gilt $ax = 0$ für $a \in \mathbb{Z}$ und $x \in G$ nur dann, wenn $a = 0$ oder $x = 0$ ist, so ist $g/s = h/t$ mit der üblichen Bedingung $tg = sh$ für die Gleichheit von Brüchen äquivalent. Die Menge der Brüche g/s bezeichnen wir mit $G_{(\mathbb{Q})}$. Durch

$$\frac{g}{s} + \frac{h}{t} := \frac{tg + sh}{st} \, ; \qquad \frac{p}{q} \cdot \frac{g}{s} := \frac{pg}{qs} \, ,$$

$g, h \in G$, $p \in \mathbb{Z}$, $s, t, q \in \mathbb{Z}^*$, wird auf $G_{(\mathbb{Q})}$ eine Addition und eine Skalarmultiplikation mit Elementen aus $\mathbb{Q}$ definiert, mit denen $G_{(\mathbb{Q})}$ ein $\mathbb{Q}$-Vektorraum wird.

b) Die Abbildung $G \to G_{(\mathbb{Q})}$ mit $g \mapsto g/1$ ist ein Gruppenhomomorphismus, dessen Kern die Torsion

$$tG = \{x \in G \mid \text{es gibt ein } u \in \mathbb{Z}^* \text{ mit } ux = 0\}$$

von G ist.

c) Sind die Elemente x_i, $i \in I$, in G linear unabhängig über $\mathbb{Z}$, d.h. gilt $\sum_i a_i x_i = 0$ für $(a_i) \in \mathbb{Z}^{(I)}$ nur dann, wenn $(a_i) = 0$ ist, so sind die Elemente $x_i/1$, $i \in I$, in $G_{(\mathbb{Q})}$ linear unabhängig über $\mathbb{Q}$.

d) Sind die Elemente x_i, $i \in I$, in G eine $\mathbb{Z}$-Basis von G, d.h. sind die x_i, $i \in I$, ein über $\mathbb{Z}$ linear unabhängiges Erzeugendensystem von G, so ist $x_i/1$, $i \in I$, eine $\mathbb{Q}$-Basis von $G_{(\mathbb{Q})}$.

e) Man nennt die $\mathbb{Q}$-Dimension von $G_{(\mathbb{Q})}$ den **R a n g** von G und bezeichnet diesen mit

$$\mathrm{Rang}\, G = \mathrm{Rang}_{\mathbb{Z}}\, G \, .$$

Besitzt G eine $\mathbb{Z}$-Basis – G heißt dann eine **f r e i e a b e l s c h e G r u p p e** –, so ist der Rang gleich der Anzahl der Elemente einer $\mathbb{Z}$-Basis von G, vgl. d). Insbesondere ist diese Anzahl eine Invariante für eine freie abelsche Gruppe. Genau dann ist für eine beliebige abelsche Gruppe Rang $G = 0$, d.h. $G_{(\mathbb{Q})} = 0$, wenn $G = tG$ eine Torsionsgruppe ist.

f) Sei $\varphi : G \to V$ ein (Gruppen-)Homomorphismus von G in die abelsche Gruppe eines $\mathbb{Q}$-Vektorraums V. Dann wird durch

$$\frac{g}{s} \mapsto \frac{\varphi(g)}{s}$$

ein $\mathbb{Q}$-Vektorraumhomomorphismus $\varphi_{(\mathbb{Q})} : G_{(\mathbb{Q})} \to V$ definiert. Die Abbildung $\varphi \mapsto \varphi_{(\mathbb{Q})}$ ist ein Gruppenisomorphismus $\mathrm{Hom}(G, V) \to \mathrm{Hom}_{\mathbb{Q}}(G_{(\mathbb{Q})}, V)$. Insbesondere ist für einen $\mathbb{Q}$-Vektorraum V die Gruppe $\mathrm{Hom}(G, V)$ genau dann 0, wenn $V = 0$ oder $G = tG$ eine Torsionsgruppe ist.

g) Ein Homomorphismus $\varphi : G \to H$ von Gruppen induziert gemäß f) einen $\mathbb{Q}$-Vektorraumhomomorphismus $\varphi_{(\mathbb{Q})} : G_{(\mathbb{Q})} \to H_{(\mathbb{Q})}$ mit

$$\varphi_{(\mathbb{Q})}\left(\frac{g}{s}\right) = \frac{\varphi(g)}{s}\,.$$

Ist

$$G' \xrightarrow{\varphi'} G \xrightarrow{\varphi} G''$$

ein Komplex abelscher Gruppen, gilt also $\varphi\varphi' = 0$, und ist $H = \text{Kern}\,\varphi/\,\text{Bild}\,\varphi'$ die Homologie dieses Komplexes (vgl. Bd. 2, Abschnitt 6.C), so ist

$$G_{(\mathbb{Q})} \xrightarrow{\varphi'_{(\mathbb{Q})}} G_{(\mathbb{Q})} \xrightarrow{\varphi_{(\mathbb{Q})}} G''_{(\mathbb{Q})}$$

ein Komplex von $\mathbb{Q}$-Vektorräumen, dessen Homologie kanonisch isomorph zu $H_{(\mathbb{Q})}$ ist. Insbesondere ist der Komplex

$$G'_{(\mathbb{Q})} \longrightarrow G_{(\mathbb{Q})} \longrightarrow G''_{(\mathbb{Q})}$$

genau dann exakt, wenn H eine Torsionsgruppe ist.

(Bemerkung. Einer abelschen Gruppe G ist nicht nur der Vektorraum $G_{(\mathbb{Q})}$ über dem Primkörper $\mathbb{Q} = \mathbf{K}_0$ der Charakteristik 0 kanonisch zugeordnet. Für eine Primzahl p ist G/pG mit der Skalarmultiplikation $[a][g] := [ag]$, $[a] \in \mathbf{K}_p = \mathbb{Z}/p\mathbb{Z}$, $[g] \in G/pG$, ein Vektorraum über dem Primkörper $\mathbf{K}_p = \mathbb{Z}/p\mathbb{Z}$ der Charakteristik p.)

7.F Die Fundamentalsätze der Funktionentheorie

Mit Hilfe der Kurvenintegrale lässt sich leicht zeigen, dass jede komplex-differenzierbare Funktion $G \to \mathbb{C}$ auf einem Gebiet $G \subseteq \mathbb{C}$ dort auch analytisch ist, womit die von uns schon mehrfach erwähnte Äquivalenz der Begriffe „komplex-analytisch" und „komplex-differenzierbar" erwiesen ist. Diese Methode geht im Wesentlichen auf A. Cauchy zurück und wurde von B. Riemann erweitert. [1])

Die Grundlage bilden die beiden folgenden Lemmata:

7.F.1 Lemma *Seien $G \subseteq \mathbb{C}$ ein Gebiet und $f : G \to \mathbb{C}$ eine reell-differenzierbare Funktion. Genau dann ist die 1-Form $f\,dz$ auf G geschlossen, wenn f komplex-differenzierbar ist.*

B e w e i s . Ist f stetig reell-differenzierbar, so handelt es sich um Lemma 7.B.14. Der allgemeine Fall ergibt sich mit dem Satz 7.B.16 von Goursat. $\bullet$

Für das nächste Lemma erinnern wir an den Begriff des Residuums aus Beispiel 7.E.6. Ist $\mathrm{B}(z_0\,;\,R)$ eine (offene) Kreisscheibe in $\mathbb{C}$ und $z \in \mathrm{B}(z_0\,;\,R)$, so wird die Fundamentalgruppe der punktierten Kreisscheibe $\mathrm{B}(z_0\,;\,R) - \{z\}$ von jedem Weg in $\mathrm{B}(z_0\,;\,R) - \{z\}$ erzeugt, der bzgl. z die Windungszahl 1 hat, z.B. von einem Kreis $\gamma_{z_0;r} : t \mapsto z_0 + r\exp(2\pi it)$, $t \in [0, 1]$, mit $|z - z_0| < r < R$ oder einem Kreis $\gamma_{z,\rho} : t \mapsto z + \rho\exp(2\pi it)$, $t \in [0, 1]$, mit $0 < \rho < R - |z - z_0|$.

---

[1]) Der weitere Ausbau der Funktionentheorie erfolgt in Bd. 4, Kapitel V. Eine Ergänzung zum vorliegenden Abschnitt bringt Satz 7.G.13.

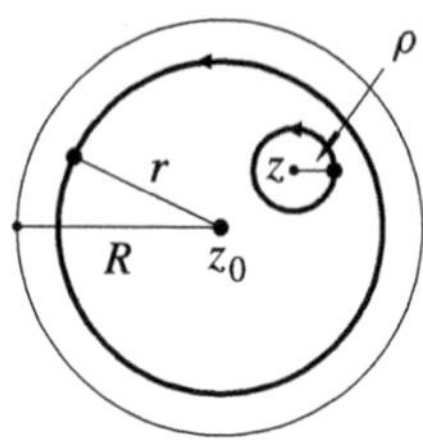

Für eine geschlossene stetige 1-Form ω auf $B(z_0\,;\,R) - \{z\}$ heißt

$$\operatorname{Res}(\omega\,;\,z) = \frac{1}{2\pi\mathrm{i}} \oint_{\gamma_{z_0,r}} \omega = \frac{1}{2\pi\mathrm{i}} \oint_{\gamma_{z,\rho}} \omega$$

das R e s i d u u m von ω in z, vgl. Beispiel 7.E.6.

7.F.2 Lemma *Ist $f : B(z_0\,;\,R) \to \mathbb{C}$ komplex differenzierbar, so gilt für jedes z aus* $B(z_0\,;\,R)$

$$\operatorname{Res}\left(\frac{f(\zeta)}{\zeta - z}\,d\zeta\,;\,z\right) = f(z)\,.$$

B e w e i s . Nach 7.F.1 ist $f(\zeta)d\zeta/(\zeta - z)$ geschlossen. Da $f(z)\,d\zeta/(\zeta - z)$ in z das Residuum $f(z)$ hat (vgl. Beispiel 7.E.6), genügt es zu zeigen, dass das Residuum von $\big(f(\zeta) - f(z)\big)\,d\zeta/(\zeta - z)$ in z gleich 0 ist. Wegen der Differenzierbarkeit von f in z ist $\big|(f(\zeta) - f(z))/(\zeta - z)\big| \le C$ (mit einer Konstanten C) in einer Umgebung $B(z\,;\,\varepsilon) \subseteq B(z_0\,;\,R)$ von z, und mit 7.B.6(3) folgt für $0 < \rho \le \varepsilon$

$$\left|\operatorname{Res}\left(\frac{f(\zeta) - f(z)}{\zeta - z}\,d\zeta\,;\,z\right)\right| = \left|\frac{1}{2\pi\mathrm{i}} \int_{\gamma_{z,\rho}} \frac{f(\zeta) - f(z)}{\zeta - z}\,d\zeta\right| \le C\rho \xrightarrow{\ \rho \to 0\ } 0\,. \quad \bullet$$

Wir erhalten mit Beispiel 7.E.6:

7.F.3 Cauchysche Integralformel *Die komplex-wertige Funktion f sei in einer Umgebung des Kreises $\overline{B}(z_0\,;\,r)$ komplex-differenzierbar. Dann gilt für alle $z \in B(z_0\,;\,r)$*

$$f(z) = \frac{1}{2\pi\mathrm{i}} \int_{\gamma_{z_0,r}} \frac{f(\zeta)}{\zeta - z}\,d\zeta\,.$$

Nach Bd. 1, 16.B.17 (vgl. auch 7.B.6 (6) im vorliegenden Band) dürfen wir beliebig oft unter dem Integralzeichen differenzieren:

7.F.4 Korollar *Unter den Voraussetzungen von 7.F.3 ist f in $B(z_0\,;\,r)$ beliebig oft komplex-differenzierbar, und für $z \in B(z_0\,;\,r)$ und $n \in \mathbb{N}$ gilt*

$$f^{(n)}(z) = \frac{n!}{2\pi\mathrm{i}} \int_{\gamma_{z_0,r}} \frac{f(\zeta)}{(\zeta - z)^{n+1}}\,d\zeta\,.$$

7.F.5 Cauchysche Ungleichung *Unter den Voraussetzungen von* 7.F.3 *gilt für z aus* $B(z_0\,;r)$ *und* $n \in \mathbb{N}$

$$|f^{(n)}(z)| \le \frac{n!\,M\,r}{\left(r - |z - z_0|\right)^{n+1}},$$

wobei M das Maximum von $|f|$ *auf dem Kreis* $S(z_0\,;r)$ *ist.*

B e w e i s . Wegen $|\zeta - z| \ge r - |z - z_0|$ für jeden Punkt ζ der Trajektorie $S(z_0\,;r)$ von $\gamma_{z_0,r}$ folgt die Behauptung aus 7.F.4 und 7.B.6(3). $\quad\bullet$

Auch die Analytizität von f folgt direkt aus 7.F.3:

7.F.6 Satz *Unter den Voraussetzungen von* 7.F.3 *ist* f *im Kreis* $B(z_0\,;r)$ *in eine Potenzreihe entwickelbar: Für alle* $z \in B(z_0\,;r)$ *gilt*

$$f(z) = \sum_{n=0}^{\infty} a_n (z - z_0)^n$$

mit

$$a_n := \frac{f^{(n)}(z_0)}{n!} = \frac{1}{2\pi \mathrm{i}} \int_{\gamma_{z_0,r}} \frac{f(\zeta)}{(\zeta - z_0)^{n+1}}\, d\zeta\,.$$

B e w e i s . Für (festes) $z \in B(z_0\,;r)$ ist die Reihe

$$\frac{f(\zeta)}{\zeta - z} = \frac{f(\zeta)}{(\zeta - z_0) - (z - z_0)} = \frac{f(\zeta)}{(\zeta - z_0)\left(1 - \frac{z - z_0}{\zeta - z_0}\right)} = \sum_{n=0}^{\infty} \frac{f(\zeta)}{(\zeta - z_0)^{n+1}} (z - z_0)^n$$

auf dem Kreis $S(z_0\,;r)$ gleichmäßig konvergent. Vertauschen von Integration und Summation ergibt daher die Behauptung. – Man beachte, dass die Integraldarstellung der Koeffizienten a_n, $n \in \mathbb{N}$, ein Spezialfall von 7.F.4 ist. $\quad\bullet$

7.F.7 Korollar *Sei* $f : G \to \mathbb{C}$ *eine komplex-differenzierbare Funktion auf dem Gebiet* $G \subseteq \mathbb{C}$. *Dann ist* f *komplex-analytisch, und der Konvergenzradius der Potenzreihenentwicklung von* f *um* $z_0 \in G$ *ist mindestens so groß wie das Supremum der Radien* $r \in \mathbb{R}_+^\times$ *mit* $\overline{B}(z_0\,;r) \subseteq G$.

Der folgende Satz ist das Fundament für die Funktionentheorie; er fasst die Charakterisierungen komplex-analytischer Funktionen zusammen:

7.F.8 Satz *Seien* $G \subseteq \mathbb{C}$ *ein Gebiet,* $f : G \to \mathbb{C}$ *eine stetige Funktion und* ω *die (stetige)* 1-Form $f\,dz$. *Folgende Aussagen sind äquivalent:*

(1) f *ist komplex-analytisch.*

(2) f *ist komplex-differenzierbar.*

(3) *f ist reell-differenzierbar, und für* $\varphi := \operatorname{Re} f$, $\psi := \operatorname{Im} f$ *gelten die Cauchy-Riemannschen Differenzialgleichungen*

$$\frac{\partial \varphi}{\partial x} = \frac{\partial \psi}{\partial y}, \quad \frac{\partial \psi}{\partial x} = -\frac{\partial \varphi}{\partial y}.$$

(4) ω *ist geschlossen.*

(5) *Es ist* $\int_\gamma \omega = 0$ *für jeden nullhomotopen stückweise stetig differenzierbaren geschlossenen Weg* γ *in G.*

(5′) *Es ist* $\int_\gamma \omega = 0$ *für jeden nullhomologen stückweise stetig differenzierbaren geschlossenen Weg* γ *in G.*

B e w e i s . Wir haben bereits die folgenden Implikationen bewiesen:

$$(1) \Leftrightarrow (2) \Leftrightarrow (3) \Rightarrow (4) \Leftrightarrow (5).$$

Es bleibt (4) $\Rightarrow$ (2) zu zeigen. Dazu können wir annehmen, dass ω sogar exakt ist. Ist g eine (reell differenzierbare) Stammfunktion von ω, so ist

$$f\, dz = \omega = \frac{\partial g}{\partial z}\, dz + \frac{\partial g}{\partial \bar{z}}\, d\bar{z},$$

also g komplex-differenzierbar mit $g' = f$. Dann ist aber auch f komplex-differenzierbar, da g nach 7.F.4 beliebig oft komplex-differenzierbar ist. $\quad\bullet$

Wir bemerken, dass die Implikation (2) $\Rightarrow$ (5) in 7.F.8 häufig als C a u c h y s c h e r I n t e g r a l s a t z und (4) $\Rightarrow$ (2) als S a t z v o n M o r e r a bezeichnet werden.

Um für eine Funktion $f : G \to \mathbb{C}$, die die Bedingung von Satz 7.F.8 erfüllt, nicht immer entscheiden zu müssen, welche der Bezeichnungen „komplex-analytisch" bzw. „komplex-differenzierbar" man wählen soll, definiert man:

7.F.9 Definition Sei $G \subseteq \mathbb{C}$ ein Gebiet. Eine Funktion $f : G \to \mathbb{C}$, die die Bedingungen in 7.F.8 erfüllt, heißt h o l o m o r p h . Die $\mathbb{C}$-Algebra der holomorphen Funktionen auf G wird mit

$$\mathcal{O}(G) \quad \text{oder} \quad \mathrm{H}(G)$$

bezeichnet.

7.F.10 Satz *Die Folge* f_m, $m \in \mathbb{N}$, *holomorpher Funktionen* $f_m : G \to \mathbb{C}$ *konvergiere lokal gleichmäßig gegen die Funktion* $f : G \to \mathbb{C}$. *Dann ist auch* f *holomorph, und für jedes* $n \in \mathbb{N}$ *konvergiert die Folge* $f_m^{(n)}$, $m \in \mathbb{N}$, *der n-ten Ableitungen lokal gleichmäßig gegen die n-te Ableitung* $f^{(n)}$ *von* f.

B e w e i s . Sei $\overline{B}(z_0 , r) \subseteq G$ eine Kreisscheibe, die ganz in G liegt. Für n, p, $q \in \mathbb{N}$ ist nach 7.F.4 oder 7.F.5

$$\left| f_p^{(n)}(z) - f_q^{(n)}(z) \right| = \frac{n!}{2\pi} \left| \int_{\gamma_{z_0,r}} \frac{f_p(\zeta) - f_q(\zeta)}{(\zeta - z)^{n+1}}\, d\zeta \right| \le \frac{n!\, \varepsilon_{p,q}\, r}{\left(r - |z - z_0| \right)^{n+1}}$$

für alle $z \in B(z_0 ; r)$, wobei $\varepsilon_{p,q}$ das Supremum von $|f_p - f_q|$ auf $S(z_0 ; r)$ ist. Zu vorgegebenem $\varepsilon > 0$ gibt es ein $m_0 \in \mathbb{N}$ mit $\varepsilon_{p,q} \leq \varepsilon$ für $p, q \geq m_0$. Es folgt: Für jedes $n \in \mathbb{N}$ konvergiert $f_m^{(n)}$, $m \in \mathbb{N}$, auf $B(z_0 ; r)$ lokal gleichmäßig gegen

$$\frac{n!}{2\pi i} \int_{\gamma_{z_0,r}} \frac{f(\zeta)}{(\zeta - z)^{n+1}} \, d\zeta \, .$$

Insbesondere ist ($n = 0$)

$$f(z) = \frac{1}{2\pi i} \int_{\gamma_{z_0,r}} \frac{f(\zeta)}{\zeta - z} \, d\zeta$$

beliebig oft auf $B(z_0 ; r)$ differenzierbar mit der n-ten Ableitung

$$f^{(n)}(z) = \frac{n!}{2\pi i} \int_{\gamma_{z_0,r}} \frac{f(\zeta)}{(\zeta - z)^{n+1}} \, d\zeta$$

(Differenzieren unter dem Integralzeichen). Das ergibt die Behauptung. – Dass $f = \lim f_m$ holomorph ist, folgt übrigens auch direkt mit der Bedingung (5) in 7.F.10, da mit $\omega_m := f_m dz$ auch $\omega = f dz = \lim_{m \to \infty} f_m dz$ diese Bedingung erfüllt (wegen der lokal gleichmäßigen Konvergenz $\omega_m \to \omega$). $\bullet$

Sei $G \subseteq \mathbb{C}$ ein Gebiet. Wir versehen die $\mathbb{C}$-Algebra $C_{\mathbb{C}}(G)$ der komplex-wertigen stetigen Funktionen mit der Topologie der lokal gleichmäßigen Konvergenz gemäß Abschnitt 3.B. Dann besagt 7.F.10: *Die Algebra $\mathcal{O}(G)$ der holomorphen Funktionen auf G ist eine abgeschlossene (und damit vollständige) Unteralgebra von $C_{\mathbb{C}}(G)$, und die Ableitung $f \mapsto f'$ ist ein stetiger Operator auf $\mathcal{O}(G)$.* Im Hinblick auf Satz 3.B.14 und sein Korollar 3.B.15 stellt sich das Problem der Charakterisierung der kompakten bzw. relativ kompakten Teilmengen von $\mathcal{O}(G)$:

7.F.11 Satz von Montel *Sei $G \subseteq \mathbb{C}$ ein Gebiet. Für eine Teilmenge $F \subseteq \mathcal{O}(G)$ sind folgende Aussagen äquivalent:*

(1) F ist relativ kompakt in $\mathcal{O}(G)$, d.h. jede Folge von Funktionen aus F besitzt eine Teilfolge, die lokal gleichmäßig in G konvergiert.

(2) F ist lokal gleichmäßig beschränkt, d.h. zu jedem Punkt $z \in G$ gibt es eine Umgebung U von z in G und eine Konstante C (die von z und U abhängen darf) mit $|f| \leq C$ auf U für alle $f \in F$.

Genau dann ist F kompakt, wenn F diese Bedingungen erfüllt und abgeschlossen in $\mathcal{O}(G)$ ist.

B e w e i s . Wegen Satz 3.B.14 ist nur noch zu zeigen, dass F gleichgradig stetig ist, wenn F die Bedingung (2) erfüllt. Sei aber $z_0 \in G$ und $|f| \leq C$ auf der Kreisscheibe $\overline{B}(z_0 ; r) \subseteq G$ für alle $f \in F$. Nach der Cauchyschen Integralformel 7.F.3 ist dann für $z \in B(z_0 ; r)$

$$|f(z) - f(z_0)| = \frac{1}{2\pi} \Big| \int_{\gamma_{z_0,r}} \frac{f(\zeta)}{(\zeta - z)(\zeta - z_0)} \cdot (z - z_0) \, d\zeta \, \Big| \leq \frac{C}{r - |z - z_0|} |z - z_0| \, ,$$

woraus sich die gleichgradige Stetigkeit direkt ablesen lässt.   •

Eine Familie $F \subseteq \mathcal{O}(G)$, die die äquivalenten Bedingungen (1) bzw. (2) von 7.F.11 erfüllt, heißt eine normale Familie.

Schließlich beweisen wir eine partielle Umkehrung von Satz 5.C.6. Nach diesem Satz ist der Realteil (und der Imaginärteil) einer holomorphen Funktion $f : G \to \mathbb{C}$ eine harmonische Funktion. Sei nun umgekehrt eine harmonische Funktion $\varphi : G \to \mathbb{R}$ vorgegeben, also eine C^2-Funktion φ mit

$$\Delta \varphi = \frac{\partial^2 \varphi}{\partial x^2} + \frac{\partial^2 \varphi}{\partial y^2} = 0\,.$$

Ist dann φ Realteil einer holomorphen Funktion $f : G \to \mathbb{C}$? Der Imaginärteil ψ von f erfüllt notwendigerweise die Cauchy-Riemannschen Differenzialgleichungen

$$\frac{\partial \psi}{\partial y} = \frac{\partial \varphi}{\partial x}\,, \qquad \frac{\partial \psi}{\partial x} = -\frac{\partial \varphi}{\partial y}\,.$$

Wir betrachten also die (stetig differenzierbare) 1-Form

$$\omega := -\frac{\partial \varphi}{\partial y}\, dx + \frac{\partial \varphi}{\partial x}\, dy$$

auf G und fragen nach einer Stammfunktion von ω.[2]) ω *ist geschlossen.* ω erfüllt nämlich die Integrabilitätsbedingung

$$\frac{\partial}{\partial y}\left(-\frac{\partial \varphi}{\partial y}\right) - \frac{\partial}{\partial x}\left(\frac{\partial \varphi}{\partial x}\right) = -\Delta \varphi = 0\,.$$

Mit 7.E.5 folgt:

7.F.12 Satz *Seien $\varphi : G \to \mathbb{R}$ eine harmonische Funktion auf dem Gebiet $G \subseteq \mathbb{C} = \mathbb{R}^2$ und*

$$\omega := -\frac{\partial \varphi}{\partial y}\, dx + \frac{\partial \varphi}{\partial x}\, dy\,.$$

Dann ist ω eine geschlossene 1-Form auf G. Genau dann ist φ Realteil einer holomorphen Funktion $G \to \mathbb{C}$, wenn ω exakt ist, d.h. die Periodenabbildung h_ω trivial ist. – Insbesondere ist φ dann Realteil einer holomorphen Funktion $G \to \mathbb{C}$, wenn G einfach zusammenhängend ist.

Ist G nicht einfach zusammenhängend, so braucht die Periodenabbildung h_ω in 7.F.12 nicht immer trivial zu sein, wie die harmonische Funktion $\ln|z| = \ln\sqrt{x^2 + y^2}$ auf $\mathbb{C}^\times$ beweist, die *nicht* der Realteil einer holomorphen Funktion $\mathbb{C}^\times \to \mathbb{C}$ ist. Die konjugierte Form ω ist in diesem Fall der Imaginärteil der Form dz/z. Siehe dazu auch die Äquivalenz der Bedingungen (1) und (7) in 7.G, Aufg. 9.

---

[2]) Man nennt ω die konjugierte 1-Form zu $d\varphi = \dfrac{\partial \varphi}{\partial x}\, dx + \dfrac{\partial \varphi}{\partial y}\, dy$, vgl. Beispiel 8.C.18.

Aus 7.F.12 folgt insbesondere, *dass jede harmonische Funktion $G \to \mathbb{R}$ (reell-) analytisch ist.* Diese Aussage gilt übrigens auch für mehr als zwei Variablen, worauf wir in Bd. 4, Abschnitt 13.A zurückkommen werden.

Die Cauchysche Integralformel 7.F.3 lässt sich leicht auf komplex-differenzierbare Funktionen in mehreren Variablen ausdehnen. Sei f in einer Umgebung des kompakten Polyzylinders

$$\overline{B}(z_1^0\,;\,r_1) \times \cdots \times \overline{B}(z_n^0\,;\,r_n) \subseteq \mathbb{C}^n$$

mit dem Punkt $(z_1^0, \ldots, z_n^0) \in \mathbb{C}^n$ als Mittelpunkt und den positiven Radien $r_1, \ldots, r_n$ komplex-differenzierbar. Wiederholte Anwendung von 7.F.3 ergibt dann für jeden Punkt $(z_1, \ldots, z_n)$ aus $B(z_1^0\,;\,r_1) \times \cdots \times B(z_n^0\,;\,r_n)$ die Darstellung

$$
\begin{aligned}
f(z_1, \ldots, z_n) &= \frac{1}{2\pi\mathrm{i}} \int_{\gamma_{z_n^0,\,r_n}} \frac{f(z_1, \ldots, z_{n-1}, \zeta_n)}{\zeta_n - z_n}\, d\zeta_n \\[2mm]
&= \frac{1}{(2\pi\mathrm{i})^2} \int_{\gamma_{z_n^0,\,r_n}} \int_{\gamma_{z_{n-1}^0,\,r_{n-1}}} \frac{f(z_1, \ldots, z_{n-2}, \zeta_{n-1}, \zeta_n)}{(\zeta_{n-1} - z_{n-1})(\zeta_n - z_n)}\, d\zeta_{n-1}\, d\zeta_n \\[2mm]
&\;\;\cdots\cdots\cdots\cdots\cdots\cdots\cdots\cdots\cdots\cdots\cdots\cdots\cdots \\[2mm]
&= \frac{1}{(2\pi\mathrm{i})^n} \int_{\gamma_{z_n^0,\,r_n}} \cdots \int_{\gamma_{z_1^0,\,r_1}} \frac{f(\zeta_1, \ldots, \zeta_n)}{(\zeta_1 - z_1) \cdots (\zeta_n - z_n)}\, d\zeta_1 \cdots d\zeta_n
\end{aligned}
$$

von $f(z_1, \ldots, z_n)$ als Mehrfachintegral, woraus wie in 7.F.6 die in dem offenen Polyzylinder $B(z_1^0\,;\,r_1) \times \cdots \times B(z_n^0\,;\,r_n)$ gültige Potenzreihenentwicklung

$$f(z) = f(z_1, \ldots, z_n) = \sum_{v \in \mathbb{N}^n} a_v\, (z - z_0)^v$$

mit

$$a_v = a_{v_1 \ldots v_n} := \frac{1}{(2\pi\mathrm{i})^n} \int_{\gamma_{z_n^0,\,r_n}} \cdots \int_{\gamma_{z_1^0,\,r_1}} \frac{f(\zeta_1, \ldots, \zeta_n)}{(\zeta_1 - z_1^0)^{v_1+1} \cdots (\zeta_n - z_n^0)^{v_n+1}}\, d\zeta_1 \cdots d\zeta_n$$

folgt. Speziell ergibt sich:

7.F.13 Satz *Sei $f : G \to \mathbb{C}$ eine komplex-differenzierbare Funktion auf dem Gebiet G in $\mathbb{C}^n$ (oder allgemeiner in einem komplexen Vektorraum). Dann ist f komplexanalytisch.*

Wie für eine Veränderliche bezeichnet man auch in der Situation von 7.F.13 die komplex-differenzierbaren (= komplex-analytischen) Funktionen $G \to \mathbb{C}$ als h o l o m o r p h e F u n k t i o n e n auf G. Sie bilden die komplexe Algebra

$$\mathcal{O}(G) = \mathrm{H}(G)\,.$$

7.F.14 Bemerkung Für analytische Funktionen haben wir in Bd. 1 einige Aussagen dieses Abschnitts direkt mit Hilfe der Potenzreihenentwicklung bewiesen, vgl. z.B. Bd. 1 (2. Aufl.), 12.B, Aufg. 10 oder Bemerkung 12.D.5. Diese P o t e n z r e i h e n m e t h o d e wurde besonders von K. Weierstraß gepflegt. Die Cauchy-Riemannsche I n t e g r a l m e t h o d e, die im vorliegenden Abschnitt angewandt wurde, ist sicher eleganter, aber weit weniger elementar (und an den Körper $\mathbb{C}$ gebunden).

Aufgaben

1. Man entscheide mit dem Satz 7.F.11 von Montel, welche der folgenden Familien $F \subseteq \mathcal{O}(G)$, $G \subseteq \mathbb{C}$ ein Gebiet, kompakt bzw. relativ kompakt ist.

a) $F :=$ Menge der beschränkten holomorphen Funktionen auf G.

b) $F := \{f \in \mathcal{O}(G) \mid |f| \leq C \text{ auf } G\}$, wobei $C \in \mathbb{R}_+$ eine feste Konstante ist.

c) $F := \{f \in \mathcal{O}(G) \mid f(G) \subseteq G'\}$, wobei G' ein fest vorgegebenes beschränktes Gebiet in $\mathbb{C}$ ist.

d) $G := \mathrm{B}(0\,;1)$, $F := \{f \in \mathcal{O}(G) \mid f^{(\nu)}(0) \leq \nu! C \text{ für alle } \nu \in \mathbb{N}\}$ mit einer festen Konstanten $C \in \mathbb{R}_+$.

e) $F :=$ Menge aller Polynomfunktionen auf G, deren sämtliche Koeffizienten durch eine feste Konstante beschränkt sind.

2. Folgende Bedingungen für eine Familie $F \subseteq \mathcal{O}(G)$, wo $G \subseteq \mathbb{C}$ ein Gebiet ist, sind äquivalent: (1) F ist normal. (2) Die Familie $F' := \{f' \mid f \in F\}$ ist normal, und es gibt einen Punkt $z_0 \in G$ derart, dass $\{f(z_0) \mid f \in F\}$ beschränkt ist.

3. Aus dem Satz 7.F.11 von Montel folgere man den S a t z   v o n   V i t a l i : f_n, $n \in \mathbb{N}$, sei eine lokal beschränkte Folge holomorpher Funktionen im Gebiet $G \subseteq \mathbb{C}$. Die Menge der Punkte $z \in G$, für die die Folge $f_n(z)$, $n \in \mathbb{N}$, konvergiert, enthalte einen Häufungspunkt in G. Dann ist f_n, $n \in \mathbb{N}$, lokal gleichmäßig konvergent in G. (Vgl. 2.B, Aufg. 18.)

4. Eine im Gebiet $G \subseteq \mathbb{C}$ lokal beschränkte Folge holomorpher Funktionen f_n, $n \in \mathbb{N}$, konvergiert genau dann lokal gleichmäßig in G, wenn es ein $z_0 \in G$ gibt derart, dass für jedes $k \in \mathbb{N}$ die Folge $\left(f_n^{(k)}(z_0)\right)$, $n \in \mathbb{N}$, konvergiert.

5. Aus den Cauchyschen Ungleichungen 7.F.5 folgt unmittelbar der S a t z   v o n   L i o u v i l l e : Jede beschränkte holomorphe Funktion $\mathbb{C} \to \mathbb{C}$ ist konstant. (Vgl. auch Bd. 1, 12.D, Aufg. 13.) Allgemeiner beweise man für eine ganze Funktion $f : \mathbb{C} \to \mathbb{C}$: Ist $f(z) = O(|z|^m)$ für $z \to \infty$ und ein $m \in \mathbb{N}$, so ist f eine Polynomfunktion vom Grade $\leq m$. – Gilt $|f(z)| \geq C|z|^m$ für $|z| \geq R$ mit einer positiven Konstanten C, so ist f ebenfalls eine Polynomfunktion und zwar vom Grade $\geq m$. (Beide Aussagen lassen sich formal auf den Satz von Liouville zurückführen.) Jede ganze Funktion $f : \mathbb{C} \to \mathbb{C}$ mit beschränktem Realteil ist konstant. Betrachtet man e^f statt f, so folgt: Jede ganze Funktion mit nach oben beschränktem Realteil ist konstant. (In Bd. 4, 17.A.5 zeigen wir, dass sogar jede ganze Funktion, die mindestens zwei Werte auslässt, konstant ist.)

6. Man beweise (mit 7.F.10) den W e i e r s t r a ß s c h e n   D o p p e l r e i h e n s a t z : Konvergieren die Potenzreihen $f_m(z) = \sum_{n=0}^{\infty} a_{mn} z^n$ alle im Kreis $\mathrm{B}(0\,;r)$, $m \in \mathbb{N}$, und konvergiert die Funktionenreihe $\sum_{m=0}^{\infty} f_m$ in $\mathrm{B}(0\,;r)$ lokal gleichmäßig, so ist $f = \sum_{m=0}^{\infty} f_m$ in $\mathrm{B}(0\,;r)$ holomorph mit der Potenzreihenentwicklung $f = \sum_{n=0}^{\infty} a_n z^n$, $a_n := \sum_{m=0}^{\infty} a_{mn}$. (Vgl. auch Bd. 1 (3. Aufl.), Bemerkung 14.E.2.)

7. Jede stetige Funktion $f : G \to \mathbb{C}$ auf einem Gebiet $G \subseteq \mathbb{C}$, die außerhalb einer reellen Geraden holomorph ist, ist holomorph auf ganz G. (Vgl. 7.F.10.)

8. Sei $\varphi : U \to \mathbb{R}$ eine harmonische Funktion auf einer Umgebung U des Kreises $\overline{B}(0\,;R) \subseteq \mathbb{C}$. Dann gilt für $z = re^{is}$, $0 < r < R$, die P o i s s o n s c h e   I n t e g r a l f o r m e l

$$\varphi(z) = \frac{1}{2\pi} \int\limits_0^{2\pi} \varphi(Re^{it}) \, \frac{R^2 - r^2}{R^2 - 2Rr\cos(s-t) + r^2} \, dt \,.$$

(Man verwende 7.F.12 und 7.F.3. – Ist φ eine beliebige stetige reellwertige Funktion auf $S(0\,;R)$, so wird durch die obige Formel stets eine harmonische Funktion auf $B(0\,;R)$ definiert, die sich stetig auf $\overline{B}(0\,;R)$ fortsetzen lässt und auf $S(0\,;R)$ mit φ übereinstimmt. Wir gehen darauf in Bd. 4, Abschnitt 13.A ein.)

Man folgere aus der Poissonschen Integralformel

$$\varphi(0) = \frac{1}{2\pi} \int\limits_0^{2\pi} \varphi(Re^{it}) \, dt$$

und bei $\varphi \geq 0$ für alle $z \in B(0\,;R)$ mit $|z| = r$

$$\frac{R-r}{R+r} \, \varphi(0) \leq \varphi(z) \leq \frac{R+r}{R-r} \, \varphi(0) \,.$$

(Für diese Ungleichung reicht es offenbar vorauszusetzen, dass φ in $B(0\,;R)$ harmonisch ist.)

9. Sei $\varphi_n : G \to \mathbb{R}$ eine lokal gleichmäßig konvergente Folge harmonischer Funktionen auf dem Gebiet $G \subseteq \mathbb{C}$. Dann ist auch die Grenzfunktion $\lim \varphi_n$ harmonisch. (Vgl. 7.F.10 und 7.F.12.)

10. Seien $G \subseteq \mathbb{C}^n$ eine offene Menge und $f : G \to \mathbb{C}$ eine lokal beschränkte partiell komplex-differenzierbare Funktion. Dann ist f in G holomorph. (f besitzt eine Integraldarstellung wie im Beweis zu 7.F.13. Ein tiefliegender S a t z   v o n   H a r t o g s besagt, dass die lokale Beschränktheit von f bereits aus der partiellen komplexen Differenzierbarkeit folgt. – Man beachte, dass entsprechende Aussagen im Reellen nicht gelten.)

7.G Ebene Gebiete und der Residuensatz

In diesem Abschnitt verallgemeinern wir die Überlegungen in Beispiel 7.E.6. Man kann ihn zunächst überschlagen.

Sei $G \subseteq \mathbb{R}^2 = \mathbb{C}$ ein Gebiet. Mittels der stereographischen Projektion $S^2 - \{\infty\} \to \mathbb{R}^2$ vom Punkt $\infty := N = (0, 0, 1)$ aus, vgl. Beispiel 2.B.17, fassen wir G stets auch als eine offene zusammenhängende Teilmenge der kompakten 2-Sphäre $S^2 \subseteq \mathbb{R}^3$ auf, die den Punkt ∞ nicht enthält. Das Komplement $K_\infty = \mathrm{K}_\infty(G)$ von G in S^2 ist ebenfalls kompakt. Eine der Zusammenhangskomponenten dieses Komplements enthält den Punkt ∞. Wir bezeichnen sie mit L_∞. Die übrigen Zusammenhangskomponenten von K_∞ entsprechen den *beschränkten*, d.h. kompakten Zusammenhangskomponenten des Komplements $K = \mathrm{K}(G)$ von G in $\mathbb{R}^2$. Jede solche Zusammenhangskomponente heißt ein L o c h von G. Die Menge der Löcher von G bezeichnen wir mit $\mathcal{L} = \mathcal{L}(G)$. Dann ist $\mathcal{L}_\infty = \mathcal{L}_\infty(G) := \mathcal{L}(G) \uplus \{L_\infty\}$ der Raum aller

Zusammenhangskomponenten von K_∞, den wir stets mit der von K_∞ induzierten Quotiententopologie versehen. $\mathcal{L}_\infty$ *ist kompakt und total unzusammenhängend* (vgl. 2.B, Aufg. 27) und gleich der Ein-Punkt-Kompaktifizierung von $\mathcal{L}$, vgl. Beispiel 2.B.17.

Sei γ ein geschlossener Weg in G. Nach Beispiel 7.C.17 (2) ist die Windungszahl

$$z \mapsto W(\gamma\,;z)$$

eine stetige Funktion $K \to \mathbb{Z}$ mit $\lim_{z\to\infty} W(\gamma\,;z) = 0$. Sie definiert daher eine stetige (und damit lokal konstante) $\mathbb{Z}$-wertige Funktion auf K_∞ und induziert eine ebensolche Funktion auf $\mathcal{L}_\infty$, die wir wieder mit $W(\gamma) = W(\gamma\,;-)$ bezeichnen:

$$W(\gamma\,;-):\mathcal{L}_\infty \to \mathbb{Z}.$$

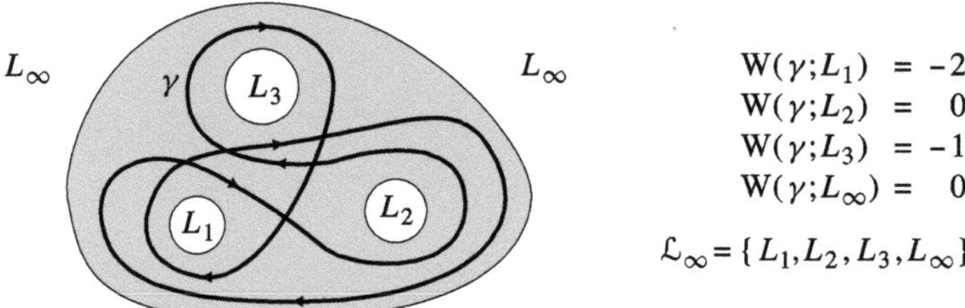

Sie verschwindet auf $L_\infty \in \mathcal{L}_\infty$. Nach Beispiel 7.C.17 (1) definieren homotope Wege in G dieselbe Windungszahlfunktion $\mathcal{L}_\infty \to \mathbb{Z}$. Ferner ist die Windungszahl eines Summenweges die Summe der Windungszahlen. Insbesondere erhalten wir zu einem gegebenen Punkt $a \in G$ einen Gruppenhomomorphismus $\pi(G\,;a) \to C_0(\mathcal{L}_\infty, \mathbb{Z})$, wobei $C_0(\mathcal{L}_\infty, \mathbb{Z})$ die Gruppe der lokal konstanten Funktionen $\mathcal{L}_\infty \to \mathbb{Z}$ bezeichnet, die auf L_∞ verschwinden. Da $C_0(\mathcal{L}_\infty, \mathbb{Z})$ kommutativ ist, induziert dieser Homomorphismus einen Homomorphismus

$$W : H_1(G) \to C_0(\mathcal{L}_\infty, \mathbb{Z}),$$

wobei $H_1(G) = \pi(G)/[\pi(G)\,,\pi(G)] = Z_1(G)/B_1(G)$ die (erste) Homologiegruppe von G ist, vgl. Definition 7.E.4. Der Hauptsatz des vorliegenden Abschnitts lautet:

7.G.1 Satz *Sei $G \subseteq \mathbb{R}^2$ ein Gebiet. Dann ist der kanonische Homomorphismus*

$$W : H_1(G) \to C_0(\mathcal{L}_\infty, \mathbb{Z})$$

mit $[\gamma] \mapsto W(\gamma\,;-)$ *ein Isomorphismus.*

B e w e i s . Wir führen zunächst einige Bezeichnungen ein. Für ein (abgeschlossenes) Rechteck $R \subseteq \mathbb{R}^2$ mit achsenparallelen Kanten bezeichnet ∂R stets den Randweg gemäß folgender Orientierung:

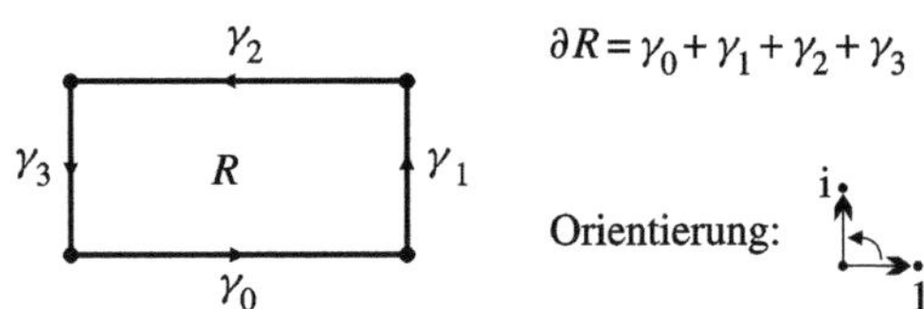

Es ist $W(\partial R\,;z) = 1$ für $t \in \mathring{R}$ und $W(\partial R\,;z) = 0$ für $z \notin R$. Liegt R ganz in G, so ist $\partial R \in B_1(G)$, also $\partial R \sim 0$ in G. Ist Γ ein achsenparalleles Rechteckgitter in $\mathbb{R}^2$, so heißt ein Summenweg, dessen Summanden Kanten von Γ sind, ein Γ- K a n t e n w e g . Jeder Weg in G

ist in G homotop und damit auch homolog zu einem Gitterkantenweg. Dies ist sehr plausibel. Um die Technik zu demonstrieren, geben wir einen Beweis, den der Leser aber ohne weiteres überschlagen kann. Genauer gilt:

7.G.2 Lemma *Sei* $\gamma : [0, 1] \to G$ *ein Weg im Gebiet* $G \subseteq \mathbb{R}^2$. *Dann gibt es ein* $\varepsilon > 0$ *mit folgender Eigenschaft: Ist* Γ *ein achsenparalleles Rechteckgitter in* $\mathbb{R}^2$ *derart, dass benachbarte Gitterpunkte einen Abstand* $\leq \varepsilon$ *haben und* $\gamma(0)$ *und* $\gamma(1)$ *Eckpunkte von* Γ *sind, so ist* γ *zu einem* Γ-*Kantenweg in G homotop.*

7.G.2 impliziert insbesondere, dass die Fundamentalgruppe eines ebenen Gebietes nur abzählbar viele Elemente enthält. Da eine zu 7.G.2 analoge Aussage auch für Gebiete G im $\mathbb{R}^n$ mit $n > 2$ gilt, überträgt sich diese letzte Bemerkung ebenfalls auf diesen Fall.

B e w e i s von Lemma 7.G.2. Wir wählen $\varepsilon > 0$ so klein, dass jede offene Menge, die die Trajektorie von γ trifft und einen Durchmesser $\leq 2\varepsilon$ hat, ganz in G liegt. Sei dann Γ wie im Lemma. Zu jedem Rechteck R des Gitters sei R' ein offenes achsenparalleles Rechteck, das R umfasst, aber außer den Eckpunkten von R keine weiteren Eckpunkte von Γ enthält, und dessen Durchmesser $\leq 2\varepsilon$ ist.[1]) Ferner seien die R' so gewählt, dass die offenen Rechtecke R_1' und R_2' zu zwei Rechtecken R_1 und R_2 nur dann einen nichtleeren Durchschnitt haben, wenn R_1 und R_2 sich schneiden.

Es gibt eine Unterteilung $0 = t_0 < t_1 < \cdots < t_m = 1$ von $[0, 1]$ und Rechtecke $R_0', \ldots, R_{m-1}'$ derart, dass die Trajektorie von $\gamma_\nu := \gamma \,|\, [t_\nu, t_{\nu+1}]$ ganz in R_ν' liegt, $\nu = 0, \ldots, m-1$. Sei $z_\nu \in R_{\nu-1} \cap R_\nu$ für $\nu = 1, \ldots, m-1$ jeweils ein Eckpunkt, ferner $z_0 := \gamma(0) \in R_0$ und $z_m := \gamma(1) \in R_{m-1}$. Ist $\widetilde{\gamma}_\nu$ ein Kantenweg auf R_ν von z_ν nach $z_{\nu+1}$, $\nu = 0, \ldots, m-1$, so sind $\gamma \approx \gamma_0 \cdots \gamma_{m-1}$ und der Summenweg $\widetilde{\gamma}_0 \cdots \widetilde{\gamma}_{m-1}$ homotop in $R_0' \cup \cdots \cup R_{m-1}' \subseteq G$ (und damit in G), da die Rechtecke $R_0', \ldots, R_{m-1}'$ einfach zusammenhängend und die Durchschnitte $R_0' \cap R_1', \ldots, R_{m-2}' \cap R_{m-1}'$ wegzusammenhängend sind. (Der Leser führe diesen Schluss sorgfältig aus.) $\bullet$

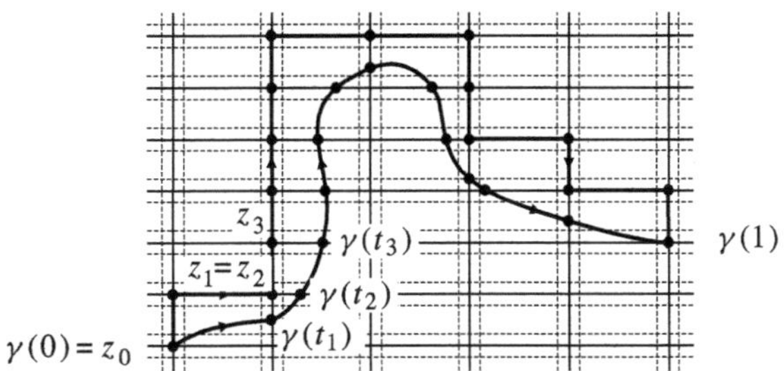

Wir fahren nun im Beweis von 7.G.1 fort und zeigen zunächst die *Surjektivität von W*. Eine stetige Abbildung $\mathcal{L}_\infty \to \mathbb{Z}$ wird durch eine Zerlegung $\mathcal{L}_\infty = A_1 \uplus \cdots \uplus A_r$ von $\mathcal{L}_\infty$ in offene (und abgeschlossene) Teilmengen A_ρ und Werte $a_\rho \in \mathbb{Z}$ auf A_ρ gegeben, $\rho = 1, \ldots, r$. Es genügt also zu zeigen: Ist $A \subseteq \mathcal{L}_\infty$ eine offene und abgeschlossene Teilmenge in $\mathcal{L}_\infty$ mit $L_\infty \notin A$, so gibt es einen 1-Zyklus $\gamma \in Z_1(G)$ mit $\mathrm{W}(\gamma\,;\,-)|A = 1$ und $\mathrm{W}(\gamma\,;\,-)|(\mathcal{L}_\infty - A) = 0$.

Sei B die zu A korrespondierende offene und kompakte Teilmenge in $K = \mathbb{R}^2 - G$. Es gibt eine offene Menge $U \subseteq \mathbb{R}^2$ mit $U \cap K = B$, d.h. mit $B \subseteq U$ und $U - B \subseteq G$. Wir wählen ein achsenparalleles Rechteckgitter Γ in $\mathbb{R}^2$ derart, dass jedes Rechteck in Γ, das B trifft, ganz in U liegt. Seien $R_1, \ldots, R_s$ genau die Rechtecke von Γ, die B treffen. Dann ist die Summe $c := \partial R_1 + \cdots + \partial R_s$ der Randwege ein Zyklus $Z_1(G)$ in G, da jede Kante eines Rechtecks,

---

[1]) Man beachte: Der Durchmesser von R ist $\leq \varepsilon\sqrt{2}$.

die nicht ganz in G liegt, d.h. B trifft, in einem weiteren Rechteck mit dem entgegengesetzten Vorzeichen auftritt. Für $z \in \mathring{R}_1 \cup \cdots \cup \mathring{R}_s$ ist $W(c\,;z) = 1$, und für $z \in \mathbb{R}^2 - U$, d.h. insbesondere für $z \in K - B$ ist $W(c\,;z) = 0$. Wegen $B \subseteq R_1 \cup \cdots \cup R_s$ ist $W(c\,;z) = 1$ sogar für alle $z \in B$.

Wir zeigen schließlich, *dass W injektiv ist.* Das bedeutet: Ist γ ein geschlossener Weg in G mit $W(\gamma\,;z) = 0$ für alle $z \in \mathbb{R}^2 - G$, so ist γ nullhomolog in G. Nach 7.G.2 können wir annehmen, dass γ Kantenweg eines achsenparallelen Rechteckgitters Γ ist. Seien $R_1, \ldots, R_s$ genau die Rechtecke R_σ von Γ mit $W(\gamma\,;\mathring{R}_\sigma) \neq 0$. Dann ist nach Voraussetzung $\mathring{R}_\sigma \subseteq G$ und folglich auch $R_\sigma \subseteq G$, $\sigma = 1, \ldots, s$. Also ist γ in G homolog zu $\gamma' := \gamma - \sum_\sigma W(\gamma\,;\mathring{R}_\sigma)\,\partial R_\sigma$, und γ' ist ein 1-Zyklus mit $W(\gamma'\,;z) = 0$ für *alle z*, die nicht auf einer Kante von Γ liegen. Dann kann aber γ' überhaupt keine Kante δ von Γ enthalten, da die Windungszahlen auf den verschiedenen Seiten von δ sich nach Beispiel 7.C.17 (3) dem Betrage nach um $|a_\delta|$ unterscheiden, wenn $a_\delta \in \mathbb{Z}$ der Koeffizient von δ in γ' ist. Also ist $\gamma' = 0$. $\qquad\qquad\bullet$

Für das folgende Korollar zu 7.G.1 erinnern wir zunächst an den Begriff der freien *abelschen* Gruppe: Sei H eine additiv geschriebene abelsche Gruppe. Eine Familie x_i, $i \in I$, von Elementen aus H ist eine $(\mathbb{Z}\text{-})\,\mathrm{B\,a\,s\,i\,s}$ von H, wenn jedes Element $x \in H$ eine Darstellung

$$x = \sum_{i \in I} a_i x_i$$

mit durch x eindeutig bestimmten Koeffizienten $a_i \in \mathbb{Z}$ hat. Eine abelsche Gruppe, die solch eine Basis besitzt, ist definitionsgemäß eine $\mathrm{f\,r\,e\,i\,e}$ $\mathrm{a\,b\,e\,l\,s\,c\,h\,e}$ $\mathrm{G\,r\,u\,p\,p\,e}$. Die Anzahl $|I| = \mathrm{Kard}\,I$ der Basis-Elemente ist dann eindeutig bestimmt. Dies folgt aus 7.E, Aufg. 1e) und bei endlichem $|I|$ auch einfach daraus, dass $|\mathrm{Hom}(H, G)| = |G|^{|I|}$ für jede (endliche) abelsche Gruppe G ist. $|I|$ heißt der $\mathrm{R\,a\,n\,g}$ von H, wobei wir wie bei der Dimension von Vektorräumen nur zwischen endlichen Rängen $n \in \mathbb{N}$, abzählbar unendlichem Rang $\aleph_0$ und allgemein unendlichem Rang ∞ unterscheiden wollen (vgl. Bd. 2, Definition 3.B.4). Der Rang für abelsche Gruppen lässt sich leicht auf den Dimensionsbegriff für $\mathbb{Q}$-Vektorräume zurückführen und für beliebige (nicht notwendig freie) abelsche Gruppen definieren, vgl. 7.E, Aufg. 1.

Den Rang einer abelschen Gruppe H bezeichnen wir mit

$$\mathrm{Rang}\, H = \mathrm{Rang}_{\mathbb{Z}} H.$$

Der Rang der ersten Homologiegruppe $H_1(X)$ eines topologischen Raumes X heißt die $\mathrm{e\,r\,s\,t\,e}$ $\mathrm{B\,e\,t\,t\,i\,\text{-}\,Z\,a\,h\,l}$ von X. Ist $H_1(X)$ frei, so heißt jede Basis $[\gamma_i]$, $i \in I$, von $H_1(X)$ eine $\mathrm{H\,o\,m\,o\,\text{-}}$ $\mathrm{l\,o\,g\,i\,e\,\text{-}\,B\,a\,s\,i\,s}$ von X.

Nach Bd. 2, 8.C.12 *ist eine endlich erzeugte abelsche Gruppe genau dann frei, wenn sie torsionsfrei ist, d.h. keine von 0 verschiedenen Torsionselemente besitzt,* man vgl. auch den Beweis von Lemma 8.C.13 in Bd. 2.

7.G.3 Satz *Sei $G \subseteq \mathbb{R}^2$ ein ebenes Gebiet. Dann ist die Homologiegruppe $H_1(G)$ von G eine freie abelsche Gruppe von abzählbarem Rang. Genau dann ist der Rang von $H_1(G)$ endlich, wenn G nur endliche viele Löcher hat. In diesem Fall ist*

$$\mathrm{Rang}_{\mathbb{Z}}\, H_1(G) = |\mathcal{L}(G)|$$

die Anzahl der Löcher von G.

$\mathrm{B\,e\,w\,e\,i\,s}$. Sei $\mathcal{L}_\infty = \mathcal{L}_\infty(G)$ endlich. Nach 7.G.1 ist in diesem Fall

$$H_1(G) \cong C_0\big(\mathcal{L}_\infty(G)\,,\mathbb{Z}\big) \cong \mathbb{Z}^{\mathcal{L}(G)},$$

da $\mathcal{L}_\infty(G)$ dann ein endlicher diskreter Raum ist, auf dem jede Funktion stetig ist.

Sei $\mathcal{L}_\infty(G)$ nicht endlich. Sind $L_1, \ldots, L_r \in \mathcal{L} = \mathcal{L}_\infty - \{L_\infty\}$ beliebige Löcher, so gibt es – da $\mathcal{L}_\infty$ nach 2.B, Aufg. 27 kompakt und total unzusammenhängend ist – eine Zerlegung $\mathcal{L}_\infty = A_1 \uplus \cdots \uplus A_r \uplus A_\infty$ von $\mathcal{L}_\infty$ mit offenen und abgeschlossenen Mengen $A_1, \ldots, A_r, A_\infty$, für die $L_\rho \in A_\rho$ und $L_\infty \in A_\infty$ ist, vgl. 2.B, Aufg. 26. Da es stetige Funktionen $\mathcal{L}_\infty \to \mathbb{Z}$ gibt, die für die Mengen $A_1, \ldots, A_r, A_\infty$ beliebige vorgegebene Werte haben, und da r beliebig groß gewählt werden kann, kann die Gruppe $\mathrm{H}_1(G) \cong \mathrm{C}_0(\mathcal{L}_\infty, \mathbb{Z})$ nicht endlich erzeugt sein. Da andererseits $\mathrm{H}_1(G)$ nach Lemma 7.G.2 nur abzählbar viele Elemente enthält, ist der Rang, falls $\mathrm{H}_1(G)$ frei ist, ebenfalls abzählbar. Dass nun $\mathrm{H}_1(G)$ frei ist, ergibt sich aus folgendem Lemma, womit der Beweis von 7.G.3 beendet ist. $\bullet$

7.G.4 Lemma *Seien I eine beliebige Menge und H eine abzählbare Untergruppe von $\mathbb{Z}^I$. Dann ist H eine freie abelsche Gruppe.*

B e w e i s. Für eine beliebige Untergruppe $F \subseteq \mathbb{Z}^I$ bezeichne $F' \subseteq \mathbb{Z}^I$ die F umfassende Untergruppe, für die $F'/F \subseteq \mathbb{Z}^I/F$ die Gruppe der Torsionselemente von $\mathbb{Z}^I/F$ ist. Es ist also

$$F' = \{x \in \mathbb{Z}^I \mid \text{Es gibt ein } a \in \mathbb{Z} - \{0\} \text{ mit } ax \in F\},$$

und $\mathbb{Z}^I/F'$ besitzt keine Torsionselemente $\neq 0$. Die entscheidende Beobachtung ist die folgende: *Ist $F \subseteq \mathbb{Z}^I$ eine endlich erzeugte Untergruppe (und damit frei), so ist auch F' endlich erzeugt (und damit frei).* Zum B e w e i s sei $x_1, \ldots, x_r$ eine Basis von F. Nach Bd. 2, Satz 5.G.17 gibt es eine endliche Teilmenge $E \subseteq I$ mit $|E| = r$ derart, dass die Beschränkungen $x_1|E, \ldots, x_r|E$ aus $\mathbb{Z}^E \subseteq \mathbb{Q}^E$ eine $\mathbb{Q}$-Basis von $\mathbb{Q}^E$ bilden. Offenbar ist $F' = (\mathbb{Q}x_1 + \cdots + \mathbb{Q}x_r) \cap \mathbb{Z}^I$. Ist daher $x = \alpha_1 x_1 + \cdots + \alpha_r x_r \in F'$ mit $\alpha_1, \ldots, \alpha_r \in \mathbb{Q}$ und $x|E = 0$, so ist $x = 0$. Der Homomorphismus $x \mapsto x|E$ induziert folglich eine Einbettung von F' in $\mathbb{Z}^E$, und mit Bd. 2, Lemma 8.C.13 ergibt sich die Behauptung.

Zum Beweis von 7.G.4 sei $H_0 \subseteq H_1 \subseteq H_2 \subseteq \cdots \subseteq H$ eine Ausschöpfung von $H = \bigcup_{n \in \mathbb{N}} H_n$ mit endlich erzeugten Untergruppen H_n, $n \in \mathbb{N}$. Dann ist nach der Vorbemerkung auch

$$H_0'' := H_0' \cap H \subseteq H_1'' := H_1' \cap H \subseteq \cdots \subseteq H$$

eine solche Ausschöpfung. Wegen

$$H_{n+1}''/H_n'' = (H_{n+1}' \cap H)/(H_n' \cap H) \subseteq \mathbb{Z}^I/H_n'$$

sind auch die Gruppen H_{n+1}''/H_n'' endlich erzeugt. Da sie außerdem keine von 0 verschiedenen Torsionselemente besitzen, sind sie frei. Wir konstruieren nun rekursiv Elemente

$$x_1, \ldots, x_{r_0}, x_{r_0+1}, \ldots, x_{r_1}, \ldots$$

von H derart, dass $x_1, \ldots, x_{r_n}$ eine Basis von H_n'' ist für jedes $n \in \mathbb{N}$. Dann bilden diese Elemente zusammen eine Basis von H. Sind aber $x_1, \ldots, x_{r_n} \in H_n''$ bereits konstruiert und sind $x_{r_n+1}, \ldots, x_{r_{n+1}} \in H_{n+1}''$ Elemente, deren Restklassen eine Basis von H_{n+1}''/H_n'' bilden, so ist $x_1, \ldots, x_{r_n}, \ldots, x_{r_{n+1}}$ offenbar eine Basis von H_{n+1}''. $\bullet$

7.G.5 Bemerkung Zu Lemma 7.G.4 sei bemerkt, dass bei unendlichem I nicht jede Untergruppe von $\mathbb{Z}^I$ frei ist. *So ist $\mathbb{Z}^I$ selbst nicht frei, wenn I unendlich ist* (S a t z v o n S p e c k e r). In Verallgemeinerung von 7.G.3 gilt aber der folgende bemerkenswerte S a t z v o n N ö b e l i n g: *Ist X ein beliebiger kompakter topologischer Raum, so ist die Gruppe $\mathrm{C}(X, \mathbb{Z})$ der stetigen (d.h. lokal konstanten) Funktionen auf X mit Werten in $\mathbb{Z}$ eine freie abelsche Gruppe.* (Vgl. [55], Teil 1 (2. Aufl.), Anhang III.C.)

Zu Satz 7.G.3 erwähnen wir ferner ausdrücklich, dass der Raum $\mathcal{L}(G)$ der Löcher von G im Allgemeinen nicht abzählbar ist. Ist etwa $C \subseteq [0, 1] \subseteq \mathbb{R} \subseteq \mathbb{R}^2 = \mathbb{C}$ das Cantorsche Diskontinuum (vgl. 12.A, Aufg. 3), so ist C total unzusammenhängend und überabzählbar und folglich für $G := \mathbb{R}^2 - C$ der Raum $\mathcal{L}(G) = C$ überabzählbar. Überdies sei erwähnt, dass die Sätze 7.G.1 und 7.G.3 natürliche Verallgemeinerungen auf höhere Dimensionen haben, vgl. Bd. 4, 12.C, Aufg. 6b) und 6c).

Sei in der Situation von Satz 7.G.3 die Anzahl $m := |\mathcal{L}(G)|$ der Löcher von G endlich, also $H_1(G) \cong \mathbb{Z}^{\mathcal{L}(G)} \cong \mathbb{Z}^m$. Dann heißt G $(m{+}1)$-**fach zusammenhängend**. Dass diese Bezeichnung im Fall $m = 0$ nicht mit der ursprünglichen Definition des einfachen Zusammenhangs kollidiert, besagt der folgende Satz:

7.G.6 Satz *Für ein ebenes Gebiet $G \subseteq \mathbb{R}^2$ sind folgende Aussagen äquivalent:*

(1) *G ist einfach zusammenhängend, d.h. es ist $\pi(G) = 0$.*

(2) *Es ist $H_1(G) = 0$.*

(3) *G besitzt keine Löcher, d.h. $\mathbb{R}^2 - G$ besitzt keine kompakten Zusammenhangskomponenten.*

B e w e i s. Die Äquivalenz von (2) und (3) ist ein Spezialfall von 7.G.3. Aus (1) folgt (2) trivialerweise wegen $H_1(G) = \pi(G)/[\pi(G), \pi(G)]$.

Sei (2) erfüllt. Wir haben zu zeigen, dass jeder geschlossene Weg γ in G nullhomotop ist. Nach Lemma 7.G.2 können wir annehmen, dass γ ein Kantenweg eines achsenparallelen Rechteckgitters Γ ist. γ wird dann beschrieben durch eine Folge $P_0, P_1, \ldots, P_k = P_0$ von Eckpunkten des Gitters, wobei $P_i, P_{i+1}, i = 0, \ldots, k-1$, jeweils benachbart sind. Wir schließen durch Induktion über k und können annehmen, dass $k > 2$ ist und die Punkte $P_0, P_1, \ldots, P_{k-1}$ paarweise verschieden sind, da andernfalls mit der Induktionsvoraussetzung unmittelbar die Behauptung folgt. Wir schließen nun weiter durch Induktion über die Anzahl der Rechtecke R des Gitters Γ, für die $W(\gamma \,; \mathring{R}) \neq 0$ ist. Da γ nullhomolog in G ist, liegt jedes solche Rechteck R (einschließlich des Randes) ganz in G. Sei $P_i = (a_i, b_i) \in \mathbb{R}^2$ der größte Eckpunkt unter den $P_0, \ldots, P_{k-1}$, bzgl. der lexikographischen Ordnung des $\mathbb{R}^2$, d.h. es sei $a_j \leq a_i$ für alle $P_j = (a_j, b_j)$ und $b_j \leq b_i$ für alle P_j mit $a_j = a_i$. Dann liegt eine der folgenden Situationen vor:

Da die Wahl des Anfangspunktes des Weges keine Rolle spielt, können wir $P_i \neq P_0$ annehmen. Im ersten Fall ist $W(\gamma \,; \mathring{R}) = 1$, im zweiten Fall ist $W(\gamma \,; \mathring{R}) = -1$, vgl. Beispiel 7.C.17 (3). Wir ersetzen den Eckpunkt P_i durch P_i' gemäß folgender Skizze

und erhalten einen zu γ homotopen Weg γ' in G mit derselben Eckenzahl wie γ, für den aber $W(\gamma' \,; \mathring{R}) = 0$ ist, während für die übrigen offenen Rechtecke des Gitters die Windungszahl sich nicht ändert. Nach Induktionsvoraussetzung ist γ' und damit γ nullhomotop.　　　●

Der R i e m a n n s c h e   A b b i l d u n g s s a t z besagt, dass zu jedem einfach zusammenhängenden Gebiet $G \subseteq \mathbb{C}$, $G \neq \mathbb{C}$, eine biholomorphe Abbildung $f : G \to \mathbb{E} := \mathrm{B}(0\,;1)$ existiert (f ist also bijektiv, und f und f^{-1} sind holomorph). Wir verweisen dazu auf Bd. 4, Abschnitt 17.B.

7.G.7 Bemerkung (F u n d a m e n t a l g r u p p e n   e b e n e r   G e b i e t e) Dass die Homologiegruppe $\mathrm{H}_1(G)$ eines ebenen Gebietes G eine freie abelsche Gruppe ist, folgt auch daraus, *dass die Fundamentalgruppe $\pi(G)$ von G stets eine freie Gruppe ist.*

Zum Begriff der freien Gruppe verweisen wir auf Beispiel 7.C.24. Dort wurde für endlich- und auch für unendlichfach punktierte Ebenen explizit gezeigt, dass deren Fundamentalgruppen frei sind. Für beliebige Gebiete G lässt sich die Aussage wie folgt b e w e i s e n : Man schöpft G durch kompakte Mengen K_i mit $K_0 \subseteq K_1 \subseteq \cdots$ und $G = \bigcup_{i \in \mathbb{N}} \overset{\circ}{K}_i$ aus, wobei jedes K_i auf einen Graphen kontrahierbar ist und der Graph zu K_i jeweils ein Teilgraph des Graphen zu K_{i+1} ist, vgl. Bd. 4, 12.C, Aufg. 5c). Nach Beispiel 7.C.24 ist jede der Fundamentalgruppen $\pi(K_i)$, $i \in \mathbb{N}$, frei, *und überdies* lässt sich eine Basis von $\pi(K_i)$ zu einer Basis von $\pi(K_{i+1})$ ergänzen. Nun ergibt sich die Behauptung aus 7.C, Aufg. 9. Die Einzelheiten überlassen wir dem Leser.

Da die Homologiegruppe $\mathrm{H}_1(G)$ die abelsch gemachte Fundamentalgruppe $\pi(G)/[\pi(G),\pi(G)]$ ist, folgt als Verallgemeinerung von Satz 7.G.6 für den Rang der freien Gruppe $\pi(G)$: *Genau dann ist der Rang von $\pi(G)$ endlich, wenn die Anzahl der Löcher von G endlich ist. In diesem Fall ist der Rang von $\pi(G) \cong \mathbb{F}^{|\mathcal{L}(G)|}$ gleich der Anzahl $|\mathcal{L}(G)|$ der Löcher von G. Hat G unendlich viele Löcher, so ist $\pi(G) \cong \mathbb{F}^{(\infty)}$ frei von abzählbar unendlichem Rang.*

7.G.8 Bemerkung Wie der Leser nach Durchsicht des Beweises feststellt, gilt Satz 7.G.1 und dann auch Satz 7.G.3 ganz analog für beliebige (also nicht notwendig zusammenhängende) offene Mengen $G \subseteq \mathbb{R}^2$. Die Homologiegruppe $\mathrm{H}_1(G)$ ist dann die direkte Summe $\bigoplus_{i \in I} \mathrm{H}_1(G_i)$ der Homologiegruppen der Zusammenhangskomponenten G_i von G. *Genau dann sind diese also alle einfach zusammenhängend, wenn G keine Löcher, d.h. $\mathbb{R}^2 - G$ keine kompakten Zusammenhangskomponenten hat.*

Sei wieder $G \subseteq \mathbb{R}^2 = \mathbb{C}$ ein Gebiet und $\mathcal{L} = \mathcal{L}(G)$ der Raum der Löcher von G. Ein Element $L \in \mathcal{L}$ ist nach 7.G.1 genau dann isoliert, wenn es einen geschlossenen Weg γ_L in G gibt mit $\mathrm{W}(\gamma_L\,;L) = 1$ und $\mathrm{W}(\gamma_L\,;L') = 0$ für $L' \in \mathcal{L}$, $L' \neq L$. Die Homologieklasse in $\mathrm{H}_1(G)$ eines solchen Weges γ_L ist ebenfalls nach 7.G.1 eindeutig bestimmt. *Sind alle Löcher von G isoliert, so bilden die Homologieklassen der Wege γ_L, $L \in \mathcal{L}$, eine Homologiebasis von G. Ist dann γ ein beliebiger geschlossener Weg in G, so ist $\gamma \sim \sum_{L \in \mathcal{L}} \mathrm{W}(\gamma\,;L)\,\gamma_L$. Allgemeiner gilt: Ist $\mathcal{L}_{\mathrm{iso}} = \mathcal{L}(G)_{\mathrm{iso}}$ die Menge der isolierten Löcher von G, so ist $\gamma \sim \sum_{L \in \mathcal{L}_{\mathrm{iso}}} \mathrm{W}(\gamma\,;L)\,\gamma_L$ für jeden geschlossenen Weg γ in G mit $\mathrm{W}(\gamma\,;L) = 0$ für $L \in \mathcal{L} - \mathcal{L}_{\mathrm{iso}}$.* Sei nun ω eine stetige und geschlossene 1-Form auf G mit Werten im endlichdimensionalen $\mathbb{C}$-Vektorraum W. Für ein isoliertes Loch L von G ist $\int_{\gamma_L} \omega$ allein durch L und ω bestimmt.

7.G.9 Definition In der soeben beschriebenen Situation heißt

$$\mathrm{Res}\,(\omega\,;L) := \frac{1}{2\pi\mathrm{i}} \int_{\gamma_L} \omega$$

das R e s i d u u m von ω in L.

7.G.10 Residuensatz *Sei ω eine stetige geschlossene 1-Form auf dem Gebiet $G \subseteq \mathbb{R}^2$ mit Werten in einem $\mathbb{C}$-Vektorraum W. Für den geschlossenen Weg γ in G sei $\mathrm{W}(\gamma\,;L) = 0$ für jedes Loch L von G, das nicht isoliert ist. Dann ist*

$$\int_{\gamma} \omega = 2\pi\mathrm{i} \sum_{L \in \mathcal{L}(G)_{\mathrm{iso}}} \mathrm{W}(\gamma\,;L)\,\mathrm{Res}\,(\omega\,;L)\,.$$

B e w e i s. Es ist $\gamma \sim \sum_{L \in \mathcal{L}_{\text{iso}}} \mathrm{W}(\gamma \,; L)\, \gamma_L$. Da das Integral $\int_\gamma \omega$ nur von der Homologieklasse von γ abhängt, folgt

$$\int_\gamma \omega = \sum_{L \in \mathcal{L}_{\text{iso}}} \mathrm{W}(\gamma \,; L) \int_{\gamma_L} \omega = \sum_{L \in \mathcal{L}_{\text{iso}}} 2\pi\mathrm{i}\, \mathrm{W}(\gamma \,; L)\, \mathrm{Res}\,(\omega \,; L)\,. \qquad \bullet$$

Sei $s \in \mathbb{C} = \mathbb{R}^2$ ein Punkt derart, dass G einen gelochten Kreis $\mathrm{B}(s \,; R) - \{s\}$, $R > 0$, umfasst. Dann ist $\{s\}$ ein isoliertes Loch von G. Für $\gamma_s := \gamma_{\{s\}}$ kann man einen beliebigen geschlossenen Weg in $\mathrm{B}(s \,; R)$ wählen, der nicht durch s geht und bzgl. s die Windungszahl 1 hat. Insbesondere ist für jede stetige geschlossene 1-Form ω und jedes $r \in \mathbb{R}^\times_+$, $r < R$,

$$\mathrm{Res}\,(\omega \,; s) := \mathrm{Res}\big(\omega \,; \{s\}\big) = \frac{1}{2\pi\mathrm{i}} \oint_{\gamma_{s,r}} \omega = \frac{1}{2\pi\mathrm{i}} \int_0^{2\pi} \omega(s + r e^{2\pi\mathrm{i}t} \,; 2\pi\mathrm{i}r e^{2\pi\mathrm{i}t})\, dt\,,$$

wobei $\gamma_{s,r}$ der Weg $t \mapsto s + r \exp(2\pi\mathrm{i}t)$, $t \in [0, 1]$, in $\mathrm{B}(s \,; R)$ ist.

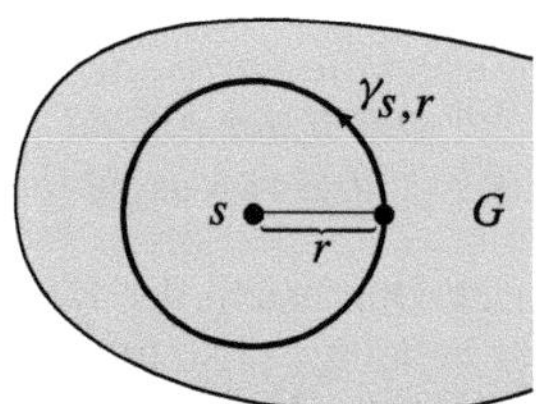

$\mathrm{Res}\,(\omega \,; s)$ heißt das R e s i d u u m von ω im Punkt s. Ist $G \subseteq \mathbb{C} = \mathbb{R}^2$ ein Gebiet und $S \subseteq G$ eine diskrete Punktmenge ohne Häufungspunkte in G, so ist $\mathcal{L}(G - S) = \mathcal{L}(G) \cup S$ und $\mathrm{W}(\gamma \,; L) = 0$ für jedes $L \in \mathcal{L}(G)$ und jeden geschlossenen Weg γ in $G - S$, *der in G nullhomolog ist*. Aus 7.G.10 folgt:

7.G.11 Korollar *Seien $G \subseteq \mathbb{C} = \mathbb{R}^2$ ein Gebiet, $S \subseteq G$ eine diskrete Punktmenge ohne Häufungspunkte in G und ω eine stetige geschlossene 1-Form auf $G - S$ mit Werten im $\mathbb{C}$-Vektorraum W. Dann ist für jeden geschlossenen Weg γ in $G - S$, der in G nullhomolog ist,*

$$\int_\gamma \omega = 2\pi\mathrm{i} \sum_{s \in S} \mathrm{W}(\gamma \,; s)\, \mathrm{Res}\,(\omega \,; s)\,.$$

7.G.12 Beispiel Die 1-Form $dz/(z - s)$, $s \in \mathbb{C}$, hat in s das Residuum 1 wegen

$$\int_{\gamma_{s,1}} \frac{dz}{z - s} = \int_0^1 \frac{2\pi\mathrm{i}\,e^{2\pi\mathrm{i}t}}{e^{2\pi\mathrm{i}t}}\, dt = 2\pi\mathrm{i}\,,$$

vgl. Beispiel 7.E.6. Seien allgemeiner f und g komplex-analytische Funktionen in einer Umgebung von s, wobei g in keiner Umgebung von s identisch verschwinde. Dann haben f und g in s Potenzreihenentwicklungen

$$f(z) = \sum_n a_n\,(z - s)^n\,, \qquad g(z) = \sum_n b_n\,(z - s)^n\,.$$

Ist $b_m \neq 0$ und $b_n = 0$ für $n < m$, so hat f/g in einer Umgebung von s für $z \neq s$ eine Darstellung

$$\frac{f(z)}{g(z)} = \frac{1}{(z-s)^m} \frac{\sum_n a_n (z-s)^n}{\sum_n b_{m+n} (z-s)^n} = \frac{c_{-m}}{(z-s)^m} + \cdots + \frac{c_{-1}}{z-s} + \sum_{n \in \mathbb{N}} c_n (z-s)^n$$

mit einer konvergenten Potenzreihe $\sum_{n=0}^{\infty} c_n (z-s)^n$ und $c_{-1}, \ldots, c_{-m} \in \mathbb{C}$. Wir nennen eine Funktion mit einer solchen Reihendarstellung in einer Umgebung von s m e r o m o r p h in s und sprechen von einem P o l m-t e r   O r d n u n g, falls $m > 0$ und $c_{-m} \neq 0$ ist. Ist die Funktion in einer Umgebung von s sogar komplex-analytisch mit Nullstellenordnung v, so sagt man auch, die Polstellenordnung in s sei $-v$. Generell setzen wir Nullstellenordnung $= -$Polstellenordnung. Beim Bilden des Kehrwerts werden also Null- und Polstellenordnungen vertauscht.

Da die Differenzialform

$$\left(\frac{f(z)}{g(z)} - \frac{c_{-1}}{z-s} \right) dz$$

in einer Umgebung von s für $z \neq s$ die (dort analytische) Stammfunktion

$$-\frac{1}{(m-1)} \frac{c_{-m}}{(z-s)^{m-1}} - \cdots - \frac{c_{-2}}{z-s} + \sum_{n \in \mathbb{N}} \frac{c_n}{n+1} (z-s)^{n+1}$$

besitzt, haben $f\,dz/g$ und $c_{-1}dz/(z-s)$ in s dasselbe Residuum, und dieses ist nach der Vorbemerkung gleich

$$\mathrm{Res}\left(\frac{f}{g} dz\,;s \right) = \mathrm{Res}\left(\frac{c_{-1}\,dz}{z-s}\,;s \right) = c_{-1}.$$

Man nennt den Koeffizienten c_{-1}, der in der Entwicklung von f/g um s bei $1/(z-s)$ steht, das R e s i d u u m von f/g in s. Dem Leser sollte aber bewusst sein, dass das Residuum ursprünglich nicht für eine Funktion (oder Abbildung), sondern für eine (geschlossene) 1-Form definiert ist. Man beachte ferner, dass das Residuum c_{-1} bei Kenntnis der Potenzreihenentwicklungen von f und g durch einfache algebraische Manipulationen bestimmt werden kann. Hat z.B. g in s eine einfache Nullstelle[2]), $g(z) = b_1(z-s) + \cdots$, $b_1 \neq 0$, so ist

$$\frac{f}{g} = \frac{a_0}{b_1} \frac{1}{(z-s)} + c_0 + c_1(z-s) + \cdots \qquad \text{und} \qquad \mathrm{Res}\left(\frac{f}{g} dz\,;s \right) = \frac{a_0}{b_1} = \frac{f(s)}{g'(s)}.$$

Als Korollar zu 7.G.11 ergibt sich:

7.G.13 Satz *Seien f und g komplex-analytische Funktionen auf dem Gebiet $G \subseteq \mathbb{C}$ und S die Nullstellenmenge von g in G. Es sei $S \neq G$, d.h. g sei nicht die Nullfunktion. Für jeden geschlossenen Weg γ in $G-S$, der in G nullhomolog ist, gilt*

$$\int_{\gamma} \frac{f\,dz}{g} = 2\pi\mathrm{i} \sum_{s \in S} \mathrm{W}(\gamma\,;s)\,\mathrm{Res}\left(\frac{f}{g}dz\,;s \right).$$

7.G.13 liefert eine umfassende Methode zur Berechnung von Integralen. Wir kommen darauf in Band 4 zurück, wo wir 7.G.13 auch ein wenig verallgemeinern werden, vgl. Bd. 4, 15.A.5 und Beispiel 15.A.9. Hier behandeln wir nur die folgenden beiden Beispiele, wobei wir im zweiten Beispiel auch den Primzahlsatz gewinnen werden.

7.G.14 Beispiel Ist f in einer offenen Umgebung von $s \in \mathbb{C}$ holomorph mit der Potenzreihenentwicklung $f(z) = \sum_{n=0}^{\infty} a_n(z-s)^n$, so ist

$$a_n = \mathrm{Res}\left(\frac{f\,dz}{(z-s)^{n+1}}\,;s \right).$$

---

[2]) Ist $g(s) \neq 0$, so ist das Residuum von $f\,dz/g$ in s natürlich 0.

Für $f(z) := z/(e^z - 1) = \sum_{n=0}^{\infty} B_n z^n / n!$ etwa, wo die B_n (definitionsgemäß) die Bernoullischen Zahlen sind, ergibt sich also mit 7.G.13 für $n \in \mathbb{N}^*$

$$\frac{1}{2\pi i} \int_{\gamma_m} \frac{f\,dz}{z^{2n+1}} = \frac{B_{2n}}{(2n)!} + \sum_{k=1}^{m} \left(\operatorname{Res}\left(\frac{f\,dz}{z^{2n+1}} ; 2\pi ik \right) + \operatorname{Res}\left(\frac{f\,dz}{z^{2n+1}} ; -2\pi ik \right) \right)$$

$$= \frac{B_{2n}}{(2n)!} + 2 \sum_{k=1}^{m} \frac{1}{(2\pi ik)^{2n}} = \frac{B_{2n}}{(2n)!} + \frac{(-1)^n}{\pi^{2n} 2^{2n-1}} \sum_{k=1}^{m} \frac{1}{k^{2n}} \, ,$$

wo γ_m der folgende Quadratweg ist:

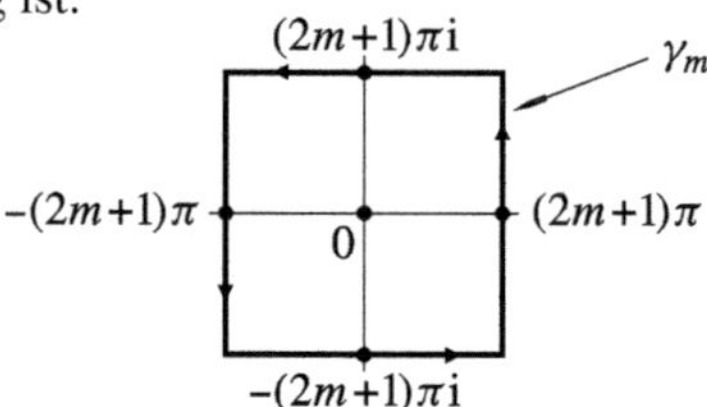

Wegen $|f(z)/z^{2n+1}| = 1/|e^z - 1| \, |z|^{2n} \leq C/((2m+1)\pi)^{2n}$ auf γ_m mit einer (von m und n unabhängigen) Konstanten C konvergiert $\int_{\gamma_m} f\,dz/z^{2n+1}$ für $m \to \infty$ gegen 0, und wir erhalten die schon mehrfach bewiesene Formel

$$\zeta(2n) = \sum_{k=1}^{\infty} \frac{1}{k^{2n}} = (-1)^{n-1} B_{2n} \frac{(2\pi)^{2n}}{2\,(2n)!} \, , \quad n \in \mathbb{N}^*.$$

Es ergibt sich hier noch einmal $(-1)^{n-1} B_{2n} > 0$. Ferner erkennt man so auch das Verschwinden der Bernoulli-Zahlen B_{2n+1}, $n \in \mathbb{N}^*$, durch Betrachten von $\int_{\gamma_m} f\,dz/z^{2n+2}$ für $m \to \infty$.

7.G.15 Beispiel (Ein Konvergenzsatz für Dirichlet-Reihen · Primzahlsatz) Wie im vorigen Beispiel benutzen wir auch hier die Formel

$$f(z_0) = \operatorname{Res}\left(\frac{f\,dz}{z - z_0} ; z_0 \right)$$

für eine Funktion f, die in einer Umgebung von $z_0 \in \mathbb{C}$ komplex-analytisch ist. Wir beweisen zunächst einen Satz von Ingham über die Konvergenz gewisser Dirichlet-Reihen und schließen uns dabei der Arbeit Newman, D. J.: Simple Analytic Proof of the Prime Number Theorem. Am. Math. Monthly **87**, 693-696 (1980) an.

Sei $f(s) = \sum_{n=1}^{\infty} a_n n^{-s}$ eine Dirichlet-Reihe, für die die Folge der Koeffizienten $a_n \in \mathbb{C}$, $n \in \mathbb{N}^*$, beschränkt ist. (Für Dirichlet-Reihen generell verweisen wir auf Bd. 1, 14.E, Aufg. 2.) Dann ist die absolute Konvergenzabszisse von f höchstens so groß wie die der ζ-Reihe $\zeta(s) = \sum_{n=1}^{\infty} n^{-s}$, also ≤ 1. Daher beschreibt f in der offenen Halbebene Re $s > 1$ eine ebenfalls mit f bezeichnete komplex-analytische Funktion. In dieser Situation gilt:

7.G.16 Satz *Lässt sich die Funktion f zu einer (wiederum mit f bezeichneten) komplex-analytischen Funktion in einer Umgebung der abgeschlossenen Halbebene* Re $s \geq 1$ *fortsetzen, so gilt auch für alle $s \in \mathbb{C}$ mit* Re $s = 1$ *die Gleichung*

$$f(s) = \sum_{n=1}^{\infty} a_n n^{-s} \, .$$

B e w e i s . Sei $|a_n| \leq C$ für alle $n \in \mathbb{N}^*$. Wir können $C = 1$ annehmen; sonst gehe man zu $C^{-1} \sum_{n=1}^{\infty} a_n n^{-s}$ über. Ferner genügt es, die Konvergenz für $s = 1$ zu zeigen. (Man betrachte zu festem $t \in \mathbb{R}$ die Reihe $\sum_{n=1}^{\infty}(a_n n^{-\mathrm{i}t})\, n^{-s}$.) Statt f untersuchen wir die in einer Umgebung der rechten Halbebene $\operatorname{Re} s \geq 0$ komplex-analytische Funktion $F(s) = f(s+1)$ im Punkte $s = 0$. Für $N \in \mathbb{N}^*$ sei $F_N(s) := \sum_{n=1}^{N} a_n n^{-(s+1)}$. Dies ist eine auf ganz $\mathbb{C}$ komplex-analytische Funktion. Wir wählen nun ein $R > 0$. Dazu gibt es ein positives $\delta = \delta(R) \leq \frac{1}{2}R$ derart, dass F in einer Umgebung von $|s| \leq R$, $\operatorname{Re} s \geq -\delta$ komplex-analytisch ist. M sei eine Schranke für $|f|$ auf diesem Kreisabschnitt. Wir werden über seinen Randweg γ und über den Kreis $|s| = R$ integrieren, wobei wir beide Wege im positiven Sinne durchlaufen. Den Teil von γ in der offenen rechten Halbebene $\operatorname{Re} s > 0$ bezeichnen wir mit α, den Teil in der abgeschlossenen linken Halbebene $\operatorname{Re} s \leq 0$ mit β. Für $\operatorname{Re} s > 0$ gilt $R_N(s) := F(s) - F_N(s) = \sum_{n=N+1}^{\infty} a_n n^{-(s+1)}$.

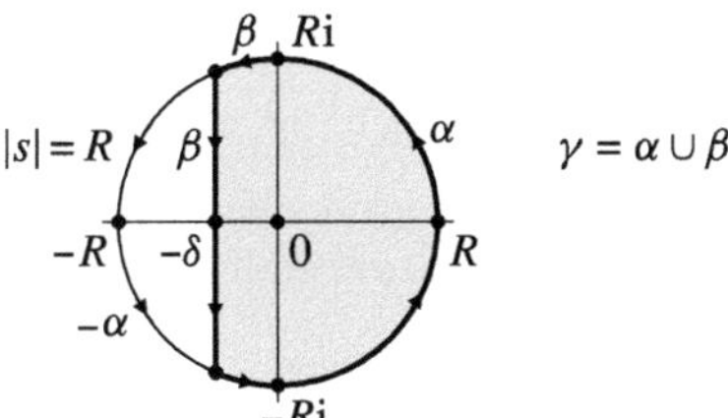

Nach der Vorbemerkung ist

$$\operatorname{Res}\left(F(s)\,N^s\left(\frac{1}{s} + \frac{s}{R^2}\right)ds\,;0\right) = F(0)\,N^0 = f(1)$$

(die Benutzung des Faktors $1/s + s/R^2$ ist ein Kunstgriff), und der Residuensatz liefert

$$I := \int_{\gamma} F(s)\,N^s\left(\frac{1}{s} + \frac{s}{R^2}\right)ds = 2\pi\,\mathrm{i}\,f(1)\,.$$

Analog ist

$$I_N := \int_{|s|=R} F_N(s)\,N^s\left(\frac{1}{s} + \frac{s}{R^2}\right)ds = 2\pi\,\mathrm{i}\,F_N(0) = 2\pi\,\mathrm{i}\sum_{n=0}^{N} a_n n^{-1}\,.$$

Wir haben $\lim_{N \to \infty} I_N = I$ zu zeigen. Wegen $\{|s| = R\} = \alpha \cup (-\alpha) \cup \{\pm \mathrm{i}R\}$ ist

$$I_N = \int_{\alpha} F_N(s)\,N^s\left(\frac{1}{s} + \frac{s}{R^2}\right)ds + \int_{-\alpha} F_N(s)\,N^s\left(\frac{1}{s} + \frac{s}{R^2}\right)ds$$

$$= \int_{\alpha}\left(F_N(s)\,N^s + F_N(-s)\,N^{-s}\right)\left(\frac{1}{s} + \frac{s}{R^2}\right)ds\,.$$

Es ergibt sich

$$I - I_N = \int_{\alpha}\left(R_N(s)\,N^s - F_N(-s)\,N^{-s}\right)\left(\frac{1}{s} + \frac{s}{R^2}\right)ds + \int_{\beta} F(s)\,N^s\left(\frac{1}{s} + \frac{s}{R^2}\right)ds\,.$$

Den Integrand des ersten Integrals schätzen wir auf α dem Betrage nach folgendermaßen ab und setzen dazu $x := \operatorname{Re} s$ (man beachte $1/s = \bar{s}/R^2$ auf α):

$$\left|\left(R_N(s)\,N^s - F_N(-s)\,N^{-s}\right)\left(\frac{1}{s} + \frac{s}{R^2}\right)\right| \leq \left(\sum_{n=N+1}^{\infty} n^{-x-1}\,N^x + \sum_{n=1}^{N-1} n^{x-1}\,N^{-x} + N^{-1}\right)\frac{2x}{R^2}$$

$$\leq \left(N^x\int_{N}^{\infty}\tau^{-x-1}\,d\tau + N^{-x}\int_{0}^{N}\tau^{x-1}\,d\tau + \frac{1}{N}\right)\frac{2x}{R^2} = \left(N^x\frac{N^{-x}}{x} + N^{-x}\frac{N^x}{x} + \frac{1}{N}\right)\frac{2x}{R^2} \leq \frac{4}{R^2} + \frac{2}{NR}\,.$$

Dem Betrage nach ist das erste Integral also $\leq \pi\left(\frac{4}{R} + \frac{2}{N}\right)$. – Der Integrand des zweiten Integrals ist auf dem zur imaginären Achse parallelen Streckenstück von β dem Betrage nach $\leq MN^{-\delta}\left(\frac{1}{\delta} + \frac{1}{R}\right) \leq \frac{3}{2}MN^{-\delta}\delta^{-1}$, das Integral also dem Betrage nach $\leq 3RMN^{-\delta}\delta^{-1}$. Auf den beiden Kreisbögen von β ist der Integrand dem Betrage nach $\leq 2MN^x|x|R^{-2}$, die entsprechenden Integrale also jeweils dem Betrage nach (man beachte $|x| \leq \delta \leq R/2$ und 7.B.6 (3))

$$\leq \frac{2M}{R} \int_{-\delta}^{0} \frac{N^x|x|}{\sqrt{R^2 - x^2}}\, dx \leq \frac{4M}{\sqrt{3}R^2} \int_{0}^{\delta} N^{-x}x\, dx = \frac{4M}{\sqrt{3}R^2}\left(\frac{1}{\ln^2 N} - \frac{1}{N^\delta \ln^2 N} - \frac{\delta}{N^\delta \ln N}\right).$$

Insgesamt ist

$$|I - I_N| \leq \frac{4\pi}{R} + \frac{2\pi}{N} + \frac{3RM}{N^\delta\delta} + \frac{8M}{\sqrt{3}R^2}\left(\frac{1}{\ln^2 N} - \frac{1}{N^\delta \ln^2 N} - \frac{\delta}{N^\delta \ln N}\right) \leq \varepsilon,$$

falls man zu gegebenem $\varepsilon > 0$ zunächst R so groß wählt, dass $4\pi/R \leq \varepsilon/2$ ist und dann N so groß, dass die übrigen Summanden zusammen ebenfalls $\leq \varepsilon/2$ sind. Dies beweist den Satz. •

Wir wenden den vorstehenden Satz auf den Kehrwert $\zeta^{-1} = 1/\zeta$ der Zeta-Funktion an, der für $\operatorname{Re} s > 1$ durch die Dirichlet-Reihe

$$\zeta^{-1}(s) = \sum_{n=1}^{\infty} \mu(n)\, n^{-s}$$

dargestellt wird, wobei wir die Möbius-Funktion μ mit $\mu(n) = (-1)^r$ für quadratfreies n mit genau r Primfaktoren und $\mu(n) = 0$ sonst verwandt haben, vgl. Bd. 1, 6.B, Aufg. 8d). Die absolute Konvergenzabszisse dieser Reihe ist 1, z. B. weil die Summe der Kehrwerte der Primzahlen ∞ ist (vgl. Bd. 1, 6.B, Aufg. 8). Die genaue Konvergenzabszisse α dieser Dirichlet-Reihe ist jedoch nicht bekannt. Es gilt $1/2 \leq \alpha \leq 1$, und die Gleichheit $\alpha = 1/2$ ist mit der Riemannschen Vermutung äquivalent. Wir haben all dies ausführlicher in Bd. 1, 14.E, Aufg. 2d) diskutiert. Da aber die Zeta-Funktion gemäß Bd. 1, Beispiel 18.B.4 nach ganz $\mathbb{C}$ meromorph fortgesetzt werden kann mit einem einzigen Pol in $s = 1$ (überdies von der Ordnung 1) und nach Bd. 1, Satz 18.B.6 für $\operatorname{Re} s = 1$, $s \neq 1$, nicht verschwindet, *ist ζ^{-1} in einer ganzen Umgebung von $\operatorname{Re} s \geq 1$ komplex-analytisch mit 1 als einziger Nullstelle (und zwar von der Ordnung* 1). Der gerade bewiesene Satz 7.G.16 liefert daher:

7.G.17 Korollar *Für alle $t \in \mathbb{R}$ gilt $\zeta^{-1}(1 - it) = \sum_{n=1}^{\infty} \mu(n)\, n^{it}/n$, insbesondere ist*

$$0 = \zeta^{-1}(1) = \sum_{n=1}^{\infty} \frac{\mu(n)}{n} = 1 - \frac{1}{2} - \frac{1}{3} - \frac{1}{5} + \frac{1}{6} - \frac{1}{7} + \frac{1}{10} - \frac{1}{11} - \frac{1}{13} + \frac{1}{14} + \frac{1}{15} - + \cdots.$$

Nach einer Bemerkung von E. Landau ist der Zusatz in 7.G.17 in elementarer Weise mit dem Primzahlsatz $\pi(x) \sim x/\ln x$, $x \to \infty$, äquivalent, wo π die Primzahlfunktion ist mit $\pi(x) = $ Anzahl der Primzahlen $\leq x$. Hier zeigen wir nur, dass der Primzahlsatz elementar aus $\sum_{n=0}^{\infty} \mu(n)/n = 0$ folgt, und bereiten dies mit einigen Umformulierungen des Primzahlsatzes vor.

Wir benutzen die schon in Bd. 1, Beispiel 18.B.4 eingeführte von Mangoldtsche Funktion Λ mit $\Lambda(n) = \ln p$, falls $n \in \mathbb{N}^*$ eine Primzahlpotenz p^k ist, und $\Lambda(n) = 0$ sonst, deren Summatorfunktion die Funktion $\ln n$, $n \in \mathbb{N}^*$, ist, d. h. es ist $\sum_{n \in \mathbb{N}^*} \Lambda(n)n^{-s} = -\zeta'(s)/\zeta(s)$ für $\operatorname{Re} s > 1$, und verwenden die bereits von Tschebyschew betrachteten Funktionen

$$\psi(x) := \sum_{n \leq x} \Lambda(n) \quad \text{und} \quad \vartheta(x) := \sum_{p \leq x} \Lambda(p) = \sum_{p \leq x} \ln p, \qquad x \in \mathbb{R}_+^\times.$$

p ist hier und im Folgenden immer eine Variable für eine Primzahl, also $p \in P$. Für $n \in \mathbb{N}^*$ gilt

offenbar $B(n) := \exp\big(\psi(n)\big) = \mathrm{kgV}(1, 2, \ldots, n)\,^3)$ und für $n \to \infty$

$$\psi(n) \le \sum_{k=2}^{n} \ln k = n \ln n - n + O(\ln n) \sim n \ln n.$$

Die gegenüber $\sum_{k=2}^{n} \ln k \sim n \ln n$ genauere Abschätzung der Summe $\sum_{k=2}^{n} \ln k$ mit der Stirlingschen Formel aus Bd. 1, Beispiel 18.B.2 haben wir dabei für eine spätere Anwendung notiert. Zunächst zeigen wir:

7.G.18 *Es ist* $\psi(x) = \vartheta(x) + O(x^{1/2} \ln x)$ *für* $x \to \infty$.

B e w e i s . Es gilt

$$\psi(x) = \sum_{k \in \mathbb{N}^*} \vartheta(x^{1/k}) = \vartheta(x) + \vartheta(x^{1/2}) + \sum_{3 \le k \le \ln x / \ln 2} \vartheta(x^{1/k}).$$

Wegen $\vartheta(x^{1/2}) \le \psi(x^{1/2}) \le x^{1/2} \ln x^{1/2}$ und $\vartheta(x^{1/k}) \le x^{1/k} \ln x^{1/k} \le x^{1/2}$ für $x \ge 1$ und $k \ge 3$ ergibt sich wie gewünscht $0 \le \psi(x) - \vartheta(x) \le x^{1/2} \ln x^{1/2} + \big(\ln^{-1} 2 \ln x - 2\big) x^{1/2} = O(x^{1/2} \ln x)$. ●

Ferner benutzen wir die von Mertens betrachtete Funktion

$$M(x) := \sum_{n \le x} \mu(n), \quad x \in \mathbb{R}_+^\times.$$

Ihre Bedeutung für die Riemannsche Vermutung haben wir schon in der oben erwähnten Aufg. 2e) aus Bd. 1, Abschnitt 14.E diskutiert und unter anderem bemerkt, dass nach einem Satz von Littlewood die Riemannsche Vermutung äquivalent ist mit $M(x) = o(x^{\varepsilon + 1/2})$ für $x \to \infty$ und jedes $\varepsilon > 0$. Hier zeigen wir:

7.G.19 Lemma *Folgende Aussagen sind (jeweils für* $x \to \infty$*) äquivalent*:

(1) $\pi(x) \sim x / \ln x$.   (2) $\psi(x) \sim x$.   (3) $\vartheta(x) \sim x$.   (4) $M(x) = o(x)$.

Bevor wir das Lemma beweisen, zeigen wir damit:

7.G.20 Primzahlsatz *Für* $x \to \infty$ *gilt* $M(x) = o(x)$, *mithin* $\pi(x) \sim x / \ln x$.

B e w e i s . Seien $N_m := \sum_{k=1}^{m} \mu(k)/k$ die Partialsummen der nach Korollar 7.G.17 gegen 0 konvergierenden Reihe $\sum_{k=1}^{\infty} \mu(k)/k\,.^4)$ Für $1 \le n_0 \le n \in \mathbb{N}^*$ gilt dann mit Abelscher partieller Summation, vgl. Bd. 1, 6.A.20:

$$\frac{M(n)}{n} = \frac{1}{n} \sum_{k=1}^{n} \frac{\mu(k)}{k} \cdot k = -\frac{1}{n} \sum_{k=1}^{n_0 - 1} N_k - \frac{1}{n} \sum_{k=n_0}^{n-1} N_k + N_n.$$

Zu vorgegebenem $\varepsilon > 0$ wählen wir nun n_0 so groß, dass $|N_n| \le \varepsilon/3$ ist für $n \ge n_0$ und dann $n_1 \ge n_0$ so, dass $n^{-1}\big| \sum_{k=1}^{n_0 - 1} N_k \big| \le \varepsilon/3$ für $n \ge n_1$ ist (wofür $n_1 \ge 3(n_0 - 1)/\varepsilon$ zusätzlich zu $n_1 \ge n_0$ reicht). Dann ist auch $|M(n)|/n \le \varepsilon$. ●

$^3)$ $B(n)$ ist der Exponent der Permutationsgruppe $\mathfrak{S}_n$. Für eine Anwendung siehe 16.A.5.
$^4)$ Übrigens ist die Abschätzung $|N_m| \le 1$ für alle $m \in \mathbb{N}^*$ überraschend elementar. Ist $\{t\} :=$ $t - [t]$ für $t \in \mathbb{R}$, so gilt nämlich $m N_m = \sum_{k=1}^{m} \mu(k)[m/k] + \sum_{k=1}^{m} \mu(k)\{m/k\}$ und

$$\sum_{k=1}^{m} \mu(k)\Big[\frac{m}{k}\Big] = \sum_{k\ell \le m} \mu(k) \cdot 1 = \sum_{n \le m} \sum_{d \mid n} \mu(d) = 1 \ \text{ sowie } \ \Big|\sum_{k=1}^{m} \mu(k)\Big\{\frac{m}{k}\Big\}\Big| \le \sum_{k=2}^{m} \Big\{\frac{m}{k}\Big\} \le m - 1.$$

Wir erwähnen, dass Euler bereits im Jahre 1748 in § 277 seines (noch heute benutzten) Lehrbuchs „Introductio in analysin infinitorum, tomus primus" (Euler, L.: Opera omnia, 1. Ser., Band 8. Leipzig-Berlin 1922; engl. Übersetzung: Introduction to Analysis of the Infinite, Book I. Berlin-Heidelberg-New York 1988) die Konvergenzaussage $0 = \sum_{n=1}^{\infty} \mu(n)/n$ angibt. Er „beweist" sie durch naives Ausmultiplizieren des Produkts $0 = \lim_{m \to \infty} \prod_{n=1}^{m}(1 - p_n^{-1})$. Letztere Konvergenzaussage ist gewiss in Ordnung (wegen $\sum_{n=1}^{\infty} p_n^{-1} = \infty$ für die Folge $2 = p_1 < p_2 < \cdots$ der Primzahlen).[5]) Die elementaren Mittel, um aus $0 = \sum_{n=1}^{\infty} \mu(n)/n$ den Primzahlsatz zu gewinnen, standen Euler alle prinzipiell zur Verfügung. Er hätte diesen Satz also schon fast 150 Jahre vor dem endgültigen Beweis, der 1896 unabhängig voneinander durch Hadamard und de la Vallée-Poussin erbracht wurde, finden können. Euler gibt auch die konvergente Reihe

$$0 = \sum_{n=1}^{\infty} \frac{(-1)^{\Omega(n)}}{n} = 1 - \frac{1}{2} - \frac{1}{3} + \frac{1}{4} - \frac{1}{5} + \frac{1}{6} - \frac{1}{7} - \frac{1}{8} + \frac{1}{9} + \frac{1}{10} - \frac{1}{11} - + \cdots$$

an (vgl. loc. cit.), wobei $\Omega(n) = \sum_{p \in P} \alpha_p$ für $n = \prod_{p \in P} p^{\alpha_p} \in \mathbb{N}^*$ die Anzahl der Primteiler von n, *mit Vielfachheiten gezählt*, ist. Er gewinnt sie aus $0 = \lim_{m \to \infty} \prod_{n=1}^{m}(1 + p_n^{-1})^{-1}$. Da die Funktion $f(s) := \zeta^{-1}(s)\,\zeta(2s)$ mit $f(s) = \prod_{p \in P}(1 - p^{-s})/(1 - p^{-2s}) = \prod_{p \in P}(1 + p^{-s})^{-1} = \sum_{n \in \mathbb{N}^*}(-1)^{\Omega(n)}\,n^{-s}$ für $\operatorname{Re} s > 1$ ebenfalls die Voraussetzungen von Satz 7.G.16 erfüllt (und $f(1) = \zeta^{-1}(1)\,\zeta(2) = 0$ ist), ist auch diese Eulersche Behauptung damit bewiesen. Sie folgt allerdings auch leicht, ohne nochmals Satz 7.G.16 zu benutzen, aus $0 = \sum_{n=1}^{\infty} \mu(n)/n$. Beweis!

Wir kommen nun zu dem noch ausstehenden B e w e i s v o n L e m m a 7.G.19. Die Äquivalenz von (2) und (3) folgt direkt aus 7.G.18. Im Weiteren sind d, k, ℓ, m, n wie oben schon Variablen für positive ganze Zahlen. Wir benutzen die Abelsche partielle Summation in einer Form, die die Verwandtschaft mit der partiellen Integration deutlich macht: Sei $f : I \to \mathbb{C}$ eine auf dem Intervall $I \subseteq \mathbb{R}$ stetige und stückweise stetig differenzierbare Funktion und sei (x_n) eine streng monoton wachsende Folge in I mit $\lim x_n \notin I$. Ferner sei $a_1, a_2, \ldots$ eine beliebige Folge komplexer Zahlen und $A(x) := \sum_{n, x_n \le x} a_n$ für $x \in I$. Für $x \in I$ mit $x_m \le x < x_{m+1}$ ist also $A(x) = A(x_m) = \sum_{n=1}^{m} a_n$, und Abelsche partielle Summation liefert $\sum_{n, x_n \le x} a_n f(x_n) = \sum_{n=1}^{m} a_n f(x_n) = \sum_{n=1}^{m-1} A(x_n)\big(f(x_n) - f(x_{n+1})\big) + A(x)\,f(x_m)$; weiter ist $A(x_n)\big(f(x_n) - f(x_{n+1})\big) = -\int_{x_n}^{x_{n+1}} A(t)\,f'(t)\,dt$ und $A(x)\,f(x_m) = -\int_{x_m}^{x} A(t)\,f'(t)\,dt + A(x)\,f(x)$. Für $x \ge x_1$ ergibt sich so die Formel

$$\sum_{n, x_n \le x} a_n\,f(x_n) = A(x)\,f(x) - \int_{x_1}^{x} A(t)\,f'(t)\,dt \,.$$

Ferner werden wir Familien $c(k, \ell)$, $(k, \ell) \in \mathbb{N}^* \times \mathbb{N}^*$ mit $k\ell \le x$, zu summieren haben. Dafür empfehlen sich unter anderem folgende Möglichkeiten (die wir schon häufiger benutzt haben): Man fixiert erstens zunächst das Produkt $n = k\ell$ oder man wählt zweitens $a, b \in \mathbb{R}_+^{\times}$ mit $ab = x$ und summiert über alle k mit $k \le a$ und über alle ℓ mit $\ell \le b$. Dann gilt mit den Summen $C(k) := \sum_{\ell \le x/k} c(k, \ell)$ bzw. $D(\ell) := \sum_{k \le x/\ell} c(k, \ell)$:

$$S := \sum_{k\ell \le x} c(k, \ell) = \sum_{n \le x} \sum_{d \mid n} c(d, n/d) = \sum_{k \le a} C(k) + \sum_{\ell \le b} D(\ell) - \sum_{k \le a, \ell \le b} c(k, \ell) \,.$$

Für $b = 1$ bzw. $a = 1$ erhält man insbesondere $S = \sum_{k \le x} C(k) = \sum_{\ell \le x} D(\ell)$.

---

[5]) Wir schreiben nicht $0 = \prod_{n=1}^{\infty}(1 - p_n^{-1})$, da dieses Produkt nicht im Sinne der Definition in Bd. 1, Abschitt 6.A konvergiert.

Wir beweisen nun (3) $\Rightarrow$ (1). Dazu sei $x_n = p_n$, $n \in \mathbb{N}^*$, die Folge der Primzahlen und $f(t)$ die Funktion $\ln^{-1} t$. Die obige Version der Abelschen partiellen Summation liefert dann für $x \geq 2$

$$\pi(x) = \sum_{n,\,p_n \leq x} \ln p_n \, \ln^{-1} p_n = \vartheta(x) \, \ln^{-1} x + \int_2^x \vartheta(t)\, t^{-1} \ln^{-2} t \, dt \,.$$

Wegen $\vartheta(x) \sim x$ genügt es zu zeigen, dass $\int_2^x \ln^{-2} t \, dt = o(x \ln^{-1} x)$ ist. Es gilt aber

$$\frac{\ln x}{x} \int_2^x \frac{dt}{\ln^2 t} = \frac{\ln x}{x} \int_2^{\sqrt{x}} \frac{dt}{\ln^2 t} + \frac{\ln x}{x} \int_{\sqrt{x}}^x \frac{dt}{\ln^2 t} \leq \frac{\ln x}{x} \frac{\sqrt{x} - 2}{\ln^2 2} + 4 \frac{\ln x}{x} \frac{x - \sqrt{x}}{\ln^2 x} \to 0$$

für $x \geq 4$ und $x \to \infty$. Übrigens folgt daraus wegen $(x \ln^{-1} x)' = \ln^{-1} x - \ln^{-2} x$ *das asymptotische Verhalten* $\mathrm{Li}(x) \sim x \ln^{-1} x$ *des Integrallogarithmus* $\mathrm{Li}(x) = \int_0^x \ln^{-1} t \, dt$ für $x \to \infty$, das bereits in Band 1 am Ende von Beispiel 17.B.8 bemerkt wurde.

Zum Beweis von (1) $\Rightarrow$ (3) benutzen wir analog die Gleichung

$$\vartheta(x) = \sum_{n,\,p_n \leq x} 1 \cdot \ln p_n = \pi(x) \, \ln x + \int_2^x \pi(t)\, t^{-1} \, dt$$

und haben wegen der vorausgesetzten Asymptotik $\pi(x) \sim x \ln^{-1} x$ zu zeigen, dass $\int_2^x \ln^{-1} t \, dt = o(x)$ ist. Es gilt aber $\int_2^x \ln^{-1} t \, dt = \mathrm{Li}(x) - \mathrm{Li}(2) \sim x \ln^{-1} x = o(x)$.

Zum Beweis von (4) $\Rightarrow$ (2) haben wir zu zeigen, dass $\psi(x) - x = o(x)$ aus $M(x) = o(x)$ folgt. Wie die folgenden Überlegungen zeigen, ist es etwas bequemer $\psi(x) - [x] + 2\gamma = o(x)$ zu zeigen, wo $\gamma = \lim_{n \to \infty} (H_n - \ln n)$, $H_n = \sum_{k=1}^n 1/k$, die Euler-Mascheronische Konstante aus Bd. 1, Beispiel 4.F.10 ist.

Die Summatorfunktion von $\Lambda(n)$ ist $\ln n$, und die Summatorfunktion der konstanten Funktion 1 ist $T(n)$ (= Anzahl der Teiler von n). Folglich gilt mit der Möbiusschen Umkehrformel

$$\psi(x) = \sum_{n \leq x} \Lambda(n) = \sum_{n \leq x} \sum_{d \mid n} \mu(d) \ln (n/d) = \sum_{k\ell \leq x} \mu(k) \ln \ell$$

und

$$[x] = \sum_{n \leq x} 1 = \sum_{n \leq x} \sum_{d \mid n} \mu(d) \, T(n/d) = \sum_{k\ell \leq x} \mu(k) \, T(\ell) \,.$$

Ferner zitieren wir die definierende Eigenschaft der Möbius-Funktion: $\sum_{d \mid n} \mu(d) = \delta_{1,n}$, also

$$1 = \sum_{n \leq x} \sum_{d \mid n} \mu(d) = \sum_{k\ell \leq x} \mu(k) \,, \quad x \geq 1 \,.$$

Insgesamt ist somit für $x \geq 1$

$$\psi(x) - [x] + 2\gamma = \sum_{k\ell \leq x} \mu(k) \left(\ln \ell - T(\ell) + 2\gamma \right) \,.$$

Nach der Stirlingschen Formel ist $\sum_{n \leq x} \ln n = x \ln x - x + O(\ln x)$ und nach Bd. 1, 4.F, Aufg. 29b)

$$\sum_{n \leq x} T(n) = \sum_{k\ell \leq x} 1 = \sum_{k \leq x} [x/k] = 2[x] H_{\sqrt{x}} - x + O(\sqrt{x}) = x \ln x + 2\gamma x - x + O(\sqrt{x})$$

wegen $H_x = \sum_{k \leq x} 1/k = \ln x + \gamma + O(1/x)$, vgl. Bd. 1, 18.B.4. Setzen wir für $x \geq 1$

$$g(n) := \ln n - T(n) + 2\gamma \qquad \text{und} \qquad G(x) := \sum_{n \leq x} g(n) \,,$$

so ist also $G(x) = O(\sqrt{x})$, d.h. $|G(x)| \le A\sqrt{x}$ für alle $x \ge 1$ mit einer Konstanten $A \ge 1$. Nach dem oben beschriebenen Summationsschema gilt für beliebige $a, b \ge 1$ mit $ab = x$:

$$\psi(x) - [x] + 2\gamma = \sum_{k \le a} \mu(k)\, G(x/k) + \sum_{\ell \le b} M(x/\ell)\, g(\ell) - M(a)\, G(b)\,.$$

Wir schätzen zunächst den ersten und den letzten Summanden auf der rechten Seite ab. Es ist

$$\Big| \sum_{k \le a} \mu(k)\, G(x/k) \Big| \le \sum_{k \le a} |G(x/k)| \le A\sqrt{x} \sum_{k \le a} \frac{1}{\sqrt{k}} \le A\sqrt{x} \int_0^a \frac{d\tau}{\sqrt{\tau}} = 2A\sqrt{xa} = 2Ax/\sqrt{b}$$

sowie $|M(a)\, G(b)| \le aA\sqrt{b} = Ax/\sqrt{b}$. Sei nun ε mit $0 < \varepsilon \le 6$ vorgegeben und sei $b := 36A^2/\varepsilon^2$ (≥ 1). Ist dann $|M(x)| \le \varepsilon x \big/ 2 \sum_{\ell \le b} |g(\ell)|/\ell$ für alle $x \ge x_0 \ge 1$, so gilt für $x \ge bx_0$ dann $|\sum_{\ell \le b} M(x/\ell)\, g(\ell)| \le \varepsilon x/2$ und somit $|\psi(x) - [x] + 2\gamma| \le 3Ax/\sqrt{b} + \varepsilon x/2 = \varepsilon x$.

Wir folgern schließlich noch (4) aus (2) in Lemma 7.G.19, wenn auch der eigentliche Primzahlsatz durch die Implikationen (4) $\Rightarrow$ (2) $\Rightarrow$ (3) $\Rightarrow$ (1) bereits vollständig bewiesen ist.

Es genügt zu zeigen, dass $L(x) := \sum_{n \le x} \mu(n) \ln n = o(x \ln x)$ für $x \to \infty$ ist. Denn mit obiger Abelscher partieller Summation gilt $L(x) = M(x) \ln x - \int_1^x M(t)\, t^{-1}\, dt$, und es ist $|\int_1^x M(t)\, t^{-1}\, dt| \le \int_1^x |M(t)\, t^{-1}|\, dt \le x$ wegen $|M(t)| \le t$ für $t \ge 1$. (Man könnte also in 7.G.19 noch (5) $L(x) = o(x \ln x)$ als äquivalente Bedingung hinzufügen.) Koeffizientenvergleich bei den Dirichlet-Reihen von $(\zeta^{-1})' = -\zeta^{-1}(\zeta'/\zeta)$ ergibt $-\mu(n) \ln n = \sum_{k\ell = n} \mu(k)\, \Lambda(\ell)$ und folglich $-L(x) = \sum_{k\ell \le x} \mu(k)\, \Lambda(\ell) = \sum_{k \le x} \mu(k)\, \psi(x/k)$.

Sei nun $\varepsilon > 0$ vorgegeben. Es gibt nach Voraussetzung (2) ein $x_0 \ge 1$ mit $|R(x)| \le \varepsilon/2$ für $x \ge x_0$, wo die Funktion R durch die Gleichung $\psi(x) = x + R(x)\, x$ definiert ist. Für $x \ge x_0$ gilt $-L(x) = \sum_{k \le x/x_0} \mu(k)\, \psi(x/k) + \sum_{x/x_0 < k \le x} \mu(k)\, \psi(x/k)$. Wegen $\psi(x/k) \le \psi(x_0)$ für $k \ge x/x_0$ ist die zweite Summe dem Betrage nach $\le x\psi(x_0)$, und für die erste Summe ist

$$\Big| \sum_{k \le x/x_0} \mu(k)\, \psi(x/k) \Big| = \Big| \sum_{k \le x/x_0} \mu(k)\Big(\frac{x}{k} + R\Big(\frac{x}{k}\Big)\frac{x}{k}\Big) \Big| \le x|N_{x/x_0}| + \frac{\varepsilon x}{2} \sum_{k \le x/x_0} \frac{1}{k} \le x + \frac{\varepsilon x}{2}(1 + \ln x)$$

wegen $|N_{x/x_0}| = |\sum_{k \le x/x_0} \mu(k)/k| \le 1$, vgl. Fußnote 4, und $H_{x/x_0} = \sum_{k \le x/x_0} 1/k \le 1 + \ln(x/x_0)$. Insgesamt ergibt sich auf diese Weise die Abschätzung $|L(x)| \le \varepsilon x \ln x$, falls x nur groß genug, nämlich $\ge \mathrm{Max}\,\big(x_0, \exp((2\psi(x_0) + 2 + \varepsilon)/\varepsilon)\big)$ ist. $\quad\bullet$

Zum Schluss sei erwähnt, dass mit den nichttrivialen Nullstellen ρ der ζ-Funktion im kritischen Streifen, also mit $0 < \mathrm{Re}\,\rho < 1$, vgl. wieder Bd. 1, Beispiel 18.B.4, die im Wesentlichen schon von Riemann angegebene e x p l i z i t e   F o r m e l

$$\psi(x) = x - \sum_{\rho} v(\rho)\, \frac{x^\rho}{\rho} - \frac{\zeta'(0)}{\zeta(0)} - \frac{1}{2} \ln\Big(1 - \frac{1}{x^2}\Big)$$

für die ψ-Funktion gilt, wenn $x > 1$ keine Primzahlpotenz ist. Dabei ist $v(\rho) = v(\rho\,;\zeta)$ die Vielfachheit der Nullstelle ρ. Die Summe ist nicht absolut konvergent, man summiere mit wachsendem Betrag des Imaginärteils der Nullstellen ρ. Die Formel beleuchtet den Zusammenhang zwischen der Verteilung der Primzahlen und den Nullstellen der ζ-Funktion besonders deutlich. Die erweiterte Riemannsche Vermutung besagt, dass alle ρ den Realteil $1/2$ haben und überdies einfach sind, d.h. $v(\rho) = 1$ ist. Ferner beachte man, dass $\zeta'(0)/\zeta(0) = \ln 2\pi$ ist (vgl. Bd. 1, 18.B, Aufg. 6) und dass $\sum_\rho v(\rho)\, x^\rho/\rho$ a priori reell ist (weil mit jedem ρ auch $\overline{\rho}$ eine Nullstelle der ζ-Funktion mit der gleichen Vielfachheit wie ρ ist).

Aufgaben

1. Man bestimme eine Homologiebasis für folgende Gebiete in $\mathbb{C} = \mathbb{R}^2$ und versuche, auch Basen für ihre Fundamentalgruppen zu finden, vgl. Bemerkung 7.G.7:

$\mathbb{C} - \mathbb{Z}$; $\quad \mathbb{C}^{\times} - \{1/k \mid k \in \mathbb{N}^*\}$; $\quad \mathbb{C} - C$, wo $C \subseteq [0, 1]$ das Cantorsche Diskontinuum aus 12.A, Aufg. 3 ist.

2. Die folgenden Gebiete in $\mathbb{C} = \mathbb{R}^2$ sind einfach zusammenhängend:

$\mathbb{C} - \{te^{it} \mid t \in \mathbb{R}_+\}$; $\quad]0, 1[\times]0, 1[- \bigcup_{k=2}^{\infty}\{1/k\} \times]0, (k-1)/k]$; $\quad \mathbb{R}^2 - \bigcup_{k \in \mathbb{Z}}\{k\} \times \mathbb{R}_+$.

3. Sei $f : \mathbb{C} \to \mathbb{C}$ eine nichtkonstante Polynomfunktion und $r \in \mathbb{R}_+$. Jede Zusammenhangskomponente von $\{z \in \mathbb{C} \mid |f(z)| < r\}$ ist einfach zusammenhängend und $\{z \in \mathbb{C} \mid |f(z)| > r\}$ ist zusammenhängend, aber nicht einfach zusammenhängend. Man diskutiere den Zusammenhangsgrad in Abhängigkeit von r und betrachte explizit den Fall Grad $f = 2$. (Vgl. Bem. 7.G.8.)

4. Seien $G \subseteq \mathbb{C}$ ein $(m+1)$-fach zusammenhängendes Gebiet mit den m Löchern $L_1, \ldots, L_m$ und $\gamma_1, \ldots, \gamma_m$ geschlossene Wege in G, $m \in \mathbb{N}$. Genau dann bilden die Homologieklassen $[\gamma_1], \ldots, [\gamma_m] \in \mathrm{H}_1(G)$ eine Homologiebasis von G, wenn die Determinante der Matrix $\big(\mathrm{W}(\gamma_i ; L_j)\big)_{1 \leq i, j \leq m}$ gleich ± 1 ist.

5. Man bestimme die Residuen (der Differenziale $f\,dz$) für folgende Funktionen f:

$1/\sin z$; $1/\cos z$; $\tan^2 z$; $\Gamma(z)$ (Gamma-Funktion, vgl. Bd. 1, Abschnitt 17.B); $\zeta(z)$ (Riemannsche ζ-Funktion, vgl. Bd. 1, Beispiel 18.B.4); $1/(z^n+1)$ usw.

6. Man berechne die Integrale $\int_{\gamma} f(z)\,dz$ für die folgenden geschlossenen Wege γ und Funktionen f:

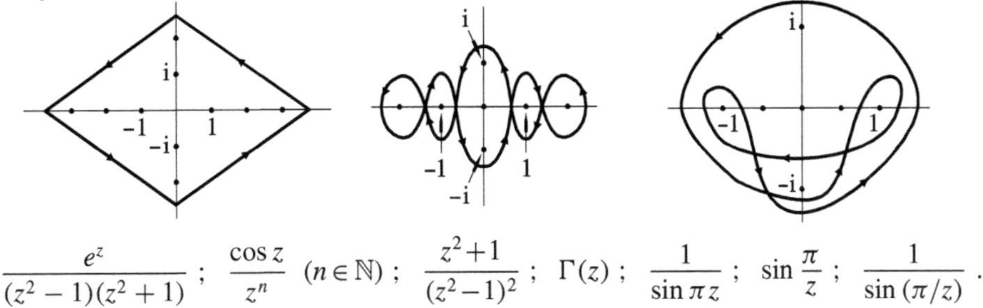

$$\frac{e^z}{(z^2 - 1)(z^2 + 1)} \; ; \quad \frac{\cos z}{z^n} \;\; (n \in \mathbb{N}) \; ; \quad \frac{z^2+1}{(z^2-1)^2} \; ; \quad \Gamma(z) \; ; \quad \frac{1}{\sin \pi z} \; ; \quad \sin \frac{\pi}{z} \; ; \quad \frac{1}{\sin (\pi/z)} \; .$$

7. Seien $f : G \to \mathbb{C}$ eine nichtkonstante komplex-analytische Funktion auf dem einfach zusammenhängenden Gebiet G und γ ein geschlossener Weg in G. Man zeige mit 7.G.13: Für jeden Punkt $w \in \mathbb{C}$, dessen Faser $f^{-1}(w)$ die Trajektorie von γ nicht trifft, gilt

$$\frac{1}{2\pi\mathrm{i}} \int_{\gamma} \frac{f'(\zeta)\,d\zeta}{f(\zeta) - w} \; = \; \sum_{z \in f^{-1}(w)} \mathrm{W}(\gamma ; z)\, \mathrm{v}_z(f ; w)$$

und allgemeiner

$$\frac{1}{2\pi\mathrm{i}} \int_{\gamma} \frac{g(\zeta)\, f'(\zeta)\,d\zeta}{f(\zeta) - w} \; = \; \sum_{z \in f^{-1}(w)} \mathrm{W}(\gamma ; z)\, \mathrm{v}_z(f ; w)\, g(z)$$

für jede komplex-analytische Funktion $g : G \to \mathbb{C}$. Dabei ist $\mathrm{v}_z(f ; w)$ die Vielfachheit, mit der f den Wert w in $z \in G$ annimmt. Insbesondere ist für eine Kreisscheibe $\overline{\mathrm{B}}(z_0 ; r)$, die ganz in G

liegt und auf deren Rand $S(z_0\,;\,r)$ die Funktion f den Wert w nicht annimmt,

$$\frac{1}{2\pi\mathrm{i}} \int\limits_{\gamma_{z_0,r}} \frac{f'(\zeta)\,d\zeta}{f(\zeta)-w}$$

die Anzahl der w-Stellen von f in $B(z_0\,;\,r)$, jeweils mit Vielfachheiten gerechnet. Ist diese Zahl gleich 1 für ein $w=w_0 \in \mathbb{C}$, so ist

$$w \longmapsto \frac{1}{2\pi\mathrm{i}} \int\limits_{\gamma_{z_0,r}} \frac{\zeta f'(\zeta)\,d\zeta}{f(\zeta)-w}$$

in einer geeigneten Umgebung V von w_0 die Umkehrfunktion zu $f : f^{-1}(V) \cap B(z_0\,;\,r) \to V$.

8. (S a t z   v o n   R o u c h é) Seien $f:G \to \mathbb{C}$ und $g:G \to \mathbb{C}$ nichtkonstante holomorphe Funktionen auf dem einfach zusammenhängenden Gebiet $G \subseteq \mathbb{C}$ mit $|f(z)-g(z)| < |f(z)|$ für alle z aus der Trajektorie eines Weges γ in G, der die Nullstellen von g vermeidet. Dann gilt

$$\sum_{z\in f^{-1}(0)} \mathrm{W}(\gamma\,;\,z)\,\mathrm{v}_z(f) = \sum_{z\in g^{-1}(0)} \mathrm{W}(\gamma\,;\,z)\,\mathrm{v}_z(g)\,,$$

wobei $\mathrm{v}_z(-)$ die Nullstellenordnung im Punkte z bezeichnet. (Die Funktion

$$s \longmapsto \frac{1}{2\pi\mathrm{i}} \int\limits_{\gamma} \frac{\big(f'+s\,(g'-f')\big)(\zeta)}{\big(f+s\,(g-f)\big)(\zeta)}\,d\zeta$$

ist auf $[0, 1]$ stetig und nach Aufg. 7 ganzzahlig, also konstant.)

9. Für ein Gebiet $G \subseteq \mathbb{C}$ sind folgende Aussagen äquivalent: (1) G ist einfach zusammenhängend. (2) Jede komplex-analytische Funktion $f:G \to \mathbb{C}$ besitzt eine Stammfunktion in G. (3) Jede Funktion $z \mapsto 1/(z-a)$, $a \notin G$, besitzt eine Stammfunktion in G. (4) Zu jeder komplex-analytischen Funktion $f:G \to \mathbb{C}^\times$ gibt es einen Logarithmus, d.h. eine komplex-analytische Funktion $g:G \to \mathbb{C}$ mit $f = \exp g$. (5) Zu jeder komplex-analytischen Funktion $f:G \to \mathbb{C}^\times$ und jedem $m \in \mathbb{N}^*$ gibt es eine komplex-analytische m-te Wurzel von f, d.h. eine komplex-analytische Funktion $g:G \to \mathbb{C}^\times$ mit $f = g^m$. (6) Es gibt ein $m \in \mathbb{N}^*$, $m \geq 2$, derart, dass jede komplex-analytische Funktion $g:G \to \mathbb{C}^\times$ eine komplex-analytische (oder auch nur stetige) m-te Wurzel besitzt. (Bedingung (6) impliziert: Für jeden Punkt $a \notin G$ und jeden geschlossenen Weg γ in G ist $\mathrm{W}(\gamma\,;\,a)$ ein Vielfaches von m.) (7) Jede harmonische Funktion $G \to \mathbb{R}$ ist Realteil einer holomorphen Funktion $G \to \mathbb{C}$. (Vgl. Satz 7.F.12.)

10. Sei $G \subseteq \mathbb{C}^\times$ ein Teilgebiet der im Nullpunkt punktierten Ebene. Folgende Aussagen sind äquivalent: (1) Es existiert ein Logarithmus $g = \log z$ auf G, d.h. eine komplex-analytische Funktion g mit $\exp(g(z)) = z$ für alle $z \in G$. (2) dz/z besitzt eine Stammfunktion auf G. (3) Zu jedem $n \in \mathbb{N}^*$ existiert eine komplex-analytische n-te Wurzel $g = \sqrt[n]{z}$ auf G. (Es ist also $(g(z))^n = z$ für alle $z \in G$.) (4) Es gibt ein $n \in \mathbb{N}^*$, $n \geq 2$, derart, dass eine komplex-analytische n-te Wurzel $\sqrt[n]{z}$ auf G existiert. (5) Für jeden geschlossenen Weg γ in G ist $\mathrm{W}(\gamma\,;\,0) = 0$. (6) Die Zusamenhangskomponente von 0 in $\mathbb{C}-G$ ist unbeschränkt. (Vgl. auch 7.C, Aufg. 7.)

7.H Vektorfelder

Ein Fluss hat in jedem Punkt x seines Bettes zu jedem Zeitpunkt t eine Geschwindigkeit $v(t, x)$. Auf einen Massenpunkt wirkt im Punkt x eines Gravitationsfeldes zum Zeitpunkt t eine Kraft $F(t, x)$ (die unabhängig von der Zeit t ist, falls die das Feld erzeugenden Massen sich nicht bewegen).[1] In beiden Fällen handelt es sich um ein Vektorfeld im Sinne der folgenden Definition:

7.H.1 Definition Seien G eine offene Menge im endlichdimensionalen $\mathbb{K}$-Vektorraum V und $I \subseteq \mathbb{K}$ im Fall $\mathbb{K} = \mathbb{R}$ ein Intervall und im Fall $\mathbb{K} = \mathbb{C}$ ebenfalls eine offene Menge. Ein **Vektorfeld** auf G ist eine Abbildung $L : I \times G \to V$.

Den Parameter $t \in I$ interpretieren wir in der Regel als Zeit (auch im komplexen Fall). Ist das Vektorfeld $L : I \times G \to V$ unabhängig von t, d.h. ist $L(t, x) = L(s, x)$ für alle $s, t \in I$ und alle $x \in G$, so schreiben wir es einfach in der Form $x \mapsto L(x)$, $x \in G$, und sprechen von einem **stationären** oder **zeitunabhängigen** Vektorfeld. Jedem Vektorfeld $L : I \times G \to V$ ist in natürlicher Weise das stationäre Vektorfeld $I \times G \to \mathbb{K} \times V$ mit $(u, x) \mapsto \big(1, L(u, x)\big)$ zugeordnet.[2] Diese Konstruktion empfiehlt sich häufig selbst dann, wenn L schon stationär ist.

Wir wollen im Weiteren nur noch den Fall $\mathbb{K} = \mathbb{R}$ behandeln.

Sei $L : I \times G \to V$ ein Vektorfeld. Zu einem festen Zeitpunkt $t_0 \in I$ heftet L an jeden Punkt $x \in G$ einen Vektor $L(t_0, x) \in V$, den wir meist als eine Geschwindigkeit interpretieren, gelegentlich aber auch als Kraft.

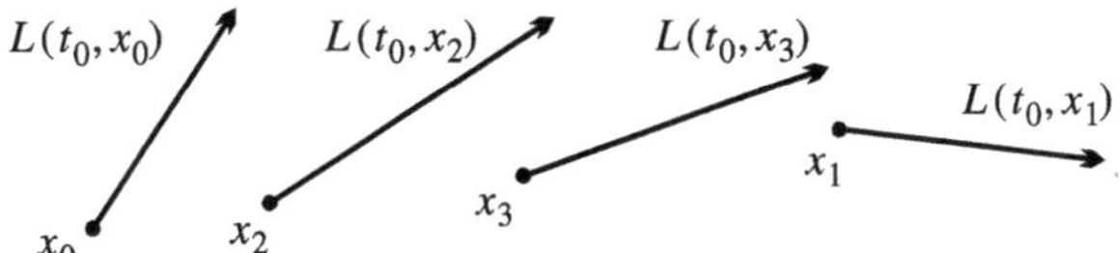

Die geometrische Vorstellung, die mit einem Vektorfeld verbunden wird, ist also eine andere als diejenige, die mit L als gewöhnlicher Abbildung $I \times G \to V$ bzw. $G \to V$ verbunden ist. Ein stationäres Vektorfeld $L : G \to V$ fasse man eher als Abkürzung für den Graphen von L als Abbildung $x \mapsto \big(x, L(x)\big)$ von G in $G \times V$ auf, bei der die Verbindung des Vektors $L(x) \in V$ mit dem Punkt $x \in G$ erhalten bleibt.[3] Das dem Vektorfeld $L : I \times G \to V$ zugeordnete stationäre Feld $(u, x) \mapsto \big(1, L(u, x)\big)$ hat eine konstante Horizontalkomponente 1:

---

[1] Den Massenpunkt betrachten wir als Probekörper, der das Feld nicht beeinflusst.

[2] Soll der Definitionsbereich dieses Vektorfeldes im reellen Fall offen in $\mathbb{R} \times V$ sein, so hat man I als offenes Intervall zu wählen.

[3] In der Physik spricht man häufig von einem **gebundenen Vektor**. In Bd. 4 werden wir von einem **Tangential-** oder **Tangentenvektor** sprechen, siehe auch Abschnitt 6.C.

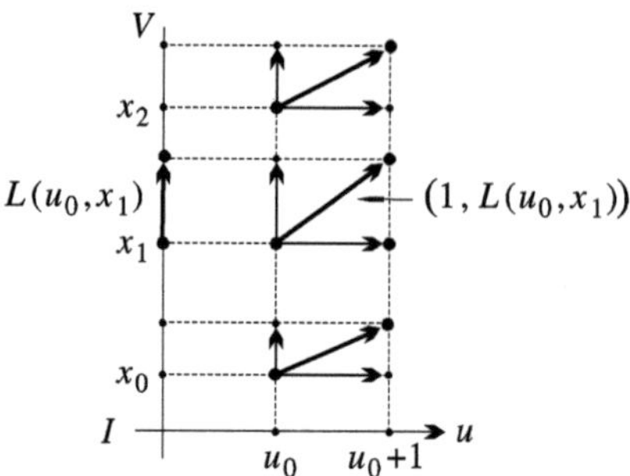

Sei $L : I \times G \to V$ weiterhin ein Vektorfeld. Eine differenzierbare Kurve $\gamma : J \to G$ mit $J \subseteq I$, deren Geschwindigkeit $\dot\gamma(t)$ zu jedem Zeitpunkt $t \in J$ mit dem im Kurvenpunkt $\gamma(t)$ vorgegebenen Vektor $L\big(t, \gamma(t)\big)$ übereinstimmt, heißt eine B a h n l i n i e oder I n t e g r a l k u r v e (oder auch L ö s u n g s k u r v e) von L. Sie erfüllt die Differenzialgleichung

$$\dot\gamma = L(t, \gamma) \,.$$

Fixiert man einen Zeitpunkt $t_0 \in I$, so heißen die Integralkurven des stationären Feldes $x \mapsto L(t_0, x)$ die F l u s s - oder S t r o m l i n i e n von L zum Zeitpunkt t_0.[4]) Eine Flusslinie $\eta : J \to G$ erfüllt also die Differenzialgleichung $\dot\eta(t) = L\big(t_0, \eta(t)\big)$ mit *festem* $t_0 \in I$.

Eine Bahnlinie ist die Bahn eines Probekörpers, der passiv von einem Fluss mitgeführt wird. Die Flusslinien zu einem Zeitpunkt t_0 geben eine Momentaufnahme des Vektorfeldes. *Für ein stationäres Feld $L : G \to V$ stimmen Bahn- und Flusslinien überein.*[5])

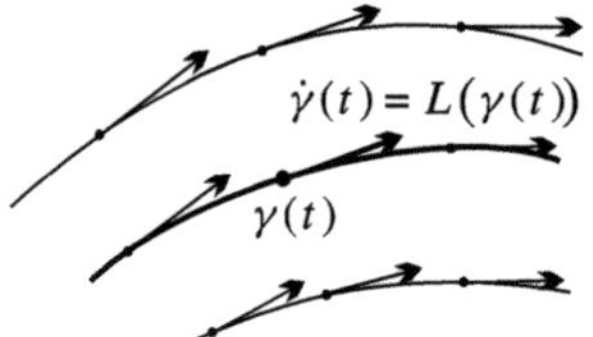

Bahnlinien = Flusslinien
eines stationären Vektorfeldes

Über Existenz, Eindeutigkeit und weitere Eigenschaften der Integralkurven von Vektorfeldern handelt die Theorie der gewöhnlichen Differenzialgleichungen, deren Grundzüge wir im nächsten Kapitel entwickeln werden. Erst damit lassen sich Vektorfelder angemessen untersuchen, vgl. etwa Beispiel 8.C.7. Hier wollen wir nur den Zusammenhang zwischen Vektorfeldern und 1-Formen besprechen, der auf dem Zusammenhang der Vektoren in V mit den Linearformen auf V beruht.

Im Weiteren betrachten wir nur stationäre Vektorfelder $L : G \to V$ auf offenen Mengen G in reellen Vektorräumen V. Zu gegebenem $G \subseteq V$ ist die Menge aller dieser Vektorfelder ein reeller Vektorraum. Überdies ist für ein Vektorfeld $L : G \to V$ und

---

[4]) Man spricht auch von F e l d l i n i e n, bei Kraftfeldern von K r a f t l i n i e n zum Zeitpunkt t_0.

[5]) In der Unterscheidung der Bahn- und Fluss- (= Strom-) Linien folgen wir einer in der Physik üblichen Terminologie.

eine Funktion $g : G \to \mathbb{R}$ das Produkt $gL : x \mapsto g(x)\, L(x)$ definiert. Eine Familie von Vektorfeldern $L_i : G \to V$, $i \in I$, heißt eine **B a s i s** aller Vektorfelder auf G, wenn für jeden Punkt $x \in G$ die Vektoren $L_i(x)$, $i \in I$, eine Basis von V bilden. Ist L_i, $i \in I$, solch eine Basis, so besitzt jedes Vektorfeld $L : G \to V$ eine Darstellung

$$L = \sum_{i \in I} g_i L_i$$

mit eindeutig bestimmten Funktionen $g_i : G \to \mathbb{R}$. Sind die $L_i : G \to V$ C^k-Vektorfelder, $k \in \mathbb{N} \cup \{\infty, \omega\}$, so ist L offenbar genau dann ein C^k-Vektorfeld, wenn die g_i C^k-Funktionen sind. Sei v_i, $i \in I$, eine Basis von V. Dann bilden die konstanten Vektorfelder $x \mapsto v_i$, die wir wieder mit v_i bezeichnen, eine Basis aller Vektorfelder auf G und jedes Vektorfeld $L : G \to V$ besitzt eine Darstellung

$$L = \sum_{i \in I} g_i v_i$$

mit eindeutig bestimmten Funktionen $g_i : G \to \mathbb{R}$, wobei L genau dann ein C^k-Vektorfeld ist, wenn $g_i \in \mathrm{C}^k_{\mathbb{R}}(G)$ ist, $i \in I$.

Für ein Vektorfeld $L : G \to V$ und eine 1-Form $\omega : G \to \mathrm{Hom}_{\mathbb{R}}(V, W)$ mit Werten in dem endlichdimensionalen $\mathbb{R}$-Vektorraum W ist in natürlicher Weise das Produkt $\langle L, \omega \rangle : G \to W$ mit

$$x \mapsto \langle L, \omega \rangle(x) := \omega\big(x\,;\, L(x)\big)$$

erklärt. Es benutzt die natürliche bilineare Abbildung $V \times \mathrm{Hom}_{\mathbb{R}}(V, W) \to W$ mit $(v, f) \mapsto \langle v, f \rangle := f(v)$. Bei $W = \mathbb{R}$ handelt es sich um die natürliche Dualität von V und V^*, vgl. Bd. 2, Beispiel 12.A.6. Für das totale Differenzial $\omega = \mathrm{D}F$ einer differenzierbaren Abbildung $F : G \to W$ heißt $\langle L, \mathrm{D}F \rangle : G \to W$ die **A b l e i t u n g** von F nach L oder die **A b l e i t u n g** von F in Richtung L. Sie wird mit $\mathrm{D}_L F$ bezeichnet. Es ist also

$$\mathrm{D}_L F : x \longmapsto \mathrm{D}F\big(x\,;\, L(x)\big) = \mathrm{D}_{L(x)} F(x), \qquad x \in G.$$

Die **A b l e i t u n g** von F längs einer Flusslinie $\gamma : J \to G$ von L ist die Abbildung $(\mathrm{D}_L F) \circ \gamma : t \mapsto \mathrm{D}_L F\big(\gamma(t)\big) = \mathrm{D}_{\dot{\gamma}(t)} F\big(\gamma(t)\big) = (F \circ \gamma)'(t)$. Insbesondere ist $(F \circ \gamma)' \equiv 0$, d.h. F längs γ konstant, wenn $\mathrm{D}_L F$ auf der Trajektorie von γ verschwindet. Ist L das konstante Vektorfeld $x \mapsto v$, das man häufig ebenfalls einfach mit v bezeichnet, so ist $\mathrm{D}_L F = \mathrm{D}_v F$ die Richtungsableitung von F in Richtung v.

Sei nun V ein euklidischer Vektorraum. Das Skalarprodukt $\langle -, - \rangle$ auf V definiert eine Isomorphie $V \xrightarrow{\sim} V^*$ von V auf den Raum $V^* = \mathrm{Hom}_{\mathbb{R}}(V, \mathbb{R})$ der Linearformen auf V: Dem Vektor $u \in V$ entspricht die Linearform $f : v \mapsto \langle v, u \rangle = \langle u, v \rangle$. Der Vektor u, der auf diese Weise f darstellt, ist der Gradient $\mathrm{grad}\, f$ von f, vgl. Bd. 2, Abschnitt 12.B. Diese Isomorphie $V \xrightarrow{\sim} V^*$ induziert eine Isomorphie des Raumes der (stationären) Vektorfelder $L : G \to V$ auf G und des Raumes $\Omega^1(G) = \Omega^1(G\,;\,\mathbb{R})$ der 1-Formen $\omega : G \to V^*$ auf G mit Werten in $\mathbb{R}$. Die dem Vektorfeld L zugeordnete 1-Form $x \mapsto \big(v \mapsto \langle L(x), v \rangle\big)$, $x \in G$, heißt die **Z i r k u l a t i o n s f o r m**. Wir bezeichnen sie mit

$$\mathrm{circ}\, L\,.$$

Für $x \in G$ und $v \in V$ ist also

$$\operatorname{circ} L\,(x\,;\,v) = \langle L(x)\,,\,v\rangle = \langle v\,,\,L(x)\rangle = \|v\| \cdot \|L(x)\| \cdot \cos \angle\big(v\,,\,L(x)\big)\,.$$

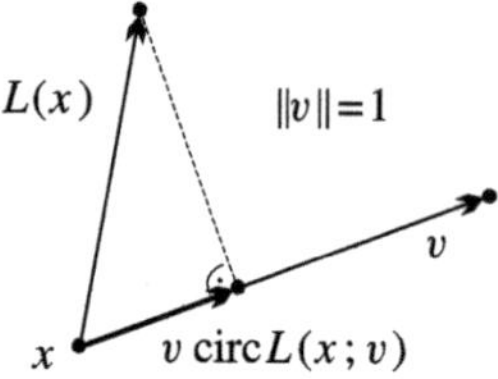

Umgekehrt gehört zur 1-Form ω auf G das G r a d i e n t e n f e l d

$$\operatorname{grad} \omega$$

auf G mit

$$(\operatorname{grad} \omega)(x) := \operatorname{grad} \omega(x)\,.$$

Ist v_i, $i \in I$, eine *Orthonormal*basis von V mit der Dualbasis $x_i = v_i^*$, $i \in I$, so ist

$$\operatorname{circ}\Big(\sum_{i\in I} g_i v_i\Big) = \sum_{i\in I} g_i\, dx_i \qquad \text{und} \qquad \operatorname{grad}\Big(\sum_{i\in I} g_i\, dx_i\Big) = \sum_{i\in I} g_i v_i\,.$$

Wir betonen noch einmal, dass die 1-Form dx_i auf G jedem Punkt $x \in G$ die Linearform x_i auf V zuordnet. Das Gradientenfeld des totalen Differenzials df einer differenzierbaren Funktion $f : G \to \mathbb{R}$ heißt auch einfach das G r a d i e n t e n f e l d von f und wird kurz mit grad f bezeichnet. Es ist

$$\operatorname{grad} f = \sum_{i\in I} \frac{\partial f}{\partial x_i}\, v_i\,,$$

wenn v_i, $i \in I$, eine *Orthonormal*basis von V ist und $\mathrm{D}_{v_i} = \partial/\partial x_i$, $i \in I$, die zugehörige Familie der partiellen Ableitungen, vgl. auch Abschnitt 5.B.[6])

Sei $L : G \to V$ ein stetiges Kraftfeld und $\gamma : [a, b] \to G$ ein stückweise stetig differenzierbarer Weg. Dann ist das Kurvenintegral

$$-\int_{\gamma} \operatorname{circ} L = -\int_{a}^{b} \langle L\big(\gamma(t)\big)\,,\, \dot\gamma(t)\rangle\, dt =: -\int_{a}^{b} \langle L, d\gamma\rangle$$

die A r b e i t , die längs γ zur Überwindung von L aufgebracht werden muss. Man nennt daher für ein Kraftfeld L die Form $-\operatorname{circ} L$ auch die A r b e i t s f o r m . Interpretiert man das Vektorfeld L aber als Geschwindigkeitsfeld, so wie wir das in der Regel tun, so heißt das Integral

$$\int_{\gamma} \operatorname{circ} L = \int_{a}^{b} \langle L, d\gamma\rangle$$

---

[6]) Statt grad f ist auch die Bezeichnung ∇f üblich $(\nabla = \text{Nabla})$, also $\nabla f = \operatorname{grad} df$.

über einen stückweise stetig differenzierbaren Weg $\gamma : [a, b] \to G$ die Z i r k u l a t i o n von L längs γ. Das Verschwinden der Zirkulation für alle *geschlossenen* γ – wir nennen L dann z i r k u l a t i o n s f r e i – entscheidet nach Satz 7.B.7 darüber, ob circ L eine Stammfunktion besitzt.

7.H.2 Definition Seien G eine offene Menge im euklidischen Vektorraum V und $L : G \to V$ ein Vektorfeld auf G. Besitzt circ L eine Stammfunktion, so heißt L ein P o t e n z i a l f e l d. Jede differenzierbare Funktion $U : G \to \mathbb{R}$ mit $dU = -$ circ L, d.h. mit

$$\operatorname{grad} U = -L$$

heißt ein P o t e n z i a l von L auf G.

Nach 7.B.7 gilt also:

7.H.3 Satz *Ein stetiges Vektorfeld $L : G \to V$ auf der offenen Menge G des euklidischen Vektorraums V ist genau dann ein Potenzialfeld, wenn L zirkulationsfrei ist, d.h. wenn die Zirkulation von L längs eines jeden stückweise stetig differenzierbaren geschlossenen Weges in G verschwindet. Ist U ein Potenzial von L, so ist*

$$-\int_{\gamma} \operatorname{circ} L = - \int_{a}^{b} \langle L, d\gamma \rangle = U\big(\gamma(b)\big) - U\big(\gamma(a)\big)$$

für jeden stückweise stetig differenzierbaren Weg $\gamma : [a, b] \to G$.

Sei U ein Potenzial des Vektorfeldes $L : G \to V$, also $L = -\operatorname{grad} U$. Für jeden Punkt $x \in G$ sind $L(x)$ und der Kern des totalen Differenzials $(dU)_x$ von U in x orthogonal. *Das Potenzialfeld L ist also in jedem Punkt orthogonal zu den Niveauflächen $U = $ const., den so genannten* Ä q u i p o t e n z i a l f l ä c h e n *des Potenzials U von L. Die Flusslinien von L verlaufen in jedem Punkt in Richtung des steilsten Abstiegs von U,*[7]) vgl. Abschnitt 5.B.

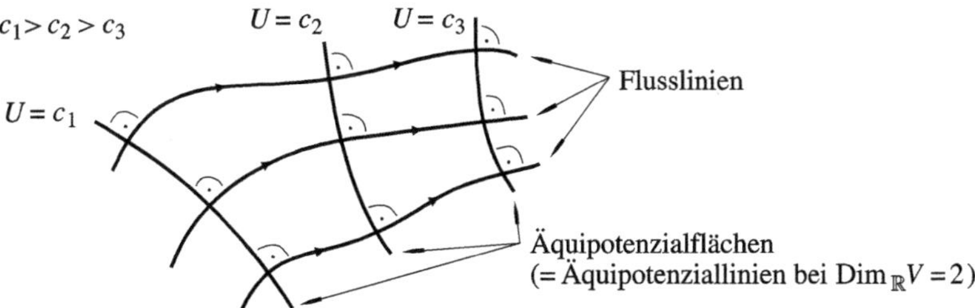

Von den Potenzialfeldern, für die die Zirkulationsform circ L definitionsgemäß exakt ist, d.h. *global* eine Stammfunktion besitzt, sind die Vektorfelder $L : G \to V$ zu unterscheiden, für die circ L geschlossen ist, d.h. *lokal* eine Stammfunktion besitzt. Nach

---

[7]) Dies ist einer der Gründe für die Wahl des Minuszeichens bei der Definition des Potenzials. Die Flusslinien sollen den Berg hinunter- und nicht hinauflaufen.

7.E.3 gilt dies für ein stetiges Vektorfeld L genau dann, wenn die Zirkulation $\oint_\gamma \operatorname{circ} L$ für jeden *nullhomotopen* geschlossenen stückweise stetig differenzierbaren Weg γ in G verschwindet. Man nennt einen *nullhomotopen* geschlossenen stückweise stetig differenzierbaren Weg γ in G mit $\oint_\gamma \operatorname{circ} L \neq 0$ einen **W i r b e l** von L.

7.H.4 Satz *Das stetige Vektorfeld $L : G \to V$ auf der offenen Menge G des euklidischen Vektorraums V besitzt genau dann lokal ein Potenzial, wenn L wirbelfrei ist.*

Ein zirkulationsfreies stetiges Vektorfeld auf G ist stets wirbelfrei. Die Umkehrung gilt sicher dann, wenn G ein einfach zusammenhängendes Gebiet ist, allgemeiner immer dann, wenn die erste Homologiegruppe $H_1(G)$ von G eine Torsionsgruppe ist, vgl. 7.E.2 und 7.E.5.[8]) Ist $L : G \to V$ ein stetig differenzierbares Vektorfeld, so ist auch $\operatorname{circ} L$ stetig differenzierbar und die Wirbelfreiheit von L nach Satz 7.B.12 äquivalent mit der Gültigkeit der Integrabilitätsbedingung für $\operatorname{circ} L$. Diese lautet: $\operatorname{circ} L$ ist symmetrisch, d.h. es ist $\operatorname{D} \operatorname{circ} L(x \, ; u, v) = \operatorname{D} \operatorname{circ} L(x \, ; v, u)$ für alle $x \in G$ und alle $u, v \in V$. Wegen

$$\operatorname{D} \operatorname{circ} L(x \, ; u, v) = \operatorname{D}_u \operatorname{circ} L(x \, ; v) = \operatorname{D}_u \langle L(x), v \rangle = \langle \operatorname{D}_u L(x), v \rangle = \langle (\mathrm{D}L)_x(u), v \rangle$$

ist $(\operatorname{D} \operatorname{circ} L)_x$ die dem totalen Differenzial $(\mathrm{D}L)_x$ von L in x zugeordnete Bilinearform $V \times V \to \mathbb{R}$, vgl. Bd. 2, Abschnitt 15.B. Somit ist $\operatorname{circ} L$ genau dann symmetrisch, wenn $(\mathrm{D}L)_x$ für jedes $x \in G$ selbstadjungiert ist, vgl. Bd. 2, 15.B.1.

7.H.5 Satz *Sei $L : G \to V$ ein stetig differenzierbares Vektorfeld[9]) auf der offenen Menge G des euklidischen Vektorraums V. Genau dann ist L wirbelfrei, wenn das totale Differenzial $(\mathrm{D}L)_x$ von L in jedem Punkt $x \in G$ selbstadjungiert ist, d.h. wenn für eine Orthonormalbasis v_i, $i \in I$, von V gilt: Ist $L = \sum_{i \in I} g_i v_i$, so ist*

$$\frac{\partial g_j}{\partial x_i} = \frac{\partial g_i}{\partial x_j}$$

für alle $i, j \in I$, wobei $\partial / \partial x_i$ die partiellen Ableitungen bzgl. der Basis v_i, $i \in I$, sind.

Sei L wie in 7.H.5. Ein quantitatives Maß für das Abweichen von der Wirbelfreiheit für L ist der schiefselbstadjungierte Anteil $\big((\mathrm{D}L)_x - (\widehat{\mathrm{D}L})_x\big)/2$, $x \in G$, des totalen Differenzials von L bzw. das Doppelte $(\mathrm{D}L)_x - (\widehat{\mathrm{D}L})_x$ davon.[10]) Die zugehörige schiefsymmetrische Form gemäß Bd.2, Abschnitt 15.B ist die Antisymmetrisierung

$$\operatorname{D} \operatorname{circ} L(x \, ; u, v) - \operatorname{D} \operatorname{circ} L(x \, ; v, u), \qquad x \in G, \ u, v \in V,$$

des totalen Differenzials der Zirkulationsform $\operatorname{circ} L$. Sie ist, wie wir in Fußnote 3 von Abschnitt 7.B erwähnten, die so genannte **ä u ß e r e   A b l e i t u n g** $d \operatorname{circ} L$ von $\operatorname{circ} L$

---

[8]) Die Definition der Zirkulations- bzw. Wirbelfreiheit eines Vektorfeldes ist in der Literatur nicht einheitlich. Der Leser merke sich: Zirkulationsfreiheit ist für uns eine *globale* Bedingung, Wirbelfreiheit hingegen eine *lokale*.

[9]) Wegen des Satzes 7.B.16 von Goursat kann auf die Stetigkeit von $(\mathrm{D}L)_x$ verzichtet werden.

[10]) $\widehat{T}$ bezeichnet den adjungierten Operator eines linearen Operators $T : V \to V$, $(\widehat{\mathrm{D}L})_x$ also den adjungierten Operator zum totalen Differenzial $(\mathrm{D}L)_x$ von L in x.

und heißt die **Wirbelform** von L. Wir bezeichnen sie mit curl L, also

$$\operatorname{curl} L = d \operatorname{circ} L\,.$$

Es gilt somit: *Genau dann ist L wirbelfrei, wenn die Wirbelform* curl L *verschwindet.* [11]

Sei V nun dreidimensional und orientiert. Dann lässt sich die schiefselbstadjungierte Abbildung $(DL)_x - \widehat{(DL)}_x$ mit Hilfe des Vektorprodukts auf V beschreiben: Es ist

$$\big((DL)_x - \widehat{(DL)}_x\big)(u) = \Omega(x) \times u\,, \qquad u \in V\,,$$

wobei $\Omega(x)$ ein (eindeutig bestimmter) Vektor in V ist (vgl. Bd. 2, 18.D, Aufg. 20). Es ist also

$$\operatorname{curl} L(x;u,v) = \langle \Omega(x) \times u\,,\, v \rangle = \Delta(\Omega(x)\,,\, u\,,\, v) = \langle \Omega(x)\,,\, u \times v \rangle$$

mit der kanonischen Determinantenfunktion Δ auf V. In Beispiel 8.C.7 werden wir zeigen, dass $\big((DL)_x - \widehat{(DL)}_x\big)/2$ die Rotationsgeschwindigkeit des durch L bewirkten Flusses in x ist (auch bei $\operatorname{Dim}_{\mathbb{R}} V \neq 3$). Somit ist $\frac{1}{2}\Omega(x)$ die Winkelgeschwindigkeit dieser Rotation. [12] Das Vektorfeld

$$\operatorname{rot} L : x \mapsto \Omega(x)$$

auf G heißt die **Rotation** von L (und curl L die **Flussform** flux $(\operatorname{rot} L)$ zum Vektorfeld rot L, vgl. Bd. 4, Beispiel 11.B.13). Damit gilt: *Genau dann ist L wirbelfrei, wenn L rotationsfrei ist, d.h. wenn* rot L *auf G identisch verschwindet.* Ist v_1, v_2, v_3 eine die Orientierung repräsentierende Orthonormalbasis von V und $L = g_1 v_1 + g_2 v_2 + g_3 v_3$, so ist $(\partial g_i/\partial x_j)_{1 \le i,j \le 3}$ die Matrix von DL bzgl. v_1, v_2, v_3 und

$$\operatorname{rot} L = \operatorname{rot}(g_1 v_1 + g_2 v_2 + g_3 v_3) =$$
$$= \Big(\frac{\partial g_3}{\partial x_2} - \frac{\partial g_2}{\partial x_3}\Big) v_1 + \Big(\frac{\partial g_1}{\partial x_3} - \frac{\partial g_3}{\partial x_1}\Big) v_2 + \Big(\frac{\partial g_2}{\partial x_1} - \frac{\partial g_1}{\partial x_2}\Big) v_3\,,$$

vgl. Abschnitt 4.B, was man symbolisch gern in der folgenden Determinantenform schreibt:

$$\operatorname{rot} L = \begin{vmatrix} \partial/\partial x_1 & g_1 & v_1 \\ \partial/\partial x_2 & g_2 & v_2 \\ \partial/\partial x_3 & g_3 & v_3 \end{vmatrix}$$

$(\partial/\partial x_i = D_{v_i}, i = 1, 2, 3,$ sind die partiellen Ableitungen bzgl. $v_1, v_2, v_3)$, oder noch kühner in der Form rot $L = \operatorname{grad} \times L = \nabla \times L$, vgl. Fußnote 6.

7.H.6 Beispiel Sei V ein euklidischer Vektorraum.

(1) Das konstante Vektorfeld $x \mapsto v_0$ auf V, wobei $v_0 \in V$ ein fester Vektor $\neq 0$ sei, besitzt das lineare Potenzial $x \mapsto -\langle v_0, x \rangle$. Die Äquipotenzialflächen sind die zu v_0 orthogonalen (affinen) Hyperebenen $(\mathbb{R}v_0)^\perp + x_0$, $x_0 \in V$. Die Flusslinien sind die Geraden $t \mapsto v_0 t + x_0$, die mit der Geschwindigkeit v_0 durchlaufen werden.

---

[11] Das klingt fast tautologisch. Man beachte aber, dass die Sprechweise den mathematischen Sätzen angepasst ist (und nicht etwa umgekehrt).

[12] Man beachte den Faktor $1/2$.

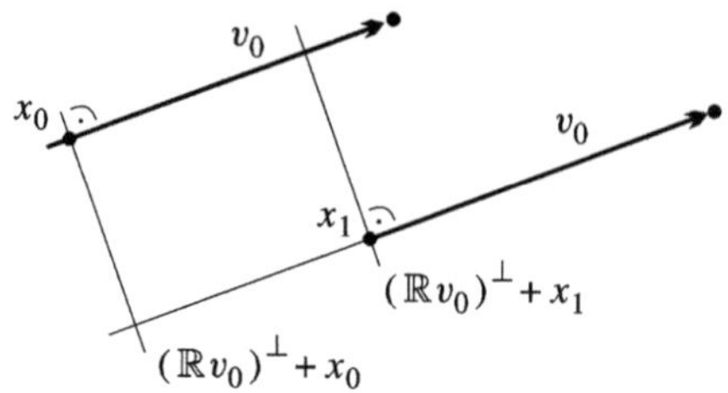

Die Potenzialdifferenz $\langle v_0, x_0 - x_1 \rangle = \| v_0 \| \, \| x_0 - x_1 \| \cos \angle (v_0, x_0 - x_1)$ der Punkte x_0 und x_1 ist dem Betrage nach das $\| v_0 \|$-fache des Abstands der Äquipotenzialflächen durch die Punkte x_0 bzw. x_1.

Ist $L = -\operatorname{grad} U$ ein beliebiges stetiges Gradientenfeld und x_0 ein Punkt mit $v_0 := L(x_0) = -(\operatorname{grad} U)(x_0) \neq 0$ und $U(x_0) = 0$, so ist U nach dem Satz über implizite Funktionen in einem geeigneten in x_0 isometrischen stetig *differenzierbaren* Koordinatensystem $y = (y_1, \ldots, y_n)$ um x_0 eine lineare Funktion. In der Nähe von x_0 verhalten sich demnach die Äquipotenzialflächen von L wie die eines konstanten Feldes. Insbesondere ist die Stärke $\| v_0 \|$ des Feldes umgekehrt proportional zum „Abstand" der Äquipotenzialflächen zu vorgegebener Potenzialdifferenz, vgl. auch Abschnitt 5.B. [13])

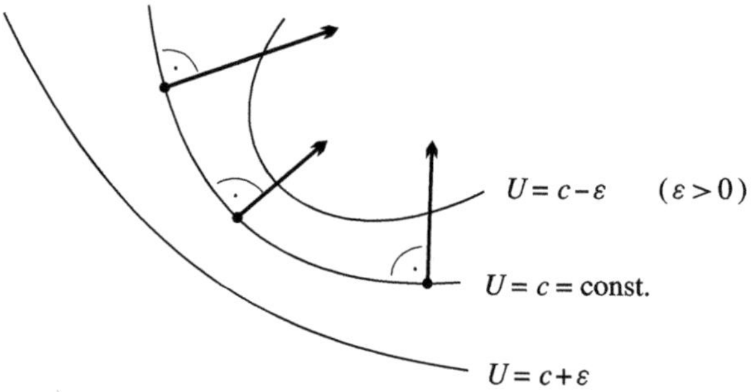

(2) Das lineare Vektorfeld $x \mapsto L(x)$, $L \in \operatorname{End}_{\mathbb{R}} V$, ist genau dann ein Potenzialfeld, wenn L selbstadjungiert ist. In diesem Fall ist die quadratische Form

$$U(x) = -\tfrac{1}{2} \langle L(x), x \rangle \,,$$

$x \in V$, ein Potenzial. Sei $\mathbb{R} v_1, \ldots, \mathbb{R} v_n$ ein System von Hauptachsen für L ($v_1, \ldots, v_n$ Orthonormalbasis von V) mit den Hauptwerten $c_1, \ldots, c_n$ (vgl. Bd. 2, Abschnitt 15.B) und den Koordinatenfunktionen $x_1 = v_1^*, \ldots, x_n = v_n^*$. Dann ist

$$U(x) = U(x_1, \ldots, x_n) = -\tfrac{1}{2}(c_1 x_1^2 + \cdots + c_n x_n^2) \,.$$

Ist die quadratische Form U nicht ausgeartet, d.h. sind alle $c_1, \ldots, c_n$ von 0 verschieden, so sind die Äquipotenzialflächen im definiten Fall Ellipsoide, im indefiniten Fall Hyperboloide, vgl. Bd. 2, Beispiel 15.B.8, und das Potenzialgebirge $x \mapsto \bigl(x, u(x)\bigr)$ ein Paraboloid, vgl. Bd. 2, 15.B,

---

[13]) Man beachte, dass durch die Koordinatenabbildung $\varphi : x \mapsto \bigl(y_1(x), \ldots, y_n(x)\bigr)$ eine Flusslinie γ des Gradientenfeldes $L = -\operatorname{grad} U$ in der Regel nicht in eine Flusslinie des Gradientenfeldes $-\operatorname{grad} U'$ der Funktion $U' := U \circ \varphi^{-1}$ transportiert wird. Vielmehr ist $\varphi \circ \gamma$ eine Flusslinie des Feldes $\varphi(x) \mapsto (D\varphi)_x \bigl(L(x)\bigr)$, und im Allgemeinen ist $(\operatorname{grad} U')\bigl(\varphi(x)\bigr) \neq (D\varphi)_x \bigl((\operatorname{grad} U)(x)\bigr)$. Da aber $(D\varphi)_{x_0} : V \to \mathbb{R}^n$ eine Isometrie ist, gilt $(\operatorname{grad} U')\bigl(\varphi(x_0)\bigr) = (D\varphi)_{x_0} \bigl((\operatorname{grad} U)(x_0)\bigr)$, so dass die Abweichungen in der Nähe von $\varphi(x_0)$ nicht allzu groß sind.

Aufg. 11, bei $n = 2$ etwa ein elliptisches Paraboloid (d.h. ein Berg oder ein Talkessel) bzw. ein hyperbolisches Paraboloid (d.h. ein Pass), vgl. loc. cit. Die Flusslinien von L sind die Kurven $x_\nu = x_\nu(0)\exp(c_\nu t)$, $\nu = 1,\ldots,n$.

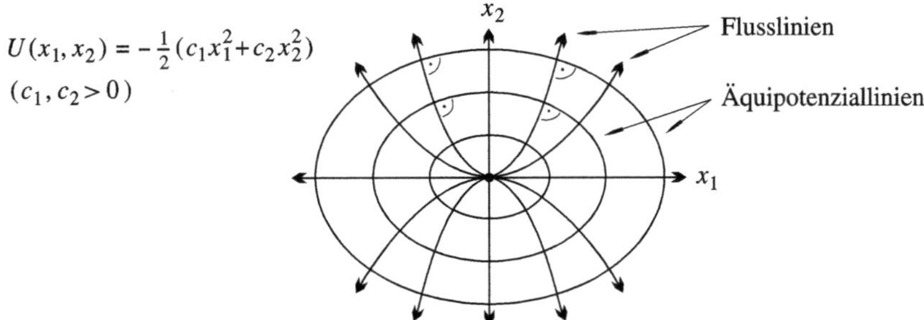

$$U(x_1, x_2) = -\tfrac{1}{2}(c_1 x_1^2 + c_2 x_2^2)$$
$$(c_1, c_2 > 0)$$

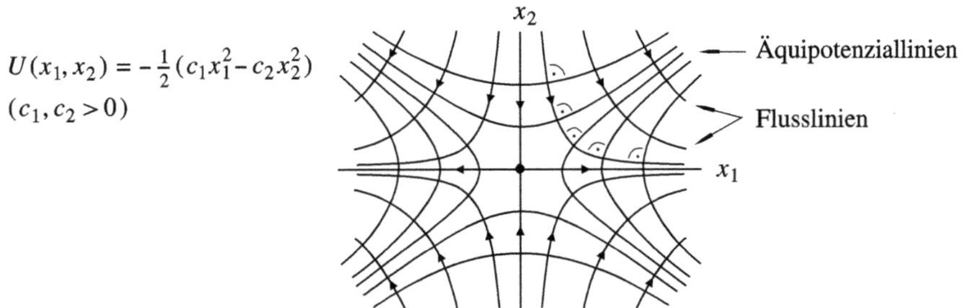

$$U(x_1, x_2) = -\tfrac{1}{2}(c_1 x_1^2 - c_2 x_2^2)$$
$$(c_1, c_2 > 0)$$

Ähnlich ist der Verlauf der Äquipotenzialflächen für ein beliebiges C^2-Gradientenfeld $L = -\operatorname{grad} U$ in der Nähe eines Punktes x_0 mit $L(x_0) = 0$, in dem $(DL)_{x_0}$ invertierbar ist, d.h. in einem regulären singulären Punkt des Potenzials U. Denn nach dem Morse-Lemma 6.B.14 (und dem Satz über die Hauptachsentransformation) gibt es ein in x_0 isometrisches *differenzierbares* Koordinatensystem $y = (y_1, \ldots, y_n)$ von x_0 mit $y(x_0) = 0$ derart, dass $U - U(x_0) = -\tfrac{1}{2}(c_1 y_1^2 + \cdots + c_n y_n^2)$ ist, wobei $c_1, \ldots, c_n$ die Hauptwerte der Hesse-Form von U in x_0 sind. [14]

7.H.7 Beispiel Auf der punktierten euklidischen Ebene $\mathbb{C}^\times = \mathbb{R}^2 - \{(0,0)\}$ betrachten wir ein kreissymmetrisches Vektorfeld der Form

$$L(z) = L(x_1, x_2) = \omega(r)(-x_2, x_1) = \omega(r)\mathrm{i}z, \quad z = x_1 + \mathrm{i}x_2, \quad r := \sqrt{x_1^2 + x_2^2} = |z|,$$

mit einer stetig differenzierbaren Funktion $\omega : \mathbb{R}_+^\times \to \mathbb{R}$.

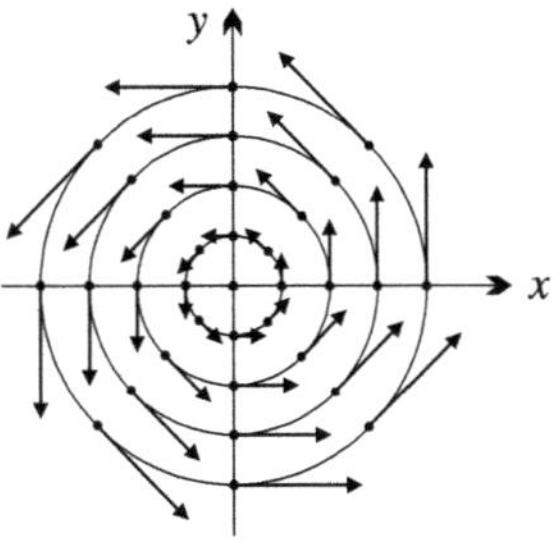

---

[14] Vgl. aber Fußnote 13.

Die Flusslinien sind

$$\gamma(t) = r_0\left(\cos\left(\omega_0 t + \varphi_0\right),\, \sin\left(\omega_0 t + \varphi_0\right)\right) = z_0\, e^{i\omega_0 t},$$

wobei $\omega_0 := \omega(r_0)$ ist und $\gamma(0) = z_0 = r_0\left(\cos\varphi_0,\, \sin\varphi_0\right) \in \mathbb{R}^2 - \left\{(0,0)\right\}$ ein beliebiger Anfangswert. L ist bei $\omega \not\equiv 0$ niemals ein Potenzialfeld. Jede geschlossene Flusslinie $t \mapsto \gamma(t)$, $t \in [0, 2\pi/|\omega_0|]$, $\omega_0 \neq 0$, hat die von 0 verschiedene Zirkulation

$$\oint_\gamma \mathrm{circ}\, L = \int_0^{2\pi/|\omega_0|} \langle L(\gamma(t)),\, \dot\gamma(t)\rangle\, dt = \int_0^{2\pi/|\omega_0|} \|L(\gamma(t))\|^2\, dt = \int_0^{2\pi/|\omega_0|} |\omega_0|^2 r_0^2\, dt = 2\pi r_0^2\, |\omega_0|.$$

Genau dann ist L wirbelfrei, wenn die Integrabilitätsbedingung

$$\frac{\partial}{\partial x_2}\left(-\omega(r)\, x_2\right) = \frac{\partial}{\partial x_1}\left(\omega(r)\, x_1\right)$$

gilt, d.h.

$$-\omega(r) - \frac{x_2^2}{r}\,\omega'(r) = \omega(r) + \frac{x_1^2}{r}\,\omega'(r) \qquad \text{oder} \qquad \omega'(r) = -\frac{2\omega(r)}{r},$$

also $\omega(r) = \omega_0/r^2$, $\omega_0 := \omega(1)$, ist. Es handelt sich dann um ein Vektorfeld

$$L = \frac{\omega_0}{x_1^2 + x_2^2}\,(-x_2,\, x_1),$$

dessen Stärke $\|L(x_1, x_2)\| = \omega_0/r$ umgekehrt proportional zum Abstand r vom Nullpunkt ist. Die zugehörige Zirkulationsform

$$\mathrm{circ}\, L = \omega_0\,\frac{-x_2 dx_1 + x_1 dx_2}{x_1^2 + x_2^2}$$

ist in diesem Fall bis auf den Faktor ω_0 der Imaginärteil der wohlbekannten geschlossenen, aber nicht exakten 1-Form dz/z auf $\mathbb{C}^\times$.

Setzen wir allgemein L durch $L(x_1, x_2, x_3) := \left(L(x_1, x_2),\, 0\right)$ zu einem Vektorfeld auf dem Gebiet $\left(\mathbb{R}^2 - \{0,0\}\right) \times \mathbb{R}$ fort, so ist

$$\mathrm{rot}\, L = \left(0,\, 0,\, 2\omega(r) + r\omega'(r)\right), \qquad r = (x_1^2 + x_2^2)^{1/2}.$$

Insbesondere ist das Rotationsfeld $\mathrm{rot}\, L$ bei $\omega = \omega_0 = \text{const.}$, d.h. bei dem linearen Geschwindigkeitsfeld $L: x \mapsto \Omega_0 \times x$ der Rotation um die Achse $\mathbb{R}e_3$ mit der (konstanten) Winkelgeschwindigkeit $\Omega_0 := \omega_0 e_3 = (0, 0, \omega_0)$, *das Doppelte* des konstanten Feldes Ω_0.

7.H.8 Beispiel (Z e n t r a l f e l d e r) Sei V ein euklidischer Vektorraum der Dimension ≥ 2. Ein Z e n t r a l f e l d $L(x) = -A(x)\, x$ auf $V - \{0\}$, wobei $x \mapsto A(x)$ eine stetige Funktion $V - \{0\} \to \mathbb{R}$ ist, ist genau dann wirbelfrei, wenn L ein Z e n t r a l f e l d i m e n g e r e n S i n n e ist, d.h. wenn $A(x)$ nur vom Abstand $r = \|x\|$ des Punkts x vom Nullpunkt abhängt, vgl. Aufg. 2. In diesem Fall ist L sogar ein Potenzialfeld. *Ist nämlich $A(x) = \alpha(r)/r$, also*

$$L(x) = -\alpha\left(\|x\|\right)\frac{x}{\|x\|},$$

mit der stetigen Funktion $\alpha: \mathbb{R}_+^\times \to \mathbb{R}$ und ist $U: \mathbb{R}_+^\times \to \mathbb{R}$ eine Stammfunktion von α, so ist $x \mapsto U\left(\|x\|\right)$ *ein Potenzial von L*, vgl. 5.B, Aufg. 4i). Wir haben dies – zumindest indirekt – bereits in Bd. 1, Beispiel 19.C.5 benutzt. Das Gravitationsfeld einer Masse, die im Ursprung von V konzentriert ist, – es sei $\mathrm{Dim}_\mathbb{R} V = 3$ – ist nach dem Newtonschen Gravitationsgesetz gleich

$-ax/\|x\|^3$ mit einer (positiven) Konstanten a und hat folglich das Potenzial $U(r) = -a/r$, $r = \|x\|$. Dieses Potenzial zum Gravitationsfeld $-ax/\|x\|^3$ ist dadurch eindeutig festgelegt, dass es im Unendlichen verschwindet: $\lim_{\|x\| \to \infty} U(\|x\|) = 0$. Ferner sind bei $\mathrm{Dim}_{\mathbb{R}} V = 3$ die Felder $-ax/\|x\|^3$ (a beliebige Konstante) die einzigen Zentralfelder im engeren Sinne, deren Divergenz verschwindet; allgemein sind dies bei $\mathrm{Dim}_{\mathbb{R}} V = n \geq 3$ die Felder $-ax/\|x\|^n$.

7.H.9 Beispiel (Biot-Savartsches Gesetz und Verschlingungszahlen) Sei V ein orientierter euklidischer Vektorraum der Dimension 3 mit der kanonischen Determinantenfunktion Δ (die für jede die Orientierung von V repräsentierende Orthonormalbasis den Wert 1 hat). Ferner sei L ein C^1-Vektorfeld auf der offenen Menge $G \subseteq V$. Für einen festen Vektor $v \in V$ ist $L \times v$ ebenfalls ein Vektorfeld auf G. Es ist (vgl. Aufg. 3d)) $\mathrm{rot}\,(L \times v) = \mathrm{D}_v L - v\,\mathrm{div}\,L$ und insbesondere $\mathrm{rot}\,(L \times v) = \mathrm{D}_v L$, falls die Divergenz von L verschwindet. Durch $(x, v) \mapsto L(x) \times v$ ist überdies eine 1-Form auf G mit Werten in V definiert.

Wir betrachten speziell auf $V - \{y\}$, $y \in V$, das Vektorfeld

$$L(x) := \frac{1}{4\pi} \cdot \frac{x - y}{\|x - y\|^3}.$$

Das Integral

$$H(y) = \int_a^b L \times d\gamma := \frac{1}{4\pi} \int_a^b \frac{\gamma(t) - y}{\|\gamma(t) - y\|^3} \times \dot{\gamma}(t)\,dt$$

über die 1-Form $(x, v) \mapsto L(x) \times v$ bzgl. eines einfach geschlossenen (stückweise) stetig differenzierbaren Weges $\gamma : [a, b] \to V - \{y\}$ ist nach dem Biot-Savartschen Gesetz gleich der magnetischen Feldstärke, die ein Strom der Stärke 1, der im Leiter γ (gemäß der Orientierung von γ) fließt, im Punkt y erzeugt. (Ist die Stromstärke gleich I, so ist die magnetische Feldstärke das I-fache davon.) $y \mapsto H(y)$ ist ein Vektorfeld, das außerhalb der Trajektorie von γ definiert ist. *H ist für einen beliebigen (nicht notwendig einfach) geschlossenen stückweise stetig differenzierbaren Weg γ rotations-, d.h. wirbelfrei*, denn es ist

$$(\mathrm{rot}\,H)(y) = \frac{1}{4\pi} \int_a^b \mathrm{rot}_y\left(\frac{\gamma(t) - y}{\|\gamma(t) - y\|^3} \times \dot{\gamma}(t)\right) dt$$

$$= \frac{1}{4\pi} \int_a^b \mathrm{D}_{\dot{\gamma}(t)}\left(\frac{\gamma(t) - y}{\|\gamma(t) - y\|^3}\right) dt = \frac{1}{4\pi} \cdot \frac{x - y}{\|x - y\|^3}\bigg|_{x = \gamma(a)}^{x = \gamma(b)} = 0.$$

(Man beachte: $y \mapsto (\gamma(t) - y)/\|\gamma(t) - y\|^3$ ist ohne Divergenz.)

Das Feld H ist aber im Allgemeinen keineswegs zirkulationsfrei. Für einen Weg $\eta : [c, d] \to V$ im Komplement der Trajektorie von γ hängt vielmehr das Integral

$$\int_\eta \mathrm{circ}\,H = \frac{1}{4\pi} \int_c^d \int_a^b \left\langle \frac{\gamma(t) - \eta(s)}{\|\gamma(t) - \eta(s)\|^3} \times \dot{\gamma}(t)\,,\,\dot{\eta}(s) \right\rangle dt\,ds$$

$$= \frac{1}{4\pi} \int_c^d \int_a^b \Delta\left(\frac{\gamma(t) - \eta(s)}{\|\gamma(t) - \eta(s)\|^3}\,,\,\dot{\gamma}(t)\,,\,\dot{\eta}(s)\right) dt\,ds$$

nicht nur von den Endpunkten $\eta(c)$ und $\eta(d)$ ab, sondern auch davon, wie η den „Leiter" γ umschlingt. Man nennt dieses Integral im physikalischen Kontext die magnetische Spannung längs η. Ist η wie γ geschlossen, so ist diese magnetische Spannung symmetrisch in γ und η (vgl. Bd. 1, Satz 16.B.19). Betrachten wir als einfachsten Fall die folgende Situation:

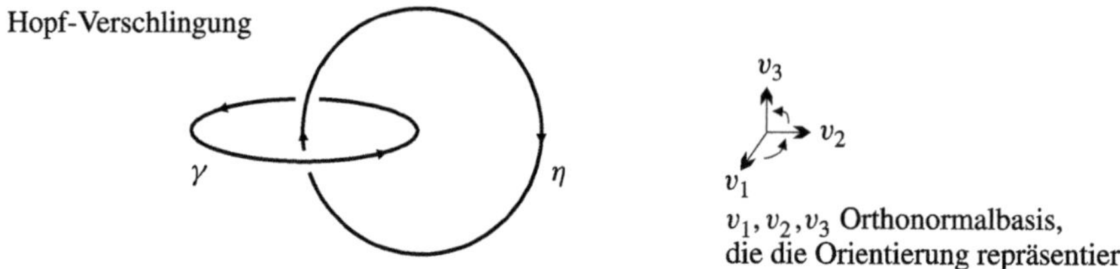

Zur Berechnung der magnetischen Spannung können wir sowohl γ als auch η durch homologe Wege im Komplement der Trajektorie des jeweils anderen Weges ersetzen. Sei nun v_1, v_2, v_3 eine die Orientierung von V repräsentierende Orthonormalbasis. Für γ wählen wir den Weg $t \mapsto r \cos 2\pi t\, v_1 + r \sin 2\pi t\, v_2$, $t \in [0, 1]$, mit positivem r, und η enthalte als Teilstück den Weg $s \mapsto s v_3$, $s \in [-1, 1]$, und treffe sonst die durch γ berandete Kreisfläche der (v_1, v_2)-Ebene nicht. Dann ist

$$
\int_\eta \operatorname{circ} H = \lim_{r\to 0+} \frac{1}{4\pi} \int_{-1}^{1} \int_{0}^{1} \frac{1}{(r^2+s^2)^{3/2}} \begin{vmatrix} r\cos 2\pi t & -2\pi r \sin 2\pi t & 0 \\ r\sin 2\pi t & 2\pi r \cos 2\pi t & 0 \\ -s & 0 & 1 \end{vmatrix} dt\, ds
$$

$$
= \lim_{r\to 0+} \frac{r^2}{2} \int_{-1}^{1} \frac{ds}{(r^2+s^2)^{3/2}} = \lim_{r\to 0+} \frac{1}{2} \int_{-\operatorname{Arsinh}(1/r)}^{\operatorname{Arsinh}(1/r)} \frac{d\sigma}{\cosh^2 \sigma}
$$

$$
= \frac{1}{2} \int_{-\infty}^{\infty} \frac{d\sigma}{\cosh^2\sigma} = \frac{1}{2} \tanh x \Big|_{-\infty}^{\infty} = 1.
$$

(Wir haben $s = r \sinh \sigma$ substituiert.) Man nennt generell im Anschluss an C. F. Gauß (1833) das Integral

$$
\mathrm{V}(\gamma, \eta) := -\frac{1}{4\pi} \int_{c}^{d} \int_{a}^{b} \Delta\Big(\frac{\gamma(t) - \eta(s)}{\|\gamma(t) - \eta(s)\|^3}, \dot\gamma(t), \dot\eta(s) \Big)\, dt\, ds
$$

für zwei geschlossene (stückweise stetig differenzierbare) Wege $\gamma : [a, b] \to V$ und $\eta : [c, d] \to V$, deren Trajektorien sich nicht schneiden, die V e r s c h l i n g u n g s z a h l von γ und η.[15]) Sie hängt jeweils nur von der Homologieklasse des einen Weges bzgl. des Komplements der Trajektorie des anderen ab und ist daher für beliebige geschlossene Wege, deren Trajektorien disjunkt sind, definiert. Sie ist symmetrisch: $\mathrm{V}(\gamma, \eta) = \mathrm{V}(\eta, \gamma)$, und wechselt bei Änderung der Orientierung von V (wie Δ) das Vorzeichen. Es handelt sich also (wie schon bei der magnetischen Feldstärke H) um eine axiale Größe, vgl. Bemerkung 4.B.4. Die Verschlingungszahl ist eine ganze Zahl (daher der Normierungsfaktor $1/4\pi$, den wir in Bd. 4, Beispiel 11.C.6 in natürlicher Weise als Kehrwert der Oberfläche der 2-dimensionalen Einheitssphäre $S_V(0\,;1)$ identifizieren werden). Die obige Verschlingung, die übrigens die H o p f - V e r s c h l i n g u n g heißt, hat also bei der vorliegenden Orientierung der Kreise die Verschlingungszahl -1.[16]) Die Hopf-Verschlingung

---

[15]) Man beachte die Vorzeichenänderung. Das Vorzeichen von $\mathrm{V}(\gamma, \eta)$ ist aber in der Literatur nicht einheitlich.

[16]) Die Hopf-Verschlingung kann in äquivalenter Weise durch je zwei Fasern der Hopf-Faserung $S^3 \to \mathbb{P}^1(\mathbb{C})$ repräsentiert werden, vgl. 7.D, Fußnote 1. Dabei liegen die Knoten allerdings nicht

liefert allgemein die folgende V e r s c h l i n g u n g s r e g e l zur Bestimmung von Verschlingungszahlen:

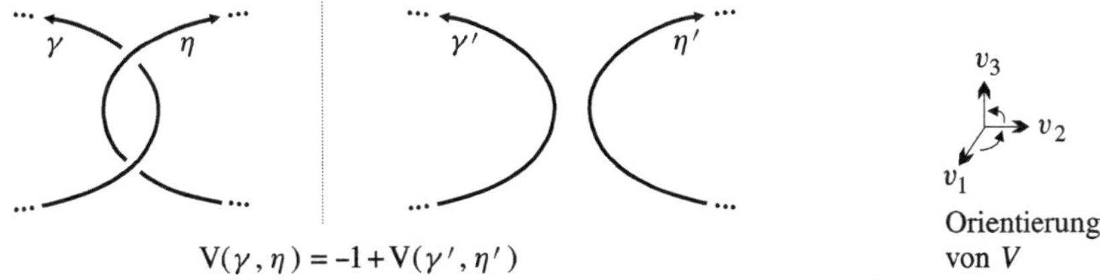

$$V(\gamma, \eta) = -1 + V(\gamma', \eta')$$

Man ermittle zur Übung die Verschlingungszahlen der folgenden beiden Paare trivialer Knoten:

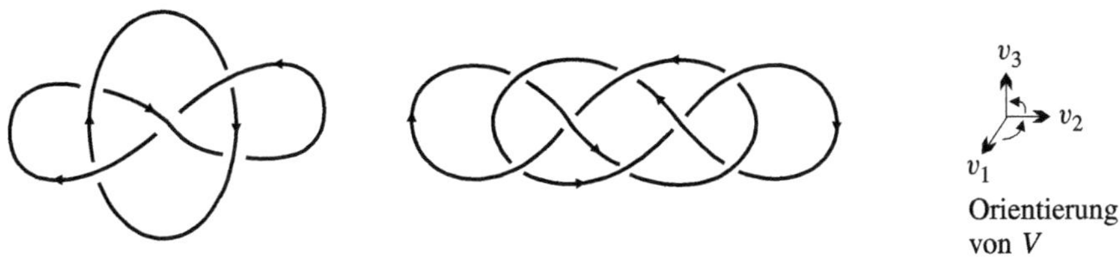

Das linke Knotenpaar ist die so genannte W h i t e h e a d - oder M a x w e l l - V e r s c h l i n g u n g. Ihre Verschlingungszahl ist 0, d.h. jeder Knoten ist im Komplement des jeweils anderen nullhomotop; die beiden Knoten lassen sich aber nicht trennen. Sie sind also unverschlungen und doch untrennbar.

Für einen trivialen Knoten γ und den zugehörigen Knotenaußenraum $G := V - \mathrm{Bild}\,\gamma$ ist

$$H_1(G) \to \mathbb{Z} \qquad \text{mit} \qquad [\eta] \mapsto V(\gamma, \eta)$$

ein Gruppenisomorphismus. Die Hopf-Verschlingung zeigt, dass er surjektiv ist. Die Bijektivität folgt dann mit 7.C, Aufg. 13. Ohne Beweis erwähnen wir, dass dies für einen beliebigen stückweise glatten Knoten (d.h. einfach geschlossenen stückweise stetig differenzierbaren Weg) γ gilt. Allerdings ist dann anders als bei dem trivialen (und den dazu äquivalenten) Knoten die Fundamentalgruppe $\pi(G)$ *nicht* mehr abelsch, d.h. $\pi(G) \neq H_1(G)$. Ist die Randkurve des eingebetteten Möbius-Bandes in 2.B, Aufg. 21a) ein trivialer Knoten oder nicht?

7.H.10 Bemerkung Der in diesem Abschnitt besprochene Zusammenhang zwischen Vektorfeldern und 1-Formen beruht auf der Isomorphie $V \xrightarrow{\sim} V^*$, die für einen euklidischen Vektorraum V durch das Skalarprodukt auf V gegeben wird. Eine solche Isomorphie wird aber durch jede nicht ausgeartete Bilinearform $\Phi: V \times V \to \mathbb{R}$ gegeben, und zwar als $\Phi_1: V \to V^*$ mit $v \mapsto \big(x \mapsto \Phi(x, v)\big)$. Daneben ist dann auch $\Phi_2: V \to V^*$ mit $u \mapsto \big(y \mapsto \Phi(u, y)\big)$ ein Isomorphismus. Sowohl aus Φ_1 als auch aus Φ_2 lässt sich Φ rekonstruieren. Genau dann ist Φ symmetrisch, wenn $\Phi_1 = \Phi_2$ ist. Man vgl. hierzu die Abschnitte 12.A und 12.B in Bd. 2. Wir erwähnen außer den in diesem Abschnitt behandelten Skalarprodukten noch zwei Beispiele, die insbesondere auch für die Physik wichtig sind:

(1) V ist ein Minkowski-Raum und Φ ist die Lorentz-Form auf V, vgl. Bd. 2, Abschnitt 16.A. Dieser Fall spielt in der R e l a t i v i t ä t s t h e o r i e eine entscheidende Rolle.

(2) (V, Φ) ist ein symplektischer Raum, d.h. Φ ist eine nicht ausgeartete alternierende (d.h. schiefsymmetrische) Bilinearform auf V, vgl. Bd. 2, Beispiel 15.B.10. Dann ist $\Phi_1 = -\Phi_2$,

---

im $\mathbb{R}^3$ selbst, sondern in seiner Ein-Punkt-Kompaktifizierung $S^3 = \mathbb{R}^3 \uplus \{\omega\}$.

und die Dimension $\mathrm{Dim}_\mathbb{R} V$ ist notwendigerweise gerade. Dieser Fall ist die Grundlage der S y m p l e k t i s c h e n   G e o m e t r i e, zu der die Hamiltonsche Mechanik gehört, vgl. dazu bereits Bemerkung 10.A.7.

Aufgaben

In den folgenden Aufgaben bezeichnet V stets einen orientierten euklidischen Vektorraum.

1. Seien $e \in V$ ein Einheitsvektor, $\alpha : G \to \mathbb{R}$ eine stetige Funktion auf dem Gebiet $G \subseteq V$ und L das Vektorfeld $-\alpha e$ konstanter Richtung $\mathbb{R}e$ auf G.

a) Genau dann ist L wirbelfrei, wenn α auf jedem Hyperebenenschnitt $H \cap G$, wobei $H \subseteq V$ eine affine Hyperebene senkrecht zu e ist, lokal konstant ist. Ist α auf jedem Hyperebenenschnitt $H \cap G$ konstant, so ist L zirkulationsfrei und man gebe ein Potenzial zu L an.

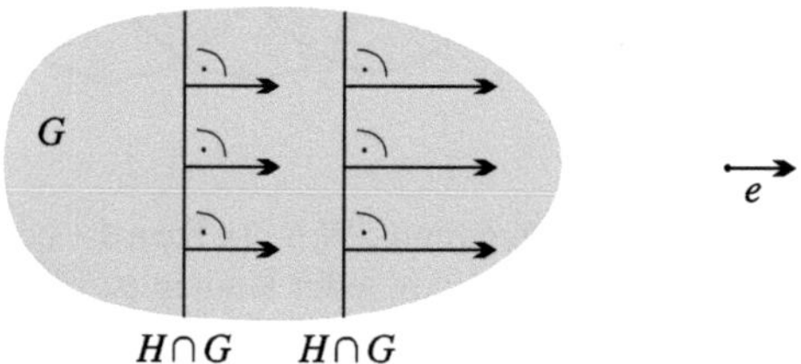

b) Man gebe jeweils ein Beispiel für folgende Phänomene: (1) L besitzt ein Potenzial, aber α ist nicht auf jedem Hyperebenschnitt $H \cap G$ konstant. (2) L ist wirbel- aber nicht zirkulatiosfrei.

c) Sei α eine C^1-Funktion. Man bestimme $\mathrm{curl}\, L$. Im Fall $\mathrm{Dim}_\mathbb{R} V = 3$ ist $\mathrm{rot}\, L = e \times \mathrm{grad}\, \alpha$.

2. Seien $G \subseteq V - \{0\}$ ein Gebiet, $A : G \to \mathbb{R}$ eine stetige Funktion und L das Zentralfeld $-A(x)x$, vgl. Beispiel 7.G.8.

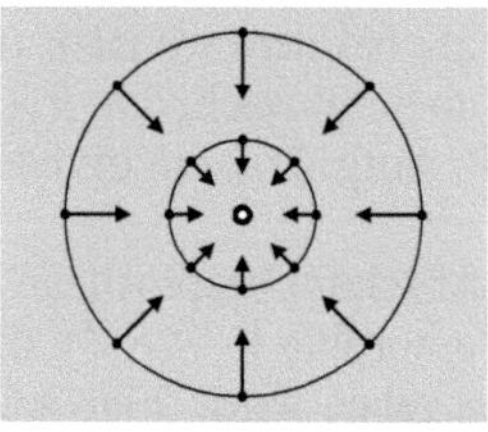

a) Genau dann ist L wirbelfrei, wenn A auf jedem Sphärenschnitt $S(0\,;r) \cap G$ lokal konstant ist, $r \in \mathbb{R}_+^\times$. Ist A auf jedem der Schnitte $S(0\,;r) \cap G$ konstant, so ist L zirklulationsfrei und man gebe ein Potenzial zu L an.

b) Man gebe jeweils ein Beispiel für folgende Phänomene: (1) L besitzt ein Potenzial, aber A ist nicht auf jedem der Schnitte $S(0\,;r) \cap G$ konstant. (2) L ist wirbel- aber nicht zirkulatiosfrei.

c) Sei A ein C^1-Funktion. Man bestimme $\mathrm{curl}\, L$. Im Fall $\mathrm{Dim}_\mathbb{R} V = 3$ ist $\mathrm{rot}\, L = x \times \mathrm{grad}\, A$.

3. Seien L, M C^1-Vektorfelder und α eine C^1-Funktion auf der offenen Menge $G \subseteq V$. Ferner sei $\mathrm{Dim}_\mathbb{R} V = 3$. Man beweise:

a) $\mathrm{div}\,(\alpha L) = \alpha \, \mathrm{div}\, L + \langle \mathrm{grad}\,\alpha, L \rangle$.

b) $\mathrm{rot}\,(\alpha L) = \alpha \, \mathrm{rot}\, L + (\mathrm{grad}\,\alpha) \times L$.

c) $\operatorname{div}(L \times M) = \langle \operatorname{rot} L, M \rangle - \langle L, \operatorname{rot} M \rangle$.

d) $\operatorname{rot}(L \times M) = \mathrm{D}_M L - \mathrm{D}_L M + L \operatorname{div} M - M \operatorname{div} L$.

e) $\operatorname{grad}\langle L, M \rangle = L \times \operatorname{rot} M + M \times \operatorname{rot} L + \mathrm{D}_L M + \mathrm{D}_M L$.

f) Ist L ein C^2-Vektorfeld, so ist $\operatorname{rot}(\operatorname{rot} L) = \operatorname{grad}(\operatorname{div} L) - \Delta L$, wobei der Laplace-Operator Δ für Vektorfelder analog wie für Funktionen definiert ist.

4. Sei L das Vektorfeld $(x_1 - x_2)^2 e_1 + (2x_2 + x_1^2)e_2 + x_1 e_3$ auf dem $\mathbb{R}^3$ (versehen mit dem kanonischen Skalarprodukt und der Standardorientierung).

a) Man gebe $\operatorname{circ} L$ und die Zirkulation $\int_\gamma \operatorname{circ} L$ für die folgenden Wege an.

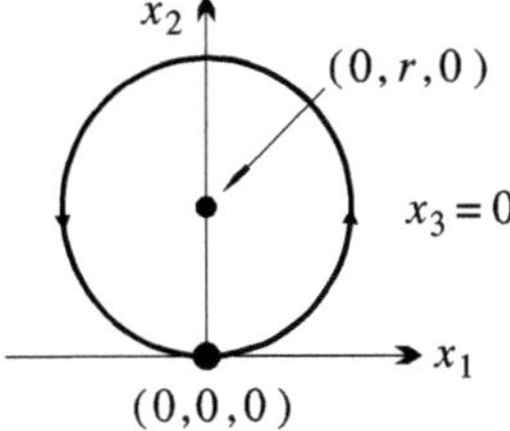

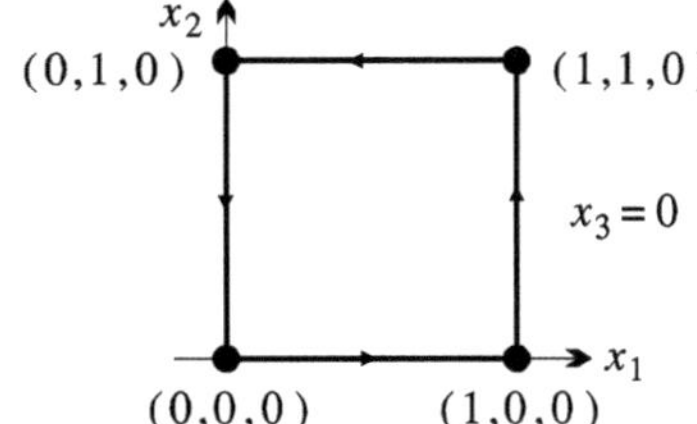

b) Man bestimme $\operatorname{curl} L$, $\operatorname{rot} L$, $\operatorname{div} L$.

5. Zu dem Vektorfeld $L : x \mapsto \mathfrak{A}(x) + x_0$ auf dem $\mathbb{R}^n$, wo $\mathfrak{A}$ eine $n \times n$-Matrix aus $\mathrm{M}_n(\mathbb{R})$ ist und $x_0 \in \mathbb{R}^n$ ein fester Vektor, gebe man die Zirkulationsform $\operatorname{circ} L$ und die Wirbelform $\operatorname{curl} L$ an sowie im Fall $n = 3$ auch $\operatorname{rot} L$. Im Fall, dass L zirkulationsfrei ist, gebe man ein Potenzial für L an. Man skizziere im $\mathbb{R}^2$ die Felder für $x_0 = (0, 0)$ bzw. $x_0 = (1, 0)$ und die folgenden Matrizen $\mathfrak{A}$ (vgl. Beispiel 7.H.6 (2)):

$$\begin{pmatrix} 1 & 0 \\ 0 & -2 \end{pmatrix}, \quad \begin{pmatrix} 0 & 1 \\ 1 & 0 \end{pmatrix}, \quad \begin{pmatrix} 0 & -1 \\ 1 & 0 \end{pmatrix}.$$

6. Man entscheide, welche der beiden folgenden Vektorfelder auf dem $\mathbb{R}^3$ (versehen mit dem Standardskalarprodukt und der Standardorientierung) zirkulationsfrei sind und bestimme gegebenenfalls ein Potenzial, das im Nullpunkt verschwindet:

$$(x_2 + x_3^2)\, e_1 + (x_1 + 2x_2 x_3^3)\, e_2 + (3x_2^2 x_3^2 + 2x_1 x_3)\, e_3 \, ; \quad e^{x_1}\big((3x_2 + 2x_3)\, e_1 + 3e_2 + 2e_3\big).$$

7. Sei $\operatorname{Dim}_{\mathbb{R}} V = 3$. Man berechne $\operatorname{rot}(L \times x)$ und $\operatorname{rot}\big((L \times x)/\|x\|^3\big)$, wobei L ein C^1-Vektorfeld auf der offenen Menge $G \subseteq V$ bzw. $G \subseteq V - \{0\}$ ist.

III GEWÖHNLICHE DIFFERENZIALGLEICHUNGEN

8 Dynamische Systeme

8.A Der Satz von Picard-Lindelöf

Sei V ein endlichdimensionaler reeller Vektorraum, den wir immer mit seiner natürlichen Topologie versehen, die durch eine beliebige (nötigenfalls spezifizierte) Norm auf V gegeben wird. Unter einem dynamischen System auf der offenen Menge $G \subseteq V$ verstehen wir ein stetiges Vektorfeld

$$F : I \times G \to V$$

wobei $I \subseteq \mathbb{R}$ ein (nicht notwendig offenes) reelles Intervall (mit mehr als einem Punkt) ist. [1]) Zum Begriff des Vektorfeldes vergleiche man Abschnitt 7.H. Wie dort sprechen wir von einem autonomen oder zeitunabhängigen dynamischen System, wenn F nicht von dem Parameter $t \in I$, den wir in der Regel als Zeit interpretieren, abhängt. [2]) Andernfalls sprechen wir von einem zeitabhängigen dynamischen System. Jede stetige Abbildung $F : G \to V$ definiert also ein zeitunabhängiges System $\mathbb{R} \times G \to V$ mit $(t, x) \mapsto F(x)$, das wir wieder mit F bezeichnen. Jedes zeitabhängige System $F : I \times G \to V$ definiert andererseits das zugeordnete autonome System $I \times G \to \mathbb{R} \times V$ mit $(u, x) \mapsto \big(1\,, F(u, x)\big)$.

Unter der Dimension des dynamischen Systems verstehen wir die Dimension von V. Die Dimension des zugeordneten autonomen Systems ist also um 1 größer als die Dimension des Ausgangssystems.

Unter einer Lösung des dynamischen Systems $F : I \times G \to V$ versteht man eine differenzierbare Kurve $\varphi : J \to G$ auf einem Intervall $J \subseteq I$, die der gewöhnlichen Differenzialgleichung

$$\dot{x} = F(t, x)\,,$$

$t \in J$, genügt. Die Geschwindigkeit $\dot{\varphi}(t)$ einer Lösungskurve zum Zeitpunkt t ist also gerade gleich dem durch das Vektorfeld F im Punkt $\big(t, \varphi(t)\big)$ vorgegebenen Vektor

---

[1]) Nicht alle Autoren identifizieren generell – wie wir das tun – dynamische Systeme mit Vektorfeldern. Häufig wird der Begriff „dynamisches System" nur für spezielle Situationen benutzt, z.B. für autonome Vektorfelder, deren Flusslinien auf ganz $\mathbb{R}$ definiert sind, vgl. Abschnitt 8.B.
[2]) Daher bezeichnen wir die Ableitung nach t in diesem Paragraphen grundsätzlich mit einem Punkt.

$F(t, \varphi(t)) \in V$. Statt von dynamischen Systemen spricht man daher auch von **ge-wöhnlichen Differenzialgleichungssystemen** (1. Ordnung). Ein zeitabhängiges System $\dot{x} = F(t, x)$ lässt sich (unter Inkaufnahme einer zusätzlichen Variablen) stets auf das **zugeordnete autonome System**

$$\dot{u} = 1, \quad \dot{x} = F(u, x)$$

mit dem zugeordneten zeitunabhängigen Vektorfeld $(u, x) \mapsto (1, F(u, x))$ auf dem Gebiet $I \times G \subseteq \mathbb{R} \times V$ zurückführen. Dabei entspricht der Lösung $\varphi : J \to G$ des ursprünglichen Systems die Lösung $J \to I \times G$ mit $t \mapsto (t, \varphi(t))$.

Das Grundproblem der Theorie ist die Bestimmung solcher Lösungen. Unter recht schwachen Voraussetzungen an F werden wir zeigen, dass es zumindest lokal eine eindeutig bestimmte Lösung gibt, die zu einem gegebenen Zeitpunkt $t_0 \in I$ einen vorgegebenen Wert $x_0 \in G$ annimmt. Man spricht von dem **Anfangswertproblem**

$$\dot{x} = F(t, x), \quad x(t_0) = x_0.$$

Für **lineare dynamische Systeme** $(t, x) \longmapsto F(t, x) := A(t)\,x + g(t)$, wobei $A : I \to \mathrm{End}_{\mathbb{R}} V$ und $g : I \to V$ stetige Abbildungen sind, haben wir eine solche Aussage bereits in Bd. 2, Satz 20.A.2 erhalten. In diesem Fall ist jede Lösung sogar auf dem maximal möglichen Zeitintervall $J := I$ definierbar. Wie der lineare Fall wird auch der allgemeine Fall mit einer Picard-Lindelöf-Iteration behandelt. Wir setzen dabei voraus, dass F einer lokalen partiellen Lipschitz-Bedingung genügt: Wir sagen, das dynamische System $I \times G \to V$ mit $(t, x) \mapsto F(t, x)$ sei lokal **Lipschitz-stetig** bezüglich $x \in G$, wenn es zu jedem Punkt $(t_0, x_0) \in I \times G$ eine Umgebung J_0 von t_0 in I und eine Umgebung U_0 von x_0 in G gibt mit

$$\|F(t, x) - F(t, x')\| \le L\,\|x - x'\|$$

für alle $t \in J_0$ und alle $x, x' \in U_0$, wobei $L \ge 0$ eine Konstante ist (die nur von J_0 und U_0 abhängt). Es gilt:

8.A.1 Lemma *Das dynamische System* $F : I \times G \to V$ *sei lokal Lipschitz-stetig bezüglich* $x \in G$. *Dann gibt es zu jedem Kompaktum* $K \subseteq I \times G$ *eine Lipschitz-Konstante* $L \ge 0$ *mit*

$$\|F(t, x) - F(t, x')\| \le L\,\|x - x'\|$$

für alle $(t, x), (t, x') \in K$ *gibt.*

B e w e i s. Nach Voraussetzung gibt es zu jedem $(t, x) \in K$ offene Umgebungen $J_{(t,x)}$ von t in I und $U_{(t,x)}$ von x in G und eine Lipschitz-Konstante $L_{(t,x)} \ge 0$ mit $\|F(s, y) - F(s, y')\| \le L_{(t,x)}\|y - y'\|$ für alle $s \in J_{(t,x)}$ und alle $y, y' \in U_{(t,x)}$. Da K kompakt ist, überdecken endlich viele der in $I \times G$ offenen Mengen $J_{(t,x)} \times U_{(t,x)}$, etwa $J_1 \times U_1, \ldots, J_k \times U_k$ mit zugehörigen Lipschitz-Konstanten $L_1, \ldots, L_k$ ganz K. Nach dem Lebesgueschen Lemma 2.B.17 gibt es ein $\lambda > 0$ derart, dass für jeden Punkt $(s, y) \in K$ die Menge $(\,]s - \lambda, s + \lambda[\times \mathrm{B}(y\,;\lambda)) \cap K$ in einer der Mengen $J_i \times U_i$ liegt. Für $L := \mathrm{Max}\,(L_1, \ldots, L_k, 2M/\lambda)$, wo M das Maximum von $\|F\|$ auf der kompakten Menge K ist, gilt nun die Behauptung. Bei $\|x - x'\| < \lambda$ liegen (t, x) und (t, x') nämlich nach Konstruktion in einer der Mengen $J_i \times U_i$, während man bei $\|x - x'\| \ge \lambda$ die Abschätzung $\|f(t, x) - f(t, x')\| \le 2M \le (2M/\lambda)\|x - x'\|$ hat. $\bullet$

Die folgende Aussage beschreibt eine große Klasse von dynamischen Systemen, die lokal partiell Lipschitz-stetig im obigen Sinne sind.

8.A.2 Lemma *Ist das dynamische System $F : I \times G \to V$ stetig partiell differenzierbar bzgl. $x \in G$, d.h. ist für festes $t \in I$ die Abbildung $x \mapsto F(t, x)$ total differenzierbar und ist die Abbildung $I \times G \to \mathrm{End}_{\mathbb{R}} V$ mit $(t, x) \mapsto (\mathrm{D}_V F)_{(t,x)}$ stetig, so ist F in $I \times G$ lokal Lipschitz-stetig bzgl. $x \in G$.*

B e w e i s . Seien $(t_0, x_0) \in I \times G$ und $U \subseteq I \times G$ eine konvexe Umgebung von (t_0, x_0), in der die totalen Differenziale $(\mathrm{D}_V F)_{(t,x)}$ alle durch $L \geq 0$ beschränkt sind. Dann ist nach dem Mittelwertsatz 4.C.2 für $(t, x), (t, x') \in U$

$$\|F(t, x) - F(t, x')\| \leq \|\mathrm{D}_V F(t, x' + \theta(x - x') ; x - x')\| \leq L \|x - x'\|$$

mit einem $\theta \in [0, 1]$.   ●

Wir beweisen nun den angekündigten Satz:

8.A.3 Satz von Picard-Lindelöf *Ein dynamisches System $F : I \times G \to V$ und ein Punkt $(t_0, x_0) \in I \times G$ seien vorgegeben. Ferner seien $[a, b] \subseteq I$ ein kompaktes Intervall mit $t_0 \in [a, b]$ und $\overline{B} := \overline{B}(x_0 ; r) \subseteq G$ eine kompakte Kugel in G. Schließlich seien $L, M \geq 0$ Konstanten mit $\|F(t, x)\| \leq M$ für alle $(t, x) \in Q := [a, b] \times \overline{B}$, $\|F(t, x) - F(t, x')\| \leq L \|x - x'\|$ für alle $(t, x), (t, x') \in Q$ und $Mc < r$, $Lc < 1$ mit $c := \mathrm{Max}\,(t_0 - a, b - t_0)$.*

Dann gibt es genau eine Lösung $\varphi : [a, b] \to G$ des Anfangswertproblems

$$\dot{x} = F(t, x), \quad x(t_0) = x_0.$$

Man erhält diese durch die P i c a r d - L i n d e l ö f - I t e r a t i o n

$$\varphi_0 = x_0, \qquad \varphi_{m+1}(t) = x_0 + \int_{t_0}^{t} F\big(\tau, \varphi_m(\tau)\big)\, d\tau, \quad m \in \mathbb{N},$$

in der Form $\varphi = \lim_{m \to \infty} \varphi_m$, wobei (φ_m) auf $[a, b]$ gleichmäßig konvergiert.

Bevor wir 8.A.3 beweisen, notieren wir die folgenden Korollare:

8.A.4 Korollar *Das dynamische System $F : I \times G \to V$ sei lokal Lipschitz-stetig bezüglich $x \in G$. Dann gibt es zu jedem $(t, x) \in I \times G$ ein $\varepsilon > 0$, ein $\delta > 0$ und eine Umgebung U von x in G derart, dass für jedes $t_0 \in I \cap\,]t - \varepsilon, t + \varepsilon[$ und jedes $x_0 \in U$ genau eine Lösung des Anfangswertproblems $\dot{x} = F(t, x)$, $x(t_0) = x_0$ auf dem ganzen Intervall $I \cap\,]t_0 - \delta, t_0 + \delta[$ existiert.*

8.A.5 Korollar *Das dynamische System $F : I \times G \to V$ sei lokal Lipschitz-stetig bezüglich $x \in G$. Dann gibt es zu jedem Punkt $(t_0, x_0) \in I \times G$ ein Intervall $]a, b[$ mit $t_0 \in\,]a, b[$ und eine eindeutig bestimmte Lösung $\varphi :\,]a, b[\, \cap I \to V$ des Anfangswertproblems $\dot{x} = F(t, x)$, $x(t_0) = x_0$.*

B e w e i s von 8.A.3. Genau dann ist eine Kurve $\varphi : [a, b] \to G$ eine Lösung des Anfangswertproblems $\dot{x} = F(t, x)$, $x(t_0) = x_0$, wenn φ stetig ist und der Integralgleichung

$$\varphi(t) = x_0 + \int_{t_0}^{t} F(\tau, \varphi(\tau)) \, d\tau$$

genügt, d.h. Fixpunkt der Abbildung

$$x \mapsto \left(t \mapsto x_0 + \int_{t_0}^{t} F(\tau, x(\tau)) \, d\tau \right)$$

ist. Wir werden also versuchen, den Banachschen Fixpunktsatz 3.A.9 anzuwenden. Jede Kurve $\varphi : [a, b] \to G$, die die angegebene Integralgleichung erfüllt, ist notwendigerweise in der Menge

$$X := \{ x : [a, b] \to \overline{B} \mid x \text{ stetig}, \, x(t_0) = x_0 \}$$

enthalten. Liegt nämlich $\varphi(\tau)$ für alle τ zwischen t_0 und einem $t \in [a, b]$ in $\overline{B}$, so gilt unter Verwendung des Mittelwertsatzes 4.C.4

$$\|\varphi(t) - x_0\| = \left\| \int_{t_0}^{t} F(\tau, \varphi(\tau)) \, d\tau \right\| \leq \left| \int_{t_0}^{t} \|F(\tau, \varphi(\tau))\| \, d\tau \right| \leq M \, |t - t_0| < r$$

und die Menge A der $t \in [a, b]$ mit $\varphi(\tau) \in \overline{B}$ für alle τ zwischen t_0 und t ist offen. Da A trivialerweise abgeschlossen ist, ist $A = [a, b]$. Versieht man X mit der Metrik d, die durch die Supremumsnorm $\|-\|_{[a,b]}$ gegeben wird, so ist (X, d) ein vollständiger metrischer Raum und die Konvergenz in (X, d) ist die gleichmäßige Konvergenz. Für jedes $x \in X$ ist auch

$$H(x) : t \mapsto x_0 + \int_{t_0}^{t} F(\tau, x(\tau)) \, d\tau$$

in X, wie die obige Argumentation mit x statt φ zeigt. Ferner ist H stark kontrahierend wegen

$$\|H(x)(t) - H(x')(t)\| = \left\| \int_{t_0}^{t} \left(F(\tau, x(\tau)) - F(\tau, x'(\tau)) \right) d\tau \right\|$$

$$\leq \left| \int_{t_0}^{t} \|F(\tau, x(\tau)) - F(\tau, x'(\tau))\| \, d\tau \right| \leq L c \, d(x, x')$$

für alle $t \in [a, b]$ und wegen $Lc < 1$. Der Banachsche Fixpunktsatz liefert nun die Behauptung. $\bullet$

Aus der lokalen Eindeutigkeitsaussage in Korollar 8.A.5 ergibt sich leicht die folgende globale Eindeutigkeitsaussage:

8.A.6 Eindeutigkeitssatz *Das dynamische System $F : I \times G \to V$ sei lokal Lipschitz-stetig bezüglich $x \in G$. Stimmen zwei Lösungen $\varphi : J \to G$ und $\psi : J \to G$ des Differenzialgleichungssystems $\dot{x} = F(t, x)$ in einem Punkt t_0 des Intervalls $J \subseteq I$ überein, so ist bereits $\varphi = \psi$ auf ganz J.*

B e w e i s. Die Menge A der Punkte $t \in J$ mit $\varphi(t) = \psi(t)$ ist wegen der Stetigkeit von φ und ψ abgeschlossen in J. Nach der lokalen Eindeutigkeitsaussage in 8.A.5 ist sie auch offen in J. Da J zusammenhängend ist, folgt die Behauptung $A = J$. $\bullet$

8.A.7 Bemerkung Wir bemerken, dass man 8.A.6 auch direkt wie die Eindeutigkeitsaussage in Bd. 1, Satz 19.A.1 herleiten kann: Es genügt zu zeigen, dass in der Situation von 8.A.6 die Funktion $f := \|\varphi - \psi\|^2$ auf J verschwindet, wenn sie dort in einem Punkt verschwindet. Dabei können wir annehmen, dass die Norm $\|-\|$ von einem Skalarprodukt auf V herrührt. Zu jedem Punkt t, in dem f (und damit $\varphi - \psi$) verschwindet, gilt aber wegen der Stetigkeit von $\varphi - \psi$ und der lokalen partiellen Lipschitz-Stetigkeit von F in einer geeigneten ε-Umgebung von t die Abschätzung

$$|\dot{f}(\tau)| = 2\,|\langle (\varphi - \psi)(\tau),\, (\dot{\varphi} - \dot{\psi})(\tau)\rangle|$$
$$\leq 2\,\|(\varphi - \psi)(\tau)\| \cdot \|(\dot{\varphi} - \dot{\psi})(\tau)\| = 2\,\|(\varphi - \psi)(\tau)\| \cdot \|F(\tau, \varphi(\tau)) - F(\tau, \psi(\tau))\|$$
$$\leq 2\,\|(\varphi - \psi)(\tau)\| \cdot L \|(\varphi - \psi)(\tau)\| = 2L\, f(\tau)$$

mit einer Lipschitz-Konstanten $L \geq 0$. Mit Bd. 1, 14.A, Aufg. 2.D ergibt sich nun wieder die Behauptung.

Ausdrücklich sei darauf hingewiesen, dass die Eindeutigkeit der Lösungen eines Anfangswertproblems nicht schon daraus folgt, dass ein dynamisches System stetig ist. Dies zeigt etwa das autonome System $\dot{x} = 3x^{2/3}$ auf $\mathbb{R}$, das bereits in Bd. 1, Beispiel 19.A.2 diskutiert wurde und unter anderem die beiden im Nullpunkt verschwindenden Lösungen $\varphi(t) \equiv 0$ und $\psi(t) = t^3$ hat.

Ein lokaler Existenzsatz (S a t z   v o n   P e a n o) gilt allerdings für beliebige (stetige) dynamische Systeme, wozu wir auf die einschlägige Literatur verweisen.

Der Eindeutigkeitssatz 8.A.6 erlaubt es, von m a x i m a l e n   L ö s u n g e n eines Anfangswertproblems $\dot{x} = F(t, x)$, $x(t_0) = x_0$ mit lokal partiell Lipschitz-stetigem F zu sprechen. Dazu betrachtet man alle Lösungen $\varphi_k : J_k \to G$, $k \in K$, dieses Problems, bildet das Intervall $J := \bigcup_{k \in K} J_k$ und definiert die maximale Lösung $\varphi : J \to G$ durch $\varphi | J_k := \varphi_k$ für alle $k \in K$, was wegen der Eindeutigkeitsaussage 8.A.6 möglich ist. Den linken bzw. rechten Randpunkt von J bezeichnen wir mit $t^- = t^-(t_0, x_0)$ bzw. mit $t^+ = t^+(t_0, x_0)$. Man beachte, dass t^-, t^+ im Allgemeinen in $\overline{\mathbb{R}} = \mathbb{R} \cup \{-\infty, \infty\}$ liegen und nur dann zu J gehören können, wenn sie Randpunkte von I sind (und zu I gehören). Dies folgt aus dem lokalen Existenzsatz 8.A.5.

Für lineare Systeme ist – wie bereits eingangs bemerkt – stets $J = I$. Im Allgemeinen ist dies nicht richtig, wie zum Beispiel das Anfangswertproblem

$$\dot{x} = 1 + x^2, \quad x(t_0) = x_0,$$

$t_0, x_0 \in \mathbb{R}$ beliebig, zeigt, dessen maximale Lösung

$$\varphi(t) = \tan\left(t - t_0 + \arctan x_0\right)$$

nur auf einem Intervall $]t^-, t^+[$ der Länge π definiert ist. Für $t \to t^\pm$ konvergiert $|\varphi(t)|$ gegen ∞.

Man nennt allgemein t^- bzw. t^+ E n t w e i c h z e i t e n, wenn sie zu $\mathbb{R}$ gehören und $\lim_{t \to t^\pm} \|\varphi(t)\| = \infty$ ist für die betrachtete maximale Lösung.

Maximale Lösungen laufen immer bis zum Rand von $I \times G$. Um dies zu präzisieren, definieren wir für eine maximale Lösung $\varphi : J \to G$ von $\dot{x} = F(t, x)$ die Grenzpunkte. Ein Punkt $v \in V$ heißt ein t^+-G r e n z p u n k t von φ, wenn es eine Folge $(t_k)_{k \in \mathbb{N}}$ in J gibt mit $\lim_{k \to \infty} t_k = t^+$ und $\lim_{k \to \infty} \varphi(t_k) = v$. Analog definiert man die t^--Grenzpunkte von φ. Genau dann existiert kein t^+-Grenzpunkt von φ, wenn $\|\varphi(t)\| \to \infty$ gilt für $t \to t^+$, $t \in J$. Man beachte, dass im Allgemeinen viele t^+- und t^--Grenzpunkte für eine maximale Lösung existieren, wie schon das triviale Beispiel $\dot{x} = \dfrac{d}{dt} \sin \dfrac{1}{t}$ auf $\mathbb{R}_+^\times \times \mathbb{R}$ zeigt. Es gilt:

8.A.8 Satz *Sei $F : I \times G \to V$ ein lokal partiell Lipschitz-stetiges dynamisches System. Für eine maximale Lösung $\varphi : J \to G$ von $\dot{x} = F(t, x)$ mit $t^+ < \infty$ und jeden t^+- Grenzpunkt v von φ ist dann $(t^+, v) \in \partial(I \times G)$. Eine analoge Aussage gilt für t^--Grenzpunkte.*

B e w e i s . Wir haben nur zu zeigen, dass (t^+, v) nicht in $\mathring{I} \times G$ liegt. Andernfalls gäbe es nach 8.A.4 ein $\varepsilon > 0$ und ein $\delta > 0$ sowie eine Umgebung U von v in G derart, dass die Lösung des Anfangswertproblems $\dot{x} = F(t, x)$, $x(t_0) = x_0$, für jedes $t_0 \in \,]t^+ - \varepsilon, t^+ + \varepsilon[$ und jedes $x_0 \in U$ auf ganz $]t_0 - \delta, t_0 + \delta[$ definiert ist. Da v ein t^+-Grenzpunkt von φ ist, gibt es ein $t_0 \in \,]t^+ - \varepsilon, t^+ + \varepsilon[$ mit $t_0 + \delta > t^+$ und $\varphi(t_0) \in U$. Dann lässt sich aber φ nach dem Gesagten bis nach $t_0 + \delta > t^+$ fortsetzen im Widerspruch zur Maximalität von φ. $\qquad\bullet$

Eine konstante Lösung $\varphi(t) \equiv v_0 \in G$ des Systems $\dot{x} = F(t, x)$ heißt eine s t a t i o n ä r e L ö s u n g oder auch eine G l e i c h g e w i c h t s l ö s u n g. Genau dann ist ein Vektor $v_0 \in G$ eine stationäre Lösung von $\dot{x} = F(t, x)$ auf dem Definitionsintervall $J \subseteq I$, wenn $F(t, v_0) = 0$ ist für alle $t \in J$. Handelt es sich um ein autonomes System $\dot{x} = F(x)$, so sind die stationären Lösungen genau die Nullstellen v_0 des Vektorfeldes F. Man nennt sie auch die s i n g u l ä r e n Punkte von F. Eine nicht-stationäre Lösung $\varphi : J \to G$ des (lokal Lipschitz-stetigen) autonomen Systems $\dot{x} = F(x)$ geht wegen des Eindeutigkeitssatzes 8.A.6 nie durch einen singulären Punkt von F, ist also eine reguläre Kurve.

Sei weiterhin $\dot{x} = F(x)$ ein autonomes lokal Lipschitz-stetiges System. Zwei maximale Lösungen $\varphi_1 : \,]t_1^-, t_1^+[\, \to G$ und $\varphi_2 : \,]t_2^-, t_2^+[\, \to G$ dieses Systems, die durch ein- und denselben Punkt $v = \varphi_1(t_1) = \varphi_2(t_2) \in G$ gehen, unterscheiden sich nur um eine Z e i t v e r s c h i e b u n g : $\varphi_1(t) = \varphi_2\big(t + (t_2 - t_1)\big)$. Dies ergibt sich wieder direkt aus dem Eindeutigkeitssatz. Insbesondere ist $t_2^- = t_1^- + (t_2 - t_1)$, $t_2^+ = t_1^+ + (t_2 - t_1)$. Die Trajektorien zweier maximaler Lösungen von $\dot{x} = F(x)$ sind also identisch oder disjunkt. Man normiert die Lösungen gewöhnlich in der Weise, dass der Anfangszeitpunkt t_0 gleich 0 gesetzt wird. Für die maximalen Lösungen φ des autonomen Systems $\dot{x} = F(x)$ gibt es folglich drei wesentlich verschiedene Möglichkeiten:

(1) φ *ist stationär.* Diese Lösungen erhält man einfach durch Bestimmen der Nullstellen von F.

(2) φ *ist injektiv. Dann ist φ eine injektive reguläre Kurve.*

(3) φ ist weder stationär noch injektiv. Dann gibt es Zeitpunkte $t_1, t_2 \in \mathbb{R}$, $t_1 < t_2$, mit $\varphi(t_1) = \varphi(t_2)$, wobei wir nach einer Zeitverschiebung ohne Einschränkung $t_1 = 0$ annehmen können. Die Punkte $t > 0$ mit $\varphi(t) \neq \varphi(0)$ häufen sich dann nicht im Nullpunkt. Andernfalls gäbe es eine Nullfolge t_k ($\neq 0$) mit $\varphi(t_k) = \varphi(0)$ und es folgte

$$\dot{\varphi}(0) = \lim_{k \to \infty} \frac{\varphi(t_k) - \varphi(0)}{t_k} = 0,$$

d.h. φ wäre stationär. Somit gibt es ein kleinstes $T > 0$ mit $\varphi(T) = \varphi(0)$. Dann ist φ als maximale Lösung für alle $t \in \mathbb{R}$ erklärt, und es gilt $\varphi(t + T) = \varphi(t)$. φ *ist also periodisch mit der kleinsten (positiven) Periode T.* Die Perioden von φ sind genau die ganzzahligen Vielfachen dieser so genannten primitiven Periode T von φ.

8.A.9 Bemerkung (Systeme höherer Ordnung) Differenzialgleichungssysteme höherer Ordnung lassen sich häufig wie im linearen Fall auf Systeme erster Ordnung zurückführen. Liegt etwa ein System n-ter Ordnung ($n \in \mathbb{N}^*$) in der aufgelösten Form

$$x^{(n)} = F(t, x, \dot{x}, \ldots, x^{(n-1)})$$

vor, wobei $F : I \times G \to V$ stetig ist ($I \subseteq \mathbb{R}$ ein Intervall, $G \subseteq V^n$ offen), so betrachtet man das System erster Ordnung

$$\dot{x}_0 = x_1, \quad \dot{x}_1 = x_2, \ldots, \quad \dot{x}_{n-2} = x_{n-1}, \quad \dot{x}_{n-1} = F(t, x_0, x_1, \ldots, x_{n-1})$$

zu dem Vektorfeld $I \times G \to V^n$ mit

$$(t, x_0, x_1, \ldots, x_{n-1}) \longmapsto \left(x_1, \ldots, x_{n-1}, F(t, x_0, x_1, \ldots, x_{n-1})\right).$$

Dieses ist genau dann bezüglich $(x_0, \ldots, x_{n-1})$ lokal Lipschitz-stetig, wenn Entsprechendes für F gilt.

8.A.10 Bemerkung Ist $F : I \times G \to V$ eine C^k-Abbildung, $k \in \mathbb{N}^* \cup \{\infty\}$, so ist jede Lösung $\varphi : J \to G$ des dynamischen Systems $\dot{x} = F(t, x)$ eine C^{k+1}-Kurve. Dies beweist man mit Hilfe der Kettenregel sofort durch Induktion über k aus der Gleichung $\dot{\varphi}(t) = F\left(t, \varphi(t)\right)$. Dabei ergibt sich, dass alle Ableitungen $\varphi^{(\nu)}(t)$, $\nu = 1, \ldots, k+1$, von φ zum Zeitpunkt $t \in J$ aus dem Wert $\varphi(t)$ (und F) berechnet werden können. Beispielsweise ergibt sich im Fall eines euklidischen Vektorraums V (bei $k \geq 1$) die Krümmung $\kappa = \sqrt{\|\dot{\varphi}\|^2 \|\ddot{\varphi}\|^2 - \langle \dot{\varphi}, \ddot{\varphi}\rangle^2}\big/\|\dot{\varphi}\|^3$ einer nicht stationären Lösung φ aus $\dot{\varphi} = F(t, \varphi)$ und $\ddot{\varphi} = \mathrm{D}F\left(t, \varphi; 1, F(t, \varphi)\right)$, vgl. Abschnitt 4.E.

8.A.11 Bemerkung (Analytische dynamische Systeme) Ist das dynamische System $F : I \times G \to V$ analytisch, so sind auch alle Lösungen von $\dot{x} = F(t, x)$ analytisch. Wegen der großen Bedeutung formulieren wir dieses Ergebnis auch für den komplexen Fall, wobei wir uns gleich auf autonome Systeme beschränken können. Außerdem bemerken wir, dass jedes autonome komplexe System auch als ein reelles autonomes System interpretierbar ist.

8.A.12 Satz *Seien $G \subseteq V$ eine offene Menge im endlichdimensionalen $\mathbb{K}$-Vektorraum V und $F : G \to V$ eine analytische Abbildung. Zu jedem Punkt $x_0 \in G$ und jedem $t_0 \in \mathbb{K}$ gibt es* *dann eine offene Umgebung D von t_0 in $\mathbb{K}$ und eine analytische Lösung $\varphi : F \to G$ des Differenzialgleichungssystems $\dot{x} = F(x)$ mit $\varphi(t_0) = x_0$. Diese ist eindeutig bestimmt, falls D zusammenhängend gewählt wird. Insbesondere ist jede Lösung von $\dot{x} = F(x)$ analytisch.*

B e w e i s . Es genügt die Existenz der lokalen analytischen Lösung zu zeigen. Wir können $t_0 = 0$ und $x_0 = 0$ sowie $V = \mathbb{K}^n$, $n \geq 1$, versehen mit der Maximumsnorm, annehmen und benutzen wieder eine Picard-Lindelöf-Iteration. Für die σ-Norm $\|g\|_\sigma$ einer Potenzreihe $g = (g_1, \ldots, g_n)$ aus $\mathbb{K}^n[\![t]\!] = \left(\mathbb{K}[\![t]\!]\right)^n$ gilt dann $\|g\|_\sigma \geq \mathrm{Max}\left(\|g_1\|_\sigma, \ldots, \|g_n\|_\sigma\right)$, $\sigma \in \mathbb{R}_+^\times$, vgl. Abschnitt 5.D.

Sei $F(x) - F(y) = \sum_{i=1}^n G_i(x, y)(x_i - y_i)$, $x = (x_1, \ldots, x_n)$, $y = (y_1, \ldots, y_n)$, mit konvergenten Potenzreihen $G_i(x, y)$, $i = 1, \ldots, n$. Für $\tau, \sigma > 0$ gelte $\sigma\|F\|_\tau \leq \tau$ und $\|G_i\|_\tau \leq C < \infty$ mit einer Konstanten $C > 0$. $B'_{\sigma,\tau} := \{f \in \mathbb{K}^n\langle\!\langle t \rangle\!\rangle \mid \|f\|_\sigma \leq \tau, \ f(0) = 0\}$ ist ein abgeschlossener und damit vollständiger metrischer Unterraum von $B_\sigma = \{f \in \mathbb{K}^n\langle\!\langle t \rangle\!\rangle \mid \|f\|_\sigma < \infty\|\}$. Offenbar ist $F(f) \in B_\sigma$ für $f \in B_{\sigma,\tau}$. Der (lineare) Integrationsoperator $S : B_\sigma \to B_\sigma$ mit $S(\sum c_k t^k) = \sum c_k t^{k+1}/(k+1)$, $c_k \in \mathbb{K}^n$, hat die Norm σ. Insgesamt ist $f \mapsto SF(f)$ eine Abbildung von $B'_{\sigma,\tau}$ in $B'_{\sigma,\tau}$ wegen $\|SF(f)\|_\sigma \leq \sigma\|F(f)\|_\sigma \leq \sigma\|F\|_\tau \leq \tau$ für $f \in B'_{\sigma,\tau}$. Mit $f = (f_1, \ldots, f_n)$, $g = (g_1, \ldots, g_n) \in B'_{\sigma,\tau}$ gilt

$$\|F(f) - F(g)\|_\sigma \leq \sum_{i=1}^n \|G_i(f, g)\|_\sigma \|f_i - g_i\|_\sigma \leq \sum_{i=1}^n C\,\|f - g\|_\sigma = nC\,\|f - g\|_\sigma \,.$$

Es folgt $\|SF(f) - SF(g)\|_\sigma \leq \sigma nC\,\|f - g\|_\sigma$. Wählt man also σ noch so klein, dass $\sigma nC < 1$ ist, so ist SF ein stark kontrahierender Operator auf dem vollständigen metrischen Raum $B'_{\sigma,\tau}$, besitzt also (genau) einen Fixpunkt φ. Wegen $\varphi = SF(\varphi)$ definiert φ eine Lösung von $\dot{x} = F(x)$, die im Nullpunkt verschwindet. $\bullet$

Der vorstehende Satz erlaubt es, analytische dynamische Systeme mit einem Potenzreihenansatz durch Koeffizientenvergleich zu lösen, und sichert dabei die Konvergenz der gewonnenen Reihen. Für den linearen Fall ist dies bereits in Bd. 2, Abschnitt 20.C ausgeführt worden.

Aufgaben

1. Man gebe alle Lösungen des autonomen Systems

$$\dot{x}_1 = x_1 \,, \quad \dot{x}_2 = x_2 - \frac{x_2^2}{1 + x_1^2}$$

auf $\mathbb{R}^2$ an.

2. Man gebe für folgende Anfangswertprobleme mit Hilfe eines Potenzreihenansatzes Lösungen bis zur Ordnung 6 an:

a) $\dot{x} = t^2 + x^2$, $x(0) = 0$.   **b)** $\dot{x} = e^t + te^x$, $x(0) = 0$.

3. Seien $F : G \to V$ ein Vektorfeld auf der offenen Menge $G \subseteq V$ und $\mu : G \to \mathbb{R}^\times$ eine nirgends verschwindende stetige Funktion auf G. Dann stimmen die Trajektorien der Lösungen der autonomen dynamischen Systeme

$$\dot{x} = F(x) \qquad \text{und} \qquad \dot{x} = \mu(x)\,F(x)$$

überein, genauer: Ist $\psi = \psi(\tau)$ eine Lösung von $\dot{x} = \mu(x)\,F(x)$ mit $\psi(\tau_0) = x_0$, so ist $\varphi(t) = \psi\big(\tau(t)\big)$ eine Lösung von $\dot{x} = F(x)$ mit $\varphi(t_0) = x_0$, wobei die Zeittransformation τ

durch die Gleichung

$$\int_{\tau_0}^{\tau} \mu\big(\psi(\tau)\big)\, d\tau = t - t_0$$

gegeben wird. (Die Lösungskurven der beiden Systeme werden also nur mit unterschiedlichen Geschwindigkeiten durchlaufen. Durch geschickte Wahl von μ lässt sich ein autonomes System gelegentlich vereinfachen.)

4. Konvergiert die Lösung $\varphi : [a, \infty[\to G$ des autonomen Systems $\dot{x} = F(x)$ mit einem stetigen Vektorfeld $F : G \to V$ für $t \to \infty$ gegen ein $v_0 \in G \subseteq V$, so ist v_0 ein singulärer Punkt von F, also eine stationäre Lösung des Systems.

5. Seien $\mathfrak{A} \in \mathrm{M}_n(\mathbb{C})$ eine konstante Matrix und M die Menge der von 0 verschiedenen rein imaginären Eigenwerte von $\mathfrak{A}$. Wir nennen zwei Elemente von M rational äquivalent, wenn sie sich nur um eine rationale Zahl als Faktor unterscheiden. Die zugehörigen Äquivalenzklassen seien $M_1, \ldots, M_s$. Wir betrachten nun das lineare autonome System $\dot{\mathfrak{x}} = \mathfrak{A}\mathfrak{x}$ (aufgefasst als reelles System). Für $\mathfrak{x} \in \mathbb{C}^n$ bezeichnen wir mit $\varphi(t\,;\mathfrak{x}_0)$ die maximale Lösung $\exp(\mathfrak{A}t)\,\mathfrak{x}_0$, $t \in \mathbb{R}$, die für $t = 0$ den Anfangswert $\mathfrak{x}_0$ annimmt. Dann gilt:

a) Genau dann ist $\varphi(t\,;\mathfrak{x}_0)$ stationär, wenn $\mathfrak{x}_0$ im Kern von $\mathfrak{A}$ liegt.

b) Genau dann ist $\varphi(t\,;\mathfrak{x}_0)$ periodisch oder stationär, wenn $\mathfrak{x}_0$ in einem der Unterräume

$$V_j \oplus \operatorname{Kern} \mathfrak{A}\,, \qquad V_j := \bigoplus_{\lambda \in M_j} V_{\mathfrak{A}}(\lambda)\,, \quad j = 1, \ldots, s\,,$$

liegt (wobei $V_{\mathfrak{A}}(\lambda)$ der Eigenraum von $\mathfrak{A}$ zum Eigenwert λ ist). Insbesondere sind genau dann alle Lösungen periodisch oder stationär, wenn $\mathfrak{A}$ diagonalisierbar ist und alle Eigenwerte $\neq 0$ rein imaginär und rational äquivalent sind. (Man vergleiche Bd. 2, Beispiel 20.B.3.)

6. Sei $F : I \times G \to V$ ein stetiges Vektorfeld. Mit einem C^1-Diffeomorphismus $H : G \to G'$ der offenen Menge $G \subseteq V$ auf die offene Menge $G' \subseteq V'$, V, V' endlichdimensionale $\mathbb{R}$-Vektorräume, lässt sich das Vektorfeld F in ein stetiges Vektorfeld $F' : I \times G' \to V'$ transformieren, das zum Zeitpunkt $t \in I$ dem Punkt $x' \in G'$ mit dem korrespondierenden Punkt $x := H^{-1}(x') \in G$ den Vektor

$$F'(t, x') := \mathrm{D}H\big(x\,;F(t, x)\big)$$

zuordnet. Genau dann ist $\varphi : J \to G$ eine Lösung des dynamischen Systems $\dot{x} = F(t, x)$, wenn $\varphi' := H \circ \varphi : J \to G'$ eine Lösung von $\dot{x}' = F'(t, x')$ ist. Man beachte, dass sich spezielle Eigenschaften von F wie lokale Lipschitz-Stetigkeit oder Differenzierbarkeit im Allgemeinen nur dann auf das mit H transportierte System übertragen, wenn $\mathrm{D}H$ die entsprechenden Eigenschaften hat. (Man versucht häufig, durch eine solche Transformation H Differenzialgleichungssysteme zu vereinfachen. So wird etwa das System

$$(\dot{x}_1, \dot{x}_2) = \frac{1}{\sqrt{x_1^2 + x_2^2}}\,(-x_2, x_1)$$

durch Polarkoordinaten $x_1 = r \cos\varphi$, $x_2 = r \sin\varphi$ in das triviale System

$$(\dot{r}, \dot{\varphi}) = (0, 1/r)$$

transformiert. Man beachte, dass die Polarkoordinaten keinen globalen Diffeomorphismus definieren und daher etwas vorsichtiger zu argumentieren ist.)

7. Das dynamische System $F : I \times V \to V$ sei lokal Lipschitz-stetig bezüglich $x \in V$ und im folgenden Sinne l i n e a r b e s c h r ä n k t: Es gibt stetige Funktionen $\alpha, \beta : I \to \mathbb{R}_+$ mit $\| F(t, x) \| \leq \alpha(t) \| x \| + \beta(t)$ für alle $x \in V$ und $t \in I$. Dann sind alle maximalen Lösungen des Systems $\dot{x} = F(t, x)$ auf ganz I definiert. (Man zeige, dass die Lösungen des Systems auf jedem beschränkten Intervall, dessen Randpunkte noch in I liegen, beschränkt sind, und wende dann 8.A.8 an. Dabei ist der folgende Hilfssatz nützlich: *Eine stetige Funktion* $h : [a, b[\to \mathbb{R}_+$ *mit*

$$h(t) \leq A + B \int_a^t h(\tau)\, d\tau, \qquad a \leq t < b < \infty,$$

und Konstanten $A, B \in \mathbb{R}_+$ *ist beschränkt.* Man vergleiche auch 8.B.2. – Da lineare Differenzialgleichungssysteme offenbar linear beschränkt sind, erhalten wir einen neuen Beweis dafür, dass die maximalen Lösungen linearer Systeme auf dem ganzen Definitionsintervall der Koeffizienten und des Störvektors des Systems existieren. – Als weitere Anwendung erwähnen wir die folgende: $F : V \to V$ sei ein lokal Lipschitz-stetiges Vektorfeld ohne Nullstellen und die Norm $\| - \|$ auf V rühre von einem Skalarprodukt auf V her. Dann ist

$$\dot{x} = \frac{F(x)}{\| F(x) \|}$$

ein dynamisches System auf V, dessen Lösungskurven nach Aufg. 3 dieselben Trajektorien haben wie die Lösungskurven des Systems $\dot{x} = F(x)$ und alle auf ganz $\mathbb{R}$ definiert sind. Ersetzt man $F(x)$ durch $F(x) \big/ \big(1 + \| F(x) \|^2 \big)^{1/2}$, so kann bei F auch Nullstellen zulassen.)

8.B Flüsse

Wir betrachten ein dynamisches System $\dot{x} = F(t, x)$ mit einem (stetigen) bezüglich $x \in G$ lokal Lipschitz-stetigen Vektorfeld

$$F : I \times G \to V,$$

wobei $I \subseteq \mathbb{R}$ ein Intervall und G eine offene Menge im endlichdimensionalen $\mathbb{R}$-Vektorraum V sind. Für $t_0 \in I$ und $x_0 \in G$ bezeichnen wir mit

$$\varphi(t\,;\, t_0, x_0) : J(t_0, x_0) \to G$$

die maximale Lösung von $\dot{x} = F(t, x)$ mit $\varphi(t_0) = x_0$. Sie ist auf einem Intervall $J(t_0, x_0) \subseteq I$ erklärt, das nach Korollar 8.A.5 relativ offen in I ist und dessen Randpunkte $t^-(t_0, x_0)$ und $t^+(t_0, x_0)$ sind. Alle diese maximalen Lösungen zusammen definieren die so genannte c h a r a k t e r i s t i s c h e A b b i l d u n g

$$\Psi : (t\,;\, t_0, x_0) \mapsto \varphi(t\,;\, t_0, x_0)$$

zum dynamischen System F, die auf der Vereinigung $\bigcup_{(t_0, x_0) \in I \times G} J(t_0, x_0)$ definiert ist. Offenbar gilt $\Psi(t\,;\, t_0, x_0) = \Psi\big(t\,;\, t, \Psi(t\,;\, t_0, x_0)\big)$. Ψ ist eine stetige Abbildung auf einer in $I \times I \times G$ relativ offenen Menge. Insbesondere ist der Definitionsbereich von Ψ offen in $\mathbb{R} \times \mathbb{R} \times V$, falls I ein offenes Intervall ist. Um dies einzusehen, beweisen wir zunächst die folgende fundamentale Abschätzung für die Lösungen benachbarter dynamischer Systeme:

8.B.1 Satz *Sei $F : I \times G \to V$ ein bezüglich $x \in G$ Lipschitz-stetiges dynamisches System mit der globalen Lipschitz-Konstanten L (d.h. für alle $t \in I$ und alle $x, x' \in G$ gelte $\|F(t, x) - F(t, x')\| \leq L \|x - x'\|$). Die Norm auf V rühre von einem Skalarprodukt her. $H : I \times G \to V$ sei ein weiteres dynamisches System zu dem es ein $\varepsilon > 0$ gebe mit $\|F - H\|_{I \times G} \leq \varepsilon$. Für Lösungen $\varphi : I \to G$ von $\dot{x} = F(t, x)$ und $\psi : I \to G$ von $\dot{x} = H(t, x)$, die den Anfangsbedingungen $\varphi(t_0) = x_0$ bzw. $\psi(t_0) = y_0$ genügen, gilt dann für alle $t \in I$ die Abschätzung*

$$\|\varphi(t) - \psi(t)\| \leq \left(\|x_0 - y_0\| + \varepsilon |t - t_0|\right) e^{L|t - t_0|}.$$

B e w e i s . Für die Differenz $\Delta := \varphi - \psi$ gilt auf ganz I

$$\|\dot{\Delta}(t)\| = \|F\big(t, \varphi(t)\big) - H\big(t, \psi(t)\big)\|$$
$$\leq \|F\big(t, \varphi(t)\big) - F\big(t, \psi(t)\big)\| + \|F\big(t, \psi(t)\big) - H\big(t, \psi(t)\big)\| \leq L \|\Delta(t)\| + \varepsilon.$$

Die Behauptung ergibt sich somit aus dem folgenden Lemma.   ●

8.B.2 Lemma *Sei $f : I \to V$ eine differenzierbare Kurve derart, dass für alle $t \in I$*

$$\|\dot{f}(t)\| \leq \alpha \|f(t)\| + \beta$$

gilt mit Konstanten $\alpha, \beta \geq 0$, wobei die Norm $\|-\|$ auf V von einem Skalarprodukt $\langle -, - \rangle$ herrühre. Dann hat man für alle $t, t_0 \in I$ die Abschätzung

$$\|f(t)\| \leq \left(\|f(t_0)\| + \beta |t - t_0|\right) e^{\alpha |t - t_0|}.$$

B e w e i s . Wir können $t \geq t_0$ und $\alpha > 0$ annehmen und betrachten für ein $\delta > 0$ die Hilfsfunktion $h := \left(\langle f, f \rangle + \delta\right)^{1/2}$, die (wegen $\delta > 0$) in I differenzierbar ist. Es genügt, die Ungleichung

$$h(t) \leq \big(h(t_0) + \beta(t - t_0)\big) e^{\alpha(t - t_0)}$$

zu zeigen. Wegen $\|f\| \leq h$ und der Voraussetzung gilt

$$h\dot{h} = \langle f, \dot{f} \rangle \leq \|f\| \, \|\dot{f}\| \leq h(\alpha h + \beta),$$

also $\dot{h} \leq \alpha h + \beta$. Für die Funktion $\eta(t) := h \, e^{-\alpha(t - t_0)}$ hat man dann $\dot{\eta} \leq \beta \, e^{-\alpha(t - t_0)}$ und somit nach Integrieren

$$\eta \leq \eta(t_0) + \frac{\beta}{\alpha} \left(1 - e^{-\alpha(t - t_0)}\right) \leq \eta(t_0) + \beta(t - t_0).$$

Multiplikation mit $e^{\alpha(t - t_0)}$ liefert nun die Behauptung.   ●

Als Folgerung erhalten wir die angekündigte Behauptung über die charakteristische Abbildung. Es gilt sogar:

8.B.3 Satz *$F : I \times G \to V$ sei ein dynamisches System, das bezüglich $x \in G$ lokal Lipschitz-stetig ist. Dann ist die zugehörige charakteristische Abbildung Ψ auf einer in $I \times I \times G$ relativ offenen Menge definiert und dort lokal Lipschitz-stetig.*

B e w e i s . Sei Ψ in $(t\,;t_0,x_0)\in I\times I\times G$ definiert, d.h. die maximale Lösung φ von $\dot{x}=F(t,x)$ mit $\varphi(t_0)=x_0$ ist noch für t definiert. Es gibt ein kompaktes Intervall $K\subseteq I$, auf dem φ definiert ist und dessen Inneres bezüglich I die Punkte t und t_0 enthält. Die relative Offenheit des Definitionsbereichs von Ψ folgt dann daraus, dass es ein $\varepsilon>0$ gibt, für das alle Lösungen ψ von $\dot{x}=F(t,x)$ mit $\psi(t_0')=x_0'$ auf ganz K definiert sind, falls nur $t_0'\in K$ und $\|x_0'-\varphi(t_0')\|\leq\varepsilon$ ist.

Dies wiederum sieht man folgendermaßen ein: Da K und damit der Graph von $\varphi|K$ kompakt sind, gibt es ein $r>0$ derart, dass die kompakte Menge

$$M_r:=\{(t,x)\mid t\in K,\ \|\varphi(t)-x\|\leq r\}$$

ganz in $I\times G$ liegt. Zu M_r gibt es gemäß Lemma 8.A.1 eine globale Lipschitz-Konstante $L\geq 0$. Sei $\varepsilon:=r\,e^{-L\ell}$, wo ℓ die Länge des Intervalls K ist, und $\psi:J(t_0',x_0')\to G$ Lösung eines Anfangswertproblems $\dot{x}=F(t,x)$, $x(t_0')=x_0'$ mit $\|x_0'-\varphi(t_0')\|\leq\varepsilon$. Wegen Satz 8.A.8 und

$$\|\psi(s)-\varphi(s)\|\leq\|\psi(t_0')-\varphi(t_0')\|\,e^{L|s-t_0'|}\leq\varepsilon e^{L\ell}=r$$

für $s\in K\cap J(t_0',x_0')$ gemäß Satz 8.B.1 ist ψ tatsächlich auf ganz K definiert.

Um die lokale Lipschitz-Stetigkeit von Ψ zu zeigen,[1]) wählen wir zu $(t\,;t_0,x_0)$ wieder K, r und ε wie oben. Die Menge $K\times M_\varepsilon$ der Punkte $(t'\,;t_0',x_0')$ mit $t',t_0'\in K$ und $\|x_0'-\varphi(t_0')\|\leq\varepsilon$ ist dann eine Umgebung von $(t\,;t_0,x_0)$ in $I^2\times G$, die zum Definitionsbereich von Ψ gehört. Ferner ist $\Psi(t\,;t_0',x_0')\in M_r$ für alle $(t\,;t_0',x_0')\in K\times M_\varepsilon$, und für zwei Punkte $(t'\,;t_0',x_0')$, $(t''\,;t_0'',x_0'')$ aus $K\times M_\varepsilon$ ist

$$\|\Psi(t'\,;t_0',x_0')-\Psi(t''\,;t_0'',x_0'')\|\leq\|\Psi(t'\,;t_0',x_0')-\Psi(t''\,;t_0',x_0')\|+$$
$$+\|\Psi(t''\,;t_0',x_0')-\Psi(t''\,;t_0'',x_0')\|+\|\Psi(t''\,;t_0'',x_0')-\Psi(t''\,;t_0'',x_0'')\|.$$

Sei nun $\|F(t,x)\|\leq C$ für $(t,x)\in M_r$. Dann gilt nach dem Mittelwertsatz

$$\|\Psi(t'\,;t_0',x_0')-\Psi(t''\,;t_0',x_0')\|\leq C\,|t'-t''|.$$

Sei $\delta>0$ so gewählt, dass für $|t_0-t_0'|\leq\delta$ stets $\|\varphi(t_0)-\varphi(t_0')\|\leq\varepsilon/2$ gilt. Dann ist $\|x_0'-\varphi(t_0'')\|\leq\|x_0'-x_0\|+\|\varphi(t_0)-\varphi(t_0'')\|\leq\varepsilon$, also $(t''\,;t_0'',x_0')\in K\times M_\varepsilon$ für $t''\in K$, falls $\|x_0'-x_0\|\leq\varepsilon/2$ und $|t_0-t_0''|\leq\delta$ ist. Das Lemma 8.B.1 ergibt die Abschätzung

$$\|\Psi(t''\,;t_0',x_0')-\Psi(t''\,;t_0'',x_0')\|\leq\|x_0'-x_0'\|\,e^{L\ell}.$$

Ferner ist

$$\|\Psi(t_0''\,;t_0',x_0')-x_0'\|=\|\Psi(t_0''\,;t_0',x_0')-\Psi(t_0'\,;t_0',x_0')\|\leq C\,|t_0'-t_0''|$$

und somit

$$\|\Psi(t_0''\,;t_0',x_0')-\varphi(t_0')\|\leq\|\Psi(t_0''\,;t_0',x_0')-x_0'\|+\|x_0'-\varphi(t_0')\|\leq\varepsilon,$$

falls die Bedingungen $C\,|t_0'-t_0''|\leq\varepsilon/2$ und $\|x_0'-\varphi(t_0')\|\leq\varepsilon/2$ erfüllt sind. Dann ist

$$\|\Psi(t''\,;t_0',x_0')-\Psi(t''\,;t_0'',x_0')\|=\|\Psi\big(t''\,;t_0'',\Psi(t_0''\,;t_0',x_0')\big)-\Psi(t''\,;t_0'',x_0')\|$$
$$\leq\|\Psi(t_0''\,;t_0',x_0')-x_0'\|\,e^{L\ell}\leq C\,|t_0'-t_0''|\,e^{L\ell}.$$

Insgesamt ist

$$\|\Psi(t'\,;t_0',x_0')-\Psi(t''\,;t_0'',x_0'')\|\leq C\,|t'-t''|+C\,|t_0'-t_0''|\,e^{L\ell}+\|x_0'-x_0''\|\,e^{L\ell}$$

---

[1]) Der Leser kann den folgenden Beweis zunächst übergehen.

auf einer Umgebung von $(t\,;t_0,x_0)$ im Definitionsbereich von Ψ, was die lokale Lipschitz-Stetigkeit von Ψ zur Folge hat.   ●

Wir formulieren noch ein Korollar zu 8.B.1, das schon im letzten Beweis benutzt wurde:

8.B.4 Lemma *Sei* $F : I \times G \to V$ *ein bzgl.* $x \in G$ *lokal Lipschitz-stetiges dynamisches System. Ferner sei* $\varphi : K \to G$ *eine Lösung von* $\dot{x} = F(t,x)$ *auf dem kompakten Intervall* $K \subseteq I$. *Ferner seien* $r > 0$ *und* $t_0 \in K$ *vorgegeben. Dann gibt es ein* $\varepsilon > 0$ *derart, dass die maximalen Lösungen* ψ *der Anfangswertprobleme* $\dot{x} = F(t,x)$, $x(t_0) = x_0$ *mit* $\|x_0 - \varphi(t_0)\| \leq \varepsilon$ *auf ganz* K *definiert sind und die Abschätzung*

$$\|\psi(t) - \varphi(t)\| \leq r$$

für alle $t \in K$ *erfüllen.*

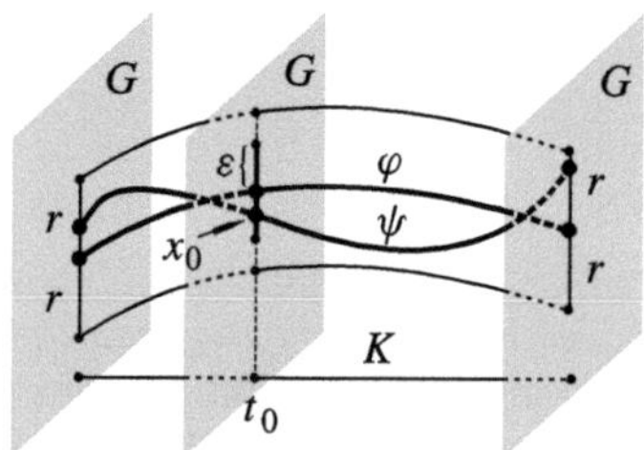

Lemma 8.B.4 besagt, dass die Lösungen eines dynamischen Systems wie in 8.B.4 auf einem *kompakten* Intervall beliebig wenig voneinander abweichen, wenn nur die Anfangswerte zum gegebenen Zeitpunkt t_0 genügend nahe beieinander liegen. Die Abweichungen wachsen aber in der Regel gemäß 8.B.1 exponentiell mit der Zeit t (c h a o t i s c h e s   V e r h a l t e n).

Für zwei feste Zeitpunkte t_0 und t aus I ist die Abbildung

$$\Psi_{t;t_0} : x_0 \mapsto \Psi(t\,;t_0,x_0)$$

nach 8.B.3 auf einer offenen (eventuell leeren) Teilmenge $G_{t;t_0}$ von G definiert und lokal Lipschitz-stetig. Sie ordnet dem Punkt x_0 den Ort derjenigen (maximalen) Bahnlinie von F zum Zeitpunkt t zu, die zum Zeitpunkt t_0 durch x_0 läuft, und heißt die durch F bewirkte (Z u s t a n d s -) A b b i l d u n g von t_0 nach t. Offenbar ist $\Psi_{t;t_0}$ injektiv mit $G_{t_0;t}$ als Bild, und es gilt

$$\Psi_{t;t_0}^{-1} = \Psi_{t_0;t}\,.$$

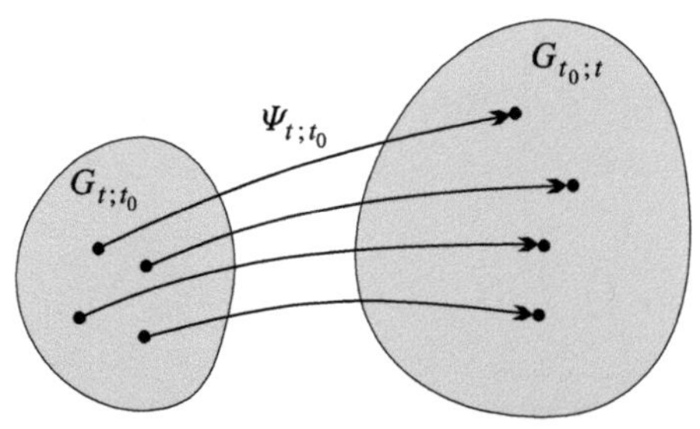

Insbesondere sind die Zustandsabbildungen Homöomorphismen. Außerdem ist

$$\Psi_{t;t_0} = \Psi_{t;t_1} \circ \Psi_{t_1;t_0}$$

auf $G_{t_1;t_0} \cap \Psi_{t_1;t_0}^{-1}(G_{t;t_1})$. Für homogene lineare Systeme sind die Zustandsabbildungen (trivialerweise) ebenfalls linear. Sie wurden bereits ausführlich in Bd. 2, Abschnitt 20.A besprochen, vgl. die dort definierten Fundamentalmatrizen.

Im autonomen Fall $\dot{x} = F(x)$ mit einem lokal Lipschitz-stetigen Vektorfeld $F : G \to V$ auf der offenen Menge $G \subseteq V$ gilt für die charakteristische Abbildung $\Psi(t\,;t_0, x_0) = \Psi(t-t_0\,;0, x_0)$. Daher betrachtet man gewöhnlich nur den so genannten F l u s s

$$\Phi : (t\,;x_0) \mapsto \Psi(t\,;0, x_0)$$

zum Vektorfeld F. Der Fluss ist nach 8.B.3 auf einer offenen Teilmenge von $\mathbb{R} \times G$, die $\{0\} \times G$ umfasst, definiert und lokal Lipschitz-stetig. Bei festem $x_0 \in G$ ist $]t^-(x_0), t^+(x_0)[\,\to G$ mit $t \mapsto \Phi(t\,;x_0)$ die maximale Lösung des Anfangswertproblems $\dot{x} = F(x)$, $x(0) = x_0$. Wie schon in Abschnitt 7.G erwähnt, sind diese Lösungskurven die B a h n -, F l u s s - oder S t r o m l i n i e n von F. Zu einem festen Zeitpunkt t gibt $\Phi_t(x_0) := \Phi(t\,;x_0) = \Psi_{t;0}(x_0)$ den Ort der Lösungskurve an, die zum Zeitpunkt 0 durch x_0 läuft. Die durch das zeitunabhängige Feld F bewirkte Zustandsabbildung

$$\Phi_t : x_0 \mapsto \Phi(t\,;x_0)$$

von 0 nach t ist auf einer offenen (im Allgemeinen echten und eventuell sogar leeren) Teilmenge $G_t = G_{t;0}$ von G definiert und heißt häufig einfach die A b b i l d u n g n a c h d e r Z e i t t. Sie ist ein Homöomorphismus von G_t auf $G_{0;t}$ mit $\Phi_t^{-1} = \Psi_{0;t}$. Außerdem hat man

$$\Phi_0 = \mathrm{id}_G\,, \qquad \Phi_{s+t} = \Phi_s \circ \Phi_t\,,$$

wobei die zweite Gleichung dort gilt, wo die rechte Seite erklärt ist. Für $t \to 0$ und (festes) $x \in G$ ist definitionsgemäß

$$\Phi_t(x) = x + t\,F(x) + o(t)\,,$$

also $\Phi_t \approx \mathrm{id}_G + tF$. Bei kleinem $|t|$ beschreibt tF daher näherungsweise die Zustandsänderung $\Phi_t - \Phi_0$. Man nennt aus diesem Grunde das Vektorfeld F auch die i n f i n i t e s i m a l e T r a n s f o r m a t i o n oder V e r s c h i e b u n g zum Fluss Φ, in physikalischem Zusammenhang spricht man auch von einer v i r t u e l l e n V e r r ü c k u n g.

Ist Φ_{t_0} für ein $t_0 > 0$ auf ganz G definiert, so ist Φ_t für alle $t = nt_0$, $n \in \mathbb{N}$, auf ganz G definiert und damit für alle t aus (der Halbgruppe) $\mathbb{R}_+$. Dann gilt $\Phi_{s+t} = \Phi_s \circ \Phi_t$ auf G für beliebige $s, t \in \mathbb{R}_+$. Entsprechend hat ein Fluss, der für ein einziges negatives t_1 auf ganz G definiert ist, bereits einen $\mathbb{R}_- \times G$ umfassenden Definitionsbereich. Schließlich ist ein Fluss auf $\mathbb{R} \times G$ definiert (und liefert eine Operation der additiven Gruppe $(\mathbb{R}, +)$ auf G als Gruppe von Homöomorphismen), wenn sowohl ein $t_0 \in \mathbb{R}_+^\times$ als auch ein $t_1 \in \mathbb{R}_-^\times$ existieren derart, dass Φ_{t_0} und Φ_{t_1} auf G definiert sind.[2]) Die

---

[2]) Wie in Abschnitt 8.A, Fußnote 1 bemerkt, wird häufig nur in diesem Fall von einem dynamischen System gesprochen.

Trajektorien der Flusslinien sind dann genau die Bahnen dieser Gruppenoperation, und die Isotropiegruppe $I_x = \{t \in \mathbb{R} \mid \Phi_t(x) = x\}$ eines Punktes $x \in G$ ist abgeschlossen in $\mathbb{R}$. Es gibt dafür drei wesentlich verschiedene Möglichkeiten:

(1) Es ist $I_x = \mathbb{R}$, d.h. die Bahn durch x ist einpunktig, und x ist eine stationäre Lösung von $\dot{x} = F(x)$.

(2) Es ist $I_x = \mathbb{Z}T$ mit einem positiven T. Dann ist die Bahn homöomorph zu einem Kreis und gehört zu einer periodischen Lösung mit der primitiven Periode T.

(3) Es ist $I_x = \{0\}$. Dann ist die Bahnlinie eine reguläre und injektive Kurve $\mathbb{R} \to G$ (aber die Bahn selbst ist nicht notwendig homöomorph zu $\mathbb{R}$, d.h. $\mathbb{R} \to G$ ist im Allgemeinen keine (differenzierbare) Einbettung im Sinne von Definition 6.C.3).

Man vergleiche Abschnitt 8.A und 8.A, Aufg. 5 für konkrete Beispiele.

Wir betrachten wieder allgemein ein (zeitabhängiges) Vektorfeld $F : I \times G \to V$. Es ist zu erwarten, dass die charakteristische Abbildung Ψ zu F über 8.B.3 hinaus auch Differenzierbarkeitseigenschaften hat, wenn dies für F gilt. Für ein möglichst allgemeines Resultat erweitern wir die Ausgangssituation ein wenig und betrachten dynamische Systeme, die von Parametern abhängen. Um dies zu präzisieren, seien V und W endlichdimensionale $\mathbb{R}$-Vektorräume, $G \subseteq V$ und $P \subseteq W$ offene Mengen und $I \subseteq \mathbb{R}$ ein Intervall. Eine stetige Abbildung

$$F : I \times G \times P \to V$$

heißt ein dynamisches System auf G mit Parametermenge P. Jeder Parameter $p \in P$ definiert das dynamische System $F_p : I \times G \to V$ mit

$$F_p(t, x) := F(t, x\,;\,p)\,.$$

Das Lösen des Anfangswertproblems

$$\dot{x} = F_p(t, x)\,, \quad x(t_0) = x_0 \in G\,,$$

ist äquivalent mit dem Lösen des erweiterten Anfangswertproblems

$$\dot{x} = F(t, x\,;\,p)\,, \quad \dot{y} = 0\,, \quad x(t_0) = x_0\,, \quad y(t_0) = p\,,$$

das zu dem dynamischen System $I \times G \times P \to V \times W$ mit

$$(t, x, y) \mapsto (F(t, x\,;\,y), 0)$$

auf $G \times P$ gehört. Wir setzen grundsätzlich voraus, dass F und damit auch das erweiterte System $(F, 0)$ bezüglich $(x, y) \in G \times P$ lokal Lipschitz-stetig ist. Dann ist wieder die charakteristisch Abbildung

$$\Psi : (t\,;\,t_0, x_0\,;\,p) \mapsto \varphi(t\,;\,t_0, x_0\,;\,p)$$

auf einer relativ offenen Menge in $I \times I \times G \times P$ definiert, wobei $t \mapsto \varphi(t\,;\,t_0, x_0\,;\,p)$ die maximale Lösung des Anfangswertproblems $\dot{x} = F_p(t, x)$, $x(t_0) = x_0$, ist. Ψ ist dort lokal Lipschitz-stetig, vgl. Satz 8.B.3. Der Hauptsatz dieses Abschnitts lautet nun:

8.B.5 Satz über die Abhängigkeit der Lösungen von Anfangswerten und Parametern *In der zuletzt betrachteten Situation sei F r-mal stetig differenzierbar mit $r \in \mathbb{N}^* \cup \{\infty\}$. Dann ist auch die charakteristische Abbildung Ψ r-mal stetig differenzierbar, und die Ableitungen*

$$\lambda : t \mapsto \frac{\partial}{\partial t_0} \Psi(t\,;t_0,x_0\,;p)\,, \quad \Lambda : t \mapsto D_V \Psi(t\,;t_0,x_0\,;p)\,, \quad M : t \mapsto D_W \Psi(t\,;t_0,x_0\,;p)$$

von Ψ in Richtung der Anfangszeit t_0 bzw. des Anfangswertes $x_0 \in G$ bzw. des Parameters $p \in P$ erfüllen die so genannten Variationsgleichungen

$$\dot{\lambda}(t) = D_V F\big(t, \varphi(t)\,;\,p\big)\big(\lambda(t)\big)\,, \qquad \lambda(t_0) = -F(t_0, x_0\,;\,p)\,;$$

$$\dot{\Lambda}(t) = D_V F\big(t, \varphi(t)\,;\,p\big) \circ \Lambda(t)\,, \qquad \Lambda(t_0) = \mathrm{id}_V\,;$$

$$\dot{M}(t) = D_V F\big(t, \varphi(t)\,;\,p\big) \circ M(t) + D_W F\big(t, \varphi(t)\,;\,p\big)\,, \qquad M(t_0) = 0\,.$$

Dabei ist die Funktion $t \mapsto \varphi(t) = \varphi(t\,;t_0, x_0\,;\,p)$ die Lösung des Anfangswertproblems $\dot{x} = F_p(t, x)$, $x(t_0) = x_0$, zum Parameter p.

Die ersten zwei Variationsgleichungen sind *homogene lineare* Differenzialgleichungssysteme für λ bzw. Λ, wobei das erste System eine Spezialisierung des zweiten ist. Daraus folgt übrigens

$$\lambda(t) = -\Lambda(t)\big(F(t_0, x_0\,;\,p)\big)\,,$$

was man auch leicht direkt (mit 8.B.1) einsieht. Die dritte Variationsgleichung ist ein *inhomogenes lineares* Differenzialgleichungssystem für M.

Die Variationsgleichungen ergeben sich aus der Vertauschbarkeit der partiellen Ableitung von Ψ nach t mit den Richtungsableitungen nach t_0 bzw. in Richtung V bzw. in Richtung W. Diese Vertauschbarkeit folgt aus 5.A.4, da die in Rede stehenden zweiten Ableitungen von Ψ (auch bei $r = 1$) existieren und stetig sind. Es ergibt sich damit für festes $v \in V$:

$$\dot{\Lambda}(t)(v) = \frac{\partial}{\partial t} D_v \Psi(t\,;t_0, x_0\,;p) = D_v \frac{\partial}{\partial t} \Psi(t\,;t_0, x_0\,;p) = D_v F\big(t, \Psi(t\,;t_0, x_0\,;p)\,;\,p\big)$$

$$= D_V F\big(t, \Psi(t\,;t_0, x_0\,;p)\,;\,p\,;\,D_v \Psi(t\,;t_0, x_0\,;p)\big) = D_V F\big(t, \varphi(t)\,;\,p\,;\,\Lambda(t)(v)\big)\,.$$

Für festes $w \in W$ erhält man:

$$\dot{M}(t)(w) = \frac{\partial}{\partial t} D_w \Psi(t\,;t_0, x_0\,;p) = D_w \frac{\partial}{\partial t} \Psi(t\,;t_0, x_0\,;p) = D_w F\big(t, \Psi(t\,;t_0, x_0\,;p)\,;\,p\big)$$

$$= D_V F\big(t, \varphi(t)\,;\,p\,;\,D_w \Psi(t\,;t_0, x_0\,;p)\big) + D_W F\big(t, \varphi(t)\,;\,p\,;\,w\big)$$

$$= D_V F\big(t\,;\,\varphi(t)\,;\,p\,;\,M(t)(w)\big) + D_W F\big(t, \varphi(t)\,;\,p\,;\,w\big)\,.$$

Schließlich gilt:

$$\dot{\lambda}(t) = \frac{\partial^2}{\partial t\,\partial t_0} \Psi(t\,;t_0, x_0\,;p) = \frac{\partial}{\partial t_0} F\big(t\,;\Psi(t\,;t_0, x_0\,;p)\,;\,p\big)$$

$$= D_V F\big(t\,;\varphi(t)\,;\,p\,;\,\frac{\partial}{\partial t_0} \Psi(t\,;t_0, x_0\,;p)\big) = D_V F\big(t\,;\varphi(t)\,;\,p\,;\,\lambda(t)\big)\,.$$

Wir empfehlen dem Leser, sich die Herleitung der Variationsgleichungen auf diese Weise zu merken und die dabei benutzten Differenzierbarkeitseigenschaften von Ψ unbewiesen zu akzeptieren. Die zugehörigen Anfangsbedingungen sind ebenfalls einfach zu verifizieren: Für Λ und M sind sie trivial, für λ folgt sie mit dem Mittelwertsatz:

$$\frac{1}{\tau}\big(\Psi(t_0\,;\,t_0+\tau,\,x_0\,;\,p) - \Psi(t_0\,;\,t_0,\,x_0\,;\,p)\big)$$

$$= \frac{1}{\tau}\big(\Psi(t_0\,;\,t_0+\tau,\,x_0\,;\,p) - \Psi(t_0+\tau\,;\,t_0+\tau,\,x_0\,;\,p)\big)$$

$$\to -\dot{\varphi}(t_0\,;\,t_0,\,x_0\,;\,p) = -F(t_0\,,\,x_0\,;\,p)$$

für $\tau \to 0$. Den nun folgenden Beweis von 8.B.5 kann der Leser ohne weiteres übergehen.

B e w e i s von 8.B.5. Nach der Vorbemerkung zu 8.B.5 genügt es, den Fall zu behandeln, dass wir es mit einem System $\dot{x} = F(t, x)$ ohne Parameter zu tun haben. Wir zeigen zunächst die stetige Differenzierbarkeit von $\Psi(t\,;\,t_0, x_0)$ nach V (unter der Voraussetzung, dass F stetig differenzierbar ist).

Seien $v \in V$ eine feste Richtung und

$$\Delta(t, h) := \frac{1}{h}\big(\Psi(t\,;\,t_0, x_0+hv) - \Psi(t\,;\,t_0\,,\,x_0)\big) = \frac{1}{h}\big(\Psi(t\,;\,t_0, x+hv) - \varphi(t)\big)$$

mit $h \neq 0$, $|h|$ klein, wobei t ein kompaktes Intervall $\subseteq I$ der Länge ℓ durchläuft. Man beachte, dass $\Delta(t, h)$ nach 8.B.3 im angegebenen Rahmen definiert ist. Wir wollen zeigen, dass die Richtungsableitung $\mathrm{D}_v\Psi(t\,;\,t_0, x_0) = \lim_{h\to 0} \Delta(t, h)$ existiert und als Funktion von t der Variationsgleichung

$$\frac{\partial}{\partial t}\mathrm{D}_v\Psi(t\,;\,t_0\,,\,x_0) = \mathrm{D}_V F\big(t, \varphi(t)\,;\,\mathrm{D}_v\Psi(t\,;\,t_0, x_0)\big)$$

genügt, woraus sich insbesondere auch ergibt, dass $\mathrm{D}_v\Psi(t\,;\,t_0, x_0)$ nach t stetig differenzierbar ist.

Nach dem Mittelwertsatz gibt es eine stetige Funktion $r(t, u)$ mit

$$F\big(t, \varphi(t)+u\big) - F\big(t, \varphi(t)\big) = \mathrm{D}_u F\big(t, \varphi(t)\big) + \|u\|\,r(t, u)$$

und $r(t, 0) = 0$. Daraus folgt

$$\frac{\partial}{\partial t}\Delta(t, h) = \frac{1}{h}\Big(F\big(t\,;\,\Psi(t\,;\,t_0\,,\,x_0+hv)\big) - F(t, \varphi(t))\Big)$$

$$= \mathrm{D}_V F\big(t, \varphi(t)\,;\,\Delta(t, h)\big) + \frac{|h|}{h}\,\|\Delta(t, h)\|\,r\big(t, h\Delta(t, h)\big).$$

Sei nun $H(t)$ die Lösung der Variationsgleichung

$$\dot{H}(t) = \mathrm{D}_V F\big(t, \varphi(t)\,;\,H(t)\big)$$

mit der Anfangsbedingung $H(t_0) = v = \Delta(t_0, h)$. Es gilt

$$\frac{\partial}{\partial t}\big(H(t)-\Delta(t, h)\big) = \mathrm{D}_V F\big(t, \varphi(t)\,;\,H(t)-\Delta(t, h)\big) + \varepsilon(t, h),$$

wobei $\varepsilon(t, h)$ für $h \to 0$ wegen der Lipschitz-Stetigkeit von Ψ gleichmäßig in t gegen 0 geht. Aus 8.B.1 ergibt sich dann $\|H(t)-\Delta(t, h)\| \leq \varepsilon(h)\,\ell e^{L\ell}$ mit $\varepsilon(h) := \mathrm{Sup}\,\big(\|\varepsilon(t, h)\|, t \in K\big)$, also $\lim_{h\to 0} \varepsilon(h) = 0$. Daher ist $\lim_{h\to 0} \Delta(t, h) = H(t)$ wie gewünscht.

Analog schließt man auf die stetige Differenzierbarkeit von Ψ nach der Anfangszeit t_0, sowie auf die stetige Differenzierbarkeit von $\dfrac{\partial}{\partial t_0}\Psi$ nach t. Da Ψ nach t definitionsgemäß stetig partiell differenzierbar ist, ist Ψ insgesamt stetig differenzierbar. Dies beendet den Beweis für den Differenzierbarkeitsgrad $r = 1$.

Man verwendet nun Induktion über $r \geq 1$. Aus den Variationsgleichungen folgt beim Schluss von r auf $r+1$, dass die Ableitungen von Ψ in Richtung von t_0 und $x_0 \in V$ Lösungen von (linearen) Differenzialgleichungssystemen sind, deren rechte Seiten nach Voraussetzung über F und Induktionsvoraussetzung r-mal stetig differenzierbar sind. Wegen $\dfrac{\partial}{\partial t}\Psi(t\,;t_0\,,x_0) = F\big(t,\,\Psi(t\,;t_0\,,x_0)\big)$ gilt die r-malige stetige Differenzierbarkeit sogar für alle Variablen t, t_0 und x_0. Die Induktionsvoraussetzung, noch einmal angewandt, ergibt dann die r-malige stetige Differenzierbarkeit von $\dfrac{\partial}{\partial t}\Psi$, $\dfrac{\partial}{\partial t_0}\Psi$ sowie $D_V\Psi$, d.h. insgesamt die $(r+1)$-malige stetige Differenzierbarkeit von Ψ. $\bullet$

8.B.6 Bemerkung Ist in der Situation von 8.B.5 die Abbildung F analytisch, so ist auch Ψ analytisch. Dies gilt auch in der komplexen Situation. Man beweist dies wie in Bemerkung 8.A.11, indem man die Picard-Lindelöf-Iteration mit Anfangswerten und Parametern verfolgt. Diese Methode liefert übrigens auch im (reellen) differenzierbaren Fall die $(r-1)$-malige stetige Differenzierbarkeit von Ψ, wenn F r-mal stetig differenzierbar ist. Im komplexen Fall folgt nach 7.F.13 die Analytizität von Ψ bereits aus der in 8.B.5 bewiesenen Differenzierbarkeit, vgl. dazu auch 8.C.7(2). Den reell-analytischen Fall erhält man dann durch analytische Fortsetzung ins Komplexe.

Aufgabe

1. Man führe den Beweis der stetigen Differenzierbarkeit von Ψ nach t_0, wie er im Beweis von 8.B.5 angedeutet wurde, aus.

8.C Beispiele und Anwendungen

Eine der häufigsten Anwendungen der Variationsgleichungen im Satz 8.B.5 über die Abhängigkeit der Lösungen dynamischer Systeme von Anfangswerten und Parametern besteht darin, die Änderung der Anfangswerte bzw. kleine Änderungen des dynamischen Systems selbst auch quantitativ zu erfassen (zumindest längs eines kompakten Zeitintervalls).

8.C.1 Beispiel (Störung des Anfangswertes und der Anfangszeit) Sei $F(t, x)$ ein dynamisches System mit stetig differenzierbarem $F : I \times G \to V$, und sei $\varphi : K \to G$ eine Lösung von $\dot{x} = F(t, x)$ mit $\varphi(t_0) = x_0$ für $t_0 \in K$ und $x_0 \in G$ auf dem kompakten Intervall $K \subseteq I$. Wir betrachten eine kleine Störung τ der Anfangszeit t_0 und eine kleine Störung εv des Anfangswertes x_0 in Richtung $v \in V$. Die zugehörige Lösung $\varphi_{\tau,\varepsilon}(t) = \Psi(t\,;t_0+\tau,\,x_0+\varepsilon v)$ existiert dann wegen der Offenheit des Definitionsbereichs von Ψ auch auf K, falls τ mit $t_0+\tau \in I$ und ε dem Betrage nach klein genug sind. Die lineare Approximation von Ψ gemäß Satz 8.B.5 liefert die Näherung

$$\varphi_{\tau,\varepsilon} \approx \varphi(t) + \tau\,\frac{\partial}{\partial t_0}\Psi(t\,;t_0,\,x_0) + \varepsilon\, D_v\Psi(t\,;t_0,\,x_0),$$

wobei die Störglieder

$$\lambda(t) := \frac{\partial}{\partial t_0}\Psi(t\,;t_0,x_0)\,, \qquad H(t) := \mathrm{D}_v\Psi(t\,;t_0,x_0)$$

die homogenen linearen Variationsgleichungen

$$\dot\lambda(t) = \mathrm{D}_V F\big(t,\varphi(t)\,;\lambda(t)\big)\,, \quad \lambda(t_0) = -F(t_0,x_0) = -\dot\varphi(t_0)\,,$$

$$\dot H(t) = \mathrm{D}_V F\big(t,\varphi(t)\,;H(t)\big)\,, \quad H(t_0) = v\,,$$

erfüllen. Man nennt das lineare System

$$\dot x = \mathrm{D}_V F\big(t,\varphi(t)\,;x\big)$$

die L i n e a r i s i e r u n g des gegebenen dynamischen Systems längs der Lösung $\varphi : K \to G$. *Der Korrekturterm in obiger Näherung ist also die Lösung $x(t)$ dieser Linearisierung zur Anfangsbedingung $x(t_0) = -\tau\,\dot\varphi(t_0) + \varepsilon v$.*

Ist speziell $F(t,x) = F(x)$ autonom und ist $\varphi \equiv x_0$ eine stationäre Lösung von $\dot x = F(x)$, d.h. eine Nullstelle von F, so ist die Linearisierung von F längs φ das lineare System

$$\dot x = \mathrm{D}F(x_0\,;x) = (\mathrm{D}F)_{x_0}(x)$$

mit konstanten Koeffizienten und der Lösung

$$\big(\exp\big((t-t_0)(\mathrm{D}F)_{x_0}\big)\big)\big(-\tau\,\dot\varphi(t_0) + \varepsilon v\big)\,.$$

8.C.2 Beispiel (W a c h s t u m s v e r h a l t e n · L o t k a - V o l t e r r a s c h e   S y s t e m e) Wir betrachten ein ökologisches System mit n konkurrierenden Populationen. Die Wachstumsraten $W_i(t) = \dot N_i(t)/N_i(t)$ seien nur von t und von den augenblicklichen Populationsgrößen $N_1(t) > 0, \dots, N_n(t) > 0$ abhängig. Dann erfüllt $\mathfrak{N} \in (\mathbb{R}_+^\times)^n$ ein Differenzialgleichungssystem $\mathfrak{W} = f(t,\mathfrak{N})$, wobei $\mathfrak{W}$ und $\mathfrak{N}$ die (Spalten-)Vektoren mit den Komponenten W_i bzw. N_i sind. Es ist autonom, wenn f nicht explizit von der Zeit abhängt. Ist $f : \mathbb{R}^n \to \mathbb{R}^n$ zeitunabhängig und affin, also $f(\mathfrak{N}) = \mathfrak{A}\mathfrak{N} + \mathfrak{a}$ mit $\mathfrak{A} = (a_{ij}) \in \mathrm{M}_n(\mathbb{R})$ und $\mathfrak{a} = (a_j) \in \mathbb{R}^n$, so spricht man von einem L o t k a - V o l t e r r a s c h e n   S y s t e m. Es handelt sich um ein nichtlineares System, das sich ohne Nenner in der Form

$$\dot{\mathfrak{N}} = \mathrm{Diag}\,(N_1,\dots,N_n)\cdot(\mathfrak{A}\mathfrak{N}+\mathfrak{a})$$

schreiben lässt und in dieser Form auf ganz $\mathbb{R}^n$ definiert ist.

Ein positiver Koeffizient a_{ij} in $\mathfrak{A}$ bedeutet, dass die i-te Population in ihrem Wachstum durch die j-te Population unterstützt wird, ein negatives a_{ij} entsprechend, dass sie behindert wird; $a_{ij} = 0$ besagt, dass das Wachstum der i-ten Population von der j-ten nicht beeinflusst wird. Die i-te Komponente des Vektors $\mathfrak{a}$ und das Diagonalelement a_{ii} von $\mathfrak{A}$ definieren zusammen die Verhulstsche Gleichung $\dot N_i = a_{ii}N_i^2 + a_i N_i$, die das Wachstumsverhalten der i-ten Population bei Abwesenheit aller übrigen beschreibt, vgl. Bd. 1, 19.C, Aufg. 6.

Jede Komponente N_i einer Lösung $\mathfrak{N}$ eines Lotka-Volterraschen Systems ist bereits dann identisch 0, wenn sie eine Nullstelle besitzt. Ist nämlich $N_i(t_0) = 0$, so ist $N_i \equiv 0$ zusammen mit einer Lösung desjenigen Systems, das man durch Streichen der i-ten Zeile und Spalte von $\mathfrak{A}$ und der i-ten Komponente von $\mathfrak{a}$ erhält, mit denselben Anfangswerten $N_j(t_0)$, $j \neq i$, wie für das Ausgangssystem eine Lösung dieses Systems, die aufgrund des Eindeutigkeitssatzes mit der Ausgangslösung identisch ist. *Jede Lösung $\mathfrak{N}(t)$, die zum Zeitpunkt 0 positive Anfangswerte $N_1(0), \dots, N_n(0)$ hat, bleibt also stets im Bereich $(\mathbb{R}_+^\times)^n$.*

Die Gleichgewichtslagen des ökologischen Systems sind die stationären Lösungen in $(\mathbb{R}_+^\times)^n$, d.h. die Lösungen in $(\mathbb{R}_+^\times)^n$ des linearen Gleichungssystems $\mathfrak{A}\mathfrak{x} = -\mathfrak{a}$. Die Linearisierung längs einer solchen stationären Lösung $\mathfrak{N}^0$ ist $\dot{\mathfrak{x}} = \mathfrak{B}\mathfrak{x}$ mit

$$\mathfrak{B} := \mathrm{Diag}\,(N_1^0, \ldots, N_n^0) \cdot \mathfrak{A}.$$

Zum Beweis benutze man die Gleichgewichtsbedingung $\sum_{j=1}^{n} a_{ij} N_j^0 = -a_i.$[1]) Ist das lineare Differenzialgleichungssystem $\dot{\mathfrak{x}} = \mathfrak{B}\mathfrak{x}$ asymptotisch stabil, d.h. haben alle Eigenwerte von $\mathfrak{B}$ in $\mathbb{C}$ einen negativen Realteil, vgl. Bd. 2, 20.A.4, so konvergieren die Näherungslösungen gemäß Beispiel 8.C.1 für $t \to \infty$ alle gegen die stationäre Lösung. Wir werden im Rahmen der Stabilitätstheorie sehen, dass dies auch für die wahren Lösungen des Systems gilt, zumindest dann, wenn die Anfangswerte nahe genug an $\mathfrak{N}^0$ liegen, vgl. Abschnitt 9.A.

V. Volterra hat ausführlicher den Fall untersucht, dass die Matrix $\mathfrak{A}$ schiefsymmetrisch ist. Dies bedeutet: Der Wachstumsvorteil, den die eine Population durch eine andere hat, ist jeweils gleich dem Schaden, den diese durch jene hat. So etwas lässt sich gelegentlich durch eine Änderung der Skalierung in den Variablen N_i erreichen,[2]) d.h. dadurch, dass man statt der N_i die neuen Variablen $M_i = \alpha_i N_i$ mit positiven Konstanten α_i betrachtet, die dem Differenzialgleichungssystem

$$\dot{\mathfrak{M}} = \mathrm{Diag}\,(M_1, \ldots, M_n) \cdot \left(\mathfrak{A}\,\mathrm{Diag}\,(\alpha_1^{-1}, \ldots, \alpha_n^{-1})\mathfrak{M} + \mathfrak{a}\right)$$

genügen. Ist zum Beispiel $n = 2$ und gilt $a_{11} = a_{22} = 0$ und $a_{12}a_{21} < 0$, so lässt sich Schiefsymmetrie nach Umskalierung stets annehmen.

Sei $\mathfrak{A}$ schiefsymmetrisch und $\mathfrak{N}^0 = (N_i^0) \in (\mathbb{R}_+^\times)^n$ eine Gleichgewichtslage. Die Abweichung $\mathfrak{x} := \mathfrak{N} - \mathfrak{N}^0$ erfüllt näherungsweise das lineare Differenzialgleichungssystem

$$\dot{\mathfrak{x}} = \mathfrak{D}\mathfrak{A}\mathfrak{x}, \qquad \mathfrak{D} := \mathrm{Diag}\,(N_1^0, \ldots, N_n^0),$$

mit der Fundamentalmatrix

$$\exp\,(\mathfrak{D}\mathfrak{A}t) = \mathfrak{D}^{1/2}(\exp\mathfrak{D}^{1/2}\mathfrak{A}\mathfrak{D}^{1/2}t)\mathfrak{D}^{-1/2},$$

wobei $\mathfrak{D}^s := \mathrm{Diag}\,\big((N_1^0)^s, \ldots, (N_n^0)^s\big)$ für $s \in \mathbb{C}$ gesetzt sei. Mit $\mathfrak{A}$ ist offensichtlich auch $\mathfrak{D}^{1/2}\mathfrak{A}\mathfrak{D}^{1/2}$ schiefsymmetrisch. Somit ist

$$t \mapsto \exp\mathfrak{D}^{1/2}\mathfrak{A}\mathfrak{D}^{1/2}t, \qquad t \in \mathbb{R},$$

eine Einparametergruppe in der orthogonalen Gruppe $\mathrm{O}_n^+(\mathbb{R})$ (vgl. Bd. 2, Beispiel 18.D.8 oder auch die Diskussion in Abschnitt 4.B), *und jede Lösung $\mathfrak{x} \neq 0$ von $\dot{\mathfrak{x}} = \mathfrak{D}\mathfrak{A}\mathfrak{x}$ liegt auf einem Ellipsoid*

$$\frac{x_1^2}{N_1^0} + \cdots + \frac{x_n^2}{N_n^0} = r^2,$$

da die Isometrien von $\mathbb{R}^n$ die Sphären $S(0\,;\,r)$ in sich überführen. Insbesondere ist das linearisierte System stabil. Ganz ähnlich verhalten sich die wahren Abweichungen $\mathfrak{N} - \mathfrak{N}^0$. Um dies einzusehen, bemerken wir zunächst, *dass die Funktion*

$$H := \sum_{i=1}^{n} \left(N_i - N_i^0 \ln \frac{N_i}{N_i^0}\right)$$

ein erstes Integral für das Lotka-Volterrasche System ist, d.h. dass H konstant längs jeder Lösungskurve $\mathfrak{N}(t)$ ist (vgl. das unten folgende Beispiel 8.C.13). Die Ableitung von $t \mapsto H(\mathfrak{N}(t))$ für solch eine Lösungskurve ist nämlich wegen $a_i = -\sum_{j=1}^{n} a_{ij} N_j^0$, also

---

[1]) Ist $\mathfrak{A}$ invertierbar, so ist $\mathfrak{N}^0$ natürlich die einzige stationäre Lösung.

[2]) Es ist nicht geschickt, *einen* Hai mit *einem* Hering zu vergleichen.

$$\frac{\dot{N}_i}{N_i} = \sum_{j=1}^{n} a_{ij} \left(N_j - N_j^0 \right),$$

gleich

$$\sum_{i=1}^{n} (N_i - N_i^0) \frac{\dot{N}_i}{N_i} = \sum_{i,j=1}^{n} (N_i - N_i^0) \, a_{ij} \, (N_j - N_j^0) = 0,$$

da (a_{ij}) nach Voraussetzung schiefsymmetrisch ist.

Jede Lösung $\mathfrak{N}$ liegt also auf einer Niveaufläche von H. Um diese genauer zu übersehen, betrachten wir zunächst die Funktion

$$2\big(t - \ln (1 + t)\big)$$

auf $\,]-1, \infty[\,$, die dort überall ≥ 0 ist mit 0 als einziger Nullstelle. Sie besitzt eine analytische Wurzel

$$\lambda(t) := \sqrt{2 \big(t - \ln (1+t) \big)}$$

mit $\lambda(t) < 0$ für $t \in \,]-1, 0[\,$ und $\lambda(t) > 0$ für $t > 0$, die wir bereits in Bd. 1, Beispiel 17.B.13 benutzt haben. λ definiert einen C^ω-Diffeomorphismus $\,]-1, \infty[\, \to \mathbb{R}$, dessen Umkehrung $\mathbb{R} \to \,]-1, \infty[\,$ mit κ bezeichnet sei. Später werden wir die Potenzreihenentwicklung

$$\mu(s) = \frac{s}{\kappa(s)} = \sum_{n=0}^{\infty} b_n s^n = 1 - \frac{s}{3} + \frac{s^2}{12} - \frac{2s^3}{135} + \cdots$$

brauchen, die wir ebenfalls schon in Bd. 1, Beispiel 17.B.13 berechnet haben.

Sei nun wieder (N_i) eine Lösung des Lotka-Volterraschen Systems mit den relativen Abweichungen

$$y_i = \frac{N_i - N_i^0}{N_i^0} = \frac{x_i}{N_i^0}, \qquad i = 1, \ldots, n,$$

von der Gleichgewichtslage (N_i^0). Dann ist nach dem oben Bewiesenen

$$R^2 := 2 \sum_{i=1}^{n} \left(N_i - N_i^0 - N_i^0 \ln \frac{N_i}{N_i^0} \right) = \sum_{i=1}^{n} 2 N_i^0 \big(y_i - \ln (1 + y_i) \big) = \sum_{i=1}^{n} N_i^0 \lambda^2(y_i)$$

konstant. Wegen $\lambda^2(t) = 2\big(t - \ln (1+t)\big) = t^2 + O(t^3)$ für $t \to 0$ heißt dies wieder, dass $\mathfrak{y} = (y_i)$ für kleine Abweichungen aus der Gleichgewichtslage näherungsweise auf einem Ellipsoid

$$N_1^0 y_1^2 + \cdots + N_n^0 y_n^2 = \frac{x_1^2}{N_1^0} + \cdots + \frac{x_n^2}{N_n^0} = \text{const.}$$

liegt. Generell wird die Konstanzfläche

$$\sum_{i=1}^{n} N_i^0 \lambda^2(y_i) = \text{const.}$$

in $\,]-1, \infty[^n$ mit dem Diffeomorphismus $\lambda_n : (y_1, \ldots, y_n) \mapsto \big(\lambda(y_1), \ldots, \lambda(y_n)\big)$ von $\,]-1, \infty[^n$ auf $\mathbb{R}^n$ auf das Ellipsoid $\sum_{i=1}^{n} N_i^0 z_i^2 = \text{const.}$ in $\mathbb{R}^n$ abgebildet. *Bis auf die durch λ_n beschriebene Verzerrung liegt also auch die wahre Lösung $\mathfrak{y} = (y_i)$ auf einem Ellipsoid. Insbesondere folgt, dass (wegen 8.A.8) alle Lösungen des betrachteten Lotka-Volterraschen Systems auf ganz $\mathbb{R}$ fortsetzbar sind und die Gleichgewichtslage $\mathfrak{N}^0$ stabil (aber nicht asymptotisch stabil) ist (im Sinne von 9.A.1).*

Betrachten wir konkret ein ökologisches System mit nur zwei Populationen, das dem Lotka-Volterraschen Differenzialgleichungssystem

$$\dot{N}_1 = -aN_1N_2 + bN_1\,, \quad \dot{N}_2 = cN_1N_2 - dN_2$$

mit $ab \neq 0 \neq cd$ genügt. Je nach den Vorzeichen der Konstanten a, b, c, d ergeben sich verschiedene Interpretationen. Um in die zuletzt beschriebene Situation zu gelangen, greifen wir den Fall heraus, dass a, b, c, d positiv sind. Dann ist die erste Population Beute der zweiten, die ohne die erste aussterben würde. Ersetzen wir N_1 durch cN_1 und N_2 durch aN_2 (Skalierung), so können wir $a = c = 1$ voraussetzen. Wir haben dann

$$\dot{N}_1 = -N_1N_2 + bN_1\,, \quad \dot{N}_2 = N_1N_2 - dN_2\,.$$

Die (einzige) Gleichgewichtslage (in $(\mathbb{R}_+^\times)^2$) ist $N_1^0 = d$ und $N_2^0 = b$. Die Linearisierung längs dieser Gleichgewichtslage ergibt das System

$$\begin{pmatrix} \dot{x}_1 \\ \dot{x}_2 \end{pmatrix} = \begin{pmatrix} 0 & -d \\ b & 0 \end{pmatrix} \begin{pmatrix} x_1 \\ x_2 \end{pmatrix}$$

mit der Fundamentalmatrix

$$\begin{pmatrix} \cos \omega t & -\sqrt{\frac{d}{b}} \sin \omega t \\ \sqrt{\frac{b}{d}} \sin \omega t & \cos \omega t \end{pmatrix}, \quad \omega := \sqrt{bd} > 0\,.$$

Die Lösungen dieses Systems beschreiben Ellipsen, deren Hauptachsen parallel zu den Koordinatenachsen sind und die mit der Kreisfrequenz $\omega = \sqrt{bd}$ bei positiven Anfangspunkten im Standarddrehsinn (d.h. entgegen dem Uhrzeiger) periodisch durchlaufen werden. Auch die wahren Lösungen des Systems sind periodisch. Um diese zu beschreiben, transformieren wir das System

$$\dot{y}_1 = -b(1+y_1)y_2\,, \quad \dot{y}_2 = -dy_1(1+y_2)$$

für die relativen Abweichungen

$$y_1 = \frac{N_1 - N_1^0}{N_1^0} = \frac{N_1 - d}{d}\,, \quad y_2 = \frac{N_2 - N_2^0}{N_2^0} = \frac{N_2 - b}{b}$$

mittels des Diffeomorphismus $\begin{pmatrix} y_1 \\ y_2 \end{pmatrix} \mapsto \begin{pmatrix} u_1 \\ u_2 \end{pmatrix} = \begin{pmatrix} \sqrt{d}\, \lambda(y_1) \\ \sqrt{b}\, \lambda(y_2) \end{pmatrix}$ in das System

$$\begin{pmatrix} \dot{u}_1 \\ \dot{u}_2 \end{pmatrix} = bd \begin{pmatrix} -\kappa(u_1/\sqrt{d})\,\kappa(u_2/\sqrt{b}) \cdot \dfrac{1}{u_1} \\ \kappa(u_1/\sqrt{d})\,\kappa(u_2/\sqrt{b}) \cdot \dfrac{1}{u_2} \end{pmatrix}$$

auf $\mathbb{R}^2$, vgl. 8.A, Aufg. 6. Die Lösungen des neuen Systems sind dann Kreise, die in der Standardorientierung (d.h. entgegen dem Uhrzeigersinn) durchlaufen werden, was bereits nach den allgemeinen Vorüberlegungen klar war. Bei $y_2(0) = 0$, d.h. $N_2(0) = N_2^0 = b$, und $y_1(0) > 0$, sowie

$$R^2 = d\,\lambda^2(y_1) + b\,\lambda^2(y_2) = \text{const.} = d\,\lambda^2(y_1(0)) = 2\left(N_1 - d - d\ln\frac{N_1}{d}\right) =: R_0^2$$

ergibt sich

$$y_1 = \kappa\left(\frac{R_0}{\sqrt{d}}\cos\tau\right)\,, \quad y_2 = \kappa\left(\frac{R_0}{\sqrt{b}}\sin\tau\right)\,.$$

Der Parameter $\tau \in \mathbb{R}$ hängt mit der Zeit t durch die Gleichung

$$t = \frac{1}{\sqrt{bd}} \int_0^\tau \mu\left(\frac{R_0}{\sqrt{d}} \cos\sigma\right) \mu\left(\frac{R_0}{\sqrt{b}} \sin\sigma\right) d\sigma$$

zusammen, $\mu(s) = s/\kappa(s)$. Insbesondere gilt für die Periodendauer

$$T = \frac{1}{\sqrt{bd}} \int_0^{2\pi} \mu\left(\frac{R_0}{\sqrt{d}} \cos\sigma\right) \mu\left(\frac{R_0}{\sqrt{b}} \sin\sigma\right) d\sigma$$

$$= \frac{1}{\sqrt{bd}} \int_0^{2\pi} \left(1 - \frac{1}{3} \frac{R_0}{\sqrt{d}} \cos\sigma + \frac{1}{12} \frac{R_0^2}{d} \cos^2\sigma + \cdots \right) \times$$

$$\times \left(1 - \frac{1}{3} \frac{R_0}{\sqrt{b}} \sin\sigma + \frac{1}{12} \frac{R_0^2}{b} \sin^2\sigma + \cdots \right) d\sigma$$

$$= \frac{2\pi}{\sqrt{bd}} \left(1 + \frac{R_0^2}{24}\left(\frac{1}{b} + \frac{1}{d}\right) + O(R_0^4)\right)$$

(bei $R_0 \to 0$). (Zum Berechnen weiterer Terme beachte man für $p, q \in \mathbb{N}$ die Darstellungen von $\int_0^{2\pi} \cos^p\sigma \sin^q\sigma \, d\sigma$ aus 16.A.13.) Für kleine R_0, also für Lösungen in der Nähe der Gleichgewichtslage, ergibt sich die Näherung $T \approx 2\pi/\sqrt{bd}$, ein Ergebnis, das wir bereits oben durch Betrachten der Linearisierung gewonnen haben.

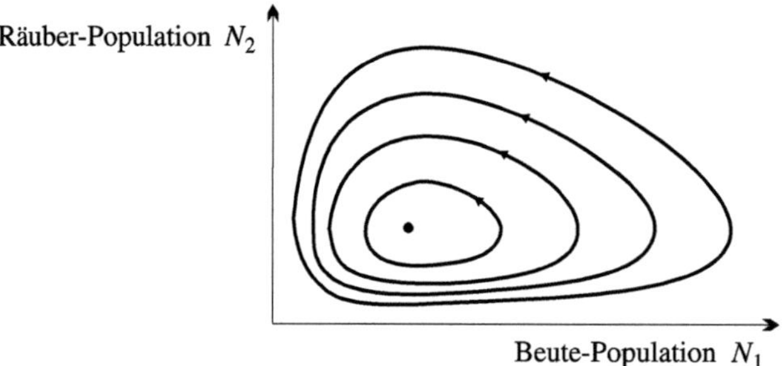

Wir bemerken noch, *dass die zeitlichen Mittelwerte von N_1 und von N_2, über eine Periode gerechnet, stets den gleichen Wert $N_1^0 = d$ bzw. $N_2^0 = b$ haben.* Dies folgt aus

$$\int_0^T N_1(t) \, dt = \int_0^T \left(\frac{\dot{N}_2(t)}{N_2(t)} + d\right) dt = \ln N_2 \Big|_0^T + dT = dT$$

und analog $\int_0^T N_2(t) \, dt = bT$. Schließlich sei erwähnt, dass bei einem beliebigen Lotka-Volterraschen System

$$\dot{\mathfrak{N}} = \mathrm{Diag}\,(N_1, \ldots, N_n) \cdot (\mathfrak{A}\mathfrak{N} + \mathfrak{a})$$

auf $(\mathbb{R}_+^\times)^n$, für das die Matrix $\mathfrak{A}\,\mathrm{Diag}(\alpha_1^{-1}, \ldots, \alpha_n^{-1})$ schiefsymmetrisch ist, die Funktion

$$\sum_{i=1}^n \alpha_i \left(N_i - N_i^0 \ln \frac{N_i}{|N_i^0|}\right)$$

ein erstes Integral ist, falls $\mathfrak{N}^0 \in \mathbb{R}^n$ eine Lösung des linearen Gleichungssystems $\mathfrak{A}\mathfrak{x} = -\mathfrak{a}$ ist. Es brauchen also weder die Zahlen $\alpha_1, \ldots, \alpha_n$ noch die Komponenten $N_1^0, \ldots, N_n^0$ von $\mathfrak{N}^0$ alle positiv zu sein. Dies kann generell zur Diskussion der Lösungen nützlich sein, insbesondere bei $n = 2$, vgl. Aufg. 10.

8.C.3 Beispiel (S t ö r u n g   d e s   P a r a m e t e r s) Sei $F(t; x, p)$ ein parameterabhängiges dynamisches System mit stetig differenzierbarem $F : I{\times}G{\times}P \to V$. Es sei $\varphi : K \to G$ eine Lösung von $\dot{x} = F(t; x, p_0)$ mit $\varphi(t_0) = x_0$ auf dem kompakten Intervall $K \subseteq I$ zum Parameter $p_0 \in P$. Wir betrachten eine kleine Störung des Systems, die sich in einer Änderung des Parameterwertes von p_0 in $p_0 + \varepsilon w$ ausdrückt. Für die Lösung $\varphi_\varepsilon(t) = \Psi(t; t_0, x_0; p_0 + \varepsilon w)$ des gestörten Systems hat man nach Satz 8.B.5

$$\varphi_\varepsilon(t) \approx \varphi(t) + \varepsilon\, \mathrm{D}_w \Psi(t; t_0, x_0; p_0)\,,$$

wobei das Störglied

$$Q(t) := \mathrm{D}_w \Psi(t; t_0, x_0; p_0)$$

die inhomogene lineare Variationsgleichung

$$\dot{Q}(t) = \mathrm{D}_V F\big(t, \varphi(t); p_0; Q(t)\big) + \mathrm{D}_W F\big(t, \varphi(t); p_0; w\big)$$

mit der Anfangsbedingung $Q(t_0) = 0$ erfüllt. In den folgenden Beispielen 8.C.4 bis 8.C.6 werden dazu einige konkrete Situationen behandelt.

8.C.4 Beispiel (B a l l i s t i s c h e   K u r v e n) Der schiefe Wurf ohne Reibung wird beschrieben durch das System $\ddot{x}_1 = 0$, $\ddot{x}_2 = -g$, d.h. durch das System erster Ordnung

$$\dot{x}_1 = v_1\,, \quad \dot{x}_2 = v_2\,, \quad \dot{v}_1 = 0\,, \quad \dot{v}_2 = -g$$

in den vier Variablen x_1, x_2, v_1, v_2.

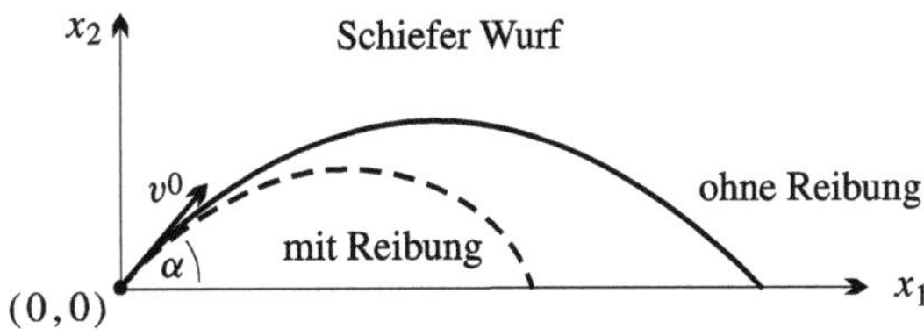

Wir berücksichtigen die Reibung durch einen Störterm in der Beschleunigung und erhalten das System

$$\dot{x}_1 = v_1\,, \quad \dot{x}_2 = v_2\,, \quad \dot{v}_1 = -\varepsilon\mu v_1\,, \quad \dot{v}_2 = -g - \varepsilon\mu v_2\,,$$

wobei die Funktion $\mu = \mu(x_1, x_2, v_1, v_2) \geq 0$ hinreichend glatt sei. Die Lösung φ des ungestörten Systems mit der Anfangsbedingung

$$\varphi(0) = \begin{pmatrix} 0 \\ 0 \\ v^0 \cos\alpha \\ v^0 \sin\alpha \end{pmatrix} \quad \text{ist} \quad \varphi(t) = \begin{pmatrix} t v^0 \cos\alpha \\ t v^0 \sin\alpha - \tfrac{1}{2}g t^2 \\ v^0 \cos\alpha \\ v^0 \sin\alpha - g t \end{pmatrix}.$$

Die Lösung des gestörten Problems mit derselben Anfangsbedingung ist nach Beispiel 8.C.3 näherungsweise gleich $\varphi(t) - \varepsilon Q(t)$, wobei $Q(t)$ das lineare System

$$\dot{Q}_1 = Q_3\,, \quad \dot{Q}_2 = Q_4\,, \quad \dot{Q}_3 = \mu\big(\varphi(t)\big)\, v^0 \cos\alpha\,, \quad \dot{Q}_4 = \mu\big(\varphi(t)\big)\, (v^0 \sin\alpha - g t)$$

mit der Anfangsbedingung $Q(0) = 0$ löst. Für $Q(t)$ ergibt sich

$$Q_1(t) = \int_0^t (t-\tau)\,\mu\big(\varphi(\tau)\big)\,v^0 \cos\alpha \; d\tau\,, \quad Q_2(t) = \int_0^t (t-\tau)\,\mu\big(\varphi(\tau)\big)\,(v^0 \sin\alpha - g\tau)\;d\tau\,,$$

$$Q_3(t) = \int_0^t \mu\big(\varphi(\tau)\big)\,v^0 \cos\alpha \; d\tau\,, \qquad\qquad Q_4(t) = \int_0^t \mu\big(\varphi(\tau)\big)\,(v^0 \sin\alpha - g\tau)\;d\tau\,.$$

Die Wurfzeit T_ε ist durch

$$x_2(T_\varepsilon) = T_\varepsilon v^0 \sin\alpha - \frac{1}{2}gT_\varepsilon^2 - \varepsilon\,Q_2(T_0) + O(\varepsilon^2) = 0$$

bestimmt mit der Lösung $T_0 = (2/g)\,v^0 \sin\alpha$ für das ungestörte System. Für dem Betrage nach kleine ε ergibt sich die Näherung

$$T_\varepsilon = T_0 + \varepsilon\frac{Q_2(T_0)}{v^0 \sin\alpha - gT_0} + O(\varepsilon^2) = T_0 - \frac{2\varepsilon}{gT_0}\int_0^{T_0}(T_0-\tau)\,\mu\big(\varphi(\tau)\big)\big(\tfrac{1}{2}gT_0 - g\tau\big)\,d\tau + O(\varepsilon^2)$$

$$= T_0\big(1 - \varepsilon\,(M_0 - 3M_1 + 2M_2)\big) + O(\varepsilon^2)\,,$$

wobei die Momente

$$M_i := \frac{1}{T_0^i}\int_0^{T_0} \tau^i \mu\big(\varphi(\tau)\big)\,d\tau\,, \qquad i = 0, 1, 2\,,$$

benutzt wurden. Die Wurfweite $W = W_\varepsilon$ berechnet man mit $W_0 = T_0 v^0 \cos\alpha$ zu

$$W = W_\varepsilon = x_1(T_\varepsilon) = T_\varepsilon v^0 \cos\alpha - \varepsilon Q_1(T_\varepsilon) + O(\varepsilon^2) = W_0\frac{T_\varepsilon}{T_0} - \varepsilon Q_1(T_0) + O(\varepsilon^2)$$

$$= W_0\big(1 - \varepsilon\,(M_0 - 3M_1 + 2M_2 + M_0 - M_1)\big) + O(\varepsilon^2)$$

$$= W_0\big(1 - 2\varepsilon\,(M_0 - 2M_1 + M_2)\big) + O(\varepsilon^2)\,.$$

Analog ergibt sich die Steigzeit S_ε mit $S_0 = (v^0/g)\,\sin\alpha$ aus der Bedingung

$$0 = v_2(S_\varepsilon) = v^0 \sin\alpha - gS_\varepsilon - \varepsilon Q_4(S_0) + O(\varepsilon^2)$$

$$= S_0\,g\big(1 - \frac{S_\varepsilon}{S_0} - \frac{\varepsilon}{S_0}\int_0^{S_0}(S_0-\tau)\,\mu\big(\varphi(\tau)\big)\,d\tau\big) + O(\varepsilon^2)$$

zu $S_\varepsilon = S_0\big(1 + \varepsilon\,(M_0' - M_1')\big) + O(\varepsilon^2)$ mit den Momenten

$$M_i' := \frac{1}{S_0^i}\int_0^{S_0} \tau^i \mu\big(\varphi(\tau)\big)\,d\tau\,.$$

Mit $H_0 = (g/2)S_0^2$ ergibt sich für die zugehörige Wurfhöhe H_ε:

$$H_\varepsilon = x_2(S_\varepsilon) = gS_0 S_\varepsilon - \frac{1}{2}gS_\varepsilon^2 - \varepsilon Q_2(S_0) + O(\varepsilon^2) = H_0\big(1 - 2\varepsilon\,(M_0' - 2M_1' + M_2')\big) + O(\varepsilon^2)\,.$$

Der Leser begründe, dass $W_\varepsilon \le W_0$, $S_\varepsilon \ge S_0$ und $H_\varepsilon \le H_0$ ist bei $\varepsilon \ge 0$. Lässt sich auch generell T_ε gegenüber T_0 abschätzen?

8.C.5 Beispiel (Bewegung auf der rotierenden Erde) Wir betrachten einen Punkt $O(t)$ auf der Oberfläche der sich drehenden Erde, deren Mittelpunkt M wir als ruhend ansehen. Die konstante Winkelgeschwindigkeit der Erde sei Ω. Für den Ortsvektor $r = r(t) = \overrightarrow{MO(t)}$ des Punktes $O(t)$ gilt dann $\dot{r} = \Omega \times r$. Mit der Erde werde ein kartesisches Koordinatensystem $O(t)\,; e_1(t)\,, e_2(t)\,, e_3(t)$ mitbewegt. Dann gilt ebenfalls $\dot{e}_i = \Omega \times e_i$. Das Gravitationspotenzial $U = U(x_1, x_2, x_3)$ eines Punktes P hängt nur ab vom relativen Ortsvektor $\overrightarrow{O(t)P} = x_{\mathrm{rel}} = x_1 e_1 + x_2 e_2 + x_3 e_3$. Die Lagrange-Funktion für ein Teilchen der Masse 1 ist

$$L = T - U = \tfrac{1}{2}\,\langle v_{\mathrm{abs}}\,, v_{\mathrm{abs}}\rangle - U\,.$$

Daraus ergeben sich mit den Bezeichnungen von 4.B, Aufg. 3 wegen

$$v_{\mathrm{abs}} = v_{\mathrm{rel}} + \Omega \times x_{\mathrm{rel}} + \Omega \times r$$

die Lagrangeschen Differenzialgleichungen gemäß Beispiel 10.B.1 zu

$$\frac{d}{dt}\frac{\partial L}{\partial \dot{x}_i} = \frac{d}{dt}\langle e_i\,, v_{\mathrm{abs}}\rangle = \langle \dot{e}_i\,, v_{\mathrm{abs}}\rangle + \langle e_i\,, \dot{v}_{\mathrm{abs}}\rangle = \langle \Omega \times e_i\,, v_{\mathrm{abs}}\rangle + \langle e_i\,, b_{\mathrm{abs}}\rangle$$

$$= \frac{\partial L}{\partial x_i} = \langle \Omega \times e_i\,, v_{\mathrm{abs}}\rangle - \frac{\partial U}{\partial x_i}\,, \qquad i = 1, 2, 3\,,$$

Mit dem Kraftvektor $F := -\sum_{i=1}^{3}\frac{\partial U}{\partial x_i}e_i$ erhält man $\langle e_i\,, b_{\mathrm{abs}} - F\rangle = 0$ für $i = 1, 2, 3$, also $F = b_{\mathrm{abs}} = b_{\mathrm{rel}} + 2\Omega \times v_{\mathrm{rel}} + \Omega \times \bigl(\Omega \times (x_{\mathrm{rel}} + r)\bigr)$. Die L o t r i c h t u n g im Punkt $O(t_0)$ ist die Richtung von $b_{\mathrm{rel}}(t_0)$ bei den Anfangsbedingungen $x_{\mathrm{rel}}(t_0) = 0$, $v_{\mathrm{rel}}(t_0) = 0$, d.h. sie ist gleich der Richtung von $F_0 - \Omega \times (\Omega \times r)$, $F_0 := F(0, 0, 0)$. Die N o r d r i c h t u n g in $O(t_0)$ ist dann, falls $O(t_0)$ kein Pol ist, die Richtung der Projektion von Ω auf die zur Lotrichtung orthogonale Ebene. Die O s t r i c h t u n g schließlich ist so definiert, dass sie zusammen mit der Nord- und der Z e n i t r i c h t u n g (die definitionsgemäß der Lotrichtung entgegengesetzt ist) ein die Standardorientierung repräsentierendes Orthogonalsystem bildet.[3] Die Orthonormalbasis e_1, e_2, e_3 sei von vornherein so gewählt, dass e_1, e_2, e_3 diese Richtungen haben. Dann ist $\Omega = \omega(e_2 \cos\psi + e_3 \sin\psi)$, wobei ψ definitionsgemäß die g e o g r a p h i s c h e B r e i t e ist (die in der Regel nicht die Richtung des Vektors $r = \overrightarrow{MO}$ angibt) und $\omega := \|\Omega\|$ ist.

Die Lagrangeschen Gleichungen für die Bewegung eines Massenpunktes lauten nun

$$b_{\mathrm{rel}} = F - 2\Omega \times v_{\mathrm{rel}} - \Omega \times \bigl(\Omega \times (x_{\mathrm{rel}} + r)\bigr) = -g e_3 + (F - F_0) - 2\Omega \times v_{\mathrm{rel}} - \Omega \times (\Omega \times x_{\mathrm{rel}})\,.$$

Mit $\Omega \times v_{\mathrm{rel}} = \omega\bigl((\dot{x}_3 \cos\psi - \dot{x}_2 \sin\psi)e_1 + \dot{x}_1 \sin\psi\, e_2 - \dot{x}_1 \cos\psi\, e_3\bigr)$ und $\Omega \times (\Omega \times x_{\mathrm{rel}}) = \langle \Omega, x_{\mathrm{rel}}\rangle\,\Omega - \omega^2 x_{\mathrm{rel}} = \omega^2\bigl(-x_1 e_1 - (x_2 \sin^2\psi - \tfrac{1}{2}x_3 \sin 2\psi)e_2 + (\tfrac{1}{2}x_2 \sin 2\psi - x_3 \cos^2\psi)e_3\bigr)$ erhalten wir für die Komponentenfunktionen x_1, x_2, x_3 von x_{rel} und $v_1 = \dot{x}_1$, $v_2 = \dot{x}_2$, $v_3 = \dot{x}_3$ von v_{rel} explizit die Gleichungen:

$$\dot{v}_1 = (F - F_0)_1 + \omega^2 x_1 + 2\omega \sin\psi\, v_2 - 2\omega \cos\psi\, v_3\,,$$

$$\dot{v}_2 = (F - F_0)_2 - 2\omega \sin\psi\, v_1 + \omega^2 \sin^2\psi\, x_2 - \tfrac{1}{2}\omega^2 \sin 2\psi\, x_3\,,$$

$$\dot{v}_3 = -g + (F - F_0)_3 + 2\omega \cos\psi\, v_1 - \tfrac{1}{2}\omega^2 \sin 2\psi\, x_2 + \omega^2 \cos^2\psi\, x_3\,.$$

---

[3] Die hier definierte Ostrichtung kann von der mathematischen Ostrichtung, die durch $\Omega \times r$ gegeben wird, also senkrecht zur durch die Erdachse und den Punkt O beschriebenen Ebene verläuft, (geringfügig) abweichen. Die Festlegung eines Orthogonalsystems am gegebenen Ort ist ein ernstes Problem der Geodäsie. An den Polen sind spezielle Konventionen nötig. Nach dem Satz 7.D.6 (vom Igel) kann man ohnehin nicht global auf der ganzen Erdoberfläche eine Himmelsrichtung angeben, die stetig vom Ort abhängt.

Wir wollen im Weiteren zur Vereinfachung annehmen, dass F konstant, also $F - F_0 = 0$ ist, und fassen ω als Parameter einer kleinen Störung auf. Das ungestörte System ($\omega = 0$) hat die Lösung $\varphi(t)$, die durch

$$x_1 = v_1^0 t\,, \quad x_2 = v_2^0 t\,, \quad x_3 = v_3^0 t - \tfrac{1}{2} g t^2\,, \quad v_1 = v_1^0\,, \quad v_2 = v_2^0\,, \quad v_3 = v_3^0 - gt$$

gegeben wird und den schiefen Wurf mit dem Anfangswert $(0, 0, 0, v_1^0, v_2^0, v_3^0)$ für $t = 0$ beschreibt. Das gestörte System mit derselben Anfangsbedingung hat die Lösung $\varphi(t\,;\omega)$, die nach ω differenzierbar ist und deren Ableitung $\mathfrak{M}(t) := (\partial\varphi/\partial\omega)(t\,;0)$ nach 8.B.5 die Variationsgleichungen $\dot{M}_1 = M_4$, $\dot{M}_2 = M_5$, $\dot{M}_3 = M_6$ und

$$\dot{M}_4 = 2\sin\psi\, v_2 - 2\cos\psi\, v_3\,, \quad \dot{M}_5 = -2\sin\psi\, v_1\,, \quad \dot{M}_6 = 2\cos\psi\, v_1$$

erfüllt. Also ist $\varphi(t\,;\omega) = \varphi(t) + \omega M(t) + O(\omega^2)$ für $\omega \to 0$ und insbesondere

$$x_1(t\,;\omega) = v_1^0 t + \omega(v_2^0 \sin\psi - v_3^0 \cos\psi)t^2 + \tfrac{1}{3} g\omega t^3 \cos\psi + O(\omega^2)\,,$$
$$x_2(t\,;\omega) = v_2^0 t - \omega v_1^0 t^2 \sin\psi + O(\omega^2)\,,$$
$$x_3(t\,;\omega) = v_3^0 t - \tfrac{1}{2} g t^2 + \omega v_1^0 t^2 \cos\psi + O(\omega^2)\,.$$

Bei freiem Fall, d.h. bei $\mathfrak{v}^0 = 0$, liegt die Bahn

$$\begin{pmatrix} \tfrac{1}{3} g\omega t^3 \cos\psi \\ 0 \\ -\tfrac{1}{2} g t^2 \end{pmatrix} + O(\omega^2)$$

näherungsweise auf der Neilschen Parabel $9 g x_1^2 + 8\omega^2 \cos^2\psi\, x_3^3 = 0$ in der (x_1, x_3)-Ebene und hat die O s t a b w e i c h u n g $x_1(t\,;\omega) = \tfrac{1}{3} g\omega t^3 \cos\psi + O(\omega^2)$.

Der Summand $\omega v_1^0 t^2 \cos\psi$ in der x_3-Komponente rührt von der Beschleunigung $2\omega v_1^0 \cos\psi$ in Zenitrichtung her, die neben der Erdbeschleunigung $-g$ auftritt, wenn die Anfangsgeschwindigkeit eine Ostkomponente v_1^0 hat. Ein Körper erfährt also eine Gewichtsabnahme bzw. -zunahme $2m\omega|v_1^0|\cos\psi$ bei einem Wurf in Richtung Osten bzw. Westen (E ö t v ö s - E f f e k t).

Natürlich lässt sich das (lineare) Differenzialgleichungssystem

$$\begin{pmatrix} \dot{\mathfrak{r}} \\ \dot{\mathfrak{v}} \end{pmatrix} = -\begin{pmatrix} 0 \\ \mathfrak{g} \end{pmatrix} + \begin{pmatrix} 0 & \mathfrak{E}_3 \\ \mathfrak{A}_2\omega^2 & \mathfrak{A}_1\omega \end{pmatrix}\begin{pmatrix} \mathfrak{r} \\ \mathfrak{v} \end{pmatrix}\,, \qquad \mathfrak{r} := \begin{pmatrix} x_1 \\ x_2 \\ x_3 \end{pmatrix}\,, \quad \mathfrak{v} := \begin{pmatrix} v_1 \\ v_2 \\ v_3 \end{pmatrix}\,,$$

$$\mathfrak{g} := \begin{pmatrix} 0 \\ 0 \\ g \end{pmatrix}\,, \quad \mathfrak{A}_1 := \begin{pmatrix} 0 & 2\sin\psi & -2\cos\psi \\ -2\sin\psi & 0 & 0 \\ 2\cos\psi & 0 & 0 \end{pmatrix}\,, \quad \mathfrak{A}_2 := \begin{pmatrix} 1 & 0 & 0 \\ 0 & \sin^2\psi & -\tfrac{1}{2}\sin 2\psi \\ 0 & -\tfrac{1}{2}\sin 2\psi & \cos^2\psi \end{pmatrix}\,,$$

auch direkt lösen. Man erhält (vgl. Bd. 2, Satz 11.E.8) mit

$$\exp t\begin{pmatrix} 0 & \mathfrak{E}_3 \\ \mathfrak{A}_2\omega^2 & \mathfrak{A}_1\omega \end{pmatrix} = \begin{pmatrix} \mathfrak{E}_3 & t\,\mathfrak{E}_3 \\ 0 & \mathfrak{E}_3 \end{pmatrix} + \omega\begin{pmatrix} 0 & \tfrac{1}{2}t^2\mathfrak{A}_1 \\ 0 & t\,\mathfrak{A}_1 \end{pmatrix} + \omega^2\begin{pmatrix} \tfrac{1}{2}t^2\mathfrak{A}_2 & \tfrac{1}{6}t^3\,(\mathfrak{A}_2+\mathfrak{A}_1^2) \\ t\,\mathfrak{A}_2 & \tfrac{1}{2}t^2\,(\mathfrak{A}_2+\mathfrak{A}_1^2) \end{pmatrix} + O(\omega^3)$$

die Darstellung

$$\mathfrak{r}(t\,;\omega) = \left(t\,\mathfrak{E}_3 + \tfrac{1}{2}t^2\mathfrak{A}_1 + \tfrac{1}{6}\omega^2\,(\mathfrak{A}_2+\mathfrak{A}_1^2)\right)\mathfrak{v}^0 - \tfrac{1}{2}g t^2\begin{pmatrix} 0 \\ 0 \\ 1 \end{pmatrix} +$$

$$+ \tfrac{1}{3} g\omega t^3\begin{pmatrix} \cos\psi \\ 0 \\ 0 \end{pmatrix} - \tfrac{1}{8} g\omega^2 t^4\begin{pmatrix} 0 \\ \tfrac{1}{2}\sin 2\psi \\ -\cos^2\psi \end{pmatrix} + O(\omega^3)\,,$$

was für den freien Fall ($\mathfrak{v}^0 = 0$) auf der Nordhalbkugel ($\psi \geq 0$) neben der Ostabweichung eine kleine Südabweichung

$$-x_2(t\,;\omega) = \tfrac{1}{16}g\omega^2 t^4 \sin 2\psi + O(\omega^3)$$

impliziert, die am Äquator und am Nordpol natürlich verschwindet.

Wir empfehlen dem Leser, wie im Beispiel 8.C.4 die Luftreibung durch einen Störterm $-\varepsilon\mu v_{\mathrm{rel}}$ in der Kraft F zu berücksichtigen. (Der Effekt kann beträchtlich sein.)

Schließlich behandeln wir noch die Bewegung eines Pendels (ohne Reibung) auf der rotierenden Erde ((Foucaultsches Pendel). In diesem Fall ist die dritte Komponente x_3 durch die Bedingung $x_1^2 + x_2^2 + (\ell - x_3)^2 = \ell^2$, $\ell :=$ Pendellänge, als Funktion von x_1 und x_2 aufzufassen. Die Lagrangeschen Differenzialgleichungen lauten dann

$$0 = \frac{d}{dt}\frac{\partial L}{\partial \dot{x}_i} - \frac{\partial L}{\partial x_i} = \langle e_i + \frac{\partial x_3}{\partial x_i}e_3\,,\,b_{\mathrm{abs}}\rangle + \frac{\partial U}{\partial x_i} + \frac{\partial U}{\partial x_3}\frac{\partial x_3}{\partial x_i}\,,\qquad i = 1,2\,.$$

Mit der Schwerkraft $F = -\displaystyle\sum_{i=1}^{3}\frac{\partial U}{\partial x_i}e_i$ lassen sie sich in der Form

$$\langle e_i + e_3\frac{\partial x_3}{\partial x_i}\,,\,b_{\mathrm{abs}} - F\rangle = 0\,,\qquad i = 1,2\,,$$

schreiben. Nehmen wir wieder an, dass $F = F_0$ konstant ist und ferner $F_0 - \Omega\times(\Omega\times r) = -ge_3$, so erhalten wir mit $b_{\mathrm{abs}} - F = ge_3 + b_{\mathrm{rel}} + 2\Omega\times v_{\mathrm{rel}} + \Omega\times(\Omega\times x_{\mathrm{rel}})$ explizit

$$\ddot{x}_1 + \ddot{x}_3\frac{\partial x_3}{\partial x_1} - 2\omega\big(\cos\psi\,\dot{x}_1\frac{\partial x_3}{\partial x_1} + \sin\psi\,\dot{x}_2 - \cos\psi\,\dot{x}_3\big) + g\frac{\partial x_3}{\partial x_1}$$
$$- \omega^2\big(x_1 - (\tfrac{1}{2}\sin 2\psi\,x_2 - \cos^2\psi\,x_3)\frac{\partial x_3}{\partial x_1}\big) = 0\,,$$

$$\ddot{x}_2 + \ddot{x}_3\frac{\partial x_3}{\partial x_2} + 2\omega\big(\sin\psi\,\dot{x}_1 - \cos\psi\,\dot{x}_1\frac{\partial x_3}{\partial x_2}\big) + g\frac{\partial x_3}{\partial x_2}$$
$$- \omega^2\big(\sin^2\psi\,x_2 - \tfrac{1}{2}\sin 2\psi\,x_3 - (\tfrac{1}{2}\sin 2\psi\,x_2 - \cos^2\psi\,x_3)\frac{\partial x_3}{\partial x_2}\big) = 0\,.$$

Dies liefert ein Differenzialgleichungssystem erster Ordnung für die vier Variablen x_1, x_2, $v_1 = \dot{x}_1$, $v_2 = \dot{x}_2$ mit 0 als stationärer Lösung. Wir linearisieren dieses System längs dieser stationären Lösung, vgl. Beispiel 8.C.1, und erhalten

$$\ddot{x}_1 - 2\dot{x}_2\omega\sin\psi + g\frac{x_1}{\ell} - \omega^2 x_1 = 0\,,\qquad \ddot{x}_2 + 2\dot{x}_1\omega\sin\psi + g\frac{x_2}{\ell} - \omega^2 x_2\sin^2\psi = 0\,.$$

Fassen wir schließlich ω noch als kleinen Parameter auf, so ergibt sich das System

$$\ddot{x}_1 - 2\dot{x}_2\omega\sin\psi + g\frac{x_1}{\ell} = 0\,,\qquad \ddot{x}_2 + 2\dot{x}_1\omega\sin\psi + g\frac{x_2}{\ell} = 0\,.$$

Dieses schreibt sich mit der komplexen Variablen $z := x_1 + \mathrm{i}x_2$ sehr übersichtlich als die eine lineare Differenzialgleichung

$$\ddot{z} + 2\mathrm{i}\dot{z}\omega\sin\psi + \frac{g}{\ell}z = 0$$

mit den Lösungen

$$z(t) = \exp\left(-\mathrm{i}\omega t\sin\psi\right)z_0(t)\,,$$

wobei $z_0(t)$ eine beliebige Lösung der folgenden Schwingungsgleichung ist:

$$\ddot{z}_0 + \omega_0^2 z_0 = 0\,,\qquad \omega_0^2 = \frac{g}{\ell} + \omega^2\sin^2\psi = \frac{g}{\ell} + O(\omega^2)\,.$$

Der Einfluss der Erdrotation äußert sich also darin, dass die Bahn einer gewöhnlichen harmonischen Schwingung mit der Kreisfrequenz $\omega_0 \approx \sqrt{g/\ell}$ (in dieser Näherung unabhängig von ihrer Richtung) mit der Winkelgeschwindigkeit $\omega \sin \psi$ im Uhrzeigersinn gedreht wird, in einer Stunde etwa um $15° \sin \psi$. Man beachte die verschiedenen Formen der resultierenden Bahn in Abhängigkeit von der Anfangsbedingung. [4])

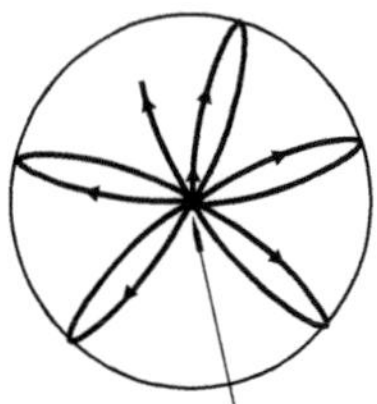

Ausgangslage
(mit Geschwindigkeit $\neq 0$)

Ausgangslage
(in Ruhe)

8.C.6 Beispiel (S t ö r u n g e n   h a r m o n i s c h e r   S c h w i n g u n g e n) Die Lage eines Systems von Massenpunkten werde als Punkt im $\mathbb{R}^n$ mit den Standard-Koordinatenfunktionen $x_1, \ldots, x_n$ beschrieben. Die kinetische Energie hat dann die Gestalt

$$T = T(\mathfrak{x}, \dot{\mathfrak{x}}) = \frac{1}{2} \sum_{i,j=1}^{n} a_{ij}(\mathfrak{x})\, \dot{x}_i \dot{x}_j \, ,$$

wobei für jeden Punkt $\mathfrak{x}$ die Matrix $\mathfrak{A}(\mathfrak{x}) = \big(a_{ij}(\mathfrak{x})\big)$ symmetrisch und positiv definit ist. Die potentielle Energie sei $U(\mathfrak{x})$. Die Lagrangeschen Gleichungen für das System lauten dann mit $L = T - U$

$$\frac{d}{dt}\frac{\partial L}{\partial \dot{x}_k} - \frac{\partial L}{\partial x_k} = \sum_{i,j=1}^{n} \frac{\partial a_{kj}}{\partial x_i}\, \dot{x}_i \dot{x}_j + \sum_{j=1}^{n} a_{kj}\ddot{x}_j - \frac{1}{2}\sum_{i,j=1}^{n}\frac{\partial a_{ij}}{x_k}\, \dot{x}_i \dot{x}_j + \frac{\partial U}{\partial x_k} = 0$$

und werden als System erster Ordnung für $\mathfrak{x}$ und $\mathfrak{v} = \dot{\mathfrak{x}}$ aufgefasst. [5]) Der Punkt $\mathfrak{x}^0$ sei eine stabile Gleichgewichtslage, d.h. U habe in $\mathfrak{x}^0$ ein lokales Minimum mit in $\mathfrak{x}^0$ positiv definiter Hesse-Matrix $(c_{ij}) = (\partial^2 U/\partial x_i \partial x_j)$. Dann besitzt das System die stationäre Lösung $\mathfrak{x} = \mathfrak{x}^0$, $\mathfrak{v} = 0$ (die stabil ist im Sinne von 9.A.1). Die Linearisierung längs dieser stationären Lösung lautet

$$\dot{x}_k = v_k\,, \qquad \sum_{j=1}^{n} a_{kj}(\mathfrak{x}^0)\, \dot{v}_j + \sum_{j=1}^{n} c_{kj}(\mathfrak{x}^0)\,(x_j - x_j^0) = 0\,, \qquad k = 1,\ldots,n\,.$$

Die Lösungen dieses linearen Systems nennt man die k l e i n e n   S c h w i n g u n g e n des gegebenen Systems um die Gleichgewichtslage $\mathfrak{x}^0$. Wir haben sie ausführlich in Bd. 2, insbesondere in Beispiel 15.B.9 (2) betrachtet. Das wahre System fasst man häufig als Störung des linearisierten Systems auf und behandelt es gemäß Beispiel 8.C.3.

Wir erläutern dies an einem einfachen ebenen Beispiel ($n = 2$) und setzen $x = x_1$, $y = x_2$, $v = \dot{x}_1$, $w = \dot{x}_2$. Außerdem sei $\mathfrak{x}^0 = 0$, und das ungestörte System sei der ebene harmonische Oszillator mit den Gleichungen $\dot{x} = v$, $\dot{y} = w$ und

$$\ddot{x} = \dot{v} = -\omega_0^2 x\,, \qquad \ddot{y} = \dot{w} = -\omega_0^2 y\,, \qquad \omega_0 > 0\,.$$

---

[4]) In der folgenden Zeichnung ist die Drehung der Bahnen übertrieben dargestellt.
[5]) Man beachte, dass man dieses Gleichungssystem wegen der positiven Definitheit von (a_{kj}) nach $\dot{\mathfrak{v}} = \ddot{\mathfrak{x}}$ auflösen kann.

Die zugehörige Fundamentalmatrix ist

$$\mathfrak{Y} = \begin{pmatrix} \cos\omega_0 t & 0 & \frac{1}{\omega_0}\sin\omega_0 t & 0 \\ 0 & \cos\omega_0 t & 0 & \frac{1}{\omega_0}\sin\omega_0 t \\ -\omega_0\sin\omega_0 t & 0 & \cos\omega_0 t & 0 \\ 0 & -\omega_0\sin\omega_0 t & 0 & \cos\omega_0 t \end{pmatrix}.$$

Das gestörte System sei

$$\ddot{x} = -\omega_0^2 x + \sum_{i+j+r+s\geq 1} \alpha_{ijrs}\, x^i y^j v^r w^s\,, \qquad \ddot{y} = -\omega_0^2 y + \sum_{i+j+r+s\geq 1} \beta_{ijrs}\, x^i y^j v^r w^s$$

(wobei die Summen auf den rechten Seiten endlich seien; man denke etwa an den Anfang der Taylor-Entwicklungen der rechten Seiten). Die Koeffizienten α_{ijrs}, β_{ijrs} fassen wir als Störparameter auf. Wir wollen die Variationsgleichungen längs der typischen Lösung $\varphi = (\varphi_1, \varphi_2, \varphi_3, \varphi_4)$ mit

$$\varphi_1(t) = a\cos\omega_0 t\,, \qquad \varphi_2(t) = b\sin\omega_0 t$$

untersuchen, deren Trajektorie in der (x, y)-Ebene die Ellipse mit den achsenparallelen Halbachsen $a, b > 0$ ist. Die Formulierung des allgemeinen Falls

$$\varphi_1(t) = a\cos\omega_0 t + c\sin\omega_0 t\,, \qquad \varphi_2(t) = b\sin\omega_0 t + d\cos\omega_0 t$$

überlassen wir dem Leser. Da die Lösungen der Variationsgleichungen linear von der Parameteränderung abhängen und das Problem symmetrisch in x und y ist, brauchen wir nur den Fall zu betrachten, dass unter den Koeffizienten der Störterme ein einziger $\neq 0$ ist, etwa $\alpha := \alpha_{ijrs}$. Dann handelt es sich um das System

$$\ddot{x} = -\omega_0^2 x + \alpha\, x^i y^j v^r w^s\,, \qquad \ddot{y} = -\omega_0^2 y\,.$$

Die Variationsgleichungen für die Näherungslösung $\varphi + \alpha Q$ des gestörten Systems haben nach Bd. 2, Satz 11.E.8 die Lösung $Q = (Q_1, Q_2, \dot{Q}_1, \dot{Q}_2)$ mit $Q_2 = 0$, $\dot{Q}_2 = 0$ und

$$Q_1 = (-1)^r a^{i+r} b^{j+s} \omega_0^{r+s-1} \int_0^t \sin\omega_0(t-\tau)\,\cos^{i+s}\omega_0\tau\,\sin^{j+r}\omega_0\tau\,d\tau\,,$$

$$\dot{Q}_1 = (-1)^r a^{i+r} b^{j+s} \omega_0^{r+s} \int_0^t \cos\omega_0(t-\tau)\,\cos^{i+s}\omega_0\tau\,\sin^{j+r}\omega_0\tau\,d\tau\,.$$

Nach der Periode $T_0 = 2\pi/\omega_0$ des ungestörten Systems ergeben sich die Werte

$$Q_1(T_0) = (-1)^{r+1} 2a^{i+r} b^{j+s} \omega_0^{r+s-2}\, \frac{\Gamma\left(\tfrac{1}{2}(i+s+1)\right)\Gamma\left(\tfrac{1}{2}(j+r+2)\right)}{\Gamma\left(\tfrac{1}{2}(i+j+r+s+3)\right)}\,,$$

falls $i+s$ und $j+r+1$ beide gerade sind, und $Q_1(T_0) = 0$ sonst, sowie

$$\dot{Q}_1(T_0) = (-1)^r 2a^{i+r} b^{j+s} \omega_0^{r+s-1}\, \frac{\Gamma\left(\tfrac{1}{2}(i+s+2)\right)\Gamma\left(\tfrac{1}{2}(j+r+1)\right)}{\Gamma\left(\tfrac{1}{2}(i+j+r+s+3)\right)}\,,$$

falls $i+s+1$ und $j+r$ beide gerade sind, und $\dot{Q}_1(T_0) = 0$ sonst. (Vgl. 16.A.13.) Man beachte, dass beide Werte verschwinden, wenn der Grad $i+j+r+s$ des Störterms gerade ist.

Als konkretes Beispiel dazu betrachten wir das sphärische Pendel der Masse $m = 1$ und der Länge $\ell > 0$ in der Nähe der unteren Gleichgewichtslage, das wir schon in Bd. 1, Beispiel 19.C.5 (4) behandelt haben. Die kinetische Energie ist

$$T = \frac{1}{2}\left(\dot{x}^2 + \dot{y}^2 + \dot{r}^2 h'(r)^2\right)$$

und die potentielle Energie $U = gh(r)$, wobei $r = \sqrt{x^2+y^2}$ der horizontale Abstand von der Ruhelage ist und

$$z = h(r) = \ell - \sqrt{\ell^2 - r^2} = \frac{1}{2\ell}\,r^2 + \frac{1}{8\ell^3}\,r^4 + \frac{1}{16\ell^5}\,r^6 + \cdots$$

die Höhe des Pendels im Abstand r von der Ruhelage. Berücksichtigen wir in den Lagrangeschen Gleichungen nur Terme bis zum Grad 3 (einschließlich) in den Variablen x, y, $\dot{x}=v$, $\dot{y}=w$, so ergibt sich nach Obigem mit $c := 1/\ell$, $d := 1/2\ell^2$, $\omega_0^2 = cg = g/\ell$

$$T = \frac{1}{2}(\dot{x}, \dot{y}) \begin{pmatrix} 1+c^2 x^2 & c^2 xy \\ c^2 xy & 1+c^2 y^2 \end{pmatrix} \begin{pmatrix} \dot{x} \\ \dot{y} \end{pmatrix},$$

$$U = \frac{1}{2}\omega_0^2\,(x^2+y^2) + \frac{1}{4}dg\,(x^2+y^2)^2$$

und somit

$$(1+c^2 x^2)\,\ddot{x} + c^2\,xy\ddot{y} = -\omega_0^2 x - dgx^3 - dgxy^2 - c^2 x\dot{x}^2 - c^2 x\dot{y}^2,$$
$$c^2 xy\ddot{x} + (1+c^2 y^2)\,\ddot{y} = -\omega_0^2 y - dgy^3 - dgx^2 y - c^2 y\dot{x}^2 - c^2 y\dot{y}^2.$$

Auflösen nach $\ddot{x}$, $\ddot{y}$ ergibt (immer in der angegebenen Näherung)

$$\ddot{x} = -\omega_0^2 x + (c^3-d)\,gx^3 + (c^3-d)\,gxy^2 - c^2 x\dot{x}^2 - c^2 x\dot{y}^2,$$
$$\ddot{y} = -\omega_0^2 y + (c^3-d)\,gy^3 + (c^3-d)\,gx^2 y - c^2 y\dot{x}^2 - c^2 y\dot{y}^2.$$

Wir benutzen nun die oben erläuterte Methode und haben dabei zu beachten, dass wir alle Koeffizienten bei den nichtlinearen Termen als unabhängige Störparameter auffassen, die in der Störungsrechnung nur linear eingehen. Zur Bestimmung der Perizentrumsbewegung suchen wir die Zeitpunkte t_0 und t_1, an denen das Abstandsquadrat r^2 der gestörten Bahn $\varphi + R$ stationär wird, und zwar einmal in der Nähe des Zeitpunktes 0 und das andere Mal in der Nähe des Zeitpunktes

$$T_0 = \frac{2\pi}{\sqrt{cg}} = 2\pi\sqrt{\frac{\ell}{g}},$$

zu denen die ungestörte Ellipsenbahn jeweils den stationären Punkt $(a, 0)$ erreicht. Die stationären Zeitpunkte sind dadurch gekennzeichnet, dass Orts- und Geschwindigkeitsvektor orthogonal sind. Wegen der gleichen Anfangsbedingung für die gestörte und die ungestörte Bahn ist $t_0 \equiv 0$. Der Zeitpunkt $\tau = t_1 - T_0$ ergibt sich mit $R_1(T_0) = 0$, $\dot{R}_2(T_0) = 0$ und

$$\dot{R}_1(T_0) = \frac{(c^3-d)\,ga\pi}{4\omega_0}\,(3a^2+b^2) - \frac{c^2 a\omega_0\pi}{4}\,(a^2+3b^2),$$

$$R_2(T_0) = -\frac{(c^3-d)\,gb\pi}{4\omega_0^2}\,(3b^2+a^2) + \frac{c^2 b\pi}{4}\,(3a^2+b^2)$$

in linearer Näherung aus der Bedingung

$$0 = \frac{1}{2}(r^2)^{\cdot} = (\varphi_1+R_1)(\dot{\varphi}_1+\dot{R}_1) + (\varphi_2+R_2)(\dot{\varphi}_2+\dot{R}_2)$$

$$= \big(\varphi_1(T_0) + \tau\dot{\varphi}_1(T_0) + R_1(T_0)\big)\big(\dot{\varphi}_1(T_0) + \tau\ddot{\varphi}_1(T_0) + \dot{R}_1(T_0)\big) +$$

$$+ \big(\varphi_2(T_0) + \tau\dot{\varphi}_2(T_0) + R_2(T_0)\big)\big(\dot{\varphi}_2(T_0) + \tau\ddot{\varphi}_2(T_0) + \dot{R}_2(T_0)\big)$$

$$= a \left(-a\omega_0^2 \tau + \frac{(c^3-d)\,ga\pi}{4\omega_0}\,(3a^2+b^2) - \frac{c^2 a\omega_0\pi}{4}\,(a^2+3b^2) \right) +$$

$$+ \left(b\omega_0\tau - \frac{(c^3-d)\,gb\pi}{4\omega_0^2}\,(3b^2+a^2) + \frac{c^2 b\pi}{4}\,(3a^2+b^2) \right) b\omega_0$$

zu

$$\tau = \frac{1}{8}\left(2c^2 - \frac{3d}{c}\right)(a^2+b^2)\,T_0 = \frac{a^2+b^2}{16\ell^2}\,T_0\,.$$

Der zugehörige Bahnpunkt hat den Ortsvektor

$$\varphi(T_0) + R(T_0) + \tau\,\dot\varphi(T_0)$$

mit der x-Komponente a und der y-Komponente

$$\left(c^2 - \frac{d}{2c}\right)a^2 b\pi = \frac{3a^2 b\pi}{4\ell^2}\,.$$

Er schließt mit der positiven x-Achse den Winkel

$$\left(c^2 - \frac{d}{2c}\right)ab\pi = \frac{3ab\pi}{4\ell^2}$$

ein. Mit anderen Worten: *Bei einem Umlauf der ungestörten Bahn wird das Perizentrum der gestörten Bahn um den Winkel* $3ab\pi/4\ell^2$ *in Durchlaufrichtung verschoben, nach der Zeit t also um*

$$\left(c^2 - \frac{d}{2c}\right)\frac{ab\pi}{T_0}\,t = \frac{3ab\pi}{4\ell^2 T_0}\,t\,.$$

Man beachte, dass der Faktor $ab\pi/T_0$ die Flächengeschwindigkeit der ungestörten Bahn in der (x,y)-Ebene ist. Bei $\ell = 20\,\mathrm{m}$, $a = 2\,\mathrm{m}$, $b = 1\,\mathrm{cm}$ ergibt sich pro Stunde eine Perizentrumsverschiebung um

$$\frac{3}{4\cdot 20^2} \cdot \frac{2\pi}{100\cdot 2\pi\sqrt{2}} \cdot 3600 \cdot \frac{360^\circ}{2\pi} \approx 2{,}7^\circ\,.$$

Diese Verschiebung ist durchaus vergleichbar mit der stündlichen Drehung der Pendelebene im Foucaultschen Pendelversuch um den Winkel $15^\circ \sin\psi$, ψ geographische Breite, vgl. Beispiel 8.C.5. Man hat also bei diesem Versuch, wenn er überzeugen soll, darauf zu achten, dass die Startgeschwindigkeit des Pendels keine seitliche Komponente enthält. Üblicherweise geschieht das dadurch, dass ein Haltefaden beim Start durchgebrannt wird. Vergleiche auch Aufg. 13.

8.C.7 Beispiel (Divergenz, Verzerrung und Rotation eines Vektorfeldes)
Sei $F: I \times G \to V$ ein dynamisches System von der Klasse C^r, $r \in \mathbb{N}^* \cup \{\infty, \omega\}$. Dann ist die charakteristische Abbildung $\Psi(t\,;\,t_0, x_0)$ nach Satz 8.B.5 (bzw. Bemerkung 8.B.6) ebenfalls von der Klasse C^r. Für zwei Zeitpunkte $t_0, t_1 \in I$ ist die durch F bewirkte (Zustands-)Abbildung $\Psi_{t_1;t_0}$ auf einer offenen Teilmenge $G_{t_1;t_0} \subseteq G$ definiert und ist ein C^r-Diffeomorphismus von $G_{t_1;t_0}$ auf $G_{t_0;t_1}$. Wir interessieren uns hier für die Eigenschaften dieses Diffeomorphismus, insbesondere für sein totales Differenzial

$$D\Psi_{t_1;t_0} : G_{t_1;t_0} \to \mathrm{GL}_{\mathbb{R}}V\,.$$

Als erstes bemerken wir, dass für jeden Zeitpunkt t aus dem Intervall $J \subseteq I$ mit den Endpunkten t_0 und t_1 die Gleichung

$$\Psi_{t_1;t_0} = \Psi_{t_1;t} \circ \Psi_{t;t_0}$$

gilt. (Man beachte $G_{t;t_0} \subseteq G_{t_1;t_0}$ und $\Psi_{t;t_0}(G_{t_1;t_0}) \subseteq G_{t_1;t}$.) Ferner gilt für das totale Differenzial $\Lambda(t)$ von $\Psi_{t;t_0}$, $t \in J$, im Punkt $x_0 \in G$ nach 8.B.5 die lineare Variationsgleichung

$$\dot{\Lambda} = \mathrm{D}_V F\big(t, \Psi_{t;t_0}(x_0)\big) \circ \Lambda$$

mit der Anfangsbedingung $\Lambda(t_0) = \mathrm{id}$. Insbesondere ist $\dot{\Lambda}(t_0) = \mathrm{D}_V F(t_0, x_0)$. Mit anderen Worten: $t \mapsto \Lambda(t)$ *ist ein differenzierbarer Weg $J \mapsto \mathrm{GL}_\mathbb{R} V$ mit der Geschwindigkeit* $\mathrm{D}_V F(t, x)$, $x := \Psi_{t;t_0}(x_0)$. Insbesondere folgt, vgl. Satz 4.B.3: *Ist $H \subseteq \mathrm{GL}_\mathbb{R} V$ eine abgeschlossene Untergruppe mit der Lie-Algebra $\mathfrak{h} \subseteq \mathrm{End}_\mathbb{R} V$, so ist genau dann jede Abbildung $\Psi_{t_1;t_0}$ ein H-Diffeomorphismus (d.h. die Bilder von $\mathrm{D}\Psi_{t_1;t_0}$ liegen für alle $t_1, t_0 \in I$ in H), wenn $\mathrm{D}_V F(t, x) \in \mathfrak{h}$ ist für alle $(t, x) \in I \times G$.*

Betrachten wir dazu einige Spezialfälle:

(1) H sei die spezielle lineare Gruppe $\mathrm{SL}_\mathbb{R} V$. Die zugehörige Lie-Algebra ist $\mathfrak{sl}_\mathbb{R} V$, die Lie-Algebra der Endomorphismen von V mit Spur 0, vgl. Bd. 2, Beispiel 18.D.10. Wir werden später sehen, vgl. 14.E.2, dass ein C^1-Diffeomorphismus zwischen zwei offenen Mengen von V genau dann das Volumen invariant lässt, wenn seine Jacobi-Determinante überall den Betrag 1 hat. [6] Es folgt:

8.C.8 Satz *Genau dann sind die Zustandsabbildungen $\Psi_{t_1;t_0}$ alle volumentreu, wenn die Divergenz*

$$\mathrm{div}\, F = \mathrm{Sp}\, \mathrm{D}_V F$$

von F identisch auf $I \times G$ verschwindet.

Allgemeiner gilt der $\mathrm{S\,a\,t\,z}\;\;\mathrm{v\,o\,n}\;\;\mathrm{L\,i\,o\,u\,v\,i\,l\,l\,e}$, vgl. 4.B, Aufg. 1: *Es ist*

$$\mathrm{J}(\Psi_{t_1;t_0}\,;x_0) = \exp\left(\int_{t_0}^{t_1} \mathrm{div}\, F\big(\tau\,;\varphi(\tau)\big)\, d\tau\right),$$

wobei $\varphi : t \mapsto \Psi_{t;t_0}(x_0)$ die Lösungskurve mit $\varphi(t_0) = x_0$ ist. Die Transformationsformel 14.E.1 besagt dann, dass für jede messbare Menge $M \subseteq G_{t_1;t_0}$ gilt

$$\lambda(M_{t_1}) = \int_M \exp\left(\int_{t_0}^{t_1} \mathrm{div}\, F\big(\tau, \Psi_{\tau,t_0}(x)\big)\, d\tau\right) d\lambda,$$

wobei $M_{t_1} = \Psi_{t_1;t_0}(M)$ ist und λ ein beliebiges Borel-Lebesgue-Maß auf V. Ist M relativ kompakt in $G_{t_1;t_0}$, so ist die Volumenfunktion $t \mapsto \lambda(M_t)$ gemäß Satz 14.D.4 differenzierbar, und man hat

$$\frac{d}{dt}\lambda(M_t) = \int_M \mathrm{div}\, F\big(t, \Psi_{t;t_0}(x)\big) \mathrm{J}(\Psi_{t;t_0}\,;x)\, d\lambda = \int_{M_t} \mathrm{div}\, F(t, x)\, d\lambda.$$

Die Divergenz $\mathrm{div}\, F$ gibt also die Geschwindigkeit der Volumenänderung beim Transport mit der Zustandsabbildung zu F an. Das Volumen bleibt im Punkt x zu einem Zeitpunkt t stationär, wenn die Divergenz $\mathrm{div}\, F(t, x)$ verschwindet. Ist die Divergenz dort negativ (bzw. positiv), so nimmt das Volumen dort ab (bzw. zu) und man sagt, der Punkt x sei zur Zeit t eine $\mathrm{S\,e\,n\,k\,e}$ (bzw. eine $\mathrm{Q\,u\,e\,l\,l\,e}$) von F. Ist F autonom, so erübrigt sich natürlich der Hinweis auf den Zeitpunkt. Interpretiert man F beispielsweise als Geschwindigkeitsfeld einer Flüssigkeit, so hat Inkompressibilität der Flüssigkeit Volumentreue und damit Verschwinden der Divergenz zur Folge. Man nennt ein Feld, dessen Divergenz verschwindet, $\mathrm{q\,u\,e\,l\,l\,e\,n\,f\,r\,e\,i}$ oder $\mathrm{d\,i\,v\,e\,r\,g\,e\,n\,z\text{-}}$ $\mathrm{f\,r\,e\,i}$ und die Divergenz auch die $\mathrm{Q\,u\,e\,l\,l\,e\,n\,d\,i\,c\,h\,t\,e}$. Für ein Gradientenfeld $F = -\mathrm{grad}\, U$ ist $\mathrm{div}\, F = -\mathrm{div}\, \mathrm{grad}\, U = -\Delta U$.

---

[6] Für eine lineare Abbildung ist dies bereits aus Bd. 2, Satz 9.G.2 bekannt.

(2) V ist ein komplexer Vektorraum, den wir auch als reellen Vektorraum auffassen, und $H \subseteq$ $\mathrm{GL}_{\mathbb{R}} V$ ist die Untergruppe $\mathrm{GL}_{\mathbb{C}} V$ der $\mathbb{C}$-linearen Automorphismen von V mit der Lie-Algebra $\mathfrak{gl}_{\mathbb{C}} V = \mathrm{End}_{\mathbb{C}} V \subseteq \mathrm{End}_{\mathbb{R}} V = \mathfrak{gl}_{\mathbb{R}} V$. Es folgt: Genau dann sind die Zustandsabbildungen $\Psi_{t_1 : t_0}$ alle komplex-differenzierbar (und damit komplex-analytisch, vgl. 7.F.13), wenn F komplex-differenzierbar ist, d.h. wenn $\mathrm{D}_V F(t, x)$ $\mathbb{C}$-linear ist für alle $(t, x) \in I \times G$. Man vergleiche auch Bemerkung 8.B.6.

(3) V sei $\neq 0$ und trage ein Skalarprodukt, $e_1, \ldots, e_n$ sei eine Orthonormalbasis von V, und es sei $F = \sum_{i=1}^{n} F_i e_i$. $H \subseteq \mathrm{GL}_{\mathbb{R}} V$ sei die Gruppe der Ähnlichkeitsabbildungen von V. Ihre Lie-Algebra ist $\mathbb{R} \, \mathrm{id} + \mathfrak{o}(V)$, wo $\mathfrak{o}(V) \subseteq \mathrm{End}_{\mathbb{R}} V$ die Lie-Algebra der schiefselbstadjungierten Abbildungen von V ist. Es gilt also: *Genau dann sind alle durch F bewirkten Zustandsabbildungen $\Psi_{t_1 : t_0}$ konform, wenn $\mathrm{D}_V F(t, x) \in \mathbb{R} \, \mathrm{id} + \mathfrak{o}(V)$ ist für alle $(t, x) \in I \times G$, d.h. wenn*

$$\mathrm{def} \, F = \left(\frac{1}{n} \, \mathrm{div} \, F \right) \mathrm{id}_V$$

ist, wobei

$$\mathrm{def} \, F := \frac{1}{2} (\mathrm{D}_V F + \widehat{\mathrm{D}}_V F)$$

der selbstadjungierte Bestandteil von $\mathrm{D}_V F$ ist und die V e r z e r r u n g s - oder D e f o r m a t i o n s - g e s c h w i n d i g k e i t (bzw. auch der V e r z e r r u n g s - oder D e f o r m a t i o n s t e n s o r [7]) zu F heißt. Die Differenz

$$\mathrm{def} \, F - \left(\frac{1}{n} \, \mathrm{div} \, F \right) \mathrm{id}_V$$

heißt die V e r z e r r u n g s - oder D e f o r m a t i o n s g e s c h w i n d i g k e i t z u F i m e n g e r e n S i n n e . Ihr Verschwinden charakterisiert die Konformität der Zustandsabbildungen. Ist

$$\mathfrak{J}(F ; t, x) = \big(\mathrm{D}_j F_i(t, x) \big)$$

die Jacobi-Matrix von $v \mapsto F(t, v)$ bezüglich $e_1, \ldots, e_n$, so ist

$$\frac{1}{2} \big(\mathfrak{J}(F ; t, x) + {}^t\mathfrak{J}(F ; t, x) \big)$$

die Matrix von $\mathrm{def} \, F$. Ist $F = - \mathrm{grad} \, U$ ein Gradientenfeld, so ist $\mathrm{def} \, F = - \mathrm{Hess} \, U$.

Das Verschwinden von $\mathrm{def} \, F$ heißt, dass $\mathrm{D}_V F$ schiefselbstadjungiert ist, d.h. in $\mathfrak{o}(V)$, der Lie-Algebra der orthogonalen Gruppe $\mathrm{O}(V)$ von V liegt. Dies wiederum bedeutet nach Satz 8.C.8, dass alle Zustandsabbildungen $\Psi_{t_1 : t_0}$ isometrisch sind. Nach Satz 6.B.10 sind sie dann sogar auf jeder Zusammenhangskomponente von $G_{t_1 : t_0}$ affine Isometrien, also (eigentliche) Bewegungen, und $\mathrm{D}_V F$ ist auf jeder Zusammenhangskomponente von G unabhängig vom Ort x. Dies folgt hier bei zweimaliger stetiger Differenzierbarkeit von F allerdings auch direkt aus $\mathrm{def} \, F = 0$:

$$\mathrm{D}_i \mathrm{D}_j F_k = - \mathrm{D}_i \mathrm{D}_k F_j = - \mathrm{D}_k \mathrm{D}_i F_j = \mathrm{D}_k \mathrm{D}_j F_i = \mathrm{D}_j \mathrm{D}_k F_i = - \mathrm{D}_j \mathrm{D}_i F_k = - \mathrm{D}_i \mathrm{D}_j F_k$$

und somit $\mathrm{D}_i \mathrm{D}_j F_k = 0$ für alle $i, j, k = 1, \ldots, n$.

Ein System von Hauptachsen des selbstadjungierten Operators $\mathrm{def} \, F(t, x)$ heißt ein System von (m o m e n t a n e n) H a u p t v e r z e r r u n g s a c h s e n zur Zeit t im Punkt x. Die zugehörigen Hauptwerte geben die Geschwindigkeit an, mit der diese Achsen durch die Zustandsabbildung zum gegebenen Zeitpunkt am gegebenen Ort gestreckt bzw. gestaucht werden.

Von großer Bedeutung ist auch der schiefselbstadjungierte Anteil

$$\frac{1}{2} (\mathrm{D}_V F - \widehat{\mathrm{D}}_V F)$$

---

[7]) Es handelt sich hier um spezielle symmetrische Tensoren. Den allgemeinen Tensorbegriff werden wir ausführlich in Bd. 4 behandeln.

von $D_V F$. Er heißt die **R o t a t i o n s g e s c h w i n d i g k e i t** zu F, vgl. Beispiel 4.B.8. Die zugehörige schiefsymmetrische Form, multipliziert mit 2, ist

$$(u, v) \longmapsto \langle D_V F(t, x \,;\, u), v \rangle - \langle u, D_V F(t, x \,;\, v) \rangle$$

und heißt die **W i r b e l f o r m**

$$\operatorname{curl} F.$$

Ihre Gramsche Matrix bezüglich $e_1, \ldots, e_n$ ist ${}^t\mathfrak{J} - \mathfrak{J}$. Wir erinnern daran, *dass* curl F *nach Abschnitt* 7.H *die äußere Ableitung der Zirkulationsform*

$$\operatorname{circ} F(t, x \,;\, u) = \operatorname{circ} F_t(x \,;\, u) = \langle F(t, x), u \rangle$$

ist (wobei die äußere Ableitung $d\,\omega$ einer differenzierbaren 1-Form ω die Antisymmetrisierung des totalen Differenzials dieser Form ist, vgl. 7.B, Fußnote 3), *also*

$$\operatorname{curl} F = d \operatorname{circ} F.$$

Ist curl $F = 0$, *so ist nach Satz* 7.H.5 *das Feld* F *wirbelfrei. Dies ist genau dann der Fall, wenn auf jedem einfach zusammenhängenden Teilgebiet* G' *von* G *ein Potenzial* U *zu* F *existiert, d.h. eine Funktion* $U : I \times G' \to \mathbb{R}$ mit grad $U = \operatorname{grad} D_V U = -F$. Ein solches Potenzial ist dann die Funktion

$$U(t, x) = - \int_{x_0}^{x} \operatorname{circ} F_t = - \int_{\alpha}^{\beta} \langle F\bigl(t, \eta(\tau)\bigr), \dot\eta(\tau) \rangle \, d\tau,$$

wo für das Kurvenintegral ein beliebiger (stückweise) stetig differenzierbarer Weg $\eta : [\alpha, \beta] \to G'$ von x_0 nach x genommen wird. Man beachte, dass U auch stetig nach t differenzierbar ist mit

$$\frac{\partial U}{\partial t}(t, x) = - \int_{x_0}^{x} \operatorname{circ} \Bigl(\frac{\partial F}{\partial t}\Bigr)_t .$$

Besitzt F *das Potenzial* U *und ist* φ *eine Lösung von* $\dot x = F(t, x) = -\operatorname{grad} U(t, x)$, *so ist die Richtung* $\dot\varphi(t)$ *von* φ *zum Zeitpunkt* t *gleich der Richtung* $-\operatorname{grad} U(t, x)$ *des stärksten Abstiegs von* U *in* $x := \varphi(t)$ *zum Zeitpunkt* t. Ferner gilt für die Änderung von U längs φ

$$\frac{d}{dt} U\bigl(t, \varphi(t)\bigr) = \frac{\partial U}{\partial t}\bigl(t, \varphi(t)\bigr) - \langle F\bigl(t, \varphi(t)\bigr), \dot\varphi(t) \rangle = \frac{\partial U}{\partial t}\bigl(t, \varphi(t)\bigr) - \|\dot\varphi(t)\|^2 .$$

Insbesondere ist im autonomen Fall

$$\frac{d}{dt} U\bigl(\varphi(t)\bigr) = -\|\dot\varphi(t)\|^2 ,$$

und das Potenzial ist längs jeder Lösungskurve streng monoton fallend, es sei denn die Lösung ist stationär. Dies hat zur Folge, dass außer den stationären keine periodischen Lösungen existieren können. Generell ist für beliebiges F und eine Lösungskurve $\varphi : [a, b] \to G$ von $\dot x = F(t, x)$ die Zirkulation

$$\int_{\varphi} \operatorname{circ} F = \int_{a}^{b} \langle F\bigl(t, \varphi(t)\bigr), \dot\varphi(t) \rangle \, dt = \int_{a}^{b} \|\dot\varphi(t)\|^2 \, dt$$

von F längs φ stets ≥ 0 und nur dann gleich 0, wenn φ eine stationäre Lösung ist. Im zeitabhängigen Fall ist die Zirkulation $\oint_{\gamma} \operatorname{circ} F = \int_{a}^{b} \langle F\bigl(t, \gamma(t)\bigr), \dot\gamma(t) \rangle \, dt$ eines geschlossenen (stückweise stetig differenzierbaren) Weges $\gamma : [a, b] \to G$ auch für Gradientenfelder $F(t, x) = -\operatorname{grad} U(t, x)$ in der Regel $\neq 0$. Flüsse zu Gradientenfeldern heißen auch **G r a d i e n t e n f l ü s s e**.

Das Verschwinden der Wirbelform curl F heißt, dass $D_V F$ selbstadjungiert ist, also die infinitesimale Zustandsänderungen reine Verzerrungen ohne Rotationsanteil sind. Dies bedeutet allerdings im Allgemeinen *nicht*, dass die *globalen* Zustandsabbildungen $\Psi_{t_2;t_1}$ reine Verzerrungen sind, d.h. dass alle ihre totalen Differenziale positive Operatoren sind, vgl. Bd. 2, Beispiel 15.C.6. Dies hängt damit zusammen, dass die positiven Operatoren bei $n \geq 2$ keine Gruppe (oder auch, dass die selbstadjungierten Operatoren keine Lie-Algebra) bilden, vgl. Beispiel 4.B.8.

Als einfaches Beispiel betrachten wir hier noch einmal das wirbelfreie Feld

$$F(z) = \frac{iz}{|z|^2} = \frac{i}{\bar z} = -\frac{y}{x^2+y^2} + i\frac{x}{x^2+y^2}$$

auf $\mathbb{C}^\times = \mathbb{R}^2 - \{(0,0)\}$ aus Beispiel 7.H.7. Der zugehörige Fluss ist $\Phi_t(z) = \Psi_{t;0}(z) = z e^{it/|z|^2}$ mit den partiellen Ableitungen

$$\frac{\partial \Phi_t}{\partial x} = \left(1 - \frac{2xizt}{|z|^4}\right) e^{it/|z|^2}, \qquad \frac{\partial \Phi_t}{\partial y} = \left(i - \frac{2yizt}{|z|^4}\right) e^{it/|z|^2}.$$

Der Rotationsanteil von $D\Phi_t$ ist die Drehung um den Winkel $(t/|z|^2) + \alpha$, wo α der Drehwinkel des Rotationsanteils von

$$\frac{1}{|z|^4} \begin{pmatrix} |z|^4 + 2xyt & 2y^2 t \\ -2x^2 t & |z|^4 - 2xyt \end{pmatrix}$$

ist. Es ist $\alpha = -\arctan(t/|z|^2)$ und folglich der Gesamtdrehwinkel gleich

$$\frac{t}{|z|^2} - \arctan\frac{t}{|z|^2},$$

der nur für diskrete Werte s_k von $t/|z|^2$ ein ganzzahliges Vielfaches $2k\pi$ von 2π ist.[8]) Für die Periode $t = T = 2\pi|z|^2$ der Flusslinie durch z ist der Drehwinkel des Rotationsanteils gleich $2\pi - \arctan 2\pi \approx 279°$. Man beachte auch den Astigmatismus[9]) $1 + 8\pi^2(1 + \sqrt{1 + 1/4\pi^2})$ von $D\Phi_T$. Wegen div $F = 0$ ist der Fluss volumentreu.

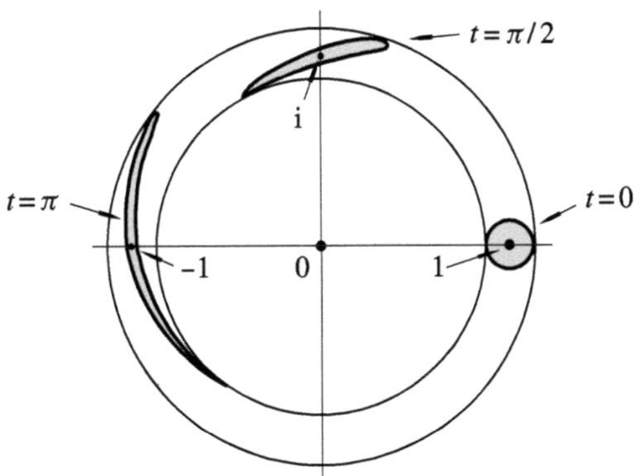

Sei V nun speziell ein 3-dimensionaler orientierter euklidischer Vektorraum. Dann lässt sich die Rotationsgeschwindigkeit $(D_V F - \widehat{D}_V F)/2$ zum Vektorfeld F wie in Abschnitt 7.H mit einem Vektorfeld

---

[8]) Die Gleichung $s_k = 2k\pi + \arctan s_k$ wird ausführlicher in Bd. 1 (2. Aufl.), 10.B, Aufg. 30g) und Bd. 1, Beispiel 12.C.10 diskutiert.

[9]) Man spricht auch vom D i l a t a t i o n s q u o t i e n t e n.

$$\frac{1}{2}\operatorname{rot} F = \frac{1}{2}\operatorname{rot} F(t,x)$$

beschreiben, wobei der Vektor $\operatorname{rot} F(t,x)$ die Winkelgeschwindigkeit zur infinitesimalen Transformation $\mathrm{D}_V F(t,x) - \widehat{\mathrm{D}}_V F(t,x)$ ist, d.h. es gilt

$$\operatorname{rot} F(t,x) \times v = \mathrm{D}_V F(t,x\,;v) - \widehat{\mathrm{D}}_V F(t,x\,;v)$$

für alle $(t,x) \in I\times G$ und alle $v \in V$. Wir wiederholen die explizite Darstellung des R o t a t i o n s - oder W i r b e l f e l d e s $\operatorname{rot} F$ von F: Hat F in einer die Orientierung repräsentierenden Orthonormalbasis e_1, e_2, e_3 die Komponentenfunktionen F_1, F_2, F_3, so ist

$$\operatorname{rot} F = \begin{vmatrix} \partial/\partial x_1 & F_1 & e_1 \\ \partial/\partial x_2 & F_2 & e_2 \\ \partial/\partial x_3 & F_3 & e_3 \end{vmatrix},$$

wobei die „Determinante" formal nach der ersten Spalte zu entwickeln ist und die $\partial/\partial x_i$ die Richtungsableitungen D_{e_i} sind, $i = 1, 2, 3$. *Ist F zweimal stetig differenzierbar, so ist das Rotationsfeld* $\operatorname{rot} F$ *quellenfrei, also*

$$\operatorname{div} \operatorname{rot} F = 0.$$

Zum Beweis genügt es, den Fall $F = F_1 e_1$ zu behandeln. Dann ist

$$\operatorname{rot} F = \frac{\partial F_1}{\partial x_3} e_2 - \frac{\partial F_1}{\partial x_2} e_3 \quad \text{und} \quad \operatorname{div} \operatorname{rot} F = \frac{\partial^2 F_1}{\partial x_2 \partial x_3} - \frac{\partial^2 F_1}{\partial x_3 \partial x_2} = 0.$$

Für ein Vektorfeld H heißt ein Vektorfeld F mit $H = \operatorname{rot} F$ ein V e k t o r p o t e n z i a l von H. *Ein stetig differenzierbares Vektorfeld besitzt also nach dem Bewiesenen höchstens dann ein Vektorpotenzial, wenn es quellenfrei ist.* Inwieweit umgekehrt ein stetig differenzierbares quellenfreies Vektorfeld ein Vektorpotenzial besitzt, diskutieren wir ausführlicher in Band 4. Beispielsweise gilt: *Ist $G \subseteq V$ ein sternförmiges Gebiet, so hat jedes quellenfreie stetig differenzierbare Vektorfeld ein Vektorpotenzial.* Zwei Vektorpotenziale zu ein und demselben Feld H unterscheiden sich um ein wirbelfreies Feld, also um ein Potenzialfeld, wenn die betrachtete offene Menge (zusammenhängend und) einfach zusammenhängend ist.

8.C.9 Beispiel (H a r m o n i s c h e   F u n k t i o n e n) Seien $U : I\times G \to \mathbb{R}$ eine zweimal stetig differenzierbare Funktion auf der offenen Menge G im euklidischen Raum V mit dem zugehörigen (wirbelfreien) Potenzialfeld

$$F = -\operatorname{grad} U = -\operatorname{grad} \mathrm{D}_V U = -\nabla U.$$

Dann ist F stetig differenzierbar und das totale Differenzial $\mathrm{D}_V F$ ist in jedem Punkt selbstadjungiert. Die zugehörige symmetrische Bilinearform ist das Negative der Hesse-Form von U wegen

$$\langle \mathrm{D}_V F(t,x\,;u)\,,v\rangle = -\langle \mathrm{D}_u \operatorname{grad} U(t,x)\,,v\rangle = -\mathrm{D}_u \mathrm{D}_v U(t,x)$$

für $u, v \in V$. Daher gilt

$$\operatorname{div} F = \operatorname{Sp} \mathrm{D}_V F = -\Delta_V U,$$

wo Δ_V der Laplace-Operator bzgl. V ist, vgl. Beispiel 5.C.5. Ist $e_1, \dots, e_n$ eine *Orthonormalbasis* von V, so ist

$$\Delta_V U = \sum_{i=1}^{n} \mathrm{D}_{e_i} \mathrm{D}_{e_i} U = \sum_{i=1}^{n} \frac{\partial^2 U}{\partial x_i^2},$$

wobei $\partial/\partial x_i$ die partielle Ableitung in Richtung e_i bezeichnet. Es folgt im zeitunabhängigen Fall:

8.C.10 Satz *Das Potenzialfeld zur C^2-Funktion $U : G \to \mathbb{R}$ ist genau dann divergenzfrei, wenn U eine harmonische Funktion ist.*

Man beachte, dass jedes wirbelfreie Feld auf einem einfach zusammenhängenden Gebiet G ein Potenzialfeld ist. Der vorstehende Satz besagt also unter anderem, *dass das Geschwindigkeitsfeld einer stationären wirbelfreien inkompressiblen Flüssigkeit auf einem einfach zusammenhängenden Gebiet das Potenzialfeld einer harmonischen Funktion ist.* Ebenso ist ein statisches elektrisches Feld in einem Vakuum wirbel- und divergenzfrei, besitzt also auf einem einfach zusammenhängenden Gebiet stets ein harmonisches Potenzial. Wie schon erwähnt, werden wir in Bd. 4 ausführlicher auf die harmonischen Funktionen zu sprechen kommen. Hier beweisen wir ein Maximumsprinzip:

8.C.11 Maximumsprinzip für harmonische Funktionen *Seien $G \subseteq V$ eine beschränkte offene Menge im euklidischen Vektorraum V und $U : \overline{G} \to \mathbb{R}$ eine stetige Funktion, die in G selbst (zweimal stetig differenzierbar und) harmonisch ist. Dann nimmt die Funktion U ihr (globales) Maximum auf dem Rand $\operatorname{Rd} G = \overline{G} - G$ von G an.*

B e w e i s . Sei M das Maximum von U auf der (kompakten) Menge $\overline{G}$. Wir können $M > 0$ annehmen. Sei nun im Gegensatz zur Behauptung $U(x) < M$ für alle $x \in \operatorname{Rd} G$. Dann gibt es ein $\varepsilon > 0$ derart, dass die Funktion

$$h(x) := \frac{U(x)}{1 - \varepsilon \|x\|^2}$$

auf $\overline{G}$ wohldefiniert ist und ihr positives Maximum auf $\overline{G}$ ebenfalls in einem Punkt $x_0 \in G$ annimmt (da neben $\overline{G}$ auch $\operatorname{Rd} G$ kompakt ist). Dann ist $\operatorname{grad} h(x_0) = 0$ und die Hesse-Form von h im Punkt x_0 negativ semidefinit, also insbesondere $\Delta h(x_0) \leq 0$, und man erhält mit 5.C, Aufg. 14 den Widerspruch

$$0 = \Delta U(x_0) = \Delta\big((1 - \varepsilon \|x\|^2) h\big)(x_0)$$
$$= (1 - \varepsilon \|x_0\|^2)\, \Delta h(x_0) - 4\varepsilon \, \langle x_0 , \operatorname{grad} h(x_0) \rangle - 2n\varepsilon \, h(x_0) < 0 \,. \qquad \bullet$$

Durch Betrachten von $-U$ statt U ergibt sich sofort, dass in der Situation von Satz 8.C.11 auch das Minimum von U auf dem Rand von G angenommen wird.

Das Maximumsprinzip für komplex-analytische Funktionen folgt direkt aus dem obigen Maximumsprinzip für harmonische Funktionen (dessen Beweis doch recht einfach ist): Ist $f : \overline{G} \to \mathbb{C}$ eine stetige Funktion, die auf der beschränkten offenen Menge $G \subseteq \mathbb{C}$ komplex-analytisch ist, und ist $|f(z_0)| > 0$ das Maximum von $|f|$ auf $\overline{G}$, so können wir nach Multiplikation von f mit $|f(z_0)|/f(z_0)$ annehmen, dass $|f(z_0)|$ bereits das Maximum des Realteils von f ist. Da dieser harmonisch ist, nimmt er sein Maximum auf dem Rand von G an.

Aus dem Maximumsprinzip für harmonische Funktionen ergibt sich sofort:

8.C.12 Eindeutigkeitssatz für harmonische Funktionen *Seien $G \subseteq V$ eine beschränkte offene Menge und $U_1, U_2 : \overline{G} \to \mathbb{R}$ stetige Funktionen, die in G harmonisch sind. Stimmen dann U_1 und U_2 auf $\operatorname{Rd} G$ überein, so stimmen sie bereits auf ganz $\overline{G}$ überein.*

B e w e i s . Nach 8.C.11 ist nämlich sowohl $U_1 - U_2 \leq 0$ als auch $U_2 - U_1 \leq 0$ auf ganz $\overline{G}$. $\qquad \bullet$

Eine Konsequenz von 8.C.12 ist der S a t z v o m F a r a d a y s c h e n K ä f i g , den bereits B. Franklin kannte: G sei ein offenes beschränktes Vakuum mit zusammenhängendem und ideal leitendem Rand. Ist dann E ein elektrisches Feld auf G mit dem harmonischen Potenzial U, so ist U auf dem Rand und damit in ganz G konstant, d.h. E verschwindet.

Etwas allgemeiner als 8.C.12 – aber eine unmittelbare Folgerung daraus – ist die Aussage, dass stetige Funktionen U auf dem Abschluss $\overline{G}$ einer beschränkten offenen Menge $G \subseteq V$, die in G zweimal stetig differenzierbar und dort Lösung einer so genannten P o i s s o n - G l e i c h u n g

$$\Delta U = q$$

sind, bereits durch die Werte auf dem Rand (und die Funktion $q : G \to \mathbb{R}$) eindeutig bestimmt sind; denn die Differenz zweier solcher Lösungen ist wegen der Linearität des Laplace-Operators auf G harmonisch und verschwindet auf dem Rand. Dies ergibt eine Strategie zum Lösen der Poisson-Gleichung: Man bestimmt die gesuchte Lösung als Summe einer Lösung, die auf dem Rand verschwindet, und einer harmonischen Funktion, die auf dem Rand die vorgegebenen Werte hat. Bei dem zweiten Problem handelt es sich um ein so genanntes Dirichlet-Problem. Wir gehen darauf in Bd. 4, Abschnitt 13.A ein. Man vgl. auch schon Beispiel 16.B.12.

8.C.13 Beispiel (E r s t e I n t e g r a l e · B e g r a d i g u n g v o n V e k t o r f e l d e r n) Wir betrachten ein Lipschitz-stetiges autonomes dynamisches System $F : G \to V$ auf einer offenen Menge G im n-dimensionalen $\mathbb{R}$-Vektorraum V. Eine stetig differenzierbare Funktion $E : G \to \mathbb{R}$ heißt ein e r s t e s I n t e g r a l zu F, wenn E längs jeder Flusslinie des dynamischen Systems konstant ist. Zunächst gilt:

8.C.14 Satz *Genau dann ist die stetig differenzierbare Funktion $E : G \to \mathbb{R}$ ein erstes Integral zu $F : G \to V$, wenn die Ableitung $\mathrm{D}_F E$ von E in Richtung F identisch verschwindet.* [10])

B e w e i s. Sei $\mathrm{D}_F E = 0$, d.h. es sei $\mathrm{D}E\big(x\,;\,F(x)\big) = 0$ für alle $x \in G$, und sei $\varphi : J \to G$ eine Flusslinie. Dann ist

$$\frac{d}{dt} E\big(\varphi(t)\big) = \mathrm{D}E\big(\varphi(t)\,;\,\dot\varphi(t)\big) = \mathrm{D}E\big(\varphi(t)\,;\,F(\varphi(t))\big) = 0$$

für alle $t \in J$. Ist umgekehrt E ein erstes Integral und $x \in G$, so gibt es eine Flusslinie φ durch x. Dann ist $\mathrm{D}E\big(x\,;\,F(x)\big) = \mathrm{D}E\big(\varphi(t)\,;\,\dot\varphi(t)\big) = \dfrac{d}{dt} E\big(\varphi(t)\big) = 0.$ $\qquad\bullet$

8.C.14 besagt für einen euklidischen Vektorraum, dass E genau dann ein erstes Integral zu F ist, wenn grad E in jedem Punkt orthogonal zu F ist (während der Gradient eines Potenzials zu F parallel zu F ist).

Konstante Funktionen sind stets erste Integrale, aber interessant sind (in der Regel) nur reguläre erste Integrale E zu F, deren totales Differenzial also nirgends verschwindet. Dann liegt jede Flusslinie zu F in einer Faser von E, und diese Faser lässt sich nach 6.A.2 in geeigneten differenzierbaren Koordinaten zumindest lokal als offene Menge in einem $(n-1)$-dimensionalen

---

[10]) Sei $F = F_1 v_1 + \cdots + F_n v_n$ mit einer Basis $v_1, \ldots, v_n$ von V. Dann sind also die ersten Integrale zu F genau die Lösungen E der l i n e a r e n p a r t i e l l e n D i f f e r e n z i a l g l e i c h u n g e r s t e r O r d n u n g

$$\mathrm{D}_F E = F_1 \, \frac{\partial E}{\partial x_1} + \cdots + F_n \, \frac{\partial E}{\partial x_n} = 0,$$

wobei die partiellen Ableitungen $\partial/\partial x_i$ die Richtungsableitungen D_{v_i} sind. Sätze über die Existenz erster Integrale sind also Sätze über die Existenz von Lösungen einer solchen linearen partiellen Differenzialgleichung. Ein wichtiges Beispiel dafür ist der weiter unten folgende Satz 8.C.15, vgl. auch die Vorbemerkung dazu.

Vektorraum auffassen. [11]) *Die Anzahl der Variablen des Differenzialgleichungssystems* $\dot{x} = F(x)$ *lässt sich auf diese Weise zumindest lokal um 1 verringern.* Ergänzt man nämlich E zu einem lokalen differenzierbaren Koordinatensystem $y_1 = E, y_2, \ldots, y_n$ in einer offenen Teilmenge von G (von der wir gleich annehmen wollen, dass sie ganz G ist), so hat das mit dieser Koordinatentransformation auf eine offene Menge von $\mathbb{R}^n$ transportierte System (vgl. 8.A, Aufg. 6) die Form $(0, F_2, \ldots, F_n)$. Das zugehörige Differenzialgleichungssystem lautet somit

$$\dot{y}_1 = 0, \qquad \text{d.h. } y_1 = E^0 = \text{const.},$$
$$\dot{y}_2 = F_2(E^0, y_2, \ldots, y_n),$$
$$\ldots\ldots\ldots\ldots\ldots$$
$$\dot{y}_n = F_n(E^0, y_2, \ldots, y_n),$$

hat also nur $n-1$ Variable $y_2, \ldots, y_n$.

Entsprechend reduzieren m differenzierbar unabhängige erste Integrale $E_1, \ldots, E_m$ zu F (zumindest lokal) die Anzahl der Variablen um m. Man ergänzt $E_1, \ldots, E_m$ zu lokalen Koordinatensystemen $y_1 = E_1, \ldots, y_m = E_m, y_{m+1}, \ldots, y_n$, vgl. Beispiel 6.B.11. *Insbesondere reduzieren $n-1$ differenzierbar unabhängige erste Integrale das System lokal auf eine einzige Gleichung* $\dot{y}_n = F_n(E_1^0, \ldots, E_{n-1}^0, y_n)$. Man nennt dann das Ausgangssystem $\dot{x} = F(x)$ etwas missverständlich v o l l s t ä n d i g   i n t e g r i e r b a r .

Bei $n = 2$ genügt ein reguläres erstes Integral für die vollständige Integrierbarkeit. In Bd. 1, Beispiel 19.C.4 haben wir für die Differenzialgleichung $m\ddot{x} = -f(x)$, d.h. für das System

$$\dot{x} = v, \quad \dot{v} = -f(x)/m,$$

wobei $f : I \to \mathbb{R}$ auf dem Intervall $I \subseteq \mathbb{R}$ stetig ist, die Energie

$$E = \frac{1}{2}mv^2 + U(x)$$

als erstes Integral zum Lösen des Systems benutzt. Hier ist U eine Stammfunktion zu f, d.h. ein Potenzial zum Vektorfeld $-f$ auf I. Generell hat die Gleichung $m\ddot{x} = -\operatorname{grad} U(x)$, d.h. das System

$$\dot{x} = v, \quad \dot{v} = -\frac{1}{m}\operatorname{grad} U(x),$$

die Energie

$$E = \frac{1}{2}m\|v\|^2 + U(x)$$

als erstes Integral. Dabei ist U eine C^1-Funktion auf einer offenen Menge G im euklidischen Vektorraum V und das betrachtete dynamische System ist auf $G \times V$ definiert. Für weitere Verallgemeinerungen des Energiesatzes siehe 10.A.6. – Ein erstes Integral wurde auch in Beispiel 8.C.2 benutzt.

Im Allgemeinen besitzen dynamische Systeme außer den Konstanten keine globalen ersten Integrale. Beispielsweise hat das lineare System $\dot{\mathfrak{x}} = \mathfrak{A}\mathfrak{x}$ auf dem $\mathbb{R}^n$, wobei $\mathfrak{A} \in \mathrm{M}_n(\mathbb{R})$ eine konstante Matrix ist, sicherlich dann kein nicht konstantes erstes Integral, wenn alle Eigenwerte von A einen positiven oder alle einen negativen Realteil haben; dann haben nämlich alle maximalen Flusslinien den Nullpunkt als Randpunkt. Überdies ist in diesem Fall jedes erste Integral auf einer offenen Menge, die den Nullpunkt enthält, in einer Umgebung des Nullpunktes konstant.

---

[11]) In Bd. 4 werden wir sagen, dass eine solche Faser eine $(n-1)$-dimensionale Untermannigfaltigkeit von G ist.

Allerdings besitzt jedes C^1-Vektorfeld $F : G \to V$ in einer Umgebung eines nicht singulären Punktes von F $n-1$ differenzierbar unabhängige erste Integrale. Da dies für ein konstantes Vektorfeld trivialerweise gilt, ergibt sich diese Aussage aus dem nachfolgenden wichtigen Satz:

8.C.15 Begradigung von Vektorfeldern *Seien $F : G \to V$ ein C^r-Vektorfeld auf der offenen Menge $G \subseteq V$, $r \in \mathbb{N}^* \cup \{\infty, \omega\}$, und $x_0 \in G$ ein nicht singulärer Punkt von F. Dann gibt es eine offene Umgebung U von x_0 und einen Diffeomorphismus h von U auf eine offene Menge $U' \subseteq \mathbb{R}^n$, $n := \mathrm{Dim}\, V$, derart, dass das mit h transportierte Vektorfeld auf U' konstant ist.*

B e w e i s . Seien $v_1 = F(x_0)$, $v_2, \ldots, v_n$ eine Basis von V und Φ der Fluss zu F. Ferner sei $\varepsilon > 0$ so gewählt, dass Φ auf $I_\varepsilon \times U_\varepsilon$ mit $I_\varepsilon := {]}{-\varepsilon}, \varepsilon[$, $U_\varepsilon := \left\{ \sum_i a_i v_i \mid a_i \in I_\varepsilon \right\}$ definiert ist. Dann betrachten wir die C^r-Abbildung $g : I_\varepsilon^n \to G$ mit

$$g(t\,;a_2,\ldots,a_n) := \Phi_t(x_0 + a_2 v_2 + \cdots + a_n v_n)\,.$$

Dafür gilt $g(0\,;0) = x_0$ sowie

$$\mathrm{D}_{e_1} g(t\,;a) = \frac{\partial}{\partial t} g(t\,;a) = F\big(g(t\,;a)\big) \quad \text{und} \quad \frac{\partial g}{\partial a_i}(0\,;0) = v_i\,.$$

Mit anderen Worten: g definiert in einer offenen Umgebung U' von $0 \in R^n$ einen C^r-Diffeomorphismus auf eine offene Umgebung U von x_0 in G, die das konstante Vektorfeld e_1 auf U' in das gegebene Vektorfeld F auf U' transportiert. Die Umkehrabbildung h zu $g|U'$ hat also die geforderten Eigenschaften.   ●

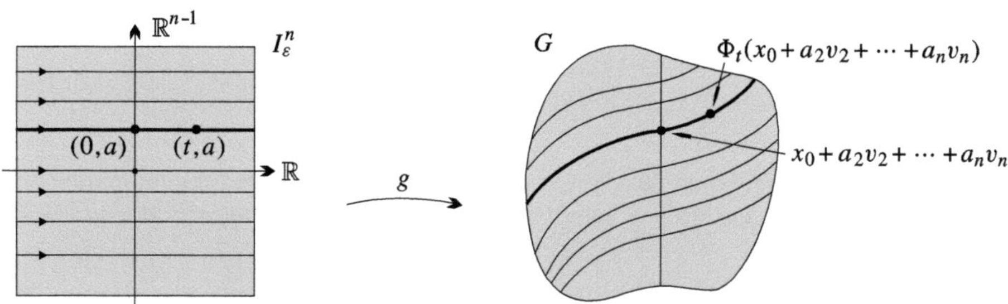

Die Aussage von 8.C.15 gilt ganz analog auch für komplex-differenzierbare, d.h. komplex-analytische Vektorfelder auf offenen Mengen in komplexen Vektorräumen. Dies folgt daraus, dass der Fluss Φ zu F in diesem Fall auch komplex-differenzierbar ist (vgl. Beispiel 8.C.7(2)).

Die Aussage 8.C.15 lässt sich natürlich auch so ausdrücken: *In der dort gegebenen Situation existiert ein lokales C^r-Koordinatensystem $y_1, \ldots, y_n$ in x_0 derart, dass F das erste Element der Dualbasis $\partial/\partial y_1 := (dy_1)^*, \ldots, \partial/\partial y_n := (dy_n)^*$ von $dy_1, \ldots, dy_n$ ist.* Daraus ergibt sich beispielsweise das folgende interessante Korollar für die Dimension 2:

8.C.16 Existenz eines integrierenden Faktors *Seien ω eine C^r-1-Form auf der offenen Menge G im 2-dimensionalen $\mathbb{R}$-Vektorraum V, $r \in \mathbb{N}^* \cup \{\infty, \omega\}$, und $x_0 \in G$ ein Punkt mit $\omega(x_0) \neq 0$. Dann gibt es eine offene Umgebung U von x_0 in G und eine nirgends verschwindende C^{r-1}-Funktion $\mu : U \to \mathbb{R}$ derart, dass $\mu\,\omega$ eine Stammfunktion in U besitzt.*

B e w e i s . Sei F ein nirgends verschwindendes C^r-Vektorfeld auf einer offenen Umgebung von x_0 derart, dass $\langle F, \omega \rangle : x \mapsto \omega\big(x\,; F(x)\big)$ identisch verschwindet. Dann gibt es nach der vorstehenden Bemerkung eine C^r-Koordinatensystem f, g mit $F = \partial/\partial f$. Es folgt $\langle F, dg \rangle = \langle \partial/\partial f, dg \rangle = 0$.

Daher ist $dg = \mu\omega$ mit einer C^{r-1}-Funktion μ (da ja dg im Allgemeinen nur eine C^{r-1}-1-Form ist).

Man nennt eine Funktion μ wie in 8.C.16 einen **i n t e g r i e r e n d e n   F a k t o r** zu ω. Man beachte, dass er in keiner Weise eindeutig durch ω bestimmt ist.

Nur eine Umformulierung von 8.C.16 ist die folgende Aussage:

8.C.17 Korollar *Sei x_0 ein nicht singulärer Punkt des C^r-Vektorfeldes $F : G \to \mathbb{R}$, $r \in \mathbb{N}^* \cup \{\infty, \omega\}$, auf der offenen Menge G in der euklidischen Ebene V. Dann gibt es eine nirgends verschwindende C^{r-1}-Funktion μ in einer offenen Umgebung von x_0 derart, dass μF dort ein Potenzial besitzt.*

8.C.18 Beispiel (**E x a k t e   S y s t e m e · K o n j u g i e r t e   V e k t o r f e l d e r   und   k o n j u g i e r t e 1 - F o r m e n**) In der Dimension 2 lässt sich das Auffinden erster Integrale vor dem Hintergrund von 8.C.16 etwas systematisieren. Seien dazu $\dot{x} = F(x)$ ein autonomes System auf der offenen Menge G im 2-dimensionalen $\mathbb{R}$-Vektorraum V mit der Basis v_1, v_2, den zugehörigen Koordinatenfunktionen $x_1 = v_1^*$, $x_2 = v_2^*$ und der Darstellung $F = F_1 v_1 + F_2 v_2$. Dann verschwindet die 1-Form

$$\omega = \omega_F = -F_2 dx_1 + F_1 dx_2$$

auf F, d.h. es ist $\langle F, \omega \rangle = 0$, und jede auf F verschwindende 1-Form ist ein Vielfaches von ω, falls F keine singulären Punkte besitzt. Die Isomorphie $F \mapsto \omega_F$ hängt allerdings noch von der gewählten Basis ab. Ist v_1', v_2' eine weitere Basis von V und ist Δ die Übergangsdeterminante von v_1, v_2 zur Basis v_1', v_2', so liefert der obige Prozess die Differenzialform $\omega_F' = \Delta \omega_F$.

Das Vektorfeld F bzw. das zugehörige Differenzialgleichungssystem $\dot{x} = F(x)$ heißt **e x a k t**, wenn ω_F eine exakte 1-Form ist. Jede Stammfunktion zu ω_F ist dann ein erstes Integral zu F. Natürlich ist auch jede Stammfunktion zu einem Vielfachen $\mu\,\omega_F$, wobei μ eine stetige Funktion auf G ist, ein erstes Integral zu F. Eine Funktion μ, für die $\mu\,\omega_F$ exakt ist, heißt ein **E u l e r s c h e r M u l t i p l i k a t o r** oder auch ein **i n t e g r i e r e n d e r   F a k t o r** des dynamischen Systems F. Sind μ und ω_F stetig differenzierbar und ist G einfach zusammenhängend, so ist die Exaktheit von $\mu\,\omega_F = -\mu F_2 dx_1 + \mu F_1 dx_2$ damit äquivalent, dass die Integrabilitätsbedingung

$$-\frac{\partial(\mu F_2)}{\partial x_2} = \frac{\partial(\mu F_1)}{\partial x_1}, \quad \text{d.h.} \quad \frac{\partial \mu}{\partial x_1} F_1 + \mu \frac{\partial F_1}{\partial x_1} + \frac{\partial \mu}{\partial x_2} F_2 + \mu \frac{\partial F_2}{\partial x_2} = 0,$$

erfüllt ist. Nichttriviale Eulersche Multiplikatoren findet man in manchen Situationen durch Probieren, vgl. Aufg. 7. Ihre Existenz wird zumindest lokal (bei nicht singulärem F) durch Satz 8.C.16 garantiert. Sein Beweis liefert aber nur dann einen Eulerschen Multiplikator, wenn die Differenzialgleichung schon gelöst ist. Bei einem durch Probieren gefundenen nichttrivialen Eulerschen Multiplikator μ findet man gemäß 7.B.9 (vgl. auch Beispiel 7.B.10) eine Stammfunktion zu $\mu\,\omega_F$, d.h. ein nicht triviales erstes Integral, mit dessen Hilfe man das Lösen des Differenzialgleichungssystem – wie oben dargestellt – auf eine Quadratur zurückführt.

Wir bemerken, dass eine (nicht notwendig autonome) Differenzialgleichung der Form

$$-F_2(t, x) + F_1(t, x)\,\dot{x} = 0$$

für die eine Variable $x = x(t)$ ebenfalls unter diesem Aspekt gesehen werden sollte. Handelt es sich doch darum, genau diejenigen Funktionen $x(t)$ zu bestimmen, für die die 1-Form

$$\omega = -F_2(t, x)\,dt + F_1(t, x)\,dx$$

auf den Tangentenvektoren $\big(1, \dot{x}(t)\big)$ an den Graphen von $x(t)$ verschwindet. Ist dann μ ein integrierender Faktor von ω und E eine Stammfunktion zu $\mu\omega$, so ist für jede Lösung $x(t)$ der gegebenen Differenzialgleichung $E\bigl(t, x(t)\bigr)$ konstant. Auch hier spricht man von einem ersten Integral. Ist bereits ω exakt, so heißt auch die Differenzialgleichung e x a k t. Der Spezialfall $F_1 \equiv 1$ führt auf das zugehörige autonome System

$$\dot t \equiv 1, \quad \dot x = F_2(t, x)$$

in den beiden Variablen t, x. Bei der Differenzialgleichung

$$t^2 + x^2 + 2t + 2x\,\dot x = 0$$

beispielsweise ist $\omega = (t^2+x^2+2t)\,dt + 2x\,dx$ mit dem integrierenden Faktor e^t, und $E(t, x) = e^t(t^2+x^2)$ ist eine Stammfunktion zu $e^t\omega$. Für eine Lösung $x(t)$ mit $x(t_0) = x_0$ gilt also

$$x^2 = e^{t_0-t}(t_0^2+x_0^2) - t^2 .$$

Es folgt daraus insbesondere, dass es nur zwei maximale Lösungen gibt, die den Wert 0 annehmen, und zwar tun dies beide zum Zeitpunkt $t_0 = -2$. Alle anderen Lösungen haben keine Nullstellen und sind durch einen Anfangswert eindeutig bestimmt.

Liegt der F a l l g e t r e n n t e r V a r i a b l e n vor, d.h. ist $F_1 = f_1(t)\,g_1(x)$ und $F_2 = f_2(t)\,g_2(x)$, und haben f_1 und g_2 keine Nullstellen, so ist $\mu = \mu(t, x) = 1/f_1(t)g_2(x)$ ein integrierender Faktor und

$$-\int \frac{f_2(t)}{f_1(t)}\,dt + \int \frac{g_1(x)}{g_2(x)}\,dx$$

eine Stammfunktion zu $\mu\,\omega$. Dies ist der Hintergrund des in Bd. 1, Abschnitt 19.A beschriebenen Lösungsverfahrens für Differenzialgleichungen mit getrennten Variablen.

Für eine orientierte euklidische Ebene V mit einer die Orientierung repräsentierenden Orthonormalbasis v_1, v_2 lässt sich die oben eingeführte Differenzialform ω_F zum Vektorfeld F übersichtlich beschreiben. Sei J die Drehung von V um $\pi/2$ im Sinne der gegebenen Orientierung.[12]) Jedem Vektorfeld F ist dann das k o n j u g i e r t e V e k t o r f e l d

$$|F = JF = \bigl(x \mapsto |F(x) = J(F(x))\bigr)$$

zugeordnet. Ist $F = F_1 v_1 + F_2 v_2$, so ist $|F = -F_2 v_1 + F_1 v_2$. F und $|F$ sind also in jedem Punkt orthogonal, und es gilt $||F = -F$. Die oben zu v_1, v_2 definierte Differenzialform ω_F ist gleich circ$|F$. Man beachte, dass die Zuordnung $F \mapsto |F$ nur von der konformen Struktur abhängt, d.h. sich nicht ändert, wenn das Skalarprodukt durch das α-fache, $\alpha \in \mathbb{R}_+^\times$, ersetzt wird. Die Form circ$|F$ hingegen wird bei diesem Prozess mit α multipliziert. Auch jeder 1-Form ω auf $G \subseteq V$ lässt sich eine nur von der konformen Struktur abhängende k o n j u g i e r t e 1-F o r m $|\omega = $ circ $\bigl(J(\mathrm{grad}\,\omega)\bigr)$ zuordnen. Es ist $|\omega = -F_2 dx_1 + F_1 dx_2$ für $\omega = F_1 dx_1 + F_2 dx_2$, wobei x_1, x_2 die Dualbasis zu einer die Orientierung repräsentierenden Orthonormalbasis von V ist. Wichtige Beispiele liefern die Gradienten der Real- und Imaginärteile von komplex-differenzierbaren, d.h. komplex-analytischen Funktionen $f = \varphi + i\psi$, $\varphi = \mathrm{Re}\,f$, $\psi = \mathrm{Im}\,f$, auf einer offenen Menge $G \subseteq \mathbb{C}$. Nach den Cauchy-Riemannschen Differenzialgleichungen ist $\mathrm{grad}\,\psi = |\mathrm{grad}\,\varphi$ bzw. $d\psi = |d\varphi$ sowie $\mathrm{grad}\,\varphi = -|\mathrm{grad}\,\psi$ bzw. $d\varphi = -|d\psi$. Für das quellenfreie Potenzialfeld $-\,\mathrm{grad}\,\varphi$ ist ψ ein erstes Integral, und umgekehrt ist φ ein erstes Integral für $-\,\mathrm{grad}\,\psi$. Die Trajektorien der Integralkurven zu $-\,\mathrm{grad}\,\varphi$ und $-\,\mathrm{grad}\,\psi$ liegen also auf den Niveaulinien von ψ bzw. φ. Dieser Zusammenhang ist ein wesentlicher Anlass dafür, sich auch als Physiker mit der Funktionentheorie zu beschäftigen. Dabei kommt es darauf an, eine harmonische Funktion, also das Potenzial eines quellenfreien Potenzialfeldes als Realteil einer

---

[12]) Für $V = \mathbb{C}$, versehen mit dem Standardskalarprodukt und der durch 1, i gegebenen Standardorientierung, ist J die Multiplikation mit i.

komplex-analytischen Funktion zu erkennen. In einem einfach zusammenhängenden Gebiet ist dies stets möglich, wie bereits in 7.F.12 gezeigt wurde.

8.C.19 Beispiel (Konstruktion von Automorphismen) Sei $F : G \to V$ ein zeitunabhängiges C^r-Vektorfeld, $r \in \mathbb{N}^* \cup \{\infty, \omega\}$, auf der offenen Menge $G \subseteq V$. Die Abbildungen Φ_t nach der Zeit zu dem dynamischen System $\dot x = F(x)$ sind dann C^r-Diffeomorphismen von G_t auf $G_{0;t}$. Dabei sind G_t und $G_{0;t}$ gleich ganz G, falls alle Lösungskurven für alle Zeiten t definiert sind, der Fluss also eine C^r-Operation $\mathbb{R} \times G \to G$ mit $(t, x) \to \Phi_t(x)$ definiert, vgl. auch Abschnitt 8.B. Dies liefert ein wichtiges Konstruktionsverfahren für Diffeomorphismen und speziell für Automorphismen, da sich Vektorfelder (in der Regel) sehr viel einfacher angeben lassen als Diffeomorphismen.

Die Lösungskurven sind sicherlich dann für alle Zeiten definiert, wenn das Vektorfeld F außerhalb einer kompakten Teilmenge K von G verschwindet. [13]) Etwas allgemeiner gilt:

8.C.20 Satz $F : I \times G \to V$ *sei ein bezüglich* $x \in G$ *lokal Lipschitz-stetiges dynamisches System. Es gebe eine kompakte Teilmenge K von G derart, dass $F(t, x) = 0$ ist für alle $t \in I$, $x \in G - K$. Dann sind alle maximalen Lösungen von $\dot x = F(t, x)$ auf ganz I definiert.*

Beweis. Sei $\varphi : J \to G$ eine maximale Lösung von $\dot x = F(t, x)$ und sei etwa der rechte Randpunkt t^+ von J endlich. Dann gibt es ein $\varepsilon > 0$ derart, dass $\varphi(t) \notin K$ ist für $t \geq t^+ - \varepsilon$, da andernfalls ein t^+-Grenzpunkt $v \in K$ von φ existierte, was 8.A.8 widerspricht. Dann ist aber t^+ der rechte Randpunkt von I und gehört zu J, falls er zu I gehört, da $\varphi(t) := \varphi(t^+ - \varepsilon)$ für alle $t \in I$, $t \geq t^+ - \varepsilon$ eine Lösung des dynamischen Systems ist.   ●

Beispiele für Vektorfelder, die außerhalb einer kompakten Menge K verschwinden, sind etwa die Gradientenfelder von C^1-Funktionen $G \to \mathbb{R}$, die auf $G - K$ lokal konstant sind.

Aufgaben

1. Man bestimme die charakteristische Abbildung bzw. im autonomen Fall den Fluss der folgenden Differenzialgleichungen. Insbesondere bestimme man ihre Definitionsbereiche und skizziere exemplarische Lösungskurven bzw. Flusslinien:

a) $\dot x = x^\alpha$ auf $\mathbb{R}_+^\times$ $(\alpha \in \mathbb{R})$.   **b)** $\dot x = e^x$ auf $\mathbb{R}$.

c) $\dot x = t \sin x$, $\ (t, x) \in \mathbb{R}^2$.   **d)** $\dot x = x^2/t^2$, $\ (t, x) \in \mathbb{R}_+^\times \times \mathbb{R}$.

(Man könnte unter diesem Gesichtspunkt generell die Aufgaben aus Bd. 1, Abschnitt 19.A und 19.B behandeln.)

2. Man diskutiere den Fluss der autonomen Differenzialgleichung zweiter Ordnung $\ddot x = f(x)$, aufgefasst als das System $\dot x_1 = x_2$, $\dot x_2 = f(x_1)$, wobei man die Energie $E = \frac{1}{2} \dot x^2 + U(x)$ als erstes Integral auffasse. Man skizziere typische und wesentliche Flusslinien. (Zu diesem Differenzialgleichungstyp vergleiche man auch Bd. 1, Beispiel 19.C.4).

a) $\ddot x = -\omega^2 x$ (harmonischer Oszillator).

b) $\ddot x = -\omega^2 \sin x$ (mathematisches Pendel).

c) $\ddot x = x \sin x$.   **d)** $\ddot x = \pm x^2$.

---

[13]) Dann ist natürlich $\Phi_t | (G - K) = \mathrm{id}_{G-K}$ für alle $t \in \mathbb{R}$.

3. Man diskutiere die homogenen und inhomogenen autonomen linearen Differenzialgleichungssysteme auf dem $\mathbb{R}^2$ in Bezug auf Fluss, Flusslinientypen usw. Man behandle dasselbe Problem auf dem $\mathbb{R}^3$. (Vergleiche dazu Bd. 2, Abschnitte 11.E und 20.A.)

4. Man löse das folgende Differenzialgleichungssystem und skizziere den Fluss durch Angabe typischer Flusslinien:

$$\dot{x}_1 = -x_2 + x_1(1 - x_1{}^2 - x_2{}^2)\,, \quad \dot{x}_2 = x_1 + x_2(1 - x_1{}^2 - x_2{}^2)\,.$$

Man betrachte auch das System, bei dem die beiden Pluszeichen durch Minuszeichen ersetzt sind. (Zunächst skizziere man die zugehörigen Vektorfelder. Zum Lösen benutze man Polarkoordinaten. Man beachte die periodische Lösung $x_1 = \cos t$, $x_2 = \sin t$). Ähnlich behandle man

$$\dot{x}_1 = \frac{2e^{x_1^2 + x_2^2}}{x_1^2 + x_2^2}\,(x_1 - x_2)\,, \quad \dot{x}_2 = \frac{2e^{x_1^2 + x_2^2}}{x_1^2 + x_2^2}\,(x_1 + x_2)\,.$$

5. Man begründe, dass die folgenden Differenzialgleichungssysteme exakt sind, und diskutiere die Lösungen mit Hilfe eines daraus resultierenden ersten Integrals, vgl. Beispiel 8.C.18.

a) $\dot{x} = 3x + y - 1\,,$ **b)** $\dot{x} = -2xye^{xy^2} - 3y^2\,,$ **c)** $\dot{x} = x^2 + \cos y\,,$

    $\dot{y} = 2x^3 - 3y\,.$ $\dot{y} = y^2 e^{xy^2} + 4x^3\,.$ $\dot{y} = -2xy + \sin x\,.$

6. Man begründe, dass die folgenden Differenzialgleichungen exakt sind, und löse sie mit Hilfe eines ersten Integrals, vgl. Beispiel 8.C.18:

a) $t^3 - 3tx^2 + (x^3 - 2t^2 x)\,\dot{x} = 0\,.$ **b)** $\dfrac{x^2 + t^2}{xt^2} - \left(2x + \dfrac{x^2 + t^2}{x^2 t}\right)\dot{x} = 0\,.$

c) $t(t^2 + x^2 - 1) + x(t^2 + x^2 + 1)\,\dot{x} = 0\,.$ **d)** $(2t + x) + (2x + t + 1)\,\dot{x} = 0\,.$

e) $\dfrac{tx}{\sqrt{1 + t^2}} + 2tx - \dfrac{x}{t} + \left(\sqrt{1 + t^2} + t^2 - \ln t\right)\dot{x} = 0\,.$

7. Sei $\omega = F(x, y)\,dx + H(x, y)\,dy$ eine C^1-1-Form auf einem Rechteck im $\mathbb{R}^2$. Sei

$$\delta := \frac{\partial H}{\partial x} - \frac{\partial F}{\partial y}$$

die Obstruktion für die Exaktheit von ω. Wir geben einige spezielle Ansätze für nichttriviale integrierende Faktoren μ von ω.

a) (G e t r e n n t e   V a r i a b l e n) Sei

$$F(x, y) = F_1(x)\,F_2(y)\,, \quad H(x, y) = H_1(x)\,H_2(y)$$

mit nirgends verschwindenden Funktionen F_2 und H_1. Dann ist $\mu := 1/F_2(y)H_1(x)$ ein integrierender Faktor mit

$$\int \frac{F_1(x)}{H_1(x)}\,dx + \int \frac{H_2(y)}{F_2(y)}\,dy$$

als zugehöriger Stammfunktion, vgl. auch Beispiel 8.C.18.

b) Sei δ von der Form $\delta = f(x)\,H(x, y)$ mit einer C^1-Funktion f. Dann ist jedes $\mu = \mu(x)$ mit $\mu' = f\mu$ ein integrierender Faktor.

c) Sei δ von der Form $\delta = f(x + y)\big(F(x, y) - H(x, y)\big)$ mit einer C^1-Funktion f. Dann ist jedes $\mu = \mu(x + y)$ mit $\mu' = f\mu$ ein integrierender Faktor.

d) Sei $g = g(x, y)$ eine C^1-Funktion auf dem gegebenen Rechteck. Genau dann ist e^g ein integrierender Faktor für ω, wenn $\delta = F(\partial g/\partial y) - H(\partial g/\partial x)$ gilt. (Offenbar sind b) und c) Spezialfälle von d).)

e) Man gebe Kriterien dafür an, dass ω einen integrierenden Faktor der Form $\mu = g(x^2+y^2)$ bzw. $\mu = g(x^2-y^2)$ mit einer C^1-Funktion g besitzt.

f) Sind F und H homogene C^1-Funktionen gleichen Grades, so ist $1/(xH-yF)$ ein integrierender Faktor (dort, wo er definiert ist). (Vergleiche auch Bd. 1, Beispiel 19.A.7. – Man benutze die Eulersche Gleichung aus 5.B, Aufg. 6b).)

8. Für die folgenden Pfaffschen Formen ω gebe man einen nichttrivialen integrierenden Faktor μ sowie eine Stammfunktion zu $\mu\,\omega$ an.
a) $\omega = (x^2+y^2+x)\,dx + x\,dy.$
b) $\omega = (2xy^4e^y + 2xy^3+ y)\,dx + (x^2y^4e^y - x^2y^2 - 3x)\,dy.$
c) $\omega = (1/x)\,dx - (1+xy^2)\,dy.$ **d)** $\omega = (x-xy)\,dx + (y+x^2)\,dy.$
e) $\omega = x(1-y)\,dx + (y+x^2)\,dy.$ **f)** $\omega = (x^2+y^2+1)\,dx - 2xy\,dy.$

9. Man löse die folgenden Differenzialgleichungen mit Hilfe eines integrierenden Faktors:
a) $2xe^{t^2x} + te^{t^2x}\,\dot{x} = 0.$ **b)** $t^2 + x^2 + 2t + 2x\dot{x} = 0.$ **c)** $(tx^2+x) - t\dot{x} = 0.$
d) $tx^2 + (t^2x-t)\,\dot{x} = 0.$ **e)** $(t^2+2t+x^2) + (t^2+2x+x^2)\,\dot{x} = 0.$

10. Man diskutiere für $b, d > 0$ die folgenden Lotka-Volterraschen Systeme, vgl. dazu Beispiel 8.C.2 und insbesondere die Bemerkung am Ende dieses Beispiels.

a) $\dot{N}_1 = N_1N_2 - bN_1$, $\dot{N}_2 = N_1N_2 - dN_2$.   (Symbiotisches System zweier Populationen, wobei jeweils die eine ohne die andere aussterben würde.)

b) $\dot{N}_1 = -N_1N_2 + bN_1$, $\dot{N}_2 = -N_1N_2 + dN_2$.   (Im gleichen Lebensraum konkurrierende Populationen.)

11. Man skizziere die Potenziallinien und die Flusslinien zu den quellenfreien Gradientenfeldern $-\operatorname{grad} u$, wo u der Realteil (bzw. der Imaginärteil) folgender komplex-analytischer Funktionen ist (vgl. das Ende von Beispiel 8.C.18):

$$z\,,\quad z^2\,,\quad 1/z\,,\quad e^z\,,\quad \sin z\,,\quad \ln z\,,\quad 1/(z^2-1)\,.$$

12. Der gestörte harmonische Oszillator

$$\dot{x} = v + g(t\,;x,v\,;\varepsilon)\,,\quad \dot{v} = -\omega^2x + h(t\,;x,v\,;\varepsilon)$$

$(\omega > 0)$, wobei ε ein absolut kleiner Störparameter und $g(t\,;x,v\,;0) \equiv h(t\,;x,v\,;0) \equiv 0$ ist, hat längs der Lösung φ_0 des ungestörten Systems ($\varepsilon = 0$) zur gleichen Anfangsbedingung für $t=0$ die Näherungslösung $\varphi_\varepsilon = \varphi_0 + \varepsilon Q$ mit

$$Q(t) = \int\limits_0^t \begin{pmatrix} \cos\omega(t-\tau) & \frac{1}{\omega}\sin\omega(t-\tau) \\ -\omega\sin\omega(t-\tau) & \cos\omega(t-\tau) \end{pmatrix} \begin{pmatrix} \dfrac{\partial g}{\partial\varepsilon}(\tau\,;\varphi_0(\tau)\,;0) \\[2mm] \dfrac{\partial h}{\partial\varepsilon}(\tau\,;\varphi_0(\tau)\,;0) \end{pmatrix} d\tau\,.$$

(Vgl. Beispiel 8.C.6.)

13. Man erweitere die Störungsrechnungen für das sphärische Pendel am Ende von Beispiel 8.C.6 in der Weise, dass man wie beim Foucaultschen Pendel die Erdrotation als weitere kleine Störung berücksichtigt (vgl. Beispiel 8.C.5), und zeige, dass dann zur Verschiebung des Perizentrums nach der Zeit t der Wert $-(\omega\sin\psi)t$ zu addieren ist. Dieser Wert ist ebenfalls (im Rahmen der hier betrachteten Näherung) unabhängig von der Ausrichtung der ungestörten Ellipsenbahn.

14. Sei V ein euklidischer Vektorraum der Dimension $n \geq 1$. Ein stetig differenzierbares Zentralfeld $F(x) = \alpha(\|x\|)\,x/\|x\|$ auf der Kugelschale $r < \|x\| < s$ (das nach 7.H, Aufg. 2 stets ein Potenzialfeld ist) ist genau dann quellenfrei (besitzt also ein harmonisches Potenzial), wenn $\alpha(r) = cr^{1-n}$ ist mit einer Konstanten c. Es ist dann

$$U(x) := \begin{cases} -c\|x\|^{2-n}\,, & \text{falls } n \neq 2, \\ -c\ln r\,, & \text{falls } n = 2, \end{cases}$$

ein harmonisches Potenzial zu F. (Man nennt die Funktionen $x \mapsto U(x)$ mit $c = 1$ die G r u n d - l ö s u n g e n der Laplace-Gleichung $\Delta f = 0$.) Man berechne die Hauptverzerrungsachsen und die zugehörigen Hauptwerte für ein Zentralfeld.

15. Sei V ein euklidischer Vektorraum und seien T und U C^1-Funktionen auf den offenen Mengen $G \subseteq V$ bzw. $H \subseteq V$. Dann ist $E = T(x_2) + U(x_1)$ ein erstes Integral für das Differenzialgleichungssystem

$$\dot{x}_1 = (\operatorname{grad} T)(x_2)\,, \quad \dot{x}_2 = -(\operatorname{grad} U)(x_1)$$

auf $H \times G$.

16. Die nicht konstanten Flusslinien des Flusses zu einem autonomen stetig differenzierbaren Potenzialfeld auf einer offenen Menge in einem euklidischen Vektorraum sind Einbettungen.

17. Das Lipschitz-stetige zeitunabhängige Vektorfeld $F : G \to V$ habe ein erstes Integral, dessen Niveaumengen alle kompakt in G sind. Dann ist der Fluss Φ_t für alle $t \in \mathbb{R}$ auf ganz G definiert.

18. Das stetig differenzierbare autonome Potenzialfeld $-\operatorname{grad} U$ besitze auf dem Gebiet G des euklidischen Vektorraums V genau einen singulären Punkt x_∞, in dem U ein globales Minimum m annehme. Dann ist $U(G)$ ein halboffenes Intervall $[m, M[$. Wir setzen weiter voraus, dass $U^{-1}([m, a])$ für jedes $a < M$ kompakt ist (d.h. dass $U : G \to [m, M[$ eigentlich ist). Dann gilt:

a) Jede maximale Lösung von $\dot{x} = -(\operatorname{grad} U)(x)$ hat unendliche Lebensdauer, d.h. ist auf einem Intervall der Form $]t^-, \infty[$ definiert.

b) Jede Lösung von $\dot{x} = -(\operatorname{grad} U)(x)$ konvergiert für $t \to \infty$ gegen die (einzige) stationäre Lösung x_∞. (Man sagt, G gehöre zum Einzugsbereich von x_∞.)

c) Jedes erste Integral auf G zu $-\operatorname{grad} U$ ist konstant.

d) Man behandele explizit einige Beispiele von Potenzialfeldern, die die obigen Voraussetzungen erfüllen (z.B. $U(x) = \|x\|^\alpha, \alpha \geq 2$).

19. Sei G ein Gebiet in einem reellen Vektorraum der endlichen Dimension ≥ 2. Ferner sei $r \in \mathbb{N}^*$. Sind dann $x_1, \ldots, x_r$ und $y_1, \ldots, y_r$ jeweils paarweise verschiedene Punkte in G, so gibt es einen C^∞-Automorphismus f von G mit $f(x_i) = y_i$ für $i = 1, \ldots, r$. (Man sagt, die C^∞-Automorphismengruppe $\operatorname{Diff}^\infty(G)$ operiere r - f a c h   t r a n s i t i v auf G für jedes $r \in \mathbb{N}^*$. − Da die Menge $G^r - \Delta_r(G)$ der r-Tupel aus G^r, die paarweise verschiedene Komponenten haben, nach 2.A, Aufg. 20a) wieder ein Gebiet in V^r ist, genügt es zu zeigen, dass die Bahnen von $\operatorname{Diff}^\infty(G)$ in $G^r - \Delta_r(G)$ offen sind. Dies ergibt sich aber einfach mit dem in Beispiel 8.C.19 angegebenen Konstruktionsprinzip für Automorphismen.)

20. Die Komponenten F_1, F_2 eines exakten Vektorfeldes F auf einer offenen Menge in $\mathbb{R}^2$ seien homogene C^1-Funktionen gleichen Grades. Dann ist $x_1 F_1(x_1, x_2) - x_2 F_2(x_1, x_2)$ ein erstes Integral für das dynamische System $\dot{x} = F(x)$.

8.D Numerische Lösungsverfahren

Es ist die Ausnahme und keineswegs die Regel, dass ein Differenzialgleichungssystem explizit gelöst werden kann. Daher sind numerische Verfahren zur Approximation der Lösungen wichtig. Grundsätzlich ist dazu bereits das Verfahren von Picard-Lindelöf geeignet, bei dem jedoch eine große Anzahl von Integralen zu berechnen ist. Direkter und numerisch bequemer sind die im Folgenden besprochenen Methoden.

Vorgelegt sei das Anfangswertproblem

$$\dot{x} = F(t, x), \quad x(a) = x_0, \qquad (a, x_0) \in I \times G,$$

wobei wir voraussetzen wollen, dass $F : I \times G \to V$ stetig differenzierbar sei (und V wie bisher ein endlichdimensionaler $\mathbb{R}$-Vektorraum sowie $I \subseteq \mathbb{R}$ ein Intervall und $G \subseteq V$ eine offene Menge). Wie beim Verfahren von Picard-Lindelöf wird das Differenzialgleichungssystem interpretiert als das Integralgleichungssystem

$$x(t) = x_0 + \int_a^t F\big(\tau, x(\tau)\big)\, d\tau\,.$$

Man versucht, das Integral auf der rechten Seite geeignet zu approximieren. Dabei ist der Integrand aber selbst nicht genau bekannt, da er die gesuchte Lösung $x(t)$ enthält.

Beim so genannten Euler-Verfahren wird zur Bestimmung des Wertes $\varphi(b)$ der Lösung $x = \varphi(t)$ zum Zeitpunkt b folgendermaßen vorgegangen: Man unterteilt für $n \in \mathbb{N}^*$ das Intervall von a bis b in n gleich Teile der Schrittweite $h := (b-a)/n$ mit Hilfe der Teilpunkte $t_k := a + kh$, $k = 0, \ldots, n$. Die Lösung φ wird nun approximiert durch einen Streckenzug der Form

$$x(t) = x_k + (t - t_k)\, F(t_k, x_k)$$

für $t \in [t_k, t_{k+1}]$, $k = 0, \ldots, n-1$. Dabei ist $x_k = x(t_k)$ für $k = 0, \ldots, n$. Dieses Verfahren wird natürlich nur soweit angewendet, wie der Graph des erhaltenen Streckenzuges ganz in $I \times G$ liegt. Die gesuchte Näherung für $\varphi(b)$ ist der Wert x_n.

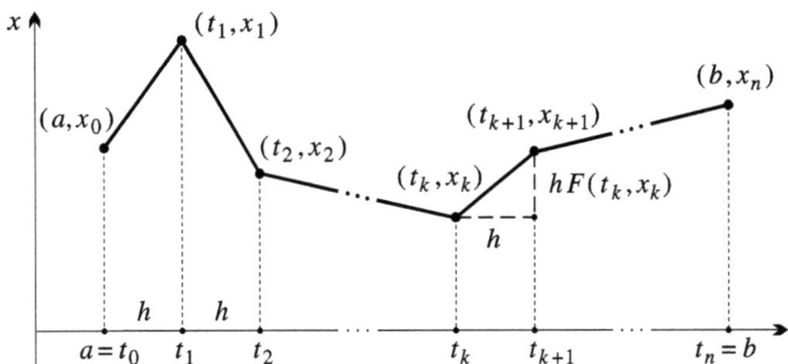

Ausgehend von dem gegebenen Anfangswert x_0 erhalten wir für die x_k die R e k u r s i o n des E u l e r - V e r f a h r e n s :

$$x_{k+1} = x_k + h F(t_k, x_k), \qquad k = 0, \ldots, n-1.$$

Zwischen t_k und t_{k+1} hat die konstruierte Näherung also die konstante Geschwindigkeit $F(t_k, x_k)$. Hängt F nicht explizit von x ab, so handelt es sich um das so genannte R e c h t e c k v e r f a h r e n zur numerischen Bestimmung des Integrals

$$\int_a^b F(\tau)\, d\tau,$$

bei dem der Integrand im Intervall $[t_k, t_{k+1}]$ durch die Konstante $F(t_k)$ ersetzt wird, $k = 0, \ldots, n-1$.

Falls b zum Definitionsbereich der maximalen Lösung φ des betrachteten Anfangswertproblems gehört, konvergieren die gefundenen Näherungen von $\varphi(b)$ für $n \to \infty$ stets gegen den wahren Wert. Genauer gilt:

8.D.1 Euler-Verfahren *Das Anfangswertproblem* $\dot{x} = F(t, x)$, $x(a) = x_0$, *habe eine Lösung φ auf dem ganzen Intervall* $[a, b]$. *Dann ist das Euler-Verfahren zur Berechnung von $\varphi(b)$ für hinreichend große n anwendbar und liefert für $n \to \infty$ den Wert $\varphi(b)$. Für die n-te Näherung $x^{(n)}$ von $\varphi(b)$ gilt die Fehlerabschätzung*

$$\|x^{(n)} - \varphi(b)\| \leq \frac{|b-a|}{n} C\, (e^{L|b-a|} - 1)$$

mit Konstanten $C \geq 0$ und $L \geq 0$ (und zwar ist L eine Lipschitz-Konstante für F in einer Umgebung des Graphen der Lösung $\varphi: [a, b] \to V$ und $C = 1 + D$, wobei D das Maximum von $\|F\|$ längs des Graphen von φ ist).

B e w e i s . Seien n groß genug und $x_0, \ldots, x_n$ die durch die Euler-Rekursion $x_{k+1} = x_k + h F(t_k, x_k)$, $h := (b-a)/n$, $t_k := a + kh$, gegebene Folge. (Die folgenden Überlegungen zeigen insbesondere, dass diese Folge für hinreichend große n definiert ist.) Es sei $\varepsilon_k := \|x_k - \varphi(t_k)\|$, $k = 0, \ldots, n$. Dann gilt

$$\varphi(t_{k+1}) = \varphi(t_k) + \int_{t_k}^{t_{k+1}} F\big(\tau, \varphi(\tau)\big)\, d\tau, \qquad x_{k+1} = x_k + \int_{t_k}^{t_{k+1}} F\big(t_k, x_k)\big)\, d\tau,$$

also

$$\varepsilon_{k+1} \leq \varepsilon_k + \Big\| \int_{t_k}^{t_{k+1}} \big(F(t_k, x_k) - F(\tau, \varphi(\tau))\big)\, d\tau \Big\|.$$

Mit

$$\|\varphi(t_k) - \varphi(\tau)\| \leq |t_k - \tau|\, D \leq |h|\, D, \qquad \tau \in [t_k, t_{k+1}],$$

erhält man

$$\|F(t_k, x_k) - F(\tau, \varphi(\tau))\| \leq \|F(t_k, x_k) - F(t_k, \varphi(t_k))\| + \|F(t_k, \varphi(t_k)) - F(\tau, \varphi(\tau))\|$$

$$\leq L\varepsilon_k + L\|(t_k, \varphi(t_k)) - (\tau, \varphi(\tau))\| \leq L(\varepsilon_k + |h| C)$$

$(C := 1+D)$ und somit $\varepsilon_{k+1} \le \varepsilon_k + |h|L(\varepsilon_k + |h|C) = \varepsilon_k(1+|h|L) + h^2 LC$, woraus wegen $\varepsilon_0 = 0$ folgt:

$$\varepsilon_k \le \left(1 + (1+|h|L) + \cdots + (1+|h|L)^{k-1}\right) h^2 LC$$

$$= \frac{(1+|h|L)^k - 1}{|h|L} \, h^2 LC \le C\,(e^{k|h|L} - 1)\,|h|\,.$$

Für große n, also kleine $|h|$ ergibt sich, dass die Fehler ε_k beliebig klein werden und somit die x_k definiert sind. Ferner erhält man wie gewünscht für $x^{(n)} = x_n$

$$\|x^{(n)} - \varphi(b)\| = \varepsilon_n \le C(e^{L|b-a|} - 1)\,\frac{|b-a|}{n}\,. \qquad \bullet$$

Setzen wir $x_h := x^{(n)}$, $h := (b-a)/n$, so besagt Satz 8.D.1 insbesondere, dass der Fehler $\|x_h - \varphi(b)\|$ beim Euler-Verfahren nach oben abgeschätzt werden kann in der Form

$$\|x_h - \varphi(b)\| \le |h|\,K$$

mit einer Konstanten K und der Schrittweite h, mit der die Näherung $x_h = x^{(n)}$ für $\varphi(b)$ berechnet wurde. Man sagt, das Euler-Verfahren habe die Konsistenzordnung ≥ 1. Generell hat ein Lösungsverfahren die K o n s i s t e n z o r d n u n g $\ge p \in \mathbb{R}_+^{\times}$, wenn der Fehler durch $|h|^p K$ mit einer Konstanten K nach oben abgeschätzt werden kann.

Die Euler-Methode kann leicht verbessert werden. Lässt man sich etwa von der Trapezregel als numerischem Integrationsverfahren statt der einfachen Rechteckregel inspirieren, so kommt man zur v e r b e s s e r t e n   E u l e r - M e t h o d e, die auch das V e r f a h r e n   v o n   H e u n heißt: In der eingangs beschriebenen Situation ersetzt man das Integral

$$\int\limits_{t_k}^{t_{k+1}} F\big(\tau, x(\tau)\big)\,d\tau\,, \quad t_{k+1} = t_k + h\,,$$

zunächst durch

$$\frac{h}{2}\left(F(t_k, x_k) + F(t_{k+1}, x_{k+1})\right).$$

Da man aber x_{k+1} noch nicht kennt, ersetzt man in dieser Formel x_{k+1} durch die nach dem Euler-Verfahren gewonnene Näherung $x_k + hF(t_k, x_k)$ und erhält dann insgesamt die folgende Rekursion (mit dem gegebenen Anfangswert x_0 als Rekursionsbeginn):

$$x_{k+1} = x_k + \frac{h}{2}\left(F(t_k, x_k) + F\big(t_{k+1}, x_k + hF(t_k, x_k)\big)\right),$$

$k = 0, \ldots, n-1$. Ist F zweimal stetig differenzierbar, so hat dieses Verfahren die Konsistenzordnung ≥ 2, vgl. Aufg. 3.

Ein weit besseres Verfahren ist die M e t h o d e   v o n   R u n g e - K u t t a, die für viermal stetig differenzierbares f die Konsistenzordnung ≥ 4 hat. Ausgehend von $x_k \approx \varphi(t_k)$ bestimmt man dabei in vier Stufen den nächsten Wert $x_{k+1} \approx \varphi(t_{k+1})$, und zwar setzen wir

$$x_{k+1} = x_k + h\left(\delta_0 L_0 + \delta_1 L_1 + \delta_2 L_2 + \delta_3 L_3\right),$$

wobei $\delta_0, \ldots, \delta_3$ Gewichte und $L_0, \ldots, L_3$ Werte von F an noch zu bestimmenden Zwischenstellen sind. Diese werden in folgender Weise (mit ebenfalls noch zu bestimmenden α, β, γ) gewonnen:

$$L_0 = F(t_k, x_k), \qquad L_1 = F(t_k + \alpha h, x_k + \alpha h L_0),$$
$$L_2 = F(t_k + \beta h, x_k + \beta h L_1), \qquad L_3 = F(t_k + \gamma h, x_k + \gamma h L_2).$$

Die Unbekannten $\alpha, \beta, \gamma, \delta_0, \ldots, \delta_3$ werden so gewählt, dass in den Taylor-Entwicklungen von x_{k+1} und $\varphi(t_k + h)$ um t_k unter der Annahme $x_k = \varphi(t_k)$ alle Terme bis zur Ordnung ≤ 4 in h gleich sind.

Für die Rechnungen unterdrücken wir in allen Formeln den Index k und schreiben x' für x_{k+1}. Damit erhalten wir

$$\varphi(t+h) = \varphi(t) + h\dot{\varphi}(t) + \frac{h^2}{2}\ddot{\varphi}(t) + \frac{h^3}{6}\varphi^{(3)}(t) + \frac{h^4}{24}\varphi^{(4)}(t) + \cdots.$$

Nun ist mit $\partial/\partial x := D_V$

$$\varphi(t) = x, \qquad \dot{\varphi}(t) = F(t,x), \qquad \ddot{\varphi}(t) = \frac{\partial F}{\partial t} + \frac{\partial F}{\partial x}(\dot{\varphi}),$$

$$\varphi^{(3)}(t) = \frac{\partial^2 F}{\partial t^2} + 2\frac{\partial^2 F}{\partial t \partial x}(\dot{\varphi}) + \frac{\partial^2 F}{\partial x^2}(\dot{\varphi}, \dot{\varphi}) + \frac{\partial F}{\partial x}\left(\frac{\partial F}{\partial t}\right) + \left(\frac{\partial F}{\partial x}\right)^2(\dot{\varphi}),$$

$$\varphi^{(4)}(t) = \frac{\partial^3 F}{\partial t^3} + 3\frac{\partial^3 F}{\partial t^2 \partial x}(\dot{\varphi}) + \frac{\partial^3 F}{\partial t \partial x^2}(\dot{\varphi}, \dot{\varphi}) + 3\frac{\partial^2 F}{\partial t \partial x}\left(\frac{\partial F}{\partial t}\right) + 3\frac{\partial^2 F}{\partial t \partial x}\left(\frac{\partial F}{\partial x}(\dot{\varphi})\right) +$$

$$+ \frac{\partial^3 F}{\partial x^3}(\dot{\varphi}, \dot{\varphi}, \dot{\varphi}) + 3\frac{\partial^2 F}{\partial x^2}\left(\dot{\varphi}, \frac{\partial F}{\partial t}\right) + 3\frac{\partial^2 F}{\partial x^2}\left(\dot{\varphi}, \frac{\partial F}{\partial x}(\dot{\varphi})\right) + \frac{\partial F}{\partial x}\left(\frac{\partial^2 F}{\partial t^2}\right) +$$

$$+ 2\frac{\partial F}{\partial x}\left(\frac{\partial^2 F}{\partial t \partial x}(\dot{\varphi})\right) + \frac{\partial F}{\partial x}\left(\frac{\partial^2 F}{\partial x^2}(\dot{\varphi}, \dot{\varphi})\right) + \left(\frac{\partial F}{\partial x}\right)^2\left(\frac{\partial F}{\partial t}\right) + \left(\frac{\partial F}{\partial x}\right)^3(\dot{\varphi}).$$

Weiterhin ist $L_0 = F(t,y) = \dot{\varphi}$ sowie

$$L_1 = L_0 + \alpha h\left(\frac{\partial F}{\partial t} + \frac{\partial F}{\partial x}(\dot{\varphi})\right) + \frac{1}{2}\alpha^2 h^2\left(\frac{\partial^2 F}{\partial t^2} + 2\frac{\partial^2 F}{\partial t \partial x}(\dot{\varphi}) + \frac{\partial^2 F}{\partial x^2}(\dot{\varphi}, \dot{\varphi})\right) +$$

$$+ \frac{1}{6}\alpha^3 h^3\left(\frac{\partial^3 F}{\partial t^3} + 3\frac{\partial^3 F}{\partial t^2 \partial x}(\dot{\varphi}) + 3\frac{\partial^3 F}{\partial t \partial x^2}(\dot{\varphi}, \dot{\varphi}) + \frac{\partial^3 F}{\partial x^3}(\dot{\varphi}, \dot{\varphi}, \dot{\varphi})\right) + \cdots.$$

Ganz entsprechende Entwicklungen hat man auch für L_2 und L_3, wobei in der Formel für L_1 jeweils nur $\dot{\varphi}$ durch L_1 bzw. L_2 und α durch β bzw. γ zu ersetzen sind. Anschließend hat man die Entwicklungen für L_2 bzw. L_1 einzusetzen und nach Potenzen von h zu sammeln. Koeffizientenvergleich entsprechender Terme in den Taylor-Entwicklungen von

$$x' = x + h\,(\delta_0 L_0 + \delta_1 L_1 + \delta_2 L_2 + \delta_3 L_3)$$

und $\varphi(t+h)$ ergeben dann, dass diese bis zur Ordnung 4 in h übereinstimmen, wenn die folgenden Bedingungen erfüllt sind:

$$\delta_0 + \delta_1 + \delta_2 + \delta_3 = 1, \quad \alpha\delta_1 + \beta\delta_2 + \gamma\delta_3 = \frac{1}{2}, \quad \alpha^2\delta_1 + \beta^2\delta_2 + \gamma^2\delta_3 = \frac{1}{3}, \quad \alpha\beta\delta_2 + \beta\gamma\delta_3 = \frac{1}{6},$$

$$\alpha^3\delta_1 + \beta^3\delta_2 + \gamma^3\delta_3 = \frac{1}{4}, \quad \alpha\beta^2\delta_2 + \beta\gamma^2\delta_3 = \frac{1}{8}, \quad \alpha^2\beta\delta_2 + \beta^2\gamma\delta_3 = \frac{1}{12}, \quad \alpha\beta\gamma\delta_3 = \frac{1}{24}.$$

Dieses Gleichungssystem besitzt, wie man leicht bestätigt, genau eine Lösung, und zwar

$$\alpha = \beta = \frac{1}{2}, \quad \gamma = 1, \quad \delta_0 = \delta_3 = \frac{1}{6}, \quad \delta_1 = \delta_2 = \frac{1}{3}.$$

Es ergibt sich die folgende R e k u r s i o n für das R u n g e - K u t t a - V e r f a h r e n :

$$x_{k+1} = x_k + \frac{h}{6}\left(L_{0,k} + 2L_{1,k} + 2L_{2,k} + L_{3,k}\right)$$

$$L_{0,k} = F(t_k, x_k), \qquad L_{1,k} = F\left(t_k + \frac{h}{2}, x_k + \frac{h}{2}L_{0,k}\right),$$

$$L_{2,k} = F\left(t_k + \frac{h}{2}, x_k + \frac{h}{2}L_{1,k}\right), \qquad L_{3,k} = F(t_k + h, x_k + hL_{2,k})$$

für $k = 0, \dots, n-1$. Wir erhalten:

8.D.2 Runge-Kutta-Verfahren *Die Lösung φ existiere auf dem Intervall $[a, b]$. Dann liefert die vorstehende Rekursion des Runge-Kutta-Verfahrens bei viermal stetig differenzierbarem F, ausgehend von dem Anfangswert $x_0 = \varphi(a)$, eine Näherung für $\varphi(b)$ der Konsistenzordnung ≥ 4.*

B e w e i s . Wir setzen wieder $\varepsilon_k := \|x_k - \varphi(t_k)\|$, $k = 0, \dots, n$, und zeigen durch Induktion über k: Es gibt Konstanten $C > 0$ und $L > 0$ mit

$$\varepsilon_k \leq C\,|h|^5\,\frac{e^{kL|h|} - 1}{e^{L|h|} - 1} \quad \left(\leq |b - a|\,C\,e^{|b-a|L}\,|h|^4\right).$$

Dann ist nämlich $\|x_n - \varphi(b)\| = \varepsilon_n \leq K\,|h|^4$ mit $K := |b - a|\,C\,e^{|a-b|L}$.

Für den Induktionsschluss sei φ_k die Lösung, die die Anfangsbedingung $\varphi_k(t_k) = x_k$ erfüllt. Nach Konstruktion ist

$$\|\varphi_k(t_{k+1}) - x_{k+1}\| \leq C\,|h|^5$$

mit einer Konstanten C, die nur von F (eingeschränkt auf eine Umgebung des Graphen von φ) abhängt. Nach der Aussage 8.B.1 über die Abhängigkeit der Lösungen von den Anfangswerten ist

$$\|\varphi_k(t_{k+1}) - \varphi(t_{k+1})\| \leq \|x_k - \varphi(t_k)\|\,e^{L|h|} = \varepsilon_k\,e^{L|h|},$$

wobei $L > 0$ eine weitere Konstante ist, die ebenfalls nur von F abhängt. Insgesamt folgt nun mit der Induktionsvoraussetzung

$$\varepsilon_{k+1} \leq \|x_{k+1} - \varphi_k(t_{k+1})\| + \|\varphi_k(t_{k+1}) - \varphi(t_{k+1})\|$$
$$\leq C\,|h|^5 + C\,|h|^5\,\frac{e^{kL|h|} - 1}{e^{L|h|} - 1}\,e^{L|h|} = C\,|h|^5\,\frac{e^{(k+1)L|h|} - 1}{e^{L|h|} - 1}. \qquad \bullet$$

Ähnlich wie das Runge-Kutta-Verfahren lassen sich viele weitere mehrstufige Verfahren entwickeln, die unter entsprechenden Differenzierbarkeitsvoraussetzungen auch höhere Konsistenzordnungen haben können. Für Einzelheiten verweisen wir auf die angegebene Literatur. Das Runge-Kutta-Verfahren ist im Allgemeinen ein guter Kompromiss zwischen Kompliziertheit und Effektivität. Hängt übrigens die rechte Seite f nicht explizit von x ab, so ist das Runge-Kutta-Verfahren einfach das Simpson-Verfahren der numerischen Integration, vgl. Bd. 1, 18.C.2.

Neben den hier betrachteten E i n s c h r i t t v e r f a h r e n gibt es auch so genannte M e h r s c h r i t t v e r f a h r e n , die bei der Berechnung von x_{k+1} nicht nur auf den zuletzt gewonnenen Wert x_k für $\varphi(t_k)$ rekurrieren, sondern zur Extrapolation von x_{k+1} weitere vorangegangene Werte heranziehen. Schließlich ist es gelegentlich zweckmäßig, die Schrittweite (bei ein und derselben Rechnung) jeweils den lokalen Gegebenheiten des Feldes anzupassen.

8.D.3 Beispiel Wir illustrieren die besprochenen Lösungsverfahren an der (Riccatischen) Differenzialgleichung

$$\dot{x} = \frac{1}{2}\left(x^2 + \frac{1}{t^2}\right), \quad x(1) = 1,$$

deren exakte maximale Lösung $\varphi(t) = \dfrac{1 + \ln t}{t\,(1 - \ln t)}$, $t \in \,]0, e[$, ist (und bei $t^- = 0$ bzw. $t^+ = e$ entweicht).[1]) Für das Intervall $[a, b] = [1, 2]$ ergeben die Verfahren nach Euler (E), Heun (H) bzw. Runge-Kutta (RK) die folgenden Näherungen bei den jeweils angegebenen Schrittweiten h. Der Leser wird dabei aus der Fehlerstruktur die Konsistenzordnungen 1, 2 bzw. 4 der drei Verfahren erkennen können. Wir bemerken ferner, dass die Verfahren im vorliegenden Fall auch für Zeiten, die größer als die Entweichzeit $t^+ = e$ sind, Näherungen liefern, obwohl die wahre Lösung für solche Zeiten gar nicht existiert. Auf solch eine Möglichkeit ist stets zu achten.

t	$\varphi(t)$	Schrittweite $h = 0{,}1$		
		E	H	RK
$1,0$	$1,00000000$	$1,00000000$	$1,00000000$	$1,00000000$
$1,1$	$1,10063859$	$1,10000000$	$1,10091116$	$1,10063890$
$1,2$	$1,20495773$	$1,20182231$	$1,20540379$	$1,20495828$
$1,3$	$1,31643491$	$1,30876338$	$1,31696727$	$1,31643564$
$1,4$	$1,43870849$	$1,42399226$	$1,43923214$	$1,43870935$
$1,5$	$1,57598276$	$1,55089016$	$1,57637313$	$1,57598370$
$1,6$	$1,73350672$	$1,69337540$	$1,73357837$	$1,73350764$
$1,7$	$1,91824404$	$1,85628266$	$1,91769771$	$1,91824427$
$1,8$	$2,13992035$	$2,04587296$	$2,13824438$	$2,13992030$
$1,9$	$2,41279632$	$2,27058487$	$2,40906942$	$2,41279440$
$2,0$	$2,75889135$	$2,54221307$	$2,75135789$	$2,75888475$

Schrittweite $h = 0{,}05$			Schrittweite $h = 0{,}02$		
E	H	RK	E	H	RK
$1,00000000$	$1,00000000$	$1,00000000$	$1,00000000$	$1,00000000$	$1,00000000$
$1,10023824$	$1,10070694$	$1,10063861$	$1,10045722$	$1,10064953$	$1,10063859$
$1,20319547$	$1,20506938$	$1,20495777$	$1,20420160$	$1,20497559$	$1,20495773$
$1,31223399$	$1,31656754$	$1,31643496$	$1,31465774$	$1,31645606$	$1,31643491$
$1,43072095$	$1,43883745$	$1,43870854$	$1,43534523$	$1,43872890$	$1,43870849$
$1,56239020$	$1,57607540$	$1,57598282$	$1,57026320$	$1,57599706$	$1,57598276$
$1,71172575$	$1,73351400$	$1,73350677$	$1,72432529$	$1,73350681$	$1,73350672$
$1,88445166$	$1,91808625$	$1,91824408$	$1,90394634$	$1,91821671$	$1,91824404$
$2,08824072$	$2,13946022$	$2,13992034$	$2,11793087$	$2,13984276$	$2,13992034$
$2,33382803$	$2,41178464$	$2,41279619$	$2,37893064$	$2,41262683$	$2,41279631$
$2,63687526$	$2,75684832$	$2,75889093$	$2,70600128$	$2,75854939$	$2,75889134$

---

[1]) Die speziellen Riccatischen Differenzialgleichungen des Typs $\dot{x} = ax^2 + (b/t^2)$ werden mit der Transformation $x = 1/y$ homogen.

Aufgaben

1. Man schreibe Computer-Programme für die in diesem Abschnitt angegebenen Verfahren von Euler, Heun bzw. Runge-Kutta zum numerischen Lösen von Differenzialgleichungssystemen.

2. Man überlege, dass die Lösungen φ der folgenden Anfangswertprobleme zu den angegebenen Zeiten noch existieren, und berechne näherungsweise den Wert $\varphi(b)$.

a) $\dot{x} = x^2 + t^2$, $x(0) = 0$, $b = 1$.   **b)** $\dot{x} = (x - t)^2 + 1$, $x(0) = 1/2$, $b = 1$.

c) $\dot{x}_1 = x_1 - t x_2 + t e^t$, $\dot{x}_2 = -\dfrac{2}{t^2} x_1 + \dfrac{1}{t} x_2$; $x_1(1) = 0$, $x_2(1) = 1$; $b = 2$.

(Die Lösungen von b) und c) lassen sich auch geschlossen angeben, für c) vgl. Bd. 2, 20.A, Aufg. 4b.)

3. Man zeige, dass das Verfahren nach Heun bei zweimal stetig differenzierbarem $F = F(t, x)$ die Konsistenzordnung ≥ 2 hat.

4. Man zeige, dass durch

$$x_{k+1} = x_k + h\, F\left(t_k + \frac{h}{2},\, x_k + \frac{h}{2}\, F(t_k, x_k)\right), \quad k \geq 0,$$

ein numerisches Lösungsverfahren für $\dot{x} = F(t, x)$, $x(t_0) = x_0$ gegeben wird, das bei zweimal stetig differenzierbarem F die Konsistenzordnung ≥ 2 hat. Man schreibe ein Computer-Programm zu diesem Verfahren. Hängt F nicht von x ab, so erhält man das so genannte Tangentenverfahren zur numerischen Integration.)

5. (T a y l o r - V e r f a h r e n) In dem Anfangswertproblem $\dot{x} = F(t, x)$, $x(a) = x_0$, sei f m-mal stetig differenzierbar. Die Lösung φ ist dann $(m+1)$-mal stetig differenzierbar. Die Ableitungen $\varphi^{(\nu)}(t)$, $\nu = 1, \ldots, m$, und damit die Taylor-Entwicklung von φ bis zum Grad m einschließlich um einen Punkt lassen sich allein mit Hilfe von φ und den höheren Ableitungen von f bis zur Ordnung $m - 1$ ausdrücken. Daraus gewinnt man die folgende Methode zur Approximation von φ bei der Schrittweite h: Man bestimmt x_{k+1} als Wert der Taylor-Entwicklung der Lösung φ_k mit dem Anfangswert $\varphi_k(t_k) = x_k$ an der Stelle $t_{k+1} = t_k + h$, $k \geq 0$. Man zeige, dass dieses Verfahren die Konsistenzordnung $\geq m$ hat. Für $m = 1$ ergibt sich das Euler-Verfahren $x_{k+1} = x_k + h F(t_k, x_k)$, $k \geq 0$, für $m = 2$ das 3- T e r m - T a y l o r - V e r f a h r e n

$$x_{k+1} = x_k + h\, F(t_k, x_k) + \frac{h}{2}\left(\frac{\partial F}{\partial t}(t_k, x_k) + \left(\frac{\partial F}{\partial x}\right)_{(t_k, x_k)}\!\big(F(t_k, x_k)\big)\right).$$

Man schreibe ein Computer-Programm für das 3-Term-Taylor-Verfahren. (Solche Taylor-Verfahren benutzt man, wenn neben F auch die Ableitungen von F bequem zur Verfügung stehen.)

6. Vorgelegt sei ein homogenes lineares Differenzialgleichungssystem $\dot{\mathfrak{Y}} = \mathfrak{A}\mathfrak{Y}$ mit einer $n \times n$-Matrix $\mathfrak{A} = \mathfrak{A}(t)$ von stetigen Funktionen auf dem Intervall I. Die Berechnung der Fundamentalmatrix $\mathfrak{Y}(t\,;\,t_0)$ erfordert das Lösen des Anfangswertproblems $\dot{\mathfrak{Y}} = \mathfrak{A}\mathfrak{Y}$, $\mathfrak{Y}(t_0) = \mathfrak{E}_n$, vgl. Bd. 2, Abschnitt 20.A.

a) Man schreibe ein Computer-Programm, das $\mathfrak{Y}(t\,;\,t_0)$ für einen gegebenen Zeitpunkt $t \in I$ nach dem Verfahren von Runge-Kutta berechnet, und spezialisiere es auch für den Fall von homogenen linearen Differenzialgleichungen n-ter Ordnung.

b) Man berechne die Monodromie-Matrix $\mathfrak{M} = \mathfrak{Y}(2\pi\,;\,0)$ für die Mathieusche Differenzialgleichung $\ddot{y} + (\lambda + \gamma \cos t)\, y = 0$ mit ausgewählten Werten der Parameter λ bzw. γ, und interpretiere sie im Hinblick auf die Stabilitätskarte am Ende von Bd. 2, Beispiel 20.B.4.

7. Seien $k \in \mathbb{N}^*$ und $\mathfrak{A} \in \mathrm{M}_n(\mathbb{C})$. Das Euler-Verfahren, angewandt auf die Differenzialgleichung $\dot{\mathfrak{Y}} = \mathfrak{A}\mathfrak{Y}$, $\mathfrak{Y}(0) = \mathfrak{E}_n$, mit der Schrittweite $h = t/k$ ergibt für den Wert von $\mathfrak{Y}(t) = \exp(\mathfrak{A}t)$ an der Stelle $t \in \mathbb{R}$ die Näherung

$$\mathfrak{Y}_k(t) = \left(\mathfrak{E}_n + \frac{\mathfrak{A}t}{k}\right)^k.$$

(Man zeige auch, dass $\left(\mathfrak{E}_n + \dfrac{\mathfrak{A}}{k}\right)^k$, $k \in \mathbb{N}^*$, auf $\mathrm{M}_n(\mathbb{C})$ lokal gleichmäßig gegen $\exp \mathfrak{A}$ konvergiert, vgl. Bd. 1, Satz 12.E.3.)

9 Stabilität

9.A Ljapunov-Stabilität

Wir haben bereits in Bd. 2, 20.A.3 den Begriff der Stabilität bzw. der asymptotischen Stabilität für lineare Differenzialgleichungssysteme eingeführt. Diese Begriffe sollen hier in allgemeiner Form diskutiert werden. Wir betrachten ein Differenzialgleichungssystem

$$\dot{x} = F(t, x)$$

mit einer stetigen, bezüglich der Variablen x lokal einer Lipschitz-Bedingung genügenden Abbildung $F : I \times G \to V$, einem nach oben unbeschränkten Intervall I und einer offenen Menge G des (endlichdimensionalen) $\mathbb{R}$-Vektorraums V. Dabei wird F als (zeitabhängiges) Vektorfeld interpretiert. Zu jedem $t_0 \in I$ und $x_0 \in G$ gibt es eine eindeutig bestimmte *maximale* Lösung $\varphi : J \to G$, $J \subseteq I$, des Anfangswertproblems

$$\dot{x} = F(t, x), \quad x(t_0) = x_0.$$

Wir definieren in dieser Situation im Anschluss an Ljapunov:

9.A.1 Definition Die Lösung φ heißt s t a b i l, wenn φ auf ganz $[t_0, \infty[$ definiert ist und wenn es zu jedem $\varepsilon > 0$ ein $\delta = \delta(t_0) > 0$ gibt derart, dass für jede maximale Lösung ψ von $\dot{x} = F(t, x)$ mit $\|\psi(t_0) - \varphi(t_0)\| \leq \delta$ gilt:

(1) ψ ist auf ganz $[t_0, \infty[$ definiert.

(2) Für alle $t \geq t_0$ gilt $\|\psi(t) - \varphi(t)\| \leq \varepsilon$.

Die Lösung φ heißt a s y m p t o t i s c h s t a b i l, wenn φ stabil ist und wenn es ein $\delta > 0$ gibt derart, dass für jede maximale Lösung ψ von $\dot{x} = F(t, x)$ mit $\|\psi(t_0) - \varphi(t_0)\| \leq \delta$ gilt:

(1) ψ ist auf ganz $[t_0, \infty[$ definiert.

(2) Es ist $\lim_{t \to \infty} \big(\psi(t) - \varphi(t)\big) = 0$.

9.A.2 Bemerkung *Stabilität und asymptotische Stabilität von $\varphi : J \to G$ hängen nicht von der gewählten Anfangszeit t_0 ab.* Dies folgt sofort aus der Stetigkeit der zu $\dot{x} = F(t, x)$ gehörenden charakteristischen Abbildung und der Offenheit ihres Definitionsbereichs in $I \times I \times G$, vgl. 8.B.3. – Übrigens heißt die Menge der Punkte $x_1 \in G$, für die die maximale Lösung ψ mit $\psi(t_0) = x_1$ auf ganz $[t_0, \infty[$ existiert und $\lim_{t \to \infty} \big(\psi(t) - \varphi(t)\big) = 0$ ist, der E i n z u g s b e r e i c h von φ zur Zeit t_0.

9.A.3 Bemerkung *Bei Untersuchungen zur Stabilität und asymptotischen Stabilität kann man sich im Prinzip auf stationäre Lösungen beschränken.* Ist nämlich φ eine beliebige maximale Lösung von $\dot{x} = F(t, x)$, so betrachtet man das System

$$\dot{x} = H(t, x) := F\big(t, x + \varphi(t)\big) - F\big(t, \varphi(t)\big).$$

Dabei ist H definiert auf der Teilmenge $\widetilde{G} := \{(t, x) \mid (t, x + \varphi(t)) \in J \times G\}$ von $I \times G$.[1])
Jeder Lösung ψ des Ausgangssystems entspricht die Lösung $\psi - \varphi$ von $\dot{x} = H(t, x)$, die auf
dem Durchschnitt von J mit dem Definitionsintervall von ψ erklärt ist. Umgekehrt definiert
jede Lösung χ von $\dot{x} = H(t, x)$ die Lösung $\varphi + \chi$ von $\dot{x} = F(t, x)$. Bei dieser Korrespondenz
entspricht der Lösung φ die stationäre Lösung 0 von $\dot{x} = H(t, x)$, wobei diese genau dann stabil
(bzw. asymptotisch) stabil ist, wenn Entsprechendes für jene gilt.

9.A.4 Beispiel (Stabilität linearer Systeme) Eine maximale Lösung $\mathfrak{x}(t)$ des nicht
notwendig homogenen linearen Systems $\dot{\mathfrak{x}} = \mathfrak{A}\mathfrak{x} + \mathfrak{g}$, wobei die Komponenten von $\mathfrak{A}$ und $\mathfrak{g}$ stetige
$\mathbb{K}$-wertige Funktionen auf $[t_0, \infty[$ sind, ist stets auf ganz $[t_0, \infty[$ definiert und offenbar genau
dann stabil (bzw. asymptotisch stabil), wenn die Null-Lösung des homogenen Systems $\dot{\mathfrak{x}} = \mathfrak{A}\mathfrak{x}$
die entsprechende Eigenschaft hat. Man sagt dann auch, das System $\dot{\mathfrak{x}} = \mathfrak{A}\mathfrak{x}$ sei stabil (bzw.
asymptotisch stabil). Für homogene Systeme sind die hier eingeführten Stabilitätsbegriffe mit
denen aus Bd. 2, 20.A.3 äquivalent. Genau dann ist $\dot{\mathfrak{x}} = \mathfrak{A}\mathfrak{x}$ stabil (bzw. asymptotisch stabil),
wenn für die Fundamentalmatrix $\mathfrak{X}(t) = \mathfrak{X}(t; t_0)$ gilt: $\mathfrak{X}(t)$ ist beschränkt auf $[t_0, \infty[$ (bzw.
es ist $\lim_{t \to \infty} \mathfrak{X}(t) = 0$). Wegen der großen Bedeutung zitieren wir das Eigenwertkriterium
20.A.4 aus Bd. 2 für konstante Matrizen $\mathfrak{A}$ mit der Fundamentalmatrix $\mathfrak{X}(t; 0) = \exp(\mathfrak{A}t)$:

9.A.5 Satz *Sei* $\mathfrak{A} \in \mathrm{M}_n(\mathbb{K})$ *eine konstante Matrix.*

(1) Genau dann ist das System $\dot{\mathfrak{x}} = \mathfrak{A}\mathfrak{x}$ *asymptotisch stabil, wenn alle Eigenwerte von* $\mathfrak{A}$ *(in* $\mathbb{C}$*)
einen negativen Realteil haben.*

(2) Genau dann ist das System $\dot{\mathfrak{x}} = \mathfrak{A}\mathfrak{x}$ *stabil, wenn alle Eigenwerte von* $\mathfrak{A}$ *(in* $\mathbb{C}$*) einen Realteil
≤ 0 haben und die rein-imaginären Eigenwerte diagonalisierbar (d.h. einfache Nullstellen des
Minimalpolynoms* $\mu_{\mathfrak{A}}$ *von* $\mathfrak{A}$*) sind.*

Um festzustellen, ob die Realteile der Nullstellen eines Polynoms

$$\alpha = a_n X^n + a_{n-1} X^{n-1} + \cdots + a_0 \in \mathbb{R}[X]$$

vom Grad n mit positivem Leitkoeffizienten a_n alle negativ sind, ist häufig das folgende Kriterium von Hurwitz-Routh nützlich, das wir ohne Beweis angeben: *Genau dann sind
die Realteile der Nullstellen von* α *alle negativ, wenn die Hauptminoren der* $(n \times n)$*-Matrix*

$$(a_{n-2i+j})_{1 \leq i, j \leq n} = \begin{pmatrix} a_{n-1} & a_n & 0 & 0 & 0 & 0 & \cdots & 0 \\ a_{n-3} & a_{n-2} & a_{n-1} & a_n & 0 & 0 & \cdots & 0 \\ a_{n-5} & a_{n-4} & a_{n-3} & a_{n-2} & a_{n-1} & a_n & \cdots & 0 \\ \multicolumn{8}{c}{\dotfill} \\ 0 & 0 & 0 & 0 & 0 & 0 & \cdots & a_0 \end{pmatrix}$$

positiv sind.[2]) (Dabei ist $a_k = 0$ für $k < 0$ und $k > n$ zu setzen.) Für $n \leq 3$ beweist man das
Kriterium leicht direkt. Bei $n = 3$ etwa handelt es sich um die Matrix

$$\begin{pmatrix} a_2 & a_3 & 0 \\ a_0 & a_1 & a_2 \\ 0 & 0 & a_0 \end{pmatrix}.$$

---

[1]) Diese Teilmenge ist offen und enthält $J \times \{0\}$. Sie ist aber im Allgemeinen natürlich nicht
von der Form $J \times G'$ mit einer offenen Menge $G' \subseteq V$. Man hat daher die Formulierung der
Aussagen dieser gegenüber der bisher betrachteten etwas allgemeineren Situation anzupassen,
wobei man beachte, dass es zu jedem kompakten Teilintervall K von J eine offene Umgebung
U von 0 mit $J \times U \subseteq \widetilde{G}$ gibt.

[2]) Für einen Beweis siehe etwa Gantmacher, F. R.: Matrizenrechnung.

Für den Rest dieses Abschnitts beschränken wir uns der Einfachheit halber auf autonome Systeme, betrachten also ein Differenzialgleichungssystem

$$\dot{x} = F(x)$$

mit dem lokal Lipschitz-stetigen Vektorfeld $F : G \to V$ auf der offenen Menge $G \subseteq V$. Trägt V ein Skalarprodukt und besitzt F eine Potenzialfunktion U, so ist U längs einer jeden Lösungskurve φ von $\dot{x} = F(x)$ monoton fallend (wegen

$$\frac{d}{dt}\big(U(\varphi(t)) = (\mathrm{D}U)_{\varphi(t)}\big(\dot{\varphi}(t)\big) = -\langle \dot{\varphi}(t)\, , F\big(\varphi(t)\big)\rangle = -\|\dot{\varphi}(t)\|^2 \le 0\big).$$

Ein erstes Integral E von F ist längs jeder Lösung von $\dot{x} = F(x)$ konstant. Sowohl $-U$ als auch E sind Ljapunov-Funktionen im Sinne der folgenden Definition:

9.A.6 Definition Eine stetige und in G stetig differenzierbare Funktion $L : \overline{G} \to \mathbb{R}$ heißt eine L j a p u n o v - F u n k t i o n für das System $\dot{x} = F(x)$, wenn L längs jeder Lösung φ von $\dot{x} = F(x)$ monoton wächst, d.h. wenn die Ableitung $\mathrm{D}_F L$ von L längs F nichtnegativ ist, also

$$\mathrm{D}_F L(x) = \mathrm{D}L\big(x\, ; F(x)\big) = \langle F(x)\, , (\mathrm{D}L)_x \rangle \ge 0$$

für alle $x \in G$ gilt.[3])

Trägt V ein Skalarprodukt, so bedeutet die letzte Bedingung in 9.A.6 wegen

$$\mathrm{D}_F L(x) = \langle F(x)\, , \operatorname{grad} L(x) \rangle,$$

dass sich das Vektorfeld und das Gradientenfeld grad L überall in einem Winkel zwischen 0 und $\pi/2$ schneiden. Ist L eine Ljapunov-Funktion für $\dot{x} = F(x)$, so ist $-L$ eine Ljapunov-Funktion für $\dot{x} = -F(x)$.

9.A.7 Beispiel Seien V ein $\mathbb{K}$-Vektorraum und $F \in \operatorname{End}_{\mathbb{K}}(V)$. Wir betrachten also das lineare Feld $x \mapsto F(x)$ auf V. *Haben alle Eigenwerte von F einen positiven Realteil, so gibt es ein Skalarprodukt $\langle -, - \rangle$ auf V, das eine Ljapunov-Funktion L mit $L(x) := \langle x, x \rangle$ für $\dot{x} = F(x)$ definiert.*

B e w e i s . Zu einem Skalarprodukt $\langle -, - \rangle$ auf V bezeichnen wir mit $\langle -, - \rangle_{\mathbb{R}}$ das zugehörige reelle Skalarprodukt auf V. Es ist also $\langle x, y \rangle_{\mathbb{R}} = \operatorname{Re}\langle x, y \rangle$. Für $L(x) := \langle x, x \rangle$ ist dann grad $L(x) = \operatorname{grad}_{\mathbb{R}} L(x) = 2x$ und daher

$$\langle F(x)\, , \operatorname{grad} L(x) \rangle_{\mathbb{R}} = 2\langle F(x)\, , x \rangle_{\mathbb{R}} = 2\operatorname{Re}\langle F(x)\, , x \rangle = \langle x\, , (F + \widehat{F})(x) \rangle,$$

wobei $\widehat{F}$ der zu F adjungierte Operator bzgl. des Skalarprodukts $\langle -, - \rangle$ ist. Die Behauptung ergibt sich nun aus dem folgenden Lemma der Linearen Algebra. $\bullet$

---

[3]) Manche Autoren bezeichnen das Negative einer Ljapunov-Funktion in unserem Sinne als Ljapunov-Funktion, was dem physikalischen Verständnis einer Energie entgegenkommt, die in dissipativen Systemen (etwa Systemen mit Reibung oder elektrischen Netzen mit Ohmschen Widerständen) längs der Lösungen abnimmt, vgl. das Beispiel 9.A.16 weiter unten. Die folgenden Sätze sind dann entsprechend umzuformulieren.

9.A.8 Lemma *Sei F ein linearer Operator auf dem endlichdimensionalen $\mathbb{K}$-Vektorraum V. Genau dann gibt es ein Skalarprodukt $\langle -, - \rangle$ auf V, bezüglich dessen der (selbstadjungierte) Operator $F + \widehat{F}$ positiv ist, wenn alle Eigenwerte von F einen positiven Realteil haben.*

B e w e i s . Ohne Einschränkung kann man annehmen, dass $\mathbb{K} = \mathbb{C}$ ist. Im reellen Fall betrachtet man ansonsten die Komplexifizierung $F_{(\mathbb{C})} : V_{(\mathbb{C})} \to V_{(\mathbb{C})}$ von F. Ist dann $\langle -, - \rangle$ ein Skalarprodukt der gesuchten Art auf $V_{(\mathbb{C})}$, so hat $\langle -, - \rangle_{\mathbb{R}}$, eingeschränkt auf V, die gewünschten Eigenschaften für F wegen

$$\langle F(x), x \rangle_{\mathbb{R}} = \operatorname{Re} \langle F_{(\mathbb{C})}(x), x \rangle = \frac{1}{2} \langle x, (F_{(\mathbb{C})} + \widehat{F}_{(\mathbb{C})})(x) \rangle .$$

Gibt es nun ein Skalarprodukt wie angegeben auf V und ist λ ein Eigenwert von F mit Eigenvektor $v \neq 0$, so folgt

$$0 < \langle v, (F + \widehat{F})(v) \rangle = 2 \operatorname{Re} \langle F(v), v \rangle = 2 \operatorname{Re} \lambda \langle v, v \rangle$$

und somit $\operatorname{Re} \lambda > 0$.

Seien umgekehrt $\lambda_1, \ldots, \lambda_n$ die Eigenwerte von F mit den positiven Realteilen $a_1, \ldots, a_n$. Es gibt dann (beispielsweise mit dem Hurwitz-Kriterium 12.C.4 aus Bd. 2) ein $\varepsilon > 0$ derart, dass alle hermiteschen $(n \times n)$-Matrizen mit Hauptdiagonale $(2a_1, \ldots, 2a_n)$ und Elementen vom Betrag $\leq \varepsilon$ außerhalb der Hauptdiagonalen positiv definit sind. Nun gibt es eine Basis $v_1, \ldots, v_n$, bezüglich der F durch eine obere Dreiecksmatrix $\mathfrak{A}$ beschrieben wird, die außerhalb der Hauptdiagonalen nur Elemente vom Betrag $\leq \varepsilon$ hat und deren Hauptdiagonalelemente $\lambda_1, \ldots, \lambda_n$ sind (vgl. Bd. 2, Beispiel 18.B.7, wo ein verwandtes Resultat bewiesen wird). Wählen wir das Skalarprodukt $\langle -, - \rangle$ so, dass $v_1, \ldots, v_n$ eine Orthonormalbasis bzgl. $\langle -, - \rangle$ ist, so wird $F + \widehat{F}$ bzgl. $v_1, \ldots, v_n$ durch die nach Wahl von ε positiv definite Matrix $\mathfrak{A} + {}^t\overline{\mathfrak{A}}$ beschrieben. $\bullet$

Die Bedeutung der Ljapunov-Funktionen wird schon durch das folgende Lemma beleuchtet, das die unendliche Lebensdauer von Lösungen garantiert.

9.A.9 Lemma *Seien $L : \overline{G} \to \mathbb{R}$ eine Ljapunov-Funktion für das System $\dot{x} = F(x)$ und $x_0 \in G$ ein Anfangswert. Die Menge*

$$M(x_0) := \{ x \in \overline{G} \mid L(x) \geq L(x_0) \}$$

sei eine kompakte Menge in G. Dann ist die maximale Lösung φ von $\dot{x} = F(x)$ mit $\varphi(0) = x_0$ auf ganz $\mathbb{R}_+$ definiert.

B e w e i s . Sei $]t^-, t^+[$ das (maximale) Definitionsintervall von φ. Dann liegt $\varphi([0, t^+[)$ ganz in $M(x_0)$ nach Definition einer Ljapunov-Funktion. Wäre $t^+ < \infty$, so gäbe es wegen der Kompaktheit von $M(x_0) \subseteq G$ einen t^+-Grenzpunkt $x^* \in G$. Dies widerspricht Satz 8.A.8, wonach maximale Lösungen von Rand zu Rand laufen. $\bullet$

Wir erhalten nun das folgende einfache Stabilitätskriterium für stationäre Lösungen:

9.A.10 Ljapunov-Kriterium für Stabilität *Sei $x_0 \in G$ ein singulärer Punkt des (lokal Lipschitz-stetigen) Vektorfeldes F, d.h. es sei $F(x_0) = 0$. In einer Umgebung von x_0 existiere eine Ljapunov-Funktion L für $\dot{x} = F(x)$, die in x_0 ein isoliertes lokales Maximum besitzt. Dann ist die stationäre Lösung x_0 von $\dot{x} = F(x)$ stabil.*

B e w e i s . Sei $\varepsilon > 0$ vorgegeben und so klein, dass L auf $\overline{B}(x_0 ; \varepsilon)$ existiert und $L(x) < L(x_0)$ für alle $x \in \overline{B}(x_0 ; \varepsilon)$, $x \neq x_0$, gilt. Dazu existiert dann ein δ, $0 < \delta < \varepsilon$, mit $L(x_1) > L(x_2)$ für alle $x_1 \in \overline{B}(x_0 ; \delta)$ und alle $x_2 \in S(x_0 ; \varepsilon)$, da $S(x_0 ; \varepsilon)$ kompakt ist.

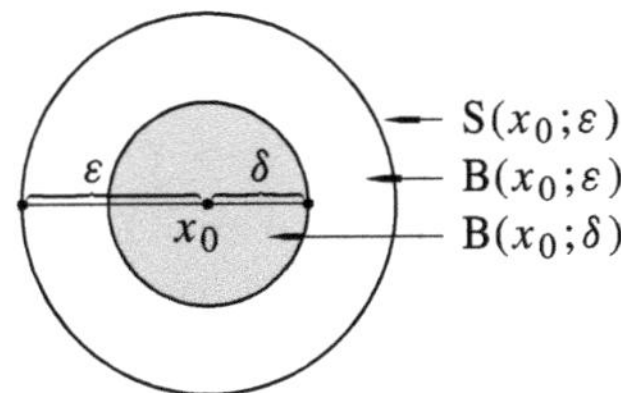

Nach Lemma 9.A.9, angewandt mit $B(x_0 ; \varepsilon)$ statt G, existieren dann alle Lösungen mit einem Anfangswert in $\overline{B}(x_0 ; \delta)$ auf ganz $\mathbb{R}_+$ und verlaufen in $B(x_0 ; \varepsilon)$. Dies ist die Behauptung. •

Insbesondere ist nach 9.A.10 eine stationäre Lösung x_0 von $\dot{x} = F(x)$ stabil, wenn F in einer Umgebung von x_0 ein erstes Integral besitzt, das in x_0 ein isoliertes lokales Extremum besitzt.

Für die asymptotische Stabilität stationärer Lösungen erhält man:

9.A.11 Ljapunov-Kriterium für asymptotische Stabilität *Unter den Voraussetzungen von* 9.A.10 *gelte für L zusätzlich die Bedingung* $D_F L(x) = D_{F(x)} L(x) > 0$ *(und nicht nur* $D_F L(x) \geq 0$*) für alle $x \neq x_0$ in einer Umgebung von x_0. Dann ist die stationäre Lösung x_0 von $\dot{x} = F(x)$ asymptotisch stabil.*

B e w e i s . Nach 9.A.10 ist x_0 bereits stabil. Zum Nachweis der asymptotischen Stabilität wählen wir δ und ε wie im Beweis von 9.A.10, wobei wir zusätzlich annehmen können, dass $D_F L(x)$ in $\overline{B}(x_0 ; \varepsilon) - \{x_0\}$ positiv ist.

Sei nun $\psi : [0, \infty[\to B(x_0 ; \varepsilon)$ eine Lösung von $\dot{x} = F(x)$ mit $\psi(0) \in \overline{B}(x_0 ; \delta)$. Wir zeigen $\lim_{t\to\infty} \psi(t) = x_0$. Dies ist offenbar äquivalent mit $\lim_{t\to\infty} L(\psi(t)) = L(x_0)$. Angenommen, es sei $\lim_{t\to\infty} L(\psi(t)) < L(x_0)$. Dann gibt es eine Umgebung U von x_0 derart, dass $\psi(t)$ ganz außerhalb von U verläuft. Wegen der Stetigkeit von $D_F L(x)$ gibt es ein $\rho > 0$ mit $|D_F L(x)| \geq \rho$ für alle $x \in \overline{B}(x_0 ; \varepsilon) - U$. Nach dem Mittelwertsatz, angewandt auf die Funktion $t \mapsto L(\psi(t))$, existiert für beliebige $t \geq t' \geq 0$ jeweils ein τ zwischen t und t' mit

$$L\big(\psi(t)\big) - L\big(\psi(t')\big) = D_{\dot{\psi}(\tau)} L\big(\psi(t)\big) \cdot (t - t') = D_F L\big(\psi(\tau)\big) \cdot (t - t') \geq \rho(t - t').$$

Daraus folgt der Widerspruch $\lim_{t\to\infty} L(\psi(t)) = \infty$. •

Aus dem letzten Satz ergibt sich das folgende klassische Kriterium für asymptotische Stabilität:

9.A.12 Satz *Sei x_0 ein singulärer Punkt des (lokal Lipschitz-stetigen) und in x_0 total differenzierbaren Vektorfeldes $F : G \to V$, und das totale Differenzial $A := (DF)_{x_0}$ von F an der Stelle x_0 habe nur Eigenwerte mit negativen Realteilen. Dann ist die stationäre Lösung x_0 von $\dot{x} = F(x)$ asymptotisch stabil.*

B e w e i s . Ohne Einschränkung können wir $x_0 = 0$ annehmen. Wir betrachten dann neben $\dot{x} = F(x)$ die Linearisierung $\dot{x} = A(x)$. Nach Beispiel 9.A.7 gibt es ein Skalarprodukt $\langle -, - \rangle$ auf V derart, dass $L(x) := -\langle x, x \rangle$ eine Ljapunov-Funktion für $\dot{x} = A(x)$ definiert. Nach Konstruktion ist dabei sogar $D_A L(x) = -2\langle A(x), x \rangle > 0$ für alle $x \neq 0$. Es genügt zu zeigen, dass L in einer Umgebung von x_0 eine Ljapunov-Funktion für F ist, die die in 9.A.11 geforderten Bedingungen erfüllt. Zunächst gibt es eine Konstante $C > 0$ mit $|\langle A(x), x \rangle| \geq C\|x\|^2$ für alle $x \in V$. (Man kann für C etwa den kleinsten Eigenwert von $-\frac{1}{2}(A + \widehat{A})$ wählen oder mit Bd. 2, 17.B, Aufg. 20 schließen.) Auf Grund der Definition des totalen Differenzials gilt in einer genügend kleinen Umgebung von 0 für $x \neq 0$ die Abschätzung $\|F(x) - A(x)\| < C\|x\|$. Für diese x gilt dann

$$D_{F(x)}L(x) = -2\langle F(x), x \rangle = -2\langle F(x) - A(x), x \rangle - 2\langle A(x), x \rangle$$

$$\geq -2\langle A(x), x \rangle - 2\|F(x) - A(x)\| \cdot \|x\| > 0,$$

wie gewünscht.   ●

Als Instabilitätskriterium beweisen wir noch:

9.A.13 Ljapunov-Kriterium für Instabilität *Sei $x_0 \in G$ ein singulärer Punkt des (lokal Lipschitz-stetigen) Vektorfeldes F. In einer Umgebung von x_0 existiere eine Ljapunov-Funktion L für $\dot{x} = F(x)$ mit $D_F L(x) > 0$ für alle $x \neq x_0$, die in x_0 kein lokales Maximum besitzt. Dann ist die stationäre Lösung x_0 von $\dot{x} = F(x)$ sicherlich nicht stabil.*

B e w e i s . L existiere auf der Kugel $\overline{B}(x_0 ; r) \subseteq G$. Angenommen, es gäbe ein $\delta > 0$ derart, dass jede maximale Lösung ψ mit einem Anfangswert $\psi(0) \in \overline{B}(x_0 ; \delta)$ auf $[0, \infty[$ definiert ist und ganz in $\overline{B}(x_0 ; r)$ bleibt. Dann wählen wir eine Lösung ψ mit $\psi(0) \in \overline{B}(x_0 ; \delta)$ und $L\big(\psi(0)\big) > L(x_0)$. Wir betrachten wie im Beweis von 9.A.11 die Funktion $t \mapsto L(\psi(t))$ auf $[0, \infty[$. Da L längs ψ monoton wächst, gibt es ein ε_0 mit $0 < \varepsilon_0 < r$ und $\psi(t) \notin B(x_0 ; \varepsilon_0)$ für alle $t \geq 0$. Auf der kompakten Kugelschale $\overline{B}(x_0 ; r) - B(x_0 ; \varepsilon_0)$ nimmt die Funktion $D_F L$ ihr (positives) Minimum m an. Daher ist die Ableitung der Funktion $L \circ \psi$ auf $[0, \infty[$ überall $\geq m$ und daher $L \circ \psi$ unbeschränkt. Widerspruch.   ●

Ganz ähnlich erhält man das folgende Kriterium:

9.A.14 Satz *Sei $x_0 \in G$ ein singulärer Punkt des (lokal Lipschitz-stetigen) Vektorfeldes F. In einer Umgebung von x_0 existiere eine C^1-Funktion L, die in x_0 kein lokales Maximum besitzt, und eine Konstante $\lambda > 0$ mit $D_F L \geq \lambda\big(L - L(x_0)\big)$. Dann ist die stationäre Lösung x_0 von $\dot{x} = F(x)$ sicherlich nicht stabil.*

B e w e i s . Ohne Einschränkung sei $L(x_0) = 0$. Um einen Widerspruch zur Stabilität zu bekommen, wählen wir eine Lösung ψ von $\dot{x} = F(x)$ mit $L\big(\psi(0)\big) > L(x_0) = 0$ wie im Beweis von 9.A.13. Die Funktion $f := L \circ \psi$ auf $[0, \infty[$ erfüllt dann die Ungleichung $\dot{f} \geq \lambda f$, woraus $f \geq f(0) \exp(\lambda t)$ folgt (da $f \exp(-\lambda t)$ monoton wachsend ist). Widerspruch.   ●

Satz 9.A.14 liefert ein zu dem Stabilitätskriterium 9.A.12 analoges Instabilitätskriterium:

9.A.15 Satz *Sei x_0 ein singulärer Punkt des (lokal Lipschitz-stetigen) und in x_0 total differenzierbaren Vektorfeldes $F : G \to V$, und das totale Differenzial $A := (DF)_{x_0}$ von F an der Stelle x_0 habe wenigstens einen Eigenwert mit positivem Realteil. Dann ist die stationäre Lösung x_0 von $\dot{x} = F(x)$ sicherlich nicht stabil.*

B e w e i s . Wir können annehmen, dass $x_0 = 0$ ist. Sei V_1 der für das lineare System $\dot{x} = Ax$ asymptotisch instabile Unterraum von V, d.h. die Summe derjenigen Primärkomponenten von V bezüglich A, die zu Eigenwerten mit positiven Realteilen gehören. Entsprechend sei V_2 die Summe derjenigen Primärkomponenten zu Eigenwerten mit Realteilen ≤ 0.[4]) Dann ist

$$V = V_1 \oplus V_2 = V_1 \times V_2 = \{x_1 + x_2 = (x_1, x_2) \mid x_1 \in V_1, \; x_2 \in V_2\}.$$

Nach Lemma 9.A.8 gibt es Skalarprodukte $\langle -, - \rangle_1$ auf V_1 und $\langle -, - \rangle_2$ auf V_2 mit

$$\langle Ax_1, x_1 \rangle_1 > 0 \quad \text{und} \quad \langle Ax_2 - \varepsilon x_2, x_2 \rangle_2 < 0$$

für alle $x_1 \in V_1 - \{0\}$ und alle $x_2 \in V_2 - \{0\}$, wobei $\varepsilon > 0$ eine vorgegebene noch zu spezifizierende Zahl ist (von der $\langle -, - \rangle_2$ natürlich abhängt).

Wir zeigen nun, dass für ein geeignetes ε die Funktion

$$L(x_1, x_2) := \langle x_1, x_1 \rangle_1 - \langle x_2, x_2 \rangle_2$$

die Voraussetzung von Satz 9.A.14 erfüllt. Dazu sei $F(x_1, x_2) = \big(F_1(x_1, x_2), F_2(x_1, x_2)\big)$ Element von $V_1 \times V_2$. Die Bedingung

$$D_F L(x_1, x_2) = 2\langle F_1(x_1, x_2), x_1 \rangle_1 - 2\langle F_2(x_1, x_2), x_2 \rangle_2 \geq \lambda\big(\langle x_1, x_1 \rangle_1 - \langle x_2, x_2 \rangle_2\big)$$

ist äquivalent mit

$$\langle 2F_1(x_1, x_2) - \lambda x_1, x_1 \rangle_1 - \langle 2F_2(x_1, x_2) - \lambda x_2, x_2 \rangle_2 \geq 0,$$

d.h. mit

$$\big(\langle 2A(x_1) - \lambda x_1, x_1 \rangle_1 + \langle 2F_1(x_1, x_2) - 2A(x_1), x_1 \rangle_1\big) +$$
$$\big(-\langle 2A(x_2) - \lambda x_2, x_2 \rangle_2 - \langle 2F_2(x_1, x_2) - 2A(x_2), x_2 \rangle_2\big) \geq 0.$$

Sind $\lambda > 0$ und $\varepsilon := \lambda/2$ sowie (x_1, x_2) klein genug, so ist sogar jeder einzelne der beiden Summanden wegen $F_1(x_1, x_2) - A(x_1) = o\big(\|(x_1, x_2)\|\big)$ und $F_2(x_1, x_2) - A(x_2) = o\big(\|(x_1, x_2)\|\big)$ für $(x_1, x_2) \to 0$ nicht negativ, vgl. den Beweis von Satz 9.A.12. $\quad\bullet$

Die Linearisierung des Systems $\dot{x} = F(x)$ in einem singulären Punkt x_0 von F entscheidet nach den Sätzen 9.A.12 und 9.A.15 immer dann über das Stabilitätsverhalten der stationären Lösung x_0, wenn der Operator $(DF)_{x_0}$ positive oder keine rein-imaginären Eigenwerte hat. Der verbleibende k r i t i s c h e F a l l erfordert häufig subtilere Überlegungen. Man beachte aber, dass der lineare Fall selbst gemäß 9.A.5 stets entschieden werden kann. Kleine Störungen eines linearen stabilen Systems mit einem rein-imaginären Eigenwert führen aber je nach Richtung der Störung zu jeder Art von Stabilitätsverhalten.

9.A.16 Beispiel Wir betrachten ein mechanisches System mit kinetischer Energie $T = \frac{1}{2}\langle \dot{\mathfrak{r}}, \mathfrak{A}\dot{\mathfrak{r}} \rangle$ und der potentiellen Energie U in einer Umgebung des Nullpunkts im $\mathbb{R}^n$. Dabei sei $\mathfrak{A}$ eine (vom Ort $\mathfrak{r}$ abhängende) in jedem Punkt positiv definite Matrix. Dann lauten die Lagrangeschen Gleichungen mit der Lagrange-Funktion $L = T - U$

$$\frac{d}{dt}\frac{\partial L}{\partial \dot{x}_i} - \frac{\partial L}{\partial x_i} = 0, \qquad i = 1, \ldots, n.$$

Bei Auftreten von Reibungskräften sind diese Gleichungen durch einen Zusatzterm zu korrigieren. Wir nehmen an, dass die korrigierten Gleichungen die Gestalt

$$\frac{d}{dt}\frac{\partial L}{\partial \dot{x}_i} - \frac{\partial L}{\partial x_i} + \frac{\partial \Phi}{\partial \dot{x}_i} = 0, \qquad i = 1, \ldots, n,$$

---

[4]) V_2 umfasst den asymptotisch stabilen Unterraum für das lineare System.

haben, wobei die so genannte D i s s i p a t i o n s f u n k t i o n Φ von der Form

$$\Phi = \frac{1}{2} \langle \dot{\mathfrak{r}}, \mathfrak{B}\dot{\mathfrak{r}} \rangle$$

mit einer (vom Ort abhängenden) in jedem Punkt positiv semidefiniten Matrix $\mathfrak{B}$ ist.

Das Negative der Energie $E = T + U = L + 2U$ *ist dann eine Ljapunov-Funktion für das System.*[5]) Längs einer Lösung gilt nämlich

$$\frac{dE}{dt} = \frac{dL}{dt} + 2\frac{dU}{dt} = \sum_{i=1}^{n} \left(\frac{\partial L}{\partial x_i} \dot{x}_i + \frac{\partial L}{\partial \dot{x}_i} \ddot{x}_i \right) + 2\frac{dU}{dt}$$

$$= \sum_{i=1}^{n} \left(\frac{d}{dt} \left(\frac{\partial L}{\partial \dot{x}_i} \right) \dot{x}_i + \frac{\partial L}{\partial \dot{x}_i} \ddot{x}_i \right) + \sum_{i=1}^{n} \frac{\partial \Phi}{\partial \dot{x}_i} \dot{x}_i + 2\frac{dU}{dt}$$

$$= \frac{d}{dt} \left(\sum_{i=1}^{n} \frac{\partial L}{\partial \dot{x}_i} \dot{x}_i \right) + 2\Phi + 2\frac{dU}{dt} = 2\frac{dT}{dt} + 2\Phi + 2\frac{dU}{dt} = 2\frac{dE}{dt} + 2\Phi,$$

also

$$-\frac{dE}{dt} = 2\Phi \geq 0.$$

Hat die potentielle Energie U im Nullpunkt ein isoliertes lokales Minimum, so ist $(\mathfrak{r}, \dot{\mathfrak{r}}) = (0, 0)$ eine stationäre Lösung, $-E$ hat in $(0, 0)$ ein isoliertes lokales Maximum. *Nach 9.A.10 ist dann diese stationäre Lösung stabil.*

Sei nun darüber hinaus die Hesse-Form $\mathfrak{C}(0)$ von U im Nullpunkt positiv definit und ebenso die Matrix $\mathfrak{B}(0)$, die die Dissipationsfunktion Φ für $\mathfrak{r} = 0$ definiert. Das in $(0, 0)$ linearisierte System

$$\mathfrak{A}(0)\,\ddot{\mathfrak{r}} + \mathfrak{B}(0)\,\dot{\mathfrak{r}} + \mathfrak{C}(0)\,\mathfrak{r} = 0$$

ist in diesem Fall asymptotisch stabil, vgl. Bd. 2, Beispiel 15.B.9. *Nach Satz 9.A.12 ist dann auch die stationäre Lösung* $(0, 0)$ *des* (nicht notwendig linearen) *Ausgangssystems asymptotisch stabil.*

9.A.17 Beispiel (L o r e n z - S y s t e m e) Das folgende dynamische System F auf dem $\mathbb{R}^3$ wurde erstmals von E. N. Lorenz im Jahr 1963 im Zusammenhang mit der Modellierung des Wettergeschehens untersucht und wird häufig zur Demonstration nicht stabiler Lösungen dynamischer Systeme herangezogen. Es lautet

$$\dot{x} = -\sigma x + \sigma y, \quad \dot{y} = -xz + rx - y, \quad \dot{z} = xy - bz,$$

wobei σ, r und b positive Parameter sind.

Als erstes bemerken wir, dass *alle Lösungen dieses Systems für alle Zeiten definiert sind*, die Lorenz-Systeme also jeweils einen globalen Fluss $\Phi : \mathbb{R} \times \mathbb{R}^3 \to \mathbb{R}^3$ definieren. Um dies einzusehen, betrachten wir die Funktion

$$Q = \frac{1}{2}(x^2 + y^2 + z^2),$$

deren Ableitung längs F wie Q eine quadratische Form ist wegen

$$\mathrm{D}_F Q = xF_1 + yF_2 + zF_3 = -\sigma x^2 + (\sigma + r)xy - y^2 - bz^2.$$

---

[5]) Man beachte, dass hier L die Lagrange- und nicht die Ljapunov-Funktion ist.

Da Q positiv ist, gibt es ein $\alpha \geq 0$ mit $|D_F Q| \leq \alpha Q$ auf ganz $\mathbb{R}^3$. Daraus folgt für jede Lösung φ des Lorenz-Systems und alle t_0, t aus dem Definitionsbereich von φ die Ungleichung $Q(\varphi(t)) \leq Q(\varphi(t_0)) \exp(\alpha|t - t_0|)$. Die maximalen Lösungen sind also auf ganz $\mathbb{R}$ definiert.

Die Divergenz des gegebenen Lorenz-Systems ist konstant gleich

$$\operatorname{div} F = \frac{\partial F_1}{\partial x} + \frac{\partial F_2}{\partial y} + \frac{\partial F_3}{\partial z} = -(\sigma + 1 + b) < 0 \,.$$

Jede kompakte (und damit messbare) Menge M mit dem Volumen V wird von dem durch F bewirkten Fluss Φ_t nach der Zeit t in eine Menge $\Phi_t(M)$ mit dem Volumen $V \exp\left(-(\sigma+1+b)t\right)$ transportiert. Für $t \to \infty$ konvergiert dieses Volumen also stets gegen 0, vgl. Beispiel 8.C.7 (1). Dies bedeutet aber keineswegs, dass die Menge notwendigerweise auf einen Punkt zusammenschrumpft, was man etwa in der Weise präzisieren könnte, dass $M_\infty := \bigcap_{t \in \mathbb{R}} \left(\overline{\bigcup_{t' \geq t} \Phi_{t'}(M)} \right)$ nur aus einem Punkt besteht. Wie die folgenden Überlegungen zeigen, ist aber M_∞ stets eine (kompakte) Menge vom Volumen 0.

Es gibt ein (explizit angebbares) Ellipsoid $E \subseteq \mathbb{R}^3$ derart, dass alle Lösungen φ des Lorenz-Systems nach endlicher Zeit in E eindringen und dort bleiben. Um dies einzusehen, betrachten wir die um den Punkt $(0, 0, 2r)$ zentrierte (positiv definite) quadratische Form

$$R := \frac{1}{2}\left(rx^2 + \sigma y^2 + \sigma(z - 2r)^2 \right) \,.$$

Die Ableitung von R längs F ist

$$D_F R = rxF_1 + \sigma yF_2 + \sigma(z - 2r)F_3 = -\sigma\left(rx^2 + y^2 + b(z - r)^2 \right) + \sigma br^2 \,.$$

Für $\varepsilon > 0$ betrachten wir die Ellipsoide

$$E'_\varepsilon := \{D_F R \geq -\varepsilon\} = \{\sigma\left(rx^2 + y^2 + b(z - r)^2 \right) \leq \sigma br^2 + \varepsilon\} \quad \text{und} \quad E_\varepsilon := \{R \leq c_\varepsilon\}\,,$$

wo c_ε das Maximum von R auf E'_ε ist. Es ist $E'_\varepsilon \subseteq E_\varepsilon$. Sei nun φ eine Lösung des Systems. Ist $\varphi(t_0) \notin E'_\varepsilon$, so hat die Funktion $R \circ \varphi$ zum Zeitpunkt t_0 eine Ableitung $< -\varepsilon$. Wegen $R \circ \varphi \geq 0$ liegt $\varphi(t)$ also spätestens zum Zeitpunkt $t_0 + \varepsilon^{-1} R(\varphi(t_0))$ in E'_ε und damit in E_ε.

Jede Lösung φ, die E_ε erreicht hat, bleibt dort für alle zukünftigen Zeiten. Andernfalls gäbe es Zeiten $t_1 < t_2$ mit $R(\varphi(t_1)) = c_\varepsilon$ und $R(\varphi(t)) > c_\varepsilon$ für alle t mit $t_1 < t < t_2$. Es wäre dann $(d/dt)(R \circ \varphi)(t_1) \geq 0$. Andererseits ist $\varphi(t_1)$ sicherlich kein innerer Punkt von E'_ε und somit $(d/dt)(R \circ \varphi)(t_1) \leq -\varepsilon < 0$. Widerspruch! Jedes Ellipsoid $E := E_\varepsilon$ hat somit die oben angegebenen Eigenschaften (und jede kompakte Menge $M \subseteq \mathbb{R}^3$ liegt in solch einem Ellipsoid). Es gilt $\Phi_t(E) \subseteq E$ für alle $t \geq 0$, woraus wegen $\Phi_{s+t} = \Phi_s \circ \Phi_t$ für alle $s, t \in \mathbb{R}$ folgt, dass generell $\Phi_{t'}(E) \subseteq \Phi_t(E)$ ist für $t' \geq t$.

Daher ist

$$E_\infty = \bigcap_{t \in \mathbb{R}} \left(\bigcup_{t' \geq t} \Phi_{t'}(E) \right) = \bigcap_{t \in \mathbb{R}} \Phi_t(E) = \bigcap_{n \in \mathbb{N}} \Phi_n(E)$$

nach 2.B, Aufg. 25 wie E eine kompakte zusammenhängende Menge, die das Volumen 0 hat (da $\Phi_n(E)$ das Volumen $V_0 \exp\left(-(\sigma+1+b)n\right)$ hat, wenn V_0 das Volumen von E ist). Die Menge E_∞ ist unter dem Fluss invariant (d.h. jede Lösung, die einen Punkt in E_∞ hat, verläuft ganz in E_∞) und hängt offenbar nicht von dem gewählten $\varepsilon > 0$ ab (wohl aber von den Parametern σ, r, b). Sie heißt ein L o r e n z - A t t r a k t o r .[6])

---

[6]) Die Lorenz-Attraktoren sind Gegenstand zahlreicher Untersuchungen. Wir verweisen hier stellvertretend auf C. Sparrow: The Lorenz Equations: Bifurcations, Chaos, and Strange Attractors. New York 1982.

E_∞ enthält natürlich die stationären Lösungen

$$(0,0,0), \quad \left(\sqrt{b(r-1)}, \sqrt{b(r-1)}, r-1\right), \quad \left(-\sqrt{b(r-1)}, -\sqrt{b(r-1)}, r-1\right),$$

wobei die letzten beiden nur dann auftreten, wenn $r > 1$ ist. Die linearisierten Vektorfelder in diesen Punkten werden durch die Matrizen

$$\begin{pmatrix} -\sigma & \sigma & 0 \\ r & -1 & 0 \\ 0 & 0 & -b \end{pmatrix}$$

bzw.

$$\begin{pmatrix} -\sigma & \sigma & 0 \\ 1 & -1 & -\sqrt{b(r-1)} \\ \sqrt{b(r-1)} & \sqrt{b(r-1)} & -b \end{pmatrix}, \quad \begin{pmatrix} -\sigma & \sigma & 0 \\ 1 & -1 & \sqrt{b(r-1)} \\ -\sqrt{b(r-1)} & -\sqrt{b(r-1)} & -b \end{pmatrix}$$

beschrieben.

Betrachten wir zunächst den Nullpunkt. Die Eigenwerte der ersten Matrix sind

$$-b, \quad \frac{1}{2}\left(-1 - \sigma \pm \sqrt{(\sigma-1)^2 + 4r\sigma}\right).$$

Bei $r < 1$ sind diese Eigenwerte alle negativ, die zugehörige stationäre Lösung $(0,0,0)$ nach 9.A.12 also asymptotisch stabil. Ihr Einzugsbereich ist in diesem Fall sogar der ganze $\mathbb{R}^3$. [7]) Um dies einzusehen, verwenden wir die Ljapunov-Funktion

$$L := -\frac{1}{2}\left(\sigma^{-1}x^2 + y^2 + z^2\right)$$

mit der Ableitung $D_F L = x^2 - (r+1)xy + y^2 + bz^2$, die eine positiv definite quadratische Form ist. Ist $\varepsilon > 0$ vorgegeben und φ eine Lösung des Systems, so ist die Ableitung von $L \circ \varphi$ größer-gleich einer positiven Konstanten c, falls $\varphi(t) > \varepsilon$ ist. Wegen $L \circ \varphi \leq 0$ kann dies nur auf einem endlichen Zeitintervall der Fall sein. Somit ist $\lim_{t\to\infty} \varphi(t) = 0$.

Wächst r über 1 hinaus, so tritt für die Linearisierung im Nullpunkt der positive Eigenwert $\frac{1}{2}(-1 - \sigma + \sqrt{(\sigma-1)^2 + 4r\sigma})$ auf und der Nullpunkt wird nach 9.A.15 instabil. *Dafür sind aber die beiden neu hinzukommenden stationären Lösungen zunächst asymptotisch stabil.*

Die charakteristischen Polynome der weiteren Linearisierungen sind nämlich beide gleich

$$X^3 + (\sigma + b + 1)\, X^2 + b(\sigma + r)X + 2\sigma b(r-1).$$

Nach 9.A.12 sind die stationären Lösungen asymptotisch stabil, wenn die Nullstellen dieses Polynoms alle einen negativen Realteil haben. Da seine Koeffizienten positiv sind, sind die *reellen* Nullstellen gewiss negativ. Für große r treten aber stets auch komplexe Nullstellen auf. Wir benutzen daher das am Ende von Beispiel 9.A.4 angegebene Kriterium von Hurwitz-Routh und haben die Vorzeichen der Determinanten $\Delta_1 = \sigma + b + 1$,

$$\Delta_2 = \begin{vmatrix} \sigma + b + 1 & 1 \\ 2\sigma b(r-1) & b(\sigma + r) \end{vmatrix} = b\big(\sigma(\sigma + b + 3) + r(b + 1 - \sigma)\big),$$

$$\Delta_3 = \begin{vmatrix} \sigma + b + 1 & 1 & 0 \\ 2\sigma b(r-1) & b(\sigma + r) & \sigma + b + 1 \\ 0 & 0 & 2\sigma b(r-1) \end{vmatrix} = 2\sigma b(r-1)\Delta_2$$

---

[7]) Der Lorenz-Attraktor besteht in diesem Fall also nur aus dem Nullpunkt.

zu untersuchen. Bei $b+1 \geq \sigma$ sind Δ_1, Δ_2 und Δ_3 positiv für alle $r\,(>1)$, und die beiden Lösungen $\neq (0,0,0)$ sind asymptotisch stabil.

Sei nun $b+1 < \sigma$. Dann ist Δ_2 positiv für

$$(1\;<)\;\;r < r_{\mathrm{krit}} := \frac{\sigma\,(\sigma+b+3)}{\sigma-b-1}\,.$$

Für diese r erhalten wir wieder asymptotisch stabile stationäre Lösungen. Ist $r = r_{\mathrm{krit}}$, so hat das charakteristische Polynom offenbar die Nullstellen

$$\lambda_1 := -(\sigma+b+1)\,,\qquad \lambda_{2,3} = \pm\mathrm{i}\sqrt{b\,(r_{\mathrm{krit}}+\sigma)} = \pm\mathrm{i}\sqrt{\frac{2\sigma b\,(\sigma+1)}{\sigma-b-1}}\,.$$

Für $r > r_{\mathrm{krit}}$ ist $\Delta_2 < 0$, und es treten (konjugiert komplexe) Nullstellen mit positiven Realteilen auf. (Dabei sind die Ableitungen $d\,(\mathrm{Re}\,\lambda_{2,3})/dr$ im Punkt $r = r_{\mathrm{krit}}$ positiv, vgl. Beispiel 6.A.7 (1).) *Die stationären Lösungen $\neq (0,0,0)$ sind dann nach 9.A.15 wie der Ursprung instabil.* Dieser Bereich ist schon von E. N. Lorenz numerisch ausführlich behandelt worden, insbesondere das spezielle System mit den Parametern

$$\sigma = 10\,,\quad r = 28\,,\quad b = 8/3\quad (r_{\mathrm{krit}} = 470/19 = 24{,}73684\ldots)\,.$$

Die folgende Zeichnung gibt eine typische Lösung dieses Systems wieder. Sie bewegt sich „chaotisch" um die beiden (instabilen) stationären Lösungen $(6\sqrt{2}, 6\sqrt{2}, 27)$ und $(-6\sqrt{2}, -6\sqrt{2}, 27)$. Da die Lösung für $t \to \infty$ dem Lorenz-Attraktor E_∞ beliebig nahe kommt (und ganz darauf liegt, wenn dies für den Anfangswert gilt), gibt die Zeichnung auch einen gewissen Eindruck von E_∞ selbst.

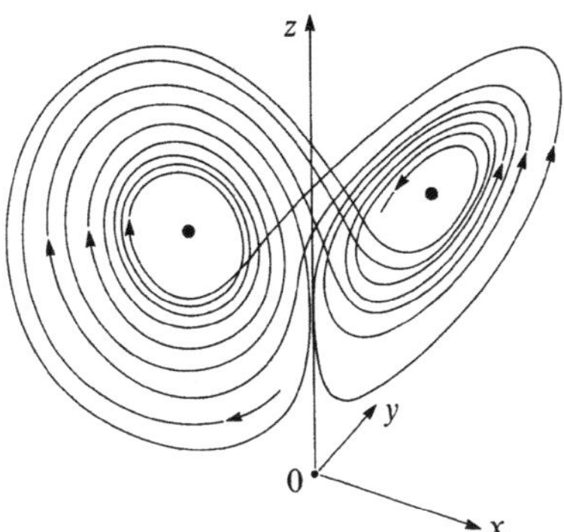

Der bei den Lorenz-Systemen zu beobachtende Wechsel des Stabilitätsverhaltens beim Durchgang des Parameters r durch den kritischen Wert r_{krit} bezeichnet man als eine H o p f s c h e B i f u r k a t i o n . Wir verweisen dazu auf die Literatur.

Aufgaben

1. Man untersuche die stationären Lösungen der folgenden Differenzialgleichungssysteme auf Stabilität bzw. asymptotische Stabilität.

a) $\dot{x} = -x + y^2, \quad \dot{y} = -y + x^2.$ **b)** $\dot{x} = y - x^2, \quad \dot{y} = x - y^2.$

c) $\dot{x} = -x(1-y), \quad \dot{y} = y(1-x).$ **d)** $\dot{x} = x(1-y), \dot{y} = y(1-x).$

(Bei c) und d) benutze man auch erste Integrale. Man untersuche generell die stationären Lösungen der Systeme $\dot{x} = \alpha x(\beta - y), \quad \dot{y} = \gamma x(\delta - y).$)

2. Man untersuche den Ursprung auf Stabilität für folgende Systeme:

a) $\dot{x} = \lambda \sin y - e^x + 1, \quad \dot{y} = \mu \sin x - e^y + 1.$ $(\lambda, \mu \in \mathbb{R}, \lambda\mu \neq 1)$

b) $\dot{x} = \lambda \sin x + xy, \quad \dot{y} = \mu \sin y + x^2 e^y.$ $(\lambda, \mu \in \mathbb{R}, \lambda\mu \neq 0)$

3. Man untersuche den Ursprung für die folgenden Systeme auf Stabilität (unter Verwendung der angegebenen Ljapunov-Funktionen):

a) $\dot{x} = -3y - 2x^3, \quad \dot{y} = 2x - 3y^3; \qquad L = -2x^2 - 3y^2.$

b) $\dot{x} = -xy^4, \quad \dot{y} = x^4 y; \qquad L = -x^4 - y^4.$

c) $\dot{x} = x^5 + y^3, \quad \dot{y} = x^3 - y^5; \qquad L = x^4 - y^4.$

4. Gegeben sei in einer Umgebung von $0 \in \mathbb{R}^2$ das autonome System

$$\dot{x} = y - xh(x, y), \quad \dot{y} = -x - yh(x, y)$$

mit stetig differenzierbarem h.

a) Ist $h \geq 0$ in einer Umgebung von 0, so ist die stationäre Lösung $x = y = 0$ stabil. (Man schließe mit der Funktion $L(x, y) := -x^2 - y^2$.)

b) Ist $h < 0$ in einer Umgebung von 0 (eventuell mit Ausnahme von 0 selbst), so ist die stationäre Lösung $x = y = 0$ sicher nicht stabil. (Man schließe mit der Funktion $L(x, y) := x^2 + y^2$.)

5. Sei x_0 ein singulärer Punkt des lokal Lipschitz-stetigen Vektorfeldes $F : G \to V$. Ferner sei $L : U \to \mathbb{R}$ eine stetig differenzierbare Funktion auf der offenen Menge $U \subseteq G$ mit folgenden Eigenschaften: (1) $L > 0$ auf U. (2) L lässt sich stetig auf $\overline{U} \cap G$ fortsetzen, und die Fortsetzung verschwindet auf $\partial U \cap G$. (3) Es ist $\mathrm{D}_F L > 0$ auf U. Ist dann $x_0 \in \overline{U} \cap G$, so ist die stationäre Lösung x_0 von $\dot{x} = F(x)$ sicher instabil. (K r i t e r i u m v o n T s c h e t a j e v – Dieses Kriterium impliziert die Sätze 9.A.13 und 9.A.14. Beweis!)

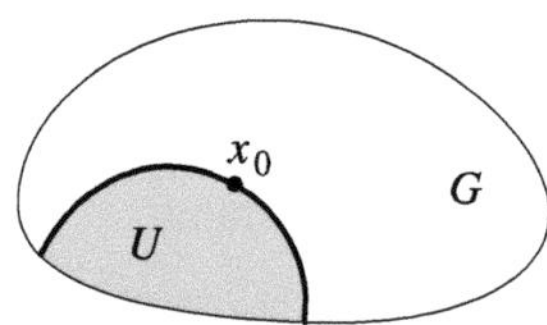

Man beweise (zum Beispiel mit dem Kriterium von Tschetajev unter Verwendung der Funktion $L = x^4 - y^4$) die Instabilität des Ursprungs für das System $\dot{x} = y^3 + x^5, \quad \dot{y} = x^3 + y^5.$

6. Sei x_0 ein stabiler singulärer Punkt des lokal Lipschitz-stetigen Vektorfeldes $F : G \to V$. Für die Lösung $\varphi : [0, \infty[\to G$ von $\dot{x} = F(x)$ gebe es eine Folge (t_k) mit $t_k \to \infty$ und $\varphi(t_k) \to x_0$. Dann ist bereits $\lim_{t \to \infty} \varphi(t) = x_0$.

7. Sei x_0 ein asymptotisch stabiler singulärer Punkt des lokal Lipschitz-stetigen Vektorfeldes $F : G \to V$. Dann ist der Einzugsbereich von x_0 ein Teilgebiet von G.

8. V sei ein euklidischer Vektorraum, und $F = -\operatorname{grad} U$ sei ein lokal Lipschitz-stetiges Gradientenfeld auf $G \subseteq V$ mit dem singulären Punkt $x_0 \in G$. Dann ist $\mathrm{D}_F U = -\|F\|^2$ und somit $-U$ eine Ljapunov-Funktion für F.

a) Hat U in x_0 ein isoliertes lokales Minimum, so ist x_0 eine stabile stationäre Lösung von $\dot x = F(x)$.

b) Hat U in x_0 ein lokales Minimum und ist x_0 ein isolierter singulärer Punkt von F, so ist x_0 asymptotisch stabil für $\dot x = F(x)$.

c) Hat U in x_0 kein lokales Minimum und ist x_0 ein isolierter singulärer Punkt von F, so ist x_0 sicher nicht stabil für $\dot x = F(x)$.

9. (Stabilität von Fixpunkten) Sei $G \subseteq V$ ein Gebiet des endlichdimensionalen $\mathbb{R}$-Vektorraums V, und sei $f : G \to V$ eine stetige Abbildung mit Fixpunkt $x_0 \in G$. Dann heißt x_0 ein stabiler Fixpunkt, wenn folgendes gilt: Zu jedem $\varepsilon > 0$ gibt es ein $\delta > 0$ derart, dass die Folge $f^k(x)$, $k \in \mathbb{N}$, für alle $x \in G$ mit $\|x - x_0\| \leq \delta$ definiert ist und $\|f^k(x) - x_0\| \leq \varepsilon$ ist für alle $k \in \mathbb{N}$. Gilt darüber hinaus $\lim_{k \to \infty} f^k(x) = x_0$ für diese x, so heißt der Fixpunkt asymptotisch stabil. Ist beispielsweise $F : G \to V$ ein lokal Lipschitz-stetiges Vektorfeld und x_0 eine Nullstelle von F, so ist x_0 ein stabiler (bzw. asymptotisch stabiler) Fixpunkt der zugehörigen Abbildung Φ_t nach der Zeit $t > 0$, wenn die stationäre Lösung x_0 des dynamischen Systems $\dot x = F(x)$ stabil (bzw. asymptotisch stabil) ist. Für eine lineare Abbildung $f : V \to V$ ist der Nullpunkt $0 \in V$ genau dann ein stabiler bzw. asymptotisch stabiler Fixpunkt, wenn f selbst die entsprechende Eigenschaft hat, vgl. Bd. 2, Abschnitt 18.B.

a) Ist f eine C^1-Abbildung und ist das totale Differenzial $(df)_{x_0}$ asymptotisch stabil, so ist x_0 ein asymptotisch stabiler Fixpunkt von f. (Vgl. 9.A.12.) Genauer gilt unter dieser Voraussetzung: Es gibt eine f-invariante abgeschlossene Umgebung X von x_0 derart, dass $f|X$ eine stark kontrahierende Abbildung von X in sich ist und folglich nach dem Banachschen Fixpunktsatz für jedes $x \in X$ gilt $\lim_{k \to \infty} f^k(x) = x_0$. (Man wähle eine Norm auf V und für X eine Kugel $\overline{\mathrm{B}}(x_0, r)$ (bzgl. dieser Norm) derart, dass $\|(df)_x\| \leq q < 1$ ist für alle $x \in X$, vgl. Bd. 2, Beispiel 18.B.7. – Ein Fixpunkt x_0 des hier betrachteten Typs heißt ein Attraktor von f.)

b) Ist f eine C^1-Abbildung und hat das totale Differenzial $(df)_{x_0}$ einen (reellen oder komplexen) Eigenwert vom Betrag > 1, so ist der Fixpunkt x_0 von f sicher nicht stabil. (Vergleiche 9.A.15. – Man benutze folgendes zu 9.A.14 analoge Kriterium für Instabilität: Gibt es in einer Umgebung von x_0 eine stetige reellwertige Funktion L und eine Konstante $\lambda > 0$ mit $L\big(f(x)\big) - L(x) \geq \lambda\big(L(x) - L(x_0)\big)$, die in x_0 kein lokales Maximum besitzt, so ist x_0 nicht stabil. Eine solche Funktion L findet man nun analog wie im Beweis von 9.A.15, wobei man wieder Bd. 2, Beispiel 18.B.7 benutzt, vgl. auch Bd. 2, Beispiel 18.B.10. Wirkt das totale Differenzial $(df)_{x_0}$ auf ganz V abstoßend, d.h. haben alle (reellen und komplexen) Eigenwerte einen Betrag > 1, so heißt x_0 ein total abstoßender Fixpunkt oder ein Repeller von f.[8])

---

[8]) Im Englischen spricht man von einem repellant.

10 Elemente der Variationsrechnung

10.A Die Eulerschen Differenzialgleichungen

Bei vielen Problemen werden Kurven (und auch Abbildungen zwischen Räumen höherer Dimensionen) untersucht, für die bestimmte vorgegebene Funktionale extremal oder zumindest stationär sind. Man spricht von Variationsproblemen. Sie sprengen den Rahmen der bisher betrachteten Extremwertaufgaben, weil die zur Konkurrenz zugelassenen Objekte nicht mehr in einem *endlich*dimensionalen (reellen) Vektorraum variieren. Solche Variationsprobleme führen in der Regel auf (gewöhnliche oder auch partielle) Differenzialgleichungen, denen die Lösungen zu gehorchen haben. Es ist eine der Grundideen der modernen Physik, Naturgesetze mit Variationsprinzipien zu begründen. Wir behandeln in diesem Paragraphen eines der klassischen Probleme der Variationsrechnung.[1])

Seien $G \subseteq V$ ein Gebiet im endlichdimensionalen $\mathbb{R}$-Vektorraum V und $I \subseteq \mathbb{R}$ ein Intervall. Im Hinblick auf physikalische Sprechweisen nennen wir G den K o n f i - g u r a t i o n s r a u m und interpretieren I als Zeitintervall. Eine stetig differenzierbare Kurve $\varphi : I \to G$ definiert die Z u s t a n d s k u r v e $t \mapsto \big(\varphi(t), \dot\varphi(t)\big)$ im so genannten Z u s t a n d s r a u m $TG = G \times V$. Ihr Graph $t \mapsto \big(t, \varphi(t), \dot\varphi(t)\big)$ heißt die e r w e i t e r t e Z u s t a n d s k u r v e ; sie liegt im e r w e i t e r t e n Z u s t a n d s r a u m $I \times G \times V$. Ein Z u s t a n d $(x, v) \in G \times V$ besteht also aus einer K o n f i g u r a t i o n $x \in G$ und einem (Geschwindigkeits-)Vektor $v \in V$.[2]) Für differenzierbare Abbildungen auf $I \times G \times V$ bezeichnen wir die partielle Ableitung in Richtung von $V_1 = \{0\} \times V \times \{0\} \subseteq \mathbb{R} \times V \times V$ mit D_1 und die partielle Ableitung in Richtung von $V_2 := \{0\} \times \{0\} \times V \subseteq \mathbb{R} \times V \times V$ mit D_2. *Sowohl V_1 als auch V_2 identifizieren wir mit V.* Ist v_i, $i \in I$, eine Basis von V, so bilden die Vektoren $(0, v_i, 0)$ und $(0, 0, v_i)$, $i \in I$, zusammen mit $(1, 0, 0)$ eine Basis von $\mathbb{R} \times V \times V$. Die zugehörigen Koordinatenfunktionen bezeichnen wir häufig (besonders im physikalischen Kontext) mit q_i und $\dot q_i$, $i \in I$, bzw. t. Mit der Basis v_i, $i \in I$, sind also neben der partiellen Ableitung $\partial/\partial t$ nach der Zeit die partiellen Ableitungen $\partial/\partial q_i$, $i \in I$, nach den „Ortskoordinaten" q_i und die partiellen Ableitungen $\partial/\partial \dot q_i$, $i \in I$, nach den „Geschwindigkeitskoordinaten" $\dot q_i$ definiert.

---

[1]) Als Begleitlektüre zu diesem Paragraphen (insbesondere für Physiker) und – wie von deren Autor vorgeschlagen – zur „Unterhaltung" empfehlen wir die Vorlesung „Das Prinzip der kleinsten Wirkung" aus den „Feynman Vorlesungen über Physik", Bd. II.

[2]) Das Betrachten des Zustandsraums $TG = G \times V$ (statt des Konfigurationsraums G) ist eine mögliche Antwort auf das Paradoxon des Zenon von Elea über den fliegenden Pfeil: Ein fliegender Pfeil und ein ruhender Pfeil können am selben Ort sein, sie befinden sich aber in *verschiedenen* Zuständen.

Vorgegeben seien eine stetig differenzierbare Wirkungsfunktion

$$L : I \times G \times V \to \mathbb{R},$$

sowie zwei Zeitpunkte $a, b \in I$, $a < b$, eine Anfangskonfiguration $x(a)$ und eine End-konfiguration $x(b)$. Gesucht sind solche stetig differenzierbaren Kurven $\varphi : [a, b] \to G$ mit $\varphi(a) = x(a)$ und $\varphi(b) = x(b)$, für die das so genannte Wirkungsintegral (kurz: die Wirkung)

$$S(\varphi) := \int_a^b L\big(t, \varphi(t), \dot\varphi(t)\big)\, dt$$

längs der erweiterten Zustandskurve $(t, \varphi, \dot\varphi)$ zu φ extremal oder zumindest stationär ist. Dabei heißt das Wirkungsintegral $S(\varphi)$ für die Kurve φ stationär, wenn für jede stetig differenzierbare Kurve $\psi : [a, b] \to G$ mit $\psi(a) = \psi(b) = 0$ die (in einer Umgebung von $0 \in \mathbb{R}$) definierte Funktion $s \mapsto S(\varphi + s\psi)$ in 0 stationär ist, d.h. wenn ihre Ableitung

$$\delta_\psi S(\varphi) := \frac{d}{ds} S(\varphi + s\psi)\Big|_{s=0} = \int_a^b \frac{d}{ds} L(t, \varphi + s\psi, \dot\varphi + s\dot\psi)\Big|_{s=0} dt$$

$$= \int_a^b \big(\mathrm{D}_1 L(t, \varphi, \dot\varphi\,;\psi) + \mathrm{D}_2 L(t, \varphi, \dot\varphi\,;\dot\psi)\big)\, dt$$

gleich 0 ist. Dabei haben wir nach s gemäß Bd. 1, 16.B.17 (vgl. auch 5.B, Aufg. 14) unter dem Integralzeichen differenziert. Die Ableitung $\delta_\psi S(\varphi)$ heißt die erste Variation von S in φ in (Störungs-)Richtung ψ, der erste Summand $\int_a^b \mathrm{D}_1 L(t, \varphi, \dot\varphi\,;\psi)\, dt$ ihr horizontaler und der zweite Summand $\int_a^b \mathrm{D}_2 L(t, \varphi, \dot\varphi\,;\dot\psi)\, dt$ ihr vertikaler Anteil.

10.A.1 Bemerkung Man könnte daran denken, allgemeinere Deformationen von φ als die linearen der Form $s \mapsto \varphi + s\psi$ bei der Definition stationärer Lösungen zur Konkurrenz zuzulassen, und zwar Variationen $s \mapsto H(s, -)$, wobei

$$H : \,]\!-\varepsilon, \varepsilon[\, \times [a, b] \longrightarrow G$$

stetig differenzierbar ist mit $H(s, a) = x(a)$ und $H(s, b) = x(b)$ für alle $s \in\,]\!-\varepsilon, \varepsilon[$, sowie $H(0, t) = \varphi(t)$ für alle $t \in [a, b]$.

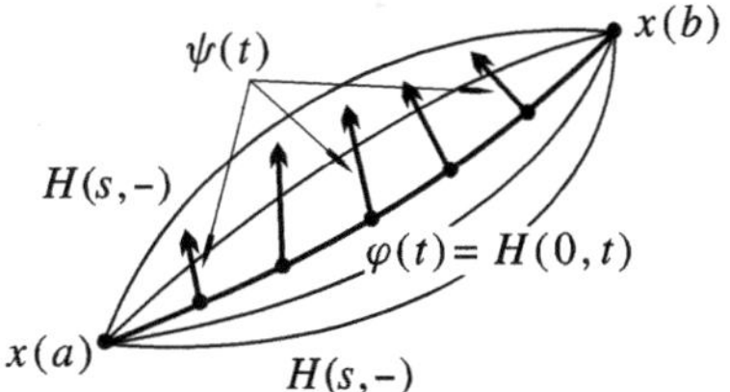

Außerdem mögen die zweiten partiellen Ableitungen $\partial^2 H/\partial s\,\partial t$ und $\partial^2 H/\partial t\,\partial s$ existieren und in den Punkten $(0, t)$, $t \in [a, b]$, stetig sein, so dass $(\partial^2 H/\partial s\,\partial t)(0, t) = (\partial^2 H/\partial t\,\partial s)(0, t) = \dot{\psi}(t)$ ist mit $\psi(t) := (\partial H/\partial s)(0, t)$. Dann gilt aber

$$\frac{d}{ds} S\big(H(s, -)\big)\Big|_{s=0} = \int_a^b \frac{d}{ds} L\Big(t, H(s, t), \frac{\partial H}{\partial t}(s, t)\Big)\Big|_{s=0} dt$$

$$= \int_a^b \big(\mathrm{D}_1 L(t, \varphi, \dot{\varphi}\,; \psi) + \mathrm{D}_2 L(t, \varphi, \dot{\varphi}\,; \dot{\psi})\big)\, dt = \delta_\psi S(\varphi),$$

und die Vergrößerung der Konkurrenz ergibt demnach keine neuen Bedingungen.

Natürlich sind lokal extremale Kurven stationär, wobei der Begriff lokal durch eine geeignete Topologie auf dem Raum $\mathrm{C}^1\big([a, b], G\big)$ der C^1-Kurven $\varphi : [a, b] \to G$ zu präzisieren ist. Dazu kann man etwa die durch die Supremumsnorm $\|\varphi\|$ oder auch die durch die C^1-Norm $\|\varphi\| + \|\dot{\varphi}\|$ definierte Topologie nehmen.

Ferner bemerken wir, dass mittels eines C^2-Diffeomorphismus $F : G' \to G$ eines Gebietes $G' \subseteq V'$ auf G stationäre Lösungen des Variationsproblems zu L in stationäre Lösungen des t r a n s f o r m i e r t e n V a r i a t i o n s p r o b l e m s zur Wirkungsfunktion $L' : I \times G' \times V' \to \mathbb{R}$,

$$L'(t, x', u') := L\big(t, F(x'), \mathrm{D}F(x'\,; u')\big),$$

überführt werden, wobei die Anfangs- und Endpunkte natürlich vermöge F korrespondieren. Kurven mit stationärem Wirkungsintegral sind also invariant gegenüber C^2-Koordinatenwechsel definiert. Dies folgt einfach aus der Kettenregel und gilt sogar allgemeiner für C^2-Diffeomorphismen $F : I \times G' \to I \times G$ der Form $(t, x') \mapsto \big(t, F(t, x')\big)$, wenn die Wirkungsfunktion $L' : I \times G' \times V' \to \mathbb{R}$ für das transformierte Variationsproblem durch

$$L'(t, x', u') := L\big(t, F(t, x'), \mathrm{D}F(t, x'\,; 1, u')\big)$$

definiert wird (Z e i t a b h ä n g i g e r K o o r d i n a t e n w e c h s e l). Dabei hängt in der Regel L' auch dann explizit von der Zeit ab, wenn L dies nicht tut.

Grundlegend ist das folgende Kriterium für die Lösungen des Variationsproblems:

10.A.2 Eulersche Differenzialgleichung *Die Wirkungsfunktion $L : I \times G \times V \to \mathbb{R}$ sei zweimal stetig differenzierbar. Dann ist das Wirkungsintegral $S(\varphi)$ längs der C^2-Kurve $\varphi : [a, b] \to G$ genau dann stationär, wenn φ die Eulersche Differenzialgleichung*

$$\frac{d}{dt}\mathrm{D}_2 L = \mathrm{D}_1 L$$

löst, d.h. die erweiterte Zustandskurve die folgende Gleichung erfüllt:

$$\frac{d}{dt}\Big(\mathrm{D}_2 L\big(t, \varphi(t), \dot{\varphi}(t)\big)\Big) = \mathrm{D}_1 L\big(t, \varphi(t), \dot{\varphi}(t)\big).$$

B e w e i s . Partielle Integration liefert für die erste Variation von S in φ in Richtung der (stetig differenzierbaren) Kurve ψ wegen $\psi(a) = \psi(b) = 0$ und

$$\frac{d}{dt}(\mathrm{D}_2 L(t, \varphi, \dot{\varphi}\,; \psi)) = \Big(\frac{d}{dt}\mathrm{D}_2 L(t, \varphi, \dot{\varphi})\Big)(\psi) + \mathrm{D}_2 L(t, \varphi, \dot{\varphi}\,; \dot{\psi})$$

die Gleichung

$$\delta_\psi S(\varphi) = \int_a^b D_1 L(t, \varphi, \dot\varphi\,;\psi)\, dt + \int_a^b D_2 L(t, \varphi, \dot\varphi\,;\dot\psi)\, dt$$

$$= \int_a^b D_1 L(t, \varphi, \dot\varphi\,;\psi)\, dt + D_2 L(t, \varphi, \dot\varphi\,;\psi)\Big|_a^b - \int_a^b \Big(\frac{d}{dt} D_2 L(t, \varphi, \dot\varphi)\Big)(\psi)\, dt$$

$$= \int_a^b \big(D_1 L(t, \varphi, \dot\varphi) - \frac{d}{dt} D_2 L(t, \varphi, \dot\varphi)\big)(\psi)\, dt\,.$$

Löst φ die Eulersche Differenzialgleichung, so ist folglich $\delta_\psi S(\varphi) = 0$.

Ist umgekehrt $\delta_\psi S(\varphi) = 0$ für alle C^1-Kurven ψ mit $\psi(a) = \psi(b) = 0$, so löst φ die Eulersche Differenzialgleichung aufgrund des folgenden Fundamentallemmas der Variationsrechnung, das sogar zeigt, dass *es genügt, Deformationen von φ mit C^∞-Kurven ψ zuzulassen, die außerhalb eines (von ψ abhängenden) Intervalls $[c, d]$ mit $a < c < d < b$ verschwinden.* $\qquad\bullet$

10.A.3 Fundamentallemma der Variationsrechnung *Sei $f : [a, b] \to V^*$ eine stetige Kurve im Dualraum $V^* = \mathrm{Hom}_{\mathbb{R}}(V, \mathbb{R})$. Gilt*

$$\int_a^b f(t)\big(\psi(t)\big)\, dt = \int_a^b \langle \psi(t), f(t)\rangle\, dt = 0$$

für jede C^∞-Kurve $\psi : [a, b] \to V$, die außerhalb eines Intervalls $[c, d] \subseteq\,]a, b[$ (das von ψ abhängt) verschwindet. Dann ist $f \equiv 0$ auf $[a, b]$.

B e w e i s. $\langle -, - \rangle : V \times V^* \to \mathbb{R}$ bezeichnet in 10.A.3 die natürliche Dualität $(u, e) \mapsto e(u)$. – Sei $x \in V$ fest. Nach Voraussetzung ist

$$\int_a^b h(t) f(t)(x)\, dt = \int_a^b f(t)\big(h(t)x\big)\, dt = 0$$

für alle C^∞-Funktionen $h : [a, b] \to \mathbb{R}$, die außerhalb eines Intervalls $[c, d] \subseteq\,]a, b[$ verschwinden. Gemäß Bd. 1 (2. Aufl.), Lemma 16.B.13 ist $f(t)(x) \equiv 0$. $\qquad\bullet$

10.A.4 Bemerkung Das zitierte Fundamentallemma der Variationsrechnung aus Bd. 1 ist natürlich viel elementarer, wenn man zur Konkurrenz statt C^∞-Funktionen beliebige C^1-Funktionen h der genannten Art zulässt, was zum Beweis von 10.A.2 ausreichen würde.

Außerdem lässt sich 10.A.2 auch für Wirkungsfunktionen $L : I \times G \times V \to \mathbb{R}$ formulieren, die nur einmal stetig differenzierbar sind, und zwar in folgender Integralform: *Das Wirkungsintegral $S(\varphi)$ längs der C^1-Kurve $\varphi : [a, b] \to G$ ist genau dann stationär, wenn*

$$D_2 L(t, \varphi, \dot\varphi) - \int_a^t D_1 L(t, \varphi, \dot\varphi)\, dt$$

auf $[a, b]$ konstant ist.

Zum Beweis benutzt man die folgende Verallgemeinerung des Fundamentallemmas der Variationsrechnung für $n = 1$:

10.A.5 Lemma *Sei $n \in \mathbb{N}$ und $f : [a, b] \to \mathbb{K}$ eine stetige Funktion. Gilt $\int_a^b f(t)\, h^{(n)}(t)\, dt = 0$ für jede C^∞-Funktion $h : [a, b] \to \mathbb{R}$, die außerhalb eines (von h abhängenden) Intervalls $[c, d] \subseteq\,]a, b[$ verschwindet, so ist f eine Polynomfunktion vom Grade $< n$.*

B e w e i s . Ohne Einschränkung sei $\mathbb{K} = \mathbb{R}$. Es bezeichne C den $\mathbb{R}$-Vektorraum der Testfunktionen h wie im Lemma und D seinen (algebraischen) Dualraum $C^* = \mathrm{Hom}_{\mathbb{R}}(C, \mathbb{R})$. In D ist der Raum $C^0_{\mathbb{R}}([a, b])$ der stetigen Funktionen $g : [a, b] \to \mathbb{R}$ mittels $g \mapsto \left(h \mapsto \int_a^b g(t)\, h(t)\, dt\right)$ eingebettet. Das ist Lemma 16.B.13 aus Bd. 1. Das Differenzieren $h \mapsto h'$ ist eine injektive lineare Abbildung $C \to C$, deren Kokern 1-dimensional ist. ($\widetilde{h} \in C$ gehört genau dann zum Bild, wenn $\int_a^b \widetilde{h}(t)\, dt = 0$ ist.) Daher ist $h \mapsto h^{(n)}$ injektiv mit n-dimensionalem Kokern. Die dazu duale Abbildung $D \to D$ hat folglich einen n-dimensionalen Kern (und ist surjektiv), vgl. Bd. 2, 5.G, Aufg. 10 oder Bd. 2, Beispiel 6.C.5. Da die Polynomfunktionen vom Grade $< n$ trivialerweise zu diesem Kern gehören (Partielle Integration!), ist f notwendigerweise solch eine Funktion. •

Die zuletzt benutzte Schlussweise ist typisch für das Rechnen mit Distributionen, vgl. Bd. 4, Beispiel 18.C.7.

Die Eulersche Differenzialgleichung $(d/dt)\mathrm{D}_2 L = \mathrm{D}_1 L$ ist ein Differenzialgleichungssystem 2. Ordnung für φ. Wählt man eine Basis von V mit den zugehörigen Orts- und Geschwindigkeitskoordinaten q_i bzw. $\dot{q}_i$, $i \in I$, so handelt es sich um das System

$$\frac{d}{dt}\frac{\partial L}{\partial \dot{q}_i} = \frac{\partial L}{\partial q_i}, \qquad i \in I\,.$$

Für dieses System lässt sich häufig ein erstes Integral angeben, d.h. eine Funktion $I \times G \times V \to \mathbb{R}$, die längs jeder Lösungskurve $(t, \varphi, \dot{\varphi})$ konstant ist. Dazu definieren wir die E n e r g i e (f u n k t i o n) $E : I \times G \times V \to \mathbb{R}$ durch

$$E(t, x, u) := \mathrm{D}_2 L(t, x, u\,;\, u) - L(t, x, u)\,.$$

Im Kontext von Beispiel 10.B.1 stimmt sie mit der Energie E des betrachteten mechanischen Systems überein. Für jede Lösung φ der Eulerschen Differenzialgleichung gilt dann längs $(t, \varphi, \dot{\varphi})$

$$\frac{d}{dt}E(t,\varphi, \dot{\varphi}) = \left(\frac{d}{dt}\mathrm{D}_2 L(t, \varphi, \dot{\varphi})\right)(\dot{\varphi}) + \mathrm{D}_2 L(t, \varphi, \dot{\varphi}\,;\, \ddot{\varphi})$$

$$- \frac{\partial L}{\partial t}(t, \varphi, \dot{\varphi}) - \mathrm{D}_1 L(t, \varphi, \dot{\varphi}\,;\, \dot{\varphi}) - \mathrm{D}_2 L(t, \varphi, \dot{\varphi}\,;\, \ddot{\varphi}) = -\frac{\partial L}{\partial t}(t, \varphi, \dot{\varphi})\,.$$

Insbesondere folgt:

10.A.6 Energiesatz *Hängt die zweimal stetig differenzierbare Wirkungsfunktion L nicht explizit von der Zeit ab (d.h. ist $\partial L/\partial t = 0$), so ist die Energie E längs jeder Lösungskurve $(\varphi, \dot{\varphi})$ der Eulerschen Gleichung $(d/dt)\mathrm{D}_2 L = \mathrm{D}_1 L$ konstant.*

10.A.7 Bemerkung (K a n o n i s c h e G l e i c h u n g e n) Die Eulersche Differenzialgleichung $(d/dt)\mathrm{D}_2 L = \mathrm{D}_1 L$ ist in mehrfacher Hinsicht *nicht* kanonisch. So ist ein Vergleich der linken Seite dieser Gleichung, nämlich der „Impulsänderung" $(d/dt)\mathrm{D}_2 L$, mit der rechten Seite, nämlich der „Kraft" $\mathrm{D}_1 L$, nur möglich, wenn die beiden Unterräume $V_1 = \{0\} \times V \times \{0\}$ und $V_2 = \{0\} \times \{0\} \times V$ von $\mathbb{R} \times V \times V$ mittels $(0, v, 0) \leftrightarrow (0, 0, v)$, $v \in V$, mit V identifiziert werden. In wichtigen Fällen lässt sich aber der Eulerschen Differenzialgleichung ein äquivalentes dynamisches System zuordnen, das sehr viel kanonischer ist.

Wir setzen wieder voraus, dass die Wirkungsfunktion $L : I \times G \times V \to \mathbb{R}$ zweimal stetig differenzierbar ist. Neben dem Zustandsraum $G \times V \subseteq V \times V$ betrachten wir den P h a s e n r a u m $G \times V^* \subseteq V \times V^*$.[3]) Von entscheidender Bedeutung ist, dass *das Produkt $V \times V^*$ eine natürliche nicht ausgeartete alternierende Bilinearform ω, d.h. eine natürliche symplektische Form und damit eine symplektische Struktur (im Sinne von Bd. 2, Bemerkung 15.B.10) trägt. Diese ist durch*

$$\omega\big((u_1, e_1), (u_2, e_2)\big) = e_1(u_2) - e_2(u_1), \qquad u_1, u_2 \in V, \ e_1, e_2 \in V^*,$$

definiert. Ist $v_1, \ldots, v_n$ eine $\mathbb{R}$-Basis von V, so ist $v_1^* = (0, v_1^*)$, $v_1 = (v_1, 0), \ldots, v_n^* = (0, v_n^*)$, $v_n = (v_n, 0)$, eine symplektische Basis von $V \times V^*$, d.h. die Gramsche Matrix von ω bzgl. dieser Basis ist

$$\mathrm{Diag}\left(\begin{pmatrix} 0 & 1 \\ -1 & 0 \end{pmatrix}, \ldots, \begin{pmatrix} 0 & 1 \\ -1 & 0 \end{pmatrix}\right) \in \mathrm{M}_{2n}(\mathbb{R}).$$

Die Koordinatenfunktionen $p_1, q_1, \ldots, p_n, q_n$ zu dieser symplektischen Basis nennt man auch die k a n o n i s c h e n K o o r d i n a t e n bzgl. $v_1, \ldots, v_n$. Wie wir bereits am Ende von Bemerkung 7.H.10 erwähnten, erlaubt es ω – ähnlich wie ein Skalarprodukt –, die 1-Formen auf $G \times V^*$ in Vektorfelder auf $G \times V^*$ zu transformieren und umgekehrt: Eine 1-Form

$$\eta : G \times V^* \to (V \times V^*)^*$$

korrespondiert mit dem ω - G r a d i e n t e n f e l d

$$\omega\text{-}\mathrm{grad}\,\eta : G \times V^* \to V \times V^*,$$

wobei einer Linearform $f : V \times V^* \to \mathbb{R}$ ihr ω-Gradient $\omega\text{-}\mathrm{grad}\, f \in V \times V^*$ entspricht, der sie in folgender Weise darstellt:

$$f(u, e) = \omega\big((u, e), \omega\text{-}\mathrm{grad}\, f\big),$$

$(u, e) \in V \times V^*$.[4]) Sind $p_1, q_1, \ldots, p_n, q_n$ die kanonischen Koordinaten bezüglich der Basis $v_1, \ldots, v_n$ von V und ist

$$\eta = \sum_{i=1}^{n} (g_i \, dp_i + h_i \, dq_i),$$

so ist offenbar

$$\omega\text{-}\mathrm{grad}\,\eta = \sum_{i=1}^{n} (g_i v_i - h_i v_i^*).$$

Insbesondere definiert eine differenzierbare Funktion $H : G \times V^* \to \mathbb{R}$ das Vektorfeld

$$\omega\text{-}\mathrm{grad}\, H := \omega\text{-}\mathrm{grad}\, dH = \sum_{i=1}^{n} \left(\frac{\partial H}{\partial p_i} v_i - \frac{\partial H}{\partial q_i} v_i^* \right),$$

das man auch das H a m i l t o n s c h e V e k t o r f e l d zur (E n e r g i e - oder H a m i l t o n -) F u n k t i o n H nennt. Identifiziert man V und V^{**} (vgl. Bd. 2, Satz 5.G.15), so ist $\omega\text{-}\mathrm{grad}\, H$ einfach $\mathrm{D}_{V^*} H - \mathrm{D}_V H$.

Wir kehren zur Ausgangssituation zurück. Die Wirkungsfunktion $L : I \times G \times V \to \mathbb{R}$ definiert

---

[3]) Wir bemerken, dass die Verwendung der Bezeichnungen „Zustandsraum" bzw. „Phasenraum" in der Literatur nicht einheitlich ist. Häufig wird auch der Zustandsraum als Phasenraum bezeichnet. Man könnte im physikalischen Zusammenhang $G \times V$ den G e s c h w i n d i g k e i t s - p h a s e n r a u m und $G \times V^*$ den I m p u l s p h a s e n r a u m nennen.

[4]) Anders als bei einem Skalarprodukt (das symmetrisch ist) hat man bei ω auf die Reihenfolge der Argumente zu achten. Mit der Reihenfolge ändert sich das Vorzeichen. Man merke sich: Der ω-Gradient ist das *zweite* Argument in der symplektischen Form ω.

die so genannte L e g e n d r e s c h e T r a n s f o r m a t i o n

$$\Lambda : I \times G \times V \to I \times G \times V^* \qquad \text{mit} \qquad (t, x, u) \mapsto \big(t, x, D_2 L(t, x, u)\big)$$

vom erweiterten Zustandsraum $I \times G \times V$ in den erweiterten Phasenraum $I \times G \times V^*$. *Wir setzen voraus, dass Λ ein Diffeomorphismus ist.* Ist z.B. L wie in Beispiel 10.B.1 die Lagrange-Funktion $T - U$ mit der kinetischen Energie

$$T = \frac{1}{2} \sum_{i,j=1}^{n} a_{ij}(t, x)\, \dot{q}_i \dot{q}_j \,,$$

wobei $\big(a_{ij}(t, x)\big)_{i,j}$ für jeden Punkt $(t, x) \in I \times G$ eine symmetrische positiv definite Matrix sei, und der potentiellen Energie $U = U(t, x)$, die nicht explizit von $u \in V$ abhängen möge, so ist Λ sicherlich ein Diffeomorphismus. Ferner sei $E : I \times G \times V \to \mathbb{R}$ wieder die E n e r g i e - (f u n k t i o n)

$$E(t, x, u) = D_2 L(t, x, u\,;u) - L(t, x, u)$$

und $H = E \circ \Lambda^{-1} : I \times G \times V^* \to \mathbb{R}$ die E entsprechende Funktion auf dem erweiterten Phasenraum. Man nennt H dann einfach die H a m i l t o n - F u n k t i o n zur Wirkungsfunktion L.[5]

Sei $\varphi : [a, b] \to G$ eine C^2-Kurve (mit $[a, b] \subseteq I$) und $t \mapsto \big(t, \varphi(t), \dot{\varphi}(t)\big)$ die zugehörige erweiterte Zustandskurve $(t, \varphi, \dot{\varphi}) : [a, b] \to I \times G \times V$. Die Legendresche Transformation transformiert diese in die e r w e i t e r t e P h a s e n k u r v e $(t, \varphi, \psi) : [a, b] \to I \times G \times V^*$ mit

$$\psi(t) = D_2 L\big(t, \varphi(t), \dot{\varphi}(t)\big)\,.$$

10.A.8 Kanonische Gleichungen *Genau dann erfüllt $\varphi : [a, b] \to G$ die Eulersche Gleichung $(d/dt)D_2 L = D_1 L$, wenn die zu φ gehörende Phasenkurve (φ, ψ) eine Integralkurve des Hamiltonschen Vektorfeldes ω - grad $H = D_{V^*} H - D_V H$ der Hamilton-Funktion H zu L ist, wenn also (φ, ψ) das Differenzialgleichungssystem*

$$\dot{q}_i = \frac{\partial H}{\partial p_i}\,, \qquad \dot{p}_i = -\frac{\partial H}{\partial q_i}\,, \qquad i = 1, \ldots, n\,,$$

löst, wobei $p_1, q_1, \ldots, p_n, q_n$ die kanonischen Koordinaten zu einer Basis $v_1, \ldots, v_n$ von V sind.

B e w e i s . D bezeichne die totale Differenziation auf $I \times G \times V$. Für $v, w \in V$ erhält man offenbar

$$D_{(0,v,w)} E(t, x, u) = D_{(0,v,w)} D_{(0,0,u)} L(t, x, u) - D_{(0,v,0)} L(t, x, u)\,.$$

Ferner ist $D_{(0,v,w)}\Lambda = (0, v, D_{(0,v,w)}D_2 L)$. Die Kettenregel liefert für das totale Differenzial dH von H

$$dH\big(t, \varphi, \psi\,;0, v, D_{(0,v,w)}D_2 L(t, \varphi, \dot{\varphi})\big) = D_{(0,v,w)}D_{(0,0,\dot{\varphi})}L(t, \varphi, \dot{\varphi}) - D_{(0,v,0)}L(t, \varphi, \dot{\varphi})\,.$$

Dass (φ, ψ) eine Integralkurve von ω - grad H ist, ist daher äquivalent mit

$$D_{(0,v,w)}D_{(0,0,\dot{\varphi})}L(t, \varphi, \dot{\varphi}) - D_{(0,v,0)}L(t, \varphi, \dot{\varphi}) = \omega\big((\dot{\varphi}, \dot{\psi})\,, (v, D_{(0,v,w)}D_2 L(t, \varphi, \dot{\varphi}))\big)$$

$$= D_{(0,v,w)}D_{(0,0,\dot{\varphi})}L(t, \varphi, \dot{\varphi}) - \dot{\psi}(v)\,,$$

d.h. mit $\dot{\psi}(v) = (d/dt)D_{(0,0,v)}L(t, \varphi, \dot{\varphi}) = D_{(0,v,0)}L(t, \varphi, \dot{\varphi})$, $v \in V$. Genau dies sind die Eulerschen Gleichungen. ●

---

[5] Wenn auch die Energiefunktion E und die Hamilton-Funktion H sehr eng zusammenhängen, sollte man sie doch nicht einfach identifizieren; sie leben auf verschiedenen Räumen. Es ist für das Verständnis wenig hilfreich, nur von einem Koordinatenwechsel zu sprechen.

Die Differenzialgleichungen

$$\dot{q}_i = \frac{\partial H}{\partial p_i}, \quad \dot{p}_i = -\frac{\partial H}{\partial q_i}, \qquad i = 1, \ldots, n,$$

in Satz 10.A.8 heißen die k a n o n i s c h e n   G l e i c h u n g e n. Sie lassen sich auch direkt aus einem Variationsprinzip gewinnen, zu dem man auf folgende Weise geführt wird: Bezeichnet $\langle -, - \rangle : V \times V^* \to \mathbb{R}$ die natürliche Dualität $(u, e) \mapsto \langle u, e \rangle = e(u)$, so schreibt sich das Wirkungsintegral $S(\varphi) = \int_a^b L(t, \varphi, \dot{\varphi}) \, dt$ im Phasenraum in der Form

$$S(\varphi, \psi) = \int_a^b \langle \dot{\varphi}, \psi \rangle \, dt - \int_a^b H(t, \varphi, \psi) \, dt.$$

Man nennt dieses Integral die A k t i o n längs (φ, ψ) für die Hamilton-Funktion H. Ist nun $(\varphi + s\varphi_1, \psi + s\psi_1)$, $|s| < \varepsilon$, eine Deformation von (φ, ψ), *für die nur* $\varphi_1(a) = \varphi_1(b) = 0$ *zu gelten braucht,* so ist wegen $\int_a^b \langle \varphi_1, \dot{\psi} \rangle \, dt = - \int_a^b \langle \varphi_1, \dot{\psi} \rangle \, dt$ (partielle Integration!)

$$\frac{d}{ds} S(\varphi + s\varphi_1, \psi + s\psi_1) \Big|_{s=0} = - \int_a^b \langle \varphi_1, \dot{\psi} \rangle \, dt + \int_a^b \langle \dot{\varphi}, \psi_1 \rangle \, dt$$

$$- \int_a^b D_V H(t, \varphi, \psi \,; \varphi_1) \, dt - \int_a^b D_{V^*} H(t, \varphi, \psi \,; \psi_1) \, dt$$

$$= - \int_a^b \langle \varphi_1, \dot{\psi} + D_V H(t, \varphi, \psi) \rangle \, dt + \int_a^b \langle \dot{\varphi} - D_{V^*} H(t, \varphi, \psi), \psi_1 \rangle \, dt.$$

Es folgt damit analog wie 10.A.2:

10.A.9 Hamiltonsches Prinzip *Die* C^1*-Kurve* $(\varphi, \psi) : [a, b] \to G \times V^*$ *erfüllt genau dann die kanonischen Gleichungen*

$$\dot{\varphi} = D_{V^*} H(t, \varphi, \psi), \quad \dot{\psi} = -D_V H(t, \varphi, \psi)$$

für die stetig differenzierbare Hamilton-Funktion $H : I \times G \times V^* \to \mathbb{R}$, *wenn die Aktion*

$$S(\varphi, \psi) = \int_a^b \langle \dot{\varphi}, \psi \rangle \, dt - \int_a^b H(t, \varphi, \psi) \, dt$$

längs (φ, ψ) *stationär ist.*

Wir bemerken, dass das Integral $\int_a^b \langle \dot{\varphi}, \psi \rangle \, dt$ gleich dem Kurvenintegral $\int_{(\varphi, \psi)} \eta$ über die k a - n o n i s c h e 1 - F o r m

$$\eta : G \times V^* \to (V \times V^*)^* = V^* \times V$$

auf $G \times V^*$ mit $(x, e) \mapsto (e, 0)$ ist bzw. das Kurvenintegral $\int_{(t, \varphi, \psi)} \pi^* \eta$ über die mit der Projektion $\pi : I \times G \times V^* \to G \times V^*$ geliftete 1-Form $\pi^* \eta$ auf $I \times G \times V^*$. Mit kanonischen Koordinaten $p_1, q_1, \ldots, p_n, q_n$ ist

$$\eta = \sum_{i=1}^{n} p_i \, dq_i.$$

Ebenso ist $\int_a^b H(t, \varphi, \psi)\, dt = \int_{(t,\varphi,\psi)} H\, dt$ mit der 1-Form $H\, dt$ auf $I \times G \times V^*$. *Die Aktion längs (φ, ψ) ist also einfach das Integral über die 1-Form*

$$\eta \;-\; H\, dt \;=\; \sum_{i=1}^n p_i\, dq_i \;-\; H\, dt$$

längs (t, φ, ψ). Entsprechend gilt für das Wirkungsintegral

$$\int\limits_a^b L(t, \varphi, \dot\varphi)\, dt \;=\; \int\limits_{(t,\varphi,\dot\varphi)} L\, dt\,.$$

Ferner sei betont, dass das Variationsprinzip 10.A.9 nicht rein formal aus der Eulerschen Differenzialgleichung 10.A.2 folgt. Für die Eulersche Differenzialgleichung wird nur die Konfigurationskurve φ variiert – die Variation der Zustandskurve $(\varphi, \dot\varphi)$ ist damit festgelegt –, während beim Hamiltonschen Prinzip die Phasenkurve (φ, ψ) variiert wird. Die Unabhängigkeit aller Variablen $p_1, \dots, p_n, q_1, \dots, q_n$, allein verbunden durch die symplektische Struktur ω, ist der große Vorteil der Hamiltonschen Darstellung der Mechanik. Die kanonischen Gleichungen bzw. das Hamiltonsche Prinzip sind ein wichtiger Orientierungspunkt für die Theoriebildung in der gesamten modernen Physik. Wir kommen darauf in Bd. 4 zurück, wo wir auch 10.A.8 und 10.A.9 allgemeiner formulieren und weiter untersuchen werden.

10.A.10 Bemerkung (Z w e i t e V a r i a t i o n) Gelegentlich möchte man unter den Lösungen der Eulerschen Gleichung solche auszeichnen, die lokal oder sogar global extremale Kurven für das betrachtete Variationsproblem sind (wobei für den lokalen Fall die Menge der zur Konkurrenz zugelassenen Kurven mit einer geeigneten Topologie zu versehen ist). Handliche hinreichende Kriterien dafür sind im Allgemeinen schwer zu gewinnen. Wie bei lokalen Extrema von Funktionen einer oder mehrerer Veränderlichen benutzt man zweite Ableitungen.

Seien also $L : I \times G \times V \to \mathbb{R}$ eine jetzt zweimal stetig differenzierbare Wirkungsfunktion, $a, b \in I$ mit $a < b$, und $x_a, x_b \in G$ vorgegebene Punkte in G. Für stetig differenzierbare Kurven $\varphi : [a, b] \to G$ und $\psi : [a, b] \to V$ mit $\varphi(a) = x_a$, $\varphi(b) = x_b$, $\psi(a) = \psi(b) = 0$ heißt die zweite Ableitung der Funktion

$$s \mapsto S(\varphi + s\psi) = \int\limits_a^b L(t, \varphi + s\psi, \dot\varphi + s\dot\psi)\, dt$$

an der Stelle $s = 0$ die z w e i t e V a r i a t i o n v o n S i n φ i n R i c h t u n g ψ. Sie wird mit $\delta_\psi^2 S(\varphi)$ bezeichnet. Differenziation unter dem Integralzeichen liefert für die zweite Variation $\delta_\psi^2 S(\varphi)$ den Ausdruck

$$\int\limits_a^b \big(\mathrm{D}_1\mathrm{D}_1 L(t, \varphi, \dot\varphi\,;\psi, \psi) + 2\mathrm{D}_1\mathrm{D}_2 L(t, \varphi, \dot\varphi\,;\psi, \dot\psi) + \mathrm{D}_2\mathrm{D}_2 L(t, \varphi, \dot\varphi\,;\dot\psi, \dot\psi)\big)\, dt$$

Als notwendiges Kriterium für eine minimale bzw. maximale Lösung φ des betrachteten Variationsproblems erhält man sofort, dass für die zweite Variation von S in φ in allen Richtungen ψ gilt: $\delta_\psi^2 S(\varphi) \geq 0$ bzw. $\delta_\psi^2 S(\varphi) \leq 0$.[6] Als leicht zu prüfende notwendige Bedingung erhalten wir daraus:

---

[6] Dabei wird natürlich angenommen, dass für jede Richtung ψ die Kurven $\varphi + s\psi$ bei hinreichend kleinem s in der vorgegebenen Umgebung von φ liegt.

10.A.11 Legendresche Bedingung *In der betrachteten Situation sei φ eine lokal minimale bzw. eine lokal maximale Lösung des Variationsproblems. Dann ist die symmetrische Bilinearform $D_2D_2L\big(t, \varphi(t), \dot{\varphi}(t)\big)$ auf V positiv bzw. negativ semidefinit für jedes $t \in [a, b]$.*

B e w e i s. Sei φ eine lokal minimale Lösung. Angenommen, für ein $t_0 \in\,]a, b[$ und ein $w \in V$ sei $D_2D_2L\big(t_0, \varphi(t_0), \dot{\varphi}(t_0)\,;\,w, w\big) < 0$. Ferner sei $\eta : \mathbb{R} \to \mathbb{R}$ eine C^∞-Funktion mit $\dot{\eta}(0) = 1$, die außerhalb einer kleinen Umgebung von 0 verschwindet. Für hinreichend große $\alpha > 0$ und (von α abhängend) genügend klein gewählte $\beta > 0$ ist dann $\psi := \beta\eta\big(\alpha(t - t_0)\big)\,w$ eine erlaubte Richtung mit zweiter Variation

$$
\delta_\psi^2 S(\varphi) = \beta^2 \Big(\int_a^b \eta^2\big(\alpha(t - t_0)\big)\, D_1D_1L(t, \varphi, \dot{\varphi}\,;\,w, w)\, dt +
$$

$$
+ 2\alpha \int_a^b \eta\big(\alpha(t - t_0)\big)\, \dot{\eta}\big(\alpha(t - t_0)\big)\, D_1D_2L(t, \varphi, \dot{\varphi}\,;\,w, w)\, dt +
$$

$$
+ \alpha^2 \int_a^b \dot{\eta}^2\big(\alpha(t - t_0)\big)\, D_2D_2L(t, \varphi, \dot{\varphi}\,;\,w, w)\, dt \Big).
$$

Für $\alpha \to \infty$ konvergiert offenbar das erste der drei auftretenden Integrale gegen 0, das zweite bleibt beschränkt und das dritte geht gegen $-\infty$ (wie die Substitution $\tau := \alpha(t - t_0)$ zeigt). Für hinreichend große α ist die zweite Variation $\delta_\psi^2 S(\varphi)$ also negativ, und S hat in φ daher sicher kein lokales Minimum. Widerspruch!

Der Fall einer lokal maximalen Lösung wird analog behandelt oder durch Betrachtung von $-L$ darauf zurückgeführt. $\qquad\bullet$

Ist in der Situation von 10.A.11 die Form $D_2D_2\big(t, \varphi(t), \dot{\varphi}(t)\big)$ sogar definit für jedes $t \in [a, b]$, so sagt man die s t a r k e L e g e n d r e s c h e B e d i n g u n g sei erfüllt.

Analog zur Situation bei Funktionen endlich vieler Variablen lässt sich mit der zweiten Variation auch ein hinreichendes Kriterium für das Vorliegen lokaler extremaler Lösungen des Variationsproblems angeben: *Eine stationäre Lösung φ ist bereits dann lokal minimal bzw. maximal, wenn $\delta_\psi^2 S(\widetilde{\varphi}) \geq 0$ bzw. $\delta_\psi^2 S(\widetilde{\varphi}) \leq 0$ ist für alle Kurven $\widetilde{\varphi}$ in einer Umgebung von φ und jeweils alle Richtungen ψ.* Für eine zu φ benachbarte Kurve $\widetilde{\varphi}$ ist dann nämlich die Funktion $h : s \mapsto S\big(\varphi + s(\widetilde{\varphi} - \varphi)\big)$, $s \in [0, 1]$, konvex bzw. konkav wegen

$$
\frac{d^2 h}{ds^2}(s) = \delta_{\widetilde{\varphi}-\varphi}^2 S\big(\varphi + s(\widetilde{\varphi} - \varphi)\big).
$$

Ist die Menge der zugelassenen Kurven konvex und ist die obige Bedingung über die zweite Ableitung für alle $\widetilde{\varphi}$ erfüllt, so handelt es sich um ein globales Minimum bzw. Maximum.

Eine Möglichkeit, die Bedingung $\delta_\psi^2 S(\varphi) \geq 0$ bzw. ≤ 0 zu verifizieren, wird in Aufg. 4 angedeutet. In der Regel sind aber diese hinreichenden Kriterien schwer anzuwenden oder gar nicht anwendbar. Brauchbare Kriterien, insbesondere für globale Extrema, sind schwer zu gewinnen.

Aufgaben

1. Man verallgemeinere Lemma 10.A.5 in der folgenden Weise: Es seien $f_j : [a,b] \to \mathbb{K}$ stetige Funktionen, $j = 0, \dots, n$ derart, dass f_j für alle $j \neq j_0$ eine C^j-Funktion ist und dass

$$\int\limits_a^b \sum_{j=0}^n f_j h^{(j)} \, dt = 0$$

ist für alle C^∞-Funktionen $h : [a,b] \to \mathbb{R}$, die außerhalb eines (von h abhängenden) Intervalls $[c,d] \subseteq \,]a,b[$ verschwinden. Dann ist auch f_{j_0} eine C^{j_0}-Funktion, und es gilt

$$\sum_{j=0}^n (-1)^j f_j^{(j)} = 0 \,.$$

2. Wir betrachten ein Variationsproblem mit der zweimal stetig differenzierbaren Wirkungsfunktion $L = L(t, x, \dot{x}) : I \times G \times V \to \mathbb{R}$.

a) Hängt L nicht von x ab, so reduziert sich die Eulersche Differenzialgleichung auf $D_2 L =$ const. für eine stationäre Lösung φ des Variationsproblems. Ist überdies die symmetrische Bilinearform $D_2 D_2 L(t, \dot{x})$ für alle $(t, \dot{x})$ aus einer Umgebung der Kurve $\big(t, \dot{\varphi}(t)\big)$, $t \in [a, b]$, positiv semidefinit, so ist φ eine lokal minimale Lösung des betrachteten Variationsproblems. (Die Legendresche Bedingung in 10.A.11 liefert hier also auch ein hinreichendes Kriterium.)

b) Hängt L nicht von $\dot{x}$ ab, so reduziert sich die Eulersche Differenzialgleichung auf $D_1 L = 0$ für eine stationäre Lösung φ des Variationsproblems. Ist überdies die symmetrische Bilinearform $D_1 D_1 L(t, x)$ für alle (t, x) aus einer Umgebung der Kurve $\big(t, \varphi(t)\big)$, $t \in [a, b]$, positiv semidefinit, so ist φ eine lokal minimale Lösung des betrachteten Variationsproblems.

c) Hängt L nur von $\dot{x}$ ab und ist φ eine stationäre Lösung des Variationsproblems, für die die symmetrische Bilinearform $D_2 D_2 L\big(\dot{\varphi}(t_0)\big)$ in wenigstens einem $t_0 \in [a, b]$ nicht-ausgeartet ist, so durchläuft φ eine Gerade mit der konstanten Geschwindigkeit $\dot{\varphi}(t_0)$.

3. Seien $k \in \mathbb{N}^*$ und $L : I \times G \times V^k \to \mathbb{R}$ eine $(k+1)$-mal stetig differenzierbare Funktion. Für C^{k+1}-Kurven $\varphi : [a, b] \to V$ wird die verallgemeinerte Wirkung

$$S(\varphi) := \int\limits_a^b L\big(t, \varphi(t), \dots, \varphi^{(k)}(t)\big) \, dt$$

bei vorgegebenen Endpunkten $\varphi(a), \varphi(b) \in G$ genau dann stationär, wenn sie die verallgemeinerte Eulersche Differenzialgleichung

$$\sum_{j=0}^k (-1)^j \frac{d^j}{dt^j} D_{j+1} L = 0$$

erfüllt. Dabei bezeichnet D_{j+1} die partielle Ableitung nach dem $(j+1)$-ten Summanden V in $V^{k+1} = V \oplus V \oplus \cdots \oplus V \supseteq G \times V^k$. (Man gehe ähnlich wie beim Beweis von 10.A.2 vor.)

4. (Darstellung der zweiten Variation nach Legendre) Seien V ein euklidischer Vektorraum und $L : I \times G \times V \to \mathbb{R}$ eine C^2-Wirkungsfunktion. Die zweite Variation $\delta^2_\psi S(\varphi)$ des zugehörigen Wirkungsintegrals $S(\varphi) = \int_a^b L(t, \varphi, \dot{\varphi}) \, dt$ in φ in Richtung ψ, vgl. Bemerkung 10.A.10, lässt sich dann in der Form

$$\delta_\psi^2 S(\varphi) = \int_a^b \big(\langle \psi, f_{11}\psi \rangle + 2\langle \psi, f_{12}\dot\psi \rangle + \langle \dot\psi, f_{22}\dot\psi \rangle \big)\, dt$$

schreiben, wobei die Wege $f_{11}, f_{12}, f_{22} : [a, b] \to \mathrm{End}_\mathbb{R} V$ gemäß Bd. 2, Abschnitt 15.B durch

$$\mathrm{D}_1\mathrm{D}_1 L(t, \varphi, \dot\varphi\,; u, v) = \langle u, f_{11}(t)v \rangle, \quad \mathrm{D}_2\mathrm{D}_2 L(t, \varphi, \dot\varphi\,; u, v) = \langle u, f_{22}(t)v \rangle,$$

$$\mathrm{D}_1\mathrm{D}_2 L(t, \varphi, \dot\varphi\,; u, v) = \langle u, f_{12}(t)v \rangle$$

für jedes $t \in [a, b]$ und alle $(u, v) \in V \times V$ definiert sind. Die Operatoren $f_{11}(t)$ und $f_{22}(t)$ sind für alle t selbstadjungiert (vgl. auch Bd. 2, 15.B.1). Für einen beliebigen stetig differenzierbaren Weg $\omega : [a, b] \to \mathrm{End}_\mathbb{R} V$, dessen Werte $\omega(t)$ sämtlich selbstadjungiert sind, ist

$$\int_a^b \frac{d}{dt}\langle \psi, \omega\psi \rangle\, dt = \int_a^b \big(\langle \dot\psi, \omega\psi \rangle + \langle \psi, \dot\omega\psi \rangle + \langle \psi, \omega\dot\psi \rangle \big)\, dt = \int_a^b \big(\langle \psi, \dot\omega\psi \rangle + 2\langle \psi, \omega\dot\psi \rangle \big)\, dt = 0,$$

da $\psi(a) = \psi(b) = 0$ ist, und somit

$$\delta_\psi^2 S(\varphi) = \int_a^b \big(\langle \psi, (f_{11}+\dot\omega)\psi \rangle + 2\langle \psi, (f_{12}+\omega)\dot\psi \rangle + \langle \dot\psi, f_{22}\dot\psi \rangle \big)\, dt\,.$$

Ist nun f_{22} für alle $t \in [a, b]$ invertierbar und überdies ω eine Lösung der Differenzialgleichung

$$\dot\omega = -f_{11} + (f_{12}+\omega) f_{22}^{-1}(\widehat{f}_{12}+\widehat\omega)$$

in $\mathrm{End}_\mathbb{R} V$, so ist

$$\delta_\psi^2 S(\varphi) = \int_a^b \langle \chi, f_{22}\chi \rangle\, dt, \qquad \chi := \dot\psi + f_{22}^{-1}(\widehat{f}_{12}+\widehat\omega)\,\psi\,.$$

Folgerung: Ist die starke Legendresche Bedingung erfüllt, d.h. ist f_{22} für jedes t ein positiver (bzw. negativer) Operator, so ist $\delta_\psi^2 S(\varphi)$ positiv (bzw. negativ) für alle $\psi \neq 0$, da für solche ψ offenbar auch $\chi \neq 0$ ist. Damit ergeben sich gelegentlich hinreichende Kriterien für minimale (bzw. maximale) Lösungen.

(Bemerkungen. (1) Ist in obiger Differenzialgleichung für ω der Wert einer Lösung an einer einzigen Stelle selbstadjungiert, so ist $\omega(t)$ bereits überall selbstadjungiert wegen des Eindeutigkeitssatzes für das Anfangswertproblem.

(2) Eine Differenzialgleichung der Form

$$\dot\omega = f + \frac{1}{2}(\omega g + \widehat{g}\widehat\omega) + \omega h \widehat\omega\,,$$

wobei $f, g, h : [a, b] \to \mathrm{End}_\mathbb{R} V$ Wege und f, h in jedem Punkt t selbstadjungiert sind, heißt eine **a l l g e m e i n e R i c c a t i s c h e D i f f e r e n z i a l g l e i c h u n g**. In der Dimension 1 für $V = \mathbb{R}$ lautet sie einfach

$$\dot x = p_0 + p_1 x + p_2 x^2$$

und ist ausgiebig studiert worden, insbesondere im Zusammenhang mit linearen Differenzialgleichungen 2. Ordnung. Ist nämlich y eine Lösung von $\ddot y + a_1 \dot y + a_0 = 0$, die nirgends verschwindet, so ist die logarithmische Ableitung $x := \big(\ln|y|\big)^{\textstyle\cdot} = \dot y/y$ eine Lösung der Riccatischen Gleichung $\dot x + x^2 + a_1 x + a_0 = 0$.)

10.B Beispiele

Im Folgenden bezeichne V stets einen endlichdimensionalen $\mathbb{R}$-Vektorraum.

10.B.1 Beispiel (Lagrangesche und kanonische Gleichungen der Mechanik)
Gegeben seien r Massenpunkte mit den Massen $M_1, \ldots, M_r$. Ihre Orte im Anschauungsraum,
den wir mit einem 3-dimensionalen euklidischen Vektorraum W identifizieren, bilden eine Konfiguration $x = (x_1, \ldots, x_r) \in W^r$. In der Regel werden Kollisionen ausgeschlossen, d.h. x
liegt nicht auf der verallgemeinerten Diagonalen $\Delta_r = \Delta_r(W) \subseteq W^r$ (vgl. 2.A, Aufg. 20). Die
Gesamtheit der erlaubten Konfigurationen ist also ein Gebiet $G \subseteq W^r - \Delta_r$.[1]) Der Zustandsraum für dieses mechanische Punktsystem ist $G \times W^r$. Es bewegt sich gemäß des Newtonschen
Kraftgesetzes

$$\text{Masse} \times \text{Beschleunigung} = \text{Kraft}.$$

Die Zustandskurven sind also Lösungen des Differenzialgleichungssystems

$$M_\rho \ddot{x}_\rho = K_\rho, \quad \rho = 1, \ldots, r.$$

Wir nehmen an, dass es sich um ein k o n s e r v a t i v e s S y s t e m in dem Sinne handelt, dass
die Kraft K_ρ, die auf den ρ-ten Massenpunkt wirkt, nur von der Konfiguration x abhängt, also
$K_\rho = K_\rho(x)$ ist, und dass überdies eine potentielle Energie, d.h. ein Potenzial $U : G \to \mathbb{R}$ zur
Gesamtkraft $K = (K_1, \ldots, K_r)$ mit

$$K = -\operatorname{grad} U$$

existiert.[2]) Führen wir auf dem Zustandsraum die kinetische Energie

$$T = T(x, u) = \frac{1}{2} \sum_{\rho=1}^{r} M_\rho \langle u_\rho, u_\rho \rangle$$

ein $(u = (u_1, \ldots, u_r) \in W^r)$, so erfüllt eine Zustandskurve das obige Differenzialgleichungssystem offenbar genau dann, wenn sie die Gleichung

$$\frac{d}{dt} \mathrm{D}_2 T = -\mathrm{D}_1 U$$

erfüllt. Dabei ist zu beachten, dass mit Hilfe des Skalarprodukts auf W^r Vektoren in W^r und
Linearformen auf W^r identifiziert werden.[3]) Da T nicht explizit von $x = (x_1, \ldots, x_r)$ und U
nicht explizit von $u = (u_1, \ldots, u_r)$ abhängen, handelt es sich um die Gleichung

$$\frac{d}{dt} \mathrm{D}_2 L = \mathrm{D}_1 L \qquad \text{mit} \qquad L := T - U.$$

Dies ist gerade die Eulersche Gleichung zur Wirkungsfunktion $L = T - U$, die hier auch
L a g r a n g e - F u n k t i o n heißt.

---

[1]) Man beachte, dass $W^r - \Delta_r$ selbst ein (einfach zusammenhängendes) Gebiet in W^r ist.
[2]) W^r ist als euklidischer Vektorraum definitionsgemäß die r-fache orthogonale Summe $W \oplus
\cdots \oplus W$.
[3]) Der letzten Beschreibung der Bewegungsgleichung entnimmt man, dass der „Impuls" $\mathrm{D}_2 T$
bzw. die „Kraft" $-\mathrm{D}_1 U$ „von Natur aus" eher Linearformen als Vektoren sind.

Wir generalisieren nun und betrachten im Weiteren zunächst ein allgemeines mechanisches System (wie es beispielsweise aus dem eingangs betrachteten System durch eine (eventuell auch zeitabhängige) Koordinatentransformation oder auch durch Einführen von Zwangsbedingungen (vgl. Bd. 4) gewonnen wird) mit einer zweimal stetig differenzierbaren L a g r a n g e - F u n k t i o n

$$L : I \times G \times V \to \mathbb{R},$$

$I \subseteq \mathbb{R}$ Intervall, G Gebiet im endlichdimensionalen $\mathbb{R}$-Vektorraum V. Die (realisierbaren) Zustandskurven des Systems sind die Lösungen der Eulerschen Gleichung

$$\frac{d}{dt} D_2 L = D_1 L \,,$$

die in diesem Zusammenhang auch die (E u l e r -) L a g r a n g e s c h e G l e i c h u n g heißt und von uns bereits in vielen Beispielen benutzt wurde. Nach 10.A.2 sind die Lösungen genau diejenigen Kurven $\varphi : [a, b] \to G$, für die das Wirkungsintegral

$$S(\varphi) = \int\limits_a^b L(t, \varphi, \dot{\varphi}) \, dt$$

stationär wird (P r i n z i p v o n E u l e r - L a g r a n g e - M a u p e r t u i s).[4]
Wir definieren die E n e r g i e des Systems analog wie in Abschnitt 10.A durch

$$E(t, x, u) := D_2 L(t, x, u \,; u) - L(t, x, u) \,,$$

$(t, x, u) \in I \times G \times V$. In Vorbereitung von Satz 10.A.6 wurde gezeigt, dass für jede Lösung der Lagrangeschen Gleichung gilt:

$$\frac{d}{dt} E(t, \varphi, \dot{\varphi}) = -\frac{\partial L}{\partial t}(t, \varphi, \dot{\varphi}) \,.$$

Hängt also L nicht explizit von t ab, so gilt der E n e r g i e s a t z

$$E = \text{const.}$$

für jede Bewegung des mechanischen Systems.

Im Weiteren sei nun stets $L = T - U$ mit einer kinetischen Energie $T = T(t, x, u)$, die für festes $(t, x) \in I \times G$ eine (positiv definite) quadratische Form in u ist, und einer potentiellen Energie U, die nicht explizit von der Geschwindigkeit u abhängt. Dann gilt nach 5.B, Aufg. 6b)

$$E = E(t, x, u) = D_u T - (T - U) = 2T - T + U = T + U \,,$$

d.h. *E ist die Summe von kinetischer Energie T und potentieller Energie U.*

Der (verallgemeinerte) I m p u l s in einem (erweiterten) Zustand (t, x, u) ist definitionsgemäß die Linearform $D_2 T(t, x, u)$, das ist die Linearform $V \to \mathbb{R}$ mit

$$w \mapsto T(t, x, u + w) - T(t, x, u) - T(t, x, w) \,.$$

Bei festem Punkt $(t, x) \in I \times G$ wird also dem Vektor $u \in V$ als Impuls diejenige Linearform $V \to \mathbb{R}$ zugeordnet, die ihm vermöge des durch die quadratische Form $2T(t, x, -)$ auf V definierten Skalarprodukts entspricht.

---

[4] Selbst in dem eingangs dieses Beispiels erwähnten elementaren Fall ist die Beschreibung der Bewegungsgleichungen in der Eulerschen Form $(d/dt)D_2 L = D_1 L$ äußerst wertvoll, da sie dann beliebige (auch zeitabhängige) C^2-Koordinatentransformationen des Konfigurationsraums gestatten, vgl. das Ende der Bemerkung 10.A.1.

Ist v_i, $i \in I$, eine Basis von V mit den Koordinatenfunktionen q_i, $\dot{q}_i$ auf $V \times V$, wie sie zu Beginn von Abschnitt 10.A eingeführt wurden, so ist

$$T = T(t, x, u) = \frac{1}{2} \sum_{i,j \in I} a_{ij}(t, x)\, \dot{q}_i \dot{q}_j$$

($u = \sum_i \dot{q}_i v_i$) mit einer in jedem Punkt $(t, x) \in I \times G$ positiv definiten symmetrischen T r ä g - h e i t s - M a t r i x $\big(a_{ij}(t, x)\big) \in \mathrm{M}_I(\mathbb{R})$. Der Impuls ist dann gleich der Linearform

$$\mathrm{D}_2 T(t, x, u) = \sum_{i \in I} p_i(t, x, u)\, v_i^* \qquad \text{mit} \qquad p_i(t, x, u) := \sum_{j \in I} a_{ij}(t, x)\, \dot{q}_j\, .$$

Ist auf V ein Referenzskalarprodukt $\langle -, - \rangle$ vorgegeben (wie etwa am Anfangs dieser Überlegungen durch die euklidische Metrik in unserem Anschauungsraum), so lassen sich die Impulsformen mit Vektoren in V identifizieren. *Für eine Orthonormalbasis v_i, $i \in I$, bzgl. $\langle -, - \rangle$ ist der Impuls gleich*

$$\sum_{j \in I} a_{ij}(t, x)\, v_j\, .$$

Handelt es sich bei v_i, $i \in I$, um eine Orthonormalbasis für ein Hauptachsensystem der quadratischen Form $T(t, x, -)$ (die nach dem Satz 15.B.2 in Bd. 2 über die Hauptachsentransformation *zu gegebenem* $(t, x) \in I \times G$ stets existiert), ist also $\big(a_{ij}(t, x)\big) = \mathrm{Diag}\,(m_i, i \in I)$ für den betrachteten Punkt (t, x), so ist

$$T = T(t, x, u) = \frac{1}{2} \sum_{i \in I} m_i \dot{q}_i^2$$

und der Impuls gleich

$$\sum_{i \in I} m_i \dot{q}_i v_i\, .$$

Die m_i, $i \in I$, sind durch den Punkt (t, x) bis auf die Reihenfolge eindeutig als die Hauptwerte der quadratischen Form $2T(t, x, -)$ bestimmt und heißen die H a u p t t r ä g h e i t s w e r t e des Systems im Punkt (t, x) (bzgl. des Skalarprodukts $\langle -, - \rangle$). Mit der Beschreibung der Impulse $\mathrm{D}_2 T(t, x, u) = \mathrm{D}_2 L(t, x, u)$ ist auch die L e g e n d r e s c h e   T r a n s f o r m a t i o n

$$\Lambda : I \times G \times V \to I \times G \times V^* \qquad \text{mit} \qquad (t, x, u) \mapsto \big(t, x, \mathrm{D}_2 L(t, x, u)\big)$$

aus Bemerkung 10.A.7 bekannt. Sie ist offenbar ein C^2-Diffeomorphismus, falls T eine C^2-Funktion ist. Ihre Umkehrabbildung Λ^{-1} wird bezüglich der kanonischen Koordinaten zu einer Basis v_i, $i \in I$, von V gegeben durch

$$\Lambda^{-1}(t, x, \sum_{i \in I} p_i v_i^*) = (t, x, \sum_{i \in I} \dot{q}_i v_i) \qquad \text{mit} \qquad \dot{q}_i = \sum_{j \in I} b_{ij}(t, x)\, p_j\, ,$$

wobei die Matrix $\big(b_{ij}(t, x)\big)$ die Inverse zur Trägheitsmatrix $\big(a_{ij}(t, x)\big)$ (und wie diese symmetrisch und positiv definit) ist. Die Hamilton-Funktion

$$H : I \times G \times V^* \to \mathbb{R}$$

mit $H := E \circ \Lambda^{-1}$ und $E = T + U$ lautet also

$$H(t, x, \sum_{i \in I} p_i v_i^*) = \frac{1}{2} \sum_{i,j \in I} b_{ij}(t, x)\, p_i p_j + U(t, x)\, .$$

Die kanonischen Gleichungen erhalten in dieser Situation die Form

$$\dot{q}_k = \frac{\partial H}{\partial p_k} = \sum_{j\in I} b_{kj}(t,x)\,p_j\,, \quad \dot{p}_k = -\frac{\partial H}{\partial q_k} = -\frac{1}{2}\sum_{i,j\in I} \frac{\partial b_{ij}}{\partial q_k}(t,x)\,p_i p_j - \frac{\partial U}{\partial q_k}(t,x)\,.$$

Für eine Lösung dieses Differenzialgleichungssystems wird die Aktion – das ist das Kurvenintegral über die 1-Form

$$\sum_{i\in I} p_i\,dq_i - H\,dt$$

auf $I \times G \times V^*$ – stationär, vgl. Satz 10.A.9 und die sich daran anschließenden Bemerkungen.

10.B.2 Beispiel (Geodätische · Trägheitsprinzip · Fermatsches Prinzip)
Einen wichtigen Spezialfall zum vorangegangenen Beispiel bilden die so genannten (zeitunabhängigen) freien Systeme. Für sie ist die Lagrange-Funktion L gleich der kinetischen Energie T, die überdies zeitunabhängig ist:

$$L = L(x,u) = T(x,u) = \frac{1}{2}\sum_{i,j\in I} a_{ij}(x)\,\dot{q}_i \dot{q}_j$$

($x = \sum_{i\in I} q_i v_i \in G$, $u = \sum_{i\in I} \dot{q}_i v_i \in V$; v_i, $i \in I$, Basis von V). Die Bewegungskurven $\varphi:[a,b] \to G$ eines solchen Systems heißen die Geodätischen bzgl. T. Sie sind die Lösungen der Euler-Lagrangeschen Gleichungen

$$\frac{d}{dt}\frac{\partial T}{\partial \dot{q}_k} - \frac{\partial T}{\partial q_k} = 0\,, \quad \text{d.h.} \quad \sum_{j\in I} a_{kj}\,\ddot{q}_j + \sum_{i,j\in I}\left(\frac{\partial a_{kj}}{\partial q_i} - \frac{1}{2}\frac{\partial a_{ij}}{\partial q_k}\right)\dot{q}_i \dot{q}_j = 0\,, \quad k\in I\,.$$

Man gibt ihnen gern eine etwas andere Gestalt: Beachtet man

$$\sum_{i,j} \frac{\partial a_{kj}}{\partial q_i}\,\dot{q}_i \dot{q}_j = \sum_{i,j}\frac{1}{2}\left(\frac{\partial a_{kj}}{\partial q_i} + \frac{\partial a_{ki}}{\partial q_j}\right)\dot{q}_i \dot{q}_j\,, \quad k\in I\,,$$

und multipliziert man mit der Matrix $(b_{lk}) = (a_{lk})^{-1}$ von links, so gewinnt man das äquivalente System

$$\ddot{q}_l + \sum_{i,j\in I} \Gamma_{lij}\,\dot{q}_i \dot{q}_j = 0\,, \quad l\in I\,,$$

mit den so genannten Christoffel-Symbolen (2. Art)

$$\Gamma_{lij} := \frac{1}{2}\sum_{k\in I} b_{lk}\left(\frac{\partial a_{kj}}{\partial q_i} + \frac{\partial a_{ki}}{\partial q_j} - \frac{\partial a_{ij}}{\partial q_k}\right).$$

(Vgl. auch Bd. 4, Satz 14.A.13 und Bd. 4, Beispiel 14.B.1.) Der Energiesatz besagt, *dass T längs einer Geodätischen konstant ist*. Die Phasenkurven (φ,ψ) genügen den zugehörigen kanonischen Gleichungen

$$\dot{q}_k = \sum_{j\in I} b_{kj}p_j\,, \quad \dot{p}_k = -\frac{1}{2}\sum_{i,j\in I}\frac{\partial b_{ij}}{\partial q_k}\,p_i p_j\,, \quad k\in I\,.$$

Man gewinnt diese kanonischen Gleichungen hier auch leicht direkt aus den angegebenen Euler-Lagrangeschen Gleichungen (Beweis!). Der Fluss auf $G \times V^*$, der durch das dynamische System der kanonischen Gleichungen definiert wird, heißt der geodätische Fluss.

Ist die Trägheitsmatrix (a_{ij}) konstant, also unabhängig von x, so sind die Geodätischen die Geraden in V (oder Teile davon). Für eine beliebige C^1-Kurve $\gamma:[a,b] \to G$ ist in diesem

Fall $\int_a^b T(\dot\gamma(t))^{1/2} dt$ die Länge von γ bzgl. des durch T definierten Skalarprodukts auf V, und die Geodätischen sind die kürzesten Verbindungskurven zweier Punkte. Man nennt auch im allgemeinen Fall

$$\int_a^b T\big(\gamma(t),\dot\gamma(t)\big)^{1/2} dt$$

die L ä n g e von γ bzgl. T, und T heißt eine R i e m a n n s c h e   M e t r i k auf G.[5]) *Die Geodä-tischen sind auch stationär bzgl. der Länge als Wirkungsfunktion,* denn die Eulersche Gleichung für dieses Variationsprinzip lautet

$$\frac{d}{dt}\mathrm{D}_2(T^{1/2}) = \frac{1}{2}\cdot\frac{d}{dt}\frac{\mathrm{D}_2 T}{T^{1/2}} = \mathrm{D}_1(T^{1/2}) = \frac{1}{2}\cdot\frac{\mathrm{D}_1 T}{T^{1/2}}$$

und ist für Kurven, längs deren T konstant ist, mit der Eulerschen Gleichung $(d/dt)\mathrm{D}_2 T = \mathrm{D}_1 T$ äquivalent. Wir kommen auf die Geodätischen und die Riemannsche Geometrie generell in Bd. 4 zurück, erwähnen aber schon (ohne davon Gebrauch zu machen), dass *im Kleinen* die Geodätischen stets kürzeste Verbindungslinien sind.

Die Kenntnis der Geodätischen impliziert die Kenntnis von T, d.h. der Trägheitsmatrix $\mathfrak{A}(x) = \big(a_{ij}(x)\big)$ in Abhängigkeit von $x \in G$, falls $\mathfrak{A}(x_0)$ für einen Punkt $x_0 \in G$ bekannt ist. Die Form der kanonischen Gleichungen legt eine solche Eindeutigkeit nahe,[6]) doch ist zu beachten, dass die Identifikation von Zustandsraum $G \times V$ und Phasenraum $G \times V^*$ mit der Legendreschen Transformation die Kenntnis von T voraussetzt. Wir verschieben den (einfachen) Beweis der genannten Eindeutigkeitsaussage auf Bd. 4, wo wir begrifflich dafür besser gerüstet sind.

Dass die durch T gegebene Geometrie die Bewegungen eines freien Systems und umgekehrt die Bewegungen eines freien Systems seine Geometrie wie gerade beschrieben im Wesentlichen bestimmen, ist die Riemannsche Fassung des G a l i l e i s c h e n   T r ä g h e i t s p r i n z i p s, die u.a. auch von H. Hertz bevorzugt wurde.[7]) Damit wird die klassische a-priori-Raumanschauung: „Der Raum ist affin euklidisch", ersetzt durch die Riemannsche: „Der Raum trägt eine Rie-mannsche Metrik" (bzw. nach Einbeziehung der Zeit durch das Einsteinsche Postulat: „Die Raum-Zeit-Welt trägt eine Einstein-Minkowski-Lorentz-Metrik", vgl. Bd. 4, §14). Gedanklich ist das zwar komplizierter, inhaltlich aber sehr viel schwächer.

Einige Geodätischengleichungen haben wir schon in Bd. 1 (2. Aufl.), Beispiel 19.C.5 (4) disku-tiert. Hier betrachten wir noch als einfaches Beispiel Systeme, für die die kinetische Energie, also die Riemannsche Metrik T, die Gestalt

$$T = \frac{1}{2}\,a^2(x)\,\langle\dot x,\dot x\rangle = \frac{1}{2}\,a^2\|\dot x\|^2$$

hat, wobei $\langle -,-\rangle$ ein vorgegebenes Skalarprodukt auf V ($\supseteq G$) ist und $a : G \to \mathbb{R}_+^\times$ eine genü-gend glatte Funktion auf G. Man nennt solche Riemannschen Metriken k o n f o r m   ä q u i v a l e n t zur Metrik, die durch $\langle -,-\rangle$ gegeben wird. Die Geodätischen erfüllen die Eulersche Gleichung $(d/dt)\mathrm{D}_2 T = \mathrm{D}_1 T$. Beschreiben wir hier die Differenziale durch ihre Gradienten bzgl. $\langle -,-\rangle$,

---

[5]) Häufig assoziiert man zur kinetischen Energie T die Riemannsche Metrik $2T$; denn ein Teilchen mit der Masse 1 und der Geschwindigkeit u hat die kinetische Energie $\|u\|^2/2$.

[6]) Völlige Eindeutigkeit ist nicht zu erwarten, z.B. definieren alle konstanten Trägheitsmatrizen dieselben Geodätischen. Auch gehören zu $\mathfrak{A}(x)$ und $a\mathfrak{A}(x)$ mit konstantem $a \in \mathbb{R}_+^\times$ stets dieselben Geodätischen. Die Frage, wann solche Skalierungen die einzigen Mehrdeutigkeiten sind, ist nicht ganz uninteressant, vgl. Bd. 4, §14.

[7]) Man spricht gelegentlich vom H e r t z s c h e n   P r i n z i p.

so erhalten wir

$$\frac{d}{dt}(a^2\dot{x}) = a\,\langle\dot{x},\dot{x}\rangle\,\mathrm{grad}\,a$$

und unter Benutzung von $(\mathrm{grad}\,a)/a = \mathrm{grad}\,\ln a$ die Geodätischengleichung

$$\ddot{x} = \langle\dot{x},\dot{x}\rangle\,\mathrm{grad}\,\ln a - 2\,\langle\mathrm{grad}\,\ln a,\dot{x}\rangle\,\dot{x}\,.$$

Der Energiesatz liefert die Konstanz von $T = a^2\|\dot{x}\|^2/2$ längs der Lösungen dieser Gleichung. Außerdem ist, wie oben allgemeiner bemerkt, die „Länge"

$$\int\limits_{\alpha}^{\beta} a\|\dot{x}\|\,dt$$

stationär für eine geodätische Kurve $x : [\alpha,\beta] \to G$ von $x(\alpha)$ nach $x(\beta)$. Die Krümmung einer Geodätischen ist nach Abschnitt 4.E gleich

$$\kappa = \left(\|\dot{x}\|^2\|\ddot{x}\|^2 - \langle\dot{x},\ddot{x}\rangle^2\right)^{1/2}\|\dot{x}\|^{-3} = \|\,\mathrm{grad}\,\ln a\|\,\sin\angle(\dot{x}\,,\mathrm{grad}\,\ln a)\,.$$

Dies gilt mit Beachtung der Vorzeichen auch in einer orientierten Ebene (da $\dot{x}$, $\ddot{x}$ bzw. $\dot{x}$, $\mathrm{grad}\,\ln a$ jeweils dieselbe Orientierung repräsentieren oder linear abhängig sind).

Nach dem F e r m a t s c h e n P r i n z i p der geometrischen Optik lässt sich in der betrachteten Situation eine Geodätische auch interpretieren als Kurve, auf der sich ein Lichtstrahl in einem inhomogenen (aber isotropen) Medium mit der vom Ort x abhängigen (absoluten) Brechungszahl $a(x)$ bewegt.[8]) Das Fermatsche Prinzip verlangt nämlich, dass der so genannte L i c h t w e g $\int_{\alpha}^{\beta} a\|\dot{x}\|\,dt$ bzw. die Zeit $c^{-1}\int_{\alpha}^{\beta} a\|\dot{x}\|\,dt$ ($c :=$ Lichtgeschwindigkeit im Vakuum), die der Lichtstrahl von $x(\alpha)$ nach $x(\beta)$ braucht, stationär wird.[9]) *Hat der Gradient* $\mathrm{grad}\,\ln a$ *überall dieselbe Richtung, d.h. ist das Medium horizontal geschichtet* (wobei die Horizontale die (Hyper-)Ebene senkrecht zu $\mathrm{grad}\,\ln a$ ist), *so gilt das* B r e c h u n g s g e s e t z

$$a\,\sin\angle(\dot{x},\mathrm{grad}\,\ln a) = \mathrm{const.}$$

für jeden Lichtstrahl. Man beweist dies in klassischer Weise so, dass man das Verschwinden der ersten Variation

$$\int\limits_{\alpha}^{\beta}\left(a\,\langle\dot{x},\dot{x}\rangle\,\langle\mathrm{grad}\,a\,,\psi\rangle + a^2\langle\dot{x},\dot{\psi}\rangle\right)dt = \int\limits_{\alpha}^{\beta}\langle a^2\dot{x},\dot{\psi}\rangle\,dt$$

für alle solchen Störungen ψ ausnutzt, die in jedem Punkt orthogonal zur konstanten Richtung $\mathbb{R}\,\mathrm{grad}\,\ln a = \mathbb{R}\,\mathrm{grad}\,a$ sind. Daraus folgt die Konstanz von $a^2\|\dot{x}\|\sin\angle(\dot{x},\mathrm{grad}\,\ln a)$, vgl. Lemma 10.A.5, und wegen der Konstanz von $a\|\dot{x}\|$ das Brechungsgesetz.

Als Anwendung diskutieren wir die R e f r a k t i o n *der Lichtstrahlen in der Erdatmosphäre.* Darunter versteht man die Differenz $\varphi_\infty - \varphi_0$ des wahren Zenitabstandes φ_∞ eines Sterns und des auf der Erdoberfläche beobachteten Winkels φ_0. Wir betrachten die Erde als Kugel mit dem Radius R ($= 6371229\,\mathrm{m}$) und dem Nullpunkt als Mittelpunkt. Die Brechungszahl $a(x)$ in der Atmosphäre hänge nur vom Abstand $r = \|x\| \geq R$ vom Erdmittelpunkt ab. Es ist also $a(x) = n(r)$ mit einer Funktion $n : [R,\infty[\to \mathbb{R}_+^\times$ und

---

[8]) Diese Brechungszahl ist in der Realität (in der Regel) ≥ 1, was für die allgemeinen Überlegungen aber bedeutungslos ist.

[9]) t ist also nicht der Zeitparameter für den Lichtstrahl.

$$\operatorname{grad}\ln a = \frac{d\ln n}{dr} \cdot \frac{x}{\|x\|}\,.$$

Ferner können wir $\lim_{r\to\infty} n(r) = 1$ annehmen und setzen $n_0 := n(R) = 1,000272$ (bei $20°$ C und 760 Torr).

Jeder Lichtstrahl verläuft in der Ebene, die durch eine seiner Richtungen und den Erdmittelpunkt bestimmt ist. (Ist der Lichtstrahl zu einem Zeitpunkt zum Erdmittelpunkt hin oder von diesem weg gerichtet, so entartet diese Ebene zu einer Geraden durch den Erdmittelpunkt.) Wir fixieren eine orientierte Ebene durch den Erdmittelpunkt und betrachten einen Lichtstrahl darin. An die Stelle des Brechungsgesetzes tritt jetzt das so genannte S t r a h l g e s e t z

$$a\|x\|\sin\zeta = \text{const.} = c_0\,, \qquad \zeta := \angle(x,\dot{x})\,,$$

dem der Lichtstrahl $x = x(t)$ gehorcht (ζ ist der orientierte Winkel). Man beweist es analog zum Brechungsgesetz: Für jede Störung ψ der Form $\psi = |x \cdot \eta$, wobei $|x$ jeweils der zu x konjugierte Vektor ist (der aus x durch Drehen um $\pi/2$ im Sinne der gegebenen Orientierung gewonnen wird), verschwindet die erste Variation

$$\int\limits_{\alpha}^{\beta}\left(a\,\langle\dot{x},\dot{x}\rangle\,\langle\operatorname{grad} a,\psi\rangle + a^2\langle\dot{x},\dot{\psi}\rangle\right)dt = \int\limits_{\alpha}^{\beta}\langle a^2\dot{x},\dot{\psi}\rangle\,dt = \int\limits_{\alpha}^{\beta}\langle a^2\dot{x},|x\rangle\,\dot{\eta}\,dt$$

(man beachte, dass $|\dot{x}$ die Geschwindigkeit von $|x$ ist), was die Konstanz von $\langle a^2\dot{x},|x\rangle = a^2\|\dot{x}\| \cdot \|x\|\sin\zeta$ und wegen der Konstanz von $a\|\dot{x}\|$ das Strahlgesetz zur Folge hat (vgl. Lemma 10.A.5). Bei Kenntnis von $a(x) = n(\|x\|)$ lässt sich mit dem Strahlgesetz grundsätzlich der Weg des Lichtstrahls mit einer Quadratur bestimmen. Zur Bestimmung der Refraktion verfolgen wir einen Lichtstrahl (in der betrachteten Ebene), der von einem Punkt der Erdoberfläche unter dem Zenitabstandswinkel φ_0 ausgesendet wird ($|\varphi_0| \le \pi/2$).

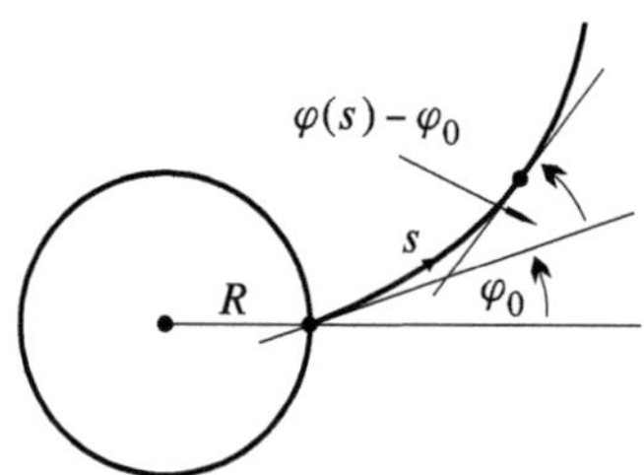

Nach Durchlaufen eines Bogens der Länge s ist die Richtungsänderung des Strahls gleich der Gesamtkrümmung

$$\varphi(s) - \varphi_0 = \int\limits_{0}^{s}\kappa(s)\,ds = -\int\limits_{0}^{s}\frac{d\ln n}{dr}\sin\zeta\,ds\,,$$

vgl. Beispiel 4.E.4. Dabei haben wir die oben angegebene Formel für die Krümmung κ benutzt. Wegen $\dot{r} = \langle x,\dot{x}\rangle/\|x\| = \|\dot{x}\|\cos\zeta$ und $\dot{s} = \|\dot{x}\|$, also $ds/dr = 1/\cos\zeta$ erhält man – solange $|\zeta| \le \pi/2$ bleibt –

$$\varphi(r) - \varphi_0 = -\int\limits_{R}^{r}\frac{d\ln n}{dr}\tan\zeta\,dr = -c_0\int\limits_{R}^{r}\frac{d\ln n}{dr}\cdot\frac{dr}{\sqrt{n^2 r^2 - c_0^2}}\,.$$

Für Strahlen, die nur wenig von der Zenitrichtung abweichen, wird sich $\tan\zeta$ nur wenig mit r ändern. Wir erhalten in diesem Fall als Näherung für die Refraktion den Wert

$$\varphi_\infty - \varphi_0 = -\int_R^\infty \frac{d\ln n}{dr}\tan\zeta\,dr \;\approx\; \ln n_0\cdot\tan\varphi_0 \;\approx\; 2,72\cdot 10^{-4}\tan\varphi_0 = 56,1''\tan\varphi_0\,.$$

Bei $\varphi_0 = 30°$ etwa ergibt sich für $\varphi_\infty - \varphi_0$ die Näherung $32,4''$ (die gut mit den beobachteten Werten übereinstimmt).

Für *Strahlen nahe am Horizont* mit $|\varphi_0| \approx \pi/2$ verliert diese Näherung natürlich ihren Sinn. Zur Berechnung des Refraktionsintegrals $-\int_R^\infty (d\ln n/dr)\tan\zeta\,dr$ ist dann eine genauere Kenntnis der Funktion n nötig. Wir nehmen an, dass $n^2 - 1$ proportional zur Dichte ρ der Luft ist (Clausius-Mosotti). Es ist $\rho = \rho_0 T_0 p/T p_0$, wobei $\rho_0 = 1{,}205\,\mathrm{kg\,m^{-3}}$ die Dichte bei Normalbedingungen ($T_0 = 20°\mathrm{C} = 293\,\mathrm{K}$ und $p_0 = 760\,\mathrm{Torr}$) ist. Es folgt

$$n^2 = 1 + \beta T_0 p/T p_0$$

mit $\beta := n_0^2 - 1 = 5{,}44\cdot 10^{-4}$ und

$$\frac{d\ln n}{dr} = \frac{1}{2n^2}\cdot\frac{\beta T_0 p}{T^2 p_0}\left(\frac{T}{p}\frac{dp}{dr} - \frac{dT}{dr}\right),$$

wobei wir immer annehmen wollen, dass der Druck p und die Temperatur T nur von r abhängen mögen. dp/dr bestimmt sich aus der so genannten **h y d r o s t a t i s c h e n G l e i c h u n g** (vgl. dazu auch Bd. 4, Beispiel 13.B.3)

$$\frac{dp}{dr} = -\rho g = -\frac{\rho_0 T_0}{p_0}\cdot\frac{p}{T}\,g\,,$$

wobei ρ die Dichte und $g = GM(r)/r^2$ die Erdbeschleunigung im Abstand r vom Erdmittelpunkt sind (G ist die Gravitationskonstante und $M(r)$ die Gesamtmasse (einschließlich der Luft) in der Kugel vom Radius r). Für die Erdoberfläche ($r = R$ und $g = g_0 = 9{,}80665\,\mathrm{m\,sec^{-2}}$) ergibt sich die **F o r m e l v o n K u r t W e g e n e r**

$$-\frac{d\ln n}{dr} = \frac{1}{2n^2}\cdot\frac{\beta T_0 p}{T^2 p_0}\left(\Gamma_0 + \frac{dT}{dr}\right) \approx \frac{\beta T_0 p}{2T^2 p_0}\left(\Gamma_0 + \frac{dT}{dr}\right)$$

mit $\Gamma_0 := T\rho g_0/p = T_0\rho_0 g_0/p_0 \approx 3{,}42\cdot 10^{-2}\,\mathrm{K/m}.$ [10]) Unter den Normalbedingungen $T = T_0$ und $p = p_0$ und bei verschwindendem Temperaturgradienten dT/dr ist an der Erdoberfläche die Krümmung $-d\ln n/dr = \beta\rho_0 g_0/2(1+\beta)p_0$ eines Horizontstrahls mit $\beta\alpha/2(1+\beta)R \approx 0{,}2/R$, $\alpha := R\rho_0 g_0/p_0 = 743{,}0$ beträchtlich kleiner als die Krümmung $1/R$ eines Großkreises der Erdoberfläche. Bei extremen Temperaturgradienten kann sie jedoch mit $1/R$ vergleichbar werden (**L u f t s p i e g e l u n g e n**). In der Regel ist dT/dr negativ ($\approx -6{,}5\cdot 10^{-3}\,\mathrm{K/m}$).

Um eine Abschätzung der Refraktion $\varphi_\infty - \varphi_0$ für Horizontstrahlen ($\varphi_0 \approx \pi/2$) zu gewinnen, brauchen wir p als Funktion von r. Beachtet man $dM/dr = 4\pi r^2\rho$, so erhält man aus der hydrostatischen Gleichung die Differenzialgleichung

$$\frac{d}{dr}\left(\frac{r^2 T}{p}\frac{dp}{dr}\right) = -4\pi\frac{\rho_0^2 T_0^2}{p_0}G\cdot\frac{r^2 p}{T}$$

oder das System

$$\frac{dp}{dr} = \frac{pq}{r^2 T}\,,\qquad \frac{dq}{dr} = -C\frac{r^2 p}{T}\,,$$

wobei q durch die erste Gleichung definiert ist und $C := 4\pi\rho_0^2 T_0^2 G/p_0$ gesetzt wurde. Dies lässt sich grundsätzlich bei Kenntnis (oder Modellvorstellungen) von T (zumindest numerisch) lösen.

---

[10]) Die Formel gilt für trockene Luft. Welchen Einfluss hat die Luftfeuchtigkeit?

(Man beweise, dass das System keine Lösung mit konstantem $T = T_0$ hat, für die die Gesamtmasse $\lim_{r \to \infty} M(r)$ endlich bleibt.) Da der wesentliche Teil der Ablenkung eines Lichtstrahls in den unteren (dichten) Schichten der Atmosphäre erfolgt, nehmen wir als einfachste Approximation $T = T_0 = \text{const.}$ und $g = g_0 = \text{const.}$ an, was für p die klassische b a r o m e t r i s c h e H ö h e n f o r m e l

$$p = p_0 \exp\left(-\alpha\left(\frac{r}{R} - 1\right)\right)$$

($\alpha = R\rho_0 g_0 / p_0$) zur Folge hat. Für beliebiges φ_0 mit $0 \le \varphi_0 \le \pi/2$ gilt dann wegen $c_0 = n_0 R \sin \varphi_0$

$$\varphi_\infty - \varphi_0 = -c_0 \int\limits_R^\infty \frac{d \ln n}{dr} \cdot \frac{dr}{\sqrt{n^2 r^2 - c_0^2}} = n_0 \alpha \beta \sin \varphi_0 \int\limits_R^\infty \frac{\exp\left(-\alpha\left(\frac{r}{R} - 1\right)\right)}{2n^2 \sqrt{n^2 r^2 - n_0^2 R^2 \sin^2 \varphi_0}}\, dr \,.$$

Um eine Näherung zu bekommen, setzen wir $n \approx n_0 \approx 1$ und substituieren $h = \alpha\left(\frac{r}{R} - 1\right)$ bzw. $\frac{r}{R} = 1 + \gamma h$, $\gamma := \frac{1}{\alpha}$. Nach trivialen Umformungen erhalten wir

$$\varphi_\infty - \varphi_0 \approx \frac{1}{2} \cdot \frac{\sqrt{\alpha}\,\beta \sin \varphi_0}{\sqrt{1 + \sin \varphi_0}} \int\limits_0^\infty \frac{e^{-h}\, dh}{\sqrt{h + \alpha(1 - \sin \varphi_0)} \cdot \sqrt{1 + \dfrac{\gamma h}{1 + \sin \varphi_0}}} \,.$$

Darin fassen wir γ als kleinen Parameter auf, den wir 0 setzen,[11] und gewinnen endlich

$$\varphi_\infty - \varphi_0 \approx \frac{1}{2} \cdot \frac{\sqrt{\alpha}\,\beta \sin \varphi_0}{\sqrt{1 + \sin \varphi_0}} \int\limits_0^\infty \frac{e^{-h}\, dh}{\sqrt{h + \alpha(1 - \sin \varphi_0)}}$$

$$= \frac{1}{2} \cdot \frac{\sqrt{\alpha}\,\beta \sin \varphi_0}{\sqrt{1 + \sin \varphi_0}} \cdot e^{\alpha(1 - \sin \varphi_0)} \cdot \Gamma_{\alpha(1 - \sin \varphi_0)}\left(\frac{1}{2}\right) \,,$$

wobei

$$\Gamma_y\left(\frac{1}{2}\right) = \int\limits_y^\infty t^{-1/2} e^{-t}\, dt = \Gamma\left(\frac{1}{2}\right) - \int\limits_0^y t^{-1/2} e^{-t}\, dt = \sqrt{\pi} - \sqrt{y} \sum_{k=0}^\infty (-1)^k \frac{y^k}{k!\,(k + \frac{1}{2})} \,,$$

$y \ge 0$, eine unvollständige Γ-Funktion ist, vgl. Bd. 1, Abschnitt 17.B. Insbesondere ist die Refraktion für einen Horizontstrahl ($\varphi_0 = \pi/2$) ungefähr gleich

$$\frac{1}{2} \cdot \sqrt{\frac{\alpha}{2}}\, \beta \sqrt{\pi} = 0{,}93 \cdot 10^{-2} \approx 32' \,,$$

was gut mit der Erfahrung übereinstimmt – in Tabellen wird dafür $35'$ angegeben. Wir bemerken ferner, dass die zuletzt erhaltene Näherung für die Refraktion $\varphi_\infty - \varphi_0$ sich bei $\varphi_0 \to 0$ (und $\alpha \to \infty$ sowie $\beta \to 0$) asymptotisch wie die weiter oben angegebene Näherung $\ln n_0 \cdot \tan \varphi_0$ verhält.

Die wahre Tageslänge wird durch die Refraktion gegenüber der geometrischen Tageslänge vergrößert. Bedenkt man, dass die Sonne einen scheinbaren Durchmesser von ebenfalls ca. $32'$ hat, so folgt: Beobachtet man, dass der untere Rand der Sonne den Horizont berührt, so ist die Sonne bereits völlig unter dem Horizont verschwunden. Wir erwähnen ferner, dass wegen des recht großen Werts von α die Refraktion in der Nähe von $\pi/2 = 90°$ sehr empfindlich von φ_0

---

[11] Der Leser schätze den dadurch verursachten Fehler ab.

abhängt. Bei $\varphi_0 = 89°$ beispielsweise erhält man in unserem Modell für die Refraktion nur noch den (ungefähren) Wert von $0{,}66 \cdot 10^{-2} \approx 23'$. Dies ist auch der Grund dafür, dass Sonne und Mond am Horizont in der Regel deutlich als (in der Vertikalen abgeplattete) Ellipsen erscheinen.

In dem (für die Erde unrealistischen) Fall, dass die Krümmung $\beta\alpha/2(1+\beta)R$ größer als $1/R$, also $2(1+\beta) < \beta\alpha$ ist, gibt es einen Grenzwinkel φ_{krit} mit $0 < \varphi_{\text{krit}} < \pi/2$ derart, dass für $|\varphi_0| > \varphi_{\text{krit}}$ kein Himmel sichtbar ist. φ_{krit} ist dadurch bestimmt, dass $(1 + \beta)\sin^2\varphi_{\text{krit}}$ gleich dem Minimum der Funktion $x^2\big(1 + \beta\, e^{-\alpha(x-1)}\big)$ für $x \geq 1$ ist. Man diskutiere (zumindest qualitativ) auch diesen Fall. Wie verhalten sich die Strahlen mit $|\varphi_0| = \varphi_{\text{krit}}$? Man beschreibe das Verhalten der Strahlen, wenn sich $|\varphi_0|$ dem Wert φ_{krit} von oben bzw. von unten nähert. Für weitere Beispiele vergleiche Aufg. 5 und 6.

Genauer hätten wir oben mit der Luft als einem Gasgemisch mit mehreren Komponenten rechnen müssen. Die barometrische Höhenformel für die Dichte lautet dann

$$\rho = \rho(r) = \sum_i \frac{v_i}{100}\, \rho_{i0}\, \exp\Big(-\alpha_i\big(\frac{r}{R} - 1\big)\Big),$$

und es ist

$$n^2 = 1 + \beta\,\frac{\rho}{\rho_0} \qquad \text{mit} \qquad \rho_0 = \rho(R) = \sum_i \frac{v_i}{100}\,\rho_{i0}\,.$$

Dabei ist v_i der Anteil der i-ten Komponente an der Erdoberfläche in Volumenprozenten, ρ_{i0} deren Dichte unter den Normalbedingungen p_0, T_0 und $\alpha_i := R\rho_{i0}g_0/p_0 = \alpha\rho_{i0}/\rho_0$. Für Zahlenwerte vgl. 19.B, Aufg. 10. Die numerischen Ergebnisse bleiben aber im Wesentlichen dieselben.

Die hier behandelte Optik gilt für isotrope Medien, bei denen die Brechungszahl unabhängig von der Richtung des Lichtstrahls ist. Die geometrische Optik für anisotrope Medien ist völlig analog zur Mechanik freier Systeme, wie sie zu Beginn dieses Beispiels besprochen wurden. In der Tat war es diese Analogie zur Optik, die Hamilton zur Formulierung der nach ihm benannten Mechanik führte.

10.B.3 Beispiel (B r a c h i s t o c h r o n e) Einer der Ausgangspunkte für die Entwicklung der Variationsrechnung war das Problem der Brachistochrone. Es wird eine Bahnkurve gesucht, auf der ein Massenpunkt in kürzester Zeit von einem Ruhepunkt A im homogenen Schwerefeld der Erde (ohne Reibung) zum nicht höher gelegenen Punkt B gelangt. Dabei liege B nicht vertikal unterhalb von A.[12] Eine solche Kurve (falls sie existiert) verläuft sicherlich in der Ebene, die durch B und die Vertikale durch A bestimmt ist. (Warum?) Wir führen in dieser Ebene Koordinaten x, y gemäß folgender Skizze ein:

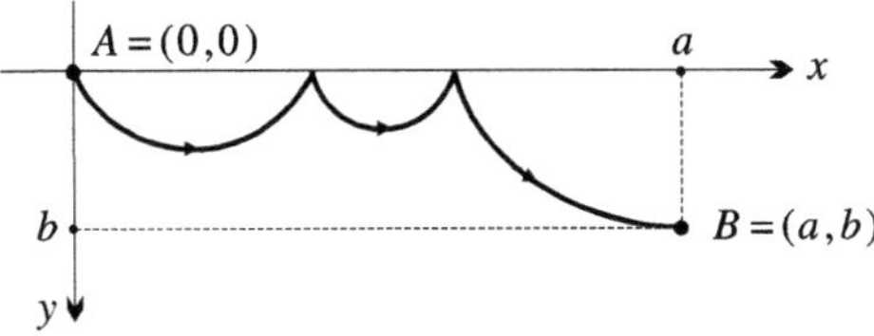

Der Punkt A ist also der Nullpunkt $(0, 0)$ und $B = (a, b)$, $a > 0$, $b \geq 0$. Durch geeignete Wahl der Parameter kann jede mögliche Bahnkurve in der Form $\varphi : [\alpha, \beta] \to \mathbb{R}^2$ mit $\varphi(\alpha) = A$, $\varphi(\beta) = B$, einem festen Intervall $[\alpha, \beta] \subseteq \mathbb{R}$ und einem Parameter $\tau \in [\alpha, \beta]$ parametrisiert werden, der stetig differenzierbar mit überall positiver Ableitung von der Zeit t abhängt. Setzt

---

[12] Wie lautet die Antwort in diesem Fall? Begründung?

man $\varphi(\tau) = \big(x(\tau), y(\tau)\big)$, so gilt nach dem Energiesatz

$$\frac{1}{2}(x'^2 + y'^2)\,\dot\tau^2 - gy = 0,$$

wobei $'$ die Ableitung nach τ bezeichnet und die Ableitung nach der Zeit wie üblich mit dem Punkt geschrieben wird. Die Laufzeit T von A nach B längs φ ist dann

$$T = \int_\alpha^\beta \frac{d\tau}{\dot\tau} = \int_\alpha^\beta \sqrt{\frac{x'^2 + y'^2}{2gy}}\,d\tau$$

(wobei das Integral an den Nullstellen von y uneigentlich wird). Gesucht sind diejenigen φ, für die T möglichst klein wird. Der Leser wird bemerken, dass dieses Variationsproblem formal zu den am Ende des letzten Beispiels betrachteten Problemen des stationären Lichtwegs gehört. Johann Bernoulli hat mit dieser Interpretation das Brachistochronenproblem (vor über 300 Jahren) behandelt und unter Ausnutzung des Brechungsgesetzes, das ja im vorliegenden Fall gilt, die Lösung angegeben. Wir nehmen darauf im Folgenden aber keinen Bezug.

Stationäre (C^2-)Lösungen des vorgelegten Variationsproblems mit der Wirkungsfunktion $L = \sqrt{(x'^2 + y'^2)/2gy}$ erfüllen die Eulerschen Gleichungen

$$\frac{d}{d\tau}\frac{\partial L}{\partial x'} = 0, \qquad \frac{d}{d\tau}\frac{\partial L}{\partial y'} = \frac{\partial L}{\partial y}.$$

Wir betrachten diese zunächst nur in einem Intervall, in dem $y > 0$ und dann notwendigerweise $(x'^2 + y'^2)\dot\tau^2 > 0$ ist. Die erste Gleichung liefert

$$\frac{x'}{\sqrt{2gy(x'^2 + y'^2)}} = \text{const.}$$

Da die Konstante nach Voraussetzung über die Lage von B ungleich 0 ist, ist $x' \neq 0$. Wir können daher τ und damit y als Funktion von x schreiben und $\tau = x$ annehmen oder $\tau = -x$.

Das Variationsproblem ist dann also für $L = \sqrt{(1 + y'^2)/2gy}$ zu betrachten (in einem Intervall der x-Achse, auf dem y nicht verschwindet). Da L nicht explizit von x abhängt, liefert 10.A.6 die Konstanz von

$$\frac{\partial L}{\partial y'}\,y' - L = -\frac{1}{\sqrt{2gy(1 + y'^2)}}$$

längs der gesuchten Lösung. Die Eulersche Gleichung ist unter Verwendung der Konstanz von $y(1 + y'^2)$ äquivalent zu $y'' + (1 + y'^2)/2y = 0$. Es folgt $y'' < 0$ im betrachteten Intervall. Die Lösung $y = y(x)$ ist dort also streng konkav. Durch

$$\cot \frac{1}{2}\sigma(x) := y'(x)$$

wird daher ein zulässiger Parameter $\sigma = \sigma(x)$ definiert, und wir erhalten

$$y(1 + y'^2) = y(\sigma)\big(1 + \cot^2(\sigma/2)\big) = \text{const.} = 2r\,,$$

also

$$y(\sigma) = 2r\sin^2(\sigma/2) = r(1 - \cos\sigma)\,.$$

Es folgt

$$\frac{dy}{d\sigma} = r\sin\sigma \quad \text{und} \quad \cot\frac{\sigma}{2} = \frac{dy}{dx} = r\sin\sigma\,\frac{d\sigma}{dx}$$

und somit

$$\frac{dx}{d\sigma} = 2r\sin^2(\sigma/2) = r\,(1-\cos\sigma) \quad \text{bzw.} \quad x(\sigma) = r\,(\sigma - \sin\sigma) + \text{const.,}$$

wobei σ in einem Intervall variiert, das in $[0, 2\pi]$ enthalten ist. Es handelt sich um einen Teil eines Zykloidenbogens, der durch Abrollen eines Kreises mit Radius r entsteht, vgl. Beispiel 4.D.4.

Zu jedem Punkt B wie oben gibt es genau ein $r > 0$ und ein σ_0 mit $0 < \sigma_0 \le 2\pi$ derart, dass $B = r\,(\sigma_0 - \sin\sigma_0\,,\,1 - \cos\sigma_0)$ ist, vgl. 6.B, Aufg. 5, und

$$\sigma \mapsto r\,(\sigma - \sin\sigma\,,\,1 - \cos\sigma)\,, \qquad \sigma \in [0, \sigma_0]\,,$$

ist der eindeutig bestimmte Zykloidenbogen, der in A beginnt und durch B läuft. *Dieser Weg ist die einzige Möglichkeit für einen Weg von A nach B mit kürzester Laufzeit.* Auf jedem Intervall, auf dem y nicht verschwindet, muss nämlich ein C^2-Weg kürzester Laufzeit ein einziger Zykloidenbogen sein oder ein Teil davon. Dabei kann man sofort ausschließen, dass einer dieser Bögen so durchlaufen wird, dass die x-Werte dabei fallen. Auch die anderen Wege mit mehr als einem Bogen haben längere Laufzeit, wie man sich leicht überlegt und durch den unten folgenden Satz 10.B.4 mitbewiesen wird.

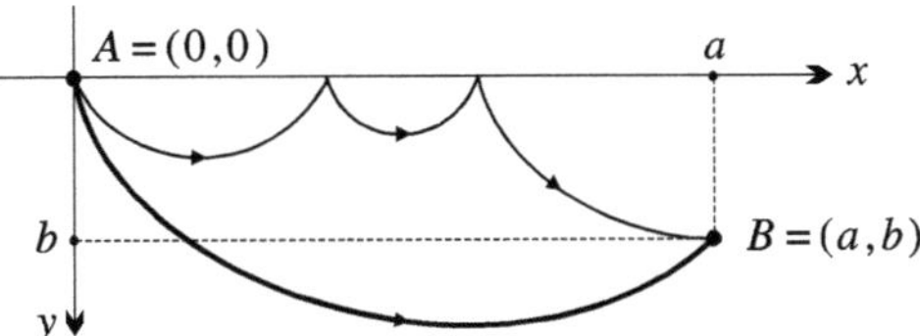

Gleichzeitig ist damit auch das Problem für die möglichen Wege kürzester Laufzeit gelöst, wenn der Massenpunkt eine positive Anfangsgeschwindigkeit v hat. Man hat das Variationsproblem mit derselben Wirkungsfunktion zu betrachten, nur der Anfangspunkt A ist durch den Punkt $(0, c)$ mit $c := v^2/2g$ zu ersetzen. Da es zu A und B genau einen (einfachen) Zykloidenbogen $\big(x, y_0(x)\big)$, $x \in [0, a]$, $y_0 : [0, a] \to \mathbb{R}_+$, gibt, der A mit B verbindet und die Gerade $y = 0$ orthogonal trifft (Beweis!), ist dieser Bogen die einzig mögliche Lösung des betrachteten Variationsproblems. [13])

Es scheint ein schwieriges Problem zu sein, in voller Allgemeinheit zu beweisen, dass die gefundenen Zykloidenbögen tatsächlich Wege kürzester Laufzeit unter allen ursprünglich zugelassenen Wegen sind. [14])

10.B.4 Satz *Sei $y : [0, a] \to \mathbb{R}_+$ mit $y(0) = c$, $y(a) = b$ stetig und stetig differenzierbar überall dort, wo y nicht verschwindet. Ist dann die Laufzeit $\int_0^a \sqrt{(1 + y'^2)/2gy}\,dx$ höchstens so groß wie die für den obigen Zykloidenbogen $y_0 : [0, a] \to \mathbb{R}_+$ mit $y_0(0) = c$, $y_0(a) = b$, so ist $y = y_0$ auf ganz $[0, a]$.*

B e w e i s . Der Integrand für die Laufzeit ist definitionsgemäß in den Punkten, in denen y verschwindet, gleich ∞. Wir nehmen $y \ne y_0$ an und führen dies zu einem Widerspruch. Wir werden im Weiteren einige Vorgriffe auf die Integrationstheorie des folgenden Kapitels machen. Will man dies vermeiden, so beschränke man sich etwa auf solche y, die höchstens endlich oft verschwinden.

---

[13]) Man beachte, dass man von der Anfangsgeschwindigkeit nur ihren Betrag v vorgeben kann, nicht jedoch die Richtung. Wird zusätzlich eine Richtung, die von der des Zykloidenbogens verschieden ist, vorgegeben, so hat das Variationsproblem offenbar keine Lösung. Ein Variationsproblem vernünftig zu stellen, kann selbst schon ein Problem sein. Vgl. auch Aufg. 8.

[14]) Der an dieser Stelle häufigen Anrufung „physikalischer Gründe" können wir nicht folgen.

Wir betrachten statt y_0 und y die Funktionen $z := \sqrt{y}$ und $z_0 := \sqrt{y_0}$. [15]) Dann ist die Laufzeit gleich

$$\frac{1}{\sqrt{2g}} \int\limits_0^a \sqrt{\frac{1+y'^2}{y}}\, dx = \frac{1}{\sqrt{2g}} \int\limits_0^a \sqrt{\frac{1}{z^2} + 4z'^2}\, dx\ .$$

Für die Funktionen z handelt es sich also (die Konstante $1/\sqrt{2g}$ unterdrückend) um das Variationsproblem zur Wirkungsfunktion $\sqrt{z^{-2}+4z'^2}$, die wir wieder mit L bezeichnen. Der große Vorteil dieser Funktion ist, dass sie im Gegensatz zur ursprünglichen Wirkungsfunktion $\sqrt{(1+y'^2)/y}$ auf $\mathbb{R}_+^\times \times \mathbb{R}$ streng konvex ist und damit Methoden, wie sie in Bemerkung 10.A.10 im Zusammenhang mit der zweiten Variation angedeutet wurden, eingesetzt werden können. Die Hesse-Matrix

$$\begin{pmatrix} \dfrac{\partial^2 L}{\partial z^2} & \dfrac{\partial^2 L}{\partial z \partial z'} \\[2ex] \dfrac{\partial^2 L}{\partial z \partial z'} & \dfrac{\partial^2 L}{\partial z'^2} \end{pmatrix} = \frac{2}{z^2 L^3} \begin{pmatrix} z^{-4}+6z^{-2}z'^2 & 2z^{-1}z' \\[1ex] 2z^{-1}z' & 2 \end{pmatrix}$$

ist nämlich überall positiv definit. Die Funktion z_0 verschwindet (wie y_0) höchstens in den Punkten 0 bzw. a, ist im Intervall $\,]0, a[\,$ zweimal stetig differenzierbar (sogar analytisch) und erfüllt dort die Eulersche Differenzialgleichung

$$\frac{d}{dx}\frac{\partial L}{\partial z'} = \frac{\partial L}{\partial z}\ .$$

Da das Laufzeitintegral $\int_0^a \sqrt{z^{-2}+4z'^2}\,dx$ endlich ist, verschwindet z höchstens auf einer Nullmenge, und die Funktionen z^{-1} und z' sind einzeln auf $[0, a]$ integrierbar. (Man beachte, dass z' nur dort nicht definiert ist, wo z verschwindet.) Nur über diesen (offenen) Teil des Intervalls braucht integriert zu werden. Wir betrachten für $s \in [0, 1]$ die Wirkung

$$S(s) := \int\limits_0^a \sqrt{z_s^{-2} + 4z_s'^2}\, dx$$

mit $z_s := z_0 + s(z - z_0)$, $z_s' = z_0' + s(z' - z_0')$. Die Funktion $S(s)$ ist stetig nach 14.D.3, da $1/\mathrm{Min}\,(z, z_0)$ bzw. $\mathrm{Max}\,\big(|z'|, |z_0'|\big)$ auf $[0, a]$ integrierbare und von s unabhängige Majoranten für z_s^{-1} bzw. $|z_s'|$ sind. Außerdem ist $S(s)$ wegen der Konvexität von L konvex, vgl. 14.B, Aufg. 22.

Für jedes s mit $0 < s < 1$ gilt sogar $S(s) < (1-s)S(0) + sS(1) \le S(0)$. Nach Voraussetzung gibt es nämlich einen Punkt x und dann aus Stetigkeitsgründen eine ganze Umgebung U dieses Punktes mit $0 \ne z_0(x) \ne z(x) \ne 0$ für alle $x \in U$. Wegen der strengen Konvexität von L ist dann auf U

$$L(z_s, z_s') < (1-s)L(z_0, z_0') + sL(z, z')$$

für alle $s \in\,]0, 1[$. Da die $\le$-Beziehung auf ganz $[0, a]$ gilt, folgt für diese s

$$S(s) < (1-s)S(0) + sS(1) \le S(0)\,,$$

da im Satz $S(1) \le S(0)$ vorausgesetzt wurde. Es genügt also nach Bd. 1, 14.C, Aufg. 10c) zu zeigen, dass S im Nullpunkt differenzierbar ist mit Ableitung 0. Dies bedeutet, dass die erste Variation $\delta_{z-z_0} S(z_0)$ existiert und gleich 0 ist. Da z_0 die Eulersche Differenzialgleichung erfüllt,

---

[15]) Diesen Kunstgriff entnehmen wir der Arbeit von P. Kosmol in Abh. Math. Sem. Univ. Hamburg **54**, 91-94 (1984)\.

ist dies nicht überraschend. Man hat nur etwas sorgfältiger als beim Beweis von 10.A.2 zu argumentieren, da die Richtung $z-z_0$ im Allgemeinen schwächere Differenzierbarkeitseigenschaften haben kann, als sie dort verwandt wurden.

Für jede monotone fallende Nullfolge (s_n) in $]0,1]$ ist die Folge $\frac{1}{s_n}\big(L(z_{s_n},z'_{s_n})-L(z_0,z'_0)\big)$ wegen der Konvexität von L monoton fallend. Mit dem Satz 14.B.7 von der monotonen Konvergenz ergibt sich

$$\lim_{n\to\infty}\frac{S(s_n)-S(0)}{s_n}=\lim_{n\to\infty}\int_0^a\frac{1}{s_n}\big(L(z_{s_n},z'_{s_n})-L(z_0,z'_0)\big)\,dx$$

$$=\int_0^a\lim_{n\to\infty}\frac{1}{s_n}\big(L(z_{s_n},z'_{s_n})-L(z_0,z'_0)\big)\,dx$$

$$=\int_0^a\left(\frac{\partial L}{\partial z}(z_0,z'_0)\cdot(z-z_0)+\frac{\partial L}{\partial z'}(z_0,z'_0)\cdot(z'-z'_0)\right)dx$$

(wobei zunächst noch möglich ist, dass dieser Grenzwert gleich $-\infty$ ist.) Überall dort, wo die Funktion z nicht verschwindet, ist

$$\frac{d}{dx}\left(\frac{\partial L}{\partial z'}(z_0,z'_0)\cdot(z-z_0)\right)=\frac{d}{dx}\left(\frac{\partial L}{\partial z'}(z_0,z'_0)\right)\cdot(z-z_0)+\frac{\partial L}{\partial z'}(z_0,z'_0)\cdot(z'-z'_0)$$

$$=\frac{\partial L}{\partial z}(z_0,z'_0)\cdot(z-z_0)+\frac{\partial L}{\partial z'}(z_0,z'_0)\cdot(z'-z'_0)\,.$$

Sei $\varepsilon>0$ hinreichend klein. Auf dem Intervall $[\varepsilon,a-\varepsilon]$ ist die Funktion $(\partial L/\partial z')(z_0,z'_0)\cdot(z-z_0)$ stetig und fast überall differenzierbar mit integrierbarer Ableitung. Nach dem Hauptsatz der Differenzial- und Integralrechnung, vgl. Bemerkung 14.B.13, ergibt sich

$$\int_\varepsilon^{a-\varepsilon}\left(\frac{\partial L}{\partial z}(z_0,z'_0)\cdot(z-z_0)+\frac{\partial L}{\partial z'}(z_0,z'_0)\cdot(z'_0-z'_0)\right)dx=\frac{\partial L}{\partial z'}(z_0,z'_0)\cdot(z-z_0)\Big|_\varepsilon^{a-\varepsilon}\,.$$

Wegen

$$\left|\frac{\partial L}{\partial z'}(z_0,z'_0)\right|=\frac{4z_0|z'_0|}{\sqrt{1+4z_0^2z_0'^{\,2}}}\le 2$$

und $z(0)=z_0(0)$, $z(a)=z_0(a)$ ergibt sich nun für $\varepsilon\to 0$ unmittelbar das gewünschte Resultat

$$\lim_{n\to\infty}\frac{S(s_n)-S(0)}{s_n}=0=S'(0)\,,$$

vgl. Bd. 1, 10.A, Aufg. 2.   •

Offenbar darf in 10.B.3 die Funktion y nicht nur in ihren Nullstellen, sondern in den Punkten einer weiteren Nullmenge nicht differenzierbar sein.

10.B.5 Beispiel (D i r e k t e M e t h o d e n d e r V a r i a t i o n s r e c h n u n g · K e t t e n l i n i e n) Die Eulerschen Gleichungen sind in vielen Fällen nicht direkt zu lösen. Bei den so genannten d i r e k t e n M e t h o d e n der Variationsrechnung versucht man eine Approximation der gesuchten Lösung auf folgende Weise zu finden. Man betrachtet das Variationsproblem nur für solche Kurven, die in einem endlichdimensionalen Raum von Kurven liegen und hat dann eine gewöhnliche Extremwertaufgabe in einem Raum von endlich vielen Variablen zu lösen. Zur Verbesserung der Lösung erhöht man die Dimension des betrachteten Kurvenraums. Der einfachste Fall ist der, dass man nur stückweise lineare Kurven $[a, b] \to V$ zulässt, die zu festen Zeitpunkten $t_1, \ldots, t_k \in [a, b]$ Knickstellen haben (E u l e r).

Als klassisches Beispiel betrachten wir das P r o b l e m d e r K e t t e n l i n i e. Zwischen zwei Punkten A und B einer vertikalen Ebene ist ein homogenes und ideal biegsames Seil der Länge ℓ (die mindestens so groß ist wie der Abstand von A und B) so zu spannen, dass die potentielle Energie des Seils möglichst klein ist. Wir suchen also unter den regulären stetig differenzierbaren Kurven $\varphi : [0, 1] \to \mathbb{R}^2$ mit $\varphi(a) = A$, $\varphi(b) = B$ und der Länge

$$\ell = \int_a^b \sqrt{\dot{x}^2 + \dot{y}^2}\, dt$$

diejenigen, für die die potentielle Energie

$$\rho g \int_a^b y \sqrt{\dot{x}^2 + \dot{y}^2}\, dt = \int_a^b L(\varphi, \dot{\varphi})\, dt = S_L(\varphi)$$

minimal ist, $L := \rho g y \sqrt{\dot{x}^2 + \dot{y}^2}$ß,. Dabei ist ρ die Masse des Seils pro Längeneinheit, und die kartesischen Koordinaten x, y der zu betrachtenden Ebene seien so gewählt, dass y die Höhe über dem Nullniveau der potentiellen Energie angibt. Der Weg φ wird in der Form $\varphi(t) = \big(x(t), y(t)\big)$ geschrieben. Es sei $A = (0, 0)$, $B = (\alpha, \beta)$ mit $\alpha > 0$. (Wie lautet die Lösung im Fall $\alpha = 0$?) [16])

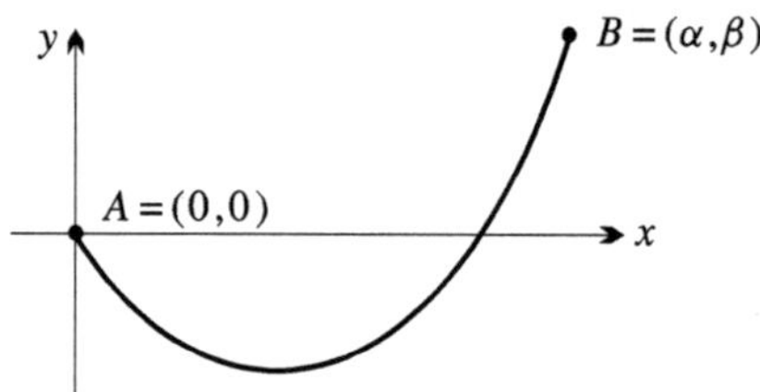

Dieses Variationsproblem hat nicht direkt die Gestalt, die in Abschnitt 10.A betrachtet wurde, da die zur Konkurrenz zugelassenen Wege durch die Nebenbedingung eingeschränkt werden, dass ihre Länge konstant gleich ℓ sein soll. Ein Variationsproblem unter einer solchen Nebenbedingung lässt sich durch einen Kunstgriff mit einem Variationsproblem der bislang behandelten Art in Verbindung bringen. In ähnlicher Form haben wir das schon für stationäre Punkte von Funktionen (statt von Funktionalen) in Abschnitt 6.C mit Hilfe von Lagrangeschen Multiplikatoren getan, vgl. insbesondere 6.C.7 und die sich daran anschließenden Bemerkungen.

Wir haben wie in Bemerkung 10.A.1 Variationen $s \mapsto H(s, -)$ von $\varphi = H(0, -)$ zuzulassen, wobei $H :]-\varepsilon, \varepsilon[\times [a, b] \to \mathbb{R}^2$ genügend glatt ist mit $H(s, a) = A$, $H(s, b) = B$ und für $H(s, -) = (x_s, y_s)$

$$\int_a^b \sqrt{\dot{x}_s^2 + \dot{y}_s^2}\, dt = \ell$$

---

[16]) Da $S_L(\varphi)/\rho g \ell$ die y-Koordinate des Schwerpunkts ist (vgl. Beispiel 16.B.1), kann man das Problem auch so formulieren, dass der Schwerpunkt des Seils möglichst niedrig liegen soll.

gilt, $s \in \,]-\varepsilon, \varepsilon[$. Für die Variationsrichtung ψ mit $\psi(t) := (\partial H/\partial s)(0, t)$ impliziert dies das Verschwinden der ersten Variation bezüglich der Wirkungsfunktion $M := \sqrt{\dot{x}_s^2 + \dot{y}_s^2}$ in φ in Richtung ψ:

$$\delta_\psi S_M(\varphi) = 0 \,.$$

Generell sagen wir, S_L sei s t a t i o n ä r für φ unter der N e b e n b e d i n g u n g $S_M = \ell = \text{const.}$, wenn für jede stetig differenzierbare Kurve ψ mit $\psi(a) = \psi(b) = 0$ gilt: Aus $\delta_\psi S_M(\varphi) = 0$ folgt $\delta_\psi S_L(\varphi) = 0$. Man beachte, dass hier

$$\delta_\psi S_M(\varphi) = \int_a^b \frac{\dot{x}\dot{\psi}_1 + \dot{y}\dot{\psi}_2}{\sqrt{\dot{x}^2 + \dot{y}^2}} \, dt$$

bei beliebigem regulären $\varphi = (x, y)$ nicht identisch in ψ verschwindet, es sei denn $\dot{x}$ und $\dot{y}$ sind beide konstant. Dies ist genau dann der Fall, wenn φ die Verbindungsstrecke von A nach B beschreibt, d.h. wenn ℓ gleich dem Abstand von A und B ist. Diesen trivialen Fall, in dem φ nicht weiter variiert werden kann, schließen wir im Folgenden aus.

Zur Lösung von Variationsproblemen mit Nebenbedingungen, wie sie gerade beschrieben wurden, formulieren wir das folgende allgemeine Lemma. (Vgl. dazu auch 6.C.7.)

10.B.6 Lemma *L und M seien stetig differenzierbare Wirkungsfunktionen $I \times G \times V \to \mathbb{R}$. Ferner seien $a, b \in I$, $a < b$ und $A, B \in G$ sowie $\varphi : [a, b] \to G$ eine C^1-Kurve mit $\varphi(a) = A$, $\varphi(b) = B$ und $S_M(\varphi) =: \ell$, für die die erste Variation $\delta_\psi S_M(\varphi)$ nicht identisch 0 ist in ψ. Genau dann ist das Wirkungsintegral S_L stationär für φ unter der Nebenbedingung $S_M = \ell = \text{const.}$, wenn es eine Konstante $\lambda \in \mathbb{R}$ gibt derart, dass $S_{L+\lambda M}$ stationär ist für φ (ohne Nebenbedingung).*

B e w e i s . Für festes $\lambda \in \mathbb{R}$ ist $\delta_\psi S_{L+\lambda M}(\varphi) = \delta_\psi S_L(\varphi) + \lambda \delta_\psi S_M(\varphi)$.

Sei zunächst S_L stationär in φ unter der Nebenbedingung $S_M = \ell$. Ist nun ψ_0 eine Variationsrichtung mit $\delta_{\psi_0} S_M(\varphi) = 1$, so ist $\lambda = -\delta_{\psi_0} S_L(\varphi)$ die (eindeutig bestimmte) Konstante, für die $S_{L+\lambda M}$ in φ stationär wird. Denn die Linearform $\psi \mapsto \delta_\psi S_{L+\lambda M}(\varphi)$ verschwindet auf der Hyperebene $\{\psi \mid \delta_\psi S_M(\varphi) = 0\}$ und auf ψ_0, das nicht in dieser Hyperebene liegt.

Ist umgekehrt $S_{L+\lambda M}$ stationär in φ für ein $\lambda \in \mathbb{R}$, so ist trivialerweise $\delta_\psi S_L(\varphi) = 0$ für alle ψ mit $\delta_\psi S_M(\varphi) = 0$, d.h. S_L stationär in φ unter der Nebenbedingung $S_M = \ell$. $\qquad\bullet$

Das vorstehende Lemma rechtfertigt die folgende Strategie zur Lösung eines Variationsproblems mit Nebenbedingung: Man löst für beliebiges aber festes $\lambda \in \mathbb{R}$ das Variationsproblem zur Wirkungsfunktion $L + \lambda M$ und wählt die Lösungen φ, die zusätzlich die Bedingung $S_M(\varphi) = \ell$ erfüllen.

Im konkreten Fall der Kettenlinie ist also

$$L = \rho g y \sqrt{\dot{x}^2 + \dot{y}^2} \qquad \text{und} \qquad M = \sqrt{\dot{x}^2 + \dot{y}^2} \,.$$

Für die Wirkungsfunktion $L + \lambda M$ lauten die Eulerschen Differenzialgleichungen

$$\frac{d}{dt} \frac{(\rho g y + \lambda)\dot{x}}{\sqrt{\dot{x}^2 + \dot{y}^2}} = 0 \,, \qquad \text{d.h.} \qquad \frac{(\rho g y + \lambda)\dot{x}}{\sqrt{\dot{x}^2 + \dot{y}^2}} = c = \text{const.} \,,$$

$$\frac{d}{dt} \frac{(\rho g y + \lambda)\dot{y}}{\sqrt{\dot{x}^2 + \dot{y}^2}} = \rho g \sqrt{\dot{x}^2 + \dot{y}^2} \,.$$

Die Konstante c kann dabei nicht gleich 0 sein, da andernfalls in der offenen nichtleeren Menge $\{\dot{x} \neq 0\}$ die Funktion $\rho g y + \lambda$ konstant verschwinden würde, was wegen der zweiten Gleichung nicht möglich ist. Wegen $\alpha > 0$ ist also $\dot{x}$ überall positiv und wir können $x = t$ als Parameter wählen. Da die Wirkungsfunktion $(\rho g y + \lambda)\sqrt{1 + y'^2}$ nicht von x abhängt, liefert 10.A.6

$$\frac{\rho g y + \lambda}{\sqrt{1 + y'^2}} = c = \text{const.} \; (\neq 0)\,.$$

Die Eulersche Differenzialgleichung lautet dann

$$\frac{d}{dx} \frac{(\rho g y + \lambda) y'}{\sqrt{1 + y'^2}} = \rho g \sqrt{1 + y'^2}\,, \qquad \text{d.h.} \quad c y'' = \rho g \sqrt{1 + y'^2}\,.$$

Daher ist y' streng monoton, und durch

$$\sinh \sigma(x) := y'(x)$$

wird ein zulässiger Parameter $\sigma = \sigma(x)$ definiert. Wir erhalten

$$\frac{\rho g y + \lambda}{\sqrt{1 + y'^2}} = \frac{\rho g y + \lambda}{\cosh \sigma} = c \qquad \text{und} \qquad y = \frac{1}{\rho g}\,(c \cosh \sigma - \lambda)\,.$$

Wegen $dy/dx = \sinh \sigma$ und $dy/d\sigma = (c/\rho g) \sinh \sigma$ ist $dx/d\sigma = c/\rho g =: C$, also $x = C\sigma + x_0$ mit einer Konstanten x_0 und somit $\sigma = (x - x_0)/C$. Mit $D := \lambda/\rho g$ ergibt sich schließlich

$$y = C \cosh \frac{x - x_0}{C} - D\,.$$

Da wir die Kurve mit möglichst kleiner potentieller Energie suchen, kommen nur Lösungen mit positivem C in Frage. Es handelt sich um die so genannten Kettenlinien.[17] Durch geeignete Wahl der Konstanten x_0, D und $C > 0$ lassen sich die Längenbedingung

$$\int_0^\alpha \sqrt{1 + \sinh^2 \frac{x - x_0}{C}}\, dx = \int_0^\alpha \cosh \frac{x - x_0}{C}\, dx = \sinh \frac{\alpha - x_0}{C} + \sinh \frac{x_0}{C} = \ell > \sqrt{\alpha^2 + \beta^2}$$

und die Bedingungen $y(0) = 0$, $y(\alpha) = \beta$ auf eindeutige Weise befriedigen. Beweis!

Will man diese Kettenlinie durch eine *direkte Methode* approximieren, wie sie am Anfang dieses Beispiels erwähnt wurde, geht man etwa folgendermaßen vor: Zur einfacheren Notation verschieben wir das Koordinatensystem derart, dass der Nullpunkt der Mittelpunkt der Strecke von A nach B wird. Dann ist $A = (-p, -q)$, $B = (p, q)$ mit $p = \alpha/2$, $q = \beta/2$. Man wählt nun ein $n \in \mathbb{N}^*$ und betrachtet den Streckenzug von A nach B mit den $2n + 1$ Knickpunkten $(kp/n, y_k)$, $k = -n, \ldots, n$, wobei die y_k so zu wählen sind, dass die potentielle Energie

$$\sum_L := \rho g \sum_{k=-n}^{n-1} \frac{y_k + y_{k+1}}{2} \sqrt{\left(\frac{p}{n}\right)^2 + (y_{k+1} - y_k)^2}\,,$$

$y_{-n} := -q$, $y_n := q$, des resultierenden Streckenzuges unter der Nebenbedingung

$$\sum_M := \sum_{k=-n}^{n-1} \sqrt{\left(\frac{p}{n}\right)^2 + (y_{k+1} - y_k)^2} = \ell = \text{const.}$$

möglichst klein wird. Die Nebenbedingung berücksichtigt man analog zu 10.B.5 auf folgende Weise: Man sucht für beliebiges aber festes $\lambda \in \mathbb{R}$ die stationären Punkte $(y_{-n+1}, \ldots, y_{n-1})$ der

---

[17] Die umgestülpten Kettenlinien mit $C < 0$ liefern die Lösungen mit möglichst großer potentieller Energie.

Funktion $\sum_L + \lambda \sum_M$ und wählt dann λ so, dass die Nebenbedingung $\sigma_M = \ell$ erfüllt ist. Dies (auch numerisch) auszuführen, überlassen wir dem Leser.

Stattdessen wählen wir einen etwas anderen Zugang, der dem Problem (vielleicht) besser angepasst ist. Das Seil wird in $2n$ gleich lange Teile der Länge $\ell/2n$ zerlegt, also durch eine Kette aus $2n$ steifen Kettengliedern gleicher Länge ersetzt. Als Parameter wählen wir die Winkel α_k, $k = -n, \ldots, n-1$, die die einzelnen Kettenglieder mit der Horizontalen einschließen.

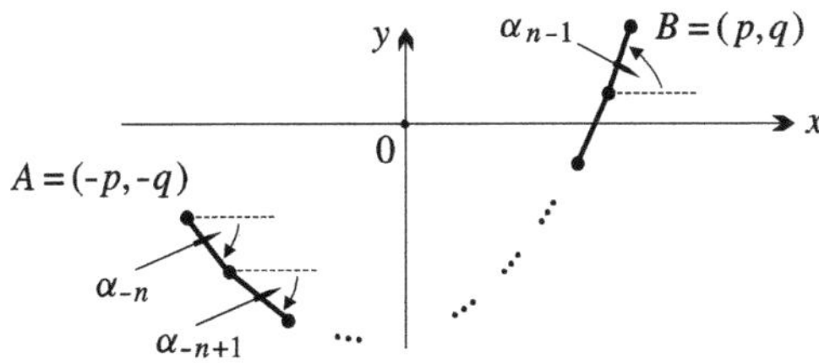

Dann ist

$$U := \frac{\rho g \ell}{2n} \Big(\frac{1}{2} \sin \alpha_{-n} + (\sin \alpha_{-n} + \frac{1}{2} \sin \alpha_{-n+1}) + \cdots$$
$$+ (\sin \alpha_{-n} + \cdots + \sin \alpha_{n-2} + \frac{1}{2} \sin \alpha_{n-1}) \Big) - \rho g \ell q$$
$$= \frac{\rho g \ell}{2n} \Big(\sum_{k=-n}^{n-1} \big(n - k - \frac{1}{2} \big) \sin \alpha_k \Big) - \rho g \ell q$$

die potentielle Energie der Kette, die unter den beiden Nebenbedingungen

$$x := \frac{\ell}{2n} \sum_{k=-n}^{n-1} \cos \alpha_k = \alpha = 2p \,, \qquad y := \frac{\ell}{2n} \sum_{k=-n}^{n-1} \sin \alpha_k = \beta = 2q$$

zu minimieren ist. Man sucht also für zwei beliebige, aber feste Werte λ_1, λ_2 die stationären Punkte von $U + \lambda_1 x + \lambda_2 y$. Dies ergibt für $k = -n, \ldots, n-1$ die Gleichungen

$$0 = \frac{\partial}{\partial \alpha_k} (U + \lambda_1 x + \lambda_2 y) = \frac{\ell}{2n} \Big(\big(\rho g \big(n - k - \frac{1}{2} \big) + \lambda_2 \big) \cos \alpha_k - \lambda_1 \sin \alpha_k \Big) \,,$$

d.h.

$$\tan \alpha_k = \frac{\rho g (n - k - \frac{1}{2}) + \lambda_2}{\lambda_1} \,.$$

Man beachte, dass mit $(\alpha_{-n}, \ldots, \alpha_{n-1}; \lambda_1, \lambda_2)$ auch $(\alpha_{n-1}, \ldots, \alpha_{-n}; -\lambda_1, -\lambda_2 - 2\rho g n)$ ein stationärer Punkt ist. Für das Minimum kommt nur die Lösung mit $\lambda_1 < 0$ in Frage.

Wir wollen die Kettenlinie als Grenzkurve erkennen und betrachten, um die Rechnungen übersichtlicher zu gestalten, den symmetrischen Spezialfall $q = 0$. Dann genügt es aus Symmetriegründen, nur eine Hälfte der Kette zu betrachten. Die „rechte" Hälfte hat die potentielle Energie

$$\frac{\rho g \ell}{2n} \sum_{k=0}^{n-1} \big(k + \frac{1}{2} \big) \sin \alpha_k$$

die unter der einen Nebenbedingung

$$\frac{\ell}{2n} \sum_{k=0}^{n-1} \cos \alpha_k = p \,,$$

zu minimieren ist.

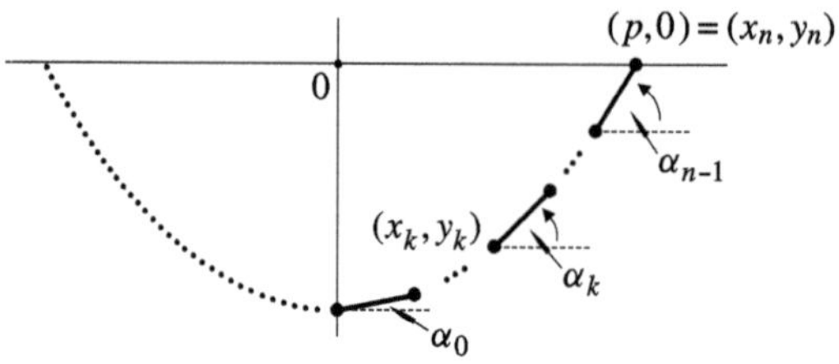

Dies ergibt

$$\tan \alpha_k = \frac{\rho g\left(k + \frac{1}{2}\right)}{\lambda}$$

(wobei die Konstante $\lambda = \lambda_n > 0$ zu gegebenem n so zu bestimmen ist, dass die Nebenbedingung erfüllt ist). Für den Abszissenwert x_k und den Ordinatenwert y_k des k-ten Teilpunktes ergibt sich

$$x = x_k = \frac{\ell}{2n} \sum_{j=0}^{k-1} \cos \alpha_j = \frac{\ell}{2n} \sum_{j=0}^{k-1} \frac{1}{\sqrt{1 + \rho^2 g^2 (j + \frac{1}{2})^2 / \lambda^2}},$$

$$y = y_k = y_0 + \frac{\ell}{2n} \sum_{j=0}^{k-1} \frac{\rho g (j + \frac{1}{2})/\lambda}{\sqrt{1 + \rho^2 g^2 (j + \frac{1}{2})^2 / \lambda^2}}.$$

Hierbei handelt es sich mit $C := \ell\lambda/2n\rho g$ um Riemannsche Summen, die die beiden Integrale

$$\int_0^s \frac{ds}{\sqrt{1 + \left(\frac{s}{C}\right)^2}} = C \operatorname{Arsinh} \frac{s}{C} \qquad \text{bzw.} \qquad y_0 + \int_0^s \frac{\left(\frac{s}{C}\right) ds}{\sqrt{1 + \left(\frac{s}{C}\right)^2}} = y_0 - C + C\sqrt{1 + \left(\frac{s}{C}\right)^2}$$

mit der oberen Grenze $s = s_k = k\ell/2n$ approximieren, vgl. Bd. 1, Beispiel 16.C.3. Wir erhalten also insgesamt die Approximation der Kettenlinie $y = y_0 - C + C \cosh(x/C)$ *in Bogenparametrisierung*. Die Konstante $C = C_n$ ergibt sich aus der Nebenbedingung $x_n = p \approx C \operatorname{Arsinh}(\ell/2C)$. Einen sorgfältigen Beweis dafür, dass die Näherungen für $n \to \infty$ gegen eine Kettenlinie konvergieren, überlassen wir dem Leser. Im Allgemeinen sind die Konvergenzprobleme, die sich bei den direkten Methoden der Variationsrechnung ergeben, äußerst diffizil.

Aufgaben

1. Für die folgenden Variationsprobleme gebe man alle stationären Lösungen an und diskutiere sie (soweit möglich) auf Extremalität:

a) $L(t, x, \dot{x}) = x^3 - 3t^4 x,$ $x(-1) = x(1) = 1.$

b) $L(t, x, \dot{x}) = \frac{1}{x}\sqrt{1 + \dot{x}^2},$ $x(-1) = x(1) = 1,\ x > 0.$

c) $L(t, x, \dot{x}) = t^2 x + \dot{x}^2,$ $x(0) = 0,\ x(1) = 1.$

d) $L(t, x, \dot{x}) = t\dot{x} + \dot{x}^2,$ $x(0) = 0,\ x(1) = 1.$

e) $L(t, x, \dot{x}) = (x - \dot{x})^2,$ $x(0) = 1,\ x(1) = e.$

f) $L(t, x, \dot{x}) = (x - \dot{x})^2,$ $x(0) = 0,\ x(1) = e.$

g) $L(t, x, \dot{x}) = \sqrt{x(1 + \dot{x}^2)},$ $x(0) = x_0 > 0,\ x(1) = x_1 > 0.$

h) $L(t, x_1, x_2, \dot{x}_1, \dot{x}_2) = \dot{x}_1^2 + \dot{x}_2^2 + \dot{x}_1\dot{x}_2, \qquad x_1(0) = x_0, \; x_2(0) = x.$

i) $L(t, x_1, x_2, \dot{x}_1, \dot{x}_2) = e^{x_1}(\dot{x}_1^2 + \dot{x}_2^2), \qquad \big(x_1(0), x_2(0)\big) = (0, 0), \; \big(x_1(1), x_2(1)\big) = (a_1, a_2).$

(Es handelt sich in Teil i) darum, Geodätische im Sinne von Beispiel 10.B.2 zu finden. Man berechne auch den zugehörigen geodätischen Fluss.)

2. Unter allen zweimal stetig differenzierbaren Funktionen $y: [a, b] \to \mathbb{R}_+^{\times}$ mit $y(a) = y_0$ und $y(b) = y_1$ sind diejenigen gesucht, deren Fläche $\int_a^b y(x)\, dx$ bei fest vorgegebener Länge $\int_a^b \sqrt{1 + y'^2}\, dx = \ell > \sqrt{(b-a)^2 + (y_1 - y_0)^2}$ möglichst groß ist. Unter welchen Bedingungen an ℓ existiert eine Lösung? Man diskutiere insbesondere den Fall, dass $y_0 = y_1$ ist. (Man hat also die Wirkungsfunktion $y + \lambda\sqrt{1 + y'^2}$ mit festem, aber beliebigem Parameter λ zu untersuchen, vgl. Lemma 10.B.6. – Wann ist es sinnvoll, nach einer Funktion y zu fragen, für die die Fläche bei gegebenem ℓ minimal wird?)

3. Sei $y: [a, b] \to \mathbb{R}_+^{\times}$ eine (zweimal) stetig differenzierbare Funktion. Dann ist (wie wir in Bd. 4 zeigen werden und was dem Leser sicherlich bereits bekannt ist) die Oberfläche des Körpers, der durch Rotation des Graphen von y um die x-Achse entsteht, gleich

$$2\pi \int_a^b y\sqrt{1 + y'^2}\, dx \,.$$

Es ist eine Funktion y mit $y(a) = y_0 > 0$, $y(b) = y_1 > 0$ so zu bestimmen, dass diese Oberfläche möglichst klein wird. Man untersuche, wann dieses Problem eine Lösung hat und berechne diese gegebenenfalls. Man betrachte insbesondere den symmetrischen Fall $y_0 = y_1$. Ferner diskutiere man das Problem unter der Nebenbedingung, dass das Volumen

$$V = \pi \int_a^b y^2\, dt$$

einen fest vorgegebenen Wert V_0 hat. (Man hat dann die Wirkungsfunktion

$$2\pi y\sqrt{1 + y'^2} + \lambda\pi y^2$$

mit festem, aber beliebigem Parameter λ zu betrachten, vgl. Lemma 10.B.6.)

4. Seien P und Q Punkte der Erdoberfläche. Bohrt man einen geraden Tunnel von P nach Q, so bewegt sich (bekanntlich) ein Körper darin (wenn die Reibung vernachlässigt wird) in der von Q unabhängigen Zeit $\pi\sqrt{R/g} \approx 42'12''$ von P nach Q, wo R den Erdradius bezeichnet und g die Gravitationsbeschleunigung an der Erdoberfläche.

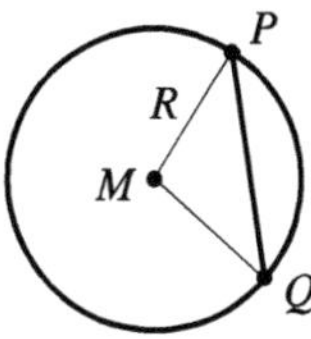

Wie hat man den Tunnel zu führen, wenn sich der Körper in möglichst kurzer Zeit von P nach Q bewegen soll? Man ersetze Q auch durch einen beliebigen Punkt im Innern der Erde. (Die Dichte der Erde werde dabei als konstant vorausgesetzt. Die potentielle Energie im Abstand $r \leq R$ vom Erdmittelpunkt M ist dann $gr^2/2R$, wenn sie in M zu 0 normiert wird und der Körper die Masse 1 hat. – Man behandele die Aufgabe ähnlich wie das Brachistochronenproblem 10.B.3 und denke an die Energie zur Wirkungsfunktion des Problems als erstes Integral (vgl. 10.A.6). Die Lösungen sind Hypozykloiden, die durch Abrollen von Kreisen im Innern des durch P und Q bestimmten Großkreises der Erde gewonnen werden. – Man untersuche das Brachistochronenproblem auch für das *nicht* homogene Gravitationsfeld der Erde außerhalb der Erdkugel mit dem Potenzial $-gR^2/r$, $r \geq R$.)

5. Man diskutiere die Lichtwege im Sinne von Beispiel 10.B.2 für folgende Beispiele von a und beschreibe die zugehörigen „optischen Eigenschaften" des Mediums.

a) $a(x) := \alpha/\|x\|$, $\alpha > 0$ konstant, $x \in G = V - \{0\}$.

b) $a(x) := \beta e^{-\alpha\|x\|}$, $\alpha, \beta > 0$ konstant, $x \in V$.

c) $a(x) := \alpha/\|x\|^2$, $\alpha > 0$ konstant, $x \in G = V - \{0\}$.

d) $a(x) := \alpha\sqrt{1 + d(x)^2}$, $\alpha > 0$ konstant, $d(x) :=$ Abstand des Punktes $x \in G = V - W$ von dem festen affinen Unterraum $W \neq \emptyset$ von V. (Ist W eine Hyperebene, so nehme man für G nur einen der beiden Halbräume.)

e) $a(x) := \alpha/d(x)$, $\alpha > 0$ konstant, $d(x)$ wie in d).

f) $a(x) := \alpha\sqrt{r^2 - d(x)^2}$, $\alpha > 0$ konstant, wobei d wie in d) gewählt sei und G der offene Zylinder s $G := \{x \in V \mid d(x) < r\}$ um W mit Radius r ist.

6. Newton schreibt in einem Brief[18] über die Refraktion eines Lichtstrahls in der Atmosphäre: Wir nehmen an, dass die Dichte der Luft linear von der Erdoberfläche bis zur oberen Grenze der Atmosphäre im Abstand S vom Erdmittelpunkt auf 0 abfällt. Ersetzt man dann in jedem Augenblick t den Abstand $r = r(t)$ des Lichtstrahls vom Erdmittelpunkt M (solange $r \leq S$ ist) durch die mittlere Proportionale q zwischen Erdradius R und r (d.h. durch $q := \sqrt{Rr}$), so ist die Refraktion zum Zeitpunkt t proportional zum Flächeninhalt, den die so gewonnenen Radiusvektoren von M aus bis t überstrichen haben.[19] – Man beweise Newtons Behauptung (sie gilt nur in sehr guter Näherung) und bestimme ferner wie in Beispiel 10.B.2 die Gesamtrefraktion (unter der Annahme Newtons über den Dichteverlauf der Luft). Welche Grenze S ist für die Erdatmosphäre vernünftig?

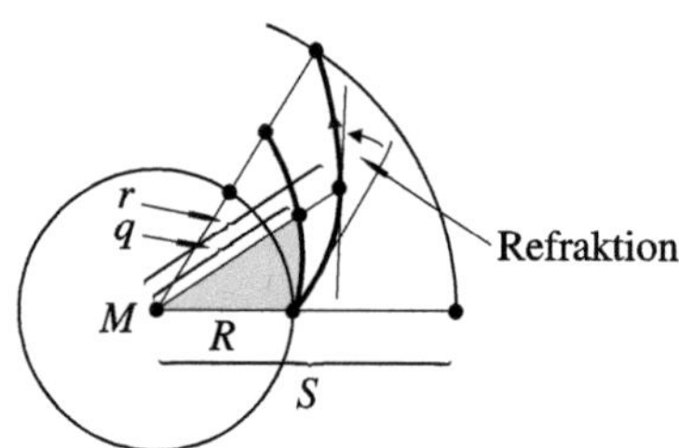

---

[18] Es handelt sich um einen Brief an den Astronomen Flamsteed (um 1695). Wir paraphrasieren Newtons Text. Er ist ein typisches Beispiel dafür, wie Newton versuchte, seine Ergebnisse durch eine geometrische Einkleidung verständlich zu machen. Man erklärt dies häufig damit, dass Newton seinen Zeitgenossen die etwas spröde Sprache der von ihm entwickelten Infinitesimalrechnung nicht zumuten wollte; doch wird dem auch widersprochen, zumal seine Vorbehalte gegenüber dem Descartesschen Gedankengut mit seiner Vorliebe für eine geometrisch-synthetische Sprache harmonieren.

[19] Zu diesem Flächeninhalt vgl. auch Beispiel 4.A.11.

7. Man behandele das Brachistochronenproblem aus Beispiel 10.B.3 mit der in Beispiel 10.B.5 beschriebenen direkten Methode.

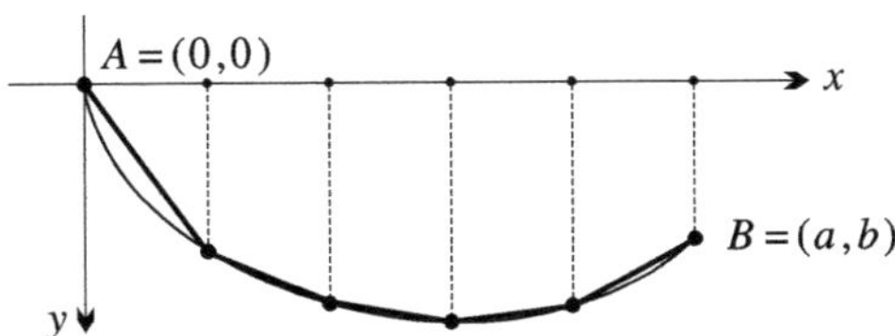

8. Man betrachte die folgenden Variationsprobleme, für die das Infimum der Wirkungsintegrale jeweils 0 ist, ohne dass es eine stetig differenzierbare Funktion gibt, für die das Infimum angenommen wird:

a) $L(t, x, \dot{x}) = (\dot{x}^2 - 1)^2$, $\qquad x(0) = x(1) = 0$.

b) $L(t, x, \dot{x}) = (\dot{x} - 1)^2 + x^2$, $\qquad x(0) = x(1) = 0$.

(Es handelt sich also um schlecht gestellte Variationsprobleme. – Für a) gibt es allerdings (unendlich viele) stetige und stückweise stetig differenzierbare Lösungen mit minimaler Wirkung.)

IV MAß- UND INTEGRATIONSTHEORIE

Integrale traten im Rahmen dieses Lehrgangs bislang nur im Zusammenhang mit Stammfunktionen auf. Die Integration ist dabei einfach die Umkehrung des Differenzierens und wird beispielsweise zum Lösen von Differenzialgleichungen gebraucht. Das eigentliche Motiv für die Integrationstheorie sind jedoch Fragen der Volumenbestimmung und damit verwandte Probleme. Ein Zusammenhang zwischen diesen beiden Aspekten des Integrierens wird im Hauptsatz der Differenzial- und Integralrechung 12.C.9 hergestellt, vgl. auch Bd. 1, 16.C.1.

Wir beschäftigen uns zunächst mit dem Problem, Volumina zu definieren, sowie mit ersten Berechnungsmethoden.

11 Maße

11.A Mengen ohne Volumen

Als Motivation für den Begriff der σ-Algebra soll in diesem Abschnitt gezeigt werden, dass es nicht möglich ist, *jeder* Teilmenge A des $\mathbb{R}^n$, $n \in \mathbb{N}^*$, auf sinnvolle Weise ein Volumen $\mu(A)$ zuzuordnen.

Eine Volumenfunktion μ für Teilmengen A des $\mathbb{R}^n$ sollte die folgenden Bedingungen erfüllen:

(1) Es ist $\mu(A) \in \overline{\mathbb{R}}_+ = \mathbb{R}_+ \cup \{\infty\}$.

(2) Das Volumen eines Quaders $Q = [a_1, b_1] \times \cdots \times [a_n, b_n]$ mit $a_i \leq b_i$ ist gleich dem Produkt der Kantenlängen: $\mu(Q) = (b_1 - a_1) \cdots (b_n - a_n)$.

(3) μ ist σ-additiv, d.h. für abzählbar viele paarweise disjunkte Teilmengen A_i, $i \in I$, von $\mathbb{R}^n$ ist $\mu\big(\biguplus_{i \in I} A_i \big) = \sum_{i \in I} \mu(A_i)$.

(4) μ ist translationsinvariant, d.h. bei Parallelverschiebungen einer Menge im $\mathbb{R}^n$ ändert sich ihr Volumen nicht.

Für Teilmengen B, C des $\mathbb{R}^n$ mit $B \subseteq C$ gilt also $\mu(C) = \mu(B) + \mu(C - B)$ nach (3) und dann $\mu(B) \leq \mu(C)$ wegen (1). Wir können damit zeigen:

11.A.1 Satz *Eine Volumenfunktion μ, die die obigen Bedingungen* (1) *bis* (4) *erfüllt und für* alle *Teilmengen des $\mathbb{R}^n$ erklärt ist, existiert bei $n \geq 1$ nicht.*

B e w e i s . Wir betrachten ein volles Repräsentantensystem A für die Menge $\mathbb{R}^n/\mathbb{Q}^n$ der Restklassen von $(\mathbb{R}^n, +)$ modulo $(\mathbb{Q}^n, +)$. Dabei können wir annehmen, dass A im Einheitswürfel $E^n := [0, 1]^n$ von $\mathbb{R}^n$ liegt. Jedes n-Tupel $x \in \mathbb{R}^n$ hat also eine eindeutige Darstellung $x = y + z$ mit $y \in A$, $z \in \mathbb{Q}^n$. Daher gelten mit den abzählbar unendlichen Indexmengen $I := \mathbb{Q}^n \cap E^n$ und $J := \mathbb{Q}^n \cap [-1, 2]^n$ die Inklusionen

$$\biguplus_{z \in I}(A + z) \subseteq [0, 2]^n \subseteq \biguplus_{z \in J}(A + z).$$

Aus der ersten Inklusion erhält man mit (1) bis (4)

$$\sum_{z \in I}\mu(A) = \sum_{z \in I}\mu(A + z) = \mu\left(\biguplus_{z \in I}(A + z)\right) \leq \mu\left([0, 2]^n\right) = 2^n < \infty.$$

Wegen $|I| = \infty$ folgt $\mu(A) = 0$. Aus der zweiten Inklusion ergibt sich damit der Widerspruch

$$0 = \sum_{z \in J}\mu(A) = \sum_{z \in J}\mu(A + z) = \mu\left(\biguplus_{z \in J}(A + z)\right) \geq \mu\left([0, 2]^n\right) = 2^n. \qquad \bullet$$

Es sei noch bemerkt, dass der obige Widerspruch sich bereits dann einstellt, wenn von einem einzigen Quader mit positiven Kantenlängen bekannt ist, dass sein Volumen positiv und endlich ist.

Der in Aussicht genommene Volumenbegriff ist also nicht realisierbar. Man löst dieses Dilemma, indem man darauf verzichtet, *allen* Teilmengen von $\mathbb{R}^n$ ein Volumen zuzusprechen. Insbesondere darf die im Beweis von 11.A.1 konstruierte Menge A nicht messbar sein. Wir kommen so zum Begriff der Borel-Lebesgue-messbaren Menge und allgemeiner zum Begriff des Messraums.

Insbesondere werden wir in Abschnitt 12.B sehen, dass es genau eine translationsinvariante Volumenfunktion gibt, die für alle diese Borel-Lebesgue-messbaren Teilmengen von $\mathbb{R}^n$ erklärt ist und dem Einheitswürfel $[0, 1]^n$ das Volumen 1 zuordnet, nämlich das Borel-Lebesgue-Maß. Nach 12.C.4 bleibt dafür das Volumen messbarer Mengen sogar bei beliebigen (affinen) Kongruenzabbildungen des $\mathbb{R}^n$ erhalten.

Eine für alle Teilmengen des $\mathbb{R}^n$, $n \geq 3$, definierte Volumenfunktion μ, bei der das Volumen unter affinen Kongruenzabbildungen des $\mathbb{R}^n$ erhalten bleibt, existiert auch dann nicht, wenn man lediglich verlangt, dass μ a d d i t i v ist, d.h. die Formel $\mu\left(\biguplus_{i \in I} A_i\right) = \sum_{i \in I} \mu(A_i)$ aus Bedingung (3) nur jeweils für endlich viele paarweise disjunkte Teilmengen A_i, $i \in I$, von $\mathbb{R}^n$ gefordert wird. Für $n = 3$ ergibt sich dies aus dem folgenden Beispiel, das einen auch an sich sehr überraschenden Sachverhalt beschreibt. [1])

---

[1]) Der Fall $n \geq 4$ lässt sich dann relativ leicht durch vollständige Induktion behandeln (vgl. Aufg. 4). In den Fällen $n = 1$ und $n = 2$ existieren hingegen exotische Volumenfunktionen der angegebenen Art. Wir verweisen dazu auf das Buch S. Wagon: The Banach-Tarski-Paradox, Cambridge 1985, das auch eine wesentliche Quelle für die folgende Darstellung ist.

11.A.2 Beispiel (B a n a c h - T a r s k i - P a r a d o x o n) Nach Bd. 2, Abschnitt 14.B heißen zwei Teilmengen A und B des $\mathbb{R}^n$ (e i g e n t l i c h) k o n g r u e n t, wenn es eine (eigentliche) Bewegung (d.h. Kongruenzabbildung) f von $\mathbb{R}^n$ gibt mit $f(A) = B$. Wir nennen A und B k o n g r u e n t z e r l e g b a r, wenn es Zerlegungen $A = \biguplus_{i \in I} A_i$ und $B = \biguplus_{i \in I} B_i$ von A bzw. B in jeweils *endlich* viele paarweise disjunkte Teilmengen A_i, $i \in I$, bzw. B_i, $i \in I$, gibt derart, dass für alle $i \in I$ die Mengen A_i und B_i eigentlich kongruent sind. Wir schreiben dann $A \sim B$.

Das Banach-Tarski-Paradoxon besagt, dass zwei beliebige beschränkte Teilmengen A, B des $\mathbb{R}^3$ mit nichtleerem Inneren stets kongruent zerlegbar sind. Beispielsweise ist es möglich, eine Kugel von der Größe einer Erbse oder auch nur eines Atoms so in endlich viele Teilmengen zu zerlegen, dass sich aus diesen Teilstücken eine oder auch mehrere (disjunkte) Kugeln von der Größe der Sonne (ohne irgendwelche Löcher oder Überlappungen) zusammensetzen lässt. Dabei werden die Teilmengen nur durch geeignete Drehungen und Verschiebungen in die neue Lage gebracht. Wegen des unterschiedlichen Volumens der betrachteten Kugeln kann es dann natürlich keine additive Volumenfunktion geben, die auch allen dabei auftretenden Teilstücken ein Volumen zuordnet; insbesondere können diese nicht alle Borel-Lebesgue-messbar sein.[2])

Die kongruente Zerlegbarkeit $\sim$ ist eine Äquivalenzrelation: Reflexivität und Symmetrie von $\sim$ sind klar. Zum Nachweis der Transitivität sei $A \sim B$ und $B \sim C$ für $A, B, C \subseteq \mathbb{R}^n$. Dann gibt es jeweils paarweise disjunkte Teilmengen A_i, $i \in I$, von A, B_i, $i \in I$ sowie B_j', $j \in J$, von B und C_j, $j \in J$, von C und eigentliche Bewegungen f_i, g_j von $\mathbb{R}^n$ mit $f_i(A_i) = B_i$, $g_j(B_j') = C_j$. Dann bilden die Mengen $A_{ij} := f_i^{-1}(B_i \cap B_j')$ und $C_{ij} = g_j(B_i \cap B_j')$ Zerlegungen von A bzw. C in endlich viele paarweise disjunkte Teilmengen und $g_j \circ f_i$ bildet A_{ij} auf C_{ij} ab. Daher ist $A \sim C$.

Wir nennen eine nichtleere Teilmenge X von $\mathbb{R}^n$ p a r a d o x, wenn es Teilmengen A, B von X mit $A \cap B = \emptyset$ und $A \sim X$, $B \sim X$ gibt. Genau dann ist also $X \neq \emptyset$ paradox, wenn es endlich viele paarweise disjunkte Teilmengen A_i, $i \in I$, B_j, $j \in J$, von X gibt und dazu eigentliche Bewegungen f_i, g_j von $\mathbb{R}^n$ derart, dass $X = \biguplus_{i \in I} f_i(A_i) = \biguplus_{j \in J} g_j(B_j)$ ist. Sind $X, Y \subseteq \mathbb{R}^n$ mit $X \sim Y$ und ist X paradox, so ist offenbar auch Y paradox.

Mit f und g bezeichnen wir nun die Drehungen des $\mathbb{R}^3$ (mit einem Drehwinkel von $\arccos 1/3$), die bezüglich der Standardbasis durch die Matrizen

$$\mathfrak{A}(s) := \begin{pmatrix} 1/3 & -s/3 & 0 \\ s/3 & 1/3 & 0 \\ 0 & 0 & 1 \end{pmatrix} \quad \text{bzw.} \quad \mathfrak{B}(s) := \begin{pmatrix} 1 & 0 & 0 \\ 0 & 1/3 & -s/3 \\ 0 & s/3 & 1/3 \end{pmatrix}$$

mit $s := 2\sqrt{2}$ gegeben werden. Dann beschreiben $\mathfrak{A}(-s)$ und $\mathfrak{B}(-s)$ die Drehungen f^{-1} und g^{-1}. Wir betrachten im weiteren Produkte der Form $f_k \cdots f_1$ mit $f_i \in \{f, f^{-1}, g, g^{-1}\}$, die r e d u z i e r t seien, d.h. Faktoren f und f^{-1} bzw. g und g^{-1} die unmittelbar nebeneinander stehen, seien weggelassen. *Wir zeigen, dass ein solches reduziertes Produkt $f_k \cdots f_1$ bei $k \geq 1$ niemals die Identität ist.* Indem wir notfalls $f f_k \cdots f_1 f^{-1}$ betrachten und wieder reduzieren, können wir annehmen, dass $f_1 \in \{f, f^{-1}\}$ ist. Durch Induktion über k beweisen wir dann, dass $f_k \cdots f_1(1, 0, 0)$ die Form $\frac{1}{3^k}(a_k, b_k \sqrt{2}, c_k)$ mit $a_k, b_k, c_k \in \mathbb{Z}$ und $b_k \notin \mathbb{Z}3$ hat, woraus sicher $f_k \cdots f_1(1, 0, 0) \neq (1, 0, 0)$, d.h. $f_k \cdots f_1 \neq \mathrm{id}$ folgt.

---

[2]) Jede additive (nicht notwendig σ-additive) Volumenfunktion μ für Teilmengen des $\mathbb{R}^3$, die dem Einheitswürfel $[0, 1]^3$ das Volumen c zuordnet, ordnet notwendigerweise einem Quader mit den Kantenlängen α, β, γ das Volumen $c\alpha\beta\gamma$ und einer Kugel mit dem Radius r das Volumen $4c\pi r^3/3$ zu. Der Leser sollte nicht versuchen, dies bereits jetzt zu beweisen. Am Ende von §12 ist das selbstverständlich.

Im Fall $k = 1$ handelt es sich um $f^{\pm 1}(1, 0, 0) = \frac{1}{3}(1, \pm 2\sqrt{2}, 0)$, d.h. es ist $a_1 = 1$, $b_1 = \pm 2$, $c_1 = 0$. Beim Schluss von k auf $k + 1$ sieht man wegen

$$f^{\pm 1}\left(\frac{1}{3^k}\left(a_k, b_k\sqrt{2}, c_k\right)\right) = \frac{1}{3^{k+1}}\left(a_k \mp 4b_k, (\pm 2a_k + b_k)\sqrt{2}, 3c_k\right),$$

$$g^{\pm 1}\left(\frac{1}{3^k}\left(a_k, b_k\sqrt{2}, c_k\right)\right) = \frac{1}{3^{k+1}}\left(3a_k, (b_k \mp 2c_k)\sqrt{2}, \pm 4b_k + c_k\right),$$

dass auch $a_{k+1}, b_{k+1}, c_{k+1}$ in $\mathbb{Z}$ sind. Es ist noch $b_{k+1} \notin \mathbb{Z}3$ zu zeigen. Dazu betrachten wir zunächst den Fall $f_k = f^{\pm 1}$. Dann ist $b_k = \pm 2a_{k-1} + b_{k-1}$ nach Induktionsvoraussetzung nicht durch 3 teilbar. Ferner ist $c_k = 3c_{k-1}$. (Wir setzen $a_0 := 1, b_0 := c_0 := 0$.) Ist nun auch $f_{k+1} \in \{f, f^{-1}\}$, so ist $f_{k+1} = f_k = f^{\pm 1}$ und wir sehen, dass

$$b_{k+1} = \pm 2a_k + b_k = \pm 2(a_{k-1} \mp 4b_{k-1}) + b_k = 2b_k - 9b_{k-1}$$

ebenfalls nicht durch 3 teilbar ist. Ist jedoch $f_{k+1} \in \{g, g^{-1}\}$, so ist $b_{k+1} = b_k \mp 2c_k = b_k \mp 6c_{k-1}$ wie b_k nicht durch 3 teilbar. Der Fall $f_k = g^{\pm 1}$ wird ganz analog behandelt.

Die Produkte $f_k \cdots f_1$, $k \in \mathbb{N}$, der soeben betrachteten Form bilden eine abzählbare Untergruppe F von $\mathrm{SO}_3(\mathbb{R})$. Die vorstehende Aussage liefert, dass die Darstellung eines Elements aus F als reduziertes Produkt $f_k \cdots f_1$ mit $f_i \in \{f, f^{-1}, g, g^{-1}\}$ eindeutig ist. [3]) Die Elemente von F sind Drehungen, die mit Ausnahme der Identität jeweils genau eine Drehachse haben, die die 2-Sphäre S^2 in genau zwei Punkten schneidet. Die Menge D der in S^2 gelegenen Fixpunkte aller Elemente $\neq \mathrm{id}$ von F ist also eine abzählbare Teilmenge von S^2. Wir zeigen dafür:

11.A.3 Hausdorff-Paradoxon *Die Teilmenge $S^2 - D$ von $\mathbb{R}^3$ ist paradox.*

B e w e i s . Seien $h \in F$ und $x \in S^2 - D$. Dann ist $h(x) \in S^2$, da h längentreu ist. Es ist sogar $h(x) \in S^2 - D$. Andernfalls gäbe es nämlich ein $h' \in F - \{\mathrm{id}\}$ mit $h'\big(h(x)\big) = h(x)$, d.h. $h^{-1}h'h(x) = x$, und es wäre doch $x \in D$ wegen $h^{-1}h'h \in F - \{\mathrm{id}\}$. Daher operiert F auf $S^2 - D$, wobei kein $h \neq \mathrm{id}$ aus F einen Fixpunkt in $S^2 - D$ hat. Sei nun $M \subseteq S^2 - D$ ein Repräsentantensystem für die Bahnen $\{h(x) \mid h \in F\}$, $x \in S^2 - D$, d.h. M enthalte aus jeder dieser Bahnen genau ein Element. Dann ist $S^2 - D = \bigcup_{h \in F} h(M)$. *Es handelt sich sogar um eine Zerlegung von* $S^2 - D$, d.h. für $h, h' \in F$, $h \neq h'$, ist $h(M) \cap h'(M) = \emptyset$. Ist nämlich $h(x) = h'(x')$ für $x, x' \in M$, so folgt $x = h^{-1}h'(x')$, d.h. x und x' liegen in derselben Bahn, und daher ist $x = x'$. Somit ist $x \in S^2 - D$ Fixpunkt von $h^{-1}h'$, und es folgt $h^{-1}h' = \mathrm{id}$, d.h. der Widerspruch $h' = h$.

Mit A_1', A_2', B_1', B_2' bezeichnen wir die Teilmengen von F, die aus denjenigen reduzierten Produkten $f_k \cdots f_1$ mit $f_i \in \{f, f^{-1}, g, g^{-1}\}$ bestehen, für die das Element f_k ganz links gleich f bzw. f^{-1} bzw. g bzw. g^{-1} ist. Dann sind offenbar

$$F = \{\mathrm{id}\} \uplus A_1' \uplus A_2' \uplus B_1' \uplus B_2' = A_1' \uplus fA_2' = B_1' \uplus gB_2'$$

Zerlegungen von F in paarweise disjunkte Teilmengen.

Für $i = 1, 2$ setzen wir nun $A_i := \bigcup_{h \in A_i'} h(M)$, $B_i := \bigcup_{h \in B_i'} h(M)$. Dann sind

$$S^2 - D = M \uplus A_1 \uplus A_2 \uplus B_1 \uplus B_2 = A_1 \uplus fA_2 = B_1 \uplus gB_2$$

Zerlegungen von $S^2 - D$ in paarweise disjunkte Teilmengen. Für $A := A_1 \uplus A_2$ und $B := B_1 \uplus B_2$ gilt $A \cap B = \emptyset$ und $A \sim S^2 - D$, $B \sim S^2 - D$, d.h. $S^2 - D$ ist tatsächlich paradox. •

---

[3]) Sie besagt, dass F eine f r e i e (nicht abelsche) Untergruppe des Ranges 2 von $\mathrm{SO}_3(\mathbb{R})$ ist. Für eine ausführlichere Beschreibung der freien Gruppen siehe Beispiel 7.C.24.

Um uns von der unanschaulichen Menge D in 11.A.3 zu befreien, zeigen wir:

11.A.4 Lemma S^2 *und* $S^2 - D$ *sind kongruent zerlegbar.*

B e w e i s. Da D abzählbar ist, gibt es eine Gerade U durch den Nullpunkt mit $U \cap D = \emptyset$ und eine Drehung h um U derart, dass $h^n(D) \cap D = \emptyset$ ist für alle $n \in \mathbb{N}^*$. Der Drehwinkel von h muss nämlich nur die abzählbar vielen Winkel der Form α/n, $n \in \mathbb{N}^*$, vermeiden, wo α die Drehwinkel derjenigen Drehungen durchläuft, die einen Punkt aus D in einen weiteren Punkt aus D überführen. Für $m \neq n$ aus $\mathbb{N}$ ist dann $h^m(D) \cap h^n(D) = \emptyset$. Setzen wir $A_1 := \bigcup_{n=0}^{\infty} h^n(D)$, $B_1 := h(A_1) = \bigcup_{n=1}^{\infty} h^n(D) = A_1 - D$ und $A_2 := B_2 := S^2 - A_1$, so gilt $S^2 = A_1 \uplus A_2$, $S^2 - D = B_1 \uplus B_2$. Es folgt $S^2 \sim S^2 - D$.   ●

Mit $S^2 - D$ ist also auch S^2 paradox. Daraus folgt:

11.A.5 Satz *Für* $a \in \mathbb{R}^3$ *und* $r > 0$ *ist die Kugel* $\overline{B}(a\,;r)$ *in* $\mathbb{R}^3$ *paradox.*

B e w e i s. Es genügt, den Fall $a = 0$, $r = 1$ zu betrachten. Indem man jeder Teilmenge A von S^2 den zugehörigen Sektor $\{tx \mid 0 < t \leq 1, \; x \in A\}$ zuordnet, sieht man, dass paradoxe Zerlegungen von S^2 sofort solche von $\overline{B}^3 - \{0\}$ nach sich ziehen. Es ist also nur noch zu zeigen, dass $\overline{B}^3 - \{0\}$ und $\overline{B}^3$ kongruent zerlegbar sind. Dazu sei h eine Drehung des $\mathbb{R}^3$ um die Drehachse $\mathbb{R}(1, 0, 0) + (0, 0, 1/2)$ mit einem Drehwinkel der kein rationales Vielfaches von 2π ist. Mit $A_1 := \{h^n(0) \mid n \in \mathbb{N}\}$, $B_1 := h(A_1) = A_1 - \{0\}$, $A_2 := B_2 := \overline{B}^3 - A_1$ gilt dann $\overline{B}^3 = A_1 \uplus A_2$, $\overline{B}^3 - \{0\} = B_1 \uplus B_2$, woraus die Behauptung folgt.   ●

Anschaulich bedeutet die soeben bewiesene schwache Form des Banach-Tarski-Paradoxons: *Man kann jede vorgelegte Kugel so in endlich viele Teile zerlegen und gewisse dieser Teile durch Drehungen und Verschiebungen so arrangieren, dass sich dabei zwei nebeneinander liegende Kugeln (ohne irgendwelche Löcher oder Überlappungen) ergeben, die denselben Radius wie die ursprüngliche Kugel haben. Aufg. 1 zeigt, dass dies so geschehen kann, dass dabei kein Stück der ursprünglichen Kugel übrig bleibt.* Indem man diesen Prozess iteriert, kann man sogar aus einer Kugel beliebig viele gleich große Kugeln machen.

Um die eingangs beschriebene starke Form des Banach-Tarski-Paradoxons zu erhalten, definieren wir für Teilmengen A, B von $\mathbb{R}^n$: Genau dann sei $A \preceq B$, wenn $A \sim B'$ für eine geeignete Teilmenge B' von B gilt. Damit beweisen wir:[4]

11.A.6 Satz von Banach-Bernstein *Für* $A, B \subseteq \mathbb{R}^n$ *folgt aus* $A \preceq B$ *und* $B \preceq A$ *bereits* $A \sim B$.

B e w e i s. Nach Voraussetzung gibt es Teilmengen B' von B und A' von A mit $A \sim B'$ und $B \sim A'$. Dann gibt es endliche Zerlegungen $A = \biguplus_{i \in I} A_i$, $B' = \biguplus_{i \in I} B_i$ und eigentliche Kongruenzabbildungen f_i von $\mathbb{R}^n$ mit $f_i(A_i) = B_i$. Die bijektive Abbildung $f : A \to B'$ sei durch $f|A_i := f_i|A_i$ definiert. Für alle Teilmengen C' von A gilt dann nach Konstruktion $C' \sim f(C')$. Analog sei die bijektive Abbildung $g : B \to A'$ so definiert, dass für alle Teilmengen D von B gilt $D \sim g(D)$.

Wir bestimmen rekursiv Teilmengen C_n von A durch $C_0 := A - A'$ und $C_{n+1} := gf(C_n)$ und setzen $C := \bigcup_{n=0}^{\infty} C_n$. Dann ist

---

[4]) Man beachte die Analogie des folgenden Satzes mit dem Bernsteinschen Äquivalenzsatz 2.C.16 in Bd. 1 (2. Aufl.).

$$g\big(B - f(C)\big) = g(B) - gf(C) = A' - \bigcup_{n=1}^{\infty} C_n = (A - C_0) - \bigcup_{n=1}^{\infty} C_n = A - C.$$

Nach Wahl von g ist somit $A - C \sim B - f(C)$. Nach Wahl von f ist $C \sim f(C)$. Trivialerweise folgt daraus $A \sim B$. •

Damit lässt sich nun zeigen:

11.A.7 Banach-Tarski-Paradoxon *A und B seien beliebige beschränkte Teilmengen von $\mathbb{R}^3$ mit nichtleerem Inneren. Dann sind A und B kongruent zerlegbar.*

B e w e i s . Wir zeigen zunächst $A \preceq B$. Nach Voraussetzung gibt es abgeschlossene Kugeln $\overline{B}(a\,;R)$ und $\overline{B}(b\,;r)$ mit Radien $R, r > 0$, für die $A \subseteq \overline{B}(a\,;R)$ und $\overline{B}(b\,;r) \subseteq B$ gilt. Für geeignete Punkte $b_1, \ldots, b_n \in \mathbb{R}^3$ hat man dann $A \subseteq \overline{B}(a\,;R) \subseteq \bigcup_{k=1}^{n} \overline{B}(b_k\,;r)$. Die Punkte $c_1, \ldots, c_n$ seien so weit voneinander entfernt, dass die Kugeln $\overline{B}(c_k\,;r)$ paarweise disjunkt sind. Offenbar ist dann $\bigcup_{k=1}^{n} \overline{B}(b_k\,;r) \preceq \biguplus_{k=1}^{n} \overline{B}(c_k\,;r)$ und somit $A \preceq \biguplus_{k=1}^{n} \overline{B}(c_k\,;r)$. Durch wiederholtes Anwenden von 11.A.5 erhält man $\biguplus_{k=1}^{n} \overline{B}(c_k\,;r) \preceq \overline{B}(b\,;r) \subseteq B$, also insgesamt $A \preceq B$.

Analog beweist man $B \preceq A$. Mit 11.A.6 ergibt sich daraus die Behauptung $A \sim B$. •

Wir bemerken abschließend, dass bei den Konstruktionen zum Banach-Tarski-Paradoxon (wie schon beim Beweis von Satz 11.A.1) das Auswahlaxiom ganz wesentlich benutzt wird.

Aufgaben

1. $X \subseteq \mathbb{R}^n$ sei paradox. Dann gibt es Teilmengen A, B von X mit $A \cap B = \emptyset$ und $A \sim X$, $B \sim X$, für die außerdem noch die Bedingung $A \cup B = X$ erfüllt ist. (Man verwende 11.A.6.)

2. Sei $n \in \mathbb{N}^*$ und sei $\overline{B}(a\,;r) \subseteq \mathbb{R}^3$ eine Kugel mit Radius $r > 0$. Dann gibt es eine Zerlegung von $\overline{B}(a\,;r)$ in eine endliche Anzahl von Stücken derart, dass sich für jedes k mit $1 \le k \le n$ aus diesen Stücken genau k disjunkte Exemplare der ursprünglichen Kugel herstellen lassen.

3. $\mathbb{R}^3$ ist paradox.

4. Für $n \ge 3$ zeige man:

a) Die Einheitssphäre S^{n-1} im $\mathbb{R}^n$ ist paradox. (Beim Induktionsschluss von n auf $n+1$ ordne man jeder Teilmenge von S^{n-1} die Teilmenge A' der $(x_1, \ldots, x_n, x_{n+1}) \in S^n$ mit $|x_{n+1}| \ne 1$ zu, für die $(x_1, \ldots, x_n)/\|(x_1, \ldots, x_n)\|$ in A liegt und jeder eigentlichen Isometrie des $\mathbb{R}^n$ die entsprechende Isometrie des $\mathbb{R}^{n+1}$, bei der die x_{n+1}-Achse festbleibt. Dann verwende man eine Drehung unendlicher Ordnung in den letzten beiden Koordinaten, die die ersten $n-1$ Koordinaten fest lässt, um $S^n - \{(0, \ldots, 0, \pm 1\} \sim S^n$ zu zeigen.)

b) Jede Kugel $B(a\,;r) \subseteq \mathbb{R}^n$ mit $r > 0$ ist paradox.

c) Zwei beschränkte Teilmengen des $\mathbb{R}^n$ mit nichtleerem Inneren sind stets kongruent zerlegbar.

11.B Mengenalgebren

Wir beginnen mit der Definition der σ-Algebren, auf denen die im nächsten Abschnitt einzuführenden Maße erklärt sind.

11.B.1 Definition Sei X eine Menge. Eine Menge $\mathcal{A}$ von Teilmengen von X heißt eine σ-A l g e b r a auf X, wenn die folgenden Bedingungen erfüllt sind:

(1) Es ist $\emptyset \in \mathcal{A}$.

(2) Ist $M \in \mathcal{A}$, so ist auch das Komplement $\complement M = X - M$ von M in X ein Element von $\mathcal{A}$.

(3) Ist M_i, $i \in I$, eine abzählbare Familie von Elementen aus $\mathcal{A}$, so ist auch ihre Vereinigung $\bigcup_{i \in I} M_i$ ein Element von $\mathcal{A}$.

Die kleinste σ-Algebra auf X enthält nur die Mengen $\emptyset$ und X, die größte ist ganz $\mathfrak{P}(X)$. Wegen $\bigcap_{i \in I} M_i = \complement(\bigcup_{i \in I} (\complement M_i))$ sowie $M - N = M \cap \complement N$ ergibt sich sofort:

11.B.2 *Für eine σ-Algebra $\mathcal{A}$ auf X gilt:*

(1) $X \in \mathcal{A}$.

(2) *Für* $M, N \in \mathcal{A}$ *ist auch* $M - N \in \mathcal{A}$.

(3) *Ist* M_i, $i \in I$, *eine abzählbare Familie von Elementen von $\mathcal{A}$, so ist auch ihr Durchschnitt ein Element von $\mathcal{A}$.*

Trivialerweise gilt:

11.B.3 *Sei $\mathcal{A}_\lambda$, $\lambda \in L$, eine Familie von σ-Algebren auf der Menge X. Dann ist auch der Durchschnitt $\bigcap_{\lambda \in L} \mathcal{A}_\lambda$ eine σ-Algebra auf X.*

Aus 11.B.3 folgt sofort: *Ist $\mathfrak{M} \subseteq \mathfrak{P}(X)$ eine beliebige Menge von Teilmengen von X, so gibt es eine kleinste σ-Algebra auf X, die $\mathfrak{M}$ umfasst* (nämlich den Durchschnitt aller $\mathfrak{M}$ umfassenden σ-Algebren auf X). Diese σ-Algebra $\mathcal{A}$ heißt die von $\mathfrak{M}$ e r z e u g t e σ-A l g e b r a auf X und $\mathfrak{M}$ selbst ein E r z e u g e n d e n s y s t e m von $\mathcal{A}$.

Eine Menge X, versehen mit einer σ-Algebra $\mathcal{A}$ auf X, heißt ein M e s s r a u m. Die Elemente von $\mathcal{A}$ heißen auch m e s s b a r e   M e n g e n von X. Die im Folgenden definierten messbaren Abbildungen sind die Homomorphismen von Messräumen.

11.B.4 Definition Eine Abbildung $f : X \to Y$ von Messräumen heißt m e s s b a r, wenn das Urbild einer jeden messbaren Menge von Y eine messbare Menge von X ist.

Offenbar sind die Identität eines Messraums und die Komposition messbarer Abbildungen wieder messbar. Wichtig ist die folgende Aussage:

11.B.5 Messbarkeitskriterium *Eine Abbildung $f : X \to Y$ von Messräumen ist bereits dann messbar, wenn die Urbilder $f^{-1}(N)$ der Elemente N eines Erzeugendensystems $\mathcal{N}$ der σ-Algebra von Y messbar in X sind.*

B e w e i s. Seien $\mathcal{A}$ bzw. $\mathcal{B}$ die σ-Algebren der Messräume X bzw. Y. Mit $\widetilde{\mathcal{B}}$ bezeichnen wir die Menge der Teilmengen von Y, deren Urbild in $\mathcal{A}$ liegt. Offenbar ist $\widetilde{\mathcal{B}}$ eine σ-Algebra auf Y, die nach Voraussetzung $\mathcal{N}$ umfasst. Da $\mathcal{B}$ die kleinste $\mathcal{N}$ umfassende σ-Algebra ist, folgt $\mathcal{B} \subseteq \widetilde{\mathcal{B}}$. Dies ist die Behauptung. $\qquad\bullet$

11.B.6 Beispiel *Die von den einelementigen Teilmengen der Menge X erzeugte σ-Algebra $\mathcal{A}$ besteht genau aus den abzählbaren Teilmengen von X und ihren Komplementen.*
B e w e i s. Notwendigerweise gehören die angegebenen Mengen alle zu $\mathcal{A}$. Andererseits bilden sie eine σ-Algebra. Das folgt sofort daraus, dass Vereinigungen abzählbar vieler abzählbarer Mengen wieder abzählbar sind, vgl. Bd. 1, 2.C.4. Nach 11.B.5 ist eine Abbildung f eines Messraums X' in den so definierten Messraum X genau dann messbar, wenn ihre Fasern $f^{-1}(x)$, $x \in X$, messbar in X' sind.

11.B.7 Beispiel (U n t e r m e s s r ä u m e) Seien X ein Messraum mit der σ-Algebra $\mathcal{A}$ und X' ein Element von $\mathcal{A}$. Dann ist

$$\mathcal{A}' := \{ M \in \mathcal{A} \mid M \subseteq X' \}$$

(wegen 11.B.2 (2)) eine σ-Algebra auf X'. Sie heißt die B e s c h r ä n k u n g von $\mathcal{A}$ auf X' und wird mit $\mathcal{A}\,|\,X'$ bezeichnet. X', versehen mit dieser σ-Algebra, heißt ein U n t e r (m e s s) r a u m von X. Die kanonische Injektion $X' \to X$ ist dann trivialerweise messbar. Beschränkungen messbarer Abbildungen auf Untermessräume sind also (erst recht) messbar.

Sei X ein topologischer Raum. Die von der Menge $\mathcal{T}$ der offenen Mengen von X erzeugte σ-Algebra auf X heißt die σ - A l g e b r a d e r B o r e l - M e n g e n auf X. Wir bezeichnen sie mit $\mathcal{B}(X)$. Die Elemente von $\mathcal{B}(X)$ heißen B o r e l - M e n g e n von X. Neben den offenen sind natürlich auch die abgeschlossenen Mengen von X (als Komplemente der offenen Mengen) Borel-Mengen von X. Da bei stetigen Abbildungen die Urbilder offener Mengen wieder offen sind, ergibt sich mit dem Messbarkeitskriterium 11.B.5:

11.B.8 Satz *Stetige Abbildungen topologischer Räume sind (Borel-)messbar.*

Insbesondere induziert ein Homöomorphismus $X \to Y$ eine Bijektion der σ-Algebra $\mathcal{B}(X)$ der Borel-Mengen von X auf die σ-Algebra $\mathcal{B}(Y)$ der Borel-Mengen von Y.

Die σ-Algebra der Borel-Mengen auf $\mathbb{R}^n$ (versehen mit der natürlichen Topologie) bezeichnen wir auch kurz mit

$$\mathcal{B}^n .$$

Neben den offenen und abgeschlossenen Teilmengen des $\mathbb{R}^n$ enthält sie Mengen, die sich aus diesen durch die Prozesse „abzählbare Vereinigung" und „Komplementbildung" aufbauen. Da Punkte als abgeschlossene Mengen im $\mathbb{R}^n$ Borel-Mengen sind, enthält die σ-Algebra $\mathcal{B}^n$ alle abzählbaren Teilmengen und ihre Komplemente. Insbesondere ist etwa $\mathbb{Q}^n$ eine Borel-Menge im $\mathbb{R}^n$. Als Faustregel kann man sagen, dass jede in „vernünftiger" Weise beschreibbare Teilmenge des $\mathbb{R}^n$ eine Borel-Menge ist. Es sei aber (ohne Beweis) bemerkt, *dass $\mathcal{B}^n$ bei $n \geq 1$ nur die Mächtigkeit des Kontinuums hat,* also gleichmächtig zu $\mathbb{R}$ ist, während die Mächtigkeit aller Teilmengen von $\mathbb{R}^n$ (nach Bd. 1, Satz 2.C.8) größer ist als die des Kontinuums. Trotzdem ist es gar nicht so leicht, eine Teilmenge des $\mathbb{R}^n$ anzugeben, die keine Borel-Menge ist. Beispiele dafür sind die im Beweis von Satz 11.A.1 konstruierten Mengen $A \subseteq \mathbb{R}^n$ (die wegen der Existenz des Borel-Lebesgue-Maßes, vgl. 12.B.1, nicht zu $\mathcal{B}^n$ gehören können). Von einer allgemeinen Borel-Menge im $\mathbb{R}^n$ kann man sich nur schwer ein Bild machen. Wir notieren einige häufig benutzte Erzeugendensysteme für die σ-Algebren $\mathcal{B}^n = \mathcal{B}(\mathbb{R}^n)$.

11.B.9 Lemma *Die folgenden Systeme sind jeweils ein Erzeugendensystem für die σ-Algebra $\mathcal{B}^n = \mathcal{B}(\mathbb{R}^n)$ der Borel-Mengen im $\mathbb{R}^n$:*

(1) Die Menge der offenen Mengen im $\mathbb{R}^n$.

(2) Die Menge der abgeschlossenen Mengen im $\mathbb{R}^n$.

(3) Die Menge der kompakten Mengen im $\mathbb{R}^n$.

(4) Die Menge der offenen Quader $]a_1, b_1[\times \cdots \times]a_n, b_n[$, $a_i, b_i \in \mathbb{R}$, $a_i < b_i$ für $i = 1, \ldots, n$.

(5) Die Menge der kompakten Quader $[a_1, b_1] \times \cdots \times [a_n, b_n]$, $a_i, b_i \in \mathbb{R}$, $a_i < b_i$ für $i = 1, \ldots, n$.

(6) Die Menge der halboffenen Quader $[a_1, b_1[\times \cdots \times [a_n, b_n[$, $a_i, b_i \in \mathbb{R}$, $a_i < b_i$ für $i = 1, \ldots, n$.

(7) Die Menge der offenen Quader $]-\infty, b_1[\times \cdots \times]-\infty, b_n[$ mit $b_i \in \mathbb{R}$ für $i = 1, \ldots, n$.

Beweis. Mit Ausnahme von (6) handelt es sich jeweils um offene oder abgeschlossene Mengen und damit um Borel-Mengen. (1) und (2) ergeben sich unmittelbar aus der Definition von $\mathcal{B}^n$. Da jede abgeschlossene Menge $A \subseteq \mathbb{R}^n$ Vereinigung abzählbar vieler kompakter Mengen ist (z.B. ist $A = \bigcup_{n \in \mathbb{N}^*} \left(A \cap \overline{\mathrm{B}}(0; n) \right)$), folgt (3) aus (2). Jede offene Menge im $\mathbb{R}^n$ ist Vereinigung von abzählbar vielen offenen Quadern, weil die offenen Quader mit rationalen Eckpunkten eine abzählbare Basis der Topologie des $\mathbb{R}^n$ bilden. Dies liefert (4). Da jeder offene Quader wiederum Vereinigung abzählbar vieler kompakter bzw. halboffener Quader ist und da auch halboffene Quader wegen

$$[a_1, b_1[\times \cdots \times [a_n, b_n[= (B_1 \times \cdots \times B_n) - \bigcup_{i=1}^{n} (B_1 \times \cdots \times B_{i-1} \times A_i \times B_{i+1} \times \cdots \times B_n),$$

wo $B_i :=]-\infty, b_i[$, $A_i :=]-\infty, a_i[$ für $i = 1, \ldots, n$ gesetzt wurde, als Differenz offener Mengen Borel-Mengen sind, gelten (5) und (6).

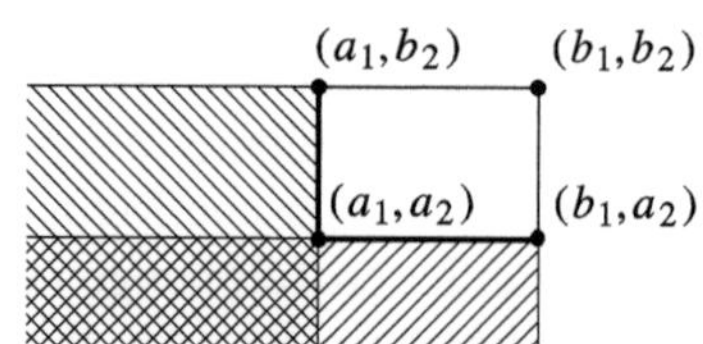

Außerdem zeigt die angegebene Identität, dass (7) aus (6) folgt.   •

Man beachte, dass die Erzeugendensysteme in 11.B.9 durchschnittstabil sind, d.h. mit je zwei Elementen auch deren Durchschnitt enthalten, falls man zu den Systemen in (4), (5) und (6) jeweils noch die leere Menge hinzufügt.

Es wird später bequem sein, den Raum $\overline{\mathbb{R}} = \mathbb{R} \cup \{-\infty, \infty\}$ als Messraum zur Verfügung zu haben. Wir nennen $M \subseteq \overline{\mathbb{R}}$ messbar, wenn $M \cap \mathbb{R}$ messbar ist. Dies definiert offenbar eine σ-Algebra $\overline{\mathcal{B}}$ auf $\overline{\mathbb{R}}$. Funktionen $f : X \to \overline{\mathbb{R}}$ heißen auch **numerische Funktionen** auf X. Wegen $\{\infty\} \cap \mathbb{R} = \{-\infty\} \cap \mathbb{R} = \emptyset$ sind $\{\infty\}$ und $\{-\infty\}$ in $\overline{\mathcal{B}}$, und es folgt:

11.B.10 Lemma *Sei X ein Messraum. Eine numerische Funktion $f : X \to \overline{\mathbb{R}}$ ist genau dann messbar, wenn die Fasern $f^{-1}(\infty)$ und $f^{-1}(-\infty)$ messbar sind und wenn $f^{-1}(M)$ für jede Borel-Menge $M \subseteq \mathbb{R}$ messbar ist.*

11.B.11 Beispiel (Endliche σ-Algebren) Wir wollen die σ-Algebren auf einer Menge X klassifizieren, die nur endlich viele Elemente enthalten. Sei $\mathcal{A} \subseteq \mathfrak{P}(X)$ solch eine Algebra. Die Elemente in $\mathcal{A}$, die minimal sind (bzgl. der Inklusion) unter allen *nichtleeren* Elementen von $\mathcal{A}$, heißen die Atome in $\mathcal{A}$.[1]) Seien $A_1, \ldots, A_r$ die verschiedenen Atome in $\mathcal{A}$. Diese sind paarweise disjunkt, da mit A_i und A_j auch $A_i \cap A_j$ zu $\mathcal{A}$ gehört, $i, j = 1, \ldots, r$. Ist $M \in \mathcal{A}$ beliebig, so ist M die Vereinigung der Atome, die in M enthalten sind. Denn diese Vereinigung M' gehört zu $\mathcal{A}$. Wäre M' eine echte Teilmenge von M, so wäre $M - M' \in \mathcal{A}$ nicht leer und umfasste eines der Atome $A_1, \ldots, A_r$, was nach Konstruktion von M' nicht möglich ist. Es folgt: *Jedes Element $M \in \mathcal{A}$ ist Vereinigung von (durch M) eindeutig bestimmten Atomen. Insbesondere enthält $\mathcal{A}$ genau 2^r Elemente, wo r die Anzahl der Atome von $\mathcal{A}$ ist. Die endlichen σ-Algebren auf X entsprechen umkehrbar eindeutig den Zerlegungen von X in endlich viele paarweise disjunkte nichtleere Teilmengen (nämlich den Atomen der zugehörigen σ-Algebra).* Auf einer endlichen Menge mit m Elementen gibt es also genau β_m σ-Algebren, wo β_m die m-te Bellsche Zahl ist, vgl. Bd. 1, 2.B, Aufg. 14. Wir bemerken ferner:

11.B.12 *Eine σ-Algebra $\mathcal{A}$ auf X, die von endlich vielen Elementen $M_1, \ldots, M_n \subseteq X$ erzeugt wird, ist selbst endlich und enthält höchstens 2^{2^n} Elemente.*

Beim Beweis durch Induktion über n ergibt sich der Schluss von n auf $n + 1$ folgendermaßen: $A_1, \ldots, A_r$, $r \leq 2^n$, seien die Atome der von $M_1, \ldots, M_n$ erzeugten σ-Algebra. Dann sind offenbar die nichtleeren Mengen unter den Teilmengen

$$A_1 \cap M_{n+1}, \ldots, A_r \cap M_{n+1}, A_1 \cap (X - M_{n+1}), \ldots, A_r \cap (X - M_{n+1})$$

die Atome der von $M_1, \ldots, M_n, M_{n+1}$ erzeugten σ-Algebra, und dies sind höchstens $2r \leq 2^{n+1}$ Stück.   •

Übrigens besitzt eine σ-Algebra mit 2^{2^n} Elementen ein Erzeugendensystem aus n Elementen (vgl. Aufg. 9).

Für die Beweise einiger (bedeutender) Sätze werden wir die Charakterisierung der σ-Algebren mittels so genannter Dynkin-Systeme benutzen.

---

[1]) Generell heißen für eine geordnete Menge M, die ein kleinstes Element m besitzt, die minimalen Elemente von $M - \{m\}$ die Atome von M.

11.B.13 Definition Sei X eine Menge. Eine Menge $\mathcal{D}$ von Teilmengen von X heißt ein D y n k i n - S y s t e m auf X, wenn die folgenden Bedingungen erfüllt sind:

(1) Es ist $X \in \mathcal{D}$.

(2) Sind $M, N \in \mathcal{D}$ und ist $N \subseteq M$, so ist auch $M - N$ ein Element in $\mathcal{D}$.

(3) Ist M_i, $i \in I$, eine abzählbare Familie *paarweise disjunkter* Elemente aus $\mathcal{D}$, so ist auch ihre Vereinigung $\bigcup_{i \in I} M_i$ ein Element von $\mathcal{D}$.

Ein Dynkin-System enthält mit jeder Menge M auch deren Komplement $X - M$. Natürlich ist jede σ-Algebra (wegen 11.B.2 (2)) ein Dynkin-System. Genauer gilt:

11.B.14 Satz *Ein Dynkin-System $\mathcal{D}$ auf X ist genau dann eine σ-Algebra, wenn $\mathcal{D}$ durchschnittstabil ist, d.h. mit je zwei Elementen auch deren Durchschnitt enthält.*

B e w e i s . Sei $\mathcal{D}$ ein durchschnittstabiles Dynkin-System. Es bleibt zu zeigen, dass $\mathcal{D}$ mit einer beliebigen abzählbaren Familie M_i, $i \in I$, auch deren Vereinigung enthält. Wir können gleich annehmen, dass $I = \mathbb{N}$ ist. Dann ist aber $\bigcup_{i=0}^{\infty} M_i$ die Vereinigung der paarweise disjunkten Mengen $M_i \cap (X - M_0) \cap \cdots \cap (X - M_{i-1})$, $i \in \mathbb{N}$, die nach Voraussetzung alle zu $\mathcal{D}$ gehören. •

Ist $\mathcal{M} \subseteq \mathfrak{P}(X)$, so heißt das kleinste $\mathcal{M}$ umfassende Dynkin-System auf X das von $\mathcal{M}$ e r z e u g t e D y n k i n - S y s t e m . Fundamental ist das folgende Lemma, dessen Beweis überraschend elementar ist:

11.B.15 Lemma *Seien X eine Menge und $\mathcal{M} \subseteq \mathfrak{P}(X)$ eine durchschnittstabile Teilmenge von $\mathfrak{P}(X)$, d.h. $\mathcal{M}$ enthalte mit je zwei Elementen auch deren Durchschnitt. Dann ist die von $\mathcal{M}$ erzeugte σ-Algebra identisch mit dem von $\mathcal{M}$ erzeugten Dynkin-System.*

B e w e i s . Seien $\mathcal{D}$ bzw. $\mathcal{A}$ das von $\mathcal{M}$ erzeugte Dynkin-System bzw. die von $\mathcal{M}$ erzeugte σ-Algebra. Trivialerweise ist $\mathcal{D} \subseteq \mathcal{A}$. Es bleibt zu zeigen, dass $\mathcal{D}$ eine σ-Algebra ist. Nach 11.B.14 genügt es zu zeigen, dass $\mathcal{D}$ durchschnittstabil ist. Für $N \in \mathcal{D}$ setzen wir

$$\mathcal{D}_N := \{ M \in \mathcal{D} \mid M \cap N \in \mathcal{D} \}.$$

Offenbar ist jedes $\mathcal{D}_N$, $N \in \mathcal{D}$, ein in $\mathcal{D}$ enthaltenes Dynkin-System. Wir haben $\mathcal{D}_N = \mathcal{D}$ für alle $N \in \mathcal{D}$ zu zeigen. Dazu ist nachzuweisen, dass $\mathcal{M}$ in jedem $\mathcal{D}_N$ enthalten ist. Da $\mathcal{M}$ durchschnittstabil ist, hat man aber $\mathcal{M} \subseteq \mathcal{D}_M$, also $\mathcal{D} \subseteq \mathcal{D}_M$ ($\subseteq \mathcal{D}$) und somit $\mathcal{D} = \mathcal{D}_M$ für alle $M \in \mathcal{M}$. Daher ist $M \cap N \in \mathcal{D}$ für alle $M \in \mathcal{M}$ und alle $N \in \mathcal{D}$. Insbesondere ist dann $M \in \mathcal{D}_N$ für alle $M \in \mathcal{M}$, also $\mathcal{M} \subseteq \mathcal{D}_N$ für ein beliebiges Element N von $\mathcal{D}$. •

Aufgaben

1. Sei $f : X \to Y$ eine Abbildung von Mengen.

a) $\mathcal{A}$ sei eine σ-Algebra auf X. Dann ist $\{N \subseteq Y \mid f^{-1}(N) \in \mathcal{A}\}$ eine σ-Algebra auf Y. (Diese heißt das B i l d von $\mathcal{A}$ unter f.)

b) $\mathcal{B}$ sei eine σ-Algebra auf Y. Dann ist $\{f^{-1}(N) \mid N \in \mathcal{B}\}$ eine σ-Algebra auf X. (Diese heißt das U r b i l d von $\mathcal{B}$ unter f.)

2. Seien $f : X \to Y$ eine Abbildung von Messräumen und X_i, $i \in I$, eine *abzählbare* Familie von messbaren Teilmengen von X, deren Vereinigung ganz X ist. Genau dann ist f messbar, wenn alle Beschränkungen $f|X_i$, $i \in I$, messbar sind.

3. Sei X ein Hausdorff-Raum. Jede abzählbare Teilmenge von X ist eine Borel-Menge. Insbesondere ist $\mathcal{B}(X) = \mathfrak{P}(X)$, falls X überdies abzählbar ist.

4. X sei ein topologischer Raum mit abzählbarer Basis. Dann ist jede Basis der Topologie von X ein Erzeugendensystem der σ-Algebra $\mathcal{B}(X)$ der Borel-Mengen von X.

5. Sei $f : X \to Y$ eine stetige Abbildung von Hausdorff-Räumen. Die Menge $M \subseteq X$ sei Vereinigung abzählbar vieler kompakter Teilmengen von X. (M ist insbesondere eine Borel-Menge in X.) Dann ist das Bild $f(M)$ eine Borel-Menge in Y. (Ist beispielsweise $f : \mathbb{R}^n \to Y$ eine stetige Abbildung von $\mathbb{R}^n$ in einen Hausdorff-Raum Y, so ist das f-Bild einer jeden offenen oder abgeschlossenen Menge im $\mathbb{R}^n$ eine Borel-Menge in Y. Im Allgemeinen sind aber stetige Bilder von Borel-Mengen keine Borel-Mengen.)

6. Sei X' ein Unterraum des topologischen Raumes X. Dann ist $\mathcal{B}(X')$ gleich der σ-Algebra $\{M \cap X' \mid M \in \mathcal{B}(X)\}$. Insbesondere ist $\big(X', \mathcal{B}(X')\big)$ ein Untermessraum von $\big(X, \mathcal{B}(X)\big)$, wenn X' eine Borel-Menge in X ist.

7. Sei X ein topologischer Raum. Eine Teilmenge $M \subseteq X$ heiße l o k a l B o r e l s c h, wenn es zu jedem Punkt $x \in M$ eine Umgebung U gibt derart, dass $U \cap M$ eine Borel-Menge von U ist. Ist die Topologie von X abzählbar, so ist eine Teilmenge $M \subseteq X$ genau dann eine Borel-Menge in X, wenn sie lokal Borelsch ist.

8. Sei $f : X \to Y$ eine Abbildung des topologischen Raumes X in den metrischen Raum Y. Dann ist die Menge der Punkte von X, in denen f stetig ist bzw. in denen f nicht stetig ist, jeweils eine Borel-Menge von X. (Man schließe mit der Schwankungsfunktion $x \mapsto \mathrm{S}_x(f) := \mathrm{Inf}\,\big\{\,\mathrm{Sup}\,\{d\big(f(z), f(z')\big) \mid z, z' \in U\} \mid U \text{ Umgebung von } x\big\}$, vgl. Bd. 1, Beispiel 10.B.10. Sie ist eine messbare numerische Funktion auf X.)

9. Sei X eine endliche Menge mit 2^n Elementen, $n \in \mathbb{N}$.

a) Für $0 \leq n \leq 3$ gebe man explizit ein Erzeugendensystem der σ-Algebra $\mathfrak{P}(X)$ mit n Elementen an.

b) Die σ-Algebra $\mathfrak{P}(X)$ besitzt stets ein Erzeugendensystem aus n Elementen. (Vgl. Beispiel 11.B.11.)

10. Sei X eine endliche Menge mit $2r$ Elementen, $r \geq 2$. Dann ist die Menge $\mathcal{D}$ der Teilmengen von X mit gerader Elementezahl ein Dynkin-System auf X, aber keine σ-Algebra.

11. Eine σ-Algebra auf einer Menge X ist endlich oder aber überabzählbar unendlich.

12. a) Die Quadermengen in 11.B.9 (4), (5), (6) und (7) bleiben jeweils Erzeugendensysteme von $\mathcal{B}^n$, wenn nur Quader mit rationalen Eckenkoordinaten $a_i, b_i \in \mathbb{Q}$, $i = 1, \ldots, n$, betrachtet werden.

b) Nimmt man zu den in a) betrachteten Quadermengen noch $\emptyset$ hinzu, so sind sie jeweils durchschnittstabil, d.h. sie enthalten mit je zwei Elementen auch deren Durchschnitt.

13. Sei X ein Messraum und Y ein topologischer Raum mit abzählbarer Topologie, in dem jeder Punkt eine Umgebungsbasis aus abgeschlossenen Umgebungen besitzt (z.B. ein metrischer Raum mit abzählbarer Topologie). Ist dann $f_n : X \to Y$ eine Folge (bzgl. $\mathcal{B}(Y)$) messbarer Abbildungen, die punktweise gegen die Abbildung $f : X \to Y$ konvergiert, so ist auch f messbar. (Ist V offen in Y, so ist $f^{-1}(V) \subseteq \bigcup_m \bigcap_{n \geq m} f_n^{-1}(V) \subseteq f^{-1}(\overline{V})$. Nun schreibe man V als Vereinigung $\bigcup_k V_k$ von abzählbar vielen offenen Mengen V_k mit $\overline{V}_k \subseteq V$.)

11.C Maßräume

Für das Rechnen in $\overline{\mathbb{R}} = \mathbb{R} \cup \{\infty, -\infty\}$ mit den Symbolen ∞ und $-\infty$ verwenden wir die üblichen Konventionen, vgl. Bd. 1, Abschnitt 4.D. Insbesondere weisen wir darauf hin, dass das Produkt von 0 mit $\pm\infty$ (in beliebiger Reihenfolge) stets gleich 0 ist und dass $\infty + (-\infty)$ sowie $(-\infty) + \infty$ nicht definiert sind. Ferner benutzen wir im Folgenden die (uneigentliche) Summierbarkeit in $\overline{\mathbb{R}}$, wie sie in Bd. 1 im Anschluss an 6.B.9 eingeführt wurde. Es ist $\sum_{i \in I} a_i = \sum_{i \in I, a_i \geq 0} a_i + \sum_{i \in I, a_i < 0} a_i$ für jede Familie a_i, $i \in I$, in $\overline{\mathbb{R}}$, wobei die Summe links genau dann definiert ist, wenn von den beiden Teilsummen auf der rechten Seite wenigstens eine in $\mathbb{R}$ liegt.

Sei X eine Menge. Das Ergebnis von 11.A.1 legt es nahe, (Volumen-)Maße nicht für alle Teilmengen von X, sondern nur für die Elemente einer σ-Algebra $\mathcal{A}$ auf X zu definieren:

11.C.1 Definition Sei $(X, \mathcal{A})$ ein Messraum. Eine Abbildung $\mu : \mathcal{A} \to \overline{\mathbb{R}}_+ = \mathbb{R}_+ \cup \{\infty\}$ heißt ein M a ß auf dem Messraum $(X, \mathcal{A})$, wenn folgende Bedingung erfüllt ist: Ist M_i, $i \in I$, eine abzählbare Familie *paarweise disjunkter* Elemente von $\mathcal{A}$, so gilt

$$\mu\Big(\biguplus_{i \in I} M_i \Big) = \sum_{i \in I} \mu(M_i).$$

Ist μ ein Maß auf dem Messraum $(X, \mathcal{A})$, so heißt $X = (X, \mathcal{A}, \mu)$ ein M a ß r a u m.

Die angegebene Bedingung an das Maß μ heißt die σ - A d d i t i v i t ä t (oder V o l l a d d i t i v i t ä t) von μ. Für eine messbare Menge $M \subseteq X$, d.h. für $M \in \mathcal{A}$ heißt $\mu(M)$ auch das M a ß (oder in entsprechenden Situationen das V o l u m e n, die F l ä c h e etc.) von M. Für $I = \emptyset$ liefert die σ-Additivität speziell $\mu(\emptyset) = 0$.

Viele wichtige Beispiele von Maßen sind relativ schwierig zu konstruieren. Auf das für uns wichtigste Beispiel, das Borel-Lebesgue-Maß auf $\mathbb{R}^n = (\mathbb{R}^n, \mathcal{B}^n)$ gehen wir im nächsten Paragraphen ein. Hier geben wir zunächst nur einige einfache Beispiele an.

11.C.2 Beispiel (Diskrete Maße) Sei X eine Menge. Ferner sei $\mu : X \to \overline{\mathbb{R}}_+$ eine beliebige Funktion. Dann wird durch $\mu(M) := \sum_{x \in M} \mu(x)$ für $M \subseteq X$ ein Maß $\mu : \mathfrak{P}(X) \to \overline{\mathbb{R}}_+$ auf dem Messraum $(X, \mathfrak{P}(X))$ definiert. Die σ-Additivität dieses Maßes ergibt sich direkt aus dem großen Umordnungssatz, vgl. Bd. 1, 6.B.11. Die so gewonnenen Maße auf X heißen die d i s k r e t e n M a ß e auf X. Wir erwähnen einige Spezialfälle:

(1) Ist $\mu(x) = 1$ für alle $x \in X$, so sprechen wir vom A n z a h l - oder Z ä h l m a ß auf X.

(2) Ist $\mu(x) = 0$ für alle $x \in X$ mit $x \neq x_0$, so spricht man von einem P u n k t m a ß, das auf x_0 konzentriert ist. Ist dabei $\mu(x_0) = 1$, so handelt es sich um das so genannte D i r a c - M a ß δ_{x_0}.

(3) Ist $\mu(X) = \sum_{x \in X} \mu(x) = 1$, so ist (X, μ) ein diskreter Wahrscheinlichkeitsraum, vgl. Bd. 1, Kap. III. Daher heißt μ in diesem Fall ein d i s k r e t e s W a h r s c h e i n l i c h k e i t s m a ß.[1])

11.C.3 Beispiel Ist $\mathcal{A}$ eine endliche σ-Algebra auf der Menge X mit den Atomen $A_1, \ldots, A_r$, vgl. Beispiel 11.B.11, so ist ein Maß $\mu : \mathcal{A} \to \overline{\mathbb{R}}_+$ eindeutig durch seine Werte $\mu(A_i)$, $i = 1, \ldots, r$, auf den Atomen bestimmt, da jedes $M \in \mathcal{A}$ disjunkte Vereinigung von Atomen ist. Umgekehrt gibt es zu beliebig vorgegebenen Werten $\mu_i \in \overline{\mathbb{R}}_+$ (genau) ein Maß μ auf $(X, \mathcal{A})$ mit $\mu(A_i) = \mu_i$, $i = 1, \ldots, r$. Für $A \in \mathcal{A}$ ist

$$\mu(A) = \sum_{A_i \subseteq A} \mu_i \, .$$

Sei $f : X \to Y$ eine messbare Abbildung zwischen den Messräumen $X = (X, \mathcal{A})$ und $Y = (Y, \mathcal{B})$. Ferner sei $\mu : \mathcal{A} \to \overline{\mathbb{R}}_+$ ein Maß auf X. Dann wird durch

$$f_*\mu(N) := \mu\big(f^{-1}(N)\big) \, ,$$

$N \in \mathcal{B}$, ein Maß $f_*\mu : \mathcal{B} \to \overline{\mathbb{R}}_+$ auf Y definiert. Es ist nämlich

$$f_*\mu\big(\biguplus_{i \in I} N_i \big) = \mu\big(f^{-1}\big(\biguplus_{i \in I} N_i \big)\big) = \mu\big(\biguplus_{i \in I} f^{-1}(N_i)\big) = \sum_{i \in I} \mu\big(f^{-1}(N_i)\big) = \sum_{i \in I} f_*\mu(N_i)$$

für eine abzählbare Familie paarweise disjunkter Mengen N_i, $i \in I$, in $\mathcal{B}$. Das so definierte Maß $f_*\mu$ auf Y heißt das B i l d m a ß von μ bezüglich f.

Ein wichtiger Spezialfall dieser Konstruktion liegt vor, wenn X ein Untermessraum von Y ist und f die kanonische Einbettung $\iota : X \to Y$ ist. In diesem Fall ist $\iota_*\mu(N) = \mu(N \cap X)$, $N \in \mathcal{B}$, die t r i v i a l e F o r t s e t z u n g von μ, die dadurch charakterisiert ist, dass sie auf X mit μ übereinstimmt und auf $Y - X$ das Nullmaß induziert.

Ist $X' = (X', \mathcal{A}')$ ein Untermessraum des Messraumes $X = (X, \mathcal{A})$ und ist $\mu : \mathcal{A} \to \overline{\mathbb{R}}_+$ ein Maß auf X, so definiert die Beschränkung $\mu|\mathcal{A}' : \mathcal{A}' \to \overline{\mathbb{R}}_+$ ein Maß auf X', das die B e s c h r ä n k u n g von μ auf X' heißt. Generell versehen wir eine messbare Teilmenge X' eines Maßraumes X stets mit diesem Maß, falls nichts anderes gesagt wird.

Zur Formulierung einiger Rechenregeln führen wir folgende Bezeichnungen ein: Ist M_n, $n \in \mathbb{N}$, eine Folge von Mengen mit $M_0 \subseteq M_1 \subseteq \cdots \subseteq M_n \subseteq M_{n+1} \subseteq \cdots \subseteq M := \bigcup_{n=0}^{\infty} M_n$ (bzw. mit $M_0 \supseteq M_1 \supseteq \cdots \supseteq M_n \supseteq M_{n+1} \supseteq \cdots \supseteq M := \bigcap_{n=0}^{\infty} M_n$), so sagen

---

[1]) Generell heißt ein Maßraum $(\Omega, \mathcal{A}, P)$ ein W a h r s c h e i n l i c h k e i t s r a u m, wenn $P(\Omega) = 1$ ist. Wir gehen darauf in Kapitel VI näher ein.

wir, die M_n, $n \in \mathbb{N}$, s c h ö p f e n M a u s (bzw. die M_n, $n \in \mathbb{N}$, s c h r u m p f e n a u f M) und drücken diesen Sachverhalt durch das Symbol

$$M_n \uparrow M \qquad (\text{bzw.} \quad M_n \downarrow M)$$

aus. Man beachte, dass M zur σ-Algebra $\mathcal{A}$ gehört, wenn dies für alle M_n gilt mit $M_n \uparrow M$ oder mit $M_n \downarrow M$.

11.C.4 Rechenregeln *Sei $X = (X, \mathcal{A}, \mu)$ ein Maßraum. Dann gilt:*
(1) Für $M, N \in \mathcal{A}$ mit $N \subseteq M$ ist

$$\mu(M) = \mu(N) + \mu(M - N).$$

Insbesondere folgt $\mu(N) \leq \mu(M)$ für $N \subseteq M$ (M o n o t o n i e von μ .)
(2) Für $M, N \in \mathcal{A}$ ist $\mu(M \cup N) + \mu(M \cap N) = \mu(M) + \mu(N)$.
(3) Ist M_i, $i \in I$, eine abzählbare Überdeckung von $M \in \mathcal{A}$ durch messbare Mengen $M_i \in \mathcal{A}$, d.h. ist $M \subseteq \bigcup_{i \in I} M_i$, so ist

$$\mu(M) \leq \sum_{i \in I} \mu(M_i) \quad (\text{P f l a s t e r u n g s f o r m e l}).$$

(4) Für $M_n \in \mathcal{A}$, $n \in \mathbb{N}$, mit $M_n \uparrow M$ ist

$$\mu(M) = \lim_{n \to \infty} \mu(M_n) = \operatorname{Sup}\big(\mu(M_n), n \in \mathbb{N}\big) \quad (\text{A u s s c h ö p f u n g s f o r m e l}).$$

(5) Für $M_n \in \mathcal{A}$, $n \in \mathbb{N}$, mit $M_n \downarrow M$ und $\mu(M_0) < \infty$ ist

$$\mu(M) = \lim_{n \to \infty} \mu(M_n) = \operatorname{Inf}\big(\mu(M_n), n \in \mathbb{N}\big) \quad (\text{S c h r u m p f u n g s f o r m e l}).$$

Insbesondere ist $\lim_{n \to \infty} \mu(M_n) = 0$ im Fall $M_n \downarrow \emptyset$ und $\mu(M_0) < \infty$.

B e w e i s . (1) Die Behauptung folgt aus $M = N \uplus (M - N)$.
(2) Aus $M \cup N = M \uplus (N - M)$ und $(M \cap N) \uplus (N - M) = N$ folgen $\mu(M \cup N) = \mu(M) + \mu(N - M)$ und $\mu(M \cap N) + \mu(N - M) = \mu(N)$, also

$$\mu(M \cup N) + \mu(M \cap N) + \mu(N - M) = \mu(M) + \mu(N) + \mu(N - M).$$

Im Fall $\mu(N - M) < \infty$ ergibt sich die Behauptung. Im Fall $\mu(N - M) = \infty$ sind $\mu(N)$ und $\mu(M \cup N)$ erst recht gleich ∞, und die Formel gilt ebenfalls.
(3) Wegen $M = \bigcup_{i \in I}(M \cap M_i)$ und $\mu(M \cap M_i) \leq \mu(M_i)$ können wir annehmen, dass $M = \bigcup_i M_i$ ist. Ferner genügt es, den Fall $I = \mathbb{N}$ zu behandeln. Dann setzen wir $N_n := M_n - \bigcup_{i=0}^{n-1} M_i$, $n \in \mathbb{N}$, und erhalten $\bigcup_{n \in \mathbb{N}} M_n = \biguplus_{n \in \mathbb{N}} N_n$. Es folgt

$$\mu\Big(\bigcup_{n \in \mathbb{N}} M_n\Big) = \mu\Big(\biguplus_{n \in \mathbb{N}} N_n\Big) = \sum_{n \in \mathbb{N}} \mu(N_n) \leq \sum_{n \in \mathbb{N}} \mu(M_n).$$

(4) Wir setzen $N_0 := M_0$ und $N_{n+1} := M_{n+1} - M_n$ für $n \in \mathbb{N}$, und erhalten $M_n = N_0 \uplus \cdots \uplus N_n$ sowie $M = \bigcup_{n \in \mathbb{N}} M_n = \biguplus_{n \in \mathbb{N}} N_n$. Es folgt

$$\mu(M) = \sum_{k=0}^{\infty} \mu(N_k) = \lim_{n \to \infty} \sum_{k=0}^{n} \mu(N_k) = \lim_{n \to \infty} \mu(M_n).$$

(5) Wir setzen $N_n := M_0 - M_n$, $n \in \mathbb{N}$. Dann gilt $N_n \uparrow (M_0 - M)$, und nach (4) ist $\mu(M_0 - M) = \lim_{n\to\infty} \mu(N_n) = \lim_{n\to\infty} \mu(M_0 - M_n)$. Wegen $\mu(M_0) < \infty$ ist $\mu(M_0 - M) = \mu(M_0) - \mu(M)$ und $\mu(M_0 - M_n) = \mu(M_0) - \mu(M_n)$. Daraus folgt die Behauptung. ●

11.C.5 Definition Sei $X = (X, \mathcal{A}, \mu)$ ein Maßraum. Eine messbare Menge $M \in \mathcal{A}$ heißt eine $(\mu$-$)$ N u l l m e n g e, wenn $\mu(M) = 0$ ist.

Aus 11.C.4 (1) bzw. (3) folgt:

11.C.6 *Sei $X = (X, \mathcal{A}, \mu)$ ein Maßraum.*

(1) *Jede messbare Teilmenge einer Nullmenge in X ist ebenfalls eine Nullmenge.*

(2) *Die Vereinigung einer abzählbaren Familie von Nullmengen in X ist ebenfalls eine Nullmenge in X.*

Es wird sich im Weiteren herausstellen, dass Nullmengen häufig vernachlässigbar sind. In diesem Zusammenhang empfiehlt sich die folgende Sprechweise: Es sei $X = (X, \mathcal{A}, \mu)$ ein Maßraum. Ferner sei P eine Eigenschaft, die für die Punkte in X erklärt ist. Man sagt dann, P gilt f a s t   ü b e r a l l (abgekürzt: f. ü.), wenn P für alle Punkte $x \in X$ außerhalb einer μ-Nullmenge von X gilt. Beispielsweise heißen danach zwei Abbildungen $f, g : X \to Y$ von X in eine Menge Y fast überall gleich (in Zeichen: $f = g$ (f. ü.)), wenn $f(x) = g(x)$ ist für alle Punkte $x \in X$ außerhalb einer Nullmenge in X.

Ein Maß $\mu : \mathcal{A} \to \overline{\mathbb{R}}_+$ auf dem Maßraum $X = (X, \mathcal{A}, \mu)$ heißt v o l l s t ä n d i g, wenn jede Teilmenge einer Nullmenge in X messbar (und damit ebenfalls eine Nullmenge) ist. Aus einem beliebigen Maß μ lässt sich leicht ein vollständiges Maß $\widehat{\mu}$ gewinnen. $\widehat{\mu}$ ist definiert auf der σ-Algebra $\widehat{\mathcal{A}}$ derjenigen Teilmengen von X, die eine Darstellung der Form $M \cup N$ besitzen, wobei $M \in \mathcal{A}$ und N Teilmenge einer Nullmenge ist. Für solch eine Menge setzt man

$$\widehat{\mu}(M \cup N) := \mu(M).$$

Der Leser prüft sofort, dass dieser Wert unabhängig von der Wahl der Darstellung von $M \cup N$ als Vereinigung einer messbaren Menge M und einer Teilmenge N einer Nullmenge ist. Die Nullmengen bezüglich $\widehat{\mu}$ sind dann genau die Teilmengen der Nullmengen bezüglich μ. Man nennt $\widehat{\mu}$ auch die V e r v o l l s t ä n d i g u n g von μ.

Schließlich erwähnen wir noch zwei Endlichkeitsbegriffe:

11.C.7 Definition Sei $X = (X, \mathcal{A}, \mu)$ ein Maßraum.

(1) Das Maß μ heißt e n d l i c h, wenn $\mu(M) < \infty$ ist für alle $M \in \mathcal{A}$.

(2) Das Maß μ heißt σ- e n d l i c h, wenn X Vereinigung abzählbar vieler messbarer Teilmengen $X_j \subseteq X$ mit $\mu(X_j) < \infty$ ist, $j \in J$.

Das Maß μ ist bereits dann endlich, wenn $\mu(X) < \infty$ ist. Ist μ σ-endlich und $X = \bigcup_{n=0}^{\infty} X_n$ mit $\mu(X_n) < \infty$, so gilt mit $Y_n := X_0 \cup \cdots \cup X_n$, $n \in \mathbb{N}$, auch $X = \bigcup_{n=0}^{\infty} Y_n$ und $\mu(Y_n) < \infty$, $n \in \mathbb{N}$. *Daher ist μ genau dann σ-endlich, wenn es eine Folge Y_n, $n \in \mathbb{N}$, messbarer Teilmengen in X gibt mit $Y_n \uparrow X$ und $\mu(Y_n) < \infty$, $n \in \mathbb{N}$.* Sei $Y_{-1} := \emptyset$. Dann ist $X = \biguplus_{n \in \mathbb{N}}(Y_n - Y_{n-1})$ eine *Zerlegung* von X in Teilmengen $Z_n := Y_n - Y_{n-1}$, $n \in \mathbb{N}$, mit $\mu(Z_n) < \infty$.

Ein diskretes Maß μ auf einer Menge X (vgl. Beispiel 11.C.2) ist offenbar genau dann σ-endlich, wenn $\mu(x) < \infty$ ist für alle $x \in X$ und $\mu(x) \neq 0$ für höchstens abzählbar viele $x \in X$. Alle im Weiteren wichtigen Maße sind σ-endlich (aber im Allgemeinen nicht endlich).

11.C.8 Beispiel (Maßtreue Abbildungen · Wiederkehrlemma) Seien $X = (X, \mathcal{A}, \mu)$ und $Y = (Y, \mathcal{B}, \nu)$ zwei Maßräume. Ein **Isomorphismus** dieser Maßräume ist eine bijektive Abbildung $f : X \to Y$, die zusammen mit ihrer Umkehrabbildung messbar ist und die Maße respektiert, also mit $\nu\big(f(M)\big) = \mu(M)$ für alle $M \in \mathcal{A}$. Solch ein Isomorphismus heißt auch eine **maßtreue Abbildung**. Die maßtreuen Abbildungen eines Maßraumes auf sich bilden offensichtlich eine Untergruppe der Permutationsgruppe von X. Ein einfaches Beispiel zum Begriff der maßtreuen Abbildung (und zum Begriff des endlichen Maßes) ist die folgende Aussage:

11.C.9 Wiederkehrlemma *Seien $f : X \to X$ eine maßtreue Abbildung des Maßraumes $X = (X, \mathcal{A}, \mu)$ auf sich und $M \subseteq X$ eine messbare Menge mit $\mu(M) > 0$. Das Maß μ sei endlich. Dann gibt es eine unendliche Teilfolge $1 \leq n_1 < n_2 < \cdots$ der Folge der natürlichen Zahlen mit $M \cap f^{n_k}(M) \neq \emptyset$ für $k = 1, 2, \ldots$.*

B e w e i s . Nehmen wir an, es wäre $M \cap f^n(M) = \emptyset$ für alle $n \geq m$. Dann wäre auch

$$f^{km}(M) \cap f^{lm}(M) = f^{km}\big(M \cap f^{(l-k)m}(M)\big) = \emptyset$$

für alle $k, l \in \mathbb{N}$, $k < l$, und es ergäbe sich ein Widerspruch zur Endlichkeit von μ:

$$\mu\Big(\biguplus_{k \in \mathbb{N}} f^{km}(M)\Big) = \sum_{k \in \mathbb{N}} \mu\big(f^{km}(M)\big) = \sum_{k \in \mathbb{N}} \mu(M) = \infty\,. \qquad \bullet$$

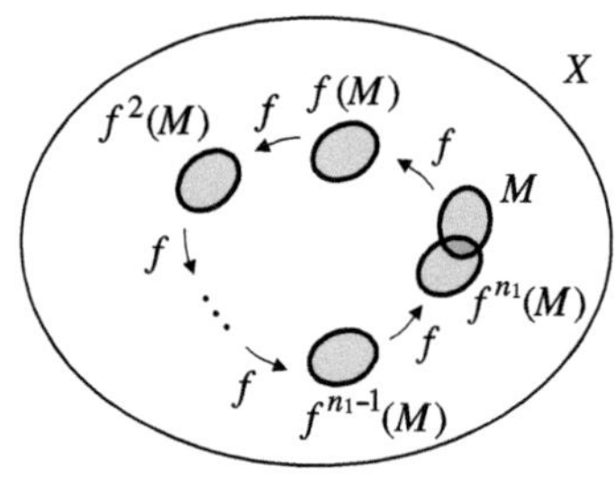

Aufgaben

1. Seien $X = \biguplus_{j \in J} X_j$ eine Zerlegung des Messraumes $X = (X, \mathcal{A})$ in paarweise disjunkte messbare Mengen X_j, $j \in J$, und μ_j Maße auf X_j, $j \in J$. Dann wird durch $\mu(M) := \sum_{j \in J} \mu_j(M \cap X_j)$, $M \in \mathcal{A}$, ein Maß $\mu = \sum_{j \in J} \mu_j$ auf X definiert, dessen Beschränkung auf X_j mit μ_j übereinstimmt. Ist J abzählbar, so ist μ das einzige solche Maß.

2. Sei μ_j, $j \in J$, eine Familie von Maßen auf dem Messraum $X = (X, \mathcal{A})$. Dann ist auch $\mu = \sum_{j \in J} \mu_j$ mit $\mu(M) := \sum_{j \in J} \mu_j(M)$, $M \in \mathcal{A}$, ein Maß auf X. (Es heißt die S u m m e der μ_j, $j \in J$.)

3. Seien $X = (X, \mathcal{A}, \mu)$ ein Maßraum und $X_n \uparrow X$ eine Ausschöpfung von X mit messbaren Teilmengen X_n, $n \in \mathbb{N}$. Für jedes $M \in \mathcal{A}$ ist dann $\mu(M) = \lim_{n \to \infty} \mu(M \cap X_n)$. – Insbesondere ist μ durch seine Beschränkung auf die Teilräume X_n, $n \in \mathbb{N}$, eindeutig bestimmt.

4. Ist M_n, $n \in \mathbb{N}$, eine Folge messbarer Mengen im Maßraum $(X, \mathcal{A}, \mu)$, so ist

$$\mu\Big(\bigcup_{n=0}^{\infty} M_n\Big) = \lim_{k \to \infty} \mu\Big(\bigcup_{n=0}^{k} M_n\Big).$$

5. Seien M_i, $i \in I$, bzw. N_i, $i \in I$, abzählbare Familien messbarer Mengen des Maßraumes $(X, \mathcal{A}, \mu)$. Dann gilt $\bigcap_{i \in I} M_i \subseteq \bigcap_{i \in I} N_i \cup \bigcup_{i \in I} (M_i - N_i)$ und folglich

$$\mu\Big(\bigcap_{i \in I} M_i\Big) \leq \mu\Big(\bigcap_{i \in I} N_i\Big) + \sum_{i \in I} \mu(M_i - N_i).$$

6. Ist der Wert von μ für wenigstens eine der beiden messbaren Teilmengen M, N des Maßraumes $(X, \mathcal{A}, \mu)$ endlich, so gilt für ihre symmetrische Differenz $\mu(M \triangle N) \geq |\mu(M) - \mu(N)|$.

7. Sei $(X, \mathcal{A}, \mu)$ ein Maßraum. Zwei messbare Mengen M, $N \subseteq X$ heißen μ-g l e i c h , wenn $\mu(M \triangle N) = 0$ ist. Man schreibt dann $M \overset{\mu}{=} N$.[2]

a) Seien M, $N \in \mathcal{A}$. Genau dann ist $M \overset{\mu}{=} N$, wenn für die Indikatorfunktionen $e_M = e_N$ f. ü. bezüglich μ gilt. Die μ-Gleichheit ist eine Äquivalenzrelation auf $\mathcal{A}$.

b) Aus $M \overset{\mu}{=} N$ folgt $\mu(M) = \mu(N)$.

c) Ist μ vollständig und sind M und $M \triangle N$ messbar mit $\mu(M \triangle N) = 0$, so ist auch N messbar und somit $M \overset{\mu}{=} N$.

8. Man beweise, dass die im Text angegebene Vervollständigung $\widehat{\mu} : \widehat{\mathcal{A}} \to \overline{\mathbb{R}}_+$ tatsächlich wohldefiniert und ein vollständiges Maß auf der σ-Algebra $\widehat{\mathcal{A}}$ ist mit $\widehat{\mu}\,|\mathcal{A} = \mu$.

9. Seien μ und ν σ-endliche Maße auf dem Messraum $(X, \mathcal{A})$ mit $\mu \leq \nu$. Dann gibt es genau ein Maß λ auf $(X, \mathcal{A})$ mit $\nu = \lambda + \mu$. (Zur Summe von Maßen vergleiche Aufg. 2.)

10. Seien M_i mit $\mu(M_i) < \infty$, $i = 1, \ldots, n$, Mengen des Maßraumes $X = (X, \mathcal{A}, \mu)$. Dann gilt die folgende S i e b f o r m e l (die die Siebformel aus Bd. 1, 7.A.10 verallgemeinert und ganz analog bewiesen wird):

$$\mu(M_1 \cup \cdots \cup M_n) = \sum_{k=1}^{n} (-1)^{k-1} \Big(\sum_{1 \leq i_1 < \cdots < i_k \leq n} \mu(M_{i_1} \cap \cdots \cap M_{i_k}) \Big).$$

---

[2] Dies verallgemeinert eine Schreibweise, die wir schon in Bd. 1, Abschnitt 9.B, Aufg. 3d) benutzt haben.

11. Seien M_i, $i \in I$, eine abzählbare Familie messbarer Mengen des Maßraumes $X = (X, \mathcal{A}, \mu)$ und $M = \bigcup M_i$ ihre Vereinigung. Ist $\mu(M_i \cap M_j) = 0$ für $i \neq j$, so ist $\mu(M) = \sum_i \mu(M_i)$. Bei $\mu(M) < \infty$ gilt davon auch die Umkehrung. (Bemerkung: Zwei messbare Mengen $N_1, N_2 \subseteq X$ mit $\mu(N_1 \cap N_2) = 0$ heißen **fast disjunkt** bzgl. μ.)

12. Sei $(X, \mathcal{A}, \mu)$ ein σ-endlicher Maßraum. Die Menge der Punkte $x \in X$ mit $\{x\} \in \mathcal{A}$ und $\mu(x) := \mu(\{x\}) \neq 0$ ist abzählbar.

13. Sei M_i, $i \in I$, eine Familie paarweise fast disjunkter messbarer Mengen des σ-endlichen Maßraumes $X = (X, \mathcal{A}, \mu)$. Dann ist die Menge der Indizes $i \in I$ mit $\mu(M_i) > 0$ abzählbar. (Das Ergebnis verallgemeinert Aufg. 12.)

14. Seien $X = (X, \mathcal{A}, \mu)$ ein Maßraum und M_n, $n \in \mathbb{N}$, eine Folge messbarer Teilmengen von X. Dann bezeichne

$$M^* := \limsup M_n := \bigcap_{m \in \mathbb{N}} \Big(\bigcup_{n \geq m} M_n \Big)$$

die Menge der Punkte $x \in X$, die zu unendlich vielen der M_n gehören, und

$$M_* := \liminf M_n := \bigcup_{m \in \mathbb{N}} \Big(\bigcap_{n \geq m} M_n \Big)$$

die Menge der Punkte $x \in X$, die zu fast allen der M_n gehören.

a) Es ist $M_* \subseteq M^*$ und $\complement_X M_* = \complement_X(\liminf M_n) = \limsup(\complement_X M_n)$.

b) Ist $M_n \uparrow M$ oder $M_n \downarrow M$, so ist $M_* = M^* = M$.

c) M_* und M^* sind messbar.

d) Gibt es ein $C > 0$ mit $\mu(M_n) < C$ für unendlich viele n, so ist $\mu(M_*) < C$.

e) Ist $\lim_n \mu(M_n) = 0$, so ist $\mu(M_*) = 0$.

f) Ist $\sum_n \mu(M_n) < \infty$, so ist $\mu(M^*) = 0$.

15. Seien $(X, \mathcal{A}, \mu)$ ein Maßraum und $(X, \widehat{\mathcal{A}}, \widehat{\mu})$ seine Vervollständigung. Genau dann gehört die Menge $M \subseteq X$ zu $\widehat{\mathcal{A}}$, wenn es $M', M'' \in \mathcal{A}$ gibt mit $M' \subseteq M \subseteq M''$ und $\mu(M'' - M') = 0$.

16. Seien $X = (X, \mathcal{A}, \mu)$ ein Maßraum und $\nu : \mathcal{A} \to \overline{\mathbb{R}}_+$ ein weiteres Maß. Man sagt, ν sei **stetig bezüglich** μ oder μ-**stetig**, wenn für $M \in \mathcal{A}$ aus $\mu(M) = 0$ stets $\nu(M) = 0$ folgt. Diese Sprechweise lässt sich so rechtfertigen: Das Maß ν ist sicherlich dann stetig bezüglich μ, wenn die folgende ε-δ-Bedingung erfüllt ist: Zu jedem $\varepsilon > 0$ gibt es ein $\delta > 0$ derart, dass für $M \in \mathcal{A}$ aus $\mu(M) \leq \delta$ stets $\nu(M) \leq \varepsilon$ folgt. – Ist ν ein *endliches* Maß, so folgt umgekehrt aus der Stetigkeit von ν bzgl. μ, dass die angegebene ε-δ-Bedingung erfüllt ist. (Angenommen, dies sei nicht der Fall. Dann gibt es ein $\varepsilon > 0$ und $\delta_n > 0$ mit $\sum_n \delta_n < \infty$ sowie $M_n \in \mathcal{A}$ mit $\mu(M_n) \leq \delta_n$, aber $\nu(M_n) > \varepsilon$, $n \in \mathbb{N}$. Nach Aufg. 14d) ist $\mu(M^*) = 0$ und es genügt, $\nu(M^*) \geq \varepsilon$ zu zeigen.)

17. Sei X ein topologischer Raum. Ein Maß $\mu : \mathcal{B}(X) \to \overline{\mathbb{R}}_+$ heißt **lokal endlich**, wenn zu jedem Punkt $x \in X$ eine offene Umgebung U von x mit $\mu(U) < \infty$ existiert.

a) Ist $\mu : \mathcal{B}(X) \to \overline{\mathbb{R}}_+$ ein lokal endliches Maß und ist die Topologie von X abzählbar, so ist μ σ-endlich.

b) Ist X lokal kompakt, so ist ein Maß $\mu : \mathcal{B}(X) \to \overline{\mathbb{R}}_+$ genau dann lokal endlich, wenn $\mu(K) < \infty$ ist für jede kompakte Menge $K \subseteq X$.

c) Ein Maß $\mu : \mathcal{B}^n = \mathcal{B}(\mathbb{R}^n) \to \overline{\mathbb{R}}_+$ ist genau dann lokal endlich, wenn $\mu(M) < \infty$ ist für jede messbare beschränkte Menge $M \subseteq \mathbb{R}^n$.

18. (Träger eines Maßes) Sei X ein topologischer Raum mit abzählbarer Topologie und $\mu : \mathcal{B}(X) \to \overline{\mathbb{R}}_+$ ein Maß. Dann gibt es eine größte offene Menge U in X mit $\mu(U) = 0$. (Vgl. Satz 1.B.11.) Ihr Komplement heißt der Träger des Maßes μ. (Man beachte, dass das Komplement des Trägers in der Regel keineswegs die größte *messbare* Menge in X ist, auf der μ verschwindet. Eine solche Menge braucht es gar nicht zu geben.)

19. Sei X ein Hausdorff-Raum mit abzählbarer Topologie und $\mu : \mathcal{B}(X) \to \overline{\mathbb{R}}_+$ ein Maß $\neq 0$, das nur die Werte 0 und 1 annimmt. Dann ist μ die Beschränkung eines Dirac-Maßes δ_{x_0} zu einem Punkt $x_0 \in X$. (Sei x_0 ein Punkt des Trägers von μ, vgl. Aufg. 18. Mit 11.C.4 (5) zeige man $\mu(\{x_0\}) = 1$. – Lassen sich die Voraussetzungen an den topologischen Raum X abschwächen?)

20. (Ergodische Abbildungen) Sei $X = (X, \mathcal{A}, \mu)$ ein Maßraum mit $\mu(X) = 1$. (X ist also ein Wahrscheinlichkeitsraum, vgl. Fußnote 1.) Für eine maßtreue Abbildung $F : X \to X$ von X auf sich sind folgende Aussagen äquivalent: (1) Ist $A \in \mathcal{A}$ und $F(A) = A$, so ist $\mu(A) = 0$ oder $\mu(A) = 1$. (2) Ist $A \in \mathcal{A}$ und $F(A) \overset{\mu}{=} A$ (vgl. Aufg. 7), so ist $\mu(A) = 0$ oder $\mu(A) = 1$. (3) Ist $A \in \mathcal{A}$ und $\mu(A) > 0$, so ist $\mu\big(\bigcup_{k \in \mathbb{Z}} F^k(A)\big) = 1$. (4) Ist $A \in \mathcal{A}$ und $\mu(A) > 0$, so ist $\mu\big(\bigcup_{k \in \mathbb{N}} F^k(A)\big) = 1$. (5) Ist $f : X \to \mathbb{R}$ messbar und gilt $f \circ F = f$ f.ü., so ist f f.ü. konstant. (6) Ist $A \in \mathcal{A}$ und $e_A \circ F = e_A$ f.ü., so ist e_A f.ü. konstant, d.h. $e_A \equiv e_X \equiv 1$ f.ü. oder $e_A = e_\emptyset \equiv 0$ f.ü. (Zum Beweis von (1) $\Rightarrow$ (5) reduziere man auf den Fall, dass $f \circ F = f$ überall gilt, und wende dann Aufg. 19 auf das Bildmaß $f_* \mu : \mathcal{B}^1 \to \overline{\mathbb{R}}_+$ an. – Eine maßtreue Abbildung F, die die obigen äquivalenten Bedingungen erfüllt, heißt ergodisch. Die Bedingung (4) besagt, dass man durch wiederholtes Anwenden einer ergodischen Abbildung ausgehend von den Punkten einer Menge A positiven Maßes fast jeden Punkt mit endlich vielen Schritten erreicht.)

21. Man beweise folgende Variante des Wiederkehrlemmas 11.C.9: Seien X, f, M wie in 11.C.9. Die Menge der $x \in M$ mit $f^n(x) \in M$ für nur endlich viele $n \in \mathbb{N}$ ist eine μ-Nullmenge.

11.D Grundlegende Existenz- und Eindeutigkeitssätze

Wir beweisen in diesem Abschnitt drei wichtige Sätze der Maßtheorie, nämlich den Eindeutigkeitssatz 11.D.1, den Fortsetzungssatz 11.D.6 und den Satz 11.D.7 über die Existenz von Produktmaßen. Die Beweise der beiden letzten Sätze sind etwas technisch und können ohne weiteres übergangen werden. Einfach dagegen ist der folgende Eindeutigkeitssatz zu beweisen:

11.D.1 Eindeutigkeitssatz für Maße *Es seien $(X, \mathcal{A})$ ein Messraum und $\mathcal{M}$ ein durchschnittstabiles Erzeugendensystem der σ-Algebra $\mathcal{A}$ (d.h. $\mathcal{M}$ enthalte mit je zwei Elementen auch deren Durchschnitt). Sind dann $\mu_1, \mu_2 : \mathcal{A} \to \overline{\mathbb{R}}_+$ Maße mit $\mu_1 | \mathcal{M} = \mu_2 | \mathcal{M}$ und gilt $\mu_1(M_n) = \mu_2(M_n) < \infty$ für eine Folge $M_n \in \mathcal{M}$, $n \in \mathbb{N}$, mit $M_n \uparrow X$, so ist $\mu_1 = \mu_2$.*

Beweis. Wegen $\mu_i(M) = \lim_{n \to \infty} \mu_i(M \cap M_n)$, $i = 1, 2$, vgl. 11.C.4 (4), genügt es zu zeigen, dass $\mu_1(M \cap M_n) = \mu_2(M \cap M_n)$ ist für alle $M \in \mathcal{A}$ und alle $n \in \mathbb{N}$. Für $n \in \mathbb{N}$ sei nun

$$\mathcal{D}_n := \big\{ M \in \mathcal{A} \mid \mu_1(M \cap M_n) = \mu_2(M \cap M_n) \big\} \subseteq \mathcal{A}.$$

Mit M liegt auch $M \cap M_n$ in $\mathcal{M}$; nach Voraussetzung über μ_1 und μ_2 ist daher $\mathcal{M} \subseteq \mathcal{D}_n$. Wegen 11.B.15 ist $\mathcal{A}$ auch das von $\mathcal{M}$ erzeugte Dynkin-System. Dann ist wie gewünscht $\mathcal{D}_n = \mathcal{A}$, wenn wir gezeigt haben, dass $\mathcal{D}_n$ ein Dynkin-System ist. Aus $\mu_1(M_n) = \mu_2(M_n)$ folgt aber $X \in \mathcal{D}_n$. Seien $M, N \in \mathcal{D}_n$ mit $N \subseteq M$. Dann gilt $\mu_1(M \cap M_n) = \mu_2(M \cap M_n) \leq \mu_2(M_n) < \infty$ und analog $\mu_1(N \cap M_n) = \mu_2(N \cap M_n)$. Mit 11.C.4 (1) folgt $\mu_1\big((M-N) \cap M_n\big) = \mu_2\big((M-N) \cap M_n\big)$, d.h. $M-N \in \mathcal{D}_n$. Für eine abzählbare Familie N_i, $i \in I$, paarweise disjunkter Mengen aus $\mathcal{D}_n$ gilt schließlich $\mu_1\big(\bigcup_{i \in I} N_i \cap M_n\big) = \sum_{i \in I} \mu_1(N_i \cap M_n) = \sum_{i \in I} \mu_2(N_i \cap M_n) = \mu_2\big(\bigcup_{i \in I} N_i \cap M_n\big)$, d.h. $\bigcup N_i \in \mathcal{D}_n$.   ●

Das wichtigste Prinzip zur Konstruktion von Maßen ist das folgende: Man definiert das gesuchte Maß μ zunächst nur auf einem geeigneten relativ kleinen Mengensystem $\mathcal{M} \subseteq \mathfrak{P}(X)$ und setzt diese Funktion dann zu einem Maß auf der von $\mathcal{M}$ erzeugten σ-Algebra fort. Als Ausgangssysteme $\mathcal{M}$ sind die so genannten Mengenringe günstig.

11.D.2 Definition Sei X eine Menge. Eine Menge $\mathcal{R}$ von Teilmengen von X heißt ein (Mengen-)Ring auf X, wenn die folgenden Bedingungen erfüllt sind:

(1) Es ist $\emptyset \in \mathcal{R}$.

(2) Sind $M, N \in \mathcal{R}$, so gehört auch die Differenzmenge $M-N$ zu $\mathcal{R}$.

(3) Sind $M, N \in \mathcal{R}$, so gehört auch ihre Vereinigung $M \cup N$ zu $\mathcal{R}$.

Man beachte, dass ein Mengenring wegen $M \cap N = M-(M-N)$ auch durchschnittstabil ist. Dagegen gehört die Gesamtmenge X nicht notwendigerweise zu einem Ring. Ein Mengenring, der die Gesamtmenge X enthält, heißt eine (Mengen-)Algebra auf X. Jede σ-Algebra ist eine Algebra. Vgl. auch Aufg. 9.

11.D.3 Definition Sei $\mathcal{R}$ ein Mengenring auf der Menge X. Wir nennen eine Abbildung $\mu : \mathcal{R} \to \overline{\mathbb{R}}_+$ ein äußeres Maß, wenn $\mu(M) \leq \mu(N)$ für alle $M, N \in \mathcal{R}$ mit $M \subseteq N$ ist und wenn ferner für jede abzählbare Familie M_i, $i \in I$, paarweise disjunkter Elemente in $\mathcal{R}$, *deren Vereinigung ebenfalls in $\mathcal{R}$ liegt*, gilt:

$$\mu\big(\biguplus_{i \in I} M_i\big) \leq \sum_{i \in I} \mu(M_i)\,.$$

Die Abbildung μ heißt ein Prämaß, wenn hier stets das Gleichheitszeichen gilt.

Ein Maß ist also ein Prämaß, das (nicht nur auf einem Ring, sondern sogar) auf einer σ-Algebra definiert ist. Für ein Prämaß gelten die Rechenregeln aus 11.C.4, wie eine Durchsicht der Beweise zeigt. (In der Ausschöpfungs- bzw. Schrumpfungsformel hat man natürlich vorauszusetzen, dass die Vereinigung bzw. der Durchschnitt M der Folge M_n, $n \in \mathbb{N}$, mit $M_n \uparrow M$ bzw. mit $M_n \downarrow M$ wieder zum Ring $\mathcal{R}$ gehören.) Wir nennen ein Prämaß $\mu : \mathcal{R} \to \overline{\mathbb{R}}_+$ σ-endlich, wenn es eine Folge $M_n \in \mathcal{R}$, $n \in \mathbb{N}$, gibt mit $M_n \uparrow X$ und $\mu(M_n) < \infty$ für alle $n \in \mathbb{N}$.

Ein äußeres Maß, das additiv ist, d.h. mit $\mu(M \uplus N) = \mu(M) + \mu(N)$ für $M, N \in \mathcal{R}$, $M \cap N = \emptyset$, *ist bereits ein Prämaß.* Sei nämlich M_i, $i \in I$, eine abzählbare Familie paarweise disjunkter Elemente von $\mathcal{R}$ mit $\biguplus_{i \in I} M_i \in \mathcal{R}$. Für jede endliche Teilmenge J von I hat man dann $\sum_{i \in J} \mu(M_i) = \mu\big(\biguplus_{i \in J} M_i\big) \le \mu\big(\biguplus_{i \in I} M_i\big) \le \sum_{i \in I} \mu(M_i)$, woraus $\mu\big(\biguplus_{i \in I} M_i\big) = \sum_{i \in I} \mu(M_i)$ folgt.

Jedes äußere Maß $\mu : \mathcal{R} \to \overline{\mathbb{R}}_+$ lässt sich in natürlicher Weise von dem Ring $\mathcal{R}$ auf der Menge X auf die ganze Potenzmenge $\mathfrak{P}(X)$ von X fortsetzen: Für ein $M \subseteq X$ nennen wir eine *abzählbare* Überdeckung M_i, $i \in I$, von M mit Elementen $M_i \in \mathcal{R}$ eine ($\mathcal{R}$-) Pflasterung von M.

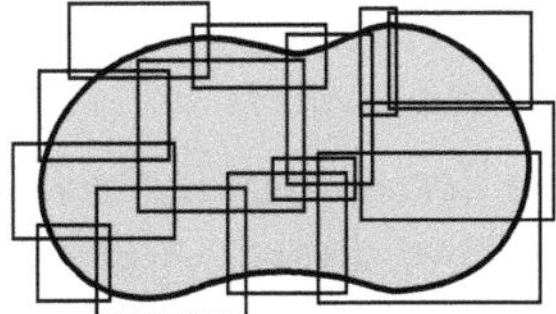

Die Fortsetzung $\mu^* : \mathfrak{P}(X) \to \overline{\mathbb{R}}_+$ von μ auf die Potenzmenge $\mathfrak{P}(X)$ definiert man nun durch

$$\mu^*(M) := \mathrm{Inf}\,\Big(\sum_{i \in I} \mu(M_i)\Big),$$

wobei das Infimum über alle $\mathcal{R}$-Pflasterungen von $M \subseteq X$ zu nehmen ist.[1] In dieser Situation gilt:

11.D.4 Lemma μ^* *ist ein äußeres Maß auf dem Ring* $\mathfrak{P}(X)$*, das auf* $\mathcal{R}$ *mit* μ *übereinstimmt.*

B e w e i s . Für $N \subseteq M \subseteq X$ gilt trivialerweise $\mu^*(N) \le \mu^*(M)$. Da $M \in \mathcal{R}$ selbst eine $\mathcal{R}$-Pflasterung von M ist, hat man $\mu(M) = \mu^*(M)$ für $M \in \mathcal{R}$ auf Grund der Pflasterungsformel 11.C.4 (3).

Sei nun $M_i \subseteq X$, $i \in I$, eine abzählbare Familie von Teilmengen von X. Wir haben

$$\mu^*\big(\bigcup_{i \in I} M_i\big) \le \sum_{i \in I} \mu^*(M_i)$$

zu zeigen und können $\sum \mu^*(M_i) < \infty$ voraussetzen. Sei $\varepsilon > 0$ vorgegeben. Es gibt $\varepsilon_i > 0$, $i \in I$, mit $\sum \varepsilon_i \le \varepsilon$ und Pflasterungen $(M_{in})_{n \in \mathbb{N}}$ von M_i, $i \in I$, mit

$$\mu^*(M_i) \le \sum_{n \in \mathbb{N}} \mu(M_{in}) \le \mu^*(M_i) + \varepsilon_i .$$

Dann ist M_{in}, $(i, n) \in I \times \mathbb{N}$, eine Pflasterung von $\bigcup M_i$ und folglich

$$\mu^*\big(\bigcup_{i \in I} M_i\big) \le \sum_{(i,n) \in I \times \mathbb{N}} \mu(M_{in}) = \sum_{i \in I} \Big(\sum_{n \in \mathbb{N}} \mu(M_{in})\Big)$$

$$\le \sum_{i \in I} \big(\mu^*(M_i) + \varepsilon_i\big) \le \varepsilon + \sum_{i \in I} \mu^*(M_i) .$$

Da $\varepsilon > 0$ beliebig gewählt werden kann, folgt die Behauptung. $\bullet$

---

[1] Das Infimum über die leere Familie ist ∞.

Sei $\mu: \mathcal{R} \to \overline{\mathbb{R}}_+$ weiterhin ein äußeres Maß. Wir sagen, eine Teilmenge $M \subseteq X$ habe die Z e r l e g u n g s e i g e n s c h a f t, wenn für *alle* $N \subseteq X$ gilt:

$$\mu^*(N) = \mu^*(M \cap N) + \mu^*\big((X - M) \cap N\big).$$

Die Zerlegungseigenschaft für $M \subseteq X$ ist damit äquivalent, dass für alle $N \subseteq X$ gilt $\mu^*(N) \geq \mu^*(M \cap N) + \mu^*\big((X - M) \cap N\big)$, da die umgekehrte Ungleichung für das äußere Maß μ^* sofort aus $N = (M \cap N) \uplus \big((X - M) \cap N\big)$ folgt. Wir zeigen:

11.D.5 Lemma *Seien $\mu: \mathcal{R} \to \overline{\mathbb{R}}_+$ ein äußeres Maß auf dem Mengenring $\mathcal{R} \subseteq \mathfrak{P}(X)$ und $\mu^*: \mathfrak{P}(X) \to \overline{\mathbb{R}}_+$ die Fortsetzung von μ.*

(1) Die Teilmengen von X, die die Zerlegungseigenschaft haben, bilden eine σ-Algebra $\mathcal{A}^*$, und die Beschränkung von μ^* auf diese σ-Algebra ist ein Maß.

(2) Ist μ ein Prämaß, so besitzen alle Elemente von $\mathcal{R}$ die Zerlegungseigenschaft.

B e w e i s. (1) Mit M ist trivialerweise auch das Komplement $X - M$ in $\mathcal{A}^*$. Als nächstes zeigen wir, dass mit $M, M' \in \mathcal{A}^*$ auch $M \cup M' \in \mathcal{A}^*$ ist. Sei dazu $N \subseteq X$ beliebig. Nach Definition von $\mathcal{A}^*$ gilt dann

$$\mu^*(N) = \mu^*(M \cap N) + \mu^*\big((X - M) \cap N\big),$$

$$\mu^*\big((X - M) \cap N\big) = \mu^*\big(M' \cap (X - M) \cap N\big) + \mu^*\big((X - M') \cap (X - M) \cap N\big)$$

$$= \mu^*\big(M' \cap (X - M) \cap N\big) + \mu^*\big((X - (M \cup M')) \cap N\big),$$

$$\mu^*\big((M \cup M') \cap N\big) = \mu^*\big(M \cap (M \cup M') \cap N\big) + \mu^*\big((X - M) \cap (M \cup M') \cap N\big)$$

$$= \mu^*\big(M \cap N\big) + \mu^*\big(M' \cap (X - M) \cap N\big).$$

Aus diesen drei Gleichungen ergibt sich wie behauptet

$$\mu^*(N) = \mu^*\big((M \cup M') \cap N\big) + \mu^*\big((X - (M \cup M')) \cap N\big).$$

Damit folgt $M - M' = X - \big((X - M) \cup M'\big) \in \mathcal{A}^*$ für $M, M' \in \mathcal{A}^*$.

Sei nun M_n, $n \in \mathbb{N}$, eine Folge von Elementen aus $\mathcal{A}^*$. Wir zeigen $\bigcup M_n \in \mathcal{A}^*$. Nach dem schon Bewiesenen liegen die paarweise disjunkten Mengen $M_n - (M_0 \cup \cdots \cup M_{n-1})$, $n \in \mathbb{N}$, in $\mathcal{A}^*$. Da deren Vereinigung mit $\bigcup M_n$ übereinstimmt, können wir annehmen, dass die M_n selbst paarweise disjunkt sind. Dann ist aber, wie die letzte der obigen drei Gleichungen zeigt,

$$\mu^*\big((M_0 \cup \cdots \cup M_n) \cap N\big) = \mu^*(M_0 \cap N) + \mu^*\big((M_1 \cup \cdots \cup M_n) \cap N\big)$$

$$= \cdots = \mu^*(M_0 \cap N) + \cdots + \mu^*(M_n \cap N)$$

für beliebige $N \subseteq X$, und es folgt wegen $M_0 \cup \cdots \cup M_n \in \mathcal{A}^*$

$$\mu^*(N) = \mu^*\big((M_0 \cup \cdots \cup M_n) \cap N\big) + \mu^*\big((X - (M_0 \cup \cdots \cup M_n)) \cap N\big)$$

$$\geq \mu^*(M_0 \cap N) + \cdots + \mu^*(M_n \cap N) + \mu^*\big((X - \bigcup M_n) \cap N\big)$$

für alle $n \in \mathbb{N}$, also auch

$$\mu^*(N) \geq \sum_{n=0}^{\infty} \mu^*(M_n \cap N) + \mu^*\big((X - \bigcup M_n) \cap N\big)$$

$$\geq \mu^*\big(\big(\bigcup M_n\big) \cap N\big) + \mu^*\big((X - \bigcup M_n) \cap N\big),$$

wie gewünscht.

Schließlich ist $\mu^*|\mathcal{A}^*$ ein Maß: Sei M_n, $n \in \mathbb{N}$, eine Folge paarweise disjunkter Elemente in $\mathcal{A}^*$. Dann ist $\mu^*\left(\biguplus M_n\right) \leq \sum \mu^*(M_n)$. Wie bereits weiter oben bemerkt, ist ferner

$$\mu^*(M_0) + \cdots + \mu^*(M_k) = \mu^*(M_0 \cup \cdots \cup M_k) \leq \mu^*\left(\biguplus M_n\right)$$

für alle $k \in \mathbb{N}$, also auch $\sum \mu^*(M_n) \leq \mu^*\left(\biguplus M_n\right)$. Das beweist die σ-Additivität von $\mu^*|\mathcal{A}^*$ und beendet den Beweis von 11.D.5 (1).

(2) Seien $M \in \mathcal{R}$ und N_i, $i \in I$, eine $\mathcal{R}$-Pflasterung von $N \subseteq X$. Dann sind $M \cap N_i$, $i \in I$, bzw. $(X - M) \cap N_i$, $i \in I$, $\mathcal{R}$-Pflasterungen von $M \cap N$ bzw. $(X - M) \cap N$. Da μ ein Prämaß ist, ist $\mu(N_i) = \mu(M \cap N_i) + \mu((X - M) \cap N_i)$, und es folgt

$$\sum_{i \in I} \mu(N_i) = \sum_{i \in I} \mu(M \cap N_i) + \sum_{i \in I} \mu((X - M) \cap N_i) \geq \mu^*(M \cap N) + \mu^*((X - M) \cap N).$$

Daraus ergibt sich $\mu^*(N) \geq \mu^*(M \cap N) + \mu^*\big((X - M) \cap N\big)$, was noch zu zeigen war. $\qquad\bullet$

Wir fassen diese Resultate noch einmal zusammen und erhalten den folgenden Fortsetzungssatz, der auf Carathéodory zurückgeht:

11.D.6 Fortsetzungssatz für Maße *Seien $\mathcal{R}$ ein Ring auf der Menge X und $\mathcal{A}$ die von $\mathcal{R}$ erzeugte σ-Algebra. Ferner sei $\mu : \mathcal{R} \to \overline{\mathbb{R}}_+$ ein Prämaß. Dann ist die Beschränkung $\mu^*|\mathcal{A}$ des zu μ gehörenden äußeren Maßes μ^* auf $\mathcal{A}$ ein Maß. Ist μ σ-endlich, so ist $\mu^*|\mathcal{A}$ die einzige Fortsetzung von μ zu einem Maß auf $\mathcal{A}$.*

B e w e i s . Die Aussage folgt aus 11.D.5 (1) und (2). Der Zusatz über die Eindeutigkeit der Fortsetzung von μ ergibt sich aus dem Eindeutigkeitssatz 11.D.1. $\qquad\bullet$

Als erste Anwendung nutzen wir den soeben bewiesenen Fortsetzungssatz zur Konstruktion der Produktmaße. Seien $(X_1, \mathcal{A}_1), \ldots, (X_m, \mathcal{A}_m)$ endlich viele Messräume. Die kleinste σ-Algebra auf $X := X_1 \times \cdots \times X_m$, die alle verallgemeinerten „Quader" $M_1 \times \cdots \times M_m$, $M_i \in \mathcal{A}_i$, $i = 1, \ldots, m$, enthält, heißt die P r o d u k t a l g e b r a auf X. Man bezeichnet sie mit

$$\mathcal{A}_1 \otimes \cdots \otimes \mathcal{A}_m .$$

Seien $\mu_i : \mathcal{A}_i \to \overline{\mathbb{R}}_+$ Maße. Gesucht ist ein Maß auf $\mathcal{A}_1 \otimes \cdots \otimes \mathcal{A}_m$, das für jeden „Quader" $M_1 \times \cdots \times M_m$, $M_i \in \mathcal{A}_i$, $i = 1, \ldots, m$, den Wert $\mu_1(M_1) \cdots \mu_m(M_m)$ hat. Wir zeigen:

11.D.7 Satz über die Existenz des Produktmaßes $(X_i, \mathcal{A}_i, \mu_i)$, $i = 1, \ldots, m$, *seien endlich viele σ-endliche Maßräume. Dann gibt es genau ein Maß $\mu_1 \otimes \cdots \otimes \mu_m$ auf $\mathcal{A}_1 \otimes \cdots \otimes \mathcal{A}_m$ mit*

$$(\mu_1 \otimes \cdots \otimes \mu_m)(M_1 \times \cdots \times M_m) = \mu_1(M_1) \cdots \mu_m(M_m)$$

für alle $M_i \in \mathcal{A}_i$, $i = 1, \ldots, m$. Dieses Maß heißt das P r o d u k t m a ß der Maße $\mu_1, \ldots, \mu_m$. Es ist ebenfalls σ-endlich.

B e w e i s . Die Quader $M_1 \times \cdots \times M_m$, $M_i \in \mathcal{A}_i$, $i = 1, \ldots, m$, bilden ein durchschnittstabiles Erzeugendensystem der σ-Algebra $\mathcal{A} := \mathcal{A}_1 \otimes \cdots \otimes \mathcal{A}_m$. Aus $X_{i,n} \uparrow X_i$, $i = 1, \ldots, m$, folgt $(X_{1,n} \times \cdots \times X_{m,n}) \uparrow (X_1 \times \cdots \times X_m)$. Die σ-Endlichkeit und Eindeutigkeit des Produktmaßes ergeben sich daraus direkt mit 11.D.1.

Beim Beweis der Existenz genügt es, den Fall $m = 2$ zu betrachten (Induktion über m). Wir setzen $(X, \mathcal{A}, \mu) := (X_1, \mathcal{A}_1, \mu_1)$ und $(Y, \mathcal{B}, v) := (X_2, \mathcal{A}_2, \mu_2)$. *Ferner können wir voraussetzen, dass μ und v sogar endliche Maße sind.* Haben wir nämlich abzählbare Zerlegungen $X = \biguplus_{i \in I} X_i$ bzw. $Y = \biguplus_{j \in J} Y_j$ mit $\mu(X_i) < \infty$ und $v(Y_j) < \infty$ für alle $i \in I$ bzw. $j \in J$, so ist

$$X \times Y = \biguplus_{(i,j) \in I \times J} (X_i \times Y_j)$$

eine abzählbare Zerlegung von $X \times Y$ und das Produktmaß $\mu \otimes v$ auf $X \times Y$ ist die Summe $\sum_{(i,j)} \mu_i \otimes v_j$ der Produktmaße $\mu_i \otimes v_j$ auf $X_i \times Y_j$, $(i, j) \in I \times J$, wobei $\mu_i := \mu|X_i$ und $v_j := v|Y_j$ ist, vgl. 11.C, Aufg. 1.

Fast trivial ist das Produktmaß, wenn die σ-Algebren $\mathcal{A}$ auf X und $\mathcal{B}$ auf Y jeweils nur endlich viele Elemente haben. Sind dann nämlich $A_1, \ldots, A_r$ die Atome von $\mathcal{A}$ und $B_1, \ldots, B_s$ die Atome von $\mathcal{B}$ (vgl. Beispiel 11.B.11), so sind $A_i \times B_j$, $i = 1, \ldots, r$, $j = 1, \ldots, s$, die Atome der Produktalgebra $\mathcal{A} \otimes \mathcal{B}$ und das eindeutig bestimmte Produktmaß $\mu \otimes v$ ist durch seine Werte $(\mu \otimes v)(A_i \times B_j) := \mu(A_i)\, v(B_j)$, $i = 1, \ldots, r$, $j = 1, \ldots, s$, auf diesen Atomen wohldefiniert.

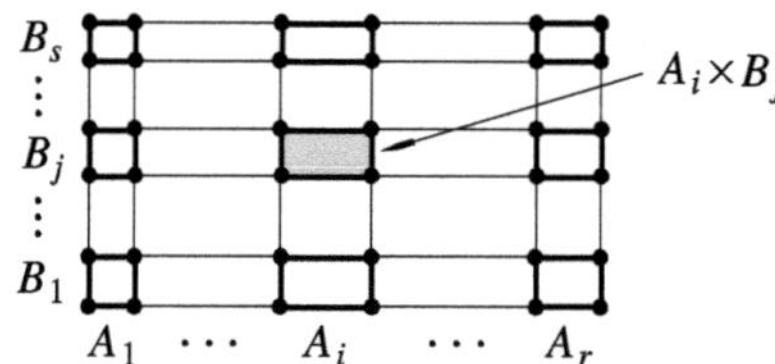

Sei nun im allgemeinen Fall $\mathcal{R}$ der kleinste *Ring* auf $X \times Y$ der alle „Rechtecke" $M \times N$, $M \in \mathcal{A}$, $N \in \mathcal{B}$, enthält. $\mathcal{R}$ ist die Vereinigung der (endlichen) σ-Algebren $\mathcal{A}' \otimes \mathcal{B}'$, wobei $\mathcal{A}'$ bzw. $\mathcal{B}'$ die endlichen Teilalgebren von $\mathcal{A}$ bzw. $\mathcal{B}$ durchlaufen. Es gibt also nach der Vorbemerkung über den endlichen Fall eine Funktion $\lambda : \mathcal{R} \to \mathbb{R}_+$ mit $\lambda(M \times N) = \mu(M)\, v(N)$ für $M \in \mathcal{A}$, $N \in \mathcal{B}$, für die die Additivitätsformel

$$\lambda\Big(\biguplus_{i \in I} P_i\Big) = \sum_{i \in I} \lambda(P_i)$$

für *endliche* Familien paarweise disjunkter Elemente $P_i \in \mathcal{R}$ gilt, $i \in I$. Es genügt zu zeigen, dass λ sogar ein Prämaß ist. Das Produktmaß $\mu \otimes v$ ist dann einfach die Fortsetzung dieses Prämaßes gemäß 11.D.6 auf die von $\mathcal{R}$ erzeugte σ-Algebra $\mathcal{A} \otimes \mathcal{B}$.

Sei $Q \in \mathcal{R}$. Für $x \in X$ setzen wir $Q(x) := \{y \in Y \mid (x, y) \in Q\} \subseteq Y$. Da Q in einer der endlichen Algebren $\mathcal{A}' \otimes \mathcal{B}'$ liegt, folgt:

(1) $Q(x)$ ist für jedes $x \in X$ messbar in Y (und sogar ein Element von $\mathcal{B}'$, falls $Q \in \mathcal{A}' \otimes \mathcal{B}'$ ist).

(2) Die Menge $Q^{(a)}$ der $x \in X$, für die $v\big(Q(x)\big)$ einen festen Wert $a \in \mathbb{R}_+$ hat, ist messbar in X (und sogar ein Element von $\mathcal{A}'$, falls $Q \in \mathcal{A}' \otimes \mathcal{B}'$ ist). Es gilt

$$\lambda(Q) = \sum_{a \in \mathbb{R}_+} \mu\big(Q^{(a)}\big)\, a\,,$$

wobei zu beachten ist, dass $Q^{(a)} = \emptyset$ ist für fast alle $a \in \mathbb{R}_+$ und insbesondere für alle $a > v(Y)$.

Sei nun P_n, $n \in \mathbb{N}$, eine Folge paarweise disjunkter Elemente in $\mathcal{R}$ mit $P := \biguplus P_n \in \mathcal{R}$. Wir haben zu zeigen: Es ist

$$\lambda(P) = \sum_{k=0}^{\infty} \lambda(P_k) = \lim_{n \to \infty} \sum_{k=0}^{n} \lambda(P_k) = \lim_{n \to \infty} \lambda(P_0 \uplus \cdots \uplus P_n)$$

oder $\lim_{n\to\infty} \lambda(Q_n) = 0$ für $Q_n := P - (P_0 \uplus \cdots \uplus P_n)$. Es gilt $Q_n \downarrow \emptyset$. Daher ist auch $Q_n(x) \downarrow \emptyset$ für alle $x \in X$. Da ν ein Maß ist, ergibt die Schrumpfungsformel $\lim_{n\to\infty} \nu(Q_n(x)) = 0$ für alle $x \in X$.

Daraus folgt: Ist $\varepsilon > 0$, so ist $Q_n^{\geq \varepsilon} \downarrow \emptyset$, wobei $Q_n^{\geq \varepsilon} := \bigcup_{a \geq \varepsilon} Q_n^{(a)}$ gesetzt ist. Nach der Schrumpfungsformel für μ gilt auch $\lim_{n\to\infty} \mu(Q_n^{\geq \varepsilon}) = 0$. Seien $\varepsilon, \eta > 0$ vorgegeben und $\mu(Q_n^{\geq \varepsilon}) \leq \eta$ für $n \geq n_0$. Dann gilt für $n \geq n_0$:

$$\lambda(Q_n) = \sum_{a \in \mathbb{R}_+} \mu\big(Q_n^{(a)}\big)\, a = \sum_{a < \varepsilon} \mu\big(Q_n^{(a)}\big)\, a + \sum_{a \geq \varepsilon} \mu\big(Q_n^{(a)}\big)\, a \leq \mu(X) \cdot \varepsilon + \eta \cdot \nu(Y).$$

Das beweist $\lim_{n\to\infty} \lambda(Q_n) = 0$ und beendet den Beweis von 11.D.7.   •

Aufgaben

1. Seien $(X, \mathcal{A}); (X_1, \mathcal{A}_1), \ldots, (X_n, \mathcal{A}_n)$ Messräume. Eine Abbildung $f : X \to X_1 \times \cdots \times X_n$ ist genau dann messbar (wobei $X_1 \times \cdots \times X_n$ die Produktalgebra $\mathcal{A}_1 \otimes \cdots \otimes \mathcal{A}_n$ trägt), wenn die Komponentenabbildungen $f_i = p_i f : X \to X_i$, $i = 1, \ldots, n$, messbar sind (wobei die p_i die kanonischen Projektionen $X_1 \times \cdots \times X_n \to X_i$ sind).

2. Seien $\mathcal{M}_i$ Erzeugendensysteme der σ-Algebren $\mathcal{A}_i$ auf den Mengen X_i, $i = 1, \ldots, n$. Dann bilden die Mengen $M_1 \times \cdots \times M_n$, $M_i \in \mathcal{M}_i$, $i = 1, \ldots, n$, ein Erzeugendensystem der Produktalgebra $\mathcal{A}_1 \otimes \cdots \otimes \mathcal{A}_n$ auf $X_1 \times \cdots \times X_n$.

3. Seien $X_1, \ldots, X_n$ topologische Räume mit abzählbarer Topologie und $X := X_1 \times \cdots \times X_n$ der Produktraum (versehen mit der Produkttopologie). Dann gilt für die zugehörigen σ-Algebren der Borel-Mengen

$$\mathcal{B}(X_1 \times \cdots \times X_n) = \mathcal{B}(X_1) \otimes \cdots \otimes \mathcal{B}(X_n).$$

Insbesondere ist $\mathcal{B}^n = \mathcal{B}(\mathbb{R}^n) = \mathcal{B}(\mathbb{R}) \otimes \cdots \otimes \mathcal{B}(\mathbb{R})$.

4. Für $i = 1, \ldots, n$ seien $f_i : X_i \to Y_i$ maßtreue Abbildungen der σ-endlichen Maßräume $X_i = (X_i, \mathcal{A}_i, \mu_i)$ bzw. $Y_i = (Y_i, \mathcal{B}_i, \nu_i)$. Dann ist

$$(x_1, \ldots, x_n) \mapsto \big(f_1(x_1), \ldots, f_n(x_n)\big), \qquad (x_1, \ldots, x_n) \in X_1 \times \cdots \times X_n,$$

eine maßtreue Abbildung des Produktraums $X_1 \times \cdots \times X_n$ mit dem Produktmaß $\mu_1 \otimes \cdots \otimes \mu_n$ auf den Produktraum $Y_1 \times \cdots \times Y_n$ mit dem Produktmaß $\nu_1 \otimes \cdots \otimes \nu_n$.

5. Seien $(X_1, \mathcal{A}_1, \mu_1), \ldots, (X_n, \mathcal{A}_n, \mu_n)$ σ-endliche Maßräume und $(X, \mathcal{A}, \mu)$ das Produkt dieser Maßräume. Genau dann ist ein „Quader" $M_1 \times \cdots \times M_n$, $M_i \in \mathcal{A}_i$, eine μ-Nullmenge, wenn wenigstens eine „Seite" M_i eine μ_i-Nullmenge ist, $i = 1, \ldots, n$.

6. Seien $(X, \mathcal{A})$ und $(Y, \mathcal{B})$ Messräume und $(X \times Y, \mathcal{A} \otimes \mathcal{B})$ ihr Produkt. Ferner sei $x_0 \in X$.

a) Die Abbildung $y \mapsto (x_0, y)$ von Y in $X \times Y$ ist messbar. (Vgl. Aufg. 1.)

b) Ist $P \subseteq X \times Y$ messbar in $X \times Y$, so ist $P(x_0) := \{y \in Y \mid (x_0, y) \in P\} \subseteq Y$ messbar in Y.

c) Für $M \subseteq X$ und $N \subseteq Y$, $M \neq \emptyset$, $N \neq \emptyset$, gehört $M \times N$ genau dann zu $\mathcal{A} \otimes \mathcal{B}$, wenn $M \in \mathcal{A}$ und $N \in \mathcal{B}$ ist.

7. Sei $f : X \to Y$ eine bijektive Abbildung des Maßraumes $X = (X, \mathcal{A}, \mu)$ auf den Maßraum $Y = (Y, \mathcal{B}, \nu)$. Ferner seien f und f^{-1} messbar. Es gebe ein durchschnittstabiles Erzeugendensystem $\mathcal{M}$ von $\mathcal{A}$ und eine Folge (M_n) in $\mathcal{M}$ mit $M_n \uparrow X$, derart, dass $\mu(M) = \nu(f(M))$ für alle $M \in \mathcal{M}$

gilt und $\mu(M_n) = \nu\big(f(M_n)\big) < \infty$ ist. Dann ist f bereits maßtreu, d.h. es ist $\mu(A) = \nu\big(f(A)\big)$ für alle $A \in \mathcal{A}$.

8. Sei $\mu : \mathcal{R} \to \overline{\mathbb{R}}_+$ ein Prämaß auf dem Mengenring $\mathcal{R} \subseteq \mathfrak{P}(X)$ mit dem zugehörigen äußeren Maß $\mu^* : \mathfrak{P}(X) \to \overline{\mathbb{R}}_+$.

a) Jede μ^*-Nullmenge in X besitzt die Zerlegungseigenschaft. Insbesondere ist das Maß $\mu^*|\mathcal{A}^*$ auf der Menge $\mathcal{A}^*$ aller Teilmengen von X, die die Zerlegungseigenschaft besitzen, vollständig.

b) μ sei σ-endlich. Dann ist $\mathcal{A}^* = \widehat{\mathcal{A}}$, wobei $\widehat{\mathcal{A}}$ die Vervollständigung der von $\mathcal{R}$ erzeugten σ-Algebra $\mathcal{A}$ ist. (Zu jedem $M \subseteq X$ gibt es ein $M' \in \mathcal{A}$ mit $M \subseteq M'$ und $\mu^*(M) = \mu^*(M')$.)

c) Sei $Y \in \mathcal{A}^*$ und $\mu^*(Y) < \infty$. Eine Teilmenge $M \subseteq Y$ gehört genau dann zu $\mathcal{A}^*$, wenn $\mu^*(Y) = \mu^*(M) + \mu^*(Y - M)$ ist.

9. Sei X eine Menge. Die Potenzmenge $\mathfrak{P}(X)$ ist mit der symmetrischen Differenz $\triangle$ als Addition und dem Durchschnitt $\cap$ als Multiplikation ein Ring, vgl. Bd. 1, 4.A, Aufg. 2b). Eine Teilmenge $\mathcal{A} \subseteq \mathfrak{P}(X)$ ist genau dann eine Mengenalgebra auf X, wenn $\mathcal{A}$ ein Unterring von $\mathfrak{P}(X)$ ist. (Die in 11.D.2 und im Anschluss daran eingeführten Bezeichnungen harmonieren also nicht ganz mit den entsprechenden algebraischen Begriffen. Da diese Diskrepanz aber Tradition hat, halten wir daran fest. Sie hängt auch damit zusammen, dass nicht alle Autoren für einen Ring ein Einselement fordern.) Ein endlicher Mengenring $\mathcal{R}$ ist eine Mengenalgebra auf der Menge $X' := \bigcup_{A \in \mathcal{R}} A$.

10. Sei X ein topologischer Raum. Die von der Topologie von X erzeugte Mengenalgebra $\mathcal{C}(X)$ heißt die **A l g e b r a d e r k o n s t r u i e r b a r e n M e n g e n** von X. Die Elemente von $\mathcal{C}$ heißen die **k o n s t r u i e r b a r e n M e n g e n** von X. Man zeige: Eine Teilmenge A von X ist genau dann konstruierbar, wenn sie eine Darstellung $A = (F_1 \cap U_1) \cup \cdots \cup (F_n \cap U_n)$ mit in X abgeschlossenen Mengen F_ν und in X offenen Mengen U_ν besitzt, $\nu = 1, \ldots, n$. (Eine Teilmenge $B \subseteq X$ hat genau dann eine Darstellung $B = F \cap U$ mit einer abgeschlossenen Menge $F \subseteq X$ und einer offenen Menge $U \subseteq X$, wenn sie **l o k a l a b g e s c h l o s s e n** ist, d.h. wenn zu jedem Punkt $x \in B$ eine Umgebung V von x in X existiert derart, dass $B \cap V$ abgeschlossen in V ist, vgl. Abschnitt 1.B, Aufg. 21. *Eine Teilmenge $A \subseteq X$ ist also genau dann konstruierbar, wenn sie Vereinigung endlich vieler lokal abgeschlossener Mengen ist.*)

11. Sei $\mu : \mathcal{R} \to \overline{\mathbb{R}}_+$ ein äußeres Maß auf dem Mengenring $\mathcal{R} \subseteq \mathfrak{P}(X)$ mit folgender Eigenschaft: Zu jedem $M \in \mathcal{R}$ gibt es ein $M' \subseteq M$, das die Zerlegungseigenschaft hat und für das $\mu^*(M') = \mu(M)\ (= \mu^*(M))$ ist. Dann gilt: Ist M_i, $i \in \mathbb{N}$, eine aufsteigende Folge in $\mathcal{R}$ mit $M_i \uparrow M$, $M \in \mathcal{R}$, so ist $\lim_{i \to \infty} \mu(M_i) = \mu(M)$.

12. Seien $(X, \mathcal{A}, \mu)$ und $(Y, \mathcal{B}, \nu)$ nicht notwendig σ-endliche Maßräume. Dann wird das **P r o - d u k t m a ß** $\lambda = \mu \otimes \nu$ auf $\mathcal{A} \otimes \mathcal{B}$ in folgender Weise erklärt: Wie im Beweis von 11.D.7 definiert man λ zunächst auf dem von den messbaren Quadern $M \times N$, $M \in \mathcal{A}$, $N \in \mathcal{B}$, erzeugten Mengenring $\mathcal{R}$. *Dabei handelt es sich ebenfalls um ein Prämaß.* (Man führt dies auf den σ-endlichen Fall zurück.) $\mu \otimes \nu$ ist die Fortsetzung $\lambda^*|\mathcal{A} \otimes \mathcal{B}$ gemäß 11.D.6. Freilich ist das so konstruierte Produktmaß $\mu \otimes \nu$ in der Regel nicht das einzige Maß $\lambda : \mathcal{A} \otimes \mathcal{B} \to \overline{\mathbb{R}}_+$ mit $\lambda(M \times N) = \mu(M)\,\nu(N)$ für alle $M \in \mathcal{A}$, $N \in \mathcal{B}$.

13. Seien $(X_i, \mathcal{A}_i, \mu_i)$, $i = 1, \ldots, n$, σ-endliche Maßräume und

$$(X, \mathcal{A}, \mu) = (X_1 \times \cdots \times X_n, \, \mathcal{A}_1 \otimes \cdots \otimes \mathcal{A}_n, \, \mu_1 \otimes \cdots \otimes \mu_n)$$

ihr Produkt. Für $J \subseteq \{1, \ldots, n\}$ sei $X_J := \prod_{i \in J} X_i$, $\mu_J := \otimes_{i \in J} \mu_i$ und $p_J : X \to X_J$ die kanonische Projektion. Ferner sei $r \in \{1, \ldots, n\}$.

a) Sind $M \subseteq X$ und $M_J \subseteq X_J$ messbare Mengen und gilt $p_J(M) \subseteq M_J$ für alle $J \subseteq \{1, \ldots, n\}$ mit $|J| = r$, so ist

$$\mu(M)^{\binom{n-1}{r-1}} \le \prod_{|J|=r} \mu_J(M_J) \, .$$

(Bei der kanonischen Identifikation $X^{\binom{n-1}{r-1}} \xrightarrow{\sim} \prod_{|J|=r} X_J$ ist $M^{\binom{n-1}{r-1}} \subseteq \prod_{|J|=r} M_J$.)

b) Schon für das Zählmaß liefert a) interessante Abschätzungen, z. B. : Sind $X_1, \ldots, X_n$ endliche Mengen und ist $M \subseteq X = X_1 \times \cdots \times X_n$, so ist

$$|M|^{\binom{n-1}{r-1}} \le \prod_{|J|=r} |p_J(M)| \, .$$

12 Das Borel-Lebesgue-Maß

Wir wollen in diesem Paragraphen ein Maß λ^n konstruieren, das für alle Borel-Mengen im $\mathbb{R}^n$ definiert ist und dessen Wert für Quader gleich dem Produkt der Kantenlängen ist. Da dieses Maß λ^n als n-faches Produkt des Maßes λ^1 entsteht, beschäftigen wir uns zunächst mit Maßen auf $\mathbb{R}$.

12.A Maße auf $\mathbb{R}$

Sei $\mu : \mathcal{B}^1 \to \overline{\mathbb{R}}_+$ ein Maß auf der σ-Algebra der Borel-Mengen des $\mathbb{R}^1$, das jeder beschränkten Borel-Menge $M \subseteq \mathbb{R}$ einen Wert $\mu(M) < \infty$ zuordnet.[1]) Wir betrachten dazu die Funktion $F = F_\mu : \mathbb{R} \to \mathbb{R}$ mit $t \mapsto (\mathrm{Sign}\, t)\, \mu(I_t)$, wobei

$$I_t := \begin{cases} [0, t[\,, & \text{falls } t \geq 0, \\ [t, 0[\,, & \text{falls } t < 0, \end{cases}$$

gesetzt werde. Es ist $F(0) = 0$. Wir nennen F_μ die Verteilungsfunktion zu μ. Es gilt:

12.A.1 Satz F_μ *ist monoton wachsend und linksseitig stetig.*

Beweis. Sei $0 \leq t' < t$. Dann ist $[0, t'[\,\subseteq\, [0, t[$ und somit $F(t') = \mu\big([0, t'[\big) \leq \mu\big([0, t[\big) = F(t)$. Bei $t' < 0 \leq t$ ist $F(t') \leq 0 \leq F(t)$, der Fall $t' < t < 0$ schließlich wird wie der erste Fall behandelt. Insgesamt ist F also monoton wachsend.

Um die linksseitige Stetigkeit von F nachzuweisen, betrachten wir ein $a \in \mathbb{R}$ und haben für eine beliebige Folge (x_n) in $\mathbb{R}$ mit $x_n \leq a$ und $\lim x_n = a$ die Beziehung $\lim F(x_n) = F(a)$ zu zeigen. Wegen Bd. 1, 10.A, Aufg. 2 können wir zusätzlich annehmen, dass (x_n) monoton (wachsend) ist. Bei $a > 0$ ist für hinreichend große n dann $x_n \geq 0$ und $[0, x_n[\,\uparrow\, [0, a[$, woraus die Behauptung mit der Ausschöpfungsformel 11.C.4 (4) folgt. Bei $a \leq 0$ ist $[x_n, 0[\,\downarrow\, [a, 0[$, und die Behauptung ergibt sich mit der Schrumpfungsformel 11.C.4 (5). ●

12.A.2 Bemerkung Hat μ sogar auf jeder nach oben beschränkten Borel-Menge des $\mathbb{R}^1$ einen endlichen Wert, so betrachtet man statt F_μ häufig die Verteilungsfunktion $t \mapsto \mu\big([-\infty, t[\big) = \mu\big([-\infty, 0[\big) + F_\mu(t)$. Ist μ speziell eine (diskrete) Wahrscheinlichkeitsverteilung auf $\mathbb{R}$, so handelt es sich um die Verteilungsfunktion im Sinne von Bd. 1, Beispiel 7.A.16.

---

[1]) Solche Maße heißen lokal endlich, vgl. 11.C, Aufg. 17.

Wir zeigen nun umgekehrt, dass jede Funktion $F : \mathbb{R} \to R$ *mit den Eigenschaften von* F_μ *in* 12.A.1 *ein Maß auf* $\mathbb{R}$ *definiert.* Im Spezialfall, dass $F(t) = t$ für alle $t \in \mathbb{R}$ ist, erhalten wir auf diese Weise das Borel-Lebesgue-Maß λ^1 auf $\mathbb{R}$.

Sei $\mathcal{F}$ die Menge der Vereinigungen endlich vieler halboffener Intervalle der Form $[a, b[$, $a, b \in \mathbb{R}$, $a \le b$. Jedes $M \in \mathcal{F}$ lässt sich sogar als *disjunkte* Vereinigung solcher Intervalle schreiben. Haben nämlich $[a_1, b_1[$ und $[a_2, b_2[$ einen nichtleeren Durchschnitt, so ist $[a_1, b_1[\cup [a_2, b_2[= [a, b[$ mit $a = \mathrm{Min}\,(a_1, a_2)$ und $b = \mathrm{Max}\,(b_1, b_2)$.

$\mathcal{F}$ *ist sogar ein Ring auf* $\mathbb{R}$: Dazu ist nur noch zu zeigen, dass $M - N \in \mathcal{F}$ ist für $M, N \in \mathcal{F}$. Gilt aber $M = I_1 \cup \cdots \cup I_r$ und $N = J_1 \cup \cdots \cup J_s$ mit nach rechts halboffenen Intervallen $I_1, \ldots, I_r, J_1, \ldots, J_s$, so können wir $s = 1$ annehmen wegen $M - N = \big(\cdots \big((M - J_1) - J_2\big) \cdots J_s\big)$. Die Menge $M - J_1 = (I_1 - J_1) \cup \cdots \cup (I_r - J_1)$ liegt jedoch in $\mathcal{F}$, da jede der Differenzmengen $I_1 - J_1, \ldots, I_r - J_1$ ein halboffenes Intervall oder disjunkte Vereinigung zweier solcher Intervalle ist.

Sei nun $F : \mathbb{R} \to \mathbb{R}$ eine monoton wachsende und linksseitig stetige Funktion. Ist $M \in \mathcal{F}$, so können wir $M = \biguplus_{i=1}^{r} [a_i, b_i[$ mit paarweise disjunkten Intervallen $[a_i, b_i[$ schreiben und definieren

$$\lambda_F(M) = \lambda(M) := \sum_{i=1}^{r} \big(F(b_i) - F(a_i)\big).$$

Offenbar ist $\lambda(M) \in \mathbb{R}_+$ wohldefiniert, d.h. unabhängig von der Zerlegung von M in paarweise disjunkte halboffene Intervalle. Außerdem ergibt sich aus der Definition unmittelbar

$$\lambda\left(\biguplus_{k=0}^{n} M_k\right) = \sum_{k=0}^{n} \lambda(M_k)$$

für endlich viele paarweise disjunkte Mengen $M_0, \ldots, M_n \in \mathcal{F}$. Wie im Beweis von 11.C.4 (1) folgt daraus $\lambda(M - N) = \lambda(M) - \lambda(N)$ und insbesondere $\lambda(N) \le \lambda(M)$ für $M, N \in \mathcal{F}$ mit $N \subseteq M$. Wir können nun zeigen:

12.A.3 Lemma *Die Abbildung* $\lambda : \mathcal{F} \to \mathbb{R}_+$ *ist ein Prämaß auf dem Ring* $\mathcal{F}$.

B e w e i s . Seien M_k, $k \in \mathbb{N}$, paarweise disjunkte Mengen in $\mathcal{F}$, für die auch $M := \biguplus_{k=0}^{\infty} M_k$ Element von $\mathcal{F}$ ist. Wir haben $\lambda(M) = \sum_{k=0}^{\infty} \lambda(M_k)$ zu zeigen.

Für $N_n := M - \biguplus_{k=0}^{n} M_k$ ist $N_n \downarrow \emptyset$. Nach der Vorbemerkung ist $\lambda(N_n)$ dann eine monoton fallende Folge in $\mathbb{R}_+$, d.h. der Grenzwert $\delta := \lim_{n \to \infty} \lambda(N_n)$ existiert. Ebenfalls mit der Vorbemerkung ergibt sich

$$\delta = \lambda(M) - \lim_{n \to \infty} \lambda\left(\biguplus_{k=0}^{n} M_k\right) = \lambda(M) - \lim_{n \to \infty} \sum_{k=0}^{n} \lambda(M_k) = \lambda(M) - \sum_{k=0}^{\infty} \lambda(M_k),$$

d.h. es ist $\delta = 0$ zu zeigen.

Angenommen, es sei $\delta > 0$. Zunächst machen wir die folgende Bemerkung: Ist $N = [a_1, b_1[\uplus \cdots \uplus [a_s, b_s[\in \mathcal{F}$ ein beliebiges Element in $\mathcal{F}$ mit paarweise disjunkten Intervallen $[a_i, b_i[$, $a_i < b_i$, $i = 1, \ldots, s$, und ist $\varepsilon > 0$ vorgegeben, so gibt es wegen der linksseitigen Stetigkeit von F Zahlen $b'_1, \ldots, b'_s$, $a_i < b'_i < b_i$, mit $\lambda(N - N') = \sum_{i=1}^{s} \big(F(b_i) - F(b'_i)\big) \leq \varepsilon$ für $N' := [a_1, b'_1[\, \uplus \cdots \uplus \, [a_s, b'_s[\, \in \mathcal{F}$. Insbesondere ist dabei $\overline{N'} = [a_1, b'_1] \uplus \cdots \uplus [a_s, b'_s] \subseteq N$.

$$\bullet\!\!-\!\!\bullet\!\!-\!\!\bullet \quad \cdots \quad \bullet\!\!-\!\!\bullet\!\!-\!\!\bullet \quad \cdots \quad \bullet\!\!-\!\!\bullet\!\!-\!\!\bullet$$
$$a_1 \;\; b'_1 \, b_1 \quad \cdots \quad a_i \;\; b'_i \, b_i \quad \cdots \quad a_s \;\; b'_s \, b_s$$

Sei nun ε_n, $n \in \mathbb{N}$, eine Folge positiver reeller Zahlen mit $\sum \varepsilon_n \leq \delta$. Zu obiger Folge (N_n) mit $N_n \downarrow \emptyset$ konstruieren wir gemäß der Bemerkung eine Folge (N'_n) mit $\overline{N'_n} \subseteq N_n$ und $\lambda(N_n - N'_n) \leq \varepsilon_n$ für alle $n \in \mathbb{N}$. Sei $P_n := N'_0 \cap \cdots \cap N'_n$. Dann ist $\overline{P_n} \subseteq \overline{N'_n} \subseteq N_n$, also gilt auch $\overline{P_n} \downarrow \emptyset$. Andererseits ist $N_n \subseteq P_n \cup \bigcup_{k=0}^{n}(N_k - N'_k)$, und folglich

$$\lambda(P_n) \geq \lambda(N_n) - \sum_{k=0}^{n} \lambda(N_k - N'_k) \geq \delta - \sum_{k=0}^{n} \varepsilon_k > 0 \, .$$

Insbesondere ist $P_n \neq \emptyset$ und damit $\overline{P_n} \neq \emptyset$. Wegen des Satzes von Weierstraß-Bolzano (oder wegen der Kompaktheit von $\overline{P_0}$) gilt dann aber $\bigcap_{n=0}^{\infty} \overline{P_n} \neq \emptyset$. Ist nämlich a ein Häufungspunkt einer Folge (a_n) mit $a_n \in \overline{P_n}$, so ist $a \in \bigcap_{n=0}^{\infty} \overline{P_n}$. Widerspruch! $\bullet$

Da $\mathcal{F}$ nach 11.B.9 (6) die σ-Algebra $\mathcal{B}^1$ der Borel-Mengen des $\mathbb{R}^1$ erzeugt, lässt sich das Prämaß λ mit dem Fortsetzungssatz 11.D.6 zu einem Maß auf $\mathcal{B}^1$ fortsetzen, das wir mit λ_F bezeichnen. Da $\mathcal{F}$ ein durchschnittstabiles Erzeugendensystem von $\mathcal{B}^1$ bildet (und die Intervalle $[-n, n[$, $n \in \mathbb{N}$, ganz $\mathbb{R}$ ausschöpfen), zeigt der Eindeutigkeitssatz 11.D.1, dass das Maß λ_F eindeutig durch seine Werte auf $\mathcal{F}$ (und daher schon auf den halboffenen Intervallen) bestimmt ist. Aus der Konstruktion des Prämaßes auf $\mathcal{F}$ ergibt sich sofort, dass eine monoton wachsende, linksseitig stetige Funktion dann und nur dann zum selben Prämaß wie F führt, wenn sie sich von F nur um eine Konstante unterscheidet. Wir fassen zusammen:

12.A.4 Satz *Jede monoton wachsende, linksseitig stetige Funktion $F : \mathbb{R} \to \mathbb{R}$ definiert genau ein Maß $\lambda_F : \mathcal{B}^1 \to \overline{\mathbb{R}}_+$ auf der σ-Algebra $\mathcal{B}^1$ der Borel-Mengen in $\mathbb{R}$ mit $\lambda_F\big([a, b[\big) = F(b) - F(a)$ für alle $a, b \in \mathbb{R}$, $a < b$. Zwei solche Funktionen definieren genau dann dasselbe Maß, wenn sie sich nur um eine Konstante unterscheiden.*

Ordnet man λ_F wieder die monoton wachsende und linksseitig stetige Funktion F_{λ_F} gemäß 12.A.1 zu, so ist $F_{\lambda_F}(t) = F(t) - F(0)$ für alle $t \in \mathbb{R}$. Umgekehrt ist natürlich $\lambda_{F_\mu} = \mu$ für jedes lokal endliche Maß $\mu : \mathcal{B}^1 \to \overline{\mathbb{R}}_+$. Man nennt λ_F das S t i e l t j e s - M a ß zu F. Ist F stetig differenzierbar, so ist $\lambda_F\big([a, b[\big) = \int_a^b F'(t)\, dt$. Angewandt auf die Identität $F(t) := t$ von $\mathbb{R}$ liefert 12.A.4:

12.A.5 Satz *Es gibt genau ein Maß $\lambda^1 : \mathcal{B}^1 \to \overline{\mathbb{R}}_+$ auf der σ-Algebra $\mathcal{B}^1$ der Borel-Mengen in $\mathbb{R}$, das jedem abgeschlossenen Intervall $[a, b]$, $a, b \in \mathbb{R}$, $a < b$, seine Länge $b - a$ zuordnet.*

B e w e i s . Wir haben nur noch zu zeigen, dass stets $\lambda^1\big([a,b[\big) = \lambda^1\big([a,b]\big)$, d.h. $\lambda^1\big(\{b\}\big) = 0$ ist. Dies folgt aus Aufg. 1 oder auch direkt, wenn man bei $\varepsilon := \lambda(\{b\}) > 0$ den Widerspruch $\varepsilon = \lambda^1\big([b,b+\varepsilon[\big) \geq \lambda^1\big(\{b\}\big) + \lambda^1\big([b+\tfrac{\varepsilon}{2},b+\varepsilon[\big) = \tfrac{3}{2}\varepsilon$ beachtet. $\bullet$

Das Maß λ^1 aus 12.A.5 heißt das B o r e l - L e b e s g u e - M a ß auf $\mathbb{R}$, seine Vervollständigung $\widehat{\lambda^1} : \widehat{\mathcal{B}^1} \to \overline{\mathbb{R}}_+$ das L e b e s g u e - M a ß auf $\mathbb{R}$. Ferner setzt man λ^1 bzw. $\widehat{\lambda^1}$ trivial fort auf $\overline{\mathbb{R}} = \mathbb{R} \cup \{\infty, -\infty\}$, wobei die Punkte ∞ und $-\infty$ wie schon die endlichen Punkte $b \in \mathbb{R}$ das Maß 0 erhalten.

Aufgaben

1. Für die Sprunghöhe der Verteilungsfunktion F_μ aus 12.A.1 in einem Punkt $t \in \mathbb{R}$ zeige man $F_\mu(t+) - F_\mu(t-) = \mu\big(\{t\}\big)$. Genau dann ist F_μ in t stetig, wenn $\mu\big(\{t\}\big) = 0$ ist. (Vgl. dazu auch Bd. 1, Beispiel 10.B.15.)

2. a) Sei $e = e_{]a,\infty[} : \mathbb{R} \to \mathbb{R}$ die Indikatorfunktion zu $]a,\infty[$, $a \in \mathbb{R}$. Dann wird e gemäß 12.A.4 das Dirac-Maß $\lambda_e = \delta_a$ zugeordnet, das für $M \in \mathcal{B}^1$ den Wert 1 bei $a \in M$ und den Wert 0 bei $a \notin M$ hat.

b) Sei allgemeiner $\mu : \mathcal{B}^1 \to \overline{\mathbb{R}}_+$ ein endliches diskretes Maß. Dann ist $\mu = \lambda_F$ mit der Verteilungsfunktion $F = \sum_{a \in \mathbb{R}} \mu(a)\, e_{]a,\infty[}$, die im Punkt $a \in \mathbb{R}$ die Sprunghöhe $\mu(a)$ hat. (Man nennt häufig die diskreten Maße (v e r a l l g e m e i n e r t e) D i r a c - M a ß e. Vgl. Bd. 1, 10.B, Aufg. 23.)

3. (C a n t o r s c h e W i s c h m e n g e n)

a) Die Cantorsche Wischmenge C_{10} ist die Menge der reellen Zahlen im Intervall $[0,1]$, die eine Dezimalbruchentwicklung besitzen, in der nur gerade Ziffern vorkommen. C_{10} ist eine Borelsche Nullmenge (d.h. es ist $\lambda^1(C_{10}) = 0$), die nicht abzählbar ist (sondern gleichmächtig zu $\mathbb{R}$). Außerdem ist C_{10} kompakt und total unzusammenhängend.

b) Eine Folge I_k, $k \in \mathbb{N}$, kompakter Teilmengen von $\mathbb{R}$ werde folgendermaßen definiert. Es sei $I_0 := [0,1]$, $I_1 = [0,1/3] \cup [2/3,1]$ bestehe aus dem linken und rechten abgeschlossenen Drittel von I_0, I_2 entstehe aus I_1, indem das mittlere offene Drittel eines jeden der beiden abgeschlossenen Teilintervalle von I_1 weggelassen wird, usw. Ist I_k bereits als Vereinigung von 2^k disjunkten abgeschlossenen Intervallen der Form $[a/3^k, (a+1)/3^k]$ mit $a \in \mathbb{N}$ definiert, so erhält man $I_{k+1} \subseteq I_k$, indem man jedes dieser Intervalle durch seine beiden Teilintervalle $[a/3^k, (3a+1)/3^{k+1}]$, $[(3a+2)/3^{k+1}, (a+1)/3^k]$ ersetzt. Die C a n t o r s c h e W i s c h m e n g e oder das C a n t o r s c h e D i s k o n t i n u u m C_3 ist dann durch $C_3 := \bigcap_{k=0}^{\infty} I_k$ definiert. C_3 ist eine überabzählbare Borelsche Nullmenge. Außerdem ist C_3 kompakt und total unzusammenhängend.

4. Wir wollen noch einige der Cantorschen Wischmenge verwandte Mengen angeben. Es sei $E = [0,1]$ das abgeschlossene Einheitsintervall.

a) Seien $0 < a < 1$ und $U_a^{(0)}$ das offene Intervall $](1-a)/2, (1+a)/2[$ der Länge a in der Mitte des Intervalls E. Den Rest $E - U_a^{(0)}$ bilden zwei abgeschlossene Intervalle jeweils der Länge $\ell_0 = \tfrac{1}{2}(1-a)$. Die Menge $U_a^{(1)}$ sei die Vereinigung der mittleren offenen Intervalle der Länge $a\ell_0$ in diesen beiden Restintervallen. Den Rest $E - \big(U_a^{(0)} \cup U_a^{(1)}\big)$ bilden vier abgeschlossene Intervalle der Länge ℓ_1. Mit diesen bildet man entsprechend die Vereinigung $U_a^{(2)}$ von vier offenen

Intervallen der Länge $a\ell_1$ und so fort. Dann ist $U_a := \bigcup_{n\geq 0} U_a^{(n)}$ eine offene Menge des (Borel-Lebesgue-)Maßes 1, und die „Wischmenge" $D_a := E - U_a$ ist eine kompakte, überabzählbare, total unzusammenhängende Menge vom Maß 0. ($D_{1/3}$ ist die klassische Cantorsche Wischmenge C_3 aus Aufg. 3b).)

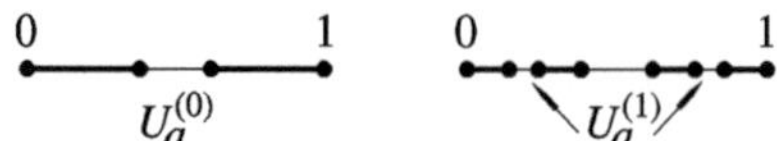

b) Seien $0 < a \leq \frac{1}{3}$ und $V_a^{(0)}$ das offene Intervall der Länge a in der Mitte von E. Die Menge $V_a^{(1)}$ sei die Vereinigung der mittleren offenen Intervalle der Länge a^2 in den beiden Intervallen des Restes $E - V_a^{(0)}$. Entsprechend sei $V_a^{(2)}$ die Vereinigung der mittleren offenen Intervalle der Länge a^3 in den vier Teilintervallen des Restes $E - (V_a^{(0)} \cup V_a^{(1)})$ und so fort. Dann ist $V_a := \bigcup_{n\geq 0} V_a^{(n)}$ eine offene Menge des Maßes $a/(1-2a)$, und $E - V_a$ ist eine kompakte, total unzusammenhängende Menge vom Maß $(1-3a)/(1-2a)$. $E - V_{1/3}$ ist wieder die Cantorsche Wischmenge C_3 aus Aufg. 3b).)

c) Sei $A \subseteq E$ abgeschlossen mit $\lambda^1(A) = 1$. Dann ist $A = E$. Zu jedem $\varepsilon > 0$ gibt es eine abgeschlossene, total unzusammenhängende Teilmenge $B \subseteq E$ mit $\lambda^1(B) \geq 1-\varepsilon$. (Man wähle etwa B so, dass $B \cap \mathbb{Q} = \emptyset$ ist, oder $B = E - V_a$ wie in Teil b) mit $(1-3a)/(1-2a) \geq 1-\varepsilon$.)

5. Jede offene Menge $U \subseteq \mathbb{R}$ ist die Vereinigung abzählbar vieler paarweise disjunkter offener Intervalle I_i, $i \in I$, und es ist $\lambda^1(U) = \sum_{i\in I} \ell(I_i)$, wobei $\ell(I)$ die Länge eines Intervalls $I \subseteq \mathbb{R}$ bezeichne. (Vgl. Bd. 1, 4.G, Aufg. 19b).)

6. Seien $F = F_\mu$ die Verteilungsfunktion zu dem lokal endlichen Maß $\mu : \mathcal{B}^1 \to \overline{\mathbb{R}}_+$ und $h :]A, B[\to \mathbb{R}$, $A := \lim_{t\to-\infty} F(t)$, $B := \lim_{t\to\infty} F(t)$, die zugehörige hypsographische Funktion gemäß Bd. 1, 10.C, Aufg. 15 mit $h(s) = \mathrm{Sup}\,\{t \in \mathbb{R} \mid F(t) \leq s\}$, $s \in]A, B[$. Dann ist h messbar und μ gleich dem Bildmaß $h_*\lambda^1$ des Borel-Lebesgue-Maßes $\lambda^1|\,]A, B[$.

12.B Das Borel-Lebesgue-Maß auf $\mathbb{R}^n$

Wir verwenden das 1-dimensionale Borel-Lebesgue-Maß λ^1, um das Borel-Lebesgue-Maß $\lambda^n : \mathcal{B}^n \to \overline{\mathbb{R}}_+$ auf der σ-Algebra $\mathcal{B}^n$ der Borel-Mengen im $\mathbb{R}^n$ zu konstruieren: λ^n ist das n-fache Produkt

$$\lambda^n := \lambda^1 \otimes \cdots \otimes \lambda^1$$

von λ^1 mit sich selbst, vgl. Satz 11.D.7 über die Existenz des Produktmaßes. Für jeden Quader $Q = [a_1, b_1] \times \cdots \times [a_n, b_n]$ (mit $a_i \leq b_i$ für $i = 1, \ldots, n$) ist dann

$$\lambda^n(Q) = \lambda^1\big([a_1, b_1]\big) \cdots \lambda^1\big([a_n, b_n]\big) = (b_1 - a_1) \cdots (b_n - a_n)$$

das Produkt der Kantenlängen von Q. Da diese Quader zusammen mit der leeren Menge ein durchschnittstabiles Erzeugendensystem von $\mathcal{B}^n$ bilden und da $\mathbb{R}^n$ mit abzählbar vielen davon ausgeschöpft werden kann, gibt es nach dem Eindeutigkeitssatz 11.D.1 nur ein solches Maß.

12.B.1 Existenzsatz für das Borel-Lebesgue-Maß *Sei $n \in \mathbb{N}$. Dann gibt es genau ein Maß $\lambda^n : \mathcal{B}^n \to \overline{\mathbb{R}}_+$ auf der σ-Algebra $\mathcal{B}^n = \mathcal{B}(\mathbb{R}^n)$ der Borel-Mengen im $\mathbb{R}^n$, das für jeden Quader $[a_1, b_1] \times \cdots \times [a_n, b_n]$ (mit $a_i \leq b_i$ für $i = 1, \ldots, n$) den Wert $(b_1 - a_1) \cdots (b_n - a_n)$ hat. – Für eine Borel-Menge $M \subseteq \mathbb{R}^n$ ist $\lambda^n(M)$ gleich dem Infimum* Inf $\left(\sum_{i \in I} \lambda^n(Q_i) \right)$, *wobei alle (abzählbaren) Pflasterungen von M mit (halboffenen) Quadern Q_i, $i \in I$, im $\mathbb{R}^n$ zu berücksichtigen sind.*

Natürlich kann man bei den Pflasterungen in 12.B.1 auch kompakte oder offene Quader nehmen. Das Maß λ^n aus 12.B.1 heißt das n-d i m e n s i o n a l e   B o r e l - L e b e s g u e - M a ß .

12.B.2 Bemerkung Man kann das Borel-Lebesgue-Maß λ^n auch direkt wie λ^1 in Abschnitt 12.A konstruieren. Man startet dann mit dem natürlichen Prämaß auf dem Ring $\mathcal{F}^n$ derjenigen Teilmengen von $\mathbb{R}^n$, die sich als eine endliche Vereinigung von halboffenen Quadern $[a_1, b_1[\times \cdots \times [a_n, b_n[\subseteq \mathbb{R}^n$ darstellen lassen. Dies lässt sich sogar in der allgemeinen Form des Satzes 12.A.4 mit einer Verteilungsfunktion $F : \mathbb{R}^n \to \mathbb{R}$ durchführen, deren charakteristische Eigenschaften dann allerdings sorgfältig anzugeben sind, was wir hier nicht ausführen wollen. Für ein lokal endliches Maß $\mu : \mathcal{B}^n \to \overline{\mathbb{R}}_+$ ist die V e r t e i l u n g s f u n k t i o n $F = F_\mu$ durch

$$F_\mu(t_1, \ldots, t_n) := \operatorname{Sign}(t_1 \cdots t_n)\, \mu(I_{t_1} \times \cdots \times I_{t_n})$$

definiert. [1]) Für beliebige $a_i, b_i \in \mathbb{R}$ mit $a_i \leq b_i$, $i = 1, \ldots, n$, ist dann

$$\mu\big([a_1, b_1[\times \cdots \times [a_n, b_n[\big) = \sum_{H \subseteq \{1, \ldots, n\}} (-1)^{|H|}\, F(a_H, b_{H'})\,,$$

wobei $(a_H, b_{H'})$ das n-Tupel $(c_1, \ldots, c_n)$ ist mit $c_i := a_i$, falls $i \in H$, und $c_i := b_i$, falls $i \notin H$. Beweis! Für λ^n selbst ist $F(t_1, \ldots, t_n) = t_1 \cdots t_n$.

Etwas abweichend davon ist die folgende Konstruktion von λ^n, die der des Hausdorff-Maßes $\mathcal{H}^n$ in Beispiel 12.C.20 ähnlich ist. Man definiert zunächst das äußere Maß $(\lambda^n)^* : \mathfrak{P}(\mathbb{R}^n) \to \overline{\mathbb{R}}_+$ durch

$$(\lambda^n)^*(M) := \operatorname{Inf}\left(\sum_{i \in I} \lambda^n(Q_i) \right),$$

wobei das Infimum über alle abzählbaren Pflasterungen $(Q_i)_{i \in I}$ von M mit Quadern $Q_i \subseteq \mathbb{R}^n$ zu nehmen ist und für einen Quader Q der Wert $\lambda^n(Q)$ als das Produkt der Kantenlängen *definiert* ist. Man kann sich dabei auf Pflasterungen mit offenen (oder mit halboffenen oder mit abgeschlossenen) Quadern beschränken. $(\lambda^n)^*$ ist offenbar ein metrisches äußeres Maß, d.h. für Mengen $M, M' \subseteq \mathbb{R}^n$ mit positivem Abstand $d(M, M')$ gilt $(\lambda^n)^*(M \cup M') = (\lambda^n)^*(M) + (\lambda^n)^*(M')$. Mit 12.C.21 folgt nun, dass alle Borel-Mengen zur σ-Algebra $\mathcal{A}^*$ der Teilmengen von $\mathbb{R}^n$ gehören, die bzgl. $(\lambda^n)^*$ die Zerlegungseigenschaft besitzen. Dass für kompakte Quader $Q \subseteq \mathbb{R}^n$ das äußere Maß $(\lambda^n)^*(Q)$ mit dem Produkt der Kantenlängen übereinstimmt, folgt daraus, dass nach dem Satz von Heine-Borel jede Überdeckung von Q mit offenen Quadern eine endliche Teilüberdeckung enthält und für endlich viele Quader $Q_1, \ldots, Q_m$ mit $Q \subseteq Q_1 \cup \cdots \cup Q_m$ die Ungleichung $\lambda^n(Q) \leq \sum_{i=1}^m \lambda^n(Q_i)$ fast selbstverständlich ist. λ^n ist nun die Beschränkung $(\lambda^n)^* | \mathcal{B}^n$.

λ^n ist t r a n s l a t i o n s i n v a r i a n t , d.h. es gilt $\lambda^n(x + M) = \lambda^n(M)$ für alle $x \in \mathbb{R}^n$ und alle $M \in \mathcal{B}^n$. Zum Beweis beachte man, dass $M \mapsto \lambda^n(x + M)$, $M \in \mathcal{B}^n$, ein Maß auf

---

[1]) Zur Definition der Intervalle I_t vgl. den Beginn des Abschnitts 12.A.

$\mathcal{B}^n$ ist, das auf den Quadern und daher nach dem Eindeutigkeitssatz auf ganz $\mathcal{B}^n$ mit λ^n übereinstimmt. Dies führt zu folgender Charakterisierung des Borel-Lebesgue-Maßes:

12.B.3 Eindeutigkeitssatz für das Borel-Lebesgue-Maß *Das Borel-Lebesgue-Maß* $\lambda^n : \mathcal{B}^n \to \overline{\mathbb{R}}_+$ *ist das einzige translationsinvariante Maß* $\mathcal{B}^n \to \overline{\mathbb{R}}_+$, *das für den Einheitswürfel* $E^n = [0, 1]^n$ *den Wert 1 hat.*

B e w e i s . Es ist nur noch zu zeigen, dass ein translationsinvariantes Maß $\mu : \mathcal{B}^n \to \overline{\mathbb{R}}_+$ mit $\mu(E^n) = 1$ notwendigerweise gleich λ^n ist. Sei $n \geq 1$. Es genügt zu zeigen, dass μ und λ auf den Quadern $[a_1, b_1[\times \cdots \times [a_n, b_n[$ mit rationalen a_i, b_i übereinstimmen, da diese (mit $\emptyset$) ein durchschnittstabiles Erzeugendensystem von $\mathcal{B}^n$ bilden, vgl. 11.B, Aufg. 12 und den Eindeutigkeitssatz 11.D.1. Wegen der Translationsinvarianz können wir dabei $a_1 = \cdots = a_n = 0$ annehmen. Es ist auch $\mu\big([0, 1[^n\big) = 1$ (vgl. Aufg. 2). Da $[0, 1[^n$ für jedes $m \in \mathbb{N}^*$ die disjunkte Vereinigung der m^n Würfel

$$W(m ; r_1, \ldots, r_n) := \Big[\frac{r_1}{m}, \frac{r_1+1}{m} \Big[\times \cdots \times \Big[\frac{r_n}{m}, \frac{r_n+1}{m} \Big[$$

$0 \leq r_i < m$, $r_i \in \mathbb{N}$, ist, die alle aus einem durch Translationen hervorgehen, gilt $\mu\big([0, 1/m[^n\big) = 1/m^n$. Ist nun $b_i = c_i/m$ mit $c_i \in \mathbb{N}^*$ und dem Hauptnenner $m \in \mathbb{N}^*$, so ist $[0, b_1[\times \cdots \times [0, b_n[$ die disjunkte Vereinigung der $c_1 \cdots c_n$ Würfel $W(m ; r_1, \ldots, r_n)$, $0 \leq r_i < c_i$, $r_i \in \mathbb{N}$, für die μ jeweils den Wert $1/m^n$ hat. Das ergibt die Behauptung.   ●

12.B.4 Korollar *Sei* $\mu : \mathcal{B}^n \to \overline{\mathbb{R}}_+$ *ein translationsinvariantes Maß, das auf dem Einheitswürfel* $E^n = [0, 1]^n$ *den Wert* $a \in \mathbb{R}_+$ *hat. Dann ist* $\mu = a\lambda^n$.

B e w e i s . Sei zunächst $a = 0$. Mit der Bezeichnung aus dem Beweis von 12.B.3 ist $\mathbb{R}^n$ die Vereinigung der abzählbar vielen Würfel $W(1 ; r_1, r_2, \ldots, r_n)$, $(r_1, \ldots, r_n) \in \mathbb{Z}^n$. Diese gehen aus $W(1 ; 0, \ldots, 0) \subseteq E^n$ durch Translation hervor, haben also das Maß 0. Folglich ist auch $\mu(\mathbb{R}^n) = 0$ und somit μ das Nullmaß.

Ist $a > 0$, so ist $a^{-1}\mu$ ein translationsinvariantes Maß mit $a^{-1}\mu(E^n) = 1$. Nach 12.B.3 ist dann $a^{-1}\mu = \lambda^n$.   ●

Gelegentlich ist es bequem, statt des Borel-Lebesgue-Maßes λ^n seine Vervollständigung $\widehat{\lambda^n}$ zu benutzen, vgl. Abschnitt 11.C. $\widehat{\lambda^n}$ heißt das L e b e s g u e - M a ß auf dem $\mathbb{R}^n$ und ist auf der σ-Algebra $\widehat{\mathcal{B}}^n$ der L e b e s g u e - M e n g e n des $\mathbb{R}^n$ definiert. Dies sind die Teilmengen der Form $M \cup N$ von $\mathbb{R}^n$, wo $M \in \mathcal{B}^n$ eine Borel-Menge und N eine beliebige Teilmenge einer (Borelschen) Nullmenge ist. Für eine solche Menge ist

$$\widehat{\lambda^n}(M \cup N) = \lambda^n(M) \, .$$

Offenbar hat eine Teilmenge N von $\mathbb{R}^n$ genau dann die Eigenschaft $\widehat{\lambda^n}(N) = 0$, ist also eine L e b e s g u e s c h e N u l l m e n g e, wenn sie Teilmenge einer Borelschen Nullmenge ist.

12.B.5 Satz *Genau dann ist eine Teilmenge N von $\mathbb{R}^n$ eine Lebesguesche Nullmenge, wenn es zu jedem $\varepsilon > 0$ eine abzählbare Familie Q_i, $i \in I$, von Quadern gibt mit $N \subseteq \bigcup_{i \in I} Q_i$ und $\sum_{i \in I} \lambda^n(Q_i) \leq \varepsilon$.*

B e w e i s . Eine Lebesguesche Nullmenge N ist Teilmenge einer Borelschen Nullmenge, die sich auf Grund des Zusatzes in 12.B.1 in der angegebenen Weise überdecken lässt.

Hat N umgekehrt die obige Überdeckungseigenschaft und ist ε_n, $n \in \mathbb{N}$, eine Nullfolge positiver reeller Zahlen, so gibt es zu jedem $n \in \mathbb{N}$ eine abzählbare Vereinigung N_n von Quadern mit $N \subseteq N_n$ und $\lambda(N_n) \leq \varepsilon_n$. Dann ist $N' := \bigcap_{n \in \mathbb{N}} N_n$ eine Borelsche Nullmenge mit $N \subseteq N'$. $\bullet$

12.B.6 Beispiel Die im Beweis von 11.A.1 konstruierten Teilmengen A sind sicherlich keine Lebesgue-Mengen, da das Lebesgue-Maß $\widehat{\lambda^n}$ (ebenso wie das Borel-Lebesgue-Maß) den dort für μ vorausgesetzten Rechenregeln genügt. Es ist also $\widehat{\mathcal{B}^n} \neq \mathfrak{P}(\mathbb{R}^n)$ für alle $n \in \mathbb{N}^*$. Die Mächtigkeit von $\widehat{\mathcal{B}^n}$ ist aber gleich der Mächtigkeit von $\mathfrak{P}(\mathbb{R}^n)$, also gleich der Mächtigkeit $2^{\aleph}$ von $\mathfrak{P}(\mathbb{R})$. Um dies einzusehen, genügt es nach dem Bernsteinschen Äquivalenzsatz 2.C.16 in Bd. 1 (2. Aufl.), eine Borelsche Nullmenge M anzugeben, die die Mächtigkeit des Kontinuums hat. Die Menge der Lebesgueschen Nullmengen, die Teilmengen von M sind, hat dann nämlich schon die Mächtigkeit von $\mathfrak{P}(\mathbb{R})$. Bei $n \geq 2$ kann man für M einfach irgendeine Hyperebene von $\mathbb{R}^n$ nehmen, vgl. auch Aufg. 11a), und bei $n = 1$ die Cantorsche Wischmenge aus 12.A, Aufg. 3.

Da $\mathcal{B}^n$ nur dieselbe Mächtigkeit wie $\mathbb{R}$ hat, vgl. die Bemerkungen vor Lemma 11.B.9, ist sicher $\mathcal{B}^n \neq \widehat{\mathcal{B}^n}$ für $n \in \mathbb{N}^*$. Konkrete Beispiele für nicht-Borelsche Lebesgue-Mengen sind bei $n \geq 2$ etwa solche Teilmengen von Hyperebenen des $\mathbb{R}^n$, die keine Borel-Mengen sind, aber natürlich Lebesguesche Nullmengen.

Die hier definierten Lebesgue-Mengen in $\mathbb{R}^n$ sind genau die Teilmengen von $\mathbb{R}^n$, die die Zerlegungseigenschaft bezüglich des äußeren Maßes $(\lambda^n)^*$ besitzen, vgl. Aufg. 6. Dementsprechend sind die Lebesgueschen Nullmengen genau die Teilmengen N von $\mathbb{R}^n$ mit $(\lambda^n)^*(N) = 0$, vgl. 12.B.5.

Aufgaben

1. Man führe die in Bemerkung 12.B.2 angedeutete Konstruktion von λ^n durch, bei der λ^n zunächst als Prämaß auf dem Ring $\mathcal{F}^n$ der Teilmengen von $\mathbb{R}^n$ eingeführt wird, die endliche Vereinigungen von nach rechts halboffenen Quadern sind.

2. Sei $\mu : \mathcal{B}^n \to \overline{\mathbb{R}}_+$ ein translationsinvariantes Maß mit $\mu(E^n) < \infty$. Man beweise die im Beweis von 12.B.3 benutzte Aussage, dass $\mu(R) = 0$ ist für $R := E^n - [0, 1[^n$. (μ ist σ-endlich, und die Mengen $(a, \ldots, a) + R$, $a \in \mathbb{R}$, sind paarweise disjunkt.)

3. Zu $n \in \mathbb{N}^*$ und $\varepsilon > 0$ gibt es ein Kompaktum $K \subseteq [0, 1]^n - \mathbb{Q}^n$ mit $\lambda^n(K) \geq 1 - \varepsilon$.

4. (R e g u l a r i t ä t   d e s   B o r e l - L e b e s g u e - M a ß e s) M sei eine Borel-Menge im $\mathbb{R}^n$.

a) Zu jedem $\varepsilon > 0$ gibt es eine offene Menge $U \subseteq \mathbb{R}^n$ mit $M \subseteq U$ und $\lambda^n(U - M) \leq \varepsilon$. (Man kann auf den Fall reduzieren, dass M beschränkt und insbesondere $\lambda^n(M) < \infty$ ist, und dann 12.B.1 benutzen.)

b) Zu jedem $\varepsilon > 0$ gibt es eine abgeschlossene Menge $A \subseteq \mathbb{R}^n$ mit $A \subseteq M$ und $\lambda^n(M - A) \leq \varepsilon$. Ist $\lambda^n(M) < \infty$, so kann A kompakt gewählt werden. (Man wende a) auf $\mathbb{R}^n - M$ an.)

(Zu a) und b) analoge Aussagen gelten, wenn man statt λ^n ein beliebiges lokal endliches Maß $\mu : \mathfrak{B}^n \to \overline{\mathbb{R}}_+$ nimmt. – Sie besagen insbesondere, dass μ regulär ist. Generell heißt ein Maß $\mu : \mathfrak{B}(X) \to \overline{\mathbb{R}}_+$ auf einem Hausdorff-Raum X r e g u l ä r, wenn für jede Borel-Menge $M \subseteq X$ gilt: $\mu(M) = \operatorname{Inf}\{\mu(U) \mid M \subseteq U, U$ offen in $X\} = \operatorname{Sup}\{\mu(K) \mid K \subseteq M, K$ kompakt$\}$.)

c) Sei $\lambda^n(M) > 0$. Dann umfasst $M + (-M) = \{x - y \mid x, y \in M\}$ eine Umgebung von 0 in $\mathbb{R}^n$. (M ist ohne Einschränkung kompakt, vgl. b). Nach a) gibt es eine offene Umgebung U von M mit $\lambda^n(U) < 2\lambda^n(M)$. Dann gibt es ein $\varepsilon > 0$ mit $\overline{\mathrm{B}}(0\,;\varepsilon) + M \subseteq U$ und folglich mit $M \cap (x + M) \neq \emptyset$ für alle $x \in \overline{\mathrm{B}}(0\,;\varepsilon)$, d.h. $\overline{\mathrm{B}}(0\,;\varepsilon) \subseteq M + (-M)$.)

5. Das Komplement einer Lebesgueschen Nullmenge des $\mathbb{R}^n$ ist dicht im $\mathbb{R}^n$.

6. Sei $(\lambda^n)^*$ das äußere Maß von $\mathbb{R}^n$ zum Borel-Lebesgueschen Maß λ^n. (Dies ist natürlich das äußere Maß zur Beschränkung von λ^n auf den Ring $\mathcal{F}^n$ der endlichen Vereinigung von nach rechts halboffenen Quadern.)

a) Eine Teilmenge M von $\mathbb{R}^n$ ist genau dann eine Lebesguesche Nullmenge, wenn ihr äußeres Maß 0 ist.

b) Für eine Menge $M \subseteq \mathbb{R}^n$ sind äquivalent: (1) M ist eine Lebesgue-Menge. (2) Zu jedem $\varepsilon > 0$ gibt es eine offene Menge $U \subseteq \mathbb{R}^n$ mit $M \subseteq U$ und $(\lambda^n)^*(U - M) \leq \varepsilon$. $(2')$ Zu jedem $\varepsilon > 0$ gibt es eine Borel-Menge $B \subseteq \mathbb{R}^n$ mit $M \subseteq B$ und $(\lambda^n)^*(B - M) \leq \varepsilon$. (3) Zu jedem $\varepsilon > 0$ gibt es eine abgeschlossene Menge $A \subseteq \mathbb{R}^n$ mit $A \subseteq M$ und $(\lambda^n)^*(M - A) \leq \varepsilon$. $(3')$ Zu jedem $\varepsilon > 0$ gibt es eine Borel-Menge $B \subseteq \mathbb{R}^n$ mit $B \subseteq M$ und $(\lambda^n)^*(M - B) \leq \varepsilon$. (4) M erfüllt die Zerlegungseigenschaft, d.h. es ist $(\lambda^n)^*(N) = (\lambda^n)^*(M \cap N) + (\lambda^n)^*\big((\mathbb{R}^n - M) \cap N\big)$ für alle $N \subseteq \mathbb{R}^n$.

7. Eine Menge $N \subseteq \mathbb{R}^n$ ist bereits dann eine Borelsche (bzw. Lebesguesche) Nullmenge, wenn sie dies lokal ist, d.h. wenn es zu jedem $x \in N$ eine Umgebung U von x gibt derart, dass $U \cap N$ eine Borelsche (bzw. Lebesguesche) Nullmenge ist. (Vgl. auch 11.B, Aufg. 7.)

8. Für $m, n \in \mathbb{N}^*$ ist $\widehat{\mathfrak{B}^m} \otimes \widehat{\mathfrak{B}^n} \neq \widehat{\mathfrak{B}^{m+n}}$. (Man verwende 11.D, Aufg. 6c).)

9. Sei $f : \mathbb{R}^n \to \mathbb{R}^n$ eine (affine) Streckung mit dem Streckungsfaktor $a \in \mathbb{R}^\times$. Mit $M \subseteq \mathbb{R}^n$ ist dann auch $f(M)$ Borel- bzw. Lebesgue-messbar, und es gilt $\lambda^n\big(f(M)\big) = |a|^n \lambda^n(M)$. Allgemeiner ist $\lambda^n\big(f(M)\big) = |a_1 \cdots a_n| \lambda^n(M)$, falls f die Affinität $(t_1, \ldots, t_n) \mapsto (a_1 t_1, \ldots, a_n t_n)$ ist, $(a_1, \ldots, a_n) \in (\mathbb{R}^\times)^n$. (Es genügt, die Formel für Quader zu bestätigen.)

10. Jede Teilmenge des $\mathbb{R}^n$, deren Rand eine (Borelsche) Nullmenge ist, ist Lebesgue-messbar.

11. Aus der Tatsache, dass in einem σ-endlichen Maßraum eine Familie fast disjunkter messbarer Mengen nur abzählbar viele Mitglieder mit positivem Maß enthalten kann, vgl. 11.C, Aufg. 13, folgere man:

a) Jede affine Hyperebene und damit jede Teilmenge einer affinen Hyperebene im $\mathbb{R}^n$ ist eine Lebesguesche Nullmenge.

b) Sei $M \subseteq \mathbb{R}^n$ eine messbare Menge mit folgender Eigenschaft: Für ein festes $P \notin M$ treffe jeder Strahl $\mathbb{R}_+ v + P$, $v \in \mathbb{R}^n - \{0\}$, die Menge M in höchstens einem Punkt. Dann ist M eine Nullmenge. (Man betrachte die Mengen M_a, $a \in \mathbb{R}_+^\times$, die aus M durch die Streckung mit dem Streckungsfaktor a und dem Streckungszentrum P entstehen.)

c) Der Rand einer konvexen Menge M ist eine Nullmenge. (Ohne Einschränkung enthalte M einen inneren Punkt P. Dann erfüllt der Rand von M bzgl. P die Voraussetzung aus b).) Man folgere, dass jede konvexe Teilmenge des $\mathbb{R}^n$ Lebesgue-messbar ist. (Vgl. auch Bd. 2, 17.B, Aufg. 10.)

12.C Volumina und Determinanten · Erste Beispiele

Wir wollen zunächst untersuchen, wie sich das Borel-Lebesguesche Maß λ^n bei einem linearen Automorphismus $f : \mathbb{R}^n \to \mathbb{R}^n$ verhält. Da es sich dabei um einen Homöomorphismus handelt, induziert f nach 11.B.9 eine bijektive Abbildung der Menge der Borel-Mengen des $\mathbb{R}^n$ auf sich. Durch $\mu(M) := \lambda^n\big(f(M)\big)$ für $M \in \mathcal{B}^n$ wird dann ein Maß $\mu : \mathcal{B}^n \to \overline{\mathbb{R}}_+$ definiert, das wegen $\lambda^n\big(f(x+M)\big) = \lambda^n\big(f(x) + f(M)\big) = \lambda^n\big(f(M)\big)$ wie λ^n translationsinvariant ist. Nach 12.B.4 hat es daher die Form $\mu = \lambda^n(f)\,\lambda^n$, wobei $\lambda^n(f) := \mu(E^n) = \lambda^n\big(f(E^n)\big)$ das Volumen des Parallelotops

$$f(E^n) = Q(0\,; x_1, \ldots, x_n) := \{\alpha_1 x_1 + \cdots + \alpha_n x_n \mid (\alpha_1, \ldots, \alpha_n) \in [0, 1]^n\}$$

ist, dessen Kantenvektoren die Bilder $x_1 := f(e_1)\,, \ldots, x_n = f(e_n)$ der Standardbasis des $\mathbb{R}^n$ sind. Es gilt nun $\lambda^n(f) = \lambda^n\big(f(E^n)\big) = |\operatorname{Det} f|\,\lambda^n(E^n) = |\operatorname{Det} f|$ nach Bd. 2, Satz 9.G.2. Damit ist bewiesen:

12.C.1 Satz *Sei* $f : \mathbb{R}^n \to \mathbb{R}^n$ *ein linearer Automorphismus des* $\mathbb{R}^n$. *Für jede Borel-Menge* $M \subseteq \mathbb{R}^n$ *gilt dann*

$$\lambda^n\big(f(M)\big) = |\operatorname{Det} f| \cdot \lambda^n(M)\,.$$

12.C.2 Bemerkung Satz 12.C.1 beruht auf der Formel $\lambda^n\big(f(Q)\big) = |\operatorname{Det} f|\,\lambda^n(Q)$ für Parallelotope $Q = Q(0\,; x_1, \ldots, x_n)$, die im Bd. 2, Abschnitt 9.G durch Zerschneiden der Parallelotope relativ anschaulich bewiesen wurde. Wir wollen hier noch einen zwar sehr kurzen, aber etwas abstrakteren Beweis geben:

Die Zuordnung $\varphi : f \mapsto \lambda^n(f)$, $f \in \operatorname{GL}_{\mathbb{R}}(\mathbb{R}^n)$, ist ein Homomorphismus der Gruppe $\operatorname{GL}_{\mathbb{R}}(\mathbb{R}^n) = \operatorname{GL}_n(\mathbb{R})$ in die multiplikative Gruppe $\mathbb{R}_+^{\times}$.[1] Für $f, g \in \operatorname{GL}_n(\mathbb{R})$ und eine beliebige Borel-Menge $M \subseteq \mathbb{R}^n$ ist nämlich

$$\big(\lambda^n(fg)\big)(M) = \lambda^n\big(f(g(M))\big) = \lambda^n(f)\,\lambda^n\big(g(M)\big) = \lambda^n(f)\,\lambda^n(g)\,\lambda^n(M)\,.$$

Identifizieren wir $f \in \operatorname{GL}_n(\mathbb{R})$ mit der f bzgl. der Standardbasis beschreibenden Matrix $\mathfrak{A}$ mit den Spalten $x_1 = f(e_1)\,, \ldots, x_n = f(e_n)\,,$ so ist $\lambda^n(f) = |\operatorname{Det} \mathfrak{A}|$ zu zeigen. Nach Bd. 2, Korollar 9.D.9 lässt sich φ aber in der Form $\varphi = \psi \circ \operatorname{Det}$ darstellen mit dem Gruppenhomomorphismus $\psi : \mathbb{R}^{\times} \to \mathbb{R}_+^{\times}$, der durch

$$\psi(a) := \varphi\big(\operatorname{Diag}(a, 1, \ldots, 1)\big) = \lambda^n\big(Q(0\,; ae_1, e_2, \ldots, e_n)\big) = |a| \cdot 1 \cdots 1 = |a|$$

bestimmt ist. Dies liefert $\lambda^n(f) = \varphi(f) = |\operatorname{Det} \mathfrak{A}| = |\operatorname{Det} f|$.   ●

Beide Beweise für 12.C.1 benutzen, dass sich jede Matrix $\mathfrak{A} \in \operatorname{GL}_n(\mathbb{R})$ als Produkt einer Diagonalmatrix mit Elementarmatrizen $\mathfrak{B}_{ij}(a)$ schreiben lässt. Aus der Tatsache, dass diese Elementarmatrizen die Kommutatorgruppe $\operatorname{SL}_n(\mathbb{R})$ von $\operatorname{GL}_n(\mathbb{R})$ erzeugen, wird beim zweiten Beweis gefolgert, dass sich Charaktere von $\operatorname{GL}_n(\mathbb{R})$ über die Determinante faktorisieren lassen, vgl. Bd. 2, Beispiel 9.D.6. Statt der Darstellung einer Matrix als Produkt einer Diagonalmatrix mit

---

[1] Es handelt sich also um einen Charakter von $\operatorname{GL}_n(\mathbb{R})$, vgl. Bd. 2, Beispiel 5.A.15.

Elementarmatrizen kann man auch eine Cartan-Zerlegung $\mathfrak{A} = \mathfrak{B}\mathfrak{D}\mathfrak{C}$ mit einer Diagonalmatrix $\mathfrak{D}$ und orthogonalen Matrizen $\mathfrak{B}, \mathfrak{C}$ (vgl. Bd. 2, 15.C, Aufg. 9) benutzen. Es bleibt dann zu zeigen, dass lineare Isometrien volumentreu sind. Dies ist aber klar, da sie die euklidische Einheitskugel $\overline{B}^n$ invariant lassen.

Die Borel-Lebesgue-Maße lassen sich auf endlichdimensionale reelle Vektorräume oder allgemeiner auf endlichdimensionale reelle affine Räume übertragen, wie wir das bereits in Bd. 2, Abschnitt 9.G ausgeführt haben und hier kurz wiederholen wollen. Sei E ein reeller affiner Raum der Dimension n. Dann gibt es einen affinen Isomorphismus $F : \mathbb{R}^n \to E$. Dieser ist ein Homöomorphismus und induziert somit eine bijektive Abbildung von $\mathcal{B}^n$ auf die Menge $\mathcal{B}(E)$ der Borel-Mengen von E. Für $a \in \mathbb{R}_+^\times$ heißt das zugehörige Bildmaß $F_*(a\lambda^n) : M \mapsto a\lambda^n\big(F^{-1}(M)\big)$, $M \in \mathcal{B}(E)$, ein B o r e l - L e b e s g u e - M a ß auf E. Nach Satz 12.B.3 sind die Borel-Lebesgue-Maße auf E genau die lokal endlichen translationsinvarianten Maße $\neq 0$, d.h. die translationsinvarianten Maße $\neq 0$, die für beschränkte Mengen einen endlichen Wert haben. Ein solches Borel-Lebesgue-Maß λ ist eindeutig bestimmt durch seinen Wert auf einem einzigen Parallelotop $Q(O\,;\,v_1, \dots, v_n)$, wo $O\,;\,v_1, \dots, v_n$ ein affines Koordinatensystem von E ist. Die Wahl des Ursprungs O hat dabei keinen Einfluss auf λ. Für $\mathfrak{v} = (v_1, \dots, v_n)$ bezeichnen wir mit $\lambda_\mathfrak{v}$ das (eindeutig bestimmte) Borel-Lebesgue-Maß auf E mit

$$\lambda_\mathfrak{v}\big(Q(O\,;\,\mathfrak{v})\big) = 1\,.$$

Ist $\mathfrak{v}' = (v_1', \dots, v_n')$ eine weitere Basis des $\mathbb{R}$-Vektorraums V der Translationen von E und ist $\mathfrak{B} = (b_{ij}) \in \mathrm{GL}_n(\mathbb{R})$ die zugehörige Übergangsmatrix mit $v_j = \sum_{i=1}^n b_{ij}v_i'$, $j = 1, \dots, n$, so wird der Automorphismus f von V, der jeweils v_j' auf v_j abbildet, in der Basis $(v_1', \dots, v_n')$ durch $\mathfrak{B}$ beschrieben, und nach Satz 12.C.1 ist

$$\lambda_{\mathfrak{v}'}\big(Q(O\,;\,\mathfrak{v})\big) = \lambda_{\mathfrak{v}'}\big(f(Q(O\,;\,\mathfrak{v}'))\big) = |\operatorname{Det} f| \cdot \lambda_{\mathfrak{v}'}\big(Q(O\,;\,\mathfrak{v}')\big) = |\operatorname{Det} \mathfrak{B}|\,.$$

Also gilt

$$\lambda_{\mathfrak{v}'} = |\operatorname{Det} \mathfrak{B}| \cdot \lambda_\mathfrak{v}\,.$$

Wir haben insbesondere gezeigt:

12.C.3 Satz *Zwei Basen $\mathfrak{v}$ und $\mathfrak{v}'$ des Raums $V = \mathrm{V}(E)$ der Translationen eines endlichdimensionalen reellen affinen Raumes E definieren genau dann dasselbe Borel-Lebesgue-Maß auf E, wenn der Betrag der Determinante ihrer Übergangsmatrix gleich 1 ist.*

Für affine Räume liefert Satz 12.C.1 wegen der Translationsinvarianz der Borel-Lebesgue-Maße:

12.C.4 Satz *Ist λ ein Borel-Lebesgue-Maß auf dem endlichdimensionalen reellen affinen Raum E und ist $f : E \to E$ eine Affinität, so ist*

$$\lambda\big(f(M)\big) = |\operatorname{Det} f_0| \cdot \lambda(M)$$

für jede Borel-Menge $M \subseteq E$, wobei f_0 der lineare Anteil von f ist. Insbesondere ist f genau dann maßtreu, wenn $|\operatorname{Det} f_0| = 1$ ist.

Satz 12.C.1 erlaubt es auch, jeder Determinantenfunktion auf einem endlichdimensionalen reellen Vektorraum V ein Borel-Lebesgue-Maß auf V zuzuordnen. Sei dazu $n := \mathrm{Dim}_{\mathbb{R}}\, V$ und $\Delta : V^n \to \mathbb{R}$ eine Determinantenfunktion $\neq 0$. Dann ist $|\Delta|$ dasjenige Borel-Lebesgue-Maß auf V, das einem (und damit jedem) Parallelotop mit linear unabhängigen Kantenvektoren $\mathfrak{v} = (v_1, \ldots, v_n) \in V^n$ das Volumen

$$|\Delta|\big(Q(x\,;\, v_1, \ldots, v_n)\big) := |\Delta(v_1, \ldots, v_n)| = |\Delta(\mathfrak{v})|$$

zuordnet. In der Tat wird dadurch unabhängig von den speziell ausgewählten linear unabhängigen Kantenvektoren $\mathfrak{v} = (v_1, \ldots, v_n)$ das Borel-Lebesgue-Maß $|\Delta| = |\Delta(\mathfrak{v})| \cdot \lambda_{\mathfrak{v}}$ auf V bestimmt. Für die triviale Determinantenfunktion 0 definieren wir noch $|0|$ als das Nullmaß. Dann gilt offenbar $|a\Delta| = |a|\,|\Delta|$ für alle $a \in \mathbb{R}$ und alle Determinantenfunktionen $\Delta : V^n \to \mathbb{R}$.

Es ist sehr zweckmäßig, den Begriff des Borel-Lebesgue-Maßes auf V so zu erweitern, dass diese einen 1-dimensionalen $\mathbb{R}$-Vektorraum bilden, der zum Raum $\mathrm{D}(V)$ der Determinantenfunktionen $V^n \to \mathbb{R}$ isomorph ist. Dazu betrachten wir neben den bis jetzt eingeführten (positiven) Borel-Lebesgue-Maßen $\mathcal{B}(V) \to \overline{\mathbb{R}}_+$ allgemeiner solche Funktionen $\mu : \mathcal{B}(V) \to \overline{\mathbb{R}}$, die σ-additiv und translationsinvariant sind und die auf jeder beschränkten Menge einen endlichen Wert annehmen. *Es sind dies genau die reellen Vielfachen $a\lambda$, wobei λ ein (positives) Borel-Lebesgue-Maß $\neq 0$ im bisherigen Sinne ist.* B e w e i s . Nach Korollar 12.B.4 genügt es zu zeigen, dass alle Werte von μ kleiner-gleich 0 sind, wenn es ein $A \in \mathcal{B}(V)$ mit $\mu(A) < 0$ gibt. Angenommen, es sei $\mu(A) < 0$ und $\mu(B) > 0$ für $A, B \in \mathcal{B}(V)$. Dann ist $n > 0$ und wir können annehmen, dass A und B beschränkt sind. Es gibt Folgen (x_i), (y_j) in V derart, dass alle Mengen $x_i + A$ sowie $y_j + B$ paarweise disjunkt sind, und die Familie $\mu(x_i + A)\,(= \mu(A))$, $i \in \mathbb{N}$, $\mu(y_j + B)\,(= \mu(B))$, $j \in \mathbb{N}$, ist auch im uneigentlichen Sinne nicht summierbar im Widerspruch zur σ-Additivität von μ.

Die in diesem Sinne verallgemeinerten Borel-Lebesgue-Maße bilden also wie $\mathrm{D}(V)$ einen 1-dimensionalen $\mathbb{R}$-Vektorraum $\mathrm{M}(V)$. Für jedes $\mu \in \mathrm{M}(V)$ ist dann $A \mapsto |\mu(A)|$ ein positives Borel-Lebesgue-Maß $|\mu| : \mathcal{B}(V) \to \overline{\mathbb{R}}_+$. *Es gibt genau zwei $\mathbb{R}$-Isomorphismen $\mathrm{o} : \mathrm{D}(V) \to \mathrm{M}(V)$ mit $|\mathrm{o}(\Delta)| = |\Delta|$ für alle Determinantenfunktionen $\Delta \in \mathrm{D}(V)$. Ist $\Delta \neq 0$ eine Determinantenfunktion auf V, so ist notwendigerweise $\mathrm{o}(\Delta)$ gleich $|\Delta|$ oder $-|\Delta|$. Die Wahl eines dieser beiden Isomorphismen ist äquivalent mit der Wahl einer Orientierung auf V.* Da nämlich $\mathrm{M}(V)$ in kanonischer Weise durch die positiven Borel-Lebesgue-Maße orientiert ist, wird durch o eine Orientierung auf $\mathrm{D}(V)$ und damit auf V übertragen. Diese Orientierung wird genau dann von der Basis $\mathfrak{v}$ von V repräsentiert, wenn für die zugehörige Determinantenfunktion $\Delta_{\mathfrak{v}}$ gilt

$$\mathrm{o}(\Delta_{\mathfrak{v}}) = |\Delta_{\mathfrak{v}}| = \lambda_{\mathfrak{v}}.$$

Die Angabe einer Determinantenfunktion $\Delta \neq 0$ von V ist also äquivalent zur Angabe eines positiven Borel-Lebesgue-Maßes auf V (nämlich $|\Delta|$) und einer Orientierung auf V (nämlich der durch Δ bestimmten Orientierung).

Ist eine Orientierung o auf V vorgegeben, so bezeichnen wir das einer Determinantenfunktion $\Delta \in \mathrm{D}(V)$ zugeordnete (nicht notwendig positive) Borel-Lebesgue-Maß $\mathrm{o}(\Delta)$ auf V ebenfalls mit Δ, falls keine Missverständnisse zu befürchten sind. Ist $(v_1, \ldots, v_n)$

eine Basis von V, so ist $\Delta(v_1, \ldots, v_n)$ das Volumen eines jeden Parallelotops mit den Kantenvektoren $v_1, \ldots, v_n$, *falls* $(v_1, \ldots, v_n)$ *die gegebene Orientierung repräsentiert.* Andernfalls ist $\Delta(v_1, \ldots, v_n)$ das Negative dieses Volumens. Schon in Bd. 2 nannten wir $\Delta(v_1, \ldots, v_n)$ das orientierte Volumen oder das Volumen des (durch $(v_1, \ldots, v_n)$) orientierten Parallelotops.

12.C.5 Beispiel Sei E ein euklidischer affiner Raum über dem euklidischen Vektorraum V mit dem Skalarprodukt $\langle -, - \rangle$. Da die Übergangsmatrix zweier Orthonormalbasen von V eine Orthogonalmatrix und folglich der Betrag ihrer Determinante gleich 1 ist, definieren alle Orthonormalbasen $\mathfrak{v}$ von V dasselbe Borel-Lebesgue-Maß $\lambda_E = \lambda_{\mathfrak{v}}$ auf E. Es heißt das k a - n o n i s c h e   B o r e l - L e b e s g u e - M a ß auf E und ist dadurch charakterisiert, dass die Würfel $Q(O\,;v_1, \ldots, v_n)$ für kartesische Koordinatensysteme $O\,;v_1, \ldots, v_n$ von E alle das Maß 1 haben, vgl. Bd. 2, Abschnitt 13.C. Wir wiederholen Satz 13.C.1 aus Bd. 2:

12.C.6 Satz *Seien* $x_1, \ldots, x_n$ *beliebige Vektoren in* V *und* λ_E *das kanonische Borel-Lebesgue-Maß auf* E. *Dann ist für jeden Punkt* $O \in E$

$$\lambda_E(Q(O\,;x_1, \ldots, x_n)) = \begin{vmatrix} \langle x_1, x_1 \rangle & \cdots & \langle x_1, x_n \rangle \\ \vdots & \ddots & \vdots \\ \langle x_n, x_1 \rangle & \cdots & \langle x_n, x_n \rangle \end{vmatrix}^{1/2}.$$

Unser Anschauungsraum E ist ein dreidimensionaler euklidischer affiner Raum. Er trägt das kanonische   V o l u m e n m a ß λ_E. Entsprechend trägt jede affine Ebene darin das kanonische F l ä c h e n m a ß und jede Gerade das kanonische   L ä n g e n m a ß .

Da der lineare Anteil einer Isometrie eines euklidischen affinen Raumes die Determinante ± 1 hat (oder da Isometrien Kugeln in Kugeln mit demselben Radius überführen), ergibt sich sofort:

12.C.7 Satz *Isometrien, d.h. längentreue Abbildungen euklidischer affiner Räume, sind auch volumentreu.*

12.C.8 Beispiel (H a u p t s a t z   d e r   D i f f e r e n z i a l -   u n d   I n t e g r a l r e c h n u n g) Es ist im Allgemeinen schwierig, für eine beliebige Borel-Menge $M \subseteq \mathbb{R}^n$ deren Borel-Lebesgue-Maß $\lambda^n(M)$ zu bestimmen. Für Mengen im $\mathbb{R}^2$ ist der Hauptsatz der Differenzial- und Integralrechnung, vgl. Bd. 1, 16.C.1, eine Hilfe. Wir wollen diesen hier etwas verallgemeinern. Es handelt sich um Spezialfälle des sehr viel allgemeineren Satzes von Cavalieri, vgl. 14.C.2.

Seien $I \subseteq \mathbb{R}$ ein Intervall, $X = (X, \mathcal{A}, \mu)$ ein σ-endlicher Maßraum und $M \subseteq I \times X$ eine messbare Menge. Für jedes $t \in I$ betrachten wir die Menge

$$M(t) := \{x \in X \mid (t, x) \in M\} \subseteq X.$$

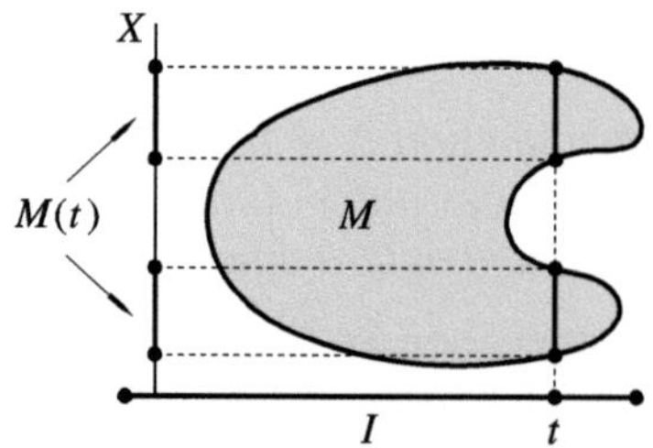

$M(t)$ ist für jedes $t \in I$ eine messbare Menge in X, vgl. 11.D, Aufg. 6. Folgende Bedingungen seien erfüllt:

(1) Für jedes $t \in I$ ist $\mu(M(t)) < \infty$.

(2) Zu jedem $t_0 \in I$ und jedem $\varepsilon > 0$ gibt es ein $\delta > 0$ und messbare Mengen M', $M'' \subseteq X$ mit $M' \subseteq M''$ und $\mu(M'') \leq \mu(M') + \varepsilon$, sowie mit $M' \subseteq M(t) \subseteq M''$ für alle $t \in I$, $|t - t_0| \leq \delta$.

Aus (2) folgt sofort die Stetigkeit der Funktion $t \mapsto \mu(M(t))$ auf I. Es gilt:

12.C.9 Satz *Sind* $a, b \in \overline{\mathbb{R}}$, $a \leq b$, *die Grenzen des Intervalls* I *mit* $M \subseteq I \times X$, *so gilt*

$$(\lambda^1 \otimes \mu)(M) = \int_a^b \mu(M(t))\, dt\,.$$

B e w e i s . Sei $\nu := \lambda^1 \otimes \mu$. Schöpfen wir I mit einer Folge I_n, $n \in \mathbb{N}$, von Intervallen aus, so ist nach der Ausschöpfungsformel $\nu(M) = \lim_{n \to \infty} \nu(M \cap (I_n \times X))$. Wir können daher annehmen, dass $I = [a, b] \subseteq \mathbb{R}$ kompakt ist und gehen dann ähnlich vor wie beim Beweis des Hauptsatzes der Differenzial- und Integralrechnung in Band 1, 16.C.1.

Für $t \in I$ sei $F(t) := \nu(M \cap ([a, t] \times X))$. Wir haben zu zeigen, dass $F(t) < \infty$ ist für alle $t \in I$ und F eine Stammfunktion zu $t \mapsto \mu(M(t))$. Für $t_1, t_2 \in I$ mit $t_1 < t_2$ ist aber $F(t_2) = F(t_1) + \nu(M \cap ([t_1, t_2] \times X))$. Sind M' und M'' messbare Mengen in X mit $M' \subseteq M(t) \subseteq M''$ für $t \in [t_1, t_2]$, so haben wir

$$[t_1, t_2] \times M' \subseteq M \cap ([t_1, t_2] \times X) \subseteq [t_1, t_2] \times M''\,,$$

also

$$\mu(M') \leq \frac{F(t_2) - F(t_1)}{t_2 - t_1} \leq \mu(M'')$$

(falls $F(t_1)$ und $\mu(M'')$ endlich sind). Daraus ergibt sich mit der vorausgesetzten obigen Bedingung (2) sofort, dass $F(t) < \infty$ ist für alle $t \in I$ und überdies $F'(t) = \mu(M(t))$ gilt. $\quad\bullet$

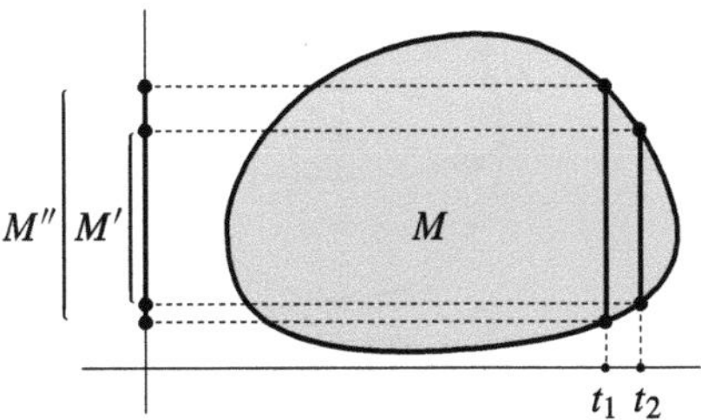

Ist im soeben bewiesenen Satz 12.C.9 das Intervall $I = [a, b]$ kompakt mit der Länge $h := b - a$ und bezeichnet man die Inhalte $\mu(M(a))$, $\mu(M(\frac{1}{2}(a+b)))$ bzw. $\mu(M(b))$ der Reihe nach mit F_0, $F_{h/2}$, F_h, so ergibt die Simpson-Regel, vgl. Bd. 1, 18.C.2, die Näherung

$$V = (\lambda^1 \otimes \mu)(M) \approx \frac{h}{6}\,(F_0 + 4F_{h/2} + F_h)\,,$$

wobei diese Näherung exakt ist, wenn $t \mapsto \mu(M(t))$ eine Polynomfunktion vom Grade ≤ 3 ist. Man nennt diese Regel die K e p l e r s c h e F a s s r e g e l : Sie approximiert das Volumen V eines Fasses mit Hilfe der Höhe h, des Bodens F_0, des Deckels F_h und der Mittelfläche $F_{h/2}$ des Fasses.

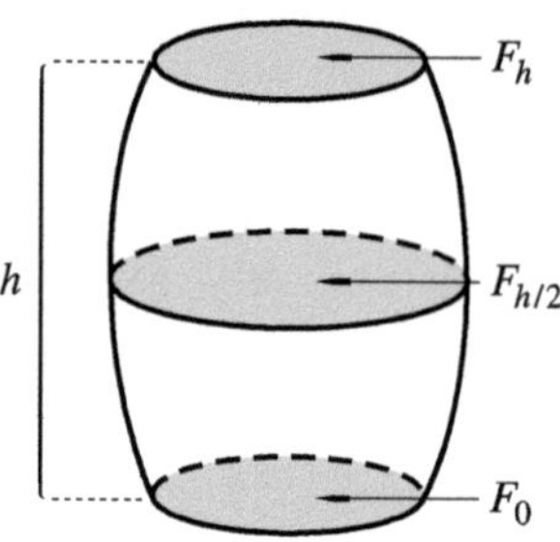

Es ist eines der Hauptanliegen der Integrationstheorie, den Integralbegriff so zu erweitern, dass die Formel in 12.C.9 ohne jede weitere Voraussetzung über die messbare Menge $M \subseteq I \times X$ gilt. Dies geschieht im übernächsten Paragraphen. (Man vergleiche dazu den bereits zitierten Satz von Cavalieri 14.C.2.)

12.C.10 Beispiel (K u g e l v o l u m e n · S p h ä r e n v o l u m e n) Wir wollen 12.C.9 benutzen, um die Volumina der Einheitskugeln $\overline{B}^n := \overline{B}(0\,;1) = \{x \in \mathbb{R}^n \mid \|x\| \le 1\}$ im $\mathbb{R}^n$ zu bestimmen, wobei $\|-\|$ die euklidische Standardnorm ist. Wir setzen

$$\omega_n := \lambda^n(\overline{B}^n)\,.$$

Das Volumen einer Kugel mit dem Radius r ist dann $\omega_n r^n$. (Warum? Vgl. auch 12.B, Aufg. 9.) Es ist $\omega_0 = 1$, $\omega_1 = 2$, $\omega_2 = \pi$, vgl. Bd. 1, Beispiel 16.C.2. Für $n = 3$ ergibt die Keplersche Fassregel (vgl. das vorhergehende Beispiel) die Gleichung

$$\omega_3 = \frac{2}{6}\big(0 + 4\omega_2 + 0\big) = \frac{4}{3}\,\pi$$

von Archimedes, da die Fläche $\lambda^2\big((\{t\} \times \mathbb{R}^2) \cap \overline{B}^3\big) = \pi(1 - t^2)$, $-1 \le t \le 1$, ein Polynom vom Grad 2 (≤ 3) in t ist.

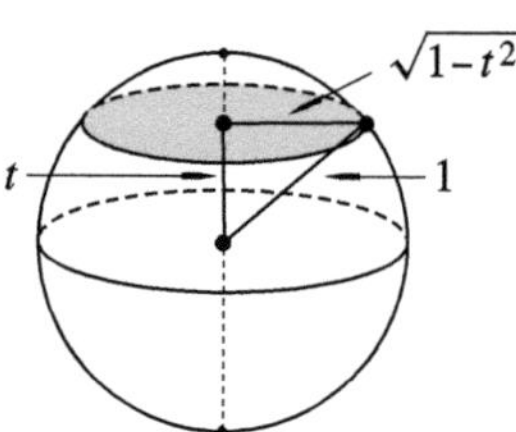

Entfernt man aus der Kugel $\overline{B}(0\,;r) \subseteq \mathbb{R}^3$ einen zentralen zylindrischen Kern vom Radius $\rho \le r$, so erhält man einen Armreif der Breite $b\ (= h) = 2\sqrt{r^2 - \rho^2}$, dessen Volumen, wiederum nach der Keplerschen Fassregel, den Wert $b \cdot (0 + 4\pi(r^2 - \rho^2) + 0)/6 = \pi b^3/6$ hat, an dem vielleicht bemerkenswert ist, dass er nur von b abhängt, also stets gleich dem Volumen einer Kugel mit Durchmesser b ist.

12.C.9 liefert allgemein für $n \in \mathbb{N}$ die Rekursion

$$\omega_{n+1} = \int_{-1}^{1} \lambda^n\big(\overline{B}^n\big(0\,;\sqrt{1 - t^2}\big)\big)\, dt = \omega_n \int_{-1}^{1} \big(\sqrt{1 - t^2}\big)^n\, dt\,,$$

also $\omega_n = 2^n c_1 \cdots c_n$ mit

$$c_k := \frac{1}{2}\int_{-1}^{1}\left(\sqrt{1-t^2}\right)^{k-1} dt = \int_{0}^{\pi/2}\sin^k t\, dt = \begin{cases} \dfrac{\pi}{2}\cdot\dfrac{1}{4^m}\binom{2m}{m}, & \text{falls } k=2m \text{ gerade,} \\[2ex] \dfrac{4^m}{2m+1}\Big/\binom{2m}{m}, & \text{falls } k=2m+1 \text{ ungerade,} \end{cases}$$

vgl. Bd. 1, Beispiel 16.B.6 (4). Es folgt

$$\omega_n = \begin{cases} 2^{m+1}\pi^m/1\cdot 3\cdots(2m+1), & \text{falls } n=2m+1 \text{ ungerade,} \\[1ex] \pi^m/m!, & \text{falls } n=2m \text{ gerade.} \end{cases}$$

Mit der Γ-Funktion erhält man nach Bd. 1, 17.B.1 für alle $n\in\mathbb{N}$ das leicht merkbare Ergebnis

$$\omega_n = \frac{\pi^{n/2}}{\Gamma(\frac{n}{2}+1)} = \frac{\pi^{n/2}}{(n/2)!} \sim \frac{1}{\sqrt{\pi n}}\left(\frac{2\pi e}{n}\right)^{n/2},$$

wobei zur asymptotischen Darstellung für $n\to\infty$ die Stirlingsche Formel aus Bd. 1, Beispiel 18.B.2 benutzt wurde. ω_n konvergiert somit für $n\to\infty$ rapide gegen 0; noch extremer gilt dies für den Quotienten $\omega_n/2^n$ aus dem Volumen der Einheitskugel $\overline{B}^n = \overline{B}(0\,;1)$ und dem Volumen des umschließenden Würfels $[-1,1]^n$. Mit wachsender Dimension füllen die Kugeln den Raum also immer schlechter aus. (Für welches $x_0\in\mathbb{R}_+$ hat die Funktion $x\mapsto\pi^x/x!$ ihr Maximum und wie groß ist dieses? Vgl. Bd. 1, Abschnitt 17.B.) Akzeptiert man (oder betrachtet es als Definition), dass das Volumen $\omega_n((r+\Delta r)^n - r^n)$ der Kugelschale $\overline{B}(0\,;r+\Delta r)-B(0\,;r)\subseteq\mathbb{R}^n$, dividiert durch deren Dicke $\Delta r>0$, für $\Delta r\to 0$ gegen das Volumen der $(n-1)$-dimensionalen euklidischen Sphäre $S(0\,;r)\subseteq\mathbb{R}^n$ konvergiert, so erhält man für dieses die Formel

$$\lim_{\Delta r\to 0+}\frac{\omega_n((r+\Delta r)^n - r^n)}{\Delta r} = \Omega_{n-1}r^{n-1} \quad\text{mit}\quad \Omega_{n-1} := n\,\omega_n = 2\pi^{n/2}\big/\Gamma(n/2), \quad n\ge 1,$$

vgl. Bd. 4, 11.A, Aufg. 1. Der Quotient $\Omega_n/\omega_n = (n+1)\omega_{n+1}/\omega_n = 2(n+1)c_{n+1} \sim \sqrt{2\pi n}$, der für $n=1$ (wenn man will, definitionsgemäß) gleich π ist, wächst somit für $n\to\infty$ über alle Grenzen. Für gerades n ist $\Omega_n/\omega_n\in\mathbb{Q}$, z.B. $\Omega_2/\omega_2 = 4$.

12.C.11 Beispiel (G a u ß s c h e   V o l u m e n f o r m e l n) Für eine positive reelle Zahl δ bezeichne $\Gamma(\delta)$ das Gitter $\delta\mathbb{Z}^n = \mathbb{Z}\delta e_1 + \cdots + \mathbb{Z}\delta e_n$ der Punkte $(\delta a_1,\ldots,\delta a_n)$ mit $a_1,\ldots,a_n\in\mathbb{Z}$. Ein Würfel der Form $[\delta a_1,\delta(a_1+1)]\times\cdots\times[\delta a_n,\delta(a_n+1)]$ heißt ein G r u n d w ü r f e l des Gitters $\Gamma(\delta)$. Er besitzt das Volumen δ^n.

Sei nun M eine beschränkte Teilmenge des $\mathbb{R}^n$, $n\ge 1$. Mit $A_\delta = A_\delta(M)$ bzw. $B_\delta = B_\delta(M)$ bezeichnen wir die Anzahlen der Grundwürfel von $\Gamma(\delta)$, die ganz in M liegen bzw. mit M wenigstens einen Punkt gemeinsam haben, und mit $N_\delta = N_\delta(M)$ die Anzahl der Punkte in $M\cap\Gamma(\delta)$. Offenbar ist $A_\delta\le N_\delta\le B_\delta$. M heißt J o r d a n - m e s s b a r (oder auch R i e m a n n - m e s s b a r), wenn $\lim_{\delta\to 0}\delta^n(B_\delta - A_\delta) = 0$, d.h. $B_\delta = A_\delta + o(\delta^{-n})$ für $\delta\to 0$ gilt.

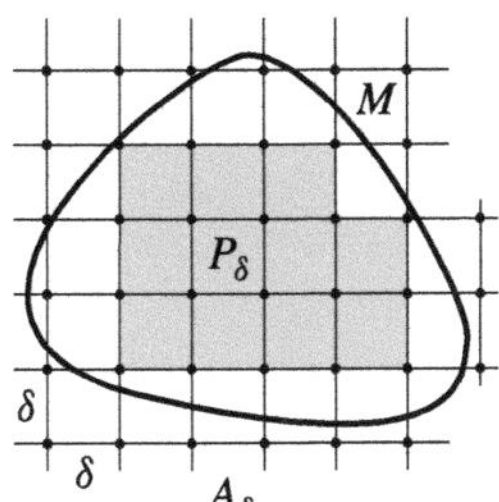

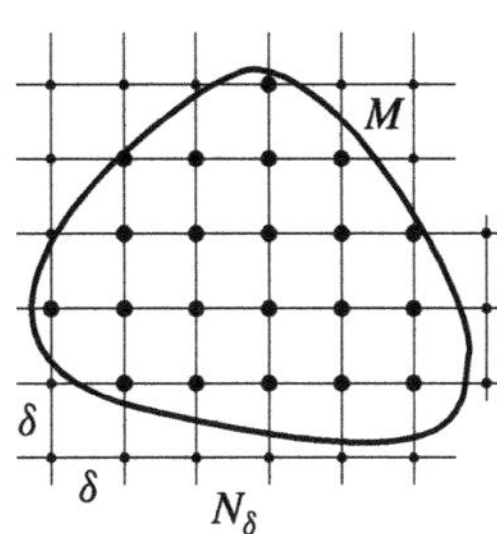

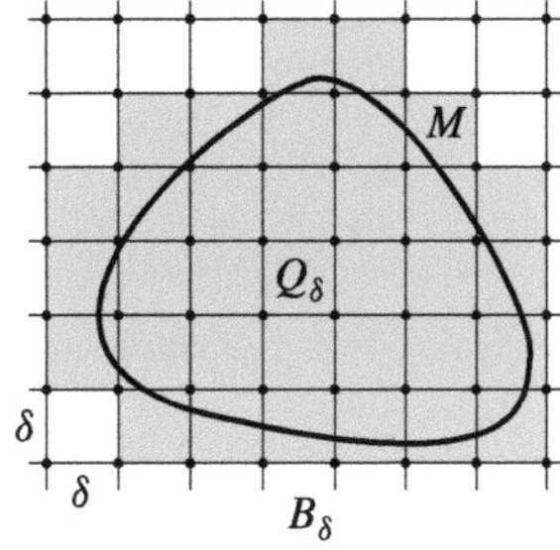

Sind P_δ und Q_δ die Vereinigungen der Würfel, die durch A_δ bzw. B_δ gezählt werden, so ist eine Jordan-messbare Menge M in der Vereinigung

$$\bigcup_{m\in\mathbb{N}^*} P_{1/m} \cup \bigcap_{m\in\mathbb{N}^*} (Q_{1/m} - P_{1/m})$$

enthalten und unterscheidet sich von der Borel-Menge $\bigcup P_{1/m}$ nur um eine Lebesguesche Nullmenge. *Jede Jordan-messbare Menge ist somit Lebesgue-messbar.* Die Umkehrung gilt in der Regel nicht. Beispielsweise ist die beschränkte Lebesgue-Menge $M := \mathbb{Q} \cap \,]0, 1[\subseteq \mathbb{R}$ nicht Jordan-messbar wegen $A_{1/m}(M) = 0$ und $B_{1/m}(M) = m$, d.h. $\lim_{m\to\infty} \frac{1}{m}(B_{1/m} - A_{1/m}) = 1$.

Stets gilt $P_\delta \subseteq M \subseteq Q_\delta$ und somit $\delta^n A_\delta \le \lambda^n(M) \le \delta^n B_\delta$ für eine Lebesgue-messbare Menge $M \subseteq \mathbb{R}^n$. *Ist M sogar Jordan-messbar, so folgt*

$$\lambda^n(M) = \lim_{\delta\to 0} \delta^n A_\delta = \lim_{\delta\to 0} \delta^n N_\delta = \lim_{\delta\to 0} \delta^n B_\delta \,.$$

Falls $\lambda^n(M) \ne 0$ ist, erhält man daraus für $\delta \to 0$ die asymptotische Beziehung

$$A_\delta \sim N_\delta \sim B_\delta \sim \frac{\lambda^n(M)}{\delta^n} \,.$$

Jeder Grundwürfel in $\Gamma(\delta)$, der eine beschränkte Menge $M \subseteq \mathbb{R}^n$ trifft, aber nicht ganz in M liegt, hat einen Punkt mit Rd M gemeinsam. Somit ist $B_\delta(M) - A_\delta(M) \le B_\delta(\mathrm{Rd}\,M)$. Es folgt:

12.C.12 *Sei $M \subseteq \mathbb{R}^n$ eine beschränkte Menge, deren Rand* Rd M *Jordan-messbar ist mit* $\lambda^n(\mathrm{Rd}\,M) = 0$. *Dann ist M selbst Jordan-messbar.*

B e w e i s . Es ist $0 = \lambda^n(\mathrm{Rd}\,M) = \lim_{\delta\to 0} \delta^n B_\delta(\mathrm{Rd}\,M)$, also wegen obiger Ungleichung erst recht $\lim \delta^n \big(B_\delta(M) - A_\delta(M)\big) = 0$.   ●

Übrigens gilt auch die Umkehrung von 12.C.12, vgl. Aufg. 9.

Im nächsten Satz benutzen wir den Begriff der C^1-H y p e r f l ä c h e im $\mathbb{R}^n$, den wir in Abschnitt 6.C eingeführt haben (vgl. Definition 6.C.5 und die anschließenden Bemerkungen) und ausführlicher in Bd. 4 besprechen werden. Eine C^1-Hyperfläche im $\mathbb{R}^n$ ist eine Teilmenge $X \subseteq \mathbb{R}^n$ mit folgender Eigenschaft: Ist $a = (a_1, \dots, a_n) \in X$, so gibt es ein $j \in \{1, \dots, n\}$, offene Umgebungen U_1 von $(a_1, \dots, a_{j-1}, a_{j+1}, \dots, a_n) \in \mathbb{R}^{n-1}$ und U_2 von $a_j \in \mathbb{R}$, sowie eine C^1-Funktion $h : U_1 \to U_2$ derart, dass $X \cap (U_1 \times U_2)$ gleich dem Graphen

$$\big\{(t_1, \dots, t_{j-1}, h(t_1, \dots, t_{j-1}, t_{j+1}, \dots, t_n), t_{j+1}, \dots, t_n) \;\big|\; (t_1, \dots, t_{j-1}, t_{j+1}, \dots, t_n \in U_1\big\}$$

von h ist. Ist $f : G \to \mathbb{R}$ eine C^1-Funktion auf der offenen Menge $G \subseteq \mathbb{R}^n$ und $b \in \mathbb{R}$ ein regulärer Wert von f, so ist die Faser $f^{-1}(b)$ eine C^1-Hyperfläche.

12.C.13 Satz *Es sei $M \subseteq \mathbb{R}^n$, $n \ge 1$, eine beschränkte Menge. Ihr (topologischer) Rand* Rd M *lasse sich überdecken durch endlich viele kompakte Teilmengen von C^1-Hyperflächen. Dann ist* Rd M *eine Jordan-messbare Nullmenge und somit M Jordan-messbar. – Genauer ist* $B_\delta(\mathrm{Rd}\,M) = O(1/\delta^{n-1})$ *und insbesondere*

$$N_\delta(M) = \frac{\lambda^n(M)}{\delta^n} + O\Big(\frac{1}{\delta^{n-1}}\Big),$$

d.h. $\lambda^n(M) = \delta^n N_\delta(M) + O(\delta)$ für $\delta \to 0$.

B e w e i s . Um $B_\delta(\mathrm{Rd}\,M) = O(1/\delta^{n-1})$ zu beweisen, genügt es zu zeigen, dass für den Graphen $H = \{t_n = h(t_1, \dots, t_{n-1})\}$ einer Funktion $h : K \to \mathbb{R}$, die die Beschränkung einer C^1-Funktion auf einer offenen Umgebung U des kompakten Quaders K in $\mathbb{R}^{n-1}$ ist, die Abschätzung $B_\delta(H) = O(1/\delta^{n-1})$ gilt.

Ein Grundwürfel $[\delta a_1, \delta(a_1+1)] \times \cdots \times [\delta a_n, \delta(a_n+1)]$ von $\Gamma(\delta)$ trifft den Graphen H genau dann, wenn das Intervall $[\delta a_n, \delta(a_n+1)]$ einen Punkt mit dem Bildintervall der „Grundfläche" $K \cap \big([\delta a_1, \delta(a_1+1)] \times \cdots \times [\delta a_{n-1}, \delta(a_{n-1}+1)]\big)$ unter der Funktion h gemeinsam hat. Für zwei Punkte $h(a)$ und $h(a')$ dieses Bildintervalls gilt nach der Taylor-Formel (mit einem $\theta \in [0, 1]$):

$$|h(a) - h(a')| = |\langle a - a', \operatorname{grad} h(a + \theta(a' - a))\rangle| \le \|a - a'\| \, \|\operatorname{grad} h\|_K \le C\delta$$

mit der Konstanten $C := \sqrt{n-1} \, \|\operatorname{grad} h\|_K \in \mathbb{R}_+$. Folglich gibt es zu einer festen Grundfläche nur höchstens $[C] + 1$ Intervalle der Form $[\delta a_n, \delta(a_n+1)]$, die dieses Bildintervall treffen, und damit auch höchstens ebenso viele Grundwürfel in $\Gamma(\delta)$ mit dieser Grundfläche, die H treffen. Da K beschränkt ist, ist die Anzahl der möglichen Grundflächen gleich $O(1/\delta^{n-1})$ und insgesamt $B_\delta(H) = O(1/\delta^{n-1})$.

Wegen $\lim_{\delta \to 0} \delta^n B_\delta(\operatorname{Rd} M) = 0$ und $A_\delta(\operatorname{Rd} M) \le B_\delta(\operatorname{Rd} M)$ ist $\operatorname{Rd} M$ eine Jordan-messbare Nullmenge und somit M nach 12.C.12 Jordan-messbar.

Schließlich ergibt sich $\delta^n\big(B_\delta(M) - A_\delta(M)\big) = O(\delta)$ und daher wegen $A_\delta \le N_\delta \le B_\delta$ und $\delta^n A_\delta \le \lambda^n(M) \le \delta^n B_\delta$ auch $\lambda^n(M) = \delta^n N_\delta + O(\delta)$, sowie $N_\delta = \lambda^n(M)/\delta^n + O(1/\delta^{n-1})$ für $\delta \to 0$. $\qquad\bullet$

Sind z.B. $d_1, \ldots, d_n \in \mathbb{R}_+^\times$, $n \ge 1$, und ist $M \subseteq \mathbb{R}^n$ das Simplex mit den Ecken $0, d_1 e_1, \ldots, d_n e_n$ und dem Volumen $\lambda^n(M) = d_1 \cdots d_n/n!$ (vgl. Bd. 2, Satz 9.B.4), so erhalten wir: Für die Anzahl N_δ, $\delta \in \mathbb{R}_+^\times$, der Punkte $(a_1, \ldots, a_n) \in \mathbb{N}^n$ mit $a_1/d_1 + \cdots + a_n/d_n \le 1/\delta$ gilt

$$N_\delta = \frac{d_1 \cdots d_n}{n! \, \delta^n} + O\Big(\frac{1}{\delta^{n-1}}\Big) \quad \text{und insbesondere} \quad N_\delta \sim \frac{d_1 \cdots d_n}{n! \, \delta^n} \quad \text{für } \delta \to 0.$$

Für paarweise teilerfremde natürliche Zahlen $q_1, \ldots, q_n > 1$ (z.B. für paarweise verschiedene Primzahlen) erhält man daraus: Ist $x \in \mathbb{R}_+^\times$ und bezeichnet $N(q_1, \ldots, q_n; x)$ die Anzahl der $m \in \mathbb{N}^*$ mit $m \le x$, die eine Darstellung $m = q_1^{a_1} \cdots q_n^{a_n}$, $a_1, \ldots, a_n \in \mathbb{N}$, besitzen, für die also $\ln m = a_1 \ln q_1 + \cdots + a_n \ln q_n \le \ln x$ ist, so gilt

$$N(q_1, \ldots, q_n; x) \sim \frac{(\ln x)^n}{n! \, \prod_{i=1}^n \ln q_i} \quad \text{für } x \to \infty.$$

(Daraus folgt insbesondere, dass es unendlich viele Primzahlen gibt.[2]))

Sei $n \in \mathbb{N}^*$ und $M \subseteq \mathbb{R}^n$ eine beschränkte Jordan-messbare Menge. Die obige Formel

$$\lambda^n(M) = \lim_{\delta \to 0} \delta^n N_\delta(M)$$

(vor 12.C.12) heißt auch die V o l u m e n f o r m e l   v o n   G a u ß. Wir wollen ihr für $n \ge 2$ noch eine andere Gestalt geben. Sei dazu $x = (\delta a_1, \ldots, \delta a_n) \ne 0$ ein Punkt $\ne 0$ des Gitters $\Gamma(\delta)$. x heiße s i c h t b a r (von 0 aus), wenn die Strecke $[0, x]$ außer den Endpunkten keine weiteren Punkte des Gitters $\Gamma(\delta)$ enthält. Dies ist genau dann der Fall, wenn der größte gemeinsame Teiler der $a_1, \ldots, a_n$ gleich 1 ist. Die Anzahl der sichtbaren Punkte von $\Gamma(\delta)$, die in M liegen, sei $S_\delta(M)$ und die Anzahl aller von 0 verschiedenen Punkte von $\Gamma(\delta)$, die in M liegen, sei $N'_\delta(M)$. Dann unterscheidet sich $N'_\delta(M)$ von $N_\delta(M)$ um höchstens 1, und es gilt

$$N'_\delta(M) = \sum_{d \in \mathbb{N}^*} S_{d\delta}(M).$$

Für $m \in \mathbb{N}^*$ ist also $N'_{m\delta}(M) = \sum_{d \in \mathbb{N}^*} S_{md\delta}(M)$, und die Umkehrformel aus Bd. 1, 6.B, Aufg. 9

---

[2]) Dies folgt schon aus $N(q_1, \ldots, q_n; x) \le \big|\{(a_1, \ldots, a_n) \in \mathbb{N}^n \mid a_1 + \cdots + a_n \le \ln x/\ln 2\}\big| = \binom{[\ln x/\ln 2] + n}{n} \le \big([\ln x/\ln 2] + 1\big)^n = O\big((\ln x)^n\big)$. – Für die Anzahlen $N(q_1, \ldots, q_n; x)$ findet man eine feinere Abschätzung bei M. Rubinstein in Am. Math. Monthly **100**, 388-392 (1993).

liefert

$$S_\delta(M) = \sum_{m \in \mathbb{N}^*} \mu(m) N'_{m\delta}(M) \, .$$

Dabei ist μ die Möbius-Funktion mit $\mu(m) := (-1)^r$, falls m keine mehrfachen Primfaktoren besitzt und r die Anzahl der Primfaktoren von m ist, und $\mu(m) := 0$ sonst. Nach Bd. 1, 6.B, Aufg. 8d) gilt $\sum_{m=1}^\infty \mu(m)/m^n = 1/\zeta(n)$ für die Zeta-Funktion $\zeta(n) = \sum_{m=1}^\infty 1/m^n$. Es folgt

$$\delta^n S_\delta(M) - \frac{\lambda^n(M)}{\zeta(n)} = \sum_{m=1}^\infty \frac{\mu(m)}{m^n} \left((m\delta)^n N'_{m\delta}(M) - \lambda^n(M) \right) \, .$$

Wegen $\left| \dfrac{\mu(m)}{m^n} \left((m\delta)^n N'_{m\delta}(M) - \lambda^n(M) \right) \right| \leq \dfrac{c}{m^n}$ mit einer von δ und m unabhängigen Konstanten c ergibt sich $\lim\limits_{\delta \to 0} \left(\delta^n S_\delta(M) - \dfrac{\lambda^n(M)}{\zeta(n)} \right) = 0$. Damit haben wir bewiesen:

12.C.14 Satz *Das Volumen einer beschränkten Jordan-messbaren Menge* $M \subseteq \mathbb{R}^n$, $n \geq 2$, *ist*

$$\lambda^n(M) = \zeta(n) \lim_{\delta \to 0} \delta^n S_\delta(M) \, ,$$

wo $S_\delta(M)$ *die Anzahl der sichtbaren Punkte des Gitters* $\Gamma(\delta)$ *ist, die in* M *liegen.*

Als Beispiel erhält man die folgende, schon in Bd. 1 (2. Aufl.), 6.B, Aufg. 9 erwähnte Aussage:

12.C.15 Korollar *Sei* $n \geq 2$ *und sei* $V_n(m)$ *die Anzahl der n-Tupel teilerfremder positiver natürlicher Zahlen* $\leq m \in \mathbb{N}^*$. *Dann ist*

$$\lim_{m \to \infty} \frac{V_n(m)}{m^n} = \frac{1}{\zeta(n)} \, .$$

B e w e i s . Man wendet 12.C.14 auf $M := \,]0,1]^n$ an und lässt δ die Folge $1/m$, $m \in \mathbb{N}^*$, durchlaufen.   ●

12.C.15 lässt sich etwas ungenau in folgender Weise formulieren: *Die Wahrscheinlichkeit, dass die Komponenten eines n-Tupels ($n \geq 2$) positiver natürlicher Zahlen teilerfremd sind, ist gleich* $1/\zeta(n)$, *bei* $n = 2$ *also gleich* $6/\pi^2$. – Eine weitere Interpretation von 12.C.15 ist die folgende: Ein Punkt x im projektiven Raum $\mathbb{P}^n(\mathbb{Q})$ über den rationalen Zahlen lässt sich bis auf das Vorzeichen eindeutig durch ein $(n+1)$-Tupel $(x_0, \ldots, x_n) \in \mathbb{Z}^{n+1} - \{0\}$ *teilerfremder* ganzer Zahlen repräsentieren, so dass seine H ö h e

$$H(x) := \mathrm{Max} \left(|x_0|, \ldots, |x_n| \right) \in \mathbb{N}^*$$

wohldefiniert ist. Sei $w_m\big(\mathbb{P}^n(\mathbb{Q})\big)$ die Anzahl der Punkte in $\mathbb{P}^n(\mathbb{Q})$ mit einer Höhe $\leq m \in \mathbb{N}^*$. Da die Punkte auf den Koordinatenhyperebenen asymptotisch keine Rolle spielen, ergibt 12.C.15: *Für* $m \to \infty$ *und* $n \geq 1$ *ist*

$$w_m\big(\mathbb{P}^n(\mathbb{Q})\big) \sim \frac{2^n}{\zeta(n+1)} \cdot m^{n+1} \, .$$

12.C.16 Beispiel (M i n k o w s k i s c h e r G i t t e r p u n k t s a t z) Das Gitter $\Gamma(1) = \mathbb{Z}^n$ ist eine Untergruppe von $(\mathbb{R}^n, +)$ und der halboffene Würfel $E = [0, 1[^n$ ein volles Repräsentantensystem für die Restklassen von $\mathbb{R}^n/\mathbb{Z}^n$. Jedes $x \in \mathbb{R}^n$ lässt sich eindeutig in der Form $x = x_Z + x_E$ schreiben mit $x_E \in E$ und $x_Z \in \mathbb{Z}^n$. Die kanonische Projektion $\pi : \mathbb{R}^n \to \mathbb{R}^n/\mathbb{Z}^n$ liefert die hier ebenfalls mit π bezeichnete Abbildung $\pi : \mathbb{R}^n \to E$ mit $\pi(x) = x_E$. Mit diesen Bezeichnungen formulieren wir zunächst eine Hilfsaussage.

12.C.17 Lemma von Blichfeldt *Sei $M \subseteq \mathbb{R}^n$ eine Borel-Menge. Dann gilt:* (1) *Ist $\pi|M$ injektiv, so ist $\lambda^n(M) \leq 1$.* (2) *Ist $\pi|M$ surjektiv, so ist $\lambda^n(M) \geq 1$.* (3) *Ist $\pi|M$ bijektiv, so ist $\lambda^n(M) = 1$.* (4) *Ist $\pi|M$ injektiv und ist M kompakt, sowie $n \geq 1$, so ist $\lambda^n(M) < 1$.*

B e w e i s . (1) Sei $\lambda^n(M) > 1$. Wir zeigen, dass $\pi|M$ dann nicht injektiv sein kann.

Wegen $\mathbb{R}^n = \biguplus_{z \in \mathbb{Z}^n}(z+E)$ ist $M = \biguplus_{z \in \mathbb{Z}^n}\bigl(M \cap (z+E)\bigr)$ eine Zerlegung von M in paarweise disjunkte Borel-Mengen, und die Translationsinvarianz von λ^n liefert

$$1 < \lambda^n(M) = \sum_{z \in \mathbb{Z}^n} \lambda^n\bigl(M \cap (z+E)\bigr) = \sum_{z \in \mathbb{Z}^n} \lambda^n\bigl(-z + \bigl(M \cap (z+E)\bigr)\bigr).$$

Da die Mengen $-z + \bigl(M \cap (z+E)\bigr)$, $z \in \mathbb{Z}^n$, alle in E liegen, können sie wegen $\lambda^n(E) = 1$ nicht paarweise disjunkt sein. Es gibt daher $x \in E$ und $z_1, z_2 \in \mathbb{Z}^n$ mit $z_1 \neq z_2$ und $x+z_1 \in M \cap (z_1+E)$ sowie $x+z_2 \in M \cap (z_2+E)$. Dafür ist $\pi(x+z_1) = x = \pi(x+z_2)$ und $x+z_1 \neq x+z_2$, d.h. $\pi|M$ ist nicht injektiv.

Zum Beweis von (2) verweisen wir auf Aufg. 10. (3) folgt aus (1) und (2).

(4) Ist nun M kompakt mit $\lambda^n(M) = 1$, so nimmt die Funktion $x \mapsto \|x\|$ in einem Punkt $a \in M$ ihr globales Maximum an. Dann sind die Mengen $M_m := M \cup \overline{B}(a\,;\,1/m)$, $m \in \mathbb{N}^*$, kompakt und es gilt $M_m \downarrow M$ sowie $\lambda^n(M_m) > \lambda^n(M) = 1$. Nach (1) gibt es $x_m, y_m \in M_m$ mit $x_m \neq y_m$ und $\pi(x_m) = \pi(y_m)$, d.h. $x_m - y_m \in \mathbb{Z}^m - \{0\}$. Nach Übergang zu einer Teilfolge können wir annehmen, dass die Folgen (x_m) und (y_m) konvergieren mit Grenzwerten x bzw. y. Da die M_m kompakt sind und $M_m \downarrow M$ gilt, folgt $x, y \in M$. Ferner konvergiert $z_m := x_m - y_m$ dann gegen $z := x - y$. Wegen $z_m \in \mathbb{Z}^n - \{0\}$ für alle m liegt z ebenfalls in der abgeschlossenen Menge $\mathbb{Z}^n - \{0\}$. Daher ist $x \neq y$ und $\pi(x) = \pi(y)$, d.h. $\pi|M$ kann nicht injektiv sein. $\bullet$

Wir nennen eine Menge $M \subseteq \mathbb{R}^n$ z u m N u l l p u n k t s y m m e t r i s c h , wenn sie mit x stets auch $-x$ enthält. Für solche Mengen können wir nun leicht zeigen:

12.C.18 Gitterpunktsatz von Minkowski *Sei $M \subseteq \mathbb{R}^n$ eine konvexe, zum Nullpunkt symmetrische Borel-Menge mit dem Volumen $\lambda^n(M) > 2^n$. Dann enthält M einen von 0 verschiedenen Punkt des Gitters $\mathbb{Z}^n$. – Ist M kompakt sowie $n \geq 1$, so gilt dies bereits dann, wenn die Voraussetzung über das Volumen von M durch die schwächere Bedingung $\lambda^n(M) \geq 2^n$ ersetzt wird.*

B e w e i s . Bezeichnet $\sigma : \mathbb{R}^n \to \mathbb{R}^n$ die durch $\sigma(x) := \frac{1}{2}x$ definierte Streckung, so gilt $\lambda^n\bigl(\sigma(M)\bigr) = |\operatorname{Det}\sigma|\lambda^n(M) = \lambda^n(M)/2^n$. Ferner ist $\sigma(M)$ kompakt, falls M dies ist. In beiden betrachteten Fällen kann $\pi|\sigma(M)$ nach 12.C.17 dann nicht injektiv sein. Es gibt also $x, y \in \sigma(M)$ mit $x-y \in \mathbb{Z}^n - \{0\}$. Nun gilt $2x, 2y \in M$, also $-2y \in M$ wegen der Symmetrie, sowie $x - y = \frac{1}{2}\bigl((2x + (-2y)\bigr) \in M$ wegen der Konvexität von M. $\bullet$

Ist (in der Situation von 12.C.18) Γ ein beliebiges volles Gitter in $\mathbb{R}^n$ mit Gitterbasis $x_1, \ldots, x_n$ und Grundmaschenvolumen $\lambda(\Gamma) := \lambda^n(Q(0; x_1, \ldots, x_n)) = |\Delta_e(x_1, \ldots, x_n)|$, so enthält M einen Punkt aus $\Gamma - \{0\}$, wenn $\lambda^n(M) > 2^n\lambda(\Gamma)$ bzw. $\lambda^n(M) \geq 2^n\lambda(\Gamma)$ ist.

Der Gitterpunktsatz von Minkowski ist ein wichtiges Hilfsmittel, um Aussagen der Zahlentheorie mit Hilfe geometrischer Überlegungen zu gewinnen (G e o m e t r i e d e r Z a h l e n). Als typisches Beispiel zeigen wir den berühmten V i e r - Q u a d r a t e - S a t z v o n L a g r a n g e : *Jede natürliche Zahl ist Summe von vier Quadratzahlen.* Zum B e w e i s benutzen wir die Algebra $\mathbb{H}(\mathbb{Z}) = \mathbb{Z}^4 \subseteq \mathbb{H} = \mathbb{H}(\mathbb{R}^3) = \mathbb{R}^4$ der ganzzahligen Quaternionen $q = q_0 + q_1 i + q_2 j + q_3 k$, $q_0, q_1, q_2, q_3 \in \mathbb{Z}$, vgl. Bd.2, Beispiel 14.A.15. Mit der konjugierten Quaternion $\overline{q} = q_0 - q_1 i - q_2 j - q_3 k$ ist $q\overline{q} = \overline{q}q = \|q\|^2 = q_0^2 + q_1^2 + q_2^2 + q_3^2$. Ferner ist $\overline{pq} = \overline{q}\,\overline{p}$ und insbesondere $\|pq\|^2 = \|p\|^2\|q\|^2$ für beliebige $p, q \in \mathbb{H}$. Wegen $2 = 1^2 + 1^2 + 0^2 + 0^2$ genügt es also zu zeigen: *Jede Primzahl $\ell > 2$ ist Summe von vier Quadraten.* Wir rechnen modulo ℓ und betrachten die 4-dimensionale $\mathbf{K}_\ell$-Algebra $\mathbb{H}(\mathbb{Z})/\ell\,\mathbb{H}(\mathbb{Z}) = \mathbb{H}(\mathbf{K}_\ell) = \mathbf{K}_\ell^4$ mit der kanonischen Projektion $\mathbb{H}(\mathbb{Z}) \to \mathbb{H}(\mathbf{K}_\ell)$. In $\mathbf{K}_\ell$ gibt es $(\ell+1)/2$ Quadrate x^2 und $(\ell+1)/2$ Elemente der Form $-y^2 - 1$, also Elemente x, y mit $1 + x^2 + y^2 = 0$. Für $q := 1 + xi + yj$ ist somit $q\overline{q} = 0$ in $\mathbb{H}(\mathbf{K}_\ell)$. Das Bild $q\mathbb{H}(\mathbf{K}_\ell)$ der Linksmultiplikation λ_q mit q in $\mathbb{H}(\mathbf{K}_\ell)$ ist mindestens 2-dimensional und wegen $\overline{q}\,\mathbb{H}(\mathbf{K}_\ell) \subseteq \mathrm{Kern}\,\lambda_q$ auch höchstens 2-dimensional.[3]) Das Urbild von $q\mathbb{H}(\mathbf{K}_\ell)$ in $\mathbb{H}(\mathbb{Z}) = \mathbb{Z}^4$ bzgl. der kanonischen Projektion ist also ein Untergitter $\Gamma \subseteq \mathbb{Z}^4$ vom Index ℓ^2, und für jedes $p \in \Gamma$ ist $\|p\|^2 = p\overline{p}$ durch ℓ teilbar, da $p\overline{p} = 0$ ist in $\mathbf{K}_\ell$ für solch ein p. Da der Grundmascheninhalt $\lambda(\Gamma)$ von Γ gleich dem Index ℓ^2 ist und da die Kugel vom Radius $(2\ell)^{1/2}$ in $\mathbb{R}^4$ nach Beispiel 12.C.10 das Volumen $4\ell^2\omega_4 = 4\ell^2\pi^2/2 > 2^4\lambda(\Gamma) = 2^4\ell^2$ hat, gibt es nach dem Minkowskischen Gitterpunktsatz 12.C.18 in Γ ein Element $p \neq 0$ mit $\|p\|^2 < 2\ell$. Dann ist aber notwendigerweise $\|p\|^2 = \ell$, und ℓ ist Summe von vier Quadratzahlen.   •

Man beweise analog unter Benutzung der Algebra $\mathbb{Z}[i] = \mathbb{Z} + \mathbb{Z}i = \mathbb{Z}^2 \subseteq \mathbb{C} = \mathbb{R}^2$ der ganzen Gaußschen Zahlen den Z w e i - Q u a d r a t e - S a t z v o n Fe r m a t - E u l e r : *Eine Zahl $n \in \mathbb{N}^*$ ist (genau dann) Summe von zwei Quadratzahlen, wenn Primzahlen $\equiv 3 \bmod 4$ stets mit einer geraden Vielfachheit in n vorkommen.* Vgl. auch Bd. 2, 10.A, Aufg. 34 und 18.A, Aufg. 10. Es genügt zu zeigen: *Jede Primzahl $\ell \equiv 1 \bmod 4$ ist Summe zweier Quadrate.* Für solche ℓ hat die Gleichung $1 + x^2 = 0$ Lösungen in $\mathbf{K}_\ell$, nämlich $x := \pm((\ell-1)/2)! \in \mathbf{K}_\ell$ wegen $x^2 = (\ell-1)! = \prod_{t\in\mathbf{K}_\ell^\times}t = -1$ in $\mathbf{K}_\ell$, vgl. Bd. 2, Bemerkung nach Satz 10.A.11.

12.C.19 Beispiel (I s o d i a m e t r i s c h e U n g l e i c h u n g) Der $\mathbb{R}^n$ sei mit der euklidischen Standardmetrik versehen. Wir geben in diesem Beispiel einen elementaren Beweis für die so genannte B i e b e r b a c h s c h e oder i s o d i a m e t r i s c h e U n g l e i c h u n g : *Sei $K \subseteq \mathbb{R}^n$ eine nichtleere Borel-Menge vom (euklidischen) Durchmesser $d = \mathrm{Sup}\,\{\|x-y\| \mid x, y \in K\} < \infty$. Dann gilt*

$$\lambda^n(K) \le \lambda^n\big(\overline{\mathrm{B}}(0\,;d/2)\big) = \omega_n d^n/2^n \,.$$

Ist K kompakt, so gilt dabei das Gleichheitszeichen nur dann, wenn K eine Kugel vom Durchmesser d ist. Abgeschlossene Kugeln (und nur diese) haben also bei gegebenem Durchmesser (unter allen abgeschlossenen Mengen) das größte Volumen.

B e w e i s . Ohne Einschränkung sei $d > 0$. Da sich der Durchmesser beim Abschluss nicht ändert, können wir annehmen, dass K abgeschlossen, also kompakt ist und überdies in der abgeschlossenen Kugel $\overline{\mathrm{B}}(0\,;d)$ liegt. Alle nichtleeren kompakten Teilmengen vom Durchmesser $\le d$ dieser Kugel bilden bezüglich des Hausdorff-Abstands, vgl. Beispiel 3.B.16, einen kompakten metrischen Raum, auf dem das Volumen λ^n stetig ist, vgl. Aufg. 19.

Sei nun K eine kompakte Menge vom Durchmesser $\le d$ (und damit vom Durchmesser $= d$) mit maximalem Volumen. Wir haben zu zeigen, dass K eine Kugel ist. K ist sicherlich konvex. Beim Übergang zur konvexen Hülle ändert sich nämlich der Durchmesser nicht, das (positive) Volumen wird aber echt größer, wenn K nicht selbst schon konvex war (Beweis!).

Wir können annehmen, dass 0 der Mittelpunkt[4]) von K ist.[5]) Für eine Hyperebene H durch 0

---

[3]) $\mathbb{H}(\mathbf{K}_\ell)$ ist übrigens isomorph zur Matrizenalgebra $\mathrm{M}_2(\mathbf{K}_\ell)$, vgl. Bd. 4, Beispiel 7.B.4.

[4]) Für eine beschränkte nichtleere Menge $M \subseteq \mathbb{R}^n$ sei der Mittelpunkt von M hier folgendermaßen definiert: R sei das Infimum der Radien der abgeschlossenen Kugeln, die M umfassen. Dann gibt es genau einen Punkt $O \in \mathbb{R}^n$ mit $M \subseteq \overline{\mathrm{B}}(O\,;R)$ (Beweis!). Diese Kugel heißt die U m k u g e l , O der M i t t e l p u n k t und R der U m k u g e l - R a d i u s von M. Ist M ein Simplex, so stimmt der so definierte Mittelpunkt *nicht* immer mit dem in Bd. 2, 13.B, Aufg. 12a) definierten Mittelpunkt überein!

[5]) Statt mit dem Mittelpunkt könnte man im Folgenden auch mit dem Schwerpunkt von K

bezeichne s_H die orthogonale Spiegelung des $\mathbb{R}^n$ an H. Dass K eine Kugel ist, ist äquivalent damit, dass K unter allen diesen Spiegelungen s_H invariant ist. Wir setzen

$$K_H^M := \tfrac{1}{2}K + \tfrac{1}{2}s_H(K) = \{\tfrac{1}{2}x + \tfrac{1}{2}y \mid x \in K,\, y \in s_H(K)\}.$$

K_H^M ist offenbar wie K kompakt und konvex und hat einen Durchmesser $\leq d$. Diese (Minkowski-)Symmetrisierung von K enthält als Teilmenge die so genannte Steiner-Symmetrisierung K_H^S. Die Menge K_H^S hat definitionsgemäß dieselbe orthogonale Projektion auf H wie K und entsteht aus K dadurch, dass für jede zu H orthogonale affine Gerade g, die K trifft, das (kompakte) Intervall $g \cap K$ auf g so verschoben wird, dass sein Mittelpunkt in H liegt. K_H^S ist ebenfalls wie K kompakt und konvex und hat überdies nach dem Prinzip des Cavalieri, vgl. 14.C.2, dasselbe Volumen wie K.

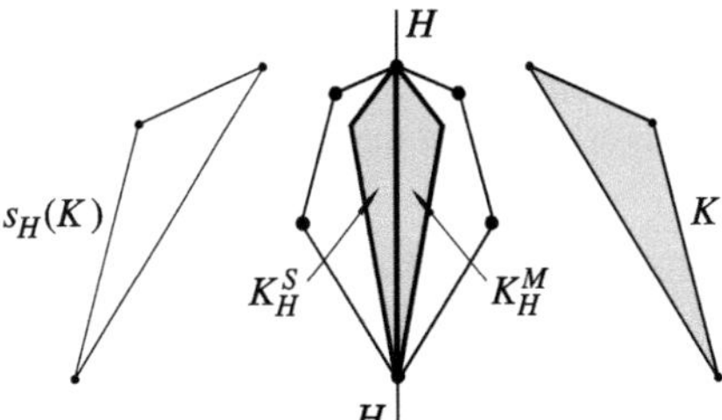

Da K bezüglich des Volumens maximal gewählt worden war, muss also $K_H^M = K_H^S$ sein. [6]) Wir werden daraus folgern, *dass $s_H(K)$ aus K durch eine Translation (orthogonal zu H) hervorgeht*. Da aber K und $s_H(K)$ denselben Mittelpunkt 0 haben, kann diese Translation nur die Identität sein, d.h. es ist $K = s_H(K)$, wie gewünscht.

Sei $P \subseteq H$ die orthogonale Projektion von K auf H, ferner sei z ein Einheitsnormalenvektor zu H, mit dessen Hilfe wir auf jeder Geraden $\mathbb{R}z + x$, $x \in P$, eine Koordinate einführen. Dann ist der Schnitt $K \cap (\mathbb{R}z + x)$, $x \in P$, ein Intervall $[A(x), B(x)] \subseteq \mathbb{R}$. Die Funktionen A und B sind offenbar stetig auf P. Wir haben zu zeigen, dass $A(x) + B(x)$ eine Konstante C ist. Dann geht nämlich $s_H(K)$ aus K durch die Translation mit dem Vektor $-Cz$ hervor.

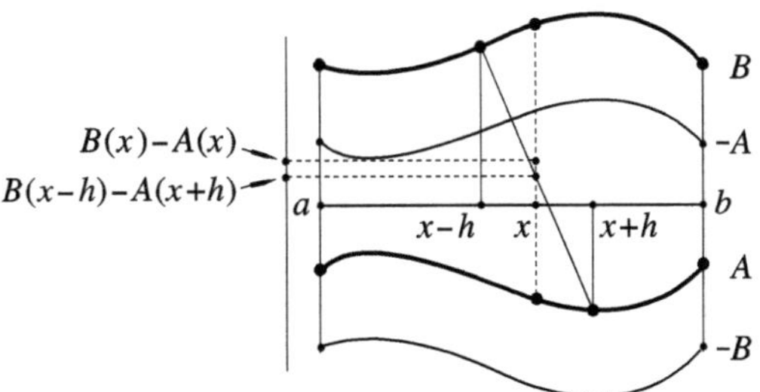

Um die Konstanz von $A(x) + B(x)$ zu beweisen, können wir durch Betrachten ebener Schnitte annehmen, dass $n = 2$ ist, $H = \mathbb{R}e_1$, $z = e_2$ und $P = [a, b]e_1$. Für $h \in \mathbb{R}$ und $x \in \,]a, b[$ mit $x - h, x + h \in [a, b]$ ist

$$\left(x,\, \tfrac{1}{2}\big(B(x-h) - A(x+h)\big)\right) \in K_H^M = K_H^S.$$

---

argumentieren; dieser lässt sich allerdings nicht so elementar definieren, vgl. Beispiel 16.B.1.
[6]) Zwei konvexe Körper im $\mathbb{R}^n$ (d.h. zwei konvexe kompakte Teilmengen des $\mathbb{R}^n$ mit nichtleerem Inneren), die ineinander enthalten sind und dasselbe (positive) Volumen haben, sind identisch.

Es folgt $B(x-h) - A(x+h) \leq B(x) - A(x)$. Mit $C_h(x) := B(x-h) + A(x)$ folgt daraus für beliebige $q \in \mathbb{N}^*$

$$C_{h/q}(x) \leq C_{h/q}\left(x + \frac{h}{q}\right) \leq C_{h/q}\left(x + \frac{2h}{q}\right) \leq \cdots \leq C_{h/q}(x+h)\,,$$

d.h.

$$B\left(x - \frac{h}{q}\right) + A(x) \leq B\left(x + h - \frac{h}{q}\right) + A(x+h)\,.$$

Für $q \to \infty$ ergibt sich $B(x) + A(x) \leq B(x+h) + A(x+h)$, d.h. $B(x) + A(x)$ ist lokal monoton wachsend und monoton fallend, also lokal konstant und damit überhaupt konstant. $\bullet$

12.C.20 Beispiel (Hausdorff-Maße · Hausdorff-Dimension) Wir wollen die so genannten Hausdorff-Maße auf dem $\mathbb{R}^n$ besprechen, die es gestatten, für komplizierte Mengen wie etwa die Cantorsche Wischmenge, vgl. 12.B, Aufg. 3, oder andere Fraktale [7]) einen Dimensionsbegriff einzuführen, der diesen eine nicht-negative reelle Zahl (und nicht notwendigerweise eine natürliche Zahl) als Dimension zuordnet und damit die Eigenschaften dieser Mengen viel besser wiedergibt.

Wir versehen dazu der Einfachheit halber $\mathbb{R}^n$ mit dem Standardskalarprodukt und der Standardnorm. Für $M \subseteq \mathbb{R}^n$ ist $\|M\| = \mathrm{Sup}\,\{\|x - y\| \mid x, y \in M\} \in \overline{\mathbb{R}}_+$ der Durchmesser von M. Sei $\delta > 0$ vorgegeben. Unter einer δ-Pflasterung von M verstehen wir eine Überdeckung von M durch *abzählbar* viele Teilmengen von $\mathbb{R}^n$, deren Durchmesser $\leq \delta$ ist. Für $s \in \mathbb{R}_+$ definiert man nun ein äußeres Maß $\mathcal{H}_\delta^s$ auf der Potenzmenge $\mathfrak{P}(\mathbb{R}^n)$ durch

$$\mathcal{H}_\delta^s(M) := \mathrm{Inf}\left(\sum_{i \in I} \|U_i\|^s\right),$$

wobei das Infimum über alle δ-Pflasterungen U_i, $i \in I$, von M zu nehmen ist. Für $\delta \leq \delta'$ ist $\mathcal{H}_\delta^s(M) \geq \mathcal{H}_{\delta'}^s(M)$, da jede δ-Pflasterung eine δ'-Pflasterung ist. Daher existiert

$$\mathcal{H}^s(M) := \lim_{\delta \to 0+} \mathcal{H}_\delta^s(M) \in \overline{\mathbb{R}}_+\,,$$

und die Rechenregeln für Limiten zeigen, dass auch $\mathcal{H}^s$ ein äußeres Maß auf $\mathbb{R}^n$ ist, dessen Beschränkung auf die gemäß 11.D.5 konstruierte σ-Algebra $\mathcal{A}^*$ folglich ein Maß $\mathcal{H}^s$ liefert. Wir sprechen vom s-dimensionalen (äußeren) Hausdorff-Maß.

Das äußere Maß $\mathcal{H}^s$ ist metrisch, d.h. für Mengen $M, M' \subseteq \mathbb{R}^n$ mit positiven Abstand

$$d(M, M') = \mathrm{Inf}\,\left\{\|x - x'\| \mid x \in M,\ x' \in M'\right\}$$

addieren sich die Maße bei Vereinigung: Bei $d(M, M') > 0$ gilt $\mathcal{H}^s(M \cup M') = \mathcal{H}^s(M) + \mathcal{H}^s(M)$. Dies folgt daraus, dass für $\delta < \frac{1}{2}d(M, M')$ δ-Pflasterungen U_i, $i \in I$, von M und U_j', $j \in J$, von M' existieren mit $U_i \cap U_j' = \emptyset$ für $i \in I$, $j \in J$. Wir können nun im Anschluss an C. Carathéodory zeigen, dass alle Borel-Mengen zur σ-Algebra $\mathcal{A}^*$ derjenigen Teilmengen von $\mathbb{R}^n$ gehören, die bezüglich $\mathcal{H}^s$ die Zerlegungseigenschaft besitzen.

12.C.21 Satz *Sei* $\mu \colon \mathfrak{P}(\mathbb{R}^n) \to \overline{\mathbb{R}}_+$ *ein metrisches äußeres Maß. Dann besitzt jede Borel-Menge in* $\mathbb{R}^n$ *die Zerlegungseigenschaft bezüglich* μ.

---

[7]) Der Begriff „Fraktal" ist schillernd und wird häufig mehr beschworen als definiert. Für kompakte Mengen wird häufig die folgende Definition vorgeschlagen: Die kompakte Menge $K \subseteq \mathbb{R}^n$ heißt ein Fraktal, wenn ihre Hausdorff-Dimension $\dim_{\mathrm{H}} K$ (die wir weiter unten definieren) größer ist als ihre topologische Dimension $\dim K$ (für deren Definition wir auf Lehrbücher der Topologie verweisen). Generell gilt $\dim_{\mathrm{H}} K \geq \dim K$.

B e w e i s . Da die abgeschlossenen Mengen die σ-Algebra $\mathcal{B}^n$ der Borel-Mengen erzeugen, genügt es zu zeigen, dass eine (beliebige) abgeschlossene Menge M die Zerlegungseigenschaft bezüglich μ besitzt. Wir haben $\mu(N) \geq \mu(M \cap N) + \mu\big((\mathbb{R}^n - M) \cap N\big)$ für beliebig vorgegebenes $N \subseteq \mathbb{R}^n$ zu beweisen.

Setzen wir $N_k := \{x \in N \mid d(M, x) \geq \frac{1}{k}\}$ für $k \in \mathbb{N}^*$, so ist $d(M \cap N, N_k) \geq \frac{1}{k} > 0$ und somit nach Voraussetzung über μ und wegen $(M \cap N) \cup N_k \subseteq N$

$$\mu(N) \geq \mu\big((M \cap N) \cup N_k\big) = \mu(M \cap N) + \mu(N_k) \,.$$

Es genügt also zu zeigen, dass die Folge $\mu(N_k)$, $k \in \mathbb{N}^*$, gegen $\mu\big((\mathbb{R}^n - M) \cap N\big)$ konvergiert.

Zunächst ist $N_k \subseteq N_{k+1} \subseteq N - M = (\mathbb{R}^n - M) \cap N$, also $\lim \mu(N_k) \leq \mu\big((\mathbb{R}^n - M) \cap N\big) = \mu(N - M)$, und wir können $\lim \mu(N_k) < \infty$ annehmen (sonst gilt die Behauptung trivialerweise). Da jedes $x \in N - M$ von M wegen der Abgeschlossenheit von M einen positiven Abstand von M hat und somit in einem N_k liegt, ist $\bigcup_k N_k = N - M$. Zu jedem $x \in (N - M) - N_{k+1}$ gibt es ein $y \in M$ mit $\|x - y\| < 1/(k+1)$. Ist nun $z \in N_k$, so ist $\|z - y\| \geq 1/k$ und daher $\|z - x\| \geq \|z - y\| - \|x - y\| \geq 1/k(k+1)$. Es folgt $d\big((N - M) - N_{k+1}, N_k\big) \geq 1/k(k+1)$.

Setzt man noch $N_0 := \emptyset$ und $D_k := N_k - N_{k-1}$ für alle $k \in \mathbb{N}^*$, so ist $D_{k+2} \subseteq (N - M) - N_{k+1}$, $D_k \subseteq N_k$ und daher $d(D_{k+2}, D_k) \geq 1/k(k+1)$ für $k \in \mathbb{N}^*$. Da μ metrisch ist, hat man

$$\sum_{j=1}^{k} \mu(D_{2j}) = \mu\Big(\bigcup_{j=1}^{k} D_{2j}\Big) \leq \mu(N_{2k}) \,,$$

$$\sum_{j=1}^{k} \mu(D_{2j-1}) = \mu\Big(\bigcup_{j=1}^{k} D_{2j-1}\Big) \leq \mu(N_{2k-1}) \leq \mu(N_{2k}) \,,$$

und aus $\lim \mu(N_k) < \infty$ folgt die Konvergenz von $\sum_j \mu(D_j)$, d.h. zu vorgegebenem $\varepsilon > 0$ gibt es ein $k \in \mathbb{N}^*$ mit $\sum_{j=k+1}^{\infty} \mu(D_j) \leq \varepsilon$. Es ergibt sich

$$\mu(N - M) = \mu\Big(N_k \cup \bigcup_{j=k+1}^{\infty} D_j\Big) \leq \mu(N_k) + \sum_{j=k+1}^{\infty} \mu(D_j) \leq \lim_{k \to \infty} \mu(N_k) + \varepsilon$$

und daher $\mu(N - M) \leq \lim \mu(N_k)$, was noch zu zeigen war. $\qquad\bullet$

Aus 12.C.21 folgt mit 11.D.5, *dass $\mathcal{H}^s$, beschränkt auf die σ-Algebra $\mathcal{B}^n$ der Borel-Mengen des $\mathbb{R}^n$, ein Maß ist.* Für $s = 0$ handelt es sich offenbar um das Anzahlmaß auf $\mathbb{R}^n$, vgl. Beispiel 11.C.2 (1), für $s = n = 1$ ist $\mathcal{H}^1$ einfach das Borel-Lebesgue-Maß λ^1, wie sofort aus den Definitionen folgt. Allgemein ist bei $s = n$ das Hausdorff-Maß $\mathcal{H}^n$ ein Vielfaches des Borel-Lebesgue-Maßes λ^n:

12.C.22 Satz *Für $n \in \mathbb{N}$ ist $\lambda^n = \dfrac{\omega_n}{2^n} \, \mathcal{H}^n$ auf $\mathcal{B}^n$, wobei $\omega_n = \pi^{n/2}/(n/2)!$ das Volumen der Einheitskugel im $\mathbb{R}^n$ ist.*

B e w e i s . Da das Hausdorff-Maß $\mathcal{H}^n$ nach Konstruktion ein translationsinvariantes Maß ist, liefert 12.B.3 bereits die gewünschte Gleichheit, wenn für eine einzige offene Kugel $B \subseteq \mathbb{R}^n$ mit Radius $1/2$ gezeigt werden kann $\mathcal{H}^n(B) = 1$.

Zunächst beweisen wir $\mathcal{H}^n(B) \leq 1$, d.h. $\mathcal{H}^n_\delta(B) \leq 1$ für ein beliebiges $\delta > 0$. Dazu wählen wir eine Folge $\overline{B}_j$, $j \in \mathbb{N}$, paarweise disjunkter, abgeschlossener Kugeln $\overline{B}_j \subseteq B$ mit Durchmesser $\|\overline{B}_j\| \leq \delta$, indem wir nach erfolgter Wahl von $\overline{B}_0, \ldots, \overline{B}_k$ für $\overline{B}_{k+1}$ eine beliebige abgeschlossene

Kugel nehmen, die in $D_k := B - \bigcup_{j=0}^{k} \overline{B}_j$ enthalten ist, deren Durchmesser $\leq \delta$ aber mindestens halb so groß ist wie das Supremum der Durchmesser von abgeschlossenen Kugeln mit Durchmesser $\leq \delta$, die in der offenen Menge D_k liegen. Zu jeder dieser Kugeln $\overline{B}_j$ betrachten wir noch die abgeschlossene Kugel $\overline{B}'_j$, die denselben Mittelpunkt hat wie $\overline{B}_j$ und einen dreimal so großen Durchmesser. Aus der Konstruktion der $\overline{B}_j$ folgt, dass $\lim_{j\to\infty} \|\overline{B}_j\| = 0$ ist, da $\sum_j \lambda^n(\overline{B}_j) \leq \lambda^n(B) < \infty$ ist.

Wir zeigen, dass die $\overline{B}_j$ die Kugel B bis auf eine Menge vom $\mathcal{H}^n$-Maß 0 überdecken. Sei $x \in D_k$. Dazu gibt es eine abgeschlossene Kugel $K \subseteq D_k$ mit Mittelpunkt x und positivem Durchmesser $\leq \delta$. Die Zahl $m \in \mathbb{N}$ sei minimal mit $m > k$ und $\|\overline{B}_m\| < \|K\|/2$. Nach Wahl von $\overline{B}_m$ gibt es ein j_0 mit $m > j_0 > k$ und $\overline{B}_{j_0} \cap K \neq \emptyset$. Wegen $\|\overline{B}_{j_0}\| \geq \|K\|/2$ ist dann $x \in \overline{B}'_{j_0}$. Es folgt $D_k \subseteq \bigcup_{j=k+1}^{\infty} \overline{B}'_j$.

Sei nun k so groß gewählt, dass für alle $j > k$ gilt $\|\overline{B}_j\| \leq \delta/3$, d.h. $\|\overline{B}'_j\| \leq \delta$. Zu $\varepsilon > 0$ ist

$$\mathcal{H}^n_\delta\Big(B - \bigcup_{j=0}^{\infty} \overline{B}_j\Big) \leq \mathcal{H}^n_\delta(D_k) \leq \mathcal{H}^n_\delta\Big(\bigcup_{j=k+1}^{\infty} \overline{B}'_j\Big) \leq \sum_{j=k+1}^{\infty} \mathcal{H}^n_\delta(\overline{B}'_j) \leq \sum_{j=k+1}^{\infty} 3^n \|\overline{B}_j\|^n = \frac{6^n}{\omega_n} \sum_{j=k+1}^{\infty} \lambda^n(\overline{B}_j) \leq \varepsilon$$

für hinreichend großes k, da $\sum_{j=0}^{\infty} \lambda^n(\overline{B}_j) = \lambda^n\big(\bigcup_{j=0}^{\infty} \overline{B}_j\big) \leq \lambda^n(B) = \omega_n/2^n$ konvergiert. Es folgt $\mathcal{H}^n_\delta(B - \bigcup_{j=0}^{\infty} \overline{B}_j) = 0$ und somit

$$\mathcal{H}^n_\delta(B) = \mathcal{H}^n_\delta\Big(\bigcup_{j=0}^{\infty} \overline{B}_j \cup \big(B - \bigcup_{j=0}^{\infty} \overline{B}_j\big)\Big) \leq \sum_{j=0}^{\infty} \mathcal{H}^n_\delta(\overline{B}_j) + \mathcal{H}^n_\delta\Big(B - \bigcup_{j=0}^{\infty} \overline{B}_j\Big)$$

$$\leq \sum_{j=0}^{\infty} \|\overline{B}_j\|^n = \sum_{j=0}^{\infty} \frac{2^n}{\omega_n} \lambda^n(\overline{B}_j) \leq \frac{2^n}{\omega_n} \lambda^n(B) = 1 \,.$$

Um umgekehrt $\mathcal{H}^n_\delta(B) \geq 1$ zu zeigen, verwenden wir die isodiametrische Ungleichung aus Beispiel 12.C.19. Zu vorgegebenem $\varepsilon > 0$ gibt es eine δ-Pflasterung U_i, $i \in I$, von B mit $\sum_{i\in I} \|U_i\|^n \leq \mathcal{H}^n_\delta(B) + \varepsilon$. Da der Durchmesser sich beim Übergang zum topologischen Abschluss nicht ändert, können wir annehmen, dass die U_i kompakt und damit Borelsch sind. Dann gilt nach der isodiametrischen Ungleichung $\lambda^n(U_i) \leq \omega_n \|U_i\|^n/2^n$ und somit

$$\mathcal{H}^n_\delta(B) \geq \Big(\sum_{i\in I} \|U_i\|^n \Big) - \varepsilon \geq \frac{2^n}{\omega_n} \Big(\sum_{i\in I} \lambda^n(U_i) \Big) - \varepsilon \geq \frac{2^n}{\omega_n} \lambda^n(B) - \varepsilon = 1 - \varepsilon \,.$$

Indem man $\varepsilon > 0$ beliebig klein wählt, sieht man $\mathcal{H}^n_\delta(B) \geq 1$ und daher $\mathcal{H}^n(B) \geq 1$.   ●

Wir kehren noch einmal zum äußeren Hausdorff-Maß zurück. Für $s, t \in \mathbb{R}_+$ mit $s < t$ und eine Teilmenge M von $\mathbb{R}^n$ mit $\|M\| \leq \delta$ gilt $\|M\|^t \leq \delta^{t-s}\|M\|^s$. Es folgt $\mathcal{H}^t_\delta(M) \leq \delta^{t-s}\mathcal{H}^s_\delta(M)$. Führt man den Grenzübergang $\delta \to 0$ aus, so sieht man: Aus $\mathcal{H}^s(M) < \infty$, folgt bereits $\mathcal{H}^t(M) = 0$ für $t > s$. Die Funktion $s \mapsto \mathcal{H}^s(M)$ von $\mathbb{R}_+$ in $\overline{\mathbb{R}}_+ = \mathbb{R}_+ \cup \{\infty\}$ ist also monoton fallend und nimmt an höchstens einer Stelle einen von 0 und ∞ verschiedenen Wert an. Wir definieren die H a u s d o r f f - D i m e n s i o n $\dim_{\mathrm{H}} M$ von M durch

$$\dim_{\mathrm{H}} M := \mathrm{Sup}\,\{s \in \overline{\mathbb{R}}_+ \mid \mathcal{H}^s(M) = \infty\} = \mathrm{Inf}\,\{s \in \overline{\mathbb{R}}_+ \mid \mathcal{H}^s(M) = 0\} \,.$$

$\dim_{\mathrm{H}} M$ ist also die Stelle, an der das äußere Hausdorff-Maß von ∞ auf den Wert 0 springt. *Ist $0 < \mathcal{H}^s(M) < \infty$ für ein $s \in \overline{\mathbb{R}}_+$, so ist dieses s sicher gleich der Hausdorff-Dimension von M.* (Aber es kann durchaus vorkommen, dass $\mathcal{H}^s(M)$ nur die Werte ∞ und 0 annimmt.) Für $M \subseteq M'$ ist $\mathcal{H}^s(M) \leq \mathcal{H}^s(M')$ und daher $\dim_{\mathrm{H}} M \leq \dim_{\mathrm{H}} M'$.

Für jede beschränkte Menge $M \subseteq \mathbb{R}^n$ ist $\dim_H M \le n$, denn für $s > n$ und $\delta > 0$ gilt mit den in Beispiel 12.C.11 eingeführten Bezeichnungen $\mathcal{H}^s_{\sqrt{n}\delta}(M) \le n^{s/2}\,\delta^s B_\delta(M) \le n^{s/2}\delta^s (C/\delta)^n = C^n n^{s/2}\delta^{s-n} \xrightarrow{\ \delta\to 0\ } 0$, wo C eine Konstante > 0 ist. *Dann ist* $\dim_H M \le n$ *für jede Teilmenge* $M \subseteq \mathbb{R}^n$. *Ist aber M eine Borel-Menge mit* $\lambda^n(M) > 0$, *so ist* $\dim_H M = n$, da nach 12.C.22 dann auch $\mathcal{H}^n(M) = 2^n \lambda^n(M)/\omega_n > 0$ ist. Ist M überdies beschränkt, so ist $0 < \lambda^n(M) \le \delta^n B_\delta(M) \le \delta^n (C/\delta)^n$, d.h. $\ln \lambda^n(M) \le n \ln \delta + \ln B_\delta(M) \le n \ln C$ und insbesondere auch $n = \dim_B M$, wo

$$\dim_B M := \lim_{\delta \to 0+} \frac{\ln B_\delta(M)}{-\ln \delta}$$

die so genannte B o x d i m e n s i o n von M ist, die für eine beschränkte Menge $M \subseteq \mathbb{R}^n$ immer dann definiert ist, wenn der zuletzt angegebene Grenzwert existiert. Stets ist $\dim_H M \le \dim_B M$, genauer ist $\dim_H M \le \underline{\dim}_B M := \liminf_{\delta\to 0+} \ln B_\delta(M)/(-\ln \delta)$ (wiederum wegen $\mathcal{H}^s_{\sqrt{n}\delta}(M) \le n^{s/2}\delta^s B_\delta(M)$). Im Allgemeinen ist jedoch $\dim_H M < \dim_B M$, z.B. ist $0 = \dim_H [0,1]\cap\mathbb{Q} < \dim_B [0,1]\cap\mathbb{Q} = 1$. Generell ist offenbar $\dim_B M = \dim_B \overline{M}$.

Die Hausdorff-Dimension einer Teilmenge von $\mathbb{R}^n$ ist – wie bereits erwähnt – nicht immer eine natürliche Zahl. Wir erläutern dies für die Cantorsche Wischmenge, die noch einfach zu behandeln ist und deren Hausdorff-Dimension überdies gleich der Boxdimension ist, vgl. Aufg. 21.

12.C.23 Beispiel (C a n t o r s c h e W i s c h m e n g e) Wir beweisen, *dass die Cantorsche Wischmenge C_3 aus* 12.A, Aufg. 3b) *die Hausdorff-Dimension* $s := \ln 2/\ln 3$ *hat.*[8]) Dazu genügt es zu zeigen, dass $\mathcal{H}^s(C_3) = 1$ für dieses s gilt.

$$
\begin{array}{ll}
\rule{6cm}{0.4pt}\ I_0 & \\[4pt]
\rule{2.6cm}{0.4pt}\quad\rule{2.6cm}{0.4pt}\ I_1 & \qquad C_3 = \bigcap_{k=0}^{\infty} I_k \\[4pt]
I_2 & \\[4pt]
I_3 &
\end{array}
$$

Mit den in der zitierten Aufgabe eingeführten Bezeichnungen liegt C_3 in I_k, lässt sich also durch 2^k Intervalle der Länge $1/3^k$ überdecken. Wegen $3^{\ln 2} = 2^{\ln 3}$, also $3^s = 2$, folgt $\mathcal{H}^s_{1/3^k}(C_3) \le 2^k (1/3^k)^s = 2^k/2^k = 1$ und damit $\mathcal{H}^s(C_3) \le 1$.

Angenommen, es gebe ein $\delta > 0$ und eine δ-Pflasterung U_i, $i \in I$, von C_3 mit $\sum_{i\in I} \|U_i\|^s < 1$. Die Zahlen $\varepsilon_i > \|U_i\|$, $i \in I$, seien so gewählt, dass auch noch $\sum \varepsilon_i^s < 1$ ist. Indem man jedes U_i durch ein abgeschlossenes Intervall der Länge ε_i ersetzt, das U_i im Inneren enthält, kann man wegen der Kompaktheit von C_3 annehmen, dass U_i, $i \in I$, eine Überdeckung von C_3 durch endlich viele abgeschlossene Intervalle ist. Dabei kann man die U_i so groß wählen, dass U_i von der Form $[a/3^{k_i}, b/3^{k_i}]$ mit $a, b \in \mathbb{N}$ ist und immer noch $\sum \|U_i\|^s < 1$ gilt. Sei schließlich k das Maximum der dabei auftauchenden k_i, und sei nun U eines dieser U_i. Wir bezeichnen mit $U^{(1)}$ und $U^{(3)}$ die Teile von U, die im linken bzw. rechten Drittel von I_1 liegen, ferner sei $U^{(2)} = U - I_1$. Dann ist $U = U^{(1)} \uplus U^{(2)} \uplus U^{(3)}$, und falls $U^{(1)}$ und $U^{(3)}$ beide $\ne \emptyset$ sind, ist $\|U^{(2)}\| = \frac{1}{3} \ge \mathrm{Max}\left(\|U^{(1)}\|, \|U^{(3)}\|\right)$. Daraus folgt

$$
\|U\|^s \ge \left(\tfrac{3}{2}\big(\|U^{(1)}\| + \|U^{(3)}\|\big)\right)^s = 2\left(\tfrac{1}{2}\|U^{(1)}\| + \tfrac{1}{2}\|U^{(3)}\|\right)^s
$$

$$
\ge 2\left(\tfrac{1}{2}\|U^{(1)}\|^s + \tfrac{1}{2}\|U^{(3)}\|^s\right) = \|U^{(1)}\|^s + \|U^{(3)}\|^s\,,
$$

---

[8]) Die topologische Dimension von C_3 ist wie die eines jeden total unzusammenhängenden kompakten topologischen Raumes gleich 0. Somit ist C_3 ein Fraktal im Sinne von Fußnote 7.

da die Funktion $x \mapsto x^s$ konkav ist, vgl. Bd. 1, 14.C.3. Wegen $U^{(2)} \cap I_1 = \emptyset$, d.h. $U^{(2)} \cap C_3 = \emptyset$, kann man in der betrachteten Pflasterung U durch $U^{(1)}$ und $U^{(3)}$, also Intervalle der Länge $\leq 1/3$, ersetzen, wobei die Beziehung $\sum \|U_i\|^s < 1$ erhalten bleibt. (Ist etwa $U^{(1)} = \emptyset$, so kann man U allein durch $U^{(3)}$ ersetzen.) In dieser Weise fortfahrend, ersetzt man $U^{(1)}$ und $U^{(3)}$ durch Intervalle der Länge $\leq 1/9$, da man Mittelteile, die nicht in I_2 liegen, mit einem entsprechenden Argument wie oben weglassen kann. Nach k Schritten dieser Art hat man U durch abgeschlossene Intervalle der Länge $\leq 1/3^k$ mit Eckpunkten der Form $a/3^k$ ersetzt. Es kann sich dabei nur um einige der 2^k Teilintervalle von I_k handeln. Die Überdeckung U_j', $j \in J$, von C_3, zu der man so kommt, muss alle 2^k Teilintervalle von I_k enthalten, wobei immer noch $\sum \|U_j'\|^s < 1$ gilt. Andererseits ist aber $\sum \|U_j'\|^s \geq 2^k (1/3^k)^s = 1$. Widerspruch.   ●

12.C.24 Beispiel (R e k t i f i z i e r b a r e K u r v e n) *Sei $f : [a,b] \to \mathbb{R}^n$ eine injektive rektifizierbare Kurve, $a < b$. Dann hat ihre Trajektorie $f([a,b])$ die Hausdorff-Dimension 1,[9]) und $\mathcal{H}^1(f([a,b]))$ ist gleich der Kurvenlänge $L_a^b(f)$ von f.*

B e w e i s . Wegen $0 < L_a^b(f) < \infty$ genügt es, $\mathcal{H}^1(f([a,b])) = L_a^b(f)$ zu zeigen. Dazu können wir annehmen, dass die Kurve durch die Kurvenlänge parametrisiert ist. Dann gilt $L_a^b(f) = |b-a|$, und es ist $\|f(t) - f(t')\| \leq |t-t'|$ für $t, t' \in [a,b]$, d.h. f ist Lipschitz-stetig mit Lipschitz-Konstante 1. Wir verwenden das folgende Lemma, das auch an sich nützlich ist.

12.C.25 Lemma *Sei $\varphi : M \to \mathbb{R}^m$ eine Lipschitz-stetige Abbildung von $M \subseteq \mathbb{R}^n$ in $\mathbb{R}^m$ mit Lipschitz-Konstante $L > 0$. Für $s \in \mathbb{R}_+$ gilt dann $\mathcal{H}^s(\varphi(M)) \leq L^s \mathcal{H}^s(M)$. Insbesondere ist $\dim_H \varphi(M) \leq \dim_H M$.*

B e w e i s . Sei U_i, $i \in I$, eine δ-Pflasterung von M. Dann ist $\varphi(U_i)$, $i \in I$, eine $L\delta$-Pflasterung von $\varphi(M)$, und es gilt $\sum \|\varphi(U_i)\|^s \leq L^s \sum \|U_i\|^s$, also $\mathcal{H}_{L\delta}^s(\varphi(M)) \leq L^s \mathcal{H}_\delta^s(M)$, woraus die Behauptung folgt.   ●

Zunächst ergibt sich $\mathcal{H}^1(f([a,b])) \leq \mathcal{H}^1([a,b]) = |b-a|$. Bezeichnet $p : \mathbb{R}^n \to \mathbb{R}^n$ die orthogonale Projektion des $\mathbb{R}^n$ auf die (affine) Gerade durch den Anfangspunkt $f(a)$ und den Endpunkt $f(b)$ der Kurve, so ist p Lipschitz-stetig mit der Lipschitz-Konstanten 1. Da auf der Geraden das Hausdorff-Maß $\mathcal{H}^1$ und das Borel-Lebesgue-Maß übereinstimmen, folgt

$$\|f(b) - f(a)\| = \mathcal{H}^1([f(a), f(b)]) \leq \mathcal{H}^1(f([a,b])).$$

Ist $a = t_0 < t_1 < \cdots < t_k = b$ eine Unterteilung des Intervalls $[a,b]$, so stimmen zwei zugehörige Kurvenstücke $f([t_{i-1}, t_i])$ und $f([t_{j-1}, t_j])$ für $i \neq j$ höchstens in den Randpunkten, also Mengen vom $\mathcal{H}^1$-Maß 0 überein. Es folgt

$$\sum_{i=0}^{k-1} \|f(t_{i+1}) - f(t_i)\| \leq \sum_{i=0}^{k-1} \mathcal{H}^1(f([t_i, t_{i+1}])) = \mathcal{H}^1(f([a,b])),$$

also $|b-a| = L_a^b(f) \leq \mathcal{H}^1(f([a,b]))$, was noch zu zeigen war.   ●

Natürlich gibt es Kurven im $\mathbb{R}^n$, $n > 1$, deren Trajektorien eine Hausdorff-Dimension > 1 haben, beispielsweise die Peano-Kurven, deren Trajektorien den ganzen Einheitswürfel $[0,1]^n$ ausfüllen, vgl. Beispiel 7.C.7.

---

[9]) Die topologische Dimension der Trajektorie $f([a,b])$ ist wie die des Intervalls $[a,b]$ ebenfalls gleich 1. $f([a,b])$ ist also sicherlich kein Fraktal im Sinne von Fußnote 7.

12.C.26 Beispiel (S e l b s t ä h n l i c h e   M e n g e n) Wir erinnern daran, dass wir unter einer Ähnlichkeit f des $\mathbb{R}^n$ eine Streckung des $\mathbb{R}^n$, gefolgt von einer Bewegung des $\mathbb{R}^n$ (versehen mit dem Standardskalarprodukt) verstehen. Ist c der (positive) Streckungsfaktor von f, so gilt $\|f(x) - f(y)\| = c\|x - y\|$ für alle $x, y \in \mathbb{R}^n$. Insbesondere ist f stark kontrahierend, wenn $c < 1$ ist. Eine nichtleere Borel-Menge $M \subseteq \mathbb{R}^n$ heißt s e l b s t ä h n l i c h, wenn es endlich viele Ähnlichkeiten $f_1, \ldots, f_m$ des $\mathbb{R}^n$ mit Streckungsfaktoren $c_1, \ldots, c_m \in\,]0, 1[$ gibt derart, dass $M = \bigcup_{i=1}^m f_i(M)$ ist. Dabei wollen wir noch die folgende möglichst allgemeine Voraussetzung machen, die sicherstellt, dass die einzelnen Teile $f_i(M)$ von M sich nicht zu stark überlappen: Es soll eine nichtleere offene Menge U des $\mathbb{R}^n$ geben mit $U \supseteq \biguplus_{i=1}^m f_i(U)$.

Die im vorangehenden Beispiel besprochene Cantor-Menge C_3 ist selbstähnlich. Bezeichnen nämlich f_1 und f_2 die beiden Ähnlichkeiten des $\mathbb{R}^1$ mit Streckungsfaktor $1/3$, die durch $f_1(0) = 0$, $f_1(1) = 1/3$, $f_2(0) = 2/3$, $f_2(1) = 1$ gegeben sind, so ist $C_3 = f_1(C_3) \uplus f_2(C_3)$. Die obige Zusatzbedingung ist mit $U =\,]0, 1[$ erfüllt.

Kehren wir zur allgemeinen Situation zurück, so gilt trivialerweise $\mathcal{H}^s\big(f_i(M)\big) = c_i^s \mathcal{H}^s(M)$ für $s \in \mathbb{R}_+$ und die Zusatzbedingung stellt, wie man zeigen kann, sicher, dass die Hausdorff-Maße $\mathcal{H}^s\big(f_i(M)\big)$ sich bei Vereinigung der $f_i(M)$ addieren. [10]) Es folgt $\mathcal{H}^s(M) = \sum_{i=1}^m \mathcal{H}^s\big(f_i(M)\big) = \sum_{i=1}^m c_i^s \mathcal{H}^s(M)$, woraus bei $0 < \mathcal{H}^s(M) < \infty$ sofort

$$1 = c_1^s + \cdots + c_m^s\,,$$

also eine Bestimmungsgleichung für die Hausdorff-Dimension $s = \dim_\mathrm{H} M$ folgt. Das Problem besteht allerdings gerade darin, zu zeigen, *dass unter den gemachten Voraussetzungen tatsächlich* $0 < \mathcal{H}^s(M) < \infty$ *für die Zahl s mit* $1 = \sum_{i=1}^n c_i^s$ *gilt.* Wir verweisen dazu auf die Literatur. [11]) Sind speziell die Streckungsfaktoren c_i alle gleich $1/c$, so folgt $s = \ln m / \ln c$. Für die Cantorsche Wischmenge C_3 ergibt sich auf diese Weise noch einmal $\dim_\mathrm{H} C_3 = \ln 2 / \ln 3$.

Ein weiteres Beispiel einer selbstähnlichen Menge ist die v o n   K o c h s c h e   K u r v e K, die als Grenzwert eine Folge K_n, $n \in \mathbb{N}$, von Kurven in $\mathbb{R}^2$ definiert wird, wobei $K_0 = [0, 1] \times \{0\}$ ist und K_{n+1} aus K_n dadurch gewonnen wird, dass das mittlere Drittel einer jeden Teilstrecke von K_n durch die beiden übrigen Seiten eines über diesem Drittel errichteten gleichseitigen Dreiecks ersetzt wird.

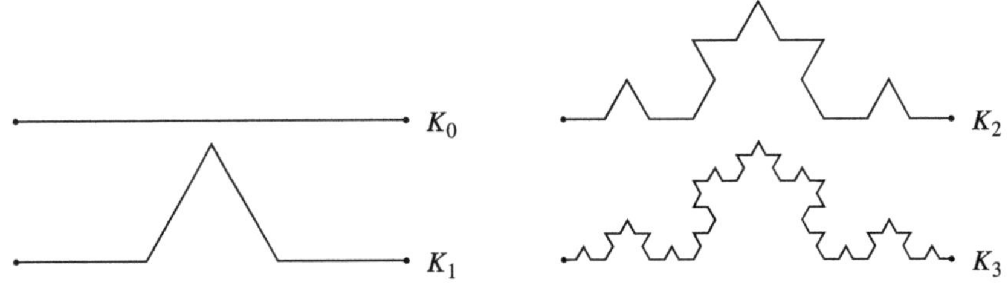

Dann wird die Selbstähnlichkeit von K offenbar durch 4 Ähnlichkeiten mit Streckungsfaktoren $1/3$ gegeben, wobei sich die Teilstrecken nur in Eckpunkten überlappen, und es folgt $\dim_\mathrm{H} K = \ln 4 / \ln 3$. Insbesondere ist die Kochsche Kurve nicht rektifizierbar, was man natürlich auch leicht direkt einsieht, da die Länge von K_n gleich $(4/3)^n$ ist. K ist ein Fraktal der topologischen Dimension 1 im Sinne von Fußnote 5.

---

[10]) Bei konkreten Beispielen sind die $f_i(M)$ oft disjunkt oder treffen sich nur in einzelnen Punkten, so dass dies ebenfalls trivial ist.

[11]) Einen Beweis findet man etwa in Chapter 9 von K. Falconer, Fractal Geometry, Chichester 1990.

Wir bemerken schließlich, dass zu gegebenen Ähnlichkeiten $f_1, \ldots, f_m$ des $\mathbb{R}^n$ mit Streckungsfaktoren $c_1, \ldots, c_m \in \;]0, 1[$ genau eine selbstähnliche nichtleere kompakte Menge $K \subseteq \mathbb{R}^n$ existiert mit $K = \bigcup_{i=1}^m f_i(K)$. Dies folgt sofort aus dem Banachschen Fixpunktsatz, vgl. Aufg. 20b).

Aufgaben

Wenn nichts anderes gesagt wird, ist $\mathbb{R}^n$ hier immer mit dem Standardskalarprodukt und der zugehörigen Standardmetrik versehen.

1. Man untersuche, ob die folgenden Teilmengen M von $\mathbb{R}^2$ Borel-Mengen sind, und bestimme gegebenenfalls den Flächeninhalt $\lambda^2(M)$ (unter Verwendung von 12.C.9).

a) $M := \{(x, y) \mid x \in \mathbb{Q}, \ y \in \mathbb{R} - \mathbb{Q}\}$.   **b)** $M := \{(x, y) \mid x, y \in \mathbb{R} - \mathbb{Q}\}$.

c) $M := \{(x, y) \mid 1 \geq x^2 \geq |y|\}$.   **d)** $M := \{(x, y) \mid |y^2 - x^2| < 1, \ |x| \leq 1\}$.

e) $M := \left\{(x, y) \mid \dfrac{x^2}{a^2} + \dfrac{y^2}{b^2} \leq 1\right\}$, $a, b > 0$ (vgl. Aufg. 3).

f) $M := \left\{(x, y) \mid y \geq -x, \ x \leq y \leq x + e^{-(x+y)}\right\}$.

2. Man berechne die Borel-Lebesgueschen Volumina der folgenden (kompakten) Mengen im $\mathbb{R}^3$ (unter Verwendung von 12.C.9).

a) $\left\{(x, y, z) \mid \sqrt{x^2 + y^2 + z^2} \leq 1, \ \sqrt{x^2 + y^2} \geq \varepsilon\right\}$, $0 \leq \varepsilon \leq 1$.

b) $\left\{(x, y, z) \mid \sqrt{x^2 + y^2} \leq 1, \ x + 1 \leq z \leq 3\right\}$.

c) $\left\{(x, y, z) \mid x \in [-1, 1], \ z \in [0, 2], \ |y| \leq \frac{1}{2}(2 - z)\sqrt{1 - x^2}\right\}$.

d) $\left\{(x, y, z) \mid x^2 + y^2 \leq r^2\left(1 - \dfrac{z}{2h}\sin\dfrac{\pi z}{h}\right), \ |z| \leq \dfrac{h}{2}\right\}$, $r, h \in \mathbb{R}_+^\times$.

e) $\left\{(x, y, z) \mid \sqrt{x^2 + y^2} \leq \frac{1}{2}, \ |z| \leq 1\right\} \cap \left\{(x, y, z) \mid \sqrt{y^2 + z^2} \leq \frac{1}{2}, \ |x| \leq 1\right\}$.

3. Das Borel-Lebesguesche Volumen des Ellipsoids $\left\{(x_1, \ldots, x_n) \in \mathbb{R}^n \mid \dfrac{x_1^2}{a_1^2} + \cdots + \dfrac{x_n^2}{a_n^2} \leq 1\right\}$, $a_i \in \mathbb{R}_+^\times$, $1 \leq i \leq n$, ist $\omega_n a_1 \cdots a_n$, wobei ω_n das Volumen der Einheitskugel im $\mathbb{R}^n$ ist, vgl. Beispiel 12.C.10. (Vgl. auch Bd. 2, 9.G, Aufg. 2.)

4. Man skizziere die Menge $M := H_1 \cap H_2 \cap H_3$ im $\mathbb{R}^2$ mit $H_i := \{(x, y) \in \mathbb{R}^2 \mid f_i(x, y) \geq 0\}$, $i = 1, 2, 3$, und $f_1(x, y) := x + 3y + 1$, $f_2(x, y) := -5x + y + 1$, $f_3(x, y) := x - y + 3$ und berechne ihren Borel-Lebesgueschen Flächeninhalt. (Vgl. auch Bd. 2, 9.G, Aufg. 3.)

5. Man betrachte die Folge F_n, $n \in \mathbb{N}^*$, ebener Mengen wobei F_1 ein gleichseitiges Dreieck der Kantenlänge 1 ist und F_{n+1} aus F_n, $n \in \mathbb{N}^*$, dadurch entsteht, dass auf das mittlere Drittel einer jeden Randkante von F_n jeweils ein gleichseitiges Dreieck aufgesetzt wird, und berechne den Borel-Lebesgueschen Flächeninhalt von $\bigcup_{n \geq 1} F_n$.

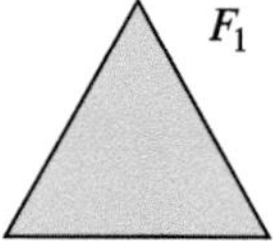

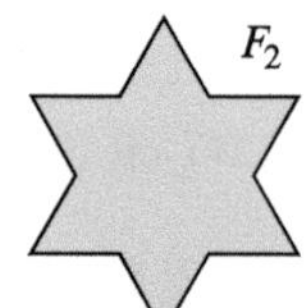

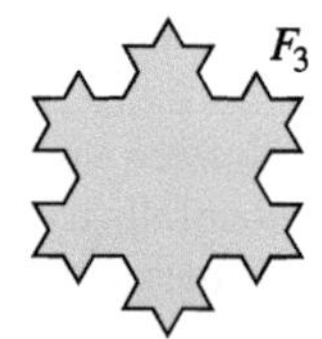

(Der Rand dieser Menge besteht aus 3 Exemplaren der von Kochschen Kurve und hat die Hausdorff-Dimension $\ln 4 / \ln 3$.)

6. Sei $f : G \to W$ eine stetig differenzierbare Abbildung auf der offenen Menge $G \subseteq V$, wobei V, W endlichdimensionale $\mathbb{R}$-Vektorräume sind, versehen jeweils mit einem Borel-Lebesgueschen Maß. Es sei $\mathrm{Dim}_{\mathbb{R}} V \leq \mathrm{Dim}_{\mathbb{R}} W$.

a) Ist N eine Lebesguesche Nullmenge in G, so ist $f(N)$ eine Lebesguesche Nullmenge in W. (Man verwende 12.B, Aufg. 7 und den Mittelwertsatz 4.C.2. Es genügt, Überdeckungen von N durch Würfel zu betrachten. – Im Allgemeinen ist das f-Bild einer Borelschen Nullmenge aber keine Borel-Menge mehr. – Die Aufgabe zeigt insbesondere, *dass die Eigenschaft einer Menge, eine Lebesguesche (oder eine Borelsche) Nullmenge zu sein, invariant ist gegenüber Diffeomorphismen.* Das Ergebnis erlaubt es, Lebesguesche und Borelsche Nullmengen in differenzierbaren Mannigfaltigkeiten zu erklären, vgl. Bd. 4.)

b) Ist $\mathrm{Dim}_{\mathbb{R}} V < \mathrm{Dim}_{\mathbb{R}} W$, so ist $f(G)$ eine Lebesguesche Nullmenge in W. ($G \times \{0\}$ ist eine Nullmenge in $V \times \mathbb{R}$.)

c) Ist B eine Lebesgue-Menge in G, so ist $f(B)$ eine Lebesgue-Menge in W. (Es gibt nach 12.B, Aufg. 4b) und 4c), eine Darstellung $B = A \cup N$, wobei A eine abzählbare Vereinigung abgeschlossener Mengen ist, die sogar kompakt gewählt werden können, und N eine Lebesguesche Nullmenge. Dann wende man a) und 11.B, Aufg. 5 an.)

7. Sei Φ eine nicht-ausgeartete symmetrische Bilinearform auf dem n-dimensionalen reellen Vektorraum V. Nach Bd. 2, Bemerkung 13.B.7 heißt eine Basis $v_1, \ldots, v_n$ von V eine verallgemeinerte Orthonormalbasis von V (bzgl. Φ), wenn $|\Phi(v_i, v_j)| = \delta_{ij}$ für $i, j = 1, \ldots, n$ ist. Die Determinante der Übergangsmatrix zwischen zwei solchen verallgemeinerten Orthonormalbasen hat den Betrag 1.

a) Man zeige, dass es ein Borel-Lebesgue-Maß λ_Φ auf V gibt, das für jedes Parallelotop, dessen Kantenvektoren eine verallgemeinerte Orthonormalbasis bilden, den Wert 1 hat. (Dieses Maß heißt das k a n o n i s c h e   B o r e l - L e b e s g u e - M a ß auf $V = (V, \Phi)$. Es ist analog für jeden affinen Raum über V definiert. Insbesondere gibt es auf jedem Einstein-Minkowski-Raum ein kanonisches Borel-Lebesgue-Maß, das für jedes Parallelotop, dessen Kantenvektoren eine Lorentz-Basis bilden, den Wert c der Lichtgeschwindigkeit hat, vgl. Bd. 2, Abschnitt 16.A.)

b) Sind $x_1, \ldots, x_n \in V$ beliebig, so ist $\lambda_\Phi\big(Q(O\,;\, x_1, \ldots, x_n)\big) = \sqrt{|G_\Phi(x_1, \ldots, x_n)|}$, wobei $G_\Phi(x_1, \ldots, x_n) = \mathrm{Det}\big(\Phi(x_i, x_j)\big)$ die Gramsche Determinante der $x_1, \ldots, x_n$ bzgl. Φ ist.

(Bemerkung. *Durch die letzte Formel wird* offenbar *auch dann invariant ein Borel-Lebesgue-Maß λ_Φ auf V definiert, wenn Φ eine zwar nicht-ausgeartete, aber nicht notwendig symmetrische Bilinearform auf V ist*, vgl. Bd. 2, Bemerkung 13.C.5.)

8. Sei Φ ein Skalarprodukt auf $\mathbb{R}^n$, und sei $D := G_\Phi(e_1, \ldots, e_n) = \mathrm{Det}\big(\Phi(e_i, e_j)\big)$.

a) Für $c \in \mathbb{R}_+$ ist das Borel-Lebesguesche Volumen des Ellipsoids $\{x \in \mathbb{R}^n \mid \Phi(x, x) \leq c^2\}$ gleich $\omega_n c^n / \sqrt{D}$, wo ω_n das Volumen der Einheitskugel im $\mathbb{R}^n$ bezeichnet.

b) Zu $c \geq 2 \sqrt[2n]{D} / \sqrt[n]{\omega_n}$ gibt es ein $x_D \in \mathbb{Z}^n - \{0\}$ mit $\Phi(x_D, x_D) \leq c^2$. (Man verwende 12.C.18.)

9. Man zeige, dass der Rand Rd M einer beschränkten Menge $M \subseteq \mathbb{R}^n$, die Jordan-messbar ist, eine Jordansche Nullmenge ist. (Umkehrung zu 12.C.12.)

10. Man beweise 12.C.17 (2). (Es ist $E = \bigcup_{z \in \mathbb{Z}^n} \big(-z + (M \cap (z+E))\big)$ bei surjektivem π.)

11. Für $n, m \in \mathbb{N}^*$ sei $R_n(m)$ die Anzahl der Punkte $(a_1, \ldots, a_n) \in \mathbb{Z}^n$ mit $a_1^2 + \cdots + a_n^2 \leq m$.

a) Es ist $R_n(m) = \omega_n m^{n/2} + O(m^{(n-1)/2})$ für $m \to \infty$. (Beispiel 12.C.10 und Satz 12.C.13.)

b) Für $n = 2$ zeige man die auf C. F. Gauß zurückgehende Formel

$$R_2(m) = 1 + 4\Big([\sqrt{m}\,] + [\sqrt{m/2}\,]^2 + 2 \cdot \sum_{k \in \mathbb{N},\, m/2 < k^2 \leq m} [\sqrt{m-k^2}\,]\Big).$$

Man berechne $R_2(m)$ für einige große Werte von m (mit dem Computer) und approximiere auf diese Weise $\pi = \lim_{m \to \infty} R_2(m)/m$. (Es ist $R_2(10^9) = 3\,141\,592\,409$. – Die Fehlerabschätzung $\pi = R_2(m)/m + O(1/\sqrt{m})$ des Satzes 12.C.13, die man hier leicht direkt bestätigt, lässt sich zu $\pi = R_2(m)/m + o(1/m^{27/40})$ verbessern.)

12. Eine Teilmenge M des $\mathbb{R}^n$ mit Hausdorff-Dimension < 1 ist stets total unzusammenhängend. (Sei $x \in M$. Man verwende 12.C.25 mit $\varphi(y) := \|x - y\|$, $y \in \mathbb{R}^n$, um zu zeigen, dass $\varphi(M)$ total unzusammenhängend ist.)

13. Die Wischmenge C_{10} aus 12.A, Aufg. 3a) besitzt die Hausdorff-Dimension $\ln 5 / \ln 10$.

14. Ausgehend von dem Quadrat $Q_0 := [0, 1]^2$ definieren wir eine Folge (Q_k) von kompakten Teilmengen des $\mathbb{R}^2$, indem wir jedes der Quadrate, deren Vereinigung Q_k ist, gemäß der folgenden Zeichnung durch 4 (kompakte) Quadrate ersetzen mit einer auf ein Viertel verringerten Kantenlänge. Dann hat die kompakte Menge $Q := \bigcap_{k=0}^{\infty} Q_k$ die Hausdorff-Dimension 1, und es ist $1 \leq \mathcal{H}^1(Q) \leq \sqrt{2}$. Q ist total unzusammenhängend. (Q hat folglich die topologische Dimension 0 und ist somit ein Fraktal. Q heißt die C a n t o r s c h e   S t a u b m e n g e. – Man betrachte die Projektion auf die Abszisse. Die Aussage über die Dimension ergibt sich natürlich auch direkt aus der Selbstähnlichkeit von Q, vgl. Beispiel 12.C.26.)

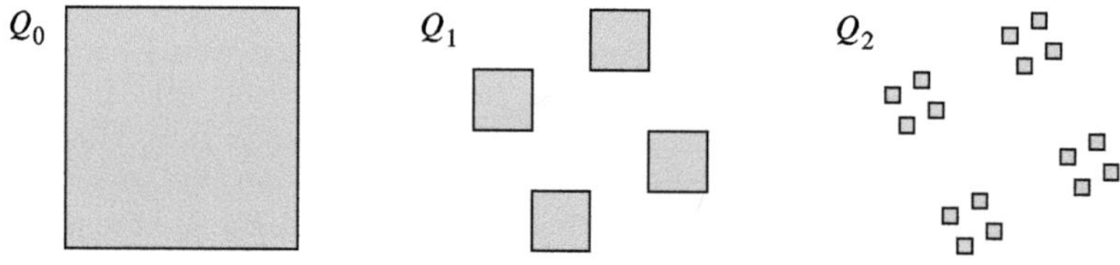

15. Die Hausdorff-Dimension lässt sich auch durch Überdeckungen mit abgeschlossenen Kugeln oder Würfeln vom Durchmesser $\leq \delta$ definieren statt mit beliebigen Mengen vom Durchmesser $\leq \delta$. Außerdem könnte man statt der Standardmetrik auf dem $\mathbb{R}^n$ eine beliebige Metrik auf dem $\mathbb{R}^n$ wählen, die von einer Norm herrührt. (Alle Normen auf $\mathbb{R}^n$ sind nämlich äquivalent. – Allerdings erhält man auf diese Weisen eventuell andere Maße als die Hausdorff-Maße $\mathcal{H}^s$.)

16. Sei M_i, $i \in I$, eine abzählbare Familie von Borel-Mengen in $\mathbb{R}^n$. Dann gilt für die Hausdorff-Dimension der Vereinigung $\dim_H \bigcup_{i \in I} M_i = \text{Sup}\, \{\dim_H M_i \mid i \in I\}$.

17. Seien $M \subseteq \mathbb{R}^m$, $N \subseteq \mathbb{R}^n$ Borel-Mengen und $f : M \to N$ ein Homöomorphismus, der zusammen mit f^{-1} lokal Lipschitz-stetig ist. Dann haben M und N dieselbe Hausdorff-Dimension. Insbesondere ergibt sich die *Invarianz der Hausdorff-Dimension gegenüber Diffeomorphismen*: Sind $G, H \subseteq \mathbb{R}^n$ offene Mengen, ist $M \subseteq G$ eine Borel-Menge und ist $f : G \to H$ ein C^1-Diffeomorphismus, so haben M und $f(M)$ dieselbe Hausdorff-Dimension. (Das Ergebnis erlaubtz es, die Hausdorff-Dimension für Borel-Mengen einer differenzierbaren Mannigfaltigkeit zu erklären, vgl. Bd. 4.) Man zeige an Hand eines Beispiels, dass dies nicht notwendig gilt, wenn f nur ein Homöomorphismus ist.

18. Ist $n \in \mathbb{N}^*$ und sind K und L kompakte nichtleere Teilmengen von $\mathbb{R}^n$, so gilt

$$\sqrt[n]{\lambda^n(K+L)} \geq \sqrt[n]{\lambda^n(K)} + \sqrt[n]{\lambda^n(L)}.$$

(Ungleichung von Brunn-Minkowski – Ohne Einschränkung haben K und L positiven Inhalt. Man behandele zunächst den Fall, dass K und L und damit auch $K+L$ Quader sind. Sind sodann K und L jeweils Vereinigungen von k bzw. l paarweise fast disjunkten Quadern, so verwende man Induktion über $k+l$. Ist etwa $k > 1$, so wähle man ein i_0 und ein $a \in \mathbb{R}$ derart, dass jede der Mengen $K_1 := K \cap \{x = (x_1, \ldots, x_n) \in \mathbb{R}^n \mid x_{i_0} \leq a\}$ und $K_2 := K \cap \{x \in \mathbb{R}^n \mid x_{i_0} \geq a\}$ wenigstens einen der Quader enthält, die K ausmachen, und dann ein $b \in \mathbb{R}$ derart, dass für $L_1 := L \cap \{x \in \mathbb{R}^n \mid x_{i_0} \leq b\}$ gilt $\lambda^n(L_1) = \lambda^n(K_1)\lambda^n(L)/\lambda^n(K)$. Dann gilt für $L_2 := L \cap \{x \in \mathbb{R}^n \mid x_{i_0} \geq b\}$ ebenfalls $\lambda^n(L_2) = \lambda^n(K_2)\lambda^n(L)/\lambda^n(K)$. Auf $K_1 + L_1$ und $K_2 + L_2$ wende man nun die Induktionsvoraussetzung an und beachte $\lambda^n(K+L) \geq \lambda^n(K_1+L_1) + \lambda^n(K_2+L_2)$. Beliebige kompakte Mengen lassen sich schließlich bei beliebigem vorgegebenem $\varepsilon > 0$ durch endlich viele paarweise fast disjunkte Quader überdecken, wobei die Differenzmenge ein Volumen $\leq \varepsilon$ hat. – Beispiel: Für jede nichtleere kompakte Menge $K \subseteq \mathbb{R}^n$ und jedes $r > 0$ hat $\{x \in \mathbb{R}^n \mid d(K, x) \leq r\} = K + \overline{B}(0 ; r)$ ein Volumen $\geq \left(\sqrt[n]{\lambda^n(K)} + r \sqrt[n]{\omega_n} \right)^n$ und $\{x \in \mathbb{R}^n \mid 0 < d(K, x) \leq r\}$ ein Volumen $\geq nr \sqrt[n]{\omega_n}\, \lambda^n(K)^{(n-1)/n}$.)

19. Ist $X \subseteq \mathbb{R}^n$ kompakt, so ist die Funktion $\lambda^n | \mathcal{F}(X)$ stetig auf dem Raum $\mathcal{F}(X)$ der nichtleeren kompakten Teilmengen von X, versehen mit dem Hausdorff-Abstand (vgl. Beispiel 3.B.16).

20. Seien X ein nichtleerer vollständiger metrischer Raum und $f_1, \ldots, f_m : X \to X$ stark kontrahierende Abbildungen von X in sich mit Kontraktionsfaktoren $L_1, \ldots, L_m < 1$, $m \in \mathbb{N}^*$. Mit $\mathcal{K} = \mathcal{K}(X)$ bezeichnen wir den Raum der nichtleeren kompakten Teilmengen von X, versehen mit dem Hausdorff-Abstand, vgl. 3.B, Aufg.12 und die Bemerkung dazu. $\mathcal{K}$ ist vollständig. Ist X sogar kompakt, so auch $\mathcal{K}$, vgl. Satz 3.B.17.

a) Die Abbildung $f : \mathcal{K} \to \mathcal{K}$ mit $A \mapsto \bigcup_{i=1}^m f_i(A)$ ist stark kontrahierend mit Kontraktionsfaktor $L := \mathrm{Max}\,(L_1, \ldots, L_m)$ und besitzt folglich genau einen Fixpunkt K, für den also $K = f(K) = \bigcup_{i=1}^m f_i(K)$ gilt. Man beachte, dass die Mengen $f_i(K)$ paarweise disjunkt sind, wenn dies für die Bildmengen $f_i(X)$, $i = 1, \ldots, m$, gilt. Für jede nichtleere kompakte Teilmenge $K_0 \subseteq X$ konvergiert die Folge $K_0, K_1 = f(K_0), \ldots, K_{n+1} = f(K_n) = f^{n+1}(K_0), \ldots$ bzgl. der Hausdorff-Metrik gegen K. Ist $P_0 \in X$, so gilt $f_i\big(\overline{B}(P_0 ; R)\big) \subseteq \overline{B}(P_0 ; R)$ für alle $R \geq R_0 := \mathrm{Max}\,\{d(P_0, f_i(P_0))/(1-L_i) \mid i = 1, \ldots, m\}$ und alle $i = 1, \ldots, m$. Man kann also X gleich durch eine Kugel $\overline{B}(P_0 ; R)$ ersetzen. Insbesondere gilt $K \subseteq \overline{B}(P_0 ; R)$ für den Fixpunkt K von f.

b) Seien $f_1, \ldots, f_m$ (affine) Ähnlichkeiten des $\mathbb{R}^n$, $n \geq 1$, mit Streckungsfaktoren $c_1, \ldots, c_m \in\,]0, 1[$. Es gibt genau eine nichtleere kompakte Teilmenge $K \subseteq \mathbb{R}^n$ mit $K = \bigcup_{i=1}^m f_i(K)$. (Die Menge K ist also selbstähnlich, vgl. Beispiel 12.C.26.) K ist Teilmenge der Kugel $\overline{B}(0 ; R_0)$, $R_0 := \mathrm{Max}\,\big\{\|f_i(0)\|/(1-c_i) \mid i = 1, \ldots, m\big\}$.

(Ergebnisse dieser Aufgabe (und Varianten davon) liefern in der Datenverarbeitung Methoden zur Bildkompression: Bei der Kompression approximiert man eine (kompakte) Teilmenge des Bildschirms im Sinne des Hausdorff-Abstandes durch eine solche kompakte Menge K, die mit einfach zu speichernden kontrahierenden Ähnlichkeiten $f_1, \ldots, f_m$ des $\mathbb{R}^2$ als Fixpunkt $K = \bigcup_{i=1}^m f_i(K)$ charakterisiert werden kann. Zur Dekompression wird K dann approximiert durch die Iterierten $K_0, \ldots, K_{n+1} = \bigcup_{i=1}^m f_i(K_n), \ldots$ mit einer beliebigen kompakten Ausgangsmenge K_0, z.B. dem gesamten Bildschirm.)

21. a) Es ist $\dim_\mathrm{B} C_3 = \ln 2 / \ln 3$ ($= \dim_\mathrm{H} C_3$). (Vgl. das Ende von Beispiel 12.C.20 und Beispiel 12.C.23.)

b) Für $S := \{1/n \mid n \in \mathbb{N}^*\}$ ist $\dim_\mathrm{B} S = 1/2$. (Die Boxdimension $\dim_\mathrm{B}$ hat also ihre Tücken.)

13 Verallgemeinerte Maße

13.A Der Zerlegungssatz von Jordan-Hahn

Ein Maß $\mu : \mathcal{B}(E) \to \overline{\mathbb{R}}_+$, wobei E unser Anschauungsraum ist, kann man als eine Massenverteilung oder als einen (Massen-)Körper interpretieren: Ist $M \subseteq E$ eine Borel-Menge, so gibt $\mu(M) \in \overline{\mathbb{R}}_+$ die Masse an, die sich im Bereich M befindet. Ist etwa $K \subseteq E$ eine feste Borel-Menge sowie $\rho \in \mathbb{R}_+$ und ist μ das Maß, das auf K mit $\rho \lambda_E$ übereinstimmt und außerhalb K das Nullmaß ist (vgl. 11.C.4), so handelt es sich um den homogenen Körper K mit der (konstanten) Dichte ρ. Betrachtet man statt Massenverteilungen Ladungsverteilungen, so lassen sich diese nicht mehr mit Maßen beschreiben, deren Werte stets ≥ 0 sind. Man benötigt vielmehr den Begriff des verallgemeinerten Maßes:

13.A.1 Definition Sei $(X, \mathcal{A})$ ein Messraum. Eine Funktion $\varphi : \mathcal{A} \to \overline{\mathbb{R}}$ heißt ein v e r a l l g e m e i n e r t e s   M a ß (mit Werten in $\overline{\mathbb{R}} = \mathbb{R} \cup \{-\infty, \infty\}$), wenn für jede abzählbare Familie M_i, $i \in I$, paarweise disjunkter messbarer Mengen $M_i \in \mathcal{A}$ die Familie $\varphi(M_i)$, $i \in I$, (in $\overline{\mathbb{R}}$) summierbar ist und wenn gilt:

$$\varphi\left(\biguplus_{i \in I} M_i \right) = \sum_{i \in I} \varphi(M_i) \, .$$

13.A.2 Beispiel Sei $(X, \mathcal{A})$ ein Messraum.

(1) Die Menge X sei zerlegt in disjunkte messbare Mengen X_+ bzw. X_-, d.h. es sei $X = X_+ \uplus X_-$. Ferner seien $\varphi_+ : \mathcal{A}(X_+) \to \overline{\mathbb{R}}_+$ bzw. $\varphi_- : \mathcal{A}(X_-) \to \overline{\mathbb{R}}_+$ Maße (im bisherigen Sinne) auf den Teilräumen X_+ bzw. X_-, von denen wenigstens eines endlich ist. Dann ist

$$\varphi(M) := \varphi_+(M \cap X_+) - \varphi_-(M \cap X_-) \, , \qquad M \in \mathcal{A} \, ,$$

ein verallgemeinertes Maß auf $(X, \mathcal{A})$.

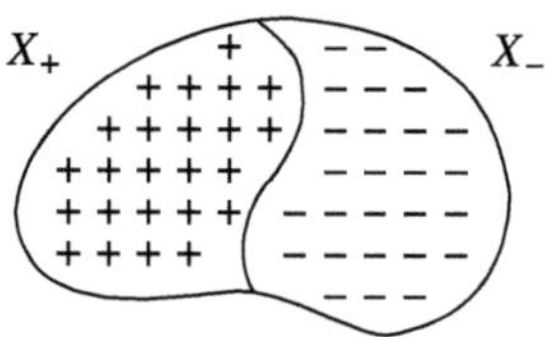

(2) Allgemeiner als in (1) seien μ und ν Maße $\mathcal{A} \to \overline{\mathbb{R}}_+$, von denen wenigstens eines endlich ist. Dann ist $\varphi := \mu - \nu$ mit $\varphi(M) := \mu(M) - \nu(M)$, $M \in \mathcal{A}$, ein verallgemeinertes Maß auf $(X, \mathcal{A})$.

Im Unterschied zu den verallgemeinerten Maßen bezeichnet man die bisher betrachteten Maße auch als **p o s i t i v e   M a ß e**. Ist $\varphi(M) \leq 0$ für alle $M \in \mathcal{A}$, d.h. ist $-\varphi$ positiv, so heißt φ ein **n e g a t i v e s   M a ß**.

Es mag überraschen, dass jedes verallgemeinerte Maß in der in Beispiel 13.A.2(1) beschriebenen Weise gewonnen werden kann. Dies ist der Inhalt des weiter unten folgenden so genannten Jordan-Hahnschen Zerlegungssatzes 13.A.5. Mit ihm wird das Studium der verallgemeinerten Maße im Wesentlichen auf das Studium der positiven Maße zurückgeführt. Wir werden uns daher in den folgenden Abschnitten auf die Betrachtung positiver Maße beschränken und auf den allgemeinen Fall nur gelegentlich hinweisen.

Entscheidend für den Beweis des Jordan-Hahnschen Zerlegungssatzes ist das folgende Lemma:

13.A.3 Lemma *Sei* $\varphi : \mathcal{A} \to \overline{\mathbb{R}}$ *ein verallgemeinertes Maß auf dem Messraum* $(X, \mathcal{A})$. *Dann gibt es messbare Mengen* M_+ *und* M_- *mit*

$$\varphi(M_+) = \mathrm{Sup}\,\{\varphi(M) \mid M \in \mathcal{A}\} \qquad und \qquad \varphi(M_-) = \mathrm{Inf}\,\{\varphi(M) \mid M \in \mathcal{A}\}.$$

B e w e i s . Es genügt, die Existenz von M_+ zu beweisen. Wir können dazu annehmen, dass $\varphi(M) < \infty$ ist für alle $M \in \mathcal{A}$. Sei dann M_n, $n \in \mathbb{N}$, eine Folge messbarer Mengen mit $\lim \varphi(M_n) = m_+ := \mathrm{Sup}\,\{\varphi(M) \mid M \in \mathcal{A}\}$. Mit $\mathcal{A}_n$ bezeichnen wir die von $M_0, \ldots, M_n$ erzeugte (endliche) σ-Algebra und mit $A_{n,1}, \ldots, A_{n,r_n}$ ihre Atome, vgl. Beispiel 11.B.11, und definieren

$$N_n := \biguplus_{i \in I_n} A_{n,i} \qquad \text{mit} \qquad I_n := \{i \mid 1 \leq i \leq r_n \,,\; \varphi(A_{n,i}) \geq 0\}.$$

Offensichtlich ist $\varphi(N) \leq \varphi(N_n)$ für alle $N \in \mathcal{A}_n$ und insbesondere $\varphi(M_n) \leq \varphi(N_n)$. Ferner ist $\varphi(N) \geq 0$ für alle $N \in \mathcal{A}_n$ mit $N \subseteq N_n$. Sei nun $P_{n,k} := \bigcup_{i=0}^{k} N_{n+i}$, $k \in \mathbb{N} \cup \{\infty\}$. Dann ist

$$\varphi(M_n) \leq \varphi(N_n) = \varphi(P_{n,0}) \leq \varphi(P_{n,1}) \leq \cdots \leq \varphi(P_{n,\infty})$$

wegen $P_{n,k+1} - P_{n,k} \subseteq N_{n+k+1}$. Für

$$M_+ := \bigcap_{n \in \mathbb{N}} P_{n,\infty} \in \mathcal{A}$$

gilt nun $P_{n,\infty} \downarrow M_+$ und $0 \leq \varphi(P_{0,\infty}) < \infty$. Es folgt

$$\varphi(M_+) = \lim_{n \to \infty} \varphi(P_{n,\infty}),$$

vgl. den Beweis von 11.C.4 (5), der sich unmittelbar auf verallgemeinerte Maße überträgt. Aus $\varphi(P_{n,\infty}) \geq \varphi(M_n)$ folgt $\varphi(M_+) = \lim \varphi(P_{n,\infty}) \geq \lim \varphi(M_n) = m_+$, also notwendigerweise $\varphi(M_+) = m_+$, wie gewünscht. $\bullet$

13.A.4 Korollar *Sei* $\varphi : \mathcal{A} \to \overline{\mathbb{R}}$ *ein verallgemeinertes Maß auf dem Messraum* $(X, \mathcal{A})$.

(1) *Genau dann ist* φ *nach oben beschränkt, wenn* $\varphi(M) < \infty$ *ist für alle* $M \in \mathcal{A}$.

(2) *Genau dann ist* φ *nach unten beschränkt, wenn* $\varphi(M) > -\infty$ *ist für alle* $M \in \mathcal{A}$.

(3) *Genau dann ist* φ *beschränkt, wenn* $\varphi(M) \in \mathbb{R}$ *ist für alle* $M \in \mathcal{A}$.

(4) φ *ist nach oben beschränkt oder nach unten beschränkt.*

B e w e i s . Die Aussagen (1) bis (3) folgen unmittelbar aus 13.A.3. Zum Beweis von (4) haben wir wegen (1) und (2) nur zu zeigen, dass es nicht gleichzeitig Mengen M, $N \in \mathcal{A}$ geben kann mit $\varphi(M) = \infty$ und $\varphi(N) = -\infty$. Die Summierbarkeitsbedingung in Def. 13.A.1 liefert für die paarweise disjunkten Mengen $M - N$, $N - M$ und $M \cap N$ aber, dass unter den φ-Werten dieser drei Mengen nur höchstens einer der Werte ∞ und $-\infty$ vorkommt. Da M und N aus diesen Mengen durch Vereinigung entstehen, gilt dies dann auch für M und N. •

Nun erhalten wir ohne Schwierigkeiten:

13.A.5 Jordan-Hahnscher Zerlegungssatz *Sei* $\varphi : \mathcal{A} \to \overline{\mathbb{R}}$ *ein verallgemeinertes Maß auf dem Messraum* $(X, \mathcal{A})$. *Dann gibt es eine Zerlegung* $X = X_+ \uplus X_-$ *von* X *in disjunkte messbare Mengen* X_+ *und* X_- *derart, dass* φ *auf* X_+ *ein positives Maß und auf* X_- *ein negatives Maß induziert. Für jedes* $M \in \mathcal{A}$ *ist somit*

$$\varphi(M) = \varphi(M \cap X_+) + \varphi(M \cap X_-)$$

mit $\varphi(M \cap X_+) \geq 0$ *und* $\varphi(M \cap X_-) \leq 0$.

B e w e i s . Wegen 13.A.4 (4) können wir ohne Einschränkung annehmen, dass φ nach unten beschränkt ist. Nach Lemma 13.A.3 existiert dann eine Menge $X_- \in \mathcal{A}$ mit $\varphi(X_-) = \text{Inf} \{\varphi(M) \mid M \in \mathcal{A}\} > -\infty$. Für $M \in \mathcal{A}$ mit $M \subseteq X_-$ gilt $\varphi(M) \leq 0$, da andernfalls $\varphi(X_- - M) < \varphi(M) + \varphi(X_- - M) = \varphi(X_-)$ wäre. Daher ist φ auf X_- negativ. Nun setzen wir $X_+ := X - X_-$. Für $M \in \mathcal{A}$ mit $M \subseteq X_+$ folgt dann $\varphi(M) \geq 0$, da andernfalls $\varphi(X_- \uplus M) = \varphi(X_-) + \varphi(M) < \varphi(X_-)$ wäre. Daher ist φ auf X_+ positiv. •

Die Zerlegung von X *gemäß* 13.A.5 *ist im Wesentlichen eindeutig*: Ist $X = X'_+ \uplus X'_-$ eine zweite solche Zerlegung, so ist φ auf $X_+ \cap X'_- = X_+ - X'_+$ gleichzeitig positiv und negativ, also das Nullmaß. Entsprechend ist φ auf $X'_+ - X_+$, $X_- - X'_-$ und $X'_- - X_-$ identisch 0. *Insgesamt ist* φ *auf den symmetrischen Differenzen* $X_+ \triangle X'_+$ *und* $X_- \triangle X'_-$ *das Nullmaß*.

Setzt man für $M \in \mathcal{A}$

$$\varphi_+(M) := \varphi(M \cap X_+) \quad \text{und} \quad \varphi_-(M) := -\varphi(M \cap X_-),$$

so erhält man Maße φ_+, $\varphi_- : \mathcal{A} \to \overline{\mathbb{R}}_+$, die auf Grund der vorstehenden Eindeutigkeitsaussage für X_+ und X_- eindeutig bestimmt sind. Es gilt $\varphi = \varphi_+ - \varphi_-$. Der B e t r a g des verallgemeinerten Maßes φ wird definiert durch

$$|\varphi| := \varphi_+ + \varphi_- .$$

Man beachte, dass $|\varphi|$ nicht einfach die Funktion $A \mapsto |\varphi(A)|$, $A \in \mathcal{A}$, ist, vgl. Aufg. 3.

13.A.6 Bemerkung Der Begriff des Maßes lässt sich weiter verallgemeinern:

13.A.7 Definition Ist $(X, \mathcal{A})$ ein Messraum und ist W ein $\mathbb{K}$-Banach-Raum, so heißt eine Abbildung $\varphi : \mathcal{A} \to W$ ein M a ß auf $(X, \mathcal{A})$ m i t W e r t e n i m B a n a c h - R a u m W, wenn für jede abzählbare Familie M_i, $i \in I$, paarweise disjunkter messbarer Mengen in X die Familie $\varphi(M_i)$, $i \in I$, in W summierbar ist und die folgende Gleichheit gilt:

$$\varphi\Big(\biguplus_{i \in I} M_i \Big) = \sum_{i \in I} \varphi(M_i) \,.$$

Ist $f : W \to W'$ eine stetige lineare Abbildung zwischen $\mathbb{K}$-Banach-Räumen und ist φ ein Maß mit Werten in W, so ist $f \circ \varphi$ offenbar ein Maß mit Werten in W'.

Der B e t r a g $|\varphi|$ des Maßes $\varphi : \mathcal{A} \to W$ wird definiert durch

$$|\varphi|(M) := \mathrm{Sup}\,\Big(\sum_{i \in I} \|\varphi(M_i)\| \Big) ,$$

wo $M \in \mathcal{A}$ ist und M_i, $i \in I$, alle abzählbaren Familien paarweise disjunkter messbarer Teilmengen von M durchläuft. Es genügt dabei, für M_i, $i \in I$, alle abzählbaren Zerlegungen von M in messbare Mengen zu nehmen. Aus der Definition ergibt sich sofort, dass $|\varphi| : \mathcal{A} \to \overline{\mathbb{R}}_+$ ein Maß im üblichen Sinne auf dem Messraum $(X, \mathcal{A})$ ist. Offenbar ist $|\varphi|(M) \geq \|\varphi(M)\|$. Im Spezialfall $\mathbb{K} = \mathbb{R} = W$ stimmt der hier definierte Betrag mit dem bereits oben definierten Betrag $|\varphi|$ des (nach oben und unten beschränkten) verallgemeinerten Maßes $\varphi : \mathcal{A} \to \mathbb{R}$ überein, vgl. Aufg. 3. Der Wert

$$\|\varphi\| := |\varphi|(X) \in \overline{\mathbb{R}}_+$$

heißt die N o r m von φ, vgl. dazu Aufg. 5. (Man verwechsele $\|\varphi\|$ nicht mit $\|\varphi(X)\|$.)

Sei schließlich W ein *endlichdimensionaler* $\mathbb{R}$-Vektorraum mit einer Basis $v_1, \dots, v_n$. Die zugehörigen Koordinatenfunktionen seien $v_1^*, \dots, v_n^*$. Für ein Maß $\varphi : \mathcal{A} \to W$ auf dem Messraum $(X, \mathcal{A})$ mit Werten in W sind dann $\varphi_j := v_j^* \circ \varphi : \mathcal{A} \to \mathbb{R}$, $j = 1, \dots, n$, (beschränkte) verallgemeinerte Maße, und es gilt für $M \in \mathcal{A}$:

$$\varphi(M) = \sum_{j=1}^{n} v_j^*\big(\varphi(M)\big)\, v_j = \sum_{j=1}^{n} \varphi_j(M)\, v_j \,.$$

Sind umgekehrt $\varphi_1, \dots, \varphi_n$ verallgemeinerte Maße auf $(X, \mathcal{A})$ mit Werten in $\mathbb{R}$, so wird durch $\varphi(M) := \sum_j \varphi_j(M)\, v_j$ ein Maß mit Werten in W gegeben. *Die Maße mit Werten in W lassen sich also nach Auszeichnen einer Basis $v_1, \dots, v_n$ mit den n-Tupeln $(\varphi_1, \dots, \varphi_n)$ verallgemeinerter Maße mit Werten in $\mathbb{R}$ identifizieren.* Insbesondere ist die Angabe eines k o m p l e x w e r t i g e n M a ß e s $\varphi : \mathcal{A} \to \mathbb{C}$ äquivalent mit der Angabe der (verallgemeinerten) reellwertigen Maße $\mathrm{Re}\,\varphi$ und $\mathrm{Im}\,\varphi$.

Für den Betrag eines Maßes $\varphi : \mathcal{A} \to W$ gilt schließlich

$$|\varphi|(M) = \mathrm{Sup}\,\Big(\sum_{i \in I} \|\varphi(M_i)\| \Big) \leq \mathrm{Sup}\,\Big(\sum_{i \in I} \sum_{j=1}^{n} |\varphi_j(M_i)|\, \|v_j\| \Big)$$

$$\leq \sum_{j=1}^{n} \mathrm{Sup}\,\Big(\sum_{i \in I} |\varphi_j(M_i)| \Big) \|v_j\| = \sum_{j=1}^{n} |\varphi_j|(M)\, \|v_j\| \,,$$

wobei $M \in \mathcal{A}$ ist und M_i, $i \in I$, jeweils alle abzählbaren Zerlegungen von M in messbare Mengen durchläuft. Es folgt $|\varphi| \leq \sum |\varphi_j|\, \|v_j\|$ und speziell $\|\varphi\| \leq \sum \|\varphi_j\|\, \|v_j\|$. *Insbesondere ist $|\varphi|$ ein endliches Maß.* Bei $\mathrm{Dim}\, W = \infty$ braucht dies nicht der Fall zu sein, vgl. Aufg. 6.

Schließlich hat man den Begriff des Maßes häufig in der Weise weiter auszudehnen, dass man zur Definition der σ-Additivität schwächere Summierbarkeitsbegriffe benutzt. Wir werden darauf gegebenenfalls hinweisen. Für ein Beispiel vgl. Definition 15.B.18.

Aufgaben

1. Ist $\varphi : \mathcal{A} \to \overline{\mathbb{R}}$ ein verallgemeinertes Maß auf $(X, \mathcal{A})$ mit $\varphi(X) \in \mathbb{R}$, so ist φ beschränkt.

2. Auch für verallgemeinerte Maße gilt der zu 12.B.3 analoge Eindeutigkeitssatz.

3. Ist $\varphi : \mathcal{A} \to \overline{\mathbb{R}}$ ein verallgemeinertes Maß auf $(X, \mathcal{A})$, so wird sein Betrag $|\varphi| : \mathcal{A} \to \overline{\mathbb{R}}_+$ für $M \in \mathcal{A}$ gegeben durch

$$|\varphi|(M) = \mathrm{Sup}\left(\sum_{i \in I} |\varphi(M_i)| \right),$$

wobei M_i, $i \in I$, alle abzählbaren Familien paarweise disjunkter messbarer Teilmengen von M durchläuft. (Vgl. Bemerkung 13.A.6.)

4. $\varphi : \mathcal{A} \to \overline{\mathbb{R}}$ und $\psi : \mathcal{A} \to \mathbb{R}$ seien verallgemeinerte Maße auf dem Messraum $(X, \mathcal{A})$, wobei ψ nach oben und unten beschränkt sei. Man zeige die Äquivalenz der folgenden Bedingungen: (1) Für alle $M \in \mathcal{A}$ folgt aus $|\varphi|(M) = 0$ stets $\psi(M) = 0$. (2) $|\psi|$ ist stetig bzgl. $|\varphi|$ (im Sinne von 11.C, Aufg. 16). (3) ψ_+ und ψ_- sind stetig bzgl. $|\varphi|$.

5. $(X, \mathcal{A})$ sei ein Messraum, und W sei ein $\mathbb{K}$-Banach-Raum. Dann bilden die Maße φ auf $X = (X, \mathcal{A})$ mit Werten in W, die eine endliche Norm haben, einen normierten $\mathbb{K}$-Vektorraum $\mathrm{M}(X, W)$ bzgl. $\varphi \mapsto \|\varphi\| = |\varphi|(X)$. (Zu einer wichtigen Interpretation des Raums der $\mathbb{K}$-wertigen Maße mit endlicher Norm im Fall, dass X kompakt und metrisch ist, verweisen wir auf den Darstellungssatz 18.C.4 von Riesz in Band 4.)

6. Man zeige an Hand eines Beispiels, dass der Betrag $|\varphi|$ eines Maßes φ mit Werten in einem nicht endlich-dimensionalen $\mathbb{K}$-Banach-Raum nicht notwendigerweise ein endliches Maß ist. (Man vgl. dazu Bd. 2, 17.A, Aufg. 8.)

14 Integration

14.A Messbare Funktionen

Der Integralbegriff wird für messbare numerische Funktionen $f : X \to \overline{\mathbb{R}}$ auf einem beliebigen σ-endlichen Maßraum $X = (X, \mathcal{A}, \mu)$ erklärt.

$\overline{\mathbb{R}} = \mathbb{R} \cup \{\pm\infty\}$ ist dabei mit der σ-Algebra $\overline{\mathcal{B}} = \mathcal{B}(\overline{\mathbb{R}})$ der Borel-Mengen von $\overline{\mathbb{R}}$ versehen. Eine Menge $M \subseteq \overline{\mathbb{R}}$ gehört genau dann zu $\overline{\mathcal{B}}$, wenn $M \cap \mathbb{R}$ eine Borel-Menge in $\mathbb{R}$ ist. Auf $\overline{\mathcal{B}}$ betrachten wir das Maß $\overline{\mathcal{B}} \to \overline{\mathbb{R}}_+$ mit $M \mapsto \lambda^1(M \cap \mathbb{R})$ und bezeichnen es ebenfalls einfach mit λ^1. Wie $(\mathbb{R}, \mathcal{B}^1, \lambda^1)$ ist auch $(\overline{\mathbb{R}}, \overline{\mathcal{B}}, \lambda^1)$ eine σ-endlicher Maßraum.

Das Kriterium 11.B.10 gestattet es, die Messbarkeit numerischer Funktionen $f : X \to \overline{\mathbb{R}}$ auf die Messbarkeit reellwertiger Funktionen zurückzuführen: f ist genau dann messbar, wenn die Fasern $f^{-1}(\infty)$ und $f^{-1}(-\infty)$ messbar in X sind und wenn die (reellwertige) Beschränkung von f auf das Komplement von $f^{-1}(\infty) \uplus f^{-1}(-\infty)$ in X messbar ist. Nach dem Messbarkeitskriterium 11.B.5 ist $f : X \to \overline{\mathbb{R}}$ bereits dann messbar, wenn die Mengen $f^{-1}(M)$ messbar sind für alle Mengen M eines Erzeugendensystems $\mathcal{M}$ von $\overline{\mathcal{B}}$. Daraus ergibt sich unter Verwendung von 11.B.9:

14.A.1 *Sei* $f : X \to \overline{\mathbb{R}}$ *eine numerische Funktion auf dem Messraum* $X = (X; \mathcal{A})$. *Dann sind folgende Aussagen äquivalent:*

(1) *f ist messbar.*

(2) *Für jedes* $a \in \mathbb{R}$ *ist die Menge* $\{f \geq a\} := \{x \in X \mid f(x) \geq a\}$ *messbar.*

(2′) *Für jedes* $a \in \mathbb{R}$ *ist die Menge* $\{f > a\} := \{x \in X \mid f(x) > a\}$ *messbar.*

(3) *Für jedes* $a \in \mathbb{R}$ *ist die Menge* $\{f \leq a\} := \{x \in X \mid f(x) \leq a\}$ *messbar.*

(3′) *Für jedes* $a \in \mathbb{R}$ *ist die Menge* $\{f < a\} := \{x \in X \mid f(x) < a\}$ *messbar.*

Insbesondere sind stetige Funktionen $X \to \mathbb{R}$ messbar, wenn X ein topologischer Raum ist, der mit der σ-Algebra $\mathcal{B}(X)$ der Borel-Mengen auf X versehen ist.

14.A.2 *Seien* f *und* g *messbare numerische Funktionen* $X \to \overline{\mathbb{R}}$ *auf dem Messraum* $X = (X, \mathcal{A})$. *Dann sind die folgenden Mengen messbar:*

(1) $\{f < g\} := \{x \in X \mid f(x) < g(x)\}$.   (2) $\{f \leq g\} := \{x \in X \mid f(x) \leq g(x)\}$.

(3) $\{f = g\} := \{x \in X \mid f(x) = g(x)\}$.   (4) $\{f \neq g\} := \{x \in X \mid f(x) \neq g(x)\}$.

Beweis. Wir betrachten die messbare Abbildung $h : X \to \overline{\mathbb{R}} \times \overline{\mathbb{R}}$ mit $x \mapsto \big(f(x), g(x)\big)$ von X in den Produktraum $(\overline{\mathbb{R}} \times \overline{\mathbb{R}}, \overline{\mathcal{B}} \otimes \overline{\mathcal{B}})$. Da in $\overline{\mathbb{R}} \times \overline{\mathbb{R}}$ die Menge der Punkte $(y, z) \in \overline{\mathbb{R}} \times \overline{\mathbb{R}}$ mit $y < z$ bzw. $y \leq z$ bzw. $y = z$ bzw. $y \neq z$ jeweils messbar ist, gilt dies auch für ihr h-Urbild in X. Das ist die Behauptung.   ●

14.A.3 *Seien* f *und* g *messbare numerische Funktionen* $X \to \overline{\mathbb{R}}$ *auf dem Messraum* X. *Dann gilt:*

(1) *Die Funktionen* $f + g$ *und* $f - g$ *sind auf den Teilräumen, auf denen sie definiert sind, messbar.*

(2) *Die Funktion* fg *ist messbar.*

B e w e i s . Offenbar genügt es zu zeigen, dass die Beschränkung der Funktionen $f+g$, $f - g$ bzw. fg auf dem Teilraum von X messbar sind, auf dem sowohl f als auch g reellwertig sind. Wir können also annehmen, dass f und g reellwertig sind. Dann betrachten wir die messbare Abbildung $h : X \to \mathbb{R} \times \mathbb{R}$ mit $x \mapsto \big(f(x), g(x)\big)$. Da Addition, Subtraktion und Multiplikation stetige und insbesondere messbare Funktionen $\mathbb{R} \times \mathbb{R} \to \mathbb{R}$ sind, gilt das auch für ihre Kompositionen mit h. Dies ergibt aber die Funktionen $f \pm g$ bzw. fg.   •

14.A.4 Korollar *Die messbaren Funktionen* $X \to \mathbb{R}$ *auf einem Messraum* X *bilden eine* $\mathbb{R}$-*Unteralgebra der Algebra aller* $\mathbb{R}$-*wertigen Funktionen auf* X.

Analog zu 14.A.4 bilden natürlich auch die messbaren $\mathbb{C}$-wertigen Funktionen auf einem Messraum X eine $\mathbb{C}$-Unteralgebra der Algebra aller komplexwertigen Funktionen auf X. Die folgende Aussage zeigt, wie angenehm sich die messbaren Funktionen (etwa im Vergleich zu den stetigen oder gar differenzierbaren Funktionen) verhalten.

14.A.5 *Sei* $f_n : X \to \overline{\mathbb{R}}$, $n \in \mathbb{N}$, *eine Folge messbarer Funktionen auf dem Messraum* X. *Dann sind auch die folgenden Funktionen messbar:* (1) $\mathrm{Sup}_{n \in \mathbb{N}}\, f_n$. (2) $\mathrm{Inf}_{n \in \mathbb{N}}\, f_n$. (3) $\limsup f_n$. (4) $\liminf f_n$.

B e w e i s . Die angegebenen Funktionen sind jeweils punktweise definiert, also etwa durch $(\mathrm{Sup}_{n \in \mathbb{N}}\, f_n)(x) := \mathrm{Sup}_{n \in \mathbb{N}}\, f_n(x)$ usw. Wegen $\{\mathrm{Sup}\, f_n \le a\} = \bigcap_{n \in \mathbb{N}} \{f_n \le a\}$ folgt die Messbarkeit von $\mathrm{Sup}\, f_n$ aus 14.A.1.

Wegen $\mathrm{Inf}\, f_n = -\,\mathrm{Sup}\,(-f_n)$ ist auch $\mathrm{Inf}\, f_n$ messbar. Schließlich folgt die Messbarkeit der beiden übrigen Funktionen aus den folgenden generell nützlichen Darstellungen (die man auch als Definitionen nehmen kann):

$$\limsup f_n = \mathrm{Inf}_{n \in \mathbb{N}}\big(\mathrm{Sup}_{m \ge n}\, f_m\big), \qquad \liminf f_n = \mathrm{Sup}_{n \in \mathbb{N}}\big(\mathrm{Inf}_{m \ge n}\, f_m\big). \qquad •$$

Aus 14.A.5 folgt insbesondere (vgl. 11.B, Aufg. 13 für eine allgemeinere Aussage):

14.A.6 Korollar *Die Folge* $f_n : X \to \overline{\mathbb{R}}$, $n \in \mathbb{N}$, *messbarer Funktionen auf dem Messraum* X *sei punktweise konvergent. Dann ist auch die Grenzfunktion* $\lim_{n \to \infty} f_n$ *messbar.*

14.A.7 Korollar *Sind* $f_1, \ldots, f_m$ *messbare numerische Funktionen auf dem Messraum* X, *so sind auch die Funktionen* $\mathrm{Sup}\,(f_1, \ldots, f_m)$ *und* $\mathrm{Inf}\,(f_1, \ldots, f_m)$ *messbar.*

14.A.8 Korollar *Ist* f *eine messbare numerische Funktion auf dem Messraum* X, *so ist auch die Funktion* $|f| = \mathrm{Sup}\,(f, -f)$ *messbar.*

Besonders übersichtlich sind die so genannten Treppenfunktionen:

14.A.9 Definition Eine numerische Funktion $f : X \to \overline{\mathbb{R}}$ auf einem Messraum $X = (X, \mathcal{A})$ heißt eine T r e p p e n f u n k t i o n, wenn sie messbar ist und ihr Bild $f(X)$ nur abzählbar viele Elemente enthält.

Da die einpunktigen Mengen in $\mathbb{R}$ messbar sind, sind alle Fasern einer messbaren Funktion $f : X \to \overline{\mathbb{R}}$ messbar. Ist das Bild $f(X)$ von f abzählbar, so ist umgekehrt f messbar, wenn die Fasern messbar sind. Es ist dann sogar das Urbild $f^{-1}(U)$ für *jede* Teilmenge $U \subseteq \overline{\mathbb{R}}$ als Vereinigung abzählbar vieler nichtleerer Fasern messbar. *Eine numerische Funktion $X \to \overline{\mathbb{R}}$ auf einem Messraum X ist also genau dann eine Treppenfunktion, wenn sie nur abzählbar viele Werte annimmt und ihre Fasern messbar sind.* Treppenfunktionen, die nur *endlich* viele Werte annehmen, heißen auch e i n f a c h e (T r e p p e n -) F u n k t i o n e n.

Sind a_i, $i \in I$, die verschiedenen Werte einer Treppenfunktion f, so ist $f = \sum_{i \in I} a_i e_{A_i}$, wobei e_{A_i} für $i \in I$ die Indikatorfunktion der (messbaren) Faser $A_i := f^{-1}(a_i)$ von f über a_i ist.

Zum Beweis einiger Aussagen über integrierbare Funktionen in den nächsten Abschnitten ist das folgende Lemma nützlich:

14.A.10 Lemma *Sei $f : X \to \overline{\mathbb{R}}_+$ eine messbare nichtnegative Funktion auf dem Messraum X. Dann gibt es eine Folge f_n, $n \in \mathbb{N}$, von (einfachen) reellwertigen Treppenfunktionen auf X mit $0 \le f_n \le f_{n+1}$ für alle $n \in \mathbb{N}$ und $\lim_{n \to \infty} f_n = f$.*

B e w e i s . Wir setzen für $n \in \mathbb{N}$ und $x \in X$:

$$f_n(x) := \begin{cases} k/2^n, & \text{falls } k/2^n \le f(x) < (k+1)/2^n \text{ mit } k \in \mathbb{N},\ k < 2^n n, \\ n, & \text{falls } n \le f(x). \end{cases}$$

Da die Mengen $\{k/2^n \le f < (k+1)/2^n\}$ und $\{n \le f\}$ für $k, n \in \mathbb{N}$, messbar sind, sind die Funktionen f_n einfache Treppenfunktionen. Offensichtlich ist $0 = f_0 \le f_1 \le \cdots$ und $f = \lim f_n$. $\qquad\bullet$

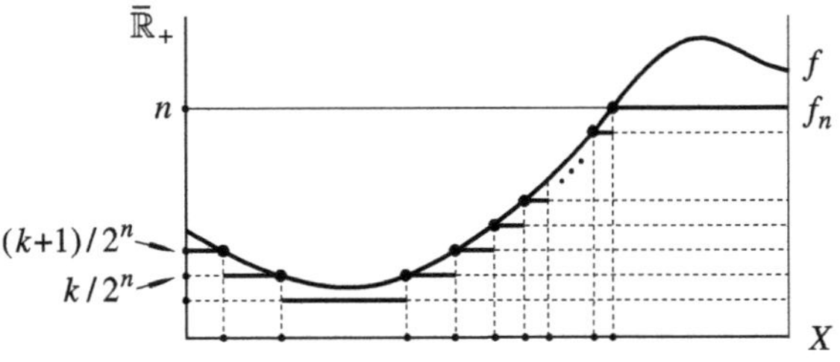

Man schreibt generell $f_n \uparrow f$ für eine monoton wachsende Folge f_n numerischer Funktionen mit $f = \lim f_n$ und analog $f_n \downarrow f$ für eine monoton fallende Folge f_n mit $f = \lim f_n$.

Aufgaben

1. Man untersuche, ob die folgenden Funktionen messbar sind.

a) $f : \mathbb{R} \to \mathbb{R}$ mit $f(x) := \begin{cases} 1, & \text{falls } x \in \mathbb{Q}, \\ 0, & \text{falls } x \notin \mathbb{Q}. \end{cases}$

b) $f : \mathbb{R} \to \mathbb{R}$ mit $f(x) := \begin{cases} \cos x, & \text{falls } x \in \mathbb{Q}, \\ e^x, & \text{falls } x \notin \mathbb{Q}. \end{cases}$

c) $f : \mathbb{R}^2 \to \mathbb{R}$ mit $f(x, y) := \begin{cases} e^x, & \text{falls } y = 0, \\ xy, & \text{falls } y \neq 0. \end{cases}$

2. Ist $f : X \to \overline{\mathbb{R}}$ messbar, so ist auch e^f messbar. (Man setzt $e^\infty := \infty$, $e^{-\infty} := 0$.)

3. Das Maß μ auf dem Maßraum X sei vollständig. Die Funktionen $f : X \to \overline{\mathbb{R}}$ und $g : X \to \overline{\mathbb{R}}$ seien fast überall gleich. Ist dann eine der beiden Funktionen messbar, so auch die andere.

4. Ist der Betrag $|f|$ einer numerischen Funktion $f : X \to \overline{\mathbb{R}}$ messbar, so nicht notwendig auch f selbst.

5. Sind die Fasern einer numerischen Funktion $f : X \to \overline{\mathbb{R}}$ auf dem Messraum X messbar, so ist f nicht notwendig selbst messbar. (Man gebe ein Beispiel auch im Fall $X = (\mathbb{R}, \mathcal{B})$ an.)

6. Für jede numerische Funktion $f : X \to \overline{\mathbb{R}}$ ist $1/f$ auf der messbaren Menge $X - f^{-1}(0)$ definiert und dort messbar. (Man setzt dabei $1/\infty := 1/-\infty := 0$.)

7. Sei $f_n : X \to \overline{\mathbb{R}}$, $n \in \mathbb{N}$, eine Folge messbarer Funktionen auf dem Messraum X. Die Menge der Punkte $x \in X$, für die die Folge $f_n(x)$, $n \in \mathbb{N}$, konvergiert (in $\overline{\mathbb{R}}$), ist messbar.

8. Jede monotone Funktion $f : I \to \overline{\mathbb{R}}$ auf einem Intervall $I \subseteq \mathbb{R}$ ist messbar.

9. Die Ableitung einer differenzierbaren Funktion $f : I \to \mathbb{R}$ auf einem Intervall $I \subseteq \mathbb{R}$ ist messbar.

10. Sei $f : X \to \overline{\mathbb{R}}$ eine messbare numerische Funktion.

a) Es gibt eine Folge $f_n : X \to \mathbb{R}$, $n \in \mathbb{N}$, einfacher reellwertiger Treppenfunktionen, die punktweise gegen f konvergiert. (Es ist $f = f_+ - f_-$ mit $f_+ = \operatorname{Sup}(f, 0)$ und $f_- = \operatorname{Sup}(-f, 0)$. Man benutze nun 14.A.10.)

b) Ist X ein σ-endlicher Maßraum, so können die f_n in a) so gewählt werden, dass sie außerhalb einer (von n abhängenden) messbaren Menge von endlichem Maß verschwinden.

11. Seien X eine Menge und R eine $\mathbb{R}$-Unteralgebra der $\mathbb{R}$-Algebra aller reellwertigen Funktionen auf X. Für jede punktweise konvergente Folge f_n, $n \in \mathbb{N}$, in R sei auch $\lim f_n \in R$. Dann gibt es genau eine σ-Algebra $\mathcal{A}$ auf X, so dass R die $\mathbb{R}$-Algebra der reellwertigen messbaren Funktionen auf dem Messraum $(X, \mathcal{A})$ ist. ($\mathcal{A}$ ist notwendigerweise die Menge der $A \subseteq X$, für die die Indikatorfunktion e_A zu R gehört. Man beachte ferner, dass R mit jeder Funktion f auch die Funktion $|f| = \sqrt{f^2}$ enthält, vgl. Bd. 1, Abschnitt 12.A, Aufg. 16.)

12. $X = (X, \mathcal{A}, \mu)$ sei ein Maßraum und $f : X \to \overline{\mathbb{R}}$ eine messbare Funktion. Ist $\mu(\{f > 0\}) > 0$, so gibt es ein $\varepsilon > 0$ mit $\mu(\{f \geq \varepsilon\}) > 0$.

14.B Integrierbare Funktionen

Im Weiteren seien alle Maßräume σ-endlich, falls nicht ausdrücklich etwas anderes gesagt wird. Dies sichert nach 11.D.7 die Existenz und Eindeutigkeit des Produktmaßes auf einem endlichen Produkt solcher Räume.

Bei der Definition des Integrals numerischer Funktionen $f : X \to \overline{\mathbb{R}}$ auf einem (σ-endlichen) Maßraum $X = (X, \mathcal{A}, \mu)$ lassen wir uns vom Hauptsatz der Differenzial- und Integralrechnung, vgl. Bd. 1, 16.C.1, leiten: Bei $f \geq 0$ soll das Integral gleich der Maßzahl der Menge

$$G(f) := G(f\,;X) := \{(x, y) \in X \times \overline{\mathbb{R}} \mid 0 \leq y \leq f(x)\}$$

in $X \times \overline{\mathbb{R}}$ sein.

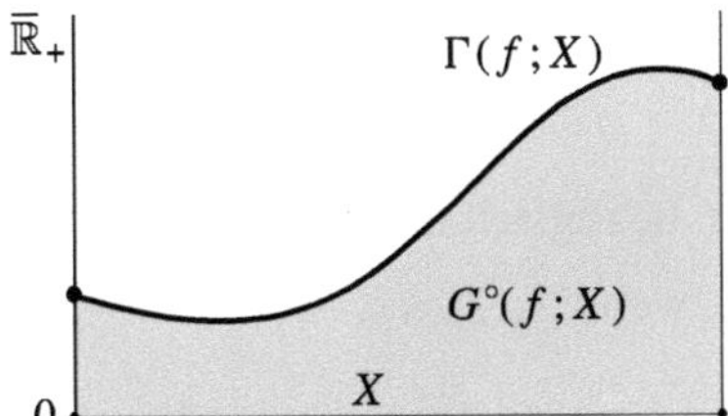

$X \times \overline{\mathbb{R}}$ trägt das Produktmaß $\mu \otimes \lambda^1$, das für messbare Rechtecke $M \times N$, $M \in \mathcal{A}$, $N \in \overline{\mathcal{B}}$, den Wert $(\mu \otimes \lambda^1)(M \times N) = \mu(M) \cdot \lambda^1(N)$ hat.

Neben $G(f\,;X)$ betrachten wir noch die Menge

$$G^\circ(f) := G^\circ(f\,;X) := \{(x, y) \in X \times \overline{\mathbb{R}} \mid 0 \leq y < f(x)\} \subseteq X \times \overline{\mathbb{R}}.$$

Bei $f \geq 0$ ist dann $G(f\,;X) = G^\circ(f\,;X) \uplus \Gamma(f\,;X)$, wobei

$$\Gamma(f) = \Gamma(f\,;X) = \{(x, y) \in X \times \overline{\mathbb{R}} \mid y = f(x)\} \subseteq X \times \overline{\mathbb{R}}$$

der Graph von f ist. Für eine Teilmenge $X' \subseteq X$ setzen wir $G(f\,;X') := G(f|X'\,;X')$ und definieren $G^\circ(f\,;X')$ und $\Gamma(f\,;X')$ entsprechend. Es gilt:

14.B.1 Lemma *Sei $f : X \to \overline{\mathbb{R}}_+$ eine messbare nichtnegative numerische Funktion auf dem Maßraum $(X, \mathcal{A}, \mu)$. Dann sind die Mengen $G(f\,;X)$, $G^\circ(f\,;X)$ und $\Gamma(f\,;X)$ in $X \times \overline{\mathbb{R}}$ messbar. Ferner ist der Graph $\Gamma(f\,;X)$ eine Nullmenge, und folglich gilt $(\mu \otimes \lambda^1)\big(G(f\,;X)\big) = (\mu \otimes \lambda^1)\big(G^\circ(f\,;X)\big).$*

B e w e i s . Die Funktionen $f_1 : X \times \overline{\mathbb{R}} \to \overline{\mathbb{R}}$ und $p_2 : X \times \overline{\mathbb{R}} \to \overline{\mathbb{R}}$ mit $f_1(x, y) = f(x)$ bzw. $p_2(x, y) = y$ sind messbar. Nach 14.A.2 sind dann die Mengen

$$G(f) = \{0 \leq p_2\} \cap \{p_2 \leq f_1\}, \quad G^\circ(f) = \{0 \leq p_2\} \cap \{p_2 < f_1\}, \quad \Gamma(f) = \{p_2 = f_1\}$$

messbar. Ferner ist $\Gamma(f) = \Gamma(f\,;X') \uplus \big((X - X') \times \{\infty\}\big)$, $X' := f^{-1}(\mathbb{R}_+)$, und $(X - X') \times \{\infty\}$ ist eine Nullmenge. Um zu beweisen, dass $\Gamma(f)$ eine Nullmenge ist, können wir also $X = X'$, d.h. $f(X) \subseteq \mathbb{R}_+$ annehmen. Zunächst bemerken wir, dass für jedes $a \in \mathbb{R}$ die Funktion $y \mapsto y + a$ eine maßtreue Abbildung von $\overline{\mathbb{R}}$ auf sich und folglich $(x, y) \mapsto (x, y + a)$ eine maßtreue Abbildung von $X \times \overline{\mathbb{R}}$ auf sich ist. Die (wegen $f(X) \subseteq \mathbb{R}$) paarweise disjunkten Graphen $\Gamma(f + a)$, $a \in \mathbb{R}$, haben somit alle dasselbe Maß in $X \times \overline{\mathbb{R}}$. Dies ist in dem σ-endlichen Maßraum $X \times \overline{\mathbb{R}}$ nur möglich, wenn alle diese Graphen das Maß 0 haben, vgl. 11.C, Aufg. 13. $\bullet$

Sei nun $f : X \to \overline{\mathbb{R}}$ eine beliebige messbare numerische Funktion auf dem (σ-endlichen) Maßraum $X = (X, \mathcal{A}, \mu)$. Dann heißen die (nach 14.A.6) messbaren Funktionen

$$f_+ := \mathrm{Sup}\,(f, 0) \qquad \text{bzw.} \qquad f_- := \mathrm{Sup}\,(-f, 0)$$

der **p o s i t i v e T e i l** bzw. der **n e g a t i v e T e i l** von f. Es ist $f_+ \geq 0$, $f_- \geq 0$ und $f = f_+ - f_-$.

14.B.2 Definition (1) Ist $f = f_+ \geq 0$, so heißt

$$\int_X f\, d\mu := (\mu \otimes \lambda^1)\big(G(f\,;X)\big) = (\mu \otimes \lambda^1)\big(G^\circ(f\,;X)\big)$$

das **I n t e g r a l** von f über X bezüglich des Maßes μ.

(2) f heißt **i n t e g r i e r b a r**, wenn $\int_X f_+\, d\mu < \infty$ und $\int_X f_-\, d\mu < \infty$ ist. In diesem Fall heißt

$$\int_X f\, d\mu := \int_X f_+\, d\mu - \int_X f_-\, d\mu$$

das **I n t e g r a l** von f über X bezüglich des Maßes μ.

(3) Ist wenigstens einer der Werte $\int_X f_+\, d\mu$ bzw. $\int_X f_-\, d\mu$ endlich, so heißt f **i m weiteren Sinne integrierbar** mit dem **I n t e g r a l** $\int_X f\, d\mu := \int_X f_+\, d\mu - \int_X f_-\, d\mu$.

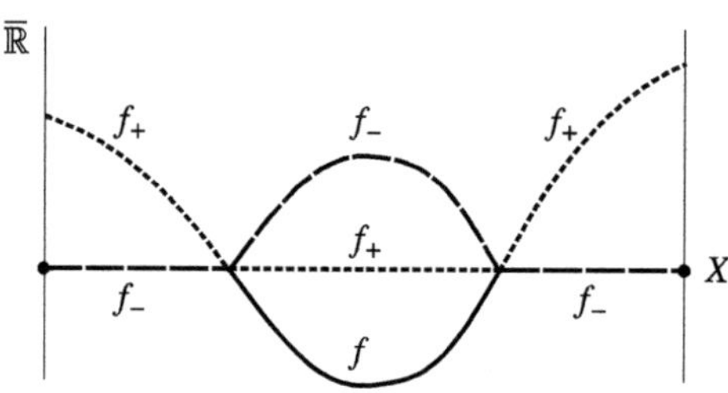

Mit 14.B.2 wird der Integralbegriff direkt auf den Maßbegriff zurückgeführt. Viele Aussagen der Integrationstheorie sind daher einfache Folgerungen aus entsprechenden Sätzen der Maßtheorie.

Sei $f : X \to \overline{\mathbb{R}}$ messbar. Es ist $|f| = f_+ + f_-$ und $G^\circ\big(|f|\big) = G^\circ(f_+) \uplus G^\circ(f_-)$, also

$$\int_X |f|\, d\mu = \int_X f_+\, d\mu + \int_X f_-\, d\mu,$$

insbesondere gilt bei integrierbarem f

$$\left| \int\limits_X f \, d\mu \right| \leq \int\limits_X |f| \, d\mu \, .$$

Die folgende Charakterisierung der Integrierbarkeit ergibt sich unmittelbar aus den Definitionen:

14.B.3 Satz *Für eine messbare Funktion* $f : X \to \overline{\mathbb{R}}$ *sind folgende Aussagen äquivalent:*

(1) f *ist integrierbar.*

(2) f_+ *und* f_- *sind integrierbar.*

(3) $|f|$ *ist integrierbar.*

(4) *Es gibt eine integrierbare Funktion* $g : X \to \overline{\mathbb{R}}_+$ *mit* $|f| \leq g$.

Für die Implikation (4) $\Rightarrow$ (3) beachte man $G(|f|) \subseteq G(g)$. Man nennt eine Funktion g mit $|f| \leq g$ eine **Majorante** von $|f|$. *Insbesondere ist nach* 14.B.3 (4) *auf einem endlichen Maßraum jede beschränkte messbare Funktion integrierbar.*

Sei $X' \in \mathcal{A}$ ein messbarer Teilraum des Maßraums $X = (X, \mathcal{A}, \mu)$. Für die Beschränkung des Maßes μ auf X' schreiben wir ebenfalls μ, wenn keine Missverständnisse zu befürchten sind. Ist dann $f : X \to \overline{\mathbb{R}}$ integrierbar, so ist auch die Beschränkung $f|X'$ von f auf X' integrierbar (wegen $G(|f| \, ; X') \subseteq G(|f| \, ; X)$). Für das Integral von $f|X'$ über X' schreibt man kurz

$$\int\limits_{X'} f \, d\mu \, .$$

Umgekehrt lässt sich die Integration von messbaren Funktionen $f' : X' \to \overline{\mathbb{R}}$ direkt auf die Integration von Funktionen auf ganz X zurückführen. Dazu setzt man f' trivial zu einer (messbaren) Funktion $f : X \to \overline{\mathbb{R}}$ fort, die außerhalb X' verschwindet. Dann ist

$$\int\limits_{X'} f' \, d\mu = \int\limits_X f \, d\mu \, ,$$

wobei eines der Integrale genau dann existiert, wenn dies für das andere gilt.

Aus der σ-Additivität der Maße folgt sofort die σ-Additivität der Integrale:

14.B.4 Satz *Sei* X_i, $i \in I$, *eine abzählbare Zerlegung des Maßraumes* $X = (X, \mathcal{A}, \mu)$ *in messbare Teilmengen:* $X = \biguplus\limits_{i \in I} X_i$. *Für eine messbare Funktion* $f : X \to \overline{\mathbb{R}}$ *gilt dann* $\int_X |f| \, d\mu = \sum_{i \in I} \int_{X_i} |f| \, d\mu$. *Ist* f *integrierbar, so gilt*

$$\int\limits_X f \, d\mu = \sum_{i \in I} \int\limits_{X_i} f \, d\mu \, .$$

B e w e i s . Es ist $G(f_+ ; X) = \biguplus_{i \in I} G(f_+ ; X_i)$ und entsprechend für f_-.   ●

Die letzte Gleichung in 14.B.4 gilt natürlich auch dann, wenn f nur im weiteren Sinne integrierbar ist.

Ist $f : X \to \overline{\mathbb{R}}_+$ eine nichtnegative messbare Funktion auf dem Maßraum $(X, \mathcal{A}, \mu)$, so besagt 14.B.4 unter anderem, dass die Funktion $M \mapsto \int_M f \, d\mu$, $M \in \mathcal{A}$, ein Maß auf dem Messraum $(X, \mathcal{A})$ ist.

14.B.5 Definition Für eine nichtnegative messbare Funktion $f : X \to \overline{\mathbb{R}}_+$ auf dem Maßraum $(X, \mathcal{A}, \mu)$ heißt das Maß

$$M \mapsto \int_M f \, d\mu \, ,$$

das Maß mit der Dichte f bezüglich μ. Es wird mit $f\mu$ bezeichnet.

Über die Existenz solcher Dichten f für ein Maß werden wir in Abschnitt 14.F den wichtigen Satz von Radon-Nikodym beweisen. Zur Eindeutigkeit von Dichten vergleiche man Aufg. 8.

Ist $f : X \to \overline{\mathbb{R}}$ im weiteren Sinne integrierbar, so ist $M \mapsto \int_M f \, d\mu$ nach 14.B.4 und dem Zusatz dazu ein verallgemeinertes Maß gemäß Definition 13.A.1. Auch hier spricht man von der Dichte f bezüglich μ. Für die Jordan-Hahn-Zerlegung $X = X_+ \uplus X_-$ gemäß 13.A.5 kann man zum Beispiel die Mengen $X_+ := \{f \geq 0\}$ und $X_- := \{f < 0\}$ wählen.

Mit der Ausschöpfungsformel 11.C.4 (4) ergibt sich:

14.B.6 Ausschöpfungssatz *Sei $X_n \uparrow X$ eine Ausschöpfung des Maßraumes $X = (X, \mathcal{A}, \mu)$ mit einer Folge X_n, $n \in \mathbb{N}$, von messbaren Teilmengen. Für eine messbare Funktion $f : X \to \overline{\mathbb{R}}$ gilt dann $\int_X |f| \, d\mu = \lim_{n \to \infty} \int_{X_n} |f| \, d\mu$. Ist f integrierbar, so gilt*

$$\int_X f \, d\mu = \lim_{n \to \infty} \int_{X_n} f \, d\mu \, .$$

B e w e i s . Es ist $G(f_+ ; X_n) \uparrow G(f_+ ; X)$ und folglich

$$\int_X f_+ \, d\mu = (\mu \otimes \lambda^1)\big(G(f_+ ; X)\big) = \lim_{n \to \infty} (\mu \otimes \lambda^1)\big(G(f_+ ; X_n)\big) = \lim_{n \to \infty} \int_{X_n} f_+ \, d\mu \, .$$

Entsprechend schließt man bei f_-.   ●

Auch 14.B.6 gilt für im weiteren Sinne integrierbare Funktionen. Die Ausschöpfungsformel liefert ferner den folgenden Konvergenzsatz.

14.B.7 Satz von Beppo Levi (Satz von der monotonen Konvergenz) *Sei $f_n : X \to \overline{\mathbb{R}}_+$, $n \in \mathbb{N}$, eine monoton wachsende Folge nichtnegativer messbarer Funktionen auf dem Maßraum $X = (X, \mathcal{A}, \mu)$ und $f = \lim f_n$ ihre (nach 14.A.6 messbare) Grenzfunktion. Dann ist*

$$\int\limits_X f\, d\mu = \lim_{n\to\infty} \int\limits_X f_n\, d\mu = \mathrm{Sup}_{n\in\mathbb{N}} \left(\int\limits_X f_n\, d\mu \right).$$

B e w e i s . Wegen $0 \leq f_n \leq f_{n+1}$ für alle $n \in \mathbb{N}$ gilt $G^{\circ}(f_n) \uparrow G^{\circ}(f)$.   ●

14.B.8 Beispiel (Integrale über Treppenfunktionen · Integrale als Grenzwerte Riemannscher Summen) Seien $f : X \to \overline{\mathbb{R}}$ eine Treppenfunktion auf dem Maßraum $(X, \mathcal{A}, \mu)$ und $X = \biguplus_{i \in I} A_i$ eine Zerlegung von X in abzählbar viele messbare Teilmengen A_i, auf denen f jeweils den konstanten Wert $a_i \in \overline{\mathbb{R}}$ hat, $i \in I$. Dann ist

$$G^{\circ}(|f|) = \biguplus_{i \in I} \left(A_i \times [0, |a_i|[\right), \quad G^{\circ}(f_+) = \biguplus_{i \in I_+} \left(A_i \times [0, a_i[\right), \quad G^{\circ}(f_-) = \biguplus_{i \in I_-} \left(A_i \times [0, -a_i[\right)$$

mit $I_+ := \{ i \in I \mid a_i > 0 \}$ und $I_- := \{ i \in I \mid a_i < 0 \}$. Wegen $(\mu \otimes \lambda^1)\big(A \times [0, a[\big) = a\mu(A)$ für $A \in \mathcal{A}$ und $a \in \overline{\mathbb{R}}_+$ ergibt sich

$$\int\limits_X |f|\, d\mu = \sum_{i\in I} |a_i|\, \mu(A_i).$$

Genau dann ist f integrierbar, wenn die Familie $a_i\, \mu(A_i)$, $i \in I$, in $\mathbb{R}$ summierbar ist. In diesem Fall ist

$$\int\limits_X f\, d\mu = \sum_{i\in I} a_i\, \mu(A_i).$$

Man nennt solch ein Integral auch eine R i e m a n n s c h e S u m m e , vgl. Bd. 1, Beispiel 16.C.3. Genau dann ist f im weiteren Sinne integrierbar, wenn $a_i\, \mu(A_i)$, $i \in I$, in $\overline{\mathbb{R}}$ im weiteren Sinne summierbar ist. Wieder gilt dann die zuletzt angegebene Formel.

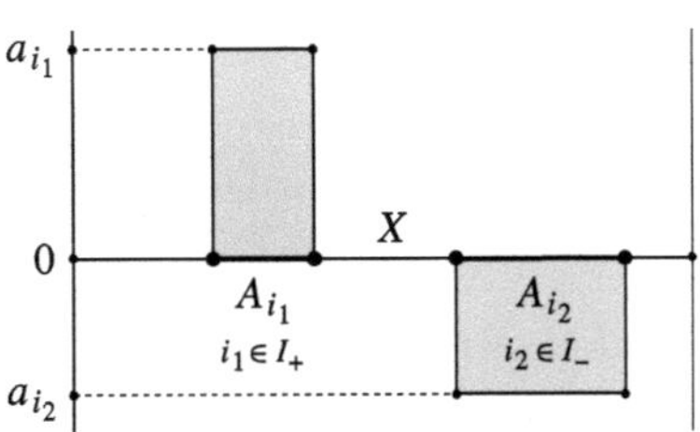

Für eine messbare Teilmengen $A \subseteq X$ gilt insbesondere

$$\mu(A) = \int\limits_A 1 \cdot d\mu = \int\limits_X e_A\, d\mu,$$

wobei e_A die Indikatorfunktion von A ist. Ist beispielsweise $f = e_{\mathbb{Q}}$ die Dirichlet-Funktion auf $\mathbb{R}$ mit

$$f(t) = \begin{cases} 1, & \text{falls } t \in \mathbb{Q}, \\ 0, & \text{falls } t \notin \mathbb{Q}, \end{cases}$$

so gilt $\int_{\mathbb{R}} f\, d\lambda^1 = 0$, da $\mathbb{Q}$ als abzählbare Menge eine Nullmenge ist.

Nach 14.A.10 ist jede nichtnegative messbare Funktion $f : X \to \overline{\mathbb{R}}_+$ Grenzfunktion einer monoton wachsenden Folge von (sogar einfachen) nichtnegativen Treppenfunktionen f_n auf X. Nach 14.B.7 ist dann

$$\int\limits_X f \, d\mu = \lim_{n \to \infty} \int\limits_X f_n \, d\mu \, .$$

Häufig wird das Integral mit dieser Formel (und der Zerlegung $f = f_+ - f_-$ für eine beliebige messbare Funktion $f : X \to \overline{\mathbb{R}}$) *definiert*. Es bleibt dann zu zeigen, dass dieser Wert unabhängig ist von der Wahl der Folge f_n, $n \in \mathbb{N}$, von Treppenfunktionen mit $f_n \uparrow f$.

Sei $F : X \to Y$ eine messbare Abbildung der (σ-endlichen) Maßräume $X = (X, \mathcal{A}, \mu)$ und $Y = (Y, \mathcal{B}, \nu)$. Es sei $\nu = F_* \mu$ das Bildmaß von μ bezüglich F, d.h. es gelte $\nu(N) = \mu\big(F^{-1}(N)\big)$ für alle $N \in \mathcal{B}$. Dann ist das Maß $\nu \otimes \lambda^1$ auf $Y \times \overline{\mathbb{R}}$ das Bildmaß von $\mu \otimes \lambda^1$ bezüglich der messbaren Abbildung $F \times \mathrm{id}_{\overline{\mathbb{R}}} : X \times \overline{\mathbb{R}} \to Y \times \overline{\mathbb{R}}$ mit $(x, y) \mapsto (F(x), y)$. Denn es gilt die Gleichheit

$$(\nu \otimes \lambda^1)(N \times B) = \nu(N) \, \lambda^1(B) = \mu\big(F^{-1}(N)\big) \, \lambda^1(B)$$
$$= (\mu \otimes \lambda^1)\big(F^{-1}(N) \times B\big) = (\mu \otimes \lambda^1)\big((F \times \mathrm{id})^{-1}(N \times B)\big)$$

für alle messbaren Rechtecke $N \times B \subseteq Y \times \overline{\mathbb{R}}$.

Sei ferner $g : Y \to \overline{\mathbb{R}}$ eine messbare Funktion. Dann ist auch $g \circ F : X \to \overline{\mathbb{R}}$ messbar, und offenbar gilt $G\big(|g \circ F| \, ; X\big) = (F \times \mathrm{id})^{-1}\big(G(|g| \, ; Y)\big)$. Daraus folgt:

14.B.9 Allgemeine Transformationsformel für Integrale *Mit den angegebenen Bezeichnungen und Voraussetzungen ist* $\int_Y |g| \, d\nu = \int_X |g \circ F| \, d\mu$. *Genau dann ist g integrierbar, wenn dies für $g \circ F$ gilt. In diesem Fall ist*

$$\int\limits_Y g \, d\nu = \int\limits_X (g \circ F) \, d\mu \, .$$

14.B.10 Beispiel Ein einfaches Beispiel zu 14.B.9 ist das folgende: Sei $F : \mathbb{R}^n \to \mathbb{R}^n$ ein linearer Automorphismus oder allgemeiner eine Affinität von $\mathbb{R}^n$. Nach 12.C.1 ist

$$\lambda^n\big(F^{-1}(N)\big) = \frac{1}{|\mathrm{Det}\, F|} \, \lambda^n(N)$$

für jede Borel-Menge $N \subseteq \mathbb{R}^n$, wobei $\mathrm{Det}\, F$ die Determinante des linearen Anteils von F ist. Das Bildmaß von λ^n unter F ist also $\big(1/|\mathrm{Det}\, F|\big) \lambda^n$, oder besser: λ^n *ist das Bildmaß von* $|\mathrm{Det}\, F| \lambda^n$ *unter F*. Es folgt:

14.B.11 Lineare Transformationsformel *Seien $F : \mathbb{R}^n \to \mathbb{R}^n$ eine Affinität, $X \subseteq \mathbb{R}^n$ eine Borel-Menge mit dem Bild $Y := F(X)$ und $g : Y \to \overline{\mathbb{R}}$ eine messbare Funktion. Dann ist $\int_Y |g| \, d\lambda^n = |\mathrm{Det}\, F| \int_X |g \circ F| \, d\lambda^n$. Genau dann ist g integrierbar, wenn dies für $g \circ F$ gilt. In diesem Fall gilt*

$$\int\limits_Y g \, d\lambda^n = |\mathrm{Det}\, F| \int\limits_X (g \circ F) \, d\lambda^n \, .$$

Diese l i n e a r e T r a n s f o r m a t i o n s f o r m e l ist ein Spezialfall – wenn auch der wesentliche Kern – der T r a n s f o r m a t i o n s f o r m e l f ü r D i f f e o m o r p h i s m e n, die wir hier schon zitieren, deren etwas technischen Beweis wir jedoch auf später verschieben, siehe 14.E.1: *Ist* $F : X \to Y$ *ein* C^1*-Diffeomorphismus der offenen Menge* $X \subseteq \mathbb{R}^n$ *auf die (offene) Menge* $Y = F(X) \subseteq \mathbb{R}^n$, *so ist* $\int_Y |g|\, d\lambda^n = \int_X |g \circ F|\,|J(F)|\, d\lambda^n$ *für jede messbare Funktion* $g : Y \to \overline{\mathbb{R}}$ *und überdies*

$$\int_Y g\, d\lambda^n = \int_X (g \circ F)|\,J(F)|\, d\lambda^n\,,$$

falls eines dieser Integrale existiert. (Es ist $J(F) : x \mapsto \mathrm{Det}(dF)_x$ die Funktionaldeterminante von F.)

14.B.12 Beispiel Sei V ein euklidischer Vektorraum der Dimension $n \geq 1$. Das Bildmaß auf $\mathbb{R}$ von λ_V unter der Abbildung $F : x \mapsto \|x\|$ hat bzgl. λ^1 die Dichte

$$t \mapsto \begin{cases} 0, & \text{falls } t \leq 0\,, \\ n\omega_n t^{n-1}, & \text{falls } t > 0\,, \end{cases}$$

wobei $\omega_n = \pi^{n/2}/(n/2)!$ das Volumen der Einheitskugel von V ist, vgl. 12.C.10; denn für jedes $r \geq 0$ gilt

$$\lambda_V\big(F^{-1}(]-\infty, r[)\big) = \lambda_V\big(\mathrm{B}(0\,;r)\big) = \omega_n r^n = \int_0^r n\,\omega_n t^{n-1}\, dt\,.$$

Die Allgemeine Transformationsformel 14.B.9 zusammen mit dem weiter unten folgenden Satz 14.B.19 liefert daher folgendes Ergebnis: *Eine zentralsymmetrische Funktion* $x \mapsto g\big(\|x\|\big)$ *mit einer messbaren Funktion* $g : \mathbb{R}_+ \to \overline{\mathbb{R}}$ *ist auf* V *genau dann integrierbar, wenn* $t^{n-1}g(t)$ *auf* $\mathbb{R}_+$ *integrierbar ist. In diesem Falle gilt*

$$\int_V g\big(\|x\|\big)\, d\lambda_V = n\,\omega_n \int_0^\infty t^{n-1} g(t)\, dt\,.$$

14.B.13 Beispiel (H a u p t s a t z d e r D i f f e r e n z i a l - u n d I n t e g r a l r e c h n u n g) *Für eine stetige Funktion* $f : I \to \mathbb{R}$ *auf einem kompakten Intervall* $I = [a, b] \subseteq \mathbb{R}$, $a \leq b$, *ist nach dem Hauptsatz der Differenzial- und Integralrechnung,* vgl. 12.C.8 bzw. Bd. 1, 16.C.1,

$$\int_I f\, d\lambda^1 = \int_a^b f(t)\, dt = F(b) - F(a)\,,$$

wobei F *eine Stammfunktion zu* f *ist, also* $dF/dt = f$ *gilt.* Diese Formel ist eine der wichtigsten zur expliziten Berechnung von Integralen. Unter Verwendung des Satzes von Fubini, den wir im nächsten Abschnitt beweisen werden, liefert sie ein wichtiges Berechnungsverfahren auch für Integrale von Funktionen in mehreren reellen Veränderlichen.

Die Formel des Hauptsatzes gilt auch unter allgemeineren Voraussetzungen über F bzw. f: Wir erwähnen (ohne Beweis) die folgenden Aussagen:

(1) *Ist* $f : [a, b] \to \mathbb{R}$ *eine integrierbare Funktion, so ist die Funktion* $F(x) := \int_a^x f(t)\, dt$ *fast überall differenzierbar in* $[a, b]$ *mit der Ableitung* $F'(x) = f(x)$. Überdies *ist* F a b s o l u t s t e t i g, d.h. zu jedem $\varepsilon > 0$ gibt es ein $\delta > 0$ derart, dass $\sum_{i=1}^k |F(y_i) - F(x_i)| \leq \varepsilon$ ist für

alle paarweise disjunkten Teilintervalle $[x_i, y_i] \subseteq [a, b]$, $i = 1, \ldots, k$, mit $\sum_{i=1}^{k}(y_i - x_i) \leq \delta$. Wegen $F(y_i) - F(x_i) = \int_{[x_i, y_i]} f(t)\, dt$ folgt Letzteres direkt aus Aufg. 5.

(2) *Ist* $F : [a, b] \to \mathbb{R}$ *differenzierbar mit integrierbarer Ableitung* $f = F'$, *so gilt die Gleichung* $F(x) - F(a) = \int_a^x f(t)\, dt$ *für alle* $x \in [a, b]$. Da die Ableitung $f = F'$ stets messbar ist, ist die Integrierbarkeit sicherlich dann gegeben, wenn sie beschränkt ist, vgl. auch Aufg. 23. In diesem Fall ist der Beweis der Formel mit Hilfe des Lebesgueschen Konvergenzsatzes 14.D.2 recht einfach und sei dem Leser als Übung empfohlen. Es gibt aber differenzierbare Funktionen, deren Ableitung nicht integrierbar ist. Beispielsweise besitzt die Funktion $f : \mathbb{R} \to \mathbb{R}$ mit $f(x) := \frac{1}{x} \sin\left(\frac{1}{x^2}\right)$ für $x \neq 0$ und $f(0) = 0$ eine Stammfunktion auf $\mathbb{R}$, ist aber auf $[0, 1]$ nicht integrierbar, vgl. Bd. 1, 16.A, Aufg. 2. Ferner gibt es stetige Funktionen $F : [a, b] \to \mathbb{R}$, die *fast* überall differenzierbar sind, deren Ableitungen $f = F'$ integrierbar sind (d.h. f ist integrierbar auf $[a, b] - N$, wobei N eine Nullmenge ist, außerhalb der F differenzierbar ist, vgl. die Bemerkung im Anschluss an Beispiel 14.B.14) und für die die Gleichung $\int_a^b f(t)\, dt = F(a) - F(b)$ *nicht* gilt, vgl. dazu das Beispiel in 14.F, Aufg. 6.

(3) *Ist* $F : [a, b] \to \mathbb{R}$ *absolut stetig* (vgl. (1)), *so ist* F *fast überall differenzierbar und für die Ableitung* $f = F'$ *gilt* $F(x) - F(a) = \int_a^x f(t)\, dt$ *für alle* $x \in [a, b]$.

14.B.14 Beispiel (U n e i g e n t l i c h e   I n t e g r a l e) Seien $I \subseteq \mathbb{R}$ ein beliebiges nicht notwendig kompaktes Intervall mit den Grenzen $a, b \in \overline{\mathbb{R}}$, $a \leq b$, und $f : I \to \mathbb{R}$ eine stetige Funktion. Genau dann ist f integrierbar, wenn $\int_I |f|\, d\lambda^1 < \infty$ ist. Nach dem Ausschöpfungssatz 14.B.6 und Beispiel 14.B.13 ist dieses Integral identisch mit dem eventuell uneigentlichen Integral $\int_a^b |f(t)|\, dt$ im Sinne von Bd. 1, Abschnitt 17.A. Ist dieses uneigentliche Integral endlich, f also *absolut* uneigentlich integrierbar, so ist wiederum nach 14.B.6 $\int_I f\, d\lambda^1 = \int_a^b f(t)\, dt$. Man schreibt daher generell

$$\int\limits_a^b f(t)\, dt := \int\limits_I f\, d\lambda^1$$

für eine beliebige integrierbare Funktion $f : I \to \overline{\mathbb{R}}$.

Beispielsweise existiert nach Bd. 1, Beispiel 17.A.6 das uneigentliche Integral

$$\int\limits_0^\infty \frac{\sin t}{t}\, dt \quad \left(= \frac{\pi}{2}, \text{ vgl. etwa Bd. 1, Beispiel 17.B.12} \right),$$

wohingegen

$$\int\limits_0^\infty \left| \frac{\sin t}{t} \right|\, dt = \infty$$

ist. Daher ist $\left| \frac{1}{t} \sin t \right|$ und dann nach 14.B.3 auch $\frac{1}{t} \sin t$ auf $\mathbb{R}_+$ nicht integrierbar. Auch für die in Beispiel 14.B.13 (2) betrachtete Funktion $\frac{1}{x} \sin\left(\frac{1}{x^2}\right)$ existiert das uneigentliche Integral

$$\int\limits_0^1 \frac{\sin(1/t^2)}{t}\, dt$$

im Sinne von Bd. 1, Abschnitt 17.A, während dieses Integral als Lebesguesches Integral nicht existiert.

Wir haben noch einige Rechenregeln nachzutragen. Zunächst eine Bemerkung, die die Abhängigkeit des Integrals von den Werten einer Funktion auf einer Nullmenge betrifft: Seien $f : X \to \overline{\mathbb{R}}$ eine messbare Funktion auf $(X, \mathcal{A}, \mu)$ und $N \subseteq X$ eine Nullmenge. Dann ist $N \times \overline{\mathbb{R}}$ eine Nullmenge in $X \times \overline{\mathbb{R}}$ und folglich

$$(\mu \otimes \lambda^1) G\big(|f| \, ; X\big) = (\mu \otimes \lambda^1) G\big(|f| \, ; X - N\big).$$

Es folgt: Für jede Nullmenge $N \subseteq X$ ist $\int_X |f| \, d\mu = \int_{X-N} |f| \, d\mu$ und

$$\int\limits_X f \, d\mu = \int\limits_{X-N} f \, d\mu,$$

falls eines der beiden letzten Integrale existiert. *Existenz und Wert des Integrals einer Funktion sind also völlig unabhängig von den Werten der Funktion auf einer Nullmenge.* Dies ist eine sehr angenehme Eigenschaft des allgemeinen Integrals. Sie erlaubt es zum Beispiel, das Integral $\int_X f \, d\mu$ auch für solche Funktionen invariant zu erklären, die nur fast überall auf X definiert sind: Ist $N \subseteq X$ eine Nullmenge und $f : (X - N) \to \overline{\mathbb{R}}$ eine messbare Funktion, so setzt man

$$\int\limits_X f \, d\mu := \int\limits_{X-N} f \, d\mu,$$

falls das Integral auf der rechten Seite existiert. Dabei kann man N durch jede Nullmenge ersetzen, auf deren Komplement f definiert und messbar ist. Wir sprechen kommentarlos auch dann von integrierbaren Funktionen *auf* X, wenn das Integral nur in diesem allgemeineren Sinne definiert ist.

Wir beweisen nun, dass das Integral linear ist. Zunächst zeigen wir mit einem Beweisverfahren, das typisch ist für viele Beweise der Integrationstheorie, einen Spezialfall:

14.B.15 Satz *Seien f und g nichtnegative messbare Funktionen* $X \to \overline{\mathbb{R}}_+$ *und* $a \in \overline{\mathbb{R}}_+$. *Dann ist*

$$\int\limits_X (f+g) \, d\mu = \int\limits_X f \, d\mu + \int\limits_X g \, d\mu \qquad und \qquad \int\limits_X (af) \, d\mu = a \int\limits_X f \, d\mu.$$

B e w e i s . Die angegebenen Formeln gelten für Treppenfunktionen f und g: Sind nämlich f und g Funktionen, die auf den abzählbar vielen messbaren Teilmengen A_i, $i \in I$, der Zerlegung $X = \biguplus_{i \in I} A_i$ von X den konstanten Wert a_i bzw. b_i haben, so ist

$$\int\limits_X (f+g) \, d\mu = \sum_{i \in I} (a_i + b_i) \, \mu(A_i)$$

$$= \sum_{i \in I} a_i \, \mu(A_i) + \sum_{i \in I} b_i \, \mu(A_i) = \int\limits_X f \, d\mu + \int\limits_X g \, d\mu,$$

$$\int\limits_X (af) \, d\mu = \sum_{i \in I} a a_i \, \mu(A_i) = a \sum_{i \in I} a_i \, \mu(A_i) = a \int\limits_X f \, d\mu.$$

Im allgemeinen Fall wählen wir gemäß 14.A.10 nichtnegative Treppenfunktionen f_n bzw. g_n mit $f_n \uparrow f$ bzw. $g_n \uparrow g$. Dann gilt auch $(f_n + g_n) \uparrow (f + g)$ und $(af_n) \uparrow (af)$, und wir erhalten mit 14.B.7

$$\int_X (f+g)\,d\mu = \lim_{n\to\infty} \int_X (f_n + g_n)\,d\mu = \lim_{n\to\infty} \left(\int_X f_n\,d\mu + \int_X g_n\,d\mu \right)$$

$$= \lim_{n\to\infty} \int_X f_n\,d\mu + \lim_{n\to\infty} \int_X g_n\,d\mu = \int_X f\,d\mu + \int_X g\,d\mu,$$

sowie analog $\int_X (af)\,d\mu = a \int_X f\,d\mu$.   ●

Aus der soeben bewiesenen Additivitätsaussage und dem Satz 14.B.7 von Beppo Levi folgt:

14.B.16 Satz *Ist f_i, $i \in I$, eine abzählbare Familie nichtnegativer messbarer Funktionen $X \to \overline{\mathbb{R}}_+$, so ist*

$$\int_X \left(\sum_{i \in I} f_i \right) d\mu = \sum_{i \in I} \int_X f_i\,d\mu.$$

Seien nun $f, g : X \to \overline{\mathbb{R}}$ beliebige integrierbare Funktionen. Dann sind $f^{-1}(\pm\infty)$ und $g^{-1}(\pm\infty)$ Nullmengen in X. Wären nämlich etwa $f^{-1}(\infty)$ oder $f^{-1}(-\infty)$ keine Nullmengen, so hätten $f^{-1}(\infty) \times [0, \infty[\subseteq G^\circ(f_+ ; X)$ bzw. $f^{-1}(-\infty) \times [0, \infty[\subseteq G^\circ(f_- ; X)$ unendliches Volumen im Widerspruch zur Integrierbarkeit von f. Daher ist für beliebige reelle Zahlen $a, b \in \mathbb{R}$ die Funktion $af + bg$ außerhalb einer Nullmenge definiert (und messbar). Es gilt:

14.B.17 Linearität des Integrals *Sind $f, g : X \to \overline{\mathbb{R}}$ integrierbare Funktionen, so ist auch $af + bg$ für beliebige $a, b \in \mathbb{R}$ integrierbar und es ist*

$$\int_X (af + bg)\,d\mu = a \int_X f\,d\mu + b \int_X g\,d\mu.$$

B e w e i s. Nach der Vorbemerkung können wir annehmen, dass f und g reellwertig sind. Wegen $|f + g| \leq |f| + |g|$ und $\int_X (|f| + |g|)\,d\mu = \int_X |f|\,d\mu + \int_X |g|\,d\mu < \infty$ (nach 14.B.15) ist $h := f + g$ integrierbar. Ferner ist $h = h_+ - h_- = f_+ + g_+ - f_- - g_-$, d.h. $h_+ + f_- + g_- = f_+ + g_+ + h_-$. Nach 14.B.15 ist dann

$$\int_X h_+\,d\mu + \int_X f_-\,d\mu + \int_X g_-\,d\mu = \int_X f_+\,d\mu + \int_X g_+\,d\mu + \int_X h_-\,d\mu,$$

woraus nach Definition des Integrals

$$\int_X h\,d\mu = \int_X f\,d\mu + \int_X g\,d\mu$$

folgt. Es bleibt $\int_X (af)\,d\mu = a \int_X f\,d\mu$ zu zeigen. Wir können $a \geq 0$ annehmen. Dann ist $(af)_+ = af_+$ und $(af)_- = af_-$, und die Behauptung folgt ebenfalls aus 14.B.15.   ●

Nach 14.B.17 bilden die integrierbaren reellwertigen Funktionen $X \to \mathbb{R}$ einen $\mathbb{R}$-Untervektorraum aller reellwertigen Funktionen auf X. Diesen Vektorraum bezeichnen wir mit

$$\mathcal{L}^1(X) = \mathcal{L}^1_\mathbb{R}(X) = \mathcal{L}^1_\mathbb{R}(X, \mu).$$

Es gilt:

14.B.18 Korollar *Das Integral* $f \mapsto \int_X f \, d\mu$ *ist eine Linearform auf* $\mathcal{L}^1(X)$.

Es sei ausdrücklich bemerkt, dass Produkte integrierbarer Funktionen $X \to \mathbb{R}$ im Allgemeinen nicht integrierbar sind, vgl. Aufg. 2.

Durch Approximation mit Treppenfunktionen beweist man auch den folgenden Satz, der das Integral bezüglich eines Maßes $f\mu$ mit einer Dichte f zurückführt auf das Integral bezüglich μ.

14.B.19 Satz *Seien* $f : X \to \overline{\mathbb{R}}_+$ *eine nichtnegative messbare Funktion auf dem Maßraum* $(X, \mathcal{A}, \mu)$ *und* $\nu := f\mu$ *das Maß mit der Dichte* f *bezüglich* μ. *Es sei* ν *ebenfalls* σ-*endlich. Für eine messbare Funktion* $g : X \to \overline{\mathbb{R}}$ *gilt dann* $\int_X |g| \, d\nu = \int_X |g| f \, d\mu$. *Genau dann ist* g *bezüglich* ν *integrierbar, wenn* gf *bezüglich* μ *integrierbar ist. In diesem Fall ist*

$$\int_X g \, d\nu = \int_X gf \, d\mu.$$

B e w e i s . Wegen $(gf)_+ = g_+ f$ und $(gf)_- = g_- f$ genügt es, die erste Behauptung zu beweisen; wir können also gleich $g = |g|$ annehmen.

Sei zunächst g eine Treppenfunktion, $g = \sum_{i \in I} a_i e_{A_i}$, wobei $X = \biguplus_{i \in I} A_i$ eine abzählbare Zerlegung von X in messbare Mengen A_i ist. Dann gilt (vgl. 14.B.4)

$$\int_X g \, d\nu = \sum_{i \in I} a_i \, \nu(A_i) = \sum_{i \in I} a_i \int_{A_i} f \, d\mu = \sum_{i \in I} \int_{A_i} a_i f \, d\mu = \int_X gf \, d\mu.$$

Ist im allgemeinen Fall g_n eine Folge nichtnegativer Treppenfunktionen mit $g_n \uparrow g$, so erhält man wegen $g_n f \uparrow gf$

$$\int_X g \, d\nu = \lim_{n \to \infty} \int_X g_n \, d\nu = \lim_{n \to \infty} \int_X g_n f \, d\mu = \int_X gf \, d\mu. \qquad \bullet$$

Häufig nützlich ist die folgende triviale Abschätzung:

14.B.20 Tschebyschewsche Ungleichung *Seien* $f : X \to \overline{\mathbb{R}}_+$ *eine nichtnegative messbare Funktion und* $a \in \overline{\mathbb{R}}_+$. *Dann ist*

$$\int_X f \, d\mu \geq a\mu(\{f \geq a\}).$$

B e w e i s. Für $A := \{f \geq a\} = \{x \in X \mid f(x) \geq a\}$ ist $A \times [0,a] \subseteq G(f ; X)$.   •

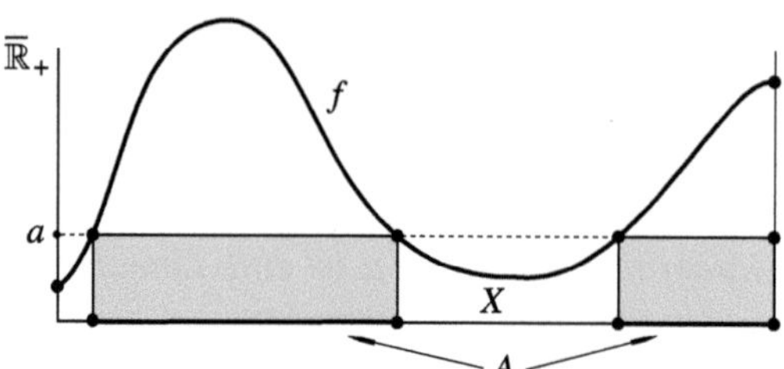

14.B.21 Korollar *Sei $f : X \to \overline{\mathbb{R}}_+$ eine nichtnegative messbare Funktion. Genau dann ist $\int_X f\,d\mu = 0$, wenn f fast überall verschwindet.*

B e w e i s. Sei $\int_X f\,d\mu = 0$ und $A_n := \{f \geq 1/n\}$ für $n \in \mathbb{N}^*$. Nach 14.B.20 ist $\mu(A_n) = 0$, also auch $\mu(\{f > 0\}) = \mu(\bigcup_n A_n) = 0$. – Umgekehrt ist natürlich $\int_X f\,d\mu = 0$, wenn fast überall $f = 0$ ist.   •

Zum Schluss wollen wir das Integral auf vektorwertige Abbildungen ausdehnen. Seien $(X, \mathcal{A}, \mu)$ ein (σ-endlicher) Maßraum und $f : X \to V$ eine messbare Abbildung in einen *endlichdimensionalen* $\mathbb{R}$-Vektorraum V (versehen mit der σ-Algebra $\mathcal{B}(V)$ der Borel-Mengen in V). Sind nun $v_1, \dots, v_n$ eine Basis von V und $f_1, \dots, f_n$ die Komponentenfunktionen von f bezüglich $v_1, \dots, v_n$, so gilt

$$f(x) = \sum_{i=1}^{n} f_i(x)\, v_i \,.$$

$f_1, \dots, f_n$ sind messbare Funktionen $X \to \mathbb{R}$. Wir sagen, dass f i n t e g r i e r b a r ist, wenn alle Funktionen $f_1, \dots, f_n$ integrierbar sind, und setzen dann

$$\int_X f\,d\mu := \sum_{i=1}^{n} \left(\int_X f_i\,d\mu \right) v_i \,.$$

Wir haben zu zeigen, dass diese Definition von der Wahl der Basis $v_1, \dots, v_n$ unabhängig ist: Ist $v_1', \dots, v_n'$ eine weitere Basis mit $v_j = \sum_{i=1}^{n} b_{ij} v_i'$, $j = 1, \dots, n$, so ist

$$f = \sum_{j=1}^{n} f_j v_j = \sum_{i=1}^{n} \left(\sum_{j=1}^{n} b_{ij} f_j \right) v_i' = \sum_{i=1}^{n} f_i' v_i'$$

mit $f_i' := \sum_{j=1}^{n} b_{ij} f_j$, und 14.B.16 liefert

$$\sum_{i=1}^{n} \left(\int_X f_i'\,d\mu \right) v_i' = \sum_{i=1}^{n} \sum_{j=1}^{n} b_{ij} \left(\int_X f_j\,d\mu \right) v_i' = \sum_{j=1}^{n} \left(\int_X f_j\,d\mu \right) v_j \,.$$

14.B.22 Satz *Sei $f : X \to V$ eine messbare Abbildung des Maßraumes $(X, \mathcal{A}, \mu)$ in den endlichdimensionalen $\mathbb{R}$-Vektorraum V. Dann gilt:*

(1) *Ist f integrierbar und ist $F : V \to W$ eine lineare Abbildung von V in einen endlichdimensionalen $\mathbb{R}$-Vektorraum W, so ist $F \circ f$ integrierbar mit*

$$\int_X (F \circ f)\, d\mu = F\Big(\int_X f\, d\mu \Big).$$

(2) *Genau dann ist f integrierbar, wenn die Funktion $\|f\| : x \mapsto \|f(x)\|$ integrierbar ist (wobei $\|-\|$ eine beliebige Norm auf V sei). In diesem Fall ist*

$$\Big\| \int_X f\, d\mu \Big\| \le \int_X \|f\|\, d\mu.$$

Beweis. (1) folgt sofort aus den Definitionen, wenn man F in Basen von V und W durch eine Matrix beschreibt.

(2) Wir gehen vor wie im Beweis von 4.C.4: Es gibt (bei $V \ne 0$) eine Linearform $L : V \to \mathbb{R}$ mit $\|L\| = 1$ und $L\left(\int_X f\, d\mu \right) = \left\| \int_X f\, d\mu \right\|$. Dann folgt mit (1) wegen $|L \circ f(x)| \le \|L\|\, \|f(x)\| = \|f(x)\|$

$$\Big\| \int_X f\, d\mu \Big\| = L\Big(\int_X f\, d\mu \Big) = \int_X (L \circ f)\, d\mu \le \int_X |L \circ f|\, d\mu \le \int_X \|f\|\, d\mu. \qquad \bullet$$

Insbesondere ist für einen Maßraum $(X, \mathcal{A}, \mu)$ die Menge

$$\mathcal{L}_{\mathbb{C}}^1(X) = \mathcal{L}_{\mathbb{C}}(X, \mu)$$

der $\mathbb{C}$-wertigen integrierbaren Funktionen auf X definiert. *Genau dann gehört eine messbare komplexwertige Funktion $f : X \to \mathbb{C}$ zu $\mathcal{L}_{\mathbb{C}}^1(X)$, wenn $\int_X |f|\, d\mu$ endlich ist.* Es gilt dann

$$\Big| \int_X f\, d\mu \Big| \le \int_X |f|\, d\mu.$$

$\mathcal{L}_{\mathbb{C}}^1(X)$ ist ein $\mathbb{C}$-Untervektorraum aller komplexwertigen Funktionen auf X, und das Integral $f \mapsto \int_X f\, d\mu$ ist eine $\mathbb{C}$-Linearform auf $\mathcal{L}_{\mathbb{C}}^1(X)$. Generell ist für einen endlichdimensionalen $\mathbb{K}$-Vektorraum V die Menge

$$\mathcal{L}^1(X, V)$$

der V-wertigen integrierbaren Abbildungen ein $\mathbb{K}$-Unterraum aller Abbildungen $X \to V$, und das Integral $f \mapsto \int_X f\, d\mu$ ist eine $\mathbb{K}$-lineare Abbildung mit Werten in V.

14.B.23 Bemerkung (Integrale über Abbildungen mit Werten in Banach-Räumen) Für eine beliebige messbare Abbildung $f : X \to V$ auf einem Maßraum $(X, \mathcal{A}, \mu)$ mit Werten in einem beliebigen $\mathbb{R}$-Banach-Raum V definiert man das Integral in Anlehnung an Satz 14.B.22 (1) am schnellsten folgendermaßen: Man betrachtet für jede *stetige* Linearform $L : V \to \mathbb{R}$ die messbare Funktion $L \circ f$ und verlangt zunächst, dass alle Integrale $\int_X (L \circ f)\, d\mu$

existieren. Dann ist $I : L \mapsto \int_X (L \circ f)\, d\mu$ eine Linearform auf dem stetigen Dualraum $V' = L_{\mathbb{R}}(V, \mathbb{R})$. Gibt es dazu einen Vektor $v \in V$ mit $L(v) = I(L) = \int_X (L \circ f)\, d\mu$, so heißt dieses v das Integral

$$\int_X f\, d\mu := v\,.$$

Genau dann existiert also $\int_X f\, d\mu$, wenn I stetig auf V' ist und zum Bild der kanonischen Abbildung $V \to V''$ mit $x \mapsto \big(e \mapsto e(x)\big)$ gehört. Da diese Abbildung nach dem Satz von Hahn-Banach die Norm erhält (vgl. Bd. 2, Korollar 17.B.20) und insbesondere injektiv ist, ist das Integral, falls es existiert, eindeutig bestimmt. Ist $V \to V''$ bijektiv – V heißt dann ein r e f l e x i v e r B a n a c h - R a u m –, so ist die Stetigkeit von I auch hinreichend für die Existenz des Integrals. Wir bemerken, dass nach dem Rieszschen Darstellungssatz, vgl. Bd. 2, 19.A.9, Hilbert-Räume stets reflexiv sind. Wegen $\int_X |(L \circ f)(x)|\, d\mu \le \|L\| \int_X \|f(x)\|\, d\mu$ ist I sicherlich dann stetig, wenn $\|f\| : x \mapsto \|f(x)\|$ auf X integrierbar ist, und dann gilt $\|I\| \le \int_X \|f(x)\|\, d\mu$. Für Hilbert-Räume erhalten wir also: *Ist V ein Hilbert-Raum und $f : X \to V$ eine messbare Abbildung mit $\int_X \|f\|\, d\mu < \infty$, so ist f integrierbar mit*

$$\left\| \int_X f\, d\mu \right\| \le \int_X \|f\|\, d\mu\,.$$

Wiederum mit dem Satz von Hahn-Banach erhält man diese Formel für beliebige Banach-Räume, falls das Integral $\int_X f\, d\mu$ existiert. Ist V separabel, so existiert dieses Integral immer, wenn $\int_X \|f\|\, d\mu < \infty$ ist. (Vgl. dazu in 15.A die Aufgabe 11 über das Bochner-Integral.) Wir betonen aber, dass das Integral $\int_X f\, d\mu$ (auch im Fall eines Hilbert-Raums V) existieren kann, ohne dass $\int_X \|f\|\, d\mu$ endlich ist. Beispiel!

14.B.24 Bemerkung (I n t e g r a l e ü b e r n i c h t n o t w e n d i g σ-e n d l i c h e M a ß r ä u m e) Gelegentlich hat man auch Integrale für messbare Funktionen $f : X \to \overline{\mathbb{R}}$ auf nicht σ-endlichen Maßräumen $(X, \mathcal{A}, \mu)$ zu betrachten. Sie werden für solche messbaren Funktionen f definiert, für die der (messbare) Teilraum $X_f := \{x \in X \mid f(x) \ne 0\}$ σ-endlich ist. Man setzt dann

$$\int_X f\, d\mu := \int_{X_f} f\, d\mu\,,$$

falls das Integral auf der rechten Seite existiert. Der Raum der in diesem Sinne integrierbaren Funktionen modulo des Raums der f. ü. verschwindenden Funktionen ist die Vervollständigung des Raums der integrierbaren Treppenfunktionen bzgl. der L^1-Norm, vgl. dazu Satz 15.A.5.

Aufgaben

1. Seien $f, g : X \to \overline{\mathbb{R}}$ messbare Funktionen auf dem Maßraum $X = (X, \mathcal{A}, \mu)$.

a) Sind f und g integrierbar, so auch $\mathrm{Sup}\,(f, g)$ und $\mathrm{Inf}\,(f, g)$.

b) Ist f integrierbar und g beschränkt, so ist auch fg integrierbar.

c) Ist $\mu(X) < \infty$, so sind $1/(1+f^2)$, $1/(1+|f|)$, $\mathrm{Inf}\,\big(1, 1/|f|\big)$ usw. integrierbar.

d) Ist $\mu(X) < \infty$, f nicht-negativ und ist f^p integrierbar für ein $p > 0$, so ist auch f^q integrierbar für alle q mit $0 \le q \le p$. (Es ist $f^q \le \mathrm{Sup}\,(1, f^p)$.)

e) Ist f nichtnegativ und beschränkt und ist f^q integrierbar für ein $q > 0$, so ist auch f^p integrierbar für alle p mit $q \le p$ $(< \infty)$.

2. a) Man gebe Beispiele dafür an, dass das Quadrat f^2 einer integrierbaren Funktion f im Allgemeinen nicht wieder integrierbar ist.

b) Man gebe Beispiele dafür an, dass das Quadrat einer messbaren Funktion integrierbar sein kann, ohne dass die Funktion selbst integrierbar ist.

3. Die Ableitung der Funktion $f : [-1, 1] \to \mathbb{R}$ mit $f(t) := t^2 \sin 1/t^2$ für $t \neq 0$ und $f(0) := 0$ ist nicht integrierbar (aber natürlich messbar).

4. Sei $f : X \to \overline{\mathbb{R}}$ eine integrierbare Funktion auf dem Maßraum $(X, \mathcal{A}, \mu)$. Zu jedem $\varepsilon > 0$ gibt es dann eine einfache Treppenfunktion $g : X \to \mathbb{R}$ mit $\int_X |f - g| \, d\mu \leq \varepsilon$.

5. Sei $f : X \to \overline{\mathbb{R}}$ eine integrierbare Funktion auf dem Maßraum $(X, \mathcal{A}, \mu)$. Dann gibt es zu jedem $\varepsilon > 0$ ein $\delta > 0$, so dass für jede messbare Menge A mit $\mu(A) \leq \delta$ gilt $\left| \int_A f \, d\mu \right| \leq \varepsilon$. (Ohne Einschränkung sei f nichtnegativ und ferner beschränkt; für die zweite Reduktion benutze man 14.B.7.)

6. Sei $f : \mathbb{R} \to \overline{\mathbb{R}}$ integrierbar (bzgl. λ^1). Dann ist die Funktion $x \mapsto \int_{-\infty}^{x} f(t) \, dt$ auf $\mathbb{R}$ stetig, sogar gleichmäßig stetig.

7. Sei $f : \mathbb{R}^n \to \overline{\mathbb{R}}$ integrierbar (bzgl. λ^n). Dann ist die Funktion $x \mapsto \int_{I(x)} f \, d\lambda^n$ auf $\mathbb{R}^n$ gleichmäßig stetig, wobei $I(x)$ für $x = (x_1, \ldots, x_n) \in \mathbb{R}^n$ der Quader $\,] - \infty, x_1] \times \cdots \times \,] - \infty, x_n]$ ist. (Man kann mit Hilfe des Ausschöpfungssatzes zu $\varepsilon > 0$ einen kompakten Quader Q finden mit $\int_{\mathbb{R}^n - Q} |f| \, d\lambda \leq \varepsilon$.)

8. Seien $f : X \to \overline{\mathbb{R}}$ und $g : X \to \overline{\mathbb{R}}$ integrierbare Funktionen auf dem Maßraum $(X, \mathcal{A}, \mu)$. Dann sind äquivalent: (1) $f = g$ fast überall. (2) $\int_X |f - g| \, d\mu = 0$. (3) Für alle $M \in \mathcal{A}$ ist $\int_M f \, d\mu = \int_M g \, d\mu$, d.h. die (verallgemeinerten) Maße $f \, d\mu$ und $g \, d\mu$ mit den Dichten f und g stimmen überein. (4) Für alle Teilmengen M eines durchschnittstabilen Erzeugendensystems von $\mathcal{A}$ gilt $\int_M f \, d\mu = \int_M g \, d\mu$. (Die Gleichheit $f = g$ fast überall gilt offensichtlich auch dann, wenn f und g im verallgemeinerten Sinn integrierbar sind, die verallgemeinerten Maße $f \, d\mu$ und $g \, d\mu$ σ-endlich sind und eine der Bedingungen (3) oder (4) erfüllt ist, wobei im Falle von Bedingung (4) die Endlichkeit von $\int_{M_k} f \, d\mu$ für eine X ausschöpfende Folge M_k, $k \in \mathbb{N}$, von Elementen M_k des Erzeugendensystems vorauszusetzen ist.)

9. Seien $X \subseteq \mathbb{R}^n$ eine Borel-Menge und $f : X \to \mathbb{R}$ eine messbare Funktion. Im Punkte $x_0 \in X$ sei f stetig. Dann gibt es zu jedem $\varepsilon > 0$ ein $\delta > 0$ mit folgender Eigenschaft: Ist $M \subseteq X \cap \overline{\mathrm{B}}(x_0 ; \delta)$ eine Borel-Menge, so ist

$$\left| \int_M f \, d\lambda^n - f(x_0) \, \lambda^n(M) \right| \leq \varepsilon \lambda^n(M).$$

10. Seien $X \subseteq \mathbb{R}^n$ eine offene Menge und f und g stetige Funktionen $X \to \mathbb{R}$ mit $\int_M f \, d\lambda^n = \int_M g \, d\lambda^n$ für alle beschränkten Borel-Mengen $M \subseteq X$, auf denen auch f und g beschränkt sind. Dann ist $f = g$ *überall* auf X. (Besitzt also ein Maß μ auf $\big(X, \mathcal{B}(X)\big)$ eine *stetige* Dichte f bezüglich λ^n, so ist diese eindeutig bestimmt und zwar ist zum Beispiel für $x_0 \in X$ nach Aufg. 9

$$f(x_0) = \lim_{\delta \to 0+} \frac{\mu(X \cap \overline{\mathrm{B}}(x_0 ; \delta))}{\lambda^n(X \cap \overline{\mathrm{B}}(x_0 ; \delta))} \, .$$

Dies ist die übliche Vorstellung, die man mit einer Dichte (als Masse pro Volumen) verbindet.)

11. a) Man berechne für $\alpha, \beta \in \mathbb{R}$ und $0 \le r \le R \le \infty$ die Integrale

$$\int\limits_{r \le \|x\| \le R} \|x\|^{\alpha}\, d\lambda^n \quad \text{und} \quad \int\limits_{\mathbb{R}^n} \|x\|^{\alpha} e^{-\|x\|^{\beta}}\, d\lambda^n \,.$$

b) Sei $\Phi : \mathbb{R}^n \times \mathbb{R}^n \to \mathbb{R}$ eine positiv definite symmetrische Bilinearform mit der Norm $\|x\|_{\Phi} = \sqrt{\Phi(x, x)}$, $x \in \mathbb{R}^n$. Für jede messbare Funktion $f : \mathbb{R}_+ \to \overline{\mathbb{R}}$ gilt

$$\int\limits_{\mathbb{R}^n} f\big(\|x\|_{\Phi}\big)\, d\lambda^n = \frac{n\omega_n}{\sqrt{D}} \int\limits_0^{\infty} t^{n-1} f(t)\, dt \,.$$

wobei $D := \mathrm{Det}\big(\Phi(e_i, e_j)\big)$ die Gramsche Determinante von Φ für die Standardbasis $e_1, \dots, e_n$ ist. Dabei existiert eines der Integrale genau dann, wenn das andere existiert. (Man beachte Beispiel 14.B.12 und 12.C, Aufg. 8.)

12. Sei $h : I \to J$ eine bijektive stetig differenzierbare Abbildung von Intervallen $I, J \subseteq \mathbb{R}$.

a) Das Bildmaß von $|\dot{h}|\lambda^1$ auf I ist gleich dem Maß λ^1 auf J.

b) Sei $f : J \to \overline{\mathbb{R}}$ eine messbare Funktion. Genau dann ist f integrierbar bzgl. λ^1, wenn die Funktion $(f \circ h)\,\dot{h}$ auf I integrierbar ist. In diesem Falle gilt

$$\int\limits_J f\, d\lambda^1 = \int\limits_I (f \circ h) \cdot |\dot{h}|\, d\lambda^1 \,.$$

(Dies ist die S u b s t i t u t i o n s r e g e l für integrierbare Funktionen in einer Veränderlichen, vgl. Bd. 1, 16.B.5. Gibt man die Grenzen der Intervalle I und J in der Reihenfolge an, wie sie sich vermöge h entsprechen, so sind in der Substitutionsregel die Betragsstriche bei $|\dot{h}|$ wegzulassen. – Insbesondere folgt, dass das Bild $h(N)$ der Nullstellenmenge N von $\dot{h}$ in I eine Nullmenge in J ist. Man beachte aber, dass N selbst nicht notwendigerweise eine Nullmenge ist. Ist etwa $N \subseteq \mathbb{R}$ eine abgeschlossene total unzusammenhängende Menge positiven Maßes (vgl. 12.A, Aufg. 4c)) und bezeichnet $h(t)$ die Funktion, deren Ableitung die stetige Funktion $d(t, N)$, also der Abstand zu N ist, so ist h streng monoton wachsend, und $\dot{h}$ verschwindet genau auf der Menge N von positivem Maß. – Man konstruiere (explizit) bijektive, monoton wachsende und stetig differenzierbare (oder C^{∞}-)Funktionen $h_1 : [0, 1] \to [0, 1]$, $h_2 : [0, 2] \to [0, 1]$ mit $\dot{h}_1\big(h_1^{-1}(x)\big) = \frac{1}{2}\dot{h}_2\big(h_2^{-1}(x)\big)$ für alle $x \in [0, 1]$. Interpretiert man also h_1 und h_2 als die Zeit-Weg-Funktionen zweier Läufer L_1, L_2, so besitzt der Läufer L_1 an jeder Wegstelle $x \in [0, 1]$ nur die halbe Geschwindigkeit von L_2 und braucht dennoch nur die Hälfte der Zeit des Läufers L_2 zum Zurücklegen derselben Gesamtstrecke $[0, 1]$. Dabei macht keiner der Läufer eine Pause, wenn eine Pause definitionsgemäß ein nichttriviales Zeitintervall ist, auf dem die Geschwindigkeit gleich 0 ist. Natürlich ist $\lambda^1\big(\{\dot{h}_1 \ne 0\}\big) = 2\,\lambda^1\big(\{\dot{h}_2 \ne 0\}\big)$.)

c) Man gebe für das Bildmaß von λ^1 unter der Funktion $\mathbb{R} \to \mathbb{R}$ mit $t \mapsto (\mathrm{Sign}\,t)|t|^{\alpha}$ eine Dichte an (wobei $\alpha \in \mathbb{R}_+^{\times}$ beliebig ist).

13. Sei $\mu : \mathcal{B}^1 \to \overline{\mathbb{R}}_+$ ein Maß, das auf jedem beschränkten Intervall endlich ist, und $F : \mathbb{R} \to \mathbb{R}$ die gemäß 12.A.1 zugeordnete linksseitig stetige, monoton wachsende Funktion mit $\mu\big([a, b[\big) = F(b) - F(a)$.

a) Besitzt μ eine Dichte bzgl. λ^1, so ist F stetig.

b) Ist F stetig differenzierbar, so ist die Ableitung $\dot{F}$ eine Dichte von μ bzgl. λ^1.

c) Man gebe eine Dichte zu der folgenden Funktion F an:

$$F(x) := \begin{cases} 0, & \text{falls } x \le 0, \\ 1 - (1+x)e^{-x}, & \text{falls } x > 0. \end{cases}$$

d) Man gebe die Funktion F an, wenn μ eine der folgenden Dichten bzgl. λ^1 hat:

$$t \mapsto \frac{1}{a^2+t^2}, \quad a > 0 \qquad\qquad (\mathrm{C\,a\,u\,c\,h\,y\text{-}D\,i\,c\,h\,t\,e\,n});$$

$$t \mapsto \begin{cases} 0, & \text{falls } t \le 0, \\ t^{\beta-1}\exp(-\alpha t^\beta), & \text{falls } t > 0,\ \alpha,\beta > 0 \end{cases} \qquad (\mathrm{W\,e\,i\,b\,u\,l\,l\text{-}D\,i\,c\,h\,t\,e\,n}).$$

(Zu den Weibull-Dichten siehe Bd. 1, Beispiel 19.C.1 (1).)

e) Seien $A := F(-\infty) = \lim_{t\to-\infty} F(t)$ und $B := F(\infty) = \lim_{t\to\infty} F(t)$. Die Funktion $h :]A, B[\to \mathbb{R}$ sei definiert durch $h(s) := \mathrm{Sup}\,\{t \in \mathbb{R} \mid f(t) \le s\}$. Dann ist h monoton wachsend und rechtsseitig stetig (und bei streng monoton wachsendem, stetigem F gleich der Umkehrabbildung F^{-1}), vgl. Bd. 1, 10.C, Aufg. 15 bzw. im vorliegenden Band den Abschnitt 12.A, Aufg. 6. Es gilt $\mu = h_* \lambda^1$ und somit

$$\int_{\mathbb{R}} f\,dF := \int_{\mathbb{R}} f\,d\mu = \int_{\mathbb{R}} f\,dh_*\lambda^1 = \int_A^B (f \circ h)\,d\lambda^1$$

für jede messbare Funktion $f : \mathbb{R} \to \overline{\mathbb{R}}$, wobei jedes der Integrale genau dann existiert, wenn dies für das andere gilt. (Man nennt Integrale der Form $\int_{\mathbb{R}} f\,dF$ auch $\mathrm{S\,t\,i\,e\,l\,t\,j\,e\,s\text{-}I\,n\,t\,e\,g\,r\,a\,l\,e}$. Mit Hilfe der hypsographischen Funktion h zu F lassen sie sich also auf gewöhnliche Lebesgue-Integrale über λ^1 zurückführen.)

14. Seien $(X, \mathcal{A}, \mu)$, $(Y, \mathcal{B}, \nu)$ und $(Z, \mathcal{C}, \lambda)$ σ-endliche Maßräume. Ferner seien $F : X \to Y$ und $G : Y \to Z$ messbare Abbildungen sowie $f : Z \to \overline{\mathbb{R}}_+$, $g : Z \to \overline{\mathbb{R}}_+$ messbare Funktionen. Dann gilt:

a) $(G \circ F)_*(\mu) = G_*\big(F_*(\mu)\big)$.

b) $G_*\big((f \circ G)\nu\big) = f G_*(\nu)$ (falls $G_*(\nu)$ σ-endlich ist).

c) $f(g\lambda) = (fg)\lambda$ (falls $g\lambda$ σ-endlich ist).

d) Aus $F_*(\mu) = (f \circ G)\nu$ und $G_*(\nu) = g\lambda$ folgt $(G \circ F)_*(\mu) = (fg)\lambda$ (falls $G_*(\nu) = g\lambda$ σ-endlich ist).

15. Sei μ ein σ-endliches diskretes Maß auf der Menge X, vgl. Beispiel 11.C.2. Dann ist

$$\int_X |f|\,d\mu = \sum_{x\in X} |f(x)|\,\mu(x)$$

für alle Funktionen $X \to \overline{\mathbb{R}}$. Genau dann ist eine Funktion $X \to \overline{\mathbb{R}}$ integrierbar, wenn die Familie $f(x)\mu(x)$, $x \in X$, in $\mathbb{R}$ summierbar ist. In diesem Fall ist

$$\int_X f\,d\mu = \sum_{x\in X} f(x)\,\mu(x).$$

16. Sei X eine abzählbare Menge. Jedes σ-endliche diskrete Maß μ auf X besitzt eine Dichte bezüglich des Anzahlmaßes auf X.

17. Sei f integrierbar auf dem σ-endlichen Maßraum $(X, \mathcal{A}, \mu)$. Dann ist

$$\lim_{a\in\mathbb{R},\,a\to\infty} \mu\big(\{\,|f| \ge a\}\big) = 0.$$

18. Sei $f : X \to \overline{\mathbb{R}}$ eine messbare numerische Funktion auf einem (σ-endlichen) Maßraum $(X, \mathcal{A}, \mu)$.

a) Ist f integrierbar, so ist die Beschränkung des Bildmaßes $f_*(\mu)$ auf $\overline{\mathbb{R}}^\times := \overline{\mathbb{R}} - \{0\}$ σ-endlich.

b) Sei die Beschränkung von $f_*(\mu)$ auf $\overline{\mathbb{R}}^\times$ σ-endlich. Dann ist

$$\int_X |f| \, d\mu = \int_{\overline{\mathbb{R}}^\times} |t| \, df_*(\mu) = \int_{\overline{\mathbb{R}}} |t| \, df_*(\mu).$$

Ist f integrierbar, d.h. $\int_{\overline{\mathbb{R}}} |t| \, df_*(\mu) < \infty$, so ist

$$\int_X f \, d\mu = \int_{\overline{\mathbb{R}}} t \, df_*(\mu).$$

c) Die Beschränkung von $f_*(\mu)$ auf $\overline{\mathbb{R}}^\times$ sei σ-endlich und besitze die Dichte g bezüglich λ^1. Dann ist

$$\int_X |f| \, d\mu = \int_{-\infty}^{\infty} |t| g(t) \, dt.$$

Ist f integrierbar, so ist

$$\int_X f \, d\mu = \int_{-\infty}^{\infty} t g(t) \, dt.$$

19. Seien $M \subseteq \mathbb{R}^n$ eine Borel-Menge ($n \geq 1$) und $H_+ := \{x \in \mathbb{R}^n \mid x_1 \geq 0\}$. Die Funktion $f : M \to \overline{\mathbb{R}}$ sei integrierbar.

a) Ist M punktsymmetrisch bezüglich $0 \in \mathbb{R}^n$, so ist

$$\int_M f \, d\lambda^n = \int_{M \cap H_+} \big(f(x) + f(-x)\big) \, d\lambda^n.$$

Insbesondere ist $\int_M f \, d\lambda^n = 0$, falls f ungerade ist, d.h. stets $f(-x) = -f(x)$ gilt, und $\int_M f \, d\lambda^n = 2 \int_{M \cap H_+} f \, d\lambda^n$, falls f gerade ist, d.h. stets $f(-x) = f(x)$ gilt.

b) Sei M symmetrisch bezüglich der Spiegelung an der Ebene $\mathbb{R}e_2 + \cdots + \mathbb{R}e_n$ (längs $\mathbb{R}e_1$). Dann ist

$$\int_M f \, d\lambda^n = \int_{M \cap H_+} \big(f(x_1, x_2, \ldots, x_n) + f(-x_1, x_2, \ldots, x_n)\big) \, d\lambda^n.$$

(Beim Integrieren achte man auf diese und ähnliche einfache Symmetrien. Sie können die Rechnungen sehr vereinfachen.)

20. Seien $P_0, \ldots, P_n \in \mathbb{R}^n$ affin unabhängige Punkte und S das (konvexe) Simplex mit diesen Punkten als Ecken. Zu beliebigen Werten $y_0, \ldots, y_n \in \mathbb{R}$ gibt es genau eine affine Funktion f mit $f(P_i) = y_i$, $i = 0, \ldots, n$. Man zeige:

$$\int_S f \, d\lambda^n = \frac{y_0 + \cdots + y_n}{n+1} \cdot \lambda^n(S).$$

Vergleiche dazu Bd. 2, 9.G, Aufg. 5.

21. Für ein (σ-endliches) Maß $\nu : \mathcal{B}^1 \to \overline{\mathbb{R}}_+$ auf $\mathbb{R}^1$ und $r \in \mathbb{N}$ heißen die Integrale $\int_{\mathbb{R}} t^r \, d\nu$, soweit sie existieren, die **M o m e n t e** von ν. Man berechne die Momente (falls sie existieren) für die Maße mit den folgenden Dichten $\mathbb{R} \to \mathbb{R}_+$ bezüglich λ^1 ($a \in \mathbb{R}_+^\times$, b, $\alpha \in \mathbb{R}$ sind konstant):

$$t \mapsto e^{-a(t-b)^2} \; ; \qquad t \mapsto \frac{1}{t^4+1} \; ; \qquad t \mapsto \begin{cases} t^\alpha e^{-at}, & \text{falls } t > 0, \\ 0, & \text{falls } t \leq 0. \end{cases}$$

22. $L : G \to \mathbb{R}$ sei eine konvexe messbare Funktion auf der konvexen Borel-Menge $G \subseteq \mathbb{R}^n$, und $f, g : X \to G$ seien messbare Abbildungen auf dem Maßraum $X = (X, \mathcal{A}, \mu)$. Sind dann $L \circ f$ und $L \circ g$ auf X integrierbar, so ist $L \circ \big((1-s)f + sg\big)$ für alle $s \in [0, 1]$ integrierbar und es gilt

$$S(s) := \int_X L \circ \big((1-s)f + sg\big) \, d\mu \leq (1-s) \int_X (L \circ f) \, d\mu + s \int_X (L \circ g) \, d\mu.$$

Die Funktion $S(s)$ ist also auf $[0, 1]$ konvex.

23. Eine Funktion $f : [a, b] \to \mathbb{R}$ heißt **R i e m a n n - i n t e g r i e r b a r**, wenn sie beschränkt ist und die Menge N ihrer Unstetigkeitsstellen (die stets eine Borel-Menge ist, vgl. Bd. 1, 10.B, Aufg. 24 b)) eine Nullmenge ist. *Eine Riemann-integrierbare Funktion ist auch Lebesgue-integrierbar*, da $f|\big([a, b] - N\big)$ stetig (und damit messbar) sowie beschränkt ist. Es ist also definitionsgemäß $\int_a^b f(t) \, dt = \int_{[a,b]-N} f \, d\lambda^1$.[1]) Wie bereits in Beispiel 14.B.13 (2) bemerkt, ist das Integral $x \mapsto \int_a^x f(t) \, dt$ für jede differenzierbare Funktion $F : [a, b] \to \mathbb{R}$ mit Riemann-integrierbarer Ableitung f eine Stammfunktion von f, also bis auf eine additive Konstante gleich F. Dies gilt – wie dort beschrieben – auch dann, wenn die (stets messbare) Ableitung $f = F'$ nur beschränkt ist. *Es gibt differenzierbare Funktionen F, für die F' beschränkt aber nicht Riemann-integrierbar ist.*

Die Konstruktion eines solchen Beispiels auf dem Einheitsintervall $E := [0, 1]$ soll hier angedeutet werden, wobei die Menge N der Unstetigkeitsstellen von F' gleich der in 12.A, Aufg. 4b) zu einem a mit $0 < a < 1/3$ definierten Cantorschen Wischmenge $N_a := E - V_a$ vom Maß $(1-3a)/(1-2a) > 0$ ist. (Die Bezeichnungen der zitierten Aufgabe und insbesondere die Darstellung $V_a = \biguplus_{n \geq 0} V_a^{(n)}$ als Vereinigung offener disjunkter Intervalle werden übernommen.) Wir benutzen die Hilfsfunktion $h(x) := x^2 \sin(1/x)$, $x \neq 0$, $h(0) := 0$, die überall differenzierbar ist und deren Ableitung $h'(x) = 2x \sin(1/x) - \cos(1/x)$, $x \neq 0$, $h'(0) = 0$, unendlich oft in jeder noch so kleinen Umgebung von 0 verschwindet, auf jedem kompakten Intervall beschränkt sowie im Nullpunkt unstetig ist. Für α, $\beta \in \mathbb{R}$ mit $\alpha < \beta$ sei γ die größte Nullstelle von h' im Intervall $[0, (\alpha+\beta)/2]$ und $g_{\alpha,\beta} : [\alpha, \beta] \to \mathbb{R}$ die differenzierbare Funktion mit $g_{\alpha,\beta}(x) := h(x - \alpha)$ für $x \in [\alpha, \alpha+\gamma]$, $g_{\alpha,\beta}(x) := h(\beta - x)$ für $x \in [\beta-\gamma, \beta]$ und $g_{\alpha,\beta}(x) := h(\gamma)$ für $x \in [\alpha+\gamma, \beta-\gamma]$.

Die angekündigte Funktion F auf E wird nun folgendermaßen definiert: Auf jeder Zusammenhangskomponente $]\alpha, \beta[$ von V_a stimme F mit $g_{\alpha,\beta}$ überein, und auf N_a sei F identisch 0. Man sieht leicht, dass F auch in den Punkten von N_a differenzierbar ist mit Ableitung 0 und dass F' genau in den Punkten von N_a nicht stetig ist.

---

[1]) Das Integral über eine Riemann-integrierbare Funktion lässt sich auch mit Hilfe von Riemannschen Summen gemäß Bd. 1, Beispiel 16.C.3 definieren. Dies wird in der Regel ausführlich in klassischen Analysis-Büchern beschrieben.

14.C Der Satz von Fubini

Mit dem Satz von Fubini werden Integrale über ein Produkt $X_1 \times \cdots \times X_n$ von σ-endlichen Maßräumen X_i, $i = 1, \ldots, n$, auf Integrale über die Faktoren zurückgeführt. Insbesondere lassen sich Integrale über $\mathbb{R}^n$ (oder geeignete Teilmengen davon) bzgl. des Maßes $\lambda^n = \lambda^1 \otimes \cdots \otimes \lambda^1$ mit Hilfe von Integralen über Intervalle des $\mathbb{R}^1$, versehen mit dem Maß λ^1, ausdrücken. Diese lassen sich in vielen Fällen in der üblichen Weise mit Hilfe von Stammfunktionen berechnen, vgl. die Beispiele 14.B.13 und 14.B.14.

Seien $(X, \mathcal{A}, \mu)$ und $(Y, \mathcal{B}, \nu)$ σ-endliche Maßräume und $(Z, \mathcal{C}, \lambda)$ mit $Z := X \times Y$, $\mathcal{C} = \mathcal{A} \otimes \mathcal{B}$, $\lambda = \mu \otimes \nu$ ihr Produkt. Da für jedes $x_0 \in X$ und jedes $y_0 \in Y$ die Inklusionen $\iota_{x_0} : Y \to X \times Y$ mit $y \mapsto (x_0, y)$ bzw. $\iota_{y_0} : X \to X \times Y$ mit $x \mapsto (x, y_0)$ messbar sind, sind für jedes $C \in \mathcal{C}$ die Mengen

$$C_Y(x_0) := \iota_{x_0}^{-1}(C) = \{y \in Y \mid (x_0, y) \in C\},$$

$x_0 \in X$, und

$$C_X(y_0) := \iota_{y_0}^{-1}(C) = \{x \in X \mid (x, y_0) \in C\},$$

$y_0 \in Y$, messbar in Y bzw. X.

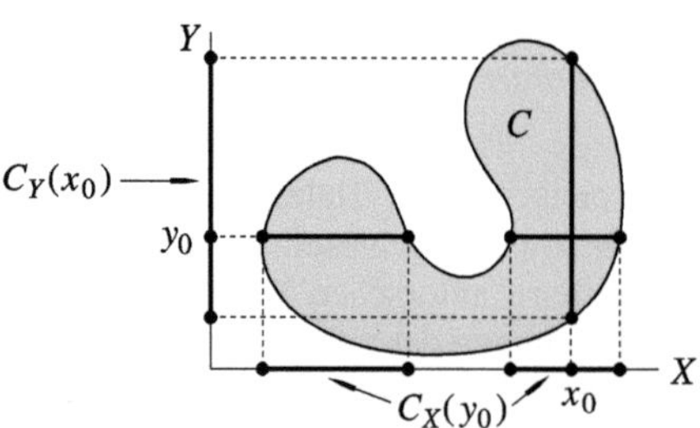

Wir beweisen zunächst das folgende fundamentale Lemma:

14.C.1 Lemma *Sei $C \in \mathcal{C}$. Dann sind die Funktionen $X \to \overline{\mathbb{R}}_+$ und $Y \to \overline{\mathbb{R}}_+$ mit*

$$x \mapsto \nu(C_Y(x)) \quad \text{bzw.} \quad y \mapsto \mu(C_X(y))$$

messbar.

B e w e i s. Es genügt zu zeigen, dass $x \mapsto \nu(C_Y(x))$ messbar ist. Statt $C_Y(x)$ schreiben wir dabei zur Abkürzung einfach $C(x)$.

Da Y ein σ-endlicher Maßraum ist, gibt es eine Ausschöpfung $Y_n \uparrow Y$ von Y durch messbare Teilmengen $Y_n \subseteq Y$ mit $\nu(Y_n) < \infty$. Setzt man $C_n := C \cap (X \times Y_n)$, $n \in \mathbb{N}$, so gilt $C_n \uparrow C$, also $C_n(x) \uparrow C(x)$ und folglich $\lim_{n \to \infty} \nu(C_n(x)) = \nu(C(x))$. Wegen 14.A.6 genügt es zu zeigen, dass $x \mapsto \nu(C_n(x))$ messbar ist. Wir können daher gleich $\nu(Y) < \infty$ annehmen.

Mit $\mathcal{D}$ bezeichnen wir die Menge der $C \in \mathcal{C}$, für die die Funktion $x \mapsto \nu(C(x))$ messbar ist. Ist C ein Rechteck $C = A \times B$ mit $A \in \mathcal{A}$, $B \in \mathcal{B}$, so ist $C(x) = B$ für $x \in A$

und $C(x) = \emptyset$ für $x \notin A$. Bezeichnet e_A die (messbare) Indikatorfunktion von A, so ist in diesem Fall $x \mapsto v(C(x))$ die messbare Funktion $v(B)e_A$. Daher enthält $\mathcal{D}$ alle Rechtecke $A \times B$ mit $A \in \mathcal{A}$, $B \in \mathcal{B}$.

Diese Rechtecke bilden ein durchschnittstabiles Erzeugendensystem für die σ-Algebra $\mathcal{C}$. Nach 11.B.15 erzeugen sie $\mathcal{C}$ auch als Dynkin-System. *Wir zeigen noch, dass $\mathcal{D}$ ein Dynkin-System ist.* Dies liefert dann $\mathcal{D} = \mathcal{C}$ und damit die Behauptung.

Aus dem oben Gezeigten ergibt sich zunächst, dass $Z = X \times Y \in \mathcal{D}$ ist. Sind nun $C, D \in \mathcal{D}$ mit $C \subseteq D$, so ist auch $x \mapsto \big(v((D-C)(x)) = v(D(x)) - v(C(x))\big)$ wegen $(D-C)(x) = D(x) - C(x)$ messbar und somit $C - D \in \mathcal{D}$. Sind schließlich C_i, $i \in I$, abzählbar viele paarweise disjunkte Mengen in D und ist $C = \biguplus_{i \in I} C_i$ deren Vereinigung, so ist $C(x) = \biguplus_{i \in I} C_i(x)$ und daher $x \mapsto v(C(x)) = \sum_{i \in I} v(C_i(x))$ als Grenzfunktion messbarer Funktionen nach 14.A.6 ebenfalls messbar. $\biguplus_{i \in I} C_i$ liegt somit in $\mathcal{D}$. $\qquad\bullet$

Wir können nun die folgende Verallgemeinerung von Satz 12.C.9 formulieren:

14.C.2 Satz von Cavalieri $(X, \mathcal{A}, \mu)$ *und* $(Y, \mathcal{B}, v)$ *seien* σ*-endliche Maßräume. Für alle* $C \in \mathcal{A} \otimes \mathcal{B}$ *gilt dann*

$$(\mu \otimes v)(C) = \int_X v(C_Y(x)) \, d\mu = \int_Y \mu(C_X(y)) \, dv \, .$$

Beweis. Wir setzen wieder $C(x) := C_Y(x)$ für $x \in X$. Es genügt die erste Gleichheit zu beweisen. Dazu zeigen wir, dass $\widetilde{\lambda} : C \mapsto \int_X v(C(x)) \, d\mu$ *ein Maß auf* $\mathcal{A} \otimes \mathcal{B}$ *ist, das für Rechtecke* $A \times B$, $A \in \mathcal{A}$, $B \in \mathcal{B}$, *mit dem Produktmaß* $\mu \otimes v$ *übereinstimmt.* Der Eindeutigkeitssatz 11.D.1 liefert dann die Behauptung $\widetilde{\lambda} = \mu \otimes v$.

Für $A \in \mathcal{A}$, $B \in \mathcal{B}$ gilt $\widetilde{\lambda}(A \times B) = \int_A v(B) \, d\mu = \mu(A)v(B) = (\mu \otimes v)(A \times B)$. Bezeichnet C_i, $i \in I$, eine abzählbare Familie paarweise disjunkter Elemente von $\mathcal{A} \otimes \mathcal{B}$, so liefert der Satz von Beppo Levi, vgl. 14.B.16, die σ-Additivität von $\widetilde{\lambda}$:

$$\widetilde{\lambda}\Big(\biguplus_{i \in I} C_i\Big) = \int_X v\Big(\biguplus_{i \in I} C_i(x)\Big) \, d\mu = \int_X \sum_{i \in I} v(C_i(x)) \, d\mu$$

$$= \sum_{i \in I} \int_X v(C_i(x)) \, d\mu = \sum_{i \in I} \widetilde{\lambda}(C_i) \, . \qquad\bullet$$

Als Konsequenz erhalten wir sofort:

14.C.3 Satz *Sei* $f : X \times Y \to \overline{\mathbb{R}}_+$ *eine nichtnegative messbare Funktion auf dem Produkt der* σ*-endlichen Maßräume* $(X, \mathcal{A}, \mu)$ *und* $(Y, \mathcal{B}, v)$. *Dann sind die Funktionen* $f(-, y) : x \mapsto f(x, y)$, $y \in Y$ *fest, sowie*

$$y \mapsto \int_X f(x, y) \, d\mu := \int_X f(-, y) \, d\mu$$

auf X bzw. Y ebenfalls messbar. Analog sind die Funktionen $f(x, -) : y \mapsto f(x, y)$,
$x \in X$ fest, sowie

$$x \mapsto \int_Y f(x, y)\, dv := \int_Y f(x, -)\, dv$$

auf Y bzw. X messbar. Dabei gilt

$$\int_{X \times Y} f\, d(\mu \otimes v) = \int_Y \left(\int_X f(x, y)\, d\mu \right) dv = \int_X \left(\int_Y f(x, y)\, dv \right) d\mu.$$

B e w e i s. Das Urbild eines Rechtecks $A \times B$ mit $A \in \mathcal{A}$, $B \in \mathcal{B}$ bei $\iota_y : X \to X \times Y$,
$\iota_y(x) := (x, y)$, ist A. Daher sind ι_y und dann auch $f(-, y) = f \circ \iota_y$ messbar. Ferner
ist

$$\int_X f(x, y)\, d\mu = (\mu \otimes \lambda^1)\big(G(f(-, y)\,;\, X)\big) = (\mu \otimes \lambda^1)\big(G(f\,;\, X \times Y)(y)\big).$$

Nach 14.C.1 ist daher $y \mapsto \int_X f(x, y)\, d\mu$ messbar, und 14.C.2 liefert

$$\int_{X \times Y} f\, d(\mu \otimes v) = (\mu \otimes v \otimes \lambda^1)\big(G(f\,;\, X \times Y)\big)$$

$$= \int_Y (\mu \otimes \lambda^1)\big(G(f\,;\, X \times Y)(y)\big)\, dv = \int_Y \left(\int_X f(x, y)\, d\mu \right) dv.$$

Die restlichen Behauptungen erhält man durch Vertauschen der Rollen von X und Y. $\bullet$

Wir können nun leicht das folgende Kriterium für die Integrierbarkeit einer messbaren
Funktion auf einem Produktraum beweisen.

14.C.4 Satz von Tonelli *Eine messbare Funktion $f : X \times Y \to \overline{\mathbb{R}}$ auf dem Produkt
der σ-endlichen Maßräume $(X, \mathcal{A}, \mu)$ und $(Y, \mathcal{B}, v)$ ist genau dann integrierbar, wenn
eines der beiden (untereinander stets gleichen) Integrale*

$$\int_Y \left(\int_X |f(x, y)|\, d\mu \right) dv \quad und \quad \int_X \left(\int_Y |f(x, y)|\, dv \right) d\mu$$

einen endlichen Wert hat.

B e w e i s. Nach 14.B.3 ist f genau dann integrierbar, wenn $\int_{X \times Y} |f|\, d(\mu \otimes v)$ einen
endlichen Wert hat. Dieses Integral ist aber wegen 14.C.3 gleich jedem der beiden in
der Aussage von 14.C.4 angegebenen Integrale. $\bullet$

Mit Hilfe des Satzes von Tonelli lässt sich in der Regel leicht feststellen, ob die Inte-
grierbarkeitsvoraussetzung im nun zu beweisenden Satz von Fubini erfüllt ist.

14.C.5 Satz von Fubini *Sei $f : X \times Y \to \overline{\mathbb{R}}$ eine integrierbare Funktion auf dem Produkt der σ-endlichen Maßräume $(X, \mathcal{A}, \mu)$ und $(Y, \mathcal{B}, \nu)$. Dann sind die Funktionen*

$$y \mapsto \int_X f(x, y)\, d\mu \quad und \quad x \mapsto \int_Y f(x, y)\, d\nu$$

jeweils fast überall definiert und integrierbar, und es gilt

$$\int_{X \times Y} f\, d(\mu \otimes \nu) = \int_Y \left(\int_X f(x, y)\, d\mu \right) d\nu = \int_X \left(\int_Y f(x, y)\, d\nu \right) d\mu .$$

B e w e i s . Nach 14.C.4 ist die Funktion $y \mapsto \int_X |f(x, y)|\, d\mu$ auf Y integrierbar. Insbesondere gibt es daher eine Nullmenge $N \subseteq Y$ mit $\int_X |f(x, y)|\, d\mu < \infty$ für alle $y \in Y - N$, vgl. die Bemerkungen im Anschluss an 14.B.16. Für diese y sind dann (wegen 14.B.3) auch die Funktionen $x \mapsto f(x, y)$, $x \mapsto f_+(x, y)$ und $x \mapsto f_-(x, y)$ über X integrierbar. Für $y \in Y - N$ ist somit $\int_X f(x, y)\, d\mu$ definiert, und es gilt

$$\int_X f(x, y)\, d\mu = \int_X f_+(x, y)\, d\mu - \int_X f_-(x, y)\, d\mu \in \mathbb{R} .$$

Um die Integrierbarkeit von $y \mapsto \int_X f(x, y)\, d\mu$ auf $Y - N$ zu zeigen, genügt es also, die Integrierbarkeit von $y \mapsto \int_X f_+(x, y)\, d\mu$ (und analog $y \mapsto \int_X f_-(x, y)\, d\mu$) zu zeigen. Da $X \times N$ eine Nullmenge in $X \times Y$ ist, ergibt sich dies mit 14.C.3 aus der Integrierbarkeit von f wegen

$$\int_{Y-N} \left(\int_X f_+(x, y)\, d\mu \right) d\nu = \int_{X \times (Y-N)} f_+\, d(\mu \otimes \nu) = \int_{X \times Y} f_+\, d(\mu \otimes \nu) < \infty .$$

Außerdem erhält man so

$$\int_{X \times Y} f\, d(\mu \otimes \nu) = \int_{X \times Y} f_+\, d(\mu \otimes \nu) - \int_{X \times Y} f_-\, d(\mu \otimes \nu)$$

$$= \int_{Y-N} \left(\int_X f_+(x, y)\, d\mu \right) d\nu - \int_{Y-N} \left(\int_X f_-(x, y)\, d\mu \right) d\nu$$

$$= \int_{Y-N} \left(\int_X f(x, y)\, d\mu \right) d\nu = \int_Y \left(\int_X f(x, y)\, d\mu \right) d\nu .$$

Die restlichen Aussagen gewinnt man durch Vertauschen der Rollen von X und Y im vorstehenden Beweis. $\quad\bullet$

Die Sätze von Tonelli und Fubini lassen sich sofort auf Produkte endlich vieler Maßräume verallgemeinern. Wir fassen zusammen:

14.C.6 Satz *Es sei $f : X_1 \times \cdots \times X_n \to \overline{\mathbb{R}}$ eine messbare Funktion auf dem Produkt der σ-endlichen Maßräume $(X_1, \mathcal{A}_1, \mu_1), \ldots, (X_n, \mathcal{A}_n, \mu_n)$, und es sei $\sigma \in \mathfrak{S}_n$ eine Permutation. Dann ist f genau dann integrierbar, wenn gilt*

$$\int\limits_{X_{\sigma(1)}} \left(\int\limits_{X_{\sigma(2)}} \cdots \left(\int\limits_{X_{\sigma(n)}} |f(x_1, \ldots, x_n)| \, d\mu_{\sigma(n)} \right) \cdots d\mu_{\sigma(2)} \right) d\mu_{\sigma(1)} < \infty \, .$$

In diesem Fall ist

$$\int\limits_{X_1 \times \cdots \times X_n} f \, d(\mu_1 \otimes \cdots \otimes \mu_n) = \int\limits_{X_{\sigma(1)}} \left(\cdots \left(\int\limits_{\sigma(n)} f(x_1, \ldots, x_n) \, d\mu_{\sigma(n)} \right) \cdots \right) d\mu_{\sigma(1)} \, .$$

14.C.7 Beispiel Für eine integrierbare Funktion $f : \mathbb{R}^n \to \overline{\mathbb{R}}$ ergibt 14.C.6 speziell

$$\int\limits_{\mathbb{R}^n} f \, d\lambda^n = \int\limits_{-\infty}^{\infty} \cdots \left(\int\limits_{-\infty}^{\infty} f(t_1, \ldots, t_n) \, dt_1 \right) \cdots dt_n \, ,$$

wofür man auch kurz

$$\int\limits_{\mathbb{R}^n} f(t_1, \ldots, t_n) \, dt_1 \cdots dt_n \quad \text{bzw.} \quad \int\limits_{\mathbb{R}^n} f(t) \, dt \, , \qquad t = (t_1, \ldots, t_n) \, ,$$

oder ähnliches schreibt. Vgl. Bd. 1, Beispiel 16.B.18 für einen Spezialfall.

14.C.8 Beispiel Seien $f : X \to \overline{\mathbb{R}}$ und $g : Y \to \overline{\mathbb{R}}$ messbare Funktionen auf den σ-endlichen Maßräumen $(X, \mathcal{A}, \mu)$ bzw. $(Y, \mathcal{B}, \nu)$. Dann ist auch die Funktion $f \otimes g : X \times Y \to \overline{\mathbb{R}}$ mit $(f \otimes g)(x, y) := f(x) \, g(y)$ messbar. Nach dem Satz von Tonelli ist

$$\int\limits_{X \times Y} |f \otimes g| \, d(\mu \otimes \nu) = \int\limits_Y \left(\int\limits_X |f(x)| \, |g(y)| \, d\mu \right) d\nu$$

$$= \int\limits_Y |g(y)| \left(\int\limits_X |f(x)| \, d\mu \right) d\nu = \left(\int\limits_X |f(x)| \, d\mu \right) \left(\int\limits_Y |g(y)| \, d\nu \right) .$$

Sind also f und g integrierbar, so ist auch $f \otimes g$ integrierbar über $X \times Y$, und der Satz von Fubini liefert mit einer analogen Rechnung

$$\int\limits_{X \times Y} f \otimes g \, d(\mu \otimes \nu) = \left(\int\limits_X f(x) \, d\mu \right) \left(\int\limits_Y g(y) \, d\nu \right) .$$

Sind dabei die Funktionen f und g nichtnegativ und sind die Maße $f\mu$ und $g\nu$ ebenfalls σ-endlich, so hat das Produktmaß $f\mu \otimes g\nu$ die Dichte $f \otimes g$ bezüglich $\mu \otimes \nu$. Für ein messbares Rechteck $A \times B$ mit $A \in \mathcal{A}$, $B \in \mathcal{B}$ gilt nämlich

$$\big((f \otimes g)(\mu \otimes \nu) \big)(A \times B) = \int\limits_{A \times B} f(x) \, g(y) \, d(\mu \otimes \nu) =$$

$$= \left(\int\limits_A f(x) \, d\mu \right) \left(\int\limits_B g(y) \, d\nu \right) = (f\mu)(A) \cdot (g\nu)(B) = (f\mu \otimes g\nu)(A \times B) \, .$$

14.C.9 Beispiel (Fehlerintegral) Wir berechnen noch einmal das Integral $E := \int_{-\infty}^{\infty} e^{-t^2} dt$, vgl. Bd. 1, Beispiel 17.A.11. Mit Hilfe von Beispiel 14.B.12, angewandt auf $f(t) := e^{-t}$, erhält man [1])

$$\int_{\mathbb{R}^2} e^{-(x^2+y^2)}\, dx\, dy = 2\omega_2 \int_0^{\infty} t e^{-t^2}\, dt = 2\pi \left(-\frac{1}{2} e^{-t^2} \Big|_0^{\infty} \right) = \pi\,.$$

Andererseits liefert Beispiel 14.C.8

$$\int_{\mathbb{R}^2} e^{-(x^2+y^2)}\, dx\, dy = \left(\int_{\mathbb{R}} e^{-x^2}\, dx \right)\left(\int_{\mathbb{R}} e^{-y^2}\, dy \right) = E^2\,.$$

Wegen $E \geq 0$ folgt $E = \sqrt{\pi}$. Die Substitution $\tau = \sqrt{2}t$ ergibt dann für das so genannte Fehlerintegral

$$\int_{-\infty}^{\infty} e^{-t^2/2}\, dt = \sqrt{2\pi}\,.$$

Die Sätze von Tonelli und Fubini lassen sich auch benutzen, um Integrale messbarer Funktionen f über messbare Teilmengen C eines Produktraums $X \times Y$ zu berechnen. Dazu wendet man diese Sätze auf die triviale Fortsetzung von f auf $X \times Y$ an und erhält mit den am Anfang dieses Abschnitts eingeführten Bezeichnungen:

14.C.10 Satz *Es sei $C \subseteq X \times Y$ eine messbare Menge im Produkt der Maßräume $(X, \mathcal{A}, \mu)$ und $(Y, \mathcal{B}, v)$, und $f : C \to \overline{\mathbb{R}}$ sei eine messbare Funktion. Dann ist f genau dann integrierbar, wenn gilt:*

$$\int_Y \left(\int_{C_X(y)} |f(x, y)|\, dx \right) dy < \infty\,.$$

In diesem Fall ist

$$\int_C f\, d(\mu \otimes v) = \int_Y \left(\int_{C_X(y)} f(x, y)\, dx \right) dy\,.$$

Dabei genügt es, statt über Y über die nach 14.C.1 messbare Menge derjenigen $y \in Y$ zu integrieren, für die $\mu(C_X(y)) > 0$ ist. Natürlich gilt auch eine analoge Aussage, bei der die Rollen von X und Y vertauscht sind.

14.C.11 Beispiel Für $C := \left\{ (x, y) \in \mathbb{R}^2 \mid 0 \leq x \leq 1,\, 0 \leq y \leq x^2 \right\}$ gilt nach 14.C.10

$$\int_C x e^y\, dx\, dy = \int_0^1 \left(\int_{\sqrt{y}}^1 x e^y\, dx \right) dy = \int_0^1 \frac{1}{2}(1 - y) e^y\, dy = \frac{1}{2} e - 1\,.$$

---

[1]) Natürlich kann man dies auch durch Einführung von Polarkoordinaten sehen, vgl. Beispiel 14.E.4.

Integriert man in der umgekehrten Reihenfolge, so erhält man ebenfalls

$$\int\limits_{C} xe^y\,dx\,dy = \int\limits_{0}^{1}\Big(\int\limits_{0}^{x^2} xe^y dy\Big)\,dx = \int\limits_{0}^{1}(xe^{x^2}- x)\,dx = \frac{1}{2}e - 1\,.$$

Es seien μ und ν beliebige σ-endliche Maße auf dem Messraum $(\mathbb{R}^n, \mathcal{B}^n)$. Das Bildmaß von $\mu\otimes\nu:\mathcal{B}^{2n}\to\overline{\mathbb{R}}_+$ unter der Summenabbildung $S:(x, y)\mapsto x+y$ von $\mathbb{R}^n\times\mathbb{R}^n$ auf $\mathbb{R}^n$ heißt die F a l t u n g von μ und ν und wird mit $\mu * \nu$ bezeichnet. Definitionsgemäß gilt also für jede Borel-Menge $M \subseteq \mathbb{R}^n$

$$(\mu * \nu)(M) = (\mu \otimes \nu)\big(S^{-1}(M)\big)\,.$$

Besitzen μ und ν Dichten $f:\mathbb{R}^n\to\overline{\mathbb{R}}_+$ bzw. $g:\mathbb{R}^n\to\overline{\mathbb{R}}_+$ bezüglich des Borel-Lebesgue-Maßes λ^n, d.h. ist $\mu = f\lambda^n$, $\nu = g\lambda^n$, so besitzt $\mu \otimes \nu$ gemäß Beispiel 14.C.8 die Dichte $f \otimes g$ bezüglich $\lambda^n\otimes \lambda^n = \lambda^{2n}$. Für beliebige Borel-Mengen $M \subseteq \mathbb{R}^n$ gilt also

$$(\mu * \nu)(M) = \int\limits_{S^{-1}(M)} f(x)\,g(y)\,d\lambda^{2n}\,.$$

Bei einem Quader $Q :=\,]-\infty, a_1[\times \cdots \times\,]-\infty, a_n[$ mit $a_1, \ldots, a_n \in \mathbb{R}$ ist

$$S^{-1}(Q) = \{(x, y) \in \mathbb{R}^{2n} \mid x_1 + y_1 < a_1, \ldots, x_n + y_n < a_n\}\,.$$

Der lineare Automorphismus F des $\mathbb{R}^{2n}$ mit $F(x, z) := (x, z - x)$ hat die Determinante $\mathrm{Det}\,F = 1$, und $F(\mathbb{R}^n \times Q) = S^{-1}(Q)$. Die lineare Transformationsformel 14.B.11 zusammen mit dem Satz von Fubini liefern

$$(\mu * \nu)(Q) = \int\limits_{S^{-1}(Q)} f(x)\,g(y)\,d\lambda^{2n} = \int\limits_{\mathbb{R}^n\times Q} f(x)\,g(z-x)\,d\lambda^{2n}$$

$$= \int\limits_{Q}\Big(\int\limits_{\mathbb{R}^n} f(x)\,g(z - x)\,dx\Big)\,dz = \int\limits_{Q} (f * g)\,d\lambda^n$$

wo $f * g$ die Faltung von f und g im Sinne der folgenden Definition ist.

14.C.12 Definition Sind $f:\mathbb{R}^n \to \overline{\mathbb{R}}$ und $g:\mathbb{R}^n \to \overline{\mathbb{R}}$ integrierbare Funktionen, so heißt die Funktion $f * g:\mathbb{R}^n \to \overline{\mathbb{R}}$ mit

$$(f * g)(z) := \int\limits_{\mathbb{R}^n} f(x)\,g(z-x)\,dx$$

die F a l t u n g von f und g.

Man bemerke, dass $f * g$ im Allgemeinen nur fast überall auf $\mathbb{R}^n$ definiert ist.

Bei festem z liefert die affine Transformation $x = z - y$, d.h. $y = z - x$, mit der Determinante $(-1)^n$ sofort

$$(f * g)(z) = \int_{\mathbb{R}^n} f(z - y) g(y) \, dy \,,$$

insbesondere ist $f * g = g * f$. Außerdem haben wir oben bewiesen:

14.C.13 Satz *Sind f und g nichtnegative integrierbare Funktionen auf dem $\mathbb{R}^n$, so gilt* [2])

$$(f \lambda^n) * (g \lambda^n) = (f * g) \lambda^{2n} \,.$$

14.C.14 Bemerkung Die Faltung $f_1 * \cdots * f_m$ lässt sich auch für m integrierbare Funktionen $f_1, \ldots, f_m$ auf dem $\mathbb{R}^n$ definieren, $m \geq 2$. Man erklärt $f_1 * \cdots * f_m$ als die Dichte (bzgl. λ^n) des Bildmaßes von $(f_1 \lambda^n) \otimes \cdots \otimes (f_m \lambda^n)$ unter der Summenabbildung $(x_1, \ldots, x_m) \mapsto x_1 + \cdots + x_m$. Damit folgt leicht, dass die Faltung assoziativ ist. Man kann also in einem Faltungsprodukt beliebig klammern und wegen der Kommutativität auch beliebig umordnen. Trivialerweise gilt außerdem das Distributivgesetz $(f + g) * h = f * h + g * h$. Die Menge $\mathcal{L}^1(\mathbb{R}^n)$ der auf $\mathbb{R}^n$ (bzgl. λ^n) integrierbaren Funktionen bildet also mit der Faltung als Multiplikation sowie der gewöhnlichen Addition einen kommutativen Ring, dem allerdings bei $n \geq 1$ ein neutrales Element der Multiplikation fehlt. In der Tat gibt es dann keine integrierbare Funktion $f : \mathbb{R}^n \to \mathbb{R}$ mit $f * g = g$ für alle $g \in \mathcal{L}^1(\mathbb{R}^n)$. Beweis!

Man beachte aber, dass es für die Faltung von Maßen ein neutrales Element gibt. *Für jedes σ-endliche Maß $\mu : \mathcal{B}^n \to \overline{\mathbb{R}}_+$ ist nämlich $\delta_0 * \mu = \mu = \mu * \delta_0$, wobei δ_0 das im Nullpunkt $0 \in \mathbb{R}^n$ konzentrierte Dirac-Maß ist*, vgl. Aufg. 12.

Aufgaben

1. Man berechne das Volumen der folgenden Borelschen Teilmengen M von $\mathbb{R}^3$ bezüglich des Borel-Lebesgueschen Maßes λ^3. (Man vgl. auch 12.C, Aufg. 1 und 2.)

a) $M := \{(x, y, z) \mid x^2 \leq y \leq x, \ 0 \leq z \leq xy\}$.

b) $M := \{(x, y, z) \mid x^2 + y^2 \leq z \leq 1\}$.

c) $M := \{(x, y, z) \mid 0 \leq y \leq x \leq 1, \ 0 \leq z \leq x^2 + y^2\}$.

d) $M := \{(x, y, z) \mid x^2 + y^2 + z^2 \leq 1, \ x^2 + y^2 + z \leq 1\}$.

e) $M := \{(x, y, z) \mid -r \leq x \leq r, \ R - \sqrt{r^2 - x^2} \leq \sqrt{y^2 + z^2} \leq R + \sqrt{r^2 - x^2}\}, \quad 0 < r < R$ (Torus).

f) $M := \{(x, y, z) \mid x^2 + y^2 \leq 1, \ x^2 + z^2 \leq 1\}$.

g) $M := \{(x, y, z) \mid x^2 + y^2 + z^2 \leq R^2, \ y^2 + z^2 \geq r^2\}, \quad 0 < r < R$.

---

[2]) Bei beliebigen integrierbaren Funktionen f und g auf dem $\mathbb{R}^n$ gilt diese Gleichung offenbar auch für die entsprechenden verallgemeinerten Maße.

2. Man berechne die folgenden Integrale:

a) $\int_M xy\, dx\, dy, \quad M := \{(x, y) \in \mathbb{R}_+^2 \mid x + y \le 1\}$.

b) $\int_M (xy^2 + z^3)\, dx\, dy\, dz, \quad M := [0, 1]^3$.

c) $\int_M y \sin xy\, dx\, dy, \quad M := [0, 2\pi] \times [\pi, 2\pi]$.

d) $\int_M (x^2 + y^2)\, dx\, dy, \quad M := \{(x, y) \in \mathbb{R}^2 \mid 1 \le \sqrt{x^2 + y^2} \le 2\}$ bzw.
$M := \{(x, y) \in \mathbb{R}^2 \mid x^2 \le y \le 1\}$.

e) $\int_M xe^{|x-y|}\, dx\, dy, \quad M := [0, 1]^2$.

f) $\int_M xe^y\, dx\, dy, \quad M := \{(x, y) \in \mathbb{R}^2 \mid x^2 \le y \le x\}$.

g) $\int_M xe^y z^2\, dx\, dy\, dz, \quad M := \{(x, y, z) \in \mathbb{R}^3 \mid x^2 + y^2 < 1, \ -1 < z < 1\}$.

h) $\int_M \sin y^2\, dx\, dy, \quad M := \{(x, y) \in \mathbb{R}^2 \mid 0 \le x \le y \le 1\}$.

i) $\int_M y\, dx\, dy, \quad M := \{(x, y) \in \mathbb{R}^2 \mid x^2 + y^2 < 1, \ y > 0\}$.

j) $\int_M \dfrac{1}{(x + y)^3}\, dx\, dy, \quad M := \{(x, y) \in \mathbb{R}^2 \mid x, y \ge 1, \ x + y \le 3\}$.

k) $\int_M xyz\, dx\, dy\, dz, \quad M := \{(x, y, z) \in \mathbb{R}^3 \mid 0 \le x \le 1, 0 \le y \le 1, \sqrt{x^2 + y^2} \le z \le 2\}$.

l) $\int_M (xy \sin x + xe^y)\, dx\, dy, \quad M := [0, \pi/2] \times [-1, 1]$.

m) $\int_M y \sin |x - y|\, dx\, dy, \quad M := [0, \pi]^2$.

n) $\int_M y^2 e^{xy}\, dx\, dy, \quad M := [0, 1]^2$.

o) $\int_M \dfrac{z^3}{(x-z)^2}\, dx\, dy\, dz, \quad M := [1, 2] \times [0, 1]^2$.

p) $\int_M x^2\, dx\, dy, \quad M := \{(x, y) \in \mathbb{R}^2 \mid \dfrac{x^2}{a^2} + \dfrac{y^2}{b^2} \le 1\}, \ a, b > 0$.

q) $\int_M x\, dx\, dy\, dz, \quad M := \{(x, y, z) \in \mathbb{R}^3 \mid 0 \le x, x^2 + y^2 \le a^2, 0 \le z \le 2a\}, \ a > 0$.

r) $\int_M x^3(1 - x^4 - y^4)\, dx\, dy, \quad M := \{(x, y) \in \mathbb{R}^2 \mid 0 \le x, y, \ x^4 + y^4 \le 1\}$.

s) $\int_M e^{-|x+y|}\, dx\, dy, \quad M := [-a, a]^2, a > 0$.

t) $\int_M e^{-(x+y)^2}\, dx\, dy, \quad M := \mathbb{R}_+^2$.

3. Man untersuche, ob die folgenden Integrale existieren, und berechne sie gegebenenfalls.

a) $\int_M x\, dx\, dy, \quad M := \{(x, y) \in \mathbb{R}^2 \mid x \ge 1, |y| \le 1/x^3\}$.

b) $\int_M \dfrac{1}{(x + y)^2}\, dx\, dy, \quad M := \{(x, y \in \mathbb{R}^2 \mid x^2 \le y \le 1\}$ bzw.
$M := \{(x, y) \in \mathbb{R}^2 \mid 0 \le y \le x^2 \le 1\}$.

c) $\int_M \dfrac{1}{(1 - (x + y))^\alpha}\, dx\, dy, M := \{(x, y) \in \mathbb{R}^2 \mid 0 \le x, y; x + y \le 1\}, \alpha \in \mathbb{R}$.

d) $\int_M e^{-xy}\, dx\, dy, M := \mathbb{R}_+^2$.

4. a) Für eine integrierbare Funktion $f : [a, b]^2 \to \overline{\mathbb{R}}$ ist

$$\int_a^b \left(\int_a^x f(x, y)\, dy \right) dx = \int_a^b \left(\int_y^b f(x, y)\, dx \right) dy.$$

b) Mit $f : [a, b] \to \overline{\mathbb{R}}$, $a, b \in \mathbb{R}$, ist auch $\widetilde{f} : [a, b]^2 \to \overline{\mathbb{R}}$, $\widetilde{f}(x, y) := f(y)$, integrierbar, und dann gilt

$$\int\limits_a^b \left(\int\limits_a^x f(y)\,dy \right) dx = \int\limits_a^b (b - y) f(y)\,dy \,.$$

5. Sei $f : [a, b] \to \mathbb{R}_+^{\times}$ integrierbar. Dann ist

$$\left(\int\limits_a^b f(t)\,dt \right)\left(\int\limits_a^b \frac{dt}{f(t)} \right) \geq (b - a)^2 \,.$$

(Man betrachte $\displaystyle\int_a^b \int_a^b \frac{f^2(x) + f^2(y)}{2 f(x) f(y)}\, dx\, dy$.)

6. (K u g e l v o l u m e n) Sei $E_n := \displaystyle\int_{\mathbb{R}^n} e^{-(x_1^2 + \cdots + x_n^2)}\, dx_1 \cdots dx_n$. Dann ist einerseits $E_n = E_1^n = \pi^{n/2}$ und andererseits

$$E_n = n\omega_n \int\limits_0^\infty t^{n-1} e^{-t^2}\, dt = \omega_n\, \frac{n}{2}\, \Gamma\!\left(\frac{n}{2}\right) = \omega_n \!\left(\frac{n}{2}\right)! \,.$$

Für das Kugelvolumen $\omega_n = \lambda^n\big(\overline{B}(0;1)\big)$ folgt $\omega_n = \pi^{n/2} / (n/2)!$, vgl. Beispiel 12.C.10.

7. (Z y l i n d e r v o l u m e n) Seien H eine Hyperebene im euklidischen affinen Raum E und $G \subseteq H$ eine Borel-Menge. Ferner sei v ein Verschiebungsvektor in E. Der Zylinder $\bigcup_{Q \in G}[Q, v + Q]$ mit Grundfläche G und Verschiebungsvektor v ist dann messbar in E und hat den Inhalt $\lambda_H(G)h$, wobei h die Höhe, d.h. der Abstand der beiden begrenzenden Hyperebenen H und $v + H$ ist.

8. (K e g e l v o l u m e n) Seien H eine Hyperebene im euklidischen affinen Raum E der Dimension $n \geq 1$ und $G \subseteq H$ eine Borel-Menge. Ferner sei $P \in E$ ein Punkt mit dem Abstand h von H. Der Kegel $\bigcup_{Q \in G}[Q, P]$ mit Grundfläche G und Spitze P ist dann messbar (in E) und hat den Inhalt $\frac{1}{n}\lambda_H(G)h$.

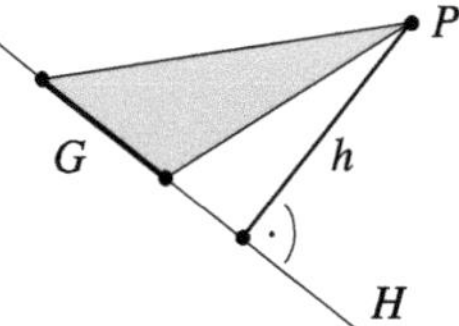

9. (G u l d i n s c h e   R e g e l) Sei $F \subseteq \{(x_1, \ldots, x_n) \in \mathbb{R}^n \mid x_n \geq 0\}$ messbar, $n \geq 1$. Durch Rotation um $\mathbb{R}^{n-1} \times \{0\}$ entsteht aus F der Drehkörper

$$D := \{(x_1, \ldots, x_{n+1}) \mid (x_1, \ldots, x_{n-1}, \sqrt{x_n^2 + x_{n+1}^2}) \in F\} \subseteq \mathbb{R}^{n+1} \,.$$

a) D ist messbar, und es gilt $\lambda^{n+1}(D) = 2\pi \displaystyle\int_F x_n\, dx_1 \cdots dx_n$.

Ist $\lambda^{n+1}(D)$ endlich, so ist dies die Länge des Weges, den der Schwerpunkt von F (vgl. Beispiel 16.B.1) bei der Rotation zurücklegt, multipliziert mit dem Inhalt von F. ((E r s t e)   G u l d i n s c h e   R e g e l – Für die Zweite Guldinsche Regel siehe Bd. 4, 11.A, Aufg. 7.)

b) Ist speziell F von der Form

$$F = G^\circ(f\,;\,M) = \{(x_1,\dots,x_n) \in \mathbb{R}^n \mid 0 \le x_n < f(x_1,\dots,x_{n-1})\,,\ (x_1,\dots,x_{n-1}) \in M\}$$

mit einer nichtnegativen (messbaren) Funktion $f : M \to \overline{\mathbb{R}}_+$ auf der Borel-Menge $M \subseteq \mathbb{R}^{n-1}$, so ist

$$\lambda^{n+1}(D) = \pi \int_M f^2 \, dx_1 \cdots dx_{n-1}\,.$$

c) Man berechne die Volumina der beiden Drehkörper, die durch Drehung der Menge

$$F = \{(x,y) \in \mathbb{R}_+^2 \mid 0 \le x \le 6\pi,\ \ 0 \le y \le 2 + \cos x\}$$

um die x-Achse bzw. um die y-Achse entstehen.

d) Man berechne das Volumen des Torus mit den Radien r und R, $r \le R$, vgl. Aufg. 1e).

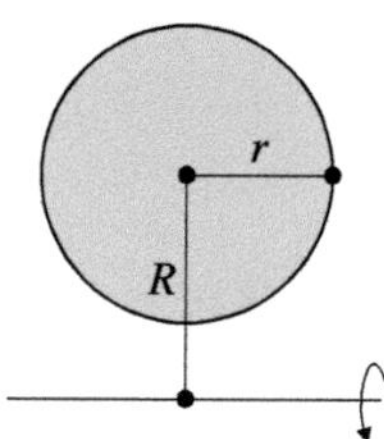

e) Man berechne die Volumina folgender mit einer Hyperbel erzeugten Drehkörper:

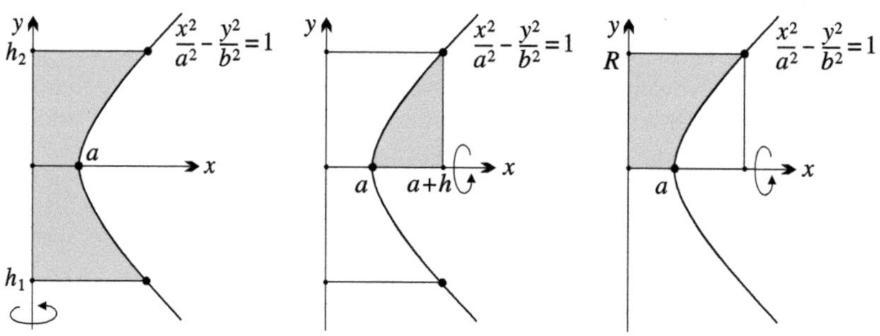

10. a) Sei $f : \mathbb{R}_+^2 \to \overline{\mathbb{R}}$ messbar. Dann ist

$$\int_{\mathbb{R}_+^2} f(x,y)\, dx\, dy = \frac{1}{2} \int_0^\infty \left(\int_{-u}^u f\!\left(\frac{u+v}{2}, \frac{u-v}{2}\right) dv \right) du\,,$$

wobei das eine Integral genau dann existiert, wenn dies für das andere gilt.

b) Für $a > 0$ berechne man $\displaystyle\int_M \exp\!\left(\frac{y-x}{y+x}\right) dx\, dy$, $M := \{(x,y) \in \mathbb{R}^2 \mid 0 \le x,y\,;\ x+y \le a\}$.

11. Seien $f_i = \sum_{j=1}^n a_{ij} x_j$, $i = 1,\dots,n$, linear unabhängige Linearformen auf dem $\mathbb{R}^n$. Man berechne

$$\int_M f_1 \cdots f_n \, d\lambda^n\,, \quad M := \{x \in \mathbb{R}^n \mid 0 \le f_i(x) \le 1,\ i = 1,\dots,n\}\,.$$

12. Sei $\mu : \mathcal{B}^n \to \overline{\mathbb{R}}_+$ ein σ-endliches Maß.

a) Für das im Nullpunkt konzentrierte Dirac-Maß $\delta_0 : \mathcal{B}^n \to \overline{\mathbb{R}}_+$ gilt $\delta_0 * \mu = \mu = \mu * \delta_0$.

b) Für das im Punkt $a \in \mathbb{R}^n$ konzentrierte Dirac-Maß $\delta_a : \mathcal{B}^n \to \overline{\mathbb{R}}_+$ gilt $\delta_a * \mu = (\tau_a)_* \mu = \mu * \delta_a$, wobei $\tau_a : \mathbb{R}^n \to \mathbb{R}^n$ die Translation um a ist.

c) Besitzt μ eine Dichte $f : \mathbb{R}^m \to \overline{\mathbb{R}}_+$ bezüglich λ^n, so besitzt $\delta_a * \mu$ die Dichte $f \circ \tau_a$.

13. Sei $f : (\mathbb{R}^n)^m \to \overline{\mathbb{R}}_+$ eine Dichte für das endliche Maß $\mu : \mathcal{B}^{nm} \to \overline{\mathbb{R}}_+$ bezüglich λ^{nm}. Dann hat das Bildmaß von μ bezüglich der Summenbildung $(x_1, \ldots, x_m) \mapsto x_1 + \cdots + x_m$, $x_i \in \mathbb{R}^n$, die Dichte

$$g : x \mapsto \int_{(\mathbb{R}^n)^{m-1}} f(x - x_2 - \cdots - x_m, x_2, \ldots, x_m)\, dx_2 \cdots dx_m, \quad x \in \mathbb{R}^n.$$

14. Man berechne die Faltung der Indikatorfunktionen $e_{[a,b]}$ und $e_{[c,d]}$ zweier Intervalle in $\mathbb{R}$.

15. Man berechne die Faltung $f * f$ für $f(x) := 1/\cosh x$.

16. Seien $f : \mathbb{R} \to \overline{\mathbb{R}}$ integrierbar und $g_\varepsilon := \frac{1}{2\varepsilon} e_\varepsilon$, wo e_ε die Indikatorfunktion des Intervalls $[-\varepsilon, \varepsilon]$ ist, $\varepsilon > 0$. Dann ist $(f * g_\varepsilon)(z) = \frac{1}{2\varepsilon} \int_{z-\varepsilon}^{z+\varepsilon} f(x)\, dx$. Insbesondere ist $\lim_{\substack{\varepsilon \to 0 \\ \varepsilon > 0}} (f * g_\varepsilon)(z) = f(z)$, falls f in z stetig ist.

17. Seien $f : X \times Y \to \overline{\mathbb{R}}_+$ eine Dichte auf dem Produkt der Maßräume (X, μ) und (Y, ν) bezüglich des Produktmaßes $\mu \otimes \nu$ und p_X bzw. p_Y die Projektionen von $X \times Y$ auf X bzw. Y. Dann besitzen die Bildmaße von $f(\mu \otimes \nu)$ unter diesen Projektionen die Dichten f_X bzw. f_Y mit

$$f_X(x) = \int_Y f(x, y)\, d\nu, \quad f_Y(y) = \int_X f(x, y)\, d\mu.$$

Diese Dichten heißen die M a r g i n a l - (oder R a n d -) d i c h t e n von f. Sie sind analog auch für mehr als zwei Faktoren definiert. Man berechne die Marginaldichten der Dichten $f(x, y) = 1/(x^2 + y^2)$ (bzw. $f(x, y) = (x + y)^2 e^{-(x^2+y^2)}$ bzw. $f(x, y) = e^{-(1+x^2)y^2}$) auf dem $\mathbb{R}^2$ bezüglich $\lambda^2 = \lambda^1 \otimes \lambda^1$.

18. (P a r t i e l l e I n t e g r a t i o n) Seien $f : [a, b] \to \overline{\mathbb{R}}$ und $g : [a, b] \to \overline{\mathbb{R}}$ integrierbare Funktionen auf dem Intervall $[a, b]$ mit den (stetigen) Integralfunktionen $F(x) := \int_a^x f(t)\, dt$, $G(x) = \int_a^x g(t)\, dt$. Dann gilt

$$\int_a^b f(t)\, G(t)\, dt + \int_a^b F(t)\, g(t)\, dt = FG \Big|_a^b = F(b)\, G(b).$$

(Man wende den Satz von Fubini an, um die Integrale in der folgenden Formel zu berechnen:

$$\int_a^b \int_a^b f(x)\, g(y)\, dx\, dy = \int_{\Delta_1} f(x)\, g(y)\, dx\, dy + \int_{\Delta_2} f(x)\, g(y)\, dx\, dy \ .)$$

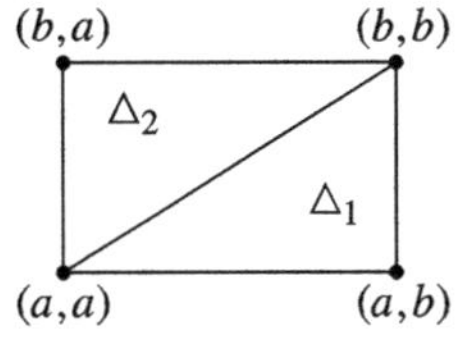

19. Sei $f : X \to \overline{\mathbb{R}}_+$ eine Funktion auf dem σ-endlichen Maßraum $(X, \mathcal{A}, \mu)$. Ist dann die Menge $G(f\,;X)$ (oder auch $G^0(f\,;X)$) messbar bezüglich $\mu \otimes \lambda^1$, so ist f eine messbare Funktion. (Man verwende 14.C.1.)

20. Seien $f, g : X \to \overline{\mathbb{R}}$ messbare Funktionen auf dem σ-endlichen Maßraum (X, μ). Die Menge $M := \{(x, t) \mid t \text{ liegt zwischen } f(x) \text{ und } g(x)\}$ ist messbar, und es ist

$$(\mu \otimes \lambda^1)(M) = \int_X |f - g|\, d\mu \,.$$

(Hier sei ausnahmsweise $\infty - \infty := -\infty - (-\infty) := 0$ gesetzt.)

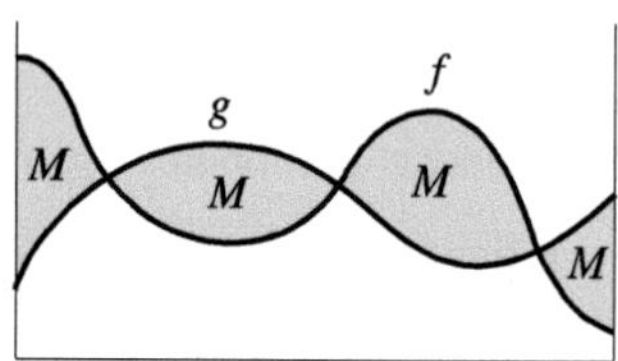

21. Sei C eine messbare Menge im Produkt $X \times Y$ der σ-endlichen Maßräume X und Y. Ist für fast alle $x \in X$ die Menge $C(x) = \{y \in Y \mid (x, y) \in C\} \subseteq Y$ eine Nullmenge in Y, so ist C selbst eine Nullmenge.

22. a) Sei $f : \mathbb{K}^n \to \mathbb{K}$ eine von 0 verschiedene Polynomfunktion. Dann ist die Nullstellenmenge $\{f = 0\}$ von f eine Nullmenge in $\mathbb{K}^n$.

b) Allgemeiner als in a) zeige man: Ist $f : G \to \mathbb{K}$ eine von 0 verschiedene analytische Funktion auf dem Gebiet $G \subseteq \mathbb{K}^n$, so ist $\{f = 0\}$ eine Nullmenge in G.

(Induktion über n. In b) kann man annehmen, dass f durch eine Potenzreihe beschrieben wird.)

23. Sei $(X, \mathcal{A}, \mu)$ ein σ-endlicher Maßraum und V ein endlich-dimensionaler $\mathbb{R}$-Vektorraum mit einem Borel-Lebesgue-Maß. Für jede messbare Abbildung $f : X \to V$ ist die Abbildung $X \times V \to X \times V$ mit $(x, y) \mapsto \big(x, y + f(x)\big)$ ein maßtreuer Automorphismus des Produkt-Maßraums $X \times V$ (der also das Produktmaß trägt).

24. Die Doppelintegrale

$$\int_0^1 \left(\int_0^1 \frac{x - y}{(x + y)^3}\, dx \right) dy = -\frac{1}{2} \quad \text{und} \quad \int_0^1 \left(\int_0^1 \frac{x - y}{(x + y)^3}\, dy \right) dx = \frac{1}{2}$$

auf $]0, 1[^2$ existieren, haben aber verschiedene Werte. Der Integrand ist also auf $]0, 1[^2$ nicht integrierbar.

25. Man formuliere die Sätze von Tonelli und Fubini für den Fall, dass die Maßräume $(X, \mathcal{A}, \mu)$ und $(Y, \mathcal{B}, \nu)$ beide gleich dem Raum $\big(\mathbb{N}, \mathfrak{P}(\mathbb{N})\big)$, versehen mit dem Anzahlmaß sind.

26. Sei (a_n) eine streng monoton wachsende Folge positiver reeller Zahlen, für die die Reihe $\sum_{n=1}^\infty (a_n - a_{n-1})$ konvergiert. Die Funktion $f : \mathbb{N} \times \mathbb{N} \to \mathbb{R}$ sei definiert durch

$$f(n, m) := \begin{cases} a_n, & \text{falls } n = m, \\ -a_n, & \text{falls } n = m + 1, \\ 0 & \text{sonst.} \end{cases}$$

Versieht man $\mathbb{N}$ mit dem Anzahlmaß, so ist

$$\int_{\mathbb{N}} \left(\int_{\mathbb{N}} f(n,m)\,dn \right) dm \neq \int_{\mathbb{N}} \left(\int_{\mathbb{N}} f(n,m)\,dm \right) dn \,.$$

Insbesondere ist f auf $\mathbb{N} \times \mathbb{N}$ nicht integrierbar, d.h. nicht summierbar.

27. Versieht man das Intervall $Y := [0,1]$ mit dem Anzahlmaß Kard, so ist der Maßraum $(Y, \mathcal{B}^1(Y), \text{Kard})$ nicht σ-endlich. Definiert man Integrale auch bei nicht σ-endlichen Maßräumen wie in Abschnitt 14.B, so sind in dieser Situation die Aussagen des Prinzips von Cavalieri und damit auch der Sätze von Tonelli und Fubini nicht notwendigerweise gültig: Sei nämlich X ebenfalls das Intervall $[0,1]$, versehen mit dem Borel-Lebesgue-Maß λ^1, und sei Y wie oben gewählt. Für die Diagonale $C := \{(x,x) \mid x \in [0,1]\}$ von $X \times Y$ gilt dann $(\lambda^1 \otimes \text{Kard})(C) = \infty$,

$$\int_X \text{Kard}\left(C_Y(x)\right) d\lambda^1 = 1 \quad \text{und} \quad \int_Y \lambda^1\left(C_X(y)\right) d\,\text{Kard} = 0 \,.$$

(Die drei Ausdrücke in 14.C.2 sind hier also alle voneinander verschieden. – Zum Produktmaß $\lambda^1 \otimes \text{Kard}$ vgl. 11.D, Aufg. 12. – Übrigens hängt das Scheitern der Formel von Cavalieri im vorliegenden Fall daran, dass $(\lambda^1 \otimes \text{Kard})|C$ ebenfalls nicht σ-endlich ist.[3]) Vielleicht versteht der Leser jetzt die Bemerkung 14.B.24 besser.)

14.D Konvergenzsätze

Die Grundlage für alle Konvergenzsätze ist der Satz von Beppo Levi, vgl. 14.B.6, der unmittelbar aus der Ausschöpfungsformel für Maße folgt. Er besagt, dass *für jede Folge* (f_n) *nichtnegativer messbarer Funktionen auf einem σ-endlichen Maßraum* $(X, \mathcal{A}, \mu)$, *die punktweise monoton wachsend gegen die (messbare) Grenzfunktion f konvergiert* (*d.h. mit $f_n \uparrow f$*), *gilt:*

$$\int_X f\,d\mu = \lim_{n\to\infty} \int_X f_n\,d\mu \,.$$

Bezeichnen wir für eine beliebige Funktionenfolge (f_n) auf X den punktweise berechneten kleinsten Häufungspunkt in $\overline{\mathbb{R}}$ als Limes inferior $\liminf f_n$, so ist $(\liminf f_n)(x) = \text{Sup}\left(\text{Inf}\{f_m(x) \mid m \geq n\}\right)$ und wir erhalten:

14.D.1 Lemma von Fatou *Sei $f_n : X \to \overline{\mathbb{R}}_+$, $n \in \mathbb{N}$, eine Folge nichtnegativer messbarer Funktionen auf einem σ-endlichen Maßraum $(X, \mathcal{A}, \mu)$. Dann gilt*

$$\int_X (\liminf f_n)\,d\mu \leq \liminf \left(\int_X f_n\,d\mu \right).$$

---

[3]) Um welches Maß auf C handelt es sich dabei?

B e w e i s. Wir setzen $g_n := \mathrm{Inf}\{f_m \mid m \geq n\}$ und $f := \liminf f_n$. Nach 14.A.5 ist g_n messbar, und es gilt $g_n \uparrow f$. Der Satz von Beppo Levi liefert

$$\int_X f\, d\mu = \lim_{n \to \infty} \int_X g_n\, d\mu = \mathrm{Sup}_n \int_X g_n\, d\mu\,.$$

Wegen $\int_X g_n\, d\mu \leq \int_X f_m\, d\mu$ für $m \geq n$ ist $\int_X g_n\, d\mu \leq \mathrm{Inf}\,\{\int_X f_m\, d\mu \mid m \geq n\}$, und es folgt

$$\int_X f\, d\mu = \mathrm{Sup}_n \int_X g_n\, d\mu \leq \mathrm{Sup}_n \left(\mathrm{Inf}\left\{\int_X f_m\, d\mu \mid m \geq n\right\}\right) = \liminf \int_X f_n\, d\mu\,. \quad \bullet$$

Konvergiert die Folge (f_n) in 14.D.1 punktweise gegen $f : X \to \overline{\mathbb{R}}$, so gilt also einfach

$$\int_X f\, d\mu \leq \liminf \left(\int_X f_n\, d\mu\right).$$

Der folgende Konvergenzsatz ist eine weitreichende Verallgemeinerung der beiden Sätze 16.B.14 und 17.A.7 aus Band 1. Dort haben wir für lokal gleichmäßig konvergente Folgen stetiger Funktionen $f_n : I \to \mathbb{R}$ auf einem Intervall $I \subseteq \mathbb{R}$ mit Grenzfunktion $f : I \to \mathbb{R}$ und Integrationsgrenzen $a, b \in \overline{I}$ die Vertauschbarkeitsrelation

$$\lim_{n \to \infty} \int_a^b f_n(t)\, dt = \int_a^b f(t)\, dt$$

für Limesbildung und Integration bewiesen. Im Fall uneigentlicher Integrale haben wir dabei noch die Existenz einer integrierbaren Majorante $g : I \to \mathbb{R}$, also einer stetigen Funktion $g : I \to \mathbb{R}$ mit $|f_n| \leq g$ für alle n auf I, für die $\int_a^b g(t)\, dt$ existiert, voraussetzen müssen. Es wird sich herausstellen, dass eine analoge Voraussetzung bereits bei punktweiser Konvergenz zum Beweis der Vertauschbarkeit von Limesbildung und Integration ausreicht. Ganz ohne Voraussetzungen gilt diese Vertauschbarkeit im Allgemeinen nicht, wie bereits das Beispiel 16.B.15 aus Band 1 zeigt: Für die Funktionen $f_n(x) := nx \exp(-nx^2)$, die punktweise gegen 0 konvergieren, ist nämlich $\lim_{n \to \infty} \int_0^1 f_n(t)\, dt = \frac{1}{2} \neq 0$.

14.D.2 Konvergenzsatz von Lebesgue (Satz von der majorisierten Konvergenz) *Sei $f_n : X \to \overline{\mathbb{R}}$, $n \in \mathbb{N}$, eine punktweise konvergente Folge messbarer Funktionen auf dem σ-endlichen Maßraum $(X, \mathcal{A}, \mu)$. Es gebe eine integrierbare Funktion $g : X \to \overline{\mathbb{R}}_+$ mit $|f_n| \leq g$ für alle $n \in \mathbb{N}$. Dann sind alle f_n und die Grenzfunktion $f := \lim_{n \to \infty} f_n$ integrierbar, und es gilt*

$$\lim_{n \to \infty} \int_X f_n\, d\mu = \int_X f\, d\mu\,.$$

B e w e i s . Aus $|f_n| \le g$ für alle $n \in \mathbb{N}$ folgt $|f| \le g$ und damit nach 14.B.3 die Integrierbarkeit von f_n, $n \in \mathbb{N}$, und f. Außerhalb einer Nullmenge $N \subseteq X$ sind also alle Funktionen f_n, $n \in \mathbb{N}$, f, g reellwertig, und wir können $N = \emptyset$ annehmen. Das Lemma von Fatou, angewandt auf die Folgen $(g + f_n)$ und $(g - f_n)$, liefert

$$\int_X g \, d\mu + \int_X f \, d\mu = \int_X (g + f) \, d\mu \le \liminf \left(\int_X (g + f_n) \, d\mu \right)$$

$$= \int_X g \, d\mu + \liminf \int_X f_n \, d\mu$$

und

$$\int_X g \, d\mu - \int_X f \, d\mu = \int_X (g - f) \, d\mu \le \liminf \left(\int_X (g - f_n) \, d\mu \right)$$

$$= \int_X g \, d\mu - \limsup \int_X f_n \, d\mu \, .$$

Wegen $\int_X g \, d\mu < \infty$ folgt daraus

$$\int_X f \, d\mu \le \liminf \int_X f_n \, d\mu \le \limsup \int_X f_n \, d\mu \le \int_X f \, d\mu \, .$$

Dies liefert die Behauptung. $\qquad\bullet$

Als Folgerung aus dem Lebesgueschen Konvergenzsatz erhalten wir die Sätze über Stetigkeit und Differenzierbarkeit des Integrals, vgl. auch die Aussagen 14.B.16, 16.B.17 und 17.B.8, 17.B.9 aus Band 1:

14.D.3 Stetigkeit des Integrals *$(X, \mathcal{A}, \mu)$ sei ein σ-endlicher Maßraum, und Y sei ein metrischer Raum (oder zumindest ein topologischer Raum, in dem jeder Punkt eine abzählbare Umgebungsbasis besitzt). Ferner sei $f : X \times Y \to \overline{\mathbb{R}}$ eine Funktion mit folgenden Eigenschaften:*

(1) Die Funktion $X \to \overline{\mathbb{R}}$ mit $x \mapsto f(x, y_0)$ ist für jedes $y_0 \in Y$ integrierbar.

(2) Die Funktion $Y \to \overline{\mathbb{R}}$ mit $y \mapsto f(x_0, y)$ ist für jedes $x_0 \in X$ stetig.

(3) Es gibt eine integrierbare Funktion $g : X \to \overline{\mathbb{R}}$ mit $|f(x, y)| \le g(x)$ für alle $x \in X$ und $y \in Y$.

Dann ist die Funktion $F : Y \to \mathbb{R}$ mit $F(y) := \int_X f(x, y) \, d\mu(x)$ auf Y stetig.

B e w e i s . Die Voraussetzung über Y sichert, dass eine (beliebige) Funktion $F : Y \to \mathbb{R}$ in einem Punkt $y \in Y$ bereits dann stetig ist, wenn für jede Folge (y_n) in Y mit $\lim y_n = y$ stets $\lim F(y_n) = F(y)$ gilt.

Sei nun (y_n) eine Folge in Y mit $\lim y_n = y$. Für die durch $f_n(x) := f(x, y_n)$ definierten Funktionen $f_n : X \to \overline{\mathbb{R}}$ gilt dann $|f_n| \leq g$ und $\lim\limits_{n\to\infty} f_n(x) = f(x, y)$, $x \in X$. Mit 14.D.2 ergibt sich

$$\lim_{n\to\infty} F(y_n) = \lim_{n\to\infty} \int_X f(x, y_n)\, d\mu(x) = \lim_{n\to\infty} \int_X f_n(x)\, d\mu(x)$$

$$= \int_X \lim_{n\to\infty} f_n(x)\, d\mu(x) = \int_X f(x, y)\, d\mu(x) = F(y)\,. \qquad \bullet$$

Man beachte, dass die Funktion F in 14.D.3 bereits dann stetig ist, wenn die Voraussetzungen über f und Y nur lokal in Y erfüllt sind. Insbesondere braucht die Majorante $g(x)$ jeweils nur für eine Umgebung von $y \in Y$ zu existieren.

14.D.4 Differenzierbarkeit des Integrals *$(X, \mathcal{A}, \mu)$ sei ein σ-endlicher Maßraum, und D sei ein Intervall in $\mathbb{R}$ oder eine offene Menge in $\mathbb{C}$. Ferner sei $f : X \times D \to \mathbb{K}$ eine Funktion mit folgenden Eigenschaften:*

(1) Die Funktion $X \to \mathbb{K}$ mit $x \mapsto f(x, y_0)$ ist für jedes $y_0 \in D$ integrierbar.

(2) Die Funktion $D \to \mathbb{K}$ mit $y \mapsto f(x_0, y)$ ist für jedes $x_0 \in X$ differenzierbar (d.h. f ist partiell nach y differenzierbar).

(3) Es gibt eine integrierbare Funktion $g : X \to \overline{\mathbb{R}}$ mit $|\partial f(x, y)/\partial y| \leq g(x)$ für alle $x \in X$ und alle $y \in D$.[1])

Dann ist die Funktion $F : D \to \mathbb{K}$ mit $F(y) := \int_X f(x, y)\, d\mu(x)$ differenzierbar auf D und es gilt

$$F'(y) = \int_X \frac{\partial f(x, y)}{\partial y}\, d\mu(x)\,.$$

B e w e i s . Sei $y \in D$ und sei (y_n) eine Folge in einer geeigneten konvexen Umgebung von y in D mit $y_n \neq y$ für alle n und mit $\lim y_n = y$. Nach dem Mittelwertsatz und Bedingung (3) gilt

$$\left| \frac{f(x, y_n) - f(x, y)}{y_n - y} \right| \leq g(x)\,.$$

Der Lebesguesche Konvergenzsatz 14.D.2 lässt sich also auf die Folge dieser Differenzenquotienten anwenden und liefert die Behauptung:

$$F'(y) = \lim_{n\to\infty} \frac{F(y_n) - F(y)}{y_n - y} = \lim_{n\to\infty} \int_X \frac{f(x, y_n) - f(x, y)}{y_n - y}\, d\mu(x)$$

$$= \int_X \lim_{n\to\infty} \frac{f(x, y_n) - f(x, y)}{y_n - y}\, d\mu(x) = \int_X \frac{\partial f(x, y)}{\partial y}\, d\mu(x)\,. \qquad \bullet$$

Als Korollar ergibt sich für vektorwertige Abbildungen:

---

[1]) Es genügt wieder, dass solche Majoranten g jeweils lokal in Y existieren.

14.D.5 Korollar *$(X, \mathcal{A}, \mu)$ sei ein σ-endlicher Maßraum, und G sei eine offene Menge in einem endlichdimensionalen $\mathbb{K}$-Vektorraum V. Ferner sei $f : X \times G \to W$ eine Abbildung in einen weiteren endlichdimensionalen $\mathbb{K}$-Vektorraum W mit folgenden Eigenschaften:*

(1) Die Abbildung $X \to W$ mit $x \mapsto f(x, y_0)$ ist für jedes $y_0 \in G$ integrierbar.

(2) Die Abbildung $G \to W$ mit $y \mapsto f(x_0, y)$ ist für jedes $x_0 \in X$ stetig differenzierbar.

(3) Es gibt eine integrierbare Funktion $g : X \to \overline{\mathbb{R}}$ mit $\|(\mathrm{D}_V f)_{(x,y)}\| \le g(x)$ für alle $x \in X$ und alle $y \in G$.[2])

Dann ist die Abbildung $F : G \to W$ mit $F(y) := \int\limits_X f(x, y) \, d\mu(x)$ stetig differenzierbar, und für jede Richtung $v \in V$ ist

$$\mathrm{D}_v F(y) = \int\limits_X \mathrm{D}_v f(x, y) \, d\mu(x).$$

Für das totale Differenzial von F ergibt sich

$$\mathrm{D}_V F(y) = \int\limits_X \mathrm{D}_V f(x, y) \, d\mu(x).$$

B e w e i s . Nach 14.D.4 ist $\mathrm{D}_v F(y) = \int_X \mathrm{D}_v f(x, y) \, d\mu(x)$ für $v \in V$, und nach 14.D.3 ist die Abbildung $y \mapsto \mathrm{D}_v f(x, y)$ stetig. Die Behauptung folgt dann aus 5.B.6.   •

Die Aussagen 14.D.4 und 14.D.5 lassen sich unmittelbar auch auf Aussagen über k-malige Differenzierbarkeit, $k \in \mathbb{N} \cup \{\infty\}$, verallgemeinern.

Aufgaben

1. Sei $f_n : I \to \mathbb{R}$ eine Folge integrierbarer Funktionen auf dem Intervall $I \subseteq \mathbb{R}$, die gleichmäßig gegen die Funktion $f : I \to \mathbb{R}$ konvergiert.

a) Ist I beschränkt, so ist f integrierbar und es gilt

$$\int\limits_I f \, d\lambda^1 = \lim_{n \to \infty} \int\limits_I f_n \, d\lambda^1.$$

b) Man gebe ein Beispiel dafür, dass f nicht notwendig integrierbar ist (wenn I nicht beschränkt ist).

c) Man gebe ein Beispiel dafür, dass $f \equiv 0$, aber $\lim_{n \to \infty} \int_I f_n \, d\lambda^1 = \infty$ ist.

2. Man gebe ein Beispiel dafür an, dass im Lemma von Fatou die Ungleichung echt sein kann.

---

[2]) Auch hier genügt es, dass solche Majoranten g lokal in Y existieren.

3. Seien I und J Intervalle in $\mathbb{R}$ und $f : I \times J \to \mathbb{R}$ eine stetige, nach der zweiten Variablen y sogar stetig differenzierbare Funktion. Ferner seien $g, h : J \to I$ differenzierbare Funktionen. Dann ist auch die Funktion

$$F : y \mapsto \int_{g(y)}^{h(y)} f(x, y)\, dx$$

auf J differenzierbar, und es gilt

$$F'(y) = f\big(h(y), y\big)\, h'(y) - f\big(g(y), y\big)\, g'(y) + \int_{g(y)}^{h(y)} \frac{\partial f}{\partial y}(x, y)\, dx \, .$$

4. a) Seien $r_0 > 0$ und $\rho : [0, 2\pi] \to \mathbb{R}$ eine stetig differenzierbare Funktion mit $\rho(0) = \rho(2\pi)$. Die Länge $L = L(\varepsilon)$ der Kurve des $\mathbb{R}^2$ mit der Polarkoordinatendarstellung $r(\varphi) = r_0 + \varepsilon\rho(\varphi)$, $|\varepsilon|$ klein, $\rho \in [0, 2\pi]$, hängt analytisch von ε ab. Man gebe die ersten 4 Terme der Taylor-Entwicklung von $L(\varepsilon)$ um $\varepsilon = 0$ an.

b) Die Funktion f in 14.C, Aufg. 9b) hänge noch von einem Parameter ε aus einem Intervall I mit $0 \in I$ ab. Man gebe unter Benutzung von 14.D.4 Bedingungen dafür an, dass das Drehkörpervolumen

$$\lambda^{n+1}(D \,;\, \varepsilon) = \pi \int_M f(x_1, \ldots, x_{n-1}, \varepsilon)^2\, dx_1 \cdots dx_{n-1}$$

k-mal stetig differenzierbar nach ε ist, und gebe dann die Taylor-Entwicklung um $\varepsilon = 0$ vom Grad $\leq k$ an.

5. Sei $f : X \to \mathbb{R}$ eine messbare Funktion auf dem endlichen Maßraum $X = (X, \mathcal{A}, \mu)$ mit $|f| \leq 1$. Man zeige, dass der Grenzwert $I = \lim\limits_{n\to\infty} \int_X f^n d\mu$ genau dann existiert, wenn $\{f = -1\}$ eine Nullmenge ist, und bestimme unter dieser Voraussetzung den Wert von I.

14.E Die Transformationsformel

In diesem Abschnitt beweisen wir die schon im Anschluss an 14.B.11 erwähnte Transformationsformel. Sie ist einerseits wichtig zur Berechnung konkreter Integrale, liefert aber andererseits vor allem die Grundlage für die Integrationstheorie auf Mannigfaltigkeiten, vgl. Bd. 4.

14.E.1 Transformationsformel *Sei $F : G \to G'$ ein C^1-Diffeomorphismus der offenen Menge $G \subseteq \mathbb{R}^n$ auf die offene Menge $G' = F(G) \subseteq \mathbb{R}^n$ mit der Funktionaldeterminante $\mathrm{J}(F) : x \mapsto J(F \,;\, x)$. Ferner sei $g : G' \to \overline{\mathbb{R}}$ eine messbare Funktion. Dann gilt $\int_{G'} |g|\, d\lambda^n = \int_G |g \circ F| \cdot |\mathrm{J}(F)|\, d\lambda^n$. Genau dann ist g auf G' integrierbar, wenn $(g \circ F) \cdot \mathrm{J}(F)$ auf G integrierbar ist. In diesem Fall gilt*

$$\int_{G'} g\, d\lambda^n = \int_G (g \circ F) \cdot |\mathrm{J}(F)|\, d\lambda^n \, .$$

$J(F)$ ist die Determinante der Jacobi-Matrix von $F = (F_1, \ldots, F_n)$:

$$J(F) = \mathrm{Det}\,\mathfrak{J}(F) = \left| \frac{\partial(F_1, \ldots, F_n)}{\partial(x_1, \ldots, x_n)} \right| = \left| \left(\frac{\partial F_i}{\partial x_j} \right)_{1 \le i, j \le n} \right| .$$

Eine analoge Aussage gilt natürlich auch, wenn G und G' offene Mengen sind in einem endlichdimensionalen $\mathbb{R}$-Vektorraum V, versehen mit einem beliebigen Borel-Lebesgue-Maß λ. Außerdem kann g durch eine messbare Abbildung $G' \to W$ in einen endlichdimensionalen $\mathbb{R}$-Vektorraum W ersetzt werden.

Bei $n = 1$ ist die Transformationsformel einfach eine leichte Verallgemeinerung der Substitutionsregel aus Bd. 1, 16.B.5. Beschränken wir uns nämlich auf den Fall, dass F eine stetig differenzierbare, reellwertige Funktion auf einem offenen Intervall $G = \,]a, b[$ mit nirgends verschwindender Ableitung ist, so ist $F(G) = G'$ das Intervall $]F(a), F(b)[$ oder $]F(b), F(a)[$ je nachdem, ob die streng monotone Funktion F wachsend oder fallend ist. Dann ist aber $|J(F)|$ gleich F' oder $-F'$, und die Transformationsregel liefert im ersten Fall

$$\int\limits_{F(a)}^{F(b)} g(x)\,dx = \int\limits_G g\,d\lambda^1 = \int\limits_{G'} (g \circ F)\,|J(F)|\,d\lambda^1 = \int\limits_a^b g\big(F(t)\big)\,F'(t)\,dt .$$

Bei $|J(F)| = -F'$ schließt man analog.

Man beachte, dass der Diffeomorphismus $F : G \to G'$ in 14.E.1 eine bijektive Abbildung $\mathcal{B}(G) \to \mathcal{B}(G')$ der Menge $\mathcal{B}(G)$ der Borel-Mengen in G auf die Menge $\mathcal{B}(G')$ der Borel-Mengen in G' induziert. Wendet man 14.E.1 auf die Indikatorfunktion $g = e_{F(B)}$ des Bildes $F(B)$ einer Borel-Menge $B \subseteq G$, so erhält man wegen $g \circ F = e_B$:

14.E.2 Korollar *Sei $F : G \to G'$ ein C^1-Diffeomorphismus zwischen den offenen Mengen $G \subseteq \mathbb{R}^n$ und $G' = F(G) \subseteq \mathbb{R}^n$. Für eine Borel-Menge $B \subseteq G$ gilt dann*

$$\lambda^n\big(F(B)\big) = \int\limits_B |J(F)|\,d\lambda^n ,$$

d.h. das Maß $\nu : B' \mapsto \lambda^n\big(F(B')\big)$, $B' \in \mathcal{B}(G)$, hat die (stetige) Dichte $|J(F)|$.

14.E.2 besagt speziell, *dass F genau dann maßtreu bzgl. λ^n ist, wenn $|J(F\,;x)| \equiv 1$ ist.*

B e w e i s von 14.E.1. Wir überlegen zunächst, dass es genügt, 14.E.2 zu beweisen. Nach Zerlegung von g in g_+ und g_- kann man dabei annehmen, dass g nichtnegativ ist. Das Maß $\nu : B' \mapsto \lambda^n\big(F(B')\big)$ auf $\big(G, \mathcal{B}(G)\big)$ ist das Bildmaß von λ^n bezüglich der Umkehrabbildung $F^{-1} : G' \to G$ des Diffeomorphismus F. Nach 14.E.2 hat ν die Dichte $|J(F)|$. Mit 14.B.19 und der Allgemeinen Transformationsformel 14.B.9 ergibt sich

$$\int\limits_G (g \circ F)\,|J(F)|\,d\lambda^n = \int\limits_G (g \circ F)\,d\nu = \int\limits_{G'} (g \circ F \circ F^{-1})\,d\lambda^n = \int\limits_{G'} g\,d\lambda^n . \qquad \bullet$$

Zum Beweis von 14.E.2 benutzen wir das folgende Lemma, das die stetigen Dichten bezüglich λ^n für ein Maß μ auf dem Messraum $(G, \mathcal{B}(G))$ charakterisiert und auch für sich genommen interessant ist.

14.E.3 Lemma *Es seien* $f : G \to \mathbb{R}_+$ *eine stetige nichtnegative Funktion auf der offenen Menge* $G \subseteq \mathbb{R}^n$ *und* $\mu : \mathcal{B}(G) \to \overline{\mathbb{R}}_+$ *ein Maß auf dem Messraum* $(G, \mathcal{B}(G))$. *Dann sind folgende Aussagen äquivalent:*

(1) f *ist eine Dichte für* μ *bzgl.* λ^n, *d.h. es ist* $\mu = f \lambda^n$ *auf* $\mathcal{B}(G)$.

(2) *Zu jedem* $x_0 \in G$ *und jedem* $\varepsilon > 0$ *gibt es eine Umgebung* U *von* x_0 *in* G *derart, dass für jeden Quader* $Q := [a_1, b_1[\times \cdots \times [a_n, b_n[\subseteq U$ *gilt* $|\mu(Q) - f(x_0)\lambda^n(Q)| \le \varepsilon\lambda^n(Q)$.

(2') *Zu jedem* $x_0 \in G$ *und jedem* $\varepsilon > 0$ *gibt es eine Umgebung* U *von* x_0 *in* G *derart, dass für jede offene Menge* $V \subseteq U$ *gilt* $|\mu(V) - f(x_0)\lambda^n(V)| \le \varepsilon\lambda^n(V)$ *ist.*

B e w e i s von 14.E.3. (2) folgt sofort aus (2'), da sich ein Quader Q wie in (2) von einem offenen Quader nur durch eine Menge unterscheidet, die nicht nur eine λ^n-Nullmenge ist, sondern auch eine μ-Nullmenge, was ebenfalls aus (2') resultiert. Ferner ergibt sich (2') leicht aus (1), vgl. 14.B, Aufg. 9. Wegen der Stetigkeit von f gibt es nämlich zu $\varepsilon > 0$ eine Umgebung U von x_0 mit $|f(x) - f(x_0)| \le \varepsilon$ für $x \in U$. Ist f die Dichte von μ, so folgt für jede offene Menge $V \subseteq U$

$$|\mu(V) - f(x_0)\lambda^n(V)| = \left| \int_V \big(f - f(x_0)\big)\, d\lambda^n \right| \le \int_V \varepsilon\, d\lambda^n = \varepsilon\lambda^n(V).$$

Wir zeigen nun, dass (1) aus (2) folgt. Die Quader $Q = [a_1, b_1[\times \cdots \times [a_n, b_n[\subseteq G$, deren abgeschlossene Hüllen $\overline{Q} = [a_1, b_1] \times \cdots \times [a_n, b_n]$ ebenfalls noch ganz in G liegen, bilden ein durchschnittstabiles Erzeugendensystem von $\mathcal{B}(G)$. Nach dem Eindeutigkeitssatz 11.D.1 genügt es daher, die Gleichheit $\mu(Q) = (f \lambda^n)(Q)$ für solche Quader Q zu zeigen.

Es seien also ein halboffener Quader Q mit $\overline{Q} \subseteq G$ sowie ein $\varepsilon > 0$ gegeben. Bedingung (2) liefert, dass es zu jedem $x \in \overline{Q}$ eine Umgebung $U(x) \subseteq G$ gibt derart, dass $|\mu(Q) - f(x)\lambda^n(Q)| \le \varepsilon\lambda^n(Q)$ gilt für jeden halboffenen Quader $Q \subseteq U(x)$. Indem wir $U(x)$ hinreichend klein wählen, können wir erreichen, dass $\overline{U(x)} \subseteq G$ ist und weiterhin, da f auf der kompakten Menge $\overline{U(x)}$ gleichmäßig stetig ist, dass $|f(y) - f(z)| \le \varepsilon$ ist für alle $y, z \in U(x)$. Nach dem Lebesgueschen Lemma, vgl. 2.B, Aufg. 11, gibt es ein $\lambda > 0$ derart, dass $B(x\,;\lambda)$ für jedes $x \in \overline{Q}$ in wenigstens einer der Mengen $U(x)$, $x \in \overline{Q}$, enthalten ist. Jeder Würfel mit Kantenlänge $< \lambda/\sqrt{n}$, der $\overline{Q}$ trifft, liegt daher ganz in einem $U(x)$. Zerlegen wir also Q in hinreichend kleine, paarweise disjunkte, halboffene Quader $Q_1, \ldots, Q_m$, so ist $Q = Q_1 \uplus \cdots \uplus Q_m$, und wir können weiterhin annehmen, dass jedes Q_i in einer der Umgebungen $U(x)$, etwa $U(x_i)$, liegt und somit $|\mu(Q_i) - f(x_i)\lambda^n(Q_i)| \le \varepsilon\lambda^n(Q_i)$ gilt sowie $|f(x) - f(y)| \le \varepsilon$ für alle $x, y \in U(x_i)$. Es folgt

$$|\mu(Q) - (f\lambda^n)(Q)| \le \sum_{i=1}^m |\mu(Q_i) - (f\lambda^n)(Q_i)| \le$$

$$\le \sum_{i=1}^m |\mu(Q_i) - f(x_i)\lambda^n(Q_i)| + \sum_{i=1}^m \left| f(x_i)\lambda^n(Q_i) - \int_{Q_i} f\, d\lambda^n \right|$$

$$\le \varepsilon \sum_{i=1}^m \lambda^n(Q_i) + \sum_{i=1}^m \int_{Q_i} |f(x_i) - f(x)|\, dx \le \varepsilon\lambda^n(Q) + \varepsilon\lambda^n(Q) = 2\varepsilon\lambda^n(Q).$$

Da $\varepsilon > 0$ beliebig klein gewählt werden kann, ergibt sich $\mu(Q) = (f\lambda^n)(Q)$.   •

B e w e i s von 14.E.2. Es genügt zu zeigen, dass das Maß μ mit $\mu(B) := \lambda^n\big(F(B)\big)$ für $B \in \mathcal{B}(G)$ und die Funktion $f := |\mathrm{J}(F)|$ die Bedingung $(2')$ aus Lemma 14.E.3 erfüllen. [1])

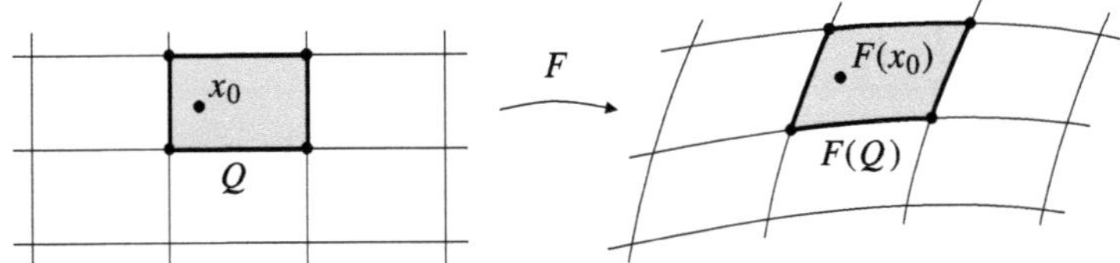

Sei dazu $x_0 \in G$, und sei $T := (\mathrm{D}F)_{x_0}$ das totale Differenzial von F in x_0. Gilt dann die Aussage von $(2')$ für $\widetilde{F} := T^{-1}{\circ}F$ statt F, so auch für F selbst. Wegen $\mathrm{Det}\, T = \mathrm{J}(F\,;\,x_0)$ ist nach Satz 12.C.1 nämlich

$$\left|\lambda^n\big(F(V)\big) - |\mathrm{J}(F\,;\,x_0)|\,\lambda^n(V)\right| = |\mathrm{J}(F\,;\,x_0)|\,\left|\lambda^n\big(\widetilde{F}(V)\big) - \lambda^n(V)\right|$$

für jede offene Menge $V \subseteq G$. Da $(\mathrm{D}\widetilde{F})_{x_0} = \mathrm{id}$ ist, können wir gleich $(\mathrm{D}F)_{x_0} = \mathrm{id}$, also insbesondere $f(x_0) = 1$ annehmen.

Sei nun überdies ein $\varepsilon > 0$ vorgegeben. Es ist eine Umgebung U von x_0 in G gesucht derart, dass für jede offene Menge $V \subseteq U$ gilt $\left|\lambda^n\big(F(V)\big) - \lambda^n(V)\right| \leq \varepsilon\lambda^n(V)$ bzw.

$$(1 - \varepsilon)\,\lambda^n(V) \leq \lambda^n\big(F(V)\big) \leq (1 + \varepsilon)\,\lambda^n(V)\,.$$

Wir zeigen zunächst, dass es eine Umgebung U_0 von x_0 gibt mit $\lambda^n\big(F(V)\big) \leq (1+\varepsilon)\,\lambda^n(V)$ für jede offene Menge $V \subseteq U$. Da V die disjunkte Vereinigung von abzählbar vielen halboffenen Würfeln ist, genügt es diese Ungleichung für Würfel $W \subseteq U_0$ zu beweisen. Dazu versehen wir $\mathbb{R}^n$ mit der Maximumsnorm und wählen ein $\varepsilon' > 0$ mit $(1+\varepsilon')^n \leq 1+\varepsilon$. Da F stetig differenzierbar in x_0 ist mit $(\mathrm{D}F)_{x_0} = \mathrm{id}$, gibt es eine Umgebung U_0 von x_0 mit $\|(\mathrm{D}F)_x - \mathrm{id}\| \leq \varepsilon'$ für alle $x \in U_0$. Für $x, y \in U_0$ gilt dann nach dem Mittelwertsatz

$$\|F(x) - F(y) - (x - y)\| \leq \varepsilon'\|x - y\|$$

und folglich $\|F(x) - F(y)\| \leq (1+\varepsilon')\,\|x - y\|$. Ist $W \subseteq U_0$ ein Würfel mit der Kantenlänge a, so ist $F(W)$ in einem Würfel mit der Kantenlänge $\leq (1 + \varepsilon')a$ enthalten. Es folgt $\lambda^n\big(F(W)\big) \leq (1 + \varepsilon')^n\,\lambda^n(W) \leq (1 + \varepsilon)\,\lambda^n(W)\,.$

Wegen $(\mathrm{D}F^{-1})_{F(x_0)} = \big((\mathrm{D}F)_{x_0}\big)^{-1} = \mathrm{id}$ lässt sich die vorstehende Überlegung auch auf F^{-1} anwenden und liefert für jede offene Menge $V' \subseteq U_0'$ die Existenz einer Umgebung U_0' von $F(x_0)$ mit $\lambda^n\big(F^{-1}(V')\big) \leq (1+\varepsilon)\,\lambda^n(V')$. Für jede offene Menge $V \subseteq F^{-1}(U_0')$ ist $F(V) \subseteq U_0'$ offen und somit

$$(1 - \varepsilon)\,\lambda^n(V) \leq \frac{1}{1 + \varepsilon}\,\lambda^n(V) = \frac{1}{1 + \varepsilon}\,\lambda^n\big(F^{-1}(F(V))\big) \leq \lambda^n\big(F(V)\big)\,.$$

In $U := U_0 \cap F^{-1}(U_0')$ erhält man nun die gesuchte Umgebung U von x_0. $\qquad\bullet$

14.E.4 Beispiel (P o l a r k o o r d i n a t e n) Die Polarkoordinaten $P : \mathbb{R}^{2+n} \to \mathbb{R}^{2+n}$ induzieren gemäß Beispiel 6.B.6 einen Diffeomorphismus von $\mathbb{R}_+^\times \times\,]{-}\pi, \pi[\, \times\,]{-}\pi/2, \pi/2[\,^n$ auf $D \times \mathbb{R}^n$, wo D die längs der negativen x_1-Achse geschlitzte (x_1, x_2)-Ebene ist, mit der Funktionaldeterminante $r^{n+1}\cos^n \varphi_n \cdots \cos \varphi_1$. Da es beim Integrieren nicht auf Nullmengen ankommt, liefern

---

[1]) Dies ist wieder ein typisches Beispiel dafür, dass sich eine differenzierbare Abbildung in der Nähe eines Punktes wie ihr totales Differenzial verhält.

14.E.1 und der Satz von Fubini für messbare Funktionen $f : \mathbb{R}^{2+n} \to \overline{\mathbb{R}}$

$$\int_{\mathbb{R}^{2+n}} f \, d\lambda^{2+n} = \int_0^\infty \int_{-\pi}^{\pi} \int_{-\pi/2}^{\pi/2} \cdots \int_{-\pi/2}^{\pi/2} f\big(P(r,\varphi)\big)\, r^{n+1} \cos^n \varphi_n \cdots \cos \varphi_1 \, d\varphi_n \cdots d\varphi_1 \, d\varphi_0 \, dr$$

mit $(r,\varphi) = (r,\varphi_0,\ldots,\varphi_n)$. Dabei existiert das linke Integral genau dann, wenn das rechte Integral existiert. Für $n = 0$ und $n = 1$ ergibt sich speziell:

$$\int_{\mathbb{R}^2} f(x,y)\, dx \, dy = \int_0^\infty \int_{-\pi}^{\pi} f(r \cos\varphi, r \sin\varphi)\, r \, d\varphi \, dr \, ,$$

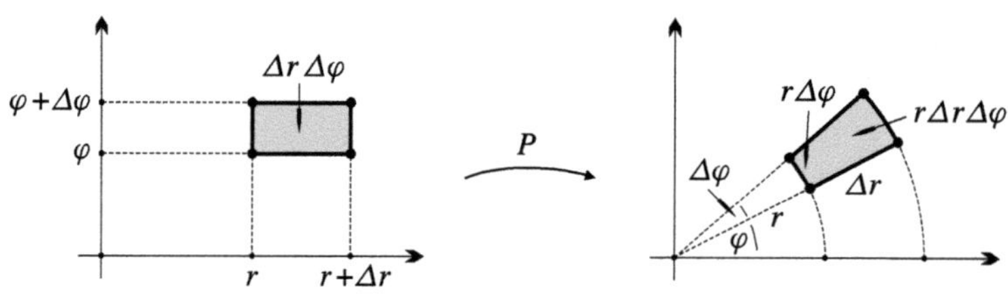

$$\int_{\mathbb{R}^3} f(x,y,z)\, dx \, dy \, dz = \int_0^\infty \int_{-\pi}^{\pi} \int_{-\pi/2}^{\pi/2} f(r \cos\varphi \cos\lambda, r \cos\varphi \sin\lambda, r \sin\varphi)\, r^2 \cos\varphi \, d\varphi \, d\lambda \, dr \, .$$

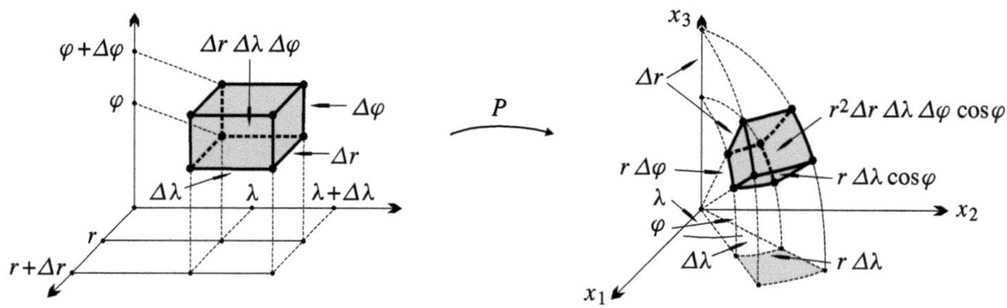

Aufgaben

1. Man berechne noch einmal den Inhalt ω_n der Einheitskugel in $\mathbb{R}^n$ mit Hilfe von Polarkoordinaten. (Vgl. dazu auch Beispiel 12.C.10.)

2. Man berechne die folgenden Integrale durch Einführen von Polarkoordinaten:

a) $\int_M (x^2 y - y^3 x)\, dx \, dy, \quad M := \{(x,y) \in \mathbb{R}^2_+ \mid x^2 + y^2 \le 1\}.$

b) $\int_M y \, dx \, dy, \quad M := \{(x,y \in \mathbb{R}^2 \mid x^2 + y^2 < 1, y > 0\}.$

c) $\int_M e^{\sqrt{x^2+y^2}} \, dx \, dy, \quad M := \{(x,y) \in \mathbb{R}^2 \mid x^2 + y^2 \le 1\}.$

3. Man berechne mit Polarkoordinaten das Volumen des Körpers
$$M := \{x \in \mathbb{R}^3 \mid \|x\| \le r, x_3^2 \le \alpha^2(x_1^2 + x_2^2)\}, \quad \alpha, r > 0.$$

4. Man berechne $\int_M xyz\,dx\,dy\,dz$ für
$$M := \{(x, y, z) \in \mathbb{R}^3 \mid 0 \le x \le 1, 0 \le y \le 1, \sqrt{x^2 + y^2} \le z \le 2\}$$
und
$$M := \{(x, y, z) \in \mathbb{R}^3 \mid 0 \le x, y, z, \frac{x^2}{a^2} + \frac{y^2}{b^2} + \frac{z^2}{c^2} \le 1\}, \quad a, b, c > 0.$$

5. (Potenzkoordinaten) Es seien $f : (\mathbb{R}_+^\times)^n \to \mathbb{R}$ eine messbare Funktion und $\mathfrak{A} = (\alpha_{ij}) \in M_n(\mathbb{R})$ eine invertierbare Matrix mit inverser Matrix $\mathfrak{B} = (\beta_{ij})$. Unter Verwendung von 6.B, Aufg. 8a) zeige man
$$\int_0^\infty \cdots \int_0^\infty f(y_1^{\beta_{11}} \cdots y_n^{\beta_{1n}}, \ldots, y_1^{\beta_{n1}} \cdots y_n^{\beta_{nn}})\,dy_1 \cdots dy_n$$
$$= |\operatorname{Det}\mathfrak{A}| \int_0^\infty \cdots \int_0^\infty f(x_1, \ldots, x_n) \prod_{j=1}^n x_j^{\alpha_{1j}+\cdots+\alpha_{nj}-1}\,dx_1 \cdots dx_n.$$

6. Man verwende Aufg. 5 zur Lösung der folgenden Aufgaben.

a) Es ist $\displaystyle\int_0^1 \int_0^1 (xy)^{xy}\,dx\,dy = -\int_0^1 t^t \ln t\,dt = \sum_{n=1}^\infty \frac{(-1)^{n-1}}{n^n} = \int_0^1 t^t dt$.

(Das zweite und dritte Integral werden direkt durch Reihenentwicklung des Integranden in die Summe überführt, vgl. auch Bd. 1, 16.B, Aufg. 14b) und Aufg. 15.)

b) Es seien $0 < \alpha < \beta$ und $0 < a < a', 0 < b < b'$ reelle Konstanten. Man berechne den Flächeninhalt des folgenden skizzierten Bereichs, der durch die Kurven $y = ax^\alpha$, $y = a'x^\alpha$, $y = bx^\beta$, $y = b'x^\beta$ begrenzt wird.

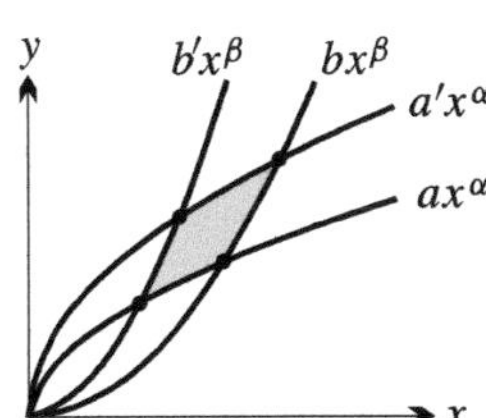

7. Sei $B = \mathrm{B}(0\,;r)$ der (offene) Kreis mit dem Mittelpunkt 0 und dem Radius $r > 0$ in $\mathbb{C} = \mathbb{R}^2$.

a) Für $m, n \in \mathbb{Z}$ existiert $\int_B z^m \bar{z}^n d\lambda^2$ genau dann, wenn $m + n \ge -1$ ist. In diesem Fall zeige man (durch Einführen von Polarkoordinaten)
$$\int_B z^m \bar{z}^n d\lambda^2 = \begin{cases} \dfrac{\pi}{n+1} r^{2n+2}, & \text{falls } m = n, \\[2mm] 0, & \text{falls } m \ne n. \end{cases}$$

b) Ist $f(z) = \displaystyle\sum_{n=0}^\infty a_n z^n$ eine Potenzreihe mit Konvergenzradius $> r$, so ist $\int_B f(z)\,d\lambda^2 = a_0 \pi r^2$.

c) Man berechne für beliebiges $z_0 \in \mathbb{C}$ das Integral $\int_B \dfrac{1}{z - z_0}\, d\lambda^2$.

d) Sei $F(z) = \sum b_n z^n$ eine konvergente Potenzreihe mit dem Konvergenzradius $R \geq r$, die auf B eine injektive Funktion beschreibt. Dann ist der Inhalt von $F(B)$ gleich $\pi \sum_{n=1}^{\infty} n |b_n|^2 r^{2n}$. (Man betrachte zunächst den Fall $R > r$.)

14.F Der Satz von Radon-Nikodym

Sind $(X, \mathcal{A}, \mu)$ ein σ-endlicher Maßraum und $f : X \to \overline{\mathbb{R}}_+$ eine nichtnegative messbare Funktion, so wird durch $M \mapsto \int_M f\, d\mu$ für $M \in \mathcal{A}$ gemäß 14.B.5 auf X das Maß $\nu := f\mu$ mit der Dichte f bezüglich μ definiert. Bei $f \equiv 1$ ist einfach $\nu = \mu$. Man kann die Dichte f von ν bezüglich μ als Gewichtsfunktion interpretieren.

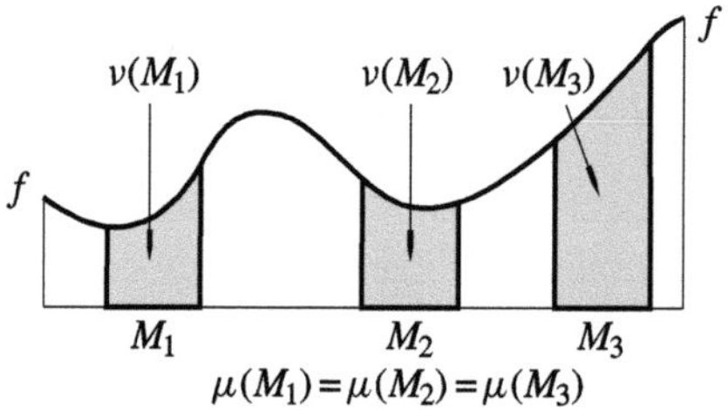

Nach 14.B, Aufg. 8 ist die Dichte eines Maßes bezüglich eines anderen Maßes (falls sie existiert) im Wesentlichen eindeutig bestimmt: Zwei solche Dichten sind fast überall identisch. Der Satz von Radon-Nikodym beantwortet in übersichtlicher Weise die Frage, wann ein Maß $\nu : \mathcal{A} \to \overline{\mathbb{R}}_+$ eine Dichte f bezüglich eines Maßes $\mu : \mathcal{A} \to \overline{\mathbb{R}}_+$ besitzt, und begründet den ubiquitären Gebrauch von Dichten in Physik und Technik. Zur Formulierung des Satzes nennen wir ν s t e t i g   b e z ü g l i c h μ oder μ-s t e t i g, wenn gilt: Ist $M \in \mathcal{A}$ und $\mu(M) = 0$, so ist auch $\nu(M) = 0$. [1]

Da das Integral über eine Nullmenge stets 0 ist, ist jedes Maß, das eine Dichte bezüglich μ besitzt, also von der Form $f\mu$ ist, trivialerweise μ-stetig. Umgekehrt gilt nun:

14.F.1 Satz von Radon-Nikodym $(X, \mathcal{A}, \mu)$ *sei ein σ-endlicher Maßraum, und es sei* $\nu : A \to \overline{\mathbb{R}}_+$ *ein μ-stetiges Maß. Dann besitzt ν eine Dichte bezüglich μ.*

B e w e i s.[2] Als σ-endlicher Maßraum lässt sich X in abzählbar viele μ-endliche Teilmengen zerlegen, auf denen μ ein endliches Maß induziert. Besitzt ν bezüglich dieser Maße jeweils eine Dichte, so setzen sich diese Dichten nach 14.B.4 zu einer Dichte von ν auf ganz X bezüglich μ zusammen. Wir können also annehmen, dass μ ein endliches Maß ist. Wir unterscheiden nun drei Fälle:

---

[1] Man vergleiche dazu 11.C, Aufg. 16. Dort wird die Bezeichnung „stetig" für diese Eigenschaft von Maßen gerechtfertigt.
[2] Dieser Beweis kann ohne Verständnisverlust übergangen werden.

(1) *Auch ν ist ein endliches Maß*: Dann betrachten wir die Menge $\mathfrak{G}$ der messbaren Funktionen $g : X \to \overline{\mathbb{R}}_+$ mit $g\mu \le \nu$. Es ist $0 \in \mathfrak{G}$. Ferner ist für $g_1, g_2 \in \mathfrak{G}$ auch das Supremum Sup (g_1, g_2) in $\mathfrak{G}$. Sind nämlich $A_1 := \{g_1 \ge g_2\}$ und $A_2 := \{g_1 < g_2\}$, so gilt für ein beliebiges $M \in \mathcal{A}$

$$\mathrm{Sup}\,(g_1, g_2)\,\mu(M) = \int_M \mathrm{Sup}\,(g_1, g_2)\,d\mu = \int_{M \cap A_1} g_1\,d\mu + \int_{M \cap A_2} g_2\,d\mu$$

$$\le \nu(M \cap A_1) + \nu(M \cap A_2) = \nu(M)\,.$$

Sei nun $\gamma := \mathrm{Sup}\,(\int_X g\,d\mu \mid g \in \mathfrak{G})$ und sei $g_n, n \in \mathbb{N}$, eine Folge von Funktionen in $\mathfrak{G}$ mit $\gamma = \lim_{n \to \infty} \int_X g_n\,d\mu$. Da $\mathfrak{G}$ nach der obigen Bemerkung mit $g_0, \ldots, g_n$ auch Sup $(g_0, \ldots, g_n)$ enthält, können wir zur Folge Sup $(g_0, \ldots, g_n), n \in \mathbb{N}$, übergehen und somit gleich $g_0 \le g_1 \le \cdots$ annehmen. Dann ist auch $g := \lim_{n \to \infty} g_n$ messbar, und nach dem Satz 14.B.7 von der monotonen Konvergenz gilt für jedes $M \in \mathcal{A}$

$$(g\mu)(M) = \int_M g\,d\mu = \lim_{n \to \infty} \int_M g_n\,d\mu \le \nu(M)\,,$$

also $g\mu \le \nu$. Es folgt $g \in \mathfrak{G}$ und $(g\mu)(X) = \int_X g\,d\mu = \gamma$.

Wir zeigen, dass g eine Dichte von ν bezüglich μ ist, d.h. das $\nu = g\mu$ gilt. Dazu betrachten wir das endliche Maß $\sigma := \nu - g\mu$ und haben $\sigma = 0$ zu beweisen. Es genügt $\sigma(X) = 0$, d.h. $\nu(X) = (g\mu)(X) = \gamma$ zu zeigen. Angenommen, es sei $\sigma(X) > 0$. Für $\beta := \frac{1}{2}\sigma(X)/\mu(X) > 0$ ist dann $\sigma(X) = 2\beta\mu(X) > \beta\mu(X)$.

Zum verallgemeinerten Maß $\varphi := \sigma - \beta\mu$ gibt es nach 13.A.5 eine Jordan-Hahn-Zerlegung $X = X_+ \uplus X_-$ mit $\varphi|X_+ \ge 0$ und $\varphi|X_- \le 0$. Wegen $\varphi(X) > 0$ ist $\varphi(X_+) > 0$. Wäre $\mu(X_+) = 0$, so wäre wegen der vorausgesetzten μ-Stetigkeit von ν auch $\nu(X_+) = 0$ und daher $\sigma(X_+) = 0$ sowie $\varphi(X_+) = 0$ im Widerspruch zu $\varphi(X_+) > 0$. Also ist $\mu(X_+) > 0$, und für $g' := g + \beta e_{X_+}$ gilt

$$\int_X g'd\mu = \beta\mu(X_+) + \int_X g\,d\mu = \beta\mu(X_+) + \gamma > \gamma\,.$$

Dies ist ein Widerspruch zur Definition von γ, sobald wir $g' \in \mathfrak{G}$ gezeigt haben. Wegen $\varphi'(M \cap X_+) \ge 0$ ist aber

$$(g'\mu(N) = \int_M g'd\mu = \beta\mu(M \cap X_+) + \int_M g\,d\mu \le \sigma(M \cap X_+) + \int_M g\,d\mu$$

$$= \nu(M \cap X_+) + \int_M g\,d\mu - \int_{M \cap X_+} g\,d\mu = \nu(M \cap X_+) + \int_{M \cap X_-} g\,d\mu$$

$$= \nu(M \cap X_+) + (g\mu)(M \cap X_-) \le \nu(M \cap X_+) + \nu(M \cap X_-) = \nu(M)\,.$$

Der obige Widerspruch liefert nun $\sigma = 0$, d.h. $\nu = g\mu$.

(2) *ν ist ein σ-endliches Maß*: X lässt sich in diesem Fall in abzählbar viele paarweise disjunkte messbare Mengen zerlegen, auf denen ν jeweils ein endliches Maß induziert. Nach (1) besitzen diese endlichen Maße Dichten bezüglich μ, die sich zu einer Dichte für ν auf ganz X zusammensetzen.

(3) *ν ist beliebig*: Wir betrachten die Menge $\mathcal{A}'$ derjenigen $M \in \mathcal{A}$, für die $\nu|M$ σ-endlich ist. $\mathcal{A}'$ enthält offenbar mit jeder abzählbaren Familie von Elementen von $\mathcal{A}$ auch deren Vereinigung. Daher gibt es ein $X' \in \mathcal{A}'$ mit $\mu(X') = \mathrm{Sup}\,(\mu(M) \mid M \in \mathcal{A}')$. *Für jedes messbare $M \subseteq X - X'$*

gilt dann $\mu(M) = 0$ *oder* $\nu(M) = \infty$. Aus $\nu(M) < \infty$ folgt nämlich $X' \uplus M \in \mathcal{A}'$, und aus $\mu(M) > 0$ ergibt sich $\mu(X' \uplus M) > \mu(X')$, da μ ein endliches Maß ist.

Nach (2) besitzt $\nu|X'$ eine Dichte g' bezüglich μ. Definiert man $g : X \to \overline{\mathbb{R}}_+$ durch $g|X' = g'$ und $g(x) := \infty$ für $x \in X - X'$, so ist g eine Dichte von ν bezüglich μ. Für $M \in \mathcal{A}$ ist nämlich entweder $\mu(M - X') = 0$ und damit $\int_{M-X'} g\, d\mu = 0$ sowie $\nu(M - X') = 0$ (wegen der μ-Stetigkeit von ν), also

$$(g\mu)(M) = \int\limits_{M-X'} g\, d\mu + \int\limits_{M \cap X'} g'\, d\mu = \nu(M - X') + \nu(M \cap X') = \nu(M),$$

oder aber $\mu(M - X') > 0$ und daher $\int_{M-X'} g\, d\mu = \infty$ sowie $\nu(M - X') = \infty$, also ebenfalls $(g\mu)(M) = \nu(M)$.   •

Ist die Funktion $f : X \to \overline{\mathbb{R}}$ auf dem σ-endlichen Maßraum $(X, \mathcal{A}, \mu)$ im weiteren Sinne integrierbar, vgl. 14.B.2 (3), so ist $\varphi = f\mu$ mit $\varphi(M) := \int_M f\, d\mu$ für $M \in \mathcal{A}$ offenbar ein verallgemeinertes Maß gemäß Definition 13.A.1. Seine Jordan-Hahn-Zerlegung ist $X = X_+ \uplus X_-$ mit $X_+ = \{f \geq 0\}$ und $X_- := \{f < 0\}$, vgl. die Bemerkungen nach 14.B.5. Ist $f = f_+ - f_-$ die Zerlegung von f in den positiven und den negativen Teil, so ist $\varphi = \varphi_+ - \varphi_-$, wobei $\varphi_+ := f_+\mu$ und $\varphi_- := f_-\mu$ gewöhnliche Maße mit Dichten sind. Wir nennen auch die im weiteren Sinne integrierbare Funktion f eine D i c h t e des verallgemeinerten Maßes φ. Die Maße φ_+ und φ_- und somit auch $|\varphi| = \varphi_+ + \varphi_-$ sind dann stetig bezüglich μ.

Sei nun $\varphi : \mathcal{A} \to \overline{\mathbb{R}}$ ein beliebiges verallgemeinertes Maß und $|\varphi| : \mathcal{A} \to \overline{\mathbb{R}}_+$ sein Betrag. Der Zerlegungssatz 13.A.5 von Jordan-Hahn liefert: Genau dann ist $|\varphi|$ stetig bezüglich μ, wenn gilt: Ist $M \in \mathcal{A}$ eine μ-Nullmenge, so ist $\varphi(M) = 0$. Wir sagen dann auch, φ selbst sei μ-s t e t i g. Als Folgerung aus dem Satz von Radon-Nikodym erhalten wir:

14.F.2 Korollar $(X, \mathcal{A}, \mu)$ *sei ein σ-endlicher Maßraum und $\varphi : \mathcal{A} \to \overline{\mathbb{R}}$ ein μ-stetiges verallgemeinertes Maß (d.h. $|\varphi|$ sei μ-stetig). Dann besitzt φ eine Dichte bezüglich μ.*

B e w e i s. Sei $X = X_+ \uplus X_-$ mit $\varphi|X_+ \geq 0$ und $\varphi|X_- \leq 0$ eine Jordan-Hahn-Zerlegung von φ. Mit $|\varphi| = \varphi_+ + \varphi_-$ sind erst recht $\varphi_+ = \varphi|X_+$ und $\varphi_- = -\varphi|X_-$ stetig bezüglich μ. Nach 14.F.1 gibt es daher messbare Funktionen $g_+ : X_+ \to \overline{\mathbb{R}}_+$ und $g_- : X_- \to \overline{\mathbb{R}}_+$ mit $\varphi_+ = g_+\mu$ und $\varphi_- = g_-\mu$. Da wenigstens eines der Maße φ_+ und φ_- endlich ist, ist die Funktion g mit $g|X_+ = g_+$ und $g|(X_- - X_+) = -g_-$ im weiteren Sinne integrierbar und liefert eine Dichte für φ bezüglich μ.   •

Man nennt die Dichte f zu einem Maß ν bezüglich eines Maßes μ auch die (R a d o n - N i k o d y m -) A b l e i t u n g von ν nach μ und bezeichnet sie mit

$$\frac{d\nu}{d\mu} .$$

Als weitere Folgerung aus dem Satz von Radon-Nikodym erhalten wir:

14.F.3 Lebesguescher Zerlegungssatz $(X, \mathcal{A}, \mu)$ *sei ein σ-endlicher Maßraum, und $\nu : \mathcal{A} \to \overline{\mathbb{R}}_+$ sei ein σ-endliches Maß. Dann gibt es eindeutig bestimmte Maße ν_0 und ν_1 derart, dass ν_0 außerhalb einer μ-Nullmenge verschwindet, ν_1 eine Dichte bezüglich μ besitzt und $\nu = \nu_0 + \nu_1$ gilt.*

B e w e i s . Sind $v = v_0 + v_1$ und $v = v_0' + v_1'$ Zerlegungen von v der angegebenen Art, so können wir annehmen, dass die Maße v_0 und v_0' außerhalb einer gemeinsamen μ-Nullmenge N verschwinden. Für beliebige $M \in \mathcal{A}$ gilt dann $v_0(M - N) = 0$ und $v_1(M \cap N) = \int_{M \cap N} f \, d\mu = 0$, falls v_1 die Dichte f besitzt. Es folgt $v_0(M) = v_0(M \cap N) = v(M \cap N)$ und analog $v_0'(M) = v(M \cap N)$, also $v_0 = v_0'$ und dann auch $v_1 = v_1'$.

Zum Beweis der Existenz betrachten wir das Maß $\varphi := \mu + v$ auf X. Wie μ und v ist φ σ-endlich, ferner sind μ und v offensichtlich stetig bezüglich φ. Daher besitzt μ nach 14.F.1 eine Dichte f bezüglich φ, d.h. es ist $\mu = f\varphi$. Dann ist $X_0 := \{f = 0\}$ eine μ-Nullmenge, und jede messbare Teilmenge M von $X_1 := \{f > 0\}$ ist genau dann eine μ-Nullmenge, wenn sie eine φ-Nullmenge ist, vgl. Aufg. 1. In diesem Fall ist sie auch eine v-Nullmenge. Daher sind $v|X_1$ und damit auch die triviale Fortsetzung v_1 von $v|X_1$ auf X stetig bezüglich μ; nach 14.F.1 besitzt v_1 also eine Dichte bezüglich μ. Außerdem ist $X = X_0 \uplus X_1$. Bezeichnet v_0 die triviale Fortsetzung von $v|X_0$ auf X, so ist daher $v = v_0 + v_1$, und wir haben die gesuchte Zerlegung von v erhalten.   •

Das Maß v_0 in 14.F.3 heißt der s i n g u l ä r e   A n t e i l und das Maß v_1 der s t e t i g e A n t e i l von v bezüglich μ.

Aufgaben

1. $(X, \mathcal{A}, \mu)$ sei ein σ-endlicher Maßraum, und $f : X \to \overline{\mathbb{R}}_+^\times$ sei eine positive messbare Funktion.

a) Eine messbare Menge $M \subseteq X$ ist genau dann eine μ-Nullmenge, wenn sie eine $(f\mu)$-Nullmenge ist.

b) Ist $(f\mu)$ ebenfalls σ-endlich, so ist $1/f$ eine Dichte von μ bezüglich $v = f\mu$. (Man beachte, dass $1/f$ fast überall definiert ist, da $\{f = \infty\}$ eine Nullmenge ist.)

2. $(X, \mathcal{A}, \mu)$ sei ein σ-endlicher Maßraum, und $v : \mathcal{A} \to \overline{\mathbb{R}}_+$ sei ein μ-stetiges Maß. Für die Radon-Nikodym-Ableitung gilt:

a) Ist $f : X \to \overline{\mathbb{R}}_+$ messbar, so ist $\int_X f \, dv = \int_X f \, (dv/d\mu) \, d\mu$.

b) Ist $\varphi : \mathcal{A} \to \overline{\mathbb{R}}_+$ ein v-stetiges Maß, so ist φ auch μ-stetig und es gilt

$$\frac{d\varphi}{d\mu} = \frac{d\varphi}{dv} \cdot \frac{dv}{d\mu}.$$

c) Ist μ auch v-stetig, so folgt $(dv/d\mu)^{-1} = d\mu/dv$.

3. $(X, \mathcal{A}, \mu)$ sei ein σ-endlicher Maßraum, und $v, \varphi : \mathcal{A} \to \overline{\mathbb{R}}_+$ seien σ-endliche Maße mit singulären Anteilen v_0 bzw. φ_0 und stetigen Anteilen v_1 bzw. φ_1.

a) Das Maß $v + \varphi$ hat $v_0 + \varphi_0$ als singulären Anteil und $v_1 + \varphi_1$ als stetigen Anteil.

b) Für $a \in \mathbb{R}_+^\times$ hat das Maß av den singulären Anteil av_0 und den stetigen Anteil av_1.

4. X sei eine überabzählbare Menge, und $\mathcal{A}$ sei die von den abzählbaren Teilmengen von X erzeugte σ-Algebra auf X. Ferner seien μ das Anzahlmaß auf dem Messraum $(X, \mathcal{A})$ und v das durch $v(M) = 0$ für abzählbares $M \in \mathcal{A}$ und $v(M) = \infty$ für nicht abzählbares $M \in \mathcal{A}$ definierte Maß. Dann sind μ und v nicht σ-endlich; v ist stetig bezüglich μ, besitzt aber keine Dichte bezüglich μ.

5. $(X, \mathcal{A}, \mu)$ sei ein σ-endlicher Maßraum, bei dem alle einpunktigen Teilmengen von X messbar sind. Ferner sei ν_0 der singuläre Anteil eines σ-endlichen Maßes $\nu : \mathcal{A} \to \overline{\mathbb{R}}_+$. Ist ν_0 ebenfalls σ-endlich, so lässt sich ν_0 schreiben als Summe eines diskreten Maßes ν_0' und eines a t o m f r e i e n Maßes ν_0'', d.h. eines Maßes ν_0'' mit $\nu_0''(\{x\}) = 0$ für alle $x \in X$. Dabei sind ν_0' und ν_0'' durch ν ebenfalls eindeutig bestimmt.

6. Jedes σ-endliche Maß $\nu : \mathcal{B}^1 \to \overline{\mathbb{R}}_+$ besitzt eine Zerlegung $\nu = \nu_0' + \nu_0'' + \nu_1$ mit einem bezüglich des Borel-Lebesgueschen Maßes λ^1 stetigen Maß ν_1 (das also nach dem Satz von Radon-Nikodym eine Dichte bezüglich λ^1 besitzt), einem diskreten Maß ν_0' und einem atomfreien Maß ν_0'', das außerhalb einer λ^1-Nullmenge verschwindet, vgl. Aufg. 5. Dabei heißen ν_0' der d i s k r e t e B e s t a n d t e i l und $\nu_0'' + \nu_1$ der a t o m f r e i e B e s t a n d t e i l von ν.

Sei nun ν auf jeder beschränkten Borel-Menge endlich. Mit F_ν bezeichnen wir die zugehörige (monoton wachsende und linksseitig stetige) Verteilungsfunktion, vgl. Abschnitt 12.A. Dann ist der diskrete Bestandteil ν_0' von ν durch die Sprunghöhen von F_ν bestimmt vermöge $\nu_0'(\{x\}) = F_\nu(x+) - F_\nu(x)$. Außerdem ist die Funktion $F_{\nu_0''+\nu_1} = F_{\nu_0''} + F_{\nu_1} = F_\nu - F_{\nu_0'}$ stetig. (Vgl. 12.A, Aufg. 1. – Man nennt daher gelegentlich die atomfreien Maße $\mathcal{B}^1 \to \overline{\mathbb{R}}_+$ s t e t i g (schlechthin) und die in unserem Sinne stetigen Maße (bzgl. λ^1) a b s o l u t s t e t i g.) Man gebe ein atomfreies endliches Maß $\mathcal{B}^1 \to \mathbb{R}_+$ an, das keine Dichte bezüglich λ^1 besitzt.

(Man verwende 14.B, Aufg. 12b) oder gehe folgendermaßen vor: Die Funktion $F : \mathbb{R} \to [0, 1]$ werde durch $F\,|\,]-\infty, 0] := 0$, $F\,|\,[1, \infty[:= 1$; $F\,|\,[1/3, 2/3] := 1/2$; $F\,|\,[1/9, 2/9] := 1/4$, $F\,|\,[7/9, 8/9] := 3/4$ usw. definiert und dann monoton auf $\mathbb{R}$ fortgesetzt. (Man vgl. die Konstruktion des Cantorschen Diskontinuums C_3 in 12.A, Aufg. 3.)

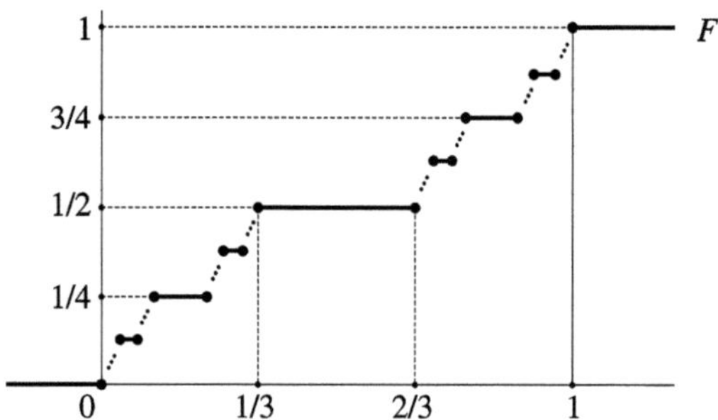

Offenbar hat diese so genannte T e u f e l s t r e p p e F keine Sprünge, ist also stetig und die Verteilungsfunktion eines atomfreien Maßes ν auf $\mathbb{R}$, das bezüglich λ^1 rein singulär ist, also keinen stetigen Anteil hat. Für die Berechnung von Integralen bezüglich solcher Maße gibt es keinen allgemeinen Kalkül.)

15 L^p-Räume

15.A Einführung der L^p-Räume

Sei $X = (X, \mathcal{A}, \mu)$ ein σ-endlicher Maßraum. Nach 14.B.3 ist eine messbare Funktion $f : X \to \mathbb{K}$ genau dann integrierbar, wenn $|f|$ integrierbar ist. Wie in Abschnitt 14.B bezeichnen wir den $\mathbb{K}$-Vektorraum der integrierbaren $\mathbb{K}$-wertigen Funktionen auf X mit $\mathcal{L}_{\mathbb{K}}^1(X)$. Die Funktion $\|-\|_1 : \mathcal{L}_{\mathbb{K}}^1(X) \to \mathbb{R}_+$ mit

$$\|f\|_1 := \int_X |f|\, d\mu$$

hat die Eigenschaften einer Pseudonorm. Es ist nämlich für $f, g \in \mathcal{L}_{\mathbb{K}}^1(X)$ und $a \in \mathbb{K}$:

(1) $\|af\|_1 = |a|\,\|f\|_1$.

(2) $\|f + g\|_1 \leq \|f\|_1 + \|g\|_1$.

In der Regel ist $\|-\|_1$ jedoch keine Norm, da $\|f\|_1 = 0$ nach 14.B.21 bereits dann gilt, wenn f außerhalb einer Nullmenge verschwindet, also nicht notwendigerweise $f \equiv 0$ impliziert. Bezeichnen wir mit $\mathcal{N} = \mathcal{N}_{\mathbb{K}}(X)$ den $\mathbb{K}$-Vektorraum der messbaren $\mathbb{K}$-wertigen Funktionen auf X, die fast überall verschwinden, so gilt $\|f\|_1 = 0$ genau dann, wenn $f \in \mathcal{N}$ ist.

Neben den integrierbaren Funktionen auf X sind die q u a d r a t i n t e g r i e r b a r e n F u n k t i o n e n auf X wichtig. Sie bilden den $\mathbb{K}$-Vektorraum

$$\mathcal{L}^2 = \mathcal{L}_{\mathbb{K}}^2(X)$$

der messbaren Funktionen $f : X \to \mathbb{K}$, für die $|f|^2$ integrierbar ist. Wegen $|f + g|^2 \leq 4\left(|f|^2 + |g|^2\right)$ ist $|f + g|^2$ in der Tat integrierbar, wenn $|f|^2$ und $|g|^2$ integrierbar sind, d.h. $\mathcal{L}^2$ ist gegenüber der Addition abgeschlossen. Auf $\mathcal{L}^2$ wird durch

$$\|f\|_2 := \left(\int_X |f|^2 d\mu\right)^{1/2}$$

eine Pseudonorm definiert, die ebenfalls genau auf $\mathcal{N}$ verschwindet.[1]

Allgemeiner betrachten wir für ein beliebiges $p \in \mathbb{R}$, $p \geq 1$, den Raum

$$\mathcal{L}^p = \mathcal{L}_{\mathbb{K}}^p(X)$$

---

[1] Die Dreiecksungleichung ergibt sich dabei aus 15.A.2 mit $p = 2$.

derjenigen messbaren Funktionen $f : X \to \mathbb{K}$, für die

$$\|f\|_p := \left(\int\limits_X |f|^p \, d\mu \right)^{1/p} < \infty$$

ist. Man nennt diese Funktionen p-integrierbar. Wegen

$$|f + g|^p \leq \left(|f| + |g| \right)^p \leq 2^p \cdot \mathrm{Max}\, \left(|f|^p, |g|^p \right) \leq 2^p \left(|f|^p + |g|^p \right)$$

ist $\mathcal{L}^p$ in der Tat ein $\mathbb{K}$-Vektorraum. Wir beweisen nun, dass $\|-\|_p$ *eine Pseudonorm auf* $\mathcal{L}^p$ *ist, die genau auf* $\mathcal{N}$ *verschwindet.* Nichttrivial ist dabei nur der Nachweis der Dreiecksungleichung, die in diesem Zusammenhang auch Minkowskische Ungleichung heißt und sich leicht mit der folgenden Aussage ergibt:

15.A.1 Höldersche Ungleichung *Für beliebige messbare Funktionen* $f, g : X \to \mathbb{K}$ *und reelle Zahlen* p *und* q *mit* $p, q > 1$ *und* $\frac{1}{p} + \frac{1}{q} = 1$ *gilt*

$$\|fg\|_1 \leq \|f\|_p \, \|g\|_q \, .$$

B e w e i s . Ist $\|f\|_p = 0$ oder $\|g\|_q = 0$, so ist $f \in \mathcal{N}$ oder $g \in \mathcal{N}$ und damit $fg \in \mathcal{N}$, d.h. $\|fg\|_1 = 0$. Wir können also ohne Einschränkung annehmen, dass $\alpha := \|f\|_p$ und $\beta := \|g\|_q$ (endlich und) positiv sind.

Nach Bd. 1, Beispiel 14.C.6 gilt für beliebige $x, y \in \mathbb{R}_+^\times$ die (verallgemeinerte) Ungleichung $x^{1/p} y^{1/q} \leq \frac{x}{p} + \frac{y}{q}$ vom arithmetischen und geometrischen Mittel.[2] Ersetzt man hierin x durch $|f|^p / \alpha^p$ sowie y durch $|g|^q / \beta^q$, multipliziert mit $\alpha\beta$ und integriert dann, so hat man

$$\|fg\|_1 = \int\limits_X |f|\,|g|\,d\mu \leq \alpha\beta \left(\frac{1}{p\alpha^p} \int\limits_X |f|^p \, d\mu + \frac{1}{q\beta^q} \int\limits_X |g|^q \, d\mu \right) = \|f\|_p \, \|g\|_q$$

wegen $\int_X |f|^p \, d\mu = \alpha^p$, $\int_X |g|^q \, d\mu = \beta^q$ und $\frac{1}{p} + \frac{1}{q} = 1$.   ●

Aus der Hölderschen Ungleichung ergibt sich unter anderem, dass bei $\frac{1}{p} + \frac{1}{q} = 1$ das Produkt einer p-integrierbaren und einer q-integrierbaren Funktion integrierbar ist. Insbesondere ist das Produkt zweier quadratintegrierbarer Funktionen integrierbar. Wir können nun die angekündigte Dreiecksungleichung beweisen:

15.A.2 Minkowskische Ungleichung *Es seien* $f, g \in \mathcal{L}_\mathbb{K}^p(X)$. *Dann gilt*

$$\|f + g\|_p \leq \|f\|_p + \|g\|_p \, .$$

---

[2] Man sieht dies auch leicht ein, wenn man beachtet, dass die Funktion $\varphi : \mathbb{R}_+ \to \mathbb{R}$ mit $\varphi(t) := \frac{1}{q} + \frac{t}{p} - t^{1/p}$ im Punkt $t = 1$ ihr (globales) Minimum 0 annimmt, und dann die resultierende Ungleichung für $t = x/y$ ausnutzt.

B e w e i s . Für $p = 1$ ist die Aussage trivial. Sei nun $p > 1$ und $q := (1 - \frac{1}{p})^{-1}$. Dann ist $\frac{1}{p} + \frac{1}{q} = 1$. Wegen $\|f + g\|_p \leq \| |f| + |g| \|_p$ können wir $f = |f| \geq 0$ und $g = |g| \geq 0$ annehmen. Außerdem sei ohne Einschränkung $\|f + g\|_p > 0$. Dann ergibt sich mit 15.A.1

$$\|f + g\|_p^p = \int_X f(f+g)^{p-1} d\mu + \int_X g(f+g)^{p-1} d\mu =$$

$$= \|f(f+g)^{p-1}\|_1 + \|g(f+g)^{p-1}\|_1 \leq \|f\|_p \|(f+g)^{p-1}\|_q + \|g\|_p \|(f+g)^{p-1}\|_q$$

$$= (\|f\|_p + \|g\|_p)\left(\int_X (f+g)^{q(p-1)} d\mu\right)^{1/q} = (\|f\|_p + \|g\|_p) \|f + g\|_p^{p-1},$$

woraus durch Kürzen von $\|f + g\|_p^{p-1}$ die Behauptung folgt.   ●

Aus dem Raum $\mathcal{L}_{\mathbb{K}}^p(X)$ konstruiert man nun einen normierten Vektorraum $\mathrm{L}_{\mathbb{K}}^p(X)$, indem man zwei Funktionen $f, g \in \mathrm{L}_{\mathbb{K}}^p(X)$ immer dann identifiziert, wenn sie fast überall gleich sind, d.h. wenn sie sich nur um eine Funktion aus dem Unterraum $\mathcal{N} = \{f \in \mathcal{L}_{\mathbb{K}}^p(X) \mid f = 0 \text{ fast überall}\}$ unterscheiden. Man bildet also den Restklassenraum

$$\mathrm{L}^p := \mathrm{L}_{\mathbb{K}}^p(X) := \mathrm{L}_{\mathbb{K}}^p(X\,;\mu) := \mathcal{L}_{\mathbb{K}}^p(X)/\mathcal{N}_{\mathbb{K}}(X)$$

und setzt

$$\|[f]\|_p := \|f\|_p$$

für die Restklasse $[f] \in \mathrm{L}^p$ einer jeden Funktion $f \in \mathcal{L}^p$. Man verifiziert unmittelbar, dass diese Definition unabhängig vom gewählten Repräsentanten f der Restklasse $[f]$ ist und dass auf diese Weise eine Norm $\|-\|_p$ auf L^p definiert wird, die so genannte L^p - N o r m . (Dies ist ein Spezialfall der allgemeinen Konstruktion, die in Bd. 2, 17.A, Aufg. 9 beschrieben wird.) In der Regel werden wir die Restklassenbildung in $\mathrm{L}^p = \mathcal{L}^p/\mathcal{N}$ nicht explizit angeben und auch die Restklasse einer Funktion $f \in \mathcal{L}^p$ in L^p einfach mit f bezeichnen. Eine Folge f_n, $n \in \mathbb{N}$, von Funktionen in $\mathcal{L}^p$ konvergiert genau dann in L^p gegen die Funktion $f \in \mathcal{L}^p$, wenn $\|f - f_n\|_p$, $n \in \mathbb{N}$, eine Nullfolge ist, d.h. wenn

$$\lim_{n \to \infty} \int_X |f - f_n|^p \, d\mu = 0$$

ist. Man sagt dann auch, (f_n) *konvergiere im p-ten Mittel gegen* f. Diese Konvergenz ist von der punktweisen Konvergenz zu unterscheiden. Aus dem Lebesgueschen Konvergenzsatz 14.D.2 ergibt sich dazu das folgende Konvergenzkriterium:

15.A.3 Lemma *Es sei* f_n, $n \in \mathbb{N}$, *eine Folge messbarer Funktionen auf dem* σ-*endlichen Maßraum* $(X, \mathcal{A}, \mu)$, *die fast überall gegen die Funktion* f *auf* X *konvergiert. Außerdem gebe es eine Funktion* $g \in \mathcal{L}^p$ *mit* $|f_n| \leq g$ *fast überall für alle* n. *Dann liegen* f *und alle* f_n *in* $\mathcal{L}^p$, *und die Folge* (f_n) *konvergiert im p-ten Mittel gegen* $f \in \mathcal{L}^p$.

B e w e i s . Wegen $\int_X |f_n|^p \, d\mu \leq \int_X g^p \, d\mu < \infty$ und daher auch $\int_X |f|^p \, d\mu \leq \int_X g^p d\mu < \infty$ gehören die f_n, $n \in \mathbb{N}$, und f zu $\mathcal{L}^p$. Ferner konvergiert die Folge $|f - f_n|^p$, $n \in \mathbb{N}$, (punktweise) fast überall gegen 0, und es ist $|f - f_n|^p \leq \left(|f| + |f_n|\right)^p \leq 2^p g^p$ fast überall für alle $n \in \mathbb{N}$. Der Lebesguesche Konvergenzsatz, angewandt auf die Folge $|f - f_n|^p$, $n \in \mathbb{N}$, liefert nun die Behauptung. $\bullet$

Als Folgerung notieren wir:

15.A.4 Lemma $(X, \mathcal{A}, \mu)$ *sei ein σ-endlicher Maßraum, und g_k, $k \in \mathbb{N}$, sei eine Folge in $\mathcal{L}^p$ mit $\sum_{k=0}^{\infty} \|g_k\|_p < \infty$. Dann konvergiert die Reihe $\sum_{k=0}^{\infty} g_k$ fast überall und auch im p-ten Mittel gegen eine Funktion $g \in \mathcal{L}^p$.*

B e w e i s . Mit dem Satz 14.B.7 von der monotonen Konvergenz erhält man für $\widetilde{g} := \sum_{k=0}^{\infty} |g_k|$

$$\|\widetilde{g}\|_p = \lim_{n \to \infty} \left\| \sum_{k=0}^{n} |g_k| \right\|_p \leq \lim_{n \to \infty} \sum_{k=0}^{n} \|g_k\|_p < \infty.$$

Daher ist $\widetilde{g} \in \mathcal{L}^p$, und $\widetilde{g}^p$ ist über X integrierbar. Die Menge $\{x \in X \mid \widetilde{g}(x) = \infty\}$ ist folglich eine Nullmenge, d.h. $\sum_k |g_k|$ ist außerhalb einer Nullmenge konvergent. Außerhalb dieser Nullmenge konvergiert dann auch die Reihe $\sum g_k$ gegen eine Funktion g. Wegen $|\sum_{k=0}^{n} g_k| \leq \widetilde{g}$ liefert 15.A.3, dass g in $\mathcal{L}^p$ liegt und die Reihe $\sum_k g_k$ im p-ten Mittel gegen g konvergiert. $\bullet$

Wir können nun den Satz über die Vollständigkeit der Räume $\mathrm{L}_{\mathbb{K}}^p(X)$ beweisen:

15.A.5 Satz von Riesz-Fischer *Es sei $(X, \mathcal{A}, \mu)$ ein σ-endlicher Maßraum. Für jedes $p \geq 1$ ist dann $\mathrm{L}_{\mathbb{K}}^p(X)$ bezüglich der L^p-Norm $\|-\|_p$ vollständig, d.h. ein $\mathbb{K}$-Banach-Raum.*

B e w e i s . Sei $f_n \in \mathcal{L}^p$, $n \in \mathbb{N}$, eine Cauchy-Folge in L^p. Dann gibt es eine Teilfolge f_{n_k}, $k \in \mathbb{N}$, von (f_n) mit

$$\|f_{n_{k+1}} - f_{n_k}\|_p \leq \frac{1}{2^k}$$

für alle $k \in \mathbb{N}$. Sei $g_k := f_{n_{k+1}} - f_{n_k} \in \mathcal{L}^p$. Nach Lemma 15.A.4 konvergiert die Reihe $\sum_k g_k$ fast überall und im p-ten Mittel gegen eine Funktion $g \in \mathcal{L}^p$, da $\sum_k \|g_k\|_p \leq \sum_k 1/2^k = 2 < \infty$ ist. Dann konvergiert die Folge

$$f_{n_k} = f_{n_0} + \sum_{i=0}^{k-1} (f_{n_{i+1}} - f_{n_i}), \quad k \in \mathbb{N},$$

fast überall und im p-ten Mittel gegen $f_{n_0} + g \in \mathcal{L}^p$. Die Cauchy-Folge f_n, $n \in \mathbb{N}$, konvergiert nun in $\mathrm{L}_{\mathbb{K}}^p(X)$ gegen denselben Grenzwert wie ihre konvergente Teilfolge f_{n_k}, $k \in \mathbb{N}$, vgl. 3.A.2. $\bullet$

Wir haben insbesondere mitbewiesen:

15.A.6 Korollar *Es seien* $(X, \mathcal{A}, \mu)$ *ein* σ*-endlicher Maßraum und* $p \geq 1$*. Dann besitzt jede Folge* f_n*,* $n \in \mathbb{N}$*, in* $\mathcal{L}_{\mathbb{K}}^p(X)$*, die aufgefasst in* $L_{\mathbb{K}}^p(X)$ *eine Cauchy-Folge ist, eine Teilfolge* f_{n_k}*,* $k \in \mathbb{N}$*, die fast überall gegen eine Funktion* $f \in \mathcal{L}^p$ *konvergiert. In* $L_{\mathbb{K}}^p(X)$ *gilt dabei* $\lim_{n \to \infty} f_n = f$*. Außerdem gibt es ein* $h \in \mathcal{L}^p$ *mit* $h \geq 0$ *und* $|f_{n_k}| \leq h$ *f.ü. für alle* $k \in \mathbb{N}$*. – Insbesondere gilt: Definiert die fast überall gegen* $f : X \to \mathbb{K}$ *konvergierende Folge* $f_n \in \mathcal{L}_{\mathbb{K}}^p(X)$*,* $n \in \mathbb{N}$*, eine Cauchy-Folge in* $L_{\mathbb{K}}^p(X)$*, so ist* $f = \lim_{n \to \infty} f_n$ *in* $L_{\mathbb{K}}^p(X)$*.*

B e w e i s . Für h nimmt man etwa die Funktion $|f_{n_0}| + \sum_{i=0}^{\infty} |f_{n_{i+1}} - f_{n_i}|$ mit der wie im Beweis von 15.A.5 gewählten Teilfolge f_{n_k}, $k \in \mathbb{N}$. $\qquad\bullet$

Die Banach-Räume $L_{\mathbb{K}}^p(X)$ haben nach Beispiel 3.A.12 nur dann eine abzählbare Vektorraum-Basis, wenn sie endlichdimensional sind, vgl. auch Aufg. 2. Zur Beschreibung ihrer Elemente verwendet man daher Basen von dichten Unterräumen abzählbarer Dimension. Das folgende Lemma ist nützlich, um dichte Unterräume von $L_{\mathbb{K}}^p(X)$ zu bestimmen:

15.A.7 Lemma $(X, \mathcal{A}, \mu)$ *sei ein* σ*-endlicher Maßraum und* $\mathcal{M}$ *sei ein durchschnittstabiles Erzeugendensystem von* $\mathcal{A}$ *mit* $\mu(M) < \infty$ *für alle* $M \in \mathcal{M}$*. Es gebe eine Folge* M_n*,* $n \in \mathbb{N}$*, von Elementen von* $\mathcal{M}$ *mit* $M_n \uparrow X$*. Für jedes* $p \geq 1$ *erzeugen dann die Indikatorfunktionen* e_M*,* $M \in \mathcal{M}$*, einen dichten Unterraum von* $L_{\mathbb{K}}^p(X)$*.*

B e w e i s . Der Fall $\mathbb{K} = \mathbb{C}$ wird leicht durch Betrachten der Real- und Imaginärteile auf den Fall $\mathbb{K} = \mathbb{R}$ zurückgeführt. Sei also $\mathbb{K} = \mathbb{R}$.

Für $M \in \mathcal{M}$ ist dann $\|e_M\|_p^p = \int_M e_M^p d\mu = \int_M e_M d\mu = \mu(M) < \infty$ und somit $e_M \in L^p$. Es seien nun V der von den e_M, $M \in \mathcal{M}$, erzeugte Unterraum von L^p und $\overline{V}$ seine abgeschlossene Hülle. Wir zeigen zunächst, dass *für jedes* $A \in \mathcal{A}$ *mit* $\mu(A) < \infty$ *die Indikatorfunktion* e_A *in* $\overline{V}$ *liegt*. Wegen $M_n \uparrow X$ ist $(A \cap M_n) \uparrow A$, und die Folge $e_{A \cap M_n}$, $n \in \mathbb{N}$, konvergiert punktweise monoton wachsend gegen e_A. Wegen $\|e_A\|_p^p = \mu(A) < \infty$ ist ferner $e_A \in L^p$. Mit 15.A.3 erhält man nun, dass die Folge $(e_{A \cap M_n})$ auch im p-ten Mittel gegen e_A konvergiert. Es genügt daher zu zeigen, dass die $e_{A \cap M_n}$ im abgeschlossenen Unterraum $\overline{V}$ liegen. Wir können somit X durch M_n ersetzen und annehmen, dass $X \in \mathcal{M}$ ist.

Sei nun $\mathcal{D} := \{A \in \mathcal{A} \mid e_A \in \overline{V}\}$. Offenbar ist $\mathcal{M} \subseteq \mathcal{D} \subseteq \mathcal{A}$. Aus 11.B.15 folgt, dass $\mathcal{A}$ das von $\mathcal{M}$ erzeugte Dynkin-System ist. Daraus erhält man $\mathcal{A} \subseteq \mathcal{D}$ und damit insgesamt die obige Zwischenbehauptung, wenn gezeigt ist, dass $\mathcal{D}$ selbst ein Dynkin-System ist. In der Tat ist $X \in \mathcal{M} \subseteq \mathcal{D}$, und mit $A, B \in \mathcal{D}$, $A \subseteq B$ ist wegen $e_{B-A} = e_B - e_A \in \overline{V}$ auch $B - A \in \mathcal{D}$. Ist schließlich $A = \biguplus_{i \in I} A_i$ mit $A_i \in \mathcal{D}$ und abzählbarer Indexmenge I, so ist $e_A = \sum_{i \in I} e_{A_i}$ und wieder mit 15.A.3 ergibt sich, dass die Summe auch im p-ten Mittel gegen e_A konvergiert. Wegen $e_{A_i} \in \overline{V}$ für alle $i \in I$ ist daher $e_A \in \overline{V}$ und somit $A \in \mathcal{D}$.

Sei nun $f \in L^p$ beliebig. Die Zerlegung $f = f_+ - f_-$ von f in den positiven und negativen Teil liefert, dass es genügt, den Fall $f \geq 0$ zu betrachten. Nach 14.A.10 gibt es dann eine Folge f_n, $n \in \mathbb{N}$, nichtnegativer einfacher Treppenfunktionen, die punktweise monoton wachsend und dann nach 15.A.3 auch im p-ten Mittel gegen f konvergiert. Jede dieser Treppenfunktionen ist Linearkombination von Funktionen e_A, $A \in \mathcal{A}$, wobei $\mu(A) < \infty$ wegen $f_n^p \leq f^p$ und der Integrierbarkeit von f^p gilt. Nach dem bereits Gezeigten gehören die f_n und folglich auch f zu $\overline{V}$.   ●

Es sei daran erinnert, dass wir in Bd. 2, Abschnitt 17.A einen normierten $\mathbb{K}$-Vektorraum s e p a r a b e l genannt haben, wenn seine Topologie eine abzählbare Basis besitzt. Dies ist genau dann der Fall, wenn er eine abzählbare dichte Teilmenge oder – äquivalent dazu – wenn er einen dichten Unterraum abzählbarer Dimension besitzt, vgl. Bd. 2, Satz 17.A.8. Die folgende Definition wird durch den nachfolgenden Satz 15.A.9 nahe gelegt:

15.A.8 Definition Ein Messraum $(X, \mathcal{A})$ heißt s e p a r a b e l , wenn $\mathcal{A}$ als σ-Algebra ein abzählbares Erzeugendensystem besitzt.

Als einfache Folgerung aus Lemma 15.A.7 ergibt sich nun:

15.A.9 Satz *$(X, \mathcal{A}, \mu)$ sei ein σ-endlicher Maßraum. Ist $(X, \mathcal{A})$ separabel, so ist für jedes $p \geq 1$ der Banach-Raum $\mathrm{L}_{\mathbb{K}}^p(X)$ separabel.*

B e w e i s . X ist die Vereinigung von abzählbar vielen Mengen endlichen Maßes. Die Durchschnitte dieser Mengen mit jeweils einer Menge des vorgegebenen abzählbaren Erzeugendensystems bilden dann ein abzählbares Erzeugendensystem von $\mathcal{A}$ aus Mengen endlichen Maßes. Die Durchschnitte endlicher (nichtleerer) Familien von Elementen dieses Erzeugendensystems bilden sodann ein durchschnittstabiles abzählbares Erzeugendensystem $\mathcal{M}'$ von $\mathcal{A}$ aus Mengen endlichen Maßes. Die Vereinigungen endlich vieler Elemente von $\mathcal{M}'$ ergeben schließlich ein ebensolches Erzeugendensystem $\mathcal{M}$ von $\mathcal{A}$. Ist $\mathcal{M} = \{M_k' \mid k \in \mathbb{N}\}$ eine Abzählung von $\mathcal{M}$, so gilt für die Folge $M_n := \bigcup_{k \leq n} M_k'$, $n \in \mathbb{N}$, in $\mathcal{M}$ auch $M_n \uparrow X$. Die Behauptung folgt nun aus 15.A.7. ●

Sei nun X' ein messbarer Teilraum des σ-endlichen Maßraumes $(X, \mathcal{A}, \mu)$. Dann fassen wir $\mathcal{L}_{\mathbb{K}}^p(X')$ und $\mathrm{L}_{\mathbb{K}}^p(X')$ stets als Teilräume von $\mathcal{L}_{\mathbb{K}}^p(X)$ bzw. $\mathrm{L}_{\mathbb{K}}^p(X)$ auf, und zwar identifizieren wir ein $f' \in \mathcal{L}_{\mathbb{K}}^p(X')$ mit der trivialen Fortsetzung von f' nach X. Bei dieser Fortsetzung ändert sich die L^p-Norm nicht. Für jede Funktion $f \in \mathcal{L}_{\mathbb{K}}^p(X)$ ist außerdem $\| f|X'\|_p \leq \| f \|_p$. Daraus folgt sofort:

15.A.10 Lemma *Es sei $p \geq 1$ und X' ein messbarer Unterraum des σ-endlichen Maßraums $(X, \mathcal{A}, \mu)$. Erzeugen dann die Funktionen $f_i \in \mathrm{L}_{\mathbb{K}}^p(X)$, $i \in I$, einen dichten Teilraum von $\mathrm{L}_{\mathbb{K}}^p(X)$, so erzeugen ihre Beschränkungen $f_i|X'$, $i \in I$, einen dichten Unterraum von $\mathrm{L}_{\mathbb{K}}^p(X')$.*

Für Produkträume zeigen wir eine ähnliche Aussage. Dazu seien $X = (X, \mathcal{A}, \mu)$ und $Y = (Y, \mathcal{B}, \nu)$ σ-endliche Maßräume mit dem Produkt $Z = (X \times Y, \mathcal{A} \otimes \mathcal{B}, \mu \otimes \nu)$. Für $f \in \mathcal{L}^p(X)$ und $g \in \mathcal{L}^p(Y)$ setzen wir

$$f \otimes g\,(x, y) := f(x)\,g(y)\,,$$

$(x, y) \in X \times Y$. Nach dem Satz von Fubini gilt

$$\|f \otimes g\|_p^p = \int_Z |f \otimes g|^p \, d(\mu \otimes \nu) = \int_X |f|^p \, d\mu \int_Y |g|^p \, d\nu = \|f\|_p^p \, \|g\|_p^p,$$

d.h. $\|f \otimes g\|_p = \|f\|_p \, \|g\|_p$ und somit $f \otimes g \in \mathcal{L}^p(Z)$. Mit diesen Bezeichnungen gilt:

15.A.11 Lemma *Sind $f_i \in L^p(X)$, $i \in I$, bzw. $g_j \in L^p(Y)$, $j \in J$, Erzeugendensysteme für dichte Unterräume von $L^p(X)$ bzw. $L^p(Y)$, so erzeugen die Funktionen $f_i \otimes g_j$, $(i, j) \in I \times J$, einen dichten Unterraum von $L^p(Z)$, $Z := X \times Y$.*

B e w e i s . Für Folgen $(\widetilde{f}_n)$ in $L^p(X)$ und $(\widetilde{g}_n)$ in $L^p(Y)$, die im p-ten Mittel gegen $f \in L^p(X)$ bzw. $g \in L^p(Y)$ konvergieren, folgt die Konvergenz der Folge $(\widetilde{f}_n \otimes \widetilde{g}_n)$ im p-ten Mittel gegen $f \otimes g$ wegen

$$\|\widetilde{f}_n \otimes \widetilde{g}_n - f \otimes g\|_p \leq \|\widetilde{f}_n \otimes \widetilde{g}_n - \widetilde{f}_n \otimes g\|_p + \|\widetilde{f}_n \otimes g - f \otimes g\|_p$$
$$= \|\widetilde{f}_n\|_p \, \|\widetilde{g}_n - g\|_p + \|\widetilde{f}_n - f\|_p \, \|g\|_p \to 0.$$

Die Produkte $A \times B$ mit $A \in \mathcal{A}$, $B \in \mathcal{B}$, $\mu(A) < \infty$, $\mu(B) < \infty$, bilden ein durchschnittstabiles Erzeugendensystem von $\mathcal{A} \otimes \mathcal{B}$. Nach Lemma 15.A.7 erzeugen die Indikatorfunktionen $e_{A \times B} = e_A \otimes e_B$ daher einen dichten Unterraum von $L^p(Z)$. Da sich nach Voraussetzung jede der Funktionen e_A bzw. e_B durch die Funktionen f_i, $i \in I$, bzw. g_j, $j \in J$, beliebig genau approximieren lässt, lässt sich nach der Vorbemerkung $e_A \otimes e_B$ durch die Funktionen $f_i \otimes g_j$ beliebig genau approximieren. Daraus ergibt sich insgesamt die Behauptung. $\quad\bullet$

Eine zu 15.A.11 analoge Aussage gilt natürlich auch für Produkte von endlich vielen σ-endlichen Maßräumen X_ν, $\nu = 1, \dots, n$.

15.A.12 Beispiel Sei $\mu : \mathcal{B}^n \to \overline{\mathbb{R}}_+$ ein Maß auf der Borel-Algebra $\mathcal{B}^n$ des $\mathbb{R}^n$, das auf allen beschränkten Quadern einen endlichen Wert hat. Wir wollen einige dichte Unterräume von L^p angeben:

(1) *Die Indikatorfunktionen e_Q der beschränkten Quader $Q = [a_1, b_1[\otimes \cdots \otimes[a_n, b_n[$ mit $a_i < b_i$ für $i = 1, \dots, n$ erzeugen nach* 15.A.7 *einen dichten Unterraum von $L^p(\mathbb{R}^n, \mu)$.* Dabei genügt es, für die Intervallgrenzen a_i und b_i rationale Zahlen zu nehmen. Nach 15.A.9 bzw. 15.A.10 sind die Räume $L^p(\mathbb{R}^n, \mu)$ und $L^p(X, \mu)$, wo $X \subseteq \mathbb{R}^n$ eine Borel-Menge ist, separabel.

(2) Wir nennen eine Funktion auf dem $\mathbb{R}^n$ eine F u n k t i o n   m i t   k o m p a k t e m   T r ä g e r, wenn sie außerhalb einer kompakten Menge verschwindet. Wir zeigen, dass *der Raum $C_c^\infty(\mathbb{R}^n)$ der C^∞-Funktionen auf $\mathbb{R}^n$ mit kompaktem Träger dicht in $L^p(\mathbb{R}^n, \mu)$ ist.* Dazu genügt es wegen (1), die Indikatorfunktionen e_Q zu den Quadern der Form $Q = [a_1, b_1[\times \cdots \times [a_n, b_n[$ mit $a_i < b_i$ für $i = 1, \dots, n$ im p-ten Mittel durch C^∞-Funktionen mit kompaktem Träger zu approximieren. Wir wählen eine Nullfolge (ε_j) positiver Zahlen und zu jedem ε_j C^∞-Hutfunktionen $h_{ji} : \mathbb{R} \to \mathbb{R}$ mit $h_{ji}(t) = 0$ für $t \notin [a_i - \varepsilon_j, b_i]$, $h_{ji}(t) = 1$ für $t \in [a_i, b_i - \varepsilon_j]$ und $0 < h_{ji}(t) < 1$ sonst, wie sie nach Bd. 1, Satz 16.B.10 existieren. Die C^∞-Funktionen $h_j := \prod_{i=1}^n h_{ji}$ liegen dann in L^p und konvergieren punktweise gegen e_Q. Mit 15.A.3 sieht man, dass sie auch im p-ten Mittel gegen e_Q konvergieren.

Insbesondere *bilden nach* 15.A.10 *für jede Borel-Menge* $X \subseteq \mathbb{R}^n$ *die beschränkten stetigen Funktionen auf* X, *die jeweils außerhalb einer beschränkten Teilmenge von* X *verschwinden, einen dichten Unterraum von* $\mathrm{L}^p(X, \mu)$.

(3) *Für jede beschränkte Borel-Menge* $X \subseteq \mathbb{R}^n$ *ist die Algebra* $\mathbb{K}[t_1, \dots, t_n]$ *der Polynomfunktionen auf* X *ein dichter Teilraum von* $\mathrm{L}^p_{\mathbb{K}}(X, \mu)$. Wegen 15.A.10 können wir nämlich annehmen, dass X ein kompakter Quader ist. Nach dem Weierstraßschen Approximationssatz 3.B.10 lässt sich dann jede stetige Funktion auf X gleichmäßig und folglich (vgl. 15.A.3) auch im p-ten Mittel durch Polynomfunktionen approximieren.

Analoge Aussagen wie in den obigen Beispielen gelten, wenn $\mu : \mathcal{B}^n(G) \to \overline{\mathbb{R}}_+$ ein Maß auf der σ-Algebra der Borelschen Teilmengen einer offenen Menge $G \subseteq \mathbb{R}^n$ ist, das auf jeder kompakten Teilmenge $K \subseteq G$ endlich ist. Die Formulierungen überlassen wir dem Leser.

Aufgaben

1. Sei μ ein σ-endliches diskretes Maß auf der Menge I mit $\mu(i) = a_i \in \mathbb{R}_+$ und sei $p \geq 1$. Man beschreibe die Räume $\mathrm{L}^p_{\mathbb{K}}(I \, ; \, \mu)$ und formuliere die Höldersche und die Minkowskische Ungleichung dafür. (Besonders wichtig ist der Fall, dass I abzählbar und μ das Anzahlmaß (mit $\mu(i) = 1$ für alle $i \in I$) ist. Man schreibt dann auch

$$\ell^p_{\mathbb{K}}(I)$$

statt $\mathrm{L}^p_{\mathbb{K}}(I)$. (Man vergleiche dazu auch Bd. 2, 17.A, Aufg. 5.)

2. Sei $X = (X, \mathcal{A}, \mu)$ ein σ-endlicher Maßraum und sei $p \geq 1$ eine reelle Zahl. Dann sind äquivalent: (1) $\mathrm{L}^p_{\mathbb{K}}(X \, ; \, \mu)$ ist endlichdimensional. (2) X ist die disjunkte Vereinigung von Teilmengen $X_1, \dots, X_r \in \mathcal{A}$ mit $\mu(X_i) \in \mathbb{R}^\times_+$ für alle i, wobei jede Menge $M \in \mathcal{A}$ fast gleich ist zu einer Vereinigung von gewissen der Mengen $X_1, \dots, X_r$. (In diesem Fall ist $r = \mathrm{Dim}_{\mathbb{K}} \mathrm{L}^p_{\mathbb{K}}(X \, ; \, \mu)$.) (3) Es gibt keine Folge M_n, $n \in \mathbb{N}$, paarweise disjunkter Mengen $M_n \in \mathcal{A}$ mit $\mu(M_n) > 0$ für alle n.

3. Sei $X = (X, \mathcal{A}, \mu)$ ein Maßraum mit einem endlichen Maß μ. Ferner seien $p, q \in \mathbb{R}$ mit $1 \leq p < q$. Dann gilt:

a) Es ist $\mathcal{L}^q_{\mathbb{K}}(X) \subseteq \mathcal{L}^p_{\mathbb{K}}(X)$ und somit $\mathrm{L}^q_{\mathbb{K}}(X \, ; \, \mu) \subseteq \mathrm{L}^p_{\mathbb{K}}(X \, ; \, \mu)$, wobei die Einbettung von $\mathrm{L}^q_{\mathbb{K}}(X)$ in $\mathrm{L}^p_{\mathbb{K}}(X)$ stetig ist mit der Norm $\mu(X)^{(1/p)-(1/q)}$. (Mit $p' := q/p$ und $q' = q/(q-p)$ folgt dies aus der Hölderschen Ungleichung $\|x\|^p_p = \|x^p \cdot 1\|_1 \leq \|x^p\|_{p'} \cdot \|1\|_{q'}$.)

b) $\mathrm{L}^q_{\mathbb{K}}(X \, ; \, \mu)$ liegt dicht in $\mathrm{L}^p_{\mathbb{K}}(X \, ; \, \mu)$.

c) Genau dann gilt $\mathrm{L}^q_{\mathbb{K}}(X \, ; \, \mu) = \mathrm{L}^p_{\mathbb{K}}(X \, ; \, \mu)$, wenn einer der beiden Räume endlichdimensional ist. (Beide Richtungen ergeben sich mit Aufg. 2. Beim Schluss von links nach rechts nehme man an, dass es doch eine Folge M_n, $n \in \mathbb{N}$, paarweise disjunkter Mengen $M_n \in \mathcal{A}$ mit $a_n := \mu(M_n) > 0$ gibt. Es seien $a := \sum_{k=0}^{\infty} a_k \, (< \infty)$, $s_n := \sum_{k=0}^{n} a_k$, $r_n := a - s_{n-1}$, $c_n := r_n^{-1/p}$ für $n \in \mathbb{N}$ und $x := \sum_{n=0}^{\infty} c_n e_{M_n}$. Dann ist

$$\|x\|^q_q = \sum_{n=0}^{\infty} c_n^q a_n = \sum_{n=0}^{\infty} \frac{a_n}{(a-s_{n-1})^{q/p}} \leq \int_0^a \frac{dt}{(a-t)^{q/p}} = \frac{p}{p-q} \, a^{(p-q)/p} < \infty,$$

$$\|x\|^p_p = \sum_{n=0}^{\infty} \frac{a_n}{a-s_{n-1}} = \sum_{n=0}^{\infty} \frac{a_n}{r_n} = \sum_{n=0}^{\infty} \frac{a_n}{r_{n+1}} \Big(1 - \frac{a_n}{r_n}\Big) = \infty,$$

weil $\lim_{n\to\infty} a_n/r_n = 0$ bei $\|x\|_p^p < \infty$ wäre und weil gilt

$$\sum_{n=0}^{\infty} \frac{a_n}{r_{n+1}} = \sum_{n=0}^{\infty} \frac{a_n}{a - s_n} \geq \int_0^a \frac{dt}{a - t} = \infty \,.)$$

4. (**Der Raum** $L_{\mathbb{K}}^{\infty}(X)$) Sei $X = (X, \mathcal{A}, \mu)$ ein σ-endlicher Maßraum. Für eine messbare Funktion $f : X \to \mathbb{K}$ setzt man

$$\|f\|_{\infty} := \text{Inf}\left\{ \text{Sup}\left(|f|\,|(X - A) \mid A \in \mathcal{A}, \mu(A) = 0 \right) \right\} = \text{Sup}\left(a \in \mathbb{R}_+ \mid \mu(\{|f| > a\}) > 0 \right).$$

Dabei ist $\|f\|_{\infty} \in \overline{\mathbb{R}}_+$ im Allgemeinen kleiner als der Wert $\|f\|_X = \text{Sup}\{|f|(X)\}$ der Supremumsnorm von f auf X, und stets gilt $\|f\|_{\infty} \leq \|f\|_X$. Man nennt $\|f\|_{\infty}$ auch das **wahre** oder **wesentliche Supremum** von $|f|$ auf X. Offenbar gibt es eine (von f abhängende) Nullmenge A mit $\|f\|_{\infty} = \text{Sup}\{|f|(X - A)\}$. Nun bezeichnet man mit $\mathcal{L}_{\mathbb{K}}^{\infty}(X) := \mathcal{L}_{\mathbb{K}}^{\infty}(X ; \mu)$ den Raum der messbaren Funktionen $f : X \to \mathbb{K}$ mit $\|f\|_{\infty} < \infty$ und setzt

$$L_{\mathbb{K}}^{\infty}(X ; \mu) := L_{\mathbb{K}}^{\infty}(X) := \mathcal{L}_{\mathbb{K}}^{\infty}(X)/\mathcal{N}(X),$$

wobei $\mathcal{N}(X)$ der Raum der fast überall verschwindenden messbaren Funktionen aus $\mathcal{L}_{\mathbb{K}}^{\infty}(X)$ ist. (Die Funktionen aus $\mathcal{L}_{\mathbb{K}}^{\infty}(X)$ heißen übrigens auch **wesentlich beschränkte Funktionen**.)

a) $\|-\|_{\infty}$ ist eine Pseudonorm auf $\mathcal{L}_{\mathbb{K}}^{\infty}(X)$ und induziert eine Norm auf $L_{\mathbb{K}}^{\infty}(X)$.

b) Genau dann konvergiert eine Folge (f_n) in $L_{\mathbb{K}}^{\infty}(X)$ gegen $f \in L_{\mathbb{K}}^{\infty}(X)$, wenn sie außerhalb einer Nullmenge gleichmäßig gegen f konvergiert.

c) $L_{\mathbb{K}}^{\infty}(X)$ ist ein Banach-Raum, sogar eine Banach-Algebra.

d) $L_{\mathbb{K}}^{\infty}(X)$ ist niemals separabel, es sei denn $L_{\mathbb{K}}^{\infty}(X)$ ist endlichdimensional. (Dieses lässt sich wie in Aufg. 2 charakterisieren.)

e) Ist $f \in \mathcal{L}_{\mathbb{K}}^{\infty}(X)$ und $g \in \mathcal{L}_{\mathbb{K}}^p(X)$ mit $1 \leq p \leq \infty$, so ist auch $fg \in \mathcal{L}_{\mathbb{K}}^p(X)$, und es gilt

$$\|fg\|_p \leq \|f\|_{\infty} \|g\|_p \,.$$

f) Ist $\mu(X) < \infty$, so gilt $L_{\mathbb{K}}^{\infty}(X) \subseteq L_{\mathbb{K}}^p(X)$ für $1 \leq p \leq \infty$ und diese Einbettung ist stetig mit der Norm $\sqrt[p]{\mu(X)}$.

5. $X = (X, \mathcal{A}, \mu)$ sei ein σ-endlicher Maßraum und für $p, q \in [1, \infty]$ gelte $\frac{1}{p} + \frac{1}{q} = 1$, wobei $p = 1$ im Fall $q = \infty$ und $q = 1$ im Fall $p = \infty$ sei. Mit der Hölderschen Ungleichung (bzw. Aufg. 4e)) sieht man, dass durch

$$(f, g) \mapsto \langle f, g \rangle := \int_X f \overline{g}\, d\mu$$

eine stetige bilineare bzw. sesquilineare Funktion $L_{\mathbb{K}}^p(X) \times L_{\mathbb{K}}^q(X) \to \mathbb{K}$ definiert wird. Insbesondere ist

$$\varphi_1(g) : f \mapsto \langle f, g \rangle = \int_X f \overline{g}\, d\mu$$

für jedes $g \in L_{\mathbb{K}}^q(X)$ eine stetige Linearform auf $L_{\mathbb{K}}^p(X)$ mit der Norm $\|g\|_q$. (Sei $q \neq \infty$. Betrachtet man die Funktion $f \in L_{\mathbb{K}}^p(X)$ mit $f(x) := |g(x)|^{(q/p)-1} g(x)$, falls $g(x) \neq 0$, und $f(x) := 0$ sonst, so sieht man $\|\varphi_1(g)\| \geq \|g\|_q$. – Die kanonische lineare bzw. antilineare Abbildung $\varphi_1 : L_{\mathbb{K}}^q(X) \to (L_{\mathbb{K}}^p(X))'$ von $L_{\mathbb{K}}^q(X)$ in den Raum der stetigen Linearformen auf $L_{\mathbb{K}}^p(X)$ ist also injektiv und erhält die Normen. (Nach einem allgemeinen **Darstellungssatz von Riesz** ist sie für $(p, q) \neq (\infty, 1)$ sogar bijektiv, vgl. Bd. 4, Satz 18.C.2. Im Fall $p = q = 2$ wurde dies bereits in Bd. 2, Satz 19.A.9 bewiesen.)

6. $X = (X, \mathcal{A}, \mu)$ sei ein σ-endlicher Maßraum, und für $p, q \in [1, \infty]$ gelte $\frac{1}{p} + \frac{1}{q} = 1$. Für $f_1, \ldots, f_m \in L^p_{\mathbb{K}}(X)$, $g_1, \ldots, g_m \in L^q_{\mathbb{K}}(X)$ bezeichne

$$G(f_1, \ldots, f_m\,;\, g_1, \ldots, g_m) = \mathrm{Det}\left(\int_X f_i \overline{g}_j \, d\mu\right)$$

die Gramsche Determinante bzgl. der kanonischen bi- bzw. sesquilinearen Funktion aus Aufg. 5.

a) Es ist $\quad G(f_1, \ldots, f_m\,;\, g_1, \ldots, g_m) = \dfrac{1}{m!} \int_{X^m} \mathrm{Det}\left(\langle f(x_i), g(x_j)\rangle\right) d\mu^{\otimes m}$

$$= \frac{1}{m!} \int_{X^m} \mathrm{Det}\left(f_r(x_i)\right) \cdot \mathrm{Det}\left(\overline{g}_s(x_j)\right) d\mu^{\otimes m},$$

wobei in den beiden letzten Integralen $(x_1, \ldots, x_m)$ ganz X^m durchläuft, $f(x)$ und $g(x)$ für $x \in X$ die m-Tupel $(f_r(x))$ bzw. $(g_s(x))$ bezeichnen und $\langle -, - \rangle$ das kanonische Skalarprodukt auf $\mathbb{K}^m$ ist. (Beide Seiten der zu beweisenden Identität sind stetig auf $L^p(X)^m \times L^q(X)^m$ und alternierend jeweils in $(f_1, \ldots, f_m)$ bzw. $(g_1, \ldots, g_m)$. Man kann daher annehmen, dass die $f_1, \ldots, f_m$ und $g_1, \ldots, g_m$ Indikatorfunktionen sind, wobei bei den $f_1, \ldots, f_m$ die zugehörigen Teilmengen von X noch paarweise disjunkt gewählt werden können.)

b) Für $f_1, \ldots, f_m \in L^2_{\mathbb{K}}(X)$ ist $G(f_1, \ldots, f_m) = \dfrac{1}{m!} \int_{X^m} |\mathrm{Det}\left(f_r(x_i)\right)|^2 \, d\mu^{\otimes m}$.

Für $X' \in \mathcal{A}$ ist insbesondere $G(f_1|X', \ldots, f_m|X') \leq G(f_1, \ldots, f_m)$.

c) Man folgere aus b): Genau dann sind $f_1, \ldots, f_m \in L^p_{\mathbb{K}}(X)$ linear abhängig, wenn die Werte-Tupel $(f_1(x_1), \ldots, f_m(x_1)), \ldots, (f_1(x_m), \ldots, f_m(x_m))$ in $\mathbb{K}^m$ für fast alle Argumente $(x_1, \ldots, x_m) \in X^m$ linear abhängig sind.

7. X und Y seien σ-endliche Maßräume, und es sei $1 \leq p < \infty$. Ist f_i, $i \in I$, ein Erzeugendensystem eines dichten Unterraums von $L^p_{\mathbb{K}}(X)$ und sind für jedes $i \in I$ die Elemente $g^{(i)}_{j_i}$, $j_i \in J_i$, ein Erzeugendensystem eines dichten Unterraums von $L^p_{\mathbb{K}}(Y)$, so erzeugen die Funktionen $f_i \otimes g^{(i)}_{j_i}$, $i \in I$, $j_i \in J_i$, einen dichten Unterraum von $L^p_{\mathbb{K}}(X \times Y)$. Ist $p = 2$ und sind dabei f_i, $i \in I$, sowie für jedes $i \in I$ die Familie $g^{(i)}_{j_i}$, $j_i \in J_i$, Hilbert-Basen von $L^2_{\mathbb{K}}(X)$ bzw. $L^2_{\mathbb{K}}(Y)$, so ist auch $f_i \otimes g^{(i)}_{j_i}$, $i \in I$, $j_i \in J_i$, eine Hilbert-Basis von $L^2_{\mathbb{K}}(X \times Y)$. (Man gehe wie in Lemma 15.A.11 vor.)

8. $X = (X, \mathcal{A}, \mu)$ sei ein σ-endlicher Maßraum, und $\rho : X \to \mathbb{R}^\times_+$ sei eine messbare Funktion derart, dass das Maß $\rho\mu$ mit der Dichte ρ bzgl. μ ebenfalls σ-endlich ist. Ferner sei $p \geq 1$.

a) Die Abbildungen $f \mapsto \rho^{1/p} f$ und $g \mapsto \rho^{-1/p} g$ sind zueinander inverse abstandserhaltende lineare Abbildungen zwischen $L^p_{\mathbb{K}}(X\,;\, \rho\mu)$ und $L^p_{\mathbb{K}}(X\,;\, \mu)$.

b) Genau dann ist $L^p_{\mathbb{K}}(X\,;\, \mu)$ ein Unterraum von $L^p_{\mathbb{K}}(X\,;\, \rho\mu)$, wenn ρ wesentlich beschränkt ist, vgl. Aufg. 4. In diesem Fall ist die kanonische Einbettung stetig mit der Norm $\|\rho\|_\infty^{1/p}$.

c) Genau dann ist $L^p_{\mathbb{K}}(X\,;\, \mu) = L^p_{\mathbb{K}}(X\,;\, \rho\mu)$, wenn ρ und ρ^{-1} wesentlich beschränkt sind. (Man sagt dann auch, ρ sei eine r e g u l ä r e D i c h t e bezüglich μ; andernfalls heißt ρ eine s i n g u l ä r e D i c h t e bezüglich μ.)

9. X sei ein σ-endlicher Maßraum. Ist $f : X \to \mathbb{K}$ integrierbar und beschränkt, so ist $f \in L^p_{\mathbb{K}}(X)$ für alle $p \geq 1$.

10. In der Hölderschen Ungleichung 15.A.1 gilt das Gleichheitszeichen genau dann, wenn es eine Konstante $C > 0$ gibt derart, dass $|f|^p = C|g|^q$ fast überall ist.

11. (L^p-Räume von Abbildungen mit Werten in Banach-Räumen · Bochner-Integral)
Sei $X = (X, \mathcal{A}, \mu)$ ein σ-endlicher Maßraum, V ein (der Einfachheit halber) separabler $\mathbb{K}$-Banach-Raum mit Norm $\|-\|$, $\mathcal{N} = \mathcal{N}(X, V)$ der Raum der f. ü. verschwindenden messbaren Abbildungen $X \to V$ sowie $p \in \mathbb{R}$ mit $p \geq 1$. Eine messbare Abbildung $f : X \to V$ gehöre zu $\mathcal{L}^p = \mathcal{L}^p(X, V)$, wenn die Funktion $\|f\| : x \mapsto \|f(x)\|$ zu $\mathcal{L}^p_{\mathbb{R}}(X)$ gehört, d.h. $\int_X \|f\|^p \, d\mu < \infty$ ist. $\mathcal{L}^p$ ist ein $\mathbb{K}$-Vektorraum, der $\mathcal{N}$ umfasst. Den Faktorraum $\mathcal{L}^p/\mathcal{N}$ bezeichnen wir mit $\mathrm{L}^p = \mathrm{L}^p(X, V)$. Wie bei $\mathbb{K}$-wertigen Funktionen unterscheiden wir in der Regel nicht zwischen den Abbildungen $X \to V$ und ihren Klassen modulo $\mathcal{N}$.

a) $\|f\|_p := \left(\int_X \|f\|^p \, d\mu \right)^{1/p}$ induziert eine Pseudonorm bzw. Norm auf $\mathcal{L}^p$ bzw. L^p, mit denen wir diese Räume stets versehen.

b) Ist g_k, $k \in \mathbb{N}$, eine Folge in $\mathcal{L}^p$ mit $\sum_{k=0}^{\infty} \|g_k\|_p < \infty$, so konvergiert die Reihe $\sum_{k=0}^{\infty} g_k$ f. ü. und auch in L^p gegen eine Abbildung $g \in \mathcal{L}^p$. (Vgl. 15.A.4. – Zur Messbarkeit von $\sum_{k=0}^{\infty} g_k$ siehe 11.B, Aufg. 13.)

c) Die Räume L^p sind vollständig. (Satz von Riesz-Fischer – Vgl. 15.A.5. Ist V ein Hilbert-Raum, so auch $\mathrm{L}^2(X, V)$, vgl. dazu 15.B.1.)

d) Sei $\mathcal{T} = \mathcal{T}(X, V)$ der Raum der V-wertigen Treppenabbildungen, d.h. der messbaren Abbildungen $X \to V$, die nur abzählbar viele Werte annehmen, und $\mathrm{T} := \mathcal{T}/(\mathcal{T} \cap \mathcal{N})$. Für $f \in \mathcal{T}$ ist $f = \sum_{v \in V} e_{f^{-1}(v)} v$, $\|f\| = \sum_{v \in V} e_{f^{-1}(v)} \|v\|$, $\|f\|_p^p = \int_X \|f\|^p \, d\mu = \sum_{v \in V} \mu(f^{-1}(v)) \|v\|_p^p$. Man zeige, dass $\mathrm{T} \cap \mathrm{L}^p$ dicht in L^p ist. (Zu jeder messbaren Abbildung $f : X \to V$ und jedem $\varepsilon > 0$ gibt es ein $g \in \mathrm{T}$ mit $\|f - g\| \leq \varepsilon$. Ist nämlich $v_0, v_1, v_2, \ldots$ eine dichte Folge in V, so ist $V = \bigcup_i \overline{\mathrm{B}}(v_i \, ; \varepsilon)$ und die Abbildung $g : X \to V$ mit $g(x) := v_n$, falls $g(x) \in \overline{\mathrm{B}}(v_n \, ; \varepsilon)$ und $f(x) \notin \overline{\mathrm{B}}(v_i \, ; \varepsilon)$ für $i < n$, leistet das Gewünschte. Zum Beweis der Behauptung kann man nun $\mu(X) < \infty$ annehmen.)

e) Auf $\mathcal{T} \cap \mathcal{L}^1$ ist $\displaystyle \int_X f \, d\mu := \sum_{v \in V} \mu\big(f^{-1}(v)\big) v$ wohldefiniert und ein Integral im Sinn von Bemerkung 14.B.23. Dies definiert eine stetige Linearform $\mathrm{T} \cap \mathrm{L}^1 \to V$ mit Norm 1 (bei $V \neq 0$ und $\mu(X) > 0$). Ihre stetige Fortsetzung $\mathrm{L}^1 \to V$ ist ebenfalls ein Integral in diesem Sinne. (Es heißt auch das Bochner-Integral. *Der Raum der integrierbaren Abbildungen $X \to V$ im Sinne von* Bemerkung 14.B.23 *umfasst also (bei separablem V) den Raum* $\mathrm{L}^1(X, V)$.)

Bemerkung. Die Themen dieser Aufgabe werden etwas allgemeiner in [56], Bd. III behandelt.

15.B L^2-Räume

Es sei weiterhin $(X, \mathcal{A}, \mu)$ ein σ-endlicher Maßraum. Im Fall $p = 2$, also im Fall quadratintegrierbarer Funktionen, tragen die Räume $\mathrm{L}^p_{\mathbb{K}}(X)$ eine zusätzliche Struktur. Die L^2-Norm

$$\|f\|_2 = \left(\int_X |f|^2 \, d\mu \right)^{1/2}, \quad f \in \mathrm{L}^2,$$

kommt dann nämlich von dem L^2-Skalarprodukt

$$\langle f, g \rangle := \langle f, g \rangle_2 := \int_X f \overline{g} \, d\mu, \quad f, g \in \mathrm{L}^2,$$

her. Dabei ergibt sich die Integrierbarkeit von $f\overline{g}$ mit der Hölderschen Ungleichung, vgl. 15.A.1, wegen $\|f\overline{g}\|_1 \le \|f\|_2\|\overline{g}\|_2 = \|f\|_2\|g\|_2 < \infty.$ [1]) Da Hilbert-Räume definitionsgemäß Banach-Räume sind, deren Norm von einem Skalarprodukt herrührt, besagt der Satz 15.A.5 von Riesz-Fischer:

15.B.1 Satz *$(X, \mathcal{A}, \mu)$ sei ein σ-endlicher Maßraum. Dann ist $L^2_{\mathbb{K}}(X)$, versehen mit dem L^2-Skalarprodukt, ein $\mathbb{K}$-Hilbert-Raum.*

Nach Bd. 2, Satz 19.A.4 besitzt $L^2_{\mathbb{K}}(X)$ wie jeder Hilbert-Raum eine Hilbert-Basis, d.h. ein Orthonormalsystem x_i, $i \in I$, das einen dichten Unterraum von $L^2_{\mathbb{K}}(X)$ erzeugt. Jedes Element $f \in L^2_{\mathbb{K}}(X)$ besitzt dann die Fourier-Entwicklung

$$f = \sum_{i \in I} \langle f, x_i \rangle\, x_i \,.$$

Wir werden im Folgenden in einer Reihe von Beispielen Hilbert-Basen explizit angeben und verwenden dazu die Ergebnisse von Abschnitt 15.A.

Seien $X_\nu = (X_\nu, \mathcal{A}_\nu, \mu_\nu)$, $\nu = 1, \ldots, n$, σ-endliche Maßräume. Für Funktionen $f_\nu, g_\nu \in L_{\mathbb{K}}(X_\nu)$ und Elemente $x_\nu \in X_\nu$, $\nu = 1, \ldots, n$, hat man

$$(f_1 \otimes \cdots \otimes f_n)(x_1, \ldots, x_n) = f_1(x_1) \cdots f_n(x_n)\,,$$

und mit dem Satz von Fubini erhält man für das Skalarprodukt auf dem Produktraum $L^2_{\mathbb{K}}(X_1 \otimes \cdots \otimes X_n)$

$$\langle f_1 \otimes \cdots \otimes f_n, g_1 \otimes \cdots \otimes g_n \rangle = \langle f_1, g_1 \rangle \cdots \langle f_n, g_n \rangle\,.$$

Aus Lemma 15.A.11 ergibt sich:

15.B.2 Satz *Für $\nu = 1, \ldots, n$ sei $f^{(\nu)}_{i_\nu}$, $i_\nu \in I_\nu$, eine Hilbert-Basis von $L^2_{\mathbb{K}}(X_\nu)$. Dann ist die Familie $f^{(1)}_{i_1} \otimes \cdots \otimes f^{(n)}_{i_n}$, $(i_1, \ldots, i_n) \in I_1 \times \cdots \times I_n$, eine Hilbert-Basis von $L^2_{\mathbb{K}}(X_1 \times \cdots \times X_n)$.*

Man sagt in der Situation von 15.B.2 auch, $L^2_{\mathbb{K}}(X_1 \times \cdots \times X_n)$ sei das (vollständige) Tensorprodukt der Räume $L^2_{\mathbb{K}}(X_\nu)$, $\nu = 1, \ldots, n$, vgl. Bd. 4.

15.B.3 Beispiel (Mehrdimensionale Fourier-Reihen) Der Hilbert-Raum $L^2_{\mathbb{C}}([0, 1])$ der (bezüglich des Borel-Lebesgueschen Maßes λ^1) quadratintegrierbaren Funktionen auf $[0, 1] \subseteq \mathbb{R}$ enthält nach Beispiel 15.A.12 (2) den Raum $C^0_{\mathbb{C}}([0, 1])$ der stetigen Funktionen als dichten Teilraum und lässt sich daher als Vervollständigung von $C^0_{\mathbb{C}}([0, 1])$ bezüglich der L^2-Norm auffassen. Die Funktionen

$$x_k := e^{2\pi\, ikt}\,, \quad k \in \mathbb{Z}\,,$$

---

[1]) Dies ist einfach die Cauchy-Schwarzsche Ungleichung. Man kann den Beweis von 15.A.1 im Fall $p = q = 2$ so formulieren: Bei $f, g \ne 0$ lässt sich nach Division durch $\|f\|_2\|g\|_2$ gleich $\|f\|_2 = \|g\|_2 = 1$ annehmen. Aus $|f\overline{g}| \le \frac{1}{2}\big(|f|^2 + |g|^2\big)$ erhält man dann durch Integration $\langle f, g \rangle_2 \le \frac{1}{2}\big(\|f\|_2^2 + \|g\|_2^2\big) = 1 = \|f\|_2\|g\|_2\,.$

bilden nach Bd. 2, Satz 19.C.1 eine Hilbert-Basis von $C_{\mathbb{C}}^{0}\big([0,1]\big)$ und somit auch von $L_{\mathbb{C}}^{2}\big([0,1]\big)$. *Für jede quadratintegrierbare Funktion $x : [0,1] \to \mathbb{C}$ konvergiert also die zugehörige Fourier-Reihe*

$$\sum_{k=-\infty}^{\infty} c_k \, e^{2\pi i k t}$$

mit den Fourier-Koeffizienten $c_k = \langle x, x_k \rangle_2 = \int_0^1 x(t)e^{-2\pi i k t}dt$, $k \in \mathbb{Z}$, im quadratischen Mittel gegen x.

Nach 15.A.11 *bilden dann die Funktionen*

$$x_k := e^{2\pi i k_1 t_1} \cdots e^{2\pi i k_n t_n} = e^{2\pi i \langle k, t \rangle}, \quad k = (k_1, \dots, k_n) \in \mathbb{Z}^n,$$

mit den Variablen $t := (t_1, \dots, t_n)$ eine Hilbert-Basis für den Raum $L_{\mathbb{C}}^{2}([0,1]^n)$ der (bzgl. des Borel-Lebesgue-Maßes λ^n) quadratintegrierbaren Funktionen auf dem Einheitswürfel $[0,1]^n \subseteq \mathbb{R}^n$. Für $x \in L_{\mathbb{C}}^{2}\big([0,1]^n\big)$ konvergiert daher die zugehörige n-d i m e n s i o n a l e F o u r i e r - R e i h e

$$\sum_{k \in \mathbb{Z}^n} c_k \, e^{2\pi i \langle k, t \rangle}$$

mit den F o u r i e r - K o e f f i z i e n t e n

$$c_k := \langle x, x_k \rangle_2 = \int_{[0,1]^n} x(t) \, e^{-2\pi i \langle k, t \rangle} \, dt, \quad k \in \mathbb{Z}^n,$$

im quadratischen Mittel gegen x.

Ist $Q = [a_1, b_1] \times \cdots \times [a_n, b_n] \subseteq \mathbb{R}^n$ mit $\ell_i := b_i - a_i > 0$ für $i = 1, \dots, n$ ein beliebiger Quader, so erhält man, indem man $(t_1, \dots, t_n) \mapsto \big((t_1 - a_1)/\ell_1, \dots, (t_n - a_n)/\ell_n\big)$ substituiert, aus der angegebenen Hilbert-Basis von $L_{\mathbb{C}}^{2}\big([0,1]^n\big)$ die folgende Hilbert-Basis von $L_{\mathbb{C}}^{2}(Q)$:

$$x_k := \frac{1}{\sqrt{\ell_1 \cdots \ell_n}} \, e^{2\pi i \sum_{j=1}^{n} k_j (t_j - a_j)/\ell_j}, \quad k = (k_1, \dots, k_n) \in \mathbb{Z}^n.$$

15.B.4 Beispiel (L e g e n d r e - P o l y n o m e · T s c h e b y s c h e w - P o l y n o m e · J a c o b i - P o l y n o m e) Sei μ ein endliches Maß auf der σ-Algebra der Borel-Mengen eines kompakten Intervalls $[a, b] \subseteq \mathbb{R}$. Nach Beispiel 15.A.12 (3) bilden die Polynomfunktionen einen dichten Unterraum $\mathbb{K}[t]$ im Raum $L_{\mathbb{K}}^{2}\big([a, b]; \mu\big)$ der bzgl. μ quadratintegrierbaren Funktionen. Daher gilt:

(1) *Die Legendre-Polynome*

$$P_n(t) := \sqrt{\frac{2n+1}{b-a}} \cdot \frac{1}{n!(b-a)^n} \cdot \frac{d^n}{dt^n}\big((t-a)(t-b)\big)^n, \quad n \in \mathbb{N},$$

für das Intervall $[a, b]$ bilden eine Hilbert-Basis von $L_{\mathbb{K}}^{2}\big([a, b]; \lambda^1\big)$. Nach Bd. 2, Beispiel 19.A.14 entstehen sie nämlich aus der Basis $1, t, t^2, \dots$ von $\mathbb{K}[t]$ durch Anwendung des Schmidtschen Orthonormalisierungsverfahrens, bilden also eine Orthonormalbasis von $\mathbb{K}[t]$ bezüglich des üblichen L^2-Skalarprodukts $\langle -, - \rangle_2$.

(2) *Die Polynome $1/\sqrt{\pi}$ und $2^n T_n/\sqrt{2\pi}$, $n \in \mathbb{N}^*$, bilden eine Hilbert-Basis des Hilbert-Raums* $L_{\mathbb{K}}^{2}\big([-1, 1]; \lambda^1/\sqrt{1-t^2}\big)$. Dabei sind die T_n die Tschebyschew-Polynome mit

$$T_n(t) = \sum_{k=0}^{[n/2]} \left(-\frac{1}{4}\right)^k \frac{n}{n-k} \binom{n-k}{k} t^{n-2k}.$$

Für diese Polynome gilt $\cos n\varphi = 2^{n-1} T_n(\cos\varphi)$, $\varphi \in \mathbb{R}$, und sie erfüllen die Rekursion $T_0 = 2$, $T_1 = t$, $T_{n+2} = t T_{n+1} - \frac{1}{4} T_n$. Einen Beweis dieser Aussagen findet man in Bd. 1, Beispiel 5.C.5. Wegen

$$-n^2 T_n(\varphi) = -n^2 2^{1-n} \cos n\varphi = \frac{d^2}{d\varphi^2}(2^{1-n} \cos n\varphi) = \frac{d^2}{d\varphi^2} T_n(\cos\varphi) =$$

$$= -\cos\varphi\, T_n'(\cos\varphi) + (1 - \cos^2\varphi)\, T_n''(\cos\varphi)$$

löst T_n die Tschebyschewsche Differenzialgleichung

$$(1 - t^2)\,\ddot{y} - t\dot{y} + n^2 y = 0.$$

Die Substitution $t = \cos\varphi$ liefert schließlich

$$\int_{-1}^{1} T_n T_m \frac{dt}{\sqrt{1-t^2}} = 2^{2-n-m} \int_0^{\pi} \cos n\varphi \, \cos m\varphi \, d\varphi$$

$$= 2^{1-n-m} \int_0^{\pi} \cos(n+m)\varphi \, d\varphi + 2^{1-n-m} \int_0^{\pi} \cos(n-m)\varphi \, d\varphi = \begin{cases} 0 & \text{für } n \ne m, \\ 2^{-2n} & \text{für } n = m. \end{cases}$$

Wegen Grad $T_n = n$ bilden die T_n eine Basis von $\mathbb{K}[t]$ und somit die angegebenen Polynome eine Hilbert-Basis von $L^2_{\mathbb{K}}([-1,1]; \lambda^1/\sqrt{1-t^2})$.

(3) Die Legendre-Polynome und die Tschebyschew-Polynome sind die Spezialfälle $\alpha = \beta = 0$ bzw. $\alpha = \beta = -\frac{1}{2}$ der so genannten Jacobi-Polynome G_n vom Typ (α, β), $\alpha, \beta > -1$, für das Intervall $[a, b] \subseteq \mathbb{R}$, $a < b$, die durch

$$G_n(t) = C_n \cdot \frac{(-1)^n}{n!(b-a)^n} \cdot (t-a)^{-\alpha}(b-t)^{-\beta} \frac{d^n}{dt^n}\left((t-a)^{\alpha+n}(b-t)^{\beta+n}\right)$$

mit

$$C_n^2 = \frac{1}{\binom{2n+\alpha+\beta}{n}} \cdot \frac{\Gamma(2n+\alpha+\beta+2)}{\Gamma(n+\alpha+1)\,\Gamma(n+\beta+1)} \cdot \frac{1}{(b-a)^{\alpha+\beta+1}}$$

$$= (\alpha+\beta+2n+1) \frac{\binom{\alpha+\beta+n}{n}}{\binom{\alpha+n}{n}\binom{\beta+n}{n}} \frac{\Gamma(\alpha+\beta+1)}{\Gamma(\alpha+1)\,\Gamma(\beta+1)} \cdot \frac{1}{(b-a)^{\alpha+\beta+1}}$$

und $C_n > 0$ definiert sind, wobei die letzte Darstellung nur bei $\alpha + \beta \ne -1$ möglich ist. Da G_n jeweils ein Polynom vom Grad n ist, bilden die G_n eine Basis von $\mathbb{K}[t]$. Sie lassen sich auch mit Hilfe der hypergeometrischen Reihen

$$F(\alpha.\beta\,;\gamma\,;z) = \sum_{k=0}^{\infty} \frac{\alpha(\alpha+1)\cdots(\alpha+k-1)\beta(\beta+1)\cdots(\beta+k-1)}{\gamma(\gamma+1)\cdots(\gamma+k-1)} \cdot \frac{z^k}{k!}$$

aus Bd. 1, Beispiel 13.C.13 darstellen. Berechnet man nämlich die n-te Ableitung in G_n nach der Leibniz-Regel, vgl. Bd. 1, Abschnitt 13.B, so ergibt sich

$$G_n(t) = \frac{C_n}{(b-a)^n} \sum_{m=0}^{n} (-1)^{n-m} \binom{\alpha+n}{n-m}\binom{\beta+n}{m} (t-a)^m (b-t)^{n-m}.$$

Mit $t - a = (b-a) - (b-t)$ folgt

$$G_n(t) = C_n \sum_{m=0}^{n} \sum_{j=0}^{m} (-1)^{n-j} \binom{\alpha+n}{n-m}\binom{\beta+n}{m}\binom{m}{j}\left(\frac{b-t}{b-a}\right)^{n-j}.$$

Vertauscht man die Summenzeichen und setzt dann $k = n - j$ sowie danach $\ell = m - n + k$, so erhält man

$$G_n(t) = C_n \sum_{k=0}^{n} (-1)^k \sum_{l=0}^{k} \binom{\alpha + n}{k - \ell} \binom{\beta + n}{\ell + n - k} \binom{\ell + n - k}{n - k} \left(\frac{b - t}{b - a}\right)^k$$

$$= C_n \binom{\beta + n}{n} \sum_{k=0}^{n} (-1)^k \left(\sum_{\ell=0}^{k} \binom{\alpha + n}{k - \ell} \binom{\beta + k}{\ell} \right) \frac{n \cdots (n - k + 1)}{(\beta + 1) \cdots (\beta + k)} \left(\frac{b - t}{b - a}\right)^k$$

$$= C_n \binom{\beta + n}{n} \sum_{k=0}^{n} \binom{n + \alpha + \beta + k}{k} \frac{(-n) \cdots (-n + k - 1)}{(\beta + 1) \cdots (\beta + k)} \left(\frac{b - t}{b - a}\right)^k$$

$$= C_n \binom{\beta + n}{n} F\left(n + \alpha + \beta + 1, -n; \beta + 1; \frac{b - t}{b - a}\right).$$

Dabei haben wir die Vandermondesche Identität aus Bd. 1, Beispiel 13.C.6 benutzt. Die dort hergeleitete hypergeometrische Differenzialgleichung für F liefert für G_n die J a c o b i s c h e D i f f e r e n z i a l g l e i c h u n g

$$(b - t)(t - a) \ddot{G}_n + \left(a(\beta + 1) + b(\alpha + 1) - (\alpha + \beta + 2)t\right) \dot{G}_n + n(n + \alpha + \beta + 1) G_n = 0.$$

Durch die Spezialisierungen $\alpha = \beta = 0$ bzw. $\alpha = \beta = -\frac{1}{2}$ gewinnt man daraus für die Legendreschen bzw. die Tschebyschewschen Polynome die L e g e n d r e s c h e bzw. T s c h e b y s c h e w - s c h e D i f f e r e n z i a l g l e i c h u n g für das Intervall $[a, b]$.

Aus der obigen Darstellung der Jacobi-Polynome liest man $G_n(b) = C_n \binom{\beta + n}{n}$ ab. Vertauscht man in der G_n definierenden Formel a und b sowie α und β, so sieht man

$$G_n(t) = (-1)^n C_n \binom{\alpha + n}{n} \cdot F\left(n + \alpha + \beta + 1, -n; \alpha + 1; \frac{t - a}{b - a}\right)$$

und somit $G_n(a) = (-1)^n C_n \binom{\alpha + n}{n}$.

Die Jacobi-Polynome G_n, $n \in \mathbb{N}$, bilden eine Hilbert-Basis des Hilbert-Raums

$$L^2_{\mathbb{K}}\left([a, b] ; (t - a)^\alpha (b - t)^\beta \lambda^1\right).$$

Es genügt zu zeigen, dass diese Polynome ein Orthonormalsystem sind. Dazu gehen wir wie in Bd. 2, Satz 19.A.15 bei den Legendre-Polynomen vor und verwenden fortgesetzte partielle Integration. Da $(d^k / dt^k)\left((t - a)^{m + \alpha} (b - t)^{m + \beta}\right)$ wegen $\alpha, \beta > -1$ für $k = 0, \ldots, m - 1$ bei $t = a$ und bei $t = b$ verschwindet, ist

$$\int_a^b G_n(t) G_m(t) (t - a)^\alpha (b - t)^\beta dt = C_m \frac{(-1)^m}{m!(b - a)^m} \int_a^b G_n(t) \frac{d^m}{dt^m}\left((t - a)^{\alpha + m} (b - t)^{\beta + m}\right) dt$$

$$= \cdots = \frac{C_m}{m!(b - a)^m} \int_a^b G_n^{(m)}(t) (t - a)^{\alpha + m} (b - t)^{\beta + m} dt.$$

Bei $n < m$ ist $G_n^{(m)}(t)$ und damit das obige Integral gleich 0; bei $n = m$ ist

$$G_n^{(n)}(t) = C_n \binom{\beta + n}{n} \binom{2n + \alpha + \beta}{n} \frac{(-n) \cdots (-1)}{(\beta + 1) \cdots (\beta + n)} \frac{n!}{(b - a)^n} (-1)^n$$

$$= C_n \binom{2n + \alpha + \beta}{n} \frac{n!}{(b - a)^n},$$

und mit 16.A.10 und 16.A, Aufg. 11 sieht man

$$\int_a^b G_n^2(t)\,(t-a)^\alpha(b-t)^\beta\,dt = \frac{C_n^2}{(b-a)^{2n}}\binom{2n+\alpha+\beta}{n}\int_a^b (t-a)^{\alpha+n}\,(b-t)^{\beta+n}\,dt$$

$$= \frac{C_n^2}{(b-a)^{2n}}\binom{2n+\alpha+\beta}{n}\frac{\Gamma(\alpha+n+1)\,\Gamma(\beta+n+1)}{\Gamma(2n+\alpha+\beta+2)}(b-a)^{2n+\alpha+\beta+1} = 1\,.$$

15.B.5 Beispiel (L a g u e r r e - P o l y n o m e) Wir betrachten auf $\mathbb{R}_+ = [0,\infty[$ das endliche Maß $\mu = e^{-t}\lambda^1$ mit der Exponentialdichte e^{-t} bezüglich λ^1. Wegen

$$\int_0^\infty f(t)\,e^{-t}\,dt = \int_0^1 f(-\ln s)\,ds \qquad \text{und} \qquad \int_0^1 g(s)\,ds = \int_0^\infty g(e^{-t})\,e^{-t}\,dt$$

für messbare Funktionen $f:\mathbb{R}_+ \to \mathbb{K}$ bzw. $g:[0,1] \to \mathbb{K}$ bilden die Funktionen $g_i(e^{-t})$, $i \in I$, genau dann eine Hilbert-Basis von $L^2_{\mathbb{K}}(\mathbb{R}_+ ; e^{-t}\lambda^1)$, wenn die Funktionen g_i, $i \in I$, eine Hilbert-Basis von $L^2_{\mathbb{K}}([0,1];\lambda^1)$ bilden. Da die Legendre-Polynome P_n, $n \in \mathbb{N}$, für das Intervall $[0,1]$ gemäß Beispiel 15.B.4 (1) eine Hilbert-Basis von $L^2_{\mathbb{K}}([0,1];\lambda^1)$ sind, *sind also die Funktionen $P_n(e^{-t})$, $n \in \mathbb{N}$, eine Hilbert-Basis von $L^2_{\mathbb{K}}([0,1];e^{-t}\lambda^1)$.* Die resultierenden Gleichungen $\int_0^\infty P_m(e^{-t})\,P_n(e^{-t})\,e^{-t}\,dt = \delta_{mn}$ für $m,n \in \mathbb{N}$ kann man übrigens auch so interpretieren, dass die Funktionen $P_n(e^{-t})\,e^{-t/2}$, $n \in \mathbb{N}$, ein Orthonormalsystem in $L^2_{\mathbb{K}}(\mathbb{R}_+ ;\lambda^1)$ bilden. Da die Abbildungen $f \mapsto fe^{-t/2}$ bzw. $g \mapsto ge^{t/2}$ zueinander inverse Isometrien zwischen $L^2_{\mathbb{K}}(\mathbb{R}_+ ; e^{-t}\lambda^1)$ und $L^2_{\mathbb{K}}(\mathbb{R}_+ ;\lambda^1)$ sind, *handelt es sich bei den Funktionen $P_n(e^{-t})\,e^{-t/2}$, $n \in \mathbb{N}$, sogar um eine Hilbert-Basis von $L^2_{\mathbb{K}}(\mathbb{R}_+ ;\lambda^1)$.*

Nach Beispiel 15.B.4 (3) liegen die Polynomfunktionen auf jedem beschränkten Intervall dicht im Raum der bezüglich des Maßes $e^{-t}\lambda^1$ quadratintegrierbaren Funktionen. Aus dem folgenden Satz ergibt sich, dass sie auch in $L^2_{\mathbb{K}}(\mathbb{R}_+ ; e^{-t}\lambda^1)$ dicht liegen, was nicht ohne weiteres klar ist. [2]

Die L a g u e r r e - P o l y n o m e [3] L_n sind definiert durch

$$L_n(t) := \frac{(-1)^n}{n!}\,e^t\,\frac{d^n}{dt^n}(t^n e^{-t}) = (-1)^n \sum_{k=0}^n (-1)^k \binom{n}{k}\frac{t^k}{k!}\,,$$

wobei die zweite Darstellung durch Anwenden der Leibniz-Regel erhalten wird und zeigt, dass L_n ein Polynom vom Grad n mit positivem Leitkoeffizienten $1/n!$ ist. Die L_n gehen also aus der Folge $1, t, t^2, \ldots$ durch Anwenden des Schmidtschen Orthonormalisierungsverfahrens im Raum $L^2_{\mathbb{K}}(\mathbb{R}_+ ; e^{-t}\lambda^1)$ hervor, wie sich nun ebenfalls mit der folgenden Aussage ergibt:

15.B.6 Satz *Die Laguerre-Polynome L_n, $n \in \mathbb{N}$, bilden eine Hilbert-Basis des Hilbert-Raums $L^2_{\mathbb{K}}(\mathbb{R}_+ ; e^{-t}\lambda^1)$.*

B e w e i s. Wir zeigen zunächst, dass die L_n ein Orthonormalsystem bilden bezüglich $e^{-t}\lambda^1$. Für $n \le m$ ergibt sich durch n-fache partielle Integration (da $f(t)e^{-t}$ bei $f \in \mathbb{K}[t]$ einschließlich aller Ableitungen für $t \to \infty$ und da $(d^k/dt^k)(t^m e^{-t})$ bei $k < m$ für $t = 0$ verschwinden):

---

[2] Vgl. Beispiel 15.B.16.
[3] Häufig werden auch die Polynome $(-1)^n n! L_n = e^t (d^n/dt^n)(t^n e^{-t})$ als L a g u e r r e - P o l y - n o m e bezeichnet.

$$\int\limits_0^\infty L_n(t)\, L_m(t)\, e^{-t}\, dt = \frac{(-1)^{m+n}}{m!} \int\limits_0^\infty \frac{d^{m-n}}{dt^{m-n}}\big(t^n e^{-t}\big)\, dt\,.$$

Dieses Integral ist also in der Tat für $n < m$ gleich 0 und für $n = m$ gleich $\Gamma(n+1)/n! = 1$.

Für $|s| < 1$ und beliebige t ergibt sich mit der Binomialreihe (vgl. Bd. 1, Beispiel 13.C.7 (2))

$$(1 + s)^{-(k+1)} = \sum_{n=0}^\infty \binom{n+k}{k}(-s)^n = (-s)^{-k}\sum_{n=k}^\infty \binom{n}{k}(-s)^n$$

und dem Großen Umordnungssatz (vgl. Bd. 1, 6.B.12) :

$$\sum_{n=0}^\infty L_n(t)\, s^n = \sum_{n=0}^\infty (-1)^n \sum_{k=0}^n (-1)^k \binom{n}{k}\frac{t^k}{k!}\, s^n = \sum_{k=0}^\infty \frac{(-t)^k}{k!}\sum_{n=k}^\infty \binom{n}{k}(-s)^n =$$

$$= \sum_{k=0}^\infty \frac{(-t)^k}{k!}\cdot\frac{(-s)^k}{(1+s)^{k+1}} = \frac{1}{1+s}\, e^{st/(1+s)}\,.$$

Wegen $\|L_n\| = 1$ in $\mathrm{L}_{\mathbb{K}}^2(\mathbb{R}_+\,;\, e^{-t}\lambda^1)$ gilt

$$\sum_{n=0}^\infty \|L_n s^n\| \le \sum_{n=0}^\infty |s|^n = \frac{1}{1 - |s|} < \infty\,,$$

und die Reihe $\sum_{n=0}^\infty L_n s^n$ konvergiert in $\mathrm{L}_{\mathbb{K}}^2(\mathbb{R}_+\,;\, e^{-t}\lambda^1)$. Nach Korollar 15.A.6 hat sie dann auch in $\mathrm{L}_{\mathbb{K}}^2(\mathbb{R}_+\,;\, e^{-t}\lambda^1)$ die Funktion als Grenzwert, gegen die sie nach Obigem punktweise konvergiert. Für $|s| < 1$ gilt also in $\mathrm{L}_{\mathbb{K}}^2(\mathbb{R}_+\,;\, e^{-t}\lambda^1)$

$$\sum_{n=0}^\infty L_n s^n = \frac{1}{1+s}\, e^{st/(1+s)}\,.$$

Diese Funktion heißt die **e r z e u g e n d e   F u n k t i o n** der Laguerre-Polynome. Setzt man für $k \in \mathbb{N}$ hierin $s = -k/(k+1)$, so erhält man eine Darstellung von e^{-kt} als Reihe in den L_n, $n \in \mathbb{N}$. Die Funktionen e^{-kt}, $k \in \mathbb{N}$, liegen somit in der abgeschlossenen Hülle $\overline{U}$ des von den Laguerre-Polynomen erzeugten Unterraums U von $\mathrm{L}_{\mathbb{K}}^2(\mathbb{R}_+\,;\, e^{-t}\lambda^1)$. Mit den $e^{-kt} = (e^{-t})^k$ liegen aber auch die Funktionen $P_n(e^{-t})$, $n \in \mathbb{N}$, in $\overline{U}$, wo P_n das n-te Legendre-Polynom für das Intervall $[0, 1]$ bezeichnet. Da diese Funktionen, wie am Anfang dieses Beispiels gezeigt, eine Hilbert-Basis von $\mathrm{L}_{\mathbb{K}}^2(\mathbb{R}_+\,;\, e^{-t}\lambda^1)$ bilden, muss $\overline{U} := \mathrm{L}_{\mathbb{K}}^2(\mathbb{R}_+\,;\, e^{-t}\lambda^1)$ sein. Dies war noch zu zeigen. $\qquad\bullet$

Satz 15.B.6 ist äquivalent damit, *dass die Funktionen $L_n e^{-t/2}$, $n \in \mathbb{N}$, eine Hilbert-Basis von* $\mathrm{L}_{\mathbb{K}}^2(\mathbb{R}_+\,;\, \lambda^1)$ *bilden.*

Die Laguerre-Polynome L_n genügen der folgenden **R e k u r s i o n s f o r m e l** :

15.B.7 Satz *Es ist $L_0 = 1$, $L_1 = t - 1$ und für $n \ge 1$*

$$(n+1)\, L_{n+1} + (2n+1-t)\, L_n + n L_{n-1} = 0\,.$$

B e w e i s . Differenziert man die erzeugende Funktion der Laguerre-Polynome nach s, so ergibt sich

$$\sum_{n=1}^\infty n L_n s^{n-1} = \frac{t-1-s}{(1+s)^3}\, e^{st/1+s)} = \frac{1}{(1+s)^2}\sum_{n=0}^\infty (t-1-s)\, L_n s^n\,.$$

Multiplikation mit $(1+s)^2$ liefert dann

$$\sum_{n=1}^{\infty} n L_n s^{n-1} + \sum_{n=0}^{\infty} (2n+1-t) L_n s^n + \sum_{n=0}^{\infty} (n+1) L_n s^{n+1} = 0,$$

woraus man durch Koeffizientenvergleich die Behauptung erhält.   ●

Weiter gilt:

15.B.8 Satz *Das Laguerre-Polynom L_n erfüllt die so genannte* L a g u e r r e s c h e   D i f f e r e n - z i a l g l e i c h u n g

$$t\,\ddot{y} + (1-t)\,\dot{y} + ny = 0.$$

B e w e i s . Differenziert man die erzeugende Funktion der Laguerre-Polynome nach t, so ergibt sich

$$\sum_{n=0}^{\infty} \dot{L}_n s^n = \frac{s}{(1+s)^2}\, e^{st/(1+s)} = \frac{1}{1+s} \sum_{n=0}^{\infty} L_n s^{n+1}.$$

Multiplikation mit $1+s$ und Koeffizientenvergleich ergibt für alle $n \in \mathbb{N}$:

$$\dot{L}_{n+1} + \dot{L}_n = L_n.$$

Setzt man dies in die nach t differenzierte Rekursionsformel 15.B.7 ein, so erhält man

$$0 = (n+1)\,\dot{L}_{n+1} + (2n+1-t)\,\dot{L}_n - L_n + n\dot{L}_{n-1}$$

$$= nL_n + (n-t)\,\dot{L}_n + n\dot{L}_{n-1} = nL_n + n\dot{L}_{n-1} - t\dot{L}_n.$$

Differenzieren dieser Gleichung führt zu $-t\ddot{L}_n + (n-1)\,\dot{L}_n + n\dot{L}_{n-1} = 0$. Subtrahiert man diese Gleichung von $nL_n + (n-t)\,\dot{L}_n + n\dot{L}_{n-1} = 0$, so ergibt sich die Behauptung.   ●

Da man mit L_n eine Lösung der linearen Differenzialgleichung

$$t\,\ddot{y} + (1-t)\,\dot{y} + ny = 0$$

kennt, lässt sich diese etwa auf $]0, \infty[$ gemäß Bd. 2, Beispiel 20.A.7 auf eine lineare Differenzialgleichung 1. Ordnung reduzieren und somit mit einer Integration vollständig lösen. Man vergleiche hierzu auch die Diskussion der Legendreschen Differenzialgleichung in Bd. 2, Beispiel 20.C.4.

Natürlich bestätigt man die Aussagen 15.B.7 und 15.B.8 auch leicht durch Koeffizientenvergleich unter Verwendung der expliziten Darstellung der L_n. Die ersten elf Laguerre-Polynome werden in Tafel 1 wiedergegeben. Zu einer Verallgemeinerung der Laguerre-Polynome verweisen wir auf Aufg. 5.

15.B.9 Beispiel (H e r m i t e - P o l y n o m e) Wir betrachten auf $\mathbb{R}$ das endliche Maß $\mu = e^{-t^2}\lambda^1$ mit der Dichte e^{-t^2} bezüglich λ^1. Auch dabei soll gezeigt werden, dass die Polynomfunktionen dicht in $L_{\mathbb{K}}^2(\mathbb{R}\,; e^{-t^2}\lambda^1)$ liegen. Analog zum vorangehenden Beispiel ist dies dazu äquivalent, dass die Funktionen $F(t)\,e^{-t^2/2}$, $F \in \mathbb{K}[t]$, dicht in $L_{\mathbb{K}}^2(\mathbb{R}\,; \lambda^1)$ liegen.

Die H e r m i t e - P o l y n o m e [4] H_n, $n \in \mathbb{N}$, sind definiert durch $H_n(t) := c_n h_n(t)$ mit

---

[4]) Häufig werden auch die Polynome h_n oder $n! h_n = (-1)^n\, e^{t^2} (d^n/dt^n)\, e^{-t^2}$ als die H e r m i t e - P o l y n o m e bezeichnet.

$$h_n(t) := \frac{(-1)^n}{n!}\, e^{t^2}\, \frac{d^n}{dt^n}\, e^{-t^2} \quad \text{und} \quad c_n := \sqrt{\frac{n!}{2^n\sqrt{\pi}}}\,.$$

Dann ist $\dot{h}_n = 2t\,h_n - (n+1)h_{n+1}$, und durch Induktion über n sieht man, dass h_n und damit auch H_n Polynome vom Grad n mit den Leitkoeffizienten $2^n/n!$ bzw. $(2^n/n!\sqrt{\pi})^{1/2}$ sind. Der nachfolgende Satz zeigt daher insbesondere, dass die H_n aus der Folge $1, t, t^2, \ldots$ durch Anwenden des Schmidtschen Orthonormalisierungsverfahrens im Raum $L^2_{\mathbb{K}}(\mathbb{R}\,;\, e^{-t^2}\lambda^1)$ hervorgehen.

15.B.10 Satz *Die Hermite-Polynome H_n, $n \in \mathbb{N}$, bilden eine Hilbert-Basis des Hilbert-Raums* $L^2_{\mathbb{K}}(\mathbb{R}\,;\, e^{-t^2}\lambda^1)$.

B e w e i s. Wir zeigen zunächst, dass die H_n ein Orthonormalsystem bilden bezüglich $e^{-t^2}\lambda^1$. Da $f(t)\,e^{-t^2}$ für jede Polynomfunktion f bei $t \to -\infty$ und $t \to \infty$ verschwindet, liefert n-fache partielle Integration für $n \le m$:

$$\int_{-\infty}^{\infty} H_n(t)\,H_m(t)\,e^{-t^2}\,dt = (-1)^{n+m}\,2^n\,c_n\,\frac{c_m}{m!}\int_{-\infty}^{\infty}\frac{d^{m-n}}{dt^{m-n}}\,e^{-t^2}\,dt\,.$$

Bei $n < m$ ist dieses Integral gleich 0, bei $n = m$ ergibt sich mit Beispiel 14.C.9 der Wert

$$c_n^2\,\frac{2^n}{n!}\int_{-\infty}^{\infty}e^{-t^2}\,dt = c_n^2\,\frac{2^n}{n!}\,\sqrt{\pi} = 1\,.$$

Aus der eingangs erhaltenen Beziehung $(n+1)\,h_{n+1} = 2t\,h_n - \dot{h}_n$ ergibt sich durch Induktion über n für $s, t \in \mathbb{K}$ sofort

$$\frac{d^n}{ds^n}e^{-(t-s)^2} = n!\,h_n(t-s)\,e^{-(t-s)^2}\,.$$

Die e r z e u g e n d e F u n k t i o n der Hermite-Polynome h_n ist

$$\sum_{n=0}^{\infty}h_n(t)\,s^n = e^{t^2}\sum_{n=0}^{\infty}h_n(t-s)e^{-(t-s)^2}\Big|_{s=0}\cdot s^n$$

$$= e^{t^2}\sum_{n=0}^{\infty}\frac{d^n}{ds^n}e^{-(t-s)^2}\Big|_{s=0}\frac{s^n}{n!} = e^{t^2}e^{-(t-s)^2} = e^{2st-s^2}\,.$$

Wegen $\|H_n\| = 1$ in $L^2_{\mathbb{K}}(\mathbb{R}\,;\, e^{-t^2}\lambda^1)$ ist dort

$$\sum_{n=0}^{\infty}\|h_n(t)s^n\| = \sum_{n=0}^{\infty}c_n^{-1}|s|^n = \pi^{1/4}\sum_{n=0}^{\infty}\frac{(\sqrt{2}|s|)^n}{\sqrt{n!}}$$

für jedes $s \in \mathbb{K}$ eine konvergente Reihe (Quotientenkriterium). Nach 15.A.4 und 15.A.3 konvergiert dann $\sum_n h_n(t)s^n$ auch in $L^2_{\mathbb{K}}(\mathbb{R}\,;\, e^{-t^2}\lambda^1)$ für jedes $s \in \mathbb{K}$, und zwar gegen $t \mapsto \exp(2st-s^2)$.

Um zu zeigen, dass das Orthonormalsystem H_n, $n \in \mathbb{N}$, vollständig, d.h. eine Hilbert-Basis von $L^2_{\mathbb{K}}(\mathbb{R}\,;\, e^{-t^2}\lambda^1)$ ist, genügt es nach Bd. 2, 19.A.3 zu zeigen, dass für jedes $f \in L^2_{\mathbb{K}}(\mathbb{R}\,;\, e^{-t^2}\lambda^1)$ aus $\langle f, H_n\rangle = 0$ für alle $n \in \mathbb{N}$ stets $f = 0$ folgt. In der Tat folgt aus $\langle f, H_n\rangle = 0$ für alle $n \in \mathbb{N}$ unter Verwendung der erzeugenden Funktion der Hermite-Polynome mit $s = iu/2$:

$$\int\limits_{-\infty}^{\infty} f(t)\, e^{-t^2} e^{-iut}\, dt = \langle f, e^{iut} \rangle = e^{s^2} \langle f, e^{2st-s^2} \rangle = e^{s^2} \sum_{n=0}^{\infty} c_n^{-1} s^n \langle f, H_n \rangle = 0$$

Mit Begriffen des nächsten Kapitels heißt dies, dass die Fourier-Transformierte der Funktion $f(t)\, e^{-t^2}$ identisch 0 ist. Nach Satz 17.B.4 ist dies nur möglich, wenn $f(t)\, e^{-t^2}$ und damit $f(t)$ selbst fast überall verschwinden, also $f = 0$ ist in $\mathrm{L}_{\mathbb{K}}^2(\mathbb{R}\,; e^{-t^2}\lambda^1)$.   ●

Analog zum vorangehenden Beispiel liefert die Isometrie $f \mapsto f e^{-t^2/2}$ von $\mathrm{L}_{\mathbb{K}}^2(\mathbb{R}\,; e^{-t^2}\lambda^1)$ auf $\mathrm{L}_{\mathbb{K}}^2(\mathbb{R}\,; \lambda^1)$, *dass die Funktionen* $H_n e^{-t^2/2}$, $n \in \mathbb{N}$, *eine Hilbert-Basis von* $\mathrm{L}_{\mathbb{K}}^2(\mathbb{R}\,; \lambda^1)$ *bilden.*

Für die Hermite-Polynome H_n gilt die folgende Darstellung:

15.B.11 Satz *Es ist* $\displaystyle H_n(t) = c_n \sum_{k=0}^{[n/2]} (-1)^k \frac{(2t)^{n-2k}}{k!\,(n-2k)!}$ *mit* $\displaystyle c_n = \sqrt{\frac{\sqrt{\pi}\, n!}{2^n}}$, $n \in \mathbb{N}$.

B e w e i s . Mit der im vorangehenden Beweis eingeführten erzeugenden Funktion der Hermite-Polynome erhält man die Behauptung durch Koeffizientenvergleich in

$$\sum_{n=0}^{\infty} h_n(t) s^n = e^{(2t-s)s} = \sum_{n=0}^{\infty} \sum_{k=0}^{n} \binom{n}{k} (2t)^{n-k} (-s)^k \frac{s^n}{n!} = \sum_{n=0}^{\infty} \sum_{k=0}^{[n/2]} (-1)^k \frac{(2t)^{n-2k}}{k!\,(n-2k)!} s^n .\quad ●$$

Außerdem hat man die folgende R e k u r s i o n s f o r m e l für die Hermite-Polynome:

15.B.12 Satz *Es ist* $h_0 = 1$, $h_1 = 2t$ *sowie für* $n \geq 1$

$$(n+1)\, h_{n+1} - 2t h_n + 2 h_{n-1} = 0 .$$

B e w e i s . Differenziert man die erzeugende Funktion der Hermite-Polynome nach s, so erhält man

$$\sum_{n=1}^{\infty} n h_n\, s^{n-1} = (2t - 2s)\, e^{2st-s^2} = \sum_{n=0}^{\infty} 2t h_n\, s^n - \sum_{n=0}^{\infty} 2 h_n s^{n+1} ,$$

woraus die Behauptung durch Koeffizientenvergleich folgt.   ●

Weiterhin gilt:

15.B.13 Satz *Für alle* $n \geq 0$ *gilt* $\dot{h}_{n+1} = 2 h_n$.

B e w e i s . Differenziert man die erzeugende Funktion der Hermite-Polynome nach t, so hat man

$$\sum_{n=0}^{\infty} \dot{h}_n\, s^n = 2s\, e^{2st-s^2} = \sum_{n=0}^{\infty} 2 h_n\, s^{n+1} .\quad ●$$

15.B.14 Satz *Sei* $n \in \mathbb{N}$. *Dann erfüllen die Hermite-Polynome* H_n *und* h_n *die* H e r m i t e s c h e D i f f e r e n z i a l g l e i c h u n g

$$\ddot{y} - 2t\dot{y} + 2n\, y = 0 .$$

B e w e i s . Mit der eingangs erhaltenen Formel $\dot{h}_n = 2t h_n - (n+1) h_{n+1}$ und 15.B.13 ergibt sich

$$\ddot{h}_n = 2 h_n + 2t \dot{h}_n - (n+1) \dot{h}_{n+1} = 2t \dot{h}_n - 2n h_n .\quad ●$$

Wie bei der Laguerreschen Differenzialgleichung lassen sich alle Lösungen der Hermiteschen Differenzialgleichung durch eine einzige Integration bekommen. Natürlich hätte man die letzten drei Aussagen auch leicht aus 15.B.11 durch Koeffizientenvergleich herleiten können.

15.B.15 Beispiel *Die Funktionen e^{-nt}, $n \in \mathbb{Z}$, erzeugen keinen dichten Unterraum des Hilbert-Raums* $L_{\mathbb{K}}^2(\mathbb{R}; e^{-t^2}\lambda^1)$. Da $\sin(4\pi t)\, e^{-t^2}$ ungerade ist, hat man nämlich

$$\int_{-\infty}^{\infty} e^{-nt} \sin(4\pi t)\, e^{-t^2}\, dt = e^{n^2/4} \int_{-\infty}^{\infty} \sin(4\pi t)\, e^{-(t+(n/2))^2}\, dt = e^{n^2/4} \int_{-\infty}^{\infty} \sin(4\pi t)\, e^{-t^2}\, dt = 0.$$

Somit ist beispielsweise die Funktion $\sin(4\pi t)$ orthogonal zu allen Funktionen der Form e^{-nt}, $n \in \mathbb{Z}$, ohne selbst fast überall 0 zu sein.

15.B.16 Beispiel *Die Polynomfunktionen bilden keinen dichten Unterraum des Hilbert-Raums* $L_{\mathbb{K}}^2(\mathbb{R}_+; s^{-(1+\ln s)}\lambda^1)$, obwohl sie alle zu diesem Raum gehören. Substituiert man nämlich in dem in 15.B.15 berechneten Integral $t = \ln s$, so erhält man

$$\int_0^{\infty} s^{-n} \sin(4\pi \ln s)\, s^{-(1+\ln s)}\, ds = 0$$

für alle $n \in \mathbb{Z}$ und die Funktion $s \mapsto \sin(4\pi \ln s)$ (die nicht fast überall verschwindet) ist sogar zu allen Funktionen $s \mapsto s^{-n}$, $n \in \mathbb{Z}$, orthogonal. Die Polynomfunktionen gehören zu $L_{\mathbb{K}}^2(\mathbb{R}_+; s^{-(1+\ln s)}\lambda^1)$, da für $n \in \mathbb{N}$

$$\|s^n\|^2 = \int_0^{\infty} s^{2n-1-\ln s}\, ds < \infty$$

ist. Der Integrand dieses Integrals ist nämlich in 0 stetig mit Wert 0 und lässt sich für $s \geq e^{2n+1}$ durch s^{-2} nach oben abschätzen.

Ein weitreichendes Hilfsmittel, um Hilbert-Basen und dichte Unterräume von Hilbert-Räumen zu gewinnen, ergibt sich aus der Theorie der Operatoren auf Hilbert-Räumen. Wir gehen darauf in Band 4 ein.

15.B.17 Beispiel (S p e k t r a l s c h a r e n) Seien $(X, \mathcal{A}, \mu)$ ein σ-endlicher Maßraum und $L_{\mathbb{C}}^2(X)$ der Hilbert-Raum der quadratintegrierbaren Funktionen auf X. Für jede messbare Teilmenge $A \subseteq X$ ist der Raum $L_{\mathbb{C}}^2(A)$ der quadratintegrierbaren Funktionen auf A in kanonischer Weise isometrisch in $L_{\mathbb{C}}^2(X)$ eingebettet: Jeder quadratintegrierbaren Funktion $f : A \to \mathbb{C}$ entspricht die Fortsetzung $X \to \mathbb{C}$, die auf A mit f übereinstimmt und auf $X - A$ verschwindet. *Das orthogonale Komplement von $L_{\mathbb{C}}^2(A)$ in $L_{\mathbb{C}}^2(X)$ ist $L_{\mathbb{C}}^2(X - A)$.* Die orthogonale Zerlegung von $f \in L_{\mathbb{C}}^2(X)$ ist

$$f = e_A f + e_{X-A} f,$$

$f \mapsto e_A f$ ist also die orthogonale Projektion von $L_{\mathbb{C}}^2(X)$ auf $L_{\mathbb{C}}^2(A)$. Diese Projektionen liefern die natürlichsten Beispiele für den Begriff der Spektralschar im Sinne der folgenden Definition.

15.B.18 Definition Seien $(X, \mathcal{A})$ ein Messraum und H ein komplexer Hilbert-Raum. Eine S p e k t r a l s c h a r oder ein S p e k t r a l m a ß auf $(X, \mathcal{A})$ mit Werten in H ist eine Abbildung

$\eta : \mathcal{A} \to \mathrm{L}_{\mathbb{C}}(H) = \mathrm{L}(H, H)$[5]), die jeder messbaren Menge $A \subseteq X$ eine orthogonale Projektion $\eta_A : H \to H$ von H zuordnet derart, dass folgende Bedingungen erfüllt sind:

(1) η ist **punktweise** oder **stark** σ-**additiv**, d.h.: Für jede abzählbare Familie paarweise disjunkter Mengen $A_i \in \mathcal{A}$, $i \in I$, ist die Familie η_{A_i}, $i \in I$, punktweise summierbar mit Summe η_A, $A := \biguplus_{i \in I} A_i$. Für jedes $x \in H$ ist also

$$\eta_A(x) = \sum_{i \in I} \eta_{A_i}(x) \, .$$

(2) Es ist $\eta_X = \mathrm{id}_H$.

Sei η eine Spektralschar wie in der vorausgegangenen Definition. Die Bedingung (2) nennt man auch die **Vollständigkeit von** η. Bedingung (1) impliziert insbesondere die **Additivität von** η: Für endlich viele paarweise disjunkte Mengen $A_1, \ldots, A_m \in \mathcal{A}$ ist

$$\eta_{A_1 \uplus \cdots \uplus A_m} = \eta_{A_1} + \cdots + \eta_{A_m} \, .$$

Daraus folgt mit Bd. 2, 13.B, Aufg. 1b): *Sind* $A, B \in \mathcal{A}$ *disjunkt, so sind* Bild η_A *und* Bild η_B *orthogonal, also* $\eta_A \eta_B = 0$, *und* η_{A+B} *ist die orthogonale Projektion auf* Bild $\eta_A \oplus$ Bild η_B. Die Spektralschar η lässt sich in äquivalenter Weise auch mit Hilfe der abgeschlossenen Unterräume $H_A := $ Bild η_A, $A \in \mathcal{A}$, beschreiben. Die Bedingung (1) bedeutet: *Es ist*

$$H_A = \overline{\bigoplus_{i \in I}} \, H_{A_i}$$

für jede abzählbare Familie A_i, $i \in I$, *paarweise disjunkter messbarer Mengen* $A_i \subseteq X$ *mit Vereinigung* A. Dabei bezeichnet $\overline{\bigoplus}_{i \in I} H_{A_i}$ die abgeschlossene Hülle der orthogonalen Summe $\bigoplus_{i \in I} H_{A_i}$.[6]) *Die Vollständigkeit* (2) *besagt einfach* $H_X = H$.

Eine Spektralschar $\eta : \mathcal{A} \to \mathrm{L}_{\mathbb{C}}(H)$ definiert für jedes $x \in H$ das H-wertige Maß

$$\eta(x) : \mathcal{A} \to H$$

mit $\eta(x)(A) := \eta_A(x)$, vgl. Bemerkung 13.A.6, und für jedes Paar $x, y \in H$ das $\mathbb{C}$-wertige Maß

$$\eta(x, y) : \mathcal{A} \to \mathbb{C}$$

mit $\eta(x, y)(A) := \langle \eta_A(x), y \rangle = \langle \eta_A(x), \eta_A(y) \rangle = \langle x, \eta_A(y) \rangle$. Insbesondere ist $\overline{\eta(x, y)} = \eta(y, x)$, und $\eta(x, x)$ ist für jedes $x \in H$ ein endliches positives Maß $\mathcal{A} \to \mathbb{R}_+$, das auch die **Intensitätsverteilung** oder **Spektralverteilung** von x bzgl. η heißt. Ist $\|x\| = 1$, so handelt es sich um eine Wahrscheinlichkeitsverteilung, vgl. Beispiel 19.B.11.

Für alle $x, y \in H$ gilt (Beweis!) die Cauchy-Schwarzsche Ungleichung

$$|\eta(x, y)|^2 \leq \eta(x, x) \, \eta(y, y) \, .$$

---

[5]) $\mathrm{L}_{\mathbb{C}}(H)$ ist der Raum der *stetigen* Operatoren auf H.

[6]) Es hätte keinen Sinn, für eine Spektralschar η in Bedingung (1) die σ-Additivität in dem Sinne zu fordern, dass die Gleichung $\eta_A = \sum_{i \in I} \eta_{A_i}$ im (Banach-)Raum $\mathrm{L}_{\mathbb{C}}(H)$ der stetigen Operatoren auf H gilt – man spräche dann von **uniformer** oder **gleichmäßiger** Summierbarkeit –, da eine unendliche Familie von 0 verschiedener orthogonaler Projektionen $H \to H$ niemals summierbar in $\mathrm{L}_{\mathbb{C}}(H)$ ist. Von **schwacher** σ-**Additivität** spricht man, wenn jeweils $\langle \eta_A(x), y \rangle = \sum_{i \in I} \langle \eta_{A_i}(x), y \rangle$ für alle $x, y \in H$ gilt. Wir gehen in Bd. 4, §18 ausführlicher auf die verschiedenen Konvergenzbegriffe in Banach-Räumen bzw. allgemeineren topologischen Vektorräumen ein.

Ist $F:(X,\mathcal{A}) \to (X',\mathcal{A}')$ messbar, so ist die B i l d s c h a r $F_*\eta:\mathcal{A}' \mapsto \eta_{F^{-1}(\mathcal{A}')}$ einer Spektralschar $\eta:\mathcal{A} \to L_\mathbb{C}(H)$ eine Spektralschar $\mathcal{A}' \to L_\mathbb{C}(H)$ auf $(X',\mathcal{A}')$.

Die anfangs beschriebene Spektralschar $\mathcal{A} \to L_\mathbb{C}\big(L_\mathbb{C}^2(X)\big)$ mit $\eta_A(f):=e_A f$, $A \in \mathcal{A}$, $f \in L_\mathbb{C}^2(X)$, heißt die S t a n d a r d s p e k t r a l s c h a r auf $L_\mathbb{C}^2(X)$.

Die einfachsten Spektralscharen sind die diskreten Spektralscharen: Für jeden Punkt $a \in X$ sei η_a eine orthogonale Projektion von H, und es gelte

$$ H = \overline{\bigoplus_{a \in X} H_a}, \qquad H_a := \text{Bild } \eta_a. $$

Dann ist $\eta:\mathfrak{P}(X) \to L_\mathbb{C}(H)$ mit $\eta_A := \sum_{a \in A} \eta_a$ (punktweise Summation) offensichtlich eine Spektralschar auf $\big(X, \mathfrak{P}(X)\big)$ mit Werten in H. Eine so gewonnene Spektralschar heißt d i s k r e t. Die Maße $\eta(x)$ und $\eta(x, y)$, $x, y \in H$, sind dann ebenfalls diskret. Man beachte: Ist H separabel (d.h. besitzt H eine abzählbare dichte Teilmenge), so ist $\eta_a \neq 0$ nur für abzählbar viele $a \in X$.

Diskrete Spektralscharen sind uns schon häufiger begegnet. Zum Beispiel definiert jede Hilbert-Basis x_i, $i \in I$, die diskrete Spektralschar η_i, $i \in I$, wobei $\eta_i : x \mapsto \langle x, x_i \rangle$ die orthogonale Projektion auf die Gerade $\mathbb{C}x_i$ ist. – Fasst man in der Fourier-Entwicklung

$$ x = \sum_{n \in \mathbb{Z}} c_n e^{2\pi i n t}, \qquad c_n = \int_0^1 x(t)\, e^{-2\pi i n t}\, dt, $$

einer quadratintegrierbaren Funktion $x:[0,1] \to \mathbb{C}$, vgl. Bd. 2, Abschnitt 19.C, die Summanden für m und $-m$, $m \in \mathbb{N}$, zusammen, so erhält man die diskrete Spektralschar η_m, $m \in \mathbb{N}$, in $L_\mathbb{C}\big([0,1]\big)$, wobei η_m die orthogonale Projektion auf

$$ \mathbb{C}e^{2\pi i m t} + \mathbb{C}e^{-2\pi i m t} = \mathbb{C}\sin 2\pi m t + \mathbb{C}\cos 2\pi m t $$

$(= \mathbb{C}$, falls $m = 0)$ ist. Die Spektralverteilung von x ist

$$ \eta(x,x)(m) = \begin{cases} |c_0|^2, & \text{falls } m = 0, \\ |c_m|^2 + |c_{-m}|^2, & \text{falls } m > 0, \end{cases} $$

und heißt auch die F r e q u e n z v e r t e i l u n g von x.[7]

Ist $F:H \to H$ ein kompakter normaler Operator auf dem $\mathbb{C}$-Hilbert-Raum H und sind $H_\lambda = \text{Kern}\,(F - \lambda\,\text{id})$, $\lambda \in \mathbb{C}$, die Eigenräume von F, *so besagt der Spektralsatz* 19.B.11 *in* Band 2, *dass die orthogonalen Projektionen η_λ auf die Unterräume H_λ, $\lambda \in \mathbb{C}$, eine diskrete Spektralschar in H definieren.* Man beachte, dass dabei „nur" das Erfülltsein der Vollständigkeitsbedingung (2), dass nämlich $\sum_{\lambda \in \mathbb{C}} H_\lambda = \bigoplus_\lambda H_\lambda$ dicht in H ist, nicht trivial ist. Wir bemerken noch, dass für jedes $\varepsilon > 0$ die Summe $\sum_{|\lambda| \geq \varepsilon} H_\lambda$ endlichdimensional ist. Aus der Spektralschar η gewinnt man den Operator F zurück: Für jeden Vektor $x \in H$ ist

$$ F(x) = \sum_{\lambda \in \mathbb{C}} \lambda \eta_\lambda(x) = \int_\mathbb{C} t\, d\eta(x). $$

Die letzte Formel legt es nahe, für eine beliebige Spektralschar $\eta:\mathcal{A} \to L_\mathbb{C}(H)$ und eine messbare Funktion $f:X \to \mathbb{C}$ die Integrale

---

[7] In Physikbüchern wird bemerkt, dass die Klangfarbe eines (periodischen) Klangs nur von dieser Frequenzverteilung abhängt.

$$\int_X f \, d\eta(x)$$

für $x \in H$ zu betrachten, wobei ein Integral über das H-wertige Maß $\eta(x)$ im Sinne von Bemerkung 14.B.23 zu verstehen ist. *Dieses Integral braucht nicht für jedes $x \in H$ zu existieren.* Im Falle der Existenz ist $\int_X f \, d\eta(x)$ durch die Gültigkeit der Gleichung

$$\left\langle \int_X f \, d\eta(x), y \right\rangle = \int_X f \, d\eta(x, y)$$

für alle $y \in H$ definiert. Für jedes $A \in \mathcal{A}$ ist dann offenbar

$$\int_A f \, d\eta(x) = \int_X e_A f \, d\eta(x) = \eta_A\left(\int_X f \, d\eta(x)\right).$$

Generell gilt:

15.B.19 Lemma *Existieren $\int_X f \, d\eta(x)$ und $\int_X g \, d\eta(y)$ für die messbaren Funktionen $f, g : X \to$ $\mathbb{C}$ und die Vektoren $x, y \in H$, so ist*

$$\left\langle \int_X f \, d\eta(x), \int_X g \, d\eta(y) \right\rangle = \int_X f \overline{g} \, d\eta(x, y).$$

B e w e i s. Sei $A_n := \{|f| \le n\} \cap \{|g| \le n\}$. Dann gilt $A_n \uparrow X$, ferner $\int_X f \, d\eta(x) = \lim_{n \to \infty} \int_{A_n} f \, d\eta(x)$ und analog für die beiden anderen Integrale. Wir können also voraussetzen, dass f und g beschränkt sind. Dann kann man aber sogar annehmen, dass f bzw. g Indikatorfunktionen sind (vgl. 14.A.10 oder auch 15.A.7). Damit reduziert sich die Aussage auf die für alle $A, B \in \mathcal{A}$ und alle $x, y \in H$ gültige Gleichung

$$\langle \eta_A(x), \eta_B(y) \rangle = \langle \eta_{A \cap B} x, y \rangle. \qquad\qquad \bullet$$

Es folgt:

15.B.20 Lemma *Sei $f : X \to \mathbb{C}$ eine messbare Funktion und $x \in H$ ein Vektor. Dann gilt:*

$$\int_X f \, d\eta(x) \in H \quad \text{existiert genau dann, wenn} \quad \int_X |f|^2 \, d\eta(x, x) < \infty$$

ist, d.h. $f \in \mathrm{L}^2_{\mathbb{C}}\big(X, \eta(x, x)\big)$ ist. In diesem Fall ist

$$\left\| \int_X f \, d\eta(x) \right\|^2 = \int_X |f|^2 \, d\eta(x, x).$$

B e w e i s. Existiert $\int_X f \, d\eta(x)$, so gilt die angegebene Formel nach Lemma 15.B.19. Den Beweis, dass umgekehrt dieses Integral existiert, falls $\int_X |f|^2 d\eta(x, x) < \infty$ ist, überlassen wir dem Leser als Übung. $\bullet$

Die Menge der $x \in H$, für die $\int_X f \, d\eta(x)$ bei gegebenem $f : X \to \mathbb{C}$ existiert, ist ein dichter Unterraum Dfb $f(\eta) \subseteq H$, *denn er enthält den (abgeschlossenen) Unterraum* Bild $\eta_{\{|f| \le C\}}$ *für jede Konstante $C \in \mathbb{R}_+$. Die Funktion f definiert also auf* Dfb $f(\eta)$ *eine lineare Abbildung*

$$f(\eta) : \text{Dfb } f(\eta) \to H \quad \text{mit} \quad f(\eta)(x) = \int\limits_X f \, d\eta(x) \, .$$

Genau dann ist $\text{Dfb } f(\eta) = H$, $f(\eta)$ *also ein Operator auf ganz* H, *wenn* f *im Wesentlichen beschränkt ist, d.h. eine Konstante* $R \in \mathbb{R}_+$ *mit* $\eta_{\{|f|>R\}} = 0$ *existiert. Beweis! Dann ist* $f(\eta)$ *offenbar sogar stetig auf* H *mit* $\| f(\eta) \| \leq R$ *und normal mit* $\overline{f}(\eta)$ *als adjungiertem Operator.* Die letzte Bemerkung folgt aus

$$\Big\langle \int\limits_X f \, d\eta(x), y \Big\rangle = \Big\langle x, \int\limits_X \overline{f} \, d\eta(y) \Big\rangle = \int\limits_X f \, d\eta(x, y)$$

und

$$\Big\langle \int\limits_X f \, d\eta(x), \int\limits_X f \, d\eta(y) \Big\rangle = \Big\langle \int\limits_X \overline{f} \, d\eta(x), \int\limits_X \overline{f} \, d\eta(y) \Big\rangle = \int\limits_X |f|^2 \, d\eta(x, y)$$

für alle $x, y \in H$, für die $f(\eta)$ und damit auch $\overline{f}(\eta)$ definiert sind, vgl. Bd. 2, 15.A, Aufg. 6. *Bei reellwertigem* f *ergeben sich selbstadjungierte Operatoren.* $f(\eta)$ hängt offenbar nur von der Bildschar $f_*\eta : \mathcal{B}(\mathbb{C}) \to \mathrm{L}_{\mathbb{C}}(H)$ ab.

Unter dem S p e k t r u m Spek $f(\eta)$ v o n $f(\eta)$ versteht man die Menge derjenigen $\lambda \in \mathbb{C}$, für die $\eta_{f^{-1}(U)} \neq 0$ ist für *jede* Umgebung U von λ in $\mathbb{C}$. Die R e s o l v e n t e n m e n g e ist das Komplement

$$\mathrm{R}f(\eta) := \mathbb{C} - \text{Spek } f(\eta) \, .$$

Sie ist die größte offene Menge $V \subseteq \mathbb{C}$ *derart, dass* $(f_*\eta)_V = \eta_{f^{-1}(V)} = 0$ *ist. Man könnte* Spek $f(\eta)$ *also auch als den Träger von* $f_*\eta$ *definieren*, vgl. 11.C, Aufg. 18. Spek $f(\eta)$ *enthält die Eigenwerte von* $f(\eta)$, *denn offenbar ist*

$$H_{f^{-1}(\lambda)} = \text{Bild } \eta_{f^{-1}(\lambda)} = \{ x \in \text{Dfb } f(\eta) \mid f(\eta)x = \lambda x \}$$

für jedes $\lambda \in \mathbb{C}$ der Eigenraum zu λ. Es ist nicht schwer zu sehen, dass die hier gegebene Definition von Spek $f(\eta)$ mit der in Bd. 2, Definition 11.A.3 verträglich ist.

Man bestimme zur Übung Definitionsbereiche $\text{Dfb} f(\eta)$ und Spektren $\text{Spek} f(\eta)$ für diskrete Spektralscharen bzw. für Standardspektralscharen $\mathcal{A} \to \mathrm{L}_{\mathbb{C}}\big(\mathrm{L}_{\mathbb{C}}^2(X) \big)$. *In diesem letzten Fall ist* $f(\eta)$ *einfach die Multiplikation mit* f:

$$f(\eta)(h) = fh \, , \quad h \in \text{Dfb } f(\eta) \subseteq \mathrm{L}_{\mathbb{C}}^2(X) \, .$$

Wir begegnen mit den Spektralscharen in natürlicher Weise selbstadjungierten und normalen Operatoren, die nur auf einem dichten Unterraum eines $\mathbb{C}$-Hilbertraumes H definiert sind. Es ist einer der fundamentalen und schönsten Sätze der S p e k t r a l t h e o r i e , dass umgekehrt solche Operatoren T unter gewissen (notwendigen) Voraussetzungen mit Hilfe einer Spektralschar in der angegebenen Weise darstellbar sind. Zum Beispiel besitzt T genau dann eine solche Spektraldarstellung, wenn sein Definitionsbereich eine aufsteigende Folge H_n, $n \in \mathbb{N}$, von abgeschlossenen T-invarianten Unterräumen von H enthält derart, dass $\bigcup_{n \in \mathbb{N}} H_n$ dicht in H ist und $T|H_n$ ein stetiger und normaler Operator auf H_n für jedes $n \in \mathbb{N}$ ist. Wir gehen darauf in den Abschnitten 19.B und 19.C von Band 4 ausführlich ein. Für kompakte Operatoren siehe bereits Bd. 2, 19.B.11 und für den endlichdimensionalen Fall Bd. 2, 15.A.15.

Der Begriff der Spektralschar ist ein Grundbegriff der Quantenmechanik. Gerade dort ist es aber häufig so, dass die Operatoren, z.B. die „Schrödinger-Operatoren", sehr viel leichter anzugeben sind als die zugehörigen Spektralscharen, die wiederum für die „Beobachtung" relevanter sind, vgl. Beispiel 19.B.11.

Aufgaben

1. Der σ-endliche Maßraum X sei die disjunkte Vereinigung der messbaren Teilmengen X_1 und X_2. Dann ist $L^2_{\mathbb{K}}(X)$ die orthogonale Summe von $L^2_{\mathbb{K}}(X_1)$ und $L^2_{\mathbb{K}}(X_2)$.

2. $\rho : \mathbb{R} \to \overline{\mathbb{R}}_+$ sei eine Dichte bezüglich λ^1 für ein σ-endliches Maß $\rho\lambda^1$ auf $\mathbb{R}$ und es sei $a \in \mathbb{R}^\times$. Ist $f_i(t)$, $i \in I$, ein Orthonormalsystem in $L^2_{\mathbb{K}}(\mathbb{R}\,;\,\rho(t)\lambda^1)$, so ist $|a|^{-1/2} f_i(at)$ ein Orthonormalsystem in $L^2_{\mathbb{K}}(\mathbb{R}\,;\,\rho(at)\,\lambda^1)$. Ist das erste System vollständig, so auch das zweite.

3. Es seien $\alpha > -1$ und $\beta \geq 1$. Die Polynomfunktionen bilden einen dichten Unterraum

a) in $L^2_{\mathbb{K}}(\mathbb{R}_+\,;\,t^\alpha e^{-t^\beta}\lambda^1)$, **b)** in $L^2_{\mathbb{K}}(\mathbb{R}\,;\,e^{-|t|^{1+\beta}}\lambda^1)$. (Man verwende 15.A, Aufg. 8b).)

4. (V e r a l l g e m e i n e r t e L a g u e r r e - P o l y n o m e) Sei $\alpha > -1$ eine feste reelle Zahl. Auf $\mathbb{R}_+$ werde das Maß $\mu_\alpha := \big(\Gamma(\alpha + 1)\big)^{-1} t^\alpha e^{-t}\lambda^1$ mit der Γ-Dichte $\big(\Gamma(\alpha + 1)\big)^{-1} t^\alpha e^{-t}$, vgl. 14.B, Aufg. 21 oder 16.A, Aufg. 9, betrachtet. Die v e r a l l g e m e i n e r t e n L a g u e r r e - P o l y n o m e $L_{n,\alpha}$, $n \in \mathbb{N}$, sind definiert durch

$$L_{n,\alpha} := \frac{(-1)^n}{n!}\, t^{-\alpha} e^t \frac{d^n}{dt^n}(t^{\alpha+n} e^{-t}) = (-1)^n \sum_{k=0}^n (-1)^k \binom{\alpha+n}{n-k} \frac{t^k}{k!} \,.$$

a) Es ist $(d^m/dt^m)L_n(t) = L_{n-m,m}(t)$ für $0 \leq m \leq n$.[8] Insbesondere ist $L_{n,0}$ das Laguerre-Polynome L_n.

b) $L_{n,\alpha}$ ist ein Polynom vom Grad n mit Leitkoeffizient $1/n!$.

c) Die Polynome $\binom{\alpha+n}{n}^{-1/2} L_{n,\alpha}$, $n \in \mathbb{N}$, bilden ein Orthonormalsystem in $L^2_{\mathbb{K}}(\mathbb{R}_+\,;\,\mu_\alpha)$, das aus $1, t, t^2, \dots$ durch Anwenden des Schmidtschen Orthonormalisierungsverfahrens entsteht.

d) Für $|s| < 1$ konvergiert die Reihe $\sum_{m=0}^\infty L_{m,\alpha}(t)\, s^m$ sowohl punktweise als auch im Raum $L^2_{\mathbb{K}}(\mathbb{R}_+\,;\,\mu_\alpha)$ gegen die Funktion $(1+s)^{-\alpha-1} e^{st/(1+s)}$, die so genannte e r z e u g e n d e F u n k t i o n der verallgemeinerten Laguerre-Polynome.

e) Die Polynome $\binom{\alpha+n}{n}^{-1/2} L_{n,\alpha}$, $n \in \mathbb{N}$, bilden eine Hilbert-Basis von $L^2_{\mathbb{K}}(\mathbb{R}_+\,;\,\mu_\alpha)$ und folglich die Funktionen $\binom{\alpha+n}{n}^{-1/2} \Gamma(\alpha+1)^{-1/2} t^{\alpha/2} e^{-t/2} L_{n,\alpha}(t)$, $n \in \mathbb{N}$, eine Hilbert-Basis von $L^2_{\mathbb{K}}(\mathbb{R}_+\,;\,\lambda^1)$.

f) Die $L_{n,\alpha}$ genügen der Rekursion $L_{0,\alpha} = 1$, $L_{1,\alpha} = t - (1 + \alpha)$ und

$$(n+1)L_{n+1,\alpha} + (2n+1+\alpha - t)\,L_{n,\alpha} + (n+\alpha)\,L_{n-1,\alpha} = 0\,, \qquad n \geq 1\,.$$

g) Es gilt

$$\dot{L}_{n+1,\alpha} + \dot{L}_{n,\alpha} - L_{n,\alpha} = 0\,, \qquad nL_{n,\alpha} + (n+\alpha-t)\dot{L}_{n,\alpha} + (n+\alpha)\dot{L}_{n-1,\alpha} = 0\,, \quad n \geq 0\,,$$

$$nL_{n,\alpha} - t\dot{L}_{n,\alpha} + (n+\alpha)L_{n-1,\alpha} = 0\,, \qquad -t\ddot{L}_{n,\alpha} + (n-1)\dot{L}_{n,\alpha} + (n+\alpha)\dot{L}_{n-1,\alpha} = 0\,, \quad n \geq 1\,.$$

h) $L_{n,\alpha}$ erfüllt die Laguerresche Differenzialgleichung

$$t\,\ddot{y} + (\alpha + 1 - t)\,\dot{y} + ny = 0\,.$$

---

[8] Diese Polynome heißen oft auch die z u g e o r d n e t e n L a g u e r r e - P o l y n o m e.

5. Seien $\alpha > -1$ und $\beta > 0$. Dann bilden die Funktionen $\sqrt{\beta}\, L_{n,(\alpha-\beta+1)/\beta}(t^\beta)$, $n \in \mathbb{N}$, eine Hilbert-Basis von $L^2_{\mathbb{K}}(\mathbb{R}_+\,;\, t^\alpha e^{-t^\beta}\lambda^1)$, wo $L_{n,-}$ die verallgemeinerten Laguerre-Polynome sind. (Man verwende Aufg. 2.)

6. Man entwickle die folgenden Funktionen auf $[0,1]^2$ in zweidimensionale Fourier-Reihen.

a) $f(x,y) := x^n y^m$, $(n,m) \in \mathbb{N}^2$. (Man benutze die Fourier-Entwicklungen der Bernoulli-Polynome, vgl. Bd. 2, Beispiel 19.C.7.)

b) $f(x,y) := (ax + by + c)\, e_\triangle$ mit $a,b,c \in \mathbb{K}$, wobei $e_\triangle$ die Indikatorfunktion eines der folgenden vier Dreiecke $\triangle_1, \dots, \triangle_4$ ist:

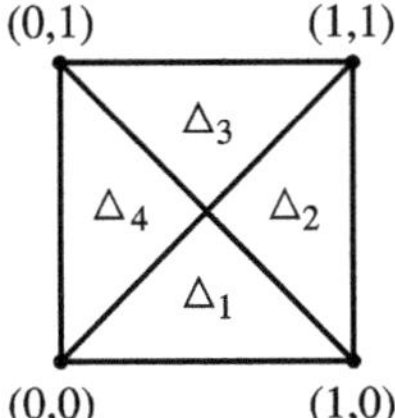

c) Die Funktion f sei auf jedem der beiden Dreiecke $\triangle_1 \cup \triangle_2$ bzw. $\triangle_3 \cup \triangle_4$ jeweils affin und nehme in den Ecken $(0,0)$, $(1,0)$, $(1,1)$ und $(0,1)$ die vorgegebenen Werte $\alpha, \beta, \gamma, \delta$ an.

7. Sei $f \in L^1_{\mathbb{K}}([0,1]\,;\,\lambda^1)$. Sind die Fourier-Koeffizienten $c_n = \int_0^1 f(t)\, e^{-2\pi i n t}\, dt = 0$ für alle $n \in \mathbb{Z}$, so ist $f = 0$. (Die Fourier-Koeffizienten charakterisieren also nicht nur die quadratintegrierbaren Funktionen, sondern auch die integrierbaren. – Zum Beweis bestimme man die Fourier-Koeffizienten der stetigen Funktion $t \mapsto \int_0^t f(\tau)d\tau$ mit partieller Integration, vgl. 14.C, Aufg. 18 und benutze den Eindeutigkeitssatz aus 13.A, Aufg. 2.)

16 Beispiele

16.A Miscellanea

Wir behandeln in diesem Abschnitt einige Beispiele für Anwendungen der Integrationstheorie auf verschiedene mathematische Probleme.

16.A.1 Beispiel (B r o u w e r s c h e r   F i x p u n k t s a t z) In Bd. 1, Satz 10.C.4 haben wir als leichte Konsequenz des Zwischenwertsatzes gesehen, dass jede stetige Funktion, die ein abgeschlossenes Intervall in sich abbildet, einen Fixpunkt besitzt. Sehr viel allgemeiner soll hier gezeigt werden, dass jede stetige Abbildung, die eine abgeschlossenen Kugel des $\mathbb{R}^n$ in sich abbildet, einen Fixpunkt hat.[1] Wir verwenden zunächst die Integrationstheorie, um den folgenden auch für sich interessanten Hilfssatz zu beweisen:

16.A.2 Lemma *Es sei f eine in einer Umgebung der abgeschlossenen Einheitskugel $\overline{B} := \overline{B}(0\,;1)$ des $\mathbb{R}^n$, $n \in \mathbb{N}^*$, definierte stetig differenzierbare Funktion mit $f(\overline{B}) \subseteq S^{n-1}$. Dann ist $f|S^{n-1}$ sicher nicht die Identität der Einheitssphäre S^{n-1} des $\mathbb{R}^n$.*

B e w e i s. Angenommen, es sei $f(x) = x$ für alle $x \in S^{n-1}$. Für jedes $t \in [0, 1]$ betrachten wir die Abbildung

$$f_t : x + t\left(f(x) - x\right) = (1 - t)\,x + t f(x)\,.$$

Für Elemente x aus der offenen Einheitskugel $B := B(0\,;1)$ des $\mathbb{R}^n$ ist nach Voraussetzung $\|f(x)\| = 1$ und somit

$$\|f_t(x)\| \leq (1-t)\,\|x\| + t\,\|f(x)\| < 1 - t + t = 1$$

bei $t \leq 1$. Man erhält $f_t(B) \subseteq B$. Aus obiger Annahme folgt $f_t|S^{n-1} = \mathrm{id}_{S^{n-1}}$, also $f_t(\overline{B}) = f_t(B) \uplus S^{n-1}$. Somit ist $f_t(B) = f_t(\overline{B}) \cap B$, und $f_t(B)$ ist in B abgeschlossen, da $f_t(\overline{B})$ als stetiges Bild von $\overline{B}$ kompakt in $\mathbb{R}^n$ ist.

Nach 8.A.2 gibt es eine Lipschitz-Konstante L für die stetig differenzierbare Funktion f auf $\overline{B}$. Bei $t < 1/(1+L)$ ist f_t dann auf $\overline{B}$ injektiv wegen

$$\|f_t(x_1) - f_t(x_2)\| = \|(1-t)(x_1 - x_2) - t\left(f(x_2) - f(x_1)\right)\|$$

$$\geq (1-t)\,\|x_1 - x_2\| - tL\|x_1 - x_2\| = \left(1 - t\,(1 + L)\right)\|x_1 - x_2\| > 0$$

für $x_1 \neq x_2$ aus $\overline{B}$. Die Funktionaldeterminante von f_t ist

$$J(f_t) = \mathrm{Det}\left((1-t)\,\mathfrak{E}_n + t\,\mathfrak{J}(f)\right).$$

Da $f_0|B = \mathrm{id}_B$ und somit $J(f_0)$ die Konstante 1 ist, hat $J(f_t)$ aus Stetigkeitsgründen für hinreichend kleine $t \in [0, 1]$ überall auf B positive Werte. Nach 6.B.3 ist $f_t : B \to f_t(B)$ nun ein Diffeomorphismus, falls t nur klein genug gewählt wird. Insbesondere ist $f_t(B)$ dann eine offene

---

[1] Zu unserem Beweis vergleiche man die Arbeiten von J. Milnor und C. A. Rogers in Amer. Math. Monthly **87**, 521-524 und 525 (1978).

Teilmenge von B. Da B zusammenhängend ist, ergibt sich insgesamt $f_t(B) = B$. Mit 14.E.2 erhalten wir so für das Volumen ω_n der Einheitskugel und alle hinreichend kleinen $t \in [0, 1]$

$$\omega_n = \lambda^n(B) = \lambda^n\big(f_t(B)\big) = \int\limits_B |\mathrm{J}(f_t)|\, d\lambda^n = \int\limits_B \mathrm{J}(f_t)\, d\lambda^n = \int\limits_B \mathrm{Det}\,\big((1-t)\,\mathfrak{E}_n + t\,\mathfrak{J}(f)\big)\, d\lambda^n .$$

Andererseits ist dieses Integral offensichtlich ein Polynom in t, das nach dem Identitätssatz für Polynome konstant gleich ω_n sein muss. Für $t = 1$ erhält man

$$\omega_n = \int\limits_B \mathrm{J}(f)\, d\lambda^n .$$

Wegen $f(B) \subseteq S^{n-1}$ ist f in keinem Punkt von B regulär und somit $\mathrm{J}(f) = 0$ auf B. Dies liefert den Widerspruch $\omega_n = 0$. $\qquad\bullet$

Wir können nun beweisen:

16.A.3 Brouwerscher Fixpunktsatz *Es sei* $f : \overline{B} \to \overline{B}$ *eine stetige Abbildung der abgeschlossenen Einheitskugel des* $\mathbb{R}^n$ *in sich. Dann besitzt* f *einen Fixpunkt.*

B e w e i s . Sei $n \in \mathbb{N}^*$. Wir nehmen an, f besitze keinen Fixpunkt und betrachten zunächst den Fall, dass f sogar in einer Umgebung von $\overline{B}$ definiert und dort stetig differenzierbar ist. Dann ist die Abbildung h, die einem jeden Punkt x den Schnittpunkt des Strahls von $f(x)$ aus nach x mit S^{n-1} zuordnet, in einer geeigneten Umgebung von $\overline{B}$ wohldefiniert und dort ebenfalls stetig differenzierbar. Nach unserer obigen Annahme ist nämlich $f(x) \neq x$ auf ganz $\overline{B}$ und dann aus Stetigkeitsgründen auch in einer Umgebung von $\overline{B}$. Dort ist $h(x) = f(x) + t_x\big(x - f(x)\big)$, wo t_x sich als die positive Lösung der quadratischen Gleichung

$$\|x - f(x)\|^2\, t^2 + 2\langle f(x), x - f(x)\rangle\, t + \|f(x)\|^2 = 1$$

bestimmen lässt. Nach Konstruktion ist dann $h(\overline{B}) \subseteq S^{n-1}$ und $h|S^{n-1} = \mathrm{id}_{S^{n-1}}$ im Widerspruch zu 16.A.2.

Betrachten wir nun den Fall, dass f nur stetig ist auf $\overline{B}$. Da f keinen Fixpunkt besitzt, gibt es ein ε mit $0 < \varepsilon < 3$ und $\|f(x) - x\| \geq \varepsilon$ für alle x aus der kompakten Menge $\overline{B}$. Nach dem Weierstraßschen Approximationssatz 3.B.10 existiert eine Polynomabbildung $g : \mathbb{R}^n \to \mathbb{R}^n$ mit $\|g(x) - f(x)\| \leq \varepsilon' := \varepsilon/(3 - \varepsilon)$ für alle $x \in \overline{B}$. Es folgt $\|g(x)\| \leq \varepsilon' + \|f(x)\| \leq \varepsilon' + 1$, d.h. $g/(\varepsilon' + 1)$ ist eine Polynomabbildung, die $\overline{B}$ in sich abbildet und wegen

$$\left\| \frac{g(x)}{\varepsilon' + 1} - x \right\| = \left\| f(x) - x + \frac{1}{\varepsilon' + 1}\big(g(x) - f(x) - \varepsilon' f(x)\big) \right\|$$

$$\geq \|f(x) - x\| - \frac{1}{\varepsilon' + 1}\big(\|g(x) - f(x)\| + \varepsilon'\|f(x)\|\big) \geq \varepsilon - \frac{2\varepsilon'}{\varepsilon' + 1} = \frac{\varepsilon}{3} > 0$$

dort keinen Fixpunkt besitzt. Dies ist ein Widerspruch zum ersten Teil des Beweises. $\qquad\bullet$

Der vorstehende Beweis zeigt, dass sogar jede stetige Abbildung $f : \overline{B} \to \mathbb{R}^n$ mit $f(S^{n-1}) \subseteq \overline{B}$ einen Fixpunkt besitzt. Man beachte, dass eine stetige Abbildung der offenen Einheitskugel B in sich nicht notwendigerweise einen Fixpunkt haben muss; denn B ist ja homöomorph (sogar diffeomorph) zu $\mathbb{R}^n$.

In Band 4 werden wir mit Hilfe des Satzes von Stokes noch einen durchsichtigeren, aber begrifflich aufwändigeren Beweis für den Brouwerschen Fixpunktsatz 16.A.3 geben. Übrigens folgt daraus umgekehrt auch Lemma 16.A.2, und zwar sogar für jede stetige Abbildung $f : \overline{B} \to S^{n-1}$.

Wäre nämlich $f|S^{n-1} = \mathrm{id}_{S^{n-1}}$, so hätte $-f : \overline{B} \to S^{n-1} \subseteq \overline{B}$ keinen Fixpunkt im Widerspruch zu 16.A.3.

Als eine kleine Anwendung des Brouwerschen Fixpunktsatzes beweisen wir hier noch den bekannten (und wichtigen) Satz von Perron und Frobenius über Eigenwerte und Eigenvektoren reeller quadratischer Matrizen mit nichtnegativen bzw. positiven Koeffizienten. Zuvor bemerken wir, dass der Brouwersche Fixpunktsatz folgende selbstverständliche Verallgemeinerung hat: *Ist X ein topologischer Raum, der zu einer abgeschlossenen Einheitskugel im $\mathbb{R}^n$, $n \in \mathbb{N}$, homöomorph ist, so besitzt jede stetige Abbildung $f : X \to X$ einen Fixpunkt.* Beispielsweise hat jede stetige Abbildung $f : K \to K$ einer nichtleeren kompakten konvexen Teilmenge K eines endlichdimensionalen $\mathbb{R}$-Vektorraums in sich einen Fixpunkt, vgl. Bd. 2, 17.B, Aufg. 10.

Wir beweisen nun:

16.A.4 Satz von Perron-Frobenius *Sei I eine nichtleere endliche Indexmenge und $\mathfrak{A}$ eine Matrix in $\mathrm{M}_I(\mathbb{R}_+)$ mit nichtnegativen Koeffizienten. Dann besitzt $\mathfrak{A}$ einen Eigenvektor $\mathfrak{x}_0 \in \mathbb{R}_+^I$ mit dem Spektralradius $\rho(\mathfrak{A})$ als Eigenwert. – Sind sämtliche Koeffizienten von $\mathfrak{A}$ positiv, so ist der Eigenwert $\rho(\mathfrak{A})$ diagonalisierbar und einfach (d.h. $\mathbb{R}\mathfrak{x}_0$ ist die Primärkomponente von $\mathfrak{A}$ zum Eigenwert $\rho(\mathfrak{A})$).*

B e w e i s . Wir beweisen zunächst die Aussage über Matrizen mit positiven Koeffizienten. Die Summennorm auf $\mathbb{R}^I$ bezeichnen wir mit $\|-\|_1$, ferner sei $\triangle := \{\mathfrak{x} \in \mathbb{R}_+^I \mid \|\mathfrak{x}\|_1 = 1\}$ der $((|I| - 1)$-dimensionale) Standardsimplex in $\mathbb{R}^I$. Dann wird durch

$$\mathfrak{x} \mapsto \mathfrak{A}\mathfrak{x}/\|\mathfrak{A}\mathfrak{x}\|_1$$

offenbar eine stetige Abbildung von $\triangle$ in sich gegeben, die nach der obigen Verallgemeinerung des Brouwerschen Fixpunktsatzes einen Fixpunkt $\mathfrak{x}_0$ hat. Wegen $\mathfrak{A}\mathfrak{x}_0 = \|\mathfrak{A}\mathfrak{x}_0\|_1 \mathfrak{x}_0$ ist dabei $\mathfrak{x}_0 \in \triangle$ ein Eigenvektor von $\mathfrak{A}$.

Jeder Eigenvektor $\mathfrak{x} \in \mathbb{R}_+^I$ von $\mathfrak{A}$ hat notwendigerweise einen positiven Eigenwert λ, und seine Koeffizienten sind sämtlich positiv. Überdies ist λ diagonalisierbar und gleich $\rho(\mathfrak{A})$. Um dies zu beweisen, ersetzen wir $\mathfrak{A}$ durch $\mathfrak{A}/\lambda$ und können folglich $\lambda = 1$ annehmen. Dann gilt aber $\mathfrak{A}^n \mathfrak{x} = \mathfrak{x}$ für alle $n \in \mathbb{N}$, woraus sofort folgt, dass die Folge $\mathfrak{A}^n$, $n \in \mathbb{N}$, in $\mathrm{M}_I(\mathbb{R})$ beschränkt ist. Nach Bd. 2, Satz 18.B.3 hat $\mathfrak{A}$ dann einen Spektralradius ≤ 1 (und damit gleich 1, da 1 Eigenwert von $\mathfrak{A}$ ist), und 1 ist diagonalisierbarer Eigenwert von $\mathfrak{A}$.

Es bleibt zu zeigen, dass der Eigenraum $V_{\rho(\mathfrak{A})}$ zum Eigenwert $\rho(\mathfrak{A})$ 1-dimensional ist. Wäre aber $\mathrm{Dim}\, V_{\rho(\mathfrak{A})} \geq 2$, so hätte $V_{\rho(\mathfrak{A})}$ wegen $\mathfrak{x}_0 \in V_{\rho(\mathfrak{A})}$ einen Schnittpunkt $\neq 0$ mit dem Rand von $\mathbb{R}_+^I$ im Widerspruch dazu, dass jeder Eigenvektor in $\mathbb{R}_+^I$ ausschließlich positive Komponenten hat.

Seien nun allgemeiner die Koeffizienten von $\mathfrak{A}$ lediglich nichtnegativ. Dann seien $\mathfrak{J}$ diejenige Matrix aus $\mathrm{M}_I(\mathbb{R})$, deren Koeffizienten sämtlich 1 sind, (ε_n) eine Nullfolge positiver Zahlen und $\mathfrak{A}_n := \mathfrak{A} + \varepsilon_n \mathfrak{J}$. Nach dem bereits Bewiesenen gibt es Vektoren $\mathfrak{x}_n \in \triangle$ mit

$$\mathfrak{A}_n \mathfrak{x}_n = \rho(\mathfrak{A}_n)\, \mathfrak{x}_n \,.$$

Da $\triangle$ kompakt ist, können wir annehmen, dass die Folge $(\mathfrak{x}_n)$ konvergiert. Wegen $\lim_{n\to\infty} \mathfrak{A}_n = \mathfrak{A}$ ist $\lim_{n\to\infty} \rho(\mathfrak{A}_n) = \rho(\mathfrak{A})$, vgl. Bd. 2, Beispiel 18.B.8, und es folgt $\mathfrak{A}\mathfrak{x} = \rho(\mathfrak{A})\mathfrak{x}$ mit $\mathfrak{x} := \lim_{n\to\infty} \mathfrak{x}_n \in \triangle$. $\bullet$

Matrizen mit nichtnegativen Koeffizienten verallgemeinern die stochastischen Matrizen aus Bd. 2, Abschnitt 18.C und spielen in Anwendungen eine große Rolle. Es gibt eine umfangreiche Literatur dazu. Vergleiche auch Aufg. 14.

16.A.5 Beispiel (I r r a t i o n a l i t ä t v o n $\zeta(3)$) Die Werte der Zeta-Funktion für die geraden natürlichen Zahlen ≥ 2 haben nach Bd. 1, Beispiel 13.C.12 die expliziten Darstellungen

$$\zeta(2m) = \sum_{n=1}^{\infty} \frac{1}{n^{2m}} = (-1)^{m-1} \pi^{2m} \frac{B_{2m}}{(2m)!} \, 2^{2m-1}, \quad m \in \mathbb{N}^*,$$

vgl. auch Beispiel 7.G.14. Sie zeigen, dass $\zeta(2m)$ wie π transzendent, also sicher nicht rational ist. Über die Werte der Zeta-Funktion an ungeraden Stellen ist hingegen nur wenig bekannt. Als Anwendungsbeispiel zur Integrationstheorie zeigen wir hier die folgende Aussage von Roger Apéry aus dem Jahr 1979. Dabei folgen wir einer Arbeit von F. Beukers[2]):

16.A.6 Satz von Apéry $\zeta(3) = \displaystyle\sum_{n=1}^{\infty} \frac{1}{n^3}$ *ist irrational.*

B e w e i s . Für $\alpha, \beta > -1$ betrachten wir das Integral

$$\int_Q \frac{x^\alpha y^\beta}{1-xy} \, d\lambda^2 = \int_0^1 \int_0^1 \frac{x^\alpha y^\beta}{1-xy} \, dx\, dy$$

über das Einheitsquadrat $Q :=]-1, 1[^2$. Aus $x^\alpha y^\beta/(1-xy) = \sum_k x^{\alpha+k} y^{\beta+k}$ folgt mit 14.B.16

$$\int_Q \frac{x^\alpha y^\beta}{1-xy} \, dx\, dy = \sum_{k=0}^{\infty} \int_Q x^{\alpha+k} y^{\beta+k} \, dx\, dy = \sum_{k=0}^{\infty} \frac{1}{(k+\alpha+1)(k+\beta+1)} .$$

Setzen wir speziell $\beta = \alpha + n$ mit $n \in \mathbb{N}^*$, so ist die Reihe rechts eine Teleskopreihe, vgl. Bd. 1, Beispiel 6.A.4, und man bekommt

$$\int_Q \frac{x^\alpha y^{\alpha+n}}{1-xy} \, dx\, dy = \frac{1}{n} \sum_{k=0}^{\infty} \left(\frac{1}{k+\alpha+1} - \frac{1}{k+\alpha+n+1} \right) = \frac{1}{n} \left(\frac{1}{\alpha+1} + \cdots + \frac{1}{\alpha+n} \right) .$$

Differenziation nach α liefert mit 14.D.4

$$\int_Q \ln(xy) \frac{x^\alpha y^{\alpha+n}}{1-xy} \, dx\, dy = -\frac{1}{n} \left(\frac{1}{(\alpha+1)^2} + \cdots + \frac{1}{(\alpha+n)^2} \right) .$$

Analog gilt bei $\alpha = \beta + n$ mit $n \in \mathbb{N}^*$

$$\int_Q \ln(xy) \frac{x^{\beta+n} y^\beta}{1-xy} \, dx\, dy = -\frac{1}{n} \left(\frac{1}{(\beta+1)^2} + \cdots + \frac{1}{(\beta+n)^2} \right) .$$

Betrachtet man schließlich den Fall $\alpha = \beta$ und differenziert wieder nach α, so ergibt sich

$$\int_Q \ln(xy) \frac{x^\alpha y^\alpha}{1-xy} \, dx\, dy = -2 \sum_{k=0}^{\infty} \frac{1}{(k+\alpha+1)^3} .$$

Bei $\alpha = m \in \mathbb{N}$ erhält man schließlich

$$\int_Q \ln(xy) \frac{x^m y^m}{1-xy} \, dx\, dy = 2 \sum_{k=1}^{m} \frac{1}{k^3} - 2\zeta(3) .$$

---

[2]) A note on the irrationality of $\zeta(2)$ and $\zeta(3)$, Bull. London Math. Soc. **11**, 268-272 (1979).

Aus diesen Formeln folgt: Ist $f(x, y)$ ein Polynom mit ganzen Koeffizienten, dessen Grade bzgl. x und bzgl. y jeweils $\leq n$ sind, so hat man eine Darstellung

$$\int_Q \ln(xy) \, \frac{f(x, y)}{1 - xy} \, dx \, dy = \frac{1}{B(n)^3} \left(a + b\zeta(3) \right)$$

mit $a, b \in \mathbb{Z}$, wobei $B(n)$ das kleinste gemeinschaftliche Vielfache der Zahlen $1, 2, \ldots, n$ bezeichnet und somit $B(n)^3$ ein gemeinsamer Nenner für die dabei auf der rechten Seite auftretenden rationalen Zahlen ist. Wir verwenden dies für $f(x, y) := P_n(x) \, P_n(y)$, wo

$$P_n(x) := \frac{1}{n!} \left(\frac{d}{dx} \right)^n x^n (1 - x)^n = \sum_{k=0}^{n} (-1)^k \binom{n}{k} \binom{n+k}{n} x^k \in \mathbb{Z}[x]$$

bis auf einen konstanten Faktor das Legendre-Polynom für das Intervall $[0, 1]$ ist, vgl. Beispiel 15.B.4 (1). Wegen

$$\int_0^1 \frac{dz}{1 - z + xyz} = - \frac{\ln(1 - z + xyz)}{1 - xy} \Big|_{z=0}^{z=1} = - \frac{\ln xy}{1 - xy}$$

erhält man

$$I_n := - \int_Q \ln(x, y) \, \frac{P_n(x) \, P_n(y)}{1 - xy} \, dx \, dy = \int_0^1 \int_0^1 \int_0^1 \frac{P_n(x) \, P_n(y)}{1 - z + xyz} \, dx \, dy \, dz \, .$$

Da $(d/dx)^k (x^n (1-x)^n)$ bei $0 \leq k < n$ an den Stellen 0 und 1 verschwindet, ergibt n-fache partielle Integration nach x

$$I_n = \int_0^1 \int_0^1 \int_0^1 \frac{x^n (1-x)^n (yz)^n P_n(y)}{(1 - z + xyz)^{n+1}} \, dx \, dy \, dz \, .$$

Die Substitution $w = w(z) = (1 - z)/(1 - z + xyz)$, also $1 - w = xyz/(1 - z + xyz)$ und $dw/dz = xy/(1 - z + xyz)$ liefert

$$I_n = \int_0^1 \int_0^1 \int_0^1 \frac{(1 - x)^n (1 - w)^n P_n(y)}{1 - w + xyw} \, dx \, dy \, dw \, .$$

Setzen wir $g(x, y, w) := x(1 - x)y(1 - y)w(1 - w)/(1 - w + xyw)$ für $(x, y, w) \in {]0, 1[}^3$, so liefert n-fache partielle Integration nach y wie oben

$$I_n = \int_0^1 \int_0^1 \int_0^1 \frac{\left(g(x, y, w) \right)^n}{1 - w + xyw} \, dx \, dy \, dw \, .$$

Offenbar lässt sich g durch $g(x, y, w) := 0$, falls $(x, y, w) \in [0, 1]^3$ und wenigstens eine der Komponenten x, y, w gleich 0 oder 1 ist, stetig auf den Rand des Einheitswürfels $[0, 1]^3 \subseteq \mathbb{R}^3$ fortsetzen. Da die Werte von g im Inneren dieses Würfels überall positiv sind, muss die Funktion g ihr globales Maximum auf $[0, 1]^3$ an einer lokalen Maximumstelle, also einer gemeinsamen Nullstelle der partiellen Ableitungen von g, in ${]0, 1[}^3$ annehmen. Dies liefert dafür die Bedingungen

$$(1 - 2x)(1 - w) = x^2 yw \, , \quad (1 - 2y)(1 - w) = xy^2 w \, , \quad (1 - w)^2 = xyw^2 \, .$$

Aus den ersten beiden Gleichungen ergibt sich sofort $x = y$, aus der ersten und dritten erhält man $x = w/(1+w)$. Setzt man dies in die dritte Gleichung ein, so bekommt man $(1-w^2)^2 = w^4$ mit der einzigen Lösung $w = 1/\sqrt{2}$ in $]0, 1[$. Daraus folgt $x = y = \sqrt{2} - 1$, und das gesuchte Maximum von g ist $g(x, y, w) = (\sqrt{2} - 1)^4$. Somit ist unter Benutzung der zuvor erhaltenen Integraldarstellungen

$$0 < I_n \le (\sqrt{2} - 1)^{4n} \int_0^1 \int_0^1 \int_0^1 \frac{dw}{1 - w + xyw}\, dx\, dy$$

$$= -(\sqrt{2} - 1)^{4n} \int_Q \frac{\ln(xy)}{1 - xy}\, dx\, dy = (\sqrt{2} - 1)^{4n}\, 2\zeta(3)\,.$$

Andererseits haben wir gesehen, dass es $a_n, b_n \in \mathbb{Z}$ mit $I_n = \big(a_n + b_n\zeta(3)\big)\big/B(n)^3$ gibt, d.h. mit

$$0 < a_n + b_n\zeta(3) \le B(n)^3 \left(\sqrt{2} - 1\right)^{4n} 2\zeta(3)\,.$$

Nach dem nachfolgenden Lemma 16.A.7 gibt es eine Teilfolge (n_k) der Folge der natürlichen Zahlen mit $B(n_k) \le 3^{n_k}$. Dafür gilt $0 < a_{n_k} + b_{n_k}\zeta(3) \le \big(27\big(\sqrt{2}-1\big)^4\big)^{n_k} 2\zeta(3) < (4/5)^{n_k} 2\zeta(3)$, und daher $\lim_{k\to\infty}\big(a_{n_k} + b_{n_k}\zeta(3)\big) = 0$. Wäre $\zeta(3) = r/s$ mit $r, s \in \mathbb{N}^*$ rational, so wäre $(sa_{n_k} + rb_{n_k})_{k\in\mathbb{N}}$ eine Nullfolge ganzer Zahlen $\neq 0$. Widerspruch! Also ist $\zeta(3)$ irrational.   •

Es bleibt zu zeigen, dass $B(n) = \mathrm{kgV}\,(1, \ldots, n) \le 3^n$ ist für unendlich viele n. Wir verwenden die Funktionen $\Lambda(n)$ und $\psi(n) = \sum_{m \le n} \Lambda(m) = \ln B(n)$ aus Bsp. 7.G.15 und beweisen sogar:

16.A.7 Lemma *Zu jedem $D > e$ gibt es unendlich viele $n \in \mathbb{N}^*$ mit $B(n) < D^n$.*[3])

B e w e i s. Wenn die Aussage falsch wäre, gäbe es ein $n_0 \in \mathbb{N}^*$ mit $B(n) \ge D^n$, d.h. mit $\ln B(n) = \psi(n) \ge n \ln D$ für alle $n \ge n_0$. Für $n \ge n_0$ gilt:

$$\ln n! = \sum_{m \le n} \ln m = \sum_{m \le n}\sum_{d|m} \Lambda(d) = \sum_{k\ell \le n} \Lambda(k) = \sum_{\ell \le n} \psi\big(\big[\tfrac{n}{\ell}\big]\big) \ge \sum_{\ell \le n/n_0} \psi\big(\big[\tfrac{n}{\ell}\big]\big)$$

$$\ge \sum_{\ell \le n/n_0} \big[\tfrac{n}{\ell}\big] \ln D \ge \sum_{\ell \le n/n_0} \big(\tfrac{n}{\ell} - 1\big) \ln D = n \ln D \sum_{\ell \le n/n_0} \tfrac{1}{\ell} - \big[\tfrac{n}{n_0}\big] \ln D$$

$$\ge n \ln D \ln \frac{n}{n_0} - \frac{n}{n_0} \ln D = (\ln D)\, n \ln n - n \big(\ln n_0 + \tfrac{1}{n_0}\big) \ln D\,,$$

was wegen $\ln D > 1$ mit der einfachen Asymptotik $\ln n! \sim n \ln n$ für $n \to \infty$ unverträglich ist.   •

Ähnlich elementar zeigt man, dass es zu jedem C mit $1 < C < e$ unendlich viele $n \in \mathbb{N}^*$ gibt mit $B(n) > C^n$. Wäre nämlich $\ln B(n) = \psi(n) \le n \ln C$ für alle $n \ge n_0$, so wäre

$$\ln n! = \sum_{\ell \le n} \psi\big(\big[\tfrac{n}{\ell}\big]\big) \le \sum_{\ell \le n/n_0} \big[\tfrac{n}{\ell}\big] \ln C + \sum_{n/n_0 < \ell \le n} \psi\big(\big[\tfrac{n}{\ell}\big]\big) \le n \ln C \sum_{\ell \le n/n_0} \tfrac{1}{\ell} + n \sum_{k < n_0} \frac{\psi(k)}{k(k+1)}\,,$$

---

[3]) Für $D = 3$ gilt sogar $B(n) < 3^n$ für *alle* $n \in \mathbb{N}^*$. Zu einem relativ elementaren Beweis dieser Aussage verweisen wir auf Narkiewicz, W.: Classical Problems in Number Theory. Warschau 1986. Aus $B(n) \le n^{\pi(n)}$ folgt mit dem Primzahlsatz bei $D > e$ sofort $B(n) < D^n$ für fast alle n. Genauer besagt der Primzahlsatz in der Fassung $\psi(x) \sim x$ für $x \to \infty$, vgl. 7.G.19: Für beliebige Konstanten C, D mit $1 < C < e < D$ ist $C^n < B(n) = e^{\psi(n)} < D^n$ für fast alle $n \in \mathbb{N}^*$.

was wegen $\sum_{\ell \le n/n_0} 1/\ell \le 1 + \ln(n/n_0)$ und $0 < \ln C < 1$ wieder der Asymptotik $\ln n! \sim n \ln n$ widerspricht. Zusammen mit dem Lemma ist damit gezeigt, dass $\liminf_{x\to\infty} \psi(x)/x \le 1$ und $\limsup_{x\to\infty} \psi(x)/x \ge 1$ ist. Um den Primzahlsatz in der Form $\lim_{x\to\infty} \psi(x)/x = 1$ zu gewinnen (vgl. Lemma 7.G.19), genügt es also, die *Existenz* dieses Grenzwerts zu beweisen. Dies hat schon Tschebyschew bemerkt.

16.A.8 Beispiel (B e t a - F u n k t i o n) Wir schließen in diesem Beispiel an die Behandlung der Gamma-Funktion in Bd. 1, Abschnitt 17.B an. Für $x \in \mathbb{C}$ mit $\mathrm{Re}\, x > 0$ wurde dort

$$\Gamma(x) = \int_0^\infty t^{x-1} e^{-t} dt$$

gesetzt und (durch partielle Integration) die Funktionalgleichung $\Gamma(x+1) = x\Gamma(x)$ bewiesen. Sodann wurde $\Gamma(x)$ in offensichtlicher Weise für alle $x \in \mathbb{C}$ mit $-x \notin \mathbb{N}$ so definiert, dass diese Funktionalgleichung weiter gilt. Es wurde gezeigt, dass $\Gamma(x)$ beliebig oft differenzierbar ist mit

$$\Gamma^{(n)}(x) = \int_0^\infty t^{x-1} (\ln t)^n e^{-t}\, dt\,,$$

und für $x \in \mathbb{C} - \mathbb{Z}$ die Ergänzungsformel

$$\Gamma(x)\,\Gamma(1-x) = \frac{\pi}{\sin \pi x}$$

hergeleitet. Ferner diente die Γ-Funktion als Ausgangspunkt zur Berechnung zahlreicher wichtiger uneigentlicher Integrale. In diesem Zusammenhang ist die Beta-Funktion von Bedeutung:

16.A.9 Definition Für $x, y \in \mathbb{C}$ mit $\mathrm{Re}\, x, \mathrm{Re}\, y > 0$ wird die (E u l e r s c h e) B e t a - F u n k t i o n $\mathrm{B}(x, y)$ definiert durch

$$\mathrm{B}(x, y) := \int_0^1 (1-s)^{x-1} s^{y-1}\, ds\,.$$

16.A.10 Satz *Für alle* $x, y \in \mathbb{C}$ *mit* $\mathrm{Re}\, x, \mathrm{Re}\, y > 0$ *ist* $\mathrm{B}(x, y)$ *wohldefiniert und es gilt:*

$$\Gamma(x)\,\Gamma(y) = \Gamma(x+y)\,\mathrm{B}(x, y)\,.$$

B e w e i s. Nach dem Satz von Fubini gilt

$$\Gamma(x)\,\Gamma(y) = \int_0^\infty \int_0^\infty t^{x-1} u^{y-1} e^{-(t+u)}\, du\, dt\,.$$

Die Substitution $f : \mathbb{R}_+^\times \times \mathbb{R}_+^\times \to\,]0, 1[\times \mathbb{R}_+^\times$ mit $(s, v) := f(u, t) = \bigl(u/(u+t), u+t\bigr)$ hat die Funktionaldeterminante $v = u + t$. Die zugehörige Umkehrabbildung ist $(u, t) = f^{-1}(s, v) = \bigl(sv, (1-s)v\bigr)$. Sie liefert (wieder mit dem Satz von Fubini)

$$\Gamma(x)\,\Gamma(y) = \int_0^\infty \int_0^1 (1-s)^{x-1} s^{y-1} v^{x-1} v^{y-1} e^{-v} v\, dx\, dv = \Gamma(x+y)\,\mathrm{B}(x, y)\,. \qquad \bullet$$

Für den Fall $x \in \mathbb{N}^*$ vgl. auch Bd. 1, 2.B, Aufg. 17a).

Die v e r a l l g e m e i n e r t e B e t a - F u n k t i o n wird für komplexe Zahlen $x_0, \ldots, x_n$ mit positiven Realteilen definiert durch

$$B(x_0, \ldots, x_n) := \int_{\triangle_n} \left(1 - (s_1 + \cdots + s_n)\right)^{x_0 - 1} s_1^{x_1 - 1} \cdots s_n^{x_n - 1} \, ds_1 \cdots ds_n \, ,$$

wobei $\triangle_n$ der Simplex $\triangle_n = \{(s_1, \ldots, s_n) \in (\mathbb{R}_+^\times)^n \mid s_1 + \cdots + s_n < 1\}$ ist. Die Substitution $\triangle_n \to \triangle_{n-1} \times \,]0, 1[$ werde durch $s_i := t_i(1 - t_n)$, $i = 1, \ldots, n-1$, und $s_n := t_n$ gegeben. Ihre Umkehrabbildung bekommt man durch $t_i = s_i / (1 - s_n)$, $i = 1, \ldots, n-1$, und $t_n = s_n$, ihre Funktionaldeterminante ist $(1 - t_n)^{n-1}$. Zusammen mit dem Satz von Fubini liefert sie

$$B(x_1, \ldots, x_n) =$$

$$= \int_0^\infty \int_{\triangle_{n-1}} \left(1 - (t_1 + \cdots + t_{n-1})\right)^{x_0 - 1} t_1^{x_1 - 1} \cdots t_{n-1}^{x_{n-1} - 1} (1 - t_n)^{x_0 + \cdots + x_{n-1} - 1} t_n^{x_n - 1} dt_1 \cdots dt_n$$

$$= B(x_0, \ldots, x_{n-1}) \cdot B(x_0 + \cdots + x_{n-1}, x_n) \, .$$

Durch Induktion über n ergibt sich nun mit 16.A.10 die folgende Verallgemeinerung der dort bewiesenen Formel:

$$\Gamma(x_0) \cdots \Gamma(x_n) = \Gamma(x_0 + \cdots + x_n) \, B(x_0, \ldots, x_n) \, .$$

Wir geben einige Anwendungen der Beta-Funktion. Zunächst beweisen wir noch einmal die G a u ß s c h e P r o d u k t d a r s t e l l u n g der Gamma-Funktion (vgl. auch Bd. 1, 17.B.3):

16.A.11 Satz *Für $x \in \mathbb{C}$ mit* $\operatorname{Re} x > 0$ *ist* $\Gamma(x) = \dfrac{1}{x} \displaystyle\prod_{k=1}^\infty \dfrac{\left(1 + \frac{1}{k}\right)^x}{1 + \frac{x}{k}} \, .$

B e w e i s . Wir betrachten die Funktionenfolge $f_n : \mathbb{R}_+^\times \to \mathbb{C}$ mit $f_n(t) := t^{x-1}\left(1 - \frac{t}{n}\right)^n$ für $0 < t \leq n$ und $f_n(t) := 0$ sonst. Sie konvergiert auf $\mathbb{R}_+^\times$ punktweise gegen $t^{x-1}e^{-t}$ und hat dort die integrierbare Majorante $t^{\operatorname{Re} x - 1} e^{-t}$. Nach dem Lebesgueschen Konvergenzsatz ist also

$$\lim_{n \to \infty} \int_0^\infty f_n(t) \, dt = \int_0^\infty t^{x-1} e^{-t} \, dt = \Gamma(x) \, .$$

Andererseits liefert die Substitution $t = ns$

$$\int_0^\infty f_n(t) \, dt = \int_0^n t^{x-1}\left(1 - \frac{t}{n}\right)^n dt = n^x \int_0^1 s^{x-1}(1 - s)^n \, ds =$$

$$= n^x B(x, n+1) = n^x \frac{\Gamma(x)\,\Gamma(n+1)}{\Gamma(x+n+1)} = \frac{n^x n!}{x(x+1) \cdots (x+n)} = \frac{1}{x} \prod_{k=1}^n \frac{\left(1 + \frac{1}{k}\right)^x}{1 + \frac{x}{k}} \, .$$

Insgesamt folgt daraus die Behauptung. $\bullet$

Mit der Funktionalgleichung der Gamma-Funktion lässt sich Satz 16.A.11 auf alle $x \in \mathbb{C} - \mathbb{N}$ ausdehnen.

16.A.12 Satz *Für $u, v \in \mathbb{C}$ mit* $\operatorname{Re} u, \operatorname{Re} v > -1$ *ist*

$$I_{\pi/2}(u, v) := \int_0^{\pi/2} \cos^u t \, \sin^v t \, dt = \frac{1}{2} \frac{\Gamma\!\left(\frac{u+1}{2}\right) \Gamma\!\left(\frac{v+1}{2}\right)}{\Gamma\!\left(\frac{u+v}{2} + 1\right)} \, .$$

B e w e i s . Für $x, y \in \mathbb{C}$ mit $\operatorname{Re} x, \operatorname{Re} y > 0$ geht das Integral $\mathrm{B}(x, y) = \int_0^1 (1-s)^{x-1} s^{y-1}\, ds$ durch die Substitution $s = \sin^2 t$, d.h. $1-s = \cos^2 t$, über in das Integral

$$2 \int\limits_0^{\pi/2} \cos^{2x-1} t \, \sin^{2y-1} t \, dt \; .$$

Setzt man noch $x = \frac{1}{2}(u+1)$, $y = \frac{1}{2}(v+1)$, so ergibt sich die Behauptung mit 16.A.10.   ●

Der Fall $u = v = 0$ liefert $\Gamma\left(\frac{1}{2}\right)^2 = 2\frac{\pi}{2} = \pi$, d.h. $\Gamma\left(\frac{1}{2}\right) = \sqrt{\pi}$. Über die Substitution $t = \tau^2$ erhält man so eine weitere Methode zur Berechnung des Fehlerintegrals, vgl. Beispiel 14.C.9.

Wir betrachten noch für $u, v \in \mathbb{N}$ die Integrale

$$I_\pi(u, v) := \int\limits_0^{\pi} \cos^u t \, \sin^v t \, dt \; , \quad I_{2\pi}(u, v) := \int\limits_0^{2\pi} \cos^u t \, \sin^v t \, dt \; .$$

Unterteilt man dabei den Integrationsbereich jeweils in zwei Hälften und substituiert in der rechten Hälfte $\tau = t - \pi/2$ bzw. $\tau = t - \pi$, so erhält man

$$I_\pi(u, v) = I_{\pi/2}(u, v) + (-1)^u I_{\pi/2}(v, u) \,, \quad I_{2\pi}(u, v) = I_\pi(u, v) + (-1)^{u+v} I_\pi(u, v) \,.$$

Damit ergeben sich die folgenden Werte:

16.A.13 *Für* $m, n \in \mathbb{N}$ *ist*

$$I_{\pi/2}(2m, 2n) = \frac{(2m)!\,(2n)!}{4^{m+n}\, m!\, n!\, (m+n)!} \cdot \frac{\pi}{2} \,, \quad I_{\pi/2}(2m+1, 2n+1) = \frac{m!\, n!}{2\,(m+n+1)!} \,,$$

$$I_{\pi/2}(2m, 2n+1) = I_{\pi/2}(2n+1, 2m) = \frac{4^n\,(2m)!\,(m+n)!}{m!\,(2m+2n+1)!} \,,$$

$$I_\pi(2m, 2n) = \frac{(2m)!\,(2n)!}{4^{m+n}\, m!\, n!\, (m+n)!} \cdot \pi \,, \quad I_\pi(2m, 2n+1) = 2\,\frac{4^n\,(2m)!\,(m+n)!}{m!\,(2m+2n+1)!} \,,$$

$$I_\pi(2m+1, 2n) = I_\pi(2m+1, 2n+1) = 0 \,,$$

$$I_{2\pi}(2m, 2n) = \frac{(2m)!\,(2n)!}{4^{m+n}\, m!\, n!\, (m+n)!} \cdot 2\pi \,,$$

$$I_{2\pi}(2m+1, 2n) = I_{2\pi}(2m, 2n+1) = I_{2\pi}(2m+1, 2n+1) = 0 \,.$$

Der Fall $u = v = 2x - 1$, $\operatorname{Re} x > 0$, von 16.A.12 ergibt:

$$\frac{\Gamma(x)^2}{\Gamma(2x)} = 2 \int\limits_0^{\pi/2} \cos^{2x-1} t \, \sin^{2x-1} t \, dt = \frac{1}{2^{2x-2}} \int\limits_0^{\pi/2} \sin^{2x-1} 2t \, dt$$

$$= \frac{1}{2^{2x-1}} \int\limits_0^{\pi} \sin^{2x-1} t \, dt = \frac{1}{2^{2x-2}} \int\limits_0^{\pi/2} \sin^{2x-1} t \, dt = \frac{\sqrt{\pi}\,\Gamma(x)}{2^{2x-1}\,\Gamma\left(x+\frac{1}{2}\right)} \; .$$

Dehnt man dieses Ergebnis vermöge der Funktionalgleichung auf alle $x \in \mathbb{C}$ aus, für die beide Seiten definiert sind, so erhält man noch einmal die L e g e n d r e s c h e V e r d o p p l u n g s f o r m e l , die bereits in Bd. 1, 17.B.5 bewiesen wurde:

16.A.14 Satz *Für alle* $x \in \mathbb{C}$ *mit* $-2x \notin \mathbb{N}$ *gilt* $\Gamma(2x) = \dfrac{2^{2x-1}}{\sqrt{\pi}}\,\Gamma(x)\,\Gamma\!\left(x+\tfrac{1}{2}\right).$

16.A.15 Beispiel (Einige elliptische Integrale) Wir schließen an die Behandlung elliptischer Integrale in Bd. 1, Abschnitt 17.C an. Die Substitution $t = \sqrt{1-\tau^2}$, $dt/d\tau = -\tau/t$, verwandelt das vollständige elliptische Integral 1. Gattung

$$K\!\left(\tfrac{1}{2}\sqrt{2}\right) = \int_0^1 \frac{d\tau}{\sqrt{(1-\tau^2)(1-\tau^2/2)}} = \sqrt{2}\int_0^1 \frac{d\tau}{\sqrt{(1-\tau^2)(2-\tau^2)}}$$

in das Integral

$$\sqrt{2}\int_0^1 \frac{dt}{\sqrt{(1-t^2)(1+t^2)}} = \sqrt{2}\int_0^1 \frac{dt}{\sqrt{1-t^4}}\,.$$

Die Substitution $s = t^4$ mit $dt/ds = 1/4s^{3/4}$ liefert

$$K\!\left(\tfrac{1}{2}\sqrt{2}\right) = \frac{\sqrt{2}}{4}\int_0^1 (1-s)^{-1/2}\,s^{-3/4}\,ds = \frac{1}{2\sqrt{2}}\,\mathrm{B}\!\left(\tfrac{1}{2},\tfrac{1}{4}\right) = \frac{\sqrt{\pi}\,\Gamma(\tfrac{1}{4})}{2\sqrt{2}\,\Gamma(\tfrac{3}{4})}\,.$$

Aus 16.A.14 ergibt sich $\Gamma\!\left(\tfrac{1}{4}\right)\Gamma\!\left(\tfrac{3}{4}\right) = \sqrt{2\pi}\,\Gamma\!\left(\tfrac{1}{2}\right) = \pi\sqrt{2}$, d.h. $\dfrac{1}{\Gamma(\tfrac{3}{4})} = \dfrac{\Gamma(\tfrac{1}{4})}{\pi\sqrt{2}}$. Insgesamt ergibt sich:

16.A.16 Satz *Es ist* $\Gamma\!\left(\tfrac{1}{4}\right) = 2\sqrt{\sqrt{\pi}\,K\!\left(\tfrac{1}{2}\sqrt{2}\right)}\,.$

Allgemeiner liefern die zuletzt verwandte Substitution und 16.A.14 für $n \in \mathbb{N}$:

$$\int_0^1 \frac{t^n}{\sqrt{1-t^4}}\,dt = \frac{1}{4}\int_0^1 (1-s)^{-1/2}s^{(n-3)/4}\,ds = \frac{1}{4}\,\mathrm{B}\!\left(\tfrac{1}{2},\tfrac{n+1}{4}\right)$$

$$= \frac{\sqrt{\pi}}{4}\cdot\frac{\Gamma\!\left(\tfrac{n+1}{4}\right)}{\Gamma\!\left(\tfrac{n+3}{4}\right)} = 2^{(n-5)/2}\,\frac{\Gamma\!\left(\tfrac{n+1}{4}\right)^2}{\Gamma\!\left(\tfrac{n+1}{2}\right)}\,.$$

Im Fall $n = 2$ hat man andererseits mit der Substitution $t = \sqrt{1-\tau^2}$:

$$\int_0^1 \frac{t^2}{\sqrt{1-t^4}}\,dt = \int_0^1 \sqrt{\frac{1-\tau^2}{2-\tau^2}}\,d\tau = \int_0^1 \sqrt{\frac{2-\tau^2}{1-\tau^2}}\,d\tau - \int_0^1 \frac{d\tau}{\sqrt{(1-\tau^2)(2-\tau^2)}}$$

$$= \sqrt{2}\,E\!\left(\tfrac{1}{2}\sqrt{2}\right) - \frac{1}{\sqrt{2}}\,K\!\left(\tfrac{1}{2}\sqrt{2}\right)$$

mit dem elliptischen Integral zweiter Gattung

$$E\!\left(\tfrac{1}{2}\sqrt{2}\right) = \int_0^1 \sqrt{\frac{1-\tau^2/2}{1-\tau^2}}\,d\tau = \frac{1}{\sqrt{2}}\int_0^1 \sqrt{\frac{2-\tau^2}{1-\tau^2}}\,d\tau\,.$$

Damit ergibt sich nun

$$\sqrt{2}\,E\!\left(\tfrac{1}{2}\sqrt{2}\right) - \frac{1}{\sqrt{2}}\,K\!\left(\tfrac{1}{2}\sqrt{2}\right) = \int\limits_{0}^{1} \frac{t^2\,dt}{\sqrt{1-t^4}} = \frac{\sqrt{\pi}}{4}\,\frac{\Gamma(\tfrac{3}{4})}{\Gamma(\tfrac{5}{4})} = \sqrt{\pi}\,\frac{\Gamma(\tfrac{3}{4})}{\Gamma(\tfrac{1}{4})} = \frac{\pi}{2\sqrt{2}\,K(\tfrac{1}{2}\sqrt{2})},$$

d.h. der Spezialfall der L e g e n d r e s c h e n R e l a t i o n aus Bd. 1, 17.C.5, der die Grundlage für die schnelle Berechnung von π in Bd. 1, 17.C.11 darstellt.

16.A.17 Beispiel (G a u ß s c h e Q u a d r a t u r f o r m e l n) Im Folgenden sei μ ein σ-endliches Maß auf $\mathbb{R} = (\mathbb{R}^1, \mathcal{B}^1)$, für das sämtliche Momente $\int_{\mathbb{R}} t^m d\mu$, $m \in \mathbb{N}$, existieren. Gesucht werden Quadraturformeln zum näherungsweisen Berechnen von Integralen $\int_{\mathbb{R}} f\,d\mu$, die die folgende Gestalt haben:

$$\int\limits_{\mathbb{R}} f\,d\mu \approx \sum_{i=1}^{n} w_i\,f(a_i)$$

mit festen G e w i c h t e n w_i und festen K n o t e n $a_i \in \mathbb{R}$, $i = 1, \ldots, n$. Dabei ist $f : \mathbb{R} \to \mathbb{C}$ eine bezüglich μ integrierbare Funktion, die im Einzelfall noch weiteren einschränkenden Bedingungen unterworfen wird.

Die Funktionen $1 = t^0, t^1, \ldots, t^n$ seien linear unabhängig in $\mathrm{L}^2_{\mathbb{C}}(\mu)$. Dies ist damit äquivalent, dass der Träger von μ, vgl. 11.C, Aufg. 18, mindestens $n + 1$ Punkte enthält. Beweis! Die J a c o b i - P o l y n o m e $G_0, \ldots, G_n$ zum Maß μ entstehen aus $t^0, \ldots, t^n$ durch Anwenden des Schmidtschen Orthonormalisierungsverfahrens. Es ist also G_ν ein reelles Polynom in t vom Grad ν mit positivem Leitkoeffizienten, und $G_0, \ldots, G_n$ ist eine Orthonormalbasis des Unterraums $\bigoplus_{\nu=0}^{n} \mathbb{C}t^\nu$ von $\mathrm{L}^2_{\mathbb{C}}(\mu)$. Enthält der Träger von μ unendlich viele Punkte, so sind alle Jacobi-Polynome G_ν, $\nu \in \mathbb{N}$, definiert.

Ein Spezialfall des folgenden Lemmas·ist uns bereits in Bd. 2, 19.A, Aufg. 20 begegnet:

16.A.18 Lemma *Das Polynom G_ν hat ν verschiedene (einfache) reelle Nullstellen, die alle im Inneren der konvexen Hülle des Trägers von μ liegen, $\nu = 0, \ldots, n$.*

B e w e i s. Sind $\lambda_1, \ldots, \lambda_r$ die verschiedenen reellen Nullstellen von G_ν in der konvexen Hülle I des Trägers von μ, deren Ordnung überdies ungerade ist, so gilt $G_\nu = F_\nu H_\nu$ mit

$$F_\nu := (t - \lambda_1) \cdots (t - \lambda_r)$$

und einem Polynom H_ν, das auf ganz I stets ≥ 0 oder stets ≤ 0 ist. Bei $r < \nu$ ist in $\mathrm{L}^2_{\mathbb{C}}(\mu)$ nach Konstruktion $0 = \langle F_\nu, G_\nu \rangle = \int_I F_\nu^2 H_\nu\,d\mu$ mit $F_\nu^2 H_\nu \geq 0$ oder $F_\nu^2 H_\nu \leq 0$ auf ganz I. Es folgt, dass der Träger von μ in der Nullstellenmenge von G_ν liegt und damit höchstens $\nu < n+1$ Punkte enthält, vgl. 14.B.21. Widerspruch! Also ist $r = \nu$, und G_ν hat ν verschiedene reelle Nullstellen in I.

Sei nun K_ν das Produkt der Linearfaktoren $t - \lambda$ zu den Nullstellen λ von G_ν im *Inneren* von I. Wären dies weniger als ν, so wäre wieder $0 = \langle K_\nu, G_\nu \rangle = \int_I K_\nu G_\nu\,d\mu$ mit $K_\nu G_\nu \geq 0$ oder $K_\nu G_\nu \leq 0$ auf ganz I. Es folgt wie oben, dass der Träger von μ in der Nullstellenmenge von G_ν liegt. Widerspruch! $\qquad\qquad\bullet$

16.A.19 Satz *Der Träger von μ enthalte wenigstens $n + 1$ Punkte, $n \in \mathbb{N}$. Dann gibt es (bis auf die Reihenfolge) genau einen Satz $(a_1 ; w_1), \ldots, (a_n ; w_n)$ von Gewichten w_i zu paarweise verschiedenen Knoten a_i derart, dass für jedes Polynom f vom Grade $< 2n$ gilt*

$$\int\limits_{\mathbb{R}} f\,d\mu = \sum_{i=1}^{n} w_i\,f(a_i).$$

Die a_i sind notwendigerweise die Nullstellen des Jacobi-Polynoms G_n zum Maß μ, und die w_i sind durch die Formeln

$$w_i = G_{n,i}^{-2}(a_i) \cdot \int_{\mathbb{R}} G_{n,i}^2 \, d\mu$$

mit $G_{n,i} := G_n/(t-a_i)$, $i = 1, \ldots, n$, bestimmt. Insbesondere sind die w_i alle positiv.

B e w e i s . Sei zunächst $(a_1; w_1), \ldots, (a_n; w_n)$ ein Satz von Knoten und Gewichten, mit dem die Quadraturformel für Polynome vom Grad $< 2n$ exakt ist. Dann sei G das Produkt $\prod_{i=1}^{n}(t - a_i)$. Für jedes Polynom F vom Grade $< n$ folgt $\int_{\mathbb{R}} F G \, d\mu = \sum_{i=1}^{n} w_i F(a_i) G(a_i) = 0$, d.h. G ist orthogonal in $L^2_{\mathbb{C}}(\mu)$ zu allen Polynomen vom Grad $< n$ und somit ein skalares Vielfaches von G_n. Daher sind die $a_1, \ldots, a_n$ die Nullstellen von G_n. Die Darstellung der w_j folgt nun aus

$$\int_{\mathbb{R}} G_{n,j}^2 \, d\mu = \sum_{i=1}^{n} w_i G_{n,j}^2(a_i) = w_j G_{n,j}^2(a_j) .$$

Es bleibt zu zeigen, dass zu den Nullstellen $a_1, \ldots, a_n$ von G_n als Knoten Gewichte $w_1, \ldots, w_n$ existieren, für die die Quadraturformel bei Polynomen vom Grad $< 2n$ exakt ist. Die Polynome $G_{n,1}, \ldots, G_{n,n}, G_{n,1}G_n, \ldots, G_{n,n}G_n$ bilden aber eine Basis des Raums aller Polynome vom Grad $< 2n$. Setzen wir nun

$$w_i := G_{n,i}^{-1}(a_i) \cdot \int_{\mathbb{R}} G_{n,i} \, d\mu ,$$

so gilt jeweils für $j = 1, \ldots, n$:

$$\int_{\mathbb{R}} G_{n,j} \, d\mu = w_j G_{n,j}(a_j) = \sum_{i=1}^{n} w_i G_{n,j}(a_i) , \qquad \int_{\mathbb{R}} G_{n,j} G_n \, d\mu = 0 = \sum_{i=1}^{n} w_i G_{n,j}(a_i) \, G_n(a_i) . \; \bullet$$

Zur Approximation von $\int_{\mathbb{R}} f \, d\mu$ für allgemeinere Funktionen $f : \mathbb{R} \to \mathbb{C}$ mit Hilfe der Quadraturformel von Satz 16.A.19 beweisen wir die folgende Fehlerabschätzung:

16.A.20 Satz *Seien μ sowie $a_1, \ldots, a_n$ und $w_1, \ldots, w_n$ wie in 16.A.19 gewählt. Dann gilt für jede $(2n)$-mal stetig differenzierbare Funktion $f : \mathbb{R} \to \mathbb{C}$*

$$\left| \int_{\mathbb{R}} f \, d\mu - \sum w_i f(a_i) \right| \leq \frac{\|f^{(2n)}\|_I}{(2n)! \, c_n^2} ,$$

wo I die konvexe Hülle des Trägers von μ ist und c_n den Leitkoeffizienten von G_n bezeichnet.

B e w e i s . Sei T dasjenige Polynom vom Grade $< 2n$ mit $T(a_i) = f(a_i)$ und $T'(a_i) = f'(a_i)$ für $i = 1, \ldots, n$, vgl. Bd. 1, Satz 15.B.1 (Hermite-Interpolation). Dann gilt mit Bd. 1, Satz 15.A.3:

$$\left| \int_{\mathbb{R}} f \, d\mu - \sum_{i=1}^{n} w_i f(a_i) \right| = \left| \int_{\mathbb{R}} (f - T) \, d\mu \right| \leq \int_I |f - T| \, d\mu \leq \frac{\|f^{(2n)}\|_I}{(2n)!} \int_I \frac{G_n^2}{c_n^2} \, d\mu = \frac{\|f^{(2n)}\|_I}{(2n)! \, c_n^2} . \; \bullet$$

Die Quadraturformeln in 16.A.19 bzw. 16.A.20 heißen G a u ß s c h e Q u a d r a t u r f o r m e l n . Gauß selbst hat sie für $\mu = e_{[-1,1]}\lambda^1$, d.h. für Integrale $\int_{-1}^{1} f(t) \, dt$ angegeben. In diesem Fall sind die G_n die Legendreschen Polynome P_n zum Intervall $[-1, 1]$, vgl. Bd. 2, Tafel 1, und bei $n \leq 6$ ergibt sich für die G a u ß - L e g e n d r e - Q u a d r a t u r :

n	Knoten a_i	Gewicht w_i
1	0	2
2	$\pm 0{,}57735\,02692$	1
3	$\pm 0{,}77459\,66692$ 0	$0{,}55555\,55556$ $0{,}88888\,88889$
4	$\pm 0{,}86113\,63116$ $\pm 0{,}33998\,10436$	$0{,}34785\,48451$ $0{,}65214\,51549$
5	$\pm 0{,}90617\,98459$ $\pm 0{,}53846\,93101$ 0	$0{,}23692\,68851$ $0{,}47862\,86705$ $0{,}56888\,88889$
6	$\pm 0{,}93246\,95142$ $\pm 0{,}66120\,93865$ $\pm 0{,}23861\,91861$	$0{,}17132\,44924$ $0{,}36076\,15730$ $0{,}46791\,39346$

Für Integrale über ein beliebiges endliches Intervall $[a, b]$ transformiert man linear das Intervall $[a, b]$ auf $[-1, 1]$ oder (was damit äquivalent ist) linear die Knoten des Intervalls $[-1, 1]$ auf das Intervall $[a, b]$, wobei zusätzlich die Gewichte mit $(b - a)/2$ zu multiplizieren sind.

Allgemeiner liefern die Jacobi-Polynome vom Typ (α, β), $\alpha, \beta > -1$, Gaußsche Quadraturformeln für Integrale des Typs

$$\int_a^b f(t)\,(t-a)^\alpha (b-t)^\beta\,dt\,,$$

vgl. Beispiel 15.B.4 (3). Integrale vom Typ

$$\int_0^\infty f(t)\,e^{-t}\,dt \quad \text{bzw.} \quad \int_{-\infty}^\infty f(t)\,e^{-t^2}\,dt$$

approximiert man entsprechend mit Hilfe der Nullstellen der Laguerre- bzw. Hermite-Polynome, vgl. die Beispiele 15.B.5 und 15.B.9 sowie die Tafeln 1 und 2. Bei $n \le 6$ erhält man so für die Laguerre-Quadratur:

n	Knoten a_i	Gewicht w_i
1	1	1
2	$0{,}58578\,64$ $3{,}41421\,36$	$0{,}85355\,34$ $0{,}14644\,66$
3	$0{,}41577\,46$ $2{,}29428\,04$ $6{,}28994\,51$	$0{,}71109\,30$ $0{,}27851\,77$ $0{,}01038\,93$
4	$0{,}32254\,77$ $1{,}74576\,11$ $4{,}53662\,03$ $9{,}39507\,09$	$0{,}60315\,41$ $0{,}35741\,87$ $0{,}03888\,79$ $0{,}00053\,93$

n	Knoten a_i	Gewicht w_i
5	$0{,}26356\,03$ $1{,}41340\,31$ $3{,}59642\,58$ $7{,}08581\,00$ $12{,}64080\,08$	$0{,}52175\,56$ $0{,}39866\,68$ $0{,}07594\,24$ $0{,}00361\,18$ $0{,}00002\,34$
6	$0{,}22284\,66$ $1{,}18893\,21$ $2{,}99273\,63$ $5{,}77514\,36$ $9{,}83746\,74$ $15{,}98287\,40$	$0{,}45896\,47$ $0{,}41700\,08$ $0{,}11337\,34$ $0{,}01039\,92$ $0{,}00026\,10$ $0{,}00000\,09$

Entsprechend hat man für die Hermite-Quadratur:

n	Knoten a_i	Gewicht w_i
1	0	$1,7724538$
2	$\pm 0,7071068$	$0,8862269$
3	$\pm 1,2247449$	$0,2954090$
	0	$1,1816359$
4	$\pm 1,6506801$	$0,0813128$
	$\pm 0,5246476$	$0,8049141$

n	Knoten a_i	Gewicht w_i
5	$\pm 2,0201829$	$0,0045300$
	$\pm 0,9585725$	$0,1570673$
	0	$0,7246296$
6	$\pm 2,3506050$	$0,0045300$
	$\pm 1,3358491$	$0,1570673$
	$\pm 0,4360774$	$0,7246296$

Man beachte, dass die Gaußschen Quadraturformeln bei diskreten Maßen Näherungen für endliche Summen und auch für Reihen ergeben.

Aufgaben

1. Für alle $\mu \in \mathbb{C}$ mit $|\operatorname{Re}\mu| < 1$ ist $\displaystyle\int_0^{\pi/2} \tan^\mu t\, dt = \frac{\pi}{2\cos(\pi\mu/2)}$. (Man verwende 16.A.12

sowie die am Anfang von Beispiel 16.A.8 zitierte Ergänzungsformel.) Insbesondere ist

$$\int_0^{\pi/2} \sqrt{\tan t}\, dt = \frac{\pi}{\sqrt{2}}\,.$$

2. Für alle $\mu \in \mathbb{R}$ mit $\mu > 1$ ist $\displaystyle\int_0^1 \frac{dt}{\sqrt[\mu]{1-t^\mu}} = \frac{\pi}{\mu \sin \frac{\pi}{\mu}}$. (Man verwende die Substitution $s = t^\mu$,

16.A.10 sowie wieder die Ergänzungsformel.)

3. Für alle $\mu \in \mathbb{R}$ mit $\mu > 0$ ist $\displaystyle\int_0^1 \frac{dt}{\sqrt{1-t^\mu}} = \frac{\sqrt[\mu]{4}}{2\mu} \cdot \frac{\Gamma\!\left(\frac{1}{\mu}\right)^2}{\Gamma\!\left(\frac{2}{\mu}\right)}$. (Man verwende die Substitution

$s = t^\mu$, 16.A.10 und 16.A.14.)

4. Setzen wir zur Abkürzung $J = \displaystyle\int_0^1 \frac{dt}{\sqrt{1-t^3}} = \frac{1}{3\sqrt[3]{2}} \cdot \frac{\Gamma\!\left(\frac{1}{3}\right)^2}{\Gamma\!\left(\frac{2}{3}\right)}$ (vgl. Aufg. 3), so gilt

$$\Gamma\!\left(\tfrac{1}{6}\right) = 2^{5/9}\, 3^{5/6}\, \pi^{1/6}\, J^{2/3}, \qquad \Gamma\!\left(\tfrac{1}{3}\right) = 2^{4/9}\, 3^{1/6}\, \pi^{1/3}\, J^{1/3},$$
$$\Gamma\!\left(\tfrac{2}{3}\right) = 2^{5/9}\, 3^{-2/3}\, \pi^{2/3}\, J^{-1/3}, \qquad \Gamma\!\left(\tfrac{5}{6}\right) = 2^{4/9}\, 3^{-5/6}\, \pi^{5/6}\, J^{-2/3}\,.$$

(Man verwende zur Berechnung der Werte von $\Gamma\!\left(\tfrac{1}{3}\right)\Gamma\!\left(\tfrac{2}{3}\right) = 2\pi/\sqrt{3}$, $\Gamma\!\left(\tfrac{1}{6}\right)\Gamma\!\left(\tfrac{5}{6}\right) = 2\pi$ und
$\Gamma\!\left(\tfrac{1}{6}\right)\Gamma\!\left(\tfrac{2}{3}\right) = \sqrt[3]{4}\sqrt{\pi}\,\Gamma\!\left(\tfrac{1}{3}\right)$ die Ergänzungsformel bzw. 16.A.14.)

5. Sei $A := \{(s_1,\ldots,s_n) \in (\mathbb{R}_+)^n \mid s_1^{\lambda_1} + \cdots + s_n^{\lambda_n} \le 1\}$. Für beliebige $x_0,\ldots,x_n \in \mathbb{C}$ mit
$\operatorname{Re} x_i > 0$ und $\lambda_1,\ldots,\lambda_n \in \mathbb{R}_+^\times$ gilt

$$\int_A \left(1 - (s_1^{\lambda_1} + \cdots + s_n^{\lambda_n})\right)^{x_0-1} s_1^{x_1-1} \cdots s_n^{x_n-1}\, ds_1 \cdots ds_n = \mathrm{B}\!\left(x_0, \frac{x_1}{\lambda_1}, \ldots, \frac{x_n}{\lambda_n}\right).$$

6. Für beliebige $a_1, \ldots, a_n, \lambda_1, \ldots, \lambda_n \in \mathbb{R}_+^\times$ ist das Volumen von

gleich
$$A := \left\{ (s_1, \ldots, s_n) \in \mathbb{R}^n \ \Big| \ \left|\tfrac{s_1}{a_1}\right|^{\lambda_1} + \cdots + \left|\tfrac{s_n}{a_n}\right|^{\lambda_n} \le 1. \right\}$$

$$\lambda^n(A) = 2^n \frac{a_1 \cdots a_n}{\lambda_1 \cdots \lambda_n} \, \mathrm{B}\big(1, \tfrac{1}{\lambda_1}, \ldots, \tfrac{1}{\lambda_n}\big) = 2^n a_1 \cdots a_n \frac{(\tfrac{1}{\lambda_1})! \cdots (\tfrac{1}{\lambda_n})!}{(\tfrac{1}{\lambda_1} + \cdots + \tfrac{1}{\lambda_n})!} \,.$$

Insbesondere ergibt sich bei $a_1 = \cdots = a_n = 1$ und $\lambda_1 = \cdots = \lambda_n = 2$ für die Einheitskugel noch einmal das Volumen $\omega_n = \pi^{n/2}/(n/2)!$.

7. Für $x \in \mathbb{C}$ mit $0 < \operatorname{Re} x < 1$ ist

$$\int_0^\infty \frac{t^{x-1}}{t+1} \, dt = \int_0^1 (1-s)^{-x} s^{x-1} \, ds = \mathrm{B}(1-x, x) = \Gamma(1-x)\,\Gamma(x) = \frac{\pi}{\sin \pi x} \,.$$

(Man substituiere $t = s/(1-s)$.) Allgemeiner gilt für $x, y \in \mathbb{C}$ mit $0 < \operatorname{Re} x < \operatorname{Re} y$:

$$\int_0^\infty \frac{t^{x-1}}{(t+1)^y} \, dt = \mathrm{B}(x, y-x) \,.$$

8. Für $v > 0$ sei $\gamma_v : \mathbb{R} \to \mathbb{R}_+$ definiert durch $\gamma_v(t) := t^{v-1}/\Gamma(v)$ für $t > 0$ und $\gamma_v(t) = 0$ für $t \le 0$. Es seien $v_1, \ldots, v_n \in \mathbb{R}_+^\times$ und $f : \mathbb{R}_+ \to \overline{\mathbb{R}}$ eine messbare Funktion.

a) Die Faltung von $\gamma_{v_1}, \ldots, \gamma_{v_n}$ ist $\gamma_{v_1} * \cdots * \gamma_{v_n} = \gamma_{v_1 + \cdots + v_n}$.

b) Es ist $\displaystyle \int_{\mathbb{R}_+^n} f(t_1 + \cdots + t_n)\, t_1^{v_1-1} \cdots t_n^{v_n-1} \, dt_1 \cdots dt_n = \mathrm{B}(v_1, \ldots, v_n) \int_0^\infty f(t)\, t^{v_1 + \cdots + v_n - 1} \, dt \,,$

wobei das linke Integral genau dann existiert, wenn das rechte Integral existiert. (Man verwende die Transformationsregel 14.B.9.)

9. Für $\alpha, v > 0$ sei die Funktion $\gamma_{\alpha,v}$ definiert durch $\gamma_{\alpha,v}(t) := \alpha^v t^{v-1} e^{-\alpha t}/\Gamma(v)$ für $t > 0$ und $\gamma_{\alpha,v}(t) = 0$ für $t \le 0$. Für alle $\alpha, v_1, \ldots, v_n > 0$ ist dann $\gamma_{\alpha,v_1} * \cdots * \gamma_{\alpha,v_n} = \gamma_{\alpha, v_1 + \cdots + v_n}$.

10. Es ist $\displaystyle I := \int_0^1 \!\! \int_0^1 \frac{1}{1-xy} \, dx\, dy = \sum_{n=1}^\infty \frac{1}{n^2} = \zeta(2) \,.$ (Vgl. den Anfang des Beweises von

16.A.6.) Mit der Substitution $x = u + v$, $y = -u + v$ und dem Satz von Fubini erhält man

$$I = 2 \iint_{|u|+|v-1/2|\le 1/2} \frac{du\, dv}{(1-v^2)+u^2} = 4 \int_0^{1/2} \frac{1}{\sqrt{1-v^2}} \arctan \frac{v}{\sqrt{1-v^2}} \, dv + 4 \int_{1/2}^1 \frac{1}{\sqrt{1-v^2}} \arctan \sqrt{\frac{1-v}{1+v}} \, dv$$

$$= 4 \int_0^{\pi/6} t \, dt + 4 \int_0^{\pi/3} \frac{t\, dt}{2} = \frac{\pi^2}{18} + \frac{\pi^2}{9} = \frac{\pi^2}{6} \,,$$

also noch einmal $\zeta(2) = \pi^2/6$. (Im ersten Integral über die Variable v substituiere man $v = \sin t$, im zweiten $v = \cos t$ und beachte $\sqrt{(1-\cos t)/(1+\cos t)} = \tan(t/2)$ für $0 \le t < \pi$.)

11. a) Man gebe die Potenzreihenentwicklung (bis zur Ordnung 3 einschließlich) der im Nullpunkt analytischen Funktion $xy\,\mathrm{B}(x, y)$ an. (Vgl. Bd. 1, 17.B.7 und die sich daran anschließende Bemerkung.)

b) Für alle $a, b \in \mathbb{R}$ mit $a < b$ und alle $x, y \in \mathbb{C}$ mit $\operatorname{Re} x, \operatorname{Re} y > 0$ ist

$$\mathrm{B}(x, y) = \frac{1}{(b-a)^{x+y-1}} \int_a^b (t-a)^{y-1} (b-t)^{x-1}\, dt\,.$$

(Man substituiere $t = (b-a)\,s + a$.)

12. Man approximiere mit den Gaußschen Quadraturformeln aus Beispiel 16.A.17 die folgenden Integrale:

$$\int_0^1 \frac{4\,dt}{1+t^2} = \pi\,; \quad \int_1^2 \frac{dt}{t} = \ln 2\,; \quad \int_0^\infty e^{-t} \ln t\, dt\,; \quad \int_{-\infty}^\infty e^{-t^2} \ln|t|\, dt\,;$$

$$\sqrt{\frac{2}{\pi}} \int_k^{k+1} e^{-t^2/2}\, dt\,; \quad \int_{k\pi/2}^{(k+1)\pi/2} \frac{\sin t}{t}\, dt \quad \text{für} \quad k = 0, 1, 2, 3\,.$$

13. Für jedes $n \in \mathbb{N}^*$ ist die Summe der n Gewichte bei der Gauß-Quadratur gleich 2, bei der Laguerre-Quadratur gleich 1 und bei der Hermite-Quadratur gleich $\sqrt{\pi}$. Allgemeiner ist in der Situation von 16.A.19 die Summe der Gewichte gleich $\mu(\mathbb{R})$.

14. Für eine Matrix $\mathfrak{A} = (a_{ij}) \in \mathrm{M}_n(K)$, K beliebiger Körper, $I \neq \emptyset$, definieren wir in Analogie zu einer stochastischen Matrix einen *gerichteten* Graphen $\Gamma_{\mathfrak{A}}$ mit Eckenmenge I, bei dem zwei Ecken $i, j \in I$ genau dann durch einen *Pfeil* von i nach j (der bei $i = j$ eine Schlinge ist) verbunden sind, wenn $a_{ij} \neq 0$ ist (vgl. Bd. 2, Abschnitt 18.C). $\mathfrak{A}$ heißt e r g o d i s c h, wenn zu beliebigen $i, j \in I$ ein gerichteter Weg von i nach j existiert. (Ein gerichteter Weg von i nach j der Länge $m \in \mathbb{N}$ ist eine Folge $(i_0, \ldots, i_m)$ von Elementen aus I derart, dass $i_0 = i$, $i_m = j$ ist und dass i_μ und $i_{\mu+1}$ durch einen Pfeil von i_μ nach $i_{\mu+1}$ verbunden sind, $\mu = 0, \ldots, m-1$.) Für eine ergodische Matrix $\mathfrak{A}$ heißt der ggT der Längen der *geschlossenen* gerichteten Wege von $\Gamma_{\mathfrak{A}}$ die P e r i o d e von $\mathfrak{A}$. (Es genügt, Wege mit einem fixierten Anfangs- und Endpunkt $i_0 \in I$ zu betrachten.) Sei nun $\mathfrak{A} = (a_{ij}) \in \mathrm{M}_I(\mathbb{R}_+)$ eine endliche Matrix wie im Satz 16.A.4 von Perron-Frobenius. Überdies sei $\mathfrak{A}$ ergodisch mit einer Periode $h \in \mathbb{N}^*$.

a) Ist $\mathfrak{x}_0 \in \mathbb{R}_+^I$ ein Eigenvektor zum Spektralradius $\rho := \rho(\mathfrak{A})$ von $\mathfrak{A}$, so ist $\rho > 0$ und $\mathfrak{x}_0$ hat nur positive Koeffizienten (also $\mathfrak{x}_0 \in (\mathbb{R}_+^\times)^I$).

b) Die Eigenwerte von $\mathfrak{A}$ des Betrages ρ sind genau die Zahlen $\zeta_h^k \rho$, $k = 0, \ldots, h-1$, wo ζ_h die primitive h-te Einheitswurzel $\exp(2\pi \mathrm{i}/h)$ ist, und alle diese Eigenwerte sind diagonalisierbar mit (algebraischer = geometrischer) Multiplizität 1. (Man schließe wie beim Beweis von Satz 18.C.2 in Bd. 2. Man kann diesen Satz auch direkt benutzen: Ist $\mathfrak{x}_0 = (a_i) \in (\mathbb{R}_+^\times)^I$ ein Eigenvektor zu ρ, vgl. a), so ist $\rho^{-1} \mathfrak{D}^{-1} \mathfrak{A} \mathfrak{D} \in \mathrm{M}_I(\mathbb{R}_+)$ eine stochastische Matrix, wobei $\mathfrak{D}$ die Diagonalmatrix $\operatorname{Diag}(a_i, i \in I)$ ist. Man gebe auch Eigenvektoren zu $\zeta_h^k \rho$ an (mit Hilfe von $\mathfrak{x}_0$).)

c) Das charakteristische Polynom $\chi_{\mathfrak{A}}$ hat die Gestalt $\chi_{\mathfrak{A}}(X) = \varphi(X^h) X^\nu$ mit $\varphi \in \mathbb{R}[X]$ und $0 \leq \nu < h$. (Dies gilt für ergodische Matrizen der Periode h über beliebigen Körpern. Bei $h = 0$ ist $\chi_{\mathfrak{A}}(X) = X^{|I|}$.) Die Menge *aller* Eigenwerte von $\mathfrak{A}$ ist mit ihren algebraischen Vielfachheiten invariant unter Multiplikation mit ζ_h. (Ist $J \subseteq I$ eine Teilmenge mit $|J| \not\equiv 0 \bmod h$ und ist $\sigma \in \mathfrak{S}(J)$, so ist $\prod_{i \in J} a_{i\sigma i} = 0$; man benutze dafür die Zyklenzerlegung von σ. Insbesondere verschwinden alle r-Hauptminoren von $\mathfrak{A}$, wenn $r \not\equiv 0 \bmod h$ gilt.)

16.B Beispiele aus der Physik

Wir behandeln im Folgenden einige typische Integrale, wie sie in der Physik auftreten.

16.B.1 Beispiel (S c h w e r p u n k t u n d M o m e n t e) Sei E ein endlichdimensionaler reeller affiner Raum über dem Vektorraum $V = V(E)$ der Translationen von E.[1]) Für einen Punkt $P \in E$ und einen Vektor $x \in V$ bezeichnen wir den Punkt $x + P \in E$ häufig auch mit $P + x$, wenn dies übersichtlicher ist. Unter einer M a s s e n v e r t e i l u n g (oder auch einem (M a s s e n -) K ö r - p e r) versteht man ein Maß $\mu : \mathcal{B}(E) \to \overline{\mathbb{R}}_+$. Dabei ist $m := \mu(E)$ die (G e s a m t -) M a s s e des Körpers. Besitzt μ eine Dichte $\rho : E \to \overline{\mathbb{R}}_+$ bezüglich eines (positiven) Borel-Lebesgue-Maßes λ auf E (das nur bis auf eine positive Konstante eindeutig bestimmt ist), so gilt

$$m = \int\limits_E \rho \, d\lambda \, .$$

Die einfachsten Beispiele sind die h o m o g e n e n K ö r p e r mit einer Dichtefunktion ρe_K, wobei $\rho > 0$ konstant ist und $K \subseteq E$ eine Borel-Menge. In diesem Fall ist $m = \rho \lambda(K)$. Wenn nichts anderes gesagt wird, fassen wir jede Borel-Menge in E als einen homogenen Körper mit der Dichte $\rho = 1$ auf.

Auf E sind die P o l y n o m f u n k t i o n e n wohldefiniert. Es sind dies die Elemente der von den affinen Funktionen $E \to \mathbb{R}$ erzeugten Unteralgebra aller $\mathbb{R}$-wertigen Funktionen auf E. Sind $\xi_1, \dots, \xi_n$ die Koordinatenfunktionen auf E bezüglich einer affinen Basis $O \, ; v_1, \dots, v_n$ von E, so handelt es sich um die Funktionen $\sum_{\nu \in \mathbb{N}^n} a_\nu \xi^\nu$ mit Koeffizienten $a_\nu \in \mathbb{R}$, die für fast alle $\nu = (\nu_i)$ verschwinden. Der Grad einer solchen Polynomfunktion $\neq 0$ ist als Maximum der $|\nu| = \sum_i \nu_i$ mit $a_\nu \neq 0$ unabhängig von der Wahl des Koordinatensystems. Allerdings kann man von einer h o m o g e n e n P o l y n o m f u n k t i o n erst dann sprechen, wenn ein Ursprung $O \in E$ ausgezeichnet ist. Integrale $\int_E f \, d\mu$ über Polynomfunktionen $f : E \to \mathbb{R}$ heißen M o m e n t e von μ. Existieren alle Momente für Polynomfunktionen vom Grad $\leq k$, so sagt man, die Massenverteilung besitze alle Momente bis zur Ordnung k. Die Existenz der Momente der Ordnung 0 bedeutet also einfach, dass die Masse $m = \mu(E)$ endlich ist. Momente beliebiger Ordnung existieren sicher dann, wenn die Gesamtmasse endlich und der Träger von μ beschränkt ist.

Sei nun μ ein Körper, für den die Momente bis zur Ordnung 1 existieren und die Gesamtmasse m positiv ist. Dann existiert zu vorgegebenem $O \in E$ das Integral

$$S(\mu) := O + \frac{1}{m} \int\limits_E \overrightarrow{OP} \, d\mu(P) \, .$$

$S(\mu)$ *ist unabhängig von der Wahl von* O. Ist nämlich $O^\star \in E$ ein weiterer Punkt, so gilt

$$O^\star + \frac{1}{m} \int\limits_E \overrightarrow{O^\star P} \, d\mu(P) = O^\star + \frac{1}{m} \int\limits_E \left(\overrightarrow{O^\star O} + \overrightarrow{OP} \right) d\mu(P) =$$

---

[1]) Natürlich kann man $E = V$ wählen. Wir betonen hier den affinen Standpunkt, um die Abhängigkeit bzw. Unabhängigkeit der Begriffe von der Wahl eines Ursprungs hervorheben zu können.

$$= O^\star + \overrightarrow{O^\star O} + \frac{1}{m} \int_E \overrightarrow{OP} \, d\mu(P) = O + \frac{1}{m} \int_E \overrightarrow{OP} \, d\mu(P) \, .$$

Man nennt $S(\mu)$ den S c h w e r p u n k t von μ. Für den Fall endlicher und diskreter Massenverteilungen vergleiche man auch Bd. 2, 4.B, Aufg. 1. Sind $\xi_1, \dots, \xi_n$ die Koordinatenfunktionen auf E bezüglich O ; $v_1, \dots, v_n$, so hat $S(\mu)$ bezüglich dieses Koordinatensystems die Koordinaten

$$\frac{1}{m} \int_E \xi_i \, d\mu \, , \qquad \text{d.h. es ist} \qquad S(\mu) = O + \frac{1}{m} \sum_{i=1}^{n} \left(\int_E \xi_i \, d\mu \right) v_i \, .$$

Die Bildung des Schwerpunktes ist mit affinen Abbildungen im folgenden Sinne verträglich:

16.B.2 Lemma *Seien $f : E \to F$ eine affine Abbildung endlichdimensionaler affiner Räume und μ ein Massenkörper in E mit einem Schwerpunkt $S(\mu) \in E$. Dann ist auch der Schwerpunkt $S(f_* \mu)$ bezüglich des Bildmaßes $f_* \mu$ von μ definiert, und es gilt*

$$S(f_* \mu) = f\big(S(\mu)\big) \, .$$

Insbesondere ist $S(\mu)$ invariant gegenüber jeder Affinität $f : E \to E$ von E, die μ invariant lässt (für die also $f_* \mu = \mu$ ist).

B e w e i s . Es ist $\mu(E) = f_* \mu(F) =: m$. Sei $O \in E$ fest und sei f_0 der lineare Anteil von f. Mit der allgemeinen Transformationsformel 14.B.9 ist dann

$$S(f_* \mu) = f(O) + \frac{1}{m} \int_F \overrightarrow{f(O)P} \, df_* \mu(P)$$

$$= f(O) + \frac{1}{m} \int_E \overrightarrow{f(O)f(P)} \, d\mu(P) = f(O) + \frac{1}{m} \int_E f_0(\overrightarrow{OP}) \, d\mu(P)$$

$$= f(O) + \frac{1}{m} f_0 \left(\int_E \overrightarrow{OP} \, d\mu(P) \right) = f \left(O + \frac{1}{m} \int_E \overrightarrow{OP} \, d\mu(P) \right) = f\big(S(\mu)\big) \, . \quad \bullet$$

16.B.3 Beispiel (D i p o l e) Eine L a d u n g s v e r t e i l u n g φ auf einem endlichdimensionalen reellen affinen Raum E ist ein verallgemeinertes Maß $\varphi : \mathcal{B}(E) \to \overline{\mathbb{R}}$. Nach dem Jordan-Hahnschen Zerlegungssatz 13.A.5 gibt es eine (im Wesentlichen eindeutige) Zerlegung $E = E_+ \uplus E_-$ in Borel-Mengen E_+ und E_- und (positive) Maße φ_+ und φ_-, die auf E_+ bzw. E_- konzentriert sind derart, dass $\varphi = \varphi_+ - \varphi_-$ ist. Besitzt $\varphi = \sigma \lambda$ eine Dichte $\sigma : E \to \overline{\mathbb{R}}$ bezüglich eines Borel-Lebesgue-Maßes λ auf E, so kann man $E_+ := \{\sigma \geq 0\}$ und $E_- := \{\sigma < 0\}$ wählen. Dann ist $\varphi_+ = \sigma_+ \lambda$ und $\varphi_- = \sigma_- \lambda$.

Ist die Gesamtladung $e := \varphi(E)$ endlich, so sind auch die p o s i t i v e L a d u n g $e_+ := \varphi_+(E_+) = \varphi(E_+)$ und die n e g a t i v e L a d u n g $e_- := \varphi_-(E_-) = \varphi(E_-)$ endlich, und es ist $e = e_+ - e_-$. Ist dabei $e_+ = e_- =: q$, d.h. $e = 0$, so spricht man von einem D i p o l mit der P o l l a d u n g q. Der Schwerpunkt P_+ von φ_+ heißt der P l u s - P o l und der Schwerpunkt P_- von φ_- heißt der M i n u s - P o l der Ladungsverteilung, soweit diese definiert sind. Es gilt also nach Auszeichnung eines Punktes $O \in E$:

$$P_{\pm} = O + \frac{1}{e_{\pm}} \int_{E_{\pm}} \overrightarrow{OP} \, d\varphi_{\pm}(P) \, .$$

Für einen Dipol φ mit der Polladung q ist das so genannte D i p o l m o m e n t

$$q\overrightarrow{P_-P_+} \in V = \mathrm{V}(E)$$

gleich dem Integral

$$\int_E \overrightarrow{OP}\, d\varphi = \int_{E_+} \overrightarrow{OP}\, d\varphi_+ - \int_{E_-} \overrightarrow{OP}\, d\varphi_-,$$

das somit unabhängig von der Wahl von O ist.

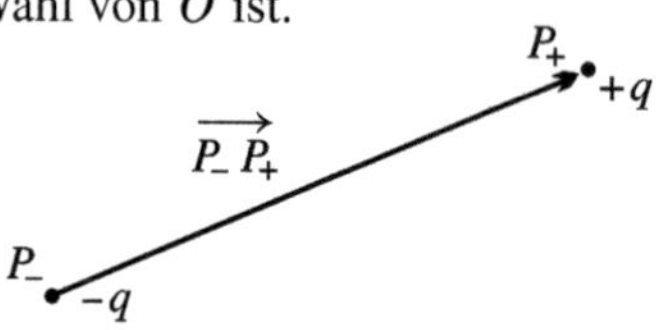

16.B.4 Beispiel (T r ä g h e i t s t e n s o r) Seien μ eine Massenverteilung auf dem euklidischen affinen Raum E und $\langle -, - \rangle$ das Skalarprodukt auf dem Translationenraum $V = \mathrm{V}(E)$. Für ein (messbares) Geschwindigkeitsfeld $F : E \to V$ heißt

$$E_{\mathrm{kin}} := \frac{1}{2} \int_E \|F(P)\|^2\, d\mu(P) = \frac{1}{2} \int_E \langle F(P), F(P) \rangle\, d\mu(P)$$

die k i n e t i s c h e E n e r g i e der Massenverteilung μ im Geschwindigkeitsfeld F. Ist das Geschwindigkeitsfeld F konstant, d.h. $F \equiv v \in V$, und ist $m = \mu(E)$ die Gesamtmasse, so ist

$$E_{\mathrm{kin}} = \frac{1}{2} m \|v\|^2.$$

Wir beschränken uns von nun an auf den Fall, dass E und somit V dreidimensional und orientiert sind. Das Geschwindigkeitsfeld F sei das der Bewegung eines starren Körpers zu einem gegebenen Zeitpunkt, d.h. nach Auszeichnen eines Ursprungs O in E ist $F(P) = \Omega \times x + v$ mit der Winkelgeschwindigkeit Ω (die von der Wahl von O unabhängig ist), dem Ortsvektor $x = \overrightarrow{OP}$ und der Translationsgeschwindigkeit v (die im Allgemeinen von der Wahl von O abhängt: Ist $O^\star$ ein anderer Ursprung, so ist $v^\star = v + \Omega \times y$, $y := \overrightarrow{OO^\star}$), vgl. Abschnitt 4.B. Die kinetische Energie ist dann

$$T = E_{\mathrm{kin}} = \frac{1}{2} \int_E \|\Omega \times x + v\|^2\, d\mu = \frac{1}{2} \int_E \|\Omega \times x\|^2\, d\mu + \int_E \langle \Omega \times x, v \rangle\, d\mu + \frac{1}{2} \int_E \|v\|^2\, d\mu$$

$$= \frac{1}{2} \int_E \|\Omega \times x\|^2\, d\mu + m \langle \Omega \times \overrightarrow{OS(\mu)}, v \rangle + \frac{1}{2} m \|v\|^2,$$

wobei hier und im Weiteren vorausgesetzt sei, dass für μ alle Momente bis zur Ordnung 2 existieren, vgl. Beispiel 16.B.1. Wählt man den Schwerpunkt $S(\mu)$ als Ursprung, so gilt also

$$T = E_{\mathrm{kin}} = \frac{1}{2} \int_E \|\Omega \times x\|^2\, d\mu + \frac{1}{2} m \|v\|^2.$$

Man nennt $\frac{1}{2} \int_E \|\Omega \times x\|^2\, d\mu$ den R o t a t i o n s a n t e i l und $\frac{1}{2} m \|v\|^2$ den T r a n s l a t i o n s a n t e i l von E_{kin}, wobei noch einmal betont sei, dass dabei der Ortsvektor x und die Translationsgeschwindigkeit v bezüglich $S(\mu)$ als Ursprung definiert sind.

Wir studieren nun das Integral $Q = Q(\Omega) = Q(\Omega; \mu, O) = \int_E \|\Omega \times x\|^2\, d\mu$ in Abhängigkeit von $\Omega \in V$, wobei aber nicht vorausgesetzt sei, dass der Ursprung O notwendigerweise der

Schwerpunkt $S(\mu)$ ist. Wegen $\|\Omega \times x\| = \|\Omega\| \, \|x\| \sin \angle(\Omega, x) = \|\Omega\| \, r(x)$ ist

$$Q = \|\Omega\|^2 \int_E r^2(x) \, d\mu \,,$$

wobei $r(x) := \|x\| \sin \angle(\Omega, x)$ bei $\Omega \neq 0$ den Abstand des Punktes $P = x + O$ von der Achse $\mathbb{R}\Omega + O$ bezeichnet. $Q : V \to \mathbb{R}$ ist die quadratische Form zur positiv semidefiniten symmetrischen Bilinearform

$$I(u, w) = I(u, w\,;\mu, O) := \int_E \langle u \times x, w \times x \rangle \, d\mu = \Big(\int_E \|x\|^2 d\mu \Big) \langle u, w \rangle - \int_E \langle u, x \rangle \langle w, x \rangle \, d\mu$$

$$= \Big\langle \Big(\int_E \|x\|^2 \, d\mu \Big) u - \int_E \langle u, x \rangle x \, d\mu, \, w \Big\rangle = \Big\langle \int_E \big(x \times (u \times x) \big) \, d\mu, \, w \Big\rangle,$$

wobei wir die Formeln von Lagrange und Grassmann aus Bd. 2, 13.B, Aufg. 14 verwandt haben. Man nennt I den T r ä g h e i t s t e n s o r v o n μ b e z ü g l i c h $O \in E$. Ihm entspricht gemäß Bd. 2, 15.B.1 der (selbstadjungierte) semipositive Operator K auf V mit[2])

$$K(u) = K(u\,;\mu, O) := \Big(\int_E \|x\|^2 \, d\mu \Big) u - \int_E \langle u, x \rangle x \, d\mu = \int_E x \times (u \times x) \, d\mu \,.$$

Es ist also $Q(u) = I(u, u)$ und $I(u, w) = \langle K(u), w \rangle = \langle u, K(w) \rangle$ für alle $u, w \in V$.

Bezeichnen wir die Koordinatenfunktionen bezüglich eines kartesischen Koordinatensystems $O\,;e_1, e_2, e_3$ mit ξ_1, ξ_2, ξ_3, so ist die Gramsche Matrix von I bezüglich e_1, e_2, e_3 gleich

$$\int_E (\xi_1^2 + \xi_2^2 + \xi_3^2) \, d\mu \cdot \mathfrak{E}_3 - \Big(\int_E \xi_i \xi_j \, d\mu \Big)_{1 \leq i, j \leq 3} =$$

$$= \begin{pmatrix} \int_E (\xi_2^2 + \xi_3^2) \, d\mu & -\int_E \xi_1 \xi_2 \, d\mu & -\int_E \xi_1 \xi_3 \, d\mu \\ -\int_E \xi_1 \xi_2 \, d\mu & \int_E (\xi_1^2 + \xi_3^2) \, d\mu & -\int_E \xi_2 \xi_3 \, d\mu \\ -\int_E \xi_1 \xi_3 \, d\mu & -\int_E \xi_2 \xi_3 \, d\mu & \int_E (\xi_1^2 + \xi_2^2) \, d\mu \end{pmatrix} .$$

Die Momente $I(e_i, e_i\,;\mu, O) = Q(e_i\,;\mu, O)$, $i = 1, 2, 3$, in der Hauptdiagonalen dieser Matrix heißen die s k a l a r e n T r ä g h e i t s m o m e n t e von μ bezüglich des kartesischen Koordinatensystems $O\,;e_1, e_2, e_3$, und die Momente $-I(e_i, e_j\,;\mu, O) = \int_E \xi_i \xi_j \, d\mu$, $i \neq j$, heißen die D e v i a t i o n s m o m e n t e von μ bezüglich $O\,;e_1, e_2, e_3$.

Die Achsen $\mathbb{R}v + O$, wobei $\mathbb{R}v$ die Hauptachsen des Trägheitstensors I durchläuft, heißen die H a u p t t r ä g h e i t s a c h s e n von μ bezüglich O. Die zugehörigen Hauptwerte heißen die H a u p t t r ä g h e i t s m o m e n t e. Die Hauptträgheitsachsen werden also von den Eigenvektoren v des Operators K erzeugt, und die Hauptträgheitsmomente sind die zugehörigen Eigenwerte, vgl.

---

[2]) Man beachte, dass der positiv semidefinite Trägheitstensor I durch

$$I(u, w) = \Big(\int_E \|x\|^2 \, d\mu \Big) \langle u, w \rangle - \int_E \langle u, x \rangle \langle w, x \rangle \, d\mu$$

mit zugehörigem selbstadjungierten Operator $K(u) := (\int_E \|x\|^2 d\mu) u - \int_E \langle u, x \rangle x \, d\mu$ für Räume beliebiger Dimension definiert werden kann, falls die Momente bis zur Ordnung 2 für μ existieren. Zu Anwendungen siehe Bemerkung 20.C.9.

Bd. 2, Abschnitt 15.B. Häufig gibt man die Hauptträgheitsmomente I_1, I_2, I_3 in der Reihenfolge an, dass

$$I_1 \geq I_2 \geq I_3 \ \ (\geq 0)$$

gilt. I ist genau dann ausgeartet, wenn $I_3 = 0$ ist. *Dies ist genau dann der Fall, wenn μ außerhalb einer zu I_3 gehörenden Hauptträgheitsachse $\mathbb{R}v + O$ verschwindet.* In diesem Fall heißt μ ein R o t a t o r mit Achse $\mathbb{R}v + O$. Es folgt, dass μ bei $I_2 = I_3 = 0$ ein auf O konzentriertes Punktmaß ist. Dann ist natürlich auch $I_1 = 0$, d.h. $I \equiv 0$. *Der Rang von I kann also nicht 1 sein.* μ heißt ein K u g e l k r e i s e l bezüglich O, wenn $I_1 = I_2 = I_3$ ist, I also ein Vielfaches des Skalarprodukts $\langle -, - \rangle$ ist. Sind zwei der drei Hauptträgheitsmomente gleich, so heißt μ ein s y m m e t r i s c h e r K r e i s e l bezüglich O. Ein Rotator etwa ist bezüglich eines jeden Punktes O seiner Achse symmetrisch mit den Hauptträgheitsmomenten $I_1 = I_2 = \int_E \xi^2 \, d\mu$ und $I_3 = 0$, wobei ξ eine kartesische Koordinate auf der Achse des Rotators mit O als Ursprung ist.

Ist I nicht ausgeartet, so heißt $\{Q = 1\} + O \subseteq E$ das T r ä g h e i t s e l l i p s o i d von μ in O. Für ein kartesisches Koordinatensystem $O \, ; e_1, e_2, e_3$ aus Hauptträgheitsachsen $\mathbb{R}e_i + O$ mit zugehörigen Hauptträgheitswerten I_i ist

$$Q(\Omega) = I_1 \Omega_1^2 + I_2 \Omega_2^2 + I_3 \Omega_3^2 \, ,$$

wobei $\Omega_1, \Omega_2, \Omega_3$ die Koordinaten von $\Omega \in V$ bezüglich e_1, e_2, e_3 sind. Die Halbachsen des Trägheitsellipsoids haben die Längen $1/\sqrt{I_1}, 1/\sqrt{I_2}, 1/\sqrt{I_3}$.

Der Trägheitstensor ist im folgenden Sinne mit Bewegungen verträglich:

16.B.5 Lemma *Seien $f : E \to E$ eine Bewegung des (3-dimensionalen) euklidischen affinen Raums E mit dem linearen Anteil $f_0 \in O(V)$, $V := V(E)$, und μ eine Massenverteilung auf E, für die alle Momente bis zur Ordnung 2 existieren. Dann gilt*

$$I\big(f_0 u, f_0 w \, ; f_* \mu, f(O)\big) = I(u, w \, ; \mu, O) \, .$$

B e w e i s. Wir können $V = E$ und $O = 0$ annehmen. Mit der allgemeinen Transformationsformel 14.B.9 ist dann $I\big(f_0 u, f_0 w \, ; f_* \mu, f(O)\big)$ gleich

$$\Big\langle \Big(\int_V \| x - f(0) \|^2 \, df_* \mu \Big) f_0 u - \int_V \langle f_0 u, x - f(0) \rangle \, (x - f(0)) \, df_* \mu \, , \ f_0 w \Big\rangle$$

$$= \Big\langle \Big(\int_V \| f(x) - f(0) \|^2 \, d\mu \Big) f_0 u - \int_V \langle f_0 u, f(x) - f(0) \rangle \, (f(x) - f(0)) \, d\mu \, , \ f_0 w \Big\rangle$$

$$= \Big\langle \Big(\int_V \| x \|^2 \, d\mu \Big) f_0 u - \int_V \langle u, x \rangle \, f_0(x) \, d\mu \, , \ f_0 w \Big\rangle$$

$$= \Big\langle \Big(\int_V \| x \|^2 \, d\mu \Big) u - \int_V \langle u, x \rangle \, x \, d\mu \, , \ w \Big\rangle = I(u, w \, ; \mu, 0) \, . \hspace{2em} \bullet$$

Für den zugehörigen selbstadjungierten Operator K folgt aus 16.B.5 sofort

$$K\big(f_0 u \, ; f_* \mu, f(O)\big) = f_0\big(K(u \, ; \mu, O)\big) \, .$$

16.B.5 besagt insbesondere: f_0 ist eine Kongruenz von I, wenn die Bewegung f den Fixpunkt O hat und die Massenverteilung μ in sich überführt (d.h. $f_* \mu = \mu$ ist). Dann ist der selbstadjungierte Operator K mit f_0 vertauschbar, und daher sind die Eigenräume von I invariant unter f_0 sowie die Eigenräume von f_0 invariant unter I. Eine solche Symmetrie f von μ liefert also wesentliche Informationen über die Hauptträgheitsachsen von μ bezüglich O. *Beispielsweise ist jede Symmetrieachse des Körpers durch O eine Hauptträgheitsachse bezüglich O.* Beweis! Vgl. Aufg. 14b).

Der Trägheitstensor wird gewöhnlich bezüglich des Schwerpunkts $S(\mu)$ als Bezugspunkt O angegeben. Die Umrechnung auf einen beliebigen anderen Bezugspunkt wird durch den folgenden Steinerschen Satz gegeben:

16.B.6 Steinerscher Satz *Sei μ eine Massenverteilung auf dem (3-dimensionalen orientierten) euklidischen affinen Raum E, für die alle Momente bis zur Ordnung 2 existieren. Für einen beliebigen Punkt $O \in E$ gilt dann mit $x_0 := \overrightarrow{S(\mu)O}$ und $m = \mu(E)$:*

$$I(u, w\,;\,\mu, O) = I\big(u, w\,;\,\mu, S(\mu)\big) + m\left(\|x_0\|^2 \langle u, w\rangle - \langle u, x_0\rangle\langle w, x_0\rangle\right)$$
$$= I\big(u, w\,;\,\mu, S(\mu)\big) + m\,\langle u \times x_0\,,\,w \times x_0\rangle\,.$$

B e w e i s . Wir können $E = V := \mathrm{V}(E)$ und $S(\mu) = 0$ annehmen. Dann gilt $\int_V x\, d\mu = 0$ und somit

$$I(u, w\,;\,\mu, x_0) = \left(\int_V \|x - x_0\|^2\, d\mu\right)\langle u, w\rangle - \int_V \langle u\,,\, x - x_0\rangle\langle w, x - x_0\rangle\, d\mu$$

$$= \left(\int_V \|x\|^2\, d\mu - 2\int_V \langle x, x_0\rangle\, d\mu + \|x_0\|^2 m\right)\langle u, w\rangle$$

$$- \int_V \langle u, x\rangle\langle w, x\rangle\, d\mu + \langle w, x_0\rangle\int_V \langle u, x\rangle\, d\mu + \langle u, x_0\rangle\int_V \langle w, x\rangle\, d\mu - m\langle u, x_0\rangle\langle w, x_0\rangle$$

$$= \left(\int_V \|x\|^2\, d\mu\right)\langle u, w\rangle - \int_V \langle u, x\rangle\langle w, x\rangle\, d\mu + m\left(\|x_0\|^2\langle u, w\rangle - \langle u, x_0\rangle\langle w, x_0\rangle\right). \qquad \bullet$$

Man beachte, dass der Korrekturterm

$$m\|x_0\|^2\langle u, w\rangle - m\langle u, x_0\rangle\langle w, x_0\rangle$$

im Steinerschen Satz der Trägheitstensor eines im Schwerpunkt $S(\mu)$ konzentrierten Massenkörpers $m\delta_{S(\mu)}$ bezüglich des Punkts O als Bezugspunkt ist.

16.B.7 Beispiel (D r e h m o m e n t) Seien E ein affiner Raum und $\kappa : \mathcal{B}(E) \to V$ ein Maß auf E mit Werten in $V = \mathrm{V}(E)$. Wir interpretieren für jedes $A \in \mathcal{B}(E)$ den Wert $\kappa(A)$ als eine auf A wirkende Kraft und insbesondere $\kappa(E)$ als Gesamtkraft. Ein typisches Beispiel ergibt sich mit einem Vektorfeld $F : E \to V$ und einem (nicht notwendig positiven) Maß $\nu : \mathcal{B}(E) \to \overline{\mathbb{R}}$, bezüglich dessen F integrierbar ist in der Form

$$\kappa = F\nu, \quad \text{d.h.} \quad \kappa(A) = \int_A F\, d\nu\,.$$

Man nennt in dieser Situation F eine K r a f t d i c h t e bezüglich ν. Ist E 3-dimensional, euklidisch und orientiert und ist $O \in E$ ein Punkt, so heißt

$$M := \int_E x \times d\kappa = \sum_{i=1}^{3} \left(\int_E x\, d\kappa_i\right) \times v_i\,,$$

$x := \overrightarrow{OP}$, das Drehmoment von κ bezüglich O. Dabei ist v_1, v_2, v_3 eine Basis von V und $\kappa = \sum_{i=1}^{3} \kappa_i v_i$ mit Maßen $\kappa_i : \mathcal{B}(E) \to \mathbb{R}$, deren Momente bis zur Ordnung 1 existieren mögen.[3] Hat κ eine Dichte $F : E \to V$ bezüglich v, so ist das Drehmoment von κ bezüglich O einfach

$$M = \int_E x \times F \, dv, \quad x := \overrightarrow{OP}.$$

16.B.8 Beispiel (Impuls und Drehimpuls) Sei μ eine Massenverteilung auf dem affinen Raum E. Für ein bezüglich μ integrierbares Geschwindigkeitsfeld $F : E \to V := V(E)$ heißt

$$G := G(F, \mu) := \int_E F \, d\mu$$

der (Gesamt-)Impuls von μ im Geschwindigkeitsfeld F. Bei konstantem $F \equiv v \in V$ und endlicher Masse $m = \mu(E)$ ist $G = mv$. Ist jedoch F das Geschwindigkeitsfeld der Bewegung eines starren Körpers zu einem gegebenen Zeitpunkt, ist also

$$F(P) = \Omega \times x + v, \quad x = \overrightarrow{OP},$$

(mit $\Omega, v \in V$) und existieren alle Momente von μ bis zur Ordnung 1, so ist der Impuls

$$G = \int_E (\Omega \times x + v) \, d\mu = m \, \Omega \times \overrightarrow{OS} + mv,$$

wobei S der Schwerpunkt von μ ist. Insbesondere ist $G = mv$, wenn $O = S$ ist (oder allgemeiner $\overrightarrow{OS}$ und Ω linear abhängig sind). *Es ist also der Impuls gleich dem Impuls einer im Schwerpunkt konzentrierten Punktmasse, die dieselbe Geschwindigkeit wie dieser Schwerpunkt hat.*

Ist E 3-dimensional, euklidisch und orientiert und ist $O \in E$ ein Bezugspunkt, so heißt

$$N := N(\mu, O) := N(F, \mu, O) := \int_E \overrightarrow{OP} \times F(P) \, d\mu$$

der Drehimpuls von μ im Geschwindigkeitsfeld F bezüglich O, falls dieses Integral existiert.

Wird der Punkt O nicht eigens spezifiziert, so bezieht sich der Drehimpuls auf den Schwerpunkt $S(\mu)$ von μ (dessen Existenz dann natürlich vorausgesetzt wird).

Beim Übergang zu einem anderen Bezugspunkt $O^\star$ mit dem Verschiebungsvektor $x^\star := \overrightarrow{OO^\star}$ erhält man

$$N(\mu, O^\star) = \int_E \overrightarrow{O^\star P} \times F(P) \, d\mu = \int_E \left(\overrightarrow{OP} - x^\star \right) \times F(P) \, d\mu = N(\mu, O) - x^\star \times G.$$

Insbesondere ist der Drehimpuls unabhängig von der Wahl des Bezugspunktes, wenn der Gesamtimpuls G verschwindet.

Ist das Geschwindigkeitsfeld F das der Bewegung eines starren Körpers zu einem gegebenen Zeitpunkt, ist also

$$F(P) = \Omega \times x + v, \quad x = \overrightarrow{OP},$$

---

[3] Offenbar ist die Definition des Drehmoments unabhängig von der Wahl der Basis von V.

(mit $\Omega, v \in V$) und existieren alle Momente von μ bis zur Ordnung 2, so ist der Drehimpuls bezüglich O gleich

$$N(\mu, O) = \int_E x \times (\Omega \times x)\, d\mu + \int_E x \times v\, d\mu = K(\Omega; \mu, O) + \overrightarrow{OS(\mu)} \times v,$$

wobei $K = K(-; \mu, O)$ der zum Trägheitstensor $I(-, -; \mu, O)$ gehörende selbstadjungierte Operator ist, vgl. Beispiel 16.B.4. *Insbesondere ist bei $O = S(\mu)$*

$$N(\mu) = K(\Omega; \mu),$$

und $N(\mu)$ ist genau dann ein skalares Vielfaches von Ω, wenn Ω ein Eigenvektor von $K(-; \mu)$, d.h. $\mathbb{R}\Omega + S(\mu)$ eine Hauptträgheitsachse in $S(\mu)$ ist (bei $\Omega \neq 0$).

16.B.9 Beispiel (P h y s i k a l i s c h e s   P e n d e l) Sei μ eine Massenverteilung auf dem 3-dimensionalen orientierten euklidischen affinen Raum E, für die alle Momente bis zur Ordnung 2 existieren. Wir fassen μ als starren Körper auf. Eine Konfiguration dieses Körpers wird dann beschrieben durch ein Element f der eigentlichen Bewegungsgruppe $B^+(E)$ (zumindest wenn die Hauptträgheitsmomente von μ *nicht* verschwinden. Im Falle einer Punktmasse z.B. reichte ja schon die Translationengruppe $V(E)$ anstelle von $B^+(E)$). Ihr entspricht die Massenverteilung $f_*\mu$. Die Bewegung des starren Körpers wird also durch einen (hinreichend glatten) Weg $t \mapsto f_t$ in $B^+(E)$ beschrieben, vgl. Abschnitt 4.B.

Ein einfaches Beispiel dazu ist die Bewegung von μ um eine feste Achse $\mathbb{R}e_3 + O$, $\|e_3\| = 1$. Erfolgt die Bewegung überdies im Schwerefeld, so spricht man von einem p h y s i k a l i s c h e n P e n d e l. Wir können annehmen, dass der Vektor $\overrightarrow{OS}$, wobei $S = S(\mu)$ der Schwerpunkt von μ ist, orthogonal zu e_3 ist. (Dies bedeutet nur eine Verschiebung des Ursprungs O auf der Drehachse $\mathbb{R}e_3 + O$.)

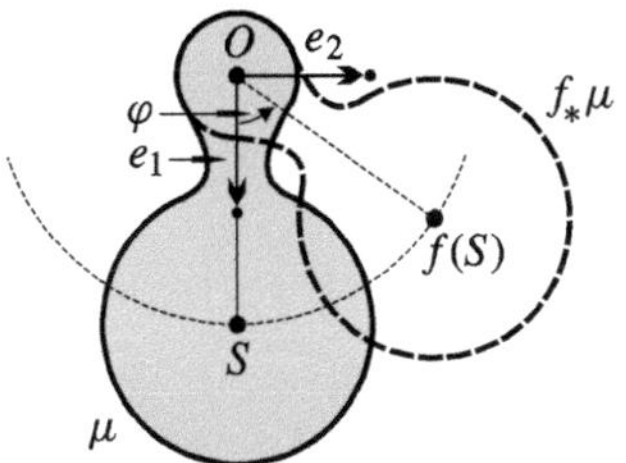

Ist dann e_1, e_2, e_3 eine die Orientierung repräsentierende Orthonormalbasis von $V := V(E)$, so wird der lineare Anteil f_0 der eine Konfiguration beschreibenden Bewegung f im affinen kartesischen Koordinatensystem $O; e_1, e_2, e_3$ durch eine Drehmatrix

$$\begin{pmatrix} \cos\varphi & -\sin\varphi & 0 \\ \sin\varphi & \cos\varphi & 0 \\ 0 & 0 & 1 \end{pmatrix}$$

dargestellt und der Translationsanteil verschwindet in diesem Koordinatensystem. Die Winkelgeschwindigkeit ist also

$$\Omega = \omega e_3$$

mit $\omega := \dot\varphi$. Der Schwerpunkt des Pendels bewegt sich auf dem Kreis mit dem Mittelpunkt O und dem Radius $s := \|\overrightarrow{OS}\|$ in der Ebene $\mathbb{R}e_1 + \mathbb{R}e_2 + O$.

Die kinetische Energie ist nach Beispiel 16.B.4 (vgl. auch 16.B.5)

$$T = \frac{1}{2} I\big(\Omega, \Omega \,;\, f_*\mu, f(O)\big) = \frac{1}{2}\, \omega^2 I(e_3, e_3 \,;\, \mu, O) = \frac{1}{2}\, \Theta\omega^2$$

mit dem skalaren Trägheitsmoment

$$\Theta := I(e_3, e_3 \,;\, \mu, O) = \int_E r^2\, d\mu = \int_E (\xi_1^2 + \xi_2^2)\, d\mu\,,$$

wobei $r := (\xi_1^2 + \xi_2^2)^{1/2}$ der Abstand eines Punktes $P = \xi_1 e_1 + \xi_2 e_2 + \xi_3 e_3 + O \in E$ von der Drehachse $\mathbb{R}e_3 + O$ ist. Nach dem Steinerschen Satz 16.B.6 ist

$$\Theta = \Theta_S + ms^2$$

mit dem skalaren Trägheitsmoment $\Theta_S = I(e_3, e_3 \,;\, \mu \,,\, S)$ bzgl. der zu $\mathbb{R}e_3 + O$ parallelen Achse durch den Schwerpunkt S und $s = \|\overrightarrow{OS}\| = d(O, S)$.

Die potentielle Energie sei in folgender Weise gegeben: Es sei $v : \mathcal{B}(E) \to \overline{\mathbb{R}}$ ein (eventuell verallgemeinertes) Maß auf E und $h : E \to \mathbb{R}$ eine Potenzialdichte derart, dass die Konfiguration f des starren Körpers die potentielle Energie

$$U = \int_E h\, df_*v = \int_E h \circ f\, dv$$

besitzt, vgl. auch Aufg. 12. Ist h differenzierbar, so heißt $-\,\mathrm{grad}\, h$ die zugehörige K r a f t d i c h t e . Sie definiert für die Konfiguration f die Kraft $-(\mathrm{grad}\, h)\, f_*v$, wobei wir voraussetzen, dass $\mathrm{grad}\, h$ bezüglich f_*v integrierbar ist. Wird die potentielle Energie durch die Lage in einem Gravitationsfeld bestimmt, so ist $v = \mu$.[4] In einem elektrischen Feld ist v eine Ladungsverteilung auf dem starren Körper, vgl. Beispiel 16.B.3. Eventuell setzt sich die potentielle Energie auch aus mehreren solchen Integralen zusammen.

Ist die zugehörige Kraftdichte $-\,\mathrm{grad}\, h = ge$ konstant mit $g \in \mathbb{R}_+$ und $e \in V$, $\|e\| = 1$, so gilt

$$h(P) = -g\langle e, x\rangle = -g\|x\| \cos \sphericalangle(e, x)\,,$$

wobei $x = \overrightarrow{OP}$ ist und h durch $h(O) = 0$ normiert ist. Dann ergibt sich, wenn wir

$$y := \int_E x\, dv$$

setzen (wobei die Momente von v bis zur Ordnung 1 existieren mögen):

$$U = -g\Big\langle e \,,\, \int_E x\, df_*v\Big\rangle = -g\big\langle e, f_0(y)\big\rangle = h\big(f_0(y) + O\big) = -g\|y\| \cos\angle(e, f_0(y))\,.$$

Sind die Kraftrichtung e oder der Vektor y parallel zur Drehachse, so ist U offenbar konstant und der Energiesatz liefert, dass der Körper sich mit einer konstanten Winkelgeschwindigkeit $\Omega = \omega e_3$ bewegt. Bei $v = \mu$ ist übrigens $y = m\,\overrightarrow{OS}$, also $U = mh\big(f(S)\big)$, und $U \equiv 0$, falls e parallel zur Drehachse verläuft.

Wir nehmen nun an, dass e und y eine von 0 verschiedene Komponente in der e_1, e_2-Ebene haben. Ohne Einschränkung sei $e = e_1 \cos\alpha + \eta e_3$, wobei α der Winkel zwischen $\mathbb{R}e$ und $\mathbb{R}e_1 + \mathbb{R}e_2$ ist. Außerdem können wir (durch Wahl der Ausgangslage des starren Körpers) erreichen, dass $y = \lambda e_1 + \zeta e_3$ mit $\lambda > 0$ ist. Dann gilt

---

[4] Dies ist die große Einsicht Galileis beim Studium der Fallgesetze.

$$U = -g \langle e, f_0(y) \rangle = -g\lambda \cos\alpha \, \cos\varphi - g\eta\zeta \,.$$

Die Bewegung des starren Körpers wird durch die Lagrangesche Differenzialgleichung

$$\frac{d}{dt} \frac{\partial(T-U)}{\partial\dot\varphi} = \frac{\partial(T-U)}{\partial\varphi}\,, \quad \text{d.h.} \quad \Theta\ddot\varphi = -g\lambda \cos\alpha \, \sin\varphi\,,$$

gegeben. Es handelt sich um die Gleichung

$$\ddot\varphi = -\frac{g\cos\alpha}{\ell} \sin\varphi$$

eines ebenen mathematischen Pendels der Länge

$$\ell := \frac{\Theta}{\lambda} = \frac{\Theta_S + ms^2}{\lambda}$$

mit der Schwerebeschleunigung $g\cos\alpha$ (die bei $\alpha = 0$, d.h. bei der Bewegung um eine Achse, die orthogonal zum homogenen Kraftfeld verläuft, die volle Beschleunigung g ist). [5]) Bei $\nu = \mu$ ist $\lambda = ms$. Für kleine Ausschläge φ ist die Bewegung näherungsweise eine harmonische Schwingung mit der Schwingungsdauer

$$2\pi \sqrt{\frac{\Theta_S + ms^2}{\lambda g \cos\alpha}}\;;$$

die Schwingungsdauer eines physikalischen Pendels im Schwerefeld (für kleine Ausschläge) ist also

$$2\pi \sqrt{\frac{\Theta_S + ms^2}{msg \cos\alpha}}\,.$$

Man beachte, dass diese für $s = r_0 := \sqrt{\Theta_S/m}$ ein absolutes Minimum annimmt. Zu einer ausführlichen Diskussion der Schwingungsgleichung verweisen wir auf Bd. 1, Beispiel 19.C.4 (4).

16.B.10 Beispiel (Bewegungsgleichungen starrer Körper) Sei μ wie im letzten Beispiel eine Massenverteilung auf dem 3-dimensionalen orientierten euklidischen affinen Raum E, für die alle Momente bis zur Ordnung 2 existieren und die sich wie ein starrer Körper bewege. Man spricht auch von einem Kreisel. Der Schwerpunkt von μ sei S und die Gesamtmasse $m \geq 0$). Eine Konfiguration werde wieder durch ein Element f der eigentlichen Bewegungsgruppe $\mathrm{B}^+(E)$ beschrieben. Für die kinetische Energie T gilt dann nach Beispiel 16.B.4

$$T = \frac{1}{2} I\big(\Omega, \Omega\,; f_*\mu, f(S)\big) + \frac{1}{2} m \, \|v\|^2\,,$$

wobei Ω die Winkelgeschwindigkeit und v die Geschwindigkeit des Schwerpunkts (jeweils im gegebenen Zustand) sind. Für die potentielle Energie U nehmen wir wie im vorangehenden Beispiel die Darstellung

$$U = \int_E h \, df_*\nu$$

mit einer Potenzialdichte $h : E \to \mathbb{R}$ und einem Maß ν auf E, das sich wie der starre Körper bewegt. Zur Herleitung der Lagrangeschen Bewegungsgleichungen gemäß Beispiel 10.B.1 haben wir im Konfigurationsraum in einer Umgebung der gegebenen Konfiguration $f \in \mathrm{B}^+(E)$ Koordinaten einzuführen. Dies geschieht in folgender Weise. Wir ordnen einem Punkt (x, ϑ) aus

---

[5]) Man gewinnt diese Gleichung natürlich auch sofort aus dem Energiesatz $T + U = \text{const}.$

einer Umgebung des Nullpunkts von $V \times V$ die Bewegung mit $S \mapsto x + f(S)$ und linearem Anteil $\exp(\vartheta) \circ f_0$ zu, wobei V und die Lie-Algebra $\mathfrak{o}(V)$ der schiefselbstadjungierten Operatoren auf V wie bisher in kanonischer Weise identifiziert werden. (Einem $\vartheta \in V$ entspricht der Operator $\vartheta \times -$.) Wir betrachten also die Lagrange-Funktion $L = T - U$ als Funktion auf $W \times V^2$, wo W eine Umgebung des Nullpunkts von V^2 ist. Die Lagrangeschen Gleichungen lauten dann

$$\frac{d}{dt} \mathrm{D}_2 L = \mathrm{D}_1 L \,.$$

Wir spalten sie auf in

$$\frac{d}{dt} \mathrm{D}_2^{(1)} L = \mathrm{D}_1^{(1)} L \,, \qquad \frac{d}{dt} \mathrm{D}_2^{(2)} L = \mathrm{D}_1^{(2)} L \,,$$

wobei der Index $^{(i)}$ jeweils die Ableitung in Richtung der i-ten Komponente von $V \times V \supseteq W$ bezeichnet, $i = 1, 2$. Man erhält für die Gradienten der Ableitungen $\mathrm{D}_1^{(1)} L$, $\mathrm{D}_1^{(2)} L$, $\mathrm{D}_2^{(1)} L$, $\mathrm{D}_2^{(2)} L$ an der Stelle $(0, 0, v, \Omega)$ der Reihe nach

> die Gesamtkraft $F = -\int_E \operatorname{grad} h \, df_* v$, die in der gegebenen Konfiguration auf den Körper wirkt,

bzw.

> das Drehmoment $M = -\int_E x \times \operatorname{grad} h \, df_* v$, $x := \overrightarrow{f(S)P}$, bezüglich des augenblicklichen Schwerpunkts $f(S)$, das die äußeren Kräfte auf den Körper in der gegebenen Konfiguration ausüben,

bzw.

> den Impuls $G = mv$ des Körpers im gegebenen Zustand

bzw.

> den Drehimpuls $N = K\big(\Omega\,; f_*\mu, f(S)\big)$ im gegebenen Zustand, wiederum bzgl. des augenblicklichen Schwerpunkts $f(S)$.

Dabei ist v die Geschwindigkeit des Schwerpunkts und Ω die Winkelgeschwindigkeit im betrachteten Zustand. Der Leser wird diese Formeln mit etwas Konzentration und Geduld leicht bestätigen.[6] Für die Potenzialdichte h seien die Voraussetzungen so gewählt, dass Differenzieren und Integrieren vertauschbar sind. Die Bewegungsgleichungen für den starren Körper lauten also

$$\dot{G} = F \,, \quad \text{d.h.} \quad \text{Impulsänderung} = \text{Gesamtkraft} \,,$$

$$\dot{N} = M \,, \quad \text{d.h.} \quad \text{Drehimpulsänderung} = \text{Drehmoment} \,,$$

letztere jeweils bezüglich des Schwerpunkts. *Insbesondere wird die (kräfte)freie Bewegung eines Kreisels durch*

$$G \equiv \text{const.} \quad \text{und} \quad N \equiv \text{const.}$$

beschrieben, wobei die erste Gleichung einfach bedeutet, dass der Schwerpunkt sich mit konstanter Geschwindigkeit v bewegt.

Die Gleichung $N = \text{const.}$ ist schon sehr viel schwieriger zu interpretieren. Betrachten wir als einfachstes Beispiel eine freie Bewegung, deren Geschwindigkeit konstant ist. Wir nehmen an, dass μ die Lage des Kreisels zum Zeitpunkt $t = 0$ ist und wählen $S = S(\mu)$ als Ursprung des Koordinatensystems. Dann ist

$$S(t) = vt + S \,.$$

---

[6] Der Physiker begnügt sich vielleicht mit „physikalischen Gründen".

Andererseits erfüllt der Ortsvektor $x = x(t) = vt$ des Schwerpunkts die Gleichung $\dot{x} = \Omega \times x + v$. Es ist also $\Omega \times v = 0$, d.h. Ω und v sind linear abhängig. Sei nun $\Omega \neq 0$. Die Bewegung ist dann eine Schraubung um die Achse $\mathbb{R}\Omega + S$ (mit konstanter Winkelgeschwindigkeit und konstanter Schubgeschwindigkeit). Wir wollen noch zeigen, dass die Achse $\mathbb{R}\Omega + S$ notwendigerweise eine Hauptträgheitsachse von μ ist. Es ist bei $\Omega \neq 0$

$$N = N(t) = K\big(\Omega\,;\, f(t)_*\mu\,,\, S(t)\big) = f(t)_0 K\big(f(t)_0^{-1}\Omega\,;\, \mu\,,\, S\big).$$

Da N konstant ist, ist andererseits

$$N = K(\Omega\,;\, \mu\,,\, S)$$

und somit Ω ein Eigenvektor von $K(-\,;\, \mu\,,\, S)$; denn $\mathbb{R}\Omega$ ist (bei $f(t)_0 \neq \mathrm{id}$) der Eigenraum von $f(t)_0$ zum Eigenwert 1. Wir fassen noch einmal zusammen:

16.B.11 Satz *Die einzigen freien Bewegungen eines Kreisels mit konstanter Geschwindigkeit sind die Schraubungen längs einer Hauptträgheitsachse durch seinen Schwerpunkt mit konstanter Winkel- und konstanter Schubgeschwindigkeit.*

Wegen Satz 16.B.11 heißen die Hauptträgheitsachsen eines Kreisels durch seinen Schwerpunkt auch die f r e i e n A c h s e n des Kreisels. Geht eine gegebene Achse nicht durch den Schwerpunkt eines Kreisels, so spricht man von s t a t i s c h e r U n w u c h t; geht sie durch den Schwerpunkt, ist aber keine Hauptträgheitsachse, so spricht man von d y n a m i s c h e r U n w u c h t. Das (möglichst geringfügige) Ändern eines Kreisels in der Weise, dass eine gegebene Achse eine freie Achse wird, heißt A u s w u c h t e n.

Die allgemeine, nicht notwendig freie Bewegung eines Kreisels zu diskutieren, ist ein schwieriges Problem der mathematischen Physik. Wir verweisen dazu auf die Literatur.[7]) Für die freie Bewegung vgl. auch Bd. 4 (2. Aufl), Beispiel 16.C.12.

16.B.12 Beispiel (P o t e n z i a l e) Eine Punktmasse m im Punkte O eines 3-dimensionalen euklidischen affinen Raumes E erzeugt im punktierten Raum $E - \{O\}$ nach dem Newtonschen Gravitationsgesetz ein Kraftfeld

$$F(x) = -G\,\frac{m}{\|x\|^2} \cdot \frac{x}{\|x\|}\,, \qquad x = \overrightarrow{OP}\,, \quad P \neq O\,,$$

(G = Gravitationskonstante) derart, dass auf einen Massenpunkt der Masse m_0 im Punkt $P = x + O$ die Kraft $m_0 F(x)$ ausgeübt wird. F ist ein Potenzialfeld: $F = -\,\mathrm{grad}\,U$ mit

$$U(x) := -G\,\frac{m}{\|x\|}\,.$$

Die Funktion U ist sogar harmonisch, d.h. es ist $\Delta U = \mathrm{div}\,\mathrm{grad}\,U = -\,\mathrm{div}\,F = 0$ und somit F divergenzfrei auf $E - \{O\}$. Analog erzeugt eine elektrische Punktladung e in O (im Vakuum $E - \{O\}$) ein elektrisches Feld

$$F(x) = \gamma\,\frac{e}{\|x\|^2} \cdot \frac{x}{\|x\|}\,, \qquad x = \overrightarrow{OP}\,, \quad P \neq O\,,$$

mit $\gamma = 1/4\pi\varepsilon_0$, wobei $\varepsilon_0 \approx 8{,}85 \cdot 10^{-12}$ Asec/Vm die so genannte Dielektrizitätskonstante ist. Es ist wie das Gravitationsfeld ein divergenzfreies Potenzialfeld. Auf eine (Probe-)Ladung e_0 im Punkt $x + O$ wirkt die Kraft $e_0 F(x)$.

---

[7]) Ein klassisches Buch darüber ist Klein, F., Sommerfeld, A.: Über die Theorie des Kreisels, Stuttgart 1897 (Reprint: New York 1965).

Sei nun allgemeiner $\mu : \mathcal{B}(E) \to \overline{\mathbb{R}}_+$ eine Massenverteilung. Diese erzeugt das Gravitationsfeld

$$F(P) = -G \int_E \frac{\overrightarrow{PQ}}{\|\overrightarrow{PQ}\|^3} \, d\mu(Q) \,,$$

das natürlich nicht für alle Punkte $P \in E$ definiert zu sein braucht. Nach Auszeichnen eines Ursprungs in E schreibt sich F in der Form

$$F(x) = -G \int_E \frac{x-y}{\|x-y\|^3} \, d\mu(y) \,,$$

wobei x und y jeweils Ortsvektoren bezüglich des gewählten Ursprungs sind. Existiert für die Punkte x einer offenen Menge in E das Integral

$$U(x) = -G \int_E \frac{d\mu(y)}{\|x-y\|}$$

und ist $U(x)$ unter dem Integralzeichen differenzierbar, so ist U offenbar in dieser offenen Menge ein Potenzial des von μ erzeugten Gravitationsfeldes. Entsprechendes gilt für elektrische Felder, die von einer Ladungsverteilung $\varphi : \mathcal{B}(E) \to \overline{\mathbb{R}}$ erzeugt werden. Eine typische Situation beschreibt die folgende Aussage, die wir so allgemein erst in Bd. 4, Satz 13.A.4 (1) beweisen:

Sei $f : E \to \mathbb{R}$ eine integrierbare und lokal beschränkte Funktion. Dann ist

$$U(x) = \int_E \frac{f(y)}{\|x-y\|} \, d\lambda_E(y)$$

ein C^1-Potenzial auf E zum Kraftfeld

$$-\operatorname{grad} U(x) = \int_E \frac{(x-y)\,f(y)}{\|x-y\|^3} \, d\lambda_E(y) \,.$$

Das Kraftfeld F und auch das Potenzial U verhalten sich additiv bezüglich einer Verteilung μ. Wir betrachten einige explizite Beispiele, wobei wir der Einfachheit halber nur Gravitationspotenziale untersuchen.

(1) (Gravitationspotenzial einer homogenen Kugelschale) Sei $B = \overline{B}(O\,;\,R_1, R_2) := \{P \in E \mid R_1 \le d(O, P) \le R_2\}$ eine homogene Kugelschale der Dichte $\rho > 0$ mit $0 \le R_1 < R_2$. Wir berechnen zunächst das Potenzial in einem Punkt $P \in E$ mit $P \notin B$. Dazu führen wir ein kartesisches Koordinatensystem $O\,;\,e_1, e_2, e_3$ ein derart, dass P die Koordinaten $(0, 0, R)$, $R = \|x\| \ge 0$, $x = \overrightarrow{OP}$, hat. Dann ist unter Benutzung von Polarkoordinaten

$$U(P) = -G\rho \int_B \frac{d\lambda_E(y)}{\sqrt{\|x\|^2 + \|y\|^2 - 2\langle x, y\rangle}} = -G\rho \int_{R_1}^{R_2}\int_{-\pi}^{\pi}\int_{-\pi/2}^{\pi/2} \frac{r^2 \cos\varphi \; d\varphi\,d\lambda\,dr}{\sqrt{R^2 + r^2 - 2Rr\sin\varphi}} \,.$$

Mit der Substitution $\tau = \sin\varphi$, $d\tau = \cos\varphi\,d\varphi$ ergibt sich

$$\int_{-\pi/2}^{\pi/2} \frac{r^2 \cos\varphi \; d\varphi}{\sqrt{R^2 + r^2 - 2Rr\sin\varphi}} = \int_{-1}^{1} \frac{r^2\,d\tau}{\sqrt{R^2 + r^2 - 2Rr\tau}} = \begin{cases} 2r^2/R \,, & \text{falls } R \ge R_2, \\ 2r \,, & \text{falls } R \le R_1. \end{cases}$$

Es folgt mit der Gesamtmasse $m = \frac{4}{3}\pi\rho(R_2^3 - R_1^3)$:

$$U(P) = \begin{cases} -\dfrac{4}{3}\pi G\rho(R_2^3 - R_1^3)\,\dfrac{1}{\|x\|} = -\dfrac{Gm}{\|x\|}\,, & \text{falls } \|x\| \geq R_2\,,\\[2ex] -2\pi G\rho(R_2^2 - R_1^2) = -\dfrac{3}{2}Gm\,\dfrac{R_1 + R_2}{R_1^2 + R_1 R_2 + R_2^2}\,, & \text{falls } \|x\| \leq R_1\,. \end{cases}$$

Für $P \in \overset{\circ}{B}$, d.h. $R_1 < R < R_2$, betrachten wir B als fast disjunkte Vereinigung von $\overline{B}(O\,;\,R_1, R)$ und $\overline{B}(O\,;\,R, R_2)$ und erhalten

$$U(P) = -\frac{1}{2}\,\frac{Gm_P}{\|x\|}\cdot\frac{3\|x\|R_2^2 - 2R_1^3 - \|x\|^3}{\|x\|^3 - R_1^3}\,, \quad \text{falls } R_1 < \|x\| < R_2\,,$$

wo $m_P = \frac{4}{3}\pi\rho(R^3 - R_1^3)$ die Masse im Inneren der durch P bestimmten Kugel $\overline{B}\big(O\,;\,\|x\|\big)$ ist.

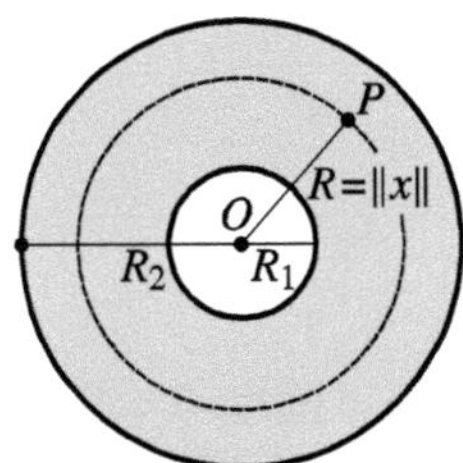

Außerhalb der Kugelschale sind das Gravitationspotenzial und damit auch das Gravitationsfeld identisch mit dem einer Punktmasse mit derselben Gesamtmasse, die im Mittelpunkt der Kugelschale konzentriert ist. Im Inneren der Kugelschale ist das Potenzial konstant, das Kraftfeld also 0. Zur Bestimmung der Kraft in einem inneren Punkt der Kugel braucht man nur den Teil der Masse zu berücksichtigen, der näher am Mittelpunkt der Kugel liegt als der betrachtete Punkt.

Ein Grenzfall hiervon ist eine homogene Massenverteilung auf einer Sphäre $S(O\,;\,R_1)$ mit der Gesamtmasse $m > 0$. Außerhalb der Sphäre ist das Potenzial wieder $-Gm/\|x\|$, innerhalb der Sphäre ist das Potenzial konstant gleich $-Gm/R_1$.

Ganz analoge Aussagen gelten für die elektrischen Felder homogener Ladungsverteilungen auf Kugelschalen.

(2) (**Gravitationspotenzial einer homogenen Kreislinie**) Wir betrachten eine homogene Massenverteilung μ mit der Liniendichte ρ auf einem Kreis S mit Mittelpunkt O und dem Radius R in einer Ebene von E. Die Gesamtmasse ist also $m = 2\pi R\rho$. Sei P ein Punkt, der nicht auf dem Kreis liegt. Wir führen ein kartesisches Koordinatensystem $O\,;\,e_1, e_2, e_3$ ein derart, dass der Kreis in der Ebene $\mathbb{R}e_1 + \mathbb{R}e_2 + O$ liegt und P die Koordinaten $(-r, 0, h)$, $r, h \geq 0$, hat. Mit der allgemeinen Transformationsformel 14.B.9 ergibt sich dann für das Potenzial im Punkt P, $x := \overrightarrow{OP}$:

$$U(P) = -G\int_S \frac{d\mu(y)}{\|x - y\|} = -R\rho G\int_0^{2\pi}\frac{d\varphi}{\sqrt{r^2 + h^2 + R^2 + 2rR\cos\varphi}}$$

$$= -\frac{mG}{\pi}\int_0^{\pi}\frac{d\varphi}{\sqrt{(R+r)^2 + h^2 - 4rR\sin^2(\varphi/2)}}$$

$$= -\frac{mG}{\pi}\cdot\frac{2}{\sqrt{(R+r)^2 + h^2}}\cdot\int_0^{\pi/2}\frac{d\varphi}{\sqrt{1 - k^2\sin^2\varphi}} = -\frac{mGk}{\pi\sqrt{rR}}\,K(k)$$

mit dem vollständigen elliptischen Integral $K(k)$ zum Modul $k := \sqrt{4rR/((R+r)^2+h^2)}$, vgl. Bd. 1, Abschnitt 17.C. Verwenden wir das Gaußsche Integral

$$I(a,b) = \int_0^{\pi/2} \frac{d\psi}{\sqrt{a^2\cos^2\psi + b^2\sin^2\psi}},$$

so ergibt sich bei $h = 0$ mit Bd. 1, Satz 17.C.8 (1):

$$K(k) = I\big(1,\sqrt{1-k^2}\big) = I\Big(\tfrac{1}{2}\big(1+\sqrt{1-k^2}\big),(1-k^2)^{-1/4}\Big)$$

Bei $r < R$ ergibt sich

$$K(k) = I\Big(\frac{R}{R+r},\sqrt{\frac{R-r}{R+r}}\,\Big) = \frac{R+r}{R}\,I\Big(1,\sqrt{1-\big(\tfrac{r}{R}\big)^2}\,\Big) = \frac{R+r}{R}\,K\big(\tfrac{r}{R}\big),$$

bei $r > R$ erhält man

$$K(k) = I\Big(\frac{r}{R+r},\sqrt{\frac{r-R}{R+r}}\,\Big) = \frac{R+r}{r}\,I\Big(1,\sqrt{1-\big(\tfrac{R}{r}\big)^2}\,\Big) = \frac{R+r}{r}\,K\big(\tfrac{R}{r}\big).$$

Somit folgt für Punkte P der Kreisebene, d.h. für $h = 0$:

$$U(P) = \begin{cases} -\dfrac{2mG}{\pi R}\,K\big(\tfrac{r}{R}\big), & \text{falls } r < R, \\[2ex] -\dfrac{2mG}{\pi r}\,K\big(\tfrac{R}{r}\big), & \text{falls } r > R. \end{cases}$$

Für $h \to \infty$ hat man die asymptotische Entwicklung (Beweis!)

$$U(P) = -\frac{mG}{h}\left(1 - \frac{1}{2}\cdot\frac{R^2+r^2}{h^2} + \frac{3}{8}\cdot\frac{(R^2+r^2)^2+2R^2r^2}{h^4} + \cdots\right).$$

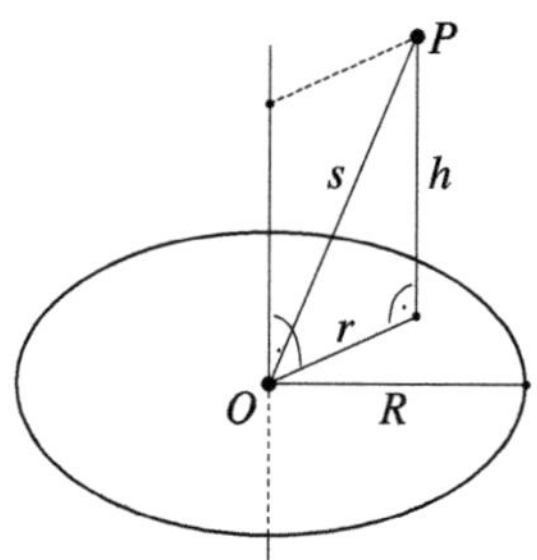

Eine andere Möglichkeit, $U(P) = -\dfrac{mG}{2\pi}\displaystyle\int_0^{2\pi}\dfrac{d\varphi}{\sqrt{r^2+h^2+R^2-2rR\cos\varphi}}$ zu berechnen [8]),

ergibt sich daraus, dass man den Integranden gemäß 5.D, Aufg. 4a) entwickelt. Dazu bezeichne $s := \sqrt{r^2+h^2}$ den Abstand von P zum Mittelpunkt O des Kreises. Bei $s < R$ gilt

$$U(P) = -\frac{mG}{2\pi R}\sum_{n=0}^{\infty}\int_0^{2\pi}\widetilde{P}_n\big(\tfrac{r}{s}\cos\varphi\big)\big(\tfrac{s}{R}\big)^n\,d\varphi,$$

---

[8]) Offenbar hat sich der Wert des Integrals durch das Auswechseln des Vorzeichens von $2rR\cos\varphi$ nicht geändert.

wobei $\widetilde{P}_n(t) = \dfrac{1}{2^n n!} \dfrac{d^n}{dt^n}(1-t^2)^n$ die modifizierten Legendre-Polynome sind. Unter Verwendung des nachfolgenden Lemmas (mit $a = 0$, $b = h/s$, $\sqrt{1-a^2} = 1$, $\sqrt{1-b^2} = r/s$) und der Werte für $\widetilde{P}_n(0)$ aus Bd. 2, 19.A, Aufg. 17a) ergibt sich

$$U(P) = -\frac{mG}{R} \sum_{k=0}^{\infty} \left(-\frac{1}{4}\right)^k \binom{2k}{k} \widetilde{P}_{2k}\left(\frac{h}{s}\right)\left(\frac{s}{R}\right)^{2k}, \quad s < R.$$

Entsprechend hat man bei $s > R$

$$U(P) = -\frac{mG}{2\pi s} \sum_{n=0}^{\infty} \int_0^{2\pi} \widetilde{P}_n\left(\frac{r}{s}\cos\varphi\right)\left(\frac{R}{s}\right)^n d\varphi = -\frac{mG}{s} \sum_{k=0}^{\infty} \left(-\frac{1}{4}\right)^k \binom{2k}{k}\widetilde{P}_{2k}\left(\frac{h}{s}\right)\left(\frac{R}{s}\right)^{2k}.$$

16.B.13 Lemma *Für $n \in \mathbb{N}$ und $a, b \in [-1, 1]$ gilt*

$$\frac{1}{2\pi} \int_0^{2\pi} \widetilde{P}_n\left(\sqrt{1-a^2}\,\sqrt{1-b^2}\,\cos\varphi + ab\right) d\varphi = \widetilde{P}_n(a)\,\widetilde{P}_n(b).$$

Setzt man in dieser Formel $a = \sin\alpha$, $b = \sin\beta$, so erhält sie die Gestalt

$$\frac{1}{2\pi} \int_0^{2\pi} \widetilde{P}_n(\cos\alpha \cos\beta \cos\varphi + \sin\alpha \sin\beta)\, d\varphi = \widetilde{P}_n(\sin\alpha)\,\widetilde{P}_n(\sin\beta)$$

und gilt dann für alle $\alpha, \beta \in \mathbb{C}$.

B e w e i s . Da $\widetilde{P}_n$ nach Bd. 2, Beispiel 20.C.5 der Legendreschen Differenzialgleichung

$$(1-t^2)y'' - 2ty' + n(n+1)y = \frac{d}{dt}\big((1-t^2)y'\big) + n(n+1)y = 0$$

genügt, gilt

$$\big(1 - (\sqrt{1-a^2}\,\sqrt{1-b^2}\,\cos\varphi + ab)^2\big)\,\widetilde{P}_n''(\sqrt{1-a^2}\,\sqrt{1-b^2}\,\cos\varphi + ab)$$
$$- 2(\sqrt{1-a^2}\,\sqrt{1-b^2}\,\cos\varphi + ab)\,\widetilde{P}_n'(\sqrt{1-a^2}\,\sqrt{1-b^2}\,\cos\varphi + ab) +$$
$$+ n(n+1)\,\widetilde{P}_n(\sqrt{1-a^2}\,\sqrt{1-b^2}\,\cos\varphi + ab) = 0.$$

Eine leichte Rechnung zeigt, dass diese Beziehung sich in der folgenden Form schreiben lässt:

$$\frac{1}{1-a^2}\,\frac{\partial^2 \widetilde{P}_n(\sqrt{1-a^2}\,\sqrt{1-b^2}\,\cos\varphi + ab)}{\partial\varphi^2} +$$
$$+ \frac{\partial}{\partial a}\left((1-a^2)\,\frac{\partial \widetilde{P}_n(\sqrt{1-a^2}\,\sqrt{1-b^2}\,\cos\varphi + ab)}{\partial a}\right) +$$
$$+ n(n+1)\,\widetilde{P}_n(\sqrt{1-a^2}\,\sqrt{1-b^2}\,\cos\varphi + ab) = 0.$$

Der Integrand $\widetilde{P}_n(\sqrt{1-a^2}\,\sqrt{1-b^2}\,\cos\varphi + ab)$ hat eine Fourier-Entwicklung

$$\sum_{k=0}^{n} F_k(a, b)\cos k\varphi.$$

$F_0(a, b)$ ist die linke Seite der zu beweisenden Formel und ein Polynom in a, b, da $\int_0^{2\pi} \cos^j \varphi = 0$ ist für ungerades $j \in \mathbb{N}$ und somit beim Bestimmen von F_0 keine der Wurzeln $\sqrt{1-a^2}$ und $\sqrt{1-b^2}$ in ungerader Potenz auftritt. Einsetzen der Fourier-Entwicklung in die oben angegebene Beziehung ergibt durch Vergleich der nullten Fourier-Koeffizienten, dass $F_0(a, b)$ bei festem b als Funktion in a eine Lösung der Legendreschen Differenzialgleichung ist. Da diese nach Bd. 2, Beispiel 20.C.4 das Legendre-Polynom $\widetilde{P}_n$ bis auf einen konstanten Faktor als einzige Polynomlösung hat, gilt $F_0(a, b) = C(b)\,\widetilde{P}_n(a)$ mit einer nur von b abhängenden Konstanten $C(b)$. Um diese zu bestimmen, setzen wir $a = 1$ und erhalten wegen $\widetilde{P}_n(1) = 1$ die Behauptung

$$C(b) = F_0(1, b) = \frac{1}{2\pi} \int\limits_0^{2\pi} \widetilde{P}_n(b)\, d\varphi = \widetilde{P}_n(b)\,. \qquad \bullet$$

Mit dem Ergebnis für das Potenzial einer Kreislinie lässt sich auch leicht das Potenzial eines homogenen Kreisrings mit der Masse m und den Radien $R_1 < R_2$ berechnen. Es ist bei $s \leq R_1$

$$U(P) = -\frac{2mG}{R_2^2 - R_1^2} \sum_{k=0}^{\infty} \left(-\frac{1}{4}\right)^k \binom{2k}{k} \widetilde{P}_{2k}\!\left(\frac{h}{s}\right) \frac{s^{2k}}{2k-1} \left(\frac{1}{R_1^{2k-1}} - \frac{1}{R_2^{2k-1}}\right)$$

und bei $s \geq R_2$

$$U(P) = -\frac{2mG}{R_2^2 - R_1^2} \sum_{k=0}^{\infty} \left(-\frac{1}{4}\right)^k \binom{2k}{k} \widetilde{P}_{2k}\!\left(\frac{h}{s}\right) \frac{R_2^{2k+2} - R_1^{2k+2}}{(2k+2)\, s^{2k+1}}\,.$$

Für $R_1 < s < R_2$ zerlege man den gegebenen Kreisring in zwei Kreisringe mit den Radien R_1, s bzw. s, R_2.

(3) Allgemeiner wollen wir das P o t e n z i a l   e i n e r   r o t a t i o n s s y m m e t r i s c h e n   M a s - s e n v e r t e i l u n g μ auf E diskutieren, die rotationssymmetrisch bezüglich der Achse $\mathbb{R}e_3 + O$ ist ($\|e_3\| = 1$) und eine endliche Gesamtmasse $m > 0$ besitzt. Wir zerlegen $\mu = \mu_1 + \mu_2$, wobei μ_1 auf und μ_2 außerhalb der Symmetrieachse $\mathbb{R}e_3 + O$ verschwindet, und betrachten μ_1 und μ_2 getrennt.

Sei zunächst $\mu = \mu_1$ auf $\mathbb{R}e_1 + O$ gleich 0. Dann verschwindet μ wegen der Rotationssymmetrie auf jeder Ebene, die die Symmetrieachse enthält.

Sei $O\,;\, e_1, e_2, e_3$ ein kartesisches Koordinatensystem auf E. Da das Potenzial von μ symmetrisch bzgl. der Achse $\mathbb{R}e_3 + O$ ist, genügt es, das Potenzial

$$U(P) = -G \int\limits_E \frac{d\mu(y)}{\|x - y\|}$$

für einen Punkt $P = x + O$ mit den Koordinaten $(r, 0, h)$ zu bestimmen, $r \geq 0$, $h \in \mathbb{R}$. Bei Benutzung von Polarkoordinaten

$$y_1 R \cos\varphi \cos\lambda\,, \quad y_2 = R \cos\varphi \sin\lambda\,, \quad y_3 = R \sin\varphi\,,$$

$(R, \lambda, \varphi) \in Q := \mathbb{R}_+^\times \times\,]{-\pi}, \pi[\, \times\,]{-\pi/2}, \pi/2[\,$, und

$$x_1 = s \cos\theta\,, \quad x_2 = 0\,, \quad x_3 = s \sin\theta\,, \qquad s := \sqrt{r^2 + h^2}\,,$$

ergibt sich

$$U(P) = -G \int\limits_Q \frac{d\mu^*}{\sqrt{R^2 + s^2 - 2Rs\,(\cos\theta\,\cos\varphi\,\cos\lambda + \sin\theta\,\sin\varphi)}}\,,$$

wobei μ^* das nach Q transportierte Maß μ ist. Wegen der vorausgesetzten Axialsymmetrie von μ ist $\mu^* = \nu \otimes \lambda^1/2\pi$ mit einem Maß ν auf $Q' := \mathbb{R}_+^\times \times \,]{-}\pi/2, \pi/2[$ (Beweis!). Für $s > R$ hat der Integrand die Entwicklung

$$\frac{1}{s} \sum_{n=0}^{\infty} \widetilde{P}_n\big(\cos\theta\,\cos\varphi\,\cos\lambda + \sin\theta\,\sin\varphi\big)\Big(\frac{R}{s}\Big)^n.$$

Wir setzen nun voraus, dass man die Integration mit der Summation vertauschen kann – was zum Beispiel nach dem Lebesgueschen Konvergenzsatz dann der Fall ist, wenn μ für $R > R_1$ verschwindet und $s > R_1$ ist –, und erhalten mit dem Satz von Fubini und Lemma 16.B.13

$$U(P) = -\frac{Gm}{s} \sum_{n=0}^{\infty} \frac{J_n}{s^n}\,\widetilde{P}_n(\sin\theta)$$

mit

$$J_n := \frac{1}{m} \int_{Q'} R^n \widetilde{P}_n(\sin\varphi)\,d\nu = \frac{1}{m} \int_{Q} R^n \widetilde{P}_n(\sin\varphi)\,d\mu^*$$

$$= \frac{1}{m} \int_{Q} F_n(y_1, y_2, y_3)\,d\mu^* = \frac{1}{m} \int_{E} F_n(y_1, y_2, y_3)\,d\mu,$$

wobei F_n wegen $R^2 = y_1^2 + y_2^2 + y_3^2$ und $R\sin\varphi = y_3$, also

$$R^n \sin^k\varphi = y_3^k(y_1^2 + y_2^2 + y_3^2)^{(n-k)/2}$$

für $0 \le k \le n$, $k \equiv n\ (2)$, ein homogenes Polynom vom Grade n ist. Daher ist J_n ein (bzgl. O homogenes) n-tes Moment von μ, vgl. Beispiel 16.B.1. Es ist $J_0 = 1$, und $J_1 = \big(\int_E y_3\,d\mu\big)/m$ ist die y_3-Komponente des Schwerpunkts von μ. *Insbesondere ist J_1 (genau dann) gleich* 0, *wenn O der Schwerpunkt S von μ ist,* was im Folgenden ohne Einschränkung der Allgemeinheit angenommen sei. Generell ist $J_n = 0$ für alle ungeraden $n \in \mathbb{N}$, wenn μ invariant unter der orthogonalen Spiegelung an der Ebene $\mathbb{R}e_1 + \mathbb{R}e_2 + O$ ist.

Für J_2 erhalten wir wegen $\widetilde{P}_2(t) = (3t^2 - 1)/2$

$$J_2 = \frac{1}{2m} \int_{E} (2y_3^2 - y_1^2 - y_2^2)\,d\mu = \frac{1}{m}\,(I - I'),$$

wo $I' := \int_E(y_1^2 + y_2^2)\,d\mu$ das Hauptträgheitsmoment bezüglich der Symmetrieachse und $I :=$
$\int_E(y_1^2 + y_3^2)\,d\mu = \int_E(y_2^2 + y_3^2)\,d\mu$ das Hauptträgheitsmoment bezüglich einer zur Symmetrie-achse senkrechten Achse durch $S = O$ ist, vgl. Beispiel 16.B.4. *J_2 verschwindet also genau dann, wenn μ ein Kugelkreisel ist.* Für ein homogenes Rotationsellipsoid mit den Halbachsenlängen $a = b$ und c ergibt sich mit Aufg. 17 $J_2 = \frac{1}{5}\,(c^2 - a^2)$. Man bestimme auch J_4.

Für die Erde mit dem Äquatorradius $R_1 \approx 6378140\,\mathrm{m}$ sind folgende Werte durch Satellitenbe-obachtungen bestimmt worden:

$$J_2 \approx -1082,6 \cdot 10^{-6} R_1^2, \quad J_3 \approx 2,6 \cdot 10^{-6} R_1^3, \quad J_4 \approx 1,7 \cdot 10^{-6} R_1^4.$$

Vernachlässigt man J_n für $n \ge 3$, so ergibt sich für das Gravitationspotenzial in einem Punkt P oberhalb der Erde mit Abstand s von ihrem Schwerpunkt der Näherungswert

$$U \approx -\frac{GM}{s} \Big(1 + \frac{J_2}{R_1^2} \cdot \frac{R_1^2}{2s^2}\,(3\sin^2\theta - 1)\Big),$$

wobei θ die *geometrische* Breite von P ist und $M \approx 5,974 \cdot 10^{24}\,\mathrm{kg}$ die Erdmasse.[9]) Man beachte, dass die Erdoberfläche keine Niveaufläche des Gravitationspotenzials ist, wenn man annimmt, dass sie im hydrostatischen Gleichgewicht ist. Dann ist nämlich noch die durch die Erdrotation hervorgerufene Zentrifugalkraft zu berücksichtigen, die das Potenzial $-\frac{1}{2}\omega_0^2 s^2 \cos^2\theta$ hat, ω_0 Winkelgeschwindigkeit der Erde, vgl. 4.B, Aufg. 3. Die Erdoberfläche ist also in diesem Modell eine Niveaufläche von

$$V(s,\theta) := U - \frac{1}{2}\,\omega_0^2 s^2 \cos^2\theta\,.$$

Setzen wir $V_0 := V(R_1, 0)$, so gilt

$$s = -\frac{GM}{V_0}\left(1 + \frac{J_2}{2s^2}\,(3\sin^2\theta - 1) + \frac{\omega_0^2 s^3 \cos^2\theta}{2GM}\right).$$

Fassen wir dies als Fixpunktgleichung für s auf und starten mit der Näherungslösung $s \equiv R_1$, so erhalten wir als nächste Näherung (gemäß des Verfahrens der sukzessiven Approximation 3.A.9) für die Gleichung der Erdoberfläche

$$s = s(\theta) \approx -\frac{GM}{V_0}\left(1 + \frac{J_2}{2R_1^2}\,(3\sin^2\theta - 1) + \frac{\omega_0^2 R_1^3 \cos^2\theta}{2GM}\right).$$

Der Quotient

$$A = \frac{s(0) - s(\pi/2)}{s(0)}$$

ist die A b p l a t t u n g der Erde. Sie ergibt sich hier näherungsweise zu

$$A \approx \left(-\frac{3}{2}\,\frac{J_2}{R_1^2} + \frac{\omega_0^2 R_1^3}{2GM}\right)\Big/\left(1 - \frac{J_2}{2R_1^2} + \frac{\omega_0^2 R_1^3}{2GM}\right) \approx -\frac{3}{2}\,\frac{J_2}{R_1^2} + \frac{\omega_0^2 R_1^3}{2GM}\,.$$

Mit Hilfe des beobachteten Wertes $A = 1/298,85$ könnte man daraus noch einmal J_2/R_1^2 berechnen. Der so erhaltene Wert stimmt erstaunlich gut mit dem oben angegebenen (unabhängig davon gewonnenen) überein.

Durch genauere Beobachtungen von Satellitenbahnen ist das wahre Gravitationsfeld der Erde inzwischen sehr gut bekannt. Insbesondere hat sich dabei ergeben, dass es *nicht* völlig symmetrisch bzgl. der Rotationsachse der Erde ist. Ferner zeigt der von 0 verschiedene Wert für J_3 eine Unsymmetrie bzgl. der Äquatorebene an (B i r n e n g e s t a l t   d e r   E r d e).

Es bleibt schließlich noch das Potenzial einer Massenverteilung $\mu = \mu_2$ zu bestimmen, die ganz auf die Achse $g := \mathbb{R}e_3 + O$ konzentriert ist. Dieses in der Regel einfachere Problem überlassen wir dem Leser.

Weitere Überlegungen zur Potenzialtheorie findet man in Bd. 4, Abschnitt 13.A.

---

[9]) Es ist $GM \approx 3,9865 \cdot 10^{14}\,\mathrm{m}^3\mathrm{sec}^{-2}$.

Aufgaben

Im Folgenden sei E ein n-dimensionaler affiner Raum über dem $\mathbb{R}$-Vektorraum V.

1. Sei $\mu = \sum_{i \in I} \mu_i$ die Summe der Massenverteilungen μ_i auf E mit der Gesamtmasse $m = \mu(E) = \sum_{i \in I} \mu(E_i) < \infty$ und $m_i = \mu_i(E) > 0$, $i \in I$. Existieren die Schwerpunkte $S(\mu_i)$, $i \in I$, und existiert

$$S := \sum_{i \in I} \frac{m_i}{m} S(\mu_i),$$

so ist S der Schwerpunkt $S(\mu)$ von μ.

2. Sei E euklidisch. Man bestimme den Schwerpunkt des homogenen Körpers, der aus einer Kugel $\overline{B} = \overline{B}(S ; r)$ dadurch entsteht, dass aus ihr (abzählbar viele) paarweise disjunkte Kugeln $B(S_i ; r_i)$ mit $r_i + d(S, S_i) \le r$, d.h. mit $B(S_i ; r_i) \subseteq \overline{B}$, entfernt werden. Man behandele auch den Fall, dass $r_i + d(S, S_i) > r$ ist.

3. Der Schwerpunkt eines nichtausgearteten Simplex $(P_0, \dots, P_n)$, der homogen und konvex ist, ist gleich dem Schwerpunkt $\sum_{i=0}^{n} \frac{1}{n+1} P_i$ seiner Ecken.

4. Man vergleiche den Schwerpunkt eines konvexen Vierecks (P_0, P_1, P_2, P_3) in einer affinen Ebene mit dem Schwerpunkt $S = \sum_{i=0}^{3} \frac{1}{4} P_i$ seiner vier Ecken. Wann stimmen beide Schwerpunkte überein? Man gebe Konstruktionsverfahren für beide Schwerpunkte an.

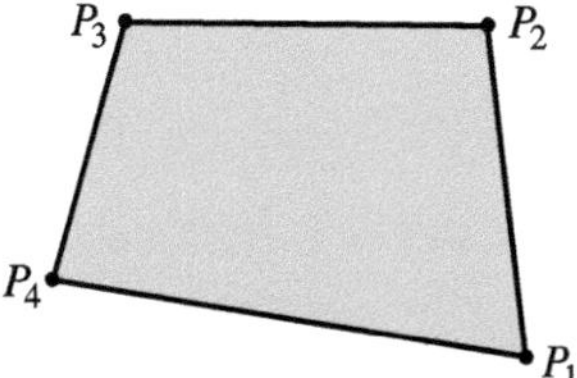

5. Seien E eine affine Ebene und $P_0, \dots, P_r$, $r \ge 2$, Punkte mit den Koordinaten (a_j, b_j), $j = 0, \dots, r$, bezüglich eines affinen Koordinatensystems. Außerdem sei $[P_0, \dots, P_r]$ ein einfach geschlossener Streckenzug. Man zeige, dass der Schwerpunkt des (homogenen) eingeschlossenen Polygons gleich $(a/c, b/c)$ ist mit

$$a := \frac{1}{3}\left(a_0 a_1 \operatorname{Det}\begin{pmatrix} 1 & 1 \\ b_0 & b_1 \end{pmatrix} + \dots + a_r a_0 \operatorname{Det}\begin{pmatrix} 1 & 1 \\ b_r & b_0 \end{pmatrix}\right),$$

$$b := \frac{1}{3}\left(b_0 b_1 \operatorname{Det}\begin{pmatrix} a_0 & a_1 \\ 1 & 1 \end{pmatrix} + \dots + b_r b_0 \operatorname{Det}\begin{pmatrix} a_r & a_0 \\ 1 & 1 \end{pmatrix}\right),$$

$$c := \operatorname{Det}\begin{pmatrix} a_0 & a_1 \\ b_0 & b_1 \end{pmatrix} + \dots + \operatorname{Det}\begin{pmatrix} a_r & a_0 \\ b_r & b_0 \end{pmatrix}.$$

(Man vergleiche hierzu Bd. 2, 9.G, Aufg. 1.)

6. a) Sei $K \subseteq E$ eine Borel-Menge mit endlichem positivem Volumen und einem Schwerpunkt S. Dann hat jede Affinität von E, die K auf sich abbildet, S als Fixpunkt. Insbesondere haben die Elemente der Symmetriegruppe $S(K)$ von K (bei euklidischem E) S als gemeinsamen Fixpunkt. (Ist K abgeschlossen in E, so ist auch $S(K)$ abgeschlossen in der Bewegungsgruppe $B(E)$ und damit eine Lie-Gruppe, vgl. Bd. 2, Satz 18.D.5.)

b) Sei $K \subseteq E$ eine beliebige nichtleere beschränkte Menge. Dann haben die Affinitäten von E, die K auf sich abbilden, einen gemeinsamen Fixpunkt (und zwar den Schwerpunkt des Abschlusses der konvexen Hülle von K in dem von K erzeugten affinen Unterraum von E).

7. Sei $V = U \oplus W$ eine direkte Zerlegung von V in die Unterräume U und W. Auf V wählen wir ein Borel-Lebesgue-Maß $\lambda_V = \lambda_U \otimes \lambda_W$ als Produkt von Borel-Lebesgue-Maßen auf U bzw. W. Ferner sei μ eine Massenverteilung auf V mit der Dichte ρ bzgl. λ_V, der positiven und endlichen Gesamtmasse m sowie dem Schwerpunkt $S(\mu)$. Mit $\rho_W : W \to \overline{\mathbb{R}}_+$ bezeichnen wir die Marginaldichte

$$\rho_W(w) := \int_U \rho(u, w)\, d\lambda_U, \quad w \in W.$$

Dann besitzt die Massenverteilung $\mu_W := \rho_W \lambda_W = p_* \mu$, $p : V \to W$ Projektion auf W längs U, den Schwerpunkt $p\big(S(\mu)\big)$, und die U-Komponente von $S(\mu)$ ist gleich

$$\frac{1}{m} \int_{W'} S(w)\, d\mu_W = \frac{1}{m} \int_{W'} \rho_W(w)\, S(w)\, d\lambda_W$$

mit $W' = \{\rho_W \neq 0\}$ und dem Schwerpunkt

$$S(w) := \frac{1}{\rho_W(w)} \int_U u\, \rho(u, w)\, d\lambda_U$$

des Schnittes $U \times \{w\}$, $w \in W'$, der außerhalb einer Nullmenge von W' existiert.

8. Seien H eine affine Hyperebene in E und $G \subseteq H$ eine Borel-Menge mit dem Schwerpunkt S_H (als Teilmenge von H).

a) Sei $x \in V$ ein Vektor, der H nicht in sich verschiebt. Der Zylinder

$$Z(G\,;x) = \bigcup_{P \in G} [P, x+P]$$

mit der Grundfläche G und der Kante x hat dann den Schwerpunkt $\frac{1}{2}x + S_G$.

b) Sei $S \in E - H$. Der Kegel

$$C(G\,;S) = \bigcup_{P \in G} [P, S]$$

mit der Grundfläche G und der Spitze S hat dann den Schwerpunkt

$$\frac{1}{n+1} \overrightarrow{S_G S} + S_G = \frac{n}{n+1} S_G + \frac{1}{n+1} S.$$

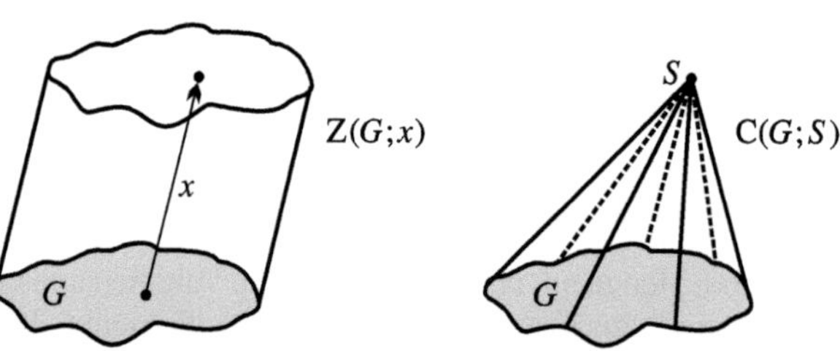

9. Man bestimme den Schwerpunkt einer Halbkugel als Schwerpunkt des bekannten Archimedischen Restkörpers „Zylinder ohne Kegel" mit Hilfe der Aufg. 1 und 8.

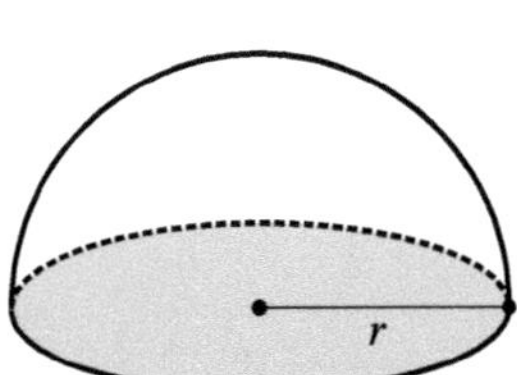 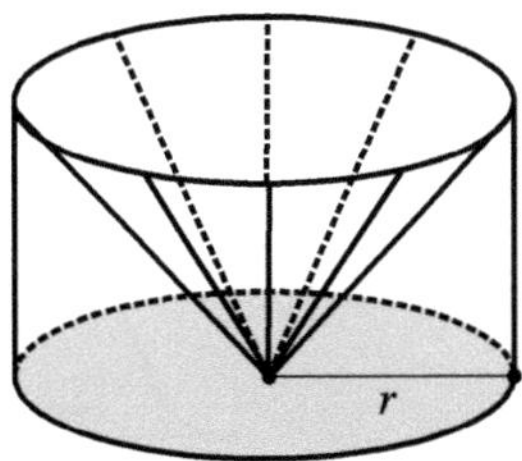

10. a) Der Schwerpunkt der Halbkugel $\{x \in \mathbb{R}^n \mid \|x\| \leq r,\ x_1 \geq 0\}$ ist $s_n r e_1$ mit

$$s_n := \frac{2}{n+1} \cdot \frac{\omega_{n-1}}{\omega_n} = \frac{2}{(n+1)\sqrt{\pi}} \cdot \frac{\Gamma\left(\frac{n}{2}\right)}{\Gamma\left(\frac{n-1}{2}\right)} = \frac{2}{(n+1)\,\mathrm{B}\left(\frac{n-1}{2},\frac{1}{2}\right)}\,.$$

Insbesondere ist $s_2 = 4/3\pi$ und $s_3 = 3/8$.

b) Der Schwerpunkt des Kugelsegmentes $\{x \in \mathbb{R}^n \mid \|x\| \leq r,\ x_1, \ldots, x_k \geq 0\}$, $k \leq n$, ist $s_n r(e_1 + \cdots + e_k)$.

11. Man bestimme den Schwerpunkt eines Kreissektors, eines Kreisabschnitts und eines Kugelsektors bzw. einer Kugelkappe.

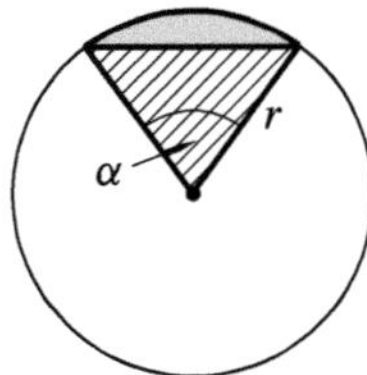 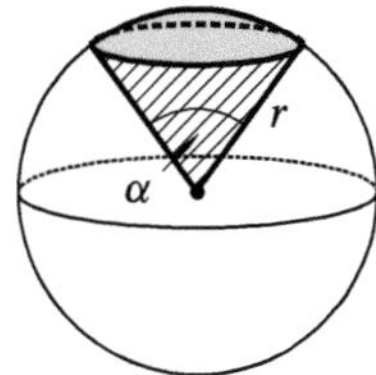

Man verallgemeinere dies auch auf höhere Dimensionen.

12. Sei E euklidisch und sei μ eine Massenverteilung auf E. Außerdem sei $h : E \to \mathbb{R}$ eine Potenzialdichte (ähnlich wie in Beispiel 16.B.9) derart, dass $U = \int_V h\,d\mu$ die potentielle Energie der Massenverteilung μ ist.

a) Ist h zentralsymmetrisch bezüglich $O \in E$, also $h(P) = A\big(\|x\|\big)$, und besitzt μ eine bezüglich O zentralsymmetrische Dichte $\rho(P) = b\big(\|x\|\big)$, $x \in \overrightarrow{OP}$, so ist

$$U = n\omega_n \int_0^\infty r^{n-1} A(r)\, b(r)\, dr$$

($n = \mathrm{Dim}\,E$). Man berechne die potentielle Energie einer Atmosphäre mit

$$b(r) := \begin{cases} \rho_0 \exp\big(-\alpha(r - R)\big), & \text{falls } r \geq R, \\ 0, & \text{falls } r < R, \end{cases}$$

($\alpha > 0$) im zentralsymmetrischen Feld mit $A(r) := c/r^\beta$, $r > 0$ (c, β konstant).

b) Sei $V = W \oplus \mathbb{R}$ orthogonal zerlegt in eine Hyperebene W und eine Gerade $\mathbb{R}$, versehen mit dem Standardskalarprodukt. Ferner seien μ ein homogenes Gebirge

$$G = G(f) = \{(x, y) \in W \oplus \mathbb{R} \mid 0 \leq y \leq f(x)\}$$

der Dichte $\rho > 0$ zu einer messbaren Funktion $f : W \to \mathbb{R}_+$ und $h : W \oplus \mathbb{R} \to \mathbb{R}$ die Potenzialdichte $h(x, y) := gy$, $g > 0$, mit der konstanten Kraftdichte $-\operatorname{grad} h = -(0, g)$.

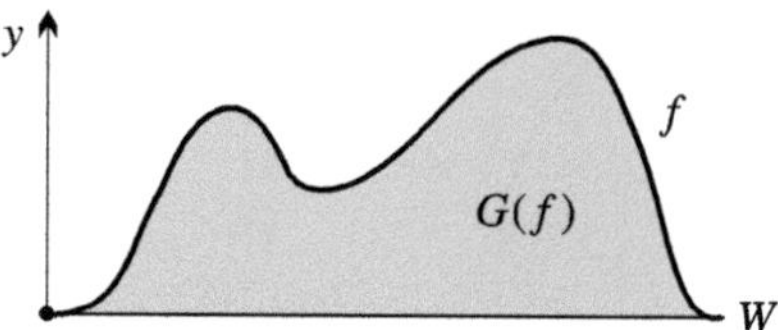

Dann ist die potentielle Energie von μ gleich

$$U = mgy_S = \frac{1}{2}\rho g \int\limits_W f^2 \, d\lambda_W \, ,$$

wobei $m = \rho \int_W f \, d\lambda_W$ die Gesamtmasse des Gebirges ist (die positiv und endlich sei) und

$$y_S = \frac{\rho}{2m} \int\limits_W f^2 \, d\lambda_W$$

die Schwerpunktshöhe (von der wir ebenfalls annehmen, dass sie endlich sei).

Bei vorgegebener Masse m und Dichte ρ und einer vorgegebenen Borel-Menge $B \subseteq W$ mit $0 < \lambda_W(B) < \infty$, über der G positive Höhe haben darf, ist die potentielle Energie genau dann am kleinsten, wenn f auf B fast überall konstant gleich $y_0 := m/(\rho\lambda_W(B))$ ist. (Es ist nämlich für beliebiges auf B konzentriertes f

$$U = U_0 + \frac{1}{2}\rho g \int\limits_B (f - y_0)^2 \, d\lambda_W$$

mit $U_0 = \frac{1}{2}mgy_0$. – Man nennt die Differenz $U - U_0$ die R e l i e f e n e r g i e des Gebirges.) Man berechne die Reliefenergie für folgende Gebirge:

(1) $f(x) = \sqrt{r^2 - \|x\|^2}$, $x \in \mathrm{B}(0\,;r) \subseteq W$ (Halbkugel).

(2) $f(x) = h\big(1 - (\|x\|/r)\big)$, $x \in \mathrm{B}(0\,;r) \subseteq W$ (Kegel).

(3) Erdoberfläche. Dabei werde die Dichte der Landmassen mit 2,7 und die des Wassers (das bei minimalem U komplett oberhalb der Landmassen liegt) mit 1 angenommen. Zur Abschätzung der Reliefenergie benutze man die hypsographische Kurve in Bd. 1, 10.C, Aufg. 14d). Die Erdoberfläche werde als Gebirge über einer ebenen Fläche idealisiert.

13. Seien $\|-\|$ eine beliebige Norm auf V und μ eine Massenverteilung auf E mit $\mu(E) < \infty$. Für $k \in \mathbb{N}^*$ existieren genau dann alle Momente bis zur Ordnung k, wenn $\int_E \|x\|^k \, d\mu < \infty$ ist, $x = \overrightarrow{OP}$, O fest gewählter Ursprung.

14. Sei E dreidimensional euklidisch und sei μ eine Massenverteilung, für die alle Momente bis zur Ordnung 2 existieren mögen. Der Schwerpunkt von μ sei S; der Trägheitstensor und die damit zusammenhängenden Größen seien immer auf den Schwerpunkt bezogen.

a) Besitzt μ eine Symmetrieebene H, d.h. ist μ invariant gegenüber der orthogonalen Spiegelung an H, so liegen S und zwei verschiedene Haupträgheitsachsen in H. (Man beachte, dass dies immer gilt, wenn μ auf H konzentriert ist, d.h. wenn $\mu(E - H) = 0$ ist. In diesem Fall gilt $I_1 = I_2 + I_3$, wenn I_2 und I_3 die Haupträgheitsmomente zu den Hauptachsen in H und I_1 das Haupträgheitsmoment zu der auf H orthogonalen Haupträgheitsachse ist.)

b) Ist die Gerade g eine Symmetrieachse von μ, d.h. gibt es eine Drehung $f \neq$ id um g, die μ invariant lässt, so ist $S \in g$ und g ist eine Hauptträgheitsachse. Ist dabei f keine Halbdrehung, so stimmen die beiden Hauptträgheitsmomente in der zu g senkrechten Ebene überein, d.h. μ ist ein symmetrischer Kreisel.

15. Sei μ eine Massenverteilung auf dem dreidimensionalen euklidischen affinen Raum E, für die die Momente bis zur Ordnung 2 existieren. Bezeichnet I den Trägheitstensor bezüglich $O \in E$ und K den zugehörigen selbstadjungierten Operator auf V, so gilt

$$I_1 + I_2 + I_3 = \operatorname{Sp} K = 2 \int_E \|x\|^2 \, d\mu \,, \qquad x = \overrightarrow{OP} \,.$$

16. Die Hauptträgheitsmomente bezüglich des Schwerpunkts einer homogenen Kugel vom Radius $r > 0$ bzw. eines Würfels der Kantenlänge $2r$ sind $2mr^2/5$ bzw. $2mr^2/3$, wobei m die Masse des Körpers ist.

17. Man bestimme die Hauptträgheitsachsen und die zugehörigen Hauptträgheitsmomente (jeweils bezüglich eines beliebigen Punktes)

a) für eine Punktmasse,   **b)** für einen Kugelkreisel.

18. Man bestimme die Hauptträgheitsmomente (jeweils bezüglich des Schwerpunktes)

a) einer Kugel mit dem Radius r, deren Dichte sich linear mit dem Radius ändert und im Mittelpunkt den Wert ρ_0 sowie an der Oberfläche den Wert ρ_R hat;

b) eines geraden Kreiszylinders mit der Höhe h und dem Radius r, dessen Dichte sich mit dem Abstand von der Achse wie bei a) ändert;

c) eines Torus mit den Radien $R \geq r$, dessen Dichte sich mit dem Abstand von der Seele des Torus wie bei a) ändert.

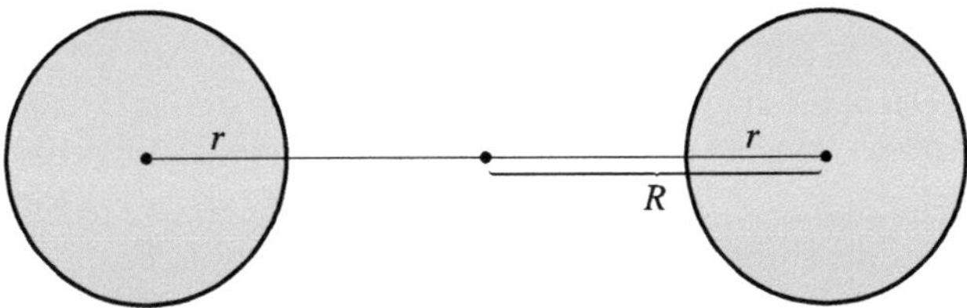

19. Die Hauptträgheitsachsen (bezüglich des Schwerpunktes) eines homogenen Ellipsoids der Masse m mit den Halbachsenlängen $a, b, c > 0$ sind seine Hauptachsen, die zugehörigen Hauptträgheitsmomente sind

$$\frac{m}{5}\,(b^2 + c^2)\,, \qquad \frac{m}{5}\,(a^2 + c^2) \quad \text{bzw.} \quad \frac{m}{5}\,(a^2 + b^2)\,.$$

Wann handelt es sich also um einen Kugelkreisel bzw. um einen symmetrischen Kreisel?

20. Die Hauptträgheitsachsen (bezüglich des Schwerpunktes) eines homogenen Quaders der Masse m mit den Kantenlängen $2a, 2b, 2c > 0$ sind seine Symmetrieachsen, die zugehörigen Hauptträgheitsmomente sind

$$\frac{m}{3}\,(b^2 + c^2)\,, \qquad \frac{m}{3}\,(a^2 + c^2) \quad \text{bzw.} \quad \frac{m}{3}\,(a^2 + b^2)\,.$$

Wann handelt es sich um einen Kugelkreisel bzw. um einen symmetrischen Kreisel?

21. Wann ist ein homogener gerader Kreiszylinder bzw. Kreiskegel mit Radius r und Höhe h ein Kugelkreisel (bezüglich des Schwerpunktes)?

22. Man berechne den Schwerpunkt, die Hauptträgheitsachsen und die Hauptträgheitsmomente einer Kugel vom Radius r, deren Dichte auf komplementären Kappen der Höhe h bzw. $2r - h$ die konstanten Werte ρ_1 bzw. ρ_2 hat.

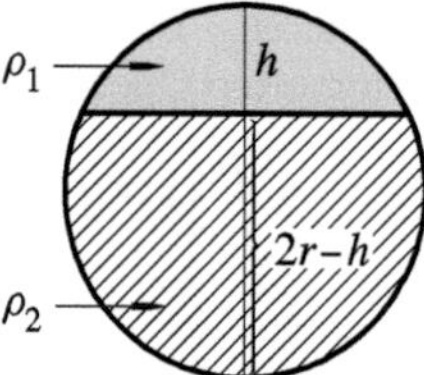

23. Wie lange fällt der homogene Quader der Dichte ρ in der folgenden Zeichnung links

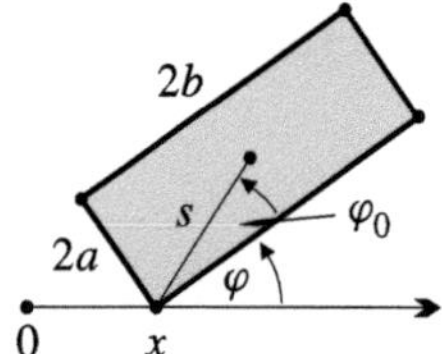

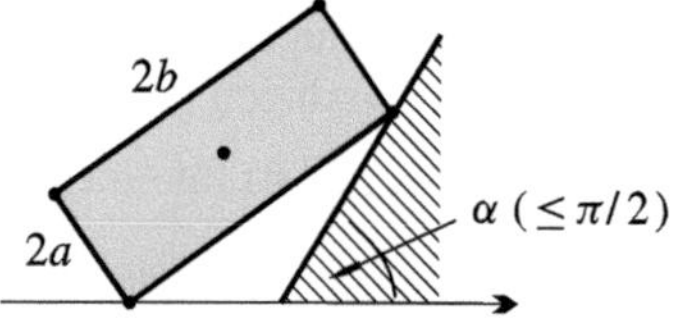

a) unter der Voraussetzung, dass der Boden ideal rau ist (Beispiel 16.B.9), und

b) unter der Voraussetzung, dass der Boden ideal glatt ist?

(Zum Aufstellen der Bewegungsgleichungen benutze man den Energiesatz aus Beispiel 10.B.1. Bei b) ist die kinetische Energie

$$T = \frac{m}{2}\left(\frac{4}{3}s^2\dot{\varphi}^2 + \dot{x}^2 - 2\dot{\varphi}\dot{x}s\sin(\varphi+\varphi_0)\right).$$

Die Gleichung $\dot{x} = s\dot{\varphi}\sin(\varphi+\varphi_0)$, d.h. $x + s\cos(\varphi+\varphi_0) = $ const., erkennt ein Physiker in diesem Fall direkt: Der Schwerpunkt bewegt sich vertikal! Das auszuwertende Integral ist nicht mehr wie in a) elliptisch, sondern hyperelliptisch, vgl. Bd. 4, 16.B, Aufg. 10.)

c) Man bestimme die Rutschzeit, wenn der Quader – wie in der Skizze rechts angedeutet – auf einer geneigten Ebene, die ebenso wie der Boden ideal glatt ist, rutscht.

d) Wie ändern sich die Zeiten, wenn der Quader (ideal) hohl ist mit einer konstanten Oberflächendichte σ?

24. Man bestimme das Gravitationspotenzial eines homogenen Zylinders mit Radius r und Höhe h, insbesondere auf seiner Achse.

25. Man bestimme das Gravitationspotenzial eines homogenen Ellipsoides mit den Halbachsenlängen a, b, c.

V FOURIER-TRANSFORMATION

17 Die Fourier-Transformation

17.A Der Begriff der Fourier-Transformation und Rechenregeln

Mit Fourier-Reihen lassen sich Funktionen auf endlichen Intervallen in $\mathbb{R}$ oder allgemeiner auf beschränkten Quadern im $\mathbb{R}^n$ charakterisieren. Die Fourier-Transformierten leisten ähnliches für Funktionen, die auf ganz $\mathbb{R}^n$ definiert sind. Allgemeiner lassen sich auf diese Weise sogar endliche Maße studieren. Wenn nichts anderes gesagt wird, bezeichnet $\|-\|$ die euklidische Standardnorm auf dem $\mathbb{R}^n$.

Da die Fourier-Transformierten auch reeller Maße und Funktionen im Allgemeinen komplexwertig sind, empfiehlt es sich, gleich mit komplexwertigen Maßen bzw. Funktionen zu starten, vgl. dazu Bemerkung 13.A.6. $\mu : \mathcal{B}^n \to \mathbb{C}$ *sei also im Folgenden stets ein (endliches) komplex(wertig)es Maß.* Jede integrierbare Funktion $f : \mathbb{R}^n \to \mathbb{C}$ definiert solch ein Maß, nämlich das Maß $\mu = f\lambda^n$ mit der Dichte f bezüglich des Borel-Lebesgueschen Maßes λ^n. Für komplexe Maße μ werden wir den Betrag $|\mu| : \mathcal{B} \to \mathbb{R}_+$ und die Norm $\|\mu\| = |\mu|(\mathbb{R}^n)$ benutzen, vgl. loc. cit. Ist $f : \mathbb{R}^n \to \mathbb{C}$ integrierbar, so ist $|f\lambda^n| = |f|\lambda^n$ und $\|f\lambda^n\| = \|f\|_1 = \int_{\mathbb{R}^n} |f|\, d\lambda^n$.

17.A.1 Definition (1) Sei $\mu : \mathcal{B}^n \to \mathbb{C}$ ein (komplexwertiges) Maß auf $(\mathbb{R}^n, \mathcal{B}^n)$. Dann ist die F o u r i e r - T r a n s f o r m i e r t e $\widehat{\mu} : \mathbb{R}^n \to \mathbb{C}$ von μ die Funktion $\widehat{\mu} = \mathcal{F}\mu$ mit

$$\widehat{\mu}(x) = \mathcal{F}\mu(x) := \frac{1}{(2\pi)^{n/2}} \int_{\mathbb{R}^n} e^{-\mathrm{i}\langle x, t\rangle}\, d\mu(t)\,, \qquad x \in \mathbb{R}^n\,.$$

Dabei bezeichnet $\langle x, t\rangle = \sum_j x_j t_j$ das Standardskalarprodukt auf $\mathbb{R}^n$, und $d\mu(t)$ steht für $d\mu$, um deutlich hervorzuheben, dass über $t = (t_1, \ldots, t_n)$ (bezüglich des Maßes μ) integriert wird.

(2) Sei $f \in \mathrm{L}^1_{\mathbb{C}}(\mathbb{R}^n\,;\,\lambda^n)$. Dann ist die F o u r i e r - T r a n s f o r m i e r t e $\widehat{f} : \mathbb{R}^n \to \mathbb{C}$ von f die Funktion $\widehat{f} = \mathcal{F}f$ mit

$$\widehat{f}(x) = \mathcal{F}f(x) := \frac{1}{(2\pi)^{n/2}} \int_{\mathbb{R}^n} e^{-\mathrm{i}\langle x, t\rangle}\, f(t)\, dt\,.$$

Es ist also $\widehat{f} = \widehat{\mu}$ für das Maß $\mu := f\lambda^n$ mit der Dichte f bzgl. λ^n. Man beachte, dass die Integrale in der obigen Definition existieren, da μ endlich bzw. f integrierbar ist und $t \mapsto e^{-\mathrm{i}\langle x,t \rangle}$ auf $\mathbb{R}^n$ beschränkt ist. Schließlich weisen wir darauf hin, dass die Fourier-Transformierten in der Literatur häufig statt mit $(2\pi)^{-n/2}$ mit einem anderen Normierungsfaktor versehen werden, beispielsweise mit 1 oder $(2\pi)^{-n}$, und dass im $\widehat{\mu}$ definierenden Integral $-\mathrm{i}$ durch i ersetzt wird. Ist μ bzw. f reellwertig, so sind die F o u r i e r - K o s i n u s - T r a n s f o r m i e r t e n und die F o u r i e r - S i n u s - T r a n s f o r m i e r t e n

$$\frac{1}{(2\pi)^{n/2}} \int\limits_{\mathbb{R}^n} \cos\langle x,t \rangle \, d\mu(t) = \frac{1}{2}\left(\widehat{\mu}(x) + \widehat{\mu}(-x)\right)$$

und

$$\frac{1}{(2\pi)^{n/2}} \int\limits_{\mathbb{R}^n} \sin\langle x,t \rangle \, d\mu(t) = \frac{\mathrm{i}}{2}\left(\widehat{\mu}(x) - \widehat{\mu}(-x)\right)$$

bzw.

$$\frac{1}{(2\pi)^{n/2}} \int\limits_{\mathbb{R}^n} f(t) \cos\langle x,t \rangle \, dt = \frac{1}{2}\left(\widehat{f}(x) + \widehat{f}(-x)\right)$$

und

$$\frac{1}{(2\pi)^{n/2}} \int\limits_{\mathbb{R}^n} f(t) \sin\langle x,t \rangle \, dt = \frac{\mathrm{i}}{2}\left(\widehat{f}(x) - \widehat{f}(-x)\right)$$

der Realteil und das Negative des Imaginärteils der Fourier-Transformierten $\widehat{\mu}$ bzw. $\widehat{f}$. Man beachte, dass für *reelles* μ bzw. f die Werte $\widehat{\mu}(-x)$ bzw. $\widehat{f}(-x)$ konjugiert-komplex zu $\widehat{\mu}(x)$ bzw. $\widehat{f}(x)$ sind.

Offenbar sind alle diese Fourier-Transformierten linear in μ bzw. f. Trivialerweise gilt wegen $|e^{-\mathrm{i}\langle x,t \rangle}| = 1$ für $f \in \mathrm{L}^1_{\mathbb{C}}(\mathbb{R}^n)$ die Abschätzung

$$|\widehat{f}(x)| \leq \frac{1}{(2\pi)^{n/2}} \int\limits_{\mathbb{R}^n} |f(t)| \, dt \leq \frac{1}{(2\pi)^{n/2}} \|f\|_1 .$$

$\widehat{\mu}$ ist für ein endliches Maß μ beschränkt. Ferner gilt:

17.A.2 Satz *Die Fourier-Transformierte $\widehat{\mu}$ eines endlichen Maßes μ und insbesondere die Fourier-Transformierte $\widehat{f}$ einer integrierbaren Funktion f sind (auf ganz $\mathbb{R}^n$) gleichmäßig stetig.*

B e w e i s . Indem wir μ in Real- und Imaginärteil zerlegen, können wir uns auf den Fall beschränken, dass μ reellwertig ist. Dann ist der Betrag $|\mu|$ von μ gemäß Abschnitt 13.A definiert (und ebenfalls endlich). Für eine μ-integrierbare Funktion f gilt $|\int f d\mu| \leq \int |f| \, d\,|\mu|$.

Sei $\varepsilon > 0$ vorgegeben. Dann gibt es wegen der Endlichkeit von $|\mu|$ ein $r > 0$ mit $\int_{\|t\|>r} d|\mu| \leq \varepsilon$. Ferner gibt es wegen $|e^{-\mathrm{i}\langle x,t \rangle} - e^{-\mathrm{i}\langle y,t \rangle}| = |e^{-\mathrm{i}\langle y,t \rangle}| \, |e^{-\mathrm{i}\langle x-y,t \rangle} - 1|$ ein

$\delta > 0$ mit $|e^{-i\langle x,t\rangle} - e^{-i\langle y,t\rangle}| \le \varepsilon$ für alle $x, y \in \mathbb{R}^n$ mit $\|x - y\| \le \delta$ und alle $t \in \overline{B}(0\,;r)$. Damit erhält man für diese x, y:

$$
\begin{aligned}
|\widehat{\mu}(x) - \widehat{\mu}(y)| &= \frac{1}{(2\pi)^{n/2}} \left| \int_{\mathbb{R}^n} \left(e^{-i\langle x,t\rangle} - e^{-i\langle y,t\rangle} \right) d\mu(t) \right| \\
&\le \frac{1}{(2\pi)^{n/2}} \left(\int_{\|t\|\le r} \left| e^{-i\langle x,t\rangle} - e^{-i\langle y,t\rangle} \right| d|\mu|(t) + 2 \int_{\|t\|>r} d|\mu| \right) \\
&\le \frac{1}{(2\pi)^{n/2}} \left(\varepsilon \int_{\mathbb{R}^n} d|\mu| + 2\varepsilon \right).
\end{aligned}
$$

Daraus ergibt sich die Behauptung. $\bullet$

17.A.3 Beispiel (1) Die Fourier-Transformierte eines endlichen diskreten Maßes μ ist

$$
\widehat{\mu}(x) = \frac{1}{(2\pi)^{n/2}} \sum_{t\in\mathbb{R}^n} e^{-i\langle x,t\rangle} \mu(t).
$$

Ist etwa μ auf dem Gitter $(2\pi\mathbb{Z})^n$ konzentriert, so hat $\widehat{\mu}$ die überall gleichmäßig konvergierende Fourier-Reihe

$$
\widehat{\mu}(x) = \frac{1}{(2\pi)^{n/2}} \sum_{k\in\mathbb{Z}^n} e^{-2\pi i\langle x,k\rangle} \mu(2\pi k).
$$

Für das im Punkte $a \in \mathbb{R}^n$ konzentrierte Dirac-Maß δ_a ist

$$
\widehat{\delta_a}(x) = (2\pi)^{-n/2} e^{-i\langle x,a\rangle},
$$

insbesondere ist $\widehat{\delta_0} = (2\pi)^{-n/2}$.

(2) Sind $\mu : \mathcal{B}^n \to \mathbb{C}$ und $\nu : \mathcal{B}^p \to \mathbb{C}$ endliche Maße, so ist auch $\mu \otimes \nu : \mathcal{B}^{n+p} \to \mathbb{C}$ endlich und der Satz von Fubini liefert

$$
\mathcal{F}(\mu \otimes \nu) = (\mathcal{F}\mu) \otimes (\mathcal{F}\nu).
$$

Wegen $(f \otimes g)\lambda^{n+p} = (f\lambda^n) \otimes (g\lambda^p)$ folgt daraus für integrierbare Funktionen $f : \mathbb{R}^n \to \mathbb{C}$ und $g : \mathbb{R}^p \to \mathbb{C}$ die Beziehung

$$
\mathcal{F}(f \otimes g) = (\mathcal{F}f) \otimes (\mathcal{F}g).
$$

(3) Die Fourier-Transformierte der Indikatorfunktion $e_{[-a,a]}$ des Intervalls $[-a, a]$, $a \ge 0$, ist

$$
\widehat{e}_{[-a,a]}(x) = \frac{1}{\sqrt{2\pi}} \int_{-a}^{a} e^{-ixt}\, dt = \frac{1}{\sqrt{2\pi}} \frac{1}{-ix} e^{-ixt} \Big|_{-a}^{a} = \sqrt{\frac{2}{\pi}} \frac{\sin ax}{x}.
$$

Mit der Funktion $\operatorname{sinc} x := \dfrac{\sin \pi x}{\pi x}$ (vgl. Bd. 2, 5.D, Aufg. 12) gilt

$$
\widehat{e}_{[-a,a]}(x) = a \sqrt{\frac{2}{\pi}} \operatorname{sinc} \frac{ax}{\pi}.
$$

(4) Sei $a > 0$. Die Fourier-Transformierte der Funktion f mit $f(t) := e^{-at}$, falls $t \ge 0$, und $f(t) = 0$, falls $t < 0$, ist

$$
\widehat{f}(x) = \frac{1}{\sqrt{2\pi}} \int_{0}^{\infty} e^{-at} e^{-ixt}\, dt = \frac{-1}{\sqrt{2\pi}\,(a+ix)} e^{-(a+ix)t} \Big|_{0}^{\infty} = \frac{1}{\sqrt{2\pi}\,(a+ix)}.
$$

Durch Addition ergibt sich für die Fourier-Transformierte von $g(t) := e^{-a|t|}$, $t \in \mathbb{R}$,

$$\widehat{g}(x) = \widehat{f}(x) + \widehat{f}(-x) = \sqrt{\frac{2}{\pi}} \cdot \frac{a}{a^2 + x^2}\,.$$

(5) Sei $a > 0$. Die Fourier-Transformierte der Funktion $f(t) := e^{-at^2}$ ist

$$\widehat{f}(x) = \frac{1}{\sqrt{2\pi}} \int\limits_{-\infty}^{\infty} e^{-at^2} e^{-ixt}\, dt = \frac{1}{\sqrt{2\pi}}\, e^{-x^2/4a} \int\limits_{-\infty}^{\infty} e^{-a(t+ix/2a)^2}\, dt$$

$$= \frac{1}{\sqrt{2\pi}}\, e^{-x^2/4a} \int\limits_{-\infty}^{\infty} e^{-at^2}\, dt = \frac{1}{\sqrt{2a}}\, e^{-x^2/4a}\,,$$

wobei wir das Ergebnis aus Bd. 1, 17.A, Aufg. 12 benutzt haben.

Sei $a_1, \ldots, a_n > 0$. Mit (2) erhält man dann

$$\widehat{f}(x_1, \ldots, x_n) = \frac{1}{2^{n/2}} (a_1 \cdots a_n)^{-1/2} \exp\left(-\sum_{j=1}^{n} \frac{x_j^2}{4a_j}\right)$$

als Fourier-Transformierte von $f(t_1, \ldots, t_n) := \exp\left(-\sum_{j=1}^{n} a_j t_j^2\right)$. Genau dann ist $\widehat{f} = f$, wenn alle $a_j = \frac{1}{2}$ sind.

(6) Seien $v \in \mathbb{R}^n$ ein fester Vektor und $\mu : \mathcal{B}^n \to \mathbb{C}$ ein Maß. *Das um v verschobene Maß μ_v mit $\mu_v(M) := \mu(-v + M)$ hat die Fourier-Transformierte*

$$\widehat{\mu_v}(x) = \frac{1}{(2\pi)^{n/2}} \int\limits_{\mathbb{R}^n} e^{-i\langle x,t\rangle}\, d\mu_v(t) = \frac{1}{(2\pi)^{n/2}} \int\limits_{\mathbb{R}^n} e^{-i\langle x,t+v\rangle}\, d\mu(t) = e^{-i\langle x,v\rangle}\, \widehat{\mu}(x)\,.$$

Insbesondere gilt für eine integrierbare Funktion $f : \mathbb{R}^n \to \mathbb{C}$ und die um v verschobene Funktion f_v mit $f_v(t) := f(t-v)$:

$$\widehat{f}_v(x) = e^{-i\langle x,v\rangle}\, \widehat{f}(x)\,.$$

(7) Seien $F : \mathbb{R}^n \to \mathbb{R}^n$ ein $\mathbb{R}$-linearer Automorphismus von $\mathbb{R}^n$ und $\mu : \mathcal{B}^n \to \mathbb{C}$ ein Maß. *Dann hat das transformierte Maß $F_*\mu = \mu_F$ mit $\mu_F(M) := \mu\big(F^{-1}(M)\big)$ die Fourier-Transformierte*

$$(\mathcal{F}\mu_F)(x) = \frac{1}{(2\pi)^{n/2}} \int\limits_{\mathbb{R}^n} e^{-i\langle x,t\rangle}\, d\mu_F(t) = \frac{1}{(2\pi)^{n/2}} \int\limits_{\mathbb{R}^n} e^{-i\langle x,F(t)\rangle}\, d\mu(t) = \frac{1}{(2\pi)^{n/2}} \int\limits_{\mathbb{R}^n} e^{-i\langle F^*(x),t\rangle}\, d\mu(t)$$

$$= (\mathcal{F}\mu)\big(F^*(x)\big)\,.$$

Dabei haben wir, um Verwechslungen zu vermeiden, den zu F adjungierten Operator (dessen Matrix bzgl. der Standardbasis die Transponierte der Matrix von F ist) ausnahmsweise mit F^* bezeichnet. *Für eine integrierbare Funktion $f : \mathbb{R}^n \to \mathbb{C}$ und die Funktion $f_F = f \circ F^{-1}$ gilt*

$$\widehat{f_F}(x) = \frac{1}{(2\pi)^{n/2}} \int\limits_{\mathbb{R}^n} e^{-i\langle x,t\rangle} f_F(t)\, dt = \frac{1}{(2\pi)^{n/2}} \int\limits_{\mathbb{R}^n} e^{-i\langle x,t\rangle} f\big(F^{-1}(t)\big)\, dt$$

$$= \frac{1}{(2\pi)^{n/2}}\, |\operatorname{Det} F| \int\limits_{\mathbb{R}^n} e^{-i\langle x,F(t)\rangle} f(t)\, dt = |\operatorname{Det} F|\, \widehat{f}\big(F^*(x)\big)\,.$$

Im Spezialfall $F = a \cdot \mathrm{id} \ (= F^*)$, $a \in \mathbb{R}^\times$, ist $f_F(t) = f(t/a)$ und

$$\widehat{\mu_F}(x) = \widehat{\mu}(ax) \qquad \text{und} \qquad \widehat{f_F}(x) = |a|^n \widehat{f}(ax)\,.$$

(8) Für das zum Maß $\mu : \mathcal{B}^n \to \mathbb{C}$ konjugiert-komplexe Maß $\overline{\mu}$ gilt

$$\widehat{\overline{\mu}}(x) = \frac{1}{(2\pi)^{n/2}} \int\limits_{\mathbb{R}^n} e^{-\mathrm{i}\langle x,t\rangle}\, d\overline{\mu}(t) = \frac{1}{(2\pi)^{n/2}} \overline{\int\limits_{\mathbb{R}^n} e^{\mathrm{i}\langle x,t\rangle} d\mu(t)} = \overline{\widehat{\mu}}(-x)\,.$$

Insbesondere erhält man für eine integrierbare Funktion $f : \mathbb{R}^n \to \mathbb{C}$

$$\widehat{\overline{f}}(x) = \overline{\widehat{f}}(-x)\,.$$

Eine wichtige Verschärfung von 17.A.2 betrifft das Verhalten der Fourier-Transformierten einer *Funktion* im Unendlichen. Zunächst beweisen wir den folgenden Hilfssatz:

17.A.4 Lemma *Sei* $f : \mathbb{R}^n \to \mathbb{C}$ *eine integrierbare Funktion. Dann ist die Funktion* $g : \mathbb{R}^n \to \mathbb{C}$ *mit* $g(x) := \int_{\mathbb{R}^n} |f(t+x) - f(t)|\, dt$ *im Nullpunkt stetig mit* $g(0) = 0$.

B e w e i s. Wir reduzieren das Problem zunächst auf den Fall, dass f stetig ist und außerhalb einer kompakten Menge verschwindet. Nach dem Dichtesatz aus Beispiel 15.A.12 (2) gibt es nämlich zu dem gegebenen f und gegebenem $\varepsilon > 0$ eine stetige Funktion h mit kompaktem Träger, für die $\| f - h \|_1 \le \varepsilon$ ist. Dann ist aber

$$|g(x)| \le \int\limits_{\mathbb{R}^n} |f(t+x) - h(t+x)|\, dt + \int\limits_{\mathbb{R}^n} |h(t+x) - h(t)|\, dt + \int\limits_{\mathbb{R}^n} |h(t) - f(t)|\, dt$$

$$\le 2\varepsilon + \int\limits_{\mathbb{R}^n} |h(t+x) - h(t)|\, dt\,.$$

Sei daher f stetig und verschwinde außerhalb einer kompakten Menge. g hängt dann nach Satz 14.D.3 stetig vom Parameter x ab. $\qquad\bullet$

Nun können wir beweisen:

17.A.5 Satz von Riemann-Lebesgue *Sei* $f : \mathbb{R}^n \to \mathbb{C}$ *eine integrierbare Funktion. Dann verschwindet die Fourier-Transformierte* $\widehat{f}$ *im Unendlichen, d.h. es ist*

$$\lim_{\|x\| \to \infty} \widehat{f}(x) = 0\,.$$

B e w e i s. Für $x \ne 0$ ist

$$e^{-\mathrm{i}\langle x,t\rangle} = \frac{1}{2} e^{-\mathrm{i}\langle x,t\rangle}\left(1 - e^{-\mathrm{i}\frac{\pi}{\|x\|^2}\langle x,x\rangle}\right) = \frac{1}{2} e^{-\mathrm{i}\langle x,t\rangle} - \frac{1}{2} \exp\left(-\mathrm{i}\left\langle x\,,\, t + \frac{\pi}{\|x\|^2} x\right\rangle\right)\,.$$

Es folgt

$$(2\pi)^{n/2} |\widehat{f}(x)| = \left| \int\limits_{\mathbb{R}^n} e^{-\mathrm{i}\langle x,t\rangle} f(t)\, dt \right| =$$

$$= \frac{1}{2} \left| \int_{\mathbb{R}^n} e^{-i\langle x,t \rangle} f(t)\, dt \; - \int_{\mathbb{R}^n} \exp\left(-i\langle x\,,\, t + \frac{\pi x}{\|x\|^2} \rangle\right) f(t)\, dt \right|$$

$$= \frac{1}{2} \left| \int_{\mathbb{R}^n} e^{-i\langle x,t \rangle} f(t)\, dt \; - \int_{\mathbb{R}^n} e^{-i\langle x,t \rangle} f\left(t - \frac{\pi x}{\|x\|^2}\right) dt \right|$$

$$\leq \frac{1}{2} \int_{\mathbb{R}^n} \left| f(t) - f\left(t - \frac{\pi x}{\|x\|^2}\right) \right| dt\,,$$

woraus sich mit 17.A.4 wegen $\pi x/\|x\|^2 \to 0$ für $\|x\| \to \infty$ die Behauptung ergibt.   ●

Eine einfache, aber wichtige Rechenregel für die Fourier-Transformierte ist der Faltungssatz. Wir erinnern daran, dass die Faltung

$$\mu * \nu$$

zweier (endlicher) Maße μ und ν auf $(\mathbb{R}^n, \mathcal{B}^n)$ das Bildmaß von $\mu \otimes \nu$ unter der Summenabbildung $(t_1, t_2) \mapsto t_1 + t_2$ von $\mathbb{R}^n \times \mathbb{R}^n$ auf $\mathbb{R}^n$ ist. Ist $\mu = f\lambda^n$ und $\nu = g\lambda^n$ mit integrierbaren Funktionen f und g, so ist

$$\mu * \nu = (f\lambda^n) * (g\lambda^n) = (f * g)\,\lambda^n\,,$$

wobei $f * g$ die Faltung von f und g mit

$$(f * g)(t) = \int_{\mathbb{R}^n} f(\tau)\, g(t - \tau)\, d\tau = \int_{\mathbb{R}^n} f(t - \tau)\, g(\tau)\, d\tau$$

ist. Es gilt nun:

17.A.6 Faltungssatz *Für endliche Maße μ und ν auf $(\mathbb{R}^n, \mathcal{B}^n)$ ist*

$$\mathcal{F}(\mu * \nu) = (2\pi)^{n/2}(\mathcal{F}\mu) \cdot (\mathcal{F}\nu)\,.$$

Insbesondere gilt für integrierbare Funktionen $f, g : \mathbb{R}^n \to \mathbb{C}$

$$\mathcal{F}(f * g) = (2\pi)^{n/2}(\mathcal{F}f) \cdot (\mathcal{F}g)\,.$$

B e w e i s . Mit der Transformationsregel 14.B.9 und dem Satz von Fubini ergibt sich

$$(2\pi)^{n/2}\, \mathcal{F}(\mu * \nu) = \int_{\mathbb{R}^n} e^{-i\langle x,t \rangle}\, d(\mu * \nu)(t) = \int_{\mathbb{R}^n \times \mathbb{R}^n} e^{-i\langle x, t_1 + t_2 \rangle}\, d(\mu \otimes \nu)(t_1, t_2)$$

$$= \int_{\mathbb{R}^n} e^{-i\langle x, t_1 \rangle}\, d\mu(t_1) \int_{\mathbb{R}^n} e^{-i\langle x, t_2 \rangle}\, d\nu(t_2) = (2\pi)^n\, (\mathcal{F}\mu) \cdot (\mathcal{F}\nu)\,. \quad ●$$

Ständig benutzt wird ferner der folgende R e z i p r o z i t ä t s s a t z :

17.A.7 Satz *Für endliche Maße μ und v auf $(\mathbb{R}^n, \mathcal{B}^n)$ gilt*

$$\int_{\mathbb{R}^n} \widehat{\mu} \, dv = \int_{\mathbb{R}^n} \widehat{v} \, d\mu \,.$$

Insbesondere gilt für integrierbare Funktionen $f, g : \mathbb{R}^n \to \mathbb{C}$ und ein Maß $\mu : \mathcal{B}^n \to \mathbb{C}$

$$\int_{\mathbb{R}^n} \widehat{\mu} \, g \, d\lambda^n = \int_{\mathbb{R}^n} \widehat{g} \, d\mu \qquad und \qquad \int_{\mathbb{R}^n} \widehat{f} \, g \, d\lambda^n = \int_{\mathbb{R}^n} f \, \widehat{g} \, d\lambda^n \,.$$

B e w e i s . Mit dem Satz von Fubini ergibt sich

$$\int_{\mathbb{R}^n} \left(\int_{\mathbb{R}^n} e^{-\mathrm{i}\langle x,t \rangle} \, d\mu(t) \right) dv(x) = \int_{\mathbb{R}^n} \left(\int_{\mathbb{R}^n} e^{-\mathrm{i}\langle t,x \rangle} \, dv(x) \right) d\mu(t) \,. \qquad \bullet$$

Bezüglich der Differenzierbarkeit der Fourier-Transformierten gilt der folgende Satz:

17.A.8 Satz *Seien $k_1, \dots, k_n \in \mathbb{N}$ und μ ein komplexwertiges Maß auf $(\mathbb{R}^n, \mathcal{B}^n)$. Existieren die Momente*

$$\int_{\mathbb{R}^n} t_1^{\alpha_1} \cdots t_n^{\alpha_n} \, d\mu(t) \,, \qquad 0 \le \alpha_j \le k_j \,, \quad j = 1, \dots, n \,,$$

so existieren auch die partiellen Ableitungen $\dfrac{\partial^{|\alpha|}}{\partial x^\alpha} \mathcal{F}\mu$ für alle $\alpha = (\alpha_1, \dots, \alpha_n)$ mit $0 \le \alpha_j \le k_j$, und für diese α ist

$$\frac{\partial^{|\alpha|}}{\partial x^\alpha} \mathcal{F}\mu = (-\mathrm{i})^{|\alpha|} \, \mathcal{F}(t^\alpha \mu) \,.$$

B e w e i s . Es genügt, die Behauptung für eine einzige partielle Ableitung, etwa für $\partial/\partial x_1$ zu zeigen. Mit 14.D.4 ergibt sich aber bei der Existenz von $\int t_1 d\mu(t)$:

$$\frac{\partial}{\partial x_1}(\mathcal{F}\mu)(x) = \frac{1}{(2\pi)^{n/2}} \int_{\mathbb{R}^n} \frac{\partial}{\partial x_1} e^{-\mathrm{i}\langle x,t \rangle} \, d\mu(t)$$

$$= \frac{1}{(2\pi)^{n/2}} \int_{\mathbb{R}^n} (-\mathrm{i}t_1) \, e^{-\mathrm{i}\langle x,t \rangle} d\mu(t) = -\mathrm{i}\, \mathcal{F}(t_1\mu)(x) \,. \qquad \bullet$$

In gewissem Sinne eine Umkehrung von 17.A.8 ist die folgende Aussage:

17.A.9 Satz *Seien $k_1, \dots, k_n \in \mathbb{N}$. Für die Funktion $f : \mathbb{R}^n \to \mathbb{C}$ mögen alle partiellen Ableitungen*

$$\frac{\partial^{|\alpha|} f}{\partial t^\alpha} \,, \qquad \alpha = (\alpha_1, \dots, \alpha_n) \,, \;\; 0 \le \alpha_j \le k_j \,, \;\; j = 1, \dots, n \,,$$

stetig und integrierbar sein. Dann gilt für jedes dieser α

$$\mathcal{F}\left(\frac{\partial^{|\alpha|} f}{\partial t^\alpha} \right) = (\mathrm{i}x)^\alpha (\mathcal{F}f) \,.$$

B e w e i s . Es genügt wieder, die Behauptung für eine partielle Ableitung, etwa für $\partial/\partial t_1$ zu zeigen. Wir setzen $t' = (t_2, \ldots, t_n)$, $x' = (x_2, \ldots, x_n)$. Sei $x_1 \in \mathbb{R}$. Nach 14.C.5 existieren für fast alle $t' \in \mathbb{R}^{n-1}$ die beiden Integrale

$$\int_{-\infty}^{\infty} \frac{\partial f}{\partial t_1}(t_1, t')\, dt_1 \qquad \text{und} \qquad \int_{-\infty}^{\infty} f(t_1, t')\, dt_1 \,.$$

Wegen

$$f(t_1, t') = f(0, t') + \int_0^{t_1} \frac{\partial f}{\partial t_1}(t_1, t')\, dt_1$$

existieren für diese t' die Limiten $\lim_{t_1 \to \infty} f(t_1, t')$ und $\lim_{t_1 \to -\infty} f(t_1, t')$ und sind dann notwendigerweise $= 0$. Mit partieller Integration ergibt sich für diese t'

$$\int_{-\infty}^{\infty} e^{-\mathrm{i}x_1 t_1} \frac{\partial f}{\partial t_1}(t_1, t')\, dt_1 = e^{-\mathrm{i}x_1 t_1} f(t_1, t') \Big|_{t_1=-\infty}^{t_1=\infty} + \mathrm{i}x_1 \int_{-\infty}^{\infty} e^{-\mathrm{i}x_1 t_1} f(t_1, t')\, dt_1$$

$$= \mathrm{i}x_1 \int_{-\infty}^{\infty} e^{-\mathrm{i}x_1 t_1} f(t_1, t')\, dt_1 \,.$$

Damit erhält man mit dem Satz von Fubini

$$(2\pi)^{n/2}\, \mathcal{F}\Big(\frac{\partial f}{\partial t_1}\Big)(x) = \int_{\mathbb{R}^n} e^{-\mathrm{i}\langle x,t\rangle} \frac{\partial f}{\partial t_1}(t_1, t')\, d(t_1, t')$$

$$= \int_{\mathbb{R}^{n-1}} e^{-\mathrm{i}\langle x',t'\rangle} \Big(\int_{-\infty}^{\infty} e^{-\mathrm{i}x_1 t_1} \frac{\partial f}{\partial t_1}(t_1, t')\, dt_1 \Big)\, dt'$$

$$= \mathrm{i}x_1 \int_{\mathbb{R}^{n-1}} e^{-\mathrm{i}\langle x',t'\rangle} \Big(\int_{-\infty}^{\infty} e^{-\mathrm{i}x_1 t_1} f(t_1, t')\, dt_1 \Big)\, dt'$$

$$= \mathrm{i}x_1 \int_{\mathbb{R}^n} e^{-\mathrm{i}\langle x,t\rangle} f(t)\, d(t) = \mathrm{i}x_1 (2\pi)^{n/2} (\mathcal{F}f) \,. \qquad \bullet$$

17.A.10 Bemerkung Die Fourier-Transformation lässt sich auf beliebigen euklidischen Vektorräumen V definieren:

$$(\mathcal{F}\mu)(x) = \frac{1}{(2\pi)^{n/2}} \int_V e^{-\mathrm{i}\langle x,t\rangle}\, d\mu(t)$$

für jedes Maß $\mu : \mathcal{B}(V) \to \mathbb{C}$ und

$$(\mathcal{F}f)(x) := \frac{1}{(2\pi)^{n/2}} \int_V e^{-\mathrm{i}\langle x,t\rangle} f(t)\, d\lambda_V(t), \qquad x \in V \,,$$

für jede integrierbare Funktion $f : V \to \mathbb{C}$. Dabei sei $n := \mathrm{Dim}_{\mathbb{R}} V$. Das Skalarprodukt $\langle -, - \rangle$ wird nur benutzt, um V mit seinem Dualraum V^* identifizieren zu können und um ein kanonisches Borel-Lebesgue-Maß λ_V auf V zur Verfügung zu haben.

Ist V ein beliebiger n-dimensionaler $\mathbb{R}$-Vektorraum, so definiert man die Fourier-Transformierte $\mathcal{F}\mu$ für ein Maß $\mu : \mathcal{B}(V) \to \mathbb{C}$ als Funktion auf V^*:

$$(\mathcal{F}\mu)(\alpha) := \frac{1}{(2\pi)^{n/2}} \int\limits_V e^{-i\alpha} d\mu \,, \qquad \alpha \in V^* \,.$$

Man hat zur Definition der Fourier-Transformierten $\mathcal{F}f := \mathcal{F}(f\lambda)$ einer integrierbaren Funktion $f : V \to \mathbb{C}$ ein Borel-Lebesgue-Maß λ auf V auszuzeichnen.

Man kann noch einen Schritt weitergehen: Die Funktionen $e^{i\alpha}$, $\alpha \in V^*$, sind nach Bd. 2, Satz 18.A.3 genau die stetigen Gruppenhomomorphismen $\chi : V \to U$ von $V = (V, +)$ in die (multiplikative) Kreisgruppe $U = \{z \in \mathbb{C} \mid |z| = 1\} \cong \mathbb{R}/\mathbb{Z}$. Wir können also V^* mit der Gruppe $X(V) := \mathrm{Hom}'(V, U)$ dieser Charaktere identifizieren. Dann ist die Fourier-Transformierte $\mathcal{F}\mu$ eine Funktion auf $X(V)$:

$$(\mathcal{F}\mu)(\chi) = \frac{1}{(2\pi)^{n/2}} \int\limits_V \overline{\chi} \, d\mu \,, \qquad \chi \in X(V) \,,$$

und der Begriff der Fourier-Transformation lässt sich in natürlicher Weise auf beliebige Torusgruppen $H \cong V/\Gamma$ erweitern, V endlichdimensionaler $\mathbb{R}$-Vektorraum, Γ Gitter in V (vgl. Bd. 2, Abschnitt 18.A). Ist H vom Typ (r, s), d.h. ist $r = \mathrm{Rang}\,\Gamma$ und $s = \mathrm{Dim}_{\mathbb{R}} V - r$, so setzen wir

$$(\mathcal{F}\mu)(\chi) := \frac{1}{(2\pi)^{s/2}} \int\limits_H \overline{\chi} \, d\mu$$

für jedes Maß $\mu : \mathcal{B}(H) \to \mathbb{C}$ und jeden Charakter $\chi \in X(H) := \mathrm{Hom}'(H, U)$.

Sei $H = V/\Gamma$ kompakt, d.h. $s = 0$ und $\Gamma \subseteq V$ ein volles Gitter. Dann identifiziert sich $X(H) = \mathrm{Hom}'(H, U)$ nach Bd. 2, 18.A.4 mit der Gruppe der gewöhnlichen Homomorphismen $\Gamma \to \mathbb{Z}$: Ein solcher Gruppenhomomorphismus φ besitzt eine eindeutig bestimmte $\mathbb{R}$-lineare Erweiterung $\varphi_{(\mathbb{R})} : V \to \mathbb{R}$, die den Charakter $\chi : H \to U$ auf $H = V/\Gamma$ mit

$$\chi\big([t]\big) = \exp\big(2\pi i\, \varphi_{(\mathbb{R})}(t)\big) \,, \qquad [t] = \text{Restklasse von } t \in V \,,$$

induziert. Ist $v_1, \ldots, v_n$ eine $\mathbb{Z}$-Basis von Γ und $\varphi(v_i) = k_i \in \mathbb{Z}$, so ist

$$\chi\big([t_1 v_1 + \cdots + t_n v_n]\big) = \exp\big(2\pi i\langle k, t\rangle\big) \,, \qquad k = (k_1, \ldots, k_n) \,, \ t = (t_1, \ldots, t_n) \in \mathbb{R}^n \,.$$

Die Fourier-Transformierte $\mathcal{F}\mu$ ist also nichts anderes als die Familie der F o u r i e r - K o e f f i - z i e n t e n

$$c_k := \int\limits_H \exp\big(-2\pi i \langle k, t\rangle\big) d\mu \,, \qquad k \in \mathbb{Z}^n \,.$$

H besitzt überdies ein kanonisches Borel-Lebesgue-Maß λ_H (das man auch das H a a r s c h e M a ß *von H nennt):* Mit Hilfe der (zusammen mit der Umkehrabbildung) bijektiven messbaren Abbildung $[0, 1[^n \to H$, $t \mapsto t_1 v_1 + \cdots + t_n v_n$, überträgt man das gewöhnliche Borel-Lebesgue-Maß λ^n von $[0, 1[^n$ auf H. Offenbar ist λ_H unabhängig von der Wahl der $\mathbb{Z}$-Basis $v_1, \ldots, v_n$ von Γ. Für eine (bzgl. λ_H) integrierbare Funktion $f : H \to \mathbb{C}$ ist die F o u r i e r - T r a n s f o r m i e r t e $\mathcal{F}f := \mathcal{F}(f\lambda_H)$ von f die Familie der gewöhnlichen Fourier-Koeffizienten

$$c_k = \int\limits_H \exp\big(-2\pi i \langle k, t\rangle\big) f(t) \, d\lambda_H = \int\limits_0^1 \cdots \int\limits_0^1 \exp\big(-2\pi i \langle k, t\rangle\big) f(t_1, \ldots, t_n) \, dt_1 \cdots dt_n \,,$$

$k \in \mathbb{Z}^n$, $f(t_1, \ldots, t_n) := f(t_1 v_1 + \cdots + t_n v_n)$, vgl. Beispiel 15.B.3. Die Aussage aus Beispiel 15.B.3, dass die Charaktere $\exp\left(2\pi\mathrm{i}\langle k, t\rangle\right)$, $k \in \mathbb{Z}^n$, eine Hilbert-Basis von $\mathrm{L}^2_{\mathbb{C}}(H, \lambda_H)$ bilden, und der zugehörige Satz über die Fourier-Entwicklung quadratintegrierbarer Funktionen $H \to \mathbb{C}$ haben ihre Entsprechung in der Aussage 17.C.3 über die Fourier-Transformation quadratintegrierbarer Funktionen.

Fourier-Reihen und Fourier-Transformierte sind demnach Spezialfälle ein und desselben Konzepts, das im Rahmen der so genannten H a r m o n i s c h e n A n a l y s e eine weitere Verallgemeinerung u. a. auf Lie-Gruppen findet.

Aufgaben

1. Man berechne die Fourier-Transformierten folgender Funktionen $f : \mathbb{R} \to \mathbb{R}$:

a) $f(t) := \begin{cases} t^2, & \text{falls } 0 \le t \le 1, \\ 0 & \text{sonst.} \end{cases}$ **b)** $f(t) := \begin{cases} e^{-t}, & \text{falls } t \ge 0, \\ -e^t & \text{sonst.} \end{cases}$

c) $f(t) := \begin{cases} 1 - t^2, & \text{falls } |t| \le 1, \\ 0 & \text{sonst.} \end{cases}$ **d)** $f(t) := \begin{cases} 1 - |t|, & \text{falls } |t| \le 1, \\ 0 & \text{sonst.} \end{cases}$

e) $f(t) := \begin{cases} t^\alpha e^{-t}, & \text{falls } t > 0, \\ 0 & \text{sonst,} \end{cases}$ $\operatorname{Re}\alpha > -1$. (Vgl. Bd. 1, 17.B.10.)

f) $f(t) := t^n e^{-at^2}$, $\quad a > 0$, $n \in \mathbb{N}$.   (Vgl. Beispiel 15.B.9 und Beispiel 17.C.4.)

g) $f(t) := \begin{cases} e^{\mathrm{i}\omega t}, & \text{falls } |t| \le a, \\ 0 & \text{sonst.} \end{cases}$

(Man diskutiere in der letzten Aufgabe die Lösung in Abhängigkeit der Kreisfrequenz $\omega > 0$ und der Länge $2a$ des Wellenzugs.)

2. Die lineare Abbildung $f \mapsto \widehat{f}$ von $\mathrm{L}^1_{\mathbb{C}}(\mathbb{R}^n)$ in $\mathrm{C}_0(\mathbb{R}^n)$ ist stetig mit der Norm $(2\pi)^{-n/2}$. (Dabei sei $\mathrm{C}_0(\mathbb{R}^n)$ mit der Supremumsnorm versehen.)

3. Für eine integrierbare Funktion $f : \mathbb{R}^n \to \mathbb{C}$ und $a \in \mathbb{R}^n$, $b \in \mathbb{R}^\times$, gilt

$$\mathcal{F}\left(f(bt)\, e^{\mathrm{i}\langle a, t\rangle}\right)(x) = \frac{1}{|b|^n}\, \widehat{f}\left(\frac{1}{b}\,(x - a)\right).$$

4. Für integrierbare Funktionen $f, g : \mathbb{R}^n \to \mathbb{C}$ ist $\|f * g\|_1 \le \|f\|_1\, \|g\|_1$. (Vgl. auch Aufg. 9. – Der Banach-Raum $\mathrm{L}^1_{\mathbb{C}}(\mathbb{R}^n)$ wird mit der Faltung $*$ als Multiplikation eine Banach-Algebra *ohne Einselement bei* $n \ge 1$.)

5. Sei $\mu : \mathcal{B}^n \to \mathbb{C}$ ein Maß. Dann ist $|\widehat{\mu}|^2$ die Fourier-Transformierte von $\mu * \nu$, wo ν aus μ durch Spiegeln der Argumente am Nullpunkt und Konjugieren der Werte entsteht, also $\nu(M) := \overline{\mu(-M)}$ für $M \in \mathcal{B}^n$ ist. Insbesondere gilt für eine integrierbare Funktion $f : \mathbb{R}^n \to \mathbb{C}$ die Gleichung $|\widehat{f}|^2 = \mathcal{F}(f * g)$ mit $g(t) := \overline{f(-t)}$, und man erhält

$$|\widehat{f}(x)|^2 = \frac{1}{(2\pi)^{n/2}} \int\limits_{\mathbb{R}^n \times \mathbb{R}^n} e^{-\mathrm{i}\langle x, t\rangle}\, f(t + \tau)\, \overline{f(\tau)}\, d\tau\, dt\,.$$

6. Die Fourier-Transformierte der G a m m a - D i c h t e $\gamma_{\alpha, \nu} : \mathbb{R} \to \mathbb{R}_+$, $\alpha, \nu > 0$, mit

$$\gamma_{\alpha, \nu} := \begin{cases} \dfrac{\alpha^\nu}{\Gamma(\nu)}\, t^{\nu - 1}\, e^{-\alpha t}, & \text{falls } t > 0, \\[2mm] 0 & \text{sonst} \end{cases}$$

ist

$$(\mathcal{F}\gamma_{\alpha,\nu})(x) = \frac{1}{\sqrt{2\pi}}\Big(1 + \frac{\mathrm{i}x}{\alpha}\Big)^{-\nu}.$$

(Man verwende Bd. 1, Beispiel 17.B.10.) Man bestimme die Fourier-Transformierten der Funktionen $\gamma_{\alpha,\nu}(|t|)$ und ß, $(\operatorname{Sign} t)\cdot\gamma_{\alpha,\nu}(|t|)$ auf $\mathbb{R}$.

7. Seien $a_1,\dots,a_n \in \mathbb{R}_+^\times$, und $\mu:\mathcal{B}^n \to \mathbb{C}$ ein Maß derart, dass $\exp\big(\sum_{k=1}^n a_k|t_k|\big)\,\mu$ ein endliches Maß ist. Dann ist die Funktion

$$\widehat{\mu}(z) := \frac{1}{(2\pi)^{n/2}}\int\limits_{\mathbb{R}^n} e^{-\mathrm{i}\langle z,t\rangle}\,d\mu(t)$$

für alle $z = (z_1,\dots,z_n) \in \mathbb{C}^n$ mit $|\operatorname{Im} z_j| < a_j$ definiert und komplex differenzierbar mit den partiellen Ableitungen

$$\Big(\frac{\partial\widehat{\mu}}{\partial z_j}\Big)(z) = -\frac{1}{(2\pi)^{n/2}}\,\mathrm{i}\int\limits_{\mathbb{R}^n} t_j\,e^{-\mathrm{i}\langle z,t\rangle}\,d\mu(t)\,.$$

(Nach 7.F.13 ist $\widehat{\mu}$ sogar komplex-analytisch in dem angegebenen Bereich um $\mathbb{R}^n \subseteq \mathbb{C}^n$. Wegen des Identitätssatzes für analytische Funktionen sind die Funktion $\widehat{\mu}(z)$ und insbesondere ihre Beschränkung $\mu|\mathbb{R}^n$ durch ihre Taylor-Reihe um 0

$$\sum_{\alpha\in\mathbb{N}^n} \frac{1}{\alpha!}\,\frac{\partial^{|\alpha|}\widehat{\mu}}{\partial z^\alpha}(0)\,z^\alpha$$

eindeutig bestimmt. Man beachte, dass die Ableitungen

$$\frac{\partial^{|\alpha|}\widehat{\mu}}{\partial z^\alpha}(0) = (-\mathrm{i})^{|\alpha|}\,\mathcal{F}(t^\alpha\mu)(0) = (-\mathrm{i})^{|\alpha|}\,\frac{1}{(2\pi)^{n/2}}\int\limits_{\mathbb{R}^n} t^\alpha\,d\mu(t)$$

im Wesentlichen die Momente von μ sind. – Die Voraussetzungen über μ sind beispielsweise immer dann erfüllt, wenn μ außerhalb einer kompakten Menge das Nullmaß ist. In diesem Fall darf man freilich die Potenzreihe $e^{-\mathrm{i}\langle z,t\rangle} = \sum_\alpha (-\mathrm{i}z)^\alpha t^\alpha/\alpha!$ einfach gliedweise integrieren und erhält für $\widehat{\mu}$ eine auf dem ganzen $\mathbb{C}^n$ konvergente Potenzreihe.)

8. Das α-te Moment, $\alpha\in\mathbb{N}$, der B e t a - D i c h t e (vgl. Beispiel 16.A.8)

$$\beta_{p,q}(t) := \frac{\Gamma(p+q)}{\Gamma(p)\Gamma(q)}\,(1-t)^{p-1}\,t^{q-1}\,e_{[0,1]}\,,\qquad p,q>0\,,$$

ist $\binom{\alpha+q-1}{\alpha}\Big/\binom{\alpha+p+q-1}{\alpha}$. Die (überall konvergierende) Taylor-Reihe der Fourier-Transformierten von $\beta_{p,q}$ ist also

$$\frac{1}{\sqrt{2\pi}}\sum_{\alpha=0}^\infty \frac{(-\mathrm{i}z)^\alpha}{\alpha!}\binom{\alpha+q-1}{\alpha}\Big/\binom{\alpha+p+q-1}{\alpha}\,.$$

9. Seien $f,g:\mathbb{R}^n \to \mathbb{C}$ quadratintegrierbar. Dann ist die Faltung

$$(f*g)(x) = \int\limits_{\mathbb{R}^n} f(t)\,g(x-t)\,dt = \int\limits_{\mathbb{R}^n} f(x-t)\,g(t)\,dt$$

für alle $x\in\mathbb{R}^n$ definiert. Es ist $\|f*g\|_\infty \le \|f\|_2\|g\|_2$. Ferner ist $f*g$ stetig und verschwindet im Unendlichen. (Man reduziert die letzten Aussagen auf den Fall, dass f oder g stetig ist und außerhalb einer kompakten Menge verschwindet, vgl. den Beweis von 17.A.4.)

10. Man zeige, dass die Funktionen

$$f_\alpha(t) := \begin{cases} (1+t)^{-\alpha}, & \text{falls } t \geq 0, \\ 0 & \text{sonst} \end{cases}$$

für $\frac{1}{2} < \alpha \leq \frac{3}{4}$ quadratintegrierbar sind, ihre Faltungen $f_\alpha * f_\alpha$ mit sich selbst jedoch nicht. (Es genügt, die Werte $(f_\alpha * f_\alpha)(x)$ für große x abzuschätzen.)

11. Man verallgemeinere 17.A.4: Ist $f : \mathbb{R}^n \to \mathbb{C}$ in $L^p_\mathbb{C}(\mathbb{R}^n)$, $p \geq 1$, so ist die Funktion $g_p(x) := \left(\int_{\mathbb{R}^n} |f(t+x) - f(t)|^p \, dt \right)^{1/p}$, $x \in \mathbb{R}^n$, stetig.

17.B Der Umkehrsatz

Der folgende Umkehrsatz, der unter gewissen Voraussetzungen eine Funktion mit Hilfe ihrer Fourier-Transformierten beschreibt, ist fundamental für die Theorie der Fourier-Transformation.

17.B.1 Umkehrsatz für Fourier-Transformierte *Es sei $f : \mathbb{R}^n \to \mathbb{C}$ eine beschränkte integrierbare Funktion, deren Fourier-Transformierte $\widehat{f}$ ebenfalls integrierbar ist. Dann ist*

$$f(x) = \widehat{\widehat{f}}(-x) = \frac{1}{(2\pi)^{n/2}} \int\limits_{\mathbb{R}^n} e^{i\langle x,t\rangle} \, \widehat{f}(t) \, dt$$

für jeden Punkt $x \in \mathbb{R}^n$, in dem f stetig ist.

Beweis. Sei $a > 0$ beliebig. Für $t = (t_1, \ldots, t_n) \in \mathbb{R}^n$ bezeichne hier $|t|$ die Summe $\sum_j |t_j|$ der Beträge der Komponenten von t. Für $x \in \mathbb{R}^n$ sei $g_{a,x}$ die Funktion auf $\mathbb{R}^n$ mit

$$g_{a,x}(t) = e^{i\langle x,t\rangle} \, e^{-a|t|}.$$

Nach Beispiel 17.A.3 (4) ist

$$\widehat{g}_{a,x}(y) = \frac{1}{(2\pi)^{n/2}} \int\limits_{\mathbb{R}^n} e^{-i\langle y,t\rangle} \, e^{i\langle x,t\rangle} \, e^{-a|t|} \, dt = \frac{1}{(2\pi)^{n/2}} \int\limits_{\mathbb{R}^n} e^{-i\langle y-x,t\rangle} \, e^{-a|t|} dt$$

$$= \widehat{g}_{a,0}(y-x) = \left(\frac{2}{\pi}\right)^{n/2} \prod_{j=1}^{n} \frac{a}{a^2 + (y_j - x_j)^2}.$$

Nun ergibt sich mit 17.A.7:

$$\int\limits_{\mathbb{R}^n} e^{i\langle x,t\rangle} \, e^{-a|t|} \, \widehat{f}(t) \, dt = \int\limits_{\mathbb{R}^n} g_{a,x}(t) \, \widehat{f}(t) \, dt = \int\limits_{\mathbb{R}^n} \widehat{g}_{a,x}(t) \, f(t) \, dt =$$

$$= \left(\frac{2}{\pi}\right)^{n/2} \int\limits_{\mathbb{R}^n} \left(\prod_{j=1}^{n} \frac{a}{a^2 + (t_j - x_j)^2} \right) f(t) \, dt = \left(\frac{2}{\pi}\right)^{n/2} \int\limits_{\mathbb{R}^n} \left(\prod_{j=1}^{n} \frac{1}{1 + \tau_j^2} \right) f(a\tau + x) \, d\tau,$$

wobei wir für die letzte Gleichheit die Substitution $t = a\tau + x$ benutzt haben. Lassen wir a gegen 0 gehen, so erhalten wir mit dem Konvergenzsatz von Lebesgue wegen der Stetigkeit von f in x und der Beschränktheit von f:

$$\int\limits_{\mathbb{R}^n} e^{\mathrm{i}\langle x,t\rangle}\,\widehat{f}(t)\,dt = \left(\frac{2}{\pi}\right)^{n/2}\int\limits_{\mathbb{R}^n}\left(\prod_{j=1}^{n}\frac{1}{1+\tau_j^2}\right) f(x)\,d\tau = \left(\frac{2}{\pi}\right)^{n/2}\pi^n f(x) = (2\pi)^{n/2} f(x),$$

und das ist die Behauptung. $\bullet$

Der Leser bemerke den Kunstgriff im Beweis von 17.B.1, der in der Einführung des konvergenzverstärkenden Faktors $e^{-a|t|}$, $a > 0$, mit übersichtlicher Fourier-Transformierten besteht. Er wird in der Theorie der Fourier-Transformation in ähnlicher Weise häufig angewandt, vgl. z.B. den Beweis von 17.C.1. Statt dieses Faktors benützt man auch andere Funktionen, z.B. den G a u ß s c h e n K e r n e^{-at^2}, $a > 0$.

Der Satz 17.B.1 besagt insbesondere, dass genügend viele Funktionen als Fourier-Transformierte auftreten. Um dies zu präzisieren, führen wir den Raum

$$S_{\mathbb{K}}(\mathbb{R}^n)$$

der schnell fallenden Funktionen ein. Eine C^∞-Funktion $f : \mathbb{R}^n \to \mathbb{K}$ heißt s c h n e l l f a l l e n d , wenn für alle Tupel $\alpha, \beta \in \mathbb{N}^n$ die Funktion

$$t^\alpha\,\frac{\partial^{|\beta|} f}{\partial t^\beta} : \mathbb{R}^n \to \mathbb{K}$$

beschränkt ist. Die schnell fallenden Funktionen bilden einen $\mathbb{K}$-Vektorraum, der den Raum $C_c^\infty(\mathbb{R}^n)$ der beliebig oft differenzierbaren Funktionen $\mathbb{R}^n \to \mathbb{K}$, die jeweils außerhalb einer kompakten Menge verschwinden, umfasst. Daraus ergibt sich, *dass* $S_{\mathbb{K}}(\mathbb{R}^n)$ *dicht liegt in den Räumen* $L_{\mathbb{K}}^p(\mathbb{R}^n)$, $p \geq 1$, *und im Raum* $C_{0,\mathbb{K}}(\mathbb{R}^n)$ *der stetigen Funktionen* $\mathbb{R}^n \to \mathbb{K}$, *die im Unendlichen verschwinden* (wobei der letzte Raum die Supremumsnorm trägt).

Aus 17.A.8 und 17.A.9 folgt zusammen mit 17.B.1 sofort:

17.B.2 Satz *Die Fourier-Transformation $\mathcal{F}$ induziert einen Automorphismus $\mathcal{F}$ von* $S_{\mathbb{C}}(\mathbb{R}^n)$ *auf sich mit folgenden Eigenschaften:*

(1) *Für alle $\alpha \in \mathbb{N}^n$ und alle $f \in S_{\mathbb{C}}(\mathbb{R}^n)$ ist*

$$\frac{\partial^{|\alpha|}}{\partial x^\alpha}\mathcal{F}(f) = (-\mathrm{i})^{|\alpha|}\,\mathcal{F}(t^\alpha f) \qquad und \qquad \mathcal{F}\Big(\frac{\partial^{|\alpha|} f}{\partial t^\alpha}\Big) = (\mathrm{i}x)^\alpha\,\mathcal{F}(f).$$

(2) *Für alle $f \in S_{\mathbb{C}}(\mathbb{R}^n)$ ist*

$$\mathcal{F}^{-1} f(x) = \mathcal{F}f(-x).$$

Für den Eindeutigkeitssatz über die Fourier-Transformation benötigen wir folgenden Eindeutigkeitssatz für Maße:

17.B.3 Lemma *Sei $\mu : \mathcal{B}^n \to \mathbb{C}$ ein Maß. Gilt $\int_{\mathbb{R}^n} g\,d\mu = 0$ für alle $g \in C_c^\infty(\mathbb{R}^n)$, so ist $\mu = 0$. Insbesondere ist eine integrierbare Funktion $f : \mathbb{R}^n \to \mathbb{C}$ fast überall gleich 0, wenn $\int_{\mathbb{R}^n} gf\,d\lambda^n = 0$ ist für alle $g \in C_c^\infty(\mathbb{R}^n)$.*

B e w e i s . Wir zerlegen μ in Real- und Imaginärteil: $\mu = \mu_1 + i\mu_2$. Wegen

$$\int\limits_{\mathbb{R}^n} g\, d\mu = \int\limits_{\mathbb{R}^n} g\, d\mu_1 + i\int\limits_{\mathbb{R}^n} g\, d\mu_2$$

für alle $g \in C_c^\infty(\mathbb{R}^n)$ können wir annehmen, dass $\mu = \mu_1$ reellwertig ist. Dann ist nach dem Jordan-Hahnschen Zerlegungssatz $\mu = \mu_+ - \mu_-$ mit positiven endlichen Maßen μ_+ und μ_- und folglich

$$\int\limits_{\mathbb{R}^n} g\, d\mu = \int\limits_{\mathbb{R}^n} g\, d\mu_+ - \int\limits_{\mathbb{R}^n} g\, d\mu_- = 0$$

für alle $g \in C_c^\infty(\mathbb{R}^n)$. Nach dem Dichtesatz in Beispiel 15.A.12 (2) ist

$$\int\limits_Q d\mu_+ = \int\limits_Q d\mu_- , \quad \text{d.h.} \quad \mu_+(Q) = \mu_-(Q)$$

für alle beschränkten Quader $Q \subseteq \mathbb{R}^n$. Dann ist aber $\mu_+ = \mu_-$ und $\mu = 0$ nach 11.D.1. $\qquad\bullet$

Jetzt folgt:

17.B.4 Eindeutigkeitssatz *Seien $\mu, \nu : \mathcal{B}^n \to \mathbb{C}$ Maße mit der gleichen Fourier-Transformierten $\widehat{\mu} = \widehat{\nu}$. Dann ist $\mu = \nu$. – Insbesondere sind zwei integrierbare Funktionen $f, g : \mathbb{R}^n \to \mathbb{C}$ fast überall gleich, wenn ihre Fourier-Transformierten $\widehat{f}$ und $\widehat{g}$ übereinstimmen.*

B e w e i s . Für das Maß $\pi := \mu - \nu$ ist $\widehat{\pi} = 0$. Jede Funktion $g \in C_c^\infty(\mathbb{R}^n)$ ist nach 17.B.2 die Fourier-Transformierte $\widehat{f}$ einer Funktion $f \in S_\mathbb{C}(\mathbb{R}^n)$. Mit 17.A.7 folgt für solch ein g :

$$\int\limits_{\mathbb{R}^n} g\, d\pi = \int\limits_{\mathbb{R}^n} \widehat{f}\, d\pi = \int\limits_{\mathbb{R}^n} \widehat{\pi}\, f\, d\lambda^n = 0 .$$

Nach 17.B.3 ergibt sich $\pi = 0$, also $\mu = \nu$. $\qquad\bullet$

Als Verschärfung von 17.B.1 erwähnen wir:

17.B.5 Satz *Sei $f : \mathbb{R}^n \to \mathbb{C}$ integrierbar mit der integrierbaren Fourier-Transformierten $\widehat{f}$. Dann ist fast überall $f(x) = \widehat{\widehat{f}}(-x)$. – Insbesondere gilt diese Gleichheit für jeden Punkt $x \in \mathbb{R}^n$, in dem f stetig ist.*

B e w e i s . Es genügt, die Gleichheit

$$\int\limits_{\mathbb{R}^n} g(x)\, f(x)\, dx = \int\limits_{\mathbb{R}^n} g(x)\widehat{\widehat{f}}(-x)\, dx$$

für alle $g \in C_c^\infty(\mathbb{R}^n)$ zu zeigen. Nach 17.A.7 und 17.B.2 gilt aber

$$\int_{\mathbb{R}^n} g(x)\, \widehat{\widehat{f}}(-x)\, dx = \int_{\mathbb{R}^n} \widehat{g}(x)\, \widehat{f}(-x)\, dx$$

$$= \int_{\mathbb{R}^n} \widehat{\widehat{g}}(x)\, f(-x)\, dx = \int_{\mathbb{R}^n} g(-x)\, f(-x)\, dx = \int_{\mathbb{R}^n} g(x)\, f(x)\, dx\,.$$

Der Zusatz folgt daraus, dass auch $\widehat{\widehat{f}}(-x)$ in x stetig ist. $\bullet$

17.B.6 Bemerkung 17.B.5 besagt zusammen mit 17.A.2 und 17.A.5 speziell, dass die Fourier-Transformierte $\widehat{f}$ einer integrierbaren Funktion $f : \mathbb{R}^n \to \mathbb{C}$ höchstens dann integrierbar sein kann, wenn f fast überall mit einer stetigen Funktion, die im Unendlichen verschwindet, übereinstimmt. Hingegen existieren häufig noch gewisse uneigentliche Integrale für $\widehat{f}$. Wir zeigen in diesem Zusammenhang exemplarisch den folgenden Umkehrsatz, der in gewisser Analogie zum Hauptsatz 19.C.9 über Fourier-Reihen in Bd. 2 steht.

17.B.7 Satz *Die Funktion $f : \mathbb{R} \to \mathbb{C}$ sei integrierbar und (in jedem beschränkten Intervall) stückweise stetig differenzierbar. Dann gilt für jedes $x \in \mathbb{R}$*

$$\frac{1}{\sqrt{2\pi}}\, \lim_{a\to\infty} \int_{-a}^{a} e^{ixt}\, \widehat{f}(t)\, dt = \frac{1}{2}\left(f(x+) + f(x-) \right).$$

B e w e i s. $t \mapsto e^{ixt}\widehat{f}(t)$ ist die Fourier-Transformierte von $t \mapsto f(t+x)$. Wir können daher $x = 0$ annehmen. Nach 17.A.7 und Beispiel 17.A.3 (3) gilt für $a > 0$

$$\int_{-a}^{a} \widehat{f}(t)\, dt = \int_{-\infty}^{\infty} e_{[-a,a]}(t)\, \widehat{f}(t)\, dt = \int_{-\infty}^{\infty} \widehat{e}_{[-a,a]}(t)\, f(t)\, dt = \sqrt{\frac{2}{\pi}} \int_{-\infty}^{\infty} \frac{\sin at}{t}\, f(t)\, dt\,.$$

Es genügt somit

$$\lim_{a\to\infty} \int_{0}^{\infty} \frac{\sin at}{t}\, f(t)\, dt = \frac{\pi}{2}\, f(0+)$$

zu zeigen. Für $a > 0$ gilt aber

$$\int_{0}^{\infty} \frac{\sin at}{t}\, \left(f(t) - f(0+) \right),dt = \int_{0}^{1} \sin at\, \frac{f(t) - f(0+)}{t}\, dt +$$

$$+ \int_{1}^{\infty} \sin at\, \frac{f(t)}{t}\, dt - \int_{1}^{\infty} \frac{\sin at}{t}\, f(0+)\, dt\,.$$

Die ersten beiden Summanden der rechten Seite konvergieren nach dem Satz 17.A.5 von Riemann-Lebesgue für $a \to \infty$ gegen 0, und der letzte Summand konvergiert wegen

$$\int_{1}^{\infty} \frac{\sin at}{t}\, dt = \int_{a}^{\infty} \frac{\sin t}{t}\, dt$$

gegen 0. Somit ist

$$\lim_{a\to\infty}\int_0^\infty \frac{\sin at}{t} f(t)\,dt = \lim_{a\to\infty}\int_0^\infty \frac{\sin at}{t} f(0+)\,dt = \frac{\pi}{2} f(0+)\,.$$

Hier haben wir das uneigentliche Integral $\int_0^\infty \frac{\sin t}{t}\,dt = \frac{\pi}{2}$ benutzt, das wir schon in Bd. 1, 17.B.12 berechnet haben. Es ergibt sich aber auch direkt aus den vorstehenden Überlegungen, da 17.B.7 ja nach 17.B.5 a priori gilt, wenn zusätzlich vorausgesetzt wird, dass f stetig und $\widehat{f}$ integrierbar ist. •

17.B.7 besagt *nicht*, dass $\widehat{f}$ unter den dort angegebenen Voraussetzungen notwendigerweise uneigentlich integrierbar ist. Zum Beispiel ist $\widehat{e}_{[0,1]} = \dfrac{1}{\sqrt{2\pi}}\,\dfrac{\mathrm{i}}{x}\,(e^{-\mathrm{i}x}-1)$ nicht uneigentlich integrierbar, doch ist $\lim\limits_{a\to\infty} \dfrac{1}{\sqrt{2\pi}} \int_{-a}^a \widehat{e}_{[0,1]}(t)\,dt = \dfrac{1}{2}$. Ist $g : \mathbb{R} \to \mathbb{C}$ eine lokal integrierbare Funktion [1]), so nennt man den Grenzwert $\lim\limits_{a\to\infty}\int_{-a}^a g(t)\,dt$, wenn er existiert, den H a u p t w e r t von $\int_{-\infty}^\infty g(t)\,dt$ und bezeichnet ihn mit $\mathrm{PV}\int_{-\infty}^\infty g(t)\,dt$.

Aufgaben

1. Man wende die Umkehrsätze 17.B.1 (bzw. 17.B.7) jeweils auf die Funktion f und ihre Fourier-Transformierte $\widehat{f}$ an, um die folgenden Integralformeln zu erhalten:

a) Für $f(t) := e_{[-1,1]} * e_{[-1,1]}$ ergibt sich $\displaystyle\int_{-\infty}^\infty \left(\frac{\sin t}{t}\right)^2 dt = \pi$.

(Ähnlich verwende man $f(t) := e_{[-1,1]} * \cdots * e_{[-1,1]}$ (n Faktoren), um $\displaystyle\int_{-\infty}^\infty \left(\frac{\sin t}{t}\right)^n dt$ auch für $n = 3, 4, 5, \dots$ zu berechnen. Man kennt eine Formel für allgemeines n.)

b) Für $f(t) := e^{-a|t|}$, $a > 0$, erhält man $\displaystyle\int_{-\infty}^\infty \frac{\cos xt}{a^2+t^2}\,dt = \frac{\pi}{a} e^{-a|x|}$.

c) Für $f(t) := (\mathrm{Sign}\, t)e^{-a|t|}$, $a > 0$, erhält man $\displaystyle\int_0^\infty \frac{t \sin xt}{a^2+t^2}\,dt = \frac{\pi}{2} e^{-ax}$, $\quad x > 0$.

d) Für $f(t) := \begin{cases} 1-t^2, & \text{falls } |t| \le 1, \\ 0 & \text{sonst} \end{cases}$ erhält man

$$\int_0^\infty \frac{\sin t - t \cos t}{t^3} \cos xt\, dt = \begin{cases} \pi(1-x^2)/4, & \text{falls } |x| \le 1, \\ 0 & \text{sonst.} \end{cases}$$

---

[1]) Eine Borel-messbare Funktion $f : X \to \mathbb{C}$ auf einem topologischen Raum X heißt l o k a l i n t e g r i e r b a r, wenn jeder Punkt von X eine Borelsche Umgebung U besitzt derart, dass $f|U$ integrierbar ist. Ist X lokal kompakt, so ist dies genau dann der Fall, wenn $f|K$ für jedes Kompaktum $K \subseteq X$ integrierbar ist.

e) Für $f(t) := (\operatorname{Sign} t) e_{[-1,1]}(t)$ erhält man

$$\int\limits_0^\infty \frac{1-\cos t}{t}\, \sin xt\, dt = \begin{cases} \pi/2, & \text{falls } 0 < x < 1, \\ \pi/4, & \text{falls } x = 1, \\ 0, & \text{falls } x > 1. \end{cases}$$

2. a) Genau dann ist eine integrierbare Funktion $f : \mathbb{R}^n \to \mathbb{C}$ fast gerade, wenn ihre Fourier-Transformierte $\widehat{f}$ gerade ist. In diesem Fall ist

$$\widehat{f}(x) = \frac{1}{(2\pi)^{n/2}} \int\limits_{\mathbb{R}^n} \big(\cos \langle x, t\rangle\big)\, f(t)\, dt$$

gleich der Fourier-Kosinus-Transformierten von f.

b) Genau dann ist eine integrierbare Funktion $f : \mathbb{R}^n \to \mathbb{C}$ fast ungerade, wenn ihre Fourier-Transformierte ungerade ist. In diesem Fall ist

$$\widehat{f}(x) = \frac{-\mathrm{i}}{(2\pi)^{n/2}} \int\limits_{\mathbb{R}^n} \big(\sin \langle x, t\rangle\big)\, f(t)\, dt$$

gleich dem $(-\mathrm{i})$-fachen der Fourier-Sinus-Transformierten von f. (Analoge Aussagen gelten natürlich auch für die Fourier-Transformierten von Maßen.)

3. Genau dann ist eine integrierbare Funktion $f : \mathbb{R}^n \to \mathbb{C}$ fast überall reellwertig, wenn ihre Fourier-Transformierte $\widehat{f}$ die Eigenschaft $\widehat{f}(x) = \overline{\widehat{f}(-x)}$ für alle $x \in \mathbb{R}^n$ hat. (Man formuliere die analoge Aussage für Maße.)

4. Man verwende den Faltungssatz und den Eindeutigkeitssatz für die Fourier-Transformierten, um die folgenden Formeln zu beweisen.

a) Für $a > 0$ sei ξ_a die C a u c h y - oder L o r e n t z - D i c h t e

$$\xi_a(t) := \frac{a}{\pi\,(a^2 + t^2)}, \quad t \in \mathbb{R}.$$

Dann gilt $\xi_a * \xi_b = \xi_{a+b}$ für alle $a, b > 0$.

b) Für $\sigma^2 = (\sigma_1^2, \ldots, \sigma_n^2) \in (\mathbb{R}_+^\times)^n$ (mit $\sigma_j > 0$) sei $v(0\,; \sigma^2)$ die N o r m a l d i c h t e mit

$$v(0\,; \sigma^2)(t_1, \ldots, t_n) := \frac{1}{(2\pi)^{n/2}\, \sigma_1 \cdots \sigma_n} \, \exp\Big(-\sum_{j=1}^n \frac{t_j^2}{2\sigma_j^2}\Big), \quad (t_1, \ldots, t_n) \in \mathbb{R}^n$$

Dann gilt $v(0\,; \sigma^2) * v(0\,; \tau^2) = v(0\,; \sigma^2 + \tau^2)$ für alle $\sigma^2, \tau^2 \in (\mathbb{R}_+^\times)^n$.

c) Unter Benutzung von 17.A, Aufg. 6 beweise man noch einmal die Formel $\gamma_{\alpha,\nu} * \gamma_{\alpha,\mu} = \gamma_{\alpha,\nu+\mu}$, $\alpha, \nu, \mu > 0$, für die Gamma-Dichten aus 16.A, Aufg. 9

5. Zwei endliche Maße auf dem $\mathbb{R}^n$, die beide die Voraussetzungen aus 17.A, Aufg. 7 erfüllen, sind bereits dann gleich, wenn ihre Momente jeweils übereinstimmen. (Es sei noch einmal betont, *dass selbst zwei endliche positive Maße im Allgemeinen nicht gleich sind, wenn alle ihre Momente (existieren und) übereinstimmen.* Nach Beispiel 15.B.16 ist etwa $\int_{-\infty}^\infty t^\alpha g(t)\, dt = 0$ für alle $\alpha \in \mathbb{N}$ und

$$g(t) := \begin{cases} \sin(4\pi \ln t)\, t^{-(1+\ln t)}, & \text{falls } t > 0, \\ 0, & \text{falls } t \leq 0. \end{cases}$$

Die Momente der endlichen positiven Maße $g_+\lambda^1$ und $g_-\lambda^1$ stimmen also jeweils überein, obwohl die Maße $g_+\lambda^1$ und $g_-\lambda^1$ verschieden sind.)

6. Sind $f, g : \mathbb{R}^n \to \mathbb{C}$ schnell fallende Funktionen, so auch $f * g$.

7. Sind $f, g : \mathbb{R}^n \to \mathbb{C}$ integrierbare Funktionen derart, dass fg und die Fourier-Transformierten $\mathcal{F}f$ und $\mathcal{F}g$ ebenfalls integrierbar sind, so ist

$$\mathcal{F}(fg) = \frac{1}{(2\pi)^{n/2}} \, (\mathcal{F}f) * (\mathcal{F}g) \, .$$

17.C Fourier-Transformierte quadratintegrierbarer Funktionen

Die Grundlage für diesen Abschnitt ist die folgende Aussage:

17.C.1 Satz *Sei* $f : \mathbb{R}^n \to \mathbb{C}$ *integrierbar und quadratintegrierbar. Dann ist* $\widehat{f}$ *quadratintegrierbar, und in* $\mathrm{L}^2_{\mathbb{C}}(\mathbb{R}^n)$ *gilt*

$$\| \widehat{f} \|_2 = \| f \|_2 \, .$$

B e w e i s . Nach dem Faltungssatz 17.A.6 ist

$$\widehat{f}(x) \, \overline{\widehat{f}}(x) = \widehat{f}(x) \, \widehat{\overline{f}}(-x) = \widehat{f}(x) \, \widehat{h}(x) = \frac{1}{(2\pi)^{n/2}} \, \widehat{(f * h)}(x) \, ,$$

wobei $h(t) := \overline{f}(-t)$ gesetzt wurde.

Die Behauptung 17.C.1 ist für schnell fallende Funktionen f trivial wegen

$$\| \widehat{f} \|_2^2 = \int \widehat{f} \, \overline{\widehat{f}} \, d\lambda^n = \int \widehat{f} \, \widehat{h} \, d\lambda^n = \int f \, \widehat{\widehat{h}} \, d\lambda^n = \int f \, \overline{f} \, d\lambda^n = \| f \|_2^2 \, .$$

(Dabei wurden der Umkehrsatz 17.B.2 für die schnell fallende Funktion h und die Reziprozitätsformel 17.A.6 verwendet.) Im allgemeinen Fall benutzen wir wie im Beweis von 17.B.1 den Faktor $e^{-a|x|}$, $a > 0$, und setzen $|x| = |x_1| + \cdots + |x_n|$ für $x = (x_1, \ldots, x_n)$. Dann gilt

$$\int_{\mathbb{R}^n} |\widehat{f}|^2 \, e^{-a|x|} \, dx = \frac{1}{(2\pi)^{n/2}} \int_{\mathbb{R}^n} \widehat{(f * h)}(x) \, e^{-a|x|} \, dx$$

$$= \frac{1}{(2\pi)^{n/2}} \Big(\frac{2}{\pi}\Big)^{n/2} \int_{\mathbb{R}^n} (f * h)(x) \cdot \prod_j \frac{a}{a^2 + x_j^2} \, dx$$

$$\leq \frac{1}{\pi^n} \, \| f * h \|_\infty \prod_j \int_{\mathbb{R}} \frac{a}{a^2 + x_j^2} \, dx_j = \| f * h \|_\infty = \| f \|_2^2 \, .$$

Hier haben wir

$$|(f * h)(x)| = \Big| \int_{\mathbb{R}^n} f(t) \, h(x - t) \, dt \Big| \leq \| f \|_2 \, \| h \|_2 = \| f \|_2^2 \, ,$$

vgl. 17.A, Aufg. 9, und $(f * h)(0) = \|f\|_2^2$ benutzt. Lassen wir a gegen 0 streben, so erhalten wir mit dem Konvergenzsatz 14.B.7 von Beppo Levi die Ungleichung $\|\widehat{f}\|_2 \leq \|f\|_2$.

Die Abbildung $\mathcal{F} \colon f \mapsto \widehat{f}$ ist also auf dem Raum $L^1(\mathbb{R}^n) \cap L^2(\mathbb{R}^n)$ stetig (mit Norm ≤ 1) und dem darin dichten Unterraum $S(\mathbb{R}^n)$ der schnell fallenden Funktionen isometrisch. Dann ist $\mathcal{F}$ natürlich insgesamt isometrisch. •

17.C.2 Bemerkung Es gilt folgende partielle Umkehrung von 17.C.1: *Ist $f \geq 0$ integrierbar und $\widehat{f}$ quadratintegrierbar, so ist auch f quadratintegrierbar.* Zum B e w e i s sei $f_k := \mathrm{Min}\,(f, k)$, $k \in \mathbb{N}$. Dann ist f_k quadratintegrierbar, und nach 17.C.1 ist $\|f_k\|_2 = \|\widehat{f_k}\|_2$ für alle k. Wegen $\|f\|_2 = \lim_{k \to \infty} \|f_k\|_2$ genügt es zu zeigen, dass $\|\widehat{f_k}\|_2 \leq \|\widehat{f}\|_2$ ist. Nun ist aber mit den Bezeichnungen des Beweises von 17.C.1 stets $f_k * h_k \leq f * h$ und folglich für jedes $a > 0$:

$$\|\widehat{f}\|_2^2 \geq \int\limits_{\mathbb{R}^n} |\widehat{f}|^2 \, e^{-a|x|} \, dx = \frac{1}{\pi^n} \int\limits_{\mathbb{R}^n} (f * h)(x) \prod_j \frac{a}{a^2 + x_j^2} \, dx$$

$$\geq \frac{1}{\pi^n} \int\limits_{\mathbb{R}^n} (f_k * h_k)(x) \prod_j \frac{a}{a^2 + x_j^2} \, dx = \int\limits_{\mathbb{R}^n} |\widehat{f_k}|^2 \, e^{-a|x|} \, dx \,.$$

Lassen wir a gegen 0 streben, ergibt sich $\|\widehat{f}\|_2^2 \geq \|\widehat{f_k}\|_2^2$. •

Als isometrische lineare Abbildung erhält $\mathcal{F}$ das Skalarprodukt, d.h. für beliebige f, g aus $L^1(\mathbb{R}^n) \cap L^2(\mathbb{R}^n)$ gilt die so genannte I d e n t i t ä t v o n P a r s e v a l - P l a n c h e r e l $\langle \widehat{f}, \widehat{g} \rangle = \langle f, g \rangle$, also

$$\int\limits_{\mathbb{R}^n} \widehat{f}\,\overline{\widehat{g}} \, d\lambda^n = \int\limits_{\mathbb{R}^n} f\,\overline{g} \, d\lambda^n \,.$$

Da $L^2(\mathbb{R}^n)$ ein Hilbert-Raum, d.h. vollständig ist, lässt sich die isometrische Abbildung

$$\mathcal{F} \colon L^1(\mathbb{R}^n) \cap L^2(\mathbb{R}^n) \to L^2(\mathbb{R}^n)$$

von dem dichten Unterraum $U := L^1(\mathbb{R}^n) \cap L^2(\mathbb{R}^n)$ eindeutig zu einer isometrischen Abbildung $L^2(\mathbb{R}^n)$ fortsetzen, vgl. Bd. 2, 17.B.6. Ist $f \in L^2(\mathbb{R}^n)$, so wählt man eine Folge $f_m \in U$ mit $\lim f_m = f$ und setzt

$$\widehat{f} = \mathcal{F}f := \lim_{m \to \infty} \widehat{f_m} \,.$$

Die Konvergenz ist die Konvergenz im quadratischen Mittel. Beispielsweise kann man für f_m die Funktionen $f_m = f\,e_{[-m,m]}$, $m \in \mathbb{N}$, wählen. Dann ist

$$\widehat{f_m}(x) = \frac{1}{(2\pi)^{n/2}} \int\limits_{-m}^{m} e^{-\mathrm{i}\langle x, t \rangle} f(t) \, dt \,.$$

Da Bild $\mathcal{F}$ nach 17.B.2 den dichten Unterraum $S_{\mathbb{C}}(\mathbb{R}^n)$ der schnell fallenden Funktionen umfasst, ist $\mathcal{F} \colon L^2_{\mathbb{C}}(\mathbb{R}^n) \to L^2_{\mathbb{C}}(\mathbb{R}^n)$ sogar bijektiv. Wir fassen zusammen:

17.C.3 Satz *Es gibt genau eine stetige lineare Abbildung*

$$\mathcal{F}: L_{\mathbb{C}}^2(\mathbb{R}^n) \to L_{\mathbb{C}}^2(\mathbb{R}^n)\,,$$

die für Funktionen $f \in L_{\mathbb{C}}^1(\mathbb{R}^n) \cap L_{\mathbb{C}}^2(\mathbb{R}^n)$ *mit der gewöhnlichen Fourier-Transformation* $f \mapsto \widehat{f}$ *übereinstimmt.* $\mathcal{F}$ *ist ein isometrischer Automorphismus von* $L_{\mathbb{C}}^2(\mathbb{R}^n)$. *Für alle* $f \in L_{\mathbb{C}}^2(\mathbb{R}^n)$ *gilt fast überall auf* $\mathbb{R}^n$

$$\mathcal{F}^{-1} f(x) = \mathcal{F} f(-x)\,.$$

B e w e i s . Nur der Zusatz ist noch zu beweisen. Die Gleichung $\mathcal{F}^{-1} f(x) = \mathcal{F} f(-x)$ gilt aber nach 17.B.2 für alle Funktionen f des dichten Unterraumes $S_{\mathbb{C}}(\mathbb{R}^n)$ der schnell fallenden Funktionen und folglich aus Stetigkeitsgründen für alle $f \in L_{\mathbb{C}}^2(\mathbb{R}^n)$.   •

17.C.3 gestattet es, für Funktionen $f \in L_{\mathbb{C}}^1(\mathbb{R}^n) + L_{\mathbb{C}}^2(\mathbb{R}^n)$ die Fourier-Transformierte $\mathcal{F} f$ zu definieren. Man setzt

$$\widehat{f} = \mathcal{F} f := \mathcal{F} f_1 + \mathcal{F} f_2\,,$$

falls $f = f_1 + f_2$ mit $f_1 \in L_{\mathbb{C}}^1(\mathbb{R}^n)$, $f_2 \in L_{\mathbb{C}}^2(\mathbb{R}^n)$ gilt. Wegen 17.C.3 ist $\mathcal{F} f_1 + \mathcal{F} f_2$ unabhängig von der Wahl dieser Darstellung von f. Es ist $\mathcal{F} f \in C_0(\mathbb{R}^n) + L^2(\mathbb{R}^2)$, wobei $C_0(\mathbb{R}^n)$ der Raum der stetigen Funktionen $\mathbb{R}^n \to \mathbb{C}$ ist, die im Unendlichen verschwinden, vgl. 17.A.5.

17.C.4 Beispiel Nach 17.C.3 gilt für die Isometrie $\mathcal{F}: L^2(\mathbb{R}^n) \to L^2(\mathbb{R}^n)$ die Gleichung

$$\mathcal{F}^4 - \mathrm{id} = 0\,.$$

Somit ist $V := L^2(\mathbb{R}^n)$ nach Bd. 2, Satz 11.C.4 und Bd. 2, Lemma 14.A.7 die orthogonale direkte Summe der Eigenräume

$$U_m = V_{\mathcal{F}}(\mathrm{i}^m)\,, \quad m = 0, 1, 2, 3\,,$$

zu den (möglichen) Eigenwerten $1, \mathrm{i}, \mathrm{i}^2 = -1, \mathrm{i}^3 = -\mathrm{i}$ von $\mathcal{F}$. Aus der Partialbruchentwicklung

$$\frac{4}{X^4 - 1} = \frac{1}{X - 1} + \frac{\mathrm{i}}{X - \mathrm{i}} - \frac{1}{X + 1} - \frac{\mathrm{i}}{X + \mathrm{i}}$$

ergeben sich für die orthogonalen Projektionen p_m von V auf U_m die Darstellungen

$$p_0 = \frac{1}{4}\left(\mathrm{id} + \mathcal{F} + \mathcal{F}^2 + \mathcal{F}^3\right)\,, \quad p_1 = \frac{1}{4}\left(\mathrm{id} - \mathrm{i}\mathcal{F} - \mathcal{F}^2 + \mathrm{i}\mathcal{F}^3\right)\,,$$

$$p_2 = \frac{1}{4}\left(\mathrm{id} - \mathcal{F} + \mathcal{F}^2 - \mathcal{F}^3\right)\,, \quad p_3 = \frac{1}{4}(\mathrm{id} + \mathrm{i}\mathcal{F} - \mathcal{F}^2 - \mathrm{i}\mathcal{F}^3)\,.$$

Daher ist

$$\mathcal{F} = \sum_{m=0}^{3} \mathrm{i}^m p_m$$

die Spektralzerlegung von $\mathcal{F}$. Die Eigenräume U_m lassen sich leicht explizit angeben. Es gilt nämlich zunächst für die Hermite-Polynome H_k, $k \in \mathbb{N}$, vgl. Beispiel 15.B.9:

17.C.5 Satz *Sei* $m \in \{0, 1, 2, 3\}$. *Die Funktionen*

$$H_k e^{-t^2/2}\,, \quad k \in \mathbb{N}, \ k \equiv m \ (4)\,,$$

bilden eine Hilbert-Basis für den Eigenraum $U_m \subseteq L^2(\mathbb{R})$ *des Fourier-Operators* $\mathcal{F}$ *zum Eigenwert* $(-\mathrm{i})^m$.

B e w e i s . Nach 15.B.10 (oder Beispiel 17.E.5) bilden die Funktionen $H_k e^{-t^2/2}$, $k \in \mathbb{N}$, eine Hilbert-Basis von $L^2(\mathbb{R})$. Es genügt also zu zeigen, dass sie Eigenfunktionen von $\mathcal{F}$ zu den angegebenen Eigenwerten sind. Wir bezeichnen hier mit h_k, $k \in \mathbb{N}$, die durch

$$\frac{d^k}{dt^k} e^{-t^2} = h_k e^{-t^2}$$

definierten Polynome. Sie unterscheiden sich von den H_k jeweils nur um einen konstanten Faktor. Wir können somit H_k durch h_k ersetzen. Es gilt offenbar $h_{k+1} = h_k' - 2t h_k$.

Wir beweisen die Behauptung durch Induktion über k. Der Fall $k = 0$ ist Beispiel 17.A.3 (5). Für $k+1$ erhält man mit partieller Integration und 17.A.8 nach Induktionsvoraussetzung

$$\mathcal{F}(h_{k+1} e^{-t^2/2})(x) = \frac{1}{\sqrt{2\pi}} \int_{-\infty}^{\infty} e^{-ixt} e^{t^2/2} \frac{d^{k+1}}{dt^{k+1}} \left(e^{-t^2}\right) dt =$$

$$= -\frac{1}{\sqrt{2\pi}} \int_{-\infty}^{\infty} (-ix+t) \, e^{-ixt} e^{t^2/2} \frac{d^k}{dt^k} \left(e^{-t^2}\right) dt = ix(-i)^k \, h_k(x) \, e^{-x^2/2} - i(-i)^k \frac{d}{dx}\left(h_k e^{-x^2/2}\right)$$

$$= (-i)^{k+1}\left(h_k'(x) - 2x h_k(x)\right) e^{-x^2/2} = (-i)^{k+1} h_{k+1}(x) \, e^{-x^2/2} \, . \qquad \bullet$$

Mit 17.C.5 und 15.B.2 ergibt sich nun generell, *dass die Funktionen*

$$H_{k_1}(t_1) \cdots H_{k_n}(t_n) \, e^{-\frac{1}{2}(t_1^2 + \cdots + t_n^2)} \, , \qquad k = (k_1, \ldots, k_n) \in \mathbb{N}^n, \ |k| \equiv m \ (4) \, ,$$

eine Hilbert-Basis des Eigenraums $U_m \subseteq L^2(\mathbb{R}^n)$ *von* $\mathcal{F}$ *zum Eigenwert* $(-i)^m$ *bilden. Insbesondere ist damit der Raum* $U_0 \subseteq L^2(\mathbb{R}^n)$ *der Funktionen bestimmt, die bei der Fourier-Transformation unverändert bleiben.*

Die in 17.C.3 beschriebene Fortsetzung der Fourier-Transformation auf $L^2(\mathbb{R}^n)$ heißt auch die (n-dimensionale) **F o u r i e r - P l a n c h e r e l - T r a n s f o r m a t i o n**.

Aufgaben

1. a) Für $f \in L^1(\mathbb{R}^n) \cap L^2(\mathbb{R}^n)$ und $g \in L^1(\mathbb{R}^n)$ ist $f * g \in L^2(\mathbb{R}^n)$. (Es ist $|f * g| \leq |f| * |g|$. Ferner ist $\mathcal{F}(|f| * |g|) = (2\pi)^{n/2} \mathcal{F}(|f|) \cdot \mathcal{F}(|g|)$ nach 17.C.1 quadratintegrierbar. Mit Bemerkung 17.C.2 ist auch $|f| * |g| \in L^2(\mathbb{R}^n)$.)

b) Ist $f \in L^2(\mathbb{R}^n)$, $g \in L^1(\mathbb{R}^n) \cap L^2(\mathbb{R})^n$ und existiert

$$f * g : t \mapsto \int_{\mathbb{R}^n} f(\tau) \, g(t - \tau) \, d\tau = \int_{\mathbb{R}^n} f(t - \tau) \, g(\tau) \, d\tau \, ,$$

so ist $f * g \in L^2(\mathbb{R}^n)$. (Ohne Einschränkung ist $f = |f|$, $g = |g|$. Für $f_k := f \, e_{\overline{B}(0,k)}$ gilt $f_k \uparrow f$, $f_k * g \uparrow f * g$. Mit a) folgt $\|f_k * g\|_2 = \|\widehat{f_k * g}\|_2 = (2\pi)^{n/2} \|\widehat{f_k} \, \widehat{g}\|_2 \leq (2\pi)^{n/2} \|f\|_2 \|\widehat{g}\|_\infty$.)

2. Für eine Funktion $f \in L^2(\mathbb{R}^n)$ und eine Funktion $g \in L^1(\mathbb{R}^n)$ definieren wir die **F a l t u n g** $f * g = g * f \in L^2(\mathbb{R}^n)$ durch die Gleichung

$$\mathcal{F}(f * g) = (2\pi)^{n/2} \mathcal{F}(f) \cdot \mathcal{F}(g) \, .$$

Man beachte, dass $\widehat{f} \, \widehat{g}$ quadratintegrierbar ist, da $\widehat{g}$ beschränkt ist, und somit $\widehat{f} \, \widehat{g}$ ein Urbild in $L^2(\mathbb{R}^n)$ hat bezüglich $\mathcal{F}$. Es ist zu zeigen, dass die so definierte Faltung stets mit der gewöhnlichen Faltung übereinstimmt, wenn diese definiert ist. (Nach Aufg. 1 ist $f * g$ dann quadratintegrierbar.)

3. Sei $g \in L^2(\mathbb{R}^n)$. Genau dann erzeugen die Translate $g_v(t) = g(t - v)$, $v \in \mathbb{R}^n$, einen dichten Unterraum von $L^2(\mathbb{R}^n)$, wenn die Fourier-Transformierte $\widehat{g}$ von g fast überall ungleich 0 ist. (S a t z v o n W i e n e r – Man beachte: Die g_v, $v \in \mathbb{R}^n$, erzeugen einen dichten Unterraum in $L^2(\mathbb{R}^n)$ genau dann, wenn dies für ihre Fourier-Transformierten $e^{-i\langle x, v\rangle} \widehat{g}$, $v \in \mathbb{R}^n$, gilt.

Bemerkungen: (1) Erzeugen die g_v, $v \in \mathbb{R}^n$, einen dichten Unterraum, so bereits abzählbar viele davon. Für eine (abzählbare) dichte Teilmenge $B \subseteq \mathbb{R}^n$ etwa erzeugen die g_v, $v \in B$, stets denselben abgeschlossenen Unterraum in $L^2(\mathbb{R}^n)$ wie alle g_v, $v \in \mathbb{R}^n$. Vgl. 17.A, Aufg. 11.

(2) Wichtige Beispiele für Funktionen g, die die Bedingung der Aufgabe erfüllen, sind etwa e^{-t^2}, $e^{-|t|}$, $e^{-t}e_{[0,\infty[}$, oder auch alle Funktionen $g \in L^2$, $g \neq 0$, die außerhalb einer kompakten Menge verschwinden (vgl. 17.A, Aufg. 7, womit sich diese Beispielklasse vergrößern lässt).

(3) Die Bedingung, dass $\widehat{g}$ nur auf einer Menge vom Maß 0 verschwindet, ist stärker als die Bedingung, dass die Nullstellenmenge von $\widehat{g}$ nirgends dicht ist (da es kompakte Mengen positiven Maßes gibt, die nirgends dicht sind und die man als genaue Nullstellenmenge einer schnell fallenden Funktion, also als Nullstellenmenge einer Fourier-Transformierten $\widehat{g}$ mit $g \in L^2$ realisieren kann).

(4) Die Bedingung, dass für eine Funktion $g \in L^1(\mathbb{R}^n)$ die Nullstellenmenge von $\widehat{g}$ nirgends dicht ist, bedeutet gerade, dass die Faltung $f \mapsto f * g$ auf $L^1(\mathbb{R}^n)$ mit g injektiv ist. (Es ist ja $f * g = 0$ mit $\mathcal{F}(f * g) = (2\pi)^{n/2}\widehat{f}\,\widehat{g} = 0$ äquivalent.)

(5) Für L^1-Räume lautet der entsprechende S a t z v o n W i e n e r : Die Translate g_v, $v \in \mathbb{R}^n$, einer Funktion $g \in L^1(\mathbb{R}^n)$ erzeugen genau dann einen dichten Unterraum in $L^1(\mathbb{R}^n)$, wenn $\widehat{g}$ *nirgends* verschwindet. Diese Bedingung ist sicher notwendig: Ist $\widehat{g}(a) = 0$, so ist auch $\mathcal{F}(g_v)(a) = 0$ für alle $v \in \mathbb{R}^n$ und damit $\mathcal{F}(f)(a) = 0$ für alle f aus der abgeschlossenen Hülle von $\sum_{v \in \mathbb{R}^n} \mathbb{C}g_v$ in $L^1(\mathbb{R}^n)$, vgl. 17.A, Aufg. 2. Es gibt aber Funktionen $h \in L^1(\mathbb{R}^n)$ mit $\mathcal{F}(h)(a) \neq 0$. – Für den Beweis der Umkehrung verweisen wir auf die Literatur. – Es gibt also Funktionen $g \in L^1 \cap L^2$, deren Translate einen dichten Unterraum in L^2, aber nicht in L^1 erzeugen, z.B. $g := e_{[-1,1]}$, vgl. Beispiel 17.A.3 (3).)

17.D Konvergenz von Maßen und ihren Fourier-Transformierten

Wir definieren zunächst zwei Konvergenzbegriffe für Maße. Wir tun dies in naiver Weise. Auf den funktionalanalytischen Hintergrund gehen wir nicht ein. Dazu verweisen wir auf Band 4.

Wie üblich bezeichnen wir mit $C_b(\mathbb{R}^n)$, $C_0(\mathbb{R}^n)$ und $C_c(\mathbb{R}^n)$ den Raum der beschränkten stetigen Funktionen $\mathbb{R}^n \to \mathbb{C}$ bzw. den Raum der stetigen Funktionen $\mathbb{R}^n \to \mathbb{C}$, die im Unendlichen verschwinden, bzw. den Raum der stetigen Funktionen, die außerhalb einer (von der betreffenden Funktion abhängenden) kompakten Menge verschwinden. Es gilt

$$C_c(\mathbb{R}^n) \subseteq C_0(\mathbb{R}^n) \subseteq C_b(\mathbb{R}^n).$$

Ist $\mu : \mathcal{B}^n \to \mathbb{C}$ ein Maß, so bezeichnet $|\mu| : \mathcal{B}^n \to \mathbb{R}_+$ seinen Betrag und

$$\|\mu\| := |\mu|\big(\mathbb{R}^n\big)$$

seine Norm, vgl. Bemerkung 13.A.6.

17.D.1 Definition Seien μ_k, $k \in \mathbb{N}$, und μ komplexwertige Maße auf $(\mathbb{R}^n, \mathcal{B}^n)$.

(1) Die Folge μ_k, $k \in \mathbb{N}$, konvergiert v a g e gegen μ, wenn für jede Funktion $g \in C_c(\mathbb{R}^n)$ gilt:

$$\lim_{k \to \infty} \int_{\mathbb{R}^n} g \, d\mu_k = \int_{\mathbb{R}^n} g \, d\mu \, .$$

(2) Die Folge μ_k, $k \in \mathbb{N}$, konvergiert s c h w a c h gegen μ, wenn für jede Funktion $g \in C_b(\mathbb{R}^n)$ gilt:

$$\lim_{k \to \infty} \int_{\mathbb{R}^n} g \, d\mu_k = \int_{\mathbb{R}^n} g \, d\mu \, .$$

Jede schwach konvergente Folge (μ_k) ist also vage konvergent, aber nicht umgekehrt: Ist z.B. (a_k) eine Folge in $\mathbb{R}^n$ mit $\lim_k \|a_k\| = \infty$, so konvergiert die Folge der Dirac-Maße δ_{a_k}, $k \in \mathbb{N}$, vage gegen das Nullmaß, aber nicht schwach. Eine Teilmenge $F \subseteq C_b(\mathbb{R}^n)$ bzw. $F \subseteq C_0(\mathbb{R}^n)$ heiße d i c h t, wenn sie dicht bzgl. der Supremumsnorm auf $C_b(\mathbb{R})$ bzw. $C_0(\mathbb{R}^n)$ ist, wenn also jede Funktion $g \in C_b(\mathbb{R}^n)$ bzw. $g \in C_0(\mathbb{R}^n)$ beliebig genau gleichmäßig durch Funktionen aus F approximiert werden kann. Dagegen heiße $F \subseteq C_c(\mathbb{R}^n)$ d i c h t in $C_c(\mathbb{R}^n)$, wenn jede Funktion $g \in C_c(\mathbb{R}^n)$ beliebig genau gleichmäßig durch Funktionen aus F approximiert werden kann, die *alle* außerhalb ein und derselben kompakten Menge verschwinden. $C_0(\mathbb{R}^n)$ *und* $C_c(\mathbb{R}^n)$ *haben abzählbare dichte Teilmengen.* Für $C_c(\mathbb{R}^n)$ erhält man z.B. mit Hilfe des Weierstraßschen Approximationssatzes 3.B.10 eine solche Teilmenge wie folgt: Für $m \in \mathbb{N}^*$ sei h_m eine C^∞-Funktion mit $0 \le h_m \le 1$ und $h_m \equiv 1$ auf $\overline{B}(0\,;m)$ und $h_m \equiv 0$ außerhalb $\overline{B}(0\,;m+1)$. Dann ist die Menge der Funktionen $f h_m$, wo f die Menge der Polynomfunktionen mit Koeffizienten in $\mathbb{Q}[i]$ und m die Menge $\mathbb{N}^*$ durchläuft, eine abzählbar dichte Teilmenge in $C_c(\mathbb{R}^n)$. Man beachte, dass es sich dabei um C^∞-Funktionen handelt. Ist $F \subseteq C_c(\mathbb{R}^n)$ dicht in $C_c(\mathbb{R}^n)$, so ist F auch dicht in $C_0(\mathbb{R}^n)$. Der Raum $C_b(\mathbb{R}^n)$ besitzt *keine* abzählbare dichte Teilmenge (ist also kein separabler Banach-Raum) . Beweis! Wir beginnen mit einem einfachen Lemma:

17.D.2 Lemma $\mu_k : \mathcal{B}^n \to \mathbb{C}$, $k \in \mathbb{N}$, *und* $\mu : \mathcal{B}^n \to \mathbb{C}$ *seien Maße, deren Normen* $\|\mu_k\|$, $k \in \mathbb{N}$, *bzw.* $\|\mu\|$ *alle durch eine Konstante* $K < \infty$ *beschränkt sind.*
(1) *Sei* $F \subseteq C_c(\mathbb{R}^n)$ *dicht in* $C_c(\mathbb{R}^n)$. *Gilt für alle* $f \in F$

$$\lim_{k \to \infty} \int_{\mathbb{R}^n} f \, d\mu_k = \int_{\mathbb{R}^n} f \, d\mu \, ,$$

so konvergiert μ_k, $k \in \mathbb{N}$, *vage gegen* μ. *In diesem Fall gilt sogar für alle* $g \in C_0(\mathbb{R}^n)$

$$\lim_{k \to \infty} \int_{\mathbb{R}^n} g \, d\mu_k = \int_{\mathbb{R}^n} g \, d\mu \, .$$

(2) *Sei* $F \subseteq C_b(\mathbb{R}^n)$ *dicht in* $C_b(\mathbb{R}^n)$. *Die Folge* μ_k, $k \in \mathbb{N}$, *konvergiert schwach gegen* μ, *wenn für alle* $f \in F$ *gilt*

$$\lim_{k \to \infty} \int_{\mathbb{R}^n} f \, d\mu_k = \int_{\mathbb{R}^n} f \, d\mu \, .$$

B e w e i s . Zum Beweis von (1) sei $g \in C_0(\mathbb{R}^n)$ beliebig. Ferner sei $\varepsilon > 0$ vorgegeben. Es gibt ein $f \in F$ mit $\|g - f\|_{\mathbb{R}^n} \le \varepsilon$. Dann gilt

$$
\left| \int_{\mathbb{R}^n} g \, d\mu_k - \int_{\mathbb{R}^n} g \, d\mu \right| \le \left| \int_{\mathbb{R}^n} g \, d\mu_k - \int_{\mathbb{R}^n} f \, d\mu_k \right| +
$$

$$
+ \left| \int_{\mathbb{R}^n} f \, d\mu_k - \int_{\mathbb{R}^n} f \, d\mu \right| + \left| \int_{\mathbb{R}^n} f \, d\mu - \int_{\mathbb{R}^n} g \, d\mu \right|
$$

$$
\le \|g - f\|_{\mathbb{R}^n} \|\mu_k\| + \left| \int_{\mathbb{R}^n} f \, d\mu_k - \int_{\mathbb{R}^n} f \, d\mu \right| + \|g - f\|_{\mathbb{R}^n} \|\mu\|
$$

$$
\le 2\varepsilon K + \left| \int_{\mathbb{R}^n} f \, d\mu_k - \int_{\mathbb{R}^n} f \, d\mu \right| .
$$

Da $\int_{\mathbb{R}^n} f \, d\mu_k - \int_{\mathbb{R}^n} f \, d\mu$ eine Nullfolge ist, ergibt sich die Behauptung. Der Beweis von (2) verläuft analog.   ●

Der erste Hauptsatz lautet nun:

17.D.3 Satz $\mu_k : \mathcal{B}^n \to \mathbb{C}$, $k \in \mathbb{N}$, *und* $\mu : \mathcal{B}^n \to \mathbb{C}$ *seien Maße, deren Normen* $\|\mu_k\|$, $k \in \mathbb{N}$, *bzw.* $\|\mu\|$ *alle durch eine Konstante* $K < \infty$ *beschränkt sind. Konvergiert die Folge* $\widehat{\mu}_k$, $k \in \mathbb{N}$, *der Fourier-Transformierten der* μ_k *punktweise gegen die Fourier-Transformierte* $\widehat{\mu}$ *von* μ, *so konvergiert* μ_k, $k \in \mathbb{N}$, *vage gegen* μ *und nach* 17.D.2 (1) *gilt für alle* $g \in C_0(\mathbb{R}^n)$

$$
\lim_{k \to \infty} \int_{\mathbb{R}^n} g \, d\mu_k = \int_{\mathbb{R}^n} g \, d\mu .
$$

B e w e i s . Da $C^\infty(\mathbb{R}^n) \cap C_c(\mathbb{R}^n) \, (\subseteq S(\mathbb{R}^n))$ dicht in $C_c(\mathbb{R}^n)$ ist, genügt es nach 17.D.2 (1), die Gleichung

$$
\lim_{k \to \infty} \int_{\mathbb{R}^n} g \, d\mu_k = \int_{\mathbb{R}^n} g \, d\mu
$$

für jede schnell fallende Funktion $g \in S(\mathbb{R}^n)$ zu zeigen. Nach 17.B.2 ist $g = \widehat{h}$ mit $h \in S(\mathbb{R}^n)$, und unter Verwendung der Reziprozitätsformel 17.A.7 folgt:

$$
\int_{\mathbb{R}^n} g \, d\mu_k = \int_{\mathbb{R}^n} \widehat{h} \, d\mu_k = \int_{\mathbb{R}^n} h \, \widehat{\mu_k} \, d\lambda^n \overset{k \to \infty}{\longrightarrow} \int_{\mathbb{R}^n} h \, \widehat{\mu} \, d\lambda^n = \int_{\mathbb{R}^n} g \, d\mu .
$$

Dabei haben wir den Lebesgueschen Konvergenzsatz 14.D.2 benutzt: Die Folge $h\widehat{\mu}_k$, $k \in \mathbb{N}$, konvergiert punktweise gegen $h\widehat{\mu}$, und es ist $|h\widehat{\mu}_k| \le |h| \, \|\widehat{\mu}_k\|_{\mathbb{R}^n} \le |h| \, \|\mu_k\| \le |h| \cdot K$ für alle $k \in \mathbb{N}$.   ●

Man beachte, dass die Umkehrung von 17.D.3 nicht generell gilt: $\mu_k, k \in \mathbb{N}$, kann vage gegen $\widehat{\mu}$ konvergieren, ohne dass $\widehat{\mu_k}, k \in \mathbb{N}$, punktweise gegen $\widehat{\mu}$ konvergiert. Dazu betrachte man wieder eine Folge $\mu_k := \delta_{a_k}$, $k \in \mathbb{N}$, von Dirac-Maßen mit $\|a_k\| \to \infty$ und $\mu := 0$. Für *positive* Maße lässt sich aber leicht eine befriedigende Aussage gewinnen. Diese ist Teil des folgenden zweiten Hauptsatzes:

17.D.4 Satz $\mu_k : \mathcal{B}^n \to \mathbb{R}_+$, $k \in \mathbb{N}$, und $\mu : \mathcal{B}^n \to \mathbb{R}_+$ *seien positive (endliche) Maße. Folgende Aussagen sind äquivalent:*

(1) μ_k, $k \in \mathbb{N}$ konvergiert vage gegen μ, und es gilt $\lim\limits_{k\to\infty} \mu_k(\mathbb{R}^n) = \mu(\mathbb{R}^n)$.

(2) μ_k, $k \in \mathbb{N}$, konvergiert schwach gegen μ.

(3) Die Folge der Fourier-Transformierten $\widehat{\mu}_k$, $k \in \mathbb{N}$, konvergiert punktweise gegen die Fourier-Transformierte $\widehat{\mu}$.

(4) Für jede beschränkte messbare Funktion $g : \mathbb{R}^n \to \mathbb{C}$, die außerhalb einer μ-Nullmenge stetig ist, gilt

$$\lim_{k\to\infty} \int_{\mathbb{R}^n} g \, d\mu_k = \int_{\mathbb{R}^n} g \, d\mu.$$

B e w e i s. (1) $\Rightarrow$ (2): Sei $g : \mathbb{R}^n \to \mathbb{C}$ stetig und beschränkt und $\varepsilon > 0$ vorgegeben. Es gibt eine Funktion $h \in C_0(\mathbb{R}^n)$ mit $0 \leq h \leq 1$ und $\int_{\mathbb{R}^n}(1-h)\,d\mu \leq \varepsilon$. Wegen $\int_{\mathbb{R}^n} d\mu_k \to \int_{\mathbb{R}^n} d\mu$ und $\int_{\mathbb{R}^n} h\,d\mu_k \to \int_{\mathbb{R}^n} h\,d\mu$ gilt dann $\int_{\mathbb{R}^n}(1-h)\,d\mu_k \leq 2\varepsilon$ für genügend große k. Nun folgt

$$\left| \int_{\mathbb{R}^n} g\,d\mu_k - \int_{\mathbb{R}^n} g\,d\mu \right| \leq \left| \int_{\mathbb{R}^n} g\,d\mu_k - \int_{\mathbb{R}^n} hg\,d\mu_k \right| +$$

$$+ \left| \int_{\mathbb{R}^n} hg\,d\mu_k - \int_{\mathbb{R}^n} hg\,d\mu \right| + \left| \int_{\mathbb{R}^n} hg\,d\mu - \int_{\mathbb{R}^n} g\,d\mu \right|$$

$$\leq \|g\|_\infty \int_{\mathbb{R}^n} (1-h)\,d\mu_k + \left| \int_{\mathbb{R}^n} hg\,d\mu_k - \int_{\mathbb{R}^n} hg\,d\mu \right| + \|g\|_\infty \int_{\mathbb{R}^n} (1-h)\,d\mu.$$

Da $\int_{\mathbb{R}^n} hg\,d\mu_k - \int_{\mathbb{R}^n} hg\,d\mu$, $k \in \mathbb{N}$, nach Voraussetzung eine Nullfolge ist, ergibt sich $\lim\limits_{k\to\infty} \int_{\mathbb{R}^n} g\,d\mu_k = \int_{\mathbb{R}^n} g\,d\mu$, wie gewünscht.

(2) $\Rightarrow$ (3): Für $x \in \mathbb{R}^n$ erhält man unter Verwendung von (2)

$$\widehat{\mu}(x) = \frac{1}{(2\pi)^{n/2}} \int_{\mathbb{R}^n} e^{-\mathrm{i}\langle x,t\rangle}\,d\mu(t) = \lim_{k\to\infty} \frac{1}{(2\pi)^{n/2}} \int_{\mathbb{R}^n} e^{-\mathrm{i}\langle x,t\rangle}\,d\mu_k(t) = \lim_{k\to\infty} \widehat{\mu}_k(x).$$

(3) $\Rightarrow$ (1): Zunächst ergibt sich $\|\mu_k\| = \mu_k(\mathbb{R}^n) = \widehat{\mu}_k(0) \to \widehat{\mu}(0) = \mu(\mathbb{R}^n) = \|\mu\|$. Nach 17.D.3 konvergiert dann μ_k vage gegen μ.

Da (4) $\Rightarrow$ (2) trivial ist, bleibt (2) $\Rightarrow$ (4) zu zeigen:[1]) Ohne Einschränkung sei g reellwertig und $a \leq g \leq b$, $a, b \in \mathbb{R}$. Die Menge $E \subseteq \mathbb{R}^n$ der Stetigkeitsstellen von g ist der Durchschnitt

---

[1]) Der Leser kann den folgenden Beweis übergehen. Seine Technik ist jedoch instruktiv.

der offenen Mengen U_j derjenigen Punkte, in denen die Schwankung von g kleiner als $1/j$ ist, $j \in \mathbb{N}^*$, vgl. Bd. 1, Beispiel 10.B.10. Somit ist E messbar.

Sei $\varepsilon > 0$ vorgegeben. Nach 12.B, Aufg. 4d) gibt es eine kompakte Teilmenge $K \subseteq E$ mit $\mu(K) \geq \mu(E) - \varepsilon = \mu(\mathbb{R}^n) - \varepsilon$.

Zu jedem $x \in K$ wählen wir eine Kugel $\overline{\mathrm{B}}(x\,;\,r(x))$, $r(x) > 0$, derart, dass die globale Schwankung der (in x stetigen) Funktion g auf $\overline{\mathrm{B}}(x\,;\,r(x))$ höchstens ε ist. Da K kompakt ist, gibt es endlich viele Punkte $x_1, \ldots, x_m \in K$ mit $K \subseteq \bigcup_{j=1}^m \overline{\mathrm{B}}\big(x_j\,;\,\tfrac{1}{2}r(x_j)\big)$. Es gibt stetige Funktionen f_j und h_j, die außerhalb $\overline{\mathrm{B}}(x_j\,;\,r(x_j))$ konstant gleich a bzw. b sind, auf der Kugel $\overline{\mathrm{B}}\big(x_j\,;\,\tfrac{1}{2}r(x_j)\big)$ konstant gleich dem Infimum a_j bzw. dem Supremum b_j von g auf $\overline{\mathrm{B}}(x_j\,;\,r(x_j))$ sind und überdies die Ungleichungen $a \leq f_j \leq a_j$ bzw. $b_j \leq h_j \leq b$ erfüllen. Aus $a \leq f_j \leq g \leq h_j \leq b$, $j = 1, \ldots, m$, folgt dann für die stetigen Funktionen $f := \mathrm{Max}\,(f_1, \ldots, f_m)$ und $h := \mathrm{Min}\,(h_1, \ldots, h_m)$

$$a \leq f \leq g \leq h \leq b\,.$$

Ferner ist $0 \leq h(x) - f(x) \leq \varepsilon$ für $x \in K$. Gilt nämlich $x \in K \cap \overline{\mathrm{B}}\big(x_j\,;\,\tfrac{1}{2}r(x_j)\big)$, so ist

$$h(x) - f(x) \leq h_j(x) - f_j(x) = b_j - a_j \leq \varepsilon$$

nach Konstruktion. Es folgt nun

$$\int_{\mathbb{R}^n} f\,d\mu_k \leq \int_{\mathbb{R}^n} g\,d\mu_k \leq \int_{\mathbb{R}^n} h\,d\mu_k\,.$$

Aus der schwachen Konvergenz $\mu_k \to \mu$ ergibt sich

$$\lim_{k \to \infty} \int_{\mathbb{R}^n} f\,d\mu_k = \int_{\mathbb{R}^n} f\,d\mu \quad \text{und} \quad \lim_{k \to \infty} \int_{\mathbb{R}^n} h\,d\mu_k = \int_{\mathbb{R}^n} h\,d\mu\,,$$

also $\displaystyle\lim_{k \to \infty} \int_{\mathbb{R}^n} (h-f)\,d\mu_k = \int_{\mathbb{R}^n} (h-f)\,d\mu$. Ferner ist

$$0 \leq \int_{\mathbb{R}^n} (h-f)\,d\mu = \int_K (h-f)\,d\mu + \int_{\mathbb{R}^n - K} (h-f)\,d\mu \leq \varepsilon\mu(K) + (b-a)\,\varepsilon\,.$$

Nun folgt die Behauptung wegen

$$\left| \int_{\mathbb{R}^n} g\,d\mu_k - \int_{\mathbb{R}^n} g\,d\mu \right| \leq \left| \int_{\mathbb{R}^n} (g-f)\,d\mu_k \right| + \left| \int_{\mathbb{R}^n} f\,d\mu_k - \int_{\mathbb{R}^n} f\,d\mu \right| + \left| \int_{\mathbb{R}^n} (f-g)\,d\mu \right|$$

$$\leq \left| \int_{\mathbb{R}^n} (h-f)\,d\mu_k \right| + \left| \int_{\mathbb{R}^n} f\,d\mu_k - \int_{\mathbb{R}^n} f\,d\mu \right| + \left| \int_{\mathbb{R}^n} (f-h)\,d\mu \right|\,. \qquad \bullet$$

17.D.5 Korollar *Die Maße $\mu_k : \mathcal{B}^n \to \mathbb{R}_+$, $k \in \mathbb{N}$, und $\mu : \mathcal{B}^n \to \mathbb{R}_+$ mögen die äquivalenten Bedingungen von 17.D.4 erfüllen. Für jede Borel-Menge $A \in \mathcal{B}^n$, deren Rand eine μ-Nullmenge ist, gilt dann* $\displaystyle\lim_{k \to \infty} \mu_k(A) = \mu(A)$.

B e w e i s. Die Indikatorfunktion e_A von A ist genau auf dem Rand von A unstetig. Nach 17.D.4 (4) gilt daher

$$\lim_{k \to \infty} \mu_k(A) = \lim_{k \to \infty} \int_{\mathbb{R}^n} e_A\,d\mu_k = \int_{\mathbb{R}^n} e_A\,d\mu = \mu(A)\,. \qquad \bullet$$

Es sei bemerkt, dass die Gleichung $\lim\limits_{k\to\infty} \mu_k(M) = \mu(M)$ unter den Voraussetzungen von 17.D.5 in der Regel nicht für beliebige messbare Mengen $M \in \mathcal{B}^n$ gilt, vgl. Aufg. 1. Ferner kann in 17.D.4 nicht ohne weiteres auf die Positivität der Maße μ_k und μ verzichtet werden, vgl. Aufg. 2. Satz 17.D.4 ist ein wichtiges Hilfsmittel in der Wahrscheinlichkeitstheorie, vgl. Abschnitt 19.C.

Aufgaben

1. Die schwache Konvergenz $\mu_k \to \mu$ in 17.D.5 garantiert im Allgemeinen nicht die Konvergenz von $\mu_k(M)$ gegen $\mu(M)$ für beliebige Borel-Mengen $M \subseteq \mathbb{R}^n$. Als Beispiel betrachte man die Maße $\mu_k = \delta_{a_k}$ und $\mu = \delta_a$, wobei $a_k \in \mathbb{R}^n$ eine Folge von Punkten ist, die gegen $a \in \mathbb{R}^n$ konvergiert, mit $a_k \neq a$ für alle $k \in \mathbb{N}$.

2. Für $k \in \mathbb{N}^*$ sei μ_k das Maß mit der Dichte $\dfrac{t}{k^2}\, e_{[-k,k]}$ bezüglich λ^1. Es gilt:

a) $\|\mu_k\|(\mathbb{R}) = 1$ für alle $k \in \mathbb{N}^*$.   **b)** $\lim\limits_{k\to\infty} \widehat{\mu}_k(x) = 0$ für alle $x \in \mathbb{R}$.

c) Es gibt beschränkte stetige Funktionen g auf $\mathbb{R}$ mit $\lim\limits_{k\to\infty} \int_{\mathbb{R}} g\, d\mu_k \neq 0$. (Man gehe von $e_{[0,\infty[}$ aus. – Zu diesem Beispiel vgl. 17.D.4.)

17.E Beispiele

Aus der Fülle der Beispiele und Anwendungen zur Fourier-Transformation greifen wir einige wenige heraus.

17.E.1 Beispiel (Fourier-Transformierte zentralsymmetrischer Funktionen · Hankel-Bochner-Transformation · Bessel-Funktionen) Sei $n \in \mathbb{N}^*$ und $\mu : \mathcal{B}^n \to \mathbb{C}$ ein komplexwertiges Maß, das invariant gegenüber den linearen Isometrien des $\mathbb{R}^n$ ist. Nach Beispiel 17.A.3(7) gilt dies dann auch für die Fourier-Transformierte $\widehat{\mu}$. Es ist also $\widehat{\mu}(x) = h(\|x\|)$ mit einer stetigen Funktion $h : \mathbb{R}_+ \to \mathbb{C}$, die (beispielsweise) durch

$$h(r) = \frac{1}{(2\pi)^{n/2}} \int\limits_{\mathbb{R}^n} e^{-irt}\, d\mu(t\,;t_2,\dots,t_n)\,,$$

$r \in \mathbb{R}_+$, bestimmt ist. Im Fall einer integrierbaren Funktion $f(t) = g(\|t\|)$ auf $\mathbb{R}^n$ ergibt sich für die Fourier-Transformierte $\widehat{f}$ die Darstellung $\widehat{f}(x) = h(\|x\|)$ mit

$$h(r) = \frac{1}{(2\pi)^{n/2}} \int\limits_{\mathbb{R}^n} e^{-irt}\, f(t,t_2,\dots,t_n)\, dt\, dt_2 \cdots dt_n$$

$$= \frac{1}{(2\pi)^{n/2}} \int\limits_{\infty}^{\infty} \left(\int\limits_{\mathbb{R}^{n-1}} e^{-irt}\, g\left(\sqrt{t^2 + (t_2^2 + \cdots + t_n^2)}\right) dt_2 \cdots dt_n \right) dt\,.$$

Mit dem Ergebnis aus Beispiel 14.B.12 erhält man bei $n \geq 2$

$$h(r) = \frac{1}{(2\pi)^{n/2}} \int\limits_{-\infty}^{\infty} \int\limits_{0}^{\infty} e^{-irt} \, (n-1)\, \omega_{n-1}\, s^{n-2} g\big(\sqrt{t^2 + s^2}\big) \, ds\, dt \,,$$

und die Substitution $t = u \cos\varphi$, $s = u \sin\varphi$, $(u, \varphi) \in \mathbb{R}_+^\times \times \,]0, \pi[$ liefert

$$h(r) = \frac{1}{(2\pi)^{n/2}} \, (n-1)\, \omega_{n-1} \int\limits_{0}^{\infty} \int\limits_{0}^{\pi} e^{-iru\cos\varphi} \, u^{n-1} g(u) \, \sin^{n-2}\varphi \, d\varphi\, du = \int\limits_{0}^{\infty} u^{n-1} g(u)\, K_n(ru)\, du \,,$$

wobei die Funktion K_n durch

$$K_n(x) := \frac{1}{2^{(n-2)/2}\, \Gamma\big(\frac{n-1}{2}\big)\, \sqrt{\pi}} \int\limits_{0}^{\pi} e^{-ix\cos\varphi} \, \sin^{n-2}\varphi \, d\varphi$$

definiert ist. (Man beachte, dass $\omega_{n-1} = \pi^{(n-1)/2} / \big((n-1)/2\big)!$ das Volumen der euklidischen Einheitskugel im $\mathbb{R}^{n-1}$ ist.) Mit der Potenzreihenentwicklung

$$e^{-ix\cos\varphi} \, \sin^{n-2}\varphi = \sum_{\nu=0}^{\infty} \frac{(-1)^\nu x^\nu}{\nu!} \cos^\nu\varphi \, \sin^{n-2}\varphi$$

und

$$\int\limits_{0}^{\pi} \cos^\nu\varphi \, \sin^{n-2}\varphi \, d\varphi = \begin{cases} \dfrac{\Gamma\big(\frac{\nu+1}{2}\big)\, \Gamma\big(\frac{n-1}{2}\big)}{\Gamma\big(\frac{\nu+n}{2}\big)} \,, & \text{falls } \nu \text{ gerade,} \\[2ex] 0 \,, & \text{falls } \nu \text{ ungerade,} \end{cases}$$

vgl. 16.A.13, erhält man

$$K_n(x) = \frac{1}{2^{(n-2)/2}\, \sqrt{\pi}} \sum_{k=0}^{\infty} \frac{(-1)^k}{(2k)!} \frac{\Gamma(k+\frac{1}{2})}{\Gamma(k+\frac{n}{2})} x^{2k} = \frac{1}{2^{(n-2)/2}} \sum_{k=0}^{\infty} \frac{(-1)^k}{k!} \frac{1}{\Gamma(k+\frac{n}{2})} \left(\frac{x}{2}\right)^{2k}.$$

Definiert man J_μ generell durch

$$J_\mu(x) := \left(\frac{x}{2}\right)^\mu \sum_{k=0}^{\infty} \frac{(-1)^k}{k!} \cdot \frac{1}{\Gamma(k+1+\mu)} \left(\frac{x}{2}\right)^{2k},$$

so ergibt sich für $x \neq 0$

$$K_n(x) = \frac{1}{x^{(n-2)/2}} \, J_{(n-2)/2}(x) \,.$$

Schließlich ist

$$h(r) = \frac{1}{r^{(n-2)/2}} \int\limits_{0}^{\infty} u^{n/2} \, g(u) \, J_{(n-2)/2}(ru) \, du =: \mathcal{H}_{(n-2)/2}(g)(r) \,, \qquad r > 0 \,,$$

und

$$\big(\mathcal{F}g(\|t\|)\big)(x) = h\big(\|x\|\big) = \mathcal{H}_{(n-2)/2}(g)\big(\|x\|\big) \,.$$

Wie man leicht bestätigt, gilt diese Darstellung auch noch bei $n = 1$. Offenbar ist nämlich

$$J_{-1/2}(x) = \sqrt{\frac{2}{\pi x}} \, \cos x \qquad \text{sowie} \qquad J_{1/2}(x) = \sqrt{\frac{2}{\pi x}} \, \sin x \,.$$

$\mathcal{H}_{(n-2)/2}$ heißt die H a n k e l - B o c h n e r - T r a n s f o r m a t i o n der Ordnung $(n-2)/2$.

Der Umkehrsatz 17.B.5 besagt: *Ist* $x \mapsto h(\|x\|)$ *auf* $\mathbb{R}^n$ *integrierbar (d.h. ist* $h(r)\,r^{n-1}$ *auf* $[0, \infty[$ *integrierbar), so ist*

$$g(u) = \mathcal{H}_{(n-2)/2}(h)(u) = \frac{1}{u^{(n-2)/2}} \int_0^\infty r^{n/2}\, h(r)\, J_{(n-2)/2}(ru)\, dr$$

für alle $u > 0$, *in denen* g *stetig ist.* Setzt man $G(u) := g(u)\,u^{(n-1)/2}$ und entsprechend

$$H(r) := h(r)\,r^{(n-1)/2} = \int_0^\infty (ru)^{1/2}\, G(u)\, J_{(n-2)/2}(ru)\, du\,,$$

so ist

$$G(u) = \int_0^\infty (ru)^{1/2} H(r) J_{(n-2)/2}(ru)\, dr\,.$$

Häufig bezeichnet man auch den Übergang von G nach H als Hankel-Transformation (der Ordnung $(n-2)/2$). Da die Funktion $\sqrt{x}\, J_\mu(x)$ für jedes $\mu \in \mathbb{C}$ auf $[1, \infty[$ beschränkt ist (vgl. Aufg. 1) und somit $\sqrt{x}\, J_\mu(x)$ bei $\mathrm{Re}\,\mu \geq -1/2$ auf $]0, \infty[$ beschränkt ist, ist die Hankel-Transformierte

$$H(r) = \int_0^\infty (ru)^{1/2}\, G(u)\, J_\mu(ru)\, du\,, \qquad r \in\,]0, \infty[\,,$$

für jede integrierbare Funktion $G :]0, \infty[\to \mathbb{C}$ und jede Ordnung μ mit $\mathrm{Re}\,\mu \geq -1/2$ definiert. Entsprechende Umkehrformeln gelten auch in diesem allgemeinen Fall. Dazu verweisen wir auf die Literatur.

Die oben eingeführten Funktionen

$$J_\mu(x) = \left(\frac{x}{2}\right)^\mu \sum_{k=0}^\infty \frac{(-1)^k}{k!}\, \frac{1}{\Gamma(k+1+\mu)} \left(\frac{x}{2}\right)^{2k} = \sum_{k=0}^\infty \frac{(-1)^k}{k!\,(k+\mu)!} \left(\frac{x}{2}\right)^{2k+\mu}$$

heißen Bessel-Funktionen oder Zylinderfunktionen 1. Art. Sie sind definiert für alle $\mu \in \mathbb{C}$ (wobei $1/\Gamma(k+1+\mu) = 0$ für $k+1+\mu \in -\mathbb{N}$ zu setzten ist). Da die zur Definition von $J_\mu(x)$ verwandte Potenzreihe für jedes μ den Konvergenzradius ∞ hat, sind die Bessel-Funktionen also dort definiert, wo $(x/2)^\mu$ sinnvoll erklärt werden kann (beispielsweise auf jeder durch einen vom Nullpunkt ausgehenden Strahl geschlitzten Ebene und auf ganz $\mathbb{C}$ für $\mu \in \mathbb{Z}$). Sie treten in der mathematischen Physik sehr häufig auf. Im Folgenden geben wir nur einige ihrer elementaren Eigenschaften an.

Zunächst halten wir die oben gefundene Integraldarstellung fest, die für $\mathrm{Re}\,\mu > -1/2$ gilt:

$$J_\mu(x) = \frac{x^\mu}{2^\mu \sqrt{\pi}\,\Gamma(\mu+\tfrac{1}{2})} \int_0^\pi e^{-ix\cos\varphi} \sin^{2\mu}\varphi\, d\varphi = \left(\frac{x}{2}\right)^\mu \frac{\sqrt{2}}{\Gamma(\mu+\tfrac{1}{2})} \frac{1}{\sqrt{2\pi}} \int_{-1}^1 e^{-ixt}(1-t^2)^{\mu-\frac{1}{2}}\, dt\,.$$

Sie zeigt, *dass* $J_\mu/\left(\frac{x}{2}\right)^\mu$ *bei* $\mathrm{Re}\,\mu > -1/2$ *die Fourier-Transformierte der folgenden Funktion ist:*

$$t \mapsto \begin{cases} \dfrac{\sqrt{2}}{\Gamma(\mu+\tfrac{1}{2})}\,(1-t^2)^{\mu-\frac{1}{2}}\,, & \text{falls } |t| < 1, \\[2ex] 0\,, & \text{falls } |t| \geq 1. \end{cases}$$

Ferner erhält man für beliebige $x \in \mathbb{C}$ und beliebige $t \in \mathbb{C}^{\times}$ durch Multiplikation der Summen

$$e^{xt/2} = \sum_{\ell \in \mathbb{N}} \frac{1}{\ell!} \left(\frac{x}{2}\right)^{\ell} t^{\ell} \qquad \text{und} \qquad e^{-xt^{-1}/2} = \sum_{k \in \mathbb{N}} \frac{(-1)^k}{k!} \left(\frac{x}{2}\right)^k t^{-k}$$

gemäß Bd. 1, 6.B.13 und Bd. 1, 6.B.11 die Gleichung

$$\exp\left(\frac{x}{2}\left(t - t^{-1}\right)\right) = \sum_{(\ell,k) \in \mathbb{N} \times \mathbb{N}} (-1)^k \frac{1}{\ell! \, k!} \left(\frac{x}{2}\right)^{\ell+k} t^{\ell-k}$$

$$= \sum_{n \in \mathbb{Z}} \left(\sum_{k \geq \mathrm{Max}\,(0,-n)} (-1)^k \frac{1}{(k+n)! \, k!} \left(\frac{x}{2}\right)^{2k+n} \right) t^n = \sum_{n \in \mathbb{Z}} J_n(x) \, t^n \,.$$

Setzt man für t speziell die Werte $e^{2\pi i \alpha}$, $\alpha \in \mathbb{R}$, auf dem Einheitskreis ein, *so erhält man die Fourier-Entwicklungen*

$$e^{ix \sin 2\pi\alpha} = \sum_{n \in \mathbb{Z}} J_n(x) \, e^{2\pi i n \alpha}$$

der mit der Periode 1 periodischen Funktionen $\alpha \mapsto \exp\left(ix \sin 2\pi\alpha\right)$. Die Eulerschen Gleichungen aus Bd. 2, 19.C.4 liefern dann die folgenden Integraldarstellungen

$$J_n(x) = \int_{-1/2}^{1/2} e^{-i\,(2\pi n\alpha - x \sin 2\pi\alpha)} \, d\alpha = \int_{-1/2}^{1/2} e^{i\,(2\pi n\alpha - x \sin 2\pi\alpha)} \, d\alpha$$

(die zweite folgt aus der ersten vermöge der Substitution $\alpha' := -\alpha$), aus denen sich durch Addition die Besselschen Gleichungen

$$J_n(x) = \int_{-1/2}^{1/2} \cos\left(2\pi n\alpha - x \sin 2\pi\alpha\right) d\alpha = 2 \int_{0}^{1/2} \cos\left(2\pi n\alpha - x \sin 2\pi\alpha\right) d\alpha$$

für alle $n \in \mathbb{Z}$ und alle $x \in \mathbb{C}$ ergeben. Man beachte noch $J_{-n}(x) = J_n(-x) = (-1)^n J_n(x)$.

Die Bessel-Funktionen $J_\mu(x)$ erfüllen die so genannten Besselschen Differenzialgleichungen

$$x^2 \frac{d^2 y}{dx^2} + x \frac{dy}{dx} + (x^2 - \mu^2)\, y = 0 \,,$$

$\mu \in \mathbb{C}$, was man direkt durch Einsetzen der definierenden Reihendarstellungen von $y = J_\mu(x)$ bestätigt. *Für festes $\mu \notin \mathbb{Z}$ sind $J_\mu(x)$ und $J_{-\mu}(x)$ linear unabhängige Lösungen und damit eine Basis aller Lösungen dieser linearen Differenzialgleichung zweiter Ordnung* (auf jedem reellen Intervall, das den Nullpunkt nicht enthält, bzw. auf jedem Gebiet $G \subseteq \mathbb{C}$, auf dem x^μ, d.h. ein Logarithmus $\log x$ definiert werden kann). Beweis! Ebenso direkt bestätigt man die Gleichungen

$$\frac{d}{dx}\left(x^\mu J_\mu(x)\right) = x^\mu J_{\mu-1}(x) \qquad \text{und} \qquad \frac{d}{dx}\left(x^{-\mu} J_\mu(x)\right) = -x^{-\mu} J_{\mu+1}(x)\,.$$

Wegen

$$\frac{d}{dx}\left(x^\mu J_\mu(x)\right) = \mu x^{\mu-1} J_\mu(x) + x^\mu J_\mu'(x) \quad \text{und} \quad \frac{d}{dx}\left(x^{-\mu} J_\mu(x)\right) = -\mu x^{-\mu-1} J_\mu(x) + x^{-\mu} J_\mu'(x)$$

erhält man daraus

$$J_\mu'(x) + \frac{\mu}{x}\,J_\mu(x) = J_{\mu-1}(x)\,, \qquad J_\mu'(x) - \frac{\mu}{x}\,J_\mu(x) = -J_{\mu+1}(x)\,,$$

also

$$2J_\mu'(x) = J_{\mu-1}(x) - J_{\mu+1}(x)\,, \qquad \frac{2\mu}{x}\,J_\mu(x) = J_{\mu-1}(x) + J_{\mu+1}(x)\,.$$

Die letzte Gleichung besagt insbesondere, dass mit J_μ und $J_{\mu+1}$ alle Funktionen $J_{\mu+n}$, $n \in \mathbb{Z}$, bekannt sind. Wegen

$$J_{1/2}(x) = \sqrt{\frac{2}{\pi x}} \cdot \sin x \qquad \text{und} \qquad J_{-1/2}(x) = \sqrt{\frac{2}{\pi x}} \cdot \cos x$$

kennt man insbesondere alle Funktionen $J_{n+1/2}$, $n \in \mathbb{Z}$, und damit explizit die Integranden der Bochner-Hankel-Transformation $\mathcal{H}_{(n-2)/2}$ für *ungerades* $n \in \mathbb{N}^*$. Mit J_0 und $J_1 = -J_0' = -J_{-1}$ kennt man alle J_n, $n \in \mathbb{Z}$. Die Graphen von J_0 und J_1 haben im Reellen die folgende Gestalt:

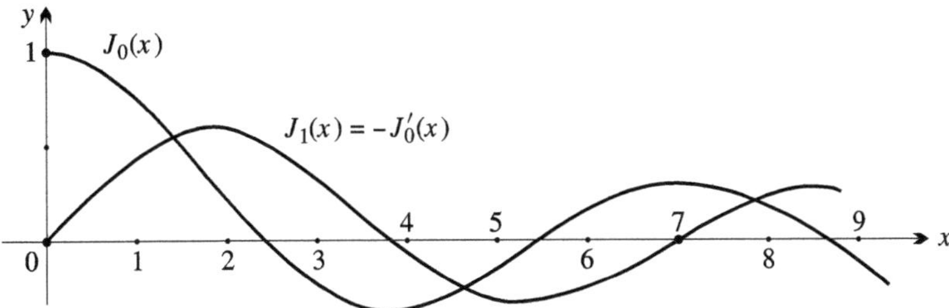

17.E.2 Beispiel (Mellin-Transformation) Die Fourier-Transformation gibt durch Spezialisierung oder Variablentransformation Anlass zu einer Vielfalt verwandter Intergraltransformationen, die dann häufig eine eigenständige Bedeutung gewinnen. Die Hankel-Transformationen des letzten Beispiels sind dafür typisch, ebenso die Laplace-Transformation, die wir im nächsten Paragraphen behandeln werden. Hier erwähnen wir noch die Mellin-Transformation, die unter anderem in der Analytischen Zahlentheorie vielfach benutzt wird.

Sei $\sigma = (\sigma_1, \ldots, \sigma_n) \in \mathbb{R}^n$ und sei $f : \mathbb{R}^n \to \mathbb{C}$ eine messbare Funktion derart, dass $f(t)\,e^{\langle \sigma, t \rangle}$ integrierbar ist. Die Variablentransformation $t_i = \ln y_i$ bzw. $y_i = e^{t_i}$, $i = 1, \ldots, n$ liefert dann mit $dt = dt_1 \cdots dt_n = y^{-1}dy := y_1^{-1} \cdots y_n^{-1}dy_1 \cdots dy_n$ für jedes $x \in \mathbb{R}^n$ die Gleichung

$$\mathcal{F}(f e^{\langle \sigma, t \rangle})(x) = \frac{1}{(2\pi)^{n/2}} \int\limits_{(\mathbb{R}_+^\times)^n} f(\ln y_1, \ldots, \ln y_n)\, y^{\sigma - \mathrm{i}x - 1}\, dy\,.$$

Dabei ist für $\alpha = (\alpha_1, \ldots, \alpha_n) \in \mathbb{R}^n$ stets $y^\alpha := y_1^{\alpha_1} \cdots y_n^{\alpha_n}$ und $\alpha - 1 := (\alpha_1 - 1, \ldots, \alpha_n - 1)$ zu setzen. Sei allgemein $F : (\mathbb{R}_+^\times)^n \to \mathbb{C}$ messbar derart, dass $F(y)\, y^{\sigma - 1}$ integrierbar ist. Dann nennt man

$$M(\sigma + \mathrm{i}x) = M(s) := \frac{1}{(2\pi)^{n/2}} \int\limits_{(\mathbb{R}_+^\times)^n} F(y)\, y^{s-1}\, dy = \mathcal{F}\big(F(e^{t_1}, \ldots, e^{t_n})\, e^{\langle \sigma, t \rangle}\big)(-x)\,,$$

$s = \sigma + \mathrm{i}x$, die Mellin-Transformierte von F. Die Umkehrformel 17.B.5 liefert

$$F(e^{t_1}, \ldots, e^{t_n})\, e^{\langle \sigma, t \rangle} = \frac{1}{(2\pi)^{n/2}} \int\limits_{\mathbb{R}^n} M(\sigma - \mathrm{i}x)\, e^{\mathrm{i}\langle t, x \rangle}\, dx$$

bzw. die Mellinsche Umkehrformel

$$F(y) = \frac{1}{(2\pi)^{n/2}} \int_{\mathbb{R}^n} M(\sigma + \mathrm{i}x)\, y^{-(\sigma+\mathrm{i}x)}\, dx,$$

falls $x \mapsto M(\sigma + \mathrm{i}x)$ integrierbar und F in $y \in (\mathbb{R}_+^\times)^n$ stetig ist. Man formuliere auch die zu 17.B.7 analoge Aussage.

Die Formel

$$\Gamma(s) = \int_0^\infty y^{s-1} e^{-y}\, dy,$$

$\sigma = \operatorname{Re} s > 0$, zum Beispiel besagt, dass $\Gamma(s)$ für $\operatorname{Re} s > 0$ die Mellin-Transformierte ist von $F(y) = \sqrt{2\pi}\, e^{-y}$. Es folgt

$$e^{-y} = \frac{1}{2\pi} \int_{-\infty}^{\infty} \Gamma(\sigma + \mathrm{i}x)\, y^{-(\sigma+\mathrm{i}x)}\, dx$$

für $y > 0$ und $\sigma > 0$. Dabei beachte man das asymptotische Verhalten

$$|\Gamma(\sigma + \mathrm{i}x)| \sim \sqrt{2\pi}\, |x|^{\sigma-1/2}\, e^{-\pi|x|/2}$$

für $x \in \mathbb{R}$, $|x| \to \infty$, das sich unmittelbar aus der Stirlingschen Formel am Ende von Bd. 1, Beispiel 18.B.2 ergibt.

17.E.3 Beispiel (P o i s s o n s c h e S u m m e n f o r m e l) Wir beginnen mit einem einfachen Lemma:

17.E.4 Lemma *Sei $f : \mathbb{R}^n \to \mathbb{C}$ integrierbar. Dann ist die Funktion*

$$t \mapsto \sum_{k \in \mathbb{Z}^n} f(t+k)$$

fast überall auf $\mathbb{R}^n$ definiert und integrierbar über $W_n = [0, 1]^n \subseteq \mathbb{R}^n$.

B e w e i s. Es ist

$$\int_{\mathbb{R}^n} |f(t)|\, dt = \sum_{k \in \mathbb{Z}^n} \int_{W_n} |f(t+k)|\, dt = \int_{W_n} \sum_{k \in \mathbb{Z}^n} |f(t+k)|\, dt < \infty.$$

Daher ist $\sum_{k \in \mathbb{Z}^n} |f(t+k)| < \infty$ für fast alle $t \in W_n$ und damit für fast alle $t \in \mathbb{R}^n$. Also ist $\sum_{k \in \mathbb{Z}^n} f(t+k)$ fast überall definiert und

$$\int_{W_n} \Big| \sum_{k \in \mathbb{Z}^n} f(t+k) \Big|\, dt \le \int_{W_n} \Big(\sum_{k \in \mathbb{Z}^n} |f(t+k)| \Big)\, dt = \int_{\mathbb{R}^n} |f(t)|\, dt < \infty. \qquad \bullet$$

Sei f wie in Lemma 17.E.4. Die Funktion $\sum_{k \in \mathbb{Z}}^n f(t+k)$ hat die Fourier-Koeffizienten

$$c_\ell = \sum_{k \in \mathbb{Z}^n} \int_{W_n} f(t+k)\, e^{-2\pi \mathrm{i}\langle \ell, t\rangle}\, dt = \sum_{k \in \mathbb{Z}^n} \int_{W_n} f(t+k)\, e^{-2\pi \mathrm{i}\langle \ell, t+k\rangle}\, dt$$

$$= \int_{\mathbb{R}^n} f(t)\, e^{-2\pi \mathrm{i}\langle \ell, t\rangle}\, dt = (2\pi)^{n/2}\, \widehat{f}(2\pi\ell), \qquad \ell \in \mathbb{Z}^n.$$

Wird also die Funktion $\sum_{k\in\mathbb{Z}^n} f(t+k)$ im Nullpunkt durch die Fourier-Reihe

$$\sum_{\ell\in\mathbb{Z}^n} c_\ell\, e^{2\pi\mathrm{i}\langle\ell,t\rangle} = (2\pi)^{n/2}\sum_{\ell\in\mathbb{Z}^n}\widehat{f}(2\pi\ell)\,e^{2\pi\mathrm{i}\langle\ell,t\rangle}$$

dargestellt, was sicher dann der Fall ist, wenn $\sum_{\ell\in\mathbb{Z}^n}|\widehat{f}(2\pi\ell)| < \infty$ und $\sum_{k\in\mathbb{Z}^n} f(t+k)$ über W_n quadratintegrierbar und stetig ist, so ergibt sich die P o i s s o n s c h e S u m m e n f o r m e l

$$\sum_{k\in\mathbb{Z}^n} f(k) = (2\pi)^{n/2}\sum_{\ell\in\mathbb{Z}^n}\widehat{f}(2\pi\ell)\,.$$

Mit dem Hauptsatz über die Fourier-Reihen (vgl. Bd. 2, 19.C.9) und seinen mehrdimensionalen Verallgemeinerungen lässt sich eine Poissonsche Summenformel auch unter allgemeineren Voraussetzungen gewinnen. Wir überlassen die Formulierung dem Leser.

Ist etwa $f(t) = e^{-at^2}$, $a>0$, $t\in\mathbb{R}$, so ist nach Beispiel 17.A.3 (5)

$$\widehat{f}(2\pi\ell) = \frac{1}{\sqrt{2a}}e^{-\pi^2\ell^2/a}$$

und es folgt

$$\sum_{k\in\mathbb{Z}} e^{-ak^2} = \sqrt{\frac{\pi}{a}}\cdot\sum_{\ell\in\mathbb{Z}} e^{-\pi^2\ell^2/a}\,.$$

Für $f(t) = e^{-a|t|}$, $a>0$, $t\in\mathbb{R}$, erhalten wir nach Beispiel 17.A.3 (4)

$$\widehat{f}(2\pi\ell) = \sqrt{\frac{2}{\pi}}\cdot\frac{a}{a^2+4\pi^2\ell^2}$$

und folglich

$$2\sum_{\ell\in\mathbb{Z}} \frac{a}{a^2+4\pi^2\ell^2} = \sum_{k\in\mathbb{Z}} e^{-a|k|} = \frac{e^a+1}{e^a-1} = \coth\frac{a}{2}\,.$$

Da beide Seiten dieser Gleichung analytische Funktionen in a auf $G := \mathbb{C} - 2\pi\mathrm{i}\mathbb{Z}$ sind, gilt sie für alle $a\in G$. (Als Gleichung für meromorphe Funktionen in a gilt sie auf ganz $\mathbb{C}$, vgl. Bd. 4. – Vgl. auch Bd. 2, 19.C, Aufg. 2c).)

17.E.5 Beispiel Bereits in 17.C, Aufg. 3 haben wir Beispiele dafür gegeben, wie sich mit Hilfe der Fourier-Plancherel-Transformation Teilräume quadratintegrierbarer Funktionen als dichte Teilräume erweisen. Wir geben dazu noch ein weiteres einfaches Beispiel.

17.E.6 Satz *Sei* $\mu:\mathcal{B}^n \to \mathbb{R}_+$ *ein (positives endliches) Maß. Es gebe Zahlen* $a_1,\ldots,a_n \in \mathbb{R}_+^\times$ *derart, dass auch das Maß* $\exp\left(\sum_{k=1}^n a_k|t_k|\right)\mu$ *auf* $(\mathbb{R}^n,\mathcal{B}^n)$ *endlich ist (vgl. 17.A, Aufg. 7). Dann bilden die Polynomfunktionen* $\mathbb{R}^n\to\mathbb{C}$ *einen dichten Unterraum in* $\mathrm{L}^2_\mathbb{C}(\mathbb{R}^n,\mathcal{B}^n,\mu)$.

B e w e i s . Es ist zu zeigen: Ist eine Funktion $f\in\mathrm{L}^2_\mathbb{C}(\mathbb{R}^n,\mu)$ orthogonal zu allen Monomen t^α, $\alpha\in\mathbb{N}^n$, so ist $f = 0$ in $\mathrm{L}^2(\mathbb{R}^n,\mu)$, vgl. etwa Bd. 2, 19.A, Aufg. 21. Für alle $\alpha\in\mathbb{N}^n$ sei also $\int_{\mathbb{R}^n} f(t)\,t^\alpha d\mu = 0$. Nach Voraussetzung gilt $\exp\left(\frac{1}{2}\sum_{k=1}^n a_k|t_k|\right)\in\mathrm{L}^2_\mathbb{C}(\mathbb{R}^n,\mu)$. Daher ist $f\exp\left(\frac{1}{2}\sum_{k=1}^n a_k|t_k|\right)\mu$ ein endliches (komplexwertiges) Maß. Nach 17.A, Aufg. 7 ist die Fourier-Transformierte $\mathcal{F}(f\mu):\mathbb{R}^n\to\mathbb{C}$ analytisch mit der Potenzreihenentwicklung

$$\sum_{\alpha\in\mathbb{N}^n} a_\alpha x^\alpha\,,\quad a_\alpha = \frac{(-\mathrm{i})^{|\alpha|}}{\alpha!}(2\pi)^{-n/2}\int_{\mathbb{R}^n} t^\alpha f(t)d\mu\,.$$

Nach Voraussetzung sind alle $a_\alpha = 0$, also $\mathcal{F}(f\mu) = 0$. Der Eindeutigkeitssatz 17.B.4 impliziert $f\mu = 0$, d.h. $f = 0$ in $L^2_{\mathbb{C}}(\mathbb{R}^n, \mu)$. $\qquad\bullet$

17.E.7 Korollar *Sei $f : \mathbb{R}^n \to \overline{\mathbb{R}}_+$ eine messbare Funktion, für die $f \exp\left(\sum_{k=1}^n a_k |t_k|\right) \lambda^n$-integrierbar ist für gewisse positive reelle Zahlen $a_1, \ldots, a_k$. Dann bilden die Polynomfunktionen $\mathbb{R}^n \to \mathbb{C}$ einen dichten Unterraum in $L^2_{\mathbb{C}}(\mathbb{R}^n, \mathcal{B}^n, f\lambda^n)$.*

Sei f wie in 17.E.7 gewählt und $X := \{f \neq 0\} \subseteq \mathbb{R}^n$. Dann ist $g \mapsto gf^{1/2}$ eine Isometrie von $L^2_{\mathbb{C}}(\mathbb{R}^n, \mathcal{B}^n, f\lambda^n)$ auf $L^2_{\mathbb{C}}(X, \mathcal{B}(X), \lambda^n|X)$. *Somit bilden nach 17.E.7 die Funktionen* $Pf^{1/2} : X \to \mathbb{C}$, $P \in \mathbb{C}[t_1, \ldots, t_n]$, *einen dichten Unterraum von* $L^2_{\mathbb{C}}(X, \mathcal{B}(X), \lambda^n|X)$.

Die Voraussetzungen von 17.E.7 sind z.B. für alle Funktionen der Form $f = e_X h \exp\left(-a|t|^\beta\right)$ auf $\mathbb{R}$ erfüllt, wo $X \in \mathcal{B}^1$ ist, h eine Polynomfunktion mit $h > 0$ auf X und $a > 0$, $\beta \geq 1$. Die Funktionen $Pe^{-t^2/2}$, $P \in \mathbb{C}[t]$, etwa bilden einen dichten Unterraum von $L^2_{\mathbb{C}}(\mathbb{R}, \lambda^1)$ und die Funktionen $Pe^{-t/2}$, $P \in \mathbb{C}[t]$, einen dichten Unterraum von $L^2_{\mathbb{C}}(\mathbb{R}_+, \lambda^1|\mathbb{R}_+)$. Dies haben wir schon in den Beispielen 15.B.9 und 15.B.5 benutzt bzw. bewiesen.

17.E.8 Beispiel (S i g n a l t h e o r i e · A b t a s t - T h e o r e m) Eine integrierbare Funktion $f : \mathbb{R} \to \mathbb{C}$ können wir als ein (kontinuierliches) S i g n a l auffassen, das zum Zeitpunkt $t \in \mathbb{R}$ die Dichte $f(t)$ hat. *Man identifiziert das Signal f also mit dem Maß $f\lambda^1$.* Die Umkehrsätze 17.B.1, 17.B.5 oder 17.B.7 besagen dann, dass sich f unter recht allgemeinen Voraussetzungen darstellen lässt in der Form

$$f(t) = \frac{1}{\sqrt{2\pi}} \int_{-\infty}^{\infty} F(x)\,e^{ixt}\,dx\,, \quad \text{wo} \quad F(x) = \widehat{f}(x) = \frac{1}{\sqrt{2\pi}} \int_{-\infty}^{\infty} f(t)\,e^{-ixt}\,dt$$

die Fourier-Transformierte von f ist. Bei quadratintegrierbarem f – man sagt dann, das Signal f habe eine e n d l i c h e   E n e r g i e – beachte man auch Satz 17.C.3.

f setzt sich also additiv in der angegebenen Weise aus den komplexen harmonischen Schwingungen e^{ixt} mit den Kreisfrequenzen $x \in \mathbb{R}$ zusammen. Der Faktor $F(x) \in \mathbb{C}$ im Integranden beschreibt Amplitude und Phasenverschiebung für die Kreisfrequenz x. Man nennt $F(x)$, $x \in \mathbb{R}$, die F r e q u e n z d i c h t e, gelegentlich auch die F r e q u e n z v e r t e i l u n g von f. [1]) Die Darstellung von f mit der Frequenzdichte F heißt die F o u r i e r - S y n t h e s e von f mittels F und die Bestimmung der Frequenzdichte $F = \mathcal{F}f$ die F o u r i e r - A n a l y s e des Signals f.

Die große Bedeutung der Fourier-Analyse liegt darin, dass sich viele Signalverarbeitungsprozesse sehr einfach in der Frequenzdichte des Signals darstellen, da sie für die harmonischen Schwingungen e^{ixt} übersichtlich sind. So besagt etwa der Faltungssatz 17.A.6, dass für eine integrierbare Funktion $h : \mathbb{R} \to \mathbb{C}$ die Signaltransformation

$$f \mapsto f * h \quad \text{mit} \quad (f * h)(t) = \int_{-\infty}^{\infty} f(t-\tau)\,h(\tau)\,d\tau = \int_{-\infty}^{\infty} f(\tau)\,h(t-\tau)\,d\tau$$

auf der Frequenzseite durch

$$F \mapsto \sqrt{2\pi}\,F \cdot H$$

---

[1]) Angemessener wäre es – wie es häufig geschieht – $F/\sqrt{2\pi}$ als Frequenzdichte von f zu bezeichnen. Wir wollen aber die bei der Fourier-Transformation eingeführten Konstanten beibehalten.

beschrieben wird, wo $H = \widehat{h}$ die Frequenzdichte von h ist. Der Hintergrund dafür – vgl. den Beweis von 17.A.6 – ist die einfache Formel

$$(e^{\mathrm{i}xt} * h)(t) = \int\limits_{-\infty}^{\infty} e^{\mathrm{i}x(t-\tau)}\, h(\tau)\, d\tau = e^{\mathrm{i}xt} \int\limits_{-\infty}^{\infty} e^{-\mathrm{i}x\tau}\, h(\tau)\, d\tau = \sqrt{2\pi}\, e^{\mathrm{i}xt}\, H(x)\,.$$

Die Funktionen $t \mapsto e^{\mathrm{i}xt}$, $x \in \mathbb{R}$, sind also Eigenfunktionen für die Faltung mit h.

Die Multiplikation von F mit $\sqrt{2\pi}\, H$ auf der Frequenzseite kann als Wirkung eines F i l t e r s beschrieben werden: Nach Maßgabe von H werden die Frequenzen des Signals f verstärkt bzw. geschwächt (oder ganz ausgelöscht) und phasenverschoben. Umgekehrt ist die Frequenzdichte des Produktsignals fh bei entsprechenden Voraussetzungen – z.B. dann, wenn fh, $F = \widehat{f}$ und $H = \widehat{h}$ integrierbar sind (vgl. 17.B, Aufg. 7) – gleich der Faltung $(2\pi)^{-1/2}\, F * H$. Interpretiert man h als T r ä g e r s i g n a l, so heißt fh das mit f (a m p l i t u d e n) m o d u l i e r t e S i g n a l.

Das Trägersignal h ist allerdings (in der Theorie zumindest) häufig nicht integrierbar (und nicht von endlicher Energie). Sei das Trägersignal h zum Beispiel die harmonische Schwingung $e^{\mathrm{i}\omega t}$. Dann hat das amplitudenmodulierte Signal $f e^{\mathrm{i}\omega t}$ die Frequenzdichte $F(x - \omega)$: *Die Frequenzdichte F von f wird also einfach um ω verschoben.* Sind $f_1, \ldots, f_m$ Signale, deren Frequenzdichten $F_1, \ldots, F_m$ außerhalb eines Intervalls der Länge $2\omega_0$ verschwinden und ist $\Omega > 2\omega_0 m$, so kann man durch geeignete Wahl von Trägerfrequenzen $\omega_1, \ldots, \omega_m$ erreichen, dass die Frequenzdichten der modulierten Signale $f_1 e^{\mathrm{i}\omega_1 t}, \ldots, f_m e^{\mathrm{i}\omega_m t}$ auf paarweise disjunkten abgeschlossenen Intervallen konzentriert sind, die Frequenzdichte des Summensignals $f = f_1 e^{\mathrm{i}\omega_1 t} + \cdots + f_m e^{\mathrm{i}\omega_m t}$ aber immer noch außerhalb eines gegebenen Intervalls der Länge Ω verschwindet. Gestattet daher ein Breitbandkanal die Übertragung von Frequenzen eines Intervalls der Länge Ω, so kann man damit f und folglich die Signale $f_1, \ldots, f_m$ gleichzeitig so übertragen, dass sie anschließend durch Frequenzfilter wieder getrennt werden können.[2]) Häufig benutzt man auch reelle Trägersignale der Form $\cos \omega t$, $\omega \in \mathbb{R}_+^\times$. Wie sieht für solch einen Träger die Frequenzdichte des amplitudenmodulierten Signals $f \cos \omega t$ aus?

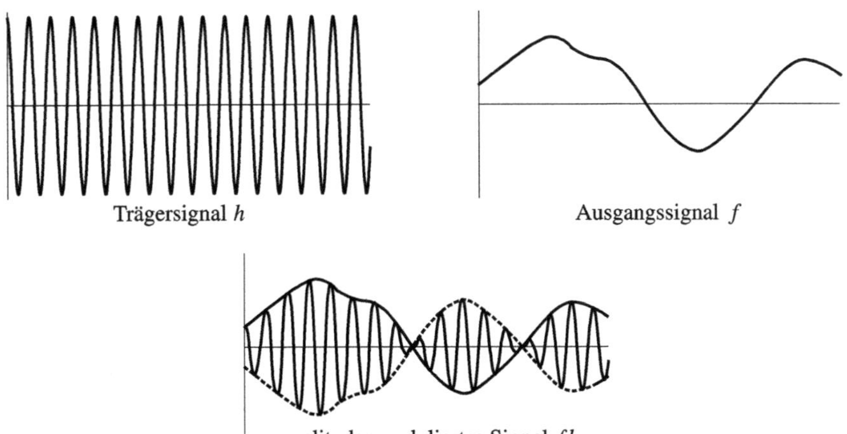

Trägersignal h Ausgangssignal f

amplitudenmoduliertes Signal fh

Fundamental für Signale f, deren Frequenzdichte $F = \widehat{f}$ außerhalb eines endlichen Intervalls verschwindet, ist das Abtasttheorem.[3]) In seiner einfachsten Form lautet es:

---

[2]) Im Englischen heißt dieses Verfahren f r e q u e n c y d i v i s i o n m u l t i p l e x i n g (FDM).
[3]) Im Englischen S a m p l i n g T h e o r e m.

17.E.9 Abtasttheorem *Die Frequenzdichte $F = \widehat{f}$ des stetigen integrierbaren Signals f verschwinde außerhalb des Intervalls $[\omega - \omega_0, \omega + \omega_0]$. Ist dann $\omega_s > 2\omega_0 > 0$, so ist f durch die Werte $a_k := f(kT)$, $k \in \mathbb{Z}$, eindeutig bestimmt, wenn die Abtastfrequenz $1/T$ gleich $\omega_s/2\pi$ ist.*

B e w e i s . Sei F^* die periodische Funktion mit der Periode ω_s, die mit F auf dem Intervall $[\omega - \omega_s/2, \omega + \omega_s/2]$ übereinstimmt. F^* besitzt die Fourier-Entwicklung

$$F^*(x) = \sum_{k \in \mathbb{Z}} c_k e^{-2\pi i k x/\omega_s}$$

mit

$$c_k = \frac{1}{\omega_s} \int_{\omega - \omega_s/2}^{\omega + \omega_s/2} F^*(x)\, e^{2\pi i k x/\omega_s}\, dx = \frac{1}{\omega_s} \int_{-\infty}^{\infty} F(x)\, e^{2\pi i k x/\omega_s}\, dx = \frac{\sqrt{2\pi}}{\omega_s} \widehat{F}\left(-\frac{2\pi k}{\omega_s}\right)$$

$$= \frac{\sqrt{2\pi}}{\omega_s}\, f\left(\frac{2\pi k}{\omega_s}\right) = \frac{\sqrt{2\pi}}{\omega_s}\, a_k\,, \qquad k \in \mathbb{Z},$$

vgl. 17.B.5. Die Abtastwerte a_k, $k \in \mathbb{Z}$, bestimmen also F^* und folglich $F = F^* e_{[\omega - \omega_s/2, \omega + \omega_s/2]}$ und damit nach dem Eindeutigkeitssatz 17.B.4 auch f.   •

Um möglichst einfache explizite Formeln für das Signal f in 17.E.9 mit Hilfe der Abtastwerte

$$a_k = f(kT)\,, \qquad k \in \mathbb{Z}, \quad T = 2\pi/\omega_s\,,$$

zu gewinnen, wollen wir annehmen, dass $\omega = 0$ ist und f auch quadratintegrierbar ist. Ein typisches Beispiel ist die Stimme eines Menschen. Dafür ist $\omega_0/2\pi \approx 4\,\mathrm{kHz}$. Wir können dann die Fourier-Plancherel-Transformation für $L^2(\mathbb{R})$ gemäß Abschnitt 17.C benutzen. Nach Beispiel 17.A.3 (3) hat

$$\frac{\omega_s}{\sqrt{2\pi}}\, \mathrm{sinc}\, \frac{\omega_s}{2\pi}\, t = \sqrt{\frac{2}{\pi}} \cdot \frac{\sin \omega_s t/2}{t}$$

die Fourier-Transformierte $e_{[-\omega_s/2, \omega_s/2]}$ und folglich

$$\frac{\omega_s}{\sqrt{2\pi}}\, \mathrm{sinc}\, \frac{\omega_s}{2\pi}\, (t - kT)$$

nach Beispiel 17.A.3 (6) die Fourier-Transformierte

$$e^{-2\pi i k x/\omega_s}\, e_{[-\omega_s/2, \omega_s/2]}\,.$$

(Man beachte, dass $\mathrm{sinc}\, t$ quadratintegrierbar, aber nicht integrierbar ist.) Aus

$$\widehat{f} = F = \frac{\sqrt{2\pi}}{\omega_s} \sum_{k \in \mathbb{Z}} a_k e^{-2\pi i k x/\omega_s}\, e_{[-\omega_s/2, \omega_s/2]}$$

in $L^2(\mathbb{R})$ folgt daher

$$f(t) = \sum_{k \in \mathbb{Z}} a_k\, \mathrm{sinc}\, \frac{\omega_s}{2\pi}\, (t - kT)\,, \qquad a_k = f(kT)\,,$$

in $L^2(\mathbb{R})$. Diese S h a n n o n s c h e F o r m e l hatten wir in elementarerem Zusammenhang bereits in Bd. 2, 5.D, Aufg. 12b) abgeleitet. Allgemeiner gilt: *Ist $h(t) \in L^2(\mathbb{R})$ eine Funktion derart, dass $\widehat{h}$ auf $[-\omega_0, \omega_0]$ (fast überall) identisch 1 und außerhalb $[-\omega_s/2, \omega_s/2]$ (fast überall) identisch 0 ist, so ergibt sich in $L^2(\mathbb{R})$*

$$f(t) = \frac{\sqrt{2\pi}}{\omega_s} \sum_{k \in \mathbb{Z}} a_k h(t - kT)\,, \qquad a_k = f(kT)\,.$$

Durch geschickte Wahl von h – nach 17.B.2 kann man für h eine schnell fallende C^∞-Funktion wählen – kann die Konvergenz im Vergleich zur Shannonschen Formel besser werden.

Da das menschliche Ohr nur Frequenzen bis $\omega_0/2\pi \approx 20\,\mathrm{kHz}$ wahrnimmt, filtert man bei Tonaufnahmen *zunächst* die Frequenzen $\geq 20\,\mathrm{kHz}$ heraus und tastet *dann* mit einer Frequenz $> 2\omega_0/2\pi \approx 40\,\mathrm{kHz}$ ab, vgl. die Bemerkungen in Bd. 2, 5.D, Aufg. 12.

Das Abtasttheorem gestattet es grundsätzlich, mit einem Übertragungskanal beliebig viele Signale $f_1, \ldots, f_m$, deren Frequenzbereiche alle ganz in einem Intervall $[-\omega_0, \omega_0]$ liegen, so zu übertragen, dass die einzelnen Signale anschließend wiedergewonnen werden können. Man hat nur die Abtastwerte $f_i(kT)$ zeitlich versetzt zu den Zeitpunkten $\big(k+(i-1)/m\big)T$, $i=1, \ldots, m$, zu übertragen (oder das Signal f_i zu diesen Zeitpunkten abzutasten). Da aber Abtasten bzw. Senden eines Wertes selbst einen gewissen Zeitraum beanspruchen, sind auch diesem Verfahren praktische Grenzen gesetzt.[4])

Wir haben hier nur eindimensionale (zeitliche) Signale betrachtet. Ein Bild zum Beispiel kann als ein zweidimensionales Signal aufgefasst werden (wobei die Variablen dann Ortsvariablen sind). Es ist daher selbstverständlich, dass die zweidimensionale Fourier-Analyse und Fourier-Synthese bei der Bildverarbeitung von größter Bedeutung ist.

17.E.10 Beispiel (Berechnung der Fourier-Transformierten · Schnelle Fourier-Transformation) Will man die Fourier-Transformierte $\widehat{f}$ einer Funktion $f : \mathbb{R} \to \mathbb{C}$ mit Hilfe endlich vieler Funktionswerte $f(t_0), \ldots, f(t_{N-1})$ approximieren, so ist zu beachten, dass sowohl die Abtastdichte als auch der Bereich, dem die Zeiten $t_0, \ldots, t_{N-1}$ entnommen sind, einen großen Einfluss auf die Güte der Approximation haben können. Liegen z.B. die Zeiten $t_0, \ldots, t_{N-1}$ alle in dem Intervall $[a, b]$, so lässt sich mit den gegebenen Daten die Fourier-Transformierte $\widehat{f}$ von f grundsätzlich nicht von der Fourier-Transformierten der Funktion $f e_{[a,b]}$ unterscheiden, und diese ist gleich $\sqrt{2\pi}\,\widehat{f} * \widehat{e}_{[a,b]}$ (wenn wir annehmen, dass $\widehat{f}$ integrierbar ist, vgl. 17.C, Aufg. 2).

Wir betrachten den Fall äquidistanter Abtaststellen $t_k = t_0 + \dfrac{kT}{N}$, $k = 0, \ldots, N-1$, $T > 0$, und setzen $a_k := f(t_k)$, $k = 0, \ldots, N-1$.

Mit der Trapezregel aus Bd. 1, Abschnitt 18.C ergibt sich für den Wert

$$\widehat{f}(x) = \frac{1}{\sqrt{2\pi}} \int_{\mathbb{R}} e^{-\mathrm{i}xt} f(t)\, dt$$

die Näherung

$$\widehat{f}(x) \approx \frac{T}{\sqrt{2\pi}} \cdot \frac{1}{N} \sum_{k=0}^{N-1} a_k \exp\left(-\mathrm{i}x\left(t_0 + \frac{kT}{N}\right)\right)$$

$$- \frac{T}{2\sqrt{2\pi}\,N}\left(a_0 \exp\left(-\mathrm{i}xt_0\right) + a_{N-1} \exp\left(-\mathrm{i}x\left(t_0 + \frac{(N-1)T}{N}\right)\right)\right)$$

$$\approx \frac{T}{\sqrt{2\pi}}\, e^{-\mathrm{i}xt_0} \cdot \frac{1}{N} \sum_{k=0}^{N-1} a_k \exp\left(-\mathrm{i}\,\frac{xkT}{N}\right).$$

---

[4]) Im Englischen heißt dieses Verfahren time division multiplexing (TDM). Für Einzelheiten müssen wir auf die Literatur verweisen.

Insbesondere erhält man für die Stellen

$$x_n = \frac{2\pi n}{T}, \quad n \in \mathbb{Z},$$

die Näherungen

$$\widehat{f}(x_n) \approx \frac{T}{\sqrt{2\pi}} e^{-ix_n t_0} d_n,$$

wobei die Summen

$$d_n := \frac{1}{N} \sum_{k=0}^{N-1} a_k \zeta_N^{-nk}, \qquad \zeta_N := e^{2\pi i/N},$$

bereits bei der Approximation der Koeffizienten einer Fourier-Reihe in Bd. 2, Beispiel 19.C.12 auftraten. Zu ihrer Berechnung mit Hilfe der S c h n e l l e n   F o u r i e r - T r a n s f o r m a t i o n verweisen wir ebenfalls auf dieses Beispiel. Man beachte die Periodizität der Koeffizienten d_n: Es ist $d_n = d_{n'}$ für $n \equiv n' \mod N$.

Wie schon bei den Fourier-Reihen ist es häufig günstiger, mit den gegebenen Werten $a_k = f(t_k)$, $k = 0, \dots, N-1$, eine Funktion $g : \mathbb{R} \to \mathbb{C}$ als Approximation für f so zu bestimmen, dass g eine leicht zu berechnende Fourier-Transformierte $\widehat{g}$ hat, und diese dann als Approximation für $\widehat{f}$ zu wählen. Dies etwa für stückweise lineare Approximationen g auszuführen, überlassen wir dem Leser, vgl. wieder Bd. 2, Beispiel 19.C.12.

Aufgaben

1. a) Die Funktion $\sqrt{x}\, J_\mu(x)$, $\mu \in \mathbb{C}$, erfüllt die Differenzialgleichung

$$\frac{d^2 z}{dx^2} + \left(1 - \frac{4\mu^2 - 1}{4x^2}\right) z = 0.$$

(Dabei ist $J_\mu(x)$ die Bessel-Funktion der Ordnung μ, vgl. Beispiel 17.E.1.)

b) Mit $z_1 := z$ und $z_2 := z' = dz/dx$ interpretieren wir die Differenzialgleichung in a) als lineares Differenzialgleichungssystem

$$\mathfrak{z}' = \begin{pmatrix} z_1' \\ z_2' \end{pmatrix} = \begin{pmatrix} 0 & 1 \\ -1 + \frac{4\mu^2-1}{4x^2} & 0 \end{pmatrix} \begin{pmatrix} z_1 \\ z_2 \end{pmatrix} = \mathfrak{A}\mathfrak{z} = \mathfrak{A}_0\mathfrak{z} + \mathfrak{B}\mathfrak{z},$$

$$\text{mit} \quad \mathfrak{A} = \mathfrak{A}_0 + \mathfrak{B}, \quad \mathfrak{A}_0 := \begin{pmatrix} 0 & 1 \\ -1 & 0 \end{pmatrix}, \quad \mathfrak{B} := \begin{pmatrix} 0 & 0 \\ \frac{4\mu^2-1}{4x^2} & 0 \end{pmatrix},$$

das wir auf einem Intervall $[x_0, \infty[\subseteq \mathbb{R}$, $x_0 > 0$, betrachten. Die Fundamentalmatrix von $\mathfrak{z}' = \mathfrak{A}\mathfrak{z}$ ist $\mathfrak{Y}(x\,;\,x_0) = \mathfrak{Y}_0(x\,;\,x_0)\,\mathfrak{Z}(x\,;\,x_0)$, wobei

$$\mathfrak{Y}_0(x\,;\,x_0) = \begin{pmatrix} \cos(x - x_0) & \sin(x - x_0) \\ -\sin(x - x_0) & \cos(x - x_0) \end{pmatrix}$$

die Fundamentalmatrix des Systems $\mathfrak{z}' = \mathfrak{A}_0\mathfrak{z}$ und $\mathfrak{Z}(x\,;\,x_0)$ die Fundamentalmatrix des Systems $\mathfrak{z}' = \mathfrak{C}\mathfrak{z}$ mit $\mathfrak{C} := \mathfrak{Y}_0^{-1}\mathfrak{B}\mathfrak{Y}_0$ ist (vgl. Bd. 2, Beispiel 20.A.8). Da das System $\mathfrak{z}' = \mathfrak{C}\mathfrak{z}$ nach Bd. 2, 20.A, Aufg. 15 stabil ist – es existiert sogar der Grenzwert $\lim\limits_{x \to \infty} \mathfrak{Z}(x\,;\,x_0)$ –, ist auch das System $\mathfrak{z}' = \mathfrak{A}\mathfrak{z}$ stabil. (Die angegebene Zerlegung der Matrix $\mathfrak{Y}(x\,;\,x_0)$ erlaubt es, genauere Aussagen über ihr asymptotisches Verhalten für $x \to \infty$, $x \in \mathbb{R}$, zu machen.)

18 Die Laplace-Transformation

18.A Der Begriff der Laplace-Transformation und Rechenregeln

Wir beginnen mit folgender Bemerkung über die Fourier-Transformation von Maßen, die auf dem Sektor $\mathbb{R}_+^n = (\mathbb{R}_+)^n$ konzentriert sind. Wir setzen noch $\mathcal{B}_+^n = \mathcal{B}(\mathbb{R}_+^n)$.

18.A.1 Lemma *Sei $\mu : \mathcal{B}_+^n \to \mathbb{C}$ ein Maß auf $\mathbb{R}_+^n$. Dann ist die Fourier-Transformierte $\widehat{\mu}$ von μ auf der Menge U_n der $z = (z_1, \dots, z_n) \in \mathbb{C}^n$ mit $\operatorname{Im} z_j < 0$ für alle j definierbar und dort komplex-differenzierbar, also auch komplex-analytisch* (vgl. 7.F.13).

B e w e i s . Man darf im Integral

$$\widehat{\mu}(z) = \frac{1}{(2\pi)^{n/2}} \int\limits_{\mathbb{R}_+^n} e^{-\mathrm{i}\langle z,t\rangle}\, d\mu(t)\,, \quad z = (z_1, \dots, z_n) \in U_n\,,$$

unter dem Integralzeichen nach z_j differenzieren, da in einer Umgebung von $z_0 \in U_n$ die Funktion $t^\alpha \exp\left(\frac{1}{2}\langle \operatorname{Im} z_0, t\rangle\right)$, $\alpha \in \mathbb{N}^n$, eine μ-integrierbare Majorante ist für $(\partial^{|\alpha|}/\partial z^\alpha)(e^{-\mathrm{i}\langle z,t\rangle})$. $\qquad\bullet$

Wir setzten nun $s = \mathrm{i}z$ und betrachten gleich allgemeiner für

$$R_n := \{s \in \mathbb{C}^n \mid \operatorname{Re} s := (\operatorname{Re} s_1, \dots, \operatorname{Re} s_n) \in (\mathbb{R}_+^\times)^n\}$$

eine Familie $\mu = (\mu_s)$, $s \in R_n$, von Maßen $\mu_s : \mathcal{B}_+^n \to \mathbb{C}$, die miteinander durch die Beziehung

$$\mu_{s+s'} = e^{-\langle s',t\rangle}\mu_s\,, \quad s, s' \in R_n\,,$$

verbunden sind. *Wir verwenden für eine solche Familie meistens die suggestive Schreibweise*

$$\mu_s = e^{-\langle s,t\rangle}\mu\,,$$

wobei aber $\mu\,(= \mu_0)$ selbst als Maß nicht zu existieren braucht. Zu jedem Maß $\mu : \mathcal{B}_+^n \to \mathbb{C}$ erhält man allerdings durch $\mu_s := e^{-\langle s,t\rangle}\mu$ eine Familie der genannten Art (sogar für alle s mit $\operatorname{Re} s \geq 0$).

Ist $\mu = (\mu_s)$, $s \in R_n$, eine Familie wie oben, so erhält man auf R_n die Funktion

$$\mathcal{L}(\mu) : s \mapsto \frac{1}{(2\pi)^{n/2}} \int\limits_{\mathbb{R}_+^n} d\mu_s = \frac{1}{(2\pi)^{n/2}} \int\limits_{\mathbb{R}_+^n} e^{-\langle s,t\rangle}\, d\mu(t)\,,$$

die nach s beliebig oft differenzierbar ist mit den Ableitungen

$$\frac{\partial^{|\alpha|}}{\partial s^\alpha}\mathcal{L}(\mu)(s) = \frac{(-1)^{|\alpha|}}{(2\pi)^{n/2}} \int\limits_{\mathbb{R}_+^n} t^\alpha e^{-\langle s,t\rangle}\, d\mu(t)\,.$$

Nach 7.F.13 ist $\mathcal{L}(\mu)$ sogar komplex-analytisch. Insbesondere lässt sich auf $\mathcal{L}(\mu)$ der Identitätssatz für analytische Funktionen anwenden. *Man beachte ferner, dass die Funktion $\mathcal{L}(\mu)(s_0 + ix)$, $x \in \mathbb{R}^n$, bei $s_0 \in R_n$ die Fourier-Transformierte $\widehat{\mu}_{s_0}(x)$ des Maßes μ_{s_0} ist.* Sind $s, s' \in R_n$, so gilt die Abschätzung

$$|\mathcal{L}(\mu)(s+s')| = \left| \int_{\mathbb{R}^n_+} e^{-\langle s',t \rangle} \, d\mu_s(t) \right| \le \int_{\mathbb{R}^n_+} e^{-\langle \mathrm{Re}\, s',t \rangle} \, d|\mu_s|(t).$$

Analog definiert man $\mathcal{L}(f) = \mathcal{L}(f\lambda^n)$ für solche (messbaren) Funktionen $f : \mathbb{R}^n_+ \to \mathbb{C}$, für die $\mu = f\lambda^n$ die obigen Voraussetzungen erfüllt, d.h. die Funktionen $e^{-\langle \sigma,t \rangle} f(t)$ für alle $\sigma \in (\mathbb{R}^\times_+)^n$ über $\mathbb{R}^n_+$ integrierbar sind. Man definiert:

18.A.2 Definition (1) Sei $\mu = (\mu_s) = (e^{-\langle s,t \rangle}\mu)$, $s \in R_n$, eine Familie von (komplexwertigen) Maßen der obigen Art. Dann heißt die auf $R_n \subseteq \mathbb{C}^n$ komplex-analytische Funktion

$$\mathcal{L}(\mu) : s \longmapsto \frac{1}{(2\pi)^{n/2}} \int_{\mathbb{R}^n_+} d\mu_s = \frac{1}{(2\pi)^{n/2}} \int_{\mathbb{R}^n_+} e^{-\langle s,t \rangle} \, d\mu(t)$$

die Laplace-Transformierte von μ.

(2) Sei $f : \mathbb{R}^n_+ \to \mathbb{C}$ eine Funktion, für die die Funktionen $t \mapsto e^{-\langle \sigma,t \rangle} f(t)$, $t \in \mathbb{R}^n_+$, für jedes $\sigma \in (\mathbb{R}^\times_+)^n$ integrierbar sind. Dann heißt die auf $R_n \subseteq \mathbb{C}^n$ komplex-analytische Funktion

$$\mathcal{L}(f) : s \longmapsto \frac{1}{(2\pi)^{n/2}} \int_{\mathbb{R}^n_+} e^{-\langle s,t \rangle} f(t) \, dt$$

die Laplace-Transformierte von f.

Ist allgemeiner $s_0 \in \mathbb{C}^n$ und (μ_s) eine Familie von Maßen $\mu_s : \mathcal{B}^n_+ \to \mathbb{C}$, $s \in s_0 + R_n$, mit $\mu_{s+s'} = e^{-\langle s',t \rangle}\mu_s$ für $s \in s_0 + R_n$, $s' \in R_n$, so ist die Laplace-Transformierte der Familie μ_{s_0+s}, $s \in R_n$, definiert. Im Allgemeinen ist es in dieser Situation aber bequemer, direkt die Laplace-Transformierte

$$\mathcal{L}(\mu)(s) = (2\pi)^{n/2} \int_{\mathbb{R}^n_+} d\mu_s$$

auf $s_0 + R_n$ zu definieren. Eine analoge Bemerkung gilt für Funktionen.

Maße und Funktionen, die auf $\mathbb{R}^n_+$ definiert sind, setzen wir, wenn nötig, stets mit 0 zu Maßen bzw. Funktionen auf ganz $\mathbb{R}^n$ fort.

Zunächst sind $\mathcal{L}(\mu)$ bzw. $\mathcal{L}(f)$ natürlich linear in μ bzw. f. Die folgenden Rechenregeln werden im Wesentlichen auf die entsprechenden Regeln für Fourier-Transformationen zurückgeführt. Dabei seien $\mu_s = e^{-\langle s,t \rangle}\mu$ und $v_s = e^{-\langle s,t \rangle}v$, $s \in R_n$, Maße, sowie $f, g : \mathbb{R}^n_+ \to \mathbb{C}$ Funktionen wie in Definition 18.A.2.

18.A.3 Faltungssatz (1) *Die Familie der Faltungen* $(\mu * \nu)_s := \mu_s * \nu_s$, $s \in R_n$, *erfüllt ebenfalls die Bedingung*

$$(\mu * \nu)_{s+s'} = e^{-\langle s',t \rangle}(\mu * \nu)_s, \quad s, s' \in R_n,$$

und es gilt

$$\mathcal{L}(\mu * \nu) = (2\pi)^{n/2}\,\mathcal{L}(\mu) \cdot \mathcal{L}(\nu).$$

(2) *Die Funktion $f * g$ ist wohldefiniert und besitzt eine Laplace-Transformierte. Es gilt*

$$\mathcal{L}(f * g) = (2\pi)^{n/2}\,\mathcal{L}(f) \cdot \mathcal{L}(g).$$

B e w e i s . (1) Mit der Transformationsregel 14.B.9 gilt für $s, s' \in R_n$ und $M \in \mathcal{B}^n_+$

$$(\mu * \nu)_{s+s'}(M) = (\mu_{s+s'} * \nu_{s+s'})(M) = (\mu_{s+s'} \otimes \nu_{s+s'})\big(T^{-1}(M)\big)$$

$$= e^{-\langle s', t_1+t_2 \rangle}(\mu_s \otimes \nu_s)\big(T^{-1}(M)\big) = \int_{T^{-1}(M)} e^{-\langle s', t_1+t_2 \rangle}\, d(\mu_s \otimes \nu_s)$$

$$= \int_M e^{-\langle s', t \rangle}\, d(\mu_s * \nu_s) = e^{-\langle s', t \rangle}(\mu_s * \nu_s)(M) = e^{-\langle s', t \rangle}(\mu * \nu)_s,$$

wobei T die Summenabbildung $(t_1, t_2) \mapsto t_1 + t_2$ von $\mathbb{R}^n \times \mathbb{R}^n$ auf $\mathbb{R}^n$ bezeichnet. Ferner gilt

$$\mathcal{L}(\mu * \nu)(s) = \frac{1}{(2\pi)^{n/2}}\int_{\mathbb{R}^n_+} d(\mu * \nu)_s = \frac{1}{(2\pi)^{n/2}}\int_{\mathbb{R}^n_+} d(\mu_s * \nu_s)$$

$$= \frac{1}{(2\pi)^{n/2}}\int_{\mathbb{R}^n_+} d\mu_s \cdot \int_{\mathbb{R}^n_+} d\nu_s = (2\pi)^{n/2}\,\mathcal{L}(\mu)(s) \cdot \mathcal{L}(\nu)(s).$$

(2) Für $K^n_k := [0, k]^n \subseteq \mathbb{R}^n_+$, $k \in \mathbb{N}$, sind $f_k := f\,e_{K^n_k}$ und $g_k := g\,e_{K^n_k}$ integrierbar, da sie das $e^{<x,t>}$-fache der integrierbaren Funktionen $e^{-\langle x,t \rangle} f_k$ bzw. $e^{-\langle x,t \rangle} g_k$ sind, $x \in (\mathbb{R}^\times_+)^n$. Ferner gilt für $x \in K^n_k$:

$$\int_{\mathbb{R}^n_+} f(t)\,g(x-t)\,dt = \int_{K^n_k} f(t)\,g(x-t)\,dt = \int_{K^n_k} f_k(t)\,g_k(x-t)\,dt = (f_k * g_k)(x).$$

Somit ist $f * g$ durch $f * g | K^n_k := f_k * g_k | K^n_k$ wohldefiniert. Nun folgt die Behauptung mit $\mu_s := e^{-\langle s,t \rangle} f$, $\nu_s := e^{-\langle s,t \rangle} g$, $s \in R_n$, aus (1). $\quad\bullet$

Die folgende Aussage haben wir schon bewiesen:

18.A.4 Satz *Für beliebige $\alpha \in \mathbb{N}^n$ existiert die α-te partielle Ableitung der Laplace-Transformierten $\mathcal{L}(\mu)$, und es gilt:*

$$\frac{\partial^{|\alpha|}}{\partial s^\alpha}\mathcal{L}(\mu) = (-1)^{|\alpha|}\,\mathcal{L}(t^\alpha \mu).$$

Insbesondere existiert die α-te partielle Ableitung der Laplace-Transformierten einer Funktion $f : \mathbb{R}_+^n \to \mathbb{C}$ (für die die Funktionen $t \mapsto e^{-\langle \sigma, t \rangle} f(t)$, $\sigma \in (\mathbb{R}_+^\times)^n$, integrierbar sind), und es gilt:

$$\frac{\partial^{|\alpha|}}{\partial s^\alpha} \mathcal{L}(f) = (-1)^{|\alpha|} \mathcal{L}(t^\alpha f) \,.$$

Die Laplace-Transformierte einer partiellen Ableitung lässt sich durch Iterieren des folgenden Schlusses gewinnen.

18.A.5 Satz *Sei $f : (\mathbb{R}_+^\times)^n \to \mathbb{C}$, $n \geq 1$, eine nach t_1 stetig partiell differenzierbare Funktion derart, dass die Laplace-Transformierten $\mathcal{L}(f)$ und $\mathcal{L}(\partial f/\partial t_1)$ existieren. Für jedes $t' \in (\mathbb{R}_+^\times)^{n-1}$ und jedes $\sigma_1 \in \mathbb{R}_+^\times$ sei $\lim_{t_1 \to \infty} e^{-\sigma_1 t_1} f(t_1, t') = 0$ und existiere*

$$f(0, t') := \lim_{t_1 \to 0} f(t_1, t') \,.$$

Dann existiert auch die Laplace-Transformierte $\mathcal{L}\big(f(0, t')\big)$ der Funktion $t' \mapsto f(0, t')$, $t' \in (\mathbb{R}_+^\times)^{n-1}$, und es gilt

$$\mathcal{L}\left(\frac{\partial f}{\partial t_1}\right)(s_1, s') = s_1\, \mathcal{L}(f)(s_1, s') - \frac{1}{\sqrt{2\pi}} \mathcal{L}\big(f(0, t')\big)(s') \,.$$

B e w e i s . Partielle Integration liefert zusammen mit den Voraussetzungen über f für alle $s_1 \in \mathbb{C}$ mit $\mathrm{Re}\, s_1 > 0$ und für fast alle $t' \in (\mathbb{R}_+^\times)^{n-1}$

$$\int_0^\infty e^{-s_1 t_1} \frac{\partial f}{\partial t_1}(t_1, t')\, dt_1 = e^{-s_1 t_1} f(t_1, t') \Big|_{t_1=0}^{t_1=\infty} + s_1 \int_0^\infty e^{-s_1 t_1} f(t_1, t')\, dt_1$$

$$= -f(0, t') + s_1 \int_0^\infty e^{-s_1 t_1} f(t_1, t')\, dt_1 \,.$$

Der Satz von Fubini ergibt nun wegen

$$\mathcal{L}\left(\frac{\partial f}{\partial t_1}\right)(s_1, s') = \frac{1}{(2\pi)^{n/2}} \int_{\mathbb{R}_+^{n-1}} e^{-\langle s', t' \rangle} \left(\int_0^\infty e^{-s_1 t_1} \frac{\partial f}{\partial t_1}(t_1, t')\, dt_1 \right) dt' =$$

$$= \frac{s_1}{(2\pi)^{n/2}} \int_{\mathbb{R}_+^{n-1}} e^{-\langle s', t' \rangle} \left(\int_0^\infty e^{-s_1 t_1} f(t_1, t')\, dt_1 \right) dt' - \frac{1}{(2\pi)^{n/2}} \int_{\mathbb{R}_+^{n-1}} e^{-\langle s', t' \rangle} f(0, t')\, dt'$$

$$= s_1 \mathcal{L}(f)(s_1, s') - \frac{1}{\sqrt{2\pi}} \mathcal{L}\big(f(0, t')\big)(s')$$

die Existenz von $\mathcal{L}\big(f(0, t')\big)$ und die Gültigkeit der angegebenen Formel.   ●

Für eine Veränderliche erhält man aus 18.A.5 explizit:

18.A.6 Korollar *Sei* $f : \mathbb{R}_+^\times \to \mathbb{C}$ *eine k-mal stetig differenzierbare Funktion derart, dass für* $\kappa = 0, \ldots, k-1$ *gilt* $\lim\limits_{t \to \infty} e^{-\sigma t} f^{(\kappa)}(t) = 0$, $\sigma > 0$, *und* $f^{(\kappa)}(0) := \lim\limits_{t \to 0} f^{(\kappa)}(t)$, *existiert. Dann existiert die Laplace-Transformierte von* $f^{(k)}$, *und es gilt*

$$\mathcal{L}(f^{(k)})(s) = s^k \mathcal{L}(f)(s) - \frac{1}{\sqrt{2\pi}} \sum_{\kappa=0}^{k-1} s^{k-\kappa-1} f^{(\kappa)}(0).$$

Es hätte genügt, in 18.A.6 die Bedingung $\lim\limits_{t \to \infty} e^{-\sigma t} f^{(\kappa)}(t) = 0$ nur für $\kappa = k-1, \sigma > 0$, zu fordern. Dies zeigt eine leichte Überlegung mit dem Mittelwertsatz.

Der Umkehrsatz 17.B.5 für Fourier-Transformierte liefert direkt:

18.A.7 Umkehrsatz für Laplace-Transformierte *Sei* $f : \mathbb{R}_+^n \to \mathbb{C}$ *eine Funktion, deren Laplace-Transformierte* $\mathcal{L}(f)$ *existiert. Für ein* $s_0 \in R_n$ *sei die Funktion*

$$x \mapsto \mathcal{L}(f)(s_0 + \mathrm{i}x), \quad x \in \mathbb{R}^n,$$

integrierbar. Dann gilt

$$f(x) = \frac{1}{(2\pi)^{n/2}} \, e^{\langle s_0, x \rangle} \int\limits_{\mathbb{R}^n} e^{\mathrm{i}\langle x, t \rangle} \, \mathcal{L}(f)(s_0 + \mathrm{i}t) \, dt$$

fast überall auf $\mathbb{R}_+^n$ *und speziell für alle* $x \in (\mathbb{R}_+^\times)^n$, *in denen* f *stetig ist.*

B e w e i s. $x \mapsto \mathcal{L}(f)(s_0 + \mathrm{i}x)$ die Fourier-Transformierte von $t \mapsto e^{-\langle s_0, t \rangle} f(t)$. $\qquad\bullet$

Schließlich impliziert der Eindeutigkeitssatz 17.B.4 für Fourier-Transformierte:

18.A.8 Eindeutigkeitssatz für Laplace-Transformierte $\mu = (\mu_s) = (e^{-\langle s, t \rangle}\mu)$ *und* $v = (v_s) = (e^{-\langle s, t \rangle}v)$, $s \in R_n$, *seien Maße auf* $\mathbb{R}_+^n$ *mit den gleichen Laplace-Transformierten* $\mathcal{L}(\mu) = \mathcal{L}(v)$. *Dann ist* $\mu = v$. *– Insbesondere sind zwei messbare Funktionen* $f, g : \mathbb{R}_+^n \to \mathbb{C}$ *fast überall gleich, wenn ihre Laplace-Transformierten existieren und übereinstimmen.*

Man beachte, dass die Gleichheit von Laplace-Transformierten wegen ihrer Analytizität oft mit dem Identitätssatz für analytische Funktionen verifiziert werden kann.

Aufgaben

1. Ist die Laplace-Transformierte von $\mu = (e^{-\langle s, t \rangle}\mu)$ für $\operatorname{Re} s > s_0$ definiert, so ist die Laplace-Transformierte von $e^{\langle a, t \rangle}\mu = (e^{-\langle s-a, t \rangle}\mu)$ für $\operatorname{Re} s > s_0 + \operatorname{Re} a$ definiert, und es gilt

$$\mathcal{L}(e^{<a, t>}\mu)(s) = \mathcal{L}(\mu)(s - a).$$

Eine analoge Aussage gilt für Laplace-transformierbare Funktionen.

2. Ist die Laplace-Transformierte von $\mu = (e^{-\langle s, t \rangle}\mu)$ für $\operatorname{Re} s > s_0$ definiert und ist $a \in \mathbb{R}_+^n$, so ist die Laplace-Transformierte des um a verschobenen Maßes μ_a mit $\mu_a(M) = \mu(-a + M)$ gleich

$$\mathcal{L}(\mu_a)(s) = e^{-\langle s, a \rangle}\mathcal{L}(\mu)(s).$$

18.B Beispiele

18.B.1 Beispiel (1) Die Laplace-Transformierte der Funktion $f : \mathbb{R}_+ \to \mathbb{C}$ mit

$$f(t) := t^{x-1}e^{at}, \quad t > 0,$$

wobei $x \in \mathbb{C}$, $\operatorname{Re} x > 0$, und $a \in \mathbb{C}$ beliebig sind, existiert für alle $s \in \mathbb{C}$ mit $\operatorname{Re} s > \operatorname{Re} a$. Für diese s gilt

$$\mathcal{L}(t^{x-1}e^{at})(s) = \frac{1}{\sqrt{2\pi}} \int_0^\infty e^{-st} t^{x-1} e^{at}\, dt = \frac{1}{\sqrt{2\pi}} \int_0^\infty t^{x-1} e^{-(s-a)t}\, dt = \frac{\Gamma(x)}{\sqrt{2\pi}} \cdot \frac{1}{(s-a)^x}\,.$$

Insbesondere gilt bei $\operatorname{Re} x > 0$:

$$\mathcal{L}(t^{x-1})(s) = \frac{\Gamma(x)}{\sqrt{2\pi}} \cdot \frac{1}{s^x}\,, \quad \operatorname{Re} s > 0.$$

Aus $\cos at = \frac{1}{2}\big(e^{iat} + e^{-iat}\big)$, $\sin at = \frac{1}{2i}\big(e^{iat} - e^{-iat}\big)$ erhält man bei $\operatorname{Re} x > 0$

$$\mathcal{L}(t^{x-1}\cos at)(s) = \frac{\Gamma(x)}{2\sqrt{2\pi}}\left(\frac{(s+ia)^x + (s-ia)^x}{(s^2+a^2)^x}\right), \quad \operatorname{Re} s > |\operatorname{Im} a|,$$

$$\mathcal{L}(t^{x-1}\sin at)(s) = \frac{\Gamma(x)}{2\sqrt{2\pi}\,i}\left(\frac{(s+ia)^x - (s-ia)^x}{(s^2+a^2)^x}\right), \quad \operatorname{Re} s > |\operatorname{Im} a|.$$

Schließlich notieren wir noch die Spezialfälle

$$\mathcal{L}(e^{at})(s) = \frac{1}{\sqrt{2\pi}} \cdot \frac{1}{s-a}\,, \quad \operatorname{Re} s > \operatorname{Re} a\,,$$

$$\mathcal{L}(\cos at)(s) = \frac{1}{\sqrt{2\pi}} \cdot \frac{s}{s^2+a^2}\,, \quad \operatorname{Re} s > |\operatorname{Im} a|\,,$$

$$\mathcal{L}(\sin at)(s) = \frac{1}{\sqrt{2\pi}} \cdot \frac{a}{s^2+a^2}\,, \quad \operatorname{Re} s > |\operatorname{Im} a|.$$

(2) Die Laplace-Transformierte des Dirac-Maßes δ_a, $a \in \mathbb{R}_+^n$, ist

$$\mathcal{L}(\delta_a)(s) = \frac{1}{(2\pi)^{n/2}} \int_{\mathbb{R}_+^n} e^{-\langle s,t\rangle}\, d\delta_a(t) = \frac{1}{(2\pi)^{n/2}}\, e^{-\langle s,a\rangle}\,, \quad s \in \mathbb{C}^n\,.$$

(3) Die Laplace-Transformierte der Sprungfunktion

$$H_a(t) := \begin{cases} 0\,, & \text{falls } t \le a\,, \\ 1\,, & \text{falls } t > a\,, \end{cases}$$

ist (bei $a \ge 0$) gleich

$$\mathcal{L}(H_a)(s) = \frac{1}{\sqrt{2\pi}} \int_0^\infty e^{-st}\, H_a(t)\, dt = \frac{1}{\sqrt{2\pi}} \int_a^\infty e^{-st}\, dt = -\frac{1}{\sqrt{2\pi}} \cdot \frac{e^{-as}}{s}\,, \quad \operatorname{Re} s > 0.$$

(4) Die Laplace-Transformierte der Dichte der Normalverteilung

$$\nu(0\,;\sigma) = \frac{1}{\sigma\sqrt{2\pi}}\,e^{-t^2/2\sigma^2}\,,\quad \sigma > 0,$$

ist

$$\mathcal{L}\big(\nu(0\,;\sigma)\big)(s) = \frac{1}{2\pi\sigma}\int\limits_0^\infty e^{-st}e^{-t^2/2\sigma^2}\,dt = \frac{1}{2\pi\sigma}\,\exp\Big(\frac{\sigma^2 s^2}{2}\Big)\int\limits_0^\infty \exp\Big(-\frac{(t+\sigma^2 s)^2}{2\sigma^2}\Big)\,dt$$

$$= \frac{1}{\pi\sqrt{2}}\,\exp\Big(\frac{\sigma^2 s^2}{2}\Big)\int\limits_{\sigma s/\sqrt{2}}^\infty e^{-u^2}\,du = \frac{1}{2\sqrt{2\pi}}\,\exp\Big(\frac{\sigma^2 s^2}{2}\Big)\Big(1-\operatorname{erf}\Big(\frac{\sigma s}{\sqrt{2}}\Big)\Big)$$

mit der so genannten F e h l e r f u n k t i o n

$$\operatorname{erf}(z) = \frac{2}{\sqrt{\pi}}\int\limits_0^z e^{-t^2}\,dt = \frac{2}{\sqrt{\pi}}\sum_{k=0}^\infty \frac{(-1)^k}{k!}\,\frac{z^{2k+1}}{2k+1}\,.$$

Die obige Rechnung gilt zunächst für beliebige reelle s. Wegen der Analytizität der Laplace-Transformierten gilt die Gleichung dann für alle $s \in \mathbb{C}$.

(5) *Jede rationale Funktion, die im Unendlichen verschwindet, deren Zählergrad also kleiner ist als der Nennergrad, lässt sich als Laplace-Transformierte eines Quasi-Polynoms schreiben.* Wegen der Partialbruchzerlegung genügt es nämlich, Funktionen der Form

$$\frac{1}{(s-a)^m}\,,\quad m \in \mathbb{N}^*,$$

zu betrachten. Nach Beispiel (1) oben ist diese Funktion aber die Laplace-Transformierte von

$$\frac{\sqrt{2\pi}}{(m-1)!}\,t^{m-1}e^{at}\,.$$

18.B.2 Beispiel (D i r i c h l e t - S u m m e n) Sei $\mu:\mathbb{R}_+ \to \mathbb{C}$. Die Menge der $s \in \mathbb{C}$ für die $e^{-st}\mu$ ein (endliches) diskretes Maß auf $\mathbb{R}_+$ ist, für die also

$$F(s) = \sum_{t\in\mathbb{R}_+} e^{-st}\mu(t)$$

existiert, d.h. $\sum_{t\in\mathbb{R}_+} e^{-t\operatorname{Re}s}|\mu(t)| < \infty$ ist, sei nicht leer. Dann ist sie ganz $\mathbb{C}$ oder ein Halbraum der Form $\operatorname{Re}s \geq \sigma_0$ bzw. $\operatorname{Re}s > \sigma_0$ mit $\sigma_0 \in \mathbb{R}$, und die Funktion $F(s)$ ist für $\operatorname{Re}s > \sigma_0$, wobei wir den Fall $\sigma_0 = -\infty$ einschließen wollen, die Laplace-Transformierte

$$\mathcal{L}(\mu)(s) = \sum_{t\in\mathbb{R}_+} e^{-st}\mu(t)$$

von $\mu = (\mu_s) = (e^{-st}\mu)_s$, $\operatorname{Re}s > \sigma_0$. Ist speziell μ nur für die Zahlen $\ln n$, $n \in \mathbb{N}^*$, von 0 verschieden und setzen wir $a_n = \mu(\ln n)$, so ist

$$\mathcal{L}(\mu)(s) = \sum_{n\in\mathbb{N}^*} \frac{\mu(\ln n)}{e^{-s\ln n}} = \sum_{n\in\mathbb{N}^*} \frac{a_n}{n^s}$$

eine Dirichlet-Reihe mit der *absoluten* Konvergenzabszisse $\sigma_0 \in \mathbb{R} \cup \{-\infty\}$, vgl. Bd. 1, 14.E, Aufg. 2 oder auch Bd. 1, 12.A, Aufg. 3. Auch bei allgemeinem $\mu:\mathbb{R}_+ \to \mathbb{C}$ spricht man daher häufig von D i r i c h l e t - S u m m e n. Ist μ nur für $n \in \mathbb{N}$ von 0 verschieden, so ist

$$\mathcal{L}(\mu)(s) = \sum_{n \in \mathbb{N}} \mu(n)\, z^n , \quad z := e^{-s} ,$$

im Wesentlichen eine Potenzreihe (mit dem Konvergenzradius $e^{-\sigma_0}$).

Analoge Überlegungen gelten für diskrete Maße $\mu : \mathbb{R}_+^n \to \mathbb{C}$ in mehreren Variablen.

18.B.3 Beispiel (Lineare Differenzialgleichungen mit konstanten Koeffizienten) Eine lineare Differenzialgleichung auf $\mathbb{R}_+$ mit konstanten Koeffizienten

$$P(D)(y) = y^{(n)} + a_{n-1} y^{(n-1)} + \cdots + a_0 y = g , \quad P = X^n + \sum_{v=0}^{n-1} a_v X^v \in \mathbb{C}[X] ,$$

lässt sich in bestimmten Fällen durch Anwenden der Laplace-Transformation übersichtlich lösen. Dazu nehmen wir an, dass die Störfunktion g eine Laplace-Transformierte $\mathcal{L}(g)(s)$ für $\operatorname{Re} s > s_0$ besitzt und dass für die gesuchte Lösungsfunktion $y(t)$ gilt: $\lim_{t \to \infty} e^{-\sigma t} y^{(v)}(t) = 0$, $\sigma > s_0$, $v = 0, \dots, n-1$. Dann liefert die obige Differenzialgleichung für die Laplace-Transformierten die Gleichung

$$\mathcal{L}(y^{(n)}) + \sum_{v=0}^{n-1} a_v \, \mathcal{L}(y^{(v)}) = \mathcal{L}(g) .$$

Nach 18.A.6 hat $\mathcal{L}(y^{(v)})$, $v = 0, \dots, n$, die Gestalt

$$\mathcal{L}(y^{(v)})(s) = s^v \mathcal{L}(y)(s) + P_v(s) ,$$

wobei P_v ein Polynom vom Grad $< v$ ist. Einsetzen in die obige Gleichung liefert

$$P(s)\mathcal{L}(y)(s) = \mathcal{L}(g)(s) + Q(s) ,$$

wobei $Q \in \mathbb{C}[X]$ ein Polynom mit Grad $Q < n$ ist. Es ist also für $\operatorname{Re} s$ genügend groß

$$\mathcal{L}(y)(s) = \frac{1}{P(s)} \mathcal{L}(g)(s) + \frac{Q(s)}{P(s)} .$$

Nach Beispiel 18.B.1 (5) lassen sich $1/P(s)$ und $Q(s)/P(s)$ als Laplace-Transformierte $\mathcal{L}(G)(s)$ bzw. $\mathcal{L}(H)(s)$ (mit Quasipolynomen G, H schreiben). Mit dem Faltungssatz 18.A.3 ist dann

$$\mathcal{L}(y)(s) = \mathcal{L}\Big(\frac{1}{\sqrt{2\pi}} G * g + H \Big)(s) .$$

Der Eindeutigkeitssatz 18.A.8 liefert schließlich

$$y = \frac{1}{\sqrt{2\pi}} G * g + H .$$

Dies ist im Wesentlichen die Darstellung der Lösung y mit Hilfe der Greenschen Funktion G_n gemäß Bd. 1, Satz 19.D.3. In der Tat ist $G(t)/\sqrt{2\pi}$ die Lösung $G_n(t)$ der Gleichung $P(D)(y) = 0$ mit $G_n^{(v)}(0) = 0$, $v = 0, \dots, n-2$, $G_n^{(n-1)}(0) = 1$. Um dies einzusehen, brauchen wir (nach dem Eindeutigkeitssatz) nur zu zeigen, dass

$$\mathcal{L}(G_n) = \mathcal{L}\Big(\frac{1}{\sqrt{2\pi}} G \Big) = \frac{1}{\sqrt{2\pi}\, P(s)}$$

ist. Nach 18.A.6 ist aber

$$\mathcal{L}(G_n^{(v)}) = s^v \mathcal{L}(G_n) , \quad v = 0, \dots, n-1 , \qquad \mathcal{L}(G_n^{(n)}) = s^n \mathcal{L}(G_n) - \frac{1}{\sqrt{2\pi}} .$$

Es folgt – wie behauptet –

$$0 = \mathcal{L}(P(D)(G_n)) = P(s)\mathcal{L}(G_n) - \frac{1}{\sqrt{2\pi}}\,.$$

Der Vorteil der hier angegebenen Darstellung $y = \dfrac{1}{\sqrt{2\pi}}\, G * g + H$ der gesuchten Lösung y ist es, dass die Anfangsbedingungen relativ direkt in H eingehen, ohne dass ein Lösungsfundamentalsystem der homogenen Gleichung bekannt sein muss. Genau dann ist $H = 0$, wenn die Anfangsbedingungen $y^{(\nu)}(0)$, $\nu = 0, \ldots, n-1$, alle 0 sind. Für $t < 0$ ist $y = H$ die ungestörte Lösung. Die auf $\mathbb{R}_+$ konzentrierte Störung g verursacht den Zusatzterm $\dfrac{1}{\sqrt{2\pi}}\, G * g$ für $t \geq 0$ in y. Für die Störung g kommen in der vorliegenden Darstellung der Lösung y auch allgemeinere als stetige Funktionen in Frage. Ist zum Beispiel $g = a\delta_0$ das im 0-Punkt konzentrierte Maß mit der Masse a, das man als Idealisierung einer auf einem sehr kleinen Intervall $[0, \Delta t]$ konzentrierten Störfunktion g mit $\int_0^{\Delta t} g\, dt = a$ zu interpretieren hat, so ist

$$y = \frac{a}{\sqrt{2\pi}}\, G * \delta_0 + H = \frac{a}{\sqrt{2\pi}}\, G + H\,,$$

vgl. 14.C, Aufg. 12a). Bei verschwindenden Anfangsbedingungen und $a = 1$ erhalten wir als Lösung wieder die Greensche Funktion $G_n = G/\sqrt{2\pi}$. Man vergleiche dazu die Diskussion in Bd. 1, Beispiel 19.D.12.

Aufgaben

1. Man bestimme die Laplace-Transformierte für die folgenden Funktionen:

a) $t^{x-1} e^{bt} \cos at$, $t^{x-1} \cosh bt$, $t^{x-1} \sinh bt$, $a, b, x \in \mathbb{C}$, $\operatorname{Re} x > 0$.

b) $e^{at} H_a(t)$, $a \in \mathbb{C}$, wo H_a die Sprungfunktion wie in Beispiel 18.B.1 (3) ist.

c) $e_{[a,b]}$, $[a, b]$ ein Intervall in $\mathbb{R}_+$.

d) Die Funktion f mit folgendem Graphen:

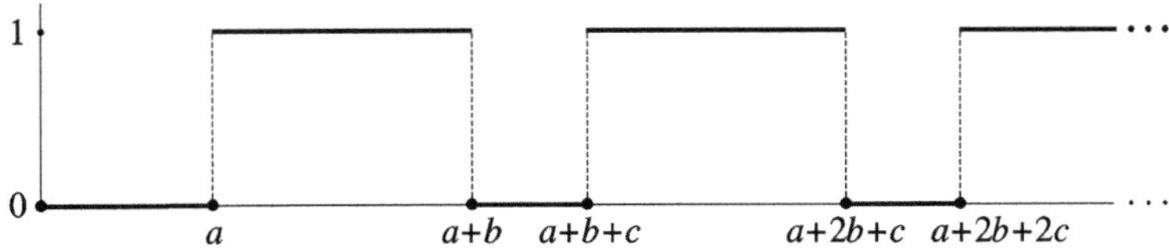

e) Die Sägezahnfunktion

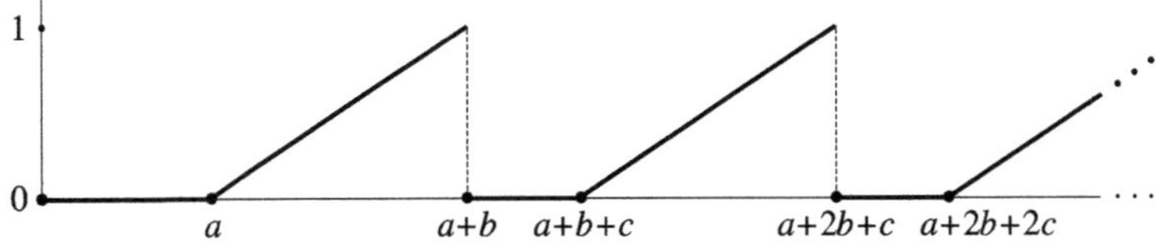

f) Die Funktion mit dem Graphen

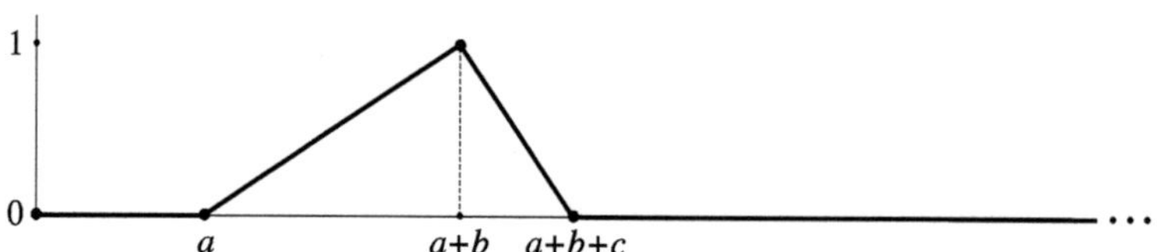

g) Die Funktion

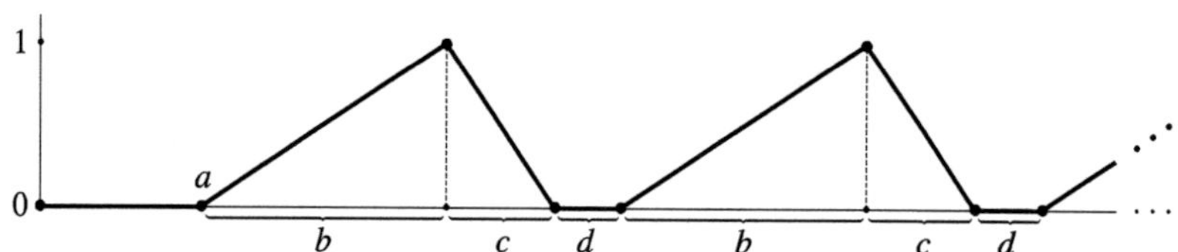

h) Die Treppenfunktion

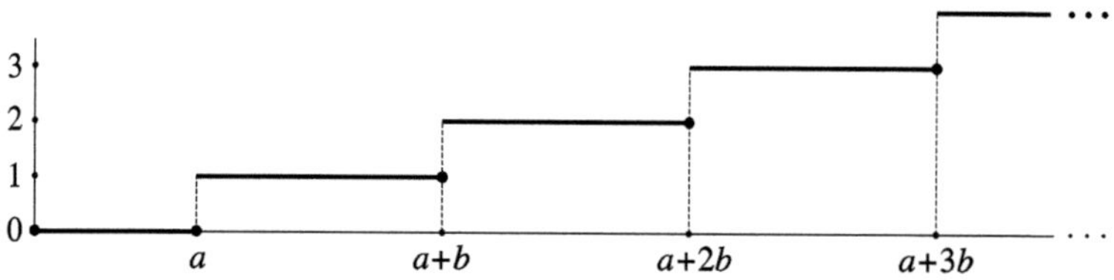

2. Man gebe jeweils Funktionen an, deren Laplace-Transformierte die folgenden Funktionen sind.

a) $\dfrac{1}{s^{n-1}}$, $n \in \mathbb{N}^*$. **b)** $\dfrac{s^3 - 2s}{s(s^2+4)(s^2-1)}$. **c)** $\dfrac{s}{(s^2+1)^2}\, e^{as}$, $\operatorname{Re} a \leq 0$.

3. a) $\mathcal{L}(t^{x-1}\sin bt)(s) = (s^2+b^2)^{-x/2}\, \dfrac{\Gamma(x)}{\sqrt{2\pi}\,\sin\left(\arctan\frac{xb}{s}\right)}$, $b \in \mathbb{R}$, $\operatorname{Re} x > -1$, $\operatorname{Re} s > 0$.

(Vgl. Bd. 1, 17.B.11.) Insbesondere gilt für diese s

$$\mathcal{L}\left(\frac{\sin t}{t}\right)(s) = \frac{\pi}{2} - \arctan s\,.$$

b) $\mathcal{L}\big(t^{x-1}(\cos bt - \cos ct)\big)(s) =$

$$= \frac{\Gamma(x)}{\sqrt{2\pi}}\left((s^2+b^2)^{-x/2}\cos\left(\arctan\frac{xb}{s}\right) - (s^2+c^2)^{-x/2}\cos\left(\arctan\frac{xc}{s}\right)\right),$$

$b, c > 0$, $\operatorname{Re} x > -2$, $\operatorname{Re} s > 0$. (Vgl. Bd. 1, 17.B, Aufg. 11.) Insbesondere gilt für diese b, c, s

$$\mathcal{L}\left(\frac{\cos bt - \cos ct}{t}\right)(s) = \frac{1}{2}\ln\frac{s^2+c^2}{s^2+b^2}\,,$$

$$\mathcal{L}\left(\frac{\cos bt - \cos ct}{t^2}\right)(s) = \frac{s}{2}\ln\frac{s^2+b^2}{s^2+c^2} + c\arctan\frac{c}{s} - b\arctan\frac{b}{s}\,.$$

(Diese Formeln gelten auch noch für $c = 0$.)

c) Es gilt $\mathcal{L}\left(t^{x-1}(e^{bt} - e^{ct})\right)(s) = \dfrac{\Gamma(s)}{\sqrt{2\pi}}\left(\dfrac{1}{(s-b)^x} - \dfrac{1}{(s-c)^x}\right)$, $\quad b, c, x \in \mathbb{C}$, $\operatorname{Re} x > -1$,

$\operatorname{Re} s > \operatorname{Max}(\operatorname{Re} b, \operatorname{Re} c)$. Insbesondere hat man für diese b, c, s

$$\mathcal{L}\left(\frac{e^{bt} - e^{ct}}{t}\right)(s) = \frac{1}{\sqrt{2\pi}} \ln \frac{s-c}{s-d} \,.$$

4. Für die Differenzialgleichungen aus Bd. 1, 19.D, Aufg. 1 berechne man die Funktionen G und H aus Beispiel 18.B.3 mit Hilfe der dort angegebenen Methode der Laplace-Transformation. Dabei gebe man die Anfangswerte für $t = 0$ beliebig vor.

5. Sei $\dot{\mathfrak{η}}(t) = \mathfrak{A}\mathfrak{η} + \mathfrak{g}$ ein lineares Differenzialgleichungssystem mit der konstanten Koeffizientenmatrix $\mathfrak{A} \in \mathrm{M}_n(\mathbb{C})$, dem Störvektor $\mathfrak{g}$ auf $\mathbb{R}_+$ und dem Anfangswert $\mathfrak{η}(0) = \mathfrak{η}_0$. Analog zu Beispiel 18.B.3 behandele man (unter geeigneten Voraussetzungen über die Existenz der Laplace-Transformierten von $\mathfrak{g}$) dieses Anfangswertproblem mit Hilfe der Methode der Laplace-Transformierten. Dabei werde die Laplace-Transformation jeweils komponentenweise ausgeführt. Für die Lösung $\mathfrak{η}(t)$ zeige man

$$\mathfrak{η} = \frac{1}{\sqrt{2\pi}}\left(\mathfrak{G} * \mathfrak{g} + \mathfrak{h}\right),$$

wobei $\mathfrak{G}$ die $n \times n$-Matrix mit $\mathcal{L}(\mathfrak{G}) = (s\,\mathfrak{E}_n - \mathfrak{A})^{-1}$ ist und $\mathfrak{h}$ der Vektor, der gegeben ist durch $\mathcal{L}(\mathfrak{h}) = (s\,\mathfrak{E}_n - \mathfrak{A})^{-1}\mathfrak{η}_0$. Man vergleiche diese Darstellung mit der aus Bd. 2, Satz 11.E.8, die durch Variation der Konstanten gewonnen wurde.

VI STOCHASTIK

19 Wahrscheinlichkeitstheorie

Mit der nun zur Verfügung stehenden Maß- und Integrationstheorie des Kapitels IV lässt sich die Wahrscheinlichkeitstheorie über das Kapitel III in Band 1 hinaus in der Weise darstellen, wie dies seit den Arbeiten von A.N. Kolmogorow (man vgl. dessen Bericht „Grundbegriffe der Wahrscheinlichkeitsrechnung" aus dem Jahre 1933) üblich ist. In ihren Grundlagen erweist sie sich als ein Spezialfall der Maßtheorie.

19.A Wahrscheinlichkeitsräume

Ein diskreter Wahrscheinlichkeitsraum (Ω, P) im Sinne von Bd. 1, Definition 7.A.6 ist in maßtheoretischer Sprechweise ein Maßraum $(\Omega, \mathfrak{P}(\Omega), P)$ mit einem (diskreten) Maß $P : \mathfrak{P}(\Omega) \to [0, 1]$, wobei $P(\Omega) = 1$ ist. Diese Interpretation führt in natürlicher Weise zu der folgenden allgemeinen Definition:

19.A.1 Definition Ein W a h r s c h e i n l i c h k e i t s r a u m ist ein Maßraum $\Omega = (\Omega, \mathcal{A}, P)$ mit $P(\Omega) = 1$.

Die σ-Algebra $\mathcal{A} \subseteq \mathfrak{P}(\Omega)$, auf der die W a h r s c h e i n l i c h k e i t s f u n k t i o n (oder W a h r s c h e i n l i c h k e i t s v e r t e i l u n g) P definiert ist, heißt die E r e i g n i s a l g e b r a von Ω. Im Allgemeinen wird also nicht jeder Teilmenge des Raumes Ω der E l e m e n - t a r e r e i g n i s s e eine Wahrscheinlichkeit zugeordnet. *Wenn im Folgenden von einem* E r e i g n i s *die Rede ist, so ist stets ein (messbares) Ereignis $A \in \mathcal{A}$ gemeint* und $P(A)$ heißt dann die W a h r s c h e i n l i c h k e i t von A. Wegen der σ-Additivität des Maßes P gilt

$$P\left(\biguplus_{i \in I} A_i \right) = \sum_{i \in I} P(A_i)$$

für jede *abzählbare* Familie A_i, $i \in I$, paarweise disjunkter Ereignisse $A_i \in \mathcal{A}$.

Ist $(\Omega, \mathcal{A}, \mu)$ ein beliebiger σ-endlicher Maßraum und $f : \Omega \to \overline{\mathbb{R}}_+$ eine integrierbare Funktion mit $\int_\Omega f \, d\mu = 1$, so ist das Maß $P = f\mu$ mit der Dichte f bezüglich μ eine Wahrscheinlichkeitsverteilung auf dem Messraum $(\Omega, \mathcal{A})$. Die Wahrscheinlichkeit eines Ereignisses $A \in \mathcal{A}$ ist das Integral

$$P(A) = \int_A f \, d\mu \, .$$

Man nennt f eine W a h r s c h e i n l i c h k e i t s d i c h t e (bezüglich μ). Eine Wahrscheinlichkeitsverteilung auf $(\Omega, \mathcal{A})$ besitzt nach dem Satz 14.F.1 von Radon-Nikodym genau dann eine Wahrscheinlichkeitsdichte bezüglich μ, wenn jede μ-Nullmenge ein f a s t u n m ö g l i c h e s E r e i g n i s, d.h. ein Ereignis mit Wahrscheinlichkeit 0 ist.

Viele der wahrscheinlichkeitstheoretischen Begriffe und Ergebnisse aus Bd. 1, Kap. III übertragen sich leicht auf die jetzt zu betrachtende allgemeine Situation. Wir erwähnen einige davon explizit:

Unter einer Z u f a l l s v a r i a b l e n $X : \Omega \to \Omega'$ auf dem Wahrscheinlichkeitsraum $\Omega = (\Omega, \mathcal{A}, P)$ versteht man eine messbare Abbildung von Ω in einen Messraum $\Omega' = (\Omega', \mathcal{A}')$. Das Bildmaß $P_X = X_*(P)$ mit

$$P_X(A') = P(X \in A') := P\big(X^{-1}(A')\big), \qquad A' \in \mathcal{A}',$$

heißt die V e r t e i l u n g von X (bzgl. P). Sie ist eine Wahrscheinlichkeitsverteilung auf Ω', d.h. $(\Omega', \mathcal{A}', P_X)$ ist ebenfalls ein Wahrscheinlichkeitsraum. Bei $(\Omega', \mathcal{A}') = \big(\mathbb{R}, \mathcal{B}(\mathbb{R})\big)$ bzw. $(\Omega', \mathcal{A}') = \big(\mathbb{C}, \mathcal{B}(\mathbb{C})\big)$ spricht man von reellen bzw. komplexen Zufallsvariablen.

Ist die Zufallsvariable $X : \Omega \to \mathbb{K}$ integrierbar, so heißt ihr Integral

$$E(X) = E_P(X) = \int_\Omega X \, dP$$

der E r w a r t u n g s w e r t von X. Die $\mathbb{K}$-wertigen Zufallsvariablen, die einen Erwartungswert besitzen, bilden also den Raum $\mathcal{L}^1_\mathbb{K}(\Omega)$, von dem wir wie in der Integrationstheorie zum Banach-Raum $L^1_\mathbb{K}(\Omega)$ mit der L^1-Norm

$$\|X\|_1 = E\big(|X|\big) = \int_\Omega |X| \, dP$$

übergehen, indem wir f a s t g l e i c h e Zufallsvariablen (die also f a s t s i c h e r übereinstimmen) identifizieren.

Ist die Zufallsvariable $X : \Omega \to \mathbb{K}$ quadratintegrierbar, so ist sie auch integrierbar (da P ein endliches Maß ist). Für $X \in \mathcal{L}^2_\mathbb{K}(\Omega)$ bzw. $X \in L^2_\mathbb{K}(\Omega)$ ist daher die V a r i a n z

$$V(X) = \|X - E(X)\|_2^2 = \int_\Omega |X - E(X)|^2 \, dP = E\big(|X|^2\big) - |E(X)|^2$$

definiert und endlich. Die Wurzel

$$\sigma(X) := \sqrt{V(X)} = \|X - E(X)\|_2$$

heißt die S t r e u u n g von X. Ist $X : \Omega \to \mathbb{K}$ integrierbar, aber nicht quadratintegrierbar, so sagt man, die Varianz bzw. Streuung von X sei unendlich.

Auf dem Hilbert-Raum $L^2_{\mathbb{K}}(\Omega)$ der Zufallsvariablen mit endlicher Varianz ist das Skalarprodukt

$$\langle X, Y \rangle := \int_\Omega X\overline{Y}\, dP = \mathrm{E}(X\overline{Y})$$

definiert. Insbesondere gilt die Cauchy-Schwarzsche Ungleichung

$$|\langle X, Y \rangle| \le \|X\|_2 \cdot \|Y\|_2$$

für $X, Y \in L^2_{\mathbb{K}}(\Omega)$. Das Skalarprodukt

$$\mathrm{C}(X, Y) = \langle X - \mathrm{E}(X), Y - \mathrm{E}(Y) \rangle = \mathrm{E}(X\overline{Y}) - \mathrm{E}(X)\,\mathrm{E}(\overline{Y})$$

heißt die Kovarianz von X und Y. Die Cauchy-Schwarzsche Ungleichung ergibt

$$|\mathrm{C}(X, Y)| \le \|X - \mathrm{E}(X)\|_2 \cdot \|Y - \mathrm{E}(Y)\|_2 = \sigma(X)\,\sigma(Y).$$

Die Variable $X - \mathrm{E}(X)$ mit dem Erwartungswert 0 heißt die zu X zentrierte Variable, und bei $\sigma(X) \ne 0$ heißt die Variable

$$\frac{X - \mathrm{E}(X)}{\sigma(X)}$$

mit dem Erwartungswert 0 und der Streuung 1 die zu X gehörende zentrierte und normierte oder standardisierte Variable. Man beachte, *dass das Zentrieren $X \mapsto X - \mathrm{E}(X)$ die orthogonale Projektion von $L^2_{\mathbb{K}}(\Omega)$ auf den Unterraum der Zufallsvariablen mit verschwindendem Erwartungswert ist.*

Die Kovarianz $\mathrm{C}(X, Y)$ ist genau dann 0, wenn die zentrierten Variablen $X - \mathrm{E}(X)$ und $Y - \mathrm{E}(Y)$ in $L^2_{\mathbb{K}}(\Omega)$ orthogonal sind. Man sagt dann auch, X und Y seien unkorreliert. Genau dann steht in der Ungleichung $|\mathrm{C}(X, Y)| \le \sigma(X)\sigma(Y)$ das Gleichheitszeichen, wenn $X - \mathrm{E}(X)$ und $Y - \mathrm{E}(Y)$ in $L^2_{\mathbb{K}}(\Omega)$ linear abhängig sind, d.h. X und Y selbst in $L^2_{\mathbb{K}}(\Omega)$ eine Relation der Form

$$aX + bY + c = 0$$

erfüllen mit Koeffizienten $a, b, c \in \mathbb{K}$, die nicht alle verschwinden. Allgemeiner heißt für eine endliche Familie X_i, $i \in I$, von Zufallsvariablen $X_i \in L^2_{\mathbb{K}}(\Omega)$ die Gramsche Matrix

$$\bigl(\mathrm{C}(X_i, X_j)\bigr)_{i,j} \in \mathrm{M}_I(\mathbb{K})$$

die Kovarianzmatrix der X_i, $i \in I$, ihre Determinante die (verallgemeinerte) Varianz $\mathrm{V}(X_i, i \in I)$ der Variablen X_i, $i \in I$, und die Wurzel daraus die (verallgemeinerte) Streuung der X_i. Genau dann ist die verallgemeinerte Varianz $\mathrm{V}(X_i, i \in I)$ gleich 0, wenn die zentrierten Variablen $X_i - \mathrm{E}(X_i)$ linear abhängig in $L^2_{\mathbb{K}}(\Omega)$ sind, d.h. wenn die X_i eine nichttriviale Relation der Form $\sum_{i \in I} a_i X_i + c = 0$ mit konstanten Koeffizienten a_i, $i \in I$, und c aus $\mathbb{K}$ erfüllen. *Nach der Hadamardschen Ungleichung* (vgl. Bd. 2, 13.A.8) *ist*

$$\mathrm{V}(X_i, i \in I) \le \prod_{i \in I} \mathrm{V}(X_i),$$

wobei im Fall $V(X_i) \neq 0$ *für alle* $i \in I$ *das Gleichheitszeichen genau dann gilt, wenn die* X_i *paarweise unkorreliert sind.* Bei $V(X_i) \neq 0$ für alle $i \in I$ ist auch die Matrix $\big(\rho(X_i, X_j)\big)_{i,j \in I}$ der Korrelationskoeffizienten

$$\rho(X_i, X_j) = \frac{C(X_i, X_j)}{\sigma(X_i)\,\sigma(X_j)}$$

definiert. Ihre Determinante ist (nach der Hadamardschen Ungleichung) ≤ 1 und genau dann $= 1$, wenn die X_i paarweise unkorreliert sind. Nach dem Satz des Pythagoras gilt in diesem Fall

$$V\left(\sum_{i \in I} X_i\right) = \sum_{i \in I} V(X_i)\,.$$

Die Tschebyschewsche Ungleichung 14.B.20 ergibt

$$P\big(|X - E(X)| \geq a\big) = P\big(|X - E(X)|^2 \geq a^2\big) \leq \frac{V(X)}{a^2}$$

für jedes $a > 0$ und jede Zufallsvariable $X \in L^2_{\mathbb{K}}(\Omega)$.

Schließlich liefert die allgemeine Transformationsformel 14.B.9 die wichtigen Formeln

$$E(X) = \int_{\mathbb{K}} t\, dP_X \qquad \text{bzw.} \qquad V(X) = \int_{\mathbb{K}} |t - E(X)|^2\, dP_X\,,$$

die unter anderem zeigen, dass Erwartungswert und Varianz nur von der Verteilung P_X von X auf $\mathbb{K}$ abhängen. Generell interessiert von einer $\mathbb{K}$-wertigen Zufallsvariablen häufig nur ihre Verteilung.

Eine Wahrscheinlichkeitsverteilung P auf $\mathbb{R}$ ($= (\mathbb{R}, \mathcal{B}^1)$) lässt sich auch übersichtlich durch ihre Verteilungsfunktion $F_P : \mathbb{R} \to [0, 1]$ mit

$$F_P(x) := P\big(]-\infty, x[\big), \qquad x \in \mathbb{R},$$

darstellen. Offenbar ist die Funktion F_P monoton wachsend, linksseitig stetig, und es gilt

$$F_P(-\infty) := \lim_{x \to -\infty} F_P(x) = 0, \qquad F_P(\infty) := \lim_{x \to \infty} F_P(x) = 1\,.$$

Umgekehrt definiert eine solche Funktion stets eine Wahrscheinlichkeitsverteilung, vgl. Satz 12.A.4. Hat P die Wahrscheinlichkeitsdichte f bzgl. des Borel-Lebesgue-Maßes λ^1 auf $\mathbb{R}$, so ist

$$F_P(x) = \int_{-\infty}^{x} f(t)\, dt\,.$$

Sind $X_i : \Omega \to \Omega_i$, $i = 1, \ldots, m$, Zufallsvariablen auf dem Wahrscheinlichkeitsraum $\Omega = (\Omega, \mathcal{A}, P)$ mit Werten in den Messräumen $\Omega_i = (\Omega_i, \mathcal{A}_i)$, so definieren diese die zusammengesetzte Zufallsvariable $X = (X_1, \ldots, X_m)$ mit

$$X(\omega) := \big(X_1(\omega), \ldots, X_m(\omega)\big)$$

von Ω in den Produktraum $\Omega_1 \times \cdots \times \Omega_m$ (versehen mit der σ-Algebra $\mathcal{A}_1 \otimes \cdots \otimes \mathcal{A}_m$). Die Verteilung P_X von X heißt die **gemeinsame Verteilung** von $X_1, \ldots, X_m$. Aus ihr erhält man die Verteilungen $P_{X_1}, \ldots, P_{X_m}$ als die **Rand-** oder **Marginalverteilungen**, d.h. als die Verteilungen der Projektionen $p_i : \Omega_1 \times \cdots \times \Omega_m \to \Omega_i$ bzgl. P_X. Die Variablen $X_1, \ldots, X_m$ heißen **stochastisch unabhängig**, wenn die gemeinsame Verteilung P_X das Produkt der Marginalverteilungen $P_{X_1}, \ldots, P_{X_m}$ ist:

$$P_X = P_{X_1} \otimes \cdots \otimes P_{X_m}.$$

Dies ist äquivalent damit, dass für beliebige Ereignisse $A_i \in \mathcal{A}_i$ gilt:

$$P(X_i \in A_i \mid i = 1, \ldots, m) = P\Big(\bigcap_{i=1}^m (X_i \in A_i) \Big) = \prod_{i=1}^m P(X_i \in A_i),$$

vgl. Bd. 1, 9.B.2. Die Formel besagt, dass die Wahrscheinlichkeit für das simultane Eintreten der Ereignisse $(X_i \in A_i) := X_i^{-1}(A_i)$, $i = 1, \ldots, m$, gleich dem Produkt der Einzelwahrscheinlichkeiten ist.

19.A.2 Satz *Sind $X_1, \ldots, X_m$ stochastisch unabhängige $\mathbb{K}$-wertige Zufallsvariablen in $\mathrm{L}_{\mathbb{K}}^1(\Omega)$, so ist auch das Produkt $X_1 \cdots X_m$ in $\mathrm{L}_{\mathbb{K}}^1(\Omega)$ und für die Erwartungswerte gilt*

$$\mathrm{E}(X_1 \cdots X_m) = \mathrm{E}(X_1) \cdots \mathrm{E}(X_m).$$

B e w e i s . Für $X := X_1 \cdots X_m$ ist nach der Transformationsregel 14.B.9 und dem Satz von Fubini

$$\mathrm{E}(X) = \int_{\mathbb{K}^m} t_1 \cdots t_m \, dP_{(X_1, \ldots, X_m)} = \int_{\mathbb{K}^m} t_1 \cdots t_m \, d(P_{X_1} \otimes \cdots \otimes P_{X_m})$$

$$= \prod_{i=1}^m \int_{\mathbb{K}} t_i \, dP_{X_i} = \prod_{i=1}^m \mathrm{E}(X_i). \qquad \bullet$$

Die Verteilung der Summe $X_1 + \cdots + X_m$ der *stochastisch unabhängigen* $\mathbb{K}$-wertigen Zufallsvariablen $X_1, \ldots, X_m$ auf Ω ist nach Definition der Faltung (vgl. Abschnitt 14.C) das **Faltungsprodukt**

$$P_{X_1} * \cdots * P_{X_m}.$$

Besitzen die stochastisch unabhängigen Zufallsvariablen $X_i : \Omega \to \Omega_i$ Dichten f_i bezüglich der (σ-endlichen) Maße μ_i auf $(\Omega_i, \mathcal{A}_i)$, so hat die zusammengesetzte Zufallsvariable $X = (X_1, \ldots, X_m)$ die Dichte $f_1 \otimes \cdots \otimes f_m$ mit

$$(f_1 \otimes \cdots \otimes f_m)(\omega_1, \ldots, \omega_m) = f_1(\omega_1) \cdots f_m(\omega_m)$$

bezüglich des Maßes $\mu_1 \otimes \cdots \otimes \mu_m$ auf $\Omega_1 \otimes \cdots \otimes \Omega_m$. Insbesondere gilt dies für stochastisch unabhängige $\mathbb{K}$-wertige Zufallsvariablen, deren Verteilungen Dichten $f_1, \ldots, f_m$ bezüglich des Borel-Lebesgue-Maßes auf $\mathbb{K}$ besitzen. In diesem Fall hat die Summe $X_1 + \cdots + X_m$ bzgl. des Borel-Lebesgue-Maßes auf $\mathbb{K}$ die Dichte, vgl. 14.C.13,

$$f_1 * \cdots * f_m.$$

Eine beliebige Familie X_i, $i \in I$, von Zufallsvariablen auf Ω heißt s t o c h a s t i s c h
u n a b h ä n g i g, wenn jede ihrer endlichen Teilfamilien stochastisch unabhängig ist.
Bei endlichen Familien liefert dies offenbar den bereits eingeführten Begriff.

19.A.3 Bemerkung Sei $(\Omega, \mathcal{A}, P)$ ein Wahrscheinlichkeitsraum. Der Begriff der stochastischen
Unabhängigkeit lässt sich noch etwas verallgemeinern. Eine Familie $\mathfrak{E}_i \subseteq \mathcal{A}$, $i \in I$, heißt s t o -
c h a s t i s c h   u n a b h ä n g i g, wenn für je endlich viele (paarweise verschiedene) Indizes
$i_1, \ldots, i_m \in I$ und beliebige Ereignisse $A_{i_\mu} \in \mathfrak{E}_{i_\mu}$, $\mu = 1, \ldots, m$, die Gleichung

$$P(A_{i_1} \cap \cdots \cap A_{i_m}) = P(A_{i_1}) \cdots P(A_{i_m})$$

gilt. Eine Familie X_i, $i \in I$, von Zufallsvariablen ist offenbar genau dann stochastisch unabhängig, wenn die σ-Algebren $\mathcal{A}(X_i)$, $i \in I$, stochastisch unabhängig sind. Dabei ist für eine
Zufallsvariable $X : (\Omega, \mathcal{A}) \to (\Omega', \mathcal{A}')$

$$\mathcal{A}(X) := \{X^{-1}(A') \mid A' \in \mathcal{A}'\} \subseteq \mathcal{A}$$

die kleinste σ-Algebra auf Ω, für die X messbar ist. Generell gilt:

19.A.4 Lemma *Sind* $\mathfrak{E}_i \subseteq \mathcal{A}$, $i \in I$, *stochastisch unabhängig, so auch die von den* $\mathfrak{E}_i$ *erzeugten
Dynkin-Systeme* $\mathcal{D}(\mathfrak{E}_i)$, $i \in I$. *Insbesondere sind die von den* $\mathfrak{E}_i$ *erzeugten* σ-*Algebren* $\mathcal{A}(\mathfrak{E}_i)$,
$i \in I$, *stochastisch unabhängig, wenn die* $\mathfrak{E}_i$, $i \in I$, *überdies durchschnittstabil sind.*

B e w e i s . Der Zusatz folgt aus $\mathcal{A}(\mathfrak{E}) = \mathcal{D}(\mathfrak{E})$ für ein durchschnittstabiles System $\mathfrak{E} \subseteq \mathfrak{P}(\Omega)$,
vgl. 11.B.15.

Zum Beweis von 19.A.4 genügt es zu zeigen: *Gilt* $P(A_1 \cap \cdots \cap A_m) = P(A_1) \cdots P(A_m)$
für die Ereignisse $A_1, \ldots, A_m \in \mathcal{A}$, *so bilden die* $A \in \mathcal{A}$ *mit* $P(A \cap A_1 \cap \cdots \cap A_m) =
P(A)P(A_1) \cdots P(A_m)$ *ein Dynkin-System.* Dies ist aber trivial. $\bullet$

Als Beispiel behandeln wir das so genannte 0-1-Gesetz von Kolmogorow. Sei $\mathcal{A}_i \subseteq \mathcal{A}$, $i \in I$,
eine Familie von σ-Algebren. Für eine Teilmenge $J \subseteq I$ sei $\mathcal{A}_J = \mathcal{A}\big(\bigcup_{i\in J} \mathcal{A}_i\big)$ die von den $\mathcal{A}_i$,
$i \in J$, erzeugte σ-Algebra. Dann heißt

$$\mathcal{T} := \bigcap_{H \in \mathfrak{E}(I)} \mathcal{A}_{I-H}$$

die σ-Algebra der t e r m i n a l e n   E r e i g n i s s e der $\mathcal{A}_i$, $i \in I$.[1])

19.A.5 Null-Eins-Gesetz von Kolmogorow *Sind die* σ-*Algebren* $\mathcal{A}_i \subseteq \mathcal{A}$, $i \in I$, *stochastisch
unabhängig, so ist* $P(A) = 0$ *oder* $P(A) = 1$ *für jedes terminale Ereignis* $A \in \mathcal{T}$ *der* $\mathcal{A}_i$, $i \in I$.

B e w e i s . Sei $A \in \mathcal{T}$ und $\mathcal{D}$ das Dynkin-System aller $B \in \mathcal{A}$ mit $P(A \cap B) = P(A)P(B)$. Es
genügt $\mathcal{T} \subseteq \mathcal{D}$ zu zeigen, denn dann ist $A \in \mathcal{D}$ und $P(A) = P(A \cap A) = P(A)P(A)$.

Für jede endliche Teilmenge $H \subseteq I$ sind $\mathcal{A}_{I-H}$ und $\mathcal{A}_H$ nach 19.A.4 stochastisch unabhängig,
vgl. Aufg. 4. Daraus folgt $\mathcal{A}_H \subseteq \mathcal{D}$ für jedes solche H und somit

$$\mathcal{T} \subseteq \mathcal{A}_I = \mathcal{A}\Big(\bigcup_{H \in \mathfrak{E}(I)} \mathcal{A}_H \Big) = \mathcal{D}\Big(\bigcup_{H \in \mathfrak{E}(I)} \mathcal{A}_H \Big) \subseteq \mathcal{D}. \qquad \bullet$$

---

[1]) Es sei daran erinnert, dass $\mathfrak{E}(I)$ die Menge der *endlichen* Teilmengen von I bezeichnet. Für
endliches I ist $\mathcal{T} = \{\emptyset, \Omega\}$.

19.A.6 Beispiel (Lemma von Borel-Cantelli) Sei A_n, $n \in \mathbb{N}$, eine Folge stochastisch unabhängiger Ereignisse des Wahrscheinlichkeitsraumes $(\Omega, \mathcal{A}, P)$ und jeweils $\mathcal{A}_n :=$ $\{\emptyset, A_n, \Omega - A_n, \Omega\}$ die von A_n, $n \in \mathbb{N}$, erzeugte σ-Algebra. Die $\mathcal{A}_n$, $n \in \mathbb{N}$, sind (etwa nach 19.A.4) stochastisch unabhängig, und

$$A^* := \limsup A_n = \bigcap_{m \in \mathbb{N}} \left(\bigcup_{n \geq m} A_n \right)$$

ist offenbar ein terminales Ereignis der $\mathcal{A}_n$, $n \in \mathbb{N}$, woraus mit 19.A.5 die Alternative

$$P(A^*) = 0 \quad \text{oder} \quad P(A^*) = 1$$

folgt. Welcher der beiden Fälle vorliegt, wird unter anderem mit folgendem Lemma beantwortet:

19.A.7 Lemma von Borel-Cantelli *$A_n \in \mathcal{A}$, $n \in \mathbb{N}$, sei eine (beliebige) Folge von Ereignissen.*

(1) *Ist $\sum_{n \in \mathbb{N}} P(A_n) < \infty$, so ist $P(A^*) = 0$.*

(2) *Sind die A_n, $n \in \mathbb{N}$, stochastisch unabhängig und gilt $\sum_{n \in \mathbb{N}} P(A_n) = \infty$, so ist $P(A^*) = 1$.*

B e w e i s . Für (1) vgl. 11.C, Aufg. 14d) .

Zum Beweis von (2) sei $B_n := \Omega - A_n$, $n \in \mathbb{N}$. Es ist $A^* = \Omega - B_*$ mit

$$B_* := \liminf B_n = \bigcup_{m \in \mathbb{N}} \left(\bigcap_{n \geq m} B_n \right)$$

und

$$P \left(\bigcap_{n \geq m} B_n \right) = \prod_{n \geq m} P(B_n) := \mathrm{Inf} \left\{ \prod_{n=m}^{m+k} P(B_n) \,\Big|\, k \in \mathbb{N} \right\} = \prod_{n \geq m} \left(1 - P(A_n) \right) = 0$$

wegen der stochastischen Unabhängigkeit der B_n, $n \in \mathbb{N}$, und $\sum_{n \geq m} P(A_n) = \infty$ (vgl. Bd. 1, 6.A, Aufg. 23 oder Bd. 1, 6.B.17) . Daraus folgt $P(B_*) = 0$ und $P(A^*) = 1$. $\bullet$

Aufgaben

Im Folgenden ist $\Omega = (\Omega, \mathcal{A}, P)$ stets ein Wahrscheinlichkeitsraum.

1. Zwei Zufallsvariablen $X, Y \in \mathrm{L}_{\mathbb{K}}^2(\Omega)$ sind genau dann unkorreliert, wenn

$$\mathrm{E}(X\overline{Y}) = \mathrm{E}(X)\,\mathrm{E}(\overline{Y})$$

gilt. In diesem Fall ist $\mathrm{V}(X + Y) = \mathrm{V}(X) + \mathrm{V}(Y)$. Bei $\mathbb{K} = \mathbb{R}$ folgt für $X, Y \in \mathrm{L}_{\mathbb{K}}^2(\Omega)$ aus der letzten Gleichung umgekehrt die Unkorreliertheit. (Vgl. auch Bd. 1, Beispiel 9.B.4.)

2. Zwei stochastisch unabhängige $\mathbb{K}$-wertige Zufallsvariablen auf Ω sind stets unkorreliert.

3. Sei V ein endlichdimensionaler $\mathbb{K}$-Vektorraum. Existiert für die Zufallsvariable $X : \Omega \to V$ das Integral $\int_\Omega X \, dP$, so heißt es wiederum der E r w a r t u n g s w e r t $\mathrm{E}(X)$ von X. Er ist gleich dem Integral $\int_V x \, dP_X$. Ist V überdies unitär, so heißt

$$\mathrm{V}(X) = \int_\Omega \|X - \mathrm{E}(X)\|^2 \, dP = \int_V \|X - \mathrm{E}(X)\|^2 \, dP_X = \mathrm{E}\big(\|X\|^2\big) - \|\mathrm{E}(X)\|^2$$

die V a r i a n z von X und $\sigma(X) := \sqrt{V(X)}$ die S t r e u u n g. Die Zufallsvariablen $X : \Omega \to V$ mit Erwartungswert und endlicher Varianz bilden den $\mathbb{K}$-Hilbertraum $L_V^2(\Omega)$ der quadratintegrierbaren V-wertigen Zufallsvariablen auf Ω (wobei zwei solche Variablen, die fast sicher übereinstimmen, identifiziert werden). Die Tschebyschewsche Ungleichung

$$P\big(\|X - E(X)\| \geq a\big) \leq \frac{V(X)}{a^2}$$

für $a > 0$ gilt auch in diesem allgemeineren Fall. Ist v_i, $i \in I$, eine Orthonormalbasis des unitären Raumes V und sind X_i, $i \in I$, die Komponentenfunktionen von $X = \sum_i X_i v_i$ bzgl. v_i, $i \in I$, so ist $V(X)$ die Spur der Kovarianzmatrix $\big(C(X_i, X_j)\big)_{i,j \in I}$.

4. Sei $\mathcal{A}_i \subseteq \mathcal{A}$, $i \in I$, eine stochastisch unabhängige Familie von σ-Algebren auf dem Wahrscheinlichkeitsraum $(\Omega, \mathcal{A}, P)$. Ferner sei $I = \biguplus_{j \in J} I_j$ eine Zerlegung von I in die paarweise disjunkten Teilmengen I_j, $j \in J$. Für $j \in J$ sei $\mathcal{A}_{I_j}$ die von den $\mathcal{A}_i$, $i \in I_j$, erzeugte σ-Algebra. Man zeige mit 19.A.4, dass auch die $\mathcal{A}_{I_j}$, $j \in J$, stochastisch unabhängig sind.

19.B Beispiele

Wir erläutern die Begriffsbildungen des letzten Abschnitts an einigen Beispielen.

19.B.1 Beispiel (G e o m e t r i s c h e L a p l a c e - R ä u m e) *Jeder endliche Maßraum* $(\Omega, \mathcal{A}, \mu)$ *mit positivem Gesamtinhalt* $\mu(\Omega)$ *liefert durch* N o r m i e r e n *einen Wahrscheinlichkeitsraum* $(\Omega, \mathcal{A}, P)$ *mit*

$$P := \mu/\mu(\Omega).$$

Ist zum Beispiel Ω eine Borel-Menge in einem endlichdimensionalen reellen affinen Raum E, versehen mit einem (positiven) Borel-Lebesgue-Maß λ, und ist $0 < \lambda(\Omega) < \infty$, so entsteht daraus durch Normieren der „g e o m e t r i s c h e“ L a p l a c e - R a u m

$$(\Omega, \mathcal{B}(\Omega), \lambda/\lambda(\Omega)).$$

Er ist offenbar unabhängig von der Wahl des Borel-Lebesgue-Maßes λ auf E und wird zur Beschreibung von Experimenten benutzt, deren Ergebnisse in Ω liegen und a priori alle gleichberechtigt sind.

Wird etwa eine Kugel vom Durchmesser d im rechten Winkel auf ein quadratisches Drahtgitter mit der Maschenlänge $a \geq d$ zufällig geworfen, so ist die Wahrscheinlichkeit dafür, dass die Kugel das Gitter nicht trifft, gleich $\dfrac{(a - d)^2}{a^2} = \big(1 - \dfrac{d}{a}\big)^2$.

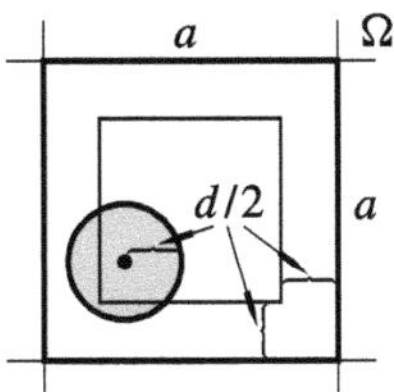

Es handelt sich nämlich um die Wahrscheinlichkeit dafür, dass der Mittelpunkt der Kugel das in der Zeichnung angedeutete kleinere Quadrat der Kantenlänge $a - d$ einer Masche trifft. Es handelt sich auch um die Wahrscheinlichkeit, dass eine Münze mit Durchmesser d, die auf einen mit quadratischen Kacheln der Breite a gefliesten Boden geworfen wird, keine Fuge trifft.

Berücksichtigt man den Durchmesser ε des Drahtes bzw. die Breite ε der Fugen zwischen den Kacheln, so ist $(a-d)^2/(a+\varepsilon/2)^2$ die entsprechende Wahrscheinlichkeit.

Wie groß ist die Wahrscheinlichkeit, wenn die Kugel unter einem Winkel $\alpha < \pi/2$ auf das Drahtgitter geworfen wird?

Ein ähnliches Problem ist das B u f f o n s c h e N a d e l p r o b l e m. Eine Nadel der Länge ℓ wird zufällig auf einen Dielenfußboden geworfen, dessen Dielen alle die Breite $a > 0$ haben. Gesucht ist die Wahrscheinlichkeit p dafür, dass die Nadel (mindestens) eine Ritze trifft. Nehmen wir an, dass alle möglichen Nadelpositionen auf dem Fußboden gleichberechtigt auftreten, so haben wir den Wahrscheinlichkeitsraum

$$\Omega = [0,a[\,\times\,[0,\pi[\ \subseteq \mathbb{R}^2$$

mit dem normierten Maß

$$P = \lambda^2/\pi a$$

zu nehmen. Dabei beschreibt für $(x,\varphi) \in \Omega$ die erste Komponente x ($<a$) den Abstand des tiefer liegenden Endes der Nadel zur nächsten darüberliegenden Ritze und φ den Winkel, den die (vom tiefer liegenden Ende aus orientierte) Nadel mit der Dielenrichtung einschließt.[1])

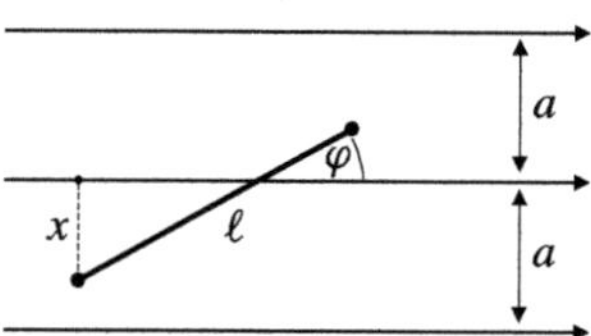

Genau dann trifft die Nadel eine Ritze, wenn $x \le \ell \sin\varphi$ ist.

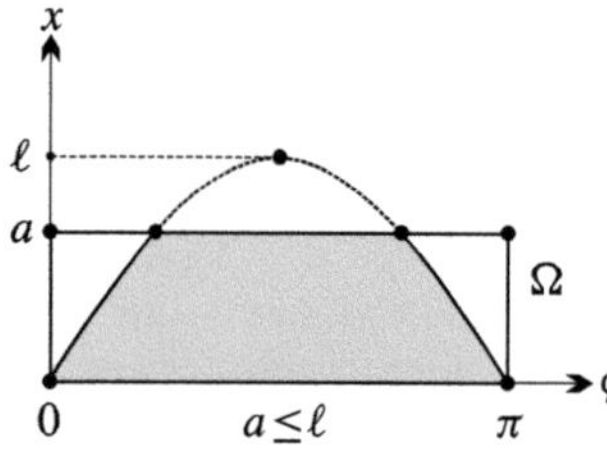
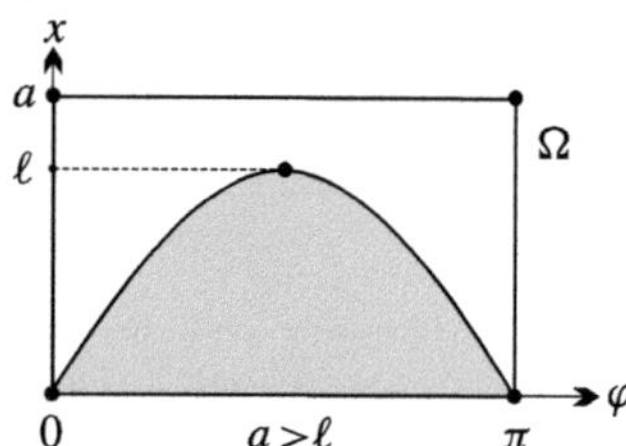

Die gesuchte Wahrscheinlichkeit p ist also

$$p = \frac{1}{\pi a}\left(2\ell\left(1 - \sqrt{1 - \left(\tfrac{a}{\ell}\right)^2}\right) + a\left(\pi - 2\arcsin\frac{a}{\ell}\right)\right) \qquad \text{bzw.} \qquad p = \frac{2\ell}{\pi a}$$

je nachdem, ob $a \le \ell$ oder $a > \ell$ ist.

Die Idee des geometrischen Wahrscheinlichkeitsraumes lässt sich in einem sehr viel allgemeineren Rahmen verfolgen. Eine empfehlenswerte Einführung in dieses Gebiet (das man auch

---

[1]) Eleganter (und überzeugender) ist es, nicht nur die Dielen, sondern auch die Nadel von vornherein zu orientieren. Dann ist $\varphi \in [0,2\pi[$ der (orientierte) Winkel zwischen Nadel und Dielenrichtung (und $x \in [0,a[$ der Abstand eines fest gewählten Endes der Nadel zur darüberliegenden Ritze). Das Ergebnis ist freilich dasselbe, was nicht überrascht, aber auch nicht ganz selbstverständlich ist, vgl. das Bertrandsche Paradoxon in Aufg. 5b).

„Integralgeometrie" nennt) bietet das Lehrbuch „Integral Geometry and Geometric Probability"
von L. A. Santaló.

19.B.2 Beispiel (D e r   i d e a l e   S c h ü t z e) Ein Schütze schieße auf die euklidische Ebene $\mathbb{R}^2$
mit dem Nullpunkt als Ziel. Der Wahrscheinlichkeitsraum für die Elementarereignisse (d.h. die
Einschüsse) ist dann $\mathbb{R}^2$ mit der σ-Algebra $\mathcal{B}^2$. Gesucht ist eine Wahrscheinlichkeitsverteilung
$P : \mathcal{B}^2 \to [0, 1]$ für die Einschüsse. Dabei machen wir folgende Annahmen:

(1) Die Verteilung P ist radialsymmetrisch bezüglich des Nullpunkts, d.h. invariant gegenüber
Drehungen um den Nullpunkt.

(2) Die Verteilung einer orthogonalen Projektion auf eine gewisse Gerade durch den Nullpunkt
besitzt eine differenzierbare Dichte g (bezüglich λ^1).

Wegen (1) gilt dies dann für jede Gerade durch 0, und zwar immer mit derselben Dichte g.

(3) Die Projektionen von $\mathbb{R}^2$ auf (je) zwei orthogonale Geraden durch den Nullpunkt sind stochastisch unabhängig.

Betrachten wir die Projektionen von $\mathbb{R}^2$ auf die beiden Koordinatenachsen, so ergibt sich für P
mit (2) und (3):

$$P = g(x)\, g(y)\, \lambda^2 \,.$$

Dabei ist $g : \mathbb{R} \to \mathbb{R}_+$ differenzierbar. Nach (1) ist der Wert der Dichte

$$f(x, y) := g(x)\, g(y)$$

von P auf jedem Kreis um 0 konstant. Daher verschwinden die Richtungsableitungen

$$\mathrm{D}_{(-y,x)} f(x, y) = -g'(x)\, g(y)\, y + g(x)\, g'(y)\, x$$

für alle Punkte $(x, y) \in \mathbb{R}^2$. Für wenigstens ein y_0 gilt $y_0\, g(y_0) \neq 0$. Folglich erhalten wir die
lineare homogene Differenzialgleichung

$$g'(x) = -\alpha x g(x)$$

(mit $\alpha := g'(y_0)/y_0 g(y_0)$) und für g selbst die Darstellung $g(x) = C \exp\left(-\alpha x^2/2\right)$ mit einer
Konstanten C. Wegen $\int_{-\infty}^{\infty} g(x)\, dx = C\sqrt{2\pi/\alpha} = 1$ ist ($\alpha > 0$ und) $C = \sqrt{\alpha/2\pi}$. Setzen wir
noch $\sigma := 1/\sqrt{\alpha}$, so ist

$$g(x) = \frac{1}{\sigma\sqrt{2\pi}}\, e^{-x^2/2\sigma^2} \,.$$

Für den idealen Schützen ergibt sich als Wahrscheinlichkeitsverteilung P der Treffer für das Ziel
$0 = (0, 0)$ somit die Verteilung

$$f(x, y) \cdot \lambda^2 = \frac{1}{2\pi\sigma^2}\, e^{-\frac{1}{2\sigma^2}(x^2+y^2)} \cdot \lambda^2 \,.$$

Umgekehrt erfüllen die angegebenen Verteilungen P für jedes $\sigma > 0$ offenbar die oben aufge-
stellten Bedingungen (1), (2) und (3).

Analog ergeben sich für das Ziel $\mu = (\mu_1, \mu_2) \in \mathbb{R}^2$ die Verteilungen

$$\frac{1}{2\pi\sigma^2} \exp\left(-\frac{1}{2\sigma^2}\big((x - \mu_1)^2 + (y - \mu_2)^2\big)\right) \cdot \lambda^2 \,.$$

Der Parameter σ spiegelt die Qualität des Schützen wider. Der Erwartungswert $\bar{d} = \mathrm{E}(d)$ für
den Abstand $d = \sqrt{x^2 + y^2}$ zum Ziel ist nämlich

$$\bar{d} = \frac{1}{2\pi\sigma^2} \int\limits_{\mathbb{R}^2} \sqrt{x^2 + y^2}\, e^{-\frac{1}{2\sigma^2}(x^2+y^2)}\, dx\, dy$$

$$= \frac{1}{2\pi\sigma^2} \cdot 2\pi \int\limits_0^\infty r^2 e^{-r^2/2\sigma^2}\, dr = \sigma\sqrt{2} \int\limits_0^\infty t^{1/2} e^{-t}\, dt = \sigma\sqrt{\frac{\pi}{2}}\,.$$

Je größer σ ist, umso schlechter ist der Schütze.

19.B.3 Beispiel (Eindimensionale Normalverteilungen) Die Wahrscheinlichkeitsdichten auf $\mathbb{R}$

$$t \mapsto \frac{1}{\sigma\sqrt{2\pi}}\, e^{-t^2/2\sigma^2}\,, \quad \sigma \in \mathbb{R}_+^\times\,,$$

aus dem vorangehenden Beispiel (und daraus abgeleitete Dichten) sind von universeller Bedeutung. Dies ergibt sich vor allem aus dem Zentralen Grenzwertsatz, den wir im Abschnitt 19.E behandeln werden. Unter recht allgemeinen Voraussetzungen ist es angemessen, für die Verteilung der reellen Messwerte t beim Ausführen eines Experiments (unter jeweils denselben Umständen) eine der Verteilungen mit den λ^1-Dichten

$$v(\mu\,;\sigma^2) : t \mapsto \frac{1}{\sigma\sqrt{2\pi}}\, e^{-(t-\mu)^2/2\sigma^2}\,, \quad \mu \in \mathbb{R},\ \sigma \in \mathbb{R}_+^\times\,,$$

zu wählen (vgl. Beispiel 19.E.8). Diese Dichten heißen (eindimensionale) Normaldichten, die zugehörigen Verteilungen $\mathrm{N}(\mu\,;\sigma^2) = v(\mu\,;\sigma^2) \cdot \lambda^1$ auf $(\mathbb{R}, \mathcal{B}(\mathbb{R}))$ (eindimensionale) Normalverteilungen.[2]) Eine reelle Zufallsvariable mit der Verteilung $\mathrm{N}(\mu\,;\sigma^2)$ heißt normalverteilt mit den Parametern μ, σ. Diese Parameter haben die folgende wahrscheinlichkeitstheoretische Bedeutung:

19.B.4 Satz *Eine mit den Parametern* μ, σ *normalverteilte reelle Zufallsvariable* X *hat den Erwartungswert* μ *und die Streuung* σ.

Beweis. Es ist

$$\mathrm{E}(X) = \frac{1}{\sigma\sqrt{2\pi}} \int\limits_{-\infty}^\infty t\, e^{-(t-\mu)^2/2\sigma^2}\, dt$$

$$= \frac{\mu}{\sigma\sqrt{2\pi}} \int\limits_{-\infty}^\infty e^{-\tau^2/2\sigma^2}\, d\tau + \frac{1}{\sigma\sqrt{2\pi}} \int\limits_{-\infty}^\infty \tau\, e^{-\tau^2/2\sigma^2}\, d\tau = \mu \cdot 1 + 0 = \mu\,,$$

$$\mathrm{V}(X) = \mathrm{E}\big((X - \mu)^2\big) = \frac{1}{\sigma\sqrt{2\pi}} \int\limits_{-\infty}^\infty (t-\mu)^2\, e^{-(t-\mu)^2/2\sigma^2}\, dt$$

$$= \frac{2\sigma^2}{\sqrt{\pi}} \int\limits_0^\infty \tau^{1/2} e^{-\tau}\, d\tau = \frac{\sigma^2}{\sqrt{\pi}}\, \Gamma\big(\tfrac{1}{2}\big) = \sigma^2\,. \qquad \bullet$$

Die Normalverteilung mit den Parametern 0,1 heißt Standard-Normalverteilung. Ihre Dichte heißt Gaußsche Glockenkurve:

---

[2]) Wir werden, soweit dies möglich ist, Dichten mit kleinen Buchstaben und die zugehörigen Verteilungen mit den korrespondierenden großen Buchstaben bezeichnen.

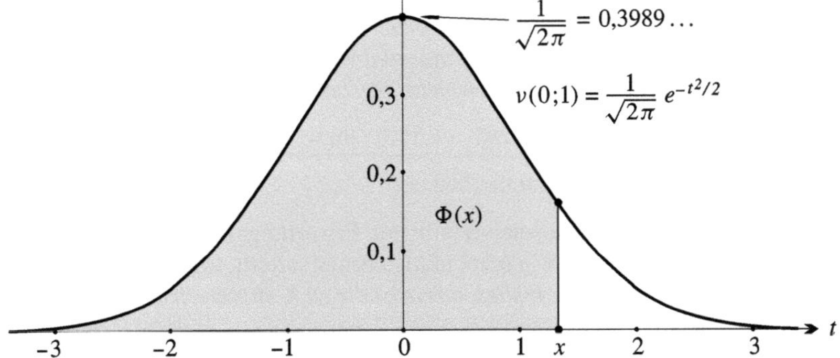

Die zugehörige Verteilungsfunktion wird generell mit Φ bezeichnet. Es ist also

$$\Phi(x) = \frac{1}{\sqrt{2\pi}} \int\limits_{-\infty}^{x} e^{-t^2/2}\, dt\,,$$

$x \in \mathbb{R}$. Wegen $\Phi(-x) = 1 - \Phi(x)$ bzw.

$$\Phi(x) - \Phi(-x) = 2\big(\Phi(x) - \tfrac{1}{2}\big) = 2\Phi(x) - 1\,,$$

genügt es, Φ für $x \geq 0$ zu tabellieren.

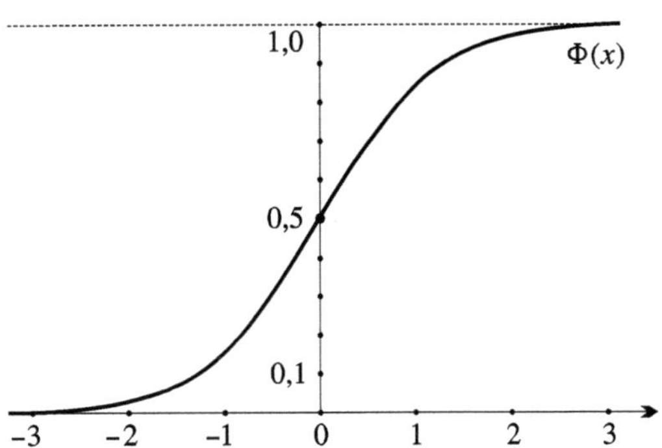

Häufig benutzte Werte sind

$$\Phi(0) = 0,5\,, \qquad \Phi(1/4) = 0,5987\,, \qquad \Phi(1/2) = 0,6915\,,$$
$$\Phi(1) = 0,8413\,, \qquad \Phi(2) = 0,9772\,, \qquad \Phi(3) = 0,9987\,.$$

Weitere Werte der Funktion $\Phi(x) - \tfrac{1}{2}$ findet man in Tafel 3.

Eine beliebige Normalverteilung mit den Parametern μ, σ hat die Verteilungsfunktion

$$\Phi_{\mu;\sigma^2}(x) = \Phi\Big(\frac{x - \mu}{\sigma}\Big)\,.$$

Für eine normalverteilte Zufallsvariable X mit Erwartungswert μ und Streuung σ und jedes $c \geq 0$ gilt folglich

$$P\big(|X - \mu| \leq c\sigma\big) = \Phi(c) - \Phi(-c) = 2\Phi(c) - 1\,,$$

speziell

$$P\big(|X - \mu| \leq \sigma\big) = 0,6826\,, \quad P\big(|X - \mu| \leq 2\sigma\big) = 0,9544\,, \quad P\big(|X - \mu| \leq 3\sigma\big) = 0,9974\,.$$

Die Wahrscheinlichkeit dafür, dass die normalverteilte reelle Zufallsvariable X von ihrem Erwartungswert um mehr als die Streuung (= Standardabweichung) bzw. um mehr als das Doppelte bzw. um mehr als das Dreifache davon abweicht, ist somit

$$31{,}74\% \quad \text{bzw.} \quad 4{,}56\% \quad \text{bzw.} \quad 0{,}26\%\,.$$

Es sei empfohlen, sich diese Werte zu merken.

Ist die reelle Zufallsvariable X normalverteilt mit Erwartungswert μ und Varianz σ^2, so ist für $a, b \in \mathbb{R}$ die Zufallsvariable $aX + b$ ebenfalls normalverteilt, und zwar mit Erwartungswert $a\mu + b$ und Varianz $a^2\sigma^2$. Beweis! *Insbesondere ist die zu X standardisierte Variable $(X-\mu)/\sigma$ standardnormalverteilt.*

In Abschnitt 19.D besprechen wir ausführlich die mehrdimensionalen Normalverteilungen.

19.B.5 Beispiel (Maxwell-Verteilungen) Die Geschwindigkeiten v der Moleküle eines idealen Gases werden nach Maxwell aufgefasst als die Treffer eines idealen Schützen, der auf den (dreidimensionalen) euklidischen Raum V der Geschwindigkeiten in unserem Anschauungsraum schießt. Die Geschwindigkeitsverteilung der Moleküle hat also analoge Eigenschaften wie die in Beispiel 19.B.2 angegebenen Eigenschaften (1), (2) und (3). Dabei ist allerdings der Nullpunkt durch die Geschwindigkeit $c \in V$, mit der sich das Gas als Ganzes bewegt, zu ersetzen. Ist v_1, v_2, v_3 eine Orthonormalbasis von V und $c = c_1 v_1 + c_2 v_2 + c_3 v_3$, so hat demnach die Geschwindigkeitsverteilung bzgl. der kanonischen Volumenfunktion λ_V von V die Dichte

$$f(v) = \frac{1}{\left(\sigma\sqrt{2\pi}\right)^3}\, e^{-(x_1-c_1)^2/2\sigma^2} e^{-(x_2-c_2)^2/2\sigma^2} e^{-(x_3-c_3)^2/2\sigma^2} = \frac{(2\pi)^{-3/2}}{\sigma^3} \exp\left(-\frac{\|v-c\|^2}{2\sigma^2}\right),$$

wobei x_1, x_2, x_3 die Koordinatenfunktionen bzgl. v_1, v_2, v_3 sind. c ist offenbar auch der Erwartungswert der Verteilung:

$$c = \int_V v\, f(v)\, d\lambda_V\,.$$

Im Folgenden wollen wir $c = 0$ annehmen. Das Geschwindigkeitsquadrat $\|v\|^2$ der Moleküle hat dann auf $\mathbb{R}$ die Verteilung mit der Dichte

$$t \longmapsto \begin{cases} \dfrac{\sqrt{t}}{\sigma^3\sqrt{2\pi}}\, e^{-t/2\sigma^2}, & \text{falls } t > 0, \\[2mm] 0, & \text{falls } t \le 0. \end{cases}$$

Denn für $t > 0$ ist (mit Beispiel 14.B.12)

$$P\left(\|v\|^2 < t\right) = P\left(\|v\| < \sqrt{t}\right) = \frac{(2\pi)^{-3/2}}{\sigma^3} \int_{B(0;\sqrt{t})} e^{-\|v\|^2/2\sigma^2}\, d\lambda_V$$

$$= \frac{(2\pi)^{-3/2}}{\sigma^3}\, 4\pi \int_0^{\sqrt{t}} \tau^2 e^{-\tau^2/2\sigma^2}\, d\tau = \frac{1}{\sigma^3\sqrt{2\pi}} \int_0^t \sqrt{\tau}\, e^{-\tau/2\sigma^2}\, d\tau\,.$$

Der Geschwindigkeitsbetrag selbst hat entsprechend die Verteilung mit der Dichte

$$\mu_\sigma : t \longmapsto \begin{cases} \dfrac{1}{\sigma^3}\sqrt{\dfrac{2}{\pi}}\, t^2 e^{-t^2/2\sigma^2}, & \text{falls } t > 0, \\[2mm] 0, & \text{falls } t \le 0. \end{cases}$$

Die Dichte μ_σ heißt die M a x w e l l - D i c h t e zum Parameter σ und die zugehörige Verteilung $\mu_\sigma \lambda^1$ die M a x w e l l - V e r t e i l u n g zu σ.

Wir erläutern noch die physikalische Bedeutung von σ und ziehen dazu die elementare kinetische Gastheorie heran, die die makroskopischen mit den mikroskopischen Grundgrößen eines idealen Gases verbindet. Danach gelten für 1 Mol des betrachteten idealen Gases die Gleichungen

$$RT = pV_{\mathrm{mol}} = \frac{2}{3}\, E_{\mathrm{mol}}\,.$$

Darin bezeichnen $R = 8{,}3143\,\mathrm{JK^{-1}mol^{-1}}$ die G a s k o n s t a n t e, T die absolute Temperatur, p den Druck, V_{mol} das Molvolumen und E_{mol} die (kinetische) Energie eines Mols. Die erste Gleichung ist also einfach das B o y l e - M a r i o t t e s c h e G e s e t z. Mit der L o s c h m i d t s c h e n Z a h l $(= \text{A v o g a d r o - K o n s t a n t e n})$ $L = 6{,}02217 \cdot 10^{23}\,\mathrm{mol^{-1}}$ und der Masse m eines einzelnen Moleküls ist

$$E_{\mathrm{mol}} = \frac{1}{2}\, Lm\, \overline{\|v\|^2}\,,$$

wobei

$$\overline{\|v\|^2} := \mathrm{E}\big(\|v\|^2\big) = \frac{1}{\sigma^3 \sqrt{2\pi}} \int_0^\infty t\, \sqrt{t}\; e^{-t/2\sigma^2}\, dt = \frac{4\sigma^2}{\sqrt{\pi}} \int_0^\infty \tau^{3/2}\, e^{-\tau}\, d\tau = \frac{4\sigma^2}{\sqrt{\pi}}\, \Gamma\!\left(\tfrac{5}{2}\right) = 3\sigma^2$$

das mittlere Geschwindigkeitsquadrat ist. Es ergibt sich

$$\sigma^2 = \frac{RT}{Lm} = \frac{kT}{m}$$

mit der B o l t z m a n n - K o n s t a n t e n $k = R/L = 1{,}38062 \cdot 10^{-23}\,\mathrm{JK^{-1}}$. Die Maxwell-Dichte hat somit endgültig die Form

$$\mu(t) = \sqrt{\frac{2}{\pi}} \left(\frac{m}{kT}\right)^{3/2} t^2 \exp\!\left(-\frac{m}{2kT}\, t^2\right), \qquad t \geq 0\,,$$

die als Parameter den Quotienten m/T aus Molekülmasse und Temperatur besitzt. Übrigens ist der mittlere Geschwindigkeitsbetrag gleich

$$\overline{\|v\|} := \mathrm{E}\big(\|v\|\big) = \int_0^\infty t\, \mu_\sigma(t)\, dt = \frac{1}{\sigma^3}\sqrt{\frac{2}{\pi}} \int_0^\infty t^3\, e^{-t^2/2\sigma^2}\, dt = \frac{1}{\sigma^3}\sqrt{\frac{2}{\pi}}\, 2\sigma^4 \int_0^\infty \tau\, e^{-\tau}\, d\tau$$

$$= 2\sigma\sqrt{\frac{2}{\pi}} = \sqrt{\frac{8k}{\pi} \cdot \frac{T}{m}}\,.$$

19.B.6 Beispiel (Γ - u n d χ^2 - V e r t e i l u n g e n) Die im vorigen Beispiel auftretende Verteilung für das Geschwindigkeitsquadrat $\|v\|^2$ der Moleküle ist eine spezielle Γ-Verteilung. Allgemein heißt eine Wahrscheinlichkeitsverteilung auf $\mathbb{R}$ eine Γ - V e r t e i l u n g, wenn sie bzgl. λ^1 eine Dichte der Gestalt $\gamma_{\alpha,\nu} : \mathbb{R} \to \mathbb{R}_+$ mit

$$\gamma_{\alpha,\nu}(t) = \begin{cases} \dfrac{\alpha^\nu}{\Gamma(\nu)}\, t^{\nu-1}\, e^{-\alpha t}, & \text{falls } t > 0\,, \\[2mm] 0, & \text{falls } t \leq 0\,, \end{cases}$$

hat. Das Paar $(\alpha, \nu) \in (\mathbb{R}_+^\times)^2$ heißt der Parameter dieser $\Gamma_{\alpha,\nu}$-Verteilung.[3]) Bei $\nu = 1$ spricht

---

[3]) Einige Autoren geben die Zahlen α, ν in umgekehrter Reihenfolge an.

man von Exponentialverteilungen. Wegen des Faltungssatzes aus 16.A, Aufg. 9 (für einen eleganten Beweis siehe auch 17.B, Aufg. 4c)) gilt:

19.B.7 Satz *Sind $X_1, \ldots, X_n$ stochastisch unabhängige reelle Γ-verteilte Zufallsvariablen mit den Parametern $(\alpha, v_1), \ldots, (\alpha, v_n)$, so ist die Summe $X_1 + \cdots + X_n$ ebenfalls Γ-verteilt, und zwar mit dem Parameter $(\alpha, v_1 + \cdots + v_n)$.*

Für Erwartungswert und Varianz einer Γ-Verteilung erhalten wir:

19.B.8 Satz *Sei X eine $\Gamma_{\alpha,v}$-verteilte Zufallsvariable. Dann gilt*

$$\mathrm{E}(X) = \frac{v}{\alpha}, \qquad \mathrm{V}(X) = \frac{v}{\alpha^2}.$$

Beweis. Es ist

$$\mathrm{E}(X) = \frac{\alpha^v}{\Gamma(v)} \int_0^\infty t^v\, e^{-\alpha t}\, dt = \frac{v}{\alpha}, \quad \mathrm{V}(X) = \mathrm{E}(X^2) - \mathrm{E}(X)^2 = \frac{v(v+1)}{\alpha^2} - \left(\frac{v}{\alpha}\right)^2 = \frac{v}{\alpha^2}. \quad \bullet$$

Eine wichtige Situation, in der Γ-Verteilungen auftreten, ist die folgende: Sei X eine normalverteilte reelle Zufallsvariable mit der Dichte $v(\mu; \sigma^2)$. Dann ist die Variable $(X - \mu)^2$ (deren Erwartungswert die Varianz σ^2 ist) wegen

$$P\big((X-\mu)^2 < t\big) = P\big(|X-\mu| < \sqrt{t}\,\big)$$

$$= \frac{1}{\sigma\sqrt{2\pi}} \int_{-\sqrt{t}}^{\sqrt{t}} e^{-\tau^2/2\sigma^2}\, d\tau = \frac{1}{\sigma\sqrt{2\pi}} \int_0^t u^{-1/2}\, e^{-u/2\sigma^2}\, du = \int_0^t \gamma_{1/2\sigma^2,\,1/2}(u)\, du$$

Γ-verteilt mit dem Parameter $(1/2\sigma^2, 1/2)$. Mit 19.B.7 folgt:

19.B.9 Satz *Sind X_i stochastisch unabhängige $\mathrm{N}(\mu_i; \sigma^2)$-verteilte reelle Zufallsvariablen für $i = 1, \ldots, n$, so ist die Summe*

$$(X_1 - \mu_1)^2 + \cdots + (X_n - \mu_n)^2$$

Γ-verteilt mit dem Parameter $(1/2\sigma^2, n/2)$. – Sind insbesondere $X_1, \ldots, X_n$ stochastisch unabhängig und standardnormalverteilt, so ist $X_1^2 + \cdots + X_n^2$ Γ-verteilt mit Parameter $(1/2, n/2)$.

Die Γ-Verteilung mit dem Parameter $(1/2, n/2)$, also mit dem Erwartungswert n und der Varianz $2n$, heißt auch die Chi-Quadrat-Verteilung mit n Freiheitsgraden. Ihre Dichte ist

$$\chi_n^2(t) := \begin{cases} \dfrac{1}{2^{n/2}\,\Gamma(n/2)}\, t^{(n-2)/2}\, e^{-t/2}, & \text{falls } t > 0, \\ 0, & \text{falls } t \le 0. \end{cases}$$

Nach 19.B.9 ist die Summe der Quadrate von n stochastisch unabhängigen standard-normalverteilten reellen Zufallsvariablen χ^2-verteilt mit n Freiheitsgraden.

19.B.10 Beispiel (Charakteristische Funktionen) Sei $X: \Omega \to \mathbb{R}^n$ eine Zufallsvariable mit der Verteilung P_X. Dann heißt

$$\chi_X(x) := \int_{\mathbb{R}^n} e^{\mathrm{i}\langle x, t\rangle}\, dP_X(t) = \int_\Omega e^{\mathrm{i}\langle x, X\rangle}\, dP = \mathrm{E}\big(e^{\mathrm{i}\langle x, X\rangle}\big), \qquad x \in \mathbb{R}^n,$$

die c h a r a k t e r i s t i s c h e F u n k t i o n von X. Es ist also

$$\chi_X(x) = (2\pi)^{n/2}\,\widehat{P_X}(-x)\,,$$

wobei $\widehat{P_X}$ die Fourier-Transformierte der Verteilung P_X von X ist.[4]) Somit bestimmt nach dem Eindeutigkeitssatz 17.B.4 für Fourier-Transformierte die charakteristische Funktion χ_X eindeutig die Verteilung P_X von X. Hat P_X eine Dichte f (bezüglich λ^n), so ist die charakteristische Funktion χ_X von X gleich $(2\pi)^{n/2}\widehat{f}(-x)$, wobei $\widehat{f}$ die Fourier-Transformierte von f ist.

Die charakteristischen Funktionen sind ganz analog für Zufallsvariable mit Werten in einem beliebigen euklidischen Vektorraum definiert, vgl. Bemerkung 17.A.10.

Ist die Verteilung P_X von $\Omega \to \mathbb{R}^n$ auf $\mathbb{R}^n_+$ konzentriert, so ist auch die Laplace-Transformierte

$$\mathcal{L}_X(s) := \mathcal{L}(P_X)(s) = \frac{1}{(2\pi)^{n/2}}\int\limits_{\mathbb{R}^n_+} e^{-\langle s,t\rangle}\,dP_X(t) = \frac{1}{(2\pi)^{n/2}}\,\mathrm{E}\big(e^{-\langle s,X\rangle}\big)$$

definiert für alle $s \in \mathbb{C}^n$ mit $\mathrm{Re}\,s \in \mathbb{R}^n_+$. Ihre Beschränkung auf $i\mathbb{R}^n$ liefert dann die charakteristische Funktion durch

$$\chi_X(x) = (2\pi)^{n/2}\,\mathcal{L}(P_X)(-\mathrm{i}x)\,.$$

$\mathcal{L}(P_X)$ ist analytisch für $s \in \mathbb{C}^n$ mit $\mathrm{Re}\,s \in (\mathbb{R}^\times_+)^n$.

Sind $X_i : \Omega \to \mathbb{R}^n$, $i = 1,\ldots,m$, stochastisch unabhängige Zufallsvariablen auf Ω, so gilt nach den Faltungssätzen 17.A.6 bzw. 18.A.3 (oder direkt nach 19.A.2)

$$\chi_{X_1+\cdots+X_m} = \chi_{X_1}\cdots\chi_{X_m} \qquad \text{bzw.} \qquad \mathcal{L}_{X_1+\cdots+X_m} = (2\pi)^{(m-1)n/2}\,\mathcal{L}_{X_1}\cdots\mathcal{L}_{X_m}\,.$$

Bei der letzten Formel ist natürlich wieder vorauszusetzen, dass alle Verteilungen P_{X_i} auf $\mathbb{R}^n_+$ konzentriert sind.

19.B.11 Beispiel (I n t e n s i t ä t s v e r t e i l u n g e n · K o p e n h a g e n e r D e u t u n g d e r Q u a n t e n m e c h a n i k) Sei $(\Omega, \mathcal{A}, \mu)$ ein (σ-endlicher) Maßraum und $x \in \mathrm{L}^2_{\mathbb{C}}(\Omega, \mathcal{A}, \mu)$ eine quadratintegrierbare Funktion $\neq 0$, d.h. eine messbare Funktion $x : \Omega \to \mathbb{C}$ mit

$$0 < \|x\|_2^2 = \int\limits_{\Omega} |x|^2\,d\mu < \infty\,.$$

Dann ist $|x|^2/\|x\|_2^2$ eine Wahrscheinlichkeitsdichte bzgl. μ, d.h.

$$P_x := \frac{|x|^2\mu}{\|x\|_2^2}$$

eine Wahrscheinlichkeitsverteilung auf Ω. Man nennt $|x|^2$ die I n t e n s i t ä t s f u n k t i o n und $|x|^2\mu/\|x\|_2^2$ die I n t e n s i t ä t s v e r t e i l u n g zu x. Die Intensitätsverteilung ändert sich nicht, wenn x mit einer (messbaren) Funktion $y : \Omega \to \mathbb{C}$ multipliziert wird, deren Werte fast überall den Betrag 1 haben.

In quantenmechanischem Kontext ist Ω beispielsweise der Konfigurationsraum eines quanten-mechanischen Systems und x ein Zustand. In der K o p e n h a g e n e r D e u t u n g heißt dann für $A \in \mathcal{A}$

$$P_x(A) = \frac{\int_A |x|^2\,d\mu}{\int_\Omega |x|^2\,d\mu}$$

---

[4]) Der Zusammenhang zwischen χ_X und $\widehat{P_X}$ hängt von der Normierung der Fourier-Transformierten ab, die – wie bereits mehrfach bemerkt – in der Literatur nicht ganz einheitlich ist.

die Wahrscheinlichkeit dafür, dass im Zustand x die Konfiguration zu A gehört. P_x ändert sich nicht, wenn x durch yx mit einer Funktion $y : \Omega \to \mathbb{C}$ vom fast sicher konstanten Betrag 1 ersetzt wird. Doch sind x und yx i. a. unterscheidbare Zustände. Man identifiziert nämlich zwei Zustände nur dann, wenn sie sich *global* um einen konstanten Faktor $a \in \mathbb{C}^\times$ unterscheiden, vgl. das Ende dieses Beispiels weiter unten.

Ist allgemeiner $\eta = (\eta_A)_{A \in \mathcal{A}}$ eine Spektralschar auf $(\Omega, \mathcal{A})$ mit Werten im komplexen Hilbert-Raum H, vgl. Beispiel 15.B.17, so ist für jedes $x \in H$, $x \neq 0$,

$$P_x : A \longmapsto \frac{\|\eta_A(x)\|^2}{\|x\|^2} = \frac{\langle \eta_A(x), \eta_A(x) \rangle}{\langle x, x \rangle} = \frac{\langle \eta_A(x), x \rangle}{\langle x, x \rangle} = \frac{\eta(x, x)(A)}{\|x\|^2}$$

eine Wahrscheinlichkeitsverteilung auf $(\Omega, \mathcal{A})$. In der Quantenmechanik nennt man η eine M e s s u n g oder B e o b a c h t u n g (oder O b s e r v a t i o n) und $P_x(A)$ für $A \in \mathcal{A}$ die Wahrscheinlichkeit dafür, dass im Zustand $x \in H - \{0\}$ das Ergebnis dieser Beobachtung in A liegt. Im Eingangsbeispiel ist $H := \mathrm{L}^2_{\mathbb{C}}(\Omega, \mathcal{A}, \mu)$ und η die Standardspektralschar mit $\eta_A : x \mapsto e_A x$ für $A \in \mathcal{A}$, vgl. wieder Beispiel 15.B.17.

Sei weiter $\eta : \mathcal{A} \to \mathrm{L}_{\mathbb{C}}(H)$ eine Spektralschar, ferner $f : \Omega \to \mathbb{C}$ eine messbare Funktion. Diese definiert die Beobachtung $f_* \eta : \mathcal{B}(\mathbb{C}) \to \mathrm{L}_{\mathbb{C}}(H)$ und nach Beispiel 15.B.17 den linearen Operator $F := f(\eta)$ mit

$$F(x) = \int\limits_{\Omega} f \, d\eta(x)$$

auf dem dichten Unterraum

$$\mathrm{Dfb}\, F := \left\{ x \in H \ \Big| \ \int\limits_{\Omega} |f|^2 \, d\eta(x, x) < \infty \right\} \subseteq H$$

der Zustände $x \in H$, für die f eine endliche Streuung bzgl. der durch x definierten Verteilung $\eta(x, x)/\|x\|^2 = \eta(x/\|x\|, x/\|x\|)$ besitzt, vgl. 15.B.20. Man nennt den Operator F auch die O b s e r v a b l e zur Beobachtung $f_* \eta$. Nehmen wir gleich $\|x\| = 1$ an, so ist der Erwartungswert

$$\mathrm{E}_{\eta(x,x)}(f) = \int\limits_{\Omega} f \, d\eta(x, x)$$

nach Definition von F gleich dem Rayleigh-Quotienten $\langle Fx, x \rangle$ von F auf der Geraden $\mathbb{C}x$:

$$\mathrm{E}_{\eta(x,x)}(f) = \langle Fx, x \rangle .$$

Er heißt der E r w a r t u n g s w e r t der Beobachtung $f_* \eta$ oder der Observablen F für den Zustand x. Die Varianz ist dann, wiederum mit 15.B.20, gleich

$$\mathrm{E}_{\eta(x,x)}\big(|f|^2\big) - |\mathrm{E}_{\eta(x,x)}(f)|^2 = \langle Fx, Fx \rangle - |\langle Fx, x \rangle|^2$$

und nach dem Zusatz zur Cauchy-Schwarzschen Ungleichung *genau dann gleich* 0, *wenn x und Fx linear abhängig sind*, d.h. x ein E i g e n z u s t a n d b z g l. F ist: $Fx = \lambda x$ mit $\lambda \in \mathbb{C}$. Die Streuung

$$(\Delta F)(x) := \sqrt{\langle Fx, Fx \rangle - |\langle Fx, x \rangle|^2}$$

heißt die U n s c h ä r f e von $f_* \eta$ oder F im Zustand x. Der Eigenwert λ eines Eigenzustands stimmt mit dem Erwartungswert $\mathrm{E}_{\eta(x,x)}(f) = \langle Fx, x \rangle = \langle \lambda x, x \rangle = \lambda$ für diesen Zustand überein. Vergleiche hierzu auch Bd. 2, 15.A, Aufg. 20ff.

Zwei Zustände $x, y \in H - \{0\}$ *unterscheiden sich genau dann nur um einen konstanten Faktor $a \in \mathbb{C}^\times$, wenn für jede Beobachtung η die Verteilungen P_x und P_y übereinstimmen.* Dies ist der

Grund dafür, zwei Zustände $\neq 0$, die sich nur um einen Faktor $a \in \mathbb{C}^\times$ unterscheiden, also ein und dasselbe Element im projektiven Raum $P(H)$ zu H repräsentieren, zu identifizieren, vgl. 2.B, Fußnote 4.

Zur Identifikation eines Zustandes $x \in H - \{0\}$ in diesem Sinne genügen bereits die so genannten E l e m e n t a r - oder B e r n o u l l i - B e o b a c h t u n g e n, die auf $\big(\{0, 1\}l, \mathfrak{P}(\{0, 1\})\big)$ definiert und jeweils durch eine einzige orthogonale Projektion η_1 von H bestimmt sind. Dann ist $\eta_0 = \mathrm{id}_H - \eta_1$. Ist $H_i := \mathrm{Bild}\, \eta_i$, $i = 0, 1$, so ist $H = H_0 \oplus H_1$ und

$$P_x(0) = \frac{\|x_0\|^2}{\|x\|^2}, \qquad P_x(1) = \frac{\|x_1\|^2}{\|x\|^2},$$

falls $x = x_0 + x_1$ die Zerlegung von x in die orthogonalen Komponenten $x_i = \eta_i(x) \in H_i$, $i = 0, 1$, ist. Die Gleichung $P_x(0) + P_x(1) = 1$ ist nichts anderes als der Satz des Pythagoras.

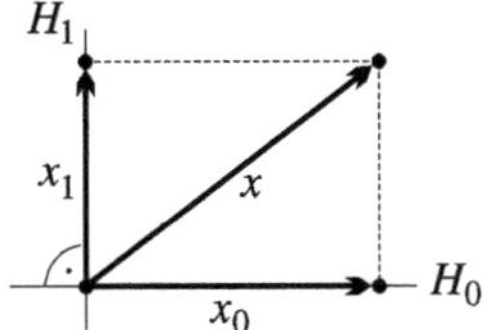

Ist $y \notin \mathbb{C}x$ und η_1 die orthogonale Projektion auf $H_1 := \mathbb{C}x$, so ist $P_x(1) = 1$ und $P_y(1) < 1$.

In der Physik wird häufig die folgende sehr gefährliche Sprechweise benutzt: Die Zustände $x_1, \ldots, x_n \in H - \{0\}$ heißen „paarweise verschieden", wenn sie orthogonal (oder zumindest linear unabhängig) sind. Ist H m-dimensional, so gibt es in H *in diesem Sinne* höchstens m paarweise verschiedene Zustände, die man besser B a s i s z u s t ä n d e nennt. *Die Wahl eines Systems von Basiszuständen bedeutet eine Eichung.* Der Raum der Spinzustände eines Teilchens mit Spin $\frac{1}{2}$ (z. B. eines Elektrons) ist 2-dimensional, es besitzt daher „nur" zwei (Basis-) Spinzustände, die man mit „up" und „down" bezeichnet. Der zugehörige projektive Raum der Spinzustände ist die komplexe projektive Gerade $\mathbb{P}^1(\mathbb{C})$, also die Sphäre S^2, aufgefasst als Riemannsche Zahlenkugel. Orthogonale Basisspinzustände bilden ein Paar antipodaler Punkte darauf.

Wir werden in Bd. 4 auf die mathematischen Grundlagen der Quantenmechanik ausführlicher zu sprechen kommen, vgl. dort insbesondere §19.

19.B.12 Beispiel (L e b e n s d a u e r) Wir greifen das Beispiel 19.C.1 aus Bd. 1 über Lebensdauerfunktionen auf. Für $t \geq 0$ haben wir dort mit $P(t)$ die Wahrscheinlichkeit dafür bezeichnet, dass die Lebensdauer für ein Individuum eines bestimmten Individuenbereiches $< t$ ist. Setzen wir noch $P(t) = 0$ für alle $t < 0$, so ist P die Verteilungsfunktion F_Λ zur Lebensdauerverteilung Λ der Individuen, falls $P(\infty) = \lim_{t \to \infty} P(t) = 1$ ist. Andernfalls ist $1 - P(\infty)$ die Wahrscheinlichkeit dafür, dass ein Individuum unsterblich ist. Man spricht bei $P(\infty) < 1$ auch von einer d e f i z i e n t e n V e r t e i l u n g s f u n k t i o n. Die L e b e n s e r w a r t u n g oder m i t t l e r e L e b e n s d a u e r ist der Erwartungswert für die Lebensdauer, also gleich $E = \int_0^\infty t \, d\Lambda + \infty \cdot \Lambda(\infty)$. Ist P – wie in Bd. 1 angenommen – für $t > 0$ stetig differenzierbar, so hat Λ bzgl. λ^1 die Dichte

$$\lambda(t) := \begin{cases} P'(t), & \text{falls } t > 0, \\ 0, & \text{falls } t \leq 0. \end{cases}$$

(Man beachte $P(0) = 0$.) Dann ist $E = \int_0^\infty t \, P'(t) \, dt + \infty \cdot \Lambda(\infty)$, was wir loc. cit. als Definition benutzt haben.

Aufgaben

Für die Aufgaben 1 - 7 wähle man als Modell jeweils einen geeigneten geometrischen Laplace-Raum, vgl. Beispiel 19.B.1.

1. a) Im Einheitsintervall $[0, 1]$ werden nacheinander und unabhängig n Punkte $t_1, \ldots, t_n$ gewählt. Wie groß ist die Wahrscheinlichkeit, dass $t_1 \leq t_2 \leq \cdots \leq t_n$ ist?

b) Im Einheitsquadrat $[0, 1]^2$ wird ein Punkt (x, y) gewählt. Wie groß ist die Wahrscheinlichkeit dafür, dass $x^2 + y^2 \leq 1$ ist? Wie groß ist die Wahrscheinlichkeit dafür, dass die Fläche des Rechtecks mit den Kantenlängen x, y höchstens $1/2$ ist? Wie groß sind die Erwartungswerte für die Variable $x^2 + y^2$ bzw. die Fläche xy des Rechtecks?

c) Wie groß ist der mittlere Abstand zweier willkürlich gewählter Punkte im Einheitskreis des $\mathbb{R}^2$ bzw. allgemeiner in der Einheitskugel des $\mathbb{R}^n$, $n \in \mathbb{N}^*$?

2. Durch einen festen Punkt P auf der Peripherie eines Kreises mit dem Radius $r > 0$ wird willkürlich eine Gerade gezogen. Wie groß ist die Wahrscheinlichkeit dafür, dass die Länge der Sehne, die der Kreis aus der Geraden ausschneidet, größer als ℓ ist. Wie lang ist die Sehne im Mittel? Man betrachte auch den Fall, dass P nicht auf der Peripherie liegt.

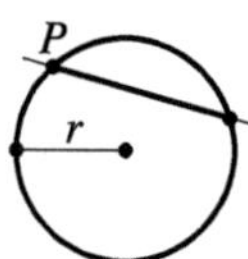

3. a) Zwei Personen wollen sich zwischen 2 und 3 Uhr nachmittags treffen. Jeder will eine Viertelstunde auf den anderen warten. Wie groß ist die Wahrscheinlichkeit, dass sie sich treffen? Wie lange wartet eine der Personen im Mittel? Wie lang ist die mittlere Wartezeit, wenn jeder wartet, bis der andere kommt?

b) Wie groß ist die mittlere Wartezeit an einer Ampel, bei der die Grünphase jeweils a Minuten und die Rotphase jeweils b Minuten dauert? (Die Gelbphase sei (für diese Aufgabe) zur Grünphase addiert.)

4. (Variante des Buffonschen Nadelproblems) Eine Nadel der Länge ℓ werde zufällig auf einen (fugenlos) gefliesten Boden geworfen, dessen Fliesen Rechtecke mit den Kantenlängen a und b sind und gemäß der Zeichnung verlegt sind. Wie groß ist die Wahrscheinlichkeit, dass die Nadel auf eine Ritze fällt?

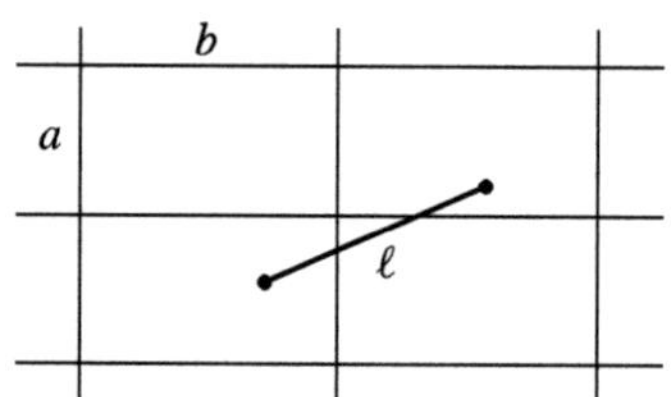

5. a) Auf der Peripherie eines Kreises werden vier Punkt P_1, P_2, P_3, P_4 willkürlich gewählt. Wie groß ist die Wahrscheinlichkeit dafür, dass sich die Sehnen $[P_1, P_2]$ und $[P_3, P_4]$ treffen?

b) (Bertrandsches Paradoxon) Gegeben sei ein Kreis mit Radius $R > 0$. Wie groß ist die Wahrscheinlichkeit, dass die Länge einer Sehne dieses Kreises größer ist als die Länge der Seite eines einbeschriebenen gleichseitigen Dreiecks (d.h. größer als $R\sqrt{3}$)? Das Problem besteht darin, festzulegen, in welcher Weise die Sehne gewählt wird. Man betrachte etwa die folgenden Fälle, wobei zu beachten ist, dass ein vom Zentrum verschiedener Punkt im Innern B des Kreises eindeutig eine Sehne mit diesem Punkt als Mittelpunkt bestimmt: (1) Der Punkt wird gleichförmig im Innern des Kreises gewählt. (2) Man wählt einen Radius des Kreises und davon unabhängig einen Punkt auf diesem Radius (mit einem Abstand $< R$ vom Mittelpunkt). (3) Man wähle unabhängig zwei verschiedene Punkte auf der Peripherie des Kreises und betrachte die Sehne mit diesen Punkten als Endpunkten. (4) Man wähle einen Punkt auf der Peripherie des Kreises und davon unabhängig eine Richtung, die ins Innere des Kreises zeigt und so eine Sehne bestimmt. (5) Man wähle unabhängig zwei verschiedene Punkte im Innern des Kreises und betrachte die Sehne durch die beiden Punkte. (Die zugrunde liegenden geometrischen Laplace-Räume sind also der Reihe nach: (1) B. (2) $[0, 2\pi[\times [0, R[$. (3) $[0, 2\pi[\times [0, 2\pi[- \Delta_{[0,2\pi[}$. (4) $[0, 2\pi[\times]-\pi/2, \pi/2[$. (5) $B \times B - \Delta_B$. – Ist eine dieser Wahlen natürlicher als die übrigen? Was wären mögliche Kriterien dafür? Man vergleiche dazu auch in Bd. 4 den Abschnitt 13.D über invariante Maße.)

6. Ein Stab wird in zwei Teile zerbrochen. Danach wird willkürlich eines der beiden Teilstücke ausgewählt und wieder gebrochen. Wie groß ist die Wahrscheinlichkeit dafür, dass aus den drei Teilstücken ein Dreieck zusammengesetzt werden kann? Wie groß ist diese Wahrscheinlichkeit, wenn beim zweiten Mal das längere der beiden Bruchstücke gewählt wird?

7. Der Wert eines Rohdiamanten vom Gewicht g sei $f(g)$, wobei $f : \mathbb{R}_+ \to \mathbb{R}_+$ eine streng monoton wachsende und streng konvexe Funktion ist. Ein Rohdiamant vom Gewicht G werde in n Teile zerlegt, wobei jede Teilung des Gewichts gleichwahrscheinlich sei, $n \geq 2$ fest gewählt. Welchen Wert haben die n Splitter im Mittel? Man betrachte den Spezialfall, dass $f(g) = cg^\alpha$ ist, $c > 0$, $\alpha > 1$.

8. Man gebe Erwartungswert und Varianz für den Abstand vom Ziel μ an bei einem idealen Schützen, der auf den $\mathbb{R}^n$ schießt, für den also die Trefferdichte gleich

$$\frac{1}{(2\pi)^{n/2}} \, \sigma^{-n} \exp\left(-\frac{1}{2} \frac{\|x-\mu\|^2}{\sigma^2}\right), \qquad x \in \mathbb{R}^n,$$

ist, vgl. Beispiel 19.B.2.

9. Für Sauerstoff mit der Molekülmasse $m = 5{,}35 \cdot 10^{-26}$ kg bestimme man den mittleren und den wahrscheinlichsten Geschwindigkeitsbetrag eines Moleküls bei einer Temperatur von 300 K. Außerdem gebe man die Wahrscheinlichkeit dafür an, dass bei dieser Temperatur der Geschwindigkeitsbetrag zwischen $100r$ m/sec und $100(r+1)$ m/sec liegt, $r = 0, 1, 2, \ldots, 9$, bzw. ≥ 1000 m/sec ist. (Vgl. Beispiel 19.B.5.)

10. Ein (ideales) Gasgemisch bestehe aus r Gasen, wobei das ρ-te Gas einen Volumenanteil von $v_\rho \%$ hat (d.h. werden die einzelnen Bestandteile des Gases getrennt, so beanspruchen sie bei gleichem Druck und gleicher Temperatur jeweils $v_\rho \%$ des ursprünglichen Volumens), $\rho = 1, \ldots, r$. Dann hat die Geschwindigkeitsverteilung der Moleküle des Gasgemisches die gemischte Dichte

$$\frac{1}{(2\pi kT)^{3/2}} \sum_{\rho=1}^{r} \frac{v_\rho}{100} \, m_\rho^{3/2} \exp\left(-\frac{m_\rho}{2kT} \|v\|^2\right),$$

wobei m_ρ die Masse eines Moleküls des ρ-ten Gases ist. (Vgl. Beispiel 19.B.5.) Entsprechend ist die Dichte des Geschwindigkeitsbetrages die gemischte Maxwell-Dichte

$$\mu(t) = \sqrt{\frac{2}{\pi}} \frac{1}{(kT)^{3/2}} \, t^2 \sum_{\rho=1}^{r} \frac{v_\rho}{100} \, m_\rho^{3/2} \exp\left(-\frac{m_\rho}{2kT} \, t^2\right), \qquad t \geq 0.$$

Man skizziere $\mu(t)$ für Luft bei den Temperaturen 100 K, 300 K, 1000 K, wobei Luft als Gemisch von 78,1% Stickstoff ($m_{N_2} = 4{,}68 \cdot 10^{-26}$ kg), 21,0% Sauerstoff ($m_{O_2} = 5{,}35 \cdot 10^{-26}$ kg) und 0,9% Argon ($m_{Ar} = 6{,}68 \cdot 10^{-26}$ kg) aufgefasst werde.

11. Seien $X_1, \ldots, X_m$ stochastisch unabhängige χ^2-verteilte reelle Zufallsvariablen mit den Freiheitsgraden $n_1, \ldots, n_m$. Dann ist auch $X_1 + \cdots + X_m$ χ^2-verteilt, und zwar mit $n_1 + \cdots + n_m$ Freiheitsgraden. (Satz 19.B.7.)

12. a) Man zeige, dass für $\alpha, v, \lambda > 0$

$$
\gamma_{\alpha,v,\lambda}(t) := \begin{cases} \dfrac{\lambda \alpha^{v/\lambda}}{\Gamma(v/\lambda)}\, t^{v-1} \exp\left(-\alpha t^\lambda\right), & \text{falls } t > 0, \\[2ex] 0, & \text{falls } t \leq 0, \end{cases}
$$

eine Wahrscheinlichkeitsdichte auf $\mathbb{R}$ ist. (Für $\lambda = 1$ ergeben sich die Γ-Dichten, vgl. Beispiel 19.B.6, bei $v = \lambda = 2$ spricht man auch von R a y l e i g h - D i c h t e n bzw. - V e r t e i l u n g e n, bei $v = \lambda$ generell von W e i b u l l - D i c h t e n bzw. - V e r t e i l u n g e n, vgl. Bd. 1, Beispiel 19.C.1.)

b) Die Momente einer $\Gamma_{\alpha,v,\lambda}$-verteilten Zufallsvariablen X sind

$$
E(X^m) = \alpha^{-m/\lambda}\, \frac{\Gamma\left(\frac{v+m}{\lambda}\right)}{\Gamma\left(\frac{v}{\lambda}\right)}, \qquad m \in \mathbb{N}.
$$

Insbesondere sind Erwartungswert und Varianz gleich

$$
E(X) = \frac{1}{\alpha^{1/\lambda}}\, \frac{\Gamma\left(\frac{v+1}{\lambda}\right)}{\Gamma\left(\frac{v}{\lambda}\right)} \qquad \text{bzw.} \qquad V(X) = \frac{1}{\alpha^{2/\lambda}\, \Gamma\left(\frac{v}{\lambda}\right)^2}\left(\Gamma\left(\frac{v}{\lambda}\right)\Gamma\left(\frac{v+2}{\lambda}\right) - \Gamma\left(\frac{v+1}{\lambda}\right)^2\right).
$$

c) Die Dichte $\gamma_{\alpha,v,\lambda}$ fällt auf $\mathbb{R}_+$ streng monoton für $v \in\,]0, 1]$ und hat für $v > 1$ ein Maximum an der Stelle

$$
t_{\max} = \left(\frac{v-1}{\alpha\lambda}\right)^{1/\lambda}.
$$

d) Ist X eine $\Gamma_{\alpha,v,\lambda}$-verteilte Zufallsvariable, so ist $a\,|X|^\beta$, $a, \beta > 0$, eine $\Gamma_{\alpha/a,v/\beta,\lambda/\beta}$-verteilte Zufallsvariable.

e) Die reelle Zufallsvariable X sei $\Gamma_{\alpha,v,\lambda}$-verteilt. Dann gilt für alle $t_0 > 0$

$$
P(X \geq t_0) = \frac{\Gamma_{\tau_0}(v/\lambda)}{\Gamma(v/\lambda)} \qquad \text{mit} \qquad \tau_0 := \alpha\, t_0^\lambda,
$$

wobei

$$
\Gamma_y(x) = \int\limits_y^\infty t^{x-1} e^{-t}\, dt, \qquad y > 0, \ x \in \mathbb{C},
$$

die unvollständige Γ-Funktion ist, vgl. Bd. 1, Abschnitt 17.B. Durch mehrfache Anwendung ihrer Funktionalgleichung (d.h. durch mehrfache partielle Integration) ergibt sich für jedes $n \in \mathbb{N}^*$:

$$
P(X \geq t_0) = \frac{\tau_0^{-1+v/\lambda} e^{-\tau_0}}{\Gamma\left(\frac{v}{\lambda}\right)} \sum_{k=0}^{n-1} \left(\frac{v}{\lambda}-1\right) \cdots \left(\frac{v}{\lambda}-k\right) \tau_0^{-k} + \left(\frac{v}{\lambda}-1\right) \cdots \left(\frac{v}{\lambda}-n\right) \frac{\Gamma_{\tau_0}\left(\frac{v}{\lambda}-n\right)}{\Gamma\left(\frac{v}{\lambda}\right)}
$$

mit der Fehlerabschätzung

$$
\Gamma_{\tau_0}\left(\frac{v}{\lambda}-n\right) = \theta\, \tau_0^{-n-1+v/\lambda} e^{-\tau_0}, \qquad 0 \leq \theta \leq 1,
$$

falls $\frac{\nu}{\lambda} \leq n+1$ ist. Insbesondere ist

$$P(X \geq t_0) = \frac{\tau_0^{-1+\nu/\lambda} e^{-\tau_0}}{\Gamma(\nu/\lambda)} \left(1 + \theta\left(\frac{\nu}{\lambda}-1\right)\frac{1}{\tau_0}\right), \qquad 0 \leq \theta \leq 1,$$

bei $\nu \leq 2\lambda$. Speziell ergibt sich für ein ideales Gas mit den Bezeichnungen von Beispiel 19.B.5

$$P\big(\|v\| \geq v_0\big) = \sqrt{\frac{2}{\mu}}\,\frac{v_0}{\sigma}\,e^{-v_0^2/2\sigma^2}\left(1 + \theta\left(\frac{\sigma}{v_0}\right)^2\right), \qquad 0 \leq \theta \leq 1, \;\; \sigma^2 := \frac{kT}{m}.$$

und

$$P\big(\tfrac{1}{2}m\,\|v\|^2 \geq E_0\big) = \sqrt{\frac{2E_0}{\pi E}}\,e^{-E_0/2E}\left(1 + \theta\,\frac{E}{E_0}\right), \qquad 0 \leq \theta \leq 1, \;\; E := \tfrac{1}{2}m\sigma^2 = \tfrac{1}{2}kT.$$

Ferner erhält man für eine $\mathrm{N}(\mu\,;\sigma^2)$-verteilte reelle Zufallsvariable X:

$$P\big(|X-\mu| \geq t_0\big) = \frac{\sigma}{t_0}\sqrt{\frac{2}{\pi}}\,\exp\left(-\frac{t_0^2}{2\sigma^2}\right)\left(\sum_{k=0}^{n-1}(-1)^k\,1\cdot 3\cdots(2k-1)\left(\frac{\sigma}{t_0}\right)^{2k}\right) +$$

$$+ (-1)^n\,\theta\cdot 1\cdot 3\cdots(2n-1)\left(\frac{\sigma}{t_0}\right)^{2n}.$$

13. Seien X und Y stochastisch unabhängige reelle Zufallsvariablen, deren Verteilungen die Dichten f bzw. g besitzen.

a) $X \cdot Y$ besitzt die Dichte h mit

$$h(t) := \int_{-\infty}^{\infty} \frac{f(x)}{|x|}\,g\left(\frac{t}{x}\right)dx = \int_{-\infty}^{\infty} f\left(\frac{t}{y}\right)\frac{g(y)}{|y|}\,dy.$$

b) $1/Y$ (ist fast überall definiert und) besitzt die Dichte $g(1/t)/t^2$.

c) X/Y (ist fast überall definiert und) besitzt die Dichte

$$\int_{-\infty}^{\infty} f(x)\,g\left(\frac{x}{t}\right)\frac{|x|}{t^2}\,dx = \int_{-\infty}^{\infty} f(tx)\,g(x)\,|x|\,dx = \int_{-\infty}^{\infty} f\left(\frac{t}{y}\right)g\left(\frac{1}{y}\right)\frac{dy}{|y|^3}.$$

14. Seien X und Y stochastisch unabhängige reelle Zufallsvariablen. X sei auf dem Intervall $[a,b]$, $a<b$, und Y auf dem Intervall $[c,d]$, $c<d$, konzentriert und gleichverteilt, d.h. ihre Verteilungen haben die Dichten $e_{[a,b]}/(b-a)$ bzw. $e_{[c,d]}/(d-c)$. Man bestimme die Dichten der Verteilungen von XY, $1/Y$ und X/Y.

15. Seien $X_1,\ldots,X_n$ reelle quadratintegrierbare Zufallsvariablen, mit der Kovarianzmatrix $\mathfrak{C} = \big(\mathrm{C}(X_i,X_j)\big)$ und $X := (X_1,\ldots,X_n)$ die zusammengesetzte $\mathbb{R}^n$-wertige Variable. Für jede lineare Abbildung $T : \mathbb{R}^n \to \mathbb{R}^m$ mit der Matrix $\mathfrak{T} \in \mathrm{M}_{m,n}(\mathbb{R})$ existiert dann auch die Kovarianzmatrix der Variablen $(T \circ X)_1,\ldots,(T \circ X)_m$ und ist gleich $\mathfrak{T}\,\mathfrak{C}\,{}^t\mathfrak{T}$.

16. $X = (X_1,\ldots,X_n)$ und $Y = (Y_1,\ldots,Y_n)$ seien stochastisch unabhängige $\mathbb{R}^n$-wertige Zufallsvariablen, für die die Kovarianzmatrizen $\mathfrak{C}(X) = \big(\mathrm{C}(X_i,X_j)\big)$ bzw. $\mathfrak{C}(Y) = \big(\mathrm{C}(Y_i,Y_j)\big)$ existieren. Dann existiert auch die Kovarianzmatrix $\mathfrak{C}(X+Y)$ von $X+Y = (X_1+Y_1,\ldots,X_n+Y_n)$, und es gilt $\mathfrak{C}(X+Y) = \mathfrak{C}(X) + \mathfrak{C}(Y)$.

19.C Konvergenzbegriffe und Gesetze großer Zahlen

In der Wahrscheinlichkeitstheorie benötigt man auch Produkte unendlich vieler Wahrscheinlichkeitsräume $(\Omega_i, \mathcal{A}_i, P_i)$, $i \in I$. Beispielsweise sollte die unendlich häufige (unabhängige) Wiederholung eines Experiments Ω durch eine Wahrscheinlichkeitsverteilung auf dem Folgenraum $\Omega^{\mathbb{N}^*}$ beschrieben werden. Generell betrachten wir auf dem Produkt

$$\Omega := \prod_{i \in I} \Omega_i$$

die σ-Algebra

$$\mathcal{A} := \bigotimes_{i \in I} \mathcal{A}_i \, ,$$

die von den Produktmengen $\prod_{i \in I} A_i$ erzeugt wird, wobei $A_i \in \mathcal{A}_i$ ist für alle $i \in I$ und jeweils $A_i = \Omega_i$ ist *für fast alle* $i \in I$ (d.h. für alle $i \in I$ mit höchstens endlich vielen Ausnahmen). $\bigotimes_{i \in I} \mathcal{A}_i$ ist die kleinste σ-Algebra auf Ω, für die alle kanonischen Projektionen $\Omega \to \Omega_i$ messbar sind. Das gesuchte Wahrscheinlichkeitsmaß P auf Ω soll natürlich wieder die Produktregel

$$P\Big(\prod_{i \in I} A_i \Big) = \prod_{i \in I} P_i(A_i)$$

für solche Mengen $\prod_{i \in I} A_i$ erfüllen. Nach dem Eindeutigkeitssatz 11.D.1 gibt es höchstens ein solches Maß auf $\mathcal{A}$. Die Existenz wird durch den folgenden Satz 19.C.1 garantiert, dessen Beweis wesentlich den Fortsetzungssatz 11.D.6 benutzt. Zunächst jedoch einige Vorbemerkungen: Für eine *endliche* Teilmenge $H \subseteq I$ und eine Menge $A_H \in \mathcal{A}_H := \bigotimes_{i \in H} \mathcal{A}_i$ ist

$$A := A_H \times \prod_{i \in I - H} \Omega_i \in \mathcal{A}$$

und notwendigerweise

$$P(A) = P_H(A_H) \, ,$$

wobei wir $P_H := \bigotimes_{i \in H} P_i$ und $\Omega_H := \prod_{i \in H} \Omega_i$ setzen. P_H ist dann eine Wahrscheinlichkeitsfunktion auf $(\Omega_H, \mathcal{A}_H)$. Alle diese P_H, $H \in \mathfrak{E}(I)$, zusammen definieren die gesuchte Wahrscheinlichkeitsverteilung P auf dem Mengenring $\mathcal{R}$ dieser „Zylinder-Mengen" $A \in \mathcal{A}$. Es ist noch zu zeigen, dass diese zunächst nur auf $\mathcal{R}$ definierte Funktion P ein Prämaß ist. Wir übergehen die Einzelheiten.

19.C.1 Satz *Sei* $\Omega_i = (\Omega_i, \mathcal{A}_i, P_i)$, $i \in I$, *eine beliebige Familie von Wahrscheinlichkeitsräumen. Dann gibt es genau eine Wahrscheinlichkeitsverteilung* $P := \bigotimes_{i \in I} P_i$ *auf dem Produktraum* $(\Omega, \mathcal{A}) := \big(\prod_{i \in I} \Omega_i, \bigotimes_{i \in I} \mathcal{A}_i \big)$ *mit*

$$P\Big(\prod_{i \in I} A_i \Big) = \prod_{i \in I} P_i(A_i)$$

für alle Familien A_i, $i \in I$, *mit* $A_i \in \mathcal{A}_i$ *für* $i \in I$ *und* $A_i = \Omega_i$ *für fast alle* i.

B e w e i s . Wir übernehmen die Bezeichnungen der Vorbemerkung. Nach 11.D.6 genügt es zu zeigen, dass P ein Prämaß auf $\mathcal{R}$ ist. Da die Wahrscheinlichkeitsfunktionen P_H für endliche Teilmengen $H \subseteq I$ additiv sind, gilt dies auch für die Funktion $P : \mathcal{R} \to [0, 1]$, d.h. für *endlich viele* paarweise disjunkte Mengen $A_1, \dots, A_n \in \mathcal{R}$ ist

$$P(A_1 \uplus \cdots \uplus A_n) = P(A_1) + \cdots + P(A_n).$$

Daher ist P ein Prämaß, wenn folgende Bedingung erfüllt ist: Für eine Folge $A_n \in \mathcal{R}, n \in \mathbb{N}$, mit $A_n \downarrow \emptyset$ ist $\lim P(A_n) = 0$. Wir zeigen: Ist $A_n \in \mathcal{R}$ eine monoton fallende Folge $A_0 \supseteq A_1 \supseteq \cdots$ mit $P(A_n) \geq a > 0$ für alle $n \in \mathbb{N}$, so ist $\bigcap_n A_n \neq \emptyset$. Es ist

$$A_n = A_{H_n} \times \prod_{i \in I - H_n} \Omega_i, \qquad A_{H_n} \in \mathcal{A}_{H_n},$$

mit endlichen Mengen $H_n \subseteq I$, von denen wir ohne weiteres $H_0 \subseteq H_1 \subseteq \cdots$ annehmen können. Wir setzen noch $H_{-1} := \emptyset$. Sei dann $C_n \in \mathcal{A}_{H_0}$ die Menge der $\eta \in \Omega_{H_0}$ mit

$$P_{H_n - H_0}\left(\{\omega' \in \Omega_{H_n - H_0} \mid (\eta, \omega') \in A_{H_n}\}\right) \geq \frac{a}{2}.$$

Nach dem Satz 14.C.2 von Cavalieri, angewandt auf den Produktraum $\Omega_{H_n} = \Omega_{H_0} \times \Omega_{H_n - H_0}$, ist

$$P(A_n) = P_{H_n}(A_{H_n}) \leq \frac{a}{2} + P_{H_0}(C_n),$$

also $P_{H_0}(C_n) \geq a/2$ für alle n. Somit ist $\bigcap_n C_n \neq \emptyset$. Sei $\omega_0 \in \Omega_{H_0}$ ein Element dieses Durchschnitts. Mit einem analogen Schluss ergibt sich die Existenz eines $\omega_1 \in \Omega_{H_1 - H_0}$ mit

$$P_{H_n - H_1}\left(\{\omega'' \in \Omega_{H_n - H_1} \mid (\omega_0, \omega_1, \omega'') \in A_{H_n}\}\right) \geq \frac{a}{4}$$

für alle $n \geq 1$ und generell für $m \in \mathbb{N}$ die Existenz eines $\omega_m \in \Omega_{H_m - H_{m-1}}$ mit

$$P_{H_n - H_m}\left(\{\omega^{(m+1)} \in \Omega_{H_n - H_m} \mid (\omega_0, \dots, \omega_m, \omega^{(m+1)}) \in A_{H_n}\}\right) \geq \frac{a}{2^{m+1}}$$

für alle $n \geq m$. Wegen $(\omega_0, \dots, \omega_m) \in \mathcal{A}_{H_m}$ für alle m liegt jedes Element $\omega \in \Omega$ in $\bigcap_n A_n$, dessen $\Omega_{H_m - H_{m-1}}$-Komponente für jedes m mit ω_m übereinstimmt.   •

19.C.2 Beispiel Sei $(\Omega := \prod_i \Omega_i, \mathcal{A} := \bigotimes_i \mathcal{A}_i, P := \bigotimes_i P_i)$ ein Produktraum wie in 19.C.1. Dann gehört jede Menge $\prod_i A_i$ mit $A_i \in \mathcal{A}_i$ für alle $i \in I$ und $A_i = \Omega_i$ bis auf abzählbar viele Ausnahmen $i \in I$ zu $\mathcal{A}$, und es gilt für eine solche Menge offenbar

$$P\left(\prod_{i \in I} A_i\right) = \prod_{i \in I} P_i(A_i) := \mathrm{Inf}\left\{\prod_{i \in H} P_i(A_i) \;\middle|\; H \in \mathfrak{E}(I)\right\},$$

wobei $\mathfrak{E}(I)$ die Menge der endlichen Teilmengen von I bezeichnet. Das bedeutet *nicht* notwendig, dass $P_i(A_i), i \in I$, multiplizierbar ist im Sinne von Bd. 1, Definition 6.B.15, *da die Wahrscheinlichkeit $P\left(\prod_i A_i\right)$ gleich 0 sein kann, ohne dass einer der Faktoren $P_i(A_i)$ gleich 0 ist. Vielmehr gilt* nach Bd. 1, Satz 6.B.17 (vgl. dort auch die Bemerkung im Anschluss an den Beweis des Satzes) *genau dann* $P\left(\prod_i A_i\right) = \prod_i P_i(A_i) = 0$, *wenn* $\sum_i \left(1 - P_i(A_i)\right) = \sum_i P_i(\Omega_i - A_i) = \infty$ *ist oder ein $i_0 \in I$ mit $P_{i_0}(A_{i_0}) = 0$, d.h. mit $P_{i_0}(\Omega_{i_0} - A_{i_0}) = 1$ existiert.*

19.C.3 Beispiel Sei Ω ein (endlicher) Laplace-Raum mit g Elementen, $g \geq 2$. Wir identifizieren die Elemente von Ω mit den natürlichen Zahlen $0, 1, \dots, g - 1$. Jeder Folge $(z_n) \in \Omega^{\mathbb{N}^*}$ können wir dann die reelle Zahl

$$\sum_{n=1}^{\infty} \frac{z_n}{g^n} \in [0, 1]$$

zuordnen. Auf Grund des Satzes über die g-al-Entwicklung (vgl. Bd. 1, Beispiel 4.F.12) ist diese Abbildung surjektiv (aber nicht injektiv). Um auch die Injektivität zu erzwingen, entfernen wir aus dem Produktraum $\Omega^{\mathbb{N}^*}$ die Nullmenge N der Folgen (z_n), deren Glieder fast alle gleich $g-1$ sind. Dann induziert die obige Abbildung eine bijektive Abbildung

$$\Omega^{\mathbb{N}^*} - N \to [0, 1[\, .$$

Diese Abbildung ist (*bimessbar und*) *maßtreu*, wobei $\Omega^{\mathbb{N}^*} - N$ das von der Produktverteilung auf $\Omega^{\mathbb{N}^*}$ induzierte Wahrscheinlichkeitsmaß trägt und $[0, 1[$ das Borel-Lebesgue-Maß. Zum Beweis genügt es zu bemerken, dass für beliebige $z_1, \ldots, z_k \in \Omega$ der Menge

$$\big(\{z_1\} \times \cdots \times \{z_k\} \times \Omega \times \Omega \times \cdots \big) - N$$

das Intervall

$$\Big[\sum_{n=1}^{k} \frac{z_n}{g^n} \, , \Big(\sum_{n=1}^{k} \frac{z_n}{g^n} \Big) + \frac{1}{g^k} \Big[\; \subseteq [0, 1[$$

entspricht und beide Mengen das gleiche Maß $1/g^k$ haben. Das beliebig häufige Wiederholen des Laplace-Experiments Ω lässt sich also als zufällige Wahl einer Zahl des Einheitsintervalls $[0, 1]$ interpretieren. – Für eine Verallgemeinerung vgl. Aufg. 1.

Seien $X_i : \Omega \to \Omega_i$, $i \in I$, eine Familie von Zufallsvariablen auf dem Wahrscheinlichkeitsraum $\Omega = (\Omega, \mathcal{A}, P)$ mit Werten in den Messräumen $(\Omega_i, \mathcal{A}_i)$ und $P_i := P_{X_i}$ die zugehörigen Verteilungen. Die X_i, $i \in I$, definieren die zusammengesetzte Zufallsvariable $X : \Omega \to \prod_{i \in I} \Omega_i$ mit

$$X : \omega \mapsto \big(X_i(\omega)\big)_{i \in I} \, ,$$

deren Werte im Produktraum $\big(\prod_i \Omega_i \, , \bigotimes_i \mathcal{A}_i \big)$ liegen. Wie im Fall einer endlichen Indexmenge I sind die Variablen X_i, $i \in I$, offenbar genau dann stochastisch unabhängig, wenn die gemeinsame Verteilung P_X der X_i, $i \in I$, mit dem Produkt $\bigotimes_{i \in I} P_i$ der Verteilungen P_i übereinstimmt. *Insbesondere sind die Projektionen* $\prod_i \Omega_i \to \Omega_i$ *unabhängige Zufallsvariablen auf* $\big(\prod_i \Omega_i \, , \bigotimes_i \mathcal{A} \, , \bigotimes_i P_i \big)$ *mit den Verteilungen* P_i. *Jede Familie von Wahrscheinlichkeitsverteilungen lässt sich also als Familie von Verteilungen von stochastisch unabhängigen Zufallsvariablen auf einem geeigneten Wahrscheinlichkeitsraum realisieren.*

Wir werden Folgen von Zufallsvariablen (mit Werten in endlichdimensionalen reellen Vektorräumen) betrachten (insbesondere auch in Abschnitt 19.E) und haben die einschlägigen Konvergenzbegriffe einzuführen. Für Wahrscheinlichkeitsverteilungen selbst ist der wichtigste Begriff der der schwachen Konvergenz:

19.C.4 Definition Seien P_n, $n \in \mathbb{N}$, und P Wahrscheinlichkeitsverteilungen auf dem endlichdimensionalen reellen Vektorraum $V = \big(V, \mathcal{B}(V) \big)$. Dann heißt P_n, $n \in \mathbb{N}$, s c h w a c h k o n v e r g e n t gegen P, wenn

$$\lim_{n \to \infty} \int_V f \, dP_n = \int_V f \, dP \, , \quad \text{d.h.} \quad \lim_{n \to \infty} \mathrm{E}_{P_n}(f) = \mathrm{E}_P(f)$$

für jede stetige und beschränkte Funktion $f : V \to \mathbb{C}$ gilt.

Konvergiert $(P_n)_{n\in\mathbb{N}}$ schwach gegen P, so schreiben wir $P_n \to P$ oder $P_n \overset{w}{\to} P$.

Satz 17.D.4 ergibt für die Konvergenz von Wahrscheinlichkeitsverteilungen den folgenden fundamentalen Satz:

19.C.5 Satz *Seien V ein euklidischer Vektorraum und P_n, $n \in \mathbb{N}$, bzw. P Wahrscheinlichkeitsverteilungen auf $V = \big(V, \mathcal{B}(V)\big)$. Folgende Aussagen sind äquivalent:*

(1) $(P_n)_{n\in\mathbb{N}}$ konvergiert schwach gegen P.

(2) Für jede beschränkte messbare Funktion $f : V \to \mathbb{C}$, die außerhalb einer P-Nullmenge stetig ist, gilt

$$\lim_{n\to\infty} \int_V f \, dP_n = \int_V f \, dP.$$

(3) Für jede stetige Funktion $f : V \to \mathbb{C}$ mit kompaktem Träger gilt

$$\lim_{n\to\infty} \int_V f \, dP_n = \int_V f \, dP.$$

(4) Die Folge der Fourier-Transformierten $(\widehat{P}_n)_{n\in\mathbb{N}}$ konvergiert punktweise gegen die Fourier-Transformierte $\widehat{P}$ von P.

Die Bedingung (3) besagt, dass $(P_n)_{n\in\mathbb{N}}$ (nur) vage gegen P konvergiert, vgl. Definition 17.D.1. Man beachte, dass es dabei wichtig ist, dass die Grenzverteilung P als Wahrscheinlichkeitsverteilung vorausgesetzt wird, also $P(V) = 1$ gilt. Ist zum Beispiel a_n, $n \in \mathbb{N}$, eine Folge von Punkten in V mit $\|a_n\| \to \infty$, so konvergieren die Dirac-Maße $P_n := \delta_{a_n}$, $n \in \mathbb{N}$, vage gegen das Nullmaß, aber natürlich nicht schwach.

Für eine Folge $X_n : \Omega \to V$, $n \in \mathbb{N}$, von Zufallsvariablen mit Werten in einem endlichdimensionalen reellen Vektorraum V definieren wir drei Konvergenzbegriffe. $\|-\|$ bezeichne eine (beliebige) Norm auf V.

19.C.6 Definition Seien $X_n : \Omega \to V$, $n \in \mathbb{N}$, und $X : \Omega \to V$ Zufallsvariable mit Werten in dem endlichdimensionalen $\mathbb{R}$-Vektorraum V.

(1) $(X_n)_{n\in\mathbb{N}}$ k o n v e r g i e r t s c h w a c h gegen X – in Zeichen:

$$X_n \overset{w}{\longrightarrow} X$$

–, wenn die Folge $(P_{X_n})_{n\in\mathbb{N}}$ der Verteilungen der X_n, $n \in \mathbb{N}$, schwach gegen die Verteilung P_X von X konvergiert.

(2) $(X_n)_{n\in\mathbb{N}}$ k o n v e r g i e r t f a s t s i c h e r gegen X – in Zeichen:

$$X_n \overset{f.s.}{\longrightarrow} X$$

–, wenn X_n außerhalb einer Nullmenge von Ω punktweise gegen X konvergiert.

(3) $(X_n)_{n\in\mathbb{N}}$ k o n v e r g i e r t s t o c h a s t i s c h oder n a c h W a h r s c h e i n l i c h k e i t gegen X – in Zeichen:

$$X_n \overset{P}{\longrightarrow} X$$

–, wenn für jedes $a \in \mathbb{R}_+^\times$ gilt: $\displaystyle\lim_{n\to\infty} P\big(\|X_n - X\| \geq a\big) = 0$.

Natürlich gibt es viele weitere Konvergenzbegriffe, z.B. für jedes $p \geq 1$ die Konvergenz $X_n \to X$ in $\mathrm{L}_V^p(\Omega)$, die äquivalent ist zu

$$\lim_{n \to \infty} \int\limits_{\Omega} \|X_n - X\|^p \, dP = 0 \,.$$

Für die schwache Konvergenz brauchen die Zufallsvariablen X_n, $n \in \mathbb{N}$, und X nicht auf demselben Wahrscheinlichkeitsraum Ω definiert zu sein. 19.C.5 liefert wichtige äquivalente Bedingungen für die schwache Konvergenz. Dabei lässt sich die Bedingung (4) in 19.C.5 – wie dies häufig geschieht – auch mit dem Begriff der charakteristischen Funktion formulieren, vgl. Beispiel 19.B.10:

19.C.7 Korollar *Sei V ein euklidischer Vektorraum. Die Folge X_n, $n \in \mathbb{N}$, von Zufallsvariablen mit Werten in V konvergiert genau dann schwach gegen die Zufallsvariable $X : \Omega \to V$, wenn die Folge der charakteristischen Funktionen χ_{X_n}, $n \in \mathbb{N}$, bzw. die Folge der Fourier-Transformierten $\widehat{P}_{X_n}$, $n \in \mathbb{N}$, punktweise gegen die charakteristische Funktion χ_X bzw. die Fourier-Transformierte $\widehat{P}_X$ von X konvergiert.*

Der Begriff der stochastischen Konvergenz hat seinen Ursprung im schwachen Gesetz der großen Zahlen:

19.C.8 Schwaches Gesetz der großen Zahlen *Sei $X_n : \Omega \to \mathbb{C}$, $n \in \mathbb{N}^*$, eine Folge paarweise unkorrelierter Zufallsvariablen mit*

$$\lim_{n \to \infty} \frac{1}{n^2} \sum_{k=1}^{n} \mathrm{V}(X_k) = 0 \,.$$

Dann konvergiert die Folge $\frac{1}{n} \sum_{k=1}^{n} \left(X_k - \mathrm{E}(X_k)\right)$, $n \in \mathbb{N}^*$, stochastisch gegen 0. Insbesondere konvergiert die Folge $\frac{1}{n} \sum_{k=1}^{n} X_k$, $n \in \mathbb{N}^*$, stochastisch gegen $\mu \in \mathbb{C}$, wenn alle X_n den gleichen Erwartungswert μ haben und die Varianzen $\mathrm{V}(X_n)$, $n \in \mathbb{N}^*$, eine gemeinsame (endliche) Schranke besitzen.

B e w e i s. Für jedes $n \in \mathbb{N}^*$ gilt $\mathrm{V}\left(\sum_{k=1}^{n} X_k\right) = \sum_{k=1}^{n} \mathrm{V}(X_k)$, da die $X_1, \ldots, X_n$ paarweise unkorreliert sind, vgl. 19.A, Aufg. 1. Mit der Tschebyschewschen Ungleichung folgt für $a > 0$

$$P\left(\frac{1}{n}\left|\sum_{k=1}^{n}\left(X_k - \mathrm{E}(X_k)\right)\right| \geq a\right) \leq \frac{1}{a^2}\mathrm{V}\left(\frac{1}{n}\sum_{k=1}^{n}\left(X_k - \mathrm{E}(X_k)\right)\right) = \frac{\sum_{k=1}^{n}\mathrm{V}(X_k)}{a^2 n^2} \,. \qquad \bullet$$

Für Beispiele vgl. schon Bd. 1, 8.A.14 oder Bd. 1, 9.B, Aufg. 5.

Sind die X_n in 19.C.8 (paarweise unkorreliert und) gleichverteilt mit dem Erwartungswert $\mu \in \mathbb{C}$, so gilt die stochastische Konvergenz auch dann, wenn $\mathrm{V}(X_n) = \infty$ ist (S a t z v o n C h i n t s c h i n), vgl. das weiter unten folgende Beispiel 19.C.19 für eine etwas schwächere Version.

19.C.8 lässt sich partiell zum so genannten starken Gesetz der großen Zahlen verschärfen. Zum Beweis benutzen wir die folgende Verallgemeinerung der Tschebyschewschen Ungleichung:

19.C.9 Ungleichung von Kolmogorow *Seien* $X_1, \ldots, X_m$ *stochastisch unabhängige Zufallsvariablen* $\Omega \to \mathbb{C}$ *mit endlicher Varianz. Für alle* $a > 0$ *gilt dann*

$$P\left(\text{Max}\left\{ \left| \sum_{\mu=1}^{k} (X_\mu - \text{E}(X_\mu)) \right| \,\Big|\, k = 1, \ldots, m \right\} \geq a \right) \leq \frac{\text{V}(X_1) + \cdots + \text{V}(X_m)}{a^2} \, .$$

B e w e i s . Ohne Einschränkung der Allgemeinheit sei $\text{E}(X_1) = \cdots = \text{E}(X_m) = 0$. Sei dann für $k = 1, \ldots, m$

$$A_k := \bigcap_{s=1}^{k-1} \left\{ \left| \sum_{\mu=1}^{s} X_\mu \right| < a \right\} \cap \left\{ \left| \sum_{\mu=1}^{k} X_\mu \right| \geq a \right\} .$$

Wir haben

$$P\left(\biguplus_{k=1}^{m} A_k \right) = \sum_{k=1}^{m} P(A_k)$$

abzuschätzen. Für jedes $k = 1, \ldots, m$ sind die Zufallsvariablen $e_{A_k}(X_1 + \cdots + X_k)$ und $X_{k+1} + \cdots + X_m$ offenbar ebenfalls stochastisch unabhängig, und somit gilt

$$\text{E}\big(e_{A_k}(X_1 + \cdots + X_k)(\overline{X}_{k+1} + \cdots + \overline{X}_m) \big)$$
$$= \text{E}\big(e_{A_k}(\overline{X}_1 + \cdots + \overline{X}_k)(X_{k+1} + \cdots + X_m) \big) = 0 \, .$$

Unter Beachtung von $\text{V}(X_1) + \cdots + \text{V}(X_m) = \text{V}(X_1 + \cdots + X_m)$ folgt

$$\text{V}(X_1) + \cdots + \text{V}(X_m) = \int_\Omega |X_1 + \cdots + X_m|^2 \, dP \geq \sum_{k=1}^{m} \int_\Omega e_{A_k} |X_1 + \cdots + X_m|^2 \, dP$$

$$= \sum_{k=1}^{m} \int_\Omega \big(e_{A_k}|X_1 + \cdots + X_k|^2 + e_{A_k}|X_{k+1} + \cdots + X_m|^2 \big) \, dP \geq a^2 \sum_{k=1}^{m} P(A_k) \, . \qquad \bullet$$

19.C.10 Starkes Gesetz der großen Zahlen von Kolmogorow *Sei* $X_n : \Omega \to \mathbb{C}$, $n \in \mathbb{N}^*$, *eine Folge stochastisch unabhängiger Zufallsvariablen mit endlichen Varianzen und*

$$\sum_{n=1}^{\infty} \frac{\text{V}(X_n)}{n^2} < \infty \, .$$

Dann konvergiert die Folge $\frac{1}{n} \sum_{k=1}^{n} (X_k - \text{E}(X_k))$, $n \in \mathbb{N}^*$, *fast sicher gegen* 0. *Insbesondere konvergiert die Folge* $\frac{1}{n} \sum_{k=1}^{n} X_k$, $k \in \mathbb{N}^*$, *fast sicher gegen* $\mu \in \mathbb{C}$, *wenn alle* X_n *den gleichen Erwartungswert* μ *haben und die Varianzen* $\text{V}(X_n)$, $n \in \mathbb{N}$, *eine gemeinsame (endliche) Schranke besitzen.*

B e w e i s . Wir ersetzen X_n durch $X_n - \text{E}(X_n)$ und können dann $\text{E}(X_n) = 0$ für alle $n \in \mathbb{N}^*$ annehmen. Für jeden Punkt $\omega \in \Omega$, für den $\sum_{n=1}^{\infty} X_n / n$ konvergiert, konvergiert $\frac{1}{n} \sum_{k=1}^{n} X_k$ gegen 0, denn es ist

$$\frac{1}{n}\sum_{k=1}^{n} X_k = \sum_{k=1}^{n}\frac{X_k}{k} - \frac{1}{n}\sum_{k=1}^{n-1}\left(\sum_{j=1}^{k}\frac{X_j}{j}\right)$$

(vgl. auch Bd. 1, 4.F, Aufg. 9). Es genügt also zu zeigen, dass $\sum_{n=1}^{\infty} X_n/n$ fast sicher konvergiert. Nach 19.C.9 gilt aber für $a > 0$ und $k \in \mathbb{N}^*$

$$P(A_{k;a}) \le \frac{1}{a^2}\sum_{n=k}^{\infty}\frac{V(X_n)}{n^2} \xrightarrow{k\to\infty} 0$$

mit

$$A_{k;a} := \left\{\omega \in \Omega \ \Big| \ \mathrm{Sup}\left\{\ \Big|\sum_{n=k}^{k+m}\frac{X_n(\omega)}{n}\Big|\ \Big| \ m \in \mathbb{N}\right\} > a\right\}.$$

Dann ist

$$\bigcup_{\ell \in \mathbb{N}^*}\bigcap_{k \in \mathbb{N}^*} A_{k;1/\ell}$$

eine Nullmenge, und für jedes ω im Komplement dieser Menge ist $\sum_{n} X_n/n$ offenbar konvergent.   •

19.C.11 Beispiel Sei X_n, $n \in \mathbb{N}^*$, eine Folge stochastisch unabhängiger Bernoulli-Experimente mit derselben Erfolgswahrscheinlichkeit $P(X_n = 1) = p$ (und der Fehlschlagswahrscheinlichkeit $P(X_n = 0) = q = 1 - p$). *Nach* 19.C.10 *konvergiert die relative Häufigkeit der Erfolge*

$$\frac{1}{n}\sum_{k=1}^{n} X_k$$

für $n \to \infty$ *fast sicher gegen* p (S a t z   v o n   E . B o r e l). Man vergleiche diese Aussage mit dem schwachen Gesetz der großen Zahlen in Bd. 1, 8.A.14.

Wir bemerken ohne Beweis, dass $\frac{1}{n}\sum_{k=1}^{n} X_k$, $n \in \mathbb{N}^*$, für gleichverteilte stochastisch unabhängige Variablen X_n mit Erwartungswert μ stets fast sicher gegen μ konvergiert, auch dann, wenn die Varianzen $V(X_n)$ unendlich sind. Dies ist ebenfalls ein S a t z   v o n   K o l m o g o r o w.

Dass das starke Gesetz der großen Zahlen in der Regel gegenüber dem schwachen Gesetz der großen Zahlen eine schärfere Aussage liefert, ergibt sich aus folgendem Lemma, in dem einige elementare Zusammenhänge der verschiedenen Konvergenzbegriffe für Zufallsvariable angegeben sind.

19.C.12 Lemma *Seien* $X_n : \Omega \to V$, $n \in \mathbb{N}$, *und* $X : \Omega \to V$ *Zufallsvariable mit Werten in dem endlichdimensionalen* $\mathbb{R}$-*Vektorraum* V. *Dann gelten die Implikationen*

$$X_n \xrightarrow{\text{f.s.}} X \implies X_n \xrightarrow{P} X,$$

$$X_n \xrightarrow{L^p} X \implies X_n \xrightarrow{P} X,$$

$$X_n \xrightarrow{P} X \implies X_n \xrightarrow{w} X.$$

(*Dabei sei* $p \ge 1$.) *Ferner gilt für* $\mu \in V$

$$X_n \xrightarrow{P} \mu \iff X_n \xrightarrow{w} \mu.$$

B e w e i s . Gelte $X_n \overset{\text{f.s.}}{\to} X$. Sei $a > 0$ vorgegeben und

$$A_n := \left\{ \|X_n - X\| < a \right\}, \qquad B_n := \left\{ \|X_m - X\| < a \text{ für alle } m \geq n \right\}.$$

Es ist $B_n \subseteq A_n$ und $B_n \uparrow \Omega'$, wobei Ω' die Menge der $\omega \in \Omega$, für die $X_n(\omega)$ gegen $X(\omega)$ konvergiert, umfasst. Es folgt

$$\lim_{n \to \infty} P(B_n) = P(\Omega') = 1, \qquad \lim_{n \to \infty} P(A_n) = 1$$

und

$$\lim_{n \to \infty} P(\Omega - A_n) = \lim_{n \to \infty} P\big(\|X_n - X\| \geq a\big) = 0.$$

Somit gilt $X_n \overset{P}{\longrightarrow} X$.

Gelte $X_n \to X$ in L^p. Nach der Tschebyschewschen Ungleichung hat man für $a > 0$

$$P\big(\|X_n - X\| \geq a\big) = P\big(\|X_n - X\|^p \geq a^p\big) \leq \frac{1}{a^p} \int_\Omega \|X_n - X\|^p \, dP \overset{n \to \infty}{\longrightarrow} 0.$$

Gelte $X_n \overset{P}{\longrightarrow} X$. Sei $f : V \to \mathbb{C}$ eine beschränkte stetige Funktion, etwa $|f| \leq c$ auf V mit $c > 0$. Ferner sei $\varepsilon > 0$ vorgegeben und $N > 0$ so gewählt, dass $P\big(\|X\| > N\big) \leq \varepsilon$ sowie $|f(y) - f(x)| \leq \varepsilon$ für $|y - x\| \leq \delta$ und $\|x\| \leq N$ ist. Dann erhält man

$$\int_\Omega |f \circ X_n - f \circ X| \, dP =$$

$$= \int_{\|X\| > N} |f \circ X_n - f \circ X| \, dP + \int_{\substack{\|X\| \leq N \\ \|X_n - X\| \leq \delta}} |f \circ X_n - f \circ X| \, dP + \int_{\substack{\|X\| \leq N \\ \|X_n - X\| > \delta}} |f \circ X_n - f \circ X| \, dP$$

$$\leq 2c\varepsilon + \varepsilon + 2c\, P\big(\|X_n - X\| > \delta\big).$$

Wegen $P\big(\|X_n - X\| > \delta\big) \to 0$ für $n \to \infty$ gibt es ein n_0 mit

$$\int_\Omega |f \circ X_n - f \circ X| \, dP \leq (4c + 1)\varepsilon$$

für $n \geq n_0$. Also gilt $X_n \overset{w}{\longrightarrow} X$.

Den Beweis der letzten Äquivalenz in 19.C.12 überlassen wir dem Leser. Man beachte, dass die Verteilung der konstanten Zufallsvariablen μ die Dirac-Verteilung δ_μ ist.   •

Wir geben zum Schluss noch einige weitere Beispiele zur schwachen Konvergenz.

19.C.13 Beispiel (S a t z   v o n   P o i s s o n) *Sei* $\lambda \in \mathbb{R}_+$. *Die Folge* P_n, $n \in \mathbb{N}^*$, $n \geq \lambda$, *der Binomialverteilungen mit*

$$P_n(k) = \beta\big(k\,;\,n,\tfrac{\lambda}{n}\big) = \binom{n}{k} \left(\frac{\lambda}{n}\right)^k \left(1 - \frac{\lambda}{n}\right)^{n-k}, \qquad k \in \mathbb{N},$$

konvergiert schwach gegen die Poisson-Verteilung P *zum Parameter* λ *mit*

$$P(k) = \pi(k\,;\lambda) = \frac{\lambda^k}{k!}\, e^{-\lambda}, \qquad k \in \mathbb{N}.$$

Für jede Funktion $g : \mathbb{R} \to \mathbb{C}$, die außerhalb der beschränkten Menge $M \subseteq \mathbb{R}$ verschwindet, erhält man nämlich unter Benutzung des Satzes 7.C.8 aus Bd. 1

$$\lim_{n\to\infty} \int g\, dP_n = \lim_{n\to\infty} \sum_{k\in M\cap\mathbb{N}} g(k) \binom{n}{k} \left(\frac{\lambda}{n}\right)^k \left(1 - \frac{\lambda}{n}\right)^{n-k} = \sum_{k\in M\cap\mathbb{N}} g(k) \frac{\lambda^k}{k!}\, e^{-\lambda} = \int g\, dP.$$

Diese schwache Konvergenz (und damit umgekehrt Satz 7.C.8 aus Bd. 1) ergibt sich auch mittels 19.C.5 aus der punktweisen Konvergenz der Fourier-Transformierten

$$\widehat{P}_n(x) = \frac{1}{\sqrt{2\pi}} \sum_{k=0}^{n} e^{-\mathrm{i}xk} \binom{n}{k} \left(\frac{\lambda}{n}\right)^k \left(1 - \frac{\lambda}{n}\right)^{n-k}$$

$$= \frac{1}{\sqrt{2\pi}} \left(\frac{\lambda}{n}\, e^{-\mathrm{i}x} + \left(1 - \frac{\lambda}{n}\right)\right)^n = \frac{1}{\sqrt{2\pi}} \left(1 - \frac{\lambda\,(1 - e^{-\mathrm{i}x})}{n}\right)^n$$

gegen die Fourier-Transformierte

$$\widehat{P}(x) = \frac{1}{\sqrt{2\pi}} \sum_{k=0}^{\infty} e^{-\mathrm{i}xk} \frac{\lambda^k}{k!}\, e^{-\lambda} = \frac{1}{\sqrt{2\pi}} \exp\left(-\lambda\,(1 - e^{-\mathrm{i}x})\right)$$

der Poisson-Verteilung zum Parameter λ.

19.C.14 Beispiel (G l e i c h v e r t e i l t e F o l g e n) Sei $B \subseteq \mathbb{R}^m$ eine Borel-Menge mit endlichem positiven Borel-Lebesgue-Maß $\lambda^m(B)$. Eine Folge a_k, $k \in \mathbb{N}^*$, von Punkten in B heißt g l e i c h v e r t e i l t in B, wenn die Folge der diskreten Maße

$$P_n = \frac{1}{n} \sum_{k=1}^{n} \delta_{a_k}, \qquad n \in \mathbb{N}^*,$$

gegen das normierte geometrische Maß $P = e_B \lambda^m / \lambda^m(B)$ schwach konvergiert, vgl. Beispiel 19.B.1, d.h. wenn für jede stetige beschränkte Funktion $g : \mathbb{R}^m \to \mathbb{C}$ (und nach 19.C.5 sogar für jede beschränkte messbare Funktion $g : \mathbb{R}^m \to \mathbb{C}$, die in allen Punkten von B, abgesehen von einer Lebesgueschen Nullmenge, stetig ist) gilt:

$$\int_B g\, d\lambda^m = \lambda^m(B) \lim_{n\to\infty} \frac{1}{n} \sum_{k=1}^{n} g(a_k).$$

Dies ist nach 19.C.5 genau dann der Fall, wenn die Folge der Fourier-Transformierten

$$\widehat{P}_n(x) = \frac{1}{(2\pi)^{m/2}\, n} \sum_{k=1}^{n} e^{-\mathrm{i}\langle x, a_k\rangle}$$

punktweise gegen die Fourier-Transformierte

$$\widehat{e}_B(x) = \frac{1}{(2\pi)^{m/2}\, \lambda^m(B)} \int_B e^{-\mathrm{i}\langle x, t\rangle}\, dt$$

von $e_B / \lambda^m(B)$ konvergiert. Für den Einheitswürfel $B := W_m = [0, 1]^m$ etwa ist

$$\widehat{e}_{W_m}(x) = \frac{1}{(2\pi)^{m/2}} \prod_{\nu=1}^{m} \frac{\exp(-\mathrm{i}x_\nu) - 1}{-\mathrm{i}x_\nu}\,.$$

In diesem Fall genügt es, die Gleichheit

$$\widehat{e}_{W_m}(x) = \lim_{n\to\infty} \widehat{P}_n(x)$$

nur für die Gitter-Punkte $x := 2\pi y$, $y \in \mathbb{Z}^m$, *zu verifizieren, um die Gleichverteilung der Folge* $a_k \in W_m$, $k \in \mathbb{N}^*$, *zu bestätigen.* B e w e i s . Jede stetige Funktion $g : W_m \to \mathbb{C}$, die sich zu einer stetigen Funktion $g : \mathbb{R}^m \to \mathbb{C}$ mit den Gitterpunkten $y \in \mathbb{Z}^m$ als Perioden fortsetzen lässt, ist gleichmäßig approximierbar mit Linearkombinationen der Funktionen

$$t \longmapsto \exp\left(-2\pi i \langle y, t\rangle\right), \quad y \in \mathbb{Z}^m.$$

Diese Linearkombinationen bilden nämlich eine $\mathbb{C}$-Unteralgebra der Algebra der stetigen komplexwertigen Funktionen auf dem Torus $T^m = \mathbb{R}^m / \mathbb{Z}^m$, die mit jeder Funktion die konjugiert-komplexe enthält und überdies die Punkte von T^m trennt, also nach dem Satz 3.B.9 von Stone-Weierstraß dicht im Raum $C_\mathbb{C}(T^m)$ liegt. Es gilt somit

$$\int\limits_{W_m} g \, d\lambda^m = \lim_{n\to\infty} \frac{1}{k} \sum_{k=1}^{n} g(a_k) = \lim_{n\to\infty} \int\limits_{W_m} g \, dP_n$$

für solche Funktionen g. Ist nun $g : W_m \to \mathbb{C}$ eine beliebige stetige Funktion und $h : W_m \to \mathbb{R}$ eine Funktion mit $0 \le h \le 1$, die auf dem Rand von W_m verschwindet, so ist

$$\int\limits_{W_m} g \, d\lambda^m = \int\limits_{W_m} hg \, d\lambda^m + \int\limits_{W_m} (1-h)g \, d\lambda^m.$$

Für hg und $1-h$ gilt nach dem bereits Bewiesenen die Konvergenz der Integrale. Wegen

$$\left| \int\limits_{W_m} (1-h)g \, d\lambda^m \right| \le \|g\|_\infty \int\limits_{W_m} (1-h) \, d\lambda^m, \quad \left| \int\limits_{W_m} (1-h)g \, dP_n \right| \le \|g\|_\infty \int\limits_{W_m} (1-h) \, dP_n$$

erschließt man durch geeignete Wahl von h die Konvergenz $\int_{W_m} g \, d\lambda^m = \lim \int_{W_m} g \, dP_n$ für g selbst. $\bullet$

Betrachten wir als Beispiel die Folge $a_k = k\omega - [k\omega] \in W_m$, $k \in \mathbb{N}^*$, wobei $\omega = (\omega_1, \dots, \omega_m)$ ein fester Vektor aus $\mathbb{R}^m$ ist und die Gauß-Klammer $[-]$ komponentenweise anzuwenden ist. Für $y \in \mathbb{Z}^m$ ist

$$(2\pi)^{m/2} \, \widehat{e}_{W_m}(2\pi y) = \begin{cases} 1, & \text{falls } y = 0, \\ 0, & \text{falls } y \ne 0, \end{cases}$$

und

$$(2\pi)^{m/2} \widehat{P}_n(2\pi y) = \frac{1}{n} \sum_{k=1}^{n} e^{-2\pi i k \langle y, \omega\rangle} = \begin{cases} 1, & \langle y, \omega\rangle \in \mathbb{Z}, \\ \dfrac{1}{n}\left(\dfrac{\exp\left(-2\pi i(n+1)\langle y, \omega\rangle\right) - 1}{\exp\left(-2\pi i \langle y, \omega\rangle\right) - 1} - 1\right) & \text{sonst.} \end{cases}$$

Durch Vergleich dieser Werte folgt:

19.C.15 Satz *Sei* $\omega = (\omega_1, \dots, \omega_m) \in \mathbb{R}^m$. *Die Folge* $a_k = k\omega - [k\omega]$, $k \in \mathbb{N}^*$, *ist genau dann gleichverteilt im Einheitswürfel* $W_m = [0,1]^m \subseteq \mathbb{R}^m$, *wenn die Zahlen* $1, \omega_1, \dots, \omega_m \in \mathbb{R}$ *linear unabhängig über* $\mathbb{Q}$ *sind.*

Satz 19.C.15 ist die m-dimensionale Version des bereits in Bd. 2, Abschnitt 19.C, Aufg. 12b) erwähnten S a t z e s   v o n   B o h l - S i e r p i n s k i - W e y l . Er verschärft partiell den S a t z   v o n   K r o n e c k e r , der in Bd. 2, Abschnitt 18.A, Aufg. 5 vorgestellt wurde.

19.C.16 Beispiel (P-verteilte Folgen · Satz von Cantelli-Gliwenko) Ist P eine beliebige Wahrscheinlichkeitsverteilung auf dem endlichdimensionalen $\mathbb{R}$-Vektorraum V, so heißt die Punktfolge $a_k \in V$, $k \in \mathbb{N}^*$, *P*-verteilt, wenn die Folge der Verteilungen $P_n := \frac{1}{n} \sum_{k=1}^{n} \delta_{a_k}$ schwach gegen P konvergiert. *Ist (a_k) P-verteilt in V und ist $X : V \to W$ eine stetige Zufallsvariable, so ist $\big(X(a_k)\big)_{k \in \mathbb{N}^*}$ P_X-verteilt in W.* (Dabei sei W ebenfalls ein endlichdimensionaler $\mathbb{R}$-Vektorraum.) Allgemeiner gilt dies nach 19.C.5 bereits dann, wenn die Zufallsvariable X außerhalb einer P-Nullmenge stetig ist. Vgl. auch Aufg. 2.

Richtig interpretiert, sind die P-verteilten Folgen eher die Regel als die Ausnahme. Dies besagt der folgende wichtige Satz:

19.C.17 Satz von Cantelli-Gliwenko *Seien $X_k : \Omega \to V$, $k \in \mathbb{N}^*$, stochastisch unabhängige Zufallsvariablen mit Werten in einem endlichdimensionalen $\mathbb{R}$-Vektorraum V, die alle die gleiche Verteilung P haben. Dann sind die Folgen $X_k(\omega)$, $k \in \mathbb{N}^*$, fast sicher für alle $\omega \in \Omega$ P-verteilt.*

B e w e i s. Wir haben nach Satz 19.C.5 zu zeigen: Es gibt eine Nullmenge $N \subseteq \Omega$ derart, dass für alle stetigen Funktionen $f : V \to \mathbb{C}$ mit kompaktem Träger gilt:

$$\int_V f\, dP = \lim_{k \to \infty} \frac{1}{n} \sum_{k=1}^{n} f\big(X_k(\omega)\big)$$

für $\omega \in \Omega - N$. Wir wählen f zunächst fest und konstruieren eine Nullmenge $N_f \subseteq \Omega$, die die angegebene Eigenschaft für f allein besitzt. Die Variablen $f \circ X_k$, $k \in \mathbb{N}^*$, sind ebenfalls stochastisch unabhängig mit ein und derselben Verteilung P_f, besitzen eine endliche Varianz und den Erwartungswert $\mathrm{E}(f \circ X_k) = \int_V f\, dP$. Nach dem Gesetz der großen Zahlen 19.C.10 gilt daher

$$\lim_{n \to \infty} \frac{1}{n} \sum_{k=1}^{n} (f \circ X_k)(\omega) = \int_V f\, dP$$

für alle $\omega \in \Omega$ außerhalb einer Nullmenge N_f. Nach Lemma 17.D.2 (1) und der Vorbemerkung dazu gibt es *abzählbar viele* stetige Funktionen mit kompaktem Träger $f_i : V \to \mathbb{C}$, $i \in I$, derart, dass eine Folge von Verteilungen P_n, $n \in \mathbb{N}$, auf V genau dann vage und damit nach 19.C.5 schwach gegen P konvergiert, wenn $\lim_{n \to \infty} \int_V f_i\, dP_n = \int_V f_i\, dP$ für alle $i \in I$ ist. Daher erfüllt die Nullmenge $N := \bigcup_{i \in I} N_{f_i}$ die geforderten Bedingungen. $\bullet$

19.C.18 Korollar *Sei P eine Wahrscheinlichkeitsverteilung auf dem endlichdimensionalen $\mathbb{R}$-Vektorraum V, und der Folgenraum $V^{\mathbb{N}^*}$ trage die Produktverteilung gemäß 19.C.1. Dann sind fast sicher alle Folgen $(x_k) \in V^{\mathbb{N}^*}$ P-verteilt.*

Das Korollar besagt insbesondere, *dass jede Wahrscheinlichkeitsverteilung auf V der schwache Limes einer Folge diskreter Wahrscheinlichkeitsverteilungen auf V ist.*

Der Satz 19.C.17 von Cantelli-Gliwenko hat große Bedeutung für die Statistik. Besagt er doch folgendes: Sind $X_1, X_2, X_3, \dots$ unabhängige Ausführungen ein und desselben Zufallsexperiments $X : \Omega \to V$, so ist für genügend allgemeines $\omega \in \Omega$ und genügend großes $n \in \mathbb{N}^*$ die so genannte S t i c h p r o b e n v e r t e i l u n g

$$\frac{1}{n} \sum_{k=1}^{n} \delta_{x_k}$$

zur Stichprobe $(x_1, \dots, x_n) := \big(X_1(\omega), \dots, X_n(\omega)\big)$ eine gute Approximation der Verteilung P von X. Bei entsprechenden Voraussetzungen lässt sich der Term „für genügend allgemeines

$\omega \in \Omega$" ebenso wie der Term „für genügend großes n" weiter präzisieren. Dazu verweisen wir auf die Lehrbücher der Stochastik. Für eine Ergänzung zu 19.C.17 vgl. Aufg. 13.

Wir geben noch ein einfaches Beispiel zu Satz 19.C.17: Sei $g \in \mathbb{N}^*$, $g \geq 2$. Auf dem Intervall $]0, 1[$ sind die Zufallsvariablen X_k, $k \in \mathbb{N}^*$, die jedem $x \in]0, 1[$ die k-te Ziffer in der g-al-Entwicklung von x zuordnen, stochastisch unabhängig mit der Verteilung $\frac{1}{g} \sum_{i=0}^{g-1} \delta_i$, vgl. auch Beispiel 19.C.3. Es folgt: λ^1-fast-sicher tritt für $x \in]0, 1[$ jede Ziffer i in der g-al-Entwicklung von x asymptotisch mit der Häufigkeit $1/g$ auf. Da der Durchschnitt abzählbar vieler fast sicherer Ereignisse ebenfalls fast sicher ist, ergibt sich: λ^1-fast-sicher tritt für jedes $x \in]0, 1[$ und jede natürliche Zahl $g \geq 2$ in der g-al-Entwicklung von x jede Ziffer i, $0 \leq i < g$, mit der asymptotischen Häufigkeit $1/g$ auf. Eine Zahl $x \in]0, 1[$ mit dieser Eigenschaft heißt n o r m a l . *Bis auf eine λ^1-Nullmenge sind also alle $x \in]0, 1[$ normal.* Zu entscheiden, ob eine gegebene Zahl $x \in]0, 1[$, etwa $\pi - 3 = 0, 14159\ldots$, normal ist, ist freilich ein ganz anderes Problem. Der Leser versteht vielleicht, warum für einige Mathematiker Sätze des Typs „Fast sicher gilt $\ldots$" keine Sätze sind. Selbst Statistiker meinen, dass „‚fast sicher' relativ unangenehm" sei.

19.C.19 Beispiel (Noch einmal das s c h w a c h e G e s e t z d e r g r o ß e n Z a h l e n) *Sei X_k, $k \in \mathbb{N}^*$, eine Folge von $\mathbb{R}$-wertigen stochastisch unabhängigen Zufallsvariablen, die alle dieselbe Verteilung mit dem Erwartungswert μ haben. Dann konvergiert die Folge*

$$\frac{X_1 + \cdots + X_n}{n}, \quad n \in \mathbb{N}^*,$$

der arithmetischen Mittel schwach (bzw. – was nach 19.C.12 damit äquivalent ist – stochastisch) gegen μ.

Zum B e w e i s sei f die Fourier-Transformierte der gemeinsamen Verteilung der X_k, $k \in \mathbb{N}^*$. Nach dem Faltungssatz 17.A.6 und Beispiel 17.A.3 (7) ist

$$\widehat{P_n}(x) = (2\pi)^{(n-1)/2} f^n\Big(\frac{x}{n}\Big)$$

die Fourier-Transformierte der Verteilung P_n der Variablen $(X_1 + \cdots + X_n)/n$. Nach 17.A.8 ist f (stetig) differenzierbar mit $f(0) = 1/\sqrt{2\pi}$ und $f'(0) = -\mu \mathrm{i}/\sqrt{2\pi}$. Folglich ist

$$f(x) = \frac{1}{\sqrt{2\pi}} \big(1 - \mu \mathrm{i} x + r(x)x\big)$$

mit einer stetigen in 0 verschwindenden Funktion r. Es folgt

$$\lim_{n\to\infty} \widehat{P_n}(x) = \frac{1}{\sqrt{2\pi}} \lim_{n\to\infty} \Big(1 - \frac{\mu \mathrm{i} x}{n} + r\Big(\frac{x}{n}\Big)\frac{x}{n}\Big)^n = \frac{1}{\sqrt{2\pi}} e^{-\mu \mathrm{i} x} = \widehat{\delta_\mu}(x)$$

(vgl. Bd. 1, 12.E.3), und das ergibt mit 19.C.5 die Behauptung. $\qquad\bullet$

19.C.20 Beispiel X_n, $n \in \mathbb{N}$, bzw. Y_n, $n \in \mathbb{N}$, seien Folgen von Zufallsvariablen auf Ω mit Werten in den endlichdimensionalen $\mathbb{R}$-Vektorräumen V bzw. W. Konvergieren X_n bzw. Y_n stochastisch gegen X bzw. Y, so konvergieren die zusammengesetzten Variablen (X_n, Y_n) offenbar stochastisch gegen (X, Y), vgl. Aufg. 6a). Eine entsprechende Aussage gilt für die schwache Konvergenz *nicht* generell, vgl. Aufg. 6b). Wir zeigen jedoch:

19.C.21 Lemma *Konvergiert X_n schwach gegen X und Y_n schwach gegen die Konstante c, so konvergiert (X_n, Y_n) schwach gegen (X, c).*

B e w e i s . Nach 19.C.12 konvergiert die Folge Y_n auch stochastisch gegen c. Sei nun $\varepsilon > 0$ und $f : V \times W \to \mathbb{C}$ eine stetige Funktion mit kompaktem Träger. Dann gibt es ein $C > 0$ mit $|f| \leq C$

und ein $\delta > 0$ mit $|f(x, y) - f(x', y')| \leq \varepsilon$, falls $|x - x'| + |y - y'| < \delta$ ist. Es folgt

$$\left| \int_{\Omega} \big(f(X_n, Y_n) - f(X, c)\big)\, dP \right| \leq \int_{|Y_n - c| < \delta} |f(X_n, Y_n) - f(X_n, c)|\, dP +$$

$$+ \int_{|Y_n - c| \geq \delta} |f(X_n, Y_n) - f(X_n, c)|\, dP + \left| \int_{\Omega} \big(f(X_n, c) - f(X, c)\big)\, dP \right|$$

$$\leq \varepsilon + 2C\, P\big(|Y_n - c| \geq \delta\big) + \left| \int_{\Omega} \big(f(X_n, c) - f(X, c)\big)\, dP \right|.$$

Da sowohl $P\big(|Y_n - c| \geq \delta\big)$ als auch $\int_{\Omega} \big(f(X_n, c) - f(X, c)\big)\, dP$ nach Voraussetzung Nullfolgen sind, ergibt sich die Behauptung.   ●

Aufgaben

1. Sei $(\Omega, \mathfrak{P}(\Omega), P)$ ein (abzählbarer) diskreter Wahrscheinlichkeitsraum mit $P(\omega) > 0$ für alle $\omega \in \Omega$ und $|\Omega| \geq 2$. Im Fall $|\Omega| = g \in \mathbb{N}$ identifizieren wir Ω mit $\{0, \dots, g-1\}$ und bei unendlichem Ω identifizieren wir Ω mit $\mathbb{N}$. Dann ist der Wahrscheinlichkeitsraum $\Omega - N$, wobei N bei $|\Omega| = g$ die Nullmenge der Folgen $(z_n) \in \Omega^{\mathbb{N}^*}$ mit $z_n = g-1$ für fast alle $n \in \mathbb{N}^*$ ist und bei unendlichem Ω die leere Menge, isomorph zum Intervall $[0, 1[$ mit dem Borel-Lebesgue-Maß auf $\mathcal{B}\big([0, 1[\big)$. (Vgl. Beispiel 19.C.3. – Man zerlege $[0, 1[$ in die disjunkten Intervalle $[a_n, a_{n+1}[$, $a_n := \sum_{k=0}^{n-1} P(k)$, der Länge $P(n)$ und konstruiere sukzessive eine „Bruchentwicklung" für $x \in [0, 1[$ mit Hilfe der $P(n)$, $n \in \Omega$.)

2. Seien V, W endlichdimensionale $\mathbb{R}$-Vektorräume. Die Folge P_n, $n \in \mathbb{N}$, von Wahrscheinlichkeitsverteilungen auf V konvergiere schwach gegen die Wahrscheinlichkeitsverteilung P. Ferner sei $f : V \to W$ eine messbare Abbildung, die außerhalb einer P-Nullmenge stetig ist. Dann konvergieren die Bildverteilungen $f_* P_n$, $n \in \mathbb{N}$, schwach gegen $f_* P$. Sind X_n, $n \in \mathbb{N}$, V-wertige Zufallsvariablen, die schwach gegen die Zufallsvariable X konvergieren und ist f außerhalb einer P_X-Nullmenge stetig, so konvergiert $f \circ X_n$, $n \in \mathbb{N}$, schwach gegen $f \circ X$.

3. Es seien $F : \mathbb{R} \to \mathbb{R}$ die Verteilungsfunktion der Wahrscheinlichkeitsverteilung P auf $\mathbb{R}$ und $h : \,]0, 1[\, \to \mathbb{R}$ die zugehörige hypsographische Funktion gemäß Bd. 1, 10.C, Aufg. 14 (vgl. auch 12.A, Aufg. 6 im vorliegenden Band). (Beispielsweise ist h die Umkehrfunktion von F, falls F streng monoton und stetig ist.) Ist dann die Zahlenfolge a_k, $k \in \mathbb{N}^*$, in $]0, 1[$ gleichverteilt, so ist die Bildfolge $h(a_k)$, $k \in \mathbb{N}^*$, P-verteilt. (Dazu vergleiche man die Beispiele 19.C.14 und 19.C.16. – Z u f a l l s z a h l e n, die in Tafeln publiziert sind oder vom Computer geliefert werden, sind oder sollten bei entsprechender Normierung in $]0, 1[$ gleichverteilt sein. [1]) Die vorliegende Aufgabe liefert ein Verfahren, aus solchen gleichverteilten Zufallszahlen P-verteilte Zufallszahlen zu gewinnen. Um standardnormalverteilte Zufallszahlen zu erhalten, ist für h einfach die Umkehrfunktion der Verteilungsfunktion Φ von $N(0\,;1)$ zu nehmen, vgl. Beispiel 19.B.3. Allerdings ist Φ nicht elementar umzukehren. Man geht deshalb häufig folgendermaßen vor: Man startet (etwa) mit einer im Einheitsquadrat $]0, 1[\times\,]0, 1[$ gleichverteilten Punktfolge

---

[1] Wir betonen, dass an Zufallszahlen in der Regel höhere Ansprüche gestellt werden als an gleichverteilte Zahlen. Für eine Diskussion dieser Begriffe verweisen wir auf das Lehrbuch von D. E. Knuth, The Art of Computer Programming, Vol. 2, Chap. 3. Reading, Mass. [3] 1998.

und bildet diese dann mit einer standardnormalverteilten Zufallsvariablen $]0, 1[\times]0, 1[\to \mathbb{R}$ nach $\mathbb{R}$ ab. So ist zum Beispiel $(X, Y) :]0, 1[\times]0, 1[\to \mathbb{R} \times \mathbb{R}$ mit

$$X(u, v) = \sqrt{-2 \ln u} \, \cos 2\pi v, \qquad Y(u, v) = \sqrt{-2 \ln u} \, \sin 2\pi v$$

eine Zufallsvariable, deren Verteilung die Standardnormalverteilung $\frac{1}{2\pi} e^{(x^2 + y^2)/2} \cdot \lambda^2$ auf dem $\mathbb{R}^2$ ist. Man sieht dies am schnellsten so ein: Nach der Transformationsformel 14.E.2 hat die Bildverteilung die Dichte $|J(x, y)|$ bzgl. λ^2, wobei $J(x, y)$ die Funktionaldeterminante der Umkehrabbildung von (X, Y) im Punkt (x, y) ist, und (X, Y) stellt man als Komposition der beiden Abbildungen

$$\begin{pmatrix} u \\ v \end{pmatrix} \longmapsto \sqrt{u} \begin{pmatrix} \cos 2\pi v \\ \sin 2\pi v \end{pmatrix} \quad \text{und} \quad r \begin{pmatrix} \cos 2\pi \varphi \\ \sin 2\pi \varphi \end{pmatrix} \longmapsto \sqrt{-4 \ln r} \begin{pmatrix} \cos 2\pi \varphi \\ \sin 2\pi \varphi \end{pmatrix}, \quad 0 < r < 1,$$

dar, wovon die erste Abbildung die konstante Funktionaldeterminante π hat.[2]) *X und Y sind also stochastisch unabhängige standardnormalverteilte reelle Zufallsvariablen auf* $]0, 1[\times]0, 1[$ (wobei auf dem Einheitsquadrat die Verteilung λ^2 vorliegt).

Zur Erzeugung von gleichverteilten Zufallszahlen in $]0, 1[$ kann man den Satz von Bohl-Sierpinski-Weyl (vgl. Satz 19.C.15) benutzen: Für irrationales α ist $k\alpha - [k\alpha]$, $k \in \mathbb{N}^*$, gleichverteilt in $]0, 1[$. Nun kann man einem Computer nicht (direkt) irrationale Zahlen anbieten. Man ersetzt daher α durch eine rationale Zahl $\alpha := p/q$ mit (großen) teilerfremden ganzen Zahlen p, q vergleichbarer Größe und $0 < p < q$. Dann ist $k\alpha - [k\alpha] = r_k/q$, wobei r_k der Rest bei der Division von kp durch q ist: $kp \equiv r_k \bmod q$, $0 \le r_k < q$, also $r_{k+1} \equiv r_k + p \bmod q$. Die Wahl der Zahlen p, q birgt natürlich gewisse Risiken. p/q sollte eine irrationale Zahl so gut wie möglich simulieren. Da p prim zu q ist, ist r_k für $1 \le k < q$ niemals 0. Meist ersetzt man die einfache Rekursion $r_{k+1} \equiv r_k + p \bmod q$ durch

$$r_{k+1} \equiv a r_k + p \bmod q$$

mit einem festen a, das ebenfalls teilerfremd zu q ist. Dabei wählt man a in der Regel aber so, dass $a \equiv 1 \bmod \ell$ für jeden Primteiler ℓ von q ist und $a \equiv 1 \bmod 4$, falls $4 | q$. Dann (und nur dann) repräsentieren die Reste $r_0 = 0, r_1, \ldots, r_{q-1}$ modulo q ebenfalls sämtliche Elemente von $\mathbb{Z}/\mathbb{Z}q$, wie eine elementare zahlentheoretische Überlegung zeigt. Auch für diese so genannte L i n e a r e - K o n g r u e n z - M e t h o d e zur Erzeugung von Zufallszahlen bzw. gleichverteilten Zahlen verweisen wir auf das in der Fußnote 1 zitierte Lehrbuch.)

4. Seien $P_n, n \in \mathbb{N}$, und P Wahrscheinlichkeitsverteilungen auf $\mathbb{R}$ mit den Verteilungsfunktionen $F_n, n \in \mathbb{N}$, bzw. F.

a) Konvergiert die Folge (P_n) schwach gegen P, so gilt

$$\lim_{n \to \infty} F_n(x) = F(x) \qquad \text{und} \qquad \lim_{n \to \infty} F_n(x+) = F(x+) \;(= F(x))$$

für alle Punkte $x \in \mathbb{R}$, in denen F stetig ist. (Wir erinnern: $F_n(x+) = \lim_{t \to x, t > x} F_n(t) = P_n(]-\infty, x])$. – Wegen der Monotonie von F ist F außerhalb einer abzählbaren Menge stetig.)

b) Gilt $\lim_{n \to \infty} F_n(x) = F(x)$ und $\lim_{n \to \infty} F_n(x+) = F(x+)$ für alle $x \in \mathbb{R}$, was nach a) insbesondere dann der Fall ist, wenn (P_n) schwach gegen P konvergiert und F stetig ist, so konvergiert $F_n, n \in \mathbb{N}$, auf $\mathbb{R}$ gleichmäßig gegen F. (Vgl. auch Bd. 1, 12.A, Aufg. 15.)

c) Die Folge (F_n) der Verteilungsfunktionen konvergiere nun punktweise außerhalb einer abzählbaren Menge S gegen eine (monoton wachsende) Funktion $\widetilde{G} : \mathbb{R} \to [0, 1]$. Dazu gehört

---

[2]) Ist also die Folge (u_k, v_k), $k \in \mathbb{N}^*$, gleichverteilt in $]0, 1[\times]0, 1[$, so ist die Bildfolge $\sqrt{u_k} \, (\cos 2\pi v_k, \sin 2\pi v_k)$, $k \in \mathbb{N}^*$, gleichverteilt im Einheitskreis $B(0; 1) \subseteq \mathbb{R}^2$.

die monoton wachsende und linksseitig stetige Funktion

$$G(x) = \lim_{\substack{t \to x \\ t < x, t \notin S}} \widetilde{G}(t).$$

Es gelte $G(-\infty) = 0$ und $G(+\infty) = 1$. (Dies gilt nicht automatisch!) Dann gibt es eine Wahrscheinlichkeitsverteilung Q auf $\mathbb{R}$ mit G als Verteilungsfunktion, und die Folge (P_n) konvergiert schwach gegen Q. (Zum Nachweis der Konvergenz $\int_{\mathbb{R}} g \, dP_n \to \int_{\mathbb{R}} g \, dQ$ für eine stetige Funktion g, die außerhalb einer kompakten Menge verschwindet, approximiere man g gleichmäßig durch geeignete Treppenfunktionen, deren Niveaumengen rechts halboffene Intervalle sind.)

5. Sei f_n, $n \in \mathbb{N}$, eine Folge von Wahrscheinlichkeitsdichten auf dem $\mathbb{R}^m$ (bzgl. λ^m), die durch eine integrierbare Funktion g majorisiert wird: $f_n \leq g$ für alle $n \in \mathbb{N}$, und die punktweise gegen f konvergiert. Dann konvergiert die Folge $f_n \lambda^m$, $n \in \mathbb{N}$, schwach gegen die Wahrscheinlichkeitsverteilung $f \lambda^m$. Wird $f = \lim f_n$ als eine Wahrscheinlichkeitsdichte vorausgesetzt, so genügt es, dass zu jeder beschränkten Menge $K \subseteq \mathbb{R}^m$ eine integrierbare Funktion g_K mit $f_n | K \leq g_K | K$ für alle n existiert.

6. Seien V, W endlichdimensionale $\mathbb{R}$-Vektorräume, $X_n : \Omega \to V$ und $Y_n : \Omega \to W$ seien Folgen von Zufallsvariablen.

a) Konvergieren X_n bzw. Y_n stochastisch gegen $X : \Omega \to V$ bzw. $Y : \Omega \to W$, so konvergieren die zusammengesetzten Variablen $(X_n, Y_n) : \Omega \to V \times W$ stochastisch gegen (X, Y).

b) Man zeige an einem Beispiel, dass eine zu a) analoge Aussage für die schwache Konvergenz nicht generell gilt. (Vgl. aber 19.C.21.)

c) Sei $V = W$. Konvergieren X_n bzw. Y_n stochastisch gegen X bzw. Y, so konvergiert $X_n + Y_n$ stochastisch gegen $X + Y$.

d) Man zeige an einem Beispiel, dass eine zu c) analoge Aussage für die schwache Konvergenz nicht generell gilt.

7. Seien a_n, $n \in \mathbb{N}$, eine Folge von Punkten im endlichdimensionalen euklidischen Vektorraum V und $P_n := \delta_{a_n}$, $n \in \mathbb{N}$, die Folge der zugehörigen Punktverteilungen. Dann sind äquivalent: (1) Die Folge P_n, $n \in \mathbb{N}$, konvergiert schwach. (2) Die Funktionenfolge $e^{\mathrm{i}\langle a_n, x \rangle}$, $n \in \mathbb{N}$, konvergiert punktweise auf V. (3) Die Folge a_n, $n \in \mathbb{N}$, ist konvergent. – Sind diese Bedingungen erfüllt, so gilt $P_n \overset{\mathrm{w}}{\to} \delta_a$ mit $a := \lim_{n \to \infty} a_n$. (Man hat folgendes Lemma zu beweisen: *Sind α_n, $n \in \mathbb{N}$, reelle Zahlen derart, dass die Funktionenfolge $e^{\mathrm{i}\alpha_n t}$, $n \in \mathbb{N}$, punktweise konvergiert, so konvergiert α_n, $n \in \mathbb{N}$, in $\mathbb{R}$. Ist α_n, $n \in \mathbb{N}$, beschränkt, so ist das selbstverständlich. Ist aber* $\lim_{n \to \infty} |\alpha_n| = \infty$ und $f(t) := \lim_{n \to \infty} e^{\mathrm{i}\alpha_n t}$, so ist

$$\int\limits_0^x f(t)\, dt = \lim_{n \to \infty} \int\limits_0^x e^{\mathrm{i}\alpha_n t}\, dt = \lim_{n \to \infty} \frac{e^{\mathrm{i}\alpha_n x} - 1}{\mathrm{i}\alpha_n} = 0$$

für alle $x \in \mathbb{R}$, also $f = 0$ fast überall, was absurd ist. Man gebe auch einen elementaren Beweis dafür, dass α_n, $n \in \mathbb{N}$, notwendigerweise beschränkt ist.)

8. Man beweise die letzte Aussage in Lemma 19.C.12.

9. $X_n : \Omega \to V$ und $Y_n : \Omega \to V$ seien Zufallsvariablen mit Werten im endlichdimensionalen $\mathbb{R}$-Vektorraum V, die schwach gegen $X : \Omega \to V$ bzw. die Konstante $c \in V$ konvergieren.

a) $X_n \pm Y_n$ konvergieren schwach gegen $X \pm c$.

b) Ist $V = \mathbb{K}$, so konvergiert $X_n Y_n$ schwach gegen cX.

c) Ist $V = \mathbb{K}$ und $c \neq 0$, so konvergiert X_n/Y_n schwach gegen X/c. (Dabei ist X_n/Y_n auf $\{Y_n = 0\}$ etwa durch 0 definiert.)

(Man benutze 19.C.21 und Aufg.2.)

10. Sei V ein endlichdimensionaler $\mathbb{R}$-Vektorraum mit einer Norm $\| - \|$. Ferner sei $M(\Omega; V)$ der Vektorraum der Zufallsvariablen $X : \Omega \to V$, wobei zwei Variablen, die fast sicher gleich sind, identifiziert werden. Dann ist

$$d(X, Y) = E\left(\frac{\|X - Y\|}{1 + \|X - Y\|}\right) = \int_\Omega \frac{\|X - Y\|}{1 + \|X - Y\|}\, dP$$

eine Metrik auf $M(\Omega; V)$, und $X_n \in M(\Omega; V)$, $n \in \mathbb{N}$, konvergiert genau dann gegen X aus $M(\Omega; V)$ bzgl. dieser Metrik, wenn X_n stochastisch gegen X konvergiert.

11. Seien U, V, W endlichdimensionale $\mathbb{R}$-Vektorräume und $\Phi : U \times V \to W$ eine bilineare Abbildung. Die Zufallsvariablen $X_n : \Omega \to U$ mögen stochastisch gegen 0 konvergieren und die Menge der Erwartungswerte der Variablen $Y_n : \Omega \to V$ sei beschränkt. Dann konvergiert auch die Folge $\Phi(X_n, Y_n) : \Omega \to W$ stochastisch gegen 0.

12. Sei X_n, $n \in \mathbb{N}^*$, eine Folge stochastisch unabhängiger Bernoulli-Experimente mit Erfolgswahrscheinlichkeiten $P(X_n = 1) \geq \gamma$ für alle n. Dann gilt fast sicher

$$\liminf \frac{1}{n} \sum_{k=1}^{n} X_k \geq \gamma\,.$$

Ist $P(X_n = 1) \leq \gamma$ für alle n, so gilt entsprechend

$$\limsup \frac{1}{n} \sum_{k=1}^{n} X_k \leq \gamma$$

fast sicher. (Vgl. Beispiel 19.C.11.)

13. (Empirische Verteilungsfunktionen) Seien X_k, $k \in \mathbb{N}^*$, stochastisch unabhängige reelle Zufallsvariablen auf Ω mit der gleichen Verteilungsfunktion F. Für jedes $\omega \in \Omega$ und jedes $n \in \mathbb{N}^*$ ist die so genannte empirische Verteilungsfunktion $F_n^* = F_{\omega,n}^*$ definiert als Verteilungsfunktion der Stichprobenverteilung $P_{\omega,n} = \frac{1}{n} \sum_{k=1}^{n} \delta_{X_k(\omega)}$. Nach 19.C.17 konvergiert fast sicher für alle $\omega \in \Omega$ die Folge $P_{\omega,n}$, $n \in \mathbb{N}^*$, schwach gegen die Verteilung P der X_k und folglich $F_{\omega,n}^*(x)$, $n \in \mathbb{N}^*$, gegen $F(x)$ für alle $x \in \mathbb{R}$, in denen F stetig ist. Man zeige mit Aufg. 4b), dass sogar folgendes gilt: Fast sicher für alle $\omega \in \Omega$ konvergiert $F_{\omega,n}^*$, $n \in \mathbb{N}^*$, gleichmäßig gegen F. (Wir erwähnen ohne Beweis folgende partielle Verschärfung: Bei *stetigem* F gilt für $\lambda > 0$

$$\lim_{n \to \infty} P\left(\|F_{\omega,n}^* - F\|_\mathbb{R} < \lambda/\sqrt{n}\right) = \sum_{\nu \in \mathbb{Z}} (-1)^\nu\, e^{-2\nu^2 \lambda^2}$$

(Satz von Kolmogorow).)

19.D Normalverteilungen

Die eindimensionalen Normalverteilungen $N(\mu\,;\sigma^2)$ mit den Dichten

$$v(\mu\,;\sigma^2) = \frac{1}{\sigma\sqrt{2\pi}}\,\exp\left(-\frac{(t-\mu)^2}{2\sigma^2}\right)$$

bzgl. λ^1 haben wir bereits in Beispiel 19.B.3 eingeführt. Im vorliegenden Abschnitt wollen wir allgemeiner (und unabhängig davon) die mehrdimensionalen Normalverteilungen diskutieren. Zunächst eine allgemeine Vorbemerkung. V sei stets ein endlichdimensionaler $\mathbb{R}$-Vektorraum.

Die (von 0 verschiedenen positiven) Borel-Lebesgue-Maße λ auf V unterscheiden sich jeweils um eine (positive) Konstante. Für eine messbare Funktion $f:V\to\overline{\mathbb{R}}$ ist daher die Integrierbarkeit von f bzgl. λ unabhängig von der Wahl von λ und ebenso für eine integrierbare Funktion $f:V\to\overline{\mathbb{R}}_+$ mit endlichem und positivem Integral die Wahrscheinlichkeitsverteilung

$$\frac{f\lambda}{\int_V f\,d\lambda}\,.$$

Wir nennen sie kurz die Wahrscheinlichkeitsverteilung auf V mit der Dichte f.

Sei nun $\Phi:V\times V\to\mathbb{R}$ ein Skalarprodukt auf V. Dazu gehört die positiv definite quadratische Form

$$Q(x) = \Phi(x,x)\,,\qquad x\in V\,,$$

die umgekehrt Φ bestimmt:

$$\Phi(x,y) = \frac{1}{2}\big(Q(x+y) - Q(x) - Q(y)\big)\,,\qquad x,y\in V\,.$$

Ferner definiert Φ eine kanonische Isomorphie $\Phi_1:V\to V^*$ von V auf seinen Dualraum V^* mit $y\mapsto\Phi(-,y)$, $y\in V$. Der Umkehrisomorphismus bildet $e\in V^*$ auf $\mathrm{grad}_\Phi e\in V$ ab. Mit Hilfe von Φ_1 lässt sich das Skalarprodukt Φ auf V^* übertragen. Wir bezeichnen dieses Skalarprodukt mit Φ^*, die zugehörige quadratische Form $V^*\to\mathbb{R}$ mit Q^*. Es ist also

$$\Phi^*(e,f) = \Phi\big(\mathrm{grad}_\Phi e,\,\mathrm{grad}_\Phi f\big)$$

für $e,f\in V^*$. Ist $\mathfrak{v} = (v_1,\ldots,v_n)$ eine Basis von V und $\mathfrak{v}^* = (v_1^*,\ldots,v_n^*)$ die zugehörige Dualbasis von V^*, so ist

$$\Phi_1(v_j) = \sum_{s=1}^{n}\Phi(v_s,v_j)\,v_s^*\,,\qquad j=1,\ldots,n\,.$$

Es folgt: *Ist*

$$\mathfrak{G}_\Phi = \big(\Phi(v_i,v_j)\big)\in\mathrm{M}_n(\mathbb{R})$$

die Gramsche Matrix von Φ *bzgl.* $\mathfrak{v}$, *so ist*

$$\mathfrak{G}_{\Phi^*} = \left(\Phi^*(v_i^*, v_j^*)\right) = {}^t\mathfrak{G}_\Phi^{-1} = \mathfrak{G}_\Phi^{-1} \in \mathrm{M}_n(\mathbb{R})$$

die Gramsche Matrix von Φ^* *bzgl.* $\mathfrak{v}^*$. Es ist nämlich

$$\Phi(v_i, v_j) = \Phi^*\left(\Phi_1(v_i), \Phi_1(v_j)\right) = \sum_{r,s} \Phi(v_r, v_i)\, \Phi^*(v_r^*, v_s^*)\, \Phi(v_s, v_j)\,,$$

also $\mathfrak{G}_\Phi = {}^t\mathfrak{G}_\Phi \mathfrak{G}_{\Phi^*} \mathfrak{G}_\Phi$. *Ist insbesondere* $\mathfrak{v}$ *eine Orthonormalbasis bzgl.* Φ, *so ist* $\mathfrak{v}^*$ *eine Orthonormalbasis bzgl.* Φ^*.

Die Funktion $x \mapsto \exp\left(-\frac{1}{2}Q(x-\mu)\right) = \exp\left(-\frac{1}{2}\Phi(x-\mu, x-\mu)\right)$ auf V ist für jedes $\mu \in V$ integrierbar. Genauer gilt:

19.D.1 Lemma *Ist* $D := \mathrm{Det}\,\mathfrak{G}_\Phi$ *die Gramsche Determinante von* Φ *bzgl. der Basis* $\mathfrak{v} = (v_1, \ldots, v_n)$ *von* V *und ist* $\lambda_\mathfrak{v}$ *das Borel-Lebesgue-Maß auf* V *zur Basis* $\mathfrak{v}$ *(mit* $\lambda_\mathfrak{v}\left(Q(0; v_1, \ldots, v_n)\right) = 1$ *), so ist*

$$\int_V \exp\left(-\frac{1}{2}\,Q(x-\mu)\right) d\lambda_\mathfrak{v} = \frac{(2\pi)^{n/2}}{\sqrt{D}}\,.$$

B e w e i s. Sei $\mathfrak{e} = (e_1, \ldots, e_n)$ eine Orthonormalbasis von V bzgl. Φ. Dann ist $\lambda_\mathfrak{v} = \lambda_\mathfrak{e}/\sqrt{D}$ und $Q\left(\sum_{i=1}^n t_i e_i\right) = \sum_{i=1}^n t_i^2$ und somit

$$\int_V \exp\left(-\frac{1}{2}\,Q(x-\mu)\right) d\lambda_\mathfrak{v} = \int_V \exp\left(-\frac{1}{2}\,Q(x)\right) d\lambda_\mathfrak{v}$$

$$= \frac{1}{\sqrt{D}} \int_{\mathbb{R}^n} \exp\left(-\frac{1}{2}\left(t_1^2 + \cdots + t_n^2\right)\right) d\lambda^n = \frac{(2\pi)^{n/2}}{\sqrt{D}}\,. \quad \bullet$$

Die Wahrscheinlichkeitsverteilung

$$\frac{\sqrt{D}}{(2\pi)^{n/2}}\,\exp\left(-\frac{1}{2}\,Q(x-\mu)\right) \cdot \lambda_\mathfrak{v}$$

auf V heißt die N o r m a l v e r t e i l u n g auf V mit den P a r a m e t e r n $\mu \in V$ und Q^* (bzw. Φ^*) und wird mit

$$\mathrm{N}(\mu;\, Q^*) \quad \text{oder} \quad \mathrm{N}(\mu;\, \Phi^*)$$

bezeichnet. Dass man als Parameter die quadratische Form Q^* bzw. das Skalarprodukt Φ^* auf V^* wählt statt Q bzw. Φ, hat seinen guten Grund. Sie lassen sich nämlich unmittelbar wahrscheinlichkeitstheoretisch interpretieren:

19.D.2 Satz *Bezüglich der Normalverteilung* $\mathrm{N}(\mu;\, Q^*) = \mathrm{N}(\mu;\, \Phi^*)$ *auf* V *ist*

$$\mathrm{E}(\mathrm{id}_V) = \mu$$

und

$$\mathrm{C}(X, Y) = \Phi^*(X, Y) \quad \textit{bzw.} \quad \mathrm{V}(X) = Q^*(X)$$

für alle Linearformen $X, Y \in V^*$.

B e w e i s. Wegen $Q(-x) = Q(x)$ ist $\int_V x \exp\left(-\frac{1}{2}Q(x)\right) d\lambda = 0$. Daher gilt mit $c := \sqrt{D}/(2\pi)^{n/2}$

$$E(\mathrm{id}_V) = \int_V x \, d\mathrm{N}(\mu; Q^*) = c \int_V x \exp\left(-\frac{1}{2} Q(x-\mu)\right) d\lambda_{\mathfrak{v}} =$$

$$= c \int_V (x-\mu) \exp\left(-\frac{1}{2} Q(x-\mu)\right) d\lambda_{\mathfrak{v}} + c \int_V \mu \exp\left(-\frac{1}{2} Q(x-\mu)\right) d\lambda_{\mathfrak{v}} = \mu\,.$$

Da sowohl die Kovarianzform $C(-, -)$ als auch $\Phi^*(-, -)$ eine symmetrische Bilinearform auf V^* ist, genügt es, die Gleichheit $C = \Phi^*$ für die Elemente einer Basis von V^* zu zeigen. Wir wählen dazu die Dualbasis $X_1 = e_1^*, \ldots, X_n = e_n^*$ zu einer Orthonormalbasis $e_1, \ldots, e_n$ von V bzgl. Φ. Sie ist eine Orthonormalbasis bzgl. Φ^*. Ferner können wir $\mu = 0$ annehmen. Dann ist

$$C(X_i, X_j) = \int_V X_i X_j \, d\mathrm{N}(0; Q^*) = \frac{1}{(2\pi)^{n/2}} \int_{\mathbb{R}^n} t_i t_j \exp\left(-\frac{1}{2}\left(t_1^2 + \cdots + t_n^2\right)\right) dt_1 \cdots dt_n$$

gleich 0, falls $i \neq j$, und $C(X_i, X_i) = 1$ wegen

$$\frac{1}{\sqrt{2\pi}} \int_{\mathbb{R}} t^2 \exp\left(-\frac{t^2}{2}\right) dt = \frac{2}{\sqrt{\pi}} \int_0^{\infty} \tau^{1/2} e^{-\tau} \, d\tau = \frac{2}{\sqrt{\pi}} \Gamma\left(\frac{3}{2}\right) = 1\,.$$

Insgesamt erhält man $C(X_i, X_j) = \Phi^*(X_i, X_j) = \delta_{ij}$, wie gewünscht. $\qquad\bullet$

Wegen 19.D.2 nennt man $\mathrm{N}(\mu; \Phi^*)$ die N o r m a l v e r t e i l u n g   m i t   E r w a r t u n g s w e r t μ u n d   K o v a r i a n z f o r m Φ^*.

Ist $V = \mathbb{R}^n$, so gibt man das Skalarprodukt Φ^* auf V^* in der Regel mit der Gramschen Matrix $\mathfrak{G}^*$ bzgl. der kanonischen Koordinatenfunktionen $t_1, \ldots, t_n$ auf $\mathbb{R}^n$ an und schreibt dann

$$\mathrm{N}(\mu_1, \ldots, \mu_n; \mathfrak{G}^*)$$

für $\mathrm{N}(\mu; \Phi^*)$, $\mu = (\mu_1, \ldots, \mu_n)$. Nach 19.D.1 ist

$$v(\mu_1, \ldots, \mu_n; \mathfrak{G}^*) = \frac{\sqrt{\mathrm{Det}\,\mathfrak{G}^{*-1}}}{(2\pi)^{n/2}} \exp\left(-\frac{1}{2}\, {}^t(t-\mu)\,\mathfrak{G}^{*-1}\,(t-\mu)\right)$$

die Dichte von $\mathrm{N}(\mu_1, \ldots, \mu_n; \mathfrak{G}^*)$ bzgl. des kanonischen Borel-Lebesgue-Maßes λ^n. Dabei ist $t - \mu \in \mathbb{R}^n$ als Spaltenvektor zu interpretieren. *Es ist*

$$\mathfrak{G}^* = \left(C(t_i, t_j)\right)_{1 \leq i,j \leq n}$$

die Kovarianz-Matrix für die kanonischen Koordinatenfunktionen $t_1, \ldots, t_n$ *auf* $\mathbb{R}^n$. Ist $\mathfrak{G}^* = \mathrm{Diag}(\sigma_1^2, \ldots, \sigma_n^2)$ eine Diagonalmatrix, so schreibt man für $\mathrm{N}(\mu_1, \ldots, \mu_n; \mathfrak{G}^*)$ auch $\mathrm{N}(\mu_1, \ldots, \mu_n; \sigma_1^2, \ldots, \sigma_n^2)$.

Bei $n = 1$ erhalten wir die alten Bezeichnungen[1] aus Beispiel 19.B.3:

$$\mathrm{N}(\mu\,;\sigma^2) = \nu(\mu\,;\sigma^2)\cdot\lambda^1 = \frac{1}{\sigma\sqrt{2\pi}}\,\exp\left(-\frac{(t-\mu)^2}{2\sigma^2}\right)\cdot\lambda^1\,,\quad \mu\in\mathbb{R},\ \sigma\in\mathbb{R}_+^\times\,.$$

Man achte bei den Normalverteilungen auf den Übergang von $\mathfrak{G}^*$ zu $\mathfrak{G} := \mathfrak{G}^{*-1}$ zur Bestimmung ihrer Dichten.

Ist $F: V \to W$ ein Isomorphismus endlichdimensionaler reeller Vektorräume und ist $P = \mathrm{N}(\mu\,;\Phi^*)$ eine Normalverteilung auf V, so ist die Bildverteilung $P_F = F_*P$ eine Normalverteilung auf W, und zwar gilt

$$F_*\mathrm{N}(\mu\,;\Phi^*) = \mathrm{N}\big(F(\mu)\,;F^*\Phi^*\big)\,,$$

wobei $F^*\Phi^*$ das mit dem dualen Isomorphismus $F^*: W^* \to V^*$ nach W^* geliftete Skalarprodukt $(e, f) \mapsto \Phi^*(F^*e, F^*f)$ ist. Beweis! Das folgende Lemma gibt einige weitere Rechenregeln für Normalverteilungen an.

19.D.3 Lemma (1) *Ist* $(V, \Phi) = (V_1 \oplus \cdots \oplus V_m\,,\ \Phi_1 \oplus \cdots \oplus \Phi_m)$ *eine orthogonale Summe und sind* $\mu_1 \in V_1, \ldots, \mu_m \in V_m$, *so ist*

$$\mathrm{N}(\mu_1 + \cdots + \mu_m\,;\Phi^*) = \mathrm{N}(\mu_1\,;\Phi_1^*) \otimes \cdots \otimes \mathrm{N}(\mu_m\,;\Phi_m^*)\,.$$

Insbesondere ist das Produkt von endlich vielen Normalverteilungen wieder eine Normalverteilung.

(2) *Ist* $F: V \to W$ *ein surjektiver Homomorphismus endlichdimensionaler reeller Vektorräume und* $\mathrm{N}(\mu\,;\Phi^*)$ *eine Normalverteilung auf* V, *so ist die Bildverteilung* $F_*\mathrm{N}(\mu\,;\Phi^*)$ *ebenfalls eine Normalverteilung, und zwar ist*

$$F_*\mathrm{N}(\mu\,;\Phi^*) = \mathrm{N}\big(F(\mu)\,;F^*\Phi^*\big)\,.$$

(3) *Seien* $X_i: \Omega \to V_i$, $i = 1, \ldots, m$, *Zufallsvariable mit Werten in den endlichdimensionalen reellen Vektorräumen* V_i *derart, dass die zusammengesetzte Variable* $X = (X_1, \ldots, X_m)$ *von* Ω *in* $V_1 \times \cdots \times V_m$ *normalverteilt ist. Dann sind auch die einzelnen Variablen* $X_1, \ldots, X_m$ *normalverteilt. Genau dann sind die* $X_1, \ldots, X_m$ *stochastisch unabhängig, wenn sie paarweise stochastisch unabhängig sind. Dies ist genau dann der Fall, wenn sie paarweise im folgenden Sinne unkorreliert sind: Für* $i \neq j$ *und beliebige Linearformen* $f_i \in V_i^*$ *und* $f_j \in V_j^*$ *ist* $\mathrm{C}(f_i \circ X_i\,,\ f_j \circ X_j) = 0$. *In diesem Fall hat* X *(nach (1)) die Verteilung*

$$\mathrm{N}(\mu_1\,;\Phi_1^*) \otimes \cdots \otimes \mathrm{N}(\mu_m\,;\Phi_m^*) = \mathrm{N}\big((\mu_1, \ldots, \mu_m)\,;\Phi_1^* \oplus \cdots \oplus \Phi_m^*\big)\,,$$

wo $\mathrm{N}(\mu_i\,;\Phi_i^*)$ *die Verteilung von* X_i *ist,* $i = 1, \ldots, m$.

(4) *Seien* $X_i: \Omega \to V$, $i = 1, \ldots, m$, *normalverteilte stochastisch unabhängige Zufallsvariablen mit* $P_{X_i} = \mathrm{N}(\mu_i\,;\Phi_i^*)$ *und* $(a_1, \ldots, a_m) \in \mathbb{R}^m - \{0\}$. *Dann ist auch* $X := a_1 X_1 + \cdots + a_m X_m$ *normalverteilt, und es ist*

$$P_X = P_{a_1 X_1} * \cdots * P_{a_m X_m} = \mathrm{N}\big(a_1\mu_1 + \cdots + a_m\mu_m\,;a_1^2\Phi_1^* + \cdots + a_m^2\Phi_m^*\big)\,.$$

Insbesondere sind Faltungen von Normalverteilungen wieder Normalverteilungen.

---

[1] Bei $n = 1$ nannten wir μ und σ in Beispiel 19.B.3 die Parameter von $\mathrm{N}(\mu\,;\sigma^2)$. Konsequenterweise müssten wir dann μ und $\sqrt{Q^*}$ die Parameter von $\mathrm{N}(\mu\,;Q^*)$ nennen. Wir wollen es aber bei μ und Q^* belassen.

Beweis. (1) Für $x_1 \in V_1, \ldots, x_m \in V_m$ ist $Q(x_1 + \cdots + x_m) = Q_1(x_1) + \cdots + Q_m(x_m)$. Seien $\lambda_1, \ldots, \lambda_m$ Borel-Lebesgue-Maße auf $V_1, \ldots, V_m$. Dann ist $\lambda := \lambda_1 \otimes \cdots \otimes \lambda_m$ ein Borel-Lebesgue-Maß auf $V = V_1 \oplus \cdots \oplus V_m$. Ferner gibt es Konstanten $c_1, \ldots, c_m$ derart, dass $N(\mu_i ; \Phi_i^*) = c_i \exp(-\frac{1}{2} Q_i(x_i - \mu_i)) \cdot \lambda_i$ ist. Mit $c := c_1 \cdots c_m$ folgt

$$N(\mu_1 ; \Phi_1^*) \otimes \cdots \otimes N(\mu_m ; \Phi_m^*) = \prod_{i=1}^{m} c_i \exp\left(-\frac{1}{2} Q_i(x_i - \mu_i)\right) \cdot \lambda_1 \otimes \cdots \otimes \lambda_m$$

$$= c \exp\left(-\frac{1}{2} Q\big((x_1 + \cdots + x_m) - (\mu_1 + \cdots + \mu_m)\big)\right) \cdot \lambda$$

$$= N\big(\mu_1 + \cdots + \mu_m ; \Phi_1^* \oplus \cdots \oplus \Phi_m^*\big).$$

(2) Sei $U := \operatorname{Kern} F$ und $U^\perp$ das orthogonale Komplement von U in V bzgl. Φ. Dann induziert F einen Isomorphismus $F_2 := F|U^\perp$ von $U^\perp$ auf W. Nach (1) ist

$$N(\mu ; \Phi^*) = N(\mu_1 ; \Phi_1^*) \otimes N(\mu_2 ; \Phi_2^*)$$

mit $\Phi_1 := \Phi|U$, $\Phi_2 := \Phi|U^\perp$ und $\mu = \mu_1 + \mu_2$, $\mu_1 \in U$, $\mu_2 \in U^\perp$. Daraus folgt mit der Vorbemerkung zu Lemma 19.D.3

$$F_* N(\mu ; \Phi^*) = F_{2*} N(\mu_2 ; \Phi_2^*) = N\big(F_2(\mu_2) ; F_2^* \Phi_2^*\big) = N(F(\mu) ; F^* \Phi^*);$$

denn offenbar ist $F(\mu) = F_2(\mu_2)$ und $F^* \Phi^* = F_2^* \Phi_2^*$.

(3) Sei $P_X = N\big((\mu_1, \ldots, \mu_m) ; \Phi^*\big)$. Nach (2) sind auch die $X_i = p_i \circ X$ normalverteilt, $p_i : V_1 \times \cdots \times V_m \to V_i$, $i = 1, \ldots, m$, die Projektionen. Das Verschwinden der Kovarianzen $C(f_i \circ X_i, f_j \circ X_j)$ wie unter (3) angegeben ist notwendig für die stochastische Unabhängigkeit. Verschwinden umgekehrt diese Kovarianzen, so ist Φ^* nach 19.D.2 die orthogonale Summe der Beschränkungen $\Phi_i^* = \Phi^*|V_i^*$, $i = 1, \ldots, m$, und die $X_1, \ldots, X_m$ sind nach (1) stochastisch unabhängig.

(4) Nach (1) und (2) ist mit $F := a_1 p_1 + \cdots + a_m p_m$, wobei p_i für $i = 1, \ldots, m$ die i-te Projektion $V \times \cdots \times V \to V$ ist,

$$P_X = F_*(P_{X_1} \otimes \cdots \otimes P_{X_m}) = F_* N\big((\mu_1, \ldots, \mu_m) ; \Phi_1^* \oplus \cdots \oplus \Phi_m^*\big)$$

$$= N\big(a_1 \mu_1 + \cdots + a_m \mu_m ; a_1^2 \Phi_1^* + \cdots + a_m^2 \Phi_m^*\big). \quad \bullet$$

Im Zusammenhang mit 19.D.3 (3) bemerken wir, dass zwei normalverteilte unkorrelierte reelle Zufallsvariable X_1, X_2 *nicht* stochastisch unabhängig zu sein brauchen und daher keine normalverteilte zusammengesetzte Variable $X = (X_1, X_2)$ zu haben brauchen, vgl. Aufg. 2b).

19.D.3 (2) legt es nahe, den Begriff der Normalverteilung so zu verallgemeinern, dass die Bildverteilung einer Normalverteilung bzgl. einer linearen Abbildung F auch dann wieder eine Normalverteilung ist, wenn F nicht surjektiv ist. Dazu starten wir mit einer positiv *semidefiniten* symmetrischen Bilinearform Φ^* auf V^* (bzw. der korrespondierenden quadratischen Form Q^*). Wir wollen solch ein Φ^* ein S e m i s k a l a r p r o d u k t auf V^* nennen. Ist

$$V^{*\perp} = \{f \in V^* \mid \Phi^*(f, f) = 0\} \subseteq V^*$$

das Radikal (oder der Ausartungsraum) von Φ^*, so induziert Φ^* ein Skalarprodukt $\overline{\Phi}^*$ auf $V^*/V^{*\perp}$, vgl. Bd. 2, 12.C, Aufg. 7. Nun lässt sich $V^*/V^{*\perp}$ in natürlicher Weise mit dem Dualraum U^* des Unterraums $U := {}^\circ(V^{*\perp}) \subseteq V$ der Vektoren $x \in V$, auf denen alle $f \in V^{*\perp}$ verschwinden, identifizieren. $\overline{\Phi}^*$ definiert also auch ein Skalarprodukt Φ auf U. *Auf diese Weise gewinnt man eine natürliche Bijektion zwischen den Semiskalarprodukten Φ^* auf V^* und den Paaren (U, Φ), wobei U ein Unterraum von V und Φ ein Skalarprodukt auf U ist.* Wir definieren zu Φ^* und $\mu \in V$ die Normalverteilung

$$\mathrm{N}(\mu\,;\,\Phi^*) = \mathrm{N}(\mu\,;\,Q^*)$$

auf V als die Bildverteilung der Normalverteilung $\mathrm{N}(0\,;\,\overline{\Phi}^*)$ auf U bzgl. der Inklusion $x \mapsto x + \mu$ von U in V. *Dann ist $\mathrm{N}(\mu\,;\,\Phi^*)$ auf $U + \mu$ konzentriert. Der Mittelwert* $\mathrm{E}(\mathrm{id}_V)$ *ist* μ, *und es gilt*

$$\mathrm{C}(X, Y) = \Phi^*(X, Y)$$

für alle $X, Y \in V^*$, vgl. 19.D.2. Mit dieser Erweiterung des Begriffs der Normalverteilung gilt 19.D.3 (2) offensichtlich allgemein:

19.D.4 Korollar *Sei $F : V \to W$ eine (beliebige) lineare Abbildung endlichdimensionaler reeller Vektorräume. Für jede Normalverteilung $\mathrm{N}(\mu\,;\,\Phi^*)$ auf V ist auch die Bildverteilung auf W eine Normalverteilung, und zwar gilt*

$$F_*\mathrm{N}(\mu\,;\,\Phi^*) = \mathrm{N}\big(F(\mu)\,;\,F^*\Phi^*\big).$$

Insbesondere ist jede Linearform $f \in V^*$ bzgl. $\mathrm{N}(\mu\,;\,\Phi^*)$ normalverteilt mit Erwartungswert $f(\mu)$ und Varianz $\Phi^*(f, f) = Q^*(f)$.

Ist $F : V \to W$ allgemeiner eine affine Abbildung mit linearem Anteil $F_0 : V \to W$, so gilt offenbar $F_*\mathrm{N}(\mu\,;\,\Phi^*) = \mathrm{N}\big(F(\mu)\,;\,F_0^*\Phi^*\big)$.

Ist Φ^* ein Skalarprodukt auf V^*, so heißt die Normalverteilung $\mathrm{N}(\mu\,;\,\Phi^*)$ n i c h t a u s g e a r t e t, andernfalls a u s g e a r t e t. Der Rang von Φ^* heißt die D i m e n s i o n oder auch die A n z a h l d e r F r e i h e i t s g r a d e von $\mathrm{N}(\mu\,;\,\Phi^*)$. Sie ist gleich der Dimension des (affinen) Trägers $U + \mu$ von $\mathrm{N}(\mu\,;\,\Phi^*)$. Bei $\Phi^* = 0$ erhält man für $\mathrm{N}(\mu\,;\,0)$ das in μ konzentrierte Dirac-Maß δ_μ.

Sei nun V (und damit V^*) euklidisch, d.h. V trage ein festes Referenzskalarprodukt $\langle -, - \rangle$. Das korrespondierende Skalarprodukt auf V^* bezeichnen wir mit $\langle -, - \rangle^*$. Das Semiskalarprodukt Φ^* auf V^* besitzt dann bzgl. $\langle -, - \rangle^*$ ein System von Hauptachsen $\mathbb{R}v_1^*, \ldots, \mathbb{R}v_n^*$ mit einer Orthonormalbasis $v_1^*, \ldots, v_n^*$ von V^* und den Hauptwerten $\sigma_1^2 := \Phi^*(v_1^*, v_1^*) = \mathrm{V}(v_1^*)\,, \ldots, \sigma_n^2 := \Phi^*(v_n^*, v_n^*) = \mathrm{V}(v_n^*)$, vgl. Bd. 2, Abschnitt 15.B. Die Streuungen $\sigma_i = \sigma(v_i^*)$, $i = 1, \ldots, n$, heißen die H a u p t s t r e u u n g e n der Verteilung $\mathrm{N}(\mu\,;\,\Phi^*)$ bzgl. $\langle -, - \rangle^*$. Das Skalarprodukt Φ bzw. die quadratische Form Q ist auf dem Unterraum

$$U := \sum_{i,\,\sigma_i > 0} \mathbb{R}v_i \subseteq V$$

definiert, wobei $v_1, \ldots, v_n$ die Dualbasis zu $v_1^*, \ldots, v_n^*$ ist. $v_1, \ldots, v_n$ ist eine Ortho-normalbasis bzgl. $\langle -, - \rangle$, die durch sie bestimmten Richtungen $\mathbb{R}v_j$ heißen **Hauptstreurichtungen**. Sei $\mu = \mu_1 v_1 + \cdots + \mu_n v_n$. Das (Voll-)Elipsoid

$$\left\{ Q(x - \mu) \le 1 \right\} = \left\{ \sum_{i=1}^{n} t_i v_i \ \middle| \ \frac{(t_1 - \mu_1)^2}{\sigma_1^2} + \cdots + \frac{(t_n - \mu_n)^2}{\sigma_n^2} \le \right\} \subseteq U + \mu$$

mit Mittelpunkt μ und den Halbachsenlängen $\sigma_1, \ldots, \sigma_n$ heißt das **Streuellipsoid** von $N(\mu; \Phi^*)$. Es entartet in Richtung $U^\perp = \sum_{j, \sigma_j = 0} \mathbb{R}v_j$.[2] Ist das Streuellipsoid eine Kugel, d.h. stimmen alle σ_i überein, ist also $\sigma_i = \sigma$ für alle i bzw. $\Phi^* = \sigma^2 \langle -, - \rangle^*$, so sagt man die Verteilung $N(\mu; \Phi^*)$ **streue** bzgl. $\langle -, - \rangle$) **gleichmäßig** um μ mit der Streuung σ. Bei $\sigma = 0$ ist dann $N(\mu; \Phi^*) = \delta_\mu$ eine Dirac-Verteilung. Eine Normalverteilung mit gleichmäßiger Streuung (bzgl. des Skalarprodukts unseres Anschauungsraums bzw. einer Anschauungsebene) liefern zum Beispiel die Einschüsse eines idealen Schützen, vgl. Beispiel 19.B.2.

Auch die Fourier-Transformierte $\widehat{P} = \widehat{N}(\mu; Q^*)$ von $P := N(\mu; Q^*)$ ist definiert, wenn V ein Skalarprodukt $\langle -, - \rangle$ trägt:

$$\widehat{P}(x) = \frac{1}{(2\pi)^{n/2}} \int_V e^{-i\langle t, x \rangle} \, dP(t) = \frac{1}{(2\pi)^{n/2}} E\left(e^{-i\langle -, x \rangle} \right).$$

Nun ist die Linearform $x^* = \langle -, x \rangle$ auf V nach 19.D.4 ebenfalls normalverteilt, und zwar mit Erwartungswert $x^*(\mu) = \langle \mu, x \rangle$ und Varianz $\sigma_x^2 := Q^*(x^*)$. Bei $\sigma_x \ne 0$ folgt mit Beispiel 17.A.3 (5) und (6)

$$\widehat{P}(x) = \frac{1}{\sigma_x (2\pi)^{(n+1)/2}} \int_\mathbb{R} e^{-it} \exp\left(-\frac{\left(t - \langle \mu, x \rangle \right)^2}{2\sigma_x^2} \right) dt$$

$$= \frac{1}{(2\pi)^{n/2}} e^{-i\langle \mu, x \rangle} \exp\left(-\frac{\sigma_x^2}{2} \right).$$

Da diese Formel trivialerweise auch bei $\sigma_x = 0$ gilt, erhalten wir:

19.D.5 Satz *Die Fourier-Transformierte der Normalverteilung* $N(\mu; Q^*)$ *auf dem n-dimensionalen euklidischen Raum* V *ist die Funktion*

$$x \mapsto \frac{1}{(2\pi)^{n/2}} \exp\left(-i\langle \mu, x \rangle - \frac{Q^*(x^*)}{2} \right),$$

wobei für $x \in V$ *mit* x^* *die Linearform* $\langle -, x \rangle$ *auf* V *mit dem* $\langle -, - \rangle$*-Gradienten* x *bezeichnet sei.* $Q^*(x^*)$ *ist die Varianz von* x^* *bzgl.* $N(\mu; Q^*)$.

Wie schon in Bemerkung 17.A.10 bei der Theorie der Fourier-Transformierten bemerkt, wird das Skalarprodukt auf V nur benötigt, um V und V^* mittels $x \leftrightarrow x^*$ identifizieren

---

[2] Bei $\sigma_j = 0$ setze man $(t_j - \mu_j)^2 / \sigma_j^2 := 0$ für $t_j = \mu_j$ und $(t_j - \mu_j)^2 / \sigma_j^2 := \infty$ für $t_j \ne \mu_j$.

zu können. Definiert man die Fourier-Transformierte direkt auf V^*, so erhält 19.D.5 die folgende weitaus kanonischere Form:

$$\widehat{N}(\mu\,;\,Q^*)(f) = \frac{1}{(2\pi)^{n/2}} \exp\left(-\mathrm{i}f(\mu) - \frac{Q^*(f)}{2}\right),$$

$f \in V^*$, $Q^*(f) = \mathrm{V}(f)$, $n = \mathrm{Dim}_{\mathbb{R}} V$.

19.D.5 dient zur Identifizierung von Normalverteilungen. Hier geben wir nur eine kleine Anwendung:

19.D.6 Satz *Sei* $N(\mu_n\,;\,Q_n^*)$, $n \in \mathbb{N}$, *eine Folge von Normalverteilungen auf* V. *Genau dann konvergiert diese Folge schwach gegen eine Wahrscheinlichkeitsverteilung auf* V, *wenn die Folgen* μ_n, $n \in \mathbb{N}$, *und* Q_n^*, $n \in \mathbb{N}$, *(in* V *bzw. im Raum der quadratischen Formen auf* V^*) *konvergieren. In diesem Fall gilt*

$$N(\mu_n\,;\,Q_n^*) \overset{w}{\to} N(\mu\,;\,Q^*)$$

mit

$$\mu := \lim_{n\to\infty} \mu_n \quad und \quad Q^* := \lim_{n\to\infty} Q_n^*.$$

Beweis. Wir können annehmen, dass V ein Skalarprodukt $\langle -, - \rangle$ trägt. Konvergieren (μ_n) bzw. (Q_n^*) gegen μ bzw. Q^*, so konvergieren die Fourier-Transformierten

$$\widehat{P}_n(x) := \frac{1}{(2\pi)^{n/2}} \exp\left(-\mathrm{i}\langle \mu_n, x \rangle - \frac{Q_n^*(x_n^*)}{2}\right)$$

punktweise für $x \in V$ gegen die Fourier-Transformierte $\widehat{P}$ von $P := N(\mu\,;\,Q^*)$ und damit $P_n = N(\mu_n\,;\,Q_n^*)$, $n \in \mathbb{N}$, schwach gegen $P = N(\mu\,;\,Q^*)$, vgl. 19.C.5. Sei nun umgekehrt die Folge $\widehat{P}_n$ punktweise konvergent. Wir haben zu zeigen, dass $\langle \mu_n, x \rangle$, $n \in \mathbb{N}$, und $Q_n^*(x^*)$, $n \in \mathbb{N}$, für jedes $x \in V$ konvergieren. Dann gilt nämlich $\langle \mu_n, x \rangle \to \langle \mu, x \rangle$ und $Q_n^*(x^*) \to Q^*(x^*)$ für alle $x \in V$ mit einem $\mu \in V$ und einer (positiv semidefiniten) quadratischen Form Q^* auf V^*. Die Konvergenz von $Q_n^*(x^*) = (2\pi)^{n/2} \ln |\widehat{P}_n(x)|^2$, $n \in \mathbb{N}$, ist trivial. Dann konvergiert aber auch $\exp\left(-\mathrm{i}\langle \mu_n, x \rangle\right)$ für jedes $x \in V$, woraus die Konvergenz von μ_n, $n \in \mathbb{N}$, folgt, vgl. 19.C, Aufg. 7.   •

19.D.6 besagt insbesondere, *dass die Normalverteilungen abgeschlossen gegenüber schwacher Konvergenz sind*. Diese Aussage wäre nicht richtig, wenn man nur nicht-ausgeartete Normalverteilungen zuließe. Ist σ_n, $n \in \mathbb{N}$, eine Nullfolge positiver reeller Zahlen, so konvergiert die Folge der eindimensionalen (nicht ausgearteten) Normalverteilungen $N(0\,;\,\sigma_n^2)$, $n \in \mathbb{N}$, auf $\mathbb{R}$ nach 19.D.6 schwach gegen die Dirac-Verteilung δ_0. Der Leser betrachte die zugehörigen Dichten

$$v(0\,;\,\sigma_n^2) = \frac{1}{\sigma_n \sqrt{2\pi}} \exp\left(-\frac{t^2}{2\sigma_n^2}\right), \qquad n \in \mathbb{N},$$

bzw. deren Verhalten für $n \to \infty$ und vergleiche damit die Diskussion in Bd. 1, Beispiel 19.D.12. Wir kommen darauf in Bd. 4, Beispiel 18.C.7 bei der Konvergenz von Distributionen zurück.

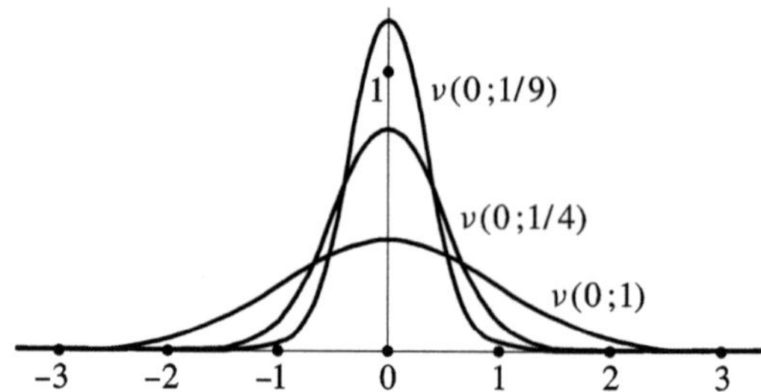

19.D.7 Beispiel Sei $X : \Omega \to V$ eine Zufallsgröße mit der Normalverteilung $\mathrm{N}(\mu\,;\Phi^*) = \mathrm{N}(\mu\,;Q^*)$. Φ^* (und damit Φ) sei nicht ausgeartet. In einer Orthonormalbasis $v_1, \ldots, v_n$ von V bzgl. Φ ist $Q(X - \mu)$ die Summe $(X_1 - \mu_1)^2 + \cdots + (X_n - \mu_n)^2$ der Quadrate der n stochastisch unabhängigen standardnormalverteilten Zufallsgrößen $X_1 - \mu_1, \ldots, X_n - \mu_n$, wo X_i die i-te Komponente von X bzgl. $v_1, \ldots, v_n$ ist: $X = X_1 v_1 + \cdots + X_n v_n$. Nach 19.B.9 hat daher $Q \circ (X - \mu)$ eine Chi-Quadrat-Verteilung mit n Freiheitsgraden. Allgemeiner folgt daraus offenbar:

19.D.8 Satz *Hat die Zufallsvariable X eine Normalverteilung $\mathrm{N}(\mu\,;\Phi^*) = \mathrm{N}(\mu\,;Q^*)$ mit n Freiheitsgraden, so hat $Q \circ (X - \mu)$ eine χ^2-Verteilung mit n Freiheitsgraden.*

Ist $\langle -, - \rangle$ ein Skalarprodukt auf V und hat die V-wertige Zufallsvariable X die Normalverteilung $\mathrm{N}(\mu\,;\Phi^*)$ mit den Hauptstreuungen $\sigma_1, \ldots, \sigma_n$ bzgl. $\langle -, - \rangle$, so ist $\langle X - \mu, X - \mu \rangle = \|X - \mu\|^2$ eine Summe

$$(X_1 - \mu_1)^2 + \cdots + (X_n - \mu_n)^2\,,$$

wobei die Zufallsvariablen X_i stochastisch unabhängig und $\mathrm{N}(\mu_i\,;\sigma_i^2)$-verteilt sind. *Daher hat* $\|X - \mu\|^2$ *nach* 19.B.9 *und* 19.B.8 *die gemischte Γ-Verteilung*

$$\Gamma_{(1/2\sigma_1^2,\,1/2)} * \cdots * \Gamma_{(1/2\sigma_n^2,\,1/2)}$$

mit Erwartungswert $\sigma_1^2 + \cdots + \sigma_n^2$ und Varianz $2(\sigma_1^4 + \cdots + \sigma_n^4)$. (Dabei sei eine Γ-Verteilung der Form $\Gamma_{(\infty,v)}$ definitionsgemäß die Dirac-Verteilung δ_0.) Streut X, d.h. $\mathrm{N}(\mu\,;\Phi^*)$, gleichmäßig bzgl. $\langle -, - \rangle$ mit der Streuung σ, so besitzt $\|X - \mu\|^2$ eine $\Gamma_{(1/2\sigma^2,\,n/2)}$-Verteilung, vgl. 19.B.9.

19.D.9 Beispiel (S t a n d a r d i s i e r e n   v o n   V e r t e i l u n g e n) V sei ein n-dimensionaler euklidischer Vektorraum. Die zum Skalarprodukt $\langle -, - \rangle$ gehörende Normalverteilung mit Erwartungswert 0 heißt die S t a n d a r d n o r m a l v e r t e i l u n g auf V (bzgl. des gegebenen Skalarprodukts). Sie hat bzgl. des Standard-Lebesgue-Maßes $\lambda = \lambda_V$ auf V die Dichte

$$\frac{1}{(2\pi)^{n/2}} \exp\left(-\frac{1}{2}\,\|x\|^2\right),$$

vgl. 19.D.1. Sei nun X eine normalverteilte Zufallsvariable mit Werten in V, deren Erwartungswert gleich μ und deren Kovarianzform Φ^* ist: $P_X = \mathrm{N}(\mu\,;\Phi^*)$. Dann hat die z e n t r i e r t e V a r i a b l e $X - \mu$ den Erwartungswert 0. Die Form Φ^* auf V^* besitzt eine Darstellung $\Phi^*(f, g) = \langle G^* f, g \rangle^* = \langle f, G^* g \rangle^*$ mit einem eindeutig bestimmten selbstadjungierten semipositiven Operator G^* auf V^*. Dabei ist $\langle -, - \rangle^*$ das zu $\langle -, - \rangle$ korrespondierende Skalarprodukt auf V^*. Mit der ebenfalls eindeutigen semipositiven Quadratwurzel $F^* = (G^*)^{1/2}$ (vgl. Bd. 2, 15.C.3) gilt dann

$$\Phi^*(f, g) = \langle (F^*)^2 f, g \rangle^* = \langle F^* f, F^* g \rangle^*.$$

Ist $F : V \to V$ der zu F^* duale Operator, so ist also die Verteilung von $X - \mu$ nach 19.D.4 die Bildverteilung der Standardnormalverteilung auf V unter F. Ist Φ^* nicht ausgeartet, F^* und damit F bijektiv, so hat die Variable

$$F^{-1} \circ (X - \mu)$$

die Standardnormalverteilung. Man nennt diese Variable die z e n t r i e r t e   u n d   n o r m i e r t e   V a r i a b l e   z u X oder kurz die S t a n d a r d i s i e r u n g   v o n X. *Man definiert sie in gleicher Weise für jede V-wertige Zufallsvariable X mit Erwartungswert μ, deren Kovarianzform Φ^* auf V^* positiv definit ist.*

Ist $v_1, \dots, v_n$ eine *Orthonormalbasis* von V (und folglich $v_1^*, \dots, v_n^*$ eine Orthonormalbasis von V^*), und ist

$$\mathfrak{C} := \big(\mathrm{C}(X_i, X_j)\big)_{1 \le i,j \le n} \in \mathrm{M}_n(\mathbb{R})$$

die (positiv definite) K o v a r i a n z m a t r i x der Komponenten $X_1, \dots, X_n$ der Zufallsvariablen $X = X_1 v_1 + \cdots + X_n v_n$ bzgl. $v_1, \dots, v_n$, so hat der Operator F bzgl. $v_1, \dots, v_n$ die Matrix

$$\mathfrak{S} = \mathfrak{C}^{1/2}.$$

Die Komponenten $Y_1, \dots, Y_n$ der Standardisierung $Y := F^{-1} \circ (X - \mu) = Y_1 v_1 + \cdots + Y_n v_n$ von X werden also durch die Gleichung

$$\begin{pmatrix} Y_1 \\ \vdots \\ Y_n \end{pmatrix} = \mathfrak{S}^{-1} \begin{pmatrix} X_1 - \mu_1 \\ \vdots \\ X_n - \mu_n \end{pmatrix}$$

gegeben, $\mathrm{E}(X) = \mu = \mu_1 v_1 + \cdots + \mu_n v_n$. Man nennt übrigens $\mathfrak{S}$ die S t r e u m a t r i x von X bzgl. $v_1, \dots, v_n$ (auch dann, wenn $\mathfrak{C}$ nur positiv semidefinit ist). Die Streumatrix der Standardisierung Y von X bzgl. $v_1, \dots, v_n$ ist die Einheitsmatrix. Man beachte noch

$$\int\limits_{\Omega} \|X - \mu\|^2 \, dP = \int\limits_{\Omega} \big((X_1 - \mu_1)^2 + \cdots + (X_n - \mu_n)^2\big) \, dP = \mathrm{Sp}\, \mathfrak{C} = \mathrm{Sp}\, F^2.$$

Für $V = \mathbb{R}^n$ werden die Bezeichnungen Kovarianz- bzw. Streumatrix stets bzgl. der Standardbasis gebraucht, falls nicht ausdrücklich etwas anderes gesagt wird.

19.D.10 Beispiel (F e h l e r f o r t p f l a n z u n g s g e s e t z) Die physikalische Größe g sei eine differenzierbare Funktion der reellen Größen $x_1, \dots, x_n$:

$$g = g(x_1, \dots, x_n).$$

Das Messen der Größen x_i liefert Zufallsvariablen X_i, die wir als normalverteilt annehmen wollen mit den „wahren" Werten μ_i als Erwartungswerten und positiven Streuungen σ_i, $i = 1, \dots, n$. Ferner nehmen wir an, dass die Messungen unabhängig sind. Dann ist die zusammengesetzte Variable $X = (X_1, \dots, X_n)$ ebenfalls normalverteilt mit $\mathrm{N}(\mu_1, \dots, \mu_n; \sigma_1^2, \dots, \sigma_n^2)$ als Verteilung. Wir fragen nach der Verteilung von $G := g(X_1, \dots, X_n)$. Ist g linear oder allgemeiner affin: $g(x_1, \dots, x_n) = b + a_1 x_1 + \cdots + a_n x_n$, so ist G nach 19.D.4 normalverteilt mit dem Wert $g(\mu) = g(\mu_1, \dots, \mu_n)$ als Erwartungswert und der Streuung $\sigma := (a_1^2 \sigma_1^2 + \cdots + a_n^2 \sigma_n^2)^{1/2}$. Im allgemeinen Fall ist die genaue Verteilung von G in der Regel kaum zu berechnen. Man wird daher g und G näherungsweise durch die Approximationen

$$g(\mu) + \sum_{i=1}^{n} \frac{\partial g}{\partial x_i}(\mu)\,(x_i - \mu_i) \qquad \text{bzw.} \qquad g(\mu) + \sum_{i=1}^{n} \frac{\partial g}{\partial x_i}(\mu)\,(X_i - \mu_i)$$

ersetzen und erhält dann das so genannte G a u ß s c h e   F e h l e r f o r t p f l a n z u n g s g e s e t z:

$g(X_1, \ldots, X_n)$ ist näherungsweise normalverteilt mit Erwartungswert $g(\mu)$ und Streuung

$$\left(\left(\frac{\partial g}{\partial x_1}(\mu)\right)^2 \sigma_1^2 + \cdots + \left(\frac{\partial g}{\partial x_n}(\mu)\right)^2 \sigma_n^2\right)^{1/2}.$$

Soll beispielsweise die Erdbeschleunigung g mit einem Pendel gemäß der Formel

$$g = 4\pi^2 \frac{\ell}{T^2}, \qquad \ell := \text{Pendellänge}, \quad T := \text{Schwingungsdauer},$$

bestimmt werden, und werden die Länge ℓ sowie die Schwingungsdauer T mit den Werten ℓ_0 bzw. T_0 und den Streuungen σ_ℓ und σ_T gemessen, so erhält man für g den Wert $g_0 = 4\pi^2 \ell_0 / T_0^2$ mit der Streuung

$$\frac{4\pi^2}{T_0^2} \sqrt{\sigma_\ell^2 + 4 \frac{\ell_0^2}{T_0^2} \sigma_T^2}.$$

Das Problem ist natürlich, dass ℓ_0 und T_0 in der Regel nicht bekannt sind. Es gehört zu den Aufgaben der Statistik, aus konkreten einzelnen Messungen diese Werte zu schätzen. Vgl. dazu §20 und insbesondere Beispiel 20.A.14.

In dem oben formulierten Fehlerfortpflanzungsgesetz ist der Terminus „näherungsweise" ziemlich vage. Zur Präzisierung beweisen wir das folgende (recht grobe) Ergebnis:

19.D.11 Fehlerfortpflanzungsgesetz *Seien $X_k = (X_{1k}, \ldots, X_{nk})$, $k \in \mathbb{N}$, Zufallsvariable mit Werten im $\mathbb{R}^n$. Für jedes k seien die reellen Variablen $X_{1k}, \ldots, X_{nk}$ stochastisch unabhängig und normalverteilt mit den (von k unabhängigen) Erwartungswerten $\mu_1, \ldots, \mu_n$ und den (von k abhängigen) Streuungen $\sigma_{1k}, \ldots, \sigma_{nk}$. Die reelle messbare Funktion g sei (in einer Umgebung von μ definiert und) in μ differenzierbar mit den von 0 verschiedenen partiellen Ableitungen $a_i := \dfrac{\partial g}{\partial x_i}(\mu)$, $i = 1, \ldots, n$. Konvergiert dann $\sigma_k := (\sigma_{1k}, \ldots, \sigma_{nk}) \in \mathbb{R}^n$ für $k \to \infty$ gegen 0, so konvergieren die Variablen*

$$\frac{g(X_{1k}, \ldots, X_{nk}) - g(\mu)}{(a_1^2 \sigma_{1k}^2 + \cdots + a_n^2 \sigma_{nk}^2)^{1/2}}$$

für $k \to \infty$ schwach gegen eine standardnormalverteilte Zufallsvariable.

B e w e i s . Wir können annehmen, dass g auf dem ganzen $\mathbb{R}^n$ definiert ist. Dann sind auch die Variablen $g(X_k) = g(X_{1k}, \ldots, X_{nk})$ überall definiert. Wegen der Differenzierbarkeit von g in μ gilt

$$g(X_k) - g(\mu) = T(X_k - \mu) + r(X_k - \mu)\,\|X_k - \mu\|$$

mit dem totalen Differenzial $T(x_1, \ldots, x_n) = \sum_{i=1}^{n} a_i x_i$ von g in μ und einer in 0 stetigen Funktion r mit $r(0) = 0$. $T(X_k - \mu)$ ist nach 19.D.3 (4) normalverteilt mit Erwartungswert 0 und Varianz $\sigma_k^2 := a_1^2 \sigma_{1k}^2 + \cdots + a_n^2 \sigma_{nk}^2$. Somit ist die Variable $T(X_k - \mu)/\sigma_k$ standardnormalverteilt. Es ist

$$\mathrm{E}\big(\|X_k - \mu\|\big) \leq \mathrm{E}\big(\|X_k - \mu\|^2\big)^{1/2} = (\sigma_{1k}^2 + \cdots + \sigma_{nk}^2)^{1/2}.$$

Daher gilt $\mathrm{E}\big(\|X_k - \mu\|\big)/\sigma_k \leq C$ mit einer festen Schranke C.

$X_k - \mu$ konvergiert schwach gegen 0, vgl. 19.D.6. Daher konvergiert $r(X_k - \mu)$ nach 19.C, Aufg. 2 ebenfalls schwach gegen 0. Dann konvergiert auch $r(X_k - \mu)\|X_k - \mu\|/\sigma_k$ schwach gegen 0, vgl. 19.C, Aufg. 11. Mit 19.C, Aufg. 9a) konvergiert schließlich die Summe

$$\frac{g(X_k) - g(\mu)}{\sigma_k} = \frac{T(X_k - \mu)}{\sigma_k} + r(X_k - \mu)\,\frac{\|X_k - \mu\|}{\sigma_k}$$

schwach gegen eine standardnormalverteilte Zufallsvariable.   ●

Aufgaben

1. Sei

$$\mathfrak{G}^* = \begin{pmatrix} \sigma^2 & \rho\sigma\tau \\ \rho\sigma\tau & \tau^2 \end{pmatrix} \in M_2(\mathbb{R})$$

positiv definit (mit $\sigma, \tau > 0$). Dann hat die Normalverteilung $N(0\,;\,\mathfrak{G}^*)$ auf $\mathbb{R}^2$ bzgl. λ^2 die Dichte

$$v(0\,;\,\mathfrak{G}^*) = \frac{1}{2\pi\sigma\tau\sqrt{1-\rho^2}}\, \exp\left(-\frac{1}{2(1-\rho^2)}\left(\frac{x^2}{\sigma^2} - \frac{2\rho xy}{\sigma\tau} + \frac{y^2}{\tau^2}\right)\right).$$

Man diskutiere den (schwachen) Limes für $\rho \to 1$ bzw. $\rho \to -1$.

2. Für $a \in\,]-1, 1[$ sei P_a die Normalverteilung auf $\mathbb{R}^2$ mit Erwartungswert 0 und Kovarianzmatrix $\begin{pmatrix} 1 & a \\ a & 1 \end{pmatrix}$.

a) Die Dichte von P_a (bzgl. λ^2) ist

$$\frac{1}{2\pi\sqrt{1-a^2}}\, \exp\left(-\frac{x^2 - 2axy + y^2}{2(1-a^2)}\right).$$

b) Für $a, b \in\,]-1, 1[$ ist $\frac{1}{2}(P_a + P_b)$ eine Wahrscheinlichkeitsverteilung auf $\mathbb{R}^2$ mit Erwartungswert 0 und Kovarianzmatrix

$$\begin{pmatrix} 1 & (a+b)/2 \\ (a+b)/2 & 1 \end{pmatrix},$$

die bei $a \neq b$ keine Normalverteilung ist. Die beiden Koordinatenfunktionen X, Y sind standardnormalverteilt. Insbesondere sind X und Y bei $a = -b \neq 0$ standardnormalverteilte unkorrelierte Zufallsvariablen, deren gemeinsame Verteilung keine Normalverteilung ist, die also nicht stochastisch unabhängig sind. (Vgl. 19.D.3 (3).)

3. Sei $N(\mu\,;\,Q^*)$ eine nicht ausgeartete Normalverteilung auf dem endlichdimensionalen reellen Vektorraum V mit zugehörigem Skalarprodukt $\Phi(x, y)$ und zugehöriger quadratischer Form $Q(x) = \Phi(x, x)$ auf V.

a) Für einen Unterraum $W \subseteq V$ ist $Q\big(p_W(x - \mu)\big)$ eine χ^2-verteilte Zufallsvariable mit $\mathrm{Dim}_{\mathbb{R}}\, W$ Freiheitsgraden, wobei p_W die orthogonale Projektion auf W (bzgl. Φ) ist. (Vgl. 19.D.8.)

b) Seien $U, W \subseteq V$ Φ-orthogonale Unterräume. Dann sind $p_U(x - \mu)$ und $p_W(x - \mu)$ stochastisch unabhängige Zufallsvariablen auf V. Insbesondere sind $Q\big(p_U(x-\mu)\big)$ und $Q\big(p_W(x-\mu)\big)$ stochastisch unabhängige χ^2-verteilte Zufallsvariablen mit $\mathrm{Dim}_{\mathbb{R}}\, U$ bzw. $\mathrm{Dim}_{\mathbb{R}}\, W$ Freiheitsgraden. (p_U und p_W bezeichnen die Φ-orthogonale Projektion auf U bzw. W.)

4. Seien V, $N(\mu\,;\,Q^*)$ und Φ, Q wie in Aufg. 3 gewählt. Ferner sei $V = U \oplus W$ mit den Unterräumen $U, W \subseteq V$ und $F : V \to U$ die Projektion auf U längs W. Dann ist $F_* N(\mu\,;\,Q^*)$ eine (nicht ausgeartete) Normalverteilung auf U mit zugehöriger quadratischer Form $x \mapsto Q\big(p_{W^\perp}(x)\big)$, $x \in U$, wobei $p_{W^\perp}$ die Φ-orthogonale Projektion auf $W^\perp$ ist. Ist $V = U \oplus W$ eine Φ-orthogonale Zerlegung, so handelt es sich um die Beschränkung von Q auf U.

19.E Der Zentrale Grenzwertsatz

Die Verteilung einer Summe vieler stochastisch unabhängiger reeller Zufallsvariablen lässt sich häufig genügend genau durch eine Normalverteilung approximieren. Dies ist der Inhalt des Zentralen Grenzwertsatzes, den wir in diesem Abschnitt beweisen werden. Dabei werden wir die Aussage 19.C.7, d.h. die Fourier-Transformation, zwar nicht direkt benutzen; sie steht jedoch im Hintergrund der Überlegungen. Zunächst führen wir einige Sprechweisen ein.

X_k, $k \in \mathbb{N}^*$, sei ein Folge stochastisch unabhängiger reeller Zufallsvariablen mit den Erwartungswerten μ_k und den positiven (endlichen) Streuungen σ_k. Dann hat die Summe

$$S_k := X_1 + \cdots + X_k$$

den Erwartungswert $v_k := \mu_1 + \cdots + \mu_k$ und $\tau_k := (\sigma_1^2 + \cdots + \sigma_k^2)^{1/2}$ als Streuung. Die Variablen

$$Y_k := \frac{S_k - v_k}{\tau_k}, \quad k \in \mathbb{N}^*,$$

sind standardisiert, haben also den Erwartungswert 0 und die Streuung 1. Man sagt, die Folge (X_k) g e n ü g e   d e m   Z e n t r a l e n   G r e n z w e r t s a t z (oder für (X_k) g e l t e d e r   Z e n t r a l e   G r e n z w e r t s a t z), wenn die Folge der zugehörigen standardisierten Variablen Y_k, $k \in \mathbb{N}^*$, schwach gegen eine standardnormalverteilte Zufallsvariable konvergiert. Genügt die Folge (X_k) dem Zentralen Grenzwertsatz, so kann man also für hinreichend große k die Summen S_k als $\mathrm{N}(v_k\,; \tau_k^2)$-verteilt ansehen. Insbesondere gilt

$$P(a \leq S_k < b) \approx \Phi\Big(\frac{b - v_k}{\tau_k}\Big) - \Phi\Big(\frac{a - v_k}{\tau_k}\Big),$$

wobei Φ die Verteilungsfunktion zur Standardnormalverteilung ist, vgl. Beispiel 19.B.3. Natürlich wird durch die Gültigkeit des Zentralen Grenzwertsatzes noch nicht gesagt, für welche k die Approximation angemessen ist. Dieses Problem erfordert (in der Regel nicht ganz einfache) Zusatzüberlegungen oder wird durch „Erfahrung" entschieden.

Eine recht allgemeine Voraussetzung, die für eine Folge (X_k) die Gültigkeit des Zentralen Grenzwertsatzes sichert, ist die so genannte Lindeberg-Bedingung. Unter Benutzung der oben eingeführten Bezeichnungen sagen wir, die Folge (X_k) erfülle die L i n d e b e r g - B e d i n g u n g, wenn für jedes $\varepsilon > 0$

$$\lim_{k \to \infty} \frac{1}{\tau_k^2} \sum_{j=1}^{k} \int\limits_{|t - \mu_j| \geq \varepsilon \tau_k} (t - \mu_j)^2 \, dP_{X_j} = 0$$

ist. Dann gilt:

19.E.1 Zentraler Grenzwertsatz *Erfüllt die Folge $(X_k)_{k \in \mathbb{N}^*}$ stochastisch unabhängiger reeller Zufallsvariablen die Lindeberg-Bedingung, so genügt sie dem Zentralen Grenzwertsatz.*

Bevor wir 19.E.1 beweisen, erwähnen wir einige Spezialfälle. Zunächst sei bemerkt, dass unter der Voraussetzung, dass die Folge (X_k) die so genannte F e l l e r s c h e B e d i n g u n g

$$\lim_{k\to\infty} \text{Max}\left(\frac{\sigma_1^2}{\tau_k^2},\dots,\frac{\sigma_k^2}{\tau_k^2}\right) = 0$$

erfüllt, die Lindebergsche Bedingung auch notwendig dafür ist, dass (X_k) dem Zentralen Grenzwertsatz genügt, man vgl. dazu etwa [45], Satz 28.3. *Aus der Lindeberg-Bedingung folgt die Fellersche Bedingung,* da für alle $\varepsilon > 0$ gilt:

$$\left(\frac{\sigma_j}{\tau_k}\right)^2 = \int_{-\infty}^{\infty} \left|\frac{t-\mu_j}{\tau_k}\right|^2 dP_{X_j} \ \leq\ \varepsilon^2 + \int_{|t-\mu_j|\geq\varepsilon\tau_k} \left|\frac{t-\mu_j}{\tau_k}\right|^2 dP_{X_j}, \qquad j = 1,\dots,k.$$

19.E.2 Zentraler Grenzwertsatz für identisch verteilte Zufallsvariablen *Haben die Zufallsvariablen X_k, $k \in \mathbb{N}^*$, alle dieselbe Verteilung, so genügt die Folge (X_k) dem Zentralen Grenzwertsatz.*

B e w e i s . Es genügt zu zeigen, dass eine identisch verteilte Folge (X_k) die Lindeberg-Bedingung erfüllt. Ist aber P die gemeinsame Verteilung der X_k mit dem Erwartungswert μ und der Streuung σ, so besagt die Lindeberg-Bedingung wegen $\tau_k = (\sigma_1^2 + \cdots + \sigma_k^2)^{1/2} = \sigma\sqrt{k}$, dass bei $\varepsilon > 0$

$$\lim_{k\to\infty} \frac{1}{\sigma^2} \int_{|t-\mu|\geq\varepsilon\sigma\sqrt{k}} (t-\mu)^2\, dP = 0$$

zu gelten hat. Dies ist aber wegen $\lim_{k\to\infty} \varepsilon\sigma\sqrt{k} = \infty$ trivial.

Wir geben noch einen d i r e k t e n B e w e i s f ü r 19.E.2, der bereits die Grundidee für den allgemeinen Beweis von 19.E.1 enthält: Sei f die Fourier-Transformierte der Verteilung der standardisierten Variablen

$$X_k' = \frac{X_k - \mu_k}{\sigma_k}\ \left(= \frac{X_k-\mu}{\sigma}\right), \qquad k \in \mathbb{N}^*.$$

Dann ist

$$Y_k = \frac{\sigma_1}{\tau_k} X_1' + \cdots + \frac{\sigma_k}{\tau_k} X_k' = \frac{X_1'}{\sqrt{k}} + \cdots + \frac{X_k'}{\sqrt{k}},$$

und die Verteilung P_k von Y_k hat nach dem Faltungssatz 17.A.6 (und Beispiel 17.A.3 (7)) die Fourier-Transformierte

$$\widehat{P_k}(x) = (2\pi)^{(k-1)/2} f^k\left(\frac{x}{\sqrt{k}}\right).$$

Nach 17.A.8 ist f zweimal (stetig) differenzierbar mit $f(0) = 1/\sqrt{2\pi}$, $f'(0) = 0$ und $f''(0) = -1/\sqrt{2\pi}$. Daher gilt

$$f(x) = \frac{1}{\sqrt{2\pi}}\left(1 - r(x)\,\frac{x^2}{2}\right),$$

wobei $r(x)$ eine im Nullpunkt stetige Funktion mit $r(0) = 1$ ist. Für festes x folgt (vgl. Bd. 1, Satz 12.E.3)

$$\lim_{k\to\infty} \widehat{P}_k(x) = \lim_{k\to\infty} \frac{1}{\sqrt{2\pi}}\left(1 - r\left(\frac{x}{\sqrt{k}}\right)\frac{x^2}{2k}\right)^k = \frac{1}{\sqrt{2\pi}}\, e^{-x^2/2}$$

Da $\frac{1}{\sqrt{2\pi}}\exp(-x^2/2)$ die Fourier-Transformierte der Standardnormalverteilung ist (vgl. Beispiel 17.A.3 (5) oder Satz 19.D.5), ergibt sich die Behauptung mit 19.C.7. ●

19.E.3 Zentraler Grenzwertsatz von Ljapunow *Gibt es zu der Folge (X_k) ein $\delta > 0$ mit*

$$\lim_{k\to\infty} \frac{1}{\tau_k^{2+\delta}} \sum_{j=1}^{k} \mathrm{E}\big(|X_j - \mu_j|^{2+\delta}\big) = 0\,,$$

so genügt sie dem Zentralen Grenzwertsatz.

B e w e i s . Wegen $|t - \mu_j|^2 \leq |t - \mu_j|^{2+\delta}/(\varepsilon\tau_k)^\delta$ für $|t - \mu_j| \geq \varepsilon\tau_k$ ist

$$\frac{1}{\tau_k^2} \sum_{j=1}^{k} \int_{|t-\mu_j|\geq\varepsilon\tau_k} (t - \mu_j)^2\, dP_{X_j} \leq \frac{1}{\varepsilon^\delta \tau_k^{2+\delta}} \sum_{j=1}^{k} \int_{-\infty}^{\infty} |t - \mu_j|^{2+\delta}\, dP_{X_j}$$

$$= \frac{1}{\varepsilon^\delta \tau_k^{2+\delta}} \sum_{j=1}^{k} \mathrm{E}\big(|X_j - \mu_j|^{2+\delta}\big)\,,$$

so dass nach Voraussetzung die Folge (X_k) die Lindeberg-Bedingung erfüllt. ●

19.E.4 Korollar *Die Zufallsgrößen X_k, $k \in \mathbb{N}^*$, seien gleichmäßig beschränkt, d.h. es gebe eine Konstante C mit $P\big(|X_k| > C\big) = 0$ für alle k. Ferner sei $\lim_{k\to\infty} \tau_k = \infty$. Dann genügt die Folge (X_k) dem Zentralen Grenzwertsatz.*

B e w e i s . Es genügt, die in 19.E.3 angegebene Ljapunow-Bedingung für $\delta > 0$ zu verifizieren. Nun ist $|\mu_k| \leq C$ und folglich $|X_k - \mu_k| \leq C$ fast sicher. Somit gilt

$$\frac{1}{\tau_k^{2+\delta}} \sum_{j=1}^{k} \mathrm{E}\big(|X_j - \mu_j|^{2+\delta}\big) \leq \frac{(2C)^\delta}{\tau_k^\delta} \cdot \frac{1}{\tau_k^2} \sum_{j=1}^{k} \mathrm{E}\big(|X_j - \mu_j|^2\big) = \left(\frac{2C}{\tau_k}\right)^\delta,$$

woraus wegen $\tau_k \to \infty$ das gewünschte Resultat folgt. ●

Wir kommen zum B e w e i s d e s H a u p t s a t z e s 19.E.1. Wir schreiben Y_k als Summe

$$Y_k = X_1' + \cdots + X_k'$$

mit den zentrierten (stochastisch unabhängigen) Variablen

$$X_j' := \frac{X_j - \mu_j}{\tau_k}\,,$$

deren Streuung σ_j/τ_k ist, $j = 1, \ldots, k$. Die Lindeberg-Bedingung besagt dann

$$\lim_{k\to\infty} \sum_{j=1}^{k} \int_{|t|\geq\varepsilon} t^2\, dP_{X_j'} = 0$$

für jedes $\varepsilon > 0$. Für die Verteilung P_k von Y_k gilt

$$P_k = P_{X_1'} * \cdots * P_{X_k'}.$$

Die Standardnormalverteilung $\mathrm{N}(0\,;1)$ interpretieren wir als die Faltung

$$N_1 * \cdots * N_k,$$

wobei wir zur Abkürzung $N_j := \mathrm{N}(0\,;\sigma_j^2/\tau_k^2)$, $j = 1,\ldots,k$, gesetzt haben, vgl. 19.D.3 (4). Nach 19.C.7 genügt es,

$$\lim_{k\to\infty} \int e^{-ixt}\, dP_k(t) = \int e^{-ixt}\, d\mathrm{N}(0\,;1)(t)$$

für alle $x \in \mathbb{R}$ zu zeigen. Wir beweisen gleich allgemeiner

$$\lim_{k\to\infty} \int g\, dP_k = \int g\, d\mathrm{N}(0\,;1)$$

für beliebige 3-mal stetig differenzierbare Funktionen $g : \mathbb{R} \to \mathbb{C}$, für die die Ableitungen $g^{(\nu)}$, $\nu = 0,1,2,3$, beschränkt sind, woraus die schwache Konvergenz $P_k \overset{w}{\to} \mathrm{N}(0\,;1)$ leicht direkt ohne den Umweg über die Fourier-Transformierte folgt. Im Folgenden bezeichnet $\|-\| = \|-\|_{\mathbb{R}}$ die Supremumsnorm für Funktionen $\mathbb{R} \to \mathbb{C}$. Dann ist

$$\Big| \int g\, dP_k - \int g\, d\mathrm{N}(0\,;1) \Big| \le \sum_{j=1}^{k} \Big\| \int g(s+t)\, dP_{X_j'}(t) - \int g(s+t)\, dN_j(t) \Big\|,$$

vgl. Aufg. 3. Für beliebige $s \in \mathbb{R}$ ist nun wegen $\mathrm{E}(X_j') = 0$ und $\sigma(X_j') = \sigma_j/\tau_k$

$$\int g(s+t)\, dP_{X_j'}(t) - g(s) - \frac{\sigma_j^2}{2\tau_k^2}\, g''(s)$$

$$= \int \Big(\frac{g(s+t) - g(s) - g'(s)\,t}{t^2} - \frac{1}{2}\, g''(s) \Big)\, t^2\, dP_{X_j'}(t).$$

Aus der Taylor-Formel folgt für $|t| \le \varepsilon$

$$\Big| \frac{g(s+t) - g(s) - g'(s)\,t}{t^2} - \frac{1}{2}\, g''(s) \Big| \le \frac{1}{6}\, \|g'''\|\, |t| \le \frac{\varepsilon}{6}\, \|g'''\|$$

und für beliebige t

$$\Big| \frac{g(s+t) - g(s) - g'(s)\,t}{t^2} - \frac{1}{2}\, g''(s) \Big| \le \Big| \frac{g(s+t) - g(s) - g'(s)\,t}{t^2} \Big| + \frac{1}{2}\, |g''(s)|$$

$$\le \frac{1}{2}\, \|g''\| + \frac{1}{2}\, \|g''\| = \|g''\|.$$

Also ist

$$\Big| \int g(s+t)\, dP_{X_j'}(t) - g(s) - \frac{\sigma_j^2}{2\tau_k^2}\, g''(s) \Big| \le$$

$$\le \frac{\varepsilon}{6}\, \|g'''\| \int_{|t|\le\varepsilon} t^2\, dP_{X_j'} + \|g''\| \int_{|t|\ge\varepsilon} t^2\, dP_{X_j'} \le \frac{\varepsilon}{6}\, \|g'''\|\, \frac{\sigma_j^2}{\tau_k^2} + \|g''\| \int_{|t|\ge\varepsilon} t^2\, dP_{X_j'}.$$

Eine entsprechende Abschätzung erhält man, wenn man die Verteilung $P_{X'_j}$ durch N_j ersetzt. Insgesamt ergibt sich

$$\sum_{j=1}^{k} \left\| \int g(s+t)\, dP_{X'_j}(t) - \int g(s+t)\, dN_j(t) \right\|$$

$$\leq \frac{\varepsilon}{3}\, \|g'''\| + \|g''\| \left(\sum_{j=1}^{k} \int_{|t|\geq\varepsilon} t^2\, dP_{X'_j} + \sum_{j=1}^{k} \int_{|t|\geq\varepsilon} t^2\, dN_j \right).$$

Nach der Lindeberg-Bedingung ist

$$\lim_{k\to\infty} \sum_{j=1}^{k} \int_{|t|\geq\varepsilon} t^2\, dP_{X'_j} = 0.$$

Da auch die Fellersche Bedingung $\lim_{k\to\infty} \mathrm{Max}\,(\sigma_1^2/\tau_k^2, \ldots, \sigma_k^2/\tau_k^2) = 0$ nach der Bemerkung im Anschluss an 19.E.1 erfüllt ist, gilt ferner

$$\lim_{k\to\infty} \sum_{j=1}^{k} \int_{|t|\geq\varepsilon} t^2\, dN_j = 0,$$

vgl. Aufg. 1. Insgesamt ergibt sich die Behauptung.   ●

19.E.5 Beispiel Die unabhängigen Zufallsvariablen X_k, $k \in \mathbb{N}^*$, mögen alle dieselbe Verteilung mit endlicher positiver Varianz und Erwartungswert μ besitzen. Ferner sei

$$A_k := \frac{X_1 + \cdots + X_k}{k}, \qquad k \in \mathbb{N}^*.$$

Dann konvergiert die Folge

$$\frac{A_k - \mathrm{E}(A_k)}{\sigma(A_k)}, \qquad k \in \mathbb{N}^*.$$

der standardisierten Variablen gegen eine standardnormalverteilte Variable. Wegen $\mathrm{E}(A_k) = \mu$ und $\sigma(A_k) = \sigma/\sqrt{k}$ ist nämlich

$$\frac{A_k - \mathrm{E}(A_k)}{\sigma(A_k)} = \frac{X_1 + \cdots + X_k - k\mu}{\sigma\sqrt{k}} = Y_k, \qquad k \in \mathbb{N}^*,$$

und die Behauptung folgt aus 19.E.2.

19.E.6 Beispiel (S a t z   v o n   d e   M o i v r e - L a p l a c e) Sei $0 < p < 1$ und $q := 1 - p$. Ein Bernoulli-Versuch mit der Erfolgswahrscheinlichkeit p (und der Fehlschlagswahrscheinlichkeit q) werde k-mal unabhängig voneinander ausgeführt. Die Anzahl S_k der Erfolge ist dann binomialverteilt mit den Parametern k und p und gleich der Summe von k unabhängigen Variablen $X_1, \ldots, X_k$, die alle die Verteilung $q\delta_0 + p\delta_1$ haben. Wegen $\mathrm{E}(S_k) = kp$ und $\sigma(S_k) = \sqrt{kpq}$ folgt aus 19.E.2: *Für große k wird die Binomialverteilung $\beta(-\,;k,p)$ durch die Normalverteilung* $\mathrm{N}(kp\,;kpq)$ *approximiert.* Insbesondere gilt für $m_1, m_2 \in \mathbb{N}$, $m_1 \leq m_2$:

$$\sum_{m=m_1}^{m_2} \beta(m\,;k,p) \approx \Phi\!\left(\frac{m_2 + \frac{1}{2} - kp}{\sqrt{kpq}}\right) - \Phi\!\left(\frac{m_1 - \frac{1}{2} - kp}{\sqrt{kpq}}\right).$$

Für $m = m_1 = m_2$ erhält man die Näherung

$$\beta(m\,;k,p) \approx \Phi\Big(\frac{m + \frac{1}{2} - kp}{\sqrt{kpq}}\Big) - \Phi\Big(\frac{m - \frac{1}{2} - kp}{\sqrt{kpq}}\Big) \approx \frac{1}{\sqrt{2\pi kpq}}\,\exp\Big(-\frac{(m - kp)^2}{2kpq}\Big).$$

Dies ist der so genannte G r e n z w e r t s a t z v o n d e M o i v r e - L a p l a c e . Man benutzt die durch ihn gegebene Näherung häufig schon für relativ kleine Werte von n, etwa schon für $npq \geq 5$ (was in jedem Fall $n \geq 20$ impliziert). Vgl. Aufg. 9 für eine Verallgemeinerung.

Nach dem Korollar 19.E.4 zum Satz von Ljapunow *kann man die Verteilung der Anzahl der Erfolge $X_1 + \cdots + X_k$ für große k bereits dann durch eine Normalverteilung approximieren, wenn die einzelnen Experimente stochastisch unabhängig sind und die Erfolgswahrscheinlichkeiten p_j von X_j, $j \in \mathbb{N}^*$, die Bedingung $\sum_{j=1}^{\infty} p_j(1 - p_j) = \infty$ erfüllen.*

19.E.7 Beispiel (A p p r o x i m a t i o n v o n χ^2 - V e r t e i l u n g e n) Seien X_k, $k \in \mathbb{N}^*$, stochastisch unabhängige standardnormalverteilte Zufallsvariablen. Für jedes k ist dann

$$X_1^2 + \cdots + X_k^2$$

χ^2-verteilt mit k Freiheitsgraden und hat den Erwartungswert k, sowie die Streuung $\sqrt{2k}$, vgl. dazu Beispiel 19.B.6. Aus 19.E.2 folgt nun: *Für große k wird die χ^2-Verteilung mit k Freiheitsgraden durch die Normalverteilung* $\mathrm{N}(k\,;2k)$ *approximiert.* Man benutzt diese Approximation für $k \geq 30$.

19.E.8 Beispiel (F e h l e r v e r t e i l u n g e n) Gewöhnlich wird der Zentrale Grenzwertsatz zur Begründung dafür herangezogen, dass etwa der Fehler bei einem Messverfahren oder die Abweichung vom Sollwert für die Abmessung eines Werkstücks normalverteilt sind. Wir wollen dies hier etwas erläutern. Dazu stellt man sich den Gesamtfehler als reelle Zufallsvariable Z vor, die sich als Summe vieler kleiner stochastisch unabhängiger „Elementarfehler" ergibt: $Z = X_1 + \cdots + X_k$. Jeder der Elementarfehler X_j entsteht aus einer der vielen Unzulänglichkeiten des betrachteten Mess- bzw. Produktionsverfahrens.

Um zu einer präzisen Aussage darüber zu gelangen, inwieweit und unter welchen Voraussetzungen Z näherungsweise als normalverteilt angesehen werden kann, betrachten wir eine Folge Z_n, $n \in \mathbb{N}$, von Fehlervariablen der Gestalt

$$Z_n = X_{n1} + \cdots + X_{nk_n}$$

mit stochastisch unabhängigen Variablen $X_{n1}, \ldots, X_{nk_n}$. Mit P_n bzw. P_{nj} bezeichnen wir die Verteilungen dieser Variablen, σ_n bzw. σ_{nj} seien ihre Streuungen. Folgende Bedingungen seien erfüllt:

(1) Keiner der Elementarfehler X_{nj} ist ein s y s t e m a t i s c h e r F e h l e r , d.h. es ist stets $\mathrm{E}(X_{nj}) = 0$.

(2) Asymptotisch ist keiner der Elementarfehler X_{nj} d o m i n i e r e n d . Dies präzisieren wir durch die folgende „Lindeberg-Bedingung" : Für alle $\varepsilon > 0$ ist

$$\lim_{n \to \infty} \sum_{j=1}^{k_n} \int_{|t| \geq \varepsilon} t^2\, dP_{nj} = 0\,.$$

(3) Es ist $\lim_{n \to \infty} \sigma_n = \sigma$ mit $0 < \sigma < \infty$.

Unter diesen Voraussetzungen konvergiert die Folge Z_n schwach gegen eine $\mathrm{N}(0\,;\sigma^2)$*-verteilte Zufallsvariable.*

Man beweist dies ganz analog wie den Zentralen Grenzwertsatz 19.E.1: Zunächst ergibt sich aus (2), dass

$$\lim_{n\to\infty} \mathrm{Max}\,(\sigma_{n1},\ldots,\sigma_{nk_n}) = 0$$

ist. Ferner konvergiert $N_n := \mathrm{N}(0\,;\sigma_n^2)$, $n \in \mathbb{N}$, schwach gegen $\mathrm{N}(0\,;\sigma^2)$, vgl. 19.D.6. Es genügt daher zu zeigen, dass

$$\lim_{n\to\infty}\left(\int g\,dP_n - \int g\,dN_n\right) = 0$$

ist für jede dreimal stetig differenzierbare Funktion $g:\mathbb{R}\to\mathbb{C}$ mit beschränkten Ableitungen $g^{(\nu)}$, $\nu = 0, 1, 2, 3$. Dies ergibt sich aber wieder aus den Darstellungen

$$P_n = P_{n1} * \cdots * P_{nk_n} \quad \text{und} \quad N_n = N_{n1} * \cdots * N_{nk_n}\,,$$

wobei N_{nj} die Normalverteilung mit Erwartungswert 0 und Streuung σ_{nj} ist. (Ist $\sigma_{nj} = 0$, so ist N_{nj} die Dirac-Verteilung δ_0.) Wir überlassen die Einzelheiten dem Leser.

Man kann das Ergebnis dieses Beispiels auch in folgender Weise benutzen: Weicht die Verteilung des Fehlers wesentlich von einer Normalverteilung ab, so muss eine der oben angegebenen Bedingungen gravierend verletzt sein.

19.E.9 Bemerkung (Zentraler Grenzwertsatz für vektorwertige Zufallsvariablen) Seien V ein euklidischer Vektorraum und X_k, $k \in \mathbb{N}^*$, eine Folge stochastisch unabhängiger V-wertiger Zufallsvariablen, für die die Kovarianzformen Φ_k^* auf V^* jeweils (definiert und) positiv definit sind. Sei $\mu_k := \mathrm{E}(X_k)$, $k \in \mathbb{N}^*$. Die Summe $S_k := \sum_{j=1}^k X_j$ hat die Kovarianzform $\sum_{j=1}^k \Phi_j^*$. Die Standardisierung $F_k^{-1}\circ(S_k - s_k)$, $s_k := \mu_1 + \cdots + \mu_k$, von S_k sei Y_k, vgl. Beispiel 19.D.9, und F_k sei der zur Kovarianzform von S_k dort assoziierte positive Operator. Wir sagen, die Folge $(X_k)_{k\in\mathbb{N}^*}$ genüge dem Zentralen Grenzwertsatz, wenn die Folge $(Y_k)_{k\in\mathbb{N}^*}$ schwach gegen eine standardnormalverteilte V-wertige Zufallsvariable konvergiert. Ganz analog zu 19.E.1 gilt:

19.E.10 Zentraler Grenzwertsatz für vektorwertige Variablen *Sei V ein euklidischer Vektorraum. Erfüllt die Folge $(X_k)_{k\in\mathbb{N}^*}$ stochastisch unabhängiger V-wertiger Zufallsvariablen die Lindeberg-Bedingung, so genügt sie dem Zentralen Grenzwertsatz.*

Die Lindeberg-Bedingung für (X_k) bedeutet: Setzt man $X_j' := F_k^{-1}\circ(X_j - \mu_j)$, so gilt für jedes $\varepsilon > 0$

$$\lim_{k\to\infty}\sum_{j=1}^k \int\limits_{\|x\|\geq\varepsilon} \|x\|^2\,dP_{X_j'} = 0\,.$$

Dann ist $Y_k = F_k^{-1}\circ(S_k - s_k) = \sum_{j=1}^k F_k^{-1}\circ(X_j - \mu_j) = \sum_{j=1}^k X_j'$. Das Erfülltsein der Lindeberg-Bedingung impliziert die Gültigkeit der Fellerschen Bedingung

$$\lim_{k\to\infty} \mathrm{Max}\,\big(\mathrm{Sp}(F_k^{-2}\circ G_1),\ldots,\mathrm{Sp}(F_k^{-2}\circ G_k)\big) = 0\,,$$

wobei G_j der selbstadjungierte Operator auf V ist, dessen dualer Operator G_j^* auf V^* die Form Φ_j^* beschreibt: $\Phi_j^*(f, g) = \langle G_j^* f\,, g\,\rangle^*$, $f, g \in V^*$. Man beachte

$$\int\limits_V \|x\|^2\,dP_{X_j'} = \mathrm{Sp}\,\big(F_k^{-1} G_j F_k^{-1}\big) = \mathrm{Sp}\,\big(F_k^{-2} G_j\big)\,,$$

vgl. Beispiel 19.D.9. Ferner ist $F_k^2 = G_1 + \cdots + G_k$.

Der B e w e i s von 19.E.10 erfolgt nun nach demselben Muster wie der Beweis von 19.E.1. Man benutzt für $k \in \mathbb{N}^*$ die Darstellungen

$$P_{Y_k} = P_{X_1'} * \cdots * P_{X_k'} \quad \text{und} \quad N = N_1 * \cdots * N_k,$$

wobei N die Standardnormalverteilung auf V ist und N_j die Normalverteilung auf V mit Erwartungswert 0 und derselben Kovarianzform auf V^* wie X_j', $j = 1, \ldots, k$. Die Einzelheiten können wir wieder dem Leser überlassen.

Aufgaben

1. Sei $\sigma_1, \ldots, \sigma_k \in \mathbb{R}_+^\times$ und $\sigma := \mathrm{Max}\,(\sigma_1, \ldots, \sigma_k)$, $\tau_k^2 := \sigma_1^2 + \cdots + \sigma_k^2$. Für beliebiges $\varepsilon > 0$ gilt dann

$$\sum_{j=1}^{k} \int\limits_{|t| \geq \varepsilon} t^2 \, dN(0\,;\sigma_j^2) = \frac{1}{\sqrt{2\pi}} \sum_{j=1}^{k} \sigma_j \int\limits_{|t| \geq \varepsilon/\sigma_j} t^2 \, e^{-t^2/2} \, dt \leq \frac{\tau_k^2}{\sqrt{2\pi}} \int\limits_{|t| \geq \varepsilon/\sigma} t^2 \, e^{-t^2/2} \, dt \,.$$

2. Eine beliebige Folge von stochastisch unabhängigen und normalverteilten reellen Zufallsvariablen genügt stets dem Zentralen Grenzwertsatz. Sie genügt genau dann der Lindebergschen Bedingung, wenn sie der Fellerschen Bedingung genügt.

3. Seien $P_1, \ldots, P_k$ und $Q_1, \ldots, Q_k$ Wahrscheinlichkeitsverteilungen auf dem endlichdimensionalen $\mathbb{R}$-Vektorraum V. Für eine beschränkte Zufallsvariable $g : V \to \mathbb{C}$ gilt dann

$$\left| \int\limits_V g \, d(P_1 * \cdots * P_k) - \int\limits_V g \, d(Q_1 * \cdots * Q_k) \right| \leq \sum_{j=1}^{k} \left\| \int\limits_V g(s+t) \, dP_j(t) - \int\limits_V g(s+t) \, dQ_j(t) \right\|_\infty,$$

wobei mit $\| - \|_\infty$ die Supremumsnorm für Funktionen $V \to \mathbb{C}$ bezeichnet sei. (Ohne Einschränkung sei $k = 2$. Dann ist $P_1 * P_2 - Q_1 * Q_2 = (P_1 - Q_1) * P_2 + (P_2 - Q_2) * Q_1$.)

4. Man führe den Beweis des allgemeinen Zentralen Grenzwertsatzes 19.E.10 aus.

5. Man führe die Einzelheiten des am Ende von Beispiel 19.E.8 angedeuteten Beweises aus.

6. X_k, $k \in \mathbb{N}^*$, sei eine Folge stochastisch unabhängiger V-wertiger Zufallsvariablen, die alle dieselbe Verteilung mit einer positiv definiten Kovarianzform Φ^* auf V^* besitzen. Dann genügt (X_k) dem Zentralen Grenzwertsatz, d.h. die Folge

$$\frac{X_1 + \cdots + X_k - k\mu}{\sqrt{k}}, \quad k \in \mathbb{N}^*,$$

$\mu := \mathrm{E}(X_k)$, konvergiert schwach gegen eine normalverteilte Zufallsvariable mit Erwartungswert 0 und Kovarianzform Φ^*. (Vgl. 19.E.10 und 19.E.2.)

7. (S a t z   v o n   L j a p u n o w) Sei V ein euklidischer Vektorraum. Die Folge X_k, $k \in \mathbb{N}^*$, stochastisch unabhängiger V-wertiger Zufallsvariablen mit positiv definiten Kovarianzformen Φ_k^* auf V^* erfülle für ein $\delta > 0$ die Ljapunow-Bedingung

$$\lim_{k \to \infty} \sum_{j=1}^{k} \mathrm{E}\big(\| F_k^{-1} \circ (X_j - \mu_j) \|^{2+\delta}\big) = 0$$

(Zu den Bezeichnungen siehe Bemerkung 19.E.9.) Dann genügt (X_k) dem Zentralen Grenzwertsatz. (Vgl. 19.E.10 und 19.E.3.)

8. Sei V ein euklidischer Vektorraum. Die Folge X_k, $k \in \mathbb{N}^*$, stochastisch unabhängiger V-wertiger Zufallsvariablen mit positiv definiten Kovarianzformen Φ_k^* auf V^* sei gleichmäßig beschränkt, d.h. es gebe eine Konstante C mit $P\big(\|X_k\| > C\big) = 0$ für alle k. Ferner gelte $\lim \tau_k = \infty$, wobei τ_k^2 der kleinste Hauptwert der Form $\Phi_1^* + \cdots + \Phi_k^*$ ist, $k \in \mathbb{N}^*$. Dann genügt die Folge (X_k) dem Zentralen Grenzwertsatz. (Vgl. 19.E.4.)

9. (S a t z v o n d e M o i v r e - L a p l a c e) Seien $p_1, \ldots, p_n, q$ positive reelle Zahlen mit $p_1 + \cdots + p_n + q = 1$. Ein Experiment habe $n+1$ mögliche Ausgänge $1, 2, \ldots, n, n+1$, die mit den Wahrscheinlichkeiten $p_1, \ldots, p_n, q$ eintreffen; das Experiment werde k-mal unabhängig voneinander ausgeführt. Die Zufallsvariable $S_k = (S_k^{(1)}, \ldots, S_k^{(n)})$, wo $S_k^{(i)}$ für $i = 1, \ldots, n$ die Anzahl der Experimente mit dem Ausgang i angibt, hat dann die Polynomialverteilung

$$\binom{k}{m_1, \ldots, m_n} p_1^{m_1} \cdots p_n^{m_n} q^{k-(m_1+\cdots+m_n)}, \quad (m_1, \ldots, m_n) \in \mathbb{N}^n .$$

S_k ist die Summe von k stochastisch unabhängigen Variablen $X_1, \ldots, X_k$, die alle die Verteilung $q\delta_0 + p_1\delta_{e_1} + \cdots + p_n\delta_{e_n}$ haben mit dem Erwartungswert $\mu := (p_1, \ldots, p_n)$ und der *positiv definiten* Kovarianzmatrix

$$\mathfrak{C} = (\delta_{ij} p_i - p_i p_j)_{1 \le i, j \le n} \in \mathrm{M}_n(\mathbb{R}) .$$

Nach Aufg. 6 ist S_k für große k annähernd normalverteilt mit $k\mu = (kp_1, \ldots, kp_n)$ als Erwartungswert und der Kovarianzmatrix $k\mathfrak{C}$. Offenbar ist Det $\mathfrak{C} = p_1 \cdots p_n q$ und

$$\mathfrak{C}^{-1} = \left(\delta_{ij}\, \frac{1}{p_i} + \frac{1}{q}\right)_{1 \le i, j \le n} \in \mathrm{M}_n(\mathbb{R}) .$$

(Vgl. Bd. 2, 11.A, Aufg. 9b). In der ersten Auflage befindet sich an dieser Stelle ein Druckfehler: In der Formel für $(\mathfrak{A} - \mathfrak{B})^{-1}$ hat man die „2" durch eine „1" zu ersetzen.) Mit Hilfe von 19.D.1 lässt sich die Dichte der approximierenden Normalverteilung für S_k explizit angeben:

$$\frac{(2\pi k)^{-n/2}}{\sqrt{p_1 \cdots p_n q}}\, \exp\left(-\frac{1}{2k}\, {}^t(x - k\mu)\, \mathfrak{C}^{-1}(x - k\mu)\right) .$$

10. X_k, $k \in \mathbb{N}^*$, sei eine Folge stochastisch unabhängiger Poisson-verteilter Zufallsvariablen X_k mit den Parametern $\lambda_k > 0$. Gilt $\sum_{k=1}^{\infty} \lambda_k = \infty$, so genügt die Folge (X_k) dem Zentralen Grenzwertsatz. (Man zeige, dass die Fourier-Transformierten der zugehörigen standardisierten Summen Y_k, $k \in \mathbb{N}^*$, gegen $\frac{1}{\sqrt{2\pi}} \exp\left(-\frac{1}{2}x^2\right)$ konvergieren. – Man beachte, dass die Folge (X_k) nicht notwendig die Fellersche und insbesondere nicht notwendig die Lindebergsche Bedingung erfüllen muss, um dem Zentralen Grenzwertsatz zu genügen. – Man kann das Ergebnis dieser Aufgabe offenbar etwas verallgemeinern: Ist S_k, $k \in \mathbb{N}^*$, eine Folge Poisson-verteilter Zufallsvariablen mit den Parametern $\nu_k > 0$, $k \in \mathbb{N}^*$, und ist $\lim \nu_k = \infty$, so konvergieren die standardisierten Variablen $(S_k - \nu_k)/\sqrt{\nu_k}$ schwach gegen eine standardnormalverteilte Zufallsvariable.)

11. Die reellen Zufallsvariablen $X_1, \ldots, X_k$ seien stochastisch unabhängig und gleichverteilt im Intervall $[a, b]$, $a < b$. Für $C \ge 0$ und große k ist dann die Wahrscheinlichkeit dafür, dass das arithmetische Mittel $\frac{1}{k}(X_1 + \cdots + X_k)$ vom Mittelwert $\frac{1}{2}(a + b)$ um mindestens $\frac{C}{2}(b - a)$ abweicht, ungefähr gleich $2\big(1 - \Phi\big(C\sqrt{3k}\big)\big)$. (Vgl. Beispiel 19.E.5.)

12. Eine reelle Zufallsvariable X habe den Erwartungswert $\mu > 0$ und die endliche Varianz $\sigma > 0$. Wir groß muss man k ungefähr wählen, damit die Wahrscheinlichkeit $\ge \alpha$ ist, dass die Summe von k stochastisch unabhängigen Zufallsvariablen, die alle wie X verteilt sind, einen Wert $\ge M$ hat? (Dabei sei M/μ groß und $\alpha < 1$ nahe bei 1.)

13. Wie groß muss n (ungefähr) sein, damit die Wahrscheinlichkeit dafür, dass die Anzahl der geworfenen Sechsen bei n-maligem Würfeln vom Erwartungswert $n/6$ um höchstens $n\varepsilon$ abweicht, größer als α ist? (Dabei sei $\varepsilon > 0$ klein und $\alpha < 1$ nahe bei 1. – Man beachte die Verbesserung, die der Zentrale Grenzwertsatz gegenüber der Abschätzung mit der Tschebyschewschen Ungleichung liefert.)

14. Sei $g \in \mathbb{N}$, $g \geq 2$. Für große n ist die Quersumme der höchstens n-stelligen Zahlen im g-al System annähernd normalverteilt mit Erwartungswert $(g-1)n/2$ und Varianz $\frac{1}{12}(g^2-1)n$. – Entsprechend ist bei großem n die Gesamtaugenzahl bei n-maligem Würfeln annähernd normalverteilt mit Erwartungswert $7n/2$ und Varianz $35n/12$.

15. Ein Teilchen bewege sich im $\mathbb{R}^n$ in diskreten stochastisch unabhängigen Schritten der Länge 1 vom Nullpunkt aus, wobei bei jedem einzelnen Schritt keine Richtung bevorzugt wird. Dann ist der Ort S_k nach k Schritten die Summe $X_1 + \cdots + X_k$, in der alle X_j die gleiche Verteilung mit dem Erwartungswert 0 und der Kovarianzmatrix $\frac{1}{n}\mathfrak{E}_n$ haben (wie sich z.B. aus Symmetrieüberlegungen ergibt). Für große k ist daher S_k nach Aufg. 6 annähernd normalverteilt mit Erwartungswert 0 und Kovarianzmatrix $\frac{k}{n}\mathfrak{E}_n$. Man zeige mit dieser Näherung, dass der Erwartungswert für den Abstand vom Nullpunkt nach k Schritten ungefähr gleich

$$C_n\sqrt{k} \quad \text{mit} \quad C_n := \sqrt{\frac{n}{2}} \cdot \frac{\Gamma\left(\frac{n+1}{2}\right)}{\Gamma\left(\frac{n+2}{2}\right)}$$

ist. Es ist $C_1 = \sqrt{2/\pi}$, $C_2 = \sqrt{\pi}/2$, $C_3 = \sqrt{8/3\pi}$ und $\lim_{n\to\infty} C_n = 1$.

16. Ein Bernoulli-Experiment mit Erfolgswahrscheinlichkeit p, $0 < p < 1$, wird $(2n+1)$-mal ausgeführt. Bei großem n ist die Wahrscheinlickeit dafür, dass die Anzahl der Erfolge größer als die Anzahl der Misserfolge ist, ungefähr gleich

$$\Phi\left(\frac{\sqrt{2n+1}\,\left(p - \frac{1}{2}\right)}{\sqrt{p(1-p)}}\right).$$

(Diese Formel drückt quantitativ aus, wie sich eine leichte Überlegenheit $p > \frac{1}{2}$ durch Wiederholen des Experiments verstärkt. Siehe hierzu auch schon Bd. 1, 7.C, Aufg. 22.)

20 Statistik

Die Wahrscheinlichkeitsrechnung geht von gegebenen Wahrscheinlichkeitsverteilungen aus. Die Statistik hingegen gibt Methoden an, wie – ausgehend von Beobachtungsdaten – quantitative Aussagen über die Ausgangswahrscheinlichkeiten selbst gemacht werden können.

Das Grundproblem der Statistik ist das folgende: Aus einer gegebenen Menge $\mathcal{P}$ von Wahrscheinlichkeitsverteilungen auf einem Messraum $(\Omega, \mathcal{A})$, zu der a priori die gesuchte Wahrscheinlichkeitsverteilung P_0 gehört, ist diese herauszufinden oder zumindest einzugrenzen. [1]) Vielfach interessiert jedoch nicht die vollständige Verteilung sondern nur der Wert eines Parameters $q = q(P)$, der den Verteilungen $P \in \mathcal{P}$ zugeordnet ist, für die gesuchte Verteilung P_0. Wir wollen annehmen, dass die Parameter $q(P)$, $P \in \mathcal{P}$, ebenfalls in einem Messraum $(Q, \mathcal{C})$ liegen. Ist die Abbildung $P \mapsto q(P)$ auf $\mathcal{P}$ injektiv, so ist mit dem Parameter $q_0 = q(P_0)$ auch die Verteilung P_0 bestimmt.

Im Wesentlichen damit äquivalent, in der konkreten Situation aber im Allgemeinen sehr viel übersichtlicher und handlicher, ist die folgende Beschreibung des Problems: Die Verteilungen $P \in \mathcal{P}$ werden realisiert als die Verteilungen Ω-wertiger Zufallsvariablen $X \in \mathcal{X}$, deren Werte als Ergebnisse eines Zufallsexperiments interpretiert werden. Den Parameter $q = q(X) = q(P_X)$ der Verteilung von X nennen wir dann auch den Parameter von X. Typische Parameter für reelle Zufallsvariablen X sind der Erwartungswert oder die Varianz. Ist X normalverteilt, so bestimmen diese beiden Parameter bereits die Verteilung von X. Bei einer Poisson-verteilten Zufallsvariablen reicht der Erwartungswert allein zur Identifizierung. Oder: Jedes Ereignis $A \in \mathcal{A}$ definiert den Parameter $q_A(X) := P(X \in A)$. Ist $\Omega = \{\omega_1, \ldots, \omega_m\}$ endlich mit m Elementen und $\mathcal{A} = \mathfrak{P}(\Omega)$, so bestimmen die Parameter $q_i(X) := P(X = \omega_i)$, $i = 1, \ldots, m$, die Verteilung von X vollständig, wobei wegen $q_1 + \cdots + q_m = 1$ ein q_i überflüssig ist.

Häufig werden Stichproben benutzt. Unter einer S t i c h p r o b e v o m U m f a n g $n \in \mathbb{N}^*$ versteht man ein Element von Ω^n. Trägt Ω^n die Produktverteilung $P \otimes \cdots \otimes P = P^{\otimes n}$, so spricht man von e i n f a c h e n S t i c h p r o b e n. Wir werden es nur mit solchen Stichproben zu tun haben und bezeichnen die Verteilung $P^{\otimes n}$ in der Regel wieder mit P. Analog betrachtet man statt der einen Ω-wertigen Variablen X ein System $X_1, \ldots, X_n$ von Ω-wertigen Zufallsvariablen, die stochastisch unabhängig sind und alle die Verteilung P haben, so dass die zusammengesetzte Ω^n-wertige Variable $(X_1, \ldots, X_n)$ die Verteilung $P^{\otimes n}$ hat.

Als Beispiel sei das Ergebnis des 1000-maligen Würfelns mit einem (Computer-)Würfel angegeben. Die Zahlen 1 bis 6 wurden mit folgender Häufigkeit geworfen:

---

[1]) $\mathcal{P}$ darf die Menge aller Wahrscheinlichkeitsverteilungen auf $(\Omega, \mathcal{A})$ sein. Dann werden also keine a priori-Annahmen über die gesuchte Verteilung P_0 gemacht.

1	2	3	4	5	6
165	192	173	160	169	141

.

Zwei Probleme stellen sich (neben anderen) in natürlicher Weise:

(1) Wie lassen sich die Wahrscheinlichkeiten abschätzen, mit denen die Zahlen 1 bis 6 bei dem gegebenen Würfel geworfen werden?

(2) Besteht Grund zu der Annahme, dass der Würfel gefälscht ist, d.h. nicht alle Zahlen 1 bis 6 mit der gleichen Wahrscheinlichkeit $1/6$ liefert?

Beide Fragen hängen zusammen. Die erste gehört zur S c h ä t z t h e o r i e , die zweite zur T e s t t h e o r i e . Mit der ersten beschäftigen wir uns in Abschnitt 20.A (vgl. Beispiel 20.A.2 und 20.A.15), mit der zweiten in 20.B (vgl. Beispiel 20.B.6). Wir können beide Themen nur exemplarisch behandeln.

20.A Konfidenzbereiche

Sei wieder $\mathcal{P}$ eine Menge von Wahrscheinlichkeitsverteilungen auf $(\Omega, \mathcal{A})$, und sei $q(P)$ für jedes $P \in \mathcal{P}$ ein Parameter, der in einem Messraum $(Q, \mathcal{C})$ liegt. Ferner sei $n \in \mathbb{N}^*$. Ziel ist es, mit einer gegebenen (einfachen) Stichprobe $\omega \in \Omega^n$ eine Schätzung für $q(P_0)$ anzugeben, wobei $P_0 \in \mathcal{P}$ die wahre Verteilung auf Ω ist. Dies geschieht mit Hilfe von so genannten Konfidenzbereichen. Dazu sei ein Konfidenzniveau $\gamma \in \,]0, 1[$ vorgegeben. Unter einem K o n f i d e n z b e r e i c h für q zum K o n f i d e n z n i v e a u γ verstehen wir eine messbare Teilmenge $K \subseteq \Omega^n \times Q$ mit

$$P\big(\{\omega = (\omega_1, \ldots, \omega_n) \in \Omega^n \mid (\omega\,;\,q(P)) \in K\}\big) \geq \gamma$$

für alle $P \in \mathcal{P}$. Zu gegebener Stichprobe $\omega_0 \in \Omega^n$ heißt dann

$$K_{\omega_0} := \{q \in Q \mid (\omega_0\,;\,q) \in K\}$$

der K o n f i d e n z b e r e i c h z u r S t i c h p r o b e ω_0. Für jedes $P \in \mathcal{P}$ ist

$$P\big(\{\omega \in \Omega^n \mid q(P) \in K_\omega\}\big) \geq \gamma \,.$$

Insbesondere gilt (nach dem Gesetz der großen Zahlen (vgl. auch 19.C, Aufg. 12)) das Folgende: Bestimmt man für eine große Zahl von Stichproben ω vom Umfang n jeweils den Konfidenzbereich K_ω gemäß der angegebenen Vorschrift, wobei a priori angenommen wird, dass die auf Ω vorliegende Verteilung P (die mit der Stichprobe wechseln darf) jeweils zur Familie $\mathcal{P}$ gehört, so liegt fast sicher der Parameter $q(P)$ mit einer asymptotischen Häufigkeit $\geq \gamma$ in K_ω.[1]

Standard-Konfidenzniveaus sind 0,90; 0,95; 0,99. In Physik und Technik werden Konfidenzbereiche häufig zu den Niveaus $\gamma \approx 0{,}6826$ und $\gamma \approx 0{,}9544$ angegeben,

---

[1] Es hat jedoch keinen Sinn zu sagen, dass der Parameter $q = q(P)$ mit Wahrscheinlichkeit $\geq \gamma$ in K_ω liegt. Der Leser bemühe sich, sich über die Bedeutung eines Konfidenzbereichs klar zu werden. Man interpretiert ihn leicht falsch.

die sich im Zusammenhang mit der Normalverteilung auf natürliche Weise anbieten, vgl. das Ende von Beispiel 20.A.1 oder das Beispiel 20.A.14. Eine Erhöhung des Konfidenzniveaus ebenso wie eine Vergrößerung der Menge $\mathcal{P}$ der konkurrierenden Verteilungen bedeutet in der Regel eine Vergrößerung des Konfidenzbereichs. Zu gegebenem Konfidenzniveau γ ist jede (messbare) Obermenge eines Konfidenzbereichs ebenfalls ein Konfidenzbereich zu γ. Man ist natürlich bemüht, die Konfidenzbereiche möglichst klein zu halten; doch können auch andere Gesichtspunkte ihre Auswahl beeinflussen.

Konfidenzbereiche werden häufig mit einer S t i c h p r o b e n f u n k t i o n beschrieben. Darunter versteht man eine messbare Abbildung

$$Z : \Omega^n \to Q \, .$$

Ist dann $K_q \subseteq Q$ für jedes $q \in Q$ eine messbare Menge mit

$$P\big(Z \in K_{q(P)}\big) \geq \gamma$$

für jedes $P \in \mathcal{P}$, so ist

$$K := \{(\omega\,;q) \mid Z(\omega) \in K_q\} \subseteq \Omega^n \times Q$$

ein Konfidenzbereich für q zum Konfidenzniveau γ, falls K messbar ist. Ist zum Beispiel Q ein endlichdimensionaler normierter Vektorraum V, $Z : \Omega^n \to V$ eine Stichprobenfunktion und $a > 0$ eine Zahl mit $P\big(\|Z - q(P)\| < a\big) \geq \gamma$ für jedes $P \in \mathcal{P}$, so ist

$$K := \{(\omega\,;q) \in \Omega^n \times V \mid \|Z(\omega) - q\| < a\}$$

ein Konfidenzbereich für q zum Konfidenzniveau γ. Man nennt Z in diesem Zusammenhang auch eine S c h ä t z f u n k t i o n. Für $\omega \in \Omega^n$ heißt $Z(\omega)$ die S c h ä t z u n g von q zur Stichprobe ω. Ist $\mathrm{E}_P(Z) = q(P)$ für jedes $P \in \mathcal{P}$, so heißt Z e r w a r t u n g s t r e u. Günstig sind offenbar erwartungstreue Stichprobenfunktionen mit kleiner Streuung.

Wir werden auf eine allgemeine Theorie der Stichprobenfunktionen nicht eingehen, behandeln vielmehr einige konkrete Beispiele und hoffen, damit den Leser in die Lage zu versetzen, gegebenenfalls (in nicht allzu schwierigen Situationen) eigene Verfahren zur Bestimmung von Stichprobenfunktionen und Konfidenzbereichen entwickeln zu können.

20.A.1 Beispiel (S t i c h p r o b e n m i t t e l · S c h ä t z e n   d e s   E r w a r t u n g s w e r t e s (bei bekannter Streuung)) X sei eine reelle Zufallsvariable mit Erwartungswert μ. Das arithmetische Mittel

$$\overline{X} := \frac{X_1 + \cdots + X_n}{n}$$

der (einfachen) Stichproben heißt das S t i c h p r o b e n m i t t e l. Da die Funktionen $X_1, \ldots, X_n$ stochastisch unabhängig sind und alle dieselbe Verteilung wie X haben, ist die Verteilung von $\overline{X}$ die n-fache Faltung

$$P_{\overline{X}} = P_{X/n} * \cdots * P_{X/n}$$

mit dem Erwartungswert

$$\mathrm{E}(\overline{X}) = \frac{1}{n}\big(\mathrm{E}(X_1) + \cdots + \mathrm{E}(X_n)\big) = \frac{1}{n} \cdot n\,\mathrm{E}(X) = \mathrm{E}(X) = \mu \, .$$

Das Stichprobenmittel ist also erwartungstreu für den Erwartungswert μ von X.

Hat X eine endliche Streuung $\sigma > 0$, so gilt nach der Tschebyschewschen Ungleichung für jedes $a > 0$ wegen $\sigma(\overline{X}) = \sigma/\sqrt{n}$ die Ungleichung

$$P\left(|\overline{X} - \mu| \geq a\right) \leq \frac{\sigma^2}{na^2}\,.$$

Gibt man ein Konfidenzniveau γ vor und setzt $a := \sigma/\sqrt{(1-\gamma)n}$, so ist

$$P\left(|\overline{X} - \mu| < a\right) \geq 1 - \frac{\sigma^2}{na^2} = \gamma\,.$$

Also ist

$$K := \left\{(x_1, \ldots, x_n\,;\,\mu) \;\middle|\; |\mu - \tfrac{1}{n}(x_1 + \cdots + x_n)| < a\right\} \subseteq \mathbb{R}^n \times \mathbb{R}$$

ein Konfidenzbereich für μ zum Konfidenzniveau γ. *Ist eine Stichprobe $x_0 = (x_{10}, \ldots, x_{n0})$ vorgelegt, so ergibt sich als zugehöriger Konfidenzbereich für μ zum Niveau γ das Intervall*

$$\left]\overline{x}_0 - \frac{\sigma}{\sqrt{n}} \cdot \frac{1}{\sqrt{1-\gamma}}\,,\, \overline{x}_0 + \frac{\sigma}{\sqrt{n}} \cdot \frac{1}{\sqrt{1-\gamma}}\right[\qquad \text{mit} \quad \overline{x}_0 := \frac{1}{n}(x_{10} + \cdots + x_{n0}) = \overline{X}(x_0)\,.$$

Man schreibt dafür kurz

$$\overline{x}_0 - \frac{\sigma}{\sqrt{n}} \cdot \frac{1}{\sqrt{1-\gamma}} < \mu < \overline{x}_0 + \frac{\sigma}{\sqrt{n}} \cdot \frac{1}{\sqrt{1-\gamma}}\,.$$

Dieser Konfidenzbereich ist recht groß, er gilt aber für die Menge aller Variablen mit Erwartungswert und fester endlicher Streuung σ. Die Streuung σ von X muss bekannt sein. Typisch ist die Abhängigkeit der Länge des Konfidenzintervalls vom Stichprobenumfang n: Es ist dies die G r u n d r e g e l d e r S t a t i s t i k : *Um die Genauigkeit zu verdoppeln, ist der Aufwand zu vervierfachen.*

Ein günstigerer Konfidenzbereich ergibt sich, wenn n groß ist und die Verteilung von $\overline{X}$ gemäß dem Zentralen Grenzwertsatz (vgl. 19.E.2) durch die Normalverteilung mit dem Erwartungswert μ und der (wiederum als bekannt vorausgesetzten) Streuung $\sigma/\sqrt{n}$ approximiert wird. Dann gilt mit $c := \sqrt{n}a/\sigma$

$$P\left(|\overline{X} - \mu| < a\right) \approx 2\Phi(c) - 1\,.$$

Bestimmt man nun c so, dass

$$2\Phi(c) - 1 = \gamma\,, \quad \text{d.h.} \quad \Phi(c) = \frac{1}{2}(1+\gamma)\,,$$

ist, so gilt

$$P\left(|\overline{X} - \mu| < \frac{\sigma c}{\sqrt{n}}\right) \approx \gamma\,.$$

Bei gegebener Stichprobe x_0 ist daher das Intervall

$$\overline{x}_0 - \frac{\sigma}{\sqrt{n}}c < \mu < \overline{x}_0 + \frac{\sigma}{\sqrt{n}}c$$

ein Konfidenzintervall für μ zum Konfidenzniveau $\gamma = 2\Phi(c) - 1$. Mit der folgenden Tabelle bestimmt man die Werte von $c = c_{(1+\gamma)/2}$ zu den Standard-Konfidenzniveaus:

$\Phi(c)$	0,8413	0,9	0,95	0,975	0,9772	0,99	0,995
c	1	1,281552	1,644854	1,959964	2	2,326348	2,575829 .

Zu $c = 1$ gehört das in der Physik übliche Konfidenzniveau $\gamma = 2\Phi(1) - 1 \approx 68,26\%$ und zu $c = 2$ das in der Technik häufig benutzte Niveau $\gamma = 2\Phi(2) - 1 \approx 95,44\%$.

Ist X selbst normalverteilt, so auch $\overline{X}$ und in den obigen Überlegungen ist keine Approximation nach dem Zentralen Grenzwertsatz nötig. Für eine σ-freie Beschreibung eines Konfidenzintervalls bei normalverteiltem X vgl. Beispiel 20.A.10.

20.A.2 Beispiel (Schätzen einer Wahrscheinlichkeit) Ist $X = e_A$ die Indikatorfunktion einer messbaren Teilmenge $A \subseteq \Omega$, so ist

$$\mu = \mathrm{E}(X) = P(A) =: p$$

und $\sigma = \sigma(X) = \sqrt{p(1-p)}$. Das Stichprobenmittel $\overline{X}$ ist die Häufigkeit des Eintretens von A (und $n\overline{X}$ ist binomialverteilt mit den Parametern (n, p)). Ist n so groß, dass wir $\overline{X}$ durch eine Normalverteilung approximieren können, so wird ein Konfidenzbereich für p zum Konfidenzniveau $\gamma = 2\Phi(c) - 1$ durch die Bedingung

$$(\overline{x} - p)^2 < \frac{p(1-p)}{n}\, c^2, \qquad \overline{x} = \frac{1}{n}\,(x_1 + \cdots + x_n),$$

gegeben, also durch

$$p^2(n + c^2) - (2n\overline{x} + c^2)\,p + n\overline{x}^2 < 0.$$

Wir erhalten so das Konfidenzintervall

$$\frac{1}{n+c^2}\left(n\overline{x}_0 + \frac{c^2}{2} - c\sqrt{\frac{c^2}{4} + n\overline{x}_0(1-\overline{x}_0)}\,\right) < p < \frac{1}{n+c^2}\left(n\overline{x}_0 + \frac{c^2}{2} + c\sqrt{\frac{c^2}{4} + n\overline{x}_0(1-\overline{x}_0)}\,\right)$$

bei einer experimentell ermittelten relativen Häufigkeit $\overline{x}_0$ für das Eintreten von A. Dabei ist c wieder durch $\Phi(c) = (1+\gamma)/2$ *bestimmt.* Entsprechend der Einschränkung für die Benutzung des Satzes von de Moivre-Laplace zur Approximation einer Binomialverteilung sollte man auch diese Beschreibung eines Konfidenzbereiches höchstens bei $n\overline{x}_0(1 - \overline{x}_0) \geq 5$ und/oder $n\overline{x}_0$, $n(1 - \overline{x}_0) \geq 10$ verwenden. *Bei großem n kann man das obige Konfidenzintervall im Allgemeinen genügend genau durch*

$$\overline{x}_0 - c\sqrt{\frac{\overline{x}_0(1-\overline{x}_0)}{n}} < p < \overline{x}_0 + c\sqrt{\frac{\overline{x}_0(1-\overline{x}_0)}{n}}$$

beschreiben. Man erhält diese Näherung auch aus dem zweiten in Beispiel 20.A.1 angegebenen Intervall, wenn man dort die (jetzt unbekannte) Streuung $\sigma = \sqrt{p(1-p)}$ durch die Schätzung $\sqrt{\overline{x}_0(1-\overline{x}_0)}$ ersetzt.

Betrachten wir das in der Einleitung zu diesem Paragraphen angegebene Würfelbeispiel. Wir suchen ein Konfidenzintervall für die Wahrscheinlichkeit $p = p_6$, eine Sechs zu würfeln. Zum Konfidenzniveau $\gamma = 95\%$ ist $c = c_{(1+\gamma)/2} = 1{,}960$, und wir erhalten mit $\overline{x}_0 = 0{,}141$ und $n = 1000$ aus der Näherungsformel das Intervall

$$0{,}119 < p_6 < 0{,}163.$$

Die genauere Rechnung mit der ersten Formel ergibt hingegen das Intervall

$$0{,}121 < p_6 < 0{,}164.$$

Gelegentlich betrachtet man in diesem Zusammenhang auch einseitige Konfidenzbereiche, z.B. dann, wenn man daran interessiert ist, dass p einen gewissen Wert nicht unterschreitet. Dazu geht man von

$$P(\overline{X} - p < a) \approx \Phi\!\left(a\sqrt{\frac{n}{p(1-p)}}\,\right)$$

aus und bestimmt dasjenige d mit $\Phi(d) = \gamma$. Für $a := d\sqrt{p(1-p)/n}$ erhält man so

$$P\left(\overline{X} - p < a\right) \approx \gamma\,,$$

woraus sich für einen Konfidenzbereich für p die Bedingung

$$\overline{x} - d\,\sqrt{\frac{p(1-p)}{n}} \;<\; p\,, \qquad \overline{x} := \frac{1}{n}\,(x_1 + \cdots + x_n)\,,$$

ergibt. *Bei einer konkreten Stichprobe mit der Häufigkeit $\overline{x}_0$ liefert dies für p den Konfidenzbereich*

$$\frac{1}{n+d^2}\left(n\,\overline{x}_0 + \frac{d^2}{2} - d\,\sqrt{\frac{d^2}{4} + n\,\overline{x}_0(1-\overline{x}_0)}\,\right) \;<\; p$$

zum Konfidenzniveau $\gamma = \Phi(d)$. Auch hier wird man die linke Seite in der Regel ohne großen Fehler durch $\overline{x}_0 - d\,\sqrt{\overline{x}_0(1-\overline{x}_0)/n}$ ersetzen können, falls n groß ist.

20.A.3 Beispiel (Schätzen des Parameters λ einer Poisson-Verteilung) Ist X Poisson-verteilt mit dem Parameter λ, so hat das Stichprobenmittel $\overline{X}$ wie X den Erwartungswert λ. Die Streuung von $\overline{X}$ ist $\sqrt{\lambda/n}$. Bei genügend großem n (so dass λn groß ist) lässt sich $\overline{X}$ durch eine Normalverteilung approximieren, und es ist dann

$$P\left(|\overline{X} - \lambda| < c\,\sqrt{\lambda/n}\,\right) \approx 2\Phi(c) - 1\,.$$

Ist wieder $\Phi(c) = (1+\gamma)/2$, *so ergibt sich zu gegebenem Stichprobenmittel* $\overline{x}_0$ *ein Konfidenzbereich für* λ *zum Niveau* γ *aus der Bedingung*

$$(\overline{x}_0 - \lambda)^2 \;<\; \frac{c^2 \lambda}{n} \qquad \text{bzw.} \qquad \lambda^2 - \left(2\overline{x}_0 + \frac{c^2}{n}\right)\lambda + \overline{x}_0^2 < 0$$

zu

$$\overline{x}_0 + \frac{c^2}{2n} - \frac{c}{2n}\,\sqrt{4n\,\overline{x}_0 + c^2} \;<\; \lambda \;<\; \overline{x}_0 + \frac{c^2}{2n} + \frac{c}{2n}\,\sqrt{4n\,\overline{x}_0 + c^2}\,.$$

Aus der am Ende von Abschnitt 7.C in Bd.1 beschriebenen Stichprobe mit $n = 1000$ und $\overline{x}_0 = 1{,}943$ ergeben sich auf diese Weise zu den Konfidenzniveaus $\gamma = 0{,}90$ bzw. $0{,}95$ bzw. $0{,}99$ für den Parameter λ die Konfidenzintervalle

$$1{,}872 \;<\; \lambda \;<\; 2{,}017 \quad \text{bzw.} \quad 1{,}859 \;<\; \lambda \;<\; 2{,}031 \quad \text{bzw.} \quad 1{,}833 \;<\; \lambda \;<\; 2{,}060\,.$$

20.A.4 Beispiel (Schätzen des Parameters α einer Exponentialverteilung) Sei X exponentialverteilt mit dem Parameter $\alpha > 0$. Die Dichte der Verteilung von X ist also

$$\gamma_{\alpha,1}(t) = \begin{cases} \alpha e^{-\alpha t}\,, & \text{falls } t > 0\,, \\ 0\,, & \text{falls } t \leq 0\,, \end{cases}$$

vgl. Beispiel 19.B.6. Der Erwartungswert und die Streuung sind $1/\alpha$. Nach 19.B.7 ist das Stichprobenmittel $\overline{X}$ dann $\Gamma_{n\alpha,n}$-verteilt; seine Verteilung hat die Dichte

$$\gamma_{n\alpha,n}(t) = \begin{cases} \dfrac{(n\alpha)^n}{(n-1)!}\,t^{n-1}\,e^{-n\alpha t}\,, & \text{falls } t > 0\,, \\[2mm] 0\,, & \text{falls } t \leq 0\,. \end{cases}$$

Die Variable $2\alpha n\,\overline{X}$ ist folglich $\Gamma_{1/2,n}$-verteilt, d.h. sie besitzt eine χ^2-Verteilung mit $2n$ Freiheitsgraden. Beschreibt X etwa eine Lebensdauer, so interessiert ein Konfidenzbereich für den Parameter α, der bei gegebenem Stichprobenmittel $\overline{x}$ ein Intervall $]0, f(\overline{x})[$ ist. *Dann ist* $]1/f(\overline{x}), \infty[$ *ein Konfidenzintervall für die mittlere Lebensdauer* $1/\alpha$. Bestimmen wir nun zu gegebenem Konfidenzniveau γ die Zahl $\chi^{2,*}_{2n,1-\gamma}$ mit

$$P\left(2\alpha n\,\overline{X} < \chi^{2,*}_{2n,1-\gamma}\right) = \gamma\,,$$

d.h. mit

$$\int_{\chi_{2n,1-\gamma}^{2,*}}^{\infty} \chi_{2n}^2(t)\, dt = 1 - \gamma \, ,$$

wobei $\chi_{2n}^2(t)$ die Dichte der χ^2-Verteilung mit $2n$ Freiheitsgraden ist, *so ergibt sich der gewünschte Konfidenzbereich zu*

$$\alpha \; < \; \chi_{2n,1-\gamma}^{2,*}/2n\,\overline{x}_0 \, ,$$

wobei $\overline{x}_0$ das gegebene Stichprobenmittel ist. Die Werte $\chi_{m,1-\gamma}^{2,*}$ sind für gängige Werte von $1-\gamma$ und für die Freiheitsgrade $m \leq 30$ tabelliert. Sie werden sehr häufig gebraucht, wie der Leser bald bemerken wird, vgl. das nächste Beispiel. Wir reproduzieren diese Tabelle in Tafel 5. Ist die Zahl m der Freiheitsgrade > 30, approximiert man die χ^2-Verteilung durch die entsprechende Normalverteilung mit dem Erwartungswert m und der Streuung $\sqrt{2m}$, vgl. Beispiel 19.E.7. Bei $n > 15$ bestimmt man daher zu γ die Zahl d mit $\Phi(d) = \gamma$ und hat dann für $a := 2\sqrt{n}\,(d + \sqrt{n})$

$$P\left(2\alpha n\,\overline{X} < a\right) = P\left(\frac{2\alpha n\,\overline{X} - 2n}{2\sqrt{n}} < d\right) \approx \; \Phi(d) = \gamma \, .$$

Für $n > 15$ ist also

$$\alpha \; < \; a/2n\,\overline{x}_0 = \left(1 + \frac{d}{\sqrt{n}}\right)\Big/\overline{x}_0$$

ein Konfidenzbereich für α zum Niveau $\gamma = \Phi(d)$ und dem Stichprobenmittel $\overline{x}_0$. Bei $n = 15$ und $\gamma = 0,95$ beispielsweise liefert die letzte Approximation den Konfidenzbereich $\alpha < 1{,}425/\overline{x}_0$, wohingegen die χ^2-Verteilung den Konfidenzbereich $\alpha < 1{,}459/\overline{x}_0$ ergibt.

Ist m groß ($m > 30$) und Y eine Zufallsvariable mit einer χ^2-Verteilung von m Freiheitsgraden, so hat $\sqrt{2Y}$ angenähert eine Normalverteilung mit Erwartungswert $\sqrt{2m-1}$ und Streuung 1, vgl. Aufg. 10. Mit dieser Approximation ergibt sich bei großem n wegen

$$\gamma = \Phi(d) \approx P\left(\sqrt{4\alpha n\,\overline{X}} - \sqrt{4n-1} < d\right) = P\left(4\alpha n\,\overline{X} < \left(d + \sqrt{4n-1}\right)^2\right)$$

für α der Konfidenzbereich

$$\alpha \; < \; \frac{(d + \sqrt{4n-1})^2}{4n}\Big/\overline{x}_0 = \left(1 + \frac{d}{\sqrt{n}} + \frac{d^2-1}{4n} - \frac{d}{8n\sqrt{n}} - \cdots\right)\Big/\overline{x}_0 \, ,$$

im konkreten Fall mit $n = 15$ und $\gamma = 95\%$ der Bereich $\alpha < 1{,}450/\overline{x}_0$.

20.A.5 Beispiel (S t i c h p r o b e n v a r i a n z) X sei wieder eine reelle Zufallsvariable. Der Stichprobenumfang n sei ≥ 2. Dann heißt die Stichprobenfunktion

$$S^2 := \frac{1}{n-1}\left((X_1 - \overline{X})^2 + \cdots + (X_n - \overline{X})^2\right), \qquad \overline{X} = \frac{1}{n}\,(X_1 + \cdots + X_n) \, ,$$

die S t i c h p r o b e n v a r i a n z. Der Faktor $1/(n-1)$ (statt des vielleicht erwarteten Faktors $1/n$) wird durch die folgende Aussage 20.A.7 motiviert. Bei deren Beweis benutzt man die folgende einfache, aber wichtige Formel, die man direkt durch Ausmultiplizieren bestätigt.

20.A.6 Lemma *Für $c \in \mathbb{R}$ gilt* $(X_1 - c)^2 + \cdots + (X_n - c)^2 = n\,(\overline{X} - c)^2 + (n-1)\,S^2$.

Man verwendet 20.A.6 häufig zur bequemen Berechnung des Werts von S^2 für eine Stichprobe x_0, indem man für c eine runde Zahl in der Nähe von $\overline{x}_0$ wählt.

20.A.7 Satz *Hat X die endliche Varianz σ^2, so ist S^2 erwartungstreu für σ^2.*

B e w e i s . Wir wenden die Gleichung in 20.A.6 mit $c = \mathrm{E}(X)$ an und erhalten durch Übergang zu den Erwartungswerten

$$n\sigma^2 = n\frac{\sigma^2}{n} + (n-1)\,\mathrm{E}(S^2)\,, \qquad \text{also} \quad \mathrm{E}(S^2) = \sigma^2\,. \qquad \bullet$$

Im Fall, dass X normalverteilt ist, lässt sich die Verteilung von S^2 genau angeben. Dies beruht auf dem folgenden wichtigen Lemma.

20.A.8 Lemma $X_1, \ldots, X_n$ *seien stochastisch unabhängige reelle normalverteilte Zufallsvariablen, die alle den gleichen Erwartungswert μ und die gleiche Streuung $\sigma > 0$ haben. Dann gilt:*

(1) $\overline{X} = \dfrac{1}{n}\,(X_1 + \cdots + X_n)$ *und* $S^2 = \dfrac{1}{n-1}\,\big((X_1 - \overline{X})^2 + \cdots + (X_n - \overline{X})^2\big)$ *sind stochastisch unabhängig.*

(2) $\dfrac{\overline{X} - \mu}{\sigma/\sqrt{n}}$ *ist standardnormalverteilt, und* $\dfrac{S^2}{\sigma^2/(n-1)}$ *ist χ^2-verteilt mit $n-1$ Freiheitsgraden.*

B e w e i s . Wir zeigen zunächst, dass (2) aus (1) folgt: Der erste Teil von (2) ist bereits bekannt (und unabhängig von (1)). Nach 20.A.6 ist aber

$$\left(\frac{X_1 - \mu}{\sigma}\right)^2 + \cdots + \left(\frac{X_n - \mu}{\sigma}\right)^2 = \left(\frac{\overline{X} - \mu}{\sigma/\sqrt{n}}\right)^2 + \frac{S^2}{\sigma^2/(n-1)}\,.$$

Die linke Seite dieser Gleichung ist gemäß 19.B.9 χ^2-verteilt mit n Freiheitsgraden, vgl. auch 19.D.8. Da die beiden Variablen auf der rechten Seite nach (1) stochastisch unabhängig sind und $\left(\dfrac{\overline{X} - \mu}{\sigma/\sqrt{n}}\right)^2$ (ebenfalls nach 19.B.9) χ^2-verteilt mit einem Freiheitsgrad ist, ergibt sich die Behauptung aus der unten folgenden allgemeinen Aussage 20.A.9. (Zu einer Variante, die 20.A.9 vermeidet, siehe 19.D, Aufg. 3a).)

Wir beweisen nun (1) und schreiben zunächst

$$S^2 = \frac{1}{n-1}\,\big(Y_1^2 + \cdots + Y_{n-1}^2 + (Y_1 + \cdots + Y_{n-1})^2\big)$$

mit $Y_i := X_i - \overline{X}$, $i = 1, \ldots, n-1$. Es genügt also zu zeigen, dass die $\mathbb{R}^{n-1}$-wertige Variable $(Y_1, \ldots, Y_{n-1})$ und die Variable $Y_n := \overline{X}$ stochastisch unabhängig sind. Nun ist jedoch die $\mathbb{R}^n$-wertige Variable $Y = (Y_1, \ldots, Y_{n-1}, Y_n)$ nach 19.D.3 (2) normalverteilt, da dies für $(X_1, \ldots, X_n)$ gilt. Nach 19.D.3 (3) genügt es daher zu zeigen, dass Y_i und Y_n für $i = 1, \ldots, n-1$ unkorreliert sind. Es ist aber

$$\mathrm{C}(Y_i, Y_n) = \mathrm{C}\big(X_i - \overline{X}, \overline{X}\big) = \mathrm{C}(X_i, \overline{X}) - \mathrm{V}(\overline{X}) = \frac{\sigma^2}{n} - \frac{\sigma^2}{n} = 0\,. \qquad \bullet$$

Wir haben im vorstehenden Beweis die folgende Hilfsaussage benutzt.

20.A.9 Lemma *Seien Y und Z stochastisch unabhängige reelle Zufallsvariablen derart, dass Y und $Y + Z$ χ^2-verteilt sind mit r bzw. $r + s$ Freiheitsgraden, $s \geq 0$. Dann ist auch Z χ^2-verteilt, und zwar mit s Freiheitsgraden.*

B e w e i s. Die Fourier-Transformierten der Verteilungen von Y, Z und $Y+Z$ seien f, g bzw. h. Nach dem Faltungssatz 17.A.6 gilt dann $h = \sqrt{2\pi}\, fg$, und nach 17.A, Aufg. 6 ist

$$f(x) = \widehat{\gamma}_{1/2, r/2}(x) = \frac{1}{\sqrt{2\pi}}\, (1 + 2ix)^{-r/2}, \quad h(x) = \widehat{\gamma}_{1/2, (r+s)/2}(x) = \frac{1}{\sqrt{2\pi}}\, (1 + 2ix)^{-(r+s)/2}.$$

Also ist notwendigerweise

$$g(x) = \frac{1}{\sqrt{2\pi}}\, (1 + 2\,ix)^{-s/2} = \widehat{\gamma}_{1/2, s/2}(x).$$

Aus dem Eindeutigkeitssatz 17.B.4 folgt nun die Behauptung. $\bullet$

Wir bemerken, dass im Allgemeinen die S t i c h p r o b e n s t r e u u n g

$$S = \frac{1}{\sqrt{n-1}}\, \sqrt{(X_1 - \overline{X})^2 + \cdots + (X_n - \overline{X})^2}$$

nicht erwartungstreu für die Streuung σ von X ist. Wegen $V(S) = E(S^2) - E(S)^2 \geq 0$ ist stets $E(S) \leq \sigma$. Ist beispielsweise X normalverteilt, so hat $R := \dfrac{S^2}{\sigma^2/(n-1)}$ eine χ^2-Verteilung mit $n-1$ Freiheitsgraden. Dann ist $S = \sigma\sqrt{R/(n-1)}$ eine $\Gamma_{(n-1)/2\sigma^2,\, n-1, 2}$-verteilte Variable, vgl. 19.B, Aufg. 12d), und hat nach 19.B, Aufg. 12b) den Erwartungswert

$$E(S) = \sigma\, \sqrt{\frac{2}{n-1}} \cdot \frac{\Gamma\left(\frac{n}{2}\right)}{\Gamma\left(\frac{n-1}{2}\right)} = \sigma\left(1 - \frac{1}{4(n-1)} + \frac{1}{16(n-1)^2} + \cdots\right).$$

Bei normalverteiltem X ergibt sich mit Hilfe von 20.A.8 (2) ein Verfahren zur Konstruktion eines Konfidenzbereichs für σ: Sei das Konfidenzniveau γ vorgegeben. Dann bestimmt man die Zahlen

$$a := \chi^{2,*}_{n-1,\,(1+\gamma)/2} \quad \text{und} \quad b := \chi^{2,*}_{n-1,\,(1-\gamma)/2},$$

wobei der Wert $\chi^{2,*}_{m,\alpha}$ für $m \in \mathbb{N}^*$ und $\alpha \in\,]0, 1]$ bestimmt ist durch

$$\int_{\chi^{2,*}_{m,\alpha}}^{\infty} \chi^2_m(t)\, dt = \alpha.$$

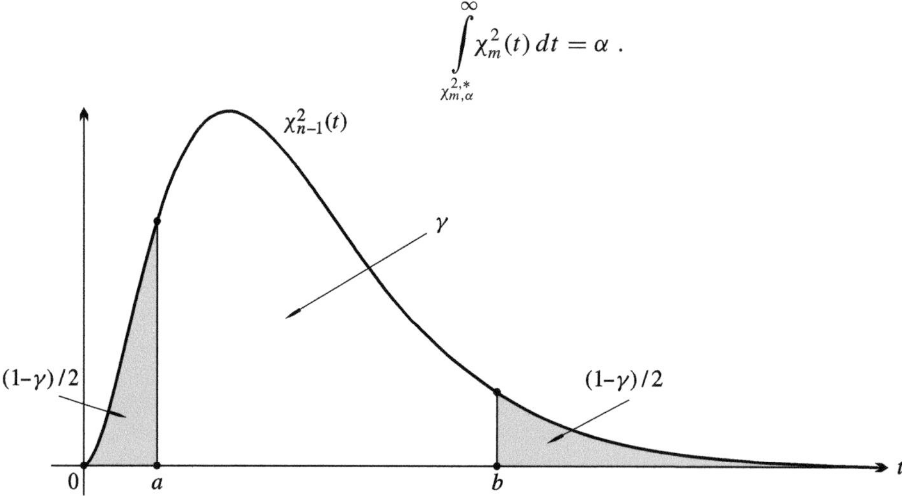

Nach 20.A.8 (2) gilt also

$$P\left(a < \frac{n-1}{\sigma^2} S^2 < b\right) = \gamma.$$

Folglich ist

$$\frac{n-1}{b}\, s_0^2 \;<\; \sigma^2 \;<\; \frac{n-1}{a}\, s_0^2\,, \qquad a = \chi_{n-1,(1+\gamma)/2}^{2,*}\,, \quad b = \chi_{n-1,(1-\gamma)/2}^{2,*}\,,$$

ein γ-Konfidenzbereich für σ^2 bei einer Stichprobenvarianz

$$s_0^2 = \frac{1}{n-1} \sum_{i=1}^{n} (x_{i0} - \overline{x}_0)^2$$

zu einer experimentell gewonnenen Stichprobe $x_0 = (x_{10}, \ldots, x_{n0})$.

Bei $n-1 > 30$ approximiert man die χ^2-Verteilung mit $n-1$ Freiheitsgraden durch die Normalverteilung mit dem Erwartungswert $n-1$ und der Streuung $\sqrt{2(n-1)}$ und erhält aus der Bedingung

$$P\Big(\big|\frac{1}{\sqrt{2(n-1)}}\,\big(\frac{(n-1)\,S^2}{\sigma^2} - (n-1)\big)\big| < c\Big) \approx \gamma\,, \qquad \Phi(c) = \frac{1+\gamma}{2}\,,$$

zur Stichprobenvarianz s_0^2 das γ-Konfidenzintervall

$$\frac{n-1}{n-1 + c\sqrt{2(n-1)}}\, s_0^2 \;<\; \sigma^2 \;<\; \frac{n-1}{n-1 - c\sqrt{2(n-1)}}\, s_0^2\,.$$

20.A.10 Beispiel (T-Verteilungen) In Beispiel 20.A.1 haben wir Konfidenzintervalle für den Erwartungswert einer reellen Zufallsvariablen angegeben, deren Streuung σ bekannt ist. Bei großem Stichprobenumfang kann man diese Intervalle benutzen, indem man σ^2 näherungsweise durch die Stichprobenvarianz

$$s_0^2 = \frac{1}{n-1}\,(x_{10} - \overline{x}_0)^2 + \cdots + (x_{n0} - \overline{x}_0)^2)\,, \qquad \overline{x}_0 = \frac{1}{n}\,(x_{10} + \cdots + x_{n0})\,,$$

ersetzt. Wir wollen nun für normalverteilte Zufallsvariablen X ein Verfahren besprechen, dass ein Konfidenzintervall für $\mu = \mathrm{E}(X)$ liefert ohne Schätzung der Streuung $\sigma = \sigma(X)$. Grundlage dazu ist das folgende Lemma:

20.A.11 Lemma *Seien Y und Z stochastisch unabhängige reelle Zufallsvariablen, Y sei standardnormalverteilt und Z sei χ^2-verteilt mit m Freiheitsgraden. Dann besitzt die Verteilung der Variablen $T := Y/\sqrt{Z/m}$ die Dichte*

$$\mathrm{t}_m(t) := \frac{\Gamma\left(\frac{m+1}{2}\right)}{\sqrt{m\pi}\,\Gamma\left(\frac{m}{2}\right)}\left(1 + \frac{t^2}{m}\right)^{-(m+1)/2}.$$

B e w e i s. Die Verteilung von Y hat die Dichte $(2\pi)^{-1/2}\exp\left(-t^2/2\right)$, diejenige von Z hat die Dichte $\gamma_{1/2,m/2} = \gamma_{1/2,m/2,1}$, und somit hat die von $\sqrt{Z/m}$ die Dichte

$$\sqrt{m}\;\gamma_{1/2,m,2}\big(\sqrt{m}\,t\big) = \frac{m^{m/2}}{2^{(m-2)/2}\,\Gamma\left(\frac{m}{2}\right)}\,t^{m-1}\,e^{-mt^2/2}\,,$$

vgl. 19.B, Aufg. 12d). Nach 19.B, Aufg. 13c) hat dann $Y/\sqrt{Z/m}$ die Verteilung mit der Dichte

$$\mathrm{t}_m(t) = \frac{1}{\sqrt{2\pi}} \cdot \frac{m^{m/2}}{2^{(m-2)/2}\,\Gamma\left(\frac{m}{2}\right)} \int_0^{\infty} e^{-t^2 x^2/2}\, x^{m-1}\, e^{-mx^2/2}\, x\, dx \;=$$

$$= \frac{m^{m/2}}{\sqrt{\pi}\,\Gamma\left(\frac{m}{2}\right)} \cdot \frac{1}{(t^2+m)^{(m+1)/2}} \int_0^{\infty} u^{(m-1)/2}\, e^{-u}\, du = \frac{\Gamma\left(\frac{m+1}{2}\right)}{\sqrt{m\pi}\,\Gamma\left(\frac{m}{2}\right)}\left(1 + \frac{t^2}{m}\right)^{-(m+1)/2}, \quad t \in \mathbb{R}. \;\bullet$$

Die Verteilung T_m mit der Dichte t_m aus 20.A.11 heißt die **S t u d e n t s c h e   T - V e r t e i l u n g**
mit m **F r e i h e i t s g r a d e n.**[2]) Sie ist symmetrisch bezüglich des Nullpunktes.

Die Funktionenfolge t_m, $m \in \mathbb{N}^*$, konvergiert punktweise und auf jedem beschränkten Intervall gleichmäßig gegen die Dichte $(2\pi)^{-1/2} \exp(-t^2/2)$ der Standardnormalverteilung. (Man beachte $\lim \Gamma\big((m+1)/2\big)\big/\sqrt{m}\,\Gamma(m/2) = 1/\sqrt{2}$.) Es folgt (vgl. etwa 19.C, Aufg. 5):

20.A.12 Lemma *Die Folge* T_m, $m \in \mathbb{N}^*$, *der Studentschen T-Verteilungen konvergiert schwach gegen die Standardnormalverteilung.*

Im Allgemeinen liefert die Standardnormalverteilung für eine T-Verteilung mit mindestens 30 Freiheitsgraden eine ausreichende Näherung.

Aus 20.A.8 und 20.A.11 folgt sofort:

20.A.13 Satz *Sei X eine normalverteilte Zufallsvariable mit Erwartungswert* μ *und Streuung* σ. *Dann hat die Stichprobenfunktion*

$$T = \frac{\overline{X} - \mu}{\sigma/\sqrt{n}} \Big/ \frac{S}{\sigma} = \sqrt{n}\,\frac{\overline{X} - \mu}{S}$$

auf dem Raum der (einfachen) Stichproben vom Umfang $n \geq 2$ *eine* T_{n-1}-*Verteilung.*

Aus 20.A.13 ergibt sich ein Konfidenzbereich für den Erwartungswert μ einer normalverteilten Zufallsvariablen mit Hilfe der dort angegebenen Stichprobenfunktion T. Zu vorgegebenem Konfidenzniveau γ bestimmt man $t^*_{n-1,\alpha}$, $\alpha := (1-\gamma)/2$, mit

$$\int\limits_{t^*_{n-1,\alpha}}^{\infty} t_{n-1}(t)\,dt = \alpha.$$

Dann ist

$$P\big(|T| < t^*_{n-1,\alpha}\big) = P\Big(|\overline{X} - \mu| < \frac{S}{\sqrt{n}}\,t^*_{n-1,\alpha}\Big) = \gamma.$$

Zu vorgegebener Stichprobe $x_0 = (x_{10}, \ldots, x_{n0})$ *mit Stichprobenmittel*

$$\overline{x}_0 = \frac{1}{n}(x_{10} + \cdots + x_{n0})$$

und Stichprobenstreuung

$$s_0 = \frac{1}{\sqrt{n-1}}\,\sqrt{(x_{10} - \overline{x}_0)^2 + \cdots + (x_{n0} - \overline{x}_0)^2}$$

ist somit

$$\overline{x}_0 - \frac{s_0}{\sqrt{n}}\,t^*_{n-1,\alpha} < \mu < \overline{x}_0 + \frac{s_0}{\sqrt{n}}\,t^*_{n-1,\alpha}$$

ein γ-*Konfidenzintervall für* μ *(mit* $\gamma = 1 - 2\alpha$*).*

Ersetzt man die T_{n-1}-Verteilung durch die Standardnormalverteilung (etwa bei $n > 30$), so erhält man das Konfidenzintervall

---

[2]) „Student" ist das Pseudonym des Entdeckers der T-Verteilungen W. S. Gosset, siehe Biometrika **6** (1908).

$$\overline{x}_0 - \frac{s_0}{\sqrt{n}}\, c \;<\; \mu \;<\; \overline{x}_0 + \frac{s_0}{\sqrt{n}}\, c\,, \qquad \Phi(c) = \frac{1+\gamma}{2}\,,$$

das mit dem Intervall aus Beispiel 20.A.1 übereinstimmt, wenn man dort die unbekannte Streuung σ durch die Stichprobenstreuung s_0 ersetzt.

Gibt man also bei der Auswertung experimenteller Daten den gesuchten Erwartungswert μ in der Form

$$\overline{x}_0 \pm \frac{s_0}{\sqrt{n}}$$

an (wie dies häufig geschieht), *so hat man damit zumindest bei großen n* (> 30) *die Grenzen eines Konfidenzintervalls für μ zum Konfidenzniveau* $\gamma = 2\Phi(1) - 1 = 68{,}26\%$ *angegeben.* Entsprechend erhält man durch Verdoppeln der Intervalllänge ein Konfidenzintervall zu $\gamma = 95{,}45\%$. Ist die Anzahl n der Messwerte jedoch ≤ 30, sollte man die Werte $t^*_{n-1,\alpha}$ der T_{n-1}-Verteilung selbst benutzen. Bei $n = 10$ etwa sind $\overline{x}_0 \pm s_0/\sqrt{n}$ die Grenzen eines Konfidenzintervalls „nur" zum Niveau

$$2\int\limits_0^1 t_9(t)\, dt = 65{,}66\%\,.$$

In Tafel 4 werden die wichtigsten Werte der Quantile $t^*_{m,\alpha}$ angegeben.

20.A.14 Beispiel (K o n f i d e n z i n t e r v a l l e f ü r f u n k t i o n a l a b h ä n g i g e G r ö ß e n ·
G a u ß s c h e s F e h l e r f o r t p f l a n z u n g s g e s e t z) Eine reelle (physikalische) Größe
$g(X_1, \ldots, X_n)$ hänge von den reellen Zufallsvariablen $X_1, \ldots, X_n$ ab, vgl. Beispiel 19.D.10.
Diese seien normalverteilt mit Erwartungswerten $\mu_1, \ldots, \mu_n$ und den unbekannten Streuungen
$\sigma_1, \ldots, \sigma_n$ und werden jeweils durch Stichproben vom Umfang $|k| = k_1 + \cdots + k_n$ gemessen,
wobei k_i angibt, wie oft das Experiment X_i ausgeführt werde. Jedes einzelne k_i sei hinreichend groß, z.B. $k_i \geq 30$.[3]) Wir führen folgende Bezeichnungen bzw. Voraussetzungen ein:
$\overline{X} := (\overline{X}_1, \ldots, \overline{X}_n)$ sei das Tupel der Stichprobenmittelwerte der Variablen $X_1, \ldots, X_n$ für die
Stichproben vom Umfang $k = (k_1, \ldots, k_n)$; $S_1^2, \ldots, S_n^2$ seien die zugehörigen Stichprobenvarianzen. g sei in einer Umgebung des Punktes $\mu := (\mu_1, \ldots, \mu_n)$ stetig differenzierbar und die
partiellen Ableitungen $a_1, \ldots, a_n$ von g mögen im Punkt μ alle von 0 verschieden sein. Grundlage für die Bestimmung eines Konfidenzintervalls ist die folgende Aussage, die eine von vielen
ähnlichen dieser Art ist:

20.A.15 Satz *Die Stichprobenfunktionen*

$$H_k := \frac{g(\overline{X}) - g(\mu)}{\sqrt{\dfrac{S_1^2}{k_1}\, a_1^2(\overline{X}) + \cdots + \dfrac{S_n^2}{k_n}\, a_n^2(\overline{X})}}$$

konvergieren für $k = (k_1, \ldots, k_n) \to (\infty, \ldots, \infty)$ *(d.h. die k_v gehen einzeln gegen ∞) schwach
gegen eine standardnormalverteilte Zufallsvariable.*

B e w e i s . Nach 19.D.11 und 19.C, Aufg. 2, 9 genügt es zu zeigen, dass die Variablen

$$\frac{\dfrac{S_1^2}{k_1}\, a_1^2(\overline{X}) + \cdots + \dfrac{S_n^2}{k_n}\, a_n^2(\overline{X})}{\dfrac{\sigma_1^2}{k_1}\, a_1^2(\mu) + \cdots + \dfrac{\sigma_n^2}{k_n}\, a_n^2(\mu)}$$

---

[3]) Bei kleinen Streuungen genügen aber auch kleinere k_i.

schwach gegen die Konstante 1 konvergieren. Dazu genügt es wiederum zu zeigen, dass die Variablen

$$F_k := \frac{\frac{S_1^2}{k_1}a_1^2(\overline{X}) + \cdots + \frac{S_n^2}{k_n}a_n^2(\overline{X})}{\frac{S_1^2}{k_1}a_1^2(\mu) + \cdots + \frac{S_n^2}{k_n}a_n^2(\mu)} \quad \text{und} \quad G_k := \frac{\frac{S_1^2}{k_1}a_1^2(\mu) + \cdots + \frac{S_n^2}{k_n}a_n^2(\mu)}{\frac{\sigma_1^2}{k_1}a_1^2(\mu) + \cdots + \frac{\sigma_n^2}{k_n}a_n^2(\mu)}$$

jeweils schwach gegen 1 konvergieren. Für die erste Folge ergibt sich dies aus der Darstellung

$$F_k - 1 = \sum_{v=1}^{n} \frac{\frac{S_v^2}{k_v}\left(a_v^2(\overline{X}) - a_v^2(\mu)\right)}{\frac{S_1^2}{k_1}a_1^2(\mu) + \cdots + \frac{S_n^2}{k_n}a_n^2(\mu)}.$$

$\overline{X}$ konvergiert (nach dem schwachen Gesetz der großen Zahlen) schwach gegen μ. Nach 19.C, Aufg. 2, 9 konvergiert dann $a_v^2(\overline{X}) - a_v^2(\mu)$ schwach gegen 0. Wegen

$$\frac{S_v^2}{k_v} \Big/ \left(\frac{S_1^2}{k_1}a_1^2(\mu) + \cdots + \frac{S_n^2}{k_n}a_n^2(\mu)\right) \leq \frac{1}{a_v^2(\mu)}$$

konvergiert dann offenbar jeder der Summanden von $F_k - 1$ und damit $F_k - 1$ selbst schwach gegen 0.

Um die schwache Konvergenz der Folge G_k gegen 1 zu zeigen, beweisen wir die punktweise Konvergenz der Fourier-Transformierten der Verteilungen der G_k gegen die Fourier-Transformierte $e^{-ix}/\sqrt{2\pi}$ der Punktverteilung δ_1 von 1. Nun ist G_k die Summe der stochastisch unabhängigen Variablen

$$\frac{S_v^2}{c_k\,k_v}\,a_v^2(\mu), \qquad c_k := \sum_{v=1}^{n} \frac{\sigma_v^2}{k_v}\,a_v^2(\mu), \quad v = 1, \ldots, n.$$

Da die Variablen $(k_v - 1)S_v^2/\sigma_v^2$ nach 20.A.8 (2) jeweils eine $\Gamma_{1/2,(k_v-1)/2}$-Verteilung besitzen, besitzen die angegebenen Variablen Γ-Verteilungen mit den Parametern $c_k k_v (k_v-1)/2a_v^2(\mu)\,\sigma_v^2$ und $(k_v - 1)/2$. Mit dem Faltungssatz 17.A.6 und 17.A, Aufg. 6 ist die Fourier-Transformierte der Verteilung von G_k gleich

$$\frac{1}{\sqrt{2\pi}} \prod_{v=1}^{n} \left(1 + ix\,\frac{2a_v^2(\mu)\,\sigma_v^2}{c_k\,k_v(k_v-1)}\right)^{-(k_v-1)/2}.$$

Durch Übergang zum Logarithmus sieht man leicht, dass diese Funktionen für $k \to (\infty, \ldots, \infty)$ wie gewünscht punktweise gegen $e^{-ix}/\sqrt{2\pi}$ konvergieren. $\qquad\bullet$

Aus 20.A.15 ergibt sich das folgende Verfahren zur Konstruktion eines Konfidenzintervalls für $g(\mu)$ zum Konfidenzniveau γ. *Man bestimmt das Quantil* $c := c_{(1+\gamma)/2}$ *mit* $\Phi(c) = (1+\gamma)/2$. *Liefert dann die Stichprobe die Stichprobenmittel* $\overline{x}_{10}, \ldots, \overline{x}_{n0}$ *und die Stichprobenvarianzen* $s_{10}^2, \ldots, s_{n0}^2$, *so erhält man ein* γ-*Konfidenzintervall für* $g(\mu)$ *der Gestalt*

$$g(\overline{x}_{10}, \ldots, \overline{x}_{n0}) - \sigma_0 c \;<\; g(\mu) \;<\; g(\overline{x}_{10}, \ldots, \overline{x}_{n0}) + \sigma_0 c$$

mit

$$\sigma_0 := \left(\sum_{v=1}^{n} \frac{s_{v0}^2}{k_v}\left(\frac{\partial g}{\partial x_v}\right)^2(\overline{x}_{10}, \ldots, \overline{x}_{n0})\right)^{1/2}.$$

Bei der Bestimmung der Erdbeschleunigung g mit einem Pendel gemäß der Formel $g = 4\pi^2\ell/T^2$ beispielsweise wurden 100 mal die Schwingungsdauer T gemessen mit dem Mittelwert $T_0 = 1{,}961$ sec und der Stichprobenvarianz $s_{T,0}^2 = 2{,}38 \cdot 10^{-3}$ sec^2, sowie 10 mal die Länge ℓ mit dem

Mittelwert $\ell_0 = 95,21$ cm und der Stichprobenvarianz $s_{\ell,0}^2 = 0,0321$ cm^2. Dann erhält man das γ-Konfidenzintervall

$$(977,43 \pm 4,90 \cdot c_{(1+\gamma)/2}) \text{ cm sec}^{-2}$$

für g. Vgl. dazu Beispiel 19.D.10.

Hier fragt man, ob bei der V e r s u c h s p l a n u n g die Anzahlen $k_T = 100$ und $k_\ell = 10$ der Messungen von Schwingungsdauer bzw. Länge des Pendels günstig gewählt wurden.

Nehmen wir generell an, dass die Anzahl

$$K = k_1 + \cdots + k_n$$

aller Messungen fest vorgegeben ist. Dann wird man $k_1, \ldots, k_n$ so wählen, dass die asymptotische Varianz

$$V(k_1, \ldots, k_n) := \frac{\sigma_1^2}{k_1} a_1^2(\mu) + \cdots + \frac{\sigma_n^2}{k_n} a_n^2(\mu)$$

möglichst klein wird. Wir suchen also das Minimum von $V(k_1, \ldots, k_n)$ auf dem durch die Gleichung $k_1 + \cdots + k_n = K$ definierten Hyperebenenteil in $(\mathbb{R}_+^\times)^n$. Nach Satz 6.C.7 ist an einer solchen Stelle das totale Differenzial dV von V ein Vielfaches der Linearform $k_1 + \cdots + k_n$, also

$$\frac{\partial V}{\partial k_i} = \lambda, \quad i = 1, \ldots, n,$$

mit einem festen Lagrangeschen Multiplikator λ, was $\sigma_i^2 a_i^2(\mu)/k_i^2 = \lambda$ oder $\sigma_i |a_i(\mu)| = \sqrt{\lambda} k_i$ ergibt, d.h. $\sqrt{\lambda} K = \sum_j \sqrt{\lambda} k_j = \sum_j \sigma_j |a_j(\mu)|$ und

$$k_i = K \frac{\sigma_i |a_i(\mu)|}{\sum_j \sigma_j |a_j(\mu)|}.$$

Da man die Werte σ_i, $a_i(\mu)$ nicht kennt, muss man sich mit Schätzungen zufrieden geben. Im vorliegenden Fall wäre

$$k_T / k_\ell \approx \frac{s_{T,0}}{s_{\ell,0}} \cdot \frac{2\ell_0}{T_0} \approx 26$$

günstig gewesen. Ist allgemeiner eine gewichtete Summe $K = \gamma_1 k_1 + \cdots + \gamma_n k_n$ fest vorgegeben (was z.B. sinnvoll ist, wenn die Messungen für die einzelnen Größen jeweils einen wesentlich verschiedenen Aufwand erfordern [4])), so wählt man die Werte der k_i am besten in der Nähe von

$$K \frac{\sigma_i |a_i(\mu)|}{\sqrt{\gamma_i} \sum_j \sqrt{\gamma_j} \sigma_j |a_j(\mu)|}, \quad i = 1, \ldots, n,$$

denn jetzt ist die Bedingung $\sigma_i^2 a_i^2(\mu)/k_i^2 = \lambda \gamma_i$, $i = 1, \ldots, n$, mit festem Multiplikator λ zu erfüllen.

20.A.16 Beispiel (P e a r s o n s c h e S t i c h p r o b e n f u n k t i o n) Sei Ω ein endlicher Wahrscheinlichkeitsraum mit den $m \geq 2$ Elementarereignissen $\omega_1, \ldots, \omega_m$, die jeweils mit den *positiven* Wahrscheinlichkeiten $p_1, \ldots, p_m$, $p_1 + \cdots + p_m = 1$, eintreten. Für eine einfache Stichprobe vom Umfang k sei

$$N = (N_1, \ldots, N_{m-1})$$

die Stichprobenvariable, für die N_i gleich der Anzahl der ω_i in der Stichprobe ist, $i = 1, \ldots, m-1$.

---

[4]) Man denke etwa an ein physikalisches Praktikum, bei dem die Gesamtzeit für die Messungen begrenzt ist.

Dann ist N polynomialverteilt mit Erwartungswert $kp := k(p_1, \ldots, p_{m-1})$, und für $k \to \infty$ konvergieren nach dem Satz von de Moivre-Laplace die Variablen

$$Y_k := \frac{N - kp}{\sqrt{k}}$$

schwach gegen eine normalverteilte Zufallsvariable mit der Verteilung $N(0\,;\,\mathfrak{C})$, wobei

$$\mathfrak{C} := (\delta_{ij} p_i - p_i p_j)_{1 \le i, j < m} \in M_{m-1}(\mathbb{R})$$

die (von k unabhängige positiv definite) Kovarianzmatrix der Y_k ist; die Dichte von $N(0\,;\,\mathfrak{C})$ (bzgl. λ^{m-1}) ist dabei

$$\frac{1}{(2\pi)^{(m-1)/2} \sqrt{p_1 \cdots p_m}} \, \exp\left(-\frac{1}{2}\, Q(x)\right)$$

mit der quadratischen Form $Q(x) = {}^t x\, \mathfrak{C}^{-1} x$ zur inversen Matrix

$$\mathfrak{C}^{-1} = \left(\frac{\delta_{ij}}{p_i} + \frac{1}{p_m}\right)_{1 \le i, j < m},$$

vgl. 19.E, Aufg. 9. Nach 19.D.8 und 19.C, Aufg. 2 konvergieren daher die Variablen $Q \circ Y_k$ für $k \to \infty$ schwach gegen eine χ^2-verteilte Zufallsvariable mit $m - 1$ Freiheitsgraden. Die Variable

$$\widehat{\chi}^2 := Q \circ Y_k = \frac{1}{k}\left(N_1 - kp_1, \ldots, N_{m-1} - kp_{m-1}\right) \mathfrak{C}^{-1}\, {}^t(N_1 - kp_1, \ldots, N_{m-1} - kp_{m-1})$$

$$= \frac{1}{k}\left(\sum_{i=1}^{m-1} \frac{(N_i - kp_i)^2}{p_i} + \sum_{i,j=1}^{m-1} \frac{(N_i - kp_i)(N_j - kp_j)}{p_m}\right)$$

$$= \frac{1}{k}\left(\sum_{i=1}^{m-1} \frac{(N_i - kp_i)^2}{p_i} + \frac{1}{p_m}\left(\sum_{i=1}^{m-1}(N_i - kp_i)\right)^2\right) = \sum_{i=1}^{m} \frac{(N_i - kp_i)^2}{kp_i} = \sum_{i=1}^{m} \frac{N_i^2}{kp_i} - k,$$

wobei $N_m := k - (N_1 + \cdots + N_{m-1})$ die Anzahl der ω_m in der jeweiligen Stichprobe ist, heißt die k-te **Pearsonsche Stichprobenfunktion**. Wir haben bewiesen:

20.A.17 Satz *Für $k \to \infty$ konvergieren die obigen Pearsonschen Stichprobenfunktionen $\widehat{\chi}^2$ schwach gegen eine χ^2-verteilte Zufallsvariable mit $m - 1$ Freiheitsgraden.*

Wie schon beim Satz von de Moivre-Laplace gilt auch hier die Faustregel, dass etwa bei $kp_i \ge 10$ für alle $i = 1, \ldots, m$ die χ^2-Verteilung mit $m - 1$ Freiheitsgraden eine hinreichend gute Näherung für die Verteilung von $\widehat{\chi}^2$ ist.[5]

Mit der Funktion $\widehat{\chi}^2$ ergibt sich folgender γ-Konfidenzbereich für die Verteilung $(p_1, \ldots, p_m)$ auf Ω mit Hilfe der $N_{10}, \ldots, N_{m0}$ für eine Stichprobe vom Umfang k. *Sei $\alpha := 1 - \gamma$ und sei $\chi^{2,*}_{m-1,\alpha}$ durch*

$$\int_{\chi^{2,*}_{m-1,\alpha}}^{\infty} \chi^2_{m-1}(t)\, dt = \alpha$$

bestimmt, vgl. Beispiel 20.A.4. Zu einer Stichprobe vom Umfang k mit den Häufigkeiten $N_{10}, \ldots, N_{m0}$ mit $N_{10} + \cdots + N_{m0} = k$ ist dann die Menge der Verteilungen $(p_1, \ldots, p_m)$, $p_1 + \cdots + p_m = 1$, auf $\Omega = \{\omega_1, \ldots, \omega_m\}$ mit

---

[5] Einige Experten begnügen sich bereits mit $kp_i \ge 5$, $i = 1, \ldots, m$.

$$\sum_{i=1}^{m} \frac{(N_{i0} - kp_i)^2}{kp_i} < \chi^{2,*}_{m-1,\alpha}$$

ein γ-Konfidenzbereich für das Eintreten von $\omega_1, \ldots, \omega_m$.

Für $m = 2$ ist dies mit dem Verfahren aus Beispiel 20.A.2 äquivalent. Für größere m ist diese Beschreibung des Konfidenzbereichs recht kompliziert. Sind die N_{i0}, $i = 1, \ldots, m$, groß genug, also mindestens 10, so benutzt man die folgende Vereinfachung: Man ersetzt die zu schätzenden Werte kp_i, die oben im Nenner auftreten, durch N_{i0}, $i = 1, \ldots, m$, und erhält für $(p_1, \ldots, p_m)$ als γ-Konfidenzbereich das auf der Hyperebene $p_1 + \cdots + p_m = 1$ durch

$$\sum_{i=1}^{m} \frac{(N_{i0} - kp_i)^2}{N_{i0}} = \sum_{i=1}^{m} \frac{k^2 p_i^2}{N_{i0}} - k < \chi^{2,*}_{m-1,\alpha}$$

definierte Ellipsoid, dessen Mittelpunkt $(N_{10}/k, \ldots, N_{m0}/k)$ ist. Formal gerechtfertigt wird dieses Vorgehen dadurch, dass auch die Variablen

$$\sum_{i=1}^{m} \frac{(N_i - kp_i)^2}{N_i}$$

schwach gegen eine Variable mit einer χ^2-Verteilung mit $m - 1$ Freiheitsgraden konvergieren. (Beweis! Man beachte, dass die Matrizen $\mathfrak{C}_k^{-1} = k(\delta_{ij} N_i^{-1} + N_m^{-1})_{1 \le i, j < m}$ stochastisch gegen $\mathfrak{C}^{-1} = (\delta_{ij} p_i^{-1} + p_m^{-1})_{1 \le i, j < m}$ konvergieren.)

Bei dem in der Einleitung zu diesem Paragraphen angegebene Würfelbeispiel ist $m = 6$, und für $\gamma = 95\%$ ist

$$\chi^{2,*}_{m-1,\alpha} = \chi^{2,*}_{5,0,05} = 11,07 \,.$$

Die Stichprobe liefert daher für die Wahrscheinlichkeiten $p_1, \ldots, p_5$, $p_6 = 1 - (p_1 + \cdots + p_5)$, mit dem Würfel eine der Zahlen 1, 2, 3, 4, 5, 6 zu werfen, das durch

$$\frac{(p_1 - 0,165)^2}{0,165} + \frac{(p_2 - 0,192)^2}{0,192} + \frac{(p_3 - 0,173)^2}{0,173} + \frac{(p_4 - 0,160)^2}{0,160} +$$

$$+ \frac{(p_5 - 0,169)^2}{0,169} + \frac{(p_1 + \cdots + p_5 - 0,859)^2}{0,141} < 0,01107$$

definierte Ellipsoid als Konfidenzbereich zum 95%-Niveau. Vgl. hierzu auch Beispiel 20.B.6.

20.A.18 Beispiel (Maximum-Likelihood-Methode) In den vorangegangenen Beispielen sind wir von gegebenen Schätzfunktionen ausgegangen, um Erwartungswert und Streuung abzuschätzen. Wie eingangs dieses Abschnitts angedeutet, bleibt das Problem, für einen Parameter eine Schätzfunktion zu finden. Eine häufig benutzte Methode ist die so genannte Maximum-Likelihood-Methode, die wir kurz skizzieren wollen.

Auf dem Messraum $(\Omega, \mathcal{A})$ sei ein (σ-endliches) Grundmaß μ gegeben und zu jedem Parameter $q \in Q$ eine Wahrscheinlichkeitsdichte $f_q : \Omega \to \mathbb{R}_+$ mit

$$P = f_{q(P)} \cdot \mu$$

für jedes $P \in \mathcal{P}$. – Auf dem Stichprobenraum Ω^n ist dann

$$P^{\otimes n} = f_{q(P)} \otimes \cdots \otimes f_{q(P)} \cdot \mu \otimes \cdots \otimes \mu = f_{q(P)}^{\otimes n} \cdot \mu^{\otimes n} \,.$$

Die Stichprobenfunktion $Z : \Omega^n \to Q$ bestimmt man nun – wenn möglich – so, dass für den Parameter $q = Z(\omega)$ zur Stichprobe $\omega = (\omega_1, \ldots, \omega_n)$ der Wert von

$$L(\omega\,;q) := f_q^{\otimes n}(\omega) = f_q(\omega_1)\cdots f_q(\omega_n)$$

möglichst groß wird, die Stichprobe also (in Bezug auf μ) „möglichst wahrscheinlich" ist. Statt L kann man auch den Logarithmus

$$\ln L = \sum_{\nu=1}^{n} \ln f_q(\omega_\nu)$$

bei gegebenem $\omega \in \Omega^n$ in q maximieren. Da die f_q auf μ-Nullmengen geändert werden können, ohne dass die Verteilungen $f_q \cdot \mu$ sich ändern, hat man die Dichten f_q „vernünftig" zu wählen.

Für diskrete Verteilungen wählt man als Grundmaß μ in der Regel das Zählmaß (die f_q sind dann eindeutig), für einen endlichdimensionalen $\mathbb{R}$-Vektorraum $\Omega = V$ ein Borel-Lebesgue-Maß auf V. Ist die Parametermenge Q eine (offene) Teilmenge eines endlichdimensionalen $\mathbb{R}$-Vektorraums und erfüllen die Funktionen $q \mapsto L(\omega\,;q)$ bzw. $q \mapsto \ln L(\omega\,;q)$ geeignete Differenzierbarkeitsbedingungen, so kann man die einschlägigen Methoden der Differenzialrechnung heranziehen, um gegebenenfalls die gesuchten Maxima zu bestimmen.

Ist beispielsweise $f_{(\mu,\sigma^2)} : \mathbb{R} \to \mathbb{R}_+$ die Familie der Normaldichten

$$f_{(\mu,\sigma^2)} = \frac{1}{\sigma\sqrt{2\pi}}\, e^{-(t-\mu)^2/2\sigma^2}\,, \qquad \mu \in \mathbb{R},\ \sigma \in \mathbb{R}_+^{\times},$$

so ist bei einer Stichprobe $x = (x_1,\ldots,x_n) \in \mathbb{R}^n$ vom Umfang n die Funktion

$$h(\mu,\sigma^2) := \ln L(x_1,\ldots,x_n\,;\mu,\sigma^2) = -\left(\frac{n}{2}\ln(2\pi\sigma^2) + \sum_{\nu=1}^{n}(x_\nu-\mu)^2/2\sigma^2\right)$$

in Abhängigkeit von μ und σ^2 zu maximieren. Wegen

$$\frac{\partial h}{\partial \mu} = \frac{1}{\sigma^2}\sum_{\nu=1}^{n}(x_\nu-\mu) = \frac{n}{\sigma^2}(\overline{x}-\mu)\,, \qquad \frac{\partial h}{\partial \sigma^2} = \frac{1}{2\sigma^2}\left(-n + \frac{1}{\sigma^2}\sum_{\nu=1}^{n}(x_\nu-\mu)^2\right)$$

erhält man durch Bestimmung der Nullstellen von $\operatorname{grad} h$ für (μ,σ^2) die Schätzfunktion

$$\left(\overline{x}\,,\ \frac{n-1}{n}\,s^2\right) \quad \text{mit} \quad s^2 := \frac{1}{n-1}\sum_{\nu=1}^{n}(x_\nu-\overline{x})^2\,.$$

Man beachte, dass diese Schätzfunktion nicht erwartungstreu ist, da $\frac{n-1}{n}s^2$ den Erwartungswert $\frac{n-1}{n}\sigma^2$ hat. Allerdings geht die Abweichung für $n \to \infty$ gegen 0. Betrachtet man die Familie der Normaldichten mit *festem* Erwartungswert μ, so erhält man als Maximum-Likelihood-Schätzung für den einzigen Parameter σ^2 die erwartungstreue Schätzfunktion

$$\frac{1}{n}\sum_{\nu=1}^{n}(x_\nu-\mu)^2\,.$$

Ein anderes Beispiel: $\pi(-\,;\lambda)$, $\lambda \in \mathbb{R}_+^{\times}$, sei die Familie der Poisson-Verteilungen auf $\mathbb{N}$ mit den Dichten $f_\lambda = \lambda^m e^{-\lambda}/m!$, $m \in \mathbb{N}$, bzgl. des Zählmaßes. Dann ist bei einer Stichprobe $(x_1,\ldots,x_n) \in \mathbb{N}^n$ vom Umfang n die Funktion

$$h(\lambda) = \sum_{\nu=1}^{n}\ln\left(\frac{\lambda^{x_\nu}e^{-\lambda}}{x_\nu!}\right) = \sum_{\nu=1}^{n}(x_\nu \ln\lambda - \lambda) - \sum_{\nu=1}^{n}\ln x_\nu!$$

als Funktion von λ zu maximieren, was auf die Bedingung $0 = \sum_{\nu=1}^{n}(x_\nu/\lambda - 1)$ oder

$$\lambda = \frac{\sum_{\nu=1}^{n} x_\nu}{n} = \overline{x}$$

führt. Die Maximum-Likelihood-Schätzung für λ ist also wieder das Stichprobenmittel.

Hat man die Schätzfunktion mittels der Maximum-Likelihood-Methode bestimmt, so bleibt die Aufgabe, sie daraufhin zu untersuchen, ob sie die gehegten Erwartungen erfüllt. Dabei ist auch zu bedenken, ob das gewählte Grundmaß μ, bzgl. dessen die Dichten f_q, $q \in Q$, gegeben sind, dem Problem angemessen ist.

Aufgaben

1. $K_1 \subseteq \Omega^n \times Q_1$ und $K_2 \subseteq \Omega^n \times Q_2$ seien Konfidenzbereiche für die Parameter $q_1 \in Q_1$ bzw. $q_2 \in Q_2$ zu den Verteilungen $P \in \mathcal{P}$ auf $(\Omega, \mathcal{A})$ bzgl. der Konfidenzniveaus γ_1 bzw. γ_2. Dann ist

$$(K_1 \times Q_2) \cap (K_2 \times Q_1) \subseteq \Omega^n \times Q_1 \times Q_2$$

ein Konfidenzbereich für das Parameterpaar $q = (q_1, q_2) \in Q := Q_1 \times Q_2$ bzgl. des Konfidenzniveaus $\gamma := \gamma_1 + \gamma_2 - 1 = \gamma_1 - (1 - \gamma_2) = \gamma_2 - (1 - \gamma_1)$. Zur Stichprobe $\omega_0 \in \Omega^n$ gehört der Konfidenzbereich

$$K_{\omega_0} = (K_1)_{\omega_0} \times (K_2)_{\omega_0} \subseteq Q_1 \times Q_2 \,.$$

(Separate Konfidenzbereiche für q_1 bzw. q_2 liefern also auch einen Konfidenzbereich für den gemeinsamen Parameter $q = (q_1, q_2)$. Meist ist es aber günstiger, q als einzigen Parameter zu betrachten und dafür einen Konfidenzbereich zu vorgegebenem Niveau γ zu konstruieren. – Entsprechende Bemerkungen gelten für mehr als zwei Parameter.)

2. a) Mit einem Bernoulli-Experiment vom Umfang $n \geq c^2/a^2$, $\Phi(c) = (1 + \gamma)/2$, lässt sich ein γ-Konfidenzintervall der Länge $\leq a$ für die Erfolgswahrscheinlichkeit p eines Ereignisses bestimmen, vgl. Beispiel 20.A.2. Wie kann man die Abschätzung verbessern, wenn man $p \leq p_0$ a priori weiß, wobei p_0 eine Zahl $< 1/2$ ist?

b) Um mit einer Stichprobe vom Umfang n ein γ-Konfidenzintervall der Länge $\leq a$ für den Erwartungswert μ einer normalverteilten Zufallsvariablen mit bekannter Streuung σ zu gewinnen, hat man $n \geq (2c\sigma/a)^2$, $\Phi(c) = (1 + \gamma)/2$, zu wählen.

3. Bei 1000-maligem Würfeln werden 153 Sechsen geworfen. Man gebe jeweils Konfidenzintervalle für die Wahrscheinlichkeit des Werfens einer Sechs an zu den Konfidenzniveaus 68,26%, 90%, 95%, 99%.

4. Sei X eine auf dem Intervall $[\mu - \ell/2\,, \mu + \ell/2]$ konzentrierte gleichverteilte reelle Zufallsvariable. Dann sind die Stichprobenfunktionen $\overline{X}$ und S^2 (für $n \geq 2$) nicht stochastisch unabhängig. ($(n\overline{X})^2$ und $(n-1)S^2$ sind stets (negativ) korreliert. – Vgl. aber 20.A.8 (1).)

5. Sei X die gleichverteilte Zufallsvariable aus Aufgabe 4.

a) Die Maximum-Likelihood-Schätzung für das Paar (μ, ℓ) ist die Stichprobenfunktion

$$\left(\frac{1}{2}(M + m)\,, M - m \right), \quad M := \mathrm{Max}\,(X_1, \dots, X_n), \quad m := \mathrm{Min}\,(X_1, \dots, X_n)\,.$$

Ist μ bekannt, so ist $2A$ mit $A := \mathrm{Max}\,\big(|X_1 - \mu|, \dots, |X_n - \mu|\big)$ die Maximum-Likelihood-Schätzung für ℓ. Welche Maximum-Likelihood-Schätzung ergibt sich für μ bei bekanntem ℓ?

b) Bei $\mu = 0$, $\ell = 2$ und $n \geq 2$ haben die Variablen $A, M, m, (M, m), M + m, M - m$ und $(M + m)/(M - m)$ der Reihe nach Verteilungen mit den folgenden Dichten (bzgl. λ^1):

$$t \mapsto nt^{n-1}, \qquad 0 \leq t \leq 1;$$

$$t \mapsto \frac{n}{2^n}(1 + t)^{n-1}, \qquad |t| \leq 1;$$

$$s \mapsto \frac{n}{2^n}(1 - s)^{n-1}, \qquad |s| \leq 1;$$

$$(t, s) \mapsto \frac{n(n-1)}{2^n}(t - s)^{n-2}, \qquad -1 \leq s \leq t \leq 1;$$

$$\tau \mapsto \frac{n}{2^{n+1}}\left(2 - |\tau|\right)^{n-1}; \qquad |\tau| \leq 2;$$

$$\tau \mapsto \frac{n(n-1)}{2^n}(2 - \tau)\,\tau^{n-2}, \qquad 0 \leq \tau \leq 2;$$

$$\tau \mapsto \frac{n-1}{2}\left(1 + |\tau|\right)^{-n}, \qquad -\infty < \tau < \infty.$$

(Außerhalb der angegebenen Bereiche verschwinden die Dichten.)

c) Die Randabstände $\mu + \frac{\ell}{2} - M$ und $m - \left(\mu - \frac{\ell}{2}\right)$ haben beide den Erwartungswert $\ell/(n+1)$. Der Erwartungswert von A ist $\left(1 - \frac{1}{n+1}\right) \cdot \frac{\ell}{2}$. – Man bestimme jeweils die Varianzen der in b) angegebenen Variablen sowie die Kovarianz $C(M, m)$.

d) Die Variable $\widetilde{X} := \frac{2}{\ell}(X - \mu)$ ist gleichverteilt auf dem Intervall $[-1, 1]$. Mit $\widetilde{M} := \frac{2}{\ell}(M - \mu)$, $\widetilde{m} := \frac{2}{\ell}(m - \mu)$ und $a := (1 - \gamma)^{-(n-1)} - 1$, $0 < \gamma < 1$, gilt

$$P\left(\left|\frac{M + m - 2\mu}{M - m}\right| < a\right) = P\left(\left|\frac{\widetilde{M} + \widetilde{m}}{\widetilde{M} - \widetilde{m}}\right| < a\right) = \gamma.$$

Damit ergibt sich als γ-Konfidenzintervall für den Intervallmittelpunkt μ zu gegebenem Stichprobenmaximum M_0 und -minimum m_0:

$$\frac{M_0 + m_0}{2} - a\,\frac{M_0 - m_0}{2} \; < \; \mu \; < \; \frac{M_0 + m_0}{2} + a\,\frac{M_0 - m_0}{2}.$$

e) Mit der Schätzfunktion $\frac{2}{\ell}(M - m) = \widetilde{M} - \widetilde{m}$ und der durch die Gleichung

$$\int\limits_{b}^{2} \frac{n(n-1)}{2^n}(2 - t)\,t^{n-2}\,dt = 1 - \left(\frac{b}{2}\right)^{n-1} n\left(1 - \frac{n-1}{n} \cdot \frac{b}{2}\right) = \gamma$$

bestimmten Zahl b erhält man

$$P\left(\frac{2}{\ell}(M - m) > b\right) = P\left(\widetilde{M} - \widetilde{m} > b\right) = \gamma.$$

Damit ergibt sich als γ-Konfidenzintervall für die Intervalllänge ℓ bei gegebenem Stichprobenmaximum M_0 und -minimum m_0:

$$M_0 - m_0 \; < \; \ell \; < \; \frac{2}{b}(M_0 - m_0).$$

Es ist $\dfrac{2}{b} = 1 + \dfrac{3 - ae}{n} + \cdots$.

f) Man gebe mit der Schätzfunktion A ein Konfidenzintervall für ℓ bei bekanntem μ an und mit $M + m$ ein Konfidenzintervall für μ bei bekanntem ℓ. Mit M konstruiere man ein Konfidenzintervall für das Intervallende $\mu + \frac{\ell}{2}$, falls der Intervallbeginn $\mu - \frac{\ell}{2}$ bekannt ist.

(Generell sind S t i c h p r o b e n m a x i m u m M, S t i c h p r o b e n m i n i m u m m, S t i c h p r o - b e n b r e i t e $M - m$ und ähnliche so genannte P o s i t i o n s f u n k t i o n e n häufig benutzte Funktionen zur Schätzung von Parametern.)

6. Die reelle Zufallsvariable X besitze eine $\Gamma_{\alpha,v,\lambda}$-Verteilung (mit der Dichte

$$\gamma_{\alpha,v,\lambda}(t) = \frac{\lambda \alpha^{v/\lambda}}{\Gamma(v/\lambda)}\, t^{v-1} \exp\left(-\alpha t^{\lambda}\right)$$

für $t > 0$ und mit $\gamma_{\alpha,v,\lambda}(t) = 0$ für $t \le 0$, vgl. 19.B, Aufg. 12). Die Parameter v, λ seien bekannt, α soll geschätzt werden. (Für den Fall $\lambda = v = 1$ vgl. Beispiel 20.A.4.)

a) Die Stichprobenfunktion

$$\frac{\lambda}{v}\, \overline{X^{\lambda}} = \frac{\lambda}{nv}\, (X_1^{\lambda} + \cdots + X_n^{\lambda})$$

ist eine erwartungstreue Maximum-Likelihood-Schätzfunktion für den Parameter $1/\alpha$.

b) Die Funktion $2\alpha n\overline{X^{\lambda}}$ hat eine χ^2-Verteilung mit $2nv/\lambda$ Freiheitsgraden. (Wir erweitern hier den Begriff der χ^2-Verteilung auf beliebige (nicht notwendig ganzzahlige) Freiheitsgrade $m > 0$. Es sind dies die $\Gamma_{1/2,m/2}$-Verteilungen, die man bei $m > 30$ im allgemeinen durch die Normalverteilungen mit Erwartungswert m und Streuung $\sqrt{2m}$ approximiert. Vgl. auch Aufg. 10 für eine andere Näherung.)

c) Sei γ ein vorgegebenes Konfidenzniveau. Für eine Stichprobe $x_0 = (x_1, \ldots, x_n)$ ist dann

$$\frac{a}{2n}\Big/ \overline{x_0^{\lambda}} < \alpha < \frac{b}{2n}\Big/ \overline{x_0^{\lambda}} \qquad \text{mit} \qquad \overline{x_0^{\lambda}} := \frac{1}{n}\,(x_1^{\lambda} + \cdots + x_n^{\lambda})$$

und

$$a := \chi^{2,*}_{2nv/\lambda,(1+\gamma)/2}\,, \qquad b := \chi^{2,*}_{2nv/\lambda,(1-\gamma)/2}$$

ein Konfidenzintervall für den Parameter α zum Niveau γ. Für $2nv/\lambda > 30$ erhält man näherungsweise das Intervall

$$\left(\frac{v}{\lambda} - c\sqrt{\frac{v}{\lambda n}}\right)\Big/ \overline{x_0^{\lambda}} < \alpha < \left(\frac{v}{\lambda} + c\sqrt{\frac{v}{\lambda n}}\right)\Big/ \overline{x_0^{\lambda}}, \qquad \Phi(c) = \frac{1+\gamma}{2}\,.$$

7. Sei X eine reelle Zufallsvariable, die negativ-binomialverteilt ist mit den Parametern $p \in\,]0, 1[$ und $r > 0$, d.h. ihre Verteilung ist auf $\mathbb{N}$ konzentriert, und es gilt für $m \in \mathbb{N}$

$$P(X = m) = (-1)^m \binom{-r}{m} p^r\,(1-p)^m\,,$$

vgl. Bd. 1, 8.B.11. Der Parameter r sei bekannt, p soll geschätzt werden. Eine Maximum-Like- lihood-Schätzfunktion für p ist die Stichprobenfunktion

$$\frac{r}{r + \overline{X}}\,,$$

wobei $\overline{X}$ das Stichprobenmittel ist.

8. Seien X und Y normalverteilte Zufallsvariablen mit den Parametern μ, σ^2 bzw. v, τ^2. Das Experiment X werde n-mal und das Experiment Y werde m-mal ausgeführt, so dass alle $n + m$ Experimente stochastisch unabhängig sind. $\overline{X}$ bzw. $\overline{Y}$ seien die Stichprobenmittel zu X bzw. Y und S_X^2 bzw. S_Y^2 die zugehörigen Stichprobenvarianzen.

a) Die vier Variablen $\overline{X}, \overline{Y}, S_X^2, S_Y^2$ sind stochastisch unabhängig.

b) Die Variablen $\overline{X} \pm \overline{Y}$ sind normalverteilt mit den Parametern $\mu \pm v, \dfrac{\sigma^2}{n} + \dfrac{\tau^2}{m}\,.$

c) Die Variable

$$\frac{S_X^2}{\sigma^2/(n-1)} + \frac{S_Y^2}{\tau^2/(m-1)}$$

ist χ^2-verteilt mit $n+m-2$ Freiheitsgraden.

d) Ist $\sigma = \tau$, so sind die Variablen

$$\sqrt{\frac{(m+n-2)\,mn}{m+n}} \cdot \frac{\overline{X} \pm \overline{Y} - (\mu \pm \nu)}{\sqrt{(n-1)\,S_X^2 + (m-1)\,S_Y^2}}$$

T-verteilt mit $n+m-2$ Freiheitsgraden. Man konstruiere damit γ-Konfidenzintervalle für die Summe $\mu + \nu$ bzw. die Differenz $\mu - \nu$ der Erwartungswerte, falls die Streuungen von X und Y übereinstimmen.

9. Die reelle Zufallsvariable X sei T-verteilt mit m Freiheitsgraden. Dann existieren die Erwartungswerte von $|X|^k$, $k \in \mathbb{N}$, $k < m$, und es gilt

$$E\big(|X|^k\big) = \frac{m^{k/2}}{\sqrt{\pi}} \frac{\Gamma\big(\frac{k+1}{2}\big)\,\Gamma\big(\frac{m-k}{2}\big)}{\Gamma\big(\frac{m}{2}\big)}\,.$$

Insbesondere gilt für gerades $k = 2l < m$:

$$E(X^{2l}) = m^l \cdot \frac{1 \cdot 3 \cdots (2l-1)}{(m-2l)(m-2l+2)\cdots(m-2)}\,.$$

(Man verwende 16.A, Aufg. 7.)

10. Für $n \in \mathbb{N}^*$ sei X_n eine reelle Zufallsvariable mit einer χ^2-Verteilung von m_n Freiheitsgraden, $\lim_{n\to\infty} m_n = \infty$. Dann konvergiert die Folge $\sqrt{2X_n} - \sqrt{2m_n-1}$, $n \in \mathbb{N}^*$, schwach gegen eine standardnormalverteilte Zufallsvariable. (Die Dichten der Verteilungen der Zufallsvariablen $\sqrt{2X_n} - \sqrt{2m_n-1}$ konvergieren punktweise und auf jedem beschränkten Intervall gleichmäßig gegen die Dichte der Standard-Normalverteilung. Man benutze die Stirlingsche Formel $x! = \Gamma(x+1) \sim \sqrt{2\pi x}\,(x/e)^x$ für $x \in \mathbb{R}$, $x \to \infty$, vgl. Bd. 1, Beispiel 18.B.2.)

11. Man schreibe Computer-Programme, die folgendes leisten: Bei gegebener Stichprobe werden Stichprobenmittel, Stichprobenvarianz, Stichprobenmaximum, Stichprobenminimum und die verschiedenen im Text behandelten Konfidenzintervalle berechnet. (Viele Taschenrechner haben die wichtigsten Stichprobenfunktionen fest programmiert.)

12. Sei (X, Y) eine Zufallsvariable mit Werten in $\mathbb{R}^2$. Der Stichprobenumfang n sei ≥ 2. Dann heißt die Stichprobenfunktion

$$C = C_{XY} := \frac{1}{n-1} \sum_{k=1}^{n} (X_k - \overline{X})(Y_k - \overline{Y})$$

die **Stichprobenkovarianz** ($\overline{X} = \frac{1}{n}\sum_{k=1}^{n} X_k$, $\overline{Y} = \frac{1}{n}\sum_{k=1}^{n} Y_k$).

a) Für beliebige $c, d \in \mathbb{R}$ ist

$$\sum_{k=1}^{n} (X_k - c)(Y_k - d) = n\,(\overline{X} - c)(\overline{Y} - d) + (n-1)\,C\,.$$

b) Haben X und Y endliche Varianzen, so ist C erwartungstreu für die Kovarianz $C(X, Y)$. (Vgl. Beispiel 20.A.5. – Für eine Anwendung siehe Beispiel 20.B.8.)

13. Sei $P = \mathrm{N}(0\,;\,Q^*)$ eine (nicht ausgeartete) Normalverteilung auf dem endlichdimensionalen $\mathbb{R}$-Vektorraum V mit Erwartungswert 0 und zugehöriger (positiv definiter) quadratischer Form $Q : V \to \mathbb{R}$. Seien $f : V \to \mathbb{R}$ eine Linearform $\neq 0$ auf V und W ein r-dimensionaler Unterraum von V, auf dem f verschwindet. Dann hat

$$x \mapsto \frac{f(x)/\sigma(f)}{\sqrt{Q(p_W x)/r}}$$

eine T-Verteilung mit r Freiheitsgraden, wobei p_W die orthogonale Projektion bzgl. Q auf W ist. (Man benutze 19.D, Aufg. 3a) und 20.A.11. – Das Ergebnis der Aufgabe, angewandt auf $f := \sum_{k=1}^{n}(X_k - \overline{X})$, $W := \mathrm{Kern}\, f$, liefert den übersichtlichsten Beweis von 20.A.13 und bringt ihn auf den Begriff.)

14. Man gebe im Fall $m = 3$ explizit die Achsen der gegen Ende von Beispiel 20.A.16 konstruierten Konfidenzellipse für die Wahrscheinlichkeiten p_1, p_2 an.

20.B Tests

Sei wieder eine Menge $\mathcal{P}$ von Wahrscheinlichkeitsverteilungen auf dem Messraum $(\Omega, \mathcal{A})$ gegeben. Jedem $P \in \mathcal{P}$ sei ein Parameter $q(P) \in Q$ zugeordnet, wobei $\mathcal{Q} = (Q, \mathcal{C})$ ebenfalls ein Messraum sei. Ziel eines stochastischen Tests ist es, an Hand von Stichproben qualifizierte Entscheidungen betreffs Annahme oder Verwerfung einer Hypothese H_0 über die wahre, aber unbekannte Wahrscheinlichkeitsverteilung $P_0 \in \mathcal{P}$ zu ermöglichen. In vielen Fällen besagt die Hypothese H_0, dass der Parameter $q(P_0)$ der gesuchten Wahrscheinlichkeitsverteilung zu einer vorgegebenen (gewöhnlich messbaren) Teilmenge Q_0 von Q gehört. Man spricht von einem F e h l e r   e r s t e r   A r t, wenn H_0 zutrifft, aber verworfen wird, und von einem F e h l e r   z w e i t e r   A r t, wenn H_0 nicht zutrifft, aber trotzdem nicht verworfen wird.

Ein T e s t v e r f a h r e n besteht häufig darin, dass man im Stichprobenraum Ω^n eine messbare Teilmenge T angibt und H_0 ablehnt, wenn die konkret erhaltene Stichprobe in T liegt. Man begeht dann einen Fehler 1. Art mit einer Wahrscheinlichkeit $\leq \alpha$, falls für jede Verteilung $P \in \mathcal{P}$ die Ungleichung $P(T) := P^{\otimes n}(T) \leq \alpha$ gilt. Man nennt T den A b l e h n u n g s b e r e i c h des Tests und α eine obere Schranke für die I r r t u m s w a h r - s c h e i n l i c h k e i t (1. Art). $\gamma := 1 - \alpha$ heißt das S i g n i f i k a n z n i v e a u oder auch die S i c h e r h e i t s w a h r s c h e i n l i c h k e i t des Tests. Man wählt in der Regel für γ wie bei den Konfidenzniveaus einen der Werte $0{,}90\,;\,0{,}95\,;\,0{,}99$. Je größer γ, d.h. je kleiner α ist, umso kleiner wird der Ablehnungsbereich T sein. Man lehnt die Hypothese also ab, wenn die Stichprobe in dem durch α gegebenen Rahmen bei Gültigkeit der Hypothese zu unwahrscheinlich wird. Mit wachsendem Signifikanzniveau wird eine Hypothese seltener abgelehnt und gegebenenfalls die Ablehnung sicherer. Fehler 2. Art sind dabei nicht berücksichtigt. Einen Fehler 2. Art begeht man bei einer Verteilung $P \in \mathcal{P}$, die nicht mit der Hypothese verträglich ist, mit einer Wahrscheinlichkeit $1 - P(T)$. Die Güte eines Tests wird also entscheidend durch seine so genannte G ü t e f u n k t i o n $P \mapsto P(T)$, $P \in \mathcal{P}$, bestimmt. Natürlich wird man versuchen, auch die Fehler 2. Art möglichst klein zu halten. *Auf keinen Fall darf man ein Nichtablehnen einer Hypothese ohne weiteres als ein Akzeptieren dieser Hypothese werten.* Impliziert die Hypothese H_0' die Hypothese H_0, so ist jeder Ablehnungsbereich T zum Signifikanzniveau γ für die Hypothese H_0 auch ein Ablehnungsbereich für H_0' zum gleichen Signifikanzniveau.

Testbereiche T werden wie Konfidenzbereiche häufig mit Stichprobenfunktionen beschrieben. Vielfach handelt es sich bei einem Test nur um ein Uminterpretieren der Überlegungen zur Bestimmung von Konfidenzbereichen. Man vergleiche dazu Abschnitt 20.A.

Wir geben einige Beispiele.

20.B.1 Beispiel (Test einer unbekannten Wahrscheinlichkeit) Über die Erfolgswahrscheinlichkeit p bei einem Bernoulli-Experiment soll mit einer Stichprobe vom Umfang n eine Hypothese H_0 getestet werden. H_0 besteht darin, dass p in einem vorgegebenen (messbaren) Bereich $I_0 \subseteq [0, 1]$ liegt oder einen fest vorgegebenen Wert p_0 hat. Der Ablehnungsbereich T soll dann aus denjenigen Stichproben vom Umfang n bestehen, für die die Anzahl k der Erfolge eine noch zu bestimmende Bedingung erfüllt.

Dazu geben wir ein Signifikanzniveau $\gamma = 1 - \alpha$ vor und nehmen an, dass n so groß ist, dass die Binomialverteilungen durch Normalverteilungen approximiert werden können. Die Häufigkeit $\overline{X}$ für das Eintreten des Erfolgs ist also angenähert normalverteilt mit Erwartungswert p *und Streuung $\sqrt{p(1-p)/n}$. Ein Ablehnungsbereich T wird etwa mittels einer (messbaren) Teilmenge $I \subseteq [0, 1]$ dadurch charakterisiert, dass die Stichprobe $(x_1, \ldots, x_n)$ zu T gehört, falls ihre Erfolgshäufigkeit $\overline{x} = (x_1 + \cdots + x_n)/n$ nicht zu I gehört.* Dabei ist x_i der Wert der Zufallsvariablen X_i, die gleich 1 bzw. gleich 0 ist, je nachdem ob das i-te Experiment einen Erfolg liefert oder nicht. Soll der Test korrekt sein, muss $P(\overline{X} \in I) \geq \gamma$ für alle Verteilungen P gelten, die durch die Werte $p \in I_0$ bestimmt sind, $\overline{X} = (X_1 + \cdots + X_n)/n$. *Gilt es etwa, die Hypothese $p = p_0$ zu testen, und wählen wir $I = \,]\,p_0 - \varepsilon\,,\,p_0 + \varepsilon\,[$ als symmetrisches Intervall um p_0, so muss ε die Bedingung*

$$P\big(|\overline{X} - p_0| < \varepsilon\big) \approx 2\Phi\left(\frac{\varepsilon}{\sqrt{p_0(1-p_0)/n}}\right) - 1 \geq \gamma \,,$$

bzw.

$$\varepsilon \geq c\,\sqrt{\frac{p_0(1-p_0)}{n}}$$

erfüllen, wobei c durch die Gleichung $\Phi(c) = (1+\gamma)/2$ bestimmt ist.

Oder: *Besagt die Hypothese H_0, dass $p \geq p_0 > 0$ ist, wobei p_0 vorgegeben ist, und wählen wir $I = \,]\,p_0 - \varepsilon\,,\,1]$, so muss ε die Ungleichung*

$$P\big(\overline{X} > p_0 - \varepsilon\big) \approx \Phi\left(\frac{p + \varepsilon - p_0}{\sqrt{p(1-p)/n}}\right) \geq \gamma$$

für alle $p \geq p_0$ erfüllen. Da $\Phi\big((p + \varepsilon - p_0)\big/\sqrt{p(1-p)/n}\,\big)$ monoton steigend in p ist (man betrachte die Ableitung nach p, vgl. auch den Hinweis in Band 1 zu Aufg. 21 von 12.A), *genügt es,*

$$\varepsilon \geq c\sqrt{\frac{p_0(1-p_0)}{n}}$$

zu fordern, wobei jetzt $\Phi(c) = \gamma$ gilt.

Soll beispielsweise eine Münze auf die Wahrscheinlichkeit $p = 1/2$ für „Kopf" mit 200 Würfen getestet werden, so wird beim Signifikanzniveau $\gamma = 95\%$ die Hypothese nicht verworfen, wenn die Anzahl k der Würfe mit Kopf

$$\text{zwischen} \qquad 200\left(\frac{1}{2} - c_{(1+\gamma)/2}\,\frac{1}{\sqrt{800}}\right) \qquad \text{und} \qquad 200\left(\frac{1}{2} + c_{(1+\gamma)/2}\,\frac{1}{\sqrt{800}}\right),$$

also wegen $c_{(1+\gamma)/2} \approx 1{,}960$ zwischen 87 und 113 (jeweils einschließlich) liegt. Die Hypothese, dass der in der Einleitung dieses Paragraphen erwähnte Computerwürfel die Sechs mit der Wahrscheinlichkeit $1/6$ würfelt, würden wir bei dem Signifikanzniveau von 95% ablehnen, da bei dem 1000-maligen Würfeln die Anzahl der gewürfelten Sechsen, nämlich 141, nicht zwischen $\frac{1000}{6}\left(1 - 1{,}96\sqrt{5/1000}\right) \approx 143{,}6$ und $\frac{1000}{6}\left(1 + 1{,}96\sqrt{5/1000}\right) \approx 189{,}8$ liegt. Will man mit 200 Münzwürfen testen, ob $p \geq 1/2$ ist, so wird bei $\gamma = 95\%$ die Hypothese nicht verworfen, wenn k größer als $200\left(\frac{1}{2} - c_\gamma\,\frac{1}{\sqrt{800}}\right)$, also wegen $c_\gamma \approx 1{,}645$ größer als oder gleich 89 ist.

Über Fehler 2. Art kann man bei den angesprochenen Tests folgendes sagen: Lehnen wir die Hypothese H_0, dass $p = p_0$ ist, nicht ab, obwohl $p \neq p_0$ ist, so geschieht dies mit der Wahrscheinlichkeit

$$P\big(|\overline{X} - p_0| < \varepsilon\big) \approx \Phi\left(\frac{p_0 + \varepsilon - p}{\sqrt{p(1-p)/n}}\right) - \Phi\left(\frac{p_0 - \varepsilon - p}{\sqrt{p(1-p)/n}}\right).$$

Entsprechend begeht man beim Testen der Hypothese H_0, dass $p \geq p_0$ ist, im Fall $p < p_0$ einen Fehler 2. Art mit der Wahrscheinlichkeit

$$P\big(\overline{X} > p_0 - \varepsilon\big) \approx \Phi\left(\frac{p + \varepsilon - p_0}{\sqrt{p(1-p)/n}}\right).$$

In den beiden oben betrachteten Beispielen mit $p_0 = 1/2$, $n = 200$, $\gamma = 95\%$ ergeben sich in Abhängigkeit von p folgende Kurven für Fehler 2. Art.

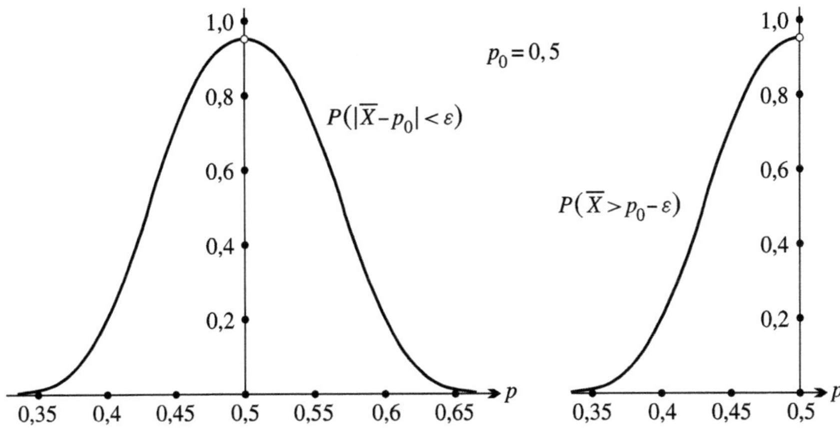

Etwas anders wird die Situation, wenn a priori nur zwei Erfolgswahrscheinlichkeiten p_0 und p_1 in Frage kommen und mit dem Test entschieden werden soll, welcher der beiden Fälle vorliegt. Dabei soll für die Hypothese $H_0 : p = p_0$ sowohl der Fehler 1. Art als auch der Fehler 2. Art $\leq \alpha$ sein. Sei etwa $0 < p_0 < p_1 < 1$. Wir werden den Ablehnungsbereich für H_0 dadurch charakterisieren, dass die relative Häufigkeit $\overline{X} \geq \lambda$ ist (wobei λ zwischen p_0 und p_1 liegt). Die Wahrscheinlichkeit für einen Fehler 1. Art ist

$$P_{p_0}\big(\overline{X} \geq \lambda\big) \approx \Phi\left(\frac{p_0 - \lambda}{\sqrt{p_0(1-p_0)/n}}\right) =: \Phi_0(\lambda)$$

und die für einen Fehler 2. Art

$$P_{p_1}\big(\overline{X} < \lambda\big) \approx \Phi\Big(\frac{\lambda - p_1}{\sqrt{p_1(1-p_1)/n}}\Big) =: \Phi_1(\lambda)\,.$$

Die Graphen der Funktionen $\Phi_0(\lambda)$ bzw. $\Phi_1(\lambda)$ für $p_0 \le \lambda \le p_1$ haben die folgende Gestalt:

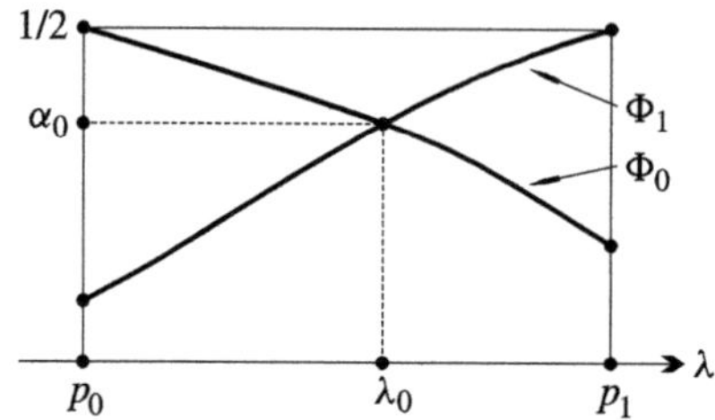

Der bestmögliche Wert von $\alpha := \mathrm{Max}\,\big(\Phi_0(\lambda)\,,\,\Phi_1(\lambda)\big)$ ergibt sich im Schnittpunkt der beiden Graphen für

$$\lambda = \lambda_0 := \frac{p_0\sqrt{p_1(1-p_1)} + p_1\sqrt{p_0(1-p_0)}}{\sqrt{p_1(1-p_1)} + \sqrt{p_0(1-p_0)}}$$

zu

$$\alpha = \alpha_0 := \Phi\Big(\sqrt{n}\,\frac{p_0 - p_1}{\sqrt{p_0(1-p_0)} + \sqrt{p_1(1-p_1)}}\Big)\,.$$

Ist also α vorgegeben und $\Phi(c) = \gamma = 1 - \alpha = 1 - \Phi(-c)$, *so muss*

$$\sqrt{n}\,\frac{p_1 - p_0}{\sqrt{p_0(1-p_0)} + \sqrt{p_1(1-p_1)}} \ge c \qquad oder \qquad n \ge c^2\,\frac{\big(\sqrt{p_0(1-p_0)} + \sqrt{p_1(1-p_1)}\big)^2}{(p_1 - p_0)^2}$$

sein, um mit einer Stichprobe vom Umfang n die beiden Erfolgswahrscheinlichkeiten $p = p_0$ bzw. $p = p_1\ (> p_0)$ mit Irrtumswahrscheinlichkeit $\le \alpha$ trennen zu können. Wegen $p(1-p) \le 1/4$ für $p \in [0, 1]$ ist $n \ge c^2/(p_1 - p_0)^2$ groß genug. In der Nähe von $p = 1/2$ ist die Trennung am schwierigsten.

20.B.2 Beispiel (T e s t d e s E r w a r t u n g s w e r t e s e i n e r n o r m a l v e r t e i l t e n Zu - f a l l s v a r i a b l e n b e i b e k a n n t e r V a r i a n z) Sei X eine Zufallsvariable, von der a priori bekannt ist, dass sie normalverteilt ist mit der Streuung σ. Getestet werden soll die Hypothese H_0, dass der Erwartungswert μ von X im Bereich $I_0 \subseteq \mathbb{R}$ liegt, mit einer einfachen Stichprobe vom Umfang n. Wir definieren den Ablehnungsbereich T im Stichprobenraum dadurch, dass das Stichprobenmittel $\overline{X} = \frac{1}{n}(X_1 + \cdots + X_n)$ nicht in einem noch zu bestimmenden Bereich $I \subseteq \mathbb{R}$ liegt. Ist das Signifikanzniveau γ vorgegeben, so muss also $P(\overline{X} \in I) \ge \gamma$ für alle Normalverteilungen $\mathrm{N}(\mu\,;\sigma^2)$ mit $\mu \in I_0$ sein. Im Fall $I_0 = [a_0, b_0]$ und $I = \,]a_0 - \varepsilon\,, b_0 + \varepsilon[$ muss für alle $\mu \in I_0$ gelten

$$\Phi\Big(\frac{b_0 + \varepsilon - \mu}{\sigma/\sqrt{n}}\Big) - \Phi\Big(\frac{a_0 - \varepsilon - \mu}{\sigma/\sqrt{n}}\Big) \ge \gamma\,.$$

Die linke Seite dieser Ungleichung ist als Funktion von $\mu - \mu_0$, $\mu_0 := (a_0 + b_0)/2$, offenbar gerade und fällt für $\mu \ge \mu_0$ monoton. Es genügt also, ε so zu wählen, dass ε die (eindeutig bestimmte) Lösung ist der folgenden Gleichung:

$$\Phi\Big(\frac{\ell_0 + \varepsilon}{\sigma/\sqrt{n}}\Big) + \Phi\Big(\frac{\varepsilon}{\sigma/\sqrt{n}}\Big) = \gamma + 1\,, \qquad \ell_0 := b_0 - a_0\,.$$

Für einen Punkttest (bei dem die Hypothese $\mu = \mu_0$ getestet werden soll) ist $\ell_0 = 0$, und wir erhalten für ε die Bedingung

$$\varepsilon = c \cdot \frac{\sigma}{\sqrt{n}} \quad \text{mit} \quad \Phi(c) = \frac{1+\gamma}{2}.$$

Im allgemeinen Fall liegt ε offenbar zwischen $c_\gamma \cdot \dfrac{\sigma}{\sqrt{n}}$ und $c_{(1+\gamma)/2} \cdot \dfrac{\sigma}{\sqrt{n}}$.

Bei $n = 9$, $\sigma = 1$, $\gamma = 95\%$ ist $c_\gamma = 1{,}645$ sowie $c_{(1+\gamma)/2} = 1{,}960$, und die Hypothese $\mu = \mu_0$ wird nicht verworfen, wenn der Mittelwert der Stichprobe zwischen $\mu_0 - \varepsilon$ und $\mu_0 + \varepsilon$ liegt mit $\varepsilon := 0{,}653$. Testen wir aber die Hypothese, dass $|\mu - \mu_0| \leq 0{,}5$ ist, so ist die Schätzung $c_\gamma \sigma / \sqrt{n} = 0{,}548$ für ε kaum noch verbesserungsbedürftig, $\varepsilon = 0{,}55$ ist sicherlich groß genug.

Die Diskussion der Fehler 2. Art verläuft analog zu der in Beispiel 20.B.1 und sei dem Leser überlassen. Wir geben nur die Wahrscheinlichkeit

$$P\big(|\overline{X} - \mu_0| \leq 1{,}05\big) = \Phi\big(3\,(1{,}05 - (\mu - \mu_0))\big) + \Phi\big(3\,(1{,}05 + (\mu - \mu_0))\big) - 1$$

für einen Fehler 2. Art bei $|\mu - \mu_0| > 0{,}5$ in dem zweiten Beispiel an:

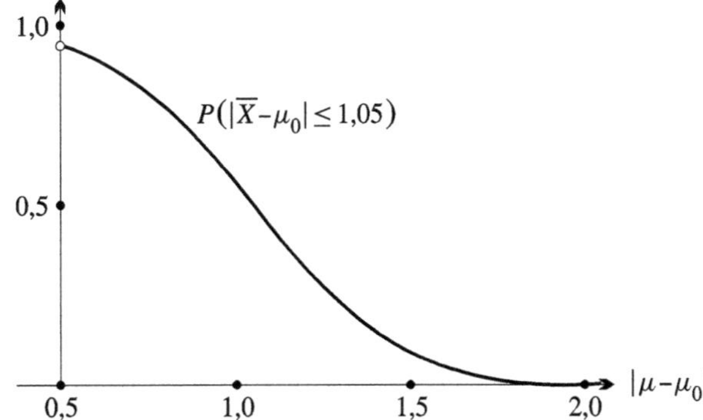

20.B.3 Beispiel (Test des Erwartungswertes einer normalverteilten Zufallsvariablen bei unbekannter Varianz · T-Test) Sei X eine beliebige normalverteilte Zufallsvariable, deren Streuung im Gegensatz zum vorigen Beispiel nicht bekannt ist und für die die Hypothese $\mu = \mu_0$ über den Erwartungswert mit einer Stichprobe vom Umfang n getestet werden soll. Als Testfunktion nehmen wir dazu die Funktion

$$T = \sqrt{n}\,\frac{\overline{X} - \mu_0}{S},$$

wobei $\overline{X}$ das Stichprobenmittel und $S^2 = \frac{1}{n-1}\big((X_1 - \overline{X})^2 + \cdots + (X_n - \overline{X})^2\big)$ die Stichprobenvarianz ist. Falls X tatsächlich den Erwartungswert μ_0 hat, besitzt T nach 20.A.13 eine T_{n-1}-Verteilung. Ist daher γ ein Signifikanzniveau für den Test, so wird durch

$$|T| \geq t^*_{n-1,(1-\gamma)/2}$$

ein Ablehnungsbereich für die Hypothese $\mu = \mu_0$ gegeben, wobei das Quantil $t^* = t^*_{n-1,(1-\gamma)/2}$ wie in Beispiel 20.A.10 durch

$$\int_{t^*}^{\infty} t_{n-1}(t)\,dt = \frac{1-\gamma}{2}$$

definiert ist. (Einige Werte der Quantile t^* kann man der Tafel 4 entnehmen.)

20.B.4 Beispiel (Vergleichstest für die Varianzen zweier stochastisch unabhängiger normalverteilter Zufallsvariablen · Fisher- oder F-Test) Seien X und Y zwei normalverteilte Zufallsvariablen mit den Varianzen σ^2 bzw. τ^2, die zwar unbekannt sind, aber miteinander verglichen werden sollen. Dies soll mit einer einfachen Stichprobe vom Umfang $n+m$, wobei n-mal das Experiment X und m-mal das Experiment Y ausgeführt werden, geschehen, $n, m \geq$. Dazu bezeichnen S_X^2 bzw. S_Y^2 die Stichprobenvarianzen der X-Stichprobe vom Umfang n bzw. der Y-Stichprobe vom Umfang m. Nach Lemma 20.A.8 (2) sind $(n-1)S_X^2/\sigma^2$ und $(m-1)S_Y^2/\tau^2$ stochastisch unabhängig und χ^2-verteilt mit $n-1$ bzw. $m-1$ Freiheitsgraden. Der Quotient

$$\frac{S_X^2}{S_Y^2} \cdot \frac{\tau^2}{\sigma^2}$$

besitzt dann eine so genannte Fisher-Verteilung $F_{(n-1, m-1)}$ mit $(n-1, m-1)$ Freiheitsgraden, deren Dichte $f_{(n-1, m-1)}$ in folgendem Satz angegeben wird.

20.B.5 Satz *Seien Q und R zwei stochastisch unabhängige χ^2-verteilte Zufallsvariablen mit n bzw. m Freiheitsgraden, $n, m \in \mathbb{N}^*$. Dann hat die Variable*

$$\frac{Q/n}{R/m}$$

eine Verteilung mit der Dichte

$$f_{(n,m)}(t) := B\left(\frac{n}{2}, \frac{m}{2}\right) \left(\frac{n}{m}\right)^{n/2} t^{\frac{n}{2}-1} \left(1 + \frac{n}{m}t\right)^{-\frac{n+m}{2}} \qquad \text{für} \quad t > 0$$

und $f_{(n,m)}(t) := 0$ für $t \leq 0$, wobei B die Beta-Funktion bezeichnet.

Die Verteilung mit der Dichte $f_{(n,m)}$ heißt die F-Verteilung oder Fisher-Verteilung $F_{(n,m)}$ mit (n, m) Freiheitsgraden.

Beweis von 20.B.5. Die Verteilungen von Q bzw. R haben nach Voraussetzung die Dichten $\gamma_{1/2, n/2}$ bzw. $\gamma_{1/2, m/2}$, d.h. Q/n bzw. R/m haben die Dichten

$$f(t) = n\gamma_{1/2, n/2}(nt) = \frac{n^{n/2}}{2^{n/2}\,\Gamma\left(\frac{n}{2}\right)} t^{\frac{n}{2}-1} e^{-\frac{nt}{2}}, \qquad t > 0,$$

und

$$g(t) = m\gamma_{1/2, m/2}(mt) = \frac{m^{m/2}}{2^{m/2}\,\Gamma\left(\frac{m}{2}\right)} t^{\frac{m}{2}-1} e^{-\frac{mt}{2}}, \qquad t > 0.$$

Dann hat die Variable $(Q/n)/(R/m)$ nach 19.B, Aufg. 13c) für $t > 0$ die Dichte

$$\int_0^\infty f(x)\, g\left(\frac{x}{t}\right) \frac{x}{t^2}\, dx = \frac{n^{n/2} m^{m/2}}{2^{(n+m)/2}\,\Gamma\left(\frac{n}{2}\right)\Gamma\left(\frac{m}{2}\right)} \frac{1}{t^{(m/2)+1}} \int_0^\infty x^{\frac{n+m}{2}-1} e^{-\frac{x}{2}\left(n+\frac{m}{t}\right)}\, dx$$

$$= \left(\frac{n}{m}\right)^{n/2} t^{\frac{n}{2}-1} \left(1 + \frac{n}{m\,t}\right)^{-\frac{n+m}{2}} \frac{\Gamma\left(\frac{n+m}{2}\right)}{\Gamma\left(\frac{n}{2}\right)\Gamma\left(\frac{m}{2}\right)} = f_{(n,m)}(t). \qquad \bullet$$

Mit diesem Resultat ergibt sich zum Beispiel der folgende *Test für die Hypothese H_0, dass der Quotient σ^2/τ^2 der Varianzen von X und Y höchstens gleich der vorgegebenen Zahl q_0 ist:* Zu vorgegebenem Signifikanzniveau $\gamma = 1 - \alpha$ wählen wir das Quantil $f^* := f^*_{(n-1, m-1),\,\alpha}$ mit

$$\int\limits_{f^*}^{\infty} \mathrm{f}_{(n-1,m-1)}(t)\, dt = \alpha$$

und lehnen die Hypothese ab, wenn für die betrachtete Stichprobe der Wert der Funktion S_X^2/S_Y^2 mindestens gleich $q_0 f^*$ ist. Trifft nämlich die Hypothese zu, so gilt wegen $\tau^2 q_0 f^*/\sigma^2 \geq f^*$ nach 20.B.5

$$P\left(\frac{S_X^2}{S_Y^2} < q_0 f^*\right) = P\left(\frac{S_X^2}{S_Y^2}\frac{\tau^2}{\sigma^2} < \frac{\tau^2}{\sigma^2} q_0 f^*\right) = \int\limits_{0}^{\tau^2 q_0 f^*/\sigma^2} \mathrm{f}_{(n-1,m-1)}(t)\, dt \geq \gamma\,.$$

Soll die Hypothese $\sigma^2/\tau^2 = q_0$ getestet werden, so wählt man zu γ die beiden Quantile

$$f_1^* := f_{(n-1,m-1),\,\alpha/2}^*\,,\qquad f_2^* := f_{(m-1,n-1),\,\alpha/2}^*$$

und lehnt die Hypothese ab, wenn der Wert von S_X^2/S_Y^2 nicht zwischen q_0/f_2^* und $q_0 f_1^*$ liegt. Trifft nämlich die Hypothese zu, so ist wiederum nach 20.B.5

$$P\left(\frac{S_X^2}{S_Y^2} \geq q_0 f_1^*\right) = \frac{\alpha}{2} \qquad \text{und auch} \qquad P\left(\frac{S_X^2}{S_Y^2} \leq \frac{q_0}{f_2^*}\right) = P\left(\frac{S_Y^2}{S_X^2} \geq \frac{f_2^*}{q_0}\right) = \frac{\alpha}{2}\,.$$

Daher ist

$$\frac{q_0}{f_2^*} < q_0 f_1^* \qquad \text{und} \qquad P\left(\frac{q_0}{f_2^*} < \frac{S_X^2}{S_Y^2} < q_0 f_1^*\right) = \gamma\,.$$

Die Quantile $f_{(n,m),\,0,05}^*$ und $f_{(n,m),\,0,01}^*$ lassen sich den Tafeln 6 und 7 entnehmen.

20.B.6 Beispiel (C h i - Q u a d r a t - T e s t) Für eine Verteilung P auf dem endlichen Wahrscheinlichkeitsraum $\Omega = \{\omega_1, \ldots, \omega_m\}$ soll die Hypothese H_0 getestet werden, dass die Wahrscheinlichkeiten $P(\omega_i)$ die vorgegebenen Werte p_i annehmen, $i = 1, \ldots, m$. Es sei $p_i > 0$ für $i = 1, \ldots, m$ (und $p_1 + \cdots + p_m = 1$). Der so genannte C h i - Q u a d r a t - T e s t benutzt die Pearsonsche Stichprobenfunktion

$$\widehat{\chi}^2 = \sum_{i=1}^{m} \frac{(N_i - kp_i)^2}{kp_i} = \sum_{i=1}^{m} \frac{N_i^2}{kp_i} - k$$

aus Beispiel 20.A.16. Dabei gibt N_i an, wie oft in einer Stichprobe vom Umfang k das Ereignis ω_i eintritt. Ist $kp_i \geq 10$ für alle i, so kann man die Verteilung von $\widehat{\chi}^2$ näherungsweise durch eine χ^2-Verteilung mit $m-1$ Freiheitsgraden ersetzen, vgl. 20.A.17. *Ist dann $\gamma = 1-\alpha$ ein vorgegebenes Signifikanzniveau, so ergibt sich durch*

$$\widehat{\chi}^2 \geq \chi_{m-1,\alpha}^{2,*}$$

ein Ablehnungsbereich T für die Hypothese H_0 zum Signifikanzniveau γ, wobei das Quantil $\chi_{m-1,\alpha}^{2,*}$ (das in Tafel 5 tabelliert ist) definiert ist durch

$$\int\limits_{\chi_{m-1,\alpha}^{2,*}}^{\infty} \chi_{m-1}^2(t)\, dt = \alpha\,.$$

Bei dem in der Einleitung zu diesem Paragraphen angegebenen Würfelbeispiel hat die Stichprobe $(N_{1,0}, \ldots, N_{6,0}) = (165, 192, 173, 160, 169, 141)$ vom Umfang $k = 1000$ für die Hypothese H_0: $p_1 = \cdots = p_6 = 1/6$ den $\widehat{\chi}^2$-Wert $\widehat{\chi}_0^2 = 8{,}377$. Die Anzahl der Freiheitsgrade ist 5. Wegen

$\chi^{2,*}_{5,\,1/10} = 9{,}24$ kann die Hypothese H_0 bei einem Signifikanzniveau $\gamma \geq 90\%$ nicht abgelehnt werden. Bei $\gamma = 85\%$ etwa wird man die Hypothese H_0 freilich ablehnen.

Man vergleiche dieses Ergebnis mit demjenigen aus Beispiel 20.B.1, wo wir die sogar schwächere Hypothese $H_0^* : p_6 = 1/6$ selbst bei einem Signifikanzniveau von $\gamma = 95\%$ abgelehnt haben. Der Ablehnungsbereich T_6 wurde dort durch

$$\frac{|N_6 - kp_6|}{\sqrt{kp_6(1 - p_6)}} \geq c_{(1+\gamma)/2}$$

definiert, $\Phi(c_{(1+\gamma)/2}) = (1 + \gamma)/2$, was gerechtfertigt ist wegen

$$P(T_6) \approx 2\left(1 - \Phi(c_{(1+\gamma)/2})\right) = 1 - \gamma = \alpha \ .$$

Bei diesem Testverfahren würden wir auch die Ausgangshypothesen $H_0: p_1 = \cdots = p_6 = 1/6$ auf dem Signifikanzniveau $\gamma = 95\%$ ablehnen. Hier ist aber zu beachten, *dass das Testereignis, nämlich das Würfeln der Sechs, vor dem Erzeugen der Stichprobe festgelegt wird.* Man darf also nicht im Nachhinein die dafür günstige Sechs wählen, um zu einem Ablehnen der Hypothese zu gelangen. (Ähnlich „günstig" wäre die Zwei wegen $N_{2,0} = 192$.) Bei einer solchen Wahl a posteriori wäre der korrekte Ablehnungsbereich die Vereinigung $\widetilde{T} := T_1 \cup \cdots \cup T_6$, wobei $T_1, \dots, T_5$ analog zu T_6 definiert sind, und *das Signifikanzniveau $\widetilde{\gamma} = 1 - P(\widetilde{T})$ erheblich kleiner* als 85% wie oben beim Chi-Quadrat-Test.[1])

Der χ^2-Test lässt sich auch verwenden, um mit einer Stichprobe vom Umfang k die Hypothese zu testen, dass eine reelle Zufallsvariable eine beliebige vorgegebene Verteilung besitzt. Dazu zerlegt man den Ereignisraum in m paarweise disjunkte Ereignisse $A_1, \dots, A_m$, deren Wahrscheinlichkeiten auf Grund der Hypothese $p_1, \dots, p_m$ sind. Man achtet darauf, dass die Produkte kp_i alle möglichst groß sind (also etwa ≥ 10). Dann testet man mit dem oben beschriebenen diskreten Chi-Quadrat-Test, ob die Stichprobe die Hypothese $P(A_i) = p_i$, $i = 1, \dots, m$, erlaubt, und verwirft gegebenenfalls auch die Ausgangshypothese nicht. Man spricht bei diesem Verfahren von einem Chi-Quadrat-Anpassungstest.

Als Beispiel wollen wir mit der am Ende von Beispiel 7.C.9 in Band 1 angegebenen Messreihe die Hypothese testen, dass die Impulsrate X bei dem untersuchten radioaktiven Präparat Poisson-verteilt mit dem Parameter $\lambda = 1{,}943$ ist, vgl. auch Beispiel 20.A.3. Wir reproduzieren zunächst das Messprotokoll für die Stichprobe vom Umfang $k = 1000$:

Anzahl i der Impulse in 3 sec	0	1	2	3	4	5	6	7	≥ 8
Anzahl der Messungen	154	287	242	180	92	27	12	6	0
$\pi(i\,;\lambda) \cdot 10^3$	143	278	271	175	85	33	11	3	1

Wir betrachten die Ereignisse $A_i = \{X = i\}$, $i = 0, \dots, 5$, und $A_6 = \{X \geq 6\}$. Die letzten drei Werte in der Tabelle haben wir kumuliert, damit keine der hypothetischen Häufigkeiten $kP(A_i)$

---

[1]) Der Leser bemühe sich um eine Abschätzung für $P(\widetilde{T})$. – Das Beispiel mag illustrieren, wie das Vorurteil: „Mit Hilfe der Statistik lässt sich alles begründen", zustande kommt. Um es auf die Spitze zu treiben: Der erwähnte Computerwürfel lieferte eine Folge der Länge 1000 aus den Zahlen von 1 bis 6 (die wir jedoch nicht notiert haben). Diese Folge hat bei der Hypothese H_0: $p_1 = \cdots = p_6 = 1/6$ die verschwindend kleine Wahrscheinlichkeit $1/6^{1000}$. Also kann man die Hypothese H_0 guten Gewissens ablehnen. Der Leser mache sich nicht nur oberflächlich klar, warum dieses Argument absurd ist, und konstruiere daraus einen (zwar uninteressanten, aber immerhin korrekten) Test für die Hypothese H_0 zur Irrtumswahrscheinlichkeit $\alpha = 1/6^{1000}$. Die Güte dieses Tests ist haarsträubend.

zu klein wird. Wir erhalten für die angegebene Stichprobe den $\widehat{\chi}^2$-Wert

$$\widehat{\chi}_0^2 = 4{,}504\,.$$

Wie die Tabelle der χ^2-Quantile zeigt, kann die Hypothese mit diesem Test auf keinem relevanten Signifikanzniveau abgelehnt werden. Anders sieht es bei der Hypothese aus, dass X Poissonverteilt ist mit dem Parameter $\lambda = 1{,}8$. Dann ist nämlich

$$\widehat{\chi}_0^2 = 16{,}954$$

und die Hypothese ist selbst auf dem 99%-Signifikanzniveau abzulehnen. Dabei haben wir jeweils die χ^2-Verteilung mit 6 Freiheitsgraden herangezogen. Dies ist im zweiten Fall gerechtfertigt, da der Parameter unabhängig von der Stichprobe gewählt wurde. Der Parameter 1,943 der ersten Hypothese ist jedoch einfach der Stichprobenmittelwert, wurde also nicht unabhängig von der Stichprobe gewonnen sondern mit der Maximum-Likelihood-Methode geschätzt. (Vgl. Beispiel 20.A.18. – Die Kumulation erforderte eigentlich eine (geringfügige aber schwierig zu berechnende) Änderung der Maximum-Likelihood-Schätzung. Dieser letzte Punkt wird bei ähnlichen Anwendungen des Chi-Quadrat-Anpassungstests häufig übersehen und kann zu Fehleinschätzungen führen.) *Man hat in diesem Fall die Anzahl der Freiheitsgrade um 1 zu erniedrigen,* wodurch sich die Bewertung der Hypothese im vorliegenden Fall aber kaum ändert. Für die theoretische Begründung der *Verminderung der Freiheitsgrade um die Anzahl der mit der Stichprobe nach der Maximum-Likelihood-Methode geschätzten Parameter* (bei geeigneten Voraussetzungen) verweisen wir auf die Literatur.

20.B.7 Beispiel (Chi-Quadrat-Unabhängigkeitstest) Wir geben für die letzte Bemerkung im vorangegangenen Beispiel ein weiteres Beispiel: Der endliche Wahrscheinlichkeitsraum Ω sei das Produkt $\Omega_1 \times \Omega_2$ zweier Räume. Getestet werden soll, ob eine Verteilung P auf Ω, die auf allen Elementarereignissen positiv ist, das Produkt $P_1 \otimes P_2$ zweier Verteilungen P_1 und P_2 auf Ω_1 bzw. Ω_2 ist. Sei $\Omega_1 = \{\xi_1, \ldots, \xi_r\}$, $\Omega_2 = \{\eta_1, \ldots, \eta_s\}$ mit $r, s > 1$. Bei Gültigkeit der Hypothese ist also

$$p_{ij} := P(\xi_i, \eta_j) = P_1(\xi_i)\,P_2(\eta_j) = p_{i\bullet}\,p_{\bullet j}$$

mit $p_{i\bullet} := P_1(\xi_i)$, $p_{\bullet j} := P_2(\eta_j)$. Die Verteilung P wird also durch die $r + s - 2$ (positiven) Parameter $p_{1\bullet}, \ldots, p_{r-1,\bullet}, p_{\bullet 1}, \ldots, p_{\bullet,s-1}$ bestimmt. Wir führen das Experiment Ω k-mal aus und bezeichnen mit N_{ij} die Häufigkeit, mit der das Ereignis $\omega_{ij} := (\xi_i, \eta_j)$ eintritt. Bei Gültigkeit der Hypothese hat das Ergebnis $N = (N_{ij}) \in \mathrm{M}_{r,s}(\mathbb{N})$ die Wahrscheinlichkeit

$$L = \prod_{i=1}^{r} \prod_{j=1}^{s} (p_{i\bullet}\,p_{\bullet j})^{N_{ij}}\,.$$

Für die Maximum-Likelihood-Schätzung der Parameter (vgl. Beispiel 20.A.18) ist die Funktion

$$\ln L = \sum_{i=1}^{r} \sum_{j=1}^{s} N_{ij}(\ln p_{i\bullet} + \ln p_{\bullet j})$$

in den Variablen $p_{1\bullet}, \ldots, p_{r-1,\bullet}, p_{\bullet 1}, \ldots, p_{\bullet,s-1}$ zu maximieren. (Es ist $p_{r\bullet} = 1 - \sum_{i=1}^{r-1} p_{i\bullet}$ und $p_{\bullet s} = 1 - \sum_{j=1}^{s-1} p_{\bullet j}$.) Das ergibt die Bedingungen

$$0 = \frac{\partial \ln L}{\partial p_{i\bullet}} = \sum_{j=1}^{s-1} \left(\frac{N_{ij}}{p_{i\bullet}} - \frac{N_{rj}}{p_{r\bullet}} \right), \quad 0 = \frac{\partial \ln L}{\partial p_{\bullet j}} = \sum_{i=1}^{r-1} \left(\frac{N_{ij}}{p_{\bullet j}} - \frac{N_{is}}{p_{\bullet s}} \right),$$

$i = 1, \ldots, r-1$, $j = 1, \ldots, s-1$, und nach trivialen Umformungen die zu erwartenden Lösungen

$$\widehat{p}_{i\bullet} = \frac{N_{i\bullet}}{k}, \qquad \widehat{p}_{\bullet j} = \frac{N_{\bullet j}}{k} \qquad \text{mit} \qquad N_{i\bullet} := \sum_{j=1}^{s} N_{ij}, \quad N_{\bullet j} := \sum_{i=1}^{r} N_{ij}.$$

Mit diesen Schätzungen ergibt sich die Pearsonsche Stichprobenfunktion zu

$$\widehat{\chi}^2 = \sum_{i,j} \frac{\left(N_{ij} - \frac{N_{i\bullet}N_{\bullet j}}{k}\right)^2}{\frac{N_{i\bullet}N_{\bullet j}}{k}},$$

die nach dem erwähnten Ergebnis für $k \to \infty$ schwach gegen eine χ^2-verteilte Zufallsvariable mit $(rs-1) - (r-1+s-1) = (r-1)(s-1)$ Freiheitsgraden konvergiert, falls die Hypothese zutrifft. Ähnlich ergibt sich bei $\Omega = \Omega_1 \times \Omega_2 \times \Omega_3$ und der Hypothese, dass die Verteilung auf Ω eine Produktverteilung ist, die Stichprobenfunktion

$$\widehat{\chi}^2 = \sum_{i,j,l} \frac{\left(N_{ijl} - \frac{N_{i\bullet\bullet}N_{\bullet j\bullet}N_{\bullet\bullet l}}{k^2}\right)^2}{\frac{N_{i\bullet\bullet}N_{\bullet j\bullet}N_{\bullet\bullet l}}{k^2}},$$

die asymptotisch χ^2-verteilt ist mit $(rst-1) - (r+s+t-3)$ Freiheitsgraden, wobei sich die Bezeichnungen $N_{i\bullet\bullet}$, $N_{\bullet j\bullet}$, $N_{\bullet\bullet l}$ wohl von selbst verstehen und $r := |\Omega_1|$, $s := |\Omega_2|$, $t := |\Omega_3|$ ist, usw. Zur Irrtumswahrscheinlichkeit α ergibt sich damit der Ablehnungsbereich durch

$$\widehat{\chi}_0^2 \geq \chi^{2,*}_{(r-1)(s-1)\,;\alpha} \qquad \text{bzw.} \qquad \widehat{\chi}_0^2 \geq \chi^{2,*}_{rst-r-s-t+2\,;\alpha} \qquad \text{usw.},$$

wobei $\widehat{\chi}_0^2$ der Wert von $\widehat{\chi}^2$ für die jeweilige Stichprobe N vom Umfang k ist. Man nennt diesen Test auch den C h i - Q u a d r a t - U n a b h ä n g i g k e i t s t e s t.

Betrachten wir den einfachsten Fall $\Omega = \Omega_1 \times \Omega_2$ mit $\Omega_1 = \{B, \text{nicht } B\}$, $\Omega_2 = \{A, \text{nicht } A\}$ und ordnen wir die Zahlen N_{ij} in nahe liegender Weise in einer V i e r f e l d e r t a f e l wie in Bd. 1, 9.B, Aufg. 2f) :

	A	nicht A	
B	N_{11}	N_{12}	$N_{1\bullet} = N_{11} + N_{12}$
nicht B	N_{21}	N_{22}	$N_{2\bullet} = N_{21} + N_{22}$
	$N_{\bullet 1} = N_{11} + N_{21}$	$N_{\bullet 2} = N_{12} + N_{22}$	$k = N_{11} + N_{12} + N_{21} + N_{22}$,

so erhalten wir als Stichprobenfunktion

$$\widehat{\chi}^2 = \frac{k\,(N_{11}\,N_{22} - N_{12}\,N_{21})^2}{N_{1\bullet}\,N_{2\bullet}\,N_{\bullet 1}\,N_{\bullet 2}},$$

die asymptotisch eine X^2-Verteilung mit einem Freiheitsgrad besitzt. Da das Quadrat X^2 einer standardnormalverteilten Zufallsvariablen X dieselbe Verteilung hat, ist

$$P(\widehat{\chi}^2 \geq c^2) \approx P\big(|X| \geq c\big) = 2\big(1 - \Phi(c)\big),$$

so dass der Ablehnungsbereich zum Signifikanzniveau $\gamma = 1 - \alpha$ in diesem Fall auch durch

$$\widehat{\chi}_0 := \sqrt{\widehat{\chi}_0^2} = \frac{\sqrt{k}\,|n_{11}\,n_{22} - n_{12}\,n_{21}|}{\sqrt{(n_{11}+n_{12})(n_{21}+n_{22})(n_{11}+n_{21})(n_{12}+n_{22})}} \geq c_{(1+\gamma)/2}$$

beschrieben wird, wo $\Phi(c_{(1+\gamma)/2}) = (1+\gamma)/2$ ist und n_{ij} die Werte der N_{ij} für die gegebene Stichprobe sind. Für das Beispiel in Bd. 1, 9.B, Aufg. 2f) mit $n_{11} = 587$, $n_{12} = 224$, $n_{21} = 128$, $n_{22} = 87$, $k = 1026$ (das der Vorlesung [50] entnommen ist) ergibt sich $\widehat{\chi}_0 = 3{,}64$. Wegen $c_{(1+\gamma)/2} = 1{,}96$ für $\gamma = 95\%$ kann die Hypothese der Unabhängigkeit der beiden Eigenschaften A bzw. B auf diesem Niveau (ja selbst auf einem Niveau von $\gamma = 99{,}9\%$) abgelehnt werden.

20.B.8 Beispiel (Unabhängigkeitstest für normalverteilte Zufallsvariablen) Sei (X, Y) eine $\mathbb{R}^2$-wertige normalverteilte Zufallsvariable. Gesucht ist ein Test für die Unabhängigkeit der (ebenfalls normalverteilten) Zufallsvariablen X, Y. Dies ist nach 19.D.3 (2) genau dann der Fall, wenn der Korrelationskoeffizient

$$\rho(X, Y) = \mathrm{C}(X, Y)/\sigma(X)\,\sigma(Y)$$

verschwindet. Wir betrachten daher als Testgröße den Stichprobenkorrelationskoeffizienten

$$R = R_{XY} := \frac{C_{XY}}{S_X S_Y} = \frac{\sum_{k=1}^{n}(X_k - \overline{X})(Y_k - \overline{Y})}{\left(\sum_{k=1}^{n}(X_k - \overline{X})^2 \cdot \sum_{k=1}^{n}(Y_k - \overline{Y})^2\right)^{1/2}}$$

auf dem Raum $(\mathbb{R}^2)^n = \mathbb{R}^2 \times \cdots \times \mathbb{R}^2$ der Stichproben vom Umfang n, vgl. 20.A, Aufg. 12. Grundlage für den Test ist die folgende Aussage.

20.B.9 Satz *Sind X und Y unabhängige normalverteilte reelle Zufallsgrößen, so hat die Variable*

$$\frac{\sqrt{n-2}\,R}{\sqrt{1-R^2}}\,,$$

wobei $R = R_{XY}$ der obige Korrelationskoeffizient auf dem Raum der Stichproben vom Umfang $n \geq 3$ ist, eine T-Verteilung mit $n-2$ Freiheitsgraden.

Beweis. Wir können $\mathrm{E}(Y) = 0$ annehmen und wählen einen festen Punkt $x = (x_1, \ldots, x_n)$ aus $\mathbb{R}^n$, dessen Komponenten nicht alle übereinstimmen. S_x, C_{xY} bzw. $R_{xY} = C_{xY}/S_x S_Y$ entstehen aus S_X, C_{XY} und R_{XY} durch Spezialisieren von $(X_1, \ldots, X_n)$ zu $(x_1, \ldots, x_n)$. Analog ist C_{xy} zu verstehen, wenn y ein weiterer Punkt in $\mathbb{R}^n$ ist. Das Skalarprodukt Φ auf $\mathbb{R}^n$, das die Normalverteilung von $(Y_1, \ldots, Y_n)$ definiert, ist $\langle -, - \rangle/\sigma^2$, wo $\langle -, - \rangle$ das Standardskalarprodukt ist und σ^2 die Varianz von Y. Es ist $(n-1)C_{xY} = \sum(x_k - \overline{x})(Y_k - \overline{Y}) = \sum_k (x_k - \overline{x})Y_k$ eine reelle Variable mit der Normalverteilung $\mathrm{N}(0\,;\,(n-1)\,S_x^2\sigma^2)$. Die orthogonale Projektion py eines Vektors $y = (y_1, \ldots, y_n) \in \mathbb{R}^n$ auf das orthogonale Komplement $W := \{(x_1 - \overline{x}, \ldots, x_n - \overline{x}), (1, \ldots, 1)\}^{\perp}$ (bzgl. Φ oder $\langle -, - \rangle$) ist

$$y - \frac{\langle (x_1 - \overline{x}, \ldots, x_n - \overline{x}), (y_1, \ldots, y_n) \rangle}{\langle (x_1 - \overline{x}, \ldots, x_n - \overline{x}), (x_1 - \overline{x}, \ldots, x_n - \overline{x}) \rangle}(x_1 - \overline{x}, \ldots, x_n - \overline{x})$$

$$- \frac{\langle (1, \ldots, 1), (y_1, \ldots, y_n) \rangle}{\langle (1, \ldots, 1), (1, \ldots, 1) \rangle}(1, \ldots, 1) = (y_1 - \overline{y}, \ldots, y_n - \overline{y}) - \frac{C_{xy}}{S_x^2}(x_1 - \overline{x}, \ldots, x_n - \overline{x}).$$

Man beachte dabei, dass $(x_1 - \overline{x}, \ldots, x_n - \overline{x})$ und $(1, \ldots, 1)$ linear unabhängig und orthogonal sind. Nach 20.A, Aufg. 13 ist

$$\frac{\sqrt{n-2}\,(n-1)\,C_{xY}}{\sqrt{n-1}\,S_x\sigma\sqrt{\frac{1}{\sigma^2}\left((n-1)\,S_Y^2 - (n-1)\,\frac{C_{xY}^2}{S_x^2}\right)}} = \frac{\sqrt{n-2}\,C_{xY}}{\sqrt{S_x^2 S_Y^2 - C_{xY}^2}} = \frac{\sqrt{n-2}\,R_{xY}}{\sqrt{1 - R_{xY}^2}}$$

T-verteilt mit $n-2$ Freiheitsgraden. Die Behauptung des Satzes ergibt sich dann aus folgender Bemerkung, die sogar noch etwas mehr besagt.   ●

20.B.10 Lemma *Seien $(\Omega_i, \mathcal{A}_i, P_i)$, $i = 1, 2$, Wahrscheinlichkeitsräume und $(\Omega, \mathcal{A}, P) = (\Omega_1 \times \Omega_2, \mathcal{A}_1 \otimes \mathcal{A}_2, P_1 \otimes P_2)$ ihr Produkt. Die Zufallsvariable $Z : \Omega \to \Omega'$ in den Messraum $(\Omega', \mathcal{A}')$ habe folgende Eigenschaft: Für jedes $x \in \Omega_1 - N_1$, wobei N_1 eine P_1-Nullmenge ist, habe die Variable $Z_x : y \mapsto Z(x, y)$ von Ω_2 in Ω' dieselbe Verteilung P'. Dann hat Z selbst die Verteilung P' auf $(\Omega', \mathcal{A}')$.*

B e w e i s. Wir ersetzen Ω_1 durch $\Omega_1 - N_1$ und können dann annehmen, dass Z_x für alle $x \in \Omega_1$ die Verteilung P' hat. Nach dem Prinzip von Cavalieri 14.C.2 gilt nun für ein $A' \in \mathcal{A}'$:

$$P_Z(A') = P\big(Z^{-1}(A')\big) = \int\limits_{\Omega_1} P_2\big(Z_x^{-1}(A')\big)\, dP_1 = \int\limits_{\Omega_1} P'(A')\, dP_1 = P'(A')\,. \qquad \bullet$$

Der Beweis von 20.B.9 zeigt, *dass dieser Satz gültig bleibt, wenn darin nur vorausgesetzt wird, dass X und Y stochastisch unabhängig sind, Y normalverteilt ist und $P_X(x) = P(X = x) = 0$ für alle $x \in \mathbb{R}$ gilt.*

Satz 20.B.9 liefert folgendes *Testverfahren für die Hypothese H_0, dass zwei reelle normalverteilte Zufallsvariablen X, Y stochastisch unabhängig sind:* Sei α eine vorgegebene Irrtumswahrscheinlichkeit und $t^*_{n-2,\,\alpha/2}$ analog wie in Beispiel 20.A.10 durch

$$\int\limits_{t^*_{n-2,\alpha/2}}^{\infty} t_{n-2}(t)\, dt = \frac{\alpha}{2}$$

definiert. *Dann wird durch*

$$\frac{\sqrt{n-2}\,|R_{x_0 y_0}|}{\sqrt{1 - R^2_{x_0 y_0}}} \geq t^*_{n-1,\,\alpha/2}$$

ein Ablehnungsbereich für die Hypothese H_0 definiert, wobei

$$R_{x_0 y_0} = \frac{\sum_{k=1}^{n}(x_{k0} - \overline{x}_0)(y_{k0} - \overline{y}_0)}{\left(\sum_{k=1}^{n}(x_{k0} - \overline{x}_0)^2 \sum_{k=1}^{n}(y_{k0} - \overline{y}_0)^2\right)^{1/2}}$$

zu gegebener Stichprobe $\big((x_{10}, y_{10}), \ldots, (x_{n0}, y_{n0})\big)$ vom Umfang $n > 2$ der Stichprobenkorrelationskoeffizient ist. Für große n (etwa $n > 30$) ersetzt man die T-Verteilung gemäß Lemma 20.A.12 durch eine Standardnormalverteilung und $t^*_{n-2,\,\alpha/2}$ durch das Quantil $c_{(2-\alpha)/2}$ mit $\Phi(c_{(2-\alpha)/2}) = (2 - \alpha)/2$.

Entsprechend der oben erwähnten Erweiterung von 20.B.9 lässt sich auch der beschriebene Test in allgemeineren Situationen verwenden.

Aufgaben

1. (Test einer Varianz) Sei X eine normalverteilte Zufallsvariable, für deren Varianz σ^2 mit einer einfachen Stichprobe vom Umfang n die Hypothese H_0 getestet werden soll, dass $\sigma^2 = \sigma_0^2$ (bzw. $\sigma^2 \geq \sigma_0^2$ bzw. $\sigma^2 \leq \sigma_0^2$) ist, $\sigma_0^2 > 0$ vorgegeben. Bezeichnet S^2 die Stichprobenvarianz, so lehnt man H_0 beim Signifikanzniveau $\gamma = 1 - \alpha$ genau dann nicht ab, wenn für den Wert σ_0^2 der Stichprobenvarianz die Ungleichung

$$\chi^{2,*}_{n-1,\,(1+\gamma)/2} < \frac{n-1}{\sigma_0^2}\, s_0^2 < \chi^{2,*}_{n-1,\,(1-\gamma)/2}$$

(bzw. $\chi^{2,*}_{n-1,\,\gamma} < \frac{n-1}{\sigma_0^2}\, s_0^2$ bzw. $\frac{n-1}{\sigma_0^2}\, s_0 > \chi^{2,*}_{n-1,\,1-\gamma}$) erfüllt ist. (Man vergleiche Beispiel 20.A.5, insbesondere 20.A.8.)

2. (Test eines Erwartungswertes bei unbekannter Varianz) Die Zufallsvariable X sei normalverteilt mit Erwartungswert μ und unbekannter Varianz. Mit Hilfe einer einfachen

Stichprobe vom Umfang n soll die Hypothese H_0 getestet werden, dass $\mu \geq \mu_0$ ist, $\mu_0 \in \mathbb{R}$ vorgegeben. Dazu betrachtet man die Testfunktion $T = \sqrt{n}\,(\overline{X} - \mu_0)/S$ und lehnt H_0 beim Signifikanzniveau $\gamma = 1 - \alpha$ genau dann nicht ab, wenn der Wert t_0 von T für die Stichprobe die Bedingung

$$t_0 > t^*_{n-1,\gamma} = -t^*_{n-1,\alpha}$$

erfüllt. (Man vergleiche Beispiel 20.B.3.)

3. (Vergleich der Erwartungswerte) Seien X und Y zwei normalverteilte reelle Zufallsvariablen mit den bekannten Varianzen σ^2 und τ^2. Mit Hilfe einer einfachen Stichprobe vom Umfang $n + m$, wobei das Experiment X n-mal und das Experiment Y m-mal ausgeführt werde, soll die Hypothese H_0 getestet werden, dass für die Erwartungswerte μ und v gilt: $\mu - v = \delta$ bzw. $\mu - v \leq \delta$ bzw. $|\mu - v| \leq \delta$, wobei δ eine reelle Zahl ist (die im letzten Fall natürlich positiv sein soll). Bei vorgegebenem Signifikanzniveau $\gamma = 1 - \alpha$ lehnt man dann die Hypothese H_0 genau dann nicht ab, wenn für die X- bzw. Y-Mittelwerte $\overline{x}_0$, $\overline{y}_0$ bei der betrachteten Stichprobe die Ungleichung

$$\left|\frac{\overline{x}_0 - \overline{y}_0 - \delta}{\rho}\right| < c_{(1+\gamma)/2} \qquad \text{bzw.} \qquad \frac{\overline{x}_0 - \overline{y}_0 - \delta}{\rho} < c_\gamma \qquad \text{bzw.} \qquad \left|\frac{\overline{x}_0 - \overline{y}_0}{\rho}\right| < \delta + \varepsilon$$

gilt, wobei generell wieder c_β durch $\Phi(c_\beta) = \beta$ und ε analog wie in Beispiel 20.B.2 durch

$$\Phi\left(\frac{2\delta + \varepsilon}{\rho}\right) + \Phi\left(\frac{\varepsilon}{\rho}\right) = 1 + \gamma$$

definiert ist und $\rho := \sqrt{\dfrac{\sigma^2}{n} + \dfrac{\tau^2}{m}}$ die Streuung der Variablen $\overline{X} - \overline{Y}$ ist. (Vgl. 20.A, Aufg. 8.)

4. Mit dem Ergebnis von 20.A, Aufg. 8d), entwickle man ein Verfahren, um zu testen, dass die Differenz $\mu - v$ der Erwartungswerte μ und v zweier normalverteilter Zufallsvariablen mit gleicher Varianz mindestens δ ist, wobei $\delta \in \mathbb{R}$ vorgegeben sei (Vgl. dazu Aufg. 2.)

5. (Vergleich der Erwartungswerte bei großen Stichproben) Seien X und Y zwei normalverteilte Zufallsvariablen mit beliebigen (nicht bekannten) Varianzen σ^2 und τ^2. Wie in Aufgabe 3 soll die Hypothese H_0 über die Erwartungswerte μ und v von X und Y getestet werden mit Stichproben vom Umfang n bzw. m. Für $(m, n) \to (\infty, \infty)$ konvergieren die Stichprobenfunktionen

$$\frac{(\overline{X} - \overline{Y}) - (\mu - v)}{\sqrt{S_X^2/n + S_Y^2/m}}$$

schwach gegen eine standardnormalverteilte Variable (Satz 20.A.15). Man folgere, dass man für große m und n das Testverfahren aus Aufgabe 3 benutzen kann, wobei aber ρ durch den mit der Stichprobe errechneten Wert $(s_{x_0}^2/n + s_{y_0}^2/m)^{1/2}$ zu ersetzen ist.

6. (Einfache Varianzanalyse) $X_1, \ldots, X_m$ seien normalverteilte reelle Zufallsvariablen mit gleicher Varianz σ^2 und den Erwartungswerten $\mu_1, \ldots, \mu_m$. Es soll die Hypothese H_0: $\mu_1 = \cdots = \mu_m$ getestet werden. Dazu werden die Experimente X_i unabhängig voneinander mehrmals ausgeführt, und zwar n_i-mal, $n_i > 1$, $i = 0, \ldots, m$. Dies ergibt die unabhängigen normalverteilten Variablen X_{ij}, $i = 1, \ldots, m$, $j = 1, \ldots, n_i$. Es sei

$$S_i^2 = \frac{1}{n_i - 1} \sum_{j=1}^{n_i} (X_{ij} - \overline{X}_i)^2 \qquad \text{mit} \qquad \overline{X}_i = \frac{1}{n_i} \sum_{j=1}^{n_i} X_{ij}$$

die Stichprobenvarianz für X_i und

$$S^2 = \frac{1}{n-1} \sum_{i,j} (X_{ij} - \overline{X})^2 \quad \text{mit} \quad \overline{X} = \frac{1}{n} \sum_{i,j} X_{ij}, \quad n := \sum_i n_i,$$

die Stichprobenvarianz insgesamt. Offenbar ist $(n-1)S^2 = Q_1 + Q_2$ mit

$$Q_1 := \sum_{i=1}^m n_i (\overline{X} - \overline{X}_i)^2 \quad \text{und} \quad Q_2 = \sum_{i=1}^m (n_i - 1) S_i^2.$$

Die Variablen Q_1 und Q_2 sind stochastisch unabhängig. Q_2/σ^2 ist χ^2-verteilt mit $n-m$ Freiheitsgraden. Gilt H_0, so ist auch Q_1/σ^2 χ^2-verteilt, und zwar mit $m-1$ Freiheitsgraden, und somit

$$V = \frac{Q_1/(m-1)}{Q_2/(n-m)}$$

F-verteilt mit $(m-1, n-m)$ Freiheitsgraden (Satz 20.B.5). In diesem Fall wird durch

$$v_0 \geq f^*_{(m-1, n-m), \alpha}$$

ein Ablehnungsbereich für die Hypothese H_0 zur Irrtumswahrscheinlichkeit α definiert, wobei v_0 der Wert von V für die betrachtete Stichprobe ist und $f^*_{(m-1, n-m), \alpha}$ die analoge Bedeutung wie in Beispiel 20.B.4 hat.

7. Bei zwei unabhängig ausgeführten Poisson-Experimenten (z.B. Zählung der Impulse bei zwei radioaktiven Präparaten) sind die Werte $\lambda_0 = 10797$ bzw. $\mu_0 = 11426$ gemessen worden. Auf welchem Signifikanzniveau γ kann die Hypothese H_0 abgelehnt werden, dass der Erwartungswert μ der zweiten Zufallsvariablen Y (entgegen dem Augenschein) höchstens so groß wie der Erwartungswert λ der ersten Variablen X ist? Die vorliegende Aufgabe dient der Lösung dieses Problems.

a) Sei (X_n) eine Folge von Poisson-verteilten Zufallsvariablen mit Parametern λ_n, $\lim \lambda_n = \infty$ ist. Dann konvergiert (X_n/λ_n) schwach gegen die konstante Zufallsvariable 1. (Man verwende 19.C.7.)

b) Nach 19.E, Aufg. 10 kann man für die obigen Variablen X und Y annehmen, dass die Variable $(Y - X - (\mu - \lambda))/\sqrt{\mu + \lambda}$ standardnormalverteilt ist. Nach a) und 19.C, Aufg. 9c) kann man dies dann auch annehmen für die Variable

$$\frac{Y - X - (\mu - \lambda)}{\sqrt{Y + X}}.$$

c) Gibt man ein Signifikanzniveau γ vor und wählt dazu das Quantil c_γ mit $\Phi(c_\gamma) = \gamma$, so darf man H_0 ablehnen, wenn

$$\frac{\mu_0 - \lambda_0}{\sqrt{\mu_0 + \lambda_0}} \geq c_\gamma$$

ist. (Im angegebenen Zahlenbeispiel ist $(\mu_0 - \lambda_0)/\sqrt{\mu_0 + \lambda_0} = 4{,}219$, so dass man selbst bei $\gamma = 99{,}9\%$ die Hypothese H_0 ablehnen, also von $\mu > \lambda$ ausgehen kann.)

8. Für ein Poisson-Experiment mögen a priori nur die beiden Parameter λ bzw. μ, $\lambda < \mu$, in Frage kommen. Die Hypothese H_0, dass der Parameter λ vorliegt, soll durch eine n-fache Stichprobe getestet werden, wobei der Ablehnungsbereich durch $\overline{\lambda}_0 := (\lambda_{10} + \cdots + \lambda_{n0})/n \geq \ell$ definiert werde (mit ℓ zwischen λ und μ). Sowohl der Fehler 1. Art als auch der Fehler 2. Art sollen $\leq \alpha$ sein. Wie ist ℓ zu wählen, damit n möglichst klein gewählt werden kann, und wie groß ist n dann mindestens? (Die Stichprobenverteilung werde durch eine Normalverteilung approximiert. – Vgl. das Ende von Beispiel 20.B.1 für ein ähnliches Problem.)

9. Zwei Bernoulli-Experimente werden unabhängig voneinander n-mal bzw. m-mal ausgeführt. Die relativen Erfolgshäufigkeiten seien $\bar{x}_0$ bzw. $\bar{y}_0$. Es sei $\bar{x}_0 < \bar{y}_0$. Auf welchem Niveau widerspricht dieses Ergebnis signifikant der Hypothese, dass die Erfolgswahrscheinlichkeit des zweiten Experiments höchstens so groß ist wie die für das erste? (Man gehe ähnlich wie in Aufg. 7 vor.)

10. Sei $n \in \mathbb{N}^*$. Hat die reelle Zufallsvariable X eine T-Verteilung mit n Freiheitsgraden, so hat X^2 eine F-Verteilung mit $(1, n)$ Freiheitsgraden.

11. Sei N eine nicht ausgeartete Normalverteilung auf dem endlichdimensionalen $\mathbb{R}$-Vektorraum V mit Erwartungswert μ und zugehöriger positiv definiter quadratischer Form $Q : V \to \mathbb{R}$. Ferner seien W bzw. U orthogonale Unterräume (bzgl. des zu Q gehörigen Skalarprodukts) der Dimensionen r bzw. s mit $r, s > 0$. Dann besitzt die Variable

$$\frac{Q(p_W x - p_W \mu)/r}{Q(p_U x - p_U \mu)/s}$$

auf V eine Fisher-Verteilung mit (r, s) Freiheitsgraden. (19.D, Aufg. 3b). – p_W bzw. p_U sind die Q-orthogonalen Projektionen auf W bzw. U.)

20.C Regression

Die R e g r e s s i o n ist zunächst ein rein wahrscheinlichkeitstheoretischer Begriff und bezieht sich auf beste Approximationen im quadratischen Mittel. Seien $(\Omega, \mathcal{A}, P)$ ein Wahrscheinlichkeitsraum und $V := L^2_{\mathbb{K}}(\Omega, \mathcal{A}, P)$ der Raum der $\mathbb{K}$-wertigen Zufallsvariablen auf Ω mit endlicher Varianz. V ist ein Hilbert-Raum, vgl. Satz 15.A.5. Für jeden Unterraum $W \subseteq V$ gilt die orthogonale Zerlegung

$$V = \overline{W} \oplus \overline{W}^{\perp} \, ,$$

wobei $\overline{W}$ der topologische Abschluss von W in V ist und $\overline{W}^{\perp} = W^{\perp}$ sein orthogonales Komplement in V. Für jede Zufallsvariable $Y \in V$ ist die orthogonale Projektion $p_{\overline{W}} Y$ auf $\overline{W}$ die (eindeutig bestimmte) beste Approximation von Y in $\overline{W}$ im quadratischen Mittel, d.h. für jede Zufallsvariable $Z \in \overline{W}$ mit $Z \neq p_{\overline{W}} Y$ ist $\|Z - Y\|_2 > \|p_{\overline{W}} Y - Y\|_2$. Ist Z_i, $i \in I$, eine Hilbert-Basis von W, d.h. sind die Z_i, $i \in I$, ein Orthonormalsystem in W, das einen dichten Unterraum erzeugt, so ist

$$p_{\overline{W}} Y = \sum_{i \in I} \langle Y, Z_i \rangle Z_i = \sum_{i \in I} \left(\int_{\Omega} Y \overline{Z}_i \, dP \right) Z_i \, .$$

Siehe hierzu auch die Abschnitte 13.B und 19.A in Bd. 2. Man nennt die Projektion $p_{\overline{W}} Y$ die R e g r e s s i o n v o n Y b z g l. W oder die R e g r e s s i o n v o n Y u n t e r d e r B e d i n g u n g W und bezeichnet sie mit

$$E_P(Y|W) = E(Y|W) \, .$$

In speziellen Situationen werden auch andere Sprechweisen und Bezeichnungen benutzt, wozu wir auf die folgenden Beispiele verweisen.

20.C.1 Beispiel Das einfachste nichttriviale Beispiel einer Regression ist der Erwartungswert $E(Y)$ selbst. Dieser ist die beste Approximation von Y im Raum $W := \mathbb{K} \subseteq V$ der konstanten Zufallsvariablen. $E(Y)$ ist nicht nur für Variablen mit endlicher Varianz, sondern für beliebige integrierbare Variablen erklärt, seine charakteristische Eigenschaft, im quadratischen Mittel Y am besten unter allen Konstanten zu approximieren, wird aber nur in $V = L^2_{\mathbb{K}}(\Omega)$ deutlich. In der Tat ist ja $E(Y)$ in der Regel auch keine beste Approximation von $Y \in L^1_{\mathbb{K}}(\Omega)$ bzgl. der L^1-Norm.

Ist $W \subseteq V$ ein endlichdimensionaler Unterraum mit der Basis $Z_1, \ldots, Z_n$, so ist

$$E(Y|W) = a_1 Z_1 + \cdots + a_n Z_n$$

und die Koeffizienten $a_1, \ldots, a_n \in \mathbb{K}$ heißen die R e g r e s s i o n s k o e f f i z i e n t e n von Y bzgl. $Z_1, \ldots, Z_n$. Sie ergeben sich aus den Bedingungen

$$\bigl(Y - E(Y|W)\bigr) \perp Z_i, \quad i = 1, \ldots, n,$$

als Lösungen der so genannten N o r m a l g l e i c h u n g e n

$$a_1 \langle Z_1, Z_1 \rangle + \cdots + a_n \langle Z_n, Z_1 \rangle = \langle Y, Z_1 \rangle$$

$$\cdots\cdots\cdots\cdots\cdots\cdots\cdots\cdots\cdots\cdots$$

$$a_1 \langle Z_1, Z_n \rangle + \cdots + a_n \langle Z_n, Z_n \rangle = \langle Y, Z_n \rangle$$

mit $\langle X, Z \rangle = \int_\Omega X \overline{Z} dP$ für $X, Z \in L^2(\Omega)$, vgl. Bd. 2, 12.B.11. Sind die Z_i, $i = 1, \ldots, n$, orthonormal, so ist $a_i = \langle Y, Z_i \rangle$. Vgl. auch Bd. 2, Beispiel 13.B.8 (3).

20.C.2 Beispiel Sei $\mathcal{A}_0 \subseteq \mathcal{A}$ eine σ-Unteralgebra der σ-Algebra $\mathcal{A} \subseteq \mathfrak{P}(\Omega)$, auf der die Wahrscheinlichkeitsverteilung $P : \mathcal{A} \to [0, 1]$ definiert ist. Dann ist $(\Omega, \mathcal{A}_0, P|\mathcal{A}_0)$ ebenfalls ein Wahrscheinlichkeitsraum und $V_0 := L^2(\Omega, \mathcal{A}_0, P|\mathcal{A}_0)$ offensichtlich ein (abgeschlossener) Unter-Hilbert-Raum von $V = L^2(\Omega, \mathcal{A}, P)$. Die Regression $E(Y|V_0)$ von $Y \in V$ in V_0 bezeichnet man mit

$$E(Y|\mathcal{A}_0).$$

Sie heißt auch der E r w a r t u n g s w e r t von Y unter der B e d i n g u n g $\mathcal{A}_0$. Man beachte aber, dass es sich um eine (messbare) Funktion $(\Omega, \mathcal{A}_0) \to \bigl(\mathbb{K}, \mathcal{B}(\mathbb{K})\bigr)$ handelt, die nur als Element in $V_0 = L^2(\Omega, \mathcal{A}_0, P|\mathcal{A}_0)$ eindeutig bestimmt ist. Da die charakteristischen Funktionen e_B, $B \in \mathcal{A}_0$, einen dichten Unterraum von V_0 erzeugen (vgl. Lemma 15.A.7), ist $E(Y|\mathcal{A}_0) \in V_0$ durch $\bigl(Y - E(Y|\mathcal{A}_0)\bigr) \perp e_B$, $B \in \mathcal{A}_0$, d.h. durch

$$\int_B Y \, dP = \int_B E(Y|\mathcal{A}_0) \, dP = \int_B E(Y|\mathcal{A}_0) \, d(P|\mathcal{A}_0)$$

für alle $B \in \mathcal{A}_0$ eindeutig bestimmt. Man entnimmt dieser Charakterisierung, *dass*

$$E(Y|\mathcal{A}_0) = \frac{d\bigl((Y \cdot P)|\mathcal{A}_0\bigr)}{d(P|\mathcal{A}_0)}$$

gleich der Radon-Nikodym-Ableitung des ($\mathbb{K}$-wertigen) Maßes $(Y \cdot P)|\mathcal{A}_0$ nach dem Maß $P|\mathcal{A}_0$ ist und in dieser Weise für beliebige Zufallsvariablen $Y : \Omega \to \mathbb{K}$ mit Erwartungswert definiert werden kann, vgl. Satz 14.F.1 bzw. 14.F.2.

Für die kleinste σ-Algebra $\mathcal{A}_0 := \{\emptyset, \Omega\}$ auf Ω ist $V_0 \subseteq V$ wieder der Raum $\mathbb{K}$ der konstanten Zufallsvariablen und $E(Y|\mathcal{A}_0)$ der Erwartungswert. Seien allgemeiner $\Omega = \biguplus_{j \in J} B_j$ eine Zerlegung von Ω in abzählbar viele messbare Mengen $B_j \in \mathcal{A}$ und $\mathcal{A}_0$ die von den B_j, $j \in J$, erzeugte σ-Algebra. (Welche Mengen gehören zu $\mathcal{A}_0$?) Dann bilden die Funktionen $e_{B_j}/\sqrt{P(B_j)}$, $j \in \{j \in J \mid P(B_j) \neq 0\}$, eine Hilbert-Basis von $L^2_{\mathbb{K}}(\Omega, \mathcal{A}_0, P|\mathcal{A}_0)$. Folglich ist

$$E(Y|\mathcal{A}_0) = \sum_{j \in J, P(B_j) \neq 0} \frac{e_{B_j}}{P(B_j)} \int_{B_j} Y \, dP = \sum_{j \in J, P(B_j) \neq 0} E(Y|B_j) \, e_{B_j} \,,$$

wobei für ein Ereignis $B \in \mathcal{A}$ mit $P(B) \neq 0$

$$E(Y|B) := \frac{1}{P(B)} \int_B Y \, dP$$

der b e d i n g t e E r w a r t u n g s w e r t von Y unter der B e d i n g u n g B ist, den wir bereits in Bd. 2, 9.B, Aufg. 11 eingeführt haben. Dieses Beispiel ist der Hintergrund der generellen Bezeichnung „Erwartungswert" für die Funktionen $E(Y|\mathcal{A}_0)$. Es beleuchtet auch, in welcher Weise der Übergang von Y zu $E(Y|\mathcal{A}_0)$ eine Vergröberung bzw. einen Informationsverlust bedeutet.

Ist $Y = e_A$ die Indikatorfunktion für ein Ereignis $A \in \mathcal{A}$, so ist $E(e_A|\mathcal{A}_0)$ durch

$$\int_B E(e_A|\mathcal{A}_0) \, dP = \int_B e_A \, dP = P(A \cap B) = P(A|B) \, P(B)$$

für alle $B \in \mathcal{A}_0$ bestimmt (wobei $P(A|B) := 0$ für $P(B) = 0$ gesetzt sei). Man nennt daher $E(e_A|\mathcal{A}_0)$ auch die b e d i n g t e W a h r s c h e i n l i c h k e i t von A unter der B e d i n g u n g $\mathcal{A}_0$ und schreibt dafür

$$P(A|\mathcal{A}_0) \,.$$

Man beachte: $P(A|\mathcal{A}_0)$ ist eine messbare Funktion $(\Omega, \mathcal{A}_0) \to \big(\mathbb{R}, \mathcal{B}(\mathbb{R})\big)$.

Ein weiterer wichtiger Spezialfall ist der folgende: Seien $X : \Omega \to \Omega'$ eine Zufallsvariable mit Werten im Messraum $(\Omega', \mathcal{A}')$ und $\mathcal{A}_0 := \mathcal{A}(X) \subseteq \mathcal{A}$ die kleinste σ-Algebra auf Ω, für die X messbar ist, also

$$\mathcal{A}(X) = \{X^{-1}(A') \mid A' \in \mathcal{A}'\} \,.$$

Wegen

$$\int_{\Omega'} f \, dP_X = \int_{\Omega} (f \circ X) \, dP$$

für jede integrierbare Funktion $f : (\Omega', \mathcal{A}', P_X) \to \mathbb{K}$ induziert das Zurücknehmen $f \mapsto X^* f = f \circ X = f(X)$ eine isometrische Einbettung

$$L^2_{\mathbb{K}}(\Omega', \mathcal{A}', P_X) \to L^2_{\mathbb{K}}(\Omega, \mathcal{A}, P) \,,$$

deren Bild trivialerweise in $V_0 := L^2_K\big(\Omega, \mathcal{A}(X), P|\mathcal{A}(X)\big)$ liegt und daher gleich diesem Unterraum ist, da die Indikatorfunktionen $e_{X^{-1}(A')} = X^* e_{A'}$, $A' \in \mathcal{A}'$, zum Bild gehören. [1] Wir können also V_0 mit $L^2_{\mathbb{K}}(\Omega', \mathcal{A}', P_X)$ identifizieren und insbesondere für eine Zufallsvariable $Y : \Omega \to \mathbb{K}$ den bedingten Erwartungswert $E\big(Y|\mathcal{A}(X)\big)$ mit einer messbaren Funktion $f : \Omega' \to \mathbb{K}$. Man nennt diese Funktion f die R e g r e s s i o n (s f u n k t i o n) von Y bzgl. X und bezeichnet sie mit

$$E(Y|X) \,.$$

Die Komposition $E(Y|X) \circ X : \Omega \to \mathbb{K}$ ist unter allen Funktionen, die sich als Funktion in X schreiben lassen, diejenige, die Y im quadratischen Mittel am besten approximiert. $E(Y|X)$ beschreibt also den in diesem Sinne bestmöglichen Zusammenhang von Y als Funktion in X. Insbesondere ist $E(Y|X) = f$, wenn Y selbst die Komposition $f(X) = f \circ X$ ist. $E(Y|X)$ ist

---

[1] Die messbaren Funktionen $\big(\Omega, \mathcal{A}(X)\big) \to \big(\mathbb{K}, \mathcal{B}(\mathbb{K})\big)$ sind genau die Funktionen $X^* f$ mit messbarem $f : (\Omega', \mathcal{A}') \to \big(\mathbb{K}, \mathcal{B}(\mathbb{K})\big)$. Beweis!

durch die Bedingung

$$\int_{A'} \mathrm{E}(Y|X)\,dP_X = \int_{X^{-1}(A')} Y\,dP$$

für alle $A' \in \mathcal{A}'$ charakterisiert und *dadurch für jede Zufallsvariable $Y : \Omega \to \mathbb{K}$ mit Erwartungswert definiert*. Wir betonen hier noch einmal, dass $\mathrm{E}(Y|X) : \Omega' \to \mathbb{K}$ nur bis auf eine Funktion $\Omega' \to \mathbb{K}$, die bzgl. P_X fast überall verschwindet, eindeutig bestimmt ist. Und doch nennt man den Wert

$$\mathrm{E}(Y|X=x) := \mathrm{E}(Y|X)(x)$$

für $x \in \Omega'$ häufig den E r w a r t u n g s w e r t von Y unter der B e d i n g u n g $X = x$. Diese Sprechweise ist also mit Vorsicht zu benutzen.

Mit der Verteilung $P_{(Y,X)}$ der zusammengesetzten Variablen $(Y, X) : \Omega \to \mathbb{K} \times \Omega'$ lässt sich

$$\int_{X^{-1}(A')} Y\,dP = \int_{\mathbb{K}\times A'} t\,dP_{(Y,X)}$$

für $A' \in \mathcal{A}'$ schreiben. *Sind speziell Y und X stochastisch unabhängig,* also $P_{(Y,X)} = P_Y \otimes P_X$, *so ist*

$$\int_{\mathbb{K}\times A'} t\,dP_{(Y,X)} = \int_{\mathbb{K}} t\,dP_Y \cdot \int_{A'} dP_X = \mathrm{E}(Y) \cdot P\big(X^{-1}(A')\big)$$

und $\mathrm{E}(Y|X) = \mathrm{E}(Y)$ *konstant gleich dem Erwartungswert* $\mathrm{E}(Y)$ *von Y.*

Besitzt allgemeiner $P_{(Y,X)}$ bzgl. $P_Y \otimes P_X$ die Dichte v, also $P_{(Y,X)} = v \cdot P_Y \otimes P_X$, so ergibt sich mit dem Satz von Fubini

$$\int_{\mathbb{K}\times A'} t\,dP_{(Y,X)} = \int_{\mathbb{K}\times A'} t\,v(t,x)\,d(P_Y \otimes P_X) = \int_{A'} \left(\int_{\mathbb{K}} t\,v(t,x)\,dP_Y(t) \right) dP_X(x),$$

also

$$\mathrm{E}(Y|X=x) = \mathrm{E}(Y|X)(x) = \int_{\mathbb{K}} t\,v(t,x)\,dP_Y(t), \qquad x \in \Omega',$$

womit die Regressionsfunktion $\mathrm{E}(Y|X)$ manchmal berechnet werden kann, vgl. Beispiel 20.C.6.

20.C.3 Beispiel (B e d i n g t e V e r t e i l u n g e n · S t o c h a s t i s c h e K e r n e) Wie im letzten Beispiel habe die gemeinsame Verteilung der Variablen $Y : \Omega \to \mathbb{K}$ und $X : \Omega \to \Omega'$ die Dichte v bzgl. $P_Y \otimes P_X$. Für beliebiges $A' \in \mathcal{A}'$ ist

$$P\big(X^{-1}(A')\big) = P_X(A') = \int_{A'} dP_X = \int_{A'} \left(\int_{\mathbb{K}} v(t,x)\,dP_Y(t) \right) dP_X(x),$$

also $\int_{\mathbb{K}} v(t,x)\,dP_Y(t) = 1$ fast sicher bzgl. P_X. Da v ohnehin nur $P_Y \otimes P_X$-fast-eindeutig ist, können wir annehmen, dass $v(-,x)\,P_Y$ für *jedes* $x \in \Omega'$ eine Wahrscheinlichkeitsverteilung auf $\mathbb{K}$ ist. Diese heißt die V e r t e i l u n g von Y unter der B e d i n g u n g $X = x$ und wird mit

$$P_{Y|X=x}$$

bezeichnet. *Der bedingte Erwartungswert* $\mathrm{E}(Y|X = x)$ *ist dann nach dem vorangegangenen Beispiel der echte Erwartungswert*

$$E(Y|X=x) = \int_{\mathbb{K}} t\, v(t,x)\, dP_Y(t) = \int_{\mathbb{K}} t\, dP_{Y|X=x}$$

der Verteilung $P_{Y|X=x} = v(-,x)P_Y$ *auf* $\mathbb{K}$. Ferner gilt für die bedingte Wahrscheinlichkeit $P\big(Y^{-1}(C)|X\big)$, $C \in \mathcal{B}(\mathbb{K})$:

$$\int_{A'} P\big(Y^{-1}(C)|X\big)\, dP_X = P\big(Y^{-1}(C) \cap X^{-1}(A')\big) = P_{(Y,X)}(C \times A') =$$

$$= \int_{A'} \Big(\int_C v(t,x)\, dP_Y(t) \Big)\, dP_X(x),$$

also

$$P\big(Y^{-1}(C)|X=x\big) = P_{Y|X=x}(C)$$

fast sicher bzgl. P_X. In diesem Sinne lassen sich die bedingten Verteilungen immer definieren und existieren auch. Wir wollen dies nicht im Einzelnen ausführen (vgl. dazu [45]), sondern den Begriff des Markowschen oder stochastischen Kerns erläutern, der mit den bedingten Verteilungen $P_{Y|X=x}$, $x \in \Omega'$, hier exemplarisch auftritt.

20.C.4 Definition Seien $(\Omega_i, \mathcal{A}_i)$, $i = 1, 2$, Messräume und $K = (K_{\omega_1})_{\omega_1 \in \Omega_1}$ eine Familie von Maßen auf $(\Omega_2, \mathcal{A}_2)$. Diese heißt ein **K e r n** von $(\Omega_1, \mathcal{A}_1)$ nach $(\Omega_2, \mathcal{A}_2)$, wenn für jedes Ereignis $A_2 \in \mathcal{A}_2$ die Funktion $\Omega_1 \to \overline{\mathbb{R}}_+$ mit

$$\omega_1 \mapsto K_{\omega_1}(A_2) =: K(\omega_1, A_2)$$

messbar auf Ω_1 ist. Sind alle K_{ω_1}, $\omega_1 \in \Omega_1$, Wahrscheinlichkeitsmaße, so heißt K ein **s t o c h a s t i s c h e r** oder **M a r k o w s c h e r K e r n**.

Ist K_{ω_1} für alle $\omega_1 \in \Omega_1$ ein und dasselbe Maß K, so spricht man von einem **k o n s t a n t e n** oder **t r i v i a l e n** Kern. Ist $f : \Omega_1 \times \Omega_2 \to \overline{\mathbb{R}}_+$ messbar und $v : \mathcal{A}_2 \to \overline{\mathbb{R}}_+$ ein σ-endliches Maß, so ist $f(\omega_1, -)v$, $\omega_1 \in \Omega_1$, ein Kern fv von Ω_1 nach Ω_2. Die Messbarkeit von $\omega_1 \mapsto (fv)(\omega_1, A_2) = \int_{A_2} f(\omega_1, \omega_2)\, dv(\omega_2)$ für jedes $A_2 \in \mathcal{A}_2$ ergibt sich aus (dem Beweis von) 14.C.3. Solchen **K e r n e n m i t D i c h t e n** sind wir oben begegnet, v heißt **K e r n f u n k t i o n**. Ist $F : \Omega_1 \to \Omega_2$ messbar, so ist $(\delta_{F(\omega_1)})_{\omega_1 \in \Omega_1}$ ein Markowscher Kern von Ω_1 nach Ω_2. Im diskreten Fall ($\mathcal{A}_i = \mathfrak{P}(\Omega_i)$, $i = 1, 2$) ist ein Markowscher Kern nichts anderes als eine Familie $K_{\omega_1} : \Omega_2 \to [0, 1]$, $\omega_1 \in \Omega_1$, von Übergangswahrscheinlichkeiten, wie wir sie schon in Bd. 1, Beispiel 9.A.7 zur Definition der bedingten bzw. Markowschen Ketten benutzt haben. Diese Konstruktion lässt sich verallgemeinern, was wir nun ausführen wollen.

Wir wollen einen Kern K von Ω_1 nach Ω_2 **s c h w a c h σ - e n d l i c h** nennen, wenn es eine abzählbare Überdeckung A_{2j}, $j \in J$, von Ω_2 mit messbaren Mengen $A_{2j} \in \mathcal{A}_2$ gibt derart, dass $K(\omega_1, A_{2j}) < \infty$ für alle $\omega_1 \in \Omega_1$ und alle $j \in J$ ist. Gilt sogar $K(\omega_1, A_{2j}) \leq M_j < \infty$ für alle $\omega_1 \in \Omega_1$ mit endlichen Konstanten $M_j \in \mathbb{R}_+$, so heiße K **σ - e n d l i c h**. Ist K konstant, so ist K genau dann σ-endlich, wenn K schwach σ-endlich ist, und dies ist genau dann der Fall, wenn das Maß $K = K_{\omega_1} = $ const. σ-endlich ist. Ist dann Q auf $(\Omega_1, \mathcal{A}_1)$ ein weiteres σ-endliches Maß, so ist das Produktmaß $Q \otimes K$ auf $(\Omega_1 \times \Omega_2, \mathcal{A}_1 \otimes \mathcal{A}_2)$ nach dem Satz von Cavalieri 14.C.2 durch

$$(Q \otimes K)(A) = \int_{\Omega_1} K\big(A(\omega_1)\big)\, dQ(\omega_1)$$

definierbar, wobei $A(\omega_1)$ für $A \in \mathcal{A}_1 \otimes \mathcal{A}_2$ und $\omega_1 \in \Omega_1$ wie üblich die Spur

$$A(\omega_1) = \{\omega_2 \in \Omega_2 \mid (\omega_1, \omega_2) \in A\}$$

ist. Allgemeiner, aber doch völlig analog, gilt nun:

20.C.5 Satz *Seien* $K : \Omega_1 \times \mathcal{A}_2 \to \overline{\mathbb{R}}_+$ *ein schwach* σ-*endlicher Kern von* $(\Omega_1, \mathcal{A}_1)$ *nach* $(\Omega_2, \mathcal{A}_2)$ *und* Q *ein* σ-*endliches Maß auf* $(\Omega_1, \mathcal{A}_1)$. *Dann ist für jedes* $A \in \mathcal{A}_1 \otimes \mathcal{A}_2$ *die Funktion* $\omega_1 \mapsto K\big(\omega_1, A(\omega_1)\big)$ *auf* Ω_1 *messbar. Durch*

$$Q \otimes K : A \mapsto \int_{\Omega_1} K\big(\omega_1 , A(\omega_1)\big)\, dQ(\omega_1)$$

wird ein Maß auf $(\Omega_1 \times \Omega_2\, , \mathcal{A}_1 \otimes \mathcal{A}_2)$ *mit*

$$(Q \otimes K)(A_1 \times A_2) = \int_{A_1} K(\omega_1, A_2)\, dQ$$

für alle $A_1 \in \mathcal{A}_1, A_2 \in \mathcal{A}_2$ *definiert. Ist* K σ-*endlich, so ist dies das einzige solche Maß und ebenfalls* σ-*endlich.*

B e w e i s . Wir können annehmen, dass $K(\omega_1, A_2) < \infty$ ist für alle $\omega_1 \in \Omega_1$ und alle $A_2 \in \mathcal{A}_2$. Die Menge der $A \in \mathcal{A}_1 \otimes \mathcal{A}_2$, für die $\omega_1 \mapsto K\big(\omega_1, A(\omega_1)\big)$ messbar ist, ist offensichtlich ein Dynkin-System, das alle Rechtecke $A_1 \times A_2$, $A_i \in \mathcal{A}_i$, $i = 1, 2$, umfasst, und stimmt daher nach 11.B.15 mit $\mathcal{A}_1 \otimes \mathcal{A}_2$ überein. Dann ist $A \mapsto \int_{\Omega_1} K\big(\omega_1, A(\omega_1)\big)\, dQ(\omega_1)$ ein Maß. Für eine abzählbare disjunkte Vereinigung $A = \biguplus_{i \in I} A_i$ mit $A_i \in \mathcal{A}_1 \otimes \mathcal{A}_2$ ist nämlich $K\big(\omega_1, A(\omega_1)\big) = \sum_{i \in I} K\big(\omega_1, A_i(\omega_1)\big)$ und somit nach 14.B.16

$$\int_{\Omega_1} K\big(\omega_1 , A(\omega_1)\big)\, dQ(\omega_1) = \sum_{i \in I} \int_{\Omega_1} K\big(\omega_1, A_i(\omega_1)\big)\, dQ(\omega_1)\,.$$

Ist $Q(A_1) < \infty$ und $K(-, A_2) \le M < \infty$ für ein $A_1 \in \mathcal{A}_1$ und ein $A_2 \in \mathcal{A}_2$, so ist

$$(Q \otimes K)(A_1 \times A_2) = \int_{A_1} K(\omega_1, A_2)\, dQ \le Q(A_1) \cdot M\,.$$

Das beweist die σ-Endlichkeit von $Q \otimes K$, wenn K σ-endlich ist, und mit 11.D.1 auch die behauptete Eindeutigkeit in diesem Fall. $\bullet$

Satz 20.C.5 liefert eine häufig benutzte Möglichkeit, Wahrscheinlichkeitsmaße auf einem Produkt $(\Omega_1 \times \Omega_2, \mathcal{A}_1 \otimes \mathcal{A}_2)$ mit Hilfe eines stochastischen Kerns K von Ω_1 nach Ω_2 (und einer Ausgangsverteilung Q auf $(\Omega_1, \mathcal{A}_1)$) zu definieren, wenn über die den Kern K definierenden bedingten Verteilungen K_{ω_1}, $\omega_1 \in \Omega_1$, vernünftige Annahmen möglich sind. Durch Iteration gewinnt man mit Hilfe von stochastischen Kernen K_i von $\Omega_1 \times \cdots \times \Omega_{i-1}$ nach Ω_i, $i = 1, \ldots, m$, eine Wahrscheinlichkeitsverteilung

$$K_1 \otimes \cdots \otimes K_m$$

auf einem Produkt $(\Omega_1 \times \cdots \times \Omega_m, \mathcal{A}_1 \otimes \cdots \otimes \mathcal{A}_m)$. ($K_1$ sei dabei die Ausgangsverteilung Q auf $(\Omega_1, \mathcal{A}_1)$.) Indem man 19.C.1 partiell verallgemeinert, definiert eine unendliche Folge K_i, $i \in \mathbb{N}^*$, von solchen Kernen einen Raum $\big(\prod_{i \in \mathbb{N}^*} \Omega_i\, , \bigotimes_{i \in \mathbb{N}^*} \mathcal{A}_i\, , \bigotimes_{i \in \mathbb{N}^*} K_i\big)$ von unendlichen bedingten Ketten. Schließlich liefert ein Markowscher Kern K von Ω nach Ω zusammen mit einer Anfangsverteilung Q auf $\Omega = (\Omega, \mathcal{A})$ die Räume Ω^m von m-g l i e d r i g e n M a r k o w - s c h e n K e t t e n mit den Verteilungen $Q \otimes K_2 \otimes \cdots \otimes K_m$, $m \in \mathbb{N}^*$, bzw. den Raum $\Omega^{\mathbb{N}^*}$ von u n e n d l i c h e n M a r k o w s c h e n K e t t e n. Dabei ist $K_i(\omega_1, \ldots, \omega_{i-1}, A) := K(\omega_{i-1}, A)$ für

$i \geq 2$ und $A \in \mathcal{A}$. Man vgl. Bd. 1, Beispiel 9.A.7. Wir empfehlen dem Leser auch, den Abschnitt 18.C in Bd. 2 über stochastische Matrizen (dies sind spezielle Markowsche Kerne) unter diesem Gesichtspunkt zu lesen.

20.C.6 Beispiel (L i n e a r e R e g r e s s i o n) Seien Y eine reelle normalverteilte Zufallsvariable und X eine weitere Zufallsvariable mit Werten in einem endlichdimensionalen $\mathbb{R}$-Vektorraum V derart, dass die zusammengesetzte Variable (Y, X) mit Werten in $\mathbb{R} \times V$ eine nicht-ausgeartete Normalverteilung besitzt. Insbesondere ist dann auch X normalverteilt. Es sei

$$P_Y = C' \exp\left(-\frac{1}{2}\, Q_{\mathbb{R}}(y-v)\right) \lambda^1, \qquad v = \mathrm{E}(Y) \in \mathbb{R},$$

$$P_X = \exp\left(-\frac{1}{2}\, Q_V(x-\mu)\right) \lambda_V, \qquad \mu = \mathrm{E}(X) \in V,$$

$$P_{(Y,X)} = C \exp\left(-\frac{1}{2}\, Q(y-v\,,x-\mu)\right) \lambda^1 \otimes \lambda_V$$

mit (positiv definiten) quadratischen Formen $Q_{\mathbb{R}}: \mathbb{R} \to \mathbb{R}$, $Q_V : V \to \mathbb{R}$, $Q : \mathbb{R} \times V \to \mathbb{R}$, geeigneten Konstanten C', C und einem passend normierten Borel-Lebesgue-Maß λ_V auf V. Dann ist

$$P_{(Y,X)} = \frac{C}{C'} \exp\left(-\frac{1}{2}\left(Q(y-v\,,x-\mu) - Q_{\mathbb{R}}(y-v) - Q_V(x-\mu)\right)\right) P_Y \otimes P_X$$

und nach den letzten Bemerkungen in Beispiel 20.C.2 für beliebiges $x \in V$:

$$\mathrm{E}(Y|X=x) = C \int_{\mathbb{R}} y \, \exp\left(-\frac{1}{2}\left(Q(y-v\,,x-\mu) - Q_V(x-\mu)\right)\right) dy\,.$$

Sei $f : V \to \mathbb{R}$ mit $x \mapsto \Phi(x,1)/\Phi(1,1)$, wobei Φ das Skalarprodukt zu Q ist, die (lineare) orthogonale Projektion bzgl. Q von V auf $\mathbb{R}$. Dann ist

$$(y-v\,,x-\mu) = \big(y-v+f(x-\mu)\,,0\big) + \big(-f(x-\mu)\,,x-\mu\big)$$

eine orthogonale Zerlegung von $(y-v\,,x-\mu)$ bzgl. Q, und der bedingte Erwartungswert ist wegen $Q_V(x-\mu) = Q\big(-f(x-\mu)\,,x-\mu\big)$ (vgl. 19.D, Aufg. 4) gleich

$$\mathrm{E}(Y|X=x) = C \int_{\mathbb{R}} y \, \exp\left(-\frac{1}{2} Q\big(y-v+f(x-\mu)\,,0\big)\right) dy = v - f(x-\mu)$$

und somit eine affine Funktion in x. Die bedingte Verteilung $P_{Y|X=x}$ ist die Normalverteilung

$$C \exp\left(-\frac{1}{2} Q\big(y - \big(v - f(x-\mu)\big)\,,0\big)\right) \cdot \lambda^1(y)\,.$$

Immer dann, wenn wie hier die Regressionsfunktion $\mathrm{E}(Y|X)$ affin ist, spricht man von l i n e a r e r R e g r e s s i o n. Dabei sei allgemein Y $\mathbb{K}$-wertig und X quadratintegrierbar mit Werten in einem endlichdimensionalen $\mathbb{K}$-Vektorraum V. Die Regressionsfunktion hat dann notwendigerweise die Gestalt $\mathrm{E}(Y|X=x) = v + g(x-\mu)$ mit einer $\mathbb{K}$-linearen Funktion $g : V \to \mathbb{K}$ und den Erwartungswerten $\mu = \mathrm{E}(X)$, $v = \mathrm{E}(Y)$. Mit $\alpha := \mathrm{E}(Y|X = \mu)$ folgt nämlich zunächst $\mathrm{E}(Y|X=x) = \alpha + g(x-\mu)$ und ferner

$$v = \int_V \big(\alpha + g(x-\mu)\big)\, dP_X = \alpha + g\big(\mathrm{E}(X) - \mu\big) = \alpha\,.$$

Zur Bestimmung von g seien $v_1, \ldots, v_n$ eine $\mathbb{K}$-Basis von V und $X_1, \ldots, X_n$ die Koordinatenfunktionen der Variablen $X = X_1 v_1 + \cdots + X_n v_n$ bzgl. dieser Basis. Ist dann $g(v_i) = a_i$ und

$\mu_i = E(X_i)$, $i = 1, \ldots, n$, so ist $a_1(X_1 - \mu_1) + \cdots + a_n(X_n - \mu_n)$ insbesondere die Regression von $Y - v$ in $W = \sum_i \mathbb{K}(X_i - \mu_i)$ und die Koeffizienten a_i bestimmen sich nach Beispiel 20.C.1 bei linear unabhängigen $X_1 - \mu_1, \ldots, X_n - \mu_n$ eindeutig aus dem Gleichungssystem

$$a_1 C(X_1, X_1) + \cdots + a_n C(X_n, X_1) = C(Y, X_1)$$
$$\cdots\cdots\cdots\cdots\cdots\cdots\cdots\cdots\cdots\cdots\cdots\cdots\cdots\cdots\cdots$$
$$a_1 C(X_1, X_n) + \cdots + a_n C(X_n, X_n) = C(Y, X_n).$$

Im einfachsten Fall sei $X = X_1$ wie Y $\mathbb{K}$-wertig. Dann ist

$$E(Y|X = x) = v + \frac{\rho \tau}{\sigma}(x - \mu),$$

$\mu = E(X)$, $v = E(Y)$, $\sigma := \sigma(X)$, $\tau := \sigma(Y)$, $\rho := \rho(X, Y) = C(X, Y)/\sigma\tau$.

Die Vokabel „Regression" hat (in diesem Zusammenhang) wohl erstmals Francis Galton benutzt, der die lineare Regression der Körpergröße Y der Väter bzgl. der Körpergröße X der Söhne beobachtete, was nach dem Bewiesenen nicht überrascht, wenn man annimmt, dass die gemeinsame Variable (Y, X) normalverteilt ist. Ebenso ist dann die Regressionsfunktion von X in Bezug auf Y affin.

Wir kehren zur Statistik zurück. Eine typische Situation mit bedingten Verteilungen und Erwartungen ist die folgende: Die lineare Ausdehnung eines Stabes in Abhängigkeit von der Temperatur soll bestimmt werden. Dazu wird der Stab auf bestimmte feste Temperaturen $T_1, \ldots, T_n$ erhitzt, und die zugehörigen Längen $L_1, \ldots, L_n$ werden bestimmt. Während also die Temperaturen (etwa durch Eichung) fest vorgegeben sind, ist die Messung der Länge bei der Temperatur T_i ein Zufallsexperiment mit einem normalverteilten Ergebnis. Der (bedingte) Erwartungswert bei der i-ten Messung ist gleich $a + bT_i$, $i = 1, \ldots, n$, mit (unbekannten) Parametern a, b. Die Streuung σ sei in jedem Fall dieselbe. Wir haben es also bei der i-ten Messung mit der bedingten Verteilung $N_i := N(a + bT_i\,;\,\sigma^2)$, $i = 1, \ldots, n$, zu tun. Das Gesamtexperiment hat die Verteilung

$$N_1 \otimes \cdots \otimes N_n = N(a + bT_1, \ldots, a + bT_n\,;\,\sigma^2, \ldots, \sigma^2)$$

auf $\mathbb{R}^n$ mit der Dichte

$$\frac{1}{\sigma^n (2\pi)^{n/2}} \exp\left(-\frac{1}{2} \sum_{i=1}^{n} \frac{\left(y_i - (a + bT_i)\right)^2}{\sigma^2}\right)$$

bzgl. λ^n. Ziel ist es, mit Hilfe der Stichprobe $(L_1, \ldots, L_n) \in \mathbb{R}^n$ (die keine einfache Stichprobe im bisherigen Sinne ist, da die einzelnen Werte $L_1, \ldots, L_n$ unter den verschiedenen Bedingungen $T_1, \ldots, T_n$ gemessen wurden) eine vernünftige Schätzung für die Parameter a, b zu finden. Benutzen wir die Maximum-Likelihood-Methode gemäß Beispiel 20.A.18, so wählen wir als Schätzung für a, b die Werte, für die die obige Dichte an der Stelle $(L_1, \ldots, L_n)$ möglichst groß wird, d.h. so, dass

$$\sum_{i=1}^{n} \left(L_i - (a + bT_i)\right)^2$$

möglichst klein wird. Das aber ist ein Problem der Ausgleichsrechnung, das wir schon in Bd. 2, Beispiel 13.B.8 ausführlich beschrieben haben. Die Lösung ist dadurch eindeutig bestimmt, dass $(a + bT_1, \ldots, a + bT_n)$ die orthogonale Projektion (bzgl. des Standardskalarprodukts) von $(L_1, \ldots, L_n)$ auf den 2-dimensionalen Unterraum $W = \mathbb{R}(1, \ldots, 1) + \mathbb{R}(T_1, \ldots, T_n) \subseteq \mathbb{R}^n$ ist (falls die $T_1, \ldots, T_n$ nicht alle übereinstimmen). Wir betonen, dass die $T_1, \ldots, T_n$ fest, also keineswegs Zufallsvariable sind, vgl. hierzu die Bemerkung 20.C.9 unten.

Wir betrachten in Verallgemeinerung der beschriebenen Situation einen n-dimensionalen $\mathbb{R}$-Vektorraum V mit einer Familie von (nicht ausgearteten) Normalverteilungen $P_v = \mathrm{N}(v\,;\,\Phi^*) = \mathrm{N}(v\,;\,Q^*)$, $v \in W$, mit gleicher Kovarianzform Φ^*, deren Erwartungswerte v alle einem r-dimensionalen Unterraum $W \subseteq V$ angehören $(0 < r < n)$, dessen Elemente wir uns wiederum etwa durch eine Basis von W, d.h. eine bijektive lineare Abbildung $\mathbb{R}^r \to W$ parametrisiert denken. [2]) Φ bzw. Q seien das zugehörige Skalarprodukt bzw. die zugehörige quadratische Form auf V, ferner p_W die orthogonale Projektion (bzgl. Φ) auf W und $p_U = \mathrm{id}_V - p_W$ die orthogonale Projektion auf das orthogonale Komplement $U := W^\perp$ von W. Wir wollen mit einer Stichprobe $y_0 \in V$ den Parameter $v \in W$ der gesuchten Verteilung P_v schätzen und geben dazu ein Konfidenzniveau γ vor. Die Variable

$$\frac{Q(p_W y - v)/r}{Q(p_U y)/s},$$

$s := n - r = \mathrm{Dim}_{\mathbb{R}}\, U$, besitzt nach 20.B, Aufg. 11 eine Fisher-Verteilung mit (r, s) Freiheitsgraden. Ist daher das Quantil $f^*_{(r,s),\alpha}$, $\alpha := 1 - \gamma$, durch

$$\int\limits_{f^*_{(r,s),\alpha}}^{\infty} \mathrm{f}_{(r,s)}(t)\, dt = \alpha$$

bestimmt, so wird durch

$$\frac{Q(p_W y - v)/r}{Q(p_U y)/s} < f^*_{(r,s),\alpha}$$

ein Konfidenzbereich zum Niveau γ und bei *gegebener Stichprobe* $y_0 \in V$ *durch*

$$\left\{ v \mid Q(p_W y_0 - v) < \frac{r}{s}\, Q(p_U y_0) \cdot f^*_{(r,s),\alpha} \right\} \subseteq W$$

ein (offenes) Konfidenzellipsoid mit Mittelpunkt $p_W y_0$ für v zum Niveau γ definiert, dem mittels der Isomorphie $\mathbb{R}^r \to W$ ein Parameterellipsoid in $\mathbb{R}^r$ entspricht. Man beachte $Q(p_W y) + Q(p_U y) = Q(y)$.

Häufig interessiert nicht der volle Parameter v, sondern nur der Wert $f(v)$, wobei $f : W \to \mathbb{R}$ eine lineare Funktion ist, die wir uns stets durch $f|U = 0$ zu einer linearen Funktion auf ganz V fortgesetzt denken. Dann betrachtet man die Funktion

$$\frac{\big(f(y) - f(v)\big)/\sqrt{Q^*(f)}}{\sqrt{Q(p_U y)/s}},$$

---

[2]) Es genügte, dass W ein affiner Unterraum von V ist. Die folgenden Überlegungen sind dann – vor allen Dingen in den Bezeichnungen – etwas zu modifizieren.

die nach 20.A, Aufg. 13 eine T-Verteilung mit s Freiheitsgraden besitzt und somit *zur Stichprobe $y_0 \in V$ das Konfidenzintervall*

$$|f(v) - f(y_0)| < \sqrt{\frac{Q^*(f)}{s}} \cdot \sqrt{Q(p_U\, y_0)} \cdot t^*_{s,\,(1-\gamma)/2}$$

für $f(v)$ liefert, wobei das Quantil $t^*_{s,(1-\gamma)/2}$ durch

$$\int\limits_{t^*_{s,(1-\gamma)/2}}^{\infty} t_s(t)\, dt = \frac{1-\gamma}{2}$$

bestimmt ist. Ist f nicht linear (bzw. affin), sondern nur stetig differenzierbar, so ersetzt man f wie beim Gaußschen Fehlerfortpflanzungsgesetz (vgl. Beispiel 19.D.10 bzw. Beispiel 20.A.14) durch seine affine Approximation im Punkt $p_W\, y_0$.

Man beachte, dass für alle hier angegebenen Konfidenzbereiche die quadratische Form Q (oder Q^*) nur bis auf Ähnlichkeit, d.h. bis auf einen konstanten Faktor $\neq 0$, bekannt sein muss.

20.C.7 Beispiel Bestimmen wir konkret einige Konfidenzbereiche für das eingangs zitierte Beispiel, wobei wir die Bezeichnungen etwas ändern. Die Zahlen y_{i0} seien die Ergebnisse von n unabhängigen $N(a + bx_{i0}\,;\sigma^2)$-verteilten reellen Zufallsgrößen, $i = 1, \ldots, n$, $n > 2$. Der Erwartungswert $v = (v_1, \ldots, v_n)$ liegt auf der Ebene $W := \mathbb{R} \cdot 1 + \mathbb{R} \cdot x_0 \subseteq \mathbb{R}^n$ mit $1 := (1, \ldots, 1)$, $x_0 := (x_{10}, \ldots, x_{n0})$. Die quadratische Form Q ist gleich $Q(y) = \|y\|^2/\sigma^2$, wobei $\|-\|$ die gewöhnliche euklidische Norm auf $\mathbb{R}^n$ ist. Die orthogonalen Projektionen bzgl. Q sind also identisch mit den orthogonalen Projektionen bzgl. des gewöhnlichen Skalarprodukts. Bereits in Bd. 2, Beispiel 13.B.8 haben wir die orthogonale Projektion p_W auf W berechnet. Es ist

$$p_W\, y = a + b x_0$$

mit

$$a = \frac{[x_0^2]\,[y] - [x_0]\,[x_0 y]}{n\,[x_0^2] - [x_0]^2} = \frac{[y] - b[x_0]}{n}\,, \qquad b = \frac{n\,[x_0 y] - [x_0]\,[y]}{n\,[x_0^2] - [x_0]^2}\,,$$

wobei wir hier die in der Ausgleichsrechnung üblichen Abkürzungen $[y] := y_1 + \cdots + y_n$, $yz = (y_1 z_1, \ldots, y_n z_n)$ usw. benutzt haben. Mit den in der Statistik gebräuchlichen Größen

$$\overline{x}_0 = [x_0]/n\,, \quad \overline{y} = [y]/n\,, \quad s_{x_0}^2 = [(x_0 - \overline{x}_0)^2]/(n-1)\,,$$
$$c_{x_0 y} = [(x_0 - \overline{x}_0)(y - \overline{y})]/(n-1) = [(x_0 - \overline{x}_0)\,y]/(n-1)$$

ist

$$a = \overline{y} - b\overline{x}_0\,, \quad b = c_{x_0 y}/s_{x_0}^2\,.$$

Die Maximum-Likelihood-Schätzwerte für a, b sind (mit $y_0 = (y_{10}, \ldots, y_{n0})$)

$$a_0 := \overline{y}_0 - b_0 \overline{x}_0\,, \quad b_0 := c_{x_0 y_0}/s_{x_0}^2\,,$$

für die ausgleichende Gerade also $y = a_0 + b_0 x$ oder $y - \overline{y}_0 = b_0(x - \overline{x}_0)$. Als Konfidenzbereich für (a, b) zum Niveau $\gamma = 1 - \alpha$ erhält man die durch

$$\|(a - a_0) + (b - b_0)\, x_0\|^2 < \frac{2}{n-2}\big(\|y_0\|^2 - \|a_0 + b_0 x_0\|^2\big) f^*_{(2,n-2),\,\alpha}$$

beschriebene (offene Voll-)Ellipse in $\mathbb{R}^2$ mit (a_0, b_0) als Mittelpunkt. Nach Bd. 2, 13.C, Aufg. 2 ist ihr (standard-euklidisches) Volumen gleich

$$\sqrt{\frac{n-1}{n}}\, r^2 \pi / s_{x_0} \qquad \text{mit} \quad r^2 := \frac{2}{n-2}\left(\|y_0\|^2 - \|a_0 + b_0 x_0\|^2\right) f^*_{(2, n-2),\,\alpha}\,.$$

Dies möchte man möglichst klein halten. Hat man bei der V e r s u c h s p l a n u n g Einfluss auf die Wahl der Messpunkte x_{i0}, $i = 1, \ldots, n$, so wird man diese so wählen, dass s_{x_0} möglichst groß wird. Dürfen die x_{i0} etwa in einem gegebenen Intervall $[A, B] \subseteq \mathbb{R}$ variieren – man darf dann $[A, B] = [-1, 1]$ annehmen –, so hat man offenbar bei geradem $n = 2m$ für die Messpunkte x_{i0} die Intervallenden A, B zu nehmen, und zwar jedes Ende genau n-mal, und bei ungeradem $n = 2m+1$ ein Ende m-mal und das andere $(m+1)$-mal.[3] Man beachte, dass sich das Abstandsquadrat $\|p_U y_0\|^2 = \|y_0\|^2 - \|p_W y_0\|^2 = \|y_0\|^2 - \|a_0 + b_0 x_0\|^2$ auch in der Form

$$\sum_{i=1}^{n}\left((y_{i0} - \overline{y}_0) - b_0(x_{i0} - \overline{x}_0)\right)^2$$

schreiben lässt. Der R e g r e s s i o n s k o e f f i z i e n t oder T r e n d b hat die Streuung

$$\sigma(b) = \sqrt{Q^*(b)} = \sigma \cdot \frac{1}{s_{x_0}^2\,(n-1)} \cdot \left(\sum_{i=1}^{n}(x_{i0} - \overline{x}_0)^2\right)^{1/2} = \frac{\sigma}{s_{x_0}\sqrt{n-1}}\,.$$

Folglich ist

$$|b - b_0| < \frac{\left(\|y_0\|^2 - \|a_0 + b_0 x_0\|^2\right)^{1/2}}{s_{x_0}\sqrt{(n-1)(n-2)}}\, t^*_{n-2,\,\alpha/2}$$

ein Konfidenzintervall für b zum Niveau $\gamma = 1 - \alpha$. Für a erhält man $\sigma(a) = \sqrt{Q^*(a)} = \sigma \cdot \|x_0\|/s_{x_0}\sqrt{n(n-1)}$ (Beweis!) und damit das Konfidenzintervall

$$|a - a_0| < \frac{\left(\|y_0\|^2 - \|a_0 + b_0 x_0\|^2\right)^{1/2}\|x_0\|}{s_{x_0}\sqrt{n(n-1)(n-2)}}\, t^*_{n-2,\,\alpha/2}\,.$$

Für das weiter oben erwähnte Beispiel des auf verschiedene Temperaturen erwärmten Stabes interessiert der lineare Ausdehnungskoeffizient c, der (mit den dortigen Bezeichnungen) durch eine Gleichung der Form $L = L_0\bigl(1 + c(T - T_0)\bigr) = a + bT$ definiert ist, also $c = b/L_0 = b/(a + bT_0)$, T_0 feste Bezugstemperatur. Für die (nicht mehr linear (oder affin) von $y \in \mathbb{R}^n$ abhängende) Größe

$$c = \frac{b}{a + bx_{00}}\,, \qquad x_{00} \in \mathbb{R}\ \text{fest},$$

erhalten wir generell wegen

$$\mathrm{D}c = \frac{a\,\mathrm{D}b - b\,\mathrm{D}a}{(a + bx_{00})^2}$$

(D ist das totale Differenzial!) für große n näherungsweise die Streuung

$$\sigma(c) \approx \sigma\bigl((\mathrm{D}c)_{y_0}\bigr) = \sigma \cdot \frac{\left(\sum_{i=1}^{n}\left(\overline{y}_0 x_{i0} - a_0 \overline{x}_0 - b_0 \overline{x_0^2}\right)^2\right)^{1/2}}{y_{00}^2\, s_{x_0}^2\,(n-1)}\,, \qquad y_{00} := a_0 + b_0 x_{00}\,,$$

---

[3] Man überlege zunächst, dass $s_{x_0}^2$ gewiss dann keinen maximalen Wert hat, wenn einer der Messpunkte im Inneren von $[A, B] = [-1, 1]$ liegt. – Man bestimme auch die Halbachsen der Konfidenzellipse.

(Beweis!) und somit das Konfidenzintervall

$$\left| c - \frac{b_0}{y_{00}} \right| < \frac{\left(\left(\|y_0\|^2 - \|a_0 + b_0 x_0\|^2 \right) \sum_{i=1}^{n} \left(\overline{y}_0 x_{i0} - a_0 \overline{x}_0 - b_0 \overline{x_0^2} \right)^2 \right)^{1/2}}{y_{00}^2 \, s_{x_0}^2 \, (n-1) \sqrt{n-2}} \, t_{n-2, \alpha/2}^* \, .$$

20.C.8 Bemerkung Wir haben bisher angenommen, dass die Erwartungswerte ν der Verteilungen $P_\nu = \mathrm{N}(\nu \, ; \, \Phi^*)$ zu einem r-dimensionalen linearen oder affinen Unterraum $W \subseteq V$ gehören. Sei allgemeiner W eine differenzierbare (C^1-)Untermannigfaltigkeit von V im Sinne von Definition 6.C.5. Zur Schätzung des Parameters $a \in W$ mit Hilfe einer Stichprobe $y_0 \in V$ bestimmt man zunächst eine Maximum-Likelihood-Schätzung $a_0 \in W$. Sie ist dadurch gegeben, dass $Q(y_0 - a_0)$ möglichst klein ist. Wegen $(dQ)_a = 2\Phi(-, a)$ muss dann nach Satz 6.C.7 über lokale Extrema unter Nebenbedingungen der Vektor $y_0 - a_0$ notwendigerweise Φ-orthogonal zum Tangentialraum $\mathrm{T}_{a_0} W \subseteq V$ sein. Zur näherungsweisen Bestimmung eines Konfidenzbereichs für a ersetzt man nun W durch den affinen Tangentialraum $\mathrm{T}_{a_0} W$ und verfährt wie im linearen Fall. [4])

Das soeben geschilderte Verfahren ist schon für die Bestimmung von a_0 im Allgemeinen recht aufwändig. Einfacher ist oft die folgende häufig benutzte, naivere Vorgehensweise: Man wählt in einer genügend großen Umgebung U von y_0 ein differenzierbares Koordinatensystem von V derart, dass sich $U \cap W$ linear (oder affin) in diesen Koordinaten beschreiben lässt. Als feste quadratische Form auf dem Koordinatenraum $\mathbb{R}^n$ wählt man die Form, die aus Q durch Transport mit dem totalen Differenzial $(DH)_{y_0}$ der Koordinatenabbildung $H : U \to \mathbb{R}^n$ gewonnen wird. Dann kann man die eingangs beschriebene Methode im linearen Fall anwenden.

Sei etwa $y_0 = (y_{10}, \ldots, y_{n0})$ das Ergebnistupel von n unabhängigen $\mathrm{N}(a x_{i0}^b \, ; \, \sigma^2)$-verteilten reellen Zufallsgrößen, $i = 1, \ldots, n, n > 2, a \in \mathbb{R}_+^\times$ und $b \in \mathbb{R}$ ist, wie es sich bei Messungen einer Größe ergibt, die einem Exponentialgesetz $x \mapsto a x^b, x > 0$, genügt. Der Erwartungswert $\nu = (\nu_1, \ldots, \nu_n)$ liegt also auf der Untermannigfaltigkeit $W := \left\{ (a x_{10}^b, \ldots, a x_{n0}^b) \mid a \in \mathbb{R}_+^\times, b \in \mathbb{R} \right\} \subseteq (\mathbb{R}_+^\times)^n$, die mit dem logarithmischen Koordinatensystem

$$H : (\mathbb{R}_+^\times)^n \overset{\sim}{\longrightarrow} \mathbb{R}^n, \qquad (y_1, \ldots, y_n) \mapsto (\ln y_1, \ldots, \ln y_n),$$

auf die Ebene $\mathbb{R}(1, \ldots, 1) + \mathbb{R}(\ln x_{10}, \ldots, \ln x_{n0}) \subseteq \mathbb{R}^n$ abgebildet wird. (Wir setzen dabei voraus, dass die vogegebenen Werte $x_{i0} > 0$ nicht alle übereinstimmen.) Wir sind dann genau in der Situation von Beispiel 20.C.7. Nur ist die quadratische Form auf dem Bildraum $\mathbb{R}^n$ nicht die Form $\|z\|^2/\sigma^2$, sondern die Form $(y_{10}^2 z_1^2 + \cdots + y_{n0}^2 z_n^2)/\sigma^2$, die aus $\|y\|^2/\sigma^2$ durch Transport mit dem totalen Differenzial $(DH)_{y_0}$ entstanden ist. Mit dieser Form bzw. der dazu ähnlichen Form $\sum_{i=1}^{n} y_{i0}^2 z_i^2$ mit dem Skalarprodukt $(v, w) \mapsto \sum_{i=1}^{n} y_{i0}^2 v_i w_i$ ist dann auch die beste Approximation zu berechnen. Dies haben wir bereits in Bd. 2 (2. Aufl.), Beispiel 13.B.8 (1) bei der Besprechung des doppelt-logarithmischen Papiers ausgeführt.

20.C.9 Bemerkung Betrachten wir noch einmal das Ausgangsbeispiel der bei den Temperaturen $T_1, \ldots, T_n$ gemessenen Stablängen $L_1, \ldots, L_n$. Die $L_i, i = 1, \ldots, n$, waren normalverteilt mit Erwartungswert $a + b T_i$ und (fester) Streuung σ, die T_i aber bekannt, man kann auch sagen: gemessen mit Streuung 0. Nehmen wir nun an, dass auch die Temperaturen $T_1, \ldots, T_n$ Ergebnisse von Messungen mit Normalverteilungen einer (festen) positiven Streuung τ sind. Dann ist das Tupel

$$(T_1, L_1 \, ; \, T_2, L_2 \, ; \, \ldots \, ; \, T_n, L_n)$$

---

[4]) Der so gewonnene Konfidenzbereich liegt allerdings in der Regel nicht in W. Man hat ihn noch kanonisch vom Tangentialraum nach W zu transportieren. Dies geschieht mit der durch Φ im Punkt a_0 definierten Exponentialabbildung, auf die wir erst in Bd. 4, Abschnitt 10.C und Abschnitt 14.A eingehen.

Ergebnis einer Messung mit einer Normalverteilung

$$N(\mu_1, a + b\mu_1 \,;\, \tau^2, \sigma^2) \otimes \cdots \otimes N(\mu_n, a + b\mu_n \,;\, \tau^2, \sigma^2)$$
$$= N(\mu_1, a + b\mu_1, \ldots, \mu_n, a + b\mu_n \,;\, \tau^2, \sigma^2, \ldots, \tau^2, \sigma^2)$$

auf $(\mathbb{R}^2)^n = \mathbb{R}^{2n}$. Das Problem, die Koeffizienten a, b nach der Maximum-Likelihood-Methode zu schätzen, ist dann äquivalent damit, die oder eine (affine) Gerade $g_0 = \{(\mu, a_0 + b_0\mu) \mid \mu \in \mathbb{R}\}$ im $\mathbb{R}^2$ zu finden, für die die Summe

$$d^2\big((T_1, L_1), g_0\big) + \cdots + d^2\big((T_n, L_n), g_0\big)$$

der Abstandsquadrate bzgl. der quadratischen Form

$$Q(x, y) = \frac{x^2}{\tau^2} + \frac{y^2}{\sigma^2}$$

möglichst klein wird.

Wir behandeln gleich allgemein das folgende auch aus geometrischer Sicht nicht völlig uninteressante Problem: *Gegeben seien ein m-dimensionaler euklidischer Vektorraum V mit Skalarprodukt $\langle -, - \rangle$ und endlich viele Punkte $z_1, \ldots, z_n \in V$, $n \in \mathbb{N}^*$. Zu jedem k mit $0 \le k \le m$ ist ein ausgleichender affiner Unterraum $F \subseteq V$ der Dimension k gesucht derart, dass die Summe der Abstandsquadrate*

$$d_F^2 = d^2(z_1, F) + \cdots + d^2(z_n, F)$$

(bzgl. $\langle -, - \rangle$) möglichst klein wird.

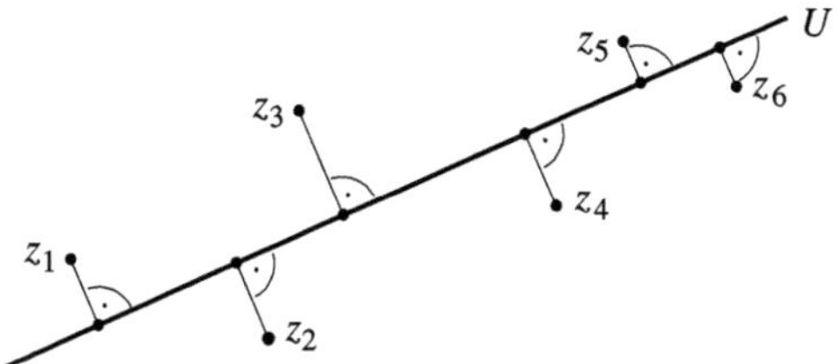

Zunächst: *F geht notwendigerweise durch den Schwerpunkt $\bar{z} = \frac{1}{n}(z_1 + \cdots + z_n)$ der $z_1, \ldots, z_n$.* Dies folgt sofort daraus, dass $\bar{z}$ der eindeutig bestimmte Punkt $z \in V$ ist, für den die Summe der Abstandsquadrate $d^2(z_1, z) + \cdots + d^2(z_n, z) = \sum_{i=1}^n \|z - z_i\|^2$ minimal wird. *Wir wollen daher im Weiteren voraussetzen, dass der Schwerpunkt $\bar{z}$ der Nullpunkt ist.* Dann ist der gesuchte affine Unterraum F ein *linearer* Unterraum $U \subseteq V$.

Betrachten wir zunächst den Fall $r = 1$. Ist $u \in U$ eine Basis von U mit $\|u\| = 1$, so ist

$$d^2 = d_U^2 = \sum_{i=1}^n d^2(z_i, U) = \sum_{i=1}^n \left(\|z_i\|^2 - \langle u, z_i \rangle^2 \right).$$

Mit anderen Worten: Es ist $d^2 = I(u, u)$, wobei I die Bilinearform auf V mit

$$I(x, y) := D^2 \cdot \langle x, y \rangle - \Psi(x, y), \qquad D^2 := \sum_{i=1}^n \langle z_i, z_i \rangle, \quad \Psi(x, y) := \sum_{i=1}^n \langle x, z_i \rangle \langle z_i, y \rangle,$$

ist. Man beachte, dass I positiv semidefinit ist und nur dann nicht positiv definit ist, wenn die Punkte $z_1, \ldots, z_n$ alle auf einer Geraden liegen. Interpretieren wir die Punkte $z_1, \ldots, z_n$ als diskrete Massenverteilung $\mu := \sum_{i=1}^n \delta_{z_i}$ auf V, so ist I nichts anderes als der Trägheitstensor dieser Massenverteilung im Sinne von Beispiel 16.B.4. Wir wollen daher auch jetzt einfach von

dem T r ä g h e i t s t e n s o r der Punkte $z_1, \ldots, z_n$ sprechen.[5]) Seine Hauptträgheitsachsen (bzgl.
$\langle -, - \rangle$) sind die Hauptachsen von Ψ. Sind $c_1 \geq \cdots \geq c_m$ die Hauptwerte von Ψ, so sind

$$D^2 - c_1 \leq \cdots \leq D^2 - c_m$$

die Hauptträgheitsmomente von I. Aus der Theorie der Hauptachsentransformation folgt nun
(vgl. Bd. 2, Satz 15.B.5): *d_U^2 wird minimal genau für die Hauptträgheitsachsen von I zu dem
minimalen Hauptträgheitsmoment $D^2 - c_1$, das gleichzeitig das Minimum von d_U^2 ist.*

Sei nun $r = \mathrm{Dim}\, U$ beliebig und $u_1, \ldots, u_r$ eine Orthonormalbasis von U bzgl. $\langle -, - \rangle$, die
gleichzeitig eine Orthogonalbasis bzgl. $\Psi | U$ ist. Die Hauptwerte $\Psi(u_\rho, u_\rho)$ seien $c_1' \geq \cdots \geq c_r'$.
Dann ist

$$d_U^2 = \sum_{i=1}^{n} d^2(z_i, U) = \sum_{i=1}^{n} \left(\|z_i\|^2 - \langle u_1, z_i \rangle^2 - \cdots - \langle u_r, z_i \rangle^2 \right)$$

$$= D^2 - \Psi(u_1, u_1) - \cdots - \Psi(u_r, u_r) = D^2 - c_1' - \cdots - c_r'.$$

Nach Bd. 2, 15.B, Aufg. 8b) ist $c_\rho' \leq c_\rho$, $\rho = 1, \ldots, r$. Es folgt:

20.C.10 Satz *Die r-dimensionalen Unterräume $U \subseteq V$, für die die Summe $d_U^2 = \sum_{i=1}^{n} d^2(z_i, U)$
der Abstandsquadrate minimal wird, sind (genau[6])) die Räume, die von solchen Hauptträgheitsachsen $\mathbb{R}u_1, \ldots, \mathbb{R}u_r$ bzgl. I erzeugt werden, für die die zugehörigen Hauptträgheitsmomente
$I(u_1, u_1) \leq \cdots \leq I(u_r, u_r)$ die kleinstmöglichen Werte $D^2 - c_1 \leq \cdots \leq D^2 - c_r$ sind. Der
minimale Wert von d_U^2 ist $D^2 - c_1 - \cdots - c_r = c_{r+1} + \cdots + c_m$.*

Man beachte $D^2 = c_1 + \cdots + c_m$. Der r-dimensionale Raum U, für den d_U^2 minimal wird, ist
(genau dann) eindeutig bestimmt, wenn $r = 0$ oder $r = m$ ist oder aber $c_{r+1} \neq c_r$. Dass die
Hauptträgheitsachsen zu dem *minimalen* Hauptträgheitsmoment die extremalen Geraden und
die Hyperebenen, die orthogonal zu den Hauptträgheitsachsen zu dem *maximalen* Hauptträgheitsmoment sind, die extremalen Hyperebenen sind, entspricht wohl auch dem „physikalischen
Empfinden".

Kehren wir zu unserem statistischen Ausgangsbeispiel zurück. Wir haben die Punkte $z_i =
(x_{i0} - \overline{x}_0, y_{i0} - \overline{y}_0)$, $i = 1, \ldots, n$, im $\mathbb{R}^2$ zu betrachten. Das Skalarprodukt $\langle -, - \rangle$ hat die
Gramsche Matrix $\mathrm{Diag}(1/\tau^2, 1/\sigma^2)$ (bzgl. der Standardbasis) und Ψ die Gramsche Matrix

$$\begin{pmatrix} \Psi(e_1, e_1) & \Psi(e_1, e_2) \\ \Psi(e_2, e_1) & \Psi(e_2, e_2) \end{pmatrix} = (n-1) \begin{pmatrix} s_{x_0}^2 / \tau^4 & c_{x_0 y_0} / \sigma^2 \tau^2 \\ c_{x_0 y_0} / \sigma^2 \tau^2 & s_{y_0}^2 / \sigma^4 \end{pmatrix}$$

(mit den üblichen Bezeichnungen $s_{x_0}^2 = \frac{1}{n-1} \sum_i (x_{i0} - \overline{x}_0)^2$ und $s_{y_0}^2$ entsprechend sowie $c_{x_0 y_0} =
\frac{1}{n-1} \sum_i (x_{i0} - \overline{x}_0)(y_{i0} - \overline{y}_0)$). Bezüglich der $\langle -, - \rangle$-Orthonormalbasis $e_1' := \tau e_1$, $e_2' = \sigma e_2$ hat
Ψ die Gramsche Matrix

$$(n-1) \begin{pmatrix} s_{x_0}^2 / \tau^2 & c_{x_0 y_0} / \sigma \tau \\ c_{x_0 y_0} / \sigma \tau & s_{y_0}^2 / \sigma^2 \end{pmatrix}.$$

Deren Eigenwerte

$$c_{1,2} = \frac{n-1}{2} \left(\frac{s_{x_0}^2}{\tau^2} + \frac{s_{y_0}^2}{\sigma^2} \pm \sqrt{\left(\frac{s_{x_0}^2}{\tau^2} - \frac{s_{y_0}^2}{\sigma^2} \right)^2 + 4 \frac{c_{x_0 y_0}^2}{\sigma^2 \tau^2}} \right)$$

---

[5]) I ist analog für jede Massenverteilung μ auf V mit Schwerpunkt 0 und endlichem $D^2 :=
\int_V \|z\|^2 d\mu(z)$ definiert: $I = I_\mu := D^2 \cdot \langle -, - \rangle - \Psi$, $\Psi(x, y) := \int_V \langle x, z \rangle \langle z, y \rangle \, d\mu(z)$.
[6]) Der Leser beweise diesen Zusatz.

sind die Hauptwerte $c_1 \geq c_2$ von Ψ. Die Eigenvektorgleichung

$$(n-1) \begin{pmatrix} s_{x_0}^2/\tau^2 & c_{x_0 y_0}/\sigma\tau \\ c_{x_0 y_0}/\sigma\tau & s_{y_0}^2/\sigma^2 \end{pmatrix} \begin{pmatrix} 1/\tau \\ \beta \end{pmatrix} = c_1 \begin{pmatrix} 1/\tau \\ \beta \end{pmatrix}$$

ergibt für β mit $\kappa := \tau/\sigma$ den Wert (Man benutze die zweite Komponente der Gleichung!)

$$\beta = \frac{(n-1)\,c_{x_0 y_0}}{\sigma\tau^2\big(c_1 - (n-1)\,s_{y_0}^2/\sigma^2\big)} = \frac{2c_{x_0 y_0}}{\sigma\,(s_{x_0}^2 - \kappa^2 s_{y_0}^2 + \sqrt{(s_{x_0}^2 - \kappa^2 s_{y_0}^2)^2 + 4\kappa^2 c_{x_0 y_0}^2})}$$

und für die Steigung der ausgleichenden Geraden $\mathbb{R}(e_1'/\tau + e_2'\beta) = \mathbb{R}(e_1 + \beta\sigma e_2) = \mathbb{R}(1, \beta\sigma)$ die Maximum-Likelihood-Schätzung

$$b_0 = \beta\sigma = \frac{2c_{x_0 y_0}}{s_{x_0}^2 - \kappa^2 s_{y_0}^2 + \sqrt{(s_{x_0}^2 - \kappa^2 s_{y_0}^2)^2 + 4\kappa^2 c_{x_0 y_0}^2}}\ ,$$

für die ausgleichende Gerade selbst also die Gleichung $y - \overline{y}_0 = b_0(x - \overline{x}_0)$, die – wie zu erwarten – für $\kappa \to 0$ gegen die ausgleichende Gerade $y - \overline{y}_0 = c_{x_0 y_0}(x - \overline{x}_0)/s_{x_0}^2$ aus Beispiel 20.C.7 konvergiert. Man diskutiere generell b_0 als Funktion von $\kappa^2 \in \mathbb{R}_+^\times$. Das Problem, Konfidenzintervalle zu konstruieren, wollen wir hier nicht weiter verfolgen.

Aufgaben

1. In den folgenden Aufgaben sind bedingte Verteilungen und bedingte Erwartungen zu bestimmen. Dabei ist jeweils die gemeinsame Verteilung der involvierten Zufallsvariablen angegeben, vgl. die Beispiele 20.C.2 und 20.C.3.

a) Die gemeinsame Verteilung der n reellen Variablen $(X_1, \ldots, X_n)$ sei eine geometrische Laplace-Verteilung $e_B \lambda^n/\lambda^n(B)$, $B \in \mathcal{B}^n$, im Sinne von Beispiel 19.B.1. Man bestimme soweit möglich,

$$P_{(X_1,\ldots,X_r)\,|\,(X_{r+1},\ldots,X_n)=(x_{r+1},\ldots,x_n)} \quad \text{und} \quad \mathrm{E}\big((X_1, \ldots, X_r) \mid (X_{r+1}, \ldots, X_n) = (x_{r+1}, \ldots, x_n)\big).$$

Man wähle spezielle B, z.B. eine euklidische Kugel $B := \overline{B}(0\,;R)$ oder den konvexen Körper $B := \{(x_1, \ldots, x_n) \mid |x_1| + \cdots + |x_n| \leq R\}$ usw.

b) Dieselbe Frage wie in a) für den Fall, dass die gemeinsame Verteilung $P_{(X_1,\ldots,X_n)}$ diskret ist.

c) Man bestimme $\mathrm{E}(X_1|X_2)$ und $\mathrm{E}(X_2|X_1)$ und (soweit sie existieren) die bedingten Varianzen $\mathrm{V}(X_1|X_2)$, $\mathrm{V}(X_2|X_1)$, für die reellen Variablen X_1, X_2, deren gemeinsame Verteilung eine der folgenden Dichten f bzgl. λ^2 hat:

(α) Der Graph von f ist ein Kegel über dem Kreis $x_1^2 + x_2^2 \leq R$.

(β) $f(x_1, x_2) = ax_1 + bx_2$ für $(x_1, x_2) \in [0, 1]^2$ und 0 sonst (a, b geeignet).

(γ) $f(x_1, x_2) = ax_1 + bx_2$ für $0 \leq x_1 \leq x_2 \leq 1$ und 0 sonst (a, b geeignet).

(δ) $f(x_1, x_2) = c_B x_1 x_2 e_B$ für $B = [0, R]^2$, für $B = B(0\,;R) \cap \mathbb{R}_+^2$ sowie für die Menge $B = \{x_1 + x_2 \leq 1\} \cap \mathbb{R}_+^2$ (c_B jeweils geeignet gewählt).

2. Analog zu Beispiel 20.C.7 bestimme man Schätzungen und Konfidenzbereiche für die Parameter a, b, c bei folgenden Regressionen

$$y = a + bx + cz \qquad \text{bzw.} \qquad y = a + bx + cx^2,$$

wobei Stichproben $y_{10}, \ldots, y_{n0}$ zu den Werten $(x_{10}, z_{10}), \ldots, (x_{n0}, z_{n0})$ bzw. $x_{10}, \ldots, x_{n0}$ gegeben sind.

3. In der Situation von Beispiel 20.C.7 gebe man ein Konfidenzintervall für den Erwartungswert $v = v(x) = a + bx$ zu gegebenem $x \in \mathbb{R}$ an. (Für $x = 0$ handelt es sich um den Parameter a. – Für welches x sind diese Konfidenzintervalle am günstigsten, d.h. am kleinsten bei fest vorgegebenem Niveau γ ?)

4. Sei W ein r-dimensionaler linearer Unterraum des n-dimensionalen reellen Vektorraums V und P_v, $v \in V$, die Familie der nicht-ausgearteten Normalverteilungen $N(v\,;\Phi^*)$ mit fester Kovarianzform Φ^*. Zu vorgegebener Irrtumswahrscheinlichkeit α wird durch

$$Q(p_U\,y) \geq \chi^{2,*}_{n-r,\alpha}$$

ein Ablehnungsbereich für die Hypothese H_0, dass v zu W gehört, definiert. Dabei ist $p_U := \mathrm{id}_V - p_W$ die orthogonale Projektion auf $U := W^\perp$ bzgl. der quadratischen Form Q, die die Normalverteilungen $N(v\,;\Phi^*)$ definiert. (Für diesen Test muss Q vollständig bekannt sein. – Man lehnt H_0 also ab, wenn das Ergebnis y zu weit von W entfernt ist.)

5. Man diskutiere analog zum Ende von Bemerkung 20.C.8 den Fall, dass das Tupel $y_0 = (y_{10}, \ldots, y_{n0}) \in \mathbb{R}^n$ das Ergebnis von n unabhängigen $N(ae^{bx_{i0}}; \sigma^2)$-verteilten reellen Zufallsgrößen ist, $i = 1, \ldots, n$, $n > 2$, $a \in \mathbb{R}^\times_+$ und $b \in \mathbb{R}$, wobei die fest vorgegebenen Werte $x_{10}, \ldots, x_{n0} \in \mathbb{R}$ nicht alle übereinstimmen. (Einfach-logarithmisches Papier, vgl. Bd. 2, Beispiel 13.B.8 (1).)

6. Seien $K : \Omega_1 \times \mathcal{A}_2 \to \overline{\mathbb{R}}_+$ ein σ-endlicher Kern von $(\Omega_1, \mathcal{A}_1)$ nach $(\Omega_2, \mathcal{A}_2)$, Q ein σ-endliches Maß auf $(\Omega_1, \mathcal{A}_1)$ und $f : \Omega_1 \times \Omega_2 \to \overline{\mathbb{R}}$ integrierbar bzgl. $Q \otimes K$. Dann gilt der Satz von Fubini in folgender Form:

$$\int\limits_{\Omega_1 \times \Omega_2} f(\omega_1, \omega_2)\, d(Q \otimes K) = \int\limits_{\Omega_1} \left(\int\limits_{\Omega_2} f(\omega_1, \omega_2)\, dK_{\omega_1} \right) dQ\,.$$

7. Man führe die Konstruktion der Räume $\left(\prod_{i \in \mathbb{N}^*} \Omega_i\,,\, \otimes_{i \in \mathbb{N}^*} \mathcal{A}_i\,,\, \otimes_{i \in \mathbb{N}^*} K_i \right)$ der unendlichen bedingten Ketten aus, die am Ende von Beispiel 20.C.3 angedeutet wird. Man orientiere sich dabei am Beweis von Satz 19.C.1.

Tafeln

Tafel 1: Laguerre-Polynome

Die Laguerre-Polynome $L_n(t)$, $n \in \mathbb{N}$, sind definiert durch

$$L_n(t) = \frac{(-1)^n}{n!}\, e^t\, \frac{d^n}{dt^n}(t^n e^{-t}) = (-1)^n \sum_{k=0}^{n}(-1)^k \binom{n}{k}\frac{t^k}{k!}\,,$$

vergleiche Beispiel 15.B.5. Sie sind rekursiv bestimmt durch

$$L_0 = 1\,,\quad L_1 = t - 1 \quad \text{und} \quad (n+1)\,L_{n+1} + (2n+1-t)\,L_n + n\,L_{n-1} = 0\,.$$

L_n genügt der Differenzialgleichung $t\ddot{y} + (1-t)\dot{y} + ny = 0$. Die ersten elf Laguerre-Polynome sind:

$$L_0(t) = 1\,,$$

$$L_1(t) = t - 1\,,$$

$$L_2(t) = \frac{1}{2}t^2 - 2t + 1\,,$$

$$L_3(t) = \frac{1}{6}t^3 - \frac{3}{2}t^2 + 3t - 1\,,$$

$$L_4(t) = \frac{1}{24}t^4 - \frac{2}{3}t^3 + 3t^2 - 4t + 1\,,$$

$$L_5(t) = \frac{1}{120}t^5 - \frac{5}{24}t^4 + \frac{5}{3}t^3 - 5t^2 + 5t - 1\,,$$

$$L_6(t) = \frac{1}{720}t^6 - \frac{1}{20}t^5 + \frac{5}{8}t^4 - \frac{10}{3}t^3 + \frac{15}{2}t^2 - 6t + 1\,,$$

$$L_7(t) = \frac{1}{5040}t^7 - \frac{7}{720}t^6 + \frac{7}{40}t^5 - \frac{35}{24}t^4 + \frac{35}{6}t^3 - \frac{21}{2}t^2 + 7t - 1\,,$$

$$L_8(t) = \frac{1}{40320}t^8 - \frac{1}{630}t^7 + \frac{7}{180}t^6 - \frac{7}{15}t^5 + \frac{35}{12}t^4 - \frac{28}{3}t^3 + 14t^2 - 8t + 1\,,$$

$$L_9(t) = \frac{1}{362880}t^9 - \frac{1}{4480}t^8 + \frac{1}{140}t^7 - \frac{7}{60}t^6 +$$
$$+ \frac{21}{20}t^5 - \frac{21}{4}t^4 + 14t^3 - 18t^2 + 9t - 1\,,$$

$$L_{10}(t) = \frac{1}{3628800}t^{10} - \frac{1}{36288}t^9 + \frac{1}{896}t^8 - \frac{1}{42}t^7 +$$
$$+ \frac{7}{24}t^6 - \frac{21}{10}t^5 + \frac{35}{4}t^4 - 20t^3 + \frac{45}{2}t^2 - 10t + 1\,.$$

Tafel 2: Hermite-Polynome

Die Hermite-Polynome $H_n(t)$, $n \in \mathbb{N}$, sind definiert durch $H_n(t) = c_n h_n(t)$ mit

$$h_n(t) = \frac{(-1)^n}{n!}\, e^{t^2}\, \frac{d^n}{dt^n} e^{-t^2} = \sum_{k=0}^{[n/2]} (-1)^k \frac{2^{n-2k}}{k!\,(n-2k)!}\, t^{n-2k}$$

und $c_n = \sqrt{n!/2^n \sqrt{\pi}}$, vergleiche Beispiel 15.B.9. Die h_n sind rekursiv bestimmt durch

$$h_0 = 1\,, \quad h_1 = 2t \quad \text{und} \quad (n+1)\, h_{n+1} - 2t\, h_n + 2 h_{n-1} = 0\,.$$

H_n genügt (wie h_n) der Differenzialgleichung $\ddot{y} - 2t\dot{y} + 2ny = 0$. Die ersten elf Hermite-Polynome sind:

$$H_0(t) = \frac{1}{\sqrt[4]{\pi}}\,,$$

$$H_1(t) = \frac{\sqrt{2}}{\sqrt[4]{\pi}}\, t\,,$$

$$H_2(t) = \frac{\sqrt{2}}{\sqrt[4]{\pi}}\left(t^2 - \frac{1}{2}\right),$$

$$H_3(t) = \frac{\sqrt{3}}{\sqrt[4]{\pi}}\left(\frac{2}{3}t^3 - t\right),$$

$$H_4(t) = \frac{\sqrt{6}}{\sqrt[4]{\pi}}\left(\frac{1}{3}t^4 - t^2 + \frac{1}{4}\right),$$

$$H_5(t) = \frac{\sqrt{15}}{\sqrt[4]{\pi}}\left(\frac{2}{15}t^5 - \frac{2}{3}t^3 + \frac{1}{2}t\right),$$

$$H_6(t) = \frac{\sqrt{5}}{\sqrt[4]{\pi}}\left(\frac{2}{15}t^6 - t^4 + \frac{3}{2}t^2 - \frac{1}{4}\right),$$

$$H_7(t) = \frac{\sqrt{70}}{\sqrt[4]{\pi}}\left(\frac{2}{105}t^7 - \frac{1}{5}t^5 + \frac{1}{2}t^3 - \frac{1}{4}t\right),$$

$$H_8(t) = \frac{\sqrt{70}}{\sqrt[4]{\pi}}\left(\frac{1}{105}t^8 - \frac{2}{15}t^6 + \frac{1}{2}t^4 - \frac{1}{2}t^2 + \frac{1}{16}\right),$$

$$H_9(t) = \frac{\sqrt{35}}{\sqrt[4]{\pi}}\left(\frac{2}{315}t^9 - \frac{4}{35}t^7 + \frac{3}{5}t^5 - t^3 + \frac{3}{24}t\right),$$

$$H_{10}(t) = \frac{\sqrt{7}}{\sqrt[4]{\pi}}\left(\frac{2}{315}t^{10} - \frac{1}{7}t^8 + t^6 - \frac{5}{2}t^4 + \frac{15}{8}t^2 - \frac{3}{16}\right).$$

Tabellen der Tschebyschew-Polynome erster und zweiter Art sowie der Bernoulli-Polynome sind bereits in Band 1 angegeben. Tabellen der Legendre-Polynome erster Art und der Legendreschen Funktionen zweiter Art finden sich in Band 2.

Tafel 3: Standard-Normalverteilung

Die Tabelle enthält die Werte

$$\Phi(x) - \frac{1}{2} = \frac{1}{\sqrt{2\pi}} \int\limits_0^x e^{-t^2/2}\, dt$$

mit der Verteilungsfunktion Φ der Standardnormalverteilung, vergleiche Beispiel 19.B.3.

	0	1	2	3	4	5	6	7	8	9
0,0	,0000	,0040	,0080	,0120	,0160	,0199	,0239	,0279	,0319	,0359
0,1	,0398	,0438	,0478	,0517	,0557	,0596	,0636	,0675	,0714	,0753
0,2	,0793	,0832	,0871	,0910	,0948	,0987	,1026	,1064	,1103	,1141
0,3	,1179	,1217	,1255	,1293	,1331	,1368	,1406	,1443	,1480	,1517
0,4	,1554	,1591	,1628	,1664	,1700	,1736	,1772	,1808	,1844	,1879
0,5	,1915	,1950	,1985	,2019	,2054	,2088	,2123	,2157	,2190	,2224
0,6	,2257	,2291	,2324	,2357	,2389	,2422	,2454	,2486	,2517	,2549
0,7	,2580	,2611	,2642	,2673	,2704	,2734	,2764	,2794	,2823	,2852
0,8	,2881	,2910	,2939	,2967	,2995	,3023	,3051	,3078	,3106	,3133
0,9	,3159	,3186	,3212	,3238	,3264	,3289	,3315	,3340	,3365	,3389
1,0	,3413	,3438	,3461	,3485	,3508	,3531	,3554	,3577	,3599	,3621
1,1	,3643	,3665	,3686	,3708	,3729	,3749	,3770	,3790	,3810	,3830
1,2	,3849	,3869	,3888	,3907	,3925	,3944	,3962	,3980	,3997	,4015
1,3	,4032	,4049	,4066	,4082	,4099	,4115	,4131	,4147	,4162	,4177
1,4	,4192	,4207	,4222	,4236	,4251	,4265	,4279	,4292	,4306	,4319
1,5	,4332	,4345	,4357	,4370	,4382	,4394	,4406	,4418	,4429	,4441
1,6	,4452	,4463	,4474	,4484	,4495	,4505	,4515	,4525	,4535	,4545
1,7	,4554	,4564	,4573	,4582	,4591	,4599	,4608	,4616	,4625	,4633
1,8	,4641	,4649	,4656	,4664	,4671	,4678	,4686	,4693	,4699	,4706
1,9	,4713	,4719	,4726	,4732	,4738	,4744	,4750	,4756	,4761	,4767
2,0	,4772	,4778	,4783	,4788	,4793	,4798	,4803	,4808	,4812	,4817
2,1	,4821	,4826	,4830	,4834	,4838	,4842	,4846	,4850	,4854	,4857
2,2	,4861	,4864	,4868	,4871	,4875	,4878	,4881	,4884	,4887	,4890
2,3	,4893	,4896	,4898	,4901	,4904	,4906	,4909	,4911	,4913	,4916
2,4	,4918	,4920	,4922	,4925	,4927	,4929	,4931	,4932	,4934	,4936
2,5	,4938	,4940	,4941	,4943	,4945	,4946	,4948	,4949	,4951	,4952
2,6	,4953	,4955	,4956	,4957	,4959	,4960	,4961	,4962	,4963	,4964
2,7	,4965	,4966	,4967	,4968	,4969	,4970	,4971	,4972	,4973	,4974
2,8	,4974	,4975	,4976	,4977	,4977	,4978	,4979	,4979	,4980	,4981
2,9	,4981	,4982	,4982	,4983	,4984	,4984	,4985	,4985	,4986	,4986
3,0	,4987	,4987	,4987	,4988	,4988	,4989	,4989	,4989	,4990	,4990

Tafel 4: Quantile der T–Verteilungen

Die Tabelle enthält die durch

$$\int_{t^*_{m,\alpha}}^{\infty} \mathrm{t}_m(t)\, dt = \alpha$$

definierten Quantile $t^*_{m,\alpha}$ der T-Verteilungen mit m Freiheitsgraden, vgl. Beispiel 20.A.10.

m \ α	0,40	0,30	0,20	0,10	0,05	0,025	0,01	0,005
1	0,325	0,727	1,376	3,078	6,314	12,706	31,821	63,657
2	0,289	0,617	1,061	1,886	2,920	4,303	6,965	9,925
3	0,277	0,584	0,978	1,638	2,353	3,182	4,541	5,841
4	0,271	0,569	0,941	1,533	2,132	2,776	3,747	4,604
5	0,267	0,559	0,920	1,476	2,015	2,517	3,365	4,032
6	0,265	0,553	0,906	1,440	1,943	2,447	3,143	3,707
7	0,263	0,549	0,896	1,415	1,895	2,365	2,998	3,499
8	0,262	0,546	0,889	1,397	1,860	2,306	2,896	3,355
9	0,261	0,543	0,883	1,383	1,833	2,262	2,821	3,250
10	0,260	0,542	0,879	1,372	1,812	2,228	2,764	3,169
11	0,260	0,540	0,876	1,363	1,796	2,201	2,718	3,106
12	0,259	0,539	0,873	1,356	1,782	2,179	2,681	3,055
13	0,259	0,538	0,870	1,350	1,771	2,160	2,650	3,012
14	0,258	0,537	0,868	1,345	1,761	2,145	2,624	2,977
15	0,258	0,536	0,866	1,341	1,753	2,131	2,602	2,947
16	0,258	0,535	0,865	1,337	1,746	2,120	2,583	2,921
17	0,257	0,534	0,863	1,333	1,740	2,110	2,567	2,898
18	0,257	0,534	0,862	1,330	1,734	2,101	2,552	2,878
19	0,257	0,533	0,861	1,328	1,729	2,093	2,539	2,861
20	0,257	0,533	0,860	1,325	1,725	2,086	2,528	2,845
21	0,257	0,532	0,859	1,323	1,721	2,080	2,518	2,831
22	0,256	0,532	0,858	1,321	1,717	2,074	2,508	2,819
23	0,256	0,532	0,858	1,319	1,714	2,069	2,500	2,807
24	0,256	0,531	0,857	1,318	1,711	2,064	2,492	2,797
25	0,256	0,531	0,856	1,316	1,708	2,060	2,485	2,787
26	0,256	0,531	0,856	1,315	1,706	2,056	2,479	2,779
27	0,256	0,531	0,855	1,314	1,703	2,052	2,473	2,771
28	0,256	0,530	0,855	1,313	1,701	2,048	2,467	2,763
29	0,256	0,530	0,854	1,311	1,699	2,045	2,462	2,756
30	0,256	0,530	0,854	1,310	1,697	2,042	2,457	2,750
40	0,255	0,529	0,851	1,303	1,684	2,021	2,423	2,704
60	0,254	0,527	0,848	1,296	1,671	2,000	2,390	2,660
120	0,254	0,526	0,845	1,289	1,658	1,980	2,358	2,617
∞	0,253	0,524	0,842	1,282	1,645	1,960	2,326	2,576

Tafel 5: Quantile der Chi-Quadrat-Verteilungen

Die Tabellen enthalten die durch

$$\int_{\chi^{2,*}_{m;\alpha}}^{\infty} \chi_m^2(t)\, dt = \alpha$$

definierten Quantile $\chi^{2,*}_{m,\alpha}$ der Chi-Quadrat-Verteilungen mit m Freiheitsgraden, vergleiche die Beispiele 20.A.4 und 20.A.5.

m \ α	,995	,99	,975	,95
1	,0000393	,000157	,000982	,00393
2	,0100	,0201	,0506	,103
3	,0717	,155	,216	,352
4	,207	,297	,484	,711
5	,412	,554	,831	1,145
6	,676	,872	1,237	1,635
7	,989	1,239	1,690	2,167
8	1,344	1,646	2,180	2,733
9	1,735	2,088	2,700	3,325
10	2,156	2,558	3,247	3,940
11	2,603	3,053	3,816	4,575
12	3,074	3,571	4,404	5,226
13	3,565	4,107	5,009	5,892
14	4,075	4,660	5,629	6,571
15	4,601	5,229	6,262	7,261
16	5,142	5,812	6,908	7,962
17	5,697	6,408	7,564	8,672
18	6,265	7,015	8,231	9,390
19	6,844	7,633	8,907	10,117
20	7,434	8,260	9,591	10,851
21	8,034	8,897	10,283	11,591
22	8,643	9,542	10,982	12,338
23	9,260	10,196	11,689	13,091
24	9,886	10,856	12,401	13,848
25	10,520	11,524	13,120	14,611
26	11,160	12,198	13,844	15,379
27	11,808	12,879	14,573	16,151
28	12,461	13,565	15,308	16,928
29	13,121	14,256	16,047	17,708
30	13,787	14,953	16,791	18,493

m \ α	,05	,025	,01	,005
1	3,841	5,024	6,635	7,879
2	5,991	7,378	9,210	10,597
3	7,815	9,348	11,345	12,838
4	9,488	11,143	13,277	14,860
5	11,070	12,832	15,086	16,750
6	12,592	14,449	16,812	18,548
7	14,067	16,013	18,475	20,278
8	15,507	17,535	20,090	21,955
9	16,919	19,023	21,666	23,589
10	18,307	20,483	23,209	25,188
11	19,675	21,920	24,725	26,757
12	21,026	23,337	26,217	28,300
13	22,362	24,736	27,688	29,819
14	23,685	26,119	29,141	31,319
15	24,996	27,488	30,578	32,801
16	26,296	28,845	32,000	34,267
17	27,587	30,191	33,409	35,718
18	28,869	31,526	34,805	37,156
19	30,144	32,852	36,191	38,582
20	31,410	34,170	37,566	39,997
21	32,671	35,479	38,932	41,401
22	33,924	36,781	40,289	42,796
23	35,172	38,076	41,638	44,181
24	36,415	39,364	42,980	45,558
25	37,652	40,646	44,314	46,928
26	38,885	41,923	45,642	48,290
27	40,113	43,194	46,963	49,645
28	41,337	44,461	48,278	50,993
29	42,557	45,722	49,588	52,336
30	43,773	46,979	50,892	53,972

Tafel 6: Quantile der F-Verteilungen

Die beiden Tabellen enthalten die durch

$$\int_{f_{(n,m),\alpha}^{*}}^{\infty} f_{(n,m)}(t)\, dt = \alpha := 0{,}05$$

definierten Quantile $f_{(n,m),\alpha}^{*}$ der F-Verteilungen mit (n, m) Freiheitsgraden, $n = $ Zählerfreiheitsgrade, $m = $ Nennerfreiheitsgrade, vergleiche Beispiel 20.B.4.

m \ n	1	2	3	4	5	6	7	8	9	10
1	161	200	216	225	230	234	237	239	241	242
2	18,5	19,0	19,2	19,2	19,3	19,3	19,4	19,4	19,4	19,4
3	10,1	9,55	9,28	9,12	9,01	8,94	8,89	8,85	8,81	8,79
4	7,71	6,94	6,59	6,39	6,26	6,16	6,09	6,04	6,00	5,96
5	6,61	5,79	5,41	5,19	5,05	4,95	4,88	4,82	4,77	4,74
6	5,99	5,14	4,76	4,53	4,39	4,28	4,21	4,15	4,10	4,06
7	5,59	4,74	4,35	4,12	3,97	3,87	3,79	3,73	3,68	3,64
8	5,32	4,46	4,07	3,84	3,69	3,58	3,50	3,44	3,39	3,35
9	5,12	4,26	3,86	3,63	3,48	3,37	3,29	3,23	3,18	3,14
10	4,96	4,10	3,71	3,48	3,33	3,22	3,14	3,07	3,02	2,98
11	4,84	3,98	3,59	3,36	3,20	3,09	3,01	2,95	2,90	2,85
12	4,75	3,89	3,49	3,26	3,11	3,00	2,91	2,85	2,80	2,75
13	4,67	3,81	3,41	3,18	3,03	2,92	2,83	2,77	2,71	2,67
14	4,60	3,74	3,34	3,11	2,96	2,85	2,76	2,70	2,65	2,60
15	4,54	3,68	3,29	3,06	2,90	2,79	2,71	2,64	2,59	2,54
16	4,49	3,63	3,24	3,01	2,85	2,74	2,66	2,59	2,54	2,49
17	4,45	3,59	3,20	2,96	2,81	2,70	2,61	2,55	2,49	2,45
18	4,41	3,55	3,16	2,93	2,77	2,66	2,58	2,51	2,46	2,41
19	4,38	3,52	3,13	2,90	2,74	2,63	2,54	2,48	2,42	2,38
20	4,35	3,49	3,10	2,87	2,71	2,60	2,51	2,45	2,39	2,35
21	4,32	3,47	3,07	2,84	2,68	2,57	2,49	2,42	2,37	2,32
22	4,30	3,44	3,05	2,82	2,66	2,55	2,46	2,40	2,34	2,30
23	4,28	3,42	3,03	2,80	2,64	2,53	2,44	2,37	2,32	2,27
24	4,26	3,40	3,01	2,78	2,62	2,51	2,42	2,36	2,30	2,25
25	4,24	3,39	2,99	2,76	2,60	2,49	2,40	2,34	2,28	2,24
30	4,17	3,32	2,92	2,69	2,53	2,42	2,33	2,27	2,21	2,16
40	4,08	3,23	2,84	2,61	2,45	2,34	2,25	2,18	2,12	2,08
60	4,00	3,15	2,76	2,53	2,37	2,25	2,17	2,10	2,04	1,99
120	3,92	3,07	2,68	2,45	2,29	2,18	2,09	2,02	1,96	1,91
∞	3,84	3,00	2,60	2,37	2,21	2,10	2,01	1,94	1,88	1,83

$$\alpha = 0,05$$

m \ n	12	15	20	24	30	40	60	120	∞
1	244	246	248	249	250	251	252	253	254
2	19,4	19,4	19,4	19,5	19,5	19,5	19,5	19,5	19,5
3	8,74	8,70	8,66	8,64	8,62	8,59	8,57	8,55	8,53
4	5,91	5,86	5,80	5,77	5,75	5,72	5,69	5,66	5,63
5	4,68	4,62	4,56	4,53	4,50	4,46	4,43	4,40	4,37
6	4,00	3,94	3,87	3,84	3,81	3,77	3,74	3,70	3,67
7	3,57	3,51	3,44	3,41	3,38	3,34	3,30	3,27	3,23
8	3,28	3,22	3,15	3,12	3,08	3,04	3,01	2,97	2,93
9	3,07	3,01	2,94	2,90	2,86	2,83	2,79	2,75	2,71
10	2,91	2,85	2,77	2,74	2,70	2,66	2,62	2,58	2,54
11	2,79	2,72	2,65	2,61	2,57	2,53	2,49	2,45	2,40
12	2,69	2,62	2,54	2,51	2,47	2,43	2,38	2,34	2,30
13	2,60	2,53	2,46	2,42	2,38	2,34	2,30	2,25	2,21
14	2,53	2,46	2,39	2,35	2,31	2,27	2,22	2,18	2,13
15	2,48	2,40	2,33	2,29	2,25	2,20	2,16	2,11	2,07
16	2,42	2,35	2,28	2,24	2,19	2,15	2,11	2,06	2,01
17	2,38	2,31	2,23	2,19	2,15	2,10	2,06	2,01	1,96
18	2,34	2,27	2,19	2,15	2,11	2,06	2,02	1,97	1,92
19	2,31	2,23	2,16	2,11	2,07	2,03	1,98	1,93	1,88
20	2,28	2,20	2,12	2,08	2,04	1,99	1,95	1,90	1,84
21	2,25	2,18	2,10	2,05	2,01	1,96	1,92	1,87	1,81
22	2,23	2,15	2,07	2,03	1,98	1,94	1,89	1,84	1,78
23	2,20	2,13	2,05	2,01	1,96	1,91	1,86	1,81	1,76
24	2,18	2,11	2,03	1,98	1,94	1,89	1,84	1,79	1,73
25	2,16	2,09	2,01	1,96	1,92	1,87	1,82	1,77	1,71
30	2,09	2,01	1,93	1,89	1,84	1,79	1,74	1,68	1,62
40	2,00	1,92	1,84	1,79	1,74	1,69	1,64	1,58	1,51
60	1,92	1,84	1,75	1,70	1,65	1,59	1,53	1,47	1,39
120	1,83	1,75	1,66	1,61	1,55	1,50	1,43	1,35	1,25
∞	1,75	1,67	1,57	1,52	1,46	1,39	1,32	1,22	1,00

Tafel 7: Quantile der F-Verteilungen

Die beiden Tabellen enthalten die durch

$$\int\limits_{f^*_{(n,m),\alpha}}^{\infty} f_{(n,m)}(t)\,dt = \alpha := 0{,}01$$

definierten Quantile $f^*_{(n,m),\alpha}$ der F–Verteilungen mit (n, m) Freiheitsgraden, $n = $ Zählerfreiheitsgrade, $m = $ Nennerfreiheitsgrade, vergleiche Beispiel 20.B.4.

$m \backslash n$	1	2	3	4	5	6	7	8	9	10
1	4052	5000	5403	5625	5764	5859	5928	5982	6023	6056
2	98,5	99,0	99,2	99,2	99,3	99,3	99,4	99,4	99,4	99,4
3	34,1	30,8	29,5	28,7	28,2	27,9	27,7	27,5	27,3	27,2
4	21,2	18,0	16,7	16,0	15,5	15,2	15,0	14,8	14,7	14,5
5	16,3	13,3	12,1	11,4	11,0	10,7	10,5	10,3	10,2	10,1
6	13,7	10,9	9,78	9,15	8,75	8,47	8,26	8,10	7,98	7,87
7	12,2	9,55	8,45	7,85	7,46	7,19	6,99	6,84	6,72	6,62
8	11,3	8,65	7,59	7,01	6,63	6,37	6,18	6,03	5,91	5,81
9	10,6	8,02	6,99	6,42	6,06	5,80	5,61	5,47	5,35	5,26
10	10,0	7,56	6,55	5,99	5,64	5,39	5,20	5,06	4,94	4,85
11	9,65	7,21	6,22	5,67	5,32	5,07	4,89	4,74	4,63	4,54
12	9,33	6,93	5,95	5,41	5,06	4,82	4,64	4,50	4,39	4,30
13	9,07	6,70	5,74	5,21	4,86	4,62	4,44	4,30	4,19	4,10
14	8,86	6,51	5,56	5,04	4,70	4,46	4,28	4,14	4,03	3,94
15	8,68	6,36	5,42	4,89	4,56	4,32	4,14	4,00	3,89	3,80
16	8,53	6,23	5,29	4,77	4,44	4,20	4,03	3,89	3,78	3,69
17	8,40	6,11	5,19	4,67	4,34	4,10	3,93	3,79	3,68	3,59
18	8,29	6,01	5,09	4,58	4,25	4,01	3,84	3,71	3,60	3,51
19	8,19	5,93	5,01	4,50	4,17	3,94	3,77	3,63	3,52	3,43
20	8,10	5,85	4,94	4,43	4,10	3,87	3,70	3,56	3,46	3,37
21	8,02	5,78	4,87	4,37	4,04	3,81	3,64	3,51	3,40	3,31
22	7,95	5,72	4,82	4,31	3,99	3,76	3,59	3,45	3,35	3,26
23	7,88	5,66	4,76	4,26	3,94	3,71	3,54	3,41	3,30	3,21
24	7,82	5,61	4,72	4,22	3,90	3,67	3,50	3,36	3,26	3,17
25	7,77	5,57	4,68	4,18	3,86	3,63	3,46	3,32	3,22	3,13
30	7,56	5,39	4,51	4,02	3,70	3,47	3,30	3,17	3,07	2,98
40	7,31	5,18	4,31	3,83	3,51	3,29	3,12	2,99	2,89	2,80
60	7,08	4,98	4,13	3,65	3,34	3,12	2,95	2,82	2,72	2,63
120	6,85	4,79	3,95	3,48	3,17	2,96	2,79	2,66	2,56	2,47
∞	6,63	4,61	3,78	3,32	3,02	2,80	2,64	2,51	2,41	2,32

$$\alpha = 0{,}01$$

m \ n	12	15	20	24	30	40	60	120	∞
1	6106	6157	6209	6235	6261	6287	6313	6339	6366
2	99,4	99,4	99,4	99,5	99,5	99,5	99,5	99,5	99,5
3	27,1	26,9	26,7	26,6	26,5	26,4	26,3	26,2	26,1
4	14,4	14,2	14,0	13,9	13,8	13,7	13,7	13,6	13,5
5	9,89	9,72	9,55	9,47	9,38	9,29	9,20	9,11	9,02
6	7,72	7,56	7,40	7,31	7,23	7,14	7,06	6,97	6,88
7	6,47	6,31	6,16	6,07	5,99	5,91	5,82	5,74	5,65
8	5,67	5,52	5,36	5,28	5,20	5,12	5,03	4,95	4,86
9	5,11	4,96	4,81	4,73	4,65	4,57	4,48	4,40	4,31
10	4,71	4,56	4,41	4,33	4,25	4,17	4,08	4,00	3,91
11	4,40	4,25	4,10	4,02	3,94	3,86	3,78	3,69	3,60
12	4,16	4,01	3,86	3,78	3,70	3,62	3,54	3,45	3,36
13	3,96	3,82	3,66	3,59	3,51	3,43	3,34	3,25	3,17
14	3,80	3,66	3,51	3,43	3,35	3,27	3,18	3,09	3,00
15	3,67	3,52	3,37	3,29	3,21	3,13	3,05	2,96	2,87
16	3,55	3,41	3,26	3,18	3,10	3,02	2,93	2,84	2,75
17	3,46	3,31	3,16	3,08	3,00	2,92	2,83	2,75	2,65
18	3,37	3,23	3,08	3,00	2,92	2,84	2,75	2,66	2,57
19	3,30	3,15	3,00	2,92	2,84	2,76	2,67	2,58	2,49
20	3,23	3,09	2,94	2,86	2,78	2,69	2,61	2,52	2,42
21	3,17	3,03	2,88	2,80	2,72	2,64	2,55	2,46	2,36
22	3,12	2,98	2,83	2,75	2,67	2,58	2,50	2,40	2,31
23	3,07	2,93	2,78	2,70	2,62	2,54	2,45	2,35	2,26
24	3,03	2,89	2,74	2,66	2,58	2,49	2,40	2,31	2,21
25	2,99	2,85	2,70	2,62	2,53	2,45	2,36	2,27	2,17
30	2,84	2,70	2,55	2,47	2,39	2,30	2,21	2,11	2,01
40	2,66	2,52	2,37	2,29	2,20	2,11	2,02	1,92	1,80
60	2,50	2,35	2,20	2,12	2,03	1,94	1,84	1,73	1,60
120	2,34	2,19	2,03	1,95	1,86	1,76	1,66	1,53	1,38
∞	2,18	2,04	1,88	1,79	1,70	1,59	1,47	1,32	1,00

Literaturverzeichnis

Das folgende Literaturverzeichnis soll in keiner Weise umfassend sein; es kommt uns vielmehr darauf an, exemplarisch Werke zu nennen, die als Lektüre im Anschluß an das vorliegende Buch geeignet sind. Der Leser sollte auch die in den zitierten Büchern gemachten Literaturhinweise beachten.

Wir beginnen mit einigen Lehrbüchern der Topologie:

[1] Bourbaki, N.: General Topology, Part 1, Part 2. Paris 1966

[2] Munkres, J. R.: Topology, a first course. Englewood Cliffs (N.J.) 1975

[3] von Querenburg, B.: Mengentheoretische Topologie. Berlin-Heidelberg-New York ^{2}1979

[4] Schubert, H.: Topologie. Stuttgart ^{4}1975

[5] Seifert, H.; Threlfall, W.: Lehrbuch der Topologie. Leipzig-Berlin 1934 (Reprint: New York ^{2}1980; engl. Ausgabe: New York 1980)

[6] Stöcker, R.; Zieschang, H.: Algebraische Topologie. Stuttgart 1988

Für die mengentheoretische Topologie (mit Einschluß der Fundamentalgruppen) ist [2] sehr empfehlenswert; Bourbaki ([1]) ist – wie zu erwarten – zuverlässig und umfassend. [5] ist eine der ersten und noch immer lesenswerten Darstellungen der algebraischen Topologie; moderner (ohne interessante Beispiele zu vernachlässigen) ist [6].

Zur Differenzial- und Integralrechnung in mehreren Veränderlichen nennen wir (entsprechende Angaben aus Band 1 fortsetzend) folgende Standard-Lehrbücher:

[7] Barner, M.; Flohr, F.: Analysis II. Berlin ^{2}1989

[8] Blatter, C.: Analysis II, III. Berlin-Heidelberg-New York ^{3}1992, ^{2}1981.

[9] Bröcker, T.: Analysis in mehreren Veränderlichen. Stuttgart 1980

[10] Forster, O.: Analysis 2, 3. Braunschweig ^{5}1989, 1981

[11] Grauert, H.; Fischer, W.: Differential- und Integralrechnung II. Berlin-Heidelberg-New York 1968.

[12] Grauert, H.; Lieb, I.: Differential- und Integralrechnung III. Berlin-Heidelberg-New York 1968.

[13] Heuser, H.: Lehrbuch der Analysis, Teil 2. Stuttgart ^{6}1991

[14] von Mangoldt, W.; Knopp, K.: Einführung in die höhere Mathematik 2, 3, 4 (von F. Lösch). Stuttgart [16]1990, [15]1990, [4]1990

[15] Reiffen, H.-J.; Trapp, H. W.: Einführung in die Analysis II, III. Mannheim 1973.

[16] Reiffen, H.-J.; Trapp, H. W.: Differentialrechnung. Mannheim 1989

[17] Strubecker, K.: Einführung in die höhere Mathematik, Band IV. München 1984

[18] Walter, W.: Analysis II. Berlin-Heidelberg-New York [3]1992

Der vierte Band des klassischen Lehrbuchs [14] ist neueren Themen, u.a. der Lebesgueschen Integrationstheorie gewidmet; [17] enthält umfangreiches Beispielmaterial. Die Bücher

[19] Dieudonné, J.: Grundzüge der modernen Analysis, Band 1, 2. Braunschweig [5]1989, 1981

bewegen sich von Anfang an auf einem höheren Niveau (und werden durch sieben weitere Teile ergänzt). Aus dem angelsächsischen Bereich zitieren wir nur:

[20] Bamberg, P.; Sternberg, S.: A course in mathematics for students of physics 1, 2. Paperback edition: Cambridge 1991, 1992

[21] Marsden, J.; Tromba, E.: Vector calculus. New York 1988

Die Kurventheorie aus § 4 wird in

[22] Spallek, K.: Kurven und Karten. Mannheim [2]1994

durch zahlreiche Beispiele ergänzt. Gleichzeitig ist das Buch als elementare Einführung in die Differenzialgeometrie geeignet.

Zur (komplexen) Funktionentheorie einer Veränderlichen in Abschnitt 7.F und 7.G nennen wir hier bereits

[23] Conway, J. B.: Functions of one complex variable. New York-Berlin-Heidelberg [2]1978

[24] Fischer, W.; Lieb, I.: Funktionentheorie. Braunschweig 1980

[25] Remmert, R.: Funktionentheorie 1, 2. Berlin-Heidelberg-New York [3]1992, 1991

und verweisen im übrigen auf Band 4. [25] geht in vielen Einzelheiten über das sonst Übliche hinaus und enthält zahlreiche historische Bemerkungen, auch zur Analysis generell.

Eine Auswahl von Büchern über gewöhnliche Differenzialgleichungen und dynamische Systeme ist:

[26] Amann, H.: Gewöhnliche Differentialgleichungen. Berlin 1983

[27] Arnold, V. I.: Gewöhnliche Differentialgleichungen. Berlin [2]1991

[28] Arnold, V. I.: Geometrische Methoden in der Theorie der gewöhnlichen Differentialgleichungen. Berlin 1987

[29] Grigorieff, R. D.: Numerik gewöhnlicher Differentialgleichungen, Band 1, 2 (unter Mitwirkung von H. J. Pfeiffer). Stuttgart 1972, 1977

[30] Heuser, H.: Gewöhnliche Differentialgleichungen. Stuttgart ^{2}1991

[31] Perko, L.: Differential equations and dynamical systems. New York-Berlin-Heidelberg 1991

[32] Walter, W.: Gewöhnliche Differentialgleichungen. Berlin-Heidelberg-New York ^{4}1990

Vor allem [26], [28] und [31] betonen auch geometrische Aspekte der Theorie.

Zur Maß- und Integrationstheorie nennen wir (über die oben angegebenen Bücher zur Analysis mehrerer Veränderlicher hinaus):

[33] Bauer, H.: Maß- und Integrationstheorie. Berlin ^{2}1992

[34] Günzler, H.: Integration. Mannheim 1985

[35] Rao, M. M.: Measure theory and integration. New York 1987

[36] Royden, H. L.: Real analysis. New York ^{2}1968

[33] ist zusammen mit dem unten angegebenen Buch [45] über Wahrscheinlichkeitstheorie entstanden und bringt eine sorgfältige Einführung in die Theorie. Eine umfangreichere und auch vollständigere Darstellung liefert [35].

Speziell zu Fourier- und Laplace-Transformation erwähnen wir:

[37] Bracewell, R. N.: The Fourier transform and its applications. New York ^{2}1986

[38] Brychkow, Yu. A. et al.: Multidimensional integral transformations. Amsterdam 1992

[39] Davies, B.: Integral transforms and their applications. New York 1978

[40] Doetsch, G.: Einführung in Theorie und Anwendung der Laplace-Transformation. Basel 1958

[41] Spiegel, M.: Fourier-Analysis. London 1976, Schaum's Überblicke

[42] Spiegel, M.: Laplace-Transformationen. London 1977, Schaum's Überblicke

[43] Titchmarsh, E. C.: Introduction to the theory of Fourier integrals. Oxford ^{2}1948

Bei [41] und [42] haben wir es im Wesentlichen mit Aufgabensammlungen zu tun. [40] und [43] sind klassische Monographien zu den angesprochenen Themen.

Literatur zur Stochastik:

[44] Bandelow, Ch.: Einführung in die Wahrscheinlichkeitsrechnung. Mannheim ^{2}1989.

[45] Bauer, H.: Wahrscheinlichkeitstheorie. Berlin ^{4}1991

[46] Feller, W.: An introduction to probability theory and its applications, Vol. II. New York ^{2}1971

[47] Fisz, M.: Wahrscheinlichkeitstheorie und mathematische Statistik. Berlin ^{9}1978

[48] Hartung, J. et al.: Statistik. München ^{8}1991

[49] Kreyszig, E.: Statistische Methoden und ihre Anwendungen. Göttingen ^{7}1991.

[50] Morgenstern, D.: Einführung in die Wahrscheinlichkeitstheorie und mathematische Statistik. Berlin-Göttingen-Heidelberg 1964.

[51] Strasser, H.: Mathematical theory of statistics. Berlin 1985

[52] Witting, H.: Mathematische Statistik I. Stuttgart 1985

[45] ist in der Darstellung der Theorie sehr zuverlässig; eine gute Ergänzung dazu bildet [46] durch viele Anwendungen und Beispiele. [47] und [52] beschreiben auch den theoretischen Hintergrund der statistischen Methoden, während [48] und [49] vor allem für die statistische Praxis wertvoll sind. Der Vorlesung [50] sind wir durch unsere eigene Ausbildung verpflichtet. Sie verzichtet auf eine breite begriffliche Fundierung, ist aber bei entsprechenden Vorkenntnissen immer noch eine anregende Lektüre.

Für die Physik haben wir uns u.a. an

[53] Budó, A.: Theoretische Mechanik. Berlin ^{10}1980

[54] Landau, L. D.; Lifschitz, E. M.: Lehrbuch der Theoretischen Physik, Bd. 1 (Mechanik). Berlin ^{11}1984

orientiert. Als generelle Referenz zur Algebra (soweit sie über den Rahmen unseres zweiten Bandes hinausgeht) sei genannt:

[55] Scheja, G.; Storch, U.: Lehrbuch der Algebra, Teil 1, 2. Stuttgart ^{2}1994, 1988

Ergänzend erwähnen wir noch die folgenden neueren Analysisbücher:

[56] Amann, H.; Escher, J.: Analysis II, III. Basel ^{2}2006, ^{2}2008

[57] Hildebrandt, S.: Analysis 2. Berlin-Heidelberg-New York 2003

[58] Königsberger, K.: Analysis 2. Berlin-Heidelberg-New York ^{6}2004

Symbolverzeichnis

$\mathrm{B}(x\,;r)$, $\overline{\mathrm{B}}(x\,;r)$, $\mathrm{S}(x\,;r)$	2
$\lim_{n\to\infty} x_n$; $\lim_{x\to a} f(x)$	4, 10; 17
$\overset{\circ}{M}$, $\overline{M}$, $\partial M = \mathrm{Rd}\,M$	9
$\overleftrightarrow{\gamma}$	26
$\triangle_n(X)$; $X^{(n)}$	43; 246
$\mathrm{P}(V)$; $\mathbb{P}^n(\mathbb{K})$	37; 38
$\mathrm{G}_k(V)$	39
$\mathrm{G}_{\mathbb{K}}(k\,,m)$; $\mathrm{G}^{\mathrm{or}}_{\mathbb{R}}(k\,,m)$	40; 244
$\mathrm{R}_k(V)$; $\mathrm{St}_k(V)$	39; 40
$\mathrm{C}(X,Y)$, $\mathrm{C}_{\mathbb{K}}(X) = \mathrm{C}(X,\mathbb{K})$	55
$\mathrm{C}_{\mathrm{b}}(\mathbb{R}^n)$, $\mathrm{C}_0(\mathbb{R}^n)$, $\mathrm{C}_{\mathrm{c}}(\mathbb{R}^n)$	608
$\mathrm{C}^k(G\,,W)$; $\mathrm{C}^k_{\mathbb{K}}(G)$	120, 150; 121, 150
$\mathrm{S}_{\mathbb{K}}(\mathbb{R}^n)$	599
$\mathcal{O}(G) = \mathrm{H}(G)$	262, 265
$f' = \dot{f} = df/dt$	65
$\mathrm{D}_v f$; $\mathrm{D}_{V'} f$; $\mathrm{D}^m_{\mathfrak{v}}$	117; 130; 136
$\partial f/\partial x_i = \partial_{x_i} f = \partial_i f = \mathrm{D}_i f$	118
$\mathrm{D}f(x_0) = \mathrm{D}f(x_0\,;-) = (\mathrm{D}f)_{x_0}$	
$= (df)_{x_0} = (df)(x_0)$	123f
$\mathfrak{J}^{\mathfrak{v}}_{\mathfrak{w}}(f\,;x_0) = \mathfrak{J}(f\,;x_0)$, $\mathrm{J}(f\,;x_0)$	126f
$\partial(f_1,\ldots,f_m)/\partial(x_1,\ldots,x_n)$	127
$\overline{\partial} f$; $\partial f/\partial z_j$, $\partial f/\partial \overline{z}_j$	131; 132
$\mathrm{Hess}_{x_0} f$, $\mathfrak{Hess}^{\mathfrak{v}}_{x_0} f$	137
$\mathrm{div}\, f$	127, 332
Δf	140
$\mathrm{def}\, f$	333
$\mathrm{grad}\, f = \nabla f$, $\mathrm{grad}\,\omega$	127, 288
$\omega - \mathrm{grad}\,\eta$	373
$\lfloor F$, $\lfloor \omega$	342
$\mathrm{D}_L F$, $\mathrm{circ}\, L$	287
$\mathrm{curl}\, L$, $\mathrm{rot}\, L$	291
$W[\![X_1,\ldots,X_n]\!]$	148
$W\langle\!\langle X_1,\ldots,X_n\rangle\!\rangle$, $\|F\|_t$	148
$\Omega(G\,;W) = \Omega^1(G\,;W)$	189
H^*F, $H^*\omega$	190
$\int_\gamma \omega$; $\oint_\gamma \omega$; $\int \omega$	192; 252; 257
$f_0 \overset{a}{\approx} f_1$	208
$\gamma_0 \approx \gamma_1$; $\gamma_0 \sim \gamma_1$	205; 255
$\pi(X\,;a) = \pi(X)$, $\pi(f\,;a)$	207
$G_1 *_H G_2$; $G_1 * G_2$	218; 221
$\mathbb{F}^n$; $\mathbb{F}^{(\infty)}$	222; 227
$\mathrm{H}(X) = \mathrm{H}_1(X)$; $\mathrm{H}_q(X)$	252; 257
$\mathrm{H}^1(G\,;W)$, $\mathrm{H}^1_{\mathrm{DR}}(G\,;W)$	253
$\mathrm{Rang}\, H = \mathrm{Rang}_{\mathbb{Z}} H$	258, 270
$L^b_a(\gamma) = L(\gamma)$	88
$\mathrm{W}(\gamma\,;-)$	73, 214f, 268
κ; κ_j, τ	100; 104
$\mathcal{L} = \mathcal{L}(G)$, $\mathcal{L}_\infty = \mathcal{L}_\infty(G)$	267
$\mathrm{Res}(\omega\,;z_0)$; $\mathrm{Res}\left(\frac{f}{g}\,dz\,;s\right)$	253, 260; 275
$\mathrm{Res}(\omega\,;L)$	273
$\zeta(s)$, $\Lambda(n)$, $\pi(x)$, $\psi(x)$, $\vartheta(x)$	278
$\mu(n)$; $M(x)$; $\Omega(n)$	278; 279; 280
t^-, t^+; Φ_t, $\Phi(t\,;x_0)$	305; 313
$\Psi(t\,;t_0,x_0\,;p)$; $\Psi_{t\,;t_0}$	309, 314; 312
$S = S(\varphi)$	369
$\delta_\psi S$; $\delta^2_\psi S$	369; 377
$\mathcal{B}(X)$, $\mathcal{B}^n = \mathcal{B}(\mathbb{R}^n)$; $\overline{\mathcal{B}}$	409; 411
$M_n \uparrow M$, $M_n \downarrow M$	416
$f_n \uparrow f$, $f_n \downarrow f$	469
$M^* = \limsup M_n$	420
$M_* = \liminf M_n$	420
f. ü.	417
$M \overset{\mu}{=} N$	419
δ_x	415
$f_*\mu$; $\widehat{\mu}$; μ^*	415; 417; 423f
$\mathcal{A}_1 \otimes \cdots \otimes \mathcal{A}_m$	425
$\mu_1 \otimes \cdots \otimes \mu_m$	425
$f_1 \otimes \cdots \otimes f_m$	530
$K_1 \otimes \cdots \otimes K_m$	736
λ_F; λ^1; λ^n	431; 432; 434
$\lambda_{\mathfrak{v}}$, $|\Delta|$; λ_E; λ_Φ	440; 442; 459

Stichwortverzeichnis

MIX
Papier aus verantwortungsvollen Quellen
Paper from responsible sources
FSC® C105338

If you have any concerns about our products,
you can contact us on
ProductSafety@springernature.com

In case Publisher is established outside the EU,
the EU authorized representative is:
**Springer Nature Customer Service Center GmbH
Europaplatz 3, 69115 Heidelberg, Germany**

Printed by Libri Plureos GmbH
in Hamburg, Germany